チャート式®

数学III+C

東京工業大学名誉教授　加藤文元
チャート研究所

共編著

数研出版

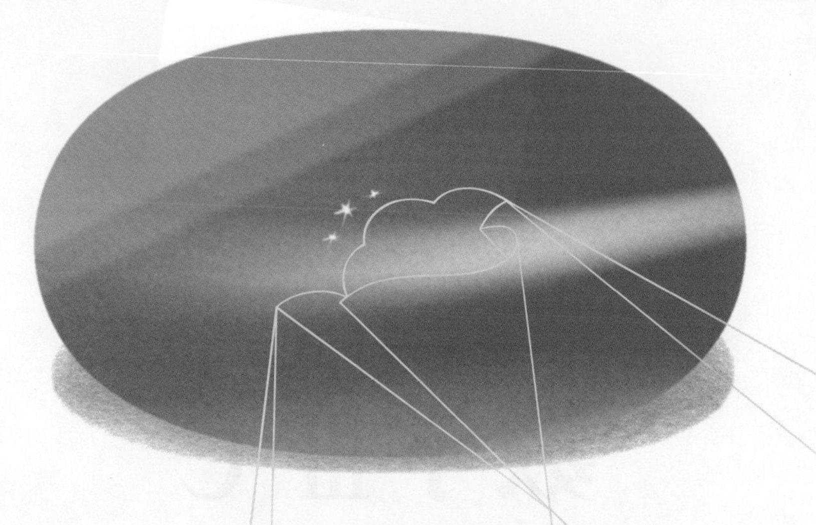

問.

「なりたい自分」から、逆算しよう。

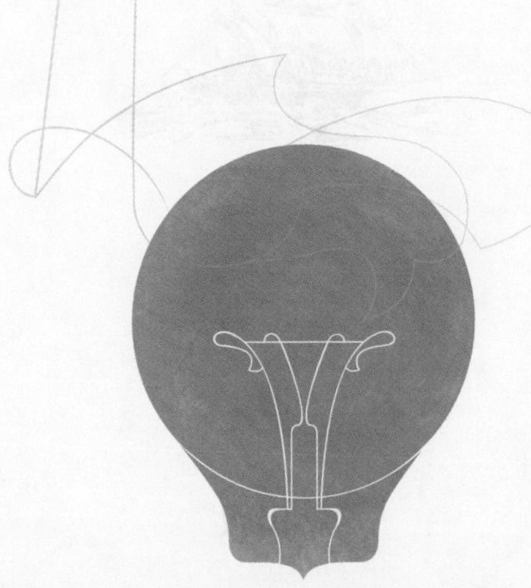

数字で表せない成長がある。

チャート式との学びの旅も、いよいよ最終章です。
これまでの旅路を振り返ってみよう。
大きな難題につまづいたり、思い通りの結果が出なかったり、
出口がなかなか見えず焦ることも、たくさんあったはず。
そんな長い学びの旅路の中で、君が得たものは何だろう。
それはきっと、たくさんの公式や正しい解法だけじゃない。
納得いくまで、自分の頭で考え抜く力。
自分の考えを、言葉と数字で表現する力。
難題を恐れず、挑み続ける力。
いまの君には、数学を通して大きな力が身についているはず。

磨いているのは「未来の問題」を解く力。

数年後、君はどんな大人になっていたいのだろう？
そのためには、どんな力が必要だろう？
チャート式との学びの先に待っているのは、君が主役の人生。
この先、知識や公式だけでは解けない問題にも直面するだろう。
だからいま、数学を一生懸命学んでほしい。
チャート式と身につけた君の力。
その力こそ、これから訪れる身の回りの小さな問題も、
社会に訪れる大きな難題も乗り越えて、
君が目指すゴールに向かって進み続ける助けになるから。

その答えが、
君の未来を前進させる解になる。

CHARTとは何？

C.O.D.（The Concise Oxford Dictionary）には，CHART —— Navigator's sea map, with coast outlines, rocks, shoals, etc. と説明してある。

海図 —— 浪風荒き問題の海に船出する若き船人に捧げられた海図 —— 問題海の全面をことごとく一眸の中に収め，もっとも安らかな航路を示し，あわせて乗り上げやすい暗礁や浅瀬を一目瞭然たらしめる　CHART！

—— 昭和冒頭のチャート式代数学巻頭言より

数学の問題を解くということは，大洋を航海するようなものである。山や川や森や林には目印がある。そこを歩んでいく道のついた陸路とはちがい，海路は見渡す限り青一色の空と水，目指す港は水平線のかなたにかくれている。首尾よく目的の港に入るには，海についてのさまざまな知識をもち，波風に応じて船を操っていくいろいろな技術に練達していなければなるまい。

問題の解答も，定理や公式の海のかなたに姿を没している。どこに，その解答への航路を発見し，羅針盤の針を向けるか。それには，根底となる定義と定理や公式の知識はもちろんのこと，問題の条件に応じて，それらの知識を操る術を習得しなければならない。

数学の学習と問題解決

数学という教科では，知識を覚えることも大切だが，それよりも，その知識を活用して，問題を解決していく能力を養うところに値打ちがあり，また，それだけにむずかしさもある。学校での学習においても，基本知識の習得と同時に，問題解法の練習が進められる。そして，諸君が困難を覚えるのは，おそらく，その問題を解くことのむずかしさであろう。その問題をどのようにして解けばよいのか？ —— それには何といっても，まず，定義と公式や定理など

根底となる事項をはっきりとつかんでおく

ことが第一である。その場合，それらが説明された長い文章をそのまま覚えるのでは，覚えるにも骨が折れるし，使う際にも役に立たない。これを簡明な形で頭に刻み付けておく必要がある。

しかし，根底事項が頭に入っても，難問となると，なかなかつかまえられない。教科書などには，定理，公式があり，その応用として問題解法例があっても，解法を考えていく筋道，公式の使い方については，あまり触れられていない。教科書は問題解法だけを目的としたものではないから，当然といえば当然である。そこで，その考え方，つまり，問題と根底事項の間につながりをつける考え —— これを分析したのがチャートで，

チャートによって，根底事項を問題上に活かす

ことが，学習の第二の心構えになる。

問題解法の大道

こうやったら，必ず問題が解ける —— こんな百発百中の問題解決法があれば，ありがたいが，そんなまじないのようなものは，まず考えられない。ユークリッドも「幾何学に王道なし」といったように，数学の問題の解法というものは，たくさんやっているうちに，知らず知らずにそのこつを覚えるものと考えられてきた頃もあった。しかし，ただ闇雲にいろいろな問題を解くよりも，一定の方針によって解く術を見つけることができれば，もちろんらくでもあるし，何よりも解いた経験のない未知の問題の解決にもつながる。では，それを実現するにはどうすればよいか。

まず第一に，問題を解くには，問題を解く身構えがいる。いきなり，無方針に問題に組み付いていったのでは，労多くして効少なく，失敗する可能性が高い。そこで，前にもいったように，問題の解法と航海がよく似ているので，両者を対照しながら，その基本的態度を次に書いてみよう。

航 海		問題の解法
進路設定 どこからどこへ行くかが決まらなくては船は出せない。まず第一に出発する港と，目的の港を決める。	➡	**問題の理解** 何がわかっているのか（既知事項，条件），何を求めるのか（未知事項，結論）をはっきりさせる。複雑な問題では，箇条書きにしたり，図にかいたりするとよい。
航路と羅針盤（指針） 出発する港と，目的の港との間に，船の通る道をつけ，その道筋に従って，羅針盤の針路を定める。 このとき，海図がものをいう。 目的の港に近づいても，なかなか入港がむずかしいときには，水先案内の船に案内してもらうことがある。 (数学の問題では，水先案内の船に，出発する港までついてもらうこともある。)	➡	**問題解法の方針** 既知事項（条件）と，未知事項（結論）との間に連絡をつける。連絡のつきそうな道が見つかったら，それに従って，式を変形したり，条件を使ったりする。 この連絡にチャートが役立つ。 連絡のつけ方は，与えられた条件から考えていくこともあり，求めるものの方から逆に（水先案内のごとく）考えていくこともある。
出 港 上に定めた針路に従って，船を進める。	➡	**答案（解答）** 上で考えた解法の方針に従って，誤りがないかどうかを確かめながら，答案にかく。
航海を終えた確認 首尾よく港へついたが，間違った港へ入ったのではないか，船は破損していないか，積荷は落ちていないか，その他の確認。	➡	**答案（解答）の検討** 本当に目的の問題が解けたかどうか，論理に誤りはないか，何か条件を抜かしてはいないか，その他の確認。

この4つの段階は，特段新しいことではない。諸君が問題を解いたときには，それが無意識のうちにせよ，この段階を踏んでいるはずである。

ただ，いつでもこの態度で問題にあたるという心構えが，諸君の問題解法を，一段と着実にすると思う。

指針の立て方

さて，この4段階中，成功不成功の分かれるのは，主に，第2段階の指針であろう。その具体的な立て方は，本文のチャートでお目にかけるが，その前に一般的な注意を述べておこう。

1. 既知事項と求める目的との連絡をはかれ

与えられた条件と関係のある根底事項（公式など），求める目的と関係のある根底事項をなるべく多く想起せよ。そして，(与えられた条件)→(根底事項)→(求める目的) の連絡をはかれ。この問題に似た形の問題を解いたことはないか，その方法が使えないか，その結果が使えないか，など。

2. 直接連絡がつかなければ，補助的事項を考えよ

既知事項と求める目的の間に何があれば連絡がつくか。どんな式がほしいか，どんな条件がほしいか，など。

3. 大手，からめ手から攻め立てよ

例えば，α，β が2次方程式 $ax^2+bx+c=0$ の2つの解 ―― というとき，実際に方程式を解いて α，β を求めるのも一手段であるが，それがうまくいかないなら，x に α，β を代入した等式 $a\alpha^2+b\alpha+c=0$，$a\beta^2+b\beta+c=0$ の変形をはかるとか，因数分解 $ax^2+bx+c=a(x-\alpha)(x-\beta)$ を考えるとかし，更にだめなら，放物線 $y=ax^2+bx+c$ と x 軸の交点を考えるというように ―― 第一着眼点で失敗したら，第二，第三の着眼点をとらえよ。また，定義に戻って，問題を解き直してみよ。それでも解けなければ，類似の問題を考えてみよ。特別な場合についてでも解けないか。それを役に立てることはできないか。

4. 忘れている条件はないか

問題が解けないとき，条件を分析して，使っていない条件がないかどうか検討せよ。そして，その条件の効き目を確かめよ。

以上は，本書で扱う数学Ⅲや数学Cに限らない問題解法の一般指針であって，数学Ⅲや数学Cでは更に独自の指針の立て方がある。この諸君を，問題解決に導いていく具体的な指針こそ，私たちのチャートであって，これから本文で詳しく述べようとするところである。

では，諸君，このチャートによって，数学の問題の海を，つつがなく乗り越えられんことを――

ボン・ヴォヤージュ！

はしがき

本書冒頭の問.「「なりたい自分」から，逆算しよう。」は，21 世紀を生きる諸君に送る，チャート式からのメッセージである。また，それに続く「CHART とは何？」は，激動の 20 世紀を生きてきたチャート式の，およそ 50 年前に記されたメッセージを，再構成したものである。

チャート式は，大正時代の末期，京都の地に設立された数学研究社高等予備校から生まれた。この学校は，今でいうところの大学受験を目的とした予備校であるが，その講義を通じて，チャート式の学習システムは作られていった。

高等予備校正門

本書の原点ともいえる

「チャート式 代数学」「チャート式 幾何学」

の初版が発行されたのは昭和 4 年（1929 年）のことであるから，それからかれこれ 100 年が経とうとしている。

チャート式は創刊以来，多くの著名な先生方によって，幾度となく改訂を繰り返してきた。しかし，数学における

内容の重点，急所がどこにあるか
問題の解法をいかにして思いつくか

を，海図（チャート）のように，端的にわかりやすく指示して，数学のコツが自然にのみ込めるようにするという，創刊当初からのチャート式の精神は脈々と受け継がれている。そして，改訂のたびに，数学の学び方や考え方に研究と工夫を加えて，より学びやすく，実力のつく本をつくる努力が続けられてきた。

高等学校の数学科の目標は，数学的な見方・考え方を働かせ，数学的な活動を通して，数学的に考える資質・能力を育成することとされている。この数学的な見方・考え方を働かせるとは，正にチャート式の理念に通じるものであり，本書においても，特段，意を用いたところである。

今回の改訂では，例題や練習などに最近の入試問題をできるだけ多く取り入れるようにして，受験演習の備えとなることにも配慮をした。また，タブレット PC などの情報機器の普及に鑑み，本書に書ききれないことは，２次元コードコンテンツとして準備をするなど，これまでにはない試みも行った。これまでの歴史を基盤として，新しい時代に対応した参考書とすること，それが今回，私たちが目指したところである。

ところで，問題を解けるようになることはもちろん大切であるが，数学を学ぶことの意味はそれだけではない。何よりも大切なことは，数学に対する興味や関心をもち，理解を深めることである。数学はおもしろい，数学は役に立つんだ，と思ってもらえるような話題も，できるだけ多く取り入れるようにしたので，是非とも，本書を通して，数学を好きになってもらいたい。そして，それをきっかけとして，数学のより深い理解を目指して欲しい。

いずれにしても，新しい数学Ⅲ，数学Ｃの学習に最もふさわしく，役に立つ参考書を諸君に提供することが，本書に携わる私たちの念願である。学校での学習の参考に，大学受験の勉強のパートナーに，そして，数学のより深い世界への道標に，諸君の役に立つことを，切に望んでいる。

2023 年　著者しるす

目次

数学C

ハミルトン四元数はコンピューターグラフィックスにも応用されています。

ハミルトン

ベクトルの学問である線形代数学の完成に寄与しました。

グラスマン

複素数平面を縦横無尽に使って，さまざまな問題を解きました。

ガウス

本書は，標準的な学習の進行に合わせて数学Cの内容を数学Ⅲよりも先に取り上げました。
後に続く数学Ⅲにおいては，数学Cで学ぶ知識を必要とする題材も扱っています。

数学C

第4章　式と曲線

2次曲線に内接する六角形に関するパスカルの定理が有名です。

パスカル

数学III

第1章　関　　数

実数の連続性などを通して微分積分学の厳密化に貢献しました。

ワイエルシュトラス

第2章　極　　限

古代ギリシャの方法を用いて，面積や体積の計算をしていました。

アルキメデス

数学Ⅲ

第3章　微分法

極限概念を論理的に再構成し，微分積分学の基礎付けに貢献しました。

コーシー

第4章　微分法の応用

曲線の接線を求めるための方法（接線法）を研究しました。

フェルマー

第5章　積分法

円周率の計算や，球の体積公式を知っていたことで有名です。

祖冲之

第 6 章　積分法の応用

正規分布曲線で囲まれた部分の面積計算（ガウス積分）で有名です。
ガウス

【数学C】

補　数学的な表現の工夫［行列］

問題数（数学C）
1. CHECK 問題　14 題
2. 例　56 題
3. 例題　139 題
（例題　95 題，重要例題　44 題）
4. 練習　139 題
5. 演習問題　56 題
［1～5 の合計　404 題］

問題数（数学Ⅲ）
1. CHECK 問題　18 題
2. 例　50 題
3. 例題　170 題
（例題　116 題，重要例題　54 題）
4. 練習　170 題
5. 演習問題　69 題
［1～5 の合計　477 題］

問題数（総合演習）
1. 演習例題　22 題
2. 類題　22 題
［1 と 2 の合計　44 題］

問題数（数学的な表現の工夫［行列］）
1. 補充例題　11 題
2. 問題　16 題
［1 と 2 の合計　27 題］

総問題数　952 題

本書の構成と使い方

基本事項のページ　学習の出発点

デジタルコンテンツ
例の反復問題や，理解を深めるコンテンツにアクセスすることができます（詳細は $p.16$ を参照）。

《 基本事項 》
定理や公式など，問題を解くうえで基本となる事柄をまとめています。

CHECK 問題
基本事項を確認するための問題。公式や定理を適用する程度の基本的な問題で構成されています。

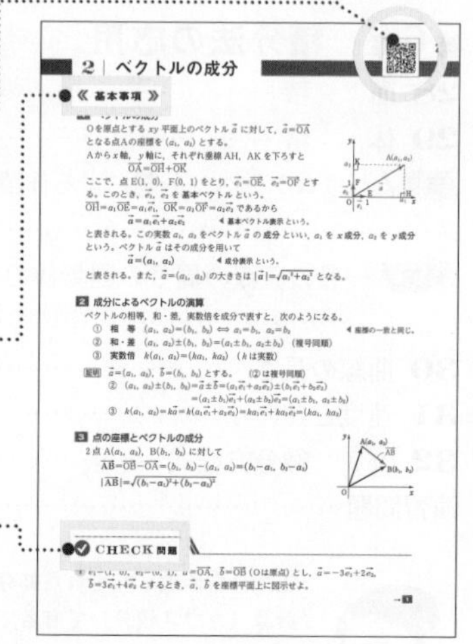

例のページ　基礎的な理解を深める

指針
問題のポイントや急所がどこにあるか，問題解法の方針をいかにして立てるかを中心に示しました。考え方の急所を端的にまとめた CHART を加えたところもあります。例の解答は別にまとめていますので，指針を参考にして，各問題に取り組んでみましょう。

例に関連する内容などを取り上げています。

＊例の反復問題はデジタルコンテンツに収録されています。

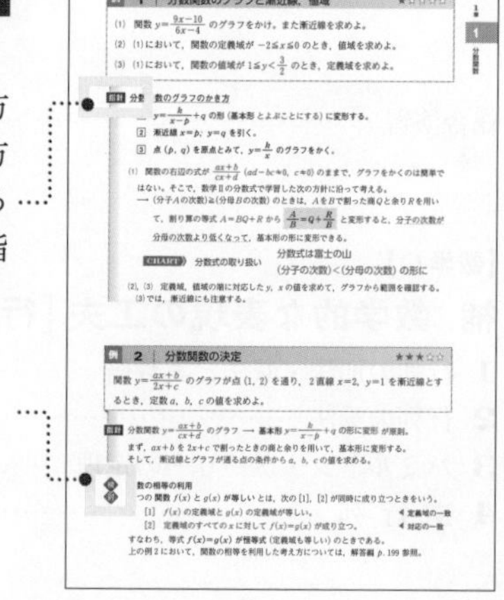

●その他の構成要素

COLUMN … 教科書には載っていないような興味ある話題を取り上げました。
研　究 ………… 理解を深めるための発展的な内容です。
演習問題 … 各章末に設けた，その章のまとめの問題です。
答の部 ………… CHECK 問題，例，練習，演習問題，類題の答を，巻末にまとめています。
索　引 ………… 学習の便宜を図るために，重要な用語の掲載ページをまとめて記しました。

例題のページ　実力をつける

指針　例と同様，問題解法の方針の立て方などをまとめています。CHART》も参考にして，いろいろな問題の見方や考え方を身につけましょう。

解答　例題の模範解答例を示しました。側注には適宜解答の補足事項を示しています。

検討　例題に関連する内容などを取り上げています。

練習　例題の反復問題です。実力を確認しましょう。

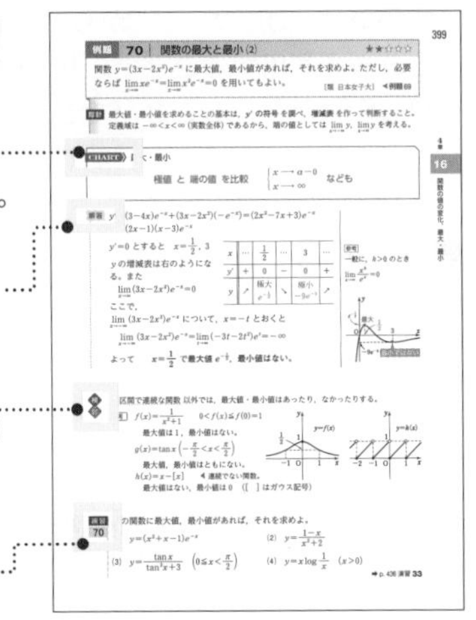

総合演習のページ　実力を伸ばす

実践力を養うための総合的な問題です。最近の大学入試問題を中心に，巻末にまとめて採録しています。

指針，**解答**，**検討**

これらの趣旨は，他の例題と同様です。指針をもとにして自ら解答を導くことができるよう，じっくりと考えてみましょう。

類題

演習例題に関連した問題です。それまでに学んだことを大いに活用して，取り組んでみましょう。

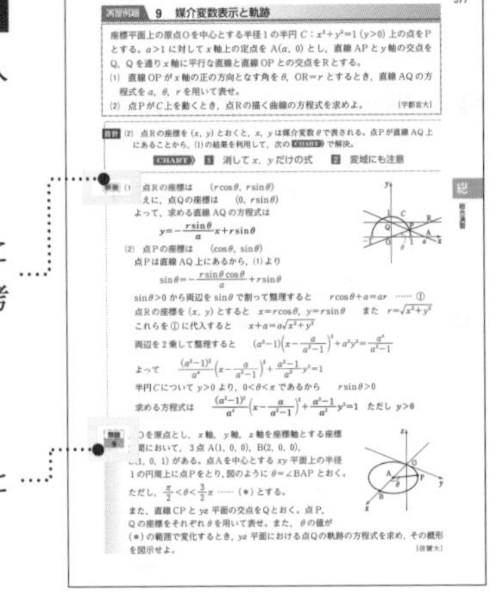

●難易度

例 ………… 基本的な問題

例題 ……… 標準的な問題

重要例題 … やや程度の高い問題

各問題には，難易度の目安を示す★印が付いています。

★☆☆☆☆	教科書の例レベルの問題
★★☆☆☆	教科書の例題レベルの問題
★★★☆☆	教科書の章末問題レベルの問題
★★★★☆	入試対策用の標準レベルの問題
★★★★★	応用的で程度の高い問題

デジタルコンテンツとその活用法

本書では，QR コード＊からアクセスできるデジタルコンテンツを用意しています。

これらを利用することで，基本的な実力の定着を図ったり，学習した事柄に対する理解を更に深めたりすることができます。

●補充問題

次の関数を微分せよ。

(1) $y=2x^4+3x^3+4x^2-5$　　(2) $y=(x^2+3x)(x^2-2)$

(3) $y=(x^2-2x-3)(x^2+4)$

(解説)

(1) $y'=2\cdot 4x^3+3\cdot 3x^2+4\cdot 2x-0$

$=8x^3+9x^2+8x$

(2) $y'=(x^2+3x)'(x^2-2)+(x^2+3x)(x^2-2)'$

$=(2x+3)(x^2-2)+(x^2+3x)\cdot 2x$

$=2x^3+3x^2-4x-6+2x^3+6x^2$

$=4x^3+9x^2-4x-6$

(3) $y'=(x^2-2x-3)'(x^2+4)+(x^2-2x-3)(x^2+4)'$

$=(2x-2)(x^2+4)+(x^2-2x-3)\cdot 2x$

本書に掲載している例の反復問題などを用意しています。問題文と詳しい解答で構成されています。基礎的な力の定着や確認に利用してください。

以下のものを含め，すべてのコンテンツは

いつでも　どこでも　何度でも

利用することができます。

●サポートコンテンツ

本書の内容に応じて，更に理解を深めるコンテンツを用意しています。

例えば，右は本書 $p.284$ の例題です。

重要例題 7　関数とその逆関数のグラフの共有点　★★★★☆

$f(x)=x^2-2x+k\ (x\geqq 1)$ の逆関数を $f^{-1}(x)$ とする。$y=f(x)$ のグラフと $y=f^{-1}(x)$ のグラフが異なる 2 点で交わるとき，定数 k の値の範囲を求めよ。

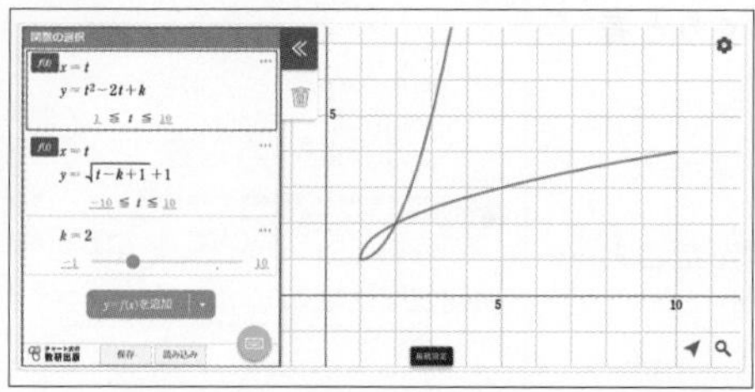

これに対し，サポートコンテンツでは，係数を変えることでいろいろなグラフの形を具体的に確かめることができます。

これはほんの一例で，これ以外にも，興味ある話題を多数準備しています。

〈デジタルコンテンツのご利用について〉

デジタルコンテンツはインターネットに接続できるコンピュータやスマートフォン等でご利用いただけます。下記の URL，右の QR コード，もしくは「基本事項」のページにある QR コードからアクセスすることができます。

https://cds.chart.co.jp/books/zjqvrm2ps6

追加費用なしにご利用いただけますが，通信料はお客様のご負担となります。Wi-Fi 環境でのご利用をおすすめいたします。

学校や公共の場では，マナーを守ってスマートフォン等をご利用ください。

＊QR コードは，(株)デンソーウェーブの登録商標です。

〈この章で学ぶこと〉
“速度”などの「大きさと向きをもつ量」をベクトルという。
この章では，平面上の有向線分をもとにしてベクトルを考え，ベクトルを2数の組（成分）で表すことや「内積」の演算，図形への応用を学ぶ。
そして，ベクトルについて最も大切な「1次独立」の概念を理解して，将来の数学，物理学，経済学などの勉学に備える。

第1章 平面上のベクトル

例，例題一覧

●…… 基本的な内容の例　■…… 標準レベルの例題　◆…… やや発展的な例題

1 ベクトルの演算
●1 ベクトルの基本
●2 ベクトルの和・差・実数倍の図示
●3 ベクトルの等式の証明
●4 ベクトルの演算
●5 ベクトルの平行，単位ベクトル

■1 ベクトルの分解

2 ベクトルの成分
●6 ベクトルの演算（成分）
●7 成分によるベクトルの分解
●8 ベクトルの平行と成分
●9 平行四辺形とベクトル

■2 ベクトルの大きさの最小値

3 ベクトルの内積
●10 内積の計算（定義）
●11 内積の計算（成分）

■3 ベクトルのなす角に関する問題
■4 ベクトルの垂直と成分
■5 内積と三角形の面積
■6 内積の計算（性質利用）
■7 ベクトルのなす角（垂直条件）
■8 ベクトルの大きさの最小（内積）
■9 ベクトルの大きさと絶対不等式
■10 ベクトルの不等式の証明
◆11 内積の値の範囲
◆12 三角不等式の利用
◆13 $ux+vy$ の最大・最小

4 位置ベクトル
●12 分点・重心の位置ベクトル
●13 点が一致することの証明

■14 ベクトルの等式と点の位置 (1)
■15 ベクトルの等式と点の位置 (2)

5 ベクトルと図形
●14 3点が一直線上にあることの証明

■16 交点の位置ベクトル (1)
■17 交点の位置ベクトル (2)
■18 三角形の垂心の位置ベクトル
■19 三角形の内心，傍心の位置ベクトル
■20 三角形の外心の位置ベクトル
■21 線分の垂直，線分の平方に関する証明
■22 内積の等式と三角形の形状
■23 三角形の重心，外心，垂心の位置関係
■24 外心とベクトルの等式に関する問題
◆25 重心を通る直線に関する問題
◆26 正射影ベクトルの利用

6 ベクトル方程式
●15 直線のベクトル方程式 (1)
●16 直線のベクトル方程式 (2)
●17 2直線のなす角（法線ベクトルの利用）
●18 垂線の長さ（法線ベクトルの利用）

■27 直線に関して対称な点の位置ベクトル
■28 ベクトルの終点の存在範囲 (1)
■29 ベクトルの終点の存在範囲 (2)
■30 ベクトルの終点の存在範囲 (3)
■31 円のベクトル方程式
■32 円の接線のベクトル方程式
◆33 ベクトルと軌跡

1 ベクトルの演算

《 基本事項 》

1 有向線分とベクトル

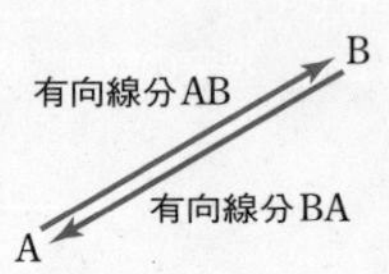

線分 AB にAからBへの向きをつけて考えるとき，これを **有向線分 AB** といい，Aを **始点**，Bを **終点** という。また，線分 AB の長さを，有向線分 AB の大きさ，または長さという。
線分 AB にBからAへ向きをつけたものは，有向線分 BA であり，有向線分 AB とは異なるものと考える。

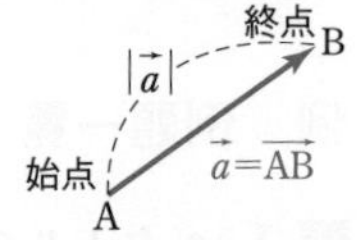

有向線分は位置と，向きおよび大きさで定まるのに対して，その位置を問題にしないで，向きと大きさだけで定まる量を **ベクトル** という。1つのベクトルを有向線分を用いて表すとき，その始点は平面上のどの点にとってもよい。

有向線分 AB で表されるベクトルを $\overrightarrow{AB}$ と書き表す。また，ベクトルは1つの文字と矢印を用いて，$\vec{a}$，$\vec{b}$ のように表すこともある。
ベクトル $\overrightarrow{AB}$，$\vec{a}$ の大きさを，それぞれ $|\overrightarrow{AB}|$，$|\vec{a}|$ と書く。
このとき，$|\overrightarrow{AB}|$ は線分 AB の長さに等しい。特に，大きさが1であるベクトルを **単位ベクトル** という。

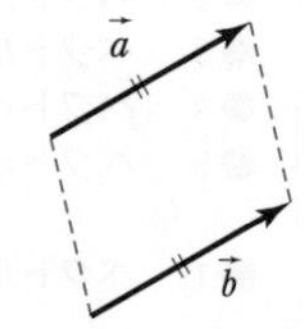

$\vec{a}$ と $\vec{b}$ の向きが同じで大きさが等しいとき，2つのベクトル $\vec{a}$，$\vec{b}$ は **等しい** といい，$\vec{a}=\vec{b}$ と書く。

2 ベクトルの演算

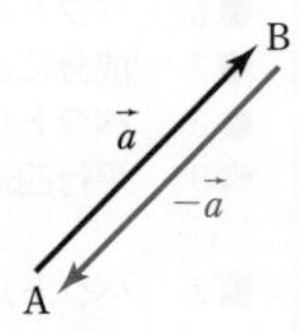

$\vec{a}$ と大きさが等しく，向きが反対であるベクトルを $-\vec{a}$ で表す。
これを $\vec{a}$ の **逆ベクトル** という。$\vec{a}=\overrightarrow{AB}$ とすると，$-\vec{a}=\overrightarrow{BA}$ であるから
$$\overrightarrow{BA}=-\overrightarrow{AB}$$
有向線分 AB でBがAに一致する場合は AA となり，向きが考えられないが，$\overrightarrow{AA}$ もベクトルの仲間に含める。$\overrightarrow{AA}$ を大きさが0のベクトルと考え，**零ベクトル** といい，$\vec{0}$ で表す。$\vec{0}$ の向きは考えない。

ベクトルの加法，減法，実数倍

① **和** $\vec{a}+\vec{b}=\vec{b}+\vec{a}$　　$\overrightarrow{OA}+\overrightarrow{AC}=\overrightarrow{OC}$

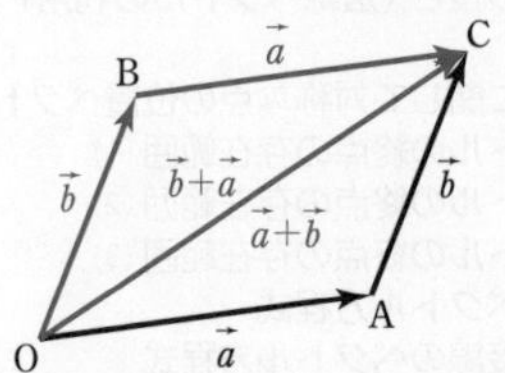

② **差** $\vec{a}-\vec{b}=\vec{a}+(-\vec{b})$　　$\overrightarrow{OA}-\overrightarrow{OB}=\overrightarrow{BA}$

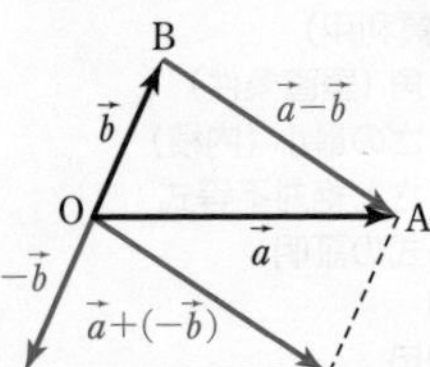

③ **実数倍** $k\vec{a}$　大きさは $|\vec{a}|$ の $|k|$ 倍で,
向きは　$k>0$ のとき　$\vec{a}$ と同じ向き
　　　　$k<0$ のとき　$\vec{a}$ と反対の向き
特に　$1\vec{a}=\vec{a}$　　$(-1)\vec{a}=-\vec{a}$　　$0\vec{a}=\vec{0}$

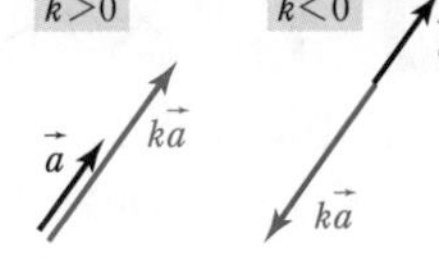

④ **ベクトルの演算法則**　k, l を実数とする。
1 交換法則　$\vec{a}+\vec{b}=\vec{b}+\vec{a}$　　2 結合法則　$(\vec{a}+\vec{b})+\vec{c}=\vec{a}+(\vec{b}+\vec{c})$
3 $\vec{a}+(-\vec{a})=\vec{0}$　　4 $\vec{a}+\vec{0}=\vec{0}+\vec{a}=\vec{a}$
5 $k(l\vec{a})=(kl)\vec{a}$　　6 $(k+l)\vec{a}=k\vec{a}+l\vec{a}$　　7 $k(\vec{a}+\vec{b})=k\vec{a}+k\vec{b}$

2

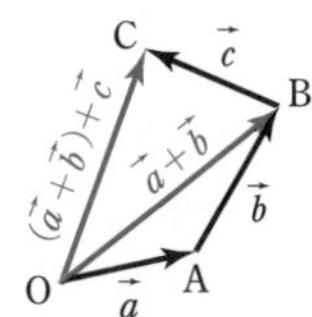

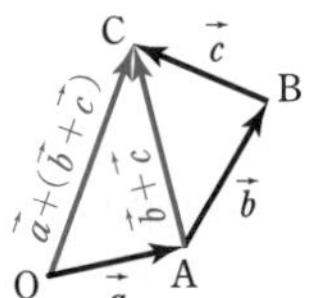

7

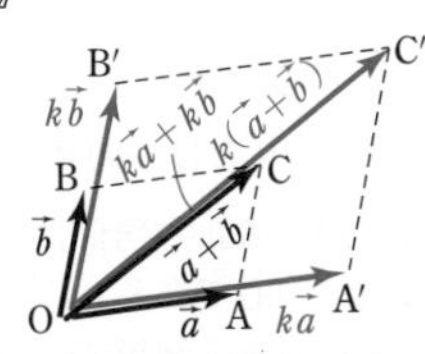

これらのことから，ベクトルの和・差や実数倍の計算は多項式と同じようにできる。
また，2のベクトルを単に $\vec{a}+\vec{b}+\vec{c}$，5のベクトルを単に $kl\vec{a}$ と書く。

3 ベクトルの平行

$\vec{0}$ でない 2 つのベクトル $\vec{a}$，$\vec{b}$ の向きが同じであるか，または反対であるとき，$\vec{a}$ と $\vec{b}$ は **平行** であるといい，$\vec{a} /\!/ \vec{b}$ と表す。
ベクトルの実数倍の定義から，

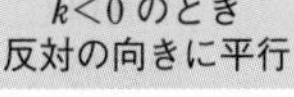

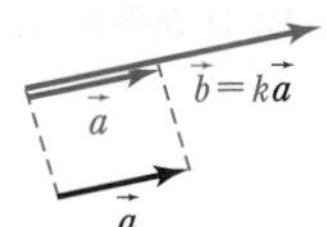

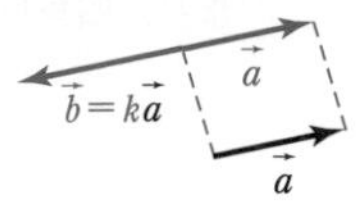

> $\vec{a}\neq\vec{0}$，$\vec{b}\neq\vec{0}$ のとき
> 　$\vec{a} /\!/ \vec{b} \iff \vec{b}=k\vec{a}$ となる実数 k がある

が成り立つ。なお，$\vec{a}\neq\vec{0}$，$\vec{b}\neq\vec{0}$ から，$k\neq 0$ である。

また，$\vec{a}\neq\vec{0}$ のとき，$\vec{a}$ と平行な単位ベクトルは $\dfrac{\vec{a}}{|\vec{a}|}$ と $-\dfrac{\vec{a}}{|\vec{a}|}$ である。

(注意) $\vec{a}$ と $\vec{b}$ が平行でないことを $\vec{a} \not/\!/ \vec{b}$ で表す。

4 ベクトルの分解

$\vec{a}$，$\vec{b}$ は $\vec{0}$ でなく，また平行でないとき，任意のベクトル $\vec{p}$ は，次の形にただ 1 通りに表すことができる。このような表し方を，$\vec{p}$ の $\vec{a}$，$\vec{b}$ 2 方向への分解という。

$$\vec{p}=s\vec{a}+t\vec{b}\quad \text{（ただし，}s,\ t\text{ は実数）} \quad \cdots\cdots ①$$

証明　右の図のように，$\vec{a}=\overrightarrow{OA}$，$\vec{b}=\overrightarrow{OB}$，$\vec{p}=\overrightarrow{OP}$ とし，点 P を通り，直線 OB，OA に平行な直線が，直線 OA，OB と交わる点をそれぞれ A′，B′ とする。

$$\overrightarrow{OP}=\overrightarrow{OA'}+\overrightarrow{OB'}$$

であり，$\overrightarrow{OA'}=s\vec{a}$，$\overrightarrow{OB'}=t\vec{b}$ となる実数 s，t があるから，① の形に表される。また，点 A′ は直線 OA 上に，点 B′ は直線 OB 上にあるから，実数 s，t はただ 1 通りに定まり，① の表し方はただ 1 通りである。

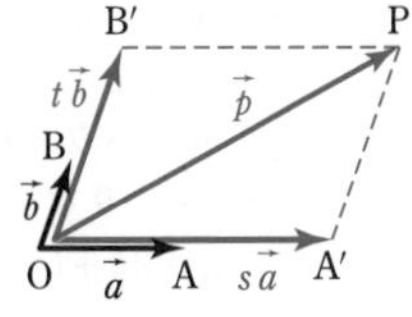

s，t，s'，t' を実数とする。上のことから，次のことが成り立つ（$\vec{a}\neq\vec{0}$，$\vec{b}\neq\vec{0}$，$\vec{a} \not/\!/ \vec{b}$）。

$$s\vec{a}+t\vec{b}=s'\vec{a}+t'\vec{b} \iff s=s',\ t=t' \qquad \text{特に}\quad s\vec{a}+t\vec{b}=\vec{0} \iff s=t=0$$

例 1 ベクトルの基本 ★☆☆☆☆

右の図のような，1辺の長さが1である正六角形 ABCDEF の頂点と，対角線 AD，BE の交点Oを使って表されるベクトルのうち，次のものを求めよ。

(1) $\overrightarrow{AB}$ と等しいベクトル　(2) $\overrightarrow{OA}$ と向きが同じベクトル

(3) $\overrightarrow{AC}$ の逆ベクトル

(4) $\overrightarrow{AF}$ に平行で大きさが2のベクトル

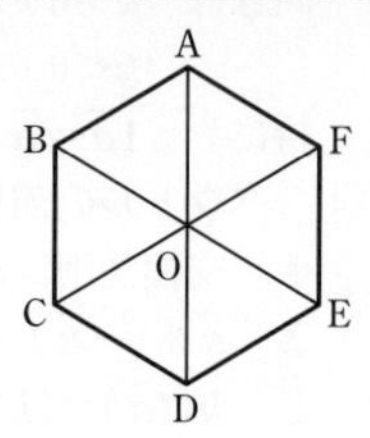

指針 (1) 等しいベクトル …… 向きが同じで，大きさが等しい

(3) 逆ベクトル とは，向きが逆で，大きさが等しいベクトル のことである。

1辺の長さが1の正六角形は半径1の円（単位円）に内接する。上の図の点Oは，正六角形の外接円の中心である。この図からわかるように，正六角形は6つの正三角形からなり，線対称かつ点対称な図形である。

検討 **等しいベクトルと平行四辺形**

右の図において，$\overrightarrow{AB}=\overrightarrow{DC}$ であるとき，AB∥DC，AB=DC であるから，四角形 ABCD は平行四辺形である。このように，直線 AB が直線 CD 上にないとき，$\overrightarrow{\mathbf{AB}}=\overrightarrow{\mathbf{DC}}$ ならば，**四角形 ABCD は平行四辺形** である。

また，**四角形 ABCD が平行四辺形** $\Longrightarrow$ $\overrightarrow{\mathbf{AB}}=\overrightarrow{\mathbf{DC}}$ がいえる。

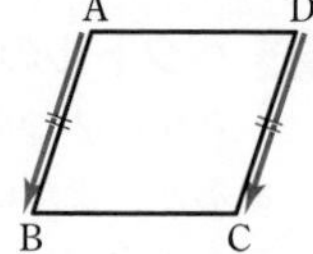

例 2 ベクトルの和・差・実数倍の図示 ★☆☆☆☆

右の図で与えられた3つのベクトル $\vec{a}$, $\vec{b}$, $\vec{c}$ について，次のベクトルを図示せよ。

(1) $\vec{a}+\vec{c}$　(2) $\vec{b}-\vec{c}$　(3) $2\vec{a}$

(4) $-4\vec{b}$　(5) $\vec{a}+3\vec{b}-2\vec{c}$

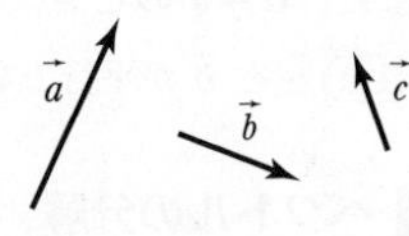

指針 (1) 和 $\vec{a}+\vec{c}$ の図示　$\vec{c}$ を平行移動して，$\vec{a}$ の終点と $\vec{c}$ の始点を重ねて三角形を作り，$\vec{a}$ の始点から $\vec{c}$ の終点に向かうベクトルを考える。

(2) 差 $\vec{b}-\vec{c}$ の図示　$\vec{c}$ を平行移動して，$\vec{b}$ と $\vec{c}$ の始点を重ねて三角形を作り，$\vec{c}$ の終点から $\vec{b}$ の終点に向かうベクトルを考える。

(3), (4) ベクトルの実数倍 $k\vec{a}$ の図示　大きさは $|\vec{a}|$ の $|k|$ 倍。向きは k の符号で判断。
⟶ $k>0$ なら $\vec{a}$ と同じ向き，$k<0$ なら $\vec{a}$ と反対の向き。

(5) $\vec{a}+3\vec{b}+(-2\vec{c})$ とみて，ベクトル $\vec{a}$，$3\vec{b}$，$-2\vec{c}$ の和として図示する。

CHART

ベクトルの和　終点と始点を重ねる

ベクトルの差　始点どうしを重ねる

例 3 ｜ ベクトルの等式の証明 ★★☆☆☆

次の等式が成り立つことを証明せよ。

(1) $\overrightarrow{PQ}+\overrightarrow{RP}=\overrightarrow{RQ}$　　(2) $\overrightarrow{AD}+\overrightarrow{BC}=\overrightarrow{AC}+\overrightarrow{BD}$

指針 要領は通常の等式の証明と同じである。
(1) では，左辺を変形して右辺を導く，
(2) では，(左辺)−(右辺)$=\vec{0}$ を示す。
ベクトルの計算では，右の変形がポイントとなる。

合成　$\overrightarrow{P\square}+\overrightarrow{\square Q}=\overrightarrow{PQ}$，$\overrightarrow{\square Q}-\overrightarrow{\square P}=\overrightarrow{PQ}$
分割　$\overrightarrow{PQ}=\overrightarrow{P\square}+\overrightarrow{\square Q}$，$\overrightarrow{PQ}=\overrightarrow{\square Q}-\overrightarrow{\square P}$
向き変え　$\overrightarrow{PQ}=-\overrightarrow{QP}$
$\overrightarrow{PP}=\vec{0}$ … 同じ文字が並ぶと $\vec{0}$

$\overrightarrow{A\square}+\overrightarrow{\square\triangle}+\overrightarrow{\triangle A}=\vec{0}$ (つぎ足して戻ると $\vec{0}$)
この変形も役立つ。ただし，□，△ はそれぞれ同じ点である。

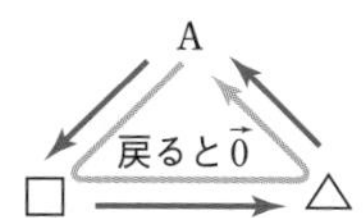

例 4 ｜ ベクトルの演算 ★★☆☆☆

(1) $\vec{x}=2\vec{a}+5\vec{b}-\vec{c}$，$\vec{y}=3\vec{a}-\vec{b}+2\vec{c}$ のとき，$2\vec{x}-\vec{y}$ を $\vec{a}$，$\vec{b}$，$\vec{c}$ で表せ。

(2) $5\vec{x}-3\vec{a}=2\vec{x}+9\vec{b}$ を満たす $\vec{x}$ を $\vec{a}$，$\vec{b}$ で表せ。

(3) $3\vec{x}+\vec{y}=\vec{a}$ …… ①，$5\vec{x}+2\vec{y}=\vec{b}$ …… ② を同時に満たす $\vec{x}$，$\vec{y}$ を $\vec{a}$，$\vec{b}$ で表せ。

指針 ベクトルの加法，減法，実数倍については，**数式と同じような計算法則が成り立つ。**
(1) $x=2a+5b-c$，$y=3a-b+2c$ のとき，$2x-y$ を a，b，c で表す要領で。
(2) は x の 1 次方程式 $5x-3a=2x+9b$，(3) は x，y の連立方程式 $3x+y=a$，$5x+2y=b$ を解く要領で。ただし，a，b は定数として扱う。

例 5 ｜ ベクトルの平行，単位ベクトル ★★☆☆☆

(1) 平面上の異なる 4 点 A，B，C，D と直線 AB 上にない点Oに対して，$\overrightarrow{OA}=\vec{a}$，$\overrightarrow{OB}=\vec{b}$ とする。$\overrightarrow{OC}=3\vec{a}-2\vec{b}$，$\overrightarrow{OD}=-3\vec{a}+4\vec{b}$ であるとき，$\overrightarrow{AB}/\!/\overrightarrow{CD}$ であることを証明せよ。

(2) AB=5，AC=6 であるひし形 ABCD がある。$\overrightarrow{AB}=\vec{b}$，$\overrightarrow{AD}=\vec{d}$ とするとき，$\overrightarrow{BD}$ と平行で向きが反対の単位ベクトルを $\vec{b}$，$\vec{d}$ で表せ。

指針 (1) **平行条件**　$\overrightarrow{AB}\neq\vec{0}$，$\overrightarrow{CD}\neq\vec{0}$ のとき

$$\overrightarrow{AB}/\!/\overrightarrow{CD} \iff \overrightarrow{CD}=k\overrightarrow{AB} \text{ となる実数 } k \text{ がある}$$

$\overrightarrow{CD}=k\overrightarrow{AB}$ を満たす実数 k を見つけて，この形に書き表せばよい。

(2) **$\vec{p}$ と平行な単位ベクトルは**　$\pm\dfrac{\vec{p}}{|\vec{p}|}$

◀ 符号が ＋ のとき，$\vec{p}$ と同じ向き
　　　　− のとき，$\vec{p}$ と反対向き

まず，$\overrightarrow{BD}$ を $\vec{b}$，$\vec{d}$ で表すことと，$|\overrightarrow{BD}|$ を求めることが必要になる。

例題 1 ベクトルの分解 ★★★☆☆

平行四辺形 ABCD において，辺 BC を 2：1 に内分する点をE，対角線 AC，BD の交点をF，線分 AE，BD の交点をGとし，$\overrightarrow{AB}=\vec{b}$，$\overrightarrow{AD}=\vec{d}$ とする。

(1) $\overrightarrow{AE}$，$\overrightarrow{AF}$，$\overrightarrow{GC}$ をそれぞれ $\vec{b}$，$\vec{d}$ を用いて表せ。

(2) $\overrightarrow{AE}=\vec{e}$，$\overrightarrow{AF}=\vec{f}$ とするとき，$\overrightarrow{BD}$ を $\vec{e}$，$\vec{f}$ を用いて表せ。 ◀例3，4

指針 ベクトルの変形では，右のことが基本となる。

(1) 分割 によって　$\overrightarrow{AE}=\overrightarrow{AB}+\overrightarrow{BE}$ ←しりとりのように変形。

ここで，BE∥AD より，$\overrightarrow{BE}$ は $\vec{d}$ で表されるから，$\overrightarrow{AE}$ は $\vec{b}$，$\vec{d}$ で表される。

このように，AB または AD に **平行な線分に注目** しながら変形を進めていくことがポイントとなる。

(2) (1)の結果を利用して，まず，$\vec{b}$，$\vec{d}$ を $\vec{e}$，$\vec{f}$ で表す。

合成　$\overrightarrow{P\square}+\overrightarrow{\square Q}=\overrightarrow{PQ}$，$\overrightarrow{\square Q}-\overrightarrow{\square P}=\overrightarrow{PQ}$

分割　$\overrightarrow{PQ}=\overrightarrow{P\square}+\overrightarrow{\square Q}$，$\overrightarrow{PQ}=\overrightarrow{\square Q}-\overrightarrow{\square P}$

向き変え　$\overrightarrow{PQ}=-\overrightarrow{QP}$

$\overrightarrow{PP}=\vec{0}$ … 同じ文字が並ぶと $\vec{0}$

CHART》 ベクトルの変形

合成・分割を利用

解答 (1) $\overrightarrow{AE}=\overrightarrow{AB}+\overrightarrow{BE}=\overrightarrow{AB}+\dfrac{2}{3}\overrightarrow{BC}$

$$=\vec{b}+\frac{2}{3}\vec{d} \quad \cdots\cdots ①$$

$$\overrightarrow{AF}=\frac{1}{2}\overrightarrow{AC}=\frac{1}{2}(\overrightarrow{AB}+\overrightarrow{BC})$$

$$=\frac{1}{2}\vec{b}+\frac{1}{2}\vec{d} \quad \cdots\cdots ②$$

また，AD∥BC であるから　AG：GE＝AD：BE＝3：2

よって　$\overrightarrow{GC}=\overrightarrow{AC}-\overrightarrow{AG}=(\overrightarrow{AB}+\overrightarrow{BC})-\dfrac{3}{5}\overrightarrow{AE}$

$$=\vec{b}+\vec{d}-\frac{3}{5}\left(\vec{b}+\frac{2}{3}\vec{d}\right)=\frac{2}{5}\vec{b}+\frac{3}{5}\vec{d}$$

(2) ①，② から　$\vec{e}=\vec{b}+\dfrac{2}{3}\vec{d}$，$\vec{f}=\dfrac{1}{2}(\vec{b}+\vec{d})$

ゆえに　$3\vec{b}+2\vec{d}=3\vec{e}$，$\vec{b}+\vec{d}=2\vec{f}$

これを解いて　$\vec{b}=3\vec{e}-4\vec{f}$，$\vec{d}=-3\vec{e}+6\vec{f}$

よって　$\overrightarrow{BD}=\overrightarrow{AD}-\overrightarrow{AB}=\vec{d}-\vec{b}=(-3\vec{e}+6\vec{f})-(3\vec{e}-4\vec{f})$

$$=-6\vec{e}+10\vec{f}$$

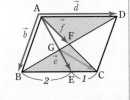

◀ **分割** を利用。AD∥BC，AD＝BC から $\overrightarrow{BC}=\overrightarrow{AD}=\vec{d}$

◀ Fは対角線 AC の中点。分割を利用。

◀ △GAD∽△GEB

◀ 分割を利用して，始点をAにする。

◀ ① を代入。

◀ b，d の連立方程式 $3b+2d=3e$，$b+d=2f$ を解くのと同様。

練習 1 正六角形 ABCDEF において，対角線 AD，BE の交点をO，辺 DE を 2：1 に内分する点をG，線分 AG，BE の交点をHとし，$\overrightarrow{AB}=\vec{b}$，$\overrightarrow{AF}=\vec{f}$ とする。

(1) $\overrightarrow{BC}$，$\overrightarrow{AC}$，$\overrightarrow{DO}$，$\overrightarrow{AG}$，$\overrightarrow{GH}$ をそれぞれ $\vec{b}$，$\vec{f}$ を用いて表せ。

(2) $\overrightarrow{AC}=\vec{c}$，$\overrightarrow{AG}=\vec{g}$ とするとき，$\overrightarrow{FB}$ を $\vec{c}$，$\vec{g}$ を用いて表せ。 ➡p. 78 演習 1

2 ベクトルの成分

《 基本事項 》

1 ベクトルの成分

Oを原点とする xy 平面上のベクトル $\vec{a}$ に対して，$\vec{a}=\overrightarrow{\mathrm{OA}}$ となる点Aの座標を $(a_1,\ a_2)$ とする。

Aから x 軸，y 軸に，それぞれ垂線 AH，AK を下ろすと

$$\overrightarrow{\mathrm{OA}}=\overrightarrow{\mathrm{OH}}+\overrightarrow{\mathrm{OK}}$$

ここで，点 E(1, 0)，F(0, 1) をとり，$\vec{e_1}=\overrightarrow{\mathrm{OE}}$，$\vec{e_2}=\overrightarrow{\mathrm{OF}}$ とする。このとき，$\vec{e_1}$，$\vec{e_2}$ を **基本ベクトル** という。

$\overrightarrow{\mathrm{OH}}=a_1\overrightarrow{\mathrm{OE}}=a_1\vec{e_1}$，$\overrightarrow{\mathrm{OK}}=a_2\overrightarrow{\mathrm{OF}}=a_2\vec{e_2}$ であるから

$$\boldsymbol{\vec{a}=a_1\vec{e_1}+a_2\vec{e_2}}$$ ◀ **基本ベクトル表示** という。

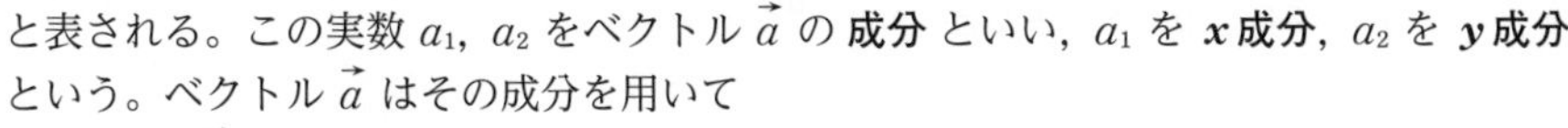

と表される。この実数 a_1，a_2 をベクトル $\vec{a}$ の **成分** といい，a_1 を **x 成分**，a_2 を **y 成分** という。ベクトル $\vec{a}$ はその成分を用いて

$$\boldsymbol{\vec{a}=(a_1,\ a_2)}$$ ◀ **成分表示** という。

と表される。また，$\vec{a}=(a_1,\ a_2)$ の大きさは $|\vec{a}|=\sqrt{a_1^2+a_2^2}$ となる。

2 成分によるベクトルの演算

ベクトルの相等，和・差，実数倍を成分で表すと，次のようになる。

① **相　等**　$(a_1,\ a_2)=(b_1,\ b_2) \iff a_1=b_1,\ a_2=b_2$　◀ 座標の一致と同じ。

② **和・差**　$(a_1,\ a_2)\pm(b_1,\ b_2)=(a_1\pm b_1,\ a_2\pm b_2)$　（複号同順）

③ **実数倍**　$k(a_1,\ a_2)=(ka_1,\ ka_2)$　（k は実数）

証明　$\vec{a}=(a_1,\ a_2)$，$\vec{b}=(b_1,\ b_2)$ とする。　（② は複号同順）

② $(a_1,\ a_2)\pm(b_1,\ b_2)=\vec{a}\pm\vec{b}=(a_1\vec{e_1}+a_2\vec{e_2})\pm(b_1\vec{e_1}+b_2\vec{e_2})$
$=(a_1\pm b_1)\vec{e_1}+(a_2\pm b_2)\vec{e_2}=(a_1\pm b_1,\ a_2\pm b_2)$

③ $k(a_1,\ a_2)=k\vec{a}=k(a_1\vec{e_1}+a_2\vec{e_2})=ka_1\vec{e_1}+ka_2\vec{e_2}=(ka_1,\ ka_2)$

3 点の座標とベクトルの成分

2点 $\mathrm{A}(a_1,\ a_2)$，$\mathrm{B}(b_1,\ b_2)$ に対して

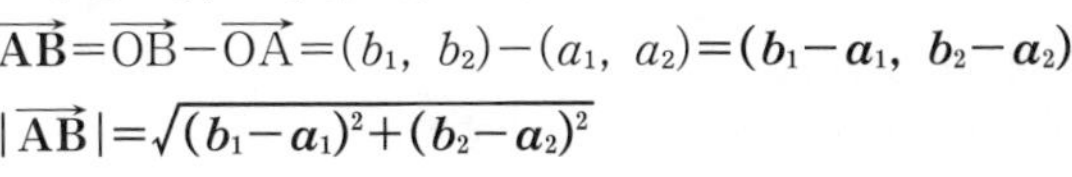

$$\overrightarrow{\mathrm{AB}}=\overrightarrow{\mathrm{OB}}-\overrightarrow{\mathrm{OA}}=(b_1,\ b_2)-(a_1,\ a_2)=\boldsymbol{(b_1-a_1,\ b_2-a_2)}$$

$$|\overrightarrow{\mathrm{AB}}|=\sqrt{(b_1-a_1)^2+(b_2-a_2)^2}$$

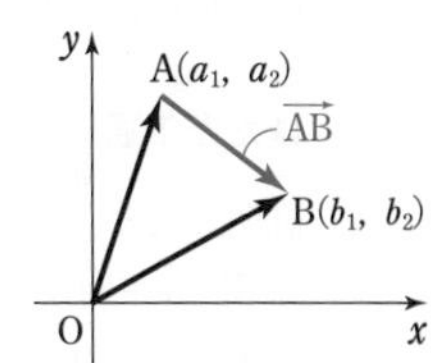

CHECK 問題

1 $\vec{e_1}=(1,\ 0)$，$\vec{e_2}=(0,\ 1)$，$\vec{a}=\overrightarrow{\mathrm{OA}}$，$\vec{b}=\overrightarrow{\mathrm{OB}}$（Oは原点）とし，$\vec{a}=-3\vec{e_1}+2\vec{e_2}$，$\vec{b}=3\vec{e_1}+4\vec{e_2}$ とするとき，$\vec{a}$，$\vec{b}$ を座標平面上に図示せよ。

→ 1

例 6 | ベクトルの演算（成分） ★☆☆☆☆

(1) $\vec{a}=(-2,\ 1)$, $\vec{b}=(3,\ -2)$ のとき，ベクトル $5\vec{a}+3\vec{b}$ を成分で表せ。また，その大きさを求めよ。

(2) $\vec{a}=(1,\ 1)$, $\vec{b}=(1,\ 3)$ とする。$\vec{x}+2\vec{y}=\vec{a}$, $\vec{x}-3\vec{y}=\vec{b}$ を満たすベクトル $\vec{x}$, $\vec{y}$ を求めよ。

(3) $\vec{u}=(1,\ -\sqrt{3})$ と平行な単位ベクトルを成分で表せ。

指針 成分については，次のことが基本である。

成分の計算 $h(a_1,\ a_2)+k(b_1,\ b_2)=(ha_1+kb_1,\ ha_2+kb_2)$ を利用。

大きさ $\vec{a}=(a_1,\ a_2)$ の大きさは　$|\vec{a}|=\sqrt{a_1{}^2+a_2{}^2}$

相　等 $(a_1,\ a_2)=(b_1,\ b_2) \iff a_1=b_1,\ a_2=b_2$

(3) $\vec{u}$ と平行な単位ベクトルは　$\pm\dfrac{\vec{u}}{|\vec{u}|}$

例 7 | 成分によるベクトルの分解 ★★☆☆☆

$\vec{a}=(1,\ 2)$, $\vec{b}=(1,\ -1)$ であるとき，ベクトル $\vec{c}=(5,\ 4)$ を $h\vec{a}+k\vec{b}$ の形に表せ。

指針 $\vec{c}=h\vec{a}+k\vec{b}$ として，両辺の x 成分どうし，y 成分どうしが等しいとおく。

$$(a_1,\ a_2)=(b_1,\ b_2) \iff a_1=b_1,\ a_2=b_2$$

すると，h, k の連立方程式が得られ，h, k の値が求められる。

右の図のように $\vec{a}=\overrightarrow{\mathrm{OA}}$, $\vec{b}=\overrightarrow{\mathrm{OB}}$, $\vec{c}=\overrightarrow{\mathrm{OC}}$ とし，OC が対角線で，OA，OB 上に 2 辺がある平行四辺形 OA′CB′ を作ると，$\overrightarrow{\mathrm{OC}}=\overrightarrow{\mathrm{OA'}}+\overrightarrow{\mathrm{OB'}}$ である。

上の例 7 は，$\overrightarrow{\mathrm{OA'}}=h\vec{a}$, $\overrightarrow{\mathrm{OB'}}=k\vec{b}$ となる h, k，つまり $\overrightarrow{\mathrm{OA'}}$ が $\vec{a}$ の何倍，$\overrightarrow{\mathrm{OB'}}$ が $\vec{b}$ の何倍かを求める問題である。

また，$p.$ 19 で $\vec{a}\neq\vec{0}$, $\vec{b}\neq\vec{0}$, $\vec{a}\not\parallel\vec{b}$ **ならば，任意のベクトル** $\vec{p}$ **はただ 1 通りに** ❶ $\vec{p}=s\vec{a}+t\vec{b}$ **の形に表される** ❷ ことを図形的に証明したが，❷ は成分を用いても証明できる。

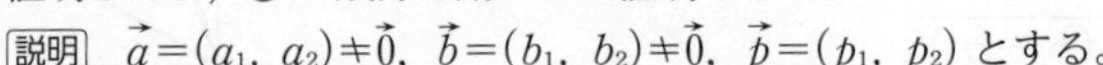

説明 $\vec{a}=(a_1,\ a_2)\neq\vec{0}$, $\vec{b}=(b_1,\ b_2)\neq\vec{0}$, $\vec{p}=(p_1,\ p_2)$ とする。

$\vec{p}=s\vec{a}+t\vec{b}$ とすると $\begin{cases} p_1=sa_1+tb_1 & \cdots\cdots ① \\ p_2=sa_2+tb_2 & \cdots\cdots ② \end{cases}$

$\vec{a}\not\parallel\vec{b}$ より，$a_1b_2-a_2b_1\neq0$ ($p.$ 25 参照) であるから

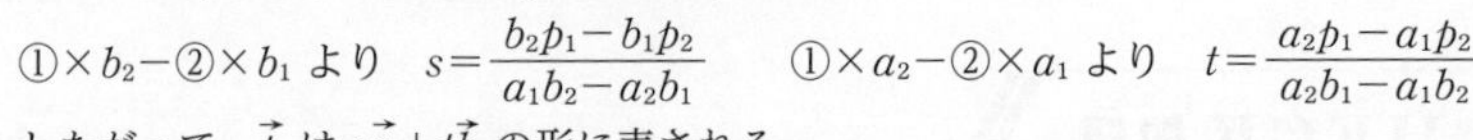

①$\times b_2-$②$\times b_1$ より　$s=\dfrac{b_2p_1-b_1p_2}{a_1b_2-a_2b_1}$　　①$\times a_2-$②$\times a_1$ より　$t=\dfrac{a_2p_1-a_1p_2}{a_2b_1-a_1b_2}$

したがって，$\vec{p}$ は $s\vec{a}+t\vec{b}$ の形に表される。

❶ については，連立 1 次方程式が 1 組の解をもつことを示す。ただし，高校数学の範囲外である行列と連立 1 次方程式の知識が必要。

(注意) $\vec{a}$, $\vec{b}$ の一方が $\vec{0}$ のときや，$\vec{a}\parallel\vec{b}$ のときに任意のベクトル $\vec{p}$ を $s\vec{a}+t\vec{b}$ の形に表すことはできない。

例 8 ベクトルの平行と成分 ★★☆☆☆

2 つのベクトル $\vec{a}=(-1,\ 2)$, $\vec{b}=(1,\ x)$ について, $2\vec{a}+3\vec{b}$ と $\vec{a}-2\vec{b}$ が平行になるとき, x の値を求めよ。 〔工学院大〕

指針 $\vec{0}$ でない 2 つのベクトル $\vec{a}=(a_1,\ a_2)$, $\vec{b}=(b_1,\ b_2)$ について

$$\vec{a}\parallel\vec{b} \iff \vec{b}=k\vec{a} \text{ となる実数 } k \text{ がある} \quad \cdots\cdots Ⓐ$$

$$\iff a_1b_2-a_2b_1=0 \quad \cdots\cdots Ⓑ$$

◀下の **検討** で証明。

が成り立つ。Ⓐ か Ⓑ のどちらかの平行条件を利用する。

検討 指針 の Ⓑ はベクトルの平行条件を成分で表したものである。これを証明しておこう。

証明 $\vec{a}\parallel\vec{b} \iff \vec{b}=k\vec{a} \iff (b_1,\ b_2)=k(a_1,\ a_2) \iff b_1=ka_1,\ b_2=ka_2$

[1] $b_1=ka_1,\ b_2=ka_2$ のとき　$a_1b_2-a_2b_1=a_1\cdot ka_2-a_2\cdot ka_1=0$

[2] 逆に, $a_1b_2-a_2b_1=0$ ……（＊）のとき

$a_1=0$ のとき $a_2\neq 0$ で,（＊）から　$b_1=0$　$\dfrac{b_2}{a_2}=k$ とおくと　$b_1=ka_1,\ b_2=ka_2$

└ $\vec{a}\neq\vec{0}$ の仮定から。

$a_1\neq 0$ のとき　（＊）から　$b_2=\dfrac{b_1}{a_1}a_2$　$\dfrac{b_1}{a_1}=k$ とおくと　$b_1=ka_1,\ b_2=ka_2$

以上により　$\vec{a}\parallel\vec{b} \iff a_1b_2-a_2b_1=0$

例 9 平行四辺形とベクトル ★★☆☆☆

4 点 A$(-3,\ -1)$, B$(a,\ 2)$, C$(3,\ 4)$, D$(-2,\ b)$ がある。

(1) $\overrightarrow{\mathrm{AC}}$ の成分と大きさを求めよ。

(2) 四角形 ABCD が平行四辺形であるとき, 定数 a, b の値を求めよ。

(3) a, b の値が (2) で求めたものであるとき, 平行四辺形 ACED の頂点Eの座標と対角線 AE の長さを求めよ。

指針 (1) A$(a_1,\ a_2)$, B$(b_1,\ b_2)$ のとき（Oは原点）

$$\overrightarrow{\mathrm{AB}}=\overrightarrow{\mathrm{OB}}-\overrightarrow{\mathrm{OA}}=(b_1-a_1,\ b_2-a_2)$$

◀（x 座標の差, y 座標の差）

(2) **四角形 ABCD が平行四辺形であるための条件は**, AB∥DC, AB＝DC であるから

$$\overrightarrow{\mathrm{AB}}=\overrightarrow{\mathrm{DC}}$$

◀ $\overrightarrow{\mathrm{AB}}=\overrightarrow{\mathrm{CD}}$ ではない！

これを成分で表せばよい。

検討 上の例 9 (2) のように,「平行四辺形 ABCD」というと 1 つに決まるが,「4 点 A, B, C, D を頂点とする平行四辺形」というと

「平行四辺形 ABCD」,　「平行四辺形 ABDC」,
「平行四辺形 ADBC」

の 3 つの場合が考えられる（右の図を参照）ので, 注意が必要である。

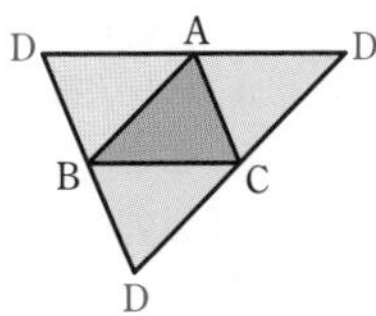

研究 深めよう　1次独立と1次従属

n 個のベクトル $\vec{a_1}$, $\vec{a_2}$, ……, $\vec{a_n}$ を用いて，$x_1\vec{a_1}+x_2\vec{a_2}+\cdots\cdots+x_n\vec{a_n}$ (x_1, x_2, ……, x_n は実数) の形に表されたベクトルを，$\vec{a_1}$, $\vec{a_2}$, ……, $\vec{a_n}$ の **1次結合** という。そして

$$\boldsymbol{x_1\vec{a_1}+x_2\vec{a_2}+\cdots\cdots+x_n\vec{a_n}=\vec{0}} \textbf{ ならば } \quad \boldsymbol{x_1=x_2=\cdots\cdots=x_n=0}$$

が成り立つとき，これら n 個のベクトル $\vec{a_1}$, $\vec{a_2}$, ……, $\vec{a_n}$ は **1次独立** であるという。また，1次独立でないベクトルは，**1次従属** であるという。

平面上のベクトルの1次独立と1次従属

平面上の $\vec{0}$ でない2つのベクトル $\vec{a}$, $\vec{b}$ について，s, t を実数として

$$s\vec{a}+t\vec{b}=\vec{0} \quad \text{ならば} \quad s=t=0$$

が成り立つとき，$\vec{a}$ と $\vec{b}$ は **1次独立** であるという。また，1次独立でないベクトルは **1次従属** であるという。

例えば，$\vec{a}=(2,\ 1)$, $\vec{b}=(1,\ -1)$, $\vec{c}=(4,\ 2)$ のとき

$s\vec{a}+t\vec{b}=\vec{0} \Longrightarrow (2s+t,\ s-t)=(0,\ 0)$　◀ $\vec{a}\not\parallel\vec{b}$

$\Longrightarrow 2s+t=0,\ s-t=0 \Longrightarrow s=t=0$

よって，$\vec{a}$ と $\vec{b}$ は1次独立である。

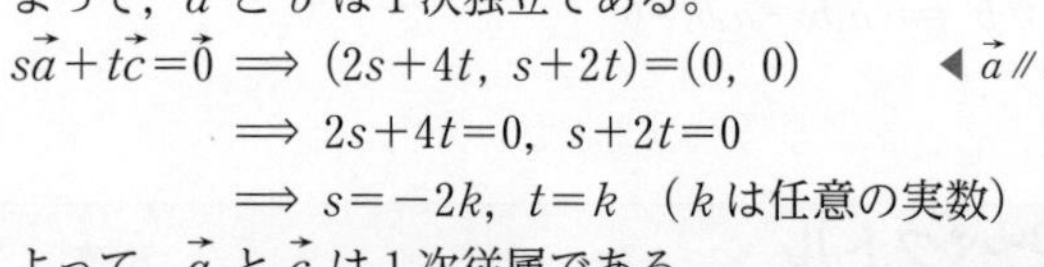

$s\vec{a}+t\vec{c}=\vec{0} \Longrightarrow (2s+4t,\ s+2t)=(0,\ 0)$　◀ $\vec{a}\parallel\vec{c}$

$\Longrightarrow 2s+4t=0,\ s+2t=0$

$\Longrightarrow s=-2k,\ t=k$ （k は任意の実数）

よって，$\vec{a}$ と $\vec{c}$ は1次従属である。

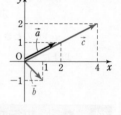

一般に，平面上の2つのベクトル $\vec{a}$, $\vec{b}$ について，次のことが成り立つ。

$\vec{a}$ と $\vec{b}$ が1次独立 $\Longleftrightarrow$ $\vec{a}\neq\vec{0}$, $\vec{b}\neq\vec{0}$, $\vec{a}\not\parallel\vec{b}$

証明　($\Longrightarrow$) $\vec{a}$, $\vec{b}$ の少なくとも1つが $\vec{0}$ のとき，$\vec{a}$ と $\vec{b}$ は1次従属である。　◀ 0でない実数 k について　$k\vec{0}=\vec{0}$

$\vec{a}\neq\vec{0}$, $\vec{b}\neq\vec{0}$, $\vec{a}\parallel\vec{b}$ のとき，$\vec{b}=k\vec{a}$ となる0でない実数 k が存在する。このとき，$k\vec{a}-\vec{b}=\vec{0}$ となり，$\vec{a}$ と $\vec{b}$ は1次従属である。

よって　$\vec{a}$ と $\vec{b}$ が1次独立 $\Longrightarrow$ $\vec{a}\neq\vec{0}$, $\vec{b}\neq\vec{0}$, $\vec{a}\not\parallel\vec{b}$

($\Longleftarrow$) $\vec{a}\neq\vec{0}$, $\vec{b}\neq\vec{0}$, $\vec{a}\not\parallel\vec{b}$ とし，実数 s, t に対して，$s\vec{a}+t\vec{b}=\vec{0}$ とする。

$s\neq0$ と仮定すると，$\vec{a}=-\dfrac{t}{s}\vec{b}$ となり　$\vec{a}\parallel\vec{b}$　これは $\vec{a}\not\parallel\vec{b}$ と矛盾する。

ゆえに　$s=0$　同様にして $t=0$ であることも示すことができる。

よって　$\vec{a}\neq\vec{0}$, $\vec{b}\neq\vec{0}$, $\vec{a}\not\parallel\vec{b}$ $\Longrightarrow$ $\vec{a}$ と $\vec{b}$ は1次独立

以上より　$\vec{a}$ と $\vec{b}$ が1次独立 $\Longleftrightarrow$ $\vec{a}\neq\vec{0}$, $\vec{b}\neq\vec{0}$, $\vec{a}\not\parallel\vec{b}$

p. 19, 24 で学んだことと合わせ，次のことは重要であるから，ここにまとめておく。

$\vec{a}$, $\vec{b}$ が1次独立であるとき，すなわち，$\vec{a}\neq\vec{0}$, $\vec{b}\neq\vec{0}$, $\vec{a}\not\parallel\vec{b}$ であるとき

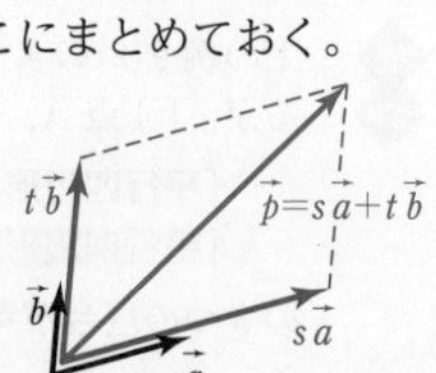

① 任意のベクトル $\vec{p}$ は，$\vec{a}$ と $\vec{b}$ の1次結合 ($\vec{p}=s\vec{a}+t\vec{b}$ の形) で，ただ1通りに表される。

② $s\vec{a}+t\vec{b}=\vec{0} \Longleftrightarrow s=t=0$

例題 2 ベクトルの大きさの最小値 ★★☆☆☆

ベクトル $\vec{a}=(2,\ 1)$, $\vec{b}=(3,\ -1)$ に対して，$|\vec{a}+t\vec{b}|$ は $t=$ ア［　］のとき最小値 イ［　］をとる。

［大阪工大］ ◀例6

指針 **CHART》** $|\vec{p}|$ は $|\vec{p}|^2$ として扱う

$|\vec{a}+t\vec{b}|\geqq 0$ であるから，$|\vec{a}+t\vec{b}|^2$ **が最小となるとき** $|\vec{a}+t\vec{b}|$ **も最小となる。**
このことを利用して，まず $|\vec{a}+t\vec{b}|^2$ の最小値を求める。
また，$|\vec{a}+t\vec{b}|^2$ は t の **2 次式** であるから

CHART》 2 次式は　基本形 $a(t-p)^2+q$ に直せ

に従って変形する。

解答　$\vec{a}+t\vec{b}=(2,\ 1)+t(3,\ -1)=(2+3t,\ 1-t)$

よって　$|\vec{a}+t\vec{b}|^2=(2+3t)^2+(1-t)^2$
$=10t^2+10t+5$ …… (＊)
$=10\left(t+\dfrac{1}{2}\right)^2+\dfrac{5}{2}$

ゆえに，$|\vec{a}+t\vec{b}|^2$ は $t=-\dfrac{1}{2}$ のとき最小値 $\dfrac{5}{2}$ をとる。

$|\vec{a}+t\vec{b}|\geqq 0$ であるから，$|\vec{a}+t\vec{b}|^2$ が最小のとき $|\vec{a}+t\vec{b}|$ も最小となる。

よって，$|\vec{a}+t\vec{b}|$ は $t=$ ア $-\dfrac{1}{2}$ のとき最小値 $\sqrt{\dfrac{5}{2}}=$ イ $\dfrac{\sqrt{10}}{2}$ をとる。

(＊) $10t^2+10t+5$
$=10(t^2+t)+5$
$=10\left\{\left(t+\dfrac{1}{2}\right)^2-\left(\dfrac{1}{2}\right)^2\right\}+5$
$=10\left(t+\dfrac{1}{2}\right)^2+\dfrac{5}{2}$

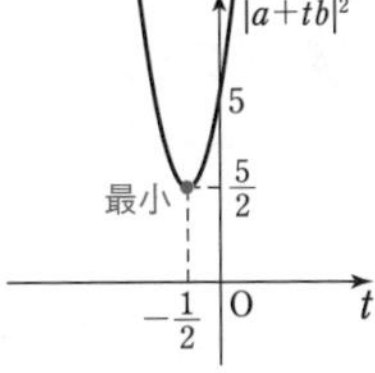

参考　次の単元で学ぶベクトルの内積を用いると
$$|\vec{a}+t\vec{b}|^2=(\vec{a}+t\vec{b})\cdot(\vec{a}+t\vec{b})=|\vec{a}|^2+2t\vec{a}\cdot\vec{b}+t^2|\vec{b}|^2$$
と変形できて，これに $|\vec{a}|^2=5$, $|\vec{b}|^2=10$,
$\vec{a}\cdot\vec{b}=2\times3+1\times(-1)=5$ を代入すると (＊) が導かれる。

検討　座標平面上で，O を原点とし，A(2, 1), B(3, −1) とする。
$\vec{a}=\overrightarrow{OA}$, $\vec{b}=\overrightarrow{OB}$, $\vec{p}=\vec{a}+t\vec{b}=\overrightarrow{OP}$ とすると，$\vec{p}-\vec{a}=t\vec{b}$ から
$\overrightarrow{AP}=t\overrightarrow{OB}$
実数 t の値を変化させると，点 P は，点 A を通り OB に平行な直線 ℓ 上を動く。
上の例題は　$\mathrm{OP}=|\vec{a}+t\vec{b}|$ が最小になるのは，$\mathrm{OP}\perp\ell$
　すなわち OP が ℓ の垂線になるとき
であることを意味している。

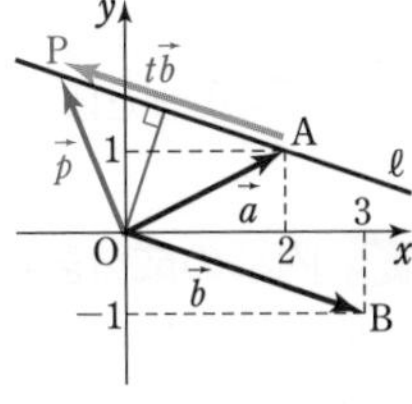

練習 2
(1) $\vec{a}=(-1,\ 2)$, $\vec{b}=(2,\ 4)$ がある。実数 t の値を変化させるとき，$\vec{c}=\vec{a}+t\vec{b}$ の大きさの最小値と，そのときの t の値を求めよ。
(2) $\vec{a}=(2,\ 3)$, $\vec{b}=(1,\ -1)$, $\vec{p}=\vec{a}+k\vec{b}$ とする。$-2\leqq k\leqq 2$ のとき，$|\vec{p}|$ の最大値および最小値を求めよ。
［(2) 東京電機大］

3 ベクトルの内積

《 基本事項 》

1 ベクトルの内積

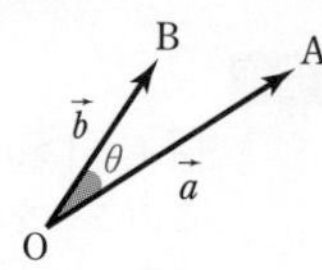

$\vec{0}$ でない 2 つのベクトル $\vec{a}$, $\vec{b}$ について，1 点Oを定め，$\vec{a}=\overrightarrow{\mathrm{OA}}$, $\vec{b}=\overrightarrow{\mathrm{OB}}$ となる点 A，B をとる。このとき，$\angle\mathrm{AOB}=\theta$ $(0^\circ \leqq \theta \leqq 180^\circ)$ を $\vec{a}$, $\vec{b}$ の **なす角** という。

また，$|\vec{a}||\vec{b}|\cos\theta$ を $\vec{a}$, $\vec{b}$ の **内積** といい，記号 $\vec{a}\cdot\vec{b}$ で表す。

$$\vec{a}\cdot\vec{b}=|\vec{a}||\vec{b}|\cos\theta$$

$\vec{a}=\vec{0}$ または $\vec{b}=\vec{0}$ のときは $\vec{a}\cdot\vec{b}=0$ と定める。

なお，$\vec{a}$ と $\vec{0}$ のなす角については考えないことにする。

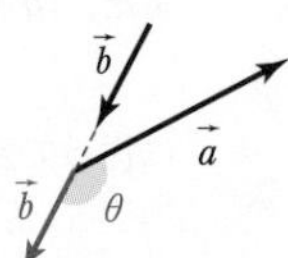

始点をそろえる

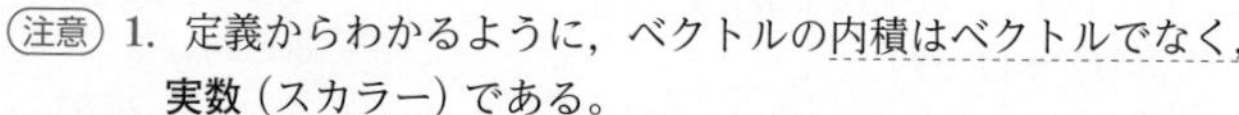

(注意) 1. 定義からわかるように，ベクトルの内積はベクトルでなく，実数（スカラー）である。

2. 内積 $\vec{a}\cdot\vec{b}$ を次のように書いてはいけない。注意するように。

$\vec{a}\vec{b}$ ←・を省略。　$\vec{a}\times\vec{b}$ ←・でなく×を使う。

2 ベクトルの平行と内積

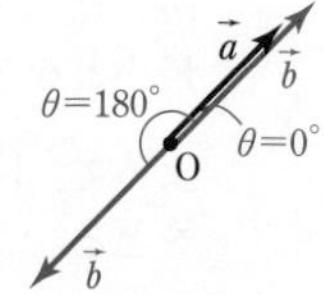

$\vec{0}$ でない 2 つのベクトル $\vec{a}$, $\vec{b}$ のなす角を θ $(0^\circ \leqq \theta \leqq 180^\circ)$ とすると

$\vec{a} \parallel \vec{b} \iff$「$\theta=0^\circ$ または $\theta=180^\circ$」

また　$\theta=0^\circ$（$\vec{a}$ と $\vec{b}$ は同じ向きに平行）$\iff \cos\theta=1$

$\theta=180^\circ$（$\vec{a}$ と $\vec{b}$ は反対の向きに平行）$\iff \cos\theta=-1$

よって　$\vec{a} \parallel \vec{b} \iff$「$\vec{a}\cdot\vec{b}=|\vec{a}||\vec{b}|$ または $\vec{a}\cdot\vec{b}=-|\vec{a}||\vec{b}|$」

3 ベクトルの垂直と内積

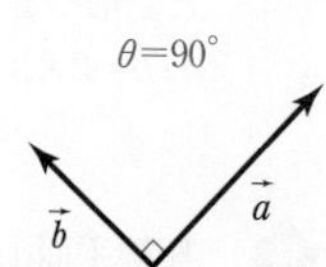

$\vec{0}$ でない 2 つのベクトル $\vec{a}$, $\vec{b}$ のなす角を θ $(0^\circ \leqq \theta \leqq 180^\circ)$ とする。

$\theta=90^\circ$ のとき，$\vec{a}$ と $\vec{b}$ は **垂直** であるといい，$\vec{a}\perp\vec{b}$ と書く。

$\cos 90^\circ=0$ であるから　$\vec{a}\perp\vec{b} \iff \vec{a}\cdot\vec{b}=0$

(注意) $\vec{a}\cdot\vec{b}=0$ が出たからといって，直ちに $\vec{a}\perp\vec{b}$ としてはいけない。$\vec{a}=\vec{0}$ または $\vec{b}=\vec{0}$ の場合もあるからである。

4 内積の成分表示

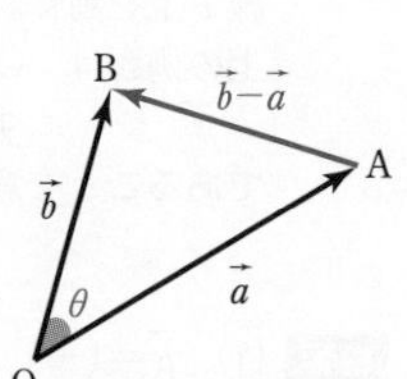

$\vec{0}$ でない 2 つのベクトル $\vec{a}=\overrightarrow{\mathrm{OA}}$, $\vec{b}=\overrightarrow{\mathrm{OB}}$ のなす角を θ とすると，$\angle\mathrm{AOB}=\theta$ となる。

$0^\circ<\theta<180^\circ$ のとき，$\triangle\mathrm{OAB}$ に余弦定理を適用すると

$$\mathrm{AB}^2=\mathrm{OA}^2+\mathrm{OB}^2-2\mathrm{OA}\cdot\mathrm{OB}\cos\theta$$

◀ $\theta=0^\circ$, 180° のときも成立。

よって　$|\vec{b}-\vec{a}|^2=|\vec{a}|^2+|\vec{b}|^2-2|\vec{a}||\vec{b}|\cos\theta$

$\vec{a}=(a_1,\ a_2)$, $\vec{b}=(b_1,\ b_2)$ とすると

$$(b_1-a_1)^2+(b_2-a_2)^2=(a_1{}^2+a_2{}^2)+(b_1{}^2+b_2{}^2)-2\vec{a}\cdot\vec{b}$$

ゆえに　$\vec{a}\cdot\vec{b}=a_1b_1+a_2b_2$　　これは $\vec{a}=\vec{0}$ または $\vec{b}=\vec{0}$ のときも成り立つ。

以上のことと，内積の定義 $\vec{a}\cdot\vec{b}=|\vec{a}||\vec{b}|\cos\theta$ から，次の公式が導かれる。

> $\vec{a}=(a_1,\ a_2)$，$\vec{b}=(b_1,\ b_2)$ とする。
> ① $\boldsymbol{\vec{a}\cdot\vec{b}=a_1b_1+a_2b_2}$
> ② $\vec{a}\neq\vec{0}$，$\vec{b}\neq\vec{0}$，$\vec{a}$ と $\vec{b}$ のなす角を θ $(0^\circ\leqq\theta\leqq180^\circ)$ とすると
> $$\boldsymbol{\cos\theta=\frac{\vec{a}\cdot\vec{b}}{|\vec{a}||\vec{b}|}=\frac{a_1b_1+a_2b_2}{\sqrt{a_1{}^2+a_2{}^2}\sqrt{b_1{}^2+b_2{}^2}}}$$
> ③ $\vec{a}\neq\vec{0}$，$\vec{b}\neq\vec{0}$ のとき　$\boldsymbol{\vec{a}\perp\vec{b}\iff\vec{a}\cdot\vec{b}=0\iff a_1b_1+a_2b_2=0}$

5 内積の性質

ベクトルの内積について，次の法則が成り立つ。

① $\boldsymbol{\vec{a}\cdot\vec{b}=\vec{b}\cdot\vec{a}}$　◀ 交換法則

② $\boldsymbol{(\vec{a}+\vec{b})\cdot\vec{c}=\vec{a}\cdot\vec{c}+\vec{b}\cdot\vec{c}}$，　$\boldsymbol{\vec{a}\cdot(\vec{b}+\vec{c})=\vec{a}\cdot\vec{b}+\vec{a}\cdot\vec{c}}$　◀ 分配法則

③ $\boldsymbol{(k\vec{a})\cdot\vec{b}=\vec{a}\cdot(k\vec{b})=k(\vec{a}\cdot\vec{b})}$　　k は実数

④ $\boldsymbol{\vec{a}\cdot\vec{a}=|\vec{a}|^2}$　　⑤ $\boldsymbol{|\vec{a}|=\sqrt{\vec{a}\cdot\vec{a}}}$

これらは，ベクトルを成分表示することにより導かれる。なお，③ が成り立つから，$k(\vec{a}\cdot\vec{b})$ を単に $k\vec{a}\cdot\vec{b}$ と書くことがある。

6 ベクトルの正射影

$\overrightarrow{OA}=\vec{a}$，$\overrightarrow{OB}=\vec{b}$ とし，$\vec{a}$ と $\vec{b}$ のなす角を θ とする。
点Bから直線OA に垂線 BB′ を下ろしたとき，$\overrightarrow{OB'}$ を $\overrightarrow{OB}$ の直線 OA 上への **正射影** という。

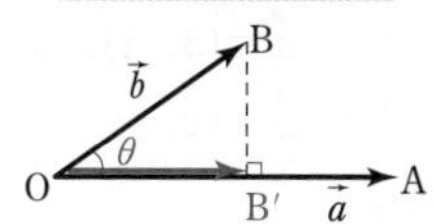

直線 OA 上で $\overrightarrow{OA}$ の向きを正として，符号を含んだ長さを考えると，$\mathrm{OB'}=|\vec{b}|\cos\theta$ より　◀ $90^\circ\leqq\theta\leqq180^\circ$ のとき $\mathrm{OB'}\leqq0$

$$\boldsymbol{\vec{a}\cdot\vec{b}=\mathrm{OA}\times\mathrm{OB'}}$$

と書ける。よって，内積 $\overrightarrow{OA}\cdot\overrightarrow{OB}$ の図形的意味は，線分 OA の長さと線分 OB′ の長さの積である，といえる。

90°≦θ≦180°のとき

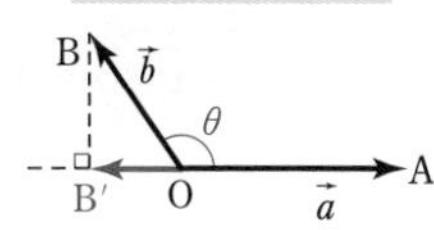

また，$\overrightarrow{OB'}$ は，$\vec{a}$ と同じ向きの単位ベクトル $\dfrac{\vec{a}}{|\vec{a}|}$ を $|\vec{b}|\cos\theta$ 倍 (OB′ 倍した) ベクトルであるから　◀ $90^\circ\leqq\theta\leqq180^\circ$ のとき　$|\vec{b}|\cos\theta\leqq0$

$$\overrightarrow{\mathrm{OB'}}=|\vec{b}|\cos\theta\times\frac{\vec{a}}{|\vec{a}|}=\boldsymbol{\frac{|\vec{b}|\cos\theta}{|\vec{a}|}\vec{a}=\frac{\vec{a}\cdot\vec{b}}{|\vec{a}|^2}\vec{a}}$$

これを本書では，$\vec{b}$ の $\vec{a}$ への **正射影ベクトル** ということにする。正射影ベクトルについては，$p.62$ も参照。

CHECK 問題

2 次のような $\vec{a}$，$\vec{b}$ について，内積 $\vec{a}\cdot\vec{b}$ を求めよ。
(1) $|\vec{a}|=2$，$|\vec{b}|=3$，なす角 45°　　(2) $|\vec{a}|=3$，$|\vec{b}|=5$，なす角 120°　→ 1

例 10 内積の計算（定義） ★☆☆☆☆

1辺の長さが2で，AC=2 であるようなひし形 ABCD において，対角線 AC と BD の交点をOとするとき，次の内積を求めよ。

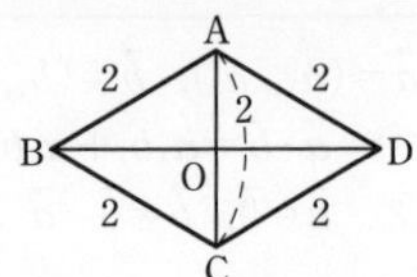

(1) $\overrightarrow{AB}\cdot\overrightarrow{AC}$　　(2) $\overrightarrow{AB}\cdot\overrightarrow{OD}$

(3) $\overrightarrow{AB}\cdot\overrightarrow{BC}$　　(4) $\overrightarrow{BC}\cdot\overrightarrow{DA}$

指針 内積の定義 $\vec{a}\cdot\vec{b}=|\vec{a}||\vec{b}|\cos\theta$ に当てはめて計算する。その際，なす角 θ の測り方に注意が必要である。

(2)〜(4) のように，2つのベクトルの始点が同じでない場合は，一方のベクトルを平行移動して，始点をそろえてからなす角 θ を測るようにする。

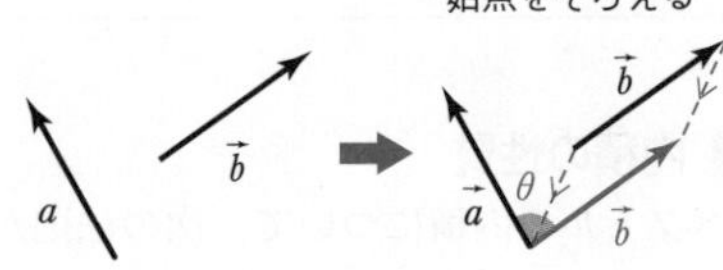

例 11 内積の計算（成分） ★★☆☆☆

次のベクトル $\vec{a}$，$\vec{b}$ の内積と，そのなす角 θ を求めよ。

(1) $\vec{a}=(3,\ 4)$，$\vec{b}=(7,\ 1)$

(2) $\vec{a}=(2,\ -1)$，$\vec{b}=(-2+\sqrt{3},\ 1+2\sqrt{3})$

指針 成分による内積の計算　$\vec{a}=(a_1,\ a_2)$，$\vec{b}=(b_1,\ b_2)$ のとき，$\vec{a}$，$\vec{b}$ のなす角を θ とすると

$$\vec{a}\cdot\vec{b}=a_1b_1+a_2b_2 \quad \cdots\cdots \text{Ⓐ} \qquad \cos\theta=\frac{\vec{a}\cdot\vec{b}}{|\vec{a}||\vec{b}|} \quad \cdots\cdots \text{Ⓑ}$$

成分が与えられたベクトルの内積は，Ⓐ を利用して計算する。
また，ベクトルのなす角 θ を求めるには，Ⓑ を利用して方程式 $\cos\theta=\alpha$ を解く。
このとき，かくれた条件 $0°\leqq\theta\leqq180°$ に注意。

検討　$\vec{a}$，$\vec{b}$ のなす角 θ は，次のように余弦定理を利用して求めることもできる。

(2) Oを原点として，$\vec{a}=\overrightarrow{OA}$，$\vec{b}=\overrightarrow{OB}$ とすると，A$(2,\ -1)$，B$(-2+\sqrt{3},\ 1+2\sqrt{3})$，$\theta=\angle AOB$ である。よって

$$OA^2=2^2+(-1)^2=5,$$
$$OB^2=(-2+\sqrt{3})^2+(1+2\sqrt{3})^2=20,$$
$$AB^2=\{(-2+\sqrt{3})-2\}^2+\{(1+2\sqrt{3})-(-1)\}^2=35$$

したがって，△OAB において，余弦定理により

$$\cos\theta=\frac{OA^2+OB^2-AB^2}{2OA\cdot OB}=\frac{5+20-35}{2\cdot\sqrt{5}\cdot2\sqrt{5}}=-\frac{1}{2}$$

$0°\leqq\theta\leqq180°$ であるから　$\theta=120°$

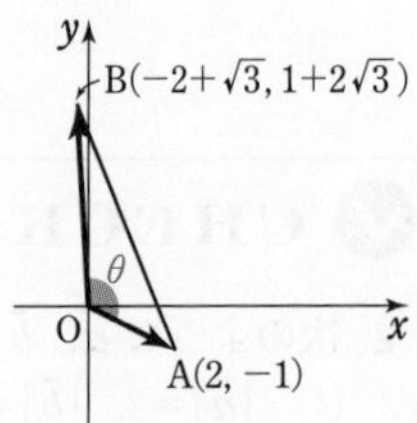

例題 3 ベクトルのなす角に関する問題 ★★☆☆☆

(1) p を正の定数とし，ベクトル $\vec{a}=(1,\ 1)$ と $\vec{b}=(1,\ -p)$ があるとする。いま，$\vec{a}$ と $\vec{b}$ のなす角が 60° のとき，p の値を求めよ。〔立教大〕

(2) $m,\ n$ は正の定数とする。$\vec{a}=(-1,\ 3)$ と $\vec{b}=(m,\ n)$ のなす角は 45°，$|\vec{b}|=2\sqrt{5}$ であるとき，$m,\ n$ の値を求めよ。

◀例11

指針 内積 $\vec{a}\cdot\vec{b}$ を　$\vec{a}\cdot\vec{b}=|\vec{a}||\vec{b}|\cos\theta$ [定義]，$\vec{a}\cdot\vec{b}=a_1b_1+a_2b_2$ [成分表示] の **2 通りで表し**，これらを等しいとおいた方程式を解く。
その際，$\sqrt{●}$ が出てくる場合は，$\sqrt{●}\geqq 0$ や $●\geqq 0$ に注意 して方程式を解く必要がある。
また，(1) では $p>0$，(2) では $m>0,\ n>0$ の条件にも注意。

解答 (1) $\vec{a}\cdot\vec{b}=1\times1+1\times(-p)=1-p$

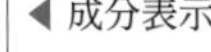

$|\vec{a}|=\sqrt{1^2+1^2}=\sqrt{2}$，$|\vec{b}|=\sqrt{1^2+(-p)^2}=\sqrt{1+p^2}$

$\vec{a}\cdot\vec{b}=|\vec{a}||\vec{b}|\cos 60°$ から　$1-p=\sqrt{2}\sqrt{1+p^2}\times\dfrac{1}{2}$ ……①

① の両辺を 2 乗して整理すると　$p^2-4p+1=0$

よって　$p=-(-2)\pm\sqrt{(-2)^2-1\cdot1}=2\pm\sqrt{3}$ ……②

ここで，① の右辺は正であるから，$1-p>0$ より　$0<p<1$

② で $0<p<1$ を満たすものは　$\boldsymbol{p=2-\sqrt{3}}$

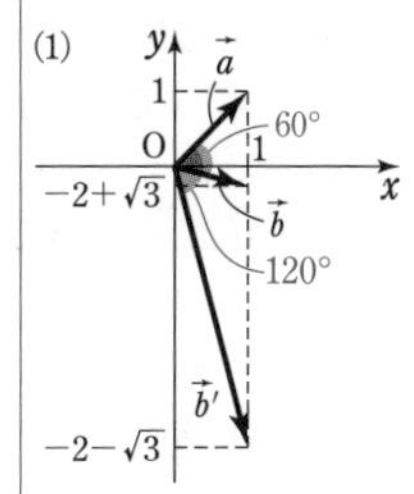

(2) $|\vec{b}|=2\sqrt{5}$ から　$|\vec{b}|^2=20$

よって　$m^2+n^2=20$ ……①

$|\vec{a}|=\sqrt{(-1)^2+3^2}=\sqrt{10}$ であるから

$$\vec{a}\cdot\vec{b}=|\vec{a}||\vec{b}|\cos 45°=\sqrt{10}\times2\sqrt{5}\times\frac{1}{\sqrt{2}}=10$$

◀ 定義

また，$\vec{a}\cdot\vec{b}=-1\times m+3\times n=-m+3n$ であるから

◀ 成分表示

$-m+3n=10$

ゆえに　$m=3n-10$ ……②

② を ① に代入して　$(3n-10)^2+n^2=20$

よって　$n^2-6n+8=0$　すなわち　$(n-2)(n-4)=0$

これを解いて　$n=2,\ 4$ ($n>0$ を満たす)

② から　$n=2$ のとき　$m=-4$，　$n=4$ のとき　$m=2$

$m>0$ であるから，求める $m,\ n$ の値は

$\boldsymbol{m=2,\ n=4}$

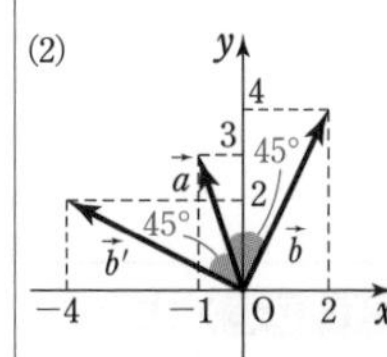

(注意) (1)，(2) それぞれの解答側注の図において，$\vec{b'}$ は解答で不適となった定数の値 [(1) では $p=2+\sqrt{3}$，(2) では $m=-4,\ n=2$] に対応するベクトル $\vec{b}$ である。
なお，(1) で，$\vec{b'}=(1,\ -2-\sqrt{3})$ は $\vec{a}=(1,\ 1)$ と 120° の角をなしている。

練習 3

(1) $\vec{p}=(-3,\ -4)$ と $\vec{q}=(a,\ -1)$ のなす角が 45° のとき，定数 a の値を求めよ。

(2) $\vec{a}=(1,\ -\sqrt{3})$ とのなす角が 120°，大きさが $2\sqrt{10}$ であるベクトル $\vec{b}$ を求めよ。

例題 4 ベクトルの垂直と成分 ★★☆☆☆

(1) ベクトル $\vec{a}=(1,\ x)$, $\vec{b}=(x+1,\ -2)$ が垂直になるような x の値を求めよ。

(2) $\vec{a}=(4,\ 1)$ に垂直で，大きさが $\sqrt{34}$ のベクトル $\vec{u}$ を求めよ。 ◀例11

指針 **ベクトルの垂直条件**　$\vec{a}\neq\vec{0}$, $\vec{b}\neq\vec{0}$ のとき $\vec{a}\perp\vec{b} \iff \vec{a}\cdot\vec{b}=0$

垂直 ⟷ (内積)=0

(2) $\vec{u}=(x,\ y)$ として，① 垂直条件から $\vec{a}\cdot\vec{u}=0$

② 大きさの条件から $|\vec{u}|=\sqrt{34}$ より $|\vec{u}|^2=34$

これから，x, y の連立方程式を導く。

解答 (1) $\vec{a}\neq\vec{0}$, $\vec{b}\neq\vec{0}$ であるから，$\vec{a}\perp\vec{b}$ であるための条件は

$\vec{a}\cdot\vec{b}=0$

ここで　$\vec{a}\cdot\vec{b}=1\times(x+1)+x\times(-2)=1-x$

よって　$1-x=0$　したがって　$\boldsymbol{x=1}$

(2) $\vec{u}=(x,\ y)$ とする。

$\vec{a}\perp\vec{u}$ であるから　$\vec{a}\cdot\vec{u}=0$

よって　$4x+y=0$　ゆえに　$y=-4x$　…… ①

また，$|\vec{u}|=\sqrt{34}$ であるから　$x^2+y^2=34$　…… ②

① を ② に代入して　$x^2+(-4x)^2=34$

よって　$x^2=2$　ゆえに　$x=\pm\sqrt{2}$

① から，$x=\pm\sqrt{2}$ のとき　$y=\mp4\sqrt{2}$　(複号同順)

したがって　$\boldsymbol{\vec{u}=(\sqrt{2},\ -4\sqrt{2}),\ (-\sqrt{2},\ 4\sqrt{2})}$

(1) x の値に関係なく
($\vec{a}$ の x 成分)$\neq0$,
($\vec{b}$ の y 成分)$\neq0$

(2)

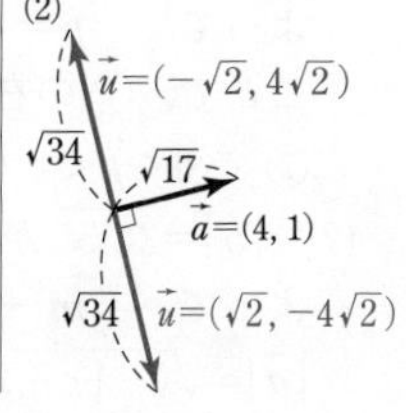

検討

1. 「$\vec{p}=(s,\ t)\neq\vec{0}$ と $\vec{q}=(t,\ -s)$ は垂直である」　◀ $\vec{q}\neq\vec{0}$, $\vec{p}\cdot\vec{q}=0$ となる。

このことを用いると，(2) において $\vec{u}$ はベクトル $(1,\ -4)$ に平行である。ベクトル $(1,\ -4)$ の大きさは $\sqrt{17}$ であるから　(____ はベクトル $(1,\ -4)$ に平行な単位ベクトル。)

$\vec{u}=\sqrt{34}\times\left\{\pm\dfrac{1}{\sqrt{17}}(1,\ -4)\right\}=\pm(\sqrt{2},\ -4\sqrt{2})$ [複号同順。以下同じ] と求められる。

2. (2) に関して，「$\vec{a}=(4,\ 1)$ に平行で，大きさが $\sqrt{34}$ のベクトル $\vec{v}$」は，次のように求められる。　$|\vec{a}|=\sqrt{17}$ から　$\vec{v}=\sqrt{34}\times\left(\pm\dfrac{\vec{a}}{|\vec{a}|}\right)=\pm\dfrac{\sqrt{34}}{\sqrt{17}}(4,\ 1)=\pm(4\sqrt{2},\ \sqrt{2})$

CHART》 大きさ，なす角

内積の利用

1 $|\vec{p}|$ は $|\vec{p}|^2$ として扱う

2 なす角 $\cos\theta=\dfrac{\vec{a}\cdot\vec{b}}{|\vec{a}||\vec{b}|}$　　垂直 $\vec{a}\cdot\vec{b}=0$

練習 4 $\vec{a}=(p,\ 2)$, $\vec{b}=(-1,\ 3)$, $\vec{c}=(1,\ q)$ とするとき　[類 大分大]

(1) $\vec{b}$ に垂直な単位ベクトル $\vec{u}$ を求めよ。

(2) $\vec{a}$ と $\vec{b}-\vec{c}$ は垂直で，$\vec{a}-\vec{b}$ と $\vec{c}$ は平行であるとき，p, q の値を求めよ。

例題 5 内積と三角形の面積 ★★☆☆☆

(1) △OAB において，$\overrightarrow{OA}=\vec{a}$，$\overrightarrow{OB}=\vec{b}$ とするとき，△OAB の面積 S を $\vec{a}$，$\vec{b}$ で表せ。

(2) (1)を利用して，3 点 O(0, 0)，A$(a_1,\ a_2)$，B$(b_1,\ b_2)$ を頂点とする △OAB の面積 S を a_1，a_2，b_1，b_2 を用いて表せ。

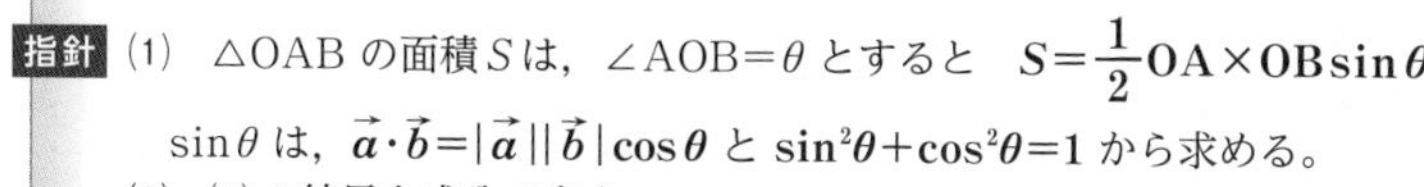

指針 (1) △OAB の面積 S は，∠AOB$=\theta$ とすると $\boldsymbol{S=\frac{1}{2}\mathrm{OA}\times\mathrm{OB}\sin\theta}$

$\sin\theta$ は，$\boldsymbol{\vec{a}\cdot\vec{b}=|\vec{a}||\vec{b}|\cos\theta}$ と $\boldsymbol{\sin^2\theta+\cos^2\theta=1}$ から求める。

(2) (1)の結果を成分で表す。

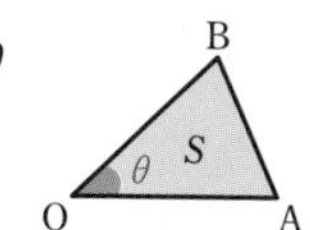

解答 (1) ∠AOB$=\theta$ $(0°<\theta<180°)$ とすると $\cos\theta=\dfrac{\vec{a}\cdot\vec{b}}{|\vec{a}||\vec{b}|}$

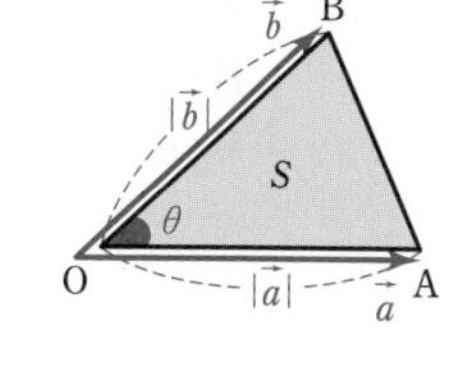

また，$\sin\theta>0$ であるから

$$S=\frac{1}{2}|\vec{a}||\vec{b}|\sin\theta=\frac{1}{2}|\vec{a}||\vec{b}|\sqrt{1-\cos^2\theta}$$
$$=\frac{1}{2}\sqrt{|\vec{a}|^2|\vec{b}|^2-|\vec{a}|^2|\vec{b}|^2\cos^2\theta}$$
$$=\boldsymbol{\frac{1}{2}\sqrt{|\vec{a}|^2|\vec{b}|^2-(\vec{a}\cdot\vec{b})^2}}\quad\cdots\cdots①$$

◀ $|\vec{a}||\vec{b}|\cos\theta=\vec{a}\cdot\vec{b}$

(2) $\overrightarrow{OA}=\vec{a}$，$\overrightarrow{OB}=\vec{b}$ とすると $\vec{a}=(a_1,\ a_2)$，$\vec{b}=(b_1,\ b_2)$

(1)から，△OAB の面積 S は，$S=\frac{1}{2}\sqrt{|\vec{a}|^2|\vec{b}|^2-(\vec{a}\cdot\vec{b})^2}$ と表される。

ここで，$|\vec{a}|^2=a_1{}^2+a_2{}^2$，$|\vec{b}|^2=b_1{}^2+b_2{}^2$，$(\vec{a}\cdot\vec{b})^2=(a_1b_1+a_2b_2)^2$ であるから

$$|\vec{a}|^2|\vec{b}|^2-(\vec{a}\cdot\vec{b})^2=(a_1{}^2+a_2{}^2)(b_1{}^2+b_2{}^2)-(a_1b_1+a_2b_2)^2$$
$$=a_1{}^2b_2{}^2+a_2{}^2b_1{}^2-2a_1b_1a_2b_2$$
$$=(a_1b_2-a_2b_1)^2$$

ゆえに $S=\frac{1}{2}\sqrt{(a_1b_2-a_2b_1)^2}=\boldsymbol{\frac{1}{2}|a_1b_2-a_2b_1|}\quad\cdots\cdots②$

◀ $\sqrt{A^2}=|A|$

検討 △ABC のときは，$\overrightarrow{AB}=\vec{a}$，$\overrightarrow{AC}=\vec{b}$ とすることで，①，② と同様の式が成り立つ。すなわち，△ABC において，$\overrightarrow{AB}=\vec{x}=(x_1,\ x_2)$，$\overrightarrow{AC}=\vec{y}=(y_1,\ y_2)$ とすると，面積 S は

$$\boldsymbol{S=\frac{1}{2}\sqrt{|\vec{x}|^2|\vec{y}|^2-(\vec{x}\cdot\vec{y})^2}=\frac{1}{2}|x_1y_2-x_2y_1|}\quad\cdots\cdots(*)$$

(＊)は，座標平面上の，座標がわかっている 3 点でできる三角形の面積を求める公式として，とても便利である。覚えておくとよい。

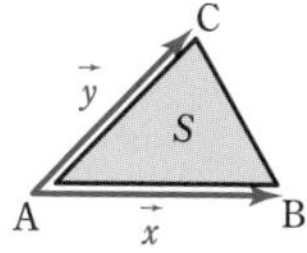

練習 5 (1) 次の 3 点を頂点とする △ABC の面積 S を求めよ。

(ア) A(0, 0)，B(3, 1)，C(2, 4)　　(イ) A(−2, 1)，B(3, 0)，C(2, 4)

(2) A(4, 1)，B(5, −3)，C(1, x) について，△ABC の面積が 1 となるように，定数 x の値を定めよ。

例題 6 内積の計算（性質利用） ★★☆☆☆

(1) 等式 $(\vec{a}+\vec{b})\cdot(\vec{a}-\vec{b})=|\vec{a}|^2-|\vec{b}|^2$ が成り立つことを証明せよ。

(2) $|\vec{a}|=2$, $|\vec{b}|=\sqrt{3}$, $|\vec{a}-\vec{b}|=1$ のとき，$|2\vec{a}-3\vec{b}|$ の値を求めよ。

〔類 岡山理科大〕

指針 内積の性質を利用すると，普通の文字のように考えて計算することができる。

① **交換法則** $\vec{a}\cdot\vec{b}=\vec{b}\cdot\vec{a}$

② **分配法則** $(\vec{a}+\vec{b})\cdot\vec{c}=\vec{a}\cdot\vec{c}+\vec{b}\cdot\vec{c}$, $\vec{a}\cdot(\vec{b}+\vec{c})=\vec{a}\cdot\vec{b}+\vec{a}\cdot\vec{c}$

③ $(k\vec{a})\cdot\vec{b}=\vec{a}\cdot(k\vec{b})=k(\vec{a}\cdot\vec{b})$　　k は実数

④ $\vec{a}\cdot\vec{a}=|\vec{a}|^2$

(1) 左辺（複雑な式）を変形して，右辺の式を導く。

(2) **CHART** $|\vec{p}|$ は $|\vec{p}|^2$ として扱う

に従って $|2\vec{a}-3\vec{b}|^2=(2\vec{a}-3\vec{b})\cdot(2\vec{a}-3\vec{b})$ を計算すると，これは $|\vec{a}|$, $|\vec{b}|$, $\vec{a}\cdot\vec{b}$ で表される。$\vec{a}\cdot\vec{b}$ は $|\vec{a}-\vec{b}|^2=1^2$ から求められる。

解答 (1) $(\vec{a}+\vec{b})\cdot(\vec{a}-\vec{b})=\vec{a}\cdot(\vec{a}-\vec{b})+\vec{b}\cdot(\vec{a}-\vec{b})$

$=\vec{a}\cdot\vec{a}-\vec{a}\cdot\vec{b}+\vec{b}\cdot\vec{a}-\vec{b}\cdot\vec{b}$

$=|\vec{a}|^2-\vec{a}\cdot\vec{b}+\vec{a}\cdot\vec{b}-|\vec{b}|^2$

$=|\vec{a}|^2-|\vec{b}|^2$

よって　$(\vec{a}+\vec{b})\cdot(\vec{a}-\vec{b})=|\vec{a}|^2-|\vec{b}|^2$

◀ $(a+b)(a-b)$ の展開と同じ要領。「・」を省略してはいけない！

(2) $|\vec{a}-\vec{b}|=1$ から　$|\vec{a}-\vec{b}|^2=1^2$

また　$|\vec{a}-\vec{b}|^2=(\vec{a}-\vec{b})\cdot(\vec{a}-\vec{b})=|\vec{a}|^2-2\vec{a}\cdot\vec{b}+|\vec{b}|^2$

$=2^2-2\vec{a}\cdot\vec{b}+(\sqrt{3})^2=7-2\vec{a}\cdot\vec{b}$

◀ $(a-b)^2=a^2-2ab+b^2$ と同じ要領。

$|\vec{a}-\vec{b}|^2=1^2$ から　$7-2\vec{a}\cdot\vec{b}=1$　　ゆえに　$\vec{a}\cdot\vec{b}=3$

よって　$|2\vec{a}-3\vec{b}|^2=(2\vec{a}-3\vec{b})\cdot(2\vec{a}-3\vec{b})$

$=4|\vec{a}|^2-12\vec{a}\cdot\vec{b}+9|\vec{b}|^2$

$=4\cdot2^2-12\cdot3+9\cdot(\sqrt{3})^2=7$

◀ $(2a-3b)^2=4a^2-12ab+9b^2$ と同じ要領。

$|2\vec{a}-3\vec{b}|\geqq0$ であるから　$|2\vec{a}-3\vec{b}|=\sqrt{7}$

(2) $\vec{a}=\overrightarrow{\mathrm{OA}}$, $\vec{b}=\overrightarrow{\mathrm{OB}}$ とすると，$|\overrightarrow{\mathrm{OA}}|=2$, $|\overrightarrow{\mathrm{OB}}|=\sqrt{3}$,

$|\overrightarrow{\mathrm{BA}}|=|\vec{a}-\vec{b}|=1$ であるから　$\angle\mathrm{B}=90°$

よって，$\vec{b}$ は $\vec{a}$ の直線 OB 上への正射影であるから

$\vec{a}\cdot\vec{b}=|\vec{b}|^2=3$

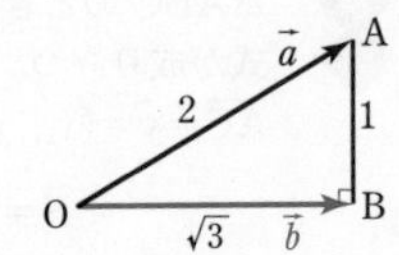

練習 6 (1) 次の等式が成り立つことを証明せよ。

(ア) $(\vec{a}-2\vec{b})\cdot(\vec{a}+\vec{c})=|\vec{a}|^2-(2\vec{b}-\vec{c})\cdot\vec{a}-2\vec{b}\cdot\vec{c}$

(イ) $|\vec{a}+\vec{b}+\vec{c}|^2+|\vec{a}|^2+|\vec{b}|^2+|\vec{c}|^2=|\vec{a}+\vec{b}|^2+|\vec{b}+\vec{c}|^2+|\vec{c}+\vec{a}|^2$

(2) (ア) $|\vec{a}|=\sqrt{3}$, $|\vec{b}|=2$, $|\vec{a}-\vec{b}|=\sqrt{13}$ のとき，$\vec{a}\cdot\vec{b}$ を求めよ。〔類 関西大〕

(イ) $|\vec{a}|=1$, $|\vec{b}|=2$, $|\vec{a}+2\vec{b}|=3$ のとき，$|\vec{a}-2\vec{b}|$ を求めよ。〔神奈川大〕

(ウ) $\vec{a}\cdot\vec{b}=3$, $|\vec{a}|^2+|\vec{b}|^2=10$ のとき，$|\vec{a}+\vec{b}|$, $|\vec{a}-\vec{b}|$ を求めよ。

例題 7 ベクトルのなす角 (垂直条件) ★★☆☆☆

$\vec{a}-\dfrac{2}{5}\vec{b}$ と $\vec{a}+\vec{b}$ が垂直，$\vec{a}$ と $\vec{a}-\vec{b}$ が垂直であるとき，$\vec{a}$ と $\vec{b}$ のなす角 θ を求めよ。

◀例題4，6

指針 CHART 》なす角　内積の利用

垂直 $\vec{p}\perp\vec{q} \Longrightarrow \vec{p}\cdot\vec{q}=0$　　なす角 $\cos\theta=\dfrac{\vec{p}\cdot\vec{q}}{|\vec{p}||\vec{q}|}$

(注意) $\vec{p}\perp\vec{q}$ という条件が与えられたときは，$\vec{p}\neq\vec{0}$，$\vec{q}\neq\vec{0}$ が前提条件。

$\left(\vec{a}-\dfrac{2}{5}\vec{b}\right)\cdot(\vec{a}+\vec{b})=0$，$\vec{a}\cdot(\vec{a}-\vec{b})=0$ から，$|\vec{a}|$，$|\vec{b}|$，$\vec{a}\cdot\vec{b}$ の間の関係式を求め，$\cos\theta$ の値を調べる。

解答 $\left(\vec{a}-\dfrac{2}{5}\vec{b}\right)\perp(\vec{a}+\vec{b})$ であるから

$$\left(\vec{a}-\frac{2}{5}\vec{b}\right)\cdot(\vec{a}+\vec{b})=0$$

ゆえに　$|\vec{a}|^2+\dfrac{3}{5}\vec{a}\cdot\vec{b}-\dfrac{2}{5}|\vec{b}|^2=0$　…… ①

$\vec{a}\perp(\vec{a}-\vec{b})$ であるから　$\vec{a}\cdot(\vec{a}-\vec{b})=0$

よって　$|\vec{a}|^2-\vec{a}\cdot\vec{b}=0$

ゆえに　$\vec{a}\cdot\vec{b}=|\vec{a}|^2$　…… ②

② を ① に代入すると

$$|\vec{a}|^2+\frac{3}{5}|\vec{a}|^2-\frac{2}{5}|\vec{b}|^2=0$$

整理すると　$4|\vec{a}|^2-|\vec{b}|^2=0$　…… ㋐

よって　$(2|\vec{a}|+|\vec{b}|)(2|\vec{a}|-|\vec{b}|)=0$　…… ㋑

$\vec{a}\neq\vec{0}$ より，$2|\vec{a}|+|\vec{b}|>0$ であるから　$|\vec{b}|=2|\vec{a}|$

したがって　$\cos\theta=\dfrac{\vec{a}\cdot\vec{b}}{|\vec{a}||\vec{b}|}=\dfrac{|\vec{a}|^2}{2|\vec{a}|^2}=\dfrac{1}{2}$

$0^\circ\leqq\theta\leqq180^\circ$ であるから　$\boldsymbol{\theta=60^\circ}$

◀ 垂直 ⟹ 内積=0
◀ 分数が出てこないように，$(5\vec{a}-2\vec{b})\cdot(\vec{a}+\vec{b})=0$ として考えてもよい。
◀ $\vec{a}\cdot\vec{a}=|\vec{a}|^2$
◀ 垂直 ⟹ 内積=0　$\vec{a}\perp(\vec{a}-\vec{b})$ であることから，$\vec{a}\neq\vec{0}$ がわかる。
◀ 両辺に 5 を掛ける。
◀ これから，$|\vec{b}|\neq0$ すなわち $\vec{b}\neq\vec{0}$ もわかる。
◀ ベクトルのなす角は $0^\circ\leqq\theta\leqq180^\circ$（かくれた条件）

㋐ から，$(2\vec{a}+\vec{b})\cdot(2\vec{a}-\vec{b})=0$ のような変形も考えられるが，ここでは ㋑ のような変形をすると，$|\vec{a}|>0$ から $2|\vec{a}|-|\vec{b}|=0$（1次の式）が導かれて，見通しが明るくなる。

練習 7
(1) $\vec{0}$ でない2つのベクトル $\vec{a}$ と $\vec{b}$ について，$\vec{a}+2\vec{b}$ と $\vec{a}-2\vec{b}$ が垂直で，$|\vec{a}+2\vec{b}|=2|\vec{b}|$ が成り立つとき，$\vec{a}$ と $\vec{b}$ のなす角 θ を求めよ。〔類 群馬大〕
(2) $\vec{0}$ でない2つのベクトル $\vec{a}$，$\vec{b}$ に対して，$\vec{a}+t\vec{b}$ と $\vec{a}+3t\vec{b}$ が垂直であるような実数 t がただ1つ存在するとき，$\vec{a}$ と $\vec{b}$ のなす角 θ を求めよ。〔関西大〕

➡p. 78 演習 2

例題 8 ベクトルの大きさの最小（内積） ★★★☆☆

$\vec{a} \not\parallel \vec{b}$ を満たし，$\vec{0}$ でない 2 つのベクトル $\vec{a}$，$\vec{b}$ があるとする。t を実数値をとる変数として，$|\vec{a}+t\vec{b}|$ を最小にする t の値を t_0 とするとき

(1) t_0 を $|\vec{a}|$，$|\vec{b}|$，$\vec{a}\cdot\vec{b}$ を用いて表せ。

(2) $\vec{a}+t_0\vec{b}$ と $\vec{b}$ は垂直であることを示せ。

◀例題2，6

指針 (1) $|\vec{a}+t\vec{b}|$ の最小については，$p.27$ で考えた。この例題では，$\vec{a}$，$\vec{b}$ が成分で与えられていないから，$|\vec{a}|^2$，$|\vec{b}|^2$，$\vec{a}\cdot\vec{b}$（これらは実数）を用いて式を変形する。

CHART》 大きさ　内積の利用　$|\vec{p}|$ は $|\vec{p}|^2$ として扱う

また　**CHART》 2 次式は　基本形 $a(t-p)^2+q$ に直せ**

(2) $p.27$ の **検討**（$|\vec{a}+t\vec{b}|$ の最小値の図形的意味）で説明したことの証明である。

解答 (1) $f(t)=|\vec{a}+t\vec{b}|^2$ とすると，$|\vec{b}|\neq 0$ であるから

$$f(t)=(\vec{a}+t\vec{b})\cdot(\vec{a}+t\vec{b})=|\vec{b}|^2t^2+2\vec{a}\cdot\vec{b}\,t+|\vec{a}|^2$$

◀ t の 2 次式。

$$=|\vec{b}|^2\left(t^2+\frac{2\vec{a}\cdot\vec{b}}{|\vec{b}|^2}t\right)+|\vec{a}|^2$$

◀ $|\vec{b}|^2$ (>0) でくくる。

$$=|\vec{b}|^2\left(t+\frac{\vec{a}\cdot\vec{b}}{|\vec{b}|^2}\right)^2+|\vec{a}|^2-\frac{(\vec{a}\cdot\vec{b})^2}{|\vec{b}|^2}$$

◀ 基本形 $a(t-p)^2+q$
グラフは下に凸の放物線。

$|\vec{a}+t\vec{b}|\geqq 0$ であるから，$f(t)$ が最小のとき $|\vec{a}+t\vec{b}|$ も最小になる。

よって，t_0 は $f(t)$ が最小となるときの t の値で

$$\boldsymbol{t_0=-\frac{\vec{a}\cdot\vec{b}}{|\vec{b}|^2}}$$

(2) $(\vec{a}+t_0\vec{b})\cdot\vec{b}=\vec{a}\cdot\vec{b}-\dfrac{\vec{a}\cdot\vec{b}}{|\vec{b}|^2}|\vec{b}|^2=\vec{a}\cdot\vec{b}-\vec{a}\cdot\vec{b}=0$

$\vec{a}+t_0\vec{b}\neq\vec{0}$，$\vec{b}\neq\vec{0}$ であるから，$\vec{a}+t_0\vec{b}$ と $\vec{b}$ は垂直である。

└ $\vec{a}+t_0\vec{b}=\vec{0}$ とすると $\vec{a}=-t_0\vec{b}$ となり，$\vec{a}\neq\vec{0}$，$\vec{b}\neq\vec{0}$ から $\vec{a}\parallel\vec{b}$ となってしまう。

(2)

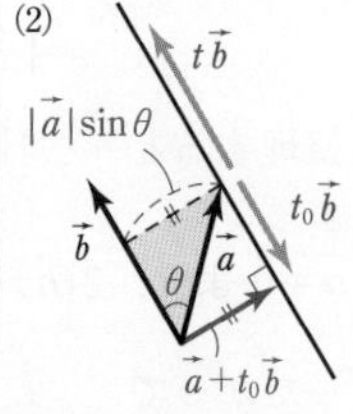

検討 (1)において，$|\vec{a}+t\vec{b}|$ の最小値は，$\vec{a}$ と $\vec{b}$ のなす角を θ とすると，$0°<\theta<180°$ から

$$\sqrt{|\vec{a}|^2-\frac{(\vec{a}\cdot\vec{b})^2}{|\vec{b}|^2}}=|\vec{a}|\sqrt{1-\left(\frac{\vec{a}\cdot\vec{b}}{|\vec{a}||\vec{b}|}\right)^2}=|\vec{a}|\sqrt{1-\cos^2\theta}=|\vec{a}|\sin\theta$$

なお，$\vec{a}\parallel\vec{b}$ のときは，$\vec{a}=k\vec{b}$（k は実数）であるから　$\vec{a}+t\vec{b}=(t+k)\vec{b}$

$|\vec{a}+t\vec{b}|\geqq 0$ であるから，$|\vec{a}+t\vec{b}|$ は $t=-k$ のとき最小値 0 をとる。

この t の値は，$t_0=-\dfrac{\vec{a}\cdot\vec{b}}{|\vec{b}|^2}$ に $\vec{a}=k\vec{b}$ を代入したときの t_0 の値と一致している。

練習 8 (1) $|\vec{a}|=2$，$|\vec{b}|=1$，$|\vec{a}+3\vec{b}|=3$ とする。t が実数全体を動くとき，$|\vec{a}+t\vec{b}|$ の最小値と，そのときの t の値を求めよ。〔類　慶応大〕

(2) $\vec{a}\neq\vec{0}$，$\vec{b}\neq\vec{0}$，$\vec{a}\not\parallel\vec{b}$ とする。$|2\vec{a}+t\vec{b}|$ が最小のとき，$2\vec{a}+t\vec{b}$ と $\vec{b}$ のなす角を求めよ。

例題 9 ベクトルの大きさと絶対不等式 ★★★☆☆

$|\vec{a}|=2$, $|\vec{b}|=3$, $|2\vec{a}-\vec{b}|=\sqrt{13}$ とするとき，$|k\vec{a}+t\vec{b}|>\sqrt{3}$ がすべての実数 t に対して成り立つような実数 k の値の範囲を求めよ。

◀例題6

指針 まず，$|2\vec{a}-\vec{b}|^2=(\sqrt{13})^2$ を考えることで，$\vec{a}\cdot\vec{b}$ の値を求めておく。
また，$|k\vec{a}+t\vec{b}|>\sqrt{3}$ は，$|k\vec{a}+t\vec{b}|^2>(\sqrt{3})^2$ …… ① と同値である。
① を変形して整理すると，$pt^2+qt+r>0$ $(p>0)$ の形になるから，数学Ⅰで学習した，次のことを利用して解決する。

(＊) **2次不等式 $at^2+bt+c>0$ が常に成り立つ** ための必要十分条件は
$D=b^2-4ac$ とすると　**$a>0$ かつ $D<0$**

CHART》ベクトルの大きさ

$|\vec{p}|$ は $|\vec{p}|^2$ として扱う

解答 $|2\vec{a}-\vec{b}|=\sqrt{13}$ から　$|2\vec{a}-\vec{b}|^2=(\sqrt{13})^2$
よって　$(2\vec{a}-\vec{b})\cdot(2\vec{a}-\vec{b})=13$
ゆえに　$4|\vec{a}|^2-4\vec{a}\cdot\vec{b}+|\vec{b}|^2=13$
$|\vec{a}|=2$, $|\vec{b}|=3$ であるから　$4\cdot4-4\vec{a}\cdot\vec{b}+3^2=13$
したがって　$\vec{a}\cdot\vec{b}=3$
また，$|k\vec{a}+t\vec{b}|>\sqrt{3}$ は $|k\vec{a}+t\vec{b}|^2>3$ …… ① と同値である。
① を変形すると　$k^2|\vec{a}|^2+2kt\vec{a}\cdot\vec{b}+t^2|\vec{b}|^2>3$
すなわち　$9t^2+6kt+4k^2-3>0$ …… ②
② がすべての実数 t について成り立つための必要十分条件は，t の2次方程式 $9t^2+6kt+4k^2-3=0$ の判別式を D とすると，t^2 の係数が正であるから
$D<0$
ここで　$\dfrac{D}{4}=(3k)^2-9(4k^2-3)=-27(k^2-1)$
$D<0$ から　$-27(k^2-1)<0$　すなわち　$k^2-1>0$
よって　$(k+1)(k-1)>0$
したがって　**$k<-1$, $1<k$**

◀ $p.34$ 例題6(2)と同じ要領で，まず $\vec{a}\cdot\vec{b}$ を求める。

◀ $4\vec{a}\cdot\vec{b}=12$

◀ $A>0$, $B>0$ のとき $A>B \Leftrightarrow A^2>B^2$

注意　指針の(＊)のように，すべての実数に対して成り立つ不等式を **絶対不等式** という。

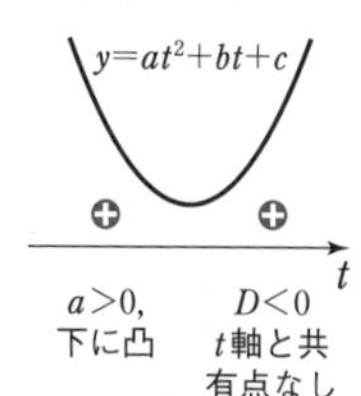

練習 9 ベクトル $\vec{p}=\vec{a}+\vec{b}$, $\vec{q}=\vec{a}-\vec{b}$ は，$|\vec{p}|=4$, $|\vec{q}|=2$ を満たし，$\vec{p}$ と $\vec{q}$ のなす角は 60° である。
(1) 2つのベクトルの大きさ $|\vec{a}|$, $|\vec{b}|$, および内積 $\vec{a}\cdot\vec{b}$ を求めよ。
(2) すべての実数 t に対して，$|t\vec{a}+k\vec{b}|\geqq|\vec{b}|$ が成り立つような実数 k の値の範囲を求めよ。

例題 10 ベクトルの不等式の証明 ★★★☆☆

次の不等式を証明せよ。

(1) $-|\vec{a}||\vec{b}| \leqq \vec{a}\cdot\vec{b} \leqq |\vec{a}||\vec{b}|$　　(2) $|\vec{a}|-|\vec{b}| \leqq |\vec{a}+\vec{b}| \leqq |\vec{a}|+|\vec{b}|$

指針 (1) **内積の定義** $\vec{a}\cdot\vec{b}=|\vec{a}||\vec{b}|\cos\theta$（$\theta$ は $\vec{a}$, $\vec{b}$ のなす角）において，$-1\leqq\cos\theta\leqq 1$ であることを利用する。$\vec{a}=\vec{0}$ または $\vec{b}=\vec{0}$ のときは，別に考える必要がある。

(2) まず，$|\vec{a}+\vec{b}| \leqq |\vec{a}|+|\vec{b}|$ を示す。左辺，右辺とも 0 以上であるから，

$$A\geqq 0,\ B\geqq 0 \text{ のとき }\quad A\leqq B \Longleftrightarrow A^2\leqq B^2$$

であることを利用し，$|\vec{a}+\vec{b}|^2 \leqq (|\vec{a}|+|\vec{b}|)^2$ を示す。次に，$|\vec{a}|-|\vec{b}| \leqq |\vec{a}+\vec{b}|$ については，$|\vec{a}|-|\vec{b}|<0$ の場合もあるため，同じ方法では証明できない。先に示した不等式 $|\vec{a}+\vec{b}| \leqq |\vec{a}|+|\vec{b}|$ を利用することを考える。

解答 (1) [1] $\vec{a}=\vec{0}$ または $\vec{b}=\vec{0}$ のとき

$\vec{a}\cdot\vec{b}=0$, $|\vec{a}||\vec{b}|=0$ であるから

$$-|\vec{a}||\vec{b}|=\vec{a}\cdot\vec{b}=|\vec{a}||\vec{b}|=0$$

◀ [1] のときは，$\vec{a}$, $\vec{b}$ のなす角 θ が定義できない。

[2] $\vec{a}\neq\vec{0}$ かつ $\vec{b}\neq\vec{0}$ のとき

$\vec{a}$, $\vec{b}$ のなす角を θ とすると

$$\vec{a}\cdot\vec{b}=|\vec{a}||\vec{b}|\cos\theta \quad \cdots\cdots ①$$

$0°\leqq\theta\leqq 180°$ より，$-1\leqq\cos\theta\leqq 1$ であるから

$$-|\vec{a}||\vec{b}| \leqq |\vec{a}||\vec{b}|\cos\theta \leqq |\vec{a}||\vec{b}|$$ ◀ $|●|\geqq 0$

① から　$-|\vec{a}||\vec{b}| \leqq \vec{a}\cdot\vec{b} \leqq |\vec{a}||\vec{b}|$

[1], [2] から　$-|\vec{a}||\vec{b}| \leqq \vec{a}\cdot\vec{b} \leqq |\vec{a}||\vec{b}|$

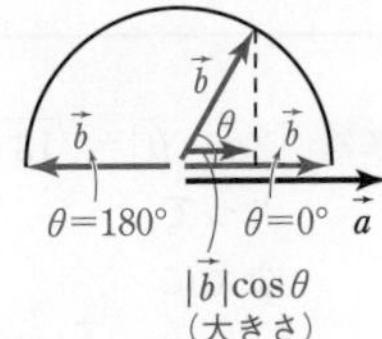

$\vec{a}\cdot\vec{b}=|\vec{a}|\times|\vec{b}|\cos\theta$
一定

$|\vec{b}|\cos\theta$ は
$\theta=0°$ のとき最大，
$\theta=180°$ のとき最小。

(2) $(|\vec{a}|+|\vec{b}|)^2-|\vec{a}+\vec{b}|^2$

$$=|\vec{a}|^2+2|\vec{a}||\vec{b}|+|\vec{b}|^2-(|\vec{a}|^2+2\vec{a}\cdot\vec{b}+|\vec{b}|^2)$$

$$=2(|\vec{a}||\vec{b}|-\vec{a}\cdot\vec{b})\geqq 0$$

◀ (1) で示した $\vec{a}\cdot\vec{b}\leqq|\vec{a}||\vec{b}|$ を利用。

ゆえに　$|\vec{a}+\vec{b}|^2 \leqq (|\vec{a}|+|\vec{b}|)^2$

$|\vec{a}|+|\vec{b}|\geqq 0$, $|\vec{a}+\vec{b}|\geqq 0$ であるから

$$|\vec{a}+\vec{b}| \leqq |\vec{a}|+|\vec{b}| \quad \cdots\cdots ②$$

また，② において，$\vec{a}$ を $\vec{a}+\vec{b}$, $\vec{b}$ を $-\vec{b}$ におき換えると　$|(\vec{a}+\vec{b})-\vec{b}| \leqq |\vec{a}+\vec{b}|+|-\vec{b}|$

よって　$|\vec{a}| \leqq |\vec{a}+\vec{b}|+|\vec{b}|$　$\cdots\cdots$ (∗)

ゆえに　$|\vec{a}|-|\vec{b}| \leqq |\vec{a}+\vec{b}|$　$\cdots\cdots$ ③

②, ③ から　$|\vec{a}|-|\vec{b}| \leqq |\vec{a}+\vec{b}| \leqq |\vec{a}|+|\vec{b}|$

◀ $|-\vec{b}|=|\vec{b}|$
(∗) の $|\vec{b}|$ を左辺に移項する。

(注意) 絶対値について，不等式 $|a|-|b|\leqq|a+b|\leqq|a|+|b|$ が成り立つ（数学Ⅱ p. 45 参照）。
(2) の解答の ② は，この不等式のベクトル版といえる（絶対値の場合と同様の形である）。
特に，不等式 $|\vec{a}+\vec{b}|\leqq|\vec{a}|+|\vec{b}|$ は **三角不等式** とも呼ばれ，$\vec{a}$, $\vec{b}$ が 1 次独立のときは，三角形の 3 辺の大小関係「2 辺の長さの和は，他の 1 辺の長さより大きい」（数学A）をベクトルで表現したものである。

練習 10 次の不等式を証明せよ。

(1) $|\vec{a}|^2+|\vec{b}|^2+|\vec{c}|^2 \geqq \vec{a}\cdot\vec{b}+\vec{b}\cdot\vec{c}+\vec{c}\cdot\vec{a}$　等号は $\vec{a}=\vec{b}=\vec{c}$ のときのみ成立。

(2) $|\vec{a}+\vec{b}+\vec{c}|^2 \geqq 3(\vec{a}\cdot\vec{b}+\vec{b}\cdot\vec{c}+\vec{c}\cdot\vec{a})$　等号は $\vec{a}=\vec{b}=\vec{c}$ のときのみ成立。

重要例題 11 内積の値の範囲 ★★★★☆

平面上のベクトル $\vec{a}$, $\vec{b}$ が $|\vec{a}+2\vec{b}|=1$, $|2\vec{a}-\vec{b}|=1$ を満たすとき, $|\vec{a}\cdot\vec{b}|\leqq\dfrac{3}{25}$ となることを示せ。

◀例題 10

指針 条件を扱いやすくするために, $\vec{a}+2\vec{b}=\vec{x}$, $2\vec{a}-\vec{b}=\vec{y}$ とおくと, 与えられた条件は, $|\vec{x}|=1$, $|\vec{y}|=1$ となる。この条件を用いて, $\vec{a}\cdot\vec{b}$ を $\vec{x}$, $\vec{y}$ で表す。
⟶ $\vec{a}\cdot\vec{b}$ は $\vec{x}\cdot\vec{y}$ を含む式になるから, 例題 10 (1) で示した不等式
$-|\vec{x}||\vec{y}|\leqq\vec{x}\cdot\vec{y}\leqq|\vec{x}||\vec{y}|$ すなわち $|\vec{x}\cdot\vec{y}|\leqq|\vec{x}||\vec{y}|$ を利用する。

解答 $\vec{a}+2\vec{b}=\vec{x}$ …… ①, $2\vec{a}-\vec{b}=\vec{y}$ …… ② とすると, $|\vec{x}|=1$, $|\vec{y}|=1$ であり, (①+②×2)÷5, (①×2−②)÷5 から

$$\vec{a}=\frac{\vec{x}+2\vec{y}}{5},\quad \vec{b}=\frac{2\vec{x}-\vec{y}}{5}$$

◀ a, b の連立方程式 $\begin{cases}a+2b=x\\2a-b=y\end{cases}$ を解く要領。

よって $\vec{a}\cdot\vec{b}=\dfrac{1}{25}(\vec{x}+2\vec{y})\cdot(2\vec{x}-\vec{y})$

$$=\frac{1}{25}(2|\vec{x}|^2+3\vec{x}\cdot\vec{y}-2|\vec{y}|^2)=\frac{3}{25}\vec{x}\cdot\vec{y}$$

◀ $|\vec{x}|=1$, $|\vec{y}|=1$

ゆえに $|\vec{a}\cdot\vec{b}|=\left|\dfrac{3}{25}\vec{x}\cdot\vec{y}\right|=\dfrac{3}{25}|\vec{x}\cdot\vec{y}|$

$$\leqq\frac{3}{25}|\vec{x}||\vec{y}|=\frac{3}{25}\cdot1\cdot1=\frac{3}{25}$$

◀ $|kA|=|k||A|$
$|\vec{x}\cdot\vec{y}|\leqq|\vec{x}||\vec{y}|$

したがって $|\vec{a}\cdot\vec{b}|\leqq\dfrac{3}{25}$

別解 条件式から $|\vec{a}+2\vec{b}|^2=1$, $|2\vec{a}-\vec{b}|^2=1$

◀ $|\vec{p}|$ は $|\vec{p}|^2$ として扱う

よって $|\vec{a}|^2+4\vec{a}\cdot\vec{b}+4|\vec{b}|^2=1$, $4|\vec{a}|^2-4\vec{a}\cdot\vec{b}+|\vec{b}|^2=1$

$\vec{a}\cdot\vec{b}=t$ とおいて, $|\vec{a}|^2$, $|\vec{b}|^2$ について解くと

$$|\vec{a}|^2=\frac{1}{5}+\frac{4}{3}t,\quad |\vec{b}|^2=\frac{1}{5}-\frac{4}{3}t$$

◀ $|\vec{a}|^2+4|\vec{b}|^2=1-4t$, $4|\vec{a}|^2+|\vec{b}|^2=1+4t$

$|\vec{a}|^2\geqq0$ であるから $t\geqq-\dfrac{3}{20}$ …… ①

◀ $\dfrac{1}{5}+\dfrac{4}{3}t\geqq0$

$|\vec{b}|^2\geqq0$ であるから $t\leqq\dfrac{3}{20}$ …… ②

◀ $\dfrac{1}{5}-\dfrac{4}{3}t\geqq0$

$|\vec{a}\cdot\vec{b}|\leqq|\vec{a}||\vec{b}|$ より, $|\vec{a}\cdot\vec{b}|^2\leqq|\vec{a}|^2|\vec{b}|^2$ であるから

$$t^2\leqq\left(\frac{1}{5}+\frac{4}{3}t\right)\left(\frac{1}{5}-\frac{4}{3}t\right)\qquad よって\quad t^2\leqq\frac{1}{25}-\frac{16}{9}t^2$$

これを解いて $-\dfrac{3}{25}\leqq t\leqq\dfrac{3}{25}$ …… ③

◀ $\dfrac{25}{9}t^2-\dfrac{1}{25}\leqq0$ から $\left(t+\dfrac{3}{25}\right)\left(t-\dfrac{3}{25}\right)\leqq0$

①, ②, ③ の共通範囲を求めて

$$-\frac{3}{25}\leqq t\leqq\frac{3}{25}\quad すなわち\quad |\vec{a}\cdot\vec{b}|\leqq\frac{3}{25}$$

練習 11 平面上のベクトル $\vec{a}$, $\vec{b}$ が $|\vec{a}+3\vec{b}|=1$, $|3\vec{a}-\vec{b}|=1$ を満たすように動くとき, $|\vec{a}+\vec{b}|$ のとりうる値の範囲を求めよ。 〔類 東京理科大〕

重要例題 12 三角不等式の利用 ★★★★☆

4点 $\mathrm{P}(x,\ y)$，$\mathrm{Q}(y,\ z)$，$\mathrm{R}(z,\ x)$，$\mathrm{A}(0,\ 1)$ ($x,\ y,\ z$ は実数) について，不等式
$|\overrightarrow{\mathrm{AP}}|+|\overrightarrow{\mathrm{AQ}}|+|\overrightarrow{\mathrm{AR}}|\geqq\dfrac{3}{\sqrt{2}}$ が成り立つことを証明せよ。

◀例題10

指針 不等式の左辺にベクトルの大きさの和があることに注目し，三角不等式
$|\vec{a}|+|\vec{b}|\geqq|\vec{a}+\vec{b}|$ [$p.38$ の例題10(2)で証明した不等式] を使うことを考える。ここでは，三角不等式を拡張した $|\vec{a}|+|\vec{b}|+|\vec{c}|\geqq|\vec{a}+\vec{b}+\vec{c}|$ を利用するとよい。また，$\overrightarrow{\mathrm{AP}}$，$\overrightarrow{\mathrm{AQ}}$，$\overrightarrow{\mathrm{AR}}$ を成分で表し，$\overrightarrow{\mathrm{AP}}+\overrightarrow{\mathrm{AQ}}+\overrightarrow{\mathrm{AR}}$ の大きさを考える。

解答

$$|\overrightarrow{\mathrm{AP}}|+|\overrightarrow{\mathrm{AQ}}|+|\overrightarrow{\mathrm{AR}}|\geqq|\overrightarrow{\mathrm{AP}}+\overrightarrow{\mathrm{AQ}}|+|\overrightarrow{\mathrm{AR}}|\geqq|\overrightarrow{\mathrm{AP}}+\overrightarrow{\mathrm{AQ}}+\overrightarrow{\mathrm{AR}}|$$

◀ 三角不等式を繰り返し利用。

$\overrightarrow{\mathrm{AP}}=(x,\ y-1)$，$\overrightarrow{\mathrm{AQ}}=(y,\ z-1)$，$\overrightarrow{\mathrm{AR}}=(z,\ x-1)$ であるから　$\overrightarrow{\mathrm{AP}}+\overrightarrow{\mathrm{AQ}}+\overrightarrow{\mathrm{AR}}=(x+y+z,\ x+y+z-3)$

◀ 成分で表す。

よって　$|\overrightarrow{\mathrm{AP}}+\overrightarrow{\mathrm{AQ}}+\overrightarrow{\mathrm{AR}}|=\sqrt{(x+y+z)^2+(x+y+z-3)^2}$

$t=x+y+z$ とおくと

$$(x+y+z)^2+(x+y+z-3)^2=t^2+(t-3)^2=2t^2-6t+9=2\left(t-\frac{3}{2}\right)^2+\frac{9}{2}\geqq\frac{9}{2}$$

◀ おき換えを利用すると $\sqrt{\quad}$ の中は t の2次式
→ **基本形 $a(t-p)^2+q$ へ。**

ゆえに　$|\overrightarrow{\mathrm{AP}}+\overrightarrow{\mathrm{AQ}}+\overrightarrow{\mathrm{AR}}|\geqq\sqrt{\dfrac{9}{2}}$

◀ $A>0$，$B>0$ に対し $A^2\geqq B$ のとき $A\geqq\sqrt{B}$

したがって　$|\overrightarrow{\mathrm{AP}}|+|\overrightarrow{\mathrm{AQ}}|+|\overrightarrow{\mathrm{AR}}|\geqq\dfrac{3}{\sqrt{2}}$

検討 不等式 $|\vec{a}+\vec{b}|\leqq|\vec{a}|+|\vec{b}|$ について，$\vec{a}\neq\vec{0}$，$\vec{b}\neq\vec{0}$ の場合，次のような証明も考えられる。

[1] $\vec{a}\parallel\vec{b}$ のとき，$\vec{b}=k\vec{a}$ となる実数 k がある。

$k>0$ のとき　$|\vec{a}+\vec{b}|=|\vec{a}+k\vec{a}|=(1+k)|\vec{a}|=|\vec{a}|+k|\vec{a}|=|\vec{a}|+|\vec{b}|$

$k<0$ のとき　$|1+k|<|1-k|$ が成り立つから　◀ $|1-k|^2-|1+k|^2=-4k>0$

$$|\vec{a}+\vec{b}|=|\vec{a}+k\vec{a}|=|1+k||\vec{a}|<|1-k||\vec{a}|=(1-k)|\vec{a}|=|\vec{a}|+(-k)|\vec{a}|=|\vec{a}|+|\vec{b}|$$

◀ $-k|\vec{a}|=|k\vec{a}|=|\vec{b}|$

[2] $\vec{a}\not\parallel\vec{b}$ のとき，$\vec{a}=\overrightarrow{\mathrm{OA}}$，$\vec{b}=\overrightarrow{\mathrm{OB}}$ として，右の図のような平行四辺形 OACB を考える。

△OAC において，$\mathrm{OA}+\mathrm{AC}>\mathrm{OC}$ であるから

$|\overrightarrow{\mathrm{OA}}|+|\overrightarrow{\mathrm{AC}}|>|\overrightarrow{\mathrm{OC}}|$　すなわち　$|\vec{a}|+|\vec{b}|>|\vec{a}+\vec{b}|$

[1]，[2] から　$|\vec{a}|+|\vec{b}|\geqq|\vec{a}+\vec{b}|$

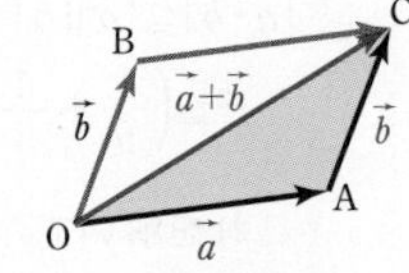

練習 12 不等式 $|\vec{a}|-|\vec{b}|\leqq|\vec{a}+\vec{b}|$ を利用して，x，y が実数のとき，次の不等式が成り立つことを証明せよ。

$$\left|\sqrt{x^2+(y+1)^2}-\sqrt{y^2+(x+1)^2}\right|\leqq\sqrt{2}\,|x-y|$$

➡ p.78 演習 3

重要例題 13 $ux+vy$ の最大・最小 ★★★★☆

実数 x, y, u, v が等式 $x^2+y^2=1$, $(u-2)^2+(v-2\sqrt{3})^2=1$ を満たすとき, $ux+vy$ の最大値と最小値を求めよ。

指針 $\vec{p}=(x,\ y)$, $\vec{q}=(u,\ v)$ とすると, $ux+vy$ は**内積 $\vec{p}\cdot\vec{q}$** である。
⟶ なす角 θ に関する かくれた条件 $-1\leqq\cos\theta\leqq1$ が, $ux+vy$ のとりうる値の範囲を調べる上でのカギとなる。
また, 点 $(x,\ y)$ や点 $(u,\ v)$ は円上を動くことを利用する。

解答 O$(0,\ 0)$, P$(x,\ y)$, Q$(u,\ v)$ とすると, 点Pは円 $x^2+y^2=1$ 上を動くから　$|\overrightarrow{\mathrm{OP}}|=1$
また, 点Qは円 $(x-2)^2+(y-2\sqrt{3})^2=1$ 上を動く。
$\overrightarrow{\mathrm{OP}}$ と $\overrightarrow{\mathrm{OQ}}$ のなす角を θ とすると　$-1\leqq\cos\theta\leqq1$
また　$ux+vy=\overrightarrow{\mathrm{OP}}\cdot\overrightarrow{\mathrm{OQ}}=|\overrightarrow{\mathrm{OP}}||\overrightarrow{\mathrm{OQ}}|\cos\theta$
$=|\overrightarrow{\mathrm{OQ}}|\cos\theta$
点Qは円 $(x-2)^2+(y-2\sqrt{3})^2=1$ 上にあるから, 中心を A$(2,\ 2\sqrt{3})$ とすると
$$|\overrightarrow{\mathrm{OQ}}|=\mathrm{OQ}\leqq\mathrm{OA}+1=\sqrt{2^2+(2\sqrt{3})^2}+1=5$$
$ux+vy$ が最大になるのは, $|\overrightarrow{\mathrm{OQ}}|=5$ で $\cos\theta=1$ のときであり, $ux+vy$ が最小になるのは, $|\overrightarrow{\mathrm{OQ}}|=5$ で $\cos\theta=-1$ のときである。
したがって　**最大値 5, 最小値 -5**

◀ 単位円。
◀ 単位円上の点は, 原点Oとの距離が1

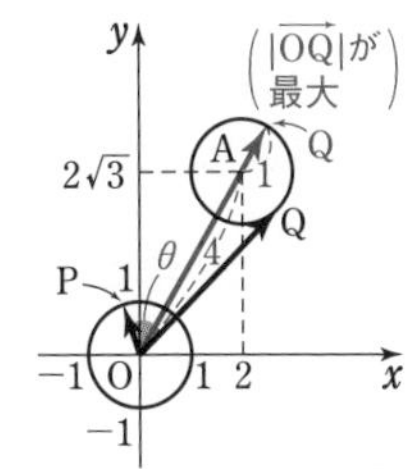

直線OAと2つの円の交点を, 図のように, P_1, P_2, Q_1 とすると, $ux+vy$ は, $\mathrm{P}=\mathrm{P}_1$, $\mathrm{Q}=\mathrm{Q}_1$ のとき最大となり, $\mathrm{P}=\mathrm{P}_2$, $\mathrm{Q}=\mathrm{Q}_1$ のとき最小となる。
直線OAと x 軸の正の向きとのなす角は 60° であるから
$\mathrm{P}_1(\cos60^\circ,\ \sin60^\circ)$, $\mathrm{P}_2(\cos240^\circ,\ \sin240^\circ)$
$\mathrm{Q}_1(2+\cos60^\circ,\ 2\sqrt{3}+\sin60^\circ)$
よって　$\mathrm{P}_1\left(\dfrac{1}{2},\ \dfrac{\sqrt{3}}{2}\right)$, $\mathrm{P}_2\left(-\dfrac{1}{2},\ -\dfrac{\sqrt{3}}{2}\right)$, $\mathrm{Q}_1\left(\dfrac{5}{2},\ \dfrac{5\sqrt{3}}{2}\right)$

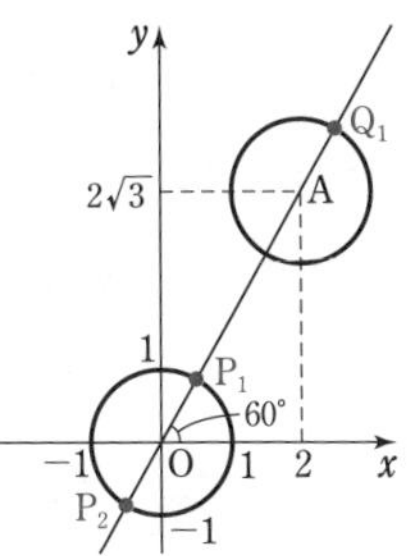

別解 **シュワルツの不等式 $(x^2+y^2)(u^2+v^2)\geqq(ux+vy)^2$** [数学Ⅱ p. 42] を利用する。
解答 のように, 点O, P, Qを定めると, $x^2+y^2=1$ であるから　$(ux+vy)^2\leqq u^2+v^2$
よって　$-\sqrt{u^2+v^2}\leqq ux+vy\leqq\sqrt{u^2+v^2}$
$u^2+v^2\leqq5^2$ であるから　$-5\leqq ux+vy\leqq5$　**最大値 5, 最小値 -5**
なお, 最大値, 最小値をとるときの x, y, u, v の値は, ベクトル $(x,\ y)$ とベクトル $(u,\ v)$ が平行になることを利用して求めることができる。

練習 13 円 $(x-2)^2+(y-2)^2=4$ の上を動く点Pと, 円 $(x+1)^2+(y+1)^2=1$ の上を動く点Qがある。このとき, 内積 $\overrightarrow{\mathrm{OP}}\cdot\overrightarrow{\mathrm{OQ}}$ の最大値は ア□, 最小値は イ□ である。ただし, Oは原点である。

4 位置ベクトル

《 基本事項 》

1 位置ベクトル

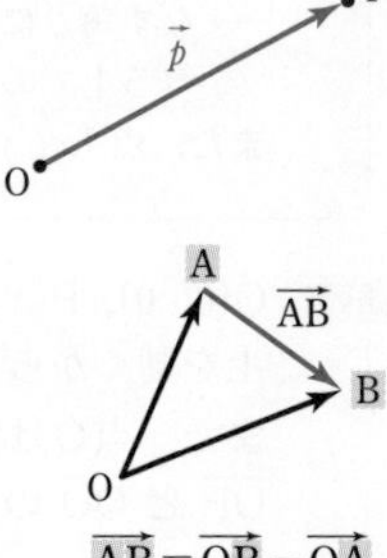

平面上で1点Oを固定して考えると，任意の点Pの位置はベクトル $\vec{p}=\overrightarrow{OP}$ によって定まる。このとき，ベクトル $\vec{p}$ を点Oに関する点Pの **位置ベクトル** という。また，位置ベクトルが $\vec{p}$ である点Pを $\mathbf{P(\vec{p})}$ で表す。

したがって，1点Oを固定すると，点Pと点Pの位置ベクトル $\vec{p}$ を対応させることにより，平面上の各点と平面のベクトルとが1対1に対応する。特に，1点Oを座標平面の原点にとると，点Pの座標と，$\vec{p}$ の成分とは一致する。

2点 $A(\vec{a})$，$B(\vec{b})$ に対して，ベクトル $\overrightarrow{AB}$ は，$\overrightarrow{\mathbf{AB}}=\vec{b}-\vec{a}$ と表され，$\vec{a}=\vec{b}$ のとき，AとBは一致する。

$\overrightarrow{AB}=\overrightarrow{OB}-\overrightarrow{OA}$
(ベクトルの分解)

(注意) 以後，特に断りのない場合は，位置ベクトルは点Oに関するものと考える。

2 線分の内分点・外分点の位置ベクトル

2点 $A(\vec{a})$，$B(\vec{b})$ を結ぶ線分 AB を $m:n$ に内分する点P，外分する点Qの位置ベクトルをそれぞれ $\vec{p}$，$\vec{q}$ とする。

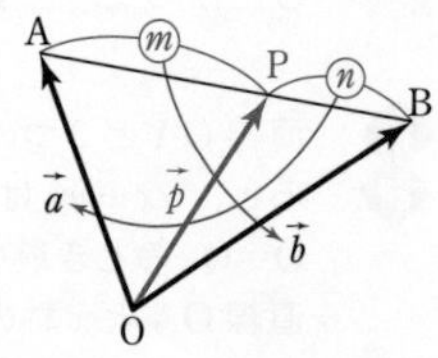

[1] $\vec{p}$ について

$$\overrightarrow{AP}=\frac{m}{m+n}\overrightarrow{AB} \qquad \text{よって} \qquad \vec{p}-\vec{a}=\frac{m}{m+n}(\vec{b}-\vec{a})$$

ゆえに　$$\vec{p}=\frac{m}{m+n}(\vec{b}-\vec{a})+\vec{a}=\frac{n\vec{a}+m\vec{b}}{m+n} \quad \cdots\cdots \text{Ⓐ}$$

[2] $\vec{q}$ について

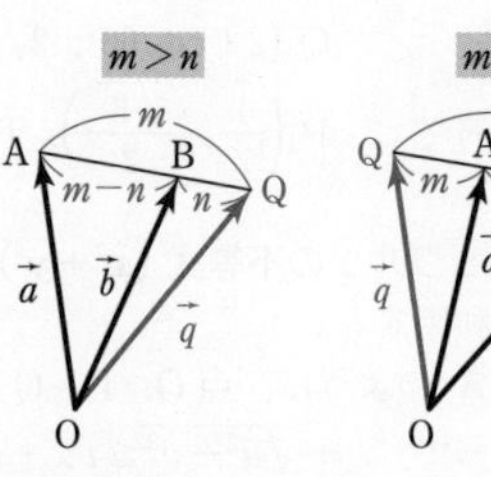

$m>n$ のとき，$\overrightarrow{AQ}=\dfrac{m}{m-n}\overrightarrow{AB}$ から

$$\vec{q}=\frac{m}{m-n}(\vec{b}-\vec{a})+\vec{a}=\frac{-n\vec{a}+m\vec{b}}{m-n}$$

$m<n$ のとき，$\overrightarrow{AQ}=\dfrac{m}{n-m}\overrightarrow{BA}=\dfrac{m}{m-n}\overrightarrow{AB}$

となり，$\vec{q}$ は $m>n$ のときと同様に示される。

したがって　$$\vec{q}=\frac{-n\vec{a}+m\vec{b}}{m-n}$$　◀ Ⓐ で n を $-n$ に替えた式。

> 2点 $A(\vec{a})$，$B(\vec{b})$ を結ぶ線分 AB を $m:n$ に内分する点を $P(\vec{p})$，外分する点を $Q(\vec{q})$ とすると　$\vec{p}=\dfrac{n\vec{a}+m\vec{b}}{m+n}$　　$\vec{q}=\dfrac{-n\vec{a}+m\vec{b}}{m-n}$

特に，線分 AB の中点Mの位置ベクトル $\overrightarrow{m}$ は　$\boldsymbol{\overrightarrow{m}=\dfrac{\vec{a}+\vec{b}}{2}}$　◀ Mは線分 AB を 1：1 に内分する点。

● 異なる 2 点 $\mathrm{A}(\vec{a})$，$\mathrm{B}(\vec{b})$ に対して，位置ベクトルが　$\boldsymbol{\vec{p}=(1-t)\vec{a}+t\vec{b}}$ …… ①　（和が 1）
で表される点Pの位置について考えてみよう。

① を変形すると　$\vec{p}=\dfrac{(1-t)\vec{a}+t\vec{b}}{t+(1-t)}$

[1]　$0<t<1$ のとき
　Pは線分 AB を $t:(1-t)$ に内分する点である。　◀ $t>0$，$1-t>0$

[2]　$t<0$ のとき　$\vec{p}=\dfrac{-(1-t)\vec{a}+(-t)\vec{b}}{-t-(1-t)}$　◀ $-t>0$，$1-t>0$

　よって，Pは線分 AB を $(-t):(1-t)$ に外分する点である。

[3]　$t>1$ のとき　$\vec{p}=\dfrac{-(t-1)\vec{a}+t\vec{b}}{t-(t-1)}$　◀ $t>0$，$t-1>0$

　よって，Pは線分 AB を $t:(t-1)$ に外分する点である。

[4]　$t=0$ のとき，$\vec{p}=\vec{a}$ であるからPは点Aに一致し，
　$t=1$ のとき，$\vec{p}=\vec{b}$ であるからPは点Bに一致する。

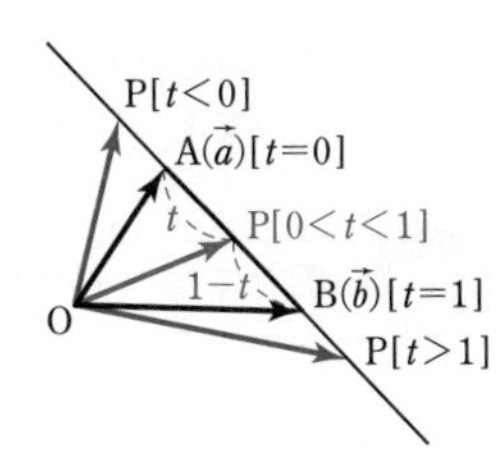

以上から，① で表される点Pは直線 AB 上にあり，
　$0<t<1$ のとき線分 AB の内分点，
　$t<0$，$1<t$ のとき線分 AB の外分点　となる。

（注意）内分点，外分点をまとめて **分点** ということがある。

3 三角形の重心の位置ベクトル

3 点 $\mathrm{A}(\vec{a})$，$\mathrm{B}(\vec{b})$，$\mathrm{C}(\vec{c})$ を頂点とする △ABC の重心Gの位置ベクトルを $\vec{g}$ とする。

辺 BC の中点を $\mathrm{M}(\overrightarrow{m})$ とすると　$\overrightarrow{m}=\dfrac{\vec{b}+\vec{c}}{2}$

重心 $\mathrm{G}(\vec{g})$ は中線 AM を 2：1 に内分するから

$$\vec{g}=\frac{\vec{a}+2\overrightarrow{m}}{2+1}=\frac{\vec{a}+\vec{b}+\vec{c}}{3}$$

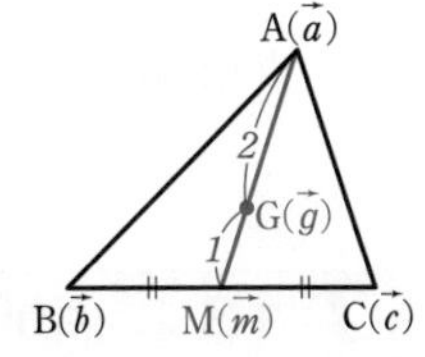

3 点 $\mathrm{A}(\vec{a})$，$\mathrm{B}(\vec{b})$，$\mathrm{C}(\vec{c})$ を頂点とする △ABC の重心Gの位置ベクトル $\vec{g}$ は

$$\boldsymbol{\vec{g}=\frac{\vec{a}+\vec{b}+\vec{c}}{3}}$$

CHECK 問題

3　2 点 $\mathrm{A}(\vec{a})$，$\mathrm{B}(\vec{b})$ を結ぶ線分 AB について，次の点の位置ベクトルを $\vec{a}$，$\vec{b}$ で表せ。
(1)　3：2 に内分する点　　(2)　1：2 に外分する点　　(3)　中点

→ 2

例 12 分点・重心の位置ベクトル ★☆☆☆☆

3 点 A($\vec{a}$), B($\vec{b}$), C($\vec{c}$) を頂点とする △ABC において，辺 AB を 2：1 に内分する点をP，辺 BC を 3：2 に外分する点をQ，辺 CA を 1：3 に外分する点をRとし，△PQR の重心をGとする。次のベクトルを $\vec{a}$, $\vec{b}$, $\vec{c}$ で表せ。

(1) 点 P，Q，R の位置ベクトル　(2) $\overrightarrow{PQ}$　(3) 点Gの位置ベクトル

指針 線分 AB の分点の位置ベクトルは

m：n に内分　$\dfrac{n\vec{a}+m\vec{b}}{m+n}$

m：n に外分　$\dfrac{-n\vec{a}+m\vec{b}}{m-n}\left(=\dfrac{n\vec{a}-m\vec{b}}{-m+n}\right)$

内分　外分 ($m>n$)

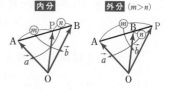

[直線上や，座標平面上の点の内分点，外分点の座標の公式と同様の式。]

(2) ベクトルの分割　$\overrightarrow{PQ}=\overrightarrow{OQ}-\overrightarrow{OP}$

質問 指針には，外分のときの位置ベクトルの公式が 2 つありますが，どのように使い分けるのですか？

次のように，(分母)>0 となるようにして使い分けるとよい。

[1]　$m>n$ のときは　$\dfrac{(-n)\vec{a}+m\vec{b}}{m+(-n)}$

[2]　$m<n$ のときは　$\dfrac{n\vec{a}+(-m)\vec{b}}{(-m)+n}$

これは，m：n に外分することを m：$(-n)$ または $(-m)$：n に内分する，と考えて内分点の位置ベクトルの公式を使うことと同じである。

例 13 点が一致することの証明 ★★☆☆☆

四角形 ABCD の辺 AB，BC，CD，DA の中点をそれぞれ P，Q，R，S とし，対角線 AC，BD の中点をそれぞれ T，U とすると，線分 PR，QS，TU それぞれの中点は一致することを証明せよ。

指針　点 X，Y が一致する ⟺ 2 点 X，Y の位置ベクトルが一致する

線分 PR，QS，TU それぞれの中点の位置ベクトルを点 A，B，C，D の位置ベクトルで表し，それらが一致することを示す。

なお，本問は，中学で学ぶ図形の知識 ── 中点連結定理 ── を利用して証明することもできる。しかし，ベクトルの問題としてとらえると，中点の位置ベクトルの公式が利用できるので，証明も簡潔に書くことができる。

例題 14 ベクトルの等式と点の位置(1) ★★☆☆☆

線分 AB と点Pがあり，$\overrightarrow{AP}+3\overrightarrow{BP}+4\overrightarrow{AB}=\vec{0}$ が成り立つとき，点Pはどのような位置にあるか。

◀例12

指針 ベクトルの問題は，始点 (基準になる点) をそろえることで扱いやすくなる。ここでは，

[1] 始点を 3 点 A，B，P 以外の点Oとする　[2] 始点を点Aとする

の 2 通りの解答を考えてみよう。なお，次のことに注意。

[1] $A(\vec{a})$，$B(\vec{b})$，$P(\vec{p})$ のとき，$\vec{p}=●\vec{a}+■\vec{b}$，$●+■=1$ で表される。
[2] $\overrightarrow{AP}=●\overrightarrow{AB}$ で表される。
$\Longrightarrow$ 点Pは直線 AB 上にある。

解答 1．$A(\vec{a})$，$B(\vec{b})$，$P(\vec{p})$ とする。

$\overrightarrow{AP}+3\overrightarrow{BP}+4\overrightarrow{AB}=\vec{0}$ から

$$(\vec{p}-\vec{a})+3(\vec{p}-\vec{b})+4(\vec{b}-\vec{a})=\vec{0}$$

よって　$4\vec{p}=5\vec{a}-\vec{b}$

ゆえに　$\vec{p}=\dfrac{5}{4}\vec{a}-\dfrac{1}{4}\vec{b}=\dfrac{5\vec{a}-\vec{b}}{-1+5}$　(和が 1)

したがって，点Pは **線分 AB を 1：5 に外分する位置** にある。

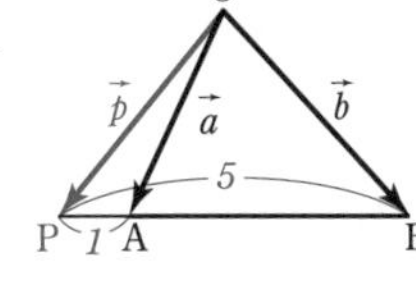

◀ $\overrightarrow{OA}=\vec{a}$，$\overrightarrow{OB}=\vec{b}$，$\overrightarrow{OP}=\vec{p}$

◀ $\overrightarrow{EF}=\overrightarrow{□F}-\overrightarrow{□E}$ (後)−(前)

◀ 線分 AB を $m:n$ に外分する点の位置ベクトル $\dfrac{n\vec{a}-m\vec{b}}{-m+n}$ で，$m=1$，$n=5$ の場合 ($m<n$)。

解答 2．$\overrightarrow{AP}+3\overrightarrow{BP}+4\overrightarrow{AB}=\vec{0}$ から

$$\overrightarrow{AP}+3(\overrightarrow{AP}-\overrightarrow{AB})+4\overrightarrow{AB}=\vec{0}$$

よって　$4\overrightarrow{AP}=-\overrightarrow{AB}$

ゆえに　$\overrightarrow{AP}=-\dfrac{1}{4}\overrightarrow{AB}$

したがって，点Pは **線分 AB を 1：5 に外分する位置** にある。

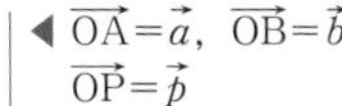
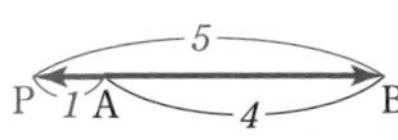
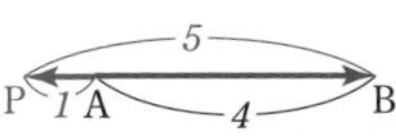

◀ $\overrightarrow{EF}=\overrightarrow{□F}-\overrightarrow{□E}$ (後)−(前)

◀ $\overrightarrow{AP}$ は $\overrightarrow{AB}$ と逆向きで，大きさが $\dfrac{1}{4}$ のベクトル。

この例題では，図形 (線分) 上の端点を始点とする位置ベクトルで考えても (指針 [2])，図形上にない点 (Oなど) を始点とする位置ベクトルで考えても (指針 [1])，計算量や考えやすさに差はないが，次ページ以降で扱う三角形や四角形などを題材とする問題では

図形上の点 (頂点など) を始点とする位置ベクトル

で考えた方が進めやすい場合が，一般的には多い。これは図形上の点Aを位置ベクトルの始点とすると，点Aの位置ベクトルが $\vec{0}$ となることや，例えば，△ABC では点 B，C の位置ベクトルが $\overrightarrow{AB}$，$\overrightarrow{AC}$ のように，簡単な表記になることが背景にある。
なお，△ABC においては，$\overrightarrow{AB}$ と $\overrightarrow{AC}$ は必ず 1 次独立 ($\overrightarrow{AB}\neq\vec{0}$，$\overrightarrow{AC}\neq\vec{0}$，$\overrightarrow{AB}\not\parallel\overrightarrow{AC}$) な 2 ベクトルとなる。

練習 14 線分 AB と点Pがある。次の等式が成り立つとき，点Pはどのような位置にあるか。

(1) $3\overrightarrow{AP}+4\overrightarrow{BP}=2\overrightarrow{AB}$　　(2) $\overrightarrow{AP}-3\overrightarrow{BP}+4\overrightarrow{BA}=\vec{0}$

例題 15 ｜ ベクトルの等式と点の位置 (2) ★★☆☆☆

△ABC の内部の点Pが $5\overrightarrow{PA}+3\overrightarrow{PB}+4\overrightarrow{PC}=\vec{0}$ を満たしている。〔類 東京農大〕

(1) 点Pはどのような位置にあるか。

(2) △PAB，△PBC，△PCA の面積の比を求めよ。

◀例 12，例題 14

指針 (1) $a\overrightarrow{PA}+b\overrightarrow{PB}+c\overrightarrow{PC}=\vec{0}$ の問題である。例題 14 と似ているが，三角形に関する問題であるから，頂点 (A) に関する位置ベクトルで考えるとよい。すなわち，点Aに関する位置ベクトル $\overrightarrow{AP}$，$\overrightarrow{AB}$，$\overrightarrow{AC}$ の式に直し，$\overrightarrow{AP}=k\cdot\dfrac{n\overrightarrow{AB}+m\overrightarrow{AC}}{m+n}$ の形を導く。

前ページの 解答 1. のように，点Oに関する位置ベクトルで考えてもよい。しかし，$\overrightarrow{AP}=$● の形を導いた方が，点Pが頂点Aから見たときにどのような位置にあるかということがわかりやすい。

(2) **CHART》 三角形の面積比 1 等高なら底辺の比 2 等底なら高さの比**

を利用して，各三角形と △ABC との面積比を求める。その際，(1) の結果も利用。

解答 (1) 等式を変形すると

$$-5\overrightarrow{AP}+3(\overrightarrow{AB}-\overrightarrow{AP})+4(\overrightarrow{AC}-\overrightarrow{AP})=\vec{0}$$

よって　$12\overrightarrow{AP}=3\overrightarrow{AB}+4\overrightarrow{AC}$

ゆえに　$\overrightarrow{AP}=\dfrac{7}{12}\cdot\dfrac{3\overrightarrow{AB}+4\overrightarrow{AC}}{4+3}$

辺 BC を 4：3 に内分する点をD

とすると　$\overrightarrow{AP}=\dfrac{7}{12}\overrightarrow{AD}$

したがって，**辺 BC を 4：3 に内分する点をDとすると，点Pは線分 AD を 7：5 に内分する位置** にある。

(2) △ABC の面積を S とすると

$$\triangle PAB=\frac{7}{12}\triangle ABD=\frac{7}{12}\cdot\frac{4}{7}S=\frac{4}{12}S$$

$$\triangle PBC=\frac{5}{12}S$$

$$\triangle PCA=\frac{7}{12}\triangle ADC=\frac{7}{12}\cdot\frac{3}{7}S=\frac{3}{12}S$$

したがって　**△PAB：△PBC：△PCA**

$$=\frac{4}{12}S:\frac{5}{12}S:\frac{3}{12}S=\mathbf{4:5:3}$$

◀ $\overrightarrow{EF}=\overrightarrow{\square F}-\overrightarrow{\square E}$
(後)−(前)

◀ $\overrightarrow{AB}$，$\overrightarrow{AC}$ の係数に注目すると，線分 BC の内分点の位置ベクトル $\dfrac{3\overrightarrow{AB}+4\overrightarrow{AC}}{4+3}$ の形に変形することが思いつく。

等高

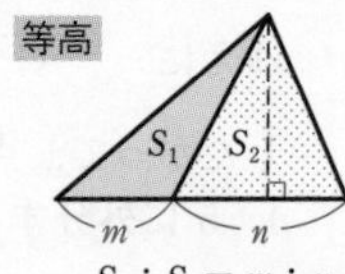

$S_1:S_2=m:n$

等底

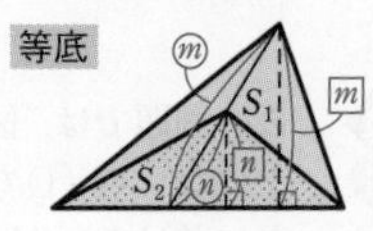

$S_1:S_2=m:n$

練習 15 △ABC の内部の点Pが $a\overrightarrow{PA}+b\overrightarrow{PB}+c\overrightarrow{PC}=\vec{0}$ $(a>0,\ b>0,\ c>0)$ を満たしている。

(1) 点Pはどのような位置にあるか。

(2) 面積について，△PBC：△PCA：△PAB$=a:b:c$ が成り立つことを示せ。

➡p. 78 演習 5

5 ベクトルと図形

《 基本事項 》

1 一直線上の点

異なる 3 個以上の点が同じ直線上にあるとき，これらの点は **共線** であるという。

異なる 2 点 A，B を通る直線上に点 P があるのは，$\overrightarrow{\mathrm{AB}}$ と $\overrightarrow{\mathrm{AP}}$ が平行であるか，$\overrightarrow{\mathrm{AP}}=\vec{0}$ の場合である。

よって，$\overrightarrow{\mathrm{AP}}=k\overrightarrow{\mathrm{AB}}$ となる実数 k がある。

このとき，$\mathrm{A}(\vec{a})$，$\mathrm{B}(\vec{b})$，$\mathrm{P}(\vec{p})$ とすると　◀ 頂点以外の点を始点にしてみる。

$$\overrightarrow{\mathrm{AP}}=k\overrightarrow{\mathrm{AB}} \iff \vec{p}-\vec{a}=k(\vec{b}-\vec{a})$$
$$\iff \vec{p}=(1-k)\vec{a}+k\vec{b}$$

$1-k=s$，$k=t$ とおくと　$\vec{p}=s\vec{a}+t\vec{b}$，$s+t=1$　となる。

以上から，次のことが成り立つ。

> **異なる 2 点 $\mathrm{A}(\vec{a})$，$\mathrm{B}(\vec{b})$ に対して**
> **点 $\mathrm{P}(\vec{p})$ が直線 AB 上にある $\iff$ $\overrightarrow{\mathrm{AP}}=k\overrightarrow{\mathrm{AB}}$ となる実数 k がある**
> **$\iff$ $\vec{p}=s\vec{a}+t\vec{b}$ かつ $s+t=1$** (和が 1)

例 14 | 3 点が一直線上にあることの証明 ★★☆☆☆

AD∥BC かつ AD：BC=1：2 である台形 ABCD において，辺 AB を 1：3 に内分する点を E，辺 CD を 4：3 に内分する点を F，対角線 AC，BD の交点を P とする。このとき，点 P は直線 EF 上にあることを証明せよ。

〔類 新潟大〕

指針　**点 P が直線 EF 上にある $\iff$ $\overrightarrow{\mathrm{EP}}=k\overrightarrow{\mathrm{EF}}$ となる実数 k がある**

ここで，図形の条件をベクトルの条件に直す（ベクトル化する）と

AD∥BC かつ AD：BC=1：2 $\iff$ $2\overrightarrow{\mathrm{AD}}=\overrightarrow{\mathrm{BC}}$

平行条件と長さの比が 1 つの等式で表される。

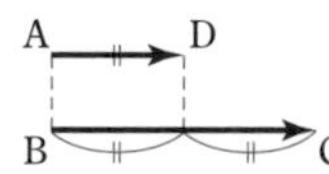

ここで，ベクトルの取り扱いには

1. 頂点を始点とする 2 ベクトルで表す。
2. 頂点以外の点を始点とする位置ベクトルで考える。

の方針があるが，ここでは 1 でいく。すなわち，$\overrightarrow{\mathrm{EP}}$，$\overrightarrow{\mathrm{EF}}$ を 2 ベクトル $\overrightarrow{\mathrm{AB}}$，$\overrightarrow{\mathrm{AD}}$ で表し，$\overrightarrow{\mathrm{EP}}=●\overrightarrow{\mathrm{EF}}$ となる実数 ● が存在することを示す。

例題 16 | 交点の位置ベクトル (1) ★★☆☆☆

△OAB の辺 OA を 3：1 に内分する点をC，辺 OB を 4：1 に内分する点をDとし，線分 AD と BC の交点をP，線分 OP と AB の交点をQとする。$\overrightarrow{OA}=\vec{a}$，$\overrightarrow{OB}=\vec{b}$ とするとき

(1) $\overrightarrow{OP}$ を $\vec{a}$，$\vec{b}$ を用いて表せ。また，BP：CP を求めよ。

(2) $\overrightarrow{OQ}$ を $\vec{a}$，$\vec{b}$ を用いて表せ。また，OP：PQ を求めよ。 ◀例14

指針 (1) 線分 AD と線分 BC の交点 P ⟶ 点Pは線分 AD 上にも線分 BC 上にもあると考える。そこで，

AP：PD$=s:(1-s)$，BP：PC$=t:(1-t)$

として，$\vec{p}$ を2つのベクトル $\vec{a}$，$\vec{b}$ ($\vec{a}\neq\vec{0}$，$\vec{b}\neq\vec{0}$，$\vec{a}\not\parallel\vec{b}$) で 2通りに表す。
そして，次の1次独立なベクトルの性質を利用して，s，t の値を求める。

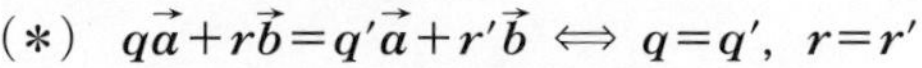

(＊) $q\vec{a}+r\vec{b}=q'\vec{a}+r'\vec{b} \iff q=q'，r=r'$

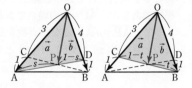

(2) 直線 OP と辺 AB の交点Qは，線分 OP 上にも辺 AB 上にもあると考え，

AQ：QB$=u:(1-u)$，$\overrightarrow{OQ}=k\overrightarrow{OP}$ (k は実数)

として，$\overrightarrow{OQ}$ を2つのベクトル $\vec{a}$，$\vec{b}$ を用いて2通りに表す。
そして，(1) と同様に (＊) を利用する。

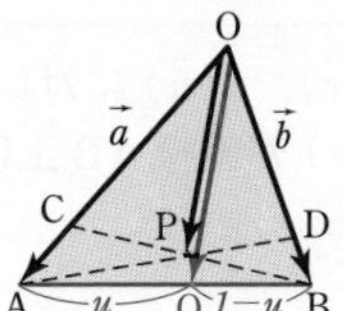

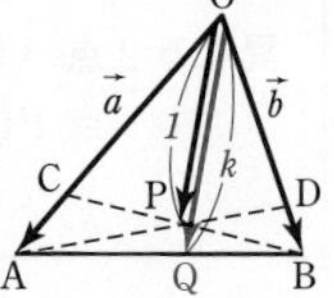

CHART 》交点の位置ベクトル

2通りに表し 係数比較

解答 (1) AP：PD$=s:(1-s)$，BP：PC$=t:(1-t)$ とすると

$$\overrightarrow{OP}=(1-s)\overrightarrow{OA}+s\overrightarrow{OD}$$
$$=(1-s)\vec{a}+\frac{4}{5}s\vec{b}$$
$$\overrightarrow{OP}=(1-t)\overrightarrow{OB}+t\overrightarrow{OC}$$
$$=\frac{3}{4}t\vec{a}+(1-t)\vec{b}$$

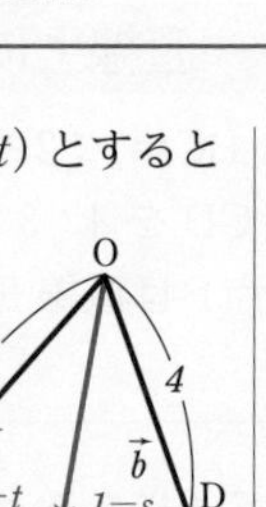

$\vec{a}\neq\vec{0}$，$\vec{b}\neq\vec{0}$，$\vec{a}\not\parallel\vec{b}$ であるから

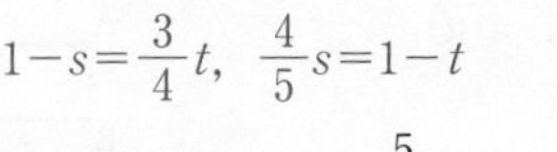

$$1-s=\frac{3}{4}t,\quad \frac{4}{5}s=1-t$$

連立して解くと　$s=\dfrac{5}{8}$，$t=\dfrac{1}{2}$

よって　$\overrightarrow{\mathbf{OP}}=\dfrac{3}{8}\vec{a}+\dfrac{1}{2}\vec{b}$　◀ s または t の値を代入。

また　**BP：CP**$=\dfrac{1}{2}:\left(1-\dfrac{1}{2}\right)=$**1：1**　◀ $t:(1-t)$

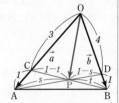

別解 △OCB と直線 AD について，**メネラウスの定理**により

$$\frac{OA}{AC}\cdot\frac{CP}{PB}\cdot\frac{BD}{DO}=1$$

すなわち　$\dfrac{4}{1}\cdot\dfrac{CP}{PB}\cdot\dfrac{1}{4}=1$

よって，CP=PB であるから　**BP：CP=1：1**

したがって

$$\overrightarrow{\mathbf{OP}}=\frac{\overrightarrow{OC}+\overrightarrow{OB}}{2}=\frac{1}{2}\left(\frac{3}{4}\vec{a}+\vec{b}\right)=\frac{3}{8}\vec{a}+\frac{1}{2}\vec{b}$$

(2) AQ：QB$=u:(1-u)$ とすると
$\overrightarrow{OQ}=(1-u)\vec{a}+u\vec{b}$
また，点Qは直線OP上にあるから，$\overrightarrow{OQ}=k\overrightarrow{OP}$（$k$ は実数）とすると，(1)の結果から
$$\overrightarrow{OQ}=k\left(\frac{3}{8}\vec{a}+\frac{1}{2}\vec{b}\right)$$
$$=\frac{3}{8}k\vec{a}+\frac{1}{2}k\vec{b}$$

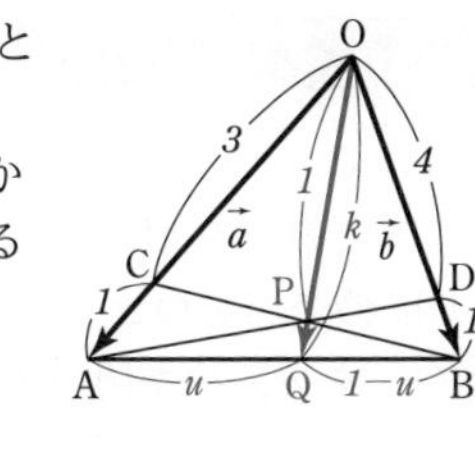

$\vec{a}\neq\vec{0}$，$\vec{b}\neq\vec{0}$，$\vec{a}\times\vec{b}$ であるから　$1-u=\frac{3}{8}k$，$u=\frac{1}{2}k$

連立して解くと　$k=\frac{8}{7}$，$u=\frac{4}{7}$

よって　$\overrightarrow{\mathbf{OQ}}=\frac{\mathbf{3}}{\mathbf{7}}\vec{a}+\frac{\mathbf{4}}{\mathbf{7}}\vec{b}$　◀ k または u の値を代入。

また　**OP：PQ**$=1:\left(\frac{8}{7}-1\right)=$**7：1**　◀ $1:(k-1)$

別解　△OABにおいて，**チェバの定理**により
$$\frac{AQ}{QB}\cdot\frac{BD}{DO}\cdot\frac{OC}{CA}=1$$
すなわち
$$\frac{AQ}{QB}\cdot\frac{1}{4}\cdot\frac{3}{1}=1$$
よって　AQ：QB$=4:3$
したがって
$$\overrightarrow{\mathbf{OQ}}=\frac{3\overrightarrow{OA}+4\overrightarrow{OB}}{4+3}$$
$$=\frac{\mathbf{3}}{\mathbf{7}}\vec{a}+\frac{\mathbf{4}}{\mathbf{7}}\vec{b}$$

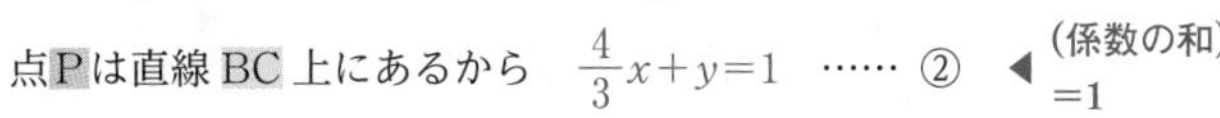

異なる2点 A($\vec{a}$)，B($\vec{b}$) に対して
点 P($\vec{p}$) が直線 AB 上にある $\iff$ $\vec{p}=s\vec{a}+t\vec{b}$ **かつ** $s+t=1$　（$p.47$ 参照）

このことを利用すると，次のようにして $\overrightarrow{OP}$，$\overrightarrow{OQ}$ を求めることができる。

(1) $\overrightarrow{OP}=x\vec{a}+y\vec{b}=x\overrightarrow{OA}+y\overrightarrow{OB}$（$x$，$y$ は実数）とする。

$\overrightarrow{OD}=\frac{4}{5}\vec{b}$ であるから　$\overrightarrow{OP}=x\overrightarrow{OA}+y\cdot\frac{5}{4}\overrightarrow{OD}$

点Pは直線AD上にあるから　$x+\frac{5}{4}y=1$ …… ①

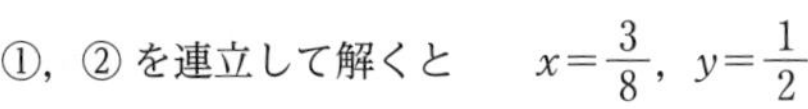

（$\overrightarrow{OP}$=○$\overrightarrow{OA}$+□$\overrightarrow{OD}$ で　**○+□=1** [(係数の和)=1]）

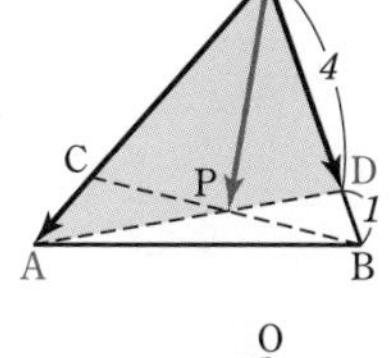

$\overrightarrow{OC}=\frac{3}{4}\vec{a}$ であるから　$\overrightarrow{OP}=x\cdot\frac{4}{3}\overrightarrow{OC}+y\overrightarrow{OB}$

点Pは直線BC上にあるから　$\frac{4}{3}x+y=1$ …… ②　◀ (係数の和)=1

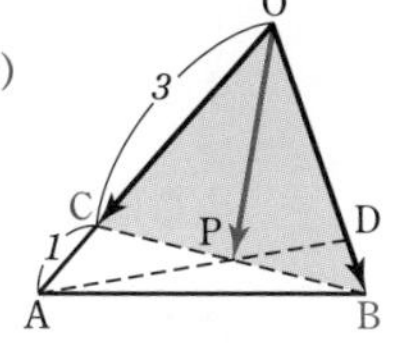

①，② を連立して解くと　$x=\frac{3}{8}$，$y=\frac{1}{2}$

したがって　$\overrightarrow{\mathbf{OP}}=\frac{\mathbf{3}}{\mathbf{8}}\vec{a}+\frac{\mathbf{1}}{\mathbf{2}}\vec{b}$

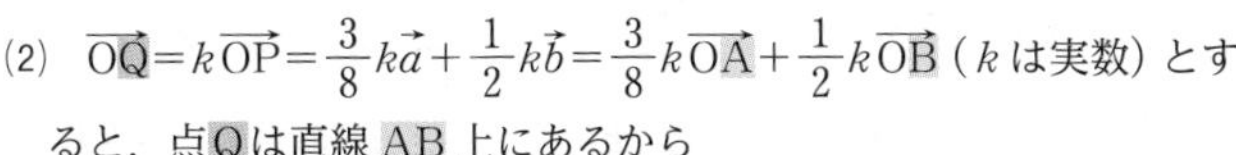

(2) $\overrightarrow{OQ}=k\overrightarrow{OP}=\frac{3}{8}k\vec{a}+\frac{1}{2}k\vec{b}=\frac{3}{8}k\overrightarrow{OA}+\frac{1}{2}k\overrightarrow{OB}$（$k$ は実数）とすると，点Qは直線AB上にあるから
$$\frac{3}{8}k+\frac{1}{2}k=1$$　◀ (係数の和)=1

よって　$k=\frac{8}{7}$　したがって　$\overrightarrow{\mathbf{OQ}}=\frac{\mathbf{3}}{\mathbf{7}}\vec{a}+\frac{\mathbf{4}}{\mathbf{7}}\vec{b}$

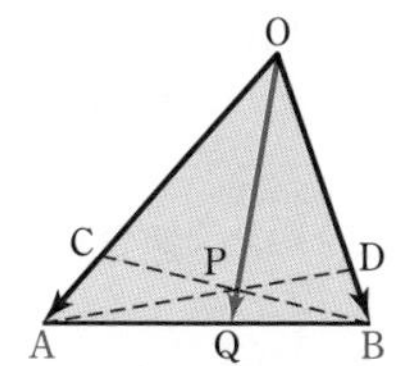

練習 16　△ABCにおいて，辺ABを2：1に内分する点をL，辺ACの中点をMとする。また，線分CLとBMの交点をPとし，直線APと辺BCの交点をNとする。$\overrightarrow{AP}$，$\overrightarrow{AN}$ を $\overrightarrow{AB}$ と $\overrightarrow{AC}$ を用いて表せ。更に，AP：AN を求めよ。

例題 17 交点の位置ベクトル (2) ★★★☆☆

平行四辺形 ABCD において，辺 AB を 3：2 に内分する点を E，辺 BC を 1：2 に内分する点を F，辺 CD の中点を M とする。線分 CE と線分 FM の交点を P とし，直線 AP と対角線 BD の交点を Q とする。$\overrightarrow{AB}=\vec{a}$, $\overrightarrow{AD}=\vec{b}$ とするとき，ベクトル (1) $\overrightarrow{AP}$ (2) $\overrightarrow{AQ}$ を $\vec{a}$, $\vec{b}$ を用いて表せ。

◀例題 16

指針 (1) CP：PE$=s:(1-s)$, MP：PF$=t:(1-t)$ として $\overrightarrow{AP}$ を **2 通りに表し，係数比較**。

(2) 点Q は直線 AP 上にあるから，$\overrightarrow{AQ}=k\overrightarrow{AP}$ (k は実数) と表される。点Q は直線 BD 上にあるから，$\overrightarrow{AQ}=\underline{m}\overrightarrow{AB}+\underline{n}\overrightarrow{AD}$ と表したとき $\underline{m}+\underline{n}=1$ となることを利用する。

CHART》 交点 2 通りに表して係数比較 か 1 通りで (係数の和)=1

解答 (1) CP：PE$=s:(1-s)$,
MP：PF$=t:(1-t)$ とすると

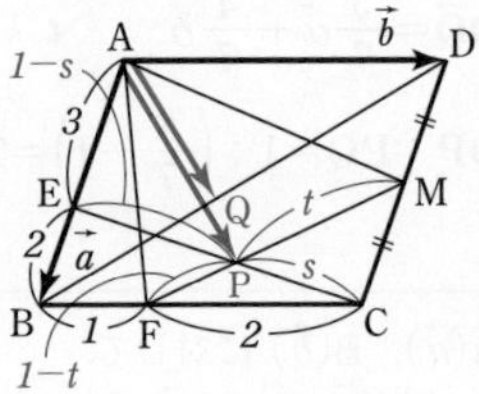

$$\overrightarrow{AP}=s\overrightarrow{AE}+(1-s)\overrightarrow{AC}$$
$$=s\cdot\frac{3}{5}\vec{a}+(1-s)(\vec{a}+\vec{b})$$
$$=\left(1-\frac{2}{5}s\right)\vec{a}+(1-s)\vec{b}$$

$$\overrightarrow{AP}=t\overrightarrow{AF}+(1-t)\overrightarrow{AM}$$
$$=t\left(\vec{a}+\frac{1}{3}\vec{b}\right)+(1-t)\left(\vec{b}+\frac{1}{2}\vec{a}\right)=\frac{1+t}{2}\vec{a}+\frac{3-2t}{3}\vec{b}$$

$\vec{a}\neq\vec{0}$, $\vec{b}\neq\vec{0}$, $\vec{a}\not\parallel\vec{b}$ であるから

$$1-\frac{2}{5}s=\frac{1+t}{2},\quad 1-s=\frac{3-2t}{3}$$

ゆえに $s=\frac{10}{23}$, $t=\frac{15}{23}$ よって $\boldsymbol{\overrightarrow{AP}=\frac{19}{23}\vec{a}+\frac{13}{23}\vec{b}}$

(2) 点Q は直線 AP 上にあるから $\overrightarrow{AQ}=k\overrightarrow{AP}$ (k は実数)

よって $\overrightarrow{AQ}=k\left(\frac{19}{23}\vec{a}+\frac{13}{23}\vec{b}\right)=\frac{19}{23}k\vec{a}+\frac{13}{23}k\vec{b}$ …… ①

点Q は線分 BD 上にあるから $\frac{19}{23}k+\frac{13}{23}k=1$

ゆえに $k=\frac{23}{32}$ したがって $\boldsymbol{\overrightarrow{AQ}=\frac{19}{32}\vec{a}+\frac{13}{32}\vec{b}}$

◀ △AEC, △AFM それぞれに注目して，$\overrightarrow{AP}$ を 2 通りで表現。

◀ $\overrightarrow{AC}=\overrightarrow{AB}+\overrightarrow{BC}=\vec{a}+\vec{b}$

◀ $\overrightarrow{AF}=\overrightarrow{AB}+\frac{1}{3}\overrightarrow{BC}$, $\overrightarrow{AM}=\overrightarrow{AD}+\frac{1}{2}\overrightarrow{DC}$

◀ $\vec{a}$, $\vec{b}$ の **係数を比較**。

◀ 上の 2 式を連立して解く。

◀ $\overrightarrow{AQ}=\frac{19}{23}k\overrightarrow{AB}+\frac{13}{23}k\overrightarrow{AD}$

◀ (係数の和)=1

別解 (2) BQ：QD$=u:(1-u)$ とすると $\overrightarrow{AQ}=(1-u)\vec{a}+u\vec{b}$ …… ②

$\vec{a}\neq\vec{0}$, $\vec{b}\neq\vec{0}$, $\vec{a}\not\parallel\vec{b}$ であるから，①, ② より $\frac{19}{23}k=1-u$, $\frac{13}{23}k=u$

連立して解くと $k=\frac{23}{32}$, $u=\frac{13}{32}$ よって $\boldsymbol{\overrightarrow{AQ}=\frac{19}{32}\vec{a}+\frac{13}{32}\vec{b}}$

練習 17 正六角形 ABCDEF において，$\overrightarrow{AB}=\vec{a}$, $\overrightarrow{AF}=\vec{b}$ とする。 ➡p. 79 演習 6

(1) $\overrightarrow{AC}$, $\overrightarrow{AD}$, $\overrightarrow{AE}$ を $\vec{a}$, $\vec{b}$ で表せ。

(2) 対角線 CE と DF の交点を P とするとき，$\overrightarrow{AP}$ を $\vec{a}$, $\vec{b}$ で表せ。

(3) 対角線 BF と線分 AP の交点を Q とするとき，BQ：QF を求めよ。

例題 18 三角形の垂心の位置ベクトル ★★★☆☆

△OAB において，OA=5，OB=6，AB=7 とし，垂心をHとする。$\overrightarrow{OA}=\vec{a}$，$\overrightarrow{OB}=\vec{b}$ とするとき，次の問いに答えよ。

(1) 内積 $\vec{a}\cdot\vec{b}$ を求めよ。　　(2) $\overrightarrow{OH}$ を $\vec{a}$，$\vec{b}$ を用いて表せ。

指針 (2) 三角形の垂心とは，三角形の3つの頂点からそれぞれの対辺またはその延長上に下ろした垂線の交点であり，△OAB の垂心Hに対して，

OA⊥BH，OB⊥AH，AB⊥OH

が成り立つ。

これらの **図形の条件を** ベクトルの条件 **に直して利用する。**

例えば　**OA⊥BH　⟺　$\overrightarrow{OA}\cdot\overrightarrow{BH}=0$**

よって，$\overrightarrow{OH}=s\vec{a}+t\vec{b}$ とすると，$\overrightarrow{OA}\cdot\overrightarrow{BH}=0$，$\overrightarrow{OB}\cdot\overrightarrow{AH}=0$ の2つの条件から s，t の値を定めることができる。

└文字は2つ (s，t) だから，条件も2つ必要。

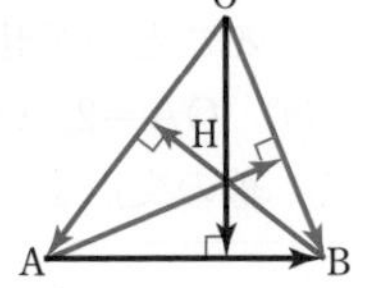
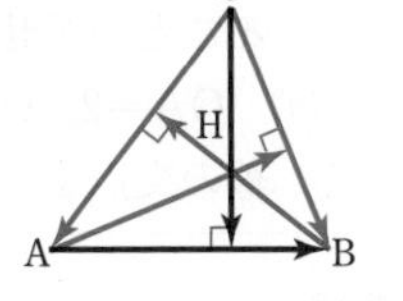

解答 (1) $|\overrightarrow{AB}|^2=|\vec{b}-\vec{a}|^2=|\vec{b}|^2-2\vec{b}\cdot\vec{a}+|\vec{a}|^2$

$|\overrightarrow{AB}|=7$，$|\vec{a}|=5$，$|\vec{b}|=6$ から　$7^2=6^2-2\vec{b}\cdot\vec{a}+5^2$

したがって　$\boldsymbol{\vec{a}\cdot\vec{b}=6}$

(2) Hは垂心であるから

$\overrightarrow{OA}\perp\overrightarrow{BH}$，$\overrightarrow{OB}\perp\overrightarrow{AH}$

$\overrightarrow{OH}=s\vec{a}+t\vec{b}$ (s，t は実数) とする。

$\overrightarrow{OA}\perp\overrightarrow{BH}$ であるから

$\overrightarrow{OA}\cdot\overrightarrow{BH}=0$

よって　$\vec{a}\cdot\{s\vec{a}+(t-1)\vec{b}\}=0$

ゆえに　$s|\vec{a}|^2+(t-1)\vec{a}\cdot\vec{b}=0$

$|\vec{a}|=5$，$\vec{a}\cdot\vec{b}=6$ であるから　$25s+6(t-1)=0$

よって　$25s+6t=6$ …… ①

$\overrightarrow{OB}\perp\overrightarrow{AH}$ であるから　$\overrightarrow{OB}\cdot\overrightarrow{AH}=0$

ゆえに　$\vec{b}\cdot\{(s-1)\vec{a}+t\vec{b}\}=0$

よって　$(s-1)\vec{a}\cdot\vec{b}+t|\vec{b}|^2=0$

$|\vec{b}|=6$，$\vec{a}\cdot\vec{b}=6$ であるから　$6(s-1)+36t=0$

ゆえに　$s+6t=1$ …… ②

①，② を連立して解くと　$s=\dfrac{5}{24}$，$t=\dfrac{19}{144}$

したがって　$\boldsymbol{\overrightarrow{OH}=\dfrac{5}{24}\vec{a}+\dfrac{19}{144}\vec{b}}$

別解 (1)
$\vec{a}\cdot\vec{b}$
$=|\vec{a}||\vec{b}|\cos\angle AOB$
$=5\cdot6\cdot\dfrac{5^2+6^2-7^2}{2\cdot5\cdot6}$
$=6$

◀ 垂直 ⟹ (内積)=0

◀ $\overrightarrow{BH}=\overrightarrow{OH}-\overrightarrow{OB}$
$=s\vec{a}+(t-1)\vec{b}$

◀ 垂直 ⟹ (内積)=0

◀ $\overrightarrow{AH}=\overrightarrow{OH}-\overrightarrow{OA}$
$=(s-1)\vec{a}+t\vec{b}$

注意 AB⊥OH から，$\overrightarrow{AB}\cdot\overrightarrow{OH}=0$ を用いると $(\vec{b}-\vec{a})\cdot(s\vec{a}+t\vec{b})=0$
これは左の＿＿よりも計算はやや面倒になる。

参考 $p.62$ の **研究** では，正射影ベクトルを利用した，本問(2)の解答を紹介した。考え方の幅を広げる意味で，読んでみてほしい。

練習 18 △OAB において，OA=1，OB=2，∠AOB=45° とし，垂心をHとする。$\overrightarrow{OA}=\vec{a}$，$\overrightarrow{OB}=\vec{b}$ とするとき，$\overrightarrow{OH}$ を $\vec{a}$，$\vec{b}$ を用いて表せ。

例題 19 三角形の内心，傍心の位置ベクトル ★★★☆☆

(1) AB=8, BC=7, CA=5 である △ABC において，内心をIとするとき，$\overrightarrow{\mathrm{AI}}$ を $\overrightarrow{\mathrm{AB}}$, $\overrightarrow{\mathrm{AC}}$ で表せ。

(2) △OAB において，$\overrightarrow{\mathrm{OA}}=\vec{a}$, $\overrightarrow{\mathrm{OB}}=\vec{b}$ とする。

(ア) ∠O を 2 等分するベクトルは，$k\left(\dfrac{\vec{a}}{|\vec{a}|}+\dfrac{\vec{b}}{|\vec{b}|}\right)$ (k は実数，$k\neq0$) と表されることを示せ。

(イ) OA=2, OB=3, AB=4 のとき，∠O の二等分線と ∠A の外角の二等分線の交点をPとする。このとき，$\overrightarrow{\mathrm{OP}}$ を $\vec{a}$, $\vec{b}$ で表せ。

指針 (1) 三角形の内心は，3つの内角の二等分線の交点である。
次の「角の二等分線の定理」を利用し，まず $\overrightarrow{\mathrm{AD}}$ を $\overrightarrow{\mathrm{AB}}$, $\overrightarrow{\mathrm{AC}}$ で表す。右の図で **AD が △ABC の ∠A の二等分線**

⟹ BD : DC=AB : AC

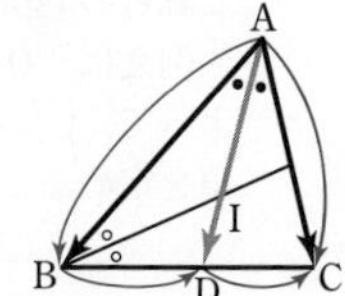

次に，△ABD と ∠B の二等分線 BI に注目。

(2) (ア) ∠O の二等分線と辺 AB の交点をDとして，まず $\overrightarrow{\mathrm{OD}}$ を $\vec{a}$, $\vec{b}$ で表す。

別解 ひし形の対角線が内角を 2 等分することを利用する解法も考えられる。すなわち OA′=1, OB′=1 となる点 A′, B′ をそれぞれ半直線 OA, OB 上にとってひし形 OA′CB′ を作ると，点Cは ∠O の二等分線上にあることに注目する。

(イ) (ア)の結果を利用して，「$\overrightarrow{\mathrm{OP}}$ を $\vec{a}$, $\vec{b}$ で **2通りに表し，係数比較**」の方針で。
点Pは ∠A の外角の二等分線上にある ⟶ $\overrightarrow{\mathrm{AC}}=\overrightarrow{\mathrm{OA}}$ となる点Cをとり，(ア)の結果を使うと，$\overrightarrow{\mathrm{AP}}$ は $\vec{a}$, $\vec{b}$ で表される。$\overrightarrow{\mathrm{OP}}=\overrightarrow{\mathrm{OA}}+\overrightarrow{\mathrm{AP}}$ に注目。

解答 (1) △ABC の ∠A の二等分線と辺 BC の交点をDとすると

$$\mathrm{BD}:\mathrm{DC}=\mathrm{AB}:\mathrm{AC}=8:5$$

よって $\overrightarrow{\mathrm{AD}}=\dfrac{5\overrightarrow{\mathrm{AB}}+8\overrightarrow{\mathrm{AC}}}{13}$

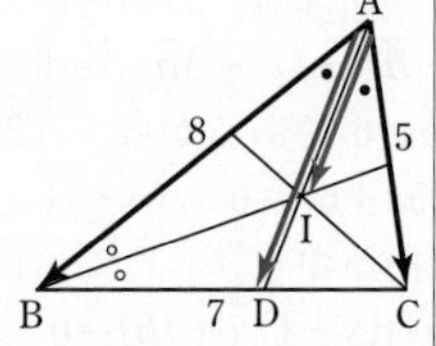

また，$\mathrm{BD}=7\cdot\dfrac{8}{13}=\dfrac{56}{13}$ であるから

$$\mathrm{AI}:\mathrm{ID}=\mathrm{BA}:\mathrm{BD}=8:\frac{56}{13}=13:7$$

ゆえに $\overrightarrow{\mathrm{AI}}=\dfrac{13}{20}\overrightarrow{\mathrm{AD}}=\dfrac{13}{20}\cdot\dfrac{5\overrightarrow{\mathrm{AB}}+8\overrightarrow{\mathrm{AC}}}{13}=\boldsymbol{\dfrac{1}{4}\overrightarrow{\mathrm{AB}}+\dfrac{2}{5}\overrightarrow{\mathrm{AC}}}$

◀ ∠C の二等分線と辺 AB の交点をEとし，AE : EB=5 : 7, EI : IC$=\dfrac{10}{3}:5$ $=2:3$ このことを利用してもよい。

◀ 角の二等分線の定理を 2 回用いると求められる。

(2) (ア) ∠O の二等分線と辺 AB の交点をDとすると

$$\mathrm{AD}:\mathrm{DB}=\mathrm{OA}:\mathrm{OB}=|\vec{a}|:|\vec{b}|$$

◀ 角の二等分線の定理を利用する解法。

よって $\overrightarrow{\mathrm{OD}}=\dfrac{|\vec{b}|\overrightarrow{\mathrm{OA}}+|\vec{a}|\overrightarrow{\mathrm{OB}}}{|\vec{a}|+|\vec{b}|}=\dfrac{|\vec{a}||\vec{b}|}{|\vec{a}|+|\vec{b}|}\left(\dfrac{\vec{a}}{|\vec{a}|}+\dfrac{\vec{b}}{|\vec{b}|}\right)$

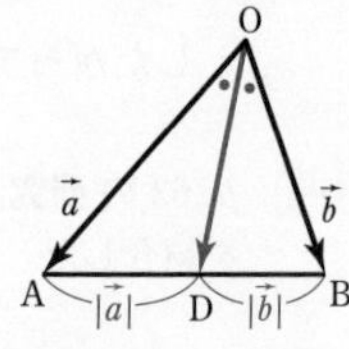

求めるベクトルは，t を $t\neq0$ である実数として $t\overrightarrow{\mathrm{OD}}$ と表される。$\dfrac{|\vec{a}||\vec{b}|}{|\vec{a}|+|\vec{b}|}t=k$ とおくと，求めるベクトルは

$$k\left(\frac{\vec{a}}{|\vec{a}|}+\frac{\vec{b}}{|\vec{b}|}\right)\ (k\text{ は実数，}k\neq0)$$

◀ $t\overrightarrow{\mathrm{OD}}=\dfrac{|\vec{a}||\vec{b}|}{|\vec{a}|+|\vec{b}|}t\left(\dfrac{\vec{a}}{|\vec{a}|}+\dfrac{\vec{b}}{|\vec{b}|}\right)$

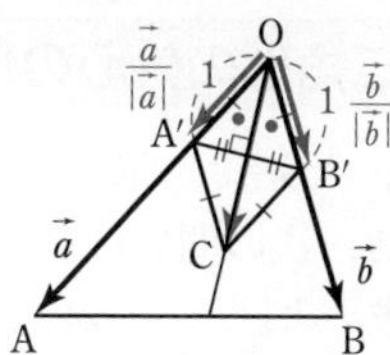

別解 (ア) $\vec{a}$, $\vec{b}$ と同じ向きの単位ベクトルをそれぞれ $\overrightarrow{\mathrm{OA'}}$, $\overrightarrow{\mathrm{OB'}}$ とすると

$$\overrightarrow{\mathrm{OA'}}=\frac{\vec{a}}{|\vec{a}|},\ \overrightarrow{\mathrm{OB'}}=\frac{\vec{b}}{|\vec{b}|}$$

$\overrightarrow{\mathrm{OA'}}+\overrightarrow{\mathrm{OB'}}=\overrightarrow{\mathrm{OC}}$ とすると，四角形 OA′CB′ はひし形であるから，点Cは ∠O の二等分線上にある。

◀ $\mathrm{OA'=OB'=A'C=B'C}=1$
◀ △OA′C≡△OB′C から。

よって，求めるベクトルは，k を $k\neq0$ である実数として

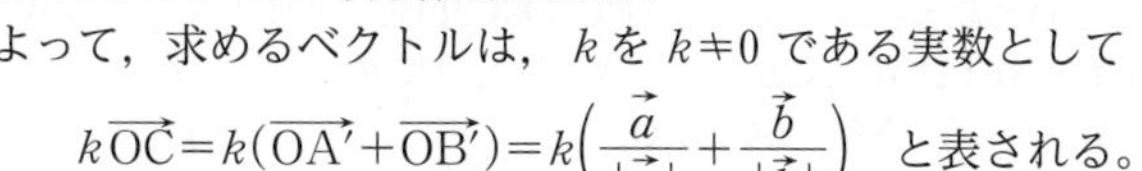

$$k\overrightarrow{\mathrm{OC}}=k(\overrightarrow{\mathrm{OA'}}+\overrightarrow{\mathrm{OB'}})=k\left(\frac{\vec{a}}{|\vec{a}|}+\frac{\vec{b}}{|\vec{b}|}\right)$$ と表される。

◀ $k=0$ のときは，$k\overrightarrow{\mathrm{OC}}=\vec{0}$ となり，不合理。

(イ) 点Pは △OAB において，∠O の二等分線上にあるから，(ア)の結果より

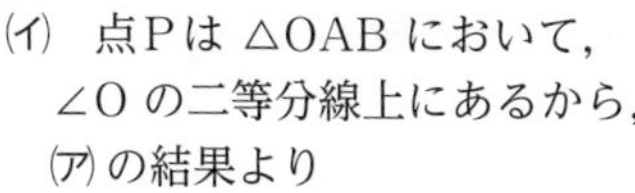

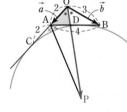

◀ 点Pは，△OAB の傍心（∠O 内の傍心）である。

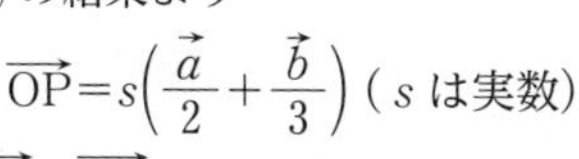

$$\overrightarrow{\mathrm{OP}}=s\left(\frac{\vec{a}}{2}+\frac{\vec{b}}{3}\right)\ (s\ は実数)$$

$\overrightarrow{\mathrm{AC}}=\overrightarrow{\mathrm{OA}}$ となる点Cをとると，点Pは △ABC において，∠BAC の二等分線上にあるから

◀ 三角形の内角の二等分線を作り出すための工夫。

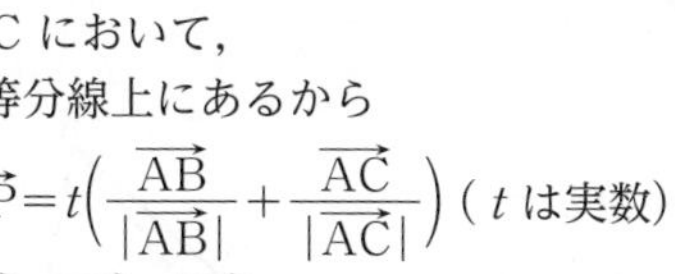

$$\overrightarrow{\mathrm{AP}}=t\left(\frac{\overrightarrow{\mathrm{AB}}}{|\overrightarrow{\mathrm{AB}}|}+\frac{\overrightarrow{\mathrm{AC}}}{|\overrightarrow{\mathrm{AC}}|}\right)\ (t\ は実数)$$

◀ (ア)の結果を利用。

よって　$\overrightarrow{\mathrm{OP}}=\overrightarrow{\mathrm{OA}}+\overrightarrow{\mathrm{AP}}$

$$=\vec{a}+t\left(\frac{\vec{b}-\vec{a}}{4}+\frac{\vec{a}}{2}\right)=\left(1+\frac{t}{4}\right)\vec{a}+\frac{t}{4}\vec{b}$$

◀ $\overrightarrow{\mathrm{OP}}$ を t の式に直す。
◀ $\overrightarrow{\mathrm{AB}}=\overrightarrow{\mathrm{OB}}-\overrightarrow{\mathrm{OA}}$, $|\overrightarrow{\mathrm{AB}}|=4$, $\overrightarrow{\mathrm{AC}}=\overrightarrow{\mathrm{OA}}$, $|\overrightarrow{\mathrm{AC}}|=|\overrightarrow{\mathrm{OA}}|=2$

$\vec{a}\neq\vec{0}$, $\vec{b}\neq\vec{0}$, $\vec{a}\not\parallel\vec{b}$ であるから　$\frac{s}{2}=1+\frac{t}{4}$, $\frac{s}{3}=\frac{t}{4}$

これを解いて　$s=6$, $t=8$　ゆえに　$\boldsymbol{\overrightarrow{\mathrm{OP}}=3\vec{a}+2\vec{b}}$

別解 (イ) 辺 AB と線分 OP の交点をDとすると

$$\mathrm{AD:DB}=2:3$$

直線 AP は △OAD の ∠A の外角の二等分線であるから

◀「外角の二等分線の定理」(数学A)を利用する解答。

$$\mathrm{OP:PD=AO:AD}=2:\left(4\cdot\frac{2}{5}\right)=5:4$$

◀ AD：DB=2：3 から AD：AB=2：5

よって　$\boldsymbol{\overrightarrow{\mathrm{OP}}}=5\overrightarrow{\mathrm{OD}}=5\cdot\dfrac{3\vec{a}+2\vec{b}}{2+3}=\boldsymbol{3\vec{a}+2\vec{b}}$

検討 (2)(ア)の結果は，三角形の内心や角の二等分線が関係する問題で有効な場合もあるので，覚えておくとよい。

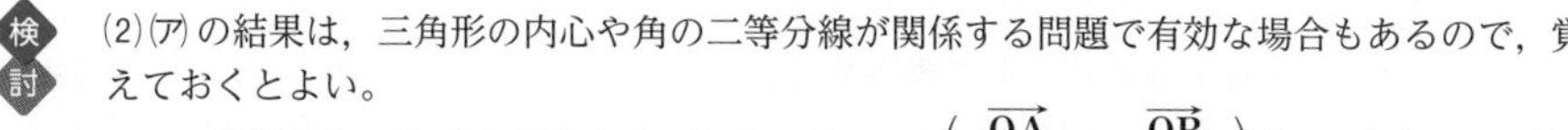

△OAB の ∠O を 2 等分するベクトルは　$\boldsymbol{k\left(\frac{\overrightarrow{\mathrm{OA}}}{|\overrightarrow{\mathrm{OA}}|}+\frac{\overrightarrow{\mathrm{OB}}}{|\overrightarrow{\mathrm{OB}}|}\right)}$（$k$ は実数，$k\neq0$）

練習 19 △OAB は辺の長さが OA=3，OB=5，AB=7 であるとする。また，∠AOB の二等分線と直線 AB との交点をPとし，頂点Bにおける外角の二等分線と直線 OP との交点をQとする。〔類 北海道大〕

(1) $\overrightarrow{\mathrm{OP}}$ を $\overrightarrow{\mathrm{OA}}$, $\overrightarrow{\mathrm{OB}}$ を用いて表せ。また，$|\overrightarrow{\mathrm{OP}}|$ の値を求めよ。

(2) $\overrightarrow{\mathrm{OQ}}$ を $\overrightarrow{\mathrm{OA}}$, $\overrightarrow{\mathrm{OB}}$ を用いて表せ。また，$|\overrightarrow{\mathrm{OQ}}|$ の値を求めよ。

➡p. 79 演習 7

例題 20 三角形の外心の位置ベクトル ★★★☆☆

△ABC において，AB=3，BC=$\sqrt{7}$，CA=2 とし，外心をOとする。$\overrightarrow{AB}=\vec{b}$，$\overrightarrow{AC}=\vec{c}$ とするとき，次の問いに答えよ。

(1) 内積 $\vec{b}\cdot\vec{c}$ を求めよ。　(2) $\overrightarrow{AO}$ を $\vec{b}$，$\vec{c}$ を用いて表せ。

◀例題 19

指針 (2) 三角形の外心とは，三角形の各辺の垂直二等分線の交点であり，外接円の中心となる。よって，△ABC の 3 辺 BC，AB，AC の中点をそれぞれ L，M，N とするとき，外心Oに対して，

AB⊥MO，AC⊥NO，BC⊥LO

が成り立つ。よって，例題 19 と同様に $\overrightarrow{AO}=s\vec{b}+t\vec{c}$ として，
$\overrightarrow{AB}\cdot\overrightarrow{MO}=0$，$\overrightarrow{AC}\cdot\overrightarrow{NO}=0$ の 2 つの条件から s，t の値を定める。

↑図形の条件をベクトルの条件に直す。

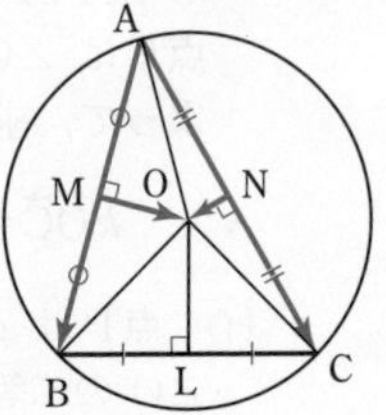

解答 (1) $|\overrightarrow{BC}|^2=|\vec{c}-\vec{b}|^2=|\vec{c}|^2-2\vec{c}\cdot\vec{b}+|\vec{b}|^2$

$|\overrightarrow{BC}|=\sqrt{7}$，$|\vec{c}|=2$，$|\vec{b}|=3$ であるから

$$(\sqrt{7})^2=2^2-2\vec{c}\cdot\vec{b}+3^2$$

したがって　$\boldsymbol{\vec{b}\cdot\vec{c}=3}$

(2) 点Oは △ABC の外心であるから，辺AB，辺AC の中点をそれぞれM，Nとすると，AB⊥MO，AC⊥NO である。

$\overrightarrow{AO}=s\vec{b}+t\vec{c}$ （s，t は実数）とする。AB⊥MO より，$\overrightarrow{AB}\cdot\overrightarrow{MO}=0$

であるから　$\vec{b}\cdot\left\{\left(s-\dfrac{1}{2}\right)\vec{b}+t\vec{c}\right\}=0$

よって　$\left(s-\dfrac{1}{2}\right)|\vec{b}|^2+t\vec{b}\cdot\vec{c}=0$

$|\vec{b}|=3$，$\vec{b}\cdot\vec{c}=3$ を代入して整理すると

$6s+2t=3$ …… ①

AC⊥NO より，$\overrightarrow{AC}\cdot\overrightarrow{NO}=0$ であるから

$\vec{c}\cdot\left\{s\vec{b}+\left(t-\dfrac{1}{2}\right)\vec{c}\right\}=0$

ゆえに　$s\vec{b}\cdot\vec{c}+\left(t-\dfrac{1}{2}\right)|\vec{c}|^2=0$

$|\vec{c}|=2$，$\vec{b}\cdot\vec{c}=3$ を代入して整理すると

$3s+4t=2$ …… ②

①，② を連立して解くと　$s=\dfrac{4}{9}$，$t=\dfrac{1}{6}$

したがって　$\boldsymbol{\overrightarrow{AO}=\dfrac{4}{9}\vec{b}+\dfrac{1}{6}\vec{c}}$

別解 (1)
$\vec{b}\cdot\vec{c}$
$=|\vec{b}||\vec{c}|\cos\angle BAC$
$=3\cdot2\cdot\dfrac{3^2+2^2-(\sqrt{7})^2}{2\cdot3\cdot2}$
$=3$

◀ 垂直 ⟹ 内積=0

◀ $\overrightarrow{MO}=\overrightarrow{AO}-\overrightarrow{AM}$
$=\left(s-\dfrac{1}{2}\right)\vec{b}+t\vec{c}$

◀ $\overrightarrow{NO}=\overrightarrow{AO}-\overrightarrow{AN}$
$=s\vec{b}+\left(t-\dfrac{1}{2}\right)\vec{c}$

参考 ベクトルの正射影の考えを用いると，$\overrightarrow{AO}\cdot\overrightarrow{AM}$，$\overrightarrow{AO}\cdot\overrightarrow{AN}$ は簡単に求められる。この内積を利用して s，t の値を定めてもよい（詳しくは p. 62 参照）。

練習 20 △ABC において，AB=4，AC=2，∠A=120° とし，外心をOとする。$\overrightarrow{AB}=\vec{b}$，$\overrightarrow{AC}=\vec{c}$ とするとき，$\overrightarrow{AO}$ を $\vec{b}$，$\vec{c}$ を用いて表せ。

➡ p. 79 演習 8

三角形の五心と位置ベクトル

3点 $A(\vec{a})$, $B(\vec{b})$, $C(\vec{c})$ を頂点とする三角形の五心（**重心，内心，垂心，外心，傍心**）の位置ベクトルが，$\vec{a}$, $\vec{b}$, $\vec{c}$ を用いてどのように表されるかということを調べてみよう。

● △ABC の内部の点Pの位置ベクトル

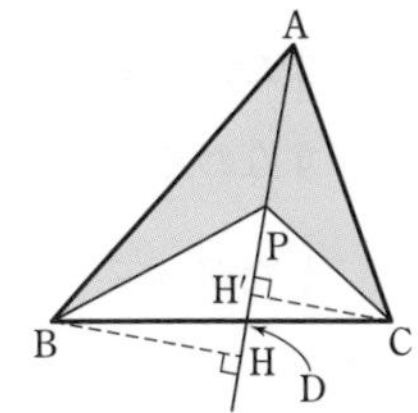

△ABC の内部の点Pをとり，直線 AP と辺 BC の交点をDとする。△ABP と △CAP の面積について，右の図で底辺をともに辺 AP とみると，面積の比は高さの比 BH：CH′ となる。
BH∥CH′ であるから　　BH：CH′＝BD：CD
よって，△ABP：△CAP＝BD：CD　……（∗）が成り立つ。
このことから，△ABC の内部の点Pの位置ベクトルについて，次のことが成り立つ。

> △ABC の内部に点Pをとり，$A(\vec{a})$, $B(\vec{b})$, $C(\vec{c})$, $P(\vec{p})$ とする。
> **△BCP：△CAP：△ABP＝$\alpha:\beta:\gamma$ ($\alpha>0$, $\beta>0$, $\gamma>0$)　……（★）とするとき**
> $$\vec{p}=\frac{\alpha\vec{a}+\beta\vec{b}+\gamma\vec{c}}{\alpha+\beta+\gamma}\quad\cdots\cdots\ (**)$$ **が成り立つ。**

証明　右の図のように3点 D, E, F をとると，（∗）から

BD：DC＝$\gamma:\beta$, CE：EA＝$\alpha:\gamma$, AF：FB＝$\beta:\alpha$

BP：PE＝$s:(1-s)$, CP：PF＝$t:(1-t)$ とすると

$$\overrightarrow{AP}=(1-s)\overrightarrow{AB}+s\overrightarrow{AE}=(1-s)\overrightarrow{AB}+\frac{s\gamma}{\alpha+\gamma}\overrightarrow{AC}$$

$$\overrightarrow{AP}=t\overrightarrow{AF}+(1-t)\overrightarrow{AC}=\frac{t\beta}{\alpha+\beta}\overrightarrow{AB}+(1-t)\overrightarrow{AC}$$

$\overrightarrow{AB}\neq\vec{0}$, $\overrightarrow{AC}\neq\vec{0}$, $\overrightarrow{AB}\not\parallel\overrightarrow{AC}$ であるから

$$1-s=\frac{t\beta}{\alpha+\beta}\ \cdots\cdots\ ①,\quad \frac{s\gamma}{\alpha+\gamma}=1-t\ \cdots\cdots\ ②$$

①，② から $s=\dfrac{\alpha+\gamma}{\alpha+\beta+\gamma}$　ゆえに $\overrightarrow{AP}=\dfrac{\beta\overrightarrow{AB}}{\alpha+\beta+\gamma}+\dfrac{\gamma\overrightarrow{AC}}{\alpha+\beta+\gamma}$

$\overrightarrow{AP}=\vec{p}-\vec{a}$, $\overrightarrow{AB}=\vec{b}-\vec{a}$, $\overrightarrow{AC}=\vec{c}-\vec{a}$ から　$\vec{p}=\dfrac{\alpha\vec{a}+\beta\vec{b}+\gamma\vec{c}}{\alpha+\beta+\gamma}$

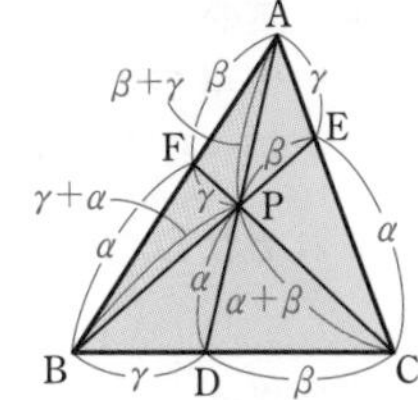

参考　（★）が成り立つとき，右の図のような長さの比の関係がある。
また，（∗∗）は $\alpha\overrightarrow{AP}+\beta\overrightarrow{BP}+\gamma\overrightarrow{CP}=\vec{0}$ と同値である。

● 三角形の五心の位置ベクトル

以下，△ABC に対し，$A(\vec{a})$, $B(\vec{b})$, $C(\vec{c})$, BC＝a, CA＝b, AB＝c とする。

(1)　**重心 …… 3つの中線の交点 $G(\vec{g})$**

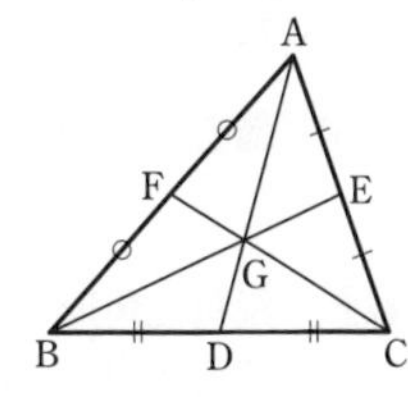

直線 AG と辺 BC の交点，直線 BG と辺 CA の交点，直線 CG と辺 AB の交点をそれぞれ D, E, F とすると

BD＝DC, CE＝EA, AF＝FB

よって，（∗）から　　△BCG：△CAG：△ABG＝1：1：1

ゆえに，（∗∗）から　　$\vec{g}=\dfrac{1\cdot\vec{a}+1\cdot\vec{b}+1\cdot\vec{c}}{1+1+1}=\dfrac{\vec{a}+\vec{b}+\vec{c}}{3}$

(2) **内心** …… **3つの角の二等分線の交点 $\mathrm{I}(\vec{i})$**

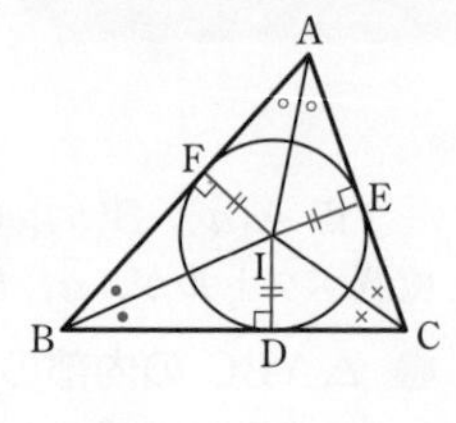

Iから辺BC，CA，ABに垂線ID，IE，IFを下ろすと，

ID=IE=IF であるから

$$\triangle\mathrm{BCI}:\triangle\mathrm{CAI}:\triangle\mathrm{ABI}=\mathrm{BC}:\mathrm{CA}:\mathrm{AB}$$

よって，(∗∗) から　$\vec{i}=\dfrac{a\vec{a}+b\vec{b}+c\vec{c}}{a+b+c}$ …… ③

また，正弦定理より　$\dfrac{a}{\sin A}=\dfrac{b}{\sin B}=\dfrac{c}{\sin C}$

すなわち　$a:b:c=\sin A:\sin B:\sin C$

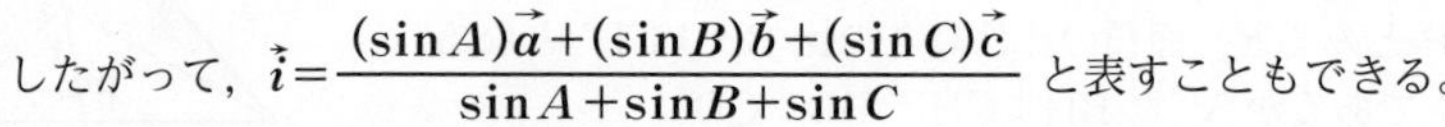

したがって，$\vec{i}=\dfrac{(\sin A)\vec{a}+(\sin B)\vec{b}+(\sin C)\vec{c}}{\sin A+\sin B+\sin C}$ と表すこともできる。

参考　③の式を，Aを始点とする位置ベクトルの式に直してみると

$$\overrightarrow{\mathrm{AI}}=\vec{i}-\vec{a}=\frac{a\vec{a}+b\vec{b}+c\vec{c}}{a+b+c}-\frac{(a+b+c)\vec{a}}{a+b+c}=\frac{b(\vec{b}-\vec{a})+c(\vec{c}-\vec{a})}{a+b+c}$$

$$=\frac{b}{a+b+c}\overrightarrow{\mathrm{AB}}+\frac{c}{a+b+c}\overrightarrow{\mathrm{AC}}$$

◀ 例題19(1)で確かめてみよ。

(3) **外心** (△ABC が鋭角三角形の場合)

…… **3辺の垂直二等分線の交点 $\mathrm{O}(\vec{o})$**

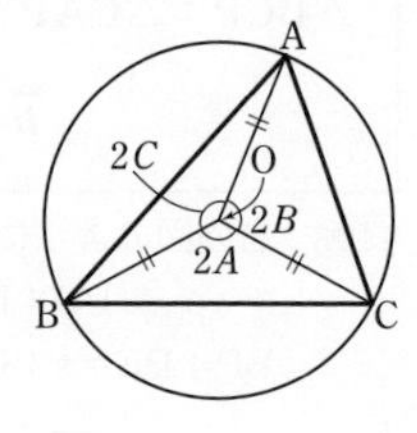

点Oは △ABC の外接円の中心であるから

$$\mathrm{OA}=\mathrm{OB}=\mathrm{OC},$$

$$\angle\mathrm{BOC}=2A,\ \angle\mathrm{COA}=2B,\ \angle\mathrm{AOB}=2C$$

よって　$\triangle\mathrm{BCO}:\triangle\mathrm{CAO}:\triangle\mathrm{ABO}$

$$=\frac{1}{2}\mathrm{OB}\cdot\mathrm{OC}\sin 2A:\frac{1}{2}\mathrm{OC}\cdot\mathrm{OA}\sin 2B:\frac{1}{2}\mathrm{OA}\cdot\mathrm{OB}\sin 2C$$

$$=\sin 2A:\sin 2B:\sin 2C$$

したがって，(∗∗) から　$\vec{o}=\dfrac{(\sin 2A)\vec{a}+(\sin 2B)\vec{b}+(\sin 2C)\vec{c}}{\sin 2A+\sin 2B+\sin 2C}$

(4) **垂心** (△ABC が鋭角三角形の場合)

…… **3つの垂線の交点 $\mathrm{H}(\vec{h})$**

直線AHと辺BCの交点，直線CHと辺ABの交点をそれぞれD，Eとすると，$\mathrm{BD}=\dfrac{\mathrm{AD}}{\tan B}$，$\mathrm{DC}=\dfrac{\mathrm{AD}}{\tan C}$ から

$$\mathrm{BD}:\mathrm{DC}=\tan C:\tan B$$

同様に　$\mathrm{AE}:\mathrm{EB}=\tan B:\tan A$

よって，(∗) から　$\triangle\mathrm{BCH}:\triangle\mathrm{CAH}:\triangle\mathrm{ABH}=\tan A:\tan B:\tan C$

したがって，(∗∗) から　$\vec{h}=\dfrac{(\tan A)\vec{a}+(\tan B)\vec{b}+(\tan C)\vec{c}}{\tan A+\tan B+\tan C}$

(5) **傍心** ⟶ 次の 練習 を参照。

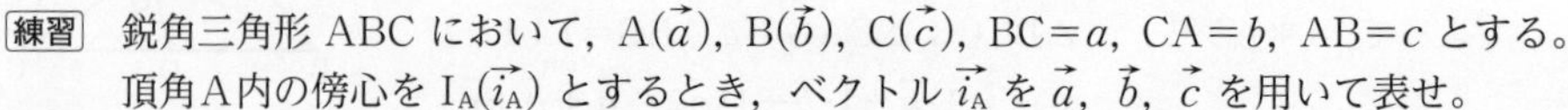

練習　鋭角三角形ABCにおいて，$\mathrm{A}(\vec{a})$，$\mathrm{B}(\vec{b})$，$\mathrm{C}(\vec{c})$，$\mathrm{BC}=a$，$\mathrm{CA}=b$，$\mathrm{AB}=c$ とする。頂角A内の傍心を $\mathrm{I_A}(\vec{i_A})$ とするとき，ベクトル $\vec{i_A}$ を $\vec{a}$，$\vec{b}$，$\vec{c}$ を用いて表せ。

指針　$\mathrm{AI_A}$ と辺BCの交点をDとして，まず $\overrightarrow{\mathrm{AD}}$ を $\overrightarrow{\mathrm{AB}}$，$\overrightarrow{\mathrm{AC}}$ で表す。

例題 21 線分の垂直，線分の平方に関する証明 ★★☆☆☆

平面上に四角形 ABCD がある。対角線 AC と BD が垂直であるとき，次の(1)，(2)が成り立つことを示せ。

(1) $\overrightarrow{AB}=\vec{b}$，$\overrightarrow{AC}=\vec{c}$，$\overrightarrow{AD}=\vec{d}$ とおくとき　$\vec{b}\cdot\vec{c}-\vec{c}\cdot\vec{d}=0$

(2) $AB^2+CD^2=AD^2+BC^2$

指針 **図形の条件をベクトルで表す**（ベクトル化）。

垂直 …… $AC\perp BD \iff \overrightarrow{AC}\cdot\overrightarrow{BD}=0$　◀ **内積**$=0$

線分の長さの平方 …… $AB^2=|\overrightarrow{AB}|^2$

CHART 》 図形の条件のベクトル化

1 垂直は（内積）$=0$　**2** （線分）^{2} は $|●|^2$ で表現

解答 (1) $AC\perp BD$ であるから

$\overrightarrow{AC}\cdot\overrightarrow{BD}=0$　◀ 垂直 ⟹（内積）$=0$

すなわち　$\vec{c}\cdot(\vec{d}-\vec{b})=0$　◀ $\overrightarrow{BD}=\overrightarrow{AD}-\overrightarrow{AB}$

よって　$\vec{b}\cdot\vec{c}-\vec{c}\cdot\vec{d}=0$

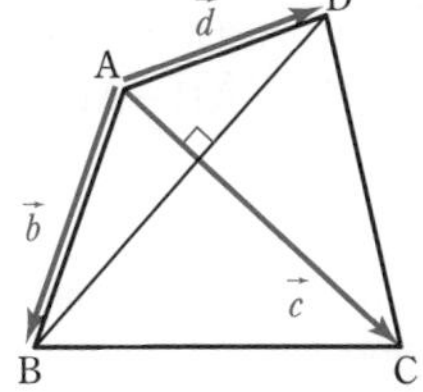

(2) $AB^2=|\overrightarrow{AB}|^2=|\vec{b}|^2$，

$CD^2=|\overrightarrow{CD}|^2=|\vec{d}-\vec{c}|^2$，　◀ $\overrightarrow{CD}=\overrightarrow{AD}-\overrightarrow{AC}$

$AD^2=|\overrightarrow{AD}|^2=|\vec{d}|^2$，

$BC^2=|\overrightarrow{BC}|^2=|\vec{c}-\vec{b}|^2$　◀ $\overrightarrow{BC}=\overrightarrow{AC}-\overrightarrow{AB}$

よって　$AB^2+CD^2-(AD^2+BC^2)$　◀（左辺）−（右辺）

$=|\vec{b}|^2+|\vec{d}-\vec{c}|^2-|\vec{d}|^2-|\vec{c}-\vec{b}|^2$　◀ $|\vec{d}-\vec{c}|^2$ は $(d-c)^2$ の展開と同じ要領。$\vec{d}\cdot\vec{d}=|\vec{d}|^2$

$=|\vec{b}|^2+|\vec{d}|^2-2\vec{d}\cdot\vec{c}+|\vec{c}|^2-|\vec{d}|^2-|\vec{c}|^2+2\vec{c}\cdot\vec{b}-|\vec{b}|^2$

$=2(\vec{b}\cdot\vec{c}-\vec{c}\cdot\vec{d})$

(1)の結果から　$AB^2+CD^2-(AD^2+BC^2)=0$　◀（左辺）−（右辺）$=0$

したがって　$AB^2+CD^2=AD^2+BC^2$

（注意） 一般に，四角形の 4 辺についての条件を **2 ベクトル** で表すことはできない。そのため，例題 21 では，**3 ベクトル** $\vec{b}$，$\vec{c}$，$\vec{d}$ を利用している。

練習 21 四角形 ABCD の辺 AB，CD の中点をそれぞれ P，Q とし，対角線 AC，BD の中点をそれぞれ M，N とする。

(1) $\overrightarrow{PQ}$ および $\overrightarrow{MN}$ を，$\overrightarrow{AD}$ および $\overrightarrow{BC}$ で表せ。

(2) (1)の結果を用いて，直線 PQ と直線 MN が垂直であるとき，AD=BC であることを証明せよ。 〔九州歯大〕

例題 22 内積の等式と三角形の形状 ★★★☆☆

△ABC において，次の等式が成り立つとき，この三角形はどのような形か。

(1) $\overrightarrow{AB}\cdot\overrightarrow{AB}=\overrightarrow{AB}\cdot\overrightarrow{AC}+\overrightarrow{BA}\cdot\overrightarrow{BC}+\overrightarrow{CA}\cdot\overrightarrow{CB}$ 〔類 学習院大〕

(2) $(\overrightarrow{DB}-\overrightarrow{DC})\cdot(\overrightarrow{DB}+\overrightarrow{DC}-2\overrightarrow{DA})=0$ 〔類 広島大〕

◀例題 21

指針 **三角形の形状問題** … **辺の関係**（2 辺が等しい，3 辺が等しい，三平方） または
2 辺のなす角（30°，45°，60°，90° になるかなど） を調べる。
線分の長さ，角の大きさ を調べるには，**内積を利用** する。
特に，　**(内積)=0 ⟺ 垂直または $\vec{0}$** 　は重要。
(1) 右辺の式を左辺に移して変形。　(2) D を消すために $-2\overrightarrow{DA}=-\overrightarrow{DA}-\overrightarrow{DA}$ とする。

解答 (1) 与えられた等式から

$\overrightarrow{AB}\cdot\overrightarrow{AB}-\overrightarrow{AB}\cdot\overrightarrow{AC}-\overrightarrow{BA}\cdot\overrightarrow{BC}-\overrightarrow{CA}\cdot\overrightarrow{CB}=0$ 　◀ $=\vec{0}$ ではない。

$\overrightarrow{AB}\cdot\overrightarrow{AB}-\overrightarrow{AB}\cdot\overrightarrow{AC}+\overrightarrow{AB}\cdot\overrightarrow{BC}-\overrightarrow{AC}\cdot\overrightarrow{BC}=0$ 　◀ $-\overrightarrow{BA}=\overrightarrow{AB}$

$\overrightarrow{AB}\cdot(\overrightarrow{AB}-\overrightarrow{AC})+\overrightarrow{BC}\cdot(\overrightarrow{AB}-\overrightarrow{AC})=0$

よって　$(\overrightarrow{AB}+\overrightarrow{BC})\cdot(\overrightarrow{AB}-\overrightarrow{AC})=0$ 　◀ $\overrightarrow{AB}-\overrightarrow{AC}$ でくくる。

ゆえに　$\overrightarrow{AC}\cdot\overrightarrow{CB}=0$

よって　AC⊥BC 　◀ $\overrightarrow{AC}\neq\vec{0}$，$\overrightarrow{CB}\neq\vec{0}$

したがって，△ABC は　**∠C=90° の直角三角形** 　◀ どの角が直角になるかも明記する。

(2) 与えられた等式から

$(\overrightarrow{DB}-\overrightarrow{DC})\cdot\{(\overrightarrow{DB}-\overrightarrow{DA})+(\overrightarrow{DC}-\overrightarrow{DA})\}=0$

$\overrightarrow{CB}\cdot(\overrightarrow{AB}+\overrightarrow{AC})=0$ …… ① 　◀ $\overrightarrow{●P}-\overrightarrow{●Q}=\overrightarrow{QP}$

$(\overrightarrow{AB}-\overrightarrow{AC})\cdot(\overrightarrow{AB}+\overrightarrow{AC})=0$ 　◀ 始点を A に統一。

よって　$|\overrightarrow{AB}|^2-|\overrightarrow{AC}|^2=0$

ゆえに　$|\overrightarrow{AB}|=|\overrightarrow{AC}|$ 　◀ $|\overrightarrow{AB}|>0$，$|\overrightarrow{AC}|>0$

したがって，△ABC は　**AB=AC の二等辺三角形**

別解 (2) 辺 BC の中点を M とすると

$\overrightarrow{AB}+\overrightarrow{AC}=2\overrightarrow{AM}$

ゆえに，① から　$\overrightarrow{CB}\cdot\overrightarrow{AM}=0$　すなわち　CB⊥AM

よって，AM は辺 BC の垂直二等分線となる。

したがって，△ABC は　**AB=AC の二等辺三角形**

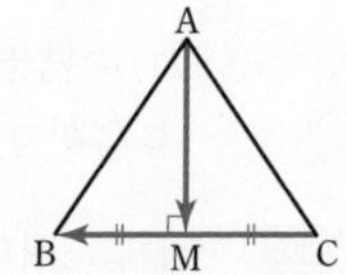

練習 22 △ABC において，次の等式が成り立つとき，この三角形はどのような形か。

(1) $\overrightarrow{BC}\cdot\overrightarrow{BA}=BA^2$　　(2) $\overrightarrow{AB}\cdot\overrightarrow{BC}=\overrightarrow{BC}\cdot\overrightarrow{CA}=\overrightarrow{CA}\cdot\overrightarrow{AB}$

➡p. 79 演習 9，10

例題 23 三角形の重心，外心，垂心の位置関係 ★★★☆☆

△ABC の重心をG，外心をEとするとき，次のことを示せ。〔山梨大〕

(1) $\overrightarrow{GA}+\overrightarrow{GB}+\overrightarrow{GC}=\vec{0}$

(2) $\overrightarrow{EA}+\overrightarrow{EB}+\overrightarrow{EC}=\overrightarrow{EH}$ である点Hをとると，Hは △ABC の垂心。

(3) 3点E，G，Hは一直線上にあり　EG：GH=1：2

◀例題22

指針 (1) 点Gが △ABC の重心 ⟺ $\overrightarrow{AG}=\dfrac{\overrightarrow{AA}+\overrightarrow{AB}+\overrightarrow{AC}}{3}=\dfrac{\overrightarrow{AB}+\overrightarrow{AC}}{3}$

(2) 点Eが △ABC の外心 ⟺ $|\overrightarrow{EA}|=|\overrightarrow{EB}|=|\overrightarrow{EC}|$

点Hが △ABC の垂心 ⟺ $\overrightarrow{AH}\perp\overrightarrow{BC}$，$\overrightarrow{BH}\perp\overrightarrow{CA}$

⟺ $\overrightarrow{AH}\cdot\overrightarrow{BC}=0$，$\overrightarrow{BH}\cdot\overrightarrow{CA}=0$

(3) 3点E，G，Hは一直線上にあり　EG：GH=1：2 ⟺ $\overrightarrow{GH}=2\overrightarrow{EG}$

なお，三角形の外心，重心，垂心を通る直線（直線 EGH）を **オイラー線** という（ただし，正三角形の場合，外心，重心，垂心が一致するから定義されない）。

解答 重心Gについて　$\overrightarrow{AG}=\dfrac{\overrightarrow{AB}+\overrightarrow{AC}}{3}$

外心Eについて　$|\overrightarrow{EA}|=|\overrightarrow{EB}|=|\overrightarrow{EC}|$

(1) $\overrightarrow{GA}+\overrightarrow{GB}+\overrightarrow{GC}=-\overrightarrow{AG}+(\overrightarrow{AB}-\overrightarrow{AG})+(\overrightarrow{AC}-\overrightarrow{AG})$

$=-3\overrightarrow{AG}+\overrightarrow{AB}+\overrightarrow{AC}=\vec{0}$

(2) ∠A≠90°，∠B≠90° としてよい。

このとき，外心Eは辺 BC 上にはない。…… ①

等式から　$\overrightarrow{EH}-\overrightarrow{EA}=\overrightarrow{EB}+\overrightarrow{EC}$

よって　$\overrightarrow{AH}=\overrightarrow{EB}+\overrightarrow{EC}$

ゆえに

$\overrightarrow{AH}\cdot\overrightarrow{BC}=(\overrightarrow{EB}+\overrightarrow{EC})\cdot(\overrightarrow{EC}-\overrightarrow{EB})$

$=|\overrightarrow{EC}|^2-|\overrightarrow{EB}|^2=0$

同様にして

$\overrightarrow{BH}\cdot\overrightarrow{CA}=(\overrightarrow{EA}+\overrightarrow{EC})\cdot(\overrightarrow{EA}-\overrightarrow{EC})=0$

① より，$\overrightarrow{AH}\neq\vec{0}$，$\overrightarrow{BC}\neq\vec{0}$，$\overrightarrow{BH}\neq\vec{0}$，$\overrightarrow{CA}\neq\vec{0}$ であるから

AH⊥BC，BH⊥CA

したがって，点Hは △ABC の垂心である。

(3) $\overrightarrow{GH}=\overrightarrow{AH}-\overrightarrow{AG}=\overrightarrow{EB}+\overrightarrow{EC}-(\overrightarrow{EG}-\overrightarrow{EA})$

$=3\overrightarrow{EG}-\overrightarrow{EG}=2\overrightarrow{EG}$

よって，3点E，G，Hは一直線上にあり　EG：GH=1：2

別解 (1)

$\overrightarrow{GA}+\overrightarrow{GB}+\overrightarrow{GC}$
$=(\overrightarrow{OA}-\overrightarrow{OG})+(\overrightarrow{OB}-\overrightarrow{OG})$
$+(\overrightarrow{OC}-\overrightarrow{OG})$
$=\overrightarrow{OA}+\overrightarrow{OB}+\overrightarrow{OC}-3\overrightarrow{OG}$
$=\vec{0}$

◀ 直角三角形のときは ∠C=90° とする。このとき，外心は辺 AB の中点と一致。

◀ $\overrightarrow{EH}-\overrightarrow{EA}=\overrightarrow{AH}$

◀ $\overrightarrow{BC}=\overrightarrow{EC}-\overrightarrow{EB}$

◀ $|\overrightarrow{EA}|^2-|\overrightarrow{EC}|^2=0$

◀ $\overrightarrow{AH}=\overrightarrow{EB}+\overrightarrow{EC}\neq\vec{0}$，$\overrightarrow{BH}=\overrightarrow{EA}+\overrightarrow{EC}\neq\vec{0}$

◀ $\dfrac{\overrightarrow{EA}+\overrightarrow{EB}+\overrightarrow{EC}}{3}=\overrightarrow{EG}$

練習 23 OA=5，OB=4，∠AOB=60° である △OAB において，辺 OA を 1：2 に内分する点をC，辺 OB を 2：1 に内分する点をDとする。また，直線 AD と直線 BC の交点をPとし，△OAB の垂心をHとする。$\overrightarrow{OA}=\vec{a}$，$\overrightarrow{OB}=\vec{b}$ とするとき

(1) $\overrightarrow{OP}$ を $\vec{a}$，$\vec{b}$ を用いて表せ。　(2) $\overrightarrow{OH}$ を $\vec{a}$，$\vec{b}$ を用いて表せ。

(3) △OAB の重心をGとするとき，3点G，H，Pは一直線上にあることを示し，GH：HP を求めよ。〔福井大〕

例題 24 外心とベクトルの等式に関する問題 ★★★☆☆

鋭角三角形 ABC の外心Oから直線 BC, CA, AB に下ろした垂線の足を，それぞれ P, Q, R とするとき $\overrightarrow{OP}+2\overrightarrow{OQ}+3\overrightarrow{OR}=\vec{0}$ が成立しているとする。

(1) $5\overrightarrow{OA}+4\overrightarrow{OB}+3\overrightarrow{OC}=\vec{0}$ が成り立つことを示せ。

(2) 内積 $\overrightarrow{OB}\cdot\overrightarrow{OC}$ を求めよ。

(3) $\angle A$ の大きさを求めよ。 〔類 京都大〕 ◀例題23

指針 点Oから直線に下ろした **垂線の足** とは，下ろした垂線と直線との交点のこと。
三角形の外心Oは各辺の垂直二等分線の交点である。よって，OP, OQ, OR がそれぞれ辺 BC, CA, AB の垂直二等分線になっていることや，**OA=OB=OC** であることを利用していくことがポイントとなる。

(1) まず，$\overrightarrow{OP}$, $\overrightarrow{OQ}$, $\overrightarrow{OR}$ を $\overrightarrow{OA}$, $\overrightarrow{OB}$, $\overrightarrow{OC}$ で表すことを考える。

(2) (1)の等式から $|5\overrightarrow{OA}|=|4\overrightarrow{OB}+3\overrightarrow{OC}|$ とすると，$|5\overrightarrow{OA}|^2=|4\overrightarrow{OB}+3\overrightarrow{OC}|^2$ で，この右辺に $\overrightarrow{OB}\cdot\overrightarrow{OC}$ が出てくる。ここに OA=OB=OC を利用。

(3) $\angle A$ は弧 BC に対する円周角 ⟶ **2×(円周角)=(中心角)**$=\angle BOC$ から。

解答 (1) 3点 P, Q, R は，それぞれ辺 BC, CA, AB の中点であるから

$$\overrightarrow{OP}=\frac{\overrightarrow{OB}+\overrightarrow{OC}}{2},\quad \overrightarrow{OQ}=\frac{\overrightarrow{OC}+\overrightarrow{OA}}{2},$$

$$\overrightarrow{OR}=\frac{\overrightarrow{OA}+\overrightarrow{OB}}{2}$$

これらを $\overrightarrow{OP}+2\overrightarrow{OQ}+3\overrightarrow{OR}=\vec{0}$ に代入して

$$\frac{\overrightarrow{OB}+\overrightarrow{OC}}{2}+2\times\frac{\overrightarrow{OC}+\overrightarrow{OA}}{2}+3\times\frac{\overrightarrow{OA}+\overrightarrow{OB}}{2}=\vec{0}$$

ゆえに $5\overrightarrow{OA}+4\overrightarrow{OB}+3\overrightarrow{OC}=\vec{0}$

(2) (1)の結果から $5\overrightarrow{OA}=-(4\overrightarrow{OB}+3\overrightarrow{OC})$

よって $5|\overrightarrow{OA}|=|4\overrightarrow{OB}+3\overrightarrow{OC}|$

$|5\overrightarrow{OA}|^2=|4\overrightarrow{OB}+3\overrightarrow{OC}|^2$ から

$$25|\overrightarrow{OA}|^2=16|\overrightarrow{OB}|^2+24\overrightarrow{OB}\cdot\overrightarrow{OC}+9|\overrightarrow{OC}|^2$$

$|\overrightarrow{OA}|=|\overrightarrow{OB}|=|\overrightarrow{OC}|$ であるから $\overrightarrow{OB}\cdot\overrightarrow{OC}=\mathbf{0}$

(3) (2)から $\angle BOC=90^\circ$

$\angle A$ と $\angle BOC$ は弧 BC に対する円周角と中心角の関係にあり，△ABC は鋭角三角形であるから，弦 BC から見て，点Aと点Oは同じ側にある。

よって $\angle A=\frac{1}{2}\angle BOC=\frac{1}{2}\times 90^\circ=\mathbf{45^\circ}$

◀ 三角形の外心 ⟶ 3辺の垂直二等分線の交点。

◀ 与えられた等式。

◀ 両辺に2を掛けて整理する。

◀ $|k\vec{a}|=|k||\vec{a}|$ (k は実数)

◀ 両辺の ＿＿ が消し合う。

(3) 鋭角三角形の外心と頂点は，その頂点の対辺に関して同じ側にあるから，鋭角三角形の外心はその内部にある。よって $\overrightarrow{OB}\neq\vec{0}$, $\overrightarrow{OC}\neq\vec{0}$

練習 24 3点 A, B, C が点Oを中心とする半径1の円周上にあり，$13\overrightarrow{OA}+12\overrightarrow{OB}+5\overrightarrow{OC}=\vec{0}$ を満たす。$\angle AOB=\alpha$, $\angle AOC=\beta$ とするとき

(1) $\overrightarrow{OB}\perp\overrightarrow{OC}$ であることを示せ。

(2) $\cos\alpha$ および $\cos\beta$ を求めよ。 〔長崎大〕

重要例題 25 重心を通る直線に関する問題 ★★★★☆

平面上の △ABC の重心をOとする。点Oを通り，頂点Aを通らない直線 ℓ が辺 AB，AC とそれぞれ点 P，Q で交わるとする。△ABC の面積を S，△APQ の面積を T とする。直線 ℓ がどのような直線のとき $\dfrac{T}{S}$ が最小となるかを答え，$\dfrac{T}{S}$ の最小値を求めよ。

〔類 東北大〕 ◀例題16

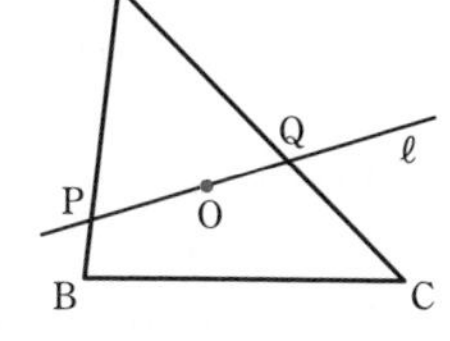

指針 Oは重心であるから $\overrightarrow{AO}=\dfrac{\overrightarrow{AB}+\overrightarrow{AC}}{3}$ ◀ 例題 23 参照。

P，Q は頂点Aを除く辺 AB，AC 上の点であるから，$\overrightarrow{AP}=s\overrightarrow{AB}$，$\overrightarrow{AQ}=t\overrightarrow{AC}$ $(0<s\leqq1,\ 0<t\leqq1)$ とすると，

$\dfrac{T}{S}=\dfrac{|\overrightarrow{AP}||\overrightarrow{AQ}|}{|\overrightarrow{AB}||\overrightarrow{AC}|}$ …… ① は s，t の式で表される。

また，3 点 O，P，Q は直線 ℓ 上にあるから，$\overrightarrow{AO}$ を $\overrightarrow{AP}$，$\overrightarrow{AQ}$ で表したときに，**係数の和が 1** となることを利用して，(s，t の式)=1 を導く。…… ②

① の最小値については，文字が正 で 和が定数 [②] ⟶ **(相加平均)≧(相乗平均)** が利用できる。

解答 P，Q は頂点Aを除く辺 AB，AC 上の点であるから，

$\overrightarrow{AP}=s\overrightarrow{AB}$，$\overrightarrow{AQ}=t\overrightarrow{AC}$ $(0<s\leqq1,\ 0<t\leqq1)$ とすると

◀ $T=\dfrac{1}{2}\mathrm{AP}\cdot\mathrm{AQ}\sin\angle\mathrm{BAC}$
$S=\dfrac{1}{2}\mathrm{AB}\cdot\mathrm{AC}\sin\angle\mathrm{BAC}$

$$\frac{T}{S}=\frac{|\overrightarrow{AP}||\overrightarrow{AQ}|}{|\overrightarrow{AB}||\overrightarrow{AC}|}=\frac{s|\overrightarrow{AB}|\cdot t|\overrightarrow{AC}|}{|\overrightarrow{AB}||\overrightarrow{AC}|}=st$$

点Oは △ABC の重心であるから

$$\overrightarrow{AO}=\frac{\overrightarrow{AB}+\overrightarrow{AC}}{3}=\frac{1}{3}\left(\frac{1}{s}\overrightarrow{AP}+\frac{1}{t}\overrightarrow{AQ}\right)=\frac{1}{3s}\overrightarrow{AP}+\frac{1}{3t}\overrightarrow{AQ}$$

ここで，点Oは直線 ℓ 上の点であるから

$$\frac{1}{3s}+\frac{1}{3t}=1 \quad \text{すなわち} \quad \frac{1}{s}+\frac{1}{t}=3$$

◀ (係数の和)=1

$\dfrac{1}{s}>0$，$\dfrac{1}{t}>0$ であるから，(相加平均)≧(相乗平均) により

◀ $s>0$，$t>0$

$$3=\frac{1}{s}+\frac{1}{t}\geqq2\sqrt{\frac{1}{s}\cdot\frac{1}{t}}=\frac{2}{\sqrt{st}} \quad \text{すなわち} \quad st=\frac{T}{S}\geqq\frac{4}{9}$$

等号が成り立つのは，$\dfrac{1}{s}=\dfrac{1}{t}=\dfrac{3}{2}$ のとき，すなわち $s=t=\dfrac{2}{3}$ のときである。

$s=t$ が成り立つとき，AP：PB＝AQ：QC，すなわち PQ∥BC が成り立つ。

よって，**直線 ℓ が辺 BC に平行となるとき $\dfrac{T}{S}$ は最小となり，その最小値は $\dfrac{4}{9}$**

練習 25 △ABC の重心Gを通る直線が辺 AB，AC と交わるとき，それらの交点をそれぞれ D，E とする。ただし，点Dは 2 点 A，B と異なり，点Eは 2 点 A，C と異なる。このとき，$\dfrac{\mathrm{DB}}{\mathrm{AD}}+\dfrac{\mathrm{EC}}{\mathrm{AE}}=1$ が成り立つことを示せ。

研究 深めよう　ベクトルの正射影の利用

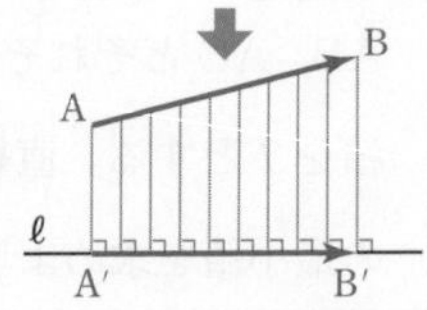

一般に，1点Pから定直線ℓに下ろした垂線の足P_1を，Pのℓ上への正射影という。また，図形F上のすべての点のℓ上への正射影全体を，Fのℓ上への**正射影**という。

例えば，線分ABの直線ℓ上への正射影は，ℓに垂直な光線を線分ABに当てたときにℓに映る影A′B′と考えられる（A′，B′はそれぞれ点A，Bのℓ上への正射影）。

また，このとき，p. 29で学んだように，ベクトル$\overrightarrow{\mathrm{A'B'}}$をベクトル$\overrightarrow{\mathrm{AB}}$の$\ell$上への正射影と呼ぶ。$p$. 29では，ベクトルの正射影に関して，次のことを学んだ。

> $\overrightarrow{\mathrm{OA}}=\vec{a}$，$\overrightarrow{\mathrm{OB}}=\vec{b}$とし，$\vec{a}$と$\vec{b}$のなす角を$\theta$とする。
> 点Bから直線OAに垂線BB′を下ろしたとき，
> $\mathrm{OB'}=|\vec{b}|\cos\theta$であるから
> ①　$\boldsymbol{\vec{a}\cdot\vec{b}=\mathrm{OA}\times\mathrm{OB'}}$
> ②　$\boldsymbol{\overrightarrow{\mathrm{OB'}}=\dfrac{|\vec{b}|\cos\theta}{|\vec{a}|}\vec{a}=\dfrac{\vec{a}\cdot\vec{b}}{|\vec{a}|^2}\vec{a}}$　（正射影ベクトル）

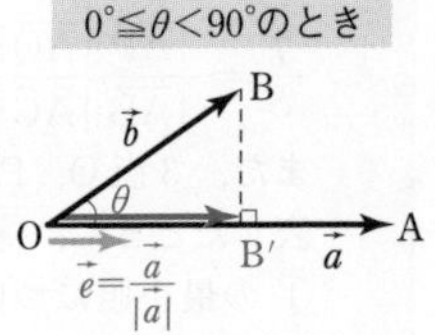

ベクトルの問題を解く上で，①，② を利用すると解答が簡単になる場合もある。これまでに学習した2つの例題について，① や ② を利用する解答例を示しておこう。

● **p. 54 の例題 20 (2) を，① を利用して解く**

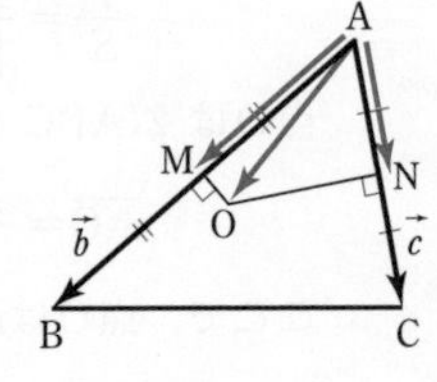

$\angle\mathrm{OAM}<90^\circ$，$\angle\mathrm{OAN}<90^\circ$であるから

$$\overrightarrow{\mathrm{AO}}\cdot\overrightarrow{\mathrm{AM}}=\mathrm{AM}^2=\left(\frac{3}{2}\right)^2,\quad \overrightarrow{\mathrm{AO}}\cdot\overrightarrow{\mathrm{AN}}=\mathrm{AN}^2=1^2$$

よって，$\overrightarrow{\mathrm{AO}}=s\vec{b}+t\vec{c}$（$s$，$t$は実数）とすると

$$(s\vec{b}+t\vec{c})\cdot\frac{\vec{b}}{2}=\frac{9}{4},\quad (s\vec{b}+t\vec{c})\cdot\frac{\vec{c}}{2}=1$$

ゆえに　$2s|\vec{b}|^2+2t\vec{b}\cdot\vec{c}=9$，$s\vec{b}\cdot\vec{c}+t|\vec{c}|^2=2$

$|\vec{b}|=3$，$|\vec{c}|=2$，$\vec{b}\cdot\vec{c}=3$を代入して整理すると　$6s+2t=3$，$3s+4t=2$

連立して解くと　$s=\dfrac{4}{9}$，$t=\dfrac{1}{6}$　したがって　$\boldsymbol{\overrightarrow{\mathrm{AO}}=\dfrac{4}{9}\vec{b}+\dfrac{1}{6}\vec{c}}$

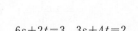

● **p. 51 の例題 18 (2) を，②（正射影ベクトル）を利用して解く**

$|\vec{a}|=5$，$|\vec{b}|=6$，$\vec{a}\cdot\vec{b}=6$である。点Aから辺OBに垂線APを，点Bから辺OAに垂線BQを下ろすと

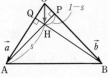

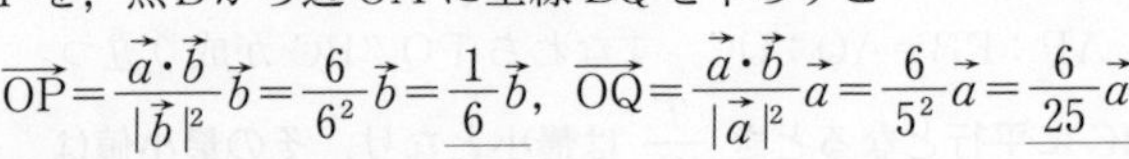

$$\overrightarrow{\mathrm{OP}}=\frac{\vec{a}\cdot\vec{b}}{|\vec{b}|^2}\vec{b}=\frac{6}{6^2}\vec{b}=\frac{1}{6}\vec{b},\quad \overrightarrow{\mathrm{OQ}}=\frac{\vec{a}\cdot\vec{b}}{|\vec{a}|^2}\vec{a}=\frac{6}{5^2}\vec{a}=\frac{6}{25}\vec{a}$$

$\mathrm{AH}:\mathrm{HP}=s:(1-s)$とすると

$$\overrightarrow{\mathrm{OH}}=(1-s)\vec{a}+s\cdot\frac{1}{6}\vec{b}=\frac{25}{6}(1-s)\cdot\frac{6}{25}\vec{a}+\frac{s}{6}\vec{b}=\frac{25}{6}(1-s)\overrightarrow{\mathrm{OQ}}+\frac{s}{6}\overrightarrow{\mathrm{OB}}$$

点Hは直線QB上にあるから　$\dfrac{25}{6}(1-s)+\dfrac{s}{6}=1$　よって　$s=\dfrac{19}{24}$

したがって　$\boldsymbol{\overrightarrow{\mathrm{OH}}=\dfrac{5}{24}\vec{a}+\dfrac{19}{144}\vec{b}}$

重要例題 26 正射影ベクトルの利用 ★★★★☆

相異なる3点O，A，Bに対し，$\overrightarrow{OA}=\vec{a}$，$\overrightarrow{OB}=\vec{b}$ が $|\vec{a}|=|\vec{b}|=1$，$\vec{a}\cdot\vec{b}\neq 0$，$\vec{a}\nparallel\vec{b}$ を満たしている。$t=\vec{a}\cdot\vec{b}$ とおくとき

(1) 直線OBに関して，点Aと対称な点をCとするとき，$\overrightarrow{OC}$ を $\vec{a}$，$\vec{b}$ と t を用いて表せ。

(2) 直線OCに関して，点Aと対称な点をDとするとき，$\overrightarrow{OD}$ と $\vec{b}$ が平行となるような t の値をすべて求めよ。 〔類 宮崎大〕

指針 (1) 線対称な点に関するベクトルの問題では，**正射影ベクトル** が威力を発揮することが多い。
線分ACと直線OBの交点をHとして，前ページの ② を利用すると，$\overrightarrow{OH}=\dfrac{\vec{a}\cdot\vec{b}}{|\vec{b}|^2}\vec{b}$ のように，簡単に求められる。
また，点Aの直線OBに関する対称点Cについては，
$\overrightarrow{OC}=\overrightarrow{OA}+2\overrightarrow{AH}$ となる。

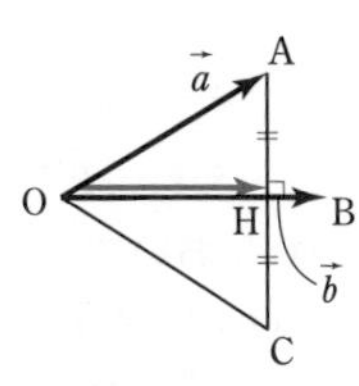

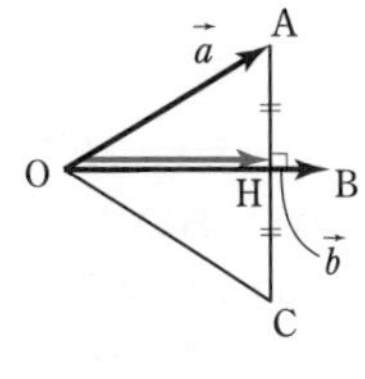

(2) まず，$\overrightarrow{OA}\cdot\overrightarrow{OC}=s$ として，(1)の結果を利用し，$\overrightarrow{OD}$ を s，$\overrightarrow{OC}$ などで表す。

解答 (1) $\vec{a}\cdot\vec{b}\neq 0$ であるから，$\vec{a}$ と $\vec{b}$ は垂直ではない。
線分ACと直線OBの交点をHとすると $\overrightarrow{OH}=\dfrac{\vec{a}\cdot\vec{b}}{|\vec{b}|^2}\vec{b}=\dfrac{t}{1^2}\vec{b}=t\vec{b}$

∠AOBが鈍角の場合

◀ 点Hは点Oと異なる。

◀ $\overrightarrow{OH}$ は $\overrightarrow{OA}$ の直線OB上への正射影。
$\overrightarrow{OH}=|\vec{a}|\cos\theta\times\dfrac{\vec{b}}{|\vec{b}|}=\dfrac{|\vec{a}||\vec{b}|\cos\theta}{|\vec{b}|^2}\vec{b}=\dfrac{\vec{a}\cdot\vec{b}}{|\vec{b}|^2}\vec{b}$

したがって

$$\begin{aligned}\overrightarrow{OC}&=\overrightarrow{OA}+\overrightarrow{AC}=\overrightarrow{OA}+2\overrightarrow{AH}\\&=\overrightarrow{OA}+2(\overrightarrow{OH}-\overrightarrow{OA})\\&=2\overrightarrow{OH}-\overrightarrow{OA}=\boldsymbol{2t\vec{b}-\vec{a}}\end{aligned}$$

(2) $\overrightarrow{OA}\cdot\overrightarrow{OC}=s$ とすると，(1)と同様にして
$\overrightarrow{OD}=2s\overrightarrow{OC}-\vec{a}$ と表される。ここで ◀ (1)の結果を利用。

$s=\overrightarrow{OA}\cdot\overrightarrow{OC}=\vec{a}\cdot(2t\vec{b}-\vec{a})=2t\vec{a}\cdot\vec{b}-|\vec{a}|^2=2t^2-1$ ◀ s を t の式に直す。$\vec{a}\cdot\vec{b}=t$，$|\vec{a}|=1$

したがって $\overrightarrow{OD}=2(2t^2-1)(2t\vec{b}-\vec{a})-\vec{a}$
$=4t(2t^2-1)\vec{b}-(4t^2-1)\vec{a}$

$\vec{a}\nparallel\vec{b}$ から，$\overrightarrow{OD}\parallel\vec{b}$ となるための条件は $4t^2-1=0$ ◀ $\overrightarrow{OD}=●\vec{b}$ になる。

よって $\boldsymbol{t=\pm\dfrac{1}{2}}$ このとき，$\overrightarrow{OD}\neq\vec{0}$ である。 ◀ $\overrightarrow{OD}=\vec{0}$ のときは，$\overrightarrow{OD}\nparallel\vec{b}$ となる。

練習 26 △OABの3辺の長さをOA=OB=$\sqrt{5}$，AB=2とする。また，$\overrightarrow{OA}=\vec{a}$，$\overrightarrow{OB}=\vec{b}$ とする。

(1) 点Bから直線OAに下ろした垂線と直線OAとの交点をPとするとき，$\overrightarrow{OP}$ を $\vec{a}$ を用いて表せ。

(2) 点Oから直線ABに下ろした垂線と直線BPとの交点をQとするとき，$\overrightarrow{OQ}$ を $\vec{a}$ と $\vec{b}$ を用いて表せ。 〔類 群馬大〕

6 | ベクトル方程式

《 基本事項 》

1 直線のベクトル方程式

[1] **定点 $\mathrm{A}(\vec{a})$ を通り，ベクトル $\vec{d}$ $(\vec{d}\neq\vec{0})$ に平行な直線 g** … $\boldsymbol{\vec{p}=\vec{a}+t\vec{d}}$

点 $\mathrm{P}(\vec{p})$ が直線 g 上にある

$\iff$ $\overrightarrow{\mathrm{AP}}\,/\!/\,\vec{d}$ または $\overrightarrow{\mathrm{AP}}=\vec{0}$

$\iff$ $\overrightarrow{\mathrm{AP}}=t\vec{d}$ となる実数 t が存在する

$\iff$ $\vec{p}-\vec{a}=t\vec{d}$

$\iff$ $\boldsymbol{\vec{p}=\vec{a}+t\vec{d}}$ …… ①

① において，t がすべての実数値をとって変化すると，点 $\mathrm{P}(\vec{p})$ は直線 g 上のすべての点を動く。

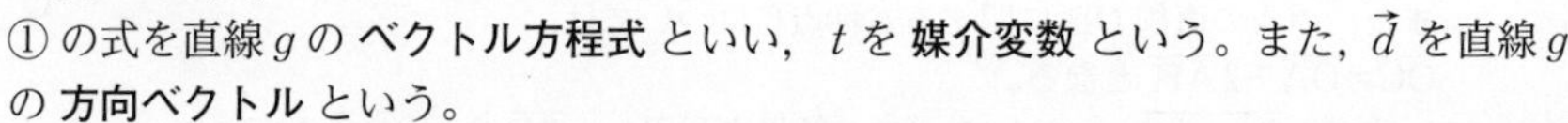

① の式を直線 g の **ベクトル方程式** といい，t を **媒介変数** という。また，$\vec{d}$ を直線 g の **方向ベクトル** という。

次に，O を座標平面の原点と考えて，点 A の座標を $(x_1,\ y_1)$，直線 g 上の任意の点 P の座標を $(x,\ y)$ とし，$\vec{d}=(l,\ m)$ とすると，$\vec{a}=(x_1,\ y_1)$，$\vec{p}=(x,\ y)$ であるから，

① は　　$(x,\ y)=(x_1,\ y_1)+t(l,\ m)=(x_1+lt,\ y_1+mt)$

よって　$\begin{cases} \boldsymbol{x=x_1+lt} \\ \boldsymbol{y=y_1+mt} \end{cases}$ …… ②

媒介変数 t を用いて表された ② の式を，直線 g の **媒介変数表示** という。

[2] **異なる 2 点 $\mathrm{A}(\vec{a})$，$\mathrm{B}(\vec{b})$ を通る直線 g** … $\boldsymbol{\vec{p}=(1-t)\vec{a}+t\vec{b}}$

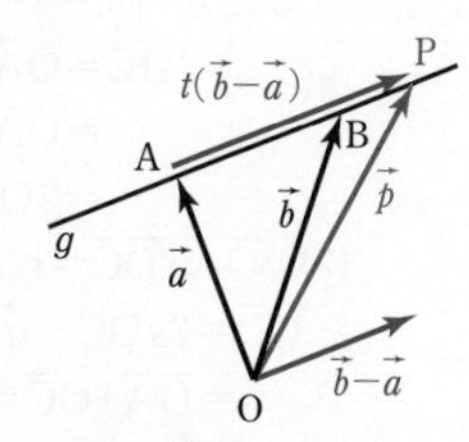

① で $\vec{d}=\overrightarrow{\mathrm{AB}}$ の場合を考えると，直線 AB のベクトル方程式は，$\overrightarrow{\mathrm{AB}}=\vec{b}-\vec{a}$ であるから

$\vec{p}=\vec{a}+t(\vec{b}-\vec{a})$

すなわち　$\boldsymbol{\vec{p}=(1-t)\vec{a}+t\vec{b}}$ …… ③

また，$1-t=s$ とおくと，③ は次の形に表される。

$\boldsymbol{\vec{p}=s\vec{a}+t\vec{b}}$　　ただし　$\boldsymbol{s+t=1}$

[3] **点 $\mathrm{A}(\vec{a})$ を通り，ベクトル $\vec{n}$ $(\vec{n}\neq\vec{0})$ に垂直な直線 g** … $\boldsymbol{\vec{n}\cdot(\vec{p}-\vec{a})=0}$

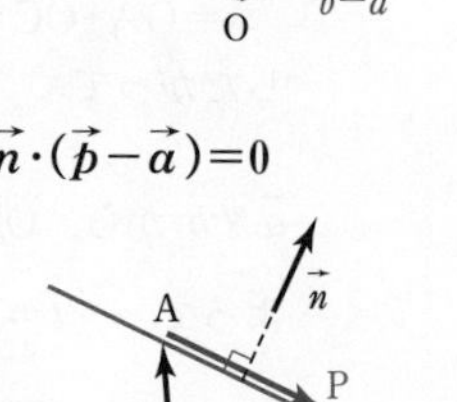

点 $\mathrm{P}(\vec{p})$ が直線 g 上にある

$\iff$ $\vec{n}\perp\overrightarrow{\mathrm{AP}}$ または $\overrightarrow{\mathrm{AP}}=\vec{0}$

$\iff$ $\vec{n}\cdot\overrightarrow{\mathrm{AP}}=0$

$\iff$ $\boldsymbol{\vec{n}\cdot(\vec{p}-\vec{a})=0}$ …… ④

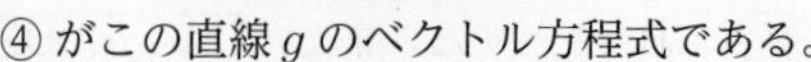

④ がこの直線 g のベクトル方程式である。

このとき，$\vec{n}$ を直線 ④ の **法線ベクトル** という。

また，$\mathrm{A}(x_1,\ y_1)$，$\mathrm{P}(x,\ y)$ とし，$\vec{n}=(a,\ b)$ とすると，④ は

$$\boldsymbol{a(x-x_1)+b(y-y_1)=0}$$

この式は $c=-ax_1-by_1$ とおくと，$\boldsymbol{ax+by+c=0}$ と書き表すことができる。

よって，**直線 $\boldsymbol{ax+by+c=0}$ において，$\boldsymbol{\vec{n}=(a,\ b)}$ はその法線ベクトル** である。

直線のベクトル方程式

[1] 定点 A($\vec{a}$) を通り，ベクトル $\vec{d}$ ($\vec{d}\neq\vec{0}$) に平行な直線

$\boldsymbol{\vec{p}=\vec{a}+t\vec{d}}$　　　**$\vec{d}$ は直線の方向ベクトル**

[2] 異なる 2 点 A($\vec{a}$)，B($\vec{b}$) を通る直線

$\boldsymbol{\vec{p}=(1-t)\vec{a}+t\vec{b}}$　または　$\boldsymbol{\vec{p}=s\vec{a}+t\vec{b},\ s+t=1}$

[3] 定点 A($\vec{a}$) を通り，ベクトル $\vec{n}$ ($\vec{n}\neq\vec{0}$) に垂直な直線

$\boldsymbol{\vec{n}\cdot(\vec{p}-\vec{a})=0}$　　**$\vec{n}$ は直線の法線ベクトル**

2 ベクトルの終点の存在範囲

① 1 [2] から，点 P($\vec{p}$) が異なる 2 点 A($\vec{a}$)，B($\vec{b}$) を通る**直線 AB** 上にあるための必要十分条件は

$\boldsymbol{\vec{p}=s\vec{a}+t\vec{b},\ s+t=1}$　…… Ⓐ

が成り立つことである。

② Ⓐで，$\boldsymbol{s\geqq0,\ t\geqq0}$ とすると，$s=1-t\geqq0$ から　$0\leqq t\leqq1$

$\vec{p}=\vec{a}+t\overrightarrow{\mathrm{AB}}$ であるから，点Pの存在範囲は **線分 AB** である。

③ △OAB において，点Pが

$\overrightarrow{\mathrm{OP}}=s\overrightarrow{\mathrm{OA}}+t\overrightarrow{\mathrm{OB}},\ 0\leqq s+t\leqq1,\ s\geqq0,\ t\geqq0$　…… Ⓑ

を満たしながら動くとき，点Pの存在範囲について考える。

$\overrightarrow{\mathrm{OP}}=\vec{p}$，$\overrightarrow{\mathrm{OA}}=\vec{a}$，$\overrightarrow{\mathrm{OB}}=\vec{b}$ とし，$s+t=k$ $(0\leqq k\leqq1)$ とおくと，Ⓑは

$\boldsymbol{\vec{p}=s\vec{a}+t\vec{b},\ 0\leqq s+t\leqq1,\ s\geqq0,\ t\geqq0}$

$0<k\leqq1$ のとき，$s=s'k$，$t=t'k$ とすると

$\vec{p}=s'(k\vec{a})+t'(k\vec{b}),\ s'+t'=1,\ s'\geqq0,\ t'\geqq0$

ここで，A′($k\vec{a}$)，B′($k\vec{b}$) とし，k を定数 $(k>0)$ とすると，点Pは線分 AB と平行な線分 A′B′ 上を動く。そして，k の値が $0<k\leqq1$ の範囲で変化すると，点 A′ は線分 OA 上を，点 B′ は線分 OB 上を動く。

また，$k=0$ のとき，点Pは点Oと一致する。

よって，$0\leqq k\leqq1$ のとき点Pの存在範囲は **△OAB の周および内部** である。

④ 点Pが $\overrightarrow{\mathrm{OP}}=s\overrightarrow{\mathrm{OA}}+t\overrightarrow{\mathrm{OB}}$，$0\leqq s\leqq1$，$0\leqq t\leqq1$ を満たしながら動くときの点Pの存在範囲について考える。

s を固定 して，$s\overrightarrow{\mathrm{OA}}=\overrightarrow{\mathrm{OA'}}$ とすると　$\overrightarrow{\mathrm{OP}}=\overrightarrow{\mathrm{OA'}}+t\overrightarrow{\mathrm{OB}}$

ここで，**t を $0\leqq t\leqq1$ の範囲で変化させる** と，点Pは右の図の線分 A′C′ 上を動く。

そして，**s を $0\leqq s\leqq1$ の範囲で変化させる** と，線分 A′C′ は線分 OB から線分 AC まで平行に動く（ただし，$\overrightarrow{\mathrm{OC}}=\overrightarrow{\mathrm{OA}}+\overrightarrow{\mathrm{OB}}$）。

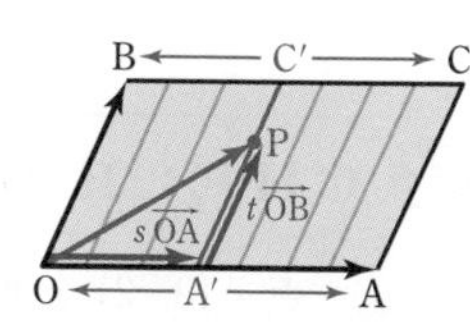

よって，点Pの存在範囲は **平行四辺形 OACB の周および内部** である。

ベクトルの終点の存在範囲についてまとめると，次のようになる。

△OAB において，$\overrightarrow{OA}=\vec{a}$，$\overrightarrow{OB}=\vec{b}$ とするとき，$\vec{p}=s\vec{a}+t\vec{b}$ で定まる点P ($\overrightarrow{OP}=\vec{p}$) の存在範囲は次のようになる。

① $s+t=1$ のとき　直線 AB
② $s+t=1$，$s\geqq 0$，$t\geqq 0$ のとき　線分 AB
③ $0\leqq s+t\leqq 1$，$s\geqq 0$，$t\geqq 0$ のとき　△OAB の周および内部
④ $0\leqq s\leqq 1$，$0\leqq t\leqq 1$ のとき　平行四辺形 OACB の周および内部 ($\overrightarrow{OC}=\overrightarrow{OA}+\overrightarrow{OB}$)

3 円のベクトル方程式

[1] 点 C($\vec{c}$) を中心とする半径 r の円 K（r は正の定数）

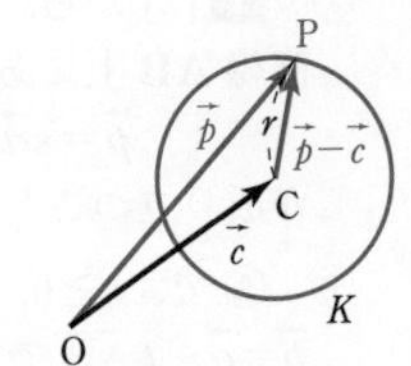

点 P($\vec{p}$) が円 K 上にあるための条件は　$|\overrightarrow{CP}|=r$

よって　$|\vec{p}-\vec{c}|=r$

$|\vec{p}-\vec{c}|^2=r^2$ で $\vec{p}=(x,\ y)$，$\vec{c}=(a,\ b)$ とすると，円の方程式 $(x-a)^2+(y-b)^2=r^2$ が得られる。

[2] 2点 A($\vec{a}$)，B($\vec{b}$) を結ぶ線分 AB を直径とする円 K

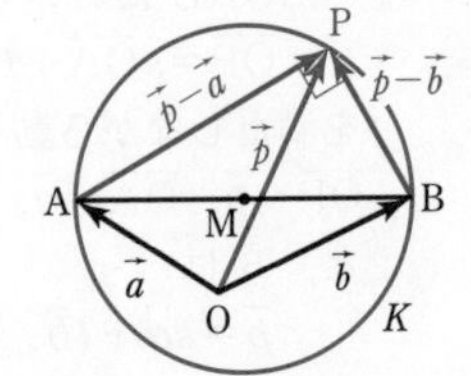

点 P($\vec{p}$) を A，B 以外の円 K 上の任意の点とすると，

$\angle APB=90°$ であるから　$\overrightarrow{AP}\cdot\overrightarrow{BP}=0$

これは，点Pが点Aまたは点Bと一致するときも成り立つ。

よって，円 K のベクトル方程式は

$$(\vec{p}-\vec{a})\cdot(\vec{p}-\vec{b})=0 \quad \cdots\cdots \text{Ⓐ}$$

また，K は線分 AB の中点 M$\left(\dfrac{\vec{a}+\vec{b}}{2}\right)$ を中心とする半径 $\dfrac{|\overrightarrow{AB}|}{2}=\dfrac{|\vec{b}-\vec{a}|}{2}$ の円であるから，円 K のベクトル方程式は

$$\left|\vec{p}-\frac{\vec{a}+\vec{b}}{2}\right|=\frac{|\vec{a}-\vec{b}|}{2} \quad \cdots\cdots \text{Ⓑ}$$ とも表される。

CHECK 問題

4 (1) 点 A(0, 2) を通り，ベクトル $\vec{d}=(1,\ 2)$ に平行な直線の方程式を，媒介変数 t を用いて表せ。

(2) 点 A(2, −4) を通り，$\vec{n}=(2,\ -1)$ が法線ベクトルである直線の方程式を求めよ。

(3) 上の Ⓐ を変形して Ⓑ を導け。

→ 1，3

例 15 | 直線のベクトル方程式(1) ★★☆☆☆

(1) 3点 A($\vec{a}$), B($\vec{b}$), C($\vec{c}$) を頂点とする △ABC がある。△ABC の重心Gを通り，辺 AC に平行な直線のベクトル方程式を求めよ。

(2) (ア) 2点 (1, 3), (3, −1) を通る直線の方程式を媒介変数 t を用いて表せ。

(イ) (ア)で求めた直線の方程式を， t を消去した形で表せ。

指針 (1) 定点 A($\vec{a}$) を通り，方向ベクトル $\vec{d}$ の直線のベクトル方程式は

$$\vec{p}=\vec{a}+t\vec{d}$$

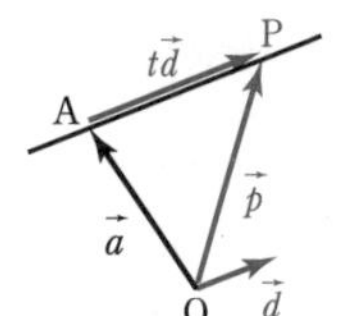

ここでは，Gを定点，$\overrightarrow{AC}$ を方向ベクトルとみて，この式に当てはめる。結果は $\vec{a}$, $\vec{b}$, $\vec{c}$ および媒介変数 t を含む式となる。

(2) (ア) 2点 A($\vec{a}$), B($\vec{b}$) を通る直線のベクトル方程式は

$$\vec{p}=(1-t)\vec{a}+t\vec{b}$$

$\vec{p}=(x,\ y)$, $\vec{a}=(1,\ 3)$, $\vec{b}=(3,\ -1)$ とみて，成分で表す。

例 16 | 直線のベクトル方程式(2) ★★★☆☆

(1) 点 A(−2, 3) を通り，直線 ℓ : $5x+4y-20=0$ に平行，垂直な直線の方程式をそれぞれ求めよ。

(2) $\overrightarrow{OA}=\vec{a}$, $\overrightarrow{OB}=\vec{b}$, $|\vec{a}|=|\vec{b}|=1$, $\vec{a}\cdot\vec{b}=k$ $(k>0)$ のとき，線分 OA の垂直二等分線上の任意の点をPとする。$\overrightarrow{OP}=\vec{p}$ とするとき，$\vec{p}$ を $\vec{a}$, $\vec{b}$, k と媒介変数 t を用いて表せ。

指針 (1) **直線 $ax+by+c=0$ において，$\vec{n}=(a,\ b)$ はその法線ベクトル** (直線に垂直なベクトル) である。
このように，直線 ℓ の法線ベクトル $\vec{n}$ はすぐにわかるから，これを利用する。
定点Aを通り，$\vec{n}$ に垂直な直線上の点をPとすると

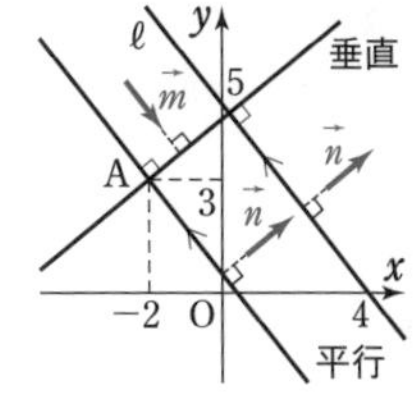

$$\vec{n}\cdot\overrightarrow{AP}=0$$

(後半：直線 ℓ に垂直な直線) 直線 ℓ の法線ベクトル $\vec{n}$ に垂直なベクトルを $\vec{m}$ とすると $\vec{m}$ を法線ベクトルにもつ。

(2) 点Bから，線分 OA に下ろした垂線の交点をHとすると，線分 OA の垂直二等分線は，線分 OA の中点Mを通り $\overrightarrow{BH}$ に平行な直線である。

⟶ ベクトル方程式 $\vec{p}=\vec{a}+t\vec{d}$ の利用。

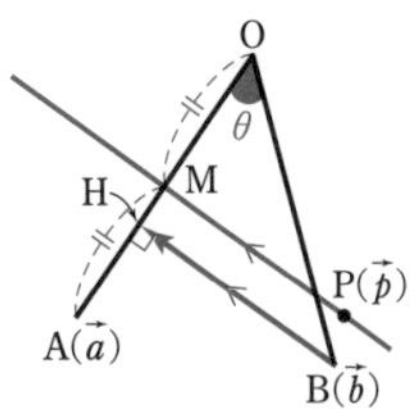

(注意) ∠AOB$=\theta$ とすると，$\vec{a}\cdot\vec{b}=k>0$ であるから，$\cos\theta>0$ より，$0^\circ<\theta<90^\circ$ である。

例 17 2直線のなす角 (法線ベクトルの利用) ★★☆☆☆

次の2直線のなす鋭角を求めよ。

$x-5y+4=0,\quad 2x+3y-5=0$

指針 2直線のなす角を調べるには，法線ベクトルのなす角を利用するとよい。

直線 $ax+by+c=0$ の法線ベクトルの1つは　$\vec{n}=(a,\ b)$

例えば，2直線 ℓ_1，ℓ_2 の法線ベクトルをそれぞれ $\vec{n_1}$，$\vec{n_2}$ とし，$\vec{n_1}$ と $\vec{n_2}$ のなす角を θ とすると，右の図から直線 ℓ_1，ℓ_2 のなす鋭角は

$0°\leqq\theta\leqq90°$ のとき　θ

$90°<\theta\leqq180°$ のとき　$180°-\theta$

となる。

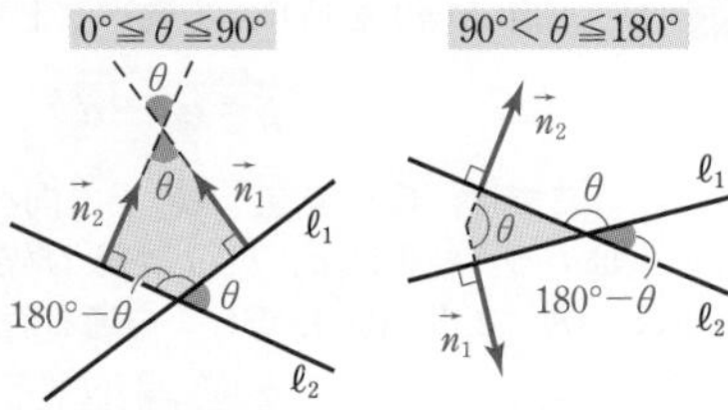

検討 例17は，直線の方向ベクトル (直線に平行なベクトル) を利用して解くこともできる。しかし，法線ベクトルは直線の方程式からすぐにわかるので，法線ベクトルを利用して解く方が効率的である。

例 18 垂線の長さ (法線ベクトルの利用) ★★☆☆☆

点 A(4, 5) から，直線 ℓ : $x+2y-6=0$ に引いた垂線と直線 ℓ との交点をHとする。

(1) 点Hの座標を，ベクトルを用いて求めよ。

(2) 線分 AH の長さを求めよ。

指針 **直線 $ax+by+c=0$ の法線ベクトルの1つは　$\vec{n}=(a,\ b)$**

(1) 法線ベクトル $\vec{n}=(1,\ 2)$ を利用する。$\vec{n}\parallel\overrightarrow{\mathrm{AH}}$ であるから，$\overrightarrow{\mathrm{AH}}=k\vec{n}$ (k は実数) と表される。H$(s,\ t)$ とし，k，s，t の連立方程式に帰着させる。

(2) (1)の **結果を利用**。　$\mathrm{AH}=|\overrightarrow{\mathrm{AH}}|=|k||\vec{n}|$

検討 上の例18(2)において，線分 AH の長さを点Aと直線 ℓ の **距離** という。

一般に，A$(x_1,\ y_1)$，H$(x_2,\ y_2)$，ℓ : $ax+by+c=0$，$\vec{n}=(a,\ b)$ とすると

$\vec{n}\parallel\overrightarrow{\mathrm{AH}}$ から　$\vec{n}\cdot\overrightarrow{\mathrm{AH}}=\pm|\vec{n}||\overrightarrow{\mathrm{AH}}|$　◀ $\vec{n}$ と $\overrightarrow{\mathrm{AH}}$ のなす角は 0° または 180°

ゆえに　$|\vec{n}\cdot\overrightarrow{\mathrm{AH}}|=|\vec{n}||\overrightarrow{\mathrm{AH}}|$　よって　$|\overrightarrow{\mathrm{AH}}|=\dfrac{|\vec{n}\cdot\overrightarrow{\mathrm{AH}}|}{|\vec{n}|}$

ここで　$|\vec{n}\cdot\overrightarrow{\mathrm{AH}}|=|a(x_2-x_1)+b(y_2-y_1)|=|-ax_1-by_1+(ax_2+by_2)|$

$=|ax_1+by_1+c|$　◀ $ax_2+by_2+c=0$ から。

したがって，**点 A$(x_1,\ y_1)$ と直線 $ax+by+c=0$ の距離 d** (=AH) は

$$d=\frac{|ax_1+by_1+c|}{\sqrt{a^2+b^2}}$$

このようにして，**点と直線の距離** の公式 (数学II) を導くこともできる。

例題 27 直線に関して対称な点の位置ベクトル ★★★☆☆

平面上に3点 $A(\vec{a})$, $B(\vec{b})$, $P(\vec{p})$ がある。点Aを通り，ベクトル $\vec{n}$ に垂直な直線を ℓ とし，点Bを通り，ベクトル $\vec{n}$ に垂直な直線を m とする。ただし，$\vec{n}$ は単位ベクトルとする。

(1) 直線 ℓ に関して点Pと対称な点を $Q(\vec{q})$ とするとき，$\vec{q}$ を $\vec{p}$, $\vec{a}$, $\vec{n}$ を用いて表せ。

(2) (1)の点Qと直線 m に関して対称な点を $R(\vec{r})$ とするとき，$\vec{r}$ を $\vec{p}$, $\vec{a}$, $\vec{b}$, $\vec{n}$ を用いて表せ。

◀例18

指針 線対称な点に関するベクトルの問題について，例題26では正射影ベクトルを利用したが，ここでは，数学IIでも学習した，次のことを利用して考えてみよう。

2点P，Qが直線 ℓ に関して対称 $\iff$ $\begin{cases} \mathbf{PQ}\perp\ell \\ \textbf{線分PQの中点が}\ \ell\ \textbf{上} \end{cases}$

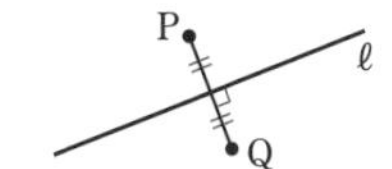

なお，$\vec{n}$ は直線 ℓ, m の法線ベクトルであるから，直線 ℓ 上の点を $S(\vec{s})$，直線 m 上の点を $T(\vec{t})$ とすると，直線 ℓ, m のベクトル方程式は，それぞれ　$\vec{n}\cdot(\vec{s}-\vec{a})=0$, $\vec{n}\cdot(\vec{t}-\vec{b})=0$

解答 (1) $\overrightarrow{PQ}=k\vec{n}$（$k$ は実数）から　$\vec{q}=\vec{p}+k\vec{n}$ …… ①

◀ $PQ\perp\ell$ であるから $\overrightarrow{PQ}\parallel\vec{n}$

線分PQの中点を $M(\vec{m})$ とすると，点Mは直線 ℓ 上にあり，$\vec{n}$ は直線 ℓ の法線ベクトルであるから

◀ $\overrightarrow{AM}\perp\vec{n} \iff \vec{n}\cdot\overrightarrow{AM}=0$

$\vec{n}\cdot(\vec{m}-\vec{a})=0$　すなわち　$\vec{n}\cdot\left(\dfrac{\vec{p}+\vec{q}}{2}-\vec{a}\right)=0$

よって　$\vec{n}\cdot(\vec{p}+\vec{q}-2\vec{a})=0$

① を代入して　$\vec{n}\cdot(2\vec{p}+k\vec{n}-2\vec{a})=0$

したがって　$2\vec{n}\cdot\vec{p}+k|\vec{n}|^2-2\vec{n}\cdot\vec{a}=0$

$|n|=1$ より，$|\vec{n}|^2=1$ であるから　$k=2\vec{n}\cdot(\vec{a}-\vec{p})$

◀ $\vec{n}$ は単位ベクトル。

① に代入して　$\boldsymbol{\vec{q}=\vec{p}+2(\vec{n}\cdot\vec{a}-\vec{n}\cdot\vec{p})\vec{n}}$

(2) (1)において，AをB，PをQ，QをRにおき換えると

$\vec{r}=\vec{q}+2(\vec{n}\cdot\vec{b}-\vec{n}\cdot\vec{q})\vec{n}$

ここで，(1)の結果から

$\vec{n}\cdot\vec{b}-\vec{n}\cdot\vec{q}=\vec{n}\cdot\vec{b}-\vec{n}\cdot\{\vec{p}+2(\vec{n}\cdot\vec{a}-\vec{n}\cdot\vec{p})\vec{n}\}$

◀ $\vec{q}$ に(1)の結果を代入。

$=\vec{n}\cdot\vec{b}-\vec{n}\cdot\vec{p}-2(\vec{n}\cdot\vec{a}-\vec{n}\cdot\vec{p})|\vec{n}|^2$

$|\vec{n}|^2=1$ であるから　$\vec{n}\cdot\vec{b}-\vec{n}\cdot\vec{q}=\vec{n}\cdot\vec{b}-2\vec{n}\cdot\vec{a}+\vec{n}\cdot\vec{p}$

◀ $\vec{n}$ は単位ベクトル。

したがって　$\vec{r}=\{\vec{p}+2(\vec{n}\cdot\vec{a}-\vec{n}\cdot\vec{p})\vec{n}\}+2(\vec{n}\cdot\vec{b}-2\vec{n}\cdot\vec{a}+\vec{n}\cdot\vec{p})\vec{n}$

$\boldsymbol{=\vec{p}+2(\vec{n}\cdot\vec{b}-\vec{n}\cdot\vec{a})\vec{n}}$

練習 27 △OAB において，辺 AB を 2：1 に内分する点をD，直線 OA に関して点Dと対称な点をE，点Bから直線 OA に下ろした垂線と直線 OA との交点をFとする。$\overrightarrow{OA}=\vec{a}$, $\overrightarrow{OB}=\vec{b}$ とし，$|\vec{a}|=4$, $\vec{a}\cdot\vec{b}=6$ を満たすとする。

(1) $\overrightarrow{OF}$ を $\vec{a}$ を用いて表せ。

(2) $\overrightarrow{OE}$ を $\vec{a}$, $\vec{b}$ を用いて表せ。　〔類 北海道大〕

例題 28 ベクトルの終点の存在範囲 (1) ★★★☆☆

△OAB に対し，$\overrightarrow{OP}=s\overrightarrow{OA}+t\overrightarrow{OB}$ とする。実数 s，t が次の関係を満たしながら動くとき，点Pの存在範囲を求めよ。

(1) $3s+t=2$　　　　(2) $2s+t\leqq1$，$s\geqq0$，$t\geqq0$

指針 $\overrightarrow{OP}=●\overrightarrow{OA}+▲\overrightarrow{OB}$ **で表される点Pの存在範囲は**

●+▲=1 ならば　直線 AB

●+▲=1，●≧0，▲≧0 ならば　線分 AB

そこで，「係数の和が 1」の形を導く。　◀ $=k$ なら $=1$ を導く。

(1) 条件より，$\frac{3}{2}s+\frac{1}{2}t=1$ であるから，$\overrightarrow{OP}=\frac{3}{2}s\left(\frac{2}{3}\overrightarrow{OA}\right)+\frac{1}{2}t(2\overrightarrow{OB})$ として考える。

(2) $2s+t=k$ …… ① とおき，まず k $(0\leqq k\leqq1)$ を固定 して考える。

① から　$\frac{2s}{k}+\frac{t}{k}=1$　また，$\overrightarrow{OP}=\frac{2s}{k}\overrightarrow{OQ}+\frac{t}{k}\overrightarrow{OR}$ $\left(\frac{2s}{k}\geqq0,\ \frac{t}{k}\geqq0\right)$ と変形すると，点Pは線分 QR 上にあることがわかる。次に，k を動かして線分 QR の動きを見る。

解答 (1) $3s+t=2$ から　$\frac{3}{2}s+\frac{1}{2}t=1$　◀ $=1$ の形を導く。

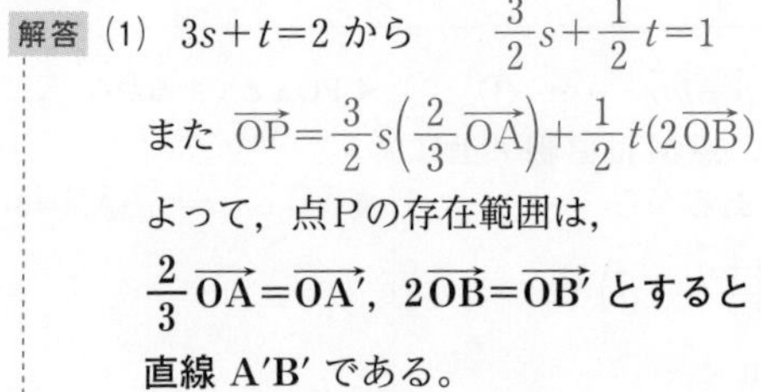

また $\overrightarrow{OP}=\frac{3}{2}s\left(\frac{2}{3}\overrightarrow{OA}\right)+\frac{1}{2}t(2\overrightarrow{OB})$

◀ $\frac{3}{2}s=s'$，$\frac{1}{2}t=t'$ とおくと，$s'+t'=1$ で $\overrightarrow{OP}=s'\overrightarrow{OA'}+t'\overrightarrow{OB'}$

よって，点Pの存在範囲は，

$\frac{2}{3}\overrightarrow{OA}=\overrightarrow{OA'}$，$2\overrightarrow{OB}=\overrightarrow{OB'}$ **とすると**

直線 A′B′ である。

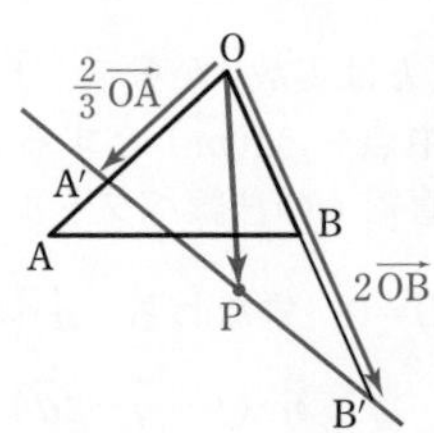

(2) $2s+t=k$ とおくと　$0\leqq k\leqq1$　◀ $0\leqq2s+t\leqq1$

$k=0$ のとき，$s=t=0$ であるから，点Pは点Oに一致する。　◀ $\overrightarrow{OP}=\vec{0}$

$0<k\leqq1$ のとき　$\frac{2s}{k}+\frac{t}{k}=1$，$\frac{2s}{k}\geqq0$，$\frac{t}{k}\geqq0$　◀ $2s+t=k$ の両辺を k で割る。

また　$\overrightarrow{OP}=\frac{2s}{k}\left(\frac{k}{2}\overrightarrow{OA}\right)+\frac{t}{k}(k\overrightarrow{OB})$

$\frac{k}{2}\overrightarrow{OA}=\overrightarrow{OA'}$，$k\overrightarrow{OB}=\overrightarrow{OB'}$ とすると，k が一定のとき点Pは線分 A′B′ 上を動く。

◀ $\frac{2s}{k}=s'$，$\frac{t}{k}=t'$ とおくと，$s'+t'=1$，$s'\geqq0$，$t'\geqq0$ で $\overrightarrow{OP}=s'\overrightarrow{OA'}+t'\overrightarrow{OB'}$

ここで，$\frac{1}{2}\overrightarrow{OA}=\overrightarrow{OC}$ **とすると，**

$0\leqq k\leqq1$ の範囲で k が変わるとき，

点Pの存在範囲は **△OCB の周および内部** である。

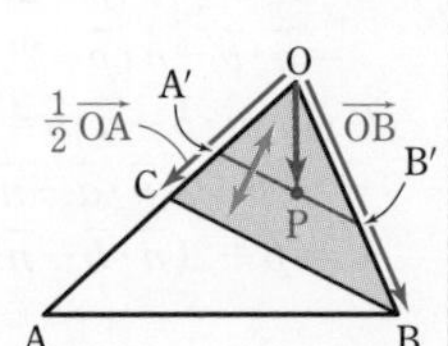

◀ 線分 A′B′ は線分 CB と平行に動く。

練習 28 △OAB に対し，$\overrightarrow{OP}=s\overrightarrow{OA}+t\overrightarrow{OB}$ とする。実数 s，t が次の条件を満たしながら動くとき，点Pの存在範囲を求めよ。

(1) $s+t=3$　　(2) $2s+3t=1$，$s\geqq0$，$t\geqq0$　　(3) $2s+3t\leqq6$，$s\geqq0$，$t\geqq0$

例題 29 ベクトルの終点の存在範囲 (2) ★★★☆☆

△OAB に対し，$\overrightarrow{OP}=s\overrightarrow{OA}+t\overrightarrow{OB}$ とする。実数 s，t が次の関係を満たしながら動くとき，点Pの存在範囲を求めよ。

(1) $1\leqq s+t\leqq 2$，$s\geqq 0$，$t\geqq 0$　　(2) $1\leqq s\leqq 2$，$0\leqq t\leqq 1$

◀例題 28

指針 (1) 例題 28 (2) 同様，$s+t=k$ とおいて k を固定し，

$\boldsymbol{\overrightarrow{OP}=●\overrightarrow{OQ}+▲\overrightarrow{OR}}$，**●＋▲＝1**，**●≧0**，**▲≧0** （線分 QR） …… Ⓐ

の形を導く。次に，k を動かして線分 QR の動きを見る。

(2) Ⓐ のような形を導くことはできない。そこで，**まず s を固定** させて t を動かしたときの点Pの描く図形を考える。$p.65$～66 基本事項参照。

解答 (1) $s+t=k$ $(1\leqq k\leqq 2)$ とおくと $\dfrac{s}{k}+\dfrac{t}{k}=1$，$\dfrac{s}{k}\geqq 0$，$\dfrac{t}{k}\geqq 0$

また　$\overrightarrow{OP}=\dfrac{s}{k}(k\overrightarrow{OA})+\dfrac{t}{k}(k\overrightarrow{OB})$

よって，$k\overrightarrow{OA}=\overrightarrow{OA'}$，$k\overrightarrow{OB}=\overrightarrow{OB'}$ とすると，k が一定のとき点Pは辺 AB に平行な線分 A′B′ 上を動く。

ここで，$\boldsymbol{2\overrightarrow{OA}=\overrightarrow{OC}}$，$\boldsymbol{2\overrightarrow{OB}=\overrightarrow{OD}}$ **とすると**，$1\leqq k\leqq 2$ の範囲で k が変わるとき，点Pの存在範囲は

台形 ACDB の周および内部

(2) s を固定して，$\overrightarrow{OA'}=s\overrightarrow{OA}$ とすると　$\overrightarrow{OP}=\overrightarrow{OA'}+t\overrightarrow{OB}$

ここで，t を $0\leqq t\leqq 1$ の範囲で変化させると，点Pは右の図の線分 A′C′ 上を動く。ただし　$\overrightarrow{OC'}=\overrightarrow{OA'}+\overrightarrow{OB}$

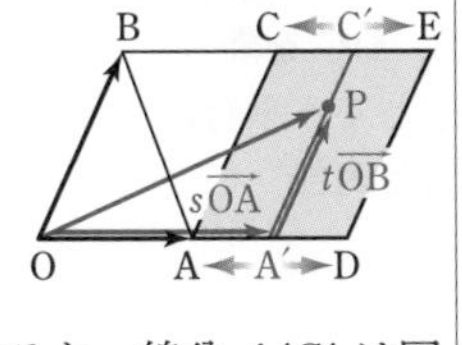

次に，s を $1\leqq s\leqq 2$ の範囲で変化させると，線分 A′C′ は図の線分 AC から線分 DE まで平行に動く。

ただし　$\overrightarrow{OC}=\overrightarrow{OA}+\overrightarrow{OB}$，$\overrightarrow{OD}=2\overrightarrow{OA}$，$\overrightarrow{OE}=\overrightarrow{OD}+\overrightarrow{OB}$

よって，点Pの存在範囲は

$\boldsymbol{\overrightarrow{OA}+\overrightarrow{OB}=\overrightarrow{OC}}$，$\boldsymbol{2\overrightarrow{OA}=\overrightarrow{OD}}$，$\boldsymbol{2\overrightarrow{OA}+\overrightarrow{OB}=\overrightarrow{OE}}$

とすると，平行四辺形 ADEC の周および内部

◀ $s+t=k$ の両辺を k で割る。

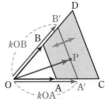

◀ $\dfrac{s}{k}=s'$，$\dfrac{t}{k}=t'$ とおくと　$\boldsymbol{s'+t'=1}$，$\boldsymbol{s'\geqq 0}$，$\boldsymbol{t'\geqq 0}$ で $\overrightarrow{OP}=s'\overrightarrow{OA'}+t'\overrightarrow{OB'}$ よって　線分 A′B′

◀ 線分 A′B′ は AB に平行に，AB から CD まで動く。

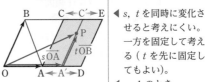

◀ s，t を同時に変化させると考えにくい。一方を固定して考える（t を先に固定してもよい）。

◀ $s=1$ のとき
$\overrightarrow{OP}=\overrightarrow{OA}+t\overrightarrow{OB}$
よって，点Pは線分 AC 上。
$s=2$ のとき
$\overrightarrow{OP}=2\overrightarrow{OA}+t\overrightarrow{OB}$
よって，点Pは線分 DE 上。

別解 (2) $0\leqq s-1\leqq 1$ から，$s-1=s'$ とすると $\overrightarrow{OP}=(s'+1)\overrightarrow{OA}+t\overrightarrow{OB}=(s'\overrightarrow{OA}+t\overrightarrow{OB})+\overrightarrow{OA}$

そこで，$\overrightarrow{OQ}=s'\overrightarrow{OA}+t\overrightarrow{OB}$ とおくと，$0\leqq s'\leqq 1$，$0\leqq t\leqq 1$ から，点Qは平行四辺形 OACB の周と内部にある。

$\overrightarrow{OP}=\overrightarrow{OQ}+\overrightarrow{OA}$ から，点Pの存在範囲は，平行四辺形 OACB を $\overrightarrow{OA}$ だけ平行移動したものである。

練習 29 △OAB に対し，$\overrightarrow{OP}=s\overrightarrow{OA}+t\overrightarrow{OB}$ とする。実数 s，t が次の条件を満たしながら動くとき，点Pの存在範囲を求めよ。

(1) $1\leqq s+2t\leqq 2$，$s\geqq 0$，$t\geqq 0$　　(2) $-1\leqq s\leqq 0$，$0\leqq 2t\leqq 1$　　(3) $-1<s+t<2$

例題 30 ベクトルの終点の存在範囲 (3) ★★★☆☆

△OAB において，次の条件を満たす点Pの存在範囲を求めよ。

(1) $\overrightarrow{OP}=s\overrightarrow{OA}+t(\overrightarrow{OA}+\overrightarrow{OB})$，$0\leqq s+t\leqq 1$，$s\geqq 0$，$t\geqq 0$

(2) $\overrightarrow{OP}=s\overrightarrow{OA}+(s+t)\overrightarrow{OB}$，$0\leqq s\leqq 1$，$0\leqq t\leqq 1$

◀例題 28，29

指針 $\overrightarrow{OP}=s\overrightarrow{OA}+t\overrightarrow{OB}$ の形で与えられていない。そのため，s，t についての不等式の条件を活かせるように，まず **$\overrightarrow{OP}=s\overrightarrow{O●}+t\overrightarrow{O■}$ …… Ⓐ の形に変形** する。

(1) $\overrightarrow{OA}+\overrightarrow{OB}=\overrightarrow{OC}$ とすると，Ⓐ の形。⟶ s，t の不等式から，$p.66$ ③ のタイプ。

(2) s，t それぞれについて整理し，Ⓐ の形へ。⟶ s，t の不等式から，$p.66$ ④ のタイプ。

解答 (1) **$\overrightarrow{OA}+\overrightarrow{OB}=\overrightarrow{OC}$ とすると**

$\overrightarrow{OP}=s\overrightarrow{OA}+t\overrightarrow{OC}$，

$0\leqq s+t\leqq 1$，$s\geqq 0$，$t\geqq 0$

よって，点Pの存在範囲は

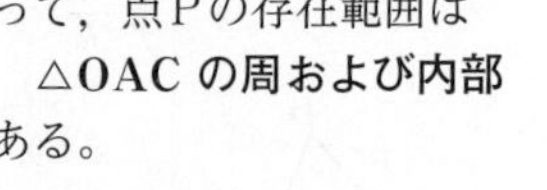

△OAC の周および内部

である。

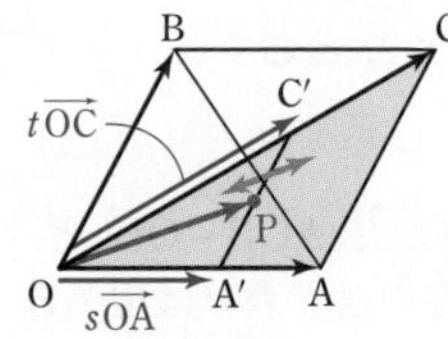

(2) $s\overrightarrow{OA}+(s+t)\overrightarrow{OB}=s(\overrightarrow{OA}+\overrightarrow{OB})+t\overrightarrow{OB}$ であるから，

$\overrightarrow{OA}+\overrightarrow{OB}=\overrightarrow{OC}$ とすると

$\overrightarrow{OP}=s\overrightarrow{OC}+t\overrightarrow{OB}$，

$0\leqq s\leqq 1$，$0\leqq t\leqq 1$

よって，点Pの存在範囲は

線分 OB，OC を隣り合う 2 辺とする平行四辺形の周と内部

である。

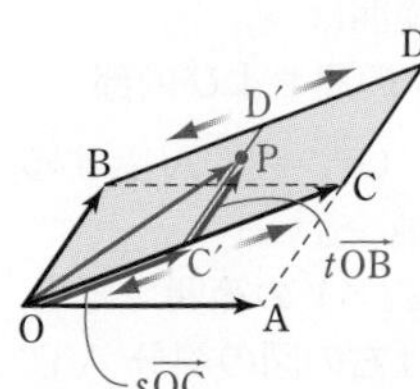

(1) $s+t=k$ $(0\leqq k\leqq 1)$ とおくと，$k\neq 0$ のとき

$\dfrac{s}{k}+\dfrac{t}{k}=1$

$\overrightarrow{OP}=\dfrac{s}{k}(k\overrightarrow{OA})+\dfrac{t}{k}(k\overrightarrow{OC})$

$k\overrightarrow{OA}=\overrightarrow{OA'}$，$k\overrightarrow{OC}=\overrightarrow{OC'}$ とおいて k を固定すると，点Pは線分 A′C′ 上を動く。次に k を動かす。

(2) $s\overrightarrow{OC}=\overrightarrow{OC'}$ とおいて s を固定すると

$\overrightarrow{OP}=\overrightarrow{OC'}+t\overrightarrow{OB}$

ここで t を $0\leqq t\leqq 1$ で動かすと，点Pは図の線分 C′D′ 上を動く。次に，s を $0\leqq s\leqq 1$ で動かすと，線分 C′D′ は，線分 OB から CD まで平行に動く。

検討 ベクトルの終点Pの存在範囲については，次の [1]～[4] が基本パターンとなる。

△OAB に対して，**$\overrightarrow{OP}=s\overrightarrow{OA}+t\overrightarrow{OB}$** とする。

[1] **$s+t=1$ ならば 直線 AB**

[2] **$s+t=1$，$s\geqq 0$，$t\geqq 0$ ならば 線分 AB**

[3] **$s+t\leqq 1$，$s\geqq 0$，$t\geqq 0$ ならば △OAB の周および内部**

[4] **$0\leqq s\leqq 1$，$0\leqq t\leqq 1$ ならば 平行四辺形 OACB の周および内部 ($\overrightarrow{OA}+\overrightarrow{OB}=\overrightarrow{OC}$)**

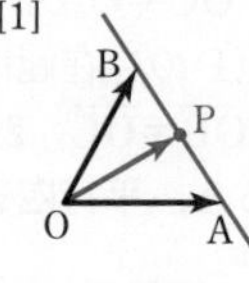

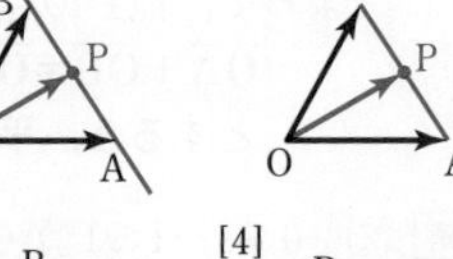

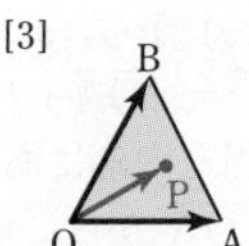

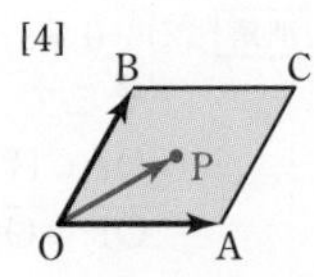

これらを用いた，上の 解答 のような簡潔な答案でも構わない。

練習 30 △OAB において，次の条件を満たす点Pの存在範囲を求めよ。

(1) $\overrightarrow{OP}=(2s+t)\overrightarrow{OA}+t\overrightarrow{OB}$，$0\leqq s+t\leqq 1$，$s\geqq 0$，$t\geqq 0$

(2) $\overrightarrow{OP}=(s-t)\overrightarrow{OA}+(s+t)\overrightarrow{OB}$，$0\leqq s\leqq 1$，$0\leqq t\leqq 1$

➡p. 80 演習 13

研究 深めよう 斜交座標とその利用

平面上で1次独立なベクトル $\overrightarrow{\mathrm{OA}}$, $\overrightarrow{\mathrm{OB}}$ を定めると，任意の点Pは

$$\overrightarrow{\mathrm{OP}}=s\overrightarrow{\mathrm{OA}}+t\overrightarrow{\mathrm{OB}} \quad (s,\ t \text{は実数}) \quad \cdots\cdots \text{Ⓐ}$$

の形にただ1通りに表される（$p.19$）。

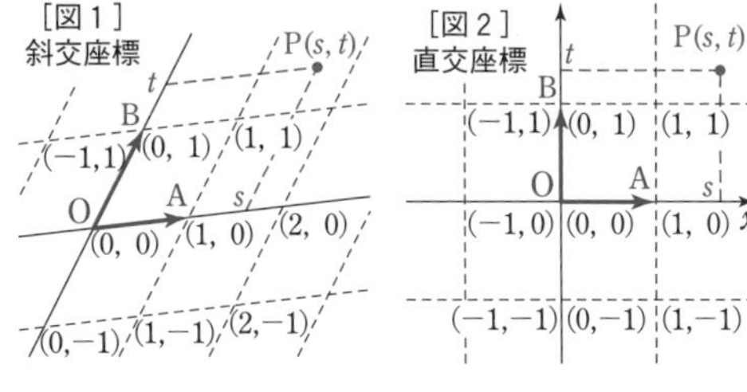

このとき，実数の組 $(s,\ t)$ を **斜交座標** といい，Ⓐによって定まる点Pを $\mathrm{P}(s,\ t)$ で表す（図1）。

特に，$\overrightarrow{\mathrm{OA}}\perp\overrightarrow{\mathrm{OB}}$, $|\overrightarrow{\mathrm{OA}}|=|\overrightarrow{\mathrm{OB}}|=1$ のときの斜交座標は，$\overrightarrow{\mathrm{OA}}$ の延長を x 軸，$\overrightarrow{\mathrm{OB}}$ の延長を y 軸にとった xy 座標になる（図2）。この意味で，xy 座標を **直交座標** と呼ぶこともある。

斜交座標が定められた平面は，「直交座標平面（xy 平面）を斜めから見たもの」というイメージでとらえることができる。

また，右の[図4]は，[図3]（直交座標）に示した点・直線・三角形を斜交座標に映したものである。

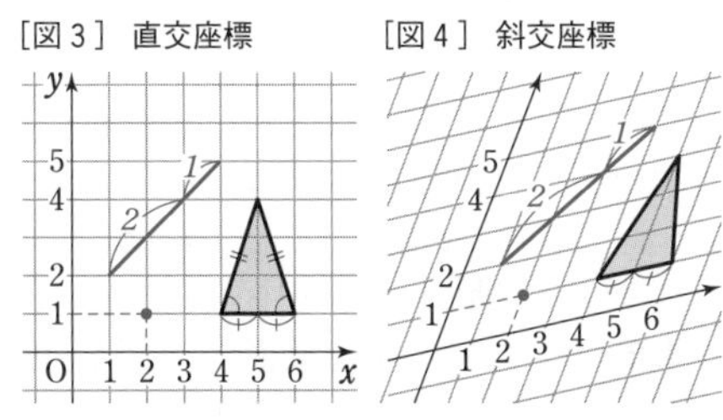

この図からわかるように，直交座標と斜交座標の変換によって，図形の長さや角度は変わるが，図形の位置，長さの比などは変わらない。この特性を問題解決に利用してみよう。

● 例題28(1)を座標を利用して解く

$\overrightarrow{\mathrm{OP}}=s\overrightarrow{\mathrm{OA}}+t\overrightarrow{\mathrm{OB}}$, $3s+t=2$ … (＊) すなわち $\mathrm{P}(s,\ t)$, $3s+t=2$ を満たす点Pは，直交座標平面上では直線 $3x+y=2$ 上にある。

└P$(x,\ y)$, O$(0,\ 0)$, A$(1,\ 0)$, B$(0,\ 1)$ から。

この直線と座標軸との交点を $\mathrm{C}\left(\frac{2}{3},\ 0\right)$, $\mathrm{D}(0,\ 2)$ とする。

これに対して，斜交座標平面上で同じ座標をもつ点C，Dを考えると，点Pの存在範囲は直線CDである。このとき，$\overrightarrow{\mathrm{OC}}=\frac{2}{3}\overrightarrow{\mathrm{OA}}$,

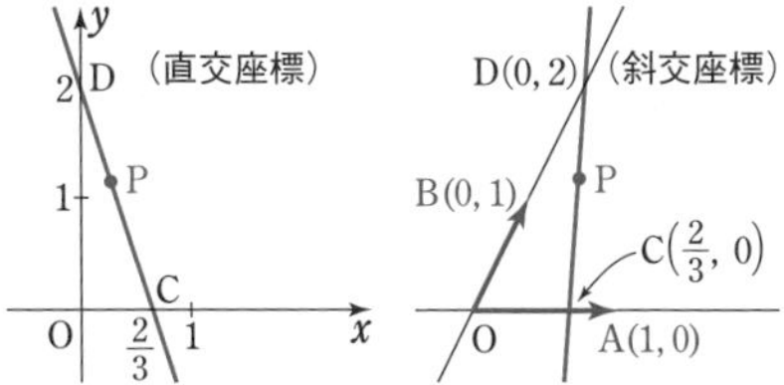

$\overrightarrow{\mathrm{OD}}=2\overrightarrow{\mathrm{OB}}$ であり，(＊) が $\overrightarrow{\mathrm{OP}}=\frac{3}{2}s\overrightarrow{\mathrm{OC}}+\frac{1}{2}t\overrightarrow{\mathrm{OD}}$, $\frac{3}{2}s+\frac{1}{2}t=1$ と変形されることからも，点Pの存在範囲が直線CDであることが確かめられる。

点 $\mathrm{P}(s,\ t)$ の条件が s と t の1次方程式または1次不等式で与えられたとき，上と同様に

1. **s を x，t を y におき換えた方程式（不等式）の表す図形を直交座標平面上で考える。**
2. **1 の図形をそのまま斜交座標平面の図形（直線，線分，領域）に読み替える。**

という手順で，点Pの存在範囲を求めることができる（数学Ⅱ「図形と方程式」も参照）。

例 1. 【例題 29 (2)】

$\overrightarrow{OP}=s\overrightarrow{OA}+t\overrightarrow{OB}$, $1\leqq s\leqq 2$, $0\leqq t\leqq 1$ を満たす点Pの存在範囲は，直交座標平面上の領域 $1\leqq x\leqq 2$, $0\leqq y\leqq 1$ を斜交座標平面に読み替えた領域，つまり右図の平行四辺形 ADEC の周および内部である。

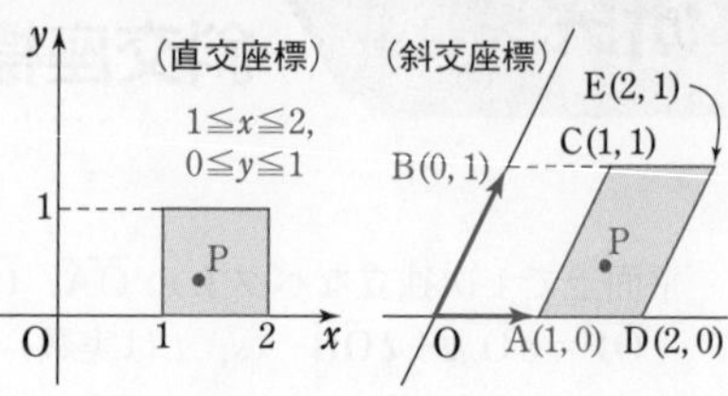

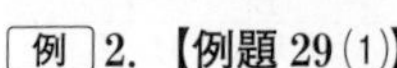
例 2. 【例題 29 (1)】

$\overrightarrow{OP}=s\overrightarrow{OA}+t\overrightarrow{OB}$, $1\leqq s+t\leqq 2$, $s\geqq 0$, $t\geqq 0$ を満たす点Pの存在範囲は，直交座標平面上の領域 $1\leqq x+y\leqq 2$, $x\geqq 0$, $y\geqq 0$ を斜交座標平面に読み替えた領域，つまり右図の台形 ACDB の周および内部である。

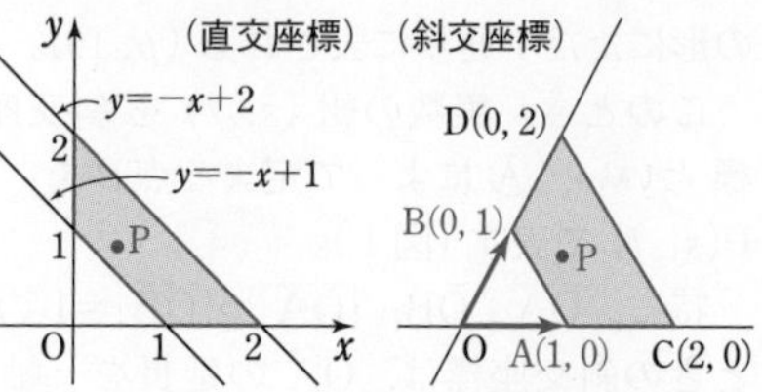

例 3. 【例題 30 (2)】

($\overrightarrow{OP}=s\overrightarrow{OA}+t\overrightarrow{OB}$ の形ではないから，条件式から s, t を消去する要領で処理する。)

O(0, 0)，A(1, 0)，B(0, 1) として，直交座標平面で考えると

$$\overrightarrow{OP}=s\overrightarrow{OA}+(s+t)\overrightarrow{OB}=(s,\ s+t)$$

P$(x,\ y)$ とすると　　$x=s$, $y=s+t$ ⋯ ①

また　　　　　$0\leqq s\leqq 1$, $0\leqq t\leqq 1$　　　⋯ ②

①，② から　$x\leqq y\leqq x+1$, $0\leqq x\leqq 1$　⋯ ③

③ の表す領域は，右の［図 5］の赤い部分であるから，点Pの存在範囲は，［図 6］の平行四辺形 OCDB の周および内部である。

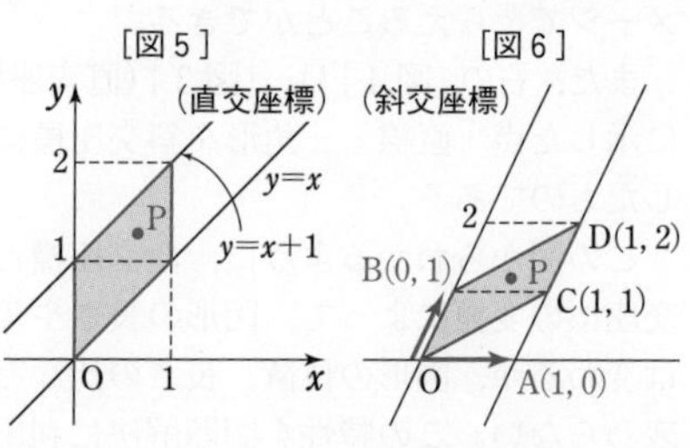

● *p*. 48 の例題 16 を座標を利用して解く

O(0, 0)，A(1, 0)，B(0, 1) として，直交座標平面で考えると，

OC：CA＝3：1，OD：DB＝4：1 から

$$C\left(\frac{3}{4},\ 0\right),\ D\left(0,\ \frac{4}{5}\right)\quad となる。$$

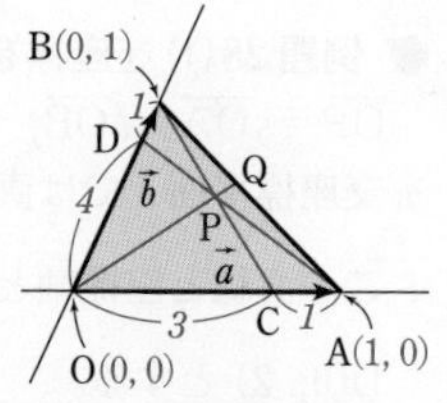

直線 AD の方程式は　　$x+\frac{5}{4}y=1$ …… ①

直線 BC の方程式は　　$\frac{4}{3}x+y=1$ …… ②

◀ x 切片が a，y 切片が b $(ab\neq 0)$ である直線の方程式は　$\frac{x}{a}+\frac{y}{b}=1$

①，② を解いて　　$P\left(\frac{3}{8},\ \frac{1}{2}\right)$　　よって　　$\mathbf{BP:CP}=\frac{3}{8}:\left(\frac{3}{4}-\frac{3}{8}\right)=\mathbf{1:1}$

ゆえに　　$\overrightarrow{\mathbf{OP}}=\frac{\overrightarrow{OC}+\overrightarrow{OB}}{2}=\frac{1}{2}\cdot\frac{3}{4}\vec{a}+\frac{1}{2}\vec{b}=\boldsymbol{\frac{3}{8}\vec{a}+\frac{1}{2}\vec{b}}$

また，同様に，直線 OP，AB の方程式 ⟶ 点Qの座標，と順に求め，BQ：QA を調べることにより，$\overrightarrow{OQ}$ を $\vec{a}$, $\vec{b}$ で表すこともできる。

このように，中学程度の計算で線分の比を求めることができるというのは大変興味深い。なお，上の計算において，点 C，D の座標に分数が出てくるのを避けるために，A(4, 0)，B(0, 5) とおいて進めてもよい。

例題 31 円のベクトル方程式 ★★☆☆☆

平面上の △OAB と任意の点Pに対し，次のベクトル方程式は円を表す。どのような円か。

(1) $|3\overrightarrow{PA}+2\overrightarrow{PB}|=5$　　(2) $\overrightarrow{OP}\cdot(\overrightarrow{OP}-\overrightarrow{AB})=\overrightarrow{OA}\cdot\overrightarrow{OB}$

指針 円のベクトル方程式

① $|\vec{p}-\vec{c}|=r$ …… 中心 $C(\vec{c})$，半径 r

② $(\vec{p}-\vec{a})\cdot(\vec{p}-\vec{b})=0$

…… 2点 $A(\vec{a})$，$B(\vec{b})$ が直径の両端

そこで，与えられたベクトル方程式を変形して，いずれかの形を導く。点Oに関する位置ベクトルを考えるとよい。

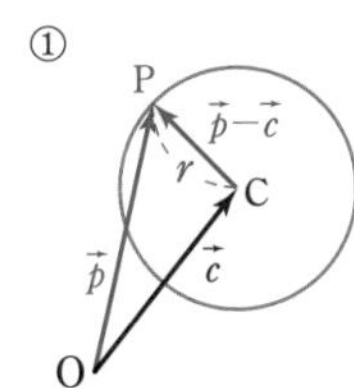

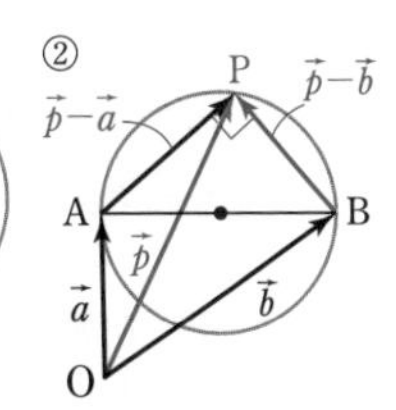

解答 $\overrightarrow{OA}=\vec{a}$，$\overrightarrow{OB}=\vec{b}$，$\overrightarrow{OP}=\vec{p}$ とする。

◀ 点Oに関する位置ベクトルを考える。

(1) $|3\overrightarrow{PA}+2\overrightarrow{PB}|=|3(\vec{a}-\vec{p})+2(\vec{b}-\vec{p})|=\left|-5\left(\vec{p}-\dfrac{3\vec{a}+2\vec{b}}{5}\right)\right|$

よって，ベクトル方程式は

$$5\left|\vec{p}-\frac{3\vec{a}+2\vec{b}}{5}\right|=5$$

◀ $|k\vec{a}|=|k||\vec{a}|$

すなわち　$\left|\vec{p}-\dfrac{3\vec{a}+2\vec{b}}{2+3}\right|=1$

◀ $C\left(\dfrac{3\vec{a}+2\vec{b}}{2+3}\right)$ とすると，点Cは辺 AB を 2：3 に内分する。

よって，**辺 AB を 2：3 に内分する点を中心とし，半径1の円。**

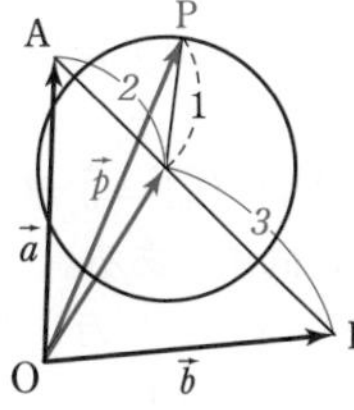

(2) ベクトル方程式は

$$\vec{p}\cdot\{\vec{p}-(\vec{b}-\vec{a})\}=\vec{a}\cdot\vec{b}$$

◀ $\overrightarrow{AB}=\vec{b}-\vec{a}$

よって　$|\vec{p}|^2+(\vec{a}-\vec{b})\cdot\vec{p}-\vec{a}\cdot\vec{b}=0$ …… (＊)

◀ $x^2+(a-b)x-ab=(x+a)(x-b)$ と同じ要領。

ゆえに　$(\vec{p}+\vec{a})\cdot(\vec{p}-\vec{b})=0$

すなわち　$\{\vec{p}-(-\vec{a})\}\cdot(\vec{p}-\vec{b})=0$

◀ $\overrightarrow{OA'}=-\vec{a}$ とすると，点 A′ は点Oに関して点Aと対称。

よって，**点Oに関して点Aと対称な点と点Bを直径の両端とする円。**

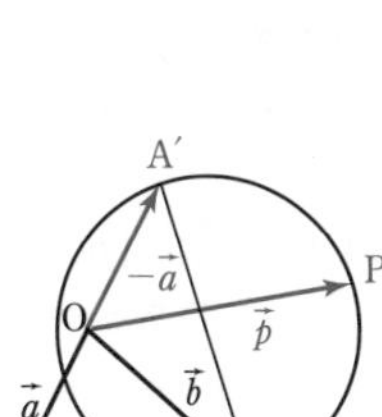

(2) (＊)を $|\vec{p}|^2-(\vec{b}-\vec{a})\cdot\vec{p}=\vec{a}\cdot\vec{b}\longrightarrow|\vec{p}|^2-(\vec{b}-\vec{a})\cdot\vec{p}+\dfrac{|\vec{b}-\vec{a}|^2}{4}=\vec{a}\cdot\vec{b}+\dfrac{|\vec{b}-\vec{a}|^2}{4}$

$\longrightarrow\left|\vec{p}-\dfrac{\vec{b}-\vec{a}}{2}\right|^2=\dfrac{|\vec{b}+\vec{a}|^2}{4}\longrightarrow\left|\vec{p}-\dfrac{\vec{b}-\vec{a}}{2}\right|=\dfrac{|\vec{b}-(-\vec{a})|}{2}$

と変形すると，$p.66$ の Ⓑ から結果がわかる。

練習 31 平面上の△ABC と任意の点Pに対し，次のベクトル方程式は円を表す。どのような円か。

(1) $|\overrightarrow{BP}+\overrightarrow{CP}|=|\overrightarrow{AB}+\overrightarrow{AC}|$　　(2) $2\overrightarrow{PA}\cdot\overrightarrow{PB}=3\overrightarrow{PA}\cdot\overrightarrow{PC}$

例題 32 円の接線のベクトル方程式 ★★★☆☆

(1) 中心 $\mathrm{C}(\vec{c})$，半径 r の円 C 上の点 $\mathrm{P_0}(\vec{p_0})$ における円の接線のベクトル方程式は $(\vec{p_0}-\vec{c})\cdot(\vec{p}-\vec{c})=r^2$ $(r>0)$ であることを示せ。

(2) 円 $x^2+y^2=r^2$ $(r>0)$ 上の点 $(x_0,\ y_0)$ における接線の方程式は

$$x_0x+y_0y=r^2$$

であることを，ベクトルを用いて証明せよ。

◀例題31

指針 (1) **円 C の接線 ℓ は，接点 $\mathrm{P_0}$ を通る半径 $\mathrm{CP_0}$ に垂直**

すなわち，$\overrightarrow{\mathrm{CP_0}}$ は接線 ℓ の法線ベクトルである。このことから直線 ℓ のベクトル方程式を求め，与えられた形に式を変形する。

(2) 中心が原点 $\mathrm{O}(\vec{0})$，半径が r の円上の点 $\mathrm{P_0}(\vec{p_0})$ における接線のベクトル方程式は，(1)において $\vec{c}=\vec{0}$ とおくと得られる。それを成分で表す。

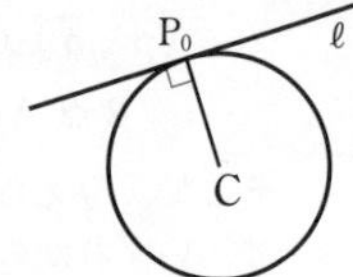

CHART 》円の接線

半径⊥接線 に注目

解答 (1) 中心C，半径 r の円の接線上に点 $\mathrm{P}(\vec{p})$ があることは，

$\overrightarrow{\mathrm{CP_0}}\perp\overrightarrow{\mathrm{P_0P}}$ または $\overrightarrow{\mathrm{P_0P}}=\vec{0}$ が成り立つことと同値である。

よって，接線のベクトル方程式は $\overrightarrow{\mathrm{CP_0}}\cdot(\vec{p}-\vec{p_0})=0$

$\overrightarrow{\mathrm{CP_0}}=\vec{p_0}-\vec{c}$ であるから

$$(\vec{p_0}-\vec{c})\cdot\{(\vec{p}-\vec{c})-(\vec{p_0}-\vec{c})\}=0$$

したがって

$$(\vec{p_0}-\vec{c})\cdot(\vec{p}-\vec{c})-|\vec{p_0}-\vec{c}|^2=0$$

$|\vec{p_0}-\vec{c}|^2=\mathrm{CP_0}^2=r^2$ であるから

$$(\vec{p_0}-\vec{c})\cdot(\vec{p}-\vec{c})=r^2 \quad \cdots\cdots ①$$

(2) 中心が原点 $\mathrm{O}(\vec{0})$，半径 r の円上の点 $\mathrm{P_0}(\vec{p_0})$ における接線のベクトル方程式は，① において，$\vec{c}=\vec{0}$ とおくと得られるから $\vec{p_0}\cdot\vec{p}=r^2$ …… ②

$\vec{p_0}=(x_0,\ y_0)$，$\vec{p}=(x,\ y)$ とすると $\vec{p_0}\cdot\vec{p}=x_0x+y_0y$

これを ② に代入して，接線の方程式は

$$x_0x+y_0y=r^2$$

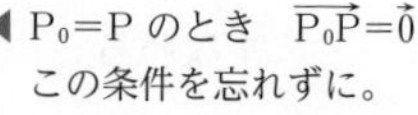

◀ $\mathrm{P_0}=\mathrm{P}$ のとき $\overrightarrow{\mathrm{P_0P}}=\vec{0}$ この条件を忘れずに。

◀ 点 $\mathrm{A}(\vec{a})$ を通り，ベクトル $\vec{n}$ に垂直な直線のベクトル方程式は $\vec{n}\cdot(\vec{p}-\vec{a})=0$

参考 (1) $\angle\mathrm{PCP_0}=\theta$ $(0^\circ\leqq\theta\leqq180^\circ)$ とおくと

$(\vec{p_0}-\vec{c})\cdot(\vec{p}-\vec{c})$

$=\overrightarrow{\mathrm{CP_0}}\cdot\overrightarrow{\mathrm{CP}}$

$=\mathrm{CP_0}\times\mathrm{CP}\cos\theta$

$=r\times r=r^2$

$\left(\begin{array}{l}\mathrm{PP_0}\perp\mathrm{CP_0} \text{ であるから}\\ \mathrm{CP}\cos\theta=\mathrm{CP_0}=r\end{array}\right)$

練習 32 1つの直径の両端が $\mathrm{A}(3,\ -5)$，$\mathrm{B}(-5,\ 1)$ である円 C について

(1) ベクトルを用いて，円 C の方程式を求めよ。

(2) 点 $(2,\ 2)$ は円 C 上の点であることを示せ。また，ベクトルを用いて，この点における円 C の接線の方程式を求めよ。

重要例題 33 ベクトルと軌跡 ★★★★☆

平面上で辺の長さ1の正三角形 ABC を考える。点Pに対し，ベクトル $v(\mathrm{P})$ を，$v(\mathrm{P})=\overrightarrow{\mathrm{PA}}-3\overrightarrow{\mathrm{PB}}+2\overrightarrow{\mathrm{PC}}$ で与える。

(1) $v(\mathrm{P})$ はPに無関係な一定のベクトルであることを示せ。

(2) $|\overrightarrow{\mathrm{PA}}+\overrightarrow{\mathrm{PB}}+\overrightarrow{\mathrm{PC}}|=|v(\mathrm{P})|$ となる点Pは，どのような図形を描くか。

〔高知大〕 ◀例題31

指針 (1) $v(\mathrm{P})$ はPに無関係な一定のベクトル ⟶ $v(\mathrm{P})$ がPを含まない A，B，C [O] だけの式で表されることを示す。

(2) 右辺は定数である。左辺の| |内のベクトルをまとめることを考える。

解答 (1)

$$v(\mathrm{P})=-\overrightarrow{\mathrm{AP}}-3(\overrightarrow{\mathrm{AB}}-\overrightarrow{\mathrm{AP}})+2(\overrightarrow{\mathrm{AC}}-\overrightarrow{\mathrm{AP}})$$
$$=-3\overrightarrow{\mathrm{AB}}+2\overrightarrow{\mathrm{AC}}$$

◀ Aに関する位置ベクトルの式に直す。$\overrightarrow{\mathrm{EF}}=\overrightarrow{●\mathrm{F}}-\overrightarrow{●\mathrm{E}}$

よって，$v(\mathrm{P})$ はPに無関係な一定のベクトルである。

(2) △ABC の重心をGとすると

$$\overrightarrow{\mathrm{PA}}+\overrightarrow{\mathrm{PB}}+\overrightarrow{\mathrm{PC}}=-\overrightarrow{\mathrm{AP}}+(\overrightarrow{\mathrm{AB}}-\overrightarrow{\mathrm{AP}})+(\overrightarrow{\mathrm{AC}}-\overrightarrow{\mathrm{AP}})$$
$$=-3\overrightarrow{\mathrm{AP}}+\overrightarrow{\mathrm{AB}}+\overrightarrow{\mathrm{AC}}$$
$$=3\left(\frac{\overrightarrow{\mathrm{AB}}+\overrightarrow{\mathrm{AC}}}{3}-\overrightarrow{\mathrm{AP}}\right)$$
$$=3(\overrightarrow{\mathrm{AG}}-\overrightarrow{\mathrm{AP}})=3\overrightarrow{\mathrm{PG}}$$

◀ $\overrightarrow{\mathrm{AG}}=\dfrac{\overrightarrow{\mathrm{AA}}+\overrightarrow{\mathrm{AB}}+\overrightarrow{\mathrm{AC}}}{3}$

また $|v(\mathrm{P})|^2=9|\overrightarrow{\mathrm{AB}}|^2-12\overrightarrow{\mathrm{AB}}\cdot\overrightarrow{\mathrm{AC}}+4|\overrightarrow{\mathrm{AC}}|^2$
$=9\cdot1^2-12\cdot1\cdot1\cdot\cos60^\circ+4\cdot1^2=7$

◀ $|v(\mathrm{P})|^2=|-3\overrightarrow{\mathrm{AB}}+2\overrightarrow{\mathrm{AC}}|^2$

ゆえに $|v(\mathrm{P})|=\sqrt{7}$

条件の等式から $3|\overrightarrow{\mathrm{GP}}|=\sqrt{7}$ となり，点Pの描く図形は

△ABC の重心を中心とする半径 $\dfrac{\sqrt{7}}{3}$ の円

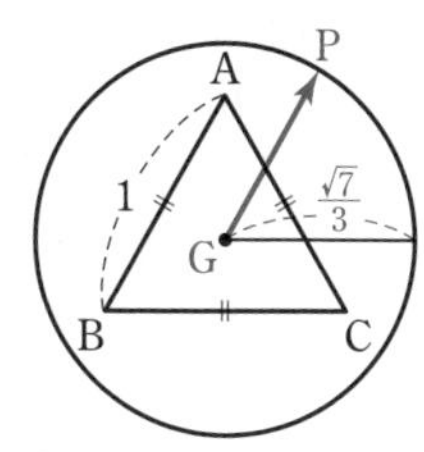

別解 (2) まず，$|v(\mathrm{P})|^2=7$ を求め，次のように考えてもよい。

$\mathrm{P}(\vec{p})$，$\mathrm{A}(\vec{a})$，$\mathrm{B}(\vec{b})$，$\mathrm{C}(\vec{c})$ とすると

$$|\vec{a}-\vec{p}+\vec{b}-\vec{p}+\vec{c}-\vec{p}|=\sqrt{7}$$

よって $\left|\vec{p}-\dfrac{\vec{a}+\vec{b}+\vec{c}}{3}\right|=\dfrac{\sqrt{7}}{3}$

$\dfrac{\vec{a}+\vec{b}+\vec{c}}{3}$ は △ABC の重心の位置ベクトルであるから，点Pの描く図形は

△ABC の重心を中心とする半径 $\dfrac{\sqrt{7}}{3}$ の円

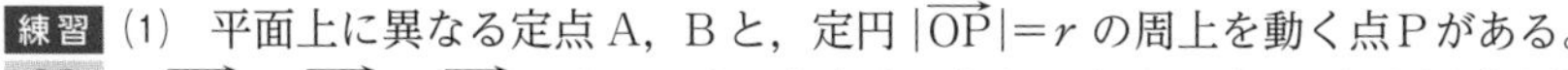

練習 33 (1) 平面上に異なる定点 A，B と，定円 $|\overrightarrow{\mathrm{OP}}|=r$ の周上を動く点Pがある。$\overrightarrow{\mathrm{AQ}}=3\overrightarrow{\mathrm{PA}}+2\overrightarrow{\mathrm{PB}}$ によって点Qを定めるとき，点Qはどのような図形を描くか。

(2) 座標平面において，△ABC は $\overrightarrow{\mathrm{BA}}\cdot\overrightarrow{\mathrm{CA}}=0$ を満たしている。この平面上の点Pが条件 $\overrightarrow{\mathrm{AP}}\cdot\overrightarrow{\mathrm{BP}}+\overrightarrow{\mathrm{BP}}\cdot\overrightarrow{\mathrm{CP}}+\overrightarrow{\mathrm{CP}}\cdot\overrightarrow{\mathrm{AP}}=0$ を満たすとき，Pはどのような図形上にあるか。その図形をかけ。

〔(1) 類 鳴門教育大，(2) 岡山理科大〕

➡ p. 80 演習 15

演習問題

1 1辺の長さが1である正五角形 ABCDE において，$\overrightarrow{AB}=\vec{b}$，$\overrightarrow{AE}=\vec{e}$ とおく。

(1) 線分 BE の長さを求めよ。ただし，$\cos 36^\circ=\dfrac{\sqrt{5}+1}{4}$ は既知としてよい。

(2) $\overrightarrow{CD}$，$\overrightarrow{BC}$ を $\vec{b}$，$\vec{e}$ で表せ。 〔法政大〕 ➤例5，例題1

2 $\vec{0}$ でない2つのベクトル $\vec{a}$，$\vec{b}$ が垂直であるとする。$\vec{a}+\vec{b}$ と $\vec{a}+3\vec{b}$ のなす角を θ $(0\leqq\theta\leqq\pi)$ とする。

(1) $|\vec{a}|=x$，$|\vec{b}|=y$ とするとき，$\sin^2\theta$ を x，y を用いて表せ。

(2) θ の最大値を求めよ。 〔神戸大〕 ➤例題7

3 平面上の3つのベクトル $\vec{a}$，$\vec{b}$，$\vec{c}$ が，条件

$$|\vec{a}|=1,\quad |\vec{b}|=n,\quad |\vec{c}|=mn,\quad \vec{c}=2m\vec{a}+2\vec{b}\quad \cdots\cdots (*)$$

を満たしている。ただし，m，n は自然数で $m>n\geqq 3$ を満たすとする。

(1) ベクトル $\vec{p}$，$\vec{q}$ に対して，$|\vec{p}+\vec{q}|\leqq|\vec{p}|+|\vec{q}|$ が成り立つことを示せ。

(2) 条件 $(*)$ を満たす自然数 m，n の組 $(m,\ n)$ をすべて求めよ。

(3) (2)で求めた組 $(m,\ n)$ のうち，内積 $\vec{a}\cdot\vec{b}$ の値が整数になるときの組 $(m,\ n)$ を求め，$\vec{a}$ と $\vec{b}$ のなす角 θ を求めよ。 〔静岡大〕 ➤例題12

4 円に内接する四角形 ABPC は次の条件(a)，(b)を満たすとする。

(a) 三角形 ABC は正三角形である。

(b) AP と BC の交点は線分 BC を $p:(1-p)$ $[0<p<1]$ に内分する。

このとき，ベクトル $\overrightarrow{AP}$ を $\overrightarrow{AB}$，$\overrightarrow{AC}$，p を用いて表せ。 〔京都大〕 ➤例12

5 平面上に平行四辺形 ABCD と点Pがあり，$4\overrightarrow{AP}+3\overrightarrow{BP}+2\overrightarrow{CP}+\overrightarrow{DP}=\vec{0}$ が成り立っているとする。このとき，$\overrightarrow{AP}$ を $\overrightarrow{AB}$，$\overrightarrow{AD}$ を用いて表すと $\overrightarrow{AP}=$ア□ となる。
これより，直線 AP と直線 BD の交点をQとして，$\overrightarrow{BQ}=s\overrightarrow{BD}$，$\overrightarrow{AP}=t\overrightarrow{AQ}$ とすると，$s=$イ□，$t=$ウ□ である。
また，平行四辺形 ABCD の面積を S，△PAB の面積を S_1，△PCD の面積を S_2 とすると，$\dfrac{S_1}{S}=$エ□，$\dfrac{S_2}{S}=$オ□ である。 〔慶応大〕 ➤例題15

ヒント **2** (2) (1)の x，y の式を変形して，(相加平均)≧(相乗平均) を利用。
3 (2) (　)(　)=**整数** の形を導き，$m>n\geqq 3$ の条件を活かして値を絞る。
4 AP と BC の交点をQとすると $\overrightarrow{AP}=\dfrac{AP}{AQ}\overrightarrow{AQ}$ 　△ABQ に余弦定理を適用。

6 △ABC の辺 AC を 1：2 に内分する点を Q，辺 BC を $m:n$ $(m>0,\ n>0)$ に内分する点を P，線分 AP と線分 BQ の交点を R とする。点 R を通る直線が，辺 AB，AC とそれぞれ点 D，E で交わるものとする。また，$\vec{b}=\overrightarrow{\mathrm{AB}}$，$\vec{c}=\overrightarrow{\mathrm{AC}}$ とする。

(1) $\overrightarrow{\mathrm{AR}}$ を，m，n，$\vec{b}$，$\vec{c}$ を用いて表せ。

(2) $k=\dfrac{\mathrm{AB}}{\mathrm{AD}}+\dfrac{\mathrm{AC}}{\mathrm{AE}}$ とする。k が点 D の線分 AB 上での位置によらず一定であるような m と n の関係を示し，そのときの k を求めよ。 〔鳥取大〕 ➤例題16，17

7 △OAB において，$\vec{a}=\overrightarrow{\mathrm{OA}}$，$\vec{b}=\overrightarrow{\mathrm{OB}}$ とし，$|\vec{a}|=3$，$|\vec{b}|=5$，$\cos\angle\mathrm{AOB}=\dfrac{3}{5}$ とする。このとき，∠AOB の二等分線と B を中心とする半径 $\sqrt{10}$ の円との交点の，O を始点とする位置ベクトルを，$\vec{a}$，$\vec{b}$ を用いて表せ。 〔京都大〕 ➤例題19

8 平面上に △ABC がある。点 O を △ABC の外心とし，外接円の半径を R とする。また，点 H は $\overrightarrow{\mathrm{OA}}+\overrightarrow{\mathrm{OB}}+\overrightarrow{\mathrm{OC}}=\overrightarrow{\mathrm{OH}}$ を満たす点とする。ただし，点 H は 3 点 A，B，C と異なる点であるとする。$\overrightarrow{\mathrm{OA}}=\vec{a}$，$\mathrm{OB}=\vec{b}$，$\overrightarrow{\mathrm{OC}}=\vec{c}$ とするとき

(1) $\overrightarrow{\mathrm{AH}}$ と $\overrightarrow{\mathrm{CH}}$ をそれぞれ $\vec{a}$，$\vec{b}$，$\vec{c}$ を用いて表し，AH⊥BC，CH⊥AB であることを示せ。

(2) 線分 OH の中点を P とし，△ABC の各辺 AB，BC，CA の中点を，それぞれ L，M，N とする。このとき，$\overrightarrow{\mathrm{PL}}$，$\overrightarrow{\mathrm{PM}}$，$\overrightarrow{\mathrm{PN}}$ をそれぞれ $\vec{a}$，$\vec{b}$，$\vec{c}$ を用いて表し，P は △LMN の外心になることを示せ。

(3) 線分 AH の中点を D とするとき，P は線分 DM の中点になることを示せ。

(4) 頂点 A から直線 BC に垂線を下ろし，直線 BC との交点を E とするとき，点 E は △LMN の外接円の周上にあることを示せ。 〔長崎大〕 ➤例題20

9 △ABC において，辺 AB，BC，CA をそれぞれ $m:n$ に内分する点を，順に D，E，F とする。どんな自然数の組 $(m,\ n)$ をとっても，AE⊥DF となるならば，△ABC はどんな三角形か。 〔名古屋大〕 ➤例題22

10 AC および BD を対角線にもつ四角形 ABCD があり，点 O を中心とする円が四角形 ABCD に外接しているとする。ベクトル $\overrightarrow{\mathrm{OA}}$，$\overrightarrow{\mathrm{OB}}$，$\overrightarrow{\mathrm{OC}}$，$\overrightarrow{\mathrm{OD}}$ をそれぞれ $\vec{a}$，$\vec{b}$，$\vec{c}$，$\vec{d}$ で表す。

(1) ベクトル $\vec{a}+\vec{b}+\vec{c}$ と $\vec{a}+\vec{b}+\vec{d}$ の大きさが等しいならば，辺 AB と辺 CD は平行であるか，または点 O は辺 AB 上にあることを証明せよ。

(2) △ABC，△BCD，△CDA，△DAB の重心がすべて点 O から等しい距離にあるならば，四角形 ABCD は長方形であることを証明せよ。 〔早稲田大〕 ➤例題22

ヒント **6** (2) $\overrightarrow{\mathrm{AD}}=p\vec{b}$，$\overrightarrow{\mathrm{AE}}=q\vec{c}$ $(0\leqq p\leqq 1,\ 0\leqq q\leqq 1)$ とおく。点 R は線分 DE 上の点であるから，$\overrightarrow{\mathrm{AR}}=$●$\overrightarrow{\mathrm{AD}}+$▲$\overrightarrow{\mathrm{AE}}$，●+▲$=1$

7 求める交点を P とすると $\overrightarrow{\mathrm{OP}}=t\left(\dfrac{\vec{a}}{|\vec{a}|}+\dfrac{\vec{b}}{|\vec{b}|}\right)$ （t は実数），$|\overrightarrow{\mathrm{BP}}|=\sqrt{10}$

9 $\overrightarrow{\mathrm{AE}}\cdot\overrightarrow{\mathrm{DF}}=0$ から導かれる式を，m，n についての恒等式とみる。

11 正三角形 OAB において，線分 AB を 1：2 に内分する点をC，線分 OA を $\alpha:(1-\alpha)$ に内分する点をD，線分 OB を $\beta:(1-\beta)$ に内分する点をEとする。ただし，$0<\alpha<1$，$0<\beta<1$ である。線分 OA に関して点Cと対称な点をF，線分 OB に関して点Cと対称な点をGとする。

(1) △ADF の面積が正三角形 OAB の面積の $\dfrac{1}{6}$ になるような α の値を求めよ。

(2) $\overrightarrow{\mathrm{OF}}$ と $\overrightarrow{\mathrm{OG}}$ をそれぞれ $\overrightarrow{\mathrm{OA}}$ と $\overrightarrow{\mathrm{OB}}$ を用いて表せ。

(3) △CDE の 3 辺の長さの和が最小になるような α と β の値を求めよ。

〔滋賀大〕 ➤例題1，16，28

12 $\vec{c_1}=(1,\ 2)$，$\vec{c_2}=(5,\ 4)$ を xy 平面上の原点を始点とする位置ベクトルとし，C_1，C_2 をそれぞれベクトル方程式 $|\vec{p}-\vec{c_1}|=2$，$|\vec{p}-\vec{c_2}|=2$ で与えられた円とする。

(1) 円 C_1 の中心と円 C_2 の中心を通る直線 ℓ のベクトル方程式を求めよ。

(2) 円 C_1 と円 C_2 の両方に接する直線のうち ℓ と平行であるものは 2 本ある。それらの直線と C_1 との接点を求めよ。

(3) 円 C_1 と円 C_2 の両方に接する直線のうち ℓ と平行でないものは 2 本ある。それらの直線のうち方向ベクトルが $(0,\ 1)$ でないものを m とする。このとき，m と C_1 との接点および m の方向ベクトルを求めよ。 〔静岡大〕 ➤例15，16

13 平面上に 3 点 A，B，C があり，

$$|2\overrightarrow{\mathrm{AB}}+3\overrightarrow{\mathrm{AC}}|=15,\ |2\overrightarrow{\mathrm{AB}}+\overrightarrow{\mathrm{AC}}|=7,\ |\overrightarrow{\mathrm{AB}}-2\overrightarrow{\mathrm{AC}}|=11$$

を満たしている。 〔横浜国大〕

(1) $|\overrightarrow{\mathrm{AB}}|$，$|\overrightarrow{\mathrm{AC}}|$，内積 $\overrightarrow{\mathrm{AB}}\cdot\overrightarrow{\mathrm{AC}}$ の値を求めよ。

(2) 実数 s，t が $s\geqq 0$，$t\geqq 0$，$1\leqq s+t\leqq 2$ を満たしながら動くとき，$\overrightarrow{\mathrm{AP}}=2s\overrightarrow{\mathrm{AB}}-t\overrightarrow{\mathrm{AC}}$ で定められた点Pの動く部分の面積を求めよ。 ➤例題30

14 1 辺の長さが 1 である正六角形の頂点を時計の針の回り方と逆回りに A，B，C，D，E，F とし，$\overrightarrow{\mathrm{AB}}=\vec{a}$，$\overrightarrow{\mathrm{AF}}=\vec{b}$ とする。 〔類 慶応大〕

(1) $\overrightarrow{\mathrm{AP}}=2s\vec{a}+(3-3s)\vec{b}$ で与えられる点Pが △ACF の内部に存在するような実数 s の値の範囲を求めよ。

(2) 正六角形 ABCDEF の外接円をSとする。Sの周上の任意の点Qに対して，ベクトル $\vec{q}=\overrightarrow{\mathrm{AQ}}$ は ア[　　] $\vec{q}\cdot\vec{q}+$ イ[　　] $\vec{a}\cdot\vec{q}+2\vec{b}\cdot\vec{q}=0$ を満たす。 ➤例題28，31

15 a を正の定数とする。$\mathrm{AB}=a$，$\mathrm{AC}=2a$，$\angle\mathrm{BAC}=\dfrac{2}{3}\pi$ である △ABC と，$|2\overrightarrow{\mathrm{AP}}-2\overrightarrow{\mathrm{BP}}-\overrightarrow{\mathrm{CP}}|=a$ を満たす動点Pがある。

(1) 辺 BC を 1：2 に内分する点をDとするとき，$|\overrightarrow{\mathrm{AD}}|$ を求めよ。

(2) $|\overrightarrow{\mathrm{AP}}|$ の最大値を求めよ。

(3) 線分 AP が通過してできる図形の面積 S を求めよ。 〔旭川医大〕 ➤例題33

ヒント **11** (3) 4 点 F，D，E，G が同一直線上にあるとき，△CDE の 3 辺の長さの和は最小となる。このとき，点Dと点Eは線分 FG 上にある。

14 (1) $\overrightarrow{\mathrm{AP}}=$●$\overrightarrow{\mathrm{AC}}+$■$\overrightarrow{\mathrm{AF}}$ の形に表す。 (2) 円Sの中心をOとすると $|\overrightarrow{\mathrm{OQ}}|=1$

15 (2) (1)の結果が利用できるように等式を変形し，点Pが円周上にあることを導く。

〈この章で学ぶこと〉
前章では，平面上のベクトルについて学んだが，この章では，空間におけるベクトルの基本事項を学び，空間座標における図形（直線，球面など）の方程式を知る。
いろいろな空間図形の問題をベクトルを利用して解決する力を身につけながら，平面・空間の問題に共通点が多いことを理解する。

第2章 空間のベクトル

例，例題一覧

●…… 基本的な内容の例　■…… 標準レベルの例題　◆…… やや発展的な例題

7 空間の座標
● 19　空間の点の座標
● 20　2点間の距離，三角形の形状

■ 34　定点から等距離にある点の座標

8 空間のベクトル，ベクトルの成分
● 21　空間のベクトルの表示
● 22　空間のベクトルの分解
● 23　空間のベクトルの平行
● 24　平行四辺形の頂点の座標

■ 35　空間のベクトルの大きさの最小値
■ 36　折れ線の長さの最小値（空間）

9 空間のベクトルの内積
● 25　空間のベクトルの内積
● 26　空間のベクトルのなす角，三角形の面積

■ 37　2つのベクトルに垂直な単位ベクトル
■ 38　ベクトルのなす角に関する問題
■ 39　ベクトルと座標軸のなす角
◆ 40　ベクトルの大きさの大小比較

10 位置ベクトル，ベクトルと図形
● 27　分点と位置ベクトル
● 28　点が一致することの証明

■ 41　ベクトルの等式と点の位置
■ 42　位置ベクトルと内積，なす角
■ 43　平行であることの証明，共線条件
■ 44　一直線上にあることの証明
■ 45　垂線の足，線対称な点の座標
■ 46　共面条件
■ 47　同じ平面上にあることの証明
■ 48　直線と平面の交点の位置ベクトル (1)
■ 49　直線と平面の交点の位置ベクトル (2)
■ 50　線分の垂直，線分の平方に関する証明
◆ 51　立方体になることの証明
■ 52　平面に下ろした垂線 (1)
■ 53　平面に下ろした垂線 (2)

11 座標空間における図形
● 29　座標軸に垂直な平面の方程式など
● 30　球面の方程式 (1)

■ 54　球面の方程式 (2)
■ 55　球面と平面が交わってできる円
■ 56　球面のベクトル方程式

12 発展　平面の方程式，直線の方程式
◆ 57　平面の方程式
◆ 58　平面の方程式の利用
◆ 59　ある平面に垂直・平行な平面の方程式
◆ 60　2平面のなす角
◆ 61　直線の方程式
◆ 62　2直線が交わらないことの証明など
◆ 63　共通垂線の長さ
◆ 64　直線と平面・球面の交点の座標
◆ 65　球面と平面の交わり
◆ 66　直線と平面のなす角，直線に垂直な平面
◆ 67　2平面の交線，それを含む平面の方程式
◆ 68　2球面の共通部分を含む平面など

7 空間の座標

《基本事項》

1 空間の点の座標

点Oを共通の原点とする数直線 xx', yy', zz' をその2つずつが直交するようにとる。このとき，直線 xx', yy', zz' をそれぞれ **x 軸**, **y 軸**, **z 軸** といい，これらをまとめて **座標軸** という。また，

x 軸と y 軸が定める平面を **xy 平面**
y 軸と z 軸が定める平面を **yz 平面**
z 軸と x 軸が定める平面を **zx 平面**

といい，3つの平面をまとめて **座標平面** という。

空間の点Pを通って，各座標平面にそれぞれ平行な3つの平面と x 軸，y 軸，z 軸との交点をそれぞれA，B，Cとする。

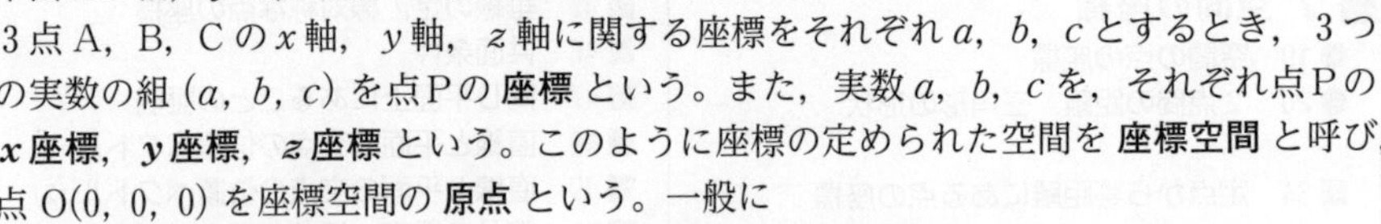

3点A，B，Cの x 軸，y 軸，z 軸に関する座標をそれぞれ a, b, c とするとき，3つの実数の組 $(a,\ b,\ c)$ を点Pの **座標** という。また，実数 a, b, c を，それぞれ点Pの **x 座標**, **y 座標**, **z 座標** という。このように座標の定められた空間を **座標空間** と呼び，点 $\mathrm{O}(0,\ 0,\ 0)$ を座標空間の **原点** という。一般に

x 軸上の点の座標は $(a,\ 0,\ 0)$ ｜ xy 平面上の点の座標は $(a,\ b,\ 0)$
y 軸上の点の座標は $(0,\ b,\ 0)$ ｜ yz 平面上の点の座標は $(0,\ b,\ c)$
z 軸上の点の座標は $(0,\ 0,\ c)$ ｜ zx 平面上の点の座標は $(a,\ 0,\ c)$ で表される。

2 2点間の距離

$\mathrm{A}(x_1,\ y_1,\ z_1)$，$\mathrm{B}(x_2,\ y_2,\ z_2)$ とすると　$\mathbf{AB}=\sqrt{(x_2-x_1)^2+(y_2-y_1)^2+(z_2-z_1)^2}$

特に，原点Oと点Aの距離は　$\mathbf{OA}=\sqrt{x_1{}^2+y_1{}^2+z_1{}^2}$

これは，線分ABを対角線とし，座標軸に垂直な面をもつ直方体 ACDE-FGBH において

$\mathrm{AB}^2=\mathrm{AD}^2+\mathrm{DB}^2$　◀ △ABD で三平方の定理
$=(\mathrm{AC}^2+\mathrm{CD}^2)+\mathrm{DB}^2$　◀ △ACD で三平方の定理
$=(x_2-x_1)^2+(y_2-y_1)^2+(z_2-z_1)^2$　から導かれる。

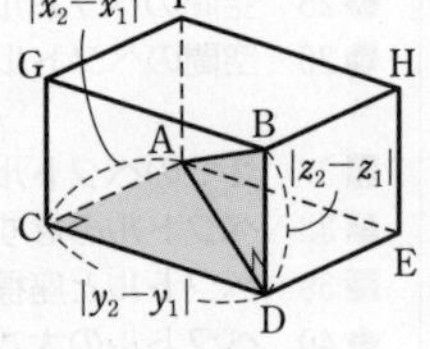

CHECK 問題

5 右の図の直方体 OABC-DEFG について

(1) 点O以外の頂点の座標を求めよ。

(2) 点Oと点Fの距離を求めよ。

→ 1, 2

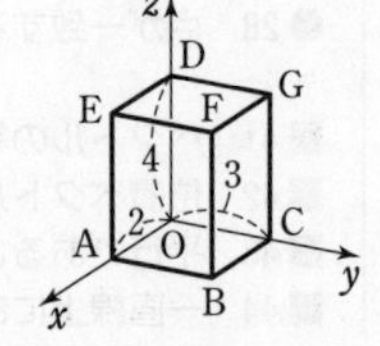

例 19 空間の点の座標 ★☆☆☆☆

点 P(3, −2, 1) に対して，次の点の座標を求めよ。

(1) 点Pから xy 平面に下ろした垂線の足A

(2) 点Pと xy 平面に関して対称な点B

(3) 点Pと z 軸に関して対称な点C

(4) 点Pと原点に関して対称な点D

指針 (1) 点Aは xy 平面上にあって，点Pと x 座標と y 座標が同じ。なお，「垂線の足」については，解答編 $p.45$ **検討** 参照。

(2)～(4) 座標平面や座標軸，原点に関して対称な点は，符号の変化する座標に要注意。なお，x 座標，y 座標，z 座標の絶対値は変わらない（⟶ 下の **検討** 参照）。

座標軸，座標平面に関して対称な点

点 $(a,\ b,\ c)$ と，座標軸，座標平面に関して対称な点の座標は，次のようになる。

x 軸 …… $(a,\ -b,\ -c)$　　xy 平面 …… $(a,\ b,\ -c)$

y 軸 …… $(-a,\ b,\ -c)$　　yz 平面 …… $(-a,\ b,\ c)$

z 軸 …… $(-a,\ -b,\ c)$　　zx 平面 …… $(a,\ -b,\ c)$

また，原点に関して対称な点の座標は　$(-a,\ -b,\ -c)$

例 20 2点間の距離，三角形の形状 ★☆☆☆☆

(1) 次の2点間の距離を求めよ。

(ア) A(1, 2, 3), B(2, 4, 5)　　(イ) A$(3,\ -\sqrt{3},\ 2)$, B$(\sqrt{3},\ 1,\ -\sqrt{3})$

(2) 3点 A(4, 7, 2), B(2, 3, −2), C(6, 5, −6) を頂点とする △ABC はどのような形か。

指針 (1) 2点 $P(x_1,\ y_1,\ z_1)$, $Q(x_2,\ y_2,\ z_2)$ 間の距離 PQ は

$$\mathrm{PQ}=\sqrt{(x_2-x_1)^2+(y_2-y_1)^2+(z_2-z_1)^2}$$

(2) 空間において，同じ直線上にない3点を通る平面はただ1通りに決まる。

したがって，空間における三角形の形状は，平面の場合と同様に，2頂点間の距離を調べて，辺の長さの関係に注目して考えるとよい。

結果は，例えば

二等辺三角形 …… AB=AC など

正三角形 …… AB=BC=CA

直角三角形 …… $AB^2+BC^2=CA^2$ なら $\angle B=90°$ など

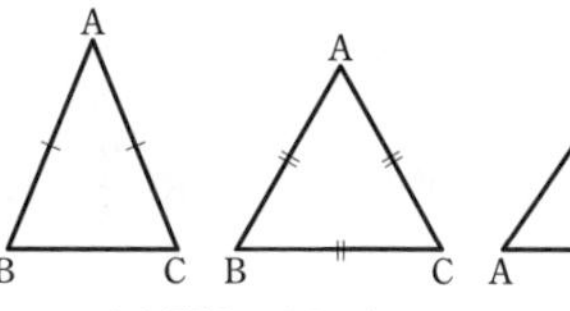

を導く。解答では，等しい辺，直角である角についても記しておく。

CHART 》空間における三角形の形状

3辺の長さに着目

例題 34 定点から等距離にある点の座標 ★★☆☆☆

(1) 2点 A(2, 2, 1), B(3, 3, 2) から等距離にある z 軸上の点Pの座標を求めよ。

(2) 3点 C(2, 2, 3), D(3, 4, −1), E(2, 0, 2) から等距離にある yz 平面上の点Qの座標を求めよ。

(3) 4点 O(0, 0, 0), F(0, 2, 0), G(−1, 1, 2), H(0, 1, 3) から等距離にある点Rの座標を求めよ。 [(3) 関西学院大] ◀例19, 20

指針 (1) z 軸上の点は，x 座標と y 座標が0であるから，P(0, 0, z) とする。
(2) yz 平面上の点は，x 座標が0であるから，Q(0, y, z) とする。
距離の条件を式に表し，方程式を解く。なお，例えば(1)では条件 AP=BP のままでは扱いにくいから，これと同値な条件 $AP^2=BP^2$ を利用する。

解答 (1) P(0, 0, z) とする。AP=BP から　$AP^2=BP^2$

よって　$(0-2)^2+(0-2)^2+(z-1)^2=(0-3)^2+(0-3)^2+(z-2)^2$

これを解いて　$z=\dfrac{13}{2}$　ゆえに　$\mathbf{P\left(0,\ 0,\ \dfrac{13}{2}\right)}$

(2) Q(0, y, z) とする。CQ=DQ=EQ から

$$CQ^2=DQ^2=EQ^2$$

$CQ^2=DQ^2$ から

$$(0-2)^2+(y-2)^2+(z-3)^2=(0-3)^2+(y-4)^2+(z+1)^2$$

よって　$4y-8z=9$ …… ①

$CQ^2=EQ^2$ から

$$(0-2)^2+(y-2)^2+(z-3)^2=(0-2)^2+y^2+(z-2)^2$$

よって　$4y+2z=9$ …… ②

①, ② から　$y=\dfrac{9}{4}$, $z=0$　ゆえに　$\mathbf{Q\left(0,\ \dfrac{9}{4},\ 0\right)}$

(3) R(x, y, z) とする。OR=FR=GR=HR から

$$OR^2=FR^2=GR^2=HR^2$$

$OR^2=FR^2$ から　$x^2+y^2+z^2=x^2+(y-2)^2+z^2$

$OR^2=GR^2$ から　$x^2+y^2+z^2=(x+1)^2+(y-1)^2+(z-2)^2$

$OR^2=HR^2$ から　$x^2+y^2+z^2=x^2+(y-1)^2+(z-3)^2$

整理すると　$y=1$, $x-y-2z=-3$, $y+3z=5$

これを解いて　$x=\dfrac{2}{3}$, $y=1$, $z=\dfrac{4}{3}$

したがって　$\mathbf{R\left(\dfrac{2}{3},\ 1,\ \dfrac{4}{3}\right)}$

◀ AP>0, BP>0 から。

◀ $\cancel{z^2}-2z+9$
$=\cancel{z^2}-4z+22$
(z^2 は消し合う。)

◀ 距離の条件は2乗して扱う

◀ $A=B=C$
$\Leftrightarrow$ $A=B$ かつ $A=C$

◀ ②−① から　$10z=0$

◀ どの座標も未知である。

◀ x, y, z の1次の項が出てこない OR^2 を有効利用する。

参考 点Rは4点O, F, G, H を通る球面の中心となる (p. 118 例題 54 参照)。

練習 34 (1) 3点 A(2, 1, −2), B(−2, 0, 1), C(3, −1, −3) から等距離にある xy 平面上の点P, zx 平面上の点Qの座標をそれぞれ求めよ。 [類 武蔵大]

(2) 4点 D(1, 1, 1), E(−1, 1, −1), F(−1, −1, 0), G(2, 1, 0) から等距離にある点Rの座標を求めよ。

➡p. 136 演習 **16**

8 | 空間のベクトル，ベクトルの成分

《 基本事項 》

1 空間のベクトル

空間においても，平面の場合と同じようにベクトルを考えることができる。
すなわち，ベクトル $\vec{a}$ は空間における有向線分を用いて表される。
$\vec{a}=\overrightarrow{AB}$ と表されるとき，$\vec{a}$ の大きさ $|\vec{a}|$ は線分 AB の長さに等しい。
空間のベクトルの加法，減法，実数倍や単位ベクトル，逆ベクトル，零ベクトルなどは，平面の場合と同様に定義され，次のことが成り立つ。

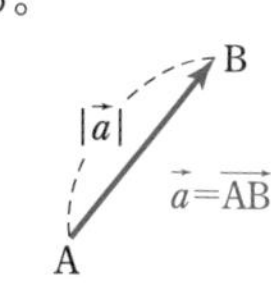

① $\vec{a}+\vec{b}=\vec{b}+\vec{a}$ **(交換法則)**，　$(\vec{a}+\vec{b})+\vec{c}=\vec{a}+(\vec{b}+\vec{c})$ **(結合法則)**

② $\vec{a}+(-\vec{a})=\vec{0}$，　$\vec{a}+\vec{0}=\vec{a}$，　$\vec{a}-\vec{b}=\vec{a}+(-\vec{b})$

③ k，l を実数とするとき

$$k(l\vec{a})=(kl)\vec{a}, \quad (k+l)\vec{a}=k\vec{a}+l\vec{a}, \quad k(\vec{a}+\vec{b})=k\vec{a}+k\vec{b}$$

また，空間の 4 点 O，A，B，C について，平面の場合と同様に次の性質が成り立つ。

① **加法**　$\overrightarrow{AB}+\overrightarrow{BC}=\overrightarrow{AC}$　　② **減法**　$\overrightarrow{OA}-\overrightarrow{OB}=\overrightarrow{BA}$

③ **零ベクトル**　$\overrightarrow{AA}=\vec{0}$　　④ **逆ベクトル**　$\overrightarrow{BA}=-\overrightarrow{AB}$

ベクトルの平行についても，平面の場合と同様に，次のことが成り立つ。

$\vec{a}\neq\vec{0}$，$\vec{b}\neq\vec{0}$ のとき

$\vec{a}\parallel\vec{b} \iff \vec{b}=k\vec{a}$ となる実数 k がある

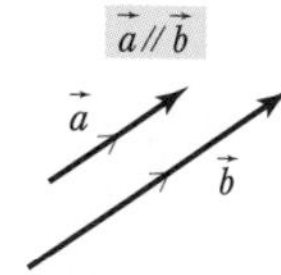

空間においても，1つの平面上 でベクトルを考えるときは，例えば平行条件のように，平面図形とベクトルの関係をそのまま用いることができる。

2 ベクトルの分解

4 点 O，A，B，C が同じ平面上にないとき，$\overrightarrow{OA}=\vec{a}$，$\overrightarrow{OB}=\vec{b}$，$\overrightarrow{OC}=\vec{c}$ とすると，任意のベクトル $\vec{p}$ は次の形にただ 1 通りに表すことができる。

$$\vec{p}=s\vec{a}+t\vec{b}+u\vec{c} \quad (s,\ t,\ u \text{ は実数})$$

これは，p. 19 の 4 を空間の場合に拡張させたものである。

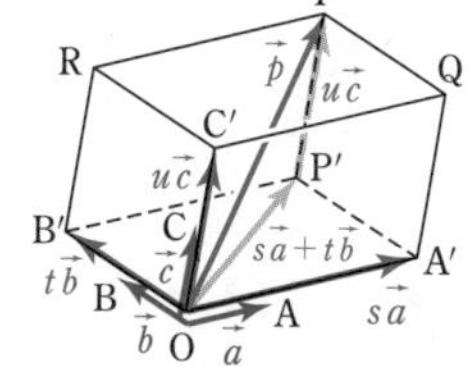

証明　右の図のように，3 辺がそれぞれ直線 OA，OB，OC 上にあり，P を頂点とする平行六面体 OA′P′B′-C′QPR を作ると，平面 OAB 上で

$\overrightarrow{OP'}=s\vec{a}+t\vec{b}$　(s，t は実数)　　と表される。

また，u を実数として $\overrightarrow{P'P}=\overrightarrow{OC'}=u\vec{c}$ と表されるから

$$\vec{p}=\overrightarrow{OP}=\overrightarrow{OP'}+\overrightarrow{P'P}$$
$$=s\vec{a}+t\vec{b}+u\vec{c} \quad \cdots\cdots ①$$

更に，もし $\vec{p}=s'\vec{a}+t'\vec{b}+u'\vec{c}$ と ($\vec{p}$ が 2 通りに) 表されたとすると，この式と ① から $(u-u')\vec{c}=-(s-s')\vec{a}-(t-t')\vec{b}$ となり，「$s'=s$，$t'=t$，$u'=u$」でなければ，4 点 O，A，B，C が同じ平面上にあることを意味するから，これは矛盾である。
したがって，① の $(s,\ t,\ u)$ はただ 1 通りである。

3 ベクトルの成分

座標空間の原点をOとして，ベクトル $\vec{a}$ に対して，$\vec{a}=\overrightarrow{\mathrm{OA}}$ となる点 $\mathrm{A}(a_1,\ a_2,\ a_3)$ をとり，座標軸上に3点 $\mathrm{E}(1,\ 0,\ 0)$，$\mathrm{F}(0,\ 1,\ 0)$，$\mathrm{G}(0,\ 0,\ 1)$ をとる。

$\vec{e_1}=\overrightarrow{\mathrm{OE}}$，$\vec{e_2}=\overrightarrow{\mathrm{OF}}$，$\vec{e_3}=\overrightarrow{\mathrm{OG}}$ とすると，右の図で

$$\overrightarrow{\mathrm{OA}}=\overrightarrow{\mathrm{OH}}+\overrightarrow{\mathrm{OK}}+\overrightarrow{\mathrm{OL}},$$
$$\overrightarrow{\mathrm{OH}}=a_1\overrightarrow{\mathrm{OE}}=a_1\vec{e_1},$$
$$\overrightarrow{\mathrm{OK}}=a_2\overrightarrow{\mathrm{OF}}=a_2\vec{e_2},$$
$$\overrightarrow{\mathrm{OL}}=a_3\overrightarrow{\mathrm{OG}}=a_3\vec{e_3}$$

よって，$\vec{a}$ は $\vec{e_1}$，$\vec{e_2}$，$\vec{e_3}$ を用いて，次の形にただ1通りに表される。

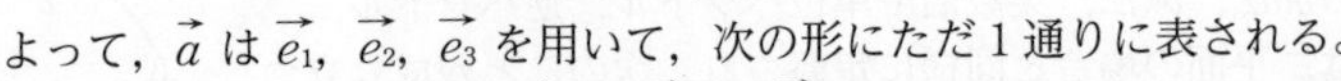

$$\boldsymbol{\vec{a}=a_1\vec{e_1}+a_2\vec{e_2}+a_3\vec{e_3}}$$ ◀ 基本ベクトル表示

ベクトル $\vec{e_1}$，$\vec{e_2}$，$\vec{e_3}$ を座標軸に関する **基本ベクトル** という。

また，3つの実数 a_1，a_2，a_3 をベクトル $\vec{a}$ の **成分** といい，a_1 を **x成分**，a_2 を **y成分**，a_3 を **z成分** という。

ベクトルは，その成分を用いて　$\boldsymbol{\vec{a}=(a_1,\ a_2,\ a_3)}$　のようにも書き表す。これを，$\vec{a}$ の **成分表示** という。

$\vec{a}=\overrightarrow{\mathrm{OA}}$ と表すと，$\vec{a}$ の成分の組 $(a_1,\ a_2,\ a_3)$ は点Aの座標と一致する。

よって　　**相等**　$\boldsymbol{(a_1,\ a_2,\ a_3)=(b_1,\ b_2,\ b_3) \iff a_1=b_1,\ a_2=b_2,\ a_3=b_3}$

ベクトル $\vec{a}=(a_1,\ a_2,\ a_3)$ の大きさ $|\vec{a}|$ は，上の図で線分OAの長さであるから

$$\boldsymbol{|\vec{a}|=\sqrt{a_1{}^2+a_2{}^2+a_3{}^2}}$$

更に，ベクトルの和，差，実数倍は，成分を用いて次のように表される。

① $\boldsymbol{(a_1,\ a_2,\ a_3)+(b_1,\ b_2,\ b_3)=(a_1+b_1,\ a_2+b_2,\ a_3+b_3)}$

② $\boldsymbol{(a_1,\ a_2,\ a_3)-(b_1,\ b_2,\ b_3)=(a_1-b_1,\ a_2-b_2,\ a_3-b_3)}$

③ $\boldsymbol{k(a_1,\ a_2,\ a_3)=(ka_1,\ ka_2,\ ka_3)}$　（k は実数）

4 点の座標とベクトルの成分

座標空間の2点 $\mathrm{A}(a_1,\ a_2,\ a_3)$，$\mathrm{B}(b_1,\ b_2,\ b_3)$ と原点Oについて，$\overrightarrow{\mathrm{OA}}=(a_1,\ a_2,\ a_3)$，$\overrightarrow{\mathrm{OB}}=(b_1,\ b_2,\ b_3)$ であり，$\overrightarrow{\mathrm{AB}}=\overrightarrow{\mathrm{OB}}-\overrightarrow{\mathrm{OA}}$ であるから

$$\boldsymbol{\overrightarrow{\mathrm{AB}}=(b_1-a_1,\ b_2-a_2,\ b_3-a_3)}$$
$$\boldsymbol{|\overrightarrow{\mathrm{AB}}|=\sqrt{(b_1-a_1)^2+(b_2-a_2)^2+(b_3-a_3)^2}}$$

（注意）**3**，**4** では，$p.23$（平面の場合）に学んだものに z 成分（____部分）が加わった形になっている。

CHECK 問題

6 $\vec{a}=(4,\ -2,\ 1)$，$\vec{b}=(-8,\ 1,\ 5)$，$\vec{c}=(-8,\ 2,\ 7)$ のとき，次のベクトルを成分で表せ。また，その大きさを求めよ。

(1) $\vec{a}+\vec{b}$　　(2) $\vec{a}-\vec{b}$　　(3) $3\vec{a}-\vec{c}$　→ 3

7 2点 $\mathrm{P}(5,\ -3,\ 7)$，$\mathrm{Q}(7,\ 1,\ 2)$ について，$\overrightarrow{\mathrm{PQ}}$ の成分と大きさを求めよ。　→ 4

例 21 | 空間のベクトルの表示 ★☆☆☆☆

平行六面体 ABCD-EFGH において，対角線 AG の中点をPとし，$\overrightarrow{AB}=\vec{a}$，$\overrightarrow{AD}=\vec{b}$，$\overrightarrow{AE}=\vec{c}$ とする。$\overrightarrow{AC}$，$\overrightarrow{AG}$，$\overrightarrow{BH}$，$\overrightarrow{CP}$ をそれぞれ $\vec{a}$，$\vec{b}$，$\vec{c}$ で表せ。

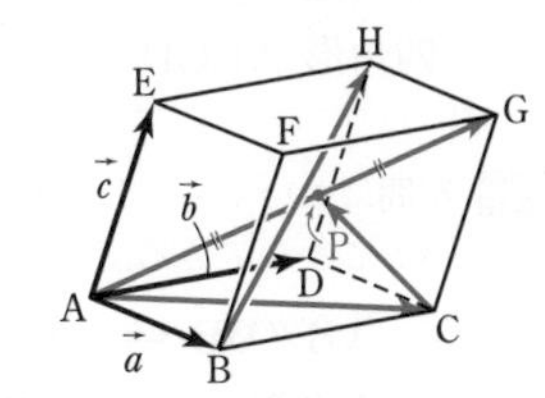

指針 **平行六面体** とは，向かい合った 3 組の面がそれぞれ平行であるような六面体で，**各面は平行四辺形** である。
よって，図からわかるように，$\overrightarrow{AB}=\overrightarrow{DC}$，$\overrightarrow{AD}=\overrightarrow{BC}$，$\overrightarrow{AE}=\overrightarrow{DH}$ などが成り立つ。
平面の場合 (p. 22 例題 1) と同様に，辺 AB，AD，AE に平行な線分に注目して，ベクトルの合成・分割 などを利用する。

検討 s，t，u を実数とする。空間の 3 つのベクトル $\vec{a}$，$\vec{b}$，$\vec{c}$ について

$$s\vec{a}+t\vec{b}+u\vec{c}=\vec{0} \quad ならば \quad s=t=u=0$$

が成り立つとき，$\vec{a}$，$\vec{b}$，$\vec{c}$ は **1 次独立** であるという。また，1 次独立でないベクトルは **1 次従属** であるという。 ◀ p. 26 参照。
$\vec{a}$，$\vec{b}$，$\vec{c}$ が 1 次独立であるとき，$\vec{a}=\overrightarrow{OA}$，$\vec{b}=\overrightarrow{OB}$，$\vec{c}=\overrightarrow{OC}$ とすると，4 点 O，A，B，C は同じ平面上にない。このとき，4 点 O，A，B，C を頂点とする立体は四面体になる。また，$\vec{a}$，$\vec{b}$，$\vec{c}$ はどれも $\vec{0}$ でなく，どの 2 つのベクトルも平行でない。 …… ❶

特に重要なのは，1 次独立な 3 つのベクトルによって，空間の任意のベクトル $\vec{p}$ は $\boldsymbol{\vec{p}=s\vec{a}+t\vec{b}+u\vec{c}}$ …… (＊)
の形にただ 1 通りに表されるということである。 ◀ p. 85 2

なお，$\vec{0}$ でないベクトル $\vec{a}$，$\vec{b}$，$\vec{c}$ が 1 次従属であるとき，$\vec{a}=\overrightarrow{OA}$，$\vec{b}=\overrightarrow{OB}$，$\vec{c}=\overrightarrow{OC}$ とすると，4 点 O，A，B，C は 1 つの平面上にある。よって，この平面上にない点Pを (＊) の形に表すことはできない。つまり，$\vec{a}$，$\vec{b}$，$\vec{c}$ が ❶ を満たしても 1 次独立であるとは限らない (❶ の逆は成り立たない)。

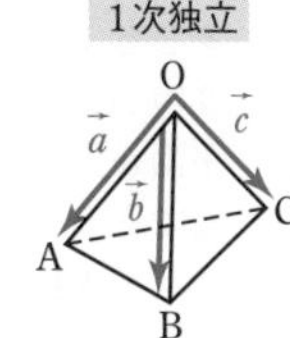

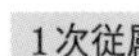

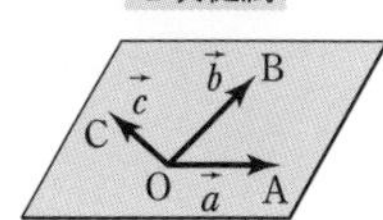

例 22 | 空間のベクトルの分解 ★★☆☆☆

$\vec{a}=(2,\ -1,\ 1)$，$\vec{b}=(0,\ 3,\ 2)$，$\vec{c}=(1,\ 0,\ 1)$ とし，s，t，u は実数とする。

(1) $s\vec{a}+t\vec{b}+u\vec{c}=\vec{0}$ ならば $s=t=u=0$ であることを示せ。

(2) $\vec{p}=(1,\ 3,\ 2)$ を $s\vec{a}+t\vec{b}+u\vec{c}$ の形に表せ。

指針 [1] (1) $\boldsymbol{s\vec{a}+t\vec{b}+u\vec{c}=\vec{0}}$ (2) $\boldsymbol{\vec{p}=s\vec{a}+t\vec{b}+u\vec{c}}$ の両辺を成分で表す。
[2] 成分の相等から，s，t，u の連立方程式を作って解く。
相等 $\boldsymbol{(a_1,\ a_2,\ a_3)=(b_1,\ b_2,\ b_3) \iff a_1=b_1,\ a_2=b_2,\ a_3=b_3}$
(1)は，$\vec{a}$，$\vec{b}$，$\vec{c}$ が 1 次独立であることを示している。$\vec{a}$，$\vec{b}$，$\vec{c}$ が 1 次独立であるときは，空間の任意のベクトル $\vec{p}$ は $s\vec{a}+t\vec{b}+u\vec{c}$ の形にただ 1 通りに表される。(2)はその一例である。

参考 空間において，1 次独立な 3 つのベクトルの組を **基底** という。上の例 22 の $\vec{a}$，$\vec{b}$，$\vec{c}$ は 1 つの基底であり，(2)のように $\vec{p}=s\vec{a}+t\vec{b}+u\vec{c}$ の形に表されるとき，s，t，u を，$\vec{a}$，$\vec{b}$，$\vec{c}$ を **基底** としたときの $\vec{p}$ の **成分** ということもある。

例 23　空間のベクトルの平行　★★☆☆☆

4 点 A(1, 1, −2), B(−2, 1, 2), D(3, −1, −3), E(9, a, b) がある。

(1) AB∥DE であるとき，定数 a, b の値を求めよ。また，このとき AB：DE=[　　] である。

(2) 四角形 ABCD が平行四辺形になるとき，点Cの座標を求めよ。

指針　空間においても，1つの平面上で考えるときは，平面図形とベクトルの関係をそのまま用いることができる。

(1) **AB∥DE ⟺ $\overrightarrow{\mathrm{DE}}=k\overrightarrow{\mathrm{AB}}$ となる実数 k がある** ($\overrightarrow{\mathrm{AB}}\neq\vec{0}$, $\overrightarrow{\mathrm{DE}}\neq\vec{0}$)

(2) **四角形 ABCD が平行四辺形 ⟺ $\overrightarrow{\mathrm{AB}}=\overrightarrow{\mathrm{DC}}$** ($\overrightarrow{\mathrm{AB}}\neq\vec{0}$, $\overrightarrow{\mathrm{DC}}\neq\vec{0}$)

検討　**4 点が同じ平面上にあるための条件**

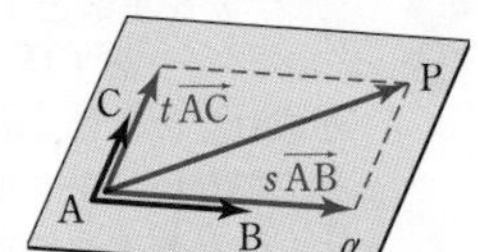

異なる 3 点は必ず 1 つの平面上にあるが，異なる 4 点は必ずしも 1 つの平面上にあるわけではない。一直線上にない 3 点 A, B, C の定める平面を α とすると，第 4 の点Pが平面 α 上にあるための条件は，$\overrightarrow{\mathrm{AP}}$ が次の形で表されることである。

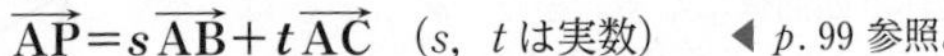

$$\overrightarrow{\mathrm{AP}}=s\overrightarrow{\mathrm{AB}}+t\overrightarrow{\mathrm{AC}}$$ （s, t は実数）　◀ p. 99 参照。

例 24　平行四辺形の頂点の座標　★★☆☆☆

平行四辺形の 3 頂点が A(1, 0, −1), B(2, −1, 1), C(−1, 3, 2) であるとき，第 4 の頂点Dの座標を求めよ。

指針　平行四辺形は平面図形であるから，平面上の場合と同様に考えればよいのだが，「第 4 の頂点D」から「平行四辺形 ABCD」と早合点してはダメ。**頂点Dには，右の図の D_1, D_2, D_3 のように 3 通り**（平行四辺形 ABCD, ABDC, ADBC）**の場合がある。**
例えば，点Dが D_1 の位置にあるための条件は　$\overrightarrow{\mathrm{AB}}=\overrightarrow{\mathrm{DC}}$

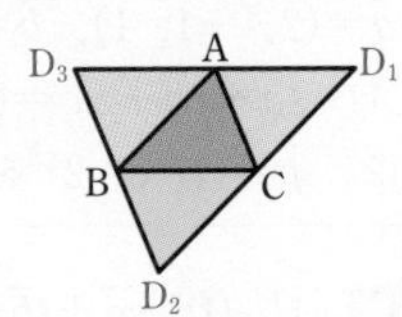

別解　**平行四辺形は，2 本の対角線がそれぞれの中点で交わる**ことを利用する（解答編参照）。

例題 35 空間のベクトルの大きさの最小値 ★★★☆☆

座標空間に原点Oと点 A(1, −2, 3), B(2, 0, 4), C(3, −1, 5) がある。このとき，ベクトル $\overrightarrow{OA}+x\overrightarrow{AB}+y\overrightarrow{AC}$ の大きさの最小値と，そのときの実数 x, y の値を求めよ。

◀例題2

指針 CHART》 $|\vec{p}|$ は $|\vec{p}|^2$ として扱う に従い，$|\overrightarrow{OA}+x\overrightarrow{AB}+y\overrightarrow{AC}|^2$ の最小値を調べる。
$|\overrightarrow{OA}+x\overrightarrow{AB}+y\overrightarrow{AC}|^2$ は x, y の2次式となるから，まずは一方の文字について平方完成し，次に残りの文字について平方完成を行う。

解答

$\overrightarrow{OA}+x\overrightarrow{AB}+y\overrightarrow{AC}$
$=(1,\ -2,\ 3)+x(1,\ 2,\ 1)+y(2,\ 1,\ 2)$
$=(1+x+2y,\ -2+2x+y,\ 3+x+2y)$

◀ まず，成分で表す。

よって　$|\overrightarrow{OA}+x\overrightarrow{AB}+y\overrightarrow{AC}|^2$
$=(1+x+2y)^2+(-2+2x+y)^2+(3+x+2y)^2$
$=6x^2+12xy+9y^2+12y+14$
$=6(x+y)^2+3y^2+12y+14$
$=6(x+y)^2+3(y+2)^2+2$

◀ $\vec{p}=(x,\ y,\ z)$ のとき $|\vec{p}|^2=x^2+y^2+z^2$

◀ $6x^2+12xy=6(x^2+2xy)$ に注目し，
$6x^2+12xy+9y^2$
$=(6x^2+12xy+6y^2)+3y^2$
と変形。

ゆえに，$|\overrightarrow{OA}+x\overrightarrow{AB}+y\overrightarrow{AC}|^2$ は　$x+y=0$ かつ $y+2=0$
すなわち，$x=2$, $y=-2$ のとき最小値2をとる。
$|\overrightarrow{OA}+x\overrightarrow{AB}+y\overrightarrow{AC}|\geqq 0$ であるから，$|\overrightarrow{OA}+x\overrightarrow{AB}+y\overrightarrow{AC}|^2$ が最小のとき $|\overrightarrow{OA}+x\overrightarrow{AB}+y\overrightarrow{AC}|$ も最小となる。

◀ **(実数)$^2\geqq 0$**

よって，$|\overrightarrow{OA}+x\overrightarrow{AB}+y\overrightarrow{AC}|$ は

$x=2$, $y=-2$ のとき最小値 $\sqrt{2}$ をとる。

検討

$\overrightarrow{OP}=\overrightarrow{OA}+(x\overrightarrow{AB}+y\overrightarrow{AC})$ とすると，点Pは3点A, B, Cを通る平面 α 上の任意の点を表す（p.88 **検討** 参照）。よって，$|\overrightarrow{OP}|$ が最小になるのは，OPと平面 α が垂直のときである。
このとき　OP⊥AB かつ OP⊥AC　（p.111 **検討** 参照。）
すなわち　$\overrightarrow{OP}\cdot\overrightarrow{AB}=0$ かつ $\overrightarrow{OP}\cdot\overrightarrow{AC}=0$
ゆえに　$1\cdot(1+x+2y)+2(-2+2x+y)+1\cdot(3+x+2y)=0$,
$2(1+x+2y)+1\cdot(-2+2x+y)+2(3+x+2y)=0$
（内積の計算は平面の場合と同様。p.91 参照。）
整理して　$x+y=0$, $2x+3y+2=0$
連立して解くと　**$x=2$, $y=-2$**
このとき，$\overrightarrow{OP}=(-1,\ 0,\ 1)$ となるから，$|\overrightarrow{OP}|$ の **最小値は**
$\sqrt{(-1)^2+0^2+1^2}=\sqrt{2}$

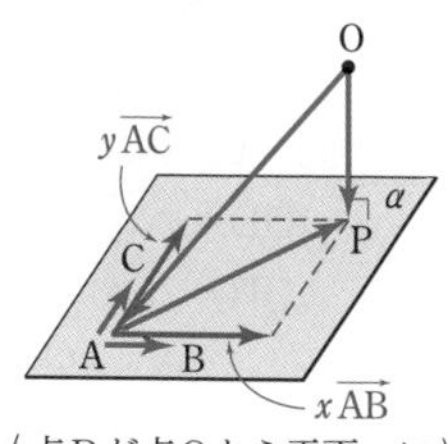

（点Pが点Oから平面 α に下ろした垂線の足と一致するとき最小。）

練習 35

(1) $\vec{a}=(2,\ -4,\ -3)$, $\vec{b}=(1,\ -1,\ 1)$ とする。$\vec{a}+t\vec{b}$（t は実数）の大きさの最小値とそのときの t の値を求めよ。〔千葉工大〕

(2) $\vec{a}=(1,\ 0,\ -1)$, $\vec{b}=(-2,\ 1,\ 3)$, $\vec{c}=(0,\ -1,\ 0)$, x, y は実数とする。ベクトル $\vec{r}=x\vec{a}+y\vec{b}+\vec{c}$ の大きさ $|\vec{r}|$ の最小値とそのときの x, y の値を求めよ。

〔芝浦工大〕 ➡ p.136 演習 17

例題 36 折れ線の長さの最小値（空間） ★★★☆☆

座標空間において，点 A(1, 0, 2)，B(0, 1, 1) とする。
(1) 点Pが xy 平面上を動くとき，AP+PB の最小値を求めよ。
(2) 点Qが x 軸上を動くとき，AQ+QB の最小値を求めよ。 ◀数学Ⅱ 例題48

指針 CHART》 折れ線の最小
1本の線分にのばして考える

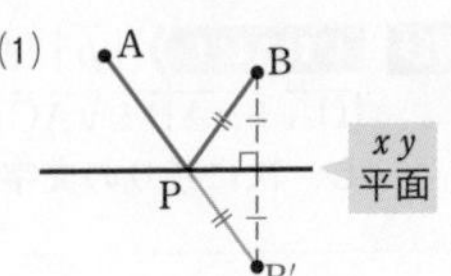

(1) 点Bを xy 平面に関して，**対称移動** した点 B′ をとると
AP+PB=AP+PB′≧AB′ ◀ 線分 AB′ が最短経路。

(2) 点Aと x 軸上の点Qを通る直線上に QB=QC となる点Cを見つけたいが，(1)と同じように点Bを対称移動しても線分 AB′ は点Qを通らないからうまくいかない。
そこで，次のように，点Bを **回転移動** して考える。
⟶ x 軸と yz 平面の交点の原点Oを中心，点Bを通る円を底面とし，Qを頂点とする円錐において，底面の円周上の動点をRとすると QB=QR
3点 A，Q，R が一直線上となるようなRをCとする。

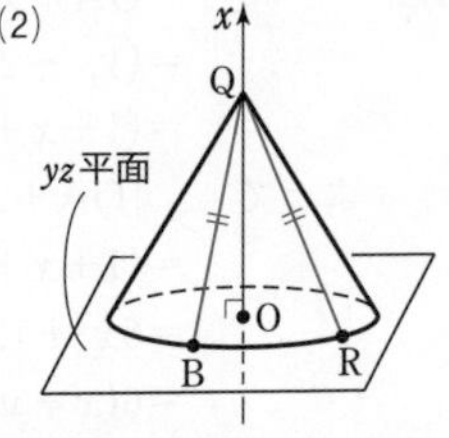

解答 (1) xy 平面に関して点Aと点Bは同じ側にある。 ◀ 点A，Bの z 座標は正。
xy 平面に関して点Bと対称な点を B′ とすると
B′(0, 1, −1)
PB=PB′ であるから
AP+PB=AP+PB′≧AB′
よって，AP+PB が最小になるのは，点Pが直線 AB′ 上にあるときであるから，AP+PB の最小値は
$$AB'=\sqrt{(0-1)^2+(1-0)^2+(-1-2)^2}=\sqrt{11}$$

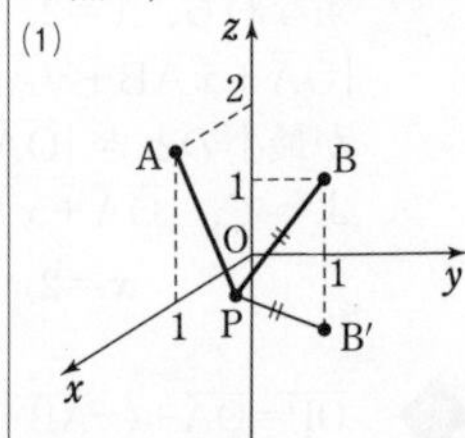

参考 (1) 点A，B′ の z 座標はそれぞれ 2，−1 であるから，点Pは線分 AB′ を 2：1 に内分する位置にある。

(2) yz 平面上において，原点Oを中心として半径 OB=$\sqrt{2}$ の円上の動点をRとすると OB=OR
QB=$\sqrt{QO^2+OB^2}$，QR=$\sqrt{QO^2+OR^2}$ であるから
QB=QR
よって，C(0, 0, $-\sqrt{2}$) とすると
AQ+QB=AQ+QC≧AC
3点 A，Q，C は zx 平面上にあるから，AQ+QC が最小になるのは，点Qが直線 AC 上にあるときである。
したがって，AQ+QB の最小値は
$$AC=\sqrt{(0-1)^2+(0-0)^2+(-\sqrt{2}-2)^2}$$
$$=\sqrt{7+4\sqrt{2}}$$
◀ 2重根号ははずせない。

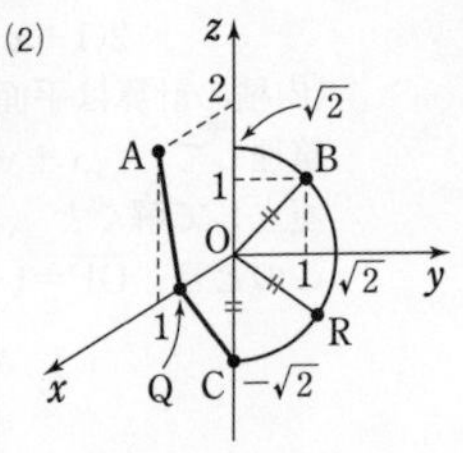

練習 36 座標空間において，点 A(2, 0, 3)，B(1, 3, 4) とする。
(1) 点Pが yz 平面上を動くとき，AP+PB の最小値を求めよ。
(2) 点Qが x 軸上を動くとき，AQ+QB の最小値を求めよ。 ➡p. 138 演習 26

9 | 空間のベクトルの内積

《 基本事項 》

1 空間のベクトルの内積

平面の場合と同様に，空間の $\vec{0}$ でない 2 つのベクトル $\vec{a}$，$\vec{b}$ のなす角 θ ($0°\leqq\theta\leqq180°$) を定めて，$\vec{a}$ と $\vec{b}$ の内積 $\vec{a}\cdot\vec{b}$ を

$$\vec{a}\cdot\vec{b}=|\vec{a}||\vec{b}|\cos\theta$$

と定義する。

$\vec{a}=\vec{0}$ または $\vec{b}=\vec{0}$ のときは $\vec{a}\cdot\vec{b}=0$ と定める。

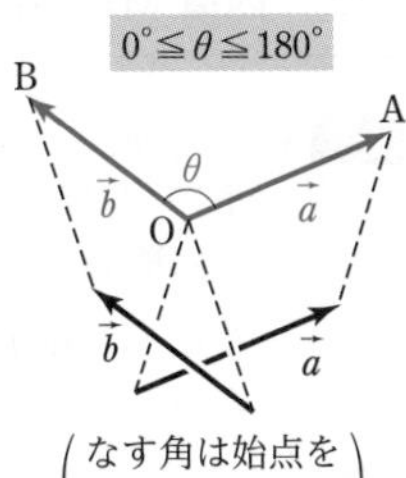

（なす角は始点をそろえて測る。）

平面ベクトルの場合と同様に，次の性質が成り立つ。

① $\vec{a}\cdot\vec{b}=\vec{b}\cdot\vec{a}$

② $\vec{a}\cdot\vec{a}=|\vec{a}|^2$　　特に，$\vec{a}\neq\vec{0}$ のとき　$\vec{a}\cdot\vec{a}>0$

③ $(\vec{a}+\vec{b})\cdot\vec{c}=\vec{a}\cdot\vec{c}+\vec{b}\cdot\vec{c}$，　$\vec{a}\cdot(\vec{b}+\vec{c})=\vec{a}\cdot\vec{b}+\vec{a}\cdot\vec{c}$

④ $(k\vec{a})\cdot\vec{b}=\vec{a}\cdot(k\vec{b})=k(\vec{a}\cdot\vec{b})$　（k は実数）

◀ $k\vec{a}\cdot\vec{b}$ と書いてよい。

2 内積と成分

空間ベクトル $\vec{a}=(a_1,\ a_2,\ a_3)$，$\vec{b}=(b_1,\ b_2,\ b_3)$ は基本ベクトル $\vec{e_1}=(1,\ 0,\ 0)$，$\vec{e_2}=(0,\ 1,\ 0)$，$\vec{e_3}=(0,\ 0,\ 1)$ を用いて

$$\vec{a}=a_1\vec{e_1}+a_2\vec{e_2}+a_3\vec{e_3},\quad \vec{b}=b_1\vec{e_1}+b_2\vec{e_2}+b_3\vec{e_3}$$

と表すことができる ($p.86$ 参照)。

このとき，$|\vec{e_1}|^2=|\vec{e_2}|^2=|\vec{e_3}|^2=1$，

$\vec{e_1}\cdot\vec{e_2}=\vec{e_2}\cdot\vec{e_3}=\vec{e_3}\cdot\vec{e_1}=1\times1\times\cos90°=0$ であるから

$$\begin{aligned}\vec{a}\cdot\vec{b}&=(a_1\vec{e_1}+a_2\vec{e_2}+a_3\vec{e_3})\cdot(b_1\vec{e_1}+b_2\vec{e_2}+b_3\vec{e_3})\\&=a_1(b_1|\vec{e_1}|^2+b_2\vec{e_1}\cdot\vec{e_2}+b_3\vec{e_1}\cdot\vec{e_3})\\&\quad+a_2(b_1\vec{e_1}\cdot\vec{e_2}+b_2|\vec{e_2}|^2+b_3\vec{e_2}\cdot\vec{e_3})\\&\quad+a_3(b_1\vec{e_1}\cdot\vec{e_3}+b_2\vec{e_2}\cdot\vec{e_3}+b_3|\vec{e_3}|^2)\\&=a_1b_1+a_2b_2+a_3b_3\end{aligned}$$

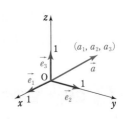

よって　$\vec{a}\cdot\vec{b}=a_1b_1+a_2b_2+a_3b_3$

また，$\vec{a}\neq\vec{0}$，$\vec{b}\neq\vec{0}$ のとき，$\vec{a}$ と $\vec{b}$ のなす角を θ とすると，次のことが成り立つ。

$$\cos\theta=\frac{\vec{a}\cdot\vec{b}}{|\vec{a}||\vec{b}|}=\frac{a_1b_1+a_2b_2+a_3b_3}{\sqrt{a_1^2+a_2^2+a_3^2}\sqrt{b_1^2+b_2^2+b_3^2}}$$

$$\vec{a}\perp\vec{b} \iff \vec{a}\cdot\vec{b}=0 \iff a_1b_1+a_2b_2+a_3b_3=0$$

◀ 平面ベクトルの成分表示に z 成分が増えたもの。

(注意) $\vec{0}$ でない 2 つのベクトル $\vec{a}$，$\vec{b}$ のなす角が 90° のとき，$\vec{a}$ と $\vec{b}$ は垂直であるといい，$\vec{a}\perp\vec{b}$ と書く（平面の場合と同じ）。

CHECK 問題

8 1 辺の長さが 2 の正四面体 ABCD において，$\overrightarrow{AB}\cdot\overrightarrow{AC}$ を求めよ。

→ 1

例 25　空間のベクトルの内積　★★☆☆☆

どの辺の長さも 1 である正四角錐 O-ABCD において，$\overrightarrow{OA}=\vec{a}$，$\overrightarrow{OB}=\vec{b}$，$\overrightarrow{OC}=\vec{c}$ とおく。また，辺 OA の中点を M とする。

(1)　$\overrightarrow{MB}$，$\overrightarrow{MC}$ を $\vec{a}$，$\vec{b}$，$\vec{c}$ で表せ。

(2)　内積 $\overrightarrow{MB}\cdot\overrightarrow{MC}$ を求めよ。　〔類 宮崎大〕

指針　(1)　$\vec{a}$，$\vec{b}$，$\vec{c}$ すなわち $\overrightarrow{OA}$，$\overrightarrow{OB}$，$\overrightarrow{OC}$ で表すから，点 O を含む和・差の形（ここでは差の形）に分解するとよい。

(2)　内積 $(s\vec{a}+t\vec{b})\cdot(l\vec{a}+m\vec{c})$ は，文字式 $(sa+tb)(la+mc)$ と同じように計算できる。

また　$\boldsymbol{\vec{a}\cdot\vec{b}=|\vec{a}||\vec{b}|\cos\theta}$　　特に　$\boldsymbol{\vec{a}\cdot\vec{a}=|\vec{a}|^2}$

検討　数学 I で学習したように，空間図形の問題も，基本は，平面上の図形で考えることである（**平面図形を取り出す**）。例えば，上の例 25 (2) の内積は，次のようにして求めることもできる。

$\overrightarrow{MB}-\overrightarrow{MC}=\overrightarrow{CB}$ から

$|\overrightarrow{MB}-\overrightarrow{MC}|^2=|\overrightarrow{CB}|^2$

$|\overrightarrow{MB}|^2-2\overrightarrow{MB}\cdot\overrightarrow{MC}+|\overrightarrow{MC}|^2=|\overrightarrow{CB}|^2$

$|\overrightarrow{MB}|=\dfrac{\sqrt{3}}{2}$，$|\overrightarrow{MC}|=\dfrac{\sqrt{5}}{2}$ であるから

$\left(\dfrac{\sqrt{3}}{2}\right)^2-2\overrightarrow{MB}\cdot\overrightarrow{MC}+\left(\dfrac{\sqrt{5}}{2}\right)^2=1$

これより，内積 $\overrightarrow{MB}\cdot\overrightarrow{MC}$ が求められる。

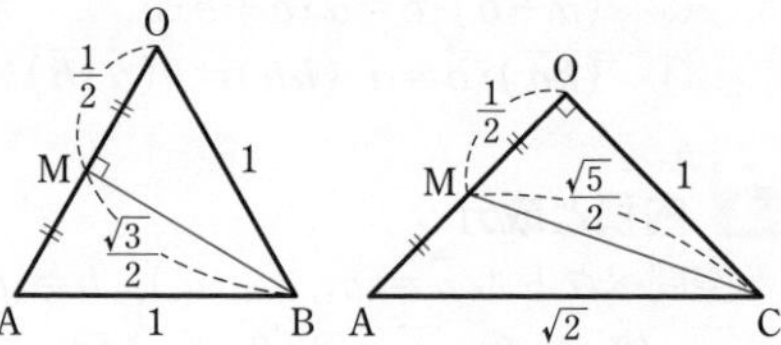

正四角錐から △OAB と △OAC を取り出して，線分 MB，MC の長さを求める。

例 26　空間のベクトルのなす角，三角形の面積　★★☆☆☆

(1)　$\vec{a}=(1,\ -1,\ 1)$，$\vec{b}=(1,\ \sqrt{6},\ -1)$ の内積とそのなす角 θ を求めよ。

(2)　A$(-2,\ 1,\ 3)$，B$(-3,\ 1,\ 4)$，C$(-3,\ 3,\ 5)$ とする。　〔類 宮城教育大〕

(ア)　2 つのベクトル $\overrightarrow{AB}$，$\overrightarrow{AC}$ のなす角を求めよ。

(イ)　3 点 A，B，C で定まる △ABC の面積 S を求めよ。

指針　(1)　$\vec{a}=(a_1,\ a_2,\ a_3)$，$\vec{b}=(b_1,\ b_2,\ b_3)$ のとき，$\vec{a}$，$\vec{b}$ のなす角を θ $(0°\leqq\theta\leqq180°)$ とすると

$$\boldsymbol{\vec{a}\cdot\vec{b}=a_1b_1+a_2b_2+a_3b_3},\quad \boldsymbol{\cos\theta=\frac{\vec{a}\cdot\vec{b}}{|\vec{a}||\vec{b}|}}$$

(2)　(イ)　$\triangle ABC=\dfrac{1}{2}|\overrightarrow{AB}||\overrightarrow{AC}|\sin\angle BAC$　　(ア) の結果を利用。

検討　空間の場合も，三角形の面積について，次のことが成り立つ。

△ABC において，$\overrightarrow{AB}=\vec{x}$，$\overrightarrow{AC}=\vec{y}$ のとき，△ABC の面積 S は

$$\boldsymbol{S=\frac{1}{2}|\vec{x}||\vec{y}|\sin A=\frac{1}{2}\sqrt{|\vec{x}|^2|\vec{y}|^2-(\vec{x}\cdot\vec{y})^2}}$$

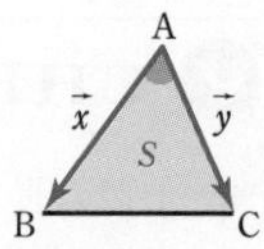

（p. 33 参照）

例題 37 2つのベクトルに垂直な単位ベクトル ★★☆☆☆

$\overrightarrow{OA}=(-2,\ 1,\ 3)$，$\overrightarrow{OB}=(-3,\ 1,\ 4)$，$\overrightarrow{OC}=(-3,\ 3,\ 5)$ とするとき，$\overrightarrow{AB}$，$\overrightarrow{AC}$ の両方に垂直な単位ベクトルを求めよ。

〔類 宮城教育大〕 ◀例題4

指針 求める単位ベクトルを $\vec{e}=(x,\ y,\ z)$ として

[1] 垂直条件から $\overrightarrow{AB}\cdot\vec{e}=0$，$\overrightarrow{AC}\cdot\vec{e}=0$ ⟵ **CHART** ベクトルの垂直 (内積)=0 を利用

[2] 大きさの条件から $|\vec{e}|=1$ すなわち $|\vec{e}|^2=1$

これらから，x，y，z についての連立方程式が得られ，それを解く。
なお，この問題は $p.32$ 例題 4(2) の空間版である。

解答

$\overrightarrow{AB}=\overrightarrow{OB}-\overrightarrow{OA}=(-1,\ 0,\ 1)$，
$\overrightarrow{AC}=\overrightarrow{OC}-\overrightarrow{OA}=(-1,\ 2,\ 2)$

求める単位ベクトルを $\vec{e}=(x,\ y,\ z)$ とする。 ◀ 単位ベクトルは大きさ1

$\overrightarrow{AB}\perp\vec{e}$，$\overrightarrow{AC}\perp\vec{e}$ であるから $\overrightarrow{AB}\cdot\vec{e}=0$，$\overrightarrow{AC}\cdot\vec{e}=0$

よって $-x+z=0$ …… ①，
$-x+2y+2z=0$ …… ②

また，$|\vec{e}|=1$ であるから $x^2+y^2+z^2=1$ …… ③

① から $x=z$ ゆえに，② から $y=-\dfrac{1}{2}z$

これらを ③ に代入して $\dfrac{9}{4}z^2=1$ よって $z=\pm\dfrac{2}{3}$

したがって，求める単位ベクトルは

$$\left(\frac{2}{3},\ -\frac{1}{3},\ \frac{2}{3}\right),\ \left(-\frac{2}{3},\ \frac{1}{3},\ -\frac{2}{3}\right)$$

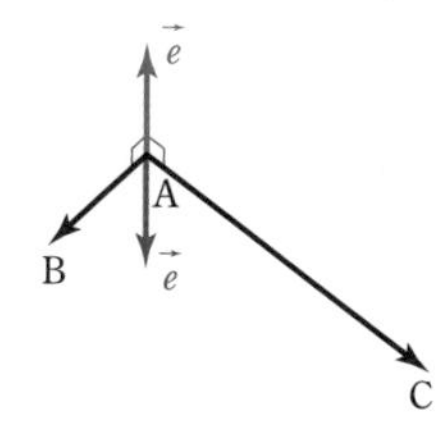

◀ $\vec{e}=\pm\left(\dfrac{2}{3},\ -\dfrac{1}{3},\ \dfrac{2}{3}\right)$ でもよい。

検討

$\vec{a}=(a_1,\ a_2,\ a_3)$，$\vec{b}=(b_1,\ b_2,\ b_3)$ に対し
$\boldsymbol{\vec{u}=(a_2b_3-a_3b_2,\ a_3b_1-a_1b_3,\ a_1b_2-a_2b_1)}$
は，$\vec{a}$ と $\vec{b}$ の両方に垂直なベクトルになる (各自，$\vec{a}\cdot\vec{u}=0$，$\vec{b}\cdot\vec{u}=0$ となることを確かめてみよ)。これを利用すると，例題では，
$\vec{u}=(-2,\ 1,\ -2)$，$|\vec{u}|=3$ となるから
（$\vec{u}=(-2,\ 1,\ -2)$ は $\overrightarrow{AB}$，$\overrightarrow{AC}$ に垂直なベクトル）

$$\vec{e}=\pm\frac{\vec{u}}{|\vec{u}|}=\pm\frac{1}{3}(-2,\ 1,\ -2)$$

と簡単に求められる。なお，$\vec{u}$ を $\vec{a}$ と $\vec{b}$ の **外積** といい，$\vec{a}\times\vec{b}$ と書く。外積については $p.114$ で詳しく扱っているので，参照してほしい。

$\vec{u}$ の計算法

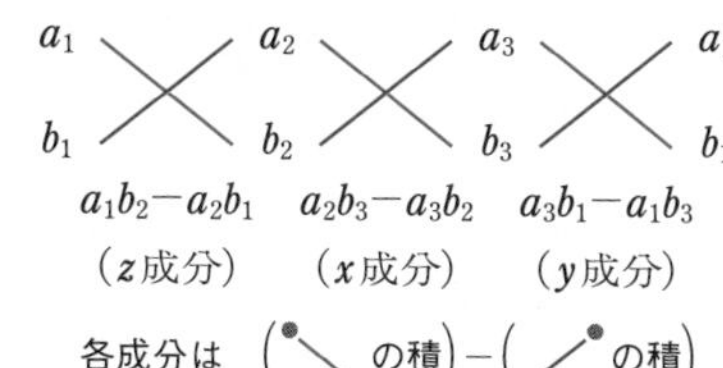

練習 37

(1) ベクトル $\vec{a}=(1,\ 2,\ 1)$，$\vec{b}=(1,\ -1,\ 2)$，$\vec{c}=(0,\ -1,\ 3)$ がある。$\vec{a}+t\vec{b}$ と $\vec{b}+t\vec{c}$ が垂直になるように t の値を定めよ。 〔東京理科大〕

(2) $O(0,\ 0,\ 0)$，$A(2,\ 1,\ -2)$，$B(3,\ 4,\ 0)$ について，$\overrightarrow{OA}$，$\overrightarrow{OB}$ のどちらにも垂直で大きさが $\sqrt{5}$ のベクトルを求めよ。

例題 38 ベクトルのなす角に関する問題 ★★★☆☆

(1) 空間に定点 $A(0,\ 4,\ 2)$，$B(2\sqrt{3},\ 2,\ 2)$ と動点 $P(0,\ 0,\ p)$ がある。$\angle APB$ の大きさ θ $(0°\leqq\theta\leqq180°)$ の最大値と，そのときの p の値を求めよ。

(2) $\vec{a}=(3,\ -4,\ 12)$，$\vec{b}=(-3,\ 0,\ 4)$，$\vec{c}=\vec{a}+t\vec{b}$ について，$\vec{c}$ と $\vec{a}$，$\vec{c}$ と $\vec{b}$ のなす角が等しいとき，実数 t の値を求めよ。

◀例26

指針 ベクトル $\vec{a}$，$\vec{b}$ のなす角を θ とすると $\cos\theta=\dfrac{\vec{a}\cdot\vec{b}}{|\vec{a}||\vec{b}|}$

(1) $0°\leqq\theta\leqq180°$ のとき，**$\cos\theta$ が最小 $\Longleftrightarrow$ θ が最大** に注意。

(2) なす角の cos が等しい，すなわち $\dfrac{\vec{c}\cdot\vec{a}}{|\vec{c}||\vec{a}|}=\dfrac{\vec{c}\cdot\vec{b}}{|\vec{c}||\vec{b}|}$ として t の方程式を解く。式の変形では成分で表さずにベクトルのまま計算するとよい。

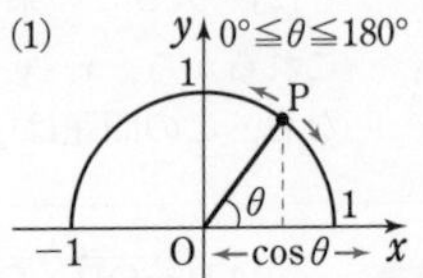

θ が増加 $\Longleftrightarrow$ $\cos\theta$ は減少
θ が減少 $\Longleftrightarrow$ $\cos\theta$ は増加

解答 (1) $\overrightarrow{PA}=(0,\ 4,\ 2-p)$，$\overrightarrow{PB}=(2\sqrt{3},\ 2,\ 2-p)$ であるから

$\overrightarrow{PA}\cdot\overrightarrow{PB}=0\times2\sqrt{3}+4\times2+(2-p)^2=(p-2)^2+8$，

$|\overrightarrow{PA}|=\sqrt{0^2+4^2+(2-p)^2}=\sqrt{(p-2)^2+16}$，

$|\overrightarrow{PB}|=\sqrt{(2\sqrt{3})^2+2^2+(2-p)^2}=\sqrt{(p-2)^2+16}$

よって $\cos\theta=\dfrac{\overrightarrow{PA}\cdot\overrightarrow{PB}}{|\overrightarrow{PA}||\overrightarrow{PB}|}=\dfrac{(p-2)^2+8}{(p-2)^2+16}=1-\dfrac{8}{(p-2)^2+16}$ …… ①

$0°\leqq\theta\leqq180°$ であるから，$\cos\theta$ が最小となるとき θ は最大となる。① から，$\cos\theta$ は $p=2$ のとき最小値をとる。

このとき，$\cos\theta=\dfrac{1}{2}$ となり $\theta=60°$

したがって，θ は **$p=2$ のとき最大値 $60°$** をとる。

(2) $\vec{a}\neq\vec{0}$，$\vec{b}\neq\vec{0}$，$\vec{c}\neq\vec{0}$ であり，$\vec{c}$ と $\vec{a}$，$\vec{c}$ と $\vec{b}$ のなす角が等しいことから $\dfrac{\vec{c}\cdot\vec{a}}{|\vec{c}||\vec{a}|}=\dfrac{\vec{c}\cdot\vec{b}}{|\vec{c}||\vec{b}|}$

よって $|\vec{b}|(\vec{a}+t\vec{b})\cdot\vec{a}=|\vec{a}|(\vec{a}+t\vec{b})\cdot\vec{b}$

ゆえに $|\vec{a}|^2|\vec{b}|+t|\vec{b}|\vec{a}\cdot\vec{b}=|\vec{a}|\vec{a}\cdot\vec{b}+t|\vec{a}||\vec{b}|^2$

よって $t|\vec{b}|(\vec{a}\cdot\vec{b}-|\vec{a}||\vec{b}|)=|\vec{a}|(\vec{a}\cdot\vec{b}-|\vec{a}||\vec{b}|)$

$\vec{a}\cdot\vec{b}-|\vec{a}||\vec{b}|\neq0$ であるから

$$t=\frac{|\vec{a}|}{|\vec{b}|}=\frac{\sqrt{9+16+144}}{\sqrt{9+0+16}}=\frac{\sqrt{169}}{\sqrt{25}}=\boldsymbol{\frac{13}{5}}$$

◀ $\overrightarrow{PA}\cdot\overrightarrow{PB}$，$|\overrightarrow{PA}|$，$|\overrightarrow{PB}|$ はどれも $(p-2)^2$ を含むから，展開しないでおく。

◀ $\underline{\qquad}=\dfrac{(p-2)^2+16-8}{(p-2)^2+16}$ として変形。

◀ ●>0 とする。
● が最小
$\longrightarrow$ $\dfrac{1}{●}$ は最大
$\longrightarrow$ $-\dfrac{1}{●}$ は最小

◀ $|\vec{b}|\vec{c}\cdot\vec{a}=|\vec{a}|\vec{c}\cdot\vec{b}$

◀ $\vec{c}=\vec{a}+t\vec{b}$ を代入。

◀ $t|\vec{b}|\vec{a}\cdot\vec{b}-t|\vec{a}||\vec{b}|^2$
$=|\vec{a}|\vec{a}\cdot\vec{b}-|\vec{a}|^2|\vec{b}|$

◀ $\vec{a}$ と $\vec{b}$ のなす角は明らかに $0°$ でない。

◀ **最後に成分を計算。**

練習 38 (1) 3点 $A(1,\ 1,\ 1)$，$B(-1,\ 2,\ 3)$，$C(a,\ -1,\ 4)$ がある。

(ア) $\triangle ABC$ の面積 $S(a)$ を求めよ。

(イ) a がすべての実数の範囲を動くとき，$S(a)$ の最小値を求めよ。

(2) 3点 $A(2,\ 3,\ 1)$，$B(1,\ 5,\ -2)$，$C(4,\ 4,\ 0)$ がある。$\overrightarrow{AB}=\vec{b}$，$\overrightarrow{AC}=\vec{c}$ のとき，$\vec{b}+t\vec{c}$ と $\vec{c}$ のなす角が $60°$ となるような t の値を求めよ。

例題 39 ベクトルと座標軸のなす角 ★★★☆☆

空間において，大きさが4で，y 軸の正の向きとなす角が 120°，z 軸の正の向きとなす角が 135° であるようなベクトル $\vec{p}$ を求めよ。また，$\vec{p}$ が x 軸の正の向きとなす角 θ を求めよ。

◀例26

指針 (●軸の正の向きとなす角)＝(●軸の向きの基本ベクトルとなす角)

と考えるとよい。すなわち，$\vec{e_1}=(1,\ 0,\ 0)$，$\vec{e_2}=(0,\ 1,\ 0)$，$\vec{e_3}=(0,\ 0,\ 1)$，$\vec{p}=(x,\ y,\ z)$ として，まず内積 $\vec{p}\cdot\vec{e_2}$，$\vec{p}\cdot\vec{e_3}$ を考え，y，z の値を求める。

解答 $\vec{e_1}=(1,\ 0,\ 0)$，$\vec{e_2}=(0,\ 1,\ 0)$，$\vec{e_3}=(0,\ 0,\ 1)$，$\vec{p}=(x,\ y,\ z)$

とすると $\vec{p}\cdot\vec{e_2}=x\times0+y\times1+z\times0=y$,

$\vec{p}\cdot\vec{e_3}=x\times0+y\times0+z\times1=z$

また $\vec{p}\cdot\vec{e_2}=|\vec{p}||\vec{e_2}|\cos120^\circ=4\times1\times\left(-\dfrac{1}{2}\right)=-2$,

$\vec{p}\cdot\vec{e_3}=|\vec{p}||\vec{e_3}|\cos135^\circ=4\times1\times\left(-\dfrac{1}{\sqrt{2}}\right)=-2\sqrt{2}$

よって　$y=-2$，$z=-2\sqrt{2}$

このとき　$|\vec{p}|^2=x^2+(-2)^2+(-2\sqrt{2})^2=x^2+12$

$|\vec{p}|^2=16$ であるから　$x^2+12=16$　　ゆえに　$x=\pm2$

ここで　$\cos\theta=\dfrac{\vec{p}\cdot\vec{e_1}}{|\vec{p}||\vec{e_1}|}=\dfrac{x}{4\times1}=\dfrac{x}{4}$

よって，$x=2$ のとき，$\cos\theta=\dfrac{1}{2}$ であるから　$\theta=60^\circ$

$x=-2$ のとき，$\cos\theta=-\dfrac{1}{2}$ であるから　$\theta=120^\circ$

したがって　$\boldsymbol{\vec{p}=(2,\ -2,\ -2\sqrt{2}),\ \theta=60^\circ}$ **または**

$\boldsymbol{\vec{p}=(-2,\ -2,\ -2\sqrt{2}),\ \theta=120^\circ}$

CHART》 座標軸となす角　基本ベクトルを利用

別解 $\vec{p}$ が x 軸の正の向きとなす角を θ とすると

$\vec{p}=(4\cos\theta,\ 4\cos120^\circ,\ 4\cos135^\circ)$

$|\vec{p}|=4$ であるから

$4^2\left(\cos^2\theta+\dfrac{1}{4}+\dfrac{1}{2}\right)=4^2$

ゆえに　$\cos^2\theta=\dfrac{1}{4}$

よって　$\cos\theta=\pm\dfrac{1}{2}$

これから左の答えが出る。

座標空間におけるベクトルの方向余弦

$\vec{a}=(a_1,\ a_2,\ a_3)$ に対して，$\vec{a}$ が x 軸，y 軸，z 軸の正の向きとそれぞれなす角を α，β，γ とすると，$\cos\alpha=\dfrac{a_1}{|\vec{a}|}$，$\cos\beta=\dfrac{a_2}{|\vec{a}|}$，$\cos\gamma=\dfrac{a_3}{|\vec{a}|}$ である。このとき，$\cos\alpha$，$\cos\beta$，$\cos\gamma$ を $\vec{a}$ の **方向余弦** という。また，$\vec{a}=|\vec{a}|(\cos\alpha,\ \cos\beta,\ \cos\gamma)$ であるから，$\boldsymbol{\cos^2\alpha+\cos^2\beta+\cos^2\gamma=1}$ が成り立つ。

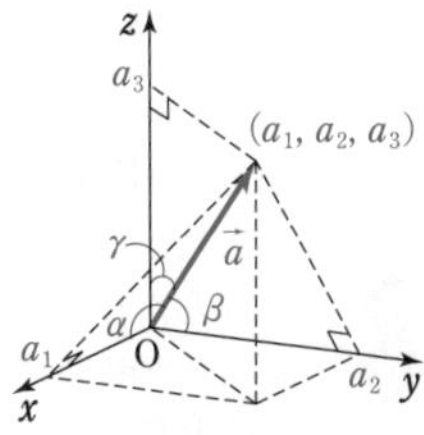

練習 39 (1) 空間において，x 軸と直交し，z 軸の正の向きとのなす角が 45° であり，y 成分が正である単位ベクトル $\vec{t}$ を求めよ。

(2) (1)の空間内に点 A(1, 2, 3) がある。Oを原点とし，$\vec{t}=\overrightarrow{OT}$ となるように点Tを定め，直線 OT 上にOと異なる点Pをとる。$\overrightarrow{OP}\perp\overrightarrow{AP}$ であるとき，点Pの座標を求めよ。

〔類 東北学院大〕 ➡p. 136 演習 18

重要例題 40 ベクトルの大きさの大小比較 ★★★★☆

空間の2つのベクトル $\vec{a}=\overrightarrow{OA}\neq\vec{0}$ と $\vec{b}=\overrightarrow{OB}\neq\vec{0}$ が垂直である。

$\vec{p}=\overrightarrow{OP}$ に対して，$\vec{q}=\overrightarrow{OQ}=\dfrac{\vec{p}\cdot\vec{a}}{\vec{a}\cdot\vec{a}}\vec{a}+\dfrac{\vec{p}\cdot\vec{b}}{\vec{b}\cdot\vec{b}}\vec{b}$ とするとき，次のことを示せ。

(1) $(\vec{p}-\vec{q})\cdot\vec{a}=0$，$(\vec{p}-\vec{q})\cdot\vec{b}=0$　　(2) $|\vec{p}|\geqq|\vec{q}|$

(3) 3点O，A，Bを通る平面上の点R $(\vec{r}=\overrightarrow{OR})$ が点Qと異なるとき

$$|\vec{r}-\vec{p}|>|\vec{q}-\vec{p}|$$

〔名古屋市大〕

指針 (2)は $|\vec{p}|^2-|\vec{q}|^2\geqq0$，(3)は $|\vec{r}-\vec{p}|^2-|\vec{q}-\vec{p}|^2>0$ を示す。(1)の結果の利用がカギをにぎる。

(2) $\dfrac{\vec{p}\cdot\vec{a}}{\vec{a}\cdot\vec{a}}$，$\dfrac{\vec{p}\cdot\vec{b}}{\vec{b}\cdot\vec{b}}$ をそのまま使うのは面倒であるから，s，t (実数) などとおく。

(3) 点Rは3点O, A, Bを通る平面上にあるから，$\vec{r}=u\vec{a}+v\vec{b}$ (u, v は実数) と表される。

解答 (1) $\vec{a}\perp\vec{b}$ であるから　$\vec{a}\cdot\vec{b}=0$

よって　$(\vec{p}-\vec{q})\cdot\vec{a}=\vec{p}\cdot\vec{a}-\vec{q}\cdot\vec{a}=\vec{p}\cdot\vec{a}-(\vec{p}\cdot\vec{a}+0)=0$

$(\vec{p}-\vec{q})\cdot\vec{b}=\vec{p}\cdot\vec{b}-\vec{q}\cdot\vec{b}=\vec{p}\cdot\vec{b}-(0+\vec{p}\cdot\vec{b})=0$

(2) $\dfrac{\vec{p}\cdot\vec{a}}{\vec{a}\cdot\vec{a}}=s$，$\dfrac{\vec{p}\cdot\vec{b}}{\vec{b}\cdot\vec{b}}=t$ とおくと　$\vec{q}=s\vec{a}+t\vec{b}$

(1)から　$(\vec{p}-\vec{q})\cdot\vec{q}=s(\vec{p}-\vec{q})\cdot\vec{a}+t(\vec{p}-\vec{q})\cdot\vec{b}=0$

よって　$\vec{p}\cdot\vec{q}=|\vec{q}|^2$　…… ①

このとき　$|\vec{p}-\vec{q}|^2=|\vec{p}|^2-2\vec{p}\cdot\vec{q}+|\vec{q}|^2=|\vec{p}|^2-|\vec{q}|^2$

$|\vec{p}-\vec{q}|^2\geqq0$ であるから　$|\vec{p}|^2\geqq|\vec{q}|^2$

$|\vec{p}|\geqq0$，$|\vec{q}|\geqq0$ であるから　$|\vec{p}|\geqq|\vec{q}|$

(3) $\vec{r}$ は $\vec{r}=u\vec{a}+v\vec{b}$ (u，v は実数) と表され，(1)から

$(\vec{p}-\vec{q})\cdot\vec{r}=u(\vec{p}-\vec{q})\cdot\vec{a}+v(\vec{p}-\vec{q})\cdot\vec{b}=0$

よって　$\vec{p}\cdot\vec{r}=\vec{q}\cdot\vec{r}$　…… ②　　①，②から

$|\vec{r}-\vec{p}|^2-|\vec{q}-\vec{p}|^2=|\vec{r}|^2-2\vec{r}\cdot\vec{p}-|\vec{q}|^2+2\vec{p}\cdot\vec{q}$

$=|\vec{r}|^2-2\vec{r}\cdot\vec{q}+|\vec{q}|^2=|\vec{r}-\vec{q}|^2>0$

ゆえに　$|\vec{r}-\vec{p}|^2>|\vec{q}-\vec{p}|^2$

$|\vec{r}-\vec{p}|>0$，$|\vec{q}-\vec{p}|\geqq0$ であるから　$|\vec{r}-\vec{p}|>|\vec{q}-\vec{p}|$

◀ 垂直 ⟹ (内積)=0

◀ $\vec{q}\cdot\vec{a}=\dfrac{\vec{p}\cdot\vec{a}}{\vec{a}\cdot\vec{a}}\vec{a}\cdot\vec{a}+\dfrac{\vec{p}\cdot\vec{b}}{\vec{b}\cdot\vec{b}}\vec{b}\cdot\vec{a}=\vec{p}\cdot\vec{a}+0$

◀ $(\vec{p}-\vec{q})\cdot\vec{q}=(\vec{p}-\vec{q})\cdot(s\vec{a})+(\vec{p}-\vec{q})\cdot(t\vec{b})$

◀ 等号は $|\vec{p}-\vec{q}|^2=0$ から $\vec{p}=\vec{q}$ のとき成立。

◀ (2)と同様に，(1)の結果を利用。

◀ $\vec{r}\neq\vec{q}$

検討 (1)から，$\vec{p}\neq\vec{q}$ のとき　$\overrightarrow{QP}\perp\overrightarrow{OA}$，$\overrightarrow{QP}\perp\overrightarrow{OB}$

よって，線分PQは3点O，A，Bを通る平面αに垂直であり，点Qは平面α上にあるから，点Qは点Pから平面αに下ろした垂線の足となる。図形的な意味を考えると，(2)の $|\overrightarrow{OP}|\geqq|\overrightarrow{OQ}|$，(3)の $|\overrightarrow{PR}|>|\overrightarrow{PQ}|$ が成り立つこともわかるであろう。

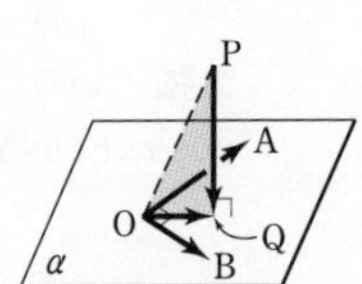

練習 40 $\vec{a}$，$\vec{b}$ を零ベクトルでない空間ベクトル，s，t を負でない実数とし，$\vec{c}=s\vec{a}+t\vec{b}$ とおく。このとき，次のことを示せ。

(1) $s(\vec{c}\cdot\vec{a})+t(\vec{c}\cdot\vec{b})\geqq0$　　(2) $\vec{c}\cdot\vec{a}\geqq0$ または $\vec{c}\cdot\vec{b}\geqq0$

(3) $|\vec{c}|\geqq|\vec{a}|$ かつ $|\vec{c}|\geqq|\vec{b}|$　ならば　$s+t\geqq1$

〔神戸大〕

COLUMN コラム　基本ベクトルと内積

空間のベクトル $\vec{a}=(a_1,\ a_2,\ a_3)$ と，**基本ベクトル** $\vec{e_1}=(1,\ 0,\ 0)$，$\vec{e_2}=(0,\ 1,\ 0)$，$\vec{e_3}=(0,\ 0,\ 1)$ との内積を考えると，次のようになる。

$$\vec{a}\cdot\vec{e_1}=a_1,\quad \vec{a}\cdot\vec{e_2}=a_2,\quad \vec{a}\cdot\vec{e_3}=a_3$$

◀ 成分は基本ベクトルとの内積

一方，$\vec{a}=a_1\vec{e_1}+a_2\vec{e_2}+a_3\vec{e_3}$ と表されるから，$\vec{a}$ は次のように書ける。

$$\vec{a}=(\vec{a}\cdot\vec{e_1})\vec{e_1}+(\vec{a}\cdot\vec{e_2})\vec{e_2}+(\vec{a}\cdot\vec{e_3})\vec{e_3}$$

ここで，基本ベクトル $\vec{e_1}$，$\vec{e_2}$，$\vec{e_3}$ は **基底**（1次独立な3つのベクトルの組）であり，

任意の空間ベクトル $\vec{a}$ は，基底 $\vec{e_1}$，$\vec{e_2}$，$\vec{e_3}$ を使って表すことができる

ということが大きな特色である。なお，この $\vec{e_1}$，$\vec{e_2}$，$\vec{e_3}$ を特に **標準基底** という。

一般に，空間のベクトル $\vec{u_1}$，$\vec{u_2}$，$\vec{u_3}$ が

$$\vec{u_i}\cdot\vec{u_j}=\begin{cases}1 & (i=j)\\ 0 & (i\neq j)\end{cases}\quad\cdots\cdots\ (*)$$

という性質（**$\vec{u_1}$，$\vec{u_2}$，$\vec{u_3}$ は単位ベクトルで，どの2つも互いに垂直**）をもつとき，空間のベクトル $\vec{a}$ は $\vec{u_1}$，$\vec{u_2}$，$\vec{u_3}$ を用いて

$$\vec{a}=(\vec{a}\cdot\vec{u_1})\vec{u_1}+(\vec{a}\cdot\vec{u_2})\vec{u_2}+(\vec{a}\cdot\vec{u_3})\vec{u_3}$$

［$\vec{u_1}$ 方向，$\vec{u_2}$ 方向，$\vec{u_3}$ 方向の正射影のベクトルの和］

と表される。$(*)$ を満たす基底を，**正規直交基底** という。

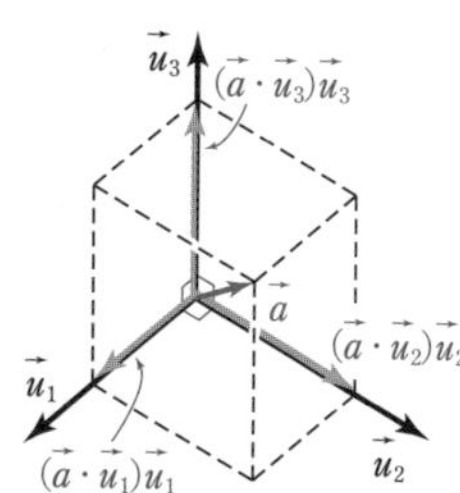

この基底の考えを利用して，例題40の $\vec{p}$，$\vec{q}$ について考えてみよう。
$\vec{c}=\overrightarrow{\mathrm{OC}}\neq\vec{0}$ とし，$\vec{c}$ は $\vec{a}$ と $\vec{b}$ の両方に垂直であるとする。
$\vec{p}$ と $\vec{a}$，$\vec{b}$，$\vec{c}$ のなす角をそれぞれ α，β，γ とし，$\vec{a}$，$\vec{b}$，$\vec{c}$ と同じ向きの単位ベクトルをそれぞれ $\vec{e_a}$，$\vec{e_b}$，$\vec{e_c}$ とするとき

$$\begin{aligned}\vec{p}&=(\vec{p}\cdot\vec{e_a})\vec{e_a}+(\vec{p}\cdot\vec{e_b})\vec{e_b}+(\vec{p}\cdot\vec{e_c})\vec{e_c}\\&=(|\vec{p}|\cos\alpha)\vec{e_a}+(|\vec{p}|\cos\beta)\vec{e_b}+(|\vec{p}|\cos\gamma)\vec{e_c}\quad\cdots\cdots\ ①\end{aligned}$$

$$\begin{aligned}\vec{q}&=\frac{|\vec{p}||\vec{a}|\cos\alpha}{|\vec{a}|}\times\frac{\vec{a}}{|\vec{a}|}+\frac{|\vec{p}||\vec{b}|\cos\beta}{|\vec{b}|}\times\frac{\vec{b}}{|\vec{b}|}\\&=(|\vec{p}|\cos\alpha)\vec{e_a}+(|\vec{p}|\cos\beta)\vec{e_b}\quad\cdots\cdots\ ②\end{aligned}$$

↑ $\vec{q}$ は，$\vec{p}$ の $\vec{a}$ 方向の正射影ベクトルと $\vec{p}$ の $\vec{b}$ 方向の正射影ベクトルの和。

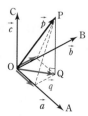

$\vec{e_a}\cdot\vec{e_b}=\vec{e_b}\cdot\vec{e_c}=\vec{e_c}\cdot\vec{e_a}=0$，$|\vec{e_a}|^2=|\vec{e_b}|^2=|\vec{e_c}|^2=1$ であるから

$$|\vec{p}|^2-|\vec{q}|^2=|\vec{p}|^2\cos^2\gamma\geqq 0$$

よって，$|\vec{p}|\geqq|\vec{q}|$ ［例題40(2)］が導かれる。

また，①，② より，$\vec{p}\neq\vec{q}$ のとき点Pから3点O，A，Bを通る平面に下ろした垂線の足が点Qであり　$\overrightarrow{\mathrm{QP}}\perp\overrightarrow{\mathrm{OA}}$，$\overrightarrow{\mathrm{QP}}\perp\overrightarrow{\mathrm{OB}}$

したがって，　$(\vec{p}-\vec{q})\cdot\vec{a}=0$，$(\vec{p}-\vec{q})\cdot\vec{b}=0$

［例題40(1)］が導かれる。

◀ 平面 α と直線 ℓ が垂直ならば，直線 ℓ は平面 α 上のすべての直線に垂直。

更に，3点O，A，Bを通る平面上に点Qと異なる点Rをとると

$$\mathrm{PR}>\mathrm{PQ}$$

◀ 直角三角形 PQR で　斜辺 PR＞他の1辺 PQ

よって，$|\overrightarrow{\mathrm{PR}}|>|\overrightarrow{\mathrm{PQ}}|$　すなわち　$|\vec{r}-\vec{p}|>|\vec{q}-\vec{p}|$　［例題40(3)］が導かれる。

10 | 位置ベクトル，ベクトルと図形

《 基本事項 》

1 位置ベクトル

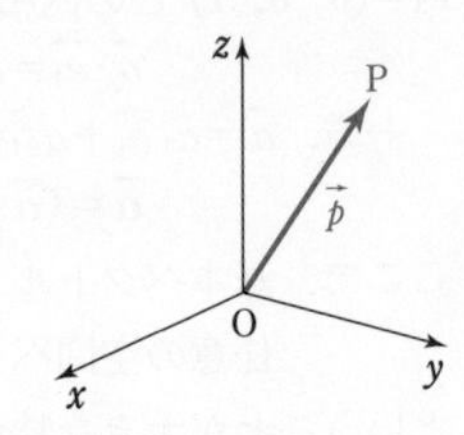

空間において，1点Oを固定して考えると，任意の点Pの位置はベクトル $\vec{p}=\overrightarrow{\mathrm{OP}}$ によって定まる。このベクトル $\vec{p}$ を，点Oに関する点Pの **位置ベクトル** という。
位置ベクトルが $\vec{p}$ である点Pを $\mathbf{P}(\vec{p})$ で表す。
空間の場合も，平面の場合と同様に，次のことが成り立つ。
（p. 42，43，47 などで学んだことと同じ内容。）

① 2点 $\mathrm{A}(\vec{a})$，$\mathrm{B}(\vec{b})$ に対して $\quad \overrightarrow{\mathbf{AB}}=\vec{b}-\vec{a}$

② **分点** 2点 $\mathrm{A}(\vec{a})$，$\mathrm{B}(\vec{b})$ を結ぶ線分ABについて

内分　外分 $(m>n)$

[1] $m:n$ に内分する点 $\mathrm{P}(\vec{p})$ の位置ベクトル

$$\vec{p}=\frac{n\vec{a}+m\vec{b}}{m+n}$$

[2] $m:n$ に外分する点 $\mathrm{Q}(\vec{q})$ の位置ベクトル

$$\vec{q}=\frac{-n\vec{a}+m\vec{b}}{m-n}$$

◀ $\dfrac{n\vec{a}-m\vec{b}}{-m+n}$ でも同じ。

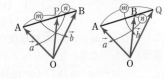

特に，中点 $\mathrm{M}(\vec{m})$ の位置ベクトルは $\quad \vec{m}=\dfrac{\vec{a}+\vec{b}}{2}$

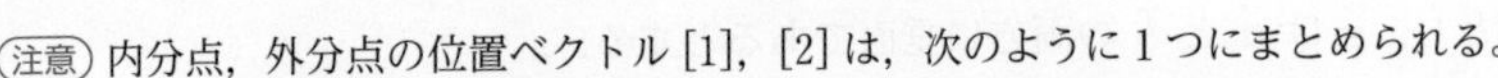

（注意）内分点，外分点の位置ベクトル [1]，[2] は，次のように1つにまとめられる。

$\dfrac{n\vec{a}+m\vec{b}}{m+n}$ **内分なら** $m>0$，$n>0$
外分なら $(m>0,\ n<0)$ **または** $(m<0,\ n>0)$ $\quad (m+n\neq 0)$

③ **三角形の重心** 3点 $\mathrm{A}(\vec{a})$，$\mathrm{B}(\vec{b})$，$\mathrm{C}(\vec{c})$ を頂点とする △ABC の重心 $\mathrm{G}(\vec{g})$ の位置ベクトルは $\quad \vec{g}=\dfrac{\vec{a}+\vec{b}+\vec{c}}{3}$

④ **一直線上の点**

2点 $\mathrm{A}(\vec{a})$，$\mathrm{B}(\vec{b})$ が異なるとき

点 $\mathbf{P}(\vec{p})$ が直線 AB 上にある

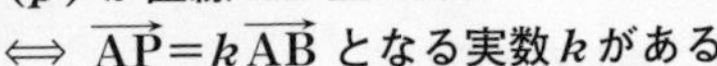

$\Longleftrightarrow$ $\overrightarrow{\mathbf{AP}}=k\overrightarrow{\mathbf{AB}}$ **となる実数** k **がある**

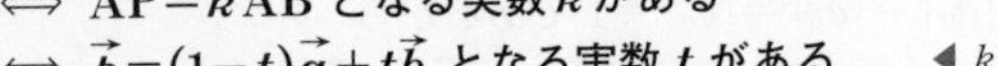

$\Longleftrightarrow$ $\vec{p}=(1-t)\vec{a}+t\vec{b}$ **となる実数** t **がある** ◀ $k\longrightarrow t$

$\Longleftrightarrow$ $\vec{p}=s\vec{a}+t\vec{b}$ **かつ** $s+t=1$ **となる実数** s，t **がある** ◀ $1-t=s$

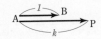

⑤ **点が一致する条件**

$\overrightarrow{\mathrm{OP}}=\overrightarrow{\mathrm{OP'}}$（位置ベクトルが一致する）ならば，点Pと点P′ は一致する。

2 同じ平面上にあるための条件（共面条件）

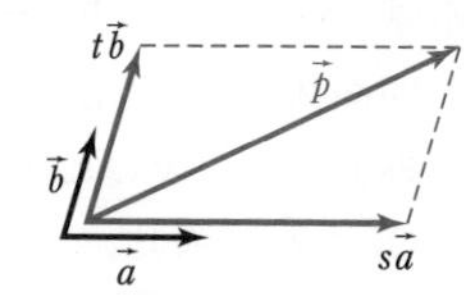

平面上の任意のベクトル $\vec{p}$ は，その平面上の2つのベクトル $\vec{a}$，$\vec{b}$ ($\vec{a}\neq\vec{0}$，$\vec{b}\neq\vec{0}$，$\vec{a}\not\parallel\vec{b}$) を用いて，次のように表すことができる。

$\boldsymbol{\vec{p}=s\vec{a}+t\vec{b}}$ (s，t は実数) …… ①

一直線上にない3点 A($\vec{a}$)，B($\vec{b}$)，C($\vec{c}$) で定まる平面を α とする。

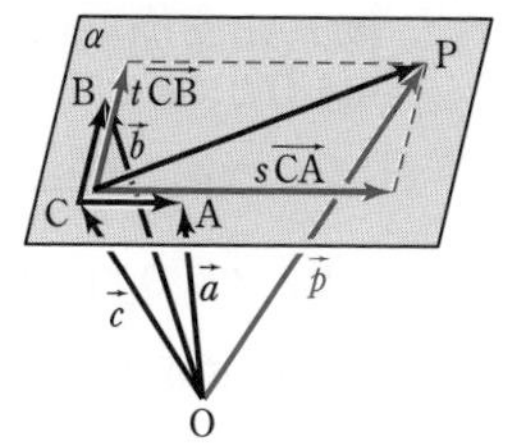

点 P($\vec{p}$) が平面 α 上にあるとき，① と同様に，次のように表すことができる（*p*. 88 **検討** 参照）。

$\boldsymbol{\overrightarrow{\mathrm{CP}}=s\overrightarrow{\mathrm{CA}}+t\overrightarrow{\mathrm{CB}}}$ (s，t は実数) …… ②

ここで　② $\iff \vec{p}-\vec{c}=s(\vec{a}-\vec{c})+t(\vec{b}-\vec{c})$

$\iff \vec{p}=s\vec{a}+t\vec{b}+(1-s-t)\vec{c}$

$\iff \boldsymbol{\vec{p}=s\vec{a}+t\vec{b}+u\vec{c},\ s+t+u=1}$ …… ③

したがって，次のことが成り立つ。

> 一直線上にない3点 A($\vec{a}$)，B($\vec{b}$)，C($\vec{c}$) の定める平面を α とする。
> **点 P($\vec{p}$) が平面 α 上にある**
> **$\iff \overrightarrow{\mathrm{CP}}=s\overrightarrow{\mathrm{CA}}+t\overrightarrow{\mathrm{CB}}$ となる実数 s，t がある**
> **$\iff \vec{p}=s\vec{a}+t\vec{b}+u\vec{c}$，$s+t+u=1$ となる実数 s，t，u がある**
> 　　　　　└─(係数の和)=1

（注意）・ここでは，② から ③ を導くために，② を点Cを基準にして $\overrightarrow{\mathrm{CP}}=s\overrightarrow{\mathrm{CA}}+t\overrightarrow{\mathrm{CB}}$ …… (＊) と表したが，次のようにして，点Aを基準にした式を導くことができる。

$\overrightarrow{\mathrm{AP}}-\overrightarrow{\mathrm{AC}}=-s\overrightarrow{\mathrm{AC}}+t(\overrightarrow{\mathrm{AB}}-\overrightarrow{\mathrm{AC}})$ であるから

$\overrightarrow{\mathrm{AP}}=t\overrightarrow{\mathrm{AB}}+(1-s-t)\overrightarrow{\mathrm{AC}}$　　◀ $1-s-t$ は実数

これと同じようにして，点Bを基準にした式も導くことができるから，(＊) の式は3点 A，B，C をどれを基準にしてもよい。

・③ を3点 A($\vec{a}$)，B($\vec{b}$)，C($\vec{c}$) を通る **平面のベクトル方程式** という。

・異なる4個以上の点が同じ平面上にあるとき，これらの点は **共面** であるという。

参考　なお，点Pが3点 A，B，C を通る平面上にあるとき，点Pが △ABC の内部にあるならば ② より $s>0$，$t>0$，$s+t<1$ が成り立つ。

ここで，③ より，$u=1-(s+t)$ であるから，$u>0$ が成り立つ。

よって，$s>0$，$t>0$，$u>0$，$s+t+u=1$ を満たす点Pは △ABC の内部にある。

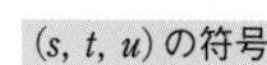

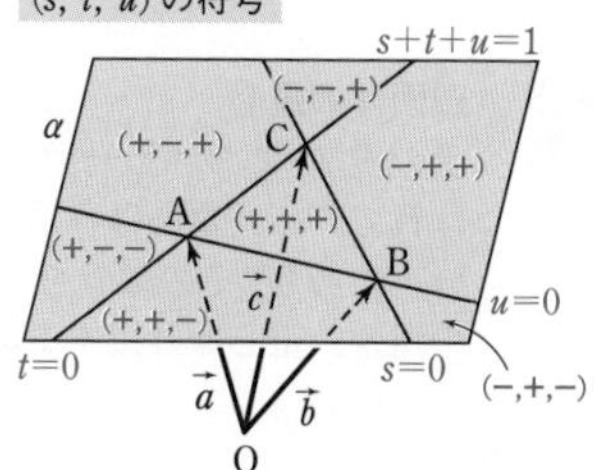

一般に，$\overrightarrow{\mathrm{OP}}=s\overrightarrow{\mathrm{OA}}+t\overrightarrow{\mathrm{OB}}+u\overrightarrow{\mathrm{OC}}$，$s+t+u=1$ を満たす点Pは3点 A，B，C を通る平面 α 上にあって，s，t，u の正負により，平面 α 上の右図のような部分にある。

また，$s+t+u<1$ のときは平面 α に関してOと同じ側，$s+t+u>1$ のときは反対側の領域にある。

例 27 | 分点と位置ベクトル ★☆☆☆☆

四面体 OABC がある。線分 AB を 2：3 に内分する点をP，線分 OP を 4：1 に外分する点をQとする。△AQC の重心をGとするとき，$\overrightarrow{OG}$ を $\overrightarrow{OA}=\vec{a}$，$\overrightarrow{OB}=\vec{b}$，$\overrightarrow{OC}=\vec{c}$ で表せ。

指針　**CHART》 空間での位置ベクトル　平面を取り出して考える**

線分 AB を $m：n$ に内分する点をP，外分する点をQとすると

◀ A，B，P，Q は1つの平面上にある。

$$\overrightarrow{\square P}=\frac{n\overrightarrow{\square A}+m\overrightarrow{\square B}}{m+n},\qquad \overrightarrow{\square Q}=\frac{-n\overrightarrow{\square A}+m\overrightarrow{\square B}}{m-n}$$

また，3点 O，P，Q は同じ直線上にあるから，$\overrightarrow{OQ}=k\overrightarrow{OP}$（$k$ は実数）と表される。

△AQC の重心Gについて　$\overrightarrow{\square G}=\dfrac{\overrightarrow{\square A}+\overrightarrow{\square Q}+\overrightarrow{\square C}}{3}$

$\overrightarrow{OQ}=k\overrightarrow{OP}$（$k$ は実数）のとき，点Qは直線 OP 上にあるが
① $0\leqq k\leqq 1$ なら　点Qは線分 OP 上
② $k<0$ なら　点Qは線分 OP のOを越える延長上
③ $1<k$ なら　点Qは線分 OP のPを越える延長上　にある。

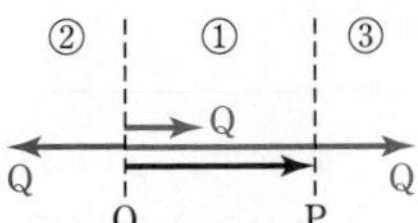

例 28 | 点が一致することの証明 ★★☆☆☆

四面体 ABCD において，△BCD，△ACD，△ABD，△ABC の重心をそれぞれ G_A，G_B，G_C，G_D とする。線分 AG_A，BG_B，CG_C，DG_D をそれぞれ 3：1 に内分する点は一致することを示せ。

指針　**CHART》 点の一致 ⟺ 位置ベクトルの一致**

Aを基準にしてもよいが，重心の位置ベクトルは同じ形が現れるため，Oを基準にする。
$A(\vec{a})$，$B(\vec{b})$，$C(\vec{c})$，$D(\vec{d})$ として，まず重心 G_A，G_B，G_C，G_D の位置ベクトルを，それぞれ $\vec{a}$，$\vec{b}$，$\vec{c}$，$\vec{d}$ で表す。
次に，線分 AG_A，BG_B，CG_C，DG_D を 3：1 に内分する点の位置ベクトル（4つ）を，それぞれ点 A，B，C，D の位置ベクトル $\vec{a}$，$\vec{b}$，$\vec{c}$，$\vec{d}$ で表し，それらが一致することを示す。

四面体の重心
上の例 28 における一致する点は，四面体 ABCD の **重心** と呼ばれている。重心は各頂点とその対面の三角形の重心を結ぶ線分上にあり，その線分を 3：1 に内分している。なお，正四面体の場合，重心は外接する球・内接する球の中心と一致する。

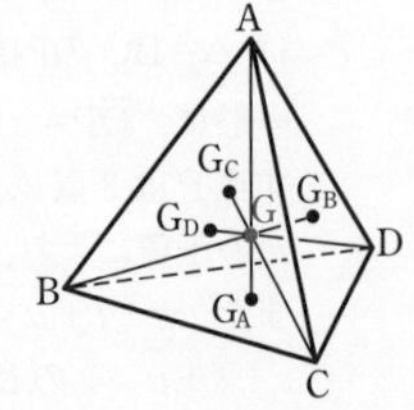

例題 41 ベクトルの等式と点の位置 ★★★☆☆

四面体 ABCD と点Pが，等式 $\overrightarrow{AP}+3\overrightarrow{BP}+2\overrightarrow{CP}+6\overrightarrow{DP}=\vec{0}$ を満たしている。
(1) 点Pはどのような位置にあるか。
(2) 2つの四面体 PBCD，PCDA の体積比を求めよ。

◀例題15，例27

指針 (1) **CHART》 似た問題 方法をまねる** ⟶ 平面上で △ABC に対し，$5\overrightarrow{PA}+3\overrightarrow{PB}+4\overrightarrow{PC}=\vec{0}$ を満たす点Pについては，点Aに関する **位置ベクトル** を考えた（$p.46$）。ここでも同様に $\overrightarrow{AP}$ を $\overrightarrow{AB}$，$\overrightarrow{AC}$，$\overrightarrow{AD}$ で表し，**分点の公式を利用** する。
(2) 四面体 ABCD の体積を V として，題意の2つの四面体の体積を V で表す。

解答 (1) $\overrightarrow{AB}=\vec{b}$，$\overrightarrow{AC}=\vec{c}$，$\overrightarrow{AD}=\vec{d}$，$\overrightarrow{AP}=\vec{p}$ とすると，等式から

$$\vec{p}+3(\vec{p}-\vec{b})+2(\vec{p}-\vec{c})+6(\vec{p}-\vec{d})=\vec{0}$$

◀ 表現を簡潔に。
◀ $12\vec{p}=3\vec{b}+2\vec{c}+6\vec{d}$

ゆえに $\vec{p}=\dfrac{3\vec{b}+2\vec{c}+6\vec{d}}{12}=\dfrac{1}{12}\left(5\cdot\dfrac{3\vec{b}+2\vec{c}}{5}+6\vec{d}\right)$

◀ $3\vec{b}+2\vec{c}$ の係数に注目。

ここで，$\dfrac{3\vec{b}+2\vec{c}}{5}=\vec{e}$ とすると

◀ $\overrightarrow{AE}=\vec{e}$ となる点Eは辺 BC を 2：3 に内分する。

$$\vec{p}=\frac{1}{12}(5\vec{e}+6\vec{d})=\frac{11}{12}\cdot\frac{5\vec{e}+6\vec{d}}{11}$$

更に，$\dfrac{5\vec{e}+6\vec{d}}{11}=\vec{f}$ とすると

◀ $\overrightarrow{AF}=\vec{f}$ となる点Fは線分 ED を 6：5 に内分する。

$$\vec{p}=\frac{11}{12}\vec{f}$$

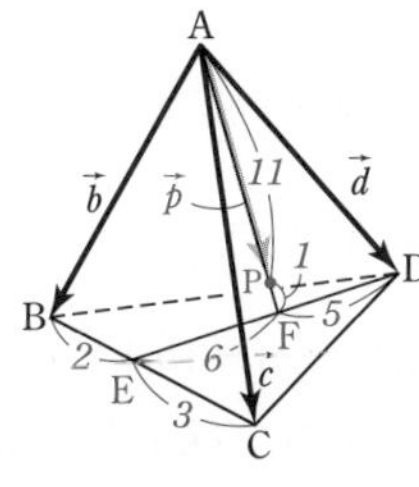

◀ 点Pは線分 AF を 11：1 に内分する。

よって，**辺 BC を 2：3 に内分する点をEとし，線分 ED を 6：5 に内分する点をFとすると，Pは線分 AF を 11：1 に内分する点** である。

(2) 四面体 ABCD の体積を V とすると，AP：PF＝11：1 から，四面体 PBCD の体積は $\dfrac{1}{11+1}V=\dfrac{1}{12}V$

◀ 底面は △BCD で共通 ⟶ 体積比は高さの比に等しい。

また，四面体 PCDA の体積は

$$\underbrace{\frac{11}{12}(\text{四面体 ACDF})}_{❶}=\underbrace{\frac{11}{12}\cdot\frac{5}{11}(\text{四面体 AECD})}_{❷}=\frac{5}{12}\cdot\underbrace{\frac{3}{5}}_{❸}V=\frac{1}{4}V$$

◀ ❶ AP：PF＝11：1
❷ EF：FD＝6：5
❸ BE：EC＝2：3
から。

したがって，求める体積比は $\dfrac{1}{12}V:\dfrac{1}{4}V=\mathbf{1:3}$

別解 (1) 多く出てくる点Pを始点とする位置ベクトルを考える。

等式から $4\cdot\dfrac{\overrightarrow{PA}+3\overrightarrow{PB}}{3+1}+8\cdot\dfrac{\overrightarrow{PC}+3\overrightarrow{PD}}{3+1}=\vec{0}$

よって，**辺 AB，CD を 3：1 に内分する点をそれぞれ G，H とすると，**
$\overrightarrow{PG}+2\overrightarrow{PH}=\vec{0}$ となり，**Pは線分 GH を 2：1 に内分する点** である。
答えの表現は異なるが，解答 (1) で求めた点と同じである。

練習 41 四面体 ABCD と点Pが，等式 $\overrightarrow{AP}+2\overrightarrow{BP}+4\overrightarrow{CP}+6\overrightarrow{DP}=\vec{0}$ を満たしている。
(1) 点Pはどのような位置にあるか。
(2) 4つの四面体 PBCD，PACD，PABD，PABC の体積比を求めよ。

例題 42 位置ベクトルと内積，なす角 ★★★☆☆

1辺の長さが a の正四面体 ABCD において，$\overrightarrow{AB}=\vec{b}$，$\overrightarrow{AC}=\vec{c}$，$\overrightarrow{AD}=\vec{d}$ とする。辺 AB，CD の中点をそれぞれ M，N とし，線分 MN の中点をG，$\angle AGB=\theta$ とする。〔類 熊本大〕

(1) $\overrightarrow{AN}$，$\overrightarrow{AG}$，$\overrightarrow{BG}$ をそれぞれ $\vec{b}$，$\vec{c}$，$\vec{d}$ で表せ。

(2) $|\overrightarrow{GA}|^2$，$\overrightarrow{GA}\cdot\overrightarrow{GB}$ をそれぞれ a を用いて表せ。

(3) $\cos\theta$ の値を求めよ。

◀例25

指針 (1) 中点の位置ベクトルの利用。

(2) $|\overrightarrow{GA}|^2=|\overrightarrow{AG}|^2=\overrightarrow{AG}\cdot\overrightarrow{AG}$，$\overrightarrow{GA}\cdot\overrightarrow{GB}=\overrightarrow{AG}\cdot\overrightarrow{BG}$ であるから，(1)の **結果を利用** して，それぞれ計算する。

(3) $\overrightarrow{GA}\cdot\overrightarrow{GB}=|\overrightarrow{GA}||\overrightarrow{GB}|\cos\theta$ …… ①　ここで，△ABN は AN=BN の二等辺三角形であることに注目すると　$|\overrightarrow{GA}|=|\overrightarrow{GB}|$

よって，① は $\overrightarrow{GA}\cdot\overrightarrow{GB}=|\overrightarrow{GA}|^2\cos\theta$ となるから，(2)の **結果が利用** できる。

解答 (1) $\overrightarrow{AN}=\dfrac{1}{2}(\vec{c}+\vec{d})$

$\overrightarrow{AG}=\dfrac{1}{2}(\overrightarrow{AM}+\overrightarrow{AN})=\dfrac{1}{2}\left\{\dfrac{1}{2}\vec{b}+\dfrac{1}{2}(\vec{c}+\vec{d})\right\}=\dfrac{1}{4}(\vec{b}+\vec{c}+\vec{d})$

$\overrightarrow{BG}=\overrightarrow{AG}-\overrightarrow{AB}=\dfrac{1}{4}(-3\vec{b}+\vec{c}+\vec{d})$

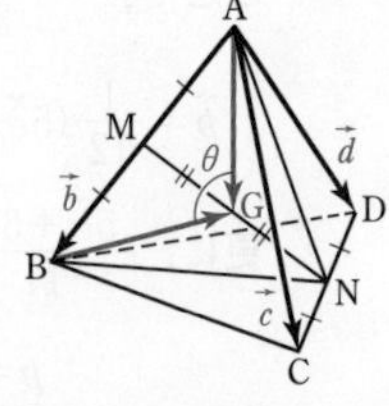

(2) $16|\overrightarrow{GA}|^2=|4\overrightarrow{AG}|^2=(\vec{b}+\vec{c}+\vec{d})\cdot(\vec{b}+\vec{c}+\vec{d})$

$=|\vec{b}|^2+|\vec{c}|^2+|\vec{d}|^2+2(\vec{b}\cdot\vec{c}+\vec{c}\cdot\vec{d}+\vec{d}\cdot\vec{b})$

$=3a^2+2\times3a^2\cos60°=6a^2$

◀ $|\vec{b}|=|\vec{c}|=|\vec{d}|=a$ から $\vec{b}\cdot\vec{c}=\vec{c}\cdot\vec{d}=\vec{d}\cdot\vec{b}=a^2\cos60°$

$16\overrightarrow{GA}\cdot\overrightarrow{GB}=4\overrightarrow{AG}\cdot4\overrightarrow{BG}=(\vec{b}+\vec{c}+\vec{d})\cdot(-3\vec{b}+\vec{c}+\vec{d})$

$=-3|\vec{b}|^2+|\vec{c}|^2+|\vec{d}|^2-2\vec{b}\cdot\vec{c}-2\vec{b}\cdot\vec{d}+2\vec{c}\cdot\vec{d}$

$=-a^2-2a^2\cos60°=-2a^2$

◀ 分数の計算を避けるため，$4\overrightarrow{AG}=\vec{b}+\vec{c}+\vec{d}$，$4\overrightarrow{BG}=-3\vec{b}+\vec{c}+\vec{d}$ として計算。

よって　$|\overrightarrow{GA}|^2=\dfrac{3}{8}a^2$，$\overrightarrow{GA}\cdot\overrightarrow{GB}=-\dfrac{a^2}{8}$

(3) AM=BM，AN=BN であるから　AB⊥MN

◀ $|\overrightarrow{AN}|=|\overrightarrow{BN}|=\dfrac{\sqrt{3}}{2}a$

ゆえに，$|\overrightarrow{GA}|=|\overrightarrow{GB}|$ であるから

$\overrightarrow{GA}\cdot\overrightarrow{GB}=|\overrightarrow{GA}||\overrightarrow{GB}|\cos\theta=|\overrightarrow{GA}|^2\cos\theta$

(2)から　$-\dfrac{a^2}{8}=\dfrac{3}{8}a^2\cos\theta$

◀ $\overrightarrow{GA}\cdot\overrightarrow{GB}=-\dfrac{a^2}{8}$，$|\overrightarrow{GA}|^2=\dfrac{3}{8}a^2$ を代入。

よって，$a>0$ であるから　$\cos\theta=-\dfrac{1}{3}$

練習 42 1辺の長さが1の立方体 ABCD-A′B′C′D′ において，辺 AB，CC′，D′A′ を $a:(1-a)$ に内分する点をそれぞれ P，Q，R とし，$\overrightarrow{AB}=\vec{x}$，$\overrightarrow{AD}=\vec{y}$，$\overrightarrow{AA'}=\vec{z}$ とする。ただし，$0<a<1$ とする。

(1) $\overrightarrow{PQ}$，$\overrightarrow{PR}$ をそれぞれ $\vec{x}$，$\vec{y}$，$\vec{z}$ を用いて表せ。

(2) $|\overrightarrow{PQ}|:|\overrightarrow{PR}|$ を求めよ。

(3) $\overrightarrow{PQ}$ と $\overrightarrow{PR}$ のなす角を求めよ。

➡p. 136 演習 20

例題 43 平行であることの証明，共線条件 ★★☆☆☆

(1) 四面体 OABC において，△OAB の重心を G_1，△OBC の重心を G_2 とするとき，$G_1G_2 /\!/ AC$ であることを証明せよ。

(2) 座標空間上の 3 点 $A(a,\ -1,\ 5)$，$B(3,\ b,\ -1)$，$C(4,\ 3,\ -7)$ が一直線上にあるとき，a，b の値を求めよ。

〔(2) 京都産大〕 ◀例23

指針 (1) 平行条件 **線分 PQ と線分 ST が平行 ⟺ $\overrightarrow{PQ}=k\overrightarrow{ST}$ となる実数 k がある**

ここでは，$\overrightarrow{G_1G_2}=●\overrightarrow{AC}$ を示す。

(2) **3 点 A, B, C が一直線上にある ⟺ $\overrightarrow{AC}=k\overrightarrow{AB}$ …… ㋐ となる実数 k がある**

であるが，ここでは点Cのみ全成分の数値がわかっているから，Cを始点とし，$\overrightarrow{CA}=k\overrightarrow{CB}$ として進めてみる。これを成分で表し，a，b，k の連立方程式を解く。

解答 (1) $\overrightarrow{OA}=\vec{a}$，$\overrightarrow{OB}=\vec{b}$，$\overrightarrow{OC}=\vec{c}$ とすると，条件から

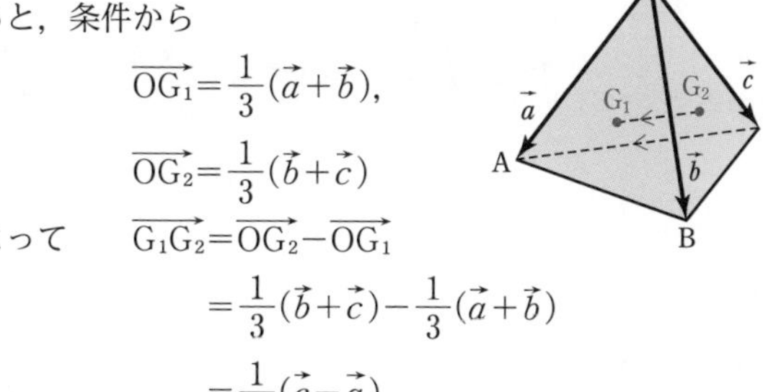

$$\overrightarrow{OG_1}=\frac{1}{3}(\vec{a}+\vec{b}),$$

$$\overrightarrow{OG_2}=\frac{1}{3}(\vec{b}+\vec{c})$$

よって $\overrightarrow{G_1G_2}=\overrightarrow{OG_2}-\overrightarrow{OG_1}$

$$=\frac{1}{3}(\vec{b}+\vec{c})-\frac{1}{3}(\vec{a}+\vec{b})$$

$$=\frac{1}{3}(\vec{c}-\vec{a})$$

また，$\overrightarrow{AC}=\vec{c}-\vec{a}$ であるから $\overrightarrow{G_1G_2}=\frac{1}{3}\overrightarrow{AC}$

したがって $G_1G_2 /\!/ AC$

(2) 3 点 A，B，C が一直線上にあるための条件は，$\overrightarrow{CA}=k\overrightarrow{CB}$ となる実数 k があることである。

$\overrightarrow{CA}=(a-4,\ -4,\ 12)$，$\overrightarrow{CB}=(-1,\ b-3,\ 6)$ であるから

$$(a-4,\ -4,\ 12)=k(-1,\ b-3,\ 6)$$

よって $a-4=-k$ …… ①，$-4=k(b-3)$ …… ②，

$12=6k$ …… ③

③ から $k=2$

$k=2$ を ①，② に代入して解くと **$a=2$，$b=1$**

◀ Oを始点にする。

◀ G_1 は △OAB の重心であるから $\overrightarrow{OG_1}=\dfrac{\overrightarrow{OO}+\overrightarrow{OA}+\overrightarrow{OB}}{3}$

G_2 は △OBC の重心であるから $\overrightarrow{OG_2}=\dfrac{\overrightarrow{OO}+\overrightarrow{OB}+\overrightarrow{OC}}{3}$

(注意) 共線条件の式㋐は，$\overrightarrow{●■}=k\overrightarrow{●▲}$（●，■，▲ は A，B，C のいずれかの文字で互いに異なる）と考えて利用するようにする。

練習 43 (1) 四面体 OABC がある。$0<t<1$ を満たす t に対し，辺 OB，OC，AB，AC を $t:(1-t)$ に内分する点をそれぞれ K，L，M，N とする。このとき，四角形 KLNM は平行四辺形であることを示せ。

〔静岡大〕

(2) 3 点 $P(p,\ 6,\ -12)$，$Q(-1,\ -2,\ 2)$，$R(3,\ r,\ -5)$ が一直線上にあるとき，p，r の値を求めよ。

〔龍谷大〕

➡ p. 137 演習 21

例題 44 | 一直線上にあることの証明 ★★☆☆☆

平行六面体 ABCD-EFGH において，辺 AB，AD の中点を，それぞれ P，Q とし，平行四辺形 EFGH の対角線の交点を R とする。このとき，平行六面体の対角線 AG は △PQR の重心 K を通ることを証明せよ。 ◀例題 43

指針 対角線 AG は K を通る，すなわち，**3 点 A，G，K が一直線上にある**

$\Longleftrightarrow$ **$\overrightarrow{AK}=k\overrightarrow{AG}$ となる実数 k がある。**

まず，点 A に関する位置ベクトル $\overrightarrow{AB}$，$\overrightarrow{AD}$，$\overrightarrow{AE}$ をそれぞれ $\vec{b}$，$\vec{d}$，$\vec{e}$ として（表現を簡単に），$\overrightarrow{AG}$，$\overrightarrow{AK}$ を $\vec{b}$，$\vec{d}$，$\vec{e}$ で表す。

解答 $\overrightarrow{AB}=\vec{b}$，$\overrightarrow{AD}=\vec{d}$，$\overrightarrow{AE}=\vec{e}$ とすると

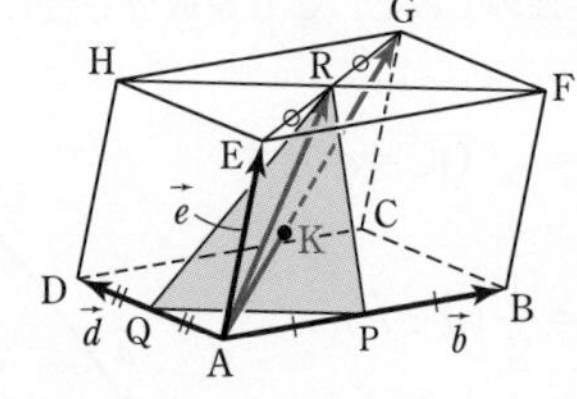

◀ $\vec{b}$，$\vec{d}$，$\vec{e}$ は 1 次独立。

$$\overrightarrow{AP}=\frac{\vec{b}}{2},\ \overrightarrow{AQ}=\frac{\vec{d}}{2}$$

また $\overrightarrow{AG}=\vec{b}+\vec{d}+\vec{e}$

◀ $\overrightarrow{AG}=\overrightarrow{AB}+\overrightarrow{BC}+\overrightarrow{CG}$ $=\overrightarrow{AB}+\overrightarrow{AD}+\overrightarrow{AE}$

点 R は対角線 EG の中点であるから

$$\overrightarrow{AR}=\frac{\overrightarrow{AE}+\overrightarrow{AG}}{2}=\frac{\vec{b}+\vec{d}+2\vec{e}}{2}$$

よって，△PQR の重心 K について

$$\overrightarrow{AK}=\frac{1}{3}(\overrightarrow{AP}+\overrightarrow{AQ}+\overrightarrow{AR})$$

$$=\frac{1}{3}\left(\frac{\vec{b}}{2}+\frac{\vec{d}}{2}+\frac{\vec{b}+\vec{d}+2\vec{e}}{2}\right)$$

$$=\frac{1}{3}(\vec{b}+\vec{d}+\vec{e})=\frac{1}{3}\overrightarrow{AG}$$

したがって，3 点 A，G，K は一直線上にあるから，対角線 AG は △PQR の重心 K を通る。

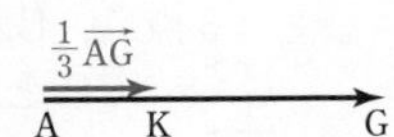

検討 上の例題において，平行四辺形 ABCD の対角線の交点を S とすると

$$\overrightarrow{ES}=\overrightarrow{AS}-\overrightarrow{AE}=\frac{1}{2}(\vec{b}+\vec{d}-2\vec{e}),\qquad \overrightarrow{EK}=\overrightarrow{AK}-\overrightarrow{AE}=\frac{1}{3}(\vec{b}+\vec{d}-2\vec{e})$$

よって，$\overrightarrow{EK}=\frac{2}{3}\overrightarrow{ES}$ となり，直線 ES も △PQR の重心 K を通ることがわかる。

練習 44 四面体 ABCD の辺 AB，CD，AC，BD の中点を，それぞれ K，L，M，N とし，更に線分 KL の中点を P とする。このとき，3 点 M，N，P は一直線上にあることを証明せよ。 〔岩手大，福井医大〕

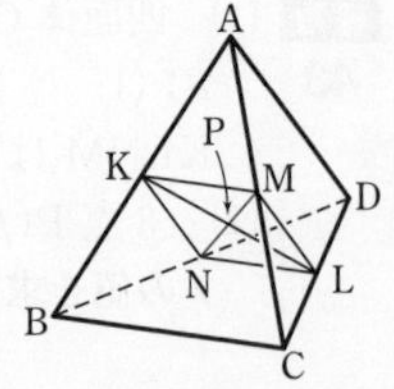

例題 45 垂線の足，線対称な点の座標 ★★★☆☆

2点 A(−1, 0, 1)，B(1, 3, 5) を通る直線を ℓ とする。

(1) 点 C(4, 8, 7) から直線 ℓ に下ろした垂線の足Hの座標を求めよ。

(2) 直線 ℓ に関して，点Cと対称な点Dの座標を求めよ。

◀例題 43

指針 (1) **点Hは直線 AB 上 ⟺ $\overrightarrow{AH}=k\overrightarrow{AB}$ となる実数 k がある** …… ①

① から $\overrightarrow{CH}$ を成分で表し，$\overrightarrow{AB}\perp\overrightarrow{CH}$ を利用する。⟶ **垂直 ⟹ (内積)=0**

(2) 線分 CD の中点がHであることに注目し，(1) の **結果を利用**。

解答 (1) 点Hは直線 ℓ 上にあるから，$\overrightarrow{AH}=k\overrightarrow{AB}$ となる実数 k がある。

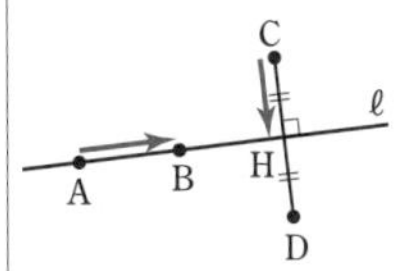

よって　$\overrightarrow{CH}=\overrightarrow{CA}+\overrightarrow{AH}=\overrightarrow{CA}+k\overrightarrow{AB}$

$=(-5,\ -8,\ -6)+k(2,\ 3,\ 4)$

$=(2k-5,\ 3k-8,\ 4k-6)$ …… (∗)

$\overrightarrow{AB}\perp\overrightarrow{CH}$ より，$\overrightarrow{AB}\cdot\overrightarrow{CH}=0$ であるから

$2\times(2k-5)+3\times(3k-8)+4\times(4k-6)=0$　◀ $\overrightarrow{AB}=(2,\ 3,\ 4)$

これを解いて　$k=2$　◀ $29k-58=0$

このとき，Oを原点とすると

$\overrightarrow{OH}=\overrightarrow{OC}+\overrightarrow{CH}=(4,\ 8,\ 7)+(-1,\ -2,\ 2)=(3,\ 6,\ 9)$　◀ $\overrightarrow{CH}$ は (∗) に $k=2$ を代入して求める。

したがって，点Hの座標は　**(3, 6, 9)**

(2) $\overrightarrow{OD}=\overrightarrow{OC}+\overrightarrow{CD}=\overrightarrow{OC}+2\overrightarrow{CH}$

$=(4,\ 8,\ 7)+2(-1,\ -2,\ 2)=(2,\ 4,\ 11)$

したがって，点Dの座標は　**(2, 4, 11)**

◀ **原点Oを始点にすると座標がわかる。**

◀ $\overrightarrow{OD}=\overrightarrow{OH}+\overrightarrow{HD}$
$=\overrightarrow{OH}+\overrightarrow{CH}$ でもよい。

(1) は，**正射影ベクトル** (p. 62 参照) を用いて，次のように解くこともできる。

$\overrightarrow{AB}=(2,\ 3,\ 4)$，$\overrightarrow{AC}=(5,\ 8,\ 6)$ であるから

$$\overrightarrow{AH}=\frac{\overrightarrow{AC}\cdot\overrightarrow{AB}}{|\overrightarrow{AB}|^2}\overrightarrow{AB}=\frac{58}{29}\overrightarrow{AB}=2\overrightarrow{AB}$$

◀ $\overrightarrow{AC}\cdot\overrightarrow{AB}=5\times2+8\times3+6\times4=58$，$|\overrightarrow{AB}|^2=2^2+3^2+4^2=29$

ゆえに　$\overrightarrow{OH}=\overrightarrow{OA}+\overrightarrow{AH}=\overrightarrow{OA}+2\overrightarrow{AB}$

$=(-1,\ 0,\ 1)+2(2,\ 3,\ 4)=(3,\ 6,\ 9)$

よって，点Hの座標は　**(3, 6, 9)**

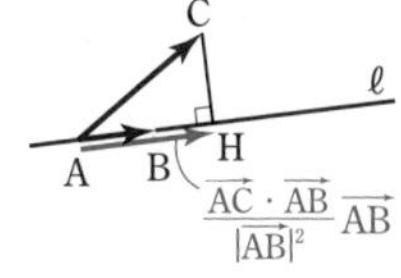

また，(2) では，(1) を利用せずに直接点Dの座標を求めることもできる。その場合，直線に関して対称な点の座標を求める ── 直線に関して対称な点の位置ベクトルを求める (p. 69) ── 問題と同様に

直線 ℓ に関して，点Cと点Dが対称

$\iff \begin{cases} \mathbf{CD\perp\ell} \\ \textbf{線分 CD の中点 E が } \boldsymbol{\ell} \textbf{ 上にある} \end{cases}$

◀ $\overrightarrow{CD}\perp\overrightarrow{AB}$

◀ $\overrightarrow{AE}=k\overrightarrow{AB}$ (k は実数)

を利用する。

練習 45 2点 A(−5, −2, 2)，B(−3, −1, 1) を通る直線を ℓ とする。

(1) 点 P(4, 4, 2) から直線 ℓ に下ろした垂線の足Hの座標を求めよ。

(2) 直線 ℓ に関して，点Pと対称な点Qの座標を求めよ。

例題 46 共面条件 ★★☆☆☆

次の4点が同じ平面上にあるように，x の値を定めよ。

$A(1,\ 3,\ 3),\ B(1,\ 1,\ 2),\ C(2,\ 3,\ 2),\ P(x,\ x,\ x)$ 〔類 慶応大〕

指針 一直線上にない3点A，B，Cに対して，点Pが**平面ABC上にあるための条件（共面条件）**とは，次のいずれかが成り立つことである。ただし，Oは原点とする。

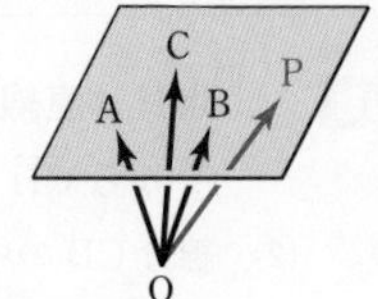

[1] $\overrightarrow{AP}=s\overrightarrow{AB}+t\overrightarrow{AC}$ **となる実数** $s,\ t$ **がある。**

[2] $\overrightarrow{OP}=s\overrightarrow{OA}+t\overrightarrow{OB}+u\overrightarrow{OC},\ s+t+u=1$ **となる実数** $s,\ t,\ u$ **がある。**

[1]，[2] どちらかを成分で表し，方程式の問題に帰着させる。

解答1． $\overrightarrow{AP}=(x-1,\ x-3,\ x-3),\ \overrightarrow{AB}=(0,\ -2,\ -1),$
$\overrightarrow{AC}=(1,\ 0,\ -1)$

3点A，B，Cは一直線上にないから(*)，点Pが平面ABC上にあるための条件は，$\overrightarrow{AP}=s\overrightarrow{AB}+t\overrightarrow{AC}$ となる実数 $s,\ t$ があることである。よって

$$(x-1,\ x-3,\ x-3)=s(0,\ -2,\ -1)+t(1,\ 0,\ -1)$$

ゆえに　$(x-1,\ x-3,\ x-3)=(t,\ -2s,\ -s-t)$

よって　$x-1=t,\ x-3=-2s,\ x-3=-s-t$

連立して解くと　$s=\dfrac{2}{3},\ t=\dfrac{2}{3},\ \boldsymbol{x=\dfrac{5}{3}}$

◀ **指針 [1] の方針。**
$\overrightarrow{AB}=(1-1,\ 1-3,\ 2-3),$
$\overrightarrow{AC}=(2-1,\ 3-3,\ 2-3)$
(*) $\overrightarrow{AB}=k\overrightarrow{AC}$ を満たす実数 k はない。

◀ まず x を消去して，$s,\ t$ の連立方程式に。

解答2． 3点A，B，Cは一直線上にないから，原点をOとすると，点Pが平面ABC上にあるための条件は，

$$\overrightarrow{OP}=s\overrightarrow{OA}+t\overrightarrow{OB}+u\overrightarrow{OC},\ s+t+u=1$$

となる実数 $s,\ t,\ u$ があることである。よって

$$(x,\ x,\ x)=s(1,\ 3,\ 3)+t(1,\ 1,\ 2)+u(2,\ 3,\ 2)$$

◀ **指針 [2] の方針。**
この解答では4変数 ($s,\ t,\ u,\ x$) の連立方程式を解くことになる。

ゆえに　$s+t+2u=x$ … ①，$3s+t+3u=x$ … ②，$3s+2t+2u=x$ … ③

また　$s+t+u=1$ …… ④

②−① から　$2s+u=0$ …… ⑤　　③−② から　$t-u=0$ …… ⑥

④−⑥ から　$s+2u=1$ …… ⑦　　⑤，⑦ から　$s=-\dfrac{1}{3},\ u=\dfrac{2}{3}$

⑥ から　$t=\dfrac{2}{3}$　　よって，② から　$\boldsymbol{x}=-1+\dfrac{2}{3}+2=\boldsymbol{\dfrac{5}{3}}$

検討 3点A，B，Cを通る平面の方程式は，$2x-y+2z-5=0$ で表される ($p.123$)。
したがって，平面ABC上に点Pがあるための条件は，方程式に点Pの座標を代入して

$2\cdot x-x+2\cdot x-5=0$　　これを解いて　$\boldsymbol{x=\dfrac{5}{3}}$

練習 46 原点をOとする座標空間において，4点 $P(1,\ 0,\ 0),\ Q(0,\ 1,\ 0),\ R(0,\ 0,\ 1),\ S(7,\ y,\ z)$ をとる。これらの4点が同じ平面上にあるとき，$y+z=$ ア□ であり，線分OSの長さの最小値は イ□ である。〔近畿大〕

例題 47 同じ平面上にあることの証明 ★★☆☆☆

平行六面体 OADB-CEFG の辺 OC，DF の中点をそれぞれ M，N とし，辺 OA，CG を 3：1 に内分する点をそれぞれ P，Q とする。〔類 長崎大〕

(1) $\overrightarrow{MP}$，$\overrightarrow{MQ}$ をそれぞれ $\overrightarrow{OA}=\vec{a}$，$\overrightarrow{OB}=\vec{b}$，$\overrightarrow{OC}=\vec{c}$ を用いて表せ。

(2) 4点 M，N，P，Q は同じ平面上にあることを示せ。

◀例題 46

指針 (2) 点Nが平面 MPQ 上にあることを示す。

点Nが平面 MPQ 上にある ⟺ $\overrightarrow{MN}=s\overrightarrow{MP}+t\overrightarrow{MQ}$ となる実数 s，t がある

(1)の結果を利用して，$\overrightarrow{MN}=●\overrightarrow{MP}+■\overrightarrow{MQ}$ の形に表されることを示す。

解答 (1)

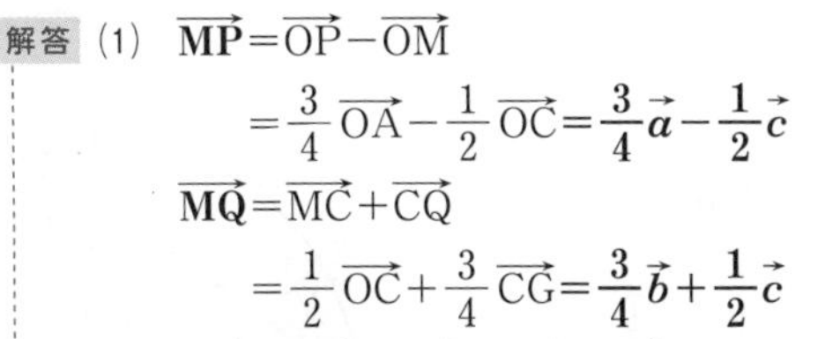

$\overrightarrow{MP}=\overrightarrow{OP}-\overrightarrow{OM}$
$=\frac{3}{4}\overrightarrow{OA}-\frac{1}{2}\overrightarrow{OC}=\boldsymbol{\frac{3}{4}\vec{a}-\frac{1}{2}\vec{c}}$

$\overrightarrow{MQ}=\overrightarrow{MC}+\overrightarrow{CQ}$
$=\frac{1}{2}\overrightarrow{OC}+\frac{3}{4}\overrightarrow{CG}=\boldsymbol{\frac{3}{4}\vec{b}+\frac{1}{2}\vec{c}}$

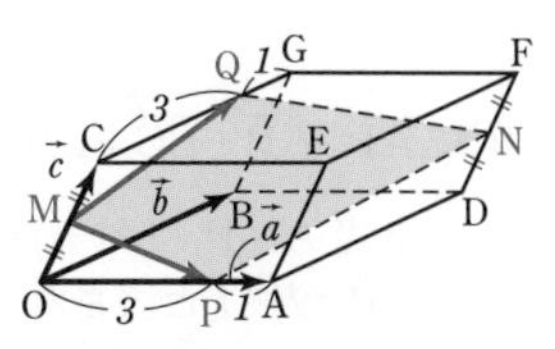

(2)

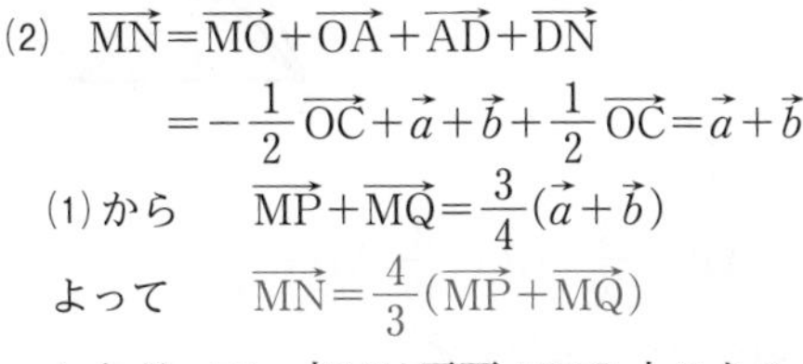

$\overrightarrow{MN}=\overrightarrow{MO}+\overrightarrow{OA}+\overrightarrow{AD}+\overrightarrow{DN}$
$=-\frac{1}{2}\overrightarrow{OC}+\vec{a}+\vec{b}+\frac{1}{2}\overrightarrow{OC}=\vec{a}+\vec{b}$

◀ まず，$\overrightarrow{MN}$ を $\vec{a}$，$\vec{b}$，$\vec{c}$ で表すために **分割**。

(1)から　$\overrightarrow{MP}+\overrightarrow{MQ}=\frac{3}{4}(\vec{a}+\vec{b})$

よって　$\overrightarrow{MN}=\frac{4}{3}(\overrightarrow{MP}+\overrightarrow{MQ})$

◀ $\overrightarrow{MN}=●\overrightarrow{MP}+■\overrightarrow{MQ}$ の形。

したがって，点Nは平面 MPQ 上にある。
すなわち，4点 M，N，P，Q は同じ平面上にある。

検討 **1次独立** について，平面の場合と空間の場合を対比させる形でまとめておく。

	平面 $\vec{a}$，$\vec{b}$ が **1次独立** ⟺ $\vec{a}\neq\vec{0}$，$\vec{b}\neq\vec{0}$，$\vec{a}\not\parallel\vec{b}$	**空間** $\vec{a}$，$\vec{b}$，$\vec{c}$ が **1次独立**
定義	$s\vec{a}+t\vec{b}=\vec{0}$ ならば $s=t=0$	$s\vec{a}+t\vec{b}+u\vec{c}=\vec{0}$ ならば $s=t=u=0$
性質	$\vec{a}=\overrightarrow{OA}$，$\vec{b}=\overrightarrow{OB}$ とする。 ① 3点 O，A，B は一直線上にない。 ② 3点 O，A，B を結ぶと三角形。 ③ 平面上の任意のベクトル $\vec{p}$ は $\boldsymbol{\vec{p}=s\vec{a}+t\vec{b}}$ (s，t は実数) の形にただ1通りに表される。	$\vec{a}=\overrightarrow{OA}$，$\vec{b}=\overrightarrow{OB}$，$\vec{c}=\overrightarrow{OC}$ とする。 ① 4点 O，A，B，C は同じ平面上にない。 ② 4点 O，A，B，C を結ぶと四面体。 ③ 空間の任意のベクトル $\vec{p}$ は $\boldsymbol{\vec{p}=s\vec{a}+t\vec{b}+u\vec{c}}$ (s，t，u は実数) の形にただ1通りに表される。

この中で ③ が特に重要で，1つのベクトルを2通りの形で表したときに係数比較ができる根拠となっている。

練習 47 立方体 ABCD-EFGH において，辺 FB，BC，CD，DH，HE，EF の中点はすべて同じ平面上にあることを示せ。〔類 香川大〕 ➡p. 137 演習 22

例題 48 | 直線と平面の交点の位置ベクトル (1) ★★☆☆☆

平行六面体 ABCD-EFGH の辺 CG を 4：1 に外分する点を I，辺 AB の中点を J，辺 AE を 3：1 に外分する点を K とする。また，直線 AI と平面 BDE，平面 DJK の交点をそれぞれ P，Q とする。$\overrightarrow{AI}$，$\overrightarrow{AP}$，$\overrightarrow{AQ}$ を $\overrightarrow{AB}$，$\overrightarrow{AD}$，$\overrightarrow{AE}$ を用いて表せ。

◀例題 46

指針 　**点 P が平面 ABC 上にある**
$\iff \overrightarrow{OP}=s\overrightarrow{OA}+t\overrightarrow{OB}+u\overrightarrow{OC}$，$s+t+u=1$ **（係数の和が 1）**

点 P は直線 AI 上にあるから，$\overrightarrow{AP}=k\overrightarrow{AI}$（$k$ は実数）と表される。これを
$\overrightarrow{AP}=$●$\overrightarrow{AB}+$▲$\overrightarrow{AD}+$■$\overrightarrow{AE}$ の形に変形し　　●+▲+■=1

解答 $\overrightarrow{AI}=\overrightarrow{AB}+\overrightarrow{BC}+\overrightarrow{CI}=\overrightarrow{AB}+\overrightarrow{AD}+\dfrac{4}{3}\overrightarrow{AE}$

3 点 A，P，I は一直線上にあるから，実数 k を用いて $\overrightarrow{AP}=k\overrightarrow{AI}$ と表され

$$\overrightarrow{AP}=k\overrightarrow{AB}+k\overrightarrow{AD}+\frac{4}{3}k\overrightarrow{AE} \quad \cdots\cdots ①$$

点 P は平面 BDE 上にあるから

$$k+k+\frac{4}{3}k=1$$

◀（係数の和）=1

ゆえに　$k=\dfrac{3}{10}$　　よって　$\overrightarrow{AP}=\dfrac{3}{10}\overrightarrow{AB}+\dfrac{3}{10}\overrightarrow{AD}+\dfrac{2}{5}\overrightarrow{AE}$

また，3 点 A，Q，I は一直線上にあるから，実数 l を用いて $\overrightarrow{AQ}=l\overrightarrow{AI}$ と表され

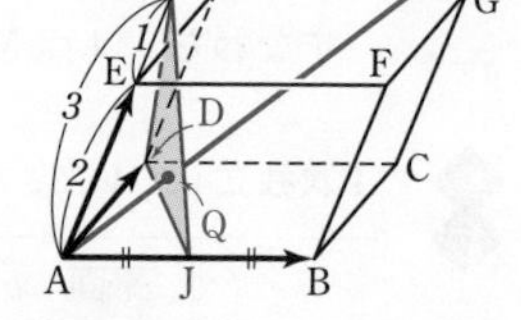

$$\overrightarrow{AQ}=l\overrightarrow{AB}+l\overrightarrow{AD}+\frac{4}{3}l\overrightarrow{AE}$$

$\overrightarrow{AB}=2\overrightarrow{AJ}$，$\overrightarrow{AE}=\dfrac{2}{3}\overrightarrow{AK}$ であるから

$$\overrightarrow{AQ}=2l\overrightarrow{AJ}+l\overrightarrow{AD}+\frac{8}{9}l\overrightarrow{AK}$$

点 Q は平面 DJK 上にあるから　$2l+l+\dfrac{8}{9}l=1$　　◀（係数の和）=1

ゆえに　$l=\dfrac{9}{35}$　　よって　$\overrightarrow{AQ}=\dfrac{9}{35}\overrightarrow{AB}+\dfrac{9}{35}\overrightarrow{AD}+\dfrac{12}{35}\overrightarrow{AE}$

点 P は平面 BDE 上にあるから，$\overrightarrow{BP}=s\overrightarrow{BD}+t\overrightarrow{BE}$（$s$，$t$ は実数）と表され
$\overrightarrow{AP}=\overrightarrow{AB}+\overrightarrow{BP}=\overrightarrow{AB}+s\overrightarrow{BD}+t\overrightarrow{BE}=(1-s-t)\overrightarrow{AB}+s\overrightarrow{AD}+t\overrightarrow{AE}$ ……②
4 点 A，B，D，E は同じ平面上にないから，①，②より　$k=1-s-t$，$k=s$，$\dfrac{4}{3}k=t$
この連立方程式を解く方針でもよい（$\overrightarrow{AQ}$ についても同様）。

練習 48 四面体 OABC の辺 OA の中点を D，線分 BD を 3：2 に内分する点を E，線分 CE を 3：1 に内分する点を F，辺 OC を 1：2 に内分する点を G とする。
直線 OF と平面 ABC，平面 DBG の交点をそれぞれ P，Q とし，$\overrightarrow{OA}=\vec{a}$，$\overrightarrow{OB}=\vec{b}$，$\overrightarrow{OC}=\vec{c}$ とするとき，$\overrightarrow{OP}$，$\overrightarrow{OQ}$ を $\vec{a}$，$\vec{b}$，$\vec{c}$ で表せ。
［類　名古屋市大］

➡ p. 137 演習 23

例題 49 直線と平面の交点の位置ベクトル(2) ★★★☆☆

四面体 OABC において，線分 OA を 2：1 に内分する点をP，線分 OB を 3：1 に内分する点をQ，線分 BC を 4：1 に内分する点をRとする。この四面体を3点P，Q，R を通る平面で切り，この平面が線分 AC と交わる点をSとするとき，線分の長さの比 AS：SC を求めよ。 〔類 早稲田大〕

◀例題 48

指針 点Sは「線分 AC 上にある」，「平面 PQR 上にある」の2つのことに注目。$\overrightarrow{OS}$ を $\overrightarrow{OA}$, $\overrightarrow{OB}$, $\overrightarrow{OC}$ を用いて **2通りに表して係数比較** する。なお，点Sが平面 PQR 上にあるための条件については，次のことを利用する。

点Sが平面 PQR 上にある ⟺ $\overrightarrow{OS}=s\overrightarrow{OP}+t\overrightarrow{OQ}+u\overrightarrow{OR}$, $s+t+u=1$

解答 AS：SC＝k：$(1-k)$ $[0\leqq k\leqq 1]$ とすると

$$\overrightarrow{OS}=(1-k)\overrightarrow{OA}+k\overrightarrow{OC} \quad \cdots\cdots ①$$

◀ Sは線分 AC 上にあるから $0\leqq k\leqq 1$

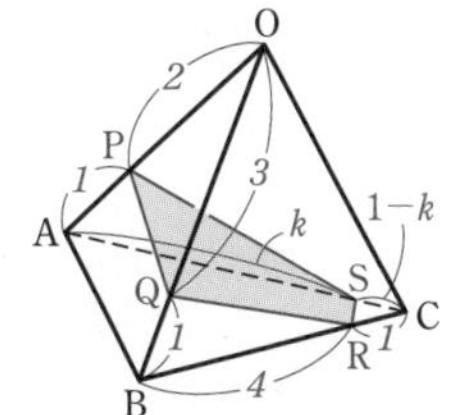

また，点Sは3点P，Q，R を通る平面上にあるから，実数 s, t, u を用いて，

$$\overrightarrow{OS}=s\overrightarrow{OP}+t\overrightarrow{OQ}+u\overrightarrow{OR},\ s+t+u=1$$

と表される。

ここで，BR：RC＝4：1 であるから

$$\overrightarrow{OR}=\frac{1\cdot\overrightarrow{OB}+4\overrightarrow{OC}}{4+1}=\frac{1}{5}\overrightarrow{OB}+\frac{4}{5}\overrightarrow{OC}$$

また，$\overrightarrow{OP}=\frac{2}{3}\overrightarrow{OA}$, $\overrightarrow{OQ}=\frac{3}{4}\overrightarrow{OB}$ であるから

$$\overrightarrow{OS}=\frac{2}{3}s\overrightarrow{OA}+\frac{3}{4}t\overrightarrow{OB}+u\left(\frac{1}{5}\overrightarrow{OB}+\frac{4}{5}\overrightarrow{OC}\right)$$

$$=\frac{2}{3}s\overrightarrow{OA}+\left(\frac{3}{4}t+\frac{1}{5}u\right)\overrightarrow{OB}+\frac{4}{5}u\overrightarrow{OC} \quad \cdots\cdots ②$$

◀ $\overrightarrow{OS}$＝●$\overrightarrow{OP}$＋■$\overrightarrow{OQ}$＋▲$\overrightarrow{OR}$ を $\overrightarrow{OA}$, $\overrightarrow{OB}$, $\overrightarrow{OC}$ の式に直す。

4点O，A，B，C は同じ平面上にないから，①，② より

$$1-k=\frac{2}{3}s,\ 0=\frac{3}{4}t+\frac{1}{5}u,\ k=\frac{4}{5}u$$

◀ $\overrightarrow{OA}$, $\overrightarrow{OB}$, $\overrightarrow{OC}$ は1次独立 ⟶ $\overrightarrow{OS}$ の表し方は1通り。①，② で，$\overrightarrow{OA}$, $\overrightarrow{OB}$, $\overrightarrow{OC}$ の係数を比較。

ゆえに　$s=\frac{3}{2}-\frac{3}{2}k,\ t=-\frac{1}{3}k,\ u=\frac{5}{4}k$

これらを $s+t+u=1$ に代入して

$$\frac{3}{2}-\frac{3}{2}k-\frac{1}{3}k+\frac{5}{4}k=1$$

よって　$k=\frac{6}{7}$　　これは $0\leqq k\leqq 1$ を満たす。

◀ $0\leqq k\leqq 1$ であることの確認を忘れずに。

したがって　AS：SC＝$\frac{6}{7}$：$\left(1-\frac{6}{7}\right)$＝**6：1**

練習 49 四面体 OABC に平面 α が辺 OA，AB，BC，OC とそれぞれ P，Q，R，S で OP：PA＝AQ：QB＝BR：RC＝1：2 を満たすように交わっている。このとき，$\overrightarrow{OS}$＝$\square$$\overrightarrow{OC}$ である。

例題 50 線分の垂直，線分の平方に関する証明 ★★★☆☆

四面体 OABC において，OA=AB，BC=OC，OA⊥BC とするとき，次のことが成り立つことを証明せよ。 〔浜松医大〕

(1) OB⊥AC (2) $OA^2+BC^2=OB^2+AC^2$

◀例題 21

指針 垂直であること，線分の長さの平方についての等式の証明であるから，**内積を利用** して，**ベクトル化する** ことが有効である。

(1) **結論からお迎え** すると，OB⊥AC から $\overrightarrow{OB}\cdot\overrightarrow{AC}=0$

$\overrightarrow{OA}=\vec{a}$，$\overrightarrow{OB}=\vec{b}$，$\overrightarrow{OC}=\vec{c}$ とすると $\vec{b}\cdot(\vec{c}-\vec{a})=0$ よって $\vec{b}\cdot\vec{c}=\vec{a}\cdot\vec{b}$

したがって，$\vec{b}\cdot\vec{c}=\vec{a}\cdot\vec{b}$ を OA=AB，BC=OC から導く方針で進める。

CHART 》 図形の条件のベクトル化

1 垂直 は (内積)=0 **2** (線分)^2 は $|\bullet|^2$ で表現

解答 $\overrightarrow{OA}=\vec{a}$，$\overrightarrow{OB}=\vec{b}$，$\overrightarrow{OC}=\vec{c}$ とする。

(1) OA=AB から

$$|\overrightarrow{OA}|^2=|\overrightarrow{AB}|^2$$

ゆえに $|\vec{a}|^2=|\vec{b}-\vec{a}|^2$

$$|\vec{a}|^2=|\vec{b}|^2-2\vec{a}\cdot\vec{b}+|\vec{a}|^2$$

よって $|\vec{b}|^2=2\vec{a}\cdot\vec{b}$ …… ①

BC=OC から同様にして

$$|\vec{b}|^2=2\vec{b}\cdot\vec{c} \quad \cdots\cdots ②$$

①，② から $\vec{a}\cdot\vec{b}=\vec{b}\cdot\vec{c}$ …… ③

よって $\vec{b}\cdot(\vec{c}-\vec{a})=0$ すなわち $\overrightarrow{OB}\cdot\overrightarrow{AC}=0$

$\overrightarrow{OB}\neq\vec{0}$，$\overrightarrow{AC}\neq\vec{0}$ であるから $\overrightarrow{OB}\perp\overrightarrow{AC}$

したがって OB⊥AC

(2) OA⊥BC から $\overrightarrow{OA}\cdot\overrightarrow{BC}=0$

よって $\vec{a}\cdot(\vec{c}-\vec{b})=0$ ゆえに $\vec{a}\cdot\vec{c}=\vec{a}\cdot\vec{b}$

これと ③ より，$\vec{a}\cdot\vec{c}=\vec{b}\cdot\vec{c}$ であるから

$$OA^2+BC^2-OB^2-AC^2$$
$$=|\vec{a}|^2+|\vec{c}-\vec{b}|^2-|\vec{b}|^2-|\vec{c}-\vec{a}|^2$$
$$=|\vec{a}|^2+|\vec{c}|^2-2\vec{b}\cdot\vec{c}+|\vec{b}|^2-|\vec{b}|^2-|\vec{c}|^2+2\vec{a}\cdot\vec{c}-|\vec{a}|^2$$
$$=0$$

したがって $OA^2+BC^2=OB^2+AC^2$

(1) **別解** (次ページの **検討** 参照。)

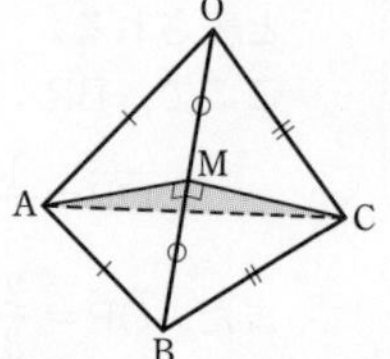

辺 OB の中点を M とすると，OA=AB から AM⊥OB

OC=BC から CM⊥OB よって OB⊥(平面 ACM)

AC は平面 ACM 上にあるから OB⊥AC

(2) (左辺)−(右辺)=0 を示す方針。

練習 50 (1) 四面体 OABC について，$OB^2-OC^2=AB^2-AC^2$ が成り立つとき，OA⊥BC であることを証明せよ。

(2) 四面体 PABC において，PA⊥BC，PB⊥CA で △ABC は正三角形とする。このとき，次のことが成り立つことを証明せよ。

(ア) PC⊥AB (イ) PA=PB=PC

➡p.138 演習 27

重要例題 51 立方体になることの証明 ★★★★☆

直方体の隣り合う3辺を OA, OB, OC とし, $\overrightarrow{OD}=\overrightarrow{OA}+\overrightarrow{OB}+\overrightarrow{OC}$ を満たす頂点をDとする。線分 OD が △ABC と直交するとき，この直方体は立方体であることを証明せよ。

〔東京学芸大〕 ◀例題50

指針 問題の直方体が立方体であるための条件は，OA=OB=OC であるから

$$|\overrightarrow{OA}|^2=|\overrightarrow{OB}|^2=|\overrightarrow{OC}|^2$$

◀ $|\vec{p}|$ は $|\vec{p}|^2$ として扱う

を示す。線分 OD が △ABC と直交するから，直線 OD は △ABC 上のすべての直線と垂直である。⟶ OD⊥AB, OD⊥AC ⟶ $\overrightarrow{OD}\cdot\overrightarrow{AB}=0$, $\overrightarrow{OD}\cdot\overrightarrow{AC}=0$

CHART》 線分の長さの平方，垂直　内積の利用

解答

$$\overrightarrow{OD}=\overrightarrow{OA}+\overrightarrow{OB}+\overrightarrow{OC} \quad \cdots\cdots ①$$

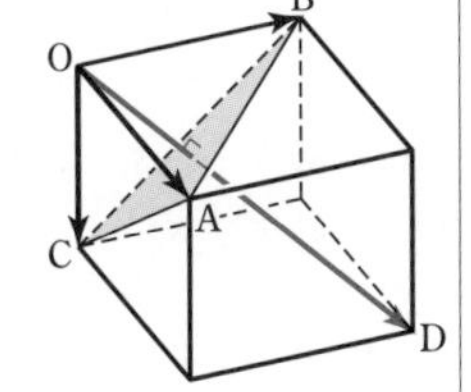

直線 OD は △ABC を含む平面と垂直であるから

OD⊥AB, OD⊥AC

◀ 下の **検討** 参照。

よって $\overrightarrow{OD}\cdot\overrightarrow{AB}=0$, $\overrightarrow{OD}\cdot\overrightarrow{AC}=0$

◀ 垂直 ⟹ (内積)=0

$\overrightarrow{OD}\cdot\overrightarrow{AB}=0$ と ① から

$$(\overrightarrow{OA}+\overrightarrow{OB}+\overrightarrow{OC})\cdot(\overrightarrow{OB}-\overrightarrow{OA})=0$$

◀ $(\overrightarrow{OA}+\overrightarrow{OB})\cdot(\overrightarrow{OB}-\overrightarrow{OA})+\overrightarrow{OC}\cdot(\overrightarrow{OB}-\overrightarrow{OA})=0$
$\overrightarrow{OA}\cdot\overrightarrow{OB}-|\overrightarrow{OA}|^2+|\overrightarrow{OB}|^2-\overrightarrow{OB}\cdot\overrightarrow{OA}+\overrightarrow{OC}\cdot\overrightarrow{OB}-\overrightarrow{OC}\cdot\overrightarrow{OA}=0$

したがって

$$-|\overrightarrow{OA}|^2+|\overrightarrow{OB}|^2+\overrightarrow{OB}\cdot\overrightarrow{OC}-\overrightarrow{OC}\cdot\overrightarrow{OA}=0$$

OB⊥OC, OC⊥OA であるから

$$\overrightarrow{OB}\cdot\overrightarrow{OC}=0,\ \overrightarrow{OC}\cdot\overrightarrow{OA}=0$$

ゆえに　$-|\overrightarrow{OA}|^2+|\overrightarrow{OB}|^2=0$

同様にして，$\overrightarrow{OD}\cdot\overrightarrow{AC}=0$ と ① から　$-|\overrightarrow{OA}|^2+|\overrightarrow{OC}|^2=0$

よって　$|\overrightarrow{OA}|^2=|\overrightarrow{OB}|^2=|\overrightarrow{OC}|^2$

ゆえに　$|\overrightarrow{OA}|=|\overrightarrow{OB}|=|\overrightarrow{OC}|$

◀ 隣り合う3辺の長さが等しい。

したがって，この直方体は立方体である。

検討 次のことは，数学A：「図形の性質」の内容であるが，空間のベクトルの問題においてしばしば使われる。確認しておこう。

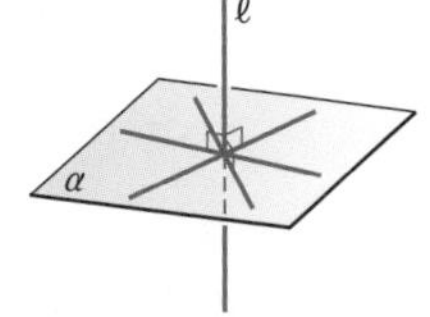

直線と平面の垂直

① 直線 ℓ が平面 α 上のすべての直線に垂直であるとき，直線 ℓ は α に **垂直** である，または α に **直交** するといい，$\ell\perp\alpha$ と書く。また，このとき，ℓ を平面 α の **垂線** という。

② 平面に垂直な直線について，次のことが成り立つ。

直線 ℓ が，平面 α 上の交わる2直線 m, n に垂直ならば，直線 ℓ は平面 α に垂直である。

練習 51 立方体 OPQR-STUV の対角線 RT の中点をGとし，$\overrightarrow{OP}=\vec{p}$, $\overrightarrow{OR}=\vec{r}$, $\overrightarrow{OS}=\vec{s}$ とする。

(1) $\overrightarrow{GU}$ を $\vec{p}$, $\vec{r}$, $\vec{s}$ で表せ。

(2) $\overrightarrow{GU}$ は平面 QTV に垂直であることを示せ。〔広島大〕

例題 52 平面に下ろした垂線 (1) ★★★☆☆

3点 A(1, 0, 0), B(0, 2, 0), C(0, 0, 3) を通る平面をαとし，原点Oから平面αに下ろした垂線の足をHとする。〔類 岐阜大，早稲田大〕

(1) 点Hの座標を求めよ。　(2) △ABC の面積Sを求めよ。

◀例題46，51

指針 (1) **点Hは平面α (平面 ABC) 上にある**

$\iff \overrightarrow{OH}=s\overrightarrow{OA}+t\overrightarrow{OB}+u\overrightarrow{OC},\ s+t+u=1$ と表される。

これと，**OH⊥(平面 ABC)** $\iff$ $\overrightarrow{OH}\perp\overrightarrow{AB},\ \overrightarrow{OH}\perp\overrightarrow{AC}$ (前ページの **検討**) を活かし，s, t, u の値を求める。

(2) 三角形の面積の公式 (p. 92 **検討**) を用いる方法もあるが，ここでは四面体 OABC の体積Vを次のように **2通りに表す** ことを考えるとよい。

$$V=\frac{1}{3}\triangle OAB\times OC=\frac{1}{3}\triangle ABC\times OH$$

◀ OH は(1)を利用して求める。

解答 (1) 点Hは平面α上にあるから，s, t, u を実数として

$$\overrightarrow{OH}=s\overrightarrow{OA}+t\overrightarrow{OB}+u\overrightarrow{OC},\ s+t+u=1$$

と表される。よって

$$\overrightarrow{OH}=s(1,\ 0,\ 0)+t(0,\ 2,\ 0)+u(0,\ 0,\ 3)$$
$$=(s,\ 2t,\ 3u)$$

また　$\overrightarrow{AB}=(-1,\ 2,\ 0)$, $\overrightarrow{AC}=(-1,\ 0,\ 3)$

OH⊥(平面α) であるから　$\overrightarrow{OH}\perp\overrightarrow{AB}$, $\overrightarrow{OH}\perp\overrightarrow{AC}$

ゆえに　$\overrightarrow{OH}\cdot\overrightarrow{AB}=-s+4t=0$, $\overrightarrow{OH}\cdot\overrightarrow{AC}=-s+9u=0$

よって，$t=\frac{1}{4}s$, $u=\frac{1}{9}s$ で $s+t+u=1$ から　$s=\frac{36}{49}$

◀ $t=\frac{9}{49}$, $u=\frac{4}{49}$ から $\overrightarrow{OH}=\left(\frac{36}{49},\ \frac{18}{49},\ \frac{12}{49}\right)=\frac{6}{49}(6,\ 3,\ 2)$

したがって，点Hの座標は　$\left(\frac{36}{49},\ \frac{18}{49},\ \frac{12}{49}\right)$

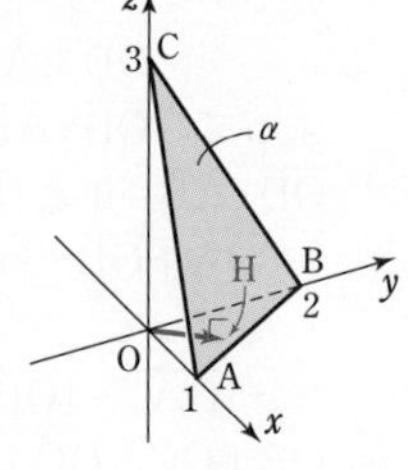

(2) 四面体 OABC の体積をVとすると

$$V=\frac{1}{3}\triangle OAB\times OC=\frac{1}{3}\times\frac{1}{2}\times1\times2\times3=1$$

◀ ∠AOB=90°

また　$OH=|\overrightarrow{OH}|=\frac{6}{49}\sqrt{6^2+3^2+2^2}=\frac{6}{7}$

◀ $\vec{a}=k(a_1,\ a_2,\ a_3)$ (kは実数) のとき $|\vec{a}|=|k|\sqrt{a_1^2+a_2^2+a_3^2}$

よって，$V=\frac{1}{3}S\times OH$ から　$S=\frac{3V}{OH}=3\times1\times\frac{7}{6}=\frac{7}{2}$

∠AOB, ∠BOC, ∠COA がすべて直角である四面体 OABC において

$$(\triangle OAB)^2+(\triangle OBC)^2+(\triangle OCA)^2=(\triangle ABC)^2$$

◀ **四平方の定理** ともいう。

が成り立つ。このことは，三平方の定理を繰り返し用いることにより証明できる (解答編 p. 63 参照)。これを利用すると，(2) は

$$S^2=\left(\frac{1}{2}\cdot1\cdot2\right)^2+\left(\frac{1}{2}\cdot2\cdot3\right)^2+\left(\frac{1}{2}\cdot3\cdot1\right)^2=\frac{49}{4}\qquad よって\qquad S=\frac{7}{2}$$

練習 52 原点をOとし，3点 A(2, 0, 0), B(0, 4, 0), C(0, 0, 3) をとる。原点Oから3点 A, B, C を含む平面に下ろした垂線の足をHとする。〔類 宮城大〕

(1) 点Hの座標を求めよ。　(2) △ABC の面積を求めよ。

➡p. 137 演習 24

例題 53 平面に下ろした垂線 (2) ★★★☆☆

$\angle AOB=\angle AOC=60^\circ$，$\angle BOC=90^\circ$，$OB=OC=1$，$OA=2$ である四面体 OABC において，頂点Oから平面 ABC に下ろした垂線 OH の長さを求めよ。

〔類 慶応大〕 ◀例題 52

指針 **点Hは平面 ABC 上 $\Longleftrightarrow$ $\overrightarrow{OH}=s\overrightarrow{OA}+t\overrightarrow{OB}+u\overrightarrow{OC}$，$s+t+u=1$** (共面条件)
OH⊥(平面 ABC) $\Longleftrightarrow$ $\overrightarrow{OH}\perp\overrightarrow{AB}$，$\overrightarrow{OH}\perp\overrightarrow{AC}$ (直線と平面の垂直の条件)
の 2 つの条件を利用して，$\overrightarrow{OH}$ を 3 ベクトル $\overrightarrow{OA}$，$\overrightarrow{OB}$，$\overrightarrow{OC}$ で表す。
次に，$OH=|\overrightarrow{OH}|$ であるから，$|\overrightarrow{OH}|^2$ として **内積を利用** して計算する。

解答 $\overrightarrow{OA}=\vec{a}$，$\overrightarrow{OB}=\vec{b}$，$\overrightarrow{OC}=\vec{c}$ とする。
点Hは平面 ABC 上にあるから，s，t，u を実数として

$$\overrightarrow{OH}=s\vec{a}+t\vec{b}+u\vec{c},\quad s+t+u=1$$

と表される。
OH⊥(平面 ABC) であるから

$$\overrightarrow{OH}\perp\overrightarrow{AB},\quad \overrightarrow{OH}\perp\overrightarrow{AC}$$

よって，$\overrightarrow{OH}\cdot\overrightarrow{AB}=0$，$\overrightarrow{OH}\cdot\overrightarrow{AC}=0$ であるから

$$(s\vec{a}+t\vec{b}+u\vec{c})\cdot(\vec{b}-\vec{a})=0 \quad \cdots\cdots ①$$

$$(s\vec{a}+t\vec{b}+u\vec{c})\cdot(\vec{c}-\vec{a})=0 \quad \cdots\cdots ②$$

ここで　$|\vec{a}|^2=4$，$|\vec{b}|^2=|\vec{c}|^2=1$
$\vec{a}\cdot\vec{b}=2\times1\times\cos60^\circ=1$，$\vec{b}\cdot\vec{c}=0$，$\vec{c}\cdot\vec{a}=1$

① から　$-s|\vec{a}|^2+t|\vec{b}|^2+(s-t)\vec{a}\cdot\vec{b}+u\vec{b}\cdot\vec{c}-u\vec{c}\cdot\vec{a}=0$

ゆえに　$3s+u=0 \quad \cdots\cdots ③$

同様に，② から　$3s+t=0 \quad \cdots\cdots ④$

③，④ および $s+t+u=1$ を連立して解くと

$$s=-\frac{1}{5},\quad t=\frac{3}{5},\quad u=\frac{3}{5}$$

ゆえに　$\overrightarrow{OH}=-\frac{1}{5}\vec{a}+\frac{3}{5}\vec{b}+\frac{3}{5}\vec{c}$

したがって

$$5^2|\overrightarrow{OH}|^2=|-\vec{a}+3\vec{b}+3\vec{c}|^2$$
$$=|\vec{a}|^2+9|\vec{b}|^2+9|\vec{c}|^2-6\vec{a}\cdot\vec{b}+18\vec{b}\cdot\vec{c}-6\vec{c}\cdot\vec{a}$$
$$=4+9\times1+9\times1-6\times1+18\times0-6\times1=10$$

ゆえに　$|\overrightarrow{OH}|=\frac{\sqrt{10}}{5}$　　よって　$\boldsymbol{OH=\frac{\sqrt{10}}{5}}$

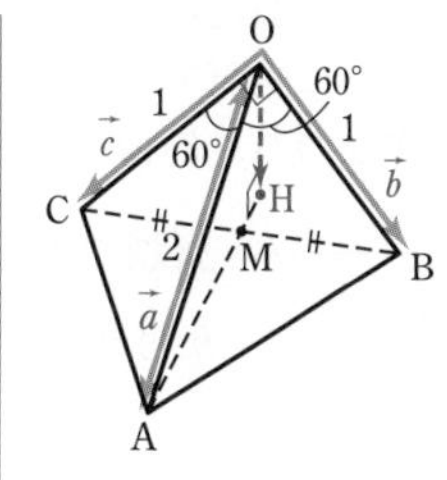

検討
$\overrightarrow{AH}=\overrightarrow{OH}-\overrightarrow{OA}$
$=-\frac{6}{5}\vec{a}+\frac{3}{5}\vec{b}+\frac{3}{5}\vec{c}$
$=\frac{6}{5}\left(\frac{\vec{b}+\vec{c}}{2}-\vec{a}\right)$
から，辺 BC の中点を M とすると　$\overrightarrow{AH}=\frac{6}{5}\overrightarrow{AM}$
よって，点Hは線分 AM を 6：1 に外分する点である。

◀ 分数の計算を避けるために $5\overrightarrow{OH}=-\vec{a}+3\vec{b}+3\vec{c}$ として計算。

◀ $OH=|\overrightarrow{OH}|$

練習 53 四面体 OABC において，$OA=OB=OC=1$ とする。
$\angle AOB=60^\circ$，$\angle BOC=45^\circ$，$\angle COA=45^\circ$ とし，$\vec{a}=\overrightarrow{OA}$，$\vec{b}=\overrightarrow{OB}$，$\vec{c}=\overrightarrow{OC}$ とする。
点Cから平面 OAB に垂線を引き，その交点をHとする。
(1) $\overrightarrow{OH}$ を $\vec{a}$ と $\vec{b}$ を用いて表せ。　(2) 垂線 CH の長さを求めよ。
(3) 四面体 OABC の体積を求めよ。

〔東北大〕 ➡ p. 137 演習 25

外　積

1　外積の定義

$\overrightarrow{OA}=\vec{a}$，$\overrightarrow{OB}=\vec{b}$ とする。$\vec{a}$ と $\vec{b}$ について，その**外積 $\vec{a}\times\vec{b}$** というベクトルを，次のように定義する。

$$\vec{a}\times\vec{b}=(|\vec{a}||\vec{b}|\sin\theta)\vec{e}\ \cdots\cdots\ Ⓐ$$

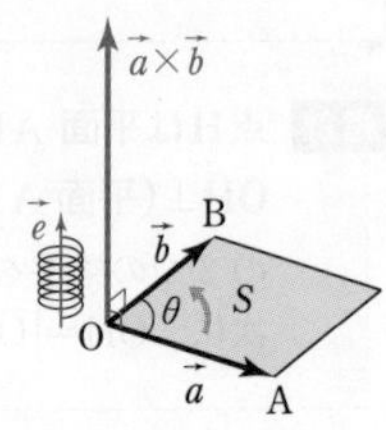

ただし，θ は，$\vec{a}$ と $\vec{b}$ のなす角とする。また，$\vec{e}$ は，AからBに向かって右ねじを回すときのねじの進む方向を向きとする単位ベクトルとする。外積 $\vec{a}\times\vec{b}$ は，$\vec{a}$，$\vec{b}$ が作る（線分 OA，OB を隣り合う 2 辺とする）平行四辺形の面積 S を大きさとし，$\vec{a}$ と $\vec{b}$ の両方に垂直である。

すなわち，外積 $\vec{a}\times\vec{b}$ は次の性質をもつ。

外積の性質

① $\vec{a}\times\vec{b}$ はベクトルで，$\vec{a}$，$\vec{b}$ の両方に垂直

② $\vec{a}\times\vec{b}$ の向きはAからBに右ねじを回すときに進む向き

③ $|\vec{a}\times\vec{b}|$ は $\vec{a}$，$\vec{b}$ が作る平行四辺形の面積に等しい

内積との比較

◀ $\vec{a}\cdot\vec{b}$ は値（スカラー）で，向きはない。

◀ $|\vec{a}|$ は線分 OA の長さ

補足 ・右上の図の青い平行四辺形の面積は　$2\triangle OAB=2\times\frac{1}{2}|\vec{a}||\vec{b}|\sin\theta=|\vec{a}||\vec{b}|\sin\theta$

・Ⓐ から，外積の成分表示（$p.93$ **検討**）を導くことができる。　◀ 解答編 $p.64$，65 参照。

2　外積と立体の体積

外積を用いると，四面体や平行六面体の体積を簡単な式で表すことができる。

右の図のような，線分 OA，OB，OC を 3 辺とする平行六面体があるとき，まず四面体 OABC の体積 V_1 を求めてみよう。

$\overrightarrow{OA}=\vec{a}$，$\overrightarrow{OB}=\vec{b}$，$\overrightarrow{OC}=\vec{c}$ とし，$\vec{a}$ と $\vec{b}$ のなす角を θ とする。$\triangle OAB$ を底面とみたときの高さを h とすると

$$h=||\vec{c}|\cos\alpha|=|\vec{c}||\cos\alpha|\quad(\alpha \text{ は } \vec{c} \text{ と } \vec{a}\times\vec{b} \text{ のなす角})$$

よって　$V_1=\frac{1}{3}\triangle OAB\cdot h=\frac{1}{3}\cdot\frac{1}{2}|\vec{a}\times\vec{b}|\cdot|\vec{c}||\cos\alpha|$　（└─外積の性質 ③）

$$=\frac{1}{6}||\vec{a}\times\vec{b}||\vec{c}|\cos\alpha|$$

$$=\frac{1}{6}|(\vec{a}\times\vec{b})\cdot\vec{c}|$$

◀ ・は内積を表すものであり，〰〰 は値（スカラー）である。

また，図の平行六面体の体積 V_2 は，平行四辺形 OADB の面積を S とすると

$$V_2=Sh=|\vec{a}\times\vec{b}||\vec{c}||\cos\alpha|=|(\vec{a}\times\vec{b})\cdot\vec{c}|$$

なお，$(\vec{a}\times\vec{b})\cdot\vec{c}$ を $\vec{a}$，$\vec{b}$，$\vec{c}$ の**スカラー三重積**という。V_1 の式から

$$\boldsymbol{\vec{a},\ \vec{b},\ \vec{c}} \text{ が 1 次独立} \iff (\vec{a}\times\vec{b})\cdot\vec{c}\neq 0$$

がわかる。

11 座標空間における図形

《 基本事項 》

1 内分点，外分点，重心の座標

原点をOとし，線分 AB を $m:n$ に内分する点をP，外分する点をQ，△ABC の重心をGとすると，$\overrightarrow{OP}$，$\overrightarrow{OQ}$，$\overrightarrow{OG}$ はそれぞれ

$$\overrightarrow{OP}=\frac{n\overrightarrow{OA}+m\overrightarrow{OB}}{m+n},\quad \overrightarrow{OQ}=\frac{-n\overrightarrow{OA}+m\overrightarrow{OB}}{m-n},\quad \overrightarrow{OG}=\frac{\overrightarrow{OA}+\overrightarrow{OB}+\overrightarrow{OC}}{3}$$

と表されるから，次のことが成り立つ。

A$(x_1,\ y_1,\ z_1)$，B$(x_2,\ y_2,\ z_2)$，C$(x_3,\ y_3,\ z_3)$ とする。

① 線分 AB を $m:n$ に

内分する点の座標は $\left(\dfrac{nx_1+mx_2}{m+n},\ \dfrac{ny_1+my_2}{m+n},\ \dfrac{nz_1+mz_2}{m+n}\right)$

外分する点の座標は $\left(\dfrac{-nx_1+mx_2}{m-n},\ \dfrac{-ny_1+my_2}{m-n},\ \dfrac{-nz_1+mz_2}{m-n}\right)$

特に，線分 AB の中点の座標は $\left(\dfrac{x_1+x_2}{2},\ \dfrac{y_1+y_2}{2},\ \dfrac{z_1+z_2}{2}\right)$

② △ABC の重心の座標は $\left(\dfrac{x_1+x_2+x_3}{3},\ \dfrac{y_1+y_2+y_3}{3},\ \dfrac{z_1+z_2+z_3}{3}\right)$

(注意) これらは，座標平面の場合に z 座標が加わったものである。

2 座標軸に垂直な平面の方程式

点 P$(a,\ b,\ c)$ を通り，x 軸に垂直な平面を α とする。平面 α と x 軸との交点の座標は $(a,\ 0,\ 0)$ で，平面 α は x 座標が常に a (y，z 座標は任意) である点全体の集合であるから，平面 α の方程式は $x=a$ である。
同様に考えて，点Pを通り y 軸に垂直な平面 β の方程式は $y=b$ であり，点Pを通り z 軸に垂直な平面 γ の方程式は $z=c$ である。
なお，方程式 $x=0$，$y=0$，$z=0$ はそれぞれ yz 平面，zx 平面，xy 平面を表す。

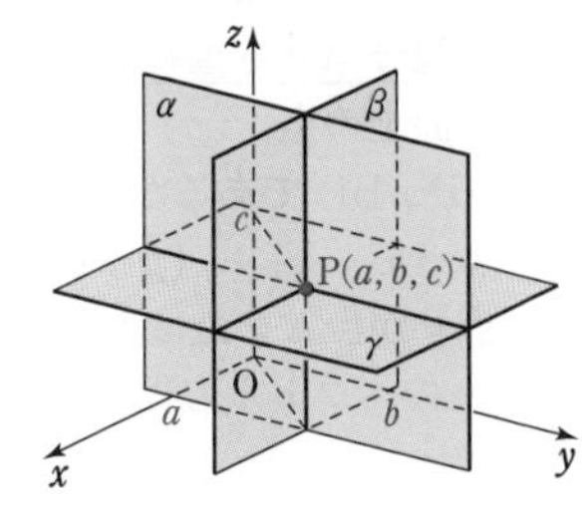

点 P$(a,\ b,\ c)$ を通り

x 軸に垂直な (yz 平面に平行な) 平面の方程式は　$\boldsymbol{x=a}$
y 軸に垂直な (zx 平面に平行な) 平面の方程式は　$\boldsymbol{y=b}$
z 軸に垂直な (xy 平面に平行な) 平面の方程式は　$\boldsymbol{z=c}$

3 球面の方程式

空間において，定点Cからの距離が一定値 $r\ (r>0)$ であるような点の全体の集合を，中心がC，半径が r の **球面** または単に **球** という。

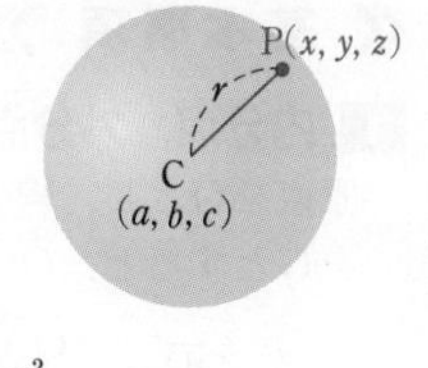

中心が点 $C(a,\ b,\ c)$，半径が r の球面上に点 $P(x,\ y,\ z)$ をとると，$CP=r$ から　$\sqrt{(x-a)^2+(y-b)^2+(z-c)^2}=r$

$r>0$ であるから，この式は両辺を平方した式

$$(\boldsymbol{x}-\boldsymbol{a})^2+(\boldsymbol{y}-\boldsymbol{b})^2+(\boldsymbol{z}-\boldsymbol{c})^2=\boldsymbol{r}^2 \quad \cdots\cdots (*)$$ ◀ **標準形** という。

と同値である。これを **球面の方程式** という。

特に，原点を中心とする半径 r の球面の方程式は　$\boldsymbol{x^2+y^2+z^2=r^2}$

(＊) を展開して整理すると　$x^2+y^2+z^2-2ax-2by-2cz+a^2+b^2+c^2-r^2=0$

よって，$-2a=A$，$-2b=B$，$-2c=C$，$a^2+b^2+c^2-r^2=D$ とおくと

$$\boldsymbol{x^2+y^2+z^2+Ax+By+Cz+D=0}$$ ◀ **一般形** という。

ただし，$a^2+b^2+c^2-D=\dfrac{A^2}{4}+\dfrac{B^2}{4}+\dfrac{C^2}{4}-D=r^2>0$ から　$\boldsymbol{A^2+B^2+C^2-4D>0}$

球面の方程式　(円の方程式に　　が加わった形)

標準形　$(\boldsymbol{x}-\boldsymbol{a})^2+(\boldsymbol{y}-\boldsymbol{b})^2+(\boldsymbol{z}-\boldsymbol{c})^2=\boldsymbol{r}^2$　← 中心 $(a,\ b,\ c)$，半径 r

一般形　$\boldsymbol{x^2+y^2+z^2+Ax+By+Cz+D=0}$　$(A^2+B^2+C^2-4D>0)$

---

4 球面のベクトル方程式

① **中心C，半径 r の球面**

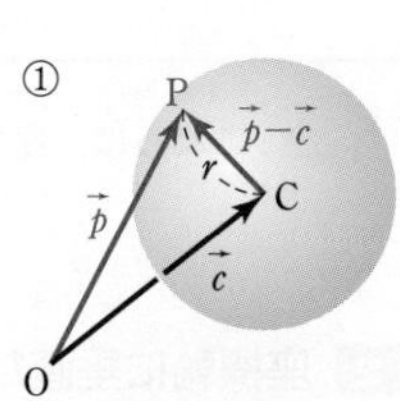

球面上の点 $P(\vec{p})$ と点 $C(\vec{c})$ との距離が r であるから

$|\overrightarrow{CP}|=r$　すなわち　$|\vec{\boldsymbol{p}}-\vec{\boldsymbol{c}}|=\boldsymbol{r}$　…… Ⓐ

内積を用いて表すと　$(\vec{p}-\vec{c})\cdot(\vec{p}-\vec{c})=r^2$

ここで，$\vec{c}=(a,\ b,\ c)$，$\vec{p}=(x,\ y,\ z)$ とすると

$$(\boldsymbol{x}-\boldsymbol{a})^2+(\boldsymbol{y}-\boldsymbol{b})^2+(\boldsymbol{z}-\boldsymbol{c})^2=\boldsymbol{r}^2$$ ◀ 標準形

② **線分 AB を直径とする球面**　$A(\vec{a})$，$B(\vec{b})$ とする。

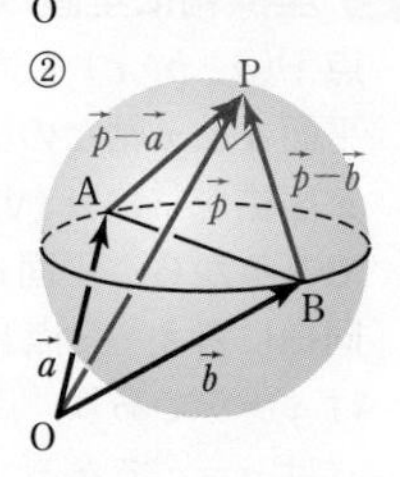

球面上の点 $P(\vec{p})$ (ただし，点 A，B を除く) に対し，

$AP\perp BP$ であるから　$\overrightarrow{AP}\cdot\overrightarrow{BP}=0$　…… Ⓑ

よって　$(\vec{\boldsymbol{p}}-\vec{\boldsymbol{a}})\cdot(\vec{\boldsymbol{p}}-\vec{\boldsymbol{b}})=0$　…… Ⓒ

点Pが点Aまたは点Bと一致するときも Ⓑ は成り立つから，

② のベクトル方程式は Ⓒ で表される。

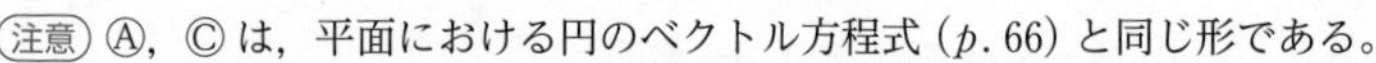

(注意) Ⓐ，Ⓒ は，平面における円のベクトル方程式 ($p.$ 66) と同じ形である。

CHECK 問題

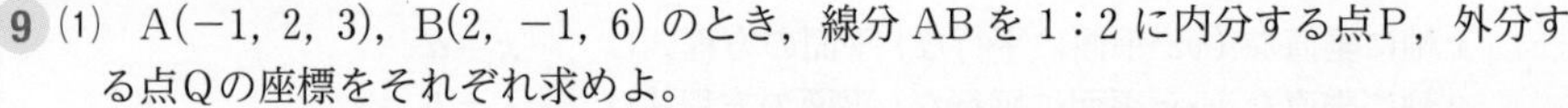

9 (1)　$A(-1,\ 2,\ 3)$，$B(2,\ -1,\ 6)$ のとき，線分 AB を $1:2$ に内分する点P，外分する点Qの座標をそれぞれ求めよ。

(2)　$A(-1,\ 4,\ a)$，$B(-4,\ 2,\ -1)$ に対して，線分 AB を $t:(1-t)$ に内分する点は $C(-2,\ b,\ -3)$ である。このとき，定数 a，b，t の値を求めよ。　→ 1

例 29 座標軸に垂直な平面の方程式など ★☆☆☆☆

(1) 点 A(2, −1, 5) に関して，点 P(5, −6, 2) と対称な点Qの座標を求めよ。

〔類 駒澤大〕

(2) 点 B(2, −1, 3) を通る，次のような平面の方程式をそれぞれ求めよ。

(ア) x 軸に垂直　(イ) y 軸に垂直　(ウ) z 軸に垂直

(3) 点 C(1, 3, −2) を通る，次のような平面の方程式をそれぞれ求めよ。

(ア) xy 平面に平行　(イ) yz 平面に平行　(ウ) zx 平面に平行

指針 (1) **点Aに関して，点Pと点Qは対称 ⟺ Aは線分 PQ の中点** であるから，
Q(x, y, z) として，線分 PQ の中点がAと一致する，と考える。

(2) **点 P(a, b, c) を通り，座標軸に垂直な平面の方程式**

x 軸に垂直 …… $x=a$，　**y 軸に垂直** …… $y=b$，　**z 軸に垂直** …… $z=c$

(3) **xy 平面** に平行 ⟹ **z 軸** に垂直
yz 平面 に平行 ⟹ **x 軸** に垂直
zx 平面 に平行 ⟹ **y 軸** に垂直

例 30 球面の方程式 (1) ★★☆☆☆

次の条件を満たす球面の方程式を求めよ。

(1) 2点 A(6, 3, 2), B(−2, −7, 8) を直径の両端とする。

(2) 点 (5, −1, 4) を通り，3つの座標平面に接する。

指針 **球面の方程式** には，次の2通りの表し方がある。

1 **標準形** $(x-a)^2+(y-b)^2+(z-c)^2=r^2$　◀ 中心と半径が見える形。

2 **一般形** $x^2+y^2+z^2+Ax+By+Cz+D=0$

球面の中心や半径のいずれかがわかる場合は，
1 **標準形** を用いて考える。

(1) 線分 AB が直径であるから，中心Cは線分 AB の中点である。また　(半径)=AC=BC

(2) 3つの座標平面に接するから，中心から各座標平面に下ろした垂線が半径になる。
また，$x>0$, $y<0$, $z>0$ である点を通ることから，中心の座標は半径 r を用いて表すことができる。

(2)

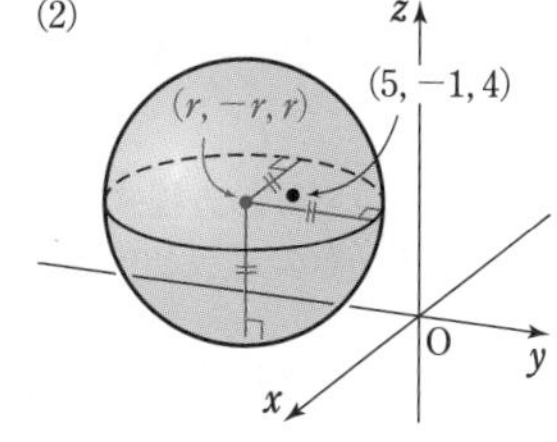

直径の両端が与えられた球面の方程式

2点 A(x_1, y_1, z_1), B(x_2, y_2, z_2) を直径の両端とする球面の方程式は　$(x-x_1)(x-x_2)+(y-y_1)(y-y_2)+(z-z_1)(z-z_2)=0$

である。これは p. 116 基本事項 4 Ⓒ のベクトル方程式を成分で表すと得られる。

(1) は，このことを用いて求めることもできる (図のCは球の中心)。

A　C　B

例題 54 球面の方程式 (2) ★★☆☆☆

4 点 $(0,\ 0,\ 0)$, $(0,\ 0,\ 4)$, $(1,\ 1,\ 0)$, $(1,\ -1,\ 6)$ を通る球面がある。この球面について，次のものを求めよ。

(1) 中心の座標と半径　　　(2) xy 平面による切り口の方程式

◀例 30

指針 (1) 前ページの例 30 とは違って，球面の中心も半径もわからない場合は

一般形 $\boldsymbol{x^2+y^2+z^2+Ax+By+Cz+D=0}$ を利用する。

一般形の方程式に通る 4 点の座標を代入して連立方程式を解くと，A, B, C, D の値が決まる。次に，一般形を変形して標準形に直すと，中心，半径がわかる。

(2) 切り口は xy 平面 (その方程式は $z=0$) との共通部分。したがって，**球面の方程式に $\boldsymbol{z=0}$ を代入すると**，切り口の方程式が得られる。

解答 (1) 球面の方程式を $x^2+y^2+z^2+Ax+By+Cz+D=0$ とすると，点 $(0,\ 0,\ 0)$ を通るから　　$D=0$

点 $(0,\ 0,\ 4)$ を通るから　　$16+4C+D=0$

点 $(1,\ 1,\ 0)$ を通るから　　$1+1+A+B+D=0$

点 $(1,\ -1,\ 6)$ を通るから　　$1+1+36+A-B+6C+D=0$

◀ 通る 4 点の座標を方程式に代入。

$D=0$ を代入した 3 式を連立して解くと

$$A=-8,\ B=6,\ C=-4,\ D=0$$

◀ $16+4C=0$, $A+B+2=0$, $A-B+6C+38=0$

よって，球面の方程式は

$$x^2+y^2+z^2-8x+6y-4z=0$$

これを変形すると

$$(x^2-8x+16)-16+(y^2+6y+9)-9 +(z^2-4z+4)-4=0$$

よって　　$(x-4)^2+(y+3)^2+(z-2)^2=29$

ゆえに　**中心の座標は $\boldsymbol{(4,\ -3,\ 2)}$，半径は $\boldsymbol{\sqrt{29}}$**

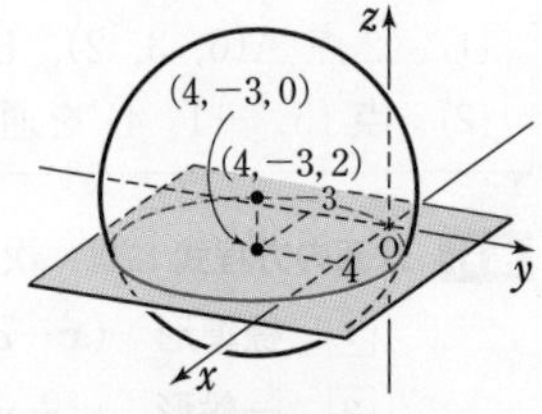

(2) $(x-4)^2+(y+3)^2+(0-2)^2=29$, $z=0$

◀ $z=0$ を書き忘れないように。

すなわち　　$\boldsymbol{(x-4)^2+(y+3)^2=25,\ z=0}$

検討 $\boldsymbol{x}$ **と** $\boldsymbol{y}$ **だけの方程式** $\boldsymbol{F(x,\ y)=0}$ **が空間に作る図形**

c を任意の定数とすると，方程式

$$(x-4)^2+(y+3)^2=25,\ z=c$$

で表される図形は，平面 $z=c$ 上の，中心 $(4,\ -3,\ c)$，半径 5 の円を表す。

よって，c を実数の範囲で動かすことを考えると，方程式

$$(x-4)^2+(y+3)^2=25$$

◀ x, y だけの方程式

で表される図形は，右の図のような円筒形となる。

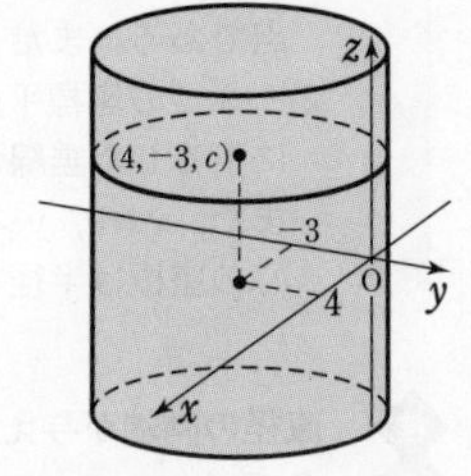

練習 54 $a>0$ とする。4 点 $\mathrm{O}(0,\ 0,\ 0)$, $\mathrm{A}(0,\ a,\ a)$, $\mathrm{B}(a,\ 0,\ a)$, $\mathrm{C}(a,\ a,\ 0)$ を通る球面について，次のものを求めよ。

(1) 中心の座標と半径　　　(2) zx 平面による切り口の方程式

例題 55 球面と平面が交わってできる円 ★★☆☆☆

中心が点 $(-2,\ 4,\ -2)$ で，2つの座標平面に接する球面 S の方程式は ア□ である。また，球面 S と平面 $x=k$ の交わりが半径 $\sqrt{3}$ の円であるとき，$k=$ イ□ である。

◀例30，例題54

指針 (ア) 中心の x 座標と z 座標がともに -2 で等しい。
→ 球面が接するのは yz 平面と xy 平面であり，球面の半径は 2

(イ) 平面 $x=k$ との交わりであるから，**球面 S の方程式に $x=k$ を代入する**。交わりの図形（円）の方程式に注目して半径を k で表し，k の方程式に帰着。

(注意) 交わりの図形の方程式に，$x=k$ を書き忘れないように。

CHART》 球面と平面 □$=k$ の交わりは，□$=k$ とおいた円

解答 中心が点 $(-2,\ 4,\ -2)$ であるから，球面 S は xy 平面および yz 平面に接し，その半径は 2 である。
したがって，球面 S の方程式は

$$^{ア}(x+2)^2+(y-4)^2+(z+2)^2=4$$

また，球面 S と平面 $x=k$ の交わりの図形の方程式は

$$(k+2)^2+(y-4)^2+(z+2)^2=4,\quad x=k$$

よって　$(y-4)^2+(z+2)^2=4-(k+2)^2,\ x=k$

これは平面 $x=k$ 上で，中心 $(k,\ 4,\ -2)$，半径 $\sqrt{4-(k+2)^2}$ の円を表す。……（＊）

ゆえに，$4-(k+2)^2=(\sqrt{3})^2$ であるから　$(k+2)^2=1$

よって　$k+2=\pm1$　すなわち　$k=^{イ}-3,\ -1$

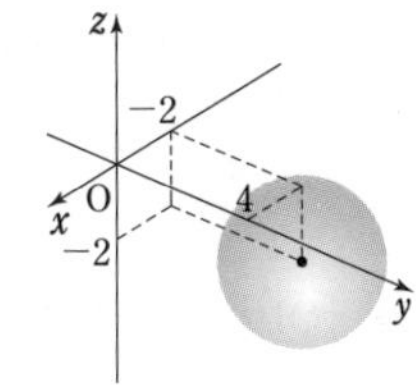

別解 (イ) [**三平方の定理** を利用する。（＊）までは同じ。]
球面の中心と平面 $x=k$ の距離は $|k+2|$ であるから，三平方の定理より　$|k+2|^2+(\sqrt{3})^2=2^2$
よって，$(k+2)^2=1$ から　$k=^{イ}-3,\ -1$

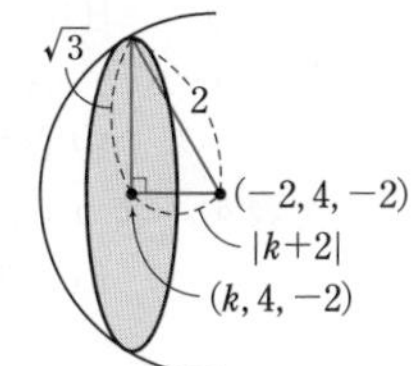

検討 球面と平面の交わりは円になる 理由について，直観的には明らかであるが，詳しく示すと，次のようになる。

球面 S と平面 α の任意の共有点（接点を除く）を P とする。球面 S の中心 O から平面 α に垂線 OH を下ろすと，長さ OH，OP は一定で，OH⊥PH より，長さ PH は一定である（三平方の定理）。よって，共有点 P 全体の集合は，定点 H を中心とする半径 PH の円である。

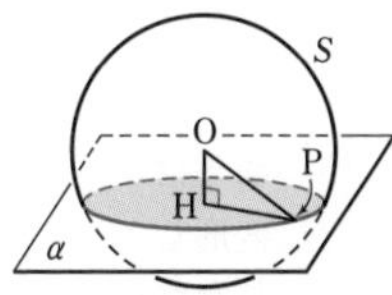

練習 55 中心が点 A$(1,\ -2,\ -4)$ で，xy 平面に接する球面 S がある。

(1) 球面 S の方程式を求めよ。

(2) 球面 S と平面 $y=k$ との交わりが半径 2 の円であるとき，k の値を求めよ。

(3) 球面 S の外部の点 P$(3,\ 2,\ 0)$ と，球面 S 上の点 Q の距離の最小値を求めよ。また，そのときの点 Q の座標を求めよ。

例題 56 球面のベクトル方程式 ★★★☆☆

点Oを原点とする座標空間において，A(5, 4, −2) とする。
$|\overrightarrow{OP}|^2-2\overrightarrow{OA}\cdot\overrightarrow{OP}+36=0$ を満たす点 $P(x,\ y,\ z)$ の集合はどのような図形を表すか。また，その方程式を $x,\ y,\ z$ で表せ。 ［類 静岡大］

◀例題 31

指針 球面のベクトル方程式

① $|\vec{p}-\vec{c}|=r$ …… 中心 $C(\vec{c})$，半径 r

② $(\vec{p}-\vec{a})\cdot(\vec{p}-\vec{b})=0$ …… $A(\vec{a})$，$B(\vec{b})$ が直径の両端

これは，平面で円を表すベクトル方程式と同じ形である。
そこで，$p.75$ 例題 31 と同じ要領で，与えられたベクトル方程式を変形し，①，② いずれかの形を導く。

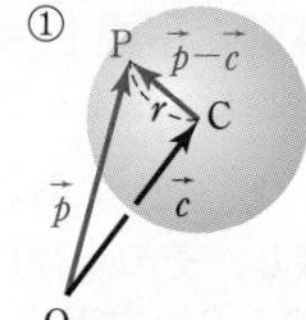

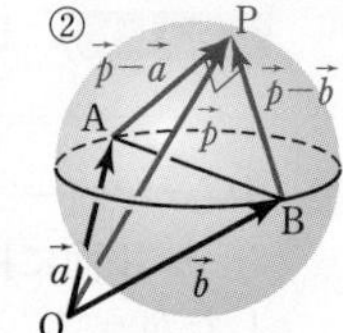

解答 $|\overrightarrow{OP}|^2-2\overrightarrow{OA}\cdot\overrightarrow{OP}+36=0$ から

$$|\overrightarrow{OP}|^2-2\overrightarrow{OA}\cdot\overrightarrow{OP}+|\overrightarrow{OA}|^2-|\overrightarrow{OA}|^2+36=0$$

◀ $|\overrightarrow{OA}|^2$ を加えて引く（平方完成の要領）。

ゆえに $|\overrightarrow{OP}-\overrightarrow{OA}|^2=|\overrightarrow{OA}|^2-36$

$|\overrightarrow{OA}|^2=5^2+4^2+(-2)^2=45$ であるから

$$|\overrightarrow{OP}-\overrightarrow{OA}|^2=9$$

◀ $|\overrightarrow{OA}|^2-36=45-36=9$

よって $|\overrightarrow{OP}-\overrightarrow{OA}|=3$ すなわち $|\overrightarrow{AP}|=3$

◀ $|\vec{p}-\vec{c}|=r$（①）の形を導く。

したがって，点Pの集合は

中心が A(5, 4, −2)，半径が 3 の球面

を表す。よって，その方程式は

$$(x-5)^2+(y-4)^2+(z+2)^2=9$$

検討 上の例題を，最初から成分の計算をすることによって解くと，次のようになる。
$P(x,\ y,\ z)$ とすると $|\overrightarrow{OP}|^2=x^2+y^2+z^2$

$\overrightarrow{OA}\cdot\overrightarrow{OP}=5x+4y-2z$

よって，$|\overrightarrow{OP}|^2-2\overrightarrow{OA}\cdot\overrightarrow{OP}+36=0$ から

$$x^2+y^2+z^2-2(5x+4y-2z)+36=0$$

ゆえに $x^2-2\cdot5x+5^2+y^2-2\cdot4y+4^2+z^2+2\cdot2z+2^2=-36+5^2+4^2+2^2$

変形して $(x-5)^2+(y-4)^2+(z+2)^2=9$

したがって，点Pの集合は **中心が A(5, 4, −2)，半径が 3 の球面** を表す。

練習 56 点Oを原点とする座標空間において，次の条件を満たす点 $P(x,\ y,\ z)$ の集合はどのような図形を表すか。また，その方程式を $x,\ y,\ z$ で表せ。

(1) A(3, −6, 2) とするとき，点Pは $|\overrightarrow{OP}|^2+2\overrightarrow{OP}\cdot\overrightarrow{OA}+45=0$ を満たす。

(2) A(1, 0, 0)，B(0, 2, 0)，C(0, 0, 3) とするとき，点Pは $\overrightarrow{AP}\cdot(\overrightarrow{BP}+2\overrightarrow{CP})=0$ を満たす。 ［(2) 類 九州大］

12 発展 平面の方程式, 直線の方程式

《基本事項》

1 平面の方程式

$p.99$ で学んだように, 次のことが成り立つ (s, t, u は実数)。

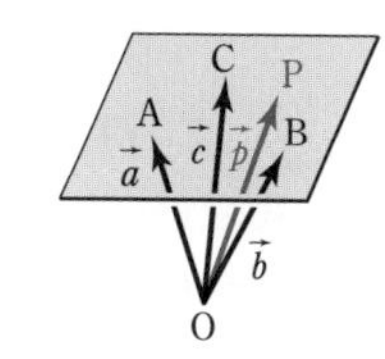

一直線上にない 3 点 $\mathrm{A}(\vec{a})$, $\mathrm{B}(\vec{b})$, $\mathrm{C}(\vec{c})$ を通る平面上の点を $\mathrm{P}(\vec{p})$ とすると

$$\boldsymbol{\vec{p}=s\vec{a}+t\vec{b}+u\vec{c},\ s+t+u=1} \quad \cdots\cdots \text{Ⓐ}$$

また, 空間の 1 点 $\mathrm{A}(\vec{a})$ と $\vec{0}$ でないベクトル $\vec{n}$ が与えられたとき, 点Aを通り, $\vec{n}$ に垂直な平面 α について考えてみよう。

点 $\mathrm{P}(\vec{p})$ が平面 α 上 $\iff \overrightarrow{\mathrm{AP}}\perp\vec{n}$ または $\overrightarrow{\mathrm{AP}}=\vec{0}$

$\iff \overrightarrow{\mathrm{AP}}\cdot\vec{n}=0$

$\iff \boldsymbol{\vec{n}\cdot(\vec{p}-\vec{a})=0}$ $\cdots\cdots$ Ⓑ

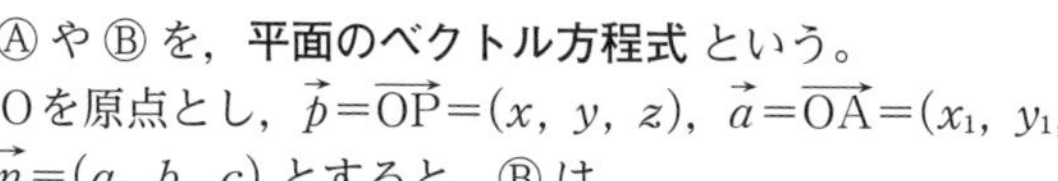

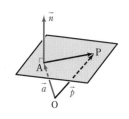

Ⓐ や Ⓑ を, **平面のベクトル方程式** という。

Oを原点とし, $\vec{p}=\overrightarrow{\mathrm{OP}}=(x,\ y,\ z)$, $\vec{a}=\overrightarrow{\mathrm{OA}}=(x_1,\ y_1,\ z_1)$, $\vec{n}=(a,\ b,\ c)$ とすると, Ⓑ は

$$a(x-x_1)+b(y-y_1)+c(z-z_1)=0$$

これが **平面 α の方程式** である。

ここで, $ax_1+by_1+cz_1=-d$ とおくと, $\boldsymbol{ax+by+cz+d=0}$ となる。

すなわち, 平面上で x, y の 1 次方程式が直線を表したように, 空間では, x, y, z の 1 次方程式は平面を表す。

なお, 平面 α に垂直な直線を, 平面 α の **法線** といい, 平面 α に垂直なベクトル (例えば $\vec{n}$) を, 平面 α の **法線ベクトル** という。平面 α の方程式が $ax+by+cz+d=0$ で与えられているとき, **ベクトル $(a,\ b,\ c)$** は平面 α の法線ベクトルである。

> 点 $\mathrm{A}(x_1,\ y_1,\ z_1)$ を通り, $\vec{n}=(a,\ b,\ c)\neq\vec{0}$ に垂直な **平面の方程式** は
>
> $$\boldsymbol{a(x-x_1)+b(y-y_1)+c(z-z_1)=0}$$ ◀ $\vec{n}\cdot\overrightarrow{\mathrm{AP}}=0$ $[\mathrm{P}(x,\ y,\ z)]$
>
> 一般形は $\boldsymbol{ax+by+cz+d=0}$

(注意) Ⓑ は, $p.64$ の ④ (平面の場合の直線のベクトル方程式) と同じ形である。

参考 Ⓐ から, 次のようにして Ⓑ を導くこともできる。

Ⓐ から $\vec{p}=(1-t-u)\vec{a}+t\vec{b}+u\vec{c}$ ◀ s を消去。

よって $\vec{p}-\vec{a}=t(\vec{b}-\vec{a})+u(\vec{c}-\vec{a})=t\overrightarrow{\mathrm{AB}}+u\overrightarrow{\mathrm{AC}}$

ここで, $\overrightarrow{\mathrm{AB}}$, $\overrightarrow{\mathrm{AC}}$ の両方に垂直なベクトルを $\vec{n}$ とすると, $\vec{n}\cdot\overrightarrow{\mathrm{AB}}=\vec{n}\cdot\overrightarrow{\mathrm{AC}}=0$ から

$\vec{n}\cdot(\vec{p}-\vec{a})=0$ (Ⓑ) ← $\overrightarrow{\mathrm{AB}}$ と $\overrightarrow{\mathrm{AC}}$ の外積がその 1 つ。

したがって, Ⓐ から, 平面の方程式 $ax+by+cz+d=0$ を導くことも可能である。

2 直線の方程式

空間における直線の方程式を求めてみよう。

[1] 点 $A(\vec{a})$ を通り，$\vec{0}$ でないベクトル $\vec{d}$ に平行な直線 ℓ

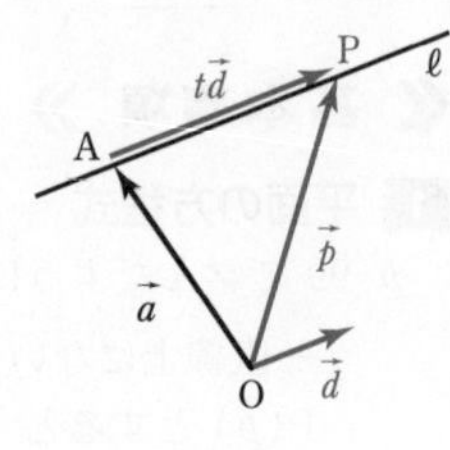

点 $P(\vec{p})$ が直線 ℓ 上 $\iff$ $\overrightarrow{AP} /\!/ \vec{d}$ または $\overrightarrow{AP}=\vec{0}$

$\iff$ $\overrightarrow{AP}=t\vec{d}$ (t は実数)

$\iff$ $\vec{p}=\vec{a}+t\vec{d}$ …… Ⓒ

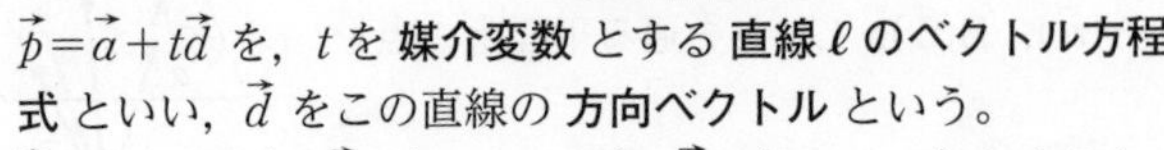

$\vec{p}=\vec{a}+t\vec{d}$ を，t を **媒介変数** とする **直線 ℓ のベクトル方程式** といい，$\vec{d}$ をこの直線の **方向ベクトル** という。

$\vec{p}=(x,\ y,\ z)$，$\vec{a}=(x_1,\ y_1,\ z_1)$，$\vec{d}=(l,\ m,\ n)$ とすると

$(x,\ y,\ z)=(x_1,\ y_1,\ z_1)+t(l,\ m,\ n)$

ゆえに　$x=x_1+lt,\ y=y_1+mt,\ z=z_1+nt$

更に，$lmn \neq 0$ のとき　$t=\dfrac{x-x_1}{l}$，$t=\dfrac{y-y_1}{m}$，$t=\dfrac{z-z_1}{n}$

よって　$\dfrac{x-x_1}{l}=\dfrac{y-y_1}{m}=\dfrac{z-z_1}{n}$

◀ $lmn \neq 0 \iff l \neq 0,\ m \neq 0,\ n \neq 0$

> 点 $A(x_1,\ y_1,\ z_1)$ を通り，$\vec{d}=(l,\ m,\ n) \neq \vec{0}$ に平行な **直線の方程式** は
>
> ① $\boldsymbol{x=x_1+lt,\ y=y_1+mt,\ z=z_1+nt}$　(変数 t 形)
>
> ② $\boldsymbol{\dfrac{x-x_1}{l}=\dfrac{y-y_1}{m}=\dfrac{z-z_1}{n}}$　ただし $lmn \neq 0$　(消去形)

[2] 異なる 2 点 $A(\vec{a})$，$B(\vec{b})$ を通る直線 m

異なる 2 点 A，B を通る直線 m は，点 $A(\vec{a})$ を通り，方向ベクトルが $\overrightarrow{AB}=\vec{b}-\vec{a}$ の直線であるから，そのベクトル方程式は　$\vec{p}=\vec{a}+t(\vec{b}-\vec{a})$

すなわち　$\vec{p}=(1-t)\vec{a}+t\vec{b}$ …… Ⓓ

また，$1-t=s$ とおくと，Ⓓ は次の形に表される。

$\vec{p}=s\vec{a}+t\vec{b},\ s+t=1$

更に，$\vec{a}=(x_1,\ y_1,\ z_1)$，$\vec{b}=(x_2,\ y_2,\ z_2)$ とすると

$\overrightarrow{AB}=(x_2-x_1,\ y_2-y_1,\ z_2-z_1)$

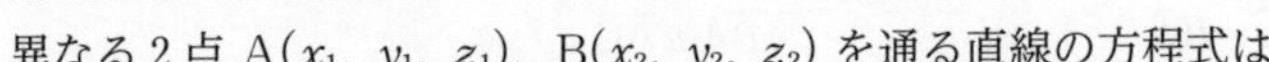

ゆえに，[1] の式において，$l=x_2-x_1$，$m=y_2-y_1$，$n=z_2-z_1$ とすると，次のようになる。

> 異なる 2 点 $A(x_1,\ y_1,\ z_1)$，$B(x_2,\ y_2,\ z_2)$ を通る直線の方程式は
>
> ① $\boldsymbol{x=(1-t)x_1+tx_2,\ y=(1-t)y_1+ty_2,\ z=(1-t)z_1+tz_2}$　(変数 t 形)
>
> ② $\boldsymbol{\dfrac{x-x_1}{x_2-x_1}=\dfrac{y-y_1}{y_2-y_1}=\dfrac{z-z_1}{z_2-z_1}}$　$(x_1 \neq x_2,\ y_1 \neq y_2,\ z_1 \neq z_2)$　(消去形)

(注意) Ⓒ や Ⓓ は，平面の場合の直線のベクトル方程式 ($p.64$ の ①，③) と同じ式である。

重要例題 57 平面の方程式 ★★★☆☆

3点 A(0, 1, −1), B(4, −1, −1), C(3, 2, 1) を通る平面の方程式を求めよ。

指針 平面の方程式を求めるには，次の2通りの方法がある。

方針1． $p.121$ で学んだように，**平面の方程式は** 通る1点 と 法線ベクトル **で定まる。**
法線ベクトルを $\vec{n}=(a,\ b,\ c)$ として，$\vec{n}\perp\overrightarrow{\mathrm{AB}}$，$\vec{n}\perp\overrightarrow{\mathrm{AC}}$ から $\vec{n}$ を具体的に1つ定め，ベクトル方程式 $\boldsymbol{\vec{n}\cdot(\vec{p}-\vec{a})=0}$ に当てはめる。

方針2． 求める平面の方程式を $\boldsymbol{ax+by+cz+d=0}$ として（一般形を利用），通る3点の座標を代入する。

解答 1． 平面の法線ベクトルを $\vec{n}=(a,\ b,\ c)\ (\vec{n}\neq\vec{0})$ とする。
$\overrightarrow{\mathrm{AB}}=(4,\ -2,\ 0)$，$\overrightarrow{\mathrm{AC}}=(3,\ 1,\ 2)$ であるから，
$\vec{n}\perp\overrightarrow{\mathrm{AB}}$ より　$\vec{n}\cdot\overrightarrow{\mathrm{AB}}=0$　よって　$4a-2b=0$　…… ①
$\vec{n}\perp\overrightarrow{\mathrm{AC}}$ より　$\vec{n}\cdot\overrightarrow{\mathrm{AC}}=0$　よって　$3a+b+2c=0$　…… ②
①，② から　$b=2a,\ c=-\dfrac{5}{2}a$
ゆえに　$\vec{n}=\left(a,\ 2a,\ -\dfrac{5}{2}a\right)=\dfrac{a}{2}(2,\ 4,\ -5)$
$\vec{n}\neq\vec{0}$ より，$a\neq0$ であるから，$\vec{n}=(2,\ 4,\ -5)$ とする。
よって，求める平面は，点 A(0, 1, −1) を通り，
$\vec{n}=(2,\ 4,\ -5)$ に垂直であるから，その方程式は
$$2x+4(y-1)-5(z+1)=0$$
すなわち　$\boldsymbol{2x+4y-5z-9=0}$

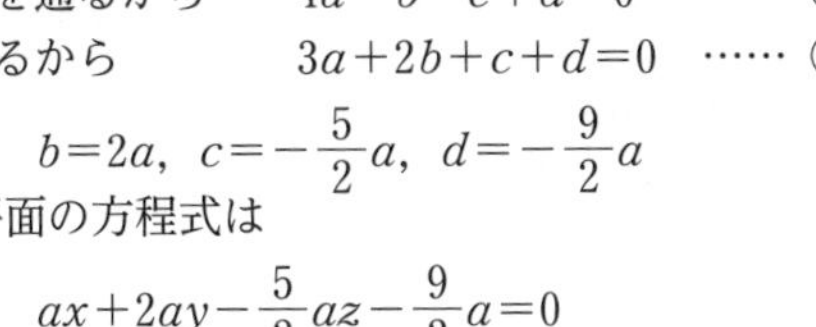

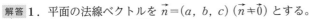

◀ 分数を避けるために，$a=2$ として $\vec{n}$ を定めた。
一般に，1つの平面の法線ベクトルは無数にある。

解答 2． 求める平面の方程式を $ax+by+cz+d=0$ とすると
点 (0, 1, −1) を通るから　$b-c+d=0$　…… ①
点 (4, −1, −1) を通るから　$4a-b-c+d=0$　…… ②
点 (3, 2, 1) を通るから　$3a+2b+c+d=0$　…… ③
①〜③ から　$b=2a,\ c=-\dfrac{5}{2}a,\ d=-\dfrac{9}{2}a$
よって，求める平面の方程式は
$$ax+2ay-\frac{5}{2}az-\frac{9}{2}a=0$$
$a\neq0$ であるから　$\boldsymbol{2x+4y-5z-9=0}$

◀ ②−① から　$b=2a$
また，③−① から
$3a+b+2c=0$
ゆえに　$5a+2c=0$
① から　$d=c-b$
これに $c=-\dfrac{5}{2}a$，$b=2a$ を代入。

◀ $a=0$ のときは平面の方程式にならない。

検討
解答 1では，**外積を利用して法線ベクトルを求める** こともできる。
平面の法線ベクトル $\vec{n}$ は，$\overrightarrow{\mathrm{AB}}=(4,\ -2,\ 0)$，$\overrightarrow{\mathrm{AC}}=(3,\ 1,\ 2)$ の両方に垂直であり
$$\overrightarrow{\mathrm{AB}}\times\overrightarrow{\mathrm{AC}}=(-2\cdot2-0\cdot1,\ 0\cdot3-4\cdot2,\ 4\cdot1-(-2)\cdot3)$$
$$=(-4,\ -8,\ 10)=-2(2,\ 4,\ -5)$$
したがって，$\vec{n}=(2,\ 4,\ -5)$ としてよい。

◀ $p.93$ **検討** 参照。

練習 57 次の3点を通る平面の方程式を求めよ。
(1) A(1, 0, 2), B(0, 1, 0), C(2, 1, −3)
(2) A(2, 0, 0), B(0, 3, 0), C(0, 0, 1)

重要例題 58 平面の方程式の利用 ★★★★☆

座標空間に4点 A(2, 1, 0), B(1, 0, 1), C(0, 1, 2), D(1, 3, 7) がある。
3点A, B, C を通る平面に関して点Dと対称な点をEとするとき，点Eの座標を求めよ。

〔京都大〕 ◀例題57

指針 ここでは，平面の方程式を利用して解いてみよう。
まず，前ページと同様に，平面 ABC の方程式を求める。
次に，2点D, E が平面 ABC に関して対称となるための条件
[1] **DE⊥(平面 ABC)**
[2] **線分 DE の中点が平面 ABC 上にある**
を利用して点Eの座標を求める。

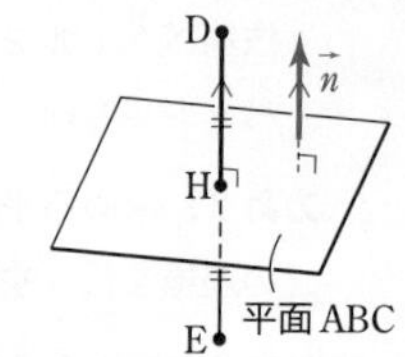

解答 平面 ABC の法線ベクトルを $\vec{n}=(a,\ b,\ c)$ $(\vec{n}\neq\vec{0})$ とする。$\overrightarrow{AB}=(-1,\ -1,\ 1)$, $\overrightarrow{AC}=(-2,\ 0,\ 2)$ であるから，

$\vec{n}\cdot\overrightarrow{AB}=0$, $\vec{n}\cdot\overrightarrow{AC}=0$ より　$-a-b+c=0$, $-2a+2c=0$

よって　$b=0$, $c=a$　　ゆえに　$\vec{n}=a(1,\ 0,\ 1)$

$a\neq0$ から $\vec{n}=(1,\ 0,\ 1)$ とすると，平面 ABC の方程式は

$$1\times(x-2)+0\times(y-1)+1\times(z-0)=0$$

すなわち　$x+z-2=0$ …… ①

点Eの座標を $(s,\ t,\ u)$ とする。

$\overrightarrow{DE}\perp$(平面 ABC) であるから　$\overrightarrow{DE}/\!/\vec{n}$

したがって，$\overrightarrow{DE}=k\vec{n}$ (k は実数) とおける。

よって　$(s-1,\ t-3,\ u-7)=k(1,\ 0,\ 1)$

ゆえに　$s=k+1$, $t=3$, $u=k+7$ …… ②

線分 DE の中点 $\left(\dfrac{s+1}{2},\ \dfrac{t+3}{2},\ \dfrac{u+7}{2}\right)$ が平面 ABC 上にあるから，① に代入して　$\dfrac{s+1}{2}+\dfrac{u+7}{2}-2=0$

よって　$s+u+4=0$ …… ③

②, ③ から　$k=-6$, $s=-5$, $t=3$, $u=1$

したがって　**E(−5, 3, 1)**

◀ 平面 ABC の方程式を $ax+by+cz+d=0$ とおいて求めると，$2a+b+d=0$, $a+c+d=0$, $b+2c+d=0$ から $b=0$, $c=a$, $d=-2a$ よって　$x+z-2=0$

◀ $\vec{n}\perp$(平面 ABC)

◀ $\overrightarrow{DE}=\overrightarrow{OE}-\overrightarrow{OD}$

◀ 中点の座標を平面 ABC の方程式 ① に代入。

◀ ② を ③ に代入して $(k+1)+(k+7)+4=0$

検討 上の例題を，平面の方程式を用いないで解く場合，その方針は次のようになる。

点Dから平面 ABC に垂線 DH を下ろすと，s, t, u を実数として

$$\overrightarrow{DH}=s\overrightarrow{DA}+t\overrightarrow{DB}+u\overrightarrow{DC},\quad s+t+u=1 \quad \cdots\cdots Ⓐ$$

と表される。成分表示すると　$\overrightarrow{DH}=(s-u,\ -2s-3t-2u,\ -7s-6t-5u)$

$\overrightarrow{DH}\perp\overrightarrow{AB}$, $\overrightarrow{DH}\perp\overrightarrow{AC}$ より，$\overrightarrow{DH}\cdot\overrightarrow{AB}=0$, $\overrightarrow{DH}\cdot\overrightarrow{AC}=0$ であるから

$6s+3t+2u=0$, $4s+3t+2u=0$　Ⓐ と連立して解くと　$s=0$, $t=-2$, $u=3$

よって　$\overrightarrow{DH}=(-3,\ 0,\ -3)$　　Oを原点とすると　$\overrightarrow{OE}=\overrightarrow{OD}+2\overrightarrow{DH}=$ **(−5, 3, 1)**

練習 58 Oを原点とする座標空間に，4点 A(4, 0, 0), B(0, 8, 0), C(0, 0, 4), D(0, 0, 2) がある。
(1) △ABC の重心Gの座標を求めよ。
(2) 直線 OG と平面 ABD との交点Pの座標を求めよ。 〔類 同志社大〕

点と平面の距離の公式，2平面の関係

● 点と平面の距離の公式

点Aと平面 α の距離 とは，点Aから平面 α に下ろした垂線を AH としたときの線分 AH の長さのことであり，次のことが成り立つ。

> 点 $\mathrm{A}(x_1,\ y_1,\ z_1)$ と平面 α：$ax+by+cz+d=0$ の距離は $\dfrac{|\boldsymbol{ax_1+by_1+cz_1+d}|}{\sqrt{\boldsymbol{a^2+b^2+c^2}}}$

これは，平面における点と直線の距離の公式 $\dfrac{|ax_1+by_1+c|}{\sqrt{a^2+b^2}}$ に z 座標が加わった形である。

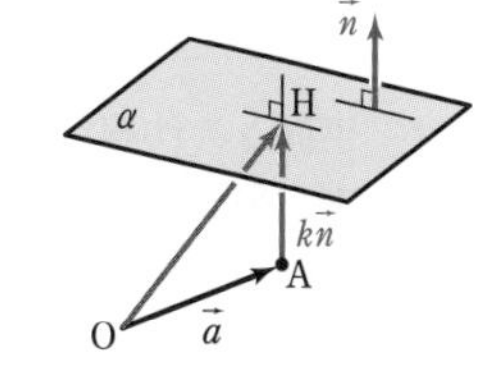

証明　点Aを通り平面 α に垂直な直線と平面 α との交点をHとし，$\vec{n}=(a,\ b,\ c)$ とすると，$\vec{n}\perp$(平面 α) であるから

$\overrightarrow{\mathrm{AH}}\parallel\vec{n}$ または $\overrightarrow{\mathrm{AH}}=\vec{0}$

よって，$\overrightarrow{\mathrm{AH}}=k\vec{n}$ (k は実数) とおける。

Oを原点とすると，$\overrightarrow{\mathrm{OH}}=\overrightarrow{\mathrm{OA}}+\overrightarrow{\mathrm{AH}}$ であり，点Hは平面 α 上にあるから　$a(x_1+ka)+b(y_1+kb)+c(z_1+kc)+d=0$

変形して　$(a^2+b^2+c^2)k=-(ax_1+by_1+cz_1+d)$

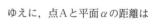

$a^2+b^2+c^2\neq0$ であるから　$k=-\dfrac{ax_1+by_1+cz_1+d}{a^2+b^2+c^2}$　ゆえに，点Aと平面 α の距離は

$$\mathrm{AH}=|k\vec{n}|=|k||\vec{n}|=\frac{|ax_1+by_1+cz_1+d|}{a^2+b^2+c^2}\cdot\sqrt{a^2+b^2+c^2}=\frac{|ax_1+by_1+cz_1+d|}{\sqrt{a^2+b^2+c^2}}$$

例　点 $(3,\ 4,\ 5)$ と平面 $2x-y+z+1=0$ の距離は　$\dfrac{|2\cdot3-4+5+1|}{\sqrt{2^2+(-1)^2+1^2}}=\dfrac{8}{\sqrt{6}}=\dfrac{4\sqrt{6}}{3}$

● 2平面の関係

平面は通る1点と法線ベクトル (平面に垂直なベクトル) で決まるから，2平面の平行，垂直，なす角は法線ベクトルによって定まる。

> 異なる2平面 α, β の法線ベクトルをそれぞれ $\vec{m}$, $\vec{n}$ とすると
>
> ①　**平行条件 $\boldsymbol{\alpha\parallel\beta}$** ……　$\vec{m}\parallel\vec{n}$　すなわち　**$\vec{m}=k\vec{n}$ となる実数 k が存在する**
>
> ②　**垂直条件 $\boldsymbol{\alpha\perp\beta}$** ……　$\vec{m}\perp\vec{n}$　すなわち　**$\vec{m}\cdot\vec{n}=0$**
>
> ③　α, β のなす角を θ $(0^\circ\leqq\theta\leqq90^\circ)$ とすると　$\boldsymbol{\cos\theta=\dfrac{|\vec{m}\cdot\vec{n}|}{|\vec{m}||\vec{n}|}}$

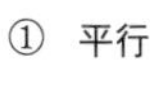

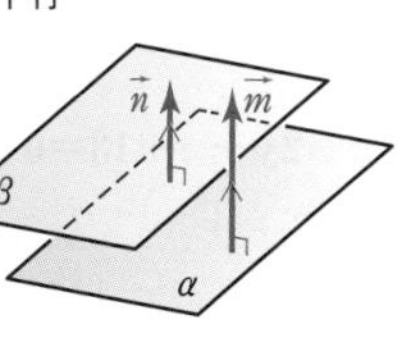

② 垂直

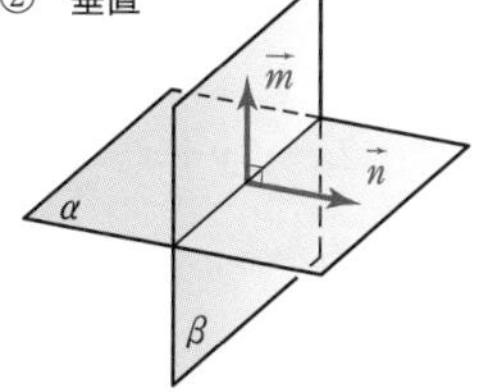

③

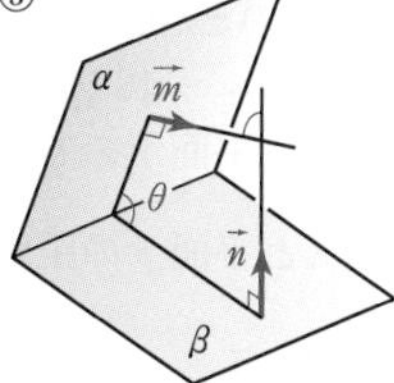

補足　交わる2平面の共有点全体を2平面の **交線** といい，交線上の点から2平面に垂直に引いた2直線のなす角 θ を，2平面の **なす角** という。また，$\theta=90^\circ$ のとき，2平面は **垂直** であるという。なお，2平面が共有点をもたないとき，2平面は **平行** であるという。

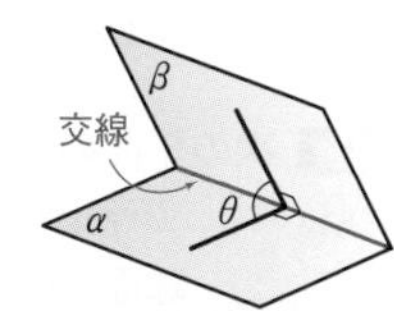

重要例題 59 ある平面に垂直・平行な平面の方程式 ★★★☆☆

点 A(2, 1, 3) と，平面 α：$2x-2y+z+4=0$ がある。 ◀例題 57

(1) 原点Oと点Aを通り，平面 α に垂直な平面 β の方程式を求めよ。

(2) 点Aからの距離が 6 であり，平面 α に平行な平面 γ の方程式を求めよ。

指針 (1) では $\alpha\perp\beta$，(2) では $\alpha /\!/ \gamma$ であるから，それぞれの平面の法線ベクトルどうしの垂直，平行を考える。

平面 $ax+by+cz+d=0$ の法線ベクトルの 1 つは (a, b, c)

(1) β の法線ベクトルを $\vec{m}=(a, b, c)$ $(\vec{m}\neq\vec{0})$ として，$\vec{m}$ が $\overrightarrow{\mathrm{OA}}$ および α の法線ベクトルのどちらにも垂直であることから，$\vec{m}$ を 1 つ定める。

(2) $\alpha /\!/ \gamma$ から，α と γ の法線ベクトルは平行 ⟶ γ の方程式は $2x-2y+z+d=0$ の形。

解答 平面 α の法線ベクトル $\vec{n}$ を $\vec{n}=(2, -2, 1)$ とする。

(1) 平面 β の法線ベクトルを $\vec{m}=(a, b, c)$ $(\vec{m}\neq\vec{0})$ とする。

$\vec{m}\perp\overrightarrow{\mathrm{OA}}$ であるから　$\vec{m}\cdot\overrightarrow{\mathrm{OA}}=0$

ゆえに　$2a+b+3c=0$ …… ①

$\vec{m}\perp\vec{n}$ であるから　$\vec{m}\cdot\vec{n}=0$

ゆえに　$2a-2b+c=0$ …… ②

①, ② から　$a=-\dfrac{7}{6}c,\ b=-\dfrac{2}{3}c$

よって　$\vec{m}=-\dfrac{c}{6}(7, 4, -6)$　◀ $c=-6$ とする。

平面 β は原点を通るから，その方程式は　$\boldsymbol{7x+4y-6z=0}$　◀ $7(x-0)+4(y-0)-6(z-0)=0$

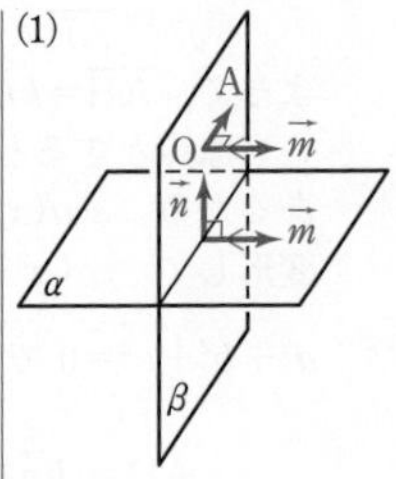

(2) $\vec{n}$ は平面 γ の法線ベクトルでもあるから，平面 γ の方程式を　$2x-2y+z+d=0$ …… ③　とする。　◀ 一般形の利用が早い。

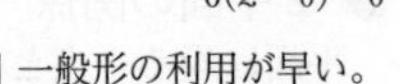

点Aから平面 γ に下ろした垂線の足を $\mathrm{H}(x_1, y_1, z_1)$ とすると，$\overrightarrow{\mathrm{AH}} /\!/ \vec{n}$ であるから，$\overrightarrow{\mathrm{AH}}=k\vec{n}$ (k は実数) とおける。

よって　$(x_1-2, y_1-1, z_1-3)=k(2, -2, 1)$ …… ④

$|\overrightarrow{\mathrm{AH}}|=6$ より $|k\vec{n}|=6$ であるから $|k|\sqrt{2^2+(-2)^2+1^2}=6$

ゆえに　$|k|=2$　よって　$k=\pm2$

$k=2$ のとき，④ から　$x_1=6,\ y_1=-3,\ z_1=5$

③ から　$23+d=0$　ゆえに　$d=-23$

$k=-2$ のとき，④ から　$x_1=-2,\ y_1=5,\ z_1=1$

③ から　$-13+d=0$　ゆえに　$d=13$

よって，平面 γ の方程式は　$\boldsymbol{2x-2y+z-23=0,\ 2x-2y+z+13=0}$

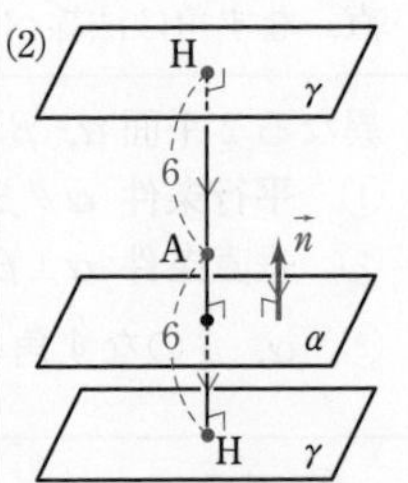

別解 (2) 点Aと平面 γ の距離が 6 であるから，③ より　$\dfrac{|2\cdot2-2\cdot1+3+d|}{\sqrt{2^2+(-2)^2+1^2}}=6$

したがって　$|5+d|=18$　これを解いて　$d=13,\ -23$

よって，平面 γ の方程式は　$\boldsymbol{2x-2y+z+13=0,\ 2x-2y+z-23=0}$

練習 59 次の平面の方程式を求めよ。

(1) 2 点 A(1, 1, 2), B(4, 3, 3) を通り，平面 $3x+6y-z=0$ に垂直な平面

(2) 球面 $(x-1)^2+(y+2)^2+z^2=6$ に点 $(2, -1, 2)$ で接する平面

重要例題 60 ｜ 2平面のなす角 ★★★☆☆

2平面 $\alpha: x-2y+z=7$, $\beta: x+y-2z=14$ について

(1) 2平面 α, β のなす角 θ を求めよ。ただし，$0^\circ \leqq \theta \leqq 90^\circ$ とする。

(2) 点 $\mathrm{A}(3,\ -4,\ 2)$ を通り，2平面 α, β のどちらにも垂直である平面 γ の方程式を求めよ。

◀例題 59

指針 (1) 2平面のなす角 θ は，その法線ベクトルのなす角 θ_1 を利用して求める。その際，**2平面のなす角 θ は普通 $0^\circ \leqq \theta \leqq 90^\circ$ の範囲**であるのに対し，2つのベクトルのなす角 θ_1 は $0^\circ \leqq \theta_1 \leqq 180^\circ$ の範囲であることに注意する。

(2) 前ページの例題 59(1)と同様。平面 γ の法線ベクトルを $\vec{l}=(a,\ b,\ c)$ $(\vec{l} \neq \vec{0})$ として，$\vec{l}$ が2平面 α, β 両方の法線ベクトルと垂直であることから $\vec{l}$ を1つ定める。

解答 2平面 α, β の法線ベクトルをそれぞれ $\vec{m}=(1,\ -2,\ 1)$, $\vec{n}=(1,\ 1,\ -2)$ とする。

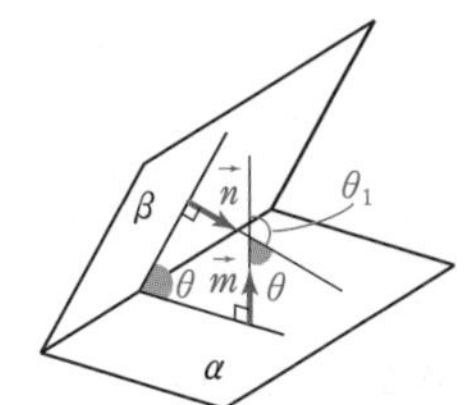

(1) $\vec{m}$, $\vec{n}$ のなす角を θ_1 $(0^\circ \leqq \theta_1 \leqq 180^\circ)$ とすると

$$\cos\theta_1=\frac{\vec{m}\cdot\vec{n}}{|\vec{m}||\vec{n}|}=\frac{1\times1+(-2)\times1+1\times(-2)}{\sqrt{1^2+(-2)^2+1^2}\sqrt{1^2+1^2+(-2)^2}}$$

$$=-\frac{1}{2}$$

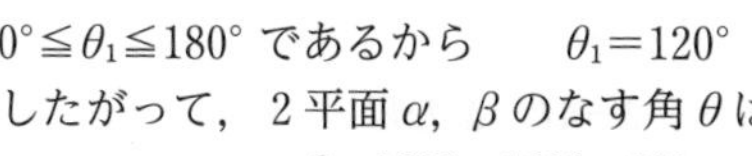

$0^\circ \leqq \theta_1 \leqq 180^\circ$ であるから　$\theta_1=120^\circ$

したがって，2平面 α, β のなす角 θ は

$$\boldsymbol{\theta=180^\circ-120^\circ=60^\circ}$$

◀ 法線ベクトルのなす角 θ_1 が $90^\circ<\theta_1\leqq180^\circ$ ⟶ 2平面のなす角は $180^\circ-\theta_1$

(2) 平面 γ の法線ベクトルを $\vec{l}=(a,\ b,\ c)$ $(\vec{l} \neq \vec{0})$ とする。

$\vec{l}\perp\vec{m}$ であるから　$\vec{l}\cdot\vec{m}=0$

よって　$a-2b+c=0$ …… ①

$\vec{l}\perp\vec{n}$ であるから　$\vec{l}\cdot\vec{n}=0$

よって　$a+b-2c=0$ …… ②

①，② から　$b=a$, $c=a$

したがって　$\vec{l}=a(1,\ 1,\ 1)$

平面 γ は点Aを通るから，その方程式は

$$1\times(x-3)+1\times(y+4)+1\times(z-2)=0$$

すなわち　$\boldsymbol{x+y+z-1=0}$

◀ $a\neq0$ であるから，$\vec{l}=(1,\ 1,\ 1)$ とする。

検討 例題 59(1)や例題 60(2)では，$p.123$ の **検討** で示したように，**外積**（2つのベクトルの両方に垂直なベクトル）を利用して法線ベクトルを求めてもよい。上の例題 60(2)では

$$\vec{m}\times\vec{n}=((-2)\cdot(-2)-1\cdot1,\ 1\cdot1-1\cdot(-2),\ 1\cdot1-(-2)\cdot1)$$

$$=(3,\ 3,\ 3)=3(1,\ 1,\ 1)$$

◀ $p.93$ **検討** 参照。

したがって，$\vec{l}=(1,\ 1,\ 1)$ とする。

練習 60 次の2平面のなす角 θ を求めよ。ただし，$0^\circ \leqq \theta \leqq 90^\circ$ とする。

(1) $4x-3y+z=2$, $x+3y+5z=0$　(2) $x+y=1$, $x+z=1$

(3) $-2x+y+2z=3$, $x-y=5$

重要例題 61 直線の方程式 ★★★☆☆

次のような直線の方程式を求めよ。
(1) 点 A(1, 3, −2) を通り，$\vec{d}=(3,\ 2,\ -4)$ に平行
(2) 2点 A(0, 1, 1)，B(−1, 3, 1) を通る。
(3) 点 A(−3, 5, 2) を通り，$\vec{d}=(0,\ 0,\ 1)$ に平行

◀例15

指針 直線のベクトル方程式

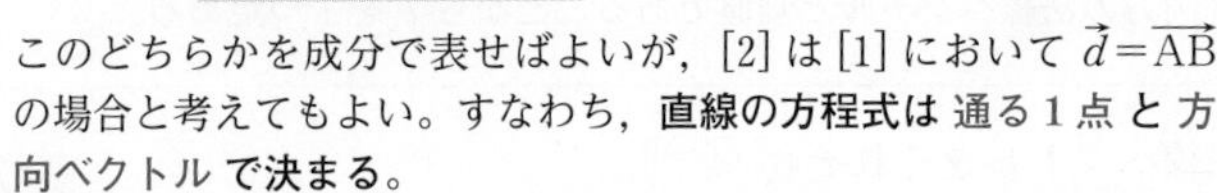

[1] $\vec{p}=\vec{a}+t\vec{d}$ …… 点Aを通り $\vec{d}$ に平行な直線

[2] $\vec{p}=(1-t)\vec{a}+t\vec{b}$ …… 2点A，Bを通る直線

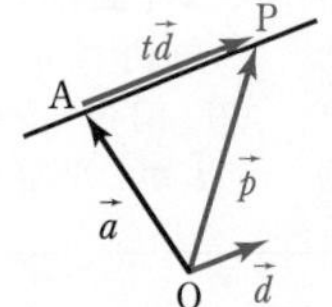

このどちらかを成分で表せばよいが，[2] は [1] において $\vec{d}=\overrightarrow{AB}$ の場合と考えてもよい。すなわち，**直線の方程式は** 通る1点 **と** 方向ベクトル **で決まる。**

なお，点 $A(x_1,\ y_1,\ z_1)$ を通り，ベクトル $\vec{d}=(l,\ m,\ n)$ に平行な直線の方程式は

$$\frac{x-x_1}{l}=\frac{y-y_1}{m}=\frac{z-z_1}{n} \quad ただし，lmn\neq0 \quad \cdots\cdots Ⓐ \quad （消去形）$$

解答 Oを原点，P(x, y, z) を直線上の点，**t を実数** とする。

(1) $\overrightarrow{OP}=\overrightarrow{OA}+t\vec{d}$ であるから

$$(x,\ y,\ z)=(1,\ 3,\ -2)+t(3,\ 2,\ -4)$$

よって $\boldsymbol{x=1+3t,\ y=3+2t,\ z=-2-4t}$ **または**

t を消去して $\boldsymbol{\dfrac{x-1}{3}=\dfrac{y-3}{2}=\dfrac{z+2}{-4}}$

(2) $\overrightarrow{AB}=(-1,\ 2,\ 0)$ であるから，$\overrightarrow{OP}=\overrightarrow{OA}+t\overrightarrow{AB}$ より

$$(x,\ y,\ z)=(0,\ 1,\ 1)+t(-1,\ 2,\ 0)$$

よって $\boldsymbol{x=-t,\ y=1+2t,\ z=1}$ **または**

t を消去して $\boldsymbol{-x=\dfrac{y-1}{2},\ z=1}$

(3) $\overrightarrow{OP}=\overrightarrow{OA}+t\vec{d}$ であるから

$$(x,\ y,\ z)=(-3,\ 5,\ 2)+t(0,\ 0,\ 1)$$

よって，$x=-3,\ y=5,\ z=2+t$ から

$\boldsymbol{x=-3,\ y=5}$(*)

(1)，(2) は Ⓐ を公式として，消去形のみを答えとしてもよい。

◀ $t=\dfrac{x-1}{3}$，$t=\dfrac{y-3}{2}$，$t=\dfrac{z+2}{-4}$

◀ $\vec{d}=\overrightarrow{AB}=(-1-0,\ 3-1,\ 1-1)$

◀ z が一定で，x，y のみ動く。

(*) z は任意の値をとるから，z=● の部分は不要。

検討 直線の方程式の表し方は，1通りとは限らない。例えば，上の例題(2)で，通る1点をB，方向ベクトルを $\overrightarrow{BA}=(1,\ -2,\ 0)$ とすると，$\overrightarrow{OP}=\overrightarrow{OB}+t\overrightarrow{BA}$ から

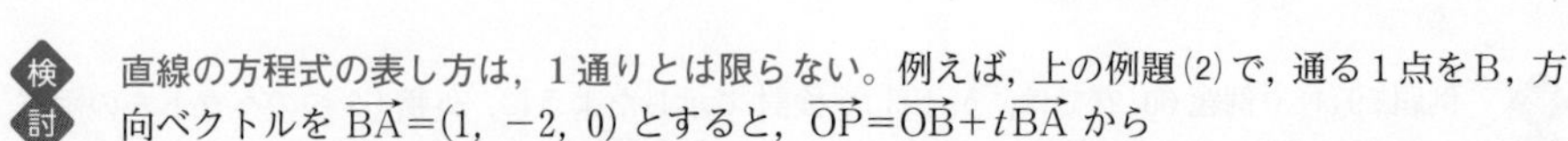

$x=-1+t,\ y=3-2t,\ z=1$ $\left(消去形は\ x+1=\dfrac{y-3}{-2},\ z=1\right)$ となり，上の 解答 (2) と異なる。

練習 61 次のような直線の方程式を求めよ。
(1) 点 A(2, −1, 3) を通り，$\vec{d}=(5,\ 2,\ -2)$ に平行
(2) 2点 A(1, 2, 3)，B(0, 0, 4) を通る。
(3) 2点 A(−1, 2, −3)，B(−1, −2, 3) を通る。
(4) 点 A(3, −1, 1) を通り，y 軸に平行

重要例題 62 2直線が交わらないことの証明など ★★★☆☆

座標空間において，4点 A(1, 2, 3)，B(2, 3, 1)，C(3, 1, 2)，D(1, 1, 1) に対し，2点 A，B を通る直線を ℓ，2点 C，D を通る直線を m とする。

(1) ℓ と zx 平面の交点の座標を求めよ。

(2) ℓ と m は交わらないことを示せ。　〔類 旭川医大〕 ◀例題61

指針 空間の直線上の点に関する問題では，まず点の座標を媒介変数で表す。
…… それには例題61のように，直線のベクトル方程式か，直線の方程式を利用する。
(1) zx 平面上の点は y 座標が0である。このことから媒介変数の値を決める。
(2) ℓ 上の点と m 上の点の各座標が等しい，としたときの連立方程式の実数解が存在しないことを示す。

解答 (1) ℓ の方向ベクトルは $\overrightarrow{AB}=(1,\ 1,\ -2)$ であるから，その方程式は $(x,\ y,\ z)=(1,\ 2,\ 3)+s(1,\ 1,\ -2)$ より

$x=s+1,\ y=s+2,\ z=-2s+3$ (s は実数) …（＊）

ℓ と zx 平面の交点は y 座標が0であるから，$s+2=0$ とすると $s=-2$　このとき $x=-1,\ z=7$

よって，求める交点の座標は **(−1, 0, 7)**

(2) m の方向ベクトルは $\overrightarrow{CD}=(-2,\ 0,\ -1)$ であるから，その方程式は $(x,\ y,\ z)=(3,\ 1,\ 2)+t(-2,\ 0,\ -1)$

より　$x=-2t+3,\ y=1,\ z=-t+2$ (t は実数)

ℓ と m が交わるとすると，

$s+1=-2t+3$ …… ①，$s+2=1$ …… ②，
$-2s+3=-t+2$ …… ③

を満たす実数 s，t が存在する。

②，③ を連立して解くと　$s=-1,\ t=-3$

ところが，この s，t の値は ① を満たさない。

すなわち，①～③ を同時に満たす s，t の値は存在しないから，ℓ と m は交わらない。

O は原点とする。
◀ $\vec{p}=\overrightarrow{OA}+s\overrightarrow{AB}$
◀ ℓ 上の点の座標は $(s+1,\ s+2,\ -2s+3)$ となる。
◀（＊）で　$s=-2$
◀ $\vec{q}=\overrightarrow{OC}+t\overrightarrow{CD}$

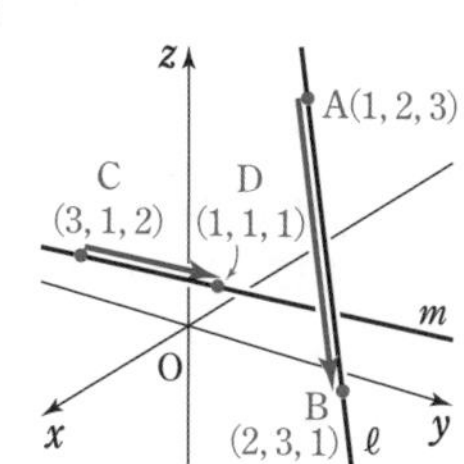

検討 1　上の 解答 では，直線のベクトル方程式を利用して，直線上の点の座標を媒介変数 s，t で表したが，直線の方程式［前ページの指針 Ⓐ］を使う場合は，**直線の方程式を ＝(媒介変数) とおいて進める**。例えば，直線 ℓ 上の点について，その方程式は

$\dfrac{x-1}{1}=\dfrac{y-2}{1}=\dfrac{z-3}{-2}$ であり，$x-1=y-2=\dfrac{z-3}{-2}=s$ (**s は実数**) とおくと

$x=s+1,\ y=s+2,\ z=-2s+3$　となって，上の（＊）が導かれる。

2　空間における異なる2直線の関係は次のいずれかである。上の(2)は ③ の場合である。

① **1点で交わる** (共有点は1個)　② **平行** (共有点なし)
③ **ねじれの位置にある** (共有点なし)

練習 62 2点 A(−2, −1, 3)，B(1, 3, 1) を通る直線を ℓ，点 C(2, 1, 0) を通りベクトル (−1, 2, 1) に平行な直線を m とする。

(1) ℓ と yz 平面の交点の座標を求めよ。

(2) ℓ と m は交わることを示し，その交点の座標を求めよ。

重要例題 63 共通垂線の長さ ★★★★☆

座標空間において，点 A(1, 3, 0) を通り $\vec{a}=(-1,\ 1,\ -1)$ に平行な直線を ℓ，点 B(−1, 3, 2) を通り $\vec{b}=(-1,\ 2,\ 0)$ に平行な直線を m とする。
Pは直線 ℓ 上の点，Qは直線 m 上の点とする。$\overrightarrow{PQ}$ の大きさ $|\overrightarrow{PQ}|$ の最小値と，そのときの点P，Qの座標を求めよ。 〔類 慶応大〕 ◀例題62

指針 前ページの例題62と同じように，直線 ℓ，m のベクトル方程式をそれぞれ媒介変数 s，t を用いて表し，2点P，Qの座標をそれぞれ s，t で表す。そして，$|\overrightarrow{PQ}|$ は

CHART》 $|\vec{p}|$ は $|\vec{p}|^2$ として扱う

$|\overrightarrow{PQ}|^2$ は s，t についての **2次式 ⟶ 基本形に直す** $p(s-lt)^2+q(t-m)^2+n$

解答 直線 ℓ の方程式は

$(x,\ y,\ z)=(1,\ 3,\ 0)+s(-1,\ 1,\ -1)$ （s は実数）

よって $x=1-s,\ y=3+s,\ z=-s$

直線 m の方程式は

$(x,\ y,\ z)=(-1,\ 3,\ 2)+t(-1,\ 2,\ 0)$ （t は実数）

よって $x=-1-t,\ y=3+2t,\ z=2$

ゆえに，$P(1-s,\ 3+s,\ -s)$，$Q(-1-t,\ 3+2t,\ 2)$ とすると

$$\begin{aligned}|\overrightarrow{PQ}|^2&=(-2-t+s)^2+(2t-s)^2+(2+s)^2\\&=3s^2-6st+5t^2+4t+8\\&=3(s-t)^2+2t^2+4t+8\\&=3(s-t)^2+2(t+1)^2+6\end{aligned}$$

$|\overrightarrow{PQ}|^2$ は $s=t$ かつ $t=-1$ すなわち $s=t=-1$ より，

P(2, 2, 1)，Q(0, 1, 2) のとき 最小値6をとる。

$|\overrightarrow{PQ}|>0$ であるから，このとき $|\overrightarrow{PQ}|$ は **最小値 $\sqrt{6}$** をとる。

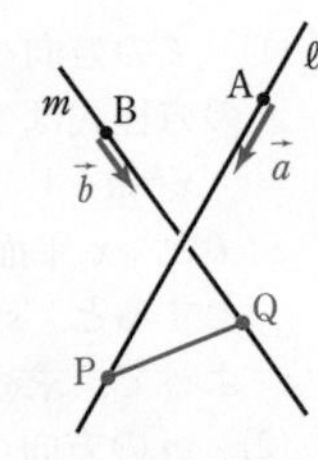

（注） 図の $\vec{a}$，$\vec{b}$ はそれぞれ直線 ℓ，m の方向ベクトル。

◀ $s \longrightarrow t$ の順に平方完成。

◀ $P(1+1,\ 3-1,\ 1)$
$Q(-1+1,\ 3-2,\ 2)$

検討 上の例題で，距離PQが最小となるときの直線PQは，2直線 ℓ，m にともに垂直な直線（**共通垂線**）である。
一般に，空間における2直線の最短距離は，各直線とその共通垂線との交点間の距離に等しい。

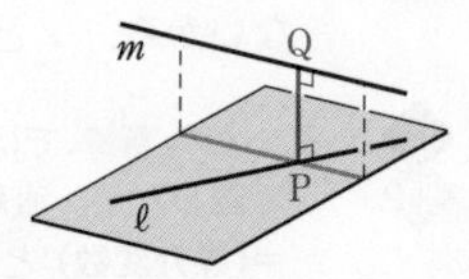

上の例題では

$|\overrightarrow{PQ}|$ が最小 $\Longleftrightarrow$ $\overrightarrow{PQ}\cdot\vec{a}=0$ かつ $\overrightarrow{PQ}\cdot\vec{b}=0$ ◀ $\vec{a}$，$\vec{b}$ はそれぞれ直線 ℓ，m の方向ベクトル。

$$\begin{cases}(-2-t+s)\times(-1)+(2t-s)\times1+(2+s)\times(-1)=0\\(-2-t+s)\times(-1)+(2t-s)\times2+(2+s)\times0=0\end{cases}$$ すなわち $$\begin{cases}t-s=0\\2+5t-3s=0\end{cases}$$

これを解いて $s=t=-1$ よって P(2, 2, 1)，Q(0, 1, 2)

練習 63 座標空間において，点 O(0, 0, 0) を通り方向ベクトルが (0, 1, 0) である直線を ℓ とし，点 (1, 3, 0) を通り方向ベクトルが (1, 1, −1) である直線を m とする。
(1) 直線 ℓ と直線 m は交わらないことを示せ。
(2) P，Qをそれぞれ直線 ℓ 上の点，直線 m 上の点とするとき，線分PQの長さの最小値と，そのときの点P，Qの座標を求めよ。

重要例題 64 直線と平面・球面の交点の座標 ★★★☆☆

2点 A(2, 4, 10), B(4, 6, 14) を通る直線を ℓ とする。

(1) 平面 $x-2y+3z+6=0$ と直線 ℓ の交点の座標を求めよ。

(2) 点 (0, 2, 3) を中心とする半径3の球面 S と直線 ℓ の交点の座標を求めよ。

◀例題61

指針 直線 ℓ 上の点に関する問題であるから，まず，直線 ℓ 上の 点の座標を媒介変数 t で表す。それを (1) 平面の方程式 (2) 球面の方程式 に代入する。

解答 直線 ℓ の方向ベクトルは $\overrightarrow{AB}=(2,\ 2,\ 4)$ であるから，その方程式は，$(x,\ y,\ z)=(2,\ 4,\ 10)+t(2,\ 2,\ 4)$ より

$x=2t+2,\ y=2t+4,\ z=4t+10$ (t は実数) …… ①

◀ $\overrightarrow{OP}=\overrightarrow{OA}+t\overrightarrow{AB}$ (Oは原点)

(1) ① を $x-2y+3z+6=0$ に代入して

$(2t+2)-2(2t+4)+3(4t+10)+6=0$

整理して　$10t+30=0$　ゆえに　$t=-3$

このとき，① から　$x=-4,\ y=-2,\ z=-2$

よって，求める交点の座標は　**$(-4,\ -2,\ -2)$**

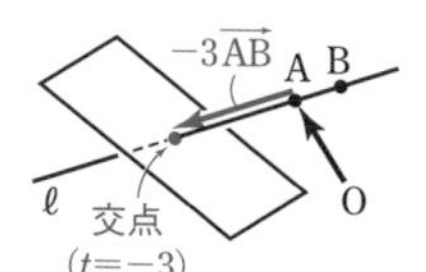

(2) 球面 S の方程式は　$x^2+(y-2)^2+(z-3)^2=3^2$

① を代入すると　$(2t+2)^2+(2t+2)^2+(4t+7)^2=9$

整理すると　$t^2+3t+2=0$

これを解いて　$t=-1,\ -2$

① から，$t=-1$ のとき　$x=0,\ y=2,\ z=6$

$t=-2$ のとき　$x=-2,\ y=0,\ z=2$

よって，求める交点の座標は　**$(0,\ 2,\ 6),\ (-2,\ 0,\ 2)$**

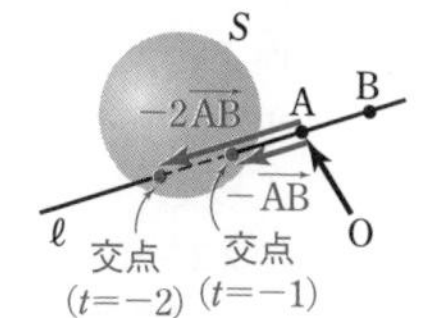

検討 (2) で，直線 ℓ と球面 S との交点の座標が求められたから，直線 ℓ が球面 S で切り取られる線分の長さは，2つの交点間の距離に等しく　$\sqrt{(-2-0)^2+(0-2)^2+(2-6)^2}=2\sqrt{6}$

なお，(2) に関して，「直線 ℓ が球面 S で切り取られる線分の長さを求めよ」のみで出題された場合は，次のように，三平方の定理を利用してもよい。

S の中心をC，ℓ と S の交点を P，Q，線分 PQ の中点をMとすると　$\overrightarrow{CM}\perp\overrightarrow{PQ}$　$\overrightarrow{PQ}\parallel\overrightarrow{AB}$ であるから　$\overrightarrow{CM}\perp\overrightarrow{AB}$

Mは ℓ 上にあるから，$M(2t+2,\ 2t+4,\ 4t+10)$ (t は実数) と表され　$\overrightarrow{CM}=(2t+2,\ 2t+2,\ 4t+7)$　◀ C(0, 2, 3)

$\overrightarrow{CM}\cdot\overrightarrow{AB}=0$ すなわち $(2t+2)\times2+(2t+2)\times2+(4t+7)\times4=0$

から　$t=-\dfrac{3}{2}$　よって　$\overrightarrow{CM}=(-1,\ -1,\ 1),\ |\overrightarrow{CM}|=\sqrt{3}$

平面CPQによる切り口

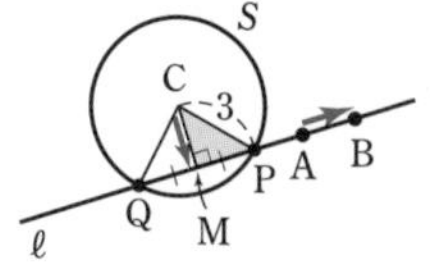

ℓ が S で切り取られる線分の長さは　$PQ=2PM=2\sqrt{CP^2-CM^2}=2\sqrt{3^2-(\sqrt{3})^2}=2\sqrt{6}$

練習 64 点 A(0, 2, 0) を通り，$\vec{d}=(1,\ 1,\ -2)$ に平行な直線を ℓ とする。

(1) 直線 ℓ と平面 $2x-3y+z=0$ の交点の座標を求めよ。

(2) 直線 ℓ が球面 $(x-4)^2+(y-2)^2+(z+4)^2=14$ によって切り取られる線分の長さを求めよ。

➡ p. 138 演習 **29, 30**

重要例題 65 球面と平面の交わり ★★★☆☆

(1) 球面 $x^2+y^2+z^2+2x-4y+4z=16$ の平面 $\alpha: 6x-2y+3z=5$ による切り口である円を C とする。この円の中心の座標と半径を求めよ。〔類 東北大〕

(2) 平面 $ax+(9-a)y-18z+45=0$ が，点 $(3,\ 2,\ 1)$ を中心とする半径 $\sqrt{5}$ の球面に接する。このとき，定数 a の値を求めよ。〔類 金沢大〕

◀例30，例題64

指針 球面と平面の交わりの図形は，球面と平面の位置関係によって決まる。その位置関係は，平面における円と直線の関係に似ていて，次のようになる。

球面 S（半径 r）と平面 α の交わり

球面 S の中心と平面 α の距離を d とすると

$0 \leqq d < r$ $\Longleftrightarrow$ **円周**（半径 R） $d^2+R^2=r^2$

$d=r$ $\Longleftrightarrow$ **点**（接点）

$r<d$ $\Longleftrightarrow$ **共有点がない**

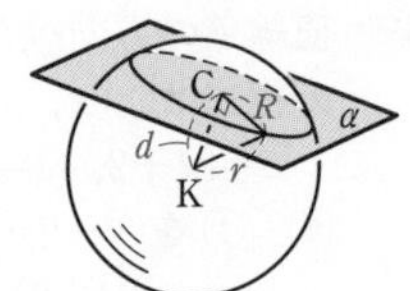

解答 (1) 球面の方程式から $(x+1)^2+(y-2)^2+(z+2)^2=25$

よって，球の中心をK，半径を r とすると

$$\mathrm{K}(-1,\ 2,\ -2),\ r=5$$

円 C の中心を $\mathrm{C}(x,\ y,\ z)$ とすると $\mathrm{KC}\perp\alpha$

ゆえに，$\overrightarrow{\mathrm{KC}}$ は平面 α の法線ベクトル $\vec{n}=(6,\ -2,\ 3)$ に平行であるから $\overrightarrow{\mathrm{KC}}=t\vec{n}$（$t$ は実数）

よって $(x+1,\ y-2,\ z+2)=(6t,\ -2t,\ 3t)$

ゆえに $x=6t-1,\ y=-2t+2,\ z=3t-2$

点Cは平面 α 上にあるから

$$6(6t-1)-2(-2t+2)+3(3t-2)=5$$

よって $t=\dfrac{3}{7}$ このとき $\mathrm{C}\left(\dfrac{\mathbf{11}}{\mathbf{7}},\ \dfrac{\mathbf{8}}{\mathbf{7}},\ -\dfrac{\mathbf{5}}{\mathbf{7}}\right)$

また，$|\overrightarrow{\mathrm{KC}}|=|t||\vec{n}|=3$ であるから，円 C の半径 R は

$$R=\sqrt{r^2-|\overrightarrow{\mathrm{KC}}|^2}=\mathbf{4}$$

(2) 球面と平面が接するための条件は，球面の中心と平面との距離が球面の半径に等しいことであるから

$$\frac{|a\cdot3+(9-a)\cdot2-18\cdot1+45|}{\sqrt{a^2+(9-a)^2+(-18)^2}}=\sqrt{5}$$

ゆえに $|a+45|=\sqrt{5}\cdot\sqrt{2a^2-18a+405}$

両辺を2乗して $a^2+90a+2025=10a^2-90a+2025$

よって $9a(a-20)=0$ ゆえに $\boldsymbol{a=0,\ 20}$

◀ $(x^2+2x+1)-1+(y^2-4y+4)-4+(z^2+4z+4)-4=16$

◀ 指針の図参照。

◀ $x+1=6t,\ y-2=-2t,\ z+2=3t$

◀ 平面 α の方程式に代入。

◀ $|\vec{n}|=\sqrt{6^2+(-2)^2+3^2}=7$

◀ 三平方の定理。

◀ 点と平面の距離の公式（$p.125$）を利用。

◀ 左辺と右辺の2025は消し合う。

練習 65 (1) 球面 $S: x^2+y^2+z^2-2y-4z-40=0$ と平面 $\alpha: x+2y+2z=a$ がある。球面 S と平面 α が共有点をもつとき，定数 a の値の範囲を求めよ。〔類 九州産大〕

(2) 点 $\mathrm{A}(2\sqrt{3},\ 2\sqrt{3},\ 6)$ を中心とする球 S が平面 $x+y+z-6=0$ と交わってできる円の面積が 9π であるとき，球 S の方程式を求めよ。〔類 宇都宮大〕

重要例題 66 直線と平面のなす角，直線に垂直な平面 ★★★☆☆

(1) 次の直線と平面のなす角 θ を求めよ。ただし，$0^\circ \leqq \theta \leqq 90^\circ$ とする。

$$\ell: \frac{x-1}{-5}=\frac{y+1}{3}=\frac{z-5}{4},\quad \alpha: 5x+4y-3z=19$$

(2) 点 A(1, 1, 0) を通り，直線 $\frac{x-6}{3}=y-2=\frac{1-z}{2}$ に垂直な平面の方程式を求めよ。

◀例題 60

指針 (1) 直線 ℓ と平面 α のなす角は，直線 ℓ の平面 α 上への **正射影**(*) を ℓ' とすると，右の図のように，直線 ℓ と ℓ' のなす角 θ である。

したがって，平面 α の法線ベクトルを $\vec{n}$，直線 ℓ の方向ベクトルを $\vec{d}$ とし，$\vec{n}$ と $\vec{d}$ のなす角を θ_1 とすると

$$\boldsymbol{\theta=90^\circ-\theta_1} \quad \text{または} \quad \boldsymbol{\theta=\theta_1-90^\circ}$$

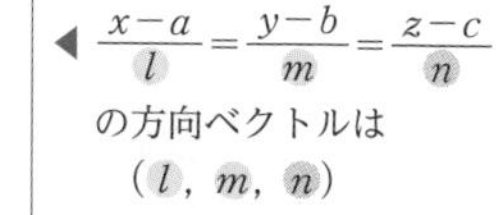

(注意) (*) 直線 ℓ の平面 α 上への **正射影** とは，直線 ℓ 上の各点から平面 α に下ろした垂線の足の集合のこと (p. 62)。

(2) 直線に垂直な平面 ⟶ 直線の方向ベクトルが平面の法線ベクトルになる。

解答 (1) 直線 ℓ の方向ベクトル $\vec{d}$ を $\vec{d}=(-5,\ 3,\ 4)$ とし，平面 α の法線ベクトル $\vec{n}$ を $\vec{n}=(5,\ 4,\ -3)$ とする。

◀ $\frac{x-a}{l}=\frac{y-b}{m}=\frac{z-c}{n}$ の方向ベクトルは $(l,\ m,\ n)$

$\vec{d}$ と $\vec{n}$ のなす角を θ_1 $(0^\circ \leqq \theta_1 \leqq 180^\circ)$ とすると

$$\cos\theta_1=\frac{\vec{d}\cdot\vec{n}}{|\vec{d}||\vec{n}|}=\frac{(-5)\times5+3\times4+4\times(-3)}{\sqrt{(-5)^2+3^2+4^2}\sqrt{5^2+4^2+(-3)^2}}$$

$$=-\frac{1}{2}$$

$0^\circ \leqq \theta_1 \leqq 180^\circ$ であるから　$\theta_1=120^\circ$

よって，直線 ℓ と平面 α のなす角 θ は

$$\boldsymbol{\theta}=120^\circ-90^\circ=\mathbf{30^\circ}$$

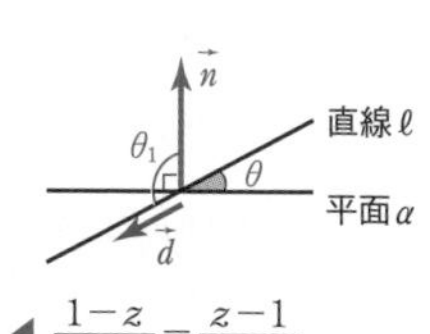

(2) 直線 $\frac{x-6}{3}=y-2=\frac{z-1}{-2}$ の方向ベクトル $\vec{d}$ を $\vec{d}=(3,\ 1,\ -2)$ とする。

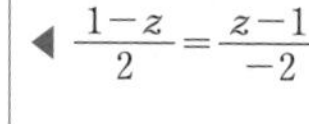

◀ $\frac{1-z}{2}=\frac{z-1}{-2}$

求める平面は，点 A(1, 1, 0) を通り，$\vec{d}$ を法線ベクトルとする平面である。

したがって，その方程式は

$$3\times(x-1)+1\times(y-1)+(-2)\times(z-0)=0$$

すなわち　$\boldsymbol{3x+y-2z-4=0}$

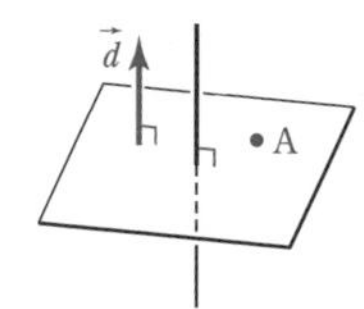

練習 66 (1) 直線 $x-4=y-3=\frac{z+2}{4}$ が平面 $2x+2y+z-2=0$ と交わり，そのなす角の小さい方を θ とするとき，$\cos\theta$ の値を求めよ。

(2) 点 $(-1,\ 2,\ 3)$ を通り，直線 $\frac{x-2}{4}=\frac{y+1}{-3}=z-3$ に垂直な平面の方程式を求めよ。

重要例題 67 ｜ 2平面の交線，それを含む平面の方程式 ★★★☆☆

2平面 α：$3x-2y+6z-6=0$ …… ①，β：$3x+4y-3z+12=0$ …… ② の交線を ℓ とする。

(1) 交線 ℓ の方程式を $\dfrac{x-x_1}{l}=\dfrac{y-y_1}{m}=\dfrac{z-z_1}{n}$ の形で表せ。

(2) 交線 ℓ を含み，点 $\mathrm{P}(1,\ -9,\ 2)$ を通る平面 γ の方程式を求めよ。 ◀例題66

指針 (1) 2平面 α, β が交わるとき，**α と β の共有点全体は1つの直線になる。**この直線を2平面 α, β の **交線** という。連立方程式①, ②は交線 ℓ の方程式を表すが，ここでは，連立方程式を解く要領で，①, ②から x を消去した式と y を消去した式を用いて，問題で指定された形の式 ── **消去形** ── を導く。

(2) (1)の結果から，直線 ℓ の方向ベクトルと通る点が1つずつわかる。その方向ベクトルを $\vec{d}$，通る点をAとすると，γ の法線ベクトルは $\vec{d}$, $\overrightarrow{\mathrm{AP}}$ の両方に垂直である。

解答 (1) ②−① から　$6y-9z+18=0$　よって　$z=\dfrac{2(y+3)}{3}$

①×2+② から　$9x+9z=0$　よって　$z=-x$

ゆえに，$-x=\dfrac{2(y+3)}{3}=z$ から　$\boldsymbol{\dfrac{x}{-2}=\dfrac{y+3}{3}=\dfrac{z}{2}}$

(2) 平面 γ の法線ベクトルを $\vec{n}=(a,\ b,\ c)$ $(\vec{n}\neq\vec{0})$ とする。

平面 γ は直線 ℓ を含むから，直線 ℓ の方向ベクトルと $\vec{n}$ は垂直であり　$-2a+3b+2c=0$ …… ③

また，(1)より，点 $\mathrm{A}(0,\ -3,\ 0)$ は直線 ℓ 上にあるから

$\vec{n}\perp\overrightarrow{\mathrm{AP}}$　ゆえに　$\vec{n}\cdot\overrightarrow{\mathrm{AP}}=0$

よって　$a-6b+2c=0$ …… ④

③, ④から　$a=3b,\ c=\dfrac{3}{2}b$

$\vec{n}=(6,\ 2,\ 3)$ とすると，平面 γ は点 $\mathrm{A}(0,\ -3,\ 0)$ を通り，$\vec{n}=(6,\ 2,\ 3)$ に垂直である。よって，その方程式は

$6x+2(y+3)+3z=0$ すなわち $\boldsymbol{6x+2y+3z+6=0}$

◀ $\vec{n}=\left(3b,\ b,\ \dfrac{3}{2}b\right)$ で $b=2$ とする。

(1)
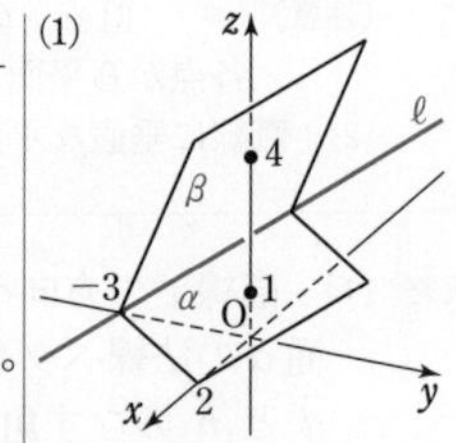

(2)
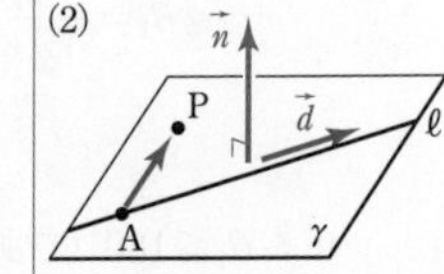

検討 (2) **2平面 α, β の交線を含む平面**（ただし，平面 α を除く）は，k を定数として，方程式

$k(3x-2y+6z-6)+3x+4y-3z+12=0$ [$f=0$, $g=0$ に対し，$\boldsymbol{kf+g=0}$ の形]

で表される。

これに $x=1$, $y=-9$, $z=2$ を代入すると　$27k-27=0$　よって　$k=1$

したがって，平面 γ の方程式は　$\boldsymbol{6x+2y+3z+6=0}$

練習 67 (1) 2平面 α：$x-2y+z+1=0$，β：$3x-2y+7z-1=0$ の交線 ℓ の方程式を $\dfrac{x-x_1}{l}=\dfrac{y-y_1}{m}=\dfrac{z-z_1}{n}$ の形で表せ。また，直線 ℓ を含み，点 $\mathrm{P}(1,\ 2,\ -1)$ を通る平面 γ の方程式を求めよ。

(2) 平面 $x+(a+2)y-az=2a+1$ は a がどんな実数値をとっても，ある定直線を含む。その定直線の方程式を求めよ。

重要例題 68 | 2球面の共通部分を含む平面など ★★★★★

次の2つの球面 S_1, S_2 が交わることを示せ。

$S_1：(x-8)^2+(y-1)^2+(z+3)^2=84$, $S_2：(x+1)^2+(y+2)^2+(z-3)^2=42$

また，球面 S_1, S_2 の交わりの円を C とするとき，次の (1), (2) のものを求めよ。

(1) 円 C を含む平面の方程式　　(2) 円 C の中心 P の座標と半径 r

◀例題64

指針 2つの球面の半径を R, r $(R>r)$ とし，中心間の距離を d とすると

2つの球面が交わる $\Longleftrightarrow$ $\boldsymbol{R-r<d<R+r}$　　◀ 2円が交わる条件と同様。

(1) 前ページでまとめたように，**2つの球面 $\boldsymbol{f=0}$, $\boldsymbol{g=0}$ の共通部分を含む図形の方程式は，$\boldsymbol{f+kg=0}$（$\boldsymbol{k}$ は定数）**で表される。これが平面を表すのは $k=-1$ のとき。

(2) 円 C の中心 P は，S_1, S_2 の中心を結ぶ直線と (1) で求めた平面の交点に一致する。

解答 球面 S_1 の中心を $O_1(8,\ 1,\ -3)$，半径を $r_1=\sqrt{84}$,

球面 S_2 の中心を $O_2(-1,\ -2,\ 3)$，半径を $r_2=\sqrt{42}$ とすると

$$O_1O_2=\sqrt{(-1-8)^2+(-2-1)^2+\{3-(-3)\}^2}=\sqrt{126}$$

$\sqrt{84}-\sqrt{42}<\sqrt{126}<\sqrt{84}+\sqrt{42}$ (*) すなわち

$r_1-r_2<O_1O_2<r_1+r_2$ が成り立つから，S_1 と S_2 は交わる。

◀ (*) の各辺を $\sqrt{42}$ で割ると $\sqrt{2}-1<\sqrt{3}<\sqrt{2}+1$

(1) 球面 S_1, S_2 の共有点は，k を定数とすると，次の方程式を満たす。

$$(x-8)^2+(y-1)^2+(z+3)^2-84+k\{(x+1)^2+(y+2)^2+(z-3)^2-42\}=0 \quad \cdots\cdots ①$$

① が表す図形が平面となるのは $k=-1$ のときである。　◀ ① の左辺が1次式。

① に $k=-1$ を代入して，求める方程式は　$\boldsymbol{3x+y-2z=3}$ …… ②

(2) 円 C の中心 P は，直線 O_1O_2 と平面 ② の交点である。

$\overrightarrow{O_1O_2}=(-9,\ -3,\ 6)$ から，直線 O_1O_2 上の点 $(x,\ y,\ z)$ は，t を実数として

$$(x,\ y,\ z)=(8,\ 1,\ -3)+t(-9,\ -3,\ 6)$$
$$=(-9t+8,\ -3t+1,\ 6t-3)$$

② に代入して　$3(-9t+8)-3t+1-2(6t-3)=3$

これを解いて　$t=\dfrac{2}{3}$　　よって　$\mathbf{P(2,\ -1,\ 1)}$

円 C 上の点を A とすると，$PA\perp O_1O_2$ であるから

$$r^2=O_2A^2-O_2P^2=(\sqrt{42})^2-\{3^2+1^2+(-2)^2\}=28$$

したがって　$\boldsymbol{r=\sqrt{28}=2\sqrt{7}}$

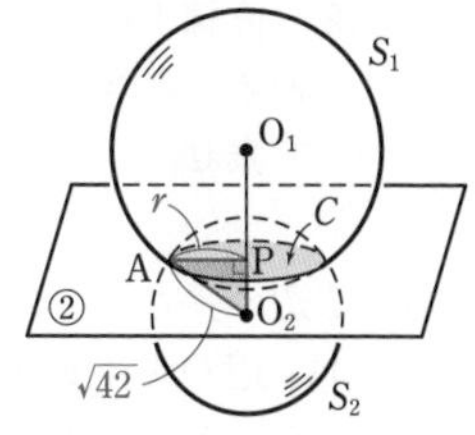

検討 2つの図形の共通部分がないこともある。その場合，$\boldsymbol{f+kg=0}$ の表す図形は存在しない。

例　球面 $x^2+y^2+z^2-1=0$ …… ① と $x^2+y^2+(z-4)^2-1=0$ …… ② の共通部分はない。

①−② を計算すると $z=2$ となり，共通部分が平面 $z=2$ に含まれるように思われる。

しかし，$z=2$ を ① に代入すると $x^2+y^2=-3$　これを満たす実数 x, y は存在しない。

一般に，$\boldsymbol{f+kg=0}$ の式を使う場合は，共通部分があることを確認するのが安全である。

練習 68 平面 $\alpha：x-2y+2z+3=0$ と2球面 $S_1：(x-1)^2+(y-2)^2+(z+3)^2=5$,

$S_2：(x-2)^2+y^2+(z+1)^2=8$ がある。このとき，次のものを求めよ。

(1) 平面 α と球面 S_1 の共通部分を含み，原点を通る球面の方程式

(2) 球面 S_1, S_2 の交わりの円 C を含む平面の方程式，および円 C の中心 P の座標と半径 r

演習問題

16 空間内の4点A，B，C，DがAB=1，AC=2，AD=3，∠BAC=∠CAD=60°，∠DAB=90°を満たしている。この4点から等距離にある点をEとするとき，線分AEの長さを求めよ。

〔類 大阪大〕 ➤例題34

17 xyz 空間内の3点 O(0, 0, 0)，A(2, 0, 1)，B(0, 1, 2) を考える。点 P(x, y, z) は条件 $|\overrightarrow{PO}|=|\overrightarrow{PA}|=|\overrightarrow{PB}|$ を満たすように動くとする。

(1) 条件 $|\overrightarrow{PA}|=|\overrightarrow{PB}|$ から得られる x，y，z の関係式は，m と n を定数として $mx+y+z=n$ と書ける。m，n の値を求めよ。

(2) $|\overrightarrow{PO}|$ の最小値とそのときの点Pの座標を求めよ。

(3) 点Pの x 座標が0であるとき，三角錐POABの体積を求めよ。

〔同志社大〕 ➤例題35

18 空間内の3点 O(0, 0, 0)，A(3, 0, 0)，B(3, $\sqrt{3}$, 3) について考える。r を正の実数とし，点Rを次の条件(A)，(B)，(C)を満たす点とする。

(A) $|\overrightarrow{OR}|=r$　　(B) $\overrightarrow{OR}$ と $\overrightarrow{OA}$ のなす角は30°

(C) $\overrightarrow{OR}$ と $\overrightarrow{OB}$ の内積は $2\sqrt{3}r$ である。

このとき，点Rの座標を r を用いて表せ。

〔類 慶応大〕 ➤例題39

19 四面体OABCにおいて，$\vec{a}=\overrightarrow{OA}$，$\vec{b}=\overrightarrow{OB}$，$\vec{c}=\overrightarrow{OC}$ とする。線分OA，OB，OC，BC，CA，ABの中点をそれぞれL，M，N，P，Q，Rとし，$\vec{p}=\overrightarrow{LP}$，$\vec{q}=\overrightarrow{MQ}$，$\vec{r}=\overrightarrow{NR}$ とする。

(1) $\vec{a}$，$\vec{b}$，$\vec{c}$ を $\vec{p}$，$\vec{q}$，$\vec{r}$ を用いて表せ。

(2) 直線LP，MQ，NRが互いに直交するとする。Xを $\overrightarrow{AX}=\overrightarrow{LP}$ となる空間の点とするとき，四面体XABCおよび四面体OABCの体積を $|\vec{p}|$，$|\vec{q}|$，$|\vec{r}|$ を用いて表せ。

〔類 東北大〕 ➤例21，27

20 1辺の長さが1の正四面体OABCを考える。

(1) 辺OA上を動く点Pと辺BC上を動く点Qに対して，線分PQの長さが最小となるとき，ベクトル $\overrightarrow{PQ}$ を $\overrightarrow{OA}$，$\overrightarrow{OB}$，$\overrightarrow{OC}$ で表せ。

(2) 点Rが△ABCの内部および辺上を動くとする。(1)で求めた $\overrightarrow{PQ}$ と $\overrightarrow{OR}$ のなす角を θ とする。内積 $\overrightarrow{PQ}\cdot\overrightarrow{OR}$ が最大となるような $\cos\theta$ のとりうる値の範囲を求めよ。

〔東北大〕 ➤例29，例題42

ヒント **16** Aを原点とする座標軸を導入して考える。AB=1，AD=3，∠DAB=90° から，A(0, 0, 0)，B(1, 0, 0)，D(0, 3, 0) と定めて，まず，点Cの座標を求める。

19 (1) まず，$\vec{p}$，$\vec{q}$，$\vec{r}$ を $\vec{a}$，$\vec{b}$，$\vec{c}$ を用いて表す。

(2) $\vec{p}$，$\vec{q}$，$\vec{r}$ の始点をOにそろえたときにできる直方体に注目。

20 (2) 点Rが△ABCの内部および辺上を動くとき，実数 m，n を用いて $\overrightarrow{AR}=m\overrightarrow{AB}+n\overrightarrow{AC}$ ($m\geqq0$, $n\geqq0$, $m+n\leqq1$) と表すことができる。

21 四面体 OABC の辺 OA 上に点P，辺 AB 上に点Q，辺 BC 上に点R，辺 CO 上に点Sをとる。これらの 4 点をこの順序で結んで得られる図形が平行四辺形となるとき，この平行四辺形 PQRS の 2 つの対角線の交点は 2 つの線分 AC と OB のそれぞれの中点を結ぶ線分上にあることを示せ。 〔京都大〕 ➤例題43

22 空間内に，同一平面上にない 4 点 O，A，B，C がある。s，t を $0<s<1$，$0<t<1$ を満たす実数とする。線分 OA を 1：1 に内分する点を A_0，線分 OB を 1：2 に内分する点を B_0，線分 AC を $s:(1-s)$ に内分する点をP，線分 BC を $t:(1-t)$ に内分する点をQとする。更に 4 点 A_0，B_0，P，Q が同一平面上にあるとする。

(1) t を s を用いて表せ。

(2) $|\overrightarrow{OA}|=1$，$|\overrightarrow{OB}|=|\overrightarrow{OC}|=2$，$\angle AOB=120°$，$\angle BOC=90°$，$\angle COA=60°$，$\angle POQ=90°$ であるとき，s の値を求めよ。 〔類 大阪大〕 ➤例題47

23 四角形 ABCD を底面とする四角錐 OABCD は $\overrightarrow{OA}+\overrightarrow{OC}=\overrightarrow{OB}+\overrightarrow{OD}$ を満たしており，0 と異なる 4 つの実数 p，q，r，s に対して 4 点 P，Q，R，S を $\overrightarrow{OP}=p\overrightarrow{OA}$，$\overrightarrow{OQ}=q\overrightarrow{OB}$，$\overrightarrow{OR}=r\overrightarrow{OC}$，$\overrightarrow{OS}=s\overrightarrow{OD}$ によって定める。このとき，P，Q，R，S が同じ平面上にあれば $\dfrac{1}{p}+\dfrac{1}{r}=\dfrac{1}{q}+\dfrac{1}{s}$ が成り立つことを示せ。 〔京都大〕 ➤例題48

24 原点をOとする空間内の 3 点 $A(a,\ 0,\ 0)$，$B(0,\ b,\ 0)$，$C(0,\ 0,\ c)$ に対し，A，B，C の定める平面を π とする。ただし，$a>0$，$b>0$，$c>0$ とする。

(1) 平面 π 上の点Pに対し，ベクトル $\overrightarrow{OP}$ は $\overrightarrow{OP}=s\overrightarrow{OA}+t\overrightarrow{OB}+(1-s-t)\overrightarrow{OC}$ と表される。$\overrightarrow{OP}$ が平面 π と垂直になるように，s，t の値を a，b，c を用いて表せ。

(2) 線分 AB の中点をMとし，点Qは $\overrightarrow{CQ}=r\overrightarrow{CM}$ を満たす点であるとする。$|\overrightarrow{OQ}|$ を最小にする r の値とそのときの $|\overrightarrow{OQ}|$ の値を a，b，c で表せ。

(3) △OAB，△OBC，△OCA，△ABC の面積を，それぞれ S_1，S_2，S_3，S とするとき，$S^2=S_1{}^2+S_2{}^2+S_3{}^2$ が成立することを示せ。 〔秋田大〕 ➤例題52

25 すべての辺の長さが 1 の四角錐がある。この四角錐の頂点をO，底面を正方形 ABCD とし，$\overrightarrow{OA}=\vec{a}$，$\overrightarrow{OB}=\vec{b}$，$\overrightarrow{OC}=\vec{c}$ とする。

(1) $\overrightarrow{OD}$ を $\vec{a}$，$\vec{b}$，$\vec{c}$ で表せ。 (2) 内積 $\vec{a}\cdot\vec{b}$，$\vec{b}\cdot\vec{c}$，$\vec{c}\cdot\vec{a}$ を求めよ。

(3) 点P，O，B，C が正四面体の頂点となるようなすべての点Pについて，$\overrightarrow{OP}$ を $\vec{a}$，$\vec{b}$，$\vec{c}$ で表せ。 〔宮崎大〕 ➤例題53

ヒント **21** $\overrightarrow{OP}=s\overrightarrow{OA}$，$\overrightarrow{OQ}=(1-t)\overrightarrow{OA}+t\overrightarrow{OB}$，$\overrightarrow{OR}=(1-u)\overrightarrow{OB}+u\overrightarrow{OC}$，$\overrightarrow{OS}=v\overrightarrow{OC}$ と表し，$\overrightarrow{PQ}=\overrightarrow{SR}$ に代入して，s，t，u，v の関係を調べる。

23 $\overrightarrow{OS}$ を $\overrightarrow{OP}$，$\overrightarrow{OQ}$，$\overrightarrow{OR}$ で表す。P，Q，R，S が同じ平面上にある ⟺ **係数の和が 1** を利用。

25 (3) △OBC の重心をGとすると，$\overrightarrow{GP}\perp\vec{b}$，$\overrightarrow{GP}\perp\vec{c}$ が成り立つ。

26 座標空間内の5点 O(0, 0, 0), A(1, 1, 0), B(2, 1, 2), P(4, 0, −1), Q(4, 0, 5) を考える。3点 O, A, B を通る平面を α とし, $\vec{a}=\overrightarrow{\mathrm{OA}}$, $\vec{b}=\overrightarrow{\mathrm{OB}}$ とする。

(1) ベクトル $\vec{a}$, $\vec{b}$ の両方に垂直であり, x 成分が正であるような, 大きさが1のベクトル $\vec{n}$ を求めよ。

(2) 平面 α に関して点Pと対称な点 P′ の座標を求めよ。

(3) 点Rが平面 α 上を動くとき, $|\overrightarrow{\mathrm{PR}}|+|\overrightarrow{\mathrm{RQ}}|$ が最小となるような点Rの座標を求めよ。 〔九州大〕 ➤例 29, 例題 36, 58

27 S を, 座標空間内の原点Oを中心とする半径1の球面とする。S 上を動く点 A, B, C, D に対して, $F=2(\mathrm{AB}^2+\mathrm{BC}^2+\mathrm{CA}^2)-3(\mathrm{AD}^2+\mathrm{BD}^2+\mathrm{CD}^2)$ とする。

(1) $\overrightarrow{\mathrm{OA}}=\vec{a}$, $\overrightarrow{\mathrm{OB}}=\vec{b}$, $\overrightarrow{\mathrm{OC}}=\vec{c}$, $\overrightarrow{\mathrm{OD}}=\vec{d}$ とするとき, $\vec{a}$, $\vec{b}$, $\vec{c}$, $\vec{d}$ によらない定数 k によって, $F=k(\vec{a}+\vec{b}+\vec{c})\cdot(\vec{a}+\vec{b}+\vec{c}-3\vec{d})$ と書けることを示し, 定数 k の値を求めよ。

(2) 点 A, B, C, D が球面 S 上を動くときの, F の最大値 M を求めよ。

(3) 点Cの座標が $\left(-\frac{1}{4},\ \frac{\sqrt{15}}{4},\ 0\right)$, 点Dの座標が (1, 0, 0) であるとき, $F=M$ となる S 上の点 A, B の組をすべて求めよ。 〔東京工大〕 ➤例 30, 例題 50

28 座標空間内の2点 A(0, 3, 0), B(0, −3, 0) を直径の両端とする球面を S とする。点 P$(x,\ y,\ z)$ が球面 S 上を動くとき, $3x+4y+5z$ の最大値を求めよ。また, そのときのPの座標を求めよ。 〔類 岩手大〕 ➤例 30

29 座標空間において, 3点 A(6, 6, 3), B(4, 0, 6), C(0, 6, 6) を通る平面を α とする。

(1) 平面 α に垂直で大きさが1のベクトルをすべて求めよ。

(2) 中心が点 P$(a,\ b,\ c)$ で半径が r の球が平面 α, xy 平面, yz 平面, zx 平面のすべてに接し, かつ $a\geqq 0$, $b\geqq 0$ が満たされている。このような点Pと r の組をすべて求めよ。 〔東北大〕 ➤例題 57, 64

30 (1) xy 平面上の3点 O(0, 0), A(2, 1), B(1, 2) を通る円の方程式を求めよ。

(2) t が実数全体を動くとき, xyz 空間内の点 $(t+2,\ t+2,\ t)$ が作る直線を ℓ とする。3点 O(0, 0, 0), A′(2, 1, 0), B′(1, 2, 0) を通り, 中心を C$(a,\ b,\ c)$ とする球面 S が直線 ℓ と共有点をもつとき, a, b, c の満たす条件を求めよ。 〔北海道大〕 ➤例題 64

ヒント **26** (3) CHART》 折れ線は1本の線分にのばして考える ⟶ (2) で求めた対称点 P′ と点 Q, R の3点が同一直線上にあるときを考える。

28 Oを原点, Q(3, 4, 5) とし, $\overrightarrow{\mathrm{OP}}\cdot\overrightarrow{\mathrm{OQ}}$ のとりうる値の範囲に注目。

30 (2) 球面 S の中心と (1) の円の中心の x 座標, y 座標はそれぞれ等しい。

〈この章で学ぶこと〉
数学Ⅱでは，複素数の加法，減法，乗法，除法について学んだ。この章では，複素数が座標平面上の点として表されることや，複素数の和，差，絶対値，共役複素数についての幾何学的な意味を学ぶ。また，複素数の積，商を複素数平面上で考えるため，複素数の幾何学的表示である極形式について学び，複素数平面上で，いろいろな図形について学習する。

第3章 複素数平面

例，例題一覧

● …… 基本的な内容の例　■ …… 標準レベルの例題　◆ …… やや発展的な例題

13 複素数平面

《 基本事項 》

(注意) 以下，$a+bi$，$c+di$ などでは，文字 a，b，c，d は実数を表す。

1 複素数平面

座標平面上で，複素数 $\alpha=a+bi$ に対して点 $(a,\ b)$ を対応させる。これにより，複素数と座標平面上の点は，1つずつ，もれなく対応する。複素数 $\alpha=a+bi$ を座標平面上の点 $(a,\ b)$ で表したとき，この平面を **複素数平面** または **複素平面** という。複素数平面上では，x 軸を **実軸**，y 軸を **虚軸** という。実軸上の点は実数を表し，虚軸上の原点Oと異なる点は純虚数を表す。複素数平面上で複素数 $\alpha=a+bi$ を表す点Aを $\mathbf{A}(\boldsymbol{\alpha})$ または $\mathbf{A}(\boldsymbol{a}+\boldsymbol{bi})$ と書く。また，この点を **点 $\boldsymbol{\alpha}$** と呼ぶことがある。

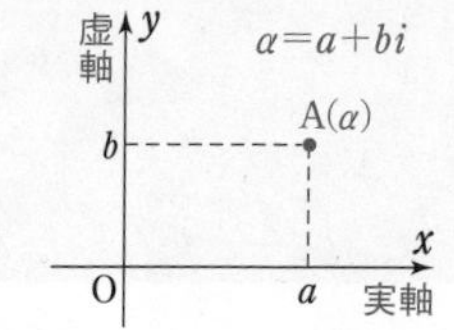

2 複素数の実数倍

複素数 $\alpha=a+bi$ は0でないとし，点0と点αを結ぶ直線をℓとする。kを実数とすると，$k\alpha=ka+(kb)i$ であるから，点 $k\alpha$ は直線 ℓ 上にある。逆に，直線 ℓ 上の任意の点は，$k\alpha$ の形の複素数を表す。よって，次のことが成り立つ。

$\alpha\neq 0$ のとき，3点 0，α，β が一直線上にある

$\iff$ $\boldsymbol{\beta=k\alpha}$（$\boldsymbol{k}$ は実数）

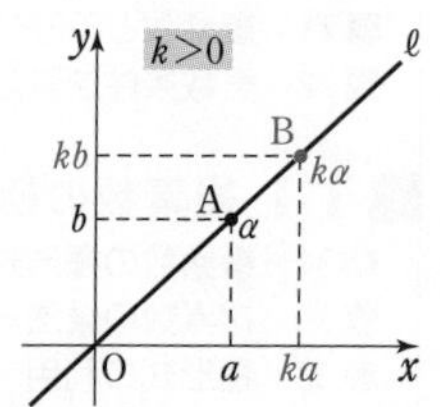

このとき，右の図からわかるように，点 $k\alpha$ は直線 ℓ 上で

$k>0$ ならば，原点に関して点αと同じ側にあり，

$k=0$ ならば，原点と一致し，

$k<0$ ならば，原点に関して点αと反対側にある。

特に，点 $-\alpha$ は原点に関して点αと対称の位置にある。

複素数αを表す点をA，$k\alpha$ を表す点をBとすると，$\mathrm{OB}=|k|\mathrm{OA}$ である。また，点 $k\alpha$ を点αをk倍した点である，ということもある。

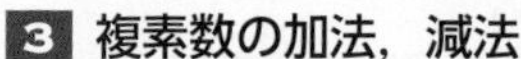

3 複素数の加法，減法

$\alpha=a+bi$，$\beta=c+di$ の和，差はそれぞれ

$\alpha+\beta=(a+c)+(b+d)i$，$\alpha-\beta=(a-c)+(b-d)i$

よって，点 $\alpha+\beta$ は点αを，実軸方向にc，虚軸方向にdだけ平行移動した点である。

また，点 $\alpha-\beta$ は点αを，実軸方向に $-c$，虚軸方向に $-d$ だけ平行移動した点である。

3点 O(0)，A(α)，B(β) が一直線上にないとき

① 加法　C($\alpha+\beta$) とすると，四角形 OACB は平行四辺形である。

② 減法　D($-\beta$)，E($\alpha-\beta$) とすると，四角形 ODEA は平行四辺形である。

4 共役な複素数

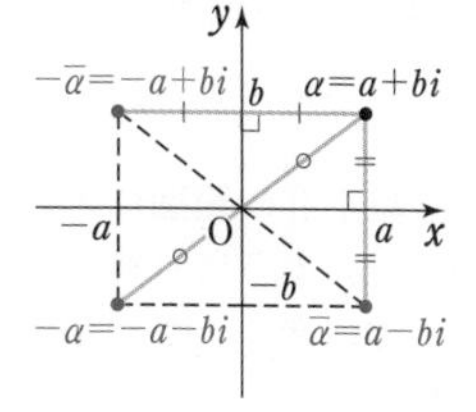

複素数 $\alpha=a+bi$ に対し，$\overline{\alpha}=a-bi$ を α に共役な複素数，または α の **共役複素数** という。
右の図から，次のことが成り立つ。

点 $\overline{\alpha}$ は点 α と実軸に関して対称
点 $-\alpha$ は点 α と原点に関して対称
点 $-\overline{\alpha}$ は点 α と虚軸に関して対称

また，複素数 α，β とその共役複素数について，次のことが成り立つ。

① **α が実数 $\iff \overline{\alpha}=\alpha$，$\alpha$ が純虚数 $\iff \overline{\alpha}=-\alpha$，$\alpha\neq0$**

② [1] **$\alpha+\overline{\alpha}$ は実数**　　[2] $\overline{\alpha+\beta}=\overline{\alpha}+\overline{\beta}$
[3] $\overline{\alpha-\beta}=\overline{\alpha}-\overline{\beta}$　　[4] $\overline{\alpha\beta}=\overline{\alpha}\,\overline{\beta}$
[5] $\overline{\left(\dfrac{\alpha}{\beta}\right)}=\dfrac{\overline{\alpha}}{\overline{\beta}}$ $(\beta\neq0)$　　[6] $\overline{\overline{\alpha}}=\alpha$

注意 [4] から，複素数 α と自然数 n について，$\overline{\alpha^n}=(\overline{\alpha})^n$ が成り立つ。

5 絶対値と 2 点間の距離

複素数 $\alpha=a+bi$ に対し，$\sqrt{\alpha\overline{\alpha}}=\sqrt{a^2+b^2}$ を α の **絶対値** といい，記号で $|\alpha|$ または $|a+bi|$ と表す。複素数 α，β の絶対値について，次のことが成り立つ。

① [1] $|\alpha|=0 \iff \alpha=0$　　[2] $|\alpha|=|-\alpha|=|\overline{\alpha}|$　　$\alpha\overline{\alpha}=|\alpha|^2$
[3] $|\alpha\beta|=|\alpha||\beta|$　　[4] $\left|\dfrac{\alpha}{\beta}\right|=\dfrac{|\alpha|}{|\beta|}$ $(\beta\neq0)$

② **2 点 α，β 間の距離は $|\beta-\alpha|$**　　③ $|\alpha+\beta|\leqq|\alpha|+|\beta|$

証明 ① [2] $\alpha=a+bi$ とすると　$-\alpha=-a-bi$，$\overline{\alpha}=a-bi$
よって　$|\alpha|=\sqrt{a^2+b^2}$
$|-\alpha|=\sqrt{(-a)^2+(-b)^2}=\sqrt{a^2+b^2}$
$|\overline{\alpha}|=\sqrt{a^2+(-b)^2}=\sqrt{a^2+b^2}$
ゆえに　$|\alpha|=|-\alpha|=|\overline{\alpha}|$
また　$\alpha\overline{\alpha}=(a+bi)(a-bi)=a^2+b^2$　すなわち　$\alpha\overline{\alpha}=|\alpha|^2$

③ $\alpha=a+bi$，$\beta=c+di$ とすると

$$(|\alpha|+|\beta|)^2-|\alpha+\beta|^2=(\sqrt{a^2+b^2}+\sqrt{c^2+d^2})^2-\{(a+c)^2+(b+d)^2\}$$
$$=2\{\sqrt{(a^2+b^2)(c^2+d^2)}-(ac+bd)\}$$

ここで，$\vec{p}=(a,\ b)$，$\vec{q}=(c,\ d)$ と考えると，

$$\vec{p}\cdot\vec{q}=|\vec{p}||\vec{q}|\cos\theta\leqq|\vec{p}||\vec{q}|\ (0\leqq\theta\leqq\pi)\ \cdots\cdots(*)$$

であるから，$|\vec{p}||\vec{q}|-\vec{p}\cdot\vec{q}\geqq0$ より　$\sqrt{(a^2+b^2)(c^2+d^2)}-(ac+bd)\geqq0$
よって　$(|\alpha|+|\beta|)^2-|\alpha+\beta|^2\geqq0$　すなわち　$|\alpha+\beta|^2\leqq(|\alpha|+|\beta|)^2$
$|\alpha+\beta|\geqq0$，$|\alpha|+|\beta|\geqq0$ であるから　$|\alpha+\beta|\leqq|\alpha|+|\beta|$

注意 $\alpha=0$ または $\beta=0$ または「$\alpha\neq0$ かつ $\beta\neq0$ かつ $(*)$ で $\cos\theta=1$」のとき，③ の等号が成り立つ。特に，$(*)$ で $\cos\theta=1$ のとき $\vec{p}$，$\vec{q}$ のなす角は 0 であるから，$\vec{p}$，$\vec{q}$ は同じ向きに平行である。つまり，3 点 0，α，β は同じ半直線上にある。
よって，③ の等号成立条件は　$\alpha=0$ または $\beta=0$ または $\beta=k\alpha$（k は正の実数）

複素数の図形的な意味（ベクトルとの関係）

数学Ⅱの範囲における複素数の扱いは，複素数の相等と計算法則，共役な複素数の性質などのように計算が主体であった。数学Cでは，複素数平面を導入することで，$p.140$ 基本事項 **2**，**3** で説明したように，それらを図形的にとらえることができる。実は，複素数はベクトルとも関係があるので，ここで紹介しよう。

●複素数と平面上のベクトルとの関係

〈相等について〉

複素数平面上で，複素数 $\alpha=a+bi$ を表す点を $\mathrm{A}(\alpha)$ とする。

いま，この平面上で，原点Oに関する点Aの位置ベクトルを $\vec{p}$ とする。

このとき，複素数 α と位置ベクトル $\vec{p}$ は対応している。

$$\boldsymbol{\alpha \longleftrightarrow \vec{p}} \quad \textbf{（1対1に対応）}$$

2つの複素数 α，β について，$\mathrm{A}(\alpha)$，$\mathrm{B}(\beta)$ とし，$\overrightarrow{\mathrm{OA}}=\vec{p}$，$\overrightarrow{\mathrm{OB}}=\vec{q}$ とすると，複素数 α，β の相等は，位置ベクトル $\vec{p}$，$\vec{q}$ の相等としてとらえることができるから

$$\boldsymbol{\alpha=\beta \iff \vec{p}=\vec{q}}$$

〈加法について〉

複素数 α，β の加法 $\alpha+\beta$ について，対応する位置ベクトルを考える。

$\alpha=a+bi$，$\beta=c+di$ とすると

$$\alpha+\beta=(a+c)+(b+d)i \quad \cdots\cdots \text{①}$$

複素数平面上で，原点Oに関する2点 $\mathrm{A}(\alpha)$，$\mathrm{B}(\beta)$ の位置ベクトルをそれぞれ $\vec{p}$，$\vec{q}$ とすると

$$\vec{p}=(a,\ b),\ \vec{q}=(c,\ d)$$

よって $\quad \vec{p}+\vec{q}=(a+c,\ b+d) \quad \cdots\cdots \text{②}$

①，②から，複素数平面上で，原点Oに関する点 $\mathrm{C}(\alpha+\beta)$ の位置ベクトルは $\quad \vec{p}+\vec{q}$

したがって，$\alpha+\beta$ を複素数平面上で図示するときは，$\vec{p}+\vec{q}$ と同様に，平行四辺形を用いればよい。

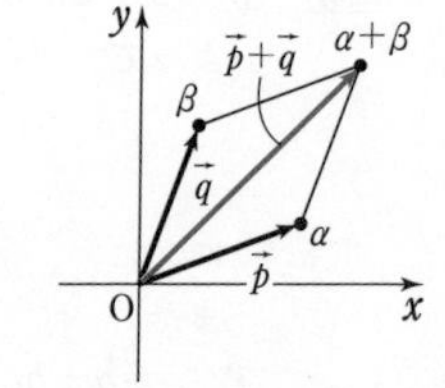

また，α，β の減法，実数倍についても，それぞれ位置ベクトルの差，実数倍が対応していて，図示についてもそれぞれベクトルと同じようにすればよい。

〈減法について〉

$$\alpha-\beta=(a-c)+(b-d)i$$
$$\vec{p}-\vec{q}=(a-c,\ b-d)$$

〈実数倍について〉

k は実数とする。

$$k\alpha=ka+kbi$$
$$k\vec{p}=(ka,\ kb)$$

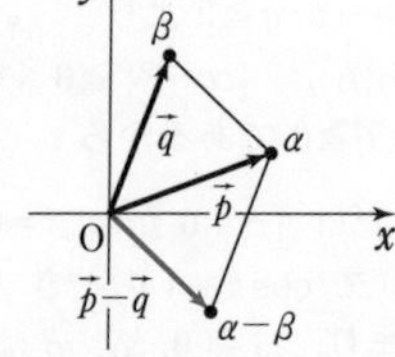

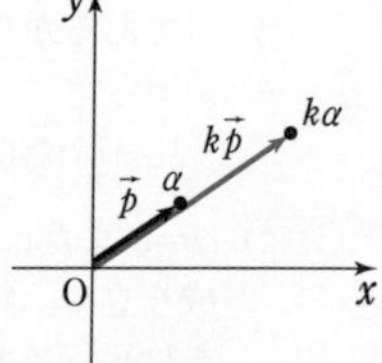

例 31 | 複素数の実数倍，加法，減法 ★☆☆☆☆

(1) $\alpha=-1+2i$, $\beta=2+ai$, $\gamma=b-6i$ とする。4 点 0, α, β, γ が一直線上にあるとき，実数 a, b の値を求めよ。

(2) 右の図の複素数平面上の点 α, β について，次の点を図に示せ。

(ア) $\alpha+\beta$　(イ) $\alpha-\beta$　(ウ) $2\alpha+\beta$　(エ) $-(2\alpha+\beta)$

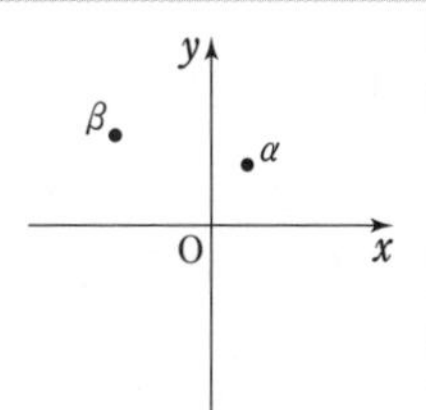

指針 (1) $\alpha\neq0$ のとき，**3 点 0, α, β が一直線上にある**

$$\Longleftrightarrow \boldsymbol{\beta=k\alpha}\ (\boldsymbol{k} \text{ は実数})$$

(2) 3 点 O(0), A(α), B(β) が一直線上にないとき，点 C($\alpha+\beta$) は線分 OA，OB を 2 辺とする **平行四辺形** の第 4 の頂点である。
また，B′($-\beta$) とすると，D($\alpha-\beta$) は線分 OA，OB′ を 2 辺とする **平行四辺形** の第 4 の頂点である。

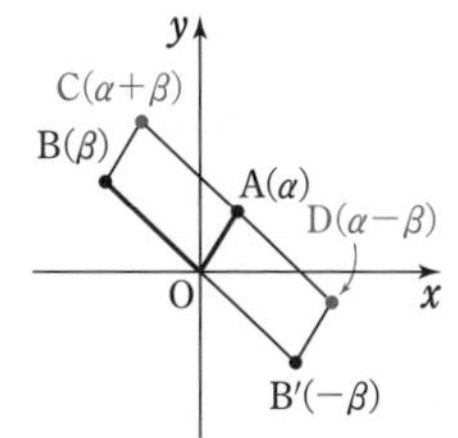

例 32 | 実数条件，純虚数条件 ★★☆☆☆

定数 α は複素数とする。 [(1) 岡山大]

(1) 任意の複素数 z に対して，$z\overline{z}+\alpha\overline{z}+\overline{\alpha}z$ は実数であることを示せ。

(2) $\overline{\alpha}z$ が実数でない複素数 z に対して，$\alpha\overline{z}-\overline{\alpha}z$ は純虚数であることを示せ。

指針 $\alpha=a+bi$, $z=x+yi$ (a, b, x, y は実数) とおいて代入してもよいが，一般に計算は複雑になる。複素数 α の実数条件，純虚数条件の問題では，次の性質を利用するのがよい。

α が実数 $\Longleftrightarrow \overline{\alpha}=\alpha$　　α が純虚数 $\Longleftrightarrow \overline{\alpha}=-\alpha$, $\alpha\neq0$

(1) $w=z\overline{z}+\alpha\overline{z}+\overline{\alpha}z$ として，$\overline{w}=w$ を示す。

(2) $v=\alpha\overline{z}-\overline{\alpha}z$ として，$\overline{v}=-v$ かつ $v\neq0$ を示す。$v\neq0$ であることは，「$\overline{\alpha}z$ が実数でない」という条件，すなわち $\overline{\overline{\alpha}z}\neq\overline{\alpha}z$ から示すことを考える。

例 33 | 共役複素数の性質 ★★☆☆☆

a, b, c ($a\neq0$) は実数とする。4 次方程式 $ax^4+bx^2+c=0$ が虚数解 α をもつとき，$\overline{\alpha}$ もこの方程式の解であることを示せ。

指針 複素数 $\boldsymbol{\alpha=a+bi}$ **の共役複素数** は $\boldsymbol{\overline{\alpha}=a-bi}$ である。これを代入してもよいが，複素数 α, $\overline{\alpha}$ のまま進めた方が簡便である。つまり，**虚数解 $\boldsymbol{x=\alpha}$ を方程式に代入して成り立つ等式 $\boldsymbol{f(\alpha)=0}$** から，$f(\overline{\alpha})=0$ を導く方針で考える。その際，$\overline{f(\alpha)}=\overline{0}$, $\boldsymbol{\overline{\alpha^n}=(\overline{\alpha})^n}$ (n は自然数) [数学 II で学習] を利用する。

参考 複素数 $z=a+bi$ について，z の **実部 $\boldsymbol{a}$ を Re($\boldsymbol{z}$)**，**虚部 $\boldsymbol{b}$ を Im($\boldsymbol{z}$)** と表すことがある。
ここで，Re は real part，Im は imaginary part の略である。
$z=a+bi$ の共役複素数は $\overline{z}=a-bi$ であるから　$z+\overline{z}=2a$, $z-\overline{z}=2bi$

したがって，$\mathrm{Re}(z)=\dfrac{z+\overline{z}}{2}$, $\mathrm{Im}(z)=\dfrac{z-\overline{z}}{2i}$ が成り立つ。　◀ $\mathrm{Re}(z)=a$, $\mathrm{Im}(z)=b$

例題 69 複素数の絶対値 (1) ★★☆☆☆

(1) $z=2+i$ のとき，$|z^2+\overline{z}-1|=$ ア□，$\left|z-\dfrac{1}{z}\right|=$ イ□ である。

(2) 2点 A$(-1+3i)$，B$(4+i)$ 間の距離は ア□ である。また，この2点から等距離にある虚軸上の点Cを表す複素数は イ□ である。

指針 CHART》 複素数の絶対値 $|\alpha|$ は $|\alpha|^2$ として扱う $|\alpha|^2=\alpha\overline{\alpha}$

(1) (ア) は $z=2+i$ を $z^2+\overline{z}-1$ に代入して直接計算する。(イ) も同様に代入して直接計算する方法でもよいが，$|\alpha|^2=\alpha\overline{\alpha}$ を利用する方がらくである。

(2) 2点 A(α)，B(β) 間の距離は $|\beta-\alpha|$

(イ) 点Cは虚軸上の点であるから C(bi) (b は実数) とし，AC=BC の条件を $\mathrm{AC}^2=\mathrm{BC}^2$ として，b の方程式を導く。

解答 (1) $z^2+\overline{z}-1=(2+i)^2+(2-i)-1=4+3i$

よって $|z^2+\overline{z}-1|=\sqrt{4^2+3^2}=$ ア $\mathbf{5}$

$$\left|z-\frac{1}{z}\right|^2=\left(z-\frac{1}{z}\right)\overline{\left(z-\frac{1}{z}\right)}=\left(z-\frac{1}{z}\right)\left(\overline{z}-\frac{1}{\overline{z}}\right)$$

$$=z\overline{z}+\frac{1}{z\overline{z}}-2=|z|^2+\frac{1}{|z|^2}-2$$

$|z|^2=|2+i|^2=2^2+1^2=5$ であるから

$$\left|z-\frac{1}{z}\right|^2=5+\frac{1}{5}-2=\frac{16}{5}$$

ゆえに $\left|z-\dfrac{1}{z}\right|=$ イ $\mathbf{\dfrac{4}{\sqrt{5}}}$

(2) $\mathrm{AB}=|(4+i)-(-1+3i)|=|5-2i|$

よって $\mathrm{AB}=\sqrt{5^2+(-2)^2}=$ ア $\mathbf{\sqrt{29}}$

また，虚軸上の点Cを C(bi) (b は実数) とする。

AC=BC から $\mathrm{AC}^2=\mathrm{BC}^2$

ゆえに $|bi-(-1+3i)|^2=|bi-(4+i)|^2$

すなわち $|1+(b-3)i|^2=|-4+(b-1)i|^2$

よって $1^2+(b-3)^2=(-4)^2+(b-1)^2$

ゆえに $b^2-6b+10=b^2-2b+17$

これを解いて $b=-\dfrac{7}{4}$

したがって，点Cを表す複素数は イ $\mathbf{-\dfrac{7}{4}i}$

◀ $\alpha=a+bi$ のとき $|\alpha|=\sqrt{a^2+b^2}$

◀ $|\alpha|^2=\alpha\overline{\alpha}$ を利用。

別解 (イ) $|z|^2=5$ から $z\overline{z}=5$

よって $\dfrac{1}{\overline{z}}=\dfrac{z}{5}$

したがって $\left|z-\dfrac{1}{\overline{z}}\right|=\left|\dfrac{4}{5}z\right|$

$=\dfrac{4\sqrt{5}}{5}$

参考 (2)(ア) 座標平面上での2点 A$(-1,\ 3)$，B$(4,\ 1)$ 間の距離と同じである (下の図を参照)。

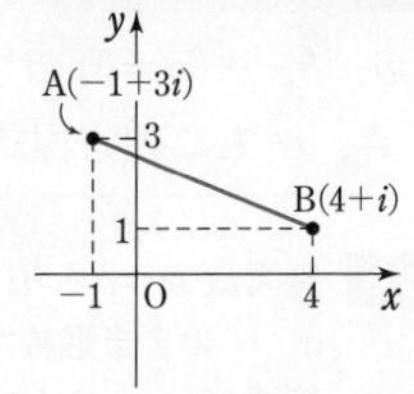

練習 69 (1) $z=3-i$ のとき，$|z^2-3z+2|=$ ア□，$\left|z+\dfrac{2}{z}\right|=$ イ□ である。

(2) 2点 A$(2+i)$，B$(-3+4i)$ 間の距離は ア□ である。また，この2点から等距離にある実軸上の点Cを表す複素数は イ□ である。

例題 70 複素数の絶対値 (2) ★★☆☆☆

z, α, β を複素数とする。

(1) $|z+i|=|z-4i|$ のとき，$z-\overline{z}=3i$ であることを示せ。

(2) $|\alpha|=|\beta|=|\alpha-\beta|=1$ のとき，$|2\beta-\alpha|$ の値を求めよ。 〔(2) 類 自治医大〕

◀例題 69

指針 前ページの例題 69 と同様に $|\alpha|^2=\alpha\overline{\alpha}$ の利用がポイント。

(1) 条件を $|z+i|^2=|z-4i|^2$ として扱う。

(2) $|2\beta-\alpha|^2$ を計算すると，$|\alpha|^2$, $|\beta|^2$, $\alpha\overline{\beta}+\overline{\alpha}\beta$ で表され，$\alpha\overline{\beta}+\overline{\alpha}\beta$ の値は $|\alpha-\beta|^2=1^2$ から求められる。なお，本問は「$|\vec{a}|=|\vec{b}|=|\vec{a}-\vec{b}|=1$ のとき，$|2\vec{b}-\vec{a}|$ の値を求めよ。」の問題と同じ内容である。

解答 (1) $|z+i|=|z-4i|$ から　$|z+i|^2=|z-4i|^2$

よって　$(z+i)\overline{(z+i)}=(z-4i)\overline{(z-4i)}$　◀ $|\alpha|^2=\alpha\overline{\alpha}$

ゆえに　$(z+i)(\overline{z}-i)=(z-4i)(\overline{z}+4i)$

展開すると　$z\overline{z}-iz+i\overline{z}+1=z\overline{z}+4iz-4i\overline{z}+16$

整理すると　$iz-i\overline{z}=-3$

したがって　$z-\overline{z}=-\dfrac{3}{i}$　すなわち　$z-\overline{z}=3i$

◀ 分母の実数化。$\dfrac{3}{i}$ の分母，分子に i を掛けて $-\dfrac{3}{i}=-\dfrac{3i}{i^2}=3i$

(2) $|\alpha-\beta|^2=(\alpha-\beta)\overline{(\alpha-\beta)}=(\alpha-\beta)(\overline{\alpha}-\overline{\beta})$

$=\alpha\overline{\alpha}-\alpha\overline{\beta}-\overline{\alpha}\beta+\beta\overline{\beta}=|\alpha|^2-\alpha\overline{\beta}-\overline{\alpha}\beta+|\beta|^2$

$|\alpha|=|\beta|=|\alpha-\beta|=1$ から　$1^2=1^2-\alpha\overline{\beta}-\overline{\alpha}\beta+1^2$

したがって　$\alpha\overline{\beta}+\overline{\alpha}\beta=1$　◀ まず，$\alpha\overline{\beta}+\overline{\alpha}\beta$ を求めた。

$|2\beta-\alpha|^2=(2\beta-\alpha)\overline{(2\beta-\alpha)}=(2\beta-\alpha)(2\overline{\beta}-\overline{\alpha})$

$=4\beta\overline{\beta}-2\overline{\alpha}\beta-2\alpha\overline{\beta}+\alpha\overline{\alpha}$

$=4|\beta|^2-2(\alpha\overline{\beta}+\overline{\alpha}\beta)+|\alpha|^2$

$=4\cdot1^2-2\cdot1+1^2=3$　◀ $\alpha\overline{\beta}+\overline{\alpha}\beta=1$ を代入。

よって　$|2\beta-\alpha|=\sqrt{3}$

実数と複素数の絶対値

例えば，$|\alpha|=2$ のとき，α が実数であれば，$\alpha=\pm2$ であるが，α が複素数のときは $\alpha=\pm2$ 以外に $\alpha=1+\sqrt{3}\,i$ や $1-\sqrt{3}\,i$ などの場合がある。このとき，α は複素数平面上で原点Oを中心とする半径 2 の円上のすべての点となる（詳しくは $p.\,163$ 参照）。

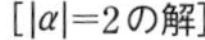

[$|\alpha|=2$ の解]

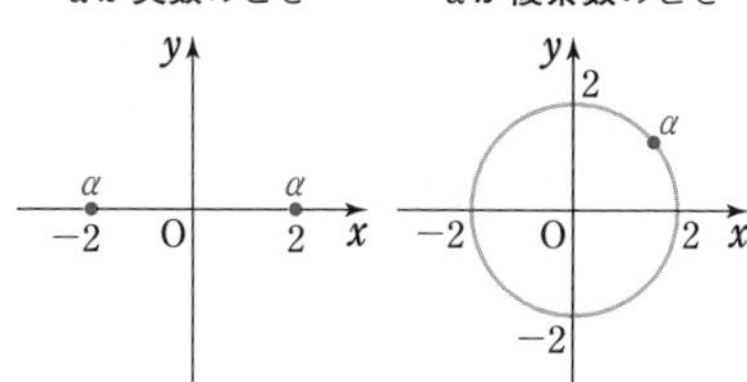

練習 70 z, α, β を複素数とする。

(1) $|z+3i|=|iz-1|$ のとき，$z-\overline{z}=-4i$ であることを示せ。

(2) $|\alpha|=|\beta|=|\alpha+\beta|=2$ のとき，$\left|\alpha-\dfrac{1}{2}\beta\right|$ の値を求めよ。

例題 71 複素数と不等式 ★★★☆☆

α は複素数で $|\alpha|<1$ とする。複素数 z が不等式 $\left|\dfrac{\alpha+z}{1+\overline{\alpha}z}\right|<1$ を満たすとき，$|z|<1$ が成り立つことを証明せよ。〔類 広島市大〕 ◀例題69，70

指針 不等式であっても **$|\alpha|$ は $|\alpha|^2$ として扱う** という方針は有効。

$\left|\dfrac{\alpha+z}{1+\overline{\alpha}z}\right|<1$ のとき　$\dfrac{|\alpha+z|}{|1+\overline{\alpha}z|}<1$

$|1+\overline{\alpha}z|>0$（分母は0でない）であるから，両辺に $|1+\overline{\alpha}z|$ を掛けると

$|\alpha+z|<|1+\overline{\alpha}z|$

ここで，不等式の性質　**$a\geqq 0$，$b\geqq 0$ のとき $a<b \iff a^2<b^2$** から

$|\alpha+z|^2<|1+\overline{\alpha}z|^2$　◀$|\alpha|$ は $|\alpha|^2$ として扱う

この不等式を変形して，$|z|<1$ を導く。

解答 $\left|\dfrac{\alpha+z}{1+\overline{\alpha}z}\right|<1$ のとき　$\dfrac{|\alpha+z|}{|1+\overline{\alpha}z|}<1$　◀$\left|\dfrac{\alpha}{\beta}\right|=\dfrac{|\alpha|}{|\beta|}$

$|1+\overline{\alpha}z|>0$ であるから，両辺に $|1+\overline{\alpha}z|$ を掛けると　◀$|1+\overline{\alpha}z|\geqq 0$ で，分母は0でないから $|1+\overline{\alpha}z|>0$

$|\alpha+z|<|1+\overline{\alpha}z|$

$|\alpha+z|\geqq 0$ であるから　$0\leqq|\alpha+z|<|1+\overline{\alpha}z|$

よって　$|\alpha+z|^2<|1+\overline{\alpha}z|^2$　◀$a\geqq 0$，$b\geqq 0$ のとき $a<b \iff a^2<b^2$

ここで　$|\alpha+z|^2=(\alpha+z)\overline{(\alpha+z)}$

$=(\alpha+z)(\overline{\alpha}+\overline{z})$

$=|\alpha|^2+\alpha\overline{z}+\overline{\alpha}z+|z|^2$　◀$\alpha\overline{\alpha}=|\alpha|^2$，$z\overline{z}=|z|^2$　$\alpha\overline{\alpha}$，$z\overline{z}$ のままでは，式が書きにくく，間違いやすいので $|\ \ |$ を用いた形で表した。

$|1+\overline{\alpha}z|^2=(1+\overline{\alpha}z)\overline{(1+\overline{\alpha}z)}$

$=(1+\overline{\alpha}z)(1+\alpha\overline{z})$

$=1+\alpha\overline{z}+\overline{\alpha}z+|\alpha|^2|z|^2$

ゆえに　$|\alpha|^2+\alpha\overline{z}+\overline{\alpha}z+|z|^2<1+\alpha\overline{z}+\overline{\alpha}z+|\alpha|^2|z|^2$

整理すると　$|\alpha|^2+|z|^2<1+|\alpha|^2|z|^2$

すなわち　$|\alpha|^2|z|^2-|\alpha|^2-|z|^2+1>0$

左辺を因数分解すると　$(|\alpha|^2-1)(|z|^2-1)>0$　◀$ab-a-b+1=(a-1)(b-1)$

条件より，$|\alpha|<1$ であるから　$|\alpha|^2<1^2$

よって　$|\alpha|^2-1<0$

したがって　$|z|^2-1<0$　ゆえに　$|z|^2<1$

$|z|\geqq 0$ であるから　$|z|<1$

参考 式変形の逆をたどると，$|z|<1 \Longrightarrow \left|\dfrac{\alpha+z}{1+\overline{\alpha}z}\right|<1$ を証明することができる。

練習 71 複素数 $z=x+yi$（x，y は実数）において，$x\geqq 0$ であるとき，不等式 $|1+z|\geqq\dfrac{1+|z|}{\sqrt{2}}$ が成り立つことを証明せよ。また，等号が成り立つのはどのようなときか。〔神戸大〕

例題 72 実数条件を満たす複素数 ★★★☆☆

複素数 z は絶対値が1で，z^3-z は実数である。このような z は全部で ア□ 個あって，それらは イ□ である。 〔関西大〕 ◀例32，例題70

指針 複素数 α について，$|\alpha|^2=\alpha\overline{\alpha}$，$\alpha$ が実数 $\iff$ $\overline{\alpha}=\alpha$ を利用する。

z^3-z が実数 $\iff$ $\overline{z^3-z}=z^3-z$ であるから　$(\overline{z})^3-\overline{z}=z^3-z$

これを変形すると　$(z-\overline{z})\{z^2+z\overline{z}+(\overline{z})^2-1\}=0$

$z-\overline{z}=0$ すなわち $\overline{z}=z$ と $z^2+z\overline{z}+(\overline{z})^2-1=0$ の場合に分けて考える。

解答 $|z|=1$ から　$|z|^2=1$　すなわち　$z\overline{z}=1$

また，z^3-z は実数であるから　$\overline{z^3-z}=z^3-z$

よって　$(\overline{z})^3-\overline{z}=z^3-z$

ゆえに　$z^3-(\overline{z})^3-(z-\overline{z})=0$

左辺を因数分解して　$(z-\overline{z})\{z^2+z\overline{z}+(\overline{z})^2-1\}=0$

$z\overline{z}=1$ であるから　$(z-\overline{z})\{z^2+(\overline{z})^2\}=0$

したがって　$\overline{z}=z$　または　$z^2+(\overline{z})^2=0$

[1] $\overline{z}=z$ のとき，z は実数である。

よって，$|z|=1$ から　$z=\pm1$

[2] $z^2+(\overline{z})^2=0$ のとき

$$(z+\overline{z})^2-2z\overline{z}=0$$

$z\overline{z}=1$ であるから　$(z+\overline{z})^2=2$

$z=a+bi$ (a，b は実数) とすると

$$z+\overline{z}=(a+bi)+(a-bi)=2a$$

よって　$(2a)^2=2$　ゆえに　$a=\pm\dfrac{1}{\sqrt{2}}$

また，$|z|=1$ から　$|z|^2=1$

よって　$a^2+b^2=1$

ゆえに　$b^2=1-a^2=1-\left(\pm\dfrac{1}{\sqrt{2}}\right)^2=\dfrac{1}{2}$

よって　$b=\pm\dfrac{1}{\sqrt{2}}$

ゆえに　$z=\dfrac{1\pm i}{\sqrt{2}}$，$\dfrac{-1\pm i}{\sqrt{2}}$

[1]，[2] から，z は全部で ア**6** 個あって，それらは

$$z={}^{イ}\pm1,\ \frac{1\pm i}{\sqrt{2}},\ \frac{-1\pm i}{\sqrt{2}}$$

◀ x^3-y^3
$=(x-y)(x^2+xy+y^2)$

◀ [2] の $z^2+(\overline{z})^2=0$ を満たす z は，次のようにして求めることもできる。
$z^2+(\overline{z})^2=0$ から
$(z+\overline{z})^2-2z\overline{z}=0$
$(z-\overline{z})^2+2z\overline{z}=0$
$z\overline{z}=|z|^2=1$ から
$(z+\overline{z})^2=2$
$(z-\overline{z})^2=-2$
したがって
$z+\overline{z}=\sqrt{2}$　…… ①
$z+\overline{z}=-\sqrt{2}$　…… ②
$z-\overline{z}=\sqrt{2}i$　…… ③
$z-\overline{z}=-\sqrt{2}i$　…… ④
①と③，①と④，②と③，②と④を連立して
$z=\dfrac{\sqrt{2}\pm\sqrt{2}i}{2}$，$\dfrac{-\sqrt{2}\pm\sqrt{2}i}{2}$

練習 72
(1) z を $z\neq0$ である複素数とする。$z+\dfrac{1}{z}$ が実数であるための必要十分条件は，z が実数または $|z|=1$ であることを証明せよ。

(2) α を絶対値が1である複素数とする。このとき，$\dfrac{\alpha+z}{1+\alpha z}$ が実数となるのは，z がどのような複素数のときか。

➡ p. 200 演習 31

14 複素数の極形式と乗法，除法

《 基本事項 》

1 極形式

複素数平面上で，0 でない複素数 $z=a+bi$ を表す点をPとし，$\mathrm{OP}=r$ とする。

実軸の正の部分から半直線 OP までの回転角を θ とすると，

$a=r\cos\theta$，$b=r\sin\theta$ であるから

$$\boldsymbol{z=r(\cos\theta+i\sin\theta)} \quad [\text{ただし，}\ r>0]$$

これを，複素数 z の **極形式** という。

また，角 θ を z の **偏角** といい，$\arg z$ で表す。すなわち

$$\boldsymbol{r=|z|,\ \theta=\arg z}$$

特に，絶対値が 1 のとき $z=\cos\theta+i\sin\theta$ である。

複素数 z の偏角 θ は，$0\leqq\theta<2\pi$ の範囲ではただ 1 通りに定まる。偏角の 1 つを θ_0 とすると，z の偏角は一般に $\arg z=\theta_0+2n\pi$（n は整数）と表される。

$z=r(\cos\theta+i\sin\theta)$ の共役複素数 $\overline{z}$ については，

$\overline{z}=r(\cos\theta-i\sin\theta)$ であるから，$\overline{z}$ を極形式で表すと

$$\boldsymbol{\overline{z}=r\{\cos(-\theta)+i\sin(-\theta)\}}$$

したがって，等式 $\boldsymbol{\arg\overline{z}=-\arg z}$ が成り立つ。

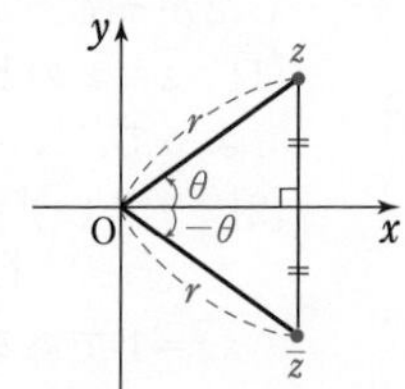

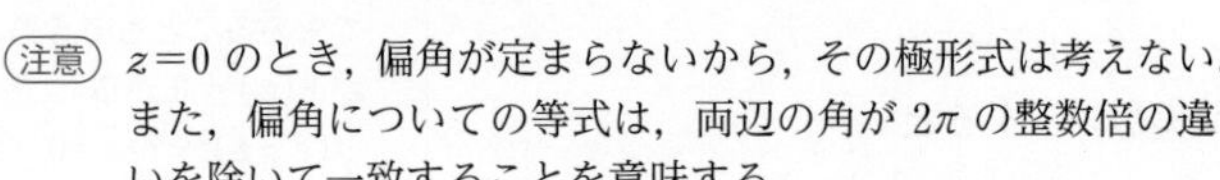

（注意） $z=0$ のとき，偏角が定まらないから，その極形式は考えない。
また，偏角についての等式は，両辺の角が 2π の整数倍の違いを除いて一致することを意味する。

2 複素数の乗法，除法と図形的意味

$z_1=r_1(\cos\theta_1+i\sin\theta_1)$，$z_2=r_2(\cos\theta_2+i\sin\theta_2)$ ［ただし，$r_1>0$，$r_2>0$］

① **複素数 z_1，z_2 の積**

［1］ 極形式

$$\boldsymbol{z_1z_2=r_1r_2\{\cos(\theta_1+\theta_2)+i\sin(\theta_1+\theta_2)\}}$$

◀ 計算は，次ページ参照。

また $\boldsymbol{|z_1z_2|=|z_1||z_2|}$， $\boldsymbol{\arg z_1z_2=\arg z_1+\arg z_2}$

補足 $|z_1z_2|=|z_1||z_2|$ から，複素数 z と自然数 n について，$|z^n|=|z|^n$ が成り立つ。

［2］ 図形的意味

$z_3=z_1z_2$ とおくと $|z_3|=r_1r_2$， $\arg z_3=\theta_1+\theta_2$

よって，**点 $\mathrm{R}(z_3)$ は，点 $\mathrm{P}(z_1)$ を原点Oを中心として角 θ_2 だけ回転した点 $\mathrm{P}'(z_1')$ を r_2 倍した点**である。

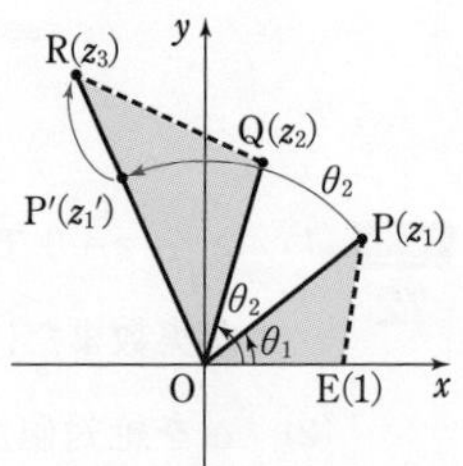

補足 E(1) とすると，△OEP と △OQR において

$\mathrm{OE}:\mathrm{OQ}=1:r_2$，$\mathrm{OP}:\mathrm{OR}=r_1:r_1r_2=1:r_2$，

$\angle\mathrm{EOP}=\angle\mathrm{QOR}$

したがって $\triangle\mathrm{OEP}\backsim\triangle\mathrm{OQR}$

また，$r_2=1$ のとき，$z_1=z$，$\theta_2=\theta$ とおくと，次のことがいえる。

点 $(\cos\theta+i\sin\theta)z$ は，点 z を原点を中心として角 θ だけ回転した点

である。特に，$i=\cos\dfrac{\pi}{2}+i\sin\dfrac{\pi}{2}$ であるから

点 iz は，点 z を原点を中心として $\dfrac{\pi}{2}$ だけ回転した点

である。

② **複素数 z_1，z_2 の商**

[1] 極形式

$$\frac{z_1}{z_2}=\frac{r_1}{r_2}\{\cos(\theta_1-\theta_2)+i\sin(\theta_1-\theta_2)\}$$

◀ 計算は，下記参照。

また $\left|\dfrac{z_1}{z_2}\right|=\dfrac{|z_1|}{|z_2|}$，　$\arg\dfrac{z_1}{z_2}=\arg z_1-\arg z_2$

[2] 図形的意味

$z_4=\dfrac{z_1}{z_2}$ とおくと

$$|z_4|=\frac{r_1}{r_2},\quad \arg z_4=\theta_1-\theta_2$$

よって，

点 $S(z_4)$ は，点 $P(z_1)$ を原点Oを中心として角 $-\theta_2$ だけ回転した点 $P''(z_1'')$ を $\dfrac{1}{r_2}$ 倍した点

である。

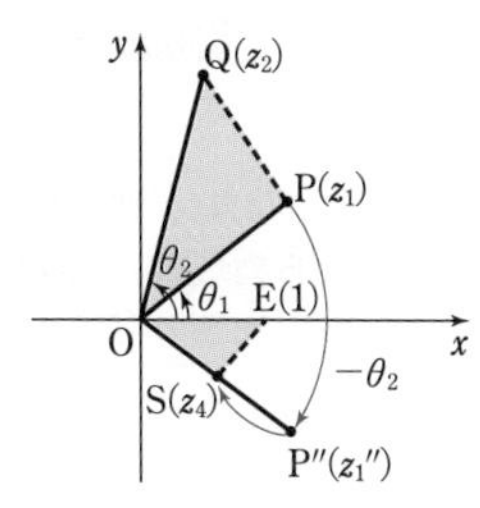

補足　E(1) とすると，△OPQ と △OSE において

$$OP:OS=r_1:\frac{r_1}{r_2}=r_2:1,\quad OQ:OE=r_2:1,\quad \angle POQ=\angle SOE$$

したがって　△OPQ∽△OSE

なお，複素数 z_1，z_2 の積（前ページ ① の [1]）と商（上の ② の [1]）は，次のように計算できる。

① $z_1z_2=r_1(\cos\theta_1+i\sin\theta_1)\cdot r_2(\cos\theta_2+i\sin\theta_2)$
$=r_1r_2\{(\cos\theta_1\cos\theta_2-\sin\theta_1\sin\theta_2)+i(\cos\theta_1\sin\theta_2+\sin\theta_1\cos\theta_2)\}$
$=r_1r_2\{\cos(\theta_1+\theta_2)+i\sin(\theta_1+\theta_2)\}$　⟵ 三角関数の加法定理

② $\dfrac{z_1}{z_2}=z_1\cdot\dfrac{1}{z_2}$ で　$\dfrac{1}{z_2}=\dfrac{1}{r_2(\cos\theta_2+i\sin\theta_2)}=\dfrac{\cos\theta_2-i\sin\theta_2}{r_2(\cos\theta_2+i\sin\theta_2)(\cos\theta_2-i\sin\theta_2)}$
$=\dfrac{\cos\theta_2-i\sin\theta_2}{r_2(\cos^2\theta_2+\sin^2\theta_2)}=\dfrac{1}{r_2}\cdot\{\cos(-\theta_2)+i\sin(-\theta_2)\}$
↖ $\sin(-\theta)=-\sin\theta$，$\cos(-\theta)=\cos\theta$

よって，① から　$\dfrac{z_1}{z_2}=\dfrac{r_1}{r_2}\{\cos(\theta_1-\theta_2)+i\sin(\theta_1-\theta_2)\}$

CHECK 問題

10 次の複素数を極形式で表せ。ただし，偏角 θ は $0\leqq\theta<2\pi$ とする。

(1) $1+i$　　(2) i　　(3) -2

→ 1

例 34 | 複素数の極形式 ★★☆☆☆

次の複素数 z を極形式で表せ。ただし，偏角 θ は $0 \leqq \theta < 2\pi$ とする。

(1) $z=\dfrac{-1+\sqrt{3}i}{2}$　　(2) $z=2+2\sqrt{3}i$

(3) $z=\cos\dfrac{3}{4}\pi-i\sin\dfrac{3}{4}\pi$　　(4) $-\cos\alpha+i\sin\alpha$　$(0<\alpha<\pi)$

指針 複素数 $z=a+bi$ $(z \neq 0)$ の極形式

絶対値 r は　$r=\sqrt{a^2+b^2}$

偏角 θ について　$\cos\theta=\dfrac{a}{r}$，$\sin\theta=\dfrac{b}{r}$　(右の図を参照)

⟶ **極形式は**　$z=r(\cos\theta+i\sin\theta)$

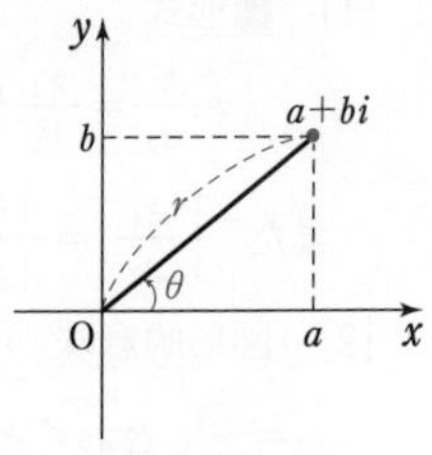

CHART》 $a+bi$ の極形式表示

点 $a+bi$ を図示して考える

(3)，(4) は，既に極形式で表されているように見えるが，$r(\cos●+i\sin●)$ の形ではないから極形式ではない。式の形に応じて **三角関数の公式** を利用し，極形式の形にする。

(3) 虚部の符号 $-$ を $+$ にする必要がある。三角関数の公式を利用してもよいが，$\cos\dfrac{3}{4}\pi$，$\sin\dfrac{3}{4}\pi$ の値を求め，$z=-\dfrac{1}{\sqrt{2}}-\dfrac{1}{\sqrt{2}}i$ を極形式で表す，と考えた方がわかりやすい。

(4) 実部の符号 $-$ を $+$ にする必要があるから，$\cos(\pi-\theta)=-\cos\theta$ を利用。更に，虚部の偏角を実部の偏角に合わせるために，$\sin(\pi-\theta)=\sin\theta$ を利用する。

練習 $z=\sin\alpha+i\cos\alpha$ $(0 \leqq \alpha < 2\pi)$ を極形式で表せ。

指針 実部の sin を cos に，虚部の cos を sin にする必要があるから，次の公式を利用。

$$\cos\left(\frac{\pi}{2}-\theta\right)=\sin\theta,\qquad \sin\left(\frac{\pi}{2}-\theta\right)=\cos\theta$$

例 35 | 複素数の乗法・除法と極形式 ★☆☆☆☆

$\alpha=\sqrt{3}+i$，$\beta=2-2i$ のとき，$\alpha\beta$，$\dfrac{\alpha}{\beta}$ をそれぞれ極形式で表せ。ただし，偏角 θ は $0 \leqq \theta < 2\pi$ とする。

指針 例えば，$\alpha\beta=(\sqrt{3}+i)(2-2i)=2\sqrt{3}+2+(2-2\sqrt{3})i$ として，$\alpha\beta$ を極形式で表すのは容易ではない。そこで，まず，α，β をそれぞれ極形式で表して考える。

$z_1=r_1(\cos\theta_1+i\sin\theta_1)$，$z_2=r_2(\cos\theta_2+i\sin\theta_2)$ $[r_1>0,\ r_2>0]$ のとき

積 $z_1z_2=r_1r_2\{\cos(\theta_1+\theta_2)+i\sin(\theta_1+\theta_2)\}$ ⟵ **絶対値は掛ける。偏角は加える。**

商 $\dfrac{z_1}{z_2}=\dfrac{r_1}{r_2}\{\cos(\theta_1-\theta_2)+i\sin(\theta_1-\theta_2)\}$ ⟵ **絶対値は割る。偏角は引く。**

例 36 | 極形式の利用 ★★☆☆☆

$1+i$, $3+\sqrt{3}\,i$ を極形式で表すことにより, $\cos\dfrac{\pi}{12}$, $\sin\dfrac{\pi}{12}$ の値をそれぞれ求めよ。

◀例 35

指針 $\alpha=1+i$, $\beta=3+\sqrt{3}\,i$ とすると, $\arg\alpha=\dfrac{\pi}{4}$, $\arg\beta=\dfrac{\pi}{6}$ である。

このとき $\dfrac{\pi}{12}=\dfrac{\pi}{4}-\dfrac{\pi}{6}=\boldsymbol{\arg\alpha-\arg\beta=\arg\dfrac{\alpha}{\beta}}$ ◀ α, β の偏角の差は, 商 $\dfrac{\alpha}{\beta}$ の偏角。

よって, $\dfrac{\alpha}{\beta}$ を極形式で表すと $\dfrac{\alpha}{\beta}=r\left(\cos\dfrac{\pi}{12}+i\sin\dfrac{\pi}{12}\right)$ $[r>0]$

また, $\dfrac{\alpha}{\beta}=\dfrac{1+i}{3+\sqrt{3}\,i}$ の右辺の分母を実数化して, $a+bi$ の形に変形すると, $\dfrac{\alpha}{\beta}$ が

極形式と $a+bi$ の2通りの形で表されたことになる

から, それぞれの **実部と虚部を比較** する。

例 37 | 複素数の乗法と回転 (1) ★☆☆☆☆

(1) $z=2+\sqrt{2}\,i$ とする。点 z を, 原点を中心として $-\dfrac{3}{4}\pi$ だけ回転した点を表す複素数を求めよ。

(2) 次の複素数で表される点は, 点 z をどのように移動した点であるか。

(ア) $\dfrac{1}{2}(-1+i)z$　　(イ) $\dfrac{z}{\sqrt{3}-i}$　　(ウ) $\overline{iz}$

指針 **複素数の乗法** は, 複素数平面上における **点の回転に対応** している。

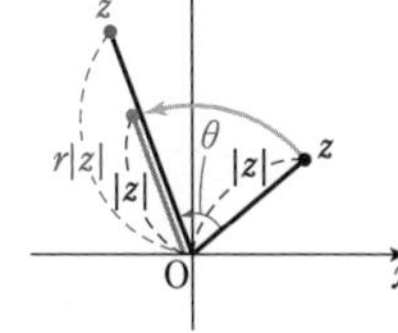

つまり, $z'=r(\cos\theta+i\sin\theta)\times z$ のとき, 点 z' は,

点 z を原点を中心として角 θ だけ回転した点を r 倍した点

(特に, $r=1$ のときは回転移動のみである。)

である。このことを利用する。

(1) 絶対値が1で, 偏角が $-\dfrac{3}{4}\pi$ である複素数を z に掛ける。

(2) まず, (ア) $\dfrac{1}{2}(-1+i)$, (イ) $\dfrac{1}{\sqrt{3}-i}=\dfrac{\sqrt{3}+i}{4}$, (ウ) $\overline{i}=-i$ を極形式で表す。

(ウ) 点 $\overline{z}$ は点 z を実軸に関して対称移動したものである。

参考 (2) (ウ) と同様に考えると, 次のことが導かれる。

iz …… **原点中心の $\dfrac{\pi}{2}$ 回転**　　$-iz$ …… **原点中心の $-\dfrac{\pi}{2}$ 回転**

$-z$ …… **原点中心の π 回転**

例題 73 複素数の乗法と回転(2) ★★☆☆☆

(1) 2点 $z=3+i$, $w=2-i$ に対して，点 z を点 w を中心として $\frac{\pi}{6}$ だけ回転した点を表す複素数を求めよ。

(2) 点 $3-2i$ を点 $1+i$ を中心として角 θ $(0\leqq\theta<2\pi)$ だけ回転した点を表す複素数が $\frac{4+3\sqrt{3}}{2}+\frac{-1+2\sqrt{3}}{2}i$ であるとき，θ の値を求めよ。

◀例37

指針 回転の中心が原点でないから，例37と同じようにはいかない。このようなときは，回転の中心である点が原点に移るように **平行移動** して考えるとよい。

一般に，点 z を点 w を中心として角 θ だけ回転した点を z' とすると，z' は次のようにして求められる。

[1] 点 w が原点に移るような平行移動により，点 z は点 $z-w$ に，点 z' は点 $z'-w$ に移る。

[2] 右の図で，$\angle\mathrm{P'OQ'}=\theta$ であるから

$$z'-w=(\cos\theta+i\sin\theta)(z-w)$$

[3] よって　$\boldsymbol{z'=(\cos\theta+i\sin\theta)(z-w)+w}$

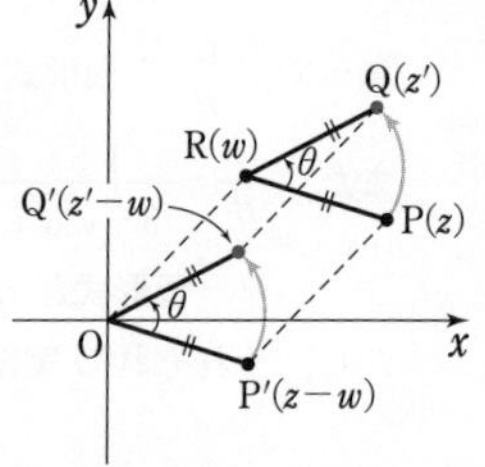

解答 (1) 求める複素数を z' とすると

$$z'=\left(\cos\frac{\pi}{6}+i\sin\frac{\pi}{6}\right)\{3+i-(2-i)\}+2-i$$

$$=\left(\frac{\sqrt{3}}{2}+\frac{1}{2}i\right)(1+2i)+2-i$$

$$=\boldsymbol{\frac{2+\sqrt{3}}{2}+\frac{-1+2\sqrt{3}}{2}i}$$

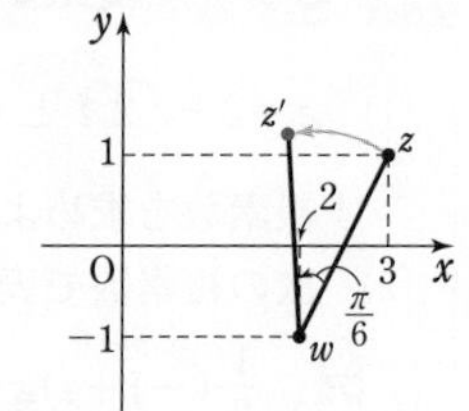

(2) 点 $3-2i$ を点 $1+i$ を中心として角 θ $(0\leqq\theta<2\pi)$ だけ回転した点を表す複素数を z' とすると

$$z'=(\cos\theta+i\sin\theta)\{3-2i-(1+i)\}+1+i$$

$$=(\cos\theta+i\sin\theta)(2-3i)+1+i$$

$$=2\cos\theta+3\sin\theta+1+(-3\cos\theta+2\sin\theta+1)i$$

ゆえに　$2\cos\theta+3\sin\theta+1=\frac{4+3\sqrt{3}}{2}$,　$-3\cos\theta+2\sin\theta+1=\frac{-1+2\sqrt{3}}{2}$

よって　$\sin\theta=\frac{\sqrt{3}}{2}$,　$\cos\theta=\frac{1}{2}$　　$0\leqq\theta<2\pi$ であるから　$\boldsymbol{\theta=\frac{\pi}{3}}$

練習 73 (1) $w=-\frac{1}{2}+\frac{\sqrt{3}}{2}i$, $z=-\frac{1}{2}-\frac{\sqrt{3}}{2}i$ とする。点 w を点 z を中心として $-\frac{3}{4}\pi$ だけ回転した点を表す複素数を求めよ。

(2) 点 $\mathrm{A}(2+i)$ を点Pを中心として $\frac{\pi}{3}$ だけ回転した点を表す複素数が $\frac{3}{2}-\frac{3\sqrt{3}}{2}+\left(-\frac{1}{2}+\frac{\sqrt{3}}{2}\right)i$ であった。点Pを表す複素数を求めよ。

15 ド・モアブルの定理

《 基本事項 》

1 ド・モアブルの定理

0 でない複素数に $z=\cos\theta+i\sin\theta$ を掛けると，絶対値は変わらずに，偏角は θ だけ増える。
このことを用いて，z の累乗を考えると

$$(\cos\theta+i\sin\theta)^2=\cos 2\theta+i\sin 2\theta$$
$$(\cos\theta+i\sin\theta)^3=\cos 3\theta+i\sin 3\theta$$

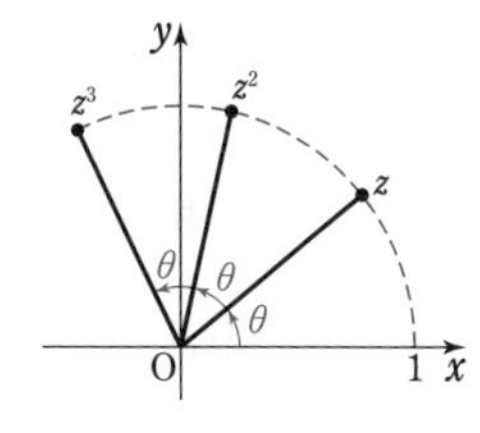

となり，一般の自然数 n について，次の等式が成り立つ。

$$(\cos\theta+i\sin\theta)^n=\cos n\theta+i\sin n\theta \quad \cdots\cdots \text{①}$$

0 でない複素数 z に対して $\boldsymbol{z^0=1}$ と定めると，① は $n=0$ のときにも成り立つ。

更に，$\boldsymbol{z^{-n}=\dfrac{1}{z^n}}$ と定めると

$$(\cos\theta+i\sin\theta)^{-n}=\frac{1}{(\cos\theta+i\sin\theta)^n}=\frac{1}{\cos n\theta+i\sin n\theta}$$
$$=\cos(-n\theta)+i\sin(-n\theta)$$

以上から，次の **ド・モアブルの定理** が成り立つ。

n が整数のとき　　$\boldsymbol{(\cos\theta+i\sin\theta)^n=\cos n\theta+i\sin n\theta}$

2 α の n 乗根

自然数 n と複素数 α に対して，$z^n=\alpha$ を満たす複素数 z を，α の **n 乗根** という。0 でない複素数 α の n 乗根は，n 個あることが知られている。

例　**1 の n 乗根** を求める。

$z^n=1$ から　　$|z|^n=1$　　　よって　　$|z|=1$
ゆえに，$z=\cos\theta+i\sin\theta$ とおくと

$$z^n=(\cos\theta+i\sin\theta)^n=\cos n\theta+i\sin n\theta$$

したがって　　$\cos n\theta+i\sin n\theta=1$
実部と虚部を比較して　　$\cos n\theta=1,\ \sin n\theta=0$
よって　　$n\theta=2k\pi$　すなわち　$\theta=\dfrac{2k\pi}{n}$（k は整数）

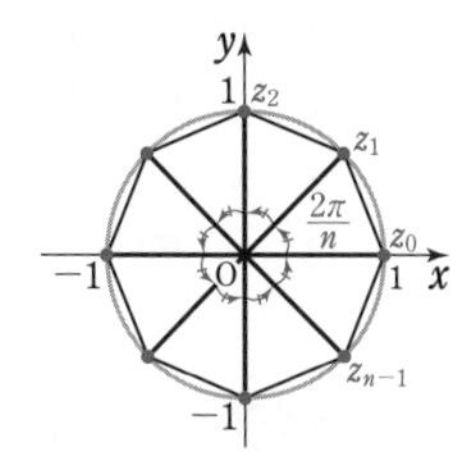

逆に，k を整数として，$\boldsymbol{z_k=\cos\dfrac{2k\pi}{n}+i\sin\dfrac{2k\pi}{n}}$　$\cdots\cdots$ Ⓐ

とおくと，$(z_k)^n=1$ が成り立つから，z_k は 1 の n 乗根である。
三角関数 $\sin x$，$\cos x$ の周期は 2π であるから，Ⓐ の **z_k のうち，互いに異なるものは z_0，z_1，z_2，$\cdots\cdots$，z_{n-1} の n 個** である。
したがって，1 の n 乗根は，この n 個の複素数である。
なお，$n \geqq 3$ のとき，複素数平面上で，**z_k を表す点は，点 1 を 1 つの頂点として，単位円に内接する正 n 角形の各頂点である。** 右上の図は $n=8$ のときのものである。

(注意) 原点を中心とする半径 1 の円を **単位円** という。

例 38 | 複素数の n 乗の計算 (1) ★☆☆☆☆

次の式を計算せよ。

(1) $\left(\cos\dfrac{2}{3}\pi+i\sin\dfrac{2}{3}\pi\right)^5$　　(2) $(1-i)^8$　　(3) $(1+\sqrt{3}\,i)^{-7}$

指針 複素数の累乗には，次の **ド・モアブルの定理** を利用する。

$$(\cos\theta+i\sin\theta)^n=\cos n\theta+i\sin n\theta \quad (n\text{は整数})$$

(2), (3) は，まず ( ) の中の複素数を極形式で表す。

検討 計算過程において，$z=a+bi$ を極形式で表す際，偏角 θ を必ずしも $0\leqq\theta<2\pi$ の範囲にとる必要はない。θ を $-\pi\leqq\theta<\pi$ の範囲にとった方が，例えば，ド・モアブルの定理を利用したときの累乗の計算がらくになることがある。

例 $\dfrac{1}{(1-i)^{10}}=(1-i)^{-10}$ の計算。　　偏角を $-\pi\leqq\theta<\pi$ の範囲にとる。

$$1-i=\sqrt{2}\left(\frac{1}{\sqrt{2}}-\frac{1}{\sqrt{2}}i\right)=\sqrt{2}\left\{\cos\left(-\frac{\pi}{4}\right)+i\sin\left(-\frac{\pi}{4}\right)\right\}$$

よって　$(1-i)^{-10}=(\sqrt{2})^{-10}\left[\cos\left\{(-10)\times\left(-\dfrac{\pi}{4}\right)\right\}+i\sin\left\{(-10)\times\left(-\dfrac{\pi}{4}\right)\right\}\right]$

$$=2^{-5}\left(\cos\frac{5}{2}\pi+i\sin\frac{5}{2}\pi\right)=2^{-5}\cdot i=\frac{1}{32}i$$

例 39 | 方程式 $z^n=1$ の解 ★★☆☆☆

極形式を用いて，次の方程式を解け。

(1) $z^6=1$　　(2) $z^8=1$

指針 次の手順で考えていくとよい。

1. 解を $\boldsymbol{z=r(\cos\theta+i\sin\theta)\ [r>0]}$ とする。
2. 方程式の左辺と右辺を **極形式で表す**。⟶ **ド・モアブルの定理** の利用。
3. 両辺の **絶対値と偏角を比較** する。
4. z の絶対値 r と偏角 θ の値を求める。偏角 θ は $0\leqq\theta<2\pi$ の範囲にあるものを書き上げる。

CHART》 複素数の累乗には　**ド・モアブルの定理**

$$(\cos\theta+i\sin\theta)^n=\cos n\theta+i\sin n\theta$$

検討 解を複素数平面上に図示すると，(1) は単位円に内接する正六角形の頂点，(2) は単位円に内接する正八角形の頂点となっている。

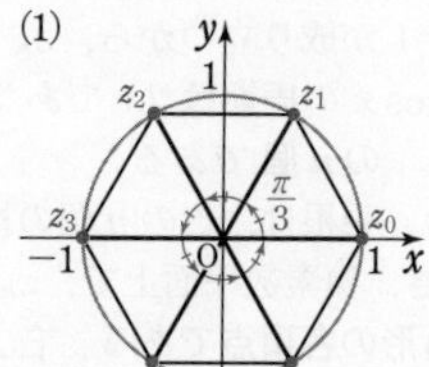

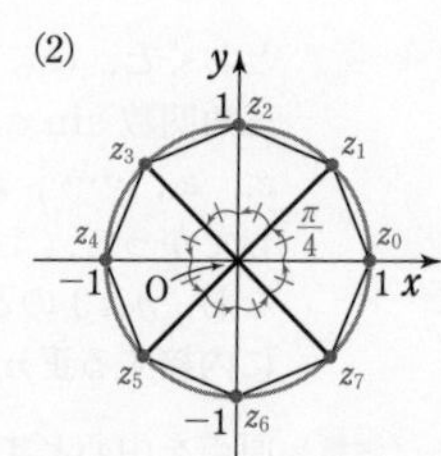

例題 74 複素数の n 乗の計算 (2) ★★★☆☆

(1) $\left(\dfrac{1+\sqrt{3}\,i}{1+i}\right)^n$ が実数となる最小の自然数 n の値を求めよ。

(2) 複素数 z が $z+\dfrac{1}{z}=1$ を満たすとき，$z^{10}+\dfrac{1}{z^{10}}$ の値を求めよ。

◀例 38

指針 (1) ( ) 内の式を極形式で表し，ド・モアブルの定理を適用する。
実数条件については，**実数 $\Longleftrightarrow$ 虚部=0** を利用する。

(2) $z^{10}+\dfrac{1}{z^{10}}=z^{10}+z^{-10}$ まず，$z+\dfrac{1}{z}=1$ から z を求め，それを極形式で表す。

解答 (1)
$$\frac{1+\sqrt{3}\,i}{1+i}=\frac{2\left(\cos\dfrac{\pi}{3}+i\sin\dfrac{\pi}{3}\right)}{\sqrt{2}\left(\cos\dfrac{\pi}{4}+i\sin\dfrac{\pi}{4}\right)}$$
$$=\sqrt{2}\left(\cos\frac{\pi}{12}+i\sin\frac{\pi}{12}\right)$$

◀ $\sqrt{2}\left\{\cos\left(\dfrac{\pi}{3}-\dfrac{\pi}{4}\right)+i\sin\left(\dfrac{\pi}{3}-\dfrac{\pi}{4}\right)\right\}$

よって $\left(\dfrac{1+\sqrt{3}\,i}{1+i}\right)^n=(\sqrt{2})^n\left(\cos\dfrac{n}{12}\pi+i\sin\dfrac{n}{12}\pi\right)$ ◀ ド・モアブルの定理。

これが実数となるための条件は $\sin\dfrac{n}{12}\pi=0$ ◀ (虚部)=0

ゆえに $\dfrac{n}{12}\pi=k\pi$ (k は整数) すなわち $n=12k$ ◀ $\sin\theta=0$ の解は $\theta=k\pi$ (k は整数)

よって，求める最小の自然数 n は $k=1$ のときで $\boldsymbol{n=12}$

(2) $z+\dfrac{1}{z}=1$ の両辺に z を掛けて整理すると $z^2-z+1=0$

これを解くと $z=\dfrac{-(-1)\pm\sqrt{(-1)^2-4\cdot1\cdot1}}{2\cdot1}=\dfrac{1\pm\sqrt{3}\,i}{2}$ ◀ 解の公式。

よって $z=\cos\left(\pm\dfrac{\pi}{3}\right)+i\sin\left(\pm\dfrac{\pi}{3}\right)$ (複号同順)

ここで，$\pm\dfrac{\pi}{3}=\theta$ とおくと ◀ 複号をまとめて扱う。

$$z^{10}+\frac{1}{z^{10}}=(\cos\theta+i\sin\theta)^{10}+(\cos\theta+i\sin\theta)^{-10}$$
$$=(\cos10\theta+i\sin10\theta)+\{\cos(-10\theta)+i\sin(-10\theta)\}$$
◀ ド・モアブルの定理。
$$=2\cos10\theta=2\cos\left\{10\times\left(\pm\frac{\pi}{3}\right)\right\}=2\cos\frac{10}{3}\pi$$
◀ $\cos(\pm\alpha)=\cos\alpha$
$$=2\cos\frac{4}{3}\pi=2\cdot\left(-\frac{1}{2}\right)=\boldsymbol{-1}$$
◀ $\dfrac{10}{3}\pi=2\pi+\dfrac{4}{3}\pi$

練習 74 (1) $\left\{\dfrac{2(\sqrt{3}+i)}{1+\sqrt{3}\,i}\right\}^n$ が実数となる最大の負の整数 n の値を求めよ。

(2) 複素数 z が $z+\dfrac{1}{z}=-\sqrt{2}$ を満たすとき，$z^{12}+\dfrac{1}{z^{12}}$ の値を求めよ。

➡ p. 200 演習 **33**

例題 75 | 方程式 $z^n=\alpha$ の解 ★★☆☆☆

方程式 $z^3=4\sqrt{3}+4i$ を解け。解は極形式のままでよい。

◀例39

指針 方針は，$p.154$ の例 39 と同様である。
解を $\boldsymbol{z=r(\cos\theta+i\sin\theta)}$ $[\boldsymbol{r>0}]$ とすると，ド・モアブルの定理により，方程式は

$$r^3(\cos3\theta+i\sin3\theta)=4\sqrt{3}+4i$$

この等式の右辺を極形式で表し，両辺の絶対値と偏角を比較して r と θ を求める。

CHART》 α の n 乗根は　絶対値と偏角を比べる

解答 解を $z=r(\cos\theta+i\sin\theta)$ $[r>0]$ とすると

$$z^3=r^3(\cos3\theta+i\sin3\theta)$$

また　$4\sqrt{3}+4i=8\left(\dfrac{\sqrt{3}}{2}+\dfrac{1}{2}i\right)=8\left(\cos\dfrac{\pi}{6}+i\sin\dfrac{\pi}{6}\right)$

$z^3=4\sqrt{3}+4i$ であるから

$$r^3(\cos3\theta+i\sin3\theta)=8\left(\cos\frac{\pi}{6}+i\sin\frac{\pi}{6}\right)$$

両辺の絶対値と偏角を比較すると

$$r^3=8,\ 3\theta=\frac{\pi}{6}+2k\pi\ (k\text{ は整数})$$

$r>0$ であるから　　$r=2$　　また　$\theta=\dfrac{\pi}{18}+\dfrac{2}{3}k\pi$

よって

$$z=2\left\{\cos\left(\frac{\pi}{18}+\frac{2}{3}k\pi\right)+i\sin\left(\frac{\pi}{18}+\frac{2}{3}k\pi\right)\right\}\ \cdots\cdots ①$$

$0\leqq\theta<2\pi$ の範囲で考えると　　$k=0,\ 1,\ 2$

① で $k=0,\ 1,\ 2$ としたときの z をそれぞれ z_0, z_1, z_2 とすると，$z^3=4\sqrt{3}+4i$ の解は z_0, z_1, z_2 である。

したがって，解は

$$\boldsymbol{z_0=2\left(\cos\frac{\pi}{18}+i\sin\frac{\pi}{18}\right)},$$

$$z_1=2\left\{\cos\left(\frac{\pi}{18}+\frac{2}{3}\pi\right)+i\sin\left(\frac{\pi}{18}+\frac{2}{3}\pi\right)\right\}$$

$$\boldsymbol{=2\left(\cos\frac{13}{18}\pi+i\sin\frac{13}{18}\pi\right)},$$

$$z_2=2\left\{\cos\left(\frac{\pi}{18}+\frac{4}{3}\pi\right)+i\sin\left(\frac{\pi}{18}+\frac{4}{3}\pi\right)\right\}$$

$$\boldsymbol{=2\left(\cos\frac{25}{18}\pi+i\sin\frac{25}{18}\pi\right)}$$

◀ ド・モアブルの定理
$(\cos\theta+i\sin\theta)^n$
$=\cos n\theta+i\sin n\theta$

◀ 方程式の両辺を極形式で表した。

◀ **$+2k\pi$ を忘れない**ように注意。

検討 解を複素数平面上に図示すると，原点を中心とする半径 2 の円に内接する正三角形の頂点となっている。

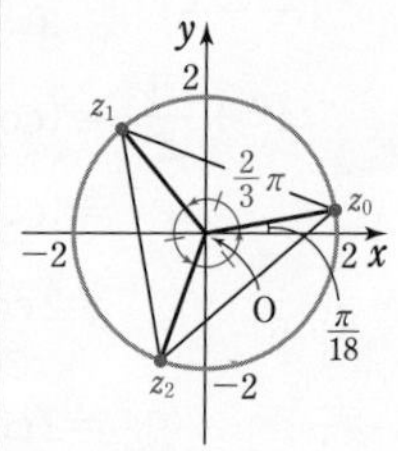

注意 上の例題のように，$\cos\theta$, $\sin\theta$ の値を具体的な数値として表すことができない場合は，極形式で表したものを解としてよい。

練習 75 次の方程式を解け。
(1) $z^3=2\sqrt{2}\,i$　　　(2) $z^4=-8-8\sqrt{3}\,i$

例題 76 複素数の累乗と等式 ★★★☆☆

$(\sqrt{3}+i)^m=(1+i)^n$ が成り立つ正の整数 m, n のうちで m, n がそれぞれ最小となる m と n の値を求めよ。 〔名古屋工大〕

◀例 39, 例題 75

指針 複素数の累乗に関する問題であるから，次のチャートを活用するのは明らかだろう。

CHART》 複素数の累乗　ド・モアブルの定理の利用

基本的な方針は，例 39，例題 75 と同様に，ド・モアブルの定理を利用して，等式の左辺 $(\sqrt{3}+i)^m$，右辺 $(1+i)^n$ をそれぞれ **極形式で表し，絶対値と偏角を比較** する。
このとき，偏角の比較によって導かれる等式では，2π の整数倍を考慮することに注意。
具体的には「**●＝▲＋$2k\pi$（k は整数)**」のように，$+2k\pi$ を書き落とさない ようにする。
本問では，m と n をこの k を用いて表し，「正の整数のうちで最小となる m と n の値」は，k に適当な整数値を代入して求める。

解答 $\sqrt{3}+i=2\left(\cos\dfrac{\pi}{6}+i\sin\dfrac{\pi}{6}\right)$, $1+i=\sqrt{2}\left(\cos\dfrac{\pi}{4}+i\sin\dfrac{\pi}{4}\right)$

◀まず，両辺の（ ）の中を，それぞれ極形式で表す。

ゆえに　$(\sqrt{3}+i)^m=\left\{2\left(\cos\dfrac{\pi}{6}+i\sin\dfrac{\pi}{6}\right)\right\}^m$

$$=2^m\left(\cos\frac{m}{6}\pi+i\sin\frac{m}{6}\pi\right)$$

◀ド・モアブルの定理。

$$(1+i)^n=\left\{\sqrt{2}\left(\cos\frac{\pi}{4}+i\sin\frac{\pi}{4}\right)\right\}^n$$

$$=(\sqrt{2})^n\left(\cos\frac{n}{4}\pi+i\sin\frac{n}{4}\pi\right)$$

$(\sqrt{3}+i)^m=(1+i)^n$ であるから

$$2^m\left(\cos\frac{m}{6}\pi+i\sin\frac{m}{6}\pi\right)=(\sqrt{2})^n\left(\cos\frac{n}{4}\pi+i\sin\frac{n}{4}\pi\right)$$

両辺の絶対値と偏角を比較すると

$2^m=(\sqrt{2})^n$　すなわち　$m=\dfrac{n}{2}$　…… ①

◀ $2^m=2^{\frac{n}{2}}$

$\dfrac{m}{6}\pi=\dfrac{n}{4}\pi+2k\pi$（$k$ は整数）　…… ②

◀ $+2k\pi$ を忘れないように。

① を ② に代入して　$\dfrac{n}{12}\pi=\dfrac{n}{4}\pi+2k\pi$

よって　$n=-12k$　…… ③

① に代入して　$m=-6k$　…… ④

したがって，求める最小の正の整数 m, n の値は $k=-1$ のときである。

◀「正の整数で最小」の条件を満たす k の値を考える。

③, ④ に $k=-1$ を代入して　$\boldsymbol{m=6,\ n=12}$

練習 76 $(1+i)^n=(1+\sqrt{3}i)^m$ かつ $m+n\leqq100$ を満たす正の整数 m, n の組 $(m,\ n)$ をすべて求めよ。 〔類 神戸大〕

➡p. 200 演習 34

重要例題 77 | 1のn乗根の利用 ★★★☆☆

$z=\cos\dfrac{2\pi}{7}+i\sin\dfrac{2\pi}{7}$ (i は虚数単位) とおく。 〔千葉大〕

(1) $z+z^2+z^3+z^4+z^5+z^6$ を求めよ。

(2) $\alpha=z+z^2+z^4$ とするとき，$\alpha+\overline{\alpha}$，$\alpha\overline{\alpha}$ およびαの値を求めよ。

(3) $(1-z)(1-z^2)(1-z^3)(1-z^4)(1-z^5)(1-z^6)$ を求めよ。

◀例 39，例題 75

指針 $z^7=\cos 2\pi+i\sin 2\pi=1$ であるから，z は1の7乗根である。

(1) $\boldsymbol{z^n-1=(z-1)(z^{n-1}+z^{n-2}+\cdots\cdots+1)}$ ［n は自然数］の因数分解を利用する。
この等式は，初項1，公比z，項数nの等比数列の和を考える (公比が複素数でも同様) ことで導かれる。

(2) $z^7=1$ より，$|z|=1$ すなわち $\boldsymbol{z\overline{z}=1}$ が導かれるから，かくれた条件 $\overline{z}=\boldsymbol{\dfrac{1}{z}}$ を利用。

(3) z^k ($k=1,\ 2,\ \cdots\cdots,\ 6$) は，方程式 $z^7=1$ の異なる6個の解であることを利用する。

解答 $z\neq 1$ であり，$z^7=\cos 2\pi+i\sin 2\pi$ であるから　　$z^7=1$
よって，z は1の7乗根の1つである。

(1) $z^7=1$ より $z^7-1=0$ であるから，この左辺を因数分解すると　　$(z-1)(z^6+z^5+z^4+z^3+z^2+z+1)=0$
$z\neq 1$ であるから　　$z^6+z^5+z^4+z^3+z^2+z+1=0$
したがって　　$\boldsymbol{z^6+z^5+z^4+z^3+z^2+z=-1}$

(2) z は1の7乗根であるから　　$|z|=1$
$|z|^2=1$ より $z\overline{z}=1$ であるから　　$\overline{z}=\dfrac{1}{z}$
よって，$\alpha=z+z^2+z^4$ とするとき

$$\overline{\alpha}=\overline{z}+(\overline{z})^2+(\overline{z})^4=\frac{1}{z}+\frac{1}{z^2}+\frac{1}{z^4}$$
$$=\frac{z^7}{z}+\frac{z^7}{z^2}+\frac{z^7}{z^4}=z^6+z^5+z^3$$

(1)の結果を利用すると

$$\boldsymbol{\alpha+\overline{\alpha}}=z+z^2+z^4+(z^6+z^5+z^3)$$
$$=z^6+z^5+z^4+z^3+z^2+z=\boldsymbol{-1}$$
$$\boldsymbol{\alpha\overline{\alpha}}=(z+z^2+z^4)(z^6+z^5+z^3)$$
$$=z^7+z^6+z^4+z^8+z^7+z^5+z^{10}+z^9+z^7$$
$$=1+z^6+z^4+1\cdot z+1+z^5+1\cdot z^4+1\cdot z^2+1$$
$$=z^6+z^5+z^4+z^3+z^2+z+3$$
$$=-1+3=\boldsymbol{2}$$

◀ $1=z^7$ を利用。

$\alpha+\overline{\alpha}=-1$ と $\alpha\overline{\alpha}=2$ から $\overline{\alpha}$ を消去して　$\alpha(-1-\alpha)=2$

ゆえに　$\alpha^2+\alpha+2=0$　　よって　$\alpha=\dfrac{-1\pm\sqrt{7}\,i}{2}$

◀ ここで終わりとしてはいけない。上の図からわかるように，$\alpha=z+z^2+z^4$ が2通りの値をとることはない。

また，$\alpha=z+z^2+z^4$ の虚部をbとすると

$$b=\sin\frac{2\pi}{7}+\sin\frac{4\pi}{7}+\sin\frac{8\pi}{7}$$

参考　1の7乗根 $1,\ z,\ z^2,\ \cdots\cdots,\ z^6$ を複素数平面上に図示すると，原点を中心とする半径1の円に内接する正七角形の頂点となっている。

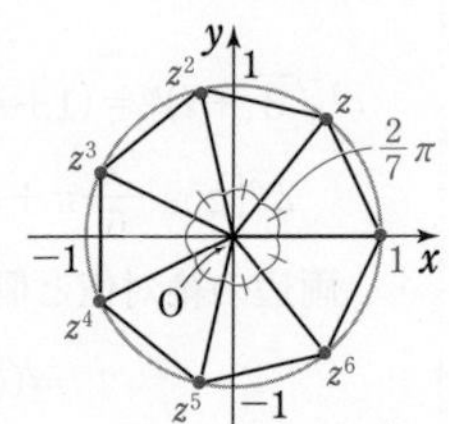

$\sin\dfrac{4\pi}{7}>0$, $\sin\dfrac{8\pi}{7}=\sin\left(\pi+\dfrac{\pi}{7}\right)=-\sin\dfrac{\pi}{7}$ で,

$0<\dfrac{\pi}{7}<\dfrac{2\pi}{7}<\dfrac{\pi}{2}$ であるから

$$b=\sin\frac{2\pi}{7}-\sin\frac{\pi}{7}+\sin\frac{4\pi}{7}>0$$

◀ $0<\theta<\dfrac{\pi}{2}$ の範囲において，$\sin\theta$ は単調増加。

ゆえに，α の虚部は正であるから　$\boldsymbol{\alpha=\dfrac{-1+\sqrt{7}\,i}{2}}$

(3)　z, z^2, ……, z^6 は，1 でない $x^7=1$ の異なる解であり，$x^6+x^5+x^4+x^3+x^2+x+1=0$ を満たす。

◀ (1) で考えた内容を利用する。

よって，次の等式が成り立つ。

$$(x-z)(x-z^2)(x-z^3)(x-z^4)(x-z^5)(x-z^6)$$
$$=x^6+x^5+x^4+x^3+x^2+x+1$$

この等式の両辺に $x=1$ を代入すると

$$(1-z)(1-z^2)(1-z^3)(1-z^4)(1-z^5)(1-z^6)=\boldsymbol{7}$$

例題 77 (3) に関する考察は，一般の場合でも同様である。1 の n 乗根の 1 つを $\alpha=\cos\dfrac{2\pi}{n}+i\sin\dfrac{2\pi}{n}$ とすると，α, α^2, ……, α^{n-1}, α^n $(=1)$ は互いに異なり，$1\leqq k\leqq n$ である自然数 k に対して，$(\alpha^k)^n=(\alpha^n)^k=1^k=1$ であるから，1, α, α^2, ……, α^{n-1} は，n 次方程式 $z^n-1=0$ の解である。

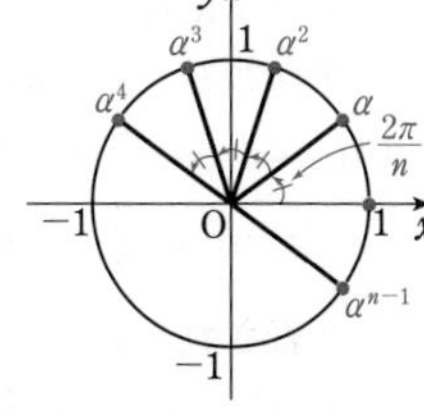

$z^n-1=(z-1)(z^{n-1}+z^{n-2}+\cdots\cdots+z+1)$ から，α, α^2, ……, α^{n-1} は，$z^{n-1}+z^{n-2}+\cdots\cdots+z+1=0$ の解である。

したがって，恒等式

$$(z-\alpha)(z-\alpha^2)\cdot\cdots\cdots\cdot(z-\alpha^{n-1})=z^{n-1}+z^{n-2}+\cdots\cdots+z+1$$

が成り立つ。この等式の両辺に $z=1$ を代入すると

$$(1-\alpha)(1-\alpha^2)\cdot\cdots\cdots\cdot(1-\alpha^{n-1})=n$$

◀ (右辺)$=1\times n$

更に，両辺の絶対値をとると，$|z_1z_2|=|z_1||z_2|$ に注意して

$$|1-\alpha||1-\alpha^2|\cdot\cdots\cdots\cdot|1-\alpha^{n-1}|=n \quad \cdots\cdots ①$$

ここで，$P_k(\alpha^k)$ $(k=0,\ 1,\ \cdots\cdots,\ n-1)$ とすると，$|1-\alpha^k|$ は線分 P_0P_k の長さに等しいから，① は

$$P_0P_1\times P_0P_2\times\cdots\cdots\times P_0P_{n-1}=n$$

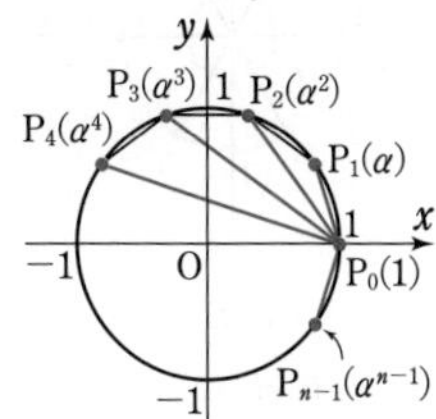

よって，① から，次のことがわかる。

半径 1 の円に内接する正 n 角形の 1 つの頂点から他の頂点に引いた $(n-1)$ 本の線分の長さの積は n に等しい。

練習 77　複素数 α は，$\alpha^5=1$, $\alpha\neq1$ を満たしている。

(1)　等式 $1+\alpha+\alpha^2+\alpha^3+\alpha^4=0$ が成り立つことを示せ。

(2)　$(1-\alpha)(1-\alpha^2)(1-\alpha^3)(1-\alpha^4)$ が実数であることを示し，その値を求めよ。

(3)　$0\leqq\theta<2\pi$ を満たす実数 θ に対して，$z=\cos\theta+i\sin\theta$ とする。このとき，等式 $|1-z|=2\sin\dfrac{\theta}{2}$ が成り立つことを示せ。

(4)　$\sin\dfrac{\pi}{5}\sin\dfrac{2\pi}{5}\sin\dfrac{3\pi}{5}\sin\dfrac{4\pi}{5}$ の値を求めよ。　〔静岡大〕 ➡ p. 201 演習 **35**

研究 深めよう　1 の原始 n 乗根

複素数 α の n 乗根，すなわち，$x^n=\alpha$ の解のうち，n 乗して初めて α になるものを，α の **原始 n 乗根** という。ここでは，1 の原始 n 乗根について，考えてみることにしよう。

例　$n=6$ の場合。$z^6=1$ の解のうち，原始 6 乗根となるものを求める。

$z^6=1$ の解は，$z_k=\cos\dfrac{k}{3}\pi+i\sin\dfrac{k}{3}\pi$ $(k=0,\ 1,\ \cdots\cdots,\ 5)$ の 6 個である。

[1]　$z_0=1$ は，明らかに 1 の原始 6 乗根ではない。

[2]　$z_3=-1$ は，$z_3{}^2=1$ から，1 の原始 6 乗根ではない。

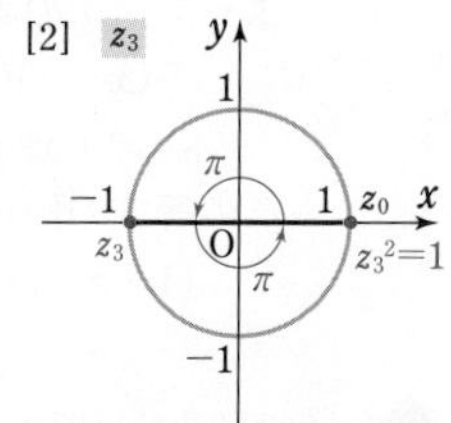

点 z_3 に π の回転を行うと，点 1 に到達する。

$z_3\times z_3=z_3{}^2=1$

[3]　z_1，z_5 については

$$z_1=\cos\frac{\pi}{3}+i\sin\frac{\pi}{3},\quad z_5=\cos\left(-\frac{\pi}{3}\right)+i\sin\left(-\frac{\pi}{3}\right)$$

（$\dfrac{5}{3}\pi=-\dfrac{\pi}{3}+2\pi$）

と表され，図 [3] より，z_1，z_5 はどちらも 6 乗したとき初めて 1 になる。

すなわち，z_1，z_5 は 1 の原始 6 乗根である。

[4]　z_2，z_4 については

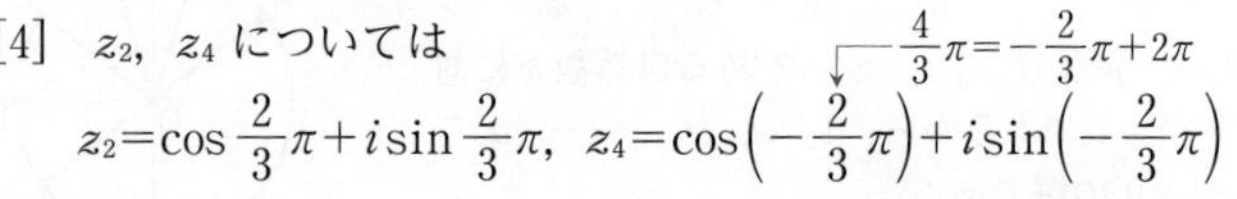

$$z_2=\cos\frac{2}{3}\pi+i\sin\frac{2}{3}\pi,\quad z_4=\cos\left(-\frac{2}{3}\pi\right)+i\sin\left(-\frac{2}{3}\pi\right)$$

（$\dfrac{4}{3}\pi=-\dfrac{2}{3}\pi+2\pi$）

と表され，$z_2{}^3=1$，$z_4{}^3=1$ である（このことは，図 [4] からもわかる）。

よって，z_2，z_4 はともに 1 の原始 6 乗根ではない。

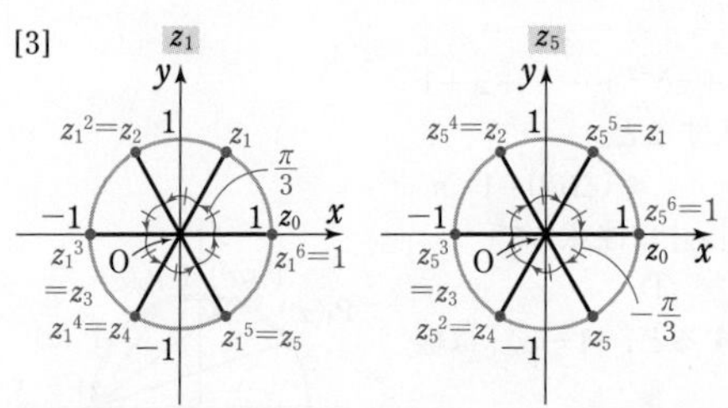

点 z_1，z_5 にそれぞれ $\dfrac{\pi}{3}$，$-\dfrac{\pi}{3}$ の回転を 5 回行うと（初めて），点 1 に到達する。

$z_1\times z_1{}^5=z_1{}^6=1$，　$z_5\times z_5{}^5=z_5{}^6=1$

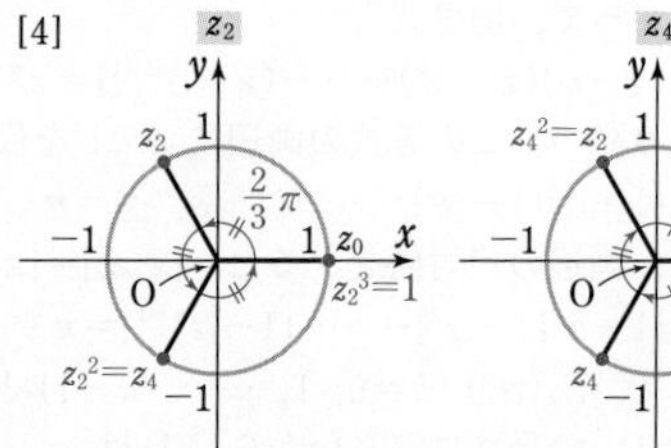

点 z_2，z_4 にそれぞれ $\dfrac{2}{3}\pi$，$-\dfrac{2}{3}\pi$ の回転を 2 回行うと，点 1 に到達する。

$z_2\times z_2{}^2=z_2{}^3=1$，　$z_4\times z_4{}^2=z_4{}^3=1$

ここで，[3]　$k=1,\ 5$ のとき，z_k は 1 の原始 6 乗根であり，　◀ k は 6 と互いに素である。

[2]，[4]　$k=2,\ 3,\ 4$ のとき，z_k は 1 の原始 6 乗根ではない。　◀ k は 6 と互いに素でない。

となっており，1 の原始 6 乗根 $z=z_1$，z_5 については，図 [3] から，次のことがわかる。

点 z^l $(l=1,\ 2,\ 3,\ 4,\ 5,\ 6)$ は，点 1 を 1 つの頂点として，単位円に内接する正六角形の各頂点になる。

一般には，原始 n 乗根に関して，次のページで示したような性質がある。

1 の n 乗根，すなわち $z^n=1$ の解 $z_k=\cos\dfrac{2k\pi}{n}+i\sin\dfrac{2k\pi}{n}$ $(k=0,\ 1,\ \cdots\cdots,\ n-1)$
のうち，$z_0=1$ は 1 の原始 n 乗根ではなく，$k\geqq1$ の場合については，次のことが成り立つ。
(i) **k が n と互いに素であるとき，z_k は 1 の原始 n 乗根である。**
また，このとき，$z_k{}^l$ $(l=1,\ 2,\ \cdots\cdots,\ n)$ は，点 1 を 1 つの頂点として，単位円に内接する正 n 角形の各頂点になる。
(ii) **k が n と互いに素でないとき，z_k は 1 の原始 n 乗根ではない。**

[(i) **の前半と** (ii) **の証明**]
自然数 m $(1\leqq m\leqq n)$ が $z_k{}^m=1$ を満たすための条件は　$\dfrac{2k\pi}{n}\times m=2\pi\times$(自然数)　←偏角に注目。
すなわち，$km=(n$ の正の倍数$)$ …… ①　が満たされることである。
(i) k が n と互いに素であるとき，① を満たす m は n の正の倍数である。$1\leqq m\leqq n$ であるから　$m=n$
よって，z_k は n 乗して初めて 1 になるから，z_k は 1 の原始 n 乗根である。

◀ **a，b が互いに素で，ac が b の倍数ならば，c は b の倍数である。** (a，b，c は整数)

(ii) k が n と互いに素でないとき，k と n の最大公約数を g $(g\geqq2)$ とすると，　$k=gk'$，$n=gn'$　(k'，n' は互いに素な自然数)　と表される。
これを ① に代入することにより，① は　$k'm=(n'$ の正の倍数$)$ …… ②　と同値である。
k' と n' は互いに素であるから，② を満たす m は n' の正の倍数である。
$m=n'$ とすると，$n'<n$ から $1\leqq m<n$ を満たし　$km=kn'=gk'n'=nk'$
よって，① が満たされるから，$z_k{}^{n'}=1$ $(n'<n)$ である。
すなわち，z_k は 1 の原始 n 乗根ではない。

[(i) **の後半の証明**]　1 の原始 n 乗根 z_k について，z_k，$z_k{}^2$，$z_k{}^3$，……，$z_k{}^n$ の偏角は順に

$$\frac{k}{n}\cdot2\pi,\ \frac{2k}{n}\cdot2\pi,\ \frac{3k}{n}\cdot2\pi,\ \cdots\cdots,\ \frac{nk}{n}\cdot2\pi \quad\cdots\cdots ③$$

◀ $\dfrac{nk}{n}\cdot2\pi=2\pi k$

③ の隣り合った 2 つの偏角の差はすべて $\left|\dfrac{k}{n}\cdot2\pi\right|$ であり，③ の任意の 2 つの偏角の差は $\dfrac{lk}{n}\cdot2\pi$ $(1\leqq|l|\leqq n-1)$ と表される。
ここで，$\dfrac{lk}{n}=m$ (m は整数) と仮定すると　$lk=nm$
k と n は互いに素であるから，l は n の倍数であるが，これは $1\leqq|l|\leqq n-1$ に反する。
したがって，$\dfrac{lk}{n}$ が整数になることはないから，③ の任意の 2 つの偏角の差が 2π の整数倍になることはない。
よって，z_k，$z_k{}^2$，$z_k{}^3$，…，$z_k{}^n$ はすべて互いに異なるから，(i) の後半は示された。

また，**z_k が 1 の原始 n 乗根のときは**，(i) と $p.159$ の **検討** で示したことから，恒等式

$$(z-z_k)(z-z_k{}^2)\cdots\cdots(z-z_k{}^{n-1})=z^{n-1}+z^{n-2}+\cdots\cdots+z+1 \quad\cdots\cdots ④$$

が成り立つ。

特に，n が素数のときは，(i) により，解 z_k $(k=1,\ 2,\ \cdots\cdots,\ n-1)$ はどれも 1 の原始 n 乗根であるから，すべての解 z_k $(k=1,\ 2,\ \cdots\cdots,\ n-1)$ について ④ が成り立つ。

重要例題 78 三角関数の等式の証明 ★★★★☆

$\cos\alpha+\cos\beta+\cos\gamma=0$，$\sin\alpha+\sin\beta+\sin\gamma=0$ であるとき
$\cos3\alpha+\cos3\beta+\cos3\gamma=3\cos(\alpha+\beta+\gamma)$，
$\sin3\alpha+\sin3\beta+\sin3\gamma=3\sin(\alpha+\beta+\gamma)$ を証明せよ。 〔金沢大〕

指針 条件式 $\cos\alpha+\cos\beta+\cos\gamma=0$，$\sin\alpha+\sin\beta+\sin\gamma=0$ に対し，証明すべき等式の左辺には $\cos3\alpha$，$\sin3\alpha$ といった項があるため，$\cos3\alpha$，$\sin3\alpha$ などを $\cos\alpha$，$\sin\alpha$ などで表したい。
そこで，**ド・モアブルの定理** $[(\cos\alpha+i\sin\alpha)^3=\cos3\alpha+i\sin3\alpha$ など$]$ の利用を考える。

$$(\cos\alpha+i\sin\alpha)^3+(\cos\beta+i\sin\beta)^3+(\cos\gamma+i\sin\gamma)^3$$
$$=(\cos3\alpha+\cos3\beta+\cos3\gamma)+i(\sin3\alpha+\sin3\beta+\sin3\gamma)$$

解答 $z_1=\cos\alpha+i\sin\alpha$，$z_2=\cos\beta+i\sin\beta$，$z_3=\cos\gamma+i\sin\gamma$ とする。
$\cos\alpha+\cos\beta+\cos\gamma=0$，$\sin\alpha+\sin\beta+\sin\gamma=0$ であるから

$$z_1+z_2+z_3=(\cos\alpha+\cos\beta+\cos\gamma)+i(\sin\alpha+\sin\beta+\sin\gamma)=0$$

◀ $z_1+z_2+z_3=0+i\cdot0$

よって $z_1{}^3+z_2{}^3+z_3{}^3-3z_1z_2z_3$
$=(z_1+z_2+z_3)(z_1{}^2+z_2{}^2+z_3{}^2-z_1z_2-z_2z_3-z_3z_1)$
$=0\cdot(z_1{}^2+z_2{}^2+z_3{}^2-z_1z_2-z_2z_3-z_3z_1)=0$

◀ $a^3+b^3+c^3-3abc$ の形の式の因数分解。

ゆえに $z_1{}^3+z_2{}^3+z_3{}^3=3z_1z_2z_3$ …… ①

ここで $z_1{}^3+z_2{}^3+z_3{}^3=\cos3\alpha+\cos3\beta+\cos3\gamma+i(\sin3\alpha+\sin3\beta+\sin3\gamma)$

◀ ド・モアブルの定理。

$3z_1z_2z_3=3\{\cos(\alpha+\beta+\gamma)+i\sin(\alpha+\beta+\gamma)\}$

◀ 積 $z_1z_2z_3$ の偏角は，z_1，z_2，z_3 の偏角の和。

よって，① から
$$(\cos3\alpha+\cos3\beta+\cos3\gamma)+i(\sin3\alpha+\sin3\beta+\sin3\gamma)$$
$$=3\cos(\alpha+\beta+\gamma)+i\cdot3\sin(\alpha+\beta+\gamma)$$
両辺の実部と虚部を比較すると
$$\cos3\alpha+\cos3\beta+\cos3\gamma=3\cos(\alpha+\beta+\gamma)$$
$$\sin3\alpha+\sin3\beta+\sin3\gamma=3\sin(\alpha+\beta+\gamma)$$

練習 78 n を自然数，$0<\theta<\pi$，$z=\cos\theta+i\sin\theta$ とする。

(1) $1-z$ の逆数 $(1-z)^{-1}$ が $\dfrac{1}{2}+\dfrac{i}{a}$ で表されるとき，実数 a の値を求めよ。

(2) $(1-z)(1+z+z^2+\cdots\cdots+z^n)=1-z^{n+1}$ を利用して

$$1+\cos\theta+\cos2\theta+\cdots\cdots+\cos n\theta=\frac{\sin\dfrac{n+1}{2}\theta\cos\dfrac{n}{2}\theta}{\sin\dfrac{1}{2}\theta},$$

$$\sin\theta+\sin2\theta+\cdots\cdots+\sin n\theta=\frac{\sin\dfrac{n+1}{2}\theta\sin\dfrac{n}{2}\theta}{\sin\dfrac{1}{2}\theta}$$ であることを示せ。

16 複素数と図形 (1)

※この項目 16 と次の項目 17 では，特に断らない限り，図形は複素数平面上で考える。

《 基本事項 》

1 線分の内分点，外分点

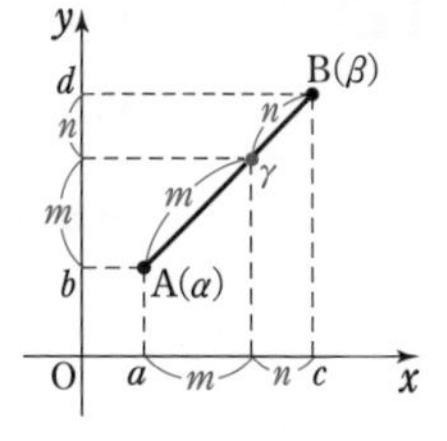

① 2 点 A(α)，B(β) に対し，$\alpha=a+bi$，$\beta=c+di$ とすると

線分 AB を $m:n$ に内分する点は $\dfrac{n\alpha+m\beta}{m+n}$

特に，線分 AB の中点は $\dfrac{\alpha+\beta}{2}$

線分 AB を $m:n$ に外分する点は $\dfrac{-n\alpha+m\beta}{m-n}$

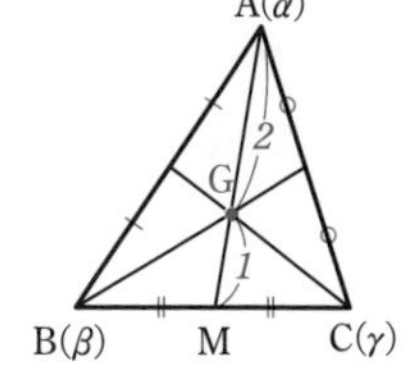

② 3 点 A(α)，B(β)，C(γ) を頂点とする △ABC について，辺 BC の中点 M は $\dfrac{\beta+\gamma}{2}$ であり，△ABC の重心は線分 AM を 2：1 に内分する点であるから

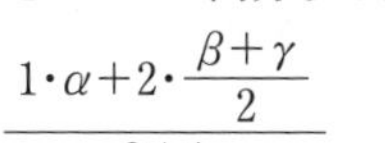

$\dfrac{1\cdot\alpha+2\cdot\dfrac{\beta+\gamma}{2}}{2+1}$ すなわち $\dfrac{\alpha+\beta+\gamma}{3}$

2 方程式の表す図形

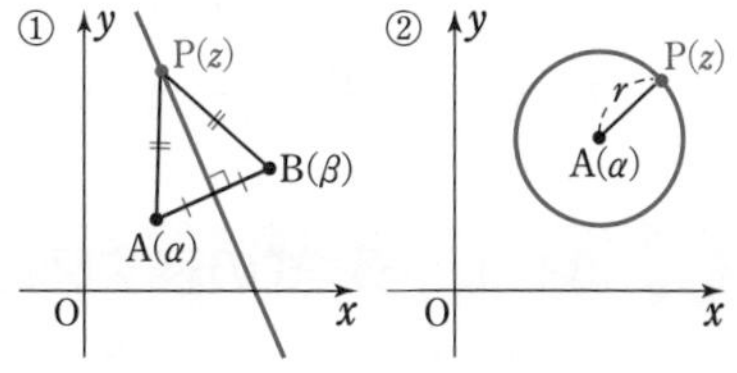

異なる 2 点 A(α)，B(β) に対して

① 方程式 $|z-\alpha|=|z-\beta|$ を満たす点 P(z) は，2 点 A，B から等距離にある。
よって，P(z) 全体は線分 AB の垂直二等分線である。

② $r>0$ のとき，方程式 $|z-\alpha|=r$ を満たす点 P(z) は，点 A から等距離にある。
よって，P(z) 全体は点 A が中心，半径 r の円である。

CHECK 問題

11 2 点 A$(-1+i)$，B$(3+4i)$ について，次の点を表す複素数を求めよ。

(1) 線分 AB を 2：1 に内分する点 P

(2) 線分 AB の中点 M

→ 1

例 40 | 内分点・外分点，重心を表す複素数 ★☆☆☆☆

3 点 $A(-1+4i)$，$B(-3-2i)$，$C(5+i)$ について，次の点を表す複素数を求めよ。

(1) 線分 AB を 2：3 に内分する点P　(2) 線分 AC を 1：3 に外分する点Q

(3) 線分 BC の中点M　(4) △ABC の重心G

指針 2 点 $A(\alpha)$，$B(\beta)$ について，線分 AB を $\boldsymbol{m:n}$ に

内分 する点を表す複素数は $\dfrac{n\alpha+m\beta}{m+n}$

外分 する点を表す複素数は $\dfrac{-n\alpha+m\beta}{m-n}$

（n を $-n$ におき換える。）

線分 AB の **中点** を表す複素数は $\dfrac{\alpha+\beta}{2}$

3 点 $A(\alpha)$，$B(\beta)$，$C(\gamma)$ を頂点とする △ABC の **重心** を表す複素数は $\dfrac{\alpha+\beta+\gamma}{3}$

参考 複素数平面上の点を座標平面上の点におき換えて考え，$A(-1,\ 4)$，$B(-3,\ -2)$ とする。例えば，線分 AB を 5：3 に内分する点を $D(x,\ y)$ とすると，平面上での内分点を求める

公式から　$x=\dfrac{3\cdot(-1)+5\cdot(-3)}{5+3}=-\dfrac{9}{4}$，$y=\dfrac{3\cdot4+5\cdot(-2)}{5+3}=\dfrac{1}{4}$

よって，$D\left(-\dfrac{9}{4},\ \dfrac{1}{4}\right)$ となり，点Dを表す複素数は $-\dfrac{9}{4}+\dfrac{1}{4}i$ である。

複素数平面上の点に原点Oに関する位置ベクトルを対応させると，次のようになる。

2 点 $A(\alpha)$，$B(\beta)$ として，$\overrightarrow{OA}=\vec{p}$，$\overrightarrow{OB}=\vec{q}$ とする。

線分 AB を $m:n$ に内分する点Cを表す複素数 $\dfrac{n\alpha+m\beta}{m+n}$ に対し，$\overrightarrow{OC}$ は $\dfrac{n\vec{p}+m\vec{q}}{m+n}$ となり，同じ形をしている。

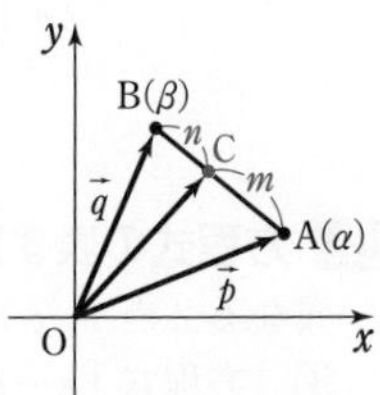

例 41 | 方程式の表す図形(1) ★☆☆☆☆

次の方程式を満たす点 z 全体は，どのような図形か。

(1) $|z+2i|=|z-3|$　(2) $|z+1-3i|=2$

(3) $4(z-1+i)(\overline{z}-1-i)=1$　(4) $z+\overline{z}=3$

指針 複素数 z の方程式で表される図形で，次の ①，② は基本かつ重要である。式の形から直ちに答えられるように，覚えておこう。

① 方程式 $|z-\alpha|=|z-\beta|$

⟶ **2 点 α，β を結ぶ線分の垂直二等分線**

② 方程式 $|z-\alpha|=r\ (r>0)$

⟶ **点 α を中心とする半径 r の円**

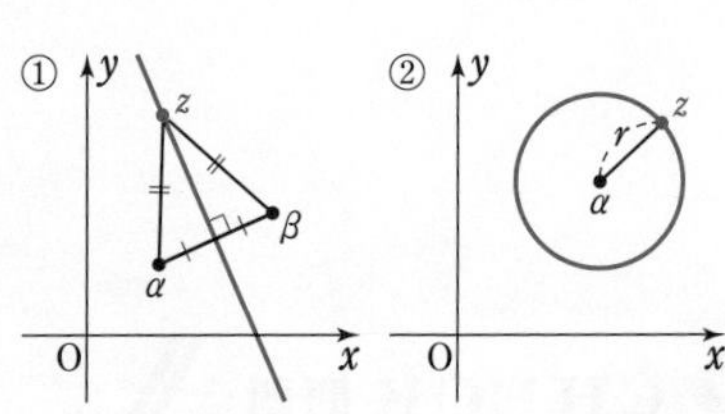

(1)〜(3)　方程式を，上の ① または ② のような形に変形する。

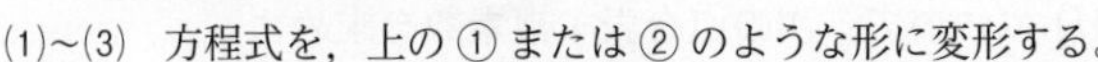

(4) ｜ ｜の形を作り出すことはできないから，上の ①，② のような形に変形するのは無理。このようなときは，$\boldsymbol{z=x+yi}$（x，y は実数）として，x，y の関係式を導く。

例題 79 方程式の表す図形 (2) ★★☆☆☆

方程式 $3|z+i|=|z-3i|$ を満たす点 z の全体は，どのような図形か。

◀例 41

指針 方程式の両辺を 2 乗し，$|\alpha|^2=\alpha\overline{\alpha}$ などの性質を用いて，$|z-\alpha|=r$ の形を導く。
⟶ 点 z の全体は中心が点 α，半径 r の円。
なお，別解 のように $z=x+yi$ (x，y は実数) として，x，y の方程式を求めてもよい。
または，下の **検討** のように，**等式の図形的意味をとらえる** 方法もある。

解答 方程式の両辺を 2 乗すると　$9|z+i|^2=|z-3i|^2$

ゆえに　$9(z+i)\overline{(z+i)}=(z-3i)\overline{(z-3i)}$　　◀ $|\alpha|^2=\alpha\overline{\alpha}$

よって　$9(z+i)(\overline{z}-i)=(z-3i)(\overline{z}+3i)$

両辺を展開して整理すると　$2z\overline{z}-3iz+3i\overline{z}=0$

両辺を 2 で割ると　$z\overline{z}-\frac{3}{2}iz+\frac{3}{2}i\overline{z}=0$　　◀ $z\overline{z}$ の係数を 1 にする。

ゆえに　$\left(z+\frac{3}{2}i\right)\left(\overline{z}-\frac{3}{2}i\right)-\frac{9}{4}=0$　　◀ $z\overline{z}+aiz+bi\overline{z}=(z+bi)(\overline{z}+ai)+ab$ を利用して変形。

よって　$\left(z+\frac{3}{2}i\right)\overline{\left(z+\frac{3}{2}i\right)}=\frac{9}{4}$

すなわち　$\left|z+\frac{3}{2}i\right|^2=\left(\frac{3}{2}\right)^2$　ゆえに　$\left|z-\left(-\frac{3}{2}i\right)\right|=\frac{3}{2}$　　◀ $\alpha\overline{\alpha}=|\alpha|^2$

よって，点 z の全体は，**点 $-\frac{3}{2}i$ を中心とする半径 $\frac{3}{2}$ の円**

別解 $z=x+yi$ (x，y は実数) とすると，方程式は

$3|x+(y+1)i|=|x+(y-3)i|$

両辺を 2 乗すると　$9|x+(y+1)i|^2=|x+(y-3)i|^2$

ゆえに　$9\{x^2+(y+1)^2\}=x^2+(y-3)^2$

整理すると　$x^2+y^2+3y=0$　すなわち　$x^2+\left(y+\frac{3}{2}\right)^2=\left(\frac{3}{2}\right)^2$

よって，点 z の全体は，**点 $-\frac{3}{2}i$ を中心とする半径 $\frac{3}{2}$ の円** である。

検討 一般に，**2 定点 A，B からの距離の比が $m:n$ ($m>0$，$n>0$，$m\neq n$) である点の軌跡は，** 線分 AB を $m:n$ に内分する点と外分する点を直径の両端とする円（アポロニウスの円）である。

上の例題において，A$(-i)$，B$(3i)$，P(z) とすると，方程式から
$3\text{AP}=\text{BP}$　すなわち　$\text{AP}:\text{BP}=1:3$
線分 AB を $1:3$ に内分する点 C(0)，外分する点 D$(-3i)$ に対し，線分 CD の中点を表す複素数は $-\frac{3}{2}i$，CD$=3$ であるから，
点Pが表す図形は，**点 $-\frac{3}{2}i$ を中心とする半径 $\frac{3}{2}$ の円** である。

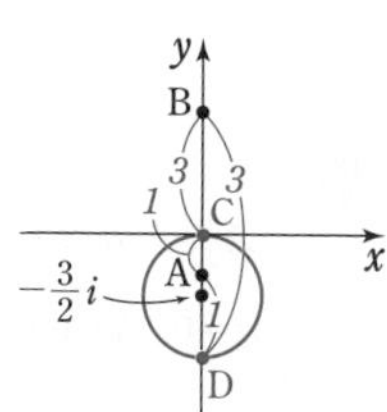

練習 79 次の方程式を満たす点 z の全体は，どのような図形か。
(1) $|z+1|=2|z-2|$　　(2) $2|z+i|=3|z-4i|$

重要例題 80 等式を満たす図形と最大値 ★★★☆☆

複素数平面上で，次の等式を満たす点zの全体が表す図形をCとする。

$$z\overline{z}+(1+3i)z+(1-3i)\overline{z}+9=0$$

(1) 図形Cを複素数平面上にかけ。

(2) 複素数wに対して，$\alpha=w+\overline{w}-1$，$\beta=w+\overline{w}+1$ とする。w, α, β が表す複素数平面上の点をそれぞれ P，A，B とする。点PはC上を動くとする。△PAB の面積が最大となる複素数w，およびそのときの △PAB の外接円の中心と半径を求めよ。

〔筑波大〕 ◀例題79

指針 (1) 円の方程式 $|z-\gamma|=r$ の両辺を平方すると，$|z-\gamma|^2=r^2$ から $(z-\gamma)(\overline{z}-\overline{\gamma})=r^2$
展開して整理すると，$z\overline{z}-\overline{\gamma}z-\gamma\overline{z}+|\gamma|^2-r^2=0$ となるから，$1-3i=\gamma$ とおいて，この変形を逆にたどる。

(2) $w+\overline{w}$ は実数であるから，α, β はともに実数。よって，2点 A，B は実軸上にある。
また，AB=2 (一定) であるから，△PAB の面積が最大となるのは，点Pと実軸の距離が最大となるときである。

解答 (1) $\gamma=1-3i$ とおくと $\overline{\gamma}=1+3i$ また $\gamma\overline{\gamma}=10$
与えられた等式は $z\overline{z}+\overline{\gamma}z+\gamma\overline{z}+\gamma\overline{\gamma}-1=0$
したがって $(z+\gamma)(\overline{z}+\overline{\gamma})=1$ すなわち $|z+\gamma|^2=1$
よって，$|z+\gamma|=1$ から $|z-(-1+3i)|=r$
ゆえに，点zは，点 $(-1+3i)$ を中心とする半径1の円を描く。
したがって，図形Cは **右の図** のようになる。

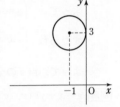

(2) $w+\overline{w}$ は実数であるから，2点 A(α)，B(β) は実軸上の点であり，AB$=|\beta-\alpha|=2$ (一定) である。
よって，△PAB の面積が最大となるのは，$w=-1+4i$ のときで，$w+\overline{w}=-2$ であるから $\alpha=-3$, $\beta=-1$
また，∠PBA=90° となり，△PAB の **外接円の中心は**，
線分 PA の中点であるから $\dfrac{(-1+4i)-3}{2}=\boldsymbol{-2+2i}$

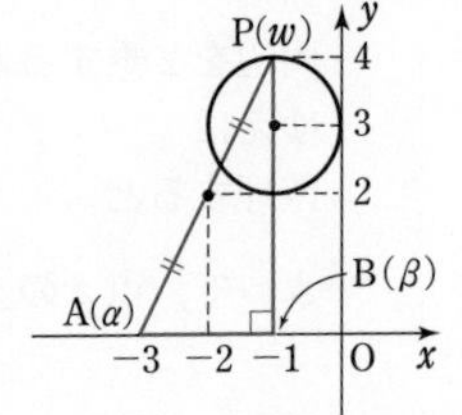

したがって，△PAB の **外接円の半径は**
$|(-2+2i)-(-1)|=|-1+2i|=\boldsymbol{\sqrt{5}}$

a, c は実数，β は複素数とする。$a\neq0$, $|\beta|^2>ac$ のとき，
方程式 $\boldsymbol{az\overline{z}+\overline{\beta}z+\beta\overline{z}+c=0}$ **は点** $-\dfrac{\beta}{a}$ **を中心とする半径** $\dfrac{\sqrt{|\beta|^2-ac}}{|a|}$ **の円** を表し，
$a=0$, $\beta\neq0$ のとき，方程式 $\boldsymbol{\overline{\beta}z+\beta\overline{z}+c=0}$ **は直線** を表す。詳しくは，解答編 $p.109$ 参照。

練習 80 kは実数とし，$\alpha=-1+i$ とする。点wは複素数平面上で等式 $w\overline{\alpha}-\overline{w}\alpha+ki=0$ を満たしながら動く。点wの軌跡が，点 $1+i$ を中心とする半径1の円と共有点をもつときの，kの最大値を求めよ。

〔類 鳥取大〕 ➡p. 201 演習 38

例題 81 $w=\alpha z+\beta$ の表す図形 (1) ★★☆☆☆

次の式で表される点wはどのような図形を描くか。

(1) 点zが原点Oを中心とする半径1の円上を動くとき　$w=i(z+2)$

(2) 点zが点1を中心とする半径2の円上を動くとき　$w=(1+i)z$

指針 $w=f(z)$ の表す図形を求めるときは，以下の手順で考えるとよい。

1 $w=f(z)$ の式を **$z=(w$ の式$)$ の形に変形** する。

2 1の式を **z の条件式に代入** する。

⟶ (1) 点zは単位円上を動くから，zの条件式は $|z|=1$

(2) 点zは点1を中心とする半径2の円上を動くから，zの条件式は $|z-1|=2$

CHART》 $w=f(z)$ の表す図形　$z=(w$ の式$)$ で表し，z の条件式に代入

3章 16 複素数と図形 (1)

解答 (1) 点zが満たす方程式は　$|z|=1$ …… ①

$w=i(z+2)$ から　$z=\dfrac{w}{i}-2$　① に代入して　$\left|\dfrac{w}{i}-2\right|=1$

$\dfrac{|w-2i|}{|i|}=1$ から　$|w-2i|=1$

よって，点wは **点 $2i$ を中心とする半径1の円** を描く。

参考 $w=i(z+2)$ から　$w=iz+2i$

求める図形は，単位円を原点を中心に $\dfrac{\pi}{2}$ だけ回転し，①

虚軸方向に2だけ平行移動②したものである。

よって，点wは **点 $2i$ を中心とする半径1の円** を描く。

(2) 点zが満たす方程式は　$|z-1|=2$ …… ①

$w=(1+i)z$ から　$z=\dfrac{w}{1+i}$　① に代入して　$\left|\dfrac{w}{1+i}-1\right|=2$

$\dfrac{|w-(1+i)|}{|1+i|}=2$ から　$|w-(1+i)|=2\sqrt{2}$

よって，点wは **点 $1+i$ を中心とする半径 $2\sqrt{2}$ の円** を描く。

参考 $1+i=\sqrt{2}\left(\cos\dfrac{\pi}{4}+i\sin\dfrac{\pi}{4}\right)$ であるから，点 $(1+i)z$ は，点zを，原点を中心に $\dfrac{\pi}{4}$ だけ回転した点を $\sqrt{2}$ 倍した点である。

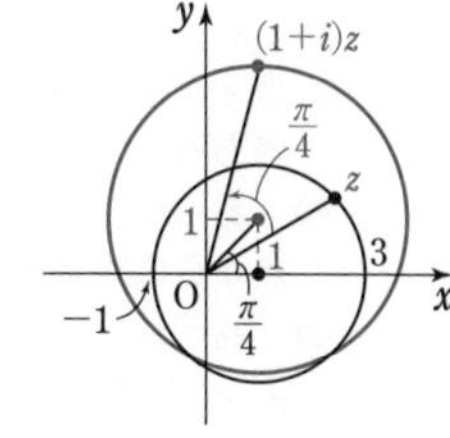

ゆえに，円 $|z-1|=2$ の中心である点1は点 $1+i$ に移り，円の半径は $2\sqrt{2}$ となる。よって，点wが描く図形は

点 $1+i$ を中心とする半径 $2\sqrt{2}$ の円

練習 81 次の式で表される点wはどのような図形を描くか。

(1) 点zが原点Oを中心とする半径1の円上を動くとき　$w=3-iz$

(2) 点zが点 $1-\sqrt{3}i$ を中心とする半径1の円上を動くとき

$w=(2+2\sqrt{3}i)z$

例題 82 | $w=\alpha z+\beta$ の表す図形(2) ★★★☆☆

点 z が原点Oを中心とする半径1の円上を動くとき，$w=(1-i)z-2i$ で表される点 w は，どのような図形を描くか。 ◀例題81

指針 CHART》 $w=f(z)$ の表す図形

$z=$(w の式) で表し，z の条件式に代入

の方針で解決できるが，下の **検討** のように，図形的な考察に関しても注目しておこう。

解答 点 z は単位円上を動くから　$|z|=1$ …… Ⓐ

$w=(1-i)z-2i$ から　$z=\dfrac{w+2i}{1-i}$

Ⓐ に代入して　$\left|\dfrac{w+2i}{1-i}\right|=1$

すなわち　$\dfrac{|w+2i|}{|1-i|}=1$

$|1-i|=\sqrt{2}$ であるから　$|w+2i|=\sqrt{2}$

したがって，点 w が描く図形は

点 $-2i$ を中心とする半径 $\sqrt{2}$ の円。

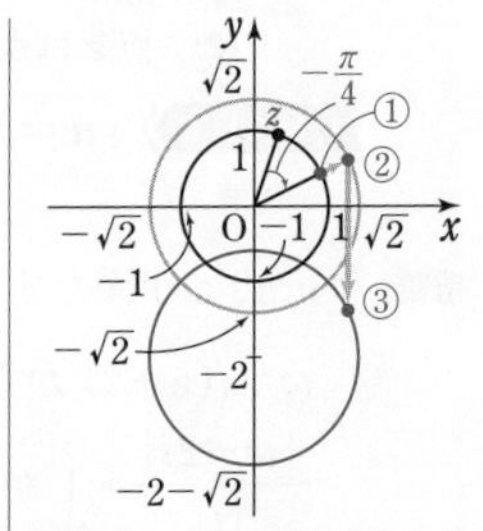

図の ①～③ は **検討** を参照。

検討

$w=\sqrt{2}\left\{\cos\left(-\dfrac{\pi}{4}\right)+i\sin\left(-\dfrac{\pi}{4}\right)\right\}z-2i$ であるから，点 w が描く図形は，円 $|z|=1$ を，次の ①，②，③ の順に **回転・拡大・平行移動** したものである（右上の図を参照）。

① 原点を中心として $-\dfrac{\pi}{4}$ だけ回転　⟶ 円 $|z|=1$ のまま。

② 原点を中心として $\sqrt{2}$ 倍に拡大　⟶ 円 $|z|=\sqrt{2}$ に移る。

③ 虚軸方向に -2 だけ平行移動　⟶ 円 $|z+2i|=\sqrt{2}$ に移る。

一般に，$w=\alpha z+\beta$ $(\alpha\neq 0)$ で表される点 w の描く図形について，α の極形式を $\alpha=r(\cos\theta+i\sin\theta)$ $[r>0]$ とすると，$w=r(\cos\theta+i\sin\theta)z+\beta$ であるから，$w=\alpha z+\beta$ は，次の ❶～❸ の合成変換を表す。

❶ $z_1=(\cos\theta+i\sin\theta)z$ とすると，点 z_1 が描く図形は，点 z が描く図形を **原点を中心として角 θ だけ回転** したものである。

❷ $z_2=rz_1$ とすると，点 z_2 が描く図形は，点 z_1 に対し，**原点からの距離を r 倍に拡大または縮小** したものである。

❸ $z_3=z_2+\beta$ とし，$\beta=a+bi$ とすると，点 z_3 が描く図形は，点 z_2 が描く図形を **実軸方向に a，虚軸方向に b だけ平行移動** したものである。

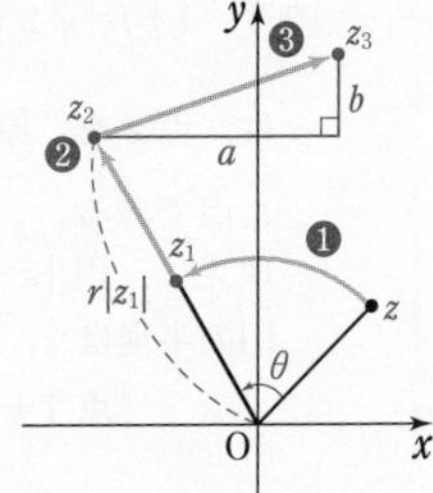

練習 82 複素数平面上で，虚部を正とする複素数 z の表す点が原点を中心とする半径1の円周上を動く。このとき，$w=(1+i)z+1$ の表す点の軌跡を複素数平面上にかけ。

［神戸薬大］ ➡p.201 演習 39

例題 83　$w=\frac{1}{z}$ の表す図形　★★★☆☆

点 P(z) が点 $\dfrac{1}{2}$ を通り実軸に垂直な直線上を動くとき，$w=\dfrac{1}{z}$ で表される点 Q(w) はどのような図形を描くか。

◀例題 82

指針 点 z の条件を z の式で表し，$w=\dfrac{1}{z}$ を変形した $z=\dfrac{1}{w}$ に代入すればよい。
また，本問は，数学Ⅱの軌跡で扱った **反転**（チャート式数学Ⅱ＋B $p.146$）との関連がある内容である。下の **検討** や次ページ以後のコラムも参照してほしい。

解答 z の実部は $\dfrac{1}{2}$ であるから　$\dfrac{z+\overline{z}}{2}=\dfrac{1}{2}$

すなわち　$z+\overline{z}=1$ …… ①

$w=\dfrac{1}{z}$ から　$z=\dfrac{1}{w}$　ゆえに　$\overline{z}=\dfrac{1}{\overline{w}}$

① に代入して　$\dfrac{1}{w}+\dfrac{1}{\overline{w}}=1$　よって　$w\overline{w}-w-\overline{w}=0$

ゆえに　$(w-1)(\overline{w}-1)=1$

したがって　$|w-1|^2=1$　すなわち　$|w-1|=1$

よって，点 Q(w) は **点 1 を中心とする半径 1 の円** を描く。
ただし，$w \neq 0$ であるから，**原点は除く**。

◀ $z=\dfrac{1}{2}+yi$ とすると
$\overline{z}=\dfrac{1}{2}-yi$
よって　$\dfrac{z+\overline{z}}{2}=\dfrac{1}{2}$

◀ $w\overline{w}+aw+b\overline{w}$
$=(w+b)(\overline{w}+a)-ab$

検討 中心O，半径 r の円Oがあり，Oとは異なる点Pに対し，Oを端点とする半直線 OP 上の点 P′ を $\mathbf{OP \cdot OP'=r^2}$ となるように定めるとき，点Pに点 P′ を対応させることを，円Oに関する **反転** という。また，点Pが図形 F 上を動くとき，点 P′ が描く図形を **反形** という。
円の半径を $r=1$ とし，P(z)，P′(z') として，複素数平面上の反転について考えてみよう。

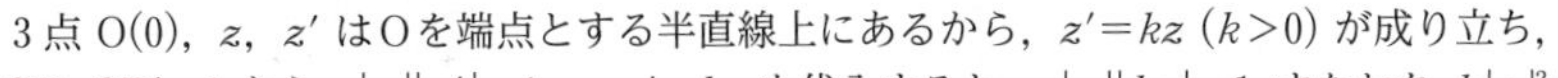

3 点 O(0)，z，z' はOを端点とする半直線上にあるから，$z'=kz$ $(k>0)$ が成り立ち，
OP・OP′$=1$ から　$|z||z'|=1$　$z'=kz$ を代入すると　$|z||kz|=1$ すなわち $k|z|^2=1$

したがって　$k=\dfrac{1}{|z|^2}$　ゆえに　$z'=kz=\dfrac{1}{|z|^2}z=\dfrac{1}{z\overline{z}}z=\dfrac{1}{\overline{z}}$

よって，複素数平面上における，単位円に関する反転は，
$\boldsymbol{z'=\dfrac{1}{\overline{z}}}$ と表される。
ゆえに，例題の点 Q(w) が描く図形は，$\overline{w}=\dfrac{1}{\overline{z}}$ から，点 P(z) が動く直線の **単位円に関する反形を，実軸に関して対称移動** したものである。なお，円や直線の反形などについては，次ページ以後のコラムでも詳しく扱うことにする。

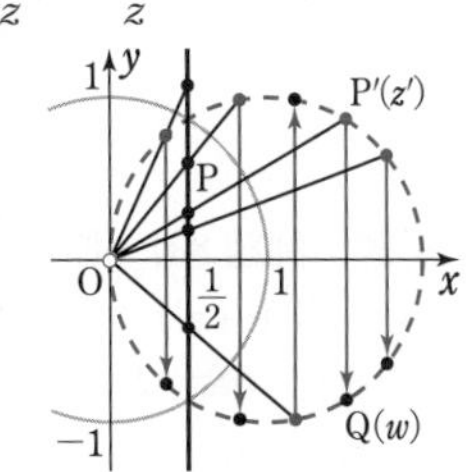

練習 83 点 P(z) が，点 $-i$ を中心とする半径 1 の円から原点Oを除いた円周上を動くとき，$w=\dfrac{1}{z}$ で表される点 Q(w) はどのような図形を描くか。

COLUMN コラム　反転

円Oに関する **反転**（この円Oを **反転円** という）により，点Pが点P′ に移るとする。このとき，点Pと点P′ は円Oに関して互いに **鏡像**，または，点P′ は点Pの **鏡像** ともいう。
そして，右の図のように，円Oに関する反転により，

円Oの内部の点は外部の点に，円Oの外部の点は内部の点に移る。

また，**円O上の点は反転によって動かない。**

（注意）上記の反転の定義によると，中心Oの移動先が定義できないが，中心Oの移動先を **無限遠点** という仮想の点として考えることがある。なお，無限遠点については大学の数学で学ぶ。

反転の作図　円Oに関する反転によって，点Pが移る点P′ は，次のようにして作図することができる。この作図要領を押さえておくと，反転のイメージがわかりやすい。

[1]　点Pを通りOPに垂直な直線と円Oとの交点をAとする。

[2]　点Aにおける円Oの接線と直線OPの交点をP′ とする。

（証明）△OAP′∽△OPA から　　OA：OP＝OP′：OA

よって　　OP・OP′＝OA²＝r^2　（円の半径）²

（注意）点Pが円の外部にあるときも，同様にして，点P′ を作図することができる。

円や直線の反形に関する性質　円Oに関する反転により，次の4つの性質がある。

① **反転円の中心Oを通る円は，Oを通らない直線に移る。**

② **反転円の中心Oを通らない直線は，Oを通る円に移る。**

③ **反転円の中心Oを通らない円は，Oを通らない円に移る。**

④ **反転円の中心Oを通る直線は，その直線自身に移る。**

例題83と練習83について検証してみよう。ただし，反転円を単位円とする。

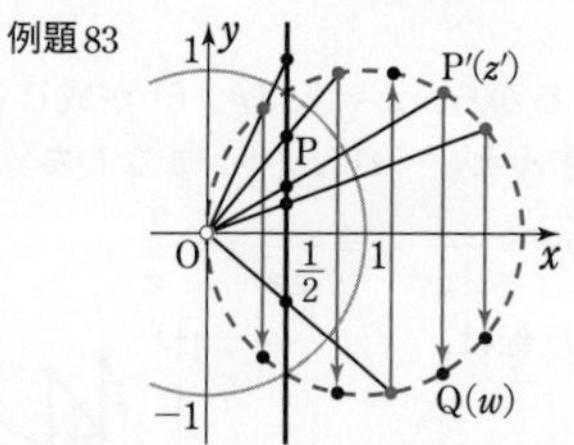

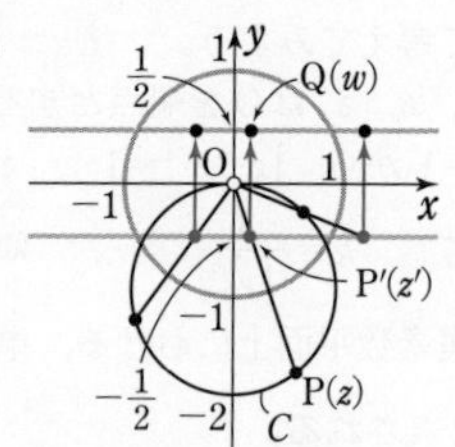

[解説：例題83]　原点を通らない直線 ℓ 上の点P(z) は，反転により一度点P′(z') に移り，点P′(z') が描く図形は，円 $|z'-1|=1$ で，原点を通る円に移る（ただし，解答として原点は除かれる）。つまり，性質②の場合である。その後，実軸に関する対称移動により点Q(w) に移る。

[解説：練習83]　原点を通る円 C 上の点P(z) は，反転により一度点P′(z') に移り，点P′(z') が描く図形は，点0と点 $-i$ を結ぶ線分の垂直二等分線（$|z'|=|z'+i|$）で，原点を通らない直線に移る。つまり，性質①の場合である。その後，実軸に関する対称移動により点Q(w) に移る。

反転により，点Pが点P′に移るなら，逆に，反転によって点P′は点Pに移る。よって，反転の性質 ①，② については，①⇄② として理解しておくとよい。
そして，反転の性質 ① と ②，③ を図示すると，右の図のようになる (④ は自分自身に移るので省略した)。

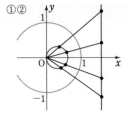

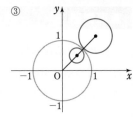

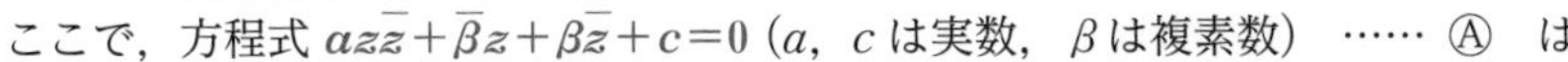

ここで，方程式 $az\overline{z}+\overline{\beta}z+\beta\overline{z}+c=0$ (a，c は実数，β は複素数) …… Ⓐ は，

$a\neq 0$，$|\beta|^2>ac$ のとき　点 $-\dfrac{\beta}{a}$ を中心とする半径 $\dfrac{\sqrt{|\beta|^2-ac}}{|a|}$ の円

$a=0$，$\beta\neq 0$　　のとき　直線 $\overline{\beta}z+\beta\overline{z}+c=0$

を表す ($p.$ 166 参照)。

この図形が反転 $w=\dfrac{1}{\overline{z}}$ によって移される図形を求め，反転の性質 ①～④ が成り立つことを確かめてみよう。

[説明]　$w=\dfrac{1}{\overline{z}}$ から　　$\overline{z}=\dfrac{1}{w}$　すなわち　$z=\dfrac{1}{\overline{w}}$

Ⓐ に代入して　　$a\cdot\dfrac{1}{\overline{w}}\cdot\dfrac{1}{w}+\overline{\beta}\cdot\dfrac{1}{\overline{w}}+\beta\cdot\dfrac{1}{w}+c=0$

両辺に $w\overline{w}$ を掛けて　　$a+\overline{\beta}w+\beta\overline{w}+cw\overline{w}=0$　…… Ⓑ

Ⓑ は Ⓐ の式で a と c が入れ替わったものであるから，点wが描く図形は，

$c\neq 0$，$|\beta|^2>ac$ のとき　　点 $-\dfrac{\beta}{c}$ を中心とする半径 $\dfrac{\sqrt{|\beta|^2-ac}}{|c|}$ の円

$c=0$，$\beta\neq 0$ のとき　　直線 $a+\overline{\beta}w+\beta\overline{w}=0$

ということになる。

① Ⓐ が円を表し，かつ反転円の中心Oを通るとき，$a\neq 0$ かつ $c=0$ である。
反転により　　円 $az\overline{z}+\overline{\beta}z+\beta\overline{z}=0$ ⟶ 直線 $a+\overline{\beta}w+\beta\overline{w}=0$
$a\neq 0$ であるから，直線 $a+\overline{\beta}w+\beta\overline{w}=0$ は原点Oを通らない。
したがって，**反転円の中心Oを通る円は，Oを通らない直線に移る。**

② Ⓐ が直線を表し，かつ反転円の中心Oを通らないとき，$a=0$ かつ $c\neq 0$ である。
反転により　　直線 $\overline{\beta}z+\beta\overline{z}+c=0$ ⟶ 円 $\overline{\beta}w+\beta\overline{w}+cw\overline{w}=0$
円 $\overline{\beta}w+\beta\overline{w}+cw\overline{w}=0$ は反転円の中心Oを通る。
したがって，**反転円の中心Oを通らない直線は，Oを通る円に移る。**

③ Ⓐ が円を表し，かつ反転円の中心Oを通らないとき，$a\neq 0$ かつ $c\neq 0$ である。
反転により　　円 $az\overline{z}+\overline{\beta}z+\beta\overline{z}+c=0$ ⟶ 円 $a+\overline{\beta}w+\beta\overline{w}+cw\overline{w}=0$
$a\neq 0$ であるから，円 $a+\overline{\beta}w+\beta\overline{w}+cw\overline{w}=0$ は原点Oを通らない。
したがって，**反転円の中心Oを通らない円は，Oを通らない円に移る。**

④ Ⓐ が直線を表し，かつ反転円の中心Oを通るとき，$a=0$ かつ $c=0$ である。
反転により　　直線 $\overline{\beta}z+\beta\overline{z}=0$ ⟶ 直線 $\overline{\beta}w+\beta\overline{w}=0$
したがって，**反転円の中心Oを通る直線は，その直線自身に移る。**

重要例題 84 $w=\frac{\alpha z+\beta}{\gamma z+\delta}$ の表す図形 ★★★★☆

-1 と異なる複素数 z に対し，複素数 w を $w=\dfrac{z}{z+1}$ で定めるとき

(1) z が複素数平面の虚軸上を動くとき，w が描く図形を求めよ。

(2) z が複素数平面上の円 $|z-1|=1$ 上を動くとき，w が描く図形を求めよ。

〔新潟大〕 ◀例題 82

指針 例題 82 と同様に，次の方針に沿って考える。

CHART》 $w=f(z)$ の表す図形　$z=(w$の式$)$ で表し，z の条件式に代入

(1) 「z が虚軸上を動く」$\Longleftrightarrow$ $(z$の実部$)=0$ $\Longleftrightarrow$ $z+\overline{z}=0$　◀ z の条件式。

(2) z の条件式は，$|z-1|=1$ であるから，これに $z=(w$の式$)$ を代入し，$|\alpha|^2=\alpha\overline{\alpha}$ を用いて変形する。

なお，計算を主体に進めてもよいが，次ページの 別解 のように，途中の式の形から，等式の図形的意味をとらえる（具体的には，**アポロニウスの円** との関連）考え方も有効である。

解答 (1) $w=\dfrac{z}{z+1}$ から　$w(z+1)=z$

よって　$(1-w)z=w$

◀ $1-w=0$ の可能性もあるから，直ちに $1-w$ で両辺を割ってはいけない。

ここで，$(1-w)z=w$ に $w=1$ を代入すると，$0=1$ となり，不合理である。すなわち　$w\neq1$

よって　$z=\dfrac{w}{1-w}$ …… ①

点 z が虚軸上を動くとき　$z+\overline{z}=0$

◀ $z=bi$（b は実数）から $z+\overline{z}=bi-bi=0$

① を代入して　$\dfrac{w}{1-w}+\overline{\left(\dfrac{w}{1-w}\right)}=0$

すなわち　$\dfrac{w}{1-w}+\dfrac{\overline{w}}{1-\overline{w}}=0$

ゆえに　$w(1-\overline{w})+\overline{w}(1-w)=0$

◀ 両辺に $(1-w)(1-\overline{w})$ を掛ける。

展開して整理すると　$2w\overline{w}-w-\overline{w}=0$

よって　$w\overline{w}-\dfrac{1}{2}w-\dfrac{1}{2}\overline{w}=0$

◀ $w\overline{w}$ の係数を 1 にする。

ゆえに　$\left(w-\dfrac{1}{2}\right)\left(\overline{w}-\dfrac{1}{2}\right)-\dfrac{1}{4}=0$

◀ $w\overline{w}+aw+b\overline{w}=(w+b)(\overline{w}+a)-ab$

したがって　$\left(w-\dfrac{1}{2}\right)\overline{\left(w-\dfrac{1}{2}\right)}=\dfrac{1}{4}$

すなわち　$\left|w-\dfrac{1}{2}\right|^2=\left(\dfrac{1}{2}\right)^2$

◀ $\alpha\overline{\alpha}=|\alpha|^2$

よって　$\left|w-\dfrac{1}{2}\right|=\dfrac{1}{2}$

したがって，点 w の描く図形は

点 $\dfrac{1}{2}$ を中心とする半径 $\dfrac{1}{2}$ の円。ただし，点 1 を除く。

◀ $w\neq1$ に注意。

(2) ① を $|z-1|=1$ に代入すると

$$\left|\frac{w}{1-w}-1\right|=1$$

よって　$\left|\frac{2w-1}{1-w}\right|=1$

ゆえに　$|2w-1|=|w-1|$　……（＊）

◀ $\frac{|2w-1|}{|1-w|}=1$ から。

両辺を 2 乗すると　$|2w-1|^2=|w-1|^2$

したがって　$(2w-1)\overline{(2w-1)}=(w-1)\overline{(w-1)}$

◀ $|\alpha|^2=\alpha\overline{\alpha}$

よって　$(2w-1)(2\overline{w}-1)=(w-1)(\overline{w}-1)$

展開して整理すると

$$3w\overline{w}-w-\overline{w}=0$$

ゆえに　$w\overline{w}-\frac{1}{3}w-\frac{1}{3}\overline{w}=0$

◀ $w\overline{w}$ の係数を 1 にする。

したがって　$\left(w-\frac{1}{3}\right)\left(\overline{w}-\frac{1}{3}\right)-\frac{1}{9}=0$

◀ $w\overline{w}+aw+b\overline{w}=(w+b)(\overline{w}+a)-ab$

よって　$\left(w-\frac{1}{3}\right)\overline{\left(w-\frac{1}{3}\right)}=\frac{1}{9}$

すなわち　$\left|w-\frac{1}{3}\right|^2=\left(\frac{1}{3}\right)^2$

◀ $\alpha\overline{\alpha}=|\alpha|^2$

ゆえに　$\left|w-\frac{1}{3}\right|=\frac{1}{3}$

したがって，点 w の描く図形は

点 $\frac{1}{3}$ を中心とする半径 $\frac{1}{3}$ の円

◀ $w\neq 1$ を満たす。

別解　[（＊）までは同じ]

◀ アポロニウスの円（$p.165$ **検討** 参照）を利用。

（＊）から　$2\left|w-\frac{1}{2}\right|=|w-1|$

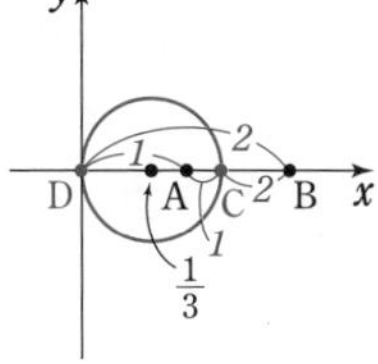

ゆえに，$A\left(\frac{1}{2}\right)$，$B(1)$，$P(w)$ とすると　$2AP=BP$

よって，$AP:BP=1:2$ であるから，点 P が描く図形は，線分 AB を $1:2$ に内分する点 C と外分する点 D を直径の両端とする円である。

$C\left(\frac{2}{3}\right)$，$D(0)$ であるから，求める図形は

点 $\frac{1}{3}$ を中心とする半径 $\frac{1}{3}$ の円

練習 84　(1) 複素数平面上の点 z が単位円から点 -1 を除いた円周上を動くとき，$w=\frac{2z+1}{z+1}$ で表される点 w はどのような図形を描くか。

(2) 複素数平面上の点 z が点 5 を通り，実軸に垂直な直線上を動くとき，$w=\frac{1+z}{1-z}$ で表される点 w はどのような図形を描くか。

1次分数変換

(注意) ここでは，文字はすべて複素数とする。

次の式で表されるzからwの変換を **1次分数変換** という。

$$\boldsymbol{w=\frac{az+b}{cz+d}} \quad \cdots\cdots (*)$$

ただし，zは変数，a，b，c，dは定数，$ad-bc\neq 0$

そして，1次分数変換は，基本的な変換（平行移動，回転移動，相似変換，反転，実軸対称移動）を合成したものと考えられる。

[1] $c\neq 0$ のとき

$(*)$の右辺の分母，分子をcで割ると

$$w=\frac{\dfrac{a}{c}z+\dfrac{b}{c}}{z+\dfrac{d}{c}}=\frac{a}{c}+\frac{\dfrac{b}{c}-\dfrac{ad}{c^2}}{z+\dfrac{d}{c}}=\frac{a}{c}+\frac{\dfrac{bc-ad}{c^2}}{z+\dfrac{d}{c}}$$

よって，zからwを求めるには，次の❶～❹の基本的な変換を順に合成すればよい。

❶ $\boldsymbol{z_1=z+\dfrac{d}{c}}$

$\cdots\cdots \dfrac{d}{c}=\beta$ とおくと，βだけ

平行移動

次に，z_1から

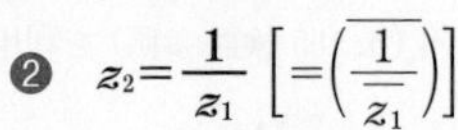

❷ $\boldsymbol{z_2=\dfrac{1}{z_1}}\left[=\left(\overline{\dfrac{1}{\overline{z_1}}}\right)\right]$

$\cdots\cdots$ **反転と実軸に関する対称移動**（折り返し）

次に，z_2から

❸ $\boldsymbol{z_3=\dfrac{bc-ad}{c^2}z_2}$

$\cdots\cdots \dfrac{bc-ad}{c^2}=\gamma$ とおくと，原点を中心に $\arg\gamma=\theta$ だけ回転し，原点からの距離を$|\gamma|$倍に拡大または縮小。

つまり，**回転移動と相似変換** の組み合わせである。

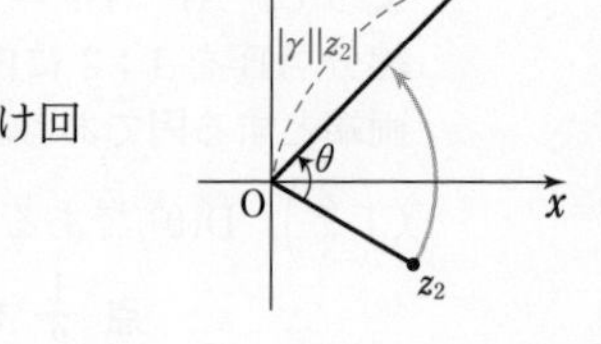

最後にz_3から

❹ $\boldsymbol{w=z_3+\dfrac{a}{c}}$ $\left(\dfrac{a}{c}\text{ だけ }\textbf{平行移動}\right)$

[2] $c=0$ のとき

$ad-bc\neq 0$ であるから，$c=0$ なら　$ad\neq 0$　ゆえに　$a\neq 0$，$d\neq 0$

したがって，$(*)$は　$w=\dfrac{a}{d}z+\dfrac{b}{d}=\dfrac{a}{d}\left(z+\dfrac{b}{a}\right)$　となる。

すなわち，上の❶の型の平行移動，❸の型の変換（回転移動＋相似変換）を順に合成すればよい。

例　$p.172$ 例題 84 の 1 次分数変換 $w=\dfrac{z}{z+1}$ は，$\dfrac{z}{z+1}=\dfrac{(z+1)-1}{z+1}=1-\dfrac{1}{z+1}$ より

$w=-\dfrac{1}{z+1}+1$ であるから，次の ①～④ を順に合成した変換である。

① $z_1=z+1$ …… 実軸方向に 1 だけ平行移動

② $z_2=\dfrac{1}{z_1}$ …… 反転と実軸対称移動

③ $z_3=-z_2$ …… 原点を中心に π だけ回転移動

④ $w=z_3+1$ …… 実軸方向に 1 だけ平行移動

注意　③ 原点に関する対称移動でもある。

ところで，複素数平面上の直線を半径が無限大の円，すなわち直線を円に含めて考えることがある。
このとき，1 次分数変換により，円は円に移されることが例題 84 の結果から推測できるが，実際に，次の定理が成り立つ。

定理　1 次分数変換は，複素数平面上の円を円に変換する

1 次分数変換は，4 つの基本的な変換（前ページの ❶～❹）を合成したものである。
よって，❶～❹ それぞれの基本的な変換が円を円に移すならば，それらを合成した変換により円は円に移る。

[説明]　❶ 型と ❹ 型，すなわち平行移動により，円が円に移ることは明らかである。
また，❸ 型の「回転移動＋相似変換」についても，円が円に移ることがわかる。
残るは ❷ 型の「反転＋実軸対称移動」であるが，実軸対称移動により，円が円に移ることは明らかである。
ここで，直線を半径が無限大の円と考えると，$p.170$～171 の **コラム** で説明したように，反転によって，円は円に移るといえる。したがって，❷ 型の変換で円は円に移る。
以上のことから，上の定理が成り立つわけである。

参考　次の性質（$p.193$ 研究参照）を利用しても証明できる。

4 点 $A(z_1)$，$B(z_2)$，$C(z_3)$，$D(z_4)$ が同一円周上にある $\Longleftrightarrow$ $\dfrac{z_2-z_3}{z_1-z_3}\div\dfrac{z_2-z_4}{z_1-z_4}$ が実数

❶，❹ 平行移動　$w_1=z_1+\beta$，$w_2=z_2+\beta$，$w_3=z_3+\beta$，$w_4=z_4+\beta$ のとき

$$\frac{w_2-w_3}{w_1-w_3}\div\frac{w_2-w_4}{w_1-w_4}=\frac{(z_2+\beta)-(z_3+\beta)}{(z_1+\beta)-(z_3+\beta)}\div\frac{(z_2+\beta)-(z_4+\beta)}{(z_1+\beta)-(z_4+\beta)}=\frac{z_2-z_3}{z_1-z_3}\div\frac{z_2-z_4}{z_1-z_4}$$

よって，$\dfrac{z_2-z_3}{z_1-z_3}\div\dfrac{z_2-z_4}{z_1-z_4}$ が実数ならば，$\dfrac{w_2-w_3}{w_1-w_3}\div\dfrac{w_2-w_4}{w_1-w_4}$ は実数である。……（★）

❸ 回転移動＋相似変換　$w_1=\gamma z_1$，$w_2=\gamma z_2$，$w_3=\gamma z_3$，$w_4=\gamma z_4$ のとき

$$\frac{w_2-w_3}{w_1-w_3}\div\frac{w_2-w_4}{w_1-w_4}=\frac{\gamma(z_2-z_3)}{\gamma(z_1-z_3)}\div\frac{\gamma(z_2-z_4)}{\gamma(z_1-z_4)}=\frac{z_2-z_3}{z_1-z_3}\div\frac{z_2-z_4}{z_1-z_4}$$

❷ 反転＋実軸対称移動　$w_1=\dfrac{1}{z_1}$，$w_2=\dfrac{1}{z_2}$，$w_3=\dfrac{1}{z_3}$，$w_4=\dfrac{1}{z_4}$ のとき

$$\frac{w_2-w_3}{w_1-w_3}\div\frac{w_2-w_4}{w_1-w_4}=\left(\frac{z_3-z_2}{z_3-z_1}\cdot\frac{z_1z_3}{z_2z_3}\right)\div\left(\frac{z_4-z_2}{z_4-z_1}\cdot\frac{z_1z_4}{z_2z_4}\right)=\frac{z_2-z_3}{z_1-z_3}\div\frac{z_2-z_4}{z_1-z_4}$$

❷，❸ も（★）が成り立ち，以上により，円周上の 4 点は円周上に移される。

3章　16　複素数と図形 (1)

例題 85 | $w=z+\frac{a^2}{z}$ の表す図形 ★★★☆☆

点 z が原点を中心とする半径 r の円上を動くとき，$w=z+\dfrac{a^2}{z}$ $(a>0)$ を満たす点 w が描く図形について考える。

(1) $a=r$ のとき，点 w はどのような図形を描くか。

(2) $w=x+yi$ (x，y は実数) とおく。$a<r$ のとき，点 w が描く図形の式を x，y を用いて表せ。

指針 本問では，(2) で，「$w=x+yi$ とおく」とあるから，z を極形式で表して考える。

(2) z を極形式で表すことにより，x，y は θ を用いて表されるので，つなぎの文字 θ を消去して，x，y だけの関係式を導く。そのために $\sin^2\theta+\cos^2\theta=1$ を利用する。

解答 $z=r(\cos\theta+i\sin\theta)$ $(r>0,\ 0\leqq\theta<2\pi)$ とすると

$$w=z+\frac{a^2}{z}=r(\cos\theta+i\sin\theta)+\frac{a^2}{r}(\cos\theta-i\sin\theta)$$

$$=\left(r+\frac{a^2}{r}\right)\cos\theta+i\left(r-\frac{a^2}{r}\right)\sin\theta \quad \cdots\cdots ①$$

(1) $a=r$ のとき，① から　$w=2a\cos\theta$

$0\leqq\theta<2\pi$ では $-1\leqq\cos\theta\leqq1$ であるから　$-2a\leqq w\leqq 2a$

よって，点 w は **2 点 $-2a$，$2a$ を結ぶ線分** を描く。

(2) $w=x+yi$ とおくとき，① から

$$x=\left(r+\frac{a^2}{r}\right)\cos\theta,\ y=\left(r-\frac{a^2}{r}\right)\sin\theta$$

$\sin^2\theta+\cos^2\theta=1$ により θ を消去すると，$a<r$ から

$$\boldsymbol{\frac{x^2}{\left(r+\frac{a^2}{r}\right)^2}+\frac{y^2}{\left(r-\frac{a^2}{r}\right)^2}=1} \quad (\text{楕円})$$

(1) $|z|^2=r^2$ より，$\dfrac{1}{z}=\dfrac{\bar{z}}{r^2}$ であるから
$w=z+\dfrac{a^2}{r^2}\bar{z}$
よって，$a=r$ のとき
$w=z+\bar{z}$
とすることもできる。

◀ $0<a<r$ であるから
$r-\dfrac{a^2}{r}=\dfrac{r^2-a^2}{r}>0$

一般に $w=z+\dfrac{a^2}{z}$ $(a>0)$ で表される変換を **ジューコフスキー** (Joukowski) **変換** という。

上の例題の結果から，この変換により，複素数平面上の原点を中心とする半径 r の円は

$a=r$ のとき，2 点 $-2a$，$2a$ を結ぶ **線分** (長さ $4a$ の線分)，

$a<r$ のとき，長軸の長さ $2\left(r+\dfrac{a^2}{r}\right)$，短軸の長さ $2\left(r-\dfrac{a^2}{r}\right)$ の **楕円** (第 4 章参照)

に移されることがわかる。ジューコフスキー変換は，流体力学に応用される。例えば，飛行機の翼は，その周りに発生する抗力を抑え，揚力が得られるように，ジューコフスキー変換によって導かれた形状である。

練習 85 z を 0 でない複素数とする。

(1) z の絶対値を r，偏角を θ $(0\leqq\theta<2\pi)$ とするとき，$\dfrac{z}{4}+\dfrac{4}{z}$ が実数となるような r と θ を求めよ。

(2) $\dfrac{z}{4}+\dfrac{4}{z}$ が実数で，その値が 0 以上 4 以下であるような点 z が描く図形を図示せよ。

〔岡山大〕

重要例題 86　条件を満たす点の存在範囲 (1)　★★★★☆

複素数 z が $|z|\leqq 2$ を満たすとする。$w=z+4i$ で表される複素数 w について

(1) 点 w の存在範囲を複素数平面上に図示せよ。

(2) w^2 の絶対値を r，偏角を θ とするとき，r と θ の値の範囲をそれぞれ求めよ。ただし，$0\leqq\theta<2\pi$ とする。

指針 (1) $z=w-4i$ を $|z|\leqq 2$ に代入すると　$|w-4i|\leqq 2$

ここで，$|w-\alpha|\leqq r\ (r>0)$ **を満たす点 w の存在範囲** は，$|w-\alpha|$ が点 w と点 α の距離を表し，その距離が r 以下であるから，**点 α を中心とし，半径 r の円の周および内部** である。

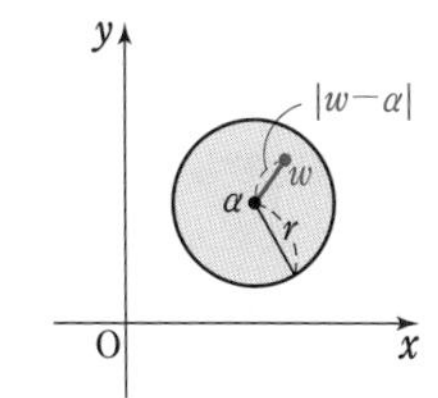

(2) **(1) は (2) のヒント**　まず，w の絶対値を r_1，偏角を θ_1 として，(1) の図から，r_1，θ_1 の値の範囲を考える。

解答 (1) $w=z+4i$ から　　$z=w-4i$

$|z|\leqq 2$ に代入すると　　$|w-4i|\leqq 2$

よって，点 w の存在範囲は点 $4i$ を中心とする半径 2 の円の周および内部であり，**右の図の斜線部分** である。

ただし，境界線を含む。

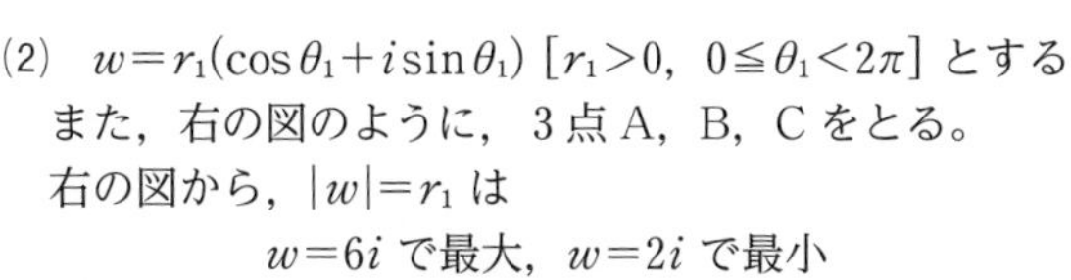

(2) $w=r_1(\cos\theta_1+i\sin\theta_1)$ $[r_1>0,\ 0\leqq\theta_1<2\pi]$ とする。

また，右の図のように，3 点 A，B，C をとる。

右の図から，$|w|=r_1$ は

$w=6i$ で最大，$w=2i$ で最小

となり，$w=6i$ のとき $r_1=6$，$w=2i$ のとき $r_1=2$

ゆえに　　$2\leqq|w|\leqq 6$

$\mathrm{OA}=4$，$\mathrm{AB}=2$，$\angle\mathrm{ABO}=\dfrac{\pi}{2}$ から　　$\angle\mathrm{AOB}=\dfrac{\pi}{6}$

← △OAB は辺の比が $1:2:\sqrt{3}$ の直角三角形

同様にして　　$\angle\mathrm{AOC}=\dfrac{\pi}{6}$

以上から　　$2\leqq r_1\leqq 6$，$\dfrac{\pi}{3}\leqq\theta_1\leqq\dfrac{2}{3}\pi$ …… ①

$w^2=\{r_1(\cos\theta_1+i\sin\theta_1)\}^2=r_1{}^2(\cos 2\theta_1+i\sin 2\theta_1)$ であるから

$r=|w^2|=r_1{}^2$，$\theta=\arg w^2=2\theta_1$

① から　　$2^2\leqq r_1{}^2\leqq 6^2$，$2\cdot\dfrac{\pi}{3}\leqq 2\theta_1\leqq 2\cdot\dfrac{2}{3}\pi$

よって　　$\boldsymbol{4\leqq r\leqq 36,\ \dfrac{2}{3}\pi\leqq\theta\leqq\dfrac{4}{3}\pi}$　　これは $0\leqq\theta<2\pi$ を満たす。

練習 86 複素数 z が $|z|\leqq 1$ を満たすとする。$w=z-\sqrt{2}(1+i)$ で表される複素数 w について，次の問いに答えよ。

(1) 点 w の存在範囲を複素数平面上に図示せよ。

(2) w^2 の絶対値を r，偏角を θ とするとき，r と θ の値の範囲をそれぞれ求めよ。ただし，$0\leqq\theta<2\pi$ とする。

重要例題 87 条件を満たす点の存在範囲 (2) ★★★★☆

複素数 z が $|z-1|\leqq|z-4|\leqq2|z-1|$ を満たすとき，点 z が動く範囲を複素数平面上に図示せよ。

◀例題79，86

指針 $|z-1|\leqq|z-4|\leqq2|z-1| \iff \begin{cases}|z-1|\leqq|z-4| & \cdots\cdots ①\\ |z-4|\leqq2|z-1| & \cdots\cdots ②\end{cases}$ である。

①，② とも左辺，右辺は 0 以上であるから，それぞれ **両辺を平方** した式と同値である。平方した不等式を整理する方針で進める。

また，別解 のように，$\boldsymbol{z=x+yi}$ **($\boldsymbol{x}$，$\boldsymbol{y}$ は実数)** として，x，y の不等式の表す領域として考えてもよい。 ⟶ 数学Ⅱで学んだ知識で解決できる。

解答 $|z-1|\leqq|z-4|\leqq2|z-1|$ から

$$|z-1|^2\leqq|z-4|^2\leqq2^2|z-1|^2$$

$|z-1|^2\leqq|z-4|^2$ から　　$(z-1)(\overline{z}-1)\leqq(z-4)(\overline{z}-4)$

整理すると　　$z+\overline{z}\leqq5$　　ゆえに　　$\dfrac{z+\overline{z}}{2}\leqq\dfrac{5}{2}$

この不等式を満たす点 z は，点 $\dfrac{5}{2}$ を通り実軸に垂直な直線，およびその左側の部分にある。

また，$|z-4|^2\leqq4|z-1|^2$ から

$$(z-4)(\overline{z}-4)\leqq4(z-1)(\overline{z}-1)$$

整理すると　　$z\overline{z}\geqq4$

すなわち　　$|z|^2\geqq2^2$

したがって　　$|z|\geqq2$

これは原点を中心とする半径 2 の円とその外部の領域を表す。

以上から，点 z の動く範囲は **右の図の斜線部分** のようになる。

ただし，境界線を含む。

別解 $z=x+yi$ (x，y は実数) とすると，

$|z-1|^2\leqq|z-4|^2\leqq2^2|z-1|^2$ から

$$(x-1)^2+y^2\leqq(x-4)^2+y^2\leqq4\{(x-1)^2+y^2\}$$

$(x-1)^2+y^2\leqq(x-4)^2+y^2$ から　　$x\leqq\dfrac{5}{2}$

$(x-4)^2+y^2\leqq4\{(x-1)^2+y^2\}$ から　　$x^2+y^2\geqq4$

よって，点 z の動く範囲は **右上の図の斜線部分** のようになる。**ただし，境界線を含む。**

◀ **$\boldsymbol{a\geqq0}$，$\boldsymbol{b\geqq0}$ のとき $\boldsymbol{a\leqq b \iff a^2\leqq b^2}$**

◀ **$\boldsymbol{\dfrac{z+\overline{z}}{2}}$ は $\boldsymbol{z}$ の実部。**

検討
$|z-1|\leqq|z-4|$ については，P(z)，A(1)，B(4) とすると　AP$\leqq$BP
よって，点 P は 2 点 A，B を結ぶ線分の垂直二等分線およびその左側の部分にある。

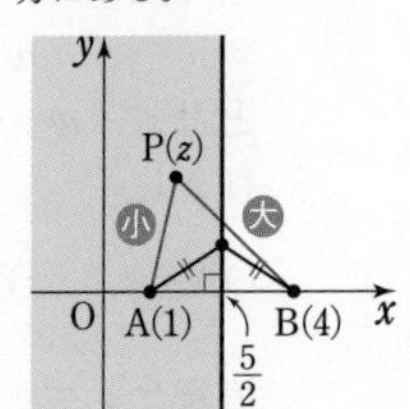

◀ $z-1=x-1+yi$，$z-4=x-4+yi$

◀ 直線 $x=\dfrac{5}{2}$ とその左側。

◀ 円 $x^2+y^2=4$ とその外部。

練習 87 複素数 z の実部を $\mathrm{Re}(z)$ で表す。このとき，次の領域を複素数平面上に図示せよ。

(1) $|z|>1$ かつ $\mathrm{Re}(z)<\dfrac{1}{2}$ を満たす点 z の領域

(2) $w=\dfrac{1}{z}$ とする。点 z が (1) で求めた領域を動くとき，点 w が動く領域

重要例題 88 条件を満たす点の存在範囲 (3) ★★★★☆

z を 0 でない複素数とする。z が不等式 $2 \leqq z+\dfrac{16}{z} \leqq 10$ を満たすとき，点 z が存在する範囲を複素数平面上に図示せよ。 ◀例題72

指針 条件が不等式 $2 \leqq z+\dfrac{16}{z} \leqq 10$ で表されているから，$z+\dfrac{16}{z}$ は実数である。
そこで，まず **●が実数** $\Longleftrightarrow$ $\overline{●}=●$ を適用して導かれる条件式に注目する。
なお，$z+\dfrac{■}{z}$ の式であるから，極形式を利用する方法も考えられる。 ⟶ 別解

解答 $z+\dfrac{16}{z}$ は実数であるから $\overline{z+\dfrac{16}{z}}=z+\dfrac{16}{z}$

よって $\overline{z}+\dfrac{16}{\overline{z}}=z+\dfrac{16}{z}$

ゆえに $\overline{z}|z|^2+16z=z|z|^2+16\overline{z}$

よって $(z-\overline{z})|z|^2-16(z-\overline{z})=0$

ゆえに $(z-\overline{z})(|z|^2-16)=0$

よって $(z-\overline{z})(|z|+4)(|z|-4)=0$

したがって $z=\overline{z}$ または $|z|=4$ ◀ $|z|>0$ から，$|z|=-4$ は不適。

[1] $z=\overline{z}$ のとき，z は実数である。

$2 \leqq z+\dfrac{16}{z}$ が成り立つための条件は $z>0$ であり，このとき，(相加平均)≧(相乗平均) により

$$z+\frac{16}{z} \geqq 2\sqrt{z\cdot\frac{16}{z}}=8$$

(等号は $z=4$ のとき成り立つ。)

すなわち，$2 \leqq z+\dfrac{16}{z}$ は常に成り立つ。

$z>0$ のとき，$z+\dfrac{16}{z} \leqq 10$ を解くと，$z^2+16 \leqq 10z$ から

$(z-2)(z-8) \leqq 0$ したがって $2 \leqq z \leqq 8$

[2] $|z|=4$ のとき，点 z は原点を中心とする半径 4 の円上にある。$z\overline{z}=4^2$ であるから $\dfrac{16}{z}=\overline{z}$

$2 \leqq z+\dfrac{16}{z} \leqq 10$ から $2 \leqq z+\overline{z} \leqq 10$

ゆえに $1 \leqq \dfrac{z+\overline{z}}{2} \leqq 5$

すなわち $1 \leqq (z\text{ の実部}) \leqq 5$

[1]，[2] から，点 z の存在する範囲は，**右の図の太線部分**。

別解 $z=r(\cos\theta+i\sin\theta)$ $(r>0,\ 0 \leqq \theta<2\pi)$ とすると $z+\dfrac{16}{z}$

$=\left(r+\dfrac{16}{r}\right)\cos\theta$
$+i\left(r-\dfrac{16}{r}\right)\sin\theta$

$z+\dfrac{16}{z}$ は実数であるから

$r-\dfrac{16}{r}=0$

または $\sin\theta=0$

すなわち

$r=4$ または $\theta=0$

または $\theta=\pi$

[1] $r=4$ のとき

$z+\dfrac{16}{z}=8\cos\theta$

よって，$2 \leqq 8\cos\theta \leqq 10$ と $-1 \leqq \cos\theta \leqq 1$ から

$\dfrac{1}{4} \leqq \cos\theta \leqq 1$

[2] $\theta=0$ のとき

$z+\dfrac{16}{z}=r+\dfrac{16}{r}$

よって，$2 \leqq r+\dfrac{16}{r} \leqq 10$

から $2 \leqq r \leqq 8$

[3] $\theta=\pi$ のとき

$z+\dfrac{16}{z}=-\left(r+\dfrac{16}{r}\right)<0$

これは条件を満たさない。

以上により，**左の図の太線部分**。

練習 88 z を 0 でない複素数とする。点 $z-\dfrac{1}{z}$ が 2 点 i，$\dfrac{10}{3}i$ を結ぶ線分上を動くとき，点 z の存在する範囲を複素数平面上に図示せよ。

17 複素数と図形（2）

《基本事項》

1 半直線のなす角

異なる3点 $A(\alpha)$, $B(\beta)$, $C(\gamma)$ に対し，半直線ABから半直線ACまでの回転角を，本書では $\angle\beta\alpha\gamma$ と表す。ここで，$\angle\beta\alpha\gamma$ は，半直線ABから半直線ACまで回転する角の向きが反時計回りのとき正の角，時計回りのとき負の角となる。

よって，$\angle\gamma\alpha\beta=-\angle\beta\alpha\gamma$ が成り立つ。

偏角 θ を $-\pi<\theta\leqq\pi$ で考えると

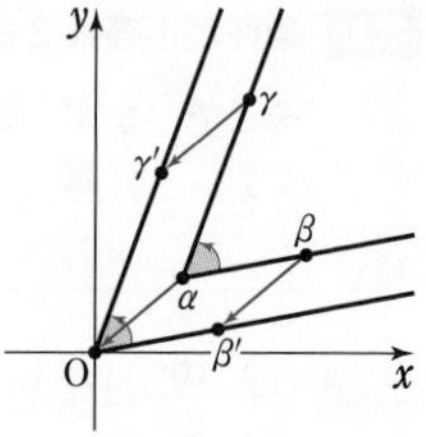

$$\angle\beta\alpha\gamma=\arg\frac{\gamma-\alpha}{\beta-\alpha},\quad \angle BAC=\left|\arg\frac{\gamma-\alpha}{\beta-\alpha}\right|$$

[解説] 点 α が原点Oに移るような平行移動で，点 β が点 β' に，点 γ が点 γ' に移るとすると

$$\beta'=\beta-\alpha,\ \gamma'=\gamma-\alpha$$

よって　$\angle\beta\alpha\gamma=\angle\beta'0\gamma'=\arg\gamma'-\arg\beta'$

$$=\arg\frac{\gamma'}{\beta'}=\arg\frac{\gamma-\alpha}{\beta-\alpha}$$

（注意） 等式 $\angle\gamma\alpha\beta=-\angle\beta\alpha\gamma$ などは，2π の整数倍の違いを除いて考えている。

2 線分ABの平行・垂直などの条件

異なる4点を $A(\alpha)$, $B(\beta)$, $C(\gamma)$, $D(\delta)$ とし，偏角 θ を $-\pi<\theta\leqq\pi$ で考えると，次のことが成り立つ。

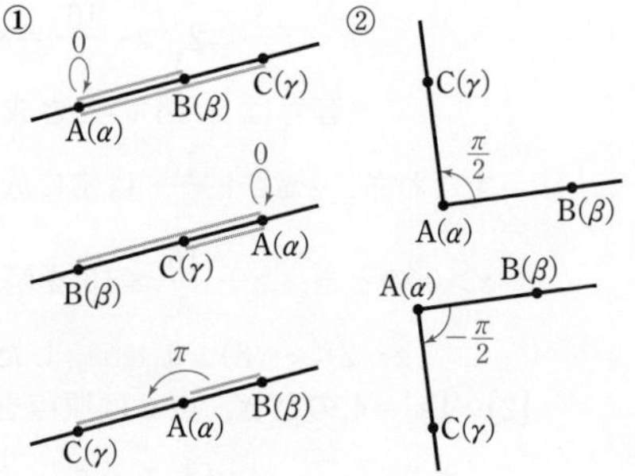

① **3点A，B，Cが一直線上にある**

$\iff$ $\dfrac{\gamma-\alpha}{\beta-\alpha}$ **が実数**

[偏角が 0, π]　◀ $\angle\beta\alpha\gamma=0,\ \pi$

② **AB⊥AC**

$\iff$ $\dfrac{\gamma-\alpha}{\beta-\alpha}$ **が純虚数**

$\left[偏角が\ \pm\dfrac{\pi}{2}\right]$　◀ $\angle\beta\alpha\gamma=\pm\dfrac{\pi}{2}$

③ **AB∥CD** $\iff$ $\dfrac{\delta-\gamma}{\beta-\alpha}$ **が実数**　◀ 平行移動して①に帰着させる。

AB⊥CD $\iff$ $\dfrac{\delta-\gamma}{\beta-\alpha}$ **が純虚数**　◀ 平行移動して②に帰着させる。

例 42 線分のなす角 ★★☆☆☆

複素数平面上の異なる 3 点を $A(\alpha)$, $B(\beta)$, $C(\gamma)$ とする。次のものを求めよ。

(1) $\alpha=1+2i$, $\beta=4+3i$, $\gamma=2+4i$ のとき, $\angle BAC$ の大きさ

(2) $\alpha=1+2i$, $\beta=i$, $\gamma=1-\sqrt{3}+(2+\sqrt{3})i$ のとき, $\angle ABC$ の大きさ

(3) $\beta(1-i)=\alpha-\gamma i$ のとき, $\angle CBA$ の大きさ

指針 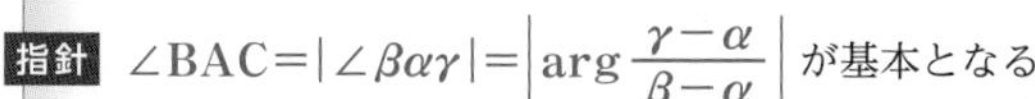
$\angle BAC=|\angle\beta\alpha\gamma|=\left|\arg\dfrac{\gamma-\alpha}{\beta-\alpha}\right|$ が基本となる。

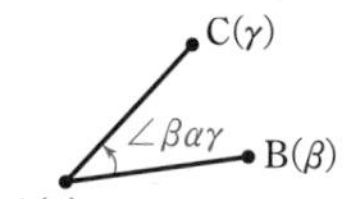

(1) $\dfrac{\gamma-\alpha}{\beta-\alpha}$, (2) $\dfrac{\gamma-\beta}{\alpha-\beta}$ を計算し, 極形式で表す。

(3) $\angle CBA=\left|\arg\dfrac{\alpha-\beta}{\gamma-\beta}\right|$ であるから, 与式を $\alpha-\beta$, $\gamma-\beta$ が現れるように変形する。

例 43 一直線上にある条件, 垂直条件 ★★☆☆☆

c は実数の定数とする。$\alpha=1+i$, $\beta=-i$, $\gamma=-2+ci$ を表す点を, それぞれ A, B, C とする。

(1) 3 点 A, B, C が一直線上にあるように, c の値を定めよ。

(2) 2 直線 AB, AC が垂直であるように, c の値を定めよ。

指針 (1) $\dfrac{\gamma-\alpha}{\beta-\alpha}$ が 実数, (2) $\dfrac{\gamma-\alpha}{\beta-\alpha}$ が 純虚数 となるように, c の値を定める。

参考 複素数平面上の点 $p+qi$ を座標平面上の点 (p, q) に対応させて, ベクトルを利用してもよい。例 43 の複素数平面上の 3 点 A, B, C を座標平面上に対応させると, $A(1, 1)$, $B(0, -1)$, $C(-2, c)$ であるから $\overrightarrow{AB}=(-1, -2)$, $\overrightarrow{AC}=(-3, c-1)$
よって, 求める条件は (1) $\overrightarrow{AC}=k\overrightarrow{AB}$ (k は実数) から $-3=-k$, $c-1=-2k$
(2) $\overrightarrow{AB}\cdot\overrightarrow{AC}=0$ から $3-2(c-1)=0$

例 44 三角形の形状 (1) ★★☆☆☆

複素数平面上の 3 点 $A(\alpha)$, $B(\beta)$, $C(\gamma)$ を頂点とする $\triangle ABC$ について, 次の等式が成り立つとき, $\triangle ABC$ はどのような三角形か。

(1) $\beta-\alpha=(1+\sqrt{3}i)(\gamma-\alpha)$　　(2) $\alpha+i\beta=(1+i)\gamma$

指針 **CHART》** 三角形の形状問題　**隣り合う 2 辺の絶対値と偏角を調べる**

(1) 等式を $\dfrac{\beta-\alpha}{\gamma-\alpha}=r(\cos\theta+i\sin\theta)$ $[r>0,\ -\pi<\theta<\pi]$ の形に変形する。

・$\left|\dfrac{\beta-\alpha}{\gamma-\alpha}\right|=\dfrac{|\beta-\alpha|}{|\gamma-\alpha|}=\dfrac{AB}{AC}$ ⟶ 隣り合う 2 辺 AB, AC の長さの比

・$\left|\arg\dfrac{\beta-\alpha}{\gamma-\alpha}\right|=\angle CAB$ ⟶ 隣り合う 2 辺 AB, AC の間の角

この 2 つを調べることにより, $\triangle ABC$ の形状がわかる。

(2) i について整理すると, $\alpha-\gamma=i(\gamma-\beta)$ が導かれる。(1) と同様に変形して考える。

例題 89 | 三角形の形状 (2)　★★★☆☆

異なる 3 点 O(0)，A(α)，B(β) に対し，等式 $2\alpha^2-2\alpha\beta+\beta^2=0$ が成り立つとき

(1) $\dfrac{\alpha}{\beta}$ の値を求めよ。　　(2) $\triangle$OAB はどのような三角形か。

［類 岡山理科大］ ◀例 42

指針 (1) $\beta^2\neq 0$ であるから，条件式の両辺を β^2 で割ると，$\dfrac{\alpha}{\beta}$ の 2 次方程式が得られる。

(2) $\left|\dfrac{\alpha}{\beta}\right|$ の値がわかれば OA : OB が求められる。また，$\arg\dfrac{\alpha}{\beta}$ から $\angle$BOA を求めることができる。よって，(1) で求めた $\dfrac{\alpha}{\beta}$ を極形式で表して考える。

なお，三角形の内角は，$0<$(内角)$<\pi$ であるから，極形式で表す際の偏角 θ は $-\pi<\theta<\pi$ の範囲で表すと考えやすい。

解答 (1) $\beta\neq 0$ より $\beta^2\neq 0$ であるから，等式 $2\alpha^2-2\alpha\beta+\beta^2=0$ の両辺を β^2 で割ると　$2\left(\dfrac{\alpha}{\beta}\right)^2-2\cdot\dfrac{\alpha}{\beta}+1=0$

◀ 2 点 O，B は異なるから $\beta\neq 0$

◀ $\dfrac{\alpha}{\beta}$ の 2 次方程式とみて解く。

したがって　$\boldsymbol{\dfrac{\alpha}{\beta}}=\dfrac{-(-1)\pm\sqrt{(-1)^2-2\cdot 1}}{2}=\boldsymbol{\dfrac{1\pm i}{2}}$

(2) (1) から　$\dfrac{\alpha}{\beta}=\dfrac{1}{\sqrt{2}}\left(\dfrac{1}{\sqrt{2}}\pm\dfrac{1}{\sqrt{2}}i\right)$

ゆえに　$\dfrac{\alpha}{\beta}=\dfrac{1}{\sqrt{2}}\left\{\cos\left(\pm\dfrac{\pi}{4}\right)+i\sin\left(\pm\dfrac{\pi}{4}\right)\right\}$ … (*)

（複号同順）

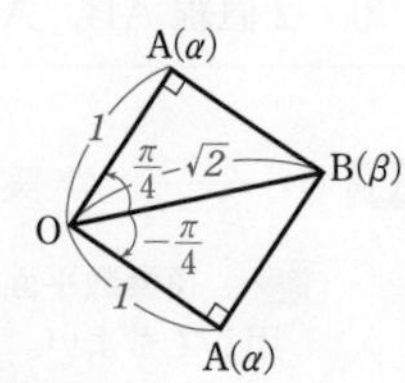

$\dfrac{\text{OA}}{\text{OB}}=\dfrac{|\alpha|}{|\beta|}=\left|\dfrac{\alpha}{\beta}\right|=\dfrac{1}{\sqrt{2}}$ から　OA : OB $=1:\sqrt{2}$

また，$\arg\dfrac{\alpha}{\beta}=\pm\dfrac{\pi}{4}$ から　$\angle\text{BOA}=\dfrac{\pi}{4}$

よって，$\triangle$OAB は　$\boldsymbol{\angle\mathrm{A}=\dfrac{\pi}{2}}$ **の直角二等辺三角形**

◀ AB＝AO の直角二等辺三角形 と答えてもよい。

別解 ［(2) については，次のようにして考えることもできる。］

(*) から　$\alpha=\dfrac{1}{\sqrt{2}}\left\{\cos\left(\pm\dfrac{\pi}{4}\right)+i\sin\left(\pm\dfrac{\pi}{4}\right)\right\}\beta$　（複号同順）

よって，点Aは，点Bを，原点を中心として $\pm\dfrac{\pi}{4}$ だけ回転した点を $\dfrac{1}{\sqrt{2}}$ 倍した点であるから，$\triangle$OAB は $\boldsymbol{\angle\mathrm{A}=\dfrac{\pi}{2}}$ **の直角二等辺三角形** である。

練習 89 原点Oとは異なる 2 点 A(α)，B(β) がある。次の等式が成り立つとき，$\triangle$OAB はどのような三角形か。

(1) $\alpha^2+\alpha\beta+\beta^2=0$　　(2) $3\alpha^2-6\alpha\beta+4\beta^2=0$

［(1) 類 大分大，(2) 類 岐阜大］

例題 90 三角形の形状 (3) ★★★☆☆

複素数平面上の 3 点 A(α), B(β), C(γ) を頂点とする △ABC について，等式 $\alpha^2+\beta^2+\gamma^2-\alpha\beta-\beta\gamma-\gamma\alpha=0$ が成り立つとき，△ABC はどのような三角形か。

◀例 44

指針 等式を β についての 2 次方程式とみて，解の公式と同じように計算し，β について解く。それから，$\dfrac{\beta-\alpha}{\gamma-\alpha}$ を極形式で表し，後は例 44 と同様の方針で進める。

CHART 》 三角形の形状問題　**隣り合う 2 辺の絶対値と偏角を調べる**

解答 等式を β について整理すると

$$\beta^2-(\gamma+\alpha)\beta+\alpha^2-\gamma\alpha+\gamma^2=0$$

ここで $(\gamma+\alpha)^2-4(\alpha^2-\gamma\alpha+\gamma^2)=-3\gamma^2+6\gamma\alpha-3\alpha^2$
$=-3(\gamma-\alpha)^2$

◀ 実数係数の 2 次方程式の判別式 D と同じ計算。

よって $\beta=\dfrac{\gamma+\alpha\pm\sqrt{3}(\gamma-\alpha)i}{2}$

◀ 実数係数の 2 次方程式の解の公式と同じように計算。

ゆえに $\beta-\alpha=\dfrac{\gamma-\alpha\pm\sqrt{3}(\gamma-\alpha)i}{2}=\dfrac{1\pm\sqrt{3}i}{2}(\gamma-\alpha)$

よって $\dfrac{\beta-\alpha}{\gamma-\alpha}=\dfrac{1}{2}\pm\dfrac{\sqrt{3}}{2}i$

$=\cos\left(\pm\dfrac{\pi}{3}\right)+i\sin\left(\pm\dfrac{\pi}{3}\right)$ (複号同順)

したがって $\left|\dfrac{\beta-\alpha}{\gamma-\alpha}\right|=\dfrac{|\beta-\alpha|}{|\gamma-\alpha|}=\dfrac{\text{AB}}{\text{AC}}=1$

ゆえに AB=AC

また $\angle\text{CAB}=\left|\arg\dfrac{\beta-\alpha}{\gamma-\alpha}\right|=\left|\pm\dfrac{\pi}{3}\right|=\dfrac{\pi}{3}$

よって，△ABC は **正三角形** である。

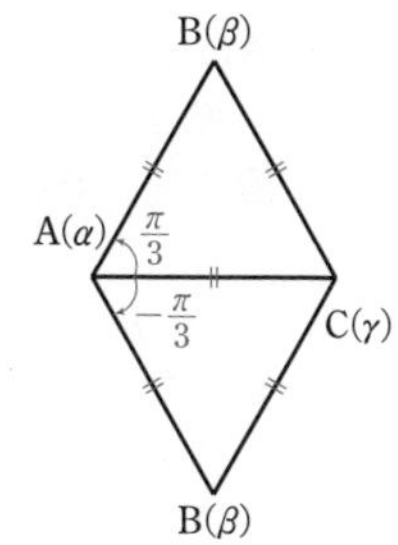

検討 **複素数平面上における三角形の相似条件**

複素数平面上の 6 点 P(z_1), Q(z_2), R(z_3), P′(w_1), Q′(w_2), R′(w_3) に対し

$$\triangle\text{PQR}\backsim\triangle\text{P'Q'R'}\ (\text{同じ向き}) \iff \frac{z_3-z_1}{z_2-z_1}=\frac{w_3-w_1}{w_2-w_1}$$

(注意) △PQR を平行移動，回転移動，拡大・縮小することによって，△P′Q′R′ に重ねることができるとき，△PQR と △P′Q′R′ は **同じ向きに相似** であるという。

また，次のことが成り立つ。

△ABC が正三角形 $\iff$ △ABC∽△CAB

これから，例題の等式を導くこともできる (解答編 p. 117 参照)。

練習 90 複素数平面上の 3 点 A(α), B(β), C(γ) を頂点とする △ABC について，等式 $3\alpha^2+\beta^2+\gamma^2+\beta\gamma=3\alpha\beta+3\gamma\alpha$ が成り立つとき，△ABC はどのような三角形か。

例題 91 三角形の外心 ★★★☆☆

複素数平面上において，三角形の頂点 O，A，B を表す複素数をそれぞれ 0，α，β とする。

(1) 線分 OA の垂直二等分線上の点を表す複素数 z は，$\overline{\alpha}z+\alpha\overline{z}-\alpha\overline{\alpha}=0$ を満たすことを示せ。

(2) △OAB の外心を表す複素数を z_1 とするとき，z_1 を α，$\overline{\alpha}$，β，$\overline{\beta}$ で表せ。

［山形大］ ◀例題 80

指針 (1) 点 z は線分 OA の垂直二等分線上にあるから，2 点 O(0)，A(α) より等距離にある。

(2) **(1) は (2) のヒント** △OAB の外心である点 z_1 は，辺 OA，OB の垂直二等分線の交点であるから，z_1 は (1) の式を満たす。

解答 (1) 点 z は線分 OA の垂直二等分線上にあるから

$|z-0|=|z-\alpha|$ すなわち $|z|^2=|z-\alpha|^2$

よって $z\overline{z}=(z-\alpha)(\overline{z}-\overline{\alpha})$

したがって $\overline{\alpha}z+\alpha\overline{z}-\alpha\overline{\alpha}=0$

◀ $|z-\alpha|^2=(z-\alpha)\overline{(z-\alpha)}=(z-\alpha)(\overline{z}-\overline{\alpha})$

(2) (1) と同様に考えて，線分 OB の垂直二等分線上の点を表す複素数 z は，$\overline{\beta}z+\beta\overline{z}-\beta\overline{\beta}=0$ を満たす。

◀ (1) の等式から。

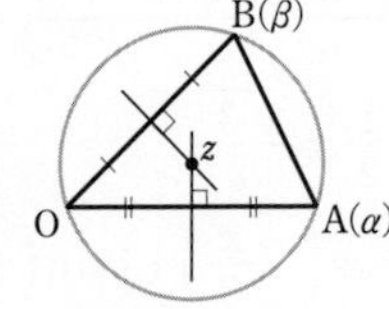

△OAB の外心は，線分 OA の垂直二等分線と線分 OB の垂直二等分線の交点であるから，z_1 は

$\overline{\alpha}z_1+\alpha\overline{z_1}-\alpha\overline{\alpha}=0$ …… ①,

$\overline{\beta}z_1+\beta\overline{z_1}-\beta\overline{\beta}=0$ …… ②

をともに満たす。

①×β−②×α から $(\overline{\alpha}\beta-\alpha\overline{\beta})z_1-\alpha\beta(\overline{\alpha}-\overline{\beta})=0$

◀ $\overline{z_1}$ を消去する。

ここで，$\overline{\alpha}\beta-\alpha\overline{\beta}=0$ とすると

◀ 直ちに $\overline{\alpha}\beta-\alpha\overline{\beta}$ で割ってはいけない。

$$\frac{\overline{\beta}}{\overline{\alpha}}=\frac{\beta}{\alpha} \quad \text{すなわち} \quad \overline{\left(\frac{\beta}{\alpha}\right)}=\frac{\beta}{\alpha}$$

よって，$\dfrac{\beta}{\alpha}$ は実数となるから，3 点 O，A，B が一直線上にあることになり，三角形をなさない。

◀ 3 点 0，α，β が一直線上にある $\Longleftrightarrow$ $\beta=k\alpha$ となる実数 k がある

したがって，$\overline{\alpha}\beta-\alpha\overline{\beta}\neq0$ であるから

$$\boldsymbol{z_1=\frac{\alpha\beta(\overline{\alpha}-\overline{\beta})}{\overline{\alpha}\beta-\alpha\overline{\beta}}} \quad \left(z_1=\frac{\beta|\alpha|^2-\alpha|\beta|^2}{\overline{\alpha}\beta-\alpha\overline{\beta}} \text{ でもよい。}\right)$$

練習 91 複素数平面上において，異なる 3 点 A(α)，B(β)，C(γ) を頂点とする △ABC の外心を P(z) とするとき，z は次の等式を満たすことを示せ。

$$z=\frac{(\alpha-\beta)|\gamma|^2+(\beta-\gamma)|\alpha|^2+(\gamma-\alpha)|\beta|^2}{(\alpha-\beta)\overline{\gamma}+(\beta-\gamma)\overline{\alpha}+(\gamma-\alpha)\overline{\beta}}$$

例題 92 三角形の垂心 ★★★☆☆

単位円上の異なる3点 A(α), B(β), C(γ) と，この円上にない点 H(z) について，等式 $z=\alpha+\beta+\gamma$ が成り立つとき，Hは △ABC の垂心であることを証明せよ。

〔類 九州大〕 ◀例43

指針 **△ABC の垂心がH ⟺ AH⊥BC，BH⊥CA**

例えば，AH⊥BC を次のように，複素数を利用して示す。

$$\mathrm{AH}\perp\mathrm{BC} \iff \frac{\gamma-\beta}{z-\alpha}\text{ が純虚数} \iff \frac{\gamma-\beta}{z-\alpha}+\overline{\left(\frac{\gamma-\beta}{z-\alpha}\right)}=0 \quad \cdots\cdots ①$$

［w**が純虚数** ⟺ $w\neq0$ **かつ** $\overline{w}=-w$ を利用している。］

また，3点 A，B，C は単位円上にあるから

$|\alpha|=|\beta|=|\gamma|=1 \iff \alpha\overline{\alpha}=\beta\overline{\beta}=\gamma\overline{\gamma}=1$

これと $z=\alpha+\beta+\gamma$ から得られる $z-\alpha=\beta+\gamma$ を用いて，① を β，γ だけの等式に直して証明する。

CHART》 垂直であることの証明

$$\mathrm{AB}\perp\mathrm{CD} \iff \frac{\delta-\gamma}{\beta-\alpha}\text{ が純虚数}$$

解答 3点 A(α), B(β), C(γ) は単位円上にあるから

$|\alpha|=|\beta|=|\gamma|=1$ すなわち $|\alpha|^2=|\beta|^2=|\gamma|^2=1^2$

よって $\alpha\overline{\alpha}=\beta\overline{\beta}=\gamma\overline{\gamma}=1$

ゆえに $\overline{\alpha}=\dfrac{1}{\alpha}$，$\overline{\beta}=\dfrac{1}{\beta}$，$\overline{\gamma}=\dfrac{1}{\gamma}$

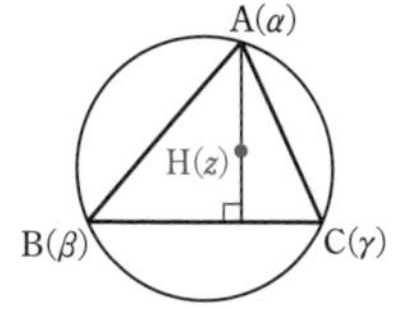

また，$z=\alpha+\beta+\gamma$ から $z-\alpha=\beta+\gamma$

A，B，C，H はすべて異なる点であるから，$\dfrac{\gamma-\beta}{z-\alpha}\neq0$ で

◀ $w=\dfrac{\gamma-\beta}{z-\alpha}$ とすると，AH⊥BC ⟺ $w\neq0$ かつ $\overline{w}=-w$

$$\frac{\gamma-\beta}{z-\alpha}+\overline{\left(\frac{\gamma-\beta}{z-\alpha}\right)}=\frac{\gamma-\beta}{\beta+\gamma}+\frac{\overline{\gamma-\beta}}{\overline{\beta+\gamma}}=\frac{\gamma-\beta}{\beta+\gamma}+\frac{\overline{\gamma}-\overline{\beta}}{\overline{\beta}+\overline{\gamma}}$$

$$=\frac{\gamma-\beta}{\beta+\gamma}+\frac{\dfrac{1}{\gamma}-\dfrac{1}{\beta}}{\dfrac{1}{\beta}+\dfrac{1}{\gamma}}$$

◀ $\overline{\beta}=\dfrac{1}{\beta}$，$\overline{\gamma}=\dfrac{1}{\gamma}$

$$=\frac{\gamma-\beta}{\beta+\gamma}+\frac{\beta-\gamma}{\gamma+\beta}=0$$

よって，$\dfrac{\gamma-\beta}{z-\alpha}$ は純虚数であるから AH⊥BC

同様にして BH⊥CA

◀ 上の式で，α が β，β が γ，γ が α に入れ替わる。

したがって，Hは △ABC の垂心である。

練習 92 上の例題において，$w=-\overline{\alpha}\beta\gamma$ とする。$w\neq\alpha$ のとき，点 D(w) は単位円上にあり，AD⊥BC であることを示せ。

〔類 九州大〕

例題 93 三角形の内心 ★★★☆☆

異なる3点 O(0), A(α), B(β) を頂点とする △OAB の内心を P(z) とする。このとき，z は次の等式を満たすことを示せ。

$$z=\frac{|\beta|\alpha+|\alpha|\beta}{|\alpha|+|\beta|+|\beta-\alpha|}$$

指針 三角形の内心は，3つの内角の二等分線の交点である。
次の「角の二等分線の定理」……（＊）を利用し，∠O の二等分線と辺 AB の交点を D(w) として，w を α, β で表す。

（＊） 右の図で **OD が △OAB の ∠O の二等分線**
⟹ AD : DB = OA : OB

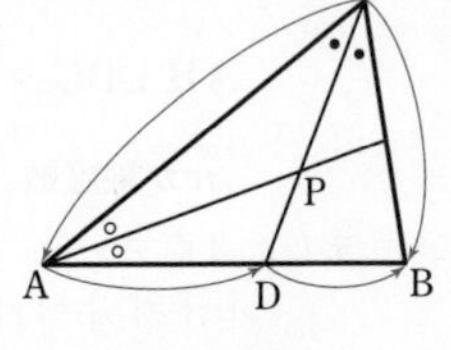

次に，△OAD と ∠A の二等分線 AP に注目する。
以上のことは，内心の位置ベクトルを求めるときの考え方とまったく同じである（p. 52 例題 19 参照）。

解答 OA$=|\alpha|=a$, OB$=|\beta|=b$,
AB$=|\beta-\alpha|=c$ とおく。
また，∠AOB の二等分線と辺 AB の交点を D(w) とする。

AD : DB = OA : OB = a : b

であるから　$w=\dfrac{b\alpha+a\beta}{a+b}$

P は ∠OAB の二等分線と OD の交点であるから

$$\text{OP}:\text{PD}=\text{OA}:\text{AD}=a:\left(\frac{a}{a+b}\cdot c\right)=(a+b):c$$

ゆえに　OP : OD $=(a+b):(a+b+c)$

よって　$z=\dfrac{a+b}{a+b+c}w=\dfrac{a+b}{a+b+c}\cdot\dfrac{b\alpha+a\beta}{a+b}=\dfrac{b\alpha+a\beta}{a+b+c}$

すなわち　$z=\dfrac{|\beta|\alpha+|\alpha|\beta}{|\alpha|+|\beta|+|\beta-\alpha|}$

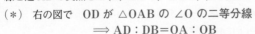

◀ 絶対値が付いたままでは扱いにくいので，a, b, c とおいた。

◀ 角の二等分線の定理。

◀ これより，P は線分 OD を $(a+b):c$ に内分する点であるから
$z=\dfrac{c\cdot 0+(a+b)w}{a+b+c}$
としてもよい。

△ABC の内心を表す複素数
A(α), B(β), C(γ) を頂点とする △ABC の内心を P(z) とする。C(γ) を原点 O(0) にくるように平行移動すると，A(α) ⟶ A′($\alpha-\gamma$), B(β) ⟶ B′($\beta-\gamma$) のように移動するから，△OA′B′ の内心 z' は，$z'=\dfrac{|\beta-\gamma|(\alpha-\gamma)+|\alpha-\gamma|(\beta-\gamma)}{|\alpha-\gamma|+|\beta-\gamma|+|\beta-\alpha|}$ と表される。

これを γ だけ平行移動すると　$z=z'+\gamma=\dfrac{|\beta-\gamma|\alpha+|\gamma-\alpha|\beta+|\alpha-\beta|\gamma}{|\alpha-\gamma|+|\beta-\gamma|+|\beta-\alpha|}$

練習 93 異なる3点 O(0), A(α), B(β) を頂点とする △OAB の頂角 O 内の傍心を P(z) とするとき，z は次の等式を満たすことを示せ。

$$z=\frac{|\beta|\alpha+|\alpha|\beta}{|\alpha|+|\beta|-|\beta-\alpha|}$$

例題 94 複素数平面上の直線の方程式 (1) ★★★☆☆

単位円上の異なる 2 点 A(α), B(β) を通る直線上の点を P(z) とする。このとき，等式 $z+\alpha\beta\overline{z}=\alpha+\beta$ が成り立つことを示せ。

◀例 43

指針 **3 点 A(α), B(β), P(z) が一直線上にある**

$\iff z=\alpha+t(\beta-\alpha)$ ［t は実数］

$\iff$ $\dfrac{z-\alpha}{\beta-\alpha}$ **が実数** すなわち $\overline{\left(\dfrac{z-\alpha}{\beta-\alpha}\right)}=\dfrac{z-\alpha}{\beta-\alpha}$

これから目的の等式を導く。

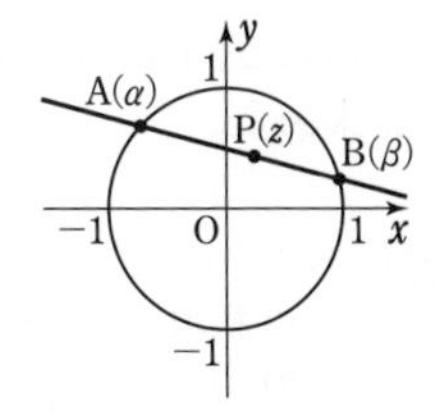

解答 条件から，$\alpha\neq0$, $\beta\neq0$, $\alpha\neq\beta$ である。

3 点 α, β, z は一直線上にあるから，$\dfrac{z-\alpha}{\beta-\alpha}$ は実数である。

◀ $z=\alpha+t(\beta-\alpha)$ から $\dfrac{z-\alpha}{\beta-\alpha}=t$ ← 実数

ゆえに $\overline{\left(\dfrac{z-\alpha}{\beta-\alpha}\right)}=\dfrac{z-\alpha}{\beta-\alpha}$ すなわち $\dfrac{\overline{z}-\overline{\alpha}}{\overline{\beta}-\overline{\alpha}}=\dfrac{z-\alpha}{\beta-\alpha}$

両辺に $(\beta-\alpha)(\overline{\beta}-\overline{\alpha})$ を掛けて

$$(\beta-\alpha)(\overline{z}-\overline{\alpha})=(\overline{\beta}-\overline{\alpha})(z-\alpha)$$

整理して $(\overline{\beta}-\overline{\alpha})z-(\beta-\alpha)\overline{z}=\alpha\overline{\beta}-\overline{\alpha}\beta$ …… ①

◀ 複素数平面上の異なる 2 点 A(α), B(β) を通る直線の方程式でもある。

α, β は単位円上の点であるから $|\alpha|=1$, $|\beta|=1$

よって $\overline{\alpha}=\dfrac{1}{\alpha}$, $\overline{\beta}=\dfrac{1}{\beta}$

① に代入して $\left(\dfrac{1}{\beta}-\dfrac{1}{\alpha}\right)z-(\beta-\alpha)\overline{z}=\dfrac{\alpha}{\beta}-\dfrac{\beta}{\alpha}$

両辺に $\alpha\beta$ を掛けて $(\alpha-\beta)z+\alpha\beta(\alpha-\beta)\overline{z}=\alpha^2-\beta^2$

$\alpha-\beta$ ($\neq0$) で割って $z+\alpha\beta\overline{z}=\alpha+\beta$

◀ $\alpha\neq\beta$

複素数 $z=a+bi$ は，平面上の位置ベクトル $\overrightarrow{\mathrm{OP}}=(a,\ b)$ に関連づけて考えることができる。したがって，座標平面上の直線 $ax+by+c=0$ において，$\vec{n}=(a,\ b)$ はその法線ベクトルであるから，複素数平面上で，直線上の点を $z=x+yi$ とし，法線ベクトル $\vec{n}=(a,\ b)$ の代わりに $\alpha=a+bi$ とすると，$ax+by+c=0$ は $\dfrac{\overline{\alpha}z+\alpha\overline{z}}{2}+c=0$ すなわち $\overline{\alpha}z+\alpha\overline{z}+2c=0$ と表される。

この式を複素数平面上の直線の方程式として扱うこともできる（p. 166 **検討** 参照）。

練習 94 複素数平面上で，複素数 a, b, c がそれぞれ表す点 A, B, C は同一直線上にないものとする。α, β, γ を複素数の定数として，式 $\alpha z+\beta\overline{z}+\gamma=0$ を満たす複素数 z がそれぞれ次の図形を描くとき，$\dfrac{\beta}{\alpha}$, $\dfrac{\gamma}{\alpha}$ を a, b, c およびその共役な複素数 $\overline{a}$, $\overline{b}$, $\overline{c}$ を用いて表せ。 〔大阪府大〕

(1) 直線 AB　　(2) 点Cを通り，直線 AB と垂直な直線

例題 95 | 複素数平面上の直線の方程式 (2) ★★★☆☆

複素数平面上において，点 A(α) $(|\alpha|>1)$ から，原点Oを中心とする半径1の円に接線を2本引く。これら2接線と円との2つの接点のうち，一方の接点をB，他方をCとし，直線BC上に点 P(z) があるとする。点Bを表す複素数をβとする。このとき，$\overline{\alpha}z+\alpha\overline{z}$ は点A，Pのとり方に関係なく一定であることを示し，その値を求めよ。 〔類 徳島大〕

指針 図をかくと，右の図のようになり，直線BCは点Aに関する円の **極線**（チャート式数学Ⅱ+B *p*. 127）である。
次の「円とその接線の性質や円と弦の性質」
接線⊥半径 ⟶ 図で OB⊥AB
弦の垂直二等分線は中心を通る
⟶ 図で OA は線分 BC の垂直二等分線
をフルに活用する。
よって，**垂直 ⟺ 純虚数** が問題解決のカギとなる。

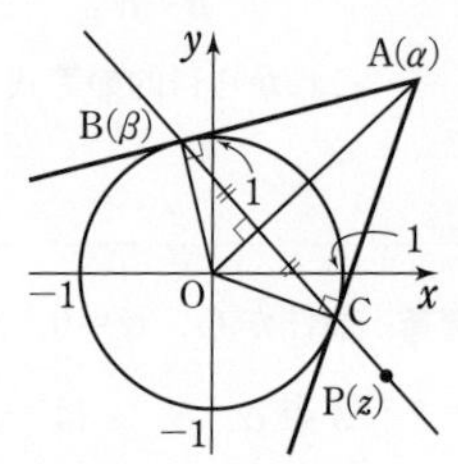

解答 点Pは直線BC上にあり，BC⊥OA すなわち BP⊥OA より $\dfrac{z-\beta}{\alpha-0}$ は純虚数であるから $\dfrac{z-\beta}{\alpha}+\dfrac{\overline{z}-\overline{\beta}}{\overline{\alpha}}=0$

よって $\overline{\alpha}(z-\beta)+\alpha(\overline{z}-\overline{\beta})=0$

ゆえに $\overline{\alpha}z+\alpha\overline{z}=\alpha\overline{\beta}+\overline{\alpha}\beta$ …… ①

また，OB⊥AB より $\dfrac{\beta-\alpha}{\beta-0}$ は純虚数であるから

$$\frac{\beta-\alpha}{\beta}+\frac{\overline{\beta}-\overline{\alpha}}{\overline{\beta}}=0$$

整理して $\alpha\overline{\beta}+\overline{\alpha}\beta=2|\beta|^2$

点βは単位円上の点であるから $|\beta|=1$

よって $\alpha\overline{\beta}+\overline{\alpha}\beta=2$ ① から $\overline{\alpha}z+\alpha\overline{z}=2$

したがって，$\overline{\alpha}z+\alpha\overline{z}$ は点A，Pのとり方に関係なく一定で，その値は **2** である。

参考 円 $x^2+y^2=r^2$ 外の点 $(p,\ q)$ から，この円に引いた2本の接線の接点を通る直線を **極線** といい，その方程式は
$px+qy=r^2$

◀ 接線⊥半径

◀ 分母を払うと
$\overline{\beta}(\beta-\alpha)+\beta(\overline{\beta}-\overline{\alpha})=0$

検討 直線BCと直線OAの交点をQとすると，Qは線分BCの中点で OQ・OA$=1^2$ を満たし，単位円に関する **反転**（*p*. 169 **検討** 参照）により，点Aは点Qに移る。

よって，点Qを表す複素数をwとすると $w=\dfrac{1}{\overline{\alpha}}$ $\left(すなわち\ \overline{w}=\dfrac{1}{\alpha}\right)$ …… ①

PQ⊥OA より $\dfrac{z-w}{\alpha}$ は純虚数であるから $\dfrac{z-w}{\alpha}+\dfrac{\overline{z}-\overline{w}}{\overline{\alpha}}=0$

この式の分母を払い，① を代入して整理すると，$\overline{\alpha}z+\alpha\overline{z}=2$ が得られる。

練習 95 複素数平面上に直線ℓがある。ℓ上の任意の点zは関係式 $\overline{\beta}z+\beta\overline{z}+c=0$ を満たすとする。ただし，βは0でない複素数の定数，cは0でない実数の定数とする。この直線ℓに関して原点Oと対称な点をwとするとき，複素数wをβとcを用いて表せ。 〔類 秋田大〕 ➡ p. 202 演習 40

例題 96 直線に関する対称移動 ★★★☆☆

複素数平面上において，点 P(z) と点 Q(w) が，原点Oと点 A(α) $(\alpha \neq 0)$ を通る直線に関して対称であるとき，w を α，z で表せ。

指針 **直線 OA に関して点Pと点Qが対称** $\Longleftrightarrow$ $\begin{cases} \textbf{PQ} \perp \textbf{OA} \\ \textbf{線分 PQ の中点が直線 OA 上にある} \end{cases}$

を，複素数で表すことによって解くこともできるが，計算がやや面倒。ここでは，α の偏角を θ として，回転移動を利用した 2 つの方法を紹介しておこう。

(方法 1) $-\theta$ 回転 ⟶ 実軸対称 ⟶ θ 回転

① 点 P(z) を **原点を中心に $-\theta$ だけ回転移動** (図の点 z_1)
⟶ 直線 OA が実軸に重なる。

② 点 z_1 を **実軸に関して対称移動** (図の点 z_2)
⟶ 共役な複素数をとる。

③ 点 z_2 を **原点を中心に θ だけ回転移動**
⟶ 点 Q(w) に移動する。

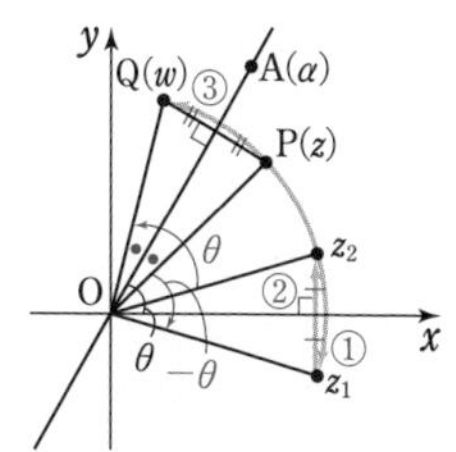

(方法 2) 実軸対称 ⟶ 2θ 回転 (＊)

① 点 P(z) を **実軸に関して対称移動** (図の点 z_1)
⟶ 共役な複素数をとる。

② 点 z_1 を **原点を中心に 2θ だけ回転移動**
⟶ 点 Q(w) に移動する。

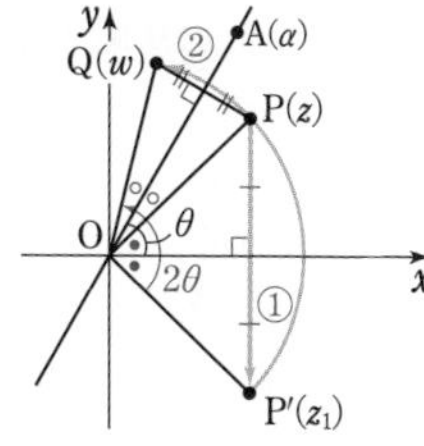

[(＊) 2θ 回転の理由] 右の図で，P$'(z_1)$ とし，
$\angle \mathrm{POA} = \angle \mathrm{AOQ} = a$，$\angle x\mathrm{OP} = \angle \mathrm{P'O}x = b$ とすると，
$\theta = a + b$ であるから $\angle \mathrm{P'OQ} = b + b + a + a = 2(a+b) = 2\theta$

解答 α の偏角を θ とすると $\dfrac{\alpha}{|\alpha|} = \cos\theta + i\sin\theta$

(方法 1) $\dfrac{\overline{\alpha}}{|\alpha|} = \cos(-\theta) + i\sin(-\theta)$

$z_1 = \dfrac{\overline{\alpha}}{|\alpha|} z$ とし，$z_2 = \overline{z_1}$ とすると $w = \dfrac{\alpha}{|\alpha|} z_2$

よって $\boldsymbol{w} = \dfrac{\alpha}{|\alpha|}\overline{z_1} = \dfrac{\alpha^2}{|\alpha|^2}\overline{z} = \boldsymbol{\dfrac{\alpha}{\overline{\alpha}}\overline{z}}$

(方法 2) $\left(\dfrac{\alpha}{|\alpha|}\right)^2 = \cos 2\theta + i\sin 2\theta$

$z_1 = \overline{z}$ とすると $\boldsymbol{w} = \left(\dfrac{\alpha}{|\alpha|}\right)^2 z_1 = \dfrac{\alpha^2}{|\alpha|^2}\overline{z} = \boldsymbol{\dfrac{\alpha}{\overline{\alpha}}\overline{z}}$

◀ 点 z を原点を中心として θ だけ回転した点は $(\cos\theta + i\sin\theta)z$
つまり，θ 回転を α で表すために，
$\alpha = |\alpha|(\cos\theta + i\sin\theta)$
を，その絶対値 $|\alpha|$ で割る。

◀ $(\cos\theta + i\sin\theta)^2$
$= (\cos 2\theta + i\sin 2\theta)$

練習 96 α を絶対値が 1 の複素数とし，等式 $z = \alpha^2\overline{z}$ を満たす複素数 z の表す複素数平面上の図形を S とする。

(1) $z = \alpha^2\overline{z}$ が成り立つことと，$\dfrac{z}{\alpha}$ が実数であることは同値であることを証明せよ。
また，このことを用いて，図形 S は原点を通る直線であることを示せ。

(2) 複素数平面上の点 P(w) を直線 S に関して対称移動した点を Q(w') とする。
このとき，w' を w と α を用いて表せ。 〔静岡大〕

重要例題 97 3次方程式の解と正三角形の頂点 ★★★★☆

a, b は実数で，$a>0$ とする。z に関する方程式 $z^3+3az^2+bz+1=0$ …… ① は3つの相異なる解をもち，それらは複素数平面上で1辺の長さが $\sqrt{3}a$ の正三角形の頂点となっているとする。このとき，a, b の値と ① の3つの解を求めよ。

［京都大］

指針 実数係数の3次方程式は，少なくとも1つの実数解をもつ。しかし，3つの解がすべて実数の場合，3つの実数解を表す点は，すべて実軸上にあるから，正三角形の頂点にはなりえない。
よって，3次方程式 ① は，**1つの実数解** t と **互いに共役な2つの複素数の解**（虚数解）α, $\overline{\alpha}$ をもつ。3点 t, α, $\overline{\alpha}$ が正三角形の頂点となるような条件を，図をかいて考える。

解答 実数係数の3次方程式 ① の3つの相異なる解が，複素数平面上で正三角形の頂点となっているから，① は実数解を1つ，互いに共役な複素数の解（虚数解）を2つもつ。

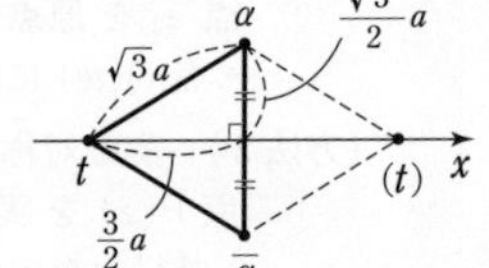

① の実数解を t，2つの虚数解を α, $\overline{\alpha}$ とすると，3次方程式の解と係数の関係から　$\alpha+\overline{\alpha}+t=-3a$ …… ②,

$\alpha t+\overline{\alpha}t+\alpha\overline{\alpha}=b$ …… ③,　$\alpha\overline{\alpha}t=-1$ …… ④

よって，3点 t, α, $\overline{\alpha}$ の位置は図のようになる。
ここで，α, $\overline{\alpha}$ について，次の [1]，[2] の場合が考えられる。

[1]　$\alpha=t-\dfrac{3}{2}a+\dfrac{\sqrt{3}}{2}ai$, $\overline{\alpha}=t-\dfrac{3}{2}a-\dfrac{\sqrt{3}}{2}ai$ のとき　$\alpha+\overline{\alpha}=2t-3a$ …… ⑤

②, ⑤ から $t=0$ であるが，このとき ④ は $0=-1$ となり，[1] の場合は不適。

[2]　$\alpha=t+\dfrac{3}{2}a+\dfrac{\sqrt{3}}{2}ai$, $\overline{\alpha}=t+\dfrac{3}{2}a-\dfrac{\sqrt{3}}{2}ai$ のとき　$\alpha+\overline{\alpha}=2t+3a$ …… ⑥

②, ⑥ から $t=-2a$ …… ⑦　このとき α と $\overline{\alpha}$ は　$\dfrac{1}{2}a(-1\pm\sqrt{3}ai)$ …… ⑧

ゆえに　$\alpha\overline{\alpha}=a^2$　よって，④, ⑦ より $a^2\cdot(-2a)=-1$ から　$2a^3=1$ …… ⑨

また，③ から　$b=-2a(\alpha+\overline{\alpha})+\alpha\overline{\alpha}=-2a(-a)+a^2=3a^2$

$a>0$ であるから，⑨ より　$\boldsymbol{a=\dfrac{1}{\sqrt[3]{2}}}$　$\boldsymbol{b}=3a^2=3\left(\dfrac{1}{\sqrt[3]{2}}\right)^2=\dfrac{3}{\sqrt[3]{2^2}}=\boldsymbol{\dfrac{3}{\sqrt[3]{4}}}$

① の**3つの解は**，⑦ から　$-\dfrac{2}{\sqrt[3]{2}}=\boldsymbol{-\sqrt[3]{4}}$，⑧ から　$\boldsymbol{\dfrac{1}{2\sqrt[3]{2}}(-1\pm\sqrt{3}i)}$

練習 97 a, b, c, d は実数とし，4次方程式 $x^4+ax^3+bx^2+cx+d=0$ が2つの実数解 $\sqrt{6}$, $-\sqrt{6}$ および2つの虚数解 α, β をもつとする。

(1)　$\alpha+\beta$, $\alpha\beta$, c, d を a, b を用いて表せ。

(2)　複素数平面上において，3点 A(α), B(β), C$(-\sqrt{6})$ が同一直線上にあるとき，a の値を求めよ。

(3)　(2) において，更に3点 A(α), B(β), D$(\sqrt{6})$ が正三角形の3つの頂点となるとき，b の値を求めよ。

［類 佐賀大］ ➡ p. 202 演習 41

重要例題 98 三角形の頂点となるような複素数の条件 ★★★★☆

z は複素数で，$z \neq 0$，$z \neq \pm 1$ とする。

(1) 複素数平面上の 3 点 A(1)，B(z)，C(z^2) が一直線上にあるための z についての必要十分条件を求めよ。

(2) 複素数平面上の 3 点 A(1)，B(z)，C(z^2) が直角三角形の 3 頂点になるような z 全体の表す図形を複素数平面上に図示せよ。 〔類 岡山大〕 ◀例 41，43

指針 (1) 3 点 α，β，γ が一直線上にある $\Longleftrightarrow$ $\dfrac{\gamma-\alpha}{\beta-\alpha}$ が実数

(2) 直角の頂点が A，B，C の 3 つの場合に分けて，$\angle\beta\alpha\gamma=\pm\dfrac{\pi}{2} \Longleftrightarrow \dfrac{\gamma-\alpha}{\beta-\alpha}$ が純虚数

により，z の満たす条件を求める。$z \neq 0$，$z \neq \pm 1$ にも注意。

解答 $z \neq 0$，$z \neq \pm 1$ であるから，3 点 A(1)，B(z)，C(z^2) は異なる点である。

(1) 3 点 A，B，C が一直線上にあるための条件は $\dfrac{z^2-1}{z-1}$ すなわち $z+1$ が実数

したがって，求める z についての必要十分条件は **z は 0，±1 を除く実数**

(2) [1] $\angle \mathrm{A}=90^\circ$ のとき，z が満たす条件は，$\dfrac{z^2-1}{z-1}$ すなわち $z+1$ が純虚数であるから $z=-1+ai$ （a は 0 でない実数）

よって，点 z は点 -1 を通り，実軸に垂直な直線を描く。ただし，点 -1 は除く。

[2] $\angle \mathrm{B}=90^\circ$ のとき，z が満たす条件は，$\dfrac{z^2-z}{1-z}$ すなわち $-z$ が純虚数 である。

よって，点 $-z$ すなわち点 z は虚軸上にある。ただし，点 0 は除く。

[3] $\angle \mathrm{C}=90^\circ$ のとき，z が満たす条件は $\dfrac{z-z^2}{1-z^2}$ すなわち $\dfrac{z}{1+z}$ が純虚数

よって $\dfrac{z}{1+z}+\overline{\left(\dfrac{z}{1+z}\right)}=0$ すなわち $\dfrac{z}{1+z}+\dfrac{\overline{z}}{1+\overline{z}}=0$

両辺に $(1+z)(1+\overline{z})$ を掛けて整理すると $2z\overline{z}+z+\overline{z}=0$

ゆえに $z\overline{z}+\dfrac{1}{2}z+\dfrac{1}{2}\overline{z}=0 \Longleftrightarrow \left(z+\dfrac{1}{2}\right)\left(\overline{z}+\dfrac{1}{2}\right)=\dfrac{1}{4}$

$\Longleftrightarrow \left|z+\dfrac{1}{2}\right|^2=\dfrac{1}{4} \Longleftrightarrow \left|z+\dfrac{1}{2}\right|=\dfrac{1}{2}$

よって，z は点 $-\dfrac{1}{2}$ を中心とする半径 $\dfrac{1}{2}$ の円を描く。

ただし，点 0，点 -1 は除く。

以上から，3 点 A，B，C が直角三角形の 3 頂点になるとき，z 全体を表す図形は，**右の図** のようになる。

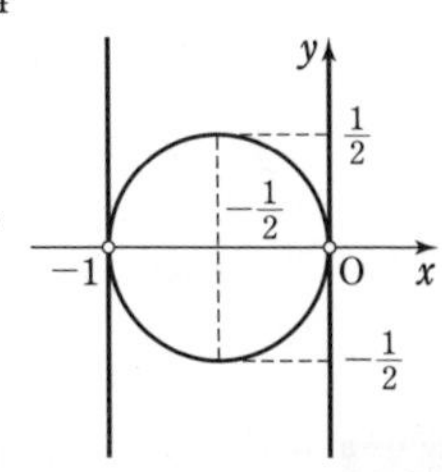

練習 98 複素数平面上に異なる 3 点 z，z^2，z^3 がある。 〔一橋大〕 ➡ p. 202 演習 42

(1) z，z^2，z^3 が同一直線上にあるような z をすべて求めよ。

(2) z，z^2，z^3 が二等辺三角形の頂点になるような z の全体を複素数平面上に図示せよ。また，z，z^2，z^3 が正三角形の頂点になるような z をすべて求めよ。

例題 99 ｜ 4点が同一円周上にあるための条件 ★★★☆☆

$z_0=2(\cos\theta+i\sin\theta)\left(0<\theta<\dfrac{\pi}{2}\right)$, $z_1=\dfrac{1-\sqrt{3}\,i}{4}z_0$, $z_2=-\dfrac{1}{z_0}$ を表す点を，それぞれ P_0, P_1, P_2 とする。〔岡山大〕

(1) z_1 を極形式で表せ。　　(2) z_2 を極形式で表せ。

(3) 原点 O, P_0, P_1, P_2 の4点が同一円周上にあるときの z_0 の値を求めよ。

指針 (3) 4点が1つの円周上にあるとき，円周角の定理が利用できる。本問では，(1)から，$OP_0=2$, $OP_1=1$, $\angle P_1OP_0=\dfrac{\pi}{3}$ が導かれ，$\angle P_0P_1O=\dfrac{\pi}{2}$ である。

よって　$\angle OP_2P_0=\dfrac{\pi}{2}$　　後は $\dfrac{z_0-z_2}{0-z_2}$ が純虚数であることから $\cos\theta$ を求める。

解答 (1) $z_1=\dfrac{1-\sqrt{3}\,i}{4}\cdot2(\cos\theta+i\sin\theta)=\left(\dfrac{1}{2}-\dfrac{\sqrt{3}}{2}i\right)(\cos\theta+i\sin\theta)$

$=\left\{\cos\left(-\dfrac{\pi}{3}\right)+i\sin\left(-\dfrac{\pi}{3}\right)\right\}(\cos\theta+i\sin\theta)=\boldsymbol{\cos\left(\theta-\dfrac{\pi}{3}\right)+i\sin\left(\theta-\dfrac{\pi}{3}\right)}$

(2) $z_2=-\dfrac{1}{2(\cos\theta+i\sin\theta)}=-\dfrac{1}{2}(\cos\theta-i\sin\theta)=\dfrac{1}{2}(-\cos\theta+i\sin\theta)$

$=\boldsymbol{\dfrac{1}{2}\{\cos(\pi-\theta)+i\sin(\pi-\theta)\}}$

(3) $OP_0=2$, $OP_1=1$, $\angle P_1OP_0=\dfrac{\pi}{3}$ から $\angle P_0P_1O=\dfrac{\pi}{2}$

よって，4点 O, P_0, P_1, P_2 が同一円周上にあるとき，

$\angle OP_2P_0=\dfrac{\pi}{2}$，すなわち $\dfrac{z_0-z_2}{0-z_2}$ は純虚数である。

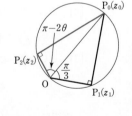

$\dfrac{z_0-z_2}{0-z_2}=\left(z_0+\dfrac{1}{z_0}\right)z_0=z_0{}^2+1$

$=(4\cos2\theta+1)+i\cdot4\sin2\theta$

であり，$0<\theta<\dfrac{\pi}{2}$ より $0<2\theta<\pi$ であるから　$4\sin2\theta\neq0$

ゆえに，$4\cos2\theta+1=0$ から　$4(2\cos^2\theta-1)+1=0$

よって　$\cos^2\theta=\dfrac{3}{8}$　　$0<\theta<\dfrac{\pi}{2}$ であるから　$\cos\theta=\dfrac{\sqrt{6}}{4}$, $\sin\theta=\dfrac{\sqrt{10}}{4}$

したがって　$z_0=2\left(\dfrac{\sqrt{6}}{4}+\dfrac{\sqrt{10}}{4}i\right)=\boldsymbol{\dfrac{\sqrt{6}}{2}+\dfrac{\sqrt{10}}{2}i}$

$P_0(z_0)$　$\pi-2\theta$　$P_2(z_2)$　$\dfrac{\pi}{3}$　O　$P_1(z_1)$

練習 99 相異なる4つの複素数 z_1, z_2, z_3, z_4 に対して，$w=\dfrac{(z_1-z_3)(z_2-z_4)}{(z_1-z_4)(z_2-z_3)}$ とする。このとき，以下のことを証明せよ。〔京都大〕

(1) 複素数 z が単位円上にあるための必要十分条件は $\bar{z}=\dfrac{1}{z}$ である。

(2) z_1, z_2, z_3, z_4 が単位円上にあるとき，w は実数である。

(3) z_1, z_2, z_3 が単位円上にあり，w が実数であれば，z_4 は単位円上にある。

四角形が円に内接する条件

四角形が円に内接するための条件については

四角形 ABCD が円に内接する $\Longleftrightarrow$ $\angle\mathrm{ACB}=\angle\mathrm{ADB}$ **(円周角の定理とその逆)**

$\Longleftrightarrow$ $\angle\mathrm{A}+\angle\mathrm{C}=\pi$ **(対角の和が π)**

などを学習してきた。ここでは，複素数平面上で，四角形が円に内接する条件を考えるわけであるが，結論として，次の事柄が成り立つ。

> 複素数平面上で，**異なる 4 点 A(α)，B(β)，C(γ)，D(δ) のうち，どの 3 点も一直線上にないとき**
>
> 4 点 A，B，C，D が 1 つの円周上にある $\Longleftrightarrow$ $\dfrac{\beta-\gamma}{\alpha-\gamma}\div\dfrac{\beta-\delta}{\alpha-\delta}$ が実数

(注意) 「四角形 ABCD が円に内接する」というときは，4 点 A，B，C，D はこの順に 1 つの円周上にある。しかし，「4 点 A，B，C，D が 1 つの円周上にある」というときは，下の [1]，[2]，[3] のような 3 通りの場合がある。

[解説] [1] 4 点 A，B，C，D がこの順に 1 つの円周上にあるとき

円周角の定理から　　$\angle\mathrm{ACB}=\angle\mathrm{ADB}$

よって　　$\arg\dfrac{\beta-\gamma}{\alpha-\gamma}=\arg\dfrac{\beta-\delta}{\alpha-\delta}$

すなわち　　$\arg\dfrac{\beta-\gamma}{\alpha-\gamma}-\arg\dfrac{\beta-\delta}{\alpha-\delta}=0$

ゆえに　　$\arg\left(\dfrac{\beta-\gamma}{\alpha-\gamma}\div\dfrac{\beta-\delta}{\alpha-\delta}\right)=0$

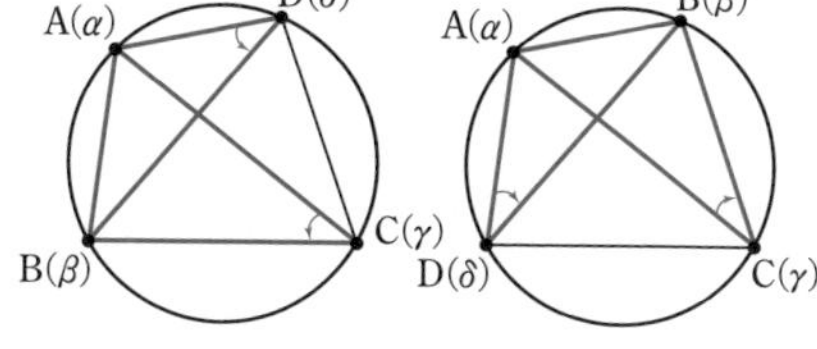

したがって，$\dfrac{\beta-\gamma}{\alpha-\gamma}\div\dfrac{\beta-\delta}{\alpha-\delta}$ **は正の実数** である。

[2] 4 点 A，B，D，C がこの順に 1 つの円周上にあるとき，[1] と同様である。

[3] 4 点 A，C，B，D がこの順に 1 つの円周上にあるとき

円に内接する四角形の対角の和は π であるから　　$\angle\mathrm{ACB}+\angle\mathrm{BDA}=\pi$

よって　　$\arg\dfrac{\beta-\gamma}{\alpha-\gamma}+\arg\dfrac{\alpha-\delta}{\beta-\delta}=\pm\pi$

ゆえに　　$\arg\left(\dfrac{\beta-\gamma}{\alpha-\gamma}\times\dfrac{\alpha-\delta}{\beta-\delta}\right)=\pm\pi$

よって　　$\arg\left(\dfrac{\beta-\gamma}{\alpha-\gamma}\div\dfrac{\beta-\delta}{\alpha-\delta}\right)=\pm\pi$

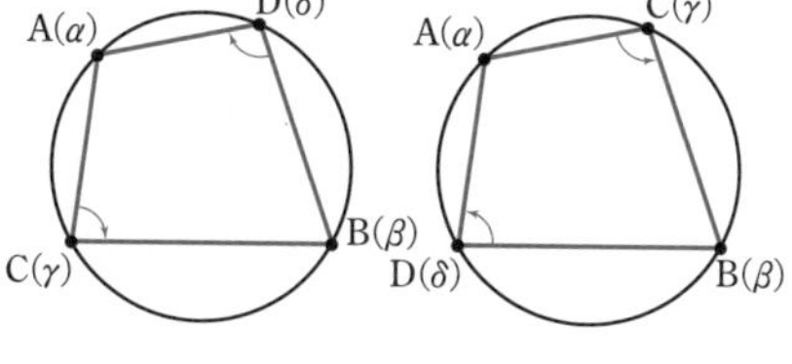

したがって，$\dfrac{\beta-\gamma}{\alpha-\gamma}\div\dfrac{\beta-\delta}{\alpha-\delta}$ **は負の実数** である。

[1]～[3] から

「4 点 A，B，C，D が 1 つの円周上にある $\Longrightarrow$ $\dfrac{\beta-\gamma}{\alpha-\gamma}\div\dfrac{\beta-\delta}{\alpha-\delta}$ は実数」

が示された (逆も成り立つ)。

例題 100 複素数平面を利用した証明 ★★★☆☆

複素数平面を利用して，次の定理を証明せよ。

(1) $\triangle ABC$ の辺 AB，AC の中点をそれぞれ D，E とするとき，$BC /\!/ DE$，$BC=2DE$ である（**中点連結定理**）。

(2) $\triangle ABC$ において，辺 BC の中点を M とするとき，等式 $AB^2+AC^2=2(AM^2+BM^2)$ が成り立つ（**中線定理**）。

指針 数学Ⅱの「図形と方程式」で，図形の性質に関する種々の定理を，座標平面を利用して証明したが，ここでは問題文で示されているように，**複素数平面を利用** して証明する。

(1) $A(\alpha)$，$B(\beta)$，$C(\gamma)$，$D(\delta)$，$E(w)$ とするとき

$$BC /\!/ DE \iff \frac{w-\delta}{\gamma-\beta} \text{ が実数} \qquad BC=2DE \iff |\gamma-\beta|=2|w-\delta|$$

を用いて証明すればよい。

(2) (1)と同様であるが，この問題では，**M(0) とすると，計算が簡単** になる。座標平面のときと同様に，**原点の選び方に注意** しよう。

解答 (1) $A(\alpha)$，$B(\beta)$，$C(\gamma)$，$D(\delta)$，$E(w)$

とすると $\quad \delta=\dfrac{\alpha+\beta}{2}$，$w=\dfrac{\alpha+\gamma}{2}$

したがって

$$\frac{w-\delta}{\gamma-\beta}=\frac{\dfrac{\alpha+\gamma}{2}-\dfrac{\alpha+\beta}{2}}{\gamma-\beta}=\frac{1}{2}$$

ゆえに $\quad BC /\!/ DE$

また $\quad |w-\delta|=\left|\dfrac{\alpha+\gamma}{2}-\dfrac{\alpha+\beta}{2}\right|=\dfrac{1}{2}|\gamma-\beta|$

よって $\quad BC=2DE$

(2) $M(0)$，$A(\alpha)$，$B(\beta)$ とすると，点 C を表す複素数は $-\beta$ であるから

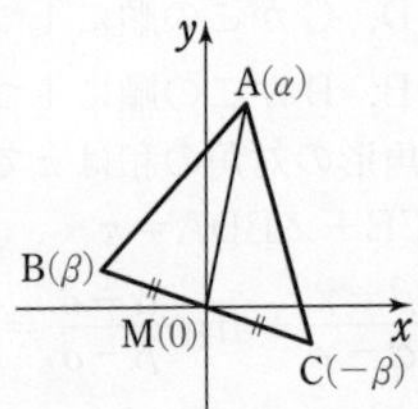

AB^2+AC^2
$=|\beta-\alpha|^2+|-\beta-\alpha|^2$
$=|\beta-\alpha|^2+|\beta+\alpha|^2$
$=(\beta-\alpha)\overline{(\beta-\alpha)}+(\beta+\alpha)\overline{(\beta+\alpha)}$
$=(\beta-\alpha)(\overline{\beta}-\overline{\alpha})+(\beta+\alpha)(\overline{\beta}+\overline{\alpha})$
$=2(\alpha\overline{\alpha}+\beta\overline{\beta})=2(|\alpha|^2+|\beta|^2)$

一方 $\quad 2(AM^2+BM^2)=2(|0-\alpha|^2+|0-\beta|^2)=2(|\alpha|^2+|\beta|^2)$

よって，$AB^2+AC^2=2(AM^2+BM^2)$ が成り立つ。

注意 (2)のように，点の1つを原点にとってもよいが，1次式の計算だけなので，手間は大して変わらない。

◀ $\dfrac{w-\delta}{\gamma-\beta}$ は実数。

◀ $|\gamma-\beta|=2|w-\delta|$

◀ M は辺 BC の中点であるから，$C(\gamma)$ とすると $\dfrac{\beta+\gamma}{2}=0$ より $\gamma=-\beta$

参考 $A(0)$，$B(2\beta)$，$C(2\gamma)$ とすると，$M(\beta+\gamma)$ となり，これをもとに証明してもよい。

練習 100 複素数平面を利用して，次の定理を証明せよ。
円に内接する四角形 ABCD について，等式
$AB\cdot CD+AD\cdot BC=AC\cdot BD$ が成り立つ（**トレミーの定理**）。

研究 深めよう　複素数平面を利用した図形の性質の証明

次の図形の性質を，複素数平面を利用して証明してみよう。

> **四角形 ABCD について**
> (1) **AB・CD＋AD・BC≧AC・BD が成り立つ。**
> (2) **(1) で等号が成り立つのは，四角形 ABCD が円に内接するときである。**

証明　(1) $A(\alpha)$, $B(\beta)$, $C(\gamma)$, $D(\delta)$ とすると

AB・CD＋AD・BC

$=|\beta-\alpha||\delta-\gamma|+|\delta-\alpha||\gamma-\beta|$

$=|(\beta-\alpha)(\delta-\gamma)|+|(\delta-\alpha)(\gamma-\beta)|$

$\geqq|(\beta-\alpha)(\delta-\gamma)+(\delta-\alpha)(\gamma-\beta)|$ ……（＊）

$=|\beta\delta-\beta\gamma-\alpha\delta+\alpha\gamma+\delta\gamma-\delta\beta-\alpha\gamma+\alpha\beta|$

$=|\delta(\gamma-\alpha)-\beta(\gamma-\alpha)|$

$=|(\gamma-\alpha)(\delta-\beta)|=|\gamma-\alpha||\delta-\beta|$

$=$AC・BD

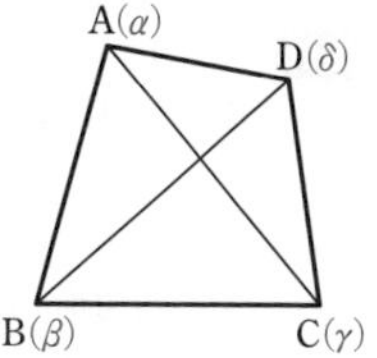

[（＊）について]　一般に，$|\alpha+\beta|\leqq|\alpha|+|\beta|$ が成り立つ。
（p. 141 基本事項 5 ③ および右の図を参照。）
ゆえに，AB・CD＋AD・BC≧AC・BD が成り立つ。

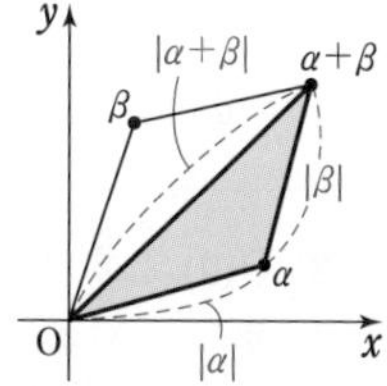

(2) 一般に，$\alpha\neq0$, $\beta\neq0$ のとき，不等式
$|\alpha+\beta|\leqq|\alpha|+|\beta|$ で等号が成り立つのは，3点 0, α, β が一直線上にあり，2点 α, β が点 0 に関して同じ側にあるときである。

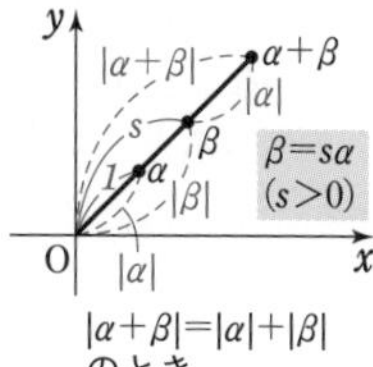

$|\alpha+\beta|=|\alpha|+|\beta|$ のとき

よって，(1) で等号が成り立つのは

$$(\beta-\alpha)(\delta-\gamma)=k(\delta-\alpha)(\gamma-\beta)\quad(k>0)$$

のときである。

ゆえに　$\dfrac{(\alpha-\beta)(\gamma-\delta)}{(\gamma-\beta)(\alpha-\delta)}=-k$

よって　$\arg\dfrac{(\alpha-\beta)(\gamma-\delta)}{(\gamma-\beta)(\alpha-\delta)}=\pm\pi$

すなわち

$$\arg\frac{\alpha-\beta}{\gamma-\beta}+\arg\frac{\gamma-\delta}{\alpha-\delta}=\pm\pi$$

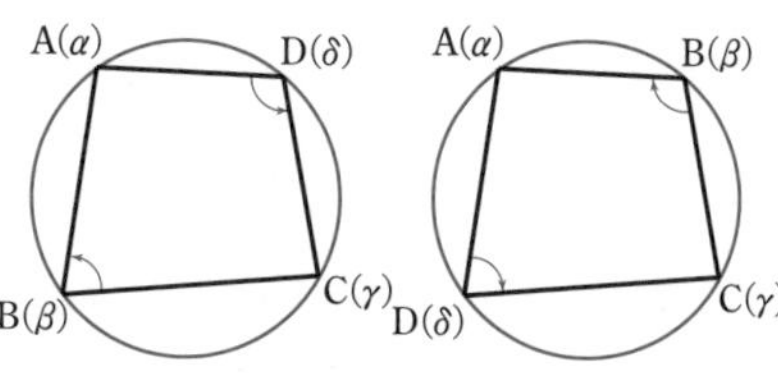

ゆえに　$\angle\mathrm{CBA}+\angle\mathrm{ADC}=\pi$

よって，(1) で等号が成り立つのは，四角形 ABCD が円に内接するときである。

参考　(1) で等号が成り立つときは，前ページ練習 100 のトレミーの定理を表す。

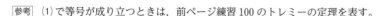

重要例題 101 複素数平面上の三角形・四角形 ★★★★☆

4つの複素数 z_1, z_2, z_3, z_4 は互いに異なり，その絶対値はすべて1であるとする。

(1) z_1, z_2, z_3 を頂点とする複素数平面上の三角形が正三角形のとき，$z_1+z_2+z_3=0$ となることを示せ。

(2) $z_1+z_2+z_3=0$ が成り立つとき，z_1, z_2, z_3 を頂点とする複素数平面上の三角形は正三角形であることを示せ。

(3) $z_1+z_2+z_3+z_4=0$ が成り立つとき，z_1, z_2, z_3, z_4 を頂点とする複素数平面上の四角形は長方形であることを示せ。 〔お茶の水大〕

指針 A(z_1), B(z_2), C(z_3), D(z_4) とすると，$|z_1|=|z_2|=|z_3|=|z_4|=1$ であるから，4点A, B, C, D は**単位円上にある。**

(1), (2) △ABC の外接円は単位円である。つまり，点0は △ABC の外心である。そこで，正三角形の重心と外心は一致する ことに着目する。

(3) 四角形 ABCD は長方形 $\Longleftrightarrow \overrightarrow{AB}+\overrightarrow{AD}=\overrightarrow{AC}$, $\overrightarrow{AB}\perp\overrightarrow{AD}$ であるが，例えば，$\overrightarrow{AB}\perp\overrightarrow{AD}$ の条件を複素数で表しても計算が複雑になりそうで，見通しがよくない。
図をかいて，4つの内角が 90° であることを初等幾何の考えで導いてみよう。
等式より，$z_1+z_2=-(z_3+z_4)$ であるから，点 z_1+z_2 と点 z_3+z_4 の 図形的意味やこの2点の位置関係 がポイントになる。

解答 O(0) とする。
また，A(z_1), B(z_2), C(z_3), D(z_4) とすると，
$|z_1|=|z_2|=|z_3|=|z_4|=1$ であるから，4点A, B, C, D は単位円上にある。この単位円を円Oと呼ぶことにする。
なお，A, B, C, D は円O上を反時計回りでこの順に並んでいるとしても一般性を失わない。

◀「絶対値が1」という条件を，「単位円上の点である」という条件に読み替える。

(1) △ABC の外接円は円Oであるから，外心は点0である。
また，△ABC の重心を表す複素数は

$$\frac{z_1+z_2+z_3}{3}$$

正三角形の外心と重心は一致するから

$$z_1+z_2+z_3=0$$

別解 A, B, C を頂点とする三角形が正三角形であるから

$$z_2=z_1\left(\cos\frac{2}{3}\pi+i\sin\frac{2}{3}\pi\right)=\frac{-1+\sqrt{3}\,i}{2}z_1$$

$$z_3=z_1\left\{\cos\left(-\frac{2}{3}\pi\right)+i\sin\left(-\frac{2}{3}\pi\right)\right\}$$

$$=\frac{-1-\sqrt{3}\,i}{2}z_1$$

◀ 中心角について
$\angle AOB=\frac{2}{3}\pi$
$\angle AOC=\frac{2}{3}\pi$

ゆえに $z_1+z_2+z_3=z_1+\dfrac{-1+\sqrt{3}\,i}{2}z_1+\dfrac{-1-\sqrt{3}\,i}{2}z_1$
$=0$

(2) $z_1+z_2+z_3=0$ から $\dfrac{z_1+z_2+z_3}{3}=0$

ゆえに，△ABC の重心は点 0 である。

また，△ABC の外心は点 0 であるから，△ABC の重心と外心は一致する。

◀ △ABC の外接円は円 O である。

よって，$z_1+z_2+z_3=0$ が成り立つとき，z_1，z_2，z_3 を頂点とする複素数平面上の三角形は正三角形である。

注意 **[重心と外心が一致する ⟺ 正三角形** の証明]

(⟸) は明らかであるから，(⟹) を示す。

△ABC の重心を G とすると，AG は辺 BC の中点 M を通る。

◀ 重心は，3 つの中線の交点であり，外心は，3 辺の垂直二等分線の交点である。

また，G は △ABC の外心でもあるから，AM は辺 BC の垂直二等分線である。

ゆえに　AB=AC　　同様にして　BA=BC

よって　AB=BC=CA

したがって，△ABC は正三角形である。

(3) $z_1+z_2+z_3+z_4=0$ から

$z_1+z_2=-(z_3+z_4)$

$E(z_1+z_2)$，$F(z_3+z_4)$ とすると，点 E と点 F は点 O に関して対称であるから　OE=OF

◀ **点 $-\alpha$ は点 α と原点に関して対称**

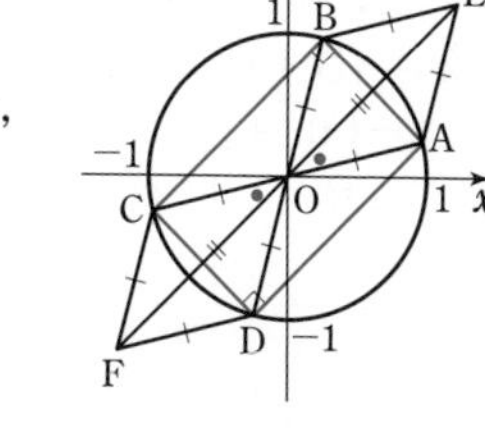

また，四角形 OAEB，OCFD は平行四辺形であるから

△OAE≡△OCF

ゆえに　∠AOE=∠COF

◀ この段階で ∠AOE と ∠COF は対頂角であることは確定していないから，3 点 E，O，F と 3 点 A，O，C が一直線上にあることをいう必要がある。

よって，3 点 E，O，F は一直線上にあるから，3 点 A，O，C も一直線上にあり，線分 AC は円 O の直径である。

ゆえに　∠ABC=90°，∠ADC=90°

∠BCD=90°，∠BAD=90°

よって，$z_1+z_2+z_3+z_4=0$ が成り立つとき，z_1，z_2，z_3，z_4 を頂点とする複素数平面上の四角形は長方形である。

練習 101 複素数平面上の 4 点 $A(\alpha)$，$B(\beta)$，$C(\gamma)$，$D(\delta)$ を頂点とする四角形 ABCD を考える。ただし，四角形 ABCD は，すべての内角が 180° より小さい四角形 (凸四角形) であるとする。

また，四角形 ABCD の頂点は反時計回りに A，B，C，D の順に並んでいるとする。四角形 ABCD の外側に，4 辺 AB，BC，CD，DA をそれぞれ斜辺とする直角二等辺三角形 APB，BQC，CRD，DSA を作る。

(1) 点 P を表す複素数を求めよ。

(2) 四角形 PQRS が平行四辺形であるための必要十分条件は，四角形 ABCD がどのような四角形であることか答えよ。

(3) 四角形 PQRS が平行四辺形であるならば，四角形 PQRS は正方形であることを示せ。

〔広島大〕

重要例題 102 複素数の数列と漸化式 ★★★★☆

$z_1=3$, $z_{n+1}=(1+i)z_n+i\ (n\geqq 1)$ によって定まる複素数の数列 $\{z_n\}$ について

(1) z_n を求めよ。

(2) z_n が表す複素数平面上の点を P_n とする。P_n, P_{n+1}, P_{n+2} を3頂点とする三角形の面積を求めよ。

〔類 名古屋大〕 ◀例題89

指針 (1) 関係式は $\boldsymbol{z_{n+1}=pz_n+q}$ (p, q は複素数) の形であるが，数学Bの漸化式と同様に，特性方程式 $\alpha=p\alpha+q$ を解き，$z_{n+1}-\alpha=p(z_n-\alpha)$ と変形して進める。

(2) 三角形の面積を求めるためには，辺の長さや内角の大きさなどを調べる必要がある。そこで，例題89と同様にして，$\dfrac{z_{n+2}-z_{n+1}}{z_n-z_{n+1}}$ を極形式で表す。

解答 (1) $z_{n+1}=(1+i)z_n+i$ から　$z_{n+1}+1=(1+i)(z_n+1)$

よって，数列 $\{z_n+1\}$ は初項 $z_1+1=4$，公比 $1+i$ の等比数列であるから　$z_n+1=4(1+i)^{n-1}$

したがって　$\boldsymbol{z_n=4(1+i)^{n-1}-1}$

(2) (1)から　$z_{n+1}-z_n=\{4(1+i)^n-1\}-\{4(1+i)^{n-1}-1\}$

$=4(1+i)^{n-1}(1+i-1)=4i(1+i)^{n-1}$

よって　$\dfrac{z_{n+2}-z_{n+1}}{z_n-z_{n+1}}=\dfrac{4i(1+i)^n}{-4i(1+i)^{n-1}}=-(1+i)$

$=\sqrt{2}\left\{\cos\left(-\dfrac{3}{4}\pi\right)+i\sin\left(-\dfrac{3}{4}\pi\right)\right\}$

ゆえに　$\angle \mathrm{P}_n\mathrm{P}_{n+1}\mathrm{P}_{n+2}=\dfrac{3}{4}\pi$

ここで　$\mathrm{P}_n\mathrm{P}_{n+1}=|z_{n+1}-z_n|=|4i(1+i)^{n-1}|=4(\sqrt{2})^{n-1}$

よって　$\mathrm{P}_{n+1}\mathrm{P}_{n+2}=4(\sqrt{2})^n$

ゆえに　$\triangle \mathrm{P}_n\mathrm{P}_{n+1}\mathrm{P}_{n+2}=\dfrac{1}{2}\cdot 4(\sqrt{2})^{n-1}\cdot 4(\sqrt{2})^n\cdot\sin\dfrac{3}{4}\pi$

$=8(\sqrt{2})^{2n-1}\cdot\dfrac{1}{\sqrt{2}}=\boldsymbol{2^{n+2}}$

◀ $\alpha=(1+i)\alpha+i$ から $\alpha=-1$

◀ $z_n+1=(z_1+1)r^{n-1}$

◀ $=\sqrt{2}\left(-\dfrac{1}{\sqrt{2}}-\dfrac{1}{\sqrt{2}}i\right)$

$4(\sqrt{2})^{n-1}$　$4(\sqrt{2})^n$　$\mathrm{P}_{n+1}(z_{n+1})$　$\mathrm{P}_{n+2}(z_{n+2})$　$\mathrm{P}_n(z_n)$　$-\dfrac{3}{4}\pi$

◀ $8(\sqrt{2})^{2n-2}=8\cdot 2^{n-1}$

練習 102 複素数の数列 z_0, z_1, z_2, ……, z_n, …… で初項 z_0 は1とし，z_{n+1} と z_n の関係 ($n=0, 1, 2, \cdots\cdots$) は次の規則で定める。

複素数平面上で z_n を，原点を中心として $\dfrac{\pi}{3}$ だけ回転移動し，更に実軸方向に2だけ平行移動したものを z_{n+1} とする。

(1) z_{n+1} と z_n の関係を漸化式で表せ。

(2) (1)で求めた漸化式はある複素数 α, β により，$z_{n+1}-\alpha=\beta(z_n-\alpha)$ の形に変形できる。このとき，α, β の値を求めよ。

(3) 数列 $\{z_n\}$ の一般項を求めよ。

(4) 複素数平面上において，数列 $\{z_n\}$ の各項を表す点は，ある円周上にあるという。その円の中心と半径を求めよ。

重要例題 103　複素数平面と確率の融合問題　★★★★☆

コインを n 回投げて複素数 z_1, z_2, ……, z_n を次のように定める。

(i) 1回目に表が出れば $z_1=\dfrac{-1+\sqrt{3}i}{2}$ とし，裏が出れば $z_1=1$ とする。

(ii) $k=2$, 3, ……, n のとき，k 回目に表が出れば $z_k=\dfrac{-1+\sqrt{3}i}{2}z_{k-1}$ とし，裏が出れば $z_k=\overline{z_{k-1}}$ とする。ただし，$\overline{z_{k-1}}$ は z_{k-1} の共役複素数である。

このとき，$z_n=1$ となる確率を求めよ。　〔京都大〕　◀例題102

指針　表が出たとき：$z_k=\dfrac{-1+\sqrt{3}i}{2}z_{k-1}$ ⟶ 点 z_{k-1} を **原点を中心として $\dfrac{2}{3}\pi$ だけ回転**

裏が出たとき：$z_k=\overline{z_{k-1}}$ ⟶ 点 z_{k-1} を **実軸に関して対称移動**

であるから，z_n は3つの値（1の3乗根1, ω, ω^2）しかとりえない。$z_n=1$, ω, ω^2 となる確率をそれぞれ a_n, b_n, c_n とするとき，条件から，a_{n+1}, b_{n+1}, c_{n+1} を a_n, b_n, c_n で表す。また，すべての自然数 n に対して $a_n+b_n+c_n=1$ が成り立つことも重要。

解答　$\omega=\dfrac{-1+\sqrt{3}i}{2}=\cos\dfrac{2}{3}\pi+i\sin\dfrac{2}{3}\pi$ とおくと

$$\omega^2=\cos\frac{4}{3}\pi+i\sin\frac{4}{3}\pi=\frac{-1-\sqrt{3}i}{2}=\overline{\omega},$$

$$\omega^3=\cos 2\pi+i\sin 2\pi=1$$

よって，z_n は1, ω, $\overline{\omega}$ のいずれかの値をとる。

> A(1), B(ω), C(ω^2) とすると，点 z_n は，単位円上の3点 A, B, C のいずれかにあると考えられる。

$z_n=1$, ω, $\overline{\omega}$ となる確率をそれぞれ a_n, b_n, c_n とすると，条件(ii)から

$$a_{n+1}=\frac{1}{2}a_n+\frac{1}{2}c_n \ \cdots\cdots ①,\quad b_{n+1}=\frac{1}{2}a_n+\frac{1}{2}c_n \ \cdots\cdots ②,\quad c_{n+1}=b_n$$

条件(i)より $a_1=b_1=\dfrac{1}{2}$ であり，①，② から　$a_{n+1}=b_{n+1}$

したがって　$a_n=b_n$ …… ③

ここで，$a_n+b_n+c_n=1$ であるから，③ より　$2a_n+c_n=1$ すなわち $c_n=1-2a_n$

① に代入して　$a_{n+1}=\dfrac{1}{2}a_n+\dfrac{1}{2}(1-2a_n)$ すなわち $a_{n+1}=-\dfrac{1}{2}a_n+\dfrac{1}{2}$

変形すると　$a_{n+1}-\dfrac{1}{3}=-\dfrac{1}{2}\left(a_n-\dfrac{1}{3}\right)$　また　$a_1-\dfrac{1}{3}=\dfrac{1}{2}-\dfrac{1}{3}=\dfrac{1}{6}$

したがって　$a_n-\dfrac{1}{3}=\dfrac{1}{6}\left(-\dfrac{1}{2}\right)^{n-1}$

よって，求める確率は　$a_n=\boldsymbol{\dfrac{1}{6}\left(-\dfrac{1}{2}\right)^{n-1}+\dfrac{1}{3}}$

練習 103　実数が書かれた3枚のカード $\boxed{0}$, $\boxed{1}$, $\boxed{\sqrt{3}}$ から，無作為に2枚のカードを順に選び，出た実数を順に実部と虚部にもつ複素数を得る操作を考える。正の整数 n に対して，この操作を n 回繰り返して得られる n 個の複素数の積を z_n で表す。

(1) $|z_n|<5$ となる確率 P_n を求めよ。

(2) $z_n{}^2$ が実数となる確率 Q_n を求めよ。　〔東京工大〕　➡p. 202 演習43

演習問題

31 z を虚数とするとき，次の問いに答えよ。

(1) $z+\dfrac{1}{z}$ が実数となるとき，z の絶対値 $|z|$ を求めよ。

(2) $z+\dfrac{1}{z}$ が整数となる z をすべて求めよ。〔名城大〕

➤例題 72

32 次の漸化式で定義される複素数の数列を考える。ただし，i は虚数単位である。

$$z_1=1,\ z_{n+1}=\frac{1+\sqrt{3}\,i}{2}z_n+1\ (n=1,\ 2,\ \cdots\cdots)$$

(1) z_2，z_3 を求めよ。

(2) 上の漸化式を $z_{n+1}-\alpha=\dfrac{1+\sqrt{3}\,i}{2}(z_n-\alpha)$ と表したとき，複素数 α を求めよ。

(3) 一般項 z_n を求めよ。

(4) $z_n=-\dfrac{1-\sqrt{3}\,i}{2}$ となるような自然数 n をすべて求めよ。〔北海道大〕

➤例 35，38

33 θ を実数とし，n を整数とする。$z=\sin\theta+i\cos\theta$ とするとき，複素数 z^n の実部と虚部を $\cos(n\theta)$ と $\sin(n\theta)$ を用いて表せ。ただし，i は虚数単位である。

〔京都工繊大〕

➤例 34，例題 74

34 複素数平面上に複素数 $z=\cos\theta+i\sin\theta\ (0<\theta<\pi)$ をとり，$\alpha=z+1$，$\beta=z-1$ とおく。ただし，(2) は $0\leqq\arg\beta<2\pi$ とする。

(1) $|\beta|=2\sin\dfrac{\theta}{2}$ を示せ。　　(2) $\arg\beta=\dfrac{\theta}{2}+\dfrac{\pi}{2}$ を示せ。

(3) $\theta=\dfrac{\pi}{3}$ とする。9 つの複素数 $\alpha^m\beta^n\ (m,\ n=1,\ 2,\ 3)$ の虚部の最小値を求め，その最小値を与える $(m,\ n)$ のすべてを決定せよ。〔九州大〕

➤例題 76

ヒント **31** (2) z の偏角を θ として，$\cos\theta$，$\sin\theta$ の値に関する条件を調べる。
34 (3) $m=1,\ 2,\ 3$ の場合に分けて考える。

35 実数 $a=\dfrac{\sqrt{5}-1}{2}$ に対して，整式 $f(x)=x^2-ax+1$ を考える。

(1) 整式 $x^4+x^3+x^2+x+1$ は $f(x)$ で割り切れることを示せ。

(2) 方程式 $f(x)=0$ の虚数解であって虚部が正のものを α とする。α を極形式で表せ。ただし，$r^5=1$ を満たす実数 r が $r=1$ のみであることは，認めて使用してよい。

(3) (2)の虚数 α に対して，$\alpha^{2023}+\alpha^{-2023}$ の値を求めよ。〔東北大〕

➤例題77

36 複素数 α に対してその共役複素数を $\overline{\alpha}$ で表す。α を実数ではない複素数とする。複素数平面内の円 C が点 1，-1，α を通るならば，C は点 $-\dfrac{1}{\overline{\alpha}}$ も通ることを示せ。

〔京都大〕 ➤例41

37 複素数平面上の点 a_1，a_2，……，a_n，…… を $\begin{cases} a_1=1,\ a_2=i, \\ a_{n+2}=a_{n+1}+a_n\ (n=1,\ 2,\ \cdots\cdots) \end{cases}$

により定め，$b_n=\dfrac{a_{n+1}}{a_n}$ $(n=1,\ 2,\ \cdots\cdots)$ とおく。

(1) 3 点 b_1，b_2，b_3 を通る円 C の中心と半径を求めよ。

(2) すべての点 b_n $(n=1,\ 2,\ \cdots\cdots)$ は円 C の周上にあることを示せ。〔東京大〕

➤例41

38 (1) $z\overline{z}+(1-i+\overline{\alpha})z+(1+i+\alpha)\overline{z}=\alpha$ を満たす複素数 z が存在するような複素数 α の範囲を，複素数平面上に図示せよ。

(2) $|\alpha|\leqq 2$ とする。複素数 z が $z\overline{z}+(1-i+\overline{\alpha})z+(1+i+\alpha)\overline{z}=\alpha$ を満たすとき，$|z|$ の最大値を求めよ。また，そのときの α，z を求めよ。〔類 新潟大〕

➤例題80

39 r を正の実数とする。複素数平面上で，点 z が点 $\dfrac{3}{2}$ を中心とする半径 r の円周上を動くとき，$z+w=zw$ を満たす点 w が描く図形を求めよ。〔大阪大〕

➤例題79，82

ヒント **36** 円 C が点 1，-1 を通るから，その中心は虚軸上にあり，bi（b は実数）とおける。

37 (2) 数学的帰納法を利用する。

38 (1) $1+i+\alpha=\beta$ とおき，左辺を z と β の式で表す。⟶ $|\quad|^2-|\quad|^2$ の形にできる。

(2) まず，α の範囲を調べる。

40 複素数平面上の原点を通らない異なる2直線 ℓ, m に関して，原点と対称な点をそれぞれ α, β とする。

(1) 直線 ℓ 上の点 z は常に，$\overline{\alpha}z+\alpha\overline{z}=|\alpha|^2$ を満たすことを示せ。

(2) $\overline{\alpha}\beta$ が実数でないことは，直線 ℓ と直線 m が交点をもつための必要十分条件であることを示せ。また，直線 ℓ と直線 m が交点をもつとき，交点を α, β を用いて表せ。〔東北大〕

➤例題94，95

41 k を実数とするとき，方程式 $x^3-(2k+1)x^2+(4k^2+2k)x-4k^2=0$ の解を z_1, z_2, z_3 とし，それらを複素数平面上の点とみなす。

(1) 3点 z_1, z_2, z_3 が一直線上にあるような k の値を求めよ。

(2) 3点 z_1, z_2, z_3 が直角三角形をなすような k の値を求めよ。

(3) 3点 z_1, z_2, z_3 を原点の周りに角 θ だけ回転して得られる3点を w_1, w_2, w_3 とする。w_1, w_2, w_3 およびそれらと共役な点 $\overline{w_1}$, $\overline{w_2}$, $\overline{w_3}$ とが原点中心の正六角形の頂点となるとき，k および $\theta\,(0\leqq\theta\leqq\pi)$ の値を求めよ。〔九州大〕

➤例題97

42 z を複素数とする。複素数平面上の3点 A(1), B(z), C(z^2) が鋭角三角形をなすような z の範囲を求め，図示せよ。〔東京大〕

➤例題98

43 自然数 a, b に対し，$w=\cos\dfrac{a\pi}{3+b}+i\sin\dfrac{a\pi}{3+b}$ とおく。ただし，i は虚数単位とする。複素数 z_n $(n=1,\ 2,\ 3,\ \cdots\cdots)$ を次のように定める。

$$z_1=1,\ z_2=1-w,\ z_n=(1-w)z_{n-1}+wz_{n-2}\quad(n=3,\ 4,\ 5,\ \cdots\cdots)$$

(1) $a=4$, $b=3$ のとき，複素数平面上の点 z_1, z_2, z_3, z_4, z_5, z_6, z_7 をこの順に線分で結んでできる図形を図示せよ。

(2) $a=2$, $b=1$ のとき，z_{63} を求めよ。

(3) さいころを2回投げ，1回目に出た目を a，2回目に出た目を b とする。このとき $z_{63}=0$ である確率を求めよ。〔類 大阪大〕

➤例題102，103

ヒント **40** (2) 直線 ℓ と直線 m が交点をもつための条件は，$\overline{\alpha}z+\alpha\overline{z}=|\alpha|^2$ と $\overline{\beta}z+\beta\overline{z}=|\beta|^2$ [(1)から] を同時に満たす複素数 z が存在することである。

42 △ABC が鋭角三角形 $\Longleftrightarrow$ $AB^2+BC^2>CA^2$, $BC^2+CA^2>AB^2$, $CA^2+AB^2>BC^2$

43 まず，隣接3項間の漸化式を解いておくと，見通しがよくなる。

$\longrightarrow$ 漸化式の特性方程式 $x^2=(1-w)x+w$ の解は　$x=1,\ -w$

$-w\neq1$ すなわち $w\neq-1$ と $w=-1$ の場合に分けて，数列 $\{z_n\}$ の一般項を求める。

(3) 問題の条件から，a, b は1以上6以下の自然数。また，$w\neq-1$ のとき

$w\neq\cos\pi+i\sin\pi$　偏角を比較すると，a, b の条件が得られる。

〈この章で学ぶこと〉
座標を用いると，直線，円，放物線などが方程式で表されることはこれまでに学んでいる。これを利用して図形を研究していくのが解析幾何学である。この章では，この解析幾何学の方法を用いて，これまでに扱わなかった図形，主として，楕円，双曲線，放物線などの2次曲線の性質を学んでいく。
また，曲線を式で表す方法として，媒介変数表示および極座標と極方程式についても簡単に触れる。

第4章 式と曲線

例，例題一覧

●……基本的な内容の例　■……標準レベルの例題　◆……やや発展的な例題

18 放物線，楕円

《 基本事項 》

1 放物線の方程式

定点Fと，Fを通らない定直線ℓからの距離が等しい点Pの軌跡を **放物線** といい，点Fをその **焦点**，直線ℓを **準線** という。また，焦点を通り準線に垂直な直線を，放物線の **軸** といい，軸と放物線の交点を，放物線の **頂点** という。

点$\mathrm{F}(p,\ 0)$ $(p \neq 0)$ を焦点とし，直線ℓ：$x=-p$ を準線とする放物線上の点を$\mathrm{P}(x,\ y)$とし，点Pから直線ℓに下ろした垂線をPHとする。

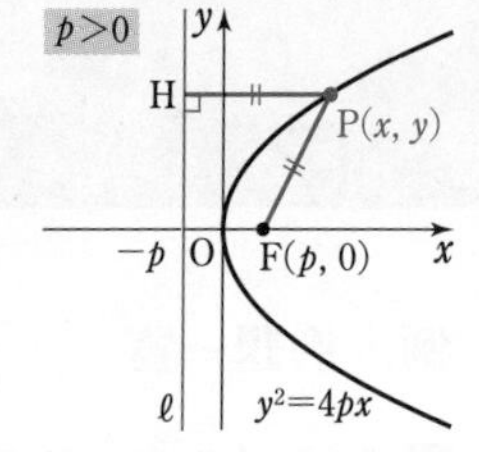

PF＝PH であるから　$\sqrt{(x-p)^2+y^2}=|x-(-p)|$

両辺を平方して　$(x-p)^2+y^2=(x+p)^2$

整理して　$\boldsymbol{y^2=4px}$　…… ①

① を放物線の方程式の **標準形** という。

2 放物線の性質

放物線の焦点を通り，準線に垂直な直線を，放物線の **軸** といい，軸と放物線の交点を，放物線の **頂点** という。

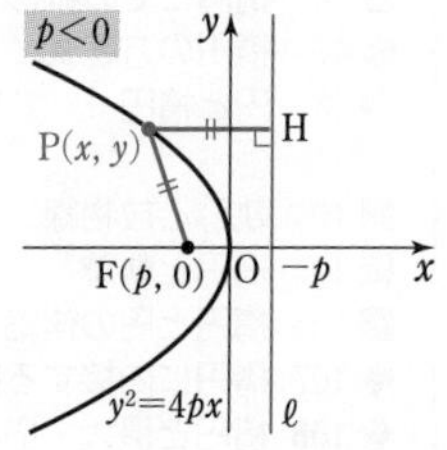

> **放物線 $y^2=4px$ $(p \neq 0)$ の性質**
>
> 1. 頂点は **原点**，焦点は **点 $(p,\ 0)$**，準線は **直線 $x=-p$**
> 2. 軸はx軸 $(y=0)$ で，放物線は軸に関して対称である。

3 y軸を軸とする放物線

点$\mathrm{F}(0,\ p)$ $(p \neq 0)$ を焦点とし，直線 $y=-p$ を準線とする放物線の方程式は，上と同様にして

$$x^2=4py$$　◀ ① でxとyを入れ替えたもの。

となる。この放物線は，放物線 ① を直線 $y=x$ に関して対称移動したもので，軸はy軸 $(x=0)$，頂点は原点である。

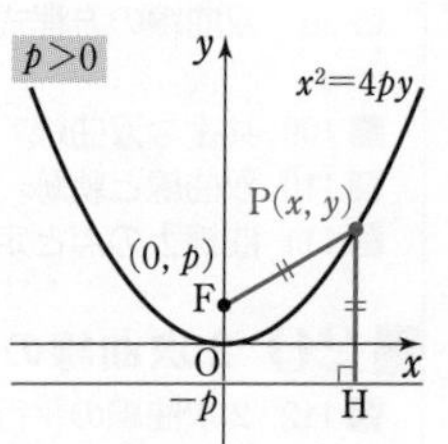

放物線 $y=ax^2$ は $x^2=4\cdot\dfrac{1}{4a}y$ と変形されるから，その焦点は

点$\left(0,\ \dfrac{1}{4a}\right)$，準線は直線 $y=-\dfrac{1}{4a}$ である。

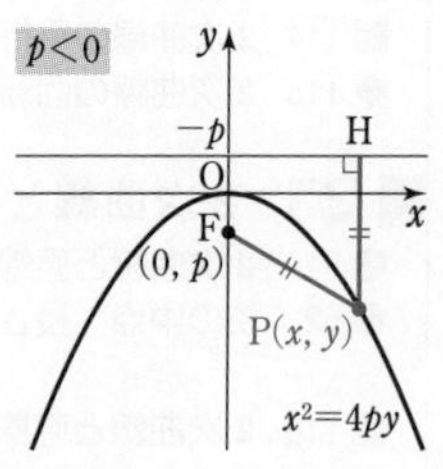

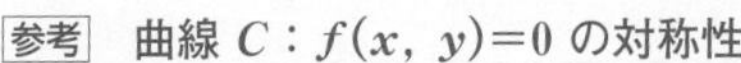

参考　曲線 C：$f(x,\ y)=0$ の対称性

$f(x,\ -y)=f(x,\ y)$ $\longrightarrow$ Cは x軸 に関して対称。

$f(-x,\ y)=f(x,\ y)$ $\longrightarrow$ Cは y軸 に関して対称。

$f(-x,\ -y)=f(x,\ y)$ $\longrightarrow$ Cは 原点 に関して対称。

$f(y,\ x)=f(x,\ y)$ $\longrightarrow$ Cは 直線 $y=x$ に関して対称。

※　次の **4** ～ **7** は楕円についての基本事項である。

4 楕円の方程式

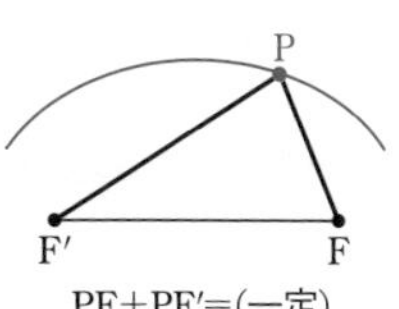

異なる 2 定点 F，F′ からの距離の和が一定である点 P の軌跡を **楕円** といい，定点 F，F′ を楕円の **焦点** という。ただし，PF+PF′>FF′ とする。

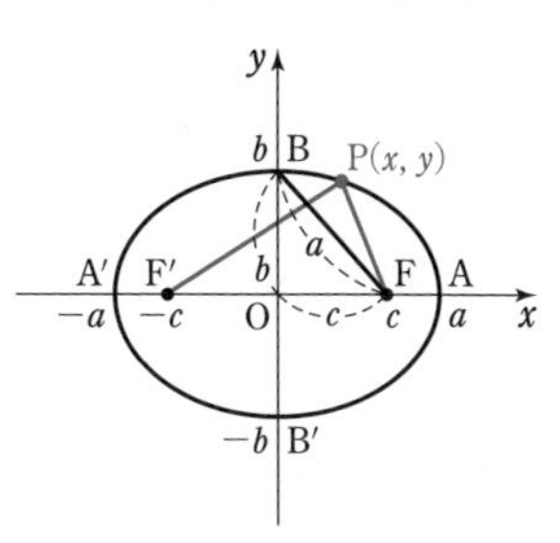

2 定点 F$(c,\ 0)$，F′$(-c,\ 0)$ $[c>0]$ を焦点とし，この 2 点からの距離の和が $2a$ である楕円の方程式を求めてみよう。

ただし，PF+PF′>FF′ より $2a>2c$ であるから，$a>c>0$ とする。

楕円上の点を P$(x,\ y)$ とすると，PF+PF′$=2a$ であるから　　$\sqrt{(x-c)^2+y^2}+\sqrt{(x+c)^2+y^2}=2a$

よって　　$\sqrt{(x-c)^2+y^2}=2a-\sqrt{(x+c)^2+y^2}$

両辺を平方して整理すると

$$a\sqrt{(x+c)^2+y^2}=a^2+cx$$

更に，両辺を平方して整理すると　　$(a^2-c^2)x^2+a^2y^2=a^2(a^2-c^2)$

$a>c$ であるから，$\sqrt{a^2-c^2}=b$ とおくと，$a>b>0$ で　　$b^2x^2+a^2y^2=a^2b^2$

両辺を a^2b^2 $(\neq 0)$ で割ると，　$\boldsymbol{\dfrac{x^2}{a^2}+\dfrac{y^2}{b^2}=1}$　…… ①　が導かれる。

逆に，① を満たす点 P$(x,\ y)$ は，PF+PF′$=2a$ を満たす。

① を楕円の方程式の **標準形** という。

5 楕円の性質

方程式 ① を導くのに $\sqrt{a^2-c^2}=b$ とおいたから，$c=\sqrt{a^2-b^2}$ である。したがって，楕円 ① の焦点の座標は　**F$(\sqrt{a^2-b^2},\ 0)$，F′$(-\sqrt{a^2-b^2},\ 0)$**　となる。

楕円 ① が x 軸と交わる点は A$(a,\ 0)$，A′$(-a,\ 0)$，y 軸と交わる点は B$(0,\ b)$，B′$(0,\ -b)$ であり，この 4 点を楕円 ① の **頂点** という。

$a>b$ であるから，AA′>BB′ である。このことから，線分 AA′ を **長軸**，線分 BB′ を **短軸** といい，長軸と短軸の交点を楕円の **中心** という。

楕円 $\boldsymbol{\dfrac{x^2}{a^2}+\dfrac{y^2}{b^2}=1}$ の性質　　ただし，$a>b>0$

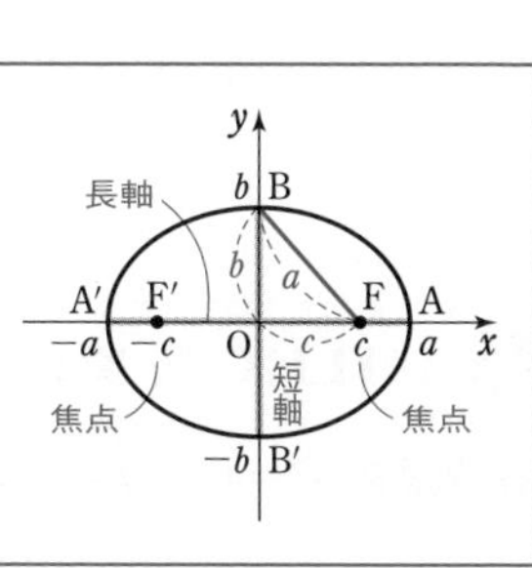

1. 中心は **原点**，長軸の長さは $\boldsymbol{2a}$，短軸の長さは $\boldsymbol{2b}$
2. 焦点は 2 点 $\boldsymbol{(\sqrt{a^2-b^2},\ 0)}$，$\boldsymbol{(-\sqrt{a^2-b^2},\ 0)}$
3. 楕円は x 軸，y 軸，原点に関して対称である。
4. 楕円上の点から 2 つの焦点までの距離の和は $\boldsymbol{2a}$

6 焦点が y 軸上にある楕円

$\dfrac{x^2}{a^2}+\dfrac{y^2}{b^2}=1$ …… ① において，$b>a>0$ の場合を考えよう。

曲線 ① は直線 $y=x$ に関して楕円 $\dfrac{x^2}{b^2}+\dfrac{y^2}{a^2}=1$ …… ②

と対称である。　◀ ① の x と y を入れ替えると ② になる。

$b>a>0$ より，曲線 ② は x 軸上の 2 点

$$(\sqrt{b^2-a^2},\ 0),\ (-\sqrt{b^2-a^2},\ 0)$$

を焦点とする楕円である。よって，曲線 ① は y 軸上の

2 点　$\mathbf{F(0,\ \sqrt{b^2-a^2})}$，$\mathbf{F'(0,\ -\sqrt{b^2-a^2})}$

を焦点とする楕円で，その長軸の長さは $2b$，短軸の長さは $2a$ である。

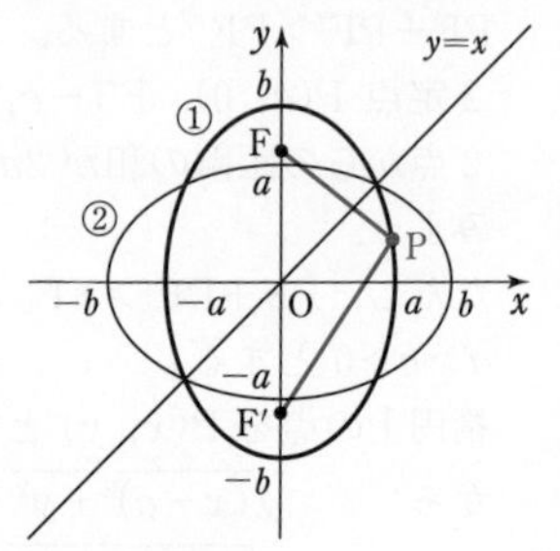

7 楕円と円

円 $x^2+y^2=a^2$ …… ① と楕円

$\dfrac{x^2}{a^2}+\dfrac{y^2}{b^2}=1$ …… ② について

① から　$y=\pm\sqrt{a^2-x^2}$

② から　$y=\pm\dfrac{b}{a}\sqrt{a^2-x^2}$

したがって，円 ① を **y 軸方向に $\dfrac{b}{a}$ 倍に縮小または拡大したもの**

が楕円 ② である。円 ① を楕円 ② の **補助円** という。

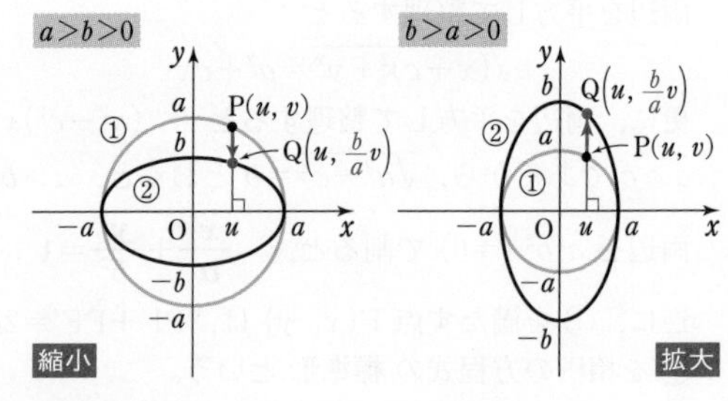

また，円 ① の面積は πa^2 であるから，楕円 ② の面積は $\pi a^2\times\dfrac{b}{a}=\boldsymbol{\pi ab}$ となる。

円 $x^2+y^2=a^2$ は楕円 $\dfrac{x^2}{a^2}+\dfrac{y^2}{b^2}=1$ の $a=b$ の場合と考えられる。この場合，2 つの焦点はともに原点になる。一般に，楕円の 2 つの焦点が一致する場合が円である。

注意　円を y 軸方向に $\dfrac{b}{a}$ 倍に縮小または拡大した楕円について，面積は円の $\dfrac{b}{a}$ 倍となるが，角度は $\dfrac{b}{a}$ 倍になるわけではない。

参考　$a>b>0$ のとき，円 $x^2+y^2=a^2$ の面積を S_1，円 $x^2+y^2=b^2$ の面積を S_2，楕円 $\dfrac{x^2}{a^2}+\dfrac{y^2}{b^2}=1$ の面積を S_3 とすると

$$\begin{aligned}(S_1-S_3):(S_3-S_2)&=(\pi a^2-\pi ab):(\pi ab-\pi b^2)\\&=\pi a(a-b):\pi b(a-b)\\&=a:b\end{aligned}$$

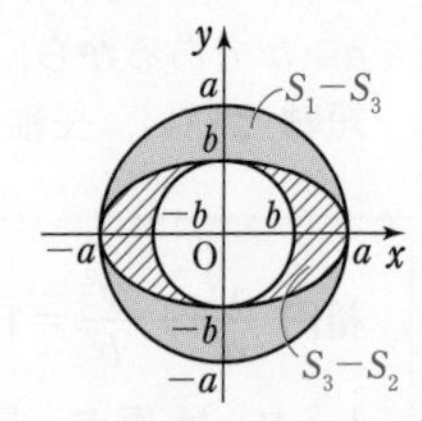

CHECK 問題

12 放物線 $y^2=4px\ (p\neq 0)$ は x 軸に関して対称であることを示せ。

→ 2

例 45 放物線とその概形 ★☆☆☆☆

(1) 焦点が点 (3, 0)，準線が直線 $x=-3$ である放物線の方程式を求めよ。また，その放物線の概形をかけ。

(2) 次の放物線の焦点と準線を求め，放物線の概形をかけ。

(ア) $y^2=-2x$　　　　(イ) $y=-2x^2$

(3) 頂点が原点で，焦点が x 軸上にあり，点 $(-1, 4)$ を通る放物線の方程式を求めよ。

指針 ① **放物線 $y^2=4px$ の焦点は点 $(p, 0)$**

準線は直線 $x=-p$

グラフは $\begin{cases} p>0 \text{ のとき，} y \text{ 軸の右側} \\ p<0 \text{ のとき，} y \text{ 軸の左側} \end{cases}$

② **放物線 $x^2=4py$ の焦点は点 $(0, p)$**

準線は直線 $y=-p$

グラフは $\begin{cases} p>0 \text{ のとき，} x \text{ 軸の上側} \\ p<0 \text{ のとき，} x \text{ 軸の下側} \end{cases}$

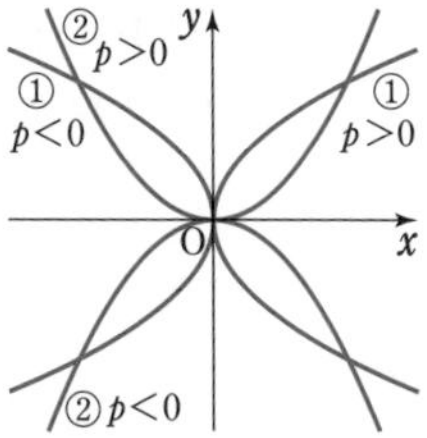

(3) 頂点が原点で，焦点が x 軸上にある放物線であるから，方程式は $y^2=4px$ で表される。これに通る点の座標を代入すると，p の値が求められる。

例 46 楕円とその概形 ★☆☆☆☆

次の楕円の長軸・短軸の長さ，焦点，面積を求めよ。また，楕円の概形をかけ。

(1) $\dfrac{x^2}{9}+\dfrac{y^2}{4}=1$　　　　(2) $3x^2+2y^2=6$

指針 楕円 $\dfrac{x^2}{a^2}+\dfrac{y^2}{b^2}=1$ の性質は，正の数 a，b の大小により，次のようにまとめられる。

	$a>b$	$a<b$
概形	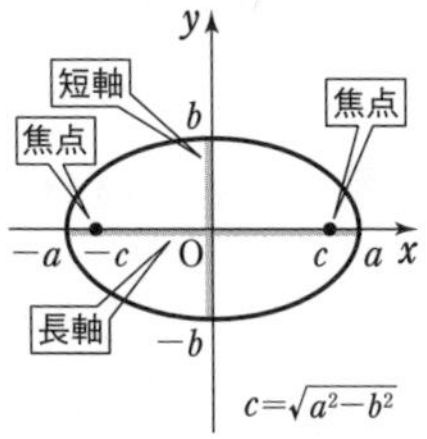	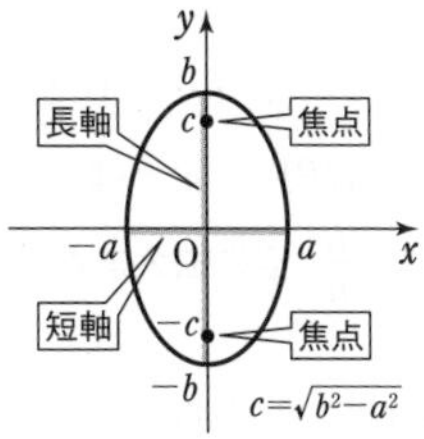
長軸，短軸の長さ	長軸：$2a$　短軸：$2b$	長軸：$2b$　短軸：$2a$
焦点	2点 $(\sqrt{a^2-b^2}, 0)$，$(-\sqrt{a^2-b^2}, 0)$ … x 軸上	2点 $(0, \sqrt{b^2-a^2})$，$(0, -\sqrt{b^2-a^2})$ … y 軸上
面積	πab	

(2) 両辺を 6 で割って，**=1 の形** に直す。

例 47 楕円の方程式 ★★☆☆☆

次のような楕円の方程式を求めよ。

(1) 2 点 F(1, 0), F′(−1, 0) を焦点とし，この 2 点からの距離の和が 6

(2) 長軸が x 軸上，短軸が y 軸上にあり，2 点 (0, −2), $\left(1,\ \dfrac{4}{\sqrt{5}}\right)$ を通る。

指針 まず，焦点や長軸・短軸の条件に注目し，文字を使って方程式を表す。

(1) 焦点が F(c, 0), F′($-c$, 0) ［ともに x 軸上の点］で，原点に対して対称であるから，楕円の方程式は $\dfrac{\boldsymbol{x}^2}{\boldsymbol{a}^2}+\dfrac{\boldsymbol{y}^2}{\boldsymbol{b}^2}=\mathbf{1}$ $(a>b>0)$ と表される。

(2) 楕円の方程式を $\boldsymbol{Ax^2+By^2=1}$ とすると，計算がらくになる。

例 48 円と楕円 ★☆☆☆☆

円 $x^2+y^2=4$ を次のように拡大または縮小すると，どのような曲線になるか。

(1) x 軸をもとにして y 軸方向に $\dfrac{1}{2}$ 倍に縮小

(2) y 軸をもとにして x 軸方向に 3 倍に拡大

指針 p. 206 基本事項 7 を参照。求める曲線は楕円になることを **軌跡についての問題を解く要領** で調べる。

1 円周上の点を Q(s, t) とし，点Qが移された点を P(x, y) として，s, t, x, y の関係式を作る。

2 つなぎの文字 s, t を消去 して，$\boldsymbol{x}$, $\boldsymbol{y}$ の関係式を導く。

検討 円 $x^2+y^2=a^2$ …… ① と 楕円 $\dfrac{x^2}{a^2}+\dfrac{y^2}{b^2}=1$ …… ② $(a>0,\ b>0)$ について，

楕円 ② は円 ① を x 軸をもとにして y 軸方向に $\dfrac{b}{a}$ 倍に拡大または縮小したもの である。

これは ① から $y=\pm\sqrt{a^2-x^2}$

② から $y=\pm\dfrac{b}{a}\sqrt{a^2-x^2}$

となることからもわかる。右の図で

$\boldsymbol{y_2=\dfrac{b}{a}y_1}$ (AA′ : BB′ $=a:b$)

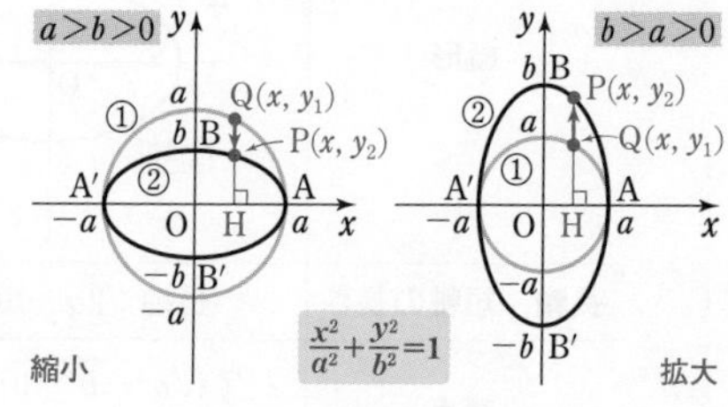

(注意) 円 ① を楕円 ② の **補助円** というが，補助円を利用すると，楕円に関する問題の計算を簡潔にできる場合がある。

例題 104 軌跡と放物線 ★★☆☆☆

円 $(x+3)^2+y^2=1$ に外接し，直線 $x=2$ に接するような円の中心Pの軌跡を求めよ。

◀例45

指針 CHART》 軌跡　軌跡上の点 $(x,\ y)$ の関係式を導く

点Pの座標を $(x,\ y)$ とし，円と直線に接する条件から，$x,\ y$ の関係式を導く。

① 2円が外接する ……**(中心間の距離)＝(半径の和)**

② 円と直線が接する ……**(中心と直線の距離)＝(半径)**

解答 円 $(x+3)^2+y^2=1$ の半径は1，中心をAとすると　A$(-3,\ 0)$

点Pの座標を $(x,\ y)$ とする。

◀ 軌跡上の点の座標を $(x,\ y)$ とする。

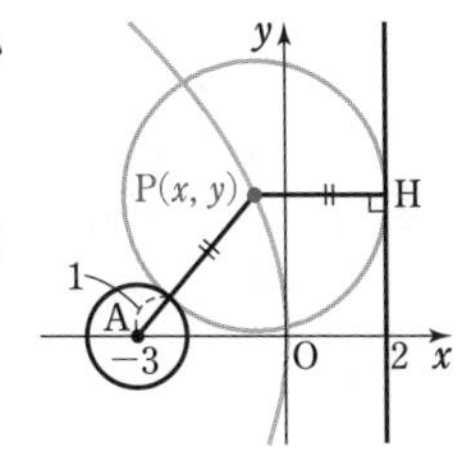

点Pから直線 $x=2$ に下ろした垂線をPHとすると，点Pは直線 $x=2$ の左側にあるから　$x<2$

よって　$\mathrm{PH}=2-x$

2円が外接するとき，$\mathrm{AP}=\mathrm{PH}+1$ であるから

◀ (中心間の距離)＝(半径の和)

$$\sqrt{(x+3)^2+y^2}=(2-x)+1$$

両辺を平方して　$(x+3)^2+y^2=(3-x)^2$

◀ x^2 の項と定数項は消し合う。

整理して　$y^2=-12x$

したがって，求める軌跡は

放物線 $y^2=-12x$

(注意) 上の解答では，逆の確認（軌跡上の点が条件を満たすことの確認）は省略した。このように，本書では軌跡の問題における逆の確認を省略することがある。

検討 例題において，2点P，A間の距離は点Pと直線 $x=3$ の距離に等しい。
したがって，放物線の定義により，点Pの軌跡は

焦点が点 A$(-3,\ 0)$，準線が直線 $x=3$ の放物線

であることがわかる。このことから $y^2=-12x$ を導いてもよい。　◀ $y^2=4\cdot(-3)x$

練習 104 次のような点Pの軌跡を求めよ。

(1) 点 $(5,\ 0)$ を通り，直線 $x=-5$ に接する円の中心P

(2) 半円 $x^2+y^2=9$，$y\geqq 0$ と x 軸の両方に接する円の中心P

例題 105 楕円と軌跡 ★★☆☆☆

長さ $l(>0)$ が一定の線分 AB があり，端点Aは x 軸上を，端点Bは y 軸上を動く。このとき，線分 AB を $m:n$ に内分する点Pの軌跡を求めよ。ただし，$m>0$，$n>0$，$m \neq n$ とする。

指針 点Aが x 軸上（点Bは y 軸上）を動くとき，それに伴って（連動して）動く点Pの軌跡である。⟶ **連動形**

CHART》 軌跡 1 軌跡上の点 (x, y) の関係式を導く
2 連動形なら　つなぎの文字を消去する

そこで，$A(s, 0)$，$B(0, t)$，$P(x, y)$ として，　◀ l，m，n と紛れないように，それ以外の文字を使う。
[1] $AB=l$ から　s，t の関係式
[2] Pが線分 AB を $m:n$ に内分する条件から　x と s，y と t の関係式
を作る。そして，つなぎの文字 s，t を消去 **して，x，y だけの関係式を導く**。

解答 $A(s, 0)$，$B(0, t)$ とする。

$AB=l$ であるから　$s^2+t^2=l^2$ ……①

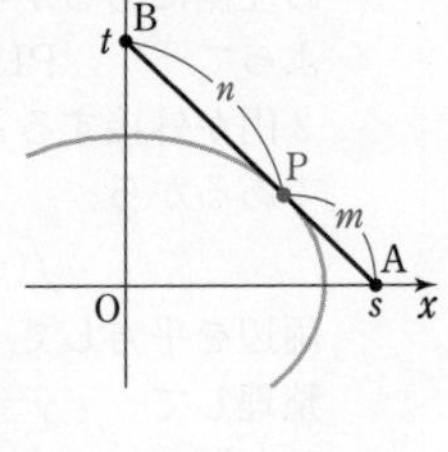

$P(x, y)$ とすると，点Pは線分 AB を $m:n$ に内分するから

$$x=\frac{n\cdot s+m\cdot 0}{m+n}=\frac{n}{m+n}s$$

$$y=\frac{n\cdot 0+m\cdot t}{m+n}=\frac{m}{m+n}t$$

よって　$s=\dfrac{m+n}{n}x$，$t=\dfrac{m+n}{m}y$

これを①に代入すると

$$\left(\frac{m+n}{n}x\right)^2+\left(\frac{m+n}{m}y\right)^2=l^2$$

◀ s，t を消去。

すなわち

$$\frac{x^2}{\left(\dfrac{n}{m+n}l\right)^2}+\frac{y^2}{\left(\dfrac{m}{m+n}l\right)^2}=1$$

◀ $m=n$ のとき，中心O，半径 $\dfrac{l}{2}$ の円を表す。

したがって，点Pの軌跡は

楕円 $$\frac{x^2}{\left(\dfrac{n}{m+n}l\right)^2}+\frac{y^2}{\left(\dfrac{m}{m+n}l\right)^2}=1$$

参考 例題と同様に考えると，線分 AB を $m:n$ $(m \neq n)$ に外分する点の軌跡は

$$\frac{x^2}{\left(\dfrac{n}{m-n}l\right)^2}+\frac{y^2}{\left(\dfrac{m}{m-n}l\right)^2}=1$$

◀ $s=-\dfrac{m-n}{n}x$，$t=\dfrac{m-n}{m}y$

で表される **楕円** になる。

練習 105 長さ2の線分 AB の端点Aは x 軸上を，端点Bは y 軸上を動く。このとき，線分 AB の延長上に $BP=1$ となるようにとった点Pの軌跡を求めよ。

例題 106 楕円と円の伸縮 ★★☆☆☆

長軸の長さが $2a$ の楕円において，中心をO，短軸を BB′ とする。この楕円の B, B′ 以外の周上の点をPとし，BP, B′P と長軸またはその延長との交点をそれぞれ Q, R とすると，$OQ \cdot OR = a^2$ である。円を用いて，このことを証明せよ。

指針 楕円は円を拡大または縮小したもの ととらえると，円の性質から楕円の性質を導けることがある。

特に $\quad \dfrac{x^2}{a^2}+\dfrac{y^2}{b^2}=1 \rightleftarrows x^2+y^2=a^2$

と考えると，x 軸上の点は動かない。

したがって，例題の 3 点 O, Q, R は動かない。

そこで，円について，$OQ \cdot OR = a^2$ を証明する。

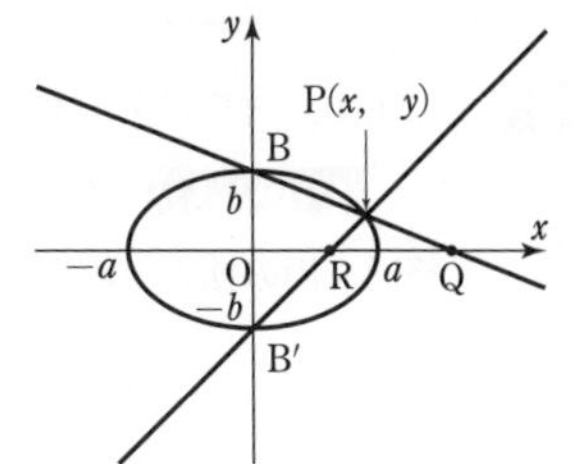

CHART 》楕 円

楕円は伸び縮みで　円くなる

解答 楕円の方程式を $\dfrac{x^2}{a^2}+\dfrac{y^2}{b^2}=1\ (a>b>0)$ とする。

この楕円を y 軸方向に $\dfrac{a}{b}$ 倍に拡大すると円

$x^2+y^2=a^2$ に移り，x 軸上の 3 点 O, Q, R は動かない。

このとき，点Pは円周上の点 P′ に移り，2 点 B, B′ がそれぞれ 2 点 C, C′ に移るとする。

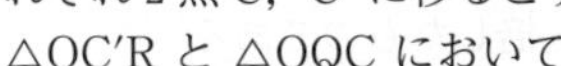

△OC′R と △OQC において

$\angle C'OR = \angle QOC = 90^\circ$,

$\angle OC'R = \angle CC'P' = 90^\circ - \angle C'CP' = \angle OQC$

◀ 2 組の角がそれぞれ等しい。

ゆえに　　△OC′R∽△OQC

よって　　OR : OC′ = OC : OQ

したがって　　$OQ \cdot OR = OC \cdot OC' = a^2$

◀ $OC = OC' = a$

参考 $P(x_1,\ y_1)$ として，直接導くこともできる。

直線 BP, B′P の方程式 $(y_1-b)x-x_1(y-b)=0$, $(y_1+b)x-x_1(y+b)=0$ から

$Q\left(\dfrac{bx_1}{b-y_1},\ 0\right)$, $R\left(\dfrac{bx_1}{b+y_1},\ 0\right)$ 　　また，$\dfrac{x_1{}^2}{a^2}+\dfrac{y_1{}^2}{b^2}=1$ から　$b^2x_1{}^2=a^2(b^2-y_1{}^2)$

したがって　　$OQ \cdot OR = \dfrac{b^2x_1{}^2}{b^2-y_1{}^2} = \dfrac{a^2(b^2-y_1{}^2)}{b^2-y_1{}^2} = a^2$

練習 106 楕円 $\dfrac{x^2}{a^2}+\dfrac{y^2}{b^2}=1\ (a>b>0)$ と直線 $y=mx+n$ の共有点が 1 個であるとき，$n^2=a^2m^2+b^2$ である。円を用いて，このことを証明せよ。

重要例題 107　楕円に内接する四角形　★★★★☆

(1)　円に内接する四角形のうちで面積が最大となるものは正方形であることを証明せよ。

(2)　楕円 E：$\dfrac{x^2}{a^2}+\dfrac{y^2}{b^2}=1$ $(a>b>0)$ に内接する四角形の面積の最大値を求めよ。

〔類　長岡技科大〕 ◀例題106

指針

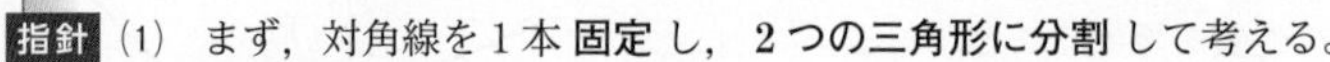

(1)　まず，対角線を1本**固定**し，**2つの三角形に分割**して考える。

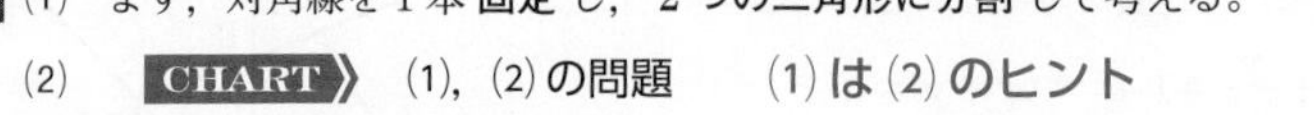

(2)　**CHART》**　(1)，(2)の問題　**(1)は(2)のヒント**

楕円を円の拡大・縮小ととらえると，(1)が利用できる。

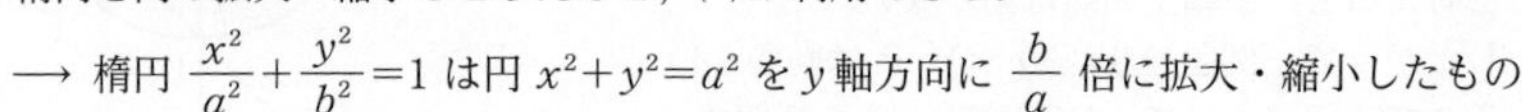

⟶ 楕円 $\dfrac{x^2}{a^2}+\dfrac{y^2}{b^2}=1$ は円 $x^2+y^2=a^2$ を y 軸方向に $\dfrac{b}{a}$ 倍に拡大・縮小したもの

解答

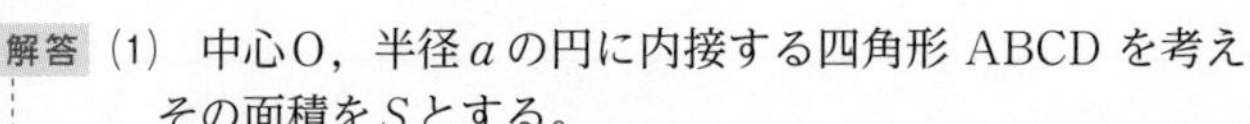

(1)　中心O，半径 a の円に内接する四角形 ABCD を考え，その面積を S とする。

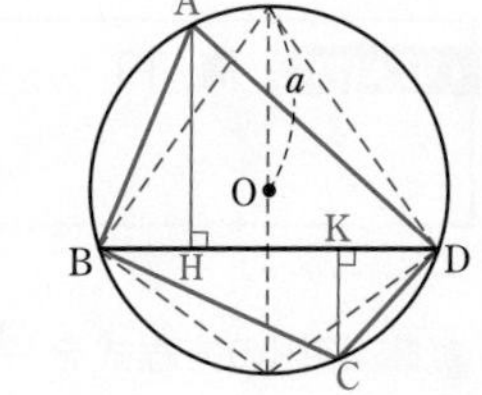

頂点A，Cから対角線 BD に垂線 AH，CK を引く。

対角線 BD を固定して考えると，△ABD，△CBD の面積は直線 AH，CK が中心Oを通るとき，それぞれ最大になり，そのとき　$\mathrm{AH}+\mathrm{CK}=2a$

このとき　$S=\dfrac{1}{2}\cdot\mathrm{BD}\cdot 2a=a\mathrm{BD}$

a は一定であるから，S が最大となるのは線分 BD の長さが最大のとき，すなわち，線分 BD が四角形 ABCD の外接円の直径になるときである。

このとき，$\mathrm{AC}\perp\mathrm{BD}$ かつ $\mathrm{AC}=\mathrm{BD}$ であるから，四角形 ABCD は正方形である。

(2)　楕円 E は円 C：$x^2+y^2=a^2$ を y 軸方向に $\dfrac{b}{a}$ 倍したものである。

また，一般に，四角形を y 軸方向に $\dfrac{b}{a}$ 倍したとき，その面積は $\dfrac{b}{a}$ 倍される。

よって，円 C に内接する四角形を y 軸方向に $\dfrac{b}{a}$ 倍すると，その四角形は楕円 E に内接し，面積は $\dfrac{b}{a}$ 倍される。

ゆえに，楕円 E に内接する四角形のうち面積が最大のものは，円 C に内接する正方形 D を y 軸方向に $\dfrac{b}{a}$ 倍して得られる四角形である。

正方形 D の対角線の長さは(1)より，$2a$ であるから，D の面積は　$\dfrac{1}{2}\cdot(2a)^2=2a^2$

よって，求める四角形の面積の最大値は　$2a^2\times\dfrac{b}{a}=\boldsymbol{2ab}$

(注意)　楕円に関する面積は，数学Ⅲ第6章「積分法の応用」の内容を用いて求めることもできるが，上の例題のように円を利用して求める方が早いケースがある。

練習 107　楕円 $\dfrac{x^2}{3}+y^2=1$ で囲まれた部分と楕円 $x^2+\dfrac{y^2}{3}=1$ で囲まれた部分の共通部分の面積 S を求めよ。

重要例題 108 楕円と最大・最小 ★★★★☆

楕円 $\frac{x^2}{4}+\frac{y^2}{3}=1$ の周上で $y\geqq0$ の部分を L とする。また，2つの円 $(x-1)^2+y^2=1$，$(x+1)^2+y^2=1$ の周上で $y\leqq0$ の部分をそれぞれ M，N とする。このとき，L，M，N 上のそれぞれの動点 P，Q，R に対して PQ+PR の最大値を求めよ。 〔東京工大〕

指針 図形が L，M，N とあり，動点も P，Q，R と多い。$\mathrm{P}(x_1,\ y_1)$，$\mathrm{Q}(x_2,\ y_2)$，$\mathrm{R}(x_3,\ y_3)$ として，計算だけでは大変。このようなときは，次の方針で進めるとよい。

[1] 図をかいて，問題の意味をつかむ。

[2] 図形の特徴を探す。

[3] 特徴を活かして計算をらくにする。

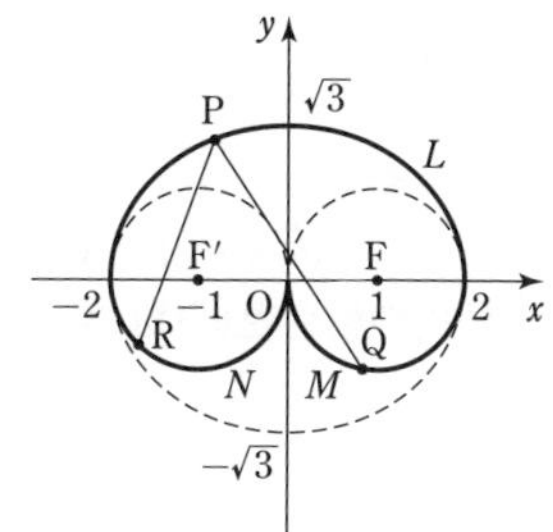

図形の特徴を探し出してみると

① 円周上の点に関する距離の最大・最小
　⟶ **円の中心と結ぶ**

② 円の中心 (1, 0)，(−1, 0) が楕円の焦点 F，F′
　⟶ FP+F′P=長軸の長さ

③ 2点 A，B 間の最短経路は **線分 AB** である。
　⟶ PQ≦PF+FQ，PR≦PF′+F′R

解答 楕円 $\frac{x^2}{4}+\frac{y^2}{3}=1$ の焦点を F，F′ とすると

$$\mathrm{FP}+\mathrm{F'P}=4$$

$\sqrt{2^2-(\sqrt{3})^2}=1$ であるから　F(1, 0)，F′(−1, 0)

F，F′ はそれぞれ半円 M，N の中心で

$$\mathrm{FQ}=1,\ \mathrm{F'R}=1$$

よって　$\mathrm{PQ}+\mathrm{PR}\leqq\mathrm{PF}+\mathrm{FQ}+\mathrm{PF'}+\mathrm{F'R}$ …①

$=(\mathrm{PF}+\mathrm{PF'})+\mathrm{FQ}+\mathrm{F'R}$

$=4+1+1=6$

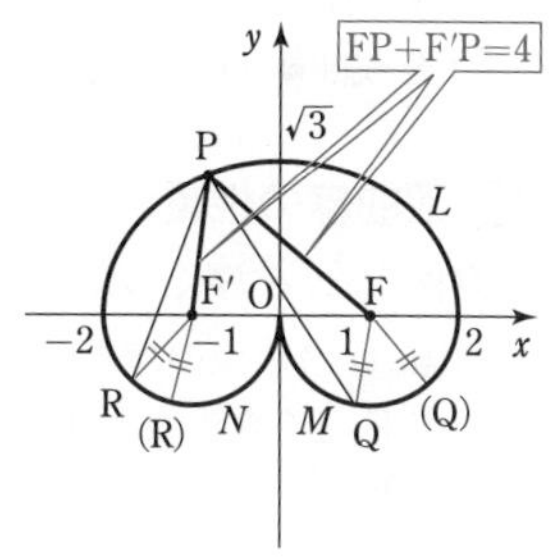

① における等号は，3点 P，F，Q および3点 P，F′，R がそれぞれこの順に一直線上にあるときに成り立つ。

したがって，PQ+PR の最大値は　**6**

CHART》折れ線の問題

折れ線は　直線にのばす

練習 108 $a\geqq0$，$b\geqq0$ を満たす点 $\mathrm{P}(a,\ b)$ がある。原点を O とするとき，楕円 $\frac{x^2}{3}+\frac{y^2}{16}=1$ の $x\geqq0$，$y\geqq0$ の部分と線分 OP を直径とする円とが交わる点を $\mathrm{Q}(s,\ t)$ とする。PQ=1 かつ $s\geqq a$ となる △OPQ の面積の最大値を求めよ。

〔類 名古屋市大〕 ➡p. 264 演習 47

19 双曲線

《基本事項》

1 双曲線の方程式

異なる2定点F, F′からの距離の差が0でない一定値である点Pの軌跡を **双曲線** といい，定点F, F′を双曲線の **焦点** という。ただし，距離の差は線分FF′の長さより小さいものとする。

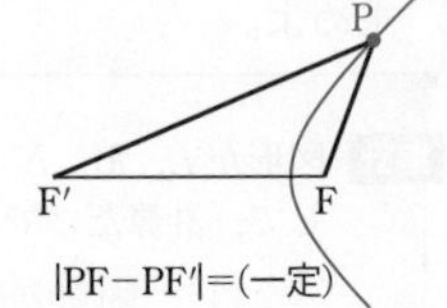

2定点 $F(c,\ 0)$, $F'(-c,\ 0)$ $[c>0]$ を焦点とし，この2点からの距離の差が $2a$ である双曲線の方程式を求めてみよう。

ただし，$c>a>0$ とする。

双曲線上の点を $P(x,\ y)$ とすると，$PF-PF'=\pm 2a$

であるから

$$\sqrt{(x-c)^2+y^2}-\sqrt{(x+c)^2+y^2}=\pm 2a$$

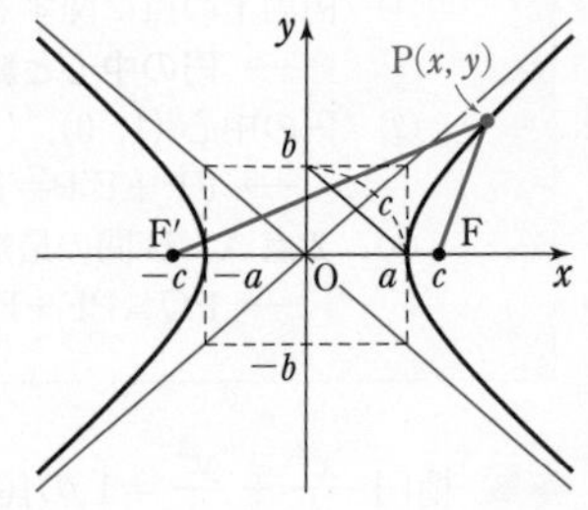

楕円の場合と同様に変形すると

$$(c^2-a^2)x^2-a^2y^2=a^2(c^2-a^2)$$

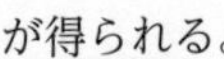

$c^2>a^2$ であるから，$\sqrt{c^2-a^2}=b$ とおくと

$$\boldsymbol{\frac{x^2}{a^2}-\frac{y^2}{b^2}=1} \quad \cdots\cdots ①$$

が得られる。

①を双曲線の方程式の **標準形** という。

2 双曲線の性質

方程式①を導くのに $\sqrt{c^2-a^2}=b$ とおいたから，$c=\sqrt{a^2+b^2}$ である。したがって，双曲線①の焦点の座標は　$\mathbf{F}(\sqrt{a^2+b^2},\ 0)$, $\mathbf{F}'(-\sqrt{a^2+b^2},\ 0)$　となる。

2点F, F′を焦点とする双曲線において，直線FF′を **主軸**，主軸と双曲線との2つの交点を **頂点**，線分FF′の中点（標準形の場合は原点）を双曲線の **中心** という。

双曲線①は x 軸，y 軸，原点に関して対称である。

3 双曲線の漸近線

①を y について解くと　　$y=\pm\dfrac{b}{a}\sqrt{x^2-a^2}$　　よって　　$y=\pm\dfrac{b}{a}x\sqrt{1-\dfrac{a^2}{x^2}}$

ここで x が限りなく大きくなると，y は $\pm\dfrac{b}{a}x$ に限りなく近づく。x が負で，その絶対値が限りなく大きくなるときも同じである。

よって，2直線 $y=\dfrac{b}{a}x$, $y=-\dfrac{b}{a}x$ は双曲線①の **漸近線**（曲線が一定の直線に近づくときのその直線）である。この漸近線は，①の右辺の1を0とした $\dfrac{x^2}{a^2}-\dfrac{y^2}{b^2}=0$ すなわち $\left(\dfrac{x}{a}-\dfrac{y}{b}\right)\left(\dfrac{x}{a}+\dfrac{y}{b}\right)=0$ の表す2直線でもある。

双曲線 $\boldsymbol{\dfrac{x^2}{a^2}-\dfrac{y^2}{b^2}=1}$ の性質　ただし，$a>0$，$b>0$

1. 中心は **原点**，頂点は 2 点 $(\boldsymbol{a},\ \boldsymbol{0})$，$(\boldsymbol{-a},\ \boldsymbol{0})$
2. 焦点は 2 点 $(\boldsymbol{\sqrt{a^2+b^2}},\ \boldsymbol{0})$，$(\boldsymbol{-\sqrt{a^2+b^2}},\ \boldsymbol{0})$
3. 双曲線は x 軸，y 軸，原点に関して対称である。
4. 漸近線は 2 直線 $\boldsymbol{\dfrac{x}{a}-\dfrac{y}{b}=0}$，$\boldsymbol{\dfrac{x}{a}+\dfrac{y}{b}=0}$
5. 双曲線上の点から 2 つの焦点までの距離の差は $\boldsymbol{2a}$

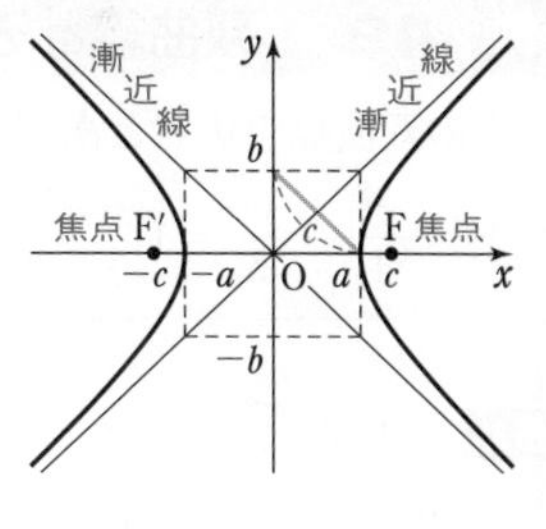

補足　漸近線の方程式は，$\dfrac{x}{a}\pm\dfrac{y}{b}=0$ $\left(または\ y=\pm\dfrac{b}{a}x\right)$ としてもよい。

4 焦点が y 軸上にある双曲線

$\dfrac{x^2}{b^2}-\dfrac{y^2}{a^2}=1$ において，x と y を入れ替えると

$$\frac{y^2}{b^2}-\frac{x^2}{a^2}=1 \quad すなわち \quad \frac{x^2}{a^2}-\frac{y^2}{b^2}=-1$$

ゆえに，曲線 $\dfrac{x^2}{a^2}-\dfrac{y^2}{b^2}=-1$ …… ② は，直線 $y=x$ に関して双曲線 $\dfrac{x^2}{b^2}-\dfrac{y^2}{a^2}=1$ と対称である。

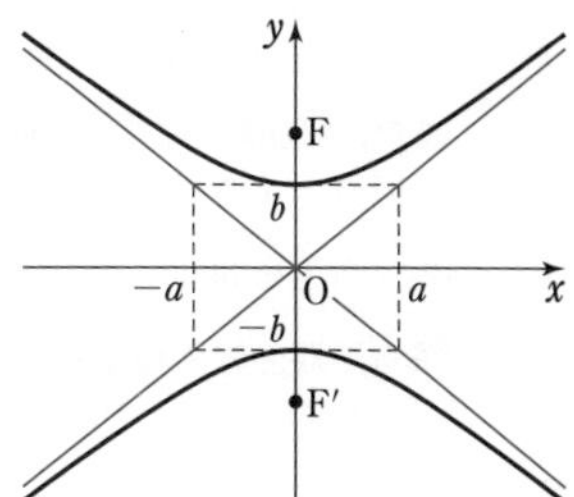

よって，曲線 ② は y 軸上の 2 点

$$\mathbf{F}(0,\ \sqrt{a^2+b^2}),\ \mathbf{F}'(0,\ -\sqrt{a^2+b^2})$$

を焦点とする双曲線であり，

頂点は　2 点 $(0,\ b)$，$(0,\ -b)$，

漸近線は　2 直線 $\dfrac{x}{a}-\dfrac{y}{b}=0$，$\dfrac{x}{a}+\dfrac{y}{b}=0$

である。

また，双曲線 ② 上の点から 2 つの焦点までの距離の差は $2b$ である。

5 直角双曲線

双曲線 $\boldsymbol{x^2-y^2=a^2}$ の漸近線は 2 直線 $x-y=0$，$x+y=0$ であり，これらは直交している。このように，直交する漸近線をもつ双曲線を **直角双曲線** という。

曲線 $y=\dfrac{k}{x}$ も直角双曲線であり，漸近線は x 軸 $(y=0)$，y 軸 $(x=0)$ である。

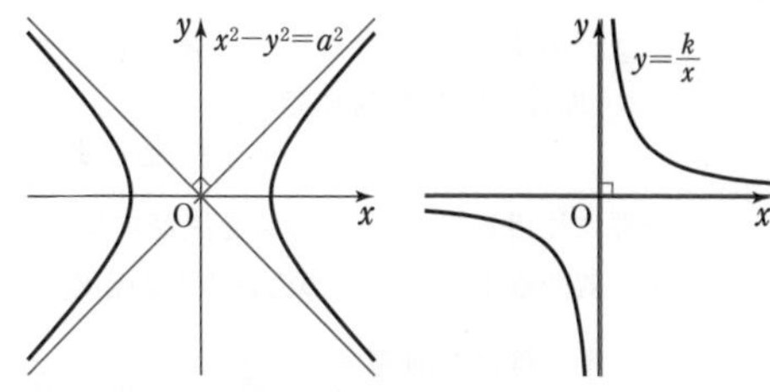

例 49 双曲線とその概形 ★☆☆☆☆

次の双曲線の焦点と漸近線を求めよ。また，その概形をかけ。

(1) $\dfrac{x^2}{4}-\dfrac{y^2}{5}=1$ (2) $25x^2-144y^2=-3600$

指針 双曲線 $\dfrac{x^2}{a^2}-\dfrac{y^2}{b^2}=1$ …… ①，$\dfrac{x^2}{a^2}-\dfrac{y^2}{b^2}=-1$ …… ② $(a>0,\ b>0)$ の焦点，漸近線は次のようになる。また，双曲線①と双曲線②を**互いに共役な双曲線**（$p.217$ **検討** 参照）といい，これらは漸近線を共有し，どの焦点も原点から等しい距離にある。

距離は $\sqrt{a^2+b^2}$

双曲線	焦点	漸近線
①	2点 $(\sqrt{a^2+b^2},\ 0)$，$(-\sqrt{a^2+b^2},\ 0)$ … x軸上	2直線 $\dfrac{x}{a}-\dfrac{y}{b}=0$，$\dfrac{x}{a}+\dfrac{y}{b}=0$
②	2点 $(0,\ \sqrt{a^2+b^2})$，$(0,\ -\sqrt{a^2+b^2})$ … y軸上	

双曲線①の $=1$，②の $=-1$ を $=0$ に替えたものと同値

また，双曲線①，②の概形をかくときは，4点 $(a,\ b)$，$(a,\ -b)$，$(-a,\ b)$，$(-a,\ -b)$ を頂点とする長方形を点線でかくと，かきやすくなる。

(2) 両辺を 3600 で割って，**$=-1$ の形** に直す。

(注意) 双曲線の概形をかくときには，漸近線もかくこと。

例 50 双曲線の方程式 ★★☆☆☆

次のような双曲線の方程式を求めよ。

(1) 2点 $(\sqrt{7},\ 0)$，$(-\sqrt{7},\ 0)$ を焦点とし，焦点からの距離の差が 4

(2) 2点 $(0,\ 3)$，$(0,\ -3)$ を焦点とし，漸近線が2直線 $y=\dfrac{1}{\sqrt{2}}x$，$y=-\dfrac{1}{\sqrt{2}}x$

指針 焦点の位置に注目すると，求める双曲線の方程式は，次のように表される。

2つの **焦点が** 原点に関して対称で
- x 軸上 にある ⟶ $\boldsymbol{\dfrac{x^2}{a^2}-\dfrac{y^2}{b^2}=1}$ $(a>0,\ b>0)$ …… (1)
- y 軸上 にある ⟶ $\boldsymbol{\dfrac{x^2}{a^2}-\dfrac{y^2}{b^2}=-1}$ $(a>0,\ b>0)$ …… (2)

条件に注目して，a，b の値を決定する。

(1) 双曲線上の点と2つの焦点との距離の差は $2a$ であるから $2a=4$

(2) 漸近線は2直線 $\dfrac{x}{a}-\dfrac{y}{b}=0$，$\dfrac{x}{a}+\dfrac{y}{b}=0$ すなわち $y=\dfrac{b}{a}x$，$y=-\dfrac{b}{a}x$ であるから，

問題の漸近線の条件より $\dfrac{b}{a}=\dfrac{1}{\sqrt{2}}$

例題 109 共役な双曲線 ★★☆☆☆

漸近線が2直線 $y=\sqrt{3}x$, $y=-\sqrt{3}x$ で，2つの焦点間の距離が4であるような双曲線の方程式を求めよ。

◀例50

指針 焦点の座標などが与えられていないから，求める方程式の形を決めることができない。

よって，$\boldsymbol{\dfrac{x^2}{a^2}-\dfrac{y^2}{b^2}=1}$, $\boldsymbol{\dfrac{x^2}{a^2}-\dfrac{y^2}{b^2}=-1}$ $(a>0,\ b>0)$ の両方の場合を考える。

解答 漸近線である2直線 $y=\sqrt{3}x$, $y=-\sqrt{3}x$ が原点で交わるから，求める双曲線の方程式は，$a>0$, $b>0$ として，

$\dfrac{x^2}{a^2}-\dfrac{y^2}{b^2}=1$ …… ① または $\dfrac{x^2}{a^2}-\dfrac{y^2}{b^2}=-1$ …… ②

と表される。

①, ② のどちらの場合も，漸近線は2直線 $\dfrac{x}{a}-\dfrac{y}{b}=0$,

$\dfrac{x}{a}+\dfrac{y}{b}=0$ であるから　　$\dfrac{b}{a}=\sqrt{3}$

よって　　$b=\sqrt{3}a$ …… ③

①, ② のどちらの場合も，2つの焦点間の距離は $2\sqrt{a^2+b^2}$

であるから　　$2\sqrt{a^2+b^2}=4$

ゆえに　　$a^2+b^2=4$ …… ④

③, ④ を連立して解くと

$a=1$, $b=\sqrt{3}$

よって，求める双曲線の方程式は，①, ② から

$$\boldsymbol{x^2-\frac{y^2}{3}=1} \quad \text{または} \quad \boldsymbol{x^2-\frac{y^2}{3}=-1}$$

◀ ① の場合，焦点は2点 $(\sqrt{a^2+b^2},\ 0)$, $(-\sqrt{a^2+b^2},\ 0)$
② の場合，焦点は2点 $(0,\ \sqrt{a^2+b^2})$, $(0,\ -\sqrt{a^2+b^2})$

検討 双曲線 $\dfrac{x^2}{a^2}-\dfrac{y^2}{b^2}=1$ …… ① と $\dfrac{x^2}{a^2}-\dfrac{y^2}{b^2}=-1$ …… ② を**共役な双曲線**という。これらは漸近線を共有し，どの焦点も中心から等しい距離 $(\sqrt{a^2+b^2})$ にある。

また，4つの焦点 $(\sqrt{a^2+b^2},\ 0)$, $(-\sqrt{a^2+b^2},\ 0)$, $(0,\ \sqrt{a^2+b^2})$, $(0,\ -\sqrt{a^2+b^2})$ と4点 $(a,\ b)$, $(a,\ -b)$, $(-a,\ b)$, $(-a,\ -b)$ はすべて，円 $x^2+y^2=a^2+b^2$ 上にある。

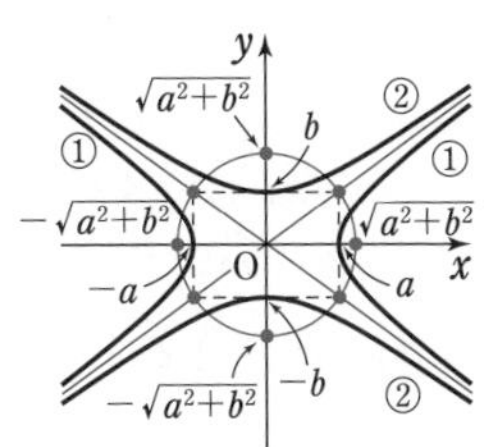

練習 109 次のような双曲線の方程式を求めよ。

(1) 漸近線が2直線 $y=\dfrac{1}{2}x$, $y=-\dfrac{1}{2}x$ で，2つの焦点間の距離が10

(2) 漸近線が2直線 $y=2x$, $y=-2x$ で，焦点からの距離の差が4

(3) 漸近線が2直線 $y=x$, $y=-x$ で，2つの頂点間の距離が $2\sqrt{5}$

例題 110 双曲線と軌跡 ★★☆☆☆

2 つの円 $C_1:(x+5)^2+y^2=36$ と円 $C_2:(x-5)^2+y^2=4$ に外接する円Cの中心の軌跡を図示せよ。

◀例題 105

指針 円Cの中心を$\mathrm{P}(x,\ y)$とし，CがC_1，C_2に外接する条件を式に表してみる。

2 円が外接する $\Longleftrightarrow$ (中心間の距離)=(半径の和)

円Cの半径をrとし，円C_1，C_2の中心をそれぞれ F，F′ とすると

円Cと円C_1が外接 $\longrightarrow$ $\mathrm{PF}=r+6$，　円Cと円C_2が外接 $\longrightarrow$ $\mathrm{PF}'=r+2$

よって　$\mathrm{PF}-\mathrm{PF}'=4$ $\longrightarrow$ 2 定点 F，F′ からの **距離の差が一定**

したがって，P は 2 点 F，F′ を焦点とする **双曲線** 上にあることがわかる。

解答 円Cの中心を P，半径をrとする。

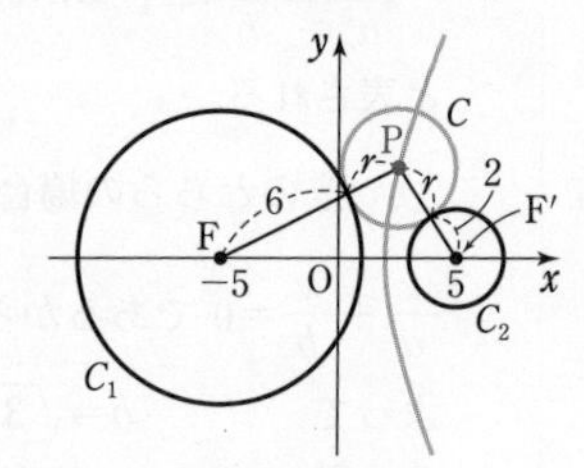

円C_1の半径は 6 であり，中心 $(-5,\ 0)$ を F とする。
円C_2の半径は 2 であり，中心 $(5,\ 0)$ を F′ とする。
2 円C，C_1が外接するから　　$\mathrm{PF}=r+6$　…… ①
2 円C，C_2が外接するから　　$\mathrm{PF}'=r+2$　…… ②
よって，$\mathrm{PF}-\mathrm{PF}'=4$ であるから，点 P は 2 点 $\mathrm{F}(-5,\ 0)$，$\mathrm{F}'(5,\ 0)$ を焦点とし，焦点からの距離の差が 4 の双曲線上にある。

この双曲線の方程式を $\dfrac{x^2}{a^2}-\dfrac{y^2}{b^2}=1$ $(a>0,\ b>0)$ とする。

焦点の座標から　　$a^2+b^2=5^2$　　◀ 焦点 $(\sqrt{a^2+b^2},\ 0)$, $(-\sqrt{a^2+b^2},\ 0)$

焦点からの距離の差から　　$2a=4$

ゆえに　　$a=2$

よって　　$b^2=25-a^2=21$

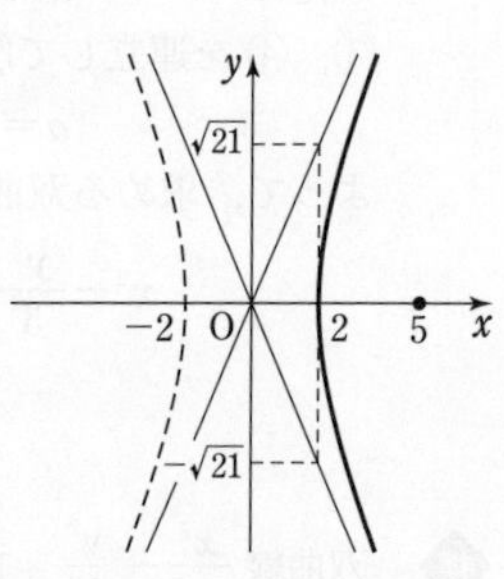

したがって，点 P の軌跡は　　双曲線 $\dfrac{x^2}{4}-\dfrac{y^2}{21}=1$

ただし，$\mathrm{PF}>\mathrm{PF}'$ であるから　　$x>0$

これを図示すると，**右の図の実線部分** のようになる。

補足 $\mathrm{PF}>\mathrm{PF}'>0$ であるから　　$\mathrm{PF}^2>\mathrm{PF}'^2$
$\mathrm{P}(x,\ y)$ とすると　　$(x+5)^2+y^2>(x-5)^2+y^2$
よって，$x>0$ となることがわかる。

別解 $\mathrm{P}(x,\ y)$ とすると，①，② から　　◀ **CHART** 軌跡上の点 $(x,\ y)$ の関係式を導く

$$(x+5)^2+y^2=(r+6)^2,\quad (x-5)^2+y^2=(r+2)^2 \quad \cdots\cdots ③$$

辺々引いて　$r=\dfrac{5x-8}{2}$　　これを ③ に代入すると $\dfrac{x^2}{4}-\dfrac{y^2}{21}=1$ が得られる。

練習 110 点 $(3,\ 0)$ を通り，円 $(x+3)^2+y^2=4$ と互いに外接する円Cの中心の軌跡を求めよ。

➡ p. 264 演習 46

例題 111 曲線上の点と定点の距離の最小値 ★★★☆☆

a を正の数とする。xy 平面において，点 $\mathrm{A}(a,\ 0)$ をとり，C_1 を双曲線 $x^2-4y^2=-4$ とし，C_2 を双曲線 $x^2-4y^2=4$ とする。〔類 岡山大〕

(1) 点Pが C_1 上にあるとき，AP を最小にする点Pとその最小値を求めよ。

(2) 点Pが C_2 上にあるとき，AP を最小にする点Pとその最小値を求めよ。

指針 **距離は 2 乗して扱う** に従い，$\mathrm{P}(x,\ y)$ として，AP^2 を計算する。y^2 を消去すると，AP^2 は x の **2 次式** で表されるから，**基本形に直す**。

(2) 2 つの双曲線の頂点は点 $(\pm 2,\ 0)$ であるから，x のとりうる値の範囲に注意。

CHART》 2 次式は 基本形 $a(x-p)^2+q$ に直す

解答 (1) 双曲線 C_1 上の点Pの座標を $(x,\ y)$ とすると，x はすべての実数値をとりうる。

$x^2-4y^2=-4$ から　$y^2=\dfrac{1}{4}x^2+1$ …… ①

ゆえに　$\mathrm{AP}^2=(x-a)^2+y^2=x^2-2ax+a^2+\left(\dfrac{1}{4}x^2+1\right)$

$=\dfrac{5}{4}x^2-2ax+a^2+1=\dfrac{5}{4}\left(x-\dfrac{4}{5}a\right)^2+\dfrac{1}{5}a^2+1$

よって，AP^2 は $x=\dfrac{4}{5}a$ のとき最小値 $\dfrac{1}{5}a^2+1$ をとる。

$\mathrm{AP}>0$ であるから，AP^2 が最小のとき AP も最小となる。

$x=\dfrac{4}{5}a$ のとき，① より $y^2=\dfrac{4}{25}a^2+1$ であるから　$y=\pm\sqrt{\dfrac{4}{25}a^2+1}$

したがって，AP を最小にする点の座標とその最小値は，次のようになる。

$$\mathbf{P}\left(\frac{4}{5}a,\ \pm\sqrt{\frac{4}{25}a^2+1}\right) \text{ のとき最小値 } \sqrt{\frac{1}{5}a^2+1}$$

(2) 双曲線 C_2 上の点Pの座標を $(x,\ y)$ とすると，$x^2-4=4y^2\geqq 0$ から

$x\leqq -2,\ 2\leqq x$ であり，$x^2-4y^2=4$ から　$y^2=\dfrac{1}{4}x^2-1$ …… ②

ゆえに　$\mathrm{AP}^2=(x-a)^2+y^2=x^2-2ax+a^2+\left(\dfrac{1}{4}x^2-1\right)$

$=\dfrac{5}{4}x^2-2ax+a^2-1=\dfrac{5}{4}\left(x-\dfrac{4}{5}a\right)^2+\dfrac{1}{5}a^2-1$

[1] $0<\dfrac{4}{5}a\leqq 2$ すなわち $0<a\leqq\dfrac{5}{2}$ のとき

$x\leqq -2,\ 2\leqq x$ の範囲において，AP^2 は $x=2$ のとき最小値 $a^2-4a+4=(a-2)^2$ をとる。

$\mathrm{AP}>0$ であるから，AP^2 が最小のとき AP も最小となり，その最小値は $|a-2|$

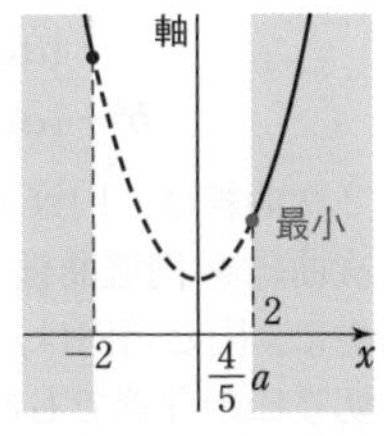

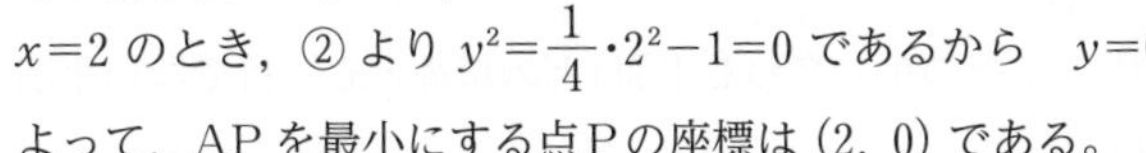

$x=2$ のとき，② より $y^2=\dfrac{1}{4}\cdot 2^2-1=0$ であるから　$y=0$

よって，AP を最小にする点Pの座標は $(2,\ 0)$ である。

[2]　$2<\frac{4}{5}a$ すなわち $\frac{5}{2}<a$ のとき

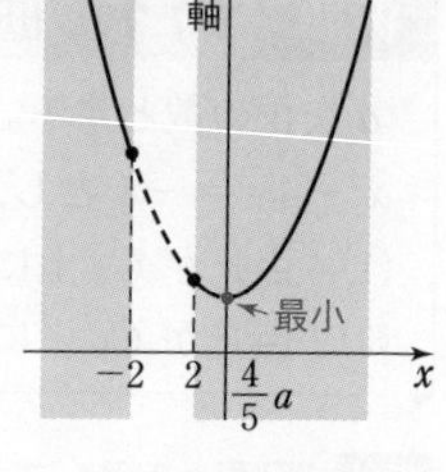

$x\leqq-2,\ 2\leqq x$ の範囲において，AP^2 は $x=\frac{4}{5}a$ のとき最小値 $\frac{1}{5}a^2-1$ をとる。

$\mathrm{AP}>0$ であるから，AP^2 が最小のとき AP も最小となり，その最小値は　$\sqrt{\frac{1}{5}a^2-1}$

$x=\frac{4}{5}a$ のとき，② より $y^2=\frac{4}{25}a^2-1$ であるから　　$y=\pm\sqrt{\frac{4}{25}a^2-1}$

よって，AP を最小にする点Pの座標は，$\left(\frac{4}{5}a,\ \pm\sqrt{\frac{4}{25}a^2-1}\right)$ である。

[1]，[2] から，AP を最小にする点Pの座標とその最小値は，次のようになる。

$0<a\leqq\frac{5}{2}$ のとき　P$(2,\ 0)$ で最小値 $|a-2|$，

$\frac{5}{2}<a$ のとき　P$\left(\frac{4}{5}a,\ \pm\sqrt{\frac{4}{25}a^2-1}\right)$ で最小値 $\sqrt{\frac{1}{5}a^2-1}$

練習 111　楕円 $C:\frac{x^2}{10}+\frac{y^2}{6}=1$ 上の点 $\mathrm{P}(x,\ y)$ と定点 $\mathrm{A}(2a,\ 0)$ との距離の最小値が 2 であるとき，定数 a の値を求めよ。ただし，$a>0$ とする。

参考　2次曲線と円錐曲線

円，楕円，双曲線，放物線は，座標平面で考えると，$x,\ y$ の 2 次方程式 $x^2+y^2=r^2,\quad \frac{x^2}{a^2}+\frac{y^2}{b^2}=1,\quad \frac{x^2}{a^2}-\frac{y^2}{b^2}=1,$ $y^2=4px$ などで表される。

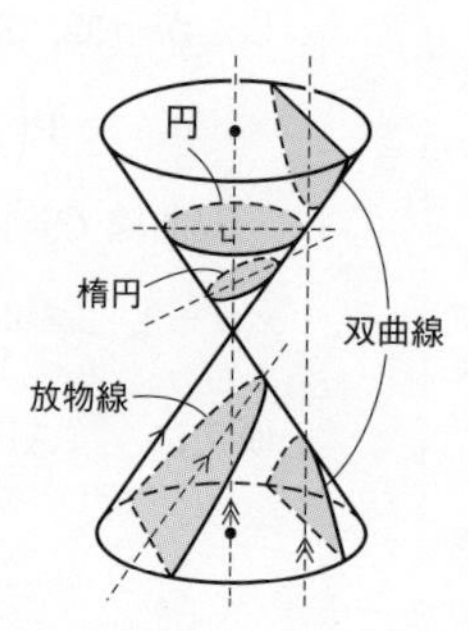

円，楕円，双曲線，放物線をまとめて **2次曲線** という。

2 次曲線は，一般に $x,\ y$ の 2 次方程式

$$\boldsymbol{ax^2+bxy+cy^2+dx+ey+f=0}$$

で表される。

この方程式が 2 次曲線を表すとき，次のように分類されることが知られている。

$b^2-4ac<0 \iff$ 楕円　　特に　$a=c,\ b=0 \iff$ 円

$b^2-4ac=0 \iff$ 放物線　　$b^2-4ac>0 \iff$ 双曲線

2 次曲線は，円錐をその頂点を通らない平面で切った切り口の曲線である。そのため，2 次曲線を **円錐曲線** ともいう。

更に，円と楕円は，直円柱をその軸と交わる平面（どの母線とも平行でない平面）で切った切り口の曲線でもある。

円錐と 2 次曲線

前ページでも述べたように，円錐を，その頂点を通らない平面 π で切った切り口は 2 次曲線になる。円錐に内接し，平面 π にも接する球を考えると，その球と平面の接点が切り口の 2 次曲線の **焦点** になる。

① 楕円

図 1 のように，円錐を平面 π で切ったとき。
円錐と平面 π に接する 2 つの球を考えて，平面 π との接点を F，F′ とする。
また，切り口の曲線上の点を P とし，母線 OP と 2 つの球の接点をそれぞれ M，M′ とする。
PF，PM はともに球の接線であるから

$$\mathrm{PF}=\mathrm{PM}$$

もう 1 つの球についても　$\mathrm{PF'}=\mathrm{PM'}$
2 つの球は平面 π に関して反対側にあるから

$$\mathrm{PF}+\mathrm{PF'}=\mathrm{PM}+\mathrm{PM'}=\mathrm{MM'}\ (\text{一定})$$

よって，点 P は F，F′ を焦点とする楕円上にある。

図 1

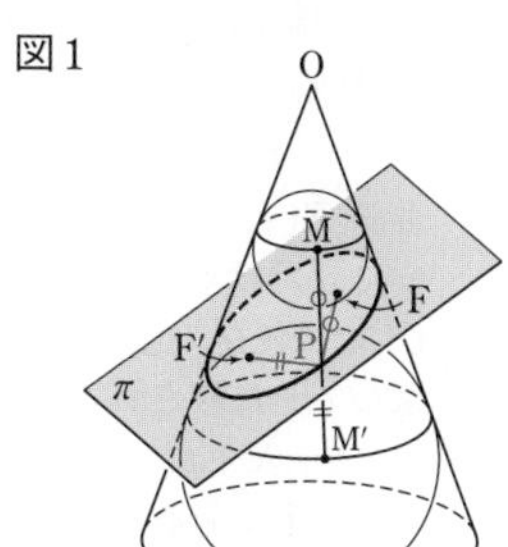

② 双曲線

図 2 のように，上下 2 つの円錐を平面 π で切ったとき。
楕円の場合と同じように考えると，2 つの球は平面 π に関して同じ側にあり

$$|\mathrm{PF}-\mathrm{PF'}|=|\mathrm{PM}-\mathrm{PM'}|=\mathrm{MM'}\ (\text{一定})$$

よって，点 P は F，F′ を焦点とする双曲線上にある。

図 2

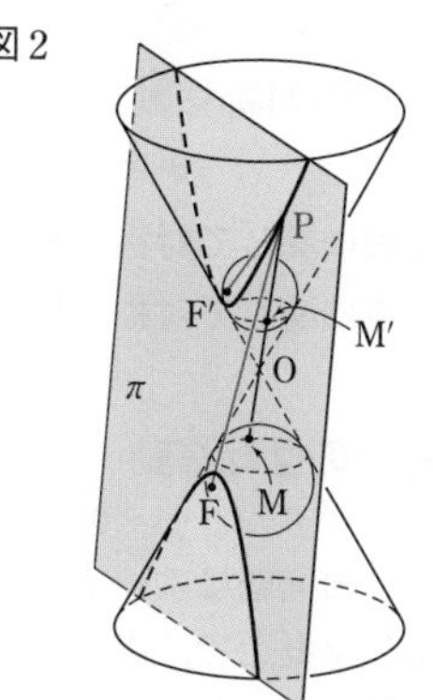

③ 放物線

円錐を，円錐の 1 つの母線 ℓ に平行な平面 π で切ったとき（図 3）。
円錐に内接し，平面 π に接する球を考え，平面 π との接点を F とする。また，その球と円錐との接点をすべて含む平面を π' とする。
切り口の曲線上の点を P とし，母線 OP と球の接点を M とする。
PF，PM はともに球の接線であるから　$\mathrm{PF}=\mathrm{PM}$
平面 π' と平面 π の交線を g とし，点 P から直線 g に引いた垂線を PH とする。また，点 P を通り平面 π' に平行な平面と直線 ℓ の交点を A，直線 ℓ と平面 π' の交点を B とする。

図 3

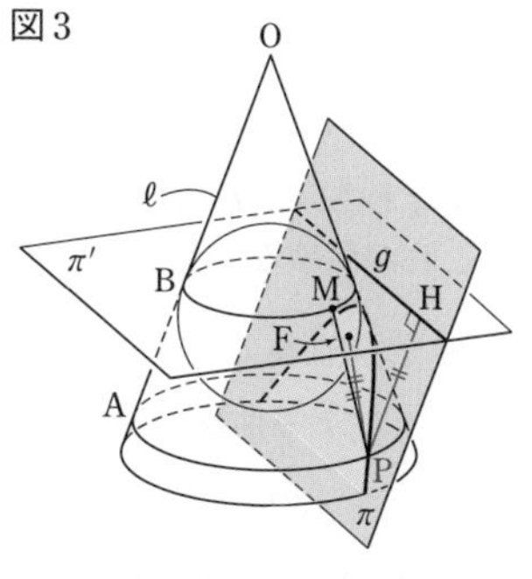

PH は直線 ℓ に平行になり　$\mathrm{PH}=\mathrm{AB}$　　また　$\mathrm{PM}=\mathrm{AB}$
よって，$\mathrm{PM}=\mathrm{PH}$ であるから　$\mathrm{PF}=\mathrm{PH}$
したがって，点 P は F を焦点とし，直線 g を準線とする放物線上にある。

20 | 2次曲線の移動

《 基本事項 》

1 曲線の平行移動

曲線 $F(x,\ y)=0$ を

x 軸方向に p，y 軸方向に q

だけ平行移動して得られる曲線の方程式は

$$F(x-p,\ y-q)=0$$

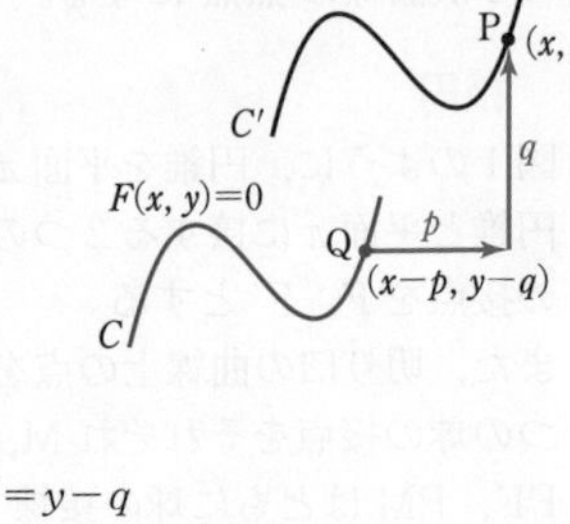

証明 曲線 $F(x,\ y)=0$ を C とし，C を x 軸方向に p，y 軸方向に q だけ平行移動して得られる曲線を C' とする。
C' 上に任意の点 $\mathrm{P}(x,\ y)$ をとり，この平行移動によって P に移される C 上の点を $\mathrm{Q}(X,\ Y)$ とすると

$x=X+p,\ y=Y+q$ よって $X=x-p,\ Y=y-q$

点Qは C 上にあるから $F(X,\ Y)=0$ すなわち $F(x-p,\ y-q)=0$

これが曲線 C' の方程式である。 ←点Pが満たす方程式。

2 曲線の対称移動

曲線 $F(x,\ y)=0$ を次の直線または点に関して対称移動して得られる曲線の方程式は

x 軸に関して対称：$F(x,\ -y)=0$ **y 軸に関して対称：$F(-x,\ y)=0$**

原点に関して対称：$F(-x,\ -y)=0$ **直線 $y=x$ に関して対称：$F(y,\ x)=0$**

3 曲線の回転移動

曲線 $C:F(x,\ y)=0$ を原点の周りに角 θ だけ回転して得られる曲線を C' とする。また，この回転によって C' 上の点 $\mathrm{P}(x,\ y)$ に移される C 上の点を $\mathrm{Q}(X,\ Y)$ とする。

複素数平面上で，点 $X+Yi$ は点 $x+yi$ を原点の周りに $-\theta$ だけ回転した点である。

ゆえに $X+Yi=(x+yi)\{\cos(-\theta)+i\sin(-\theta)\}=(x+yi)(\cos\theta-i\sin\theta)$

$=(x\cos\theta+y\sin\theta)+(-x\sin\theta+y\cos\theta)i$

よって $X=x\cos\theta+y\sin\theta,\ Y=-x\sin\theta+y\cos\theta$ …… ①

点Qは C 上にあるから $F(X,\ Y)=0$

すなわち $\boldsymbol{F(x\cos\theta+y\sin\theta,\ -x\sin\theta+y\cos\theta)=0}$

これが曲線 C' の方程式である。

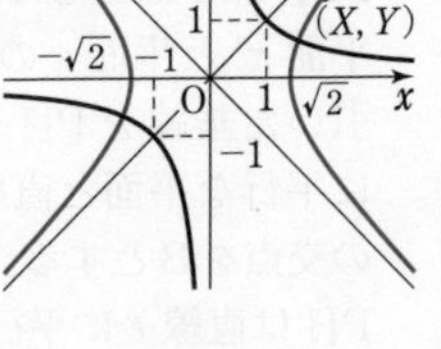

例 双曲線 $C:x^2-y^2=2$ を原点の周りに $\dfrac{\pi}{4}$ だけ回転して得られる曲線の方程式を求める。

C 上の点 $(X,\ Y)$ を原点の周りに $\dfrac{\pi}{4}$ だけ回転した点を $(x,\ y)$ とすると，① を用いて

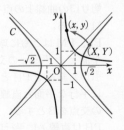

$$X=\frac{1}{\sqrt{2}}(x+y),\ Y=\frac{1}{\sqrt{2}}(y-x)$$

点 $(X,\ Y)$ は C 上にあるから $X^2-Y^2=2$

よって $\dfrac{1}{2}(x+y)^2-\dfrac{1}{2}(y-x)^2=2$ 整理して $xy=1$ ◀ $y=\dfrac{1}{x}$ (反比例)

例題 112 2次曲線の平行移動 (1) ★★☆☆☆

(1) 双曲線 $9x^2-4y^2=36$ を x 軸方向に 2，y 軸方向に -3 だけ平行移動した双曲線の方程式を求めよ。また，その焦点と漸近線を求めよ。

(2) 次の方程式で表される曲線はどのような図形を表すか。また，焦点を求めよ。

$$2x^2+y^2+4x+4y-2=0$$

指針 曲線 $F(x,\ y)=0$ を x 軸方向に p，y 軸方向に q だけ平行移動して得られる曲線の方程式は　　$\boldsymbol{F(x-p,\ y-q)=0}$

(2) 2次の項が $2x^2$，y^2 で xy の項がないから，曲線は楕円と考えられる。そこで，与えられた方程式を平方完成の要領で $\boldsymbol{\dfrac{(x-p)^2}{a^2}+\dfrac{(y-q)^2}{b^2}=1}$ の形に直す。

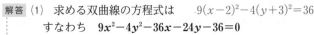

解答 (1) 求める双曲線の方程式は　$9(x-2)^2-4(y+3)^2=36$

すなわち　$\boldsymbol{9x^2-4y^2-36x-24y-36=0}$

双曲線 $9x^2-4y^2=36$ すなわち $\dfrac{x^2}{4}-\dfrac{y^2}{9}=1$ の焦点は

2点 $(\sqrt{13},\ 0)$，$(-\sqrt{13},\ 0)$，漸近線は2直線

$\dfrac{x}{2}-\dfrac{y}{3}=0$，$\dfrac{x}{2}+\dfrac{y}{3}=0$ である。

$\dfrac{x-2}{2}-\dfrac{y+3}{3}=0$，$\dfrac{x-2}{2}+\dfrac{y+3}{3}=0$ をそれぞれ変形

すると　　$3x-2y-12=0$，$3x+2y=0$

求める **焦点は**　　**2点 $(\sqrt{13}+2,\ -3)$，$(-\sqrt{13}+2,\ -3)$**

漸近線は　　**2直線 $3x-2y-12=0$，$3x+2y=0$**

(2) 与えられた曲線の方程式を変形すると

$2(x^2+2x+1)-2+(y^2+4y+4)-4-2=0$　◀平方完成。

ゆえに　　$2(x+1)^2+(y+2)^2=8$

よって　　$\dfrac{(x+1)^2}{4}+\dfrac{(y+2)^2}{8}=1$

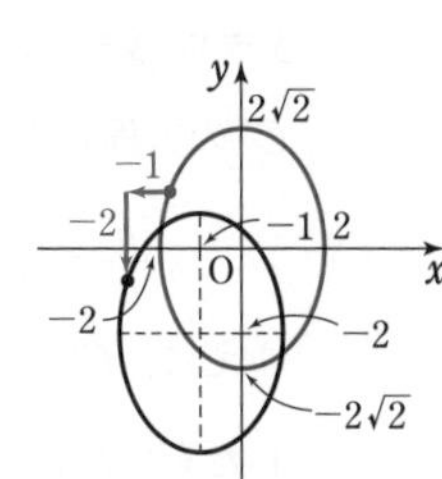

この曲線は，**楕円 $\dfrac{x^2}{4}+\dfrac{y^2}{8}=1$ を x 軸方向に -1，y 軸方向に -2 だけ平行移動したものである。**

また，楕円 $\dfrac{x^2}{4}+\dfrac{y^2}{8}=1$ の焦点は2点 $(0,\ 2)$，$(0,\ -2)$ であるから，求める **焦点は2点 $(-1,\ 0)$，$(-1,\ -4)$** である。

練習 112 (1) 楕円 $x^2+4y^2=12$ を x 軸方向に 3，y 軸方向に -1 だけ平行移動した楕円の方程式を求めよ。また，その焦点を求めよ。

(2) 次の方程式で表される曲線はどのような図形を表すか。また，焦点を求めよ。

(ア) $x^2+4y^2+4x-24y+36=0$　　(イ) $2y^2-3x+8y+10=0$

(ウ) $4x^2-25y^2+24x-200y-464=0$

例題 113　平行移動した２次曲線の方程式　★★☆☆☆

次のような２次曲線の方程式を求めよ。ただし，$p\neq0$，$a>0$，$b>0$ とする。

(1)　放物線 $y^2=4px$ を平行移動したもので，準線が直線 $x=-1$，焦点が点 $(3,\ 4)$ である。

(2)　双曲線 $\dfrac{x^2}{a^2}-\dfrac{y^2}{b^2}=1$ を平行移動したもので，２直線 $y=x+1$，$y=-x+1$ を漸近線にもち，点 $(3,\ 3)$ を通る。

指針　(1)　準線が直線 $x=-1$，焦点が点 $(3,\ 4)$ である放物線の方程式を直接求めようとすると考えにくい。そこで，まず，求める放物線を放物線 $y^2=4px$ に移す平行移動，すなわち頂点が原点に移るような平行移動をして，そのときの放物線の方程式を導く。そして，逆の平行移動によって，求める方程式を導く。

(2)　(1)と同様にする。(2)の場合は中心が原点に移るような平行移動を利用する。

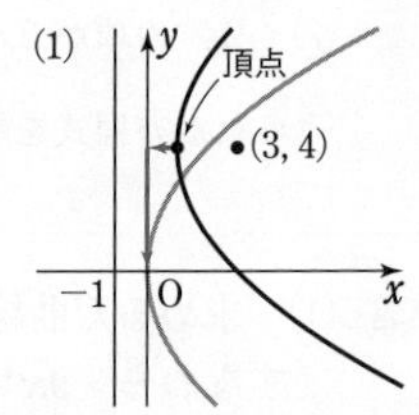

解答　(1)　A(3, 4) とし，A から直線 $x=-1$ に下ろした垂線を AH とすると，線分 AH の中点は点 $(1,\ 4)$ であり，これが求める放物線 C の頂点である。

C を x 軸方向に -1，y 軸方向に -4 だけ平行移動すると，焦点が点 $(2,\ 0)$，準線が直線 $x=-2$ の放物線 $y^2=8x$ になる。

この放物線を x 軸方向に 1，y 軸方向に 4 だけ平行移動したものが C であるから，求める方程式は　$\boldsymbol{(y-4)^2=8(x-1)}$

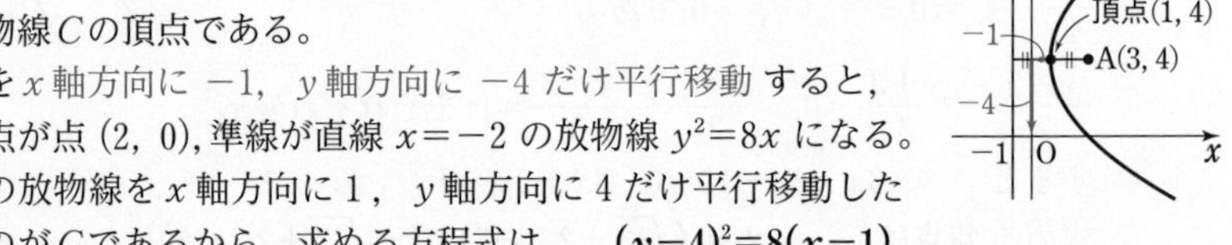

(2)　２直線 $y=x+1$，$y=-x+1$ の交点は点 $(0,\ 1)$ であり，これが求める双曲線 C の中心である。

C を y 軸方向に -1 だけ平行移動すると，漸近線が２直線 $y=x$，$y=-x$ で，点 $(3,\ 2)$ を通る双曲線 C' になる。

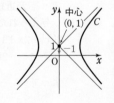

C' の方程式を $\dfrac{x^2}{a^2}-\dfrac{y^2}{b^2}=1$ $(a>0,\ b>0)$ とすると

$$\frac{b}{a}=1,\quad \frac{3^2}{a^2}-\frac{2^2}{b^2}=1\quad よって\quad a^2=b^2=5$$

ゆえに，C' の方程式は $\dfrac{x^2}{5}-\dfrac{y^2}{5}=1$ であり，C' を y 軸方向に 1 だけ平行移動したものが C であるから，求める方程式は　$\boldsymbol{\dfrac{x^2}{5}-\dfrac{(y-1)^2}{5}=1}$

練習 113　次のような２次曲線の方程式を求めよ。

(1)　楕円 $\dfrac{x^2}{a^2}+\dfrac{y^2}{b^2}=1$ $(a>b>0)$ を平行移動したもので，２点 $(8,\ -4)$，$(-2,\ -4)$ を焦点とし，点 $(3,\ 8)$ を通る。

(2)　双曲線 $\dfrac{x^2}{a^2}-\dfrac{y^2}{b^2}=-1$ $(a>0,\ b>0)$ を平行移動したもので，２点 $(2,\ 5)$，$(2,\ -3)$ を焦点とし，焦点からの距離の差が 6 である。

例題 114 2次曲線の平行移動 (2) ★★★☆☆

x, y の2次方程式 $ax^2+bxy+cy^2+dx+ey+f=0$ の形で表される任意の2次曲線 F は, $b^2-4ac \neq 0$ ならば, $ax^2+bxy+cy^2=k$ (k は実数) の形で表される2次曲線 G を平行移動したものであることを示せ。

◀例題112

指針 一般に,「**曲線 $f(x, y)=0$ は曲線 $g(x, y)=0$ を x 軸方向に p, y 軸方向に q だけ平行移動したものである**」ということを示すには,

[1] $f(x, y)=g(x-p, y-q)$ か [2] $f(x+p, y+q)=g(x, y)$

のどちらかが成り立つことを示せばよい。そのため, 式変形をして, [1] か [2] が成り立つような p, q が定まることを示す。
本問の場合は, 式の展開で正の符号だけになる [2] を示す方が計算がらく。

解答 曲線 F を x 軸方向に $-p$, y 軸方向に $-q$ だけ平行移動した曲線の方程式は

$$a(x+p)^2+b(x+p)(y+q)+c(y+q)^2 +d(x+p)+e(y+q)+f=0$$

◀ 曲線 F の方程式において, x を $x+p$, y を $y+q$ とする。

整理して

$$ax^2+bxy+cy^2+(2ap+bq+d)x+(bp+2cq+e)y +ap^2+bpq+cq^2+dp+eq+f=0 \quad \cdots\cdots ①$$

① と $ax^2+bxy+cy^2=k$ の x, y の係数を比較して

$$\begin{cases} 2ap+bq+d=0 \\ bp+2cq+e=0 \end{cases}$$

この p, q の連立方程式を解くと, $b^2-4ac \neq 0$ であるから

$$p=\frac{2cd-be}{b^2-4ac}, \quad q=\frac{2ae-bd}{b^2-4ac}$$

◀ (第2式)$\times b$ $-$(第1式)$\times 2c$ から $(b^2-4ac)p+be-2cd=0$

したがって, p, q をこのように定めて,

$$ap^2+bpq+cq^2+dp+eq+f=-k$$

とすると, ① は次のように表される。

$$ax^2+bxy+cy^2=k$$

よって, 2次曲線 G は2次曲線 F を x 軸方向に $-p$, y 軸方向に $-q$ だけ平行移動したものであり, 逆に, 2次曲線 F は2次曲線 G を x 軸方向に p, y 軸方向に q だけ平行移動したものである。

検討 $ax^2+bxy+cy^2=k$ は, x, y にそれぞれ $-x$, $-y$ を代入しても式が変わらない。よって, 2次曲線 G は原点に関して対称である。すなわち, 原点を2次曲線 G の中心と考えることができる。2次曲線 F は2次曲線 G を平行移動したものであるから, その分だけ原点を平行移動した点 (p, q) が F の中心となる。
$b^2-4ac \neq 0$ のとき, 2次曲線 F は中心 (p, q) の **有心2次曲線** と呼ばれる。

練習 114 2次曲線 F : $5x^2-4xy+8y^2-16x-8y-16=0$ を, $ax^2+bxy+cy^2=k$ (k は実数) の形で表される2次曲線に移す平行移動を求めよ。

重要例題 115 2次曲線の回転移動 ★★★☆☆

xy 平面上の2次曲線 $C:9x^2+2\sqrt{3}\,xy+7y^2=60$ を原点の周りに角 θ $\left(0<\theta\leqq\dfrac{\pi}{2}\right)$ だけ回転して得られる曲線の方程式は，$ax^2+by^2=1$ の形になるという。このとき，θ の値と定数 a，b の値を求めよ。

指針 回転移動で点 $(X,\ Y)$ が点 $(x,\ y)$ に移るとして関係式を作る。
点 $(X,\ Y)$ を原点の周りに角 θ だけ回転した点の座標を $(x,\ y)$ とすると，点 $(X,\ Y)$ は点 $(x,\ y)$ を角 $-\theta$ だけ回転した点である。
座標平面上の点の回転移動については，次の2つの方法がある。

[1] 複素数平面上で考える。
　　→ 座標平面上の点 $(\boldsymbol{X},\ \boldsymbol{Y})$ は，複素数平面上の点 $\boldsymbol{X+Yi}$ とみる。

[2] 三角関数の加法定理を利用する。(数学Ⅱ)

ここでは，[1] の方法，つまり，複素数平面上の回転の問題と同じように考える。

CHART》 複素数平面上の回転　**回転 θ は　$\times(\cos\theta+i\sin\theta)$**

解答 C 上の点 $(X,\ Y)$ を原点の周りに角 θ だけ回転した点の座標を $(x,\ y)$ とする。
複素数平面上で，点 $X+Yi$ は点 $x+yi$ を原点の周りに角 $-\theta$ だけ回転した点であるから

$$\begin{aligned}X+Yi&=(x+yi)\{\cos(-\theta)+i\sin(-\theta)\}\\&=(x+yi)(\cos\theta-i\sin\theta)\\&=(x\cos\theta+y\sin\theta)+(-x\sin\theta+y\cos\theta)i\end{aligned}$$

よって　$X=x\cos\theta+y\sin\theta,\ Y=-x\sin\theta+y\cos\theta$

これを C の方程式に代入すると

$$9(x\cos\theta+y\sin\theta)^2+2\sqrt{3}(x\cos\theta+y\sin\theta)(-x\sin\theta+y\cos\theta)+7(-x\sin\theta+y\cos\theta)^2=60$$

展開して整理すると

$$(9\cos^2\theta-2\sqrt{3}\sin\theta\cos\theta+7\sin^2\theta)x^2+(18\sin\theta\cos\theta+2\sqrt{3}\cos^2\theta-2\sqrt{3}\sin^2\theta-14\sin\theta\cos\theta)xy+(9\sin^2\theta+2\sqrt{3}\sin\theta\cos\theta+7\cos^2\theta)y^2=60$$

よって

$$(8+\cos2\theta-\sqrt{3}\sin2\theta)x^2+2(\sin2\theta+\sqrt{3}\cos2\theta)xy+(8-\cos2\theta+\sqrt{3}\sin2\theta)y^2=60$$

これが $ax^2+by^2=1$ と一致するための条件は

$$\sin2\theta+\sqrt{3}\cos2\theta=0\ \cdots\cdots\ ①,$$

$$a=\frac{8+\cos2\theta-\sqrt{3}\sin2\theta}{60},\quad b=\frac{8-\cos2\theta+\sqrt{3}\sin2\theta}{60}$$

が成り立つことである。

条件から $0<2\theta\leqq\pi$ であり，$2\theta=\dfrac{\pi}{2}$ のとき ① は $1=0$ となり不合理。

ゆえに，$2\theta\neq\dfrac{\pi}{2}$ であり，① から　$\tan2\theta=-\sqrt{3}$

よって，$2\theta=\dfrac{2}{3}\pi$ から　$\boldsymbol{\theta=\dfrac{\pi}{3}}$　このとき　$\boldsymbol{a=\dfrac{1}{10},\ b=\dfrac{1}{6}}$

参考　この例題から，2次曲線Cを原点の周りに$\dfrac{\pi}{3}$だけ回転した曲線の方程式は
$\dfrac{x^2}{10}+\dfrac{y^2}{6}=1$であり，曲線$C$は楕円であることがわかる。
また，曲線Cの方程式について　$(2\sqrt{3})^2-4\cdot 9\cdot 7=-240<0$
よって，$p.220$ 参考からも，曲線Cは楕円であることがわかる。

検討

2次曲線の方程式の標準化

2次曲線は，一般にx，yの2次方程式 $\boldsymbol{ax^2+bxy+cy^2+dx+ey+f=0}$ …… Ⓐ で表される。この方程式が2次曲線を表すとき，Ⓐは，平行移動と原点の周りの回転移動を組み合わせて，標準形（$p.204$，205，214 参照）に直すことができる。

> ①　**xy の項を消す** には **原点の周りの角 θ の回転**
>
> [1]　$a=c$，$b\neq 0$ のとき　　$\theta=\pm\dfrac{\pi}{4}$　　◀ $-\dfrac{\pi}{2}<\theta\leqq\dfrac{\pi}{2}$ とする。
>
> [2]　$a\neq c$，$b\neq 0$ のとき　　$\tan 2\theta=\dfrac{b}{c-a}$ を満たす角 θ
>
> ②　**1次の項を消す** には **平行移動**

（①の証明）

曲線 $C：ax^2+bxy+cy^2=k$ を原点の周りに角θだけ回転したとき，C上の点(X, Y)が点(x, y)に移されるとすると，前ページの例題から

$$X=x\cos\theta+y\sin\theta,\quad Y=-x\sin\theta+y\cos\theta$$

点(X, Y)は曲線C上にあるから　$aX^2+bXY+cY^2=k$

X，Yの式を代入して整理すると

$$(a\cos^2\theta-b\sin\theta\cos\theta+c\sin^2\theta)x^2$$
$$+\{2(a-c)\sin\theta\cos\theta+b(\cos^2\theta-\sin^2\theta)\}xy$$
$$+(a\sin^2\theta+b\sin\theta\cos\theta+c\cos^2\theta)y^2=k$$

xy の項を消す

xyの係数が0であるとき　$2(a-c)\sin\theta\cos\theta+b(\cos^2\theta-\sin^2\theta)=0$

すなわち　$(a-c)\sin 2\theta+b\cos 2\theta=0$　◀ 2倍角の公式を利用。

[1]　$a=c$，$b\neq 0$ のとき　$\cos 2\theta=0$ から　$\theta=\pm\dfrac{\pi}{4}$

[2]　$a\neq c$，$b\neq 0$ のとき　$\tan 2\theta=\dfrac{b}{c-a}$ を満たす角θ　終

以上から，Ⓐを標準形に導くには，次の手順による。

1　$b=0$ のとき　**平行移動** する。

2　$b\neq 0$，$b^2-4ac\neq 0$（**楕円，双曲線**）のとき
　平行移動 で1次の項を消し，次に，**回転移動** で xy の項を消す。

3　$b\neq 0$，$b^2-4ac=0$（**放物線**）のとき
　回転移動 で xy の項を消す。次に **平行移動** で標準形に直す。

練習 115　曲線 $C：x^2+6xy+y^2=4$ を原点の周りに$\dfrac{\pi}{4}$だけ回転して得られる曲線の方程式を求め，曲線Cが双曲線であることを示せ。　〔類　秋田大〕

21 2次曲線と直線

《 基本事項 》

1 2次曲線と直線の共有点

2次曲線の方程式 $F(x, y)=0$ …… ① と直線の方程式 $ax+by+c=0$ …… ② から y(またはx)を消去して得られる方程式について，次のことが成り立つ。

[1] 2次方程式のとき，その判別式をDとすると

2次曲線と直線が
- **異なる2点で交わる** $\iff$ $D>0$ (異なる2つの実数解)
- **1点で接する** $\iff$ $D=0$ (重解をもつ)
- **共有点をもたない** $\iff$ $D<0$ (実数解をもたない)

[2] 1次方程式のとき

2次曲線と直線が1点で交わる $\iff$ 方程式が実数解をもつ

2次曲線と直線に共有点があれば，その座標は ① と ② の連立方程式の **実数解** で与えられる。共有点が **接点** のときは，解は **重解** になる。

2 2次曲線の接線の方程式

2次曲線上の点 (x_1, y_1) における接線の方程式は次のようになる。

① 放物線 $y^2=4px \longrightarrow \boldsymbol{y_1y=2p(x+x_1)}$

$x^2=4py \longrightarrow \boldsymbol{x_1x=2p(y+y_1)}$

◀ 証明は解答編 $p.143$ 参照。

② 楕 円 $\dfrac{x^2}{a^2}+\dfrac{y^2}{b^2}=1 \longrightarrow \boldsymbol{\dfrac{x_1x}{a^2}+\dfrac{y_1y}{b^2}=1}$

③ 双曲線 $\dfrac{x^2}{a^2}-\dfrac{y^2}{b^2}=1 \longrightarrow \boldsymbol{\dfrac{x_1x}{a^2}-\dfrac{y_1y}{b^2}=1}$

$\dfrac{x^2}{a^2}-\dfrac{y^2}{b^2}=-1 \longrightarrow \boldsymbol{\dfrac{x_1x}{a^2}-\dfrac{y_1y}{b^2}=-1}$

◀ ②，③ は，まとめて次のように表される。
$Ax^2+By^2=1$
$\longrightarrow \boldsymbol{Ax_1x+By_1y=1}$

①～③ とも接線の方程式を $y=m(x-x_1)+y_1$ とし，これと曲線の方程式から y を消去してできる2次方程式が **重解** をもつ条件から，m を定めて導くことができる。ただし，接線が x 軸に垂直な場合は別に調べる。

参考 後で学ぶ微分法の知識 (数学Ⅲ第4章) を利用して導くこともできる。
例えば，① の場合，$y^2=4px$ の両辺を x について微分すると　$2yy'=4p$
$y\neq 0$ のとき $y'=\dfrac{2p}{y}$ から，接線の方程式は　$y-y_1=\dfrac{2p}{y_1}(x-x_1)$
$y_1{}^2=4px_1$ であるから　$y_1y=2p(x+x_1)$

CHECK 問題

13 次の曲線上の与えられた点における接線の方程式を求めよ。

(1) $y^2=4x$, $(1, 2)$　　(2) $\dfrac{x^2}{12}+\dfrac{y^2}{4}=1$, $(\sqrt{3}, \sqrt{3})$

(3) $\dfrac{x^2}{16}-\dfrac{y^2}{4}=1$, $(-2\sqrt{5}, 1)$　　(4) $4x^2-5y^2=-1$, $(1, -1)$

→ 2

例 51 | 2 次曲線と直線の共有点の座標 ★☆☆☆☆

次の 2 次曲線と直線は共有点をもつか。共有点をもつ場合には，その点の座標を求めよ。

(1) $4x^2+5y^2=20$，$2x+\sqrt{5}\,y=6$　　(2) $4x^2-9y^2=-36$，$x-3y=3$

指針 2 次曲線と直線の共有点の座標を求めるには，次の手順による。

[1] 直線の式 (1 次式) を 2 次曲線の式に代入し，1 変数を消去する。

そして
- [1] で得られた方程式が **実数解をもつ場合**
  - [2] [1] の方程式を解き，x (または y) の値を求める。
  - [3] 直線の式を用いて，y (または x) の値を求める。
- [1] で得られた方程式が **実数解をもたない場合**
  - [2] 2 次方程式の判別式 **$D<0$ を確認** し，**共有点なし** とする。

(1) $2x+\sqrt{5}\,y=6$ を x または y について解き，2 式から 1 文字を消去する。ただし，係数に無理数 $\sqrt{5}$ が含まれているので，計算が面倒にならないように，$\sqrt{5}\,y=Y$ とおくと，連立方程式は，$\begin{cases}4x^2+Y^2=20\\2x+Y=6\end{cases}$ となる。これより Y を消去して x の 2 次方程式を導く。なお，$2x=X$ とおくと，連立方程式は，$\begin{cases}X^2+5y^2=20\\X+\sqrt{5}\,y=6\end{cases}$ となり，$\sqrt{5}$ が残ってしまう。

(2) $x=3y+3$ を $4x^2-9y^2=-36$ に代入して x を消去してもよいが，$3y=Y$ とおくと，連立方程式は，$\begin{cases}4x^2-Y^2=-36\\x-Y=3\end{cases}$ となり，これから Y を消去する方が計算が少しらく。

例 52 | 弦の中点・長さ ★★☆☆☆

直線 $y=x+2$ と楕円 $x^2+3y^2=15$ が交わってできる弦の中点の座標，および長さを求めよ。

指針 直線が曲線によって切り取られる線分を **弦** という。

連立方程式 $\begin{cases}y=x+2\\x^2+3y^2=15\end{cases}$ を解いて，直線と楕円の 2 つの交点の座標を求める解法も考えられるが，計算が面倒になることが多い。よって，ここでは 2 式から y を消去して得られる x の 2 次方程式の **解と係数の関係** を用いて解く。

> **2 次方程式の解と係数の関係**
>
> 2 次方程式 $ax^2+bx+c=0$ の 2 つの解を α，β とすると
>
> $$\alpha+\beta=-\frac{b}{a},\quad \alpha\beta=\frac{c}{a}$$

例題 116　2次曲線と直線の共有点の個数　★★☆☆☆

(1) 楕円 $x^2+2y^2=6$ と直線 $y=-2x+k$ が異なる2点で交わるような定数 k の値の範囲を求めよ。

(2) 双曲線 $3x^2-4y^2=1$ と直線 $ax+2y=1$ の共有点の個数は，定数 a の値によってどのように変わるかを調べよ。

◀例51

指針 例51と同様に，直線の式を2次曲線の式に代入し，1変数を消去する。そして，得られた方程式が2次方程式の場合，その判別式を D とすると，共有点の個数は

　　$D>0$ のとき　2個，$D=0$ のとき　1個，$D<0$ のとき　0個

(2) y を消去して得られる方程式の x^2 の係数は文字を含んでいるから，扱いに注意する。

解答 (1) $y=-2x+k$ を $x^2+2y^2=6$ に代入して

$$x^2+2(-2x+k)^2=6$$

整理すると　$9x^2-8kx+2k^2-6=0$

この2次方程式の判別式を D とすると

$$\frac{D}{4}=(-4k)^2-9(2k^2-6)=-2(k^2-27)$$

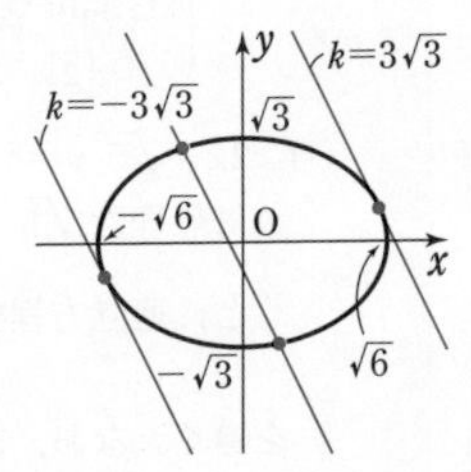

楕円と直線が異なる2点で交わるための条件は，$D>0$

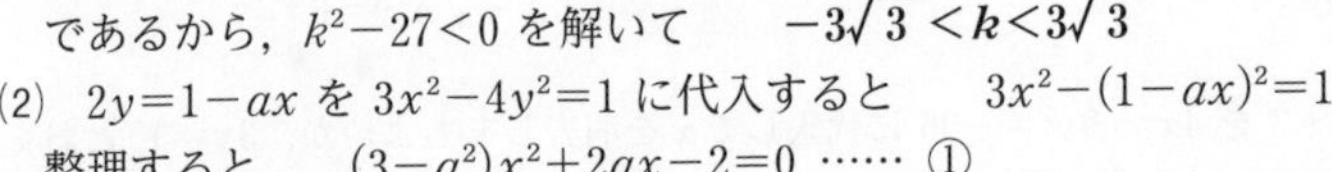

であるから，$k^2-27<0$ を解いて　$\boldsymbol{-3\sqrt{3}<k<3\sqrt{3}}$

(2) $2y=1-ax$ を $3x^2-4y^2=1$ に代入すると　$3x^2-(1-ax)^2=1$

整理すると　$(3-a^2)x^2+2ax-2=0$ ……①

[1] $a^2=3$ のとき　$a=\pm\sqrt{3}$

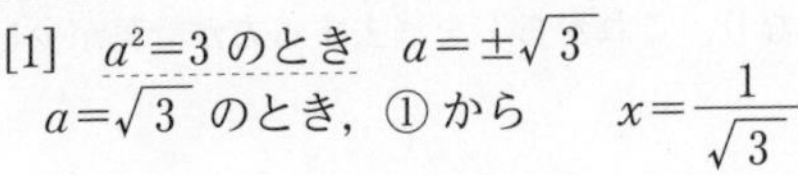

$a=\sqrt{3}$ のとき，①から　$x=\dfrac{1}{\sqrt{3}}$

$a=-\sqrt{3}$ のとき，①から　$x=-\dfrac{1}{\sqrt{3}}$

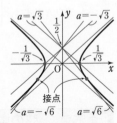

[2] $a^2\neq3$ すなわち $a\neq\pm\sqrt{3}$ のとき，①の判別式を

D とすると　$\dfrac{D}{4}=a^2+2(3-a^2)=6-a^2$

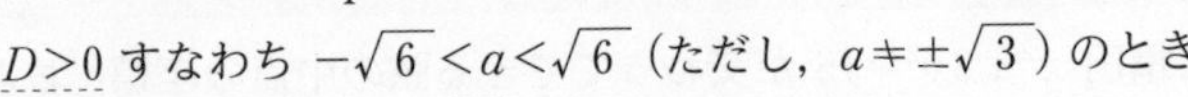

$D>0$ すなわち $-\sqrt{6}<a<\sqrt{6}$（ただし，$a\neq\pm\sqrt{3}$）のとき　共有点は2個

$D=0$ すなわち $a=\pm\sqrt{6}$ のとき　共有点は1個

$D<0$ すなわち $a<-\sqrt{6}$，$\sqrt{6}<a$ のとき　共有点は0個

以上から，求める共有点の個数は

　$\boldsymbol{-\sqrt{6}<a<-\sqrt{3}}$，$\boldsymbol{-\sqrt{3}<a<\sqrt{3}}$，$\boldsymbol{\sqrt{3}<a<\sqrt{6}}$ **のとき2個；**

　$\boldsymbol{a=\pm\sqrt{3}}$，$\boldsymbol{\pm\sqrt{6}}$ **のとき1個；**$\boldsymbol{a<-\sqrt{6}}$，$\boldsymbol{\sqrt{6}<a}$ **のとき0個**

練習 116

(1) 双曲線 $x^2-y^2=1$ と直線 $y=2x+k$ が異なる2点で交わるような定数 k の値の範囲を求めよ。

(2) 楕円 $4x^2+9y^2=36$ と直線 $y=mx+3$ が接するような定数 m の値を求めよ。また，そのときの接点の座標を求めよ。

(3) 放物線 $y^2=-8x$ と直線 $x+ay=2$ の共有点の個数は，定数 a の値によってどのように変わるかを調べよ。

➡p.264 演習 47

例題 117 弦の中点の軌跡 ★★★☆☆

双曲線 $x^2-2y^2=4$ …… ① と直線 $y=-x+k$ …… ② が異なる2点P，Qで交わるとき，次のものを求めよ。

(1) kのとりうる値の範囲　　(2) 線分PQの中点Mの軌跡

◀例52，例題116

指針 (1) **CHART》 共有点 ⟺ 実数解**

①と②が異なる2点で交わる ⟺ ①，②からyを消去してできるxの2次方程式が異なる2つの実数解をもつ …… **判別式 $D>0$**

(2) 2点P，Qのx座標をそれぞれα，βとすると，α，βは(1)の2次方程式の実数解。

M$(X,\ Y)$とすると　$X=\dfrac{\alpha+\beta}{2}$，　$Y=-X+k$　◀点Mは直線②上にある。

⟶ **2次方程式の解と係数の関係** を用いて，$\alpha+\beta$をkの式で表し，

つなぎの文字kを消去して　X，Yだけの関係式を導く

なお，(1)の結果からXの範囲に制限がつくことに注意。

解答 ②を①に代入して整理すると

$x^2-4kx+2k^2+4=0$ …… ③

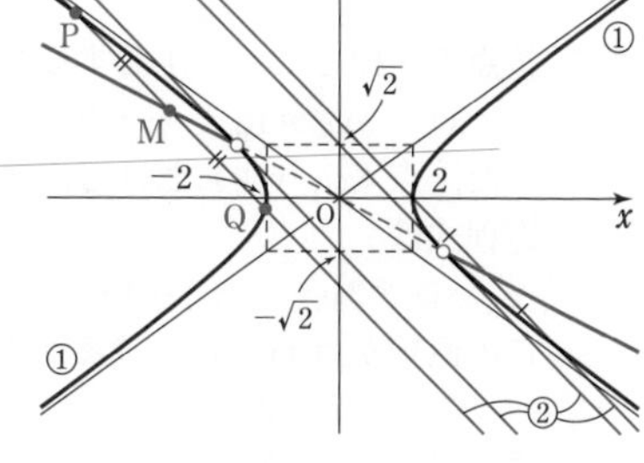

(1) ③の判別式をDとすると

$$\frac{D}{4}=(-2k)^2-(2k^2+4)=2(k^2-2)$$

双曲線①と直線②が異なる2点で交わるための条件は　$D>0$

すなわち　$2(k^2-2)>0$

これを解いて

$$\boldsymbol{k<-\sqrt{2},\ \sqrt{2}<k}$$

(2) 2点P，Qのx座標をそれぞれα，βとすると，α，βは2次方程式③の実数解である。

よって，2次方程式の解と係数の関係から　$\alpha+\beta=4k$

中点Mの座標を$(X,\ Y)$とすると

$X=\dfrac{\alpha+\beta}{2}=2k$ …… ④，$Y=-X+k$ …… ⑤　◀中点Mは直線 $y=-x+k$ 上にある。

④から　$k=\dfrac{X}{2}$　これを⑤に代入して　$Y=-\dfrac{X}{2}$　◀つなぎの文字kを消去。

また，(1)の結果から　$X<-2\sqrt{2}$，$2\sqrt{2}<X$

よって，点Mの軌跡は

直線 $y=-\dfrac{x}{2}$ の $x<-2\sqrt{2}$，$2\sqrt{2}<x$ の部分　◀X，Yをx，yに書き直す。

練習 117 点$(2,\ 0)$を通る直線が楕円$x^2+4y^2=1$と異なる2点P，Qで交わるとき，線分PQの中点Mの軌跡を求めよ。〔類 静岡大〕

例題 118 曲線上にない点を通る接線 ★★★☆☆

点 $(1,\ 3)$ から楕円 $\dfrac{x^2}{12}+\dfrac{y^2}{4}=1$ に引いた接線の方程式を求めよ。

◀数学Ⅱ 例題56

指針 楕円の接線の問題なので，$p.228$ 基本事項 **2** の公式を利用したいが，点 $(1,\ 3)$ は与えられた楕円上にないから，接点ではない。接点が不明な問題では，円外の点から引いた接線の方程式の問題（数学Ⅱ）と同じように，次の方針に従って考える。

CHART》 接点が不明な問題　接点の座標を設定せよ

接点の座標を $(x_1,\ y_1)$ とすると，楕円 $\dfrac{x^2}{12}+\dfrac{y^2}{4}=1$ すなわち $x^2+3y^2=12$ 上の点 $(x_1,\ y_1)$ における接線 $x_1x+3y_1y=12$ が点 $(1,\ 3)$ を通ることから

❶ $x_1{}^2+3y_1{}^2=12$，　❷ $x_1+9y_1=12$

❶，❷ を連立して解くと，接点の座標がわかって，接線の方程式が求められる。

別解 **接点 ⟺ 重解** の利用。点 $(1,\ 3)$ を通る直線 $y=m(x-1)+3$ が楕円 $x^2+3y^2=12$ に接すると考えて，直線と楕円の方程式から y を消去してできる x の2次方程式について，**判別式 $D=0$** から m の値を決定する。

解答 接点の座標を $(x_1,\ y_1)$ とすると

$x_1{}^2+3y_1{}^2=12$ …… ①

また，点 $(x_1,\ y_1)$ における接線の方程式は

$x_1x+3y_1y=12$ …… ②

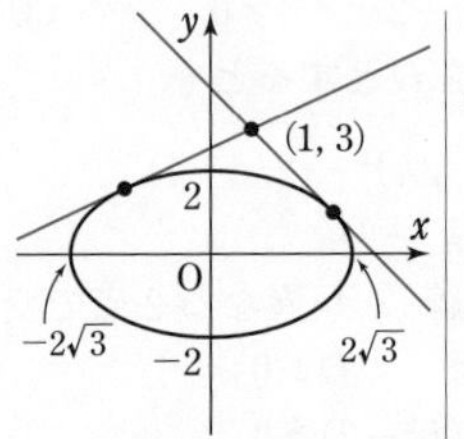

この直線が点 $(1,\ 3)$ を通るから

$x_1+9y_1=12$

よって　$x_1=3(4-3y_1)$ …… ③

③ を ① に代入すると　$9(4-3y_1)^2+3y_1{}^2=12$

整理すると　$7y_1{}^2-18y_1+11=0$

これを解いて　$y_1=1,\ \dfrac{11}{7}$

③ から　$y_1=1$ のとき　$x_1=3$，

$y_1=\dfrac{11}{7}$ のとき　$x_1=-\dfrac{15}{7}$

これを ② に代入して，求める接線の方程式は

$\boldsymbol{x+y=4,\ 5x-11y=-28}$

◀ $\dfrac{x^2}{12}+\dfrac{y^2}{4}=1$ は，分母を払って $x^2+3y^2=12$ とした方が扱いやすい。なお，$x=1,\ y=3$ は等式 $x^2+3y^2=12$ を満たさないから，点 $(1,\ 3)$ は楕円上にない。

◀ $(y_1-1)(7y_1-11)=0$

◀ 接点の座標は $(3,\ 1)$，$\left(-\dfrac{15}{7},\ \dfrac{11}{7}\right)$ である。

練習 118 (1) 次の2次曲線に与えられた点から引いた接線の方程式を求めよ。

(ア) $x^2-4y^2=4$，$(-2,\ 3)$　　(イ) $y^2=8x$，$(3,\ 5)$

(2) 放物線 $y=\dfrac{3}{4}x^2$ と楕円 $x^2+\dfrac{y^2}{4}=1$ の共通接線の方程式を求めよ。

［(2) 群馬大］ ➡p.264 演習 44

例題 119 2接線が作る角の問題 ★★★☆☆

楕円 $x^2+2y^2=2$ に点 A(1, 2) から引いた 2 本の接線の接点をそれぞれ B，C とする。このとき，∠BAC は鋭角であることを示せ。 〔信州大〕 ◀例題 118

指針 **接線 ⟶ 公式利用**　点 $(x_1,\ y_1)$ における接線が点 A(1, 2) を通ると考える。
鋭角であることの証明には，次の [1] または [2] の方針が考えられる。
[1] θ は鋭角 ⟶ $\cos\theta>0$ ⟶ 内積を利用
[2] θ は鋭角 ⟶ $\tan\theta>0$ ⟶ 正接の加法定理を利用
どちらの方針でも示すことができるが，本問は [1] の方が簡潔な解答になる。

解答
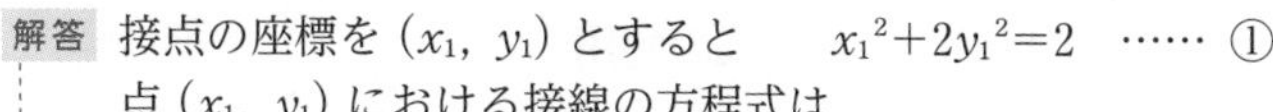
接点の座標を $(x_1,\ y_1)$ とすると　$x_1{}^2+2y_1{}^2=2$ …… ①
点 $(x_1,\ y_1)$ における接線の方程式は
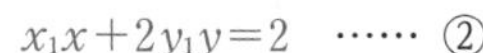
$$x_1x+2y_1y=2 \quad \cdots\cdots ②$$
この直線が点 A(1, 2) を通るとすると　$x_1+4y_1=2$
したがって　$x_1=-4y_1+2$ …… ③
③ を ① に代入して整理すると　$9y_1{}^2-8y_1+1=0$
この 2 次方程式の 2 つの解を α，β とすると，解と係数の
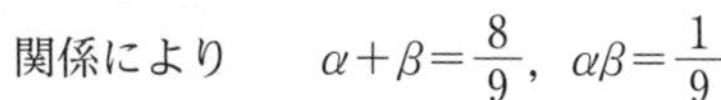
関係により　$\alpha+\beta=\dfrac{8}{9}$，$\alpha\beta=\dfrac{1}{9}$
2 つの接点は，B$(-4\alpha+2,\ \alpha)$，C$(-4\beta+2,\ \beta)$ と表すことができるから
$$\overrightarrow{\mathrm{AB}}=(-4\alpha+1,\ \alpha-2),\ \overrightarrow{\mathrm{AC}}=(-4\beta+1,\ \beta-2)$$
ゆえに　$\overrightarrow{\mathrm{AB}}\cdot\overrightarrow{\mathrm{AC}}=(-4\alpha+1)(-4\beta+1)+(\alpha-2)(\beta-2)=17\alpha\beta-6(\alpha+\beta)+5$
$$=17\cdot\frac{1}{9}-6\cdot\frac{8}{9}+5=\frac{14}{9}>0$$
$\angle\mathrm{BAC}=\theta\ (0\leqq\theta\leqq\pi)$ とすると　$\overrightarrow{\mathrm{AB}}\cdot\overrightarrow{\mathrm{AC}}=|\overrightarrow{\mathrm{AB}}||\overrightarrow{\mathrm{AC}}|\cos\theta$
$\overrightarrow{\mathrm{AB}}\cdot\overrightarrow{\mathrm{AC}}>0$ であるから　$\cos\theta>0$　また，2 本の接線は異なるから　$\theta\neq0$
よって，$0<\theta<\dfrac{\pi}{2}$ であるから，θ は鋭角である。

CHART》接点，解と係数
1 接　点 ⟺ 重　解　　判別式の利用　　公式利用
2 2 次方程式の解と係数　　①～③ を自由自在に

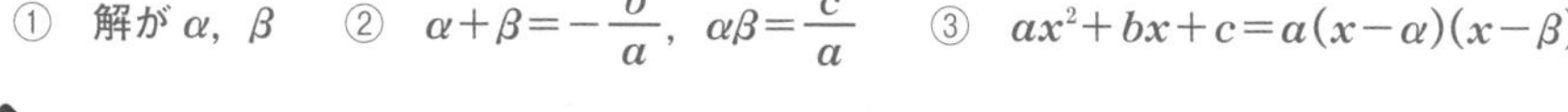
① 解が α，β　② $\alpha+\beta=-\dfrac{b}{a}$，$\alpha\beta=\dfrac{c}{a}$　③ $ax^2+bx+c=a(x-\alpha)(x-\beta)$

検討 次の例題 120 およびその **検討** から，楕円 $x^2+2y^2=2$ の準円の方程式は　$x^2+y^2=3$
点 A(1, 2) は円 $x^2+y^2=3$ の外部にあるから，∠BAC は鋭角である。
なお，A が点 (−1, 1) など，楕円 $x^2+2y^2=2$ の外部にあり，円 $x^2+y^2=3$ の内部にある点の場合，∠BAC は鈍角である。

練習 119 直線 $x=5$ 上の点 P$(5,\ t)$ から楕円 $\dfrac{x^2}{5}+y^2=1$ に引いた 2 本の接線のなす鋭角を θ とする。θ の最大値とそれを与える t の値を求めよ。 〔類 学習院大〕

重要例題 120 楕円に外接する長方形の面積の最大・最小 ★★★★☆

楕円 E：$\dfrac{x^2}{a^2}+\dfrac{y^2}{b^2}=1$ $(a>0,\ b>0)$ に 4 点で外接する長方形を考える。

(1) このような長方形の対角線の長さ l は，長方形の取り方によらず一定であることを証明せよ。

(2) このような長方形の面積 S の最大値と最小値を a，b で表せ。 〔類 慶応大〕

◀例題 118

指針 このような長方形の各辺は楕円の接線であり，隣り合う 2 辺は垂直である。この条件を活用するため，接線の傾きを m として，その方程式をまず求める。

CHART》 2 次曲線の接線 判別式の利用

2 直線が垂直 ⟺ 傾きの積が -1

対角線の長さ l と面積 S は，垂直な 2 接線と原点との距離を使って表される。

解答 (1) 楕円 E に接する傾き m の直線の方程式を $y=mx+n$ とすると $\dfrac{x^2}{a^2}+\dfrac{(mx+n)^2}{b^2}=1$ すなわち

$(a^2m^2+b^2)x^2+2a^2mnx+a^2(n^2-b^2)=0$ は重解をもつ。

よって，この 2 次方程式の判別式を D とすると $D=0$

ここで $\dfrac{D}{4}=(a^2mn)^2-(a^2m^2+b^2)\cdot a^2(n^2-b^2)$

$=a^2b^2(a^2m^2-n^2+b^2)$

$D=0$ と，$a\neq0$，$b\neq0$ から $a^2m^2-n^2+b^2=0$

ゆえに $n=\pm\sqrt{a^2m^2+b^2}$

したがって，楕円 E の傾き m の接線の方程式は

$$y=mx\pm\sqrt{a^2m^2+b^2}\quad\cdots\cdots\ ①$$

$m\neq0$ のとき，直線 ① に垂直な接線の方程式は，① の m を $-\dfrac{1}{m}$ におき換えて $y=-\dfrac{1}{m}x\pm\sqrt{a^2\left(-\dfrac{1}{m}\right)^2+b^2}$

両辺に m を掛けて整理すると

$$x+my\pm\sqrt{a^2+b^2m^2}=0\quad\cdots\cdots\ ②$$

直線 ② は，$m=0$ のときも含めて，直線 ① と垂直である。

◀ $y=mx+n$ としているから，x 軸に垂直な接線 $x=\pm a$ を表すことはできないが，接線 $x=\pm a$ はもう一方の接線 ② で表すことができる。

◀ n を消去する。

原点と直線 ①，② との距離をそれぞれ d_1，d_2 とすると

$$d_1=\frac{\sqrt{a^2m^2+b^2}}{\sqrt{m^2+1}},\quad d_2=\frac{\sqrt{a^2+b^2m^2}}{\sqrt{m^2+1}}$$

よって $l=2\sqrt{d_1{}^2+d_2{}^2}=2\sqrt{\dfrac{a^2m^2+b^2}{m^2+1}+\dfrac{a^2+b^2m^2}{m^2+1}}$

$=2\sqrt{\dfrac{(m^2+1)(a^2+b^2)}{m^2+1}}=2\sqrt{a^2+b^2}$

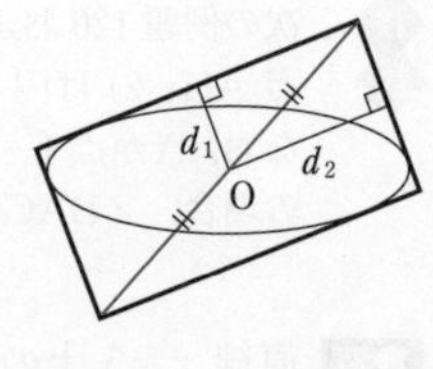

したがって，対角線の長さ l は長方形のとり方によらず一定である。

(2) $S=2d_1\times 2d_2=4d_1d_2=4\cdot\dfrac{\sqrt{a^2m^2+b^2}}{\sqrt{m^2+1}}\cdot\dfrac{\sqrt{a^2+b^2m^2}}{\sqrt{m^2+1}}$

$$=4\sqrt{\frac{a^2b^2m^4+(a^4+b^4)m^2+a^2b^2}{m^4+2m^2+1}}$$

$$=4\sqrt{a^2b^2+\frac{(a^2-b^2)^2m^2}{(m^2+1)^2}}$$

◀ (分子) $=a^2b^2(m^4+2m^2+1)+(a^4-2a^2b^2+b^4)m^2$

ここで，$m\neq 0$ のとき，(相加平均)≧(相乗平均) により

$$\left(m+\frac{1}{m}\right)^2=m^2+\frac{1}{m^2}+2\geqq 2\sqrt{m^2\cdot\frac{1}{m^2}}+2=4$$

◀ 等号は $m^2=\dfrac{1}{m^2}$ すなわち $m^4=1$ から，$m=\pm1$ のとき成り立つ。

よって　$S=4\sqrt{a^2b^2+\dfrac{(a^2-b^2)^2}{\left(m+\dfrac{1}{m}\right)^2}}$

$$\leqq 4\sqrt{a^2b^2+\frac{(a^2-b^2)^2}{4}}=2\sqrt{(a^2+b^2)^2}$$

したがって，S は $m^2=\dfrac{1}{m^2}$ すなわち $m=\pm1$ のとき

最大値 $2(a^2+b^2)$ をとる。

◀ このとき，長方形は正方形になる。

また，S は $m=0$ のとき **最小値** $4\sqrt{a^2b^2}=\boldsymbol{4ab}$ をとる。

2 次曲線の準円

例題 120 (1) で示したことから，一般に，楕円の直交する接線の交点の軌跡は円になることがわかる。この円を **準円** という (この例題 120 で，**準円** は円 $x^2+y^2=a^2+b^2$)。

↓この円も準円という。

双曲線 $\dfrac{x^2}{a^2}-\dfrac{y^2}{b^2}=1$ $(a>b>0)$ の直交する接線の交点の軌跡も円になる。ただし，漸近線との交点は除く。なお，放物線の直交する接線の交点の軌跡は直線 (準線) になる。

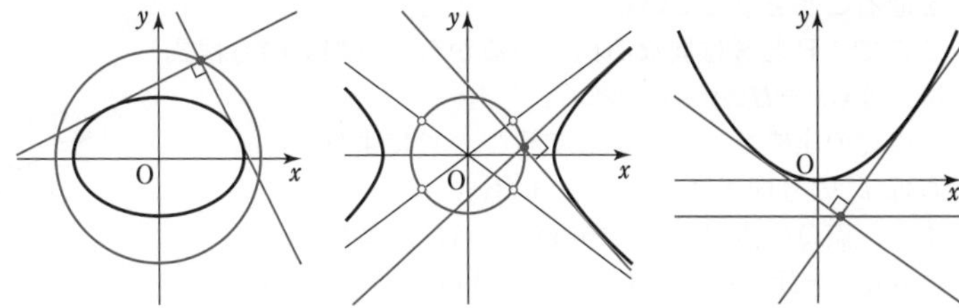

練習 120 Oを原点とする座標平面上に，方程式 $x^2+4y^2=4$ で表される楕円Eがある。楕円Eの外部の点 $\mathrm{P}(p,\ q)$ からEに引いた 2 本の接線を ℓ_1，ℓ_2 とする。

(1) ℓ_1 と ℓ_2 が垂直となるような点Pの軌跡を求めよ。

(2) 長方形 ABCD の各辺が楕円Eに接するとき，OA と AB のなす角を θ とする。長方形 ABCD の面積を θ を用いて表せ。

(3) (2) の長方形 ABCD の面積の最大値と最小値を求めよ。　〔類 お茶の水大〕

➡ p. 265 演習 **48**

重要例題 121 楕円の 2 つの接点を通る直線 ★★★★☆

楕円 $Ax^2+By^2=1$ $(A>0,\ B>0)$ について，次のことを証明せよ。

(1) 楕円外の点 $\mathrm{P}(x_0,\ y_0)$ から引いた 2 本の接線の 2 つの接点を結ぶ直線 ℓ の方程式は，$Ax_0x+By_0y=1$ で表される。

参考 (1)において，点Pを直線 ℓ の **極** といい，直線 ℓ を点Pの **極線** という。

(2) (1)の直線 ℓ 上の楕円外の点Qから，この楕円に引いた 2 本の接線の 2 つの接点を結ぶ直線 ℓ' は，点Pを通る。

◀例題118

指針 (1) 楕円外の点 $\mathrm{P}(x_0,\ y_0)$ から楕円 $Ax^2+By^2=1$ に引いた 2 本の接線の問題であるから，例題 118 と **似た問題**。同じようにして，2 つの接点を $\mathrm{R}(x_1,\ y_1)$，$\mathrm{S}(x_2,\ y_2)$ とし，接点R，Sの座標と直線RSの方程式を求めてもよい。しかし，文字が多く計算がかなり煩雑になる。よって，極と極線に関する問題については，数学Ⅱ例題 57（2 つの円の接点を通る直線）で学習した **方法をまねて**，1 つの等式を 2 通りに読み取る 方針で考えるとよい。

点 $(p,\ q)$ が直線 $ax+by=c$ 上にある $\Longleftrightarrow ap+bq=c$

$\Longleftrightarrow$ 点 $(a,\ b)$ が直線 $px+qy=c$ 上にある

(2) (1)を利用。$\mathrm{Q}(x_3,\ y_3)$ として，ℓ'：$Ax_3x+By_3y=1$ が点Pを通ることを示す。

解答 (1) 点Pから楕円 $Ax^2+By^2=1$ に引いた 2 本の接線の 2 つの接点を $\mathrm{R}(x_1,\ y_1)$，$\mathrm{S}(x_2,\ y_2)$ とすると，点R，Sにおける接線の方程式はそれぞれ

$$Ax_1x+By_1y=1,\quad Ax_2x+By_2y=1$$

この 2 つの直線は点 $\mathrm{P}(x_0,\ y_0)$ を通るから，それぞれ

$$Ax_1x_0+By_1y_0=1,\quad Ax_2x_0+By_2y_0=1$$

これは直線 $Ax_0x+By_0y=1$ が 2 点 $\mathrm{R}(x_1,\ y_1)$，$\mathrm{S}(x_2,\ y_2)$ を通ることを示している。

ここで，RとSは異なる点であるから，直線 ℓ の方程式は，$\boldsymbol{Ax_0x+By_0y=1}$ である。

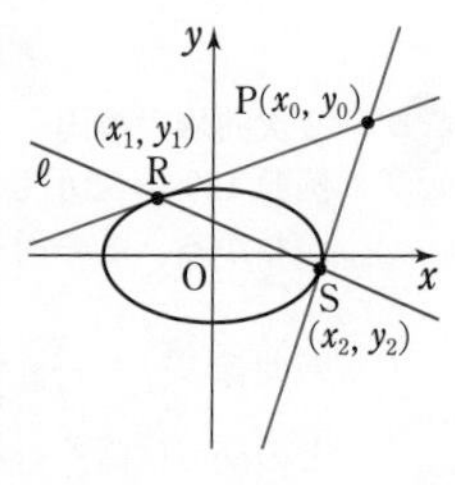

(2) 点Qの座標を $(x_3,\ y_3)$ とすると，(1)により，

直線 ℓ' の方程式は　$Ax_3x+By_3y=1$

また，点Qは直線 ℓ 上にあるから，(1)により

$$Ax_0x_3+By_0y_3=1 \quad \text{すなわち} \quad Ax_3x_0+By_3y_0=1$$

これは直線 ℓ' が点Pを通ることを示している。

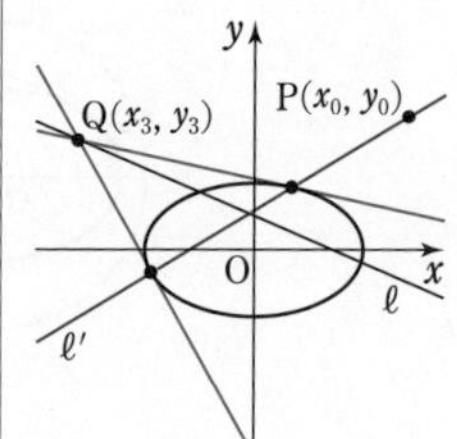

参考 $A=B$ の場合は円になり，上の例題と同じ式で表される。
また，放物線，双曲線についても同じようにして極線の方程式を導くことができる。

練習 121 点 $\mathrm{P}(x_0,\ y_0)$ から，放物線 $y^2=4px$，双曲線 $\dfrac{x^2}{a^2}-\dfrac{y^2}{b^2}=1$ にそれぞれ 2 本ずつの接線が引けるとき，それぞれの 2 つの接点を通る直線（極線）の方程式は，順に $y_0y=2p(x+x_0)$，$\dfrac{x_0x}{a^2}-\dfrac{y_0y}{b^2}=1$ で表されることを証明せよ。

例題 122 双曲線上の点と直線の距離の最大・最小 ★★★☆☆

双曲線 $x^2-3y^2=3$ 上の点Pと直線 $y=\sqrt{3}x$ の距離を d とするとき，d の最小値を求めよ。また，このときの点Pの座標を求めよ。

◀例題118

指針 **図形的に考える** と，直線 $y=\sqrt{3}x$ に平行な接線の接点において，d は最小となる。
$P(x_1,\ y_1)$ とし，点Pにおける接線の傾きが $\sqrt{3}$ であることと，点Pが双曲線上にあることから，点Pの座標を求める。
このとき，d の最小値は接点Pと直線 $\sqrt{3}x-y=0$ の距離である。

解答 直線 $y=\sqrt{3}x$ に平行な接線の接点において，d は最小となる。
$P(x_1,\ y_1)$ とすると，点Pにおける接線の方程式は

$$x_1x-3y_1y=3$$

この接線の傾きが $\sqrt{3}$ となるのは，$y_1=0$ のときではないから，$y_1 \neq 0$ として　$\dfrac{x_1}{3y_1}=\sqrt{3}$

◀ $y=\dfrac{x_1}{3y_1}x-\dfrac{1}{y_1}$

よって　$x_1=3\sqrt{3}y_1$ …… ①

点Pは双曲線上にあるから　$x_1{}^2-3y_1{}^2=3$ …… ②

① を ② に代入して整理すると　$24y_1{}^2=3$

ゆえに，① から　$y_1=\pm\dfrac{\sqrt{2}}{4},\ x_1=\pm\dfrac{3\sqrt{6}}{4}$ （複号同順）

したがって，d が最小となるときの点Pの座標は

$$\left(\boldsymbol{\frac{3\sqrt{6}}{4},\ \frac{\sqrt{2}}{4}}\right),\ \left(\boldsymbol{-\frac{3\sqrt{6}}{4},\ -\frac{\sqrt{2}}{4}}\right)$$

このとき，d の最小値は

$$d=\frac{\left|\sqrt{3}\cdot\left(\pm\frac{3\sqrt{6}}{4}\right)-\left(\pm\frac{\sqrt{2}}{4}\right)\right|}{\sqrt{(\sqrt{3})^2+(-1)^2}}=\boldsymbol{\sqrt{2}}\quad（複号同順）$$

◀ 点 $(x_1,\ y_1)$ と直線 $px+qy+r=0$ の距離は $\dfrac{|px_1+qy_1+r|}{\sqrt{p^2+q^2}}$

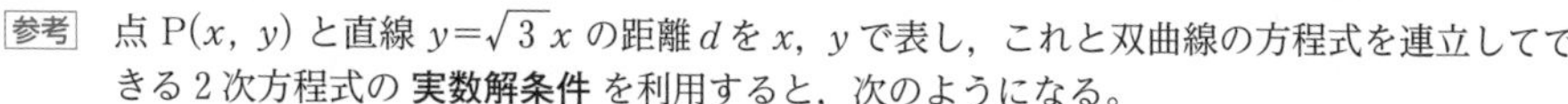

参考 点 $P(x,\ y)$ と直線 $y=\sqrt{3}x$ の距離 d を x，y で表し，これと双曲線の方程式を連立してできる2次方程式の **実数解条件** を利用すると，次のようになる。

$d=\dfrac{|\sqrt{3}x-y|}{\sqrt{(\sqrt{3})^2+(-1)^2}}$ から　$|\sqrt{3}x-y|=2d$　　$d>0$ であるから　$\sqrt{3}x=y\pm 2d$

$x^2-3y^2=3$ の両辺を3倍した式に，これを代入して整理すると

$$8y^2\mp 4dy+9-4d^2=0\quad（上と複号同順）$$

y は実数値をとるから，この2次方程式の判別式を D とすると　$D\geqq 0$

$\dfrac{D}{4}=36(d^2-2)$ であるから　$d^2-2\geqq 0$　　よって，$d>0$ であるから，$d\geqq\sqrt{2}$ を得る。

練習 122 楕円 $C:\dfrac{x^2}{3}+\dfrac{y^2}{4}=1$ と2定点 $A(0,\ -2)$，$P\left(\dfrac{3}{2},\ 1\right)$ がある。楕円 C 上を動く点Qに対し，△APQ の面積が最大となるとき，点Qの座標および △APQ の面積を求めよ。

重要例題 123 楕円と放物線が異なる4点で交わる条件 ★★★★☆

楕円 $x^2+4y^2=1$ と放物線 $4\sqrt{2}\,y=2x^2+a$ が異なる4点で交わるための，定数 a の値の範囲を求めよ。

指針 2次曲線どうしの共有点の座標も，その2つの方程式を連立して解いたときの実数解であることに，変わりはない。
楕円 $x^2+4y^2=1$，放物線 $4\sqrt{2}\,y=2x^2+a$ はどちらも **y 軸に関して対称** である。よって，2つの曲線の方程式から x を消去して得られる y の2次方程式の実数解で，$-\frac{1}{2}<y<\frac{1}{2}$ の範囲にある **1つの y の値に対して，x の値が2つ，すなわち2つの交点が対応** することに注目。

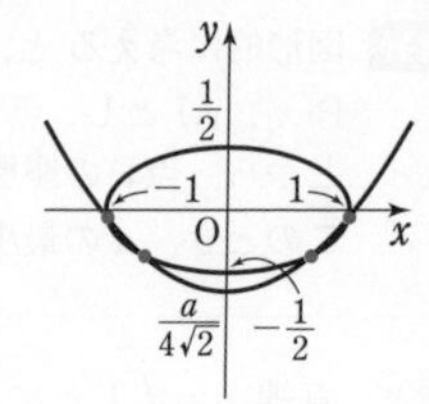

解答 $x^2+4y^2=1$，$4\sqrt{2}\,y=2x^2+a$ から x^2 を消去して整理すると
$$8y^2+4\sqrt{2}\,y-(a+2)=0 \quad \cdots\cdots ①$$
$1-4y^2=x^2 \geqq 0$ から $\quad -\frac{1}{2} \leqq y \leqq \frac{1}{2}$

与えられた楕円と放物線は y 軸に関して対称であるから，2つの曲線が異なる4点で交わるための条件は，2次方程式①が $-\frac{1}{2}<y<\frac{1}{2}$ の範囲に異なる2つの実数解をもつことである。

よって，①の判別式を D とし $f(y)=8y^2+4\sqrt{2}\,y-(a+2)$ とすると，次の [1]~[4] が同時に成り立つ。

[1] $D>0$　[2] $f\left(-\frac{1}{2}\right)>0$　[3] $f\left(\frac{1}{2}\right)>0$

[4] 放物線 $Y=f(y)$ の軸について $-\frac{1}{2}<$軸$<\frac{1}{2}$

[1] $\frac{D}{4}=(2\sqrt{2})^2+8(a+2)=8(a+3)$
　$D>0$ から $\quad a>-3 \quad \cdots\cdots ②$

[2] $f\left(-\frac{1}{2}\right)>0$ から $\quad -a-2\sqrt{2}>0$
　すなわち $\quad a<-2\sqrt{2} \quad \cdots\cdots ③$

[3] $f\left(\frac{1}{2}\right)>0$ から $\quad -a+2\sqrt{2}>0$
　すなわち $\quad a<2\sqrt{2} \quad \cdots\cdots ④$

[4] 軸 $y=-\frac{\sqrt{2}}{4}$ は $-\frac{1}{2}<-\frac{\sqrt{2}}{4}<\frac{1}{2}$ を満たす。

②~④の共通範囲を求めて $\quad \boldsymbol{-3<a<-2\sqrt{2}}$

◀ $x^2=1-4y^2$ を $4\sqrt{2}\,y=2x^2+a$ に代入する。

◀ 左の解答では，＿＿を2次関数 $Y=f(y)$ のグラフが $-\frac{1}{2}<y<\frac{1}{2}$ の範囲において，y 軸と異なる2つの交点をもつ条件と読み換えて解いている。

CHART
解と数 k の大小
D，$f(k)$，軸に注目

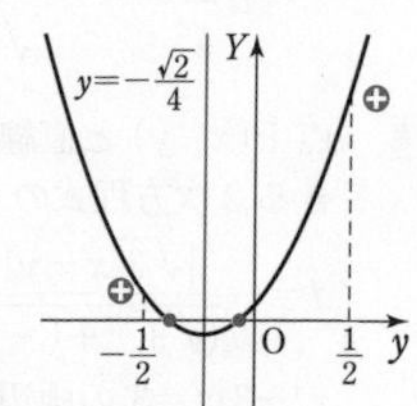

参考 放物線を y 軸方向に平行移動させて考えてもよい。解答編 $p.168$ 参照。

練習 123 楕円 $C_1:\left(x-\frac{3}{2}\right)^2+\frac{y^2}{4}=1$ と双曲線 $C_2:x^2-\frac{y^2}{4}=k$ が少なくとも3点を共有するのは，正の定数 k がどんな値の範囲にあるときか。

22 2次曲線の性質

《 基本事項 》

1 楕円，双曲線の別の定義

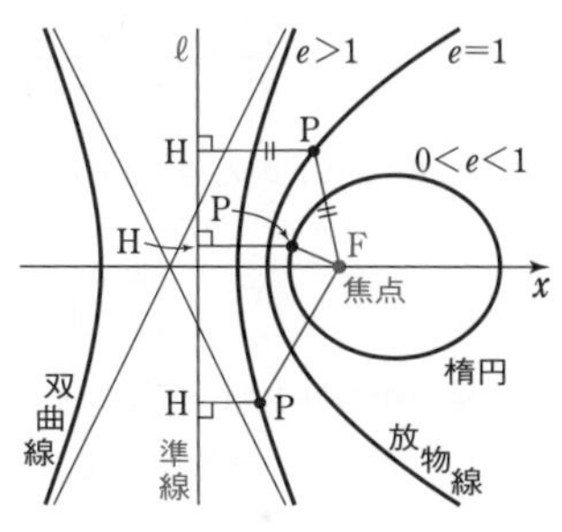

楕円・双曲線についても，放物線と同様に「定点Fと，Fを通らない定直線 ℓ からの距離の比が一定である点の軌跡」として定義できる。

定点 $\mathrm{F}(p,\ 0)\ (p\neq 0)$ と定直線 $\ell：x=-p$ に対し，Pから ℓ に下ろした垂線を PH とするとき

$$\mathbf{FP:PH}=\boldsymbol{e}:\mathbf{1}\quad (e>0)$$

となる点 $\mathrm{P}(x,\ y)$ の軌跡について考える。

$\mathrm{FP}=e\mathrm{PH}$ であるから　　$\mathrm{FP}^2=e^2\mathrm{PH}^2$

よって　　$(x-p)^2+y^2=e^2(x+p)^2$

整理すると

$$(1-e^2)x^2-2p(1+e^2)x+(1-e^2)p^2+y^2=0$$

この方程式の表す曲線は，x^2 の係数に注目して，次のようになる。

$0<e<1$ のとき楕円，$e=1$ のとき放物線，$e>1$ のとき双曲線

この e の値を2次曲線の **離心率** といい，Fを **焦点**，ℓ を **準線** という。

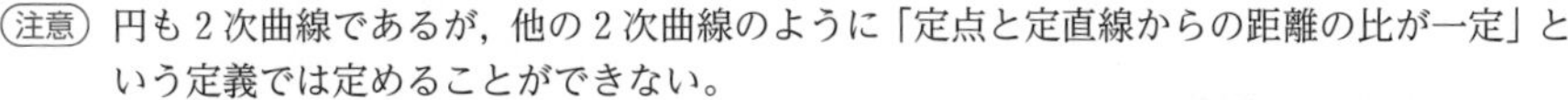
注意　円も2次曲線であるが，他の2次曲線のように「定点と定直線からの距離の比が一定」という定義では定めることができない。

2 2次曲線の焦点，準線，離心率

標準形の2次曲線について，焦点，準線，離心率は次のようになる。

2次曲線	標準形	焦点	準線	離心率 e
楕　円 $(a>b>0)$	$\dfrac{x^2}{a^2}+\dfrac{y^2}{b^2}=1$	$\mathbf{F}(\boldsymbol{ae},\ \mathbf{0})$	$\longrightarrow \boldsymbol{x}=\dfrac{\boldsymbol{a}}{\boldsymbol{e}}$	$\mathbf{0}<\boldsymbol{e}<\mathbf{1}$
双曲線 $(a>0,\ b>0)$	$\dfrac{x^2}{a^2}-\dfrac{y^2}{b^2}=1$	$\mathbf{F}'(-\boldsymbol{ae},\ \mathbf{0})$	$\longrightarrow \boldsymbol{x}=-\dfrac{\boldsymbol{a}}{\boldsymbol{e}}$	$\boldsymbol{e}>\mathbf{1}$
放物線 $(p\neq 0)$	$y^2=4px$	$\mathbf{F}(\boldsymbol{p},\ \mathbf{0})$	$\boldsymbol{x}=-\boldsymbol{p}$	$\boldsymbol{e}=\mathbf{1}$

楕円・双曲線の焦点が2点 $(\pm c,\ 0)\ (c>0)$ のとき，離心率 e は $\boldsymbol{e}=\dfrac{\boldsymbol{c}}{\boldsymbol{a}}$ で表される。

(楕円は $\boldsymbol{c}=\sqrt{\boldsymbol{a}^2-\boldsymbol{b}^2}$，双曲線は $\boldsymbol{c}=\sqrt{\boldsymbol{a}^2+\boldsymbol{b}^2}$)

[**楕円，双曲線についての解説**]　$\mathrm{F}(ae,\ 0)$，$\ell：x=\dfrac{a}{e}\ (a>0,\ e>0,\ e\neq 1)$ とし，$\mathrm{P}(x,\ y)$ とする。点Pから直線 ℓ に下ろした垂線を PH とすると

$$\mathrm{FP}=\sqrt{(x-ae)^2+y^2},\qquad \mathrm{PH}=\left|x-\frac{a}{e}\right|$$

FP : PH$=e$: 1 より，$FP^2=e^2PH^2$ であるから

$$(x-ae)^2+y^2=e^2\left|x-\frac{a}{e}\right|^2$$

よって　$(x^2-2aex+a^2e^2)+y^2=e^2x^2-2aex+a^2$

整理して　$(1-e^2)x^2+y^2=a^2(1-e^2)$

両辺を $a^2(1-e^2)$ $(\neq 0)$ で割って

$$\boldsymbol{\frac{x^2}{a^2}+\frac{y^2}{a^2(1-e^2)}=1} \quad \cdots\cdots ①$$

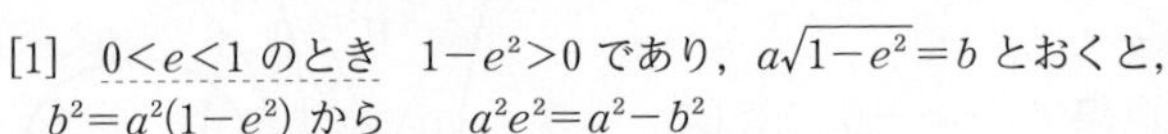

[1]　$0<e<1$ のとき　$1-e^2>0$ であり，$a\sqrt{1-e^2}=b$ とおくと，

$b^2=a^2(1-e^2)$ から　　$a^2e^2=a^2-b^2$

① から　　$\dfrac{x^2}{a^2}+\dfrac{y^2}{b^2}=1$ $(a>b>0)$，$e=\dfrac{\sqrt{a^2-b^2}}{a}$

この楕円は y 軸に関して対称であるから，点 $(-ae,\ 0)$ も焦点で，対応する準線は直線 $x=-\dfrac{a}{e}$ である。

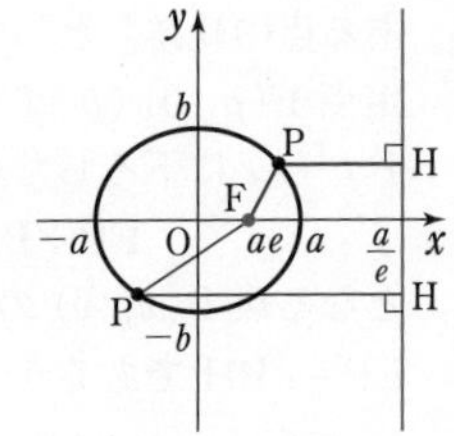

[2]　$e>1$ のとき　$1-e^2<0$ であり，$a\sqrt{e^2-1}=b$ とおくと，

$b^2=a^2(e^2-1)$ から　　$a^2e^2=a^2+b^2$

① から　　$\dfrac{x^2}{a^2}-\dfrac{y^2}{b^2}=1$ $(a>0,\ b>0)$，$e=\dfrac{\sqrt{a^2+b^2}}{a}$

この双曲線は y 軸に関して対称であるから，点 $F'(-ae,\ 0)$ も焦点で，対応する準線は直線 $x=-\dfrac{a}{e}$ である。

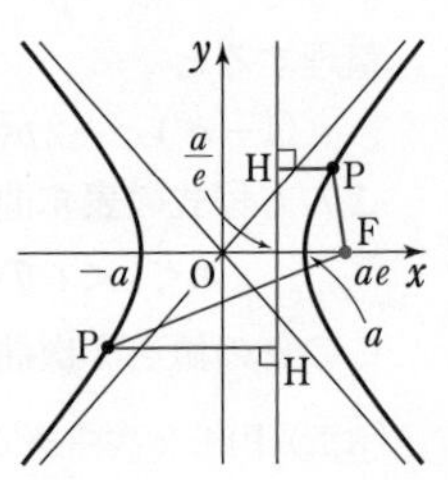

3　2 次曲線と領域

一般に，曲線 $f(x,\ y)=0$ は座標平面をいくつかの部分（ブロック）に分ける。そして，$f(x,\ y)$ が x，y の多項式であるとき，**$f(x,\ y)$ の符号は境界線 $f(x,\ y)=0$ で分けられた各部分で一定** である。

境界線が 2 次曲線の場合は次のようになる。ただし，$a>0$，$b>0$，$p>0$ とする。

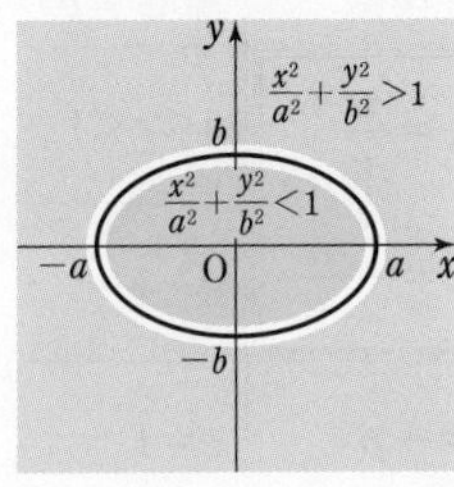

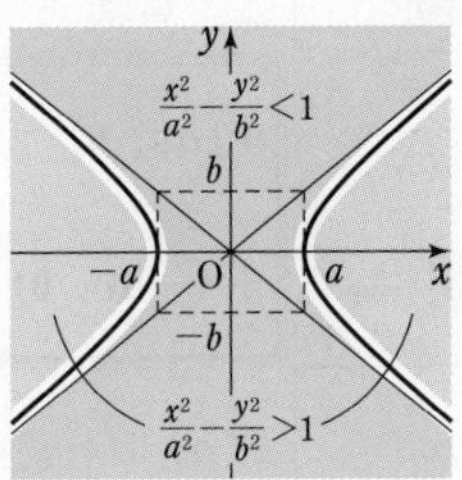

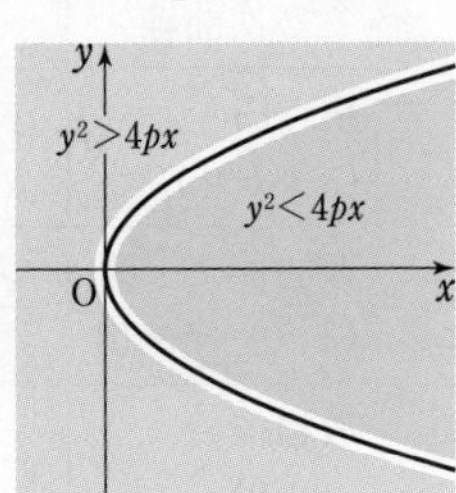

CHECK 問題

14 次の不等式の表す領域を図示せよ。

(1)　$\dfrac{x^2}{9}+\dfrac{y^2}{4}<1$　　(2)　$\dfrac{x^2}{9}-\dfrac{y^2}{4}\geqq 1$　　(3)　$\dfrac{x^2}{4}-y^2>-1$　　(4)　$y^2\leqq 8x$

→ 3

例題 124 距離の比が一定である点の軌跡 ★★☆☆☆

$e>0$，$e \neq 1$ とする。点 $F(e^2,\ 0)$ からの距離と直線 $x=1$ からの距離の比が $e:1$ である点Pの軌跡を求めよ。

指針 $p.239$ の基本事項 **2** の焦点 $F(ae,\ 0)$ において，$ae=e^2$ すなわち $a=e$ の場合で，離心率 e，準線 $x=1$ と考えられる。 ◀ 準線 $x=\dfrac{a}{e}$

ここでは，点 $P(x,\ y)$ とし，距離の比から，x，y の関係式を導く。
点Pから直線 $x=1$ に垂線PHを下ろすと　**PF：PH$=e:1$**
これを $\mathbf{PF^2=e^2PH^2}$ として計算する。

解答 点 $P(x,\ y)$ から直線 $x=1$ に下ろした垂線をPHとする。
PF：PH$=e:1$ から　$PF^2=e^2PH^2$ ◀ $PF=ePH$ 根号や絶対値を避けるために2乗した形で扱う。
よって　$(x-e^2)^2+y^2=e^2(x-1)^2$
整理して　$(1-e^2)x^2+y^2=e^2(1-e^2)$
$e>0$，$e \neq 1$ であるから，両辺を $e^2(1-e^2)$ で割って

$$\frac{x^2}{e^2}+\frac{y^2}{e^2(1-e^2)}=1 \quad \cdots\cdots ①$$

したがって，点Pの軌跡は，① から ◀ $1-e^2>0$，$1-e^2<0$ の場合に分ける。

$0<e<1$ のとき　楕円 $\dfrac{x^2}{e^2}+\dfrac{y^2}{e^2(1-e^2)}=1$ ◀ $1-e^2>0$

$e>1$ のとき　双曲線 $\dfrac{x^2}{e^2}-\dfrac{y^2}{e^2(e^2-1)}=1$ ◀ $e^2-1>0$

検討 離心率と2次曲線の形

離心率 e について，$0<e<1$ のときは楕円で，e が0に近いほど円の形に近づき，1に近いほど偏平な形になる。
$e>1$ のときは双曲線で，e が1に近いほど放物線の形に近づく。
なお，2次曲線が相似であるとき，その離心率は同じである。

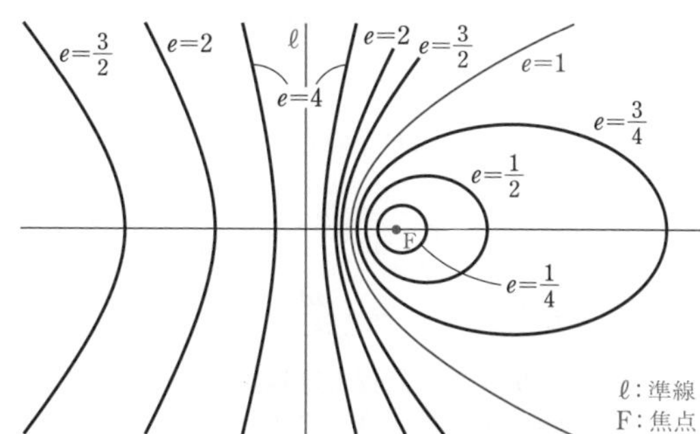

練習 124 次の条件を満たす点Pの軌跡を求めよ。
(1) 点 $F(4,\ 2)$ と直線 $x=1$ からの距離の比が $1:\sqrt{2}$ であるような点P
(2) 点 $F(0,\ -2)$ と直線 $y=3$ からの距離の比が $\sqrt{6}:1$ であるような点P

例題 125 放物線の弦の性質 ★★★☆☆

放物線 $y^2=4px$ $(p>0)$ の弦 PQ の両端と原点 O を通る線分 PO，QO が直交するならば，弦 PQ は定点を通ることを証明せよ。

指針 条件，証明すべき事柄を式で表すと，どうなるのかを考える。

・PO，QO が直交 ⟶ **傾きの積が −1**

・弦 PQ が定点を通る ⟶ 定点は直線 PQ の方程式を常に満たす $(x,\ y)$

解答 線分 PO，QO が直交するから，2 点 P，Q はともに原点 O と異なる。よって，2 直線 OP，OQ の方程式は

$y=mx,\ y=-\dfrac{1}{m}x\ (m\neq0)$ と表される。

$y=mx,\ y^2=4px$ から y を消去して　　$m^2x^2=4px$

ゆえに，$x\neq0$ のとき　　$x=\dfrac{4p}{m^2}$

$y=-\dfrac{1}{m}x,\ y^2=4px$ から y を消去して　　$\dfrac{1}{m^2}x^2=4px$

よって，$x\neq0$ のとき　　$x=4pm^2$

$\mathrm{P}\left(\dfrac{4p}{m^2},\ \dfrac{4p}{m}\right),\ \mathrm{Q}(4pm^2,\ -4pm)$ …… ① とする。

P，Q の x 座標が一致するとき　　$\dfrac{4p}{m^2}=4pm^2$　　ゆえに　　$m^4-1=0$

よって　　$(m^2+1)(m^2-1)=0$　　$m^2+1>0$ であるから　　$m=\pm1$

[1] $m=\pm1$ のとき

① から，2 点 P，Q の x 座標は，ともに $x=4p$ となる。
したがって，直線 PQ は定点 $(4p,\ 0)$ を通る。

[2] $m\neq\pm1$ のとき

① から，直線 PQ の傾き a は　　$a=\dfrac{-4pm-\dfrac{4p}{m}}{4pm^2-\dfrac{4p}{m^2}}=\dfrac{-m(m^2+1)}{m^4-1}=\dfrac{-m}{m^2-1}$

よって，直線 PQ の方程式は　　$y-\dfrac{4p}{m}=\dfrac{-m}{m^2-1}\left(x-\dfrac{4p}{m^2}\right)$

ゆえに　　$y=\dfrac{-m}{m^2-1}x+\dfrac{4p}{m(m^2-1)}+\dfrac{4p}{m}$

すなわち　　$y=-\dfrac{m}{m^2-1}(x-4p)$

したがって，直線 PQ は定点 $(4p,\ 0)$ を通る。

点 $(4p,\ 0)$ は弦 PQ 上にあるから，[1]，[2] により，弦 PQ は定点 $(4p,\ 0)$ を通る。

練習 125 双曲線 $\dfrac{x^2}{a^2}-\dfrac{y^2}{b^2}=1$ $(a>0,\ b>0)$ 上の任意の点 P から 2 つの漸近線に垂線 PQ，PR を下ろすと，線分の長さの積 PQ·PR は一定であることを証明せよ。

重要例題 126 2次曲線の焦点の性質 ★★★★☆

放物線 $y^2=4px$ $(p>0)$ 上の点 $\mathrm{P}(x_1,\ y_1)$ における接線と x 軸との交点をTとし，放物線の焦点をFとすると，$\angle\mathrm{PTF}=\angle\mathrm{TPF}$ であることを証明せよ。
ただし，$x_1>0$，$y_1>0$ とする。

指針 放物線 $y^2=4px$ 上の点 $(x_1,\ y_1)$ における接線の方程式は

$$\boldsymbol{y_1y=2p(x+x_1)} \quad \cdots\cdots \text{Ⓐ}$$

点Tの x 座標は，Ⓐ で $y=0$ として求められる。また

$$\angle\mathrm{PTF}=\angle\mathrm{TPF} \iff \mathrm{FP}=\mathrm{FT}$$

に着目。長さ FP, FT をそれぞれ x_1，y_1，p で表し，それらが一致することを示す。

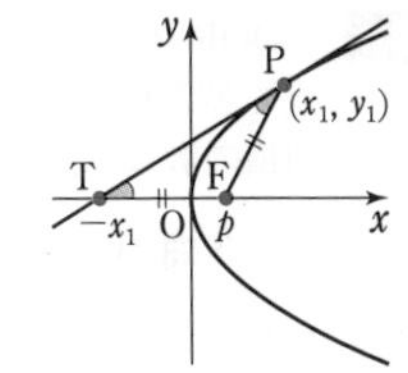

解答 $y^2=4px$ $(p>0)$ …… ① とする。
放物線 ① 上の点 $\mathrm{P}(x_1,\ y_1)$ における接線の方程式は

$$y_1y=2p(x+x_1) \quad \cdots\cdots \text{②}$$

② で $y=0$ とすると　$x=-x_1$　　よって　$\mathrm{T}(-x_1,\ 0)$

◀ 3点F，P，Tについて，線分FP，FTの長さをそれぞれ x_1，p で表す。そのために，まず点F，Tの座標を調べる。

また，$\mathrm{F}(p,\ 0)$ であるから　　$\mathrm{FP}=\sqrt{(x_1-p)^2+y_1{}^2}$
ここで，点 $\mathrm{P}(x_1,\ y_1)$ は放物線 ① 上にあるから　$y_1{}^2=4px_1$
$x_1>0$，$p>0$ であるから

$$\mathrm{FP}=\sqrt{(x_1-p)^2+4px_1}=\sqrt{(x_1+p)^2}=x_1+p$$

◀ $\sqrt{A^2}=|A|$

また，$\mathrm{FT}=p-(-x_1)=x_1+p$ であるから　　$\mathrm{FP}=\mathrm{FT}$
したがって　　$\angle\mathrm{PTF}=\angle\mathrm{TPF}$

◀ 二等辺三角形の底角は等しい。

右の図のように，点Pにおける接線を ST とし，点Pを通り，x 軸に平行な半直線 PQ を引くと，上の例題の結果から

$$\angle\mathrm{SPQ}=\angle\mathrm{PTF}=\angle\mathrm{TPF}$$

よって，QP と FP は，点Pにおける接線 ST と等しい角をなす(右の図において，入射角 α＝反射角 β)。このことから，図のように，放物線の軸に平行に進む光線が放物線に当たって反射すると，すべて放物線の焦点Fに集まることがわかる。

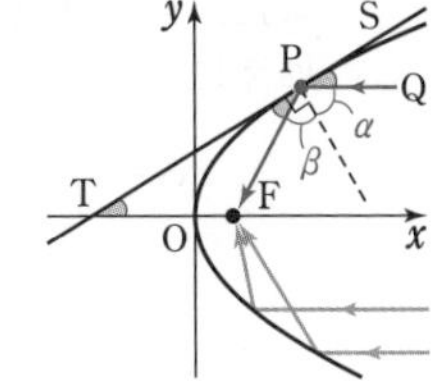

楕円・双曲線の焦点についても，放物線と似た性質がある。
楕円：楕円の1つの焦点から発した光線が楕円に当たって反射すると，他の焦点に向かう。
双曲線：双曲線の1つの焦点から発した光線が双曲線に当たって反射すると，他の焦点から発したように進む。

楕円

双曲線

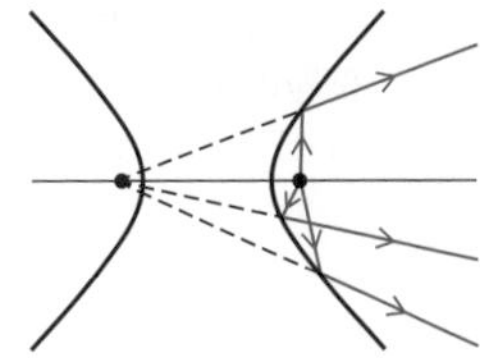

練習 126 双曲線 $\dfrac{x^2}{9}-\dfrac{y^2}{16}=1$ 上の点 $\mathrm{P}(x_1,\ y_1)$ における接線は，点Pと2つの焦点F，F′とを結んでできる $\angle\mathrm{FPF'}$ を2等分することを証明せよ。ただし，$x_1>0$，$y_1>0$ とする。

➡ p. 265 演習 **49，50**

重要例題 127 双曲線の接線の性質 ★★★☆☆

双曲線 $b^2x^2-a^2y^2=a^2b^2$ $(a>0,\ b>0)$ 上の点 $\mathrm{P}(x_0,\ y_0)$ における接線が漸近線と交わる点を Q，R とする。原点をOとするとき，$\triangle$OQR の面積は点Pの選び方に無関係であることを証明せよ。 ［類 東京大］

指針 $\triangle$OQR の面積が点Pの選び方に無関係であるとは，面積が点Pの座標 $x_0,\ y_0$ を含まない式で表されるということ。このことを示す。
面積の計算は，2点Q，R の座標を求めて，次のことを利用する。

3点 $(0,\ 0)$，$(x_1,\ y_1)$，$(x_2,\ y_2)$ を頂点とする三角形の面積は $\dfrac{1}{2}|x_1y_2-x_2y_1|$

なお，双曲線上の点Pの座標を媒介変数表示して，証明してもよい（解答編 $p.170$ 参照）。

解答 点Pにおける接線の方程式は $b^2x_0x-a^2y_0y=a^2b^2$ …… ①
また，漸近線の方程式は

$bx-ay=0$ …… ②，　$bx+ay=0$ …… ③

①$-$②$\times ay_0$ から　$b^2x_0x-ay_0\cdot bx=a^2b^2$
$b\neq 0$ であるから　$(bx_0-ay_0)x=a^2b$
$bx_0-ay_0\neq 0$ であるから　◀ 点Pは漸近線 ② 上にない。

$$x=\frac{a^2b}{bx_0-ay_0} \qquad ② から \quad y=\frac{ab^2}{bx_0-ay_0}$$

よって　$\mathrm{Q}\left(\dfrac{a^2b}{bx_0-ay_0},\ \dfrac{ab^2}{bx_0-ay_0}\right)$

同様にして，①，③ から　$\mathrm{R}\left(\dfrac{a^2b}{bx_0+ay_0},\ -\dfrac{ab^2}{bx_0+ay_0}\right)$　（①$+$③$\times ay_0$ から　$(bx_0+ay_0)x=a^2b$）　◀ QとRは逆でもよい。

また，点Pは双曲線上にあるから　$b^2x_0{}^2-a^2y_0{}^2=a^2b^2$
ゆえに，$\triangle$OQR の面積 S は

$$S=\frac{1}{2}\left|\frac{a^2b}{bx_0-ay_0}\cdot\left(-\frac{ab^2}{bx_0+ay_0}\right)-\frac{a^2b}{bx_0+ay_0}\cdot\frac{ab^2}{bx_0-ay_0}\right|$$　◀ $\dfrac{1}{2}|x_1y_2-x_2y_1|$

$$=\frac{1}{2}\left|\frac{2a^3b^3}{b^2x_0{}^2-a^2y_0{}^2}\right|=\frac{1}{2}\left|\frac{2a^3b^3}{a^2b^2}\right|=ab$$　◀ $a>0,\ b>0$

したがって，$\triangle$OQR の面積は点Pの選び方に無関係である。

参考 右の図のように，直線 $x=a$ と直線 ①，②，③ の交点をそれぞれ A，B，C とする。
例題の結果より，$\triangle\mathrm{OQR}=\triangle\mathrm{OBC}$ $(=ab)$ であるから，
$\triangle\mathrm{ABQ}=\triangle\mathrm{ACR}$ が成り立つ。

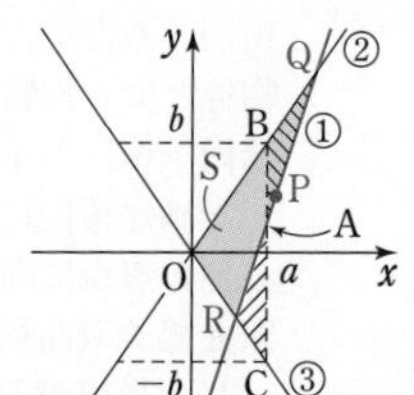

練習 127 双曲線 $C:\dfrac{x^2}{a^2}-\dfrac{y^2}{b^2}=1$ $(a>0,\ b>0)$ 上に点 $\mathrm{P}(x_1,\ y_1)$ をとる。ただし，$x_1>a$ とする。点Pにおける C の接線と2直線 $x=a$ および $x=-a$ の交点をそれぞれ Q，R とする。線分 QR を直径とする円は C の2つの焦点を通ることを示せ。
［弘前大］ ➡p. 265 演習 51

重要例題 128 焦点を共有する2次曲線 ★★★☆☆

点 $P(2,\ \sqrt{2})$ を通る $\dfrac{x^2}{4-t}-\dfrac{y^2}{t}=1$ $(t<4,\ t\neq 0)$ の形の2次曲線は2つあり，この2曲線上の点Pにおける接線は直交することを証明せよ。 ◀例題127

指針 曲線 $\dfrac{x^2}{4-t}-\dfrac{y^2}{t}=1$ が点 $P(2,\ \sqrt{2})$ を通るとき　$\dfrac{2^2}{4-t}-\dfrac{(\sqrt{2})^2}{t}=1$ …… Ⓐ

2次曲線が2つあるとは，Ⓐの分母を払って得られる t の2次方程式が $t<4,\ t\neq 0$ である異なる2つの実数解をもつ，ということである。よって，その2つの解を求め，2つの2次曲線の方程式を導く。

接線が直交することは，**2直線が直交 $\Longleftrightarrow$ 傾きの積が -1** を利用して証明する。

解答 2次曲線 $\dfrac{x^2}{4-t}-\dfrac{y^2}{t}=1$ …… ① が点 $P(2,\ \sqrt{2})$ を通るから　$\dfrac{2^2}{4-t}-\dfrac{(\sqrt{2})^2}{t}=1$

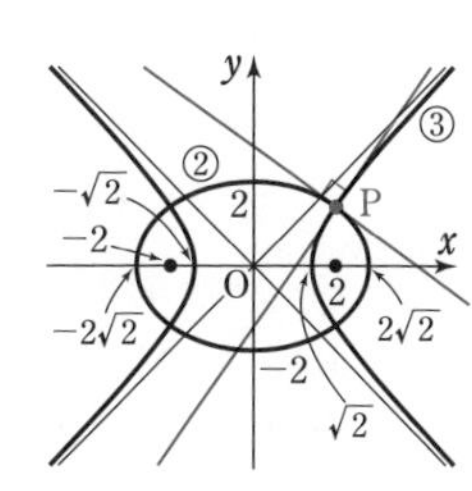

よって　$4t-2(4-t)=(4-t)t$　　ゆえに　$t^2+2t-8=0$

これを解いて　$t=2,\ -4$

$t=2,\ -4$ はともに $t<4,\ t\neq 0$ を満たす。

よって，① は楕円 $\dfrac{x^2}{8}+\dfrac{y^2}{4}=1$ …… ② と双曲線 $\dfrac{x^2}{2}-\dfrac{y^2}{2}=1$ …… ③ を表す。

点 $P(2,\ \sqrt{2})$ における②，③の接線の方程式は，それぞれ　$\dfrac{2}{8}x+\dfrac{\sqrt{2}}{4}y=1$，$\dfrac{2}{2}x-\dfrac{\sqrt{2}}{2}y=1$

すなわち　$x+\sqrt{2}\,y=4$，$\sqrt{2}\,x-y=\sqrt{2}$

これらの傾きの積は $\left(-\dfrac{1}{\sqrt{2}}\right)\cdot\sqrt{2}=-1$ であるから，接線は直交する。

◀ この2つの接線の法線ベクトル $(1,\ \sqrt{2})$，$(\sqrt{2},\ -1)$ について，(内積)$=0$ を導く方針で考えてもよい。

参考 $t<0$ のとき，曲線①は楕円で，$(4-t)-(-t)=4$ から，焦点は　2点 $(\pm 2,\ 0)$

$0<t<4$ のとき，曲線①は双曲線で，$(4-t)+t=4$ から，焦点は　2点 $(\pm 2,\ 0)$

⟶ 楕円と双曲線の2つの焦点は一致している。

一般に，**楕円と双曲線の2つの焦点が一致するとき，その楕円と双曲線の共有点におけるそれぞれの接線は直交する。**

練習 128 実数 a，b は $a>0$，$b>1$ を満たすとする。2曲線 C_1：$x^2-\dfrac{y^2}{a^2}=1$，C_2：$\dfrac{x^2}{b^2}+y^2=1$ の第1象限における交点を $P(s,\ t)$ とし，点Pにおける2曲線 C_1 と C_2 の接線をそれぞれ L_1，L_2 とする。〔同志社大〕

(1) s および t を a，b を用いて表せ。

(2) 2直線 L_1，L_2 が直交するとき，b を a で表せ。

(3) 実数 a，b が(2)の条件を満たしながら変化するとき，点Pの軌跡を求めよ。

例題 129 領域における最大・最小 (1) ★★★☆☆

実数 x, y が 2 つの不等式 $y \leqq 2x+1$, $x^2+2y^2 \leqq 22$ を満たすとき，$x+y$ の最大値と最小値を求めよ。

指針 2 つの不等式の表す **領域を図示** し，$x+y=k$ とおいて，**直線 $x+y=k$ と領域が共有点をもつような k の値の範囲** を調べる。本問では楕円が境界線として現れるが，数学Ⅱで学習した内容と同じように考えればよい。

CHART》 領域と最大，最小　図示して $=k$ の曲線の動きを追う

解答 連立不等式 $y \leqq 2x+1$, $x^2+2y^2 \leqq 22$ の表す領域 E は右の図の斜線部分である。ただし，境界線を含む。

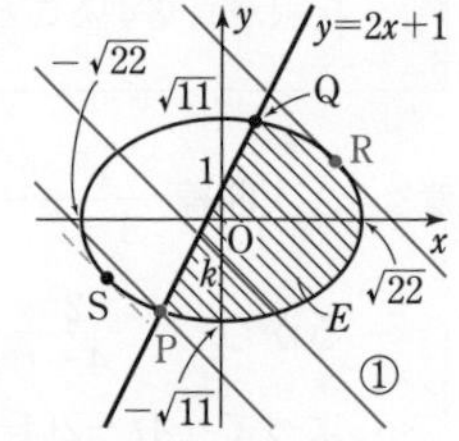

図の点 P，Q の座標は，連立方程式 $y=2x+1$, $x^2+2y^2=22$ を解くことにより，

$$\mathrm{P}(-2,\ -3),\ \mathrm{Q}\left(\frac{10}{9},\ \frac{29}{9}\right)$$

$x+y=k$ とおくと　$y=-x+k$ …… ①

直線 ① が楕円 $x^2+2y^2=22$ …… ② に接するとき，その接点のうち，領域 E に含まれるものを R とする。

◀ $=k$ とおいて，直線 ① の動きを追う。

①，② から y を消去して整理すると

$$3x^2-4kx+2k^2-22=0 \quad \cdots\cdots ③$$

◀ $x^2+2(-x+k)^2=22$

2 次方程式 ③ の判別式を D とすると

$$\frac{D}{4}=(-2k)^2-3(2k^2-22)=-2(k^2-33)$$

$D=0$ とすると，$k^2-33=0$ から　$k=\pm\sqrt{33}$

図から，$k=\sqrt{33}$ のとき，直線 ① は点 R で楕円 ② に接する。

◀ 図から，(y 切片 k)>0 となるものが適する。

このとき，点 R の座標を $(x_1,\ y_1)$ とすると

$$x_1=-\frac{-4k}{2\cdot 3}=\frac{2k}{3}=\frac{2\sqrt{33}}{3},\ y_1=-x_1+k=\frac{\sqrt{33}}{3}$$

◀ 接点の x 座標は，2 次方程式 ③ の重解である。

また，k が最小となるのは，2 直線 $y=-x+k$ と $y=2x+1$ の傾きについて，$2>-1$ であるから，図より，直線 ① が点 P を通るときである。

◀ P$(-2,\ -3)$

したがって　**$x=\dfrac{2\sqrt{33}}{3}$, $y=\dfrac{\sqrt{33}}{3}$ のとき最大値 $\sqrt{33}$；**
$x=-2$, $y=-3$ のとき最小値 -5

参考 直線 ① が楕円 ② に接するとき，その接点の座標を $(x_0,\ y_0)$ とすると

$$x_0{}^2+2y_0{}^2=22 \quad \cdots\cdots Ⓐ$$

また，接線の方程式は $x_0x+2y_0y=22$ であり，この直線の傾きが -1 (直線 ① の傾き) となることから　$x_0=2y_0$ …… Ⓑ

Ⓐ と Ⓑ を連立して解き，2 つの接点の座標を求めてもよい。

練習 129 実数 x, y が 2 つの不等式 $y \leqq 2x+1$, $9x^2+4y^2 \leqq 72$ を満たすとき，$3x+2y$ の最大値と最小値を求めよ。

例題 130 領域における最大・最小 (2) ★★★★☆

連立不等式 $x-2y+3\geqq 0$, $2x-y\leqq 0$, $x+y\geqq 0$ の表す領域を A とする。
点 $(x,\ y)$ が領域 A を動くとき，y^2-4x の最大値と最小値を求めよ。 ◀例題 129

指針 **CHART》** 領域と最大・最小　境界線が放物線・円 ⟶ 端の点，接点に注目

$y^2-4x=k$ とおくと　$x=\dfrac{y^2}{4}-\dfrac{k}{4}$

これは，頂点が x 軸上にある放物線を表す。この放物線が領域 A と共有点をもつような頂点の x 座標 $-\dfrac{k}{4}$ のとりうる値の範囲を考える。

解答 領域 A は，3 点 $(0,\ 0)$, $(1,\ 2)$, $(-1,\ 1)$ を頂点とする三角形の周および内部を表す。

$y^2-4x=k$ とおくと

$$x=\frac{y^2}{4}-\frac{k}{4} \quad \cdots\cdots ①$$

k が最大となるのは $-\dfrac{k}{4}$ が最小となるときである。それは図から，放物線 ① が点 $(-1,\ 1)$ を通るときである。

このとき　$k=1^2-4(-1)=5$

また，k が最小となるのは $-\dfrac{k}{4}$ が最大となるときである。それは図から，放物線 ① が直線 $y=2x$ と $0\leqq x\leqq 1$ の範囲で接するときである。

$y=2x$ を ① に代入して整理すると

$$4x^2-4x-k=0 \quad \cdots\cdots ②$$

この 2 次方程式の判別式を D とすると

$$\frac{D}{4}=(-2)^2-4\cdot(-k)=4+4k$$

$D=0$ とすると，$4+4k=0$ から　$k=-1$

このとき，② の重解は

$$x=-\frac{-2}{4}=\frac{1}{2} \quad (0\leqq x\leqq 1 \text{ を満たす。})$$

これを $y=2x$ に代入して　$y=1$

したがって　**$x=-1$, $y=1$ のとき最大値 5；**

$x=\dfrac{1}{2}$, $y=1$ のとき最小値 -1

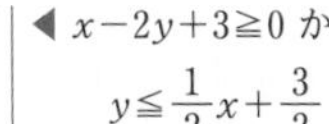

◀ $x-2y+3\geqq 0$ から
$y\leqq \dfrac{1}{2}x+\dfrac{3}{2}$
$2x-y\leqq 0$ から
$y\geqq 2x$
$x+y\geqq 0$ から
$y\geqq -x$

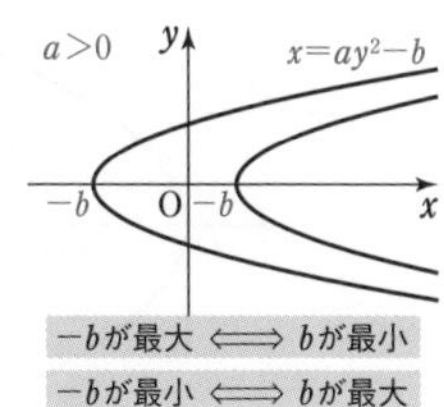

−b が最大 ⟺ b が最小
−b が最小 ⟺ b が最大

◀ 接点の x 座標が $0\leqq x\leqq 1$ の範囲にあることを確認する。

練習 130 連立不等式 $x+2y-3\geqq 0$, $2x+3y-6\leqq 0$, $x+y-2\geqq 0$ の表す領域を A とする。点 $(x,\ y)$ が領域 A を動くとき，x^2-y^2 の最大値と最小値を求めよ。

4章 22 2次曲線の性質

23 曲線の媒介変数表示

《基本事項》

1 媒介変数表示

一般に，平面上の曲線Cが1つの変数，例えばtによって，$x=f(t)$，$y=g(t)$ の形に表されたとき，これを曲線Cの **媒介変数表示（パラメータ表示）** という。また，変数tを **媒介変数（パラメータ）** という。

(注意) 曲線Cの媒介変数による表示の仕方は，1通りではない。

2 曲線の媒介変数表示

① 放物線 $y^2=4px$ $\begin{cases} \boldsymbol{x=pt^2} \\ \boldsymbol{y=2pt} \end{cases}$

② 円 $x^2+y^2=a^2$ $\begin{cases} \boldsymbol{x=a\cos\theta} \\ \boldsymbol{y=a\sin\theta} \end{cases}$

③ 楕円 $\dfrac{x^2}{a^2}+\dfrac{y^2}{b^2}=1$ $\begin{cases} \boldsymbol{x=a\cos\theta} \\ \boldsymbol{y=b\sin\theta} \end{cases}$

④ 双曲線 $\dfrac{x^2}{a^2}-\dfrac{y^2}{b^2}=1$ $\begin{cases} \boldsymbol{x=\dfrac{a}{\cos\theta}} \\ \boldsymbol{y=b\tan\theta} \end{cases}$

参考 ③，④ の角θを **離心角** という。

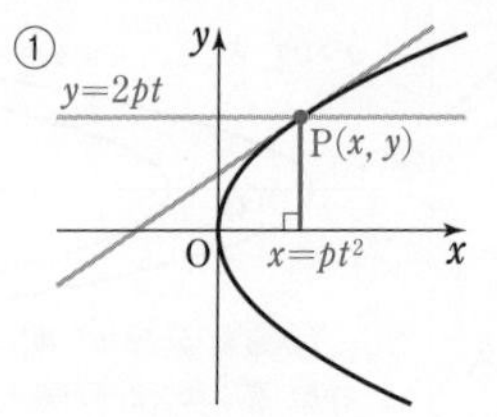

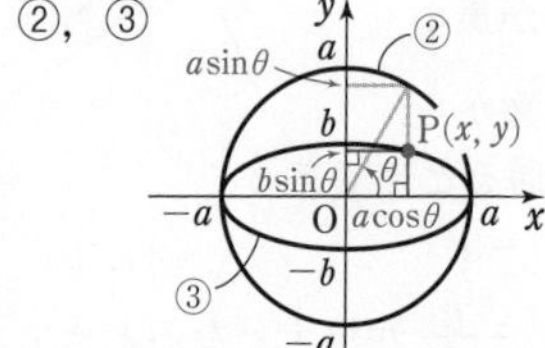

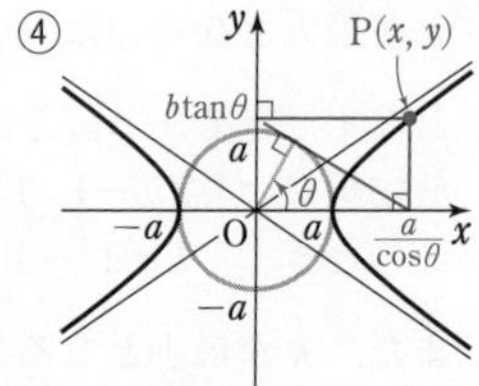

⑤ **サイクロイド**

円が定直線に接しながら，滑ることなく回転するとき，円周上の定点Pが描く曲線を **サイクロイド** という。
円の半径がaのときの媒介変数表示は，点Pの最初の位置を原点Oとし，原点Oでx軸に接する半径aの円Cが角θだけ回転して，右の図のように，x軸に点Aで接する位置にきたとき，$\mathrm{P}(x,\ y)$ とすると

$\mathrm{OA}=\overset{\frown}{\mathrm{AP}}=a\theta$

$x=\mathrm{OB}=\mathrm{OA}-\mathrm{BA}=a\theta-a\sin\theta$

$y=\mathrm{BP}=\mathrm{AD}=\mathrm{AC}-\mathrm{DC}=a-a\cos\theta$

すなわち　$\boldsymbol{x=a(\theta-\sin\theta)}$，$\boldsymbol{y=a(1-\cos\theta)}$

これがサイクロイドの媒介変数表示である。

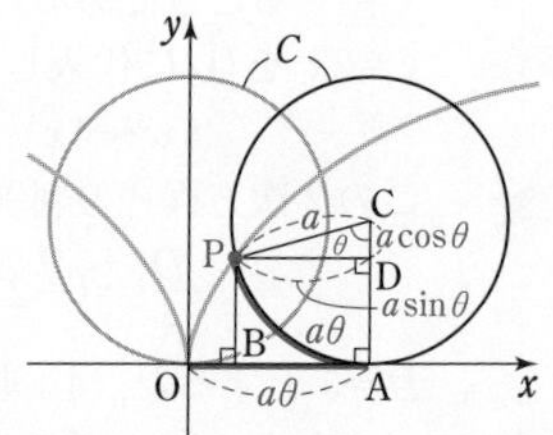

また，サイクロイドの概形は右の図のようになり，

$0\leqq x\leqq 2\pi a$，$2\pi a\leqq x\leqq 4\pi a$，……

で同じ形が繰り返される。

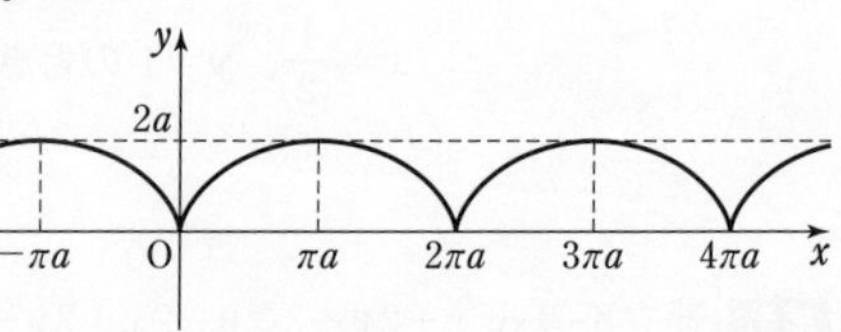

なお，例えば，自転車の車輪の一部に蛍光塗料を塗り，夜走っているのを見ると，サイクロイドが現れる。

例 53 媒介変数表示の曲線(1) ★☆☆☆☆

点 $\mathrm{P}(x,\ y)$ の座標が次の式で表されるとき，点Pがどのような曲線を描くかを調べよ。

(1) $\begin{cases} x=\sqrt{t+1} \\ y=2t-3 \end{cases}$　　(2) $\begin{cases} x=\cos\theta \\ y=-\sin^2\theta \end{cases}$

(3) $\begin{cases} x=3\cos\theta+2 \\ y=2\sin\theta+3 \end{cases}$　　(4) $\begin{cases} x=3^t+3^{-t}-1 \\ y=3^t-3^{-t}+2 \end{cases}$

指針 媒介変数（$\boldsymbol{t}$ または $\boldsymbol{\theta}$）を消去 して，$\boldsymbol{x}$，$\boldsymbol{y}$ **のみの関係式を導く。**

└一般角 θ で表されたものについては，三角関数の相互関係 $\sin^2\theta+\cos^2\theta=1$ などを利用するとうまくいくことが多い。

(1)，(2)，(4) では，**変数 $\boldsymbol{x}$，$\boldsymbol{y}$ の変域** にも注意。$\sqrt{●}\geqq 0$，$-1\leqq\sin\theta\leqq 1$，$-1\leqq\cos\theta\leqq 1$，$3^{●}>0$ などの **かくれた条件** にも気をつける。

(4) (1)のように，t そのものを x，y を使って表して消去すると大変。ここでは 3^t，3^{-t} の形のまま，これらを消去すると考える。

例 54 放物線の頂点が描く曲線など ★★☆☆☆

(1) 放物線 $y^2-4x+2ty+5t^2-4t=0$ の焦点Fは，t の値が変化するとき，どのような曲線を描くか。

(2) 定円 $x^2+y^2=r^2$ の周上を点 $\mathrm{P}(x,\ y)$ が動くとき，座標が $(y^2-x^2,\ 2xy)$ で表される点Qはある円の周上を動く。このとき，その円の中心の座標と半径を求めよ。

指針 (1) まず，放物線の方程式を $(\boldsymbol{y}-\boldsymbol{p})^2=4(\boldsymbol{x}-\boldsymbol{q})$ の形に直す。焦点の座標を $(x,\ y)$ とすると，$x=(t$ の式$)$，$y=(t$ の式$)$ と表される。$x=(t$ の式$)$，$y=(t$ の式$)$ から **変数 $\boldsymbol{t}$ を消去して，$\boldsymbol{x}$，$\boldsymbol{y}$ の関係式を導く。**

(2) **円の媒介変数表示** $x=r\cos\theta$，$y=r\sin\theta$ を利用すると，点Qの座標 $(X,\ Y)$ も θ で表される。この媒介変数表示から X，Y の関係式を導く。

CHART》 媒介変数

1 消して x，y だけの式に　**2** 変域にも注意

例題 131 媒介変数表示の曲線 (2) ★★☆☆☆

次の媒介変数表示は，どのような曲線を表すか。

$$x=\frac{a(1+t^2)}{1-t^2} \quad \cdots\cdots ①, \qquad y=\frac{2bt}{1-t^2} \quad \cdots\cdots ② \quad (a>0,\ b>0)$$

◀例 53

指針 ① から，t^2 は x の式で表される。よって，② より t は x, y の式で表されるから，t が消去できる。ここでは，①, ② を **t, t^2 の連立方程式** とみて，t, t^2 を x, y で表す。そして，$t^2=(t)^2$ を利用して **t を消去** し，**x, y だけの関係式を導く**。

CHART》 **1** 消して x, y だけの式に　**2** 変域にも注意

解答 ①, ② の分母を払って

$$x(1-t^2)=a(1+t^2), \qquad y(1-t^2)=2bt$$

ゆえに　$(x+a)t^2=x-a, \quad yt^2+2bt=y \quad \cdots\cdots ③$

$x+a=0$ とすると，$0=-2a$ となり $a>0$ に矛盾する。

よって　$x+a \neq 0$　　③ を t, t^2 について解くと

$$t^2=\frac{x-a}{x+a}, \qquad t=\frac{ay}{b(x+a)}$$

ゆえに　$\dfrac{x-a}{x+a}=\left\{\dfrac{ay}{b(x+a)}\right\}^2$

よって　$b^2(x^2-a^2)=a^2y^2$

したがって　**双曲線 $\dfrac{x^2}{a^2}-\dfrac{y^2}{b^2}=1$ の点 $(-a,\ 0)$ を除いた部分**

参考　① の右辺の分母・分子を $t^2\ (\neq 0)$ で割った式において，t の絶対値を限りなく大きくすると $\dfrac{1}{t^2}$ は限りなく 0 に近づき，x は限りなく $-a$ に近づくことがわかる（数学Ⅲ第 2 章を参照）。

円，楕円，双曲線の媒介変数表示には，$p.248$ で示した以外にも以下のような表し方がある。ただし，すべて点 $(-a,\ 0)$ は除く。

[1] **円**　$x^2+y^2=a^2$　　$\boldsymbol{x=\dfrac{a(1-t^2)}{1+t^2},\ y=\dfrac{2at}{1+t^2}}$

[2] **楕円**　$\dfrac{x^2}{a^2}+\dfrac{y^2}{b^2}=1$　　$\boldsymbol{x=\dfrac{a(1-t^2)}{1+t^2},\ y=\dfrac{2bt}{1+t^2}}$

[3] **双曲線**　$\dfrac{x^2}{a^2}-\dfrac{y^2}{b^2}=1$　　$\boldsymbol{x=\dfrac{a(1+t^2)}{1-t^2},\ y=\dfrac{2bt}{1-t^2}}$　$(\boldsymbol{t^2\neq 1})$

解説　$\tan\dfrac{\theta}{2}=t$ とおくと　$\boldsymbol{\sin\theta=\dfrac{2t}{1+t^2},\ \cos\theta=\dfrac{1-t^2}{1+t^2},\ \tan\theta=\dfrac{2t}{1-t^2}}$

これと，$p.248$ の媒介変数表示を利用すると

[2] 楕円　$\begin{cases} x=a\cos\theta \\ y=b\sin\theta \end{cases} \iff x=\dfrac{a(1-t^2)}{1+t^2},\ y=\dfrac{2bt}{1+t^2}$

[3] 双曲線　$\begin{cases} x=\dfrac{a}{\cos\theta} \\ y=b\tan\theta \end{cases} \iff x=\dfrac{a(1+t^2)}{1-t^2},\ y=\dfrac{2bt}{1-t^2}$

注意　$\theta=\pi$ のとき $\tan\dfrac{\theta}{2}$ が定義できないため，$x=-a$ は除く。

[1] は，[2] において $b=a$ とすると得られる。なお，円と直線との交点について考えることにより，[1] の媒介変数表示を求めることもできる（解答編 $p.174$ 参照）。

練習 131 楕円の媒介変数表示 $x=\dfrac{a(1-t^2)}{1+t^2}$, $y=\dfrac{2bt}{1+t^2}$ $(a>0,\ b>0)$ を，t を消去して x, y だけの式で表せ。

例題 132 媒介変数表示の利用 ★★☆☆☆

楕円 $\dfrac{x^2}{a^2}+\dfrac{y^2}{b^2}=1$ $(a>0,\ b>0)$ の接線と両座標軸とで作られる三角形の面積 S の最小値を求めよ。

指針 楕円の接線は，接点の位置で決まる。　◀ $Ax_1x+By_1y=1$
接点は楕円上にあるから，その座標は次のどちらかで表される。

[1]　$(x_1,\ y_1)$　ただし $\dfrac{x_1{}^2}{a^2}+\dfrac{y_1{}^2}{b^2}=1$　　[2]　$(a\cos\theta,\ b\sin\theta)$　◀ **媒介変数** を利用。

[2] は，面積 S が 1 つの変数 θ で表されるので，最大・最小問題には考えやすい。
また，楕円の対称性から，考えるのは接点が第 1 象限にある場合でよい。

解答 楕円は x 軸，y 軸に関して対称であるから，接点は第 1 象限にあるとしてよい。

接点を $\mathrm{P}(a\cos\theta,\ b\sin\theta)$，$0<\theta<\dfrac{\pi}{2}$ とすると，

接線の方程式は

$$\frac{x\cos\theta}{a}+\frac{y\sin\theta}{b}=1 \quad \cdots\cdots ①$$

① と x 軸との交点を Q，y 軸との交点を R とする。

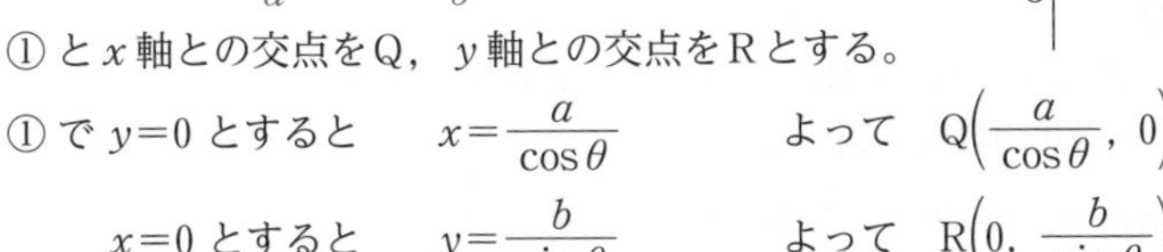

① で $y=0$ とすると　$x=\dfrac{a}{\cos\theta}$　　よって　$\mathrm{Q}\left(\dfrac{a}{\cos\theta},\ 0\right)$

$x=0$ とすると　$y=\dfrac{b}{\sin\theta}$　　よって　$\mathrm{R}\left(0,\ \dfrac{b}{\sin\theta}\right)$

ゆえに　$S=\triangle\mathrm{OQR}=\dfrac{1}{2}\cdot\dfrac{a}{\cos\theta}\cdot\dfrac{b}{\sin\theta}=\dfrac{ab}{\sin 2\theta}$　◀ 2 倍角の公式

$0<2\theta<\pi$ であるから　$0<\sin 2\theta\leqq 1$

よって，S は $2\theta=\dfrac{\pi}{2}$ すなわち $\theta=\dfrac{\pi}{4}$ で **最小値 $\boldsymbol{ab}$** をとる。　◀ 接点は $\mathrm{P}\left(\dfrac{a}{\sqrt{2}},\ \dfrac{b}{\sqrt{2}}\right)$

参考 [1] の方法なら，第 1 象限の接点 $\mathrm{P}(x_1,\ y_1)$ に対し
$\mathrm{Q}\left(\dfrac{a^2}{x_1},\ 0\right)$，$\mathrm{R}\left(0,\ \dfrac{b^2}{y_1}\right)$ となり $S=\dfrac{a^2b^2}{2x_1y_1}$ である。

ここで $\dfrac{x_1{}^2}{a^2}+\dfrac{y_1{}^2}{b^2}=1$ から　$1\geqq 2\sqrt{\dfrac{x_1{}^2}{a^2}\cdot\dfrac{y_1{}^2}{b^2}}=\dfrac{2x_1y_1}{ab}$　◀ **(相加平均)≧(相乗平均)** の両辺を 2 倍。

よって，$2x_1y_1\leqq ab$ から $S=\dfrac{a^2b^2}{2x_1y_1}\geqq\dfrac{a^2b^2}{ab}=ab$ が導かれる。

等号は $\dfrac{x_1{}^2}{a^2}=\dfrac{y_1{}^2}{b^2}=\dfrac{1}{2}$，すなわち $x_1=\dfrac{a}{\sqrt{2}}$，$y_1=\dfrac{b}{\sqrt{2}}$ のとき成立する。

練習 132
(1)　楕円 $\dfrac{x^2}{4}+y^2=1$ の周上の 2 定点 $\mathrm{A}(-2,\ 0)$，$\mathrm{B}(0,\ 1)$ と動点 P を頂点とする $\triangle\mathrm{PAB}$ の面積の最大値を求めよ。
(2)　実数 x，y が $2x^2+3y^2=1$ を満たすとき，x^2-y^2+xy の最大値と最小値を求めよ。

[(2) 類 早稲田大]　➡p. 265 演習 52

重要例題 133 媒介変数表示の曲線の図示 ★★★★☆

t を媒介変数とするとき，曲線 $\begin{cases} x=\sin t \\ y=\sin 2t \end{cases}$ の概形をかけ。

指針 **消して x, y だけの式に** の方針なら，$y=2\sin t\cos t=\pm 2\sin t\sqrt{1-\sin^2 t}$ であるから，媒介変数 t を消去して　$y=\pm 2x\sqrt{1-x^2}$

この導関数を利用して，曲線の概形をかくことができる。←数学Ⅲ第4章で学ぶ方法

しかし，t が消去しにくい場合（下の練習 133）や，高校数学の知識では消去できない場合もある。

ここでは，**基本に戻って**，媒介変数表示のまま t に適当な値を与えて順次 $(x,\ y)$ を求め，それらの点を滑らかな線で結ぶ方針で考える。まず，曲線の **対称性** を調べる。

解答 $\sin t$，$\sin 2t$ の周期はそれぞれ 2π，π であるから，曲線の概形は $0\leqq t\leqq 2\pi$ の範囲で考えれば十分である。$t=\theta$，$\pi-\theta$，$\pi+\theta$，$2\pi-\theta$ に対応する点を，それぞれ P，Q，R，S とし，P$(x,\ y)$ とすると

$$\sin(\pi-\theta)=\sin\theta=x,\qquad \sin 2(\pi-\theta)=-\sin 2\theta=-y$$
$$\sin(\pi+\theta)=-\sin\theta=-x,\qquad \sin 2(\pi+\theta)=\sin 2\theta=y$$
$$\sin(2\pi-\theta)=-\sin\theta=-x,\qquad \sin 2(2\pi-\theta)=-\sin 2\theta=-y$$

よって　Q$(x,\ -y)$，R$(-x,\ y)$，S$(-x,\ -y)$

したがって，曲線は x 軸，y 軸，原点に関して対称である。

まず，$x\geqq 0$，$y\geqq 0$ の場合を調べる。

このとき $\sin t\geqq 0$，$\sin 2t\geqq 0$ であるから　$0\leqq t\leqq \dfrac{\pi}{2}$

t の値の変化に応じて，x，y の値の変化を調べる と，次の表のようになる。

t	0	$\cdots$	$\dfrac{\pi}{6}$	$\cdots$	$\dfrac{\pi}{4}$	$\cdots$	$\dfrac{\pi}{3}$	$\cdots$	$\dfrac{\pi}{2}$
x	0	↗	$\dfrac{1}{2}$	↗	$\dfrac{\sqrt{2}}{2}$	↗	$\dfrac{\sqrt{3}}{2}$	↗	1
y	0	↗	$\dfrac{\sqrt{3}}{2}$	↗	1	↘	$\dfrac{\sqrt{3}}{2}$	↘	0

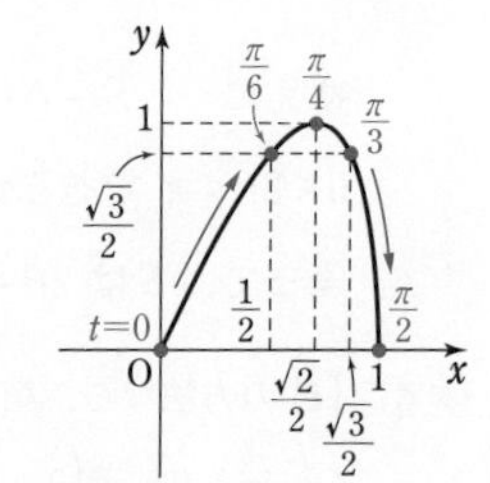

これらに相当する点をとっていくと，右上の図のようになる。

よって，$0\leqq t\leqq 2\pi$ の範囲で考えると，右上の図と x 軸に関して対称，更に原点に関して対称な図形も加えて，

↙**対称性** を利用

曲線の概形は **右の図** のようになる。

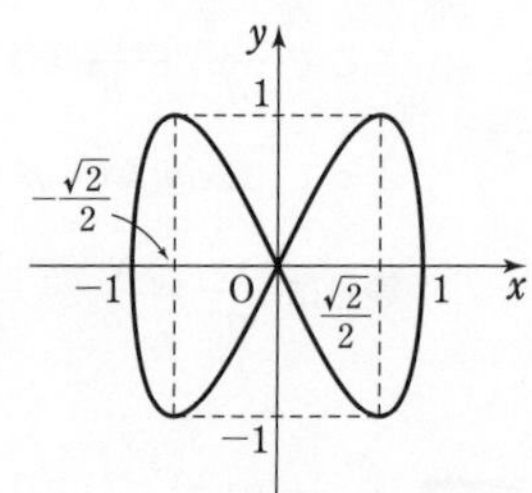

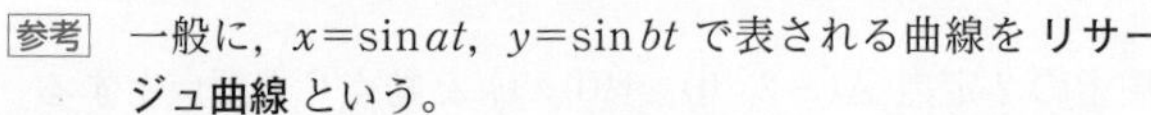

参考 一般に，$x=\sin at$，$y=\sin bt$ で表される曲線を **リサージュ曲線** という。

練習 133 曲線 $x=a\cos 2t$，$y=a\cos 3t$ $(a>0)$ の概形をかけ。

重要例題 134 ハイポサイクロイドの媒介変数表示 ★★★★☆

$a>2b$ とする。半径 b の円 C が原点Oを中心とする半径 a の定円 O に内接しながら滑ることなく回転していく。円 C 上の定点 $\mathrm{P}(x,\ y)$ が，初め定円 O の周上の定点 $\mathrm{A}(a,\ 0)$ にあったものとして，円 C の中心Cと原点Oを結ぶ線分の，x 軸の正方向からの回転角を θ とするとき，Pが描く曲線を媒介変数 θ で表せ。

指針 $p.248$ で示したサイクロイドと θ の設定が異なることに注意しよう。
まず，**図をかいてみる。** θ が増えると円 C は時計回りに回転しながら円 O の内側を反時計回りに動いていく。線分 OP と x 軸のなす角を θ で表すのは難しく，ここでは **ベクトルを利用** して，$\overrightarrow{\mathrm{OP}}=\overrightarrow{\mathrm{OC}}+\overrightarrow{\mathrm{CP}}$ と分解し，**線分 CP の x 軸の正方向からの回転角を θ で表す** ことを考える。
与えられた条件から，2つの円 O，C の接点をQとすると，$\overset{\frown}{\mathrm{AQ}}=\overset{\frown}{\mathrm{PQ}}$ が成り立つことに着目する。

解答 定円 O と円 C の接点をQとする。

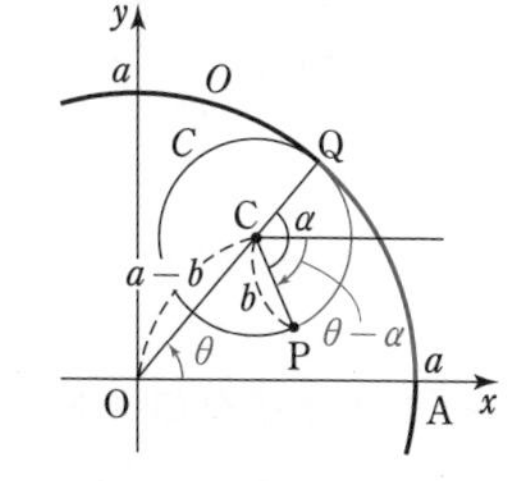

与えられた条件より，$\overset{\frown}{\mathrm{AQ}}=\overset{\frown}{\mathrm{PQ}}$ であるから

$$\overset{\frown}{\mathrm{PQ}}=a\theta \quad \cdots\cdots ①$$ ◀ 定円 O の半径は a

また，線分 CP の，線分 CQ からの回転角を $\angle\mathrm{PCQ}=\alpha\ (\alpha>0)$ とすると

$$\overset{\frown}{\mathrm{PQ}}=b\alpha \quad \cdots\cdots ②$$ ◀ 円 C の半径は b

①，② から　　$a\theta=b\alpha$

すなわち　　$\alpha=\dfrac{a}{b}\theta$

ゆえに，線分 CP の x 軸の正方向からの回転角は

$$\theta-\alpha=\theta-\frac{a}{b}\theta=\frac{b-a}{b}\theta$$

◀ ①，② について。
半径が r，中心角が θ（ラジアン）の扇形の弧の長さは $r\theta$

よって　$\overrightarrow{\mathrm{OP}}=(x,\ y)$,

$\overrightarrow{\mathrm{OC}}=((a-b)\cos\theta,\ (a-b)\sin\theta)$,

$\overrightarrow{\mathrm{CP}}=\left(b\cos\dfrac{b-a}{b}\theta,\ b\sin\dfrac{b-a}{b}\theta\right)$

$\overrightarrow{\mathrm{OP}}=\overrightarrow{\mathrm{OC}}+\overrightarrow{\mathrm{CP}}$ から

$$\begin{cases} \boldsymbol{x=(a-b)\cos\theta+b\cos\dfrac{a-b}{b}\theta} \\ \boldsymbol{y=(a-b)\sin\theta-b\sin\dfrac{a-b}{b}\theta} \end{cases}$$

参考
この例題で，点Pが描く図形を **ハイポサイクロイド** という。また，下の練習134で点Pが描く図形を **エピサイクロイド** という（次ページ参照）。

練習 134 半径 b の円 C が，原点Oを中心とする半径 a の定円 O に外接しながら滑ることなく転がるとき，円 C 上の定点 $\mathrm{P}(x,\ y)$ が，初め定円 O の周上の定点 $\mathrm{A}(a,\ 0)$ にあったものとして，Pが描く曲線を媒介変数 θ で表せ。ただし，円 C の中心CとOを結ぶ線分の，x 軸の正方向からの回転角を θ とする。 ➡ p. 266 演習 53

サイクロイドの拡張

サイクロイド ($p.248$) に関連した曲線には，次のようなものがある。

● トロコイド

半径 a の円が定直線 (x 軸) 上を滑ることなく回転するとき，円の中心から距離 b の位置にある定点Pが描く曲線を **トロコイド** という。特に，$a=b$ のとき，点Pは円の周上にあり，Pが描く曲線はサイクロイドである。

トロコイドの媒介変数表示は　$\boldsymbol{x=a\theta-b\sin\theta,\ y=a-b\cos\theta}$ ……（∗） となる。

$a\neq b$ のとき，トロコイドの概形は，図の曲線 C のようになる (周期はいずれも $2\pi a$)。

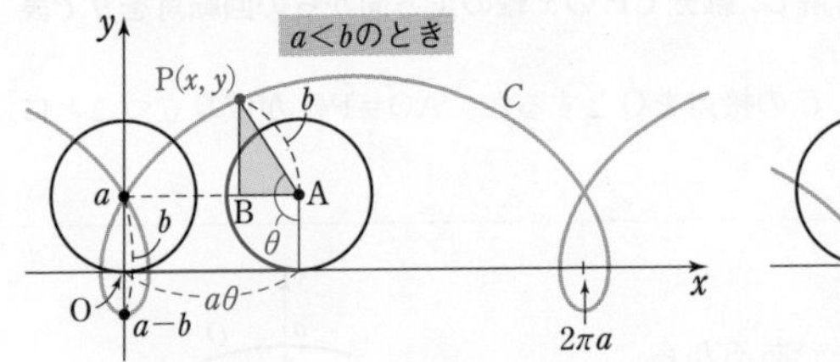

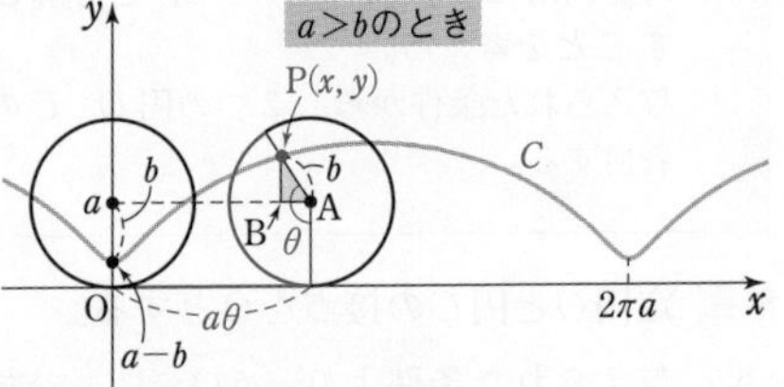

(∗) は，例えば上の図で，P(x, y) として直角三角形 APB に注目すると，

$x=a\theta-b\cos\left(\theta-\dfrac{\pi}{2}\right)$，$y=a+b\sin\left(\theta-\dfrac{\pi}{2}\right)$ であることから，導くことができる。

● エピサイクロイド，ハイポサイクロイド

◀ $p.253$ 参照。

半径 b の円 C が，原点を中心とする半径 a の定円に外接しながら滑ることなく回転するとき，円 C 上の定点Pが描く曲線を **エピサイクロイド** (外サイクロイド) という。また，半径 b の円 C が，原点を中心とする半径 a の定円に内接しながら滑ることなく回転するとき，円 C 上の定点Pが描く曲線を **ハイポサイクロイド** (内サイクロイド) という。前ページで学んだように，これらの曲線の媒介変数表示は，次のようになる。

・エピサイクロイド

$$\begin{cases} \boldsymbol{x=(a+b)\cos\theta-b\cos\dfrac{a+b}{b}\theta} \\ \boldsymbol{y=(a+b)\sin\theta-b\sin\dfrac{a+b}{b}\theta} \end{cases}$$

例えば，$a=b$，$a=2b$ のときのエピサイクロイドの概形は次のようになる。

$a=b$ のとき　　$a=2b$ のとき

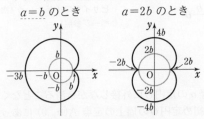

(注意) $a=b$ の場合，この曲線を **カージオイド** または **心臓形** という。

・ハイポサイクロイド

$$\begin{cases} \boldsymbol{x=(a-b)\cos\theta+b\cos\dfrac{a-b}{b}\theta} \\ \boldsymbol{y=(a-b)\sin\theta-b\sin\dfrac{a-b}{b}\theta} \end{cases}$$

例えば，$a=3b$，$a=4b$ のときのハイポサイクロイドの概形は次のようになる。

$a=3b$ のとき　　$a=4b$ のとき

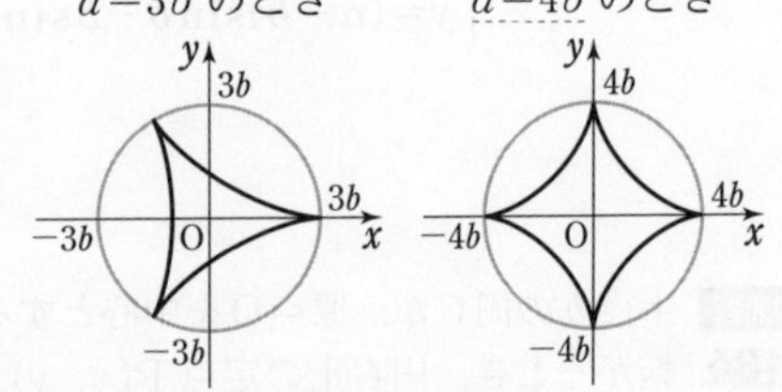

(注意) $a=4b$ の場合，この曲線を **アステロイド** または **星芒形**(せいぼう) という。

24 極座標，極方程式

《 基本事項 》

1 極座標

これまで平面上の点の位置は，原点Oで直交する座標軸を定め，x 座標と y 座標の組である座標 $(x,\ y)$ で表してきた。このような座標を **直交座標** という。

これに対して，平面上に点Oと半直線 OX を定めると，この平面上の任意の点Pの位置は，OP の長さ r と，OX から半直線 OP へ測った角 θ で決まる。

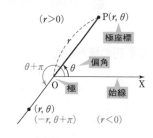

このとき，2つの数の組 $(r,\ \theta)$ を点Pの **極座標** といい，定点Oを **極**，半直線 OX を **始線**，角 θ を **偏角** という。

←偏角は 弧度法 で表す。

極Oの極座標は，$(0,\ \theta)$ [θ は任意の数] と定める。

点Pの偏角は1通りには定まらない。例えば，$(r,\ \theta)$ と $(r,\ \theta+2n\pi)$ [n は整数] は同じ点を表す。

←θ の範囲を $0 \leqq \theta < 2\pi$ のように制限すると，ただ1通りに定まる。

なお，次ページで説明する極方程式では，$r<0$ の極座標の点も考える。すなわち，$r>0$ のとき，極方程式では極座標が $(-r,\ \theta)$ である点も考えなくてはならないが，この点は，極座標が $(r,\ \theta+\pi)$ である点と考える。

2 極座標と直交座標の関係

座標平面において，原点Oを極，x 軸の正の部分を始線とする。このとき，同一の点Pの極座標 $(r,\ \theta)$ と直交座標 $(x,\ y)$ の間には，次の関係がある。

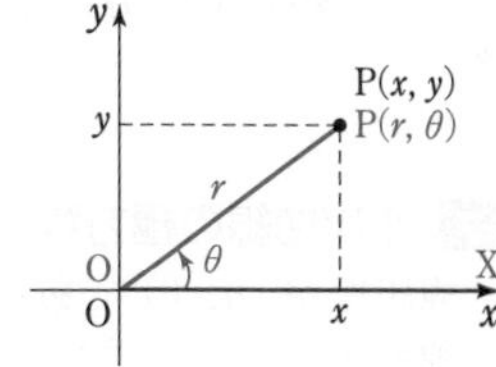

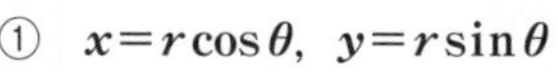

① $\boldsymbol{x=r\cos\theta,\ y=r\sin\theta}$

② $\boldsymbol{r=\sqrt{x^2+y^2}}$

③ $r \neq 0$ のとき　$\boldsymbol{\cos\theta=\frac{x}{r},\ \sin\theta=\frac{y}{r}}$

◀ ③ を使うときは $r \neq 0$ に注意。

3 2点間の距離，三角形の面積

$\mathrm{A}(r_1,\ \theta_1)$，$\mathrm{B}(r_2,\ \theta_2)$ [$r_1>0,\ r_2>0$] とする。

右の図において

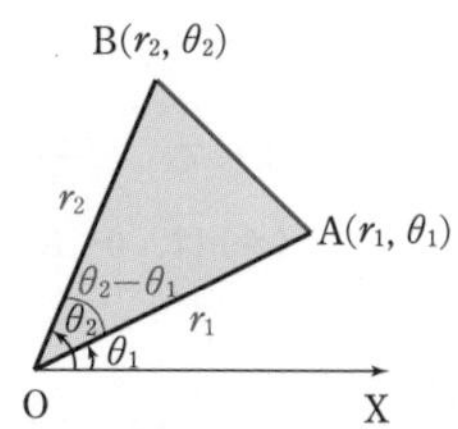

↓余弦定理を適用。

① $\mathrm{AB}^2=\mathrm{OA}^2+\mathrm{OB}^2-2\mathrm{OA}\cdot\mathrm{OB}\cos\angle\mathrm{AOB}$
$\quad \boldsymbol{=r_1{}^2+r_2{}^2-2r_1r_2\cos(\theta_2-\theta_1)}$

② $\triangle\mathbf{OAB}=\frac{1}{2}\mathrm{OA}\cdot\mathrm{OB}\sin\angle\mathrm{AOB}=\boldsymbol{\frac{1}{2}r_1r_2\sin|\theta_2-\theta_1|}$

4 極方程式

曲線が極座標 $(r,\ \theta)$ に関する方程式 $r=f(\theta)$ や $F(r,\ \theta)=0$ で表されるとき，この方程式を曲線の **極方程式** という。以下に示した極方程式は，極座標がもつ特徴 $[\mathrm{P}(r,\ \theta) \Longleftrightarrow \mathrm{OP}=r,\ \angle\mathrm{XOP}=\theta]$ を活用することにより，導くことができる。

CHART》 極座標　**r, θ の特徴を活かせ**　**$\mathrm{OP}=r$, $\angle\mathrm{XOP}=\theta$**

5 円の極方程式

① 中心が極，半径が a の円

$\boldsymbol{r=a}$ （θ は任意の値）

② 中心の極座標が $(a,\ 0)$，半径が a の円

$\boldsymbol{r=2a\cos\theta}$

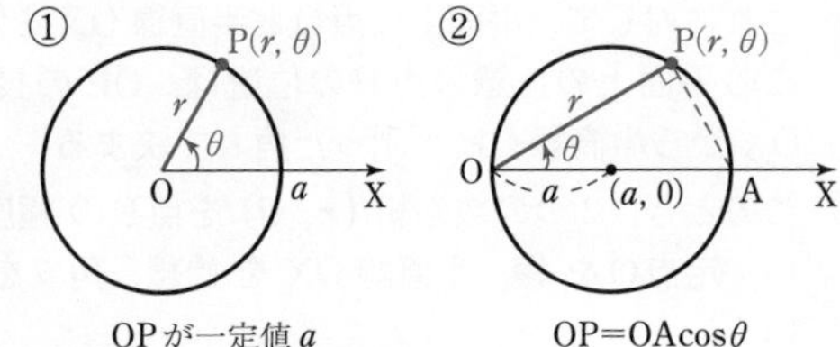

参考 中心の極座標が $(r_1,\ \theta_1)$，半径が a の円 $r^2+r_1{}^2-2rr_1\cos(\theta-\theta_1)=a^2$

⟶ 前ページの基本事項 3 でBの極座標を $(r,\ \theta)$，$\mathrm{AB}=a$ として得られる。

6 直線の極方程式

① 極を通り，始線とのなす角が α の直線　　$\boldsymbol{\theta=\alpha}$

② 極Oから直線に下ろした垂線の足Hの極座標が $(p,\ \alpha)$ の直線

$\boldsymbol{r\cos(\theta-\alpha)=p}$ （$p>0$）

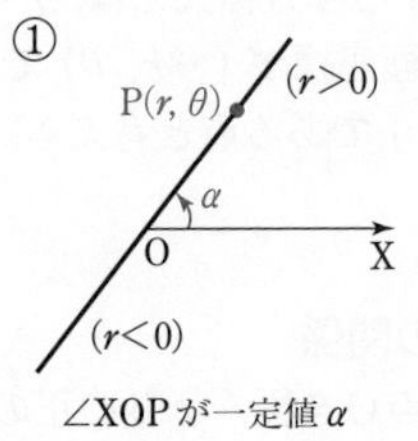

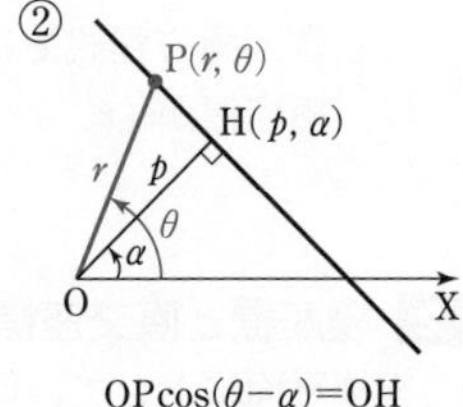

7 2次曲線の極方程式

極座標が $(a,\ 0)$ である点Aを通り，始線 OX に垂直な直線を ℓ とする。点Pから ℓ に下ろした垂線を PH とするとき，離心率 $e=\dfrac{\mathrm{OP}}{\mathrm{PH}}$ …… ① の値が一定であるような点Pの軌跡は，極Oを1つの焦点とする2次曲線になる。

その極方程式は　$\boldsymbol{r=\dfrac{ea}{1+e\cos\theta}}$ …… $(*)$

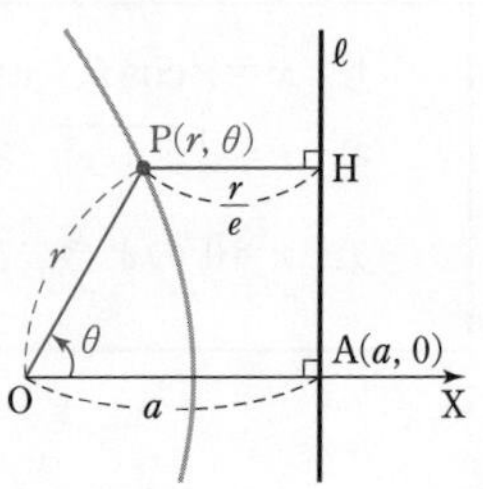

証明 2次曲線上の点Pの極座標を $(r,\ \theta)$ とすると，$\mathrm{OP}=r$ と

①から　$\mathrm{PH}=\dfrac{r}{e}$　　また　$\mathrm{PH}=a-r\cos\theta$

よって　$\dfrac{r}{e}=a-r\cos\theta$　　したがって，$(*)$ が成り立つ。

$(*)$ は，**$0<e<1$ のとき楕円，$e=1$ のとき放物線，$e>1$ のとき双曲線** を表す。

例 55 極座標と点，極座標と直交座標 ★☆☆☆☆

(1) 極座標が次のような点の位置を図示せよ。

$\mathrm{A}\left(3,\ \dfrac{3}{4}\pi\right)$，　　　$\mathrm{B}\left(2,\ -\dfrac{\pi}{3}\right)$

(2) (1)の点 A，B の直交座標を求めよ。また，直交座標が次のような点Pと点Qの極座標 $(r,\ \theta)$ $(r>0,\ 0\leqq\theta<2\pi)$ を求めよ。

$\mathrm{P}(\sqrt{3},\ -1)$，　　　$\mathrm{Q}(-2,\ -2\sqrt{3})$

指針 (2)

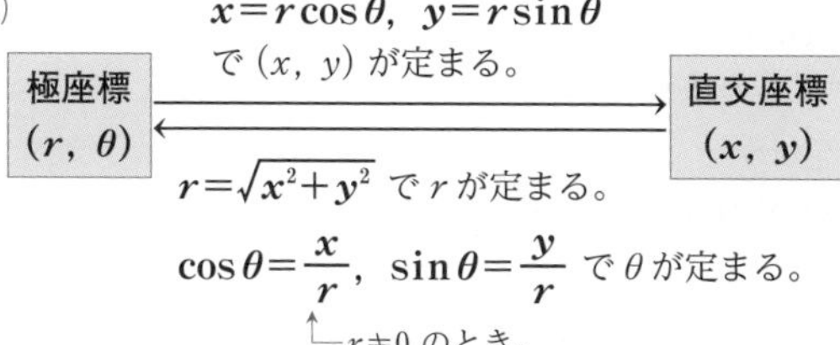

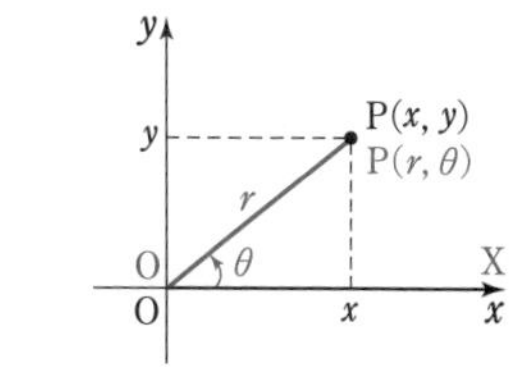

例 56 2点間の距離，三角形の面積 ★★☆☆☆

Oを極とする極座標に関して，3点 $\mathrm{A}\left(2,\ \dfrac{\pi}{6}\right)$，$\mathrm{B}\left(4,\ \dfrac{5}{6}\pi\right)$，$\mathrm{C}\left(8,\ \dfrac{3}{4}\pi\right)$ が与えられているとき，次の問いに答えよ。

(1) 2点 A，B 間の距離を求めよ。　　(2) $\triangle\mathrm{OAB}$ の面積を求めよ。

(3) $\triangle\mathrm{ABC}$ の面積を求めよ。

指針 点が極座標で表示されているだけで，考え方は数学Ⅰの三角比の問題と変わりない。まず，3点 A，B，C を図示し，線分 OA，OB の長さ，$\angle\mathrm{AOB}$ の大きさを求める。

(1)，(2) $\triangle\mathrm{OAB}$ において，数学Ⅰで学習した次の定理や公式を利用する。

$$\mathrm{AB}^2=\mathrm{OA}^2+\mathrm{OB}^2-2\mathrm{OA}\cdot\mathrm{OB}\cos\angle\mathrm{AOB}\quad\text{（余弦定理）}$$

$$\triangle\mathrm{OAB}=\frac{1}{2}\mathrm{OA}\cdot\mathrm{OB}\sin\angle\mathrm{AOB}\quad\text{（三角形の面積）}$$

(3) **大きく作って余分を削る** 方針でいく。図をかいてみると，
$\triangle\mathrm{ABC}=\triangle\mathrm{AOC}+\triangle\mathrm{COB}-\triangle\mathrm{AOB}$ である。$\sin\angle\mathrm{AOC}$，$\sin\angle\mathrm{COB}$ の値は，三角関数の加法定理の適用がらく。

CHART》 極座標

r，θ の特徴を活かす

極座標 $\mathrm{P}(r,\ \theta)\iff\mathrm{OP}=r,\quad\angle\mathrm{POX}=\theta$

例題 135 円，直線の極方程式 ★★☆☆☆

極座標に関して，次の円，直線の極方程式を求めよ。ただし，$a>0$ とする。

(1) 中心が点 $(a,\ \alpha)$ $(0<\alpha<\pi)$ で，極Oを通る円

(2) 点 $\mathrm{A}(a,\ 0)$ を通り，始線 OX とのなす角が $\alpha\left(\dfrac{\pi}{2}<\alpha<\pi\right)$ である直線

指針 図形上の点Pの極座標を $(r,\ \theta)$ として，$r,\ \theta$ の関係式を作る。
このとき，**三角形の辺や角の関係**，特に **直角三角形に注目** するとよい。

(2) 極Oから直線に垂線 OH を下ろす。点Hの極座標を $(p,\ \beta)$ $(p>0)$ とすると

$$\mathrm{OP}\cos(\theta-\beta)=p$$

ここで，$p,\ \beta$ を $a,\ \alpha$ で表すことを考える。

解答 Oを極とし，図形上の点Pの極座標を $(r,\ \theta)$ とする。

(1) $\mathrm{A}(2a,\ \alpha)$ とすると，直角三角形 OAP において

$$\mathrm{OP}=\mathrm{OA}\cos(\theta-\alpha)\ ^{1)}$$

よって $\boldsymbol{r=2a\cos(\theta-\alpha)}$

(2) 極Oから直線に垂線 OH を下ろし，$\mathrm{H}(p,\ \beta)$，$p>0$ とすると

$$r\cos(\theta-\beta)=p \quad \cdots\cdots ①$$

ここで，直角三角形 OHA において $\beta=\alpha-\dfrac{\pi}{2}$ $\cdots\cdots ②$

また $p=a\cos\beta$ $\cdots\cdots ③$

① に ②，③ を代入して

$$\boldsymbol{r\sin(\theta-\alpha)=-a\sin\alpha}\ ^{2)}$$

参考 (2) △OAP において，正弦定理により

$$\frac{r}{\sin(\pi-\alpha)}=\frac{a}{\sin(\alpha-\theta)}$$

したがって

$$r\sin(\alpha-\theta)=a\sin\alpha$$

よって $r\sin(\theta-\alpha)=-a\sin\alpha$

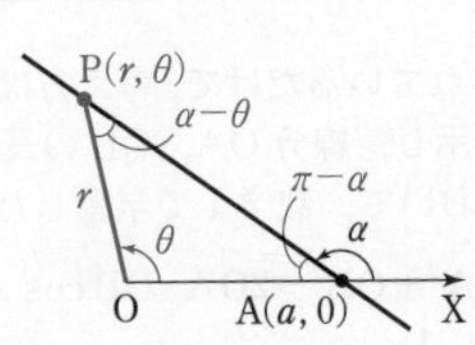

1) ∠POA の大きさは，$\theta-\alpha$ ではなく $\alpha-\theta$ や $2\pi+\alpha-\theta$ の場合もあるが，$\cos(\theta-\alpha)$
$=\cos(\alpha-\theta)$
$=\cos(2\pi+\alpha-\theta)$
であるから，このように書いている。

2) $\cos(\theta-\beta)$
$=\cos\left\{\dfrac{\pi}{2}+(\theta-\alpha)\right\}$
$=-\sin(\theta-\alpha)$
$\cos\beta=\cos\left(\alpha-\dfrac{\pi}{2}\right)$
$=\sin\alpha$

注意 参考 で，$\dfrac{3}{2}\pi<\theta<2\pi$ のときは，
$\angle\mathrm{OAP}=\alpha$，
$\angle\mathrm{OPA}=\pi-(2\pi-\theta)-\alpha$
$=(\theta-\alpha)-\pi$
となるが，2) と同じ結果が得られる。

練習 135 極座標に関して，次の円，直線の極方程式を求めよ。

(1) 中心が点 $\left(1,\ \dfrac{3}{4}\pi\right)$，半径1の円

(2) 点 $\mathrm{A}\left(2,\ \dfrac{\pi}{4}\right)$ を通り，直線 OA (Oは極) に垂直な直線

(3) 2点 $\mathrm{A}\left(2,\ \dfrac{\pi}{6}\right)$，$\mathrm{B}\left(4,\ \dfrac{\pi}{3}\right)$ を通る直線

例題 136 極方程式 $F(r, \theta)=0$ の表す曲線 ★★☆☆☆

次の極方程式はどのような曲線を表すか。直交座標の方程式で答えよ。

(1) $r=\sqrt{3}\cos\theta+\sin\theta$　(2) $r^2\sin 2\theta=4$　(3) $r^2(1+3\cos^2\theta)=4$

◀例題 135

指針 **極座標 (r, θ) ⇄ 直交座標 (x, y)** の変換には，次の関係式を利用して考えていく。

$$r^2=x^2+y^2,\qquad x=r\cos\theta,\qquad y=r\sin\theta$$

なお，$\cos\theta=\dfrac{x}{r}$，$\sin\theta=\dfrac{y}{r}$ を利用してもよいが，$r\neq 0$ と $r=0$ の場合分けが必要になる。

(1) $r^2\ (=x^2+y^2)$，$r\cos\theta\ (=x)$，$r\sin\theta\ (=y)$ の形を導き出すために，**両辺に r を掛ける**。

(2) **2倍角の公式 $\sin 2\theta=2\sin\theta\cos\theta$** を利用する。

(3) 左辺を展開すると，$(r\cos\theta)^2$ が現れる。

解答 $r^2=x^2+y^2$，$x=r\cos\theta$，$y=r\sin\theta$ …… ①

(1) 方程式の両辺に r を掛けると

$$r^2=\sqrt{3}\,r\cos\theta+r\sin\theta$$

① を代入すると　$x^2+y^2=\sqrt{3}\,x+y$

よって，**円 $\left(x-\dfrac{\sqrt{3}}{2}\right)^2+\left(y-\dfrac{1}{2}\right)^2=1$** を表す。

(2) $r^2\sin 2\theta=4$ から　$r^2\cdot 2\sin\theta\cos\theta=4$

すなわち　$r\cos\theta\cdot r\sin\theta=2$

よって，① から，**(直角) 双曲線 $xy=2$** を表す。

(3) $r^2(1+3\cos^2\theta)=4$ から　$r^2+3(r\cos\theta)^2=4$

① を代入すると　$x^2+y^2+3x^2=4$

よって，**楕円 $x^2+\dfrac{y^2}{4}=1$** を表す。

(1) $r=\sqrt{3}\cos\theta+\sin\theta$ は，加法定理を用いて $r=2\cdot 1\cdot\cos\left(\theta-\dfrac{\pi}{6}\right)$ と変形できる。よって，この極方程式が表す曲線は，極座標が $\left(1, \dfrac{\pi}{6}\right)$ である点を中心とし，半径が1の円であることがわかる (極Oを通る)。

参考 直交座標の原点を極Oとし，x 軸の正の部分を始線とすると，曲線は次の図のようになる。

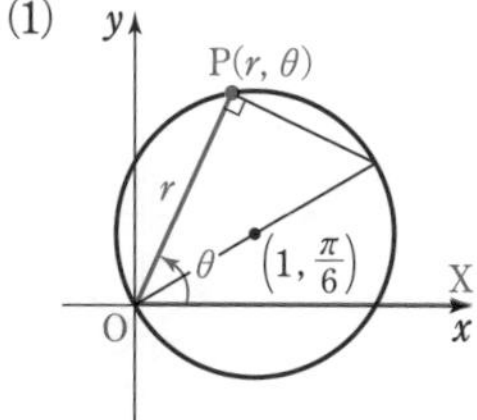

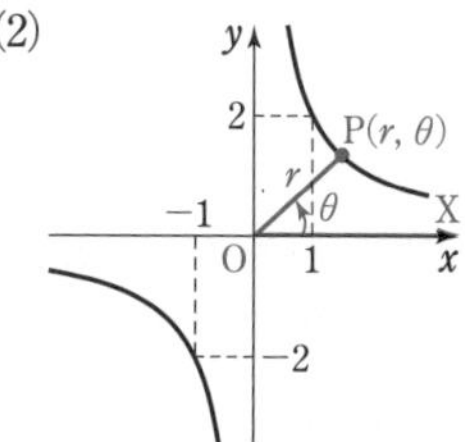

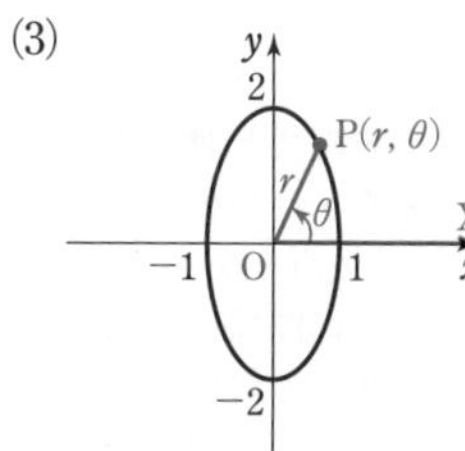

練習 136 次の極方程式はどのような曲線を表すか。直交座標の方程式で答えよ。

(1) $\dfrac{1}{r}=\dfrac{1}{2}\cos\theta+\dfrac{1}{3}\sin\theta$　(2) $r=\cos\theta+\sin\theta$　(3) $r(1+2\cos\theta)=3$

(4) $r^2\cos 2\theta=r\sin\theta(1-r\sin\theta)+1$

➡ p. 266 演習 54

例題 137 極座標と軌跡 ★★★☆☆

点Aの極座標を $(2,\ 0)$，極Oと点Aを結ぶ線分OAを直径とする円Cの周上の任意の点をQとする。点Qにおける円Cの接線に，極Oから垂線OPを下ろし，点Pの極座標を $(r,\ \theta)$ とする。このとき，点Pの軌跡の極方程式を求めよ。ただし，$0 \leqq \theta < \pi$ とする。　〔類　同志社大〕

指針 点Pの軌跡 ⟶ 極座標でも直交座標の場合と同様に，次の方針で進める。

CHART》 軌跡　軌跡上の点 $(r,\ \theta)$ の関係式を導く

解答 円Cの中心をMとし，Mから直線OPに下ろした垂線をMHとする。

[1]　$0 < \theta < \dfrac{\pi}{2}$ のとき

OH$=\cos\theta$，HP$=1$ であるから

OP$=$OH$+$HP$=1+\cos\theta$

すなわち　$r=1+\cos\theta$

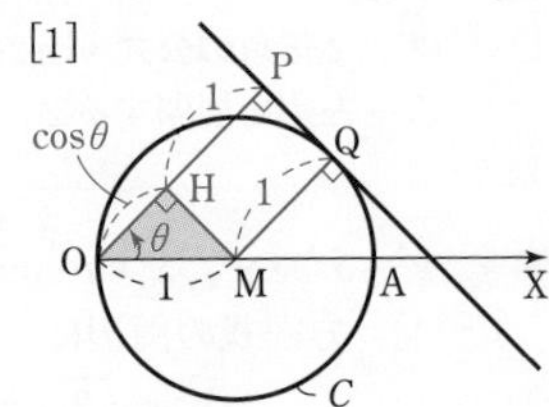

[2]　$\dfrac{\pi}{2} < \theta < \pi$ のとき

OH$=\cos(\pi-\theta)=-\cos\theta$ であるから

OP$=$HP$-$OH$=1-(-\cos\theta)=1+\cos\theta$

すなわち　$r=1+\cos\theta$

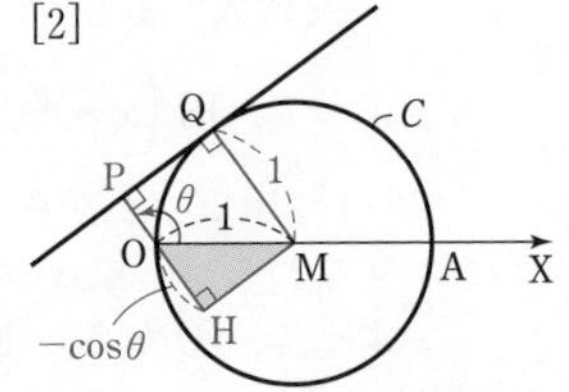

[3]　$\theta=0$ のとき，PはAに一致し，OP$=1+\cos 0$ を満たす。

[4]　$\theta=\dfrac{\pi}{2}$ のとき，OP$=1$ で，OP$=1+\cos\dfrac{\pi}{2}$ を満たす。

したがって，点Pの軌跡の極方程式は

$\boldsymbol{r=1+\cos\theta}$　◀ 始線に関して対称。

参考　aを実数とするとき，極方程式 $r=a(1+\cos\theta)$ の表す曲線を **カージオイド** という（$p.\,263$ 参照）。

検討 **極方程式と対称性**

曲線 $r=f(\theta)$ について

[1]　$\boldsymbol{f(-\theta)=f(\theta)}$ ならば点 $(r,\ \theta)$，$(r,\ -\theta)$ がともに曲線上の点であるから，曲線 $r=f(\theta)$ は **始線に関して対称** である。同じように

[2]　$\boldsymbol{f(\pi-\theta)=-f(\theta)}$ のとき，始線に関して対称。

[3]　$\boldsymbol{f(-\theta)=-f(\theta)}$ や $\boldsymbol{f(\pi-\theta)=f(\theta)}$ のとき，**始線に垂直な直線OYに関して対称** である。

練習 137　定点Oと，Oと異なる点を中心にもつ定円C上の任意の点Pを結ぶとき，線分OPを $2:1$ に内分する点をQとする。定円Cの中心をC，定点Oを極，OCを始線としたときの点Qの軌跡の極方程式を求めよ。

➡ p. 266 演習 55

例題 138 2次曲線の極方程式 ★★★☆☆

座標平面上に点 F$(-4,\ 0)$ と直線 ℓ：$x=-\dfrac{25}{4}$ が与えられている。

(1) 動点 P$(x,\ y)$ から直線 ℓ に垂線 PH を引くとき，PF：PH=4：5 が常に成り立つという。このとき，点Pの軌跡の方程式を求めよ。

(2) 次の場合について，(1)で求めた方程式を極方程式に直せ。

(ア) 原点Oを極，x 軸の正の部分を始線とする。

(イ) Fを極，Fから x 軸の正の方向に向かう半直線を始線とする。

指針 (1) **CHART》** 軌跡　**軌跡上の点 $(x,\ y)$ の関係式を導く**

(2) (ア) 極が原点，始線が x 軸の正の部分 ⟶ $\boldsymbol{x=r\cos\theta,\ y=r\sin\theta}$ とおく。

(イ) 極と始線が(ア)と異なる ⟶ 軌跡上の点を $(r,\ \theta)$ として関係式を導く。

解答 (1) 条件から　$5\mathrm{PF}=4\mathrm{PH}$　すなわち　$25\mathrm{PF}^2=16\mathrm{PH}^2$　◀ PF：PH=4：5

よって　$25\{(x+4)^2+y^2\}=16\left(x+\dfrac{25}{4}\right)^2$　◀ $x,\ y$ についての関係式で表す。

整理すると　$9x^2+25y^2=25\cdot9$

したがって　$\boldsymbol{\dfrac{x^2}{25}+\dfrac{y^2}{9}=1}$　◀ 点Pの軌跡は楕円。

(2) (ア) (1)で $x=r\cos\theta,\ y=r\sin\theta$ とおくと

$(9\cos^2\theta+25\sin^2\theta)r^2=25\cdot9$

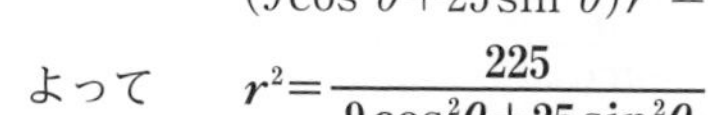

よって　$\boldsymbol{r^2=\dfrac{225}{9\cos^2\theta+25\sin^2\theta}}$

(イ) 点Pの極座標を $(r,\ \theta)$ とすると　$\mathrm{PF}=r$

また，点Pの x 座標は $r\cos\theta-4$ であるから

$\mathrm{PH}=(r\cos\theta-4)-\left(-\dfrac{25}{4}\right)=r\cos\theta+\dfrac{9}{4}$

$5\mathrm{PF}=4\mathrm{PH}$ から　$5r=4\left(r\cos\theta+\dfrac{9}{4}\right)$

よって　$(5-4\cos\theta)r=9$

$5-4\cos\theta\neq0$ であるから　$\boldsymbol{r=\dfrac{9}{5-4\cos\theta}}$

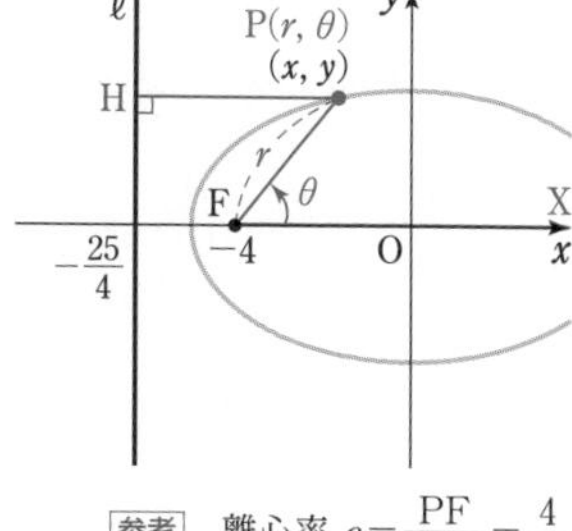

参考　離心率 $e=\dfrac{\mathrm{PF}}{\mathrm{PH}}=\dfrac{4}{5}$

$0<e<1$ ⟶ 軌跡は楕円

注意 (2)(ア)で $r<0$ のときは，$r=-\dfrac{15}{\sqrt{9\cos^2\theta+25\sin^2\theta}}$ であることに注意する。

練習 138 (1) 長軸の長さ4，短軸の長さ2の楕円の離心率を求めよ。また，1つの焦点を極Oとし，準線に垂直に交わる半直線 OX を始線として，楕円の極方程式を求めよ。

(2) (1)の楕円上の点B（ただし OB=2）を通り，OB に垂直な直線の極方程式を求めよ。ただし，Bは直線 $\theta=0$ の上側にあるものとする。

重要例題 139 極座標の利用 ★★★★☆

2次曲線の1つの焦点Fを通る弦の両端をP，Qとするとき，$\dfrac{1}{\mathrm{FP}}+\dfrac{1}{\mathrm{FQ}}$ は弦の方向に関係なく一定であることを証明せよ。

指針 一般に，定点Fからの長さが問題になるときは，次の方針が有効。

CHART》 点Fを 極 とする 極座標 を利用する

焦点Fを極とする2次曲線の極方程式は $\quad r=\dfrac{ea}{1+e\cos\theta}$ ◀ p.256

また，弦PQ上に点Fがあるから，点Pと点Qの偏角の差はπである。よって，点Pの極座標を$(r_1,\ \alpha)$とすると，点Qの極座標は$(r_2,\ \alpha+\pi)$と表すことができる。

解答 2次曲線の1つの焦点Fを極とする極方程式は，aを正の定数，eを離心率として

$$r=\frac{ea}{1+e\cos\theta}$$

で表される。

点P，Qは極を通る直線上にあるから，$\mathrm{P}(r_1,\ \alpha)$ $[r_1>0]$とすると，$\mathrm{Q}(r_2,\ \alpha+\pi)$ $[r_2>0]$と表され

$$\mathrm{FP}=r_1,\quad \mathrm{FQ}=r_2$$

また $\quad \cos(\alpha+\pi)=-\cos\alpha$

よって $\quad r_1=\dfrac{ea}{1+e\cos\alpha},\quad r_2=\dfrac{ea}{1-e\cos\alpha}$

したがって $\quad \dfrac{1}{\mathrm{FP}}+\dfrac{1}{\mathrm{FQ}}=\dfrac{1}{r_1}+\dfrac{1}{r_2}=\dfrac{1+e\cos\alpha}{ea}+\dfrac{1-e\cos\alpha}{ea}=\dfrac{2}{ea}$ (定数)

すなわち，$\dfrac{1}{\mathrm{FP}}+\dfrac{1}{\mathrm{FQ}}$ は弦の方向に関係なく一定である。

2次曲線の方程式を，直交座標の標準形で考えると，楕円 $\dfrac{x^2}{a^2}+\dfrac{y^2}{b^2}=1$，双曲線 $\dfrac{x^2}{a^2}-\dfrac{y^2}{b^2}=1$，放物線 $y^2=4px$ の3つを想定しなければならない。しかも，焦点Fと曲線上の点P，Qとの距離は簡単な式では表されない。一方，焦点を極とする極方程式で考えると，2次曲線は1つの方程式で表され，FP，FQは極座標$(r,\ \theta)$のrで表されて，らくに解決できる。これが極座標を利用する利点であるといえる。

練習 139 (1) 楕円の中心Oから垂直な2本の半直線を引き，楕円との交点をP，Qとすると き，$\dfrac{1}{\mathrm{OP}^2}+\dfrac{1}{\mathrm{OQ}^2}$ は一定であることを証明せよ。

(2) 2次曲線の1つの焦点Fを通る2つの弦PQ，RSが直交するとき，$\dfrac{1}{\mathrm{PF}\cdot\mathrm{QF}}+\dfrac{1}{\mathrm{RF}\cdot\mathrm{SF}}$ は一定であることを証明せよ。

➡ p.266 演習 56

研究 深めよう　いろいろな曲線

ここで，媒介変数や極方程式で表された曲線のうち，代表的なものを見ておこう。

1．a，b を有理数として，$\boldsymbol{x=\sin at}$，$\boldsymbol{y=\sin bt}$ で表される曲線を **リサージュ曲線** という。これは，縦，横に単振動が行われたとき描かれる曲線である。(右の図は，$a=3$，$b=4$ のとき)

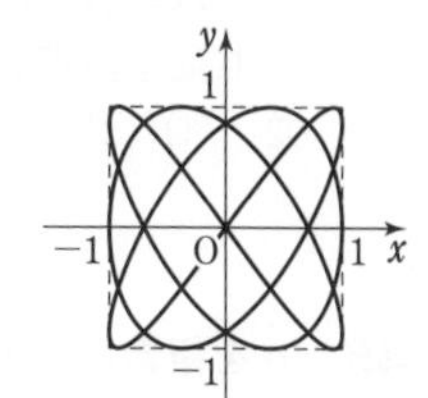

2．$a>0$ のとき，極方程式

$$\boldsymbol{r=a\theta}\ (\theta\geqq 0)$$

で表される曲線を **アルキメデスの渦巻線**（**正渦線**）という。
この曲線において隣り合った渦巻きの間隔は常に一定である。

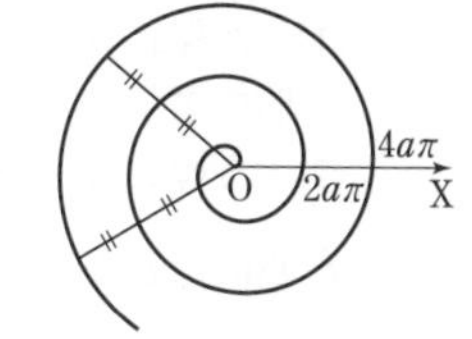

3．極方程式 $\boldsymbol{r=\sin a\theta}$ で表される曲線を **正葉曲線**（**バラ曲線**）という。ただし，a は有理数とする。正葉曲線は，a の値によって次のようになる。花びらの数は a が奇数のとき a 枚，a が偶数のとき $2a$ 枚になる。

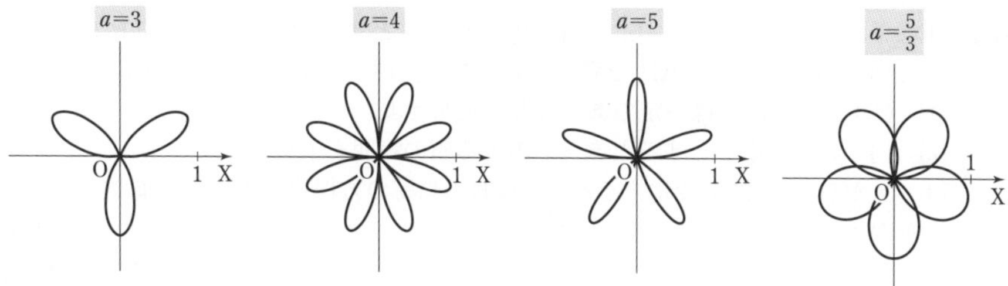

4．極方程式 $\boldsymbol{r=a+b\cos\theta}$ で表される曲線を **リマソン**（**蝸牛形**）という。特に，$a=b$ のとき，$\boldsymbol{r=a(1+\cos\theta)}$ で表される曲線を **カージオイド**（**心臓形**）という。リマソンは，a，b の値によって次のようになる。

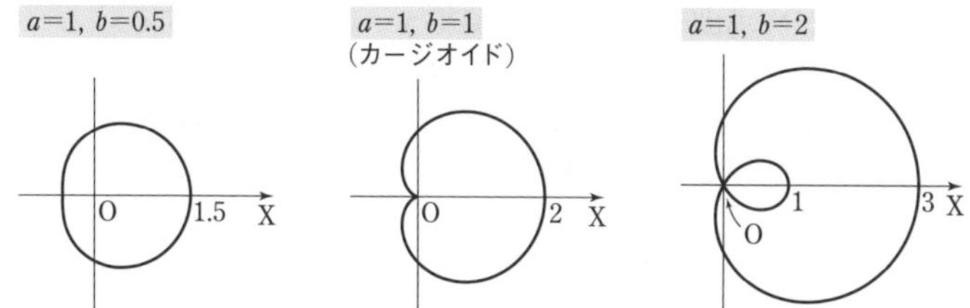

5．極方程式 $\boldsymbol{r^2=a^2\cos 2\theta}\ (a>0)$ で表される曲線を **レムニスケート** という。その概形は右の図のようになる。レムニスケートを直交座標の方程式で表すと $\boldsymbol{(x^2+y^2)^2=a^2(x^2-y^2)}$ となる。

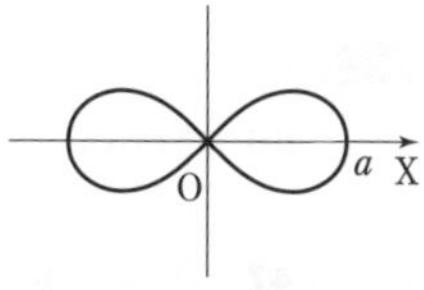

演習問題

44 kは正の定数とする。放物線 $y^2=4kx$ …… ① について 〔鳥取大〕

(1) 放物線 ① の焦点を通り x 軸上に中心をもつ円のうち，放物線 ① との共有点で共通な接線をもつような円の方程式を求めよ。

(2) (1) で求めた円と放物線 ① に共通な接線の方程式を求めよ。 ➤例 45，例題 118

45 αを複素数とする。複素数zの方程式 $z^2-\alpha z+2i=0$ …… ① について，次の問いに答えよ。

(1) 方程式 ① が実数解をもつように点αが動くとき，点αが複素数平面上に描く図形を図示せよ。

(2) 方程式 ① が絶対値 1 の複素数を解にもつように点αが動くとする。原点を中心に点αを $\dfrac{\pi}{4}$ 回転させた点を表す複素数をβとするとき，点βが複素数平面上に描く図形を図示せよ。 〔東北大〕

➤例 37，46

46 座標平面において，O(0, 0)，A(4, 0)，P(3, 0) とする。線分 OA に点Pで接する円Cを内接円とする △OAB を考える。ただし，円Cの中心は第 1 象限にあるとする。

(1) OB と AB の差は一定であることを証明せよ。

(2) 円Cの半径をrとするとき，rのとる値の範囲を求めよ。

(3) rが (2) の範囲で変化するとき，点Bの軌跡の方程式を求めよ。また，その概形をかけ。 〔広島大〕

➤例題 110

47 正の実数 t に対し，座標平面上の 2 点 F$(t, 0)$，F$'(3t, 0)$ からの距離の和が $2\sqrt{2}\,t$ であるような点Pの軌跡をCとする。直線 $y=x-1$ を ℓ とする。

(1) Cとℓが相異なる 2 つの共有点をもつような t の値の範囲を求めよ。

(2) t が (1) で求めた範囲を動くとき，Cとℓの 2 つの共有点および原点Oを頂点とする三角形の面積の最大値を求めよ。 〔熊本大〕

➤例題 108，116

ヒント **44** (1) 放物線と円はともに x 軸に関して対称 ⟶ 共有点も x 軸に関して対称

45 方程式 ① は $z=0$ を解にもたないから，① は $\alpha=z+\dfrac{2}{z}i$ と同値である。

(1) $z=t$ (t は 0 でない実数)，$\alpha=x+yi$ (x，y は実数) (2) $z=\cos\theta+i\sin\theta$ とする。

47 点Pの軌跡Cは 2 点 F，F$'$ からの距離の和が一定であるから，楕円である。

48 曲線Cを $x^2-\dfrac{y^2}{a^2}=-1\ (a>1)$ で定義する。

(1) 直線 $y=mx+n$ が曲線Cに接するための m, n, a の条件を求めよ。

(2) 点 $\mathrm{P}(u,\ v)$ から曲線Cに2本の直交する接線が引けるような点Pの軌跡を求め，図示せよ。 〔滋賀医大〕

➤例題 120

49 $a>b>0$ として，座標平面上の楕円 $\dfrac{x^2}{a^2}+\dfrac{y^2}{b^2}=1$ をCとする。C上の点 $\mathrm{P}(p_1,\ p_2)$ $(p_2 \neq 0)$ におけるCの接線をℓ，法線をnとする。

(1) 接線ℓおよび法線nの方程式を求めよ。

(2) 2点 $\mathrm{A}(\sqrt{a^2-b^2},\ 0)$, $\mathrm{B}(-\sqrt{a^2-b^2},\ 0)$ に対して，法線nは $\angle\mathrm{APB}$ の二等分線であることを示せ。 〔お茶の水大〕

➤例題 126

50 楕円 $\dfrac{x^2}{a^2}+\dfrac{y^2}{b^2}=1\ (a>b>0)$ と双曲線 $\dfrac{x^2}{a^2}-\dfrac{y^2}{c^2}=1\ (c>0)$ を考える。
点 $\mathrm{P}(s,\ t)\ (s>0,\ t>0)$ を双曲線上にとり，原点Oと点Pを結ぶ線分と楕円の交点をQとする。点Pにおける双曲線の接線がx軸と交わる点をA，点Qにおける楕円の接線がx軸と交わる点をBとする。点Pを直線PAと直線QBが直交するようにとるとき，以下の問いに答えよ。

(1) 点Pの座標を求めよ。

(2) 点A，Bはそれぞれ楕円，双曲線の焦点であることを示せ。

(3) kを $0<k<1$ を満たす定数とする。a, b, c が $a^2+c^2=1$, $a^2-b^2=k^2$ を満たしながら変化するとき，直線PAと直線QBの交点Rのy座標が最大となるようなa, b, cを求めよ。 〔類 大阪大〕

➤例題 120，126

51 円 $x^2+y^2=1$ を C_0，楕円 $\dfrac{x^2}{a^2}+\dfrac{y^2}{b^2}=1\ (a>0,\ b>0)$ を C_1 とする。C_1 上のどんな点Pに対しても，Pを頂点にもち C_0 に外接して，C_1 に内接する平行四辺形が存在するための必要十分条件をa, bで表せ。 〔東京大〕

➤例題 127

52 xy 平面において，次の式が表す曲線をCとする。

$$x^2+4y^2=1,\quad x>0,\quad y>0$$

PをC上の点とする。PでCに接する直線をℓとし，Pを通りℓと垂直な直線をmとして，x軸とy軸とmで囲まれてできる三角形の面積をSとする。PがC上の点全体を動くとき，Sの最大値とそのときのPの座標を求めよ。 〔東北大〕

➤例題 132

ヒント **50** (3) $\mathrm{PA}\perp\mathrm{QB}$ ⟶ 交点Rは線分ABを直径とする円周上にある。

51 図形の対称性を利用して考える。

52 媒介変数表示で考えると，C上の点Pの座標は $\left(\cos\theta,\ \dfrac{1}{2}\sin\theta\right)\left(0<\theta<\dfrac{\pi}{2}\right)$ と表される。このとき，直線ℓの式は $(\cos\theta)x+(2\sin\theta)y=1$

53 半径 $\dfrac{a}{4}$ の円 C が，原点Oを中心とする半径 a の定円 O に内接しながら滑ることなく回転するとき，円 C 上の定点Pが，初め定円 O の周上の定点 $\mathrm{A}(a,\ 0)$ にあったものとして，Pが描く曲線（**アステロイド**）を媒介変数 θ で表せ。ただし，円 C の中心CとOを結ぶ線分が x 軸の正の向きとなす角を θ とする。 ➤例題 134

54 xy 平面上で，極方程式 $r=\dfrac{1}{1+\cos\theta}$ により与えられる曲線 C を考える。

(1) 曲線 C の概形を図示せよ。

(2) $0<\theta<\dfrac{\pi}{2}$ とし，曲線 C 上の，極座標が $(r,\ \theta)$ である点Pを考える。
点Pにおける曲線 C の接線の傾きは $-\dfrac{1+\cos\theta}{\sin\theta}$ であることを示せ。

(3) (2)の点Pから y 軸に下ろした垂線と y 軸との交点をH，原点をOとする。
∠OPH の二等分線と，点Pにおける曲線 C の接線は直交することを示せ。

〔琉球大〕

➤例題 136

55 $a,\ h$ を正の定数とする。xy 平面上の原点 $\mathrm{O}(0,\ 0)$ からの距離と直線 $x=-a$ からの距離の比が $h:1$ である点Pの軌跡を C とする。

(1) 点Pの極座標を $(r,\ \theta)$ とするとき，軌跡 C を極方程式で表せ。

(2) C 上の4点Q，R，S，Tを考える。線分QRとSTが原点で直交しているとき，
$\dfrac{1}{\mathrm{QR}}+\dfrac{1}{\mathrm{ST}}$ の値が4点の選び方によらず一定となることを示せ。

(3) $0<h<1$ のとき，C を x と y の方程式で表せ。また，C がどのような図形となるか述べよ。

〔岐阜大〕

➤例題 137

56 双曲線 $x^2-y^2=2$ の第4象限の部分を C とし，点 $(\sqrt{2},\ 0)$ をA，原点をOとする。曲線 C 上の点Qにおける接線 ℓ と，点Oを通り接線 ℓ に垂直な直線との交点をPとする。

(1) 点Qが曲線 C 上を動くとき，点Pの軌跡は，点Oを極とする極方程式

$$r^2=2\cos 2\theta\ \left(r>0,\ 0<\theta<\frac{\pi}{4}\right)$$

で表されることを示せ。

(2) (1)のとき，△OAP の面積を最大にする点Pの直交座標を求めよ。 〔静岡大〕

➤例題 139

ヒント **53** $\overrightarrow{\mathrm{OP}}$ の成分を θ で表す。$\overrightarrow{\mathrm{OP}}=\overrightarrow{\mathrm{OC}}+\overrightarrow{\mathrm{CP}}$ と分解して考える。

54 (3) **直交（垂直）⟺ 傾きの積 −1**　(2)で示した傾きを利用。

56 (1) まず，直交座標で考えて，点Pの軌跡を媒介変数表示し，それを極方程式に直す。点Qの座標を $\left(\dfrac{\sqrt{2}}{\cos t},\ \sqrt{2}\tan t\right)$ とおいて，点Pの座標を考える。

複素数の受容と複素数平面

高校までの数学では，実数解をもたない２次方程式を通して，複素数の世界にファースト・コンタクトする。しかし，数学史において複素数が本格的に考えられたきっかけは，むしろ３次方程式だった。

一般の３次方程式には，「カルダーノの公式」という呼称で知られている，解の公式がある。それによると，３次方程式は概ね次のような操作で解くことができる。① 与えられた３次方程式から分解方程式と呼ばれる，ある２次方程式を作り，それを解く。② 分解方程式の２つの解それぞれの３乗根をとり，それらをある方法で組み合わせて解に至る。

ここで問題なのは，最初の３次方程式が実数解をもつ場合でも，分解方程式は虚数解をもつ可能性があるということである。つまり，最終的には普通に実数解になっても，その解法の途中では虚数が現れるということだ。実数解をもたない２次方程式は，単に無視しておけばよかった。しかし，３次方程式の場合，その解法の途中で虚数が避けられない。となれば，これを無視することはできない。

というわけで，虚数も「ちゃんとした数」として，その計算規則などを整理する必要が生じた。16 世紀イタリアのボンベッリ（R. Bombelli, 1526～1572）は，虚数の算術的な取り扱いについて整理し，実部と虚部からなる明確な複素数の概念に基づいて，今日の複素数の計算規則を確立した。彼は「複素数の発明者」とも呼ばれている。

ボンベッリらイタリアの代数学者たちによって，複素数の概念は形成され，徐々に数学の世界に浸透しつつあった。しかし，もちろん虚数のような「自然界に存在しない数」は，最初はなかなか受け入れられなかった。虚数の計算を用いて，数学的に意味のある結果が出てくるとは，なかなか信じられなかったのだ。今日でも，数直線上に乗っていない，そして正負の概念がなく，大小関係もない複素数の概念は抽象的過ぎて，多くの人にとって馴染みのないものだろう。

これが単に心理的な問題でしかないことを的確に指摘したのが，19 世紀のガウス（C. F. Gauss, 1777～1855）だった。彼は複素数平面の概念を本格的に用いて，複素数の算術を明快に図解した。さらに，あたかも虚数が虚な，不可能な数であるかのような数の区分け「正・負・虚」をやめにして，複素数平面を用いた図解に基づいて，「前・後・横」と呼ぶことをも推奨している。こうすれば，虚数がもたらす「神秘の闇」を心理的に払拭することができるだろうというわけだ。

しかし，そのガウスですら，若い頃は複素数の使用を表立っては控えていた。彼は 1796 年に正 17 角形の定規とコンパスによる作図法を発見し，1799 年には「代数学の基本定理の証明」によって学位を得ている。これらの仕事は，複素数や複素数平面を用いてこそ，その真の姿がはっきりする。しかし，慎重なガウスは，複素数への無理解から生じる無用の批判を避けるために，意図的に「真の姿」を秘匿したと考えられている。18 世紀末になってもまだ，複素数はなかなか受け入れられていなかったのである。

Column

微分積分学の発見

数学Ⅲでは主に「微分積分学」を学ぶ。微分積分学は別名では「無限小算術」とか「無限小解析」などとも呼ばれるが，これらの呼称は無限小（絶対値が限りなく小さい量）を用いた種々の計算（カリキュラス）という意味から来ている。例えば，接線を求めるには限りなく小さい変化量の考え方が必要になるし，面積や体積を計算するには限りなく小さい幅や奥行きをもった長方形や直方体を考える必要がある。

もちろん，「無限小」は普通の実数と同じように扱える数ではないので，素朴に考えてしまうといろいろな矛盾が起きてしまう。微分積分学は 17 世紀にライプニッツ（G. W. Leibniz, 1646～1716）とニュートン（I. Newton, 1642～1727）によって独立に発見された。ライプニッツは無限小の概念を積極的に用いたが，ニュートンの微分積分学の考え方は，現在の「極限」のアイデアに近い。しかし，彼らによって創始された微分積分学も，その基礎部分はまだまだ不完全だったので，バークリー（G. Berkeley, 1685～1753）など多くの人々から痛烈な批判を受けた。

そもそも，面積・体積計算などは紀元前 3 世紀ギリシャ世界のアルキメデスも行っていた。古代ギリシャ数学は多くの華々しい成果をあげ，微分積分学にも肉薄していた。しかし，ついに微分積分学を発見することはできなかった。なぜだろうか？

無限小の問題は，古代ギリシャでは「無限分割の問題」という形で議論されていた。長さや時間を無限に分割して，無限に小さくできるかという問題である。それに対する返答のひとつが，有名な「ゼノンのパラドックス」だ。ゼノンは紀元前 5 世紀南イタリアのエレアの哲学者で，無限分割にまつわる様々なパラドックスを唱えた。そのひとつの『飛んでいる矢は止まっている』は，もし時間が各瞬間の集まりならば，各瞬間では飛んでいる矢も止まっていて，静止をどれだけ集めても静止にしかならないから，結局，矢は止まっているはずだ，というものである。また，有名な『アキレスと亀』は，もし時間が無限に分割できるなら，（足の速い）アキレスは亀の歩みにすら追いつくことはできないというものだ。

「ゼノンのパラドックス」は全部で 4 つあり，時間や長さが無限分割可能であるとしても，不可能であるとしても，直観的な自然の見え方とは矛盾することを示している。これは無限小にまつわる「論理と直観の不一致」を明らかにしたという意味で，重要な示唆であった。これによって，論理と直観のどちらが優先されるべきか，という二者択一を迫られるからである。厳密さを大事にする古代ギリシャ人たちは，迷わず論理を優先した。そのため，古代ギリシャ数学は主に幾何学に重心を置き，運動や変数・変量の概念を避けた。

それに対して，近代の西洋人は古代ギリシャ人より大胆に直観的だった。彼らは少々論理的に不都合があっても，あまり気にせず前に進むことができた。そしてついにニュートンとライプニッツによって独立に，微分と積分が互いに逆の操作であること，いわゆる「微分積分学の基本定理」が発見され，無限小や極限の考え方を用いた，極めて強力な計算手法である微分積分学が本格的に始動したのである。

オーダーメイドの公式

現代の消費社会では，自分だけのオーダーメイド（注文生産）製品より，レディメイド（既製）の製品を買う人が多い。大量生産の既製品は安価で買いやすい。しかし，自分のために作られたわけではないので，自分の嗜好や目的にピッタリ合うということはない。

数学の公式は，多くの状況に適合するように仕立てられた，一般的な等式や定理だ。だから公式を実際の問題に使うときには，その問題の状況にピッタリ合うように，その公式を特殊化したり，加工したりしなければならない。となれば，公式自体がもっている一般性や解決能力の，ほんの一部しか使わないということもしばしばだろう。公式が解きたい問題の状況にピッタリ合うということは，ほとんどない。

もちろん，公式は憶えておけば便利なことも多い。しかし，理解せずに憶えるだけだったら，それは「レディメイドの公式」だ。洋服と違って，公式の場合は既製品をたくさんもっていればいいというわけではない。もっているだけでは，上手に使いこなせないからだ。

それより「オーダーメイドの公式」をおすすめしたい。もちろん，オーダーする相手は自分自身である。つまり，状況に応じてピッタリ合った公式を自分で仕立てるわけだ。もちろん，オーダーメイドで公式を作るにも，最低限の材料は必要だ。例えば，三角関数が出てくる場面では，加法定理くらいは既製品の材料として使いたい。しかし，そこから欲しい等式や数値を，状況にピッタリ合わせて仕立ててやることができる。

「オーダーメイドの公式」をおすすめする理由は３つある。

まず，一つ目。数学は自分で「する」学問だ。他人の脳で数学することはできない。だから，公式をオーダーする相手も自分だ。自分で公式を作れる人は，その場その場で臨機応変な式変形や，自分なりの計算のやり方を思いつくことができるだろう。

二つ目。数学の場合，ありあわせの既製品を組み合わせて器用に解くという作戦は，大抵の場合うまくいかない。入試の答案を見ていると，（本人はおそらく自覚してないだろうが）この手の「組合せ器用仕事」で，なんとかしのごうとする答案が多いのが気になる。

三つ目。実際の入学試験問題では，一般的で抽象的な問題を出すことは極めて少なく，大抵は具体的な数学現象を掘り下げるという形の問題が出題される。それは当然のことで，抽象的な問題の場合，それこそ公式一発でおしまいということもあり得るので，何を出発点とし何を使って解答するべきかが曖昧になることが多い。そのため，採点基準が作りにくく，採点のときに困るからである。それに，公式一発で解けるような問題は，往々にしてつまらない問題であることが多い。だから，実際の数値や関数を駆使した，具体的な状況を問題として出題する。要するに，問題を作る側としては，ちょっと難しめの公式を使えばすぐにわかる，という感じの問題はできれば避けたい。その公式がその受験生にとってレディメイドなのか，それともオーダーメイドなのか判断できないからである。

数学の世界には，たくさんの公式がある。それらはどれも「誰かが仕立てた」ものだ。それを自分で，最低限の材料からオーダーメイドできる実力を備えてほしい。

Column

数学の「役立ち方」と社会

数学は社会の中でどのように役立っているだろうか。数学の「役立ち方」も，時代と共に変わってきた。一昔前なら，数学の応用といえば，「先端科学技術」というキーワードと一緒に述べられることが多かった。先端科学技術の社会における重要性は言うまでもないが，しかし，我々の日常生活に馴染みのあるものではなかった。その点，近年の状況は違っている。数学はますます我々の身の回りの場面に進出してきたからである。

楕円曲線といえば，平面上の（ある種の）３次曲線のことである（だから，楕円曲線は楕円ではない）が，それそのものはあまり馴染みがないだろう。18 世紀から研究されている楕円曲線は，常に整数論や数論幾何学の最先端に現れる重要な概念である。その意味では，およそ社会への応用には無関係だと思われがちである。しかし，近年は「楕円曲線暗号」を通じて，我々が普段使っている IC カードにも内蔵されている数学の対象だ。IC カードは，その高いセキュリティーのおかげで，高額の金銭のやりとりにも使える。その高いセキュリティー技術を支えているのが，楕円曲線暗号である。

最近ではディープラーニングなどのニューラルネットワークの技術が日々進歩しており，人工知能技術の最先端を常にリードしている。すでに社会のすみずみまで浸透している，その基礎的な技術の中には，それこそ多くの種類の理論的な数学が使われている。ネットワークの学習を主導するバックプロパゲーションの技術には，微分積分学における合成関数の微分公式（鎖公式）などの基礎理論が本質的に使われているし，また，畳み込みニューラルネットワークは画像処理におけるフーリエ解析の役割を背景としている。

いわゆる金融工学の世界では数理ファイナンスといった高度な数学の技術が展開されている。ここで使われている数学は，伊藤積分や確率微分方程式を用いた金融モデル，例えば，有名なブラック-ショールズモデルなど，理論的にも極めて高度なものだ。

これらの数学を学ぶには，大学初年度で学修する線形代数学や微分積分学，確率・統計といった理系教養科目だけではなく，さらにその先にある，少々専門的な数学も必要となることが多い。その意味で，かなり高度な数学が，実際に社会で使われているというわけだ。

一般的な傾向として，数学が得意な大学生は，（主に理系就職の場面では）就職に有利なようである。ちょっと昔だったら，パソコンさえ使えれば十分だったデジタル環境も，最近の進歩と変化の速さの中では，次々と新しい革新的な枠組みや技術が登場する。それについていく上で，数学や数学的学問の基礎的素養が有利に働くと考えられている。また，数学が得意な学生は，一般的にいって思考の柔軟性や論理性が高く，そういう人材を企業は欲しがる傾向にあるようだ。

数学の「役立ち方」の，現在のキーワードは，強いていえば，セキュリティー・人工知能・金融（クオンツ）・保険（アクチュアリー）などなど…，まだまだありそうだ。しかも，キーワードはこれからもっと増えていくだろう。それに並行して，数学の基礎的素養は，これからの社会で活躍する上で，ますます有利な能力になっていくであろう。

〈この章で学ぶこと〉
これまでに，多項式で表される関数や，三角関数，指数関数，対数関数など，いろいろな関数について学習してきた。本章では，更に，簡単な分数関数，無理関数について学ぶ。これによって，以降の学習のために必要な基本的な関数がひととおり揃うことになる。
また，逆関数（関数の逆の対応）や，2 つの関数を組み合わせて作られる合成関数についても調べる。

第1章 関数

例，例題一覧

●…… 基本的な内容の例　■…… 標準レベルの例題　◆…… やや発展的な例題

1 分数関数

●1　分数関数のグラフと漸近線，値域
●2　分数関数の決定

■1　分数方程式，分数不等式
■2　分数方程式の実数解の個数

2 無理関数

●3　無理関数のグラフと定義域・値域
●4　無理関数のグラフと値域

■3　無理方程式，無理不等式
■4　無理方程式の実数解の個数

3 逆関数と合成関数

■5　逆関数の求め方
■6　関数の相等，$f^{-1}(x)=f(x)$
◆7　関数とその逆関数のグラフの共有点
■8　合成関数と値域
■9　合成関数と関数の決定
◆10　$f(g(x))=g(f(x))$ を満たす関数
◆11　$f(f(x))-x$ の問題
◆12　分数関数の合成関数 $f_n(x)$

1 分数関数

《 基本事項 》

1 分数関数とそのグラフ

$y=\dfrac{2}{x}$，$y=\dfrac{2x+3}{x+2}$ のように，x についての分数式で表された関数を，x の **分数関数** という。分数関数の定義域は，分母を 0 にする x の値を除いた実数全体である。

[1] $y=\dfrac{k}{x}$ $(k\neq 0)$ …… ① のグラフ

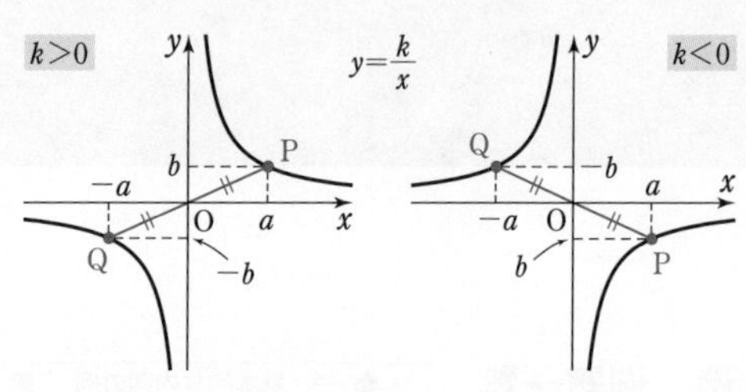

このグラフは右の図のように

　　$k>0$ なら　第 1，第 3 象限

　　$k<0$ なら　第 2，第 4 象限

にある。原点に関して，グラフ上の任意の点 $\mathrm{P}(a,\ b)$ と対称な点 $\mathrm{Q}(-a,\ -b)$ も ① を満たすから，点Qは ① のグラフ上にある。よって，① のグラフは **原点に関して対称** である。

① のグラフの **漸近線は x 軸と y 軸** である。それらは直交しているので，曲線 ① は直角双曲線である。

[2] $y=\dfrac{k}{x-p}+q$ $(k\neq 0)$ のグラフ

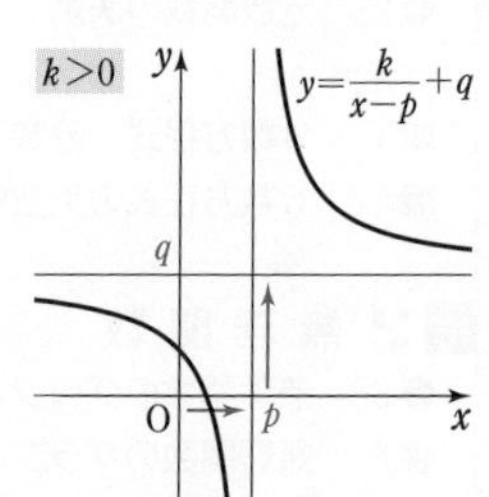

$y=\dfrac{k}{x}$ のグラフを x 軸方向に p，y 軸方向に q だけ平行移動した直角双曲線で，漸近線は 2 直線 $x=p$，$y=q$ であり，定義域は $x\neq p$，値域は $y\neq q$ である。

参考 ① **関数と定義域・値域**

実数を要素とする 2 つの集合 A，B について，Aのどの要素にもBの要素が 1 つずつ対応しているとき，この対応を **A から B への関数** といい，記号 f などを用いて $f:A\longrightarrow B$ と書き表すことがある。このとき，集合Aを f の **定義域** といい，Aの要素 a に対するBの要素を $f(a)$ と書く。また，値全体の集合 $\{f(x)\mid x\in A\}$ を f の **値域** という。式で表された関数の場合，特に指定がなければ，その定義域はその式が実数値をもつようなすべての実数の集合と考える。

② **分数関数 $y=\dfrac{k}{x-p}+q$ のグラフの主軸，頂点，焦点**

このグラフは直角双曲線であり，数学C第 4 章で学習した標準形の双曲線を，原点を中心として 45° 回転し平行移動したものである。

練習 次の関数のグラフをかけ。

(1) $y=\dfrac{1}{2x}$　　(2) $y=\dfrac{3}{x}-1$　　(3) $y=\dfrac{-2}{x-1}$

例 1 | 分数関数のグラフと漸近線，値域 ★☆☆☆☆

(1) 関数 $y=\dfrac{9x-10}{6x-4}$ のグラフをかけ。また漸近線を求めよ。

(2) (1)において，関数の定義域が $-2\leqq x\leqq 0$ のとき，値域を求めよ。

(3) (1)において，関数の値域が $1\leqq y<\dfrac{3}{2}$ のとき，定義域を求めよ。

指針 分数関数のグラフのかき方

1 $y=\dfrac{k}{x-p}+q$ の形（**基本形** とよぶことにする）に変形する。

2 漸近線 $x=p$，$y=q$ を引く。

3 点 $(p,\ q)$ を原点とみて，$y=\dfrac{k}{x}$ のグラフをかく。

(1) 関数の右辺の式が $\dfrac{ax+b}{cx+d}$ $(ad-bc\neq 0,\ c\neq 0)$ のままで，グラフをかくのは簡単ではない。そこで，数学IIの分数式で学習した次の方針に沿って考える。

⟶ (分子 A の次数)$\geqq$(分母 B の次数) のときは，A を B で割った商 Q と余り R を用いて，割り算の等式 $A=BQ+R$ から $\dfrac{A}{B}=Q+\dfrac{R}{B}$ と変形すると，分子の次数が分母の次数より低くなって，基本形の形に変形できる。

CHART 》 分数式の取り扱い　**分数式は富士の山**
(分子の次数)<(分母の次数) の形に

(2)，(3) 定義域，値域の端に対応した y，x の値を求めて，グラフから範囲を確認する。
(3)では，漸近線にも注意する。

例 2 | 分数関数の決定 ★★★☆☆

関数 $y=\dfrac{ax+b}{2x+c}$ のグラフが点 $(1,\ 2)$ を通り，2 直線 $x=2$，$y=1$ を漸近線とするとき，定数 a，b，c の値を求めよ。

指針 分数関数 $y=\dfrac{ax+b}{cx+d}$ のグラフ ⟶ **基本形** $y=\dfrac{k}{x-p}+q$ **の形に変形** が原則。
まず，$ax+b$ を $2x+c$ で割ったときの商と余りを用いて，基本形に変形する。
そして，漸近線とグラフが通る点の条件から a，b，c の値を求める。

関数の相等の利用

2 つの **関数** $f(x)$ と $g(x)$ **が等しい** とは，次の [1]，[2] が同時に成り立つときをいう。

[1] $f(x)$ の定義域と $g(x)$ の定義域が等しい。　◀ 定義域の一致

[2] 定義域のすべての x に対して $f(x)=g(x)$ が成り立つ。　◀ 対応の一致

すなわち，等式 $f(x)=g(x)$ **が恒等式**（定義域も等しい）のときである。
上の例 2 において，関数の相等を利用した考え方については，解答編 $p.199$ 参照。

例題 1 分数方程式，分数不等式 ★★☆☆☆

次の方程式，不等式を解け。

(1) $\dfrac{5x-6}{x-2}=x+1$　　(2) $\dfrac{5x-6}{x-2}\leqq x+1$

◀例1

指針 分数式を含む方程式，不等式をそれぞれ **分数方程式，分数不等式** という。そして，分数方程式，分数不等式を解くときに，まず，注意しなければいけないのは，**(分母)$\neq 0$** ということである。

(1) 分母 $x-2\neq 0$ すなわち $x\neq 2$ に注意して分母を払い，多項式の方程式に直して解く。

(2) $f(x)\leqq g(x)$ の解 ⟶ **$y=f(x)$ のグラフと $y=g(x)$ のグラフの上下関係から判断** の方が間違いが少ない。グラフを利用しない解法としては，$x-2>0$ と $x-2<0$ の場合に分けて分母を払い，多項式の不等式に直して解を求める 別解 もあるが，やや手間がかかる。

解答 (1) 方程式から

$5x-6=(x+1)(x-2)$ かつ $x-2\neq 0$

$x^2-6x+4=0$ かつ $x\neq 2$

$x^2-6x+4=0$ を解くと　$\boldsymbol{x=3\pm\sqrt{5}}$

これは $x\neq 2$ を満たすから，求める解である。

(2) $y=\dfrac{5x-6}{x-2}=\dfrac{4}{x-2}+5$ …… ①，$y=x+1$ …… ②

とする。

直線 ② が関数 ① のグラフより上側にある，または関数 ① のグラフと直線 ② が共有点をもつような x の値の範囲は，右の図から

$\boldsymbol{3-\sqrt{5}\leqq x<2,\ 3+\sqrt{5}\leqq x}$

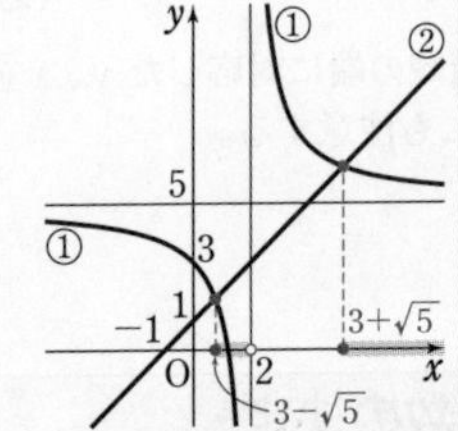

別解 [1] $x-2>0$ すなわち $x>2$ のとき

両辺に $x-2$ を掛けて　$5x-6\leqq(x+1)(x-2)$

整理すると　$x^2-6x+4\geqq 0$

これを解いて　$x\leqq 3-\sqrt{5}$，$3+\sqrt{5}\leqq x$

$x>2$ との共通範囲は　$3+\sqrt{5}\leqq x$ …… ③

[2] $x-2<0$ すなわち $x<2$ のとき

両辺に $x-2$ を掛けて　$5x-6\geqq(x+1)(x-2)$

$x^2-6x+4\leqq 0$ から　$3-\sqrt{5}\leqq x\leqq 3+\sqrt{5}$

$x<2$ との共通範囲は　$3-\sqrt{5}\leqq x<2$ …… ④

解は，③，④ を合わせて　$\boldsymbol{3-\sqrt{5}\leqq x<2,\ 3+\sqrt{5}\leqq x}$

(1)は，関数 $y=\dfrac{5x-6}{x-2}$ のグラフと直線 $y=x+1$ の共有点の x 座標を求めていることに他ならない。

検討 グラフを利用しない解法としては，下の 別解 の他に，両辺に $(x-2)^2$ (>0) を掛ける方法もある。不等号の向きは変わらないので，場合分けは必要ないが，高次不等式を解くことになる。詳しくは解答編 $p.201$ 参照。

◀ 不等号の向きは変わらない。

◀ 場合分けの条件に注意。

◀ 不等号の向きが変わる。

◀ 場合分けの条件に注意。

練習 1 次の方程式，不等式を解け。

(1) $\dfrac{6-x}{x-2}=\dfrac{1}{2}x+1$　　(2) $\dfrac{6-x}{x-2}\geqq\dfrac{1}{2}x+1$

例題 2 分数方程式の実数解の個数 ★★★☆☆

k は定数とする。方程式 $\dfrac{x-5}{x-2}=3x+k$ の実数解の個数を調べよ。

◀例題1

指針

方程式 $f(x)=g(x)$ の実数解の個数 $\iff$ $y=f(x)$ と $y=g(x)$ のグラフの共有点の個数

ここでは，関数 $y=\dfrac{x-5}{x-2}$ のグラフと直線 $y=3x+k$ の共有点の個数を調べる。

それには，**直線 $y=3x+k$ を** y 切片 k の値に応じて **平行移動** し，双曲線との共有点の個数を調べる。特に，両者が接するときの k の値がポイント。

解答

$y=\dfrac{x-5}{x-2}=-\dfrac{3}{x-2}+1$ …… ①

$y=3x+k$ …… ②

とすると，関数 ① のグラフと直線 ② の共有点の個数が，与えられた方程式の実数解の個数に一致する。

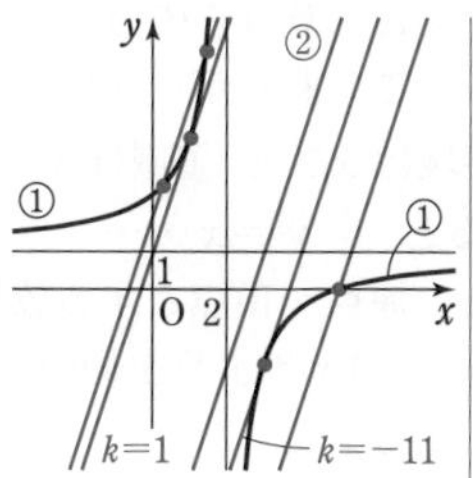

$x-2\neq 0$ であるから，方程式

$\dfrac{x-5}{x-2}=3x+k$ の両辺に $x-2$ を掛けて

$$x-5=(3x+k)(x-2)$$

整理して　$3x^2+(k-7)x-2k+5=0$

判別式を D とすると

$$D=(k-7)^2-4\cdot 3\cdot(-2k+5)$$
$$=k^2+10k-11=(k+11)(k-1)$$

$D=0$ とすると　$k=-11,\ 1$

このとき，関数 ① のグラフと直線 ② は接する。

よって，求める実数解の個数は，図から

$k<-11$，$1<k$ のとき　2個；
$k=-11$，1 のとき　1個；
$-11<k<1$ のとき　0個

◀ $\dfrac{x-5}{x-2}=\dfrac{(x-2)-3}{x-2}=1-\dfrac{3}{x-2}$

◀ $y=-\dfrac{3}{x-2}+1$ のグラフは $y=-\dfrac{3}{x}$ のグラフを x 軸方向に 2，y 軸方向に 1 だけ平行移動したもの。

◀ ① のグラフと直線 ② が接するときの k の値を調べる。

◀ $(k+11)(k-1)=0$

◀ **接する $\iff$ 重解**

◀ y 切片 k の値に応じて，直線 ② を平行移動。

検討

上の例題 2 については，定数 k を分離する，つまり $\dfrac{x-5}{x-2}-3x=k$ と変形して，$y=\dfrac{x-5}{x-2}-3x$ …… Ⓐ のグラフと直線 $y=k$ の共有点の個数を調べる方法もある。

現段階では，Ⓐ のグラフをかくための知識が十分でないが，第 4 章で学習するので，試してみるとよい。

練習 2　k は定数とする。方程式 $\dfrac{2x+9}{x+2}=-\dfrac{x}{5}+k$ の実数解の個数を調べよ。

➡p. 291 演習 2

2 無理関数

《基本事項》

1 無理関数のグラフ

$\sqrt{x}$，$\sqrt{2-3x}$ のように，根号の中に文字を含む式を **無理式** といい，無理式で表される関数を **無理関数** という。　◀ この章では根号内が1次式の場合を中心に扱う。

[1]　$y=\sqrt{x}$ のグラフ

$y=\sqrt{x}$ …… ① を満たす値の組 (0, 0)，(1, 1)，(2, $\sqrt{2}$)，(3, $\sqrt{3}$)，(4, 2) を座標にもつ点を座標平面上にとっていくと，それらの点は右の図のような曲線上にある。この曲線が ① のグラフで，関数 $y=\sqrt{x}$ の定義域は $x \geqq 0$，値域は $y \geqq 0$

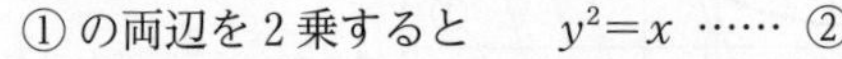

① の両辺を2乗すると　$y^2=x$ …… ②

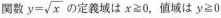

② は，x 軸を軸とし，原点を頂点とする放物線を表す。① では $y \geqq 0$ であるから，① のグラフは，放物線 ② の x 軸より上側の部分（原点を含む）に他ならない。

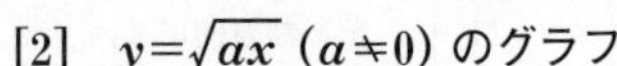

[2]　$y=\sqrt{ax}$ $(a \neq 0)$ のグラフ

$y=\sqrt{ax}$ の両辺を平方して得られる $y^2=ax$ すなわち $x=\dfrac{y^2}{a}$ で表される放物線（頂点が原点，軸が x 軸）の上半分を表す。ただし，原点を含む。

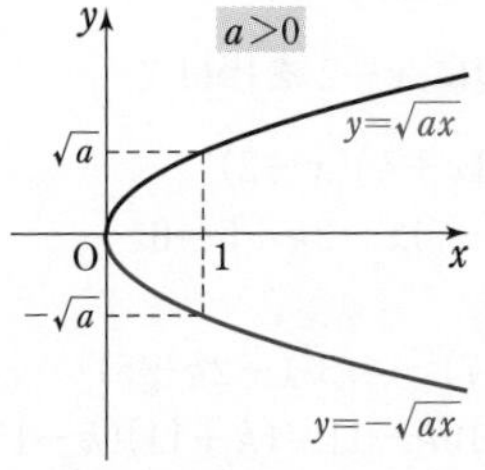

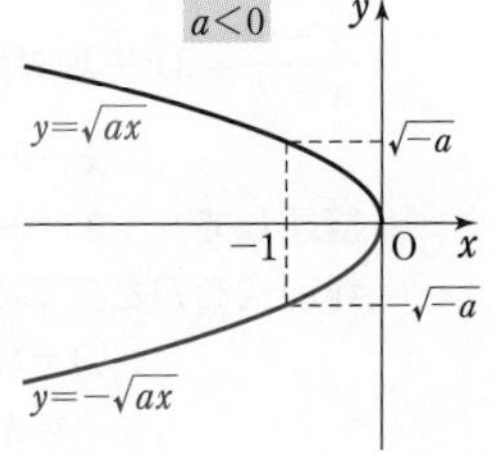

なお，$y=-\sqrt{ax}$ のグラフは，$y=\sqrt{ax}$ のグラフと x 軸に関して対称である。

[3]　$y=\sqrt{a(x-p)}$ $(a \neq 0)$ のグラフ

$y=\sqrt{a(x-p)}$ のグラフは，$y=\sqrt{ax}$ のグラフを x 軸方向に p だけ平行移動したものである。
$a>0$ のとき，定義域は $x \geqq p$，値域は $y \geqq 0$ であり，$a<0$ のとき，定義域は $x \leqq p$，値域は $y \geqq 0$ である。

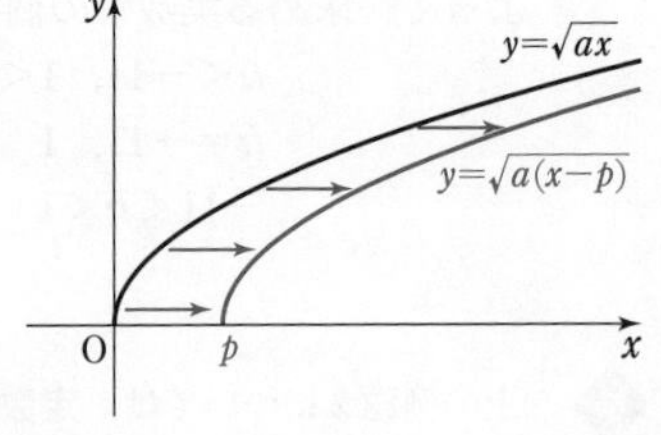

CHECK 問題

1 次の関数のグラフをかけ。また，その定義域と値域をいえ。

(1)　$y=\sqrt{3x}$　(2)　$y=-\sqrt{3x}$　(3)　$y=\sqrt{-3x}$　(4)　$y=\sqrt{x-3}$

→ 1

例 3 | 無理関数のグラフと定義域・値域 ★☆☆☆☆

次の関数のグラフをかけ。また，その定義域と値域を求めよ。

(1) $y=\sqrt{2x-4}$　　(2) $y=\sqrt{-x+3}$　　(3) $y=-\sqrt{3-2x}+2$

指針 無理関数 $y=\sqrt{ax+b}$ のグラフをかくには，
$\sqrt{ax+b}$ を $\boldsymbol{\sqrt{a(x-p)}}$ **の形に変形** する。
$y=\sqrt{a(x-p)}$ のグラフは $y=\sqrt{ax}$ のグラフを
x 軸方向に p だけ平行移動 したものである。
　⟶ 点 $(p,\ 0)$ がグラフの頂点，軸が x 軸
また，無理関数の定義域について，特に指定がないときは，**($\sqrt{}$ の中)$\geqq 0$ となる実数全体**
である。したがって，この例 3 の場合は，

(1) $2x-4\geqq 0$,　(2) $-x+3\geqq 0$,　(3) $3-2x\geqq 0$

の解が定義域となる。

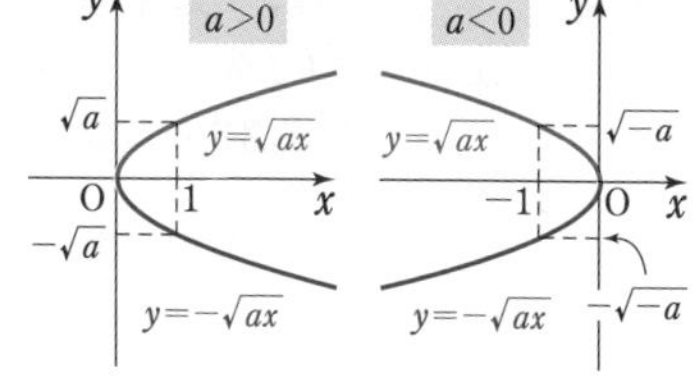

(3) $y=-\sqrt{a(x-p)}+q$ のグラフは $y=-\sqrt{ax}$ のグラフを x 軸方向に p，
y 軸方向に q だけ平行移動したものである。

参考　$ax+b=a\left(x+\dfrac{b}{a}\right)$ であるから，$\boldsymbol{y=\sqrt{ax+b}}$ **のグラフは，**

$\boldsymbol{y=\sqrt{ax}}$ **のグラフを x 軸方向に $-\dfrac{b}{a}$ だけ平行移動** したものである。

定義域は，$a>0$ のとき $x\geqq -\dfrac{b}{a}$，$a<0$ のとき $x\leqq -\dfrac{b}{a}$ であり，値域は $y\geqq 0$ である。

例 4 | 無理関数のグラフと値域 ★★☆☆☆

(1) 関数 $y=\sqrt{2x+3}$ の定義域が $0\leqq x\leqq 3$ であるとき，この関数の値域を求めよ。

(2) 関数 $y=\sqrt{4-x}$ の定義域が $a\leqq x\leqq b$ であるとき，値域が $1\leqq y\leqq 2$ となるように定数 a，b の値を定めよ。

(3) 関数 $y=\sqrt{ax+b}$ の定義域が $-2\leqq x\leqq 5$ であるとき，値域が $2\leqq y\leqq 5$ となるように，定数 a，b の値を定めよ。

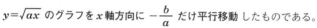

指針　CHART 〉関数の値域　グラフ利用　定義域の端の値に注意

$y=\sqrt{ax+b}$ のグラフをかくには，$\boldsymbol{\sqrt{ax+b}}$ **を** $\boldsymbol{\sqrt{a(x-p)}}$ **の形に変形** する。
値域は定義域を見ながら，グラフから判断する。その際，定義域の端における y の値に着目する。

(2) 関数 $y=\sqrt{4-x}$ すなわち $y=\sqrt{-(x-4)}$ は単調に減少する。よって，定義域 $a\leqq x\leqq b$ の左端 $x=a$ で最大，右端 $x=b$ で最小となる。

(3) 関数 $y=\sqrt{ax+b}$ は，a の符号で増加・減少の状態が変わるから，

$a<0$,　$a=0$,　$a<0$

の場合に分けて，値域を求め，関数の値域 $2\leqq y\leqq 5$ と比較する。
これと似た問題を，数学 I でも学習したが，単に「関数 $y=\sqrt{ax+b}$」とあるように，無理関数とは限らない。$a=0$ の場合も含まれることに注意する。

例題 3 無理方程式，無理不等式 ★★☆☆☆

次の方程式，不等式を解け。

(1) $\sqrt{5-x}=x+1$　　(2) $\sqrt{5-x}<x+1$　　◀例3

指針 無理式を含む方程式，不等式をそれぞれ **無理方程式，無理不等式** という。

(1) 両辺を平方（2乗）してできる方程式の解を求め，その解が **もとの無理方程式を満たすかどうか** を確認する。なお，最初に $\sqrt{●}\geqq 0$，$●\geqq 0$ から，解の条件を求めておいてもよい。

(2) 根号内が1次の無理不等式だから，(1)の結果を利用し，**グラフの上下関係から解を判断する** とよい。

解答 (1) $\sqrt{5-x}=x+1$ ……（＊）の両辺を平方すると

$$5-x=(x+1)^2 \quad \cdots\cdots (＊＊)$$

整理すると　$x^2+3x-4=0$

$(x-1)(x+4)=0$

これを解くと　$x=1,\ -4$

$x=1$ は（＊）を満たすが，$x=-4$ は（＊）を満たさない。

よって，求める解は　$\boldsymbol{x=1}$

別解　$5-x\geqq 0$ かつ $x+1\geqq 0$ から　$-1\leqq x\leqq 5$

（＊＊）の解で $-1\leqq x\leqq 5$ を満たすものは　$\boldsymbol{x=1}$

(2) $y=\sqrt{5-x}$ …… ①，

$y=x+1$ …… ② とする。

関数①の定義域は　$x\leqq 5$

関数①のグラフが直線②より下側にあるような x の値の範囲は，右の図から

$\boldsymbol{1<x\leqq 5}$

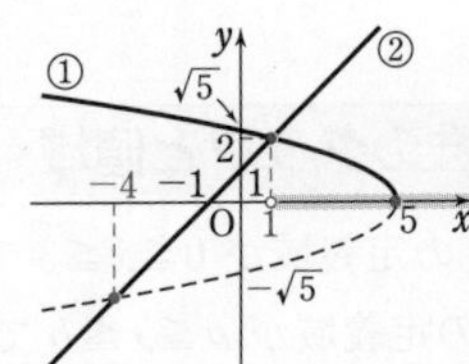

検討
$A=B \Longrightarrow A^2=B^2$ は成り立つが，逆は成り立たない。なぜなら，$A^2=B^2$ からは
$(A+B)(A-B)=0$
で，$A=B$ 以外に，$A=-B$ の解も含まれるからである。左の解答では，（＊＊）$\Longrightarrow$（＊）が成り立つとは限らないから，（＊＊）から得られる解が，（＊）の解であるとは限らない。
なお，（＊＊）の解のうち，$x=-4$ は $-\sqrt{5-x}=x+1$ の解である。

無理方程式，無理不等式に関して，一般に，次の同値関係が成り立つ。

[1] $\sqrt{A}=B \iff A=B^2,\ B\geqq 0$　　◀ $A=B^2$ が成り立てば $A\geqq 0$

[2] $\sqrt{A}<B \iff A<B^2,\ A\geqq 0,\ B>0$

[3] $\sqrt{A}>B \iff (B\geqq 0,\ A>B^2)$ または $(B<0,\ A\geqq 0)$

例題の(2)では，グラフの上下関係から不等式の解を判断したが，無理関数のグラフをかくのが容易でないときは，同値関係 [2] または [3] を利用して解く。

◀ 下の練習3(5)なら [2] を利用する。

練習 3 次の方程式，不等式を解け。　［(2) 岡山理大，(5) 学習院大］

(1) $\sqrt{2x-1}=1-x$　　(2) $|x-3|=\sqrt{5x+9}$　　(3) $\sqrt{3-x}>x-1$

(4) $x+2\leqq\sqrt{4x+9}$　　(5) $\sqrt{2x^2+x-6}<x+2$

例題 4 無理方程式の実数解の個数 ★★★☆☆

方程式 $2\sqrt{x-1}=\frac{1}{2}x+k$ の実数解の個数を調べよ。ただし，k は定数とする。

〔類 広島修道大〕 ◀例題2，3

指針 CHART 実数解の個数 ⟺ 共有点の個数

関数 $y=2\sqrt{x-1}$ …… ① のグラフと直線 $y=\frac{1}{2}x+k$ …… ② の共有点の個数を調べる。
それには，**直線 ② を** y 切片 k の値に応じて **平行移動** し，関数 ① のグラフとの共有点の個数を調べるとよい。特に，直線 ② が関数 ① のグラフに接するときや，関数 ① のグラフの端点を通るときの k の値に注目する。

解答 $y=2\sqrt{x-1}$ …… ①，

$y=\frac{1}{2}x+k$ …… ②

とすると，関数 ① のグラフと直線 ② の共有点の個数が，与えられた方程式の実数解の個数に一致する。

方程式から $4\sqrt{x-1}=x+2k$
両辺を平方して $16(x-1)=(x+2k)^2$
整理すると $x^2+2(2k-8)x+4k^2+16=0$
判別式を D とすると

$$\frac{D}{4}=(2k-8)^2-(4k^2+16)=-32k+48=-16(2k-3)$$

$D=0$ とすると　$2k-3=0$　ゆえに　$k=\frac{3}{2}$
このとき，関数 ① のグラフと直線 ② は接する。
また，直線 ② が関数 ① のグラフの端の点 (1, 0) を通るとき　$0=\frac{1}{2}+k$　すなわち　$k=-\frac{1}{2}$
したがって，求める実数解の個数は

$-\frac{1}{2}\leqq k<\frac{3}{2}$ のとき **2個**；
$k<-\frac{1}{2}$，$k=\frac{3}{2}$ のとき **1個**；
$\frac{3}{2}<k$ のとき **0個**

◀ $y=2\sqrt{x-1}$ の定義域は $x-1\geqq 0$ から $x\geqq 1$
また，値域は $y\geqq 0$

◀ ① のグラフは $y=2\sqrt{x}$ のグラフを x 軸方向に 1 だけ平行移動したもの。

◀ 方程式の両辺に 2 を掛けた。

◀ ① のグラフと直線 ② が接するときの k の値を調べる。

◀ 接する ⟺ 重解

（注意） 判別式 D の符号だけから，直ちに実数解の個数を判断してはいけない。グラフをかいて，k の値の変化に伴う直線の移動のようすを正確につかむこと。

練習 4
(1) x の方程式 $\sqrt{x-1}-1=k(x-k)$ が実数解をもたないような負の定数 k の値の範囲を求めよ。〔防衛医大〕
(2) a は定数とする。曲線 $y=\sqrt{x-1}$ と直線 $y=ax+1$ の共有点の個数を調べよ。
〔工学院大〕 ➡p. 291 演習 3

3 逆関数と合成関数

《基本事項》

1 逆関数

関数 $f: A \longrightarrow B$ (A, B は実数の集合) では，A の異なる要素 a_1, a_2 が B の同じ要素 b に対応することもあるから，一般には B の要素を定めても A の要素が1つに定まるとは限らない。例えば，関数 $y=x^2$ は x の異なる値 -1, 1 が y の同じ値1に対応する。
しかし，関数 f が **1対1の関数** であるとき，すなわち

$$a_1 \neq a_2 \text{ ならば } f(a_1) \neq f(a_2)$$

◀ 対偶は $f(a_1)=f(a_2)$ ならば $a_1=a_2$

であるときは，**B の要素 b を定めると，それに対応する A の要素がただ1つ定まる。**
この要素を b の **原像** といい，$f^{-1}(b)$ で表す。このとき，b に対して $f^{-1}(b)$ を定める対応は B から A への関数となる。この関数 f^{-1} を f の **逆関数** という。
例えば，1次関数 $y=ax+b$ ($a \neq 0$) は1対1の関数であるから，逆関数は必ず存在する (次の 2 の例を参照)。

2 逆関数の求め方

関数 $y=f(x)$ の逆関数 $y=g(x)$ は，次のようにして求められる。

1. **関係式 $y=f(x)$ を変形して，$x=g(y)$ の形にする。**
2. **x と y を入れ替えて，$y=g(x)$ とする。** ◀ このとき $f^{-1}(x)=g(x)$
3. **$g(x)$ の定義域は，$f(x)$ の値域と同じにとる。**

例　$y=\frac{1}{2}x-\frac{3}{2}$ ($3 \leqq x \leqq 7$) の逆関数。

値域は　$0 \leqq y \leqq 2$ …… Ⓐ

1. x について解くと　$x=2y+3$　◀ x は y の関数。
2. x と y を入れ替えて　$y=2x+3$
3. 定義域は Ⓐ から　$0 \leqq x \leqq 2$
   逆関数は　$y=2x+3$ ($0 \leqq x \leqq 2$)

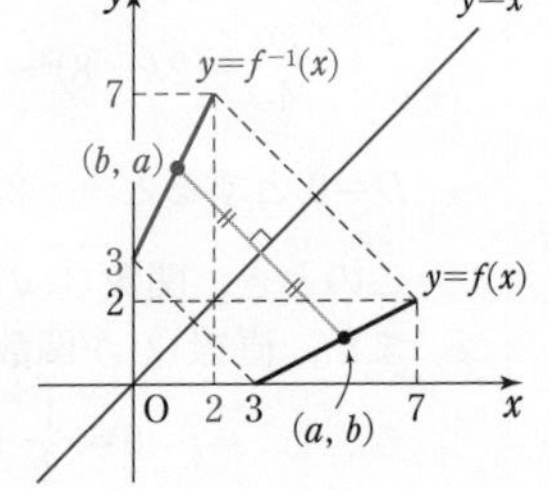

3 逆関数の性質

$y=f^{-1}(x)$ は $y=f(x)$ の逆の対応であるから

① **$b=f(a) \iff a=f^{-1}(b)$**

が成り立ち，次のことがいえる。

② **$f^{-1}(x)$ の定義域は $f(x)$ の値域**
　$f^{-1}(x)$ の値域は $f(x)$ の定義域　　定義域と値域が入れ替わる。

また，次の性質が成り立つ。

③ 関数 $y=f(x)$ と逆関数 $y=f^{-1}(x)$ のグラフは **直線 $y=x$ に関して対称** である。

④ 単調に増加，または単調に減少する関数については，その逆関数がある。

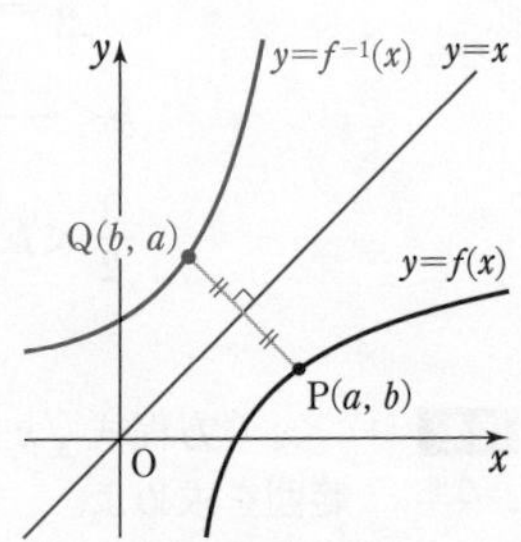

解説 ③ 関数 $y=f(x)$ のグラフ上の点を $\mathrm{P}(a,\ b)$ とすると $b=f(a)$ が成り立つ。したがって，$a=f^{-1}(b)$ が成り立つから，点 $\mathrm{Q}(b,\ a)$ は逆関数 $y=f^{-1}(x)$ のグラフ上にある。
2点 $\mathrm{P}(a,\ b)$，$\mathrm{Q}(b,\ a)$ は直線 $y=x$ に関して対称であるから，$y=f(x)$ のグラフと $y=f^{-1}(x)$ のグラフは直線 $y=x$ に関して対称である。

④ 単調に増加，または単調に減少する関数 $y=f(x)$ では，$a_1 \neq a_2$ ならば $f(a_1) \neq f(a_2)$ が成り立つ。
よって，$b=f(a)$ となる実数 a がただ1つ定まる（右図参照）から，逆の対応 $y \longrightarrow x$ も関数となり，逆関数が存在する。

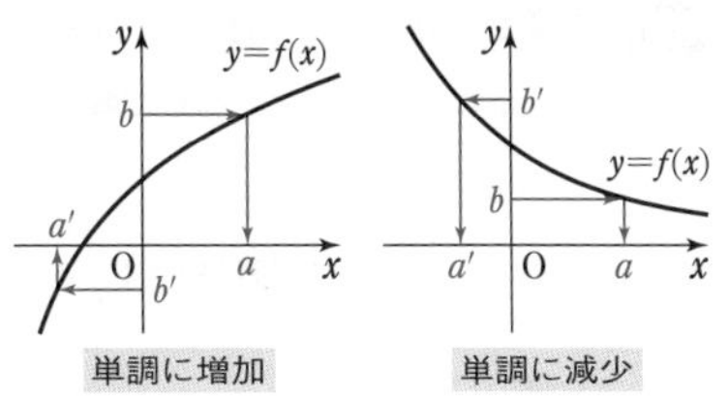

4 合成関数

2つの関数 $y=f(x)$，$z=g(y)$ について
　$f(x)$ の値域が $g(y)$ の定義域に含まれている
とき，新しい関数 $z=g(f(x))$ が考えられる。
この関数を $f(x)$ と $g(y)$ の **合成関数** といい，$g(f(x))$ を $\boldsymbol{(g \circ f)(x)}$ と書く。

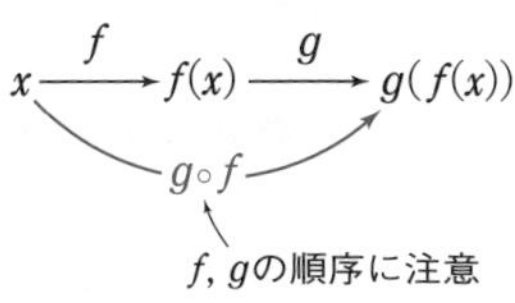

一般に，$(g \circ f)(x)$ と $(f \circ g)(x)$ は同じ関数ではない。　◀ 交換法則は成り立たない。
しかし，$(h \circ (g \circ f))(x)=((h \circ g) \circ f)(x)$ は常に成り立つ。　◀ 結合法則が成り立つ。

参考 **結合法則 $h \circ (g \circ f)=(h \circ g) \circ f$ の証明**
$f(x)=u$，$g(u)=v$，$h(v)=w$ とする。
$(h \circ (g \circ f))(x)=h((g \circ f)(x))=h(g(f(x)))=h(g(u))=h(v)=w$
$((h \circ g) \circ f)(x)=(h \circ g)(f(x))=(h \circ g)(u)=h(g(u))=h(v)=w$
よって　$(h \circ (g \circ f))(x)=((h \circ g) \circ f)(x)$　終

CHECK 問題

2 次の関数の逆関数を求めよ。また，そのグラフをかけ。
(1) $y=-2x+3$　(2) $y=\log_2 x$　(3) $y=\log_{\frac{1}{2}} x$
→ 2

3 1次関数 $f(x)=ax+b$ について，$f^{-1}(-1)=2$，$f(-1)=5$ であるとき，定数 a，b の値を求めよ。
→ 3

4 $f(x)=x+2$，$g(x)=2x-1$，$h(x)=-x^2$ とするとき
(1) $(g \circ f)(x)$，$(f \circ g)(x)$ を求めよ。　(2) $(h \circ (g \circ f))(x)=((h \circ g) \circ f)(x)$ を示せ。
→ 4

例題 5 逆関数の求め方 ★★☆☆☆

次の関数の逆関数を求めよ。

(1) $y=\dfrac{5x-1}{2x-1}$　　(2) $y=x^2+2x+2\ (x\geqq -1)$　　(3) $y=5^x$

指針 逆関数の求め方　関数 $y=f(x)$ の逆関数は次のようにして求める。

$y=f(x)$ 【xについて解く】⇒ $x=g(y)$ 【xとyを交換】⇒ $y=g(x)$

（$x=g(y)$：この形を導く。　$y=g(x)$：求める逆関数）

また　(f^{-1} の定義域)＝(f の値域)，(f^{-1} の値域)＝(f の定義域)　に注意。

解答 (1) $y=\dfrac{5x-1}{2x-1}$ ……① から　$y=\dfrac{5}{2}+\dfrac{3}{2(2x-1)}$

◀ $5x-1=\dfrac{5}{2}(2x-1)+\dfrac{3}{2}$

ゆえに，① の値域は　$y=\dfrac{5}{2}$ 以外のすべての実数

◀ 直線 $y=\dfrac{5}{2}$ は漸近線。

① を x について解くと，$y\neq\dfrac{5}{2}$ で　$x=\dfrac{y-1}{2y-5}$

◀ $(2y-5)x=y-1$

よって，求める逆関数は　$\boldsymbol{y=\dfrac{x-1}{2x-5}}$

◀ x と y を入れ替える。(2)，(3) も同様。

(2) $y=(x+1)^2+1\ (x\geqq -1)$ …… ① であるから，値域は　$y\geqq 1$

また，x について解くと　$(x+1)^2=y-1$

$x\geqq -1$，$y\geqq 1$ であるから　$x+1=\sqrt{y-1}$

ゆえに　$x=\sqrt{y-1}-1\ (y\geqq 1)$

よって，逆関数は　$\boldsymbol{y=\sqrt{x-1}-1\ (x\geqq 1)}$ …… ②

(3) $y=5^x$ から　$x=\log_5 y$

よって，求める逆関数は　$\boldsymbol{y=\log_5 x}$

◀ 指数関数 $y=a^x$ と対数関数 $y=\log_a x$ は，互いに他方の逆関数である。

参考 例えば，(2) のグラフ ①，② (実線) は右の図のようになり，もとの関数も逆関数も単調増加である。また，**もとの関数と逆関数は直線 $y=x$ に関して対称** である。

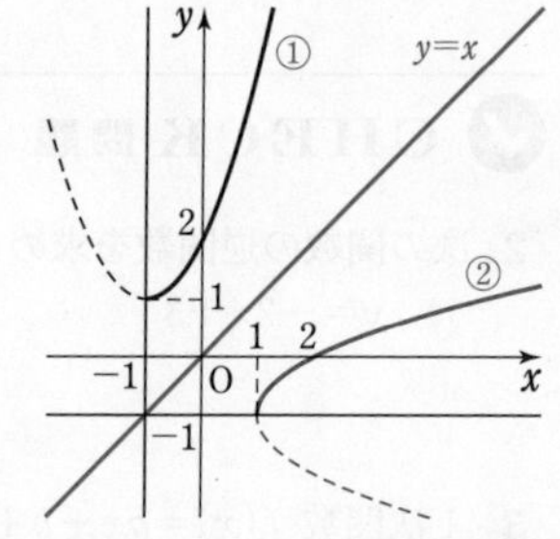

注意 関数 $y=5^x$ の定義域はすべての実数で，値域は　$y>0$
よって，逆関数 $y=\log_5 x$ の定義域は $x>0$ である。
$x>0$ は $\log_5 x$ が定義される範囲全体であるから，特に断らなくてよい。

練習 5 次の関数の逆関数を求めよ。

(1) $y=\dfrac{2x-1}{x+1}\ (x\geqq 0)$　　(2) $y=\dfrac{1-2x}{x+1}\ (0\leqq x\leqq 3)$

(3) $y=\log_{10} x$

➡p. 291 演習 4

例題 6 関数の相等，$f^{-1}(x)=f(x)$ ★★★☆☆

関数 $f(x)=\dfrac{ax+b}{cx+d}$ $(c\neq 0,\ ad-bc\neq 0)$ について，次の問いに答えよ。

(1) $f(x)$ の逆関数 $f^{-1}(x)$ を求めよ。

(2) $f^{-1}(x)=f(x)$ を満たし，$f(x)\neq x$ となる a，b，c，d の関係式を求めよ。

指針 (1) $ad-bc\neq 0$ は $f(x)$ の逆関数が存在するための条件である。

(2) 「$f^{-1}(x)=f(x)$ を満たす」ということは，$f^{-1}(x)$ と $f(x)$ が一致する（等しい）から

[1] 定義域が一致する

[2] 定義域のすべての x の値に対して $f^{-1}(x)=f(x)$

が成り立つ。

よって，$f^{-1}(x)=f(x)$ が **定義域で恒等式** となるための必要十分条件を求める。

解答 (1) $y=\dfrac{ax+b}{cx+d}$ とすると $(cx+d)y=ax+b$ よって $(cy-a)x=-dy+b$

ここで，$cy-a=\dfrac{c(ax+b)}{cx+d}-a=\dfrac{bc-ad}{cx+d}\neq 0$ であるから $x=\dfrac{-dy+b}{cy-a}$

求める逆関数は，x と y を入れ替えて $\boldsymbol{f^{-1}(x)=\dfrac{-dx+b}{cx-a}}$

(2) $f^{-1}(x)=f(x)$ から $\dfrac{-dx+b}{cx-a}=\dfrac{ax+b}{cx+d}$

分母を払うと $(ax+b)(cx-a)+(cx+d)(dx-b)=0$

$(a+d)cx^2-(a^2-d^2)x-ab-bd=0$ ◀ $(a+d)cx^2-(a+d)(a-d)x-b(a+d)$

よって $(a+d)\{cx^2-(a-d)x-b\}=0$ …… ①

ここで，$f(x)\neq x$ すなわち $\dfrac{ax+b}{cx+d}\neq x$ から $cx^2-(a-d)x-b\neq 0$ …… ②

したがって，求める関係式は，① から $\boldsymbol{a+d=0}$ すなわち $a=-d$

このとき，$f(x)$ の定義域と $f^{-1}(x)$ の定義域は，ともに $x\neq\dfrac{a}{c}$ ◀ $-\dfrac{d}{c}=\dfrac{a}{c}$

となり $f^{-1}(x)=f(x)$

別解 [**$f^{-1}(x)=f(x)$ となるための必要十分条件を 定義域が一致 に着目して求める。**]

$f^{-1}(x)$ の定義域 $x\neq\dfrac{a}{c}$ と $f(x)$ の定義域 $x\neq -\dfrac{d}{c}$ が一致するから $\dfrac{a}{c}=-\dfrac{d}{c}$

したがって $a=-d$ すなわち $a+d=0$ ◀ 必要条件

このとき，$f(x)=\dfrac{ax+b}{cx-a}$ の逆関数は $f(x)$ に一致する。 ◀ 十分条件

よって，$f^{-1}(x)=f(x)$ を満たすための必要十分条件は，$\boldsymbol{a+d=0}$ である。

練習 6 (1) 関数 $f(x)=ax+a^2$ が逆関数をもつための条件を求めよ。また，$f^{-1}(x)$ が $f(x)$ と一致するように，定数 a の値を定めよ。

(2) 関数 $g(x)=\dfrac{ax-4}{x+b}$ の逆関数が $g^{-1}(x)=\dfrac{3x+c}{-x+2}$ であるとき，定数 a，b，c の値を求めよ。 [(2) 北海道教育大]

重要例題 7 関数とその逆関数のグラフの共有点 ★★★★☆

$f(x)=x^2-2x+k\ (x\geqq 1)$ の逆関数を $f^{-1}(x)$ とする。$y=f(x)$ のグラフと $y=f^{-1}(x)$ のグラフが異なる 2 点で交わるとき，定数 k の値の範囲を求めよ。

指針 逆関数 $f^{-1}(x)$ を求め，方程式 $f(x)=f^{-1}(x)$ が異なる 2 つの実数解をもつための条件を考えてもよいが，無理式が出てくるので処理が煩雑になる。
ここでは，逆関数の性質を利用して，次のように考えてみよう。
共有点の座標を $(x,\ y)$ とすると，$y=f(x)$ かつ $y=f^{-1}(x)$ である。
ここで，性質 $\boldsymbol{y=f^{-1}(x) \iff x=f(y)}$ に着目し，連立方程式 $y=f(x)$，$x=f(y)$ が異なる 2 つの実数解（の組）をもつための条件を考える。x，y の範囲にも注意する。

解答 共有点の座標を $(x,\ y)$ とすると　　$y=f(x)$ かつ $y=f^{-1}(x)$
$y=f^{-1}(x)$ より $x=f(y)$ であるから，次の連立方程式を考える。

$$y=x^2-2x+k\ (x\geqq 1)\ \cdots\cdots ①,\qquad x=y^2-2y+k\ (y\geqq 1)\ \cdots\cdots ②$$

①−② から　　$y-x=(x+y)(x-y)-2(x-y)$
すなわち　　$(x-y)(x+y-1)=0$
$x\geqq 1$，$y\geqq 1$ であるから　　$x+y-1\geqq 1$　　ゆえに　$x-y=0$ から　　$x=y$
したがって，求める条件は，$x=x^2-2x+k$ すなわち $x^2-3x+k=0$ が $x\geqq 1$ の範囲に異なる 2 つの実数解をもつことである。よって，$g(x)=x^2-3x+k$ とし，2 次方程式 $g(x)=0$ の判別式を D とすると，次のことが同時に成り立つ。

[1] $D>0$　[2] 放物線 $y=g(x)$ の軸が $x>1$ の範囲にある　[3] $g(1)\geqq 0$

[1] $D=(-3)^2-4\cdot 1\cdot k=9-4k$　　よって，$9-4k>0$ から　$k<\dfrac{9}{4}$ …… ③

[2] 軸は直線 $x=\dfrac{3}{2}$ で，$\dfrac{3}{2}>1$ である。

[3] $g(1)=1^2-3\cdot 1+k=k-2$　　よって，$k-2\geqq 0$ から　$k\geqq 2$ …… ④

③，④ の共通範囲をとって　　$\boldsymbol{2\leqq k<\dfrac{9}{4}}$

$y=f(x)$ のグラフと $y=f^{-1}(x)$ のグラフの共有点は，直線 $y=x$ 上だけにあるとは限らない。

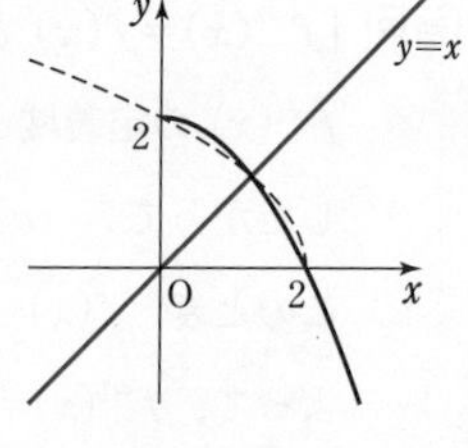

$y=f(x)$ のグラフと $y=f^{-1}(x)$ のグラフは直線 $y=x$ に関して対称であるから，両者のグラフに共有点があれば，それは直線 $y=x$ 上にあることが予想できる。しかし，例えば，
$y=\sqrt{-2x+4}$ と $y=-\dfrac{1}{2}x^2+2\ (x\geqq 0)$ は互いに逆関数であるが，この 2 つの関数のグラフの共有点には，直線 $y=x$ 上の点以外に，点 $(2,\ 0)$，点 $(0,\ 2)$ がある。

練習 7 $a>0$ とし，$f(x)=\sqrt{ax-2}-1\left(x\geqq \dfrac{2}{a}\right)$ とする。関数 $y=f(x)$ のグラフとその逆関数 $y=f^{-1}(x)$ のグラフが異なる 2 点で交わるとき，定数 a の値の範囲を求めよ。

➡ p. 291 演習 5

例題 8 合成関数と値域 ★★☆☆☆

(1) $f(x)=\dfrac{3-2x}{1+x}$，$g(x)=\dfrac{2x-3}{x-1}$ について，$(g\circ f)(x)$ を求めよ。

(2) $f(x)=\dfrac{1}{x}$，$g(x)=x^2-2x+3$ について，合成関数 $f(g(x))$ の値域を求めよ。

指針 (1) $(g\circ f)(x)$ とは $g(f(x))$ のことである。
分数関数の合成関数の計算には，**繁分数式**（数学Ⅱで学習）が現れる。

繁分数式 $\dfrac{A}{B}$ の計算 $\begin{cases} ① & A\div B \text{ として計算} \\ ② & A,\ B \text{ に同じ式を掛ける。} \end{cases}$

(2) $f(g(x))=\dfrac{1}{g(x)}$ であるから，まず関数 $g(x)$ の値域を調べる。

解答 (1) $\boldsymbol{(g\circ f)(x)}=g(f(x))=\dfrac{2\cdot\dfrac{3-2x}{1+x}-3}{\dfrac{3-2x}{1+x}-1}$

$=\dfrac{2(3-2x)-3(1+x)}{(3-2x)-(1+x)}=\dfrac{3-7x}{2-3x}$

$=\boldsymbol{\dfrac{7x-3}{3x-2}}$ **ただし $x\neq-1$**

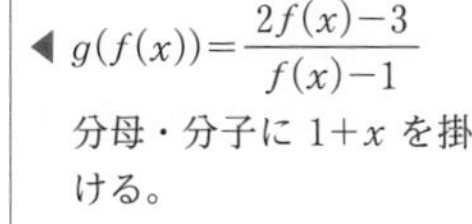

◀ $g(f(x))=\dfrac{2f(x)-3}{f(x)-1}$
分母・分子に $1+x$ を掛ける。

◀ 関数 $f(x)$ の定義域は，$x\neq-1$ であるから，$g(f(x))$ もその前提で考える。

(2) $f(g(x))=\dfrac{1}{x^2-2x+3}=\dfrac{1}{(x-1)^2+2}$

$y=f(g(x))$ の定義域は実数全体であり

$(x-1)^2+2\geqq2$

したがって，$f(g(x))$ の値域は，$y=\dfrac{1}{x}$ $(x\geqq2)$ の値域と一致し $\boldsymbol{0<y\leqq\dfrac{1}{2}}$

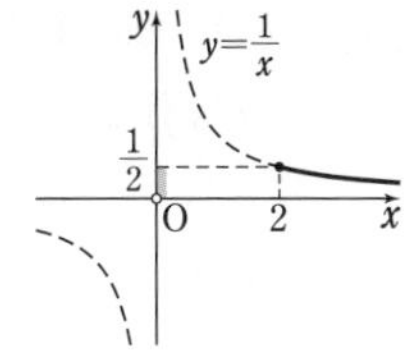

参考 (2)では，$0<a\leqq A \iff 0<\dfrac{1}{A}\leqq\dfrac{1}{a}$ であることから値域を求めてもよい。
すなわち，$0<2\leqq x^2-2x+3$ から $0<\dfrac{1}{x^2-2x+3}\leqq\dfrac{1}{2}$

練習 8 (1) 次の関数 $f(x)$，$g(x)$ について，合成関数 $(g\circ f)(x)$，$(f\circ g)(x)$ を求めよ。

(ア) $f(x)=\dfrac{x}{x+2}$，$g(x)=\dfrac{2x-5}{x-2}$ (イ) $f(x)=9^x$，$g(x)=\log_3 x$

(ウ) $f(x)=12-3x^2$，$g(x)=\begin{cases} x-2 & (x\geqq0) \\ -1 & (x<0) \end{cases}$

(2) 関数 $f(x)=x^2-2x$，$g(x)=-x^2+4x$ について，合成関数 $(g\circ f)(x)$ の定義域と値域を求めよ。

例題 9 合成関数と関数の決定 ★★★☆☆

$f(x)=2x+1$, $g(x)=-2x+3$ について，$h(f(x))=g(x)$ を満たす関数 $h(x)$ を求めよ。ただし，$h(x)$ は多項式で表される関数であるとする。

◀例題6

指針 関数 $h(f(x))$ と $g(x)$ が一致する（等しい）とき，例題6で学習したように，

[1] **関数 $h(f(x))$ と $g(x)$ の定義域が一致する。** ⟶ ともに実数全体

[2] **定義域のすべての x の値に対して** $\quad h(f(x))=g(x)$

が成り立つ。よって，$h(f(x))=g(x)$ が **実数全体で恒等式** となるための条件を求める。
関数 $h(x)$ は具体的に与えられていないが，$h(f(x))=g(x)$ より，$h(2x+1)=-2x+3$ であるから，$h(x)$ は1次関数であるといえる。

別解 次のことを利用して，関数 $h(x)$ を求める。

$h\circ f=g$ かつ f^{-1} が存在するとき $\quad h=g\circ f^{-1}$ …… Ⓐ

◀ **検討** で証明。

解答 $h(2x+1)=-2x+3$ であるから，$h(x)$ は1次関数であるといえる。

$h(x)=ax+b\ (a\neq 0)$ とすると，$h(f(x))=g(x)$ から

$$a(2x+1)+b=-2x+3$$

よって $\quad 2ax+a+b=-2x+3$

これが x についての恒等式であるから

$$2a=-2,\ a+b=3$$

連立して解くと $\quad a=-1$ ($a\neq 0$ を満たす)，$b=4$

したがって $\quad \boldsymbol{h(x)=-x+4}$

◀ $h(x)$ の最高次の項を ax^n とすると，$h(2x+1)$ の最高次の項は $2^n ax^n$
$g(x)=-2x+3$ の最高次の項と比較して
$2^n a=-2,\ n=1$

別解 $f(x)=2x+1$ の逆関数 $f^{-1}(x)$ は $\quad f^{-1}(x)=\dfrac{x-1}{2}$

$h(f(x))=g(x)$ から $\quad h\circ f=g$

ゆえに $\quad (h\circ f)\circ f^{-1}=g\circ f^{-1}$ すなわち $h=g\circ f^{-1}$

よって $\quad \boldsymbol{h(x)}=g(f^{-1}(x))=-2\cdot\dfrac{x-1}{2}+3=\boldsymbol{-x+4}$

◀ $y=2x+1$ から $x=\dfrac{y-1}{2}$

◀ $g(f^{-1}(x))=g\left(\dfrac{x-1}{2}\right)$

関数 $f(x)$ とその逆関数 $f^{-1}(x)$ について，$b=f(a)$ とすると $a=f^{-1}(b)$ であるから

$(f^{-1}\circ f)(a)=f^{-1}(f(a))=f^{-1}(b)=a$ 　　同様にして $(f\circ f^{-1})(b)=b$

a に a 自身を対応させる関数を **恒等関数** といい，$e(x)=x$ で表すと

$$\boldsymbol{(f^{-1}\circ f)(x)=e(x)} \qquad \boldsymbol{(f\circ f^{-1})(x)=e(x)}$$

が成り立つ。このことを使って，**指針** の Ⓐ が証明できる。

証明 $\quad (h\circ f)\circ f^{-1}=h\circ(f\circ f^{-1})=h\circ e=h$ 　◀ $f\circ f^{-1}=e,\ h\circ e=h$

（↑結合法則　↑$e(x)$ は恒等関数）

一方，$h\circ f=g$ から $\quad (h\circ f)\circ f^{-1}=g\circ f^{-1}$

したがって $\quad h=g\circ f^{-1}$

練習 9 関数 $f(x)=\dfrac{x+1}{-2x+3}$, $g(x)=\dfrac{ax-1}{bx+c}$ の合成関数 $(g\circ f)(x)$ は，$(g\circ f)(x)=x$ を満たしている。このとき，$(g\circ g)(x)$ を求めよ。

➡ p. 292 演習 **6**

写像

現代の数学で基本的で重要な役割を果たしているものに **写像** がある。ここではこれを紹介しよう。

1． 集合 A, B があって，A の要素を決めると，それに対応して B の要素が **ただ 1 つ決まる** とき，その対応を **A から B への写像** という。
写像は f, g などで表される。A から B への写像 f で，A の要素 a に対応する B の要素を **f による a の像** といい，**$f(a)$ で表す**。また，A から B への写像 f を **$f : A \longrightarrow B$** とかく。

例　$A=\{a,\ b,\ c,\ d\}$, $B=\{1,\ 2,\ 3,\ 4\}$ とする。
$f(a)=f(b)=1$, $f(c)=3$, $f(d)=2$
とすれば，f は A から B への写像である。

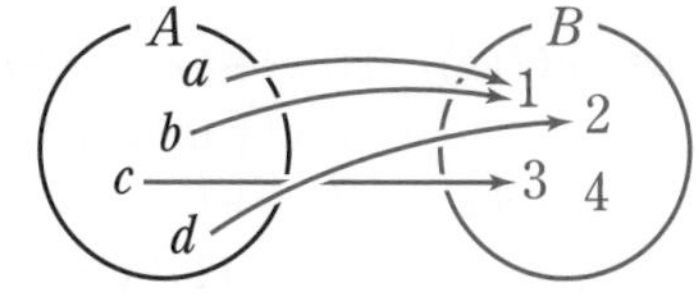

2． f が A から B への写像であるとき，A を **定義域** という。
S が定義域 A の部分集合のとき，その各要素の像 $f(S)=\{f(x) \mid x \in S\}$ を **S の像** という。特に，定義域 A の像 $f(A)$ を **f の値域** という。

例　**1.** の 例 で $S=\{a,\ c\}$ とすると
$f(S)=\{1,\ 3\}$, $f(A)=\{1,\ 2,\ 3\}$

3．合成写像
写像 $f : A \longrightarrow B$, $g : C \longrightarrow D$ において，$B \subset C$ であるとき，A から D への写像を $x \in A$ に対して $g(f(x))$ で定義できる。
この写像を **$g \circ f$** とかき，**f と g の合成写像** という。

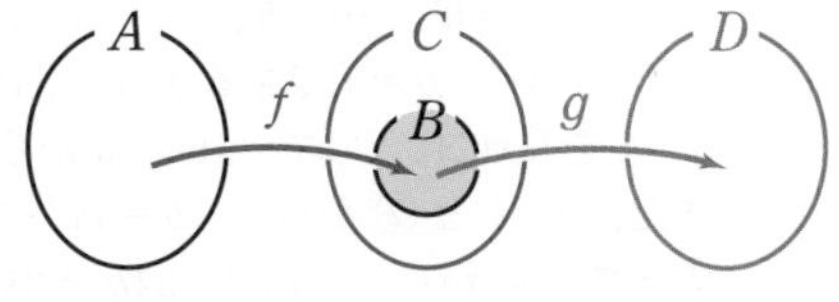

例　$C=\{1,\ 2,\ 3,\ 4,\ 5\}$, $D=\{2,\ 4,\ 6,\ 8,\ 10\}$
として，$g : C \longrightarrow D$ を $g(x)=2x$ で定義する。
このとき，**1.** の 例 の A, B, f について
$g \circ f(a)=g(f(a))=g(1)=2$, $g \circ f(c)=g(f(c))=g(3)=6$
である。

4．逆写像
写像 $f : A \longrightarrow B$ に対して，$f(A)=B$ であり $b \in B$ に対し，$a \in A$ がただ 1 つ定まり $f(a)=b$ となるとき，B から A への写像 $f^{-1}(b)$ を $f^{-1}(b)=a$ で定義できる。すなわち

$$f(a)=b \iff a=f^{-1}(b)$$

である。この **f^{-1} を f の逆写像** という。

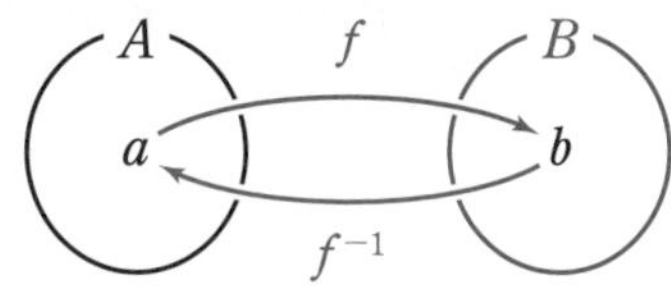

定義域，値域がともに数（実数の部分集合）であるときの写像を **関数** という。
つまり，写像とは，関数を一般化したものである。

重要例題 10 | $f(g(x))=g(f(x))$ を満たす関数 ★★★★☆

a, b, c, k は実数の定数で，$a\neq0$, $k\neq0$ とする。2つの関数 $f(x)=ax^3+bx+c$, $g(x)=2x^2+k$ に対して，合成関数に関する等式 $g(f(x))=f(g(x))$ がすべての x について成り立つとする。このとき，a, b, c, k の値を求めよ。〔類 東京理科大〕

◀例題9

指針 「等式 $g(f(x))=f(g(x))$ がすべての x について成り立つ」ことから，
$g(f(x))=f(g(x))$ は x の **恒等式** と考える。
$g(f(x))$ と $f(g(x))$ をそれぞれ求め，等式 $g(f(x))=f(g(x))$ の左辺と右辺の **係数を比較** する。

解答 $g(f(x))=2(ax^3+bx+c)^2+k$

$=2a^2x^6+4abx^4+4acx^3+2b^2x^2+4bcx+2c^2+k$

$f(g(x))=a(2x^2+k)^3+b(2x^2+k)+c$

$=8ax^6+12akx^4+(6ak^2+2b)x^2+ak^3+bk+c$

$g(f(x))=f(g(x))$ がすべての x で成り立つから

$$2a^2x^6+4abx^4+4cax^3+2b^2x^2+4bcx+2c^2+k$$
$$=8ax^6+12akx^4+(6ak^2+2b)x^2+ak^3+bk+c \quad \cdots\cdots Ⓐ$$

は x の恒等式である。

両辺の同じ次数の項の係数を比較すると

$2a^2=8a$ …… ①，$4ab=12ak$ …… ②，
$4ca=0$ …… ③，$2b^2=6ak^2+2b$ …… ④，
$4bc=0$ …… ⑤，$2c^2+k=ak^3+bk+c$ …… ⑥

① において，$a\neq0$ であるから　$a=4$
$a=4$ を ③ に代入して，$16c=0$ から　$c=0$
また，$a=4$ と ② から　$b=3k$ …… ②′
よって，④ から　$18k^2=24k^2+6k$
整理して　$k^2+k=0$　すなわち　$k(k+1)=0$
$k\neq0$ であるから，$k+1=0$ より　$k=-1$
ゆえに，②′ から　$b=-3$
$a=4$, $b=-3$, $c=0$, $k=-1$ は，⑤ と ⑥ を満たす。
よって　$\boldsymbol{a=4,\ b=-3,\ c=0,\ k=-1}$

参考 求めた a, b, c, k の値を Ⓐ の左辺または右辺に代入すると　$g(f(x))=f(g(x))=32x^6-48x^4+18x^2-1$

◀ x についての恒等式。

◀ 係数比較法。

◀ 文字4つに方程式6つで，方程式の数の方が多い。①～④ を解いて，a, b, c, k の値を求めることができるが，求めた値が ⑤, ⑥ を満たすことを忘れずに確認すること。

練習 10 (1) 3次関数 $f(x)=x^3+bx+c$ に対し，$g(f(x))=f(g(x))$ を満たすような1次関数 $g(x)$ をすべて求めよ。〔城西大〕
(2) $f(x)=ax+b$ が任意の多項式 $g(x)$ に対して $f(g(x))=g(f(x))$ を満たすとき，定数 a, b の値を求めよ。

重要例題 11 $f(f(x))-x$ の問題 ★★★★☆

(1) 多項式 $f(x)$ について，$f(a)=a$ が満たされるとき，$f(f(x))-x$ は $x-a$ で割り切れることを示せ。

(2) $f(x)=x^2-x-2$ のとき，$f(f(x))-x=0$ を満たす x の値を求めよ。

指針 (1) **$x-a$ で割り切れる ⟶ 因数定理** の利用はいうまでもない。

(2) (1)により，$f(x)=x$ の解 a は $f(f(x))-x=0$ の解でもある。つまり，**$f(f(x))-x$ は $x-a$ で割り切れる。**

CHART》 (1)，(2)の問題　(1)は(2)のヒント

解答 (1) $f(a)=a$ のとき，$f(f(x))-x$ に $x=a$ を代入すると

$$f(f(a))-a=f(a)-a=0$$

よって，$f(f(x))-x$ は $x-a$ で割り切れる。

◀ **因数定理** $P(a)=0$ なら $P(x)$ は $x-a$ で割り切れる。

(2) $f(a)=a$ すなわち $a^2-a-2=a$ とすると

$$a^2-2a-2=0$$

これを解いて　$a=1\pm\sqrt{3}$

(1)により，この a の値に対して，$f(f(x))-x$ は $x-a$ で割り切れる。

よって，$f(f(x))-x$ は $\{x-(1+\sqrt{3})\}\{x-(1-\sqrt{3})\}$

すなわち x^2-2x-2 で割り切れる。

$$\begin{aligned}f(f(x))-x&=(x^2-x-2)^2-(x^2-x-2)-2-x\\&=(x^2-x-2)^2-x^2\\&=\{(x^2-x-2)+x\}\{(x^2-x-2)-x\}\\&=(x^2-2)(x^2-2x-2)\end{aligned}$$

◀ $f(f(x))-x$ を実際に計算する。

したがって，$f(f(x))-x=0$ とすると

$$x^2-2=0 \quad \text{または} \quad x^2-2x-2=0$$

◀ $x^2-2x-2=0$ から $(x-1)^2=3$

これを解いて，求める x の値は

$$\boldsymbol{x=\pm\sqrt{2},\ 1\pm\sqrt{3}}$$

検討　$f(x)=x$ を満たす x を，$f(x)$ の **不動点** という。上の例題からわかるように，多項式 $f(x)$ の不動点は $f(f(x))$ の不動点でもある。

$x=a$ が $f(x)$ の不動点 ($f(a)=a$) なら　$f(f(a))=f(a)=a$

練習 11 (1) 0 でない定数 a に対して，関数 $f(x)=ax(1-x)$ を考える。
$g(x)=f(f(x))$ とするとき，多項式 $g(x)-x$ は多項式 $f(x)-x$ で割り切れることを示せ。〔鳥取大〕

(2) 分数関数 $f(x)=\dfrac{ax-b}{x-2}$ がある。ただし，$b\neq 2a$ である。
$0\leqq x\leqq 1$ を満たすすべての x に対して，$0\leqq f(x)\leqq 1$ で，$f(f(x))=x$ であるという。定数 a，b の値を求めよ。〔大阪産大〕 ➡p. 292 演習 7，8

重要例題 12 分数関数の合成関数 $f_n(x)$ ★★★★☆

$f(x)=\dfrac{2x-3}{x-1}$ について，$f_2(x)=f(f(x))$，$f_3(x)=f(f_2(x))$，……，

$f_n(x)=f(f_{n-1}(x))$ $[n\geqq 3]$ を考える。

このとき，$f_2(x)$，$f_3(x)$ を計算し，$f_n(x)$ $[n\geqq 2]$ を求めよ。

◀例題 8

指針 $f_n(x)$ は $f_2(x)$，$f_3(x)$，$f_4(x)$，…… を求め，その規則性を見つけて

CHART》 予想して証明　　証明は数学的帰納法

で解決するのが一般的な方針である。しかし，この例題の場合は

$\boldsymbol{f_k(x)=x}$

となる k の値があるから，$f_n(x)$ は x，$f(x)$，$f_2(x)$，……，$f_k(x)$ の繰り返しとなる。

解答 $$f_2(x)=f(f(x))=\frac{2f(x)-3}{f(x)-1}=\frac{2\cdot\dfrac{2x-3}{x-1}-3}{\dfrac{2x-3}{x-1}-1}$$

◀ 分母・分子に $x-1$ を掛ける。

$$=\frac{2(2x-3)-3(x-1)}{2x-3-(x-1)}=\frac{x-3}{x-2}$$

$$f_3(x)=f(f_2(x))=\frac{2\cdot\dfrac{x-3}{x-2}-3}{\dfrac{x-3}{x-2}-1}$$

$$=\frac{2(x-3)-3(x-2)}{x-3-(x-2)}=x$$

◀ **恒等関数** という。

$f_4(x)=f(f_3(x))=f(x)$，

$f_5(x)=f(f_4(x))=f(f(x))=f_2(x)$，

◀ $f_4(x)=f(x)$ を利用。

$f_6(x)=f(f_5(x))=f(f_2(x))=f_3(x)$，……

◀ $f_5=f_2$ を利用。

となるから，一般に

$$f_n(x)=f_{n-3}(x)\quad [n\geqq 5]$$

が成り立つ。

よって　$\boldsymbol{m=1,\ 2,\ 3,\ \cdots\cdots}$ **とすると**

$\boldsymbol{n=3m}$ **のとき**　$\boldsymbol{f_n(x)=x}$，

$\boldsymbol{n=3m+1}$ **のとき**　$\boldsymbol{f_n(x)=\dfrac{2x-3}{x-1}}$，

$\boldsymbol{n=2,\ 3m+2}$ **のとき**　$\boldsymbol{f_n(x)=\dfrac{x-3}{x-2}}$

練習 12 x の関数 $f(x)=ax+1$ $(0<a<1)$ に対し，$f_1(x)=f(x)$，$f_2(x)=f(f_1(x))$，$f_3(x)=f(f_2(x))$，……，$f_n(x)=f(f_{n-1}(x))$ $[n\geqq 2]$ とするとき，$f_n(x)$ を求めよ。

➡p. 292 演習 9

演習問題

1 関数 $f(x)=\dfrac{ax+b}{x+c}$ が次の条件(A), (B)を満たすとき，定数 a，b，c の値を求めよ。

(A) 曲線 $y=f(x)$ は直線 $y=x+1$ と2点で交わり，その2つの交点の x 座標は絶対値が等しい。

(B) 曲線 $y=f(x)$ と x 軸および y 軸との交点は，ともに直線 $y=\dfrac{3}{2}x+\dfrac{11}{2}$ 上にある。〔慶応大〕

➤例2

2 a，b，c を正の定数とし，x，y が

$$axy-bx-cy=0,\ x>0,\ y>0$$

を満たすとき，$x+y$ の最小値を求めよ。〔早稲田大〕 ➤例題2

3 (1) $a \leqq$ ア$\square$ のとき，方程式 $x-1=\sqrt{4x^2-4x+a}$ は実数解 $x=$ イ$\square$ をもつ。〔芝浦工大〕

(2) 不等式 $\sqrt{ax+b}>x-2\ (a \neq 0)$ を満たす x の範囲が，$3<x<6$ となるとき，$|a+b|$ の値を求めよ。〔自治医大〕

➤例題4

4 (1) 関数 $f(x)=4+\dfrac{5}{x}\ (x>0)$ の逆関数 $g(x)$ を求めると，$g(x)=$ ア$\square$ $(x>4)$ である。$y=g(x)$ のグラフは，$y=f(x)$ のグラフを x 軸方向に a，y 軸方向に b だけ平行移動した曲線である。このとき，定数 a，b の値の組は $(a,\ b)=$ イ$\square$ である。〔芝浦工大〕

(2) $x \geqq 0$ で定義された関数 $y=\dfrac{3^x+3^{-x}}{2}$ の逆関数を求めよ。 ➤例題5

5 関数 $y=3\sqrt{x-2}$ のグラフと，この関数の逆関数のグラフは共有点をもつ。この共有点の座標を求めよ。 ➤例題7

ヒント **2** $x+y=k$ とおくと　$y=k-x$　これを $axy-bx-cy=0$ に代入して，x の実数条件を利用し，k のとりうる値の範囲を求める。

3 (1) 両辺を2乗した方程式 $(x-1)^2=4x^2-4x+a$ が $x-1 \geqq 0$ を満たす解をもつ。

(2) **グラフ利用**。関数 $y=\sqrt{ax+b}\ (a \neq 0)$ のグラフが直線 $y=x-2$ の上側にあるような x の値の範囲が $3<x<6$ である。

6 $f(x)=x^4+ax^3+bx^2+cx+d$ とする。関数 $y=f(x)$ のグラフが y 軸と平行なある直線に関して対称であるとする。

(1) 実数 a, b, c, d が満たす関係式を求めよ。

(2) 関数 $f(x)$ は 2 つの 2 次関数の合成関数になっていることを示せ。

〔京都府医大〕 ➤例題 9

7 関数 $f(x)$ と $g(x)$ の合成関数 $f(g(x))$ を $(f\circ g)(x)$ と書く。

(1) $f(x)=\dfrac{x-1}{2x+3}$, $g(x)=\dfrac{-x}{x+1}$ のとき，$(f\circ g)(x)$ を求めよ。

(2) a, b を実数とし，$f(x)=\dfrac{x+1}{ax+b}$ とするとき，$(f\circ f)(x)=x$ を満たす a, b を求めよ。

(3) a は実数で $a\neq 0$ とし，$f(x)=\dfrac{ax+1}{-ax}$ とするとき，$(f\circ(f\circ f))(x)=x$ を満たす a を求めよ。ただし，$(f\circ(f\circ f))(x)$ は $f((f\circ f)(x))$ を意味する。 〔山口大〕

➤例題 11

8 a は $a>1$ を満たす定数とする。関数 $f(x)=\dfrac{ax}{1+ax}$ について

(1) 実数 t が $f(f(t))=f(t)$ を満たすとき，$f(t)=t$ をも満たすことを示せ。

(2) x についての不等式 $f(f(x))\geqq f(x)$ を解け。 〔同志社大〕

➤例題 11

9 各項が実数である無限数列 $\{a_n\}$, $\{b_n\}$ に対し，関数

$$f_n(x)=\frac{a_nx-b_n}{(2^{n+1}-2)x-(2^{n+1}-1)}\quad (n=1,\ 2,\ 3,\ \cdots\cdots)$$

を考える。ただし，$a_1=0$, $b_1=1$ とする。$n=1$, 2, 3, …… に対し，

$$f_{n+1}(x)=f_n(f_1(x))\quad \left(x\neq\frac{3}{2},\ x\neq\frac{2^{n+2}-1}{2^{n+2}-2}\right)$$

が成り立つとき，次の問いに答えよ。

(1) $f_2(x)$ と a_2, b_2 を求めよ。

(2) $t=f_1(t)=f_2(t)=f_3(t)=\cdots\cdots$ を満たす実数 t をすべて求めよ。

(3) 数列 $\{a_n\}$, $\{b_n\}$ の一般項をそれぞれ求めよ。 〔首都大東京〕 ➤例題 12

ヒント **6** (1) 直線 $x=0$ に関して対称となるように平行移動して考える。

7 (2) $(f\circ f)(x)=x$ の分母を払ってできる等式は x についての恒等式となる。(3) についても同じ要領で考える。

9 (2) $t=f_1(t)$ を満たす t の値に対して，すべての自然数 n で $f_n(t)=t$ が成り立つことを **数学的帰納法** で証明する。

〈この章で学ぶこと〉
項数が有限個の数列については数学Bで学習したが，数学としてより重要なのは，無限に続く数列である。このような数列において，項の番号が限りなく大きくなるときに，項の値がどのようになっていくかを調べることは，それ自体が興味深い問題であり，他の分野への応用も広い。本章では，このような観点から，数列や関数の性質を研究する。

第2章 極　限

例，例題一覧

●…… 基本的な内容の例　■…… 標準レベルの例題　◆…… やや発展的な例題

■4 数列の極限

●5　数列の極限 (1)
●6　数列の極限 (2)
●7　数列の極限 (3)
●8　極限の性質
……………
■13　極限の条件から数列の係数決定など
■14　はさみうちの原理 (1)
■15　はさみうちの原理 (2)

■5 無限等比数列

●9　数列 $\{r^n\}$ に関する極限
●10　漸化式と極限 (1)
……………
■16　無限等比数列の収束条件
■17　数列 $\{r^n/n^k\}$，$\{n^k/r^n\}$ の極限
■18　漸化式と極限 (2)
■19　漸化式と極限 (3)
◆20　漸化式と極限 (4)
◆21　図形に関する漸化式と極限
◆22　確率に関する漸化式と極限

■6 無 限 級 数

●11　無限級数の収束，発散
●12　無限級数が発散することの証明
●13　無限等比級数の収束，発散
●14　循環小数
……………
■23　無限等比級数が収束するための条件
■24　無限等比級数と図形 (1)
■25　無限等比級数と図形 (2)
■26　無限級数の性質 (1)
■27　無限級数の性質 (2)
◆28　無限級数 Σnx^{n-1}
◆29　無限級数 $\Sigma(1/n)$ が発散することの証明

■7 関数の極限

●15　関数の極限 (1)
●16　関数の極限 (2)
……………
■30　極限値から係数決定
■31　片側からの極限と極限の存在
■32　関数の極限 (3)
◆33　面積と極限

■8 三角関数と極限

●17　三角関数の極限 (1)
●18　三角関数の極限 (2)
……………
■34　三角関数の極限 (3)
■35　三角関数の極限の文章題

■9 関数の連続性

●19　関数の連続性
……………
■36　無限級数で表された関数の連続性
◆37　連続関数になるように係数決定
■38　中間値の定理の利用

4 数列の極限

《 基本事項 》

1 数列の収束と発散

無限数列 $\{a_n\}$ において，項の番号 n を限りなく大きくするとき，a_n が一定の値 α に限りなく近づくならば，

$$\lim_{n\to\infty} a_n=\alpha \qquad \text{または} \qquad n \longrightarrow \infty \text{ のとき } \; a_n \longrightarrow \alpha$$

と書き，α を数列 $\{a_n\}$ の **極限値** という。また，このとき，数列 $\{a_n\}$ は **α に収束する** といい，$\{a_n\}$ の **極限** は α であるともいう。

参考　a_n が一定の値 α に限りなく近づくとき，α を **有限確定値** という。

数列 $\{a_n\}$ が収束しないとき，$\{a_n\}$ は **発散する** という。これは次の場合に分かれる。

[1]　a_n が限りなく大きくなる場合
…… 数列 $\{a_n\}$ は **正の無限大に発散する**，
または **極限は正の無限大である** という。

例　数列 1，4，9，……，n^2，……
この数列は，n を限りなく大きくすると，n^2 の値は限りなく大きくなる。

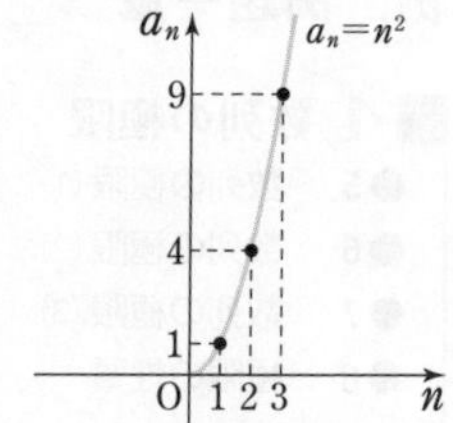

[2]　a_n が負で絶対値が限りなく大きくなる場合
…… 数列 $\{a_n\}$ は **負の無限大に発散する**，
または **極限は負の無限大である** という。

例　数列 6，3，0，……，$9-3n$，……
この数列は，n を限りなく大きくすると，$9-3n$ の値はあるところから先は負の数であり，その絶対値は限りなく大きくなる。

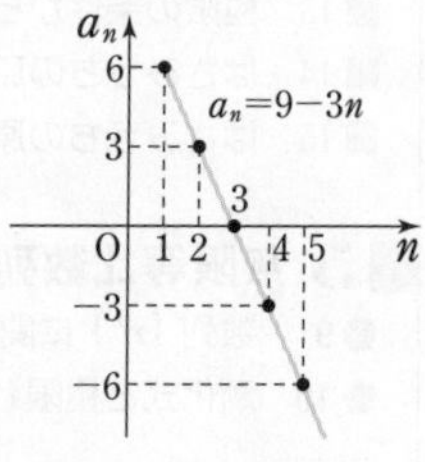

[3]　正の無限大にも負の無限大にも発散しない場合
…… 数列 $\{a_n\}$ は **振動する** という。

例　数列 1，-1，1，……，$(-1)^{n-1}$，……
この数列は，交互に 1，-1 が現れる。よって，発散するが，正の無限大にも負の無限大にも発散しない。すなわち，振動する。

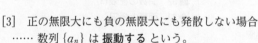

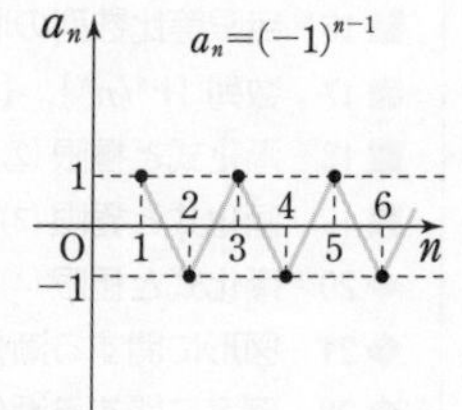

数列の極限
① **収束**　$\lim_{n\to\infty} a_n=\alpha$　（極限値は α）
② **発散**
- $\lim_{n\to\infty} a_n=\infty$　（正の無限大に発散）｝極限がある
- $\lim_{n\to\infty} a_n=-\infty$　（負の無限大に発散）｝極限がある
- $\lim_{n\to\infty} a_n$ は存在しない　（振動する）　極限はない

数列 $\{n^k\}$ の極限について，次のことが成り立つ。

数列 $\{n^k\}$ の極限	$k>0$ のとき	$\lim_{n\to\infty} n^k=\infty$	$\lim_{n\to\infty}\frac{1}{n^k}=0$

証明　いま，g を大きな数とし，$n_0=g^{\frac{1}{k}}$ とすると，$n>n_0$ のとき　$n^k>n_0{}^k=g$
すなわち，g がどんな大きな数であっても，n^k は g より大きくすることができるから，$\lim_{n\to\infty} n^k=\infty$ といえる。
また，h を小さい正の数とし，$n_0=\frac{1}{h^{\frac{1}{k}}}$ とすると，$n>n_0$ のとき　$\frac{1}{n^k}<\frac{1}{n_0{}^k}=h$
すなわち，h がどんな小さい正の数でも $\frac{1}{n^k}$ は h より小さくできるから，$\lim_{n\to\infty}\frac{1}{n^k}=0$ といえる。
この証明は，数列の極限の定義 ($p.$ 298) に基づいて示している。

2 数列の極限の性質

2 つの数列 $\{a_n\}$，$\{b_n\}$ **が収束する** とき，次のことが成り立つ。

数列 $\{a_n\}$，$\{b_n\}$ が収束して，$\lim_{n\to\infty} a_n=\alpha$，$\lim_{n\to\infty} b_n=\beta$ とする。

定数倍	$\lim_{n\to\infty} ka_n=k\alpha$ (k は定数)	**和**	$\lim_{n\to\infty}(a_n+b_n)=\alpha+\beta$
積	$\lim_{n\to\infty} a_nb_n=\alpha\beta$	**商**	$\beta\neq 0$ のとき　$\lim_{n\to\infty}\frac{a_n}{b_n}=\frac{\alpha}{\beta}$

ここで，**数列 $\{a_n\}$，$\{b_n\}$ が収束する** という条件が **前提** であることに注意する。

3 数列の極限と大小関係

$\lim_{n\to\infty} a_n=\alpha$，$\lim_{n\to\infty} b_n=\beta$ とする。
① すべての n について，$a_n\leqq b_n$ ならば $\alpha\leqq\beta$ である。
② すべての n について，$a_n\leqq c_n\leqq b_n$ かつ $\alpha=\beta$ ならば，数列 $\{c_n\}$ は収束し，$\lim_{n\to\infty} c_n=\alpha$ である。

上の ① において，$a_n<b_n$ であっても $\alpha<\beta$ とは限らない。$\alpha=\beta$ の場合もある。

例　$a_n=1-\frac{1}{n}$，$b_n=1+\frac{1}{n}$ のとき，$a_n<b_n$ であるが，$\alpha=\beta=1$

一般に，$a_n<b_n$ ならば $\alpha\leqq\beta$ である。また，次のことが成り立つ。
①′ すべての n について，$a_n\leqq b_n$ で $\lim_{n\to\infty} a_n=\infty$ ならば $\lim_{n\to\infty} b_n=\infty$

② を **はさみうちの原理** ということがある。　◀ 直接求めにくい極限を求めるのに有効である。

注意　① は，「追い出しの原理」と呼ばれることもあるが，教科書に載っているような，公式的な用語ではないため，本書では使用しないことにする。

例 5 | 数列の極限 (1) ★★☆☆☆

(1) 次の数列の収束，発散を調べよ。

(ア) $\{-n^3+1\}$　(イ) $\left\{-\dfrac{1}{n^3}+2\right\}$　(ウ) $\left\{\dfrac{3}{n+2}\right\}$　(エ) $\left\{\dfrac{(-2)^n}{3}-1\right\}$

(2) 第 n 項が次の式で表される数列の極限を求めよ。

(ア) $-2n^2+3n+1$　(イ) $\dfrac{-5n+3}{3n^2-1}$　(ウ) $\dfrac{2n^2-3n}{4n^2+2}$

指針 (2) $n \longrightarrow \infty$ とすると (ア) $-\infty+\infty$, (イ) $\dfrac{\infty}{\infty}$ の形 (**不定形**) となってしまう。そこで，次のように，**極限が求められる形に式を変形** してから計算する。

(ア) n の多項式 …… n の **最高次の項 n^2 をくくり出す。**

(イ), (ウ) n の分数式 …… **分母の最高次の項 n^2 で分母，分子を割る。**

(注意) ∞ どうしの，あるいは ∞ と他の数の和・差・積・商 ($\infty+\infty$, $\infty-\infty$, $\infty\times0$ など) は定義されていないので，答案にはこのような式を書いてはいけない。

例 6 | 数列の極限 (2) ★★☆☆☆

第 n 項が次の式で表される数列の極限を求めよ。

(1) $\dfrac{\sqrt{n^3-1}}{\sqrt{n^2-1}+\sqrt{n}}$　(2) $\dfrac{1}{\sqrt{2n+1}-\sqrt{2n-1}}$　(3) $\sqrt{n^2+4n}-n$

(4) $\log_3\sqrt[n]{2}$　(5) $\cos n\pi$

指針 (1)～(3) $n \longrightarrow \infty$ とすると (1) $\dfrac{\infty}{\infty+\infty}$, (2) $\dfrac{1}{\infty-\infty}$, (3) $\infty-\infty$ の形 (不定形) となる。よって，**極限を求められる形に式を変形** する工夫が必要である。

(1) 分母の最高次の項に相当する $\sqrt{n^2-1}$ の $\sqrt{n^2}$ すなわち n で分母・分子を割ると，$\dfrac{\infty}{\infty+\infty}$ の形から $\dfrac{\infty}{1+0}$ の形に変形できる。

(2), (3) $\infty-\infty$ の形を避けるため **有理化** を利用する。

(2) 分母を有理化すると，$\dfrac{1}{\infty-\infty}$ の形から $\dfrac{\infty+\infty}{2}$ の形に変形できる。

(3) $\dfrac{\sqrt{n^2+4n}-n}{1}$ とみて，分子を有理化すると，$\infty-\infty$ の形から $\dfrac{\infty}{\infty+\infty}$ の形に変形できる。更に，(1)のように分母・分子を n で割る。

(4) $\log_a M^k = k\log_a M$ ($a>0$, $a\neq1$, $M>0$) を利用。

(5) $n=1, 2, 3, \cdots\cdots$ を代入し，数列の規則性に着目。

工夫して

例 7 数列の極限(3) ★★★☆☆

次の極限を求めよ。

(1) $\displaystyle\lim_{n\to\infty}\frac{(1+2+3+\cdots\cdots+n)(1^3+2^3+3^3+\cdots\cdots+n^3)}{(1^2+2^2+3^2+\cdots\cdots+n^2)^2}$ 〔愛媛大〕

(2) $\displaystyle\lim_{n\to\infty}\{\log_3(1^2+2^2+\cdots\cdots+n^2)-\log_3 n^3\}$ 〔東京電機大〕

指針 (1) このままでは極限を求めにくいから，分母・分子をそれぞれ n の式でまとめる。
その際，$\displaystyle\sum_{k=1}^{n}k^{\bullet}$ の公式（数学B）を利用。

$$\sum_{k=1}^{n}1=n \qquad \sum_{k=1}^{n}k=\frac{1}{2}n(n+1)$$
$$\sum_{k=1}^{n}k^2=\frac{1}{6}n(n+1)(2n+1) \qquad \sum_{k=1}^{n}k^3=\left\{\frac{1}{2}n(n+1)\right\}^2$$

(2) $\log_a M-\log_a N=\log_a\dfrac{M}{N}$ $(a>0,\ a\neq 1,\ M>0,\ N>0)$ を利用し，与式を
$\displaystyle\lim_{n\to\infty}\log_a f(n)$ の形に直す。そして，$f(n)$ の極限を調べてみる。

例 8 極限の性質 ★★☆☆☆

2つの数列 $\{a_n\}$，$\{b_n\}$ について，次の事柄は正しいか。

(1) $\displaystyle\lim_{n\to\infty}a_n=\infty$，$\displaystyle\lim_{n\to\infty}b_n=0$ ならば $\displaystyle\lim_{n\to\infty}a_nb_n=0$

(2) $\displaystyle\lim_{n\to\infty}a_n=\alpha$，$\displaystyle\lim_{n\to\infty}b_n=\beta$（$\alpha$，$\beta$ は定数）ならば $\displaystyle\lim_{n\to\infty}\frac{a_n}{b_n}=\frac{\alpha}{\beta}$

(3) $\displaystyle\lim_{n\to\infty}a_n=\infty$，$\displaystyle\lim_{n\to\infty}b_n=\infty$ ならば $\displaystyle\lim_{n\to\infty}(a_n-b_n)=0$

(4) $\displaystyle\lim_{n\to\infty}a_n=\alpha$，$\displaystyle\lim_{n\to\infty}(a_n-b_n)=0$（$\alpha$ は定数）ならば $\displaystyle\lim_{n\to\infty}b_n=\alpha$

指針 数列の極限では，感覚的には正しそうであっても，実際には正しくないことがある。
使ってよい性質は次のものである。

数列 $\{a_n\}$，$\{b_n\}$ が収束して，$\displaystyle\lim_{n\to\infty}a_n=\alpha$，$\displaystyle\lim_{n\to\infty}b_n=\beta$ とする。

定数倍 $\displaystyle\lim_{n\to\infty}ka_n=k\alpha$（$k$ は定数） **和** $\displaystyle\lim_{n\to\infty}(a_n+b_n)=\alpha+\beta$

積 $\displaystyle\lim_{n\to\infty}a_nb_n=\alpha\beta$ **商** $\beta\neq 0$ のとき $\displaystyle\lim_{n\to\infty}\frac{a_n}{b_n}=\frac{\alpha}{\beta}$

大小関係 すべての n について，$a_n\leqq b_n$ ならば $\alpha\leqq\beta$

これら以外は一般に成り立たないから，注意が必要。
なお，「正しいか」の設問に対しては，証明するつもりで考えて

[1] **証明できたら正しい** [2] **反例があれば正しくない**

といえる。

COLUMN コラム 数列の極限の定義

$p.294$ では，数列の極限を「限りなく大きくする」，「限りなく近づく」という言葉を使って定義した。この定義は直感的でわかりやすいが，数学的に精密な議論や証明を行う際には，曖昧で不十分なものといえる。高校数学の範囲を超えるが，数列の極限は，厳密には次のように定義される。

① $\boldsymbol{a_n \longrightarrow \alpha}$ とは，任意の正の数 ε が与えられたとき，適当な番号 n_0 を定めると，$n>n_0$ のすべての n について $|a_n-\alpha|<\varepsilon$ となること。

◀ ε はどんなに小さい数でもよい。

② $\boldsymbol{a_n \longrightarrow \infty}$ とは，任意の正の数 K が与えられたとき，適当な番号 n_0 を定めると，$n>n_0$ のすべての n について $a_n>K$ となること。

◀ K はどんなに大きい数でもよい。

おおまかなイメージ図

①
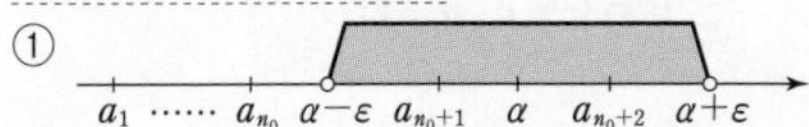

②
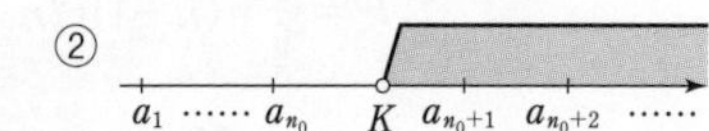

この定義を用いて次の性質を証明してみよう。

> 数列 $\{a_n\}$，$\{b_n\}$ が収束して，$\lim\limits_{n\to\infty} a_n=\alpha$，$\lim\limits_{n\to\infty} b_n=\beta$ とする。
>
> **1．定数倍** $\boldsymbol{\lim\limits_{n\to\infty} ka_n=k\alpha}$ **2．和・差** $\boldsymbol{\lim\limits_{n\to\infty}(a_n+b_n)=\alpha+\beta}$，$\boldsymbol{\lim\limits_{n\to\infty}(a_n-b_n)=\alpha-\beta}$

証明 1．$k=0$ のときは明らかに成り立つ。

$k\neq 0$ のとき，仮定より，任意の正の数 ε' に対して自然数 N が存在して，$n>N$ のとき $|a_n-\alpha|<\varepsilon'$ となる。

ゆえに $|ka_n-k\alpha|=|k||a_n-\alpha|<|k|\varepsilon'$

そこで，任意の正の数 ε に対して，ε' を $\varepsilon'<\dfrac{\varepsilon}{|k|}$ を満たす任意の正の数とすると，自然数 N が存在して，$n>N$ のとき

◀ ε' の選び方がポイント。

$|ka_n-k\alpha|<|k|\varepsilon'<\varepsilon$ となる。よって $\lim\limits_{n\to\infty} ka_n=k\alpha$

2．仮定より，任意の正の数 ε_1，ε_2 に対して，それぞれ自然数 N_1，N_2 が存在し，$n>N_1$ のとき $|a_n-\alpha|<\varepsilon_1$ …… ①，
$n>N_2$ のとき $|b_n-\beta|<\varepsilon_2$ …… ② となる。

そこで，任意の正の数 ε に対して，$\varepsilon_1=\varepsilon_2=\dfrac{\varepsilon}{2}$ とすると，①，② を満たす自然数 N_1，N_2 が存在して，その大きい方を N とすると，$n>N$ のとき

◀ $n>N$ のとき ①，② がともに成り立つ。

$$|(a_n+b_n)-(\alpha+\beta)|=|(a_n-\alpha)+(b_n-\beta)|\leqq|a_n-\alpha|+|b_n-\beta|$$
$$<\varepsilon_1+\varepsilon_2=\varepsilon$$

◀ $|x+y|\leqq|x|+|y|$

ゆえに $\lim\limits_{n\to\infty}(a_n+b_n)=\alpha+\beta$

同様に $|(a_n-b_n)-(\alpha-\beta)|=|(a_n-\alpha)-(b_n-\beta)|$
$$\leqq|a_n-\alpha|+|b_n-\beta|<\varepsilon_1+\varepsilon_2=\varepsilon$$

◀ $|x-y|\leqq|x|+|-y|=|x|+|y|$

よって $\lim\limits_{n\to\infty}(a_n-b_n)=\alpha-\beta$

例題 13 極限の条件から数列の係数決定など ★★★☆☆

(1) 数列 $\{a_n\}$ $(n=1,\ 2,\ 3,\ \cdots\cdots)$ が $\lim_{n\to\infty}(3n-1)a_n=-6$ を満たすとき，$\lim_{n\to\infty}na_n=\boxed{}$ である。 〔類 千葉工大〕

(2) $\lim_{n\to\infty}(an+b-\sqrt{n^2-2n})=2$ であるとき，定数 a，b の値を求めよ。

指針 (1) na_n は，$(3n-1)a_n$ に $\dfrac{n}{3n-1}$ を掛けたもの。数列 $\left\{\dfrac{n}{3n-1}\right\}$ は収束するから，次の極限の性質が利用できる。

$$\lim_{n\to\infty}a_n=\alpha,\ \lim_{n\to\infty}b_n=\beta \Longrightarrow \lim_{n\to\infty}a_nb_n=\alpha\beta \qquad (\alpha,\ \beta\text{ は定数})$$

(2) $\infty-\infty$ の形 $\longrightarrow$ 分子の 有理化　有理化した式の分母・分子を n で割ると分母が収束するから，極限が 2 に収束するためには，分子も収束することが必要条件。
(分子の 1 次の係数)$=0$ として求めた a の値を用いて計算し，b の値を定める。
こうして求めた a，b の値は，与えられた等式が成り立つための必要十分条件となる。

解答 (1) $na_n=(3n-1)a_n\times\dfrac{n}{3n-1}$ であり　$\lim_{n\to\infty}(3n-1)a_n=-6$，$\lim_{n\to\infty}\dfrac{n}{3n-1}=\dfrac{1}{3}$

よって　$\lim_{n\to\infty}na_n=\lim_{n\to\infty}(3n-1)a_n\cdot\lim_{n\to\infty}\dfrac{n}{3n-1}=(-6)\cdot\dfrac{1}{3}=\mathbf{-2}$

(2) $an+b-\sqrt{n^2-2n}=\dfrac{(an+b)^2-(n^2-2n)}{an+b+\sqrt{n^2-2n}}=\dfrac{(a^2-1)n^2+(2ab+2)n+b^2}{an+b+\sqrt{n^2-2n}}$

$$=\frac{(a^2-1)n+2ab+2+\dfrac{b^2}{n}}{a+\dfrac{b}{n}+\sqrt{1-\dfrac{2}{n}}} \quad \cdots\cdots ①$$

◀ 分母・分子を n で割る。

① で $n\longrightarrow\infty$ のとき分母 $\longrightarrow a+1$ であるから，極限値が存在するためには，分子が収束することが必要である。

◀ 分子 $\longrightarrow\infty$ ならば，① は発散する。

よって　$a^2-1=0$　すなわち　$a=\pm1$

ここで $a\leqq0$ のとき $\lim_{n\to\infty}(an+b-\sqrt{n^2-2n})=-\infty$ となるから　$a>0$

したがって
$a=1$ $\cdots\cdots$ $(*)$
このとき，① から

［$(*)$ $an+b-\sqrt{n^2-2n}=n\left(a+\dfrac{b}{n}-\sqrt{1-\dfrac{2}{n}}\right)$ として，$n\longrightarrow\infty$ のとき $a+\dfrac{b}{n}-\sqrt{1-\dfrac{2}{n}}\longrightarrow a-1$ より $a-1=0$ と考えてもよい。］

$$\lim_{n\to\infty}(an+b-\sqrt{n^2-2n})=\lim_{n\to\infty}\frac{2b+2+\dfrac{b^2}{n}}{1+\dfrac{b}{n}+\sqrt{1-\dfrac{2}{n}}}=\frac{2b+2}{1+1}=b+1$$

よって，$b+1=2$ から　$b=1$　　したがって　$\boldsymbol{a=1,\ b=1}$

◀ 必要十分条件。

練習 13 (1) 数列 $\{a_n\}$ $(n=1,\ 2,\ 3,\ \cdots\cdots)$ が $\lim_{n\to\infty}(2n-1)a_n=1$ を満たすとき，$\lim_{n\to\infty}a_n$ と $\lim_{n\to\infty}na_n$ を求めよ。

(2) $\lim_{n\to\infty}\dfrac{1}{an+b-\sqrt{3n^2+2n}}=5$ のとき，定数 a，b の値を求めよ。 〔(2) 名城大〕

例題 14 はさみうちの原理 (1) ★★★☆☆

n は自然数とする。

(1) 次の不等式が成り立つことを証明せよ。

$$x \geqq 0 \text{ のとき} \qquad (1+x)^n \geqq 1+nx+\frac{1}{2}n(n-1)x^2$$

(2) (1) の不等式を利用して，極限値 $\displaystyle\lim_{n\to\infty}\frac{n}{3^n}$ を求めよ。

指針 (1) 数学IIでも学習したが，**二項定理**

$$(a+b)^n = {}_n\mathrm{C}_0 a^n + {}_n\mathrm{C}_1 a^{n-1}b + {}_n\mathrm{C}_2 a^{n-2}b^2 + \cdots\cdots + {}_n\mathrm{C}_{n-1} ab^{n-1} + {}_n\mathrm{C}_n b^n$$

において，$a=1$，$b=x$ とおくと　$(1+x)^n = {}_n\mathrm{C}_0 + {}_n\mathrm{C}_1 x + {}_n\mathrm{C}_2 x^2 + \cdots\cdots + {}_n\mathrm{C}_n x^n$

これを利用する。ただし，$n \geqq 2$ と $n=1$ の場合に分けて証明することに注意する。

(2) 極限が求めにくい場合は，指示されたように不等式を利用して，**はさみうちの原理**を用いる。

CHART 》求めにくい極限

不等式利用で　はさみうち

解答 (1) $n \geqq 2$ のとき，二項定理により

$$\begin{aligned}(1+x)^n &= {}_n\mathrm{C}_0 + {}_n\mathrm{C}_1 x + {}_n\mathrm{C}_2 x^2 + \cdots\cdots + {}_n\mathrm{C}_n x^n \\ &\geqq {}_n\mathrm{C}_0 + {}_n\mathrm{C}_1 x + {}_n\mathrm{C}_2 x^2 \\ &= 1+nx+\frac{1}{2}n(n-1)x^2\end{aligned}$$

◀ $x \geqq 0$ のとき，$3 \leqq r \leqq n$ では ${}_n\mathrm{C}_r x^r \geqq 0$ である。

$n=1$ のとき，(左辺)$=1+x$，(右辺)$=1+x$ となるから，不等式は成り立つ。

よって，$x \geqq 0$ のとき　$(1+x)^n \geqq 1+nx+\frac{1}{2}n(n-1)x^2$

検討 二項定理の展開式から不等式を導き，極限などを考える式を，多項式で評価することは，よく利用される。

(2) (1) の不等式に $x=2$ を代入すると

$$3^n \geqq 1+2n+2n(n-1) = 2n^2+1 > 2n^2$$

n は自然数であるから　$0 < \dfrac{n}{3^n} < \dfrac{n}{2n^2} = \dfrac{1}{2n}$

$\displaystyle\lim_{n\to\infty}\frac{1}{2n}=0$ であるから　$\displaystyle\lim_{n\to\infty}\frac{n}{3^n}=\mathbf{0}$

◀ はさみうちの原理。$0 \leqq \displaystyle\lim_{n\to\infty}\frac{n}{3^n} \leqq 0$

参考 $n \longrightarrow \infty$ のとき，n と 3^n は正の無限大に発散するが，n より 3^n の方が速く正の無限大に発散するから，$\dfrac{n}{3^n}$ は 0 に収束するのではないかと推測することもできる。

練習 14 n は正の整数とする。

(1) 不等式 $1+\sqrt{\dfrac{2}{n}} > n^{\frac{1}{n}}$ が成り立つことを証明せよ。

(2) $\displaystyle\lim_{n\to\infty} n^{\frac{1}{n}}$ の値を求めよ。　　〔類 京都産大〕 ➡ p. 342 演習 10

例題 15 はさみうちの原理(2) ★★★☆☆

(1) 実数 x に対して, $[x]$ を $m \leqq x < m+1$ を満たす整数 m とする。このとき $\displaystyle\lim_{n\to\infty}\frac{[10^{2n}\pi]}{10^{2n}}$ を求めよ。〔山梨大〕

(2) 数列 $\{a_n\}$ の第 n 項 a_n は n 桁の正の整数とする。このとき, 極限 $\displaystyle\lim_{n\to\infty}\frac{\log_{10}a_n}{n}$ を調べよ。〔広島市大〕 ◀例題14

指針 極限が直接求めにくい場合は, **はさみうちの原理** の利用を考える。

すべての n について $a_n \leqq c_n \leqq b_n$ のとき

$\displaystyle\lim_{n\to\infty}a_n=\lim_{n\to\infty}b_n=\alpha$ ならば $\displaystyle\lim_{n\to\infty}c_n=\alpha$ (不等式の等号がなくても成立)

(1) $[x]$ を挟む形を作る。また, $[x]$ は **ガウス記号** であり (数学Ⅰ例題 36 参照),
$m \leqq x < m+1$ ならば $[x]=m$ であるから, **$[x] \leqq x < [x]+1$** より **$x-1<[x] \leqq x$**

(2) a_n は n 桁の正の整数 $\Longleftrightarrow$ $10^{n-1} \leqq a_n < 10^n$ (数学Ⅱ)

解答 (1) 任意の自然数 n に対して

$$[10^{2n}\pi] \leqq 10^{2n}\pi < [10^{2n}\pi]+1$$

◀ $[x] \leqq x < [x]+1$

ゆえに $10^{2n}\pi-1 < [10^{2n}\pi] \leqq 10^{2n}\pi$

よって $\displaystyle\pi-\frac{1}{10^{2n}} < \frac{[10^{2n}\pi]}{10^{2n}} \leqq \pi$

$\displaystyle\lim_{n\to\infty}\left(\pi-\frac{1}{10^{2n}}\right)=\pi$ であるから $\displaystyle\lim_{n\to\infty}\frac{[10^{2n}\pi]}{10^{2n}}=\boldsymbol{\pi}$

◀ **はさみうちの原理。**

(2) a_n は n 桁の正の整数であるから $10^{n-1} \leqq a_n < 10^n$

各辺の常用対数をとると $n-1 \leqq \log_{10}a_n < n$

◀ $\log_{10}10^n=n$

よって $\displaystyle 1-\frac{1}{n} \leqq \frac{\log_{10}a_n}{n} < 1$

$\displaystyle\lim_{n\to\infty}\left(1-\frac{1}{n}\right)=1$ であるから $\displaystyle\lim_{n\to\infty}\frac{\log_{10}a_n}{n}=\mathbf{1}$

◀ **はさみうちの原理。**

検討 はさみうちの原理を用いて数列 $\{c_n\}$ の極限を求める場合, 次の ①, ② がポイントとなる。

① **$a_n \leqq c_n \leqq b_n$ を満たす 2 つの数列 $\{a_n\}$, $\{b_n\}$ を見つける。**
② **2 つの数列 $\{a_n\}$, $\{b_n\}$ の極限は同じ** (これを α とする)。

$\Longrightarrow$ ①, ② が満たされれば $\displaystyle\lim_{n\to\infty}c_n=\alpha$

なお, ① に関して, 数列 $\{a_n\}$, $\{b_n\}$ は定数の数列でもよい。

練習 15 実数 α に対して, α を超えない最大の整数を $[\alpha]$ と書く。[ ] をガウス記号という。

(1) 自然数 m の桁数 k をガウス記号を用いて表すと $k=[^{ア}\boxed{}]$ である。

(2) 自然数 n に対して 3^n の桁数を k_n で表すと $\displaystyle\lim_{n\to\infty}\frac{k_n}{n}={}^{イ}\boxed{}$ である。

〔慶応大〕 ➡p. 342 演習 10, 11

5 無限等比数列

《基本事項》

1 無限等比数列 $\{r^n\}$ の極限

数列 a, ar, ar^2, ……, ar^{n-1}, …… を，初項 a，公比 r の **無限等比数列** という。
初項 r，公比 r の無限等比数列 $\{r^n\}$ の極限について調べてみよう。

[1] **$r>1$ の場合**

$r=1+h$ とおくと　$h>0$

$n \geqq 2$ のとき，二項定理により　◀ 例題 14 (1) 参照。

$$(1+h)^n=1+nh+\frac{n(n-1)}{2}h^2+\cdots\cdots>1+nh$$

$h>0$ より，$\lim_{n\to\infty} nh=\infty$ であるから　$\lim_{n\to\infty} r^n=\lim_{n\to\infty}(1+h)^n=\infty$

[2] **$r=1$ の場合**

常に $r^n=1$ であるから　$\lim_{n\to\infty} r^n=1$

[3] **$-1<r<1$ の場合**

$r=0$ のとき　常に $r^n=0$ であるから　$\lim_{n\to\infty} r^n=0$

$r\neq 0$ のとき　$|r|=\frac{1}{b}$ とおくと，$b>1$ であるから　$\lim_{n\to\infty} b^n=\infty$

したがって，$\lim_{n\to\infty}|r^n|=\lim_{n\to\infty}|r|^n=\lim_{n\to\infty}\frac{1}{b^n}=0$ となるから　$\lim_{n\to\infty} r^n=0$

[4] **$r=-1$ の場合**

数列 $\{r^n\}$ は -1, 1, -1, 1, …… となり，**振動する**。

[5] **$r<-1$ の場合**

$|r|>1$ であるから　$\lim_{n\to\infty}|r^n|=\lim_{n\to\infty}|r|^n=\infty$

奇数次の項では $r^n<0$ で $\lim_{n\to\infty} r^n=-\infty$，偶数次の項では $r^n>0$ で $\lim_{n\to\infty} r^n=\infty$

したがって，数列 $\{r^n\}$ は **振動する**。

無限等比数列 $\{r^n\}$ の極限

$r>1$	のとき	$\lim_{n\to\infty} r^n=\infty$	
$r=1$	のとき	$\lim_{n\to\infty} r^n=1$	$-1<r\leqq 1$ のとき収束 …… (＊)
$-1<r<1$	のとき	$\lim_{n\to\infty} r^n=0$	
$r\leqq -1$	のとき	振動する（極限はない）	

上の (＊) から，次のことがわかる。

数列 $\{r^n\}$ が収束するための必要十分条件は　$-1<r\leqq 1$

例 9 数列 $\{r^n\}$ に関する極限 ★★☆☆☆

第 n 項が次の式で表される数列の極限を求めよ。

(1) $3\left(-\frac{2}{5}\right)^{n-1}$　(2) $(-2)^n-3^n$　(3) $\frac{3^n+2}{3^{n+2}+5}$　(4) $\frac{1-r^n}{1+r^n}$ $(r \neq -1)$

指針 数列 $\{r^n\}$ の極限

$r>1$ のとき $r^n \longrightarrow \infty$,　$r=1$ のとき $r^n \longrightarrow 1$,
$-1<r<1$ のとき $r^n \longrightarrow 0$,　$r \leqq -1$ のとき 振動 (極限はない)

(2) 多項式の形 …… 底の絶対値が最も大きい項で **くくり出す**。
(3) 分数の形 …… 分母の底の絶対値が最も大きい項で **分母・分子を割る**。 ◀ $●^n$ の底は●

(4) **CHART》 r^n を含む式の極限　$r=\pm 1$ で場合に分ける**

この問題では, $r \neq -1$ の条件があるから, 次の [1]～[3] の場合に分けて極限を調べる。
[1] $-1<r<1$,　[2] $r=1$,　[3] $r<-1$, $1<r$

例 10 漸化式と極限 (1) ★★☆☆☆

(1) $a_1=2$, $a_{n+1}=3a_n+2^{n+1}$ $(n=1, 2, 3, \cdots\cdots)$ によって定められる数列 a_n がある。このとき, 極限 $\lim_{n\to\infty}\frac{a_n}{3^n}$ を求めよ。〔福島大〕

(2) 次の条件によって定義される数列 $\{a_n\}$ がある。
$$a_1=1,\ a_2=4,\ a_{n+2}=5a_{n+1}-6a_n \quad (n=1, 2, 3, \cdots\cdots)$$
このとき, $a_{n+2}-\alpha a_{n+1}=\beta(a_{n+1}-\alpha a_n)$ を満たす α, β の値を 2 組求めよ。また, 数列 $\{a_n\}$ の一般項を求め, 極限を調べよ。〔長崎大〕

指針 漸化式から一般項を求め, 次に極限を求める (調べる)。漸化式から一般項を求める方法について, 詳しくは, 数学B第 1 章 §6 漸化式と数列を参照。

(1) **隣接 2 項間の漸化式 $a_{n+1}=pa_n+q$** $(p \neq 1,\ q \neq 0)$
　$\longrightarrow$ **特性方程式 $\alpha=p\alpha+q$ の解** α を利用して, $a_{n+1}-\alpha=p(a_n-\alpha)$ と変形。

$a_{n+1}=3a_n+2^{n+1}$ の両辺を 2^{n+1} で割って, 上の型の漸化式に帰着させてもよいが, $\frac{a_n}{3^n}$ の極限を求めるから, 両辺を 3^{n+1} で割って **階差数列** に帰着させた方が効率がよい。

(2) この問題では, 隣接 3 項間の漸化式を, 数列 $\{a_{n+1}-\alpha a_n\}$ が公比 β の等比数列の形に変形するような指示があるが, 一般には, 次のように考える。

隣接 3 項間の漸化式 $pa_{n+2}+qa_{n+1}+ra_n=0$ $(pqr \neq 0)$
　$\longrightarrow$ **特性方程式 $px^2+qx+r=0$ の解** α, β を利用。
　$\alpha \neq \beta$ のとき　$a_{n+2}-\alpha a_{n+1}=\beta(a_{n+1}-\alpha a_n)$, $a_{n+2}-\beta a_{n+1}=\alpha(a_{n+1}-\beta a_n)$
　の 2 通りに変形できる ($\alpha=\beta$ のときは数学B例題 38 参照)。

(注意) 特性方程式の **解に 1 を含む** ときは **階差数列** を利用することで一般項が求められる。

例題 16 無限等比数列の収束条件 ★★★☆☆

数列 $\left\{\left(\dfrac{x^2+2x-5}{x^2-x+2}\right)^n\right\}$ が収束するように，実数 x の値の範囲を定めよ。また，そのときの極限値を求めよ。 ◀例9

指針 CHART》 数列 $\{r^n\}$ の極限　$r=\pm1$ で場合を分ける

数列 $\{r^n\}$ の収束条件は　$-1<r\leqq1$　$\begin{cases}-1<r<1 \text{ のとき} & r^n \longrightarrow 0\\ r=1 \text{ のとき} & r^n \longrightarrow 1\end{cases}$

数列の公比は $\dfrac{x^2+2x-5}{x^2-x+2}$ であるから，求める条件は　$-1<\dfrac{x^2+2x-5}{x^2-x+2}\leqq1$

この分数不等式を解くには，常に $x^2-x+2>0$ であるから，各辺に x^2-x+2 を掛けて分母を払うとよい。

解答 与えられた数列が収束するための条件は

$$-1<\frac{x^2+2x-5}{x^2-x+2}\leqq1 \quad \cdots\cdots \text{Ⓐ}$$

◀ 右側の不等号には等号が含まれることに注意。

$x^2-x+2=\left(x-\dfrac{1}{2}\right)^2+\dfrac{7}{4}>0$ であるから，各辺に

x^2-x+2 を掛けて　$-(x^2-x+2)<x^2+2x-5\leqq x^2-x+2$

◀ 各辺に正の数を掛けることになるから，不等号の向きは変わらない。

$-(x^2-x+2)<x^2+2x-5$ から　$2x^2+x-3>0$

ゆえに　$(2x+3)(x-1)>0$

よって　$x<-\dfrac{3}{2},\ 1<x$　$\cdots\cdots$ ①

$x^2+2x-5\leqq x^2-x+2$ から　$3x\leqq7$

よって　$x\leqq\dfrac{7}{3}$　$\cdots\cdots$ ②

ゆえに，収束するときの実数 x の値の範囲は，① かつ ② から

$\boldsymbol{x<-\dfrac{3}{2},\ 1<x\leqq\dfrac{7}{3}}$

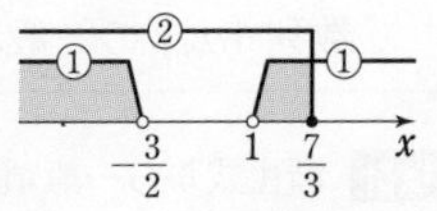

また，Ⓐ で $\dfrac{x^2+2x-5}{x^2-x+2}=1$ となるのは，$x=\dfrac{7}{3}$ のときである。したがって，数列の **極限値は**

$\dfrac{x^2+2x-5}{x^2-x+2}=1$　すなわち　$\boldsymbol{x=\dfrac{7}{3}}$ **のとき 1**

$-1<\dfrac{x^2+2x-5}{x^2-x+2}<1$　すなわち

$\boldsymbol{x<-\dfrac{3}{2},\ 1<x<\dfrac{7}{3}}$ **のとき 0**

◀ 数列 $\{r^n\}$ の極限値は
$r=1$ のとき　1
$-1<r<1$ のとき　0

練習 16 次の数列が収束するように，実数 x の値の範囲を定めよ。また，そのときの数列の極限値を求めよ。

(1) $\left\{\left(\dfrac{2}{3}x\right)^n\right\}$　(2) $\{(x^2-4x)^n\}$　(3) $\left\{\left(\dfrac{2x}{x^2+1}\right)^n\right\}$

例題 17 数列 $\{r^n/n^k\}$, $\{n^k/r^n\}$ の極限 ★★★☆☆

$r>1$ のとき，$\displaystyle\lim_{n\to\infty}\frac{r^n}{n^2}=\infty$ であることを示せ。

◀例9

指針 数列 $\{r^n\}$ $(r>1)$ の極限は，$r=1+h$ $(h>0)$ とおいて，$r^n>1+nh\longrightarrow\infty$ から導いた（$p.302$）。この方法をまねできないかと考える。

CHART》 似た問題　方法をまねる

解答 $r>1$ であるから，$r=1+h$ とおくと　$h>0$

二項定理により，$n\geqq 3$ のとき

$$r^n=(1+h)^n=1+nh+\frac{n(n-1)}{2}h^2+\frac{n(n-1)(n-2)}{6}h^3+\cdots\cdots+h^n$$

$$>\frac{n(n-1)(n-2)}{6}h^3=\frac{1}{6}n^2\left(1-\frac{1}{n}\right)(n-2)h^3$$

ゆえに　$\displaystyle\frac{r^n}{n^2}>\frac{1}{6}\left(1-\frac{1}{n}\right)(n-2)h^3$

$h>0$ であるから　$\displaystyle\lim_{n\to\infty}\frac{1}{6}\left(1-\frac{1}{n}\right)(n-2)h^3=\infty$

よって，$r>1$ のとき　$\displaystyle\lim_{n\to\infty}\frac{r^n}{n^2}=\infty$　…… Ⓐ

Ⓐ すべての n について $a_n>b_n$ のとき $\displaystyle\lim_{n\to\infty}b_n=\infty$ ならば $\displaystyle\lim_{n\to\infty}a_n=\infty$

検討 上では，$\displaystyle\lim_{n\to\infty}\frac{r^n}{n^2}=\infty$ であることを証明した。一般には，次のことが成り立つ。

> $r>1$，$k=1$, 2, 3, …… のとき　$\displaystyle\lim_{n\to\infty}\frac{r^n}{n^k}=\infty$ …… ①　$\displaystyle\lim_{n\to\infty}\frac{n^k}{r^n}=0$ …… ②

② は ① から導かれるので，まず $k=1$ の場合について，① を証明してみよう。

$r>1$ であるから，$r=1+h$ とおくと　$h>0$

$k=1$ の場合，$n\geqq 2$ のとき，二項定理により

$$r^n=(1+h)^n=1+nh+\frac{n(n-1)}{2}h^2+\cdots\cdots+h^n\geqq 1+nh+\frac{n(n-1)}{2}h^2$$

ゆえに　$\displaystyle\frac{r^n}{n}\geqq\frac{1}{n}\left\{1+nh+\frac{n(n-1)}{2}h^2\right\}=\frac{1}{n}+h+\frac{n-1}{2}h^2$

$h>0$ であるから　$\displaystyle\lim_{n\to\infty}\left(\frac{1}{n}+h+\frac{n-1}{2}h^2\right)=\infty$

よって，$r>1$ のとき　$\displaystyle\lim_{n\to\infty}\frac{r^n}{n}=\infty$　……（＊）

（＊）すべての n について $a_n\geqq b_n$ のとき $\displaystyle\lim_{n\to\infty}b_n=\infty$ ならば $\displaystyle\lim_{n\to\infty}a_n=\infty$

$k=3$, 4, …… の場合でも同様に証明することができる。その証明は解答編 $p.226$ を参照。

① は，$n\longrightarrow\infty$ のとき，n^k よりも r^n の方がはるかに速く無限大に発散することを意味している。

練習 17 次の数列の極限を求めよ。

(1) $\displaystyle\left\{\frac{2^n}{n}\right\}$　　(2) $\displaystyle\left\{\frac{n^2}{3^n}\right\}$

例題 18 漸化式と極限(2) ★★★☆☆

$a_1=1$, $a_{n+1}=2+\dfrac{3}{a_n}$ $(n=1, 2, 3, \cdots\cdots)$ で定められる数列 $\{a_n\}$ がある。

(1) 2次方程式 $x^2-2x-3=0$ の2つの実数解 α, β $(\alpha>\beta)$ を求めよ。

(2) (1)で求めた α, β に対して，$b_n=\dfrac{a_n-\alpha}{a_n-\beta}$ とおく。数列 $\{b_n\}$ の一般項を求めよ。

(3) 数列 $\{a_n\}$ の一般項と極限値 $\lim\limits_{n\to\infty}a_n$ を求めよ。 〔類 山口大〕 ◀例10

指針 問題の指示に従って考えればよい。なお，分数形の漸化式から一般項を求めるには，

$\boldsymbol{a_{n+1}=\dfrac{pa_n+q}{ra_n+s}}$ $(r\neq0,\ ps\neq qr)$ ⟶ **特性方程式** $\boldsymbol{x=\dfrac{px+q}{rx+s}}$ **の解** α, β を利用。

$\alpha\neq\beta$ のとき $b_n=\dfrac{a_n-\alpha}{a_n-\beta}$, $\alpha=\beta$ のとき $b_n=a_n-\alpha$ または $b_n=\dfrac{1}{a_n-\alpha}$ とおく。

解答 (1) $x^2-2x-3=0$ を解くと $x=-1, 3$

$\alpha>\beta$ であるから $\boldsymbol{\alpha=3,\ \beta=-1}$

(2) (1)から $b_n=\dfrac{a_n-3}{a_n+1}$ ……(＊)

$$b_{n+1}=\frac{a_{n+1}-3}{a_{n+1}+1}=\frac{2+\dfrac{3}{a_n}-3}{2+\dfrac{3}{a_n}+1}=\frac{-a_n+3}{3a_n+3}$$

$$=-\frac{1}{3}\cdot\frac{a_n-3}{a_n+1}=-\frac{1}{3}b_n$$

よって，数列 $\{b_n\}$ は，初項 $b_1=\dfrac{a_1-3}{a_1+1}=-1$, 公比 $-\dfrac{1}{3}$ の等比数列であるから $\boldsymbol{b_n=-\left(-\dfrac{1}{3}\right)^{n-1}}$

(3) $b_n=\dfrac{a_n-3}{a_n+1}$ から $b_n(a_n+1)=a_n-3$

したがって $(1-b_n)a_n=3+b_n$

(2)より $b_n\neq1$ であるから $\boldsymbol{a_n}=\dfrac{3+b_n}{1-b_n}=\boldsymbol{\dfrac{3-\left(-\dfrac{1}{3}\right)^{n-1}}{1+\left(-\dfrac{1}{3}\right)^{n-1}}}$

よって，$\lim\limits_{n\to\infty}\left(-\dfrac{1}{3}\right)^{n-1}=0$ であるから $\boldsymbol{\lim\limits_{n\to\infty}a_n=3}$

◀ $x=\dfrac{2\cdot x+3}{1\cdot x+0}$ から $x^2-2x-3=0$

◀ $a_1=1>0$ であり，漸化式 $a_{n+1}=2+\dfrac{3}{a_n}$ より $a_n>0$ であるから $a_n+1>0$

(＊) $\alpha=-1$, $\beta=3$ として代入すると，$b_n=\dfrac{a_n+1}{a_n-3}$ となるが，$a_n-3\neq0$ を示す必要がある。

◀ $a_n=\dfrac{3-(-3)^{1-n}}{1+(-3)^{1-n}}$ と表してもよいが，極限が求めにくい。

練習 18 $a_1=3$, $a_{n+1}=\dfrac{5a_n-4}{2a_n-1}$ $(n=1, 2, \cdots\cdots)$ で定義される数列 $\{a_n\}$ について

(1) すべての自然数 n に対し，$a_n>2$ であることを示せ。

(2) $b_n=\dfrac{1}{a_n-2}$ とおく。数列 $\{b_n\}$ の一般項を求めよ。

(3) 極限値 $\lim\limits_{n\to\infty}a_n$ を求めよ。 〔埼玉大〕

例題 19 漸化式と極限 (3) ★★★☆☆

$P_1(1,\ 1)$，$x_{n+1}=\dfrac{1}{4}x_n+\dfrac{4}{5}y_n$，$y_{n+1}=\dfrac{3}{4}x_n+\dfrac{1}{5}y_n$ $(n=1,\ 2,\ \cdots\cdots)$ を満たす平面上の点列 $P_n(x_n,\ y_n)$ がある。点列 P_1，P_2，…… はある定点に限りなく近づくことを証明せよ。

〔類 信州大〕 ◀例10

指針 点列 P_1, P_2, …… がある定点に限りなく近づくことを示すには，$\lim\limits_{n\to\infty}x_n$，$\lim\limits_{n\to\infty}y_n$ がともに収束することをいえばよい。そのためには，2 つの数列 $\{x_n\}$，$\{y_n\}$ の漸化式から，x_n，y_n を求める。ここでは，まず，2 つの漸化式の和をとってみるとよい。

解答 $x_{n+1}=\dfrac{1}{4}x_n+\dfrac{4}{5}y_n$ …… ①，$y_{n+1}=\dfrac{3}{4}x_n+\dfrac{1}{5}y_n$ …… ②

①+② から　$x_{n+1}+y_{n+1}=x_n+y_n$

$P_1(1,\ 1)$ から　$x_1+y_1=2$　　◀ $x_1=1$，$y_1=1$

よって　$x_n+y_n=x_{n-1}+y_{n-1}=\cdots\cdots=x_1+y_1=2$

ゆえに　$y_n=2-x_n$

これを ① に代入して整理すると　$x_{n+1}=-\dfrac{11}{20}x_n+\dfrac{8}{5}$　　◀ $x_{n+1}=\dfrac{1}{4}x_n+\dfrac{4}{5}(2-x_n)$

変形すると　$x_{n+1}-\dfrac{32}{31}=-\dfrac{11}{20}\left(x_n-\dfrac{32}{31}\right)$　　◀ $\alpha=-\dfrac{11}{20}\alpha+\dfrac{8}{5}$ の解は $\alpha=\dfrac{32}{31}$

また　$x_1-\dfrac{32}{31}=-\dfrac{1}{31}$

ゆえに　$x_n-\dfrac{32}{31}=-\dfrac{1}{31}\left(-\dfrac{11}{20}\right)^{n-1}$　　◀ 数列 $\left\{x_n-\dfrac{32}{31}\right\}$ は初項 $-\dfrac{1}{31}$，公比 $-\dfrac{11}{20}$ の等比数列。

よって　$\lim\limits_{n\to\infty}x_n=\lim\limits_{n\to\infty}\left\{\dfrac{32}{31}-\dfrac{1}{31}\left(-\dfrac{11}{20}\right)^{n-1}\right\}=\dfrac{32}{31}$

また　$\lim\limits_{n\to\infty}y_n=\lim\limits_{n\to\infty}(2-x_n)=2-\dfrac{32}{31}=\dfrac{30}{31}$　　◀ $y_n=2-x_n$ から。

したがって，点列 P_1，P_2，…… は定点 $\left(\dfrac{32}{31},\ \dfrac{30}{31}\right)$ に限りなく近づく。

検討 一般に，$\boldsymbol{x_1=a}$，$\boldsymbol{y_1=b}$，$\boldsymbol{x_{n+1}=px_n+qy_n}$，$\boldsymbol{y_{n+1}=rx_n+sy_n}$ $(pqrs\neq 0)$ で定められる数列 $\{x_n\}$，$\{y_n\}$ の一般項を求めるには，次の方法がある。

方法 1　$x_{n+1}+\alpha y_{n+1}=\beta(x_n+\alpha y_n)$ として α，β の値を定め，**等比数列 $\{x_n+●y_n\}$ を利用する。**

方法 2　**y_n を消去** して，数列 $\{x_n\}$ の隣接 3 項間の漸化式に帰着させる。すなわち，

$x_{n+1}=px_n+qy_n$ から　$y_n=\dfrac{1}{q}x_{n+1}-\dfrac{p}{q}x_n$　　よって　$y_{n+1}=\dfrac{1}{q}x_{n+2}-\dfrac{p}{q}x_{n+1}$

これらを $y_{n+1}=rx_n+sy_n$ に代入する。

練習 19 2 つの数列 $\{a_n\}$ と $\{b_n\}$ が，$a_1=1$，$b_1=1$，$a_{n+1}=2a_n+6b_n$，$b_{n+1}=2a_n+3b_n$ で定められている。〔類 宮崎大〕

(1) $a_{n+2}-\alpha a_{n+1}=\beta(a_{n+1}-\alpha a_n)$ を満たす定数 α，β の組を 2 組求めよ。

(2) a_n を，n を用いて表せ。　　(3) 極限値 $\lim\limits_{n\to\infty}\dfrac{a_n}{b_n}$ を求めよ。

重要例題 20 漸化式と極限(4) ★★★★☆

漸化式 $a_1=2$, $2a_{n+1}a_n=a_n{}^2+2$ $(n=1, 2, 3, \cdots\cdots)$ で定められる数列 $\{a_n\}$ を考える。次の(1)～(3)を示せ。

(1) すべての自然数nについて $a_n \geqq \sqrt{2}$ である。

(2) $a_{n+1} \leqq a_n$ $(n=1, 2, 3, \cdots\cdots)$　　(3) $\lim\limits_{n\to\infty} a_n=\sqrt{2}$　〔広島大〕

指針 (1)「すべての自然数nについて……」の証明であるから，**数学的帰納法**による。

(3) 漸化式から一般項を求めるのが容易でないから，$\lim\limits_{n\to\infty} a_n=\sqrt{2}$ を直接示すのは難しい。

(1), (2)の不等式を利用して，$\lim\limits_{n\to\infty}|a_n-\sqrt{2}|=0$ を示す。なお，漸化式 $a_{n+1}=f(a_n)$ から，一般項を求めずに，極限値を求める一般的な手順は，次のようになる。

1 極限値を $\boldsymbol{\lim\limits_{n\to\infty} a_n=\alpha}$ とし（このとき $\lim\limits_{n\to\infty} a_{n+1}=\alpha$），$\lim\limits_{n\to\infty} a_{n+1}=\lim\limits_{n\to\infty} f(a_n)$ からαを求める。このαが極限値の予想となる。

2 $\boldsymbol{|a_{n+1}-\alpha|<k|a_n-\alpha|}$ を満たす k $(0<k<1)$ を見つける。

3 2から，$0<|a_n-\alpha|<k|a_{n-1}-\alpha|<k^2|a_{n-2}-\alpha|<\cdots\cdots<k^{n-1}|a_1-\alpha|$ となり，$\lim\limits_{n\to\infty} k^{n-1}=0$ であるから，**はさみうちの原理**により　$\lim\limits_{n\to\infty}|a_n-\alpha|=0$

したがって，極限値は $\lim\limits_{n\to\infty} a_n=\alpha$ となる。◀ 1のαが実際の極限値となる。

解答 $a_1=2>0$ と漸化式から　$a_n>0$

◀ $a_n \leqq 0$ とすると，$a_n{}^2+2>0$ であるから，$2a_{n+1}a_n>0$ より $a_n<0$, $a_{n+1}<0$ しかし，$a_1=2>0$ であるから，不合理が生じる。したがって　$a_n>0$

(1) $a_n \geqq \sqrt{2}$ …… ① とする。

[1] $n=1$ のとき，$a_1=2 \geqq \sqrt{2}$ から，① は成り立つ。

[2] $n=k$ のとき，① が成り立つと仮定すると

$$a_k \geqq \sqrt{2} \quad \text{すなわち} \quad a_k-\sqrt{2} \geqq 0$$

$n=k+1$ のときを考えると，$a_k>0$ であるから

$$a_{k+1}-\sqrt{2}=\frac{a_k{}^2+2}{2a_k}-\sqrt{2}=\frac{(a_k-\sqrt{2})^2}{2a_k} \geqq 0 \cdots ②$$

◀ $\dfrac{a_k{}^2+2}{2a_k}-\sqrt{2}=\dfrac{a_k{}^2-2\sqrt{2}a_k+2}{2a_k}$

したがって　$a_{k+1} \geqq \sqrt{2}$

よって，$n=k+1$ のときも ① は成り立つ。

[1], [2] から，すべての自然数nについて ① は成り立つ。

(2) $a_{n+1}-a_n=\dfrac{a_n{}^2+2}{2a_n}-a_n=\dfrac{2-a_n{}^2}{2a_n}$

$a_n>0$ であり，① より $a_n{}^2 \geqq 2$ であるから　$2-a_n{}^2 \leqq 0$

◀ $a_n>0$ であるから $a_n \geqq \sqrt{2} \iff a_n{}^2 \geqq 2$

よって　$a_{n+1}-a_n \leqq 0$　すなわち　$a_{n+1} \leqq a_n$

(3) ② から　$a_{n+1}-\sqrt{2}=\dfrac{a_n-\sqrt{2}}{2a_n}(a_n-\sqrt{2})$

$\dfrac{a_n-\sqrt{2}}{2a_n} \leqq \dfrac{a_n}{2a_n}=\dfrac{1}{2}$ と $a_n-\sqrt{2} \geqq 0$ から　$a_{n+1}-\sqrt{2} \leqq \dfrac{1}{2}(a_n-\sqrt{2})$

したがって　$0 \leqq a_n-\sqrt{2} \leqq \left(\dfrac{1}{2}\right)^{n-1}(a_1-\sqrt{2})$

$\lim\limits_{n\to\infty}\left(\dfrac{1}{2}\right)^{n-1}(a_1-\sqrt{2})=0$ であるから　$\lim\limits_{n\to\infty} a_n=\sqrt{2}$　◀ はさみうちの原理。

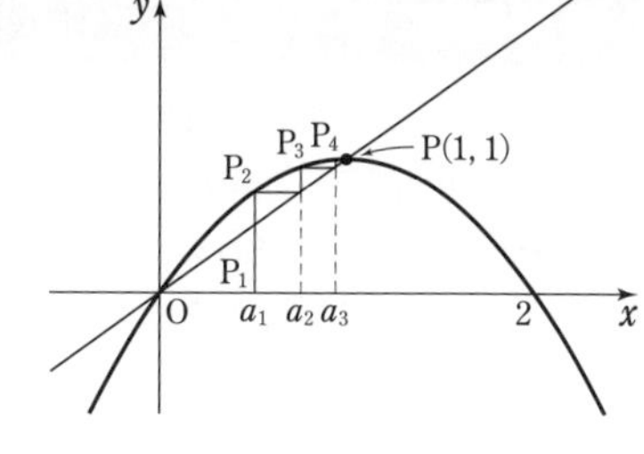

検討 数列 $\{a_n\}$ の極限を，図に表して考えてみよう。
具体例として，$a_1=\dfrac{1}{2}$，$a_{n+1}=2a_n-a_n{}^2$ (練習 20) について考えると，次のようになる。
漸化式から **$y=2x-x^2$ と $y=x$ のグラフ** をかいて，$\mathrm{P}_1(a_1,\ 0)$ を出発点として，x 軸に垂直な直線を引き，$y=2x-x^2$ のグラフとの交点を P_2 とする。点 P_2 から y 軸に垂直な直線を引き，直線 $y=x$ との交点を P_2' として，以下繰り返すと，

$\mathrm{P}_2(a_1,\ a_2)$，$\mathrm{P}_2'(a_2,\ a_2)$，$\mathrm{P}_3(a_2,\ a_3)$，$\mathrm{P}_3'(a_3,\ a_3)$，$\mathrm{P}_4(a_3,\ a_4)$，……

このとき，P_n は **$y=2x-x^2$ のグラフと直線 $y=x$ の交点** $\mathrm{P}(1,\ 1)$ に近づく。

例　$a_1=-1$，$a_{n+1}=2a_n+3$ のように，**発散** する数列 $\{a_n\}$ では，$\alpha=2\alpha+3$ から得られる $\alpha=-3$ は数列 $\{a_n\}$ の極限値ではない。

練習 20 数列 $\{a_n\}$ は，条件 $a_1=\dfrac{1}{2}$，$a_{n+1}=2a_n-a_n{}^2$ $(n\geqq 1)$ を満たすとする。

(1) すべての $n\geqq 1$ について，$0<a_n<1$ が成り立つことを示せ。
(2) すべての $n\geqq 1$ について，$a_{n+1}\geqq a_n$ が成り立つことを示せ。
(3) $\displaystyle\lim_{n\to\infty}a_n=1$ を示せ。　〔広島大〕 ➡ p. 343 演習 **14**

研究 深めよう　単調有界な数列の極限

例題 20 の数列 $\{a_n\}$ について，(1)，(2) から

$$a_1\geqq a_2\geqq a_3\geqq\cdots\cdots\geqq a_n\geqq a_{n+1}\geqq\cdots\cdots\geqq\sqrt{2}$$

が成り立っている。一般に，数列 $\{a_n\}$ について，M，m は定数で

[1]　$a_1<a_2<a_3<\cdots\cdots<a_n<a_{n+1}<\cdots\cdots<M$　◀単調に増加。

または　[2]　$a_1>a_2>a_3>\cdots\cdots>a_n>a_{n+1}>\cdots\cdots>m$　◀単調に減少。

であるとき，$\{a_n\}$ は単調に **有界である** という。
有界な単調数列は必ず収束 し，[1] の場合は $\displaystyle\lim_{n\to\infty}a_n\leqq M$，[2] の場合は $\displaystyle\lim_{n\to\infty}a_n\geqq m$ が成り立つことが知られている ([1]，[2] の $<$，$>$ の代わりに $\leqq$，$\geqq$ でも結論は成り立つ)。
例題 20 の数列 $\{a_n\}$ は **単調に有界であるから，収束する**。(1)，(2) の誘導がない場合，収束することを前提に，次のようにして極限値を求める方法も考えられる。すなわち，収束すると仮定すると，極限値は $\sqrt{2}$ であると予想できるから，後は実際に，$\sqrt{2}$ に収束することを証明すればよい。

極限値を $\displaystyle\lim_{n\to\infty}a_n=\alpha$ とすると，$\displaystyle\lim_{n\to\infty}(2a_{n+1}a_n)=\lim_{n\to\infty}(a_n{}^2+2)$ から　$2\alpha^2=\alpha^2+2$

これを解いて　$\alpha=\pm\sqrt{2}$　　$a_n>0$ より $\alpha>0$ であるから　$\alpha=\sqrt{2}$　◀極限値の予想

また，$a_n>0$ から　$|a_{n+1}-\sqrt{2}|=\left|\dfrac{a_n-\sqrt{2}}{2a_n}\right||a_n-\sqrt{2}|=\left|\dfrac{1}{2}-\dfrac{\sqrt{2}}{2a_n}\right||a_n-\sqrt{2}|$

$\left|\dfrac{1}{2}-\dfrac{\sqrt{2}}{2a_n}\right|<\dfrac{1}{2}$ から　$|a_{n+1}-\sqrt{2}|<\dfrac{1}{2}|a_n-\sqrt{2}|$　　よって　$0<|a_n-\sqrt{2}|<\left(\dfrac{1}{2}\right)^{n-1}|a_1-\sqrt{2}|$

したがって　$\displaystyle\lim_{n\to\infty}|a_n-\sqrt{2}|=0$　すなわち　$\displaystyle\lim_{n\to\infty}a_n=\sqrt{2}$

重要例題 21　図形に関する漸化式と極限　★★★☆☆

$AB=4$, $BC=6$, $\angle ABC=90°$ の直角三角形 ABC の内部に，図のように正方形 S_1, S_2, ……, S_n, …… がある。　〔類 芝浦工大〕

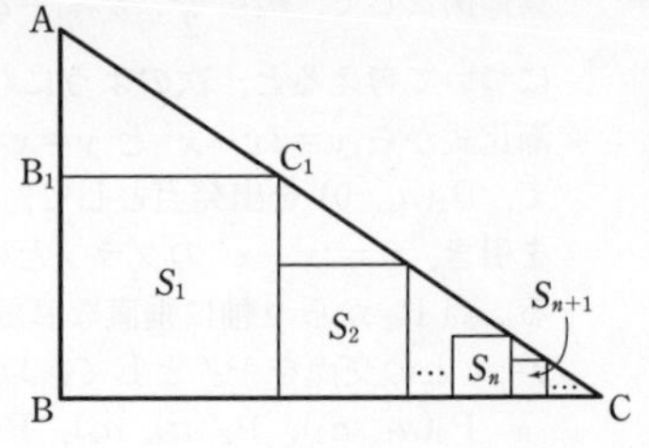

(1) S_1 の1辺の長さを求めよ。

(2) S_n の面積を a_n $(n=1, 2, 3, \cdots\cdots)$ とする。a_n を n の式で表せ。

(3) $\displaystyle\lim_{n\to\infty}\sum_{k=1}^{n} a_k$ の値を求めよ。

指針　CHART》 繰り返しの操作　　n 番目と $(n+1)$ 番目の関係に注目

解答 (1) S_1 の1辺の長さを x_1 とする。

$\triangle ABC \backsim \triangle AB_1C_1$ であるから　　$AB : AB_1 = BC : B_1C_1$

よって　　$4 : (4-x_1) = 6 : x_1$　　$3(4-x_1)=2x_1$ を解いて　　$x_1=\mathbf{\dfrac{12}{5}}$

(2) 右の図のように，点 C_n, B_{n+1}, C_{n+1} を定める。

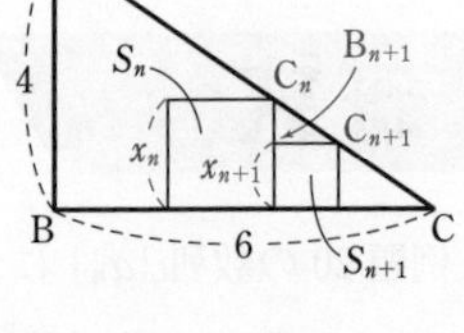

S_n, S_{n+1} の1辺の長さをそれぞれ x_n, x_{n+1} とする。

$\triangle ABC \backsim \triangle C_nB_{n+1}C_{n+1}$ であるから

$AB : C_nB_{n+1} = BC : B_{n+1}C_{n+1}$

$4 : (x_n - x_{n+1}) = 6 : x_{n+1}$

よって　　$x_{n+1}=\dfrac{3}{5}x_n$　　◀ $3(x_n-x_{n+1})=2x_{n+1}$

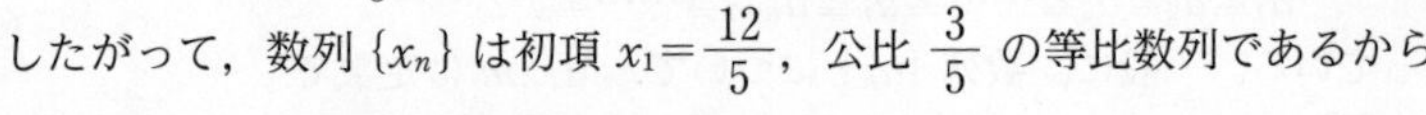

したがって，数列 $\{x_n\}$ は初項 $x_1=\dfrac{12}{5}$，公比 $\dfrac{3}{5}$ の等比数列であるから

$$x_n=\frac{12}{5}\left(\frac{3}{5}\right)^{n-1}=4\left(\frac{3}{5}\right)^n$$

よって　　$a_n=x_n^2=\left\{4\left(\dfrac{3}{5}\right)^n\right\}^2=\mathbf{16\left(\dfrac{9}{25}\right)^n}$

◀ a_n は1辺の長さが x_n の正方形 S_n の面積。

(3) $\displaystyle\sum_{k=1}^{n} a_k=\frac{16\cdot\frac{9}{25}\left\{1-\left(\frac{9}{25}\right)^n\right\}}{1-\frac{9}{25}}=9\left\{1-\left(\frac{9}{25}\right)^n\right\}$

◀ $\{a_n\}$ は初項 $16\cdot\dfrac{9}{25}$，公比 $\dfrac{9}{25}$ の等比数列。

よって　　$\displaystyle\lim_{n\to\infty}\sum_{k=1}^{n} a_k=\lim_{n\to\infty}9\left\{1-\left(\frac{9}{25}\right)^n\right\}=\mathbf{9}$

◀ $\displaystyle\lim_{n\to\infty}\left(\frac{9}{25}\right)^n=0$

練習 21　$f(x)=|x^2-1|$ とする。座標平面において $y=f(x)$ のグラフ A を考える。

(1) A と x 軸との共有点，および，y 軸との共有点を求め，A の概形をかけ。

(2) k を正の実数とするとき，直線 $y=kx$ と A の2つの交点の x 座標を，小さい方から順に α, β とする。α と β をそれぞれ k を用いて表せ。

数列 $\{a_n\}$ $(n=1, 2, 3, \cdots\cdots)$ を，$a_1=1$ とし，$n\geqq 2$ のときには，直線 $y=a_{n-1}x$ と A の2つの交点の中点をとり，その x 座標を a_n として定める。

(3) $a_n{}^2$ を n を用いて表せ。　　(4) $\displaystyle\lim_{n\to\infty}a_n$ を求めよ。　〔類 東京理科大〕

重要例題 22 確率に関する漸化式と極限 ★★★☆☆

白玉1個と赤玉2個が入っている袋から1個の玉を取り出してもとに戻す操作を n 回繰り返す。k 回目に白玉が出れば $a_k=1$，赤玉が出れば $a_k=2$ とする。
和 $a_1+a_2+\cdots\cdots+a_n$ を S_n とし，S_n が偶数となる確率を p_n とする。
(1) p_1，p_2 を求めよ。　(2) p_{n+1} を p_n を用いて表せ。
(3) p_n を n を用いて表せ。　(4) $\lim_{n\to\infty} p_n$ を求めよ。　〔関西学院大〕

指針 (2)　**CHART》 確率 p_n の問題　n 回目と $(n+1)$ 回目に注目**

p_{n+1} は S_{n+1} が偶数となる確率である。
n 回後に S_n が偶数であるか，奇数であるかに分けて，p_{n+1} と p_n の関係式を作る。

n 回後　→　$(n+1)$ 回後
和が偶数：p_n —赤玉$\left(\frac{2}{3}\right)$→ p_{n+1}
和が奇数：$1-p_n$ —白玉$\left(\frac{1}{3}\right)$→ p_{n+1}

(3) (2)の式を数列 $\{p_n\}$ の漸化式とみて，一般項 p_n を求める。

解答 (1) S_1 が偶数となるのは，1回目に赤玉を取り出す場合である。　◀ $S_1=2$

よって　$\boldsymbol{p_1=\frac{2}{3}}$

S_2 が偶数となるのは，1回目，2回目ともに白玉を取り出す場合と，1回目，2回目ともに赤玉を取り出す場合である。　◀ $S_2=1+1$ または $S_2=2+2$

よって　$p_2=\frac{1}{3}\cdot\frac{1}{3}+\frac{2}{3}\cdot\frac{2}{3}=\boldsymbol{\frac{5}{9}}$

(2) $(n+1)$ 回玉を取り出して S_{n+1} が偶数となるのは

[1] S_n が偶数で $(n+1)$ 回目に赤玉が出る　◀ $a_{n+1}=2$ (偶数)

[2] S_n が奇数で $(n+1)$ 回目に白玉が出る　◀ $a_{n+1}=1$ (奇数)

のいずれかである。[1]，[2] は互いに排反であるから

$$p_{n+1}=\frac{2}{3}p_n+\frac{1}{3}(1-p_n)=\boldsymbol{\frac{1}{3}p_n+\frac{1}{3}}$$

(3) $p_{n+1}=\frac{1}{3}p_n+\frac{1}{3}$ を変形すると　$p_{n+1}-\frac{1}{2}=\frac{1}{3}\left(p_n-\frac{1}{2}\right)$　◀ $\alpha=\frac{1}{3}\alpha+\frac{1}{3}$ を解くと　$\alpha=\frac{1}{2}$

数列 $\left\{p_n-\frac{1}{2}\right\}$ は初項 $p_1-\frac{1}{2}=\frac{1}{6}$，公比 $\frac{1}{3}$ の等比数列であるから，$p_n-\frac{1}{2}=\frac{1}{6}\cdot\left(\frac{1}{3}\right)^{n-1}$ より　$\boldsymbol{p_n=\frac{1}{2}\cdot\left(\frac{1}{3}\right)^n+\frac{1}{2}}$

(4) $\lim_{n\to\infty} p_n=\lim_{n\to\infty}\left\{\frac{1}{2}\cdot\left(\frac{1}{3}\right)^n+\frac{1}{2}\right\}=\boldsymbol{\frac{1}{2}}$　◀ $\lim_{n\to\infty}\left(\frac{1}{3}\right)^n=0$

練習 22 ある1面だけに印のついた立方体が水平な平面に置かれている。立方体の底面の4辺のうち1辺を等しい確率で選んで，この辺を軸にしてこの立方体を横に倒す操作を n 回続けて行ったとき，印のついた面が立方体の側面にくる確率を a_n，底面にくる確率を b_n とする。ただし，最初印のついた面は上面にあるとする。〔類 東北大〕
(1) a_2 を求めよ。　(2) a_{n+1} を a_n で表せ。　(3) $\lim_{n\to\infty} a_n$ を求めよ。

6 | 無限級数

《 基本事項 》

1 無限級数の収束と発散

無限数列　　　$a_1,\ a_2,\ a_3,\ \cdots\cdots,\ a_n,\ \cdots\cdots$

において，各項を前から順に ＋ の記号で結んで得られる式

$$a_1+a_2+a_3+\cdots\cdots+a_n+\cdots\cdots \qquad \cdots\cdots Ⓐ$$

を **無限級数** といい，$\displaystyle\sum_{n=1}^{\infty} a_n$ と書き表す。

a_1 を **初項**，a_n を **第 n 項** という。

また　　　$\displaystyle S_n=\sum_{k=1}^{n} a_k=a_1+a_2+a_3+\cdots\cdots+a_n$

を第 n 項までの **部分和** という。

部分和の作る無限数列 $\{S_n\}$ が収束して，$\displaystyle\lim_{n\to\infty} S_n=S$ のとき，無限級数 Ⓐ は S に **収束する** という。この無限数列 $\{S_n\}$ の極限値 S を無限級数 Ⓐ の **和** という。この和 S も $\displaystyle\sum_{n=1}^{\infty} a_n$ と書き表す。

数列 $\{S_n\}$ が発散するとき，無限級数 Ⓐ は **発散する** という。

2 無限級数の収束・発散と項の極限

無限級数 $\displaystyle\sum_{n=1}^{\infty} a_n$ の第 n 項までの部分和を S_n とするとき，$n\geqq 2$ ならば

$$a_n=S_n-S_{n-1}$$

この無限級数が収束するとき，その和を S とすると　　◀ 数列 $\{S_n\}$ の極限は S である。

$$\lim_{n\to\infty} a_n=\lim_{n\to\infty}(S_n-S_{n-1})=\lim_{n\to\infty} S_n-\lim_{n\to\infty} S_{n-1}=S-S=0$$

よって，次の ① が成り立ち，その対偶として ② が導かれるが，逆は成り立たない。

すなわち，**$\displaystyle\lim_{n\to\infty} a_n=0$ であっても，無限級数 $\displaystyle\sum_{n=1}^{\infty} a_n$ が収束するとは限らない。**

例　$\dfrac{2}{\sqrt{1}+\sqrt{3}}+\dfrac{2}{\sqrt{2}+\sqrt{4}}+\dfrac{2}{\sqrt{3}+\sqrt{5}}+\cdots\cdots$　　(p. 314 例 11 (2))

すなわち，$\displaystyle\sum_{n=1}^{\infty}\frac{2}{\sqrt{n}+\sqrt{n+2}}$ において，$\displaystyle\lim_{n\to\infty}\frac{2}{\sqrt{n}+\sqrt{n+2}}=0$ であるが，この無限級数は発散する。

---

① **無限級数 $\displaystyle\sum_{n=1}^{\infty} a_n$ が収束する $\Longrightarrow$ $\displaystyle\lim_{n\to\infty} a_n=0$**

② **数列 $\{a_n\}$ が 0 に収束しない $\Longrightarrow$ 無限級数 $\displaystyle\sum_{n=1}^{\infty} a_n$ は発散する**

---

3 無限等比級数の収束と発散

初項 a，公比 r の無限等比数列 $\{ar^{n-1}\}$ から作られる無限級数

$$\sum_{n=1}^{\infty} ar^{n-1} = a + ar + ar^2 + \cdots\cdots + ar^{n-1} + \cdots\cdots$$

を，初項 a，公比 r の **無限等比級数** という。

無限等比級数の収束，発散について，次のことが成り立つ。

無限等比級数　$a+ar+ar^2+\cdots\cdots+ar^{n-1}+\cdots\cdots$　……Ⓑ　は

$a \neq 0$ のとき　$|r|<1$ ならば 収束 し，その和は $\dfrac{a}{1-r}$

$|r| \geqq 1$ ならば 発散 する。

$a=0$ のとき　収束し，その和は 0

証明　$a \neq 0$ の場合

[1]　$r=1$ のとき　部分和は $S_n = na\ (a \neq 0)$ であるから，数列 $\{S_n\}$ は発散する。

よって，Ⓑ は発散する。

[2]　$r \neq 1$ のとき　部分和は　$S_n = \dfrac{a(1-r^n)}{1-r} = \dfrac{a}{1-r} - \dfrac{a}{1-r} \cdot r^n$

$|r|<1$ のとき　$\displaystyle\lim_{n\to\infty} r^n = 0$ であるから　$\displaystyle\lim_{n\to\infty} S_n = \frac{a}{1-r}$

よって，Ⓑ は収束して，その和は　$\dfrac{a}{1-r}$

$r \leqq -1$，$1<r$ のとき

数列 $\{S_n\}$ は発散する。よって，Ⓑ は発散する。

$a=0$ の場合

各項は 0 となり，$S_n=0$ であるから　$\displaystyle\lim_{n\to\infty} S_n = 0$

よって，Ⓑ は収束して，その和は 0 である。

注意　無限等比数列 $\{r^{n-1}\}$ の収束条件は $-1<r \leqq 1$ であるが，
無限等比級数 $\displaystyle\sum_{n=1}^{\infty} r^{n-1}$ の収束条件は $-1<r<1$ ($r=1$ は含まない) である。

4 無限級数の性質

数列の極限の性質 (p. 295) から，無限級数について，次の性質が成り立つ。

$\displaystyle\sum_{n=1}^{\infty} a_n$，$\displaystyle\sum_{n=1}^{\infty} b_n$ が収束する無限級数で，$\displaystyle\sum_{n=1}^{\infty} a_n = S$，$\displaystyle\sum_{n=1}^{\infty} b_n = T$ とするとき，無限級数 $\displaystyle\sum_{n=1}^{\infty} (ka_n + lb_n)$ は収束して

$$\sum_{n=1}^{\infty} (ka_n + lb_n) = kS + lT \qquad (k,\ l \text{ は定数})$$

2章 6 無限級数

例 11 | 無限級数の収束，発散 ★★☆☆☆

次の無限級数の収束，発散について調べ，収束すればその和を求めよ。

(1) $\displaystyle\sum_{n=1}^{\infty}\frac{1}{(2n-1)(2n+1)}$

(2) $\displaystyle\frac{2}{\sqrt{1}+\sqrt{3}}+\frac{2}{\sqrt{2}+\sqrt{4}}+\frac{2}{\sqrt{3}+\sqrt{5}}+\cdots\cdots$

指針 **無限級数の収束，発散** は，部分和 S_n を求め，数列 $\{S_n\}$ の収束，発散を調べる ことが基本である。

$$\sum_{n=1}^{\infty}a_n \text{ が収束} \iff \text{数列 } \{S_n\} \text{ が収束}$$

$$\sum_{n=1}^{\infty}a_n \text{ が発散} \iff \text{数列 } \{S_n\} \text{ が発散}$$

(1) 各項の分子は一定で，分母は積の形であるから，各項を **差の形に変形（部分分数分解）** することで，部分和 S_n を求めることができる。

(2) 各項は $\dfrac{2}{\sqrt{n}+\sqrt{n+2}}$ の形 ⟶ 分母の **有理化** によって各項を **差の形** に変形する。

CHART》 無限級数の収束，発散

まず 部分和 S_n の収束，発散を調べる

例 12 | 無限級数が発散することの証明 ★★☆☆☆

次の無限級数は発散することを示せ。

(1) $\dfrac{1}{2}+\dfrac{4}{3}+\dfrac{7}{4}+\dfrac{10}{5}+\cdots\cdots$

(2) $\cos\pi+\cos2\pi+\cos3\pi+\cdots\cdots$

指針 上の例 11 のように，部分和 S_n を求めて，部分和の作る数列 $\{S_n\}$ が発散することを示す，という方法が考えられるが，この例 12 では部分和 S_n が求めにくい。
そこで，$p.312$ 基本事項 **2** ②

$$\text{数列 } \{a_n\} \text{ が 0 に収束しない} \Longrightarrow \text{無限級数 } \sum_{n=1}^{\infty}a_n \text{ は発散する}$$

を利用する。すなわち，数列 $\{a_n\}$ が 0 以外の値に収束するか，発散（∞，$-\infty$，振動）することを示す。

CHART》 無限級数の発散の証明

まず 部分和，次に lim，$a_n \longrightarrow 0$ か

例 13　無限等比級数の収束，発散　★★☆☆☆

(1) 次の無限等比級数の収束，発散を調べ，収束すればその和を求めよ。

(ア) $\dfrac{4}{27}-\dfrac{2}{9}+\dfrac{1}{3}-\cdots\cdots$　　(イ) $12+6\sqrt{2}+6+\cdots\cdots$

(2) 無限級数 $\displaystyle\sum_{n=1}^{\infty}\left(\frac{1}{3}\right)^n\sin\frac{n\pi}{2}$ の和を求めよ。　〔(2) 愛知工大〕

指針 無限等比級数 $\displaystyle\sum_{n=1}^{\infty}ar^{n-1}=a+ar+ar^2+\cdots\cdots$ の **収束条件** は　$a=0$ または $|r|<1$

[1] $a\neq 0$，$|r|<1$ のとき　　収束して，和は $\dfrac{a}{1-r}$

[2] $a=0$ のとき　　収束して，和は 0

(1) 公比 r が **$|r|<1$，$|r|\geqq 1$ のどちらであるか** を，まず確かめる。

(2) まず $\sin\dfrac{n\pi}{2}$ がどのような値をとるかということを，n が奇数，偶数の場合に分けて調べる。

例 14　循環小数　★☆☆☆☆

次の循環小数を分数に直せ。

(1) $2.\dot{6}\dot{9}$　　(2) $15.\dot{1}\dot{8}$

指針 例えば，循環小数 $2.\dot{6}\dot{9}$ とは　$2.696969\cdots\cdots$　◀ 69 が繰り返される。
のこと。循環小数を分数に直す方法については，数学Iで次のようにして学んだ。

$0.\dot{4}$ については，$x=0.\dot{4}$ とすると

$10x=4.\dot{4}$　よって　$10x-x=4$

したがって　$x=\dfrac{4}{9}$

$$\begin{array}{rr} 10x= & 4.444\cdots\cdots \\ -)\quad x= & 0.444\cdots\cdots \\ \hline 9x= & 4 \end{array}$$

しかし，厳密にはこの単元で学んだ **無限等比級数** の考えを用いる。
例えば，上の循環小数 $0.\dot{4}$ については，以下のようにして分数に直す。

例　$0.\dot{4}=\underline{0.4+0.04+0.004+\cdots\cdots}$

とみると，＿＿は初項 0.4，公比 $0.1\left(=\dfrac{1}{10}\right)$ の無限等比級数であるから　$0.\dot{4}=\dfrac{0.4}{1-\dfrac{1}{10}}=\dfrac{4}{10-1}=\dfrac{4}{9}$

◀ |公比|<1 であるから収束。

◀ $\dfrac{\text{(初項)}}{1-\text{(公比)}}$

この例 14 についても同じように考えるが，(1) は　$2.\dot{6}\dot{9}=2+0.\dot{6}\dot{9}$
(2) は　$15.\dot{1}\dot{8}=10+5.\dot{1}\dot{8}$　として進める。

例題 23 無限等比級数が収束するための条件 ★★☆☆☆

無限級数 $\displaystyle\sum_{n=1}^{\infty}(-1)^n\left(\frac{x-1}{3}\right)^{2n+1}$ が収束するとき，実数xの値の範囲を求めよ。また，この無限級数の和を求めよ。

◀例13

指針 無限等比級数 $\displaystyle\sum_{n=1}^{\infty}ar^{n-1}$ の **収束条件は　$a=0$ または $|r|<1$** ……（＊）

収束するとき　**$a=0$ なら和は 0**　**$|r|<1$** $(a\neq 0)$ **なら和は $\dfrac{a}{1-r}$**

初項と公比を調べ，（＊）に当てはめてxの方程式・不等式を解く。

CHART》 無限等比級数　公比 ±1 が分かれ目　初項 0 にも注意

解答 $\displaystyle\sum_{n=1}^{\infty}(-1)^n\left(\frac{x-1}{3}\right)^{2n+1}=-\left(\frac{x-1}{3}\right)^3+\left(\frac{x-1}{3}\right)^5-\left(\frac{x-1}{3}\right)^7+\left(\frac{x-1}{3}\right)^9-\cdots\cdots$

この無限級数は，初項 $-\left(\dfrac{x-1}{3}\right)^3$，公比 $-\left(\dfrac{x-1}{3}\right)^2$ の無限等比級数であるから，収束するための条件は

$$-\left(\frac{x-1}{3}\right)^3=0 \quad \text{または} \quad -1<-\left(\frac{x-1}{3}\right)^2<1$$

$-\left(\dfrac{x-1}{3}\right)^3=0$ から　$(x-1)^3=0$　よって　$x=1$ …… ①

$-1<-\left(\dfrac{x-1}{3}\right)^2<1$ から　$-9<(x-1)^2<9$

$(x-1)^2\geqq 0$ であるから　$0\leqq(x-1)^2<9$

よって　$-3<x-1<3$　すなわち　$-2<x<4$ …… ②

したがって，収束するときの実数xの値の範囲は，①と②を合わせて　**$-2<x<4$**

また，この無限級数の和をSとすると

$$S=\frac{-\left(\dfrac{x-1}{3}\right)^3}{1-\left\{-\left(\dfrac{x-1}{3}\right)^2\right\}}=\frac{-\dfrac{(x-1)^3}{27}}{1+\dfrac{(x-1)^2}{9}}$$

$$=-\frac{(x-1)^3}{3\{(x-1)^2+9\}}$$

◀ 最初の数項を書き出して，初項と公比を調べる。

◀ **(初項)=0 または |公比|<1**

◀ xは実数。

◀ $0\leqq(x-1)^2<9$ $\iff |x-1|^2<9$ $\iff |x-1|<3$ $\iff -3<(x-1)<3$

◀ (初項)=0 のとき，和は 0 となるが，Sの式に $x=1$ を代入すると $S=0$ となる。

練習 23 (1) 次の無限級数が収束するときの実数xの値の範囲を求め，無限級数の和Sを求めよ。

$$(x-4)+\frac{x(x-4)}{2x-4}+\frac{x^2(x-4)}{(2x-4)^2}+\cdots\cdots+\frac{x^{n-1}(x-4)}{(2x-4)^{n-1}}+\cdots\cdots \quad (x\neq 2)$$

(2) $0<\theta<\dfrac{\pi}{2}$ とする。このとき，級数 $\displaystyle\sum_{n=1}^{\infty}\frac{\cos^n\theta}{\sin^n\theta}$ が収束するのは，θの範囲が ア［　　］ のときである。その級数の和を $\tan\theta$ を用いて表すと，イ［　　］ である。

［(1) 類 近畿大，(2) 関西大］ ➡p. 343 演習 16

正項級数と収束判定法

これまでに，無限級数，無限等比級数の収束，発散について考えてきたが，収束，発散の判定法として，ダランベールの判定法というものがあるので紹介しよう。

ダランベールの判定法

正項級数 $\sum_{n=1}^{\infty} a_n$ において，$\lim_{n\to\infty}\frac{a_{n+1}}{a_n}=k$ とする。

$k<1$ ならば $\sum_{n=1}^{\infty} a_n$ は収束し，$k>1$ ならば $\sum_{n=1}^{\infty} a_n$ は発散する。

(注意) 無限級数 $\sum_{n=1}^{\infty} a_n$ で，すべての項が正の数であるものを **正項級数** という。

例えば，次の $p.314$ 例 11 (1)，(2) の無限級数などは正項級数である。

(1) $\sum_{n=1}^{\infty}\frac{1}{(2n-1)(2n+1)}$ (2) $\frac{2}{\sqrt{1}+\sqrt{3}}+\frac{2}{\sqrt{2}+\sqrt{4}}+\frac{2}{\sqrt{3}+\sqrt{5}}+\cdots\cdots$

例 1 $a_n=\frac{n}{2^{n-1}}$ のとき，$\frac{a_{n+1}}{a_n}=\frac{\frac{n+1}{2^n}}{\frac{n}{2^{n-1}}}=\frac{n+1}{2n}=\frac{1+\frac{1}{n}}{2}$ であるから

$$\lim_{n\to\infty}\frac{a_{n+1}}{a_n}=\frac{1}{2}$$

$\frac{1}{2}<1$ であるから，無限級数 $\sum_{n=1}^{\infty}\frac{n}{2^{n-1}}$ は収束する。

例 2 $a_n=n\cdot 3^{n-1}$ のとき，$\frac{a_{n+1}}{a_n}=\frac{(n+1)3^n}{n\cdot 3^{n-1}}=\frac{3(n+1)}{n}=3\left(1+\frac{1}{n}\right)$ であるから

$$\lim_{n\to\infty}\frac{a_{n+1}}{a_n}=3$$

$3>1$ であるから，無限級数 $\sum_{n=1}^{\infty} n\cdot 3^{n-1}$ は発散する。

・$\lim_{n\to\infty}\frac{a_{n+1}}{a_n}=1$ の場合，$\sum_{n=1}^{\infty} a_n$ は収束する場合も発散する場合もある。

例えば，$p.314$ 例 11 (1)：$\sum_{n=1}^{\infty}\frac{1}{(2n-1)(2n+1)}$，$p.314$ 例 12 (1)：$\sum_{n=1}^{\infty}\frac{3n-2}{n+1}$ の第 n 項を a_n とすると，どちらも $\lim_{n\to\infty}\frac{a_{n+1}}{a_n}=1$ となるが，例 11 (1) の無限級数は収束し，例 12 (1) の無限級数は発散する。

・ダランベールの判定法において，$a_n=ar^{n-1}$ $(a>0,\ r>0)$ とするとき，$\sum_{n=1}^{\infty} a_n$ は無限等比級数となり，次のようにして，無限等比級数の収束条件（ただし，$a\neq 0$，$r>0$ に限定）が導かれる。

$\frac{a_{n+1}}{a_n}=r$ であるから　$\lim_{n\to\infty}\frac{a_{n+1}}{a_n}=r$

したがって，**$r<1$ ならば $\sum_{n=1}^{\infty} a_n$ は収束し，$r>1$ ならば $\sum_{n=1}^{\infty} a_n$ は発散する。**

例題 24 無限等比級数と図形 (1) ★★★☆☆

k は定数で，$0<k<1$ とする。xy 平面上で動点Pは原点Oを出発して，x 軸の正の向きに1だけ進み，次に y 軸の正の向きに k だけ進む。更に，x 軸の負の向きに k^2 だけ進み，次に y 軸の負の向きに k^3 だけ進む。

以下，このように方向を変え，方向を変えるたびに進む距離が k 倍される運動を限りなく続けるときの，点Pが近づく点の座標は □ である。

〔東北学院大〕 ◀例13

指針 点 $(X,\ Y)$ に近づくとすると，X は x 軸方向（横方向）の移動量の総和，Y は y 軸方向（縦方向）の移動量の総和である。

X，Y をそれぞれ和の形で表すと，X，Y は無限等比級数となる。

無限等比級数 $\sum_{n=1}^{\infty} ar^{n-1}$ $(a \neq 0,\ |r|<1)$ の和は $\dfrac{a}{1-r}$

解答 点Pが近づく点の座標を $(X,\ Y)$ とすると

$X=1-k^2+k^4-k^6+\cdots\cdots$,

$Y=k-k^3+k^5-k^7+\cdots\cdots$

X，Y はともに公比 $-k^2$ の無限等比級数であり，$0<k<1$ より $-1<-k^2<0$ であるから，それぞれ収束する。

したがって，それぞれの和は

$$X=\frac{1}{1-(-k^2)}=\frac{1}{1+k^2},$$

$$Y=\frac{k}{1-(-k^2)}=\frac{k}{1+k^2}$$

よって，点Pが近づく点の座標は $\left(\dfrac{1}{1+k^2},\ \dfrac{k}{1+k^2}\right)$

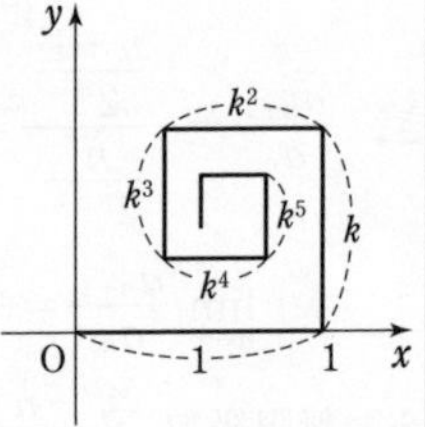

◀ 点Pの x 座標，y 座標の移動を，それぞれ調べる。

◀ 無限等比級数の収束条件は **(初項)=0 または |公比|<1**
ただし，$0<k<1$ であるから，初項 $\neq 0$ である。

◀ $\dfrac{\text{(初項)}}{1-\text{(公比)}}$

練習 24 座標平面上の原点を $P_0(0,\ 0)$ と書く。点 P_1，P_2，P_3，…… を

$$\overrightarrow{P_nP_{n+1}}=\left(\frac{1}{2^n}\cos\frac{(-1)^n\pi}{3},\ \frac{1}{2^n}\sin\frac{(-1)^n\pi}{3}\right)\quad (n=0,\ 1,\ 2,\ \cdots\cdots)$$

を満たすように定める。点 P_n の座標を $(x_n,\ y_n)$ $(n=0,\ 1,\ 2,\ \cdots\cdots)$ とする。

(1) 点 P_1，点 P_2 の座標をそれぞれ求めよ。

(2) x_n，y_n をそれぞれ n を用いて表せ。

(3) 極限値 $\lim_{n\to\infty} x_n$，$\lim_{n\to\infty} y_n$ をそれぞれ求めよ。

(4) ベクトル $\overrightarrow{P_{2n-1}P_{2n+1}}$ の大きさを l_n $(n=1,\ 2,\ 3,\ \cdots\cdots)$ とするとき，l_n を n を用いて表せ。

(5) (4)の l_n について，無限級数 $\sum_{n=1}^{\infty} l_n$ の和 S を求めよ。 〔立教大〕

例題 25 無限等比級数と図形(2) ★★★☆☆

原点Oの座標平面に2点 $A_1(1,\ \sqrt{3})$, $C(4,\ 0)$ をとる。A_1 から直線OCに下ろした垂線を A_1B_1 とし，B_1 から直線 A_1C に下ろした垂線を B_1A_2 とする。更に，A_2 から直線OCに下ろした垂線を A_2B_2 とする。同様の操作を繰り返すことにより，点 A_n, B_n $(n=3,\ 4,\ 5,\ \cdots\cdots)$ をとる。このとき，線分 A_2B_2 の長さは $A_2B_2=$ ア□ である。また，$\displaystyle\lim_{n\to\infty}\sum_{k=1}^{n}(A_kB_k+B_kA_{k+1})=$ イ□ である。〔関西大〕

◀例題24

指針 CHART》 繰り返しの操作　n 番目と $(n+1)$ 番目の関係を調べる

$\triangle A_1B_1C$ は辺の長さの比が $1:\sqrt{3}:2$ の直角三角形で，$\triangle A_nB_nC$, $\triangle B_nA_{n+1}C$ は，$\triangle A_1B_1C$ と相似であるから　$\angle B_nA_nC=\angle A_{n+1}B_nC=\angle B_1A_1C$

解答 $\triangle A_1B_1C$ において

$A_1B_1=\sqrt{3}$, $B_1C=3$,

$CA_1=\sqrt{(1-4)^2+(\sqrt{3}-0)^2}=2\sqrt{3}$,

したがって，$\triangle A_1B_1C$ は辺の長さの比が $1:\sqrt{3}:2$ の直角三角形であるから　$\angle B_1A_1C=\dfrac{\pi}{3}$

$\triangle A_nB_nC$, $\triangle B_nA_{n+1}C$ は，$\triangle A_1B_1C$ と相似であるから

$$\angle B_nA_nC=\angle A_{n+1}B_nC=\frac{\pi}{3}$$

よって　$A_2B_2=B_1A_2\sin\dfrac{\pi}{3}=A_1B_1\sin\dfrac{\pi}{3}\cdot\dfrac{\sqrt{3}}{2}=$ ア $\boldsymbol{\dfrac{3\sqrt{3}}{4}}$

同様に考えると　$A_{n+1}B_{n+1}=B_nA_{n+1}\sin\dfrac{\pi}{3}=A_nB_n\sin\dfrac{\pi}{3}\cdot\dfrac{\sqrt{3}}{2}=\dfrac{3}{4}A_nB_n$

数列 $\{A_nB_n\}$ は初項 $\sqrt{3}$, 公比 $\dfrac{3}{4}$ の等比数列であるから　$A_nB_n=\sqrt{3}\left(\dfrac{3}{4}\right)^{n-1}$

また　$B_nA_{n+1}=A_nB_n\sin\dfrac{\pi}{3}=\dfrac{\sqrt{3}}{2}A_nB_n$　したがって

$$\lim_{n\to\infty}\sum_{k=1}^{n}(A_kB_k+B_kA_{k+1})=\lim_{n\to\infty}\sum_{k=1}^{n}\left(A_kB_k+\frac{\sqrt{3}}{2}A_kB_k\right)=\lim_{n\to\infty}\sum_{k=1}^{n}\left(1+\frac{\sqrt{3}}{2}\right)A_kB_k$$

$$=\lim_{n\to\infty}\sum_{k=1}^{n}\left(\sqrt{3}+\frac{3}{2}\right)\left(\frac{3}{4}\right)^{k-1}=\lim_{n\to\infty}\left(\sqrt{3}+\frac{3}{2}\right)\cdot 4\left\{1-\left(\frac{3}{4}\right)^n\right\}=\text{イ}\ \boldsymbol{4\sqrt{3}+6}$$

練習 25 次の条件(i)(ii)によって定まる数列 $\{a_n\}$ を考える。

(i) $a_1=0$

(ii) 点 $A_n(a_n,\ 0)$ を通る傾き1の直線と直線 $y=-\dfrac{1}{2}x+1$ との交点を B_n として，点 B_n の x 座標を a_{n+1} とする。$(n=1,\ 2,\ 3,\ \cdots\cdots)$

(1) a_2 を求めよ。　(2) a_{n+1} を a_n を用いて表し，数列 $\{a_n\}$ の一般項を求めよ。

(3) $\triangle A_nA_{n+1}B_n$ の面積を S_n とする。無限級数 $\displaystyle\sum_{n=1}^{\infty}S_n$ の和を求めよ。〔類 信州大〕

例題 26 無限級数の性質(1) ★★☆☆☆

次の無限級数の収束・発散について調べ，収束すればその和を求めよ。

$$\left(2-\frac{1}{2}\right)+\left(\frac{2}{3}+\frac{1}{2^2}\right)+\left(\frac{2}{3^2}-\frac{1}{2^3}\right)+\cdots\cdots+\left(\frac{2}{3^{n-1}}+\frac{(-1)^n}{2^n}\right)+\cdots\cdots$$

指針 CHART》 無限級数 **まず 部分和 S_n，次に lim**

部分和 S_n は **有限** であるから，項の順序を変えて和を求めてもよい。

(注意) **無限** の場合は，無条件で項の順序を変えてはいけない。例えば，無限級数 $1-1+1-1+1-1+\cdots\cdots$ について

$$(1-1)+(1-1)+\cdots\cdots=0,\quad 1+(-1+1)+(-1+1)+\cdots\cdots=1$$

などとしたら間違い！ ◀ 正しくは，公比が -1 の無限等比級数のため，発散する。

解答 初項から第 n 項までの部分和を S_n とすると

$$S_n=\left(2+\frac{2}{3}+\frac{2}{3^2}+\cdots\cdots+\frac{2}{3^{n-1}}\right)$$

$$-\left\{\frac{1}{2}-\frac{1}{2^2}+\frac{1}{2^3}-\cdots\cdots+\frac{(-1)^{n-1}}{2^n}\right\}$$

$$=\frac{2\left\{1-\left(\frac{1}{3}\right)^n\right\}}{1-\frac{1}{3}}-\frac{\frac{1}{2}\left\{1-\left(-\frac{1}{2}\right)^n\right\}}{1-\left(-\frac{1}{2}\right)}$$

$$=3\left\{1-\left(\frac{1}{3}\right)^n\right\}-\frac{1}{3}\left\{1-\left(-\frac{1}{2}\right)^n\right\}$$

よって $\displaystyle\lim_{n\to\infty}S_n=3\cdot1-\frac{1}{3}\cdot1=\frac{8}{3}$

ゆえに，この無限級数は **収束して，その和は $\dfrac{8}{3}$**

◀ S_n は有限個の項の和なので，左のように順序を変えて計算してよい。

◀ 初項 a，公比 r の等比数列の初項から第 n 項までの和は，$r\neq1$ のとき $\dfrac{a(1-r^n)}{1-r}$

別解 $\displaystyle(\text{与式})=\sum_{n=1}^{\infty}\left\{\frac{2}{3^{n-1}}+\frac{(-1)^n}{2^n}\right\}=\sum_{n=1}^{\infty}\left\{2\left(\frac{1}{3}\right)^{n-1}+\left(-\frac{1}{2}\right)^n\right\}$

$\displaystyle\sum_{n=1}^{\infty}2\left(\frac{1}{3}\right)^{n-1}$，$\displaystyle\sum_{n=1}^{\infty}\left(-\frac{1}{2}\right)^n$ はともに，公比の絶対値が1より小さいから，収束する。

ゆえに，与えられた無限級数は **収束して，その和は**

$$(\text{与式})=\sum_{n=1}^{\infty}2\left(\frac{1}{3}\right)^{n-1}+\sum_{n=1}^{\infty}\left(-\frac{1}{2}\right)^n$$

$$=\frac{2}{1-\frac{1}{3}}+\left(-\frac{1}{2}\right)\cdot\frac{1}{1-\left(-\frac{1}{2}\right)}=\frac{8}{3}$$

別解 は $p.313$ 基本事項 4 を利用している。

◀ 無限等比級数 $\displaystyle\sum_{n=1}^{\infty}ar^{n-1}$ の **収束条件** は $a=0$ または $|r|<1$

◀ 収束を確認してから $\displaystyle\sum_{n=1}^{\infty}$ を分ける。

練習 26 次の無限級数の収束・発散について調べ，収束すればその和を求めよ。

(1) $\displaystyle\sum_{n=1}^{\infty}\left\{2\left(-\frac{2}{3}\right)^{n-1}+3\left(\frac{1}{4}\right)^{n-1}\right\}$

(2) $\displaystyle(1-2)+\left(\frac{1}{2}+\frac{2}{3}\right)+\left(\frac{1}{2^2}-\frac{2}{3^2}\right)+\cdots\cdots$

例題 27 無限級数の性質 (2) ★★★☆☆

次の無限級数の収束・発散について調べ，収束すればその和を求めよ。

(1) $1-\frac{1}{2}+\frac{1}{2}-\frac{1}{3}+\frac{1}{3}-\frac{1}{4}+\cdots\cdots+\frac{1}{n}-\frac{1}{n+1}+\cdots\cdots$

(2) $2-\frac{3}{2}+\frac{3}{2}-\frac{4}{3}+\frac{4}{3}-\frac{5}{4}+\cdots\cdots+\frac{n+1}{n}-\frac{n+2}{n+1}+\cdots\cdots$

◀例題 26

指針 (1)，(2) とも，奇数番目の項と偶数番目の項の符号が異なるため，第 n 項までの部分和 S_n を1つの式に表すのが難しい。

また，例題 26 と異なり，(　) が付いていないので，第 n 項を (1) $\frac{1}{n}-\frac{1}{n+1}$

(2) $\frac{n+1}{n}-\frac{n+2}{n+1}$ としてはいけない。

そこで，S_{2n-1}，S_{2n} に分けて調べる。

$\lim_{n\to\infty} S_{2n-1}=\lim_{n\to\infty} S_{2n}=S$ ならば $\lim_{n\to\infty} S_n=S$

$\lim_{n\to\infty} S_{2n-1}\neq\lim_{n\to\infty} S_{2n}$ ならば 数列 $\{S_n\}$ は収束しない。

なお，(1)，(2) ともまず S_{2n-1} を求めて，$S_{2n}=S_{2n-1}+a_{2n}$ を利用するとよい。

解答 初項から第 n 項までの部分和を S_n とする。

(1) $S_{2n-1}=1-\frac{1}{2}+\frac{1}{2}-\frac{1}{3}+\cdots\cdots+\frac{1}{n-1}-\frac{1}{n}+\frac{1}{n}=1$

$S_{2n}=S_{2n-1}-\frac{1}{n+1}=1-\frac{1}{n+1}$　◀ $S_{2n}=S_{2n-1}+a_{2n}$

$\lim_{n\to\infty} S_{2n-1}=\lim_{n\to\infty} S_{2n}=1$ であるから $\lim_{n\to\infty} S_n=1$

ゆえに，この無限級数は **収束して，その和は 1**

(2) $S_{2n-1}=2-\frac{3}{2}+\frac{3}{2}-\cdots\cdots+\frac{n}{n-1}-\frac{n+1}{n}+\frac{n+1}{n}$
$=2$　◀ 第 2 項以降はすべて消える。

$S_{2n}=S_{2n-1}-\frac{n+2}{n+1}=2-\frac{n+2}{n+1}=2-\left(1+\frac{1}{n+1}\right)$　◀ $S_{2n}=S_{2n-1}+a_{2n}$

$=1-\frac{1}{n+1}$

よって $\lim_{n\to\infty} S_{2n-1}=2$,

$\lim_{n\to\infty} S_{2n}=\lim_{n\to\infty}\left(1-\frac{1}{n+1}\right)=1$

$\lim_{n\to\infty} S_{2n-1}\neq\lim_{n\to\infty} S_{2n}$ であるから，この無限級数は **発散する。**

練習 27 $b_n=(-1)^{n-1}\log\frac{n+2}{n}$ $(n=1,\ 2,\ 3,\ \cdots\cdots)$ で定められる数列 $\{b_n\}$ に対して，$S_n=b_1+b_2+\cdots\cdots+b_n$ とする。このとき，$\lim_{n\to\infty} S_n$ を求めよ。ただし，$\log\frac{n+2}{n}$ は $e=2.71828\cdots\cdots$ を底とする対数とする。 〔岡山大〕

重要例題 28 | 無限級数 $\sum nx^{n-1}$ ★★★★☆

無限級数 $\sum_{n=1}^{\infty} nx^{n-1}$ の収束，発散を調べて，収束する場合にはその和を求めよ。ただし，$x \neq 0$ とする。また，$\lim_{n\to\infty} nx^n=0$ ($|x|<1$) を用いてよい。 〔類 芝浦工大〕

指針 部分和 $S_n=\sum_{k=1}^{n} kx^{k-1}$ は，**(等差×等比) の和 S_n 　S_n-rS_n (r は公比) を作れ** に従って計算する。そして **CHART》 無限等比級数 　公比 ±1 が分かれ目**

また **数列 $\{a_n\}$ が 0 に収束しない ⟹ 無限級数 $\sum_{n=1}^{\infty} a_n$ は発散する** も利用する。

CHART》 無限級数 　$a_n \longrightarrow 0$ か

解答 数列 $\{nx^{n-1}\}$ の初項から第 n 項までの和を S_n とすると

$$S_n=1+2x+3x^2+\cdots\cdots\cdots+nx^{n-1}$$
$$xS_n=\quad x+2x^2+\cdots\cdots+(n-1)x^{n-1}+nx^n$$
$$S_n-xS_n=1+x+x^2+\cdots\cdots+x^{n-1}-nx^n$$

◀ 2 式の辺々を引く。

[1] $x \neq 1$ のとき 　$(1-x)S_n=\dfrac{1-x^n}{1-x}-nx^n$

よって 　$S_n=\dfrac{1-x^n}{(1-x)^2}-\dfrac{nx^n}{1-x}$

(i) $-1<x<1$ の場合

$\lim_{n\to\infty} x^n=0$，$\lim_{n\to\infty} nx^n=0$ であるから 　$\lim_{n\to\infty} S_n=\dfrac{1}{(1-x)^2}$

◀ $\dfrac{1-0}{(1-x)^2}-\dfrac{0}{1-x}$

(ii) $x \leqq -1$，$1<x$ の場合

第 n 項 a_n は $a_n=nx^{n-1}$ であり 　$|nx^{n-1}| \geqq n$

したがって，数列 $\{a_n\}$ は 0 に収束しない。

よって，無限級数 $\sum_{n=1}^{\infty} nx^{n-1}$ は発散する。

◀ $n \geqq 2$ のとき
$|x| \geqq 1 \implies |x|^{n-1} \geqq 1$
$\implies |nx^{n-1}| \geqq n$

[2] $x=1$ のとき 　$S_n=1+2+\cdots\cdots+n=\dfrac{1}{2}n(n+1)$

$\lim_{n\to\infty} S_n=\infty$ であるから，無限級数 $\sum_{n=1}^{\infty} nx^{n-1}$ は発散する。

以上から 　**$|x|<1$ のとき収束して，和は $\dfrac{1}{(1-x)^2}$，**

$|x| \geqq 1$ のとき発散する。

練習 28 数列 $\{a_n\}$ の初項から第 n 項までの和を S_n とする。$S_n=2-\dfrac{n+2}{n}a_n$ ($n=1, 2, 3, \cdots\cdots$) が成り立つとき，次の問いに答えよ。

(1) a_1 を求めよ。 (2) a_n と a_{n+1} の関係式を求めよ。 (3) a_n を求めよ。

(4) $\lim_{n\to\infty} \sum_{k=1}^{n} ka_k$ を求めよ。ただし，$\lim_{n\to\infty} n^2p^n=0$ ($0<p<1$) を用いてよい。

〔岡山県大〕 ➡ p. 344 演習 **18**

重要例題 29 無限級数 $\Sigma\frac{1}{n}$ が発散することの証明 ★★★★☆

(1) $\displaystyle\sum_{k=1}^{2^n}\frac{1}{k}\geqq\frac{n}{2}+1$ …… ① を数学的帰納法によって証明せよ。

(2) 無限級数 $1+\dfrac{1}{2}+\dfrac{1}{3}+\cdots\cdots+\dfrac{1}{n}+\cdots\cdots$ は発散することを証明せよ。

指針 (2) 数列 $\left\{\dfrac{1}{n}\right\}$ は 0 に収束するから，$p.312$ 基本事項 **2** ② を利用する方法は使えない。

そこで，(1) で示した不等式の利用を考える。

$n\geqq2^m$ とすると $\displaystyle\sum_{k=1}^{n}\frac{1}{k}\geqq\sum_{k=1}^{2^m}\frac{1}{k}$ ここで，$m\longrightarrow\infty$ のとき $n\longrightarrow\infty$ となる。

解答 (1) [1] $n=1$ のとき $\displaystyle\sum_{k=1}^{2}\frac{1}{k}=\frac{1}{1}+\frac{1}{2}=\frac{1}{2}+1$ よって，① は成り立つ。

[2] $n=m$ のとき，① が成り立つと仮定すると

$$\sum_{k=1}^{2^m}\frac{1}{k}\geqq\frac{m}{2}+1$$

このとき

$$\sum_{k=1}^{2^{m+1}}\frac{1}{k}=\sum_{k=1}^{2^m}\frac{1}{k}+\sum_{k=2^m+1}^{2^{m+1}}\frac{1}{k}$$

$$\geqq\left(\frac{m}{2}+1\right)+\frac{1}{2^m+1}+\frac{1}{2^m+2}+\cdots\cdots+\frac{1}{2^{m+1}}$$

$$=\frac{m}{2}+1+\frac{1}{2^m+1}+\frac{1}{2^m+2}+\cdots\cdots+\frac{1}{2^m+2^m}$$

◀ $2^{m+1}=2^m+2^m$

$$>\frac{m}{2}+1+\frac{1}{2^{m+1}}\cdot2^m=\frac{m+1}{2}+1$$

◀ $\dfrac{1}{2^m+k}>\dfrac{1}{2^m+2^m}\left(=\dfrac{1}{2^{m+1}}\right)$ $(k=1,\ 2,\ \cdots\cdots,\ 2^m-1)$

よって，$n=m+1$ のときにも ① は成り立つ。

[1]，[2] から，すべての自然数 n について ① は成り立つ。

(2) $S_n=\displaystyle\sum_{k=1}^{n}\frac{1}{k}$ とおく。

$n\geqq2^m$ とすると，(1) から $S_n\geqq\displaystyle\sum_{k=1}^{2^m}\frac{1}{k}\geqq\frac{m}{2}+1$

ここで，$m\longrightarrow\infty$ のとき $n\longrightarrow\infty$ で $\displaystyle\lim_{m\to\infty}\left(\frac{m}{2}+1\right)=\infty$ よって $\displaystyle\lim_{n\to\infty}S_n=\infty$

したがって，$\displaystyle\sum_{n=1}^{\infty}\frac{1}{n}$ は発散する。 ◀ $a_n\leqq b_n$ で $\displaystyle\lim_{n\to\infty}a_n=\infty\Longrightarrow\lim_{n\to\infty}b_n=\infty$

検討 一般に，数列 $\{a_n\}$ が 0 に収束しなければ，無限級数 $\displaystyle\sum_{n=1}^{\infty}a_n$ は発散する。しかし，上の (2) で示したように，**この逆は成立しない**。

なお，$\displaystyle\sum_{n=1}^{\infty}\frac{1}{n^p}$ **は $p>1$ のとき収束，$p\leqq1$ のとき発散する** ことが知られている。

練習 29 上の例題の結果を用いて，無限級数 $\displaystyle\sum_{n=1}^{\infty}\frac{1}{\sqrt{n}}$ は発散することを示せ。

7 関数の極限

《 基本事項 》

1 $x \longrightarrow a$ のときの関数の極限とその性質

関数 $f(x)$ において，変数 x が，a と異なる値をとりながら a に限りなく近づくとき，それに応じて，$f(x)$ の値がある一定の値 α に限りなく近づく場合

$$\lim_{x\to a} f(x)=\alpha \qquad \text{または} \qquad x \longrightarrow a \text{ のとき } f(x) \longrightarrow \alpha$$

と書き，この値 α を $x \longrightarrow a$ のときの関数 $f(x)$ の **極限値** または **極限** という。また，$f(x)$ は α に **収束する** という。なお，$x \longrightarrow a$ では $x \neq a$ であるが，$f(x) \longrightarrow \alpha$ では $f(x)=\alpha$ であってもよい。

数列の場合と同様に，関数の極限について，次のことが成り立つ。

関数の極限の性質　$\lim_{x\to a} f(x)=\alpha$，$\lim_{x\to a} g(x)=\beta$ (α，β は有限な値) とする。

1 $\lim_{x\to a}\{kf(x)+lg(x)\}=k\alpha+l\beta$　　ただし，k，l は定数

2 $\lim_{x\to a} f(x)g(x)=\alpha\beta$　　3 $\lim_{x\to a} \dfrac{f(x)}{g(x)}=\dfrac{\alpha}{\beta}$　　ただし $\beta \neq 0$

$f(x)$ が多項式で表される関数，分数関数，無理関数，三角関数，指数関数，対数関数などについては，a が関数の定義域に属するとき，$\lim_{x\to a} f(x)=f(a)$ が成り立つ。

関数 $f(x)$ において，x が a と異なる値をとりながら a に限りなく近づくとき，$f(x)$ の値が限りなく大きくなるならば，$x \longrightarrow a$ のとき $f(x)$ は **正の無限大に発散する** といい，

$$\lim_{x\to a} f(x)=\infty \qquad \text{または} \qquad x \longrightarrow a \text{ のとき } f(x) \longrightarrow \infty$$

と書く。$f(x)$ が正の無限大に発散することを，$f(x)$ の **極限は** ∞ であるともいう。

また，x が a と異なる値をとりながら a に限りなく近づくとき，$f(x)$ の値が負で，その絶対値が限りなく大きくなるならば，$x \longrightarrow a$ のとき $f(x)$ は **負の無限大に発散する** といい，

$$\lim_{x\to a} f(x)=-\infty \qquad \text{または} \qquad x \longrightarrow a \text{ のとき } f(x) \longrightarrow -\infty$$

と書く。$f(x)$ が負の無限大に発散することを，$f(x)$ の **極限は** $-\infty$ であるともいう。

関数 $f(x)$ において，$\lim_{x\to a} f(x)=\alpha$，$\lim_{x\to a} f(x)=\infty$，$\lim_{x\to a} f(x)=-\infty$ のいずれでもない場合，$x \longrightarrow a$ のときの $f(x)$ の **極限はない** という。

2 関数の片側からの極限

$x>a$ の範囲で x が a に限りなく近づくとき，$f(x)$ の値が α に限りなく近づくならば，α を x が a に近づくときの $f(x)$ の **右側極限** といい，$\lim_{x\to a+0} f(x)=\alpha$ と書き表す。

$x<a$ の範囲で x が a に限りなく近づくときの $f(x)$ の **左側極限** も同様に定義され，その極限値が β のとき，$\lim_{x\to a-0} f(x)=\beta$ と書き表す。

特に $a=0$ の場合，$x \longrightarrow 0+0$，$x \longrightarrow 0-0$ は，それぞれ $x \longrightarrow +0$，$x \longrightarrow -0$ と書く。

$x \longrightarrow a$ のとき関数 $f(x)$ の極限が存在するのは，右側極限と左側極限が存在して一致する場合である。

すなわち　$\displaystyle\lim_{x \to a+0} f(x) = \lim_{x \to a-0} f(x) = \alpha \iff \lim_{x \to a} f(x) = \alpha$

$\displaystyle\lim_{x \to a+0} f(x) \neq \lim_{x \to a-0} f(x)$ のとき，$x \longrightarrow a$ のときの関数 $f(x)$ の極限は存在しない。

3 $x \longrightarrow \infty$，$x \longrightarrow -\infty$ のときの関数の極限

$x \longrightarrow \infty$ のとき，関数 $f(x)$ がある一定の値 α に限りなく近づく場合，この値を $x \longrightarrow \infty$ のときの $f(x)$ の **極限値** または **極限** といい，

$$\lim_{x \to \infty} f(x) = \alpha \qquad \text{または} \qquad x \longrightarrow \infty \text{ のとき } \ f(x) \longrightarrow \alpha$$

と書き表す。$x \longrightarrow -\infty$ のときも同様に考える。

また，**1** の **関数の極限の性質** は，$x \longrightarrow \infty$，$x \longrightarrow -\infty$ のときも成り立つ。

4 関数の極限と大小関係

関数の極限について，更に次のことが成り立つ。

> $\displaystyle\lim_{x \to a} f(x) = \alpha$，$\displaystyle\lim_{x \to a} g(x) = \beta$（$\alpha$，$\beta$ は有限な値）とする。
>
> 1　x が a に近いとき，常に $\boldsymbol{f(x) \leqq g(x)}$ ならば　$\boldsymbol{\alpha \leqq \beta}$
>
> 2　x が a に近いとき，常に $\boldsymbol{f(x) \leqq h(x) \leqq g(x)}$ かつ $\boldsymbol{\alpha = \beta}$ ならば
>
> $$\lim_{x \to a} h(x) = \alpha \qquad \text{（はさみうちの原理）}$$

これらのことは，「x が a に近いとき」を「十分大きい x で」と読み替えると，$x \longrightarrow \infty$ の場合にも成り立つ。$x \longrightarrow -\infty$ の場合も同様である。

1 で x が十分大きいとき，常に $f(x) \leqq g(x)$ であるならば

$$\lim_{x \to \infty} f(x) = \infty \text{ のとき } \qquad \lim_{x \to \infty} g(x) = \infty$$

また，1 で $f(x) < g(x)$，2 で $f(x) < h(x) < g(x)$，$f(x) \leqq h(x) < g(x)$ などとおき換えても結論の式は変わらない。

5 指数関数 $y = a^x$，対数関数 $y = \log_a x$ の極限

グラフからわかるように，次のことが成り立つ。

$a > 1$ のとき

$\displaystyle\lim_{x \to \infty} a^x = \infty$

$\displaystyle\lim_{x \to -\infty} a^x = 0$

$0 < a < 1$ のとき

$\displaystyle\lim_{x \to \infty} a^x = 0$

$\displaystyle\lim_{x \to -\infty} a^x = \infty$

$a > 1$ のとき

$\displaystyle\lim_{x \to \infty} \log_a x = \infty$

$\displaystyle\lim_{x \to +0} \log_a x = -\infty$

$0 < a < 1$ のとき

$\displaystyle\lim_{x \to \infty} \log_a x = -\infty$

$\displaystyle\lim_{x \to +0} \log_a x = \infty$

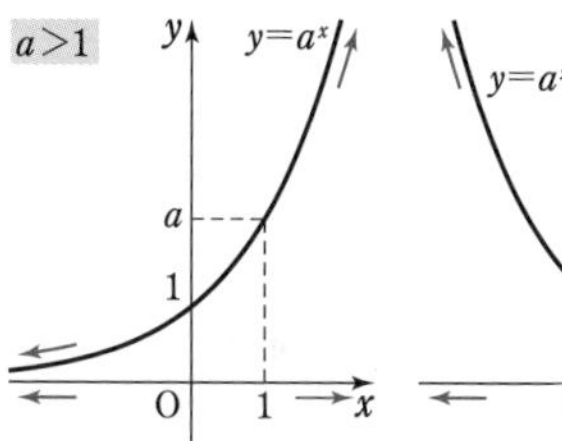

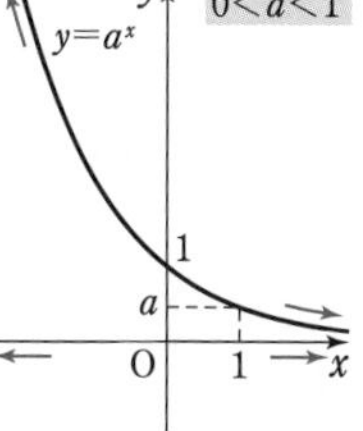

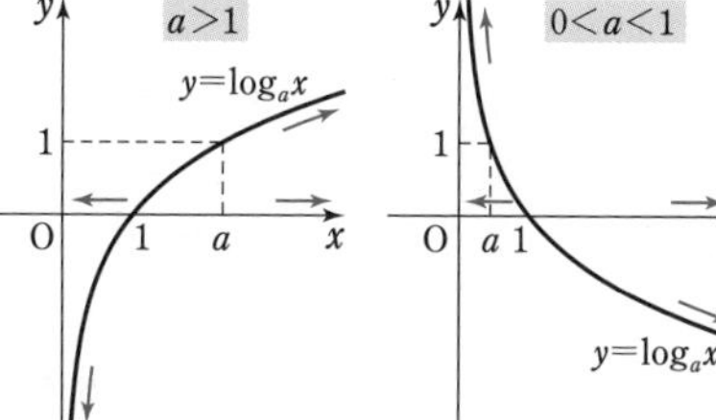

関数の極限の定義

$p.298$ では，数列の極限の定義を厳密に学んだが，ここでは関数の極限の定義を厳密に考えてみよう。$p.324$ では，「関数 $f(x)$ において，変数 x が，a と異なる値をとりながら a に限りなく近づくとき，$f(x)$ がある一定の値 α に限りなく近づく場合 $\lim_{x\to a} f(x)=\alpha$ と書く」ことを学んだ。しかし，$p.298$ で学んだように「限りなく近づく」ということが曖昧であるから，数学的に厳密に定義すると次のようになる。

任意の正の数 ε に対して，正の数 δ を適当に定めると，$0<|x-a|<\delta$ であるすべての x に対して，$|f(x)-\alpha|<\varepsilon$ となるとき，α を $x \longrightarrow a$ のときの関数 $f(x)$ の極限値といい，$\lim_{x\to a} f(x)=\alpha$ と書く。

◀ ε はどんなに小さい数でもよい。

この定義を用いて，次の性質を証明してみよう。

> $\lim_{x\to a} f(x)=\alpha$，$\lim_{x\to a} g(x)=\beta$ (α，β は有限な値) とし，k，l は定数とする。
>
> 1 $\lim_{x\to a} kf(x)=k\alpha$　　2 $\lim_{x\to a}\{f(x)+g(x)\}=\alpha+\beta$
>
> 3 $\lim_{x\to a}\{kf(x)+lg(x)\}=k\alpha+l\beta$

証明　(1)　$k=0$ のときは明らかに成り立つ。

$k\neq 0$ のとき，仮定より，任意の正の数 ε' に対して正の数 δ を定めると，$0<|x-a|<\delta$ であるすべての x に対して

$|f(x)-\alpha|<\varepsilon'$ …… ① となる。

よって　$|kf(x)-k\alpha|=|k||f(x)-\alpha|<|k|\varepsilon'$

そこで，任意の正の数 ε に対して，$\varepsilon'=\dfrac{\varepsilon}{|k|}$ とすると，① から

$0<|x-a|<\delta$ であるすべての x に対して $|kf(x)-k\alpha|<\varepsilon$ となる。

したがって　$\lim_{x\to a} kf(x)=k\alpha$

◀ ε' は任意の正の数であるから，$\varepsilon'=\dfrac{\varepsilon}{|k|}$ としてもよい。

(2)　仮定より，任意の正の数 ε_1，ε_2 に対して，それぞれ正の数 δ_1，δ_2 を定めると，

$0<|x-a|<\delta_1$ であるすべての x に対して $|f(x)-\alpha|<\varepsilon_1$ …… ②

$0<|x-a|<\delta_2$ であるすべての x に対して $|g(x)-\beta|<\varepsilon_2$ …… ③

そこで，任意の正の数 ε に対して，$\varepsilon_1=\varepsilon_2=\dfrac{\varepsilon}{2}$ とし，δ_1，δ_2 の大きくない方を δ とすると，②，③ から $0<|x-a|<\delta$ であるすべての x に対して，

◀ $0<|x-a|<\delta$ のとき ②，③ がともに成り立つ。

$$|\{f(x)+g(x)\}-(\alpha+\beta)|=|\{f(x)-\alpha\}+\{g(x)-\beta\}|$$
$$\leqq|f(x)-\alpha|+|g(x)-\beta|<\varepsilon_1+\varepsilon_2=\varepsilon$$

◀ $|x+y|\leqq|x|+|y|$

したがって　$\lim_{x\to a}\{f(x)+g(x)\}=\alpha+\beta$

(3)　1，2 が成り立つことから

$$\lim_{x\to a}\{kf(x)+lg(x)\}=k\alpha+l\beta$$

◀ 1 から $\lim_{x\to a} lg(x)=l\beta$

例 15 | 関数の極限 (1) ★★☆☆☆

次の極限値を求めよ。

(1) $\displaystyle\lim_{x\to-2}\frac{x^3+x^2+4}{x^2+x-2}$　　(2) $\displaystyle\lim_{x\to0}\frac{1}{x}\left\{1-\frac{4}{(x-2)^2}\right\}$　　(3) $\displaystyle\lim_{x\to2}\frac{\sqrt{x+2}-2}{x-2}$

◀数学Ⅱ 例題 127

指針 (1)～(3) すべて $\dfrac{0}{0}$ **の形の極限** (数列の場合と同じように **不定形の極限** という)。

不定形の極限を求めるには，**極限が求められる形に 変形** する。

…… 不定形の数列の極限を求める場合と要領は同じ (p. 296 参照)。

(1) 分母・分子の式は $x=-2$ のとき 0 となるから，ともに因数 $x+2$ をもつ (因数定理)。よって，$x+2$ で **約分** すると，極限が求められる形になる。

(2) { } 内を通分すると分子に x が出てきて，x で **約分** できる。

(3) 分子の無理式を **有理化** すると，分子にも $x-2$ が現れる。よって，$x-2$ で **約分** できる。

CHART》 関数の極限

極限が求められる形に変形

くくり出し　約分　有理化

例 16 | 関数の極限 (2) ★★☆☆☆

次の極限を求めよ。

(1) $\displaystyle\lim_{x\to-\infty}(2x^3+x^2-3)$　　(2) $\displaystyle\lim_{x\to-\infty}\frac{2x^2-x+5}{3x^2+1}$

(3) $\displaystyle\lim_{x\to\infty}\frac{4}{\sqrt{x^2+2x}-x}$　　(4) $\displaystyle\lim_{x\to-\infty}(\sqrt{x^2+3x}+x)$

指針 $\infty-\infty$，$\dfrac{\infty}{\infty}$ や分母が $\infty-\infty$ の形の極限 (**不定形の極限**) であるから，**くくり出し** や **有理化** によって，**CHART》 極限が求められる形に変形** する。

(2) 分母・分子のそれぞれにおいて，分母の最高次の項の x^2 を **くくり出す**。なお，くくり出した x^2 は約分できるから，結局，x^2 で **分母・分子を割る** ことと同じである。

(3), (4) 無理式であるから，まず **有理化** を行って，分母・分子で x を **くくり出す**。ただし，(4) では，$x\longrightarrow-\infty$ であるから，$x<0$ として変形する。

$x<0$ のとき　$\sqrt{x^2}=x$ ではなくて　$\sqrt{x^2}=-x$　　◀ $\sqrt{(こわい)^2}$

なお，(4) では $x=-t$ とおいて，$t\longrightarrow\infty$ として解答するのも有効 (解答編参照)。

例題 30 極限値から係数決定 ★★☆☆☆

等式 $\lim_{x \to 1} \frac{a\sqrt{x+1}-b}{x-1} = \sqrt{2}$ が成り立つように，定数 a，b の値を定めよ。

◀数学Ⅱ 例題128

指針 極限値の性質2から，一般に，次のことが成り立つ（**検討** 参照）。

$$\lim_{x \to a} \frac{f(x)}{g(x)} = \alpha \text{ かつ } \lim_{x \to a} g(x) = 0 \text{ ならば } \lim_{x \to a} f(x) = 0$$

◀ **必要条件**

$x \longrightarrow 1$ のとき，分母 $x-1 \longrightarrow 0$ であるから，極限値を α とすると

$$\lim_{x \to 1}(a\sqrt{x+1}-b) = \lim_{x \to 1}\left\{\frac{a\sqrt{x+1}-b}{x-1}\cdot(x-1)\right\} = \alpha\cdot 0 = 0$$

したがって，α が有限な値（ここでは $\sqrt{2}$）となるためには，$x \longrightarrow 1$ のとき，分子 $a\sqrt{x+1}-b \longrightarrow 0$ であることが **必要条件** である。そして，求めた必要条件（$b=\sqrt{2}a$）を使って，実際に極限を計算して $=\sqrt{2}$ となるように，a，b の値を定める。こうして求めた a，b の値は **与えられた等式が成り立つための必要十分条件** である。

解答 $\lim_{x \to 1} \frac{a\sqrt{x+1}-b}{x-1} = \sqrt{2}$ …… ① とする。

$\lim_{x \to 1}(x-1) = 0$ であるから　$\lim_{x \to 1}(a\sqrt{x+1}-b) = 0$

ゆえに　$\sqrt{2}a - b = 0$　　よって　$b = \sqrt{2}a$ …… ②

◀ ② は **必要条件**。

このとき　$\lim_{x \to 1} \frac{a\sqrt{x+1}-b}{x-1} = \lim_{x \to 1} \frac{a(\sqrt{x+1}-\sqrt{2})}{x-1}$

$$= a\cdot\lim_{x \to 1} \frac{x-1}{(x-1)(\sqrt{x+1}+\sqrt{2})}$$

◀ 分母・分子に $\sqrt{x+1}+\sqrt{2}$ を掛けて，分子を整理。

$$= a\cdot\lim_{x \to 1} \frac{1}{\sqrt{x+1}+\sqrt{2}} = \frac{a}{2\sqrt{2}}$$

◀ $x-1$（$\neq 0$）で約分。

ゆえに，$\frac{a}{2\sqrt{2}} = \sqrt{2}$ のとき ① が成り立つ。

よって　$a=4$　② から　$b=4\sqrt{2}$

したがって　$\boldsymbol{a=4,\ b=4\sqrt{2}}$

◀ $a=4$，$b=4\sqrt{2}$ は **必要十分条件**。

検討 2つの関数 $f(x)$，$g(x)$ と，一定の値 α について $\lim_{x \to a} \frac{f(x)}{g(x)} = \alpha$ かつ分母について $\lim_{x \to a} g(x) = 0$ が成り立っているとすると，$p.324$ の関数の極限の性質2により

$$\lim_{x \to a} f(x) = \lim_{x \to a}\left\{\frac{f(x)}{g(x)}\cdot g(x)\right\}$$
$$= \alpha\cdot 0 = 0$$

◀ $\frac{f(x)}{g(x)}$ と $g(x)$ が収束していることに注意。

よって，分子について，$\lim_{x \to a} f(x) = 0$ が成り立つ。

◀ 極限値が存在するには $\frac{0}{0}$（不定形）の形であることが必要。

練習 30 次の等式が成り立つように，定数 a，b の値を定めよ。

(1) $\lim_{x \to 3} \frac{\sqrt{4x+a}-b}{x-3} = \frac{2}{5}$　〔福岡大〕　(2) $\lim_{x \to 8} \frac{ax^2+bx+8}{\sqrt[3]{x}-2} = 84$　〔東北学院大〕

例題 31 片側からの極限と極限の存在 ★★★☆☆

次の極限を調べよ。$[x]$ は x を超えない最大の整数を表す。

(1) $\displaystyle\lim_{x\to 0}\frac{x^2-x}{|x|}$　　　(2) $\displaystyle\lim_{x\to 2}([2x]-[x])$

指針 x の近づく方向によって関数の符号や定義が異なるから，片側からの極限を調べて，次のことを利用する。

$$\lim_{x\to a+0}f(x)=\lim_{x\to a-0}f(x)=\alpha \quad \text{ならば} \quad \lim_{x\to a}f(x)=\alpha$$

$$\lim_{x\to a+0}f(x)\neq\lim_{x\to a-0}f(x) \quad \text{ならば} \quad \lim_{x\to a}f(x)\ \text{は存在しない}$$

(1) $|x|$ は　**CHART》 絶対値　場合に分けよ**

(2) [ ] はガウス記号で，式に表すと次のようになる。

$n\leqq x<n+1$ (n は整数) のとき　$[x]=n$

解答

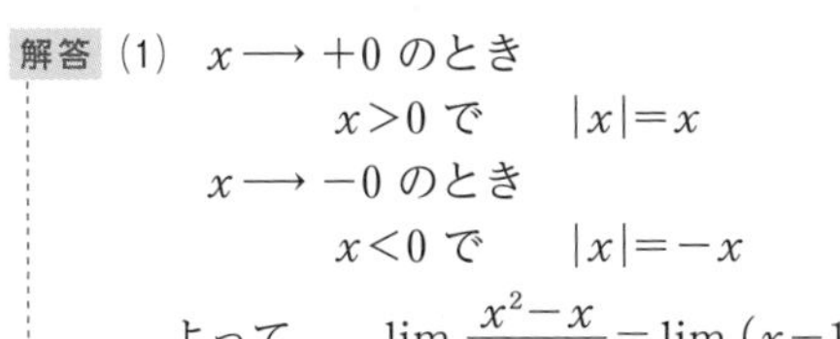

(1) $x\longrightarrow +0$ のとき

$x>0$ で　$|x|=x$

$x\longrightarrow -0$ のとき

$x<0$ で　$|x|=-x$

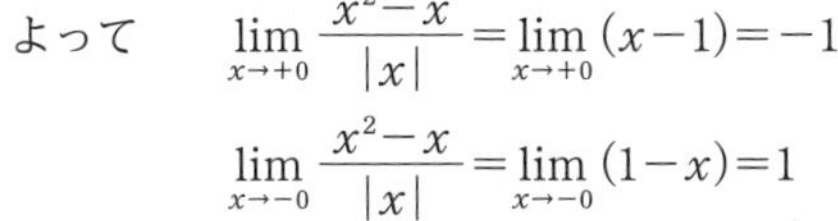

よって　$\displaystyle\lim_{x\to +0}\frac{x^2-x}{|x|}=\lim_{x\to +0}(x-1)=-1$

$\displaystyle\lim_{x\to -0}\frac{x^2-x}{|x|}=\lim_{x\to -0}(1-x)=1$

ゆえに　$\displaystyle\lim_{x\to +0}\frac{x^2-x}{|x|}\neq\lim_{x\to -0}\frac{x^2-x}{|x|}$

したがって，$\displaystyle\lim_{x\to 0}\frac{x^2-x}{|x|}$ は **存在しない。**

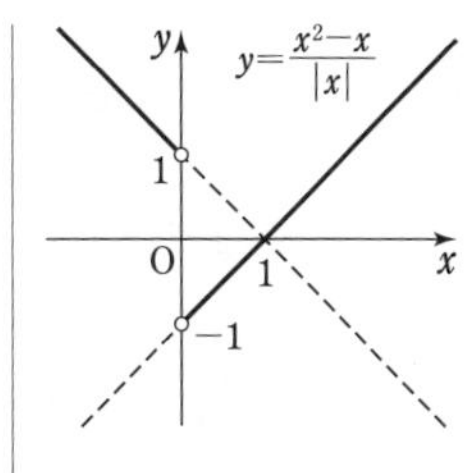

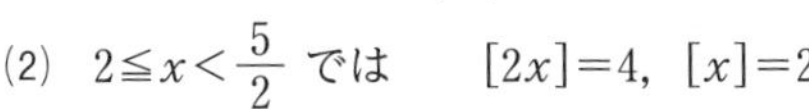

(2) $2\leqq x<\dfrac{5}{2}$ では　$[2x]=4$，$[x]=2$

$\dfrac{3}{2}\leqq x<2$ では　$[2x]=3$，$[x]=1$

よって　$\displaystyle\lim_{x\to 2+0}([2x]-[x])=\lim_{x\to 2+0}(4-2)=2$

$\displaystyle\lim_{x\to 2-0}([2x]-[x])=\lim_{x\to 2-0}(3-1)=2$

ゆえに　$\displaystyle\lim_{x\to 2+0}([2x]-[x])=\lim_{x\to 2-0}([2x]-[x])$

$=2$

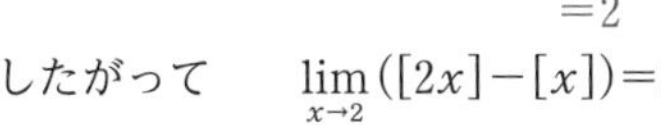

したがって　$\displaystyle\lim_{x\to 2}([2x]-[x])=\mathbf{2}$

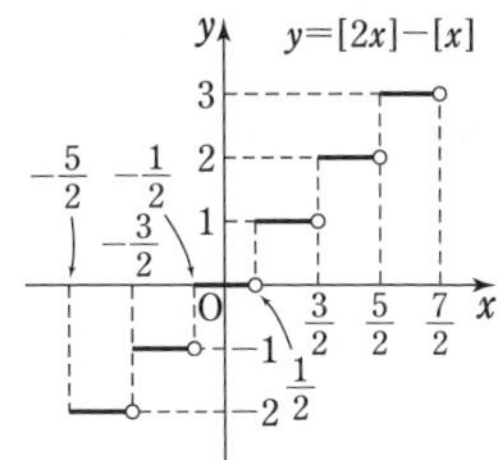

練習 31 次の極限を調べよ。$[x]$ は x を超えない最大の整数を表す。

(1) $\displaystyle\lim_{x\to 1}\frac{(x-1)^2}{|x^2-1|}$　　(2) $\displaystyle\lim_{x\to 0}3^{\frac{1}{x}}$　　(3) $\displaystyle\lim_{x\to 2}\frac{[x+1]-x}{x-[x]}$

例題 32 関数の極限(3) ★★★☆☆

(1) 次の極限を求めよ。

(ア) $\displaystyle\lim_{x\to-\infty}\frac{4^x}{3^x-2^x}$　(イ) $\displaystyle\lim_{x\to\infty}(3^x+2^x)^{\frac{1}{x}}$

(ウ) $\displaystyle\lim_{x\to\infty}\left\{\frac{1}{2}\log_3 x+\log_3(\sqrt{2x+1}-\sqrt{2x-1})\right\}$　〔類 大阪工大〕

(2) $x>1$ のとき，不等式 $0<\log x<x$ が成り立つ。これを利用して，極限 $\displaystyle\lim_{x\to\infty}\frac{\log x}{x}$ を求めよ。ただし，$\log x$ は $e=2.71828\cdots\cdots$ を底とする対数である。

指針 (1) (ア) 分数の形 …… $x\longrightarrow-\infty$ であるから，分母の底が最も小さい項 2^x で分母・分子を割ると考えやすい。

$x\longrightarrow-\infty$ のとき，$a>1$ なら $a^x\longrightarrow0$，$0<a<1$ なら $a^x\longrightarrow\infty$ を利用。

(イ) 底が最大の項 3^x をくくり出すと　$(3^x+2^x)^{\frac{1}{x}}=\left[3^x\left\{1+\left(\frac{2}{3}\right)^x\right\}\right]^{\frac{1}{x}}=3\left\{1+\left(\frac{2}{3}\right)^x\right\}^{\frac{1}{x}}$

$x\longrightarrow\infty$ であるから，$x>1$ すなわち $0<\frac{1}{x}<1$ と考えて，**はさみうちの原理** を利用してもよい（別解 参照）。

(ウ) まずは｛ ｝内を $\log_3 f(x)$ の形にまとめる。そして，$f(x)$ の極限を考える。

(2) **はさみうちの原理** の利用を考える。求める極限は 0 と予測できるので，仮定より，$0<\frac{\log x}{x}$ であるから，$0<\frac{\log x}{x}<f(x)$ として，$x\longrightarrow\infty$ のとき $f(x)\longrightarrow0$ となるような $f(x)$ を導きたい。そこで，x を $\sqrt{x}$ とおいてみる。

CHART 求めにくい極限

不等式利用で　はさみうち

解答 (1) (ア) $\displaystyle\lim_{x\to-\infty}\frac{4^x}{3^x-2^x}=\lim_{x\to-\infty}\frac{2^x}{\left(\frac{3}{2}\right)^x-1}=\frac{0}{0-1}=\mathbf{0}$　◀ 分母・分子を 2^x で割る。

(イ) $\displaystyle\lim_{x\to\infty}(3^x+2^x)^{\frac{1}{x}}=\lim_{x\to\infty}3\left\{1+\left(\frac{2}{3}\right)^x\right\}^{\frac{1}{x}}=3(1+0)^0=\mathbf{3}$　◀ 3^x をくくり出す。

別解 $(3^x+2^x)^{\frac{1}{x}}=3\left\{1+\left(\frac{2}{3}\right)^x\right\}^{\frac{1}{x}}$

$x\longrightarrow\infty$ であるから，$x>1$　すなわち $0<\frac{1}{x}<1$ と考えてよい。　◀ $x>1$ の逆数をとる。

ゆえに　$\left\{1+\left(\frac{2}{3}\right)^x\right\}^0<\left\{1+\left(\frac{2}{3}\right)^x\right\}^{\frac{1}{x}}<\left\{1+\left(\frac{2}{3}\right)^x\right\}^1$

ここで　$\displaystyle\lim_{x\to\infty}\left\{1+\left(\frac{2}{3}\right)^x\right\}^0=1$，$\displaystyle\lim_{x\to\infty}\left\{1+\left(\frac{2}{3}\right)^x\right\}^1=1$　◀ $\displaystyle\lim_{x\to\infty}\left(\frac{2}{3}\right)^x=0$

したがって　$\displaystyle\lim_{x\to\infty}\left\{1+\left(\frac{2}{3}\right)^x\right\}^{\frac{1}{x}}=1$　◀ はさみうちの原理。

よって　$\displaystyle\lim_{x\to\infty}(3^x+2^x)^{\frac{1}{x}}=\lim_{x\to\infty}3\left\{1+\left(\frac{2}{3}\right)^x\right\}^{\frac{1}{x}}$

$=3\cdot1=\mathbf{3}$

(ウ)　$\displaystyle\frac{1}{2}\log_3 x+\log_3(\sqrt{2x+1}-\sqrt{2x-1})$

◀ $\displaystyle\frac{1}{2}\log_3 x=\log_3\sqrt{x}$

$\displaystyle=\log_3\sqrt{x}+\log_3\frac{(2x+1)-(2x-1)}{\sqrt{2x+1}+\sqrt{2x-1}}$

◀ 分子の有理化。

$\displaystyle=\log_3\frac{2\sqrt{x}}{\sqrt{2x+1}+\sqrt{2x-1}}$

◀ $\log_a M+\log_a N$
$=\log_a MN$

$\displaystyle=\log_3\frac{2}{\sqrt{2+\frac{1}{x}}+\sqrt{2-\frac{1}{x}}}$

◀ 分母・分子を $\sqrt{x}$ で割る。

したがって

$\displaystyle\lim_{x\to\infty}\left\{\frac{1}{2}\log_3 x+\log_3(\sqrt{2x+1}-\sqrt{2x-1})\right\}$

$\displaystyle=\log_3\frac{2}{2\sqrt{2}}=\boldsymbol{-\frac{1}{2}\log_3 2}$

◀ $\displaystyle\log_3\frac{2}{\sqrt{2}+\sqrt{2}}$

(2)　$x>1$ のとき $\sqrt{x}>1$ であるから

$0<\log\sqrt{x}<\sqrt{x}$

◀ $0<\log x<x$ の x を $\sqrt{x}$ とおいた式。

すなわち　$\displaystyle 0<\frac{1}{2}\log x<\sqrt{x}$

ゆえに　$\displaystyle 0<\frac{\log x}{x}<\frac{2}{\sqrt{x}}$

◀ 各辺を 2 倍して x で割った式。

$\displaystyle\lim_{x\to\infty}\frac{2}{\sqrt{x}}=0$ であるから　$\displaystyle\lim_{x\to\infty}\frac{\log x}{x}=\mathbf{0}$

◀ はさみうちの原理。

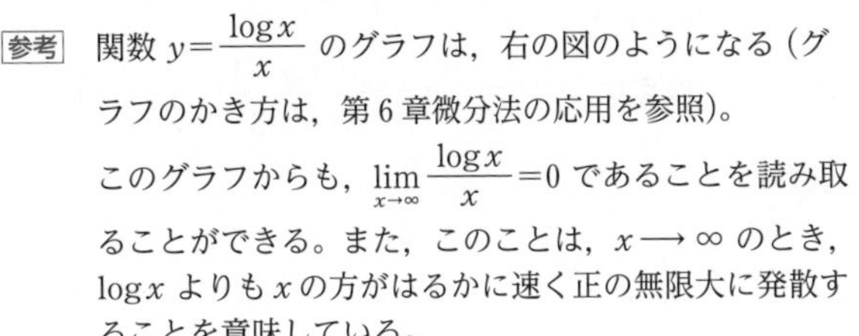

参考　関数 $\displaystyle y=\frac{\log x}{x}$ のグラフは，右の図のようになる（グラフのかき方は，第 6 章微分法の応用を参照）。
このグラフからも，$\displaystyle\lim_{x\to\infty}\frac{\log x}{x}=0$ であることを読み取ることができる。また，このことは，$x\longrightarrow\infty$ のとき，$\log x$ よりも x の方がはるかに速く正の無限大に発散することを意味している。

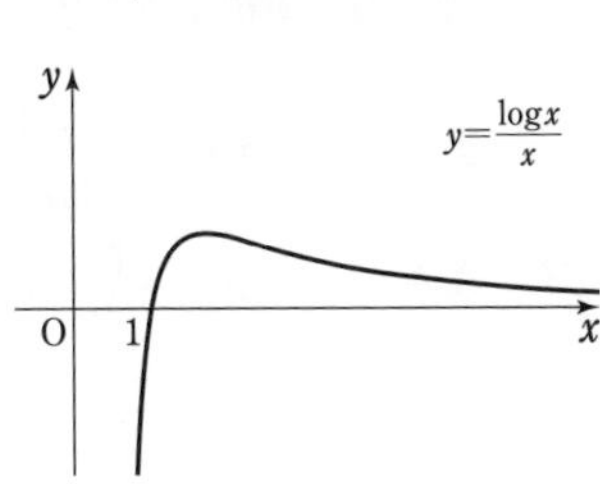

練習 32　次の極限を求めよ。ただし，(4) において，$\log x$ は $e=2.71828\cdots\cdots$ を底とする対数である。

(1)　$\displaystyle\lim_{x\to-\infty}\frac{3^x+5^x}{3^x-5^x}$　　(2)　$\displaystyle\lim_{x\to\infty}\left\{\left(\frac{3}{2}\right)^x+\left(\frac{4}{3}\right)^x\right\}^{\frac{1}{x}}$

(3)　$\displaystyle\lim_{x\to\infty}\{\log_2(8x^2+2)-2\log_2(5x+3)\}$　　[(3) 近畿大]

(4)　$\displaystyle\lim_{x\to+0}x\log x$　$\left(\displaystyle\lim_{x\to\infty}\frac{\log x}{x}=0\text{ であることを利用してもよい。}\right)$

重要例題 33 面積と極限 ★★★☆☆

正の数 a に対して，放物線 $y=x^2$ 上の点 $\mathrm{A}(a,\ a^2)$ における接線を，点Aを中心に -30° だけ回転した直線を ℓ とする。直線 ℓ と放物線 $y=x^2$ の交点でAでない方をBとする。更に，点 $(a,\ 0)$ をC，原点をOとする。このとき，直線 ℓ の方程式を求めよ。また，線分 OC，CA と放物線 $y=x^2$ で囲まれる部分の面積を $S(a)$，線分 AB と放物線 $y=x^2$ で囲まれる部分の面積を $T(a)$ とするとき，

$c=\lim_{a\to\infty}\dfrac{T(a)}{S(a)}$ を求めよ。 〔類 東京工大〕

指針 正接の加法定理を利用して，接線の傾きと直線 ℓ の方程式を求め，積分法（数学Ⅱ）を利用して，面積 $S(a)$，$T(a)$ を求める。

解答 点Aにおける接線と x 軸の正の向きとのなす角を θ とすると，$\tan\theta=2a$ であるから，直線 ℓ の傾きは

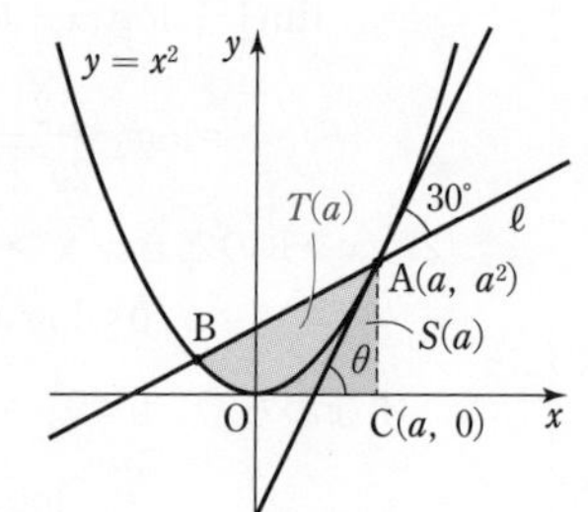

$$\tan(\theta-30^\circ)=\frac{\tan\theta-\tan 30^\circ}{1+\tan\theta\tan 30^\circ}=\frac{2a-\dfrac{1}{\sqrt{3}}}{1+2a\cdot\dfrac{1}{\sqrt{3}}}$$

$$=\frac{2\sqrt{3}\,a-1}{2a+\sqrt{3}}$$

ゆえに，直線 ℓ の方程式は $\boldsymbol{y=\dfrac{2\sqrt{3}\,a-1}{2a+\sqrt{3}}(x-a)+a^2}$

点Bの x 座標を b とすると $x^2-\left\{\dfrac{2\sqrt{3}\,a-1}{2a+\sqrt{3}}(x-a)+a^2\right\}=(x-a)(x-b)$

よって $a+b=\dfrac{2\sqrt{3}\,a-1}{2a+\sqrt{3}}$ ゆえに $b=-a+\dfrac{2\sqrt{3}\,a-1}{2a+\sqrt{3}}$ …… ①

また $S(a)=\displaystyle\int_0^a x^2dx=\frac{a^3}{3}$，

$$T(a)=\int_b^a\left\{\frac{2\sqrt{3}\,a-1}{2a+\sqrt{3}}(x-a)+a^2-x^2\right\}dx=\int_b^a\{-(x-a)(x-b)\}dx=\frac{1}{6}(a-b)^3$$

よって，① から $c=\displaystyle\lim_{a\to\infty}\frac{(a-b)^3}{2a^3}=\lim_{a\to\infty}\frac{1}{2}\left\{1-\left(-1+\frac{2\sqrt{3}-\dfrac{1}{a}}{2a+\sqrt{3}}\right)\right\}^3=\boldsymbol{4}$

練習 33 $f(x)=x^2+2kx\ (k>1)$ とする。曲線 $y=f(x)$ と円 $C：x^2+y^2=1$ の 2 つの交点のうち，第 1 象限の点をP，第 3 象限の点をQとする。点 $\mathrm{O}(0,\ 0)$，$\mathrm{A}(1,\ 0)$，$\mathrm{B}(-1,\ 0)$ に対し，$\alpha=\angle\mathrm{AOP}$，$\beta=\angle\mathrm{BOQ}$ とする。

(1) k を α で表せ。

(2) 曲線 $y=f(x)$ と円 C で囲まれる 2 つの図形のうち，曲線 $y=f(x)$ の上側にあるものの面積 $S(k)$ を α と β で表せ。

(3) $\displaystyle\lim_{k\to\infty}S(k)$ を求めよ。 〔東北大〕

8 三角関数と極限

《 基本事項 》

1 三角関数の極限

三角関数については，次の極限が重要で基本的である。

① $\displaystyle\lim_{x\to 0}\frac{\sin x}{x}=1$	①′ $\displaystyle\lim_{x\to 0}\frac{x}{\sin x}=1$	（x の単位はラジアン）

① の証明　次の [1]，[2] の順に示す。

[1]　$\displaystyle\lim_{x\to +0}\frac{\sin x}{x}=1$ の証明。

$0<x<\dfrac{\pi}{2}$ のとき，$\cos x<\dfrac{\sin x}{x}<1$ を導き，はさみうちの原理による。

[2]　$\displaystyle\lim_{x\to -0}\frac{\sin x}{x}=1$ の証明。

$x<0$ のときは $x=-t$ とおくと　$x\longrightarrow -0 \iff t\longrightarrow +0$　　[1] の結果を用いる。

証明　[1]　半径 1，中心角 $0<x<\dfrac{\pi}{2}$ の扇形 OAB をかき，点Aにおける接線と辺 OB の延長との交点をTとすると，面積について

$\triangle$OAB<扇形 OAB<$\triangle$OAT

が成り立つ。

よって　　$\dfrac{1}{2}\cdot 1\cdot\sin x<\dfrac{1}{2}\cdot 1^2\cdot x<\dfrac{1}{2}\cdot 1\cdot\tan x$

ゆえに　　$\sin x<x<\tan x$

この不等式の各辺は正であるから，その逆数をとると

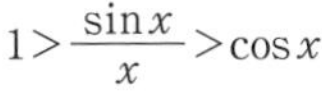

$$1>\frac{\sin x}{x}>\cos x$$

$\displaystyle\lim_{x\to +0}\cos x=1$ であるから　　$\displaystyle\lim_{x\to +0}\frac{\sin x}{x}=1$

[2]　$x<0$ のとき　$x=-t$ とおくと，$t>0$ であるから

$$\lim_{x\to -0}\frac{\sin x}{x}=\lim_{t\to +0}\frac{\sin(-t)}{-t}=\lim_{t\to +0}\frac{\sin t}{t}=1$$

[1]，[2] から　　$\displaystyle\lim_{x\to 0}\frac{\sin x}{x}=1$

参考　$\displaystyle\lim_{x\to 0}\frac{\sin x}{x}=1$ は，x が 0 に近い値のとき，$\sin x$ と x がほぼ等しいことを示している。

CHECK 問題

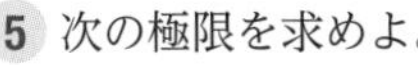

5 次の極限を求めよ。　　◀ 上の公式 ① を使わずに求められる。

(1) $\displaystyle\lim_{x\to 0}\frac{\sin 2x}{\sin x}$　　(2) $\displaystyle\lim_{x\to\frac{\pi}{2}}\frac{\sin^2 x-1}{\cos x}$　　(3) $\displaystyle\lim_{x\to 0}\frac{\tan x}{\tan 2x}$

例 17 三角関数の極限 (1) ★☆☆☆☆

次の極限を求めよ。 [(3) 愛知工大]

(1) $\displaystyle\lim_{x\to0}\frac{\sin 3x}{x}$ (2) $\displaystyle\lim_{x\to0}\frac{\tan x^\circ}{x}$ (3) $\displaystyle\lim_{x\to0}\frac{\sin^2 2x}{1-\cos x}$

指針 **CHART》** $\displaystyle\lim_{●\to0}\frac{\sin■}{■}=1$ **(■ は同じ式) の形を作る**

(● ⟶ 0 のとき ■ ⟶ 0)

いずれも $\dfrac{0}{0}$ の不定形。三角関数の極限では，公式 $\displaystyle\lim_{x\to0}\frac{\sin x}{x}=1\left(\lim_{x\to0}\frac{x}{\sin x}=1\right)$ を使って極限を求める。そのために，まず公式を適用できる形に式を変形する。

(1) $x\longrightarrow0$ のとき，$3x\longrightarrow0$ であるが $\dfrac{\sin 3x}{x}\longrightarrow1$ とするのは間違い。

$\dfrac{\sin 3x}{3x}\longrightarrow1$ とするのが正しい。このことがわかりにくいなら，$3x=\theta$ とおき換えて考えるとよい。

(2) 上の公式は弧度法 (ラジアン) によるものであるから，x° をラジアンに直す。

$180^\circ=\pi$ ラジアン より $1^\circ=\dfrac{\pi}{180}$ ラジアン

(3) **$1-\cos x$ と $1+\cos x$ はペアで扱う**

分母に $1-\cos x$ があるから，分母・分子に $1+\cos x$ を掛ける。

$\longrightarrow(1-\cos x)(1+\cos x)=1-\cos^2 x=\sin^2 x$ であることを利用し，sin を含む式に変形する。

参考 (1)の指針で $x\longrightarrow0$ のとき $\dfrac{0}{0}$ の形であっても $\dfrac{\sin 3x}{x}\longrightarrow1$ は誤りであることを説明した。このことは，右の図のように，

$y=\dfrac{\sin x}{x}$ と $y=\dfrac{\sin 3x}{x}$ のグラフの比較からも確かめられる。

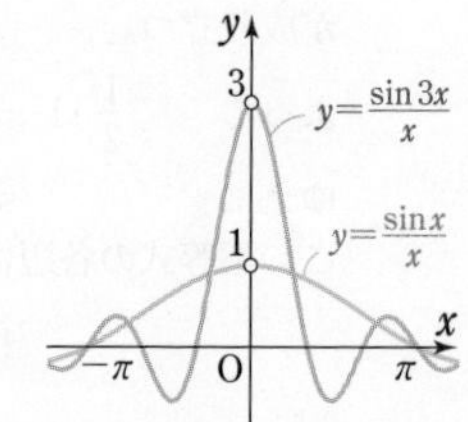

例 18 三角関数の極限 (2) ★★☆☆☆

次の極限を求めよ。 [(1) 近畿大]

(1) $\displaystyle\lim_{x\to\frac{\pi}{2}}\frac{1-\sin x}{(2x-\pi)^2}$ (2) $\displaystyle\lim_{x\to1}\frac{\sin\pi x}{x-1}$ (3) $\displaystyle\lim_{x\to\infty}x\sin\frac{1}{x}$

指針 (1), (2) は $\dfrac{0}{0}$，(3) は $\infty\times0$ の不定形。例 17 と同様に，$\displaystyle\lim_{\theta\to0}\frac{\sin\theta}{\theta}=1$ が使える形に変形する。そのためには，**おき換え** を利用するとよい。

(1) $x\longrightarrow\dfrac{\pi}{2}$ は $x-\dfrac{\pi}{2}\longrightarrow0$ と考え，$\boldsymbol{x-\dfrac{\pi}{2}=t}$ とおき換える。

(2) $\boldsymbol{x-1=t}$ とおき換える。

(3) $x\longrightarrow\infty$ に着目し，$\boldsymbol{\dfrac{1}{x}=t}$ とおく。$x\longrightarrow\infty$ のとき $t\longrightarrow+0$ となる。

例題 34 三角関数の極限 (3) ★★☆☆☆

次の極限を求めよ。

(1) $\displaystyle\lim_{x\to 0}\frac{\sin(2\sin x)}{3x(1+2x)}$　(2) $\displaystyle\lim_{x\to 0}\frac{\sin\left(\sin\frac{x}{\pi}\right)}{x}$　(3) $\displaystyle\lim_{x\to 0}x^2\sin\frac{1}{x}$

◀例17

指針 (1), (2) $\frac{0}{0}$ の不定形。ここでは，$\sin f(x)$ [$f(x)$ は三角関数] に着目して $\frac{\sin f(x)}{f(x)}$ の形を作り，$\displaystyle\lim_{\theta\to 0}\frac{\sin\theta}{\theta}=1$ を利用することを考える。

(1) $f(x)=2\sin x$ であるから，$x\longrightarrow 0$ のとき $f(x)\longrightarrow 0$

(2) $f(x)=\sin\frac{x}{\pi}$ であるから，$x\longrightarrow 0$ のとき $f(x)\longrightarrow 0$

(3) 今までと同じような式変形を利用する方法ではうまくいかない。そこで

CHART》 求めにくい極限　はさみうち

$-1\leqq\sin\frac{1}{x}\leqq 1$ を利用して，不等式を作る。

解答 (1) $\displaystyle\lim_{x\to 0}\frac{\sin(2\sin x)}{3x(1+2x)}$

$\displaystyle=\lim_{x\to 0}\frac{\sin(2\sin x)}{2\sin x}\cdot\frac{\sin x}{x}\cdot\frac{2}{3(1+2x)}$

$\displaystyle=1\cdot 1\cdot\frac{2}{3}=\boldsymbol{\frac{2}{3}}$

◀ $\frac{\sin\blacksquare}{\blacksquare}$ の形を作る。
$x\longrightarrow 0$ のとき
$2\sin x\longrightarrow 0$

(2) $\displaystyle\lim_{x\to 0}\frac{\sin\left(\sin\frac{x}{\pi}\right)}{x}=\lim_{x\to 0}\frac{\sin\left(\sin\frac{x}{\pi}\right)}{\sin\frac{x}{\pi}}\cdot\frac{\sin\frac{x}{\pi}}{\frac{x}{\pi}}\cdot\frac{1}{\pi}$

$\displaystyle=1\cdot 1\cdot\frac{1}{\pi}=\boldsymbol{\frac{1}{\pi}}$

◀ $x\longrightarrow 0$ のとき
$\sin\frac{x}{\pi}\longrightarrow 0$

(3) $-1\leqq\sin\frac{1}{x}\leqq 1$，$x\neq 0$ であるから

$-x^2\leqq x^2\sin\frac{1}{x}\leqq x^2$

◀ 各辺に x^2 (>0) を掛ける。

$\displaystyle\lim_{x\to 0}(-x^2)=0$，$\displaystyle\lim_{x\to 0}x^2=0$ であるから

$\displaystyle\lim_{x\to 0}x^2\sin\frac{1}{x}=\boldsymbol{0}$

◀ はさみうちの原理。

練習 34 次の極限を求めよ。

(1) $\displaystyle\lim_{x\to 0}\frac{\sin\left(\frac{\pi}{2}\sin x\right)}{x}$　〔工学院大〕

(2) $\displaystyle\lim_{x\to 0}\frac{\sin(1-\cos x)}{x^2}$　〔立教大〕

(3) $\displaystyle\lim_{x\to\infty}\frac{\cos x}{x}$

(4) $\displaystyle\lim_{x\to 0}x\sin\frac{1}{x}$

例題 35 三角関数の極限の文章題 ★★★☆☆

$0<r<1$ とし，半径 1 の円 C_1 と半径 r の円 C_2 の中心は一致しているとする。円 C_1 に内接し，円 C_2 に外接する円をできるだけたくさん描く。ただし，どの 2 つの円も共有点の個数は 1 以下とする。描いた円の円周の長さの総和を $f(r)$ とするとき，$\displaystyle\lim_{r\to1-0} f(r)$ を求めよ。 〔信州大〕

指針 最大で n 個の円を描くとすると，それぞれの円の直径は $1-r$ であるから，円周の長さの総和は $f(r)=\pi(1-r)n$ と表される。
ここで，解答の図のように $\angle\mathrm{AOB}=\theta$ として，どの 2 つの円も共有点の個数が 1 以下である，という条件を不等式で表すと $\quad n\leqq\dfrac{2\pi}{2\theta}<n+1$

解答 円 C_1 に内接し，円 C_2 に外接する円の 1 つを C とする。
2 円 C_1，C_2 の共通の中心を O，円 C の中心を A とする。
右の図のように，円 C が隣の円と接しているとし，その接点を B とする。このとき

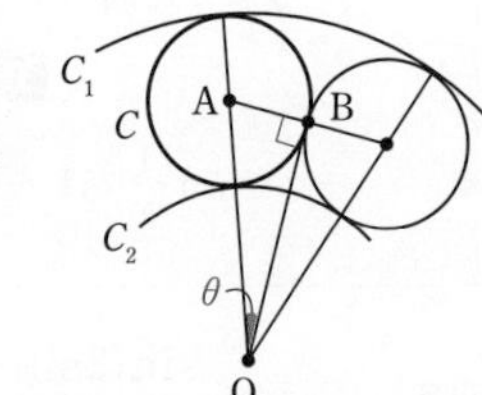

$$\mathrm{AB}=\frac{1-r}{2},\ \mathrm{OA}=r+\frac{1-r}{2}=\frac{1+r}{2}$$

であるから，$\angle\mathrm{AOB}=\theta\left(0<\theta<\dfrac{\pi}{2}\right)$ とすると

$$\sin\theta=\frac{\mathrm{AB}}{\mathrm{OA}}=\frac{1-r}{1+r} \qquad よって \qquad 1-r=(1+r)\sin\theta \quad \cdots\cdots ①$$

ここで，円 C_1 に内接し，円 C_2 に外接する円が最大で n 個描けるとすると

$$n\leqq\frac{2\pi}{2\theta}<n+1 \quad すなわち \quad \frac{\pi}{\theta}-1<n\leqq\frac{\pi}{\theta}$$

また，$f(r)=\pi(1-r)n$ であるから $\quad \pi(1-r)\left(\dfrac{\pi}{\theta}-1\right)<f(r)\leqq\pi(1-r)\dfrac{\pi}{\theta}$

① を代入すると $\quad \pi(1+r)\left(\pi\cdot\dfrac{\sin\theta}{\theta}-\sin\theta\right)<f(r)<\pi^2(1+r)\cdot\dfrac{\sin\theta}{\theta}$

$\displaystyle\lim_{r\to1-0}\sin\theta=\lim_{r\to1-0}\frac{1-r}{1+r}=0$ であるから，$r\longrightarrow1-0$ のとき $\theta\longrightarrow+0$ となる。

よって $\quad \displaystyle\lim_{r\to1-0}\pi(1+r)\left(\pi\cdot\frac{\sin\theta}{\theta}-\sin\theta\right)=2\pi\cdot(\pi\cdot1-0)=2\pi^2$，

$$\lim_{r\to1-0}\pi^2(1+r)\cdot\frac{\sin\theta}{\theta}=\pi^2\cdot2\cdot1=2\pi^2$$

したがって $\quad \displaystyle\lim_{r\to1-0}f(r)=\boldsymbol{2\pi^2}$ ◀ はさみうちの原理。

練習 35 半球形の凹面鏡がある。球の中心を O，半径を r，1 つの直径を AB とする。点 A から直径 AB と θ の角をなす光線が鏡の点 P で反射し，直径 AB と交わる点を Q とすると，$\angle\mathrm{APO}=\angle\mathrm{OPQ}$ である。
点 P が限りなく点 B に近づくとき，Q はどのような点に近づくか。

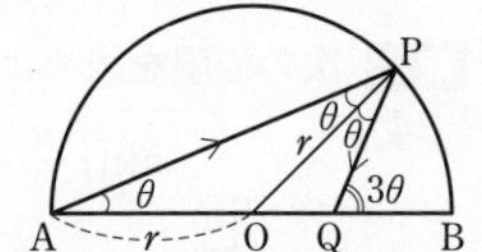

➡ p. 344 演習 19

9 関数の連続性

《 基本事項 》

1 関数の連続性

関数 $f(x)$ において，その定義域の x の値 a に対して

① **極限値 $\lim_{x \to a} f(x)$ が存在して　　かつ　　② $\lim_{x \to a} f(x)=f(a)$ が成り立つ**

とき，$f(x)$ は $x=a$ で **連続** であるという。

なお，a が $f(x)$ の定義域に属し，定義域の左端または右端である場合には，それぞれ

$$\lim_{x \to a+0} f(x)=f(a) \quad \text{または} \quad \lim_{x \to a-0} f(x)=f(a)$$

が成り立つとき，$f(x)$ は $x=a$ で連続であるという。

$f(x)$ がある区間のすべての点で連続であるとき，$f(x)$ はその **区間で連続** であるという。このとき，$f(x)$ のグラフは1つのつながった線になっている。

また，関数 $f(x)$ が定義域のすべての x の値で連続であるとき，$f(x)$ は **連続関数** であるという。有理関数（多項式，分数式で表される関数），無理関数，三角関数，指数関数，対数関数は連続関数である。

関数 $f(x)$ がその定義域の x の値で連続でないとき，$f(x)$ は $x=a$ で **不連続** であるという。すなわち，次の場合に不連続になる。

$\lim_{x \to a} f(x)$ が存在しない　　または　　$\lim_{x \to a} f(x) \neq f(a)$

特に，$y=f(x)$ のグラフが $x=a$ で切れているときは，関数 $f(x)$ は $x=a$ で不連続である。

例 (1) $f(x)=[x]$

n が整数のとき，$\lim_{x \to n}[x]$ は存在しないから，$f(x)$ は $x=n$ で不連続である。

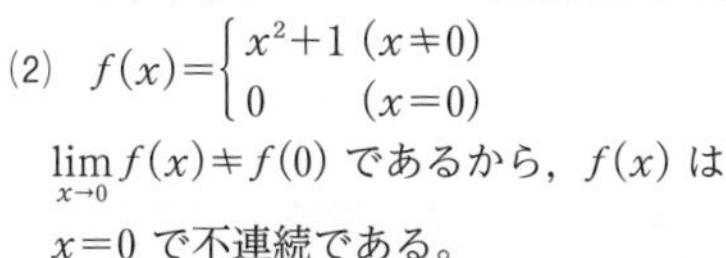

(2) $f(x)=\begin{cases} x^2+1 & (x \neq 0) \\ 0 & (x=0) \end{cases}$

$\lim_{x \to 0} f(x) \neq f(0)$ であるから，$f(x)$ は $x=0$ で不連続である。

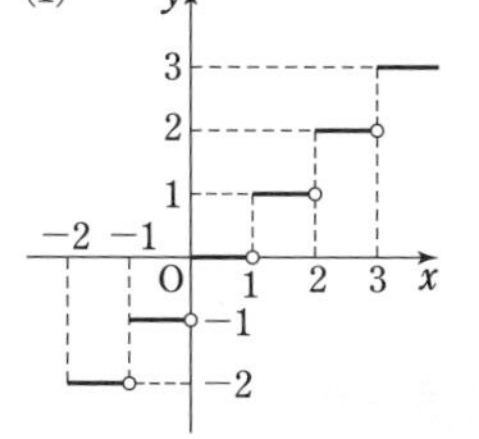

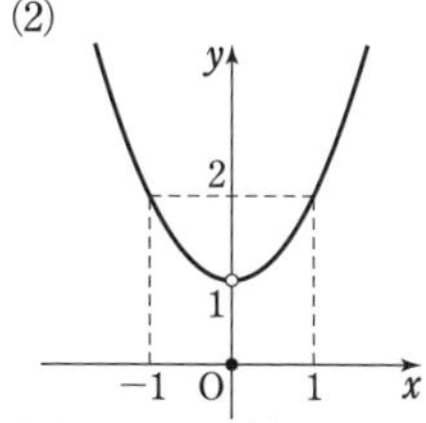

注意 関数はその定義域で考えるものであるから，連続，不連続を問題にする場合には定義域以外の点では考えない。

関数の極限の性質（$p.324$）から，次のことが成り立つ。

関数 $f(x)$，$g(x)$ が定義域の x の値 a で連続ならば，関数

① $kf(x)+lg(x)$（k，l は定数）　② $f(x)g(x)$　③ $\dfrac{f(x)}{g(x)}$ $(g(a) \neq 0)$

も $x=a$ で連続である。

関数 $f(x)=x$ はすべての x の値で連続であるから，上の性質により，x の多項式および分数式で表される関数は，すべての x の値で連続であることがわかる。

区間 $a \leqq x \leqq b$ を **閉区間** といい，区間 $a<x<b$ を **開区間** という。これらの区間をそれぞれ $[a,\ b]$，$(a,\ b)$ で表す。

更に，区間 $a \leqq x<b$，$a<x \leqq b$ や $a<x$，$x \leqq b$ をそれぞれ $[a,\ b)$，$(a,\ b]$，$(a,\ \infty)$，$(-\infty,\ b]$ で表す。

2 連続関数の性質

一般に，次の **最大値・最小値の定理** が成り立つ。

閉区間で連続な関数は，その閉区間で最大値および最小値をもつ。

また，関数 $f(x)$ が閉区間 $[a,\ b]$ で連続ならば，グラフはひと続きの線になって切れ目がないから，$f(a) \neq f(b)$ のとき，$f(x)$ は $f(a)$ と $f(b)$ の間のすべての値をとる。したがって，次の ① が成り立つ。

特に，$f(a)$ と $f(b)$ の符号が異なるならば，$k=0$ として，次の ② が成り立つ。

① **中間値の定理**

関数 $f(x)$ が閉区間 $[a,\ b]$ で連続で，$f(a) \neq f(b)$ ならば，$f(a)$ と $f(b)$ の間の任意の値 k に対して

$$f(c)=k,\ a<c<b$$

を満たす実数 c が少なくとも1つある。

② **関数 $f(x)$ が閉区間 $[a,\ b]$ で連続で，$f(a)f(b)<0$ ならば，方程式 $f(x)=0$ は $a<x<b$ の範囲に少なくとも1つの実数解をもつ。**

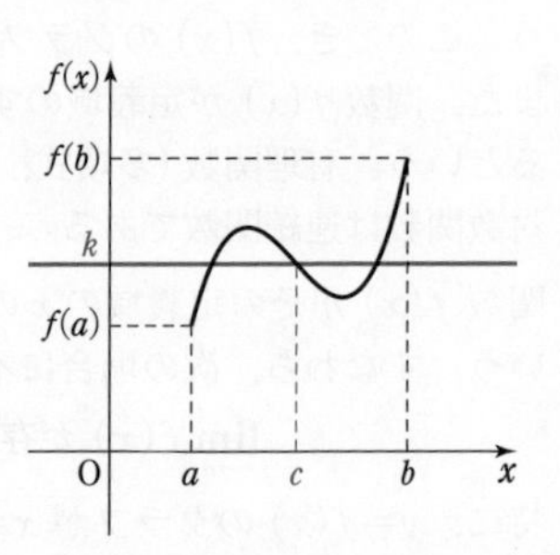

例 19 関数の連続性 ★★☆☆☆

次の関数の連続性について調べよ。なお，(1)，(2) では関数の定義域もいえ。

(1) $f(x)=\sqrt{x^2-1}$　　(2) $g(x)=\dfrac{x-2}{x^2-4}$

(3) $h(x)=[x]\ (-1 \leqq x \leqq 2)$　　ただし，[　] はガウス記号。

指針 関数 $f(x)$ が　$x=a$ で連続 $\Longleftrightarrow \displaystyle\lim_{x \to a} f(x)=f(a)$ が成り立つ。

また，$f(x)$ が $x=a$ で不連続とは

[1] 極限値 $\displaystyle\lim_{x \to a} f(x)$ が存在しない

[2] 極限値 $\displaystyle\lim_{x \to a} f(x)$ が存在するが　$\displaystyle\lim_{x \to a} f(x) \neq f(a)$

のいずれかが成り立つこと。

関数のグラフをかくと考えやすい。

例題 36 無限級数で表された関数の連続性 ★★★☆☆

無限級数 $x+\dfrac{x}{1+x}+\dfrac{x}{(1+x)^2}+\cdots\cdots+\dfrac{x}{(1+x)^{n-1}}+\cdots\cdots$ について

(1) この無限級数が収束するような x の値の範囲を求めよ。

(2) x が (1) の範囲にあるとき，この無限級数の和を $f(x)$ とする。関数 $y=f(x)$ のグラフをかき，その連続性について調べよ。

◀例 19

指針 無限等比級数 $a+ar+ar^2+\cdots\cdots$ の **収束条件** は　$\boldsymbol{a=0}$ **または** $\boldsymbol{|r|<1}$

収束するとき，**和** は　$\boldsymbol{a=0}$ **なら 0**，$\boldsymbol{a\neq0}$ **なら** $\boldsymbol{\dfrac{a}{1-r}}$

(2) まず，和 $f(x)$ を求める。次に，グラフをかいて，連続性を調べる。
なお，関数 $y=f(x)$ の定義域は，この無限級数が収束するような x の値の範囲 [(1) で求めた範囲] である。

解答 (1) この無限級数は，初項 x，公比 $\dfrac{1}{1+x}$ の無限等比級数である。

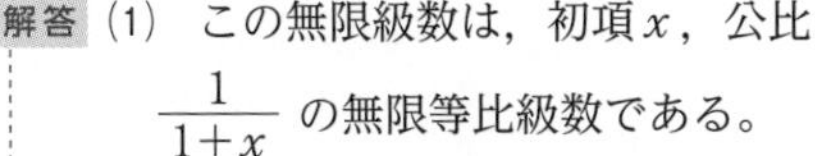

収束するための条件は　$x=0$

または　$-1<\dfrac{1}{1+x}<1$　… ①

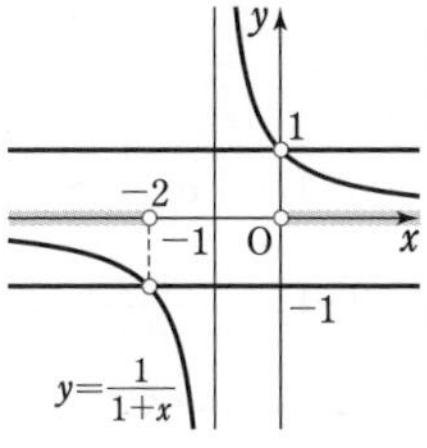

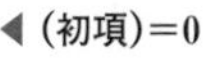

◀ (初項)=0

◀ −1<(公比)<1　≦ ではない！

不等式 ① の解は，右の図から
$x<-2,\ 0<x$

よって，求める x の値の範囲は
$\boldsymbol{x<-2,\ 0\leqq x}$

◀ $y=\dfrac{1}{1+x}$ のグラフと直線 $y=1$，$y=-1$ の上下関係に注目して解く。
なお，① の各辺に $(1+x)^2\ (>0)$ を掛けた $-(1+x)^2<1+x<(1+x)^2$ を解いてもよい。

(2) この無限級数の和について

$x=0$ のとき　$f(x)=0$

$x<-2,\ 0<x$ のとき

$$f(x)=\frac{x}{1-\dfrac{1}{1+x}}=1+x$$

◀ $\dfrac{(\text{初項})}{1-(\text{公比})}$

関数 $y=f(x)$ の定義域は $x<-2,\ 0\leqq x$ で，グラフは **右の図** のようになる。

y, 1, −2, −1, O, x, −1, y=1+x

よって　$\boldsymbol{x<-2,\ 0<x}$ **で連続；**$\boldsymbol{x=0}$ **で不連続**

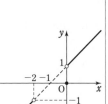

◀ **連続性は定義域で考える** ことに注意。$-2\leqq x<0$ で $f(x)$ は定義されないから，この範囲で連続性を調べても無意味である。

練習 36 自然数 n について，

$S_n(x)=x+x\cdot\dfrac{1-3x}{1-2x}+x\cdot\left(\dfrac{1-3x}{1-2x}\right)^2+\cdots\cdots+x\cdot\left(\dfrac{1-3x}{1-2x}\right)^{n-1}$ を考える。

(1) 無限数列 $\{S_n(x)\}$ が収束するのは ア□ $\leqq x<$ イ□ のときである。

(2) (1) で定めた x の値の範囲において，$S(x)=\lim\limits_{n\to\infty}S_n(x)$ とすると，$x\neq0$ のとき，$S(x)=$ ウ□ であり，$x=0$ のとき，$S(x)=$ エ□ である。

(3) 関数 $S(x)$ は $x=$ オ□ で不連続である。

〔類 金沢工大〕 ➡ p. 344 演習 20

重要例題 37 連続関数になるように係数決定 ★★★★☆

a は 0 でない定数とする。このとき，関数 $f(x)=\lim_{n\to\infty}\dfrac{x^{2n+1}+(a-1)x^n-1}{x^{2n}-ax^n-1}$ が $x\geqq 0$ において連続になるように a の値を定め，$y=f(x)$ のグラフをかけ。

〔類 東北工大〕 ◀例題 36

指針 $x=c$ で連続 $\Longleftrightarrow$ $\lim_{x\to c-0}f(x)=\lim_{x\to c+0}f(x)=f(c)$

$f(x)$ は極限で表された関数。数列 $\{x^{2n+1}\}$，$\{x^{2n}\}$ などの極限を考えるから

CHART》 数列 $\{x^n\}$ の極限　$x=\pm1$ で場合を分ける

解答 $x>1$ のとき　$f(x)=\lim_{n\to\infty}\dfrac{x+\dfrac{a-1}{x^n}-\dfrac{1}{x^{2n}}}{1-\dfrac{a}{x^n}-\dfrac{1}{x^{2n}}}=\dfrac{x+0-0}{1-0-0}$

$=x$

◀ 分母の最高次の項 x^{2n} で分母・分子を割る。$0\leqq\alpha<1$ のとき $\lim_{n\to\infty}\alpha^n=0$

$x=1$ のとき　$f(x)=f(1)=\lim_{n\to\infty}\dfrac{1+(a-1)-1}{1-a-1}=\dfrac{1-a}{a}$

$0\leqq x<1$ のとき　$f(x)=\dfrac{0+0-1}{0-0-1}=1$

$f(x)$ は $0\leqq x<1$，$1<x$ において，それぞれ連続である。
ゆえに，$f(x)$ が $x\geqq 0$ において連続になるための条件は，$x=1$ で連続であることである。

よって　$\lim_{x\to 1-0}f(x)=\lim_{x\to 1+0}f(x)=f(1)$

ここで，$\lim_{x\to 1-0}f(x)=1$，$\lim_{x\to 1+0}f(x)=1$

◀ $\lim_{x\to 1-0}f(x)=\lim_{x\to 1-0}1$，$\lim_{x\to 1+0}f(x)=\lim_{x\to 1+0}x$

であるから　$1=\dfrac{1-a}{a}$

これを解いて　$\boldsymbol{a=\dfrac{1}{2}}$

◀ $a=\dfrac{1}{2}$ のとき　$f(1)=1$

このとき，$y=f(x)$ のグラフは **右の図** のようになる。

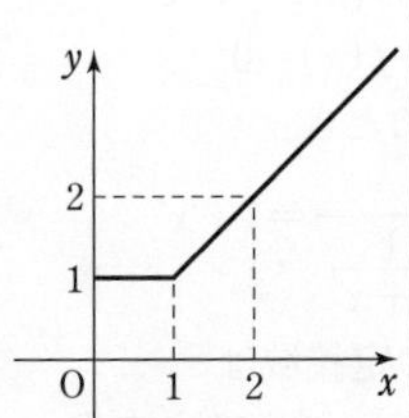

練習 37 関数 $f(x)=\lim_{n\to\infty}\dfrac{ax^{2n-1}-x^2+bx+c}{x^{2n}+1}$ について，次の問いに答えよ。ただし，a，b，c は定数で，$a>0$ とする。

(1) 関数 $f(x)$ が x の連続関数となるための定数 a，b，c の条件を求めよ。

(2) 定数 a，b，c が (1) で求めた条件を満たすとき，関数 $f(x)$ の最大値とそれを与える x の値を a を用いて表せ。

(3) 定数 a，b，c が (1) で求めた条件を満たし，関数 $f(x)$ の最大値が $\dfrac{5}{4}$ であるとき，定数 a，b，c の値を求めよ。

〔鳥取大〕 ➡p. 344 演習 21

例題 38 中間値の定理の利用 ★★★☆☆

(1) 方程式 $3^x=2(x+1)$ は，$1<x<2$ の範囲に少なくとも 1 つの実数解をもつことを示せ。

(2) $f(x)$，$g(x)$ は区間 $[a,\ b]$ で連続な関数とする。
$f(a)>g(a)$ かつ $f(b)<g(b)$ であるとき，方程式 $f(x)=g(x)$ は $a<x<b$ の範囲に少なくとも 1 つの実数解をもつことを示せ。

指針 **中間値の定理** つまり，次のことを用いて証明する。

関数 $f(x)$ が閉区間 $[a,\ b]$ で連続で，$f(a)$ と $f(b)$ が異符号ならば，方程式 $f(x)=0$ は a と b の間に少なくとも 1 つの実数解をもつ。

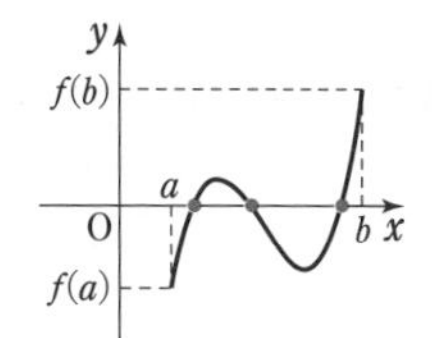

(1) $f(x)=3^x-2(x+1)$ は区間 $[1,\ 2]$ で連続であるから，$f(1)$，$f(2)$ が異符号であることを示す。

(2) $h(x)=f(x)-g(x)$ とすると，連続関数の差は連続関数であるから，関数 $h(x)$ は区間 $[a,\ b]$ で連続となる。よって，$h(a)$，$h(b)$ が異符号であることを示す。

解答 (1) $f(x)=3^x-2(x+1)$ とすると，関数 $f(x)$ は区間 $[1,\ 2]$ で連続であり，かつ

$$f(1)=-1<0,\quad f(2)=3>0$$

よって，中間値の定理により，方程式 $f(x)=0$ は $1<x<2$ の範囲に少なくとも 1 つの実数解をもつ。

◀ 2 つの連続関数 3^x，$2(x+1)$ の差は連続関数。

◀ $f(1)<0$，$f(2)>0$ をそれぞれ示す代わりに，$f(1)f(2)<0$（積が負）を示してもよい。

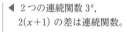

(2) $h(x)=f(x)-g(x)$ とする。

関数 $f(x)$, $g(x)$ はともに区間 $[a,\ b]$ で連続であるから，関数 $h(x)=f(x)-g(x)$ も区間 $[a,\ b]$ で連続である。

$f(a)>g(a)$ であるから　　$h(a)=f(a)-g(a)>0$

$f(b)<g(b)$ であるから　　$h(b)=f(b)-g(b)<0$

よって，方程式 $h(x)=0$ すなわち $f(x)=g(x)$ は，中間値の定理により，$a<x<b$ の範囲に少なくとも 1 つの実数解をもつ。

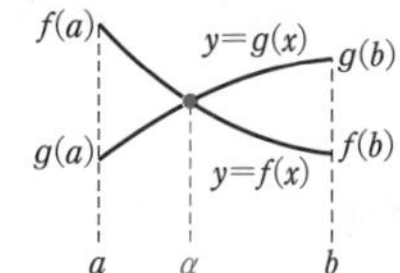

参考 **中間値の定理** については，
「**閉区間で連続**」という条件が大切である。
この条件が満たされないと，右の図のような場合が起こりうるので，$f(c)=k$ となる c $(a<c<b)$ が存在しないことがある。

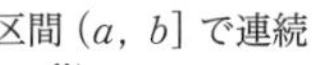

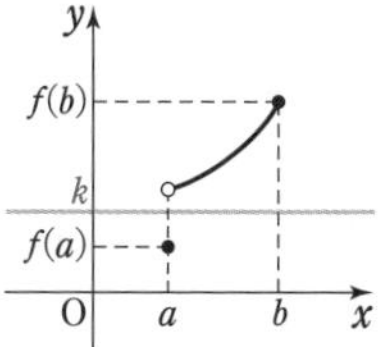

不連続な点がある

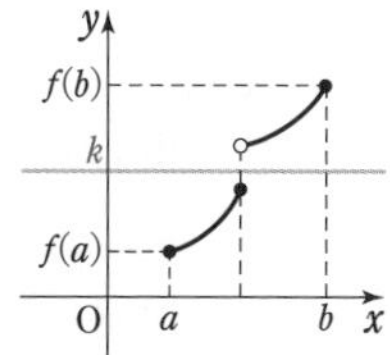

練習 38 関数 $f(x)$，$g(x)$ は区間 $[a,\ b]$ で連続で，$f(x)$ の最大値は $g(x)$ の最大値より大きく，$f(x)$ の最小値は $g(x)$ の最小値より小さい。このとき，方程式 $f(x)=g(x)$ は，$a\leqq x\leqq b$ の範囲に実数解をもつことを示せ。

➡ p. 344 演習 22

演習問題

10 $0<a<b$ である定数 a, b がある。$x_n=\left(\dfrac{a^n}{b}+\dfrac{b^n}{a}\right)^{\frac{1}{n}}$ $(n=1, 2, 3, \cdots\cdots)$ とおくとき

(1) 不等式 $b^n<a(x_n)^n<2b^n$ を証明せよ。

(2) $\displaystyle\lim_{n\to\infty}x_n$ を求めよ。〔立命館大〕

➤例題15

11 関数 $f(x)=\sin 3x+\sin x$ について，次の問いに答えよ。

(1) $f(x)=0$ を満たす正の実数 x のうち，最小のものを求めよ。

(2) 正の整数 m に対して，$f(x)=0$ を満たす正の実数 x のうち，m 以下のものの個数を $p(m)$ とする。極限値 $\displaystyle\lim_{m\to\infty}\frac{p(m)}{m}$ を求めよ。〔東北大〕

➤例題15

12 α を実数とする。数列 $\{a_n\}$ が

$$a_1=\alpha,\ a_{n+1}=|a_n-1|+a_n-1 \quad (n=1,\ 2,\ 3,\ \cdots\cdots)$$

で定められるとき，次の問いに答えよ。

(1) $\alpha\leqq 1$ のとき，数列 $\{a_n\}$ の収束，発散を調べよ。

(2) $\alpha>2$ のとき，数列 $\{a_n\}$ の収束，発散を調べよ。

(3) $1<\alpha<\dfrac{3}{2}$ のとき，数列 $\{a_n\}$ の収束，発散を調べよ。

(4) $\dfrac{3}{2}\leqq\alpha<2$ のとき，数列 $\{a_n\}$ の収束，発散を調べよ。〔九州大〕

➤例10

13 r を実数とする。次の条件によって定められる数列 $\{a_n\}$, $\{b_n\}$, $\{c_n\}$ を考える。

$$a_1=r,\ a_{n+1}=\frac{[a_n]}{4}+\frac{a_n}{4}+\frac{5}{6} \quad (n=1,\ 2,\ 3,\ \cdots\cdots)$$

$$b_1=r,\ b_{n+1}=\frac{b_n}{2}+\frac{7}{12} \quad (n=1,\ 2,\ 3,\ \cdots\cdots)$$

$$c_1=r,\ c_{n+1}=\frac{c_n}{2}+\frac{5}{6} \quad (n=1,\ 2,\ 3,\ \cdots\cdots)$$

ただし，$[x]$ は x を超えない最大の整数とする。

(1) $\displaystyle\lim_{n\to\infty}b_n$ と $\displaystyle\lim_{n\to\infty}c_n$ を求めよ。

(2) $b_n\leqq a_n\leqq c_n$ $(n=1,\ 2,\ 3,\ \cdots\cdots)$ を示せ。

(3) $\displaystyle\lim_{n\to\infty}a_n$ を求めよ。〔早稲田大〕

➤例10

ヒント **10** (2) (1)の不等式を利用。各辺の対数をとって，はさみうち。

12 (4) 背理法を用いて $a_n<1$ を満たす自然数 n が存在することを示す。

13 (3) (1)の結果と(2)の不等式から，n によらない十分大きい自然数 N が存在して，$n\geqq N$ のとき，$1<a_n<2$ が成り立つ。

14 a は正の実数で定数とする。数列 $\{x_n\}$ を次のように定義する。

$$x_1=\sqrt{a},\ x_2=\sqrt{a+\sqrt{a}},\ x_3=\sqrt{a+\sqrt{a+\sqrt{a}}},\ \cdots\cdots$$

一般に，$x_{n+1}=\sqrt{a+x_n}$ $(n=1,\ 2,\ 3,\ \cdots\cdots)$ とする。このとき，数列 $\{x_n\}$ が収束するかどうかを調べたい。次の問いに答えよ。

(1) 数列 $\{x_n\}$ が収束すると仮定して，その極限値を求めよ。

(2) 数列 $\{x_n\}$ が (1) で求めた値に，実際に収束することを証明せよ。〔京都府大〕

➤例題 20

15 無限級数 $\displaystyle\sum_{n=0}^{\infty}\left(\frac{1}{2}\right)^n\cos\frac{n\pi}{6}$ の和を求めよ。〔京都大〕 ➤例 13

16 n を自然数とし，$a,\ b,\ r$ は実数で $b>0,\ r>0$ とする。複素数 $w=a+bi$ は $w^2=-2\overline{w}$ を満たすとする。$\alpha_n=r^{n+1}w^{2-3n}$ $(n=1,\ 2,\ 3,\ \cdots\cdots)$ とするとき

(1) a と b の値を求めよ。

(2) α_n の実部を c_n $(n=1,\ 2,\ 3,\ \cdots\cdots)$ とする。c_n を n と r を用いて表せ。

(3) (2) で求めた c_n を第 n 項とする数列 $\{c_n\}$ について，無限級数 $\displaystyle\sum_{n=1}^{\infty}c_n$ が収束し，その和が $\dfrac{8}{3}$ となるような r の値を求めよ。〔類 東京農工大〕

➤例題 23

17 A，B，C の 3 人で次のルールに従って一連の試合を行い，優勝者を決定する。

・1 試合目はAとBが戦う。

・自然数 n に対し，$n+1$ 試合目は n 試合目の勝者と n 試合目に戦わなかった人が戦う。

・2 連勝した人が出た時点で，その人が優勝者となり，以後試合は行わない。

・すべての試合において，引き分けはないものとする。

A, B, C が互いに戦う際の勝率は次の通りとする。ただし，p は $0<p<1$ を満たす実数とする。

・AとBの試合：勝つ確率はAとBのどちらも $\dfrac{1}{2}$ である。

・AとCの試合：Aが勝つ確率は $1-p$，Cが勝つ確率は p である。

・BとCの試合：Bが勝つ確率は $1-p$，Cが勝つ確率は p である。

n 試合目で優勝者が決定する確率を a_n とするとき，次の問いに答えよ。

(1) $a_1,\ a_2,\ a_3,\ a_4$ を求めよ。　(2) 自然数 k に対し，a_{3k} を求めよ。

(3) Cが優勝する確率を求めよ。

(4) 1 以上 99 以下の自然数 N に対し $p=\dfrac{N}{100}$ であるとする。このとき，Cが優勝する確率が $\dfrac{1}{3}$ 以上になるような N の最小値を求めよ。〔岡山大〕 ➤例 13

ヒント **14** (1) 極限値を α とすると $\alpha=\sqrt{a+\alpha},\ \alpha>0$　(2) $|x_n-\alpha|\longrightarrow 0$ を示す。

16 (2) (1) で求めた w を極形式で表し，ド・モアブルの定理を利用して α_n を計算する。

18 0でない実数 r が $|r|<1$ を満たすとき，次のものを求めよ。ただし，自然数 n に対して，$\lim_{n\to\infty} nr^n=0$，$\lim_{n\to\infty} n(n-1)r^n=0$ である。〔大分大〕

(1) $R_n=\sum_{k=0}^{n} r^k$ と $S_n=\sum_{k=0}^{n} kr^{k-1}$ (2) $T_n=\sum_{k=0}^{n} k(k-1)r^{k-2}$ (3) $\sum_{k=0}^{\infty} k^2r^k$

➤例題 28

19 n を 3 以上の自然数とする。半径 r_n の円 O_n に内接する正 n 角形の周の長さが 2 であるとする。この正 n 角形の面積を a_n とし，円 O_n に外接する正 n 角形の面積を b_n とする。ただし，正 n 角形が円に内接するとは，正 n 角形のすべての頂点がその円周上にあることをいう。また，正 n 角形が円に外接するとは，正 n 角形のすべての辺がその円に接することをいう。〔茨城大〕

(1) r_n を求めよ。 (2) a_n を求めよ。 (3) b_n を求めよ。

(4) a_8 の値を $p+q\sqrt{2}$ の形で表すとき，p と q を求めよ。ただし，p と q は有理数とする。

(5) k を整数とする。数列 $\{n^k(b_n-a_n)\}$ が 0 でない値に収束するように，k の値を定めよ。更に，そのときの極限値 $\lim_{n\to\infty} n^k(b_n-a_n)$ を求めよ。 ➤例題 35

20 k を自然数とする。無限級数 $\sum_{n=1}^{\infty}\{(\cos x)^{n-1}-(\cos x)^{n+k-1}\}$ がすべての実数 x に対して収束するとき，この無限級数の和を $f(x)$ とする。〔東京学芸大〕

(1) k の条件を求めよ。 (2) 関数 $f(x)$ は $x=0$ で連続でないことを示せ。

➤例題 36

21 定数 c は $-1<c<1$ を満たすとする。すべての実数 x に対して，関係式 $f(x)+f(cx)=x^2$ を満たす連続関数 $f(x)$ を求めよ。〔早稲田大〕 ➤例題 37

22 関数 $y=f(x)$ は連続とする。

(1) a を実数の定数とする。すべての実数 x に対して不等式 $|f(x)-f(a)|\leqq\frac{2}{3}|x-a|$ が成り立つなら，曲線 $y=f(x)$ は直線 $y=x$ と必ず交わることを中間値の定理を用いて証明せよ。

(2) 更に，すべての実数 x_1，x_2 に対して $|f(x_1)-f(x_2)|\leqq\frac{2}{3}|x_1-x_2|$ が成り立つならば，(1)の交点はただ 1 つしかないことを証明せよ。〔上智大〕

➤例 16，例題 38

ヒント **20** 無限等比級数の収束条件は (初項)=0 または |公比|<1

21 c のべき乗を考え，極限を利用する。$-1<c<1$ であるから $c^n \longrightarrow 0\ (n\longrightarrow\infty)$

22 (1) $g(x)=f(x)-x$ とおいて，$\lim_{x\to-\infty} g(x)=\infty$，$\lim_{x\to\infty} g(x)=-\infty$ を示す。

〈この章で学ぶこと〉

数学Ⅱでは，多項式で表される関数，特に 3 次関数を中心にその微分法を学んだ。

本章ではその発展として，前章で学んだ極限値の計算を使うことにより，x^p，分数関数，無理関数，三角関数，指数関数，対数関数の導関数を求める。更に，合成関数と逆関数の微分法を学習し，媒介変数で表された関数や，方程式 $F(x,\ y)=0$ で定められる関数の微分法についても学ぶ。

第 3 章 微分法

例，例題一覧

●…… 基本的な内容の例　■…… 標準レベルの例題　◆…… やや発展的な例題

10 微分係数と導関数

《 基本事項 》

1 微分係数

関数 $f(x)$ の $x=a$ における **微分係数（変化率）** は

$$f'(a)=\lim_{h\to 0}\frac{f(a+h)-f(a)}{h}=\lim_{x\to a}\frac{f(x)-f(a)}{x-a}$$

また，極限値 $\displaystyle\lim_{h\to +0}\frac{f(a+h)-f(a)}{h}$ が存在するとき，これを関数 $f(x)$ の $x=a$ における **右側微分係数** といい，極限値 $\displaystyle\lim_{h\to -0}\frac{f(a+h)-f(a)}{h}$ が存在するとき，これを関数 $f(x)$ の $x=a$ における **左側微分係数** という。

2 微分可能と連続

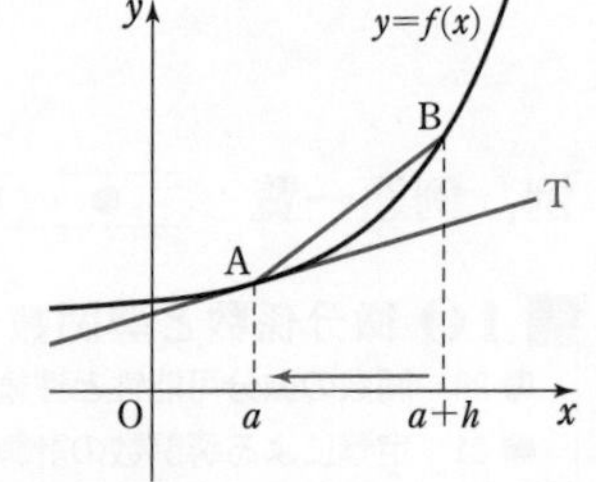

関数 $f(x)$ について，$x=a$ における微分係数 $f'(a)$ が存在するとき，$f(x)$ は $x=a$ において **微分可能** であるという。

関数 $f(x)$ が $x=a$ で微分可能であるとき，微分係数 $f'(a)$ は，曲線 $y=f(x)$ 上の点 $\mathrm{A}(a,\ f(a))$ における **接線ATの傾き** を表している。

関数 $f(x)$ が，ある区間のすべての x の値で微分可能であるとき，$f(x)$ はその **区間で微分可能** であるという。

関数 $f(x)$ が $x=a$ で微分可能ならば，$x=a$ で連続である。

証明　$\displaystyle\lim_{x\to a}\{f(x)-f(a)\}=\lim_{x\to a}\left\{\frac{f(x)-f(a)}{x-a}\times(x-a)\right\}=f'(a)\cdot 0=0$

よって　$\displaystyle\lim_{x\to a}f(x)=f(a)$　　したがって，$f(x)$ は $x=a$ で連続である。

ただし，逆は成り立たない。　◀ $f(x)=|x|$ は $x=0$ で連続であるが，$x=0$ で微分可能でない。

3 導関数

関数 $y=f(x)$ がある区間で微分可能であるとき，その区間における x の1つ1つの値 a に対して微分係数 $f'(a)$ を対応させると，1つの新しい関数が得られる。この新しい関数をもとの関数の **導関数** といい，$f'(x)$，y'，$\dfrac{dy}{dx}$，$\dfrac{d}{dx}f(x)$ などの記号で表す。

導関数の定義　　$f'(x)=\displaystyle\lim_{h\to 0}\frac{f(x+h)-f(x)}{h}$

関数 $f(x)$ からその導関数を求めることを，$f(x)$ を **x で微分する** という。

例 20 関数の微分可能性と連続性 (1) ★★☆☆☆

次の関数は，$x=0$ において連続であるか，また微分可能であるかを調べよ。

(1) $f(x)=\sqrt{|x|}$　　(2) $f(x)=\begin{cases}\sin x & (x\geqq 0)\\ x^2+x & (x<0)\end{cases}$

指針 それぞれの関数のグラフは次のようになる。

(1)

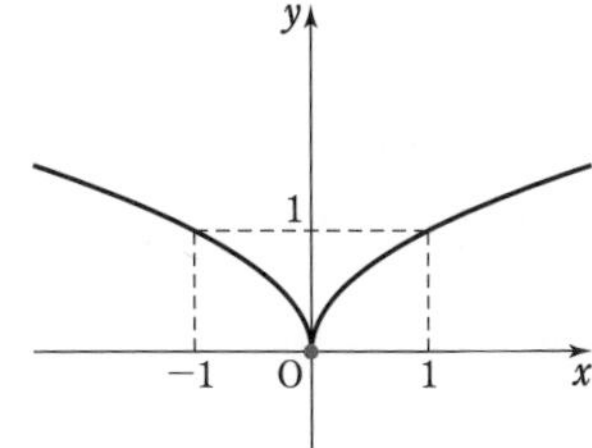

(2)

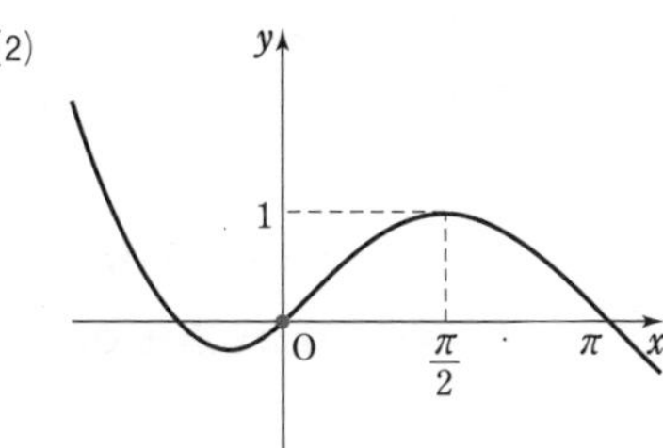

(1), (2) ともに，$x=0$ について考えるから，具体的には

$f(x)$ が $x=0$ で連続 $\Longleftrightarrow$ $\displaystyle\lim_{x\to 0}f(x)=f(0)$

$f(x)$ が $x=0$ で微分可能 $\Longleftrightarrow$ 微分係数 $\displaystyle f'(0)=\lim_{h\to 0}\frac{f(0+h)-f(0)}{h}$ が存在

について調べる。

また，前ページで示したように

関数 $f(x)$ が $x=a$ で微分可能ならば，$x=a$ で連続である。

このことより，まず，微分可能性から調べるとよい。

$h\longrightarrow 0$ の極限を調べるには，右側極限 $h\longrightarrow +0$，左側極限 $h\longrightarrow -0$ を考え，それらが一致するかを考える。

例 21 定義による導関数の計算 ★★☆☆☆

次の関数を，導関数の定義に従って微分せよ。

(1) $y=\dfrac{x^2}{x-1}$　　(2) $y=\sqrt[3]{x}$

指針　**導関数の定義**　$\displaystyle f'(x)=\lim_{h\to 0}\frac{f(x+h)-f(x)}{h}$

この定義に従って，第 2 章で学習した極限を計算する。

(1) $\displaystyle y'=\lim_{h\to 0}\frac{\dfrac{(x+h)^2}{(x+h)-1}-\dfrac{x^2}{x-1}}{h}$

(2) $\displaystyle y'=\lim_{h\to 0}\frac{\sqrt[3]{x+h}-\sqrt[3]{x}}{h}$

分子の有理化 には，$(a-b)(a^2+ab+b^2)=a^3-b^3$ を利用する。

重要例題 39 関数の微分可能性と連続性 (2) ★★★★☆

次の関数は，$x=0$ で連続であるか，微分可能であるかを調べよ。

(1) $f(x)=\begin{cases} x\sin\dfrac{1}{x} & (x\neq 0) \\ 0 & (x=0) \end{cases}$　　(2) $g(x)=\begin{cases} x^2\sin\dfrac{1}{x} & (x\neq 0) \\ 0 & (x=0) \end{cases}$

指針 例 20 と同様に考える。
一般の連続，微分可能の定義は以下の通りである。

$f(x)$ が $\boldsymbol{x=a}$ **で連続** $\iff$ $\displaystyle\lim_{x\to a} \boldsymbol{f(x)=f(a)}$

$\boldsymbol{x=a}$ **で微分可能** $\iff$ $\displaystyle\lim_{h\to 0}\frac{\boldsymbol{f(a+h)-f(a)}}{\boldsymbol{h}}$ **が存在**

ここでも，**微分可能なら連続** であるから，まず微分可能性から調べる。
(2) (1)の途中結果を利用する。

解答 (1) $$\frac{f(0+h)-f(0)}{h}=\frac{f(h)}{h}=\sin\frac{1}{h}$$

$h\longrightarrow 0$ のとき，この極限は存在しないから，$f(x)$ は $\boldsymbol{x=0}$ **で微分可能でない。**

◀ $h\longrightarrow 0$ のとき $\sin\dfrac{1}{h}$ は振動する。

$x\neq 0$ のとき，$0\leqq\left|x\sin\dfrac{1}{x}\right|\leqq|x|$，$\displaystyle\lim_{x\to 0}|x|=0$ である

から　$$\lim_{x\to 0}f(x)=\lim_{x\to 0}x\sin\frac{1}{x}=0 \quad\cdots\cdots ①$$

◀ はさみうちの原理。(p. 325 参照)

$\displaystyle\lim_{x\to 0}f(x)=0=f(0)$ が成り立つから，$f(x)$ は $\boldsymbol{x=0}$ **で連続である。**

(2) $$g'(0)=\lim_{x\to 0}\frac{g(x)-g(0)}{x}$$
$$=\lim_{x\to 0}\frac{g(x)}{x}=\lim_{x\to 0}x\sin\frac{1}{x}$$

① により，$g'(0)=0$ が成り立つから，$g(x)$ は $\boldsymbol{x=0}$ **で微分可能である。**
したがって，$g(x)$ は $\boldsymbol{x=0}$ **で連続である。**

◀ 微分可能であれば連続である。

(注意) (1)のように，**連続であっても，微分可能とは限らない。**

練習 39 関数 $f(x)$ を，次のように定義する。

$$f(x)=\begin{cases} x\left(\dfrac{1}{2}-x\sin\dfrac{1}{x}\right) & (x\neq 0) \\ 0 & (x=0) \end{cases}$$

(1) $f'(0)$ を求めよ。

(2) $\sin\dfrac{1}{x}=0$，$\cos\dfrac{1}{x}<0$ を満たすすべての x の値を求めよ。

(3) (2)で求めた x に対して，$f'(x)$ の値を求めよ。　〔電通大〕

重要例題 40 微分可能であるための条件 ★★★★☆

関数 $f(x)=\begin{cases} x^2+1 & (x\leqq 1) \\ \dfrac{ax+b}{x+1} & (x>1) \end{cases}$ が $x=1$ で微分可能となるような a, b の値を求めよ。

〔類 防衛大〕 ◀例題 39

指針 $x=1$ で **微分可能** であるとは，$f'(1)=\displaystyle\lim_{x\to1}\frac{f(x)-f(1)}{x-1}$ が存在すること。 ◀ 定義。

これは，$x=1$ における **右側微分係数と左側微分係数が等しい** ことと同値である。
本問では，$x\leqq1$ と $x>1$ で $f(x)$ を表す式が異なるから注意する。
なお，$x=1$ で微分可能であるから，$x=1$ で **連続** である。

解答 関数 $f(x)$ が $x=1$ で微分可能であるから，$f(x)$ は $x=1$ で連続である。

よって $\displaystyle\lim_{x\to1-0}(x^2+1)=\lim_{x\to1+0}\frac{ax+b}{x+1}=f(1)$

◀ $\displaystyle\lim_{x\to a-0}f(x)=\lim_{x\to a+0}f(x)=f(a)$

$\displaystyle\lim_{x\to1-0}(x^2+1)=f(1)=2$，$\displaystyle\lim_{x\to1+0}\frac{ax+b}{x+1}=\frac{a+b}{2}$ である

から $2=\dfrac{a+b}{2}$

よって $b=4-a$ …… ①

また $\displaystyle\lim_{x\to1-0}\frac{f(x)-f(1)}{x-1}=\lim_{x\to1-0}\frac{(x^2+1)-2}{x-1}$

$\displaystyle=\lim_{x\to1-0}(x+1)=2$

◀ $f(1)=2$

① から $\displaystyle\lim_{x\to1+0}\frac{f(x)-f(1)}{x-1}=\lim_{x\to1+0}\frac{\frac{ax+(4-a)}{x+1}-2}{x-1}$

$\displaystyle=\lim_{x\to1+0}\frac{a-2}{x+1}=\frac{a-2}{2}$

$\displaystyle\lim_{x\to1}\frac{f(x)-f(1)}{x-1}$ が存在することから

◀ (右側微分係数) =(左側微分係数)

$\dfrac{a-2}{2}=2$

ゆえに $\boldsymbol{a=6}$

このとき，① から $\boldsymbol{b=-2}$

練習 40 関数 $f(x)=\begin{cases} x-1 & (x\leqq -1) \\ ax^2+bx+c & (-1<x<1) \\ d-2x & (1\leqq x) \end{cases}$ がすべての x で微分可能であるとき，実数 a, b, c, d の値を求めよ。

〔類 慶応大〕

例題 41 極限と微分係数 ★★★☆☆

c, p, q ($p \neq 0$, $q \neq 0$) は定数とし，$f(x)$ は $x=c$ で微分可能とする。
このとき，次の値を，c, p, q および $f'(c)$ などを用いて表せ。

(1) $\displaystyle\lim_{h\to 0}\frac{f(c+2h)-f(c)}{\sin h}$ (2) $\displaystyle\lim_{h\to 0}\frac{f(c+ph)-f(c+qh)}{h}$

指針 条件「$f(x)$ は $x=c$ で微分可能」を式で表すと

$$\lim_{\square\to 0}\frac{f(c+\square)-f(c)}{\square}=f'(c)$$

となる。

(1) $f(c+2h)-f(c)$ に注目して，$\square=2h$ とすると

$$h\longrightarrow 0 \iff \square\longrightarrow 0$$

したがって，$\displaystyle\lim_{h\to 0}\frac{f(c+2h)-f(c)}{2h}=f'(c)$ が成り立つ。

これが利用できるように式を変形する。

また，$\sin h$ が含まれていることから，$\displaystyle\lim_{h\to 0}\frac{h}{\sin h}=1$ も利用することになる。

(2) ここでも，$h\longrightarrow 0 \iff ph\longrightarrow 0$, $h\longrightarrow 0 \iff qh\longrightarrow 0$ から

$$\lim_{h\to 0}\frac{f(c+ph)-f(c)}{ph}=f'(c),\ \lim_{h\to 0}\frac{f(c+qh)-f(c)}{qh}=f'(c)$$

の利用を考える。

解答 (1) $\displaystyle\lim_{h\to 0}\frac{f(c+2h)-f(c)}{\sin h}$

$$=\lim_{h\to 0}2\cdot\frac{h}{\sin h}\cdot\frac{f(c+2h)-f(c)}{2h}$$

$$=2\cdot 1\cdot f'(c)=\boldsymbol{2f'(c)}$$

◀ $\displaystyle\lim_{x\to 0}\frac{x}{\sin x}=1$

(2) $\displaystyle\lim_{h\to 0}\frac{f(c+ph)-f(c+qh)}{h}$

$$=\lim_{h\to 0}\frac{\{f(c+ph)-f(c)\}-\{f(c+qh)-f(c)\}}{h}$$

$$=\lim_{h\to 0}\left\{\frac{f(c+ph)-f(c)}{ph}\cdot p-\frac{f(c+qh)-f(c)}{qh}\cdot q\right\}$$

$$=pf'(c)-qf'(c)$$

$$=\boldsymbol{(p-q)f'(c)}$$

◀ $\dfrac{f(c+\square)-f(c)}{\square}$ の形を作る。

練習 41 $f(x)$ が $x=a$ で微分可能な関数であるとき，次の値を，a, $f(a)$, $f'(a)$ などを用いて表せ。

(1) $\displaystyle\lim_{h\to 0}\frac{f(a+3h)-f(a+h)}{h}$

(2) $\displaystyle\lim_{x\to a}\frac{1}{x^2-a^2}\left\{\frac{f(a)}{x}-\frac{f(x)}{a}\right\}$

➡p. 373 演習 23

重要例題 42 関数方程式と導関数 ★★★☆☆

微分可能な関数 $f(x)$ は，次の 2 つの条件を満たすものとする。

(A) すべての実数 x，y に対して　$f(x+y)=f(x)+f(y)+8xy$

(B) $f'(0)=3$ 〔類 東京理科大〕

(1) $f(0)$ を求めよ。　(2) 極限値 $\displaystyle\lim_{y\to 0}\frac{f(y)}{y}$ を求めよ。

(3) $f'(1)$ を求めよ。　(4) 導関数 $f'(x)$ を x で表せ。

指針 (1) $f(x+y)=f(x)+f(y)+8xy$ のように，関数 $f(x)$ が満たす方程式のことを **関数方程式** という。
ここの関数方程式は任意の実数について成り立つ等式であるので，適当な実数 x，y の値を代入することで，関数の値や性質を調べることができる。
ここでは，$x=y=0$ とおいて考える。

(3), (4) **導関数の定義** $\displaystyle f'(x)=\lim_{h\to 0}\frac{f(x+h)-f(x)}{h}$ を利用。

解答 $f(x+y)=f(x)+f(y)+8xy$ …… ① とする。

(1) ① は任意の実数 x，y について成り立つから，
$x=y=0$ を代入して　$f(0)=f(0)+f(0)+0$
よって　$\boldsymbol{f(0)=0}$

(2) (1) から　$\displaystyle\lim_{y\to 0}\frac{f(y)}{y}=\lim_{y\to 0}\frac{f(y)-f(0)}{y-0}=f'(0)$

◀ $\displaystyle f'(a)=\lim_{x\to a}\frac{f(x)-f(a)}{x-a}$ を利用。

(B) から　$\displaystyle\boldsymbol{\lim_{y\to 0}\frac{f(y)}{y}=3}$

(3) ① に $x=1$ を代入して　$f(1+y)=f(1)+f(y)+8y$

よって　$\displaystyle \boldsymbol{f'(1)}=\lim_{y\to 0}\frac{f(1+y)-f(1)}{y}=\lim_{y\to 0}\frac{f(y)+8y}{y}$

$\displaystyle =\lim_{y\to 0}\left\{\frac{f(y)}{y}+8\right\}=3+8=\boldsymbol{11}$

◀ (2) を利用。

(4) $\displaystyle \boldsymbol{f'(x)}=\lim_{y\to 0}\frac{f(x+y)-f(x)}{y}=\lim_{y\to 0}\frac{f(y)+8xy}{y}$

$\displaystyle =\lim_{y\to 0}\left\{\frac{f(y)}{y}+8x\right\}=\boldsymbol{8x+3}$

◀ (2) を利用。

練習 42 $f(x)$ を x の関数とし，すべての実数 x，y に対して等式 $f(x+y)=f(x)+f(y)$ が成り立っているものとする。

(1) $f(0)=0$ であることを示せ。また，すべての実数 x に対して $f(-x)=-f(x)$ が成り立つことを示せ。

(2) すべての 0 でない整数 n に対して，$\displaystyle f\left(\frac{1}{n}\right)=\frac{f(1)}{n}$ であることを示せ。

(3) $f(x)$ の $x=0$ における微分係数 $f'(0)$ が定まるとき，$f'(0)=f(1)$ となることを示せ。 〔類 お茶の水大〕

11 導関数の計算

《 基本事項 》

1 導関数の公式

関数 $f(x)$, $g(x)$ が微分可能であるとき，次の公式が成り立つ。

① **定数倍** $\{kf(x)\}'=kf'(x)$ （k は定数）

② **和** $\{f(x)+g(x)\}'=f'(x)+g'(x)$

③ **積** $\{f(x)g(x)\}'=f'(x)g(x)+f(x)g'(x)$

④ **x^n の導関数** n が自然数のとき $(x^n)'=nx^{n-1}$

⑤ **商** $\left\{\dfrac{f(x)}{g(x)}\right\}'=\dfrac{f'(x)g(x)-f(x)g'(x)}{\{g(x)\}^2}$ 特に $\left\{\dfrac{1}{g(x)}\right\}'=-\dfrac{g'(x)}{\{g(x)\}^2}$

⑥ **x^n の導関数** n が整数のとき $(x^n)'=nx^{n-1}$

①～④ は，チャート式数学Ⅱ＋B p. 256, 257 で扱っている。

証明 ⑤ まず，$\left\{\dfrac{1}{g(x)}\right\}'=-\dfrac{g'(x)}{\{g(x)\}^2}$ を証明する。

$$\left\{\frac{1}{g(x)}\right\}'=\lim_{h\to0}\frac{1}{h}\cdot\left\{\frac{1}{g(x+h)}-\frac{1}{g(x)}\right\}=\lim_{h\to0}\frac{1}{h}\cdot\frac{g(x)-g(x+h)}{g(x+h)g(x)}$$

$$=\lim_{h\to0}\left\{-\frac{g(x+h)-g(x)}{h}\cdot\frac{1}{g(x+h)g(x)}\right\}$$

$$=-g'(x)\cdot\frac{1}{g(x)g(x)}=-\frac{g'(x)}{\{g(x)\}^2}$$

したがって $\left\{\dfrac{f(x)}{g(x)}\right\}'=\left\{f(x)\cdot\dfrac{1}{g(x)}\right\}'=f'(x)\cdot\dfrac{1}{g(x)}+f(x)\cdot\left\{\dfrac{1}{g(x)}\right\}'$

$$=\frac{f'(x)}{g(x)}-\frac{f(x)g'(x)}{\{g(x)\}^2}=\frac{f'(x)g(x)-f(x)g'(x)}{\{g(x)\}^2}$$

⑥ [1] n が正の整数のとき ④ から成り立つ。

[2] n が負の整数のとき

$n=-m$ とおくと，m は正の整数で

$$(x^n)'=(x^{-m})'=\left(\frac{1}{x^m}\right)'=-\frac{(x^m)'}{(x^m)^2}=-\frac{mx^{m-1}}{x^{2m}}=-mx^{-m-1}=nx^{n-1}$$

[3] $n=0$ のとき $(1)'=0$

以上により $(x^n)'=nx^{n-1}$

2 合成関数の導関数

関数 $y=f(u)$, $u=g(x)$ がともに微分可能であるとき，それらの合成関数 $y=f(g(x))$ も微分可能で，次の公式が成り立つ。

⑦ $\dfrac{dy}{dx}=\dfrac{dy}{du}\cdot\dfrac{du}{dx}$ すなわち $\dfrac{d}{dx}f(g(x))=f'(g(x))g'(x)$

証明　x の増分 Δx に対する u の増分を Δu，u の増分 Δu に対する y の増分を Δy とすると

$$\frac{\Delta y}{\Delta x}=\frac{\Delta y}{\Delta u}\cdot\frac{\Delta u}{\Delta x}$$

$g(x)$ は連続であるから，$\Delta x\longrightarrow 0$ のとき $\Delta u\longrightarrow 0$ となる（$\Delta u\neq 0$ とする）。

よって　$$\frac{dy}{dx}=\lim_{\Delta x\to 0}\frac{\Delta y}{\Delta x}=\lim_{\Delta x\to 0}\left(\frac{\Delta y}{\Delta u}\cdot\frac{\Delta u}{\Delta x}\right)=\lim_{\Delta u\to 0}\frac{\Delta y}{\Delta u}\cdot\lim_{\Delta x\to 0}\frac{\Delta u}{\Delta x}=\frac{dy}{du}\cdot\frac{du}{dx}$$

注意　$\Delta u=0$ のときも成り立つが，その場合の証明は高校の程度を越えるので省略する。

一般に，a，b を定数，n を整数とするとき，次の等式が成り立つ。

$$\boldsymbol{\frac{d}{dx}f(ax+b)=af'(ax+b),\qquad \frac{d}{dx}\{f(x)\}^n=n\{f(x)\}^{n-1}\cdot f'(x)}$$

3 逆関数の導関数

関数 $y=f(x)$ に逆関数 $y=f^{-1}(x)$ が存在するとき，次の公式が成り立つ。

⑧　$\boldsymbol{\dfrac{dx}{dy}\neq 0}$ **のとき**　$$\boldsymbol{\frac{dy}{dx}=\frac{1}{\dfrac{dx}{dy}}}$$

証明　$y=f^{-1}(x)$ とすると $x=f(y)$ である。この両辺を x で微分すると

左辺について　$\dfrac{d}{dx}x=1$，　右辺について　$\dfrac{d}{dx}f(y)=\dfrac{d}{dy}f(y)\cdot\dfrac{dy}{dx}=\dfrac{dx}{dy}\cdot\dfrac{dy}{dx}$

よって　$1=\dfrac{dx}{dy}\cdot\dfrac{dy}{dx}$　　したがって，$\dfrac{dx}{dy}\neq 0$ のとき　$\dfrac{dy}{dx}=\dfrac{1}{\dfrac{dx}{dy}}$

4 x^p の導関数

p が整数のときは左ページで示したが，p が有理数の場合も同様の公式が成り立つ。なお，p が実数のときも，この公式は成り立つ（p. 358 参照）。

⑨　p が有理数のとき　　$\boldsymbol{(x^p)'=px^{p-1}}$

証明　p は有理数であるから，$p=\dfrac{m}{n}$（m，n は整数，$n>0$）とおける。

$y=x^{\frac{m}{n}}$ とすると $y^n=x^m$ である。この両辺を x で微分すると

左辺については　$\dfrac{d}{dx}y^n=\dfrac{d}{dy}y^n\cdot\dfrac{dy}{dx}=ny^{n-1}\cdot\dfrac{dy}{dx}$

右辺については　$\dfrac{d}{dx}x^m=mx^{m-1}$　　よって　$ny^{n-1}\cdot\dfrac{dy}{dx}=mx^{m-1}$

ゆえに　$$\frac{dy}{dx}=\frac{m}{n}\cdot\frac{x^{m-1}}{y^{n-1}}=\frac{m}{n}\cdot\frac{x^{m-1}}{(x^{\frac{m}{n}})^{n-1}}=\frac{m}{n}\cdot\frac{x^{m-1}}{x^{m-\frac{m}{n}}}=\frac{m}{n}x^{\frac{m}{n}-1}=px^{p-1}$$

注意　上の 証明 の「$y^n=x^m$ の両辺を x で微分する」部分については，陰関数の微分を使用している。詳しくは p. 365 や p. 371 を参照。

注意　p が整数でないとき，関数 $y=x^p$ の定義域は $x>0$ であるから，上の公式は本来 $x>0$ において成り立つ等式である。
これに対して，例えば関数 $y=\sqrt[3]{x}$ の定義域は実数全体であるが，$x<0$ の範囲においても $y=x^{\frac{1}{3}}$ として微分してよい（p. 354 下の **検討** 参照）。

例 22 | 積・商の導関数 ★☆☆☆☆

次の関数を微分せよ。

(1) $y=x^4-2x^3+3x-9$ (2) $y=(x^2+1)(x^3-2x+4)$

(3) $y=\dfrac{5x^3-x^2+2x-1}{x^2}$ (4) $y=\dfrac{3x-2}{x^2+1}$

指針 **導関数の公式** を利用して計算する。

$$(ku+lv)'=ku'+lv',\ (uv)'=u'v+uv',\ \left(\frac{u}{v}\right)'=\frac{u'v-uv'}{v^2}\quad (k,\ l\text{ は定数})$$

また $(x^n)'=nx^{n-1}$ （n は整数）

検討 公式 $(uv)'=u'v+uv'$ を繰り返し使うと，次の等式が成り立つ。

$$(uvw)'=u'vw+uv'w+uvw' \quad \cdots\cdots ①$$

証明 $(uvw)'=(uv\cdot w)'=(uv)'w+uv\cdot w'$
$=(u'v+uv')w+uv\cdot w'=u'vw+uv'w+uvw'$

なお，① で $u=v=w$ とおくと $(u^3)'=3u^2u'$

例 23 | 合成関数の微分法 ★★☆☆☆

次の関数を微分せよ。

(1) $y=(2x^2-3)^3$ (2) $y=\dfrac{1}{(3x-2)^2}$

(3) $y=\sqrt[3]{x^2}$ (4) $y=\sqrt{x^2+1}$

指針 (1) $2x^2-3=u$ とおくと，$y=u^3$，$u=2x^2-3$ の **合成関数** である。

よって，公式 $\dfrac{dy}{dx}=\dfrac{dy}{du}\cdot\dfrac{du}{dx}$ $\{f(g(x))\}'=f'(g(x))g'(x)$ を利用。

$$\frac{dy}{dx}=\frac{dy}{du}\cdot\frac{du}{dx}=3u^2\cdot 4x=12x(2x^2-3)^2$$

(3), (4) $\sqrt[n]{x^m}=x^{\frac{m}{n}}$ （n は自然数，m は整数）として

$(x^p)'=px^{p-1}$ （p は有理数） 特に $(\sqrt{x})'=\dfrac{1}{2\sqrt{x}}$

検討 $y=\sqrt[n]{x^m}$ （m，n は自然数）の定義域は，

n が奇数のとき 実数全体， n が偶数かつ m が奇数のとき $x\geqq 0$

である。このときは $(\sqrt[n]{x^m})'=(x^{\frac{m}{n}})'=\dfrac{m}{n}x^{\frac{m}{n}-1}$ …… ① として計算してよい。

なお，m，n がともに偶数のとき，例えば $\sqrt[4]{x^2}$ （定義域は実数全体）は $\sqrt{|x|}$ に等しく，上の ① は成り立たない。
しかし，$x>0$ に限ると ① は成り立つ。

例題 43 有理・無理関数の導関数 ★★★☆☆

次の関数を微分せよ。

(1) $y=\left(\dfrac{2x+5}{x^2-4}\right)^2$　　(2) $y=\sqrt{|x^2-1|}$

◀例22，23

指針 (1) $y=u^2$，$u=\dfrac{2x+5}{x^2-4}$ の合成関数。 $\longrightarrow y'=2u\cdot u'$

(2) $y=\sqrt{u}$，$u=|x^2-1|$ の合成関数。 $\longrightarrow y'=\dfrac{1}{2\sqrt{u}}\cdot u'$

$|x^2-1|$ の取り扱いは　**CHART》 絶対値　場合に分ける**

解答 (1) $y'=2\cdot\dfrac{2x+5}{x^2-4}\cdot\dfrac{2(x^2-4)-(2x+5)\cdot 2x}{(x^2-4)^2}$

$=\dfrac{2(2x+5)\cdot 2(-x^2-5x-4)}{(x^2-4)^3}$

$=-\dfrac{\mathbf{4(x+1)(x+4)(2x+5)}}{\mathbf{(x^2-4)^3}}$

◀ u' を掛けるのを忘れないように。

(2) **$x<-1$，$1<x$ のとき**　$y=\sqrt{x^2-1}$

よって　$y'=\dfrac{1}{2\sqrt{x^2-1}}\cdot 2x=\dfrac{\boldsymbol{x}}{\boldsymbol{\sqrt{x^2-1}}}$

◀ $x=\pm 1$ のときは微分可能でない。

$-1<x<1$ のとき　$y=\sqrt{1-x^2}$

よって　$y'=\dfrac{1}{2\sqrt{1-x^2}}\cdot(-2x)=-\dfrac{\boldsymbol{x}}{\boldsymbol{\sqrt{1-x^2}}}$

別解 (1) $y=(2x+5)^2(x^2-4)^{-2}$ として微分する。

$y'=2(2x+5)\cdot 2\times(x^2-4)^{-2}$
$\quad+(2x+5)^2\times(-2)(x^2-4)^{-3}\cdot 2x$
$=4(2x+5)(x^2-4)^{-3}\{(x^2-4)-(2x+5)x\}$
$=\dfrac{4(2x+5)(-x^2-5x-4)}{(x^2-4)^3}$
$=-\dfrac{\mathbf{4(x+1)(x+4)(2x+5)}}{\mathbf{(x^2-4)^3}}$

◀ $(uv)'=u'v+uv'$

参考 (2) $y=\sqrt{|x^2-1|}$ のグラフをかくと，右の図のようになる。

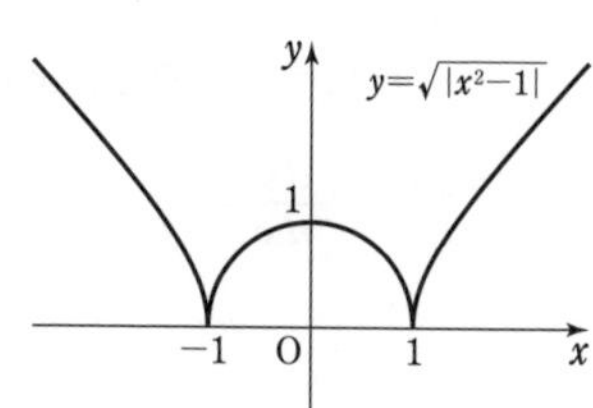

練習 43 次の関数を微分せよ。 [(1) 小樽商大]

(1) $y=\left(\dfrac{x}{x^2+1}\right)^3$　(2) $y=\sqrt[3]{\dfrac{x+1}{x+4}}$　(3) $y=\dfrac{x\sqrt{x^2-2x}}{x-1}$

例題 44 逆関数の微分法 ★★☆☆☆

関数 $x=y^2+y-1$ について，$\dfrac{dy}{dx}$ を x の関数で表せ。

指針 次の2つの方法が考えられる。それぞれの方法で解いてみよう。

1．$x=y^2+y-1$ を y について解き，x の関数 y を x で微分する。

2．$x=y^2+y-1$ を y で微分して $\dfrac{dx}{dy}$ を求め，次の公式を利用する。

逆関数の導関数　$\dfrac{dx}{dy}\neq 0$ のとき　$\dfrac{dy}{dx}=\dfrac{1}{\dfrac{dx}{dy}}$

解答 1．$x=y^2+y-1$ を y について整理すると　$y^2+y-(x+1)=0$

この2次方程式の判別式を D とすると

$$D=1+4(x+1)=4x+5$$

$D\geqq 0$ とすると　$4x+5\geqq 0$　よって　$x\geqq -\dfrac{5}{4}$

ゆえに，$x\geqq -\dfrac{5}{4}$ のとき　$y=\dfrac{-1\pm\sqrt{4x+5}}{2}$

よって，$x>-\dfrac{5}{4}$ において

$$\frac{dy}{dx}=\left(\frac{-1\pm\sqrt{4x+5}}{2}\right)'=\pm\frac{1}{2}\cdot\frac{1}{2\sqrt{4x+5}}\cdot 4$$

$$=\pm\frac{1}{\sqrt{4x+5}}\quad\text{(複号同順)}$$

解答 2．$x=y^2+y-1$ を y で微分すると　$\dfrac{dx}{dy}=2y+1$

$y\neq -\dfrac{1}{2}$ のとき　$\dfrac{dy}{dx}=\dfrac{1}{\dfrac{dx}{dy}}=\dfrac{1}{2y+1}$　…… ①

$x=y^2+y-1$ を y について解くと，$x\geqq -\dfrac{5}{4}$ のとき

$$y=\frac{-1\pm\sqrt{4x+5}}{2}$$

① に代入すると，$x>-\dfrac{5}{4}$ において

$$\frac{dy}{dx}=\frac{1}{(-1\pm\sqrt{4x+5})+1}=\pm\frac{1}{\sqrt{4x+5}}\quad\text{(複号同順)}$$

◀ y の2次方程式とみる。

◀ y は実数であるから $D\geqq 0$

◀ $x=-\dfrac{5}{4}$ では y' が存在しない。

◀ $(\sqrt{u})'=\dfrac{1}{2\sqrt{u}}\cdot u'$

◀ 2つの関数を合わせたもの。

参考　$x=y^2+y-1$ の x と y を入れ替えると $y=x^2+x-1$ となるから，この例題は関数 $y=x^2+x-1$ の逆関数を微分していることになる。

練習 44

(1) 関数 $x=\dfrac{1}{y^2-2y}$ について，$\dfrac{dy}{dx}$ を x の関数で表せ。

(2) 関数 $f(x)$ の逆関数を $g(x)$ とする。$f(1)=2$，$f'(1)=2$ のとき，$g(2)$，$g'(2)$ の値をそれぞれ求めよ。

12 いろいろな関数の導関数

《基本事項》

1 三角関数の導関数

三角関数の導関数は，次のようになる。

◀ 角は弧度法であることに注意。

$$(\sin x)'=\cos x \qquad (\cos x)'=-\sin x \qquad (\tan x)'=\frac{1}{\cos^2 x}$$

証明 $(\sin x)'=\lim_{h\to 0}\frac{\sin(x+h)-\sin x}{h}=\lim_{h\to 0}\frac{\sin x\cos h+\cos x\sin h-\sin x}{h}$

$=\lim_{h\to 0}\frac{\cos x\sin h-\sin x(1-\cos h)}{h}=\lim_{h\to 0}\left(\cos x\cdot\frac{\sin h}{h}-\sin x\cdot\frac{1-\cos h}{h}\right)$

ここで　$\lim_{h\to 0}\frac{1-\cos h}{h}=\lim_{h\to 0}\frac{\sin^2 h}{h(1+\cos h)}=\lim_{h\to 0}\left(\frac{\sin h}{h}\cdot\frac{\sin h}{1+\cos h}\right)=1\cdot\frac{0}{2}=0$

よって　$(\sin x)'=(\cos x)\cdot 1-(\sin x)\cdot 0=\cos x$

$(\cos x)'=\left\{\sin\left(x+\frac{\pi}{2}\right)\right\}'=\cos\left(x+\frac{\pi}{2}\right)\cdot\left(x+\frac{\pi}{2}\right)'=\cos\left(x+\frac{\pi}{2}\right)$

$=-\sin x$

$(\tan x)'=\left(\frac{\sin x}{\cos x}\right)'=\frac{(\sin x)'\cos x-\sin x(\cos x)'}{\cos^2 x}=\frac{\cos^2 x+\sin^2 x}{\cos^2 x}$

$=\frac{1}{\cos^2 x}$

2 対数関数の導関数

対数関数 $y=\log_a x$ $(x>0)$ の導関数を求めてみよう（ただし，$a>0$，$a\neq 1$）。

$$(\log_a x)'=\lim_{\varDelta x\to 0}\frac{\log_a(x+\varDelta x)-\log_a x}{\varDelta x}=\lim_{\varDelta x\to 0}\frac{1}{\varDelta x}\log_a\left(1+\frac{\varDelta x}{x}\right)$$

ここで，$\frac{\varDelta x}{x}=h$ とおくと　$\varDelta x\longrightarrow 0 \iff h\longrightarrow 0$

よって　$(\log_a x)'=\lim_{h\to 0}\frac{1}{xh}\log_a(1+h)=\frac{1}{x}\lim_{h\to 0}\log_a(1+h)^{\frac{1}{h}}$　…… ①

ここで，$h\longrightarrow 0$ のとき，$(1+h)^{\frac{1}{h}}$ はある一定の値に近づくことがわかっており，この値を e で表す。

e の定義　　$e=\lim_{h\to 0}(1+h)^{\frac{1}{h}}$

参考　e について，接線の傾きを利用した導入の仕方もある。詳しくは $p.362$ 参照。

e は無理数で　$e=2.718281828459045\cdots\cdots$　であることが知られている。

e の値に対して，① から　$(\log_a x)'=\frac{1}{x}\log_a e$　…… ②

② において，$a=e$ のとき　$(\log_e x)'=\frac{1}{x}\log_e e=\frac{1}{x}$

e を底とする対数 $\log_e x$ を **自然対数** といい，微分法や積分法では，底 e を省略して **$\log x$** と書く。また，e を **自然対数の底** という。

よって　$(\log x)'=\dfrac{1}{x}$　　　また，② から　$(\log_a x)'=\dfrac{1}{x\log a}$

$y=\log|x|$，$y=\log_a|x|$ の導関数

$x>0$ のとき　$(\log|x|)'=(\log x)'=\dfrac{1}{x}$

$x<0$ のとき　$(\log|x|)'=\{\log(-x)\}'=\dfrac{1}{-x}\cdot(-1)=\dfrac{1}{x}$

したがって　$(\log|x|)'=\dfrac{1}{x}$

また　$(\log_a|x|)'=\left(\dfrac{\log|x|}{\log a}\right)'=\dfrac{1}{\log a}\cdot(\log|x|)'$

$$=\frac{1}{\log a}\cdot\frac{1}{x}=\frac{1}{x\log a}$$

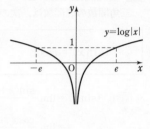

対数関数の導関数　$(\log x)'=\dfrac{1}{x}$　$(\log_a x)'=\dfrac{1}{x\log a}$

$(\log|x|)'=\dfrac{1}{x}$　$(\log_a|x|)'=\dfrac{1}{x\log a}$

(注意) $a\neq e$ のとき，$(\log_a x)'\neq\dfrac{1}{x}$ であることに注意する。

例えば，$a=2$ のとき，$(\log_2 x)'$ は $\dfrac{1}{x\log 2}$ であり $\dfrac{1}{x}$ ではない。

合成関数の微分法により $\{\log|f(x)|\}'=\dfrac{f'(x)}{f(x)}$ が成り立つ。このことと上の公式を利用して，次のことが証明される。

x^α の導関数　α が実数のとき　$(x^\alpha)'=\alpha x^{\alpha-1}$

[証明] $y=x^\alpha$ $(x>0)$ の両辺の自然対数をとると　$\log y=\alpha\log x$

両辺を x で微分すると　$\dfrac{y'}{y}=\alpha\cdot\dfrac{1}{x}$　　よって　$y'=\alpha\cdot\dfrac{1}{x}\cdot x^\alpha=\alpha x^{\alpha-1}$

3 指数関数の導関数

指数関数の導関数　$(e^x)'=e^x$　$(a^x)'=a^x\log a$　◀$a>0$，$a\neq 1$

[証明] $y=a^x$ $(a>0,\ a\neq 1)$ の両辺の自然対数をとると　$\log y=x\log a$

両辺を x で微分すると　$\dfrac{y'}{y}=\log a$

よって　$y'=y\log a$　　すなわち　$(a^x)'=a^x\log a$

特に，$a=e$ のとき，$\log e=1$ であるから　$(e^x)'=e^x$

(注意) 上の [証明] の「$\log y=x\log a$ の両辺を x で微分する」部分については，陰関数の微分を使用している。詳しくは $p.365$ や $p.371$ を参照。

例 24　三角関数の導関数　★★☆☆☆

次の関数を微分せよ。

(1)　$y=\sin(1-2x)$　(2)　$y=\tan 3x$　(3)　$y=\cos^3 x$

(4)　$y=x^2\sin(3x+5)$　(5)　$y=\dfrac{\sin x-\cos x}{\sin x+\cos x}$　(6)　$y=\sqrt{\sin 2x}$

指針　公式　$(\sin x)'=\cos x$，$(\cos x)'=-\sin x$，$(\tan x)'=\dfrac{1}{\cos^2 x}$　を用いる。

更に，合成関数では　$\{f(u)\}'=f'(u)\cdot u'$

特に　$\{f(ax+b)\}'=f'(ax+b)\cdot a$

例えば $y=\sin x\cos^2 x$ は，このまま微分するのと，$\sin x(1-\sin^2 x)=\sin x-\sin^3 x$ と変形してから微分するのとでは，結果の形が異なって表される。

[1]　$y=\sin x\cos^2 x$ から　$y'=\cos x\cos^2 x+\sin x\cdot 2\cos x(-\sin x)$
$=\cos^3 x-2\sin^2 x\cos x$　…… ①

[2]　$y=\sin x-\sin^3 x$ から　$y'=\cos x-3\sin^2 x\cos x$　…… ②

①，② は $\sin^2 x=1-\cos^2 x$ を用いて変形すると，ともに $3\cos^3 x-2\cos x$ になる。
このように三角関数を微分すると，導関数がいろいろな形で表されることがあるが，上の場合は，答えとしてはどちらをとってもよい。
ただし，変形して簡単な形にできる場合は，変形しておいた方がよい。

例 25　対数・指数関数の導関数　★★☆☆☆

次の関数を微分せよ。　〔(6) 北見工大〕

(1)　$y=\log_2(2x+1)$　(2)　$y=\log|\sin x|$　(3)　$y=\log(x+\sqrt{x^2+4})$

(4)　$y=\log\dfrac{1+\sin x}{1-\sin x}$　(5)　$y=3^{-2x+1}$　(6)　$y=2^{\sin x}$

(7)　$y=e^x\sin x$　(8)　$y=\dfrac{\log x}{x}$　(9)　$y=\dfrac{e^x-e^{-x}}{e^x+e^{-x}}$

指針　**対数関数の導関数**　$(\log|x|)'=\dfrac{1}{x}$，$(\log_a|x|)'=\dfrac{1}{x\log a}$

指数関数の導関数　$(e^x)'=e^x$，$(a^x)'=a^x\log a$

更に，$\{f(u)\}'=f'(u)\cdot u'$ から　$(\log u)'=\dfrac{u'}{u}$，$(\log_a|u|)'=\dfrac{u'}{u\log a}$

CHART》微分法

1　$\{f(u)\}'=f'(u)\cdot u'$　u' を落とすな

2　定義も忘れずに

例題 45 対数微分法 ★★★☆☆

次の関数を微分せよ。

(1) $y=\dfrac{\sqrt[3]{(x-1)(x^2+1)}}{x+1}$　　(2) $y=x^x\ (x>0)$

指針 (1) $y=(x-1)^{\frac{1}{3}}(x^2+1)^{\frac{1}{3}}(x+1)^{-1}$ として，$(uvw)'=u'vw+uv'w+uvw'$ を使って微分してもよいが，結果のまとめ方が面倒である。
そこで，**両辺の自然対数をとる** と，**積は和，商は差，p 乗は p 倍** となって，微分の計算がらくにできる。

例えば，$y=\dfrac{u^pv^q}{w^r}$ なら　$\log|y|=p\log|u|+q\log|v|-r\log|w|$

両辺を微分すると　$\dfrac{y'}{y}=p\cdot\dfrac{u'}{u}+q\cdot\dfrac{v'}{v}-r\cdot\dfrac{w'}{w}$　となる。

(2) も，まず両辺の自然対数をとる方針。

解答 (1) 両辺の絶対値の自然対数をとると

$$\log|y|=\frac{1}{3}\{\log|x-1|+\log|x^2+1|-3\log|x+1|\}$$

◀ 真数>0 であるから絶対値をとる。

両辺を x で微分して

$$\frac{y'}{y}=\frac{1}{3}\left(\frac{1}{x-1}+\frac{2x}{x^2+1}-\frac{3}{x+1}\right)$$

◀ ( ) 内を通分すると，分子は
$(x^2+1)(x+1)$
$+2x(x-1)(x+1)$
$-3(x-1)(x^2+1)$
$=4(x^2-x+1)$

よって

$$y'=\frac{\sqrt[3]{(x-1)(x^2+1)}}{x+1}\cdot\frac{1}{3}\cdot\frac{4(x^2-x+1)}{(x-1)(x^2+1)(x+1)}$$

$$=\frac{4(x^2-x+1)}{3(x+1)^2\sqrt[3]{(x^2+1)^2(x-1)^2}}$$

(2) $x>0$ であるから $y>0$ である。

◀ 両辺>0 の確認。

両辺の自然対数をとると　$\log y=x\log x$

両辺を x で微分して

$$\frac{y'}{y}=1\cdot\log x+x\cdot\frac{1}{x}=\log x+1$$

よって　$y'=y(\log x+1)=\boldsymbol{x^x(\log x+1)}$

参考 例題のような微分の方法を **対数微分法** という。

練習 45 次の関数を微分せよ。

(1) $y=\dfrac{(x-1)^2(x-2)^3}{(x-3)^5}$　　(2) $y=\sqrt[3]{\dfrac{(x+1)^2}{x(x^2+2)}}$

(3) $y=(\sqrt{x})^x\ (x>0)$　　(4) $y=x^{\sin x}\ (x>0)$

(5) $y=f(x)^{g(x)}\ [f(x)>0]$　　(6) $y=(1+x)^{\frac{1}{1+x}}\ (x>0)$

例題 46 e の定義と極限 ★★★☆☆

$\lim_{h\to 0}(1+h)^{\frac{1}{h}}=e$ を用いて，次の極限値を求めよ。 〔(2) 類 信州大〕

(1) $\lim_{x\to 0}(1+3x)^{\frac{1}{x}}$　(2) $\lim_{x\to\infty}\left(1+\frac{2}{x}\right)^x$　(3) $\lim_{x\to-\infty}\left(1+\frac{1}{2x}\right)^{-x}$

指針 $\lim_{●\to 0}(1+●)^{\frac{1}{●}}=e$ **を適用できる形を作り出す** ことがポイントである。

(1) $x\longrightarrow 0$ のとき $3x\longrightarrow 0$ であるからといって，$(1+3x)^{\frac{1}{x}}\longrightarrow e$ としては **誤り！**
$(1+●)^{\frac{1}{●}}$ $(●\longrightarrow 0)$ の ● は同じものでなければならない から，指数部分に $\frac{1}{3x}$ が現れるように変形する必要がある。そこで，**$3x=h$ とおく** と
$x\longrightarrow 0$ のとき $h\longrightarrow 0$ で　$(1+3x)^{\frac{1}{x}}=(1+h)^{\frac{3}{h}}=\{(1+h)^{\frac{1}{h}}\}^3$

(2), (3) $x\longrightarrow\infty$ と $h\longrightarrow 0$ を関連づけるために，**0 に収束する部分を h とおく。**

解答 (1) $3x=h$ とおくと，$x\longrightarrow 0$ のとき　$h\longrightarrow 0$

よって　$\lim_{x\to 0}(1+3x)^{\frac{1}{x}}=\lim_{h\to 0}(1+h)^{\frac{3}{h}}$

$=\lim_{h\to 0}\{(1+h)^{\frac{1}{h}}\}^3=\boldsymbol{e^3}$

◀ $3x=h$ から　$x=\frac{h}{3}$

(2) $\frac{2}{x}=h$ とおくと，$x\longrightarrow\infty$ のとき　$h\longrightarrow +0$

よって　$\lim_{x\to\infty}\left(1+\frac{2}{x}\right)^x=\lim_{h\to+0}(1+h)^{\frac{2}{h}}$

$=\lim_{h\to+0}\{(1+h)^{\frac{1}{h}}\}^2=\boldsymbol{e^2}$

◀ $\frac{2}{x}=h$ から　$x=\frac{2}{h}$

(3) $\frac{1}{2x}=h$ とおくと，$x\longrightarrow-\infty$ のとき　$h\longrightarrow -0$

よって　$\lim_{x\to-\infty}\left(1+\frac{1}{2x}\right)^{-x}=\lim_{h\to-0}(1+h)^{-\frac{1}{2h}}$

$=\lim_{h\to-0}\{(1+h)^{\frac{1}{h}}\}^{-\frac{1}{2}}=\boldsymbol{e^{-\frac{1}{2}}}$

◀ $\frac{1}{2x}=h$ から　$x=\frac{1}{2h}$

◀ $\frac{1}{\sqrt{e}}$ でもよい。

検討 $h=\frac{1}{x}$ とおくと，$h\longrightarrow +0 \iff x\longrightarrow\infty$，$h\longrightarrow -0 \iff x\longrightarrow-\infty$ であるから

$$\lim_{x\to\infty}\left(1+\frac{1}{x}\right)^x=\lim_{h\to+0}(1+h)^{\frac{1}{h}}=e,$$
$$\lim_{x\to-\infty}\left(1+\frac{1}{x}\right)^x=\lim_{h\to-0}(1+h)^{\frac{1}{h}}=e$$

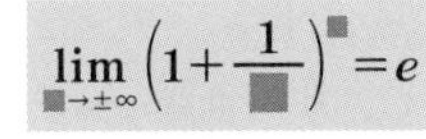

である。すなわち，$\lim_{x\to\pm\infty}\left(1+\frac{1}{x}\right)^x=e$ が成り立つ。

練習 46 $\lim_{h\to 0}(1+h)^{\frac{1}{h}}=e$ を用いて，次の極限値を求めよ。

(1) $\lim_{x\to\infty}\left(1-\frac{3}{x}\right)^x$　(2) $\lim_{x\to 0}(1+4x)^{-\frac{1}{x}}$　(3) $\lim_{n\to\infty}n\{\log(n+1)-\log n\}$

eの定義について

$p.357$ において，次のように e (自然対数の底) を導入した。

> **$h\longrightarrow 0$ のとき，$(1+h)^{\frac{1}{h}}$ はある実数 (2.71828……) に収束し，その極限値を e で表す。　すなわち　$\displaystyle\lim_{h\to 0}(1+h)^{\frac{1}{h}}=e$ ……①**

e を含む関数の微分については　$(e^x)'=e^x$，$(\log x)'=\dfrac{1}{x}$ という，簡単な (覚えやすい) 結果になる。

└── $\log x$ は $\log_e x$ (自然対数) のこと。

(注意) $\displaystyle\lim_{h\to 0}(1+h)^{\frac{1}{h}}$ が収束することを高校の数学の範囲で示すことはできないが，$y=(1+h)^{\frac{1}{h}}$ のグラフをコンピュータを用いてかくと右の図のようになり，極限値 $\displaystyle\lim_{h\to 0}(1+h)^{\frac{1}{h}}$ が存在することが予想できる。e についてはその近似値 $e\fallingdotseq 2.72$ を覚えておくとよい。

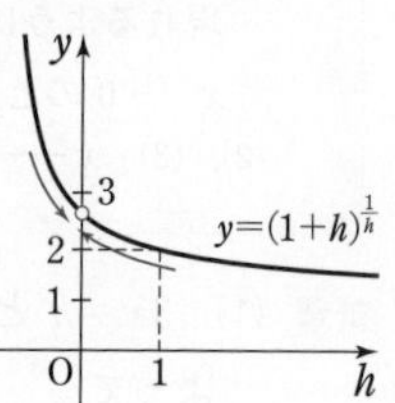

参考　自然対数の底 e を **ネイピアの数** ともいう。

一方，e については，次のような接線の傾きを利用した導入の仕方もある。

> **曲線 $y=a^x$ $(a>1)$ 上の点 $(0,\ 1)$ における接線の傾きが1となるときの a の値を e と定める。　すなわち　$\displaystyle\lim_{h\to 0}\frac{e^h-1}{h}=1$ ……②**

解説　曲線 $y=a^x$ $(a>1)$ 上の点 $(0,\ 1)$ における接線の傾きは，

$y=f(x)$ とすると　$\displaystyle f'(0)=\lim_{h\to 0}\frac{f(h)-f(0)}{h-0}=\lim_{h\to 0}\frac{a^h-1}{h}$

ここで，右の図からわかるように，この傾きは a の値が大きくなると大きくなり，a の値が小さくなって1に近づくと0に近づく。

よって，この傾きがちょうど1になる a の値が1つあり，それを e と定めるのである。つまり　$\displaystyle\lim_{h\to 0}\frac{e^h-1}{h}=1$

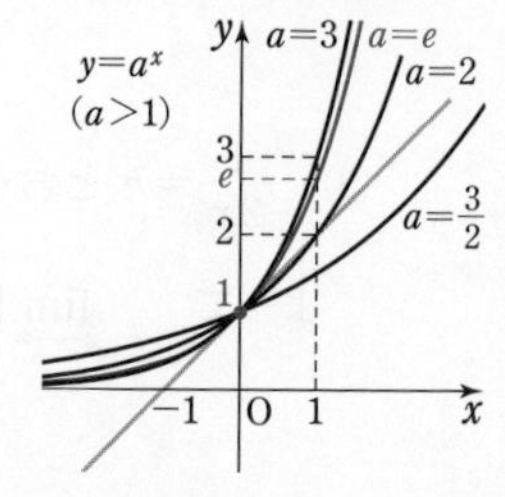

なお，$y=e^x$ と $y=\log x$ が互いに逆関数の関係にあることに注目すると，次のようにして **①と②が同値である** ことが確かめられる。

② [曲線 $y=e^x$ 上の点 $(0,\ 1)$ における接線 ℓ の傾きが1]

$\Longleftrightarrow$ 曲線 $y=\log x$ 上の点 $(1,\ 0)$ における接線 ℓ' の傾きが1

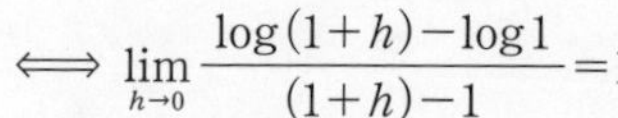

$\displaystyle\Longleftrightarrow \lim_{h\to 0}\frac{\log(1+h)-\log 1}{(1+h)-1}=1$　◀$y=\log x$ の $x=1$ における微分係数が1

$\displaystyle\Longleftrightarrow \lim_{h\to 0}\log(1+h)^{\frac{1}{h}}=\log e$

$\displaystyle\Longleftrightarrow \lim_{h\to 0}(1+h)^{\frac{1}{h}}=e$ [①]　◀$y=\log x$ は連続な関数で，単調に増加する。

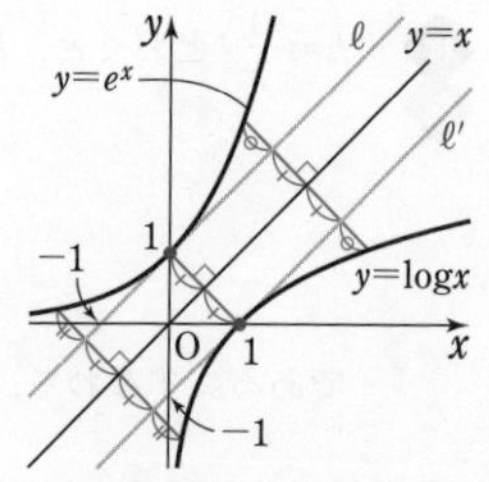

$y=e^x$，$y=\log x$ のグラフは，直線 $y=x$ に関して互いに対称であるから，接線 ℓ，ℓ' も直線 $y=x$ に関して互いに対称。

∞ に発散する関数の「増加の度合い」の比較

関数 $\log x$，$\sqrt{x}$，x，x^2，e^x は，どれも x の値が大きくなるとその値も大きくなり，$x \longrightarrow \infty$ のとき ∞ に発散する。しかし，右の図からわかるように，値の増加の仕方は関数によってずいぶん違う。例えば，x の値を大きくしていったとき，$\log x$ より $\sqrt{x}$，x より x^2，x^2 より e^x の方が，それぞれ速く無限大に発散するように感じられる。

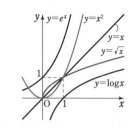

そこで，本書では，$\lim_{x \to \infty} f(x)=\infty$，$\lim_{x \to \infty} g(x)=\infty$ である 2 つの関数 $f(x)$，$g(x)$ に関し，$\boldsymbol{\lim_{x \to \infty} \frac{f(x)}{g(x)}=\infty}$ **であることを** $\boldsymbol{g(x) \ll f(x)}$ と表現することにする。

この表現を用いると，p，q を $0<p<q$ である定数とすれば

$$\boldsymbol{\log x \ll x^p \ll x^q \ll e^x} \quad \cdots\cdots (*)$$

このことが成り立つ理由について考えてみよう。

[1]　x^p と x^q $(0<p<q)$ の増加の度合いについて比べてみる。

$p<q$ より $q-p>0$ であるから　　$\lim_{x \to \infty} \frac{x^q}{x^p}=\lim_{x \to \infty} x^{q-p}=\infty$

よって　　$x^p \ll x^q$

[2]　x^q $(q>0)$ と e^x の増加の度合いについて比べてみる。

まず，$x>0$ のとき $e^x>1+x+\frac{x^2}{2}$ が成り立つ（証明は $p.419$ 例題 84 と同様）。

このことを用いると，$x>0$ のとき，$e^x>\frac{x^2}{2}$ すなわち $\frac{e^x}{x}>\frac{x}{2}$ が成り立つ。

ここで，$\lim_{x \to \infty} \frac{x}{2}=\infty$ であるから　　$\lim_{x \to \infty} \frac{e^x}{x}=\infty$　$\cdots\cdots$ ①

$\frac{x}{q}=s$ とおくと $x=qs$ で，$x \longrightarrow \infty$ のとき　　$s \longrightarrow \infty$

よって，① により　　$\lim_{x \to \infty} \frac{e^x}{x^q}=\lim_{s \to \infty} \frac{e^{qs}}{(qs)^q}=\frac{1}{q^q} \lim_{s \to \infty} \left(\frac{e^s}{s}\right)^q=\infty$

ゆえに　　$x^q \ll e^x$

[3]　$\log x$ と x^p $(p>0)$ の増加の度合いについて比べてみる。

$\log x=t$ とおくと $x=e^t$ で，$x \longrightarrow \infty$ のとき　　$t \longrightarrow \infty$，$pt \longrightarrow \infty$

よって，① を利用すると　　$\lim_{x \to \infty} \frac{x^p}{\log x}=\lim_{t \to \infty} \frac{(e^t)^p}{t}=\lim_{t \to \infty} \frac{e^{pt}}{pt} \cdot p=\infty$

ゆえに　　$\log x \ll x^p$

[1]～[3] により，$(*)$ が示された。

なお，一般に $x \longrightarrow \infty$ のとき ∞ に発散する関数については

対数関数≪関数 $\boldsymbol{x^\alpha}$ $\boldsymbol{(\alpha>0)}$≪指数関数

であることが知られている。

例題 47　微分係数の定義を利用して極限を求める　★★★☆☆

(1) 次の極限値を求めよ。ただし，α は定数とする。

(ア) $\displaystyle\lim_{x\to 0}\frac{3^x-1}{x}$　　(イ) $\displaystyle\lim_{x\to\alpha}\frac{x\sin x-\alpha\sin\alpha}{\sin(x-\alpha)}$

(2) $\displaystyle\lim_{x\to 0}\frac{e^x-1}{x}=1$ (p. 362 参照) を用いて，極限値 $\displaystyle\lim_{h\to 0}\frac{e^{(h+1)^2}-e^{h^2+1}}{h}$ を求めよ。

［(2) 法政大］ ◀例21，24，25

指針 (1) **微分係数の定義** $\displaystyle f'(a)=\lim_{x\to a}\frac{f(x)-f(a)}{x-a}$ を利用して変形するため，(ア)では $f(x)=3^x$，(イ)では $f(x)=x\sin x$ として進める。
極限値は $f'(■)$ を含む式になるから，$f'(x)$ を具体的に計算してそれを利用。

(2) $\dfrac{e^{●}-1}{●}$ (ただし，$h\longrightarrow 0$ のとき $●\longrightarrow 0$) の形を作り出す。

解答 (1) (ア) $f(x)=3^x$ とすると

$$\lim_{x\to 0}\frac{3^x-1}{x}=\lim_{x\to 0}\frac{3^x-3^0}{x-0}=f'(0)$$

$f'(x)=3^x\log 3$ であるから　$f'(0)=3^0\log 3=\log 3$

したがって　(与式)$=\mathbf{\log 3}$

◀ $\displaystyle \sim\sim=\lim_{x\to 0}\frac{f(x)-f(0)}{x-0}$

(イ) $f(x)=x\sin x$ とすると

$$\lim_{x\to\alpha}\frac{x\sin x-\alpha\sin\alpha}{\sin(x-\alpha)}=\lim_{x\to\alpha}\frac{x\sin x-\alpha\sin\alpha}{x-\alpha}\cdot\frac{x-\alpha}{\sin(x-\alpha)}$$
$$=f'(\alpha)\cdot 1=f'(\alpha)$$

$f'(x)=\sin x+x\cos x$ であるから

(与式)$=\mathbf{\sin\alpha+\alpha\cos\alpha}$

◀ $x\longrightarrow\alpha$ のとき $x-\alpha\longrightarrow 0$
また $\displaystyle\lim_{●\to 0}\frac{\sin ●}{●}=1$

◀ $(uv)'=u'v+uv'$

(2) $$\lim_{h\to 0}\frac{e^{(h+1)^2}-e^{h^2+1}}{h}=\lim_{h\to 0}\left(e^{h^2+1}\cdot\frac{e^{2h}-1}{h}\right)=\lim_{h\to 0}\left(2e^{h^2+1}\cdot\frac{e^{2h}-1}{2h}\right)$$
$$=2\lim_{h\to 0}e^{h^2+1}\cdot\lim_{h\to 0}\frac{e^{2h}-1}{2h}=2e\cdot 1=\mathbf{2e}$$

◀ $\displaystyle\lim_{●\to 0}\frac{e^{●}-1}{●}=1$

(注意) $\displaystyle\lim_{x\to 0}\frac{e^x-1}{x}=1$ は，特に断りがなくても公式として利用してよい。

$$\lim_{x\to 0}\frac{\sin x}{x}=1,\quad \lim_{x\to 0}(1+x)^{\frac{1}{x}}=e,\quad \lim_{x\to\pm\infty}\left(1+\frac{1}{x}\right)^x=e,\quad \lim_{x\to 0}\frac{e^x-1}{x}=1$$

これらの極限の式はしっかり覚えておきたい。

練習 47 次の極限値を求めよ。ただし，a は定数とする。

(1) $\displaystyle\lim_{x\to 0}\frac{2^{3x}-1}{x}$　(2) $\displaystyle\lim_{x\to 1}\frac{\log x}{x-1}$　(3) $\displaystyle\lim_{x\to a}\frac{1}{x-a}\log\frac{x^x}{a^a}$ $(a>0)$

(4) $\displaystyle\lim_{x\to 0}\frac{1}{x}\log\{\log(x+e)\}$　(5) $\displaystyle\lim_{x\to 0}\frac{e^x-e^{-x}}{x}$　(6) $\displaystyle\lim_{x\to 0}\frac{e^{a+x}-e^a}{x}$

13 第n次導関数，関数のいろいろな表し方

《 基本事項 》

1 第n次導関数

関数 $y=f(x)$ の導関数 $y'=f'(x)$ はxの関数であるから，$f'(x)$ が微分可能であるとき，その導関数 $(y')'$ が考えられる。これを $y=f(x)$ の **第2次導関数** といい，記号で次のように表す。

$$y'',\qquad f''(x),\qquad \frac{d^2y}{dx^2},\qquad \frac{d^2}{dx^2}f(x)$$

更に，第2次導関数 $f''(x)$ の導関数を，$y=f(x)$ の **第3次導関数** といい，記号で次のように表す。

$$y''',\qquad f'''(x),\qquad \frac{d^3y}{dx^3},\qquad \frac{d^3}{dx^3}f(x)$$

一般に，関数 $y=f(x)$ をn回微分して得られる関数を $y=f(x)$ の **第n次導関数** といい，記号で次のように表す。

$$y^{(n)},\qquad f^{(n)}(x),\qquad \frac{d^ny}{dx^n},\qquad \frac{d^n}{dx^n}f(x)$$

(注意) $y^{(1)}$，$y^{(2)}$，$y^{(3)}$ はそれぞれ y'，y''，y''' を表す。また，$y^{(n)}$，$f^{(n)}(x)$ のnに（　）をつけるのは，$y^n=y\times y\times\cdots\cdots\times y$（$n$個の積）と区別するためである。
第2次以上の導関数をまとめて，**高次導関数** という。

2 方程式 $F(x,\ y)=0$ で定められる関数の導関数

$F(x,\ y)=0$ の形で表されたxの関数yの導関数を求めるには，$F(x,\ y)=0$ の両辺をxで微分するとよい。このとき，合成関数の導関数により

yがxの関数であるとき　$\dfrac{d}{dx}f(y)=\dfrac{d}{dy}f(y)\cdot\dfrac{dy}{dx}$　◀ $p.371$ 例題 53 参照。

(注意) xの関数yが方程式 $F(x,\ y)=0$ の形で与えられているとき，yはxの **陰関数** であるという。これに対して，$y=f(x)$ の形のとき，yはxの **陽関数** であるという。

3 媒介変数で表された関数の導関数

媒介変数表示 $x=f(t)$，$y=g(t)$ において，$x=f(t)$ から tがxの関数と考えられるとき，$t=h(x)$ と表して，これを $y=g(t)$ に代入すると $y=g(h(x))$ となり，yはxの関数になる。（$h(t)$ は $f(t)$ の逆関数。）

yをxで微分すると，合成関数および逆関数の導関数により

$$\frac{dy}{dx}=\frac{dy}{dt}\cdot\frac{dt}{dx}=\frac{dy}{dt}\cdot\frac{1}{\frac{dx}{dt}}$$

よって　$$\frac{dy}{dx}=\frac{\frac{dy}{dt}}{\frac{dx}{dt}}=\frac{g'(t)}{f'(t)}$$

◀ $p.372$ 例題 54 参照。

例題 48 第2次導関数，第3次導関数の計算 ★★☆☆☆

(1) 次の関数の第2次導関数，第3次導関数を求めよ。 ◀例24，25

(ア) $y=x^3-3x^2+2x-1$　(イ) $y=\sqrt{x}$　(ウ) $y=e^x\cos x$

(2) $y=\tan x\left(-\dfrac{\pi}{2}<x<\dfrac{\pi}{2}\right)$ の逆関数を $y=g(x)$ とする。$g''(x)$ を求めよ。

指針 (1)

$$y \xrightarrow{\text{微分}} y' \xrightarrow{\text{微分}} y'' \xrightarrow{\text{微分}} y'''$$

（第1次）導関数　第2次導関数　第3次導関数

(2) 高校の数学では，$y=\tan x$ の逆関数を具体的に求めることはできない。ここでは

$\boldsymbol{y=f^{-1}(x) \iff x=f(y)}$ と $\boldsymbol{\dfrac{dy}{dx}=\dfrac{1}{\frac{dx}{dy}}}$ を利用し，まず $g'(x)$ を x で表す。

解答 (1) (ア) $y'=3x^2-6x+2$ であるから　$\boldsymbol{y''=6x-6,\ y'''=6}$

(イ) $y=x^{\frac{1}{2}},\ y'=\dfrac{1}{2}x^{-\frac{1}{2}}$ であるから　◀ $(x^p)'=px^{p-1}$

$$y''=\frac{1}{2}\cdot\left(-\frac{1}{2}\right)x^{-\frac{3}{2}}=-\frac{1}{4}x^{-\frac{3}{2}}=\boldsymbol{-\frac{1}{4x\sqrt{x}}}$$

$$y'''=-\frac{1}{4}\cdot\left(-\frac{3}{2}\right)x^{-\frac{5}{2}}=\boldsymbol{\frac{3}{8x^2\sqrt{x}}}$$

(ウ) $y'=(e^x)'\cos x+e^x(\cos x)'=e^x(\cos x-\sin x)$ から

$$\begin{aligned}y''&=(e^x)'(\cos x-\sin x)+e^x(\cos x-\sin x)'\\&=e^x(\cos x-\sin x)+e^x(-\sin x-\cos x)\\&=\boldsymbol{-2e^x\sin x}\end{aligned}$$

$$\begin{aligned}y'''&=-2\{(e^x)'\sin x+e^x(\sin x)'\}\\&=\boldsymbol{-2e^x(\sin x+\cos x)}\end{aligned}$$

(2) 逆関数 $y=g(x)$ に対し　$x=g^{-1}(y)$　◀ $g^{-1}(x)=\tan x$

すなわち　$x=\tan y$

ゆえに　$g'(x)=\dfrac{dy}{dx}=\dfrac{1}{\frac{dx}{dy}}=\dfrac{1}{\frac{1}{\cos^2 y}}=\cos^2 y$　◀ $\dfrac{d}{dy}\tan y=\dfrac{1}{\cos^2 y}$

$$=\frac{1}{1+\tan^2 y}=\frac{1}{1+x^2}$$

よって　$\boldsymbol{g''(x)}=\dfrac{d^2y}{dx^2}=\dfrac{d}{dx}\left(\dfrac{1}{1+x^2}\right)=\boldsymbol{-\dfrac{2x}{(1+x^2)^2}}$

◀ $g''(x)$ は $g'(x)$ を x で微分したもの。$\left(\dfrac{1}{v}\right)'=-\dfrac{v'}{v^2}$

練習 48 (1) 次の関数の第2次導関数，第3次導関数を求めよ。

(ア) $y=\log(x^2+1)$　(イ) $y=xe^{2x}$　(ウ) $y=x\sin x$

(2) $y=\cos x\ (\pi<x<2\pi)$ の逆関数を $y=g(x)$ とするとき，$g'(x)$，$g''(x)$ をそれぞれ x の式で表せ。

➡p. 373 演習 26

例題 49 第2次導関数と等式 ★★★☆☆

(1) $y=\log(1-\sin x)$ のとき，等式 $y''+e^{-y}=0$ を証明せよ。

(2) $y=e^{2x}\sin x$ に対して，$y''=ay+by'$ となるような定数 a，b の値を求めよ。

［(2) 駒澤大］ ◀例題 48

指針 第2次導関数 y'' を求めるには，まず導関数 y' を求める。また，(1)，(2) の等式はともに **x の恒等式** である。

(1) y'' を求めて証明したい式に代入する。また，e^{-y} を x で表すには，等式 $e^{\log p}=p$ を利用する。

(2) y'，y'' を求めて与式に代入し，両辺の係数を比較する。

解答 (1) $y'=\dfrac{(1-\sin x)'}{1-\sin x}=\dfrac{\cos x}{\sin x-1}$ であるから

◀ $(\log u)'=\dfrac{u'}{u}$

$$y''=\frac{(\cos x)'(\sin x-1)-\cos x(\sin x-1)'}{(\sin x-1)^2}$$

◀ $\left(\dfrac{u}{v}\right)'=\dfrac{u'v-uv'}{v^2}$

$$=\frac{-\sin x(\sin x-1)-\cos^2 x}{(\sin x-1)^2}$$

$$=\frac{\sin x-(\sin^2 x+\cos^2 x)}{(\sin x-1)^2}=\frac{\sin x-1}{(\sin x-1)^2}=\frac{1}{\sin x-1}$$

◀ $\sin^2 x+\cos^2 x=1$

また，$e^y=e^{\log(1-\sin x)}=1-\sin x$ であるから

◀ $e^{\log p}=p$

$$y''+e^{-y}=y''+\frac{1}{e^y}=\frac{1}{\sin x-1}+\frac{1}{1-\sin x}$$

$$=\frac{1}{\sin x-1}-\frac{1}{\sin x-1}=0$$

(2) $y'=2e^{2x}\sin x+e^{2x}\cos x=e^{2x}(2\sin x+\cos x)$

$y''=2e^{2x}(2\sin x+\cos x)+e^{2x}(2\cos x-\sin x)$

◀ $(e^{2x})'(2\sin x+\cos x)$ $+e^{2x}(2\sin x+\cos x)'$

$=e^{2x}(3\sin x+4\cos x)$ …… ①

ゆえに　$ay+by'=ae^{2x}\sin x+be^{2x}(2\sin x+\cos x)$

$=e^{2x}\{(a+2b)\sin x+b\cos x\}$ …… ②

$y''=ay+by'$ に ①，② を代入して

$$e^{2x}(3\sin x+4\cos x)=e^{2x}\{(a+2b)\sin x+b\cos x\}$$

これが x の恒等式であるから，両辺の係数を比較して

$a+2b=3$，$b=4$

よって　$\boldsymbol{a=-5}$，$\boldsymbol{b=4}$

参考 (1) の $y''+e^{-y}=0$，(2) の $y''=ay+by'$ のように，関数 y とその導関数を含む等式を **微分方程式** という（詳しくは第6章の項目32で学習する）。

練習 49 (1) $y=\log(x+\sqrt{x^2+1})$ のとき，等式 $(x^2+1)y''+xy'=0$ を証明せよ。

(2) $y=e^x(3\sin 2x-\cos x)$ が $y''-ay'+by=-3e^x\cos x$ を満たすような定数 a，b の値を求めよ。

［(1) 首都大東京，(2) 類 東京理科大］ ➡p.374 演習 27

例題 50 第 n 次導関数 ★★★☆☆

(1) 関数 $f(x)=\dfrac{\log x}{x}$ の第 n 次導関数は，$f^{(n)}(x)=\dfrac{a_n+b_n\log x}{x^{n+1}}$ （a_n，b_n は定数）と表されることを証明せよ。

(2) (1)の b_n を n の式で表せ。 〔類 山梨大〕

指針 (1) **自然数 n についての証明** であるから，次の方針で進める。

CHART》 自然数 n の問題　証明は数学的帰納法

(2) (1)の証明において，a_{k+1}，b_{k+1} を a_k，b_k を用いて表すことにより，b_{n+1} と b_n の間の等式（隣接2項間の漸化式）が得られる。

解答 (1) $f^{(n)}(x)=x^{-(n+1)}(a_n+b_n\log x)$ …… ① とする。

[1] $n=1$ のとき

$f(x)=x^{-1}\log x$ であるから

$$f'(x)=-x^{-2}\log x+x^{-1}\cdot x^{-1}=x^{-2}\{1+(-1)\log x\}$$

◀ $(uv)'=u'v+uv'$

よって，$a_1=1$，$b_1=-1$ とすると，① は成り立つ。

[2] $n=k$ のとき，① が成り立つと仮定すると

$$f^{(k)}(x)=x^{-(k+1)}(a_k+b_k\log x)\quad (a_k,\ b_k \text{ は定数})$$

$n=k+1$ のときを考えると，この両辺を x で微分して

$$\begin{aligned}f^{(k+1)}(x)&=\{f^{(k)}(x)\}'\\&=-(k+1)x^{-(k+2)}(a_k+b_k\log x)+x^{-(k+1)}\cdot b_k x^{-1}\\&=x^{-(k+2)}\{-(k+1)a_k+b_k-(k+1)b_k\log x\}\end{aligned}$$

◀ $x^{-(k+1)}\cdot x^{-1}=x^{-(k+2)}$

$a_{k+1}=-(k+1)a_k+b_k$，$b_{k+1}=-(k+1)b_k$ とすると

$$f^{(k+1)}(x)=x^{-(k+2)}(a_{k+1}+b_{k+1}\log x)$$

a_{k+1}，b_{k+1} は定数であるから，$n=k+1$ のときも ① は成り立つ。

[1]，[2] から，すべての自然数 n について ① は成り立つ。

(2) (1)より $b_1=-1$，$b_{n+1}=-(n+1)b_n$ であるから

$$\begin{aligned}b_n&=-nb_{n-1}=-n\{-(n-1)b_{n-2}\}\\&=(-1)^2n(n-1)b_{n-2}\\&=\cdots\cdots=(-1)^{n-1}n(n-1)\cdot\cdots\cdots\cdot 2b_1\end{aligned}$$

$b_1=-1$ であるから　$\boldsymbol{b_n=(-1)^n n!}$

◀ (2) $b_n=-nb_{n-1}$ に $b_{n-1}=-(n-1)b_{n-2}$，$b_{n-2}=-(n-2)b_{n-3}$，……，$b_2=-2b_1$ を次々代入する。

練習 50 (1) n が自然数のとき，次の等式を証明せよ。

$$\frac{d^n}{dx^n}(e^x\sin x)=(\sqrt{2})^n e^x\sin\left(x+\frac{n\pi}{4}\right)$$

(2) 次の関数の第 n 次導関数を求めよ。

(ア) $y=e^{ax}$（a は定数）　(イ) $y=\cos x$

(ウ) $y=\sin^2 x$　(エ) $y=\sqrt{1+x}$

重要例題 51 関数列の導関数と多項式 ★★★★☆

n は自然数とする。

(1) すべての実数 θ に対し $\cos n\theta=f_n(\cos\theta)$, $\sin n\theta=g_n(\cos\theta)\sin\theta$ を満たし，係数がともにすべて整数である n 次式 $f_n(x)$ と $n-1$ 次式 $g_n(x)$ が存在することを示せ。

(2) $f_n'(x)=ng_n(x)$ であることを示せ。 〔京都大〕 ◀例題 50

指針 (1) 例題 50 と同様に **自然数 n についての証明** であるから，次の方針で進める。

CHART》 自然数 n の問題　証明は数学的帰納法

なお，このように表された x の多項式を，**チェビシェフの多項式** (チャート式数学Ⅱ+B $p.501$ 参照) という。

解答 (1) [1] $n=1$ のとき

$f_1(x)=x$, $g_1(x)=1$ とおけばよい。

◀ $f_1(x)$ は 1 次式，$g_1(x)$ は 0 次式。

[2] $n=k$ のとき

条件を満たす k 次式 $f_k(x)$ と $k-1$ 次式 $g_k(x)$ が存在すると仮定する。

◀ $\cos k\theta=f_k(\cos\theta)$, $\sin k\theta=g_k(\cos\theta)\sin\theta$

$n=k+1$ のとき

$$\begin{aligned}\cos(k+1)\theta&=\cos k\theta\cos\theta-\sin k\theta\sin\theta\\&=f_k(\cos\theta)\cos\theta-g_k(\cos\theta)\sin^2\theta\\&=f_k(\cos\theta)\cos\theta-g_k(\cos\theta)(1-\cos^2\theta)\end{aligned}$$

$$\begin{aligned}\sin(k+1)\theta&=\sin k\theta\cos\theta+\cos k\theta\sin\theta\\&=g_k(\cos\theta)\sin\theta\cos\theta+f_k(\cos\theta)\sin\theta\\&=\{g_k(\cos\theta)\cos\theta+f_k(\cos\theta)\}\sin\theta\end{aligned}$$

そこで，$f_{k+1}(x)=f_k(x)x-g_k(x)(1-x^2)$,

$g_{k+1}(x)=g_k(x)x+f_k(x)$

◀ $f_k(x)$ は k 次式，$g_k(x)$ は $k-1$ 次式。

とおくと，$f_{k+1}(x)$ は $k+1$ 次式，$g_{k+1}(x)$ は k 次式となり，条件を満たす。

[1], [2] から，題意を満たす $f_n(x)$ と $g_n(x)$ が存在する。

(2) $\cos n\theta=f_n(\cos\theta)$ の両辺を θ で微分すると

$$-n\sin n\theta=f_n'(\cos\theta)(-\sin\theta)$$

よって，$-ng_n(\cos\theta)\sin\theta=f_n'(\cos\theta)(-\sin\theta)$ が任意の θ に対して成り立つ。

ゆえに，$ng_n(x)=f_n'(x)$ が無限個の x について成り立ち，かつ，両辺は多項式であるから，恒等的に $f_n'(x)=ng_n(x)$ である。

練習 51 $f_0(x)=e^x$ とし，$n=1, 2, \cdots\cdots$ に対し，$f_n(x)$ を $f_n(x)=xf_{n-1}'(x)$ により定め，$P_n(x)=e^{-x}f_n(x)$ とおく。このとき，$P_n(x)$ は n 次の多項式であることを証明せよ。 〔早稲田大〕

例題 52 第n次導関数と漸化式 ★★★★☆

$f(x)=\dfrac{1}{1+x^2}$ について，$f^{(0)}(x)=f(x)$ とする。　［横浜市大］

(1) $(1+x^2)f^{(n)}(x)+2nxf^{(n-1)}(x)+n(n-1)f^{(n-2)}(x)=0$ $(n\geqq 2)$ が成り立つことを数学的帰納法を用いて証明せよ。

(2) $a_n=f^{(n)}(0)$ としたとき，数列 $\{a_n\}$ $(n\geqq 1)$ の一般項を求めよ。 ◀例題51

指針 (1) $n\geqq 2$ であるから，[1] $n=2$ のとき を出発点とする。
また，$n=k+1$ のとき，等式は

$$(1+x^2)f^{(k+1)}(x)+2(k+1)xf^{(k)}(x)+(k+1)kf^{(k-1)}(x)=0 \quad \cdots\cdots (*)$$

よって，$f^{(k+1)}(x)$ を作るために，$n=k$ のときに等式が成り立つと仮定し，その等式の両辺を x で微分して (＊) を導く。

(2) (1)の等式に $x=0$ を代入して，数列 $\{a_n\}$ の漸化式を作る。

解答 (1) 与えられた等式を ① とする。

[1] $f^{(0)}(x)=(1+x^2)^{-1}$,　$f'(x)=-(1+x^2)^{-2}\cdot 2x$

$f''(x)=(1+x^2)^{-3}\cdot 8x^2-(1+x^2)^{-2}\cdot 2$

よって，$n=2$ のとき

$$(\text{① の左辺})=(1+x^2)f''(x)+4xf'(x)+2f(x)$$
$$=(1+x^2)^{-2}\cdot 8x^2-(1+x^2)^{-1}\cdot 2-(1+x^2)^{-2}\cdot 8x^2+(1+x^2)^{-1}\cdot 2=0$$

したがって，$n=2$ のとき ① は成り立つ。

[2] $n=k$ $(k\geqq 2)$ のとき，① が成り立つと仮定すると

$$(1+x^2)f^{(k)}(x)+2kxf^{(k-1)}(x)+k(k-1)f^{(k-2)}(x)=0$$

$n=k+1$ のときを考えると，この両辺を x で微分して

$$2xf^{(k)}(x)+(1+x^2)f^{(k+1)}(x)+2kf^{(k-1)}(x)+2kxf^{(k)}(x)$$
$$+k(k-1)f^{(k-1)}(x)=0$$

整理すると　$(1+x^2)f^{(k+1)}(x)+2(k+1)xf^{(k)}(x)+(k+1)kf^{(k-1)}(x)=0$

よって，$n=k+1$ のときも ① は成り立つ。

[1]，[2] により，$n\geqq 2$ のすべての自然数 n について ① は成り立つ。

(2) (1)の等式で $x=0$ とおくと　$f^{(n)}(0)+n(n-1)f^{(n-2)}(0)=0$

よって　$a_n=-n(n-1)a_{n-2}$ $(n\geqq 2)$，$a_0=f(0)=1$，$a_1=f'(0)=0$

したがって

n が奇数のとき $a_n=0$,

n が偶数のとき $a_n=-n(n-1)a_{n-2}=-n(n-1)\{-(n-2)(n-3)a_{n-4}\}$

$$=(-1)^{\frac{n}{2}}n(n-1)(n-2)\cdots\cdots 4\cdot 3\cdot 2\cdot 1\cdot a_0$$
$$=\boldsymbol{(-1)^{\frac{n}{2}}n!}$$

練習 52 関数 $f(x)=\log(x+\sqrt{x^2+1})$ について，$f^{(0)}(x)=f(x)$ とする。　［類 首都大東京］

(1) 次の等式が成り立つことを，数学的帰納法を用いて証明せよ。

$$(x^2+1)f^{(n+1)}(x)+(2n-1)xf^{(n)}(x)+(n-1)^2f^{(n-1)}(x)=0 \quad (n\geqq 1)$$

(2) 値 $f^{(9)}(0)$ および $f^{(10)}(0)$ を求めよ。

➡p. 374 演習 28

例題 53 | $F(x, y)=0$ と導関数 ★★★☆☆

方程式 $\dfrac{x^2}{4}-\dfrac{y^2}{9}=1$ で定められる x の関数 y について，$\dfrac{dy}{dx}$ と $\dfrac{d^2y}{dx^2}$ をそれぞれ x と y を用いて表せ。ただし，$y\neq0$ とする。

指針 $\dfrac{x^2}{4}-\dfrac{y^2}{9}=1$ …… ① を y について解き，x で微分しても $\dfrac{dy}{dx}$ が求められるが，ここでは ① の両辺を x で微分して求める（これを陰関数の微分という）。

解答 $\dfrac{x^2}{4}-\dfrac{y^2}{9}=1$ の両辺を x で微分すると

$$\frac{2x}{4}-\frac{2y}{9}\cdot\frac{dy}{dx}=0$$

◀ $\dfrac{d}{dx}y^2=\dfrac{d}{dy}y^2\cdot\dfrac{dy}{dx}$

よって，$y\neq0$ のとき $\boldsymbol{\dfrac{dy}{dx}=\dfrac{9x}{4y}}$ (＊)

更に，この両辺を x で微分して

$$\frac{d^2y}{dx^2}=\frac{9}{4}\cdot\frac{1\cdot y-xy'}{y^2}=\frac{9}{4}\cdot\frac{y-x\cdot\dfrac{9x}{4y}}{y^2}$$

$$=\frac{9(4y^2-9x^2)}{16y^3}=\frac{9\cdot(-36)}{16y^3}=-\frac{81}{4y^3}$$

参考 方程式 ① が表す曲線。

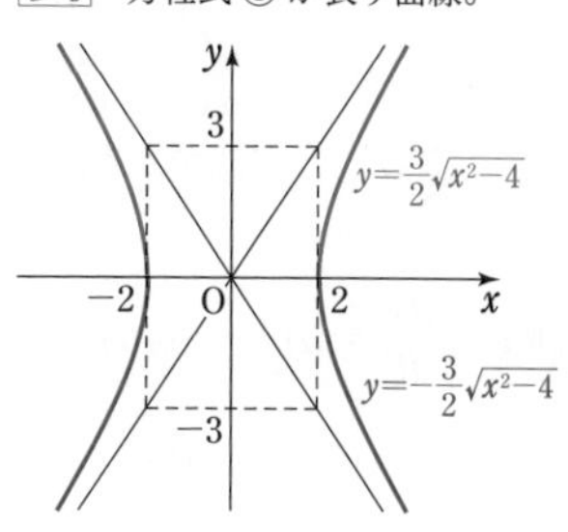

参考 双曲線 ① 上の点 $\mathrm{P}(x_1, y_1)$ に対して，点Pにおける接線の傾きは，$\dfrac{dy}{dx}$ に $x=x_1$，$y=y_1$ を代入した値である（$p.$ 376 参照）。

よって，① の点Pにおける接線の方程式 $\dfrac{x_1x}{4}-\dfrac{y_1y}{9}=1$（$p.$ 228 参照）を変形した

$y=\dfrac{9x_1}{4y_1}x-\dfrac{9}{y_1}$ から $\dfrac{dy}{dx}=\dfrac{9x}{4y}$ を導くこともできる。

検討 $F(x, y)=0$ の形で表された関数について，導関数 $\dfrac{dy}{dx}$ を求めるときは，「x の式で答えよ」といった断りがない場合，上の解答のように，$\boldsymbol{F(x, y)=0}$ **の両辺を** $\boldsymbol{x}$ **で微分** し，合成関数の導関数を利用する計算で進めるとよい。

なお，与えられた方程式は $y=\pm\dfrac{3}{2}\sqrt{x^2-4}$ …… Ⓐ と変形できるが，この式から $\dfrac{dy}{dx}$ を求めると $\dfrac{dy}{dx}=\pm\dfrac{3}{2}\cdot\dfrac{1}{2}\dfrac{2x}{\sqrt{x^2-4}}=\pm\dfrac{3x}{2\sqrt{x^2-4}}$ ◀ x のみの式。

ここで，上の解答の結果（＊）に Ⓐ を代入すると，～～に一致することが確かめられる。

練習 53 次の方程式で定められる x の関数 y について，$\dfrac{dy}{dx}$ と $\dfrac{d^2y}{dx^2}$ をそれぞれ x と y を用いて表せ。ただし，$y\neq0$ とする。

(1) $y^2=x$　　(2) $x^2-y^2=4$　　(3) $\dfrac{x^2}{4}+\dfrac{y^2}{9}=1$

➡ p. 374 演習 29

例題 54 媒介変数表示と導関数 ★★☆☆☆

x の関数 y が θ を媒介変数として, $\begin{cases} x=a(\theta-\sin\theta) \\ y=a(1-\cos\theta) \end{cases}$ …… ① で表されるとき,

$\dfrac{dy}{dx}$, $\dfrac{d^2y}{dx^2}$ をそれぞれ θ の関数で表せ。ただし, $a>0$ とする。

指針 $\boldsymbol{x=f(\theta)}$, $\boldsymbol{y=g(\theta)}$ のとき $\boldsymbol{\dfrac{dy}{dx}=\dfrac{g'(\theta)}{f'(\theta)}}$ であるから, まず

$\dfrac{dx}{d\theta}$, $\dfrac{dy}{d\theta}$ を求める。また, $\dfrac{dy}{dx}$ は θ の関数となるから

$$\frac{d^2y}{dx^2}=\frac{d}{dx}\left(\frac{dy}{dx}\right)=\frac{d}{d\theta}\left(\frac{dy}{dx}\right)\cdot\frac{d\theta}{dx}$$

なお, ① の式が表す曲線を **サイクロイド** という。

$$\boldsymbol{\frac{dy}{dx}=\frac{\dfrac{dy}{d\theta}}{\dfrac{dx}{d\theta}}}$$

解答 $\dfrac{dx}{d\theta}=a(1-\cos\theta)$, $\dfrac{dy}{d\theta}=a\sin\theta$

よって, $\cos\theta\neq1$ のとき $\boldsymbol{\dfrac{dy}{dx}}=\dfrac{a\sin\theta}{a(1-\cos\theta)}=\boldsymbol{\dfrac{\sin\theta}{1-\cos\theta}}$

また $\boldsymbol{\dfrac{d^2y}{dx^2}}=\dfrac{d}{dx}\left(\dfrac{dy}{dx}\right)=\dfrac{d}{d\theta}\left(\dfrac{\sin\theta}{1-\cos\theta}\right)\cdot\dfrac{d\theta}{dx}$

$$=\frac{\cos\theta(1-\cos\theta)-\sin\theta\cdot\sin\theta}{(1-\cos\theta)^2}\cdot\frac{1}{a(1-\cos\theta)}$$

$$=\frac{\cos\theta-1}{(1-\cos\theta)^2}\cdot\frac{1}{a(1-\cos\theta)}$$

$$=\boldsymbol{-\frac{1}{a(1-\cos\theta)^2}}$$

◀ $\dfrac{dy}{dx}=\dfrac{dy}{d\theta}\Big/\dfrac{dx}{d\theta}$

◀ $\dfrac{dy}{dx}$ は θ の関数。

◀ $\dfrac{d\theta}{dx}=\dfrac{1}{\dfrac{dx}{d\theta}}$

◀ $\sin^2\theta+\cos^2\theta=1$

検討 一般に, $\begin{cases} x=f(t) \\ y=g(t) \end{cases}$ のとき, $\boldsymbol{\dfrac{d^2y}{dx^2}=\dfrac{f'(t)g''(t)-f''(t)g'(t)}{\{f'(t)\}^3}}$ が成り立つ。

証明 $\dfrac{d^2y}{dx^2}=\dfrac{d}{dx}\left(\dfrac{dy}{dx}\right)=\dfrac{d}{dx}\left(\dfrac{g'(t)}{f'(t)}\right)=\dfrac{d}{dt}\left(\dfrac{g'(t)}{f'(t)}\right)\dfrac{dt}{dx}$

$$=\frac{g''(t)f'(t)-g'(t)f''(t)}{\{f'(t)\}^2}\cdot\frac{1}{f'(t)}=\frac{f'(t)g''(t)-f''(t)g'(t)}{\{f'(t)\}^3}$$

練習 54

(1) $x=\dfrac{1+t^2}{1-t^2}$, $y=\dfrac{2t}{1-t^2}$ のとき, $\dfrac{dy}{dx}$, $\dfrac{d^2y}{dx^2}$ をそれぞれ t の関数で表せ。

(2) x の関数 y が媒介変数 θ を用いて $x=1-\cos\theta$, $y=\theta-\sin\theta$ と表されているとき　［(2) 東京理科大］

(ア) $\dfrac{dy}{dx}$ と $\dfrac{d^2y}{dx^2}$ をそれぞれ θ で表せ。

(イ) $\tan\dfrac{\theta}{2}=2$ のとき, $\dfrac{dy}{dx}$ と $\dfrac{d^2y}{dx^2}$ の値をそれぞれ求めよ。

演習問題

23 n を 3 以上の自然数，α，β を相異なる実数とするとき，次の問いに答えよ。

(1) 次を満たす実数 A，B，C と整式 $Q(x)$ が存在することを示せ。

$$x^n=(x-\alpha)(x-\beta)^2Q(x)+A(x-\alpha)(x-\beta)+B(x-\alpha)+C$$

(2) (1)の A，B，C を n，α，β を用いて表せ。

(3) (2)の A について，n と α を固定して，β を α に近づけたときの極限 $\lim_{\beta\to\alpha}A$ を求めよ。

〔九州大〕 ➤例題 41

24 (1) $f(x)=(x-1)^2Q(x)$ ($Q(x)$ は多項式) のとき，$f'(x)$ が $x-1$ で割り切れることを示せ。

(2) $g(x)=ax^{n+1}+bx^n+1$ (n は 2 以上の自然数) が $(x-1)^2$ で割り切れるとき，a，b を n で表せ。

〔岡山理科大〕 ➤例 22

25 $f(x)$ はすべての実数 x において微分可能な関数で，関係式 $f(2x)=(e^x+1)f(x)$ を満たしているとする。

(1) $f(0)=0$ を示せ。

(2) $x\neq 0$ に対して $\dfrac{f(x)}{e^x-1}=\dfrac{f\left(\frac{x}{2}\right)}{e^{\frac{x}{2}}-1}$ が成り立つことを示せ。

(3) 微分係数の定義を用いて $f'(0)=\lim_{h\to 0}\dfrac{f(h)}{e^h-1}$ を示せ。

(4) $f(x)=(e^x-1)f'(0)$ が成り立つことを示せ。

〔早稲田大〕 ➤例題 42，例 25

26 (1) $y=\sin x\left(-\dfrac{\pi}{2}\leqq x\leqq\dfrac{\pi}{2}\right)$ の逆関数を $y=f(x)$ とする。$f'(x)$ を求めよ。

(2) 関数 $f(x)=\dfrac{1}{2}\left(e^x+\dfrac{1}{e^x}\right)$ に対して $g(x)=\dfrac{d}{dx}f(x)$ とし，$g(x)$ の逆関数を $h(x)$ とする。$(x^2+1)\dfrac{d^3}{dx^3}h(x)+3x\dfrac{d^2}{dx^2}h(x)$ を求めよ。

➤例題 44，48

ヒント **23** (1) まず，x^n を $x-\alpha$ で割ったときの商を $Q_1(x)$ として，割り算の等式を利用。

24 CHART ≫ (1)は(2)のヒント

25 (1) 関係式 $f(2x)=(e^x+1)f(x)$ において $x=0$ とおく。

(4) (2)，(3)の結果を利用する。

26 (2) $g(x)$，$h(x)$，$h'(x)$，$h''(x)$，$h'''(x)$ の順に求める。

27 $x \geqq 0$ で定義される関数 $f(x)=xe^{\frac{x}{2}}$ について，次の問いに答えよ。ただし，e は自然対数の底とする。

(1) $f'(2)$，$f''(2)$ を求めよ。

(2) $f(x)$ の逆関数を $g(x)$ とする。$g'(2e)$，$g''(2e)$ を求めよ。

〔類 名古屋市大〕 ➤例題 44，49

28 n を任意の正の整数とし，2 つの関数 $f(x)$，$g(x)$ はともに n 回微分可能な関数とする。

(1) 積 $f(x)g(x)$ の第 4 次導関数 $\dfrac{d^4}{dx^4}\{f(x)g(x)\}$ を求めよ。

(2) 積 $f(x)g(x)$ の第 n 次導関数 $\dfrac{d^n}{dx^n}\{f(x)g(x)\}$ における $f^{(n-r)}(x)g^{(r)}(x)$ の係数を類推し，その類推が正しいことを数学的帰納法を用いて証明せよ。ただし，r は負でない n 以下の整数とし，$f^{(0)}(x)=f(x)$，$g^{(0)}(x)=g(x)$ とする。

(3) 関数 $h(x)=x^3e^x$ の第 n 次導関数 $h^{(n)}(x)$ を求めよ。ただし，e は自然対数の底であり，$n \geqq 4$ とする。

〔大分大〕 ➤例題 50，52

29 関数 $y(x)$ が第 2 次導関数 $y''(x)$ をもち，$x^3+(x+1)\{y(x)\}^3=1$ を満たすとき，$y''(0)$ を求めよ。

〔立教大〕 ➤例題 42，53

30 微分可能な関数 $f(x)$ が任意の実数 x，y に対して，

$$f(x+y)=f(x)\sqrt{1+\{f(y)\}^2}+f(y)\sqrt{1+\{f(x)\}^2}$$

を満たしているとき，次の問いに答えよ。

(1) $f(0)$ の値を求めよ。

(2) 任意の実数 x について，$f(-x)=-f(x)$ であることを示せ。

(3) y を固定して，与えられた関係式の両辺を x で微分して得られる関係式を求めよ。

(4) $f'(0)=1$ であるとき，上の関係式において，$y=-x$ とおくことにより，$f'(x)$ を $f(x)$ で表す式を求めよ。

〔防衛大〕

ヒント **27** (2) $g(x)=f^{-1}(x)$ であるから，$y=g(x)$ とすると　$x=f(y)$

28 (1)，(2) 第 1 次導関数，第 2 次導関数，……，と順に求め，$f^{(●)}(x)g^{(■)}(x)$ の係数に注目。

(2) では，${}_n\mathrm{C}_k=\dfrac{n!}{k!(n-k)!}$ にも注目。これは，**ライプニッツの定理**である。解答編 $p.274$ 参照。

〈この章で学ぶこと〉
微分法は関数の性質を調べるための最も有力な手段で，さまざまに応用することができる。
まずは，微分法・積分法の基本ともいうべき平均値の定理を証明し，それをもとにして関数の増減を正確にとらえる。そして，接線の求め方，関数の増加・減少，最大・最小の調べ方，グラフの凹凸と概形のかき方，速度・加速度，近似式など，微分法の広範な応用を学習する。

第4章 微分法の応用

例，例題一覧

●……基本的な内容の例　■……標準レベルの例題　◆……やや発展的な例題

14 接線と法線

● 26 接線と法線の方程式
● 27 曲線外の点を通る接線

■ 55 $F(x,\ y)=0$ や媒介変数表示の曲線の接線
■ 56 曲線の接線の長さに関する証明問題
■ 57 共通接線(1) ……接点を共有しない
■ 58 共通接線(2) ……接点を共有する
■ 59 共有点で直交する接線をもつ2曲線
◆ 60 円と双曲線が接する条件

15 平均値の定理

■ 61 平均値の定理
■ 62 不等式と平均値の定理
◆ 63 極限と平均値の定理
◆ 64 ロピタルの定理と極限

16 関数の値の変化，最大・最小

● 28 関数の増減
● 29 関数の極値

■ 65 極値をもつための条件
■ 66 極値から係数決定
◆ 67 文字係数の関数の極値
◆ 68 極大値の数列と無限級数の和
■ 69 関数の最大と最小(1)
■ 70 関数の最大と最小(2)
■ 71 最大値・最小値から係数決定
◆ 72 最大・最小の応用問題(1)
◆ 73 最大・最小の応用問題(2)
◆ 74 2変数関数の最大・最小

17 関数のグラフ

● 30 曲線の凹凸，変曲点
● 31 曲線の漸近線(1)

■ 75 曲線の漸近線(2)
■ 76 関数のグラフ(1)
■ 77 関数のグラフ(2)
◆ 78 関数のグラフ(3)
◆ 79 関数のグラフ(4)
■ 80 変曲点と対称性
■ 81 関数の極値（y'' の利用）

18 方程式，不等式への応用

● 32 方程式の実数解
● 33 不等式の証明(1)

■ 82 方程式の実数解の個数
■ 83 1点から曲線に引ける接線の本数
■ 84 不等式の証明(2)
■ 85 不等式の証明(3)
■ 86 2変数の不等式の証明(1)
◆ 87 2変数の不等式の証明(2)
■ 88 不等式の成立条件
◆ 89 漸化式と極限値

19 速度と加速度，近似式

● 34 数直線上の点の運動
● 35 平面上の点の運動
● 36 近似式と近似値

■ 90 等速円運動
■ 91 曲線上を動く点の速度・加速度
■ 92 一般の量の変化率
◆ 93 回転角の変化率
■ 94 微小変化に応じる変化

14 接線と法線

《基本事項》

1 曲線 $y=f(x)$ の接線と法線

曲線上の点Aを通り，その曲線のAにおける接線と垂直である直線を，その曲線の **法線** という。

曲線 $y=f(x)$ 上の点 $(a,\ f(a))$ における接線の傾きは $f'(a)$，法線の傾きは $f'(a)\neq0$ のとき $-\dfrac{1}{f'(a)}$ であるから，接線と法線の方程式は次のようになる。

> 曲線 $y=f(x)$ 上の点 $(a,\ f(a))$ における
>
> **接線の方程式は** $\boldsymbol{y-f(a)=f'(a)(x-a)}$
>
> **法線の方程式は** $\boldsymbol{y-f(a)=-\dfrac{1}{f'(a)}(x-a)}$ ただし，$f'(a)\neq0$

$f'(a)=0$ のとき，法線の方程式は $x=a$ となる。 ◀ x 軸に垂直な直線。

2 $F(x,\ y)=0$ などで表される曲線の接線

曲線の方程式が，$F(x,\ y)=0$ や t を媒介変数として $x=f(t)$，$y=g(t)$ で表される場合も **(接線の傾き)=(微分係数)** で考えればよい。

曲線 $F(x,\ y)=0$ …… ① 上の点 $(x_1,\ y_1)$ における接線の傾きは，① の両辺を x で微分して $\dfrac{dy}{dx}$ を x と y の式で表し，$x=x_1$，$y=y_1$ を代入した値 $\left[\dfrac{dy}{dx}\right]_{\substack{x=x_1\\y=y_1}}$ である。

よって，曲線 ① 上の点 $(x_1,\ y_1)$ における接線の方程式は

$$y-y_1=\left[\frac{dy}{dx}\right]_{\substack{x=x_1\\y=y_1}}(x-x_1)$$

また，$x=f(t)$，$y=g(t)$ …… ② で表される曲線上の $t=t_1$ に対応する点における接線の傾きは，$\dfrac{dy}{dx}=\dfrac{g'(t)}{f'(t)}$ に $t=t_1$ を代入した値 $\dfrac{g'(t_1)}{f'(t_1)}$ である。

よって，曲線 ② 上の点 $(f(t_1),\ g(t_1))$ における接線の方程式は

$$y-g(t_1)=\frac{g'(t_1)}{f'(t_1)}\{x-f(t_1)\} \qquad \text{ただし，} f'(t_1)\neq0$$

✓ CHECK 問題

6 次の曲線上の点Pにおける接線と法線の方程式を求めよ。

(1) $y=\sqrt{x}$，$\mathrm{P}(2,\ \sqrt{2})$ (2) $y=\dfrac{1}{x}$，$\mathrm{P}\left(2,\ \dfrac{1}{2}\right)$ → 1

例 26 接線と法線の方程式 ★☆☆☆☆

次の関数 $f(x)$ に対して，曲線 $y=f(x)$ 上の点Pにおける接線と法線の方程式を求めよ。

(1) $f(x)=\log x$，$\mathrm{P}(e,\ f(e))$　　(2) $f(x)=\tan 2x$，$\mathrm{P}\left(\dfrac{\pi}{8},\ f\left(\dfrac{\pi}{8}\right)\right)$

［(2) 類 関西学院大］

指針　CHART》（接線の傾き）＝（微分係数）

曲線 $y=f(x)$ 上の点 $(a,\ f(a))$ における

接線の傾きは　$f'(a)$

よって，**接線の方程式は**　　$\boldsymbol{y-f(a)=f'(a)(x-a)}$

法線の傾きは　$f'(a)\neq 0$ のとき　$-\dfrac{1}{f'(a)}$

よって，**法線の方程式は**　　$\boldsymbol{y-f(a)=-\dfrac{1}{f'(a)}(x-a)}$　　ただし，$f'(a)\neq 0$

まずは，$f'(a)$，$f(a)$ を求めることから始める。

例 27 曲線外の点を通る接線 ★★☆☆☆

(1) 曲線 $y=x\log x$ に接し，傾きが 2 である直線の方程式を求めよ。

(2) 点 $\left(-\dfrac{3}{2},\ 0\right)$ から曲線 $y=e^{-x^2}$ に引いた接線の方程式を求めよ。

(3) 曲線 $y=x\cos x$ の接線で，原点を通るものをすべて求めよ。［(3) 武蔵工大］

指針 **接点の座標がわからない**ので，まずこれを求める。

(1) 接線の傾きは与えられているので，**接点の x 座標を a として**

$f'(a)=$(接線の傾き)

の方程式を解く。

(2), (3) 接線が通る点（接点ではない）は与えられているので，次の手順で進める。

1 曲線の方程式 $y=f(x)$ について，導関数 $f'(x)$ を求める。

2 **接点の座標を $(a,\ f(a))$ として**，接線の方程式を求める。

$$y-f(a)=f'(a)(x-a)$$

3 接線が，(2) では点 $\left(-\dfrac{3}{2},\ 0\right)$，(3) では原点を通ることから，これらの点の x，y の値を接線の方程式に代入して，a の値を求める。

CHART》接　線

1 （接線の傾き）＝（微分係数）

2 接点 $\Longleftrightarrow$ 重解　も忘れずに

補足　数学Ⅲでは **1** を利用するケースが多い。

4章 14 接線と法線

例題 55 ｜ $F(x,\ y)=0$ や媒介変数表示の曲線の接線 ★★☆☆☆

次の曲線上の点 P，Q における接線の方程式を求めよ。

(1) 楕円 $\dfrac{x^2}{a^2}+\dfrac{y^2}{b^2}=1$ 上の点 $\mathrm{P}(x_1,\ y_1)$ 　　ただし，$a>0,\ b>0$

(2) 曲線 $x=e^t,\ y=e^{-t^2}$ の $t=-1$ に対応する点Q

◀例26

指針 CHART 》 (接線の傾き)＝(微分係数) 　　まず，接線の傾きを求める。

(1) 方程式の **両辺を $\boldsymbol{x}$ で微分**。 　(2) $\dfrac{dy}{dx}=\dfrac{\frac{dy}{dt}}{\frac{dx}{dt}}$ を利用。

解答 (1) 方程式の両辺を x で微分すると　$\dfrac{2x}{a^2}+\dfrac{2y}{b^2}\cdot y'=0$

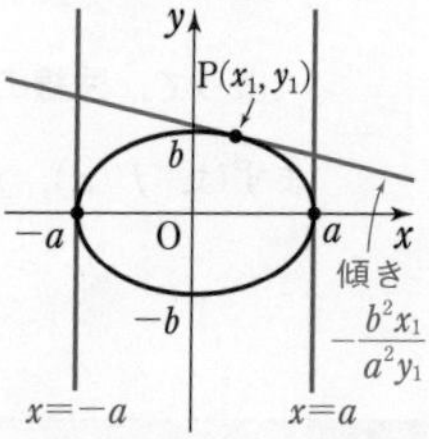

よって，$y\neq 0$ のとき　$y'=-\dfrac{b^2x}{a^2y}$

ゆえに，$\mathrm{P}(x_1,\ y_1)$ における接線の方程式は

$y_1\neq 0$ のとき　　$y-y_1=-\dfrac{b^2x_1}{a^2y_1}(x-x_1)$

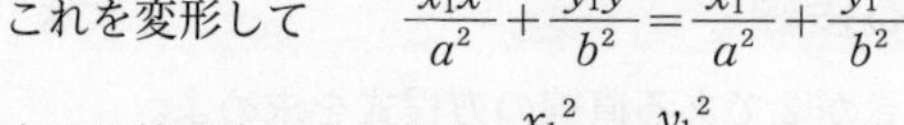

これを変形して　$\dfrac{x_1x}{a^2}+\dfrac{y_1y}{b^2}=\dfrac{x_1{}^2}{a^2}+\dfrac{y_1{}^2}{b^2}$

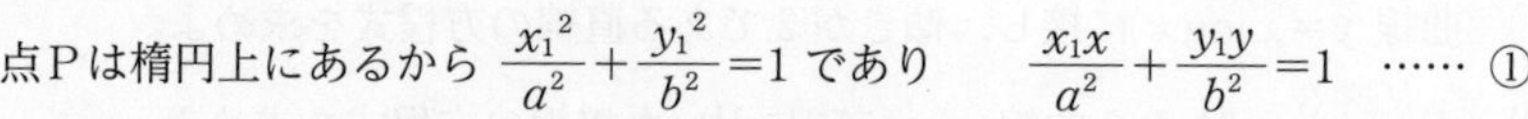

点Pは楕円上にあるから $\dfrac{x_1{}^2}{a^2}+\dfrac{y_1{}^2}{b^2}=1$ であり　　$\dfrac{x_1x}{a^2}+\dfrac{y_1y}{b^2}=1$ ……①

$y_1=0$ のとき，$x_1=\pm a$ であり，接線の方程式は　　$x=\pm a$

① はこの場合も含んでいるから，求める接線の方程式は

$$\boldsymbol{\frac{x_1x}{a^2}+\frac{y_1y}{b^2}=1}$$

(2) $\dfrac{dx}{dt}=e^t,\ \dfrac{dy}{dt}=e^{-t^2}(-2t)=-2te^{-t^2}$

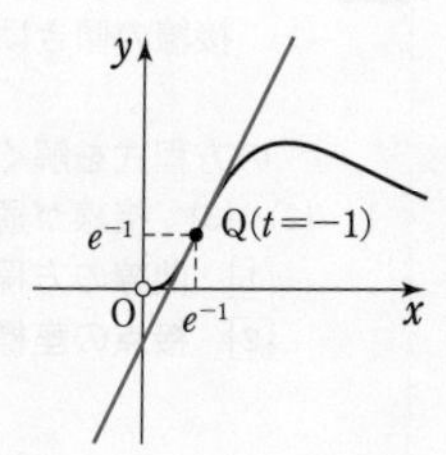

ゆえに　$\dfrac{dy}{dx}=\dfrac{\frac{dy}{dt}}{\frac{dx}{dt}}=\dfrac{-2te^{-t^2}}{e^t}=-2te^{-t^2-t}$

$t=-1$ のとき　　$\mathrm{Q}(e^{-1},\ e^{-1})$，$\dfrac{dy}{dx}=2$

よって，接線の方程式は　　$y-e^{-1}=2(x-e^{-1})$

ゆえに　　$\boldsymbol{y=2x-e^{-1}}$

練習 55 次の曲線上の点Pにおける接線と法線の方程式を求めよ。

(1) $y^2=4px\ (p\neq 0)$，$\mathrm{P}(x_1,\ y_1)$ 　　(2) $x^2-y^2=1$，$\mathrm{P}(2,\ \sqrt{3})$

(3) $x=\cos 2\theta,\ y=\sin\theta+1$，Pは $\theta=\dfrac{\pi}{6}$ に対応する点

例題 56 曲線の接線の長さに関する証明問題 ★★★☆☆

曲線 $\sqrt[3]{x^2}+\sqrt[3]{y^2}=\sqrt[3]{a^2}$ $(a>0)$ 上の点Pにおける接線が x 軸，y 軸と交わる点をそれぞれ A，B とする。線分 AB の長さはPの位置に関係なく一定であることを証明せよ。ただし，Pは座標軸上にないとする。 〔類 岐阜大〕 ◀例題55

指針 曲線上の点 $\mathrm{P}(s,\ t)$ における接線の方程式を求めて，A，B の座標を求める。
線分 AB の長さがPの位置に関係なく一定であることを示すには，AB^2 が $s,\ t$ に関係なく定数であることを示す。

解答 Pの座標を $(s,\ t)$ とし，$\sqrt[3]{s}=p,\ \sqrt[3]{t}=q$ とする。

Pは座標軸上にないから　$s\neq0,\ t\neq0,\ p\neq0,\ q\neq0$

$x^{\frac{2}{3}}+y^{\frac{2}{3}}=a^{\frac{2}{3}}$ の両辺を x で微分して

$$\frac{2}{3}x^{-\frac{1}{3}}+\frac{2}{3}y^{-\frac{1}{3}}\cdot y'=0$$

ゆえに　$y'=-\sqrt[3]{\dfrac{y}{x}}$

よって，点Pにおける接線の方程式は

$$y-t=-\sqrt[3]{\frac{t}{s}}(x-s)$$

ゆえに　$y=-\dfrac{q}{p}(x-p^3)+q^3$

したがって　$\mathrm{A}(p^3+pq^2,\ 0)$，$\mathrm{B}(0,\ p^2q+q^3)$

ゆえに　$\mathrm{AB}^2=\{p(p^2+q^2)\}^2+\{q(p^2+q^2)\}^2$
$=(p^2+q^2)(p^2+q^2)^2=(p^2+q^2)^3$
$=\{(\sqrt[3]{s})^2+(\sqrt[3]{t})^2\}^3=(\sqrt[3]{s^2}+\sqrt[3]{t^2})^3$
$=(\sqrt[3]{a^2})^3=a^2$

よって，線分 AB の長さは a であり，一定である。

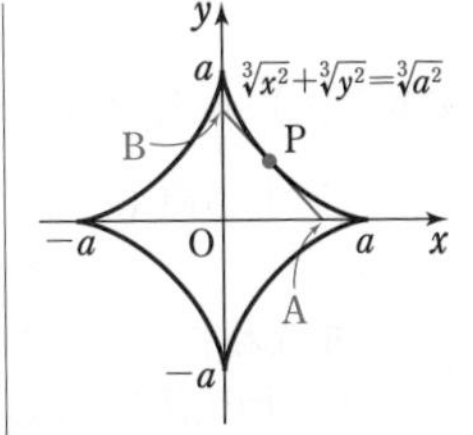

◀ 接線の方程式で，それぞれ $y=0,\ x=0$ とおいて求める。

◀ Pは曲線上の点であるから　$\sqrt[3]{s^2}+\sqrt[3]{t^2}=\sqrt[3]{a^2}$

曲線 $\sqrt[3]{x^2}+\sqrt[3]{y^2}=\sqrt[3]{a^2}$ は **アステロイド**（p. 266 演習問題 53 参照）で，媒介変数 θ を用いて $x=a\cos^3\theta,\ y=a\sin^3\theta$ と表される。このことを用いても，上の例題は解ける。

別解　$\dfrac{dx}{d\theta}=-3a\cos^2\theta\sin\theta,\ \dfrac{dy}{d\theta}=3a\sin^2\theta\cos\theta$

ゆえに　$\dfrac{dy}{dx}=-\tan\theta$

曲線上の点 $(a\cos^3u,\ a\sin^3u)$ における接線の方程式は

$$y-a\sin^3u=-\tan u(x-a\cos^3u)$$

よって，$\mathrm{A}(a\cos u,\ 0)$，$\mathrm{B}(0,\ a\sin u)$ であるから　$\mathrm{AB}^2=a^2$（一定）

練習 56 xy 平面上の曲線 C を $x=\cos t,\ y=-\sin t+\log\left\{\tan\left(\dfrac{t}{2}+\dfrac{\pi}{4}\right)\right\}\left(0<t<\dfrac{\pi}{2}\right)$ で定義する。曲線 C 上の点Pにおける接線と y 軸との交点をQとするとき，線分 PQ の長さは一定であることを示せ。 〔旭川医大〕

例題 57 共通接線 (1) …… 接点を共有しない ★★★☆☆

2 曲線 $C_1: y=e^x$, $C_2: y=\log(x+2)$ の両方に接する直線の方程式を求めよ。

◀例 27

指針 チャート式数学Ⅱ+B $p.267$ 例題 138 で学んだように，共通接線の方程式を求める方法としては

(方針 1)　$x=s$ における C_1 の接線が C_2 に接する。

(方針 2)　$x=s$ における C_1 の接線と，$x=t$ における C_2 の接線が一致する。

があるが，ここでは **(方針 2)** で解く。

解答 $(e^x)'=e^x$, $\{\log(x+2)\}'=\dfrac{1}{x+2}$ であるから

C_1 上の点 $(s,\ e^s)$ における接線の方程式は

$$y-e^s=e^s(x-s)$$

すなわち　$y=e^sx+(1-s)e^s$ …… ①

C_2 上の点 $(t,\ \log(t+2))$ における接線の方程式は

$$y-\log(t+2)=\frac{1}{t+2}(x-t)$$

すなわち　$y=\dfrac{1}{t+2}x+\log(t+2)-\dfrac{t}{t+2}$ …… ②

◀ 傾きと y 切片に注目するため，接線の方程式を

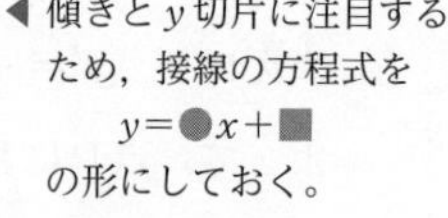

の形にしておく。

2 直線 ①，② が一致するための条件は

$e^s=\dfrac{1}{t+2}$ …… ③　　◀ ①，② の傾きが一致。

$(1-s)e^s=\log(t+2)-\dfrac{t}{t+2}$ …… ④　　◀ ①，② の y 切片が一致。

③ から　$t+2=\dfrac{1}{e^s}$

これを ④ に代入して

$$(1-s)e^s=-s-e^s\left(\frac{1}{e^s}-2\right)$$

整理して　$(s+1)(e^s-1)=0$

よって　$s=-1,\ e^s=1$

すなわち　$s=-1,\ 0$

これらを ① に代入して，求める直線の方程式は

$$\boldsymbol{y=\frac{x}{e}+\frac{2}{e},\ y=x+1}$$

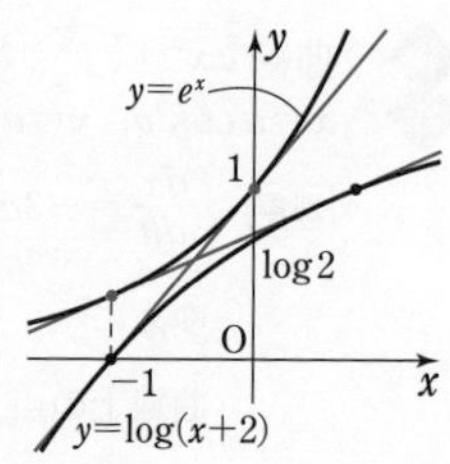

検討 C_2 が 2 次曲線の場合は判別式 $D=0$ を用いて解けるが，数学Ⅲで扱う様々な曲線について共通接線を求めるには，**(方針 2)** の方が有効である。

練習 57 2 つの曲線 $y=x^2$, $y=\dfrac{1}{x}$ の両方に接する直線の方程式を求めよ。

例題 58 共通接線 (2) …… 接点を共有する ★★★☆☆

2つの曲線 $y=e^x$ と $y=\sqrt{x+a}$ はともにある点Pを通り，点Pにおいて共通の接線をもっている。このとき，a の値と接線の方程式を求めよ。〔香川大〕

指針 チャート式数学Ⅱ+B $p.268$ 例題139で学んだように，
2曲線 $y=f(x)$，$y=g(x)$ が $x=p$ である点Pにおいて接する（点Pを共有し，Pにおける接線が一致する）**ための条件は**

接点を共有：$f(p)=g(p)$
接線を共有：$f'(p)=g'(p)$

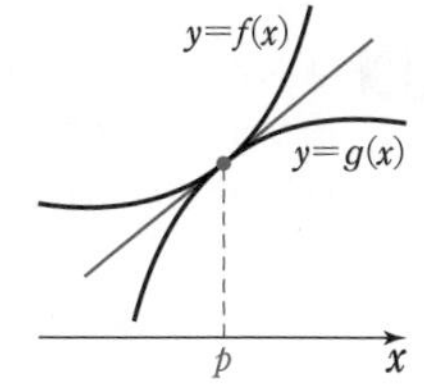

解答 $f(x)=e^x$，$g(x)=\sqrt{x+a}$ とすると

$$f'(x)=e^x,\quad g'(x)=\frac{1}{2\sqrt{x+a}}$$

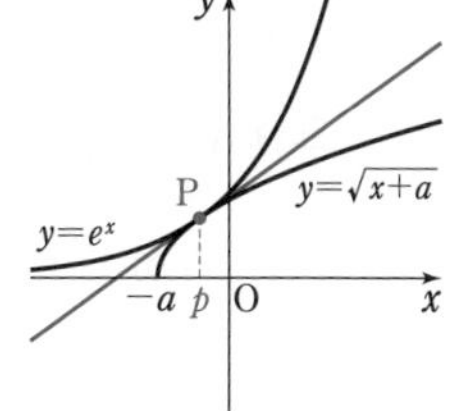

点Pの x 座標を p とすると，2曲線が点Pにおいて共通の接線をもつための条件は

$$f(p)=g(p)\quad かつ\quad f'(p)=g'(p)$$

すなわち　$e^p=\sqrt{p+a}$ …… ①

かつ　$e^p=\dfrac{1}{2\sqrt{p+a}}$ …… ②

①，② から e^p を消去して　$\sqrt{p+a}=\dfrac{1}{2\sqrt{p+a}}$

ゆえに　$p+a=\dfrac{1}{2}$

これを ① に代入して　$e^p=\dfrac{1}{\sqrt{2}}$

よって　$p=\log\dfrac{1}{\sqrt{2}}=-\dfrac{1}{2}\log 2$　　ゆえに　$a=\dfrac{1}{2}-p=\dfrac{1+\log 2}{2}$

接線の方程式は　$y-e^p=e^p(x-p)$
すなわち　$y=e^px+(1-p)e^p$

$e^p=\dfrac{1}{\sqrt{2}}$，$1-p=\dfrac{2+\log 2}{2}$ であるから　$y=\dfrac{1}{\sqrt{2}}x+\dfrac{2+\log 2}{2\sqrt{2}}$

以上により　$\boldsymbol{a=\dfrac{1+\log 2}{2}}$，接線の方程式は　$\boldsymbol{y=\dfrac{1}{\sqrt{2}}x+\dfrac{2+\log 2}{2\sqrt{2}}}$

練習 58
(1) 2曲線 $y=x^2-2x$，$y=\log x+a$ が接するとき，定数 a の値を求めよ。このとき，接点での接線の方程式を求めよ。〔上智大〕

(2) 3次関数 $f(x)$ は $x=1$ と $x=2$ で極値をとり，曲線 $y=f(x)$ と曲線 $y=\dfrac{3x}{2\sqrt{x^2+1}}+1$ は点 $(0,\ 1)$ において共通の接線をもつとする。このとき，$f(x)$ を求めよ。〔早稲田大〕

例題 59 共有点で直交する接線をもつ 2 曲線 ★★☆☆☆

2 つの曲線 $y=x^2+ax+b$, $y=\dfrac{c}{x}$ は，点 (2, 1) で交わり，この点における接線は互いに直交するという。定数 a, b, c の値を求めよ。

◀例題 58

指針 2 曲線 $y=f(x)$ と $y=g(x)$ が，共有点 $(p,\ q)$ で互いに直交する接線をもつとき，次の [1]，[2] が成り立つ。

[1] 点 $(p,\ q)$ で交わる $\Longleftrightarrow q=f(p),\ q=g(p)$

[2] $f'(p)g'(p)=-1$

└── 接線が直交 $\Longleftrightarrow$ 傾きの積が -1

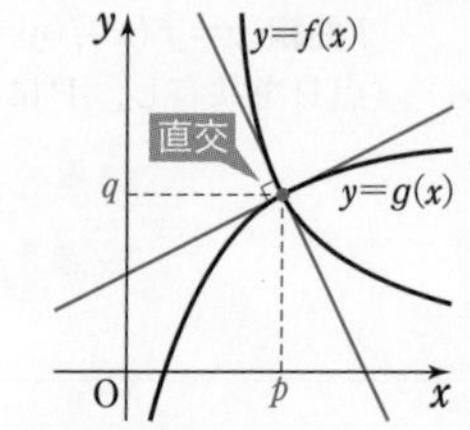

解答 $f(x)=x^2+ax+b$, $g(x)=\dfrac{c}{x}$ とする。

曲線 $y=f(x)$, $y=g(x)$ は点 (2, 1) を通るから

$f(2)=1$, $g(2)=1$

$f(2)=1$ から　　$2^2+a\cdot2+b=1$

よって　　$2a+b=-3$ ...... ①

$g(2)=1$ から　　$\dfrac{c}{2}=1$

これを解いて　　$\boldsymbol{c=2}$

また　　$f'(x)=2x+a$, $g'(x)=-\dfrac{c}{x^2}$

点 (2, 1) において，$y=f(x)$, $y=g(x)$ の接線は座標軸に平行でなく(*)，互いに直交するから

$f'(2)g'(2)=-1$

ゆえに　　$(2\cdot2+a)\left(-\dfrac{c}{2^2}\right)=-1$

$c=2$ を代入してこれを解くと

$\boldsymbol{a=-2}$

よって，① から　　$\boldsymbol{b=1}$

◀ 2 曲線が「点 (2, 1) で交わる」ということは，「ともに点 (2, 1) を通る」ということ。

(*) 座標軸に平行な接線の場合，指針の [2] の条件は利用できない。そのため，このような断りを書いている。

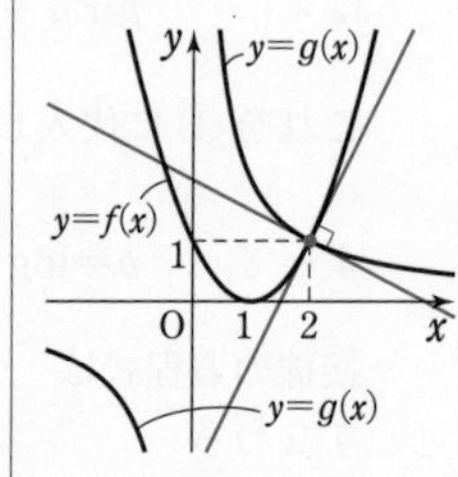

参考 2 曲線が共有点をもち，その点において両曲線の接線が直交するとき，この 2 曲線は直交するという。

練習 59 $k>0$ とする。$f(x)=-(x-a)^2$, $g(x)=\log kx$ のとき，曲線 $y=f(x)$ と曲線 $y=g(x)$ の共有点を P とする。
この点 P において曲線 $y=f(x)$ の接線と曲線 $y=g(x)$ の接線が直交するとき，a と k の関係式を求めよ。

〔弘前大〕

重要例題 60 円と双曲線が接する条件 ★★★★☆

$a>0$, $b>0$, $s>0$ とする。点 A$(0,\ a)$ を中心とする半径 r の円が，双曲線 $x^2-\dfrac{y^2}{b^2}=1$ と2点 B$(s,\ t)$, C$(-s,\ t)$ で接しているとする。このとき，r, s, t を，a と b を用いて表せ。 〔類 名古屋大〕

指針 題意の円と双曲線はともに y 軸に関して対称であるから，次のように考えられる。

（方針1） $x=s$ における円の接線と双曲線の接線が一致する。

（方針2） $x=s$ における双曲線の法線が円の中心を通る。

本問の場合，円の中心の x 座標が0であるため，**（方針2）**で解いてみよう。

解答 $x^2-\dfrac{y^2}{b^2}=1$ の両辺を x で微分すると $2x-\dfrac{2y}{b^2}\cdot\dfrac{dy}{dx}=0$

$y\neq 0$ のとき $\dfrac{dy}{dx}=\dfrac{b^2x}{y}$

$s>0$，また $a>0$ より $t>0$ であるから，B$(s,\ t)$ における法線の方程式は

$$y=-\frac{t}{b^2s}(x-s)+t$$

この直線が円の中心 A$(0,\ a)$ を通るから

$$a=\frac{t}{b^2}+t^{(*1)} \qquad よって \qquad \boldsymbol{t=\frac{ab^2}{1+b^2}}$$

B$(s,\ t)$ は双曲線 $x^2-\dfrac{y^2}{b^2}=1$ 上にあるから

$$s^2-\frac{t^2}{b^2}=1^{(*2)}$$

$s>0$ であるから $\boldsymbol{s}=\sqrt{1+\dfrac{t^2}{b^2}}=\boldsymbol{\sqrt{1+\dfrac{a^2b^2}{(1+b^2)^2}}}$

$r=$AB であるから

$$\begin{aligned} r^2&=s^2+(t-a)^2\\ &=1+\frac{a^2b^2}{(1+b^2)^2}+\left(\frac{ab^2}{1+b^2}-a\right)^2\\ &=1+\frac{a^2b^2}{(1+b^2)^2}+\frac{a^2b^4}{(1+b^2)^2}-\frac{2a^2b^2}{1+b^2}+a^2\\ &=1+\frac{a^2}{1+b^2}=\frac{1+a^2+b^2}{1+b^2}\end{aligned}$$

$r>0$ であるから $\boldsymbol{r=\sqrt{\dfrac{1+a^2+b^2}{1+b^2}}}$

◀ 図において $a>0$ であるから，接点 B, C も $y>0$ の範囲にある。

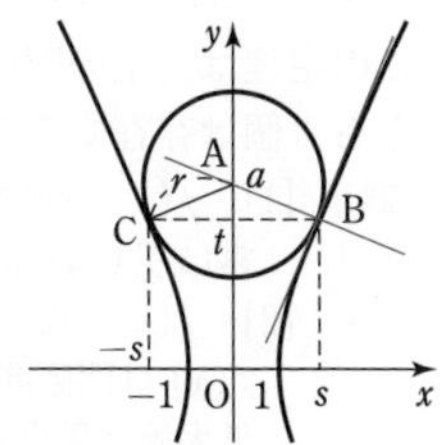

◀ (＊1) から
$(t-a)^2=\dfrac{t^2}{b^4}$
(＊2) から $s^2=1+\dfrac{t^2}{b^2}$
したがって
$r^2=1+\dfrac{t^2}{b^2}+\dfrac{t^2}{b^4}$
$=1+\dfrac{a^2b^4}{(1+b^2)^2}\cdot(b^2+1)\cdot\dfrac{1}{b^4}$
$=\dfrac{1+a^2+b^2}{1+b^2}$ としてもよい。

練習 60 双曲線 $C_1：y=\dfrac{1}{x}$ と点 Q$(q,\ -q)$ を中心とする円 C_2 が，ちょうど2個の共有点をもつとき，円 C_2 の半径 r を q の式で表せ。 〔類 岡山大〕

15 平均値の定理

《 基本事項 》

1 ロルの定理

区間 $a \leqq x \leqq b$ で，関数 $y=f(x)$ のグラフがひとつながりの滑らかな曲線（関数 $y=f(x)$ が連続かつ微分可能）であって，$f(a)=f(b)$ であれば，この区間内の少なくとも 1 つの点における接線が x 軸と平行になることは，図からは直観的に明らかである。

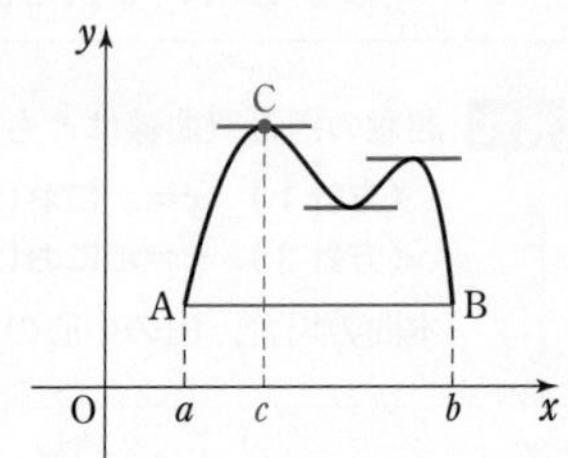

このことをきちんと述べると，次のようになる。

ロル (Rolle) の定理

関数 $f(x)$ が閉区間 $[a,\ b]$ で連続，開区間 $(a,\ b)$ で微分可能で，$f(a)=f(b)$ ならば

$$f'(c)=0,\quad a<c<b$$

を満たす実数 c が存在する。

この定理は，上の図のように，条件を満たす接点が何個あるかはわからないが，少なくとも 1 個は存在することを保証する定理である。

証明　[1]　$f(x)$ が定数のとき

常に $f'(x)=0$ であるから，明らかに定理は成り立つ。

[2]　$f(x)$ が定数でないとき

$f(x)$ は閉区間 $[a,\ b]$ で連続であるから，この区間で最大値と最小値をもつ。

◀ 最大値・最小値の定理。

(ア)　$f(a)\ [=f(b)]$ が最大値でないとき，最大値をとる点の x 座標を c とすると，$a<c<b$ であるから，$a<c+\varDelta x<b$ を満たす $\varDelta x$ に対して $f(c+\varDelta x) \leqq f(c)$ となる。

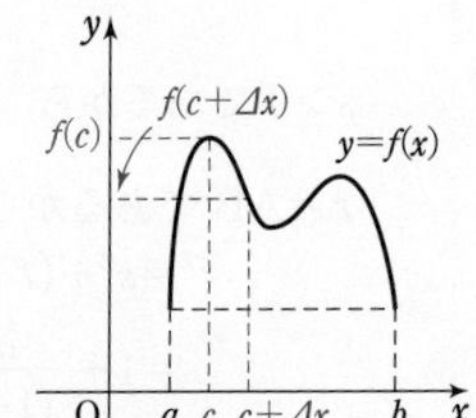

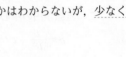

ゆえに

$\varDelta x>0$ のとき　$\dfrac{f(c+\varDelta x)-f(c)}{\varDelta x} \leqq 0$ …… ①

$\varDelta x<0$ のとき　$\dfrac{f(c+\varDelta x)-f(c)}{\varDelta x} \geqq 0$ …… ②

$f(x)$ は $x=c$ で微分可能であるから

$$\lim_{\varDelta x \to 0} \frac{f(c+\varDelta x)-f(c)}{\varDelta x}=f'(c)$$

① より　$f'(c) \leqq 0$　　　② より　$f'(c) \geqq 0$

したがって　　$f'(c)=0$

(イ)　$f(a)\ [=f(b)]$ が最大値であるとき，最小値をとる点の x 座標を c とすると，$a<c<b$ であるから，(ア) と同様に $f'(c)=0$ となる。

[1]，[2] から，ロルの定理が成り立つ。

2 平均値の定理 (1)

ロルの定理において，区間の端の値 $f(a)$，$f(b)$ が等しくない場合も含めて考えたのが，次の平均値の定理である。

> **平均値の定理** (1)
>
> 関数 $f(x)$ が閉区間 $[a,\ b]$ で連続，開区間 $(a,\ b)$ で微分可能ならば
>
> $$\boldsymbol{\frac{f(b)-f(a)}{b-a}=f'(c),\ \ a<c<b}$$
>
> を満たす実数 c が存在する。

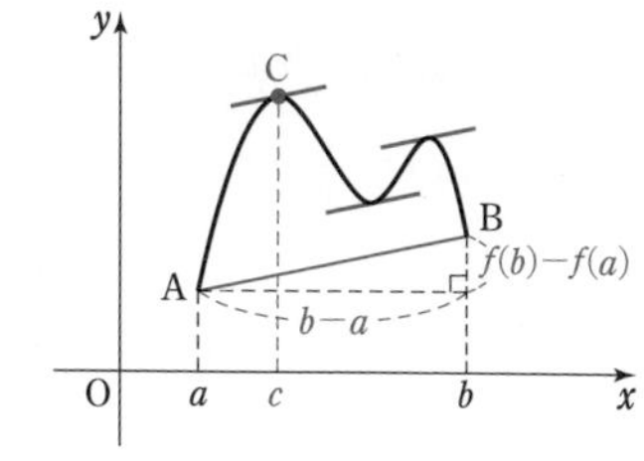

この定理は，右の図のように，曲線 $y=f(x)$ 上で，接線の傾きが直線 AB の傾きと等しい点 (C) が存在することを保証する定理である。

証明　$k=\dfrac{f(b)-f(a)}{b-a}$ …… ①，$F(x)=f(x)-k(x-a)$ とする。

◀ ロルの定理の前提条件 $[F(a)=F(b)]$ を満たす関数を作り出す。

閉区間 $[a,\ b]$ で，$f(x)$ が連続のとき，$F(x)$ も連続であり，開区間 $(a,\ b)$ で，$f(x)$ が微分可能であるとき，$F(x)$ も微分可能である。

$$F(a)=f(a),$$
$$F(b)=f(b)-\frac{f(b)-f(a)}{b-a}(b-a)=f(a)$$

であるから　$F(a)=F(b)$　　また　$F'(x)=f'(x)-k$

ここで，関数 $F(x)$ について，ロルの定理により

$$F'(c)=0,\ \ a<c<b$$

を満たす実数 c が存在する。

$F'(c)=0$ から　　$f'(c)-k=0$　すなわち　$f'(c)=k$

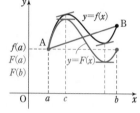

よって，① から　$\boldsymbol{f'(c)=\dfrac{f(b)-f(a)}{b-a}}$，$\boldsymbol{a<c<b}$ を満たす実数 c が存在する。

$F(x)$ と $f(x)$ の関係

3 平均値の定理 (2)

平均値の定理の $\dfrac{f(b)-f(a)}{b-a}=f'(c)$ …… ② において，

c は a と b の間にあるから，$b-a=h$，$\dfrac{c-a}{b-a}=\theta$ とおくと $b=a+h$，$c=a+\theta h$ $(0<\theta<1)$ となる。

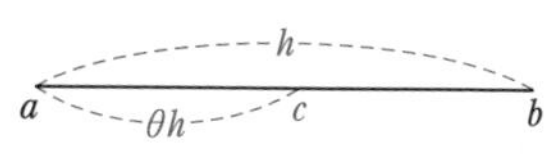

よって，② は $\dfrac{f(a+h)-f(a)}{h}=f'(a+\theta h)$ となり，この式を変形することで，定理 (1) は次のようにも表される。

> **平均値の定理** (2)
>
> 関数 $f(x)$ が閉区間 $[a,\ a+h]$ で連続で，開区間 $(a,\ a+h)$ で微分可能ならば
>
> $$\boldsymbol{f(a+h)=f(a)+hf'(a+\theta h),\ \ 0<\theta<1}$$
>
> を満たす実数 θ が存在する。

$h<0$ のときも成り立つ。区間は $[a+h,\ a]$，$(a+h,\ a)$ となる。

例題 61 平均値の定理 ★★☆☆☆

(1) $f(x)=\frac{1}{2}\log x$ のとき，$\frac{f(e)-f(1)}{e-1}=f'(c)\ (1<c<e)$ …… ① を満たす c の値を求めよ。ただし，e は自然対数の底である。

(2) $f(x)=\frac{1}{x}\ (x>0)$ について，$a>0$，$h>0$ のとき

$$f(a+h)-f(a)=hf'(a+\theta h),\ 0<\theta<1 \quad \cdots\cdots ②$$

を満たす θ を h で表せ。また，$\lim_{h\to+0}\theta$ を求めよ。

指針 単なる式の計算である。見かけに臆することなく進めていけばよい。

解答 (1) $f'(x)=\frac{1}{2x}$ であるから　$f'(c)=\frac{1}{2c}$

また　$f(1)=0$，$f(e)=\frac{1}{2}$　よって，① から　$\frac{1}{2(e-1)}=\frac{1}{2c}$

ゆえに　$\boldsymbol{c=e-1}$　これは $1<c<e$ を満たす。

(2) $f'(x)=-\frac{1}{x^2}$　よって，② から　$\frac{1}{a+h}-\frac{1}{a}=-\frac{h}{(a+\theta h)^2}$

整理すると，$h\neq 0$ により　$(a+\theta h)^2=a(a+h)$

$a+\theta h>0$ であるから　$a+\theta h=\sqrt{a^2+ah}$

したがって　$\boldsymbol{\theta=\frac{\sqrt{a^2+ah}-a}{h}}$

$a>0$，$h>0$ であるから，これは $0<\theta<1$ を満たす。

$$\lim_{h\to+0}\boldsymbol{\theta}=\lim_{h\to+0}\frac{\sqrt{a^2+ah}-a}{h}=\lim_{h\to+0}\frac{(a^2+ah)-a^2}{h(\sqrt{a^2+ah}+a)}$$

◀ 分子の有理化。

$$=\lim_{h\to+0}\frac{a}{\sqrt{a^2+ah}+a}=\frac{a}{\sqrt{a^2}+a}=\frac{a}{2a}=\boldsymbol{\frac{1}{2}}$$

◀ $a>0$ であるから $\sqrt{a^2}=a$

検討 平均値の定理により，① を満たす c の値の存在は保証されている。よって，等式からただ1つ得られた $c=e-1$ は $1<c<e$ を満たしている。このように，**c の値がただ1つ得られる場合は，$a<c<b$ を満たすことは改めて確認しなくてもわかる。**

練習 61 (1) 次の関数と閉区間 $[a,\ b]$ について，$\frac{f(b)-f(a)}{b-a}=f'(c)$，$a<c<b$ を満たす c の値を求めよ。

(ア) $f(x)=x^3-3x^2$　$[1,\ 2]$　(イ) $f(x)=e^x$　$[0,\ 1]$

(2) $f(x)=x^3-x$ のとき，$\frac{f(b)-f(a)}{b-a}=f'(c)\ (0<a<c<b)$ …… ① を満たす c を a，b で表せ。また，極限値 $\lim_{b\to a}\frac{c-a}{b-a}$ を求めよ。　[(2) 類 龍谷大]

➡ p. 436 演習 31

例題 62 不等式と平均値の定理 ★★★☆☆

平均値の定理を利用して，次のことを証明せよ。

$0<a<b$ のとき　　$1-\dfrac{a}{b}<\log\dfrac{b}{a}<\dfrac{b}{a}-1$

指針 証明すべき不等式を変形すると　　◀ CHART》 結論からお迎え

$\dfrac{b-a}{b}<\log b-\log a<\dfrac{b-a}{a}$　　よって　$\dfrac{1}{b}<\dfrac{\log b-\log a}{b-a}<\dfrac{1}{a}$

この式と平均値の定理を見比べると，$f(x)=\log x$ において $\dfrac{1}{b}<f'(c)<\dfrac{1}{a}$ を示すという方針が見えてくる。

解答 関数 $f(x)=\log x$ は $x>0$ で微分可能で　　$f'(x)=\dfrac{1}{x}$

区間 $[a,\ b]$ において，平均値の定理により

$$\frac{\log b-\log a}{b-a}=\frac{1}{c},\quad a<c<b$$

を満たす c が存在する。また，$0<a<c<b$ であるから

$\dfrac{1}{b}<\dfrac{1}{c}<\dfrac{1}{a}$　よって　$\dfrac{1}{b}<\dfrac{\log b-\log a}{b-a}<\dfrac{1}{a}$

ゆえに　$\dfrac{b-a}{b}<\log b-\log a<\dfrac{b-a}{a}$

すなわち　$1-\dfrac{a}{b}<\log\dfrac{b}{a}<\dfrac{b}{a}-1$

◀ 平均値の定理が使える条件の確認を忘れずに。
なお
微分可能 ⟹ 連続
であるから，区間 $[a,\ b]$ を含む区間で微分可能性を示すだけでよい。

◀ 各辺に $b-a\ (>0)$ を掛ける。

検討 $\log b-\log a$ といった **関数値の差** には，平均値の定理が利用できる。
この着眼点を次のようにまとめて，活用できるようにしておこう。

CHART》 関数値の差

差 $f(b)-f(a)$ には　平均値の定理利用

1 連続，微分可能　　2 c は a と b の間 を忘れずに

$\dfrac{f(b)-f(a)}{b-a}=f'(c)$ に対して，$a<b$ でも $b<a$ でもよく，**c は a と b の間にある。**

練習 62 (1) 平均値の定理を利用して，次のことを証明せよ。

(ア) $a<b$ のとき　　$e^a<\dfrac{e^b-e^a}{b-a}<e^b$

(イ) $t>0$ のとき　　$0<\log\dfrac{e^t-1}{t}<t$　　〔富山医薬大〕

(2) すべての正の数 $x,\ y$ に対して，不等式 $x(\log x-\log y)\geqq x-y$ が成り立つことを証明せよ。また，等号が成り立つのは $x=y$ の場合に限ることを示せ。

〔金沢大〕

4章 15 平均値の定理

重要例題 63 極限と平均値の定理 ★★★★☆

(1) $\lim_{x \to 0} \dfrac{\sin x - \sin(\sin x)}{\sin x - x}$ を求めよ。 [(1) 芝浦工大]

(2) $\lim_{x \to \infty} f'(x) = A$ のとき，$\lim_{x \to \infty} \{f(x+a) - f(x)\}$ を求めよ。

◀例題 62

指針 (1)，(2) ともに，**関数値の差** $\sin x - \sin(\sin x)$，$f(x+a) - f(x)$ が出てくる。
このことに着目して，次の方針で考える。

CHART》 差 $f(b) - f(a)$ には 平均値の定理利用

1 連続，微分可能

2 c は a と b の間 を忘れずに

解答 (1) $f(x) = \sin x$ は常に微分可能で $f'(x) = \cos x$

平均値の定理により，次の条件を満たす c が存在する。

$$\frac{\sin x - \sin(\sin x)}{x - \sin x} = \cos c, \quad x < c < \sin x \text{ または } \sin x < c < x$$

$x \longrightarrow 0$ のとき $\sin x \longrightarrow 0$ であるから $c \longrightarrow 0$

◀ はさみうちの原理。

よって
$$(\text{与式}) = \lim_{x \to 0} \left\{ -\frac{\sin x - \sin(\sin x)}{x - \sin x} \right\}$$
$$= \lim_{c \to 0} (-\cos c) = \mathbf{-1}$$

(2) $\lim_{x \to \infty} f'(x) = A$ であるから，x の十分大きな値に対して，$f(x)$ が定義されていて，かつ微分可能である。

[1] $a = 0$ のとき
$$\lim_{x \to \infty} \{f(x+a) - f(x)\} = \lim_{x \to \infty} 0 = 0$$

[2] $a \neq 0$ のとき

平均値の定理により，次のような c が存在する。

$$f(x+a) - f(x) = af'(c), \quad x < c < x+a \text{ または } x+a < c < x$$

$x \longrightarrow \infty$ のとき，$x < c$ または $x+a < c$ から $c \longrightarrow \infty$

よって
$$\lim_{x \to \infty} \{f(x+a) - f(x)\} = \lim_{c \to \infty} af'(c)$$
$$= a \lim_{c \to \infty} f'(c) = aA$$

この式で $a = 0$ とおくと $aA = 0$ となり，$a = 0$ のときも成り立つ。

以上から，求める極限値は $\boldsymbol{aA}$

(注意) 解答 (2) の 1 ～ 2 行目は，平均値の定理が使える条件の確認をしている。

練習 63 次の極限値を求めよ。 [(1) 類 富山医薬大]

(1) $\lim_{x \to 0} \log \dfrac{e^x - 1}{x}$ (2) $\lim_{x \to +0} \dfrac{e^x - e^{\sin x}}{x - \sin x}$

➡ p. 436 演習 32

ロピタルの定理

$\lim_{x\to a}\frac{f(x)}{g(x)}$ が $\frac{0}{0}$ の形になるとき，この極限を求める方法として，**約分**，**くくり出し**，**有理化** などを学んだ。大部分はこれらの方法で処理できるが，中には式変形が難しいものもある。そのようなときの有力な方法として，**ロピタルの定理** がある。

ロピタルの定理

関数 $f(x)$，$g(x)$ が $x=a$ を含む区間で微分可能で，
$\lim_{x\to a}f(x)=0$，$\lim_{x\to a}g(x)=0$，$x\neq a$ で $g'(x)\neq 0$ のとき

$$\lim_{x\to a}\frac{f'(x)}{g'(x)}=l\ (\text{有限確定値})\ \text{ならば}\quad \lim_{x\to a}\frac{f(x)}{g(x)}=l$$

証明は，平均値の定理の拡張である次の定理を利用する。

（コーシーの平均値の定理）

関数 $f(x)$，$g(x)$ が閉区間 $[\alpha,\ \beta]$ で連続，開区間 $(\alpha,\ \beta)$ で微分可能ならば
$\frac{f(\beta)-f(\alpha)}{g(\beta)-g(\alpha)}=\frac{f'(c)}{g'(c)}$ $(\alpha<c<\beta)$ を満たす値 c がこの区間内に少なくとも1つ存在する。ただし，$g(\beta)\neq g(\alpha)$，$g'(x)\neq 0$ $(\alpha<x<\beta)$ である。

（証明） $\frac{f(\beta)-f(\alpha)}{g(\beta)-g(\alpha)}=k$ とし，$F(x)=f(x)-f(\alpha)-k\{g(x)-g(\alpha)\}$ とする。
このとき，$F(x)$ は閉区間 $[\alpha,\ \beta]$ で連続，開区間 $(\alpha,\ \beta)$ で微分可能で

$$F(\alpha)=0,\ F(\beta)=f(\beta)-f(\alpha)-k\{g(\beta)-g(\alpha)\}=0$$

が成り立つから，ロルの定理により $F'(c)=0$，$\alpha<c<\beta$ となる c が存在する。
$F'(c)=f'(c)-kg'(c)$，$g'(c)\neq 0$ であるから

$$k=\frac{f'(c)}{g'(c)}\quad \text{すなわち}\quad \frac{f(\beta)-f(\alpha)}{g(\beta)-g(\alpha)}=\frac{f'(c)}{g'(c)},\ \alpha<c<\beta$$

証明 の一部 （右側極限の場合）コーシーの平均値の定理を用いると，$\lim_{x\to a+0}f(x)=\lim_{x\to a+0}g(x)=0$ のとき $f(a)=g(a)=0$ [$f(x)$ は $x=a$ で連続] であるから

$$\frac{f(x)}{g(x)}=\frac{f(x)-f(a)}{g(x)-g(a)}=\frac{f'(c)}{g'(c)}\qquad a<c<x$$

となる c が存在する。$x\longrightarrow a+0$ のとき $c\longrightarrow a+0$ となるから

$$\lim_{x\to a+0}\frac{f(x)}{g(x)}=\lim_{c\to a+0}\frac{f'(c)}{g'(c)}\quad \text{すなわち}\quad \lim_{x\to a+0}\frac{f(x)}{g(x)}=\lim_{x\to a+0}\frac{f'(x)}{g'(x)}$$

◀ 左側極限も同様。

ロピタルの定理は，条件 $\lim_{x\to a}f(x)=0$，$\lim_{x\to a}g(x)=0$ の代わりに，次の場合にも成り立つ。

① $\lim_{x\to a}|f(x)|=\infty$，$\lim_{x\to a}|g(x)|=\infty$

② 十分大きな M に対して $g'(x)\neq 0$ $(x>M)$ のとき
$\lim_{x\to\pm\infty}f(x)=0$，$\lim_{x\to\pm\infty}g(x)=0$ （複号同順）

重要例題 64 ロピタルの定理と極限 ★★★★☆

ロピタルの定理を用いて，次の極限値を求めよ。

(1) $\displaystyle\lim_{x\to 0}\frac{x-\sin x}{x^3}$　(2) $\displaystyle\lim_{x\to\infty}\frac{x^3}{e^x}$　(3) $\displaystyle\lim_{x\to+0}x\log x$

指針 (1) $\dfrac{0}{0}$　(2) $\dfrac{\infty}{\infty}$　(3) $0\times(-\infty)$ は変形して $\dfrac{0}{0}$ か $\dfrac{\infty}{\infty}$ の形に。

分母・分子を微分しても同じ形（不定形）なら，更に微分を繰り返す。

解答 (1) $f(x)=x-\sin x$，$g(x)=x^3$ とすると

$$f'(x)=1-\cos x,\ g'(x)=3x^2$$

また $\displaystyle\lim_{x\to 0}\frac{f'(x)}{g'(x)}=\lim_{x\to 0}\frac{1-\cos x}{3x^2}=\lim_{x\to 0}\frac{1-\cos^2 x}{3x^2(1+\cos x)}$

$\displaystyle=\lim_{x\to 0}\frac{1}{3(1+\cos x)}\left(\frac{\sin x}{x}\right)^2=\frac{1}{6}$

◀ $\displaystyle\lim_{x\to 0}\frac{\sin x}{x}=1$

したがって $\displaystyle\lim_{x\to 0}\frac{x-\sin x}{x^3}=\boldsymbol{\frac{1}{6}}$

(2) $f(x)=x^3$，$g(x)=e^x$ とすると

$$f'(x)=3x^2,\ f''(x)=6x,\ f'''(x)=6,$$
$$g'(x)=e^x,\ g''(x)=e^x,\ g'''(x)=e^x$$

◀ (2) ロピタルの定理を繰り返し用いる。

また $\displaystyle\lim_{x\to\infty}\frac{f'''(x)}{g'''(x)}=\lim_{x\to\infty}\frac{6}{e^x}=0$

したがって $\displaystyle\lim_{x\to\infty}\frac{x^3}{e^x}=\boldsymbol{0}$

(3) $f(x)=\log x$，$g(x)=\dfrac{1}{x}$ とすると

◀ $x\log x$ を $\dfrac{\log x}{\frac{1}{x}}$ ととらえる。

$$f'(x)=\frac{1}{x},\ g'(x)=-\frac{1}{x^2}$$

また $\displaystyle\lim_{x\to+0}\frac{f'(x)}{g'(x)}=\lim_{x\to+0}\frac{\frac{1}{x}}{-\frac{1}{x^2}}=\lim_{x\to+0}(-x)=0$

したがって $\displaystyle\lim_{x\to+0}x\log x=\boldsymbol{0}$

別解 (1) ロピタルの定理を繰り返し用いると，次のように計算できる。

$$\lim_{x\to 0}\frac{x-\sin x}{x^3}=\lim_{x\to 0}\frac{1-\cos x}{3x^2}=\lim_{x\to 0}\frac{\sin x}{6x}=\lim_{x\to 0}\frac{1}{6}\cdot\frac{\sin x}{x}=\boldsymbol{\frac{1}{6}}$$

(注意) ロピタルの定理は利用価値が高いが，高校の学習の範囲外の内容である。
試験の答案では使わないで，**検算** の手段として使うようにしよう。

練習 64 ロピタルの定理を用いて，次の極限値を求めよ。

(1) $\displaystyle\lim_{x\to 0}\frac{x-\log(1+x)}{x^2}$　(2) $\displaystyle\lim_{x\to\infty}x\log\frac{x-1}{x+1}$　(3) $\displaystyle\lim_{x\to 1}\left(\frac{x}{x-1}-\frac{1}{\log x}\right)$

16 関数の値の変化，最大・最小

《 基本事項 》

1 関数の増加と減少

次のことについて，数学Ⅱでは曲線 $y=f(x)$ をその接線で近似して直観的に考えた。数学Ⅲでは，**平均値の定理** を用いて理論的に証明することができる。

> 関数 $f(x)$ は閉区間 $[a,\ b]$ で連続，開区間 $(a,\ b)$ で微分可能とする。
>
> 1　開区間 $(a,\ b)$ で常に $\boldsymbol{f'(x)>0}$ ならば
> 　　$f(x)$ は閉区間 $[a,\ b]$ で **単調に増加** する。
>
> 2　開区間 $(a,\ b)$ で常に $\boldsymbol{f'(x)<0}$ ならば
> 　　$f(x)$ は閉区間 $[a,\ b]$ で **単調に減少** する。
>
> 3　開区間 $(a,\ b)$ で常に $\boldsymbol{f'(x)=0}$ ならば
> 　　$f(x)$ は閉区間 $[a,\ b]$ で **定数** である。

証明　1　閉区間 $[a,\ b]$ 内の任意の $u,\ v\ (u<v)$ に対して，$f(x)$ は閉区間 $[u,\ v]$ で連続かつ開区間 $(u,\ v)$ で微分可能であるから，平均値の定理により

$$\frac{f(v)-f(u)}{v-u}=f'(c),\quad u<c<v$$

を満たす実数 c が存在する。

ここで $v-u>0$, $f'(c)>0$ であるから

$$f(v)-f(u)>0 \qquad \text{ゆえに} \qquad f(u)<f(v)$$

よって，$f(x)$ は閉区間 $[a,\ b]$ で単調に増加する。

2，3も同様にして証明できる。

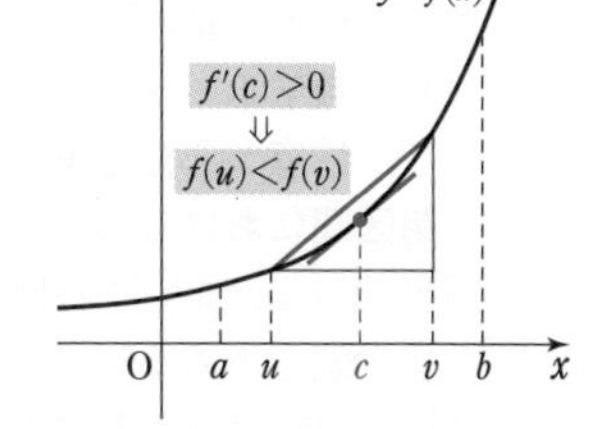

注意　**逆は成り立たない**。すなわち，$f(x)$ がある区間で単調に増加するからといって，その区間で常に $f'(x)>0$ とは限らない。単調に減少するときも同様。

例えば，$f(x)=x^3$ は閉区間 $[-1,\ 1]$ で単調に増加するが，$f'(0)=0$ である。

2 関数の極値

① **定義**

関数 $f(x)$ が連続で，$x=a$ を含む十分小さい開区間において

「$x \neq a \Longrightarrow f(x)<f(a)$」が成り立つとき，$f(a)$ を $f(x)$ の **極大値**

「$x \neq a \Longrightarrow f(x)>f(a)$」が成り立つとき，$f(a)$ を $f(x)$ の **極小値**　という。

極大値と極小値をまとめて **極値** という。

② 関数 $f(x)$ が $x=a$ を境目として

増加から減少に移ると $f(a)$ は極大値

減少から増加に移ると $f(a)$ は極小値

すなわち，$x=a$ の前後で $f'(x)$ の符号が

正から負に変わると $f(a)$ は極大値

負から正に変わると $f(a)$ は極小値

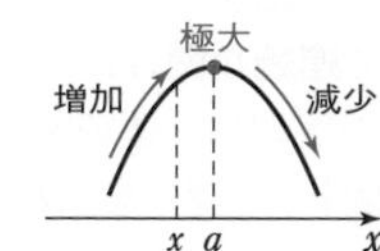

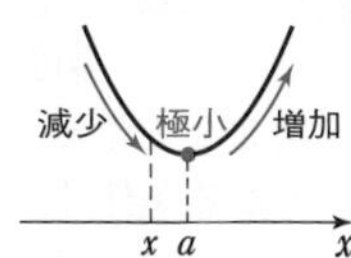

③　**極値をとるための必要条件**

関数 $f(x)$ が $x=a$ で微分可能で極値をとるならば　$f'(a)=0$

証明　$f(x)$ が $x=a$ で極大値をとるとき，$x=a$ を含む十分小さい区間において
$x \neq a \Longrightarrow f(x)<f(a)$ であるから

$$x>a \text{ ならば } \frac{f(x)-f(a)}{x-a}<0, \quad x<a \text{ ならば } \frac{f(x)-f(a)}{x-a}>0$$

$f(x)$ は $x=a$ で微分可能であるから，右側微分係数と左側微分係数が存在し

$$\lim_{x \to a+0} \frac{f(x)-f(a)}{x-a} \leqq 0, \quad \lim_{x \to a-0} \frac{f(x)-f(a)}{x-a} \geqq 0$$

すなわち　$f'(a) \leqq 0$ かつ $f'(a) \geqq 0$　　したがって　$f'(a)=0$
$f(x)$ が $x=a$ で極小値をとる場合も同様に　$f'(a)=0$

注意　**逆は，一般には成り立たない。**
すなわち，$f'(a)=0$ であっても，$f(a)$ が極値であるとは限らない。
例えば，$f(x)=x^3$ については $f'(0)=0$ であるが，$f(0)$ は極値ではない。

3　区間における最大・最小

数学Ⅱにおいて，3次関数を中心に最大値・最小値を調べたが，それ以外の関数の場合でも，調べ方の基本方針は同じである。
しかし，数学Ⅲで扱う関数は連続でない点があったり，微分可能でない点があったりするから，注意が必要である。

①　**閉区間における最大・最小**

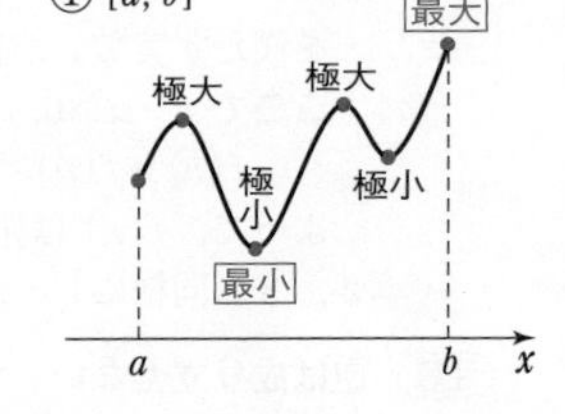

閉区間 $a \leqq x \leqq b$ における連続関数 $f(x)$ の最大値と最小値を求めるには，次のようにする。
[1]　区間 $a \leqq x \leqq b$ における $f(x)$ の極値を求める。
（このとき，増減表を作るとわかりやすい。）
[2]　極値と区間の両端の値 $f(a)$, $f(b)$ を比較して，最大値と最小値を決定する。

②　**開区間における最大・最小**

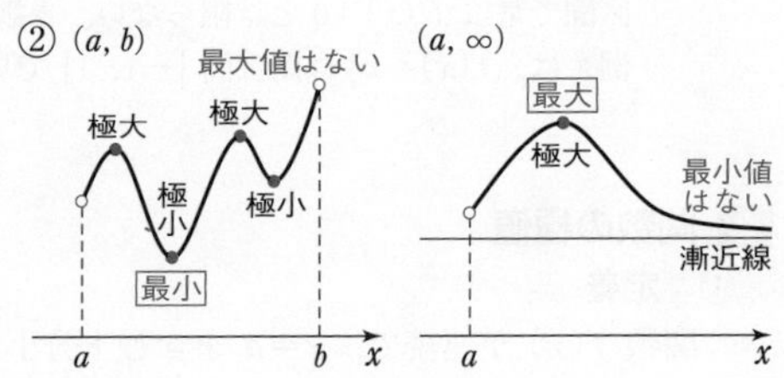

開区間 $a<x<b$ における連続関数 $f(x)$ の最大値・最小値を求めるには，$f(x)$ の極値と $\displaystyle\lim_{x \to a+0} f(x)$，$\displaystyle\lim_{x \to b-0} f(x)$ の値を比較する必要がある。また，区間が $x>a$ の場合は $\displaystyle\lim_{x \to \infty} f(x)$ とも比較する。

4　最大値・最小値の定理

閉区間で連続な関数は，その閉区間で最大値および最小値をもつ。

$p.338$ で学んだこの定理は，連続関数の重要な性質である。この定理については，前提となる条件「閉区間」「連続」を忘れてはならない。
なお，閉区間で連続な関数 $f(x)$ がただ1つの極値 $f(a)$ をもつとき，$f(a)$ が極大値ならばその値が最大値，$f(a)$ が極小値ならばその値が最小値となる。

例 28 | 関数の増減 ★★☆☆☆

関数 $y=\dfrac{x^2+3x+9}{x+3}$ の増減を調べよ。

指針 関数 $y=f(x)$ の増減は **導関数 $f'(x)$ の符号** を調べる。

連続で，開区間 $(a,\ b)$ で $y'>0$ なら，閉区間 $[a,\ b]$ で **単調に増加**
開区間 $(a,\ b)$ で $y'<0$ なら，閉区間 $[a,\ b]$ で **単調に減少**

検討 関数 $f(x)$ が $x=p$ で極大値，$x=q$ で極小値をとるとき，
極大値 $f(p)$ は $x=p$ を含む **十分小さい区間における最大値** であり，極小値 $f(q)$ は $x=q$ を含む **十分小さい区間における最小値** である。

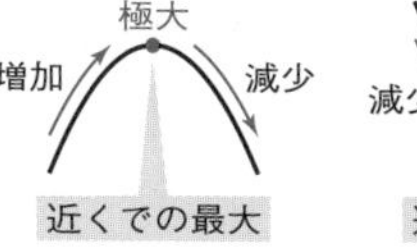

なお「$f(p)$ は極大値 $\Longrightarrow$ $f(p)$ は $x=p$ を含む十分小さい区間で最大値」は正しいが，逆は正しくない（反例：定数関数）。
また，関数 $f(x)$，$g(x)$ が閉区間 $[a,\ b]$ で連続で，開区間 $(a,\ b)$ で微分可能で常に $g'(x)=f'(x)$ ならば，次のことが成り立つ。

閉区間 $[a,\ b]$ で　$g(x)=f(x)+C$　　ただし，C は定数

証明　$F(x)=g(x)-f(x)$ とおくと　　$F'(x)=g'(x)-f'(x)$
開区間 $(a,\ b)$ で常に $g'(x)=f'(x)$ であるから，開区間 $(a,\ b)$ で常に　　$F'(x)=0$
よって，$F(x)$ は閉区間 $[a,\ b]$ で連続で　　$F(x)=C$　(C は定数)
すなわち　　$g(x)-f(x)=C$　(C は定数)
ゆえに，閉区間 $[a,\ b]$ で　　$g(x)=f(x)+C$　(C は定数)

例 29 | 関数の極値 ★★☆☆☆

次の関数の極値を求めよ。

(1)　$y=x^2\log x$　　　　(2)　$y=|x|\sqrt{x+2}$

指針 関数 $y=f(x)$ の極値を調べるには，**$f'(x)$ の符号の変化** を調べる。
$f'(x)$ の符号の変わり目は，$f'(x)=0$ の実数解と $f'(x)$ の存在しない x の値が候補である。これらは **必要条件であって十分条件でない** ことに注意。

検討 (2) において，$x=0$ のとき y' の値が存在しない。しかし，極値の定義

$x=a$ を含む十分小さい開区間において

$x\neq a$ $\Longrightarrow$ $f(x)<f(a)$　　[または　$f(x)>f(a)$]

に従うと，y' の値が存在しない x の値であっても，その前後で y' の符号が変われば，そこで極値となる。このように，**微分可能でない点でも極値をとることがある** ので注意しよう。

CHART 増減，極値

導関数の符号の変化を調べよ

1　必要十分に注意　　2　増減表を作れ

例題 65 | 極値をもつための条件 ★★★☆☆

関数 $f(x)=\dfrac{a-\cos x}{a+\sin x}$ が，$0<x<\dfrac{\pi}{2}$ の範囲で極大値をもつように，定数 a の値の範囲を定めよ。 〔福島県医大〕 ◀例29

指針 $f(x)$ は微分可能であるから，次のことが成り立つ。

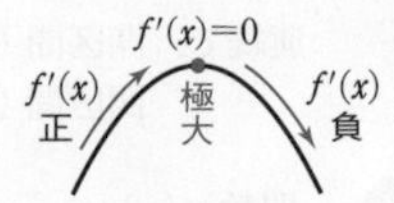

$f(x)$ が極大値をもつ

$\Longleftrightarrow$ [1] $f'(x)=0$ となる x の実数値がある。
[2] その前後で $f'(x)$ の符号が正から負に変わる。

そこで，まず **必要条件** [1] を求め，それが **十分** ([2] を満たす) かどうかを調べる。

CHART》 極値 導関数の符号の変化を調べよ 必要十分に注意

解答 $f(x)$ は微分可能であり

$$f'(x)=\frac{a\sin x-a\cos x+1}{(a+\sin x)^2}=\frac{\sqrt{2}\,a\sin\left(x-\frac{\pi}{4}\right)+1}{(a+\sin x)^2}$$

◀ $\left(\dfrac{u}{v}\right)'=\dfrac{u'v-uv'}{v^2}$

$0<x<\dfrac{\pi}{2}$ で $f(x)$ が極値をもつためには，$a\neq 0$ かつ

$0<x<\dfrac{\pi}{2}$ で $\sin\left(x-\dfrac{\pi}{4}\right)=-\dfrac{1}{\sqrt{2}\,a}$ …… ①

が実数解をもつことが必要である。 ◀ 必要条件。

$-\dfrac{\pi}{4}<x-\dfrac{\pi}{4}<\dfrac{\pi}{4}$ であるから

$$-\frac{1}{\sqrt{2}}<\sin\left(x-\frac{\pi}{4}\right)<\frac{1}{\sqrt{2}}$$

よって，$-\dfrac{1}{\sqrt{2}}<-\dfrac{1}{\sqrt{2}\,a}<\dfrac{1}{\sqrt{2}}$ …… ② のとき，

① は $0<x<\dfrac{\pi}{2}$ でただ1つの実数解をもつ。

その解を c とすると $f'(c)=0$

ここで，② から $-1<\dfrac{1}{a}<1$

ゆえに $a<-1,\ 1<a$

$a<-1$ のとき，$f'(x)$ は $x=c$ で正から負に変わるから，$x=c$ で極大となる。 ◀ 十分条件であることを示す。

$a>1$ のとき，$f'(x)$ は $x=c$ で負から正に変わるから，$x=c$ で極小となり，条件を満たさない。

したがって，求める a の値の範囲は $\boldsymbol{a<-1}$

練習 65 関数 $f(x)=\dfrac{x+1}{x^2+2x+a}$ について，次の条件を満たす定数 a の値の範囲を求めよ。

(1) $f(x)$ が $x=1$ で極値をとる。 (2) $f(x)$ が極値をもつ。

例題 66 極値から係数決定 ★★★☆☆

関数 $f(x)=\dfrac{ax^2+bx}{2x^2+1}$ が $x=1$ で極小値 -2 をとるとき，実数の定数 a，b の値を求めよ。 〔類 大阪工大〕

指針 $f(x)$ が $x=\alpha$ で極値をとる $\Longrightarrow f'(\alpha)=0$ （逆は成り立たない）
関数 $f(x)$ が $x=1$ で極小値 -2 をとる $\Longrightarrow f'(1)=0$ かつ $f(1)=-2$
ただし，これは **必要条件** にすぎないので，解答 の「逆に」以降のように，増減表から題意の条件を満たす（**十分条件**）ことを確かめる。

解答

$$f'(x)=\frac{(2ax+b)(2x^2+1)-(ax^2+bx)\cdot 4x}{(2x^2+1)^2}$$

$$=\frac{-2bx^2+2ax+b}{(2x^2+1)^2}$$

◀ $2x^2+1>0$ から，定義域はすべての実数。

$f(x)$ が $x=1$ で極小値 -2 をとるから

$$f'(1)=0,\ f(1)=-2$$

◀ 必要条件。

$f'(1)=0$ から $\dfrac{2a-b}{9}=0$

よって $b=2a$ …… ①

$f(1)=-2$ から $\dfrac{a+b}{3}=-2$

よって $a+b=-6$ …… ②

①，② を解くと $a=-2$，$b=-4$

逆に，このとき

◀ 十分条件の確認。

$$f(x)=\frac{-2x^2-4x}{2x^2+1},$$

$$f'(x)=\frac{8x^2-4x-4}{(2x^2+1)^2}=\frac{4(2x+1)(x-1)}{(2x^2+1)^2}$$

$f'(x)=0$ とすると

$$x=-\frac{1}{2},\ 1$$

$f(x)$ の増減表は右のようになり，条件を満たす。

x	…	$-\frac{1}{2}$	…	1	…
$f'(x)$	+	0	−	0	+
$f(x)$	↗	極大 1	↘	極小 −2	↗

したがって **$a=-2$，$b=-4$**

練習 66 (1) 関数 $f(x)=\dfrac{ax^2+bx+c}{x^2+2}$（$a$，$b$，$c$ は定数）が $x=-2$ で極小値 $\dfrac{1}{2}$，$x=1$ で極大値 2 をもつ。このとき a，b，c の値を求めよ。 〔横浜市大〕

(2) a を定数とする。関数 $f(x)=\dfrac{x-a}{x^2+1}$ の極値の 1 つが $\dfrac{1}{2}$ のとき，定数 a の値を求めよ。

重要例題 67 文字係数の関数の極値 ★★★★☆

a は正の定数とする。関数 $y=\dfrac{e^{-\frac{a}{x}}}{x-1}$ について，次のことを示せ。

$(*)\begin{cases} a\leqq 4 \text{ では極値をもたない。} a>4 \text{ では，} 1<x<\dfrac{a}{2} \text{ において極小値をとり，} \\ \dfrac{a}{2}<x \text{ において極大値をとる。} \end{cases}$

〔類 名古屋大〕 ◀例題65

指針 **CHART》 極値　導関数の符号の変化を調べよ**

極値をもたない $\Longleftrightarrow$ y' の符号の変化がない

極小値 $\Longleftrightarrow$ y' が負から正，　極大値 $\Longleftrightarrow$ y' が正から負

解答 y は微分可能であり

$$y'=\frac{\frac{a}{x^2}e^{-\frac{a}{x}}(x-1)-e^{-\frac{a}{x}}\cdot 1}{(x-1)^2}=-\frac{e^{-\frac{a}{x}}(x^2-ax+a)}{x^2(x-1)^2}$$

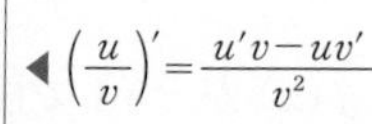

◀ $\left(\dfrac{u}{v}\right)'=\dfrac{u'v-uv'}{v^2}$

$x^2-ax+a=0$ の判別式を D とすると

$D=(-a)^2-4a=a(a-4)$

[1] $0<a\leqq 4$ のとき

$D\leqq 0$ であるから，常に　$x^2-ax+a\geqq 0$

また，$x\neq 0$，$x\neq 1$ であり，$e^{-\frac{a}{x}}>0$，$x^2(x-1)^2>0$ であるから，常に $y'\leqq 0$ である。

よって，y は極値をもたない。

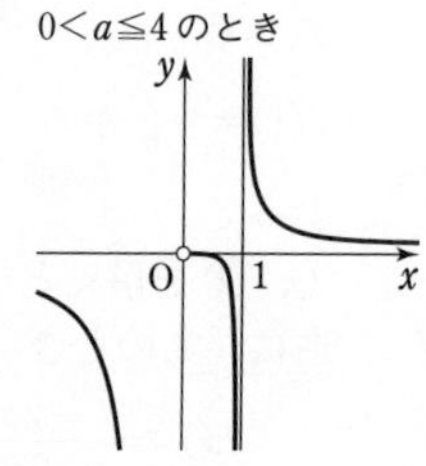

[2] $a>4$ のとき

$D>0$ であるから，$x^2-ax+a=0$ は異なる 2 つの実数解 α，β $(\alpha<\beta)$ をもつ。

$f(x)=x^2-ax+a$ とすると $f(1)=1>0$，$2<\dfrac{a}{2}$ であるから　$1<\alpha<\dfrac{a}{2}<\beta$

よって，y の増減表は次のようになる。

x	$\cdots$	0	$\cdots$	1	$\cdots$	α	$\cdots$	β	$\cdots$
y'	$-$	／	$-$	／	$-$	0	$+$	0	$-$
y	↘	／	↘	／	↘	極小	↗	極大	↘

以上から，$(*)$ が成り立つ。

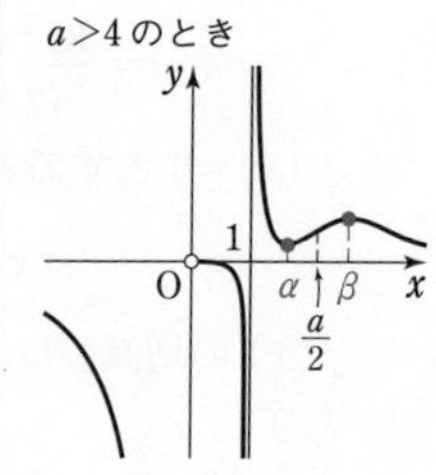

練習 67 a を正の定数とする。関数 $f(x)=e^{-ax}+a\log x$ $(x>0)$ に対して，次の問いに答えよ。〔東京電機大〕

(1) $f'(x)=\dfrac{g(x)}{x}$ を満たす関数 $g(x)$ を求めよ。

(2) $x>0$ において，(1) で求めた関数 $g(x)$ の極値を求めよ。

(3) 関数 $f(x)$ が極値をもたないような a の値の範囲を求めよ。

重要例題 68 極大値の数列と無限級数の和 ★★★★☆

$x>0$ の範囲で関数 $f(x)=e^{-x}\sin x$ を考える。

(1) $f(x)$ が極大値をとる x の値を小さい方から順に x_1, x_2, …… とおく。自然数 n に対し x_n を求めよ。

(2) 数列 $\{f(x_n)\}$ が等比数列であることを示し，$\sum_{n=1}^{\infty} f(x_n)$ を求めよ。 ［広島大］

指針 CHART》 極値　導関数の符号の変化を調べよ

(1) 極大値をとる x の値であるから，$f'(x)=0$ を満たす x の値の前後で $f'(x)$ の符号が正から負に変わるものを n で表す。

解答 (1) $f'(x)=-e^{-x}\sin x+e^{-x}\cos x$

$$=-\sqrt{2}\,e^{-x}\sin\left(x-\frac{\pi}{4}\right) \quad \cdots\cdots ①$$

参考 関数 $y=e^{-x}\sin x$ のグラフ

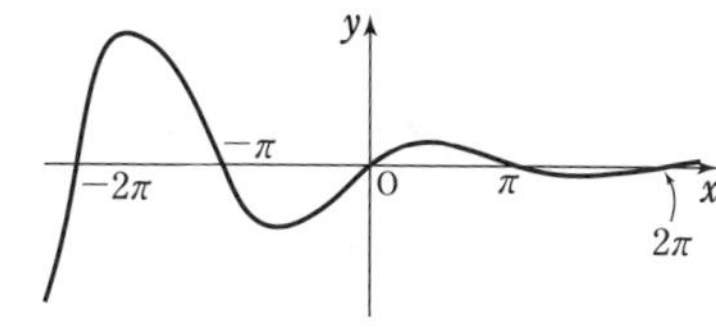

$x>0$ において，$f'(x)=0$ とすると

$$x=\frac{\pi}{4}+k\pi \ (k=0,\ 1,\ \cdots\cdots) \quad \cdots\cdots ②$$

$f(x)$ が極大値をとるのは，x の前後で

$f'(x)$ の符号が正から負に変わるときであるから，① より $\sin\left(x-\frac{\pi}{4}\right)$ の符号が x の前後で負から正に変わるときである。 ……（＊）

よって，② において $k=2(n-1)$ $(n=1,\ 2,\ \cdots\cdots)$ のとき極大値をとる。

したがって　$\boldsymbol{x_n=\frac{\pi}{4}+2(n-1)\pi \quad (n=1,\ 2,\ \cdots\cdots)}$

(2) $f(x_n)=e^{-\left\{\frac{\pi}{4}+2(n-1)\pi\right\}}\sin\left\{\frac{\pi}{4}+2(n-1)\pi\right\}=\frac{1}{\sqrt{2}}e^{-\frac{\pi}{4}}(e^{-2\pi})^{n-1}$

よって，数列 $\{f(x_n)\}$ は，初項 $\frac{1}{\sqrt{2}}e^{-\frac{\pi}{4}}$，公比 $e^{-2\pi}$ の等比数列である。

$|e^{-2\pi}|<1$ であるから，$\sum_{n=1}^{\infty} f(x_n)$ は収束し，その和は

$$\boldsymbol{\sum_{n=1}^{\infty} f(x_n)}=\frac{1}{\sqrt{2}}e^{-\frac{\pi}{4}}\cdot\frac{1}{1-e^{-2\pi}}=\boldsymbol{\frac{e^{\frac{7}{4}\pi}}{\sqrt{2}\,(e^{2\pi}-1)}}$$

◀ (和)$=\dfrac{(初項)}{1-(公比)}$

検討 （＊）は，p. 405 基本事項の「第 2 次導関数と極値」の性質を利用してもよい。

$$f''(x)=e^{-x}(\sin x-\cos x)-e^{-x}(\cos x+\sin x)=-2e^{-x}\cos x$$

であり，$k=2n-1$, $2(n-1)$ のときの $f''\left(\frac{\pi}{4}+k\pi\right)$ の符号から極大値を調べる。

練習 68 関数 $y=\dfrac{\cos x}{e^x}$ $(x>0)$ の極大値を，大きい方から順に a_1, a_2, a_3, ……, a_n, …… とする。 ［信州大］

(1) 数列 $\{a_n\}$ の一般項を求めよ。　(2) 無限級数 $\sum_{n=1}^{\infty} a_n$ の和を求めよ。

例題 69 | 関数の最大と最小 (1) ★★☆☆☆

次の関数の最大値，最小値およびそのときの x の値を求めよ。 ［類 法政大］

$$f(x)=\sin^2 x\sin 2x \quad (0\leqq x\leqq \pi)$$

◀例28，29

指針 最大値・最小値は，**極大値・極小値・端の値の大小を比較** して求める。それには，増減表を作るか，グラフをかくと考えやすい。

CHART》 最大・最小　極値 と 端の値 を比較

解答

$f'(x)=2\sin x\cos x\sin 2x+\sin^2 x\cdot 2\cos 2x$
$=4\sin^2 x(1-\sin^2 x)+2\sin^2 x(1-2\sin^2 x)$
$=-2\sin^2 x(4\sin^2 x-3)$
$=-2\sin^2 x(2\sin x+\sqrt{3})(2\sin x-\sqrt{3})$

◀ CHART》 sin だけで表す

また，$0\leqq x\leqq \pi$ から　$0\leqq \sin x\leqq 1$

よって，$f'(x)=0$ とすると　$\sin x=0,\ \dfrac{\sqrt{3}}{2}$

◀ $\sin x=-\dfrac{\sqrt{3}}{2}$ は範囲に含まれない。

$0<x<\pi$ の範囲で解くと　$x=\dfrac{\pi}{3},\ \dfrac{2}{3}\pi$

$0\leqq x\leqq \pi$ における $f(x)$ の増減表は次のようになる。

x	0	$\cdots$	$\dfrac{\pi}{3}$	$\cdots$	$\dfrac{2}{3}\pi$	$\cdots$	π
$f'(x)$		$+$	0	$-$	0	$+$	
$f(x)$	0	↗	極大 $\dfrac{3\sqrt{3}}{8}$	↘	極小 $-\dfrac{3\sqrt{3}}{8}$	↗	0

したがって

$x=\dfrac{\pi}{3}$ で最大値 $\dfrac{3\sqrt{3}}{8}$，$x=\dfrac{2}{3}\pi$ で最小値 $-\dfrac{3\sqrt{3}}{8}$

最大・最小と極大・極小は別のものである。
最大・最小は与えられた変域全体で考えるのに対して，極大値・極小値は，その十分近い範囲では，最大値・最小値になっている。
極大値は必ずしも最大値ではないし，最大値であって極大値でない場合もある。

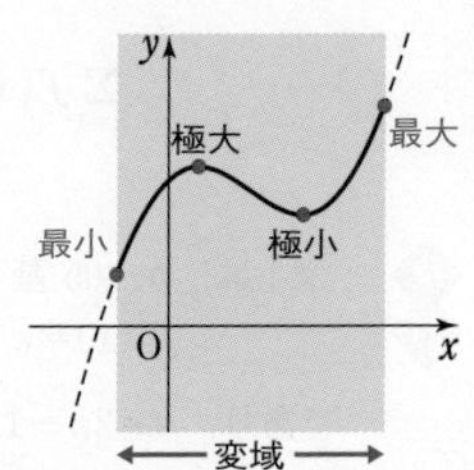

練習 69 次の関数の最大値，最小値を求めよ。

(1) $y=\cos^3 x+3\cos x \quad (0\leqq x\leqq 2\pi)$　　(2) $y=(x^2-1)e^x \quad (-1\leqq x\leqq 2)$

(3) $y=\dfrac{\log x}{x} \quad (1\leqq x\leqq 3)$　　(4) $y=x-2+\sqrt{4-x^2}$ ［(4) 岩手大］

例題 70 関数の最大と最小 (2) ★★☆☆☆

関数 $y=(3x-2x^2)e^{-x}$ に最大値，最小値があれば，それを求めよ。ただし，必要ならば $\lim_{x\to\infty} xe^{-x}=\lim_{x\to\infty} x^2e^{-x}=0$ を用いてもよい。

〔類 日本女子大〕 ◀例題69

指針 最大値・最小値を求めることの基本は，**y' の符号** を調べ，**増減表** を作って判断すること。定義域は $-\infty<x<\infty$ (実数全体) であるから，端の値としては $\lim_{x\to-\infty} y$，$\lim_{x\to\infty} y$ を考える。

CHART》最大・最小

極値 と 端の値 を比較 $\begin{cases} x \longrightarrow a-0 \\ x \longrightarrow \infty \end{cases}$ **なども**

解答 $y'=(3-4x)e^{-x}+(3x-2x^2)(-e^{-x})=(2x^2-7x+3)e^{-x}$
$=(2x-1)(x-3)e^{-x}$

$y'=0$ とすると $x=\frac{1}{2}$, 3

y の増減表は右のようになる。また

x	$\cdots$	$\frac{1}{2}$	$\cdots$	3	$\cdots$
y'	$+$	0	$-$	0	$+$
y	↗	極大 $e^{-\frac{1}{2}}$	↘	極小 $-9e^{-3}$	↗

$\lim_{x\to\infty}(3x-2x^2)e^{-x}=0$

ここで，

$\lim_{x\to-\infty}(3x-2x^2)e^{-x}$ について，$x=-t$ とおくと

$\lim_{x\to-\infty}(3x-2x^2)e^{-x}=\lim_{t\to\infty}(-3t-2t^2)e^{t}=-\infty$

よって **$x=\frac{1}{2}$ で最大値 $e^{-\frac{1}{2}}$，最小値はない。**

参考 一般に，$k>0$ のとき

$\lim_{x\to\infty}\frac{x^k}{e^x}=0$

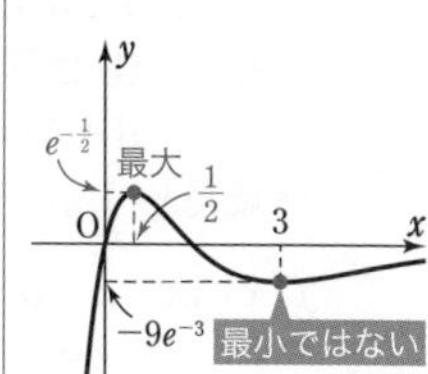

検討 閉区間で連続な関数 以外では，最大値・最小値はあったり，なかったりする。

例 $f(x)=\frac{1}{x^2+1}$ $0<f(x)\leqq f(0)=1$

最大値は 1，最小値はない。

$g(x)=\tan x\ \left(-\frac{\pi}{2}<x<\frac{\pi}{2}\right)$

最大値，最小値はともにない。

$h(x)=x-[x]$ ◀ 連続でない関数。

最大値はない，最小値は 0 ([ ] はガウス記号)

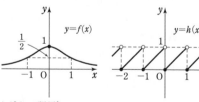

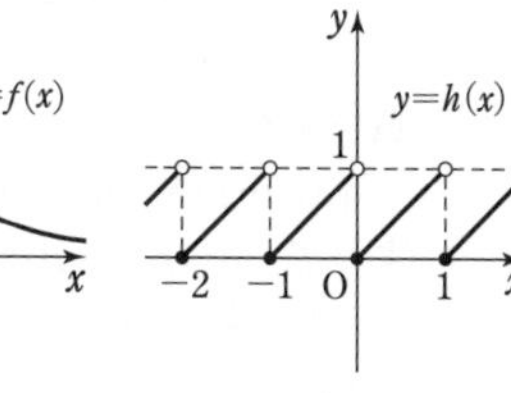

練習 70 次の関数に最大値，最小値があれば，それを求めよ。

(1) $y=(x^2+x-1)e^{-x}$ (2) $y=\frac{1-x}{x^2+2}$

(3) $y=\frac{\tan x}{\tan^2 x+3}$ $\left(0\leqq x<\frac{\pi}{2}\right)$ (4) $y=x\log\frac{1}{x}$ $(x>0)$

➡p. 436 演習 33

例題 71 最大値・最小値から係数決定 ★★★☆☆

a, b は定数で, $a>0$ とする。関数 $f(x)=\dfrac{x-b}{x^2+a}$ の最大値が $\dfrac{1}{6}$, 最小値が $-\dfrac{1}{2}$ であるとき, a, b の値を求めよ。

〔弘前大〕 ◀例題 70

指針 文字係数の関数の最大値と最小値を求めて, $=\dfrac{1}{6}$, $=-\dfrac{1}{2}$ とする。その際

CHART》 最大・最小　極値と端の値を比較　$x \longrightarrow \pm\infty$ も

CHART》 極値　導関数の符号の変化を調べよ

が有効。また, $f'(x)=0$ について, 2 次方程式の解と係数の関係を利用する。

解答

$$f'(x)=\frac{1\cdot(x^2+a)-(x-b)\cdot 2x}{(x^2+a)^2}=-\frac{x^2-2bx-a}{(x^2+a)^2}$$

$a>0$ であるから　$(x^2+a)^2>0$

$f'(x)=0$ とすると　$x^2-2bx-a=0$　…… ①

① の判別式を D とすると　$\dfrac{D}{4}=(-b)^2-1\cdot(-a)=a+b^2$

$a>0$ であるから　$D>0$

よって, ① は異なる 2 つの実数解 α, β $(\alpha<\beta)$ をもち, 解と係数の関係から

$\alpha+\beta=2b$, $\alpha\beta=-a$　…… ②

増減表と $\displaystyle\lim_{x\to-\infty} f(x)=0$, $\displaystyle\lim_{x\to\infty} f(x)=0$ から,

x	…	α	…	β	…
$f'(x)$	$-$	0	$+$	0	$-$
$f(x)$	↘	極小	↗	極大	↘

$f(x)$ は　$x=\alpha$ で最小値 $f(\alpha)$

$x=\beta$ で最大値 $f(\beta)$ をとる。

ゆえに, 条件から　$\dfrac{\alpha-b}{\alpha^2+a}=-\dfrac{1}{2}$,　$\dfrac{\beta-b}{\beta^2+a}=\dfrac{1}{6}$

したがって　$2\alpha-2b=-\alpha^2-a$,　$6\beta-6b=\beta^2+a$

② により, a, b を消去すると

$2\alpha-(\alpha+\beta)=-\alpha^2+\alpha\beta$,　$6\beta-3(\alpha+\beta)=\beta^2-\alpha\beta$

◀ $a=-\alpha\beta$, $2b=\alpha+\beta$

整理すると

$(\alpha+1)\beta-\alpha^2-\alpha=0$,　$(\beta-3)\alpha-\beta^2+3\beta=0$

◀ 第 1 式は β, 第 2 式は α について整理する。

よって　$(\beta-\alpha)(\alpha+1)=0$,　$(\alpha-\beta)(\beta-3)=0$

$\alpha \neq \beta$ であるから　$\alpha=-1$, $\beta=3$

ゆえに, ② から　$\boldsymbol{a=3}$, $\boldsymbol{b=1}$

練習 71 (1) 関数 $f(x)=\dfrac{ax+b}{x^2+x+1}$ が $x=2$ で最大値 1 をとるとき, 定数 a, b の値を求めよ。

(2) a を定数とする。関数 $y=a(x-\sin 2x)$ $(-\pi \leqq x \leqq \pi)$ の最大値が 2 であるような a の値を求めよ。

〔(2) 弘前大〕

重要例題 72 最大・最小の応用問題 (1) ★★★★☆

$\triangle$ABC は AB＝AC＝1 の二等辺三角形である。更に，正方形 PQRS は辺 PQ が BC 上にあり，頂点 R，S がそれぞれ AC，AB 上にある。$\angle B=\theta$ とする。正方形 PQRS の1辺の長さ y が最大になるような BC の長さを求めよ。

〔類 横浜国大〕 ◀例題69

指針 図形の応用問題では，**適当な角 θ をとらえて，θ の関数で表す** と有効な場合がある。
設問では角 θ が与えられているから，次の順で考える。

① **θ の変域を定める。** ② **量 y を変数で表す。** ③ **最大を求める。**

解答 $0<\theta<\dfrac{\pi}{2}$ である。辺 BC の中点を M とすると

$$BM=\cos\theta,\ BP=\cos\theta-\frac{y}{2},\ SP=y,\ AM=\sin\theta$$

BP：SP＝BM：AM から $\left(\cos\theta-\dfrac{y}{2}\right):y=\cos\theta:\sin\theta$

よって $2y\cos\theta=(2\cos\theta-y)\sin\theta$

ゆえに $(\sin\theta+2\cos\theta)y=2\sin\theta\cos\theta$

$0<\theta<\dfrac{\pi}{2}$ より $\sin\theta+2\cos\theta\neq0$ であるから $y=\dfrac{2\sin\theta\cos\theta}{\sin\theta+2\cos\theta}$

よって $$\frac{dy}{d\theta}=\frac{2\{(\cos^2\theta-\sin^2\theta)(\sin\theta+2\cos\theta)-\sin\theta\cos\theta(\cos\theta-2\sin\theta)\}}{(\sin\theta+2\cos\theta)^2}$$

$$=\frac{2(2\cos^3\theta-\sin^3\theta)}{(\sin\theta+2\cos\theta)^2}=\frac{2\cos^3\theta(2-\tan^3\theta)}{(\sin\theta+2\cos\theta)^2}$$

$0<\theta<\dfrac{\pi}{2}$ において，$\dfrac{dy}{d\theta}=0$ とすると $2-\tan^3\theta=0$ すなわち $\tan^3\theta-2=0$

ゆえに $(\tan\theta-\sqrt[3]{2})\{\tan^2\theta+\sqrt[3]{2}\tan\theta+(\sqrt[3]{2})^2\}=0$

よって $\tan\theta=\sqrt[3]{2}$

この式を満たす θ を $\theta=\alpha$ とすると，y の増減表は右のようになる。

θ	0	…	α	…	$\dfrac{\pi}{2}$
$\dfrac{dy}{d\theta}$		＋	0	－	
y		↗	極大	↘	

したがって，$\theta=\alpha$ で y は最大となる。このとき

$$\mathbf{BC}=2BM=2\cos\alpha=2\sqrt{\frac{1}{1+\tan^2\alpha}}$$

$$=2\sqrt{\frac{1}{1+\sqrt[3]{4}}}=\boldsymbol{\frac{2}{\sqrt{1+\sqrt[3]{4}}}}$$

練習 72 長さ1の線分 AB を直径とする円周 C 上に点 P をとる。線分 AB 上の点 Q を $\angle BPQ=\dfrac{\pi}{3}$ となるようにとり，線分 BP の長さを x とし，線分 PQ の長さを y とする。点 P が 2 点 A，B を除いた円周 C 上を動くとき，y が最大となる x の値を求めよ。

〔類 東北大〕 ➡p. 437 演習 36

重要例題 73 最大・最小の応用問題 (2) ★★★☆☆

半径 1 の球に，側面と底面で外接する直円錐を考える。この直円錐のうち，体積が最小となるものの底面の半径と高さの比を求めよ。

◀例題 72

指針 立体の問題は，断面で考える。ここでは，直円錐の頂点と底面の円の中心を通る平面で切った **断面図** をかく。問題解決の手順は前ページ同様

① **変数を決めて，変域を確認する。**
② **量** (ここでは体積) **を ① で決めた 変数で表す。**
③ 体積が **最小となる場合を調べる** (導関数を利用)。

であるが，この問題では体積を直ちに 1 つの文字で表すことは難しい。そのため，わからないものはとにかく文字を使って表し，条件から文字を減らしていく方針で進める。

解答 直円錐の高さを x とすると　　$x>2$

底面の半径を r，体積を V とすると

$$V=\frac{1}{3}\pi r^2 x \quad \cdots\cdots ①$$

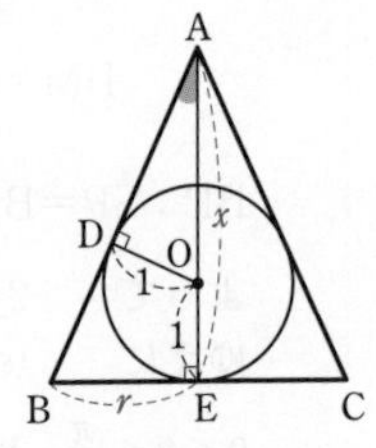

球の中心を O として，直円錐をその頂点と底面の円の中心を通る平面で切ったとき，切り口の三角形 ABC，および球と △ABC との接点 D，E を右の図のように定める。

△ABE∽△AOD であるから　AE：AD=BE：OD

◀ △ABE と △AOD で ∠AEB=∠ADO=90°，∠BAE=∠OAD (共通)

すなわち　　$x:\sqrt{(x-1)^2-1^2}=r:1$

よって　　$r=\dfrac{x}{\sqrt{x^2-2x}} \quad \cdots\cdots ②$

② を ① に代入して

$$V=\frac{\pi}{3}\cdot\left(\frac{x}{\sqrt{x^2-2x}}\right)^2\cdot x=\frac{\pi}{3}\cdot\frac{x^2}{x-2}$$

ゆえに　$$\frac{dV}{dx}=\frac{\pi}{3}\cdot\frac{2x(x-2)-x^2\cdot 1}{(x-2)^2}=\frac{\pi}{3}\cdot\frac{x(x-4)}{(x-2)^2}$$

$x>2$ において，$\dfrac{dV}{dx}=0$ とすると　　$x=4$

$x>2$ のとき V の増減表は右のようになり，体積 V は $x=4$ のとき最小となる。

x	2	$\cdots$	4	$\cdots$
$\dfrac{dV}{dx}$		$-$	0	$+$
V		↘	極小	↗

このとき，② から　　$r=\sqrt{2}$

したがって，求める底面の半径と高さの比は

$$r:x=\sqrt{2}:4=\mathbf{1:2\sqrt{2}}$$

練習 73 座標空間の点 A(1, 1, 0)，B(1, −1, 0)，C(−1, −1, 0)，D(−1, 1, 0)，E(1, 0, 1)，F(−1, 0, 1) を頂点とする三角柱を含み，原点を中心とする xy 平面上の円を底面とする直円錐を考える。このような直円錐の体積の最小値と，そのときの底面の半径 r を求めよ。 ［学習院大］

重要例題 74 2変数関数の最大・最小 ★★★★★

$x+y+z=\pi$, $x>0$, $y>0$, $z>0$ のとき，$\sin x\sin y\sin z$ の最大値と，その最大値を与える x, y, z の値を求めよ。〔京都大〕

指針 CHART》 **条件式　文字を減らす方針** で，z を消去する。次に，

1. まず x だけを動かして（y は定数とみる）最大値を求める。
2. 1. の最大値を y の関数とみて，更にその最大値を求める。

という2段階の方針で進めばよい。

解答 $z=\pi-(x+y)$ であるから

$$\sin x\sin y\sin z=\sin x\sin y\sin(x+y),\quad x+y<\pi,\ x>0,\ y>0$$

まず，y を定数とみて，$\sin x\sin y\sin(x+y)$ の最大値を求める。

そこで，$f(x)=\sin y\sin x\sin(x+y)$ $(0<x<\pi-y)$ とすると

$$f'(x)=\sin y\{\cos x\sin(x+y)+\sin x\cos(x+y)\}=\sin y\sin(2x+y)$$

$f'(x)=0$ とすると　$\sin(2x+y)=0$

$0<2x+y<2\pi-y<2\pi$ であるから，

$\sin(2x+y)=0$ となるのは $2x+y=\pi$

すなわち $x=\dfrac{\pi-y}{2}$ のときである。

x	0	…	$\frac{\pi-y}{2}$	…	$\pi-y$
$f'(x)$		+	0	−	
$f(x)$		↗	極大	↘	

よって，$f(x)$ の増減表は右のようになる。

したがって，y のある値に対する $f(x)$ の最大値は

$$f\left(\frac{\pi-y}{2}\right)=\sin y\cos^2\frac{y}{2}=\frac{1}{2}\sin y(1+\cos y)$$

◀ y を固定したときの最大値である。

次に，$g(y)=\dfrac{1}{2}\sin y(1+\cos y)$ とすると

$$2g'(y)=\cos y(1+\cos y)-\sin^2 y=2\cos^2 y+\cos y-1$$
$$=(\cos y+1)(2\cos y-1)$$

$g'(y)=0$ とすると，$2\cos y-1=0$ より　$\cos y=\dfrac{1}{2}$

◀ $\cos y+1>0$

$0<y<\pi$ において $\cos y=\dfrac{1}{2}$ となるのは $y=\dfrac{\pi}{3}$ のときである。

よって，$g(y)$ の増減表は右のようになり，最大値は

$$g\left(\frac{\pi}{3}\right)=\frac{1}{2}\cdot\frac{\sqrt{3}}{2}\left(1+\frac{1}{2}\right)=\frac{3\sqrt{3}}{8}$$

y	0	…	$\frac{\pi}{3}$	…	π
$g'(y)$		+	0	−	
$g(y)$		↗	極大	↘	

このときの x, z の値は

$$x=\frac{\pi-y}{2}=\frac{\pi}{3},\quad z=\pi-(x+y)=\frac{\pi}{3}$$

ゆえに　$\boldsymbol{x=y=z=\dfrac{\pi}{3}}$ **で最大値** $\boldsymbol{\dfrac{3\sqrt{3}}{8}}$

練習 74 $x+y+z=\pi$, $x>0$, $y>0$, $z>0$ のとき，$\sin 2x+\sin 2y+\sin 2z$ の最大値を求めよ。

17 関数のグラフ

《 基本事項 》

1 曲線の凹凸

微分可能な関数 $y=f(x)$ のグラフは，ある区間で x の値が増加するにつれて

接線の傾きが増加するとき，その区間で **下に凸** である
接線の傾きが減少するとき，その区間で **上に凸** である　という。

ある区間で $f'(x)$ が増加するとき

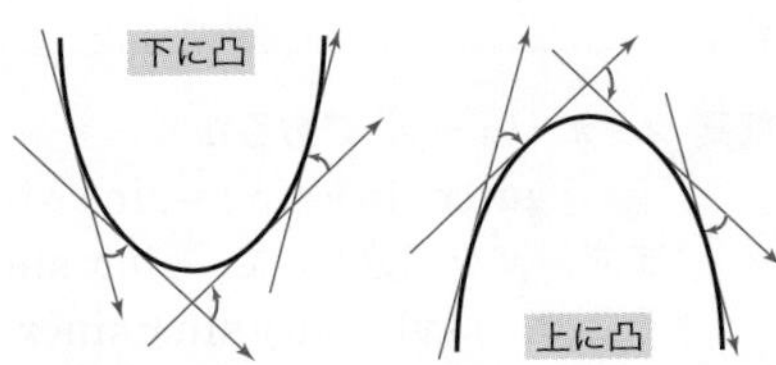

Ⅰ　**接線の方向は正の向きに回転していく。**

このとき，次のことが成り立つ。

Ⅱ　**接線は常に曲線の下側にある。**

Ⅲ　**曲線の弧は常に弦の下側にある。**

これらⅠ，Ⅱ，Ⅲはすべて同値であって，これが **下に凸** の場合である。
これと反対に，ある区間で $f'(x)$ が減少するとき（Ⅰ′ 接線の方向は負の向きに回転　Ⅱ′ 接線は曲線の上側　Ⅲ′ 弧は常に弦の上側にある）が **上に凸** の場合である。

2 曲線の凹凸と第 2 次導関数

関数 $f(x)$ が第 2 次導関数 $f''(x)$ をもつ場合，ある区間で常に $f''(x)>0$ ならば $f'(x)$ は増加し，常に $f''(x)<0$ ならば $f'(x)$ は減少するから，次のことがいえる。

> $\boldsymbol{f''(x)>0}$ である区間では，曲線 $y=f(x)$ は **下に凸** であり，
> $\boldsymbol{f''(x)<0}$ である区間では，曲線 $y=f(x)$ は **上に凸** である。

3 曲線の変曲点

曲線 $y=f(x)$ の凹凸の状態がその曲線上の点 $\mathrm{P}(a,\ f(a))$ を境目として変わるとき，この点 P を曲線 $y=f(x)$ の **変曲点** という。
$f(x)$ が第 2 次導関数 $f''(x)$ をもつとき，次のことがいえる。

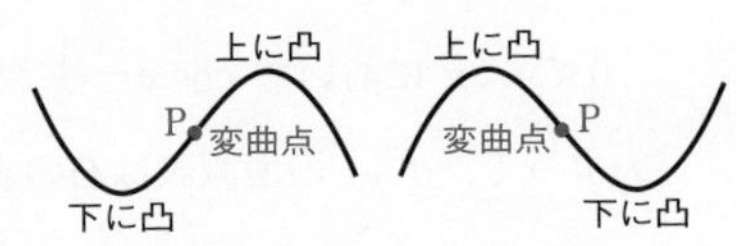

> ① $f''(a)=0$ のとき，$x=a$ の前後で $f''(x)$ の符号が変わるならば，点 $(a,\ f(a))$ は曲線 $y=f(x)$ の変曲点である。
> ② **点 $\boldsymbol{(a,\ f(a))}$ が曲線 $\boldsymbol{y=f(x)}$ の変曲点ならば　$\boldsymbol{f''(a)=0}$**

（注意）② **逆は成り立たない。**
すなわち，$f''(a)=0$ であっても，点 $(a,\ f(a))$ は曲線の変曲点であるとは限らない。
例えば $f(x)=x^4$ の場合，$f''(x)=12x^2$，$f''(0)=0$ であるが，原点は変曲点でない。

4 曲線 $y=f(x)$ の漸近線

曲線上の点が限りなく遠ざかるにつれて，曲線がある一定の直線に近づくとき，この直線を曲線の **漸近線** という。

一般に，関数 $y=f(x)$ のグラフにおいて，次のことが成り立つ（a，b は有限の定数）。

① **x 軸に平行な漸近線**
$\displaystyle\lim_{x\to\infty}f(x)=a$ または $\displaystyle\lim_{x\to-\infty}f(x)=a$ が成り立つとき，**直線 $y=a$** は漸近線。

② **x 軸に垂直な漸近線**
$\displaystyle\lim_{x\to b+0}f(x)=\infty$，$\displaystyle\lim_{x\to b+0}f(x)=-\infty$，$\displaystyle\lim_{x\to b-0}f(x)=\infty$，$\displaystyle\lim_{x\to b-0}f(x)=-\infty$ のいずれかが成り立つとき，**直線 $x=b$** は漸近線。

③ **x 軸に平行でも垂直でもない漸近線**
$\displaystyle\lim_{x\to\infty}\{f(x)-(ax+b)\}=0$ または $\displaystyle\lim_{x\to-\infty}\{f(x)-(ax+b)\}=0$ が成り立つとき，
直線 $y=ax+b$ は漸近線。

①
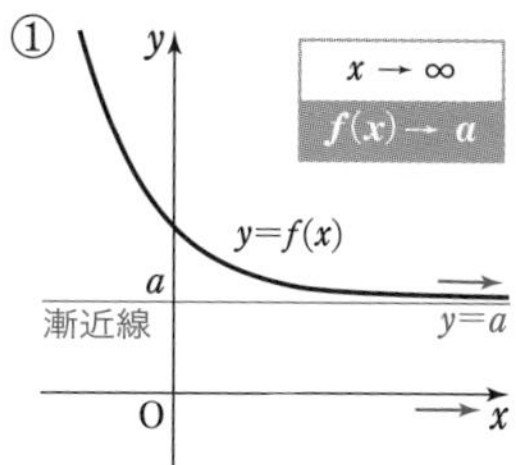

②
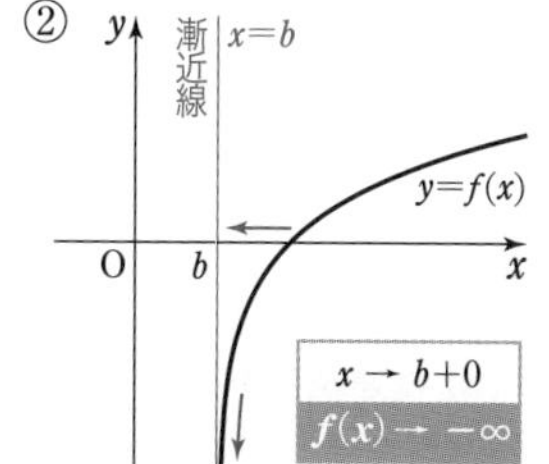

③
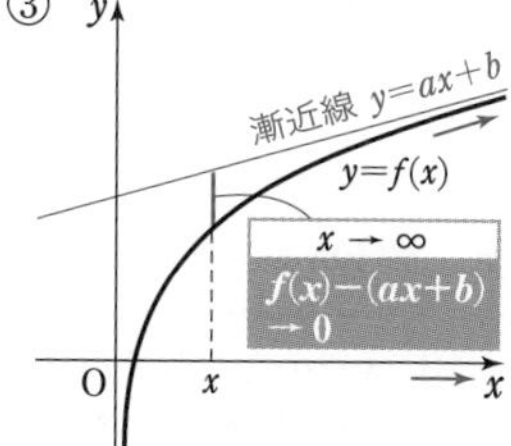

③ 漸近線は，曲線上の点 $\mathrm{P}(x,\ f(x))$ が原点から無限に遠ざかるとき，P からその直線に至る距離 PH が限りなく小さくなる直線である。
直線 $y=ax+b$ が曲線 $y=f(x)$ の漸近線で，P から x 軸に下ろした垂線と，この直線との交点を $\mathrm{N}(x,\ y_1)$ とすると

$$\mathrm{PN}=|f(x)-y_1|=|f(x)-(ax+b)|$$

PH：PN は一定であるから，$\mathrm{PH}\longrightarrow 0$（$x\longrightarrow\infty$ または $x\longrightarrow-\infty$）のとき $\mathrm{PN}\longrightarrow 0$ となり，③ が成り立つ。

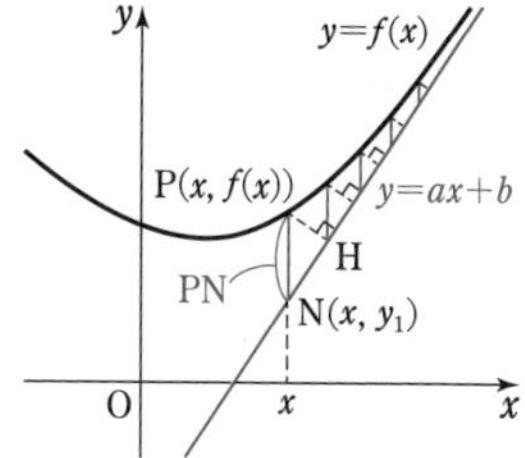

5 第 2 次導関数と極値

$f'(a)=0$ のとき，$f''(a)$ が存在すると，極値の判定に利用できる。 → 証明は $p.$ 406

$x=a$ を含むある区間で $f''(x)$ は連続であるとする。
① **$f'(a)=0$ かつ $f''(a)<0$** ならば，$f(a)$ は **極大値** である。
② **$f'(a)=0$ かつ $f''(a)>0$** ならば，$f(a)$ は **極小値** である。

（注意） $f''(a)=0$ のときは，$f(a)$ が極値である場合も，極値でない場合もある。

例 30 曲線の凹凸，変曲点 ★★☆☆☆

曲線 $y=\dfrac{4x}{x^2+1}$ の凹凸を調べ，変曲点を求めよ。

指針 基本事項で説明したように，曲線の凹凸，変曲点を調べるには，**第 2 次導関数の符号** を調べればよい。特に，変曲点ではその前後で y'' の符号が変わる。

CHART》 曲線の凹凸，変曲点　　y'' の符号の変化を調べよ

増減表と同じように，x，y''，y の表を作るとわかりやすい。
このとき，下の表の [1] のように，下に凸を∪，上に凸を∩で表すとよい。
あるいは，[2] のように，y' の変化も加えて，下に凸で単調増加を⤴，上に凸で単調増加を↱，上に凸で単調減少を⤵，下に凸で単調減少を↳で表すと，グラフの形がイメージしやすくなる。

[1]

x	…	α	…	β	…
y''	$+$	0	$-$	0	$+$
y	∪	変曲点	∩	変曲点	∪

[2]

x	…	α	…	β	…	γ	…
y'	$+$	$+$	$+$	0	$-$	$-$	$-$
y''	$+$	0	$-$	$-$	$-$	0	$+$
y	⤴	変曲点	↱	極大	⤵	変曲点	↳

$p.405$ 基本事項の「第 2 次導関数と極値」の性質の証明は次のようになる。

> $x=a$ を含むある区間で $f''(x)$ は連続であるとする。
> ① $\boldsymbol{f'(a)=0}$ **かつ** $\boldsymbol{f''(a)<0}$ ならば，$f(a)$ は **極大値** である。
> ② $\boldsymbol{f'(a)=0}$ **かつ** $\boldsymbol{f''(a)>0}$ ならば，$f(a)$ は **極小値** である。

証明 ① $f''(a)<0$ のとき，$f''(x)$ は連続であるから，
$x=a$ の十分近くでは $f''(x)<0$ で，$f'(x)$ は単調に減少する。$f'(a)=0$ であるから
$x<a$ では $f'(x)>0$，$x>a$ では $f'(x)<0$
よって，この場合，$f(a)$ は極大値である。
② についても，同様に示すことができる。

x	…	a	…
$f'(x)$	$+$	0	$-$
$f''(x)$	$-$	$-$	$-$
$f(x)$	↱	極大	⤵

例 31 曲線の漸近線 (1) ★★☆☆☆

曲線 $y=\dfrac{x^3-2}{x^2-2}$ の漸近線の方程式を求めよ。　［類 信州大］

指針 漸近線は，$x\longrightarrow\pm\infty$ のときの y や，$y\longrightarrow\pm\infty$ となる x を調べるのが基本。
① $\displaystyle\lim_{x\to\pm\infty}\boldsymbol{y}=\pm\infty$ (複号同順) であるから，x 軸に平行な漸近線はない。
② **(分母)=0** とすると　$x=\pm\sqrt{2}$　これが x 軸に垂直な漸近線の候補となる。
$x\longrightarrow\sqrt{2}\pm0$，$x\longrightarrow-\sqrt{2}\pm0$ のときの極限を考える。
③ 曲線の方程式が $\boldsymbol{y=ax+b+g(x)}$，$\displaystyle\lim_{x\to\pm\infty}\boldsymbol{g(x)=0}$ の形に式変形できれば，直線 $\boldsymbol{y=ax+b}$ が漸近線となる。

例題 75 曲線の漸近線 (2) ★★☆☆☆

曲線 $y=2x+\sqrt{x^2-1}$ の漸近線の方程式を求めよ。

◀例31

指針 例 31 と同様に ①〜③ を調べる。

① $\displaystyle\lim_{x\to\pm\infty} y=\pm\infty$ (複号同順) であるから，x 軸に平行な漸近線はない。

② $y\longrightarrow\pm\infty$ となるような x はないから，x 軸に垂直な漸近線はない。

③ $y=ax+b+g(x)$，$\displaystyle\lim_{x\to\pm\infty} g(x)=0$ の形に式変形するのは難しいので

漸近線を直線 $y=ax+b$ とすると $\displaystyle\lim_{x\to\pm\infty}\frac{f(x)}{x}=a$ **かつ** $\displaystyle\lim_{x\to\pm\infty}\{f(x)-ax\}=b$

(下の **検討** 参照) を利用する。

本問の場合，$x\longrightarrow\infty$ のときと $x\longrightarrow-\infty$ のときは別に計算する必要がある。

解答 定義域は，$x^2-1\geqq 0$ から　$x\leqq -1,\ 1\leqq x$

定義域では，この関数は連続であるから，x 軸に垂直な漸近線はない。

$$\lim_{x\to\infty}\frac{y}{x}=\lim_{x\to\infty}\left(2+\frac{\sqrt{x^2-1}}{x}\right)=\lim_{x\to\infty}\left(2+\sqrt{1-\frac{1}{x^2}}\right)=3$$

◀ 漸近線の方程式 $y=ax+b$ の a をまず求める。

から　$\displaystyle\lim_{x\to\infty}(y-3x)=\lim_{x\to\infty}(\sqrt{x^2-1}-x)$

$$=\lim_{x\to\infty}\frac{-1}{\sqrt{x^2-1}+x}=0$$

◀ $b=0$

よって，直線 $y=3x$ は漸近線である。

$x=-t$ とおくと，$x\longrightarrow-\infty$ のとき　$t\longrightarrow\infty$

$$\lim_{x\to-\infty}\frac{y}{x}=\lim_{t\to\infty}\frac{-2t+\sqrt{t^2-1}}{-t}=\lim_{t\to\infty}\left(2-\sqrt{1-\frac{1}{t^2}}\right)=1$$

◀ 漸近線の方程式 $y=ax+b$ の a をまず求める。

から　$\displaystyle\lim_{x\to-\infty}(y-x)=\lim_{x\to-\infty}(x+\sqrt{x^2-1})$

$$=\lim_{x\to-\infty}\frac{1}{x-\sqrt{x^2-1}}=0$$

◀ $b=0$

よって，直線 $y=x$ は漸近線である。

以上から，漸近線の方程式は　$\boldsymbol{y=3x,\ y=x}$

検討 指針の ③ の証明は次のようになる。

[証明] $\displaystyle\lim_{x\to\infty}\{f(x)-(ax+b)\}=0$ のとき　$\displaystyle\lim_{x\to\infty}\{f(x)-ax\}=b$

また　$\displaystyle\lim_{x\to\infty}\left\{\frac{f(x)}{x}-a\right\}=\lim_{x\to\infty}\frac{1}{x}\{f(x)-ax\}=0$

◀ $\dfrac{1}{x}\longrightarrow+0$，$f(x)-ax\longrightarrow b$

ゆえに　$\displaystyle\lim_{x\to\infty}\frac{f(x)}{x}=a$

$\displaystyle\lim_{x\to-\infty}\{f(x)-(ax+b)\}$ のときも同様にして示される。

練習 75 曲線 $y=\sqrt{x^2+1}-x$ の漸近線の方程式を求めよ。

例題 76 関数のグラフ (1) ★★☆☆☆

関数 $f(x)=(-x+1)e^{-x+1}$ に対し，曲線 $y=f(x)$ の概形をかけ（両座標軸との交点，増減表，極値，変曲点を求めておくこと）。
ただし，$\lim_{x\to\infty} xe^{-x}=0$ を用いてよい。 ［広島市大］

指針 関数のグラフの概形は，設問にもあるが，次のことを調べてかく。

定義域，対称性，増減と極値，凹凸と変曲点，漸近線，座標軸との共有点
$f(-x)$　y' の符号　y'' の符号　lim　$=0$ とおく

① **定義域**　x，y の変域に気をつけて，まず，グラフの存在範囲を求める。
② **対称性**　x 軸，y 軸，原点に関して対称ではないか？
そのほか，点・直線に関して対称ではないか？　を調べる。
③ **増減と極値**　y' の符号の変化を調べる。
④ **凹凸と変曲点**　y'' の符号の変化を調べる。
⑤ **漸近線**　$x\longrightarrow\pm\infty$ のときの y や，$y\longrightarrow\pm\infty$ となる x を調べる。
⑥ **座標軸との共有点**　$x=0$ のときの y の値，$y=0$ のときの x の値を求める。

解答

$f'(x)=(-1)\cdot e^{-x+1}+(-x+1)\cdot(-e^{-x+1})$
$=(x-2)e^{-x+1}$
$f''(x)=1\cdot e^{-x+1}+(x-2)\cdot(-e^{-x+1})$
$=(3-x)e^{-x+1}$
$f'(x)=0$ とすると　$x=2$
$f''(x)=0$ とすると　$x=3$
よって，$f(x)$ の増減，グラフの凹凸は右の表のようになる。

x	$\cdots$	2	$\cdots$	3	$\cdots$
$f'(x)$	$-$	0	$+$	$+$	$+$
$f''(x)$	$+$	$+$	$+$	0	$-$
$f(x)$	↘	極小 $-\frac{1}{e}$	↗	変曲点 $-\frac{2}{e^2}$	↗

また　$\lim_{x\to-\infty} f(x)=\infty$
$f(x)=-(x-1)e^{-(x-1)}$ より $x-1=t$ とおくと
$\lim_{x\to\infty} f(x)=\lim_{t\to\infty}(-te^{-t})=0$
よって，x 軸が漸近線である。
以上により，曲線 $y=f(x)$ の概形は **右の図** のようになる。

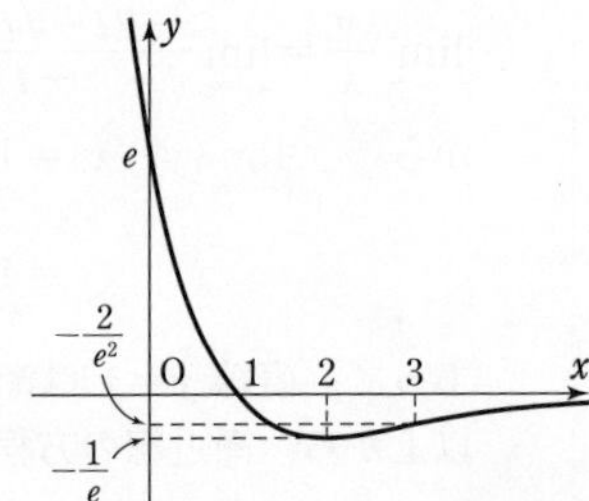

練習 76 次の関数のグラフをかけ。また，変曲点を求めよ。
ただし，(6) は $\lim_{x\to\infty}\frac{\log x}{x^2}=0$ を用いてよい。

(1)　$y=\frac{1}{x^2+1}$　(2)　$y=\frac{4x}{(x^2+1)^2}$　(3)　$y=\log(1+x^2)$

(4)　$y=e^{-x^2}$　(5)　$y=(x-2)\sqrt{x+1}$　(6)　$y=\frac{\log x}{x^2}$

例題 77 | 関数のグラフ (2) ★★★☆☆

関数 $y=\frac{1}{3}\sin 3x-2\sin 2x+\sin x$ の増減を調べ，グラフの概形をかけ。ただし，凹凸や変曲点については調べなくてよい。 〔類 大阪大〕 ◀例題 76

指針 この関数を $y=f(x)$ とする。$f(x)$ は連続関数で，漸近線はない。
$\boldsymbol{f(-x)=-f(x)}$ であるから，グラフは **原点に関して対称** である。
また，$\sin m(x+2\pi)=\sin mx$ (m は整数) であるから $\boldsymbol{f(x+2\pi)=f(x)}$ が成り立つ。
すなわち，$f(x)$ は **周期 2π の周期関数** である。
したがって，対称性と周期性から，まず $0\leqq x<\pi$ で考える。

CHART》 グラフのかき方
対称性，　座標軸との共有点，　極値・変曲点，　漸近線　を調べる

4章 17 関数のグラフ

解答 $y=f(x)$ とすると，$f(-x)=-f(x)$ であるから，グラフは原点に関して対称である。また，周期は 2π であるから，まず $0\leqq x<\pi$ の範囲で考える。

$$\begin{aligned}f'(x)&=\cos 3x-4\cos 2x+\cos x\\&=(\cos 3x+\cos x)-4\cos 2x\\&=2\cos 2x\cos x-4\cos 2x\\&=2\cos 2x(\cos x-2)\end{aligned}$$

◀ $\cos 3x$ と $\cos x$ を組み合わせて共通因数 $\cos 2x$ を作り出す。

$f'(x)=0$ とすると，$\cos x-2<0$ であるから　$\cos 2x=0$

$0\leqq x<\pi$ であるから　$x=\frac{\pi}{4},\ \frac{3}{4}\pi$

よって，増減表は右のようになる。

x	0	…	$\frac{\pi}{4}$	…	$\frac{3}{4}\pi$	…	π
$f'(x)$		−	0	＋	0	−	
$f(x)$	0	↘	極小	↗	極大	↘	(0)

$$f\left(\frac{\pi}{4}\right)=\frac{2\sqrt{2}}{3}-2$$

$$f\left(\frac{3}{4}\pi\right)=\frac{2\sqrt{2}}{3}+2$$

また　$f\left(\frac{\pi}{2}\right)=\frac{2}{3}$，$f(\pi)=0$

したがって，対称性，周期性からグラフは **右の図** のようになる。

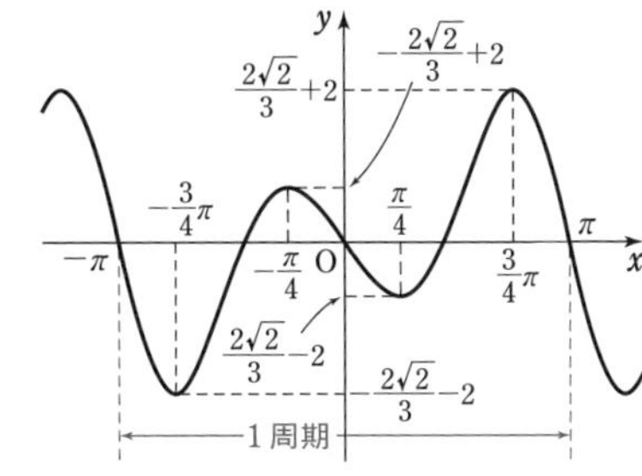

(注意) 凹凸や変曲点については，$f''(x)$ の計算が面倒で，$f''(x)=0$ を満たす x の値が具体的に求められないものもあるので，要求していない。

練習 77 次の関数の増減を調べ，グラフをかけ。ただし，$0\leqq x\leqq 2\pi$ とする。また，凹凸や変曲点については調べなくてよい。

(1) $y=2\sin^4 x-4\sqrt{3}\sin^3 x-3\cos 2x$　　(2) $y=\frac{2+\sin x}{\cos x}$

重要例題 78 関数のグラフ (3) ★★★★☆

次の方程式が定める x の関数 y のグラフの概形をかけ。 〔類 信州大〕

$$y^2=x^2(x+1)$$

◀例題 76，77

指針 陰関数の形のままではグラフがかけない。そこで，まず $y=f(x)$ の形にする。

CHART》 グラフのかき方

対称性， 座標軸との共有点， 極値・変曲点， 漸近線 を調べる

定義域 $y^2\geqq 0$ から $x^2(x+1)\geqq 0$ よって $x\geqq -1$

対称性 $y^2=f(x)$ とすると，y を $-y$ とおいても同じ …… x 軸に関して対称。

$y=\pm x\sqrt{x+1}$ であるから，まず，$y=x\sqrt{x+1}$ のグラフを考える。

解答 $y^2\geqq 0$ であるから $x^2(x+1)\geqq 0$ よって $x\geqq -1$

このとき，$y=\pm x\sqrt{x+1}$ であるから，求めるグラフは $y=x\sqrt{x+1}$ と $y=-x\sqrt{x+1}$ のグラフを合わせたものである。

まず，$y=x\sqrt{x+1}$ …… ① のグラフについて考える。

$y=0$ のとき $x=-1,\ 0$

よって，原点 $(0,\ 0)$ と点 $(-1,\ 0)$ を通る。

① から $y'=1\cdot\sqrt{x+1}+x\cdot\dfrac{1}{2\sqrt{x+1}}=\sqrt{x+1}+\dfrac{x}{2\sqrt{x+1}}=\dfrac{3x+2}{2\sqrt{x+1}}$

$$y''=\frac{1}{4(x+1)}\left(3\cdot 2\sqrt{x+1}-\frac{3x+2}{\sqrt{x+1}}\right)=\frac{3x+4}{4(x+1)\sqrt{x+1}}$$

$x>-1$ において，$y'=0$ とすると $x=-\dfrac{2}{3}$

また，$x>-1$ のとき $y''>0$

$x\geqq -1$ における関数 ① の増減，グラフの凹凸は次の表のようになる。ただし，$\displaystyle\lim_{x\to -1+0}y'=-\infty$ である。

x	-1	$\cdots$	$-\dfrac{2}{3}$	$\cdots$
y'		$-$	0	$+$
y''		$+$	$+$	$+$
y	0	↘	極小 $-\dfrac{2\sqrt{3}}{9}$	↗

$y=-x\sqrt{x+1}$ のグラフは，x 軸に関して ① のグラフと対称である。

したがって，求めるグラフは **右の図** のようになる。

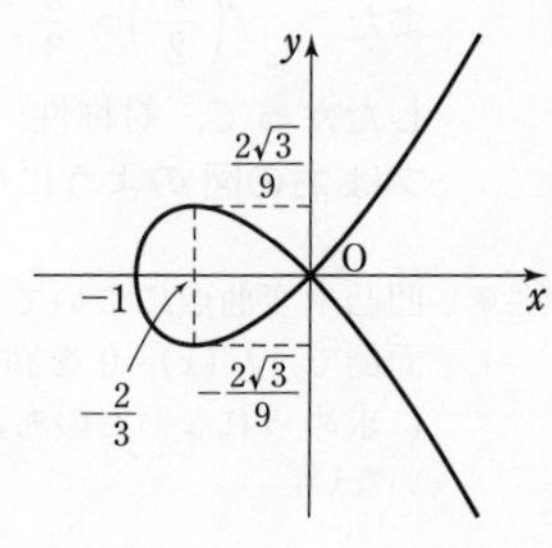

練習 78 方程式 $y^2=x^6(1-x^2)$ が定める x の関数 y のグラフの概形をかけ。ただし，凹凸については調べなくてよい。

重要例題 79 関数のグラフ (4) ★★★★☆

曲線 $x=\cos\theta$, $y=\sin 2\theta$ の概形をかけ。ただし，凹凸については調べなくてよい。

◀例題 78

指針 基本は **θ の消去**。$y^2=\sin^2 2\theta=4\sin^2\theta\cos^2\theta=4(1-\cos^2\theta)\cos^2\theta$ から，$y^2=4x^2(1-x^2)$ となり，前ページのようにして概形をかくこともできる。
しかし，媒介変数が簡単に消去できないときもあるので，ここでは，

媒介変数 θ の値に対する x, y それぞれの値の増減を調べ，
点 (x, y) の動きを追う

方針で考えてみる。まず，曲線の **対称性** を調べる。

解答 $\cos\theta$ の周期は 2π，$\sin 2\theta$ の周期は π である。
$x=f(\theta)$, $y=g(\theta)$ とすると，$f(-\theta)=f(\theta)$, $g(-\theta)=-g(\theta)$ であるから，曲線は x 軸に関して対称である。
また，$f(\pi+\theta)=-f(\theta)$, $g(\pi+\theta)=g(\theta)$ であるから，曲線は y 軸に関して対称である。

したがって，まず $0\leqq\theta\leqq\dfrac{\pi}{2}$ …… ① の範囲で考える。

$$f'(\theta)=-\sin\theta,\quad g'(\theta)=2\cos 2\theta$$

① の範囲で

$f'(\theta)=0$ となる θ は　$\theta=0$

$g'(\theta)=0$ となる θ は　$\theta=\dfrac{\pi}{4}$

ゆえに，x, y の増減は右の表のようになる。
よって，① における曲線は図 [1] であり，周期性，対称性から，求める曲線は **図 [2]** のようになる。

θ	0	…	$\dfrac{\pi}{4}$	…	$\dfrac{\pi}{2}$
$f'(\theta)$	0	$-$	$-$	$-$	$-$
x	1	↘	$\dfrac{1}{\sqrt{2}}$	↘	0
$g'(\theta)$	$+$	$+$	0	$-$	$-$
y	0	↗	1	↘	0

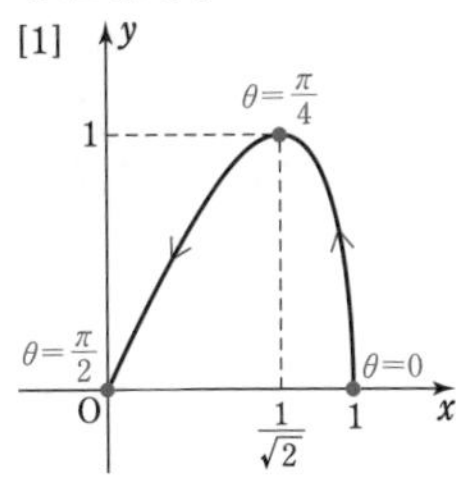

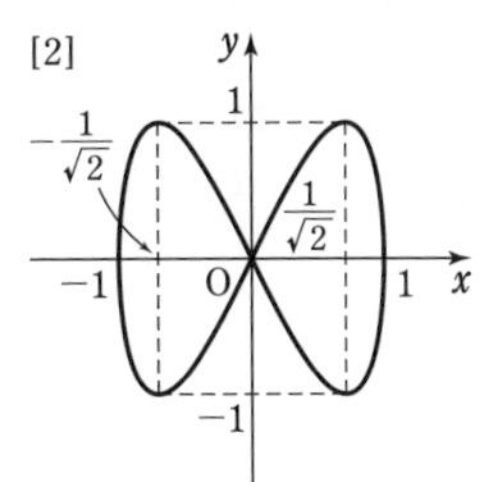

(注意) x が ↘(減少)，y が ↗(増加) のとき，点 (x, y) は左上の方向に移動する。
なお，x の増減を →，←，y の増減を ↑，↓ で表す方法もある。

参考 左の図のような曲線を **リサージュ曲線** という ($p.252$ 参照)。

(注意) 上の 解答 では対称性を調べて考えたが，$0\leqq\theta\leqq 2\pi$ の範囲で x, y の増減を調べてもよい。

練習 79 (1) 曲線 $C：x=e^{1-\cos\theta}$, $y=e^{1-\cos\theta}\sin\theta$ $(-\pi\leqq\theta\leqq\pi)$ は x 軸に関して対称であることを示せ。
(2) x, y の増減を調べ，曲線 C の概形をかけ。ただし，凹凸については調べなくてよい。

〔類 大阪府大〕 ➡p.437 演習 37

例題 80 変曲点と対称性 ★★★★☆

$a>0$, $b>0$ とし, $f(x)=\log\dfrac{x+a}{b-x}$ とする。曲線 $y=f(x)$ はその変曲点に関して点対称であることを示せ。 〔類 甲南大〕

指針 曲線 $y=f(x)$ が点 $(p,\ q)$ に関して対称であることを, 曲線 $y=f(x)$ を x 軸方向に $-p$, y 軸方向に $-q$ だけ平行移動した曲線 $y=f(x+p)-q$ が原点に関して対称であることで示す。 ◀ $g(-x)=-g(x)$

CHART》 変曲点 y'' の符号の変化を調べよ

解答 真数は正であるから $\dfrac{x+a}{b-x}>0$

両辺に $(b-x)^2$ $[>0]$ を掛けて $(x+a)(b-x)>0$ ◀ $b-x\neq 0$

すなわち $(x+a)(x-b)<0$

$a>0$, $b>0$ から $-a<x<b$

このとき $y=\log(x+a)-\log(b-x)$

よって $y'=\dfrac{1}{x+a}+\dfrac{1}{b-x}=\dfrac{a+b}{(x+a)(b-x)}>0$

また $y''=-\dfrac{1}{(x+a)^2}+\dfrac{1}{(b-x)^2}=\dfrac{(a+b)(2x+a-b)}{(x+a)^2(b-x)^2}$

$p=\dfrac{b-a}{2}$ とする。$y''=0$ とすると $x=p$

y'' の符号の変化は右の表のようになり, $x=p$ のとき $y=0$ であるから, 変曲点は点 $(p,\ 0)$ である。

x	$-a$	$\cdots$	p	$\cdots$	b
y''		$-$	0	$+$	
y		$\cap$	変曲点	$\cup$	

$p=\dfrac{b+(-a)}{2}$ であるから, $p-(-a)=b-p$ に着目して曲線 $y=f(x)$ を x 軸方向に $-p$ だけ平行移動すると

$$y=\log(x+p+a)-\log(b-x-p)$$
$$=\log\left(x+\frac{a+b}{2}\right)-\log\left(-x+\frac{a+b}{2}\right)$$

この曲線の方程式を $y=g(x)$ とする。

$g(-x)=-g(x)$ が成り立つから, 曲線 $y=g(x)$ は原点に関して対称である。

したがって, 曲線 $y=f(x)$ は変曲点 $(p,\ 0)$ に関して対称である。

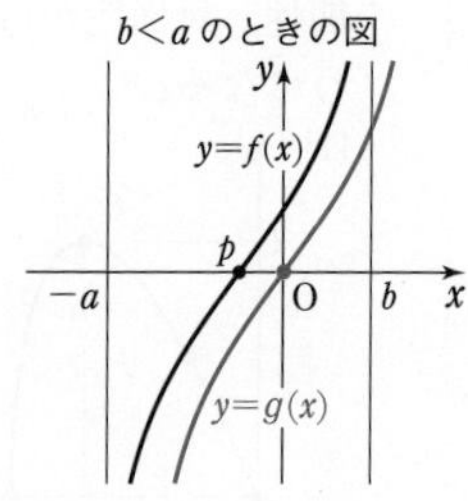

検討 $f(x)$ が3次関数のとき, $f''(x)=0$ は1次方程式で, 実数解が必ず1個ある。また, その解の前後で $f''(x)$ の符号は変わるから, 3次関数のグラフは必ず変曲点をもつ。
一般に, **3次関数のグラフは変曲点に関して対称** である。

練習 80 e は自然対数の底とし, $f(x)=e^{x+a}-e^{-x+b}+c$ (a, b, c は定数) とするとき, 曲線 $y=f(x)$ はその変曲点に関して対称であることを示せ。

例題 81 関数の極値（y'' の利用） ★★☆☆☆

第2次導関数を利用して，次の関数の極値を求めよ。

$$y=e^x\cos x \quad (0\leqq x\leqq 2\pi)$$

指針 まず $y'=0$ を満たす x の値を求め，その x の値に対する y'' の符号を調べる。

$y'=0,\ y''<0 \Longrightarrow y$ は 極大

$y'=0,\ y''>0 \Longrightarrow y$ は 極小

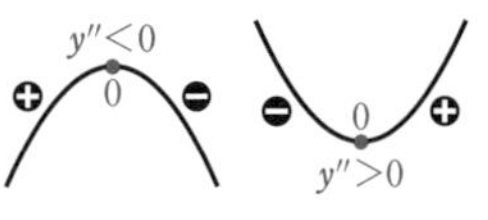

CHART》 極値　y' の符号の変化を調べよ　y'' も利用

解答

$y'=e^x\cos x-e^x\sin x=e^x(\cos x-\sin x)$

$=\sqrt{2}e^x\cos\left(x+\dfrac{\pi}{4}\right)$

$y''=e^x(\cos x-\sin x)+e^x(-\sin x-\cos x)$

$=-2e^x\sin x$

◀ $y'=e^x(\cos x-\sin x)$ を微分すると計算がらく。

$y'=0$ とすると，$0<x<2\pi$ から　$x+\dfrac{\pi}{4}=\dfrac{\pi}{2},\ \dfrac{3}{2}\pi$

ゆえに　$x=\dfrac{\pi}{4},\ \dfrac{5}{4}\pi$

◀ $y'=0$ を満たす x の値は $\cos x=\sin x$ の解と考えても求められる。

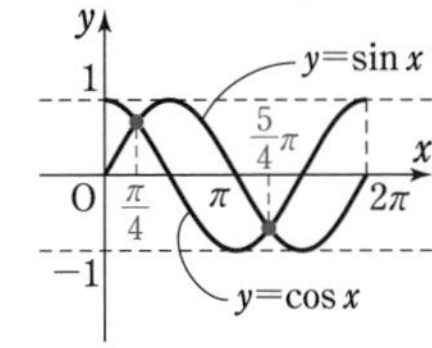

$x=\dfrac{\pi}{4}$ のとき　$y'=0,\ y''<0$ であり，y は極大。

$x=\dfrac{5}{4}\pi$ のとき　$y'=0,\ y''>0$ であり，y は極小。

よって，　**$x=\dfrac{\pi}{4}$ で極大値 $\dfrac{1}{\sqrt{2}}e^{\frac{\pi}{4}}$**

$x=\dfrac{5}{4}\pi$ で極小値 $-\dfrac{1}{\sqrt{2}}e^{\frac{5}{4}\pi}$　をとる。

検討 e^x，e^{-x} と $\cos x$，$\sin x$ の積の関数のグラフは，次のようになる。

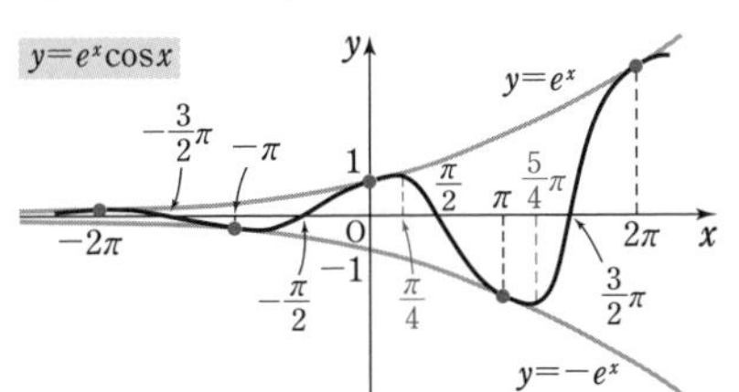

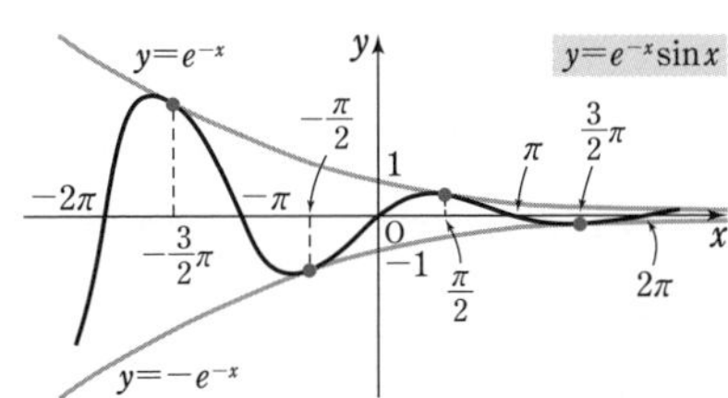

練習 81
(1) 第2次導関数を利用して，次の関数の極値を求めよ。

(ア) $y=\dfrac{x^4}{4}-\dfrac{2}{3}x^3-\dfrac{x^2}{2}+2x-1$　　(イ) $y=e^{-x}\sin x \quad (0\leqq x\leqq 2\pi)$

(2) 関数 $f(x)=ax+x\cos x-2\sin x$ は $\dfrac{\pi}{2}$ と π との間で極値をただ1つもつことを示せ。ただし，$-1<a<1$ とする。　〔(2) 類 前橋工科大〕

4章 17 関数のグラフ

テイラーの定理

平均値の定理を，高次の導関数を用いて次のように拡張することができる。
これはテイラーの定理と呼ばれている。

テイラーの定理

閉区間 $[a,\ b]$ において，$f(x)$，$f'(x)$，$f''(x)$，……，$f^{(n+1)}(x)$ が連続であるとき

$$f(b)=f(a)+f'(a)(b-a)+\frac{1}{2!}f''(a)(b-a)^2+\cdots\cdots+\frac{1}{n!}f^{(n)}(a)(b-a)^n+R_n$$

ただし　$R_n=\dfrac{1}{(n+1)!}f^{(n+1)}(c)(b-a)^{n+1}$，$a<c<b$

を満たす c が存在する。

証明　$f(b)-f(a)-f'(a)(b-a)-\dfrac{1}{2!}f''(a)(b-a)^2-\cdots\cdots-\dfrac{1}{n!}f^{(n)}(a)(b-a)^n=k(b-a)^{n+1}$ …… ①

とする。更に，関数

$$g(x)=f(b)-f(x)-f'(x)(b-x)-\frac{1}{2!}f''(x)(b-x)^2-\cdots\cdots-\frac{1}{n!}f^{(n)}(x)(b-x)^n-k(b-x)^{n+1}$$

を考えると，$g(x)$ は微分可能であり，① より　$g(a)=0$，　また　$g(b)=0$

よって，ロルの定理により　$g'(c)=0$，$a<c<b$　◀ $p.384$ 基本事項 1 参照。

を満たす c が存在する。ここで

$$g'(x)=0-f'(x)-\{f''(x)(b-x)-f'(x)\}-\left\{\frac{1}{2!}f'''(x)(b-x)^2-f''(x)(b-x)\right\}$$
$$-\cdots\cdots-\left\{\frac{1}{n!}f^{(n+1)}(x)(b-x)^n-\frac{1}{(n-1)!}f^{(n)}(x)(b-x)^{n-1}\right\}+k(n+1)(b-x)^n$$
$$=-\frac{1}{n!}f^{(n+1)}(x)(b-x)^n+k(n+1)(b-x)^n$$

ゆえに　$g'(c)=-\dfrac{1}{n!}f^{(n+1)}(c)(b-c)^n+k(n+1)(b-c)^n=0$

$b-c\neq 0$ であるから

$$k=\frac{1}{n+1}\cdot\frac{1}{n!}f^{(n+1)}(c)=\frac{1}{(n+1)!}f^{(n+1)}(c)$$

したがって，① により題意は示された。

この定理は，$b-a=h$，$c=a+\theta h$ とおいて，次のように表すこともできる。

閉区間 $[a,\ a+h]$ において，$f(x)$，$f'(x)$，$f''(x)$，……，$f^{(n+1)}(x)$ が連続であるとき

$$f(a+h)=f(a)+f'(a)h+\frac{1}{2!}f''(a)h^2+\cdots\cdots+\frac{1}{n!}f^{(n)}(a)h^n+R_n$$

ただし，$R_n=\dfrac{1}{(n+1)!}f^{(n+1)}(a+\theta h)h^{n+1}$，$0<\theta<1$

を満たす θ が存在する。

R_n をテイラーの定理の **剰余項** という。

18 方程式，不等式への応用

例 32 方程式の実数解 ★★☆☆☆

次の方程式がただ1つの実数解をもつことを示せ。

$$e^x=-x$$

指針 ここでは，実数解の存在を示すので，方程式 $f(x)=g(x)$ において，関数 $F(x)=f(x)-g(x)$ の値の変化を調べて，**中間値の定理** を利用する。

① $F(x)$ が閉区間 $[a,\ b]$ で連続であって，$F(a)F(b)<0$ ならば，開区間 $(a,\ b)$ に $F(x)=0$ の実数解が少なくとも1つある。

② 特に，閉区間 $[a,\ b]$ における実数解について

$F'(x)>0$ [単調増加]，$F(a)<0$，$F(b)>0$ ならば，実数解はただ1つ。

$F'(x)<0$ [単調減少]，$F(a)>0$，$F(b)<0$ ならば，実数解はただ1つ。

検討 方程式 $f(x)=0$ の実数解の個数を調べるときには，$y=f(x)$ の値の変化を調べて，そのグラフと x 軸との共有点が何個あるかを調べる。

CHART》 実数解 ⟺ 共有点

方程式が $f(x)=g(x)$ の場合は，関数 $F(x)=f(x)-g(x)$ として調べればよい。
$f(x)=g(x)$ を同値な方程式 $h(x)=a$，$m(x-a)=k(x)$（a は定数）などに変形して考えることもある。　↑定数 a を分離。　$p.416$ 例題 82 参照。

例　$e^{2x}=2ax$ の場合は $\dfrac{e^{2x}}{2x}=a$ に変形して考える。

例 33 不等式の証明 (1) ★★☆☆☆

$x>0$ のとき，次の不等式が成り立つことを証明せよ。

$$\log x \leqq x-1$$

指針 一般に，不等式 $f(x)>g(x)$ を証明するときの基本方針は

CHART》 大小比較は差を作れ

で，$F(x)=f(x)-g(x)$ とし，その増減を調べて証明する。

① **$F(x)$ の最小値を求め，[$F(x)$ の最小値]>0 を示すのが基本。**

② **$F(x)$ が単調増加 [$F'(x)>0$] で $F(a)\geqq 0$ ならば，$x>a$ で $f(x)>g(x)$**

$F'(x)>0$ を示すのに，$F''(x)$ を用いることがある。

不等号 $>$ が $\geqq$ の場合はいろいろ変わってくるから，細かいところ（特に＝の成立するところ）に十分に注意する。

例えば，次のようになる。

[1] $F'(x)>0$，$F(a)>0$ ならば，$x\geqq a$ のとき　$f(x)>g(x)$

[2] $F'(x)>0$，$F(a)\geqq 0$ ならば，$x>a$ のとき　$f(x)>g(x)$

[3] $F'(x)>0$，$F(a)\geqq 0$ ならば，$x\geqq a$ のとき　$f(x)\geqq g(x)$

例題 82 方程式の実数解の個数 ★★☆☆☆

k を実数とするとき，x の方程式 $x^2+3x+1=ke^x$ の実数解の個数を求めよ。ただし，$\lim_{x\to\infty} x^2e^{-x}=0$ を用いてよい。 〔類 横浜国大〕

指針 方程式の実数解の個数であるから

CHART》 実数解 ⟺ 共有点

本問の場合は，解答 のように，$f(x)=k$ の形にして曲線 $y=f(x)$ を **固定** し，直線 $y=k$（x 軸に平行な直線）を移動させると考えやすい。

CHART》 文字定数を分離する

解答 $x^2+3x+1=ke^x$ は $(x^2+3x+1)e^{-x}=k$ と同値である。

◀ $e^x>0$

$f(x)=(x^2+3x+1)e^{-x}$ とすると

$$f'(x)=-(x^2+x-2)e^{-x}=-(x-1)(x+2)e^{-x}$$

$f'(x)=0$ とすると

$$x=1,\ -2$$

$f(x)$ の増減表は右のようになる。

x	$\cdots$	-2	$\cdots$	1	$\cdots$
$f'(x)$	$-$	0	$+$	0	$-$
$f(x)$	↘	$-e^2$	↗	$\dfrac{5}{e}$	↘

ここで，$\lim_{x\to\infty} x^2e^{-x}=0$ から

$$\lim_{x\to\infty} xe^{-x}=\lim_{x\to\infty}\left(x^2e^{-x}\times\frac{1}{x}\right)=0$$

また　$\lim_{x\to\infty} e^{-x}=0$　　よって　$\lim_{x\to\infty} f(x)=0$

参考 ロピタルの定理より
$\lim_{x\to\infty} x^2e^{-x}=\lim_{x\to\infty}\dfrac{x^2}{e^x}$
$=\lim_{x\to\infty}\dfrac{2x}{e^x}=\lim_{x\to\infty}\dfrac{2}{e^x}=0$

また，$x=-t$ とおくと

$$\lim_{x\to-\infty} f(x)=\lim_{t\to\infty}(t^2-3t+1)e^t$$

$$=\lim_{t\to\infty} t^2\left(1-\frac{3}{t}+\frac{1}{t^2}\right)e^t=\infty$$

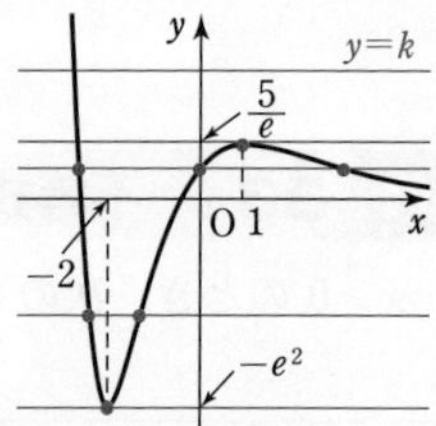

以上から，$y=f(x)$ のグラフは右の図のようになる。
直線 $y=k$ との共有点の個数を考えて，実数解の個数は

$\boldsymbol{k=-e^2,\ k>\dfrac{5}{e}}$ **のとき1個；**

$\boldsymbol{k=\dfrac{5}{e},\ -e^2<k\leqq 0}$ **のとき2個；**

$\boldsymbol{0<k<\dfrac{5}{e}}$ **のとき3個；**$\boldsymbol{k<-e^2}$ **のとき0個**

◀ 直線 $y=k$ を移動させて考えるとき，曲線 $y=f(x)$ の漸近線（直線 $y=0$）があることに注意する。

練習 82

(1) c を実数とする。3次方程式 $x^3-3cx+1=0$ の実数解の個数を調べよ。 〔類 慶応大〕

(2) x の方程式 $a\cos^2x+4\sin x-3a+2=0$ が解をもつような実数 a の範囲を求めよ。 〔学習院大〕

➡ p. 437 演習 **38，39**

例題 83 1点から曲線に引ける接線の本数 ★★★☆☆

$f(x)=xe^x$ とする。実数 a に対して，点 $(0,\ a)$ から曲線 $y=f(x)$ に引ける接線の本数を求めよ。ただし，$\displaystyle\lim_{x\to-\infty} x^2e^x=0$ を用いてよい。

◀例27，例題82

指針 接点の x 座標を t とすると，点 $(t,\ f(t))$ における接線 $y-f(t)=f'(t)(x-t)$ が点 $(0,\ a)$ を通るとき　$a=f(t)-tf'(t)$ …… Ⓐ
Ⓐ を満たす t の個数が，求める接線の本数である。
次ページの **研究**「曲線の複接線」参照。

解答
$$f'(x)=e^x+xe^x=(1+x)e^x$$
したがって，曲線 $y=f(x)$ 上の点 $(t,\ f(t))$ における接線の方程式は
$$y-te^t=(1+t)e^t(x-t)$$
すなわち　$y=(1+t)e^tx-t^2e^t$
この直線が点 $(0,\ a)$ を通るとき
$$a=-t^2e^t \quad \cdots\cdots ①$$
◀ 定数 a を分離。

点 $(0,\ a)$ から曲線 $y=f(x)$ に引ける接線の本数は，t の方程式 ① の実数解 t の個数に一致する(＊)。

◀（＊）次ページの研究を参照。

ここで，$g(t)=-t^2e^t$ とする。
$$g'(t)=-2te^t-t^2e^t=-t(t+2)e^t$$
$g'(t)=0$ とすると　$t=0,\ -2$
$g(t)$ の増減表は右のようになる。

t	$\cdots$	-2	$\cdots$	0	$\cdots$
$g'(t)$	$-$	0	$+$	0	$-$
$g(t)$	↘	$-\dfrac{4}{e^2}$	↗	0	↘

また　$\displaystyle\lim_{t\to\infty} g(t)=-\infty,\ \lim_{t\to-\infty} g(t)=0$
ゆえに，$y=g(t)$ のグラフは右の図のようになる。

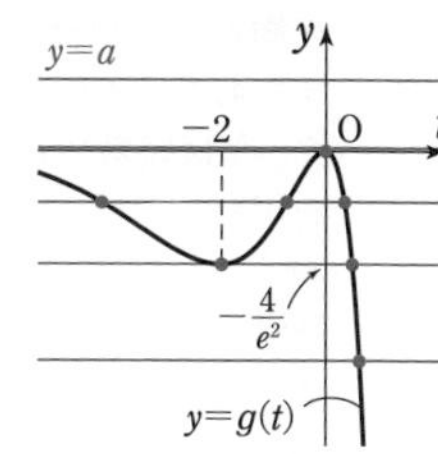

① の実数解 t の個数は，$y=g(t)$ のグラフと直線 $y=a$ の共有点の個数であるから，求める接線の本数は

$a>0$ のとき　0本；
$a=0,\ a<-\dfrac{4}{e^2}$ のとき　1本；
$a=-\dfrac{4}{e^2}$ のとき　2本；
$-\dfrac{4}{e^2}<a<0$ のとき　3本

練習 83 関数 $f(x)=\dfrac{(x-1)^2}{x^3}$ $(x>0)$ を考える。
(1) 関数 $f(x)$ の極大値および極小値を求めよ。
(2) y 軸上に点 $\mathrm{P}(0,\ p)$ をとる。p の値によって，$\mathrm{P}(0,\ p)$ から曲線 $y=f(x)$ に何本の接線が引けるかを調べよ。　〔東京理科大〕

研究 深めよう　曲線の複接線

ある曲線に異なる 2 点で接する直線を，この曲線の **複接線** という。

数学Ⅱでは，複接線の存在について

3 次関数のグラフは複接線をもたないが， 4 次関数のグラフは複接線をもつことがある

ことを学習した。

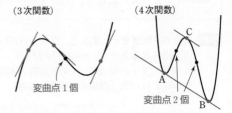

(3 次関数)

変曲点 1 個

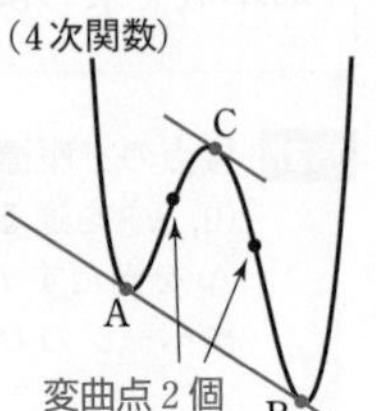

ここで，右の図から，曲線が複接線をもつかもたないかは，変曲点の個数が関係しているように推測できるかもしれない。一般に，次のことが成り立つ。

> 関数 $f(x)$ が 2 回微分可能で $f''(x)$ が連続，かつ曲線 $y=f(x)$ は直線になる区間をもたないとする。このとき，曲線 $y=f(x)$ の変曲点が 1 個以下であれば，この曲線は複接線をもたない。

証明　対偶「複接線が存在するならば，変曲点が 2 個以上存在する」を証明する。

曲線 $y=f(x)$ 上の異なる 2 点 $\mathrm{A}(a,\ f(a))$，$\mathrm{B}(b,\ f(b))$ $(a<b)$ において，この曲線と接する直線が存在するとき

$$\frac{f(b)-f(a)}{b-a}=f'(a)=f'(b)$$

◀ 直線 AB の傾きが，$x=a,\ b$ における接線の傾きに等しい。

が成り立つ。

$f(x)$ は微分可能であるから，平均値の定理により

$$\frac{f(b)-f(a)}{b-a}=f'(c),\ a<c<b$$

を満たす c が存在する。

すなわち　$f'(a)=f'(c)=f'(b),\ a<c<b$

$f'(x)$ は定数でなく，微分可能であるから，閉区間 $[a,\ c]$，$[c,\ b]$ にロルの定理 ($p.384$) を用いると

$$f''(\alpha)=f''(\beta)=0,\ a<\alpha<c<\beta<b$$

を満たす α，β が存在し，$x=\alpha,\ \beta$ において $f'(x)$ は極値をとる。

よって，$x=\alpha,\ \beta$ の前後で $f''(x)$ の符号が変わるから，曲線 $y=f(x)$ は少なくとも 2 点 $(\alpha,\ f(\alpha))$，$(\beta,\ f(\beta))$ を変曲点としてもつ。

3 次関数のグラフも，例題 83 の曲線 $y=xe^x$ も，変曲点はただ 1 つであるから複接線が存在しない。よって，接点の個数と接線の本数が一致する。

ただし，変曲点が 2 個以上あっても，複接線が存在するとは限らない (練習 83 など) ため，複接線が存在しないことを一般に論ずることは非常に難しい。

なお， 4 次関数のグラフについては，次のことが成り立つ。

曲線 $y=x^4+ax^3+bx^2+cx+d$ が複接線をもつ $\iff$ $3a^2-8b>0$

証明の概略は，解答編 $p.309$ 参照。

小問などで，複接線が存在しないことを証明する問題がない場合 (例題 83 のような問題)，複接線が存在しないことを前提に，例題 83 の 解答 の (＊) のように書いておけばよい。

例題 84 不等式の証明 (2) ★★☆☆☆

$x>0$ のとき，$1+\frac{1}{2}x-\frac{1}{8}x^2<\sqrt{1+x}<1+\frac{1}{2}x$ が成り立つことを証明せよ。

指針 不等式 $f(x)<g(x)$ の証明は，CHART》 **大小比較は差を作れ** の方針で

$$F(x)=g(x)-f(x)>0$$

を示す。ここでは，$F(x)$ の値の変化を調べて $F(x)>0$ を示す。
$F'(x)$ の符号が調べにくいときは，更に $F''(x)$ を利用する。

CHART》 **増減・極値　y' の符号の変化を調べよ　y'' も利用**

解答 $f(x)=1+\frac{1}{2}x-\sqrt{1+x}$ とすると

$$f'(x)=\frac{1}{2}-\frac{1}{2\sqrt{1+x}}=\frac{\sqrt{1+x}-1}{2\sqrt{1+x}}>0 \quad (x>0)$$

よって，$x\geqq 0$ のとき $f(x)$ は単調に増加する。
このことと $f(0)=0$ から，$x>0$ のとき　$f(x)>0$
したがって，$x>0$ のとき　$\sqrt{1+x}<1+\frac{1}{2}x$ …… ①

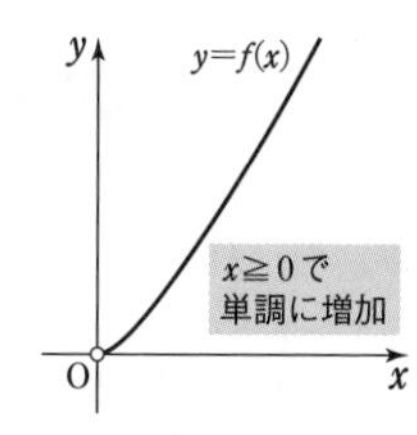

次に，$g(x)=\sqrt{1+x}-\left(1+\frac{1}{2}x-\frac{1}{8}x^2\right)$ とすると

$$g'(x)=\frac{1}{2\sqrt{1+x}}-\left(\frac{1}{2}-\frac{1}{4}x\right)$$

$$g''(x)=-\frac{1}{4(\sqrt{1+x})^3}+\frac{1}{4}=\frac{(\sqrt{1+x})^3-1}{4(\sqrt{1+x})^3}>0$$

$$(x>0)$$

◀ このままでは $g'(x)$ の符号が調べにくいから，$g''(x)$ を利用する。

よって，$x\geqq 0$ のとき $g'(x)$ は単調に増加する。
このことと $g'(0)=0$ から，$x>0$ のとき　$g'(x)>0$
ゆえに，$x\geqq 0$ のとき $g(x)$ は単調に増加する。
このことと $g(0)=0$ から，$x>0$ のとき　$g(x)>0$
したがって，$x>0$ のとき

$$1+\frac{1}{2}x-\frac{1}{8}x^2<\sqrt{1+x} \quad \cdots\cdots ②$$

①，② から，$x>0$ のとき

$$1+\frac{1}{2}x-\frac{1}{8}x^2<\sqrt{1+x}<1+\frac{1}{2}x$$

練習 84 (1) すべての $x\geqq 0$ について，$x-\frac{x^3}{6}\leqq\sin x\leqq x-\frac{x^3}{6}+\frac{x^5}{120}$ が成り立つことを示せ。〔福島県医大〕

(2) $0<x<1$ のとき，不等式 $\left(\frac{x+1}{2}\right)^{x+1}<x^x$ が成り立つことを示せ。〔横浜国大〕

例題 85 不等式の証明 (3) ★★★☆☆

(1) 不等式 $e^x>1+x$ が成り立つことを示せ。ただし，$x\neq0$ とする。

(2) 0 でない実数 x に対して，$|x|<n$ となる自然数 n をとると，不等式

$\left(1+\dfrac{x}{n}\right)^n<e^x<\left(1-\dfrac{x}{n}\right)^{-n}$ …… Ⓐ が成り立つことを示せ。

［類 高知女子大］ ◀例題 84

指針 (1) $f(x)=e^x-(1+x)$ として，$f(x)$ の増減を調べる。 ◀ 大小比較は差を作れ

(2) 条件 $|x|<n$ から $-1<\dfrac{x}{n}<1$ これより，$1+\dfrac{x}{n}>0$, $1-\dfrac{x}{n}>0$ であるから

Ⓐ $\Longleftrightarrow 1+\dfrac{x}{n}<e^{\frac{x}{n}}<\left(1-\dfrac{x}{n}\right)^{-1}$ 更に $e^{\frac{x}{n}}<\left(1-\dfrac{x}{n}\right)^{-1}\Longleftrightarrow e^{-\frac{x}{n}}>1-\dfrac{x}{n}$

よって，(1) で示した不等式で x に $\dfrac{x}{n}$, $-\dfrac{x}{n}$ を 代入 することを考える。

CHART》 (1) は (2) のヒント 結果を使う か 方法をまねる

解答 (1) $f(x)=e^x-(1+x)$ とすると $f'(x)=e^x-1$

$f'(x)=0$ とすると $x=0$ ◀ $e^x=1$

$f(x)$ の増減表は右のようになる。

x	$\cdots$	0	$\cdots$
$f'(x)$	$-$	0	$+$
$f(x)$	↘	0	↗

よって，$x\neq0$ のとき $f(x)>0$ ◀ $x\neq0$ のとき $f(x)>f(0)=0$

ゆえに，$x\neq0$ のとき

$e^x>1+x$ …… ①

(2) $\dfrac{x}{n}\neq0$, $-\dfrac{x}{n}\neq0$ であるから，① で x に $\dfrac{x}{n}$, $-\dfrac{x}{n}$ をそれぞれ代入して ◀ 不等式 ① が成り立つ条件を確認（左の＿＿）。

$e^{\frac{x}{n}}>1+\dfrac{x}{n}$ …… ②, $e^{-\frac{x}{n}}>1-\dfrac{x}{n}$ …… ③

ここで，$|x|<n$ から $-1<\dfrac{x}{n}<1$ ◀ $\left|\dfrac{x}{n}\right|<1$

ゆえに $1+\dfrac{x}{n}>0$, $1-\dfrac{x}{n}>0$

よって，②, ③ の各辺を n 乗して ◀ $0<a<b$ のとき $a<b\Longleftrightarrow a^n<b^n$（$n$ は自然数）

$e^x>\left(1+\dfrac{x}{n}\right)^n$ … ④, $e^{-x}>\left(1-\dfrac{x}{n}\right)^n$ … ⑤

⑤ から $e^x<\left(1-\dfrac{x}{n}\right)^{-n}$ …… ⑥ ◀ $0<a<b$ のとき $\dfrac{1}{b}<\dfrac{1}{a}$

④, ⑥ から $\left(1+\dfrac{x}{n}\right)^n<e^x<\left(1-\dfrac{x}{n}\right)^{-n}$

練習 85 (1) $x\geqq1$ において，$x>2\log x$ が成り立つことを示せ。ただし，自然対数の底 e について，$2.7<e<2.8$ であることを用いてよい。

(2) 自然数 n に対して，$(2n\log n)^n<e^{2n\log n}$ が成り立つことを示せ。

［神戸大］ ➡ p. 438 演習 40

例題 86 2変数の不等式の証明(1) ★★★☆☆

$0<a<b<2\pi$ のとき，不等式 $b\sin\frac{a}{2}>a\sin\frac{b}{2}$ が成り立つことを証明せよ。

◀例題84，85

指針 2変数 a，b の不等式の証明問題であるが，この問題では不等式の各辺を ab (>0) で割ると

$$\frac{1}{a}\sin\frac{a}{2}>\frac{1}{b}\sin\frac{b}{2} \qquad \longleftarrow f(a)>f(b) \text{ の形。}$$

よって，$f(x)=\frac{1}{x}\sin\frac{x}{2}$ とすると，示すべき不等式は $f(a)>f(b)$ $(0<a<b<2\pi)$ が成り立つこと，つまり，$0<x<2\pi$ のとき $f(x)$ が単調減少となることと同じである。

解答 $0<a<b<2\pi$ のとき，不等式の各辺を ab (>0) で割って

$$\frac{1}{a}\sin\frac{a}{2}>\frac{1}{b}\sin\frac{b}{2} \quad \cdots\cdots ①$$

ここで，$f(x)=\frac{1}{x}\sin\frac{x}{2}$ とすると

$$f'(x)=-\frac{1}{x^2}\sin\frac{x}{2}+\frac{1}{2x}\cos\frac{x}{2}$$

$$=\frac{1}{2x^2}\underline{\left(x\cos\frac{x}{2}-2\sin\frac{x}{2}\right)}$$

◀ $(uv)'=u'v+uv'$

$g(x)=x\cos\frac{x}{2}-2\sin\frac{x}{2}$ とすると

$$g'(x)=\cos\frac{x}{2}-\frac{x}{2}\sin\frac{x}{2}-\cos\frac{x}{2}$$

$$=-\frac{x}{2}\sin\frac{x}{2}$$

◀ $f'(x)$ の式の 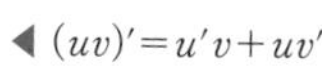 は符号が調べにくいから，$g(x)=$ ___ として $g'(x)$ の符号を調べる。

$0<x<2\pi$ のとき，$0<\frac{x}{2}<\pi$ であるから　$g'(x)<0$

よって，$g(x)$ は $0\leqq x\leqq 2\pi$ で単調に減少する。
また，$g(0)=0$ であるから，$0<x<2\pi$ において

$g(x)<0$　すなわち　$f'(x)<0$

ゆえに，$f(x)$ は $0<x\leqq 2\pi$ において単調に減少する。

よって，$0<a<b<2\pi$ のとき　$\frac{1}{a}\sin\frac{a}{2}>\frac{1}{b}\sin\frac{b}{2}$

すなわち，不等式①が成り立つから

$$b\sin\frac{a}{2}>a\sin\frac{b}{2}$$

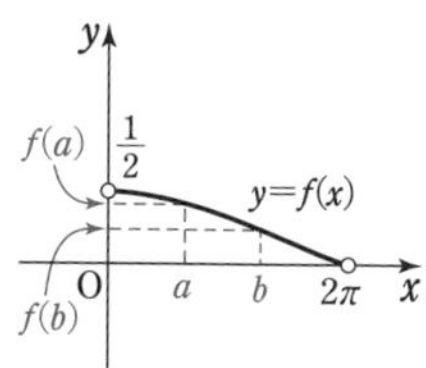

練習 86 (1) 実数 a，b が $0<a<b<1$ を満たすとき，$\frac{2^a-2a}{a-1}<\frac{2^b-2b}{b-1}$ が成り立つことを証明せよ。

(2) e^{π} と π^{e} の大小を比較せよ。　［(2) 一橋大］

重要例題 87 ｜ 2変数の不等式の証明 (2) ★★★★☆

$0<a<b$ のとき，次の不等式が成り立つことを示せ。

$$\sqrt{ab}<\frac{b-a}{\log b-\log a}<\frac{a+b}{2}$$

［岐阜大］ ◀例題 84，85

指針 2変数 a，b の不等式を扱うには，次のような方法が考えられる。

[1] $f(a)>f(b)$ などの形に変形	**[2] 一方の文字を定数とみる**
[3] おき換え $\frac{b}{a}=t$ の利用	**[4] 差の形は平均値の定理を利用**
[5] (相加平均)≧(相乗平均) の利用	**[6] 点 $(a,\ b)$ の存在領域を利用**

前ページの例題 86 では [1] の方法を用いたが，本問の不等式を $f(a)>f(b)$ の形に変形するのは無理。そこで，[2]，[3] の方法を用いることを考える。
なお，いずれの方法をとる場合も，**証明しやすい（計算がらくな）形に変形**する。

解答 1．a を定数とみて，文字 b を x におき換えると，与えられた不等式は $\sqrt{ax}<\dfrac{x-a}{\log x-\log a}<\dfrac{x+a}{2}$ …… Ⓐ

◀ [2] の方法。

$x>a>0$ のとき，Ⓐ は次の不等式と同値である。

$$\frac{2(x-a)}{x+a}<\log x-\log a<\frac{x-a}{\sqrt{ax}} \quad \cdots\cdots \text{Ⓑ}$$

◀ $0<p<q<r$ のとき $\dfrac{1}{r}<\dfrac{1}{q}<\dfrac{1}{p}$

ここで，$f(x)=(\log x-\log a)-\dfrac{2(x-a)}{x+a}$ とすると

$$f'(x)=\frac{1}{x}-\frac{4a}{(x+a)^2}=\frac{(x-a)^2}{x(x+a)^2}>0$$

よって，$f(x)$ は $x>a>0$ で単調に増加する。
また，$f(a)=0$ であるから，$x>a>0$ のとき　$f(x)>0$

ゆえに　$\log x-\log a>\dfrac{2(x-a)}{x+a}$ …… ①

次に，$g(x)=\dfrac{x-a}{\sqrt{ax}}-(\log x-\log a)$ とすると

$$g'(x)=\frac{x+a}{2x\sqrt{ax}}-\frac{1}{x}=\frac{(\sqrt{x}-\sqrt{a})^2}{2x\sqrt{ax}}>0$$

◀ $\left(\dfrac{x-a}{\sqrt{ax}}\right)'=\dfrac{\sqrt{ax}-(x-a)\cdot\frac{1}{2}\cdot\frac{\sqrt{a}}{\sqrt{x}}}{ax}=\dfrac{2x-(x-a)}{2x\sqrt{ax}}$

よって，$g(x)$ は $x>a>0$ で単調に増加する。
また，$g(a)=0$ であるから，$x>a>0$ のとき　$g(x)>0$

ゆえに　$\log x-\log a<\dfrac{x-a}{\sqrt{ax}}$ …… ②

①，② より，$x>a>0$ のとき不等式 Ⓑ が成り立つから，不等式 Ⓐ は成り立つ。
したがって，$x=b$ とすると

$0<a<b$ のとき　$\sqrt{ab}<\dfrac{b-a}{\log b-\log a}<\dfrac{a+b}{2}$

解答 2．与えられた不等式の各辺を $a\ (>0)$ で割って

$$\sqrt{\frac{b}{a}}<\frac{\frac{b}{a}-1}{\log\frac{b}{a}}<\frac{1+\frac{b}{a}}{2}$$

$\frac{b}{a}=t$ とおくと　$\sqrt{t}<\frac{t-1}{\log t}<\frac{1+t}{2}$ …… Ⓒ

$0<a<b$ のとき $t>1$，$\log t>0$ であるから，Ⓒ は次の不等式と同値である。

$$\frac{2(t-1)}{t+1}<\log t<\frac{t-1}{\sqrt{t}} \quad \cdots\cdots \text{Ⓓ}$$

$f(t)=\frac{t-1}{\sqrt{t}}-\log t$ とすると　$f(t)=\sqrt{t}-\frac{1}{\sqrt{t}}-\log t$

$t>1$ のとき

$$f'(t)=\frac{1}{2\sqrt{t}}+\frac{1}{2t\sqrt{t}}-\frac{1}{t}=\frac{t+1-2\sqrt{t}}{2t\sqrt{t}}$$
$$=\frac{(\sqrt{t}-1)^2}{2t\sqrt{t}}>0$$

$f(1)=0$ であるから，$t>1$ のとき

$$f(t)>0 \quad すなわち \quad \log t<\frac{t-1}{\sqrt{t}} \quad \cdots\cdots ③$$

$g(t)=\log t-\frac{2(t-1)}{t+1}$ とすると　$g(t)=\log t-2+\frac{4}{t+1}$

$t>1$ のとき

$$g'(t)=\frac{1}{t}-\frac{4}{(t+1)^2}=\frac{(t+1)^2-4t}{t(t+1)^2}$$
$$=\frac{t^2-2t+1}{t(t+1)^2}=\frac{(t-1)^2}{t(t+1)^2}>0$$

$g(1)=0$ であるから，$t>1$ のとき

$$g(t)>0 \quad すなわち \quad \frac{2(t-1)}{t+1}<\log t \quad \cdots\cdots ④$$

③，④ より，$t>1$ のとき不等式 Ⓓ が成り立つから，不等式 Ⓒ は成り立つ。

したがって，$0<a<b$ のとき

$$\sqrt{ab}<\frac{b-a}{\log b-\log a}<\frac{a+b}{2}$$

◀ [3] の方法。

◀ $0<p<q<r$ のとき $\frac{1}{r}<\frac{1}{q}<\frac{1}{p}$

◀ $f(t)$ は単調増加。

◀ $\frac{2(t-1)}{t+1}=\frac{2(t+1)-4}{t+1}$

◀ $g(t)$ は単調増加。

(注意) 解答 では ＿＿ の条件確認も忘れないようにしよう。

練習 87

(1) $a>0$，$b>0$ のとき，不等式 $b\log\frac{a}{b}\leqq a-b\leqq a\log\frac{a}{b}$ を示せ。

(2) $a\geqq b>0$，n は自然数のとき，不等式 $a^n-b^n\leqq n(a-b)a^{n-1}$ を示せ。

［(1) 北見工大，(2) 類 筑波大］

例題 88 不等式の成立条件 ★★★★☆

a を正の定数とする。不等式 $a^x \geqq x$ が任意の正の実数 x に対して成り立つような a の値の範囲を求めよ。〔神戸大〕

指針 方程式の場合（例題 82）と同様に定数 a を分離すると，$a>0$，$x>0$ のとき

$$a^x \geqq x \iff x\log a \geqq \log x \iff \log a \geqq \frac{\log x}{x}$$

よって，$\log a \geqq \left(\dfrac{\log x}{x} \text{ の最大値}\right)$ となるような a の値の範囲を求める。

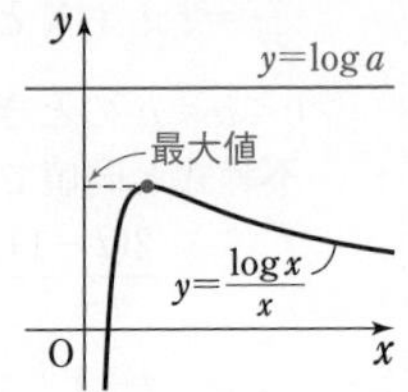

CHART》 文字定数を分離する

解答 $a^x \geqq x$ …… ① とする。

$a>0$，$x>0$ であるから，① の両辺の自然対数をとると

$$x\log a \geqq \log x$$

よって　$\log a \geqq \dfrac{\log x}{x}$ …… ②　◀ 定数 a を分離。

$f(x)=\dfrac{\log x}{x}$ とすると　$f'(x)=\dfrac{1-\log x}{x^2}$

$f'(x)=0$ とすると　$x=e$　◀ $1-\log x=0$ より $x=e$

ゆえに，$x>0$ における $f(x)$ の増減表は右のようになる。

x	0	…	e	…
$f'(x)$		+	0	−
$f(x)$		↗	極大	↘

したがって，$f(x)$ は $x=e$ のとき極大かつ最大となり，最大値は　$f(e)=\dfrac{1}{e}$

よって，② が $x>0$ の範囲で常に成り立つための条件は

$$\log a \geqq \frac{1}{e}$$

ゆえに　$\boldsymbol{a \geqq e^{\frac{1}{e}}}$

検討 上の例題は，$x>0$ の範囲で $y=a^x$ $(a>0)$ のグラフが直線 $y=x$ より下側にはないような a の値の範囲を求めると考えてもよい。

$0<a\leqq 1$ は条件を満たさないから，$a>1$ が必要条件。

$y=a^x$ のグラフと直線 $y=x$ が $x=t$ で接するとすると

$a^t=t$，$a^t\log a=1$　◀ y 座標と微分係数の一致。

ゆえに　$a=e^{\frac{1}{t}}$，$t=e$

したがって　$a=e^{\frac{1}{e}}$

よって，求める a の値の範囲は　$\boldsymbol{a \geqq e^{\frac{1}{e}}}$

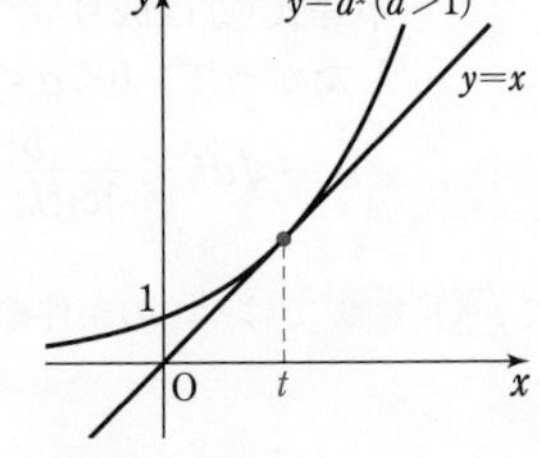

練習 88 次の不等式が（　）の任意の実数 x に対して成り立つ a の値の範囲を求めよ。

(1) $ax \geqq \log x$　$(x>0)$　　(2) $a^x \geqq x^a$　$(x \geqq a > 0)$

重要例題 89 漸化式と極限値 ★★★★★

p, q は定数，$0<p<1$ で，$f(x)=p\sin x+q$ とする。次のことを示せ。

(1) 方程式 $x=f(x)$ はただ1つの実数解をもつ。

(2) 任意の実数 α, β に対して，$|f(\beta)-f(\alpha)|\leqq p|\beta-\alpha|$ が成り立つ。

(3) $x_1=0$, $x_{n+1}=f(x_n)$ ($n=1$, 2, 3, ……) によって定義される数列 $\{x_n\}$ は，方程式 $x=f(x)$ の実数解に収束する。

指針 (1) ただ1つの実数解をもつ ⟶ 連続かつ単調増加 …… **中間値の定理** (p. 338) を利用。

(2) **CHART》 差 $f(\beta)-f(\alpha)$ には　平均値の定理利用**

(3) $\{x_n\}$ が実数解 c に収束 ⟶ $\{x_n-c\}$ が 0 に収束　と考え，不等式 $|f(\beta)-f(\alpha)|\leqq p|\beta-\alpha|$ を用いて，**はさみうちの原理** (p. 295) を用いる。

解答 (1) $g(x)=x-f(x)=x-p\sin x-q$ とすると，$g(x)$ は微分可能（よって連続）で

$$g'(x)=1-p\cos x$$

$0<p<1$, $|\cos x|\leqq 1$ であるから　　$g'(x)>0$

よって，$g(x)$ は単調に増加し

$$\lim_{x\to-\infty}g(x)=-\infty,\quad \lim_{x\to\infty}g(x)=\infty$$

したがって，$g(x)=0$ すなわち $x=f(x)$ はただ1つの実数解をもつ。

(2) $f(x)$ は微分可能で連続であるから，$\alpha\neq\beta$ のとき，平均値の定理により

$\dfrac{f(\beta)-f(\alpha)}{\beta-\alpha}=f'(\gamma)$ を満たす γ が α と β の間に存在する。

よって　　$|f(\beta)-f(\alpha)|=p|\cos\gamma||\beta-\alpha|\leqq p|\beta-\alpha|$　　◀ $|\cos\gamma|\leqq 1$

$\alpha=\beta$ のとき，明らかに不等式は成り立つ。

(3) 方程式 $x=f(x)$ のただ1つの実数解を c とすると　　$c=f(c)$

(2) により　　$|x_{n+1}-c|=|f(x_n)-f(c)|\leqq p|x_n-c|$

したがって

$$0\leqq|x_n-c|\leqq p|x_{n-1}-c|\leqq p^2|x_{n-2}-c|\leqq\cdots\cdots\leqq p^{n-1}|x_1-c|=p^{n-1}|c|$$

すなわち　　$0\leqq|x_n-c|\leqq p^{n-1}|c|$

$0<p<1$ であるから　　$\displaystyle\lim_{n\to\infty}p^{n-1}|c|=0$

よって　　$\displaystyle\lim_{n\to\infty}|x_n-c|=0$

ゆえに　　$\displaystyle\lim_{n\to\infty}x_n=c$

すなわち，数列 $\{x_n\}$ は $x=f(x)$ の実数解に収束する。

練習 89 関数 $f(x)=\dfrac{1}{1+e^{-x}}$ について，次の問いに答えよ。

(1) 導関数 $f'(x)$ の最大値を求めよ。

(2) 方程式 $f(x)=x$ はただ1つの実数解をもつことを示せ。

(3) 漸化式 $a_{n+1}=f(a_n)$ ($n=1$, 2, 3, ……) で与えられる数列 $\{a_n\}$ は，初項 a_1 の値によらず収束し，その極限値は (2) の方程式の解になることを示せ。〔筑波大〕

19 | 速度と加速度，近似式

《 基本事項 》

1 直線上の点の運動

数直線上を運動する点Pの時刻 t における座標 x は t の関数である。

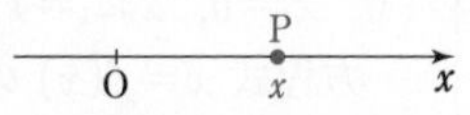

これを $x=f(t)$ とすると，t の増分 Δt に対する x の平均変化率 $\dfrac{\Delta x}{\Delta t}=\dfrac{f(t+\Delta t)-f(t)}{\Delta t}$ は，時刻が t から $t+\Delta t$ に変わる間のPの**平均速度** を表す。この平均速度の $\Delta t \longrightarrow 0$ としたときの極限値を，時刻 t における点Pの **速度** という。

また，速度の時刻 t に対する変化率を，時刻 t における点Pの **加速度** という。

① **速度** $v=\dfrac{dx}{dt}=f'(t)$　　② **加速度** $\alpha=\dfrac{dv}{dt}=\dfrac{d^2x}{dt^2}=f''(t)$

速度 v の絶対値 $|v|$，加速度 α の絶対値 $|\alpha|$ を，それぞれ時刻 t における点Pの **速さ (速度の大きさ)**，**加速度の大きさ** という。

2 平面上の点の運動

動点Pの座標 $(x,\ y)$ が時刻 t の関数として，$x=f(t)$，$y=g(t)$ で与えられているとき，Pから x 軸，y 軸にそれぞれ垂線PQ, PRを引くと，Pの運動とともにQは x 軸上，Rは y 軸上を運動する。

よって，時刻 t における

Qの速度は $\dfrac{dx}{dt}=f'(t)$，Rの速度は $\dfrac{dy}{dt}=g'(t)$

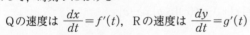

である。これらを成分とするベクトル $\vec{v}$ を，時刻 t における点Pの **速度** または **速度ベクトル** という。

また，$\vec{v}$ の大きさ $|\vec{v}|$ を **速さ** という。

① **速度** $\vec{v}=\left(\dfrac{dx}{dt},\ \dfrac{dy}{dt}\right)$　　② **速さ** $|\vec{v}|=\sqrt{\left(\dfrac{dx}{dt}\right)^2+\left(\dfrac{dy}{dt}\right)^2}$

時刻 t における点Q，Rの加速度は，それぞれ $\dfrac{d^2x}{dt^2}=f''(t)$，$\dfrac{d^2y}{dt^2}=g''(t)$ となる。

これらを成分とするベクトル $\vec{\alpha}$ を，点Pの **加速度** または **加速度ベクトル** という。

また，$\vec{\alpha}$ の大きさ $|\vec{\alpha}|$ を **加速度の大きさ** という。

③ **加速度** $\vec{\alpha}=\left(\dfrac{d^2x}{dt^2},\ \dfrac{d^2y}{dt^2}\right)$

④ **加速度の大きさ** $|\vec{\alpha}|=\sqrt{\left(\dfrac{d^2x}{dt^2}\right)^2+\left(\dfrac{d^2y}{dt^2}\right)^2}$

3 等速円運動

円周上を運動する点Pの速さが一定であるとき，点Pの運動を，**等速円運動** という。
このとき，動径OPの回転の速さは一定で，これを **角速度** という。

いま，右の図のように動点Pが原点Oを中心とする半径 r の円周上を，定点 P_0 を出発して，動径OPが1秒間に角 ω の割合で回転するように等速円運動をしているとする。
点 $P(x,\ y)$ の y 軸，x 軸への正射影をそれぞれ Q，R とすると，Q，R は

$$y=r\sin(\omega t+\alpha),\qquad x=r\cos(\omega t+\alpha)$$

で表される往復運動をする。

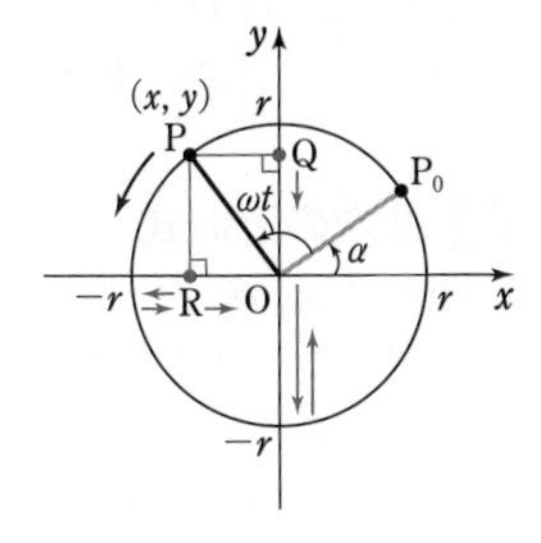

このような運動を **単振動** といい，$\dfrac{2\pi}{|\omega|}$ をこの単振動の **周期** という。

4 1次の近似式

関数 $y=f(x)$ の $x=a$ における微分係数は

$$\lim_{h\to 0}\frac{f(a+h)-f(a)}{h}=f'(a)$$

であるから，$|h|$ が十分小さいとき

近似式 $\quad \dfrac{f(a+h)-f(a)}{h}\fallingdotseq f'(a)$

すなわち

$$f(a+h)\fallingdotseq f(a)+f'(a)h \quad \cdots\cdots ①$$

が成り立つ。

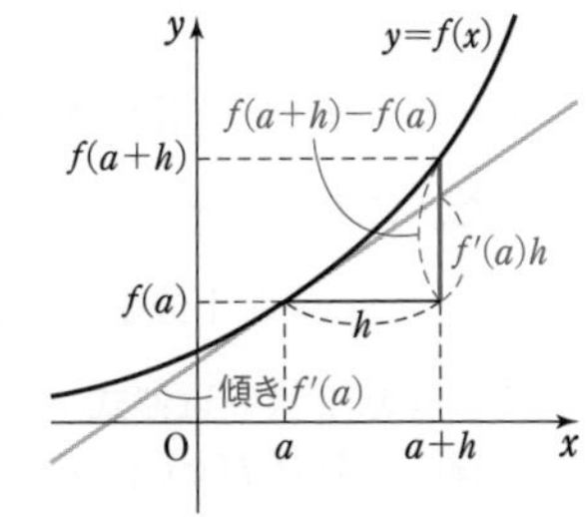

特に，① で $a=0$，$h=x$ とおくと，次の ② も得られる。

> **近似式** ① $|h|$ が十分小さいとき $\quad f(a+h)\fallingdotseq f(a)+f'(a)h$
> ② $|x|$ が十分小さいとき $\quad f(x)\fallingdotseq f(0)+f'(0)x$

① は平均値の定理 $\quad f(a+h)=f(a)+hf'(a+\theta h),\ 0<\theta<1$ において，
$|h|$ が十分小さいとき，$f'(a+\theta h)\fallingdotseq f'(a)$ と考えても得られる。

更に，近似式 ① は，いろいろな形にして使われる。
例えば，h を x と書いて

③ **$x\fallingdotseq 0$ のとき $\quad f(a+x)\fallingdotseq f(a)+f'(a)x$**

$h=x-a$ とおいて

④ **$x\fallingdotseq a$ のとき $\quad f(x)\fallingdotseq f(a)+f'(a)(x-a)$**

④ は，関数 $f(x)$ を右辺の1次関数で近似したものである。この意味で，①～④ を **1次の近似式** ともいう。
また，これは上の図からわかるように

曲線 $y=f(x)$ を，その接線 $y=f(a)+f'(a)(x-a)$ で近似したもの

になっている。

5 微小変化の公式

関数 $y=f(x)$ において，x の増分 $\Delta x\ (=h)$ に対する y の増分を Δy とする。

4 の近似式の ① から　$\Delta y=f(a+\Delta x)-f(a)\fallingdotseq f'(a)\Delta x$

よって，Δy は次のように表される。

$|\Delta x|$ が十分小さいとき　$\Delta y \fallingdotseq y'\Delta x$

$$y'=\frac{dy}{dx}\ \cdots\ y'\fallingdotseq\frac{\Delta y}{\Delta x}$$

6 2 次の近似式

関数 $f(x)$ を $f(a)=g(a)$，$f'(a)=g'(a)$，$f''(a)=g''(a)$ を満たす 2 次関数 $g(x)$ で近似することを考えよう。

$g(x)=px^2+qx+r$ とすると

$$f(a)=g(a)=pa^2+qa+r,\ f'(a)=g'(a)=2pa+q,\ f''(a)=g''(a)=2p$$

そこで，$x=a+h\ (h\fallingdotseq 0)$ において $f(x)\fallingdotseq g(x)$ とすると

$$\begin{aligned}f(a+h)\fallingdotseq g(a+h)&=p(a+h)^2+q(a+h)+r\\&=(pa^2+qa+r)+(2pa+q)h+ph^2\\&=f(a)+f'(a)h+\frac{1}{2}f''(a)h^2\end{aligned}$$

よって，**$|h|$ が十分小さいとき　$f(a+h)\fallingdotseq f(a)+f'(a)h+\frac{1}{2}f''(a)h^2$**

また，この式で $a=0$，$h=x$ とおくと

$|x|$ が十分小さいとき　$f(x)\fallingdotseq f(0)+f'(0)x+\frac{1}{2}f''(0)x^2$

これらを **2 次の近似式** という。

一般に，関数 $f(x)$ を n 次関数で近似したものを n 次の近似式という。

参考　一般に n 次の近似式はテイラーの定理（$p.414$）から得られる。　◀ $p.435$ も参照。

$$x\fallingdotseq a \text{ のとき}\quad f(x)\fallingdotseq f(a)+f'(a)(x-a)+\frac{1}{2}f''(a)(x-a)^2+\frac{1}{3!}f'''(a)(x-a)^3+\cdots\cdots+\frac{1}{n!}f^{(n)}(a)(x-a)^n$$

例 34 | 数直線上の点の運動　★☆☆☆☆

(1) 単振動 $x=3\cos\left(\pi t+\frac{\pi}{3}\right)$ で表される動点Pの時刻 $t=\frac{1}{2}$ における速度と加速度を求めよ。

(2) 直線軌道を走る電車が，ブレーキを掛けてから t 秒間に走る距離を x m とすると，$x=16(t-0.05t^2)$ であった。ブレーキを掛けたときの速度と，掛けてから止まるまでに走る距離を求めよ。

指針　動点Pの位置（座標）が，時刻 t の関数として表されているとき

位置 $\xrightarrow[t\text{ で微分}]{}$ 速度 $\xrightarrow[t\text{ で微分}]{}$ 加速度

例 35 平面上の点の運動 ★☆☆☆☆

平面上を運動する点Pの時刻 t における座標が $(x,\ y)=(e^t\cos t,\ e^t\sin t)$ で表されるとき

(1) 時刻 t における点Pの速度 $\vec{v}$ と加速度 $\vec{\alpha}$ を求めよ。

(2) 点Pの速さと加速度の大きさの比は一定であることを示せ。

指針 平面上を運動する点Pの速度(ベクトル)は，x 成分，y 成分のそれぞれを微分し，ペアで扱う。加速度(ベクトル)も同じ。

CHART》 平面運動の速度・加速度　　ベクトルとして扱う

① **速度** $\vec{v}=\left(\dfrac{dx}{dt},\ \dfrac{dy}{dt}\right)$　　② **加速度** $\vec{\alpha}=\left(\dfrac{d^2x}{dt^2},\ \dfrac{d^2y}{dt^2}\right)$

③ **速さ** $|\vec{v}|=\sqrt{\left(\dfrac{dx}{dt}\right)^2+\left(\dfrac{dy}{dt}\right)^2}$

④ **加速度の大きさ** $|\vec{\alpha}|=\sqrt{\left(\dfrac{d^2x}{dt^2}\right)^2+\left(\dfrac{d^2y}{dt^2}\right)^2}$

(2) ではその大きさが問題となっているので，$|\vec{v}|$ と $|\vec{\alpha}|$ の比を求める。

例 36 近似式と近似値 ★★☆☆☆

(1) $|x|$ が十分小さいとき，$f(x)=\dfrac{1}{1+x}$ の 1 次の近似式，および 2 次の近似式を作れ。

(2) $\cos(a+h)$ の 1 次の近似式を用いて，$\cos 61°$ の近似値を求めよ。ただし，$\sqrt{3}=1.732$，$\pi=3.142$ として小数第 3 位まで求めよ。

指針 **1 次の近似式**
① $|h|$ が十分小さいとき　$f(a+h)\fallingdotseq f(a)+f'(a)h$
② $|x|$ が十分小さいとき　$f(x)\fallingdotseq f(0)+f'(0)x$

2 次の近似式
③ $|h|$ が十分小さいとき　$f(a+h)\fallingdotseq f(a)+f'(a)h+\dfrac{1}{2}f''(a)h^2$
④ $|x|$ が十分小さいとき　$f(x)\fallingdotseq f(0)+f'(0)x+\dfrac{1}{2}f''(0)x^2$

(1) 近似式 ②，④ を適用する。

(2) $61°=60°+1°$ として考える。近似式 ① を適用するが，度数法を弧度法で表すのを忘れないようにする。

代表的な近似式

$x\fallingdotseq 0$ のとき　$(1+x)^p\fallingdotseq 1+px$　が成り立つ。

特に　$\sqrt{1+x}\fallingdotseq 1+\dfrac{1}{2}x$，　$\sqrt[3]{1+x}\fallingdotseq 1+\dfrac{1}{3}x$，　$\sqrt[4]{1+x}\fallingdotseq 1+\dfrac{1}{4}x$

例 36 (1) の 1 次の近似式は，$p=-1$ の場合となる。

4章 19 速度と加速度，近似式

例題 90 | 等速円運動 ★★☆☆☆

動点Pが，原点Oを中心とする半径 r の円周上を，定点 P_0 から出発して，OPが1秒間に角 ω の割合で回転するように等速円運動をしている。

(1) Pの速さ v を求めよ。

(2) Pの速度ベクトルと加速度ベクトルは垂直であることを示せ。

指針 動径OPの回転角の速さ ω を**角速度**という。
$\angle P_0Ox=\beta$ とするとき，角速度 ω で等速円運動する点 $P(x,\ y)$ の t 秒後の座標は，次のように表される。

$$x=r\cos(\omega t+\beta),\ y=r\sin(\omega t+\beta)$$

速さ v は　$v=\sqrt{\left(\dfrac{dx}{dt}\right)^2+\left(\dfrac{dy}{dt}\right)^2}$

また，速度ベクトルを $\vec{v}$，加速度ベクトルを $\vec{\alpha}$ とすると

$$\vec{v}\perp\vec{\alpha} \iff \text{内積}\ \vec{v}\cdot\vec{\alpha}=0,\ \vec{v}\neq\vec{0},\ \vec{\alpha}\neq\vec{0}$$

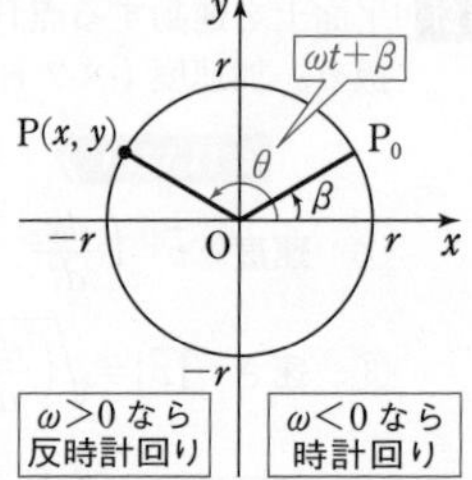

解答 (1) OP_0 と x 軸の正の部分 Ox とのなす角を β とする。
出発してから t 秒後の位置を $P(x,\ y)$ とし，線分OPと x 軸の正の向きとのなす角を θ とすると　$\theta=\omega t+\beta$

よって　$x=r\cos(\omega t+\beta),\ y=r\sin(\omega t+\beta)$

したがって，Pの速度ベクトル $\vec{v}$，加速度ベクトル $\vec{\alpha}$ は，$\overrightarrow{OP}=(x,\ y)$ の成分をそれぞれ t で微分して

$$\vec{v}=\left(\frac{dx}{dt},\ \frac{dy}{dt}\right)=(-r\omega\sin(\omega t+\beta),\ r\omega\cos(\omega t+\beta))$$

◀ t で1回微分。

$$\vec{\alpha}=\left(\frac{d^2x}{dt^2},\ \frac{d^2y}{dt^2}\right)=(-r\omega^2\cos(\omega t+\beta),\ -r\omega^2\sin(\omega t+\beta))$$

◀ t で2回微分。

よって　$\boldsymbol{v}=|\vec{v}|=\sqrt{r^2\omega^2\sin^2(\omega t+\beta)+r^2\omega^2\cos^2(\omega t+\beta)}$
$=\sqrt{r^2\omega^2}=\boldsymbol{r|\omega|}$

◀ $\sqrt{A^2}=|A|$

(2) $\vec{v}\cdot\vec{\alpha}=r^2\omega^3\sin(\omega t+\beta)\cos(\omega t+\beta)$
$\quad -r^2\omega^3\cos(\omega t+\beta)\sin(\omega t+\beta)$
$=0$

よって　$\vec{v}\cdot\vec{\alpha}=0$ かつ $\vec{v}\neq\vec{0},\ \vec{\alpha}\neq\vec{0}$

ゆえに　$\vec{v}\perp\vec{\alpha}$

参考 $\vec{\alpha}=-\omega^2\overrightarrow{OP}$ であるから，$\vec{\alpha}$ の向きは円の中心に向かっている。上の(2)で示したように $\vec{v}\perp\vec{\alpha}$ であるから，$\vec{v}$ の向きが円の接線方向であることが確認できる。

練習 90 動点Pが，原点Oを中心とする半径1の円周上を，1秒間に角 ω（ラジアン）の割合で等速円運動をしている。また，点Qが y 軸の負の部分を $PQ=a$ を保ちながら運動しているとき，次のものを求めよ。ただし，$a>1,\ \omega>0$ とする。

(1) OPと x 軸の正の向きとのなす角が θ になったときの点Qの速さ v

(2) 点Qの速さ v が0になるような点Qの位置

例題 91 曲線上を動く点の速度・加速度 ★★☆☆☆

曲線 $xy=4$ 上の動点Pから y 軸に垂線PQを引くと，Qが y 軸上を毎秒 2 の速度で動くようにPは動くという。
Pが点 (2, 2) を通過するときの速度と加速度を求めよ。 ◀例35

指針 時刻 t における点Pの速度は $\vec{v}=\left(\dfrac{dx}{dt},\ \dfrac{dy}{dt}\right)$，　加速度は $\vec{\alpha}=\left(\dfrac{d^2x}{dt^2},\ \dfrac{d^2y}{dt^2}\right)$
そこで，$xy=4$ の両辺を t で微分すると，x も y も t の関数であるから

$$\frac{d}{dt}(xy)=\frac{dx}{dt}\cdot y+x\cdot\frac{dy}{dt}=0$$

これと $\dfrac{dy}{dt}=2$ から $\dfrac{dx}{dt}$ が求められる。

解答 $xy=4$ の両辺を t で微分すると $\dfrac{dx}{dt}\cdot y+x\cdot\dfrac{dy}{dt}=0$

条件から $\dfrac{dy}{dt}=2$ …… ①

◀ 点Qは y 軸上を毎秒 2 の速度で動く。

よって $\dfrac{dx}{dt}\cdot y+2x=0$ …… ②

$x=2$，$y=2$ として $\dfrac{dx}{dt}=-2$ …… ③

したがって，**速度は** $\left(\dfrac{dx}{dt},\ \dfrac{dy}{dt}\right)=\mathbf{(-2,\ 2)}$

また，①，② の両辺を t で微分すると

$$\frac{d^2y}{dt^2}=0,\quad \frac{d^2x}{dt^2}\cdot y+\frac{dx}{dt}\cdot\frac{dy}{dt}+2\frac{dx}{dt}=0$$

$y=2$，①，③ を代入して $\dfrac{d^2x}{dt^2}=4$

したがって，**加速度は** $\left(\dfrac{d^2x}{dt^2},\ \dfrac{d^2y}{dt^2}\right)=\mathbf{(4,\ 0)}$

CHART 速度，変化率
関係式を作り　微分する　　ベクトルとして扱う

練習 91 (1) 楕円 $\dfrac{x^2}{9}+\dfrac{y^2}{4}=1$ $(x>0,\ y>0)$ 上の動点Pが一定の速さ 2 で x 座標が増加する向きに移動している。$x=\sqrt{3}$ における速度と加速度を求めよ。
(2) 曲線 $y=e^x$ 上の動点Pが一定の速さ 1 で x 座標が増加する向きに移動している。このとき，Pが点 $(s,\ e^s)$ を通過する時刻における速度 $\vec{v}$，加速度 $\vec{\alpha}$ を s を用いて表せ。また，Pが曲線全体を動くとき，$|\vec{\alpha}|$ の最大値を求めよ。
［(2) 類 九州大］

➡ p. 438 演習 43

例題 92 一般の量の変化率 ★★★☆☆

右の図のような底無しの四角錐を逆さまにした容器がある。高さ 4 cm の所で水平断面は 1 辺 3 cm の正方形である。
この容器に毎秒 9 cm^3 で静かに水を入れるとき，水の深さが 2 cm になる瞬間の水面が上昇する速さは毎秒何 cm か。〔自治医大〕

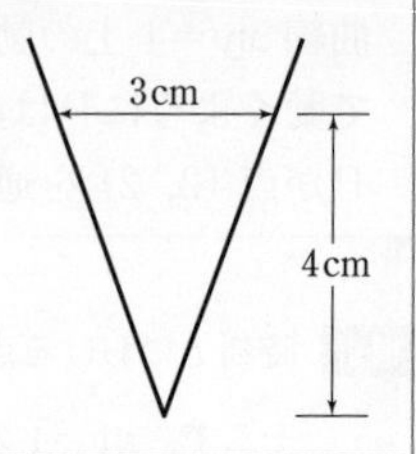

指針 点の運動以外の場合についても，時間的に変化する量 V があるとき，$\dfrac{dV}{dt}$ でその速さを考えることができる。

CHART 》 変化率　関係式を作り　微分する

本問では，t 秒後における水の体積 V を水の深さ h で表し，t で微分する。
求めるものは，$\dfrac{dV}{dt}=9$，$h=2$ のときの $\dfrac{dh}{dt}$ の値である。

解答 t 秒後における水の体積を $V\ \mathrm{cm}^3$ とすると

$$\frac{dV}{dt}=9\ (\mathrm{cm}^3/\mathrm{s}) \quad \cdots\cdots \text{①}$$

また，t 秒後における水面の正方形の 1 辺の長さを a cm，水の深さを h cm とすると

$a:3=h:4$　　よって　　$a=\dfrac{3}{4}h$

◀ 相似を利用。

これを $V=\dfrac{1}{3}a^2h$ に代入すると　　$V=\dfrac{3}{16}h^3$

t で微分すると　　$\dfrac{dV}{dt}=\dfrac{9}{16}h^2\dfrac{dh}{dt}$

① を代入して　　$9=\dfrac{9}{16}h^2\dfrac{dh}{dt}$　　ゆえに　　$\dfrac{dh}{dt}=\dfrac{16}{h^2}$

よって，$h=2$ のとき　　$\dfrac{dh}{dt}=\dfrac{16}{2^2}=$ **4 (cm/s)**

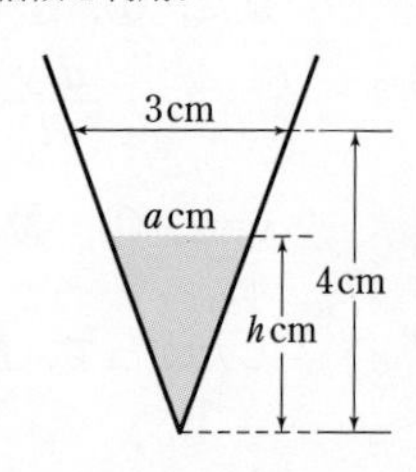

練習 92 (1) 1 辺の長さが 1 cm の立方体の体積が，毎秒 100 cm^3 の割合で立方体の形を保ちながら大きくなるとする。この立方体の 1 辺の長さが 10 cm になった瞬間における表面積の増加する速さを求めよ。〔岡山理科大〕

(2) 高さが h cm のとき容量が $\dfrac{\pi}{4}(h^2+h)\ \mathrm{cm}^3$，水面の面積が $\dfrac{\pi}{2}\left(h+\dfrac{1}{2}\right)\mathrm{cm}^2$ である容器がある。この容器に毎秒 $\pi\ \mathrm{cm}^3$ の割合で水を注ぐものとする。水を注ぎ始めてから 5 秒後の状態について，次のものを求めよ。

(ア) 水面の底面からの高さ h　　(イ) 水面の上昇する速度 v

(ウ) 水面の面積の増加する速度 w〔類 東京理科大〕

重要例題 93 回転角の変化率 ★★★★☆

原点Oを中心とする半径5の円周上を点Qが動き，更にQを中心とする半径1の円周上を点Pが動く。時刻 t のとき，x 軸の正方向に対し，OQ，QP のなす角はそれぞれ t，$15t$ とする。OP が x 軸の正方向となす角 ω について，$\dfrac{d\omega}{dt}$ を求めよ。

〔類 学習院大〕

指針 求めるものは $\dfrac{d\omega}{dt}$，すなわち，回転角 ω の変化率であるから

CHART》 変化率　関係式を作り　微分する

原点Oを中心とする半径 r の円周上の点は $(r\cos\theta,\ r\sin\theta)$ で表される。
また，動点Qに関する動点Pについて $\overrightarrow{\mathrm{OP}}=\overrightarrow{\mathrm{OQ}}+\overrightarrow{\mathrm{QP}}$ が成り立つ。

解答 Pの座標を $(x,\ y)$ とする。条件から

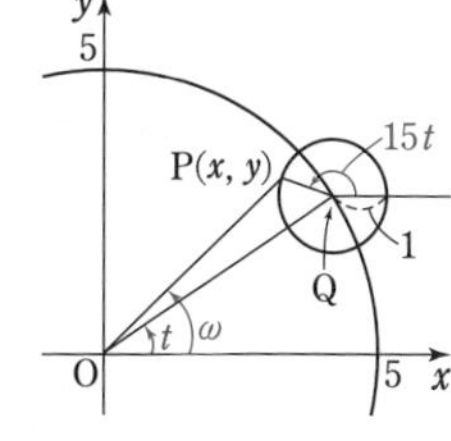

$$\overrightarrow{\mathrm{OP}}=\overrightarrow{\mathrm{OQ}}+\overrightarrow{\mathrm{QP}}$$
$$=(5\cos t,\ 5\sin t)+(\cos 15t,\ \sin 15t)$$

よって $\begin{cases} x=5\cos t+\cos 15t \\ y=5\sin t+\sin 15t \end{cases}$ ...... ①

一方 $x=\mathrm{OP}\cos\omega,\ y=\mathrm{OP}\sin\omega$ ...... ②

よって $x\sin\omega=y\cos\omega$

両辺を t で微分して [t に関する導関数を $'$ で表す]

$$x'\sin\omega+x\cos\omega\cdot\omega'=y'\cos\omega+y(-\sin\omega)\omega'$$

◀ $x'=\dfrac{dx}{dt}$，$y'=\dfrac{dy}{dt}$，$\omega'=\dfrac{d\omega}{dt}$

② により $x'y+x^2\omega'=y'x-y^2\omega'$

ゆえに $(x^2+y^2)\omega'=xy'-x'y$

① および ① を t で微分したものを代入して

$$\{5^2(\cos^2 t+\sin^2 t)+2\cdot 5(\cos t\cos 15t+\sin t\sin 15t)$$
$$+(\cos^2 15t+\sin^2 15t)\}\omega'$$
$$=(5\cos t+\cos 15t)(5\cos t+15\cos 15t)$$
$$-(-5\sin t-15\sin 15t)(5\sin t+\sin 15t)$$

◀ $x'=-5\sin t-15\sin 15t$，$y'=5\cos t+15\cos 15t$

整理すると $(26+10\cos 14t)\omega'=40+80\cos 14t$

$26+10\cos 14t>0$ であるから

$$\boldsymbol{\frac{d\omega}{dt}=\omega'=\frac{20+40\cos 14t}{13+5\cos 14t}}$$

練習 93 半径 $2r$ の円板 D_2 に半径 r の円板 D_1 を両方の中心が一致するように貼り付け，D_2 の周上の1点をPとする。座標平面において，D_1 が x 軸上を正方向に滑ることなく等速で転がるとき，Pの動きを調べる。なお，始点の位置を $\mathrm{P}(0,\ -r)$，円板の中心の速度を v とする。

(1) 円板の角速度 ω（回転角の時間に対する変化率）の大きさ $|\omega|$ を求めよ。

(2) Pの x 軸方向の最大速度，および最小速度を求めよ。〔類 芝浦工大〕

例題 94 | 微小変化に応じる変化 ★★☆☆☆

△ABC で，AB=2 cm，BC=$\sqrt{3}$ cm，∠B=30° とする。∠B が 1° だけ増えたとき，次のものは，ほぼどれだけ増えるか。ただし，$\pi=3.14$，$\sqrt{3}=1.73$ とする。

(1) △ABC の面積 S　　(2) 辺 CA の長さ y

指針 30° に対し 1° を微小変化 Δx とみて，次の公式を利用する。

微小変化の公式　$\Delta y \fallingdotseq y'\Delta x$

このとき，**微分法で角は弧度法** で扱うことに注意する。
なお，問題では $\pi=3.14$ など小数第 2 位（有効数字 3 桁）の数が与えられているから，答えでは，小数第 3 位を四捨五入して小数第 2 位までの数とする。

解答 ∠B=x（ラジアン）とすると　$x=30°=\dfrac{\pi}{6}$，$\Delta x=1°=\dfrac{\pi}{180}$

◀ 30° に対して 1° すなわち $\dfrac{1}{30}\fallingdotseq 0.03$ は十分小さいと考えてよい。

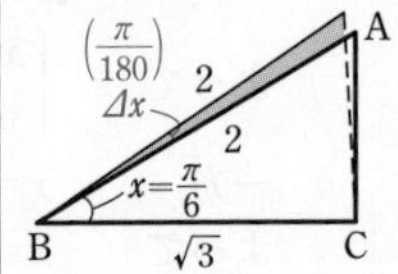

(1) $S=\dfrac{1}{2}\cdot 2\cdot\sqrt{3}\sin x=\sqrt{3}\sin x$，$S'=\sqrt{3}\cos x$

x の増分 Δx に対する S の増分を ΔS とすると，$|\Delta x|$ が十分小さいとき

$$\Delta S \fallingdotseq S'\Delta x=\sqrt{3}\cos\frac{\pi}{6}\cdot\frac{\pi}{180}=\frac{\pi}{120}$$

$$=\frac{3.14}{120}=0.026\cdots\cdots$$

したがって，**約 0.03 cm² 増える。**

(2) 余弦定理により

◀ y を x（=∠B）の関数としてとらえる。

$$y=\sqrt{2^2+(\sqrt{3})^2-2\cdot 2\cdot\sqrt{3}\cos x}=\sqrt{7-4\sqrt{3}\cos x}$$

$$y'=\frac{1}{2}(7-4\sqrt{3}\cos x)^{-\frac{1}{2}}\cdot(7-4\sqrt{3}\cos x)'$$

$$=\frac{2\sqrt{3}\sin x}{\sqrt{7-4\sqrt{3}\cos x}}$$

x の増分 Δx に対する y の増分を Δy とすると，$|\Delta x|$ が十分小さいとき

$$\Delta y \fallingdotseq y'\Delta x=\frac{2\sqrt{3}\sin\frac{\pi}{6}}{\sqrt{7-4\sqrt{3}\cos\frac{\pi}{6}}}\cdot\frac{\pi}{180}$$

$$=\frac{\sqrt{3}\pi}{180}=\frac{1.73\times 3.14}{180}=0.030\cdots\cdots$$

したがって，**約 0.03 cm 増える。**

練習 94 (1) 長さ l の振り子の周期 T は $T=2\pi\sqrt{\dfrac{l}{g}}$（$g$ は定数）である。l がごくわずか Δl だけ増すと，T は近似的にどれだけ増すか。

(2) 球の体積が 1 % 増加するとき，球の半径は何 % 増加するか。表面積はどうか。

マクローリン展開・オイラーの公式

$p.414$ で紹介したテイラーの定理において，$b=x$，$a=0$，$c=\theta x$ とおくと，次のマクローリンの定理が得られる。

マクローリンの定理

$f(x)$ が 0 を含むある区間 I で何回でも微分可能であれば，I に属する任意の x に対して次の式が成り立つ。

$$f(x)=f(0)+\frac{f'(0)}{1!}x+\frac{f''(0)}{2!}x^2+\cdots\cdots+\frac{f^{(n)}(0)}{n!}x^n+\frac{f^{(n+1)}(\theta x)}{(n+1)!}x^{n+1}$$

ただし，$0<\theta<1$

また，何回でも微分可能な多くの関数 $f(x)$ について，次のマクローリン展開と呼ばれる等式が成り立つが，右辺の級数が収束する必要があるなど，本来は厳密な考察が必要である。詳しく知りたい人は大学生向けの微分積分学の教科書を参照してほしい。

マクローリン展開

$$f(x)=f(0)+f'(0)x+\frac{f''(0)}{2!}x^2+\frac{f'''(0)}{3!}x^3+\cdots\cdots+\frac{f^{(n)}(0)}{n!}x^n+\cdots\cdots$$

マクローリン展開の右辺を n 次の項までの和にすれば，n 次の近似式となる。

上の内容から，関数 e^x，$\sin x$，$\cos x$ は次のように表される。

$$e^x=1+\frac{x}{1!}+\frac{x^2}{2!}+\frac{x^3}{3!}+\frac{x^4}{4!}+\frac{x^5}{5!}+\cdots\cdots \qquad \cdots\cdots ①$$

$$\sin x=x-\frac{x^3}{3!}+\frac{x^5}{5!}-\cdots\cdots \qquad \cos x=1-\frac{x^2}{2!}+\frac{x^4}{4!}-\cdots\cdots \qquad \cdots\cdots ②$$

複素数 z に対し，関数 e^z を，① の x を z におき換えた式で定義すると

$$e^z=1+\frac{z}{1!}+\frac{z^2}{2!}+\frac{z^3}{3!}+\frac{z^4}{4!}+\frac{z^5}{5!}+\cdots\cdots$$

この等式に $z=i\theta$（θ は実数）を代入すると

$$e^{i\theta}=1+\frac{i\theta}{1!}+\frac{(i\theta)^2}{2!}+\frac{(i\theta)^3}{3!}+\frac{(i\theta)^4}{4!}+\frac{(i\theta)^5}{5!}+\cdots\cdots$$

$$=1+\frac{i\theta}{1!}-\frac{\theta^2}{2!}-\frac{i\theta^3}{3!}+\frac{\theta^4}{4!}+\frac{i\theta^5}{5!}-\cdots\cdots \qquad ◀ i^2=-1$$

これが $e^{i\theta}=\left(1-\frac{\theta^2}{2!}+\frac{\theta^4}{4!}-\cdots\cdots\right)+i\left(\theta-\frac{\theta^3}{3!}+\frac{\theta^5}{5!}-\cdots\cdots\right)$ と変形できるとすると，

② により　$\boldsymbol{e^{i\theta}=\cos\theta+i\sin\theta}$　……（＊）　となる。

上の議論は厳密ではないが，数学の世界で（＊）は実際に成り立つことが知られており，**オイラーの公式** といわれる。オイラーの公式は，数学のみならず電気工学や物理学など，多くの分野で利用されている。

第4章 演習問題

31 aを1より大きい定数とする。微分可能な関数 $f(x)$ が $f(a)=af(1)$ を満たすとき，曲線 $y=f(x)$ の接線で原点 $(0,\ 0)$ を通るものが存在することを示せ。

〔京都大〕 ➤例題61

32 関数 $f(x)$ が $x=a$ を含む区間で連続で，$x<a$，$a<x$ において微分可能であるとき，極限値 $\lim_{x\to a+0} f'(x)$，$\lim_{x\to a-0} f'(x)$ がともに存在し，かつそれらが一致するならば，$f(x)$ は $x=a$ において微分可能であることを証明せよ。

➤例題63

33 関数 $f(x)=e^{-\frac{x^2}{2}}$ を $x>0$ で考える。$y=f(x)$ のグラフの点 $(a,\ f(a))$ における接線を ℓ_a とし，ℓ_a と y 軸との交点を $(0,\ Y(a))$ とする。次の問いに答えよ。ただし，実数kに対して $\lim_{t\to\infty} t^k e^{-t}=0$ であることは証明なしで用いてよい。

(1) $Y(a)$ がとりうる値の範囲を求めよ。

(2) $0<a<b$ である a，b に対して，ℓ_a と ℓ_b が x 軸上で交わるとき，aのとりうる値の範囲を求め，bをaで表せ。

(3) (2)の a，b に対して，$Z(a)=Y(a)-Y(b)$ とおく。$\lim_{a\to+0} Z(a)$ および $\lim_{a\to+0} \dfrac{Z'(a)}{a}$ を求めよ。

〔筑波大〕 ➤例題56，70

34 nを正の整数とする。

(1) kを正の整数とする。関数 $(1-x)^n x^k$ の $0\leqq x\leqq 1$ における最大値を a_n とするとき，a_n および $\lim_{n\to\infty} a_n$ を求めよ。

(2) $f(x)$，$g(x)$ を $0\leqq x\leqq 1$ において定められた連続関数とする。関数 $(1-x)^n f(x)$，$(1-x)^n g(x)$，$(1-x)^n\{f(x)+g(x)\}$ の $0\leqq x\leqq 1$ における最大値をそれぞれ b_n，c_n，d_n とする。このとき，0，b_n+c_n，d_n の大小を判定せよ。

(3) $p(\geqq 0)$，$q(\geqq 0)$，$r(\geqq 0)$ を定数，$f(x)=px^2+qx+r$ とし，関数 $(1-x)^n f(x)$ の $0\leqq x\leqq 1$ における最大値を e_n とする。このとき，$\lim_{n\to\infty} e_n$ を求めよ。

〔早稲田大〕

ヒント **32** $\lim_{x\to a+0} \dfrac{f(x)-f(a)}{x-a}=\lim_{x\to a-0} \dfrac{f(x)-f(a)}{x-a}=f'(a)$ が存在することを証明するために，区間 $[a,\ x]$，$[x,\ a]$ で平均値の定理を用いる。

34 (1) $h(x)=(1-x)^n x^k\ (0\leqq x\leqq 1)$ として，関数 $h(x)$ の増減を調べる。

(2) 関数 $(1-x)^n\{f(x)+g(x)\}\ (0\leqq x\leqq 1)$ の最大値 d_n を与えるxの値をαとすると $(1-\alpha)^n f(\alpha)\leqq b_n$，$(1-\alpha)^n g(\alpha)\leqq c_n$ となることを利用する。

(3) (1)の **結果を利用。**

35 数列 $a_1=\sqrt{2}$，$a_2=\sqrt{2}^{\sqrt{2}}$，$a_3=\sqrt{2}^{\sqrt{2}^{\sqrt{2}}}$，$a_4=\sqrt{2}^{\sqrt{2}^{\sqrt{2}^{\sqrt{2}}}}$，…… は漸化式 $a_{n+1}=(\sqrt{2})^{a_n}$ $(n=1,\ 2,\ 3,\ \cdots\cdots)$ を満たし，$f(x)=(\sqrt{2})^x$ とする。

(1) $0\leqq x\leqq 2$ における $f(x)$ の最大値と最小値を求めよ。

(2) $0\leqq x\leqq 2$ における $f'(x)$ の最大値と最小値を求めよ。

(3) $0<a_n<2$ $(n=1,\ 2,\ 3,\ \cdots\cdots)$ が成立することを数学的帰納法を用いて示せ。

(4) $0<2-a_{n+1}<(\log 2)(2-a_n)$ $(n=1,\ 2,\ 3,\ \cdots\cdots)$ が成立することを示せ。

(5) $\displaystyle\lim_{n\to\infty}a_n$ を求めよ。〔同志社大〕

36 連立不等式 $x^2+(y-1)^2\leqq 1$，$x\geqq\dfrac{\sqrt{2}}{3}$ で定まる座標平面上の領域 D を考える。直線 ℓ は原点を通り，D との共通部分が線分となるものとする。その線分の長さ L の最大値を求めよ。また，L が最大値をとるとき，x 軸と ℓ のなす角 $\theta\left(0<\theta<\dfrac{\pi}{2}\right)$ の余弦 $\cos\theta$ を求めよ。〔東京大〕 ➤例題 72

37 xy 平面の 2 定点 A$(-1,\ 0)$，B$(1,\ 0)$ からの距離の積が 1 に等しい点の軌跡を C とする。

(1) C は x 軸および y 軸に関して対称であることを示せ。

(2) 直線 $y=tx$ と曲線 C とが原点以外で交わるための t の範囲を求め，そのときの交点 P$(x,\ y)$ の x 座標と y 座標を t で表せ。

(3) この点 P$(x,\ y)$ が $x\geqq 0$，$y\geqq 0$ の部分にあるとき，x の関数 y の増減を調べよ。

(4) (3) の関数について，$\displaystyle\lim_{x\to+0}\frac{dy}{dx}$ を求めよ。

(5) (1) での対称性を利用して，C のグラフの概形をかけ。〔滋賀医大〕 ➤例題 79

38 直線 $y=px+q$ が関数 $y=\log x$ のグラフと共有点をもたないために p と q が満たすべき必要十分条件を求めよ。〔京都大〕 ➤例題 82

39 (1) $t>0$ で定義された関数 $f(t)=e^{-t}\sin t$ が極値をとる t の値を小さいものから順に t_1，t_2，……，t_n，…… とおく。t_n と $f(t_n)$ を求めよ。

(2) xy 平面上に媒介変数 t により表示された曲線 C：$x=e^t\cos t$，$y=e^t\sin t$ $(t>0)$ があり，直線 $y=x$ 上に点 P$(r,\ r)$ $(r>0)$ をとる。C の接線で P を通るものの本数を $N(r)$ とするとき，次のものを求めよ。

(ア) $N(r)=1$ となる r の値と，そのときの P を通る C の接線の方程式

(イ) $N(r)=2$ となる r の値の範囲〔福井大〕 ➤例題 82

ヒント 36 L を θ で表す。θ の定義域は，円と直線 $x=\dfrac{\sqrt{2}}{3}$ の交点から考える。

40 (1) nは自然数とする。数学的帰納法によって，次の不等式を証明せよ。

$$e^x>1+\sum_{k=1}^{n}\frac{x^k}{k!}\quad(x>0)$$

〔類 大阪教育大〕

(2) 次の不等式を証明せよ。

(ア) $x\geqq 1$ のとき $x\log x\geqq(x-1)\log(x+1)$

(イ) 自然数nに対して $(n!)^2\geqq n^n$ 〔名古屋市大〕

➤例題85

41 (1) $y=\tan x\left(-\dfrac{\pi}{2}<x<\dfrac{\pi}{2}\right)$ の逆関数を $y=g(x)$ とするとき，$g\left(\dfrac{1}{2}\right)+g\left(\dfrac{1}{3}\right)=\dfrac{\pi}{4}$ が成り立つことを示せ。

(2) $f(t)=t-\tan t+\dfrac{\tan^3 t}{3}\left(0\leqq t<\dfrac{\pi}{2}\right)$ とおく。$f'(t)$ を計算し，$0\leqq t<\dfrac{\pi}{2}$ のときに $f(t)\geqq 0$ が成り立つことを示せ。

(3) $\pi>3.11$ を示せ。 〔類 お茶の水大〕

42 kを正の整数とし，$2k\pi\leqq x\leqq(2k+1)\pi$ の範囲で定義された2曲線 C_1：$y=\cos x$，C_2：$y=\dfrac{1-x^2}{1+x^2}$ を考える。このとき，次のことを示せ。 〔京都大〕

(1) C_1 と C_2 が共有点をもつことと，その点における C_1 の接線が点 $(0,\ 1)$ を通ること。

(2) C_1 と C_2 の共有点はただ1つであること。

43 xy平面上の曲線 C：$y=\dfrac{1}{2}(e^x+e^{-x})$ の上を運動する点Pを考える。その速度は大きさが1でx成分は正とする。点QをPにおけるCの法線上にあり PQ$=1$ で領域 $y>\dfrac{1}{2}(e^x+e^{-x})$ に属しているものとする。

(1) 点Pの座標を $\left(u,\ \dfrac{e^u+e^{-u}}{2}\right)$ とするとき，点Qの座標を求めよ。

(2) 動点Qの速度の大きさのとりうる範囲を求めよ。 〔北海道大〕 ➤例題91

ヒント **40** (1) $n=1$ の場合と $n=m+1$ の場合の証明において，微分法を活用して

CHART》 大小比較は差を作れ　単調なら端の値との比較　の方針で解決する。

41 (3) CHART》 (1)，(2)は(3)のヒント

42 (1) 中間値の定理の利用を考える。 (2) 曲線の凹凸の性質を考える。

43 $f(x)=\dfrac{1}{2}(e^x+e^{-x})$ について，$1+\{f'(x)\}^2=\{f(x)\}^2$，$f''(x)=f(x)$ が成り立つ。

CHART》 平面運動　ベクトルとして扱う

(1) 点 $\mathrm{P}(u,\ f(u))$ における法線の方向ベクトルを $\vec{b}$ とすると $\overrightarrow{\mathrm{PQ}}=\dfrac{1}{|\vec{b}|}\vec{b}$

〈この章で学ぶこと〉
多項式で表された関数以外の一般の関数では，微分はできても積分は簡単にはできない場合が多い。
本章では，第 3 章の微分法の公式などをもとにして，もっと多くの関数の積分法を学ぶ。積分法では，有理関数の不定積分でも高校の範囲を越える関数になる場合があって，いつでも積分できるとは限らないが，積分できる関数の範囲は数学Ⅱよりはるかに広くなる。

第 5 章 積分法

例，例題一覧

●…… 基本的な内容の例　■…… 標準レベルの例題　◆…… やや発展的な例題

積分法の歴史の概観

積分の考え方の発祥は，古代ギリシアのユードクソス（紀元前約 408―355）によると言われる。彼は現在の積分法にあたる積尽法（取り尽くしの方法）と呼ばれる方法を確立し，円の面積の公式や，角錐や円錐の体積の公式（底面の面積×高さ÷3）を求めることに成功した（角錐の体積の現代的な求め方では，規則的に積み上げた角柱で角錐を近似し，その体積を求めてから，角柱の数を増やして，その極限として体積を計算する)。

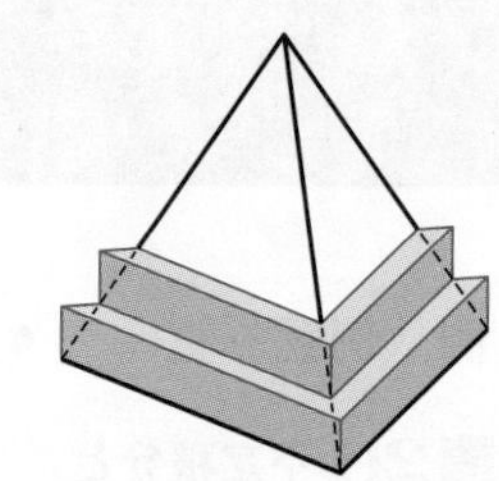

ユードクソスはほかにも，それまで自然数の比（有理数）のみを考えていたのを改め，もっと一般の比（無理数比を含む）の理論を確立したことでも知られる。

その後，アルキメデス（紀元前 287?―212）は，球の体積や表面積，放物線と直線で囲まれた図形の面積の計算などを行い，積尽法の適用範囲を広げた。また特殊な図形に限られていたとはいえ，その方法は統一的な考えのもとで行われており，積分の発見の一歩手前まで達していたと言っても過言ではない。

その後，カヴァリエリ（1598―1647）やパスカル（1623―1662）などの研究を経て，17 世紀にニュートン（1642―1727）とライプニッツ（1646―1716）による，一般の関数の積分理論に結実したのである。わが国でも，関孝和（せきたかかず）（1642―1708）や建部賢弘（たけべかたひろ）（1664―1739）らの研究は，微分積分学の一歩手前まで達したことを強調しておきたい。建部は，$y=\sin x$ の逆関数の級数展開などを求め，円弧の長さについての公式を発見している。

微分積分学の中でも最も重要な定理が次の公式である。

$$\frac{d}{dx}\int_a^x f(x)dx=f(x) \qquad \text{(微分積分学の基本定理)}$$

この公式により，全く由来の異なる 2 つのもの，すなわち微分（接線）という局所的な性質を扱うものと，積分（面積）という大域的な概念が結びついたのである。

さて，現在使われている微分や積分の記号 $\dfrac{dy}{dx}$，$\int f(x)dx$ はライプニッツによるものである。これらの記号の自然さは，合成関数の微分や積分の公式

$$\frac{dz}{dx}=\frac{dz}{dy}\cdot\frac{dy}{dx} \qquad \int f(x)dx=\int f(x)\frac{dx}{dt}dt$$

などに現れている。

ヨーロッパの大陸部では，この記号の適切さもあって，微分積分学は大いに発展した。中でも，オイラー（1707―1783）の業績は偉大なものである。オイラーは，多くの級数の和を求めたり，微分方程式を解いたりした。イギリスでは，ニュートンの記号（例えば，微分は $\dot{x}$ 等）にこだわり，ヨーロッパの他の国に一歩後れをとったことが知られている。記号の善し悪しは，決して侮れないことなのである。

20 不定積分とその基本性質

《基本事項》

1 不定積分

関数 $f(x)$ に対して，微分すると $f(x)$ になる関数を，$f(x)$ の **不定積分** または **原始関数** といい，$\int f(x)dx$ で表す。また，$f(x)$ の不定積分の1つを $F(x)$ とすると，すべての不定積分は $F(x)+C$（Cは定数）で表される。

$$F'(x)=f(x) \iff \int f(x)dx=F(x)+C$$

このとき，$f(x)$ を **被積分関数**，x を **積分変数** といい，定数Cを **積分定数** という。
また，関数 $f(x)$ からその不定積分を求めることを，$f(x)$ を **積分する** という。
一般に，連続関数の不定積分は常に存在することが知られている。

2 不定積分の基本性質

関数の定数倍や和の不定積分について，次の等式が成り立つ。ただし，k，l は定数。

① $\int kf(x)dx=k\int f(x)dx$

② $\int \{f(x)+g(x)\}dx=\int f(x)dx+\int g(x)dx$

一般に　$\int \{kf(x)+lg(x)\}dx=k\int f(x)dx+l\int g(x)dx$　◀ 数学IIでも学んだ。

3 基本的な関数の不定積分

積分は微分の逆の計算であるから，第3章の導関数の公式から次の公式が得られる。

> Cはいずれも積分定数とする。
>
> $\int x^\alpha dx=\dfrac{x^{\alpha+1}}{\alpha+1}+C$　$(\alpha \neq -1)$　　$\int \dfrac{dx}{x}=\log|x|+C$
>
> $\int \sin x\,dx=-\cos x+C$　　$\int \cos x\,dx=\sin x+C$
>
> $\int \dfrac{dx}{\cos^2 x}=\tan x+C$　　$\int \dfrac{dx}{\sin^2 x}=-\dfrac{1}{\tan x}+C$
>
> $\int e^x dx=e^x+C$　　$\int a^x dx=\dfrac{a^x}{\log a}+C$　$(a>0,\ a \neq 1)$

CHECK 問題

7 次の不定積分を求めよ。　→ 3

(1) $\int x^3(x+3)(x-1)dx$　　(2) $\int t\sqrt[4]{t^3}\,dt$　　(3) $\int \dfrac{5}{\sqrt[5]{x^2}}dx$

例題 95 不定積分の計算 ★☆☆☆☆

次の不定積分を求めよ。 [(1) 信州大]

(1) $\displaystyle\int\frac{(x-1)^2}{x\sqrt{x}}dx$　　(2) $\displaystyle\int\frac{1+x-\sin^2x}{x\cos^2x}dx$

(3) $\displaystyle\int\frac{1}{\tan^2x}dx$　　(4) $\displaystyle\int(3e^t-2\cdot3^t)dt$

指針 (1)~(3) いずれも関数の商の形。このままでは積分できない。まずは

被積分関数を変形して，公式が使える形にする。

(1) $\sqrt[n]{x^m}=x^{\frac{m}{n}}$，$\dfrac{1}{x^p}=x^{-p}$　　なお，$\dfrac{1}{x}$ $(=x^{-1})$ の積分は別扱い。

(2)，(3) $\sin^2\theta+\cos^2\theta=1$，$\tan\theta=\dfrac{\sin\theta}{\cos\theta}$ を利用する。

(4) (1)~(3) の積分変数は x であるが，(4) の積分変数は t であることに注意。

解答 (1) $\displaystyle\int\frac{(x-1)^2}{x\sqrt{x}}dx=\int\frac{x^2-2x+1}{x^{\frac{3}{2}}}dx=\int(x^{\frac{1}{2}}-2x^{-\frac{1}{2}}+x^{-\frac{3}{2}})dx$

$$=\frac{2}{3}x^{\frac{3}{2}}-4x^{\frac{1}{2}}-2x^{-\frac{1}{2}}+C$$

$$=\boldsymbol{\frac{2}{3}x\sqrt{x}-4\sqrt{x}-\frac{2}{\sqrt{x}}+C}$$

(Cは積分定数)

◀ $\displaystyle\int x^\alpha dx=\frac{x^{\alpha+1}}{\alpha+1}+C$ $(\alpha\neq-1)$

(2) $\displaystyle\int\frac{1+x-\sin^2x}{x\cos^2x}dx=\int\frac{x+\cos^2x}{x\cos^2x}dx=\int\left(\frac{1}{\cos^2x}+\frac{1}{x}\right)dx$

$$=\boldsymbol{\tan x+\log|x|+C}$$ **(Cは積分定数)**

◀ $\displaystyle\int\frac{dx}{\cos^2x}=\tan x+C$，$\displaystyle\int\frac{dx}{x}=\log|x|+C$

(3) $\displaystyle\int\frac{1}{\tan^2x}dx=\int\frac{\cos^2x}{\sin^2x}dx=\int\frac{1-\sin^2x}{\sin^2x}dx$

$$=\int\left(\frac{1}{\sin^2x}-1\right)dx$$

$$=\boldsymbol{-\frac{1}{\tan x}-x+C}$$ **(Cは積分定数)**

◀ $\displaystyle\int\frac{dx}{\sin^2x}=-\frac{1}{\tan x}+C$

(4) $\displaystyle\int(3e^t-2\cdot3^t)dt=\boldsymbol{3e^t-\frac{2\cdot3^t}{\log3}+C}$ **(Cは積分定数)**

(注意) 積分は微分の逆の計算であるから，結果を微分して検算することができる。

練習 95 次の不定積分を求めよ。

(1) $\displaystyle\int\frac{(x-1)^2(3x-1)}{x^2}dx$　　(2) $\displaystyle\int\frac{(\sqrt{t}-2)^2}{\sqrt{t}}dt$

(3) $\displaystyle\int(3x+1)\left(2x-\frac{1}{3x}\right)dx$　　(4) $\displaystyle\int(\tan x-2)\cos x\,dx$

(5) $\displaystyle\int\frac{2-3\cos^2x}{\cos^2x}dx$　　(6) $\displaystyle\int(5e^x-7^x)dx$

例題 96 導関数から関数の決定 ★★★☆☆

2つの関数 $f(x)$, $g(x)$ は次の関係を満たすものとする。

$$f'(x)+g'(x)=2e^x\cos x,\quad f'(x)-g'(x)=2e^x\sin x$$
$$f(0)=g(0)=0$$

(1) $f'(x)$, $g'(x)$ を求めよ。　(2) $f(x)$, $g(x)$ を求めよ。　〔類 秋田大〕

指針 (1) 2つの等式を $f'(x)$, $g'(x)$ の連立方程式とみる。

(2) **$f'(x)$ から $f(x)$ を求める** ⟶ $f(x)$ は $f'(x)$ の不定積分の1つ。

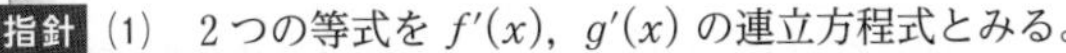

[1] $f(x)=\int f'(x)dx+C$ （Cは積分定数）

[2] 積分定数Cは $f(0)=0$ …… ① から決定する。

①のことを **初期条件** という。

また, $e^x\cos x$, $e^x\sin x$ に注目して, 次の導関数も考える。

$$\boldsymbol{(e^x\sin x)'=e^x\sin x+e^x\cos x,\quad (e^x\cos x)'=e^x\cos x-e^x\sin x}$$

解答 (1) $\{f'(x)+g'(x)\}+\{f'(x)-g'(x)\}=2e^x\cos x+2e^x\sin x$

よって　$\boldsymbol{f'(x)=e^x\cos x+e^x\sin x}$

$\{f'(x)+g'(x)\}-\{f'(x)-g'(x)\}=2e^x\cos x-2e^x\sin x$

よって　$\boldsymbol{g'(x)=e^x\cos x-e^x\sin x}$

(2) $(e^x\sin x)'=e^x\sin x+e^x\cos x$,

$(e^x\cos x)'=e^x\cos x-e^x\sin x$

ゆえに, (1)から C_1, C_2 を積分定数として

$$f(x)=e^x\sin x+C_1,\quad g(x)=e^x\cos x+C_2$$

と表される。

◀ $f'(x)=(e^x\sin x)'$, $g'(x)=(e^x\cos x)'$

$f(0)=0$, $g(0)=0$ であるから

$$0=C_1,\quad 0=1+C_2$$

ゆえに　$C_1=0$, $C_2=-1$

したがって　$\boldsymbol{f(x)=e^x\sin x,\ g(x)=e^x\cos x-1}$

参考 $e^x\sin x$, $e^x\cos x$ の不定積分については, 次の項目で学習する **部分積分法** を用いて計算することができる（$p.$ 449 例題 99 参照）。

練習 96 (1) xの関数 $f(x)$ を $f(x)=\left(-\dfrac{1}{\alpha}x-\dfrac{1}{\alpha^2}\right)e^{-\alpha x}$ （αは定数）とするとき, $f(x)$ の導関数 $f'(x)$ を利用して不定積分 $\int xe^{-\alpha x}dx$ を求めよ。

(2) xの関数 $g(x)$ を $g(x)=(ax^3+bx^2+cx+d)e^{-\alpha x}$ （a, b, c, d は定数）とするとき, $g(x)$ の導関数 $g'(x)$ を利用して不定積分 $\int x^3e^{-\alpha x}dx$ を求めよ。ただし, αは定数で $\alpha\neq 0$ とする。

(3) $\alpha=1$ とし, 不定積分 $\int x^ne^{-\alpha x}dx$ （nは自然数）を求めよ。　〔類 福島大〕

21 不定積分の置換積分法・部分積分法

《 基本事項 》

1 置換積分法

$y=\int f(x)dx$ において，$x=g(t)$ とおくと，

$$\frac{dy}{dt}=\frac{dy}{dx}\cdot\frac{dx}{dt}=f(x)g'(t)=f(g(t))g'(t)$$

◀ 合成関数の微分法。

であるから $y=\int f(g(t))g'(t)dt$ である。

よって，次の **置換積分法** の公式が得られる。

> ① $\displaystyle\int \boldsymbol{f(x)dx}=\int \boldsymbol{f(g(t))g'(t)dt}$　　ただし，$x=g(t)$

$x=g(t)$ のとき $\dfrac{dx}{dt}=g'(t)$ である。これを $dx=g'(t)dt$ と書くことがある。

この表現を用いると，公式①は $\int f(x)dx$ において，**形式的に $\boldsymbol{x}$ を $\boldsymbol{g(t)}$ に，$\boldsymbol{dx}$ を $\boldsymbol{g'(t)dt}$ におき換えてよい** ことを表している。

①において，積分変数 t を x に，x を u に変えると，次の公式が得られる。

> ② $\displaystyle\int \boldsymbol{f(g(x))g'(x)dx}=\int \boldsymbol{f(u)du}$　　ただし，$u=g(x)$

公式②は，被積分関数が $f(g(x))g'(x)$ の形をしている場合に，$g(x)$ を u でおき換え，形式的に $g'(x)dx$ を du でおき換えてよいことを表している。

2 基本的な置換積分

上の公式②を用いて，次の③～⑤が導かれる。

> ③ $\displaystyle\int \boldsymbol{f(ax+b)dx}=\boldsymbol{\frac{1}{a}F(ax+b)+C}$　$(\boldsymbol{a\neq 0})$　　ただし，$F'(x)=f(x)$
>
> ④ $\displaystyle\int \boldsymbol{\{g(x)\}^{\alpha}g'(x)dx}=\boldsymbol{\frac{\{g(x)\}^{\alpha+1}}{\alpha+1}+C}$ $(\boldsymbol{\alpha\neq -1})$　　◀ $\alpha=-1$ のときは⑤
>
> ⑤ $\displaystyle\int \boldsymbol{\frac{g'(x)}{g(x)}dx}=\boldsymbol{\log|g(x)|+C}$　　(以上，Cは積分定数)

公式②において，$g(x)=ax+b$ とすると③が得られる。

また，$f(u)=u^{\alpha}$ とすると④が得られ，$f(u)=\dfrac{1}{u}$ とすると⑤が得られる。

これらはよく現れる形なので，③～⑤そのものを公式として使えるように慣れておこう(p. 446 例 39 参照)。

3 部分積分法

2 つの関数の積の導関数については

$$\{f(x)g(x)\}'=f'(x)g(x)+f(x)g'(x)$$

が成り立つ。これを変形すると

$$f(x)g'(x)=\{f(x)g(x)\}'-f'(x)g(x)$$

この両辺の不定積分を考えて，次の **部分積分法** の公式が成り立つ。

$$\int f(x)g'(x)\,dx=f(x)g(x)-\int f'(x)g(x)\,dx$$

例 $\int \log x\,dx$ ◀ $\log x$ は積ではないが，積 $1\cdot\log x$ と考える。

$$\int \log x\,dx=\int 1\cdot\log x\,dx=\int (x)'\cdot\log x\,dx$$
$$=x\log x-\int x\cdot\frac{1}{x}\,dx=x\log x-\int dx$$
$$=x\log x-x+C\quad（C\text{は積分定数}）$$

注意 微分法では積・商の公式もあったが，積分法では積 $\int f(x)g(x)\,dx$，商 $\int \frac{f(x)}{g(x)}\,dx$ のすべての場合に使えるような一般的な方法がないので，**積・商の公式はない。**
また，すべての関数が積分できるとは限らない（不定積分が存在しないということではなく，x^n，分数関数，$\sin x$，$\cos x$，a^x，$\log x$ を使って表せないという意味）。
したがって，それぞれの関数の特徴を利用して積分することになる。この点が積分の難しいところである。

例 37 | $f(ax+b)$ の不定積分 ★☆☆☆☆

次の不定積分を求めよ。

(1) $\int \sqrt[3]{(5x+6)^2}\,dx$　　(2) $\int \sin(3x-2)\,dx$

(3) $\int \frac{1}{3x+1}\,dx$　　(4) $\int 3^{1-2x}\,dx$

指針 (1) $p.444$ の公式 ① を利用するなら，$5x+6=t$ とおくと　$5dx=dt$

よって　$\int \sqrt[3]{(5x+6)^2}\,dx=\int t^{\frac{2}{3}}\cdot\frac{1}{5}\,dt=\frac{1}{5}\cdot\frac{3}{5}t^{\frac{5}{3}}+C$

$$=\frac{3}{25}(5x+6)\sqrt[3]{(5x+6)^2}+C\quad（C\text{は積分定数}）$$

これでもよいが，$f(x)=\sqrt[3]{x^2}$ とすると，$\sqrt[3]{(5x+6)^2}$ は $f(5x+6)$ と表される。
この形のときは，次の公式を利用する方が能率的である。

$$\int f(ax+b)\,dx=\frac{1}{a}F(ax+b)+C\ (a\neq 0)\qquad ただし，F'(x)=f(x)$$

(2)～(4) についても同様。

注意 **本書では，以後断りのない限り，C は積分定数を表すものとする。**
試験の答案では，必ず「C は積分定数」と書くこと。

例 38 | 置換積分法 (1) ★★☆☆☆

次の不定積分を求めよ。

(1) $\displaystyle\int(2x+1)\sqrt{x+1}\,dx$　　(2) $\displaystyle\int\frac{e^{2x}}{(e^x+1)^2}dx$

指針 置換積分では，**$=t$ とおく** 式を，後の計算がなるべくらくになるようにとるとよい。

(1) $x+1=t$ とおくと，$x=t-1$，$dx=dt$ から

$(与式)=\displaystyle\int\{2(t-1)+1\}\sqrt{t}\,dt$　　← $\sqrt{\ }$ が残る。

一方，$\sqrt{x+1}=t$ と**丸ごと置換** すると，$\sqrt{\ }$ が消えて扱いやすくなる。

楽にやれ

CHART》 積分できる形に変形　　丸ごとの置換あり

(2) $(与式)=\displaystyle\int\frac{e^x}{(e^x+1)^2}\cdot e^x dx$　　これを $\displaystyle\int f(e^x)\cdot(e^x)'dx$ の形とみて $e^x=t$ とおくと，

$e^x dx=dt$ から $(与式)=\displaystyle\int\frac{t}{(t+1)^2}dt$ となり，この不定積分の計算には，更に一手間かかってしまう ($p.$ 450 例題 100 参照)。

そこで，$e^x+1=t$ **と丸ごと置換** すると，後の計算がらくになる。

$f(e^x)$ の積分　　$e^x=t$　または　丸ごと置換

例 39 | 置換積分法 (2) ★★☆☆☆

次の不定積分を求めよ。

(1) $\displaystyle\int xe^{x^2}dx$　　(2) $\displaystyle\int\sin^4 x\cos x\,dx$　　(3) $\displaystyle\int\frac{x+2}{x^2+4x+5}dx$

指針 (1) $x=\dfrac{1}{2}(x^2)'$　　(2) $\cos x=(\sin x)'$　　(3) $x+2=\dfrac{1}{2}(x^2+4x+5)'$

に気づくと $f(g(x))g'(x)$ のタイプ。$g(x)=u$ とおくと，$g'(x)dx=du$ と置換できる。

$$\int f(g(x))g'(x)dx=\int f(u)du \qquad u=g(x)$$

CHART》 積分できる形に変形　　$g'(x)dx$ の発見

(2) は $\displaystyle\int\{g(x)\}^\alpha g'(x)dx$，(3) は $\displaystyle\int\frac{g'(x)}{g(x)}dx$ の形であるから，

$$\int\{g(x)\}^\alpha g'(x)dx=\frac{\{g(x)\}^{\alpha+1}}{\alpha+1}+C \quad (\alpha\neq-1)$$

$$\int\frac{g'(x)}{g(x)}dx=\log|g(x)|+C$$

を使うとよい。

例 $\displaystyle\int\tan x\,dx$ は $\displaystyle -\int\frac{(\cos x)'}{\cos x}dx$ と変形すると早い。

例題 97 部分積分法 (1) ★★☆☆☆

次の不定積分を求めよ。

(1) $\int x\cos 2x\,dx$　　(2) $\int (x+1)^2\log x\,dx$　　(3) $\int e^{\sqrt{x}}\,dx$

指針

部分積分法　$\int f(x)g'(x)\,dx = f(x)g(x) - \int f'(x)g(x)\,dx$

（$f(x)$：そのまま，$g'(x)$：積分 → $g(x)$，$f(x)$：微分 → $f'(x)$，$g(x)$：そのまま）

(1), (2)　被積分関数は $f(g(x))g'(x)$ の形ではない ⟶ 部分積分を考える。

(3)　$\sqrt{x}=t$ とおくと　　$x=t^2$, $dx=2t\,dt$

$\int e^{\sqrt{x}}\,dx = \int 2te^t\,dt$ と変形できて，これに部分積分法が利用できる。

CHART》 積の積分 は 部分積分
積を fg' に分解 ⟶ g'，$f'g$ が積分しやすいように

解答

(1) $\int x\cos 2x\,dx = \int x\left(\frac{1}{2}\sin 2x\right)'dx$

$= x\left(\frac{1}{2}\sin 2x\right) - \int \frac{1}{2}\sin 2x\,dx$

$= \boldsymbol{\frac{1}{2}x\sin 2x + \frac{1}{4}\cos 2x + C}$

◀ 上の指針の 1 行目の式において
$f(x)=x$,
$g(x)=\frac{1}{2}\sin 2x$

(2) $\int (x+1)^2\log x\,dx$

$= \int \left\{\frac{(x+1)^3}{3}\right\}'\log x\,dx$

$= \frac{(x+1)^3}{3}\log x - \int \frac{(x+1)^3}{3}\cdot\frac{1}{x}\,dx$

$= \frac{(x+1)^3}{3}\log x - \int \left(\frac{x^2}{3} + x + 1 + \frac{1}{3x}\right)dx$

$= \boldsymbol{\frac{1}{3}(x+1)^3\log x - \frac{x^3}{9} - \frac{x^2}{2} - x - \frac{1}{3}\log x + C}$

◀ $f(x)=\log x$,
$g(x)=\frac{(x+1)^3}{3}$

◀ 問題文において「$\log x$」とあるから $x>0$ である。
よって
$\log|x|=\log x$

(3) $\sqrt{x}=t$ とおくと，$x=t^2$ から　　$dx=2t\,dt$

$\int e^{\sqrt{x}}\,dx = \int e^t\cdot 2t\,dt = \int (e^t)'\cdot 2t\,dt$

$= e^t\cdot 2t - \int 2e^t\,dt = 2te^t - 2e^t + C$

$= 2(t-1)e^t + C = \boldsymbol{2(\sqrt{x}-1)e^{\sqrt{x}} + C}$

◀ $f(t)=2t$,
$g(t)=e^t$

練習 97　次の不定積分を求めよ。

(1) $\int x\sin 2x\,dx$　　(2) $\int x\cdot 2^x\,dx$　　(3) $\int \log(x+3)\,dx$

(4) $\int \frac{1}{2\sqrt{x}}\log x\,dx$　　(5) $\int \frac{x}{\sin^2 x}\,dx$　　(6) $\int \log(1+\sqrt{x})\,dx$

5章 21 不定積分の置換積分法・部分積分法

例題 98 | 部分積分法 (2) ★★☆☆☆

次の不定積分を求めよ。 ［(2) 東京電機大］

(1) $\int x^2\sin x\,dx$ (2) $\int(\log x)^2\,dx$

◀例題 97

指針 式の変形や置換積分で計算できない **積の積分** は，**部分積分** を試みる。

(1) $\int x^2\sin x\,dx=\int \underline{x^2}(-\cos x)'\,dx=-x^2\cos x+2\int \underline{x}\cos x\,dx$ ◀ 下線部のように次数を下げる。

まだ，積の積分が残るから，**部分積分法を 2 回利用** する。

(2) も同様。

CHART》 $f'g$ が積分しやすいように　次数を下げる

解答 (1) $\int x^2\sin x\,dx=\int x^2(-\cos x)'\,dx=x^2(-\cos x)-\int 2x(-\cos x)\,dx$

$=-x^2\cos x+2\int x\cos x\,dx=-x^2\cos x+2\int x(\sin x)'\,dx$

$=-x^2\cos x+2\left(x\sin x-\int 1\cdot\sin x\,dx\right)$

$\boldsymbol{=-x^2\cos x+2x\sin x+2\cos x+C}$

(2) $\int(\log x)^2\,dx=\int(x)'(\log x)^2\,dx$

$=x(\log x)^2-\int x\cdot 2\log x\cdot\dfrac{1}{x}\,dx$ ◀ $\{(\log x)^2\}'=2\log x\cdot(\log x)'$

$=x(\log x)^2-2\int\log x\,dx$ ◀ $\int\log x\,dx=x\log x-x+C$

$\boldsymbol{=x(\log x)^2-2x\log x+2x+C}$

検討 部分積分では，$fg'=(fg)'-f'g$ において $f'g$ が積分できるように f，g を定めることがポイントになる。そこで，$f'g$ や fg' が出てくるような積の微分 $(fg)'$ を考えてもよい。

例えば，$x\cos x$ に対し，$(x\sin x)'$ を考えると $x\cos x$ が出てくる。

$$\begin{aligned}(x\sin x)'&=\sin x+x\cos x\\ x\cos x&=(x\sin x)'-\sin x\end{aligned}\implies \int x\cos x\,dx=x\sin x-\int\sin x\,dx$$

同じように，$x^2\log x$ なら $(x^3\log x)'$ を，$x^2\sin x$ なら $(x^2\cos x)'$ を考えるとよい。

また，次のような点にも注目して，f，g の見極めに役立てる。

① x^n は微分すると次数が下がり，積分すると次数が上がる。特に $(x)'=1$

② $\sin x$，$\cos x$ は微分，積分すると入れ替わる（符号に注意）。

③ e^x は微分しても積分しても e^x

④ $\log x$ は微分すると $\dfrac{1}{x}$，積分すると複雑。

練習 98 次の不定積分を求めよ。

(1) $\int x^2\cos x\,dx$ (2) $\int x^2e^x\,dx$ (3) $\int x\tan^2 x\,dx$

例題 99 部分積分法 (3) ★★★☆☆

不定積分 $\int e^x \cos x\, dx$ を求めよ。

◀例題 98

指針 **積の積分** ⟶ **部分積分** を適用するために
$e^x(\sin x)'=(e^x\sin x)'-e^x\sin x$ とすると，$e^x\sin x$ の積分が必要。
$e^x(-\cos x)'=(-e^x\cos x)'+e^x\cos x$ とすると，また $e^x\cos x$ の積分が必要。 ←同形出現
これが役に立って，$e^x\cos x$ の積分が求められる。
別解 のように，最初から $e^x\sin x$ の積分 (**同形出現のペア**) も考える方法でも求められる。

CHART 積の積分

積の積分 は 部分積分

1 積を fg' に分解 ⟶ g'，$f'g$ が積分しやすいように
2 同形出現のペアで $e^x\sin x$，$e^x\cos x$

解答 $\int e^x\cos x\, dx=\int e^x(\sin x)'\, dx=e^x\sin x-\int e^x\sin x\, dx$

$=e^x\sin x-\left\{e^x(-\cos x)+\int e^x\cos x\, dx\right\}$ ◀ $e^x\sin x=e^x(-\cos x)'$

$=e^x(\sin x+\cos x)-\int e^x\cos x\, dx$ ◀ 同形出現

よって，積分定数を考えて

$$\int e^x\cos x\, dx=\boldsymbol{\frac{1}{2}e^x(\sin x+\cos x)+C}$$

別解 $I=\int e^x\sin x\, dx$，$J=\int e^x\cos x\, dx$ とする。

$(e^x\sin x)'=e^x(\sin x+\cos x)$，　$(e^x\cos x)'=e^x(\cos x-\sin x)$

であるから，2 つの式の両辺を積分して

$e^x\sin x=I+J$ …… ①，　$e^x\cos x=J-I$ …… ②

(①+②)÷2 から　$J=\boldsymbol{\frac{1}{2}e^x(\sin x+\cos x)+C}$

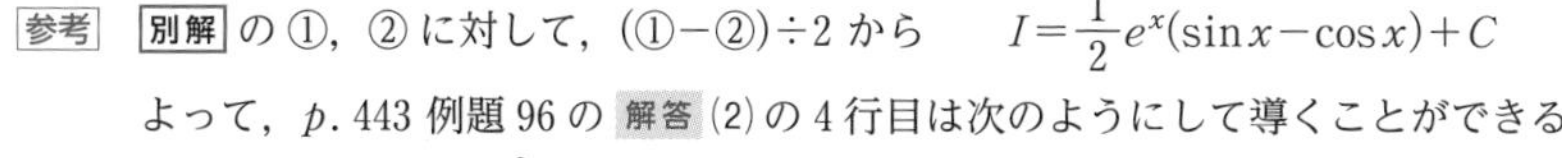

参考 別解 の ①，② に対して，(①−②)÷2 から　$I=\frac{1}{2}e^x(\sin x-\cos x)+C$

よって，p. 443 例題 96 の 解答 (2) の 4 行目は次のようにして導くことができる。

$$f(x)=\int(e^x\cos x+e^x\sin x)dx=J+I=e^x\sin x+C_1$$

$$g(x)=\int(e^x\cos x-e^x\sin x)dx=J-I=e^x\cos x+C_2$$

練習 99 次の不定積分を求めよ。(3)，(4) では $a\neq 0$，$b\neq 0$ とする。　〔(3) 類 大分大〕

(1) $\int e^{-x}\cos x\, dx$　　(2) $\int \sin(\log x)dx$

(3) $\int e^{ax}\sin bx\, dx$　　(4) $\int e^{ax}\cos bx\, dx$

22 いろいろな関数の不定積分

例題 100 分数関数の不定積分 ★★☆☆☆

次の不定積分を求めよ。

(1) $\displaystyle\int\frac{x^3+2x}{x^2+1}dx$　(2) $\displaystyle\int\frac{x}{2x^2-5x+2}dx$　(3) $\displaystyle\int\frac{x}{(2x-1)^4}dx$

指針 被積分関数が $\dfrac{(\text{分母})'}{(\text{分母})}$ の形でないことに注意する。

(1) (分子の次数)>(分母の次数) であるから，分子の次数を下げる。

$\dfrac{x^3+2x}{x^2+1}=x+\dfrac{x}{x^2+1}$　　また　$\dfrac{x}{x^2+1}=\dfrac{(x^2+1)'}{x^2+1}\cdot\dfrac{1}{2}$

(2) 分母 $2x^2-5x+2$ は $(x-2)(2x-1)$ と1次式の積の形に分解できる。
したがって

$$\frac{x}{2x^2-5x+2}=\frac{a}{x-2}+\frac{b}{2x-1}$$

◀ 部分分数に分解。

と変形できる。この a，b の値を定めて，積分する。

(3) 分母が $(ax+b)^n$ の形 ⟶ $2x-1=t$ とおく。

CHART》 分数関数の不定積分

1 分子の次数を下げる

2 部分分数に分解

3 分母が $(ax+b)^n$ の形なら $ax+b=t$ とおく

解答 (1) $\displaystyle\int\frac{x^3+2x}{x^2+1}dx=\int\left(x+\frac{x}{x^2+1}\right)dx$

$$=\int x\,dx+\frac{1}{2}\int\frac{(x^2+1)'}{x^2+1}dx$$

$$=\boldsymbol{\frac{x^2}{2}+\frac{1}{2}\log(x^2+1)+C}$$

◀ $x^2+1>0$ であるから，| | でなく ( ) でよい。

(2) $\displaystyle\int\frac{x}{2x^2-5x+2}dx=\int\frac{x}{(x-2)(2x-1)}dx$

$$=\int\left(\frac{2}{3}\cdot\frac{1}{x-2}-\frac{1}{3}\cdot\frac{1}{2x-1}\right)dx$$

$$=\frac{2}{3}\log|x-2|-\frac{1}{6}\log|2x-1|+C$$

$$=\boldsymbol{\frac{1}{6}\log\frac{(x-2)^4}{|2x-1|}+C}$$

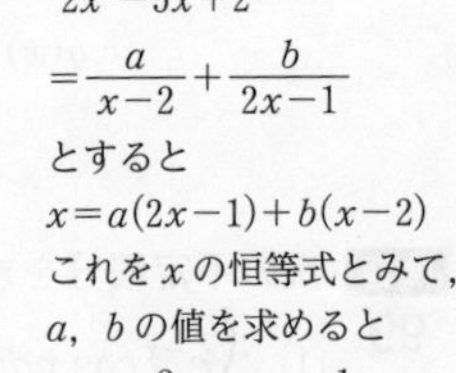

◀ $\dfrac{x}{2x^2-5x+2}=\dfrac{a}{x-2}+\dfrac{b}{2x-1}$
とすると
$x=a(2x-1)+b(x-2)$
これを x の恒等式とみて，a，b の値を求めると
$a=\dfrac{2}{3}$，$b=-\dfrac{1}{3}$

(3) $2x-1=t$ とおくと　$x=\dfrac{t+1}{2}$, $dx=\dfrac{1}{2}dt$

$$\int\frac{x}{(2x-1)^4}dx=\int\frac{t+1}{2}\cdot\frac{1}{t^4}\cdot\frac{1}{2}dt$$

$$=\frac{1}{4}\int(t^{-3}+t^{-4})dt=\frac{1}{4}\left(-\frac{t^{-2}}{2}-\frac{t^{-3}}{3}\right)+C$$

$$=-\frac{1}{24t^3}(3t+2)+C=-\boldsymbol{\frac{6x-1}{24(2x-1)^3}+C}$$

◀ $t=2x-1$ を代入する。

一般に，分数関数の不定積分は，次の手順によって必ず求められる。

1．分子の次数を下げる。

(多項式)＋(分数式) [(分子の次数)＜(分母の次数)][1)] の形にする。

2． 1) **の分数式を部分分数に分解する。**

すなわち，**部分分数** と呼ばれる，次の分数式の和で表す。

$$\frac{a_1}{x-\alpha},\ \frac{a_2}{(x-\alpha)^2},\ \cdots\cdots,\ \frac{a_m}{(x-\alpha)^m}$$

◀ これらは簡単に積分できる。

$$\frac{b_1x+c_1}{(x-p)^2+q^2},\ \frac{b_2x+c_2}{\{(x-p)^2+q^2\}^2},\ \cdots\cdots,\ \frac{b_nx+c_n}{\{(x-p)^2+q^2\}^n}\ ^{2)}$$

3． 2) は $x-p=t$ とおいて $\dfrac{t}{(t^2+q^2)^n}$ [3)]，$\dfrac{1}{(t^2+q^2)^n}$ [4)] の形にする。

4． 3) は $t^2+q^2=u$ のおき換え，4) は $t=q\tan\theta$ のおき換え (不定積分は高校の範囲外，定積分は $p.466$，$p.468$ 参照) によって積分できる。なお

$$\int\frac{dx}{x^2+a^2}=\frac{1}{a}\tan^{-1}\frac{x}{a}+C$$ ($\tan^{-1}$ は下の 参考 を参照)

以上から，分数関数の積分は，有理関数 (多項式，分数式で表される関数)，log，$\tan^{-1}$ の 3 種類の関数で表される。また，部分分数分解は，次の形を覚えておけばよい。

$$\frac{mx+n}{(x-\alpha)(x-\beta)}=\frac{a}{x-\alpha}+\frac{b}{x-\beta}$$

$$\frac{lx^2+mx+n}{(x-\alpha)(x-\beta)^2}=\frac{a}{x-\alpha}+\frac{b}{x-\beta}+\frac{c}{(x-\beta)^2}$$

$$\frac{lx^2+mx+n}{(x-\alpha)(x^2+px+q)}=\frac{a}{x-\alpha}+\frac{bx+c}{x^2+px+q}\quad(p^2-4q<0)$$

参考　$y=\tan^{-1}x$ は $y=\tan x\left(-\dfrac{\pi}{2}<x<\dfrac{\pi}{2}\right)$ の逆関数である。

◀ **逆正接関数** という。$p.467$，468 の研究を参照。

$y=\tan^{-1}x$ のとき

$$x=\tan y,\ \frac{dy}{dx}=\frac{1}{\frac{dx}{dy}}=\frac{1}{\frac{1}{\cos^2y}}=\frac{1}{1+\tan^2y}=\frac{1}{1+x^2}$$

よって，$\displaystyle\int\frac{1}{1+x^2}dx=\tan^{-1}x+C$ (C は積分定数) が成り立つ。

練習 100　次の不定積分を求めよ。　[(2) 類 神戸大，(3) 会津大]

(1) $\displaystyle\int\frac{x^4}{x^2-1}dx$　(2) $\displaystyle\int\frac{dx}{x^3(1-x)}$　(3) $\displaystyle\int\frac{x}{(1+x)^2}dx$

例題 101 無理関数の不定積分 (1) ★★★☆☆

次の不定積分を求めよ。

(1) $\displaystyle\int\frac{x}{\sqrt{x+1}+1}dx$　　(2) $\displaystyle\int\frac{x+1}{x\sqrt{2x+1}}dx$

指針 分母に無理式を含むとき，まず **有理化** を考える。有理化してうまくいかないときには，**無理式を丸ごとおき換える。**

(1) $\sqrt{x+1}=t$ のおき換えよりも，まず **分母の有理化** が有効。

(2) $\sqrt{2x+1}=t$ と **丸ごと置換** ⟶ 分数関数の積分になる。

CHART》 積分できる形に変形

次数を下げる，部分分数に分解

一般に，無理式 $\sqrt[n]{ax+b}$ のみを含む関数では，$\boldsymbol{\sqrt[n]{ax+b}=t}$ **と丸ごと置換** すれば t の有理関数 (多項式，分数式で表される関数) の不定積分にもち込める。

解答 (1) $\displaystyle\int\frac{x}{\sqrt{x+1}+1}dx=\int\frac{x(\sqrt{x+1}-1)}{(x+1)-1}dx$ ◀ 分母の有理化。

$$=\int(\sqrt{x+1}-1)dx$$

$$=\boldsymbol{\frac{2}{3}(x+1)\sqrt{x+1}-x+C}$$

(2) $\sqrt{2x+1}=t$ とおくと　　$x=\dfrac{t^2-1}{2}$，$dx=t\,dt$

$$\int\frac{x+1}{x\sqrt{2x+1}}dx=\int\frac{t^2-1+2}{(t^2-1)t}t\,dt$$

$$=\int\frac{t^2+1}{t^2-1}dt=\int\left(1+\frac{2}{t^2-1}\right)dt$$ ◀ 分子の次数を下げる。

$$=\int\left(1+\frac{1}{t-1}-\frac{1}{t+1}\right)dt$$ ◀ 部分分数に分解。

$$=t+\log|t-1|-\log|t+1|+C$$

$$=t+\log\left|\frac{t-1}{t+1}\right|+C$$

$$=\boldsymbol{\sqrt{2x+1}+\log\frac{|\sqrt{2x+1}-1|}{\sqrt{2x+1}+1}+C}$$

(注意) (2) $\sqrt{2x+1}>0$ であるから　　$|\sqrt{2x+1}+1|=\sqrt{2x+1}+1$

練習 101 次の不定積分を求めよ。ただし，a は定数である。

(1) $\displaystyle\int\frac{1}{\sqrt{x+2}-\sqrt{x}}dx$　(2) $\displaystyle\int\frac{2x}{\sqrt{x^2+1}+x}dx$　(3) $\displaystyle\int\frac{x}{\sqrt{x^2+a^2}}dx$

(4) $\displaystyle\int\frac{1}{(1+\sqrt{x})\sqrt{x}}dx$　(5) $\displaystyle\int\frac{1}{x\sqrt{x+1}}dx$　(6) $\displaystyle\int\frac{x}{\sqrt[3]{x+2}}dx$

重要例題 102 無理関数の不定積分 (2) ★★★★☆

次の不定積分を求めよ。ただし，(1) は $x+\sqrt{x^2+a^2}=t$，(2) は $x=2\sin\theta$ $\left(-\dfrac{\pi}{2}<\theta<\dfrac{\pi}{2},\ \theta\neq 0\right)$ のおき換えを利用せよ。 [(1) 信州大]

(1) $\displaystyle\int\frac{1}{\sqrt{x^2+a^2}}dx\quad(a\neq 0)$　　(2) $\displaystyle\int\frac{1}{x^2\sqrt{4-x^2}}dx$

◀例題 101

指針 (1) 例題 101 (2) と同じように，まず，$x+\sqrt{x^2+a^2}=t$ を変形して，$x=(t$ の式$)$ を導く。

補足 (1) $\sqrt{x^2+a^2}=t$　(2) $\sqrt{4-x^2}=t$ のようにおいても，これらの関数ではうまくいかない。そのため，問題文で与えられているおき換えを利用して考えている。

$\sqrt{x^2+A}$ を含む形なら，$x+\sqrt{x^2+A}=t$ とおく。

$\sqrt{a^2-x^2}$ を含む形なら，$x=a\sin\theta$ とおく。

なお，(2) のおき換えでは，関数 $y=\dfrac{1}{x^2\sqrt{4-x^2}}$ の定義域が「$-2<x<2,\ x\neq 0$」であるから，「$-\dfrac{\pi}{2}<\theta<\dfrac{\pi}{2},\ \theta\neq 0$」としている。

解答 (1) $x+\sqrt{x^2+a^2}=t$ とおくと　$x^2+a^2=(t-x)^2$

よって　$x=\dfrac{t^2-a^2}{2t}$　すなわち　$x=\dfrac{1}{2}\left(t-\dfrac{a^2}{t}\right)$

ゆえに　$dx=\dfrac{1}{2}\left(1+\dfrac{a^2}{t^2}\right)dt=\dfrac{t^2+a^2}{2t^2}dt$

また　$\sqrt{x^2+a^2}=t-x=\dfrac{t^2+a^2}{2t}$

よって　$\displaystyle\int\frac{1}{\sqrt{x^2+a^2}}dx=\int\frac{2t}{t^2+a^2}\cdot\frac{t^2+a^2}{2t^2}dt$

$\displaystyle=\int\frac{1}{t}dt=\log|t|+C=\boldsymbol{\log(x+\sqrt{x^2+a^2})+C}$

◀ $t=x+\sqrt{x^2+a^2}>x+|x|\geqq 0$

別解 (1) $\dfrac{dt}{dx}=1+\dfrac{x}{\sqrt{x^2+a^2}}=\dfrac{x+\sqrt{x^2+a^2}}{\sqrt{x^2+a^2}}$

よって　$\dfrac{1}{\sqrt{x^2+a^2}}dx=\dfrac{1}{t}dt$

(2) $x=2\sin\theta\left(-\dfrac{\pi}{2}<\theta<\dfrac{\pi}{2},\ \theta\neq 0\right)$ とおくと　$dx=2\cos\theta\,d\theta$

$\cos\theta>0$ であるから　$\sqrt{4-x^2}=\sqrt{4(1-\sin^2\theta)}=\sqrt{4\cos^2\theta}=2\cos\theta$

よって　$\displaystyle\int\frac{1}{x^2\sqrt{4-x^2}}dx=\int\frac{2\cos\theta}{4\sin^2\theta\cdot 2\cos\theta}d\theta=\frac{1}{4}\int\frac{1}{\sin^2\theta}d\theta$

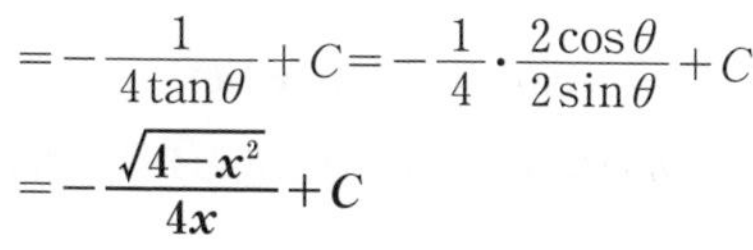

$=-\dfrac{1}{4\tan\theta}+C=-\dfrac{1}{4}\cdot\dfrac{2\cos\theta}{2\sin\theta}+C$

$=\boldsymbol{-\dfrac{\sqrt{4-x^2}}{4x}+C}$

練習 102 次の不定積分を求めよ。ただし，(1) は $x+\sqrt{x^2+1}=t$，(3) は $x=3\sin\theta$ $\left(-\dfrac{\pi}{2}<\theta<\dfrac{\pi}{2}\right)$ のおき換えを利用せよ。

(1) $\displaystyle\int\frac{1}{\sqrt{x^2+1}}dx$　(2) $\displaystyle\int\sqrt{x^2+1}\,dx$　(3) $\displaystyle\int\frac{1}{\sqrt{(9-x^2)^3}}dx$

例題 103 三角関数の不定積分 (1) ★★☆☆☆

次の不定積分を求めよ。

(1) $\int\cos^2 x\,dx$　　(2) $\int\sin^3 x\,dx$　　(3) $\int\sin 2\theta\cos 3\theta\,d\theta$

指針 まず，**次数を下げて 1 次の形にする**ことを考える。

CHART》 積分できる形に変形　次数を下げる

(1) 2 倍角の公式を利用。…… $\cos^2 x=\dfrac{1+\cos 2x}{2}$

(2) 3 倍角の公式を利用。…… $\sin^3 x=\dfrac{3\sin x-\sin 3x}{4}$

置換積分法を利用する方法もある (下の **検討** 参照)。

(3) 積 → 和の公式を利用。…… $\sin\alpha\cos\beta=\dfrac{1}{2}\{\sin(\alpha+\beta)+\sin(\alpha-\beta)\}$

解答 (1) $\int\cos^2 x\,dx=\int\dfrac{1+\cos 2x}{2}dx=\dfrac{1}{2}\int dx+\dfrac{1}{2}\int\cos 2x\,dx$

$$=\boldsymbol{\frac{x}{2}+\frac{1}{4}\sin 2x+C}$$

(2) $\sin 3x=3\sin x-4\sin^3 x$ から　$\sin^3 x=\dfrac{3\sin x-\sin 3x}{4}$

よって　$\int\sin^3 x\,dx=\dfrac{1}{4}\int(3\sin x-\sin 3x)dx$

$$=\boldsymbol{-\frac{3}{4}\cos x+\frac{1}{12}\cos 3x+C}$$

(3) $\int\sin 2\theta\cos 3\theta\,d\theta=\dfrac{1}{2}\int(\sin 5\theta-\sin\theta)d\theta$

$$=\boldsymbol{-\frac{1}{10}\cos 5\theta+\frac{1}{2}\cos\theta+C}$$

参考 (1), (2) のような $\sin^n x$, $\cos^n x$ の不定積分は例題 107，練習 107 の等式を利用しても求めることができる。

検討 (2) $\sin^3 x$ は $(1-\cos^2 x)\sin x$ と変形すると，$\int\{g(x)\}^\alpha g'(x)dx=\dfrac{\{g(x)\}^{\alpha+1}}{\alpha+1}+C$ $(\alpha\neq-1)$ が利用できる。

$$\int\sin^3 x\,dx=\int(1-\cos^2 x)\sin x\,dx$$

$$=-\int(1-\cos^2 x)(\cos x)'\,dx$$　◀ 符号に注意。

$$=\boldsymbol{-\cos x+\frac{1}{3}\cos^3 x+C}$$

◀ $\cos x=t$ とおくと $-\sin x\,dx=dt$
(与式)$=-\int(1-t^2)dt$

上の答えと見かけは異なるが，3 倍角の公式を用いて変形すると一致する。

練習 103 次の不定積分を求めよ。

(1) $\int\sin^2 x\,dx$　　(2) $\int\sin\theta\cos\theta\,d\theta$　　(3) $\int\sin 3x\cos x\,dx$

(4) $\int\sin 2\theta\sin 3\theta\,d\theta$　　(5) $\int\cos^3 x\,dx$

例題 104 三角関数の不定積分 (2) ★★☆☆☆

次の不定積分を求めよ。

(1) $\displaystyle\int\frac{1}{\cos x}dx$　　(2) $\displaystyle\int\frac{\sin x-\sin^3 x}{1+\cos x}dx$

指針 $f(\sin x)\cos x$, $f(\cos x)\sin x$ の形に変形できるときは，それぞれ $\boldsymbol{\sin x=t}$, $\boldsymbol{\cos x=t}$ とおくことによって，不定積分を計算することができる。

CHART》 不定積分　$g'(x)dx$ の発見

(1) $\displaystyle\frac{1}{\cos x}=\frac{\cos x}{\cos^2 x}=\frac{1}{1-\sin^2 x}\cdot\cos x$　◀ $f(\sin x)\cos x$ の形。

(2) $\displaystyle\frac{\sin x-\sin^3 x}{1+\cos x}=\frac{(1-\sin^2 x)\sin x}{1+\cos x}=\frac{\cos^2 x}{1+\cos x}\cdot\sin x$　◀ $f(\cos x)\sin x$ の形。

解答 (1) $\sin x=t$ とおくと　$\cos x\,dx=dt$

よって　$\displaystyle\int\frac{1}{\cos x}dx=\int\frac{\cos x}{\cos^2 x}dx=\int\frac{1}{1-t^2}dt$

$\displaystyle=\frac{1}{2}\int\left(\frac{1}{1-t}+\frac{1}{1+t}\right)dt$　◀ 部分分数に分解。

$\displaystyle=\frac{1}{2}(-\log|1-t|+\log|1+t|)+C$　◀ $\displaystyle\int\frac{1}{ax+b}dx=\frac{1}{a}\log|ax+b|+C$

$\displaystyle=\boldsymbol{\frac{1}{2}\log\frac{1+\sin x}{1-\sin x}+C}$

(2) $\cos x=t$ とおくと　$-\sin x\,dx=dt$

よって　$\displaystyle\int\frac{\sin x-\sin^3 x}{1+\cos x}dx=\int\frac{\cos^2 x}{1+\cos x}\cdot\sin x\,dx$

$\displaystyle=-\int\frac{t^2}{1+t}dt=-\int\left(t-1+\frac{1}{1+t}\right)dt$　◀ 分子の次数を下げる。

$\displaystyle=-\frac{1}{2}t^2+t-\log|1+t|+C$

$\displaystyle=\boldsymbol{-\frac{1}{2}\cos^2 x+\cos x-\log(1+\cos x)+C}$

(注意) (1) 被積分関数の分母について，$\cos x\neq 0$ であるから　$\sin x\neq\pm 1$
よって，$-1<\sin x<1$ から　$1\pm\sin x>0$
(2) 同様に，$\cos x\neq -1$ から　$-1<\cos x\leqq 1$
よって　$1+\cos x>0$

練習 104 次の不定積分を求めよ。

(1) $\displaystyle\int\frac{dx}{\sin x}$　　(2) $\displaystyle\int\frac{\cos x+\sin 2x}{\sin^2 x}dx$

(3) $\displaystyle\int\sin^2 x\tan x\,dx$　　(4) $\displaystyle\int\frac{\sin x}{3+\sin^2 x}dx$

例題 105 三角関数の不定積分 (3) ★★☆☆☆

$\tan\dfrac{x}{2}=t$ とおき，不定積分 $\displaystyle\int\frac{dx}{\sin x+1}$ を求めよ。

指針 一般に，$\tan\dfrac{x}{2}=t$ とおくと

$$\sin x=\frac{2t}{1+t^2},\ \cos x=\frac{1-t^2}{1+t^2},\ \tan x=\frac{2t}{1-t^2}$$

（チャート式数学Ⅱ＋B $p.191$ 例題 91 参照）

また，$dx=\dfrac{2}{1+t^2}dt$ となり，x の三角関数の積分は，t の有理関数の積分で表すことができる。

例題 103，104 の方法でうまくいかないときは，この方法で計算するとよい。

解答 $\tan\dfrac{x}{2}=t$ とおくと　$\sin x=\dfrac{2t}{1+t^2}$

ゆえに　$\dfrac{1}{2}\cdot\dfrac{1}{\cos^2\dfrac{x}{2}}dx=dt$

よって　$\dfrac{1}{2}\left(1+\tan^2\dfrac{x}{2}\right)dx=dt$

ゆえに　$dx=\dfrac{2}{1+t^2}dt$

よって　$\displaystyle\int\frac{dx}{\sin x+1}=\int\frac{1}{\dfrac{2t}{1+t^2}+1}\cdot\frac{2}{1+t^2}dt$

$$=\int\frac{2}{(1+t)^2}dt=-\frac{2}{1+t}+C$$

$$=-\frac{2}{1+\tan\dfrac{x}{2}}+C$$

◀ $\sin x=\sin 2\cdot\dfrac{x}{2}$
$=2\sin\dfrac{x}{2}\cdot\cos\dfrac{x}{2}$
$=2\tan\dfrac{x}{2}\cdot\cos^2\dfrac{x}{2}$
$=2t\cdot\dfrac{1}{1+t^2}$

◀ $\sin x\neq -1$ から
$t=\tan\dfrac{x}{2}\neq -1$

検討 $\tan\dfrac{x}{2}=t$ のおき換えで有理関数の積分に直すと，不定積分は必ず求められる（$p.451$ 参照）が，計算が煩雑になることも多い。

$\tan x$，$\sin^2 x$，$\cos^2 x$ の関数の場合は $\tan x=t$ とおくと

$$\sin^2 x=\frac{t^2}{1+t^2},\ \cos^2 x=\frac{1}{1+t^2},\ dx=\frac{dt}{1+t^2}$$

となり，計算がらくになることを覚えておくとよい。

練習 105

(1) $\tan\dfrac{x}{2}=t$ とおき，不定積分 $\displaystyle\int\frac{5}{3\sin x+4\cos x}dx$ を求めよ。〔類 埼玉大〕

(2) 不定積分 $\displaystyle\int\frac{1}{\sin^4 x}dx$ を求めよ。〔類 東京電機大〕

例題 106 指数・対数関数の不定積分 ★★★☆☆

次の不定積分を求めよ。 〔(1) 長岡技科大〕

(1) $\displaystyle\int\frac{1}{1+e^x}dx$ (2) $\displaystyle\int\log(x^2-1)dx$

指針 (1) e^x で表される関数の積分は $\boldsymbol{e^x=t}$ **とおく。** ◀ 例 38 (2) 参照。

(2) 対数関数は，微分すると有理関数 $\left[(\log x)'=\dfrac{1}{x}\right]$ になる。そこで，部分積分により分数関数の不定積分にすることを考える。

5章 22 いろいろな関数の不定積分

解答 (1) $e^x=t$ とおくと $e^xdx=dt$，$dx=\dfrac{1}{t}dt$

よって

$$\int\frac{1}{1+e^x}dx=\int\frac{1}{1+t}\cdot\frac{1}{t}dt=\int\left(\frac{1}{t}-\frac{1}{1+t}\right)dt$$
◀ 部分分数に分解。

$$=\log|t|-\log|1+t|+C$$

$$=\log\left|\frac{t}{1+t}\right|+C=\boldsymbol{\log\frac{e^x}{1+e^x}+C}$$
◀ $e^x>0$ であるから，真数は正。

(2) $\displaystyle\int\log(x^2-1)dx=x\log(x^2-1)-\int x\cdot\frac{2x}{x^2-1}dx$ ◀ 部分積分法を適用。

$$=x\log(x^2-1)-\int\left(2+\frac{2}{x^2-1}\right)dx$$
◀ 分子の次数を下げる。

$$=x\log(x^2-1)-\int\left(2+\frac{1}{x-1}-\frac{1}{x+1}\right)dx$$
◀ 部分分数に分解。

$$=\boldsymbol{x\log(x^2-1)-2x+\log\frac{x+1}{x-1}+C}$$
◀ $x^2-1>0$ から $\dfrac{x+1}{x-1}>0$

検討 指数関数，対数関数の不定積分は，上のようにおき換えや部分積分によって求める。以下では，$f(x)$ は有理関数とする。

1. $\boldsymbol{e^x=t}$ とおく と $e^xdx=dt$，$dx=\dfrac{1}{t}dt$ よって $\displaystyle\int f(e^x)dx=\int\frac{f(t)}{t}dt$

部分積分法 により $\displaystyle\int f(x)e^xdx=f(x)e^x-\int f'(x)e^xdx$ …… ①

2. 部分積分法 により $\displaystyle\int\log f(x)dx=x\log f(x)-\int x\cdot\frac{f'(x)}{f(x)}dx$ ← 積分から log がなくなる。

$\log x=t$ $[x=e^t]$ とおくと $\displaystyle\int f(\log x)dx=\int f(t)e^tdt$ ◀ ① の左辺に帰着。

練習 106 次の不定積分を求めよ。 〔(1) 信州大〕

(1) $\displaystyle\int\frac{1}{e^x-e^{-x}}dx$ (2) $\displaystyle\int\frac{e^{3x}}{\sqrt{e^x+1}}dx$ (3) $\displaystyle\int\frac{\log(\sin^2x)}{\tan x}dx$

(4) $\displaystyle\int x\log(x^2-1)dx$ (5) $\displaystyle\int\frac{(\log x)^2}{x^2}dx$ (6) $\displaystyle\int\log(x+\sqrt{x^2+4})dx$

重要例題 107 不定積分と漸化式 ★★★★☆

$I_n=\int\sin^n x\,dx$, $\sin^0 x=1$ とするとき，次の等式を証明せよ。

$$I_n=-\frac{\sin^{n-1}x\cos x}{n}+\frac{n-1}{n}I_{n-2}\quad(n=2,\ 3,\ 4,\ \cdots\cdots)$$

指針 I_n と I_{n-2} の関係を導くために，$\sin^n x=\sin^{n-1}x\cdot(-\cos x)'$ として **部分積分** を行う。

$$\int\sin^n x\,dx=\sin^{n-1}x\cdot(-\cos x)+\int(n-1)\sin^{n-2}x\cos^2 x\,dx$$

$\cos^2 x=1-\sin^2 x$ を代入して変形すると，$\sin^n x$，$\sin^{n-2}x$ が出てきて，I_n と I_{n-2} の関係式が得られる。

解答

$$\int\sin^n x\,dx=\int\sin^{n-1}x\sin x\,dx=\int\sin^{n-1}x\cdot(-\cos x)'\,dx$$

◀ 部分積分法を適用。

$$=\sin^{n-1}x\cdot(-\cos x)+\int(n-1)\sin^{n-2}x\cos^2 x\,dx$$

$$=-\sin^{n-1}x\cos x+(n-1)\int\sin^{n-2}x(1-\sin^2 x)dx$$

◀ 第2項を sin だけの式に。

$$=-\sin^{n-1}x\cos x+(n-1)\int(\sin^{n-2}x-\sin^n x)dx$$

よって　$I_n=-\sin^{n-1}x\cos x+(n-1)(I_{n-2}-I_n)$

したがって　$I_n=-\dfrac{\sin^{n-1}x\cos x}{n}+\dfrac{n-1}{n}I_{n-2}$

検討 上の結果を用いて，$\sin^n x$ の不定積分が求められる。

$$I_0=\int dx=x+C,\qquad I_1=\int\sin x\,dx=-\cos x+C$$

$$\int\sin^2 x\,dx=I_2=-\frac{\sin x\cos x}{2}+\frac{1}{2}I_0=-\frac{\sin x\cos x}{2}+\frac{x}{2}+C$$

$$\int\sin^3 x\,dx=I_3=-\frac{\sin^2 x\cos x}{3}+\frac{2}{3}I_1=-\frac{\sin^2 x\cos x}{3}-\frac{2}{3}\cos x+C$$

$$\int\sin^4 x\,dx=I_4=-\frac{\sin^3 x\cos x}{4}+\frac{3}{4}I_2=-\frac{\sin^3 x\cos x}{4}-\frac{3\sin x\cos x}{8}+\frac{3}{8}x+C$$

$$\int\sin^5 x\,dx=I_5=-\frac{\sin^4 x\cos x}{5}+\frac{4}{5}I_3$$

$$=-\frac{\sin^4 x\cos x}{5}-\frac{4\sin^2 x\cos x}{15}-\frac{8}{15}\cos x+C$$

なお，奇数乗のときは，$\sin^5 x=-(1-\cos^2 x)^2(\cos x)'$ と変形し，

$\int\{g(x)\}^\alpha g'(x)dx=\dfrac{\{g(x)\}^{\alpha+1}}{\alpha+1}+C\ (\alpha\neq-1)$ を利用しても積分できる。

練習 107 次のことを証明せよ。また，$\cos^6 x$，$\cos^7 x$ の不定積分を求めよ。

$I_n=\int\cos^n x\,dx$ とするとき

$$I_n=\frac{\sin x\cos^{n-1}x}{n}+\frac{n-1}{n}I_{n-2}\quad(n=2,\ 3,\ 4,\ \cdots\cdots)$$

23 定積分とその基本性質

《 基本事項 》

1 定積分

関数 $f(x)$ はある区間で連続で，a，b はその区間に属する実数とする。

$F'(x)=f(x)$ すなわち $\int f(x)dx=F(x)+C$ であるとき

$$\int_a^b f(x)dx=\Big[F(x)\Big]_a^b=F(b)-F(a)$$

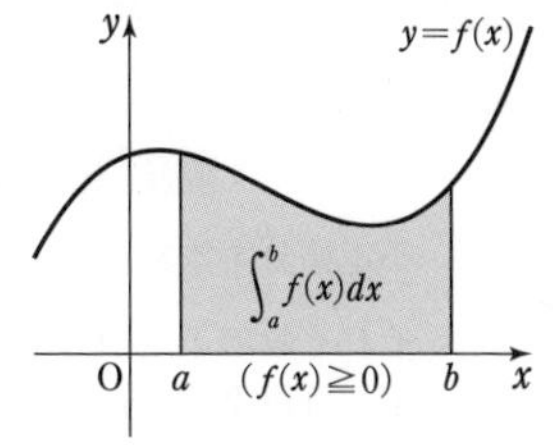

を $f(x)$ の a から b までの **定積分** といい，閉区間 $[a,\ b]$ を **積分区間** という。a を定積分の **下端**，b を定積分の **上端** という。特に，閉区間 $[a,\ b]$ で常に $f(x)\geqq 0$ であるとき，この定積分は，この区間で曲線 $y=f(x)$ と x 軸で挟まれた部分の面積に等しい。

(注意) 定積分の計算では，どの不定積分を用いても結果は同じであるから，普通，積分定数を省いて行う。

2 定積分の性質

連続関数の定積分について，次の等式が成り立つ。

◀ 数学Ⅱの場合と同様。

① **定数倍** $\int_a^b kf(x)dx=k\int_a^b f(x)dx$ （k は定数）

② **和** $\int_a^b \{f(x)+g(x)\}dx=\int_a^b f(x)dx+\int_a^b g(x)dx$

一般に $\int_a^b \{kf(x)+lg(x)\}dx=k\int_a^b f(x)dx+l\int_a^b g(x)dx$ （k，l は定数）

③ **上端・下端の交換** $\int_a^b f(x)dx=-\int_b^a f(x)dx$ 特に $\int_a^a f(x)dx=0$

④ **積分変数** $\int_a^b f(x)dx=\int_a^b f(t)dt$

◀ 定積分は積分変数の文字に無関係。

⑤ **積分区間の分割** $\int_a^b f(x)dx=\int_a^c f(x)dx+\int_c^b f(x)dx$

CHECK 問題

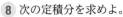

8 次の定積分を求めよ。

(1) $\int_1^4 \sqrt{x}\,dx$ (2) $\int_0^{2\pi} \sin x\,dx$ (3) $\int_0^{\pi} \cos 2\theta\,d\theta$ (4) $\int_1^2 \frac{1}{x}\,dx$ → 1

9 次の定積分を求めよ。

(1) $\int_1^4 (e^x+\cos x)dx-\int_1^4 \cos x\,dx-\int_1^4 \left(e^x-\frac{1}{x}\right)dx$ (2) $\int_{-1}^2 e^x\,dx-\int_{-1}^1 e^x\,dx$

→ 2

例 40 | 定積分の計算 (1) ★★☆☆☆

次の定積分を求めよ。

(1) $\displaystyle\int_0^1 \frac{4x-1}{2x^2+5x+2}\,dx$　　(2) $\displaystyle\int_0^9 \frac{1}{\sqrt{x+16}+\sqrt{x}}\,dx$

(3) $\displaystyle\int_0^{\pi} \sin^4 x\,dx$　　(4) $\displaystyle\int_1^e \frac{\log x}{x}\,dx$

指針 定積分 $\displaystyle\int_a^b f(x)dx$ の計算は　① 不定積分 $\displaystyle\int f(x)dx$ を求めて $F(x)$ とする。

② $F(b)-F(a)$ を計算する。

（積分定数 C は省いてよい。）

CHART》 定積分　まず 不定積分 を考える。

不定積分を求めるには　**CHART》 積分できる形に変形**

それぞれの不定積分は次のように考える。

(1) 分母 $2x^2+5x+2$ は $(x+2)(2x+1)$ と1次式の積に分解できる。
したがって，**部分分数に分解** する。すなわち，

$$\frac{4x-1}{2x^2+5x+2}=\frac{4x-1}{(x+2)(2x+1)}=\frac{a}{x+2}+\frac{b}{2x+1}$$ における定数 a，b を求める。

(2) まず，**分母の有理化** を考える。分母と分子に $\sqrt{x+16}-\sqrt{x}$ を掛ける。

(3) **次数を下げて1次の形にする** ことを考える。

2倍角の公式を利用。……　$\sin^2 x=\dfrac{1-\cos 2x}{2}$，$\cos^2 x=\dfrac{1+\cos 2x}{2}$

(4) $\displaystyle\int\{g(x)\}^{\alpha}g'(x)dx=\frac{\{g(x)\}^{\alpha+1}}{\alpha+1}+C$　($\alpha\neq-1$，C は積分定数) を利用する。

被積分関数において，$\dfrac{\log x}{x}=(\log x)(\log x)'$ である。

例 41 | 定積分の計算 (2) ★★★☆☆

定積分 $\displaystyle\int_0^{\pi}\sin mx\cos nx\,dx$ を求めよ。ただし，m，n は自然数とする。

指針 まず，**次数を下げて1次の形にする** ことを考える。例題 103 (3) 参照。

CHART》 積分できる形に変形　次数を下げる

この問題では，**積 ⟶ 和の公式** を利用すると

$$\sin mx\cos nx=\frac{1}{2}\{\sin(\underset{\sim\sim}{m+n})x+\sin(\underset{\sim\sim}{m-n})x\}$$

ここで，$\sim\sim$ の部分に文字が含まれていることに注意！
m，n は自然数より，$m+n\neq0$ となるから，$m-n$ について

$m-n\neq0$，$m-n=0$ の場合に分けて計算

する必要がある。

単純に $\displaystyle\int\sin(m-n)x\,dx=-\frac{\cos(m-n)x}{m-n}+C$ としてはダメ！

例題 108 絶対値のついた関数の定積分 ★★★☆☆

定積分 $I=\int_0^{\pi}|\sin x-\sqrt{3}\cos x|dx$ を求めよ。

指針 絶対値記号を含む関数の定積分 ⟶ **CHART》 絶対値　場合に分ける**

$|\sin x-\sqrt{3}\cos x|$ の場合の分かれ目は，
$\sin x-\sqrt{3}\cos x=0$ を満たす x の値。
三角関数の合成から

$$\sin x-\sqrt{3}\cos x=2\sin\left(x-\frac{\pi}{3}\right)$$

したがって，$0\leqq x\leqq\frac{\pi}{3}$，$\frac{\pi}{3}\leqq x\leqq\pi$ の場合に分けて絶対値記号をはずす。そして，**積分区間の分割の公式** ($p.459$ ⑤) を使って計算する。

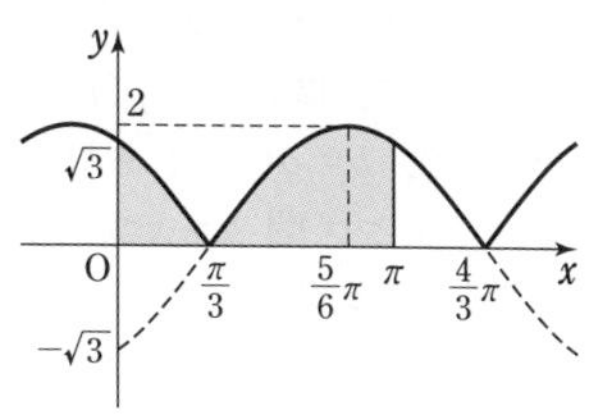

解答 三角関数の合成。

$$|\sin x-\sqrt{3}\cos x|=\left|2\sin\left(x-\frac{\pi}{3}\right)\right|=\begin{cases}-2\sin\left(x-\frac{\pi}{3}\right) & \left(0\leqq x\leqq\frac{\pi}{3}\right)\\ 2\sin\left(x-\frac{\pi}{3}\right) & \left(\frac{\pi}{3}\leqq x\leqq\pi\right)\end{cases}$$

よって　$I=\int_0^{\pi}\left|2\sin\left(x-\frac{\pi}{3}\right)\right|dx=-2\int_0^{\frac{\pi}{3}}\sin\left(x-\frac{\pi}{3}\right)dx+2\int_{\frac{\pi}{3}}^{\pi}\sin\left(x-\frac{\pi}{3}\right)dx$

$$=2\left\{\left[\cos\left(x-\frac{\pi}{3}\right)\right]_0^{\frac{\pi}{3}}-\left[\cos\left(x-\frac{\pi}{3}\right)\right]_{\frac{\pi}{3}}^{\pi}\right\}$$

$$=2\left\{2\cos 0-\cos\left(-\frac{\pi}{3}\right)-\cos\frac{2}{3}\pi\right\}^{(*)}=2\left(2\cdot 1-\frac{1}{2}+\frac{1}{2}\right)=\mathbf{4}$$

検討
1．上の (＊) は　$\left[F(x)\right]_a^b-\left[F(x)\right]_b^c=2F(b)-F(a)-F(c)$　◀計算はらくにやれ。

2．周期性を利用すると

$$\int_0^{\pi}|\sin(x+\alpha)|dx=\int_0^{\pi}|\sin x|dx=\int_0^{\pi}\sin x\,dx=2$$

であることが面積を考えてもわかる。

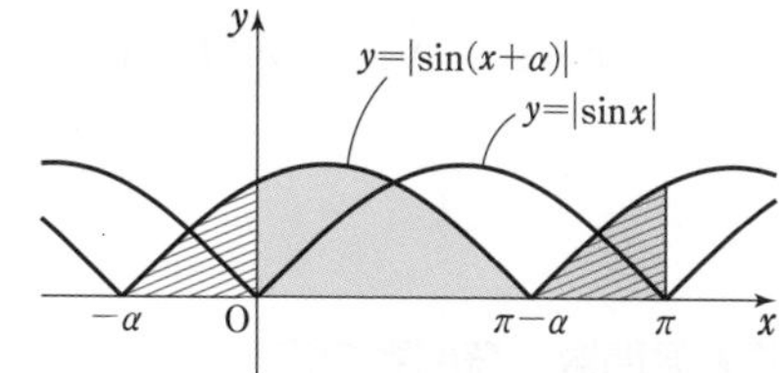

練習 108 次の定積分を求めよ。

(1) $\int_{-1}^{1}\frac{4-|x|x}{2+x}dx$　(2) $\int_0^2|2^x-2|dx$　(3) $\int_0^{\frac{\pi}{2}}\left|\cos x-\frac{1}{2}\right|dx$

(4) $\int_0^{\pi}\left|\cos\theta\cos\frac{\theta}{2}\right|d\theta$　(5) $\int_0^{\pi}|\sqrt{3}\sin x-\cos x-1|dx$

➡ p. 504 演習 45

24 | 定積分の置換積分法・部分積分法

《 基本事項 》

1 定積分の置換積分法

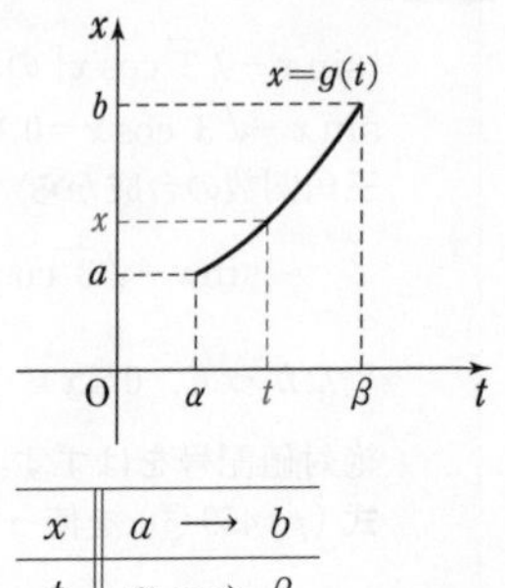

関数 $f(x)$ は区間 $[a,\ b]$ で連続（←不定積分が考えられる）で，関数 $x=g(t)$ は微分可能とする。また，$a=g(\alpha)$，$b=g(\beta)$ であり，$x=g(t)$ によって，区間 $\alpha \leqq t \leqq \beta$ と区間 $a \leqq x \leqq b$ が **1 対 1 に対応** するものとする。この場合，$g(t)$ は単調に増加し，$g'(t) \geqq 0$ である（右の図参照）。

x	$a \longrightarrow b$
t	$\alpha \longrightarrow \beta$

$f(x)$ の不定積分の 1 つを $F(x)$ とすると，不定積分の置換積分法により，$F(g(t))=\int f(g(t))g'(t)dt$ であるから

$$\int_\alpha^\beta f(g(t))g'(t)dt=\Big[F(g(t))\Big]_\alpha^\beta=F(g(\beta))-F(g(\alpha))$$
$$=F(b)-F(a)=\int_a^b f(x)dx$$

なお，$a=g(\alpha)$，$b=g(\beta)$ であって，区間 $\alpha \geqq t \geqq \beta$ と区間 $a \leqq x \leqq b$ が 1 対 1 に対応（$g(t)$ が単調に減少）する場合もこの式は成り立つ。

> $\alpha<\beta$ のとき，区間 $[\alpha,\ \beta]$ で微分可能な関数 $x=g(t)$ に対し，$a=g(\alpha)$，$b=g(\beta)$ ならば
>
> $$\boldsymbol{\int_a^b f(x)dx=\int_\alpha^\beta f(g(t))g'(t)dt}$$
>
> ◀ $\beta<\alpha$ のときも成り立つ。

例 $\int_0^2 x(2-x)^3dx$　　$2-x=t$ とおくと　$x=2-t$，$dx=(-1)dt$

x と t の対応は右のようになる。

x	$0 \longrightarrow 2$
t	$2 \longrightarrow 0$

よって $\int_0^2 x(2-x)^3dx=\int_2^0 (2-t)t^3\cdot(-1)dt=\int_0^2(2t^3-t^4)dt$

$$=\left[\frac{t^4}{2}-\frac{t^5}{5}\right]_0^2=8-\frac{32}{5}=\frac{8}{5}$$

2 偶関数，奇関数の定積分

関数 $y=f(x)$ において，常に $\boldsymbol{f(-x)=f(x)}$ が成り立つとき $f(x)$ は **偶関数** であるといい，常に $\boldsymbol{f(-x)=-f(x)}$ が成り立つとき，$f(x)$ は **奇関数** であるという。
偶関数，奇関数の定積分について，次のことが成り立つ。

> $f(x)$ が偶関数のとき　$\boldsymbol{\int_{-a}^a f(x)dx=2\int_0^a f(x)dx}$
>
> $f(x)$ が奇関数のとき　$\boldsymbol{\int_{-a}^a f(x)dx=0}$

3 定積分の部分積分法

不定積分の部分積分法の公式から，次の公式が成り立つ。

$$\int_a^b f(x)g'(x)dx=\Big[f(x)g(x)\Big]_a^b-\int_a^b f'(x)g(x)dx$$

証明　$\{f(x)g(x)\}'=f'(x)g(x)+f(x)g'(x)$ であるから

$$\int_a^b \{f'(x)g(x)+f(x)g'(x)\}dx=\int_a^b f'(x)g(x)dx+\int_a^b f(x)g'(x)dx=\Big[f(x)g(x)\Big]_a^b$$

よって　$\displaystyle\int_a^b f(x)g'(x)dx=\Big[f(x)g(x)\Big]_a^b-\int_a^b f'(x)g(x)dx$

4 定積分と漸化式

例　$I_n=\displaystyle\int_0^1 x^n e^{2x}dx$ ($n=0$, 1, 2, ……) について，部分積分法により

$n\geqq 1$ のとき　$\displaystyle I_n=\int_0^1 x^n\cdot\left(\frac{1}{2}e^{2x}\right)'dx=\left[x^n\cdot\frac{1}{2}e^{2x}\right]_0^1-\int_0^1 nx^{n-1}\cdot\frac{1}{2}e^{2x}dx$

$$=\frac{1}{2}e^2-\frac{n}{2}\int_0^1 x^{n-1}e^{2x}dx=\frac{1}{2}e^2-\frac{n}{2}I_{n-1}$$

よって，漸化式　$I_n=\dfrac{1}{2}e^2-\dfrac{n}{2}I_{n-1}$ ($n\geqq 1$) …… ①　が得られる。

更に，　$I_0=\displaystyle\int_0^1 e^{2x}dx=\left[\frac{1}{2}e^{2x}\right]_0^1=\frac{1}{2}e^2-\frac{1}{2}$　であるから，漸化式 ① を用いて

$$I_1=\frac{1}{2}e^2-\frac{1}{2}I_0=\frac{1}{2}e^2-\frac{1}{2}\left(\frac{1}{2}e^2-\frac{1}{2}\right)=\frac{1}{4}e^2+\frac{1}{4},$$

$$I_2=\frac{1}{2}e^2-\frac{2}{2}I_1=\frac{1}{2}e^2-\left(\frac{1}{4}e^2+\frac{1}{4}\right)=\frac{1}{4}e^2-\frac{1}{4},$$

$$I_3=\frac{1}{2}e^2-\frac{3}{2}I_2=\frac{1}{2}e^2-\frac{3}{2}\left(\frac{1}{4}e^2-\frac{1}{4}\right)=\frac{1}{8}e^2+\frac{3}{8},\ \cdots\cdots$$

のように，I_n の値を次々に求めていくことができる。

CHECK 問題

10 次の定積分を求めよ。

(1) $\displaystyle\int_0^1 2x(x^2+2)^2dx$　(2) $\displaystyle\int_0^{\frac{\pi}{4}}\frac{\sin\theta}{\cos^2\theta}d\theta$　(3) $\displaystyle\int_1^{\sqrt{2}}2x10^{x^2}dx$　→ 1

11 次の定積分を求めよ。

(1) $\displaystyle\int_{-2}^2 x^5dx$　(2) $\displaystyle\int_{-\frac{\pi}{6}}^{\frac{\pi}{6}}\cos x\,dx$　(3) $\displaystyle\int_{-\pi}^{\pi}\sin x\,dx$　→ 2

12 次の定積分を求めよ。

(1) $\displaystyle\int_0^1 xe^x dx$　(2) $\displaystyle\int_0^{\pi}x\sin x\,dx$　(3) $\displaystyle\int_1^e x\log\sqrt{x}\,dx$　→ 3

例 42 定積分の置換積分法 (1) ★★☆☆☆

次の定積分を求めよ。

(1) $\displaystyle\int_2^5 \frac{x}{\sqrt{6-x}}dx$　(2) $\displaystyle\int_{\frac{\pi}{2}}^{\pi} \frac{\sin x\cos x}{1+\cos^2 x}dx$　(3) $\displaystyle\int_{\log\pi}^{\log 2\pi} e^x \sin e^x dx$

指針 CHART》 **定積分　まず 不定積分** を考えると，すべて置換積分。

積分区間の対応に注意

(1) x と $\sqrt{6-x}$ …… $\sqrt{6-x}=t$ と **丸ごと置換。**

(2) $\boldsymbol{f(\cos x)\sin x}$ **の形** …… $\boldsymbol{\cos x=t}$ **とおく。**　◀ $g'(x)dx$ の発見。

別解　$(1+\cos^2 x)'=-2\sin x\cos x$ に着目すると $\dfrac{f'(x)}{f(x)}$ **の形**。これに気がつけば，文字のおき換えは不要。

(3) e^x **で表される関数** …… $\boldsymbol{e^x=t}$ **とおく** と　$\displaystyle\int f(e^x)dx=\int\frac{f(t)}{t}dt$

例 43 偶関数，奇関数の定積分 ★★☆☆☆

次の定積分を求めよ。

(1) $\displaystyle\int_{-\frac{\pi}{3}}^{\frac{\pi}{3}}(\cos x+x^2\sin x)dx$　(2) $\displaystyle\int_{-2}^{2} xe^{x^2}dx$

指針 $\displaystyle\int_{-a}^{a}$ の計算は，偶関数，奇関数に分けて，それぞれ $=2\displaystyle\int_0^a$，$=0$ とする。

CHART》 $\displaystyle\int_{-a}^{a}f(x)dx$　**偶関数は 2 倍，奇関数は 0**

$\boldsymbol{f(-x)=f(x)}$ **[偶関数] ならば**

$$\int_{-a}^{a}f(x)dx=2\int_0^a f(x)dx \quad \cdots\cdots ①$$

$\boldsymbol{f(-x)=-f(x)}$ **[奇関数] ならば**

$$\int_{-a}^{a}f(x)dx=0 \quad \cdots\cdots ②$$

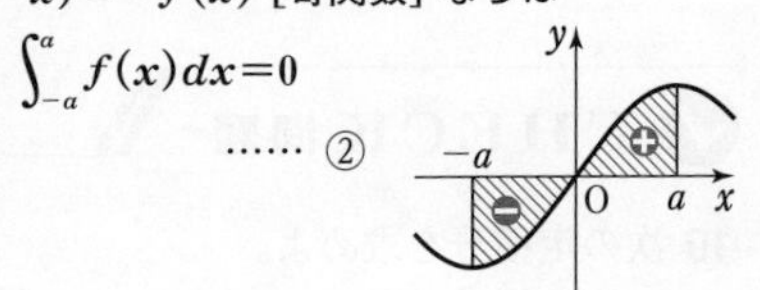

証明　$\displaystyle\int_{-a}^{a}f(x)dx=\int_{-a}^{0}f(x)dx+\int_0^a f(x)dx$ …… ③

$I=\displaystyle\int_{-a}^{0}f(x)dx$ で $x=-t$ とおくと　$dx=(-1)dt$

x と t の対応は右のようになる。

x	$-a \longrightarrow 0$
t	$a \longrightarrow 0$

$$I=\int_a^0 f(-t)\cdot(-1)dt=\int_0^a f(-t)dt=\int_0^a f(-x)dx$$

よって，③ は　$\displaystyle\int_{-a}^{a}f(x)dx=\int_0^a\{f(-x)+f(x)\}dx$

したがって，$f(-x)=f(x)$ ならば ① が成り立つ。

したがって，$f(-x)=-f(x)$ ならば ② が成り立つ。

例題 109 定積分の置換積分法 (2) ★★☆☆☆

次の定積分を求めよ。

(1) $\displaystyle\int_0^{\frac{a}{2}}\sqrt{a^2-x^2}\,dx \quad (a>0)$　　(2) $\displaystyle\int_0^1\frac{1}{\sqrt{4-x^2}}\,dx$

◀例題 102

指針 $p.453$ 例題 102 で学習したように $\sqrt{a^2-x^2}$ を含む形なら，$x=a\sin\theta$ とおくのおき換えで積分できる。その際，積分区間の対応に注意する。
積分区間のとり方について，解答編 $p.351$ 参照。

解答 (1) $x=a\sin\theta$ とおくと　$dx=a\cos\theta\,d\theta$
x と θ の対応は右のようになる。

x	$0 \longrightarrow \dfrac{a}{2}$
θ	$0 \longrightarrow \dfrac{\pi}{6}$

$a>0$ であり，$0\leqq\theta\leqq\dfrac{\pi}{6}$ において $\cos\theta>0$ であるから

$$\sqrt{a^2-x^2}=\sqrt{a^2(1-\sin^2\theta)}=a\sqrt{\cos^2\theta}=a\cos\theta$$

よって　$\displaystyle\int_0^{\frac{a}{2}}\sqrt{a^2-x^2}\,dx=\int_0^{\frac{\pi}{6}}a\cos\theta\cdot a\cos\theta\,d\theta$

◀ 次数を下げる。
$\cos^2\theta=\dfrac{1+\cos 2\theta}{2}$

$$=a^2\int_0^{\frac{\pi}{6}}\frac{1+\cos 2\theta}{2}\,d\theta$$

$$=\frac{a^2}{2}\left[\theta+\frac{1}{2}\sin 2\theta\right]_0^{\frac{\pi}{6}}=\boldsymbol{\frac{a^2}{4}\left(\frac{\pi}{3}+\frac{\sqrt{3}}{2}\right)}$$

(2) $x=2\sin\theta$ とおくと　$dx=2\cos\theta\,d\theta$
x と θ の対応は右のようになる。

x	$0 \longrightarrow 1$
θ	$0 \longrightarrow \dfrac{\pi}{6}$

$0\leqq\theta\leqq\dfrac{\pi}{6}$ において $\cos\theta\geqq0$ であるから

$$\sqrt{4-x^2}=\sqrt{4(1-\sin^2\theta)}=2\sqrt{\cos^2\theta}=2\cos\theta$$

よって　$\displaystyle\int_0^1\frac{1}{\sqrt{4-x^2}}\,dx=\int_0^{\frac{\pi}{6}}\frac{1}{2\cos\theta}\cdot2\cos\theta\,d\theta=\int_0^{\frac{\pi}{6}}d\theta=\Big[\theta\Big]_0^{\frac{\pi}{6}}=\boldsymbol{\frac{\pi}{6}}$

$\sqrt{a^2-x^2}$ の定積分の値は，解答 (1) のように置換積分法を利用する方法以外に，次のようにして図形的に考える方法もある。
$y=\sqrt{a^2-x^2} \iff x^2+y^2=a^2\ (y\geqq0)$ であるから，(1) の定積分は右の図の赤い部分 (扇形 OPB＋△OPH) の面積を表す。

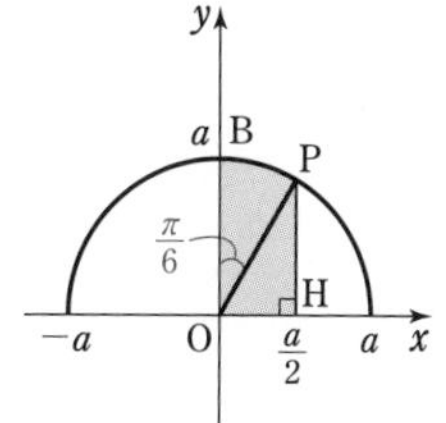

よって　$\displaystyle\int_0^{\frac{a}{2}}\sqrt{a^2-x^2}\,dx=\frac{1}{2}a^2\cdot\frac{\pi}{6}+\frac{1}{2}\cdot\frac{a}{2}\cdot\frac{\sqrt{3}}{2}a$

特に，$\displaystyle\int_0^a\boldsymbol{\sqrt{a^2-x^2}\,dx=\frac{\pi}{4}a^2}$ …… **半径 a の四分円の面積**

練習 109 次の定積分を求めよ。

(1) $\displaystyle\int_0^{\frac{1}{2}}\sqrt{1-2x^2}\,dx$　　(2) $\displaystyle\int_0^{\sqrt{3}}\frac{x^2}{\sqrt{4-x^2}}\,dx$

例題 110　定積分の置換積分法(3)　★★★☆☆

次の定積分を求めよ。

(1) $\displaystyle\int_0^{\sqrt{2}}\frac{1}{x^2+2}dx$　　(2) $\displaystyle\int_0^1\frac{1}{x^2+x+1}dx$

指針 これらの関数の不定積分は，高校の教科書に出てくる関数を使っては表されない（p. 451 参照）。しかし，定積分については，次のおき換えで計算できる。

$$\frac{1}{x^2+a^2}\ \text{の形なら，}\ x=a\tan\theta\ \text{とおく}$$

(1) 積分区間のとり方について，解答編 p. 352 参照。

(2) 分母を平方完成すると　$x^2+x+1=\left(x+\dfrac{1}{2}\right)^2+\dfrac{3}{4}\longrightarrow x+\dfrac{1}{2}=\dfrac{\sqrt{3}}{2}\tan\theta$ とおく。

解答 (1) $x=\sqrt{2}\tan\theta$ とおくと　$dx=\dfrac{\sqrt{2}}{\cos^2\theta}d\theta$

x と θ の対応は右のようになる。

x	$0\longrightarrow\sqrt{2}$
θ	$0\longrightarrow\dfrac{\pi}{4}$

よって　$\displaystyle\int_0^{\sqrt{2}}\frac{1}{x^2+2}dx=\int_0^{\frac{\pi}{4}}\frac{1}{2(\tan^2\theta+1)}\cdot\frac{\sqrt{2}}{\cos^2\theta}d\theta$

◀ $1+\tan^2\theta=\dfrac{1}{\cos^2\theta}$

$$=\frac{1}{\sqrt{2}}\int_0^{\frac{\pi}{4}}d\theta=\frac{1}{\sqrt{2}}\cdot\frac{\pi}{4}$$

$$=\frac{\sqrt{2}}{8}\pi$$

(2) $x^2+x+1=\left(x+\dfrac{1}{2}\right)^2+\dfrac{3}{4}$ であるから，

$x+\dfrac{1}{2}=\dfrac{\sqrt{3}}{2}\tan\theta$ とおくと　$dx=\dfrac{\sqrt{3}}{2\cos^2\theta}d\theta$

x と θ の対応は右のようになる。

x	$0\longrightarrow 1$
θ	$\dfrac{\pi}{6}\longrightarrow\dfrac{\pi}{3}$

よって　$\displaystyle\int_0^1\frac{1}{x^2+x+1}dx=\int_{\frac{\pi}{6}}^{\frac{\pi}{3}}\frac{1}{\frac{3}{4}(\tan^2\theta+1)}\cdot\frac{\sqrt{3}}{2\cos^2\theta}d\theta$

$$=\int_{\frac{\pi}{6}}^{\frac{\pi}{3}}\frac{2\sqrt{3}}{3}d\theta=\frac{2\sqrt{3}}{3}\left(\frac{\pi}{3}-\frac{\pi}{6}\right)$$

$$=\frac{\sqrt{3}}{9}\pi$$

練習 110 (1) 次の定積分を求めよ。　〔(ウ) 横浜国大〕

(ア) $\displaystyle\int_1^{\sqrt{3}}\frac{1}{x^2+3}dx$　(イ) $\displaystyle\int_1^4\frac{1}{x^2-2x+4}dx$　(ウ) $\displaystyle\int_0^1\frac{x+1}{(x^2+1)^2}dx$

(2) 定積分 $\displaystyle\int_0^1\frac{3}{x^3+1}dx$ を求めよ。

逆三角関数

定積分 $\int_0^{\sqrt{2}}\frac{dx}{x^2+2}$ や $\int_0^{\frac{a}{2}}\sqrt{a^2-x^2}\,dx$ の計算で，$x=\sqrt{2}\tan\theta$ や $x=a\sin\theta$ とおくことでうまく計算できるのはなぜだろうか。まずは，不定積分 $\int\frac{dx}{x^2+2}$ を計算してみよう。

$x=\sqrt{2}\tan\theta$ とおくと，$dx=\frac{\sqrt{2}}{\cos^2\theta}d\theta$ であるから

$$\int\frac{dx}{x^2+2}=\int\frac{1}{2}\cdot\frac{1}{1+\tan^2\theta}\cdot\frac{\sqrt{2}}{\cos^2\theta}d\theta=\frac{1}{\sqrt{2}}\int d\theta=\frac{1}{\sqrt{2}}\theta+C\quad(C\text{は積分定数})$$

ただ，これでは不定積分が x で表現できていない。$x=\sqrt{2}\tan\theta$ から，逆に θ を x で表現するには，逆三角関数という関数が必要になる。

逆三角関数

$y=2^x$ の逆関数を $y=\log_2 x$ で表したように，$y=\tan x$ や $y=\sin x$ の逆関数を考える。

一般に，関数 $y=f(x)$ の値域に含まれる任意の y に対して対応する x の値がただ1つ定まるとき，逆関数 $y=f^{-1}(x)$ を考えることができる。したがって，$y=\sin x$ のままでは，逆関数を考えることができない。

そこで，次のように三角関数の主値（x と y が1対1に対応する x の値の範囲）を定めてから逆関数を定義する。

$y=\sin x\left(-\frac{\pi}{2}\leqq x\leqq\frac{\pi}{2}\right)$ の逆関数は　$y=\sin^{-1}x\ (-1\leqq x\leqq 1)$

$y=\cos x\ (0\leqq x\leqq\pi)$ の逆関数は　$y=\cos^{-1}x\ (-1\leqq x\leqq 1)$

$y=\tan x\left(-\frac{\pi}{2}<x<\frac{\pi}{2}\right)$ の逆関数は　$y=\tan^{-1}x$

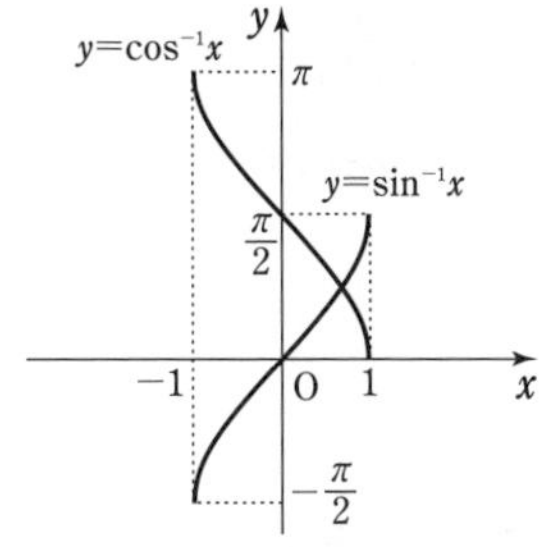

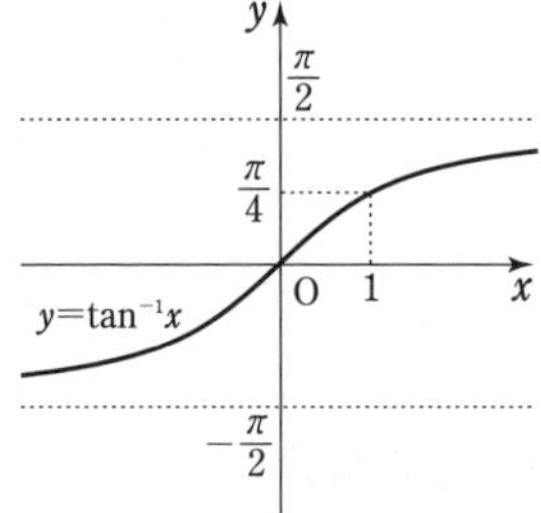

参考　$y=\sin^{-1}x$，$y=\cos^{-1}x$，$y=\tan^{-1}x$ を $y=\mathrm{Arc}\sin x$，$y=\mathrm{Arc}\cos x$，$y=\mathrm{Arc}\tan x$ と書くこともある。
arc は弧のこと。$y=\mathrm{Arc}\sin x$ は「x を正弦にもつ弧長は y」の意で，アークサインと読む（他も同様）。

例　$\sin^{-1}\frac{1}{2}=\frac{\pi}{6}$，$\cos^{-1}0=\frac{\pi}{2}$，$\cos^{-1}\left(-\frac{1}{2}\right)=\frac{2}{3}\pi$，$\tan^{-1}1=\frac{\pi}{4}$

逆三角関数の微分

[1] $(\sin^{-1}x)'=\dfrac{1}{\sqrt{1-x^2}}$ $(-1<x<1)$

[2] $(\cos^{-1}x)'=-\dfrac{1}{\sqrt{1-x^2}}$ $(-1<x<1)$

[3] $(\tan^{-1}x)'=\dfrac{1}{1+x^2}$

証明 [3] $y=\tan^{-1}x$ とおくと，$x=\tan y\left(-\dfrac{\pi}{2}<y<\dfrac{\pi}{2}\right)$ であるから

$$\frac{dx}{dy}=\frac{1}{\cos^2 y}=1+\tan^2 y=1+x^2 \qquad \text{よって} \qquad \frac{dy}{dx}=\frac{1}{1+x^2}$$

逆三角関数と不定積分

高校数学のレベルを越えるが，不定積分には次のような公式がある。

[4] $\displaystyle\int\frac{dx}{\sqrt{a^2-x^2}}=\sin^{-1}\frac{x}{|a|}+C$　　ただし，$a\neq 0$，$|x|<|a|$

[5] $\displaystyle\int\frac{dx}{a^2+x^2}=\frac{1}{a}\tan^{-1}\frac{x}{a}+C$　　ただし，$a\neq 0$

[6] $\displaystyle\int\sqrt{a^2-x^2}\,dx=\frac{1}{2}\left(x\sqrt{a^2-x^2}+a^2\sin^{-1}\frac{x}{|a|}\right)+C$　　ただし，$a\neq 0$，$|x|<|a|$

証明 [4] $x=|a|t$ とおくと，$dx=|a|dt$ であるから

$$\int\frac{dx}{\sqrt{a^2-x^2}}=\int\frac{|a|}{|a|\sqrt{1-t^2}}\,dt=\int\frac{dt}{\sqrt{1-t^2}}$$

$(\sin^{-1}t)'=\dfrac{1}{\sqrt{1-t^2}}$ より，$\displaystyle\int\frac{dt}{\sqrt{1-t^2}}=\sin^{-1}t+C$ であるから

$$\int\frac{dx}{\sqrt{a^2-x^2}}=\sin^{-1}\frac{x}{|a|}+C$$

[5] $x=at$ とおくと，$dx=a\,dt$ であるから

$$\int\frac{dx}{a^2+x^2}=\int\frac{a}{a^2(1+t^2)}\,dt=\frac{1}{a}\int\frac{dt}{1+t^2}$$

$(\tan^{-1}t)'=\dfrac{1}{1+t^2}$ より，$\displaystyle\int\frac{dt}{1+t^2}=\tan^{-1}t+C$ であるから

$$\int\frac{dx}{a^2+x^2}=\frac{1}{a}\tan^{-1}\frac{x}{a}+C$$

逆三角関数と定積分

上の [4]～[6] を公式として用いて，次の定積分を求めてみよう。

例 $\displaystyle\int_1^{\sqrt{3}}\frac{dx}{x^2+3}=\left[\frac{1}{\sqrt{3}}\tan^{-1}\frac{x}{\sqrt{3}}\right]_1^{\sqrt{3}}=\frac{1}{\sqrt{3}}\left(\frac{\pi}{4}-\frac{\pi}{6}\right)=\frac{\sqrt{3}}{36}\pi$

［例えば $\tan^{-1}\dfrac{1}{\sqrt{3}}=\theta$ の値は，$\tan\theta=\dfrac{1}{\sqrt{3}}$ $\left(-\dfrac{\pi}{2}<\theta<\dfrac{\pi}{2}\right)$ から求められる。］

例 $\displaystyle\int_0^1\sqrt{4-x^2}\,dx=\frac{1}{2}\left[x\sqrt{4-x^2}+4\sin^{-1}\frac{x}{2}\right]_0^1=\frac{1}{2}\left(\sqrt{3}+4\cdot\frac{\pi}{6}\right)=\frac{\sqrt{3}}{2}+\frac{\pi}{3}$

［例えば $\sin^{-1}\dfrac{1}{2}=\theta$ の値は，$\sin\theta=\dfrac{1}{2}$ $\left(-\dfrac{\pi}{2}\leqq\theta\leqq\dfrac{\pi}{2}\right)$ から求められる。］

例題 111 工夫して求める定積分 ★★★☆☆

$x=\frac{\pi}{2}-t$ とおいて，定積分 $I=\int_0^{\frac{\pi}{2}}\frac{\sin x}{\sin x+\cos x}dx$ を求めよ。〔類 愛媛大〕

指針 おき換え によって，$\int_0^{\frac{\pi}{2}}\frac{\sin x}{\sin x+\cos x}dx=\int_0^{\frac{\pi}{2}}\frac{\cos x}{\sin x+\cos x}dx$ が導かれる。
この等式を利用して，I の値を求める。この右辺を J とすると　$I=J$
I と J を加えたり引いたりして，**簡単な定積分にならないか** と考える。

解答 $x=\frac{\pi}{2}-t$ とおくと　$dx=-dt$
x と t の対応は右のようになる。

x	$0\longrightarrow\frac{\pi}{2}$
t	$\frac{\pi}{2}\longrightarrow 0$

$$I=\int_{\frac{\pi}{2}}^0\frac{\sin\left(\frac{\pi}{2}-t\right)}{\sin\left(\frac{\pi}{2}-t\right)+\cos\left(\frac{\pi}{2}-t\right)}\cdot(-1)dt$$

◀ $\int_a^0 f(x)dx=-\int_0^a f(x)dx$

$$=\int_0^{\frac{\pi}{2}}\frac{\cos t}{\cos t+\sin t}dt=\int_0^{\frac{\pi}{2}}\frac{\cos x}{\sin x+\cos x}dx$$

◀ 定積分は積分変数に無関係。

最後の式を J とすると

$$I+J=\int_0^{\frac{\pi}{2}}\frac{\sin x+\cos x}{\sin x+\cos x}dx=\int_0^{\frac{\pi}{2}}dx=\frac{\pi}{2}$$

$I=J$ であるから　$\boldsymbol{I=\frac{\pi}{4}}$

参考 $f(x)=\frac{\sin x}{\sin x+\cos x}$，$g(x)=\frac{\cos x}{\sin x+\cos x}$ とすると，$y=f(x)$ と $y=g(x)$ のグラフは右の図のように，直線 $x=\frac{\pi}{4}$，$y=\frac{1}{2}$ に関して対称になる。

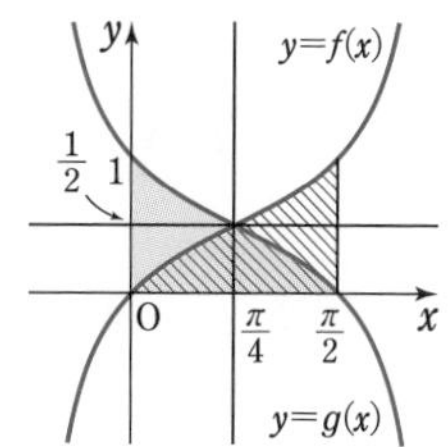

例題で導いた等式は，$\boldsymbol{\int_0^a f(x)dx=\int_0^a f(a-x)dx}$ ……（＊）の形をしていることに注目したい。また，$\boldsymbol{f(x)+f(a-x)=1}$ となることを利用した。例題の I，J のように，一方だけでは求めにくくても，**ペアを考える** と扱いやすい場合があることを覚えておこう。

〔(＊)の証明〕 $a-x=t$ とおくと　$x=a-t$，$dx=-dt$
x と t の対応は右のようになる。

x	$0\longrightarrow a$
t	$a\longrightarrow 0$

よって　$\int_0^a f(a-x)dx=\int_a^0 f(t)\cdot(-1)dt$

$$=\int_0^a f(t)dt=\int_0^a f(x)dx$$

練習 111 次の定積分を求めよ。〔(1) 類 静岡大〕

(1) $\int_0^{\frac{\pi}{2}}\frac{\cos^3 x}{\cos x+\sin x}dx$　　(2) $\int_0^a\frac{e^x}{e^x+e^{a-x}}dx$

➡ p. 504 演習 46

重要例題 112 定積分の計算（等式利用） ★★★★☆

(1) $f(x)$ が区間 $[-1,\ 1]$ で連続であるとき，次の等式を証明せよ。

$$\int_0^{\pi} xf(\sin x)dx=\frac{\pi}{2}\int_0^{\pi} f(\sin x)dx$$

(2) (1)の等式を用いて，$\displaystyle\int_0^{\pi}\frac{x\sin x}{3+\sin^2 x}dx$ を求めよ。 〔類 お茶の水大〕

指針 (1) $\boldsymbol{\sin(\pi-x)=\sin x}$ であることに着目。$\pi-x=t$ $(x=\pi-t)$ とおいて左辺を変形すると，左辺と同じ式が現れる（同形出現）から，$p.449$ 例題 99 と同じように処理する。

解答 (1) $x=\pi-t$ とおくと　$dx=-dt$

x と t の対応は右のようになる。

x	$0\longrightarrow\pi$
t	$\pi\longrightarrow 0$

証明する等式の左辺を I とすると

$$I=\int_0^{\pi} xf(\sin x)dx=\int_{\pi}^{0}(\pi-t)f(\sin(\pi-t))\cdot(-1)dt$$

$$=\int_0^{\pi}(\pi-t)f(\sin t)dt$$

$$=\pi\int_0^{\pi} f(\sin t)dt-\int_0^{\pi} tf(\sin t)dt$$

◀ 同形出現

$$=\pi\int_0^{\pi} f(\sin t)dt-I$$

よって　$I=\dfrac{\pi}{2}\displaystyle\int_0^{\pi} f(\sin x)dx$

◀ 定積分は積分変数に無関係。$\displaystyle\int_0^{\pi} f(\sin t)dt=\int_0^{\pi} f(\sin x)dx$

(2) $J=\displaystyle\int_0^{\pi}\frac{x\sin x}{3+\sin^2 x}dx$ とすると，(1)から

$$J=\frac{\pi}{2}\int_0^{\pi}\frac{\sin x}{3+\sin^2 x}dx=\frac{\pi}{2}\int_0^{\pi}\frac{\sin x}{4-\cos^2 x}dx$$

◀ $f(\cos x)\sin x$ の形。

$\cos x=u$ とおくと

$-\sin x\,dx=du$

x と u の対応は右のようになる。

x	$0\longrightarrow\pi$
u	$1\longrightarrow -1$

よって　$J=\dfrac{\pi}{2}\displaystyle\int_1^{-1}\frac{-1}{4-u^2}du$

$$=\frac{\pi}{2}\int_{-1}^{1}\frac{1}{4-u^2}du=\pi\int_0^{1}\frac{1}{4-u^2}du$$

◀ 偶関数は 2 倍。

$$=\frac{\pi}{4}\int_0^{1}\left(\frac{1}{2+u}+\frac{1}{2-u}\right)du$$

$$=\frac{\pi}{4}\Big[\log(2+u)-\log(2-u)\Big]_0^1=\boldsymbol{\frac{\pi}{4}\log 3}$$

練習 112 (1) 連続関数 $f(x)$ が，すべての実数 x について $f(\pi-x)=f(x)$ を満たすとき，$\displaystyle\int_0^{\pi}\left(x-\frac{\pi}{2}\right)f(x)dx=0$ が成り立つことを証明せよ。

(2) $\displaystyle\int_0^{\pi}\frac{x\sin^3 x}{4-\cos^2 x}dx$ を求めよ。 〔名古屋大〕

例題 113 定積分の部分積分法 (1) ★★☆☆☆

次の定積分を求めよ。

(1) $\displaystyle\int_0^{\pi} x\cos\frac{x}{3}\,dx$　　(2) $\displaystyle\int_1^{e} x(\log x)^2\,dx$

◀例題 97, 98

指針 積の積分であるから，部分積分を使う。

CHART》 積の積分 は 部分積分　$f'g$ が積分しやすいように

$$\int_a^b f(x)g'(x)\,dx=\Big[f(x)g(x)\Big]_a^b-\int_a^b f'(x)g(x)\,dx$$

(1) $\cos\dfrac{x}{3}=\left(3\sin\dfrac{x}{3}\right)'$　(2) $x=\left(\dfrac{x^2}{2}\right)'$ とみる。

(2) では積の積分が残るから，**部分積分法を 2 回利用** する。

なお，不定積分を求めてしまってから上端・下端の値を代入するのではなく，計算の途中でどんどん代入して式を簡単にしていけばよい。

解答 (1) $\displaystyle\int_0^{\pi} x\cos\frac{x}{3}\,dx=\int_0^{\pi} x\left(3\sin\frac{x}{3}\right)'dx$

$\displaystyle=\left[3x\sin\frac{x}{3}\right]_0^{\pi}-3\int_0^{\pi}1\cdot\sin\frac{x}{3}\,dx$

$\displaystyle=3\pi\cdot\frac{\sqrt{3}}{2}-3\left[-3\cos\frac{x}{3}\right]_0^{\pi}$　◀ 上端・下端の値を代入して簡単にする。

$\displaystyle=\frac{3\sqrt{3}}{2}\pi+9\left(\frac{1}{2}-1\right)=\boldsymbol{\frac{1}{2}(3\sqrt{3}\pi-9)}$

(2) $\displaystyle\int_1^{e} x(\log x)^2\,dx=\int_1^{e}\left(\frac{x^2}{2}\right)'(\log x)^2\,dx$

$\displaystyle=\left[\frac{x^2}{2}(\log x)^2\right]_1^{e}-\int_1^{e}\frac{x^2}{2}\cdot 2\log x\cdot\frac{1}{x}\,dx$　◀ $\{(\log x)^2\}'=2\log x\cdot(\log x)'$

$\displaystyle=\frac{e^2}{2}-\int_1^{e}x\log x\,dx$

$\displaystyle=\frac{e^2}{2}-\int_1^{e}\left(\frac{x^2}{2}\right)'\log x\,dx$　◀ 部分積分法を 2 回利用する。

$\displaystyle=\frac{e^2}{2}-\left(\left[\frac{x^2}{2}\log x\right]_1^{e}-\int_1^{e}\frac{x^2}{2}\cdot\frac{1}{x}\,dx\right)$

$\displaystyle=\frac{e^2}{2}-\frac{e^2}{2}+\frac{1}{2}\left[\frac{x^2}{2}\right]_1^{e}=\boldsymbol{\frac{1}{4}(e^2-1)}$

練習 113 次の定積分を求めよ。

(1) $\displaystyle\int_0^{1} x\left(1+\sin\frac{\pi x}{2}\right)dx$　　(2) $\displaystyle\int_a^{b}(x-a)^2(x-b)^2\,dx$

(3) $\displaystyle\int_0^{1} x^2(x-1)^2e^{2x}\,dx$　　(4) $\displaystyle\int_0^{2\pi}|(x-\sin x)\cos x|\,dx$

➡ p. 504 演習 47

例題 114 | 定積分の部分積分法 (2) ★★★☆☆

$a \neq 0$ とする。定積分 $A=\int_0^{\pi} e^{-ax}\cos 2x\,dx$ を求めよ。

〔類 名古屋市大〕 ◀例題 99

指針 $p.449$ 例題 99 と同様に，部分積分法を 2 回利用すると **同形が出現** する。

[1] $A=\int_0^{\pi}\left(-\dfrac{1}{a}e^{-ax}\right)'\cos 2x\,dx$ [2] $A=\int_0^{\pi}e^{-ax}\left(\dfrac{1}{2}\sin 2x\right)'dx$

のどちらで始めても計算できるが，ここでは [1] の方針で解答する。

なお，最初から **同形出現のペア** を考えて，別解 のように求めてもよい。

解答

$$A=\int_0^{\pi}\left(-\frac{1}{a}e^{-ax}\right)'\cos 2x\,dx$$

◀ [1] の方針。[2] の計算は各自でやってみよ。

$$=-\frac{1}{a}\Big[e^{-ax}\cos 2x\Big]_0^{\pi}+\frac{1}{a}\int_0^{\pi}e^{-ax}(-2\sin 2x)dx$$

$$=\frac{1}{a}(1-e^{-a\pi})-\frac{2}{a}\int_0^{\pi}\left(-\frac{1}{a}e^{-ax}\right)'\sin 2x\,dx$$

$$=\frac{1}{a}(1-e^{-a\pi})-\frac{2}{a}\left(-\frac{1}{a}\Big[e^{-ax}\sin 2x\Big]_0^{\pi}+\frac{1}{a}\int_0^{\pi}e^{-ax}\cdot 2\cos 2x\,dx\right)$$

$$=\frac{1}{a}(1-e^{-a\pi})-\frac{4}{a^2}\int_0^{\pi}e^{-ax}\cos 2x\,dx$$

◀ 同形出現

$$=\frac{1}{a}(1-e^{-a\pi})-\frac{4}{a^2}A$$

よって $\dfrac{a^2+4}{a^2}A=\dfrac{1}{a}(1-e^{-a\pi})$ $a^2+4\neq 0$ であるから $\boldsymbol{A=\dfrac{a}{a^2+4}(1-e^{-a\pi})}$

別解 $B=\int_0^{\pi}e^{-ax}\sin 2x\,dx$ とする。

$$(e^{-ax}\cos 2x)'=-ae^{-ax}\cos 2x-2e^{-ax}\sin 2x$$
$$(e^{-ax}\sin 2x)'=-ae^{-ax}\sin 2x+2e^{-ax}\cos 2x$$

であるから，これらの両辺を 0 から π まで積分すると

$$\int_0^{\pi}(e^{-ax}\cos 2x)'dx=-a\int_0^{\pi}e^{-ax}\cos 2x\,dx-2\int_0^{\pi}e^{-ax}\sin 2x\,dx$$
$$\int_0^{\pi}(e^{-ax}\sin 2x)'dx=-a\int_0^{\pi}e^{-ax}\sin 2x\,dx+2\int_0^{\pi}e^{-ax}\cos 2x\,dx$$

よって $\Big[e^{-ax}\cos 2x\Big]_0^{\pi}=-aA-2B,\ \Big[e^{-ax}\sin 2x\Big]_0^{\pi}=-aB+2A$

すなわち $-aA-2B=e^{-a\pi}-1,\ -aB+2A=0$

これを解いて $\boldsymbol{A=\dfrac{a}{a^2+4}(1-e^{-a\pi})}$, $B=\dfrac{2}{a^2+4}(1-e^{-a\pi})$

練習 114

(1) $\int_1^{e^{\frac{\pi}{4}}}x^2\cos(\log x)dx$ を求めよ。

(2) (ア) $\int_0^{\pi}e^{-x}\sin x\,dx$ を求めよ。

(イ) (ア)の結果を用いて，$\int_0^{\pi}xe^{-x}\sin x\,dx$ を求めよ。 〔(2) 信州大〕

重要例題 115 逆関数と定積分 ★★★★☆

$x \geqq 0$ で定義された関数 $y=e^x+e^{-x}$ の逆関数を $y=g(x)$ とするとき，$\int_2^4 g(x)dx$ を求めよ。

指針 $y=e^x+e^{-x}$ $(x \geqq 0)$ の逆関数を求めると

$$e^{2x}-ye^x+1=0 \text{ から} \qquad e^x=\frac{y+\sqrt{y^2-4}}{2} \quad (e^x \geqq 1,\ y \geqq 2)$$

よって，$x=\log\dfrac{y+\sqrt{y^2-4}}{2}$ すなわち $g(x)=\log\dfrac{x+\sqrt{x^2-4}}{2}$ となるが，これから定積分を求めるより，逆関数の性質 $\boldsymbol{y=g(x) \iff x=g^{-1}(y)}$ に注目して，**置換積分法**を用いる方が **計算がらく** である。
逆関数の性質に注目すると，本問の場合，次のようになる。
$f(x)=e^x+e^{-x}$ とする。$y=g(x)$ すなわち $y=f^{-1}(x)$ に対して $x=f(y)$ すなわち $x=e^y+e^{-y}$ となる。

解答 $I=\int_2^4 g(x)dx$ において，$y=g(x)$ とすると，

$x=e^y+e^{-y}$ であるから　　$dx=(e^y-e^{-y})dy$
$2=e^y+e^{-y}$ とすると　　$e^{2y}-2e^y+1=0$
よって　　$(e^y-1)^2=0$　　ゆえに　　$y=0$
$4=e^y+e^{-y}$ とすると　　$e^{2y}-4e^y+1=0$
ここで，$y \geqq 0$ より $e^y>0$，$e^{-y}>0$ であるから

$$e^y+e^{-y} \geqq 2\sqrt{e^y \cdot e^{-y}}=2$$

よって　　$e^y=2+\sqrt{3}$
ゆえに　　$y=\log(2+\sqrt{3})$
x と y の対応は右のようになる。

x	$2 \longrightarrow 4$
y	$0 \longrightarrow \log(2+\sqrt{3})$

したがって

$$\begin{aligned}
I&=\int_0^{\log(2+\sqrt{3})} y(e^y-e^{-y})dy \\
&=\Big[y(e^y+e^{-y})\Big]_0^{\log(2+\sqrt{3})}-\int_0^{\log(2+\sqrt{3})}(e^y+e^{-y})dy \\
&=\log(2+\sqrt{3})\cdot\left(2+\sqrt{3}+\frac{1}{2+\sqrt{3}}\right)-\Big[e^y-e^{-y}\Big]_0^{\log(2+\sqrt{3})} \\
&=\log(2+\sqrt{3})\cdot(2+\sqrt{3}+2-\sqrt{3})-\left(2+\sqrt{3}-\frac{1}{2+\sqrt{3}}\right) \\
&=\boldsymbol{4\log(2+\sqrt{3})-2\sqrt{3}}
\end{aligned}$$

練習 115 $x>0$ を定義域とする関数 $f(x)=\dfrac{12(e^{3x}-3e^x)}{e^{2x}-1}$ の逆関数を $y=g(x)$ $(-\infty<x<\infty)$ とする。このとき，定積分 $\int_8^{27} g(x)dx$ を求めよ。　［類 東京大］

重要例題 116 定積分と漸化式 (1)　★★★★☆

$I_n=\int_0^{\frac{\pi}{2}} \sin^n x\,dx$ (n は 0 以上の整数), $\sin^0 x=1$ とするとき，次の [1], [2] が成り立つことを証明せよ。

[1] $I_{2n}=\dfrac{2n-1}{2n}\cdot\dfrac{2n-3}{2n-2}\cdots\cdots\dfrac{3}{4}\cdot\dfrac{1}{2}\cdot\dfrac{\pi}{2}$ ($n=1, 2, 3, \cdots\cdots$)

[2] $I_{2n-1}=\dfrac{2n-2}{2n-1}\cdot\dfrac{2n-4}{2n-3}\cdots\cdots\dfrac{4}{5}\cdot\dfrac{2}{3}\cdot 1$ ($n=2, 3, 4, \cdots\cdots$)

◀例題 107

指針 まず，$p.458$ 例題 107 と同様に，$\sin^n x=\sin^{n-1}x\cdot(-\cos x)'$ として **部分積分** を行い，I_n と I_{n-2} の関係式 (漸化式) を求める。
得られた漸化式は，1 つ項をとばした 2 項の間の関係を表すから，n が偶数の場合と奇数の場合に分ける必要がある。

解答 $n=2, 3, 4, \cdots\cdots$ のとき

$$I_n=\int_0^{\frac{\pi}{2}} \sin^{n-1}x\sin x\,dx=\int_0^{\frac{\pi}{2}} \sin^{n-1}x\cdot(-\cos x)'\,dx$$

$$=-\Big[\sin^{n-1}x\cos x\Big]_0^{\frac{\pi}{2}}+\int_0^{\frac{\pi}{2}}(n-1)\sin^{n-2}x\cos x\cdot\cos x\,dx$$

◀ 部分積分法。

$$=(n-1)\int_0^{\frac{\pi}{2}}\sin^{n-2}x(1-\sin^2 x)dx=(n-1)(I_{n-2}-I_n)$$

◀ $\sin^2 x+\cos^2 x=1$

よって　$nI_n=(n-1)I_{n-2}$

ゆえに　$I_n=\dfrac{n-1}{n}I_{n-2}$ …… ①

◀ I_n について解く。

ここで　$I_0=\int_0^{\frac{\pi}{2}}dx=\Big[x\Big]_0^{\frac{\pi}{2}}=\dfrac{\pi}{2}$,

◀ $\sin^0 x=1$

$I_1=\int_0^{\frac{\pi}{2}}\sin x\,dx=\Big[-\cos x\Big]_0^{\frac{\pi}{2}}=1$

① を繰り返し適用して，$n\geqq 1$ のとき

$$I_{2n}=\frac{2n-1}{2n}I_{2n-2}=\frac{2n-1}{2n}\cdot\frac{2n-3}{2n-2}I_{2n-4}=\cdots\cdots$$

$$=\frac{2n-1}{2n}\cdot\frac{2n-3}{2n-2}\cdots\cdots\frac{3}{4}\cdot\frac{1}{2}\cdot I_0$$

$$=\frac{2n-1}{2n}\cdot\frac{2n-3}{2n-2}\cdots\cdots\frac{3}{4}\cdot\frac{1}{2}\cdot\frac{\pi}{2}$$

◀ 〰〰のように関係式を繰り返し用いる。

また，$n\geqq 2$ のとき

$$I_{2n-1}=\frac{2n-2}{2n-1}I_{2n-3}=\frac{2n-2}{2n-1}\cdot\frac{2n-4}{2n-3}\cdot I_{2n-5}=\cdots\cdots$$

$$=\frac{2n-2}{2n-1}\cdot\frac{2n-4}{2n-3}\cdots\cdots\frac{4}{5}\cdot\frac{2}{3}\cdot I_1$$

$$=\frac{2n-2}{2n-1}\cdot\frac{2n-4}{2n-3}\cdots\cdots\frac{4}{5}\cdot\frac{2}{3}\cdot 1$$

◀ I_{2n} の場合と同様。

前ページの例題の結果を利用すると，円周率 π の近似値を計算するのに役立つ公式（ウォリスの公式）を導くことができる。

$0<x<\frac{\pi}{2}$ のとき，$0<\sin x<1$ であるから，n を 2 以上の整数とすると

$\sin^{2n}x<\sin^{2n-1}x<\sin^{2n-2}x$　　が成り立つ。

よって　$\displaystyle\int_0^{\frac{\pi}{2}}\sin^{2n}x\,dx<\int_0^{\frac{\pi}{2}}\sin^{2n-1}x\,dx<\int_0^{\frac{\pi}{2}}\sin^{2n-2}x\,dx$　　◀ p. 494 基本事項 1 参照。

すなわち $I_{2n}<I_{2n-1}<I_{2n-2}$ であるから，[1]，[2] により

$$\frac{\pi}{2}\cdot\frac{1}{2}\cdot\frac{3}{4}\cdot\cdots\cdot\frac{2n-3}{2n-2}\cdot\frac{2n-1}{2n}<1\cdot\frac{2}{3}\cdot\frac{4}{5}\cdot\cdots\cdot\frac{2n-2}{2n-1}<\frac{\pi}{2}\cdot\frac{1}{2}\cdot\frac{3}{4}\cdot\cdots\cdot\frac{2n-3}{2n-2}$$

ゆえに　$\displaystyle\frac{\pi}{2}<1\cdot\frac{2^2}{3^2}\cdot\frac{4^2}{5^2}\cdot\cdots\cdots\cdot\frac{(2n-2)^2}{(2n-1)^2}\cdot 2n<\frac{\pi}{2}\cdot\frac{2n}{2n-1}$　　◀ 〰 で割った。

$\displaystyle\lim_{n\to\infty}\frac{\pi}{2}\cdot\frac{2n}{2n-1}=\lim_{n\to\infty}\frac{\pi}{2}\cdot\frac{2}{2-\frac{1}{n}}=\frac{\pi}{2}$ であるから，はさみうちの原理により

$$\lim_{n\to\infty}\left\{1\cdot\frac{2^2}{3^2}\cdot\frac{4^2}{5^2}\cdot\cdots\cdots\cdot\frac{(2n-2)^2}{(2n-1)^2}\cdot 2n\right\}=\frac{\pi}{2}\quad\cdots\cdots\ ①$$

① を変形すると

$$\pi=\lim_{n\to\infty}\left\{\frac{2^2}{3^2}\cdot\frac{4^2}{5^2}\cdot\cdots\cdots\cdot\frac{(2n-2)^2}{(2n-1)^2}\cdot\frac{(2n)^2}{n}\right\}$$

◀ $2n=\frac{2n^2}{n}$ とし，両辺に 2 を掛けた。

$$=\lim_{n\to\infty}\frac{2^4\cdot 4^4\cdot\cdots\cdots\cdot(2n-2)^4(2n)^4}{1^2\cdot 2^2\cdot 3^2\cdot 4^2\cdot 5^2\cdot\cdots\cdots\cdot(2n-1)^2(2n)^2\cdot n}$$

◀ 分母・分子に $2^2\cdot 4^2\cdot\cdots\cdot(2n)^2$ を掛けた。

$$=\lim_{n\to\infty}\frac{2^{4n}\{1\cdot 2\cdot\cdots\cdots\cdot(n-1)\cdot n\}^4}{\{1\cdot 2\cdot 3\cdot 4\cdot 5\cdot\cdots\cdots\cdot(2n-1)2n\}^2\cdot n}$$

よって　$\displaystyle\pi=\lim_{n\to\infty}\frac{(2^{2n})^2(n!)^4}{\{(2n)!\}^2 n}$

両辺の正の平方根をとると　$\displaystyle\boldsymbol{\sqrt{\pi}=\lim_{n\to\infty}\frac{2^{2n}(n!)^2}{(2n)!\sqrt{n}}}$　$\cdots\cdots$ ②

また，$\displaystyle\lim_{n\to\infty}\frac{2n}{2n+1}=1$ であるから，① より次のように変形することもできる。

$$\frac{\pi}{2}=\lim_{n\to\infty}\left\{1\cdot\frac{2^2}{3^2}\cdot\frac{4^2}{5^2}\cdot\cdots\cdots\cdot\frac{(2n-2)^2}{(2n-1)^2}\cdot 2n\cdot\frac{2n}{2n+1}\right\}$$

よって　$\displaystyle\frac{\pi}{2}=\lim_{n\to\infty}\left\{\frac{2^2}{1\cdot 3}\cdot\frac{4^2}{3\cdot 5}\cdot\cdots\cdots\cdot\frac{(2n-2)^2}{(2n-3)(2n-1)}\cdot\frac{(2n)^2}{(2n-1)(2n+1)}\right\}$

これを，$\displaystyle\frac{\pi}{2}=\prod_{n=1}^{\infty}\frac{(2n)^2}{(2n-1)(2n+1)}$ すなわち $\displaystyle\boldsymbol{\frac{\pi}{2}=\prod_{n=1}^{\infty}\frac{4n^2}{4n^2-1}}$　$\cdots\cdots$ ③　と書く。(*)

② や ③ を **ウォリスの公式** という。ウォリスの公式 ③ の右辺は，自然数からなる規則正しい分数である。その極限値に円周率 π が現れるのは不思議である。

（*）一般に，$\displaystyle\prod_{k=1}^{n}a_k$ は，積 $a_1\times a_2\times\cdots\cdots\times a_n$ を意味する。

練習 116

(1) 例題 116 において，$J_n=\displaystyle\int_0^{\frac{\pi}{2}}\cos^n x\,dx$（$n$ は 0 以上の整数），$\cos^0 x=1$ とするとき，[3]　$I_n=J_n\ (n\geqq 0)$　が成り立つことを示せ。　〔類　日本女子大〕

(2) $I_n=\displaystyle\int_0^{\frac{\pi}{4}}\tan^n x\,dx$（$n$ は自然数）とする。$n\geqq 3$ のときの I_n を，n，I_{n-2} を用いて表せ。また，I_3，I_4 を求めよ。　〔類　横浜国大〕

重要例題 117 定積分と漸化式 (2) ★★★★☆

$B(m,\ n)=\int_0^1 x^{m-1}(1-x)^{n-1}dx$ [m, n は自然数] とする。次のことを証明せよ。

(1) $B(m,\ n)=B(n,\ m)$　　(2) $B(m,\ n)=\dfrac{n-1}{m}B(m+1,\ n-1)$ [$n\geqq 2$]

(3) $B(m,\ n)=\dfrac{(m-1)!(n-1)!}{(m+n-1)!}$

◀例題 116

指針 (1) $B(n,\ m)=\int_0^1 x^{n-1}(1-x)^{m-1}dx$ は，$B(m,\ n)$ の x を $1-x$ におき換えたもの。
そこで，$1-x=t$ の **置換積分**。

(2) $x^{m-1}(1-x)^{n-1}=\left(\dfrac{x^m}{m}\right)'(1-x)^{n-1}$ とみて **部分積分**。

解答 (1) $1-x=t$ とおくと　　$x=1-t$, $dx=-dt$

x と t の対応は右のようになる。

x	$0 \longrightarrow 1$
t	$1 \longrightarrow 0$

$$B(m,\ n)=\int_1^0 (1-t)^{m-1}t^{n-1}\cdot(-1)dt=\int_0^1 t^{n-1}(1-t)^{m-1}dt$$

$$=\int_0^1 x^{n-1}(1-x)^{m-1}dx=B(n,\ m)$$

◀ 定積分は積分変数に無関係。

(2) $$B(m,\ n)=\int_0^1\left(\frac{x^m}{m}\right)'(1-x)^{n-1}dx$$

$$=\left[\frac{x^m}{m}(1-x)^{n-1}\right]_0^1-\int_0^1\frac{x^m}{m}\cdot(n-1)(1-x)^{n-2}\cdot(-1)dx$$

$$=\frac{n-1}{m}\int_0^1 x^{(m+1)-1}(1-x)^{(n-1)-1}dx=\frac{n-1}{m}B(m+1,\ n-1)$$

(3) $n\geqq 2$ のとき，(2) の結果を繰り返し用いて

$$B(m,\ n)=\frac{n-1}{m}B(m+1,\ n-1)=\frac{n-1}{m}\cdot\frac{n-2}{m+1}B(m+2,\ n-2)=\cdots\cdots$$

$$=\frac{(n-1)(n-2)\cdots\cdots2\cdot1}{m(m+1)\cdots\cdots(m+n-2)}B(m+n-1,\ 1)$$

◀ $(n-1)$ 回繰り返して，●B(■, 1) の形にする。

$$=\frac{(m-1)!(n-1)!}{(m+n-2)!}\int_0^1 x^{m+n-2}dx$$

$$=\frac{(m-1)!(n-1)!}{(m+n-2)!}\left[\frac{x^{m+n-1}}{m+n-1}\right]_0^1=\frac{(m-1)!(n-1)!}{(m+n-1)!}$$

$n=1$ のとき，$B(m,\ 1)=\int_0^1 x^{m-1}dx=\left[\dfrac{x^m}{m}\right]_0^1=\dfrac{1}{m}$ であるから，上の式は $n=1$ のときも成り立つ。

練習 117 0 以上の整数 m, n に対して，$I_{m,n}=\int_0^{\frac{\pi}{2}}\sin^m x\cos^n x\,dx$ とする。

(1) $I_{m,n}=I_{n,m}$ および $I_{m,n}=\dfrac{n-1}{m+n}I_{m,n-2}$ $(n\geqq 2)$ を示せ。

(2) (1) の結果を用いて，定積分 $\int_0^{\frac{\pi}{2}}\sin^3 x\cos^6 x\,dx$ を求めよ。

ベータ関数

前ページで求めた $B(m,\ n)$ は，2つの自然数 m，n の関数になっている。
一般に，正の数 x，y に対して定義される2変数関数

$$B(x,\ y)=\int_0^1 t^{x-1}(1-t)^{y-1}dt \quad \cdots\cdots ①$$

を **ベータ関数** といい，$p.503$ で紹介するガンマ関数とともに，様々な分野で利用される。

(注意) ① の被積分関数は，$0<x<1$ のときは $t=0$ で，$0<y<1$ のときは $t=1$ で定義されないため，すべての正の数 x，y について ① の定積分を考えるためには，$p.502$ で紹介する **広義の定積分** が必要となる。

ここでは，ベータ関数の性質をいくつか証明してみよう。

> (I) $\boldsymbol{B(x,\ y)=B(y,\ x)}$
> (II) $\boldsymbol{xB(x,\ y+1)=yB(x+1,\ y)}$
> (III) $\boldsymbol{B(x+1,\ y)+B(x,\ y+1)=B(x,\ y)}$
> (IV) $\boldsymbol{B(x,\ y+1)=\dfrac{y}{x+y}B(x,\ y)}$

証明 (I) 前ページ例題117と同様に，$1-t=u$ で置換積分すれば証明できる。

(II) $xB(x,\ y+1)=\int_0^1 xt^{x-1}(1-t)^{(y+1)-1}dt=\int_0^1 (t^x)'(1-t)^y dt$

$$=\Big[t^x(1-t)^y\Big]_0^1-\int_0^1 t^x\cdot y(1-t)^{y-1}\cdot(-1)dt$$

$$=y\int_0^1 t^{(x+1)-1}(1-t)^{y-1}dt=yB(x+1,\ y)$$

(III) $B(x+1,\ y)+B(x,\ y+1)=\int_0^1 t^x(1-t)^{y-1}dt+\int_0^1 t^{x-1}(1-t)^y dt$

$$=\int_0^1 t^{x-1}(1-t)^{y-1}\{t+(1-t)\}dt=B(x,\ y)$$

(IV) (II) より　$B(x+1,\ y)=\dfrac{x}{y}B(x,\ y+1)$

これを (III) に代入して　$\dfrac{x}{y}B(x,\ y+1)+B(x,\ y+1)=B(x,\ y)$

ゆえに　$B(x,\ y+1)=\dfrac{y}{x+y}B(x,\ y)$

また，① において $0\leqq t\leqq 1$ であるから，$t=\sin^2\theta$ とおくと

$$dt=2\sin\theta\cos\theta d\theta,\quad 1-t=\cos^2\theta$$

t と θ の対応は右のようになる。

t	$0 \longrightarrow 1$
θ	$0 \longrightarrow \dfrac{\pi}{2}$

よって　$B(x,\ y)=\int_0^{\frac{\pi}{2}}(\sin^2\theta)^{x-1}(\cos^2\theta)^{y-1}\cdot 2\sin\theta\cos\theta d\theta$

$$=2\int_0^{\frac{\pi}{2}}\sin^{2x-1}\theta\cos^{2y-1}\theta d\theta$$

と，三角関数の積分で表すこともできる。

「e は無理数」の証明

$p.435$ で紹介した関数のマクローリン展開を用いると，e が無理数であることを背理法や無限級数など，高校数学の範囲で証明できる。最初の証明はオイラーによってなされた。以下の証明は非常に有名なもので，矛盾を導く際の論理展開が極めて鮮やかである。

証明　e が有理数であると仮定すると，$e=\dfrac{b}{a}$（a，b は自然数）と表される。

$e=\dfrac{1}{0!}+\dfrac{1}{1!}+\dfrac{1}{2!}+\dfrac{1}{3!}+\cdots\cdots+\dfrac{1}{a!}+\dfrac{1}{(a+1)!}+\dfrac{1}{(a+2)!}+\cdots\cdots$ であるから

$$a!e=\left(\frac{a!}{0!}+\frac{a!}{1!}+\frac{a!}{2!}+\cdots\cdots+\frac{a!}{a!}\right)+\left\{\frac{a!}{(a+1)!}+\frac{a!}{(a+2)!}+\frac{a!}{(a+3)!}+\cdots\cdots\right\}\ \cdots\cdots\ ①$$

（① の左辺）$=a!\cdot\dfrac{b}{a}=(a-1)!\cdot b$ であるから，左辺は自然数である。

よって，① の右辺の初項から $\dfrac{a!}{a!}$ の項までは自然数であるから，$\dfrac{a!}{(a+1)!}$ の項以降を N とおくと $N=\dfrac{a!}{(a+1)!}+\dfrac{a!}{(a+2)!}+\dfrac{a!}{(a+3)!}+\cdots\cdots$ は自然数である。

ところが，N について，

$$\begin{aligned}0<N&=\frac{a!}{(a+1)!}+\frac{a!}{(a+2)!}+\frac{a!}{(a+3)!}+\cdots\cdots\\&=\frac{1}{a+1}+\frac{1}{(a+1)(a+2)}+\frac{1}{(a+1)(a+2)(a+3)}+\cdots\cdots\\&<\frac{1}{a+1}+\frac{1}{(a+1)^2}+\frac{1}{(a+1)^3}+\cdots\cdots\\&<\frac{1}{2}+\frac{1}{2^2}+\frac{1}{2^3}+\cdots\cdots=\frac{\frac{1}{2}}{1-\frac{1}{2}}=1\end{aligned}$$

となるから，$0<N<1$ となり，N が自然数であることに矛盾する。

したがって，① は成り立たない，すなわち $e=\dfrac{b}{a}$ とは表されないから e は無理数である。

● 「無理数」には「代数的数」と「超越数」がある

無理数の中でも，整数係数代数方程式の解となる数を **代数的数** という。例えば，$\sqrt{2}$ は $x^2-2=0$ の解，$\sqrt[3]{7}$ は $x^3-7=0$ の解であるから代数的数である。また，代数的数ではない無理数を **超越数** という。e や π は超越数であることが知られている。

フィボナッチ数の逆数の和やゼータ関数 $\zeta(3)=\sum_{n=1}^{\infty}\dfrac{1}{n^3}$ などは，無理数であることが知られているが，代数的数か超越数かがわかっておらず，$e+\pi$ やオイラー定数 $\gamma=\lim_{n\to\infty}\left(1+\dfrac{1}{2}+\cdots\cdots+\dfrac{1}{n}-\log n\right)$ に至っては，無理数であることすら証明されていない。

「πは無理数」の証明

$p.298$ で紹介した極限の定義を用いれば，π が無理数である ことを，背理法や部分積分法など，高校数学の範囲で証明できる。

ここでは，すばらしい発想を垣間見ることができる，1947 年に発表されたニーベンの証明を紹介しよう。

証明　π が有理数であると仮定すると，$\pi=\dfrac{b}{a}$ $(a,\ b$ は自然数$)$ と表される。

$f(x)=\dfrac{1}{n!}x^n(b-ax)^n=\dfrac{a^n}{n!}x^n(\pi-x)^n$ と定積分 $I=\displaystyle\int_0^{\pi}f(x)\sin x\,dx$ を考える。

まず，$0\leqq x\leqq\pi$ のとき $(b-ax)^n\leqq b^n$ かつ $x^n\leqq\pi^n$ で，これらの等号は常には成り立たないから

$$0<I<\int_0^{\pi}f(x)dx<\int_0^{\pi}\frac{\pi^n b^n}{n!}dx$$

ここで，$\displaystyle\int_0^{\pi}\frac{\pi^n b^n}{n!}dx=\frac{(b\pi)^n}{n!}\pi$ であり

$$n\longrightarrow\infty \text{ のとき } \frac{(b\pi)^n}{n!}\pi\longrightarrow 0$$

◀ $p.305$ 参照。

よって，「$n>N\Longrightarrow 0<I<1$」となる自然数 N が存在する。 …… ①

一方，部分積分を繰り返すと，$f(x)$ は $2n$ 次式であるから

$$\begin{aligned}I&=\Big[-f(x)\cos x\Big]_0^{\pi}+\int_0^{\pi}f'(x)\cos x\,dx\\&=\Big[-f(x)\cos x\Big]_0^{\pi}+\Big[f'(x)\sin x\Big]_0^{\pi}-\int_0^{\pi}f''(x)\sin x\,dx\\&=\Big[-f(x)\cos x\Big]_0^{\pi}+\quad 0\quad+\Big[f''(x)\cos x\Big]_0^{\pi}-\int_0^{\pi}f'''(x)\cos x\,dx\\&=\cdots\cdots\\&=\left[\sum_{k=0}^{n}(-1)^{k+1}f^{(2k)}(x)\cos x\right]_0^{\pi}\end{aligned}$$

となる。

これが整数であることを示す。

二項定理から　$f(x)=\dfrac{1}{n!}x^n\{b^n-{}_n\mathrm{C}_1b^{n-1}ax+\cdots\cdots+(-1)^na^nx^n\}$

$$=\frac{1}{n!}\{b^nx^n-{}_n\mathrm{C}_1b^{n-1}ax^{n+1}+\cdots\cdots+(-1)^na^nx^{2n}\}$$

整数 k に対し　$0\leqq k<n$ で　$f^{(k)}(0)=0$,

$n\leqq k\leqq 2n$ で　$f^{(k)}(0)=\dfrac{1}{n!}\{(-1)^{k-n}{}_n\mathrm{C}_{k-n}b^{2n-k}a^{k-n}k!\}$

となり，いずれも整数である。

更に，$f(\pi-x)=\dfrac{a^n}{n!}(\pi-x)^nx^n=\dfrac{a^n}{n!}x^n(\pi-x)^n=f(x)$ であるから，$0\leqq k\leqq 2n$ の整数 k について　$f^{(k)}(\pi)=(-1)^kf^{(k)}(\pi-\pi)=(-1)^kf^{(k)}(0)$ も整数である。

よって，すべての自然数 n に対して I は整数となるが，これは ① に矛盾する。

したがって，π は無理数である。

25 定積分で表された関数

《 基本事項 》

1 定積分で表された関数

x と t は互いに無関係な変数，a，b は定数とするとき，次のことが成り立つ。

① $\int_a^b f(t)dt$ は定数である。　◀ 計算すると，t は消えて残らない。

② $\int_a^b f(x,\ t)dt$ は x の関数である。　◀ 計算すると，t は消えて x が残る。

③ $\int_{h(x)}^{g(x)} f(t)dt$ は x の関数である。　◀ ② と同様。

2 定積分で表された関数の微分

① $\dfrac{d}{dx}\int_a^x f(t)dt=f(x)$　a は定数　（微分積分学の基本定理）

② $\dfrac{d}{dx}\int_{h(x)}^{g(x)} f(t)dt=f(g(x))g'(x)-f(h(x))h'(x)$　x は t に無関係な変数

証明　$f(t)$ の不定積分の1つを $F(t)$ とすると　$F'(t)=f(t)$

① $\dfrac{d}{dx}\int_a^x f(t)dt=\dfrac{d}{dx}\{F(x)-F(a)\}=F'(x)=f(x)$　◀ $F'(x)=f(x)$，(定数)$'=0$

② $\dfrac{d}{dx}\int_{h(x)}^{g(x)} f(t)dt=\dfrac{d}{dx}\{F(g(x))-F(h(x))\}$

$=F'(g(x))g'(x)-F'(h(x))h'(x)$　◀ 合成関数の微分法。

$=f(g(x))g'(x)-f(h(x))h'(x)$

例 44 | 定積分で表された関数の微分　★★☆☆☆

次の関数を x について微分せよ。

(1) $f(x)=\int_0^x (t-x)\cos t\,dt$　　(2) $f(x)=\int_{x^2}^{x^3} \dfrac{1}{\log t}\,dt$　$(x>0,\ x\neq 1)$

指針 (1) 基本事項 2 ① $\dfrac{d}{dx}\int_a^x f(t)dt=f(x)$（$a$ は定数）を利用。

ここで，積分変数は t であるから，

$$\int_0^x (t-x)\cos t\,dt=\int_0^x t\cos t\,dt-x\int_0^x \cos t\,dt$$

と変形するとわかりやすくなる。　← 積分変数 t と関係のない文字 x を定積分の前に出す。

(2) 基本事項 2 ② $\dfrac{d}{dx}\int_{h(x)}^{g(x)} f(t)dt=f(g(x))g'(x)-f(h(x))h'(x)$（$x$ は t に無関係な変数）を利用。または，その公式を導いたときのように，$f(t)$ の原始関数を $F(t)$ として考えるとよい。

例題 118 等式で定められる関数(1) ★★☆☆☆

次の等式を満たす関数 $f(x)$ を求めよ。(2) では，定数 a の値も求めよ。

(1) $f(x)=2x+\int_0^{\pi} f(t)\sin t\,dt$　　(2) $\int_1^x (x-t)f(t)dt=\log x-x+a$

指針 (1) $\int_0^{\pi} f(t)\sin t\,dt$ は **定数** であるから，これを k とおくと　$f(x)=2x+\boldsymbol{k}$

(2) p. 480 例 44 (1) と同様の式変形をした上で，p. 480 基本事項 **2** ①

$\boldsymbol{\frac{d}{dx}\int_a^x f(t)dt=f(x)}$ を用いる。

解答 (1) $\int_0^{\pi} f(t)\sin t\,dt=k$ とおくと　$f(x)=2x+k$

よって　$\int_0^{\pi} f(t)\sin t\,dt$

$$=\int_0^{\pi}(2t+k)\sin t\,dt=\int_0^{\pi}(2t+k)(-\cos t)'dt$$

$$=\Big[(2t+k)(-\cos t)\Big]_0^{\pi}-\int_0^{\pi}(2t+k)'(-\cos t)dt$$

◀ 部分積分法を適用。

$$=2\pi+2k+2\int_0^{\pi}\cos t\,dt=2\pi+2k+2\Big[\sin t\Big]_0^{\pi}$$

$$=2\pi+2k$$

ゆえに　$k=2\pi+2k$　　よって　$k=-2\pi$

したがって　$\boldsymbol{f(x)=2(x-\pi)}$

(2) 等式から

$$x\int_1^x f(t)dt-\int_1^x tf(t)dt=\log x-x+a \quad \cdots\cdots ①$$

◀ 積分変数 t と関係のない文字 x を定積分の前に出す。

両辺を x で微分すると

$$1\cdot\int_1^x f(t)dt+xf(x)-xf(x)=\frac{1}{x}-1$$

ゆえに　$\int_1^x f(t)dt=\frac{1}{x}-1$

両辺を x で微分すると　$\boldsymbol{f(x)=-\frac{1}{x^2}}$

① の両辺に $x=1$ を代入して　$0=\log 1-1+a$

よって　$\boldsymbol{a=1}$

練習 118 次の等式を満たす関数 $f(x)$ を求めよ。

(1) $f(x)=\sin\pi x+\int_0^1 tf(t)dt$　　(2) $f(x)=\int_0^1 \frac{e^x+f(t)}{e^t+1}dt$

(3) $f(x)=\frac{1}{2}x+\int_0^x (t-x)\sin t\,dt$

[(1) 愛媛大，(2) 類 京都工繊大，(3) 類 同志社大]

➡ p. 504 演習 **48**

重要例題 119 等式で定められる関数 (2) ★★★★☆

$g(x)$, $h(x)$ を微分可能な関数とする。〔類 新潟大〕

(1) x の関数 $f(x)=\int_0^x (x-t)g(t)dt$ の第 2 次導関数を求めよ。

(2) $\int_0^x e^t h(t)dt-\int_0^x (x-t)e^t h(t)dt=(x^2+2x)e^x$ となる $h(x)$ を求めよ。

◀例 44，例題 118

指針 (1) 例 44 (1)，例題 118 (2) と同じ要領。

(2) 両辺を 2 回微分すると $h'(x)$ が得られる。積分定数も決定して $h(x)$ が求められる。
また，$\int_0^x (x-t)e^t h(t)dt$ は，(1) で $g(t)=e^t h(t)$ とおいたもの。

CHART (1)，(2) の問題　(1) は (2) のヒント

解答 (1) $f(x)=x\int_0^x g(t)dt-\int_0^x tg(t)dt$

◀ x は定数と思って，x と t を分離。

よって　$f'(x)=\int_0^x g(t)dt+xg(x)-xg(x)=\int_0^x g(t)dt$

したがって　$\boldsymbol{f''(x)=\dfrac{d}{dx}\int_0^x g(t)dt=g(x)}$

(2) 両辺を x で微分すると，(1) の $f'(x)$ も用いて

$$e^x h(x)-\int_0^x e^t h(t)dt=(x^2+4x+2)e^x \quad \cdots\cdots ①$$

◀ $\int_0^x (x-t)e^t h(t)dt$ において，$e^t h(t)=g(t)$ ととらえると $\left\{\int_0^x (x-t)g(t)dt\right\}'=\int_0^x g(t)dt$

更に，両辺を x で微分して

$$e^x h'(x)=(x^2+6x+6)e^x$$

よって　$h'(x)=x^2+6x+6$

① より $h(0)=2$ であるから　$\boldsymbol{h(x)=\dfrac{x^3}{3}+3x^2+6x+2}$

参考 (1) の結果「$f(x)=\int_0^x (x-t)g(t)dt$ のとき $f''(x)=g(x)$」はよく問題として現れる。

CHART 定積分の扱い

1 定数と思って まず積分　不定積分を $F(t)$ とおく

2 $\int_a^b f(t)dt$ は定数　**3** $\dfrac{d}{dx}\int_a^x f(t)dt=f(x)$

練習 119 関数 $f(x)$ が任意の実数 x に対して，等式 $f(x)=x^2-\int_0^x (x-t)f'(t)dt$ を満たすとき，次の問いに答えよ。〔広島大〕

(1) $f(0)$ の値を求め，更に，$f'(x)=2x-f(x)$ が成り立つことを示せ。

(2) $\{e^x f(x)\}'=2xe^x$ を示せ。　(3) $f(x)$ を求めよ。

例題 120 定積分で表された関数の極値 ★★★☆☆

関数 $f(x)=\int_0^x (1-t^2)e^t dt$ の極値を求めよ。

〔東京商船大〕

指針 上端が変数の定積分で表された関数。極値を求める問題であるから

CHART》 極値 $f'(x)$ の符号の変化を調べよ

$f'(x)$ の計算には $\boldsymbol{\dfrac{d}{dx}\int_a^x g(t)dt=g(x)}$ を利用する。

下の 解答 では $f(-1)$, $f(1)$ の値を求めるために $f(x)$ の式を導いているが，先に $f(x)=(-1+2x-x^2)e^x+1$ を求めておいて

$$f'(x)=(2-2x)e^x+(-1+2x-x^2)e^x=(1-x^2)e^x$$

を導いても，計算の手間は増えるが，間違いではない。

しかし，$f'(x)$ を先に求めてからそれを積分した方がらくな場合（練習 120）や，極値そのものが要求されていないために $f(x)$ を求める必要がない場合もあるので，やはり，下の 解答 のような解法をマスターしておこう。

解答 $f'(x)=\dfrac{d}{dx}\int_0^x (1-t^2)e^t dt=(1-x^2)e^x$

◀ $\dfrac{d}{dx}\int_a^x g(t)dt=g(x)$

$f'(x)=0$ とすると　$x=\pm 1$

◀ $e^x>0$ であるから，$f'(x)$ の符号は $1-x^2$ の符号と一致。

$f(x)$ の増減表は次のようになる。

x	$\cdots$	-1	$\cdots$	1	$\cdots$
$f'(x)$	$-$	0	$+$	0	$-$
$f(x)$	↘	極小	↗	極大	↘

ここで　$f(x)=\int_0^x (1-t^2)(e^t)'dt$

$$=\Big[(1-t^2)e^t\Big]_0^x-\int_0^x(-2t)e^t dt$$

$$=(1-x^2)e^x-1+2\left(\Big[te^t\Big]_0^x-\int_0^x e^t dt\right)$$

◀ $\int_0^x te^t dt$ を $\int_0^x t(e^t)'dt$ ととらえて部分積分法を適用。

$$=(1-x^2)e^x-1+2(xe^x-e^x+1)$$

$$=(-1+2x-x^2)e^x+1$$

ゆえに　$f(-1)=1-4e^{-1}=1-\dfrac{4}{e}$，$f(1)=1$

◀ $1-4e^{-1}$ のままでもよい。

したがって　**$x=-1$ で極小値 $1-\dfrac{4}{e}$，**

$x=1$ で極大値 1

をとる。

練習 120 関数 $f(x)=\dfrac{1}{2}x+\int_1^x (6t-4x)t\log t\,dt$ $(x>0)$ の極値を求めよ。

〔類 宮崎大〕

例題 121 定積分で表された関数の最大・最小 (1) ★★★☆☆

a, b が実数の範囲を動くとき，定積分 $\displaystyle\int_{-\pi}^{\pi}(x-a\sin x-b\cos x)^2dx$ の最小値を求めよ。また，そのときの a, b の値を求めよ。〔信州大〕

指針 被積分関数に積分変数 x 以外の変数 a, b が含まれている。この a, b を

CHART》 定数と思って まず積分

すると，a, b の 2 次式になる。その最小を考える。⟶ **2 次式は基本形に直せ**

解答 $(x-a\sin x-b\cos x)^2$

$=x^2+a^2\sin^2x+b^2\cos^2x-2ax\sin x-2bx\cos x+2ab\sin x\cos x$

ここで，$2bx\cos x$, $2ab\sin x\cos x$ は奇関数であるから

$$\int_{-\pi}^{\pi}2bx\cos x\,dx=0,\ \int_{-\pi}^{\pi}2ab\sin x\cos x\,dx=0$$

◀ $\displaystyle\int_{-a}^{a}$ 奇関数は 0 偶関数は 2 倍

また $\displaystyle\int_{-\pi}^{\pi}x^2dx=2\int_0^{\pi}x^2dx=2\left[\frac{x^3}{3}\right]_0^{\pi}=\frac{2}{3}\pi^3$

$$\int_{-\pi}^{\pi}a^2\sin^2x\,dx=2a^2\int_0^{\pi}\frac{1-\cos 2x}{2}dx=a^2\left[x-\frac{1}{2}\sin 2x\right]_0^{\pi}=a^2\pi$$

$$\int_{-\pi}^{\pi}b^2\cos^2x\,dx=2b^2\int_0^{\pi}\frac{1+\cos 2x}{2}dx=b^2\left[x+\frac{1}{2}\sin 2x\right]_0^{\pi}=b^2\pi$$

$$\int_{-\pi}^{\pi}2ax\sin x\,dx=4a\int_0^{\pi}x(-\cos x)'dx=4a\left(-\Big[x\cos x\Big]_0^{\pi}+\int_0^{\pi}\cos x\,dx\right)=4a\left(\pi+\Big[\sin x\Big]_0^{\pi}\right)=4a\pi$$

◀ 部分積分法を適用。

よって　(与式) $=\dfrac{2}{3}\pi^3+a^2\pi+b^2\pi-4a\pi=\pi(a-2)^2+\pi b^2+\dfrac{2}{3}\pi^3-4\pi$

したがって，$\boldsymbol{a=2}$, $\boldsymbol{b=0}$ で最小値 $\boldsymbol{\dfrac{2}{3}\pi^3-4\pi}$ をとる。

(注意) 上では，定積分の値が a, b の 2 次式になったから基本形に直して考えたが，定積分の値が 2 次式以外の場合は，**微分して増減を調べる** 手段が有効である (p. 485 例題 122 参照)。

練習 121

(1) $f(p)=\displaystyle\int_0^1(e^x-x-p)^2dx$ の最小値とそのときの p の値を求めよ。〔東京商船大〕

(2) 実数 a, b の値を変化させたときの定積分 $I=\displaystyle\int_{-\pi}^{\pi}(x-a\sin x-b\sin 2x)^2dx$ の最小値，およびそのときの a, b の値を求めよ。〔類 琉球大〕

➡ p. 505 演習 51

例題 122 定積分で表された関数の最大・最小 (2) ★★★☆☆

実数 t が $1\leqq t\leqq e$ の範囲を動くとき，$S(t)=\int_0^1|e^x-t|dx$ の最大値と最小値を求めよ。

〔長岡技科大〕 ◀例題 108

指針 CHART》 絶対値　場合に分ける

積分変数は x であるから，**t は定数** として扱う。
場合分けの境目は $e^x-t=0$ の解で　$x=\log t$
$1\leqq t\leqq e$ であるから，積分区間を $0\leqq x\leqq\log t$ と $\log t\leqq x\leqq 1$ に分割する。
最大値・最小値を求めることの基本は，**導関数の符号** を調べ，**増減表** を作って判断。

解答 $e^x-t=0$ とすると　$x=\log t$

$1\leqq t\leqq e$ であるから　$0\leqq\log t\leqq 1$

◀ $\log t$ は単調増加。

ゆえに　$0\leqq x\leqq\log t$ のとき　$|e^x-t|=-(e^x-t)$,
$\log t\leqq x\leqq 1$ のとき　$|e^x-t|=e^x-t$

◀ $|A|=\begin{cases}-A & (A\leqq 0)\\ A & (A\geqq 0)\end{cases}$

よって　$S(t)=\int_0^{\log t}\{-(e^x-t)\}dx+\int_{\log t}^1(e^x-t)dx$

$=-\Big[e^x-tx\Big]_0^{\log t}+\Big[e^x-tx\Big]_{\log t}^1$

$=-2(e^{\log t}-t\log t)+1+e-t$

$=-2t+2t\log t+1+e-t$

$=2t\log t-3t+e+1$

◀ $-\Big[F(x)\Big]_a^c+\Big[F(x)\Big]_c^b=-2F(c)+F(a)+F(b)$

◀ $e^{\log t}=t$

◀ **微分法** を利用して最大値・最小値を求める。

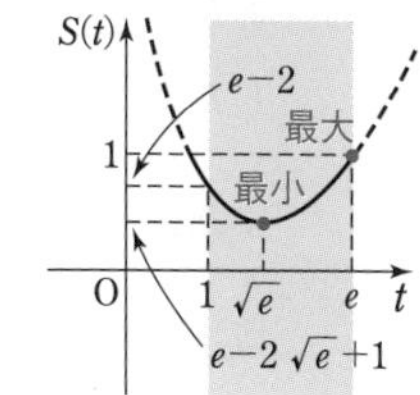

ゆえに　$S'(t)=2\log t+2t\cdot\frac{1}{t}-3=2\log t-1$

$S'(t)=0$ とすると　$\log t=\frac{1}{2}$

よって　$t=e^{\frac{1}{2}}=\sqrt{e}$

$1\leqq t\leqq e$ における $S(t)$ の増減表は右のようになる。

t	1	…	$\sqrt{e}$	…	e
$S'(t)$		$-$	0	$+$	
$S(t)$	$e-2$	↘	極小	↗	1

ここで　$e-2<1$,

◀ $e=2.718\cdots$

$S(\sqrt{e})=2\sqrt{e}\log\sqrt{e}-3\sqrt{e}+e+1$

$=e-2\sqrt{e}+1$

◀ $\log\sqrt{e}=\frac{1}{2}$

したがって，$S(t)$ は

$t=e$ で最大値 1,

$t=\sqrt{e}$ で最小値 $e-2\sqrt{e}+1$

をとる。

練習 122 $0\leqq x\leqq\pi$ に対して，関数 $f(x)$ を $f(x)=\int_0^{\frac{\pi}{2}}\frac{\cos|t-x|}{1+\sin|t-x|}dt$ と定める。
$f(x)$ の $0\leqq x\leqq\pi$ における最大値と最小値を求めよ。　〔東北大〕

例題 123 定積分で表された関数の極限 ★★★☆☆

次の極限値を求めよ。

(1) $\displaystyle\lim_{x\to\infty}\int_1^x te^{-t}dt$　　(2) $\displaystyle\lim_{x\to1}\frac{1}{x-1}\int_1^x\frac{1}{\sqrt{t^2+1}}dt$

◀例題 32，47

指針 (1) 積分を計算すると　$-xe^{-x}-e^{-x}+2e^{-1}$　この $\displaystyle\lim_{x\to\infty}$ を考える。

$\displaystyle\lim_{x\to\infty}\frac{1}{e^x}=0$ であるから，あとは $\displaystyle\lim_{x\to\infty}\frac{x}{e^x}$ [$=0$ になる。← $p.363$] を求める。

CHART》 極限　はさみうち　不等式利用

(2) **CHART》** $\displaystyle\int_a^x f(t)dt$ **に対して　不定積分を $F(t)$ とおく**

微分係数の定義 $\displaystyle\lim_{x\to a}\frac{f(x)-f(a)}{x-a}=f'(a)$ を用いて，極限値を求める。

解答 (1)

$$\int_1^x te^{-t}dt=\Big[-te^{-t}\Big]_1^x+\int_1^x e^{-t}dt=-xe^{-x}+e^{-1}-\Big[e^{-t}\Big]_1^x$$
$$=-xe^{-x}-e^{-x}+2e^{-1}$$

$g(x)=e^x-x^2$ $(x\geqq1)$ とすると　$g'(x)=e^x-2x$，$g''(x)=e^x-2$

$x\geqq1$ であるから　$g''(x)\geqq e-2>0$　よって，$g'(x)$ は $x\geqq1$ で単調に増加。

$g'(1)=e-2>0$ から　$g'(x)>0$　よって，$g(x)$ は $x\geqq1$ で単調に増加。

また　$g(1)>0$　ゆえに，$g(x)>0$ より　$e^x>x^2$

したがって，$x\geqq1$ のとき　$0<\dfrac{x}{e^x}<\dfrac{1}{x}$

また，$\displaystyle\lim_{x\to\infty}\frac{1}{x}=0$ であるから　$\displaystyle\lim_{x\to\infty}\frac{x}{e^x}=0$　◀ はさみうちの原理。

以上から　$\displaystyle\lim_{x\to\infty}\int_1^x te^{-t}dt=\lim_{x\to\infty}(-xe^{-x}-e^{-x}+2e^{-1})=\boldsymbol{2e^{-1}}$

(2) $F(t)=\displaystyle\int\frac{1}{\sqrt{t^2+1}}dt$ とすると　$F'(t)=\dfrac{1}{\sqrt{t^2+1}}$

よって　$\displaystyle\lim_{x\to1}\frac{1}{x-1}\int_1^x\frac{1}{\sqrt{t^2+1}}dt=\lim_{x\to1}\frac{F(x)-F(1)}{x-1}=F'(1)=\boldsymbol{\frac{1}{\sqrt{2}}}$

練習 123 (1) (ア) $x>0$ において，$2\sqrt{x}-\log x>0$ を示せ。

(イ) $f(x)=\dfrac{\log x}{x^2}$ のとき，$\displaystyle\lim_{\alpha\to\infty}\int_1^\alpha f(x)dx=\int_1^c f(x)dx$ を満たす正の定数 c の値を求めよ。　[(イ) 類 関西大]

(2) $g(x)=\displaystyle\int_0^x f(t)dt$ および $h_n(x)=n\displaystyle\int_x^{x+\frac{1}{n}}g(t)dt$ とおくとき，$\displaystyle\lim_{n\to\infty}(\{h_n(x)\}')$ を求めよ。　[(2) 防衛大]

➡p. 505 演習 52

例題 124 定積分の漸化式と極限 (1) ★★★☆☆

$f_1(x)=x$, $f_n(x)=x+\dfrac{1}{14}\displaystyle\int_0^{\pi} xf_{n-1}(t)\cos^3 t\,dt$ $(n\geqq 2)$ のとき，$\displaystyle\lim_{n\to\infty} f_n(x)$ を求めよ。

〔同志社大〕 ◀例題118

指針 $f_1(x)=x$ と漸化式から順次 $f_2(x)$, $f_3(x)$, ……, $f_n(x)$ が定まる。

条件式から　$f_n(x)=\left\{1+\dfrac{1}{14}\displaystyle\int_0^{\pi} f_{n-1}(t)\cos^3 t\,dt\right\}x$　$(n\geqq 2)$

$$1+\frac{1}{14}\int_0^{\pi} f_{n-1}(t)\cos^3 t\,dt \quad \text{は定数}$$

この定数は n に関係するから $=a_n$ とおく。
すると，$a_n=pa_{n-1}+q$ の形の漸化式が得られるから，a_n を求める。

解答 $f_1(x)=x$, $f_n(x)=\left\{1+\dfrac{1}{14}\displaystyle\int_0^{\pi} f_{n-1}(t)\cos^3 t\,dt\right\}x$ $(n\geqq 2)$ であるから，

$$a_1=1,\ a_n=1+\frac{1}{14}\int_0^{\pi} f_{n-1}(t)\cos^3 t\,dt\ (n\geqq 2)$$

とすると　$f_n(x)=a_nx$ $(n\geqq 1)$

$n\geqq 2$ のとき，$f_{n-1}(t)=a_{n-1}t$ であるから

$$a_n=1+\frac{1}{14}a_{n-1}\int_0^{\pi} t\cos^3 t\,dt$$

また　$\displaystyle\int_0^{\pi} t\cos^3 t\,dt=\frac{1}{4}\int_0^{\pi} t(\cos 3t+3\cos t)\,dt$　← $\cos 3t=4\cos^3 t-3\cos t$ から。　◀ 部分積分法を適用。

$$=\frac{1}{4}\left\{\left[t\left(\frac{\sin 3t}{3}+3\sin t\right)\right]_0^{\pi}-\int_0^{\pi}\left(\frac{\sin 3t}{3}+3\sin t\right)dt\right\}$$

$$=-\frac{14}{9}$$

よって，$a_n=1-\dfrac{1}{9}a_{n-1}$ $(n\geqq 2)$, $a_1=1$ より　$a_n-\dfrac{9}{10}=-\dfrac{1}{9}\left(a_{n-1}-\dfrac{9}{10}\right)$

数列 $\left\{a_n-\dfrac{9}{10}\right\}$ は，初項 $a_1-\dfrac{9}{10}=\dfrac{1}{10}$，公比 $-\dfrac{1}{9}$ の等比数列であるから

$$a_n-\frac{9}{10}=\frac{1}{10}\left(-\frac{1}{9}\right)^{n-1}$$

したがって　$\displaystyle\lim_{n\to\infty} f_n(x)=\lim_{n\to\infty}\left\{\frac{9}{10}+\frac{1}{10}\left(-\frac{1}{9}\right)^{n-1}\right\}x=\boldsymbol{\frac{9}{10}x}$

練習 124 関数 $f_n(x)$ $(n=0,\ 1,\ 2,\ \cdots\cdots)$ を次の式で定める。

$$\begin{cases} f_0(x)=1 \\ f_n(x)=1+\displaystyle\int_0^{x}\{f_{n-1}(t)+tf_{n-1}{}'(t)\}\,dt \quad (n=1,\ 2,\ 3,\ \cdots\cdots) \end{cases}$$

〔愛媛大〕

(1) $f_1(x)$, $f_2(x)$, $f_3(x)$ を求めよ。
(2) $f_n(x)$ を推定し，それを数学的帰納法によって証明せよ。
(3) $F_n(t)=\displaystyle\int_0^{t} f_n(x)\,dx$ とするとき，$\displaystyle\lim_{n\to\infty}\int_0^{1} F_n(t)\,dt$ を求めよ。

➡p. 505 演習 53

26 | 定積分と和の極限

《 基本事項 》

1 定積分と和の極限（区分求積法）

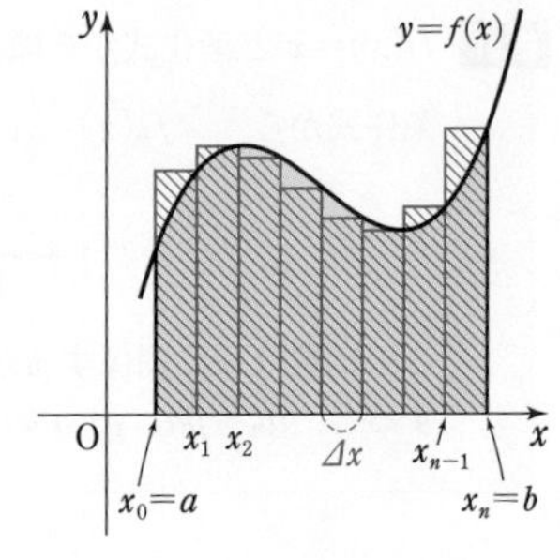

右の図において，常に $f(x)\geqq 0$ であるとき，各長方形の面積は $f(x_k)\Delta x$ $(k=1,\ 2,\ \cdots\cdots,\ n)$ であるから，その和は $\sum_{k=1}^{n} f(x_k)\Delta x$ である。分割を限りなく細かくしていくと，これは曲線 $y=f(x)$ と x 軸の間の，$x=a$ から $x=b$ までの面積，すなわち，定積分の値に限りなく近づく。長方形の高さをその左端での関数の値とした場合には，$f(x_k)\Delta x$ の $k=0$ から $n-1$ までの和 $\sum_{k=0}^{n-1} f(x_k)\Delta x$ となるが，$n \longrightarrow \infty$ のときの極限では変わりがない。

なお，常に $f(x)\geqq 0$ と仮定しなくても，一般に連続関数の定積分について，次の等式が成り立つ。

また，x_k を区間 $[x_{k-1},\ x_k]$ に属する任意の c_k でおき換えても，等式は成り立つ。

定積分と和の極限

関数 $f(x)$ が区間 $[a,\ b]$ で連続であるとき，この区間を n 等分して両端と分点を $a=x_0,\ x_1,\ x_2,\ \cdots\cdots,\ x_n=b$ とし，$\dfrac{b-a}{n}=\Delta x$ とすると

① $$\int_a^b f(x)dx=\lim_{n\to\infty}\sum_{k=0}^{n-1} f(x_k)\Delta x=\lim_{n\to\infty}\sum_{k=1}^{n} f(x_k)\Delta x \qquad x_k=a+k\Delta x$$

歴史的には，この「和の極限」が，定積分の本来の定義である。

上の公式において $a=0,\ b=1$ とすると，$\Delta x=\dfrac{1}{n}$，$x_k=\dfrac{k}{n}$ となるから

② $$\lim_{n\to\infty}\frac{1}{n}\sum_{k=0}^{n-1} f\left(\frac{k}{n}\right)=\lim_{n\to\infty}\frac{1}{n}\sum_{k=1}^{n} f\left(\frac{k}{n}\right)=\int_0^1 f(x)dx$$

が成り立つ。

CHECK 問題

13 次の極限値を求めよ。

(1) $\displaystyle\lim_{n\to\infty}\sum_{k=1}^{n}\left(\frac{k}{n}\right)^2\frac{1}{n}$　(2) $\displaystyle\lim_{n\to\infty}\frac{1}{n}\sum_{k=1}^{n}\sqrt{\frac{k}{n}}$　(3) $\displaystyle\lim_{n\to\infty}\frac{\pi}{n}\sum_{k=1}^{n}\cos^2\frac{k\pi}{6n}$

→ 1

例題 125 定積分と和の極限 (1) ★★☆☆☆

極限値 $\lim_{n\to\infty}\sum_{k=1}^{n}\frac{n^2}{(k+n)^2(k+2n)}$ を求めよ。 〔岐阜大〕

指針 このような和の極限は，定積分で表すことによって求められる場合がある。

CHART》 和の極限 定積分の利用も考える

$p.488$ の公式 ② $\lim_{n\to\infty}\frac{1}{n}\sum_{k=0}^{n-1}f\left(\frac{k}{n}\right)=\lim_{n\to\infty}\frac{1}{n}\sum_{k=1}^{n}f\left(\frac{k}{n}\right)=\int_0^1 f(x)dx$ を用いるために

[1] Σ から $\frac{1}{n}$ をくくり出し [2] 残りを $f\left(\frac{k}{n}\right)$ **の形** に変形する

という手順で計算するとよい (下の **検討** を参照)。

解答 求める極限値を S とする。

$$S=\lim_{n\to\infty}\sum_{k=1}^{n}\frac{n^2}{(k+n)^2(k+2n)}=\lim_{n\to\infty}\frac{1}{n}\sum_{k=1}^{n}\frac{n^3}{(k+n)^2(k+2n)}$$

$$=\lim_{n\to\infty}\frac{1}{n}\sum_{k=1}^{n}\frac{1}{\left(\frac{k}{n}+1\right)^2\left(\frac{k}{n}+2\right)}=\int_0^1\frac{1}{(x+1)^2(x+2)}dx$$

ここで，$\frac{1}{(x+1)^2(x+2)}=\frac{a}{(x+1)^2}+\frac{b}{x+1}+\frac{c}{x+2}$ とする

と $a=1,\ b=-1,\ c=1$ であるから

$$S=\int_0^1\left\{\frac{1}{(x+1)^2}-\frac{1}{x+1}+\frac{1}{x+2}\right\}dx$$

$$=\left[-\frac{1}{x+1}-\log(x+1)+\log(x+2)\right]_0^1=\boldsymbol{\frac{1}{2}+\log\frac{3}{4}}$$

◀ 部分分数分解の形は $p.451$ 参照。
分母を払った
$1=a(x+2)$
$+b(x+1)(x+2)$
$+c(x+1)^2$ に
$x=-1,\ -2,\ 0$ など
を代入して，$a,\ b,\ c$ の値を求める。

$p.488$ の公式 ① における $f(x),\ x_k,\ \Delta x,\ a,\ b$ の定め方

例題 125 の場合，次のようにして考える。$\frac{1}{n}$ を外に出すと

$$\frac{n^2}{(k+n)^2(k+2n)}=\frac{1}{n}\cdot\frac{n^3}{(k+n)^2(k+2n)}=\frac{1}{n}\cdot\frac{1}{\left(\frac{k}{n}+1\right)^2\left(\frac{k}{n}+2\right)}$$

分母・分子を n^3 で割る。

これをみると $f(x_k)=\frac{1}{\left(\frac{k}{n}+1\right)^2\left(\frac{k}{n}+2\right)}$ らしい。$0\leqq k\leqq n$ のとき $0\leqq\frac{k}{n}\leqq1$

そこで，$f(x)=\frac{1}{(x+1)^2(x+2)}$ とすると，$a=0,\ b=1$ で $\int_0^1\frac{1}{(x+1)^2(x+2)}dx$

練習 125 次の極限値を求めよ。

(1) $\lim_{n\to\infty}\sum_{k=1}^{n}\frac{4n+3k}{n^2+k^2}$ (2) $\lim_{n\to\infty}\sqrt{n}\sin\left(\frac{1}{n}\right)\sum_{k=1}^{n}\frac{1}{\sqrt{n+k}}$

(3) $\lim_{n\to\infty}n\sum_{k=0}^{n-1}\frac{1}{(n+k)(2n-k-1)}$

〔(1) 青山学院大，(2) 同志社大，(3) 愛媛大〕

5章 26 定積分と和の極限

例題 126 定積分と和の極限 (2) ★★★☆☆

次の極限値を求めよ。

(1) $\displaystyle\lim_{n\to\infty}\sum_{k=0}^{3n-1}\frac{1}{2n+k}$ (2) $\displaystyle\lim_{n\to\infty}\sum_{k=n+1}^{2n}\frac{1}{\sqrt{nk}}$

指針 まず，$\dfrac{1}{n}$ をくくり出して，$\displaystyle\frac{1}{n}\sum_{k=l}^{m}f\left(\frac{k}{n}\right)$ の形になるように $f(x)$ を決める。積分区間は，$y=f(x)$ のグラフをかき，$\displaystyle\frac{1}{n}\sum_{k=l}^{m}f\left(\frac{k}{n}\right)$ がどのような長方形の面積の和として表されるか，ということを考えて定めるとよい。

解答 求める極限値を S とする。

(1) $\displaystyle S=\lim_{n\to\infty}\frac{1}{n}\sum_{k=0}^{3n-1}\frac{1}{2+\frac{k}{n}}$ であり，$\displaystyle S_n=\frac{1}{n}\sum_{k=0}^{3n-1}\frac{1}{2+\frac{k}{n}}$

とすると，S_n は右の図の長方形の面積の和を表すから

$$S=\lim_{n\to\infty}S_n=\int_0^3\frac{1}{2+x}\,dx=\Big[\log(2+x)\Big]_0^3$$
$$=\log5-\log2=\boldsymbol{\log\frac{5}{2}}$$

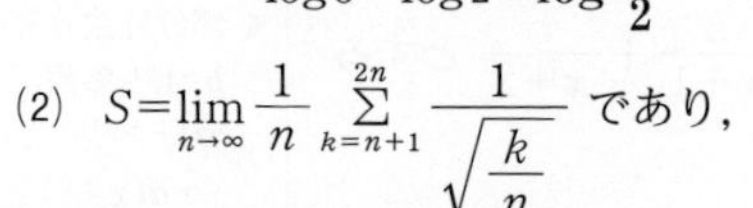

(2) $\displaystyle S=\lim_{n\to\infty}\frac{1}{n}\sum_{k=n+1}^{2n}\frac{1}{\sqrt{\frac{k}{n}}}$ であり，

$\displaystyle S_n=\frac{1}{n}\sum_{k=n+1}^{2n}\frac{1}{\sqrt{\frac{k}{n}}}$ とすると，S_n は右の図の長方形の面積の和を表すから

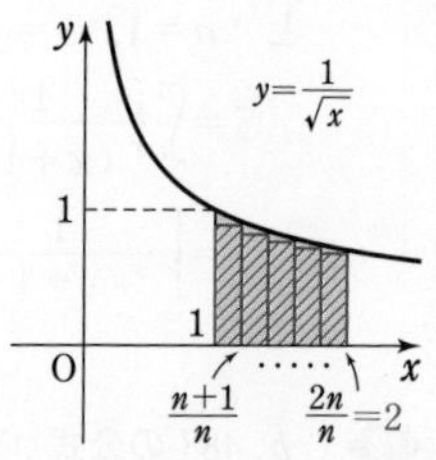

$$S=\lim_{n\to\infty}S_n=\int_1^2\frac{1}{\sqrt{x}}\,dx=\Big[2\sqrt{x}\Big]_1^2=\boldsymbol{2(\sqrt{2}-1)}$$

別解 (2) $\displaystyle\sum_{k=n+1}^{2n}\frac{1}{\sqrt{nk}}=\sum_{k=1}^{n}\frac{1}{\sqrt{n(k+n)}}$ であるから

$$S=\lim_{n\to\infty}\sum_{k=1}^{n}\frac{1}{\sqrt{n(k+n)}}=\lim_{n\to\infty}\frac{1}{n}\sum_{k=1}^{n}\frac{1}{\sqrt{\frac{k}{n}+1}}=\int_0^1\frac{1}{\sqrt{x+1}}\,dx$$
$$=\Big[2\sqrt{x+1}\Big]_0^1=\boldsymbol{2(\sqrt{2}-1)}$$

練習 126 次の極限値を求めよ。(3) では $p>0$ とする。

(1) $\displaystyle\lim_{n\to\infty}n\sum_{k=1}^{2n}\frac{1}{(n+2k)^2}$ 〔東京電機大〕

(2) $\displaystyle\lim_{n\to\infty}\frac{1}{n}\left\{\left(\frac{1}{n}\right)^2+\left(\frac{2}{n}\right)^2+\left(\frac{3}{n}\right)^2+\cdots\cdots+\left(\frac{3n}{n}\right)^2\right\}$ 〔摂南大〕

(3) $\displaystyle\lim_{n\to\infty}\frac{(n+1)^p+(n+2)^p+\cdots\cdots+(n+2n)^p}{1^p+2^p+\cdots\cdots+(2n)^p}$ 〔日本女子大〕

例題 127 定積分と和の極限 (3) ★★★☆☆

極限値 $\lim_{n\to\infty}\left\{\dfrac{(2n+1)(2n+2)\cdots\cdots(2n+n)}{(n+1)(n+2)\cdots\cdots(n+n)}\right\}^{\frac{1}{n}}$ を求めよ。　〔横浜市大〕

指針 分数で，分母・分子ともに積の形。しかも指数 $\dfrac{1}{n}$ があるから，対数をとって考えると，積は和の形になる。

CHART》 和の極限　定積分の利用も考える

和の形で表すことができるから，$\displaystyle\lim_{n\to\infty}\frac{1}{n}\sum_{k=1}^{n}f\left(\frac{k}{n}\right)=\int_0^1 f(x)\,dx$ を利用して極限値を求める。

関数 $\log x$ は $x>0$ において連続であるから　$\lim_{x\to\alpha}\log x=\log\alpha$

よって，$\lim_{n\to\infty}a_n=\alpha$ が存在するなら　$\lim_{n\to\infty}(\log a_n)=\log(\lim_{n\to\infty}a_n)$

解答 $a_n=\left\{\dfrac{(2n+1)(2n+2)\cdots\cdots(2n+n)}{(n+1)(n+2)\cdots\cdots(n+n)}\right\}^{\frac{1}{n}}$ とすると

$$\log(\lim_{n\to\infty}a_n)=\lim_{n\to\infty}(\log a_n)$$

$$=\lim_{n\to\infty}\frac{1}{n}\log\frac{(2n+1)(2n+2)\cdots\cdots(2n+n)}{(n+1)(n+2)\cdots\cdots(n+n)}$$

$$=\lim_{n\to\infty}\frac{1}{n}\left(\log\frac{2+\frac{1}{n}}{1+\frac{1}{n}}+\log\frac{2+\frac{2}{n}}{1+\frac{2}{n}}+\cdots\cdots+\log\frac{2+\frac{n}{n}}{1+\frac{n}{n}}\right)$$

$$=\lim_{n\to\infty}\frac{1}{n}\sum_{k=1}^{n}\log\frac{2+\frac{k}{n}}{1+\frac{k}{n}}=\int_0^1\log\frac{2+x}{1+x}\,dx$$

$$=\int_0^1\log(2+x)\,dx-\int_0^1\log(1+x)\,dx$$

$$=\Big[(2+x)\log(2+x)\Big]_0^1-\int_0^1 dx-\Big[(1+x)\log(1+x)\Big]_0^1+\int_0^1 dx$$

$$=3\log 3-2\log 2-2\log 2$$

$$=\log\frac{27}{16}$$

したがって　$\lim_{n\to\infty}a_n=\boldsymbol{\dfrac{27}{16}}$

◀ 関数 $\log x$ は連続であるから，lim と log は交換できる。

◀ $\displaystyle\lim_{n\to\infty}\frac{1}{n}\sum_{k=1}^{n}f\left(\frac{k}{n}\right)$ の形になるように変形。

◀ $\displaystyle\int_0^1\log(2+x)\,dx=\int_0^1(2+x)'\log(2+x)\,dx$

練習 127 次の極限値を求めよ。

$$\lim_{n\to\infty}\frac{1}{n}\sqrt[n]{(n+1)(n+2)\cdots\cdots(n+n)}$$

➡ p. 506 演習 54

重要例題 128 定積分と和の極限の応用問題 ★★★☆☆

半径1の円周を n 等分する。ただし，$n \geqq 2$ である。分点の1つを P_0 とし，残りの分点を P_0 から反時計回りに順番に P_1，P_2，……，P_{n-1} とする。$1 \leqq k \leqq n-1$ である k に対して，点 P_0 から反時計回りにとった円弧 P_0P_k と弦 P_0P_k で囲まれた部分の面積を S_k とする。$\displaystyle\lim_{n\to\infty}\frac{1}{n^2}\sum_{k=1}^{n-1}kS_k$ を求めよ。〔京都工繊大〕

◀例題125

指針 円の中心が S_k に含まれる場合と含まれない場合に分けて考える。
和の極限 ⟶ 定積分 で表される形である。

解答 円の中心をOとすると　$\angle P_0OP_k=\dfrac{2k}{n}\pi$

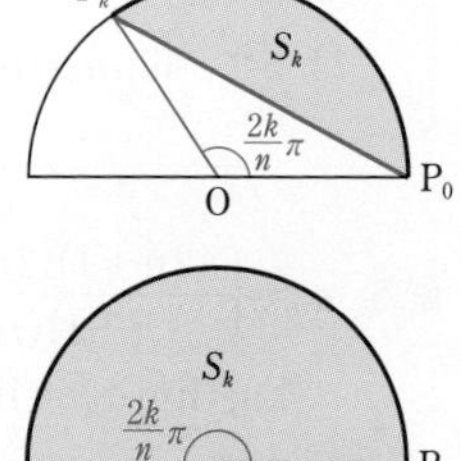

$\dfrac{2k}{n}\pi<\pi$ のとき　$S_k=$扇形 $OP_0P_k-\triangle OP_0P_k$

$$=\frac{1}{2}\cdot 1^2\cdot\frac{2k}{n}\pi-\frac{1}{2}\cdot 1^2\sin\frac{2k}{n}\pi$$

$$=\frac{k}{n}\pi-\frac{1}{2}\sin\frac{2k}{n}\pi$$

$\dfrac{2k}{n}\pi \geqq \pi$ のとき　$S_k=$扇形 $OP_0P_k+\triangle OP_0P_k$

$$=\frac{1}{2}\cdot 1^2\cdot\frac{2k}{n}\pi+\frac{1}{2}\cdot 1^2\sin\left(2\pi-\frac{2k}{n}\pi\right)$$

$$=\frac{k}{n}\pi-\frac{1}{2}\sin\frac{2k}{n}\pi$$

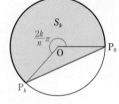

どちらの場合も同じ式で表されるから

$$\frac{1}{n^2}\sum_{k=1}^{n-1}kS_k=\frac{1}{n}\sum_{k=1}^{n-1}\left\{\left(\frac{k}{n}\right)^2\pi-\frac{1}{2}\cdot\frac{k}{n}\sin\frac{2k}{n}\pi\right\}$$

$$=\frac{1}{n}\sum_{k=1}^{n}\left\{\left(\frac{k}{n}\right)^2\pi-\frac{1}{2}\cdot\frac{k}{n}\sin 2\pi\frac{k}{n}\right\}-\frac{\pi}{n}$$

よって　$$\lim_{n\to\infty}\frac{1}{n^2}\sum_{k=1}^{n-1}kS_k=\int_0^1\left(\pi x^2-\frac{1}{2}x\sin 2\pi x\right)dx-\lim_{n\to\infty}\frac{\pi}{n}$$

$$=\left[\frac{\pi}{3}x^3\right]_0^1-\frac{1}{2}\left(\left[x\cdot\frac{\cos 2\pi x}{-2\pi}\right]_0^1+\int_0^1\frac{\cos 2\pi x}{2\pi}dx\right)=\boldsymbol{\frac{\pi}{3}+\frac{1}{4\pi}}$$

練習 128 半径1の円に内接する正 n 角形が xy 平面上にある。1つの辺ABが x 軸に含まれている状態から始めて，正 n 角形を図のように x 軸上を滑らないように転がし，再び点Aが x 軸に含まれる状態まで続ける。点Aが描く軌跡の長さを $L(n)$ とする。

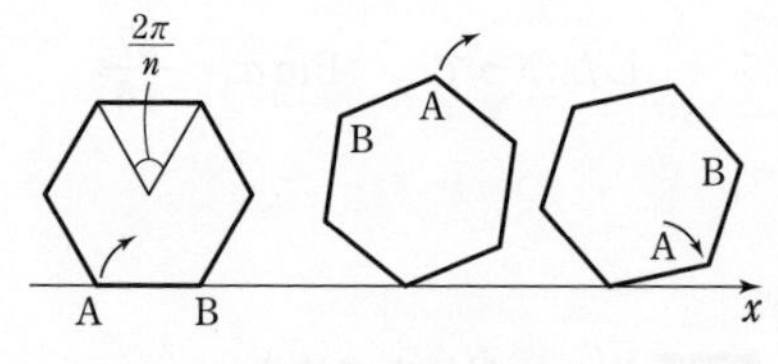

図は $n=6$ の場合

(1) $L(6)$ を求めよ。　(2) $\displaystyle\lim_{n\to\infty}L(n)$ を求めよ。〔北海道大〕

台形公式

定積分 $\int_a^b f(x)dx$ の値は，$f(x)$ の不定積分 $F(x)$ がわかれば $\Big[F(x)\Big]_a^b=F(b)-F(a)$ で求めることができる。しかし，一般に **不定積分は必ず求められるとは限らない。**

例えば $\dfrac{\sin x}{x}$ や e^{-x^2} などの簡単な関数でも，その不定積分は求められないのである。

このような関数についても，定積分 $\int_a^b f(x)dx$ の **近似値** を求める方法を紹介しよう。

区間 $[a,\ b]$ を n 等分したときの分点および端点を，小さい方から順に

$a=x_0,\ x_1,\ x_2,\ \cdots\cdots,\ x_n=b$

すなわち

$$x_k=a+kh,\ h=\frac{b-a}{n}\ (k=0,\ 1,\ 2,\ \cdots\cdots,\ n)$$

とし，これらに対応する関数の値とグラフ上の点を

$y_k=f(x_k)$，$\mathrm{P}_k\,(x_k,\ y_k)\ (k=0,\ 1,\ 2,\ \cdots\cdots,\ n)$

とする。

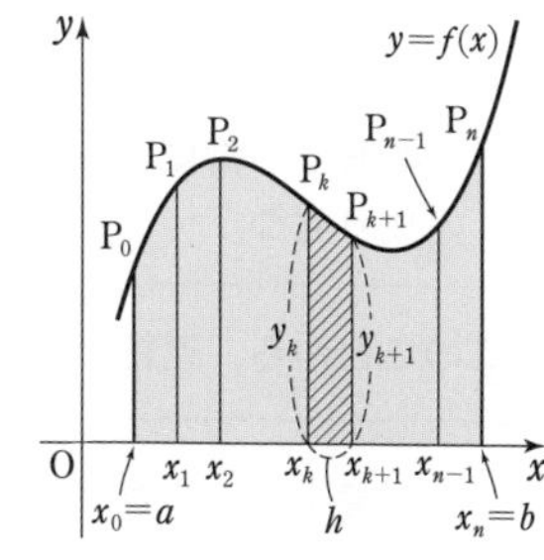

曲線 $y=f(x)$ の弧 $\mathrm{P}_k\mathrm{P}_{k+1}$ を線分 $\mathrm{P}_k\mathrm{P}_{k+1}$ で近似する（図の斜線部分を台形とみなす）と

$$\int_{x_k}^{x_{k+1}} f(x)dx \fallingdotseq \frac{h}{2}(y_k+y_{k+1})$$

◀ (台形の面積)$=\dfrac{1}{2}\times$(高さ)$\times$(上底＋下底)

ゆえに

$$\sum_{k=0}^{n-1}\int_{x_k}^{x_{k+1}} f(x)dx \fallingdotseq \sum_{k=0}^{n-1}\frac{h}{2}(y_k+y_{k+1})$$

$$=\frac{h}{2}\{(y_0+y_1)+(y_1+y_2)+(y_2+y_3)+\cdots\cdots+(y_{n-1}+y_n)\}$$

$$=\frac{h}{2}\{y_0+2(y_1+y_2+\cdots\cdots+y_{n-1})+y_n\}$$

よって，次の近似式が得られる。これを **台形公式** という。

$$\boldsymbol{\int_a^b f(x)dx \fallingdotseq \frac{h}{2}\left(y_0+2\sum_{k=1}^{n-1}y_k+y_n\right)} \qquad \text{ただし，} h=\frac{b-a}{n},\ y_k=f(a+kh)$$

この公式のように，定積分の近似値を数値計算で求める方法を，**数値積分** という。

$p.488$ の公式 ① を用いて，$\int_a^b f(x)dx \fallingdotseq \sum_{k=1}^{n} f(x_k)\Delta x=h\sum_{k=1}^{n} y_k$ とするのも数値積分の方法の1つではあるが，台形公式はこれと大差ない手間でよりよい近似値を求めることができる。

更に，弧 $\mathrm{P}_k\mathrm{P}_{k+1}$ を放物線で近似して得られる **シンプソンの公式**

$$\boldsymbol{\int_a^b f(x)dx \fallingdotseq \frac{h}{3}\left(y_0+4\sum_{k=1}^{n}y_{2k-1}+2\sum_{k=1}^{n-1}y_{2k}+y_{2n}\right)} \qquad \text{ただし，} h=\frac{b-a}{2n}$$

など，少ない手間でよりよい近似値を求める数値積分法がいろいろと考案されている。

27 定積分と不等式

《 基本事項 》

1 定積分と不等式

関数 $f(x)$ が区間 $[a,\ b]$ で連続で，常に $f(x)\geqq 0$ であるとき，$y=f(x)$ のグラフと x 軸および 2 直線 $x=a$，$x=b$ で囲まれた部分の面積を考えると，次のことが成り立つ。

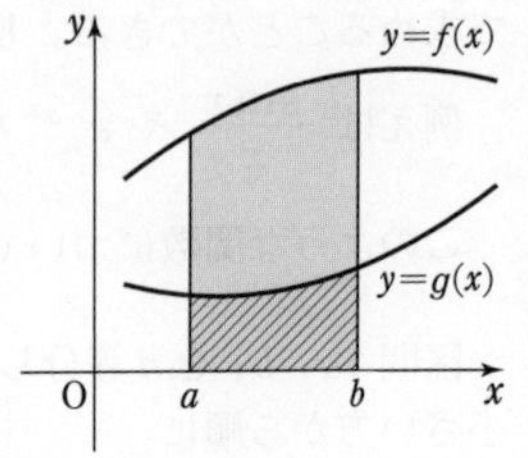

区間 $[a,\ b]$ で $f(x)\geqq 0$ ならば

$$\int_a^b f(x)dx\geqq 0$$

等号は，常に $f(x)=0$ であるときに限って成り立つ。

このことから，連続な関数について次のことが導かれる。

区間 $[a,\ b]$ で $f(x)\geqq g(x)$ ならば　$\displaystyle\int_a^b f(x)dx\geqq\int_a^b g(x)dx$

等号は，常に $f(x)=g(x)$ であるときに限って成り立つ。

2 シュワルツの不等式

次の不等式が成り立つ。この不等式を **シュワルツの不等式** という。

$$\left\{\int_a^b f(x)g(x)dx\right\}^2\leqq\left(\int_a^b \{f(x)\}^2dx\right)\left(\int_a^b \{g(x)\}^2dx\right)\quad (a<b)$$

等号は，常に $f(x)=0$ または 常に $g(x)=0$ または $g(x)=kf(x)$（k は定数）のときに限って成り立つ。

証明　常に $f(x)=0$ または常に $g(x)=0$ のときは，両辺がともに 0 になって成り立つ。
そうでないとき，任意の実数 t に対して $\{tf(x)+g(x)\}^2\geqq 0$ であるから

$$\int_a^b \{tf(x)+g(x)\}^2dx\geqq 0$$

よって　$\displaystyle t^2\int_a^b \{f(x)\}^2dx+2t\int_a^b f(x)g(x)dx+\int_a^b \{g(x)\}^2dx\geqq 0$ ……①

$\displaystyle\int_a^b \{f(x)\}^2dx>0$ で，この t の 2 次不等式が任意の実数 t に対して成り立つから，
(① の左辺)$=0$ とした 2 次方程式の判別式を D とすると

$$\frac{D}{4}=\left\{\int_a^b f(x)g(x)dx\right\}^2-\left(\int_a^b \{f(x)\}^2dx\right)\left(\int_a^b \{g(x)\}^2dx\right)\leqq 0$$

したがって　$\displaystyle\left\{\int_a^b f(x)g(x)dx\right\}^2\leqq\left(\int_a^b \{f(x)\}^2dx\right)\left(\int_a^b \{g(x)\}^2dx\right)$

等号が成り立つのは，常に $tf(x)+g(x)=0$，すなわち k を定数として $g(x)=kf(x)$ と表されるときである。

例題 129 定積分の不等式の証明 ★★☆☆☆

次の不等式を証明せよ。(2) では $a \geqq 0$ とする。

(1) $\dfrac{1}{2}<\displaystyle\int_0^{\frac{1}{2}}\dfrac{dx}{\sqrt{1-x^3}}<\dfrac{\pi}{6}$　　(2) $\displaystyle\int_0^a e^{-t^2}dt \geqq a-\dfrac{a^3}{3}$

指針 (1) 積分は計算できないから，**大小比較は差を作れ** では解決できない。そこで，前ページで学んだ，定積分についての不等式の性質を利用する。すなわち $0 \leqq x \leqq \dfrac{1}{2}$ で $f(x)<\dfrac{1}{\sqrt{1-x^3}}<g(x)$ を満たし，積分すると $\dfrac{1}{2}$，$\dfrac{\pi}{6}$ になる $f(x)$，$g(x)$ を見つける。

(2) 両辺の差を a の関数とみて $\dfrac{d}{da}\displaystyle\int_0^a g(t)dt=g(a)$ を用いる。

解答 (1) $0<x<\dfrac{1}{2}$ のとき　　$0<x^3<x^2<1$

$1>1-x^3>1-x^2$ から　　$1>\sqrt{1-x^3}>\sqrt{1-x^2}>0$

$1<\dfrac{1}{\sqrt{1-x^3}}<\dfrac{1}{\sqrt{1-x^2}}$ であるから　　$\displaystyle\int_0^{\frac{1}{2}}dx<\int_0^{\frac{1}{2}}\dfrac{dx}{\sqrt{1-x^3}}<\int_0^{\frac{1}{2}}\dfrac{dx}{\sqrt{1-x^2}}$

$x=\sin\theta$ とおくと　　$dx=\cos\theta d\theta$

x と θ の対応は右のようになる。

x	$0 \longrightarrow \dfrac{1}{2}$
θ	$0 \longrightarrow \dfrac{\pi}{6}$

$0 \leqq \theta \leqq \dfrac{\pi}{6}$ のとき，$\cos\theta>0$ であるから

$$\int_0^{\frac{1}{2}}\frac{dx}{\sqrt{1-x^2}}=\int_0^{\frac{\pi}{6}}\frac{\cos\theta}{\cos\theta}d\theta=\int_0^{\frac{\pi}{6}}d\theta=\frac{\pi}{6}$$

したがって　　$\dfrac{1}{2}<\displaystyle\int_0^{\frac{1}{2}}\dfrac{dx}{\sqrt{1-x^3}}<\dfrac{\pi}{6}$

(2) $f(a)=\displaystyle\int_0^a e^{-t^2}dt-\left(a-\dfrac{a^3}{3}\right)$ とすると　　$f'(a)=e^{-a^2}-(1-a^2)$

$a \geqq 0$ であるから　　$f''(a)=2a(1-e^{-a^2}) \geqq 0$

$f'(0)=0$ であるから　　$f'(a) \geqq 0$　　$f(0)=0$ であるから　　$f(a) \geqq 0$

したがって，与えられた不等式が成り立つ。

練習 129 (1) 次の不等式を証明せよ。(エ) では $x>0$ とする。

(ア) $\dfrac{\pi}{4}<\displaystyle\int_0^{\frac{\pi}{4}}\dfrac{dx}{\sqrt{1-\sin x}}<2-\sqrt{4-\pi}$　　(イ) $\dfrac{\pi}{4}<\displaystyle\int_0^1\dfrac{dx}{1+x^4}<1$

(ウ) $1<\displaystyle\int_0^1\sqrt{1+x^2}\,dx<\dfrac{\sqrt{2}+1}{2}$　　(エ) $\displaystyle\int_0^x e^{-t^2}dt<x-\dfrac{x^3}{3}+\dfrac{x^5}{10}$

(2) (ア) $0<x<\dfrac{\pi}{2}$ のとき，不等式 $\log(\cos x)+\dfrac{x^2}{2}<0$ を証明せよ。

(イ) 不等式 $-\dfrac{\pi}{3}\log 2+\dfrac{\pi^3}{81}<\displaystyle\int_0^{\frac{\pi}{3}}\log(\cos x)dx<-\dfrac{\pi^3}{162}$ を証明せよ。

➡ p. 506 演習 55

例題 130　数列の和の不等式の証明　★★★☆☆

自然数 n に対して，次の不等式が成り立つことを示せ。〔お茶の水大〕

$$2\sqrt{n+1}-2<1+\frac{1}{\sqrt{2}}+\frac{1}{\sqrt{3}}+\cdots\cdots+\frac{1}{\sqrt{n}}\leqq 2\sqrt{n}-1$$

◀例題 129

指針 数列の和の部分は簡単な式では表されない。曲線の下側の面積と階段状の面積を比較する。

解答 自然数 k に対して，$k\leqq x\leqq k+1$ のとき　$\dfrac{1}{\sqrt{k+1}}\leqq\dfrac{1}{\sqrt{x}}\leqq\dfrac{1}{\sqrt{k}}$

等号は常には成り立たないから

$$\int_k^{k+1}\frac{1}{\sqrt{k+1}}dx<\int_k^{k+1}\frac{1}{\sqrt{x}}dx<\int_k^{k+1}\frac{1}{\sqrt{k}}dx$$

$y=\dfrac{1}{\sqrt{x}}$　O　k　$k+1$　x

ゆえに　$\dfrac{1}{\sqrt{k+1}}<\displaystyle\int_k^{k+1}\frac{1}{\sqrt{x}}dx<\frac{1}{\sqrt{k}}$

$n\geqq 2$ のとき，$\dfrac{1}{\sqrt{k+1}}<\displaystyle\int_k^{k+1}\frac{1}{\sqrt{x}}dx$ から　$\displaystyle\sum_{k=1}^{n-1}\frac{1}{\sqrt{k+1}}<\sum_{k=1}^{n-1}\int_k^{k+1}\frac{1}{\sqrt{x}}dx$

ここで　$\displaystyle\sum_{k=1}^{n-1}\int_k^{k+1}\frac{1}{\sqrt{x}}dx=\int_1^n\frac{1}{\sqrt{x}}dx=\Big[2\sqrt{x}\Big]_1^n=2\sqrt{n}-2$

よって　$\dfrac{1}{\sqrt{2}}+\dfrac{1}{\sqrt{3}}+\cdots\cdots+\dfrac{1}{\sqrt{n}}<2\sqrt{n}-2$

両辺に1を加えると　$1+\dfrac{1}{\sqrt{2}}+\dfrac{1}{\sqrt{3}}+\cdots\cdots+\dfrac{1}{\sqrt{n}}<2\sqrt{n}-1$

この式で $n=1$ とすると，(左辺)$=1$，(右辺)$=1$ であるから，すべての自然数 n について　$1+\dfrac{1}{\sqrt{2}}+\dfrac{1}{\sqrt{3}}+\cdots\cdots+\dfrac{1}{\sqrt{n}}\leqq 2\sqrt{n}-1$　……①

また，$\displaystyle\int_k^{k+1}\frac{1}{\sqrt{x}}dx<\frac{1}{\sqrt{k}}$ から　$\displaystyle\sum_{k=1}^{n}\int_k^{k+1}\frac{1}{\sqrt{x}}dx<\sum_{k=1}^{n}\frac{1}{\sqrt{k}}$

ここで　$\displaystyle\int_1^{n+1}\frac{1}{\sqrt{x}}dx=2\sqrt{n+1}-2$

よって　$2\sqrt{n+1}-2<1+\dfrac{1}{\sqrt{2}}+\dfrac{1}{\sqrt{3}}+\cdots\cdots+\dfrac{1}{\sqrt{n}}$　……②

①，②から，与えられた不等式は成り立つ。

練習 130 次の不等式を証明せよ。n は自然数とする。➡p.506 演習 56

(1) $\displaystyle\sum_{k=1}^{n}\frac{1}{k^3}<\frac{1}{2}\left(3-\frac{1}{n^2}\right)$　ただし，$n\geqq 2$ とする。

(2) $n\log n-n+1\leqq\log(n!)\leqq(n+1)\log n-n+1$　〔(2) 類　首都大東京〕

(3) $\sqrt{1+n^2}-1<\dfrac{1}{\sqrt{2}}+\dfrac{2}{\sqrt{5}}+\dfrac{3}{\sqrt{10}}+\cdots\cdots+\dfrac{n}{\sqrt{1+n^2}}$　〔(3) 類　鹿児島大〕

重要例題 131 定積分の漸化式と極限 (2) ★★★★☆

定積分 $I_n=\int_0^1 x^n e^x dx$ $(n=1,\ 2,\ 3,\ \cdots\cdots)$ について，次の問いに答えよ。

(1) I_1 を求めよ。　　(2) 等式 $I_n=e-nI_{n-1}$ $(n=2,\ 3,\ 4,\ \cdots\cdots)$ を示せ。

(3) $\lim_{n\to\infty} nI_n$ を求めよ。

〔類 京都産業大〕 ◀例題 116

指針 (2) 数列 $\{I_n\}$ の漸化式を求めるには，**部分積分法** を用いる。

(3) (2) の漸化式から一般項を求めるのは難しい。そこで

CHART》 求めにくい極限　はさみうち

まず，$0\leqq x\leqq 1$ における I_n と I_{n+1} の大小関係を考える。

解答 (1) $I_1=\int_0^1 xe^x dx=\Big[xe^x\Big]_0^1-\int_0^1 e^x dx=e-\Big[e^x\Big]_0^1=\mathbf{1}$　　◀部分積分法を適用。

(2) $n\geqq 2$ のとき　$I_n=\Big[x^n e^x\Big]_0^1-\int_0^1 nx^{n-1}e^x dx=e-nI_{n-1}$　　◀部分積分法を適用。

(3) $0\leqq x\leqq 1$ のとき，$0\leqq x^{n+1}\leqq x^n$ から　$0\leqq x^{n+1}e^x\leqq x^n e^x$　　◀ $e^x>0$

等号は常には成り立たないから

$$0<\int_0^1 x^{n+1}e^x dx<\int_0^1 x^n e^x dx$$

すなわち　$0<I_{n+1}<I_n$

(2) より，$I_{n+1}=e-(n+1)I_n$ であるから　　◀文字 n を $n+1$ におき換える。

$$0<e-(n+1)I_n<I_n$$

$0<e-(n+1)I_n$ から　$I_n<\dfrac{e}{n+1}$　…… ①

$e-(n+1)I_n<I_n$ から　$\dfrac{e}{n+2}<I_n$　…… ②

①，② から　$\dfrac{e}{n+2}<I_n<\dfrac{e}{n+1}$

よって　$\dfrac{ne}{n+2}<nI_n<\dfrac{ne}{n+1}$

ここで　$\lim_{n\to\infty}\dfrac{ne}{n+2}=\lim_{n\to\infty}\dfrac{e}{1+\dfrac{2}{n}}=e$

$\lim_{n\to\infty}\dfrac{ne}{n+1}=\lim_{n\to\infty}\dfrac{e}{1+\dfrac{1}{n}}=e$

したがって　$\lim_{n\to\infty} nI_n=\boldsymbol{e}$　　◀はさみうちの原理。

練習 131 自然数 n に対して，$a_n=\int_0^{\frac{\pi}{4}}\tan^{2n}x\,dx$ とする。　〔北海道大〕

(1) a_1 を求めよ。　　(2) a_{n+1} を a_n で表せ。

(3) $\lim_{n\to\infty} a_n$ を求めよ。

➡ p. 506 演習 57

重要例題 132 無限級数の和と定積分 ★★★★☆

$a_n=1-\dfrac{1}{2}+\dfrac{1}{3}-\cdots\cdots+(-1)^{n-1}\dfrac{1}{n}$，$\alpha=\displaystyle\int_0^1\frac{1}{1+x}dx$ とする。

$|a_n-\alpha|\leqq\displaystyle\int_0^1 x^n dx$ であることを示し，$\displaystyle\lim_{n\to\infty}a_n$ を求めよ。 〔類 愛知工大〕

指針 不等式の両辺の大小を比較するために，$a_n=\displaystyle\int_0^1 ■ dx$ と表すことを考える。

$a_n=\displaystyle\sum_{k=1}^{n}(-1)^{k-1}\frac{1}{k}$ から，$\dfrac{1}{k}=\displaystyle\int_0^1 ▲ dx$ を満たす関数を見つければよい。

なお，一般に **$a<b$ のとき** $\left|\displaystyle\int_a^b f(x)dx\right|\leqq\int_a^b|f(x)|dx$ であることも利用する。

解答 $k=1,\ 2,\ \cdots\cdots,\ n$ に対して $\displaystyle\int_0^1 x^{k-1}dx=\left[\frac{x^k}{k}\right]_0^1=\frac{1}{k}$

◀つまり，$\dfrac{1}{k}$ と $\displaystyle\int_0^1 x^{k-1}dx$ が結びつく。

また，$0\leqq x\leqq 1$ では $-x\neq 1$，$1\leqq 1+x\leqq 2$ であり

$$a_n=\sum_{k=1}^{n}\left\{(-1)^{k-1}\frac{1}{k}\right\}=\sum_{k=1}^{n}\left\{(-1)^{k-1}\int_0^1 x^{k-1}dx\right\}$$

$$=\int_0^1\sum_{k=1}^{n}(-x)^{k-1}dx=\int_0^1\frac{1-(-x)^n}{1+x}dx$$

◀$\displaystyle\sum_{k=1}^{n}(-x)^{k-1}=\frac{1-(-x)^n}{1-(-x)}$（等比級数の和）

ここで，一般に $-|f(x)|\leqq f(x)\leqq|f(x)|$ であるから

$a<b$ のとき $\displaystyle -\int_a^b|f(x)|dx\leqq\int_a^b f(x)dx\leqq\int_a^b|f(x)|dx$

すなわち $\left|\displaystyle\int_a^b f(x)dx\right|\leqq\int_a^b|f(x)|dx$

◀この不等式は覚えておこう。

よって

$$|a_n-\alpha|=\left|\int_0^1\left\{\frac{1-(-x)^n}{1+x}-\frac{1}{1+x}\right\}dx\right|=\left|\int_0^1\frac{-(-x)^n}{1+x}dx\right|$$

$$\leqq\int_0^1\left|\frac{-(-x)^n}{1+x}\right|dx=\int_0^1\frac{x^n}{1+x}dx\leqq\int_0^1 x^n dx=\frac{1}{n+1}$$

ゆえに $0\leqq|a_n-\alpha|\leqq\dfrac{1}{n+1}$

$\displaystyle\lim_{n\to\infty}\frac{1}{n+1}=0$ であるから $\displaystyle\lim_{n\to\infty}|a_n-\alpha|=0$

◀はさみうちの原理。

したがって $\displaystyle\lim_{n\to\infty}a_n=\alpha=\int_0^1\frac{dx}{1+x}=\Big[\log(1+x)\Big]_0^1=\mathbf{\log 2}$

参考 例題の $\displaystyle\sum_{n=1}^{\infty}\frac{(-1)^{n-1}}{n}=1-\frac{1}{2}+\frac{1}{3}-\cdots\cdots$ を **メルカトル級数**，練習 132 (2) の無限級数を **ライプニッツ級数** という。

練習 132 自然数 n に対して，$R_n(x)=\dfrac{1}{1+x}-\{1-x+x^2-\cdots\cdots+(-1)^n x^n\}$ とする。

(1) $\displaystyle\lim_{n\to\infty}\int_0^1 R_n(x^2)dx$ を求めよ。

(2) 無限級数 $1-\dfrac{1}{3}+\dfrac{1}{5}-\dfrac{1}{7}+\cdots\cdots$ の和を求めよ。 〔札幌医大〕

重要例題 133 シュワルツの不等式の利用 ★★★★☆

関数 $f(x)$ が区間 $[0,\ 1]$ で連続で常に正であるとき，次の不等式を証明せよ。

(1) $\displaystyle\left\{\int_0^1 f(x)dx\right\}\left\{\int_0^1 \frac{1}{f(x)}dx\right\} \geqq 1$　　(2) $\displaystyle\frac{1}{e-1} \leqq \int_0^1 \frac{1}{1+x^2e^x}dx < \frac{\pi}{4}$

［(2) 類 宮崎医大］

指針 (1) 不等式の左辺が積であることに注目して，シュワルツの不等式の利用を考える。

$$\left\{\int_a^b f(x)g(x)dx\right\}^2 \leqq \left(\int_a^b \{f(x)\}^2dx\right)\left(\int_a^b \{g(x)\}^2dx\right)$$

◀ $p.494$ **2** 参照。

(2) $f(x)=1+x^2e^x$ は連続で常に正であるから，(1) を利用して，左側の不等式を示す。

また，$1+x^2<1+x^2e^x\ (0<x\leqq 1)$ から，$\displaystyle\int_0^1 \frac{1}{1+x^2}dx$ を用いて右側の不等式を示す。

解答 (1) 区間 $[0,\ 1]$ で $f(x)>0$ であることと，シュワルツの不等式により

$$\left(\int_0^1 \{\sqrt{f(x)}\}^2dx\right)\left(\int_0^1 \left\{\frac{1}{\sqrt{f(x)}}\right\}^2dx\right) \geqq \left\{\int_0^1 \sqrt{f(x)}\cdot\frac{1}{\sqrt{f(x)}}dx\right\}^2$$

ゆえに　$\displaystyle\left\{\int_0^1 f(x)dx\right\}\left\{\int_0^1 \frac{1}{f(x)}dx\right\} \geqq \left(\int_0^1 dx\right)^2$

$\displaystyle\int_0^1 dx=1$ であるから　$\displaystyle\left\{\int_0^1 f(x)dx\right\}\left\{\int_0^1 \frac{1}{f(x)}dx\right\} \geqq 1$

参考 等号は，$\displaystyle\sqrt{f(x)}=\frac{k}{\sqrt{f(x)}}$ すなわち $f(x)$ が定数のときに限って成り立つ。

(2) $0\leqq x\leqq 1$ では $1+x^2\leqq 1+x^2e^x$ で，$x\neq 0$ のときは $1+x^2<1+x^2e^x$ であるから

$$\int_0^1 \frac{1}{1+x^2e^x}dx < \int_0^1 \frac{1}{1+x^2}dx = \int_0^{\frac{\pi}{4}} d\theta = \frac{\pi}{4}$$

◀ $x=\tan\theta$ とおくと $dx=\dfrac{d\theta}{\cos^2\theta}$

$f(x)=1+x^2e^x$ は連続で常に正であるから，(1) により

$$\left\{\int_0^1 (1+x^2e^x)dx\right\}\left(\int_0^1 \frac{1}{1+x^2e^x}dx\right) \geqq 1 \quad \cdots\cdots ①$$

ここで　$\displaystyle\int_0^1 (1+x^2e^x)dx = \int_0^1 dx + \int_0^1 x^2e^x dx = \Big[x\Big]_0^1 + \Big[x^2e^x\Big]_0^1 - 2\int_0^1 xe^x dx$

$\displaystyle = 1+e-2\left(\Big[xe^x\Big]_0^1 - \int_0^1 e^x dx\right)$　▲ 部分積分法を適用。

$= 1+e-2\{e-(e-1)\} = e-1$

$e-1>0$ であるから，① より

$$\int_0^1 \frac{1}{1+x^2e^x}dx \geqq \frac{1}{e-1}$$

したがって　$\displaystyle\frac{1}{e-1} \leqq \int_0^1 \frac{1}{1+x^2e^x}dx < \frac{\pi}{4}$

練習 133 次の不等式を証明せよ。

(1) $\displaystyle\int_1^e \sqrt{\log x}\,dx \leqq \sqrt{e-1}$　　(2) $\displaystyle\int_0^{\frac{\pi}{2}} \sqrt{x\cos x}\,dx \leqq \frac{\sqrt{2}}{4}\pi$

積分の平均値の定理

n 個の数 y_1, y_2, ……, y_n の平均は　　$m=\dfrac{y_1+y_2+\cdots\cdots+y_n}{n}$

この y_1, y_2, ……, y_n が連続的になり，区間 $[a,\ b]$ で連続な関数 $f(x)$ になると

$$m=\frac{1}{b-a}\cdot\frac{b-a}{n}\{f(x_1)+f(x_2)+\cdots\cdots+f(x_n)\}$$

$$\longrightarrow\ \frac{1}{b-a}\int_a^b f(x)dx$$

◀ 縦 $f(x_k)$ $[k=1,\ 2,\ \cdots\cdots,\ n]$，横 $\dfrac{b-a}{n}$ の長方形の面積の和 $\longrightarrow \displaystyle\int_a^b f(x)dx$

と考えられる。

これを関数 $f(x)$ の区間 $[a,\ b]$ における **平均** (平均値) という。

積分の平均値について，次の定理 (**積分の平均値の定理**) が成り立つ。

> **定理**　関数 $f(x)$ が区間 $[a,\ b]$ で連続ならば
>
> $$f(c)=\frac{1}{b-a}\int_a^b f(x)dx,\quad a<c<b$$
>
> となるような c が少なくとも 1 つ存在する。

略証　区間 $[a,\ b]$ における $f(x)$ の最大値を M，最小値を m とすると，$m\leqq f(x)\leqq M$ であるから

$$m\int_a^b dx\leqq\int_a^b f(x)dx\leqq M\int_a^b dx$$

よって　　$m\leqq\dfrac{1}{b-a}\displaystyle\int_a^b f(x)dx\leqq M$

$f(x)$ は区間 $[a,\ b]$ で連続であるから，中間値の定理により，m と M の間の値 $\dfrac{1}{b-a}\displaystyle\int_a^b f(x)dx$ に対して

$f(c)=\dfrac{1}{b-a}\displaystyle\int_a^b f(x)dx$，$a<c<b$ を満たす c が少なくとも 1 つ存在する。

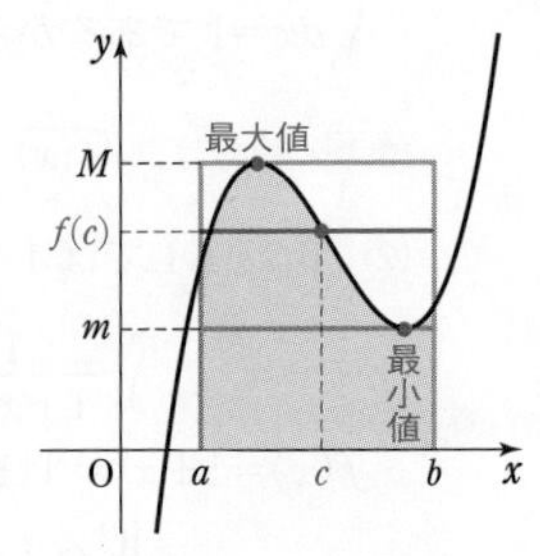

補足　$f(c)=\dfrac{1}{b-a}\displaystyle\int_a^b f(x)dx$ の両辺に $b-a$ (>0) を掛けると　　$(b-a)f(c)=\displaystyle\int_a^b f(x)dx$

これは，$f(c)>0$ のとき，幅 $b-a$，高さ $f(c)$ の長方形の面積が $\displaystyle\int_a^b f(x)dx$ と等しいことを表している。

例　例題 123 (2) において，$f(t)=\dfrac{1}{\sqrt{t^2+1}}$ とすると，$f(t)$ は区間 $[1,\ x]$ または $[x,\ 1]$ で連続である。積分の平均値の定理により

$$f(c)=\frac{1}{x-1}\int_1^x f(t)dt,\ 1<c<x \text{ または } x<c<1$$

を満たす c が存在する。

$x\longrightarrow 1$ のとき $c\longrightarrow 1$ であるから

$$\lim_{x\to 1}\frac{1}{x-1}\int_1^x\frac{1}{\sqrt{t^2+1}}dt=f(1)=\frac{1}{\sqrt{2}}$$

重要例題 134 積分の平均値の定理の利用 ★★★★☆

$0<t<1$ のとき，積分の平均値の定理を用いて次の不等式を証明せよ。

$$\int_0^t e^{-x^2}dx > t\int_0^1 e^{-x^2}dx$$

指針 不等式の積分区間は $[0,\ t]$ と $[0,\ 1]$ であるが，右辺の積分区間を分割すると

$$\int_0^t e^{-x^2}dx > t\left(\int_0^t e^{-x^2}dx+\int_t^1 e^{-x^2}dx\right) \Longleftrightarrow \frac{1}{t-0}\int_0^t e^{-x^2}dx > \frac{1}{1-t}\int_t^1 e^{-x^2}dx$$

そこで，積分の平均値の定理を区間 $[0,\ t]$ と区間 $[t,\ 1]$ のそれぞれに適用する。
「$f(x)$ が単調減少 $\Longrightarrow$ $c<d$ のとき $f(c)>f(d)$」が使える。

解答 $f(x)=e^{-x^2}$ とする。
積分の平均値の定理により

区間 $[0,\ t]$ で　$f(c)=\dfrac{1}{t-0}\displaystyle\int_0^t f(x)dx,\ 0<c<t$

区間 $[t,\ 1]$ で　$f(d)=\dfrac{1}{1-t}\displaystyle\int_t^1 f(x)dx,\ t<d<1$

◀ 前ページの定理において，a を 0，b を t としたものである。

を満たす c，d が存在する。
ここで，$0<x<1$ のとき　$f'(x)=-2xe^{-x^2}<0$
ゆえに，$f(x)$ は $0<x<1$ で単調に減少し，$c<d$ であるから

$$f(c)>f(d)$$

よって　$\dfrac{1}{t}\displaystyle\int_0^t f(x)dx > \dfrac{1}{1-t}\int_t^1 f(x)dx$

ゆえに　$(1-t)\displaystyle\int_0^t f(x)dx > t\left\{\int_t^0 f(x)dx+\int_0^1 f(x)dx\right\}$　◀ $\int_t^1=\int_t^0+\int_0^1$

したがって　$\displaystyle\int_0^t f(x)dx > t\int_0^1 f(x)dx$　◀ $\int_t^0=-\int_0^t$

検討 積分の平均値の定理 $f(c)=\dfrac{1}{b-a}\displaystyle\int_a^b f(x)dx,\ a<c<b$ から

$$\int_a^b f(x)dx=(b-a)f(c),\quad a<c<b$$

これを $F(x)=\int f(x)dx$ について表すと

$$F(b)-F(a)=(b-a)F'(c),\quad a<c<b$$

これは微分法の **平均値の定理** に他ならない。

練習 134 関数 $f(x)=x\sin\dfrac{1}{x}\ (x>0)$ について

(1) $x\geqq\dfrac{3}{4\pi}$ ならば，$f'(x)>0$ であることを示せ。

(2) $b\geqq a>0$，$b\geqq\dfrac{2}{\pi}$ のとき，$\displaystyle\int_a^b f(x)dx\leqq(b-a)f(b)\leqq b-a$ を示せ。〔岡山大〕

広義の定積分

定積分は，(閉) 区間において連続な関数について定義された ($p.459$ 参照)。

しかし，区間の端点で関数が定義されない場合や，定積分の上端が ∞ であったり，下端が $-\infty$ であるような場合も定積分を考えることがある。

それらを **広義の定積分 (広義積分)** という。

❶ 区間の端点で関数が定義されない場合の定積分の例

関数 $f(x)$ が区間 $(a,\ b]$〔または $[a,\ b)$〕で連続であり，$p \longrightarrow +0$ のとき $\int_{a+p}^{b} f(x)dx$ $\left[\text{または} \int_{a}^{b-p} f(x)dx\right]$ が収束する場合，その極限値を $\boldsymbol{\int_a^b f(x)dx}$ と定義する。

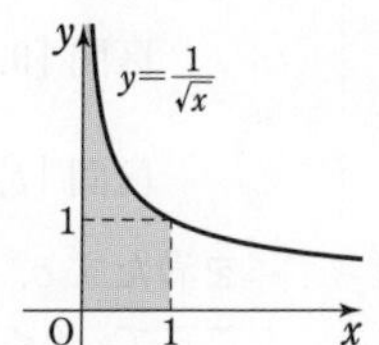

例 1．$\int_0^1 \frac{1}{\sqrt{x}}dx$ について　◀ $\lim_{x \to +0} \frac{1}{\sqrt{x}} = \infty$ となる。

$p>0$ のとき　$\int_p^1 \frac{1}{\sqrt{x}}dx = \left[2\sqrt{x}\right]_p^1 = 2(1-\sqrt{p})$

よって　$\int_0^1 \frac{1}{\sqrt{x}}dx = \lim_{p \to +0} \int_p^1 \frac{1}{\sqrt{x}}dx = \lim_{p \to +0} 2(1-\sqrt{p}) = 2$

例 2．$\int_0^1 \frac{1}{x}dx$ について　◀ $\lim_{x \to +0} \frac{1}{x} = \infty$ となる。

$p>0$ のとき　$\int_p^1 \frac{1}{x}dx = \left[\log x\right]_p^1 = -\log p$

$\lim_{p \to +0} \int_p^1 \frac{1}{x}dx = \lim_{p \to +0} (-\log p) = \infty$ であるから，$\int_0^1 \frac{1}{x}dx$ は存在しない。

❷ 上端が ∞ であったり，下端が $-\infty$ であるような場合の定積分の例

関数 $f(x)$ が区間 $[a,\ \infty)$ で連続であり，$p \longrightarrow \infty$ のとき $\int_a^p f(x)dx$ が収束する場合，その極限値を $\boldsymbol{\int_a^\infty f(x)dx}$ と定義する。$\left(\text{同様に，} \boldsymbol{\int_{-\infty}^b f(x)dx} = \lim_{p \to -\infty} \int_p^b f(x)dx \text{ と定義する。}\right)$

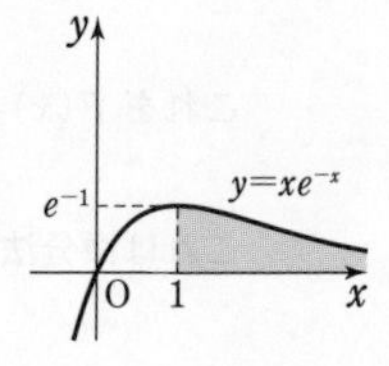

例 3．$\int_1^\infty xe^{-x}dx$ について

$\int_1^p xe^{-x}dx = \left[-xe^{-x}\right]_1^p + \int_1^p e^{-x}dx$　◀ 部分積分法を適用。

$= -pe^{-p} - e^{-p} + 2e^{-1}$　◀ $p.486$ 解答 (1) 2 行目参照。

よって　$\int_1^\infty xe^{-x}dx = \lim_{p \to \infty}(-pe^{-p} - e^{-p} + 2e^{-1}) = 2e^{-1}$

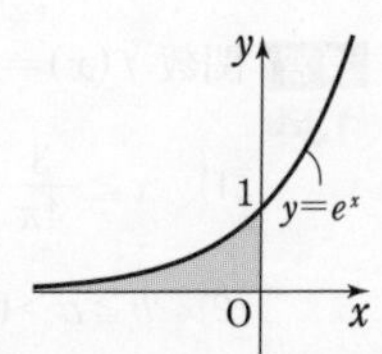

例 4．$\int_{-\infty}^0 e^x dx$ について

$\int_p^0 e^x dx = \left[e^x\right]_p^0 = 1 - e^p$

よって　$\int_{-\infty}^0 e^x dx = \lim_{p \to -\infty} \int_p^0 e^x dx = \lim_{p \to -\infty}(1 - e^p) = 1$

ガンマ関数（階乗！の概念の拡張）

自然数 n について定義された階乗 $n!$ を，正の実数にまで拡張することができる。

それが $$\Gamma(x)=\int_0^\infty e^{-t}t^{x-1}dt \quad (x>0)$$

で定義される **ガンマ関数** である $\left(\int_0^\infty \text{ は } p.\,502 \text{ 参照}\right)$。

$p.\,477$ の研究で紹介したベータ関数と同様，$\Gamma(x)$ を定義する積分は計算できない。

まずは，ガンマ関数が階乗の拡張とみなされる理由を考えてみよう。

ガンマ関数の性質　　$\boldsymbol{\Gamma(1)=1,\quad \Gamma(x+1)=x\Gamma(x)}$

証明　$\int_0^p e^{-t}dt=\left[-e^{-t}\right]_0^p=-e^{-p}+1$ であるから

$$\Gamma(1)=\int_0^\infty e^{-t}dt=\lim_{p\to\infty}\int_0^p e^{-t}dt=\lim_{p\to\infty}(-e^{-p}+1)=1$$

次に，$\Gamma(x+1)=\int_0^\infty e^{-t}t^x dt$ について

$$\int_0^p e^{-t}t^x dt=\left[-e^{-t}t^x\right]_0^p+\int_0^p e^{-t}\cdot xt^{x-1}dt$$

◀ 部分積分法を適用。

$$=-p^xe^{-p}+x\int_0^p e^{-t}t^{x-1}dt$$

任意の正の数 x に対して，$\lim_{p\to\infty}p^xe^{-p}=0$ （$p.\,363$ 参照）であるから

$$\Gamma(x+1)=\lim_{p\to\infty}\int_0^p e^{-t}t^x dt=\lim_{p\to\infty}\left(-p^xe^{-p}+x\int_0^p e^{-t}t^{x-1}dt\right)$$

$$=x\int_0^\infty e^{-t}t^{x-1}dt=x\Gamma(x)$$

この性質により，$x=n$ （自然数）のときは

$$\Gamma(n)=(n-1)\Gamma(n-1)=(n-1)\cdot(n-2)\Gamma(n-2)=\cdots\cdots$$
$$=(n-1)(n-2)\cdots\cdots2\cdot1\Gamma(1)=(n-1)!$$

◀ $\Gamma(1)=1$

となる（階乗と 1 だけずれるから，注意が必要）ため，**$\Gamma(x)$ は階乗の概念を拡張したもの**と考えることができる。

さて，$p.\,477$ のベータ関数 $B(x,\ y)=\int_0^1 t^{x-1}(1-t)^{y-1}dt$ が

$m,\ n$ が自然数のとき　　$B(m,\ n)=\dfrac{(m-1)!(n-1)!}{(m+n-1)!}$

を満たすことを，$p.\,476$ 例題 117 (3) で証明した。

実は，正の数 $x,\ y$ に対して，一般に $B(x,\ y)=\dfrac{\Gamma(x)\Gamma(y)}{\Gamma(x+y)}$ が成り立つことが証明できるのである（大学で学習する）。

大学ではガンマ関数 $\Gamma(x)$，ベータ関数 $B(x,\ y)$ の定義域を，実部が正である複素数全体へ，更に一般の複素数全体へと拡張していくことになる。

演習問題

44 (1) m を自然数とするとき

$$\int\cos^{2m-1}x\,dx=\sum_{k=1}^{n}a_k\sin^k x+C \quad (C\text{は積分定数})$$

を満たす自然数 n および実数 a_k $(k=1,\ 2,\ \cdots\cdots,\ n)$ を求めよ。

(2) $f(t)$ を多項式とするとき

$$\int f(\cos x)dx-\int f(-\cos x)dx=g(\sin x)+C \quad (C\text{は積分定数})$$

を満たす多項式 $g(t)$ が存在することを示せ。　〔奈良県医大〕 ➤例39

45 (1) $-\pi\leqq x\leqq\pi$ のとき，$\sqrt{3}\cos x-\sin x>0$ を満たす x の値の範囲を求めよ。

(2) $\displaystyle\int_{-\frac{\pi}{3}}^{\frac{\pi}{6}}\left|\frac{4\sin x}{\sqrt{3}\cos x-\sin x}\right|dx$ を求めよ。　〔熊本大〕 ➤例題108

46 $a>0$ とする。$f(x)$ を，閉区間 $[0,\ a]$ で連続な実数値関数で，$f(x)+f(a-x)\neq 0$ $(0\leqq x\leqq a)$ とする。$\displaystyle\int_0^{\frac{a}{2}}\frac{f(x)}{f(x)+f(a-x)}dx=b$ のとき $\displaystyle\int_{\frac{a}{2}}^{a}\frac{f(x)}{f(x)+f(a-x)}dx$ の値を求めよ。　〔早稲田大〕 ➤例題111

47 関数 $f(x)=2\log(1+e^x)-x-\log 2$ を考える。

(1) $f(x)$ の第2次導関数を $f''(x)$ とする。等式 $\log f''(x)=-f(x)$ が成り立つことを示せ。

(2) 定積分 $\displaystyle\int_0^{\log 2}(x-\log 2)e^{-f(x)}dx$ を求めよ。　〔類 大阪大〕 ➤例題113

48 次の等式を満たす関数 $f(x)$ $(0\leqq x\leqq 2\pi)$ がただ1つ定まるための実数 $a,\ b$ の条件を求めよ。また，そのときの $f(x)$ を決定せよ。

$$f(x)=\frac{a}{2\pi}\int_0^{2\pi}\sin(x+y)f(y)dy+\frac{b}{2\pi}\int_0^{2\pi}\cos(x-y)f(y)dy+\sin x+\cos x$$

ただし，$f(x)$ は区間 $0\leqq x\leqq 2\pi$ で連続な関数とする。　〔東京大〕 ➤例題118

ヒント **44** (1) $f(\sin x)\cos x$ の形にもち込む。

(2) $f(t)=\displaystyle\sum_{k=0}^{n}b_kt^k$ と表されるから，$n=2l-1$ とおく。

47 (2) (1)から $e^{-f(x)}=f''(x)$ が成り立つ。

48 $\displaystyle\int_0^{2\pi}\cos y f(y)dy=p$ (定数)，$\displaystyle\int_0^{2\pi}\sin y f(y)dy=q$ (定数)　とおく。

49 $f(x)$ を整式で表される関数とし，$g(x)=\int_0^x e^t f(t)dt$ とおく。任意の実数 x について $x\{f(x)-1\}=2\int_0^x e^{-t}g(t)dt$ が成り立つとする。

(1) $xf''(x)+(x+2)f'(x)-f(x)=1$ が成り立つことを示せ。

(2) $f(x)$ は定数または1次式であることを示せ。

(3) $f(x)$ および $g(x)$ を求めよ。 〔筑波大〕

50 0以上の整数 n に対して，整式 $T_n(x)$ を次のように定める。

$T_0(x)=1$，$T_1(x)=x$，$T_n(x)=2xT_{n-1}(x)-T_{n-2}(x)$ $(n=2,\ 3,\ 4,\ \cdots\cdots)$

(1) 0以上の任意の整数 n に対して $\cos n\theta=T_n(\cos\theta)$ となることを示せ。

(2) 定積分 $\int_{-1}^1 T_n(x)dx$ の値を求めよ。 〔類 千葉大〕

51 関数 $f(x)=\int_{-1}^x \dfrac{dt}{t^2-t+1}+\int_x^1 \dfrac{dt}{t^2+t+1}$ の最小値を求めよ。

〔神戸大〕 ➤例題121

52 $x\geqq 0$ に対して，関数 $f(x)$ を $f(x)=\begin{cases} x & (0\leqq x\leqq 1 \text{ のとき}) \\ 0 & (x>1 \text{ のとき}) \end{cases}$ と定義する。

このとき，$\lim\limits_{n\to+\infty} n\int_0^1 f(4nx(1-x))dx$ を求めよ。 〔京都大〕 ➤例題123

53 $f_0(x)=xe^x$ として，正の整数 n に対して，$f_n(x)=\int_{-x}^x f_{n-1}(t)dt+f'_{n-1}(x)$ により実数 x の関数 $f_n(x)$ を定める。

(1) $f_1(x)$ を求めよ。

(2) $g(x)=\int_{-x}^x (at+b)e^t dt$ とするとき，定積分 $\int_{-c}^c g(x)dx$ を求めよ。ただし，実数 a，b，c は定数とする。

(3) 正の整数 n に対して，$f_{2n}(x)$ を求めよ。 〔名古屋大〕 ➤例題124

ヒント **49** (2) $f(x)$ が2次以上の整式であるとすると(1)に矛盾することを示す。

50 (1) 証明する等式は「チャート式数学Ⅱ+B」$p.501$ で紹介した **チェビシェフの多項式** と呼ばれているものである。

52 $y=4nx(1-x)$ のグラフを考える。

53 (3) $f_2(x)$ から $f_{2n}(x)$ を推測して数学的帰納法により証明する。

54 n は自然数を表す。

(1) 不等式 $\dfrac{x}{n+1} \leqq \log\left(1+\dfrac{x}{n}\right) \leqq \dfrac{x}{n}$ $(0 \leqq x \leqq 1)$ が成り立つことを示せ。

(2) 数列 $\{a_n\}$ を $a_n=\left(1+\dfrac{1^5}{n^6}\right)\left(1+\dfrac{2^5}{n^6}\right)\cdots\cdots\left(1+\dfrac{n^5}{n^6}\right)$ で定めるとき，極限値 $\displaystyle\lim_{n\to\infty} a_n$ を求めよ。 〔類 広島大〕 ➤例題 127

55 (1) 関数 $f(x)$ は，区間 $0 \leqq x \leqq 2\pi$ で第 2 次導関数 $f''(x)$ をもち $f''(x)>0$ を満たしているとする。区間 $0 \leqq x \leqq \pi$ で関数 $F(x)$ を
$F(x)=f(x)-f(\pi-x)-f(\pi+x)+f(2\pi-x)$ と定義するとき，区間 $0 \leqq x \leqq \dfrac{\pi}{2}$ で $F(x) \geqq 0$ であることを示せ。

(2) $f(x)$ を (1) の関数とするとき，$\displaystyle\int_0^{2\pi} f(x)\cos x\,dx \geqq 0$ を示せ。

(3) 関数 $g(x)$ は，区間 $0 \leqq x \leqq 2\pi$ で導関数 $g'(x)$ をもち，$g'(x)<0$ を満たしているとする。このとき，$\displaystyle\int_0^{2\pi} g(x)\sin x\,dx \geqq 0$ を示せ。 〔名古屋大〕 ➤例題 129

56 (1) $0 \leqq \alpha < \beta \leqq \dfrac{\pi}{2}$ であるとき，次の不等式を示せ。

$$\int_\alpha^\beta \sin x\,dx + \int_{\pi-\beta}^{\pi-\alpha} \sin x\,dx > (\beta-\alpha)\{\sin\alpha+\sin(\pi-\beta)\}$$

(2) $\displaystyle\sum_{k=1}^{7} \sin\frac{k\pi}{8} < \frac{16}{\pi}$ を示せ。 〔京都大〕 ➤$p.493$ コラム，例題 130

57 数列 $\{a_n\}$，$\{b_n\}$ を $a_n=\displaystyle\int_{-\frac{\pi}{6}}^{\frac{\pi}{6}} e^{n\sin\theta}\,d\theta$，$b_n=\displaystyle\int_{-\frac{\pi}{6}}^{\frac{\pi}{6}} e^{n\sin\theta}\cos\theta\,d\theta$ $(n=1,\ 2,\ 3,\ \cdots\cdots)$ で定める。

(1) 一般項 b_n を求めよ。

(2) すべての n について，$b_n \leqq a_n \leqq \dfrac{2}{\sqrt{3}} b_n$ が成り立つことを示せ。

(3) $\displaystyle\lim_{n\to\infty} \frac{1}{n}\log(na_n)$ を求めよ。ただし，対数は自然対数とする。

〔東北大〕 ➤例題 131

ヒント **54** (2) 両辺の自然対数をとり，はさみうちの原理を利用する。

56 (1) $\sin x$ が上に凸であることを利用する。曲線 $y=f(x)$ 上の点 A，B の x 座標をそれぞれ a，b $(a<b)$ とする。
区間 $[a,\ b]$ で曲線 $y=f(x)$ が上に凸 $(f''(x)<0)$ なら，弧 AB 上の点 P は直線 AB 上の点 Q の上側にある。

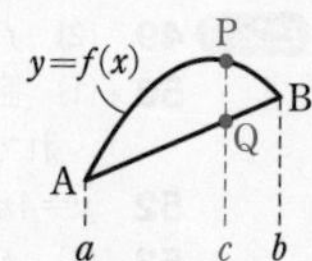

(2) (1) の不等式を利用。

〈この章で学ぶこと〉
積分法は，図形の面積や体積を求める問題に遡り，その起源は微分法よりも古い。現在では，理工系の分野ばかりではなく，経済・金融などの分野にも広く応用されており，科学・技術の発展を支える大きな柱となっている。
この章では，図形の面積をはじめとして，体積や曲線の長さを求めたり，簡単な微分方程式を解いたりすることを学ぶ。その際，いままでに習得した積分をフルに活用する。

第6章 積分法の応用

例，例題一覧

●…… 基本的な内容の例　■…… 標準レベルの例題　◆…… やや発展的な例題

28 面　積

《 基本事項 》

面積を積分によって求めることは数学Ⅱでも学んでいる。違うのは積分できる関数の範囲が広がったことだけで，要点は次の通りである。

1 曲線と x 軸の間の面積

区間 $a \leqq x \leqq b$ で常に $f(x) \geqq 0$ のとき，曲線 $y=f(x)$ と x 軸，および 2 直線 $x=a$，$x=b$ で囲まれた部分の面積 S は　　$\boldsymbol{S=\int_a^b f(x)dx}$

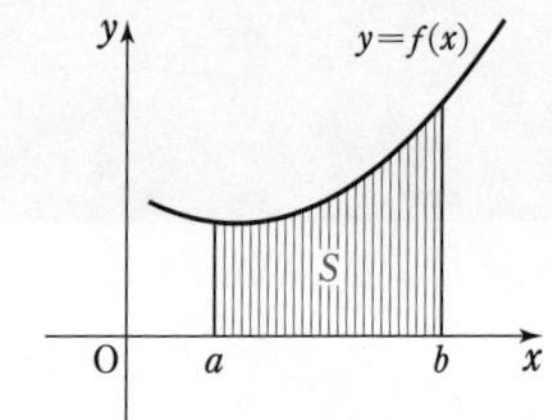

区間 $a \leqq x \leqq b$ で常に $f(x) \leqq 0$ であるときは

$$S=\int_a^b \{-f(x)\}dx=-\int_a^b f(x)dx$$

2 2 曲線の間の面積

2 曲線 $y=f(x)$，$y=g(x)$ と 2 直線 $x=a$，$x=b$ $(a<b)$ で囲まれた部分の面積 S は，次のようになる。

区間 $a \leqq x \leqq b$ で常に $f(x) \geqq g(x)$ のとき

$$S=\int_a^b \{f(x)-g(x)\}dx$$

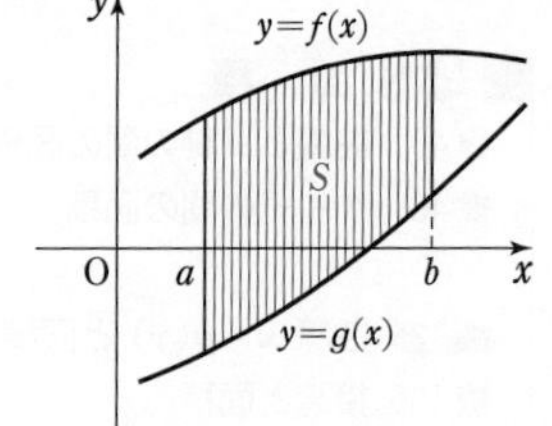

3 曲線と y 軸の間の面積

区間 $a \leqq y \leqq b$ で常に $g(y) \geqq 0$ のとき，曲線 $x=g(y)$ と y 軸，および 2 直線 $y=a$，$y=b$ で囲まれた部分の面積 S は　　$\boldsymbol{S=\int_a^b g(y)dy}$

2 曲線 $x=f(y)$，$x=g(y)$ と 2 直線 $y=a$，$y=b$ $(a<b)$ で囲まれた部分の面積 S は，次のようになる。

区間 $a \leqq y \leqq b$ で常に $f(y) \geqq g(y)$ のとき

$$S=\int_a^b \{f(y)-g(y)\}dy$$

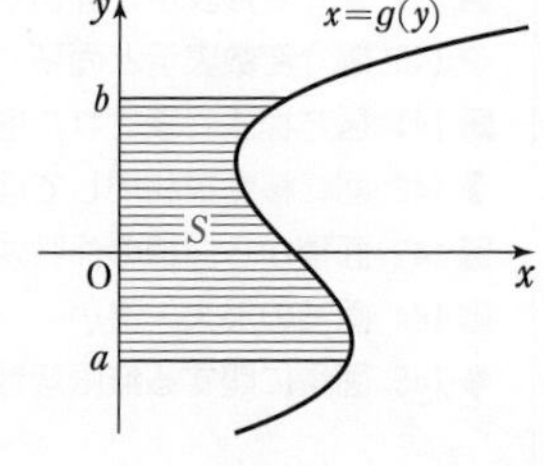

CHECK 問題

14 次の曲線と直線で囲まれた部分の面積 S を求めよ。

(1) $y=\dfrac{1}{2x}$，x 軸，$x=1$，$x=2$　　(2) $y=e^x+1$，x 軸，$x=-2$，$x=3$

(3) $y=\sin^2\left(x+\dfrac{\pi}{2}\right)\left(0 \leqq x \leqq \dfrac{\pi}{2}\right)$，$x$ 軸，y 軸

→ 1

例 45 曲線と x 軸の間の面積 ★★☆☆☆

次のような部分の面積を求めよ。

(1) $y=\dfrac{4-2x}{x+1}$ のグラフと x 軸，y 軸とで囲まれた部分

(2) 関数 $y=(3-x)e^x$ が極大値をとる x の値を a とするとき，曲線 $y=(3-x)e^x$ と x 軸および直線 $x=a$ で囲まれた部分 〔(2) 類 関西大〕

指針 面積の計算では，まず簡単なグラフをかき（下の 注意 参照），グラフと x 軸の **共有点** と **上下関係** を調べ，被積分関数と積分範囲を決める。

CHART》 面積の計算　グラフをかく

(1)

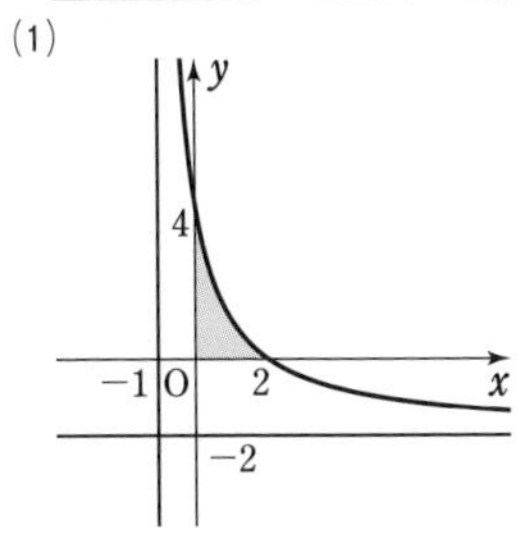

(2)

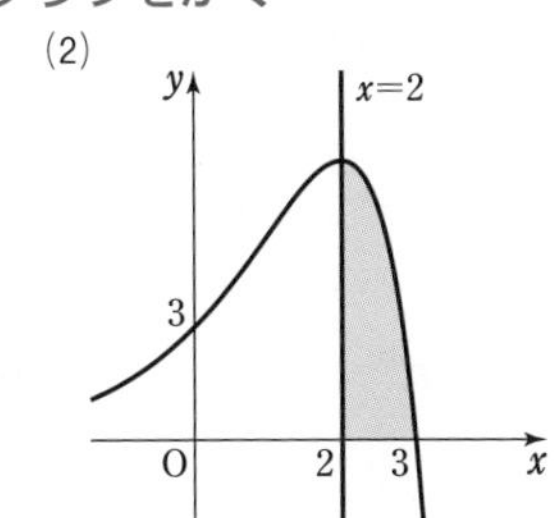

注意 **指針** では「簡単なグラフをかき」としているが，極値を与える点の座標などを求める必要はない。面積の計算では，求める部分がどのような図形か（グラフと x 軸の **共有点** と **上下関係**）さえわかればよい。

例 46 2 曲線の間の面積 ★★☆☆☆

区間 $0\leqq x\leqq 2\pi$ において，2 つの曲線 $y=\sin x$，$y=\sin 2x$ で囲まれた図形の面積 S を求めよ。

指針 2 曲線が囲む図形の面積を求める場合もグラフをかいてみて，2 曲線の **共有点** とその **上下関係** を調べる。

CHART》 共有点 ⟺ 実数解　上下関係 ⟺ 不等式

また，**対称性を利用** すると面積の計算がらくになる。

2 曲線の位置関係は，右の図のようになり，面積を求める図形は点 $(\pi,\ 0)$ に関して対称である。

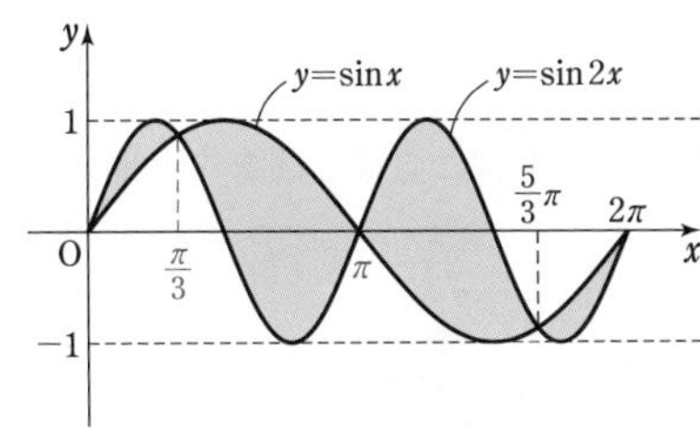

例題 135 | 曲線 $x=g(y)$ と面積 ★★☆☆☆

(1) $a>0$ とするとき，曲線 $y=e^{ax}$ と直線 $y=2$ および y 軸で囲まれた部分の面積 $S(a)$ を求めよ。

(2) 曲線 $y=\tan x\left(0\leqq x<\dfrac{\pi}{2}\right)$ と直線 $y=\sqrt{3}$，$y=1$，y 軸で囲まれた部分の面積 S を求めよ。

指針 (1) グラフは下の図のようになり，面積 $S(a)$ は $S(a)=2\cdot\dfrac{\log 2}{a}-\displaystyle\int_0^{\frac{\log 2}{a}} e^{ax}dx$ と表される。これでも求められるが，解答 のように **yについて積分** するとよい。

CHART》 計算はらくにやれ　x で積分か y で積分か

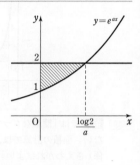

解答 (1) 曲線 $y=e^{ax}$ と直線 $y=2$ および y 軸で囲まれた部分は，右の図の斜線部分である。

また，$y=e^{ax}$ から　　$x=\dfrac{1}{a}\log y$

よって　　$\boldsymbol{S(a)}=\displaystyle\int_1^2\frac{1}{a}\log y\,dy$

$$=\frac{1}{a}\Big[y\log y-y\Big]_1^2$$

$$=\boldsymbol{\frac{1}{a}(2\log 2-1)}$$

(2) $y=\tan x$ から　　$dy=\dfrac{1}{\cos^2 x}dx$

y と x の対応は右のようになるから

y	$1\longrightarrow\sqrt{3}$
x	$\dfrac{\pi}{4}\longrightarrow\dfrac{\pi}{3}$

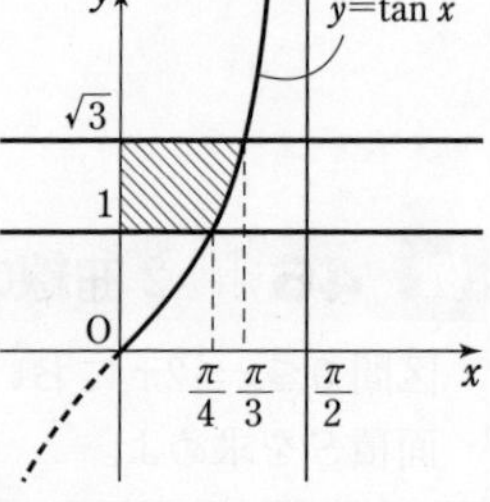

$$\boldsymbol{S}=\int_1^{\sqrt{3}}x\,dy=\int_{\frac{\pi}{4}}^{\frac{\pi}{3}}\frac{x}{\cos^2 x}dx$$

$$=\Big[x\tan x\Big]_{\frac{\pi}{4}}^{\frac{\pi}{3}}-\int_{\frac{\pi}{4}}^{\frac{\pi}{3}}\tan x\,dx$$

$$=\frac{\sqrt{3}}{3}\pi-\frac{\pi}{4}+\Big[\log(\cos x)\Big]_{\frac{\pi}{4}}^{\frac{\pi}{3}}=\boldsymbol{\left(\frac{\sqrt{3}}{3}-\frac{1}{4}\right)\pi-\frac{1}{2}\log 2}$$

別解 $S=\dfrac{\pi}{3}(\sqrt{3}-1)-\displaystyle\int_{\frac{\pi}{4}}^{\frac{\pi}{3}}(\tan x-1)dx=\left(\frac{\sqrt{3}}{3}-\frac{1}{4}\right)\pi-\frac{1}{2}\log 2$

◀ 長方形の面積から引く方法。

練習 135 次の曲線と直線で囲まれた部分の面積 S を求めよ。

(1) $y=\dfrac{1}{\sqrt{x}}$，$y=1$，$y=\dfrac{1}{2}$，y 軸

(2) $y=-\cos x\ (0\leqq x\leqq\pi)$，$y=\dfrac{1}{2}$，$y=-\dfrac{1}{2}$，$y$ 軸

例題 136 接線と面積 ★★★☆☆

曲線 $y=\log x$ が曲線 $y=ax^2$ と接するように定数 a の値を定めよ（ただし，$a>0$）。
また，そのとき，これらの曲線と x 軸とで囲まれる図形の面積を求めよ。

〔信州大〕 ◀例題 58

指針 2 曲線 $y=f(x)$，$y=g(x)$ が点 $(p,\ q)$ で接する条件は

$$\begin{cases} f(p)=g(p) & \cdots\cdots\ y\text{座標が一致} \\ f'(p)=g'(p) & \cdots\cdots\ \text{傾きが等しい} \end{cases}$$

$p.381$ 例題 58 を参照。

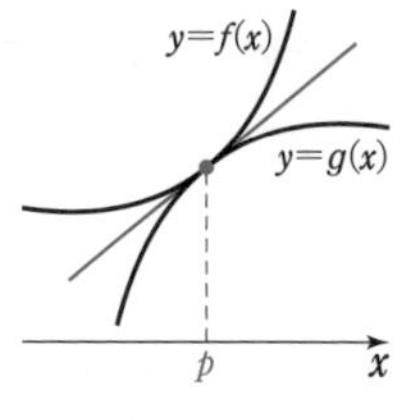

上記の結果から 2 曲線の **接点の座標** がわかるから，グラフをもとに 2 曲線の **上下関係** をつかみ，面積を計算する。
なお，面積の計算には ［1］ x 軸方向の定積分 ［2］ y 軸方向の定積分 の 2 通りが考えられるが，ここでは［1］の方法で解答してみよう。

解答 $f(x)=\log x$，$g(x)=ax^2$ とすると

$$f'(x)=\frac{1}{x},\quad g'(x)=2ax$$

2 曲線 $y=f(x)$，$y=g(x)$ の接点の x 座標を c とすると

$$\log c=ac^2\ \cdots\cdots ①\quad \text{かつ}\quad \frac{1}{c}=2ac\ \cdots\cdots ②$$

◀ ① は $f(c)=g(c)$
② は $f'(c)=g'(c)$

② から　$a=\dfrac{1}{2c^2}$ …… ③

③ を ① に代入して　$\log c=\dfrac{1}{2}$

ゆえに　$c=\sqrt{e}$　　したがって　$\boldsymbol{a=\dfrac{1}{2e}}$

このとき，接点の座標は　$\left(\sqrt{e},\ \dfrac{1}{2}\right)$

よって，求める面積 S は

$$S=\int_0^{\sqrt{e}}\frac{1}{2e}x^2dx-\int_1^{\sqrt{e}}\log x\,dx$$
$$=\frac{1}{2e}\left[\frac{x^3}{3}\right]_0^{\sqrt{e}}-\Big[x\log x-x\Big]_1^{\sqrt{e}}$$
$$=\frac{1}{6}\sqrt{e}-\left(\frac{1}{2}\sqrt{e}-\sqrt{e}+1\right)$$
$$=\boldsymbol{\frac{2}{3}\sqrt{e}-1}$$

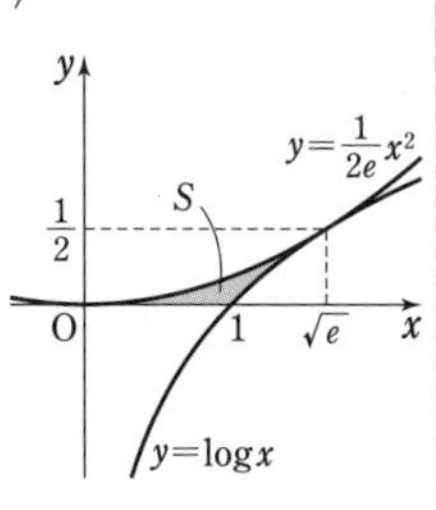

◀ **指針** の［2］では
$y=\dfrac{1}{2e}x^2\ (x\geqq 0)$
$\iff x=\sqrt{2ey}$
$y=\log x \iff x=e^y$ から
$S=\displaystyle\int_0^{\frac{1}{2}}(e^y-\sqrt{2ey})dy$
$=\left[e^y-\dfrac{2\sqrt{2e}}{3}y\sqrt{y}\right]_0^{\frac{1}{2}}$
$=\sqrt{e}-\dfrac{2\sqrt{2e}}{3}\cdot\dfrac{1}{2}\cdot\dfrac{1}{\sqrt{2}}-1$
$=\dfrac{2}{3}\sqrt{e}-1$

練習 136
(1) 曲線 $C: y=\dfrac{x}{2x^2+1}$ 上の点 $\left(1,\ \dfrac{1}{3}\right)$ における接線を ℓ とする。曲線 C と直線 ℓ で囲まれた部分の面積を求めよ。〔類 芝浦工大〕
(2) 直線 ℓ は曲線 $C_1: y=e^x$，$C_2: y=e^{2x}$ の両方に接する。このとき，ℓ と C_1，C_2 で囲まれた図形の面積を求めよ。〔類 東北大〕

例題 137　陰関数で表された曲線と面積 (1)　★★☆☆☆

次の曲線で囲まれた部分の面積を求めよ。

$$(x^2-2)^2+y^2=4$$

指針　いままでと方針は同じ。 **CHART》 面積の計算　グラフをかく**

そのために，まず $y=f(x)$ の形に直す $\longrightarrow$ $y=\pm x\sqrt{4-x^2}$

また　**CHART》 計算はらくにやれ　対称性の利用**

解答　$(x^2-2)^2+y^2=4$ から　$y^2=x^2(4-x^2)$

曲線の存在範囲は，$x^2(4-x^2)\geqq 0$ から　$-2\leqq x\leqq 2$

曲線は x 軸，y 軸，原点に関して対称であるから，

$0\leqq x\leqq 2$，$y\geqq 0$ で考える。

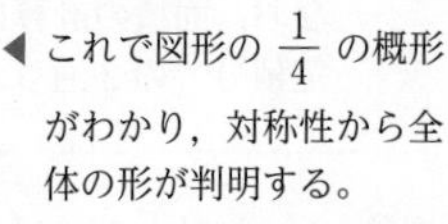

◀ これで図形の $\dfrac{1}{4}$ の概形がわかり，対称性から全体の形が判明する。

このとき　$y=x\sqrt{4-x^2}$

$y=0$ のとき　$x=0,\ 2$

$0\leqq x\leqq 2$ において　$y\geqq 0$

よって，図の斜線部分の面積を S とすると

$$S=\int_0^2 x\sqrt{4-x^2}\,dx$$

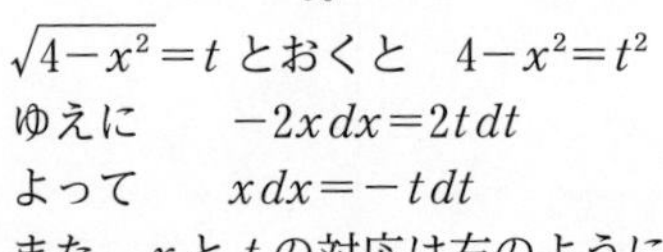

$\sqrt{4-x^2}=t$ とおくと　$4-x^2=t^2$

ゆえに　$-2x\,dx=2t\,dt$

よって　$x\,dx=-t\,dt$

また，x と t の対応は右のようになる。

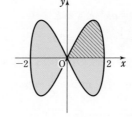

x	$0 \longrightarrow 2$
t	$2 \longrightarrow 0$

ゆえに　$S=\displaystyle\int_2^0 t\cdot(-t)\,dt=\int_0^2 t^2\,dt=\left[\frac{t^3}{3}\right]_0^2=\frac{8}{3}$

したがって，求める面積は

$$4S=\boldsymbol{\frac{32}{3}}$$

参考　この曲線は，媒介変数 t を用いて $x=2\sin t$，$y=2\sin 2t$ と表すことができ，**リサージュ曲線** である（$p.252$ 参照）。

検討　$f(x)=x\sqrt{4-x^2}$ を微分して，$f(x)$ の増減やグラフの凹凸を調べれば，右の図のようにグラフをかくことができる。

しかし，$p.509$ でも述べたように，面積の計算に必要なのは

共有点・上下関係

であり，極値や変曲点の座標などは面積とは無関係である。

曲線の図は，面積計算に必要な立式ができる程度に把握できればそれでよい。

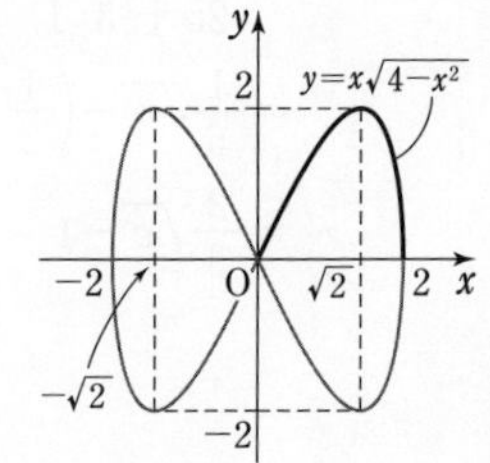

練習 137　次の曲線や直線で囲まれた部分の面積 S を求めよ。

(1) $\sqrt{x}+\sqrt{y}=2$，x 軸，y 軸

(2) $y^2=(x+3)x^2$　　(3) $2x^2-2xy+y^2=4$

例題 138 陰関数で表された曲線と面積 (2) ★★★☆☆

座標平面において，不等式 $x^2+3y^2\leqq 4$ の表す領域を A，不等式 $3x^2+y^2\leqq 4$ の表す領域を B とする。領域 A，B のどちらか一方のみに含まれる点 $(x,\ y)$ 全体の定める図形の面積を求めよ。 ◀例 46

指針 領域 A，B は，楕円およびその内部である。まず，2 つの楕円の共有点の座標を求める。

CHART》 共有点 ⟺ 実数解

その際，図形の **対称性を利用** すると計算がらくになる。

解答 第 1 象限において，2 曲線 $x^2+3y^2=4$，$3x^2+y^2=4$ は直線 $y=x$ に関して対称であるから，曲線 $x^2+3y^2=4$ と直線 $y=x$ の交点は 2 曲線の交点である。

$x^2+3y^2=4$，$y=x$，$x>0$，$y>0$

を解くと，交点の座標は　$(1,\ 1)$

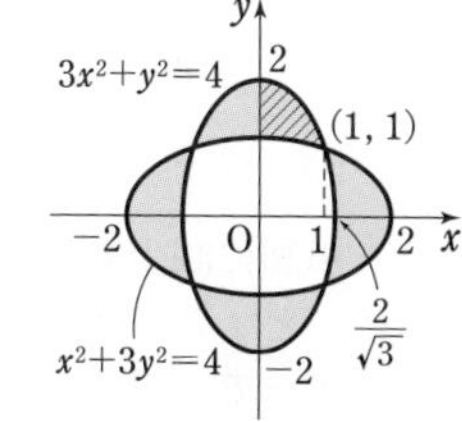

参考 楕円については p. 205 参照。

$x^2+3y^2=4$，$y\geqq 0$ のとき　$y=\sqrt{\dfrac{4-x^2}{3}}$

$3x^2+y^2=4$，$y\geqq 0$ のとき　$y=\sqrt{4-3x^2}$

ゆえに，図の斜線部分の面積を S とすると

$$S=\int_0^1\sqrt{4-3x^2}\,dx-\int_0^1\sqrt{\frac{4-x^2}{3}}\,dx$$

$$=\sqrt{3}\int_0^1\sqrt{\frac{4}{3}-x^2}\,dx-\frac{1}{\sqrt{3}}\int_0^1\sqrt{4-x^2}\,dx$$

ここで，右の図を利用すると

$$\int_0^1\sqrt{\frac{4}{3}-x^2}\,dx=\frac{1}{2}\left(\frac{2}{\sqrt{3}}\right)^2\cdot\frac{\pi}{3}+\frac{1}{2}\cdot 1\cdot\frac{1}{\sqrt{3}}$$

$$=\frac{2}{9}\pi+\frac{\sqrt{3}}{6}$$

（扇形の面積）＋（三角形の面積）

$$\int_0^1\sqrt{4-x^2}\,dx=\frac{1}{2}\cdot 2^2\cdot\frac{\pi}{6}+\frac{1}{2}\cdot 1\cdot\sqrt{3}=\frac{\pi}{3}+\frac{\sqrt{3}}{2}$$

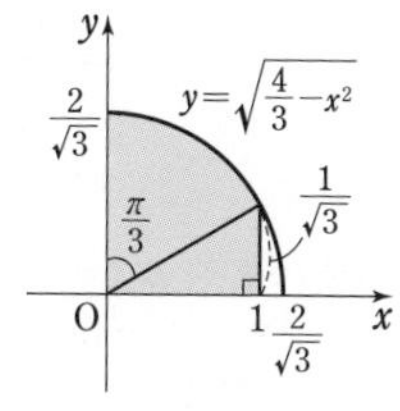

よって

$$S=\sqrt{3}\left(\frac{2}{9}\pi+\frac{\sqrt{3}}{6}\right)-\frac{1}{\sqrt{3}}\left(\frac{\pi}{3}+\frac{\sqrt{3}}{2}\right)=\frac{\sqrt{3}}{9}\pi$$

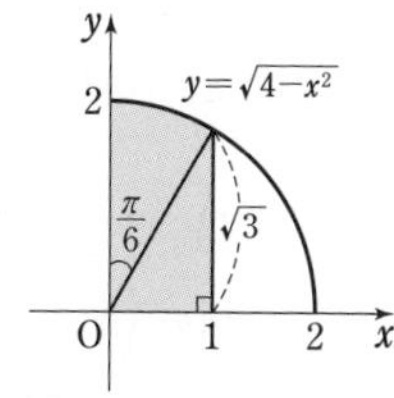

問題の図形は，直線 $y=x$，x 軸，y 軸に関して対称であるから，求める面積は　$8S=\boldsymbol{\dfrac{8\sqrt{3}}{9}\pi}$

練習 138 $0<t<\dfrac{\pi}{2}$ とする。xy 平面において，楕円 $x^2+\dfrac{y^2}{4}=\sin^2 t$ によって囲まれる部分と，楕円 $(x-1)^2+\dfrac{y^2}{4}=\cos^2 t$ によって囲まれる部分の共通部分の面積を $S(t)$ とする。$S(t)$ を t を用いて表せ。 〔京都工繊大〕

6章 28 面積

例題 139 媒介変数表示と面積 (1) ★★☆☆☆

曲線 $\begin{cases} x=2\cos t \\ y=\sin 2t \end{cases}$ $\left(0\leqq t\leqq\dfrac{\pi}{2}\right)$ と x 軸で囲まれた部分の面積 S を求めよ。

指針 媒介変数 t を消去すると $4y^2=x^2(4-x^2)$ となるので，$p.512$ 例題 137 と同様の計算でも求められるが，媒介変数が消去できない曲線もある。
ここでは $y=f(t)$，$x=g(t)$ のままで，**置換積分法** を用いて計算する。

解答 $t=0$ のとき　$(x,\ y)=(2,\ 0)$，　$t=\dfrac{\pi}{2}$ のとき　$(x,\ y)=(0,\ 0)$

$0\leqq t\leqq\dfrac{\pi}{2}$ において　$y\geqq 0$　　また　$\dfrac{dx}{dt}=-2\sin t$

$0<t<\dfrac{\pi}{2}$ のとき，$\dfrac{dx}{dt}<0$ であるから，t に対して x は単調に減少する。(*1)

x と t の対応は右のようになる。

x	$0\longrightarrow 2$
t	$\dfrac{\pi}{2}\longrightarrow 0$

よって，求める面積 S は

$$S=\int_0^2 y\,dx=\int_{\frac{\pi}{2}}^0 y\cdot\frac{dx}{dt}\,dt \quad (*2)$$

$$=\int_{\frac{\pi}{2}}^0 \sin 2t\cdot(-2\sin t)\,dt$$

$$=4\int_0^{\frac{\pi}{2}}\sin^2 t\cos t\,dt=4\left[\frac{\sin^3 t}{3}\right]_0^{\frac{\pi}{2}}$$

$$=\frac{4}{3}$$

◀ $\displaystyle\int_0^{\frac{\pi}{2}}\sin^2 t(\sin t)'\,dt$

(注意) **解答** の (*1) は，曲線が右の図のようになっていない，すなわち x と y が 1 対 1 に対応していることを確認したものである。
右の図の場合，面積 S は $S=S_1-S_2$ と考えることになる（次ページの例題 140 参照）。

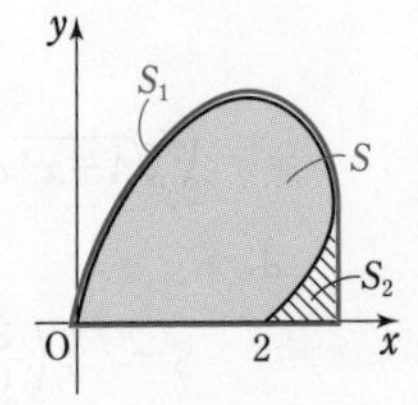

また，曲線が $0\leqq t\leqq\dfrac{\pi}{2}$ の範囲だからといって，(*2) を

$S=\displaystyle\int_0^{\frac{\pi}{2}} y\cdot\frac{dx}{dt}\,dt$ とすると，$S<0$ になってしまう。

定積分 $\displaystyle\int_a^b y\,dx$ が面積を表すのは $a<b$，$y\geqq 0$ の場合であり，積分区間は **積分変数である x が増加する向き** でなければならない。

練習 139 曲線 $\begin{cases} x=t-\sin t \\ y=1-\cos t \end{cases}$ $(0\leqq t\leqq\pi)$ と x 軸および直線 $x=\pi$ で囲まれる部分の面積 S を求めよ。 〔筑波大〕

➡ p.556 演習 58

重要例題 140 媒介変数表示と面積 (2) ★★★★☆

媒介変数 t によって，

$x=2\cos t-\cos 2t,\ y=2\sin t-\sin 2t\ (0\leqq t\leqq \pi)$

と表される右の図の曲線と，x 軸で囲まれた図形の面積 S を求めよ。

◀例題 139

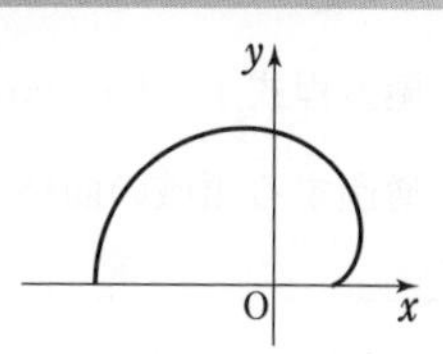

指針 曲線の概形をみると，x の 1 つの値に対して y の値が 2 つ定まる部分がある（解答 の図の $1\leqq x<\dfrac{3}{2}$ の部分）。これは前ページの例題 139 の題材のように，t に対して x が単調に増加（または単調に減少）するわけではないためである。⟶ $p.514$ 解答（＊1）参照。
よって，x の値の変化を調べて，**x の増加・減少が変わる t の値 t_0 を求め，$0\leqq t\leqq t_0$ における y を y_1，$t_0\leqq t\leqq \pi$ における y を y_2 として進める** とよい。

解答 $y=2\sin t(1-\cos t)$ であるから，$y=0$ とすると

$$\sin t=0 \quad \text{または} \quad \cos t=1$$

$0\leqq t\leqq \pi$ であるから　　$t=0,\ \pi$

また，$0\leqq t\leqq \pi$ において，$\sin t\geqq 0$，$1-\cos t\geqq 0$ であるから　　$y\geqq 0$

更に　　$\dfrac{dx}{dt}=-2\sin t+2\sin 2t=2\sin t(2\cos t-1)$

$0<t<\pi$ で $\dfrac{dx}{dt}=0$ とすると，$\cos t=\dfrac{1}{2}$ から

$$t=\frac{\pi}{3}$$

よって，x の増減表は右のようになる。

t	0	$\cdots$	$\dfrac{\pi}{3}$	$\cdots$	π
$\dfrac{dx}{dt}$		$+$	0	$-$	
x	1	↗	$\dfrac{3}{2}$	↘	-3

$0\leqq t\leqq \dfrac{\pi}{3}$ における y を y_1，$\dfrac{\pi}{3}\leqq t\leqq \pi$ における y を y_2 とすると，求める面積 S は

$$S=\int_{-3}^{\frac{3}{2}} y_2\,dx-\int_{1}^{\frac{3}{2}} y_1\,dx=\int_{\pi}^{\frac{\pi}{3}} y\frac{dx}{dt}\,dt-\int_{0}^{\frac{\pi}{3}} y\frac{dx}{dt}\,dt$$

$$=\int_{\pi}^{0} y\frac{dx}{dt}\,dt$$

$$=\int_{\pi}^{0}(2\sin t-\sin 2t)(-2\sin t+2\sin 2t)\,dt$$

$$=2\int_{0}^{\pi}(2\sin^2 t-3\sin t\sin 2t+\sin^2 2t)\,dt$$

$$=2\int_{0}^{\pi}\left(2\cdot\frac{1-\cos 2t}{2}-6\sin^2 t\cos t+\frac{1-\cos 4t}{2}\right)dt$$

$$=2\left[\frac{3}{2}t-\frac{1}{2}\sin 2t-2\sin^3 t-\frac{1}{8}\sin 4t\right]_{0}^{\pi}=\boldsymbol{3\pi}$$

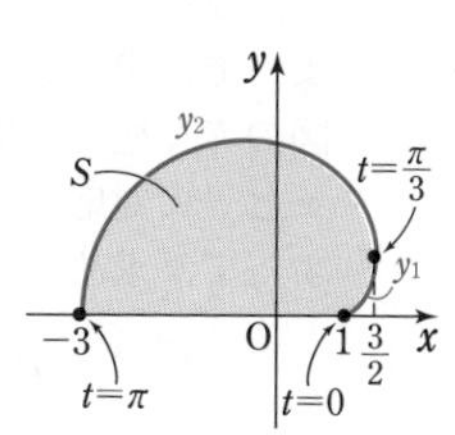

練習 140 曲線 $\begin{cases} x=t^{\frac{1}{4}}(1-t)^{\frac{3}{4}} \\ y=t^{\frac{3}{4}}(1-t)^{\frac{1}{4}} \end{cases}$ $(0\leqq t\leqq 1)$ で囲まれる図形の面積を求めよ。

〔類　上智大〕

例題 141 極方程式で表された曲線と面積 ★★★☆☆

極方程式 $r=1+2\cos\theta\left(0\leqq\theta\leqq\frac{\pi}{2}\right)$ で表される曲線上の点と極Oを結んだ線分が通過する領域の面積を求めよ。

◀例題 139

指針 極方程式 $r=f(\theta)$ を直交座標の方程式に変換して考える。
極座標 $(r,\ \theta)$ と直交座標 $(x,\ y)$ の変換には，関係式

$$x=r\cos\theta=f(\theta)\cos\theta,\ \ y=r\sin\theta=f(\theta)\sin\theta$$

を用いて，x，y を θ で表す。
⟶ x，y が媒介変数 θ で表されるから，$p.514$ 例題 139 と同様に **置換積分法** を用いて計算する。

解答 曲線上の点をPとし，点Pの直交座標を $(x,\ y)$ とすると

$$x=r\cos\theta=(1+2\cos\theta)\cos\theta$$
$$y=r\sin\theta=(1+2\cos\theta)\sin\theta$$

◀ x，y を θ で表す。

$\theta=0$ のとき　$(x,\ y)=(3,\ 0)$

$\theta=\frac{\pi}{2}$ のとき　$(x,\ y)=(0,\ 1)$

$0\leqq\theta\leqq\frac{\pi}{2}$ において　$y\geqq0$

◀ 曲線の概形をつかむために，$\theta=0,\ \frac{\pi}{2}$ における点Pの座標や，x の値の変化について調べる。

また

$$\frac{dx}{d\theta}=-2\sin\theta\cdot\cos\theta-(1+2\cos\theta)\sin\theta=-\sin\theta(1+4\cos\theta)$$

$0<\theta<\frac{\pi}{2}$ のとき，$\frac{dx}{d\theta}<0$ であるから，θ に対して x は単調に減少する。
よって，求める図形の面積は，右の図の赤く塗った部分である。
x と θ の対応は右のようになる。

x	$0\longrightarrow3$
θ	$\frac{\pi}{2}\longrightarrow0$

よって，求める面積を S とすると

$$S=\int_0^3 y\,dx=\int_{\frac{\pi}{2}}^0 y\frac{dx}{d\theta}\,d\theta$$

◀ 置換積分法を適用。

$$=\int_{\frac{\pi}{2}}^0(1+2\cos\theta)\sin\theta\cdot(-\sin\theta)(1+4\cos\theta)\,d\theta$$

$$=\int_0^{\frac{\pi}{2}}(\sin^2\theta+6\sin^2\theta\cos\theta+8\sin^2\theta\cos^2\theta)\,d\theta$$

ここで　$\int_0^{\frac{\pi}{2}}\sin^2\theta\,d\theta=\int_0^{\frac{\pi}{2}}\frac{1-\cos2\theta}{2}\,d\theta$

$$=\frac{1}{2}\left[\theta-\frac{1}{2}\sin2\theta\right]_0^{\frac{\pi}{2}}=\frac{\pi}{4}$$

$$\int_0^{\frac{\pi}{2}} 6\sin^2\theta\cos\theta\, d\theta = 2\Big[\sin^3\theta\Big]_0^{\frac{\pi}{2}} = 2$$

$$\int_0^{\frac{\pi}{2}} 8\sin^2\theta\cos^2\theta\, d\theta = 2\int_0^{\frac{\pi}{2}} \sin^2 2\theta\, d\theta = 2\int_0^{\frac{\pi}{2}} \frac{1-\cos 4\theta}{2}\, d\theta$$

$$= \Big[\theta - \frac{1}{4}\sin 4\theta\Big]_0^{\frac{\pi}{2}} = \frac{\pi}{2}$$

ゆえに　$S = \frac{\pi}{4} + 2 + \frac{\pi}{2} = \boldsymbol{\frac{3}{4}\pi + 2}$

参考　極方程式 $\boldsymbol{r = a + b\cos\theta}$ で表される曲線を **リマソン** という。
特に，$a=b$ のとき，**カージオイド** という（練習 141 参照）。

極方程式 $r=f(\theta)$ で表された曲線と，半直線 $\theta=\alpha$，$\theta=\beta$ $(0<\beta-\alpha \leqq 2\pi)$ で囲まれた図形の面積を S とする。

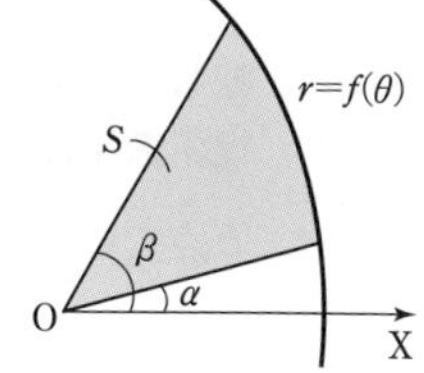

区間 $\alpha \leqq \theta \leqq \beta$ を n 等分して $\frac{\beta-\alpha}{n} = \varDelta\theta$ とし，
$\theta_k = \alpha + k\varDelta\theta$，$r_k = f(\theta_k)$，$P_k(r_k,\ \theta_k)$　$(k=0,\ 1,\ 2,\ \cdots\cdots,\ n)$
とすると，曲線 $r=f(\theta)$ と線分 OP_k，OP_{k+1} で囲まれた図形の面積は，半径 r_k，中心角 $\varDelta\theta$ の扇形で近似できる。
求める面積 S は，それらの和を考えて $n \longrightarrow \infty$ とすればよい。

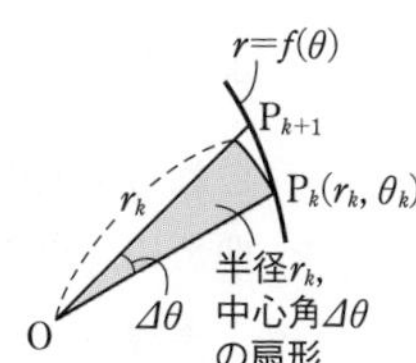

よって　$S = \lim_{n\to\infty}\sum_{k=0}^{n-1} \frac{1}{2} r_k{}^2 \varDelta\theta$

$= \frac{1}{2}\lim_{n\to\infty}\sum_{k=0}^{n-1} \{f(\theta_k)\}^2 \varDelta\theta$

ゆえに　$\boldsymbol{S = \frac{1}{2}\int_\alpha^\beta \{f(\theta)\}^2 d\theta}$

これを用いて例題 141 の面積を計算すると

$$\frac{1}{2}\int_0^{\frac{\pi}{2}} (1+2\cos\theta)^2 d\theta = \frac{1}{2}\int_0^{\frac{\pi}{2}} (1+4\cos\theta+4\cos^2\theta) d\theta$$

$$= \frac{1}{2}\int_0^{\frac{\pi}{2}} \left(1+4\cos\theta+4\cdot\frac{1+\cos 2\theta}{2}\right) d\theta$$

$$= \frac{1}{2}\Big[3\theta+4\sin\theta+\sin 2\theta\Big]_0^{\frac{\pi}{2}} = \frac{3}{4}\pi+2$$

練習 141　xy 平面において，原点Oを極とし，x 軸の正の部分を始線とする極座標 $(r,\ \theta)$ に関して，極方程式 $r=1+\cos\theta$ によって表される曲線 C を考える。ただし，偏角 θ の動く範囲は $0 \leqq \theta \leqq \pi$ とする。

(1)　曲線 C 上の点で，y 座標が最大となる点 P_1，および x 座標が最小となる点 P_2 の極座標を求めよ。

(2)　上の (1) の点 P_1，P_2 に対して，2 つの線分 OP_1，OP_2 および曲線 C で囲まれた部分の面積 S を求めよ。

重要例題 142 回転移動を利用して面積を求める ★★★★☆

曲線 $C:(x+y)^2=x-y$ について，次のものを求めよ。

(1) 曲線 C を原点を中心として $\dfrac{\pi}{4}$ だけ回転させてできる曲線の方程式

(2) 曲線 C と直線 $x=1$ で囲まれる図形の面積

◀例題115，135

指針 (1) $p.226$ と同様に，2次曲線の回転移動には，**複素数平面上の点の回転** を利用する。

CHART》 複素数の利用　回転 θ は　$\times(\cos\theta+i\sin\theta)$

(2) **図形の回転によって面積は変わらない** から，曲線 C と直線 $x=1$ をともに原点を中心として $\dfrac{\pi}{4}$ だけ回転させて考える。

解答 (1) 曲線 C 上の点 $(X,\ Y)$ を原点を中心として $\dfrac{\pi}{4}$ だけ回転した点の座標を $(x,\ y)$ とする。

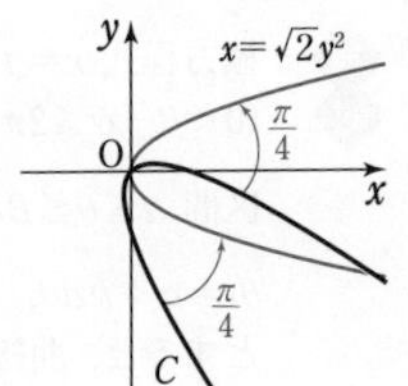

複素数平面上で，$\mathrm{P}(X+Yi)$，$\mathrm{Q}(x+yi)$ とすると，点Qを原点を中心として $-\dfrac{\pi}{4}$ だけ回転した点がPであるから

$$X+Yi=\left\{\cos\left(-\frac{\pi}{4}\right)+i\sin\left(-\frac{\pi}{4}\right)\right\}(x+yi)$$

よって　$X=\dfrac{1}{\sqrt{2}}(x+y)$ …… ①，$Y=\dfrac{1}{\sqrt{2}}(-x+y)$

これらを $(X+Y)^2=X-Y$ に代入して　$(\sqrt{2}\,y)^2=\sqrt{2}\,x$

ゆえに，求める曲線の方程式は　$\boldsymbol{x=\sqrt{2}\,y^2}$

(2) 直線 $x=1$ を原点を中心として $\dfrac{\pi}{4}$ だけ回転させてできる直線の方程式は，

① を $X=1$ に代入して　$x=-y+\sqrt{2}$

曲線 $x=\sqrt{2}\,y^2$ と直線 $x=-y+\sqrt{2}$ の交点の y 座標は

$\sqrt{2}\,y^2=-y+\sqrt{2}$　すなわち　$\sqrt{2}\,y^2+y-\sqrt{2}=0$

の解である。これを解くと，

$(y+\sqrt{2})(\sqrt{2}\,y-1)=0$ から　$y=-\sqrt{2},\ \dfrac{1}{\sqrt{2}}$

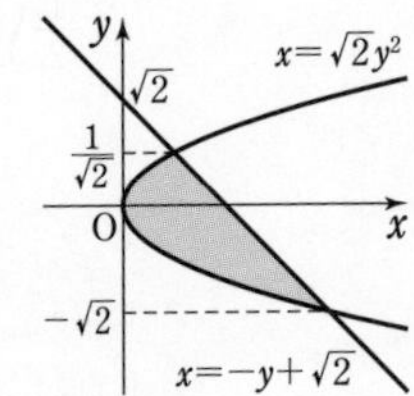

よって，求める面積は

$$\int_{-\sqrt{2}}^{\frac{1}{\sqrt{2}}}(-y+\sqrt{2}-\sqrt{2}\,y^2)\,dy=-\sqrt{2}\int_{-\sqrt{2}}^{\frac{1}{\sqrt{2}}}(y+\sqrt{2})\left(y-\frac{1}{\sqrt{2}}\right)dy$$

$$=-\sqrt{2}\left(-\frac{1}{6}\right)\left\{\frac{1}{\sqrt{2}}-(-\sqrt{2})\right\}^3=\boldsymbol{\frac{9}{4}}$$

◀ $\displaystyle\int_\alpha^\beta(y-\alpha)(y-\beta)\,dy=-\frac{(\beta-\alpha)^3}{6}$

練習 142 $a>1$ とする。曲線 $x^2-y^2=2$ と直線 $x=\sqrt{2}\,a$ で囲まれた図形の面積 S を，原点を中心とする $\dfrac{\pi}{4}$ の回転移動を考えることにより求めよ。　〔類 早稲田大〕

例題 143 面積から曲線の係数決定 ★★★☆☆

$c \geqq 1$ とする。2つの曲線 $y=cx^2$ と $y=\log(1+x^2)$, および, 2つの直線 $x=1$ と $x=-1$ で囲まれる図形の面積が4となる c の値を求めよ。〔類 北海道大〕

◀例46

指針 まず, 2つの曲線の上下関係を考える。
そして, それぞれの曲線, 直線で囲まれた図形の面積 S を c で表して, c についての方程式 $S=4$ を解く。

解答 $x^2=t$ とおくと　$t \geqq 0$
また, $f(t)=ct-\log(1+t)$ とすると, $t>0$ のとき　$f'(t)=c-\dfrac{1}{1+t}$
$c \geqq 1$, $t>0$ であるから　$f'(t)>0$
$f(0)=0$ であるから, $c \geqq 1$ のとき　$f(t) \geqq 0$
よって, 常に $cx^2 \geqq \log(1+x^2)$ が成り立つ。
関数 $y=cx^2-\log(1+x^2)$ は偶関数であるから,
与えられた図形の面積を S とすると

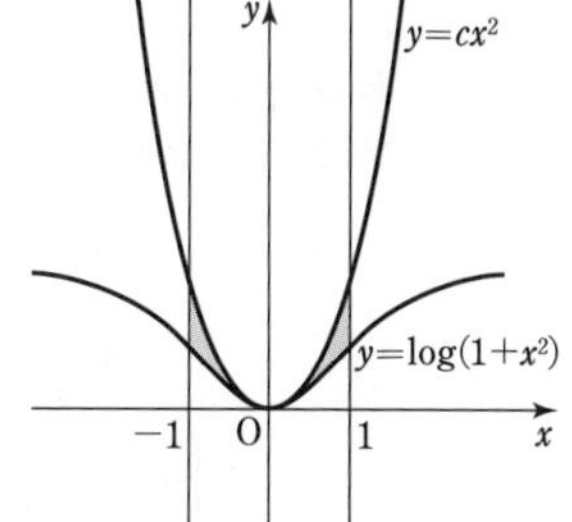

$$S=\int_{-1}^{1}\{cx^2-\log(1+x^2)\}dx$$

◀ $\int_{-a}^{a}$ 偶は2倍。

$$=2\int_0^1\{cx^2-\log(1+x^2)\}dx$$
$$=2\left[\frac{c}{3}x^3\right]_0^1-2\Big[x\log(1+x^2)\Big]_0^1+2\int_0^1 x\cdot\frac{2x}{1+x^2}dx$$
$$=\frac{2}{3}c-2\log 2+4\int_0^1\left(1-\frac{1}{1+x^2}\right)dx$$
$$=\frac{2}{3}c-2\log 2+4-4\int_0^1\frac{1}{1+x^2}dx$$

ここで, $x=\tan\theta$ とおくと　$dx=\dfrac{1}{\cos^2\theta}d\theta$
また, x と θ の対応は右のようになる。

x	$0 \longrightarrow 1$
θ	$0 \longrightarrow \dfrac{\pi}{4}$

ゆえに　$\displaystyle\int_0^1\frac{1}{1+x^2}dx=\int_0^{\frac{\pi}{4}}\frac{1}{1+\tan^2\theta}\cdot\frac{1}{\cos^2\theta}d\theta=\int_0^{\frac{\pi}{4}}d\theta=\Big[\theta\Big]_0^{\frac{\pi}{4}}=\frac{\pi}{4}$

よって　$S=\dfrac{2}{3}c-2\log 2+4-\pi$

$S=4$ とおいて, c について解くと　$\boldsymbol{c=3\log 2+\dfrac{3}{2}\pi}$

これは $c \geqq 1$ を満たす。

練習 143 $0 \leqq x \leqq 2\pi$ の範囲で2つの曲線 $y=\sin x$ と $y=k\cos x$ を考える。ただし, $k>0$ とする。この2つの曲線の交点の x 座標を α, β $(\alpha<\beta)$ とし, この2つの曲線に囲まれた図形の面積を S とする。$S=4$ のとき, $\alpha \leqq x \leqq \theta$ の範囲でこの2つの曲線および直線 $x=\theta$ で囲まれた図形の面積が2となるような θ の値を求めよ。

➡ p.556 演習 59

例題 144 面積の最大・最小 ★★★★☆

a を $1 \leqq a \leqq e^2$ を満たす定数とする。関数 $y=|e^x-a|$ のグラフと x 軸，y 軸および直線 $x=2$ で囲まれる部分の面積の和を $S(a)$ とする。

(1) $S(a)$ を a を用いて表せ。

(2) a が $1 \leqq a \leqq e^2$ の範囲を動くときの，面積 $S(a)$ の最大値，最小値を求めよ。

〔青山学院大〕 ◀例題108

指針 **絶対値　場合に分ける** に従って，面積 $S(a)$ を a で表し，微分法を利用して最大値・最小値を求める。

CHART》 最大・最小　極値 と 端の値 を比較

解答 (1) $e^x-a=0$ とすると

$x=\log a$

$1 \leqq a \leqq e^2$ より $0 \leqq \log a \leqq 2$ であるから，$y=|e^x-a|$ のグラフは右の図のようになる。

$y=|e^x-a|$　$a-1$　O　$\log a$　2　x　y

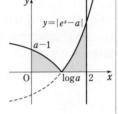

$$\boldsymbol{S(a)}=\int_0^{\log a}(a-e^x)dx+\int_{\log a}^2(e^x-a)dx$$

$$=\Big[ax-e^x\Big]_0^{\log a}+\Big[e^x-ax\Big]_{\log a}^2$$

◀ $x=\log a$ で積分区間を2つに分ける。

$$=(a\log a-a+1)+(e^2-2a-a+a\log a)$$

$$\boldsymbol{=2a\log a-4a+e^2+1}$$

(2) $S'(a)=2\log a+2-4=2(\log a-1)$

$S'(a)=0$ とすると　$a=e$

$1 \leqq a \leqq e^2$ における $S(a)$ の増減表は次のようになる。

a	1	$\cdots$	e	$\cdots$	e^2
$S'(a)$		$-$	0	$+$	
$S(a)$	e^2-3	↘	$(e-1)^2$	↗	e^2+1

よって，$S(a)$ は $\boldsymbol{a=e^2}$ **のとき最大値** $\boldsymbol{e^2+1}$，
$\boldsymbol{a=e}$ **のとき最小値** $\boldsymbol{(e-1)^2}$

をとる。

◀ 最大値は端の値を比較する。
$e^2-3<e^2+1$

練習 144 (1) 2つの曲線 $y=\log x$ と $y=\dfrac{a}{x^2}$ $(a>0)$ の交点の x 座標を p で表すとき，a を p を用いて表せ。

(2) (1)の2つの曲線と直線 $x=1$，$x=2$ で囲まれる部分の面積 S を p を用いて表せ。

(3) a を動かすとき，S の最小値を求めよ。

〔類 大阪大〕

➡p. 556 演習 60

重要例題 145 面積に関する無限級数 ★★★★★

曲線 $y=e^{-x}\sin x$ $(x\geqq 0)$ と x 軸で囲まれた図形で，x 軸の上側にある部分の面積を y 軸に近い方から順に S_0, S_1, ……, S_n, …… とするとき，$\lim_{n\to\infty}\sum_{k=0}^{n}S_k$ を求めよ。

指針 CHART》 面積　グラフをかく

$y=e^{-x}\sin x$ $(x\geqq 0)$ のグラフは，右の図のようになる（$p.413$ **検討** 参照）。そして

$$S_0=\int_0^{\pi}y\,dx,\quad S_1=\int_{2\pi}^{3\pi}y\,dx,\quad \cdots\cdots$$

一般に　$S_n=\int_{2n\pi}^{(2n+1)\pi}y\,dx$

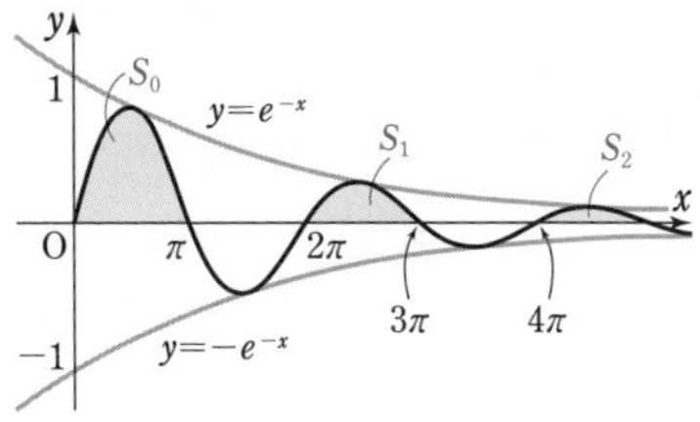

解答 曲線 $y=e^{-x}\sin x$ $(x\geqq 0)$ と x 軸との交点の x 座標は，

$e^{-x}\sin x=0$ から　$\sin x=0$

ゆえに　$x=n\pi$　$(n=0,\ 1,\ 2,\ \cdots\cdots)$

また $\int e^{-x}\sin x\,dx=-e^{-x}\cos x-\int e^{-x}\cos x\,dx$　◀部分積分法を適用。

$=-e^{-x}\cos x-\left(e^{-x}\sin x+\int e^{-x}\sin x\,dx\right)$　◀同形出現。

よって　$\int e^{-x}\sin x\,dx=-\frac{1}{2}e^{-x}(\cos x+\sin x)+C$

（Cは積分定数）

整数 k に対して $2k\pi\leqq x\leqq(2k+1)\pi$ で $y\geqq 0$,

$(2k+1)\pi\leqq x\leqq 2(k+1)\pi$ で $y\leqq 0$ であるから

$$S_k=\int_{2k\pi}^{(2k+1)\pi}e^{-x}\sin x\,dx=-\frac{1}{2}\Big[e^{-x}(\cos x+\sin x)\Big]_{2k\pi}^{(2k+1)\pi}$$

$$=\frac{1}{2}\{e^{-(2k+1)\pi}+e^{-2k\pi}\}=\frac{1}{2}(e^{-\pi}+1)(e^{-2\pi})^k$$

$|e^{-2\pi}|<1$ であるから，無限等比級数 $\sum_{k=0}^{\infty}S_k$ は収束し　◀初項 $\frac{1}{2}(e^{-\pi}+1)$, 公比 $e^{-2\pi}$

$$\lim_{n\to\infty}\sum_{k=0}^{n}S_k=\sum_{k=0}^{\infty}S_k=\frac{1}{2}(e^{-\pi}+1)\cdot\frac{1}{1-e^{-2\pi}}$$

$$=\frac{e^{-\pi}+1}{2(1+e^{-\pi})(1-e^{-\pi})}=\boldsymbol{\frac{e^{\pi}}{2(e^{\pi}-1)}}$$

練習 145 曲線 $y=e^{-x}$ と $y=e^{-x}|\cos x|$ で囲まれた図形のうち，$(n-1)\pi\leqq x\leqq n\pi$ を満たす部分の面積を a_n とする $(n=1,\ 2,\ 3,\ \cdots\cdots)$。

(1) $\int e^{-x}\cos x\,dx=e^{-x}(p\sin x+q\cos x)+C$ を満たす定数 p, q を求めよ。ただし，Cは積分定数である。

(2) a_1 の値を求めよ。　(3) a_n の値を求めよ。

(4) $\lim_{n\to\infty}(a_1+a_2+\cdots\cdots+a_n)$ を求めよ。　〔早稲田大〕

29 体　積

《基本事項》

1 立体の体積

右の図のように x 軸に垂直で，x 軸との交点の座標が x である平面 γ による立体の切り口の面積を $S(x)$ とする。この立体の $x=a$ と $x=b$ の間にある部分の体積 V は次の式で表される。

$$V=\int_a^b S(x)dx \qquad (a<b)$$

証明　2 平面 α，γ に挟まれる部分の体積を $V(x)$ とする。
$\Delta x>0$ のとき　$\Delta V=V(x+\Delta x)-V(x)$　とすると，
Δx が十分に小さいときは $\Delta V \fallingdotseq S(x)\Delta x$ ($\Delta x<0$ のときも成り立つ) から　$\dfrac{\Delta V}{\Delta x}\fallingdotseq S(x)$

$\Delta x \longrightarrow 0$ のとき，この両辺の差は 0 に近づくから

$V'(x)=\displaystyle\lim_{\Delta x\to 0}\frac{\Delta V}{\Delta x}=S(x)$　　よって　$\displaystyle\int_a^b S(x)dx=V(b)-V(a)=V$　（$V(b)=V$，$V(a)=0$）

区分求積法の考え方（$p.488$ 参照）を用いると，次のようになる。

別証　区間 $[a,\ b]$ を n 等分して両端と分点を $a=x_0$，x_1，x_2，……，$x_n=b$ とし，$\dfrac{b-a}{n}=\Delta x$，$x_k=a+k\Delta x$ ($k=0$，1，2，……，n) とする。
各分点を通り x 軸に垂直な平面でこの立体を分割する。
分割した n 個の立体を，断面積が $S(x_k)$ で厚さが Δx の板状の立体であるとみなし，そのときの体積の和を V_n とすると　$V_n=\displaystyle\sum_{k=1}^{n}S(x_k)\Delta x$

$n\longrightarrow\infty$ のとき，$V_n\longrightarrow V$ と考えられるから　$V=\displaystyle\lim_{n\to\infty}\sum_{k=1}^{n}S(x_k)\Delta x=\int_a^b S(x)dx$

2 回転体の体積

区間 $a\leqq x\leqq b$ において，曲線 $y=f(x)$ と x 軸および 2 直線 $x=a$，$x=b$ で囲まれる部分を x 軸の周りに 1 回転させてできる回転体の体積 V は，点 $(x,\ 0)$ を通り x 軸に垂直な平面で切った断面積 $S(x)$ が $\pi\{f(x)\}^2$ であるから，次の式で表される。

$$V=\pi\int_a^b\{f(x)\}^2dx \quad (a<b)$$

CHECK 問題

15 次の曲線と x 軸および直線で囲まれた部分を x 軸の周りに 1 回転させてできる回転体の体積を求めよ。

(1)　$y=\sqrt{x}$，$x=2$，$x=4$　　(2)　$y=e^{\frac{x}{4}}$，y 軸，$x=2$　→ 2

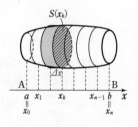

例 47 断面積と体積(1) ★★☆☆☆

2点 $P(x,\ 0)$, $Q(x,\ \sin x)$ を結ぶ線分を1辺とする正三角形を，x 軸に垂直な平面上に作る。P が x 軸上を原点Oから点 $(\pi,\ 0)$ まで動くとき，この正三角形が描く立体の体積を求めよ。

指針 立体の体積を積分で求めるときは，以下のようにする。

① 右のような図をかいて，立体のようすをつかむ。

② 立体の **断面積 $S(x)$** を求める。
…… この問題の断面は正三角形。

③ **積分区間** を定め，$V=\int_a^b S(x)dx$ により，体積を求める。

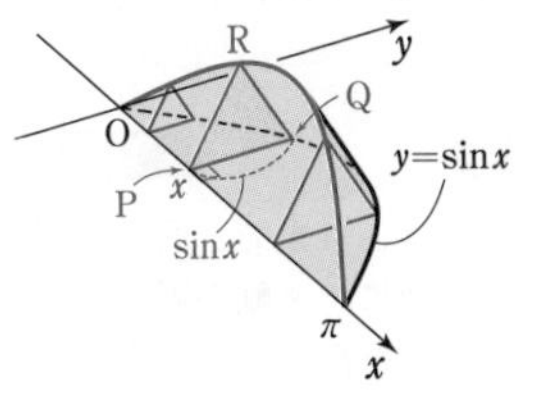

CHART 》 体積　断面積をつかむ

積分とその記号 $\int$ の意味

積分は英語で integral といい，その動詞である integrate は「積み上げる・集める」という意味である。
上の例で $S(x)dx$ は，右の図のような薄い正三角柱の体積を表し，これを $x=0$ の部分から $x=\pi$ の部分まで積み上げる

［積分記号 $\int$ は和 (sum) を表している］

と考えるとよい。

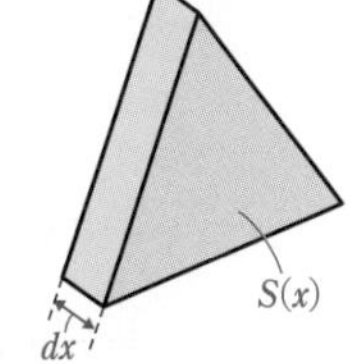

例 48 断面積と体積(2) ★★☆☆☆

底面の半径 a，高さ b の直円柱をその軸を含む平面で切って得られる半円柱がある。底面の半円の直径を AB，上面の半円の弧の中点をCとして，3点 A，B，C を通る平面でこの半円柱を2つに分けるとき，その下側の立体の体積 V を求めよ。

指針 ここでも，**断面積を求めて積分** する。
直径 AB に垂直な平面による切り口は直角三角形。
右の図のように座標軸をとり，各点を定める。
x 軸上の点 $D(x,\ 0)$ を通り，x 軸に垂直な平面による切り口は直角三角形 DEF で

$\triangle DEF \backsim \triangle OHC$

このことを利用して解くとよい。

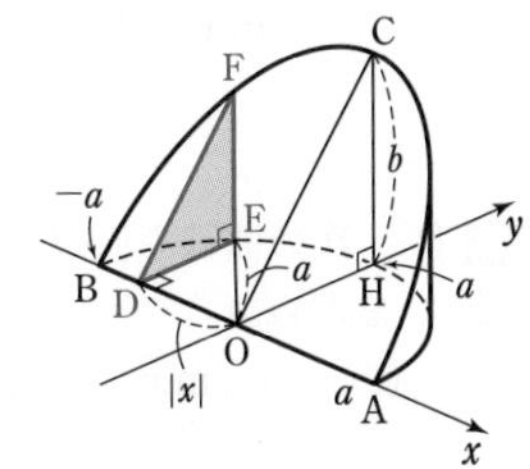

参考 上の 指針 では，「x 軸に垂直な平面で切った場合」で考えているが，他の切り口，例えば「y 軸に垂直な平面で切った場合」や「底面に平行な平面で切った場合」などでも求められる。解答編 $p.394$ 参照。

6章 29 体積

例題 146 x 軸の周りの回転体の体積 (1) ★★☆☆☆

次の曲線や直線で囲まれた部分を x 軸の周りに 1 回転させてできる立体の体積 V を求めよ。

(1) $y=2-e^x$, x 軸, y 軸

(2) $y=\sin x\left(-\dfrac{\pi}{2}\leqq x\leqq\dfrac{\pi}{2}\right)$, x 軸, $x=-\dfrac{\pi}{2}$, $x=\dfrac{\pi}{2}$

指針 CHART》 体積　断面積をつかむ

はこれまでと同じだが，回転体の場合は，回転軸と垂直に切った **断面が円** になる。
特に，x 軸の周りに回転させてできる立体では，断面が半径 $|f(x)|$ の円となる。
したがって，断面積は $S(x)=\pi\{f(x)\}^2$ の形となり，体積は

$$\boldsymbol{V=\pi\int_a^b\{f(x)\}^2dx=\pi\int_a^b y^2dx}\quad (a<b)$$

◀ π を忘れずに！

解答 (1) $y=0$ とすると，$2-e^x=0$ から　$x=\log 2$

よって

$$V=\pi\int_0^{\log 2}(2-e^x)^2dx$$

◀ π を忘れずに！

$$=\pi\int_0^{\log 2}(4-4e^x+e^{2x})dx=\pi\left[4x-4e^x+\frac{1}{2}e^{2x}\right]_0^{\log 2}$$

$$=\pi\left\{4\log 2-4(e^{\log 2}-1)+\frac{1}{2}(e^{2\log 2}-1)\right\}$$

$$=\boldsymbol{\left(4\log 2-\frac{5}{2}\right)\pi}$$

◀ $e^{\log a}=a$

(2) $V=\pi\displaystyle\int_{-\frac{\pi}{2}}^{\frac{\pi}{2}}\sin^2x\,dx$

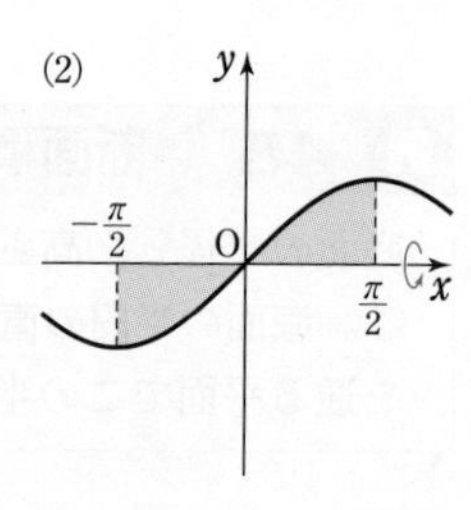

$$=2\pi\int_0^{\frac{\pi}{2}}\frac{1-\cos 2x}{2}dx$$

◀ $\sin^2x=\dfrac{1-\cos 2x}{2}$ は偶関数。

$$=\pi\int_0^{\frac{\pi}{2}}(1-\cos 2x)dx$$

$$=\pi\left[x-\frac{1}{2}\sin 2x\right]_0^{\frac{\pi}{2}}=\boldsymbol{\frac{\pi^2}{2}}$$

練習 146 (1) 次の曲線や直線で囲まれた部分を x 軸の周りに 1 回転させてできる立体の体積を求めよ。

(ア) $y=\tan x$, x 軸, $x=\dfrac{\pi}{3}$　　(イ) $y=x-\dfrac{1}{\sqrt{x}}$, x 軸, $x=1$, $x=4$

(2) 水を満たした半径 r の半球形の容器がある。
これを静かに角 α だけ傾けたとき，こぼれ出た水の量を r, α で表せ。
ただし，α は弧度法で表された角とする。

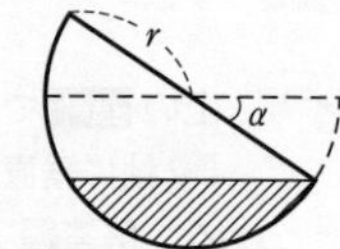

例題 147 ｜ x 軸の周りの回転体の体積 (2) ★★☆☆☆

$0\leqq x<\dfrac{\pi}{2}$ において，2つの曲線 $y=\sin 2x$，$y=\tan x$ で囲まれた図形を x 軸の周りに1回転させてできる回転体の体積 V を求めよ。〔名古屋工大〕

指針 体積でも面積の場合と同じで

CHART》 体積　グラフをかく

断面積の積分 の方針で体積を求めるが，この問題では断面積が

(外側の円の面積)−(内側の円の面積)

となることに注意する。

解答 $\sin 2x=\tan x$ $\left(0\leqq x<\dfrac{\pi}{2}\right)$ とすると

$$2\sin x\cos x=\frac{\sin x}{\cos x}$$

◀ 共有点の x 座標を求める。

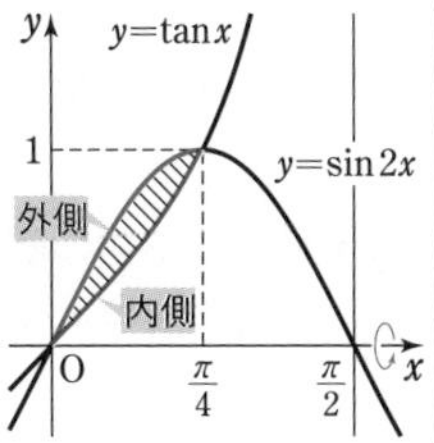

よって　$\sin x(2\cos^2 x-1)=0$

ゆえに　$\sin x=0$，$\cos x=\pm\dfrac{1}{\sqrt{2}}$

$0\leqq x<\dfrac{\pi}{2}$ であるから　$x=0$，$\dfrac{\pi}{4}$

また，$0\leqq x\leqq\dfrac{\pi}{4}$ において　$0\leqq\tan x\leqq\sin 2x$

◀ 2つの曲線 $y=\sin 2x$，$y=\tan x$ のどちらが外側になるのかを調べている。

よって　$V=\pi\displaystyle\int_0^{\frac{\pi}{4}}(\sin^2 2x-\tan^2 x)\,dx$

$$=\pi\int_0^{\frac{\pi}{4}}\left\{\frac{1-\cos 4x}{2}-\left(\frac{1}{\cos^2 x}-1\right)\right\}dx$$

◀ $1+\tan^2 x=\dfrac{1}{\cos^2 x}$

$$=\pi\int_0^{\frac{\pi}{4}}\left(\frac{3}{2}-\frac{\cos 4x}{2}-\frac{1}{\cos^2 x}\right)dx$$

$$=\pi\left[\frac{3}{2}x-\frac{\sin 4x}{8}-\tan x\right]_0^{\frac{\pi}{4}}=\boldsymbol{\frac{1}{8}\pi(3\pi-8)}$$

参考 平面上に曲線で囲まれた図形 F と，F と交わらない直線 ℓ があるとき，直線 ℓ の周りに F を1回転させてできる回転体の体積 V について，次の関係が成り立つ。

$V=(F$ の重心が描く円周の長さ$)\times(F$ の面積$)$

これを **パップス・ギュルダンの定理** という。練習 147 (1) の解答参照。

練習 147 次の不等式で表される領域を x 軸の周りに1回転させてできる立体の体積を求めよ。

(1) $x^2+(y-2)^2\leqq 4$

(2) 連立不等式 $x^2+y^2\leqq 3$，$x^2+y^2+6y\geqq 3$　〔(2) 類 弘前大〕

➡ p. 556 演習 61

例題 148 x 軸の周りの回転体の体積 (3) ★★★☆☆

$0 \leqq x \leqq \pi$ において，2つの曲線 $y=\sin x$，$y=\sin 2x$ で囲まれた図形を x 軸の周りに1回転させてできる立体の体積 V を求めよ。

指針 グラフをかくと，右の図のようになる。

ここで，次のように短絡的に考えるのは誤り。

$$V=\pi\int_0^{\frac{\pi}{3}}(\sin^2 2x-\sin^2 x)dx+\pi\int_{\frac{\pi}{3}}^{\pi}(\sin^2 x-\sin^2 2x)dx$$

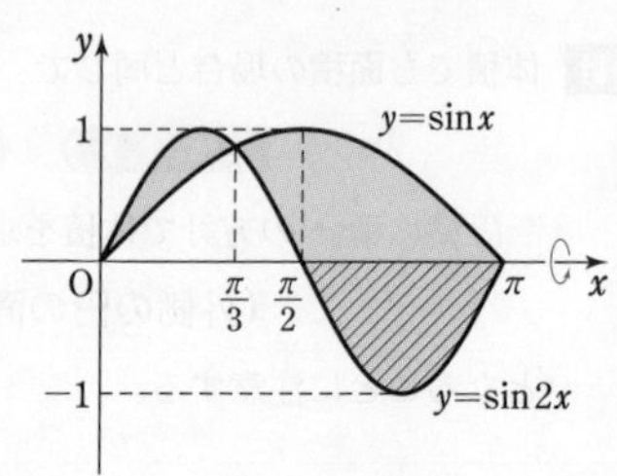

本問のように **曲線が回転軸の両側に存在する** ときは，曲線を一方の側に集める必要がある。

例えば，x 軸より下側の部分を折り返して，回転軸の上側に集めて考える。

CHART》 回転体では，図形を回転軸の一方の側に集める

解答 曲線 $y=\sin 2x$ の x 軸より下側の部分を x 軸に関して折り返すと，右の図のようになる。

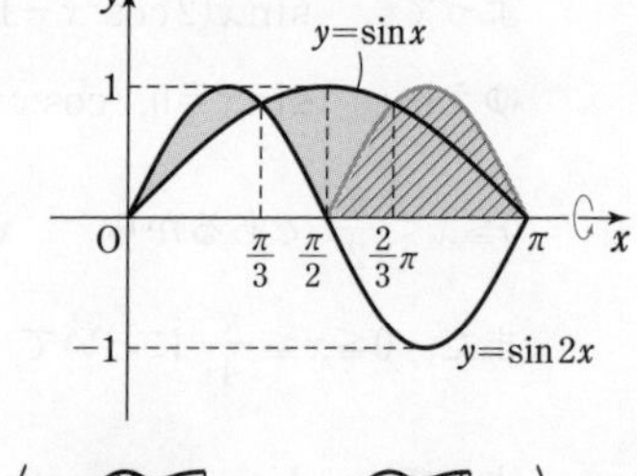

直線 $x=\dfrac{\pi}{2}$ に関する対称性を考えて

$$V=\left(\pi\int_0^{\frac{\pi}{3}}\sin^2 2x\,dx+\pi\int_{\frac{\pi}{3}}^{\frac{\pi}{2}}\sin^2 x\,dx\right)\times 2-\left(\pi\int_0^{\frac{\pi}{3}}\sin^2 x\,dx+\pi\int_{\frac{\pi}{3}}^{\frac{\pi}{2}}\sin^2 2x\,dx\right)$$

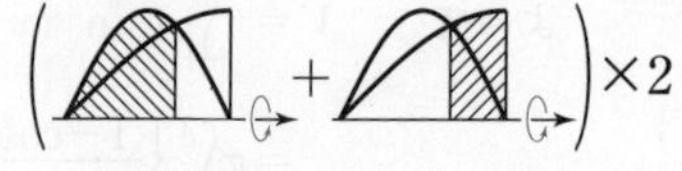

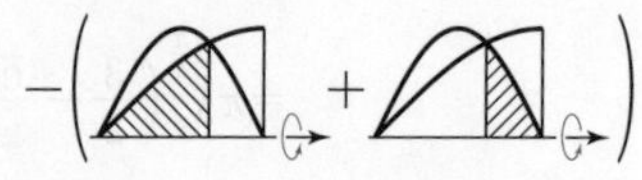

$\sin^2 2x=\dfrac{1-\cos 4x}{2}$，$\sin^2 x=\dfrac{1-\cos 2x}{2}$

であるから

$$V=2\pi\left(\left[\frac{x}{2}-\frac{\sin 4x}{8}\right]_0^{\frac{\pi}{3}}+\left[\frac{x}{2}-\frac{\sin 2x}{4}\right]_{\frac{\pi}{3}}^{\frac{\pi}{2}}\right)-\pi\left(\left[\frac{x}{2}-\frac{\sin 2x}{4}\right]_0^{\frac{\pi}{3}}+\left[\frac{x}{2}-\frac{\sin 4x}{8}\right]_{\frac{\pi}{3}}^{\frac{\pi}{2}}\right)$$

$$=\frac{\pi^2}{4}+\frac{9\sqrt{3}}{16}\pi$$

練習 148 次の曲線で囲まれた部分を x 軸の周りに1回転させてできる立体の体積 V を求めよ。

(1) $\dfrac{\pi}{4} \leqq x \leqq \dfrac{5}{4}\pi$ において，$y=\sin x$，$y=\cos x$

(2) $0 \leqq x \leqq \pi$ において，$y=\sin\left|x-\dfrac{\pi}{2}\right|$，$y=\cos 2x$ 〔名古屋工大〕

➡ p.557 演習 62

例題 149 y 軸の周りの回転体の体積 (1) ★★☆☆☆

次の図形を y 軸の周りに 1 回転させてできる回転体の体積 V を求めよ。

(1) 楕円 $\dfrac{x^2}{a^2}+\dfrac{y^2}{b^2}=1$ $(x\geqq 0)$ と y 軸で囲まれた部分。ただし，$a>0$，$b>0$

(2) 曲線 $y=\log(x^2+1)$ $(0\leqq x\leqq 1)$ と直線 $y=\log 2$ および y 軸で囲まれた部分

指針 曲線 $x=g(y)$ を y 軸の周りに 1 回転させてできる回転体は，y 軸に垂直な断面が半径 $|g(y)|$ の円になるから，その体積は

$$\boldsymbol{V=\pi\int_c^d\{g(y)\}^2dy=\pi\int_c^d x^2dy}\quad (c<d)$$

曲線が $y=f(x)$ の形で与えられたときは，$dy=f'(x)dx$ から $V=\pi\displaystyle\int_c^d x^2dy=\pi\int_a^b x^2f'(x)dx$ $[c=f(a),\ d=f(b)]$ としてもよい。

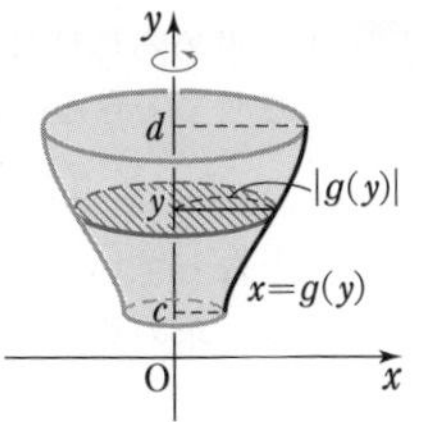

解答 (1) $x=0$ のとき　$y=\pm b$

$\dfrac{x^2}{a^2}+\dfrac{y^2}{b^2}=1$ から　$x^2=\dfrac{a^2}{b^2}(b^2-y^2)$

よって　$V=\pi\displaystyle\int_{-b}^{b}x^2dy=2\pi\int_0^b\frac{a^2}{b^2}(b^2-y^2)dy$

$=2\pi\cdot\dfrac{a^2}{b^2}\left[b^2y-\dfrac{y^3}{3}\right]_0^b=\boldsymbol{\dfrac{4}{3}\pi a^2b}$

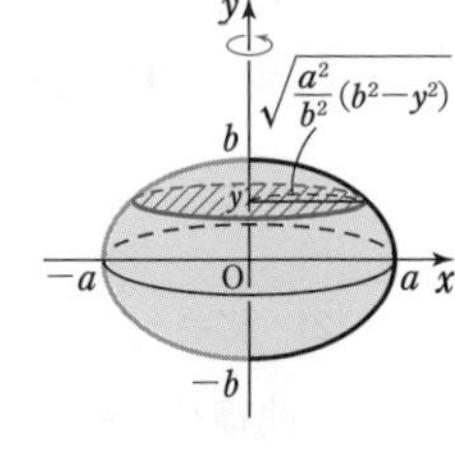

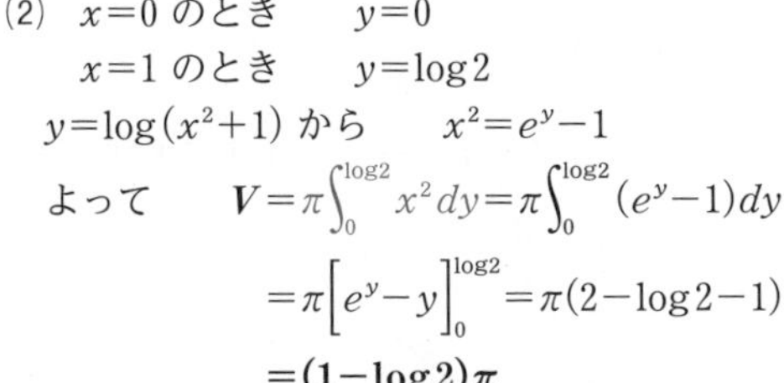

(2) $x=0$ のとき　$y=0$

$x=1$ のとき　$y=\log 2$

$y=\log(x^2+1)$ から　$x^2=e^y-1$

よって　$V=\pi\displaystyle\int_0^{\log 2}x^2dy=\pi\int_0^{\log 2}(e^y-1)dy$

$=\pi\Big[e^y-y\Big]_0^{\log 2}=\pi(2-\log 2-1)$

$\boldsymbol{=(1-\log 2)\pi}$

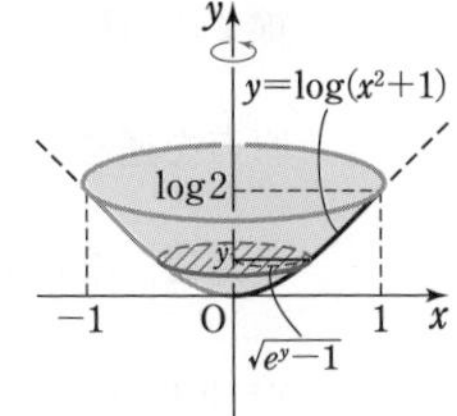

別解 $y=\log(x^2+1)$ から　$dy=\dfrac{2x}{x^2+1}dx$

y と x の対応は右のようになる。

y	$0\longrightarrow\log 2$
x	$0\longrightarrow 1$

よって　$V=\pi\displaystyle\int_0^{\log 2}x^2dy=\pi\int_0^1x^2\cdot\frac{2x}{x^2+1}dx$

$=\pi\displaystyle\int_0^1\left(2x-\frac{2x}{x^2+1}\right)dx=\pi\Big[x^2-\log(x^2+1)\Big]_0^1$

$\boldsymbol{=(1-\log 2)\pi}$

練習 149 次の曲線や直線で囲まれた部分を y 軸の周りに 1 回転させてできる回転体の体積 V を求めよ。

(1) $y=-x^2+2$，x 軸　　(2) $y=\log\sqrt{x+1}$，$y=1$，y 軸

例題 150　y 軸の周りの回転体の体積 (2)　★★★☆☆

(1)　2 つの曲線 $y=x^2$, $y=\sqrt{x}$ で囲まれた部分を y 軸の周りに 1 回転させてできる立体の体積 V を求めよ。

(2)　曲線 $y=\log 3x$ を C とする。曲線 C, 原点 O を通る曲線 C の接線 ℓ, x 軸とで囲まれた図形を y 軸の周りに 1 回転させてできる立体の体積 V を求めよ。

指針　(1)　求める体積は，右の図の斜線部分を y 軸の周りに 1 回転させてできる回転体の体積であり，断面積は

(外側の円の面積)－(内側の円の面積)

となっている。ここでは，**2 つの回転体の体積の差** として，求める立体の体積を計算する。(2) も同様。

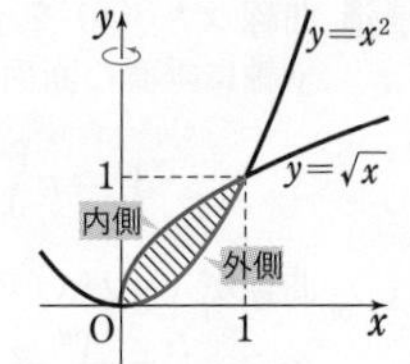

解答　(1)　$y=\sqrt{x}$ から $x=y^2$ を，$y=x^2$ に代入して　　$y=y^4$

よって　　$y(y^3-1)=0$　　　ゆえに　　$y=0,\ 1$

$$V=\pi\int_0^1 y\,dy-\pi\int_0^1 y^4\,dy=\pi\int_0^1 (y-y^4)\,dy$$

$$=\pi\left[\frac{y^2}{2}-\frac{y^5}{5}\right]_0^1=\pi\left(\frac{1}{2}-\frac{1}{5}\right)=\boldsymbol{\frac{3}{10}\pi}$$

◀ 交点の y 座標を求める。y は実数である。

◀ $\pi\int_0^1(\sqrt{y})^2dy-\pi\int_0^1(y^2)^2dy$

(2)　$y'=\dfrac{3}{3x}=\dfrac{1}{x}$

曲線 C と接線 ℓ の接点の座標を $(t,\ \log 3t)$ とすると，接線 ℓ の方程式は　　$y-\log 3t=\dfrac{1}{t}(x-t)$　…… ①

原点を通るから　　$-\log 3t=-1$　　よって　　$t=\dfrac{e}{3}$

◀ ① に $x=0$, $y=0$ を代入。

ゆえに，接線 ℓ の方程式は ① から　　$y=\dfrac{3}{e}x$

$y=\log 3x$ から　　$x=\dfrac{e^y}{3}$

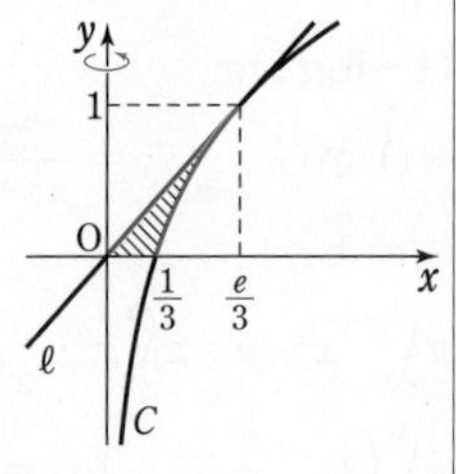

$$V=\pi\int_0^1\left(\frac{e^y}{3}\right)^2dy-\frac{1}{3}\cdot\pi\left(\frac{e}{3}\right)^2\cdot 1$$

$$=\frac{\pi}{9}\int_0^1 e^{2y}dy-\frac{\pi e^2}{27}$$

$$=\frac{\pi}{18}\Big[e^{2y}\Big]_0^1-\frac{\pi e^2}{27}$$

$$=\frac{\pi(e^2-1)}{18}-\frac{\pi e^2}{27}=\boldsymbol{\frac{(e^2-3)\pi}{54}}$$

◀ $\dfrac{1}{3}\cdot\pi\left(\dfrac{e}{3}\right)^2\cdot 1$ は，底面の円の半径が $\dfrac{e}{3}$，高さが 1 の円錐の体積を表している。

練習 150　(1)　曲線 $y=e^x$ と，この曲線上の点 $(2,\ e^2)$ における接線，および x 軸，y 軸で囲まれた部分を y 軸の周りに 1 回転させてできる回転体の体積を求めよ。

(2)　放物線 $y=-x^2+2x+2$ と x 軸によって囲まれた部分を y 軸の周りに 1 回転させてできる立体の体積を求めよ。　　[(2) 類 早稲田大]

例題 151 媒介変数と回転体の体積 ★★☆☆☆

曲線 $x=\tan\theta$, $y=\cos 2\theta$ $\left(0\leqq\theta\leqq\dfrac{\pi}{4}\right)$ と x 軸, y 軸で囲まれた部分を x 軸の周りに 1 回転させてできる回転体の体積 V を求めよ。

◀例題 139

指針 $\cos 2\theta=2\cos^2\theta-1=\dfrac{2}{1+\tan^2\theta}-1$ を用いて θ を消去すると

$$y=\frac{2}{1+x^2}-1=\frac{1-x^2}{1+x^2}$$

グラフは右の図のようになり

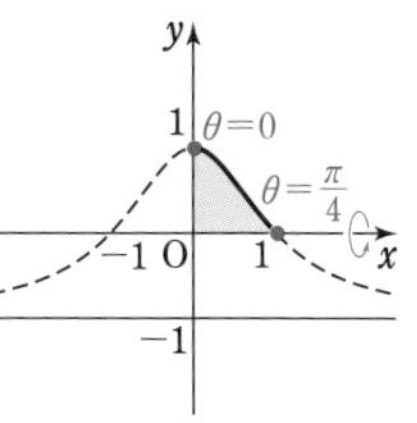

$$V=\pi\int_0^1\left(\frac{1-x^2}{1+x^2}\right)^2dx$$

◀ 計算が困難。

したがって, 面積の場合 ($p.514$ 例題 139) と同じように,

媒介変数表示の積分 ⟶ 置換積分

と考えて, **θ のまま** で計算した方がらくである。

媒介変数表示の曲線と体積 $\pi\displaystyle\int_a^b y^2dx$ で $y=g(\theta)$, $dx=f'(\theta)d\theta$ （$x=f(\theta)$, $y=g(\theta)$）

解答 $y=0$ とすると $\cos 2\theta=0$

$0\leqq 2\theta\leqq\dfrac{\pi}{2}$ であるから $2\theta=\dfrac{\pi}{2}$ すなわち $\theta=\dfrac{\pi}{4}$ このとき $x=1$

$x=\tan\theta$ から $dx=\dfrac{1}{\cos^2\theta}d\theta$

x と θ の対応は右のようになる。

x	$0\longrightarrow 1$
θ	$0\longrightarrow\dfrac{\pi}{4}$

ゆえに $$V=\pi\int_0^1 y^2dx=\pi\int_0^{\frac{\pi}{4}}\cos^2 2\theta\cdot\frac{1}{\cos^2\theta}d\theta$$

$$=\pi\int_0^{\frac{\pi}{4}}(2\cos^2\theta-1)^2\cdot\frac{1}{\cos^2\theta}d\theta=\pi\int_0^{\frac{\pi}{4}}\left(4\cos^2\theta-4+\frac{1}{\cos^2\theta}\right)d\theta$$

$$=\pi\int_0^{\frac{\pi}{4}}\left(2\cos 2\theta+\frac{1}{\cos^2\theta}-2\right)d\theta=\pi\Big[\sin 2\theta+\tan\theta-2\theta\Big]_0^{\frac{\pi}{4}}$$

$$=\pi\left(1+1-\frac{\pi}{2}\right)=\boldsymbol{\pi\left(2-\frac{\pi}{2}\right)}$$

CHART》 体積の計算

1. グラフをかく
2. 断面積をつかむ　　回転体では一方に集める
3. 置換積分が活躍

練習 151 曲線 $\begin{cases}x=(1+\cos\theta)\cos\theta\\ y=(1+\cos\theta)\sin\theta\end{cases}$ $(0\leqq\theta<2\pi)$ で囲まれる図形を, x 軸の周りに回転させてできる回転体の体積 V を求めよ。 〔類 信州大〕

6章 29 体積

重要例題 152 y 軸の周りの回転体の体積 (3) ★★★★☆

$0 \leqq a < b$ とする。$y=f(x)$ のグラフの $a \leqq x \leqq b$ の部分と x 軸，および 2 直線 $x=a$，$x=b$ で囲まれた図形を y 軸の周りに 1 回転させてできる立体の体積 V は

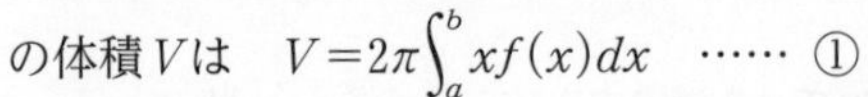

の体積 V は　$V=2\pi\int_a^b xf(x)dx$　…… ①

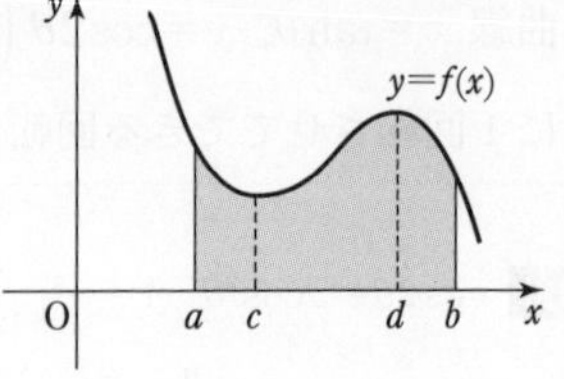

で与えられる。このことを，$a<c<d<b$ とし，右の図のような，区間 $[a,\ c]$，$[d,\ b]$ で単調に減少し，区間 $[c,\ d]$ で単調に増加する関数 $y=f(x)$ について示せ。
また，$f(x)=x^3$，$a=0$，$b=2$ のときの V の値 V_0 を求めよ。

◀例題 150

指針 y 軸の周りの回転体の体積は $\int$■dy で表されるから，① を導くために，置換積分法を適用 $[dy=f'(x)dx]$ する。そこで，y と x の対応が 1 : 1 となるように，区間 $[a,\ b]$ を 3 つの区間 $[a,\ c]$，$[c,\ d]$，$[d,\ b]$ に分けて考えている。

解答 右の図の S_1，S_2，S_3 を y 軸の周りに 1 回転させてできる立体の体積をそれぞれ V_1，V_2，V_3 とする。
また，$f(a)=r$，$f(c)=p$，$f(d)=q$，$f(b)=s$ とする。

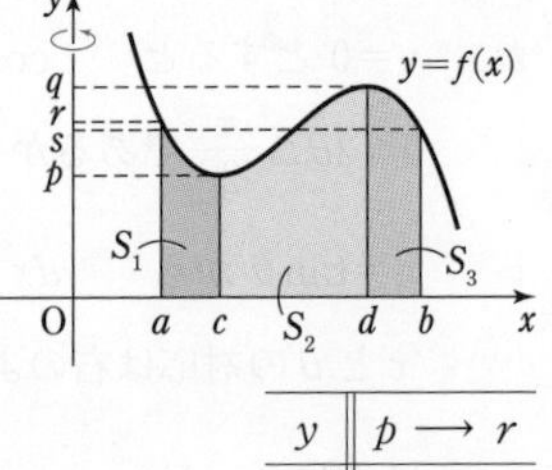

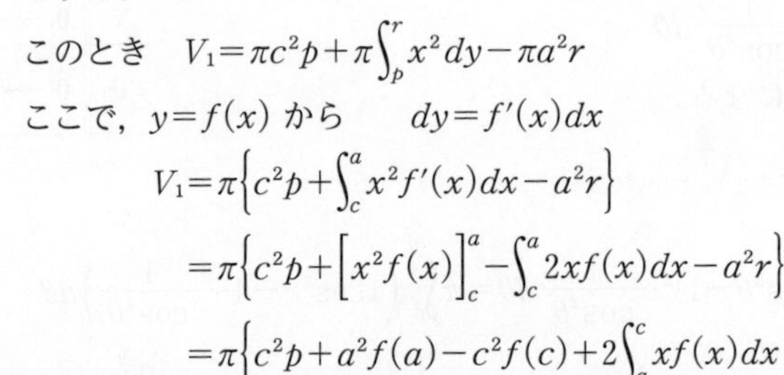

このとき　$V_1=\pi c^2p+\pi\int_p^r x^2dy-\pi a^2r$

ここで，$y=f(x)$ から　　$dy=f'(x)dx$

y	$p \longrightarrow r$
x	$c \longrightarrow a$

$$V_1=\pi\left\{c^2p+\int_c^a x^2f'(x)dx-a^2r\right\}$$
$$=\pi\left\{c^2p+\Big[x^2f(x)\Big]_c^a-\int_c^a 2xf(x)dx-a^2r\right\}$$

◀ 部分積分法を適用。

$$=\pi\left\{c^2p+a^2f(a)-c^2f(c)+2\int_a^c xf(x)dx-a^2r\right\}=2\pi\int_a^c xf(x)dx$$

同様にして，$V_2=\pi d^2q-\pi c^2p-\pi\int_p^q x^2dy=2\pi\int_c^d xf(x)dx$，

$$V_3=\pi b^2s+\pi\int_s^q x^2dy-\pi d^2q=2\pi\int_d^b xf(x)dx$$　であるから

$$V=V_1+V_2+V_3=2\pi\int_a^c xf(x)dx+2\pi\int_c^d xf(x)dx+2\pi\int_d^b xf(x)dx=2\pi\int_a^b xf(x)dx$$

よって，① が成り立つ。

ゆえに，① から　　$V_0=2\pi\int_0^2 x\cdot x^3dx=2\pi\left[\dfrac{x^5}{5}\right]_0^2=\boldsymbol{\dfrac{64}{5}\pi}$

練習 152 次の図形を y 軸の周りに 1 回転させてできる回転体の体積 V を求めよ。
(1)　$y=\cos x$ $(0 \leqq x \leqq \pi)$，$y=-1$，y 軸で囲まれた部分
(2)　2 曲線 $y=4^x$ $(x \geqq 0)$ と $y=8^x$ $(x \geqq 0)$ と直線 $x=1$ に囲まれた部分

[(2) 類　同志社大]　➡ p. 557 演習 63

研究 深めよう　バウムクーヘン分割による体積の計算

y 軸の周りの回転体の体積に関して，一般に次のことが成り立つ。

区間 $[a,\ b]$ $(0 \leqq a < b)$ において $f(x) \geqq 0$ であるとき，曲線 $y=f(x)$ と x 軸，および 2 直線 $x=a$，$x=b$ で囲まれた部分を y 軸の周りに 1 回転させてできる立体の体積 V は

$$V=2\pi\int_a^b xf(x)dx \quad \cdots\cdots \text{Ⓐ}$$

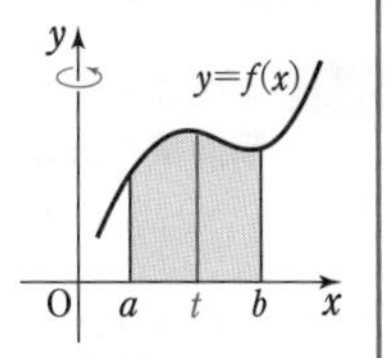

証明　$0 \leqq a \leqq t \leqq b$ とし，曲線 $y=f(x)$ と x 軸，および 2 直線 $x=a$，$x=t$ で囲まれた部分を y 軸の周りに 1 回転させてできる立体の体積を $V(t)$ とする。

$\Delta t>0$ のとき，$\Delta V=V(t+\Delta t)-V(t)$ とすると，Δt が十分小さいときは

$$\Delta V \fallingdotseq 2\pi t\cdot f(t)\cdot \Delta t$$　◀ 右下の板状の直方体の体積。

よって　$$\frac{\Delta V}{\Delta t} \fallingdotseq 2\pi t f(t) \quad \cdots\cdots ①$$

（$\Delta t<0$ のときも ① は成立）

$\Delta t \longrightarrow 0$ のとき，① の両辺の差は 0 に近づくから

$$V'(t)=\lim_{\Delta t\to 0}\frac{\Delta V}{\Delta t}=2\pi t f(t)$$

ゆえに　$$\int_a^b 2\pi t f(t)dt=\Big[V(t)\Big]_a^b=V(b)-V(a)=V-0=V$$

└─円筒の側面積を積分。

よって，Ⓐ が成り立つ。

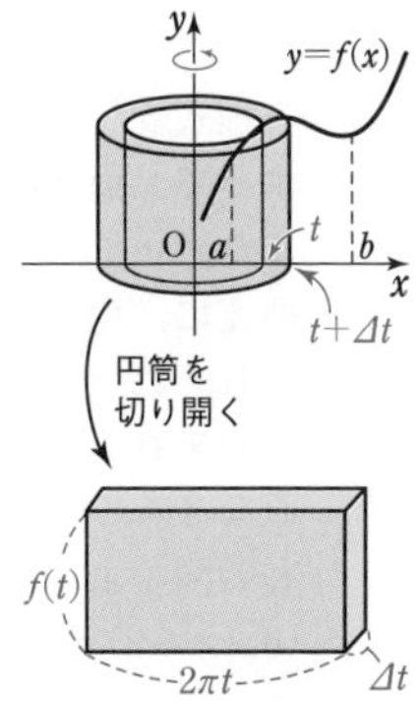

参考　区分求積法（p. 488 参照）の考え方を用いると，$\Delta x=\dfrac{b-a}{n}$，$x_k=a+k\Delta x$ とおいて

$$V=\lim_{n\to\infty}\sum_{k=1}^{n} 2\pi x_k f(x_k)\Delta x=2\pi\int_a^b xf(x)dx$$

となる。

注意　p. 527 例題 149 で扱った公式 $\pi\int_{●}^{■} x^2 dy$ は，回転体を y 軸に垂直な平面による円板で分割して積分にもち込むことで導かれる（〔図 1〕参照）。
これに対して，上の 証明 では，回転体を（幅 Δt の）円筒で分割して積分にもち込む，という考え方で公式 Ⓐ を導いている（〔図 2〕参照）。

例　p. 527 練習 149 (1) の体積 V について，公式 Ⓐ を用いると

$$V=2\pi\int_0^{\sqrt{2}} x(-x^2+2)dx=2\pi\int_0^{\sqrt{2}}(-x^3+2x)dx$$

$$=2\pi\left[-\frac{x^4}{4}+x^2\right]_0^{\sqrt{2}}=2\pi$$

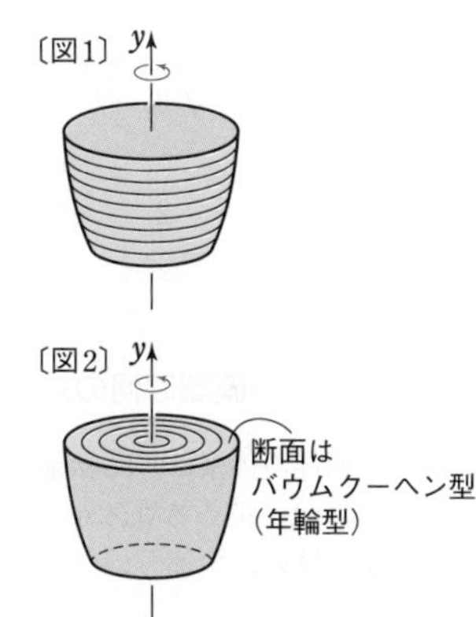

重要例題 153 直線 $y=x$ の周りの回転体の体積 ★★★☆☆

放物線 $y=x^2-x$ と直線 $y=x$ との原点O以外の交点をAとする。この直線と放物線によって囲まれる部分を，直線 OA を軸として回転させて得られる立体の体積を求めよ。〔青山学院大〕

指針 本問は x 軸の周りの回転体ではなく，直線 $y=x$ の周りの回転体の体積。したがって，断面積や積分変数は回転軸（直線 $y=x$）を座標軸とみて考えることになる。

CHART》 体積　断面積をつかむ

放物線 $y=x^2-x$ 上の点 $\mathrm{P}(x,\ x^2-x)$ $(0\leqq x\leqq 2)$ から直線 $y=x$ に垂線 PQ を下ろすと，**PQ が断面の円の半径，OQ が積分変数** である。

解答 方程式 $x^2-x=x$ を解くと　　$x=0,\ 2$

よって，点Aの x 座標は 2 である。

また，$y=x^2-x$ より　　$y'=2x-1$

ゆえに，点O，A における放物線の接線は，傾きがそれぞれ -1, 3 である。よって，放物線と直線 OA で囲まれる部分は，点O，A を通り，直線 $y=x$ に垂直な 2 本の直線の間に存在する。(＊)

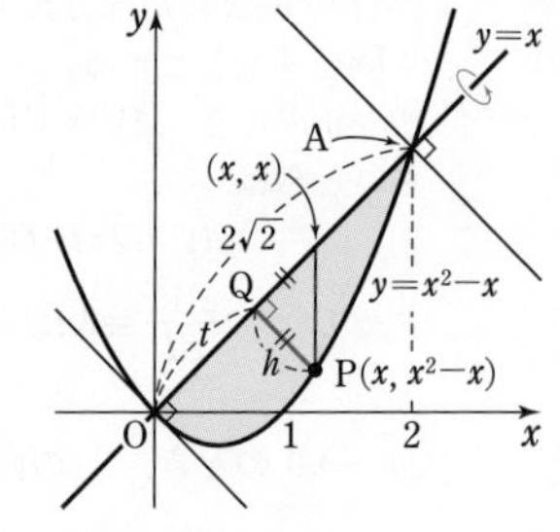

右の図のように，放物線上の点 $\mathrm{P}(x,\ x^2-x)$ $(0\leqq x\leqq 2)$ から直線 $y=x$ に垂線 PQ を引き，$\mathrm{PQ}=h$, $\mathrm{OQ}=t$ $(0\leqq t\leqq 2\sqrt{2})$ とする。

このとき　$h=\dfrac{|x-(x^2-x)|}{\sqrt{2}}=\dfrac{2x-x^2}{\sqrt{2}}$

$$t=\sqrt{2}\,x-h=\sqrt{2}\,x-\frac{2x-x^2}{\sqrt{2}}=\frac{x^2}{\sqrt{2}}$$

◀ $\mathrm{R}(x,\ x)$ とすると $t=\mathrm{OQ}=\mathrm{OR}-\mathrm{RQ}$ $=\mathrm{OR}-\mathrm{PQ}$

よって　　$dt=\sqrt{2}\,x\,dx$

t と x の対応は右のようになる。求める体積を V とすると

t	$0 \longrightarrow 2\sqrt{2}$
x	$0 \longrightarrow 2$

$$V=\pi\int_0^{2\sqrt{2}} h^2\,dt=\pi\int_0^2 \frac{(2x-x^2)^2}{2}\cdot\sqrt{2}\,x\,dx$$

$$=\frac{\pi}{\sqrt{2}}\int_0^2 (x^5-4x^4+4x^3)\,dx=\frac{\pi}{\sqrt{2}}\left[\frac{x^6}{6}-\frac{4}{5}x^5+x^4\right]_0^2$$

$$=\frac{\pi}{\sqrt{2}}\cdot\frac{16}{15}=\boldsymbol{\frac{8\sqrt{2}}{15}\pi}$$

質問 (＊) の確認は何のため？　確認しないとダメですか？

回転体の体積は，回転軸を座標軸（上の 解答 では t 軸）とみて考える。

(＊) は，求める立体が $0\leqq t\leqq 2\sqrt{2}$ を満たす領域に収まっていて，そこからはみ出す部分はないことの確認である。

これが成り立たない場合は，はみ出す部分を考慮して計算することになる（次ページの **検討** 参照）から，できれば確認しておいた方がよいだろう。

検討 例題153の放物線が $y=2x^2-3x$ で与えられた場合，放物線は右の図のようになり，青色部分の回転面は立体の内側にくい込む形となる。
この場合の体積を，外側（赤色）部分から内側（青色）部分の体積を引いて求めてみよう。

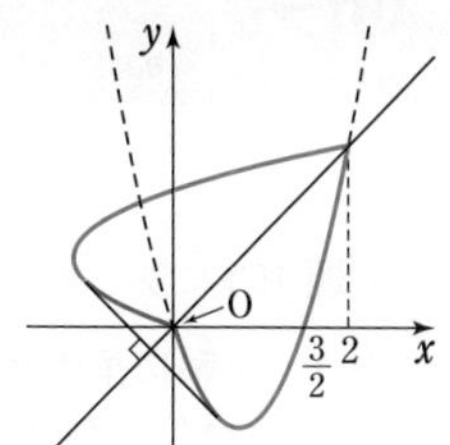

$2x^2-3x=x$ を解いて　　$x=0,\ 2$
よって　　$A(2,\ 2)$
放物線上の点 $P(x,\ 2x^2-3x)$ $(0\leqq x\leqq 2)$ から直線 $y=x$ に垂線PQを引き，$PQ=h$，$OQ=t$（ただし，点Qが点Oから見てAと反対側にあるときは $t<0$）とすると

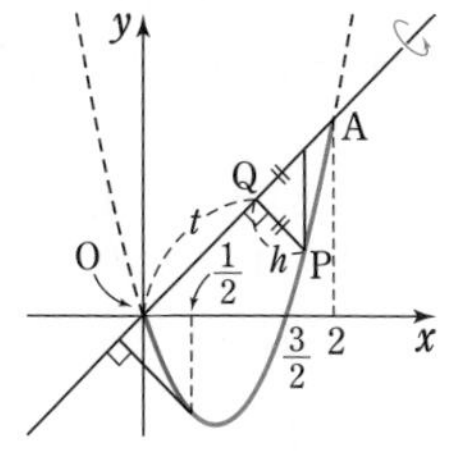

$$h=\frac{|x-(2x^2-3x)|}{\sqrt{2}}=\frac{4x-2x^2}{\sqrt{2}}$$

$$t=\sqrt{2}\,x-h=\frac{2x^2-2x}{\sqrt{2}}$$

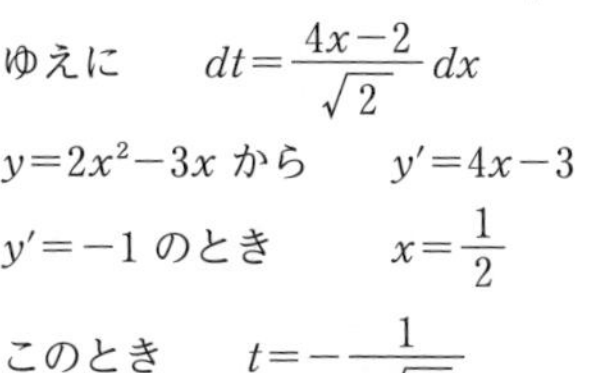

ゆえに　　$dt=\dfrac{4x-2}{\sqrt{2}}dx$

$y=2x^2-3x$ から　　$y'=4x-3$

$y'=-1$ のとき　　$x=\dfrac{1}{2}$

このとき　　$t=-\dfrac{1}{2\sqrt{2}}$

$0\leqq x\leqq\dfrac{1}{2}$ のときの h を h_1，$\dfrac{1}{2}\leqq x\leqq 2$ のときの h を h_2 とし，求める体積を V とすると

$$V=\pi\int_{-\frac{1}{2\sqrt{2}}}^{2\sqrt{2}} {h_2}^2\,dt-\pi\int_{-\frac{1}{2\sqrt{2}}}^{0} {h_1}^2\,dt$$

$$=\pi\left\{\int_{\frac{1}{2}}^{2}\frac{(4x-2x^2)^2}{2}\cdot\frac{4x-2}{\sqrt{2}}dx-\int_{\frac{1}{2}}^{0}\frac{(4x-2x^2)^2}{2}\cdot\frac{4x-2}{\sqrt{2}}dx\right\}$$

$$=\pi\int_0^2\frac{4x^2(x-2)^2(2x-1)}{\sqrt{2}}dx=2\sqrt{2}\,\pi\int_0^2(2x^5-9x^4+12x^3-4x^2)dx$$

$$=2\sqrt{2}\,\pi\left[\frac{x^6}{3}-\frac{9}{5}x^5+3x^4-\frac{4}{3}x^3\right]_0^2$$

$$=\frac{32\sqrt{2}}{15}\pi$$

練習 153　(1)　曲線 $C:\sqrt{x}+\sqrt{y}=1$ の2端点をA，Bとする。　〔類 芝浦工大〕

　(ア)　C はある直線 ℓ に関して対称である。ℓ の方程式を求めよ。

　(イ)　C と線分ABとで囲まれる図形を ℓ の周りに1回転させてできる立体の体積 V を求めよ。

(2)　関数 $f(x)=\lim_{n\to\infty}\dfrac{x^{2n+1}+x^5+x^3}{x^{2n}+x^2+1}$ について　〔信州大〕

　(ア)　関数 $y=f(x)$ のグラフをかけ。

　(イ)　点 $(-1,\ -1)$ と点 $(1,\ 1)$ を結ぶ線分と $y=f(x)$ のグラフで囲まれる部分を，直線 $y=x$ の周りに回転させてできる回転体の体積を求めよ。

➡ p. 557 演習 **64**

一般の直線の周りの回転体の体積

例題 153 に関しては，次のようにして回転体の体積を求めることもできる。

別解 **1. x 軸に垂直な断面に注目して定積分にもち込む。**
(傘型分割による体積計算)

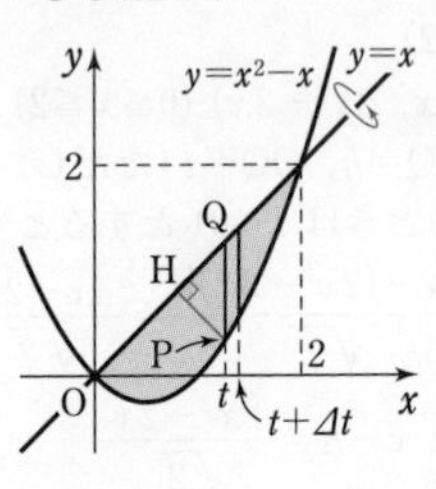
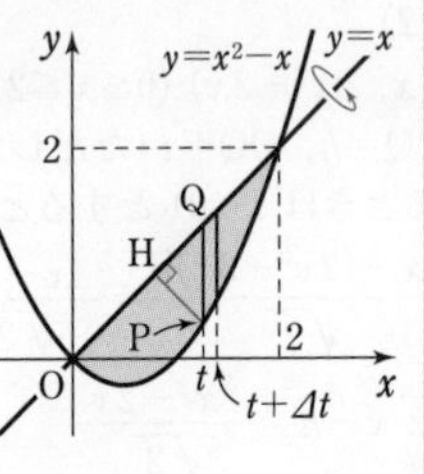

$0 \leqq t \leqq 2$ とする。連立不等式 $0 \leqq x \leqq t$，$x^2 - x \leqq y \leqq x$ で表される領域を，直線 $y=x$ の周りに 1 回転させてできる回転体の体積を $V(t)$ とし，
$\Delta V = V(t+\Delta t) - V(t)$ とする。
右の図のように点 P，Q，H をとると

$$PQ = t - (t^2 - t) = 2t - t^2,\ PH = \frac{PQ}{\sqrt{2}} = \frac{2t - t^2}{\sqrt{2}}$$

$\Delta t > 0$ のとき，Δt が十分小さいとすると

$$\Delta V \fallingdotseq \frac{1}{2} \cdot PQ \cdot 2\pi PH \cdot \Delta t$$ ◀ 右の図参照。

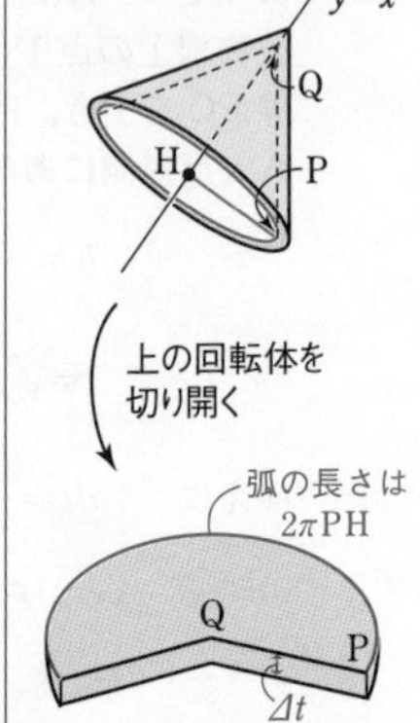

ゆえに $\quad \dfrac{\Delta V}{\Delta t} \fallingdotseq \dfrac{\pi}{\sqrt{2}}(2t - t^2)^2 \quad \cdots\cdots$ ①　　$\Delta t < 0$ のときも ① は成り立つ。

$\Delta t \longrightarrow 0$ のとき，① の両辺の差は 0 に近づくから　$V'(t) = \lim\limits_{\Delta t \to 0} \dfrac{\Delta V}{\Delta t} = \dfrac{\pi}{\sqrt{2}}(2t - t^2)^2$

よって　$V = V(2) = \displaystyle\int_0^2 \frac{\pi}{\sqrt{2}}(2t - t^2)^2 dt$　(以後の計算は省略)

別解 **2. 原点の周りの回転移動を利用する。** つまり，放物線 $y = x^2 - x$ を原点の周りに $-\dfrac{\pi}{4}$ だけ回転させ，x 軸の周りの回転体の体積に帰着させる。

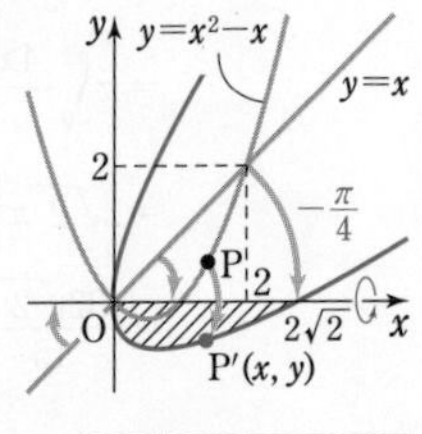

放物線 $y = x^2 - x$ 上の点 $P(t,\ t^2 - t)$ $(0 \leqq t \leqq 2)$ を原点の周りに $-\dfrac{\pi}{4}$ だけ回転させた点の座標を $P'(x,\ y)$ とすると，

$$x + yi = \left\{\cos\left(-\frac{\pi}{4}\right) + i\sin\left(-\frac{\pi}{4}\right)\right\}\{t + (t^2 - t)i\}$$

が成り立つから　$x = \dfrac{t^2}{\sqrt{2}},\ y = \dfrac{t^2 - 2t}{\sqrt{2}}$

◀ $dx = \sqrt{2}\,t\,dt$
以後は例題 153 解答 と同様。

x	$0 \longrightarrow 2\sqrt{2}$
t	$0 \longrightarrow 2$

ゆえに　$V = \pi \displaystyle\int_0^{2\sqrt{2}} y^2 dx = \pi \int_0^2 \left(\frac{t^2 - 2t}{\sqrt{2}}\right)^2 \sqrt{2}\,t\,dt$

一般に，直線 $y = mx + n$ を回転軸とする回転体の体積について，次のことが成り立つ (証明は解答編 $p.416$ 参照)。

$a \leqq x \leqq b$ のとき，$f(x) \geqq mx + n$，$\tan\theta = m$ とする。曲線 $y = f(x)$ と直線 $y = mx + n$，$x = a$，$x = b$ で囲まれた部分を直線 $y = mx + n$ の周りに 1 回転させてできる立体の体積は

$$\boldsymbol{V = \pi\cos\theta \int_a^b \{f(x) - (mx + n)\}^2 dx} \quad \left(0 < \theta < \frac{\pi}{2}\right)$$

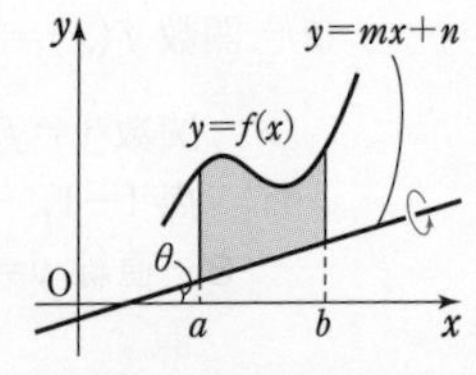

例題 154 極方程式と回転体の体積 ★★★☆☆

xy 平面上で原点を極，x 軸の正の部分を始線とする極座標に関して，極方程式 $r=2+\cos\theta$ $(0\leqq\theta\leqq\pi)$ により表される曲線を C とする。C と x 軸とで囲まれた図形を x 軸の周りに1回転させて得られる立体の体積を求めよ。〔京都大〕

◀例題 141

指針 CHART》 体積　グラフをかく

また，極方程式 $r=f(\theta)$ は，$x=r\cos\theta=f(\theta)\cos\theta$，$y=r\sin\theta=f(\theta)\sin\theta$ を用いて，媒介変数表示に直し **置換積分** にもち込む。

解答 $x=r\cos\theta=(2+\cos\theta)\cos\theta$，$y=r\sin\theta=(2+\cos\theta)\sin\theta$

$\theta=0$ のとき　$x=3$，　$\theta=\pi$ のとき　$x=-1$

$0\leqq\theta\leqq\pi$ において　$y\geqq0$

また　$\dfrac{dx}{d\theta}=-\sin\theta\cos\theta-2\sin\theta-\cos\theta\sin\theta$

$=-2\sin\theta(1+\cos\theta)$

$0<\theta<\pi$ のとき，$\dfrac{dx}{d\theta}<0$ であるから，θ に対して x は単調に減少する。

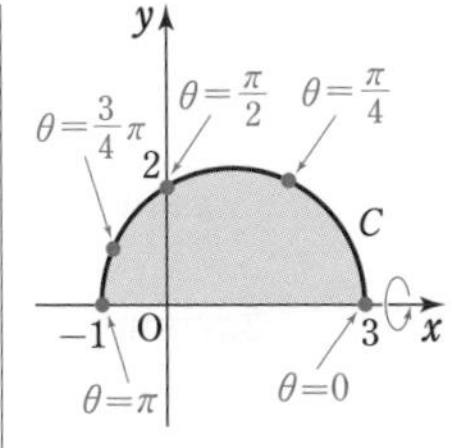

◀ x と y が1対1に対応していることを確認する（$p.514$ 注意 参照）。

求める体積を V とすると

$$V=\pi\int_{-1}^{3}y^2dx$$
$$=\pi\int_{\pi}^{0}(2+\cos\theta)^2\sin^2\theta(-2\sin\theta)(1+\cos\theta)d\theta$$
$$=2\pi\int_{\pi}^{0}(2+\cos\theta)^2(1-\cos^2\theta)(1+\cos\theta)(-\sin\theta)d\theta$$

$\cos\theta=t$ とおくと　$-\sin\theta d\theta=dt$

また，θ と t の対応は右のようになるから

θ	$\pi\longrightarrow0$
t	$-1\longrightarrow1$

$$V=2\pi\int_{-1}^{1}(2+t)^2(1-t^2)(1+t)dt$$
$$=2\pi\int_{-1}^{1}(4+8t+t^2-7t^3-5t^4-t^5)dt$$
$$=4\pi\int_{0}^{1}(4+t^2-5t^4)dt=4\pi\left[4t+\frac{1}{3}t^3-t^5\right]_0^1=\boldsymbol{\frac{40}{3}\pi}$$

練習 154 xy 平面上で原点を極，x 軸の正の部分を始線とする極座標を $(r,\ \theta)$ とする。方程式 $r=\dfrac{1}{1+a\cos\theta}$ について　〔大阪女子大〕

(1) この方程式は $a=\pm1$ ならば放物線，$|a|<1$ ならば楕円を表すことを示せ。

(2) 上の方程式が表す曲線と y 軸は a の値に関係なく $y=\pm1$ で交わることを示せ。

(3) $|a|<1$ のとき，楕円の第1象限にある部分および x 軸，y 軸で囲まれる図形を D とする。図形 D を x 軸の周りに回転させてできる立体の体積を求めよ。

重要例題 155 体積の最大・最小 ★★★★☆

$0 \leqq \alpha \leqq \dfrac{\pi}{2}$ とする。連立不等式 $0 \leqq x \leqq \dfrac{\pi}{2}$, $(y-\sin\alpha)(y-\sin x) \leqq 0$ の表す領域 Dを x 軸の周りに1回転させてできる回転体の体積をVとする。Vの最大値と最小値を求めよ。

〔類 同志社大〕 ◀例題69, 147

指針 グラフをかいて，Vをαで表す。そして，次の方針でいく。

CHART》 最大・最小　極値 と 端の値 を比較

解答 領域Dは，右の図の斜線部分のようになるから

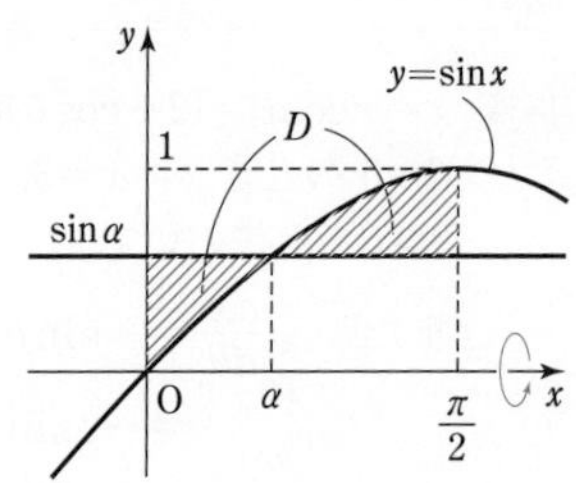

$$V=\pi\sin^2\alpha\cdot\alpha-\pi\int_0^{\alpha}\sin^2 x\,dx+\pi\int_{\alpha}^{\frac{\pi}{2}}\sin^2 x\,dx$$
$$-\pi\sin^2\alpha\cdot\left(\frac{\pi}{2}-\alpha\right)$$
$$=2\pi\alpha\sin^2\alpha-\frac{\pi^2}{2}\sin^2\alpha-\pi\int_0^{\alpha}\frac{1-\cos 2x}{2}dx$$
$$+\pi\int_{\alpha}^{\frac{\pi}{2}}\frac{1-\cos 2x}{2}dx$$
$$=2\pi\alpha\sin^2\alpha-\frac{\pi^2}{2}\sin^2\alpha-\frac{\pi}{2}\left[x-\frac{1}{2}\sin 2x\right]_0^{\alpha}+\frac{\pi}{2}\left[x-\frac{1}{2}\sin 2x\right]_{\alpha}^{\frac{\pi}{2}}$$
$$=\pi\left\{\left(2\alpha-\frac{\pi}{2}\right)\sin^2\alpha+\frac{1}{2}\sin 2\alpha-\alpha+\frac{\pi}{4}\right\}$$

これを，$f(\alpha)$ とすると

$$f'(\alpha)=\pi\left\{2\sin^2\alpha+\left(2\alpha-\frac{\pi}{2}\right)\cdot 2\sin\alpha\cos\alpha+\cos 2\alpha-1\right\}$$
$$=\pi\left(2\alpha-\frac{\pi}{2}\right)\sin 2\alpha$$

$0<\alpha<\dfrac{\pi}{2}$ において，$f'(\alpha)=0$ とすると　$\alpha=\dfrac{\pi}{4}$

$0 \leqq \alpha \leqq \dfrac{\pi}{2}$ における $f(\alpha)$ の増減表は右のようになる。

α	0	$\cdots$	$\frac{\pi}{4}$	$\cdots$	$\frac{\pi}{2}$
$f'(\alpha)$		$-$	0	$+$	
$f(\alpha)$	$\frac{\pi^2}{4}$	↘	$\frac{\pi}{2}$	↗	$\frac{\pi^2}{4}$

したがって，Vは

$\alpha=0$, $\dfrac{\pi}{2}$ で最大値 $\dfrac{\pi^2}{4}$,

$\alpha=\dfrac{\pi}{4}$ で最小値 $\dfrac{\pi}{2}$ をとる。

練習 155 a, b を正の数とする。楕円 $\dfrac{x^2}{a^2}+\dfrac{y^2}{b^2}=1$ で囲まれた図形を直線 $x=2a$ の周りに1回転させてできる立体の体積をVとおく。a, b が $a^2+b^2=1$ という関係を満たしながら動くとき，Vの最大値を求めよ。 〔類 茨城大〕

例題 156 連立不等式で表される立体の体積 ★★★☆☆

xyz 空間において，連立不等式

$$0 \leqq x \leqq 1,\ 0 \leqq y \leqq 1,\ 0 \leqq z \leqq 1,\ x^2+y^2+z^2-2xy-1 \geqq 0$$

の表す立体を考える。

(1) この立体を平面 $z=t$ で切ったときの断面を xy 平面に図示し，この断面の面積 $S(t)$ を求めよ。

(2) この立体の体積を求めよ。 〔北海道大〕

指針 各不等式が表す領域の共通部分を考えることになるが，$x^2+y^2+z^2-2xy-1 \geqq 0$ の表す領域がどんな立体になるかはわからない。
しかし，求められているのは立体の形状ではなく体積であり，断面積が求められれば体積の計算はできる。そこで

CHART》 イメージしにくい立体の体積　断面積のみを考える

(1) 平面 $z=t$ で切った断面を表す連立不等式は

$$0 \leqq x \leqq 1,\ 0 \leqq y \leqq 1,\ x^2+y^2+t^2-2xy-1 \geqq 0$$

(2) (1) で求めた断面積を利用する。

解答 (1) $0 \leqq z \leqq 1$ であるから　$0 \leqq t \leqq 1$

$x^2+y^2+z^2-2xy-1 \geqq 0$ において，$z=t$ とすると

$$x^2+y^2+t^2-2xy-1 \geqq 0$$

よって　$(y-x)^2 \geqq 1-t^2$

すなわち　$y-x \leqq -\sqrt{1-t^2}$ または $\sqrt{1-t^2} \leqq y-x$

ゆえに　$y \leqq x-\sqrt{1-t^2}$ または $y \geqq x+\sqrt{1-t^2}$

よって，平面 $z=t$ で切ったときの断面は，**右の図の斜線部分** である。ただし，**境界線を含む**。

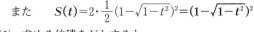

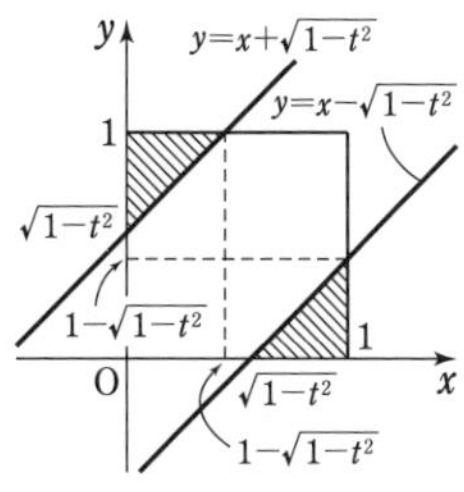

また　$S(t)=2\cdot\dfrac{1}{2}(1-\sqrt{1-t^2})^2=\boldsymbol{(1-\sqrt{1-t^2})^2}$

(2) 求める体積を V とすると

$$V=\int_0^1 S(t)\,dt=\int_0^1 (1-\sqrt{1-t^2})^2\,dt$$

$$=\int_0^1 (2-t^2-2\sqrt{1-t^2})\,dt$$

$$=\left[2t-\frac{t^3}{3}\right]_0^1-2\int_0^1\sqrt{1-t^2}\,dt$$

$\displaystyle\int_0^1\sqrt{1-t^2}\,dt$ は半径が 1 の四分円の面積を表すから

$$V=2-\frac{1}{3}-2\cdot\frac{1}{4}\cdot\pi\cdot 1^2=\boldsymbol{\frac{5}{3}-\frac{\pi}{2}}$$

◀ $t=\sin\theta$ の置換積分法より，図形的意味を考えた方が早い。($p.465$ 参照)

練習 156 r を正の実数とする。xyz 空間において

$$x^2+y^2 \leqq r^2,\ y^2+z^2 \geqq r^2,\ z^2+x^2 \leqq r^2$$

を満たす点全体からなる立体の体積を求めよ。 〔東京大〕

重要例題 157 共通部分の体積 ★★★★☆

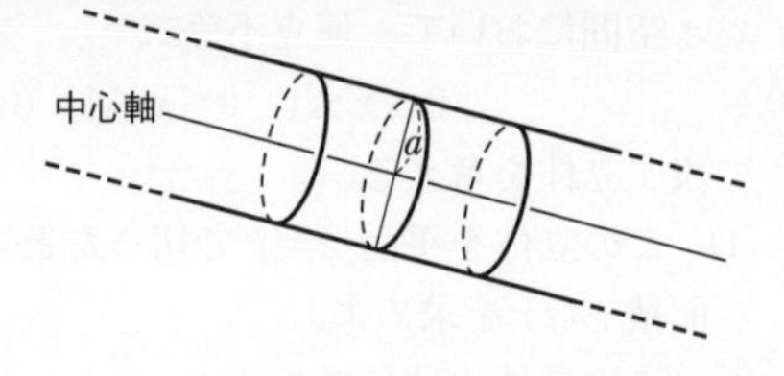

両側に無限に伸びた直円柱で，切り口が半径 a の円になっているものが 2 つあり，これらの直円柱は中心軸どうしが角 α $(0<\alpha<\pi)$ をなすように交わっている。

(1) 交わっている部分（共通部分）の体積を求めよ。

(2) 共通部分の体積が最小になるときの角 α を求めよ。 〔類 日本女子大〕

◀例題 156

指針 例題 156 と同様に，立体の形状はイメージしにくいので断面のみを考える。

CHART》 イメージしにくい立体の体積　断面積のみを考える

直円柱を，その中心線と平行な平面で切ったときの断面は幅が一定の帯になるから，同じ平面上でそれらの共通部分を考える。

解答 (1) 2 つの中心軸が作る平面からの距離が t である平面による切断面を考える。

幅が $2\sqrt{a^2-t^2}$ の帯が角 α で交わっているから，その共通部分は 1 辺の長さ $\dfrac{2\sqrt{a^2-t^2}}{\sin\alpha}$ のひし形であり，その面積は

$$\left(\frac{2\sqrt{a^2-t^2}}{\sin\alpha}\right)^2\sin\alpha=\frac{4(a^2-t^2)}{\sin\alpha}$$

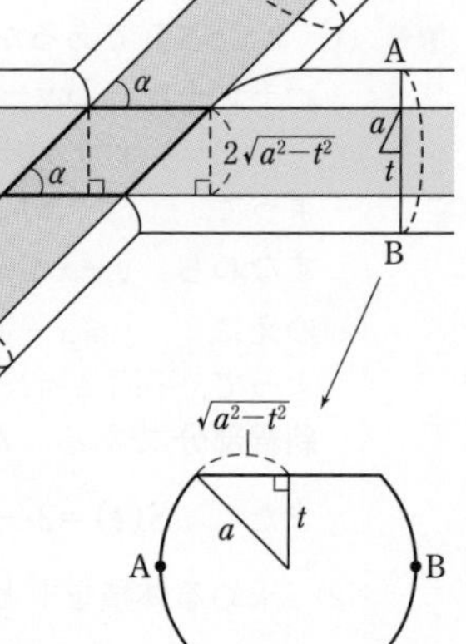

よって，求める体積を V とすると

$$V=2\int_0^a\frac{4(a^2-t^2)}{\sin\alpha}dt=\frac{8}{\sin\alpha}\left[a^2t-\frac{t^3}{3}\right]_0^a=\boldsymbol{\frac{16a^3}{3\sin\alpha}}$$

(2) $0<\alpha<\pi$ であるから　　$0<\sin\alpha\leqq1$

よって　　$\dfrac{1}{\sin\alpha}\geqq1$　　ゆえに　　$V\geqq\dfrac{16}{3}a^3$

よって，体積が最小になるときの α は，$\sin\alpha=1$ から　　$\boldsymbol{\alpha=\frac{\pi}{2}}$

練習 157 座標空間において，xy 平面内で不等式 $|x|\leqq1$，$|y|\leqq1$ により定まる正方形 S の 4 つの頂点を $A(-1,\ 1,\ 0)$，$B(1,\ 1,\ 0)$，$C(1,\ -1,\ 0)$，$D(-1,\ -1,\ 0)$ とする。正方形 S を，直線 BD を軸として回転させてできる立体を V_1，直線 AC を軸として回転させてできる立体を V_2 とする。

(1) $0\leqq t<1$ を満たす実数 t に対し，平面 $x=t$ による V_1 の切り口の面積を求めよ。

(2) V_1 と V_2 の共通部分の体積を求めよ。 〔東京大〕

重要例題 158 座標空間における回転体の体積 (1) ★★★★☆

a, b を正の実数とする。座標空間内の 2 点 A$(0,\ a,\ 0)$, B$(1,\ 0,\ b)$ を通る直線を ℓ とし，直線 ℓ を x 軸の周りに 1 回転させて得られる図形を M とする。

(1) x 座標の値が t であるような直線 ℓ 上の点Pの座標を求めよ。

(2) 図形 M と 2 つの平面 $x=0$ と $x=1$ で囲まれた立体の体積を求めよ。

〔類 北海道大〕

指針 回転軸に対してねじれの位置にある直線を回転させると，右の図のような曲面ができるが，この形状がわからなくても解ける。

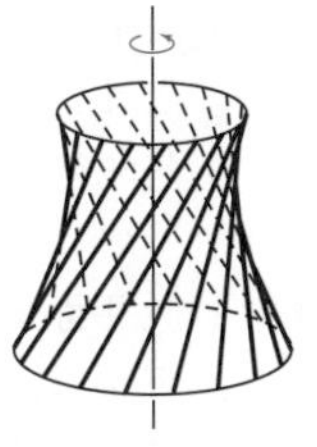

CHART 》 イメージしにくい立体の体積
断面積のみを考える

x 軸に垂直な平面 $x=t$ で直線 ℓ を切ったときの切り口が点Pであり，点Pを x 軸の周りに 1 回転した円が立体の断面となる。

参考 回転軸に対してねじれの位置にある直線を回転させてできる曲面を **一葉双曲面** という。

解答 (1) 直線 ℓ 上の点Cは，Oを原点，s を実数として，

$\overrightarrow{\mathrm{OC}}=\overrightarrow{\mathrm{OA}}+s\overrightarrow{\mathrm{AB}}$ と表され

$$\overrightarrow{\mathrm{OC}}=(0,\ a,\ 0)+s(1,\ -a,\ b)$$
$$=(s,\ a(1-s),\ bs)$$

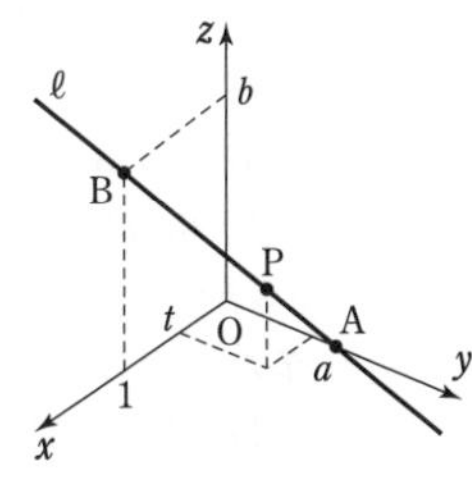

よって，x 座標が t である点Pの座標は，$s=t$ として

$$\mathbf{P}(t,\ a(1-t),\ bt)$$

(2) 図形 M を平面 $x=t$ で切ったときの断面は，

中心が点 $(t,\ 0,\ 0)$,

半径 $\sqrt{a^2(1-t)^2+b^2t^2}$ の円

である。

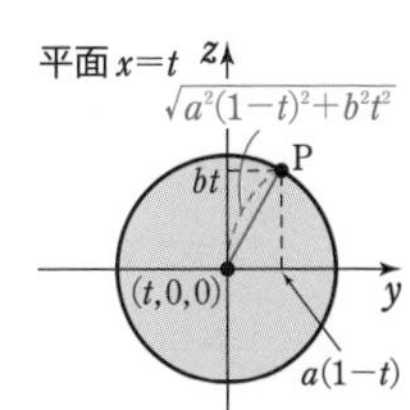

ゆえに，その断面積を $S(t)$ とすると

$$S(t)=\pi\{a^2(1-t)^2+b^2t^2\}$$

よって，求める体積を V とすると

$$V=\int_0^1 S(t)dt=\pi\int_0^1\{a^2(1-t)^2+b^2t^2\}dt$$
$$=\pi\left[-a^2\cdot\frac{(1-t)^3}{3}+b^2\cdot\frac{t^3}{3}\right]_0^1$$
$$=\boldsymbol{\frac{\pi}{3}(a^2+b^2)}$$

練習 158 xyz 空間において，2 点 P$(1,\ 0,\ 1)$, Q$(-1,\ 1,\ 0)$ を考える。線分 PQ を x 軸の周りに 1 回転させて得られる立体を S とする。立体 S と，2 つの平面 $x=1$ および $x=-1$ で囲まれる立体の体積を求めよ。

〔類 早稲田大〕

重要例題 159 座標空間における回転体の体積 (2) ★★★★★

xyz 空間に 3 点 P$(1,\ 1,\ 0)$, Q$(-1,\ 1,\ 0)$, R$(-1,\ 1,\ 2)$ をとる。〔神戸大〕

(1) t を $0 \leqq t < 2$ を満たす実数とするとき，平面 $z=t$ と △PQR の交わりに現れる線分の 2 つの端点の座標を求めよ。

(2) △PQR を z 軸の周りに回転させて得られる立体の体積 V を求めよ。 ◀例題 158

指針 CHART》 イメージしにくい立体の体積　断面積のみを考える

(2) (1)の線分を z 軸の周りに 1 回転してできる図形は 2 つの同心円の間の部分であり，これが求める立体の断面となる。線分上で z 軸から最も近い点が内側の円を描くことになるが，そのような点が t の値によって変わることに注意する。

解答 (1) 平面 $z=t$ と辺 PR, QR との交点をそれぞれ A, B とすると，辺 QR は z 軸と平行であるから　**B$(-1,\ 1,\ t)$**

また，PQ=QR=2, ∠PQR=90° であるから

AB=RB=$2-t$

ゆえに，点Aの x 座標は　$-1+(2-t)=1-t$

よって　**A$(1-t,\ 1,\ t)$**

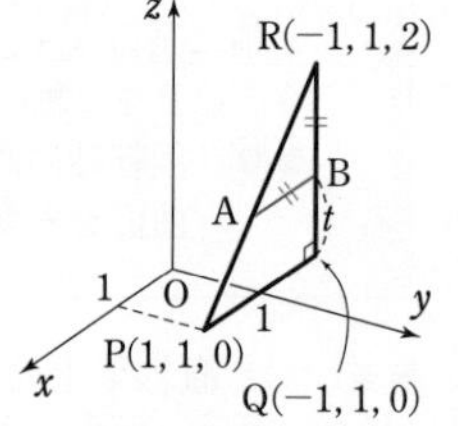

(2) 線分 AB を，平面 $z=t$ 上で z 軸の周りに 1 回転した図形の面積を $S(t)$ とする。

C$(0,\ 0,\ t)$ とすると　$\text{AC}=\sqrt{(1-t)^2+1}$, $\text{BC}=\sqrt{2}$

$0 \leqq t < 2$ において　$1 \leqq \text{AC} \leqq \sqrt{2} = \text{BC}$

また，点Cから直線 AB に垂線 CH を引くと　CH=1

点Hが線分 AB 上にあるのは，$0 \leqq 1-t \leqq 1$ すなわち $0 \leqq t \leqq 1$ のときである。

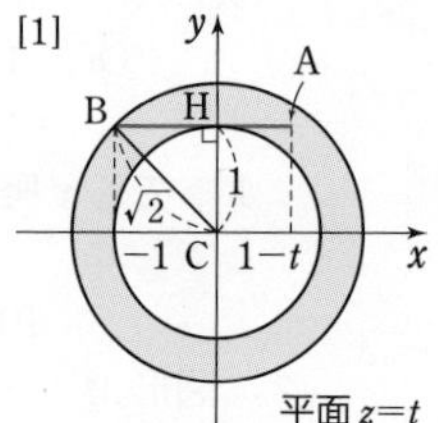

[1] $0 \leqq t \leqq 1$ のとき

$S(t)=\pi\cdot\text{BC}^2-\pi\cdot\text{CH}^2=\pi\cdot 2-\pi\cdot 1=\pi$

[2] $1 \leqq t < 2$ のとき

$S(t)=\pi\cdot\text{BC}^2-\pi\cdot\text{AC}^2=\pi\cdot 2-\pi\{(1-t)^2+1\}$

$=(-t^2+2t)\pi$

$t=2$ のとき　$S(2)=0$　これは [2] に含めてよい。

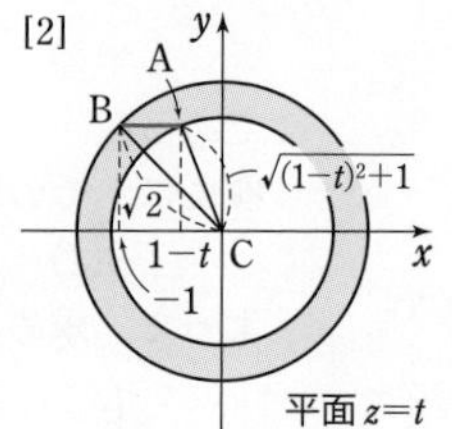

$$V=\pi\int_0^1 dt+\pi\int_1^2(-t^2+2t)\,dt=\pi+\pi\left[-\frac{t^3}{3}+t^2\right]_1^2=\boldsymbol{\frac{5}{3}\pi}$$

練習 159 xyz 空間において，点 A$(1,\ 0,\ 0)$, B$(0,\ 1,\ 0)$, C$(0,\ 0,\ 1)$ を通る平面上にあり，正三角形 ABC に内接する円板を D とする。円板 D の中心を P，円板 D と辺 AB の接点を Q とする。〔筑波大〕

(1) 点 P と点 Q の座標を求めよ。

(2) 円板 D が平面 $z=t$ と共有点をもつ t の値の範囲を求めよ。

(3) 円板 D と平面 $z=t$ の共通部分が線分であるとき，その線分の長さを t を用いて表せ。

(4) 円板 D を z 軸の周りに 1 回転させてできる立体の体積を求めよ。

重要例題 160 通過領域の面積，体積 ★★★★☆

(1) 平面で，半径 r ($r \leqq 1$) の円の中心が，辺の長さが 4 の正方形の辺上を 1 周するとき，この円が通過する部分の面積 $S(r)$ を求めよ。

(2) 空間で，半径 1 の球の中心が，辺の長さが 4 の正方形の辺上を 1 周するとき，この球が通過する部分の体積 V を求めよ。

〔類 滋賀医大〕

指針 (1) では半径 r の円が動く。(2) では半径 1 の球が動く。…… **(1) は (2) のヒント**

(2) **CHART》 体積　断面積をつかむ**

正方形を xy 平面上におき，立体の平面 $z=t$ $(-1 \leqq t \leqq 1)$ による切断面の面積を t の式で表せばよい。切断面は，球を切断した円が通過してできる図形である。
⟶ (1) の結果が利用できる。

解答 (1) 円が通過する部分は右の図のようになる。
4 つの角の四分円は合わせて 1 つの円になる。
したがって

$$S(r)=4^2-(4-2r)^2+4\cdot 4r+\pi r^2$$
$$=\mathbf{32r+(\pi-4)r^2}$$

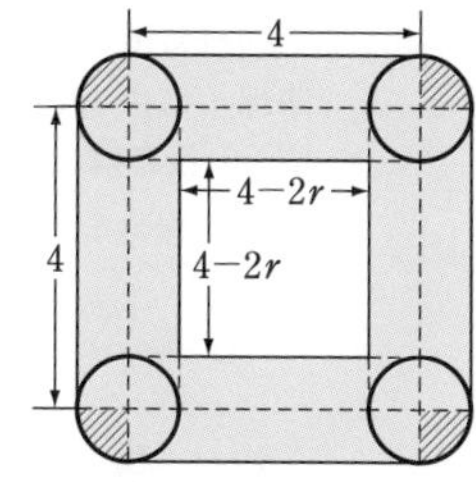

(2) 正方形を xy 平面上に置いて，球が通過する部分を平面 $z=t$ $(-1 \leqq t \leqq 1)$ で切ったときの断面積を $f(t)$ とする。
角の球の切断面の半径を r とすると，$t^2+r^2=1$ であるから，$f(t)$ は (1) の結果の式において

$$r=\sqrt{1-t^2} \quad (-1 \leqq t \leqq 1)$$

としたものである。

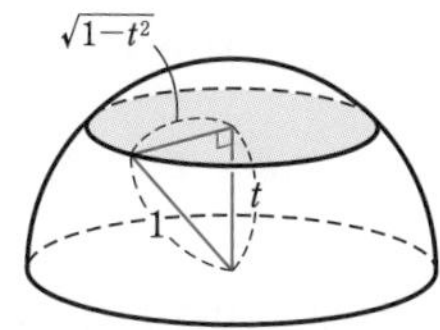

$f(-t)=f(t)$ であるから，求める体積 V は

$$V=\int_{-1}^{1} f(t)dt=2\int_0^1 f(t)dt$$
$$=2\int_0^1 \{32\sqrt{1-t^2}+(\pi-4)(1-t^2)\}dt$$
$$=64\int_0^1 \sqrt{1-t^2}\,dt+2(\pi-4)\int_0^1 (1-t^2)dt$$
$$=64\cdot\frac{\pi}{4}+2(\pi-4)\left[t-\frac{t^3}{3}\right]_0^1$$
$$=\mathbf{\frac{52\pi-16}{3}}$$

◀ $\int_0^1 \sqrt{1-t^2}\,dt$ は半径 1 の四分円の面積に等しい。

練習 160 座標空間内の点 A(0, 0, 2) と点 B(1, 0, 1) を結ぶ線分 AB を z 軸の周りに 1 回転させて得られる曲面を S とする。S 上の点 P と xy 平面上の点 Q が PQ=2 を満たしながら動くとき，線分 PQ の中点 M が通過しうる範囲を K とする。K の体積を求めよ。

〔東京大〕

➡ p. 557 演習 65

30 曲線の長さ

《 基本事項 》

1 媒介変数表示の曲線の長さ

面積や体積はそれを表す量の導関数を考え，その定積分として求めた。曲線の長さについても同じように考える。

> 曲線 $x=f(t)$，$y=g(t)$ $(\alpha \leqq t \leqq \beta)$ の長さ L は
>
> $$L=\int_{\alpha}^{\beta}\sqrt{\left(\frac{dx}{dt}\right)^2+\left(\frac{dy}{dt}\right)^2}\,dt=\int_{\alpha}^{\beta}\sqrt{\{f'(t)\}^2+\{g'(t)\}^2}\,dt$$

証明　曲線 $x=f(t)$，$y=g(t)$ $(\alpha \leqq t \leqq \beta)$ 上の 2 点 $\mathrm{A}(f(\alpha),\ g(\alpha))$，$\mathrm{P}(f(t),\ g(t))$ 間の弧 AP の長さを $s(t)$ で表す。

t の増分を Δt とすると $\Delta s=s(t+\Delta t)-s(t)$ は Δt と同符号である。

曲線上に点 $\mathrm{Q}(f(t+\Delta t),\ g(t+\Delta t))$ をとると，弧 PQ の長さは $|\Delta s|$ に等しい。

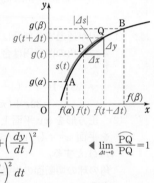

一方，線分 PQ の長さは $\sqrt{|\Delta x|^2+|\Delta y|^2}$ であり

$$\frac{\Delta s}{\Delta t}=\frac{|\Delta s|}{\mathrm{PQ}}\cdot\frac{\mathrm{PQ}}{|\Delta t|}=\frac{\widehat{\mathrm{PQ}}}{\mathrm{PQ}}\sqrt{\left(\frac{\Delta x}{\Delta t}\right)^2+\left(\frac{\Delta y}{\Delta t}\right)^2}$$

$$s'(t)=\lim_{\Delta t\to 0}\frac{\Delta s}{\Delta t}=\lim_{\Delta t\to 0}\sqrt{\left(\frac{\Delta x}{\Delta t}\right)^2+\left(\frac{\Delta y}{\Delta t}\right)^2}=\sqrt{\left(\frac{dx}{dt}\right)^2+\left(\frac{dy}{dt}\right)^2}$$

◀ $\displaystyle\lim_{\Delta t\to 0}\frac{\widehat{\mathrm{PQ}}}{\mathrm{PQ}}=1$

したがって，$s(\alpha)=0$ から　$s(t)=\displaystyle\int_{\alpha}^{t}\sqrt{\left(\frac{dx}{dt}\right)^2+\left(\frac{dy}{dt}\right)^2}\,dt$

よって，曲線の長さ L は　$L=\displaystyle\int_{\alpha}^{\beta}\sqrt{\left(\frac{dx}{dt}\right)^2+\left(\frac{dy}{dt}\right)^2}\,dt$

2 曲線 $y=f(x)$ の長さ

$y=f(x)$ を $x=t$，$y=f(t)$ と考えて，次の公式が得られる。

> 曲線 $y=f(x)$ $(a \leqq x \leqq b)$ の長さ L は
>
> $$L=\int_{a}^{b}\sqrt{1+\left(\frac{dy}{dx}\right)^2}\,dx=\int_{a}^{b}\sqrt{1+\{f'(x)\}^2}\,dx$$

注意　L を計算するためには $\sqrt{\quad}$ の形の定積分の計算が必要となるが，ごく簡単な曲線，例えば放物線 $y=x^2$ についても $\sqrt{1+(2x)^2}$ の積分の計算はそうやさしくはない（$2x=\tan\theta$ の置換積分）。そこで，実際に扱われるものはごく特殊な曲線に限られる。

CHECK 問題

16 曲線 $x=\sqrt{3}\,t^2-1$，$y=t^3-t$ $\left(0 \leqq t \leqq \dfrac{1}{\sqrt{3}}\right)$ の長さを求めよ。 → 1

例題 161 | 曲線の長さ(1) ★★☆☆☆

次の曲線の長さLを求めよ。

(1) $\begin{cases} x=e^{-t}\cos t \\ y=e^{-t}\sin t \end{cases}$ $\left(0\leqq t\leqq\dfrac{\pi}{2}\right)$　　(2) $y=\log(1-x^2)$ $\left(0\leqq x\leqq\dfrac{1}{2}\right)$

指針 公式 (1) $\boldsymbol{L=\int_{\alpha}^{\beta}\sqrt{\left(\dfrac{dx}{dt}\right)^2+\left(\dfrac{dy}{dt}\right)^2}\,dt}$　(2) $\boldsymbol{L=\int_{a}^{b}\sqrt{1+\left(\dfrac{dy}{dx}\right)^2}\,dx}$

を用いて計算する。

解答 (1) $\dfrac{dx}{dt}=-e^{-t}\cos t-e^{-t}\sin t$, $\dfrac{dy}{dt}=-e^{-t}\sin t+e^{-t}\cos t$

よって　$\left(\dfrac{dx}{dt}\right)^2+\left(\dfrac{dy}{dt}\right)^2=(e^{-t})^2\{(\cos t+\sin t)^2+(-\sin t+\cos t)^2\}$

$$=2e^{-2t}$$

ゆえに　$L=\displaystyle\int_0^{\frac{\pi}{2}}\sqrt{2e^{-2t}}\,dt=\sqrt{2}\int_0^{\frac{\pi}{2}}e^{-t}dt=\sqrt{2}\Big[-e^{-t}\Big]_0^{\frac{\pi}{2}}$

$$\boldsymbol{=\sqrt{2}\,(1-e^{-\frac{\pi}{2}})}$$

(2) $1+\left(\dfrac{dy}{dx}\right)^2=1+\left(\dfrac{-2x}{1-x^2}\right)^2=\left(\dfrac{1+x^2}{1-x^2}\right)^2$

$0\leqq x\leqq\dfrac{1}{2}$ において $\dfrac{1+x^2}{1-x^2}>0$ であるから

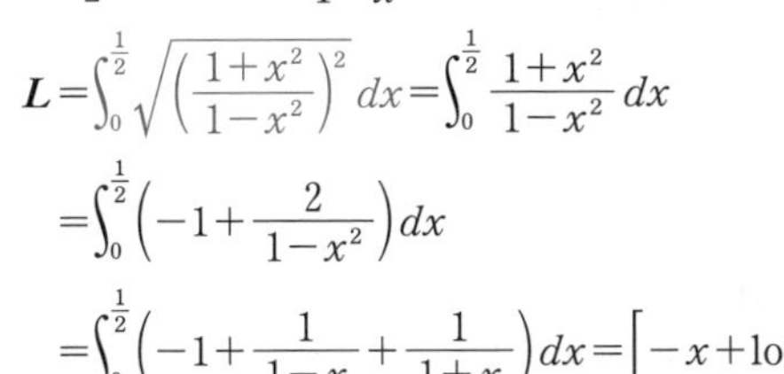

$$L=\int_0^{\frac{1}{2}}\sqrt{\left(\frac{1+x^2}{1-x^2}\right)^2}\,dx=\int_0^{\frac{1}{2}}\frac{1+x^2}{1-x^2}\,dx$$

$$=\int_0^{\frac{1}{2}}\left(-1+\frac{2}{1-x^2}\right)dx$$

$$=\int_0^{\frac{1}{2}}\left(-1+\frac{1}{1-x}+\frac{1}{1+x}\right)dx=\left[-x+\log\frac{1+x}{1-x}\right]_0^{\frac{1}{2}}$$

$$\boldsymbol{=\log 3-\frac{1}{2}}$$

参考 曲線の長さの問題では，数学C第4章「式と曲線」に関連したものがある。例えば，練習161(1)はアステロイド(p. 254 参照)，(2)はサイクロイド(p. 248 参照)の曲線の長さである。

練習 161 次の曲線の長さLを求めよ。(1)，(2)では $a>0$ とする。

(1) $x=a\cos^3 t$, $y=a\sin^3 t$ $(0\leqq t\leqq 2\pi)$

(2) $x=a(t-\sin t)$, $y=a(1-\cos t)$ $(0\leqq t\leqq 2\pi)$

(3) $y=\dfrac{1}{2}(e^x+e^{-x})$ $(-a\leqq x\leqq a)$　　(4) $y=\log(\sin x)$ $\left(\dfrac{\pi}{3}\leqq x\leqq\dfrac{\pi}{2}\right)$

(5) $3y^2=x(x-1)^2$ $(0\leqq x\leqq 1)$　　(6) $r=1+\cos\theta$ $(0\leqq\theta\leqq\pi)$

[(4) 信州大，(5) 名古屋市大，(6) 京都大]

➡ p. 558 演習 67

重要例題 162 曲線の長さ (2) ★★★★☆

円 $C: x^2+y^2=9$ の内側を半径 1 の円 D が滑らずに転がる。時刻 t において D は点 $(3\cos t,\ 3\sin t)$ で C に接している。〔類 早稲田大〕

(1) 時刻 $t=0$ において点 $(3,\ 0)$ にあった D 上の点 P の時刻 t における座標 $(x(t),\ y(t))$ を求めよ。ただし，$0 \leqq t \leqq \dfrac{2}{3}\pi$ とする。

(2) (1) の範囲で点 P の描く曲線の長さを求めよ。 ◀ $p.$ 253 例題 134，$p.$ 543 例題 161

指針 (1) P は D の円周上にあり，D の中心 Q とともに動く。そこで
$\overrightarrow{\mathrm{OP}}=\overrightarrow{\mathrm{OQ}}+\overrightarrow{\mathrm{QP}}$ として，$\overrightarrow{\mathrm{OQ}}$，$\overrightarrow{\mathrm{QP}}$ を t の式で表す。
円 $x^2+y^2=r^2\ (r>0)$ の周上の点 R の座標は $(r\cos t,\ r\sin t)$ で表され，このとき，OR が x 軸の正の向きとなす角は t である。

解答 (1) $\mathrm{A}(3,\ 0)$，$\mathrm{T}(3\cos t,\ 3\sin t)$ とする。
D と C が T で接しているとき，D の中心 Q の座標は $(2\cos t,\ 2\sin t)$ である。また，
$\overset{\frown}{\mathrm{TP}}=\overset{\frown}{\mathrm{TA}}=3t$ であるから，半直線 QP が x 軸の正の向きとなす角は $\quad t-3t=-2t$

よって $\quad \overrightarrow{\mathrm{OP}}=\overrightarrow{\mathrm{OQ}}+\overrightarrow{\mathrm{QP}}$

$$=(2\cos t,\ 2\sin t)+(\cos(-2t),\ \sin(-2t))$$
$$=\boldsymbol{(2\cos t+\cos 2t,\ 2\sin t-\sin 2t)}$$

(2) $x'(t)=-2\sin t-2\sin 2t$
$\qquad =-2\sin t(1+2\cos t)$
$y'(t)=2\cos t-2\cos 2t$

よって $\quad \{x'(t)\}^2+\{y'(t)\}^2$

$$=4(\sin^2 t+2\sin t\sin 2t+\sin^2 2t)$$
$$\quad +4(\cos^2 t-2\cos t\cos 2t+\cos^2 2t)$$
$$=4(2-2\cos 3t)=16\sin^2\frac{3}{2}t$$

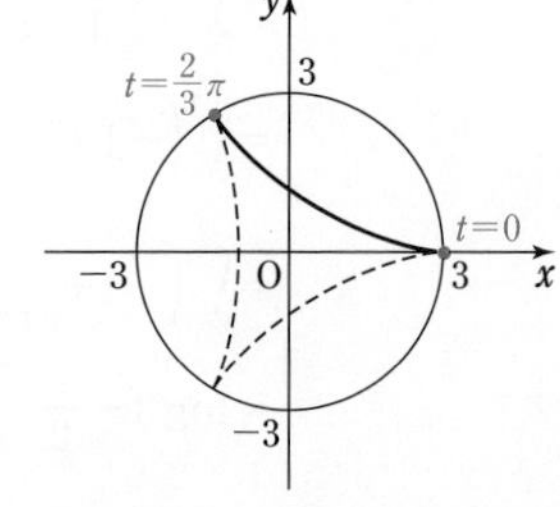

$0 \leqq t \leqq \dfrac{2}{3}\pi$ であるから $\quad \sin\dfrac{3}{2}t \geqq 0$

また $\quad x'(t) \leqq 0$

◀ x 座標が単調に減少するから，点 P が曲線上の同じ部分を 2 度通ることはない。

したがって，求める曲線の長さは

$$\int_0^{\frac{2}{3}\pi} 4\sin\frac{3}{2}t\,dt=4\cdot\frac{2}{3}\left[-\cos\frac{3}{2}t\right]_0^{\frac{2}{3}\pi}=\boldsymbol{\frac{16}{3}}$$

参考 この例題で，点 P が描く図形を **ハイポサイクロイド** という（$p.$ 253 参照）。

練習 162 $a>0$ とする。長さ $2\pi a$ のひもの一方の端が半径 a の円 $x^2+y^2=a^2$ 上の点 $\mathrm{A}(a,\ 0)$ に固定してあり，その円に時計回りに巻きつけてある。このひもをピンと伸ばしながら円からはずしていくとき，ひもの他方の端 P が描く曲線の長さを求めよ。

31 速度と道のり

《 基本事項 》

1 直線上の運動と道のり

数直線上を運動する点Pについて，時刻 t におけるPの座標を $x(t)$，速度を $v(t)$ とすると　　$x'(t)=v(t)$

$t=a$ から $t=b$ までの点Pの位置の変化量は $x(b)-x(a)$ であり，$x(t)$ は $v(t)$ の不定積分であるから $x(b)-x(a)=\int_a^b v(t)dt$ である。これから次の ①，② が得られる。

また，$t=a$ から $t=b$ までにPが実際に通過した距離（**道のり**）は，$|v(t)|$ の定積分で表され，常に $v(t)\geqq 0$ のときは位置の変化量 $x(b)-x(a)$ に一致する。

> 数直線上を運動する点Pの時刻 t における座標を $x(t)$，速度を $v(t)$ とする。
>
> ①　$t=b$ におけるPの座標は　　$\boldsymbol{x(b)=x(a)+\int_a^b v(t)dt}$
>
> ②　$t=a$ から $t=b$ までのPの位置の変化量 s は　　$\boldsymbol{s=\int_a^b v(t)dt}$
>
> ③　$t=a$ から $t=b$ までのPの道のり l は　　$\boldsymbol{l=\int_a^b |v(t)|dt}$

2 平面上の運動と道のり

座標平面上において，点 P$(x,\ y)$ が曲線 C 上を動き，x，y が時刻 t の関数として $x=f(t)$，$y=g(t)$ $(\alpha\leqq t\leqq\beta)$ で与えられるとする。

点Pが時刻 $t=\alpha$ [点A] から $t=\beta$ [点B] まで，曲線 C 上をAからBに向かって動くとき，この間に点Pが通過する道のり l は，AからBまでの曲線 C の長さに等しい。

すなわち　　$l=\int_\alpha^\beta\sqrt{\left(\frac{dx}{dt}\right)^2+\left(\frac{dy}{dt}\right)^2}\,dt$

このとき，$\sqrt{\left(\frac{dx}{dt}\right)^2+\left(\frac{dy}{dt}\right)^2}$ は p. 426 で学んだように，点Pの時刻 t における速度 $\vec{v}$ の大きさ $|\vec{v}|$ を表すから，道のり l は次の式で表される。

> 時刻 $t=\alpha$ から $t=\beta$ までの点Pの道のり l は
>
> $$\boldsymbol{l=\int_\alpha^\beta|\vec{v}|dt=\int_\alpha^\beta\sqrt{\left(\frac{dx}{dt}\right)^2+\left(\frac{dy}{dt}\right)^2}\,dt=\int_\alpha^\beta\sqrt{\{f'(t)\}^2+\{g'(t)\}^2}\,dt}$$

✓ CHECK 問題

17 数直線上を動く点Pの時刻 t における速度が $12-6t$ であるとする。点Pが，時刻 $t=0$ から $t=5$ までの間に動いた道のりを求めよ。 → 1

例 49 直線上の運動 ★★☆☆☆

数直線上で原点から出発し，t 秒後の速度が $v(t)=e^t\sin t$ であるように運動する点Pがある。

(1) 出発してから t 秒後のPの位置を求めよ。

(2) 出発してから 2π 秒の間にPが動く範囲を求めよ。

(3) 出発してから 2π 秒の間にPが動く道のりを求めよ。

指針 (1) 位置 x $\underset{積分}{\overset{微分}{\rightleftarrows}}$ 速度 v $\underset{積分}{\overset{微分}{\rightleftarrows}}$ 加速度 α の関係を用いる。

位置については，次のようにして求める。

(位置)＝(初めの位置)＋(速度の定積分)

└位置の変化量

(2) t 秒後の点Pの位置を $x(t)$ とすると，$0\leqq t\leqq 2\pi$ における $x(t)$ の最大値と最小値の差がPの動く範囲である。

(3) 公式により $\int_0^{2\pi}|v(t)|dt$ で求められるが，(2) の利用が早い。

また，(2) Pの動く範囲，(3) Pの動く道のり の違いを，右の図によって理解しておこう。

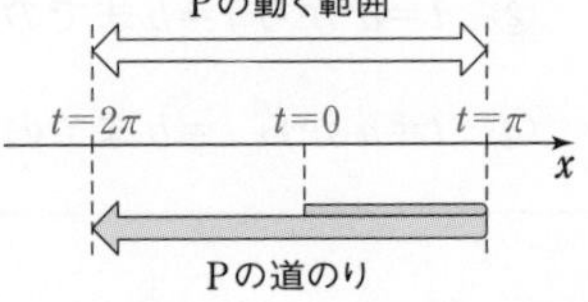

例 50 平面上の運動 ★★☆☆☆

初めは原点にある動点Pの t 秒後の座標 $(x(t),\ y(t))$ が

$$x(t)=e^t\cos t-1,\qquad y(t)=e^t\sin t$$

で与えられるとする。Pが2度目に x 軸の正の部分に到達するまでにPが動く道のりを求めよ。

［早稲田大］

指針 $\mathrm{P}(x(t),\ y(t))$ のとき，$t=t_0$ から $t=t_1$ までにPが動いた道のりは

$$\int_{t_0}^{t_1}\sqrt{\left(\frac{dx}{dt}\right)^2+\left(\frac{dy}{dt}\right)^2}\,dt \longleftarrow \text{速度}\left(\frac{dx}{dt},\ \frac{dy}{dt}\right)\text{の大きさの定積分}$$

これは動点Pが描く曲線の $t=t_0$ から $t=t_1$ までの **弧の長さ** に等しい。

CHART》速度，道のり

1 位置 $\underset{←積分—}{—微分→}$ 速度 $\underset{←積分—}{—微分→}$ 加速度

2 道のり は 絶対値　　平面運動なら弧の長さ

例題 163 | 曲線上を等速で動く点 ★★★★☆

座標平面上を運動する点Pがある。点Pは点 $(0,\ 1)$ を出発して，曲線 $y=\dfrac{e^x+e^{-x}}{2}$ $(x\geqq 0)$ 上を毎秒1の速さで動いている。点Pの t 秒後の座標を $(f(t),\ g(t))$ で表す。$f(t)$，$g(t)$ を求めよ。〔新潟大〕

指針 0秒後から t 秒後までの道のり l を2通りに表して考える。

[1] 毎秒1の速さで動いているから $l=t$

[2] 曲線 $y=\dfrac{e^x+e^{-x}}{2}$ $(x\geqq 0)$ 上を動いているから，点Pの t 秒後の x 座標を p とすると $l=\displaystyle\int_0^p\sqrt{1+\left(\frac{dy}{dx}\right)^2}\,dx$

解答 0秒後から t 秒後までの点Pの道のりを l とする。

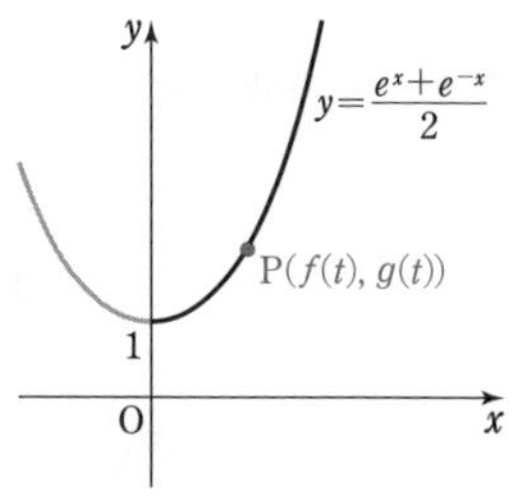

点Pは毎秒1の速さで動いているから

$$l=t \quad \cdots\cdots ①$$

また，点Pの t 秒後の x 座標を p とすると

$$l=\int_0^p\sqrt{1+\left(\frac{dy}{dx}\right)^2}\,dx \quad \cdots\cdots ②$$

ここで，$\dfrac{dy}{dx}=\dfrac{e^x-e^{-x}}{2}$ であるから

$$1+\left(\frac{dy}{dx}\right)^2=1+\left(\frac{e^x-e^{-x}}{2}\right)^2=\left(\frac{e^x+e^{-x}}{2}\right)^2$$

◀ $1+\left(\dfrac{e^x-e^{-x}}{2}\right)^2=\dfrac{4+e^{2x}-2+e^{-2x}}{4}=\dfrac{e^{2x}+2+e^{-2x}}{4}$

ゆえに，② から

$$l=\int_0^p\frac{e^x+e^{-x}}{2}\,dx=\left[\frac{e^x-e^{-x}}{2}\right]_0^p=\frac{e^p-e^{-p}}{2}$$

よって，① から $\dfrac{e^p-e^{-p}}{2}=t$

ゆえに $(e^p)^2-2te^p-1=0$

よって $e^p=t\pm\sqrt{t^2+1}$

$e^p>0$ であるから $e^p=t+\sqrt{t^2+1}$

ゆえに $p=\log(t+\sqrt{t^2+1})$

また，$e^{-p}=\sqrt{t^2+1}-t$ であるから $\dfrac{e^p+e^{-p}}{2}=\sqrt{t^2+1}$

◀ $e^{-p}=\dfrac{1}{\sqrt{t^2+1}+t}$

したがって

$$\boldsymbol{f(t)=\log(t+\sqrt{t^2+1}),\ g(t)=\sqrt{t^2+1}}$$

練習 163 時刻 $t=0$ で xy 平面の原点を出発した点Pが曲線 $y=\log(\cos x)$ $\left(0\leqq x<\dfrac{\pi}{2}\right)$ 上を速さ1で，x 座標が常に増加するように動いている。時刻 $t=\dfrac{1}{2}\log 3$ におけるPの座標およびPの加速度ベクトルの大きさを求めよ。〔京都工繊大〕

重要例題 164 量と積分 ★★★★☆

曲線 $y=e^x$ の $0\leqq x\leqq 2$ の部分を y 軸の周りに1回転してできる容器に，単位時間あたり a（正の定数）の割合で水を注ぐ。水の深さが h のときの水の体積を V，水面の面積を S とする。

(1) $\displaystyle\int(\log y)^2dy$ を求めよ。　　(2) V を S で表せ。

(3) S が π となる瞬間の水面の広がる速さを求めよ。　〔芝浦工大〕

指針 (3) 水面の広がる速さは $\dfrac{dS}{dt}$ であるが，S を t の式で表すのは難しそう。そこで，(2)をヒントにして，$\boldsymbol{\dfrac{dV}{dt}=\dfrac{dV}{dS}\cdot\dfrac{dS}{dt}}$ を利用して求める。

解答 (1) $\displaystyle\int(\log y)^2dy=y(\log y)^2-\int 2\log y\,dy$

$\displaystyle=y(\log y)^2-2\left(y\log y-\int dy\right)$

$\boldsymbol{=y(\log y)^2-2y\log y+2y+C}$

(2) $y=e^x \iff x=\log y$ であるから

$$V=\pi\int_1^{1+h}x^2dy$$
$$=\pi\int_1^{1+h}(\log y)^2dy$$
$$=\pi\Big[y(\log y)^2-2y\log y+2y\Big]_1^{1+h}$$
$$=\pi[(1+h)\{(\log(1+h))^2-2\log(1+h)+2\}-2]$$

また，$S=\pi\{\log(1+h)\}^2$ で，$\log(1+h)>0$ から

$$\log(1+h)=\sqrt{\frac{S}{\pi}}\qquad ゆえに\qquad 1+h=e^{\sqrt{\frac{S}{\pi}}}$$

よって　$\boldsymbol{V=(S-2\sqrt{\pi S}+2\pi)e^{\sqrt{\frac{S}{\pi}}}-2\pi}$

◀ S は半径 $\log(1+h)$ の円。

(3) t 単位時間後の水の体積 V は，$V=at$ であるから　$\dfrac{dV}{dt}=a$ …… ①

(2)から　$\dfrac{dV}{dt}=\dfrac{dV}{dS}\cdot\dfrac{dS}{dt}=\left\{\left(1-\sqrt{\dfrac{\pi}{S}}\right)e^{\sqrt{\frac{S}{\pi}}}+(S-2\sqrt{\pi S}+2\pi)e^{\sqrt{\frac{S}{\pi}}}\cdot\dfrac{1}{2\sqrt{\pi S}}\right\}\dfrac{dS}{dt}$

$S=\pi$ のとき　$\dfrac{dV}{dt}=\left\{(1-1)e+(\pi-2\pi+2\pi)e\cdot\dfrac{1}{2\pi}\right\}\dfrac{dS}{dt}$

よって　$\dfrac{dS}{dt}=\dfrac{2}{e}\cdot\dfrac{dV}{dt}$　　これと①から　$\boldsymbol{\dfrac{dS}{dt}=\dfrac{2a}{e}}$

練習 164 曲線 $y=x(1-x)\left(0\leqq x\leqq\dfrac{1}{2}\right)$ を y 軸の周りに回転してできる容器に，単位時間あたり一定の割合 V で水を注ぐ。〔筑波大〕

(1) 水面の上昇する速度 u を水面の高さ h の関数として表せ。

(2) 空の容器に水がいっぱいになるまでの時間を求めよ。

➡ p. 558 演習 69

32 発展 微分方程式

《 基本事項 》

1 微分方程式

$\dfrac{dy}{dx}=x^2$, $\dfrac{dy}{dx}=y$, $\dfrac{dy}{dx}=x+y$, $\dfrac{d^2y}{dx^2}=-k^2y$ のように，未知の関数の導関数を含む等式を **微分方程式** という。

$y'=x^2$, $y'=y$, $y'=x+y$, $y''=-k^2y$ とも書ける。

微分方程式に含まれる導関数の最高次の次数で，微分方程式を **1階**，**2階**，…… というように区別する。例えば，上記の1番目から3番目までの微分方程式は1階微分方程式，4番目は2階微分方程式である。

2 微分方程式の解

微分方程式を満たす関数をその微分方程式の **解** といい，解を求めることを **微分方程式を解く** という。解には次の2つの種類がある。なお，不定積分に用いた積分定数に対して，微分方程式の解（一般解）に用いる定数を **任意定数** という。

一般解：その微分方程式の階数と同じ個数の任意定数を含んだ解
特殊解：一般解の任意定数に特定の値を与えて得られる解

3 変数分離形

$\boldsymbol{f(y)\dfrac{dy}{dx}=g(x)}$ の形をした微分方程式を **変数分離形** という。

このとき，y は x の関数であるから，この方程式の両辺は x の関数である。
したがって，両辺を x で積分することができて

左辺に置換積分の公式適用。

$$\int f(y)\frac{dy}{dx}dx=\int g(x)dx \qquad \text{よって} \qquad \int f(y)dy=\int g(x)dx$$

この積分を計算すると，x と y の関係が求まることになる。変数 x，y が両辺に分離されるから変数分離形という。この計算は，次のように形式的に変形してもよい。

$$f(y)\frac{dy}{dx}=g(x) \longrightarrow f(y)dy=g(x)dx \longrightarrow \int f(y)dy=\int g(x)dx$$

例　$\dfrac{dy}{dx}=ky$（k は定数）について　　$y\neq 0$ のとき　$\displaystyle\int\frac{dy}{y}=\int k\,dx$
よって　$\log|y|=kx+C'$（C' は任意定数）　　したがって　$y=\pm e^{kx+C'}$
$e^{C'}>0$ であるから，$\pm e^{C'}=C$ とおくと $C\neq 0$ で　$y=Ce^{kx}$
また，定数関数 $y=0$ も方程式を満たす。この解は，$y=Ce^{kx}$ で $C=0$ とすると得られるから，一般解は $y=Ce^{kx}$（Cは任意定数）である。

CHECK 問題

18 微分方程式 $\dfrac{dy}{dx}=3x^2$ の解のうち，条件「$x=0$ のとき $y=1$」を満たす関数を求めよ。

→ 2

例題 165 微分方程式の作成 ★★★☆☆

(1) $y=\sin(2x+A)$ [Aは任意定数] が微分方程式 $4y^2+y'^2=4$ の解であることを確かめよ。

(2) 関数 $y=Ae^{-x}\sin(3x+B)$ について，任意定数 A，B を消去して微分方程式を作れ。

指針 (2) 任意定数を消去するには，与えられた関数を適当な回数だけ微分してみて，もとの関数と連立させて考える。
一般に，**任意定数が n 個なら n 回微分** して，任意定数を消去する。

解答 (1) $y=\sin(2x+A)$ を微分すると　$y'=2\cos(2x+A)$

よって　$4y^2+y'^2=4\sin^2(2x+A)+4\cos^2(2x+A)$
$=4$

ゆえに，$y=\sin(2x+A)$ は微分方程式 $4y^2+y'^2=4$ の解である。

(2) $y'=-Ae^{-x}\sin(3x+B)+3Ae^{-x}\cos(3x+B)$
$=-y+3Ae^{-x}\cos(3x+B)$ …… ①

$y''=-y'-3Ae^{-x}\cos(3x+B)-9Ae^{-x}\sin(3x+B)$ …… ②

① から　$3Ae^{-x}\cos(3x+B)=y'+y$

与えられた関数から　$9Ae^{-x}\sin(3x+B)=9y$

よって，② は　$y''=-y'-(y'+y)-9y$

したがって　$\boldsymbol{y''+2y'+10y=0}$

◀ A，B が含まれた式を y，y' で表して，② に代入する。

参考 (1) において，$y''=-4\sin(2x+A)$ であるから，$y''+4y=0$ …… ③ となる。
しかし，$y=\sin(2x+A)$ は ③ の一般解ではなく，特殊解である。y'' を含む微分方程式では，一般解に任意定数を 2 個含み，③ の一般解は $y=B\sin(2x+A)$ である。

CHART 》微分方程式の作成

1 **任意定数を消す**　　n**個なら**n**回微分せよ**

2 **文章題**　　**接線の傾き，速度などを導関数とみて 式作成**

検討 曲線の方程式や関数を表す式がいくつかの任意定数を含むとき，それらはある曲線群や関数群を表す。
任意定数を消去して得られる微分方程式は，曲線群のすべての曲線や関数群のすべての関数に，それぞれ共通な性質を表すものである。逆に，曲線や接線についての性質，速度・加速度などの関係を微分方程式で表すことができる。

練習 165 次の関数について，任意定数 A，B，C を消去して微分方程式を作れ。

(1) $y=Ax^2+B$　　(2) $y=A\sin x+B\cos x-1$

(3) $x^2+y^2=C^2$　　(4) $(x-A)^2+(y-B)^2=1$

例題 166 変数分離形 ★★★☆☆

次の微分方程式を解け。

(1) $\dfrac{dy}{dx}=x(2y-1)$, $x=0$ のとき $y=1$　　(2) $\left(y+\dfrac{dy}{dx}\right)\sin x=y\cos x$

指針 (1) x と y を分離して　$\dfrac{1}{2y-1}\cdot\dfrac{dy}{dx}=x$　　◀ 変数分離形 $\dfrac{1}{2y-1}\cdot y'=x$

両辺を x で積分すると，x，y の関係式が得られる。
なお，上のように変形するときには

CHART》 うっかり割るな　0 で割ると答案が 0 点

に注意。そこで，定数関数 $y=\dfrac{1}{2}$ が解かどうかを調べておく。

解答 (1) $x=0$ のとき $y=1$ であるから，定数関数 $y=\dfrac{1}{2}$ は解ではない。与式を変形して

$\dfrac{1}{2y-1}\cdot\dfrac{dy}{dx}=x$　　よって　$\displaystyle\int\frac{1}{2y-1}dy=\int x\,dx$　　◀ 変数分離形にして，両辺を積分する。

ゆえに　$\dfrac{1}{2}\log|2y-1|=\dfrac{x^2}{2}+C$　(C は任意定数)

したがって　$2y-1=\pm e^{2C}\cdot e^{x^2}$

$\pm e^{2C}=A$ とおくと　$y=\dfrac{1}{2}(Ae^{x^2}+1)$　　◀ これは一般解。

$x=0$ のとき $y=1$ であるから　$1=\dfrac{1}{2}(A+1)$　　◀ 初期条件 (下の(注意)参照) を代入。

ゆえに　$A=1$　　したがって　$\boldsymbol{y=\dfrac{1}{2}(e^{x^2}+1)}$　　◀ 微分方程式 $\dfrac{dy}{dx}=x(2y-1)$ の特殊解。

(2) 定数関数 $y=0$ は明らかに解である。

$y\neq0$ のとき　$\dfrac{1}{y}\cdot\dfrac{dy}{dx}=\dfrac{\cos x-\sin x}{\sin x}$

ゆえに　$\displaystyle\int\frac{dy}{y}=\int\left(\frac{\cos x}{\sin x}-1\right)dx$

よって　$\log|y|=\log|\sin x|-x+C$　(C は任意定数)

$\pm e^{C}=A$ とおくと　$y=Ae^{-x}\sin x$　…… ①

また，$y=0$ は ① で $A=0$ とおくと得られる。　　◀ 解は 1 つにまとめることができる。

ゆえに，求める解は　$\boldsymbol{y=Ae^{-x}\sin x}$　**(A は任意定数)**

(注意) (1) 「$x=0$ のとき $y=1$」のように，それによって任意定数の値が定まり，特殊解が得られるような条件を，その微分方程式の **初期条件** という。

練習 166 次の微分方程式において，(　) 内の条件を満たす解を求めよ。

(1) $(1+x)\dfrac{dy}{dx}+(1+y)=0$, $x>-1$　($x=0$ のとき $y=3$)　〔福井医大〕

(2) $x\dfrac{dy}{dx}=(1-x)y$　($x=1$ のとき $y=1$)　〔類 長崎大〕

例題 167 おき換えの利用 ★★★☆☆

$x-y=z$ とおき換えることによって，次の微分方程式を解け。

$$\frac{dy}{dx}=(x-y)^2 \quad \cdots\cdots ①$$

指針 ① のままでは x と y を離せない。そこで，問題文に従って **おき換え** を行うと，z と x を離せる形になる。なお，おき換えの仕方は，問題文で与えられているのが普通。

CHART》 **1** まず x と y を離せ　**2** おき換え

変数分離形 $f(y)\frac{dy}{dx}=g(x)$ ならば　$\int f(y)dy=\int g(x)dx$

解答 $x-y=z$ の両辺を x で微分すると　$1-\frac{dy}{dx}=\frac{dz}{dx}$

◀ y が x の関数なら，z も x の関数。

これと ① から　$1-\frac{dz}{dx}=z^2$

よって　$\frac{dz}{dx}=1-z^2$

$1-z^2\neq 0$ のとき　$\frac{1}{1-z^2}\cdot\frac{dz}{dx}=1$

◀ 変数分離形。

ゆえに　$\int\frac{1}{1-z^2}dz=\int dx$

ここで　$\int\frac{1}{1-z^2}dz=\frac{1}{2}\int\left(\frac{1}{1+z}+\frac{1}{1-z}\right)dz$

◀ 部分分数に分解。

$=\frac{1}{2}\log\left|\frac{1+z}{1-z}\right|+C_1$ （C_1 は積分定数）

よって　$\frac{1}{2}\log\left|\frac{1+z}{1-z}\right|=x+C_2$ （C_2 は任意定数）

ゆえに　$\left|\frac{1+z}{1-z}\right|=e^{2(x+C_2)}$　すなわち　$\frac{1+z}{1-z}=\pm e^{2C_2}e^{2x}$

$\pm e^{2C_2}=C$ とおくと　$\frac{1+z}{1-z}=Ce^{2x}$

◀ ここでは $C\neq 0$

これを z について解くと，$1+z=(1-z)Ce^{2x}$ から

$$z=\frac{Ce^{2x}-1}{Ce^{2x}+1} \quad \cdots\cdots ②$$

$1-z^2=0$ のとき

$z=1$ なら　$y=x-1$

$z=-1$ なら，② で $C=0$ とおくと得られる。

よって　$\boldsymbol{y=x-\frac{Ce^{2x}-1}{Ce^{2x}+1}}$ **（C は任意定数）または $\boldsymbol{y=x-1}$**

練習 167 次の微分方程式を，[　] 内のおき換えを行うことによって解け。

(1) $\frac{dy}{dx}=\frac{1-x-y}{x+y}$　$[z=x+y]$　(2) $x\frac{dy}{dx}=y+x^3$　$[y=xf(x)]$

重要例題 168 1階線形微分方程式 ★★★★☆

微分方程式 $y'+2y\tan x=\sin x$ の解で，初期条件 $x=0$ のとき $y=3$ を満たす解を次の順序で求めよ。

(1) $y'+2y\tan x=0$ の解を求める。

(2) $y'+2y\tan x=\sin x$ の解を $y=uv$ (u，v は x の関数) とおいて，u が $u'+2u\tan x=0$ を満たすように定め，これから一般解 y を求める。

(3) 初期条件から特殊解を定める。

指針 例題のような y'，y についての1次 (線形) の微分方程式を **1階線形微分方程式** という。
1階線形微分方程式 $y'+P(x)y=Q(x)$ を解くには，$y=uv$ とおいて，u が $u'+P(x)u=0$ (変数分離形) を満たすように定め，これから一般解 y を求める。例題はこの解法を示すもので，指示の順にやればよい。

解答 (1) $\dfrac{dy}{dx}=-2y\tan x$　　$y=0$ は解である。

$y\neq 0$ のとき　$\dfrac{1}{y}\cdot\dfrac{dy}{dx}=-2\tan x$　　◀ 変数分離形。

よって　$\displaystyle\int\frac{dy}{y}=2\int\frac{(\cos x)'}{\cos x}dx$

ゆえに　$\log|y|=2\log|\cos x|+C_1$　(C_1 は任意定数)

よって　$|y|=e^{C_1}(\cos x)^2$　　すなわち　$y=\pm e^{C_1}\cos^2 x$

$\pm e^{C_1}=C$ とおくと　$y=C\cos^2 x$　　◀ この段階では $C\neq 0$

また，$y=0$ は $y=C\cos^2 x$ で $C=0$ とおくと得られる。

したがって，一般解は　$\boldsymbol{y=C\cos^2 x}$ **(C は任意定数)**

(2) $y=uv$ の両辺を x で微分して　$y'=u'v+uv'$

微分方程式に代入して　$u'v+uv'+2uv\tan x=\sin x$

よって　$(u'+2u\tan x)v+uv'=\sin x$　…… ①

u を $u'+2u\tan x=0$ となるように選ぶには，(1) で $y=u$ と考えればよいから

$$u=C\cos^2 x\quad (C\neq 0)$$

これを ① に代入すると　$(C\cos^2 x)v'=\sin x$

ゆえに　$\dfrac{dv}{dx}=\dfrac{\sin x}{C\cos^2 x}$

よって　$\displaystyle v=-\frac{1}{C}\int\frac{(\cos x)'}{\cos^2 x}dx=\frac{1}{C}\left(\frac{1}{\cos x}+k\right)$　(k は任意定数)

$y=uv$ から　$\boldsymbol{y=\cos x+k\cos^2 x}$ **(k は任意定数)**

(3) 初期条件 [$x=0$ のとき $y=3$] を (2) の解に代入して　$k=2$

したがって，求める特殊解は　$\boldsymbol{y=\cos x+2\cos^2 x}$

練習 168 例題と同じ要領で，次の微分方程式を解け。

(1) $y'-y=x$　[$x=0$ のとき $y=0$]　　(2) $xy'-y=x^2$　[$x=1$ のとき $y=1$]

例題 169 直交する曲線と微分方程式 ★★★★☆

座標平面上の第1象限において，曲線 $y^2=cx\ (c\neq0)$ …… ① を考える。

(1) 曲線 ① 上の点 $(x_0,\ y_0)$ における接線の方程式を求めよ。

(2) c を動かすと，① の全体は曲線群を与えるが，それらすべての曲線と直交する曲線が満たす微分方程式を求めよ。

(3) (2)の微分方程式の解のうち，点 $(1,\ 1)$ を通るものを求めよ。

指針 図形に関する問題であるが，次の方針で解ける。

CHART》 接線の傾きを導関数とみて 微分方程式作成

(2) 2つの曲線が直交する ⟶ 交点におけるそれぞれの接線が直交する。

解答 (1) ① から　$2y\dfrac{dy}{dx}=c$　　ゆえに　$\dfrac{dy}{dx}=\dfrac{c}{2y}$

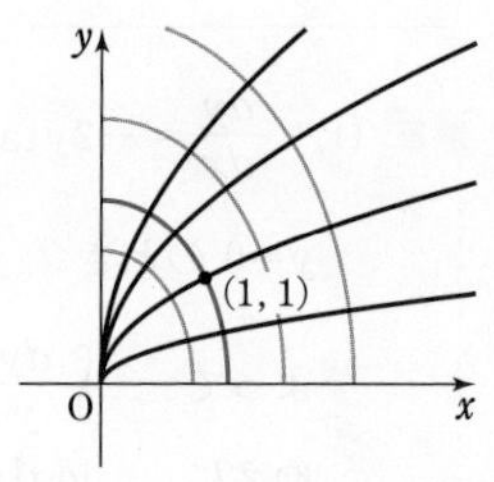

曲線 ① 上の点 $(x_0,\ y_0)$ における接線の方程式は

$$y-y_0=\frac{c}{2y_0}(x-x_0)$$

${y_0}^2=cx_0$ であるから，上の式から c を消去して

$$\boldsymbol{y=\frac{y_0}{2x_0}x+\frac{y_0}{2}}$$

(2) (1)の結果から，① の任意の点 $(x,\ y)$ における接線の傾きは　$\dfrac{y}{2x}$

よって，この点において ① と直交する曲線の方程式は

$$\frac{dy}{dx}\cdot\frac{y}{2x}=-1\quad すなわち\quad \boldsymbol{\frac{dy}{dx}=-\frac{2x}{y}}$$

を満たす。これが求める微分方程式である。

◀ 直交 ⟺ 傾きの積が -1

(3) (2)から　$y\dfrac{dy}{dx}=-2x$　　よって　$\displaystyle\int y\,dy=\int(-2x)\,dx$

ゆえに　$\dfrac{y^2}{2}=-x^2+C$（Cは任意定数）

点 $(1,\ 1)$ を通るから　$C=\dfrac{3}{2}$

◀ $\dfrac{1}{2}=-1+C$

よって　$\boldsymbol{x^2+\dfrac{y^2}{2}=\dfrac{3}{2}}$

練習 169 (1) 曲線 $y=f(x)$ 上の任意の点 $\mathrm{P}(x,\ y)$ における接線が，常に原点Oと P を結ぶ直線に垂直であるとき，この曲線はどのような曲線であるか。
また，この曲線が点 $(2,\ 1)$ を通るとき，その方程式を求めよ。

(2) 曲線 $y=f(x)$ 上の任意の点 $\mathrm{P}(x,\ y)$ における接線と y 軸の交点を T，P から y 軸に下ろした垂線を PH とする。原点Oが線分 TH の中点であるとき

(ア) $y=f(x)$ の満たす微分方程式を作れ。

(イ) 曲線 $y=f(x)$ が点 $(1,\ 1)$ を通るように，関数 $f(x)$ を定めよ。

重要例題 170 関数方程式 ★★★★★

$f(x)$ は微分可能な関数で，任意の x，y に対して

$$f(x+y)=f(x)f(y)$$

という関係が成り立つという。$f(x)$ はどのような関数か。

指針 一見して $a^{x+y}=a^xa^y \longrightarrow f(x)=a^x$ が思いつく。しかし，これですべてかどうか？
指数関数 a^x 以外に $f(x+y)=f(x)f(y)$ を満たす関数はないだろうか？
答案では，そこを明らかにしないといけない。
微分可能という条件がある以上，$f'(x)$ を使う方向へもっていけるはずと考える。すなわち，与えられた関数関係 ⟶ 微分方程式と考えて進める。

解答 $f(x+y)=f(x)f(y)$ において，x を定数と考えて，y で微分すると

$$f'(x+y)=f(x)f'(y)$$

$y=0$ とおき，$f'(0)=k$ (定数) とすると

$$f'(x)=kf(x) \quad \cdots\cdots ①$$

定数関数 $f(x)=0$ は明らかに ① の解である。

x を変数と考えると，$f(x)\neq 0$ のとき　$\dfrac{f'(x)}{f(x)}=k$　◀ 変数分離形。

両辺を積分して　$\log|f(x)|=kx+C$ (Cは任意定数)

よって　$f(x)=\pm e^{kx+C}=C_1e^{kx}=C_1a^x \quad \cdots\cdots ②$

ここで　$\pm e^C=C_1$，$e^k=a$ $(a>0)$

$f(x)\neq 0$ のとき，$f(x+y)=f(x)f(y)$ において，$y=0$ とすると　◀ 特殊な値を代入。

$$f(x)=f(x)f(0)$$

ゆえに　$f(0)=1$

このとき，② より $C_1=1$ であるから　$f(x)=a^x$

以上から，求める関数は

$f(x)=a^x$ (a は正の定数)　または　$f(x)=0$

参考 一般に，未知の関数を含む等式で，その関数を求めようとするものを **関数方程式** という(チャート式数学I＋A p. 458 参照)。微分方程式も関数方程式の一種である。

練習 170 (1) $f(x)$ は微分可能な関数で，任意の x，y に対して次の関係が成り立つという。$f(x)$ を求めよ。

(ア) $f(x+y)=f(x)+f(y)$　　(イ) $f(xy)=f(x)+f(y)$

(2) 関数 $f(x)$ は任意の実数 x，y に対して

$$f(x+y)+f(x)f(y)=f(x)+f(y)$$

を満たし，$x=0$ では微分可能で $f'(0)=1$ とする。

(ア) $f(0)$ を求めよ。　　(イ) $f(x)$ は常に微分可能であることを示せ。

(ウ) $f(x)$ を求めよ。　　[(2) 芝浦工大]

演習問題

58 媒介変数表示 $x=\sin t$, $y=\cos\left(t-\dfrac{\pi}{6}\right)\sin t$ $(0\leqq t\leqq\pi)$ で表される曲線をCとする。

(1) $\dfrac{dx}{dt}=0$ または $\dfrac{dy}{dt}=0$ となる t の値を求めよ。

(2) Cの概形を xy 平面上にかけ。

(3) Cの $y\leqq0$ の部分と x 軸で囲まれた図形の面積を求めよ。　〔神戸大〕 ➤例題139

59 (1) 関数 $F(x)=\dfrac{1}{2}\{x\sqrt{x^2+1}+\log(x+\sqrt{x^2+1})\}$, $x>0$ の導関数を求めよ。

(2) xy 平面上の点Pは，方程式 $x^2-y^2=1$ で表される曲線C上にあり，第1象限の点である。原点Oと点Pを結ぶ線分OP，x 軸，および曲線Cで囲まれた図形の面積が $\dfrac{s}{2}$ であるとき，点Pの座標を s を用いて表せ。

〔防衛医大〕 ➤例題137，143

60 曲線 $C: y=\dfrac{1}{x}$ $(x>0)$ 上の点 $\mathrm{P}\left(t,\ \dfrac{1}{t}\right)$ における接線を ℓ_t とする。また，α, β は $0<\alpha<\beta$ を満たす定数とし，2本の接線 ℓ_α, ℓ_β と曲線Cで囲まれる図形をDとする。

(1) Dの面積を求めよ。

(2) $\alpha<t<\beta$ のとき，Dのうち接線 ℓ_t の上側にある部分の面積 $S(t)$ を最小にする t を求めよ。　〔大阪府大〕 ➤例題136，144

61 xy 平面上に曲線 $C: y=x^2$ がある。C上の2点P，Qが PQ$=2$ を満たしながら動くとき，線分PQの中点の軌跡をDとする。

(1) Dの方程式を求めよ。

(2) C, D, y 軸および直線 $x=\dfrac{1}{2}$ で囲まれた部分を x 軸の周りに1回転させてできる立体の体積を求めよ。　〔横浜国大〕 ➤例題147

ヒント **58** (2) 媒介変数 t の値に対する x, y のそれぞれの値の増減を調べ，点 $(x,\ y)$ の動きを追う。

59 (2) CHART》 面積　計算はらくにやれ　xで積分かyで積分か

60 (2) $S(t)$ は ℓ_α, ℓ_t と曲線Cおよび ℓ_t, ℓ_β と曲線Cで囲まれたそれぞれの面積の和である。(1)の結果を利用する。また，$S(t)$ を最小にする t の値は，相加平均・相乗平均の関係を利用する。

61 (2) 断面積について，(外側の円の面積)－(内側の円の面積) であることを確認する。

62 2 曲線 C_1：$y=\cos x$，C_2：$y=\cos 2x+a$ $(a>0)$ が互いに接している。すなわち，C_1，C_2 には共有点があり，その点において共通の接線をもっている。
(1) 正の数 a の値を求めよ。
(2) $0<x<3\pi$ の範囲で 2 曲線 C_1，C_2 のみで囲まれる図形の全面積を求めよ。
(3) (2) の図形を x 軸の周りに 1 回転させてできる回転体の体積を求めよ。

〔静岡大〕 ➤例題 148

63 2 次の項の係数がともに正の 2 次関数 $f(x)$，$g(x)$ について，座標平面上の放物線 $y=f(x)$，$y=g(x)$ をそれぞれ C_1，C_2 とする。また，直線 $y=\dfrac{1}{2}x$ を ℓ とする。C_1 と ℓ は点 $(0,\ 0)$ で，C_2 と ℓ は点 $(4,\ 2)$ で接し，C_1 と C_2 は点 $\left(\dfrac{4}{3},\ \dfrac{22}{9}\right)$ で交わるとする。
(1) $f(x)$ と $g(x)$ を求めよ。
(2) 放物線 C_1 の $x\geqq 0$ の部分と放物線 C_2 および直線 ℓ によって囲まれる図形を，y 軸の周りに 1 回転してできる回転体の体積を求めよ。

〔信州大〕 ➤例題 152，$p.$ 531 研究

64 座標平面上の曲線 C は媒介変数 t $(t\geqq 0)$ を用いて $x=t^2+2t+\log(t+1)$，$y=t^2+2t-\log(t+1)$ と表される。C 上の点 $\mathrm{P}(a,\ b)$ における C の接線の傾きが $\dfrac{2e-1}{2e+1}$ であるとする。ただし，e は自然対数の底である。 〔群馬大〕
(1) a と b の値を求めよ。
(2) Q を座標 $(b,\ a)$ の点とする。直線 PQ，直線 $y=x$ と曲線 C で囲まれた図形を，直線 $y=x$ の周りに 1 回転してできる立体の体積 V を求めよ。 ➤例題 153

65 座標空間において，xy 平面上の原点を中心とする半径 1 の円を考える。この円を底面とし，点 $(0,\ 0,\ 2)$ を頂点とする円錐 (内部を含む) を S とする。また，点 $\mathrm{A}(1,\ 0,\ 2)$ を考える。
(1) 点 P が S の底面を動くとき，線分 AP が通過する部分を T とする。平面 $z=1$ による S の切り口および，平面 $z=1$ による T の切り口を同一平面上に図示せよ。
(2) 点 P が S を動くとき，線分 AP が通過する部分の体積を求めよ。

〔東京大〕 ➤例題 160

ヒント **62** (1) 2 曲線 $y=f(x)$，$y=g(x)$ が $x=t$ で接する $\Longleftrightarrow$ $f(t)=g(t)$ かつ $f'(t)=g'(t)$

63 (2) 直線 $x=t$ のうち，図形に含まれる線分の長さを $h(t)$ とすると，線分を y 軸の周りに 1 回転させたときに線分が通過してできる部分の面積は，$2\pi th(t)$ と表される。

65 (2) t を $0\leqq t<2$ とし，円錐 S と平面 $z=k$ $(0\leqq k\leqq t)$ の共通部分を C_1 とする。P が C_1 上を動くとき，線分 AP と平面 $z=t$ の交点の存在する範囲は円であり，その中心と半径を求める。

66 $0<t<3$ のとき，連立不等式 $\begin{cases} 0 \leqq y \leqq \sin x \\ 0 \leqq x \leqq t-y \end{cases}$ の表す領域を x 軸の周りに回転して得られる立体の体積を $V(t)$ とする。$\dfrac{d}{dt}V(t)=\dfrac{\pi}{4}$ となる t と，そのときの $V(t)$ の値を求めよ。　〔東北大〕

67 (1) $x \geqq 0$ で定義された関数 $f(x)=\log(x+\sqrt{1+x^2})$ について，導関数 $f'(x)$ を求めよ。

(2) 極方程式 $r=\theta$ $(\theta \geqq 0)$ で定義される曲線の，$0 \leqq \theta \leqq \pi$ の部分の長さを求めよ。

〔京都大〕 ➤例題 161

68 x 軸上を運動する2点P，Qがある。時刻 $t=0$ のとき2点は原点Oにあり，時刻 t におけるPの速度 $v_{\mathrm{P}}(t)$，Qの速度 $v_{\mathrm{Q}}(t)$ はそれぞれ

$$v_{\mathrm{P}}(t)=at\ (0 \leqq t),\quad v_{\mathrm{Q}}(t)=\begin{cases} 0 & (0 \leqq t<1) \\ t\log t & (1 \leqq t) \end{cases}$$ である。$(a>0)$

(1) QはPを追い越すことを示せ。

(2) QがPに追いつくまでの時間内で，PとQの間の距離が最大となる時刻とそのときの距離を求めよ。

〔愛媛大〕 ➤例 49

69 半径 a cm の球 B を，球の中心を通る鉛直軸に沿って毎秒 v cm の速さで下の方向に動かし，水で一杯に満たされた容器 Q に沈めていく。球 B を沈め始めてから t 秒後までにあふれ出る水の体積を V cm^3 とする。ただし，a，v は正の定数で，容器 Q に球 B を完全に水没させることができるとする。

(1) V を a，v，t の式で表せ。また，変化率 $\dfrac{dV}{dt}$ が最大になるのは，沈め始めてから何秒後か。

(2) 容器 Q は1辺の長さが b cm の正四面体から1面を取り除いた形をしており，開口した面は水平に保たれている。球 B は完全に水面下に入った瞬間，水面と容器 Q の3つの面に接するという。b を a で表せ。

〔鳥取大〕 ➤例題 164

ヒント 66 曲線 $y=\sin x$ と直線 $y=t-x$ の交点の x 座標を α $(0<\alpha<t)$ とおいて $V(t)$ を求めると，$V(t)$ は α の関数となる。⟶ 合成関数の微分。

67 (2) $x=r\cos\theta=\theta\cos\theta$，$y=r\sin\theta=\theta\sin\theta$

68 (1) $0 \leqq t<1$ で追い越すことはない。$1 \leqq t$ のとき，P，Qの x 座標の差を $f(t)$ として，$f(t)=0$ となる t が存在することを示す。

69 (1) V は，半径 a の球を，中心から $a-vt$ だけ離れた平面で切り取った立体の体積である。

実践力を養うための総合的な問題を，最近の大学入試問題を中心に採録した。数学Ⅲ，数学Cのひととおりの学習を終えた後に取り組んでほしい。
構成は，演習例題とその類題からなる。題材によっては，これまでと同様に，検討を設けて詳しく解説したものもある。

総合演習

演習例題の一覧

数学C

- 1　ベクトルの内積の最大値・最小値
- 2　ベクトルと軌跡，領域
- 3　四面体の体積の最大値
- 4　ベクトル方程式の扱い
- 5　空間における図形（球面）
- 6　複素数平面上を移動する点の極限
- 7　複素数平面上の点の存在範囲
- 8　複素数と整数の性質の融合問題
- 9　媒介変数表示と軌跡
- 10　複素数平面と式と曲線の融合問題

数学Ⅲ

- 11　漸化式を利用した無限級数の和
- 12　上に凸である関数の性質
- 13　方程式の実数解の個数，有理数の解
- 14　不等式への応用（微分法）
- 15　逆関数の定積分
- 16　定積分と不等式の証明，和の極限
- 17　デカルトの葉で囲まれた面積 …… 極座標の利用
- 18　y軸周りの回転体の体積と不等式の証明
- 19　不等式で表される立体の体積
- 20　立方体の対角線の周りの回転体の体積
- 21　素数の逆数和が発散することの証明
- 22　ウォリスの公式，スターリングの公式の証明

演習例題 1 ベクトルの内積の最大値・最小値

半径 1 の円周上に 3 点 A, B, C がある。内積 $\overrightarrow{AB}\cdot\overrightarrow{AC}$ の最大値と最小値を求めよ。
〔一橋大〕

指針 内積に関する最大・最小問題では，次のようなアプローチで考えることができる。

幾何的なアプローチ …… 内積を図形的にとらえ，ベクトルのままで変形を行う。

代数的なアプローチ …… 動点を媒介変数で表し，代数的に処理する。

幾何的なアプローチでは，ベクトルの始点をどこにするか考える。ここでは，与えられた条件

「円の中心をOとするとき $|\overrightarrow{OA}|=|\overrightarrow{OB}|=|\overrightarrow{OC}|=1$」

が使えるように，始点を円の中心Oとする。

代数的なアプローチでは，動点の表し方は

x, y を用いたもの　P(x, y) など

三角関数を用いたもの　円 $x^2+y^2=r^2$ 上の点 P$(r\cos\theta, r\sin\theta)$ など

がある。

解答 3 点 A, B, C が通る半径 1 の円の中心をOとすると

$$|\overrightarrow{OA}|=|\overrightarrow{OB}|=|\overrightarrow{OC}|=1$$

このとき
$$\begin{aligned}\overrightarrow{AB}\cdot\overrightarrow{AC}&=(\overrightarrow{OB}-\overrightarrow{OA})\cdot(\overrightarrow{OC}-\overrightarrow{OA})\\&=\overrightarrow{OB}\cdot\overrightarrow{OC}-(\overrightarrow{OB}+\overrightarrow{OC})\cdot\overrightarrow{OA}+|\overrightarrow{OA}|^2\\&=\overrightarrow{OB}\cdot\overrightarrow{OC}-(\overrightarrow{OB}+\overrightarrow{OC})\cdot\overrightarrow{OA}+1\end{aligned}$$

ここで，$\overrightarrow{OD}=\dfrac{\overrightarrow{OB}+\overrightarrow{OC}}{2}$ とすると

$$\begin{aligned}|\overrightarrow{OD}|^2&=\left|\frac{\overrightarrow{OB}+\overrightarrow{OC}}{2}\right|^2\\&=\frac{1}{4}|\overrightarrow{OB}|^2+\frac{1}{2}\overrightarrow{OB}\cdot\overrightarrow{OC}+\frac{1}{4}|\overrightarrow{OC}|^2\\&=\frac{1}{2}\overrightarrow{OB}\cdot\overrightarrow{OC}+\frac{1}{2}\end{aligned}$$

◀ $\overrightarrow{OB}+\overrightarrow{OC}$ に着目する。$|\overrightarrow{OB}+\overrightarrow{OC}|^2$ を計算すると $\overrightarrow{OB}\cdot\overrightarrow{OC}$ が出てくる。

よって，$\overrightarrow{OB}\cdot\overrightarrow{OC}=2|\overrightarrow{OD}|^2-1$ であるから

$$\begin{aligned}\overrightarrow{AB}\cdot\overrightarrow{AC}&=2|\overrightarrow{OD}|^2-1-2\overrightarrow{OA}\cdot\overrightarrow{OD}+1\\&=2\left|\overrightarrow{OD}-\frac{1}{2}\overrightarrow{OA}\right|^2-\frac{1}{2}|\overrightarrow{OA}|^2\\&=2\left|\overrightarrow{OD}-\frac{1}{2}\overrightarrow{OA}\right|^2-\frac{1}{2}\end{aligned}$$

◀ $|\overrightarrow{OD}|$ についての 2 次式になる。

更に，$\overrightarrow{OE}=\dfrac{1}{2}\overrightarrow{OA}$ とすると

$$\begin{aligned}\overrightarrow{AB}\cdot\overrightarrow{AC}&=2|\overrightarrow{OD}-\overrightarrow{OE}|^2-\frac{1}{2}\\&=2|\overrightarrow{ED}|^2-\frac{1}{2}\end{aligned}$$

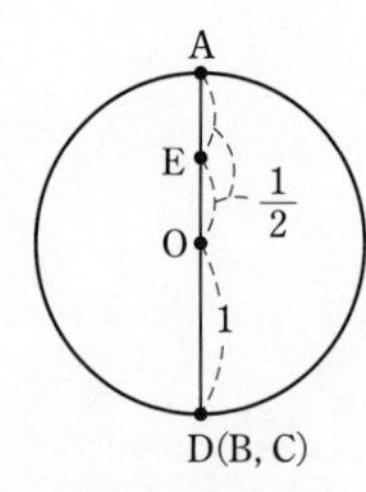

ここで，$\overrightarrow{OD}=-\overrightarrow{OA}$ すなわち $\dfrac{\overrightarrow{OB}+\overrightarrow{OC}}{2}=-\overrightarrow{OA}$

のとき，$|\overrightarrow{\mathrm{ED}}|$ は最大値 $\dfrac{3}{2}$ をとる。

また，$\overrightarrow{\mathrm{OD}}=\overrightarrow{\mathrm{OE}}$ すなわち $\dfrac{\overrightarrow{\mathrm{OB}}+\overrightarrow{\mathrm{OC}}}{2}=\dfrac{1}{2}\overrightarrow{\mathrm{OA}}$ のとき，$|\overrightarrow{\mathrm{ED}}|$ は最小値 0 をとる。

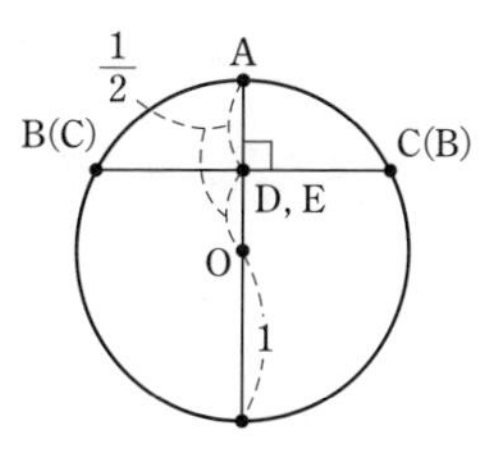

よって，内積 $\overrightarrow{\mathrm{AB}}\cdot\overrightarrow{\mathrm{AC}}$ の

最大値は　$2\left(\dfrac{3}{2}\right)^2-\dfrac{1}{2}=\mathbf{4}$

最小値は　$2\cdot 0^2-\dfrac{1}{2}=-\dfrac{\mathbf{1}}{\mathbf{2}}$

である。

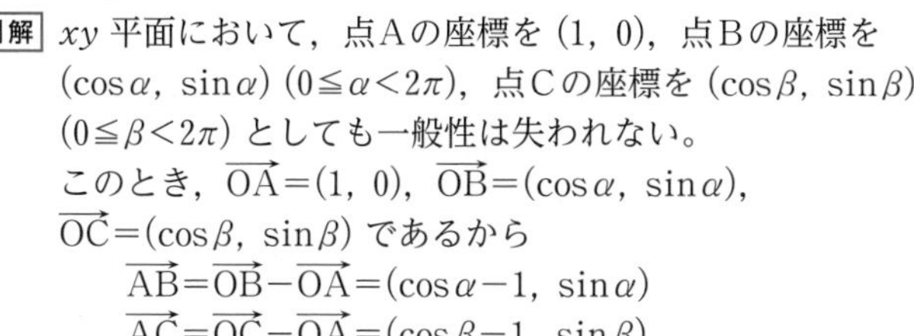

別解　xy 平面において，点Aの座標を $(1,\ 0)$，点Bの座標を $(\cos\alpha,\ \sin\alpha)$ $(0\leqq\alpha<2\pi)$，点Cの座標を $(\cos\beta,\ \sin\beta)$ $(0\leqq\beta<2\pi)$ としても一般性は失われない。

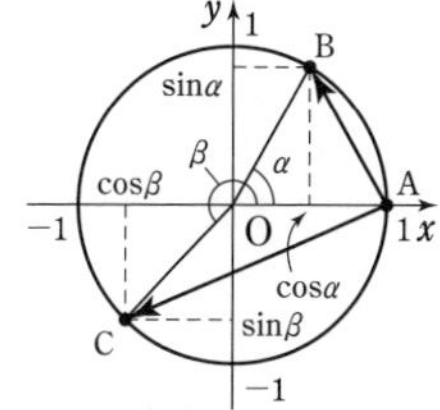

このとき，$\overrightarrow{\mathrm{OA}}=(1,\ 0)$，$\overrightarrow{\mathrm{OB}}=(\cos\alpha,\ \sin\alpha)$，$\overrightarrow{\mathrm{OC}}=(\cos\beta,\ \sin\beta)$ であるから

$$\overrightarrow{\mathrm{AB}}=\overrightarrow{\mathrm{OB}}-\overrightarrow{\mathrm{OA}}=(\cos\alpha-1,\ \sin\alpha)$$
$$\overrightarrow{\mathrm{AC}}=\overrightarrow{\mathrm{OC}}-\overrightarrow{\mathrm{OA}}=(\cos\beta-1,\ \sin\beta)$$

よって

$$\begin{aligned}\overrightarrow{\mathrm{AB}}\cdot\overrightarrow{\mathrm{AC}}&=(\cos\alpha-1)\times(\cos\beta-1)+\sin\alpha\times\sin\beta\\&=\sin\alpha\sin\beta-(1-\cos\alpha)\cos\beta+1-\cos\alpha\\&=\sqrt{\sin^2\alpha+(1-\cos\alpha)^2}\sin(\beta-\theta)+1-\cos\alpha\\&=\sqrt{2(1-\cos\alpha)}\sin(\beta-\theta)+1-\cos\alpha\end{aligned}$$

◀ α，β は独立に動くので一方を固定する。

（ただし，θ は右の図のような角）

◀

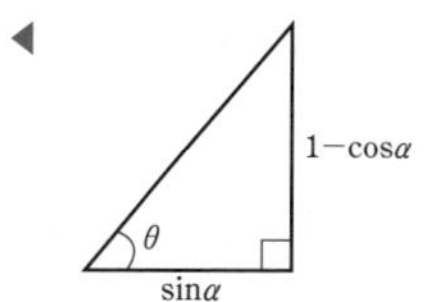

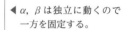

$X=\sqrt{1-\cos\alpha}$ とおくと，$0\leqq X\leqq\sqrt{2}$ であり

$$\overrightarrow{\mathrm{AB}}\cdot\overrightarrow{\mathrm{AC}}=X^2+\sqrt{2}\sin(\beta-\theta)X$$

$0\leqq\beta<2\pi$ より $-\theta\leqq\beta-\theta<2\pi-\theta$ であるから

$$-1\leqq\sin(\beta-\theta)\leqq 1$$

これと $X>0$ より　$X^2-\sqrt{2}X\leqq\overrightarrow{\mathrm{AB}}\cdot\overrightarrow{\mathrm{AC}}\leqq X^2+\sqrt{2}X$

よって，$\overrightarrow{\mathrm{AB}}\cdot\overrightarrow{\mathrm{AC}}$ は

$\sin(\beta-\theta)=1$ かつ $X=\sqrt{2}$ のとき　**最大値 4**

$\sin(\beta-\theta)=-1$ かつ $X=\dfrac{\sqrt{2}}{2}$ のとき　**最小値** $-\dfrac{\mathbf{1}}{\mathbf{2}}$

をとる。

◀ $0\leqq\beta<2\pi$ であるから，$\sin(\beta-\theta)$ は X すなわち α の値に関わらず -1 以上 1 以下の任意の値をとりうる。

（以下，問題では要求されていないが，最大値，最小値をとる α，β の値を求める。）

$X=\sqrt{2}$ のとき，$1-\cos\alpha=2$ より　$\alpha=\pi$

このとき，$\cos\theta=\dfrac{\sin\alpha}{\sqrt{\sin^2\alpha+(1-\cos\alpha)^2}}=0$

$\sin\theta=\dfrac{1-\cos\alpha}{\sqrt{\sin^2\alpha+(1-\cos\alpha)^2}}=1$

であるから　$\theta=\dfrac{\pi}{2}$

また，$\sin\left(\beta-\dfrac{\pi}{2}\right)=1$ で $0\leqq\beta<2\pi$ より

$$\beta-\frac{\pi}{2}=\frac{\pi}{2} \qquad よって \qquad \beta=\pi$$

また，$X=\dfrac{\sqrt{2}}{2}$ のとき，$1-\cos\alpha=\dfrac{1}{2}$ より

$$\alpha=\frac{\pi}{3},\ \frac{5}{3}\pi$$

◀ このとき，$\sqrt{\sin^2\alpha+(1-\cos\alpha)^2}=1$ である。

・$\alpha=\dfrac{\pi}{3}$ のとき　$\cos\theta=\sin\alpha=\dfrac{\sqrt{3}}{2}$

$$\sin\theta=1-\cos\alpha=\frac{1}{2}$$

よって　$\theta=\dfrac{\pi}{6}$

また，$\sin\left(\beta-\dfrac{\pi}{6}\right)=-1$ で $-\dfrac{\pi}{6}\leqq\beta-\dfrac{\pi}{6}<\dfrac{11}{6}\pi$ より

$$\beta-\frac{\pi}{6}=\frac{3}{2}\pi \qquad よって \qquad \beta=\frac{5}{3}\pi$$

・$\alpha=\dfrac{5}{3}\pi$ のとき　$\cos\theta=\sin\alpha=-\dfrac{\sqrt{3}}{2}$

$$\sin\theta=1-\cos\alpha=\frac{1}{2}$$

よって　$\theta=\dfrac{5}{6}\pi$

また，$\sin\left(\beta-\dfrac{5}{6}\pi\right)=-1$ で $-\dfrac{5}{6}\pi\leqq\beta-\dfrac{5}{6}\pi<\dfrac{7}{6}\pi$ より

$$\beta-\frac{5}{6}\pi=-\frac{\pi}{2} \qquad よって \qquad \beta=\frac{\pi}{3}$$

以上より，$\overrightarrow{\mathrm{AB}}\cdot\overrightarrow{\mathrm{AC}}$ は

$(\alpha,\ \beta)=(\pi,\ \pi)$ で**最大値 4**，

$(\alpha,\ \beta)=\left(\dfrac{\pi}{3},\ \dfrac{5}{3}\pi\right),\ \left(\dfrac{5}{3}\pi,\ \dfrac{\pi}{3}\right)$ で**最小値 $-\dfrac{1}{2}$**

をとる。

◀ 座標平面上に A，B，C をとると，本解の図と同じ位置関係になることがわかる。

類題 1　平面上の 3 点 O，A，B が

$$|2\overrightarrow{\mathrm{OA}}+\overrightarrow{\mathrm{OB}}|=|\overrightarrow{\mathrm{OA}}+2\overrightarrow{\mathrm{OB}}|=1 \quad かつ \quad (2\overrightarrow{\mathrm{OA}}+\overrightarrow{\mathrm{OB}})\cdot(\overrightarrow{\mathrm{OA}}+\overrightarrow{\mathrm{OB}})=\frac{1}{3}$$

を満たすとする。

(1)　$(2\overrightarrow{\mathrm{OA}}+\overrightarrow{\mathrm{OB}})\cdot(\overrightarrow{\mathrm{OA}}+2\overrightarrow{\mathrm{OB}})$ を求めよ。

(2)　平面上の P が

$$|\overrightarrow{\mathrm{OP}}-(\overrightarrow{\mathrm{OA}}+\overrightarrow{\mathrm{OB}})|\leqq\frac{1}{3} \quad かつ \quad \overrightarrow{\mathrm{OP}}\cdot(2\overrightarrow{\mathrm{OA}}+\overrightarrow{\mathrm{OB}})\leqq\frac{1}{3}$$

を満たすように動くとき，$|\overrightarrow{\mathrm{OP}}|$ の最大値と最小値を求めよ。　〔類 大阪大〕

演習例題 2 ベクトルと軌跡，領域

Oを原点とする座標平面を考える。不等式 $|x|+|y|\leqq 1$ が表す領域を D とする。また，点P，Qが領域 D を動くとき，$\overrightarrow{\mathrm{OR}}=\overrightarrow{\mathrm{OP}}-\overrightarrow{\mathrm{OQ}}$ を満たす点Rが動く範囲を E とする。

(1) D，E をそれぞれ図示せよ。

(2) a，b を実数とし，不等式 $|x-a|+|y-b|\leqq 1$ が表す領域を F とする。また，点S，Tが領域 F を動くとき，$\overrightarrow{\mathrm{OU}}=\overrightarrow{\mathrm{OS}}-\overrightarrow{\mathrm{OT}}$ を満たす点Uが動く範囲を G とする。G は E と一致することを示せ。〔東京大〕

指針 (1) D を図示するには，$(x\geqq 0,\ y\geqq 0)$，$(x<0,\ y\geqq 0)$，$(x<0,\ y<0)$，$(x\geqq 0,\ y<0)$ の4つの場合を考える必要があるが，対称性を利用すれば，1つの場合で済む。
2つの点が動く場合は，一方を固定して考えるとよい。本問の場合は，$-\overrightarrow{\mathrm{OQ}}=\overrightarrow{\mathrm{OQ'}}$ として点 Q′ を固定して点Pを動かすと考えやすい。

(2) 領域 F と領域 D の関係を考えればよい。

解答 (1) $f(x,\ y)=|x|+|y|$ とする。

$$f(-x,\ y)=|-x|+|y|=|x|+|y|=f(x,\ y)$$
$$f(x,\ -y)=|x|+|-y|=|x|+|y|=f(x,\ y)$$
$$f(-x,\ -y)=|-x|+|-y|=|x|+|y|=f(x,\ y)$$

よって，領域 D は x 軸，y 軸，原点に関して対称である。
$x\geqq 0$，$y\geqq 0$ のとき，$f(x,\ y)=x+y$ であるから，$y\leqq -x+1$ となる。よって，**領域 D は右の図の斜線部分。ただし，境界線を含む。**

次に，$-\overrightarrow{\mathrm{OQ}}=\overrightarrow{\mathrm{OQ'}}$ とすると　$\overrightarrow{\mathrm{OR}}=\overrightarrow{\mathrm{OP}}+\overrightarrow{\mathrm{OQ'}}$

領域 D は原点に関して対称な領域であるから，点 Q′ も領域 D 上を動く。
点 Q′ を固定し，点Pを領域 D 上で動かすと点Rは，領域 D を $\overrightarrow{\mathrm{OQ'}}$ だけ平行移動した領域上を動く。
したがって，**領域 E は右の図の斜線部分。ただし，境界線を含む。**

◀ $\overrightarrow{\mathrm{OP}}=\overrightarrow{\mathrm{Q'P'}}$ とすると P′ は Q′ を対角線の交点とする正方形を描く。

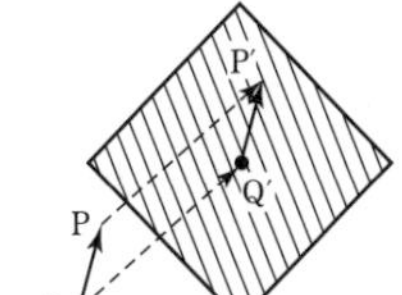

(2) 領域 F は領域 D を x 軸方向に a，y 軸方向に b だけ平行移動した領域である。
A$(a,\ b)$ とすると　$\overrightarrow{\mathrm{OS}}=\overrightarrow{\mathrm{OA}}+\overrightarrow{\mathrm{OP}}$，$\overrightarrow{\mathrm{OT}}=\overrightarrow{\mathrm{OA}}+\overrightarrow{\mathrm{OQ}}$
によって，点Pと点S，点Qと点Tはそれぞれ1対1に対応し

$$\overrightarrow{\mathrm{OU}}=(\overrightarrow{\mathrm{OA}}+\overrightarrow{\mathrm{OP}})-(\overrightarrow{\mathrm{OA}}+\overrightarrow{\mathrm{OQ}})=\overrightarrow{\mathrm{OP}}-\overrightarrow{\mathrm{OQ}}=\overrightarrow{\mathrm{OR}}$$

となるから，領域 G と領域 E は一致する。

類題 2 1辺の長さが1の正六角形 ABCDEF が与えられている。点Pが辺 AB 上を，点Qが辺 CD 上をそれぞれ独立に動くとき，線分 PQ を 2：1 に内分する点Rが通りうる範囲の面積を求めよ。〔東京大〕

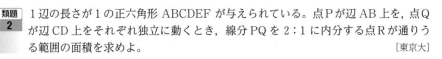

演習例題 3 四面体の体積の最大値

四面体 OABC において，$|\overrightarrow{\mathrm{OA}}|=a$, $|\overrightarrow{\mathrm{OB}}|=b$, $|\overrightarrow{\mathrm{OC}}|=c$, $\angle\mathrm{AOB}=90°$, $\angle\mathrm{AOC}=\alpha$, $\angle\mathrm{BOC}=\beta$ とする。ただし，$0°<\alpha<90°$, $0°<\beta<90°$, $\alpha+\beta>90°$ である。

(1) 内積 $\overrightarrow{\mathrm{OA}}\cdot\overrightarrow{\mathrm{OC}}$, $\overrightarrow{\mathrm{OB}}\cdot\overrightarrow{\mathrm{OC}}$ を a, b, c, α, β を用いて表せ。

(2) 点Cから △OAB を含む平面へ下ろした垂線を CH とする。
$\overrightarrow{\mathrm{OH}}=k\overrightarrow{\mathrm{OA}}+l\overrightarrow{\mathrm{OB}}$ (k, l は実数) とおくとき，k, l を a, b, c, α, β を用いて表せ。

(3) 四面体 OABC の体積 V を a, b, c, α, β を用いて表せ。

(4) a, b, c を定数とし，α, β が $\alpha+\beta=120°$ を満たしながら動くとき，V の最大値を求めよ。 〔長崎大〕

指針 (2) **点Pから平面 α に下ろした垂線を PH とすると，垂線 PH は平面 α 上のすべての直線に垂直である。**

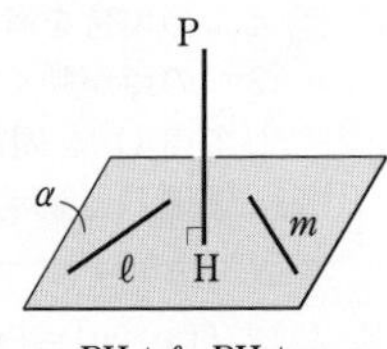

$\mathrm{PH}\perp\ell$, $\mathrm{PH}\perp m$

CH は点Cから △OAB を含む平面へ下ろした垂線
$\longrightarrow$ $\mathrm{OA}\perp\mathrm{CH}$, $\mathrm{OB}\perp\mathrm{CH}$ $\longrightarrow$ $\overrightarrow{\mathrm{OA}}\cdot\overrightarrow{\mathrm{CH}}=0$, $\overrightarrow{\mathrm{OB}}\cdot\overrightarrow{\mathrm{CH}}=0$ … ①
$\overrightarrow{\mathrm{CH}}=\overrightarrow{\mathrm{OH}}-\overrightarrow{\mathrm{OC}}$ とすることで $\overrightarrow{\mathrm{CH}}$ は $\overrightarrow{\mathrm{OA}}$, $\overrightarrow{\mathrm{OB}}$, $\overrightarrow{\mathrm{OC}}$ で表されるから，① を利用して k, l を求める。

(3) $V=\dfrac{1}{3}\triangle\mathrm{OAB}\cdot|\overrightarrow{\mathrm{CH}}|$ である。まず，$|\overrightarrow{\mathrm{CH}}|^2$ を計算する。

(4) (3) で求めた V の式には $\cos^2\alpha$, $\cos^2\beta$ が現れるから，倍角・半角の公式を利用して，まず次数を下げる。

解答 (1) $\boldsymbol{\overrightarrow{\mathrm{OA}}\cdot\overrightarrow{\mathrm{OC}}}=|\overrightarrow{\mathrm{OA}}||\overrightarrow{\mathrm{OC}}|\cos\angle\mathrm{AOC}=\boldsymbol{ac\cos\alpha}$
$\boldsymbol{\overrightarrow{\mathrm{OB}}\cdot\overrightarrow{\mathrm{OC}}}=|\overrightarrow{\mathrm{OB}}||\overrightarrow{\mathrm{OC}}|\cos\angle\mathrm{BOC}=\boldsymbol{bc\cos\beta}$

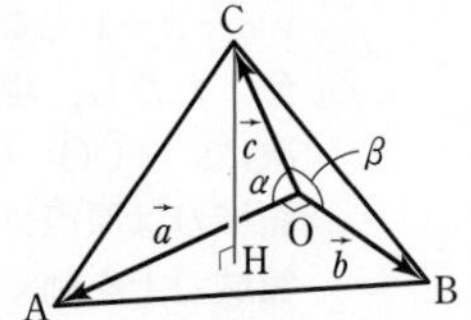

(2) $\overrightarrow{\mathrm{OA}}=\vec{a}$, $\overrightarrow{\mathrm{OB}}=\vec{b}$, $\overrightarrow{\mathrm{OC}}=\vec{c}$ とすると，(1) から
$$\vec{a}\cdot\vec{c}=ac\cos\alpha,\quad \vec{b}\cdot\vec{c}=bc\cos\beta$$
$\vec{a}\perp\vec{b}$ であるから　$\vec{a}\cdot\vec{b}=0$
$\vec{a}\perp\overrightarrow{\mathrm{CH}}$, $\vec{b}\perp\overrightarrow{\mathrm{CH}}$ であるから
$$\vec{a}\cdot\overrightarrow{\mathrm{CH}}=0,\ \vec{b}\cdot\overrightarrow{\mathrm{CH}}=0 \quad\cdots\cdots ①$$
$\overrightarrow{\mathrm{CH}}=\overrightarrow{\mathrm{OH}}-\overrightarrow{\mathrm{OC}}=k\vec{a}+l\vec{b}-\vec{c}$ であるから　◀ベクトルの分割。

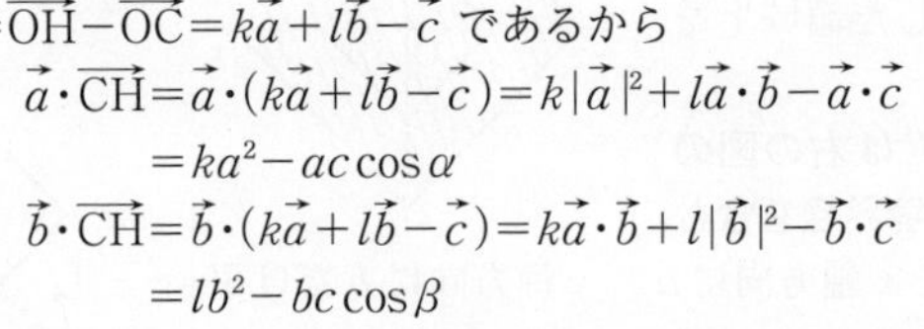

$$\vec{a}\cdot\overrightarrow{\mathrm{CH}}=\vec{a}\cdot(k\vec{a}+l\vec{b}-\vec{c})=k|\vec{a}|^2+l\vec{a}\cdot\vec{b}-\vec{a}\cdot\vec{c}$$
$$=ka^2-ac\cos\alpha$$
◀ $|\vec{a}|=a$, $\vec{a}\cdot\vec{b}=0$, $\vec{a}\cdot\vec{c}=ac\cos\alpha$
$$\vec{b}\cdot\overrightarrow{\mathrm{CH}}=\vec{b}\cdot(k\vec{a}+l\vec{b}-\vec{c})=k\vec{a}\cdot\vec{b}+l|\vec{b}|^2-\vec{b}\cdot\vec{c}$$
$$=lb^2-bc\cos\beta$$
◀ $|\vec{b}|=b$, $\vec{a}\cdot\vec{b}=0$, $\vec{b}\cdot\vec{c}=bc\cos\beta$

よって，① から　$ka^2-ac\cos\alpha=0$, $lb^2-bc\cos\beta=0$

ゆえに　$\boldsymbol{k=\dfrac{c\cos\alpha}{a}}$, $\boldsymbol{l=\dfrac{c\cos\beta}{b}}$　◀ $a\neq0$, $b\neq0$

(3) $|\overrightarrow{\mathrm{CH}}|^2=|k\vec{a}+l\vec{b}-\vec{c}|^2$　◀ $(ka+lb-c)^2$ の展開と同様。

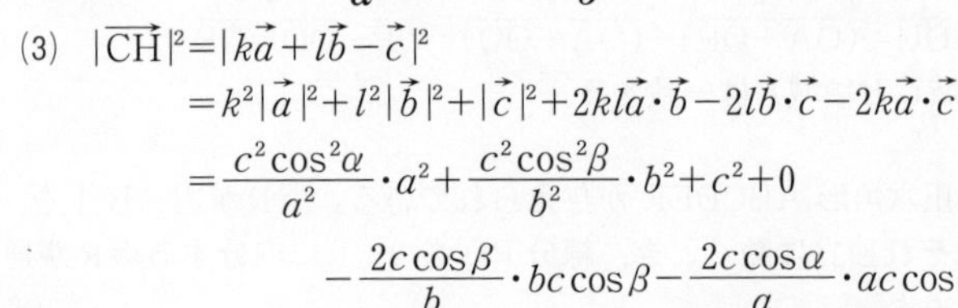

$$=k^2|\vec{a}|^2+l^2|\vec{b}|^2+|\vec{c}|^2+2kl\vec{a}\cdot\vec{b}-2l\vec{b}\cdot\vec{c}-2k\vec{a}\cdot\vec{c}$$
$$=\frac{c^2\cos^2\alpha}{a^2}\cdot a^2+\frac{c^2\cos^2\beta}{b^2}\cdot b^2+c^2+0$$
◀ (1), (2) の結果を代入。
$$-\frac{2c\cos\beta}{b}\cdot bc\cos\beta-\frac{2c\cos\alpha}{a}\cdot ac\cos\alpha$$

$=c^2\cos^2\alpha+c^2\cos^2\beta+c^2-2c^2\cos^2\beta-2c^2\cos^2\alpha$

$=c^2(1-\cos^2\alpha-\cos^2\beta)$

よって　$|\overrightarrow{\mathrm{CH}}|=c\sqrt{1-\cos^2\alpha-\cos^2\beta}$　ゆえに　◀ $c>0$

$V=\frac{1}{3}\triangle\mathrm{OAB}\cdot|\overrightarrow{\mathrm{CH}}|=\frac{1}{3}\cdot\frac{1}{2}ab\cdot c\sqrt{1-\cos^2\alpha-\cos^2\beta}$　◀ $\frac{1}{3}\times$(底面積)$\times$(高さ)

$=\boldsymbol{\frac{1}{6}abc\sqrt{1-\cos^2\alpha-\cos^2\beta}}$

(4)　$1-\cos^2\alpha-\cos^2\beta=1-\frac{1+\cos 2\alpha}{2}-\frac{1+\cos 2\beta}{2}$　◀ $\cos^2 A=\frac{1+\cos 2A}{2}$

$=-\frac{1}{2}(\cos 2\alpha+\cos 2\beta)=-\frac{1}{2}\cdot 2\cos(\alpha+\beta)\cos(\alpha-\beta)$　◀ 和 ⟶ 積の公式 $\cos A+\cos B=2\cos\frac{A+B}{2}\cos\frac{A-B}{2}$

$=-\cos 120^\circ\cos(\alpha-\beta)=\frac{1}{2}\cos(\alpha-\beta)$　$\alpha+\beta=120^\circ$ にも注意。

よって　$V=\frac{\sqrt{2}}{12}abc\sqrt{\cos(\alpha-\beta)}$

$0^\circ<\alpha<90^\circ$, $0^\circ<\beta<90^\circ$ であるから　$-90^\circ<\alpha-\beta<90^\circ$　◀ $-90^\circ<-\beta<0^\circ$

したがって，Vが最大となるのは $\alpha-\beta=0^\circ$ すなわち　◀ $0<\cos(\alpha-\beta)\leqq 1$

$\boldsymbol{\alpha=\beta=60^\circ}$ **のとき** で，その **最大値** は　$\boldsymbol{\frac{\sqrt{2}}{12}abc}$　◀ $\cos 0^\circ=1$

総　総合演習

(2)　**正射影の考え**　(3)　**座標と外積**　**を利用した別解**

(2)　点Hから OA に垂線 HP を下ろすと　OA⊥CH
このことと OA⊥HP から　OA⊥(平面 CPH)
よって，CP⊥OA であるから　$\mathrm{OP}=c\cos\alpha$
点Hから OB に垂線 HQ を下ろすと，同様にして
CQ⊥OB であるから　$\mathrm{OQ}=c\cos\beta$

ゆえに　$\overrightarrow{\mathrm{OH}}=\overrightarrow{\mathrm{OP}}+\overrightarrow{\mathrm{OQ}}=(c\cos\alpha)\frac{\vec{a}}{a}+(c\cos\beta)\frac{\vec{b}}{b}$

したがって，$\boldsymbol{k=\frac{c\cos\alpha}{a}}$，$\boldsymbol{l=\frac{c\cos\beta}{b}}$ である。

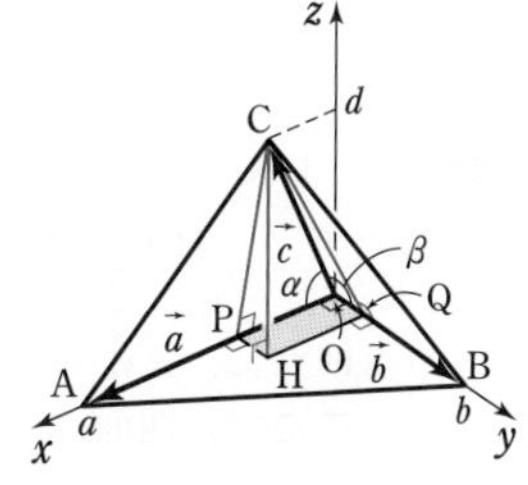

(3)　$\angle\mathrm{AOB}=90^\circ$ であるから，Oを原点，$\mathrm{A}(a,\ 0,\ 0)$，$\mathrm{B}(0,\ b,\ 0)$ とすると，
$\mathrm{C}(c\cos\alpha,\ c\cos\beta,\ d)$ とおける。　$\mathrm{OC}^2=c^2$ から　$c^2\cos^2\alpha+c^2\cos^2\beta+d^2=c^2$
よって　$d^2=c^2(1-\cos^2\alpha-\cos^2\beta)$　ゆえに，$d=c\sqrt{1-\cos^2\alpha-\cos^2\beta}$ とする。
$\vec{a}\times\vec{b}=(0\cdot 0-0\cdot b,\ 0\cdot 0-a\cdot 0,\ a\cdot b-0\cdot 0)=(0,\ 0,\ ab)$

したがって　$V=\frac{1}{6}|(\vec{a}\times\vec{b})\cdot\vec{c}|=\frac{1}{6}|ab\times c\sqrt{1-\cos^2\alpha-\cos^2\beta}|$

$=\boldsymbol{\frac{1}{6}abc\sqrt{1-\cos^2\alpha-\cos^2\beta}}$

空間内に四面体 OABC がある。Oは原点で，ベクトル $\overrightarrow{\mathrm{OA}}$，$\overrightarrow{\mathrm{OB}}$，$\overrightarrow{\mathrm{OC}}$ は $|\overrightarrow{\mathrm{OA}}|=1$，$|\overrightarrow{\mathrm{OB}}|=2$，$|\overrightarrow{\mathrm{OC}}|=3$，$\overrightarrow{\mathrm{OA}}\cdot\overrightarrow{\mathrm{OB}}=1$，$\overrightarrow{\mathrm{OB}}\cdot\overrightarrow{\mathrm{OC}}=a$，$\overrightarrow{\mathrm{OC}}\cdot\overrightarrow{\mathrm{OA}}=1$ を満たしているものとする。ただし，aは実数とする。　〔広島大〕

(1)　三角形 OAB の面積を求めよ。

(2)　ベクトル $p\overrightarrow{\mathrm{OA}}+q\overrightarrow{\mathrm{OB}}-\overrightarrow{\mathrm{OC}}$ が $\overrightarrow{\mathrm{OA}}$ および $\overrightarrow{\mathrm{OB}}$ と直交するような実数 p，q を aを用いて表せ。

(3)　四面体 OABC の体積の最大値と最大となるときの a の値を求めよ。

演習例題 4 ベクトル方程式の扱い

四面体 ABCD において，辺 AB の中点をM，辺 CD の中点をNとする。

(1) 等式 $\overrightarrow{PA}+\overrightarrow{PB}=\overrightarrow{PC}+\overrightarrow{PD}$ を満たす点Pは存在するか。証明をつけて答えよ。

(2) 点Qが等式 $|\overrightarrow{QA}+\overrightarrow{QB}|=|\overrightarrow{QC}+\overrightarrow{QD}|$ を満たしながら動くとき，点Qが描く図形を求めよ。

(3) 点Rが等式 $|\overrightarrow{RA}|^2+|\overrightarrow{RB}|^2=|\overrightarrow{RC}|^2+|\overrightarrow{RD}|^2$ を満たしながら動くとき，内積 $\overrightarrow{MN}\cdot\overrightarrow{MR}$ はRのとり方によらず一定であることを示せ。

(4) (2)の点Qが描く図形と(3)の点Rが描く図形が一致するための必要十分条件は $|\overrightarrow{AB}|=|\overrightarrow{CD}|$ であることを示せ。 〔東北大〕

指針 辺 AB の中点M，辺 CD の中点Nを利用して変形していく。

(1) 等式の両辺を 2 で割った式について検討。

(2) (1)と同様に，等式の両辺を 2 で割ってみる。

(3) $|\overrightarrow{RA}|^2+|\overrightarrow{RB}|^2$，$|\overrightarrow{RC}|^2+|\overrightarrow{RD}|^2$ はそれぞれ △RAB，△RCD に中線定理を適用したときに出てくる式である。
よって，等式と中線定理より
$2(|\overrightarrow{RM}|^2+|\overrightarrow{AM}|^2)=2(|\overrightarrow{RN}|^2+|\overrightarrow{CN}|^2)$ が導かれるから，これを変形して $\overrightarrow{MN}\cdot\overrightarrow{MR}=$(定ベクトルの大きさや内積の式)
と表されることを導く。

(4) (2)で調べた点Qの満たす条件を点Rが満たせばよい。

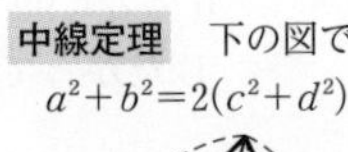
中線定理 下の図で
$a^2+b^2=2(c^2+d^2)$

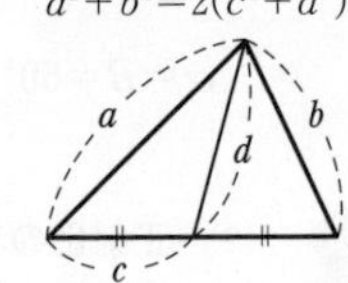

解答 (1) $\overrightarrow{PA}+\overrightarrow{PB}=\overrightarrow{PC}+\overrightarrow{PD}$ から

$$\frac{\overrightarrow{PA}+\overrightarrow{PB}}{2}=\frac{\overrightarrow{PC}+\overrightarrow{PD}}{2}$$

ゆえに，$\overrightarrow{PM}=\overrightarrow{PN}$ から $\overrightarrow{MN}=\vec{0}$

ここで，四面体 ABCD において，辺 AB の中点Mと辺 CD の中点Nは異なる点であるから $\overrightarrow{MN}\neq\vec{0}$

したがって，与えられた等式を満たす点Pは **存在しない**。

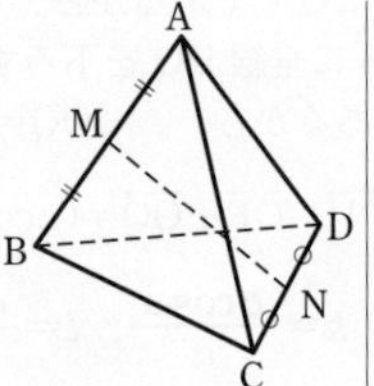

◀ Mは辺 AB の中点，Nは辺 CD の中点。

◀ $\overrightarrow{MN}=\vec{0}$ ではない。

(2) $|\overrightarrow{QA}+\overrightarrow{QB}|=|\overrightarrow{QC}+\overrightarrow{QD}|$ から

$$\left|\frac{\overrightarrow{QA}+\overrightarrow{QB}}{2}\right|=\left|\frac{\overrightarrow{QC}+\overrightarrow{QD}}{2}\right|$$

よって $|\overrightarrow{QM}|=|\overrightarrow{QN}|$

したがって，点Qは 2 点 M，N から等しい距離にある点の集合であるから，点Qが描く図形は，**線分 MN の中点を通り，$\overrightarrow{MN}$ に垂直な平面** である。

(2)
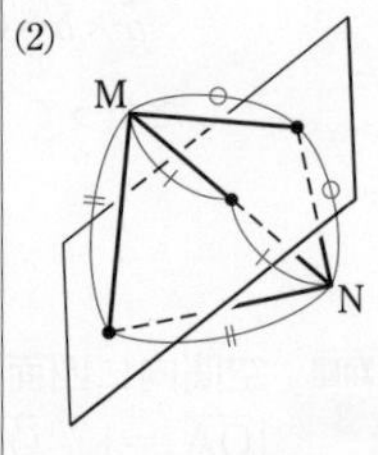

(3) 中線定理から

$$|\overrightarrow{RA}|^2+|\overrightarrow{RB}|^2=2(|\overrightarrow{RM}|^2+|\overrightarrow{AM}|^2)$$
$$|\overrightarrow{RC}|^2+|\overrightarrow{RD}|^2=2(|\overrightarrow{RN}|^2+|\overrightarrow{CN}|^2)$$

$|\overrightarrow{RA}|^2+|\overrightarrow{RB}|^2=|\overrightarrow{RC}|^2+|\overrightarrow{RD}|^2$ であるから

$$|\overrightarrow{RM}|^2+|\overrightarrow{AM}|^2=|\overrightarrow{RN}|^2+|\overrightarrow{CN}|^2 \quad \cdots\cdots ①$$

(3)
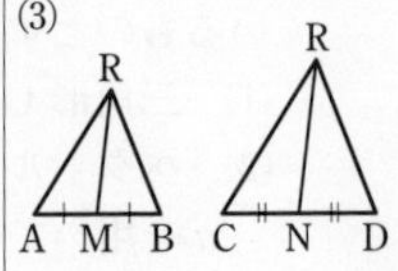

ゆえに $|\overrightarrow{RN}|^2-|\overrightarrow{RM}|^2=|\overrightarrow{AM}|^2-|\overrightarrow{CN}|^2=\frac{1}{4}(|\overrightarrow{AB}|^2-|\overrightarrow{CD}|^2)$

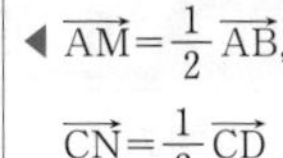

◀ $\overrightarrow{AM}=\frac{1}{2}\overrightarrow{AB}$, $\overrightarrow{CN}=\frac{1}{2}\overrightarrow{CD}$

よって $(\overrightarrow{RN}-\overrightarrow{RM})\cdot(\overrightarrow{RN}+\overrightarrow{RM})=\frac{1}{4}(|\overrightarrow{AB}|^2-|\overrightarrow{CD}|^2)$

ゆえに $\overrightarrow{MN}\cdot(\overrightarrow{MN}-2\overrightarrow{MR})=\frac{1}{4}(|\overrightarrow{AB}|^2-|\overrightarrow{CD}|^2)$ から

◀ $\overrightarrow{RN}+\overrightarrow{RM}=(\overrightarrow{MN}-\overrightarrow{MR})-\overrightarrow{MR}$

よって $\overrightarrow{MN}\cdot\overrightarrow{MR}=\frac{1}{2}|\overrightarrow{MN}|^2-\frac{1}{8}(|\overrightarrow{AB}|^2-|\overrightarrow{CD}|^2)$ …… ②

ここで，A，B，C，D，M，N は定点であるから，② の右辺は一定の値をとる。

したがって，$\overrightarrow{MN}\cdot\overrightarrow{MR}$ は一定である。

(4) 点Rの描く図形が点Qの描く図形と一致するための必要十分条件は，(2) から $|\overrightarrow{RM}|=|\overrightarrow{RN}|$ が成り立つことである。

◀ $|\overrightarrow{RM}|=|\overrightarrow{RN}| \iff |\overrightarrow{AB}|=|\overrightarrow{CD}|$ を示す。

$|\overrightarrow{RM}|=|\overrightarrow{RN}|$ であるとき

$$|\overrightarrow{RM}|^2=|\overrightarrow{RN}|^2=|\overrightarrow{MN}-\overrightarrow{MR}|^2$$
$$=|\overrightarrow{MN}|^2-2\overrightarrow{MN}\cdot\overrightarrow{MR}+|\overrightarrow{MR}|^2$$

$|\overrightarrow{RM}|=|\overrightarrow{MR}|$ であるから $|\overrightarrow{MN}|^2=2\overrightarrow{MN}\cdot\overrightarrow{MR}$ …… ③

② の両辺を 2 倍したものに ③ を代入して

◀ 点Rは ② を満たす。

$$|\overrightarrow{MN}|^2=|\overrightarrow{MN}|^2-\frac{1}{4}(|\overrightarrow{AB}|^2-|\overrightarrow{CD}|^2)$$

よって $|\overrightarrow{AB}|^2=|\overrightarrow{CD}|^2$ すなわち $|\overrightarrow{AB}|=|\overrightarrow{CD}|$

逆に，$|\overrightarrow{AB}|=|\overrightarrow{CD}|$ であるとき，$|\overrightarrow{AM}|=|\overrightarrow{CN}|$ であるから，

◀ 点Cは ① を満たす。

① より $|\overrightarrow{RM}|^2=|\overrightarrow{RN}|^2$ すなわち $|\overrightarrow{RM}|=|\overrightarrow{RN}|$

以上により，題意は示された。

(4) は次のように考えてもよい。

$\overrightarrow{MN}$ と $\overrightarrow{MQ}$ のなす角を θ とすると，(2) から △QMN は QM＝QN の二等辺三角形である。

ゆえに $\overrightarrow{MN}\cdot\overrightarrow{MQ}=|\overrightarrow{MN}||\overrightarrow{MQ}|\cos\theta=|\overrightarrow{MN}|\times\frac{1}{2}|\overrightarrow{MN}|$

$$=\frac{1}{2}|\overrightarrow{MN}|^2$$

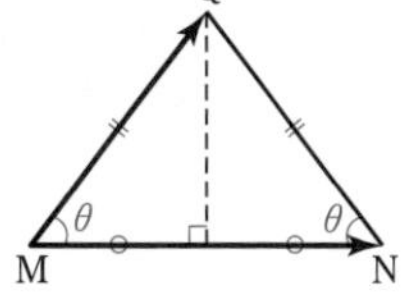

これと (3) の ② から，点Qが描く図形と点Rが描く図形が一致するための必要十分条件は

$|\overrightarrow{AB}|^2=|\overrightarrow{CD}|^2$ すなわち $|\overrightarrow{AB}|=|\overrightarrow{CD}|$ である。

類題 4 (1) xy 平面において，O(0, 0)，$A\left(\frac{1}{\sqrt{2}}, \frac{1}{\sqrt{2}}\right)$ とする。このとき，$(\overrightarrow{OP}\cdot\overrightarrow{OA})^2+|\overrightarrow{OP}-(\overrightarrow{OP}\cdot\overrightarrow{OA})\overrightarrow{OA}|^2\leqq 1$ を満たす点P全体のなす図形の面積を求めよ。

(2) xyz 空間において，O(0, 0, 0)，$A\left(\frac{1}{\sqrt{3}}, \frac{1}{\sqrt{3}}, \frac{1}{\sqrt{3}}\right)$ とする。このとき，$(\overrightarrow{OP}\cdot\overrightarrow{OA})^2+|\overrightarrow{OP}-(\overrightarrow{OP}\cdot\overrightarrow{OA})\overrightarrow{OA}|^2\leqq 1$ を満たす点P全体のなす図形の体積を求めよ。

〔神戸大〕

総 総合演習

演習例題 5 空間における図形（球面）

xyz 空間の 4 点 A(1, 0, 0), B(1, 1, 1), C(−1, 1, −1), D(−1, 0, 0) を考える。
(1) 2 直線 AB, BC から等距離にある点全体のなす図形を求めよ。
(2) 4 直線 AB, BC, CD, DA にともに接する球面の中心と半径の組をすべて求めよ。
〔東京工大〕

指針 (1) 等距離にある点をPとすると

$\angle PBA=\angle PBC$ （図1）

または $\angle PBA=\pi-\angle PBC$ （図2）

これより $|\cos\angle PBC|=|\cos\angle PBA|$ となる。

ここで $\cos\angle PBC=\dfrac{\overrightarrow{BP}\cdot\overrightarrow{BC}}{|\overrightarrow{BP}||\overrightarrow{BC}|}$ を利用すればよい。

(2) 球面の中心は，4 直線から等距離にある。

（図1）
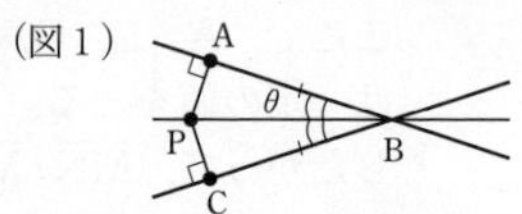

（図2）
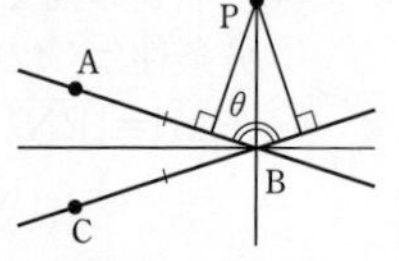

解答 (1) 空間上の点Pから直線 AB, BC に下ろした垂線と AB, BC の交点をそれぞれ H, I とすると，Pが直線 AB, BC から等距離にあるとき　PH=PI

ここで，△BPH と △BPI は直角三角形であり，斜辺 BP が共通であるから

△BPH≡△BPI　　よって　BH=BI

$\overrightarrow{BP}$ と $\overrightarrow{BA}$ のなす角を θ とすると　$BH=BP|\cos\theta|$

◀ 指針の図 2 の場合があるので絶対値をつける。

よって　$|\overrightarrow{BH}|=\dfrac{|\overrightarrow{BP}\cdot\overrightarrow{BA}|}{|\overrightarrow{BA}|}$　◀ $\overrightarrow{BP}\cdot\overrightarrow{BA}=|\overrightarrow{BA}||\overrightarrow{BP}|\cos\theta$

同様に考えて　$|\overrightarrow{BI}|=\dfrac{|\overrightarrow{BP}\cdot\overrightarrow{BC}|}{|\overrightarrow{BC}|}$

ここで，P(x, y, z) とすると

$\overrightarrow{BP}=(x-1,\ y-1,\ z-1)$, $\overrightarrow{BA}=(0,\ -1,\ -1)$, $\overrightarrow{BC}=(-2,\ 0,\ -2)$

であるから　$|\overrightarrow{BA}|=\sqrt{2}$, $|\overrightarrow{BC}|=2\sqrt{2}$

$\overrightarrow{BP}\cdot\overrightarrow{BA}=-(y-1)-(z-1)=-y-z+2$

$\overrightarrow{BP}\cdot\overrightarrow{BC}=-2(x-1)-2(z-1)=-2x-2z+4$

よって，BH=BI のとき，$\dfrac{|\overrightarrow{BP}\cdot\overrightarrow{BA}|}{|\overrightarrow{BA}|}=\dfrac{|\overrightarrow{BP}\cdot\overrightarrow{BC}|}{|\overrightarrow{BC}|}$ であるから

$$\frac{|-y-z+2|}{\sqrt{2}}=\frac{|-2x-2z+4|}{2\sqrt{2}}$$

整理すると　$|y+z-2|=|x+z-2|$

したがって　$y+z-2=x+z-2$ または $y+z-2=-(x+z-2)$　◀ $|a|=|b| \iff a=\pm b$

すなわち　$x=y$ …… ①　または　$x+y+2z=4$ …… ②

よって，求める図形は　**平面 $x=y$ と平面 $x+y+2z=4$ の和集合**

(2) (1)と同様に考えると，Pが 2 直線 BC, CD から等距離にある

とき　$\dfrac{|\overrightarrow{CP}\cdot\overrightarrow{CB}|}{|\overrightarrow{CB}|}=\dfrac{|\overrightarrow{CP}\cdot\overrightarrow{CD}|}{|\overrightarrow{CD}|}$

◀ (1)の B ⟶ C, A ⟶ B, C ⟶ D とおき換える。

$\overrightarrow{CP}=(x+1,\ y-1,\ z+1)$, $\overrightarrow{CB}=(2,\ 0,\ 2)$, $\overrightarrow{CD}=(0,\ -1,\ 1)$

であるから $\dfrac{|2x+2z+4|}{2\sqrt{2}}=\dfrac{|-y+z+2|}{\sqrt{2}}$

整理すると $|x+z+2|=|y-z-2|$

したがって $x+z+2=y-z-2$ または $x+z+2=-(y-z-2)$

すなわち $x-y+2z=-4$ …… ③ または $x=-y$ …… ④

Pが2直線CD, DAから等距離にあるとき

$$\frac{|\overrightarrow{DP}\cdot\overrightarrow{DC}|}{|\overrightarrow{DC}|}=\frac{|\overrightarrow{DP}\cdot\overrightarrow{DA}|}{|\overrightarrow{DA}|}$$

$\overrightarrow{DP}=(x+1,\ y,\ z)$, $\overrightarrow{DC}=(0,\ 1,\ -1)$, $\overrightarrow{DA}=(2,\ 0,\ 0)$

であるから $\dfrac{|y-z|}{\sqrt{2}}=\dfrac{|2x+2|}{2}$

整理すると $|y-z|=\sqrt{2}\,|x+1|$

したがって $y-z=\sqrt{2}(x+1)$ または $y-z=-\sqrt{2}(x+1)$

すなわち $\sqrt{2}x-y+z=-\sqrt{2}$ …… ⑤ または $\sqrt{2}x+y-z=-\sqrt{2}$ …… ⑥

以上により，点Pが4直線AB, BC, CD, DAから等距離にあるときは，以下の場合である。

◀ 2×2×2の8通りある。

[1] ①，③，⑤を満たすとき $x=\sqrt{2}$, $y=\sqrt{2}$, $z=-2$

◀ それぞれの場合を連立して x, y, z を求める。

[2] ①，③，⑥を満たすとき $x=-\sqrt{2}$, $y=-\sqrt{2}$, $z=-2$

[3] ①，④，⑤を満たすとき $x=0$, $y=0$, $z=-\sqrt{2}$

[4] ①，④，⑥を満たすとき $x=0$, $y=0$, $z=\sqrt{2}$

[5] ②，③，⑤を満たすとき $x=2\sqrt{2}$, $y=4$, $z=-\sqrt{2}$

[6] ②，③，⑥を満たすとき $x=-2\sqrt{2}$, $y=4$, $z=\sqrt{2}$

[7] ②，④，⑤を満たすとき $x=-\sqrt{2}$, $y=\sqrt{2}$, $z=2$

[8] ②，④，⑥を満たすとき $x=\sqrt{2}$, $y=-\sqrt{2}$, $z=2$

[1]～[8]で求めた点 $(x,\ y,\ z)$ が，4直線AB, BC, CD, DAすべてに接する球面の中心の座標となる。

ここで，直線DAは x 軸であるから，球面の半径は中心 $(x,\ y,\ z)$ と直線DAの距離に等しく，半径は $\sqrt{y^2+z^2}$

よって，求める球面の中心と半径の組は

中心 $(\sqrt{2},\ \sqrt{2},\ -2)$，半径 $\sqrt{6}$　中心 $(-\sqrt{2},\ -\sqrt{2},\ -2)$，半径 $\sqrt{6}$

中心 $(0,\ 0,\ -\sqrt{2})$，半径 $\sqrt{2}$　中心 $(0,\ 0,\ \sqrt{2})$，半径 $\sqrt{2}$

中心 $(2\sqrt{2},\ 4,\ -\sqrt{2})$，半径 $3\sqrt{2}$　中心 $(-2\sqrt{2},\ 4,\ \sqrt{2})$，半径 $3\sqrt{2}$

中心 $(-\sqrt{2},\ \sqrt{2},\ 2)$，半径 $\sqrt{6}$　中心 $(\sqrt{2},\ -\sqrt{2},\ 2)$，半径 $\sqrt{6}$

類題 5 座標空間において，3点A(6, 6, 3), B(4, 0, 6), C(0, 6, 6) を通る平面を α とする。

(1) α に垂直で大きさが1のベクトルをすべて求めよ。

(2) 中心が点 $P(a,\ b,\ c)$ で半径が r の球が平面 α，xy 平面，yz 平面，zx 平面のすべてに接し，かつ $a\geqq 0$，$b\geqq 0$ が満たされている。このような点Pと r の組をすべて求めよ。

〔東北大〕

総 総合演習

演習例題 6 複素数平面上を移動する点の極限

複素数平面上を，点Pが次のように移動する。

(A) 時刻0では，Pは原点にいる。時刻1まで，Pは実軸の正の方向に速さ1で移動する。移動後のPの位置を $\mathrm{Q}_1(z_1)$ とすると，$z_1=1$ である。

(B) 時刻1にPは $\mathrm{Q}_1(z_1)$ において進行方向を $\dfrac{\pi}{4}$ 回転し，時刻2までその方向に速さ $\dfrac{1}{\sqrt{2}}$ で移動する。以下同様に，時刻 n にPは $\mathrm{Q}_n(z_n)$ において進行方向を $\dfrac{\pi}{4}$ 回転し，時刻 $n+1$ までその方向に速さ $\left(\dfrac{1}{\sqrt{2}}\right)^n$ で移動する。移動後のPの位置を $\mathrm{Q}_{n+1}(z_{n+1})$ とする。ただし，n は自然数である。

$\alpha=\dfrac{1+i}{2}$ として，次の問いに答えよ。 〔類 広島大〕

(1) z_n を α，n を用いて表せ。

(2) Pが $\mathrm{Q}_1(z_1)$，$\mathrm{Q}_2(z_2)$，…… と移動するとき，Pはある点 $\mathrm{Q}(w)$ に限りなく近づく。w を求めよ。

(3) z_n の実部が(2)で求めた w の実部より大きくなるようなすべての n を求めよ。

指針 一般に，**複素数の積・商は 回転と拡大・縮小**であるから，上の(A)，(B)のような，**回転と縮小を繰り返す点の移動は，複素数平面上で考える**のが有効である。

(1) 右の図から，z_{n+2}，z_{n+1}，z_n は，次の漸化式を満たす。

$$z_{n+2}-z_{n+1}=\frac{1}{\sqrt{2}}\left(\cos\frac{\pi}{4}+i\sin\frac{\pi}{4}\right)(z_{n+1}-z_n)$$

すなわち $z_{n+2}-z_{n+1}=\alpha(z_{n+1}-z_n)$

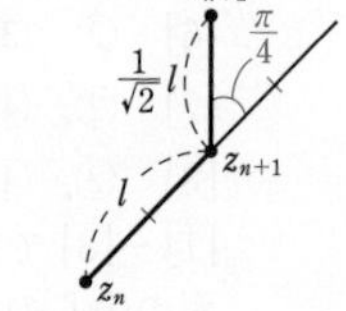

(2) (1)の結果により，数列 $\{\alpha^n\}$ の極限を考えることになるが，複素数の数列の極限については，高校数学では定義されていない。ここでは，$|\alpha^n|$ の極限について考える。

(3) z_n と w の実部を比較すると，三角関数の不等式が得られる。その解を適当な自然数を用いて表す。

解答 (1) 条件から $z_{n+2}-z_{n+1}=\dfrac{1}{\sqrt{2}}\left(\cos\dfrac{\pi}{4}+i\sin\dfrac{\pi}{4}\right)(z_{n+1}-z_n)$

$\alpha=\dfrac{1+i}{2}=\dfrac{1}{\sqrt{2}}\left(\cos\dfrac{\pi}{4}+i\sin\dfrac{\pi}{4}\right)$ であるから

$$z_{n+2}-z_{n+1}=\alpha(z_{n+1}-z_n)$$

ゆえに $z_{n+1}-z_n=\alpha^{n-1}(z_2-z_1)$

$$=\alpha^{n-1}\left(\frac{1}{\sqrt{2}}\cdot\frac{1+i}{\sqrt{2}}+1-1\right)=\alpha^n$$

$n\geqq 2$ のとき

$$z_n=z_1+\sum_{k=1}^{n-1}\alpha^k=1+\frac{\alpha(1-\alpha^{n-1})}{1-\alpha}=\frac{1-\alpha^n}{1-\alpha}$$

$z_1=1$ であるから，この式は $n=1$ のときも成り立つ。

◀ $\overrightarrow{\mathrm{Q}_{n+1}\mathrm{Q}_{n+2}}$ は $\overrightarrow{\mathrm{Q}_n\mathrm{Q}_{n+1}}$ を $\dfrac{\pi}{4}$ 回転し，$|\overrightarrow{\mathrm{Q}_n\mathrm{Q}_{n+1}}|$ を $\dfrac{1}{\sqrt{2}}$ 倍したものと考えられる。

◀ $z_2=\dfrac{1}{\sqrt{2}}\times\left(\cos\dfrac{\pi}{4}+i\sin\dfrac{\pi}{4}\right)\times(z_1-0)+z_1$

したがって　　$z_n=\dfrac{1-\alpha^n}{1-\alpha}$

(2)　$\lim_{n\to\infty}|\alpha^n|=\lim_{n\to\infty}|\alpha|^n=\lim_{n\to\infty}\left(\dfrac{1}{\sqrt{2}}\right)^n=0$ であるから

$n \longrightarrow \infty$ のとき　$\alpha^n \longrightarrow 0$

ゆえに　$\lim_{n\to\infty}z_n=\lim_{n\to\infty}\left(\dfrac{1}{1-\alpha}-\dfrac{\alpha^n}{1-\alpha}\right)=\dfrac{1}{1-\alpha}$

よって　$\boldsymbol{w}=\dfrac{1}{1-\alpha}=\dfrac{2}{1-i}=\boldsymbol{1+i}\ (=2\alpha)$

◀ α^n の実部，虚部はそれぞれ $\left(\dfrac{1}{\sqrt{2}}\right)^n\cos\dfrac{n\pi}{4}$，$\left(\dfrac{1}{\sqrt{2}}\right)^n\sin\dfrac{n\pi}{4}$ である。$0\leqq\left|\cos\dfrac{n\pi}{4}\right|\leqq 1$，$0\leqq\left|\sin\dfrac{n\pi}{4}\right|\leqq 1$ で，$n\longrightarrow\infty$ のとき $\left(\dfrac{1}{\sqrt{2}}\right)^n\longrightarrow 0$ であるから，α^n の実部と虚部はそれぞれ 0 に収束すると考えられる。

(3)　$z_n=\dfrac{1-\alpha^n}{1-\alpha}=2\alpha(1-\alpha^n)=2(\alpha-\alpha^{n+1})$

$\alpha^{n+1}=\left(\dfrac{1}{\sqrt{2}}\right)^{n+1}\left(\cos\dfrac{n+1}{4}\pi+i\sin\dfrac{n+1}{4}\pi\right)$ であるから，

z_n の実部は

$2\left\{\dfrac{1}{2}-\left(\dfrac{1}{\sqrt{2}}\right)^{n+1}\cos\dfrac{n+1}{4}\pi\right\}=1-2\left(\dfrac{1}{\sqrt{2}}\right)^{n+1}\cos\dfrac{n+1}{4}\pi$

w の実部は 1 であるから，z_n の実部が w の実部より大きくなるための条件は　　$\cos\dfrac{n+1}{4}\pi<0$

n は自然数であるから，m を 0 以上の整数として，不等式の解は　　$\dfrac{\pi}{2}+2m\pi<\dfrac{n+1}{4}\pi<\dfrac{\pi}{2}+(2m+1)\pi$

ゆえに　　$2+8m<n+1<2+4(2m+1)$

すなわち　　$8m+1<n<8m+5$

◀ 各辺に $\dfrac{4}{\pi}$ を掛ける。

よって，求める n は **8 で割った余りが 2, 3, 4 である自然数。**

複素数からなる数列に対しても，数学Bで学習した実数の数列と同じことが成り立つ。特に，複素数と数列の融合問題では，**ド・モアブルの定理** が利用できる，等比数列に関連するものが多い。なお，複素数の数列 $\{z_n\}$ が，ある複素数 α に収束するということは，

$n\longrightarrow\infty$ のとき　$|z_n-\alpha|\longrightarrow 0$　　◀ 点 z_n と点 α の距離が 0 に収束する。

のことである。また，$z_n=x_n+y_ni$ とすると，数列 $\{z_n\}$ は座標平面上の点列 $(x_n,\ y_n)$ と同じように考えることができる。したがって，$\alpha=x+yi$ とすると

$$\lim_{n\to\infty}\boldsymbol{z_n}=\boldsymbol{\alpha}\iff\lim_{n\to\infty}\boldsymbol{x_n}=\boldsymbol{x},\ \lim_{n\to\infty}\boldsymbol{y_n}=\boldsymbol{y}$$

類題 6　z を複素数とする。自然数 n に対して z^n の実部と虚部をそれぞれ x_n と y_n として，2 つの数列 $\{x_n\}$，$\{y_n\}$ を考える。つまり，$z^n=x_n+iy_n$ を満たしている。ここで，i は虚数単位である。

(1)　複素数 z が，正の実数 r と実数 θ を用いて $z=r(\cos\theta+i\sin\theta)$ の形で与えられたとする。このとき，数列 $\{x_n\}$，$\{y_n\}$ がともに 0 に収束するための必要十分条件を，r と θ の範囲で表すと，ア[　　] となる。ア[　　] が数列 $\{x_n\}$，$\{y_n\}$ がともに 0 に収束するための十分条件であること，および必要条件であることの証明もせよ。

(2)　$z=\dfrac{1+\sqrt{3}\,i}{10}$ のとき，無限級数 $\sum_{n=1}^{\infty}x_n$ と $\sum_{n=1}^{\infty}y_n$ はともに収束し，それぞれの和は $\sum_{n=1}^{\infty}x_n=$ イ[　　]，$\sum_{n=1}^{\infty}y_n=$ ウ[　　] である。　〔類 慶応大〕

総

総合演習

演習例題 7 複素数平面上の点の存在範囲

複素数 a, b, c に対して整式 $f(z)=az^2+bz+c$ を考える。i を虚数単位とする。
(1) α, β, γ を複素数とする。$f(0)=\alpha$, $f(1)=\beta$, $f(i)=\gamma$ が成り立つとき，a, b, c をそれぞれ α, β, γ で表せ。
(2) $f(0)$, $f(1)$, $f(i)$ がいずれも 1 以上 2 以下の実数であるとき，$f(2)$ のとりうる範囲を複素数平面上に図示せよ。 〔東京大〕

指針 (1) $f(0)$, $f(1)$, $f(i)$ をそれぞれ求めて，連立方程式を解く。
係数が虚数でも，解法は実数の場合と同じである。
(2) (1)の結果を利用すると，z_1, z_2, z_3 をある複素数として
$$f(2)=\alpha z_1+\beta z_2+\gamma z_3$$
と表すことができる。
複素数は平面ベクトルと同様に考えて (方法をまねる)，
1つを固定して，他を動かす
方法で領域を求めることができる。

解答 (1) $f(0)=\alpha$ から　$c=\alpha$ ……①
$f(1)=\beta$ から　$a+b+c=\beta$
①を代入して　$a+b=-\alpha+\beta$ ……②
$f(i)=\gamma$ から　$-a+ib+c=\gamma$
①を代入して　$-a+ib=-\alpha+\gamma$ ……③
②$\times i-$③ から　$(1+i)a=(1-i)\alpha+i\beta-\gamma$
$$a=-i\alpha+\frac{1+i}{2}\beta-\frac{1-i}{2}\gamma$$
◀ 係数が虚数でも通常の連立方程式と同じ方法で解ける。

②+③ から　$(1+i)b=-2\alpha+\beta+\gamma$
$$b=-(1-i)\alpha+\frac{1-i}{2}\beta+\frac{1-i}{2}\gamma$$
◀ ②より $b=-a-\alpha+\beta$ としてもよい。

以上より
$$\boldsymbol{a=-i\alpha+\frac{1+i}{2}\beta-\frac{1-i}{2}\gamma,}$$
$$\boldsymbol{b=-(1-i)\alpha+\frac{1-i}{2}\beta+\frac{1-i}{2}\gamma,}$$
$$\boldsymbol{c=\alpha}$$

(2) $f(2)=4a+2b+c$
$$=4\left(-i\alpha+\frac{1+i}{2}\beta-\frac{1-i}{2}\gamma\right)+2\left\{-(1-i)\alpha+\frac{1-i}{2}\beta+\frac{1-i}{2}\gamma\right\}+\alpha$$
$$=(-1-2i)\alpha+(3+i)\beta+(-1+i)\gamma$$
◀ α, β, γ についてまとめる。

$z_1=-1-2i$, $z_2=3+i$, $z_3=-1+i$ とおくと
$$f(2)=\alpha z_1+\beta z_2+\gamma z_3$$

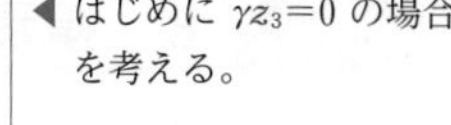

◀ はじめに $\gamma z_3=0$ の場合を考える。

α，β がそれぞれ $1\leqq\alpha\leqq2$，$1\leqq\beta\leqq2$ の範囲を動くとき，点 $\alpha z_1+\beta z_2$ の存在する領域は，次の 4 点

$z_1+z_2=2-i$,
$2z_1+z_2=1-3i$,
$z_1+2z_2=5$,
$2z_1+2z_2=4-2i$

を頂点とする平行四辺形の周および内部であり，右の図の斜線部分のようになる。

◀ 下の検討参照。

$f(2)$ の存在する領域は，点 $\alpha z_1+\beta z_2$ の存在する領域を γz_3 だけ平行移動した平行四辺形の周および内部である。

よって，求める $f(2)$ のとりうる範囲は，この平行四辺形を，$1\leqq\gamma\leqq2$ の範囲で γz_3 だけ動かしたときに通過する領域である。

◀ 平行四辺形 ABCD を γ の値に応じて動かす。

したがって，求める範囲は，**右の図の斜線部分** である。
ただし，境界線を含む。

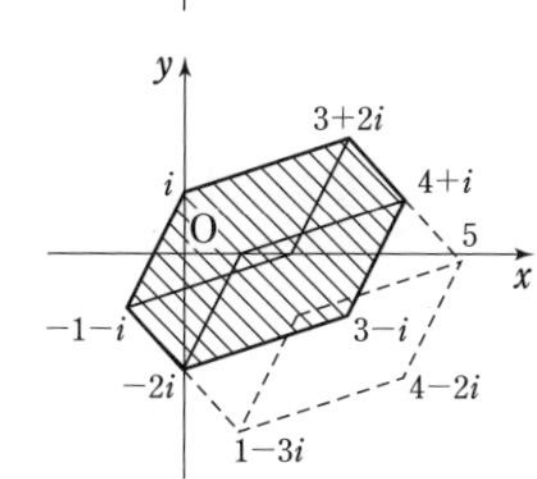

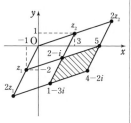

$p.72$ 例題 30 検討 [4] では，平面上のベクトルを用いて平行四辺形の周および内部の領域を表す方法を紹介した。複素数平面でも，平面上のベクトルと同様に考えることができる。上の解答において，$\alpha z_1+\beta z_2$ の存在範囲（1 つ目の図）を考えたが，これは以下のように考えることができる。

① $\beta=1$ で固定する。このとき，$1\leqq\alpha\leqq2$ とすると，αz_1+z_2 は右の図の AB を表す。

② β の固定を外し，$1\leqq\beta\leqq2$ の範囲で動かすと，AB と平行な線分が動き，$\beta=2$ のとき DC となる。このとき，線分の通過領域は平行四辺形 ABCD となる。

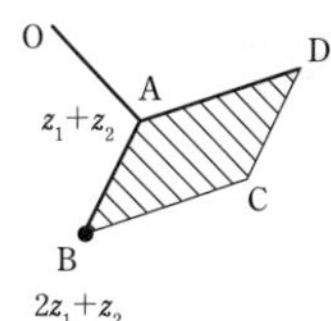

演習例題 7 と $p.72$ 例題 30 検討 [4] に現れる式の形を比較してみよう。

類題 7 a，b を実数とし，$f(z)=z^2+az+b$ とする。a，b が $|a|\leqq1$，$|b|\leqq1$ を満たしながら動くとき，$f(z)=0$ を満たす複素数 z がとりうる値の範囲を複素数平面上に図示せよ。〔東京工大〕

総合演習

演習例題 8 複素数と整数の性質の融合問題

i を虚数単位とする。次の事実がある。

事実F

a, b を互いに素な正の整数とする。このとき，
$\left(\cos\dfrac{2a}{b}\pi+i\sin\dfrac{2a}{b}\pi\right)^k=\cos\dfrac{2}{b}\pi+i\sin\dfrac{2}{b}\pi$ となる整数 k が存在する。

(1) 等式 $\left(\cos\dfrac{4}{5}\pi+i\sin\dfrac{4}{5}\pi\right)^k=\cos\dfrac{2}{5}\pi+i\sin\dfrac{2}{5}\pi$ を満たす最小の正の整数 k は ア□ である。

(2) a, b を互いに素な正の整数とし，集合 P を

$P=\left\{z \,\middle|\, z\text{ は整数 }k\text{ を用いて }\left(\cos\dfrac{2a}{b}\pi+i\sin\dfrac{2a}{b}\pi\right)^k\text{ と表される複素数}\right\}$

で定める。事実Fを考慮すると，集合 P の要素の個数 $n(P)$ は イ□ である。

(3) 事実Fを証明せよ。

(4) a_1, b_1 を互いに素な正の整数とし，a_2, b_2 も互いに素な正の整数とする。集合 Q_1 と Q_2 を

$Q_1=\left\{z \,\middle|\, z\text{ は整数 }k\text{ を用いて }\left(\cos\dfrac{2a_1}{b_1}\pi+i\sin\dfrac{2a_1}{b_1}\pi\right)^k\text{ と表される複素数}\right\}$

$Q_2=\left\{z \,\middle|\, z\text{ は整数 }k\text{ を用いて }\left(\cos\dfrac{2a_2}{b_2}\pi+i\sin\dfrac{2a_2}{b_2}\pi\right)^k\text{ と表される複素数}\right\}$

で定め，集合 R を

$R=\{z\,|\,z\text{ は集合 }Q_1\text{ の要素と集合 }Q_2\text{ の要素の積で表される複素数}\}$

で定める。b_1 と b_2 が互いに素ならば，集合 R の要素の個数 $n(R)$ は ウ□ である。b_1 と b_2 が互いに素でないとき，それらの最大公約数を d とすれば，集合 R の要素の個数 $n(R)$ は エ□ である。 ［慶応大］

指針 $z_a=\cos\dfrac{2a}{b}\pi+i\sin\dfrac{2a}{b}\pi$, $z_1=\cos\dfrac{2}{b}\pi+i\sin\dfrac{2}{b}\pi$ とすると，z_a, z_1 はともに1の b 乗根の形をしている。そして，1の b 乗根は，単位円に内接する正 b 角形の頂点を表す。ド・モアブルの定理により，$\arg z_a{}^k=\arg(z_a\times k)$ であるから，事実Fは

「a と b が互いに素であるとき，正 b 角形の頂点 z_a の偏角を k 倍すると点 z_1 に一致するような整数 k が存在する」

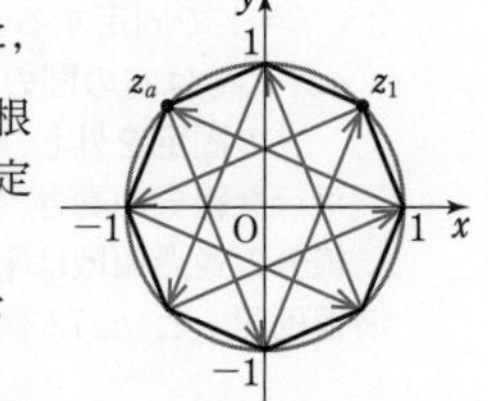

という意味である。例えば，$a=3$, $b=8$ のとき，点 z_a がその偏角の k 倍によって移動する頂点をたどると赤い線のようになる。
つまり, $k=2$ のときに点 z_1 に一致し, $k=7$ のときまでに正八角形のすべての頂点を通って $k=8$ で点 z_a に戻る。

(2) 事実Fのもとで, 集合 P の要素で異なるものはいくつあるか, ということ。上の図から，要素の個数は b 個であることが予想できる。

(3) 1次不定方程式の整数解が存在するための条件を証明する問題に帰着される。
「チャート式数学Ⅰ+A」の $p.434$ 練習 99 で

a と b が互いに素 $\Longrightarrow ax+by=1$ を満たす整数 x, y が存在する

ということを **部屋割り論法** により証明したが，これと同じ要領で証明する。

(4) 事実Fと(2)の結果から，Q_1 と Q_2 の要素の個数がわかる。解決のカギとなるのは，**a と b が互いに素のとき，$ax+by$ は任意の整数値をとりうる** ということ。

(エ) b_1 と b_2 が互いに素でないという条件を，最大公約数を d として式で表す。

解答 ド・モアブルの定理から $\cos\dfrac{2ak}{b}\pi+i\sin\dfrac{2ak}{b}\pi=\cos\dfrac{2}{b}\pi+i\sin\dfrac{2}{b}\pi$ …… ①

ゆえに $\dfrac{2ak}{b}\pi=\dfrac{2}{b}\pi+2n\pi$ (n は自然数)

すなわち $ak=1+bn$ …… ②

◀ a と b は互いに素であるから，ak を b で割ったときの余りは 1 である。

(1) ② で $a=2$, $b=5$ の場合であるから $2k=1+5n$

$k=1$, 2 のとき等式を満たす自然数 n は存在しない。

$k=3$ のとき $n=1$ となるから，求める最小の正の整数 k は

$k=$ ア**3**

(2) 事実Fの等式，すなわち ① を満たす k の値の 1 つを k_0 とすると $\left(\cos\dfrac{2a}{b}\pi+i\sin\dfrac{2a}{b}\pi\right)^{k_0}=\cos\dfrac{2}{b}\pi+i\sin\dfrac{2}{b}\pi$

◀ 指針から，$n(P)=b$ と予想されるが，正 b 角形のすべての頂点を通りうることを示す。そして，$\cos\dfrac{2\pi}{b}$, $\sin\dfrac{2\pi}{b}$ の周期が b であるから，$m=1$, 2, …, b で考える。

$k=mk_0$ ($m=1$, 2, ……, b) に対して

$$\left(\cos\frac{2a}{b}\pi+i\sin\frac{2a}{b}\pi\right)^{k}=\left(\cos\frac{2a}{b}\pi+i\sin\frac{2a}{b}\pi\right)^{mk_0}$$

$$=\left\{\left(\cos\frac{2a}{b}\pi+i\sin\frac{2a}{b}\right)^{k_0}\right\}^{m}=\left(\cos\frac{2}{b}\pi+i\sin\frac{2}{b}\pi\right)^{m}$$

$$=\cos\frac{2m}{b}\pi+i\sin\frac{2m}{b}\pi \quad \cdots\cdots ③$$

$m=1$, 2, ……, b の値をとるとき，③ は単位円に内接する正 b 角形の b 個の頂点を表すから $n(P)=$ イ$\boldsymbol{b}$

(3) 整数 k に対し，ak を b で割ったときの余りを $r(k)$ とする。

◀ a と b が互いに素であるとき，② すなわち $ak-bn=1$ を満たす整数 k, n が存在することを示す。

k, l を $b-1$ 以下の正の整数とし，ak, al を b で割ったときの商をそれぞれ s, t とすると，次の等式が成り立つ。

$ak=bs+r(k)$ …… ①, $al=bt+r(l)$ …… ②

このとき，$r(k)=r(l)$ が成り立つとすると，①−② から

$a(k-l)=b(s-t)$

◀「$k\neq l$ ならば $r(k)\neq r(l)$」を直接証明するのは難しい。そこで，対偶である「$r(k)=r(l)$ ならば $k=l$」を示す。

a と b は互いに素であるから，$k-l$ は b の倍数である。

また，k と l はともに b より小さい正の整数であるから，

$-b<k-l<b$ より $k-l=0$ すなわち $k=l$

ゆえに，「$r(k)=r(l)$ ならば $k=l$」が成り立つから，その対偶である「$k\neq l$ ならば $r(k)\neq r(l)$」… (A) も成り立つ。

a と b は互いに素であるから，$1\leqq k\leqq b-1$ の整数 k について，ak は b の倍数にならない。すなわち $r(k)\neq 0$

◀ $1\leqq k\leqq b-1$ であるから，k は b の倍数でない。

(A) から，$r(1)$, $r(2)$, ……, $r(b-1)$ はすべて異なる $b-1$ 個の整数であり，これらは 1, 2, ……, $b-1$ の値の中からそれぞれ 1 つずつとる。

ゆえに，$r(k)=1$ となる整数 k ($1\leqq k\leqq b-1$) が存在する。

したがって，$ak-1$ が b の倍数であり，この b の倍数を，n を整数として bn とす

ると　　$ak-1=bn$　すなわち　$ak-bn=1$

よって，$ak-bn=1$ を満たす整数 k，n が存在し，事実Fは成り立つ。

(4)　集合 Q_2 における整数 k は整数 l に読み替える。事実Fと(2)の考察により

$$Q_1=\left\{z \mid z \text{は整数} k \text{を用いて} \left(\cos\frac{2}{b_1}\pi+i\sin\frac{2}{b_1}\pi\right)^k \text{と表される複素数}\right\}$$

$$Q_2=\left\{z \mid z \text{は整数} k \text{を用いて} \left(\cos\frac{2}{b_2}\pi+i\sin\frac{2}{b_2}\pi\right)^l \text{と表される複素数}\right\}$$

したがって，R の要素は

$$\left(\cos\frac{2}{b_1}\pi+i\sin\frac{2}{b_1}\pi\right)^k\left(\cos\frac{2}{b_2}\pi+i\sin\frac{2}{b_2}\pi\right)^l$$

$$=\left(\cos\frac{2k}{b_1}\pi+i\sin\frac{2k}{b_1}\pi\right)\left(\cos\frac{2l}{b_2}\pi+i\sin\frac{2l}{b_2}\pi\right)$$

$$=\left(\cos\frac{b_2k+b_1l}{b_1b_2}\cdot 2\pi+i\sin\frac{b_2k+b_1l}{b_1b_2}\cdot 2\pi\right)=\left(\cos\frac{2\pi}{b_1b_2}+i\sin\frac{2\pi}{b_1b_2}\right)^{b_2k+b_1l}$$

b_1 と b_2 が互いに素であるとき，b_1l+b_2k は任意の整数値をとりうる。

◀ b_1 と b_2 が互いに素であるとき，$b_1l+b_2k=1$ を満たす整数 l, k が存在する。両辺を n 倍して $b_1(nl)+b_2(nk)=n$　nl，nk を改めて l，k とおくことにより $b_1l+b_2k=n$ すなわち，任意の整数値をとりうる。

ゆえに，(2)の $n(P)$ と同様に考えて　　$n(R)=$ ウ $\boldsymbol{b_1b_2}$

b_1 と b_2 が互いに素でないとき，最大公約数を d とすると

$b_1=pd$，$b_2=qd$　(p，q は互いに素である自然数) と表され

$$\left(\cos\frac{2\pi}{b_1b_2}+i\sin\frac{2\pi}{b_1b_2}\right)^{b_2k+b_1l}=\left(\cos\frac{2\pi}{pqd^2}+i\sin\frac{2\pi}{pqd^2}\right)^{qdk+pdl}$$

$$=\left(\cos\frac{2\pi}{pqd}+i\sin\frac{2\pi}{pqd}\right)^{qk+pl}$$

p と q は互いに素であるから，$pl+qk$ は任意の整数値をとりうる。

したがって　　$n(R)=pqd=\dfrac{pd\cdot qd}{d}=$ エ $\boldsymbol{\dfrac{b_1b_2}{d}}$

a と b が互いに素でないとき，例えば，$a=2$，$b=8$ の場合を考えると，右の図のように，点 $z_2\ (=i)$ はその偏角の k 倍によって，点 z_4，z_6，1，z_2 を巡回するだけで，点 z_1 に一致することはない。つまり，a と b が互いに素という条件があるから，点 $z_a{}^k$ は，単位円に内接する正 b 角形のすべての頂点となりうる。このことは，一般に，a と b が互いに素であるとき，z_a を k 乗することによって，1 の b 乗根をすべて表すことができることを意味する。

なお，本問は大学の数学で学ぶ **巡回群** に結びつく内容である。

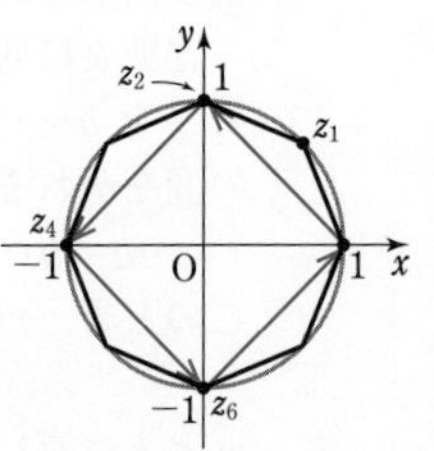

類題 8　k を 2 以上の自然数とし，$z=\cos\dfrac{2\pi}{k}+i\sin\dfrac{2\pi}{k}$ とおく。ただし，i は虚数単位とする。

(1)　m，n を整数とする。$m-n$ が k の倍数であることは，$z^m=z^n$ となるための必要十分条件であることを示せ。

(2)　l を k と互いに素な自然数とする。このとき，複素数 z^l，z^{2l}，z^{3l}，……，z^{kl} はすべて異なることを示せ。

(3)　l を自然数とする。複素数 z^l，z^{2l}，z^{3l}，……，z^{kl} がすべて異なるとき，k と l は互いに素であることを示せ。　〔大阪市大〕

演習例題 9 媒介変数表示と軌跡

座標平面上の原点Oを中心とする半径1の半円 $C: x^2+y^2=1\ (y>0)$ 上の点をPとする。$a>1$ に対して x 軸上の定点を $\mathrm{A}(a,\ 0)$ とし，直線APと y 軸の交点をQ，Qを通り x 軸に平行な直線と直線OPとの交点をRとする。

(1) 直線OPが x 軸の正の方向となす角を θ，$\mathrm{OR}=r$ とするとき，直線AQの方程式を a，θ，r を用いて表せ。

(2) 点Pが C 上を動くとき，点Rの描く曲線の方程式を求めよ。 〔宇都宮大〕

指針 (2) 点Rの座標を $(x,\ y)$ とおくと，x，y は媒介変数 θ で表される。点Pが直線AQ上にあることから，(1)の結果を利用して，次の CHART》で解決。

CHART》 1 消して x，y だけの式 2 変域にも注意

解答 (1) 点Rの座標は $(r\cos\theta,\ r\sin\theta)$

ゆえに，点Qの座標は $(0,\ r\sin\theta)$

よって，求める直線AQの方程式は

$$\boldsymbol{y=-\frac{r\sin\theta}{a}x+r\sin\theta}$$

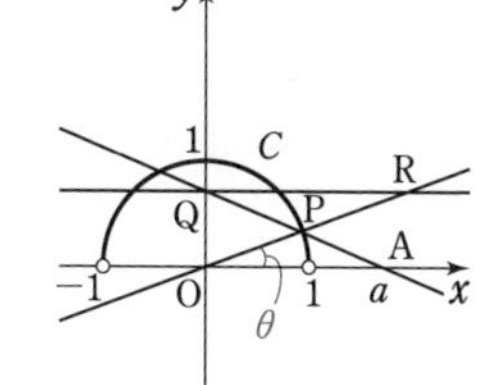

(2) 点Pの座標は $(\cos\theta,\ \sin\theta)$

点Pは直線AQ上にあるから，(1)より

$$\sin\theta=-\frac{r\sin\theta\cos\theta}{a}+r\sin\theta$$

$\sin\theta>0$ から両辺を $\sin\theta$ で割って整理すると $r\cos\theta+a=ar$ …… ①

点Rの座標を $(x,\ y)$ とすると $x=r\cos\theta,\ y=r\sin\theta$ また $r=\sqrt{x^2+y^2}$

これらを①に代入すると $x+a=a\sqrt{x^2+y^2}$

両辺を2乗して整理すると $(a^2-1)\left(x-\dfrac{a}{a^2-1}\right)^2+a^2y^2=\dfrac{a^4}{a^2-1}$

よって $\dfrac{(a^2-1)^2}{a^4}\left(x-\dfrac{a}{a^2-1}\right)^2+\dfrac{a^2-1}{a^2}y^2=1$

半円 C について $y>0$ より，$0<\theta<\pi$ であるから $r\sin\theta>0$

求める方程式は $\boldsymbol{\dfrac{(a^2-1)^2}{a^4}\left(x-\dfrac{a}{a^2-1}\right)^2+\dfrac{a^2-1}{a^2}y^2=1}$ **ただし $\boldsymbol{y>0}$**

類題 9 点Oを原点とし，x 軸，y 軸，z 軸を座標軸とする座標空間において，3点 $\mathrm{A}(1,\ 0,\ 0)$，$\mathrm{B}(2,\ 0,\ 0)$，$\mathrm{C}(1,\ 0,\ 1)$ がある。点Aを中心とする xy 平面上の半径1の円周上に点Pをとり，図のように $\theta=\angle\mathrm{BAP}$ とおく。ただし，$\dfrac{\pi}{2}<\theta<\dfrac{3}{2}\pi$ …… (＊) とする。

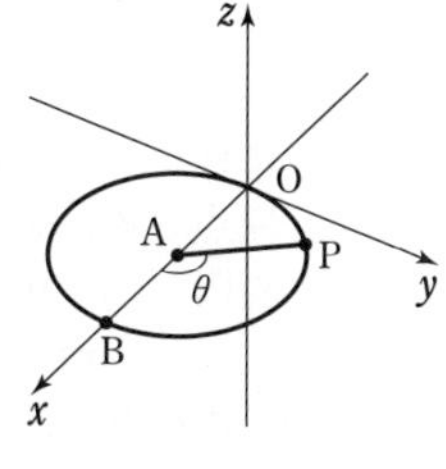

また，直線CPと yz 平面の交点をQとおく。点P，Qの座標をそれぞれ θ を用いて表せ。また，θ の値が(＊)の範囲で変化するとき，yz 平面における点Qの軌跡の方程式を求め，その概形を図示せよ。 〔佐賀大〕

総 総合演習

演習例題 10 複素数平面と式と曲線の融合問題

複素数平面上の点 z が原点を中心とする半径 1 の円周上を動くとき，$w=z+\dfrac{2}{z}$ で表される点 w の描く図形を C とする。C で囲まれた部分の内部(ただし，境界線は含まない)に定点 α をとり，α を通る直線 ℓ が C と交わる 2 点を β_1，β_2 とする。ただし，i は虚数単位を表す。

(1) $w=u+vi$ (u, v は実数) とするとき，u と v の間に成り立つ関係式を求めよ。

(2) 点 α を固定したまま ℓ を動かすとき，積 $|\beta_1-\alpha|\cdot|\beta_2-\alpha|$ が最大となるような ℓ はどのような直線のときか調べよ。 〔東京慈恵会医大〕

指針 (1) z が単位円周上を動くから，$z\overline{z}=1$ である。

このことより，$\dfrac{1}{z}=\overline{z}$ である。

(2) (1)の結果から，C は楕円であるとわかる。このままだと，ℓ を動かしにくいから，C を平行移動して直線が原点を通るようにする。すると，β_1，β_2 に対応する点は極形式(三角関数)で表すことができて，最大となる場合を求めることができる。

解答 (1) 点 z は原点を中心とする半径 1 の円周上を動くから

$$|z|^2=1$$

すなわち　$z\overline{z}=1$　よって　$\dfrac{1}{z}=\overline{z}$

ここで，$z=x+yi$ (x, y は実数) とすると，$\overline{z}=x-yi$

◀ $z=\cos\theta+i\sin\theta$ と表してもよい。

で　$w=z+\dfrac{2}{z}=z+2\overline{z}=(x+yi)+2(x-yi)$

$$=3x-yi$$

よって，$w=u+vi$ とすると，x, y, u, v は実数であるから　$u=3x$, $v=-y$

$x^2+y^2=1$ より　$\boldsymbol{\dfrac{u^2}{9}+v^2=1}$

◀ 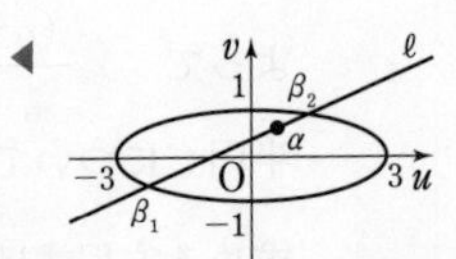

(2) $\alpha=a+bi$ (a, b は実数) とおく。

xy 平面上で，楕円 $\dfrac{x^2}{9}+y^2=1$ を x 軸方向に $-a$，y 軸方向に $-b$ だけ平行移動すると

$$楕円\ \frac{(x+a)^2}{9}+(y+b)^2=1 \quad \cdots\cdots ①$$

◀ 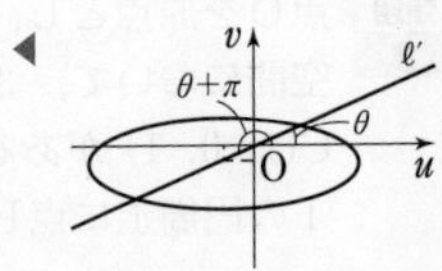

に移り，直線 ℓ は原点を通る直線 ℓ' に移る。

原点を極，x 軸の正の部分を始線とする極座標をとり，楕円 ① 上の点の極座標を (r, θ) とおくと

$$x=r\cos\theta,\ y=r\sin\theta$$

これを ① に代入すると

$$\frac{(r\cos\theta+a)^2}{9}+(r\sin\theta+b)^2=1$$

整理すると

$$(\cos^2\theta+9\sin^2\theta)r^2+2(a\cos\theta+9b\sin\theta)r+a^2+9b^2-9=0 \quad \cdots\cdots ②$$

◀ r を θ で表したい。

r の 2 次方程式 ② の判別式を D とすると

$$\frac{D}{4}=(a\cos\theta+9b\sin\theta)^2-(\cos^2\theta+9\sin^2\theta)(a^2+9b^2-9)$$

ここで　$\cos^2\theta+9\sin^2\theta=1+8\sin^2\theta \geqq 1$

また，原点は楕円 ① の内部にあるから　$\dfrac{a^2}{9}+b^2<1$

すなわち　$a^2+9b^2-9<0$

よって，r の 2 次方程式 ② は正の解と負の解をもつ。

◀ $ax^2+bx+c=0$ で $a>0$, $c<0$ のとき，正の解と負の解をもつ。

$r \geqq 0$ であるから

$$r=\frac{-(a\cos\theta+9b\sin\theta)+\sqrt{\dfrac{D}{4}}}{\cos^2\theta+9\sin^2\theta}$$

ここで，$f(\theta)=\dfrac{-(a\cos\theta+9b\sin\theta)+\sqrt{\dfrac{D}{4}}}{\cos^2\theta+9\sin^2\theta}$ とおくと，ℓ' と楕円 ① の 2 つの交点の極座標は

$$(f(\theta),\ \theta),\ (f(\theta+\pi),\ \theta+\pi) \quad (0\leqq\theta<\pi)$$

と表されるから，これらの 2 点と原点との距離の積は

$$f(\theta)f(\theta+\pi)=\frac{-(a\cos\theta+9b\sin\theta)^2+\dfrac{D}{4}}{(\cos^2\theta+9\sin^2\theta)^2}$$

◀ $f(\theta)f(\theta+\pi)$ $=|\beta_1-\alpha|\cdot|\beta_2-\alpha|$ である。

$$=\frac{9-a^2-9b^2}{\cos^2\theta+9\sin^2\theta}$$

$$=\frac{9-a^2-9b^2}{1+8\sin^2\theta}$$

したがって，$0\leqq\theta<\pi$ において，$\sin\theta=0$ すなわち $\theta=0$ のとき，

$f(\theta)f(\theta+\pi)$ は最大値 $9-a^2-9b^2$ をとる。

ゆえに，$|\beta_1-\alpha|\cdot|\beta_2-\alpha|$ が最大となるのは，**ℓ が実軸に平行な直線であるとき** である。

類題 10　a は正の実数とする。複素数 z が $|z-1|=a$ かつ $z \neq \dfrac{1}{2}$ を満たしながら動くとき，複素数平面上の点 $w=\dfrac{z-3}{1-2z}$ が描く図形を K とする。

(1)　K が円となるための a の条件を求めよ。また，そのとき K の中心が表す複素数と K の半径を，それぞれ a を用いて表せ。

(2)　a が (1) の条件を満たしながら動くとき，虚軸に平行で円 K の直径となる線分が通過する領域を複素数平面上に図示せよ。　〔東京工大〕

演習例題 11 漸化式を利用した無限級数の和

数列 $\{a_n\}$ は，$a_1=a_2=1$ かつ漸化式 $a_{n+2}=a_{n+1}+a_n$ $(n=1,\ 2,\ 3,\ \cdots\cdots)$ を満たすものとする。自然数 n に対して，実数 θ_n を $0<\theta_n<\dfrac{\pi}{2}$ かつ $\tan\theta_n=\dfrac{1}{a_n}$ となるように定める。

(1) $a_n(a_{n+2}+a_{n+1})=a_{n+1}a_{n+2}-(-1)^n$ $(n=1,\ 2,\ 3,\ \cdots\cdots)$ が成り立つことを証明せよ。

(2) $\theta_{2k+1}+\theta_{2k+2}=\theta_{2k}$ $(k=1,\ 2,\ 3,\ \cdots\cdots)$ が成り立つことを証明せよ。

(3) $\displaystyle\sum_{k=1}^{\infty}\theta_{2k-1}$ を求めよ。〔京都府医大〕

指針 (1) 数学的帰納法を利用する。

(2) **CHART》** (1)は(2)のヒント

まずは，(1)の結果を利用して，関係式 $\tan\theta_n=\dfrac{1}{a_n}$ を利用できるように変形する。

それから，$\tan(\theta_{2k+1}+\theta_{2k+2})$ と $\tan\theta_{2k}$ の関係式を導くことを考える。

(3) (2)の結果から，$k\geqq 2$ のとき　$\theta_{2k-1}=\theta_{2k-2}-\theta_{2k}$　これを利用して和を求める。

CHART》 無限級数　まず部分和，次に lim，$a_n\longrightarrow 0$ か

解答 (1) $a_n(a_{n+2}+a_{n+1})=a_{n+1}a_{n+2}-(-1)^n$ …… ①

が成り立つことを数学的帰納法で証明する。

[1] $n=1$ のとき

(左辺)$=a_1(a_3+a_2)=1\cdot(a_2+a_1+1)=3$

(右辺)$=a_2a_3-(-1)=1\cdot(a_2+a_1)+1=3$

よって，① は成り立つ。

◀ (左辺)=(右辺)

[2] $n=k$ のとき，① が成り立つと仮定すると

$a_k(a_{k+2}+a_{k+1})=a_{k+1}a_{k+2}-(-1)^k$

$n=k+1$ のときを考える。

$a_{k+1}(a_{k+3}+a_{k+2})=a_{k+1}a_{k+3}+a_{k+1}a_{k+2}$

◀ 左辺は，$n=k+1$ のときの ① の左辺。

仮定より，$a_{k+1}a_{k+2}=a_k(a_{k+2}+a_{k+1})+(-1)^k$ であるから

$$\begin{aligned}a_{k+1}a_{k+3}+a_{k+1}a_{k+2}&=a_{k+1}a_{k+3}+a_k(a_{k+2}+a_{k+1})+(-1)^k\\&=a_{k+1}a_{k+3}+a_ka_{k+3}+(-1)^k\\&=(a_{k+1}+a_k)a_{k+3}+(-1)^k\\&=a_{k+2}a_{k+3}-(-1)^{k+1}\end{aligned}$$

◀ $n=k+1$ のときの ① の右辺。

ゆえに　$a_{k+1}(a_{k+3}+a_{k+2})=a_{k+2}a_{k+3}-(-1)^{k+1}$

よって，$n=k+1$ のときも ① は成り立つ。

[1]，[2] より，すべての自然数 n について ① は成り立つ。

(2) (1)の結果において，$n=2k$ $(k=1,\ 2,\ 3,\ \cdots\cdots)$ とすると

$a_{2k}(a_{2k+2}+a_{2k+1})=a_{2k+1}a_{2k+2}-1$ …… ②

$a_1=a_2=1$ と漸化式 $a_{n+2}=a_{n+1}+a_n$ から，帰納的に

$a_n\geqq 2$ $(n\geqq 3)$

② の両辺を $a_{2k}a_{2k+1}a_{2k+2}$ で割ると

$$\frac{1}{a_{2k+1}}+\frac{1}{a_{2k+2}}=\frac{1}{a_{2k}}\left(1-\frac{1}{a_{2k+1}}\cdot\frac{1}{a_{2k+2}}\right)$$

◀ $a_{2k}a_{2k+1}a_{2k+2}\neq 0$

$\tan\theta_n=\dfrac{1}{a_n}$ であるから

◀ 与えられた条件。

$$\tan\theta_{2k+1}+\tan\theta_{2k+2}=\tan\theta_{2k}(1-\tan\theta_{2k+1}\tan\theta_{2k+2})$$

ここで，$a_n\geqq 2\ (n\geqq 3)$ であるから　　$0<\tan\theta_n\leqq\dfrac{1}{2}$

よって，$0<\theta_n<\dfrac{\pi}{4}$ であるから

$$0<\theta_{2k+1}+\theta_{2k+2}<\frac{\pi}{2}\quad\cdots\cdots\ ③$$

◀ $2k+1\geqq 3$, $2k+2\geqq 4$

更に　　$\tan\theta_{2k+1}\tan\theta_{2k+2}<1$

よって　　$\dfrac{\tan\theta_{2k+1}+\tan\theta_{2k+2}}{1-\tan\theta_{2k+1}\tan\theta_{2k+2}}=\tan\theta_{2k}$

◀ (分母)$\neq 0$

すなわち　$\tan(\theta_{2k+1}+\theta_{2k+2})=\tan\theta_{2k}$

③ と $0<\theta_{2k}<\dfrac{\pi}{2}$ より　　$\theta_{2k+1}+\theta_{2k+2}=\theta_{2k}$

◀ $0<x<\dfrac{\pi}{2}$, $0<y<\dfrac{\pi}{2}$ のとき，$\tan x=\tan y$ ならば　$x=y$

(3)　(2) より，$k\geqq 2$ のとき　　$\theta_{2k-1}=\theta_{2k-2}-\theta_{2k}$

よって　$\displaystyle\sum_{k=1}^{l}\theta_{2k-1}=\theta_1+\sum_{k=2}^{l}\theta_{2k-1}=\theta_1+\sum_{k=2}^{l}(\theta_{2k-2}-\theta_{2k})$

$$=\theta_1+(\theta_2-\theta_4)+(\theta_4-\theta_6)+\cdots\cdots+(\theta_{2l-2}-\theta_{2l})$$
$$=\theta_1+\theta_2-\theta_{2l}$$

◀ 途中の部分が消える。

ここで，$a_1=1$ から　　$\tan\theta_1=1$

$0<\theta_1<\dfrac{\pi}{2}$ であるから　　$\theta_1=\dfrac{\pi}{4}$　　同様に　　$\theta_2=\dfrac{\pi}{4}$

$n\geqq 3$ のとき $a_n\geqq 2$ であるから，漸化式 $a_n=a_{n-1}+a_{n-2}$ より　　$a_n\geqq a_{n-1}+1$

したがって，帰納的に　　$a_n\geqq a_1+(n-1)=n$

ゆえに　$\displaystyle\lim_{n\to\infty}a_n=\infty$　　よって　$\displaystyle\lim_{n\to\infty}\tan\theta_n=\lim_{n\to\infty}\frac{1}{a_n}=0$

$\tan x$ は $x=0$ で連続であり，$0<\theta_n<\dfrac{\pi}{2}$ であるから

$$\lim_{n\to\infty}\theta_n=0$$

ゆえに　$\displaystyle\sum_{k=1}^{\infty}\theta_{2k-1}=\lim_{l\to\infty}\sum_{k=1}^{l}\theta_{2k-1}=\lim_{l\to\infty}(\theta_1+\theta_2-\theta_{2l})$

$$=\lim_{l\to\infty}\left(\frac{\pi}{4}+\frac{\pi}{4}-\theta_{2l}\right)=\boldsymbol{\frac{\pi}{2}}$$

総

総合演習

類題 11　p は $0<p<1$ を満たす実数とする。数列 $\{a_n\}$ は，$a_1=1$ および関係式
$\dfrac{1}{a_1}+\dfrac{1}{a_2}+\cdots\cdots+\dfrac{1}{a_n}=\dfrac{1}{a_{n+1}}+p\ (n=1,\ 2,\ 3,\ \cdots\cdots)$ を満たすものとする。

(1)　$n\geqq 2$ のとき，a_n を求めよ。

(2)　$\displaystyle\sum_{n=1}^{\infty}na_n=20$ であるとき，p の値を求めよ。　　〔東北大〕

演習例題 12 上に凸である関数の性質

(1) a, b を異なる実数とし，関数 $f(x)$ が a, b を含む区間で第 2 次導関数 $f''(x)$ をもち $f''(x)<0$ が成り立つものとする。このとき $0 \leqq t \leqq 1$ に対して，$tf(a)+(1-t)f(b) \leqq f(ta+(1-t)b)$ が成り立つことを示せ。

(2) $f(x)=\log x$ に(1)の結果を適用することにより，正の数 a, b, c に対して，$\sqrt[3]{abc} \leqq \dfrac{a+b+c}{3}$ が成り立つことを示せ。〔お茶の水大〕

指針 (1) $a \neq b$ であるから，$a<b$ としても一般性を失わない。
$0<t<1$ のとき $a<ta+(1-t)b<b$ であるから，区間 $[a,\ ta+(1-t)b]$, $[ta+(1-t)b,\ b]$ にそれぞれ平均値の定理を適用する。

解答 (1) $a \neq b$ であるから，$a<b$ としてよい。

◀ $a>b$ の場合も同様。

[1] $t=0,\ 1$ のときは，証明すべき不等式において等号が成り立つ。

[2] $0<t<1$ のとき　$ta+(1-t)b>ta+(1-t)a=a$
$ta+(1-t)b<tb+(1-t)b=b$

であるから　$a<ta+(1-t)b<b$

関数 $f(x)$ は a, b を含む区間で微分可能であるから
区間 $[a,\ ta+(1-t)b]$, $[ta+(1-t)b,\ b]$ において，
平均値の定理により

◀ $f''(x)$ が存在するから，2 回微分可能。

$$\frac{f(ta+(1-t)b)-f(a)}{ta+(1-t)b-a}=f'(c_1) \quad \cdots\cdots ①,\quad a<c_1<ta+(1-t)b$$

$$\frac{f(b)-f(ta+(1-t)b)}{b-\{ta+(1-t)b\}}=f'(c_2) \quad \cdots\cdots ②,\quad ta+(1-t)b<c_2<b$$

を満たす実数 c_1, c_2 が存在する。

$f''(x)<0$ であるから，$f'(x)$ は単調に減少し，$c_1<c_2$ であるから

$$f'(c_1)>f'(c_2)$$

よって，①，② から

$$\frac{f(ta+(1-t)b)-f(a)}{(1-t)(b-a)}>\frac{f(b)-f(ta+(1-t)b)}{t(b-a)}$$

両辺に $t(1-t)(b-a)\ (>0)$ を掛けて

$$t\{f(ta+(1-t)b)-f(a)\}>(1-t)\{f(b)-f(ta+(1-t)b)\}$$

整理すると　$f(ta+(1-t)b)>tf(a)+(1-t)f(b)$

[1], [2] から

$0 \leqq t \leqq 1$ に対して　$tf(a)+(1-t)f(b) \leqq f(ta+(1-t)b)$

が成り立つ。

(2) $a=b$ のとき，(1)で証明した不等式において等号が成り立つから，一般に $f''(x)<0$ である関数 $f(x)$ について，$a=b$, $a \neq b$ に関わらず

$0 \leqq t \leqq 1$ に対して　$tf(a)+(1-t)f(b) \leqq f(ta+(1-t)b)$

が成り立つ。

$f(x)=\log x$ から，$x>0$ において　$f'(x)=\dfrac{1}{x}$, $f''(x)=-\dfrac{1}{x^2}<0$

よって，(1)の結果から

$0 \leqq t \leqq 1$ のとき　　$t\log a+(1-t)\log b \leqq \log\{ta+(1-t)b\}$

ゆえに，a，b，c が正の数であるとき

$$\log\sqrt[3]{abc}=\frac{1}{3}(\log a+\log b+\log c)$$

$$=\frac{2}{3}\left(\frac{1}{2}\log a+\frac{1}{2}\log b\right)+\frac{1}{3}\log c$$

◀ $t=\frac{1}{2}$ の場合。

$$\leqq \frac{2}{3}\log\left(\frac{1}{2}a+\frac{1}{2}b\right)+\frac{1}{3}\log c$$

◀ $t=\frac{2}{3}$ の場合。

$$\leqq \log\left\{\frac{2}{3}\left(\frac{1}{2}a+\frac{1}{2}b\right)+\frac{1}{3}c\right\}$$

$$=\log\frac{a+b+c}{3}$$

したがって　　$\sqrt[3]{abc} \leqq \dfrac{a+b+c}{3}$

総

総合演習

「上に凸」「下に凸」の定義

教科書などでは「ある区間で，x の値が増加するにつれて接線の傾きが増加する」，「$f''(x)>0$ である区間」を「下に凸（である区間）」の定義としているが，本来の定義は次のようになる（演習例題 12 (1) の不等式が「上に凸」の定義）。

(＊) 関数 $f(x)$ が，ある区間に含まれる任意の a，b と，t $(0 \leqq t \leqq 1)$ に対して
$$f(ta+(1-t)b) \leqq tf(a)+(1-t)f(b)$$
を満たすとき，$f(x)$ はこの区間において下に凸であるという。

更に，定義域において下に凸である関数を **凸関数**，上に凸である関数を **凹関数** ということもある。

次の類題 12 は，方程式 $f(x)=0$ の実数解（の近似値）を求める計算方法「**ニュートン法**」について，$f(x)$ が凸関数である場合の妥当性を考察するものである。

類題 12　すべての実数 x について，関数 $f(x)$ およびその導関数 $f'(x)$ が微分可能であり，$f'(x)>0$ かつ $f''(x)>0$ が満たされるとする。また，$f(-2)<0$ かつ $f(2)>0$ であるとし，$f(x)=0$ の解を a とする。$f(x)$ を用いて，数列 $\{x_n\}$ を次のように定義する。

- $x_1=2$
- x_n $(n=2,\ 3,\ 4,\ \cdots\cdots)$ は，曲線 $y=f(x)$ の $x=x_{n-1}$ における接線と x 軸との交点の x 座標とする。

(1)　$x_n>a$ ならば次の不等式が成り立つことを平均値の定理を用いて示せ。

$$f'(a)<\frac{f'(x_n)(x_n-x_{n+1})}{x_n-a}<f'(x_n)$$

(2)　$x_n>a$ $(n=1,\ 2,\ 3,\ \cdots\cdots)$ であることを数学的帰納法を用いて示せ。

(3)　次の不等式を示せ。

$$\frac{x_{n+1}-a}{x_n-a}<1-\frac{f'(a)}{f'(x_n)} \qquad (n=1,\ 2,\ 3,\ \cdots\cdots)$$

(4)　$\displaystyle\lim_{n\to\infty}x_n=a$ となることを示せ。　　〔九州大〕

演習例題 13 方程式の実数解の個数，有理数の解

(1) 関数 $f(x)=x^{-2}2^x\ (x\neq 0)$ について，$f'(x)>0$ となるための x に関する条件を求めよ。

(2) 方程式 $2^x=x^2$ は相異なる 3 個の実数解をもつことを示せ。

(3) 方程式 $2^x=x^2$ の解で有理数であるものをすべて求めよ。

〔名古屋大〕

指針 (2) **CHART》 実数解 ⟺ 共有点　(1) は (2) のヒント**

$2^x=x^2$ の両辺を x^2 で割って，(1) の式を導くと $x^{-2}2^x=1$ となるから，関数 $y=x^{-2}2^x$ のグラフと直線 $y=1$ の共有点の個数を調べる問題に帰着できる。
もちろん，$y=2^x$ と $y=x^2$ のグラフをかくことによって示すことも考えられる。しかし，解のうち $x=2,\ 4$ は見つけやすいが，もう 1 個の解を直接求めることはできない。また，両者のグラフが近いので判別が難しい面もある。

(3) $x=2,\ 4$ 以外の解についての問題である。「有理数」に関することであるから，**既約分数で表したときにどうなるか**，ということを考える。

解答 (1) $f'(x)=-2x^{-3}2^x+x^{-2}2^x\log 2=x^{-3}2^x(-2+x\log 2)$

$$=\frac{2^x(x\log 2-2)}{x^3}\quad\cdots\cdots ①$$

◀ 分数の形に直さなくてもよいが，この方が見やすいし，考えやすい。

$x\neq 0$ であり，$2^x>0$ であるから，$f'(x)>0$ となるための条件は

$$\frac{x\log 2-2}{x^3}>0$$

この不等式の両辺に $x^4\ (>0)$ を掛けて

$$x(x\log 2-2)>0$$

したがって，求める条件は

$$\boldsymbol{x<0,\ \frac{2}{\log 2}<x}$$

(2) $x=0$ は方程式の解ではないから，$2^x=x^2$ の両辺を x^2 で割ると　$x^{-2}2^x=1$

よって，$y=f(x)$ のグラフと直線 $y=1$ の共有点の個数について調べればよい。

$f'(x)=0$ とすると，(1) の ① と $x\neq 0$ から

$$x\log 2-2=0$$

したがって　$x=\dfrac{2}{\log 2}$

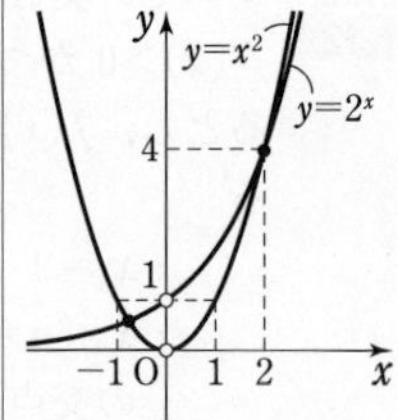

$y=2^x$ と $y=x^2$ のグラフをかくと，図のようになる。ただ，両者のグラフが接近しているので，この図から 3 個の実数解をもつことを示すには説得力に欠ける面がある。

よって，$y=f(x)$ の増減表は，右のようになる。

x	$\cdots$	0	$\cdots$	$\dfrac{2}{\log 2}$	$\cdots$
$f'(x)$	＋	／	－	0	＋
$f(x)$	↗	／	↘	極小	↗

また，

$\displaystyle\lim_{x\to-\infty}f(x)=0$,

$\displaystyle\lim_{x\to-0}f(x)=\infty$,

$\displaystyle\lim_{x\to+0}f(x)=\infty$ であり

$2<\dfrac{2}{\log 2}<4$, $f(2)=1$,
$f(4)=1$

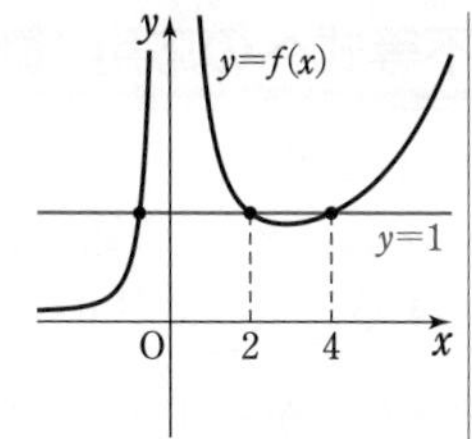

ゆえに，$y=f(x)$ のグラフと直線 $y=1$ は，右の図のように異なる3つの共有点をもつ。
したがって，方程式 $2^x=x^2$ は異なる3つの実数解をもつ。

◀ $e \fallingdotseq 2.718$ から $\log\sqrt{e}<\log 2<\log e$ したがって $1<\dfrac{1}{\log 2}<2$

(3) (2) から，$x=2$, 4 は方程式 $2^x=x^2$ の有理数の解である。
また，方程式 $2^x=x^2$ は $x<0$ の範囲にもう1つの実数解 α をもつ。 ◀ 上の図を参照。
ここで，α が有理数であると仮定すると，α は，互いに素な自然数 m, n を用いて，$\alpha=-\dfrac{m}{n}$ と表される。
$x=\alpha$ を方程式 $2^x=x^2$ に代入すると

$$2^{-\frac{m}{n}}=\left(-\frac{m}{n}\right)^2 \quad \text{すなわち} \quad 2^{\frac{m}{n}}=\frac{n^2}{m^2}$$

◀ $a^{-t}=\dfrac{1}{a^t}$

ゆえに　$2^m=\left(\dfrac{n^2}{m^2}\right)^n$ ◀ 両辺を n 乗する。

よって　$2^m=\left(\dfrac{n}{m}\right)^{2n}$ ……②

②の左辺は2の倍数であるから，等式が成り立つには，右辺も2の倍数でなければならない。
ところが，m と n は互いに素であるから，$\dfrac{n}{m}$ が2の倍数になるのは，$n=2k$（k は自然数）かつ $m=1$ のときである。
このとき，②は　$2^1=(2k)^{4k}$
この等式を満たす自然数 k は存在しない。
したがって，α は有理数ではない。
ゆえに，α は無理数であるから，方程式 $2^x=x^2$ の有理数解は　**$x=2$, 4**

◀ $k \geqq 1$ より $2k \geqq 2$, $4k \geqq 4$ であるから $(2k)^{4k} \geqq 2^4=16$

類題 13 α を正の実数とする。$0 \leqq \theta \leqq \pi$ における θ の関数 $f(\theta)$ を，座標平面上の2点 $\mathrm{A}(-\alpha, -3)$, $\mathrm{P}(\theta+\sin\theta, \cos\theta)$ 間の距離 AP の2乗として定める。
(1) $0<\theta<\pi$ の範囲に $f'(\theta)=0$ となる θ がただ1つ存在することを示せ。
(2) 次が成り立つような α の範囲を求めよ。

$0 \leqq \theta \leqq \pi$ における θ の関数 $f(\theta)$ は，区間 $0<\theta<\dfrac{\pi}{2}$ のある点において最大になる。

〔東京大〕

演習例題 14 不等式への応用（微分法）

$f(x)=\log(x+1)+1$ とする。

(1) 方程式 $f(x)=x$ は，$x>0$ の範囲でただ1つの解をもつことを示せ。

(2) (1)の解を α とする。実数 x が $0<x<\alpha$ を満たすならば，不等式

$0<\dfrac{\alpha-f(x)}{\alpha-x}<f'(x)$ が成り立つことを示せ。

(3) 数列 $\{x_n\}$ を $x_1=1$，$x_{n+1}=f(x_n)$ $(n=1, 2, 3, \cdots\cdots)$ で定める。このとき，すべての自然数 n に対して，$\alpha-x_{n+1}<\dfrac{1}{2}(\alpha-x_n)$ が成り立つことを示せ。

(4) (3)の数列 $\{x_n\}$ について，$\displaystyle\lim_{n\to\infty}x_n=\alpha$ を示せ。 〔類 大阪大〕

指針 (1) 差を作ってできる関数につき

差をとって微分　　わからなければ再び微分

の方針で進める。本問では，1回の微分で済む。

(2) (1)より $\alpha=f(\alpha)$ であるから $\dfrac{f(\alpha)-f(x)}{\alpha-x}$ となり，平均値の定理が使える形であることがわかる。

(3) すべての自然数 ⟶ 数学的帰納法が有効。(2)の結果も利用する。

解答 (1) $f(x)=x$ を変形すると　$\log(x+1)-x+1=0$ …… ①

①が $x>0$ の範囲にただ1つの解をもつことを示せばよい。

$g(x)=\log(x+1)-x+1$ とおく。

◀ 差をとって関数を作る。

このとき　$g'(x)=\dfrac{1}{x+1}-1=\dfrac{-x}{x+1}$

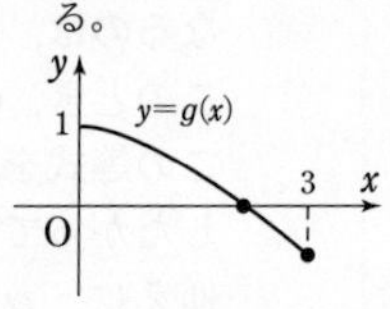

よって，$x>0$ のとき $g'(x)<0$ であるから，$g(x)$ は $x>0$ で単調に減少する。

更に　$g(0)=1>0$，$g(3)=\log4-2=2(\log2-\log e)$

$2<e$ より　$g(3)<0$

したがって，①は $0<x<3$ の範囲でただ1つの解をもつ。

(2) $f(t)=\log(t+1)+1$ は，$t>0$ で連続かつ微分可能である。

よって，$0<x<\alpha$ を満たす実数 x に対し，$x<t<\alpha$ において

平均値の定理により $\dfrac{f(\alpha)-f(x)}{\alpha-x}=f'(c)$，$x<c<\alpha$ を満たす実数 c が存在する。

◀ (1)は(2)のヒント。分子の α は $f(\alpha)$ としてもよい。

$f'(t)=\dfrac{1}{t+1}$ より　$f'(c)=\dfrac{1}{c+1}$

$0<x<c$ より　$0<\dfrac{1}{c+1}<\dfrac{1}{x+1}$　　よって　$0<\dfrac{f(\alpha)-f(x)}{\alpha-x}<f'(x)$

また，α は $f(x)=x$ の解であるから　$f(\alpha)=\alpha$

ゆえに　$0<\dfrac{\alpha-f(x)}{\alpha-x}<f'(x)$

(3) まず，すべての自然数 n に対して $1 \leqq x_n < \alpha$ が成り立つことを数学的帰納法により示す。

[1] $n=1$ のとき　$x_1=1$ より　$1 \leqq x_1$

また，(1) の $g(x)$ について　$g(1)=\log 2>0$

よって，$1<\alpha$ であるから　$x_1<\alpha$

したがって，$1 \leqq x_1 < \alpha$ は成り立つ。

[2] $n=k$ のとき　$1 \leqq x_k < \alpha$ が成り立つと仮定する。

このとき　$x_{k+1}=\log(x_k+1)+1 \geqq \log 2+1>1$

よって　$1 \leqq x_{k+1}$　…… ①

また，$x_k<\alpha$，$\log(\alpha+1)+1=\alpha$ より

$$x_{k+1}=\log(x_k+1)+1<\log(\alpha+1)+1=\alpha$$

したがって　$x_{k+1}<\alpha$　…… ②

①，② より　$1 \leqq x_{k+1} < \alpha$

ゆえに，$n=k+1$ のときにも成り立つ。

以上より，すべての自然数 n に対して $1 \leqq x_n < \alpha$ が成り立つ。

よって，$x_n<\alpha$ であるから，区間 $x_n<x<\alpha$ において (2) の結果を用いると　$0<\dfrac{\alpha-f(x_n)}{\alpha-x_n}<\dfrac{1}{x_n+1}$

$1 \leqq x_n$ であるから　$\dfrac{1}{x_n+1} \leqq \dfrac{1}{2}$

また，$f(x_n)=x_{n+1}$ より　$0<\dfrac{\alpha-x_{n+1}}{\alpha-x_n}<\dfrac{1}{2}$

したがって，$\alpha-x_n>0$ より　$\alpha-x_{n+1}<\dfrac{1}{2}(\alpha-x_n)$

◀ (2) は (3) のヒント。$\alpha>x_n$ であれば $\dfrac{\alpha-x_{n+1}}{\alpha-x_n}<\dfrac{1}{2}$ とできる。$x_{n+1}=f(x_n)$ であるから (2) の結果が利用できる。

(4) (3) の不等式より　$\alpha-x_n<(\alpha-x_1)\cdot\left(\dfrac{1}{2}\right)^{n-1}$

更に，$x_1=1$ であり，(3) の議論により $\alpha-x_n>0$ であるから

$$0<\alpha-x_n<(\alpha-1)\cdot\left(\frac{1}{2}\right)^{n-1}$$

$\displaystyle\lim_{n\to\infty}(\alpha-1)\cdot\left(\frac{1}{2}\right)^{n-1}=0$ であるから，はさみうちの原理により　$\displaystyle\lim_{n\to\infty}(\alpha-x_n)=0$　　よって　$\displaystyle\lim_{n\to\infty}x_n=\alpha$

◀ $\alpha-x_n$
$<\dfrac{1}{2}(\alpha-x_{n-1})$
$<\dfrac{1}{2}\cdot\dfrac{1}{2}(\alpha-x_{n-2})$
⋮
$<\left(\dfrac{1}{2}\right)^{n-1}(\alpha-x_1)$

類題 14

(1) $\sqrt{2}^{(\sqrt{2}^{\sqrt{2}})}$ と $(\sqrt{2}^{\sqrt{2}})^{\sqrt{2}}$ との大小を比較せよ。

(2) 関数 $f(x)$ を $f(x)=\sqrt{2}^{\,x}$ と定義し，座標平面上の曲線 $y=f(x)$ を C とする。C 上の点 $(2,\ f(2))$ における接線の方程式を，実数 m，k を用いて $y=mx+k$ と表すとき，m と k の値をそれぞれ求めよ。

(3) $f(x)$ および m と k を (2) のように定める。すべての実数 x に対して $f(x) \geqq mx+k$ が成り立つことを示せ。

(4) 数列 $\{a_n\}$ を $a_1=\sqrt{2}$ および漸化式 $a_{n+1}=\sqrt{2}^{\,a_n}$ $(n=1,\ 2,\ 3,\ \cdots\cdots)$ により定義する。自然数 n に対して $2-a_{n+1} \leqq (\log 2)\cdot(2-a_n)$ が成り立つことを示し，極限値 $\displaystyle\lim_{n\to\infty}a_n$ を求めよ。必要ならば，自然対数の底が $e=2.718\cdots\cdots$ であることを用いてよい。　〔広島大〕

総　総合演習

演習例題 15 逆関数の定積分

関数 $y=\tan x$ は，区間 $-\dfrac{\pi}{2}<x<\dfrac{\pi}{2}$ で単調増加である。したがって，この区間で逆関数を作ることができる。それを $y=\phi(x)$ と書く。正確を期すために $-\dfrac{\pi}{2}<\phi(x)<\dfrac{\pi}{2}$ としておく。〔類 横浜市大〕

(1) 関数 $f(x)$ を

$$f(x)=\frac{1}{4\sqrt{2}}\log\frac{x^2+\sqrt{2}\,x+1}{x^2-\sqrt{2}\,x+1}+\frac{1}{2\sqrt{2}}\{\phi(\sqrt{2}\,x+1)+\phi(\sqrt{2}\,x-1)\}$$

とする。$f(x)$ の導関数 $f'(x)$ を求めよ。

(2) 積分 $\displaystyle\int_0^1\frac{1}{x^4+1}dx$ を求めたい。正確な値は求められないので，以下のようにする。すなわち，関数 $G(x)$ で $\displaystyle\int_0^1\frac{1}{x^4+1}dx=G(\sqrt{2}+1)$ となる関数を求めよ。

指針 (1) $y=\tan x$ の逆関数は $x=\tan y$ を満たすから，x を y の関数とみて y で微分し，その後 y を x の式で表すと $\phi'(x)$ が得られる。…… $p.356$ 例題 44 参照。

(2) $\phi(\sqrt{2}+1)$，$\phi(\sqrt{2}-1)$ の値が必要になるが，それぞれの値を直接求めることはできない。そこで，$\phi(\sqrt{2}+1)+\phi(\sqrt{2}-1)$ の値が求められないか，ということを考える。$\phi(\sqrt{2}+1)=\alpha$，$\phi(\sqrt{2}-1)=\beta$ とすると，$\tan\alpha=\sqrt{2}+1$，$\tan\beta=\sqrt{2}-1$ であるから $\tan\alpha\tan\beta=1$ が成り立ち，余角の公式を用いて $\alpha+\beta$ の値を求める。

解答 (1) $y=\tan x$ の逆関数は $x=\tan y$ を満たす。

ゆえに $\quad\dfrac{dy}{dx}=\dfrac{1}{\dfrac{dx}{dy}}=\dfrac{1}{\dfrac{1}{\cos^2 y}}=\dfrac{1}{x^2+1}$

◀ $\phi'(x)=\dfrac{1}{x^2+1}$

したがって

$$\boldsymbol{f'(x)}=\frac{1}{4\sqrt{2}}\left(\frac{2x+\sqrt{2}}{x^2+\sqrt{2}\,x+1}-\frac{2x-\sqrt{2}}{x^2-\sqrt{2}\,x+1}\right)$$
$$+\frac{1}{2\sqrt{2}}\left\{\frac{\sqrt{2}}{(\sqrt{2}\,x+1)^2+1}+\frac{\sqrt{2}}{(\sqrt{2}\,x-1)^2+1}\right\}$$
$$=\frac{1}{4}\left(\frac{\sqrt{2}\,x+1}{x^2+\sqrt{2}\,x+1}-\frac{\sqrt{2}\,x-1}{x^2-\sqrt{2}\,x+1}\right)$$
$$+\frac{1}{4}\left(\frac{1}{x^2+\sqrt{2}\,x+1}+\frac{1}{x^2-\sqrt{2}\,x+1}\right)$$
$$=\frac{1}{4}\left(\frac{\sqrt{2}\,x+2}{x^2+\sqrt{2}\,x+1}-\frac{\sqrt{2}\,x-2}{x^2-\sqrt{2}\,x+1}\right)$$
$$=\frac{(\sqrt{2}\,x+2)(x^2-\sqrt{2}\,x+1)-(\sqrt{2}\,x-2)(x^2+\sqrt{2}\,x+1)}{4(x^2+1+\sqrt{2}\,x)(x^2+1-\sqrt{2}\,x)}$$
$$=\frac{\sqrt{2}\,x^3-\sqrt{2}\,x+2-(\sqrt{2}\,x^3-\sqrt{2}\,x-2)}{4\{(x^2+1)^2-2x^2\}}=\boldsymbol{\frac{1}{x^4+1}}$$

◀ $\log\dfrac{A}{B}=\log A-\log B$ と変形してから微分。u を x の関数とすると $\phi'(u)=\dfrac{u'}{u^2+1}$

(2) (1) の結果から

$$\int_0^1 \frac{1}{x^4+1}dx=\int_0^1 f'(x)dx=f(1)-f(0)$$

$$=\frac{1}{4\sqrt{2}}\log\frac{2+\sqrt{2}}{2-\sqrt{2}}+\frac{1}{2\sqrt{2}}\{\phi(\sqrt{2}+1)+\phi(\sqrt{2}-1)\}-\frac{1}{2\sqrt{2}}\{\phi(1)+\phi(-1)\}$$

ここで　$\log\frac{2+\sqrt{2}}{2-\sqrt{2}}=\log\frac{(2+\sqrt{2})^2}{2}=\log(\sqrt{2}+1)^2$

$-\frac{\pi}{2}<\phi(x)<\frac{\pi}{2}$ であるから　$\phi(1)=\frac{\pi}{4}$，$\phi(-1)=-\frac{\pi}{4}$

また，$-\frac{\pi}{2}<\alpha<\frac{\pi}{2}$，$-\frac{\pi}{2}<\beta<\frac{\pi}{2}$ の α，β について，

$\phi(\sqrt{2}+1)=\alpha$，$\phi(\sqrt{2}-1)=\beta$ であるとすると，

$\tan\alpha=\sqrt{2}+1$，$\tan\beta=\sqrt{2}-1$ であるから

$$\tan\alpha\tan\beta=1$$

ゆえに　$\tan\beta=\frac{1}{\tan\alpha}=\tan\left(\frac{\pi}{2}-\alpha\right)$

よって　$\beta=\frac{\pi}{2}-\alpha$　すなわち　$\alpha+\beta=\frac{\pi}{2}$

したがって　$\phi(\sqrt{2}+1)+\phi(\sqrt{2}-1)=\frac{\pi}{2}$

ゆえに

$$\int_0^1 \frac{1}{x^4+1}dx=\frac{1}{4\sqrt{2}}\log(\sqrt{2}+1)^2+\frac{1}{2\sqrt{2}}\cdot\frac{\pi}{2}-0$$

$$=\frac{1}{2\sqrt{2}}\log(\sqrt{2}+1)+\frac{\pi}{4\sqrt{2}}$$

よって　$\boldsymbol{G(x)=\frac{1}{2\sqrt{2}}\log x+\frac{\pi}{4\sqrt{2}}}$

◀ $\tan\frac{\pi}{4}=1$，$\tan\left(-\frac{\pi}{4}\right)=-1$

◀ $\tan\alpha=\sqrt{2}+1$ を満たす α を具体的に求めるのは難しい。

◀ 余角の公式。

総

総合演習

類題 15　$-2\pi\leqq x\leqq\pi$ のとき，関数

$$f(x)=\frac{2\sqrt{2}\pi}{3}\left(\frac{\sqrt{3}}{2}\sin\frac{x}{3}+\frac{1}{2}\cos\frac{x}{3}\right)+\frac{(3-2\sqrt{2})\pi}{3}$$

を考える。必要であれば，$\pi^2<10$ を用いてよい。

(1) $f(x)$ は閉区間 $[-2\pi, \pi]$ で増加することを示せ。

(2) 開区間 $(-2\pi, \pi)$ で，常に $f(x)>x$ が成り立つことを示せ。

(3) $f(x)$ の逆関数 $f^{-1}(x)$ について，定積分 $\int_{f(0)}^{f(\pi)} f^{-1}(x)dx$ の値を求めよ。

(4) $f(x)$ とその逆関数 $f^{-1}(x)$ について，2 つの曲線

C_1：$y=f(x)$　$(0\leqq x\leqq\pi)$

C_2：$y=f^{-1}(x)$　$(f(0)\leqq x\leqq f(\pi))$

を考える。C_1，C_2 および直線 $x+y=f(0)$ で囲まれた図形の面積を求めよ。

〔金沢大〕

演習例題 16 定積分と不等式の証明，和の極限

自然数 n に対して，$a_n=\int_0^1 \frac{x^2+(-x^2)^{n+1}}{1+x^2}dx$ とする。

(1) 自然数 n に対して，不等式 $\left|\int_0^1 \frac{x^2}{1+x^2}dx-a_n\right| \leqq \frac{1}{2n+3}$ が成り立つことを示せ。

(2) 定積分 $\int_0^1 \frac{x^2}{1+x^2}dx$ を求めよ。

(3) 自然数 n に対して，$a_n=\sum_{k=1}^{n}\frac{(-1)^{k+1}}{2k+1}$ となることを示せ。

(4) 極限値 $\lim_{n\to\infty}\sum_{k=1}^{n}\frac{(-1)^{k+1}}{2k+1}$ を求めよ。〔新潟大〕

指針 (1) 定積分と不等式の内容については，$p.494$，495 を参照。

(2) まず **分子の次数を下げ**，次に **$x=\tan\theta$ の置換積分** を利用。

(3) 数学的帰納法を用いても証明できるが，最初の設定である $a_n=\int_0^1 \frac{x^2+(-x^2)^{n+1}}{1+x^2}dx$ の被積分関数は，$\frac{x^2+(-x^2)^{n+1}}{1+x^2}=\frac{x^2\{1-(-x^2)^n\}}{1-(-x^2)}$ と変形できて，これは初項 x^2，公比 $-x^2$ の等比数列の初項から第 n 項までの和を表している。こちらから考える方が比較的スムーズに証明できる。

(4) $\sum_{k=1}^{\infty}\frac{(-1)^{k+1}}{2k+1}=\frac{1}{3}-\frac{1}{5}+\frac{1}{7}-\frac{1}{9}+\cdots\cdots$ であり，$p.498$ 練習 132 (2) の結果より，$\sum_{k=1}^{\infty}\frac{(-1)^{k+1}}{2k-1}=1-\frac{1}{3}+\frac{1}{5}-\frac{1}{7}+\cdots\cdots=\frac{\pi}{4}$ であるから，求める極限値は $1-\frac{\pi}{4}$ と予想される。ただし，これでは答案にならないことは言うまでもない。(1)～(3) の結果を利用し，はさみうちの原理を用いて求める。

解答 (1) $\left|\int_0^1 \frac{x^2}{1+x^2}dx-a_n\right|=\left|\int_0^1 \frac{x^2}{1+x^2}dx-\int_0^1 \frac{x^2+(-x^2)^{n+1}}{1+x^2}dx\right|$

$$=\left|-\int_0^1 \frac{(-x^2)^{n+1}}{1+x^2}dx\right|=\left|(-1)^{n+2}\int_0^1 \frac{x^{2(n+1)}}{1+x^2}dx\right|$$

$$=\left|\int_0^1 \frac{x^{2n+2}}{1+x^2}dx\right|=\int_0^1 \frac{x^{2n+2}}{1+x^2}dx \quad \cdots\cdots ①$$

◀ 区間 $[0,\ 1]$ で $\frac{x^{2n+2}}{1+x^2}\geqq 0$ である。

$0\leqq x\leqq 1$ において，$1+x^2\geqq 1$ であるから，$\frac{1}{1+x^2}\leqq 1$ より

$$\frac{x^{2n+2}}{1+x^2}\leqq x^{2n+2}$$

よって　$\int_0^1 \frac{x^{2n+2}}{1+x^2}dx\leqq\int_0^1 x^{2n+2}dx \quad \cdots\cdots ②$

$\int_0^1 x^{2n+2}dx=\left[\frac{x^{2n+3}}{2n+3}\right]_0^1=\frac{1}{2n+3}$ であるから，①，② より

$$\left|\int_0^1 \frac{x^2}{1+x^2}dx-a_n\right|\leqq\frac{1}{2n+3}$$

(2) $\int_0^1 \frac{x^2}{1+x^2}dx=\int_0^1\left(1-\frac{1}{1+x^2}\right)dx=\int_0^1 dx-\int_0^1\frac{1}{1+x^2}dx$

$=1-\int_0^1\frac{1}{1+x^2}dx$ …… ③

x	$0 \longrightarrow 1$
θ	$0 \longrightarrow \frac{\pi}{4}$

$x=\tan\theta$ とおくと　$dx=\frac{1}{\cos^2\theta}d\theta$

よって　$\int_0^1\frac{1}{1+x^2}dx=\int_0^{\frac{\pi}{4}}\frac{1}{1+\tan^2\theta}\cdot\frac{1}{\cos^2\theta}d\theta$

$=\int_0^{\frac{\pi}{4}}\cos^2\theta\cdot\frac{1}{\cos^2\theta}d\theta=\int_0^{\frac{\pi}{4}}d\theta=\frac{\pi}{4}$

ゆえに，③ から　$\int_0^1\frac{x^2}{1+x^2}dx=\mathbf{1-\frac{\pi}{4}}$

(3) $\frac{x^2+(-x^2)^{n+1}}{1+x^2}=\frac{x^2\{1-(-x^2)^n\}}{1-(-x^2)}=\sum_{k=1}^{n}x^2\cdot(-x^2)^{k-1}$

$=\sum_{k=1}^{n}(-1)^{k-1}x^{2k}=x^2-x^4+x^6-x^8+\cdots\cdots+(-1)^{n-1}x^{2n}$

であるから

$a_n=\int_0^1\frac{x^2+(-x^2)^{n+1}}{1+x^2}dx$

$=\int_0^1\{x^2-x^4+x^6-x^8+\cdots\cdots+(-1)^{n-1}x^{2n}\}$

$=\left[\frac{x^3}{3}-\frac{x^5}{5}+\frac{x^7}{7}-\frac{x^9}{9}+\cdots\cdots+\frac{(-1)^{n-1}x^{2n+1}}{2n+1}\right]_0^1$

$=\frac{1}{3}-\frac{1}{5}+\frac{1}{7}-\frac{1}{9}+\cdots\cdots+\frac{(-1)^{n-1}}{2n+1}$

$=\sum_{k=1}^{n}\frac{(-1)^{k-1}}{2k+1}=\sum_{k=1}^{n}\frac{(-1)^{k+1}}{2k+1}$

(4) (1)，(2) から　$0\leqq\left|\left(1-\frac{\pi}{4}\right)-a_n\right|\leqq\frac{1}{2n+3}$

$\lim_{n\to\infty}\frac{1}{2n+3}=0$ であるから，はさみうちの原理により

$\lim_{n\to\infty}\left|\left(1-\frac{\pi}{4}\right)-a_n\right|=0$　すなわち　$\lim_{n\to\infty}a_n=1-\frac{\pi}{4}$

よって，(3) から　$\lim_{n\to\infty}\sum_{k=1}^{n}\frac{(-1)^{k+1}}{2k+1}=\mathbf{1-\frac{\pi}{4}}$

◀ 分子の次数を下げる。

◀ $\frac{1}{x^2+a^2}$ の定積分は，$x=a\tan\theta$ とおく。

◀ $\left[\theta\right]_0^{\frac{\pi}{4}}=\frac{\pi}{4}$

◀ 初項 x^2，公比 $-x^2$ の等比数列の初項から第 n 項までの和。

◀ $(-1)^{k-1}$
$=(-1)^{k-1}\cdot(-1)^2$
$=(-1)^{k+1}$

総

総合演習

類題 16 $x\geqq0$ を定義域とする関数の列 $f_0(x)$，$f_1(x)$，……，$f_n(x)$，…… を

$f_0(x)=1$，$f_n(x)=\int_0^x\frac{f_{n-1}(t)}{t+1}dt$ $(n\geqq1)$　により帰納的に定義する。

(1) $f_1(x)$，$f_2(x)$，$f_3(x)$ を求めよ。　(2) $f_n(x)$ $(n\geqq1)$ を求めよ。

(3) 曲線 $y=f_n(x)$ $(n\geqq1)$，直線 $x=a$ $(a>0)$ および x 軸で囲まれる図形の面積を $S_n(a)$ とするとき，$S_n(a)+S_{n+1}(a)=\frac{a+1}{(n+1)!}$ を満たす a の値を求めよ。

(4) 無限級数 $\sum_{k=1}^{\infty}\frac{(-1)^k}{k!}$ の和を求めよ。　〔東京医歯大〕

演習例題 17 デカルトの葉で囲まれた面積 …… 極座標の利用

$x^3-3axy+y^3=0$ $(a>0)$ で定義される曲線はデカルトの葉（または，葉線）と呼ばれている。これによって囲まれる第1象限の面積 S を求めたい。

極座標 $x=r\cos\theta$，$y=r\sin\theta$ を用いると，曲線は

$$r(\theta)=\frac{3a\cos\theta\sin\theta}{\cos^3\theta+\sin^3\theta}\left(0\leqq\theta\leqq\frac{\pi}{2}\right)$$

となる。これより面積は

$$S=\frac{1}{2}\int_0^{\frac{\pi}{2}}\{r(\theta)\}^2d\theta$$

と表される。$t=\tan\theta$ とおいて S を求めよ。ただし，$\int_0^{\infty}f(t)dt=\lim_{R\to\infty}\int_0^R f(t)dt$ と解釈する。 〔横浜市大〕

指針 問題文に考え方の方針が丁寧に示されているので，その内容に従って進めればよい。

また，$\boldsymbol{S=\frac{1}{2}\int_0^{\frac{\pi}{2}}\{r(\theta)\}^2d\theta}$ は $p.516$～517 例題141 で，$\boldsymbol{\int_0^{\infty}f(t)dt=\lim_{R\to\infty}\int_0^R f(t)dt}$ は $p.502$ 研究「広義の定積分」でも取り上げているから，必要に応じて参照してほしい。

なお，曲線の方程式 $x^3-3axy+y^3=0$ で x と y を入れ替えても同じ式が得られることや，上の図からもわかるように，デカルトの葉は直線 $y=x$ に関して対称である。

更に，デカルトの葉の漸近線は，直線 $x+y+a=0$ であることも知られている。

解答 求める面積 S は $\quad S=\int_0^{\frac{\pi}{2}}\frac{1}{2}\{r(\theta)\}^2d\theta$

$$\{r(\theta)\}^2=\left(\frac{3a\cos\theta\sin\theta}{\cos^3\theta+\sin^3\theta}\right)^2=\left\{\frac{3a\cdot\frac{\sin\theta}{\cos\theta}\cdot\cos^2\theta}{\left(1+\frac{\sin^3\theta}{\cos^3\theta}\right)\cos^3\theta}\right\}^2$$

$$=\left\{\frac{3a\tan\theta}{(1+\tan^3\theta)\cos\theta}\right\}^2=\frac{9a^2\tan^2\theta}{(1+\tan^3\theta)^2}\cdot\frac{1}{\cos^2\theta}$$

◀（ ）内の分母・分子を $\cos^2\theta$ で割って
$$\frac{3a\cdot\frac{\sin\theta}{\cos\theta}}{\cos\theta+\frac{\sin^3\theta}{\cos^2\theta}}=\frac{3a\tan\theta}{\left(1+\frac{\sin^3\theta}{\cos^3\theta}\right)\cos\theta}=\frac{3a\tan\theta}{(1+\tan^3\theta)\cos\theta}$$
としてもよい。

$t=\tan\theta$ とおくと $\quad dt=\frac{1}{\cos^2\theta}d\theta$

θ	$0\longrightarrow\frac{\pi}{2}$
t	$0\longrightarrow\infty$

よって $\quad S=\int_0^{\infty}\frac{9a^2t^2}{2(1+t^3)^2}dt$

$$=\lim_{R\to\infty}\int_0^R\frac{9a^2t^2}{2(1+t^3)^2}dt$$

$$=\lim_{R\to\infty}\left\{\frac{3}{2}a^2\int_0^R\frac{(1+t^3)'}{(1+t^3)^2}dt\right\}$$

$$=\lim_{R\to\infty}\left(\frac{3}{2}a^2\left[-\frac{1}{1+t^3}\right]_0^R\right)$$

$$=\lim_{R\to\infty}\left\{\frac{3}{2}a^2\left(1-\frac{1}{1+R^3}\right)\right\}=\boldsymbol{\frac{3}{2}a^2}$$

別解 $F(x,\ y)=x^3-3axy+y^3$ とすると，$F(x,\ y)$ は $x,\ y$ の対称式であり

$$F(y,\ x)=F(x,\ y)$$

よって，曲線 $F(x,\ y)=0$ は直線 $y=x$ に関して対称である。

◀ x と y を入れ替えても同じ式になる。

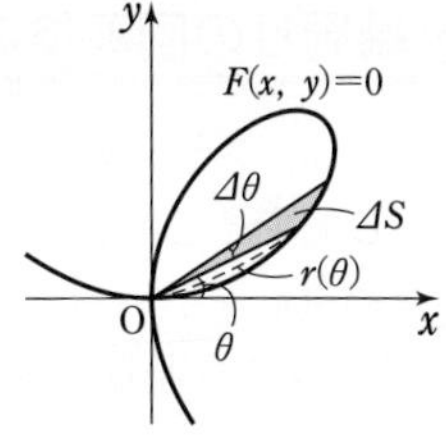

また，右の図のように，θ の増分を $\varDelta\theta$，S の増分を $\varDelta S$ とすると

$$\varDelta S \fallingdotseq \frac{1}{2}\{r(\theta)\}^2(\varDelta\theta)$$

◀ $p.517$ 検討も参照。上の図の赤い部分の面積は，半径 $r(\theta)$，中心角 $\varDelta\theta$ の扇形の面積で近似できる。

ゆえに，$\displaystyle\frac{1}{2}\int_0^{\frac{\pi}{2}}\{r(\theta)\}^2d\theta=\int_0^{\frac{\pi}{4}}\{r(\theta)\}^2d\theta$ が成り立つから

$$S=\int_0^{\frac{\pi}{4}}\frac{9a^2\tan^2\theta}{(1+\tan^3\theta)^2}\cdot\frac{1}{\cos^2\theta}d\theta$$

$t=\tan\theta$ とおくと　　$dt=\dfrac{1}{\cos^2\theta}d\theta$

θ	$0 \longrightarrow \frac{\pi}{4}$
t	$0 \longrightarrow 1$

よって　　$\displaystyle S=\int_0^1\frac{9a^2t^2}{(1+t^3)^2}dt=3a^2\int_0^1\frac{(1+t^3)'}{(1+t^3)^2}dt$

$$=3a^2\left[-\frac{1}{1+t^3}\right]_0^1=3a^2\left(-\frac{1}{2}+1\right)=\boldsymbol{\frac{3}{2}a^2}$$

デカルトの葉：$x^3-3axy+y^3=0\ (a>0)$ は，直線 $\boldsymbol{x+y+a=0}$ を **漸近線** にもつ。この証明は高校数学の範囲を超えるが，曲線の方程式が次のように変形できることから，感覚的にはわかるかもしれない。

$x^3-3axy+y^3=0$ から　　$x^3+y^3+a^3-3axy=a^3$

ゆえに　　$(x+y+a)(x^2+y^2+a^2-xy-ay-ax)=a^3$

よって　　$(x+y+a)\cdot\dfrac{1}{2}\{(x-y)^2+(y-a)^2+(a-x)^2\}=a^3$　…… ①

$|x|$ の値を大きくしていくと，$\{(x-y)^2+(y-a)^2+(a-x)^2\}$ の方が，$x+y+a$ より速く無限大に発散すると考えられる。一方，① の右辺の a^3 は定数である。

したがって，$|x|$ の値を大きくしていくと，$x+y+a$ は 0 に近づかなければならないと考えられるから　　$x+y+a\fallingdotseq 0$

類題 17 座標平面上の動点 $P_t\ (x,\ y)$ の座標が，t の関数 $x=e^{-t}\cos t$，$y=e^{-t}\sin t$ で与えられている。また，O を原点とする。実数 $a,\ b$ で $0<b-a<2\pi$ であるものに対して，線分 OP_a と，動点 P_t が $t=a$ から $t=b$ まで動くときに描く曲線と，線分 OP_b とによって囲まれる部分の面積を $S(a,\ b)$ とする。

(1) $f(t)=S(0,\ t)$ とする。導関数 $\dfrac{d}{dt}f(t)$ を求めよ。

(2) 自然数 n に対して，$U(n)=S\left(\dfrac{n-1}{2}\pi,\ \dfrac{n}{2}\pi\right)$ とする。$U(n)$ を求めよ。

(3) 無限級数 $\displaystyle\sum_{n=1}^{\infty}U(n)$ の和を求めよ。　〔早稲田大〕

総

総合演習

演習例題 18 y軸周りの回転体の体積と不等式の証明

$a>0$ とする。曲線 $y=e^{-x^2}$ と x 軸，y 軸，および直線 $x=a$ で囲まれた図形を，y 軸の周りに1回転してできる回転体を A とする。

(1) A の体積 V を求めよ。

(2) 点 $(t,\ 0)$ $(-a\leqq t\leqq a)$ を通り x 軸と垂直な平面による A の切り口の面積を $S(t)$ とするとき，不等式 $S(t)\leqq\int_{-a}^{a}e^{-(s^2+t^2)}ds$ を示せ。

(3) 不等式 $\sqrt{\pi(1-e^{-a^2})}\leqq\int_{-a}^{a}e^{-x^2}dx$ を示せ。　〔東京工大〕

指針 (1) $p.527$ 例題149参照。曲線が $y=f(x)$ の形で与えられたとき，曲線を y 軸の周りに1回転してできる回転体の体積 V は，$dy=f'(x)dx$ から

$$V=\pi\int_c^d x^2dy=\pi\int_a^b x^2f'(x)dx\quad [c=f(a),\ d=f(b)]$$

(別解) $p.531$ 研究「バウムクーヘン分割による体積の計算」を利用する。

(2) A を xyz 座標空間上に表すと，平面 $x=t$ による断面は，右の図の赤く塗った部分のようになるが，$S(t)$ を定積分で表すには，境界線である赤い曲線上の点が満たす式を考えなければならない。そこで，右の図のように点 $\mathrm{P}(t,\ 0,\ z)$ をとると，点Pを通り，zx 平面に垂直な直線と y 軸の距離は OP であるから，赤い曲線上の点は $y=e^{-(t^2+z^2)}$ を満たすと考えられる。

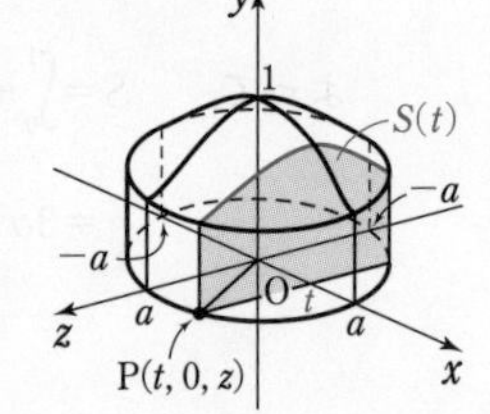

(3) 右辺の定積分は直接計算できない。(2)の $S(t)$ を用いて V を表し，(1)の結果と比較する。

解答 (1) A は右の図の斜線部分を y 軸の周りに1回転してできる回転体である。

$y=e^{-x^2}$ から

$$x^2=-\log y$$

よって，A の体積 V は

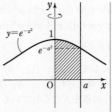

$$V=\pi a^2\cdot e^{-a^2}+\pi\int_{e^{-a^2}}^{1}(-\log y)dy$$

$$=\pi a^2e^{-a^2}-\pi\Big[y\log y-y\Big]_{e^{-a^2}}^{1}$$

$$=\pi a^2e^{-a^2}-\pi\{-1-e^{-a^2}\cdot(-a^2)+e^{-a^2}\}$$

$$=\boldsymbol{\pi(1-e^{-a^2})}$$

◀ A は円柱と曲線の y 軸周りの回転体からなる。

別解 $V=2\pi\int_0^a xe^{-x^2}dx=\pi\int_0^a\{-(-2x)e^{-x^2}\}dx$

$$=-\pi\int_0^a e^{-x^2}\cdot(-x^2)'dx$$

$$=-\pi\Big[e^{-x^2}\Big]_0^a$$

$$=\boldsymbol{\pi(1-e^{-a^2})}$$

◀ バウムクーヘン分割による計算。

(2) 右の図のように，x 軸と y 軸にともに垂直であるような z 軸をとる。また，zx 平面上の直線 $x=t$ 上に，右の図のように点 $\mathrm{P}(t,\ 0,\ z)$ をとると，点Pを通り，zx 平面に垂直な直線と y 軸の距離 OP について　$\mathrm{OP}^2=t^2+z^2$

Pが zx 平面上の円 $x^2+z^2=a^2$ 上にあるとき，$t^2+z^2=a^2$ から

$$z=\pm\sqrt{a^2-t^2}$$

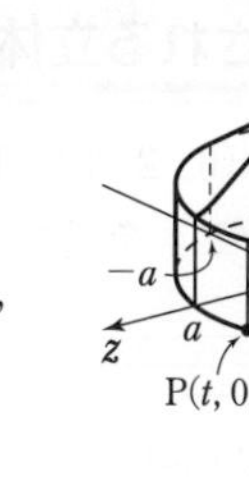

◀ A を不等式で表すと $\begin{cases} x^2+z^2\leqq a^2 \\ 0\leqq y\leqq e^{-(x^2+z^2)} \end{cases}$

このとき，平面 $x=t$ による切り口は $\begin{cases} z^2\leqq a^2-t^2 \\ 0\leqq y\leqq e^{-(t^2+z^2)} \end{cases}$

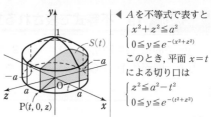

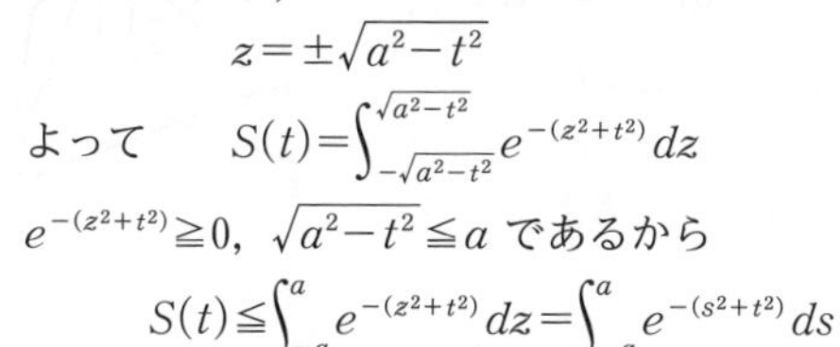

よって　$S(t)=\displaystyle\int_{-\sqrt{a^2-t^2}}^{\sqrt{a^2-t^2}} e^{-(z^2+t^2)}dz$

$e^{-(z^2+t^2)}\geqq 0$，$\sqrt{a^2-t^2}\leqq a$ であるから

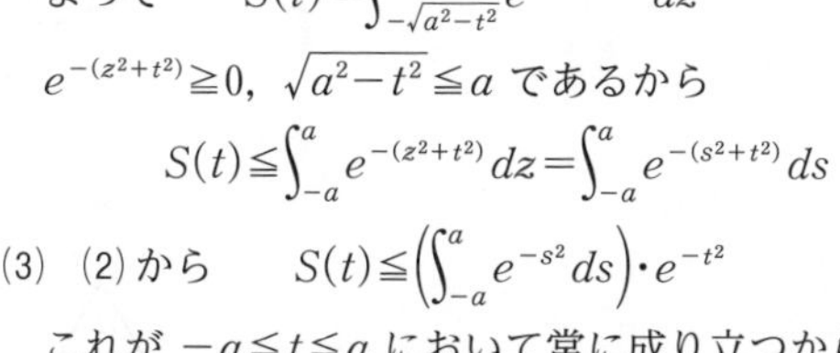

$$S(t)\leqq\int_{-a}^{a} e^{-(z^2+t^2)}dz=\int_{-a}^{a} e^{-(s^2+t^2)}ds$$

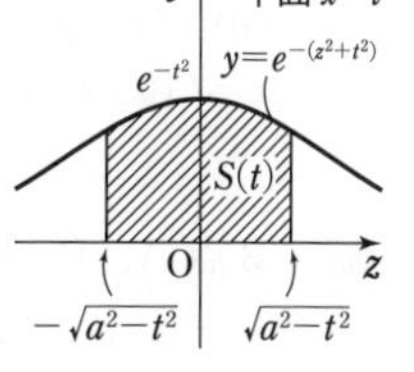

(3) (2) から　$S(t)\leqq\left(\displaystyle\int_{-a}^{a} e^{-s^2}ds\right)\cdot e^{-t^2}$

これが $-a\leqq t\leqq a$ において常に成り立つから

$$\int_{-a}^{a} S(t)dt\leqq\left(\int_{-a}^{a} e^{-s^2}ds\right)\cdot\int_{-a}^{a} e^{-t^2}dt$$

また，$\displaystyle\int_{-a}^{a} S(t)dt=V$ であるから，(1) の結果より

$$\pi(1-e^{-a^2})\leqq\left(\int_{-a}^{a} e^{-x^2}dx\right)^2$$

◀ 定積分は，積分変数の文字に無関係。

$\pi(1-e^{-a^2})>0$，$\displaystyle\int_{-a}^{a} e^{-s^2}ds>0$ であるから

$$\sqrt{\pi(1-e^{-a^2})}\leqq\int_{-a}^{a} e^{-x^2}dx$$

検討　$\displaystyle\int_{-\infty}^{\infty} e^{-x^2}dx$ を **ガウス積分** といい，$\displaystyle\int_{-\infty}^{\infty} \boldsymbol{e^{-x^2}dx=\sqrt{\pi}}$ であることが知られている。そして，ガウス積分は，正規分布の確率密度関数（数学B統計的な推測）が $\boldsymbol{f(x)=\dfrac{1}{\sqrt{2\pi}\sigma}e^{-\frac{(x-m)^2}{2\sigma^2}}}$ ［m：平均，σ^2：分散］であることの証明にも用いられる。

類題 18　区間 $0\leqq x\leqq\pi$ において，関数 $f(x)$ と関数 $g(x)$ を

$f(x)=\dfrac{1}{2}\cos x$，$g(x)=\cos\dfrac{x}{2}+c$ と定義する。c は定数である。

(1) 区間 $0\leqq x\leqq\pi$ において，2曲線 $y=f(x)$ と $y=g(x)$ が $x=0$ 以外の点で接するように c の値を定め，接点 $(p,\ q)$ を求めよ。また，そのとき，区間 $0\leqq x\leqq\pi$ における関数 $f(x)$ と関数 $g(x)$ の大小関係を調べよ。

(2) 定数 c と接点 $(p,\ q)$ は (1) で求めたものとする。そのとき，区間 $0\leqq x\leqq p$ において，y 軸および2曲線 $y=f(x)$，$y=g(x)$ によって囲まれた図形を D とする。D を y 軸の周りに1回転してできる立体の体積 V を求めよ。　〔長崎大〕

総　総合演習

演習例題 19 不等式で表される立体の体積

xyz 空間に 4 点 P(0, 0, 2), A(0, 2, 0), B($\sqrt{3}$, −1, 0), C($-\sqrt{3}$, −1, 0) をとる。四面体 PABC の $x^2+y^2 \geqq 1$ を満たす部分の体積を求めよ。

〔東京工大〕

指針 四面体 PABC を xyz 座標空間上に図示すると, 右のようになる。
△ABC は xy 平面上にあって正三角形である。
さて, x, y の不等式で表される立体の体積についても

CHART》 体積 断面積をつかめ

OP⊥(xy 平面) であるから, 四面体 PABC を平面 $z=t$ $(0 \leqq t \leqq 1)$ で切ったときの切り口について考える。

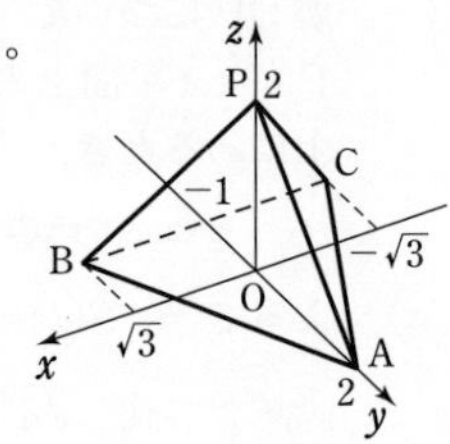

解答 3 点 A, B, C はすべて xy 平面上にあり

$$AB=BC=CA=2\sqrt{3}$$

よって, △ABC は正三角形である。
また, OP⊥(xy 平面) である。
四面体 PABC の $x^2+y^2 \geqq 1$ を満たす部分を K とし, 立体 K を平面 $z=t$ で切ったときの切り口について考える。
平面 $z=t$ と辺 PA, PB, PC の交点をそれぞれ A_t, B_t, C_t とすると, OA=OB=OC=2 であるから, 平面 $z=1$ 上の点 (0, 0, 1) と点 A_1, B_1, C_1 の距離はすべて 1
ゆえに, 立体 K は $z>1$ の範囲には存在しないから, $0 \leqq t \leqq 1$ として考える。

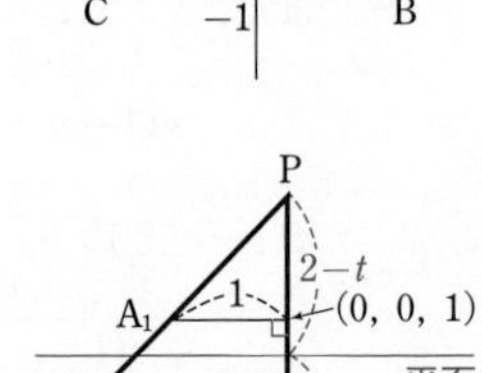

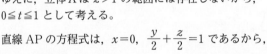

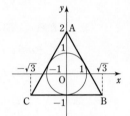

直線 AP の方程式は, $x=0$, $\dfrac{y}{2}+\dfrac{z}{2}=1$ であるから,
点 A_t の座標は　$(0,\ 2-t,\ t)$
立体 K の平面 $z=t$ による切り口は, 右の図の赤い部分である。
ここで, $\triangle A_tB_tC_t$ は正三角形であり, 赤い 3 つの部分は, すべて合同な図形である。
よって, 赤い部分のうち, $y \geqq 0$ の範囲にあるものの面積 S_A について考える。
図のように, 点 D, E, F, G をとると

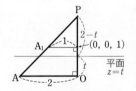

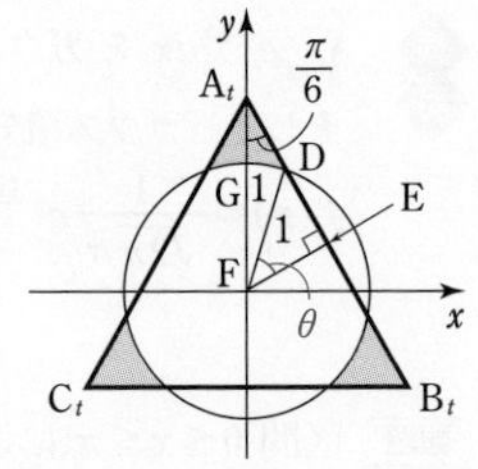

$$\frac{S_A}{2}=\triangle FA_tE-\triangle FED-(\text{扇形 FGD})$$

$\angle FA_tE=\dfrac{\pi}{6}$ であるから

$$FE=FA_t\sin\frac{\pi}{6}=\frac{2-t}{2}$$

FD=1 であるから　$DE=\sqrt{1-FE^2}=\dfrac{\sqrt{4t-t^2}}{2}$

また　　$A_tE=FA_t\cos\dfrac{\pi}{6}=\dfrac{\sqrt{3}}{2}(2-t)$

ゆえに，$\triangle FA_tE$ の面積は

$$\frac{1}{2}A_tE\cdot FE=\frac{1}{2}\cdot\frac{\sqrt{3}}{2}(2-t)\cdot\frac{2-t}{2}=\frac{\sqrt{3}(2-t)^2}{8}$$

$\triangle FED$ の面積は

$$\frac{1}{2}DE\cdot FE=\frac{1}{2}\cdot\frac{\sqrt{4t-t^2}}{2}\cdot\frac{2-t}{2}=\frac{(2-t)\sqrt{4t-t^2}}{8}$$

扇形 FGD の面積は，$\angle EFD=\theta$ とすると $\angle A_tFD=\dfrac{\pi}{3}-\theta$ であるから

$$\frac{1}{2}\cdot1^2\cdot\angle A_tFD=\frac{1}{2}\left(\frac{\pi}{3}-\theta\right)$$

よって　　$S_A=\dfrac{\sqrt{3}(2-t)^2}{4}-\dfrac{(2-t)\sqrt{4t-t^2}}{4}-\dfrac{\pi}{3}+\theta$

したがって，立体 K の体積を V とすると

$$V=\int_0^1 3S_A\,dt=\int_0^1\left\{\frac{3\sqrt{3}(2-t)^2}{4}-\frac{3(2-t)\sqrt{4t-t^2}}{4}-\pi+3\theta\right\}dt$$

$$=\frac{3\sqrt{3}}{4}\left[-\frac{(2-t)^3}{3}\right]_0^1-\pi\Big[t\Big]_0^1-\frac{3}{4}\int_0^1(2-t)\sqrt{4t-t^2}\,dt+3\int_0^1\theta\,dt$$

$$=\frac{7\sqrt{3}}{4}-\pi-\frac{3}{4}\int_0^1(2-t)\sqrt{4t-t^2}\,dt+3\int_0^1\theta\,dt$$

ここで　　$\displaystyle\int_0^1(2-t)\sqrt{4t-t^2}\,dt=\frac{1}{2}\int_0^1\sqrt{4t-t^2}(4t-t^2)'\,dt=\frac{1}{2}\left[\frac{2}{3}(4t-t^2)^{\frac{3}{2}}\right]_0^1$

$$=\sqrt{3}$$

また，直角三角形 FED において　　$\cos\theta=FE=\dfrac{2-t}{2}$

よって　　$t=2-2\cos\theta$　　　ゆえに　　$dt=2\sin\theta\,d\theta$

t	$0\longrightarrow1$
θ	$0\longrightarrow\dfrac{\pi}{3}$

$$\int_0^1\theta\,dt=\int_0^{\frac{\pi}{3}}\theta\cdot2\sin\theta\,d\theta=2\left(\Big[-\theta\cos\theta\Big]_0^{\frac{\pi}{3}}+\int_0^{\frac{\pi}{3}}\cos\theta\,d\theta\right)$$

$$=2\left(-\frac{\pi}{6}+\Big[\sin\theta\Big]_0^{\frac{\pi}{3}}\right)=\sqrt{3}-\frac{\pi}{3}$$

以上から　　$V=\dfrac{7\sqrt{3}}{4}-\pi-\dfrac{3}{4}\sqrt{3}+3\left(\sqrt{3}-\dfrac{\pi}{3}\right)=\boldsymbol{4\sqrt{3}-2\pi}$

類題 19　座標空間内を，長さ 2 の線分 AB が次の 2 条件 (a)，(b) を満たしながら動く。

(a)　点 A は平面 $z=0$ 上にある。

(b)　点 C(0, 0, 1) が線分 AB 上にある。

このとき，線分 AB が通過することのできる範囲を K とする。K と不等式 $z\geqq1$ の表す範囲との共通部分の体積を求めよ。　〔東京大〕

演習例題 20 立方体の対角線の周りの回転体の体積

Oを原点とする座標空間内に点 A(0, 0, 1), B(1, 0, 1), C(1, 1, 1) が与えられている。線分 OC を1つの対角線とし，線分 AB を1辺とする立方体を直線 OC の周りに回転して得られる回転体 K の体積を求めたい。

(1) 点 P(0, 0, p) ($0<p\leqq 1$) から直線 OC へ垂線を引いたときの交点Hの座標と線分 PH の長さを求めよ。

(2) 点 Q(q, 0, 1) ($0\leqq q\leqq 1$) から直線 OC へ垂線を引いたときの交点 I の座標と線分 QI の長さを求めよ。

(3) 原点Oから点C方向へ線分 OC 上を距離 u ($0\leqq u\leqq\sqrt{3}$) だけ進んだ点をUとする。点Uを通り直線 OC に垂直な平面でKを切ったときの切り口の円の半径 r を u の関数として表せ。

(4) Kの体積を求めよ。 〔大阪市大〕

指針 CHART》 **回転体の体積　断面積をつかめ**

回転体の体積の問題では，**回転軸とその軸に垂直な平面で切ったときの断面** が重要なポイントとなる。(3) で断面を u の関数として表すわけであるが，断面の形が u のとる値によって異なるので，難しく感じられる。(1), (2) の誘導に従い，回転軸から遠い方にある立方体の辺上の点との距離について考える。

解答 (1) Hは直線 OC 上の点であるから，s を実数として

$$\overrightarrow{OH}=s\overrightarrow{OC}=(s,\ s,\ s)$$

と表される。

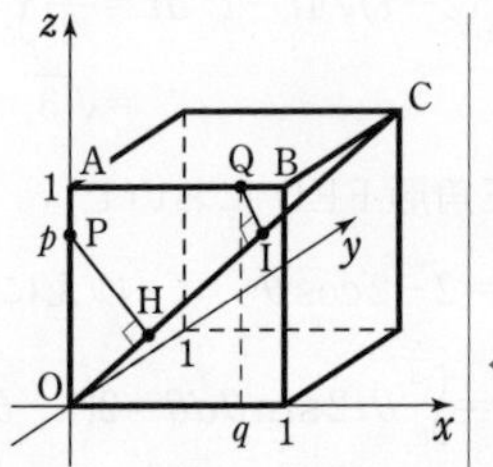

$\overrightarrow{PH}\perp\overrightarrow{OC}$ であるから

$$\overrightarrow{PH}\cdot\overrightarrow{OC}=0$$

◀ 垂直 ⟹ (内積)=0

$\overrightarrow{PH}=(s,\ s,\ s-p)$,

$\overrightarrow{OC}=(1,\ 1,\ 1)$ であるから

$$\overrightarrow{PH}\cdot\overrightarrow{OC}=s+s+s-p=3s-p$$

よって，$\overrightarrow{PH}\cdot\overrightarrow{OC}=0$ から　　$3s-p=0$

ゆえに，$s=\dfrac{p}{3}$ であるから　　$\mathbf{H}\left(\dfrac{p}{3},\ \dfrac{p}{3},\ \dfrac{p}{3}\right)$

また　　$\mathbf{PH}=\sqrt{\left(\dfrac{p}{3}\right)^2+\left(\dfrac{p}{3}\right)^2+\left(\dfrac{p}{3}-p\right)^2}=\dfrac{\sqrt{6}}{3}p$

◀ $\overrightarrow{PH}=(s,\ s,\ s-p)$

(2) I は直線 OC 上の点であるから，t を実数として

$$\overrightarrow{OI}=t\overrightarrow{OC}=(t,\ t,\ t)$$

と表される。

$\overrightarrow{QI}\perp\overrightarrow{OC}$ であるから　　$\overrightarrow{QI}\cdot\overrightarrow{OC}=0$

◀ 垂直 ⟹ (内積)=0

$\overrightarrow{QI}=(t-q,\ t,\ t-1)$ であるから

$$\overrightarrow{QI}\cdot\overrightarrow{OC}=t-q+t+t-1=3t-q-1$$

よって，$\overrightarrow{QI}\cdot\overrightarrow{OC}=0$ から　　$3t-q-1=0$

ゆえに，$t=\dfrac{q+1}{3}$ であるから

$$\mathbf{I}\left(\frac{\boldsymbol{q+1}}{\mathbf{3}},\ \frac{\boldsymbol{q+1}}{\mathbf{3}},\ \frac{\boldsymbol{q+1}}{\mathbf{3}}\right)$$

また　$\mathbf{QI}=\sqrt{\left(\dfrac{q+1}{3}-q\right)^2+\left(\dfrac{q+1}{3}\right)^2+\left(\dfrac{q+1}{3}-1\right)^2}$

$$=\frac{1}{3}\sqrt{(1-2q)^2+(q+1)^2+(q-2)^2}$$

$$=\frac{\mathbf{1}}{\mathbf{3}}\sqrt{\mathbf{6}(\boldsymbol{q}^2-\boldsymbol{q}+\mathbf{1})}$$

◀ $\overrightarrow{\mathrm{QI}}=(t-q,\ t,\ t-1)$

(3)　(1) のPがAに一致するときのHの座標は　$\left(\dfrac{1}{3},\ \dfrac{1}{3},\ \dfrac{1}{3}\right)$

この点を G_1 とすると

$$OG_1=\frac{\sqrt{3}}{3}$$

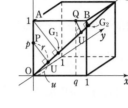

(2) のQがBに一致したときのIの座標は　$\left(\dfrac{2}{3},\ \dfrac{2}{3},\ \dfrac{2}{3}\right)$

この点を G_2 とすると　$OG_2=\dfrac{2\sqrt{3}}{3}$

◀ 線分 OC 上の点Uを通り，OC に垂直な平面による立方体の切断面は，Uの位置によって形が異なる。その場合の分かれ目を調べるために，点Pが点Aに，点Qが点Bに一致したときを考えている。

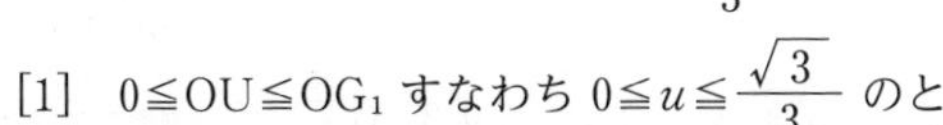

[1]　$0\leqq OU\leqq OG_1$ すなわち $0\leqq u\leqq\dfrac{\sqrt{3}}{3}$ のとき

Uを通り OC に垂直な平面で立方体を切断したときの切り口を考えると，点Uからの距離が最大になるのは，(1) の立方体の辺上の点Pであるから　$r=PU$

このとき，(1) において　$OH=\dfrac{\sqrt{3}}{3}p$

これを u とおくと　$p=\sqrt{3}\,u$

よって　$r=PU=\dfrac{\sqrt{6}}{3}p=\dfrac{\sqrt{6}}{3}\cdot\sqrt{3}\,u=\sqrt{2}\,u$

◀ 回転体の断面である円の半径となる。[2]，[3] についても同様。

[2]　$OG_1\leqq OU\leqq OG_2$ すなわち $\dfrac{\sqrt{3}}{3}\leqq u\leqq\dfrac{2\sqrt{3}}{3}$ のとき

[1] と同様に切り口を考えると，点Uからの距離が最大となるのは，(2) の立方体の辺上の点Qであるから

$r=QU$

このとき，(2) において，$\dfrac{\sqrt{3}}{3}(q+1)=u$ すなわち

$q=\sqrt{3}\,u-1$ とすればよいから

$$r=QU=\frac{1}{3}\sqrt{6(q^2-q+1)}$$

$$=\frac{\sqrt{6}}{3}\sqrt{(\sqrt{3}\,u-1)^2-(\sqrt{3}\,u-1)+1}$$

$$=\frac{\sqrt{6}}{3}\sqrt{3(u^2-\sqrt{3}\,u+1)}=\sqrt{2(u^2-\sqrt{3}\,u+1)}$$

[3] $OG_2 \leqq OU \leqq OC$ すなわち $\dfrac{2\sqrt{3}}{3} \leqq u \leqq \sqrt{3}$ のとき

回転体 K は，線分 OC の中点を通り OC に垂直な平面に関して対称な図形であるから，[1] において u を $\sqrt{3}-u$ でおき換えて　$r=\sqrt{2}(\sqrt{3}-u)$

[1]～[3] をまとめると

$\boldsymbol{0 \leqq u \leqq \dfrac{\sqrt{3}}{3}}$　**のとき**　$\boldsymbol{r=\sqrt{2}\,u}$

$\boldsymbol{\dfrac{\sqrt{3}}{3} \leqq u \leqq \dfrac{2\sqrt{3}}{3}}$　**のとき**　$\boldsymbol{r=\sqrt{2(u^2-\sqrt{3}\,u+1)}}$

$\boldsymbol{\dfrac{2\sqrt{3}}{3} \leqq u \leqq \sqrt{3}}$　**のとき**　$\boldsymbol{r=\sqrt{2}(\sqrt{3}-u)}$

(4) (3) から，求める体積を V とすると

$$V=\pi\int_0^{\frac{\sqrt{3}}{3}} 2u^2\,du+\pi\int_{\frac{\sqrt{3}}{3}}^{\frac{2\sqrt{3}}{3}} 2(u^2-\sqrt{3}\,u+1)\,du$$

$$+\pi\int_{\frac{2\sqrt{3}}{3}}^{\sqrt{3}} 2(\sqrt{3}-u)^2\,du$$

◀ π を落とさないように。

$$=2\cdot 2\pi\int_0^{\frac{\sqrt{3}}{3}} u^2\,du+2\cdot 2\pi\int_{\frac{\sqrt{3}}{3}}^{\frac{\sqrt{3}}{2}}\left\{\left(u-\frac{\sqrt{3}}{2}\right)^2+\frac{1}{4}\right\}du$$

◀ 計算をらくにするための工夫。$u=\dfrac{\sqrt{3}}{2}$ を代入すると，$u-\dfrac{\sqrt{3}}{2}=0$ となることを利用する。

$$=4\pi\left[\frac{u^3}{3}\right]_0^{\frac{\sqrt{3}}{3}}+4\pi\left[\frac{1}{3}\left(u-\frac{\sqrt{3}}{2}\right)^3+\frac{1}{4}\left(u-\frac{\sqrt{3}}{2}\right)\right]_{\frac{\sqrt{3}}{3}}^{\frac{\sqrt{3}}{2}}$$

$$=4\pi\cdot\frac{1}{3}\cdot\left(\frac{1}{\sqrt{3}}\right)^3+4\pi\cdot\left\{\frac{1}{3}\cdot\left(\frac{\sqrt{3}}{6}\right)^3+\frac{1}{4}\cdot\frac{\sqrt{3}}{6}\right\}$$

$$=\boldsymbol{\frac{\sqrt{3}}{3}\pi}$$

類題 20　xyz 空間の原点と点 $(1,\ 1,\ 1)$ を通る直線を ℓ とする。

(1)　ℓ 上の点 $\left(\dfrac{t}{3},\ \dfrac{t}{3},\ \dfrac{t}{3}\right)$ を通り ℓ と垂直な平面が，xy 平面と交わってできる直線の方程式を求めよ。

(2)　不等式 $0 \leqq y \leqq x(1-x)$ の表す xy 平面内の領域を D とする。ℓ を軸として D を回転させて得られる回転体の体積を求めよ。〔東京工大〕

演習例題 21　素数の逆数和が発散することの証明

すべての素数を小さい順に並べた無限数列を p_1, p_2, ……, p_n, …… とする。

(1) n を自然数とするとき

$$\sum_{k=1}^{n}\frac{1}{k}<\frac{1-\left(\frac{1}{p_1}\right)^{n+1}}{1-\frac{1}{p_1}}\times\frac{1-\left(\frac{1}{p_2}\right)^{n+1}}{1-\frac{1}{p_2}}\times\cdots\cdots\times\frac{1-\left(\frac{1}{p_n}\right)^{n+1}}{1-\frac{1}{p_n}}$$ を証明せよ。

(2) 無限級数 $\displaystyle\sum_{k=1}^{\infty}\left\{-\log\left(1-\frac{1}{p_k}\right)\right\}$ は発散することを証明せよ。

(3) 無限級数 $\displaystyle\sum_{k=1}^{\infty}\frac{1}{p_k}$ は発散することを証明せよ。　〔類　大阪大〕

指針 (1) 右辺は，初項 1，公比 $\frac{1}{p_k}$ の等比数列の初項から第 $n+1$ 項までの和の積である。

また，簡単な例として，不等式の両辺に $n=3$ を代入した式を具体的に書くと

$$(\text{左辺})=1+\frac{1}{2}+\frac{1}{3},$$

$$(\text{右辺})=\left(1+\frac{1}{2}+\frac{1}{2^2}+\frac{1}{2^3}\right)\left(1+\frac{1}{3}+\frac{1}{3^2}+\frac{1}{3^3}\right)\left(1+\frac{1}{5}+\frac{1}{5^2}+\frac{1}{5^3}\right)$$

となり，左辺の項は右辺を展開した式に含まれていることがわかる。

このことを一般的に示すには，**n 番目の素数 p_n は n より大きく，n 以下のすべての数は，素数 p_1, p_2, ……, p_n の累乗の積で表される** ことに注目する。

(2) (1) の不等式の右辺において，$1-\left(\frac{1}{p_1}\right)^{n+1}<1$, ……, $1-\left(\frac{1}{p_n}\right)^{n+1}<1$ であるから

$$\sum_{k=1}^{n}\frac{1}{k}<\frac{1}{1-\frac{1}{p_1}}\times\frac{1}{1-\frac{1}{p_2}}\times\cdots\cdots\times\frac{1}{1-\frac{1}{p_n}}$$

両辺の自然対数をとって　$\displaystyle\log\left(\sum_{k=1}^{n}\frac{1}{k}\right)<\sum_{k=1}^{n}\left\{-\log\left(1-\frac{1}{p_k}\right)\right\}$

この左辺が発散することを示すことができれば，右辺も発散することがいえる。

(3) (2) を利用して証明したい。そのために，$\frac{1}{p_k}=x$ $\left(0<x\leqq\frac{1}{2}\right)$ とおき，

$x>-\log(1-x)$ であることを示したいが，この不等式は成り立たない。

そこで，右辺の $-\log(1-x)$ に 1 より小さい適当な正の定数 a を掛けた不等式 $x>-a\log(1-x)$ が成り立つことを示し，発散することの証明に利用する。

解答 (1) $\displaystyle(\text{左辺})=\sum_{k=1}^{n}\frac{1}{k}=\frac{1}{1}+\frac{1}{2}+\frac{1}{3}+\cdots\cdots+\frac{1}{n}$

$$f(p_k)=\frac{1-\left(\frac{1}{p_k}\right)^{n+1}}{1-\frac{1}{p_k}}$$ とすると，$f(p_k)=1+\frac{1}{p_k}+\left(\frac{1}{p_k}\right)^2+\cdots\cdots+\left(\frac{1}{p_k}\right)^n$ から

$$(\text{右辺})=f(p_1)\times f(p_2)\times\cdots\cdots\times f(p_n)$$

$$=\left(1+\frac{1}{p_1}+\frac{1}{{p_1}^2}+\cdots\cdots+\frac{1}{{p_1}^n}\right)\times\left(1+\frac{1}{p_2}+\frac{1}{{p_2}^2}+\cdots\cdots+\frac{1}{{p_2}^n}\right)\times\cdots\cdots$$

$$\times\left(1+\frac{1}{p_n}+\frac{1}{{p_n}^2}+\cdots\cdots+\frac{1}{{p_n}^n}\right)\quad\cdots\cdots\ ①$$

総　総合演習

ここで，n 番目の素数 p_n は $p_n>n$ を満たし，$1\leqq k\leqq n$ を満たすすべての自然数 k は，素数 $p_1,\ p_2,\ \cdots\cdots,\ p_n$ を用いて $k={p_1}^{m_1(k)}\times{p_2}^{m_2(k)}\times\cdots\cdots\times{p_n}^{m_n(k)}$ と表される［ただし，$m_1(k),\ m_2(k),\ \cdots\cdots,\ m_n(k)$ は 0 以上 n 以下の整数］。

ゆえに　$\dfrac{1}{k}=\dfrac{1}{{p_1}^{m_1(k)}\times{p_2}^{m_2(k)}\times\cdots\cdots\times{p_n}^{m_n(k)}}$

① の展開式の中に，

$$\frac{1}{k}=\frac{1}{{p_1}^{m_1(k)}\times{p_2}^{m_2(k)}\times\cdots\cdots\times{p_n}^{m_n(k)}}\ (k=1,\ 2,\ \cdots\cdots,\ n)$$

は必ず含まれ，その他の項はすべて正の数である。

したがって

$$\sum_{k=1}^{n}\frac{1}{k}<\frac{1-\left(\frac{1}{p_1}\right)^{n+1}}{1-\frac{1}{p_1}}\times\frac{1-\left(\frac{1}{p_2}\right)^{n+1}}{1-\frac{1}{p_2}}\times\cdots\cdots\times\frac{1-\left(\frac{1}{p_n}\right)^{n+1}}{1-\frac{1}{p_n}}$$

が成り立つ。

◀ 簡単な例で確認してみよう。5 番目の素数は 11 であるが，11>5 である。次に，$1\leqq k\leqq 5$ を満たす自然数で，例えば $k=4$ とすると $4=2^2\cdot3^0\cdot5^0\cdot7^0\cdot11^0$ と表される。このようにして，$1\leqq k\leqq n$ を満たすすべての自然数は素数 $p_1,\ p_2,\ \cdots,\ p_n$ の累乗の積で表される。

(2)　(1) の不等式と $1-\left(\dfrac{1}{p_k}\right)^{n+1}<1$ から

$$\sum_{k=1}^{n}\frac{1}{k}<\frac{1}{1-\frac{1}{p_1}}\times\frac{1}{1-\frac{1}{p_2}}\times\cdots\cdots\times\frac{1}{1-\frac{1}{p_n}}$$

この両辺は正であるから，両辺の自然対数をとって

$$\log\left(\sum_{k=1}^{n}\frac{1}{k}\right)<\log\left\{\left(\frac{1}{1-\frac{1}{p_1}}\right)\times\left(\frac{1}{1-\frac{1}{p_2}}\right)\times\cdots\cdots\times\left(\frac{1}{1-\frac{1}{p_n}}\right)\right\}$$

すなわち　$\log\left(\displaystyle\sum_{k=1}^{n}\frac{1}{k}\right)<\sum_{k=1}^{n}\log\frac{1}{1-\frac{1}{p_k}}$

$$\log\left(\sum_{k=1}^{n}\frac{1}{k}\right)<\sum_{k=1}^{n}\left\{-\log\left(1-\frac{1}{p_k}\right)\right\}\quad\cdots\cdots\ ②$$

◀ $\log\dfrac{1}{A}=-\log A$

関数 $y=\dfrac{1}{x}\ (x>0)$ は $k\leqq x\leqq k+1$ で単調に減少し，

$\dfrac{1}{k+1}\leqq\dfrac{1}{x}\leqq\dfrac{1}{k}$ であるから　$\displaystyle\int_k^{k+1}\frac{1}{x}dx<\frac{1}{k}$

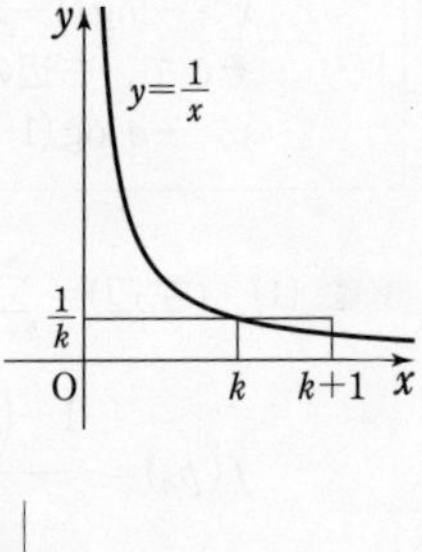

したがって　$\displaystyle\sum_{k=1}^{n}\int_k^{k+1}\frac{1}{x}dx<\sum_{k=1}^{n}\frac{1}{k}$

ここで，$\displaystyle\sum_{k=1}^{n}\int_k^{k+1}\frac{1}{x}dx=\int_1^{n+1}\frac{1}{x}dx=\Big[\log x\Big]_1^{n+1}$

$$=\log(n+1)$$

であるから　$\log(n+1)<\displaystyle\sum_{k=1}^{n}\frac{1}{k}$

この両辺は正であるから，両辺の自然対数をとって

$$\log\{\log(n+1)\}<\log\left(\sum_{k=1}^{n}\frac{1}{k}\right)$$

これと ② から　$\log\{\log(n+1)\}<\displaystyle\sum_{k=1}^{n}\left\{-\log\left(1-\frac{1}{p_k}\right)\right\}$

$\lim_{n\to\infty}\log\{\log(n+1)\}=\infty$ であるから

$$\sum_{k=1}^{\infty}\left\{-\log\left(1-\frac{1}{p_k}\right)\right\}=\infty$$

よって，無限級数 $\sum_{k=1}^{\infty}\left\{-\log\left(1-\frac{1}{p_k}\right)\right\}$ は発散する。

◀ $\lim_{n\to\infty}\log(n+1)=\infty$

(3) 任意の k に対して，$\frac{1}{p_k}\geqq-a\log\left(1-\frac{1}{p_k}\right)$ となるような k に無関係な正の定数 a として，$a=\frac{1}{2}$ を考える。

ここで，$\frac{1}{p_k}=x$ とおくと，$0<\frac{1}{p_k}\leqq\frac{1}{2}$ であるから

$$0<x\leqq\frac{1}{2}$$

$f(x)=2x-\{-\log(1-x)\}$ とすると

$$f(0)=0,\ f'(x)=2-\frac{1}{1-x}=\frac{1-2x}{1-x}$$

$0<x\leqq\frac{1}{2}$ のとき，$f'(x)\geqq0$ であるから，$f(x)$ は $0<x\leqq\frac{1}{2}$ の範囲で単調に増加する。

このことと $f(0)=0$ から，$0<x\leqq\frac{1}{2}$ で　　$f(x)>0$

よって，$0<x\leqq\frac{1}{2}$ のとき

$$2x>-\log(1-x)\quad すなわち\quad x>-\frac{1}{2}\log(1-x)$$

したがって，$\frac{1}{p_k}>-\frac{1}{2}\log\left(1-\frac{1}{p_k}\right)$ が成り立つ。

◀ $x\geqq-\frac{1}{2}\log(1-x)$ を変形すると $2x\geqq-\log(1-x)$ この不等式が $0<x\leqq\frac{1}{2}$ の範囲で成り立つことを示す。

ゆえに　　$\sum_{k=1}^{\infty}\frac{1}{p_k}>\frac{1}{2}\sum_{k=1}^{\infty}\left\{-\log\left(1-\frac{1}{p_k}\right)\right\}$

よって，(2) から　　$\sum_{k=1}^{\infty}\frac{1}{p_k}=\infty$

すなわち，無限級数 $\sum_{k=1}^{\infty}\frac{1}{p_k}$ は発散する。

◀ 級数 M が発散するなら，kM（k は正の定数）も発散する。

類題 21 自然数 n に対して関数 $f_n(x)$ を $f_n(x)=\frac{x}{n(1+x)}\log\left(1+\frac{x}{n}\right)$ $(x\geqq0)$ で定める。

(1) $\int_0^n f_n(x)dx\leqq\int_0^1\log(1+x)dx$ を示せ。

(2) 数列 $\{I_n\}$ を $I_n=\int_0^n f_n(x)dx$ で定める。$0\leqq x\leqq1$ のとき $\log(1+x)\leqq\log2$ であることを用いて数列 $\{I_n\}$ が収束することを示し，その極限値を求めよ。ただし，$\lim_{x\to\infty}\frac{\log x}{x}=0$ であることは用いてよい。〔類 大阪大〕

総　総合演習

演習例題 22 ウォリスの公式，スターリングの公式の証明

数列 $\{a_n\}$ を $a_n=\dfrac{n!}{\sqrt{n}\,n^ne^{-n}}$ で定める。このとき $\lim\limits_{n\to\infty}a_n=\sqrt{2\pi}$ であることを，以下の手順で示せ。

(1) 数列 $\{b_n\}$ を $b_n=\dfrac{2^{2n}(n!)^2}{\sqrt{n}\,(2n)!}$ で定める。$0<x<\dfrac{\pi}{2}$ のとき

$$\sin^{2n+1}x<\sin^{2n}x<\sin^{2n-1}x \qquad (n=1,\ 2,\ 3,\ \cdots\cdots)$$

であることを用いて，$\lim\limits_{n\to\infty}b_n=\sqrt{\pi}$ であることを示せ。

(2) すべての自然数 n に対して，$0<\log\dfrac{a_n}{a_{n+1}}<\dfrac{100}{n(n+1)}$ が成り立つことを示せ。

(3) $\lim\limits_{n\to\infty}\dfrac{a_n}{a_{2n}}=1$ であることを示せ。

(4) $\lim\limits_{n\to\infty}a_n=\sqrt{2\pi}$ であることを示せ。　〔類 大阪大〕

指針 (1) $p.474$ 例題 116，$p.475$ 検討「**ウォリスの公式**」で取り上げた内容であるが，特に，検討の方に目を通しておかないと，証明にあたっての着想は難しく感じられるだろう。「$\sin^{2n+1}x<\sin^{2n}x<\sin^{2n-1}x$ を用いて」とあるから，まず，この大小関係を定積分に関する不等式で表すと，$\sin^{2n}x$ の定積分は漸化式を導くことにより計算できる。そして，最後に，はさみうちの原理を利用して示す。

(2) $\log\dfrac{a_n}{a_{n+1}}=\left(n+\dfrac{1}{2}\right)\{\log(n+1)-\log n\}-1$ である。この右辺の｛　｝部分について，$\displaystyle\int_n^{n+1}\frac{1}{x}\,dx=\log(n+1)-\log n$ であるから，定積分 $\displaystyle\int_n^{n+1}\frac{1}{x}\,dx$ が表す図形の面積と他の図形の面積との大小関係を考え，証明すべき不等式に結びつける。

(3) (2)の不等式を利用する。

(4) (1)，(3)の結果を利用する。

解答 (1) $I_m=\displaystyle\int_0^{\frac{\pi}{2}}\sin^m x\,dx$ $(m=0,\ 1,\ 2,\ \cdots\cdots)$ とする。

$0<x<\dfrac{\pi}{2}$ のとき，$\sin^{2n+1}x<\sin^{2n}x<\sin^{2n-1}x$ であるから

$$\int_0^{\frac{\pi}{2}}\sin^{2n+1}x\,dx<\int_0^{\frac{\pi}{2}}\sin^{2n}x\,dx<\int_0^{\frac{\pi}{2}}\sin^{2n-1}x\,dx$$

すなわち　$I_{2n+1}<I_{2n}<I_{2n-1}$　…… ①

m が 2 以上の整数のとき

$$I_m=\Big[(-\cos x)\sin^{m-1}x\Big]_0^{\frac{\pi}{2}}-\int_0^{\frac{\pi}{2}}(-\cos x)(m-1)\sin^{m-2}x\cos x\,dx$$

$$=(m-1)\int_0^{\frac{\pi}{2}}\sin^{m-2}x(1-\sin^2x)dx=(m-1)\int_0^{\frac{\pi}{2}}(\sin^{m-2}x-\sin^m x)dx$$

$$=(m-1)(I_{m-2}-I_m)$$

よって，$mI_m=(m-1)I_{m-2}$ となり　$I_m=\dfrac{m-1}{m}I_{m-2}$

これを繰り返し用いると

$$I_{2n}=\frac{2n-1}{2n}\cdot\frac{2n-3}{2n-2}\cdot\cdots\cdots\cdot\frac{1}{2}I_0=\frac{(2n)!}{\{2n(2n-2)\cdot\cdots\cdots\cdot2\}^2}\cdot\Big[x\Big]_0^{\frac{\pi}{2}}$$

$$=\frac{(2n)!}{2^{2n}(n!)^2}\cdot\frac{\pi}{2}=\frac{\pi}{2\sqrt{n}}\cdot\frac{1}{b_n}\quad\cdots\cdots\ ②$$

$$I_{2n-1}=\frac{2n-2}{2n-1}\cdot\frac{2n-4}{2n-3}\cdot\cdots\cdots\cdot\frac{2}{3}I_1=\frac{2n\{(2n-2)(2n-4)\cdot\cdots\cdots\cdot2\}^2}{(2n)!}\cdot\Big[-\cos x\Big]_0^{\frac{\pi}{2}}$$

$$=\frac{2^{2n}(n!)^2}{(2n)!}\cdot\frac{1}{2n}=\frac{b_n}{2\sqrt{n}}\quad\cdots\cdots\ ③$$

$$I_{2n+1}=\frac{2n}{2n+1}I_{2n-1}=\frac{2n}{2n+1}\cdot\frac{b_n}{2\sqrt{n}}\quad\cdots\cdots\ ④$$

①~④ から　$\dfrac{2n}{2n+1}\cdot\dfrac{b_n}{2\sqrt{n}}<\dfrac{\pi}{2\sqrt{n}}\cdot\dfrac{1}{b_n}<\dfrac{b_n}{2\sqrt{n}}$

ゆえに　$\dfrac{1}{b_n}<\dfrac{b_n}{\pi}<\dfrac{2n+1}{2n}\cdot\dfrac{1}{b_n}$

したがって　$\pi<{b_n}^2<\left(1+\dfrac{1}{2n}\right)\pi$

$b_n>0$ であるから　$\sqrt{\pi}<b_n<\sqrt{\left(1+\dfrac{1}{2n}\right)\pi}$

$\displaystyle\lim_{n\to\infty}\sqrt{\left(1+\frac{1}{2n}\right)\pi}=\sqrt{\pi}$ であるから，はさみうちの原理により　$\displaystyle\lim_{n\to\infty}b_n=\sqrt{\pi}$

(2)　$\dfrac{a_n}{a_{n+1}}=\dfrac{n!}{\sqrt{n}\,n^ne^{-n}}\cdot\dfrac{\sqrt{n+1}\,(n+1)^{n+1}e^{-(n+1)}}{(n+1)!}=\left(\dfrac{n+1}{n}\right)^{n+\frac{1}{2}}e^{-1}$

よって　$\log\dfrac{a_n}{a_{n+1}}=\left(n+\dfrac{1}{2}\right)\{\log(n+1)-\log n\}-1$

関数 $y=\dfrac{1}{x}$ は，$x>0$ で単調に減少し，グラフは下に凸である。

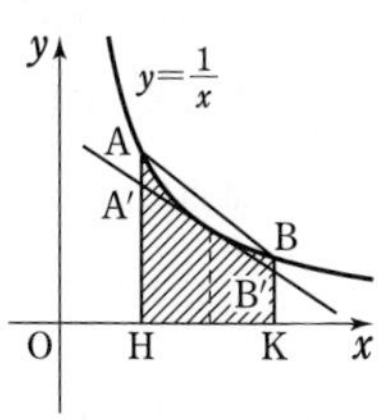

右の図のように，点 $\mathrm{A}\left(n,\ \dfrac{1}{n}\right)$，$\mathrm{B}\left(n+1,\ \dfrac{1}{n+1}\right)$，$\mathrm{H}(n,\ 0)$，$\mathrm{K}(n+1,\ 0)$ をとり，$x=n+\dfrac{1}{2}$ における $y=\dfrac{1}{x}$ のグラフの接線と直線 $x=n$，$x=n+1$ の交点をそれぞれ A′，B′ とする。

また，$y=\dfrac{1}{x}$ のグラフと x 軸，および直線 $x=n$，$x=n+1$ で囲まれた部分（図の斜線部分）の面積を S とすると

(台形 A′HKB′ の面積)$<S<$(台形 AHKB の面積)

ゆえに　$\dfrac{1}{n+\dfrac{1}{2}}<\displaystyle\int_n^{n+1}\frac{1}{x}\,dx<\frac{1}{2}\left(\frac{1}{n}+\frac{1}{n+1}\right)$

よって　$1<\left(n+\dfrac{1}{2}\right)\{\log(n+1)-\log n\}<\dfrac{2n+1}{4}\left(\dfrac{1}{n}+\dfrac{1}{n+1}\right)$

各辺から1を引いて　　$0<\log\dfrac{a_n}{a_{n+1}}<\dfrac{(2n+1)^2}{4n(n+1)}-1$

ゆえに　　$0<\log\dfrac{a_n}{a_{n+1}}<\dfrac{1}{4n(n+1)}$

$\dfrac{1}{4}<100$ であるから　　$0<\log\dfrac{a_n}{a_{n+1}}<\dfrac{100}{n(n+1)}$

(3)　(2) から　　$0<\log a_k-\log a_{k+1}<100\left(\dfrac{1}{k}-\dfrac{1}{k+1}\right)$

これを $k=n,\ n+1,\ \cdots\cdots,\ 2n-1$ について加えると

$0<\log a_n-\log a_{2n}<100\left(\dfrac{1}{n}-\dfrac{1}{2n}\right)=\dfrac{50}{n}$　すなわち　$1<\dfrac{a_n}{a_{2n}}<e^{\frac{50}{n}}$

$\lim\limits_{n\to\infty}e^{\frac{50}{n}}=1$ であるから，はさみうちの原理により　　$\lim\limits_{n\to\infty}\dfrac{a_n}{a_{2n}}=1$

(4)　$\dfrac{{a_n}^2}{a_{2n}}=\dfrac{(n!)^2}{n(n^n)^2e^{-2n}}\cdot\dfrac{\sqrt{2n}(2n)^{2n}e^{-2n}}{(2n)!}=\sqrt{2}\cdot\dfrac{2^{2n}(n!)^2}{\sqrt{n}\,(2n)!}=\sqrt{2}\,b_n$

したがって，(1)，(3) から

$\lim\limits_{n\to\infty}a_n=\lim\limits_{n\to\infty}\left(\sqrt{2}\,b_n\cdot\dfrac{a_{2n}}{a_n}\right)=\lim\limits_{n\to\infty}\left\{\sqrt{2}\,b_n\cdot\left(\dfrac{a_n}{a_{2n}}\right)^{-1}\right\}=\sqrt{2}\cdot\sqrt{\pi}\cdot1=\sqrt{2\pi}$

検討　**スターリングの公式**

$p.496$ 練習 130 (2) の不等式 $n\log n-n+1\leqq\log(n!)\leqq(n+1)\log n-n+1$ から

$\log n^n-n+1\leqq\log(n!)\leqq\log n^n+\log n-n+1$

ゆえに　　$\dfrac{-n+1}{n}\leqq\dfrac{\log(n!)-\log n^n}{n}\leqq\dfrac{\log n-n+1}{n}$

$\lim\limits_{n\to\infty}\dfrac{-n+1}{n}=-1$，$\lim\limits_{n\to\infty}\dfrac{\log n-n+1}{n}=-1$ から　　$\lim\limits_{n\to\infty}\dfrac{\log(n!)-\log n^n}{n}=-1$

よって，$\log(n!)\fallingdotseq\log n^n-n=\log n^n-\log e^n=\log\left(\dfrac{n}{e}\right)^n$ から　　$\boldsymbol{n!\fallingdotseq\left(\dfrac{n}{e}\right)^n}$　……（＊）

この近似式は，**スターリングの公式** と呼ばれ，階乗を指数関数で近似する意味がある。

そして，(4) で証明した $\lim\limits_{n\to\infty}\dfrac{n!}{\sqrt{n}\,n^ne^{-n}}=\sqrt{2\pi}$ から，$\boldsymbol{n!\fallingdotseq\sqrt{2\pi n}\left(\dfrac{n}{e}\right)^n}$ が導かれるが，これは近似式（＊）の精度を高めたものと考えられる。

類題 22

(1)　関数 $f(x)$ は区間 $[a,\ b]$ で連続であり，区間 $(a,\ b)$ で第2次導関数 $f''(x)$ をもつとする。更に，区間 $(a,\ b)$ で $f''(x)<0$ が成り立つとする。$y=g(x)$ を2点 $(a,\ f(a))$，$(b,\ f(b))$ を通る直線の方程式とするとき，区間 $(a,\ b)$ で常に $f(x)>g(x)$ であることを示せ。

(2)　n を2以上の自然数とするとき，$j=1,\ 2,\ \cdots\cdots,\ n-1$ について

$\dfrac{\log j+\log(j+1)}{2}<\displaystyle\int_j^{j+1}\log x\,dx$ が成り立つことを示せ。

(3)　n を2以上の自然数とするとき，不等式 $\sqrt{n!(n-1)!}<n^ne^{-n+1}$ が成り立つことを示せ。　〔富山大〕

〈この章で学ぶこと〉
行列は，数を長方形上に並べたものである。ベクトルでは，2つまたは3つの実数を一列に並べて作った成分［(a, b, c) など］について，和や実数倍の計算を考えた。この考えを更に進めると，行列についても同様の計算ができることは容易にわかるだろう。また，現在，AIなどで用いられる画像などのデータも行列の形で表され，処理されている。行列の考え方（と計算法）は，コンピュータ科学の分野でも不可欠である。

補 数学的な表現の工夫［行列］

補充例題の一覧

1 | 行列の加法・減法と実数倍

《 基本事項 》

1 行　列

一般に，数を長方形状に並べたものを **行列** といい，その各々の数を，この行列の **成分** という。行列では，横の並びを **行**，縦の並びを **列** といい，その行の数・列の数により，**m 行 n 列の行列** あるいは **$m\times n$ 行列** という。特に，$n\times n$ 行列を **n 次の正方行列** という。

$$\begin{matrix} \text{第1行} \rightarrow \\ \text{第2行} \rightarrow \\ \cdots\cdots \\ \text{第}m\text{行} \rightarrow \end{matrix} \begin{pmatrix} a_{11} & a_{12} & \cdots & a_{1n} \\ a_{21} & a_{22} & \cdots & a_{2n} \\ \cdots & \cdots & \cdots & \cdots \\ a_{m1} & a_{m2} & \cdots & a_{mn} \end{pmatrix}$$

（↑第1列　↑第2列　……　↑第 n 列）

$m\times n$ 行列では $m\times n$ 個の成分があるが，その成分の位置を明示するため，第 i 行第 j 列の成分を $\boldsymbol{a_{ij}}$ で表し，**$(i,\ j)$ 成分** という。
横1列の数の並びである $1\times n$ 行列を n 次の **行ベクトル**，縦1列の数の並びである $m\times 1$ 行列を m 次の **列ベクトル** という。

例　平面上のベクトル $(a_1,\ a_2)$ は 1×2 行列 $(a_1\ \ a_2)$ であり，（←行列では「，」を書かない。）
空間のベクトル $(b_1,\ b_2,\ b_3)$ は 1×3 行列 $(b_1\ \ b_2\ \ b_3)$ である。
これらを右のように，列ベクトルで表すこともある。　$\begin{pmatrix} a_1 \\ a_2 \end{pmatrix}$，$\begin{pmatrix} b_1 \\ b_2 \\ b_3 \end{pmatrix}$

2 行列の相等，加法・減法と実数倍

2つの行列 A，B は，行の数，列の数がそれぞれ一致するとき **同じ型** であるという。
行列の相等関係や加減などは，同じ型の行列について考える。

① **相等**　$\boldsymbol{A=B}$ は，A と B の対応する成分がすべて等しいことである。

例　$\begin{pmatrix} a & b & c \\ d & e & f \end{pmatrix}=\begin{pmatrix} a' & b' & c' \\ d' & e' & f' \end{pmatrix} \Longleftrightarrow \begin{cases} a=a',\ b=b',\ c=c' \\ d=d',\ e=e',\ f=f' \end{cases}$

② **和**　$\boldsymbol{A+B}$ は，A，B の対応する成分の和 $a_{ij}+b_{ij}$ を成分とする行列。

例　$\begin{pmatrix} a & b & c \\ d & e & f \end{pmatrix}+\begin{pmatrix} a' & b' & c' \\ d' & e' & f' \end{pmatrix}=\begin{pmatrix} a+a' & b+b' & c+c' \\ d+d' & e+e' & f+f' \end{pmatrix}$

③ **差**　$\boldsymbol{A-B}$ は，A，B の対応する成分の差 $a_{ij}-b_{ij}$ を成分とする行列。

例　$\begin{pmatrix} a & b & c \\ d & e & f \end{pmatrix}-\begin{pmatrix} a' & b' & c' \\ d' & e' & f' \end{pmatrix}=\begin{pmatrix} a-a' & b-b' & c-c' \\ d-d' & e-e' & f-f' \end{pmatrix}$

④ **実数倍**　$\boldsymbol{kA}$ は，A の各成分 a_{ij} を k 倍した ka_{ij} を成分とする行列。

例　$k\begin{pmatrix} a & b & c \\ d & e & f \end{pmatrix}=\begin{pmatrix} ka & kb & kc \\ kd & ke & kf \end{pmatrix}$

$(-1)A$ は $\boldsymbol{-A}$ で表し，$A-B=A+(-B)$ が成り立つ。
また，成分がすべて0である行列を **零行列** といい，どのような型の場合も記号 $\boldsymbol{O}$ を用いて表す。$A-A=O$ である。

補充例題 1 行列の型と相等

(1) 次の行列のうち，同じ型のものはどれとどれか。また，等しいものはどれとどれか。

$$A=\begin{pmatrix}0 & -1\\ 1 & 0\end{pmatrix},\ B=\begin{pmatrix}1 & 0 & 3\\ 2 & 4 & 6\end{pmatrix},\ C=\begin{pmatrix}1 & 0 & 3\\ 2 & 4 & 5\end{pmatrix},\ D=\begin{pmatrix}0 & -\sin 90^\circ\\ 1 & \cos 90^\circ\end{pmatrix}$$

(2) $\begin{pmatrix}x+y & xy\\ xy & x^2+y\end{pmatrix}=\begin{pmatrix}5 & 6\\ 6 & 7\end{pmatrix}$ が成り立つように，x，y の値を定めよ。

指針 (1) **行列が同じ型 ⟺ それぞれの行の数，列の数が一致**

行列が等しい ⟺ 対応する成分がすべて等しい ◀ 等しい行列は同じ型

1つでも対応する成分が異なると，2つの行列は等しくないことに注意。

(2) **行列が等しい ⟺ 成分が等しい** であるから，対応する成分を等置する。

文字が x，y の2つに対して，方程式が3つ得られるが，適当な2つの方程式を選んで，x，y の値を求め，そのうち，第3の方程式を満たすものだけを答えとする。

解答 (1) 同じ型のものは **A と D，B と C**

◀ A と D は 2×2 行列 B と C は 2×3 行列

$\sin 90^\circ=1$，$\cos 90^\circ=0$ であるから $D=\begin{pmatrix}0 & -1\\ 1 & 0\end{pmatrix}$

よって，等しいものは **A と D**

◀ B と C は $(2,\ 3)$ 成分が異なる。

(2) 等式が成り立つための条件は，対応する成分が等しいことであるから

$x+y=5$ …… ①，

$xy=6$ …… ②，

$x^2+y=7$ …… ③

① と ③ から y を消去して整理すると $x^2-x-2=0$

これを解いて $x=-1,\ 2$

① より，$y=5-x$ であるから

$x=-1$ のとき $y=6$　$x=2$ のとき $y=3$

このうち，② を満たすものは **$x=2$，$y=3$**

◀ ①，② から，x，y は2次方程式 $t^2-5t+6=0$ の2つの解である。これを解くと $t=2,\ 3$ これより，x，y の値を求めてもよい。

問題 1 次の行列 A，B，C，D について，(1)～(3) の問いに答えよ。

$$A=\begin{pmatrix}1 & 0\\ 3 & 2\end{pmatrix},\ B=\begin{pmatrix}1 & 4 & 3\\ -5 & -2 & 6\end{pmatrix},\ C=\begin{pmatrix}3 & -1\\ 0 & 2\\ 1 & -3\end{pmatrix},\ D=\begin{pmatrix}-1 & 5 & 0\\ 3 & 4 & 1\\ 5 & -3 & 2\end{pmatrix}$$

(1) A，B，C，D は，それぞれ何行何列の行列か。

(2) 行列 C の第3行ベクトル，第2列ベクトルをいえ。

(3) 行列 D の $(i,\ j)$ 成分を a_{ij} で表すとき，a_{12}，a_{32}，a_{33} をいえ。

問題 2 次の等式が成り立つように，x，y，u，v の値を定めよ。

(1) $\begin{pmatrix}3xy+2 & -2x\\ 3x+5y & -3+2xy\end{pmatrix}=\begin{pmatrix}-8y & 6\\ 1 & 5x\end{pmatrix}$　(2) $\begin{pmatrix}x+u & v-x\\ y+v & 2+u\end{pmatrix}=\begin{pmatrix}3 & x-u\\ -y & -u-3\end{pmatrix}$

補 [行列]

補充例題 2 行列の和・差，実数倍

次の計算をせよ。

(1) $\begin{pmatrix} 1 & 2 \\ 3 & -4 \end{pmatrix}+\begin{pmatrix} -3 & 0 \\ 1 & 3 \end{pmatrix}$　　(2) $\begin{pmatrix} 6 & -2 \\ 0 & 5 \end{pmatrix}-\begin{pmatrix} 5 & -1 \\ 1 & 3 \end{pmatrix}$

(3) $3\begin{pmatrix} 4 & 2 & -3 \\ 0 & 5 & -1 \end{pmatrix}+\frac{1}{2}\begin{pmatrix} 2 & 0 & -6 \\ 4 & 8 & 10 \end{pmatrix}-2\begin{pmatrix} 3 & 1 & -2 \\ 4 & -1 & 0 \end{pmatrix}$

(4) $A=\begin{pmatrix} -2 & 3 \\ 1 & 0 \end{pmatrix}$, $B=\begin{pmatrix} 1 & -2 \\ 3 & 5 \end{pmatrix}$ のとき，$3(A-2B)-2(A+B)$

指針 行列 A, B の和・差 については，A, B が同じ型であることを確かめて，対応する成分どうしの和・差を計算 する。行列の 実数倍 は 各成分を実数倍 すればよい。
(4) まず，与えられた A, B についての式を簡単にする。

解答 (1) (与式)$=\begin{pmatrix} 1-3 & 2+0 \\ 3+1 & -4+3 \end{pmatrix}=\begin{pmatrix} \mathbf{-2} & \mathbf{2} \\ \mathbf{4} & \mathbf{-1} \end{pmatrix}$　◀ 対応する成分どうしの和

(2) (与式)$=\begin{pmatrix} 6-5 & -2-(-1) \\ 0-1 & 5-3 \end{pmatrix}=\begin{pmatrix} \mathbf{1} & \mathbf{-1} \\ \mathbf{-1} & \mathbf{2} \end{pmatrix}$　◀ 対応する成分どうしの差

(3) (与式)$=\begin{pmatrix} 12 & 6 & -9 \\ 0 & 15 & -3 \end{pmatrix}+\begin{pmatrix} 1 & 0 & -3 \\ 2 & 4 & 5 \end{pmatrix}+\begin{pmatrix} -6 & -2 & 4 \\ -8 & 2 & 0 \end{pmatrix}$

$=\begin{pmatrix} 12+1-6 & 6+0-2 & -9-3+4 \\ 0+2-8 & 15+4+2 & -3+5+0 \end{pmatrix}$　◀ 対応する成分どうしの和

$=\begin{pmatrix} \mathbf{7} & \mathbf{4} & \mathbf{-8} \\ \mathbf{-6} & \mathbf{21} & \mathbf{2} \end{pmatrix}$

(4) $3(A-2B)-2(A+B)=3A-6B-2A-2B$　◀ 検討 の演算法則を用いて計算。

$=A-8B=\begin{pmatrix} -2 & 3 \\ 1 & 0 \end{pmatrix}-8\begin{pmatrix} 1 & -2 \\ 3 & 5 \end{pmatrix}$

$=\begin{pmatrix} -2 & 3 \\ 1 & 0 \end{pmatrix}+\begin{pmatrix} -8 & 16 \\ -24 & -40 \end{pmatrix}=\begin{pmatrix} \mathbf{-10} & \mathbf{19} \\ \mathbf{-23} & \mathbf{-40} \end{pmatrix}$

A, B, C が同じ型の行列であるとき，加法と実数倍について次の法則が成り立つ。

$\boldsymbol{A+B=B+A}$ （交換法則），　$\boldsymbol{(A+B)+C=A+(B+C)}$ （結合法則）

$\boldsymbol{k(A+B)=kA+kB}$,　$\boldsymbol{(k+l)A=kA+lA}$,　$\boldsymbol{k(lA)=(kl)A}$ （k, l は実数）

問題 3 次の計算をせよ。

(1) $4\begin{pmatrix} 1 \\ 3 \end{pmatrix}+3\begin{pmatrix} -1 \\ 2 \end{pmatrix}$　(2) $3\begin{pmatrix} 5 & -6 \\ 1 & 0 \end{pmatrix}+\begin{pmatrix} -1 & 2 \\ 5 & -1 \end{pmatrix}$　(3) $2\begin{pmatrix} 1 & 1 \\ 2 & -3 \end{pmatrix}-3\begin{pmatrix} 2 & -1 \\ -5 & 2 \end{pmatrix}$

問題 4 $A=\begin{pmatrix} 1 & 2 & -3 \\ 1 & 0 & 4 \end{pmatrix}$, $B=\begin{pmatrix} -1 & 2 & -1 \\ 4 & 3 & 0 \end{pmatrix}$, $C=\begin{pmatrix} -4 & -5 & -2 \\ 0 & 5 & 3 \end{pmatrix}$ のとき，
$2(A-B)+3(B-2C)+4C$ を計算せよ。

補充例題 3 等式を満たす行列

$A=\begin{pmatrix} 0 & 3 \\ -2 & 1 \end{pmatrix}$, $B=\begin{pmatrix} 10 & -1 \\ 4 & -7 \end{pmatrix}$ のとき，次の行列を求めよ。

(1) $2X-A=\dfrac{1}{3}\{2B-(4A-X)\}$ を満たす行列 X

(2) 2 つの等式 $P+Q=A$，$P-Q=B$ を同時に満たす行列 P，Q

指針 行列の和・差，実数倍は，対応する成分どうしの計算であるから，数の計算とまったく同様に，次の **等式の性質** が成り立つ。

$A=B$ のとき　$A+C=B+C$，$A-C=B-C$，$kA=kB$（k は実数）
$A+B=C$ のとき　$A=C-B$　（移項）

(1) x の方程式 $2x-a=\dfrac{1}{3}\{2b-(4a-x)\}$ を解くつもりで変形する。

(2) p，q の連立方程式 $p+q=a$，$p-q=b$ を解くつもりで変形する。

行列の和・差，実数倍 ⟶ 数と同じ要領で計算できる。

解答 (1) 等式から　$6X-3A=2B-4A+X$

ゆえに　$X=\dfrac{1}{5}(-A+2B)$

よって　$\boldsymbol{X}=\dfrac{1}{5}\left\{-\begin{pmatrix} 0 & 3 \\ -2 & 1 \end{pmatrix}+2\begin{pmatrix} 10 & -1 \\ 4 & -7 \end{pmatrix}\right\}$

$=\dfrac{1}{5}\left\{\begin{pmatrix} 0 & -3 \\ 2 & -1 \end{pmatrix}+\begin{pmatrix} 20 & -2 \\ 8 & -14 \end{pmatrix}\right\}$

$=\dfrac{1}{5}\begin{pmatrix} 20 & -5 \\ 10 & -15 \end{pmatrix}=\begin{pmatrix} \mathbf{4} & \mathbf{-1} \\ \mathbf{2} & \mathbf{-3} \end{pmatrix}$

◀ 等式の両辺に 3 を掛ける。

(2) $P+Q=A$ …… ①，$P-Q=B$ …… ② とする。

(①＋②)÷2，(①－②)÷2 から，それぞれ

$\boldsymbol{P}=\dfrac{1}{2}(A+B)=\dfrac{1}{2}\begin{pmatrix} 10 & 2 \\ 2 & -6 \end{pmatrix}=\begin{pmatrix} \mathbf{5} & \mathbf{1} \\ \mathbf{1} & \mathbf{-3} \end{pmatrix}$

$\boldsymbol{Q}=\dfrac{1}{2}(A-B)=\dfrac{1}{2}\begin{pmatrix} -10 & 4 \\ -6 & 8 \end{pmatrix}=\begin{pmatrix} \mathbf{-5} & \mathbf{2} \\ \mathbf{-3} & \mathbf{4} \end{pmatrix}$

◀ ①＋② から
$2P=A+B$
①－② から
$2Q=A-B$

問題 5 (1) $2\begin{pmatrix} 5 & -1 \\ a & 3 \end{pmatrix}-3\begin{pmatrix} b & 1 \\ 4 & c \end{pmatrix}=\begin{pmatrix} 4 & d \\ -2 & -12 \end{pmatrix}$ を満たす a，b，c，d の値を求めよ。

(2) $A=\begin{pmatrix} 0 & -3 \\ 1 & 5 \end{pmatrix}$, $B=\begin{pmatrix} 5 & 1 \\ -2 & 0 \end{pmatrix}$ のとき，等式 $2X-A=2B-(4A-X)$ を満たす行列 X を求めよ。

(3) 2 つの等式 $X+2Y=\begin{pmatrix} 1 & 2 \\ 3 & -1 \end{pmatrix}$，$Y-3X=\begin{pmatrix} 0 & -1 \\ 1 & 0 \end{pmatrix}$ を同時に満たす行列 X，Y を求めよ。

2 行列の乗法

《 基本事項 》

1 行列の積

成分の個数が等しい **行ベクトルと列ベクトルの積** を，次のように定義する。

$$(a\ \ b)\begin{pmatrix}x\\y\end{pmatrix}=ax+by \qquad (a\ \ b\ \ c)\begin{pmatrix}x\\y\\z\end{pmatrix}=ax+by+cz$$

◀ 対応する成分の積の和（内積の形）

これをもとにして，2つの行列 A，B の **積 AB** を次のように定義する。

AB の $(i,\ j)$ 成分は，A の第 i 行ベクトルと B の第 j 列ベクトルの積

この積を考えるためには，**A の列数 $=$ B の行数** でなければならない。つまり，A が $l\times m$ 行列，B が $m\times n$ 行列のとき積 AB が定義されて，AB は $l\times n$ 行列になる。

例　$A=\begin{pmatrix}a&b&c\\d&e&f\end{pmatrix}$，$B=\begin{pmatrix}x&y&z\\u&v&w\\r&s&t\end{pmatrix}$

とすると，積 AB は右下のようになる。

$$\begin{matrix} & & \begin{pmatrix}x & y & z\\u & v & w\\r & s & t\end{pmatrix}\\ & & \vdots \qquad\quad \vdots \qquad\quad \vdots\\ \begin{pmatrix}a&b&c\\d&e&f\end{pmatrix} & \begin{matrix}\cdots\\\cdots\end{matrix} & \begin{pmatrix}ax+bu+cr & ay+bv+cs & az+bw+ct\\dx+eu+fr & dy+ev+fs & dz+ew+ft\end{pmatrix}\end{matrix}$$

2 単位行列，零行列

n 次の正方行列で，対角線上にある $(1,\ 1)$ 成分，$(2,\ 2)$ 成分，……，$(n,\ n)$ 成分がすべて1で，他の成分が0であるとき，これを n 次の **単位行列** といい，本書では $\boldsymbol{E}$ で表す。

2次の単位行列　$\begin{pmatrix}1&0\\0&1\end{pmatrix}$　　3次の単位行列　$\begin{pmatrix}1&0&0\\0&1&0\\0&0&1\end{pmatrix}$

単位行列や零行列は，数の1や0と同じような役割を果たしている。

$$\boldsymbol{AE=EA=A} \qquad \boldsymbol{A+O=O+A=A} \qquad \boldsymbol{AO=OA=O}$$

3 行列の乗法の性質

行列 A，B，C の型は，次の和，積の計算ができるものとする。

① **結合法則**　$(AB)C=A(BC)$　◀ この積を単に ABC と書く。

② **分配法則**　$(A+B)C=AC+BC$，　$C(A+B)=CA+CB$

③ **実数倍と積**　k は実数とする。　$(kA)B=A(kB)=k(AB)$

④ **非可換性**　交換法則は一般には成り立たない。一般に　$AB\neq BA$

⑤ **零因子の存在**　$A\neq O$，$B\neq O$ であっても，$AB=O$ となる場合がある。
すなわち，$AB=O$ であっても，$A=O$ または $B=O$ とは限らない。

(注意) **本書では，特に断りのない限り，$\boldsymbol{O}$ は零行列，$\boldsymbol{E}$ は単位行列を表すものとする。**
なお，単位行列の記号として，I を用いる場合もある。

補充例題 4 行列の積

次の積を計算せよ。

(1) $\begin{pmatrix} 1 & 2 \end{pmatrix}\begin{pmatrix} 3 \\ 4 \end{pmatrix}$　(2) $\begin{pmatrix} 1 & 2 \\ 5 & 6 \end{pmatrix}\begin{pmatrix} 3 \\ 4 \end{pmatrix}$　(3) $\begin{pmatrix} 5 & 2 \\ -1 & 3 \end{pmatrix}\begin{pmatrix} 1 & 0 \\ 7 & -4 \end{pmatrix}$

指針 **行列の積 AB は，Aの列数とBの行数が等しいときに限り** 計算できる。

積 AB の各成分は，Aの行ベクトルとBの列ベクトルの対応する成分の積を加えたものである。右のように，ちょうど交差する位置にその成分を置く。

$$B=\begin{pmatrix} p & \cdots & r \\ q & \cdots & s \end{pmatrix}$$

$$A=\begin{pmatrix} a & b \\ c & d \end{pmatrix} \cdots \begin{pmatrix} ap+bq & ar+bs \\ cp+dq & cr+ds \end{pmatrix}$$

解答 (1) $\begin{pmatrix} 1 & 2 \end{pmatrix}\begin{pmatrix} 3 \\ 4 \end{pmatrix}=1\cdot3+2\cdot4=\mathbf{11}$

(2) $\begin{pmatrix} 1 & 2 \\ 5 & 6 \end{pmatrix}\begin{pmatrix} 3 \\ 4 \end{pmatrix}=\begin{pmatrix} 1\cdot3+2\cdot4 \\ 5\cdot3+6\cdot4 \end{pmatrix}=\begin{pmatrix} \mathbf{11} \\ \mathbf{39} \end{pmatrix}$

(3) $\begin{pmatrix} 5 & 2 \\ -1 & 3 \end{pmatrix}\begin{pmatrix} 1 & 0 \\ 7 & -4 \end{pmatrix}$

$=\begin{pmatrix} 5\cdot1+2\cdot7 & 5\cdot0+2\cdot(-4) \\ (-1)\cdot1+3\cdot7 & (-1)\cdot0+3\cdot(-4) \end{pmatrix}=\begin{pmatrix} \mathbf{19} & \mathbf{-8} \\ \mathbf{20} & \mathbf{-12} \end{pmatrix}$

注意　1×1 行列は (u) の形であるが，括弧を略して単にuと書くことが多い（数字uと同じと定める)。

検討 行列の乗法については，一般に，**交換法則 $AB=BA$ は成り立たない**。例えば，例題の(3)で積の順序を入れ替えると，$\begin{pmatrix} 1 & 0 \\ 7 & -4 \end{pmatrix}\begin{pmatrix} 5 & 2 \\ -1 & 3 \end{pmatrix}=\begin{pmatrix} 5 & 2 \\ 39 & 2 \end{pmatrix}$ となり，上の計算結果と一致しない。しかし，単位行列Eのように交換法則が成り立つ行列もある。なお，交換法則 $AB=BA$ が成り立つとき，AとBは **交換可能** あるいは **可換** であるという。

問題 6 次の積を計算せよ。ただし，(6)のkは実数とする。

(1) $\begin{pmatrix} -1 & 3 \end{pmatrix}\begin{pmatrix} -2 \\ 1 \end{pmatrix}$　(2) $\begin{pmatrix} 2 \\ -4 \end{pmatrix}\begin{pmatrix} 3 & 1 \end{pmatrix}$　(3) $\begin{pmatrix} 2 & -3 \end{pmatrix}\begin{pmatrix} 5 & 2 \\ -1 & 4 \end{pmatrix}$

(4) $\begin{pmatrix} 3 & 6 \\ 8 & 9 \end{pmatrix}\begin{pmatrix} 3 \\ -1 \end{pmatrix}$　(5) $\begin{pmatrix} 1 & 0 \\ 7 & -1 \end{pmatrix}\begin{pmatrix} 2 & 5 \\ -6 & 3 \end{pmatrix}$　(6) $\begin{pmatrix} 2 & 6 \\ -1 & 2 \end{pmatrix}\begin{pmatrix} k & 0 \\ 0 & k \end{pmatrix}$

(7) $\begin{pmatrix} 5 & 2 & 0 \\ 1 & -8 & 8 \\ 7 & 5 & -2 \end{pmatrix}\begin{pmatrix} 1 \\ 2 \\ -3 \end{pmatrix}$　(8) $\begin{pmatrix} 3 & 2 & 1 \\ -2 & 0 & -1 \\ 1 & 3 & 5 \end{pmatrix}\begin{pmatrix} 1 & 0 & 5 \\ 6 & 2 & 3 \\ 2 & -4 & 1 \end{pmatrix}$

問題 7 $A=\begin{pmatrix} 1 & 2 & 4 \\ 3 & 1 & 2 \end{pmatrix}$，$B=\begin{pmatrix} 1 & 1 & 0 \\ 0 & -1 & 1 \\ 1 & 0 & -1 \end{pmatrix}$，$C=\begin{pmatrix} 1 & 3 \\ 2 & 1 \\ 4 & 2 \end{pmatrix}$ のとき，異なる 2 つの行列の積が定義されるものを選び，計算せよ。

補充例題 5　行列の積についての計算法則

正方行列について，次の計算をせよ。

(1) $(A+B)^2$　(2) $(A+B)(A-B)$　(3) $(2A+E)(A-3E)$

指針 行列の積の計算においては，一般に $AB \neq BA$ に注意 する。

(1), (2)　多項式のように計算してはいけない。分配法則だけを使って計算する。

(3)　$AE=EA\ (=A)$ であるから，**A と E だけの式は多項式のように計算できる。**

解答 (1) $(A+B)^2=(A+B)(A+B)$
$=A(A+B)+B(A+B)$
$=\boldsymbol{A^2+AB+BA+B^2}$

◀ AA は A^2 と書く。
行列では，一般に
$(A+B)^2 \neq A^2+2AB+B^2$

(2) $(A+B)(A-B)=A(A-B)+B(A-B)$
$=\boldsymbol{A^2-AB+BA-B^2}$

◀ 行列では，一般に
$(A+B)(A-B) \neq A^2-B^2$

(3) $(2A+E)(A-3E)=2A(A-3E)+E(A-3E)$
$=2A^2-6AE+EA-3E^2$
$=2A^2-6A+A-3E$
$=\boldsymbol{2A^2-5A-3E}$

◀ $AE=EA=A,\ E^2=E$

検討 一般に，行列の乗法では，**交換法則が成り立たない** $(AB \neq BA)$。したがって，多項式のように，自由に式を変形することはできない。
無条件に使えるのは，**結合法則** $(AB)C=A(BC)$ や **分配法則** $(A+B)C=AC+BC$, $C(A+B)=CA+CB$ で，これらを用いて変形する。
なお，$AB=BA$（A, B は交換可能 ── **可換**）である行列 A, B については，普通の式のように計算できる。

CHART 》行列の計算

1 積の計算に落とし穴　分配法則だけで進める

2 可能なら　多項式と同じ計算

問題 8 A, B, C は正方行列とする。次の計算をせよ。

(1) $(A+2B)(A-2B)$　(2) $2(A-C)^2+2(B-C)^2-(A+B-2C)^2$

(3) $(A-3E)^2$　(4) $(A+E)^2-(A-E)^2$

問題 9 2×2 行列 A と B が $AB=BA$ を満たすとき，A と B は交換可能であるという。A と B が交換可能ならば，AB と B は交換可能であることを示せ。〔類 北海道大〕

補充例題 6 零因子

行列 $A=\begin{pmatrix}1 & 2\\ 3 & 6\end{pmatrix}$, $B=\begin{pmatrix}6 & x\\ y & z\end{pmatrix}$ について，$AB=BA=O$ を満たすように，x，y，z の値を定めよ。

指針 $AB=BA=O$ すなわち $AB=O$ かつ $BA=O$ となるように，積 AB，BA を計算して，2 次の正方行列 B の成分 x，y，z を決定する。

行列が等しい $\Longleftrightarrow$ 対応する成分がすべて等しい

解答

$$AB=\begin{pmatrix}1 & 2\\ 3 & 6\end{pmatrix}\begin{pmatrix}6 & x\\ y & z\end{pmatrix}=\begin{pmatrix}6+2y & x+2z\\ 18+6y & 3x+6z\end{pmatrix}$$

$$BA=\begin{pmatrix}6 & x\\ y & z\end{pmatrix}\begin{pmatrix}1 & 2\\ 3 & 6\end{pmatrix}=\begin{pmatrix}6+3x & 12+6x\\ y+3z & 2y+6z\end{pmatrix}$$

$AB=O$ から $\begin{cases}6+2y=0, & x+2z=0,\\ 18+6y=0, & 3x+6z=0\end{cases}$

よって $\begin{cases}y=-3 & \cdots\cdots ①\\ x+2z=0 & \cdots\cdots ②\end{cases}$

$BA=O$ から $\begin{cases}6+3x=0, & 12+6x=0,\\ y+3z=0, & 2y+6z=0\end{cases}$

よって $\begin{cases}x=-2 & \cdots\cdots ③\\ y+3z=0 & \cdots\cdots ④\end{cases}$

②，③ から　$z=1$　　① と $z=1$ は ④ を満たす。

したがって　　$\boldsymbol{x=-2,\ y=-3,\ z=1}$

◀ ①，③ から，x，y の値がわかり，②（または④）から z の値が求められる。それが ④（または②）を満たすことを確かめる。

検討 上の例題から　$\begin{pmatrix}1 & 2\\ 3 & 6\end{pmatrix}\begin{pmatrix}6 & -2\\ -3 & 1\end{pmatrix}=\begin{pmatrix}0 & 0\\ 0 & 0\end{pmatrix}$，$\begin{pmatrix}6 & -2\\ -3 & 1\end{pmatrix}\begin{pmatrix}1 & 2\\ 3 & 6\end{pmatrix}=\begin{pmatrix}0 & 0\\ 0 & 0\end{pmatrix}$

このように，行列では $A\neq O$，$B\neq O$ であっても，$AB=O$ となる場合がある。

すなわち，**$AB=O$ であっても，$A=O$ または $B=O$ とは限らない。**

このような行列 A，B を **零因子** という。　　**CHART》 積の計算に落とし穴**

例題では，A と可換な零因子を求めたが，$AB=O$，$BA\neq O$ となる場合もある。

例　$\begin{pmatrix}1 & 2\\ 3 & 6\end{pmatrix}\begin{pmatrix}2 & 2\\ -1 & -1\end{pmatrix}=\begin{pmatrix}0 & 0\\ 0 & 0\end{pmatrix}$，$\begin{pmatrix}2 & 2\\ -1 & -1\end{pmatrix}\begin{pmatrix}1 & 2\\ 3 & 6\end{pmatrix}=\begin{pmatrix}8 & 16\\ -4 & -8\end{pmatrix}$

なお，行列 A の実数倍については　　$\boldsymbol{kA=O \Longleftrightarrow k=0}$ **または** $\boldsymbol{A=O}$

問題 10 $A=\begin{pmatrix}x & -2\\ 6 & y\end{pmatrix}$，$B=\begin{pmatrix}3 & -2\\ z & -4\end{pmatrix}$ が $AB=O$ を満たすとき，x，y，z の値を求めよ。

問題 11 行列 $A=\begin{pmatrix}-1 & 2(k+1)\\ k+4 & k^2-4k-9\end{pmatrix}$ が $(A-E)^2=O$ を満たすとき，k の値を求めよ。

3 ハミルトン・ケーリーの定理

《 基本事項 》

任意の 2 次の正方行列 $A=\begin{pmatrix} a & b \\ c & d \end{pmatrix}$ に対して，次の等式が成り立つ。

$$\boldsymbol{A^2-(a+d)A+(ad-bc)E=O}$$

この事柄を **ハミルトン・ケーリーの定理** という。　◀ 証明は，成分を計算して確かめる。

補充例題 7 $a+d$, $ad-bc$ の値

行列 $A=\begin{pmatrix} a & b \\ c & d \end{pmatrix}$ が $A^2-6A-7E=O$ を満たすとき，$a+d$, $ad-bc$ の値を求めよ。　［関西医大］

指針 ハミルトン・ケーリーの定理により，等式 $\boldsymbol{A^2-(a+d)A+(ad-bc)E=O}$ が成り立つ。これと $A^2-6A-7E=O$ から，A^2 を消去することができて，$sA+tE=O$ の形が導かれる。そして，$\boldsymbol{sA+tE=O}$ **の形では，$\boldsymbol{s=0}$ と $\boldsymbol{s\neq0}$ の場合に分けて** 考える。

解答 ハミルトン・ケーリーの定理により，次の等式が成り立つ。

$$A^2-(a+d)A+(ad-bc)E=O \quad \cdots\cdots ①$$

$A^2-6A-7E=O$ …… ② として，②−① から

$$(a+d-6)A-(ad-bc+7)E=O \quad \cdots\cdots ③$$ ◀ $sA+tE=O$ の形。

[1] $a+d=6$ のとき　③ から　$ad-bc=-7$　◀ $kE=O$ ならば $k=0$

[2] $a+d\neq6$ のとき　③ から　$A=\dfrac{ad-bc+7}{a+d-6}E$

$\dfrac{ad-bc+7}{a+d-6}=k$ とおくと　$A=kE$

② に代入して　$(k^2-6k-7)E=O$　◀ $(kE)^2=k^2E^2=k^2E$

よって　$k^2-6k-7=0$

これを解いて　$k=-1, 7$　◀ $(k+1)(k-7)=0$

したがって　$A=\begin{pmatrix} -1 & 0 \\ 0 & -1 \end{pmatrix}, \begin{pmatrix} 7 & 0 \\ 0 & 7 \end{pmatrix}$　◀ $A=-E, 7E$

このとき　$(a+d,\ ad-bc)=(-2,\ 1),\ (14,\ 49)$

[1]，[2] から

$$\boldsymbol{(a+d,\ ad-bc)=(-2,\ 1),\ (6,\ -7),\ (14,\ 49)}$$

問題 12 行列 $A=\begin{pmatrix} a & b \\ c & d \end{pmatrix}$ が次の等式を満たすとき，$a+d$, $ad-bc$ の値を求めよ。ただし，a, b, c, d は実数とする。

(1) $A^2-2A-8E=O$　　(2) $A^2+A+2E=O$

4 逆行列

《基本事項》

1 逆行列

正方行列Aに対して，$AX=XA=E$（Eは単位行列）を満たす正方行列Xが存在するならば，XをAの **逆行列** といい，A^{-1} で表す。　◀ 逆行列の定義

正方行列Aに対して，その逆行列は必ずしも存在するとは限らない。なお，存在する場合はただ1つだけである。

証明　行列X，YがAの逆行列であるとすると　$XA=E$，$AY=E$

よって　$X=XE=X(AY)=(XA)Y=EY=Y$　ゆえに　$X=Y$　終

2 2×2 行列の逆行列と$\varDelta$

◀ $\varDelta$はデルタと読む。

[1]　行列 $A=\begin{pmatrix} a & b \\ c & d \end{pmatrix}$ において，$\boldsymbol{\varDelta=ad-bc}$ とすると

◀ 行列を明示したいときは $\varDelta(A)$，$\varDelta(B)$ のように表す。

$\boldsymbol{\varDelta \neq 0}$ のとき，Aの逆行列 A^{-1} が存在して $\boldsymbol{A^{-1}=\dfrac{1}{\varDelta}\begin{pmatrix} d & -b \\ -c & a \end{pmatrix}}$

$\boldsymbol{\varDelta=0}$ のとき，$\boldsymbol{A}$の逆行列は存在しない。　◀ [1] の証明は次ページに示した。

[2]　行列A，Bに対して，$\boldsymbol{\varDelta(AB)=\varDelta(A)\varDelta(B)}$ が成り立つ。

証明　[2]　$A=\begin{pmatrix} a & b \\ c & d \end{pmatrix}$，$B=\begin{pmatrix} p & q \\ r & s \end{pmatrix}$ とすると　$AB=\begin{pmatrix} ap+br & aq+bs \\ cp+dr & cq+ds \end{pmatrix}$

よって　$\varDelta(AB)-\varDelta(A)\varDelta(B)$

$=\{(ap+br)(cq+ds)-(aq+bs)(cp+dr)\}-(ad-bc)(ps-qr)$

$=(apds+brcq-aqdr-bscp)-(adps-adqr-bcps+bcqr)=0$　終

参考　行列Aの$\varDelta$を **行列式** (determinant) といい，$\varDelta(A)$，$|A|$，$\det A$ と表すことがある。

3 逆行列の性質

① $\boldsymbol{AA^{-1}=A^{-1}A=E}$　(定義)　　② $\boldsymbol{(A^{-1})^{-1}=A}$

③ A^{-1}，B^{-1} が存在するとき　$\boldsymbol{(AB)^{-1}=B^{-1}A^{-1}}$

④ $AX=E$，$XA=E$ のどちらか一方が成り立てば　$X=A^{-1}$　◀ 次ページ参照。

証明　② $AA^{-1}=A^{-1}A=E$ から，A^{-1} の逆行列 $(A^{-1})^{-1}$ はAである。　終

③ $(AB)(B^{-1}A^{-1})=A(BB^{-1})A^{-1}=AEA^{-1}=AA^{-1}=E$

同様にして　$(B^{-1}A^{-1})(AB)=E$　ゆえに　$(AB)^{-1}=B^{-1}A^{-1}$　終

4 $AX=B$，$XA=B$ を満たす行列X

A，Bは同じ型の正方行列で，Aは逆行列 A^{-1} をもつとする。

$AX=B$ ならば $X=A^{-1}B$　　$XA=B$ ならば $X=BA^{-1}$

補充例題 8 逆行列

次の行列に逆行列があるか。あれば，それを求めよ。

(1) $\begin{pmatrix} 1 & 2 \\ 3 & 4 \end{pmatrix}$ (2) $\begin{pmatrix} 2 & -3 \\ -4 & 6 \end{pmatrix}$ (3) $\begin{pmatrix} a & 2a \\ 2 & 3 \end{pmatrix}$

指針 $A=\begin{pmatrix} a & b \\ c & d \end{pmatrix}$ の逆行列の存在条件は $\boldsymbol{\Delta=ad-bc\neq0}$ で

$$A^{-1}=\frac{1}{\Delta}\begin{pmatrix} d & -b \\ -c & a \end{pmatrix}$$

解答 (1) $\Delta=1\cdot4-2\cdot3=-2\neq0$ で，逆行列は存在する。

$$\begin{pmatrix} 1 & 2 \\ 3 & 4 \end{pmatrix}^{-1}=\frac{1}{-2}\begin{pmatrix} 4 & -2 \\ -3 & 1 \end{pmatrix}=\begin{pmatrix} -2 & 1 \\ \frac{3}{2} & -\frac{1}{2} \end{pmatrix}$$

◀ $\frac{1}{\Delta}\begin{pmatrix} d & -b \\ -c & a \end{pmatrix}$

(2) $\Delta=2\cdot6-(-3)\cdot(-4)=0$ で，**逆行列はない。**

(3) $\Delta=a\cdot3-2a\cdot2=3a-4a=-a$

$a=0$ のとき，逆行列はない。

◀ $-a=0$ から $a=0$

$a\neq0$ のとき，逆行列は存在して

$$\begin{pmatrix} a & 2a \\ 2 & 3 \end{pmatrix}^{-1}=\frac{1}{-a}\begin{pmatrix} 3 & -2a \\ -2 & a \end{pmatrix}=\frac{1}{a}\begin{pmatrix} -3 & 2a \\ 2 & -a \end{pmatrix}$$

検討 $A=\begin{pmatrix} a & b \\ c & d \end{pmatrix}$ に対して，$AX=E$ を満たす行列 $X=\begin{pmatrix} p & q \\ r & s \end{pmatrix}$ が存在すると仮定すると

$ap+br=1$ …… ①，$aq+bs=0$ …… ②，$cp+dr=0$ …… ③，$cq+ds=1$ …… ④

①，③ から $(ad-bc)p=d$，$(ad-bc)r=-c$

②，④ から $(ad-bc)q=-b$，$(ad-bc)s=a$

◀ $ad-bc\neq0$ のとき，p，q，r，s が求められる。

[1] $ad-bc\neq0$ のとき $X=\frac{1}{ad-bc}\begin{pmatrix} d & -b \\ -c & a \end{pmatrix}$ である。このとき

$$XA=\frac{1}{ad-bc}\begin{pmatrix} d & -b \\ -c & a \end{pmatrix}\begin{pmatrix} a & b \\ c & d \end{pmatrix}=\frac{1}{ad-bc}\begin{pmatrix} da-bc & 0 \\ 0 & -cb+ad \end{pmatrix}=E$$

すなわち，$XA=E$ も成り立ち，この X が A の逆行列である。

[2] $ad-bc=0$ のとき $a=b=c=d=0$ となり，①，④ に矛盾する。

したがって，①～④ を満たす p，q，r，s は存在しない。

よって，A の逆行列は存在しない。 終

上の証明から，2次の正方行列 A に対し，**$AX=E$ が成り立てば $XA=E$ も成り立つ** ことがいえる。同様にして，$XA=E \Longrightarrow AX=E$ も示される。これらは，一般に n 次の正方行列 A，X について成り立つことが知られている。

したがって，$AX=E$，$XA=E$ のどちらか一方が成り立てば，X は A の逆行列であるといえる。

問題 13 次の行列に逆行列があるか。あれば，それを求めよ。

(1) $\begin{pmatrix} 3 & 6 \\ -2 & -5 \end{pmatrix}$ (2) $\begin{pmatrix} 2 & 8 \\ 3 & 12 \end{pmatrix}$ (3) $\begin{pmatrix} a-1 & a \\ 1 & 1 \end{pmatrix}$ (4) $\begin{pmatrix} t & t^2 \\ 1 & 2t-1 \end{pmatrix}$

補充例題 9 逆行列の存在条件と成分

行列 $A=\begin{pmatrix} x-2 & 3 \\ -6 & y+3 \end{pmatrix}$ について

(1) $A=A^{-1}$ となるような x, y の値を求めよ。

(2) A^{-1} が存在しないような負の整数の組 (x, y) を求めよ。〔芝浦工大〕

指針 (1) **行列が等しい ⟺ 対応する成分が等しい** の方針で進める。ただし，$A=A^{-1}$ のままより，左から A を掛けた $A^2=E$ を利用した方が簡単。

(2) 行列 $\begin{pmatrix} a & b \\ c & d \end{pmatrix}$ が **逆行列をもたない ⟺ $\varDelta=ad-bc=0$**

行列 A について，$\varDelta=(x-2)(y+3)-3\cdot(-6)=0$ であるが，これを展開して整理するのではなく，**( )( )=整数** の形にする。また，負の整数解の条件から，x, y の値の組を絞ることができる。

解答 (1) $A=A^{-1}$ の両辺に左から A を掛けて　$A^2=E$　◀ $AA=AA^{-1}$

$A^2=\begin{pmatrix} x-2 & 3 \\ -6 & y+3 \end{pmatrix}\begin{pmatrix} x-2 & 3 \\ -6 & y+3 \end{pmatrix}=\begin{pmatrix} (x-2)^2-18 & 3(x+y+1) \\ -6(x+y+1) & (y+3)^2-18 \end{pmatrix}$ であるから，

$A^2=E$ より　$(x-2)^2-18=1$ …… ①，　$x+y+1=0$ …… ②，

$(y+3)^2-18=1$ …… ③

①，② を連立して解くと

$x=2\pm\sqrt{19}$，$y=-3\mp\sqrt{19}$ （複号同順）

$y=-3\mp\sqrt{19}$ は ③ を満たす。

◀ ① から　$x-2=\pm\sqrt{19}$
② から　$y=-(x+1)$

◀ ③ から　$(y+3)^2=19$
$y=-3\mp\sqrt{19}$ を代入すると　$(\mp\sqrt{19})^2=19$
（複号同順）

(2) A^{-1} が存在しないための条件は

$\varDelta=(x-2)(y+3)+18=0$

よって　$(x-2)(y+3)=-18$ …… ④

x, y は整数であるから，$x-2$, $y+3$ も整数である。

$x\leqq-1$, $y\leqq-1$ より，$x-2\leqq-3$, $y+3\leqq2$ であるから，

④ より　$(x-2,\ y+3)=(-18,\ 1),\ (-9,\ 2)$

したがって　**$(x,\ y)=(-16,\ -2),\ (-7,\ -1)$**

◀ $x-2$, $y+3$ は -18 の約数。

検討 $A=\begin{pmatrix} a & b \\ c & d \end{pmatrix}$ とする。$A=A^{-1}$ の形で考えると，$\begin{pmatrix} a & b \\ c & d \end{pmatrix}=\dfrac{1}{\varDelta}\begin{pmatrix} d & -b \\ -c & a \end{pmatrix}$ であるから，上の例題のように，$b\neq0$ または $c\neq0$ なら　$\varDelta=-1$　よって　$a=-d$ ← 同じ

$A=A^{-1} \iff A^2=E \longrightarrow \begin{pmatrix} a^2+bc & b(a+d) \\ c(a+d) & bc+d^2 \end{pmatrix}=\begin{pmatrix} 1 & 0 \\ 0 & 1 \end{pmatrix}$　$bc\neq0$ なら $a+d=0$

問題 14 (1) $A=\begin{pmatrix} a & 1-a \\ b & 1-b \end{pmatrix}$ が逆行列をもたないとき，$A^2=A$ が成り立つことを証明せよ。

(2) $A=\begin{pmatrix} 1 & x \\ y & -2 \end{pmatrix}$ の逆行列が $B=\begin{pmatrix} z & -1 \\ u & -1 \end{pmatrix}$ であるとき，x, y, z, u の値を求めよ。

補充例題 10 A^n の計算（$P^{-1}AP$ の利用）

$A=\begin{pmatrix} 4 & -3 \\ 6 & -5 \end{pmatrix}$, $P=\begin{pmatrix} 1 & 1 \\ 1 & 2 \end{pmatrix}$ とする。

(1) Pの逆行列 P^{-1} を求めよ。また，$P^{-1}AP$ を求めよ。

(2) 自然数nに対して，A^n をnの式で表せ。

指針 (2) A^n を直接計算しようとすると面倒であるが，$P^{-1}AP$（または PAP^{-1}）が $\begin{pmatrix} \alpha & 0 \\ 0 & \beta \end{pmatrix}$ の形になるときは

$$(P^{-1}AP)^n=\begin{pmatrix} \alpha & 0 \\ 0 & \beta \end{pmatrix}^n=\begin{pmatrix} \alpha^n & 0 \\ 0 & \beta^n \end{pmatrix}$$

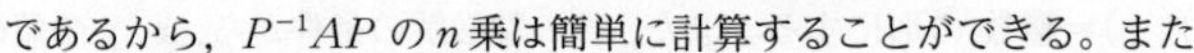

であるから，$P^{-1}AP$ のn乗は簡単に計算することができる。また

$$\boldsymbol{(P^{-1}AP)^n}=P^{-1}A\underbrace{P\cdot P^{-1}}_{E}A\underbrace{P\cdot P^{-1}}_{E}AP\underbrace{\cdots\cdots}_{E}\underbrace{\cdot P^{-1}}_{E}AP=\boldsymbol{P^{-1}A^nP}$$

n個のAの積が残る。

$P^{-1}A^nP=Q$ から A^n を求めるには，**左からP，右からP^{-1}を掛ける。**

CHART》 逆行列　**掛けてEの活用**　PでP^{-1}を消し，P^{-1}でPを消す。

解答 (1) $\varDelta(P)=1\cdot2-1\cdot1=1\neq0$ であるから　$\boldsymbol{P^{-1}=\begin{pmatrix} 2 & -1 \\ -1 & 1 \end{pmatrix}}$

よって　$\boldsymbol{P^{-1}AP}=\begin{pmatrix} 2 & -1 \\ -1 & 1 \end{pmatrix}\begin{pmatrix} 4 & -3 \\ 6 & -5 \end{pmatrix}\begin{pmatrix} 1 & 1 \\ 1 & 2 \end{pmatrix}$

$=\begin{pmatrix} 2 & -1 \\ 2 & -2 \end{pmatrix}\begin{pmatrix} 1 & 1 \\ 1 & 2 \end{pmatrix}=\boldsymbol{\begin{pmatrix} 1 & 0 \\ 0 & -2 \end{pmatrix}}$

(2) $(P^{-1}AP)^n=\begin{pmatrix} 1 & 0 \\ 0 & -2 \end{pmatrix}^n$ から　$P^{-1}A^nP=\begin{pmatrix} 1 & 0 \\ 0 & (-2)^n \end{pmatrix}$

◀ $\begin{pmatrix} \alpha & 0 \\ 0 & \beta \end{pmatrix}^n=\begin{pmatrix} \alpha^n & 0 \\ 0 & \beta^n \end{pmatrix}$

よって　$\boldsymbol{A^n}=P\begin{pmatrix} 1 & 0 \\ 0 & (-2)^n \end{pmatrix}P^{-1}$

◀ $PP^{-1}=E$, $P^{-1}P=E$

$=\begin{pmatrix} 1 & 1 \\ 1 & 2 \end{pmatrix}\begin{pmatrix} 1 & 0 \\ 0 & (-2)^n \end{pmatrix}\begin{pmatrix} 2 & -1 \\ -1 & 1 \end{pmatrix}$

$=\begin{pmatrix} 1 & (-2)^n \\ 1 & -(-2)^{n+1} \end{pmatrix}\begin{pmatrix} 2 & -1 \\ -1 & 1 \end{pmatrix}$

$=\boldsymbol{\begin{pmatrix} 2-(-2)^n & -1+(-2)^n \\ 2+(-2)^{n+1} & -1-(-2)^{n+1} \end{pmatrix}}$

参考 $\begin{pmatrix} \alpha & 0 \\ 0 & \beta \end{pmatrix}^n=\begin{pmatrix} \alpha^n & 0 \\ 0 & \beta^n \end{pmatrix}$ の他，$\begin{pmatrix} x & y \\ 0 & x \end{pmatrix}^n=\begin{pmatrix} x^n & nx^{n-1}y \\ 0 & x^n \end{pmatrix}$ が用いられることもある。証明は数学的帰納法による。

問題 15 $A=\begin{pmatrix} -3 & 12 \\ -4 & 11 \end{pmatrix}$ に対して，$P=\begin{pmatrix} 2 & 3 \\ 1 & 2 \end{pmatrix}$ を考える。

(1) Pの逆行列 P^{-1} を求めよ。また，$P^{-1}AP$ を求めよ。

(2) 自然数nに対して，A^n を求めよ。

補充例題 11　$AX=B$，$XA=B$ を満たす行列 X

$A=\begin{pmatrix}2&1\\1&1\end{pmatrix}$，$B=\begin{pmatrix}a&b\\2&-1\end{pmatrix}$ と 2×2 行列 X が $AX=B$ および $XA=B$ を満たすとき，a，b の値と X を求めよ。

指針　A^{-1} が存在するとき　$AX=B \iff A^{-1}(AX)=A^{-1}B \iff X=A^{-1}B$

$YA=B \iff (YA)A^{-1}=BA^{-1} \iff Y=BA^{-1}$

行列では積の交換法則は成り立たないから，A^{-1} を **左から** 掛けるか，**右から** 掛けるか，ということを間違えないようにする。

掛けてEの活用

解答　$\Delta(A)=2\cdot1-1\cdot1=1\neq0$ であるから，A^{-1} が存在して

$$A^{-1}=\begin{pmatrix}1&-1\\-1&2\end{pmatrix}$$

$AX=B$ の左から A^{-1} を掛けて　　$X=A^{-1}B$

$XA=B$ の右から A^{-1} を掛けて　　$X=BA^{-1}$

◀ 左から掛けるか，右から掛けるか，ということを明記しておく。

よって，$A^{-1}B=BA^{-1}$ であるから

$$\begin{pmatrix}1&-1\\-1&2\end{pmatrix}\begin{pmatrix}a&b\\2&-1\end{pmatrix}=\begin{pmatrix}a&b\\2&-1\end{pmatrix}\begin{pmatrix}1&-1\\-1&2\end{pmatrix}$$

すなわち　$\begin{pmatrix}a-2&b+1\\-a+4&-b-2\end{pmatrix}=\begin{pmatrix}a-b&-a+2b\\3&-4\end{pmatrix}$

ゆえに　$a-2=a-b$ …… ①，$b+1=-a+2b$ …… ②，

$-a+4=3$ …… ③，$-b-2=-4$ …… ④

◀ 対応する成分を比較。

③ から　$a=1$，　④ から　$b=2$

$a=1$，$b=2$ は ①，② を満たす。

$\boldsymbol{a=1}$，$\boldsymbol{b=2}$ のとき　$B=\begin{pmatrix}1&2\\2&-1\end{pmatrix}$

よって　$\boldsymbol{X}=A^{-1}B=\begin{pmatrix}1&-1\\-1&2\end{pmatrix}\begin{pmatrix}1&2\\2&-1\end{pmatrix}=\boldsymbol{\begin{pmatrix}-1&3\\3&-4\end{pmatrix}}$

◀ $X=BA^{-1}$ としてもよい。

CHART 逆行列

掛けて E の活用　A^{-1} で A を消す　　$A^{-1}A=AA^{-1}=E$

問題 16　次の等式を満たす行列 X を，それぞれ求めよ。

(1)　$\begin{pmatrix}2&5\\1&3\end{pmatrix}X=\begin{pmatrix}-1&2\\2&-3\end{pmatrix}$　　(2)　$X\begin{pmatrix}3&5\\4&7\end{pmatrix}=\begin{pmatrix}1&3\\-2&5\end{pmatrix}$

(3)　$X^2=\begin{pmatrix}3&-4\\-8&11\end{pmatrix}$ と $X^3=\begin{pmatrix}11&-15\\-30&41\end{pmatrix}$ の 2 つの等式

(4)　$A=\dfrac{1}{2}\begin{pmatrix}1&1\\2&-2\end{pmatrix}$ とするとき　$A^{-1}XA=\begin{pmatrix}1&0\\0&3\end{pmatrix}$

答の部（数学C）

CHECK 問題，例，練習，問，演習問題の答の数値のみをあげ，図・表・証明は省略した。

<第1章> 平面上のベクトル

● CHECK 問題 の解答

1 略

2 (1) $\vec{a}\cdot\vec{b}=3\sqrt{2}$ (2) $\vec{a}\cdot\vec{b}=-\dfrac{15}{2}$

3 (1) $\dfrac{2\vec{a}+3\vec{b}}{5}$ (2) $2\vec{a}-\vec{b}$ (3) $\dfrac{\vec{a}+\vec{b}}{2}$

4 (1) $\begin{cases} x=t \\ y=2t+2 \end{cases}$ (2) $2x-y-8=0$

(3) 略

● 例 の解答

1 (1) $\overrightarrow{OC}$, $\overrightarrow{FO}$, $\overrightarrow{ED}$

(2) $\overrightarrow{CB}$, $\overrightarrow{DA}$, $\overrightarrow{DO}$, $\overrightarrow{EF}$

(3) $\overrightarrow{CA}$, $\overrightarrow{DF}$ (4) $\overrightarrow{BE}$, $\overrightarrow{EB}$

2, **3** 略

4 (1) $\vec{a}+11\vec{b}-4\vec{c}$ (2) $\vec{x}=\vec{a}+3\vec{b}$

(3) $\vec{x}=2\vec{a}-\vec{b}$, $\vec{y}=-5\vec{a}+3\vec{b}$

5 (1) 略 (2) $\dfrac{\vec{b}}{8}-\dfrac{\vec{d}}{8}$

6 (1) 順に $(-1,\ -1)$, $\sqrt{2}$

(2) $\vec{x}=\left(1,\ \dfrac{9}{5}\right)$, $\vec{y}=\left(0,\ -\dfrac{2}{5}\right)$

(3) $\left(\dfrac{1}{2},\ -\dfrac{\sqrt{3}}{2}\right)$, $\left(-\dfrac{1}{2},\ \dfrac{\sqrt{3}}{2}\right)$

7 $\vec{c}=3\vec{a}+2\vec{b}$

8 $x=-2$

9 (1) 順に $\overrightarrow{AC}=(6,\ 5)$, $|\overrightarrow{AC}|=\sqrt{61}$

(2) $a=2$, $b=1$

(3) 順に E(4, 6), $7\sqrt{2}$

10 (1) 2 (2) -3 (3) -2 (4) -4

11 (1) $\vec{a}\cdot\vec{b}=25$, $\theta=45°$

(2) $\vec{a}\cdot\vec{b}=-5$, $\theta=120°$

12 (1) 順に $\dfrac{1}{3}\vec{a}+\dfrac{2}{3}\vec{b}$, $-2\vec{b}+3\vec{c}$, $-\dfrac{1}{2}\vec{a}+\dfrac{3}{2}\vec{c}$

(2) $-\dfrac{1}{3}\vec{a}-\dfrac{8}{3}\vec{b}+3\vec{c}$

(3) $-\dfrac{1}{18}\vec{a}-\dfrac{4}{9}\vec{b}+\dfrac{3}{2}\vec{c}$

13, **14** 略

15 t は媒介変数とする。

(1) $\vec{p}=\left(\dfrac{1}{3}-t\right)\vec{a}+\dfrac{1}{3}\vec{b}+\left(\dfrac{1}{3}+t\right)\vec{c}$

(2) (ア) $\begin{cases} x=1+2t \\ y=3-4t \end{cases}$ (イ) $2x+y=5$

16 (1) 順に $5x+4y-2=0$, $4x-5y+23=0$

(2) $\vec{p}=\dfrac{1}{2}\vec{a}+t(k\vec{a}-\vec{b})$ （t は媒介変数）

17 45°

18 (1) $\mathrm{H}\left(\dfrac{12}{5},\ \dfrac{9}{5}\right)$ (2) $\dfrac{8\sqrt{5}}{5}$

● 練習 の解答

1 (1) $\overrightarrow{BC}=\vec{b}+\vec{f}$, $\overrightarrow{AC}=2\vec{b}+\vec{f}$,

$\overrightarrow{DO}=-\vec{b}-\vec{f}$, $\overrightarrow{AG}=\dfrac{4}{3}\vec{b}+2\vec{f}$,

$\overrightarrow{GH}=-\dfrac{1}{3}\vec{b}-\dfrac{1}{2}\vec{f}$

(2) $\dfrac{5}{4}\vec{c}-\dfrac{9}{8}\vec{g}$

2 (1) $t=-\dfrac{3}{10}$ のとき最小値 $\dfrac{4}{\sqrt{5}}$

(2) $k=-2$ で最大値 5，

$k=\dfrac{1}{2}$ で最小値 $\dfrac{5}{\sqrt{2}}$

3 (1) $a=-7$, $\dfrac{1}{7}$

(2) $\vec{b}=(-2\sqrt{10},\ 0)$, $(\sqrt{10},\ \sqrt{30})$

4 (1) $\vec{u}=\left(\dfrac{3}{\sqrt{10}},\ \dfrac{1}{\sqrt{10}}\right)$, $\left(-\dfrac{3}{\sqrt{10}},\ -\dfrac{1}{\sqrt{10}}\right)$

(2) $(p,\ q)=(1+\sqrt{5},\ 2-\sqrt{5})$,
$(1-\sqrt{5},\ 2+\sqrt{5})$

5 (1) (ア) 5 (イ) $\dfrac{19}{2}$ (2) $x=11$, 15

6 (1) 略 (2) (ア) -3 (イ) 5 (ウ) 2

7 (1) $\theta=120°$ (2) $\theta=30°$, 150°

8 (1) $t=\dfrac{2}{3}$ のとき最小値 $\dfrac{4\sqrt{2}}{3}$

(2) 90°

9 (1) $|\vec{a}|=\sqrt{7}$, $|\vec{b}|=\sqrt{3}$, $\vec{a}\cdot\vec{b}=3$

(2) $k\leqq-\dfrac{\sqrt{7}}{2}$, $\dfrac{\sqrt{7}}{2}\leqq k$

10 略

11 $\dfrac{1}{5}\leqq|\vec{a}+\vec{b}|\leqq\dfrac{3}{5}$

12 略

13 (ア) 0 (イ) $-6-4\sqrt{2}$

14 (1) 線分 AB を 6：1 に内分する位置

(2) 線分 AB を 1：3 に外分する位置

15 (1) 辺 BC を $c：b$ に内分する点をDとすると，点Pは線分 AD を $(b+c)：a$ に内分する位置

(2) 略

16 $\overrightarrow{AP}=\dfrac{1}{2}\overrightarrow{AB}+\dfrac{1}{4}\overrightarrow{AC}$, $\overrightarrow{AN}=\dfrac{2}{3}\overrightarrow{AB}+\dfrac{1}{3}\overrightarrow{AC}$,

AP：AN＝3：4

17 (1) $\overrightarrow{AC}=2\vec{a}+\vec{b}$, $\overrightarrow{AD}=2\vec{a}+2\vec{b}$,

$\overrightarrow{AE}=\vec{a}+2\vec{b}$

(2) $\overrightarrow{AP}=\dfrac{4}{3}\vec{a}+\dfrac{5}{3}\vec{b}$ (3) BQ：QF＝5：4

18 $\overrightarrow{OH}=(2\sqrt{2}-1)\vec{a}+\dfrac{\sqrt{2}-2}{2}\vec{b}$

19 (1) $\overrightarrow{OP}=\dfrac{5}{8}\overrightarrow{OA}+\dfrac{3}{8}\overrightarrow{OB}$, $|\overrightarrow{OP}|=\dfrac{15}{8}$

(2) $\overrightarrow{OQ}=5\overrightarrow{OA}+3\overrightarrow{OB}$, $|\overrightarrow{OQ}|=15$

20 $\overrightarrow{AO}=\dfrac{5}{6}\vec{b}+\dfrac{4}{3}\vec{c}$

21 (1) $\overrightarrow{PQ}=\dfrac{1}{2}(\overrightarrow{AD}+\overrightarrow{BC})$,

$\overrightarrow{MN}=\dfrac{1}{2}(\overrightarrow{AD}-\overrightarrow{BC})$ (2) 略

22 (1) $\angle A=90^\circ$ の直角三角形

(2) 正三角形

23 (1) $\overrightarrow{OP}=\dfrac{1}{7}\vec{a}+\dfrac{4}{7}\vec{b}$ (2) $\overrightarrow{OH}=\dfrac{1}{5}\vec{a}+\dfrac{1}{2}\vec{b}$

(3) GH：HP＝7：3

24 (1) 略 (2) $\cos\alpha=-\dfrac{12}{13}$, $\cos\beta=-\dfrac{5}{13}$

25 略

26 (1) $\overrightarrow{OP}=\dfrac{3}{5}\vec{a}$ (2) $\overrightarrow{OQ}=\dfrac{3}{8}\vec{a}+\dfrac{3}{8}\vec{b}$

27 (1) $\overrightarrow{OF}=\dfrac{3}{8}\vec{a}$ (2) $\overrightarrow{OE}=\dfrac{5}{6}\vec{a}-\dfrac{2}{3}\vec{b}$

28 (1) $3\overrightarrow{OA}=\overrightarrow{OA'}$, $3\overrightarrow{OB}=\overrightarrow{OB'}$ とすると，直線 A′B′

(2) $\dfrac{1}{2}\overrightarrow{OA}=\overrightarrow{OA'}$, $\dfrac{1}{3}\overrightarrow{OB}=\overrightarrow{OB'}$ とすると，線分 A′B′

(3) $3\overrightarrow{OA}=\overrightarrow{OC}$, $2\overrightarrow{OB}=\overrightarrow{OD}$ とすると，△OCD の周および内部

29 (1) $2\overrightarrow{OA}=\overrightarrow{OC}$, $\dfrac{1}{2}\overrightarrow{OB}=\overrightarrow{OD}$ とすると，台形 ACBD の周および内部

(2) $-\overrightarrow{OA}+\dfrac{1}{2}\overrightarrow{OB}=\overrightarrow{OC}$, $-\overrightarrow{OA}=\overrightarrow{OD}$, $\dfrac{1}{2}\overrightarrow{OB}=\overrightarrow{OE}$ とすると，平行四辺形 ODCE の周および内部

(3) $-\overrightarrow{OA}=\overrightarrow{OE}$, $-\overrightarrow{OB}=\overrightarrow{OF}$, $2\overrightarrow{OA}=\overrightarrow{OG}$, $2\overrightarrow{OB}=\overrightarrow{OH}$ とすると，2本の平行線 EF，GH で挟まれた部分。ただし，直線 EF，GH は除く

30 (1) $2\overrightarrow{OA}=\overrightarrow{OC}$, $\overrightarrow{OA}+\overrightarrow{OB}=\overrightarrow{OD}$ とすると，△OCD の周および内部

(2) $\overrightarrow{OA}+\overrightarrow{OB}=\overrightarrow{OC}$, $\overrightarrow{OB}-\overrightarrow{OA}=\overrightarrow{OD}$ とすると，線分 OC，OD を隣り合う 2 辺とする平行四辺形の周および内部

31 (1) 辺 BC の中点を中心とし，点Aを通る円

(2) 辺 BC を 3：2 に外分する点と点Aを直径の両端とする円

32 (1) $(x+1)^2+(y+2)^2=25$

(2) 証明略，$3x+4y-14=0$

33 (1) 線分 AB を 1：2 に内分する点をDとし，線分 OD を 6：5 に外分する点をEとすると，点Eを中心とし半径が $5r$ の円

(2) 点Pは △ABC の重心Gを中心とし，半径が AG の円上を動く。図略

● 演習問題 の解答

1 (1) $\dfrac{\sqrt{5}+1}{2}$

(2) $\overrightarrow{CD}=\dfrac{\sqrt{5}-1}{2}(\vec{e}-\vec{b})$, $\overrightarrow{BC}=\vec{e}+\dfrac{\sqrt{5}-1}{2}\vec{b}$

2 (1) $\sin^2\theta=\dfrac{4x^2y^2}{(x^2+y^2)(x^2+9y^2)}$ (2) $\dfrac{\pi}{6}$

3 (1) 略 (2) $(m,\ n)=(4,\ 3),\ (5,\ 3),\ (6,\ 3)$

(3) $(m,\ n)=(6,\ 3)$, $\theta=0^\circ$

4 $\overrightarrow{AP}=\dfrac{1}{p^2-p+1}\{(1-p)\overrightarrow{AB}+p\overrightarrow{AC}\}$

5 (ア) $\dfrac{1}{2}\overrightarrow{AB}+\dfrac{3}{10}\overrightarrow{AD}$ (イ) $\dfrac{3}{8}$ (ウ) $\dfrac{4}{5}$

(エ) $\dfrac{3}{20}$ (オ) $\dfrac{7}{20}$

6 (1) $\overrightarrow{AR}=\dfrac{n}{3m+n}\vec{b}+\dfrac{m}{3m+n}\vec{c}$ (2) $k=4$

7 $\dfrac{5}{12}\vec{a}+\dfrac{1}{4}\vec{b}$, $\dfrac{5}{4}\vec{a}+\dfrac{3}{4}\vec{b}$

8 略

9 $\angle A=90^\circ$ の直角二等辺三角形

10 略

11 (1) $\alpha=\dfrac{1}{2}$

(2) $\overrightarrow{OF}=\overrightarrow{OA}-\dfrac{1}{3}\overrightarrow{OB}$, $\overrightarrow{OG}=-\dfrac{2}{3}\overrightarrow{OA}+\overrightarrow{OB}$

(3) $\alpha=\dfrac{7}{12}$, $\beta=\dfrac{7}{15}$

12 (1) $\vec{p}=(1-t)\vec{c_1}+t\vec{c_2}$ (t は実数)

(2) $\left(1\pm\dfrac{2\sqrt{5}}{5},\ 2\mp\dfrac{4\sqrt{5}}{5}\right)$ (複号同順)

(3) 接点 $\left(\dfrac{11}{5},\ \dfrac{18}{5}\right)$，方向ベクトル $(-4,\ 3)$

13 (1) $|\overrightarrow{AB}|=3$, $|\overrightarrow{AC}|=5$, $\overrightarrow{AB}\cdot\overrightarrow{AC}=-3$

(2) $18\sqrt{6}$

14 (1) $\dfrac{2}{3}<s<\dfrac{3}{4}$ (2) (ア) -1 (イ) 2

15 (1) $\dfrac{2}{3}a$ (2) $3a$ (3) $\sqrt{3}a^2+\dfrac{2}{3}\pi a^2$

<第 2 章> 空間のベクトル

● CHECK 問題 の解答

5 (1) A(2, 0, 0)，B(2, 3, 0)，C(0, 3, 0)，D(0, 0, 4)，E(2, 0, 4)，F(2, 3, 4)，G(0, 3, 4) (2) $\sqrt{29}$

6 順に (1) $(-4,\ -1,\ 6)$, $\sqrt{53}$

(2) $(12,\ -3,\ -4)$, 13

(3) $(20,\ -8,\ -4)$, $4\sqrt{30}$

7 順に $(2,\ 4,\ -5)$, $3\sqrt{5}$

8 2

9 (1) P(0, 1, 4), Q(−4, 5, 0)

(2) $a=-4$, $b=\frac{10}{3}$, $t=\frac{1}{3}$

● 例 の解答

19 (1) A(3, −2, 0) (2) B(3, −2, −1)
(3) C(−3, 2, 1) (4) D(−3, 2, −1)

20 (1) (ア) 3 (イ) $\sqrt{23}$
(2) ∠B=90° の直角二等辺三角形
(3) $a=2+2\sqrt{2}$

21 $\overrightarrow{AC}=\vec{a}+\vec{b}$, $\overrightarrow{AG}=\vec{a}+\vec{b}+\vec{c}$,
$\overrightarrow{BH}=-\vec{a}+\vec{b}+\vec{c}$,
$\overrightarrow{CP}=-\frac{1}{2}\vec{a}-\frac{1}{2}\vec{b}+\frac{1}{2}\vec{c}$

22 (1) 略 (2) $\vec{p}=3\vec{a}+2\vec{b}-5\vec{c}$

23 (1) $a=-1$, $b=-11$
(2) C(0, −1, 1)

24 (−2, 4, 0), (0, 2, 4), (4, −4, −2)

25 (1) $\overrightarrow{MB}=\vec{b}-\frac{1}{2}\vec{a}$, $\overrightarrow{MC}=\vec{c}-\frac{1}{2}\vec{a}$ (2) $\frac{1}{2}$

26 (1) $\vec{a}\cdot\vec{b}=-\sqrt{6}$, $\theta=120°$
(2) (ア) 45° (イ) $S=\frac{3}{2}$

27 $\overrightarrow{OG}=\frac{3}{5}\vec{a}+\frac{8}{45}\vec{b}+\frac{1}{3}\vec{c}$

28 略

29 (1) Q(−1, 4, 8)
(2) (ア) $x=2$ (イ) $y=-1$ (ウ) $z=3$
(3) (ア) $z=-2$ (イ) $x=1$ (ウ) $y=3$

30 (1) $(x-2)^2+(y+2)^2+(z-5)^2=50$
(2) $(x-3)^2+(y+3)^2+(z-3)^2=9$ または
$(x-7)^2+(y+7)^2+(z-7)^2=49$

● 練習 の解答

34 (1) P(1, −2, 0), Q(−13, 0, −18)
(2) $R\left(\frac{1}{2},\ 0,\ -\frac{1}{2}\right)$

35 (1) $t=-1$ のとき最小値 $\sqrt{26}$
(2) $x=\frac{5}{3}$, $y=\frac{2}{3}$ のとき最小値 $\frac{1}{\sqrt{3}}$

36 (1) $\sqrt{19}$ (2) $\sqrt{65}$

37 (1) $t=\frac{-7\pm\sqrt{21}}{14}$
(2) $\left(\frac{8}{5},\ -\frac{6}{5},\ 1\right)$, $\left(-\frac{8}{5},\ \frac{6}{5},\ -1\right)$

38 (1) (ア) $S(a)=\frac{1}{2}\sqrt{5a^2+6a+90}$
(イ) $a=-\frac{3}{5}$ のとき最小値 $\frac{21\sqrt{5}}{10}$
(2) $t=\frac{1}{3}$

39 (1) $\vec{t}=\left(0,\ \frac{1}{\sqrt{2}},\ \frac{1}{\sqrt{2}}\right)$
(2) $P\left(0,\ \frac{5}{2},\ \frac{5}{2}\right)$

40 略

41 (1) 辺BCを2:1に内分する点をEとし，線分EDの中点をFとすると，Pは線分AFを12:1に内分する点
(2) 1:2:4:6

42 (1) $\overrightarrow{PQ}=(1-a)\vec{x}+\vec{y}+a\vec{z}$,
$\overrightarrow{PR}=-a\vec{x}+(1-a)\vec{y}+\vec{z}$
(2) 1:1 (3) 60°

43 (1) 略 (2) $p=7$, $r=2$

44 略

45 (1) H(3, 2, −2) (2) Q(2, 0, −6)

46 (ア) −6 (イ) $\sqrt{67}$

47 略

48 $\overrightarrow{OP}=\frac{9}{31}\vec{a}+\frac{12}{31}\vec{b}+\frac{10}{31}\vec{c}$,
$\overrightarrow{OQ}=\frac{3}{20}\vec{a}+\frac{1}{5}\vec{b}+\frac{1}{6}\vec{c}$

49 $\frac{1}{9}$

50 略

51 (1) $\overrightarrow{GU}=\frac{1}{2}(\vec{p}+\vec{r}+\vec{s})$ (2) 略

52 (1) $H\left(\frac{72}{61},\ \frac{36}{61},\ \frac{48}{61}\right)$ (2) $\sqrt{61}$

53 (1) $\overrightarrow{OH}=\frac{\sqrt{2}}{3}\vec{a}+\frac{\sqrt{2}}{3}\vec{b}$ (2) $\frac{1}{\sqrt{3}}$
(3) $\frac{1}{12}$

54 (1) 中心の座標は $\left(\frac{a}{2},\ \frac{a}{2},\ \frac{a}{2}\right)$,
半径は $\frac{\sqrt{3}}{2}a$
(2) $\left(x-\frac{a}{2}\right)^2+\left(z-\frac{a}{2}\right)^2=\frac{a^2}{2}$, $y=0$

55 (1) $(x-1)^2+(y+2)^2+(z+4)^2=16$
(2) $k=-2\pm2\sqrt{3}$
(3) $Q\left(\frac{7}{3},\ \frac{2}{3},\ -\frac{4}{3}\right)$ のとき最小値 2

56 (1) 中心が点 (−3, 6, −2)，半径が 2 の球面。
$(x+3)^2+(y-6)^2+(z+2)^2=4$
(2) 中心が $\left(\frac{1}{2},\ \frac{1}{3},\ 1\right)$，半径が $\frac{7}{6}$ の球面。
$\left(x-\frac{1}{2}\right)^2+\left(y-\frac{1}{3}\right)^2+(z-1)^2=\frac{49}{36}$

57 (1) $3x+7y+2z-7=0$
(2) $3x+2y+6z-6=0$

58 (1) $G\left(\frac{4}{3},\ \frac{8}{3},\ \frac{4}{3}\right)$ (2) P(1, 2, 1)

59 (1) $4x-3y-6z+11=0$

(2) $x+y+2z-5=0$

60 (1) $\theta=90^\circ$ (2) $\theta=60^\circ$ (3) $\theta=45^\circ$

61 t を実数とする。

(1) $x=2+5t,\ y=-1+2t,\ z=3-2t$

または $\dfrac{x-2}{5}=\dfrac{y+1}{2}=\dfrac{z-3}{-2}$

(2) $x=1-t,\ y=2-2t,\ z=3+t$

または $\dfrac{x-1}{-1}=\dfrac{y-2}{-2}=z-3$

(3) $x=-1,\ y=2-4t,\ z=-3+6t$

または $x=-1,\ \dfrac{y-2}{-4}=\dfrac{z+3}{6}$

(4) $x=3,\ z=1$

62 (1) $\left(0,\ \dfrac{5}{3},\ \dfrac{5}{3}\right)$ (2) $(1,\ 3,\ 1)$

63 (1) 略

(2) $\mathrm{P}\left(0,\ \dfrac{5}{2},\ 0\right)$, $\mathrm{Q}\left(\dfrac{1}{2},\ \dfrac{5}{2},\ \dfrac{1}{2}\right)$ のとき最小値 $\dfrac{1}{\sqrt{2}}$

64 (1) $(-2,\ 0,\ 4)$ (2) $2\sqrt{6}$

65 (1) $6-9\sqrt{5}\leqq a\leqq 6+9\sqrt{5}$

(2) $(x-2\sqrt{3})^2+(y-2\sqrt{3})^2+(z-6)^2=25$

66 (1) $\cos\theta=\dfrac{7}{9}$ (2) $4x-3y+z+7=0$

67 (1) $\dfrac{x-1}{3}=y-1=\dfrac{z}{-1}$, $y+z-1=0$

(2) $\dfrac{x-1}{-2}=y=z+2$

68 (1) $x^2+y^2+z^2-5x+2y=0$

(2) $x-2y+2z+6=0$

$\mathrm{P}\left(\dfrac{4}{3},\ \dfrac{4}{3},\ -\dfrac{7}{3}\right)$, $r=2$

● 演習問題 の解答

16 $\dfrac{\sqrt{10}}{2}$

17 (1) $m=-2,\ n=0$

(2) $\mathrm{P}\left(\dfrac{5}{7},\ \dfrac{5}{14},\ \dfrac{15}{14}\right)$ のとき最小値 $\dfrac{5}{\sqrt{14}}$

(3) $\dfrac{5}{2}$

18 $\left(\dfrac{\sqrt{3}}{2}r,\ \dfrac{1}{2}r,\ 0\right)$, $\left(\dfrac{\sqrt{3}}{2}r,\ -\dfrac{1}{4}r,\ \dfrac{\sqrt{3}}{4}r\right)$

19 (1) $\vec{a}=\vec{q}+\vec{r},\ \vec{b}=\vec{r}+\vec{p},\ \vec{c}=\vec{p}+\vec{q}$

(2) 順に $\dfrac{1}{6}|\vec{p}||\vec{q}||\vec{r}|$, $\dfrac{1}{3}|\vec{p}||\vec{q}||\vec{r}|$

20 (1) $\overrightarrow{\mathrm{PQ}}=-\dfrac{1}{2}\overrightarrow{\mathrm{OA}}+\dfrac{1}{2}\overrightarrow{\mathrm{OB}}+\dfrac{1}{2}\overrightarrow{\mathrm{OC}}$

(2) $\dfrac{\sqrt{2}}{2}\leqq\cos\theta\leqq\dfrac{\sqrt{6}}{3}$

21 略

22 (1) $t=\dfrac{2s}{1+s}$ (2) $s=\dfrac{1}{5}$

23 略

24 (1) $s=\dfrac{b^2c^2}{a^2b^2+b^2c^2+c^2a^2}$,

$t=\dfrac{c^2a^2}{a^2b^2+b^2c^2+c^2a^2}$

(2) $r=\dfrac{4c^2}{a^2+b^2+4c^2}$ のとき最小値

$c\sqrt{\dfrac{a^2+b^2}{a^2+b^2+4c^2}}$

(3) 略

25 (1) $\overrightarrow{\mathrm{OD}}=\vec{a}-\vec{b}+\vec{c}$

(2) $\vec{a}\cdot\vec{b}=\vec{b}\cdot\vec{c}=\dfrac{1}{2}$, $\vec{c}\cdot\vec{a}=0$

(3) $\overrightarrow{\mathrm{OP}}=-\vec{a}+\vec{b}$ または $\overrightarrow{\mathrm{OP}}=\vec{a}-\dfrac{1}{3}\vec{b}+\dfrac{2}{3}\vec{c}$

26 (1) $\left(\dfrac{2}{3},\ -\dfrac{2}{3},\ -\dfrac{1}{3}\right)$ (2) $(0,\ 4,\ 1)$

(3) $(3,\ 1,\ 4)$

27 (1) $k=-2$ (2) $M=\dfrac{9}{2}$

(3) $\mathrm{A}\left(\dfrac{7}{8},\ -\dfrac{\sqrt{15}}{8},\ 0\right)$, $\mathrm{B}\left(\dfrac{7}{8},\ -\dfrac{\sqrt{15}}{8},\ 0\right)$

28 $\mathrm{P}\left(\dfrac{9\sqrt{2}}{10},\ \dfrac{6\sqrt{2}}{5},\ \dfrac{3\sqrt{2}}{2}\right)$ のとき最大値 $15\sqrt{2}$

29 (1) $\pm\dfrac{1}{7}(3,\ 2,\ 6)$

(2) $\mathrm{P}\left(\dfrac{8}{3},\ \dfrac{8}{3},\ \dfrac{8}{3}\right)$, $r=\dfrac{8}{3}$

または $\mathrm{P}(12,\ 12,\ 12)$, $r=12$

または $\mathrm{P}(8,\ 8,\ -8)$, $r=8$

30 (1) $x^2+y^2-\dfrac{5}{3}x-\dfrac{5}{3}y=0$

(2) $a=b=\dfrac{5}{6}$ かつ $\left(c\leqq\dfrac{1}{3}\right.$ または $\left.\dfrac{13}{3}\leqq c\right)$

<第3章> 複素数平面

● CHECK 問題 の解答

10 (1) $\sqrt{2}\left(\cos\dfrac{\pi}{4}+i\sin\dfrac{\pi}{4}\right)$

(2) $\cos\dfrac{\pi}{2}+i\sin\dfrac{\pi}{2}$ (3) $2(\cos\pi+i\sin\pi)$

11 (1) $\dfrac{5}{3}+3i$ (2) $1+\dfrac{5}{2}i$

● 例 の解答

31 (1) $a=-4,\ b=3$ (2) 略

32, 33 略

34 (1) $z=\cos\dfrac{2}{3}\pi+i\sin\dfrac{2}{3}\pi$

(2) $z=4\left(\cos\dfrac{\pi}{3}+i\sin\dfrac{\pi}{3}\right)$

(3) $z=\cos\frac{5}{4}\pi+i\sin\frac{5}{4}\pi$

(4) $z=\cos(\pi-\alpha)+i\sin(\pi-\alpha)$

35 $\alpha\beta=4\sqrt{2}\left(\cos\frac{23}{12}\pi+i\sin\frac{23}{12}\pi\right)$,

$\frac{\alpha}{\beta}=\frac{1}{\sqrt{2}}\left(\cos\frac{5}{12}\pi+i\sin\frac{5}{12}\pi\right)$

36 $\cos\frac{\pi}{12}=\frac{\sqrt{6}+\sqrt{2}}{4}$,

$\sin\frac{\pi}{12}=\frac{\sqrt{6}-\sqrt{2}}{4}$

37 (1) $1-\sqrt{2}-(1+\sqrt{2})i$

(2) (ア) 原点を中心として $\frac{3}{4}\pi$ だけ回転した点を $\frac{\sqrt{2}}{2}$ 倍した点

(イ) 原点を中心として $\frac{\pi}{6}$ だけ回転した点を $\frac{1}{2}$ 倍した点

(ウ) 実軸に関して対称移動し，原点を中心として $-\frac{\pi}{2}$ だけ回転した点

38 (1) $-\frac{1}{2}-\frac{\sqrt{3}}{2}i$ (2) 16

(3) $\frac{1-\sqrt{3}i}{256}$

39 (1) $z=\pm1,\ \pm\frac{1}{2}\pm\frac{\sqrt{3}}{2}i$

(2) $z=\pm1,\ \pm i,\ \frac{1}{\sqrt{2}}\pm\frac{1}{\sqrt{2}}i$,

$-\frac{1}{\sqrt{2}}\pm\frac{1}{\sqrt{2}}i$

40 (1) $-\frac{9}{5}+\frac{8}{5}i$ (2) $-4+\frac{11}{2}i$

(3) $1-\frac{1}{2}i$ (4) $\frac{1}{3}+i$

41 (1) 2点 $-2i$，3 を結ぶ線分の垂直二等分線

(2) 点 $-1+3i$ を中心とする半径 2 の円

(3) 点 $1-i$ を中心とする半径 $\frac{1}{2}$ の円

(4) 点 $\frac{3}{2}$ を通り，実軸に垂直な直線

42 (1) $\frac{\pi}{4}$ (2) $\frac{\pi}{3}$ (3) $\frac{\pi}{2}$

43 (1) $c=-5$ (2) $c=\frac{5}{2}$

44 (1) AB：BC：CA＝2：$\sqrt{3}$：1 の直角三角形

(2) CA＝CB の直角二等辺三角形

● 練習 の解答

69 (1) (ア) $\sqrt{10}$ (イ) $\frac{6\sqrt{10}}{5}$

(2) (ア) $\sqrt{34}$ (イ) -2

70 (1) 略 (2) $\sqrt{7}$

71 証明略，等号が成り立つのは $z=\pm i$ のとき

72 (1) 略

(2) $\alpha=1$ のとき -1 以外の任意の複素数，

$\alpha=-1$ のとき 1 以外の任意の複素数，

$\alpha\neq\pm1$ のとき $|z|=1$ かつ $z\neq-\frac{1}{\alpha}$ を満たす複素数

73 (1) $\frac{\sqrt{6}-1}{2}-\frac{\sqrt{6}+\sqrt{3}}{2}i$

(2) $1-2i$

74 (1) $n=-6$ (2) -2

75 (1) $z=\frac{\sqrt{6}}{2}+\frac{\sqrt{2}}{2}i,\ -\frac{\sqrt{6}}{2}+\frac{\sqrt{2}}{2}i$,

$-\sqrt{2}i$

(2) $z=\pm(1+\sqrt{3}i),\ \pm(\sqrt{3}-i)$

76 $(m,\ n)=(12,\ 24),\ (24,\ 48)$

77 (1) 略 (2) 5 (3) 略 (4) $\frac{5}{16}$

78 (1) $a=2\tan\frac{\theta}{2}$ (2) 略

79 (1) 点 3 を中心とする半径 2 の円

(2) 点 $8i$ を中心とする半径 6 の円

80 $4+2\sqrt{2}$

81 (1) 点 3 を中心とする半径 1 の円

(2) 点 8 を中心とする半径 4 の円

82 略

83 2点 0，i を結ぶ線分の垂直二等分線

84 (1) 2点 1，2 を結ぶ線分の垂直二等分線

(2) 点 $-\frac{5}{4}$ を中心とする半径 $\frac{1}{4}$ の円。ただし，点 -1 を除く

85 (1) $r=4$ または $\theta=0,\ \pi$ (2) 略

86 (1) 略 (2) $1\leqq r\leqq9,\ \frac{\pi}{6}\leqq\theta\leqq\frac{5}{6}\pi$

87，**88** 略

89 (1) OA＝OB，$\angle\mathrm{O}=\frac{2}{3}\pi$ の二等辺三角形

(2) $\angle\mathrm{O}=\frac{\pi}{6}$，$\angle\mathrm{A}=\frac{\pi}{3}$，$\angle\mathrm{B}=\frac{\pi}{2}$ の直角三角形

90 AB＝AC，$\angle\mathrm{A}=\frac{2}{3}\pi$ の二等辺三角形

91～93 略

94 (1) $\frac{\beta}{\alpha}=-\frac{a-b}{\bar{a}-\bar{b}}$，$\frac{\gamma}{\alpha}=\frac{a\bar{b}-\bar{a}b}{\bar{a}-\bar{b}}$

(2) $\dfrac{\beta}{\alpha}=\dfrac{a-b}{\overline{a}-\overline{b}}$, $\dfrac{\gamma}{\alpha}=\dfrac{(\overline{b}-\overline{a})c+(b-a)\overline{c}}{\overline{a}-\overline{b}}$

95 $w=-\dfrac{c}{\overline{\beta}}$

96 (1) 略 (2) $w'=\alpha^2\overline{w}$

97 (1) $\alpha+\beta=-a$, $\alpha\beta=b+6$, $c=-6a$, $d=-6b-36$ (2) $a=2\sqrt{6}$ (3) $b=8$

98 (1) z は 0, ±1 以外のすべての実数

(2) 図略, $z=-\dfrac{1}{2}\pm\dfrac{\sqrt{3}}{2}i$

99, 100 略

101 (1) $\dfrac{1+i}{2}\alpha+\dfrac{1-i}{2}\beta$

(2) 四角形 ABCD が平行四辺形 (3) 略

102 (1) $z_{n+1}=\dfrac{1+\sqrt{3}\,i}{2}z_n+2$

(2) $\alpha=1+\sqrt{3}\,i$, $\beta=\dfrac{1+\sqrt{3}\,i}{2}$

(3) $z_n=\left(\dfrac{1+\sqrt{3}\,i}{2}\right)^n\cdot(-\sqrt{3}\,i)+1+\sqrt{3}\,i$

(4) 中心は点 $1+\sqrt{3}\,i$, 半径は $\sqrt{3}$

103 (1) $P_n=\dfrac{2n^2+1}{3^n}$

(2) $Q_n=\dfrac{1}{3}\left(\dfrac{1}{2}\right)^{n-1}+\dfrac{1}{3}$

● 演習問題 の解答

31 (1) $|z|=1$

(2) i, $-i$, $\dfrac{1+\sqrt{3}\,i}{2}$, $\dfrac{1-\sqrt{3}\,i}{2}$, $\dfrac{-1+\sqrt{3}\,i}{2}$, $\dfrac{-1-\sqrt{3}\,i}{2}$

32 (1) $z_2=\dfrac{3+\sqrt{3}\,i}{2}$, $z_3=1+\sqrt{3}\,i$

(2) $\alpha=\dfrac{1+\sqrt{3}\,i}{2}$

(3) $z_n=\dfrac{1-\sqrt{3}\,i}{2}\left(\dfrac{1+\sqrt{3}\,i}{2}\right)^{n-1}+\dfrac{1+\sqrt{3}\,i}{2}$

(4) $n=6k+5$ (k は 0 以上の整数)

33 k は整数とする。実部, 虚部の順に
$n=4k$ のとき $\cos(n\theta)$, $-\sin(n\theta)$
$n=4k+1$ のとき $\sin(n\theta)$, $\cos(n\theta)$
$n=4k+2$ のとき $-\cos(n\theta)$, $\sin(n\theta)$
$n=4k+3$ のとき $-\sin(n\theta)$, $-\cos(n\theta)$

34 (1) 略 (2) 略

(3) $(m, n)=(2, 2), (3, 1), (3, 2)$ のとき最小値 $-\dfrac{3\sqrt{3}}{2}$

35 (1) 略 (2) $\alpha=\cos\dfrac{2}{5}\pi+i\sin\dfrac{2}{5}\pi$

(3) $-\dfrac{1+\sqrt{5}}{2}$

36 略

37 (1) 中心 $\dfrac{1}{2}$, 半径 $\dfrac{\sqrt{5}}{2}$ (2) 略

38 (1) 略

(2) $\alpha=2$ で最大値 $\sqrt{10}+2\sqrt{3}$,
$z=-3-\dfrac{3\sqrt{30}}{5}-\left(1+\dfrac{\sqrt{30}}{5}\right)i$

39 $r=\dfrac{1}{2}$ のとき 点 2 を通り実軸に垂直な直線,
$r\neq\dfrac{1}{2}$ のとき 点 $\dfrac{4r^2-3}{4r^2-1}$ を中心とする半径 $\dfrac{4r}{|4r^2-1|}$ の円

40 (1) 略 (2) 証明略, $\dfrac{\alpha\beta(\overline{\alpha}-\overline{\beta})}{\overline{\alpha}\beta-\alpha\overline{\beta}}$

41 (1) $k=0, 1$ (2) $k=\dfrac{-1\pm\sqrt{3}}{2}$

(3) $k=\dfrac{1}{2}$ のとき $\theta=\dfrac{\pi}{2}$;
$k=-\dfrac{1}{2}$ のとき $\theta=\dfrac{\pi}{6}, \dfrac{\pi}{2}, \dfrac{5}{6}\pi$

42 略

43 (1) 略 (2) $z_{63}=-i$ (3) $\dfrac{7}{36}$

<第 4 章> 式と曲線

● CHECK 問題 の解答

12 略

13 (1) $y=x+1$ (2) $x+3y-4\sqrt{3}=0$

(3) $\sqrt{5}\,x+2y+8=0$ (4) $4x+5y+1=0$

14 略

● 例 の解答

45 (1) $y^2=12x$, 図略

(2) (ア) 焦点：点 $\left(-\dfrac{1}{2}, 0\right)$,
準線：直線 $x=\dfrac{1}{2}$, 図略

(イ) 焦点：点 $\left(0, -\dfrac{1}{8}\right)$,
準線：直線 $y=\dfrac{1}{8}$, 図略

(3) $y^2=-16x$

46 図略。長軸の長さ, 短軸の長さ, 焦点；面積の順に

(1) 6, 4, 2 点 $(\sqrt{5}, 0)$, $(-\sqrt{5}, 0)$；6π

(2) $2\sqrt{3}$, $2\sqrt{2}$, 2 点 $(0, 1)$, $(0, -1)$；$\sqrt{6}\,\pi$

47 (1) $\dfrac{x^2}{9}+\dfrac{y^2}{8}=1$ (2) $\dfrac{x^2}{5}+\dfrac{y^2}{4}=1$

48 (1) 楕円 $\dfrac{x^2}{4}+y^2=1$

(2) 楕円 $\dfrac{x^2}{36}+\dfrac{y^2}{4}=1$

49 図略。焦点；漸近線の順に

(1) 2点 $(3,\ 0)$, $(-3,\ 0)$；

2直線 $\dfrac{x}{2}-\dfrac{y}{\sqrt{5}}=0$, $\dfrac{x}{2}+\dfrac{y}{\sqrt{5}}=0$

(2) 2点 $(0,\ 13)$, $(0,\ -13)$；

2直線 $\dfrac{x}{12}-\dfrac{y}{5}=0$, $\dfrac{x}{2}+\dfrac{y}{5}=0$

50 (1) $\dfrac{x^2}{4}-\dfrac{y^2}{3}=1$ (2) $\dfrac{x^2}{6}-\dfrac{y^2}{3}=-1$

51 (1) 2つの共有点 $\left(1,\ \dfrac{4}{\sqrt{5}}\right)$, $\left(2,\ \dfrac{2}{\sqrt{5}}\right)$ をもつ

(2) 共有点をもたない

52 順に $\left(-\dfrac{3}{2},\ \dfrac{1}{2}\right)$, $2\sqrt{6}$

53 (1) 放物線 $y=2x^2-5$ の $x\geqq 0$ の部分

(2) 放物線 $y=x^2-1$ の $-1\leqq x\leqq 1$ の部分

(3) 楕円 $\dfrac{(x-2)^2}{9}+\dfrac{(y-3)^2}{4}=1$

(4) 双曲線 $\dfrac{(x+1)^2}{4}-\dfrac{(y-2)^2}{4}=1$ の $x\geqq 1$ の部分

54 (1) 放物線 $x=y^2+y+1$

(2) 中心 $(0,\ 0)$, 半径 r^2

55 (1) 略 (2) 順に $\left(-\dfrac{3\sqrt{2}}{2},\ \dfrac{3\sqrt{2}}{2}\right)$, $(1,\ -\sqrt{3})$；$\left(2,\ \dfrac{11}{6}\pi\right)$, $\left(4,\ \dfrac{4}{3}\pi\right)$

56 (1) $2\sqrt{7}$ (2) $2\sqrt{3}$

(3) $6\sqrt{6}-2\sqrt{3}-2\sqrt{2}$

● 練習 の解答

104 (1) 放物線 $y^2=20x$

(2) 放物線 $x^2=6y+9$ の $x<-3$, $3<x$ の部分および放物線 $x^2=-6y+9$ の $-3<x<3$ の部分

105 楕円 $x^2+\dfrac{y^2}{9}=1$

106 略

107 $S=\dfrac{2\sqrt{3}}{3}\pi$

108 $\sqrt{3}$

109 (1) $\dfrac{x^2}{20}-\dfrac{y^2}{5}=1$ または $\dfrac{x^2}{20}-\dfrac{y^2}{5}=-1$

(2) $\dfrac{x^2}{4}-\dfrac{y^2}{16}=1$ または $x^2-\dfrac{y^2}{4}=-1$

(3) $\dfrac{x^2}{5}-\dfrac{y^2}{5}=1$ または $\dfrac{x^2}{5}-\dfrac{y^2}{5}=-1$

110 双曲線 $x^2-\dfrac{y^2}{8}=1$ の $x>0$ の部分

111 $a=\dfrac{1}{\sqrt{3}}$, $\dfrac{2+\sqrt{10}}{2}$

112 (1) $x^2+4y^2-6x+8y+1=0$,

焦点は2点 $(6,\ -1)$, $(0,\ -1)$

(2) (ア) 楕円 $\dfrac{x^2}{4}+y^2=1$ を x 軸方向に -2, y 軸方向に3だけ平行移動したもの。焦点は2点 $(\sqrt{3}-2,\ 3)$, $(-\sqrt{3}-2,\ 3)$

(イ) 放物線 $y^2=\dfrac{3}{2}x$ を x 軸方向に $\dfrac{2}{3}$, y 軸方向に -2 だけ平行移動したもの。焦点は点 $\left(\dfrac{25}{24},\ -2\right)$

(ウ) 双曲線 $\dfrac{x^2}{25}-\dfrac{y^2}{4}=1$ を x 軸方向に -3, y 軸方向に -4 だけ平行移動したもの。焦点は2点 $(\sqrt{29}-3,\ -4)$, $(-\sqrt{29}-3,\ -4)$

113 (1) $\dfrac{(x-3)^2}{169}+\dfrac{(y+4)^2}{144}=1$

(2) $\dfrac{(x-2)^2}{7}-\dfrac{(y-1)^2}{9}=-1$

114 x 軸方向に -2, y 軸方向に -1 だけ平行移動

115 $\dfrac{x^2}{2}-y^2=-1$

116 (1) $k<-\sqrt{3}$, $\sqrt{3}<k$

(2) $m=\dfrac{\sqrt{5}}{3}$ のとき接点 $\left(-\sqrt{5},\ \dfrac{4}{3}\right)$,

$m=-\dfrac{\sqrt{5}}{3}$ のとき接点 $\left(\sqrt{5},\ \dfrac{4}{3}\right)$

(3) $a<-1$, $1<a$ のとき2個；

$a=\pm 1$ のとき1個；$-1<a<1$ のとき0個

117 楕円 $(x-1)^2+\dfrac{y^2}{\left(\frac{1}{2}\right)^2}=1$ の $0\leqq x<\dfrac{1}{2}$ の部分

118 (1) (ア) $x=-2$, $5x+6y=8$

(イ) $y=x+2$, $y=\dfrac{2}{3}x+3$

(2) $y=\pm 2\sqrt{3}\,x-4$

119 $t=\pm\sqrt{11}$ のとき最大値 $\dfrac{\pi}{6}$

120 (1) 円 $x^2+y^2=5$ (2) $10\sin 2\theta$

(3) 最大値10, 最小値8

121 略

122 $\mathrm{Q}\left(-\dfrac{3}{2},\ 1\right)$, 面積は $\dfrac{9}{2}$

123 $\dfrac{1}{8}<k\leqq\dfrac{1}{4}$

124 (1) 楕円 $\dfrac{(x-7)^2}{18}+\dfrac{(y-2)^2}{9}=1$

(2) 双曲線 $\dfrac{x^2}{30}-\dfrac{(y-4)^2}{6}=-1$

125～127 略

128 (1) $s=b\sqrt{\dfrac{a^2+1}{a^2b^2+1}}$, $t=a\sqrt{\dfrac{b^2-1}{a^2b^2+1}}$

(2) $b=\sqrt{a^2+2}$

(3) 円 $x^2+y^2=2$ の $1<x<\sqrt{2}$, $0<y<1$ の部分

129 $x=2$, $y=3$ のとき最大値 12；
$x=-2$, $y=-3$ のとき最小値 -12

130 $x=3$, $y=0$ のとき最大値 9；
$x=0$, $y=2$ のとき最小値 -4

131 $\dfrac{x^2}{a^2}+\dfrac{y^2}{b^2}=1$

132 (1) 最大値 $\sqrt{2}+1$

(2) 最大値 $\dfrac{1+\sqrt{31}}{12}$, 最小値 $\dfrac{1-\sqrt{31}}{12}$

133 略

134 $\begin{cases} x=(a+b)\cos\theta-b\cos\dfrac{a+b}{b}\theta \\ y=(a+b)\sin\theta-b\sin\dfrac{a+b}{b}\theta \end{cases}$

135 (1) $r=2\cos\left(\theta-\dfrac{3}{4}\pi\right)$

(2) $r\cos\left(\theta-\dfrac{\pi}{4}\right)=2$

(3) $r\{(2\sqrt{3}-1)\cos\theta-(2-\sqrt{3})\sin\theta\}=4$

136 (1) 直線 $\dfrac{x}{2}+\dfrac{y}{3}=1$

(2) 円 $\left(x-\dfrac{1}{2}\right)^2+\left(y-\dfrac{1}{2}\right)^2=\dfrac{1}{2}$

(3) 双曲線 $(x-2)^2-\dfrac{y^2}{3}=1$

(4) 放物線 $y=x^2-1$

137 $r^2+\left(\dfrac{2}{3}r_0\right)^2-2\cdot\dfrac{2}{3}r_0r\cos\theta=\left(\dfrac{2}{3}a\right)^2$
ただし, $\mathrm{OC}=r_0$

138 (1) 離心率は $\dfrac{\sqrt{3}}{2}$, $r=\dfrac{1}{2+\sqrt{3}\cos\theta}$

(2) $r\cos\left(\theta-\dfrac{5}{6}\pi\right)=2$

139 略

● 演習問題 の解答

44 (1) $\left(x-\dfrac{k}{2}\right)^2+y^2=\dfrac{k^2}{4}$, $(x-5k)^2+y^2=16k^2$

(2) $x=0$, $y=\pm\dfrac{\sqrt{3}}{3}(x+3k)$

45 略

46 (1) 略 (2) $0<r<\sqrt{3}$

(3) 双曲線 $(x-2)^2-\dfrac{y^2}{3}=1$ の
$x>3$, $y>0$ の部分, 図略

47 (1) $2-\sqrt{3}<t<2+\sqrt{3}$

(2) $t=2$ で最大値 $\dfrac{\sqrt{6}}{3}$

48 (1) $m^2\neq a^2$ かつ $m^2+n^2=a^2$
(2) 略

49 (1) 順に $\dfrac{p_1x}{a^2}+\dfrac{p_2y}{b^2}=1$,
$a^2p_2x-b^2p_1y=(a^2-b^2)p_1p_2$
(2) 略

50 (1) $\left(\dfrac{a^2}{\sqrt{a^2-b^2}}, \dfrac{bc}{\sqrt{a^2-b^2}}\right)$ (2) 略

(3) $a=\sqrt{\dfrac{1+k^2}{2}}$, $b=c=\sqrt{\dfrac{1-k^2}{2}}$

51 $\dfrac{1}{a^2}+\dfrac{1}{b^2}=1$ $(a>0, b>0)$

52 $\left(\dfrac{\sqrt{2}}{2}, \dfrac{\sqrt{2}}{4}\right)$ のとき最大値 $\dfrac{9}{32}$

53 $x=a\cos^3\theta$, $y=a\sin^3\theta$

54 略

55 (1) $r=\dfrac{ha}{1-h\cos\theta}$ (2) 略

(3) $\dfrac{\left(x-\dfrac{ah^2}{1-h^2}\right)^2}{\left(\dfrac{ah}{1-h^2}\right)^2}+\dfrac{y^2}{\left(\dfrac{ah}{\sqrt{1-h^2}}\right)^2}=1$, 楕円

56 (1) 略 (2) $\left(\dfrac{\sqrt{3}}{2}, \dfrac{1}{2}\right)$

答の部（数学Ⅲ）

CHECK 問題，例，練習，問，演習問題の答の数値のみをあげ，図・表・証明は省略した。

<第1章>　関数

● CHECK 問題 の解答

1 図略 (1) 定義域 $x \geqq 0$，値域 $y \geqq 0$
(2) 定義域 $x \geqq 0$，値域 $y \leqq 0$
(3) 定義域 $x \leqq 0$，値域 $y \geqq 0$
(4) 定義域 $x \geqq 3$，値域 $y \geqq 0$

2 図略 (1) $y=-\frac{1}{2}x+\frac{3}{2}$　(2) $y=2^x$
(3) $y=2^{-x}$

3 $a=-2$，$b=3$

4 (1) $(g\circ f)(x)=2x+3$，$(f\circ g)(x)=2x+1$
(2) 略

● 例 の解答

1 (1) 図略，2直線 $x=\frac{2}{3}$，$y=\frac{3}{2}$
(2) $\frac{7}{4} \leqq y \leqq \frac{5}{2}$　(3) $x \geqq 2$

2 $a=2$，$b=-6$，$c=-4$

3 図略 (1) 定義域 $x \geqq 2$，値域 $y \geqq 0$
(2) 定義域 $x \leqq 3$，値域 $y \geqq 0$
(3) 定義域 $x \leqq \frac{3}{2}$，値域 $y \leqq 2$

4 (1) $\sqrt{3} \leqq y \leqq 3$　(2) $a=0$，$b=3$
(3) $a=3$，$b=10$ または $a=-3$，$b=19$

● 練習 の解答

1 (1) $x=-1\pm\sqrt{17}$
(2) $x \leqq -1-\sqrt{17}$，$2<x \leqq -1+\sqrt{17}$

2 $k<-\frac{2}{5}$，$\frac{18}{5}<k$ のとき2個；
$k=-\frac{2}{5}$，$\frac{18}{5}$ のとき1個；
$-\frac{2}{5}<k<\frac{18}{5}$ のとき0個

3 (1) $x=2-\sqrt{2}$　(2) $x=0,\ 11$　(3) $x<2$
(4) $-\frac{9}{4} \leqq x \leqq \sqrt{5}$　(5) $\frac{3}{2} \leqq x<5$

4 (1) $k<\frac{1-\sqrt{5}}{2}$
(2) $0<a<\frac{-1+\sqrt{2}}{2}$ のとき2個；
$-1 \leqq a \leqq 0$，$a=\frac{-1+\sqrt{2}}{2}$ のとき1個；
$a<-1$，$\frac{-1+\sqrt{2}}{2}<a$ のとき0個

5 (1) $y=-\frac{x+1}{x-2}\ (-1 \leqq x<2)$
(2) $y=\frac{-x+1}{x+2}\left(-\frac{5}{4} \leqq x \leqq 1\right)$
(3) $y=10^x$

6 (1) 順に $a \neq 0$，$a=-1$
(2) $a=2$，$b=3$，$c=4$

7 $a>2+2\sqrt{3}$

8 (1) (ア) $(g\circ f)(x)=\frac{3x+10}{x+4}$　ただし $x \neq -2$
$(f\circ g)(x)=\frac{2x-5}{4x-9}$　ただし $x \neq 2$
(イ) $(g\circ f)(x)=2x$，$(f\circ g)(x)=x^2\ (x>0)$
(ウ) $(g\circ f)(x)=\begin{cases}-3x^2+10 & (-2 \leqq x \leqq 2)\\ -1 & (x<-2,\ 2<x)\end{cases}$
$(f\circ g)(x)=\begin{cases}-3x^2+12x & (x \geqq 0)\\ 9 & (x<0)\end{cases}$
(2) 定義域は実数全体，値域 $y \leqq 4$

9 $(g\circ g)(x)=\frac{7x-4}{8x-1}$　ただし $x \neq -\frac{1}{2}$

10 (1) $c \neq 0$ のとき $g(x)=x$
$c=0$ のとき $g(x)=x$ または $g(x)=-x$
(2) $a=1$，$b=0$

11 (1) 略 (2) $a=2$，$b=2$

12 $f_n(x)=a^nx+\frac{1-a^n}{1-a}$

● 演習問題 の解答

1 $a=3$，$b=11$，$c=2$

2 $\frac{b+c+2\sqrt{bc}}{a}$

3 (1) (ア) 0 (イ) $\frac{1+\sqrt{4-3a}}{3}$　(2) 9

4 (1) (ア) $\frac{5}{x-4}$　(イ) $(4,\ -4)$
(2) $y=\log_3(x+\sqrt{x^2-1})\ (x \geqq 1)$

5 $(3,\ 3)$，$(6,\ 6)$

6 (1) $a^3-4ab+8c=0$，d は任意の実数
(2) 略

7 (1) $(f\circ g)(x)=-\frac{2x+1}{x+3}$
(2) a は -1 でない任意の実数，$b=-1$
(3) $a=1$

8 (1) 略
(2) $-\frac{1}{a}<x<-\frac{1}{a(a+1)}$，$0 \leqq x \leqq \frac{a-1}{a}$

9 (1) $f_2(x)=\frac{2x-3}{6x-7}$，$a_2=2$，$b_2=3$
(2) $t=1,\ \frac{1}{2}$
(3) $a_n=2^n-2$，$b_n=2^n-1$

<第2章>　極限

● CHECK 問題 の解答

5 (1) 2 (2) 0 (3) $\frac{1}{2}$

● 例 の解答

5 (1) (ア) 負の無限大に発散する
(イ) 収束する。極限値は 2
(ウ) 収束する。極限値は 0
(エ) 振動する
(2) (ア) $-\infty$ (イ) 0 (ウ) $\frac{1}{2}$

6 (1) ∞ (2) ∞ (3) 2 (4) 0
(5) 振動する（極限はない）

7 (1) $\frac{9}{8}$ (2) -1

8 (1) 正しくない (2) 正しくない
(3) 正しくない (4) 正しい

9 (1) 0 (2) $-\infty$ (3) $\frac{1}{9}$
(4) $-1<r<1$ のとき 1；$r=1$ のとき 0；
$r<-1,\ 1<r$ のとき -1

10 (1) 2 (2) 順に $(\alpha,\ \beta)=(2,\ 3),\ (3,\ 2)$；
$a_n=2\cdot3^{n-1}-2^{n-1}$，$\infty$

11 (1) 収束，和 $\frac{1}{2}$ (2) 発散

12 略

13 (1) (ア) 発散 (イ) 収束，和 $12(2+\sqrt{2})$
(2) $\frac{3}{10}$

14 (1) $\frac{89}{33}$ (2) $\frac{410}{27}$

15 (1) $-\frac{8}{3}$ (2) -1 (3) $\frac{1}{4}$

16 (1) $-\infty$ (2) $\frac{2}{3}$ (3) 4 (4) $-\frac{3}{2}$

17 (1) 3 (2) $\frac{\pi}{180}$ (3) 8

18 (1) $\frac{1}{8}$ (2) $-\pi$ (3) 1

19 (1) 定義域 $x\leqq-1,\ 1\leqq x$；
定義域のすべての点で連続
(2) 定義域 $x<-2,\ -2<x<2,\ 2<x$；
定義域のすべての点で連続
(3) $-1\leqq x<0,\ 0<x<1,\ 1<x<2$ で連続；
$x=0,\ 1,\ 2$ で不連続

● 練習 の解答

13 (1) $\lim_{n\to\infty}a_n=0$，$\lim_{n\to\infty}na_n=\frac{1}{2}$
(2) $a=\sqrt{3}$，$b=\frac{5\sqrt{3}+3}{15}$

14 (1) 略 (2) $\lim_{n\to\infty}n^{\frac{1}{n}}=1$

15 (1) (ア) $\log_{10}m+1$ (2) (イ) $\log_{10}3$

16 (1) x の範囲は $-\frac{3}{2}<x\leqq\frac{3}{2}$，極限値は
$-\frac{3}{2}<x<\frac{3}{2}$ のとき 0，$x=\frac{3}{2}$ のとき 1
(2) x の範囲は $2-\sqrt{5}\leqq x<2-\sqrt{3}$，
$2+\sqrt{3}<x\leqq2+\sqrt{5}$，極限値は
$2-\sqrt{5}<x<2-\sqrt{3}$，$2+\sqrt{3}<x<2+\sqrt{5}$
のとき 0；$x=2\pm\sqrt{5}$ のとき 1
(3) x の範囲は $x<-1,\ -1<x$，極限値は
$x<-1,\ -1<x<1,\ 1<x$ のとき 0；
$x=1$ のとき 1

17 (1) ∞ (2) 0

18 (1) 略 (2) $b_n=2\cdot3^{n-1}-1$ (3) 2

19 (1) $(\alpha,\ \beta)=(-1,\ 6),\ (6,\ -1)$
(2) $a_n=\frac{9\cdot6^{n-1}-2(-1)^{n-1}}{7}$ (3) $\frac{3}{2}$

20 略

21 (1) 図略，x 軸との共有点 $(1,\ 0)$，$(-1,\ 0)$，
y 軸との共有点 $(0,\ 1)$
(2) $\alpha=\frac{-k+\sqrt{k^2+4}}{2}$，$\beta=\frac{k+\sqrt{k^2+4}}{2}$
(3) ${a_n}^2=\frac{4}{3}-\frac{1}{3}\left(\frac{1}{4}\right)^{n-1}$ (4) $\frac{2\sqrt{3}}{3}$

22 (1) $\frac{1}{2}$ (2) $a_{n+1}=-\frac{1}{2}a_n+1$ (3) $\frac{2}{3}$

23 (1) x の範囲は $x<\frac{4}{3}$，$4\leqq x$；
$x=4$ のとき $S=0$；
$x<\frac{4}{3}$，$4<x$ のとき $S=2x-4$
(2) (ア) $\frac{\pi}{4}<\theta<\frac{\pi}{2}$ (イ) $\frac{1}{\tan\theta-1}$

24 (1) $\mathrm{P}_1\left(\frac{1}{2},\ \frac{\sqrt{3}}{2}\right)$，$\mathrm{P}_2\left(\frac{3}{4},\ \frac{\sqrt{3}}{4}\right)$
(2) $x_n=1-\left(\frac{1}{2}\right)^n$，$y_n=\frac{\sqrt{3}}{3}\left\{1-\left(-\frac{1}{2}\right)^n\right\}$
(3) $\lim_{n\to\infty}x_n=1$，$\lim_{n\to\infty}y_n=\frac{\sqrt{3}}{3}$
(4) $l_n=\sqrt{3}\left(\frac{1}{4}\right)^n$ (5) $S=\frac{\sqrt{3}}{3}$

25 (1) $a_2=\frac{2}{3}$ (2) $a_n=2-2\left(\frac{2}{3}\right)^{n-1}$
(3) $\frac{2}{5}$

26 (1) 収束，和 $\frac{26}{5}$
(2) 収束，和 $\frac{1}{2}$

27 $\log 2$

28 (1) $a_1=\frac{1}{2}$ (2) $a_{n+1}=\frac{n+1}{2n}a_n$

(3) $a_n=\dfrac{n}{2^n}$ (4) 6

29 略

30 (1) $(a,\ b)=(13,\ 5)$

(2) $a=1,\ b=-9$

31 (1) 0 (2) 極限はない (3) 極限はない

32 (1) 1 (2) $\dfrac{3}{2}$ (3) $3-2\log_2 5$ (4) 0

33 (1) $k=\dfrac{1}{2}(\tan\alpha-\cos\alpha)$

(2) $S(k)=\dfrac{1}{2}(\pi-\alpha+\beta)+\dfrac{1}{6}(\cos^3\alpha+\cos^3\beta)$

(3) $\dfrac{\pi}{2}$

34 (1) $\dfrac{\pi}{2}$ (2) $\dfrac{1}{2}$ (3) 0 (4) 0

35 線分 OB を 1：2 に内分する点に近づく

36 (1) (ア) 0 (イ) $\dfrac{2}{5}$

(2) (ウ) $1-2x$ (エ) 0

(3) (オ) 0

37 (1) $a=b,\ c=1$

(2) $0<a<2$ のとき $x=\dfrac{a}{2}$ で最大値 $1+\dfrac{a^2}{4}$,

$2\leqq a$ のとき $x=1$ で最大値 a

(3) $a=1,\ b=1,\ c=1$

38 略

● 演習問題 の解答

10 (1) 略 (2) $\lim_{n\to\infty}x_n=b$

11 (1) $\dfrac{\pi}{2}$ (2) $\dfrac{2}{\pi}$

12 (1) 0 に収束 (2) 正の無限大に発散

(3) 0 に収束 (4) 0 に収束

13 (1) $\lim_{n\to\infty}b_n=\dfrac{7}{6},\ \lim_{n\to\infty}c_n=\dfrac{5}{3}$ (2) 略

(3) $\lim_{n\to\infty}a_n=\dfrac{13}{9}$

14 (1) $\dfrac{1+\sqrt{1+4a}}{2}$ (2) 略

15 $\dfrac{14+3\sqrt{3}}{13}$

16 (1) $a=1,\ b=\sqrt{3}$ (2) $c_n=(-r)^{n+1}\cdot 2^{1-3n}$

(3) $r=4$

17 (1) $a_1=0,\ a_2=1-p,\ a_3=p^2,\ a_4=\dfrac{1}{2}p(1-p)$

(2) $a_{3k}=p^2\left\{\dfrac{1}{2}p(1-p)\right\}^{k-1}$ (3) $\dfrac{2p^2}{p^2-p+2}$

(4) 55

18 (1) $R_n=\dfrac{1-r^{n+1}}{1-r},\ S_n=\dfrac{1-r^n}{(1-r)^2}-\dfrac{nr^n}{1-r}$

(2) $2\left\{\dfrac{1-r^{n-1}}{(1-r)^3}-\dfrac{(n-1)r^{n-1}}{(1-r)^2}\right\}-\dfrac{n(n-1)r^{n-1}}{1-r}$

(3) $\dfrac{r(r+1)}{(1-r)^3}$

19 (1) $r_n=\dfrac{1}{n\sin\dfrac{\pi}{n}}$ (2) $a_n=\dfrac{1}{n\tan\dfrac{\pi}{n}}$

(3) $b_n=\dfrac{1}{n\sin\dfrac{\pi}{n}\cos\dfrac{\pi}{n}}$ (4) $p=q=\dfrac{1}{8}$

(5) $k=2$, 極限値 π

20 (1) k が正の偶数 (2) 略

21 $f(x)=\dfrac{1}{1+c^2}x^2$

22 略

<第 3 章> 微分法

● 例 の解答

20 (1) $x=0$ で連続であるが微分可能でない

(2) $x=0$ で連続であり微分可能である

21 (1) $y'=\dfrac{x(x-2)}{(x-1)^2}$ (2) $y'=\dfrac{1}{3\sqrt[3]{x^2}}$

22 (1) $y'=4x^3-6x^2+3$

(2) $y'=5x^4-3x^2+8x-2$

(3) $y'=\dfrac{5x^3-2x+2}{x^3}$ (4) $y'=-\dfrac{3x^2-4x-3}{(x^2+1)^2}$

23 (1) $y'=12x(2x^2-3)^2$ (2) $y'=-\dfrac{6}{(3x-2)^3}$

(3) $y'=\dfrac{2}{3\sqrt[3]{x}}$ (4) $y'=\dfrac{x}{\sqrt{x^2+1}}$

24 (1) $y'=-2\cos(1-2x)$ (2) $y'=\dfrac{3}{\cos^2 3x}$

(3) $y'=-3\sin x\cos^2 x$

(4) $y'=2x\sin(3x+5)+3x^2\cos(3x+5)$

(5) $y'=\dfrac{2}{1+\sin 2x}$ (6) $y'=\dfrac{\cos 2x}{\sqrt{\sin 2x}}$

25 (1) $y'=\dfrac{2}{(2x+1)\log 2}$ (2) $y'=\dfrac{\cos x}{\sin x}$

(3) $y'=\dfrac{1}{\sqrt{x^2+4}}$ (4) $y'=\dfrac{2}{\cos x}$

(5) $y'=-2\cdot 3^{-2x+1}\log 3$

(6) $y'=2^{\sin x}\cos x\log 2$

(7) $y'=e^x(\sin x+\cos x)$ (8) $y'=\dfrac{1-\log x}{x^2}$

(9) $y'=\dfrac{4}{(e^x+e^{-x})^2}$

● 練習 の解答

39 (1) $f'(0)=\dfrac{1}{2}$

(2) $x=\dfrac{1}{(2n-1)\pi}$ (n は整数)

(3) $f'(x)=-\dfrac{1}{2}$

40 $a=-\frac{3}{4}$, $b=-\frac{1}{2}$, $c=-\frac{7}{4}$, $d=-1$

41 (1) $2f'(a)$ (2) $-\frac{af'(a)+f(a)}{2a^3}$

42 略

43 (1) $y'=\frac{3x^2(1-x^2)}{(x^2+1)^4}$

(2) $y'=\frac{1}{(x+4)\sqrt[3]{(x+1)^2(x+4)}}$

(3) $y'=\frac{x(x^2-3x+3)}{(x-1)^2\sqrt{x^2-2x}}$

44 (1) $\frac{dy}{dx}=\mp\frac{1}{2x^2}\sqrt{\frac{x}{x+1}}$

(2) $g(2)=1$, $g'(2)=\frac{1}{2}$

45 (1) $y'=\frac{(-7x+11)(x-1)(x-2)^2}{(x-3)^6}$

(2) $y'=-\frac{x^3+3x^2-2x+2}{3\sqrt[3]{x^4(x+1)(x^2+2)^4}}$

(3) $y'=\frac{1}{2}(\sqrt{x})^x(\log x+1)$

(4) $y'=\left(\cos x\log x+\frac{\sin x}{x}\right)x^{\sin x}$

(5) $y'=f(x)^{g(x)}\left\{g'(x)\log f(x)+g(x)\cdot\frac{f'(x)}{f(x)}\right\}$

(6) $y'=(1+x)^{\frac{1}{1+x}-2}\{1-\log(1+x)\}$

46 (1) e^{-3} (2) e^{-4} (3) 1

47 (1) $3\log 2$ (2) 1 (3) $\log a+1$

(4) $\frac{1}{e}$ (5) 2 (6) e^a

48 (1) (ア) $y''=\frac{2(1-x^2)}{(x^2+1)^2}$,

$y'''=\frac{4x(x^2-3)}{(x^2+1)^3}$

(イ) $y''=4(x+1)e^{2x}$, $y'''=4(2x+3)e^{2x}$

(ウ) $y''=2\cos x-x\sin x$,

$y'''=-3\sin x-x\cos x$

(2) $g'(x)=\frac{1}{\sqrt{1-x^2}}$, $g''(x)=\frac{x}{\sqrt{(1-x^2)^3}}$

49 (1) 略 (2) $a=2$, $b=5$

50 (1) 略

(2) (ア) $y^{(n)}=a^ne^{ax}$ (イ) $y^{(n)}=\cos\left(x+\frac{n}{2}\pi\right)$

(ウ) $y^{(n)}=2^{n-1}\sin\left(2x+\frac{n-1}{2}\pi\right)$

(エ) $y^{(n)}=\frac{1}{2}\left(\frac{1}{2}-1\right)\cdots\cdots\left(\frac{1}{2}-n+1\right)(x+1)^{\frac{1}{2}-n}$

51 略

52 (1) 略 (2) $f^{(9)}(0)=11025$, $f^{(10)}(0)=0$

53 (1) $\frac{dy}{dx}=\frac{1}{2y}$, $\frac{d^2y}{dx^2}=-\frac{1}{4y^3}$

(2) $\frac{dy}{dx}=\frac{x}{y}$, $\frac{d^2y}{dx^2}=-\frac{4}{y^3}$

(3) $\frac{dy}{dx}=-\frac{9x}{4y}$, $\frac{d^2y}{dx^2}=-\frac{81}{4y^3}$

54 (1) $\frac{dy}{dx}=\frac{1+t^2}{2t}$, $\frac{d^2y}{dx^2}=-\frac{(1-t^2)^3}{8t^3}$

(2) (ア) $\frac{dy}{dx}=\frac{1-\cos\theta}{\sin\theta}$, $\frac{d^2y}{dx^2}=\frac{1-\cos\theta}{\sin^3\theta}$

(イ) $\frac{dy}{dx}=2$, $\frac{d^2y}{dx^2}=\frac{25}{8}$

● 演習問題 の解答

23 (1) 略

(2) $A=\frac{n\beta^{n-1}}{\beta-\alpha}-\frac{\beta^n-\alpha^n}{(\beta-\alpha)^2}$, $B=\frac{\beta^n-\alpha^n}{\beta-\alpha}$,

$C=\alpha^n$

(3) $\frac{1}{2}n(n-1)\alpha^{n-2}$

24 (1) 略 (2) $a=n$, $b=-n-1$

25 略

26 (1) $f'(x)=\frac{1}{\sqrt{1-x^2}}$ (2) $-\frac{1}{\sqrt{x^2+1}}$

27 (1) $f'(2)=2e$, $f''(2)=\frac{3}{2}e$

(2) $g'(2e)=\frac{1}{2e}$, $g''(2e)=-\frac{3}{16e^2}$

28 (1) $f^{(4)}(x)g(x)+4f^{(3)}(x)g^{(1)}(x)$

$+6f^{(2)}(x)g^{(2)}(x)+4f^{(1)}(x)g^{(3)}(x)+f(x)g^{(4)}(x)$

(2) ${}_n\mathrm{C}_r$, 証明略

(3) $\{x^3+3nx^2+3n(n-1)x+n(n-1)(n-2)\}e^x$

29 $y''(0)=\frac{4}{9}$

30 (1) $f(0)=0$ (2) 略

(3) $f'(x+y)=f'(x)\sqrt{1+\{f(y)\}^2}+\frac{f(y)f(x)f'(x)}{\sqrt{1+\{f(x)\}^2}}$

(4) $f'(x)=\sqrt{1+\{f(x)\}^2}$

<第4章> 微分法の応用

● CHECK 問題 の解答

6 (1) 順に $y=\frac{1}{2\sqrt{2}}x+\frac{1}{\sqrt{2}}$,

$y=-2\sqrt{2}x+5\sqrt{2}$

(2) 順に $y=-\frac{1}{4}x+1$, $y=4x-\frac{15}{2}$

● 例 の解答

26 (1) 順に $y=\frac{1}{e}x$, $y=-ex+e^2+1$

(2) 順に $y=4x-\frac{\pi}{2}+1$, $y=-\frac{1}{4}x+\frac{\pi}{32}+1$

27 (1) $y=2x-e$

(2) $y=\frac{2}{e}x+\frac{3}{e}$, $y=\frac{1}{\sqrt[4]{e}}x+\frac{3}{2\sqrt[4]{e}}$

(3) $y=x$, $y=-x$

28 $x\leqq-6$, $0\leqq x$ で単調に増加し，
$-6\leqq x<-3$, $-3<x\leqq 0$ で単調に減少する。

29 (1) $x=\dfrac{1}{\sqrt{e}}$ で極小値 $-\dfrac{1}{2e}$

(2) $x=-\dfrac{4}{3}$ で極大値 $\dfrac{4\sqrt{6}}{9}$, $x=0$ で極小値 0

30 $x<-\sqrt{3}$, $0<x<\sqrt{3}$ で上に凸；
$-\sqrt{3}<x<0$, $\sqrt{3}<x$ で下に凸
変曲点は点 $(-\sqrt{3},\ -\sqrt{3})$, $(0,\ 0)$, $(\sqrt{3},\ \sqrt{3})$

31 $x=\sqrt{2}$, $x=-\sqrt{2}$, $y=x$

32, **33** 略

34 (1) 順に $-\dfrac{3}{2}\pi$, $\dfrac{3\sqrt{3}}{2}\pi^2$

(2) 順に 16 m/s, 80 m

35 (1) $\vec{v}=(e^t(\cos t-\sin t),\ e^t(\sin t+\cos t))$
$\vec{\alpha}=(-2e^t\sin t,\ 2e^t\cos t)$

(2) 略

36 (1) 順に $\dfrac{1}{1+x}\fallingdotseq 1-x$, $\dfrac{1}{1+x}\fallingdotseq 1-x+x^2$

(2) 0.485

● 練習 の解答

55 (1) 順に $y_1y=2p(x+x_1)$,

$y=-\dfrac{y_1}{2p}(x-x_1)+y_1$

(2) 順に $y=\dfrac{2}{\sqrt{3}}x-\dfrac{1}{\sqrt{3}}$,

$y=-\dfrac{\sqrt{3}}{2}x+2\sqrt{3}$

(3) 順に $y=-\dfrac{1}{2}x+\dfrac{7}{4}$, $y=2x+\dfrac{1}{2}$

56 略

57 $y=-4x-4$

58 (1) $a=-\dfrac{\sqrt{3}}{2}+\log(\sqrt{3}-1)$,

$y=(\sqrt{3}-1)x-1-\dfrac{\sqrt{3}}{2}$

(2) $f(x)=\dfrac{1}{4}x^3-\dfrac{9}{8}x^2+\dfrac{3}{2}x+1$

59 $k=\dfrac{e^{-a^2}}{2a}$ $(a>0)$

60 $r=\sqrt{q^2+2}$

61 (1) (ア) $c=\dfrac{3+\sqrt{3}}{3}$ (イ) $c=\log(e-1)$

(2) $c=\sqrt{\dfrac{a^2+ab+b^2}{3}}$, $\displaystyle\lim_{b\to a}\dfrac{c-a}{b-a}=\dfrac{1}{2}$

62 略

63 (1) 0 (2) 1

64 (1) $\dfrac{1}{2}$ (2) -2 (3) $\dfrac{1}{2}$

65 (1) $a=5$ (2) $a>1$

66 (1) $a=1$, $b=2$, $c=3$

(2) $a=0$

67 (1) $g(x)=-axe^{-ax}+a$

(2) $x=\dfrac{1}{a}$ で極小値 $a-e^{-1}$

(3) $a\geqq e^{-1}$

68 (1) $a_n=\dfrac{1}{\sqrt{2}}e^{-\frac{8n-1}{4}\pi}$

(2) $\displaystyle\sum_{n=1}^{\infty}a_n=\dfrac{e^{\frac{\pi}{4}}}{\sqrt{2}\,(e^{2\pi}-1)}$

69 (1) $x=0$, 2π で最大値 4；$x=\pi$ で最小値 -4

(2) $x=2$ で最大値 $3e^2$, $x=\sqrt{2}-1$ で最小値
$2(1-\sqrt{2})e^{\sqrt{2}-1}$

(3) $x=e$ で最大値 e^{-1}, $x=1$ で最小値 0

(4) $x=\sqrt{2}$ で最大値 $2\sqrt{2}-2$, $x=-2$ で最小値
-4

70 (1) $x=-1$ で最小値 $-e$, 最大値はない

(2) $x=1-\sqrt{3}$ で最大値 $\dfrac{1+\sqrt{3}}{4}$, $x=1+\sqrt{3}$

で最小値 $\dfrac{1-\sqrt{3}}{4}$

(3) $x=\dfrac{\pi}{3}$ で最大値 $\dfrac{\sqrt{3}}{6}$, $x=0$ で最小値 0

(4) $x=e^{-1}$ で最大値 e^{-1}, 最小値はない

71 (1) $a=5$, $b=-3$ (2) $a=\pm\dfrac{12}{5\pi+3\sqrt{3}}$

72 $x=\dfrac{1}{\sqrt{1+\sqrt[3]{3}}}$

73 $r=\dfrac{3}{2}$ で最小値 $\dfrac{9}{4}\pi$

74 $x=y=z=\dfrac{\pi}{3}$ で最大値 $\dfrac{3\sqrt{3}}{2}$

75 $y=0$, $y=-2x$

76 図略 (1) 変曲点は点 $\left(-\dfrac{1}{\sqrt{3}},\ \dfrac{3}{4}\right)$,

$\left(\dfrac{1}{\sqrt{3}},\ \dfrac{3}{4}\right)$

(2) 変曲点は点 $(-1,\ -1)$, $(0,\ 0)$, $(1,\ 1)$

(3) 変曲点は点 $(-1,\ \log 2)$, $(1,\ \log 2)$

(4) 変曲点は点 $\left(-\dfrac{1}{\sqrt{2}},\ e^{-\frac{1}{2}}\right)$, $\left(\dfrac{1}{\sqrt{2}},\ e^{-\frac{1}{2}}\right)$

(5) 変曲点はない

(6) 変曲点は点 $\left(e^{\frac{5}{6}},\ \dfrac{5}{6}e^{-\frac{5}{3}}\right)$

77～80 略

81 (1) (ア) $x=-1$ で極小値 $-\dfrac{31}{12}$, $x=1$ で極大

値 $\dfrac{1}{12}$, $x=2$ で極小値 $-\dfrac{1}{3}$

(イ) $x=\dfrac{\pi}{4}$ で極大値 $\dfrac{\sqrt{2}}{2}e^{-\frac{\pi}{4}}$, $x=\dfrac{5}{4}\pi$ で極

小値 $-\frac{\sqrt{2}}{2}e^{-\frac{5}{4}\pi}$

(2) 略

82 (1) $c<\frac{1}{\sqrt[3]{4}}$ のとき1個，$c=\frac{1}{\sqrt[3]{4}}$ のとき2個，$\frac{1}{\sqrt[3]{4}}<c$ のとき3個

(2) $-\frac{2}{3}\leqq a\leqq 2$

83 (1) $x=3$ で極大値 $\frac{4}{27}$，$x=1$ で極小値 0

(2) $p<-\frac{\sqrt{3}}{9}$ のとき0本；

$p=-\frac{\sqrt{3}}{9}$，$\frac{\sqrt{3}}{9}<p$ のとき1本；

$-\frac{\sqrt{3}}{9}<p\leqq 0$，$p=\frac{\sqrt{3}}{9}$ のとき2本；

$0<p<\frac{\sqrt{3}}{9}$ のとき3本

84，**85** 略

86 (1) 略 (2) $e^{\pi}>\pi^{e}$

87 略

88 (1) $a\geqq\frac{1}{e}$ (2) $a\geqq e$

89 (1) $x=0$ で最大値 $\frac{1}{4}$ (2) 略 (3) 略

90 (1) $v=\frac{\omega(\sqrt{a^2-\cos^2\theta}-\sin\theta)|\cos\theta|}{\sqrt{a^2-\cos^2\theta}}$

(2) $(0,\ 1-a)$，$(0,\ -1-a)$

91 (1) 速度 $\left(\frac{6}{\sqrt{11}},\ -\frac{2\sqrt{2}}{\sqrt{11}}\right)$，

加速度 $\left(-\frac{36\sqrt{3}}{121},\ -\frac{54\sqrt{6}}{121}\right)$

(2) $\vec{v}=\left(\frac{1}{\sqrt{1+e^{2s}}},\ \frac{e^s}{\sqrt{1+e^{2s}}}\right)$，

$\vec{\alpha}=\left(-\frac{e^{2s}}{(1+e^{2s})^2},\ \frac{e^s}{(1+e^{2s})^2}\right)$，最大値 $\frac{2\sqrt{3}}{9}$

92 (1) $40\ \mathrm{cm^2/s}$

(2) (ア) $h=4\ (\mathrm{cm})$ (イ) $v=\frac{4}{9}\ (\mathrm{cm/s})$

(ウ) $w=\frac{2}{9}\pi\ (\mathrm{cm^2/s})$

93 (1) $|\omega|=\frac{v}{r}$

(2) 最大速度 $3r\omega$，最小速度 $-r\omega$

94 (1) $\frac{\pi}{\sqrt{gl}}\varDelta l$ だけ増す

(2) 球の半径は $\frac{1}{3}$ % 増加し，表面積は $\frac{2}{3}$ % 増加する

● 演習問題 の解答

31，**32** 略

33 (1) $0<Y(a)\leqq 2e^{-\frac{1}{2}}$ (2) $b=\frac{1}{a}$ $(0<a<1)$

(3) $\lim_{a\to+0}Z(a)=1$，$\lim_{a\to+0}\frac{Z'(a)}{a}=1$

34 (1) $a_n=\frac{n^n k^k}{(n+k)^{n+k}}$，$\lim_{n\to\infty}a_n=0$

(2) $0\leqq d_n\leqq b_n+c_n$ (3) $\lim_{n\to\infty}e_n=r$

35 (1) $x=2$ で最大値 2，$x=0$ で最小値 1

(2) $x=2$ で最大値 $\log 2$，$x=0$ で最小値 $\frac{1}{2}\log 2$

(3) 略 (4) 略 (5) $\lim_{n\to\infty}a_n=2$

36 最大値 $\frac{\sqrt{6}}{3}$，$\cos\theta=\frac{1}{\sqrt{3}}$

37 (1) 略 (2) $-1<t<1$；$x=\pm\frac{\sqrt{2(1-t^2)}}{1+t^2}$，

$y=\pm\frac{t\sqrt{2(1-t^2)}}{1+t^2}$ (複号同順)

(3) $0\leqq x\leqq\frac{\sqrt{3}}{2}$ で単調に増加し，

$\frac{\sqrt{3}}{2}\leqq x\leqq\sqrt{2}$ で単調に減少する

(4) 1 (5) 略

38 $p>0$ かつ $q>-\log p-1$

39 (1) $t_n=\left(n-\frac{3}{4}\right)\pi$，

$f(t_n)=\frac{(-1)^{n+1}}{\sqrt{2}}e^{-\left(n-\frac{3}{4}\right)\pi}$

(2) (ア) $r=\frac{1}{\sqrt{2}}e^{\frac{\pi}{4}}$，接線の方程式は

$x=\frac{1}{\sqrt{2}}e^{\frac{\pi}{4}}$

(イ) $\frac{1}{\sqrt{2}}e^{\frac{\pi}{4}}<r<\frac{1}{\sqrt{2}}e^{\frac{9}{4}\pi}$

40～42 略

43 (1) $\left(u-\frac{e^u-e^{-u}}{e^u+e^{-u}},\ \frac{e^u+e^{-u}}{2}+\frac{2}{e^u+e^{-u}}\right)$

(2) 点Qの速度の大きさを $|\overrightarrow{v_{\mathrm{Q}}}|$ とし $0\leqq|\overrightarrow{v_{\mathrm{Q}}}|<1$

＜第5章＞ 積分法

● CHECK 問題 の解答

注意 以後，Cは積分定数とする。

7 (1) $\frac{x^6}{6}+\frac{2}{5}x^5-\frac{3}{4}x^4+C$

(2) $\frac{4}{11}t^2\sqrt[4]{t^3}+C$ (3) $\frac{25}{3}\sqrt[5]{x^3}+C$

8 (1) $\frac{14}{3}$ (2) 0 (3) 0 (4) $\log 2$

9 (1) $2\log 2$ (2) e^2-e

10 (1) $\frac{19}{3}$ (2) $\sqrt{2}-1$ (3) $\frac{90}{\log 10}$

11 (1) 0 (2) 1 (3) 0

12 (1) 1 (2) π (3) $\frac{1}{8}(e^2+1)$

13 (1) $\frac{1}{3}$ (2) $\frac{2}{3}$ (3) $\frac{\pi}{2}+\frac{3\sqrt{3}}{4}$

● 例 の解答

37 (1) $\frac{3}{25}(5x+6)\sqrt[3]{(5x+6)^2}+C$

(2) $-\frac{1}{3}\cos(3x-2)+C$

(3) $\frac{1}{3}\log|3x+1|+C$

(4) $-\frac{3^{1-2x}}{2\log 3}+C$

38 (1) $\frac{2}{15}(x+1)(6x+1)\sqrt{x+1}+C$

(2) $\log(e^x+1)+\frac{1}{e^x+1}+C$

39 (1) $\frac{1}{2}e^{x^2}+C$ (2) $\frac{1}{5}\sin^5 x+C$

(3) $\frac{1}{2}\log(x^2+4x+5)+C$

40 (1) $2\log 3-3\log 2$ (2) $\frac{17}{12}$ (3) $\frac{3}{8}\pi$

(4) $\frac{1}{2}$

41 $m+n$ が偶数のとき 0, $m+n$ が奇数のとき $\frac{2m}{m^2-n^2}$

42 (1) $\frac{22}{3}$ (2) $-\frac{1}{2}\log 2$ (3) -2

43 (1) $\sqrt{3}$ (2) 0

44 (1) $-\sin x$ (2) $\frac{x^2-x}{\log x}$

● 練習 の解答

95 (1) $\frac{3}{2}x^2-7x+5\log|x|+\frac{1}{x}+C$

(2) $\frac{2}{3}t\sqrt{t}-4t+8\sqrt{t}+C$

(3) $2x^3+x^2-x-\frac{1}{3}\log|x|+C$

(4) $-\cos x-2\sin x+C$ (5) $2\tan x-3x+C$

(6) $5e^x-\frac{7^x}{\log 7}+C$

96 (1) $\int xe^{-\alpha x}dx=\left(-\frac{1}{\alpha}x-\frac{1}{\alpha^2}\right)e^{-\alpha x}+C$

(2) $\int x^3e^{-\alpha x}dx$

$=\left(-\frac{1}{\alpha}x^3-\frac{3}{\alpha^2}x^2-\frac{6}{\alpha^3}x-\frac{6}{\alpha^4}\right)e^{-\alpha x}+C$

(3) $\int x^ne^{-x}dx=-\left(\sum_{k=0}^{n}{}_n\mathrm{P}_k x^{n-k}\right)e^{-x}+C$

97 (1) $-\frac{1}{2}x\cos 2x+\frac{1}{4}\sin 2x+C$

(2) $\frac{x\cdot 2^x}{\log 2}-\frac{2^x}{(\log 2)^2}+C$

(3) $(x+3)\log(x+3)-x+C$

(4) $\sqrt{x}(\log x-2)+C$

(5) $-\frac{x}{\tan x}+\log|\sin x|+C$

(6) $(x-1)\log(1+\sqrt{x})-\frac{1}{2}x+\sqrt{x}+C$

98 (1) $x^2\sin x+2x\cos x-2\sin x+C$

(2) $(x^2-2x+2)e^x+C$

(3) $x\tan x+\log|\cos x|-\frac{x^2}{2}+C$

99 (1) $\frac{1}{2}e^{-x}(\sin x-\cos x)+C$

(2) $\frac{1}{2}x\{\sin(\log x)-\cos(\log x)\}+C$

(3) $\frac{e^{ax}}{a^2+b^2}(a\sin bx-b\cos bx)+C$

(4) $\frac{e^{ax}}{a^2+b^2}(b\sin bx+a\cos bx)+C$

100 (1) $\frac{x^3}{3}+x+\frac{1}{2}\log\left|\frac{x-1}{x+1}\right|+C$

(2) $\log\left|\frac{x}{1-x}\right|-\frac{1}{x}-\frac{1}{2x^2}+C$

(3) $\log|1+x|+\frac{1}{1+x}+C$

101 (1) $\frac{1}{3}\{(x+2)\sqrt{x+2}+x\sqrt{x}\}+C$

(2) $\frac{2}{3}(x^2+1)\sqrt{x^2+1}-\frac{2}{3}x^3+C$

(3) $\sqrt{x^2+a^2}+C$ (4) $2\log(1+\sqrt{x})+C$

(5) $\log\frac{|\sqrt{x+1}-1|}{\sqrt{x+1}+1}+C$

(6) $\frac{3}{5}(x-3)\sqrt[3]{(x+2)^2}+C$

102 (1) $\log(x+\sqrt{x^2+1})+C$

(2) $\frac{1}{2}\{x\sqrt{x^2+1}+\log(x+\sqrt{x^2+1})\}+C$

(3) $\frac{x}{9\sqrt{9-x^2}}+C$

103 (1) $\frac{x}{2}-\frac{1}{4}\sin 2x+C$

(2) $-\frac{1}{4}\cos 2\theta+C$

(3) $-\frac{1}{8}\cos 4x-\frac{1}{4}\cos 2x+C$

(4) $\frac{1}{2}\sin\theta-\frac{1}{10}\sin 5\theta+C$

(5) $\frac{1}{12}\sin 3x+\frac{3}{4}\sin x+C$

104 (1) $\frac{1}{2}\log\frac{1-\cos x}{1+\cos x}+C$

(2) $-\frac{1}{\sin x}+2\log|\sin x|+C$

(3) $\frac{1}{2}\cos^2 x-\log|\cos x|+C$

(4) $\frac{1}{4}\log\frac{2-\cos x}{2+\cos x}+C$

105 (1) $\log\left|\dfrac{2\tan\frac{x}{2}+1}{\tan\frac{x}{2}-2}\right|+C$

(2) $-\frac{1}{3\tan^3 x}-\frac{1}{\tan x}+C$

106 (1) $\frac{1}{2}\log\frac{|e^x-1|}{e^x+1}+C$

(2) $\frac{2}{15}(3e^{2x}-4e^x+8)\sqrt{e^x+1}+C$

(3) $(\log|\sin x|)^2+C$

(4) $\frac{1}{2}(x^2-1)\log(x^2-1)-\frac{x^2}{2}+C$

(5) $-\frac{1}{x}\{(\log x)^2+2\log x+2\}+C$

(6) $x\log(x+\sqrt{x^2+4})-\sqrt{x^2+4}+C$

107 証明略,

$\int\cos^6 x\,dx=\frac{1}{6}\sin x\cos^5 x+\frac{5}{24}\sin x\cos^3 x+\frac{5}{16}\sin x\cos x+\frac{5}{16}x+C$,

$\int\cos^7 x\,dx=\sin x-\sin^3 x+\frac{3}{5}\sin^5 x-\frac{1}{7}\sin^7 x+C$

108 (1) $8\log 2-1$ (2) $\frac{1}{\log 2}$

(3) $\sqrt{3}-1-\frac{\pi}{12}$ (4) $\frac{4\sqrt{2}-2}{3}$

(5) $2\sqrt{3}-\frac{\pi}{3}$

109 (1) $\sqrt{2}\left(\frac{\pi}{16}+\frac{1}{8}\right)$ (2) $\frac{2}{3}\pi-\frac{\sqrt{3}}{2}$

110 (1) (ア) $\frac{\sqrt{3}}{36}\pi$ (イ) $\frac{\sqrt{3}}{9}\pi$ (ウ) $\frac{1}{2}+\frac{\pi}{8}$

(2) $\log 2+\frac{\pi}{\sqrt{3}}$

111 (1) $\frac{\pi-1}{4}$ (2) $\frac{a}{2}$

112 (1) 略 (2) $\pi\left(1-\frac{3}{4}\log 3\right)$

113 (1) $\frac{1}{2}+\frac{4}{\pi^2}$ (2) $\frac{1}{30}(b-a)^5$

(3) $\frac{1}{4}(e^2-7)$ (4) 4π

114 (1) $\frac{\sqrt{2}}{5}e^{\frac{3}{4}\pi}-\frac{3}{10}$

(2) (ア) $\frac{e^{-\pi}+1}{2}$ (イ) $\frac{1}{2}\{(\pi+1)e^{-\pi}+1\}$

115 $39\log 3-20\log 2-12$

116 (1) 略

(2) $I_n=\frac{1}{n-1}-I_{n-2}$, $I_3=\frac{1}{2}-\frac{1}{2}\log 2$,

$I_4=\frac{\pi}{4}-\frac{2}{3}$

117 (1) 略 (2) $\frac{2}{63}$

118 (1) $f(x)=\sin\pi x+\frac{2}{\pi}$

(2) $f(x)=(e^x+1)\log\frac{2e}{e+1}$

(3) $f(x)=\sin x-\frac{1}{2}x$

119 (1) $f(0)=0$, 証明略 (2) 略

(3) $f(x)=2(x-1+e^{-x})$

120 $x=\frac{1}{\sqrt{2}}$ で極小値 $\frac{4-\sqrt{2}}{6}$

121 (1) $p=e-\frac{3}{2}$ で最小値 $\frac{-6e^2+36e-53}{12}$

(2) $a=2$, $b=-1$ で最小値 $\frac{2}{3}\pi^3-5\pi$

122 $x=\frac{\pi}{4}$ で最大値 $\log\left(\frac{3}{2}+\sqrt{2}\right)$,

$x=\pi$ で最小値 $-\log 2$

123 (1) (ア) 略 (イ) $c=\frac{1}{e}$ (2) $f(x)$

124 (1) $f_1(x)=1+x$, $f_2(x)=1+x+x^2$,

$f_3(x)=1+x+x^2+x^3$

(2) $f_n(x)=1+x+x^2+\cdots\cdots+x^n$, 証明略 (3) 1

125 (1) $\pi+\frac{3}{2}\log 2$ (2) $2(\sqrt{2}-1)$

(3) $\frac{2}{3}\log 2$

126 (1) $\frac{2}{5}$ (2) 9 (3) $\frac{3^{p+1}-1}{2^{p+1}}$

127 $\frac{4}{e}$

128 (1) $\frac{4+2\sqrt{3}}{3}\pi$ (2) 8

129, **130** 略

131 (1) $a_1=1-\frac{\pi}{4}$ (2) $a_{n+1}=-a_n+\frac{1}{2n+1}$

(3) 0

132 (1) 0 (2) $\frac{\pi}{4}$

133, **134** 略

● 演習問題 の解答

44 (1) $n=2m-1$,

$$a_k=\begin{cases}(-1)^{\frac{k-1}{2}}\cdot\dfrac{1}{k}\,{}_{m-1}\mathrm{C}_{\frac{k-1}{2}}\ (k=1,\ 3,\ \cdots\cdots,\ n)\\ 0\ (k=2,\ 4,\ \cdots\cdots,\ n-1)\end{cases}$$

(2) 略

45 (1) $-\frac{2}{3}\pi<x<\frac{\pi}{3}$ (2) $\frac{\pi}{6}+\frac{\sqrt{3}}{2}\log 3$

46 $\frac{a}{2}-b$

47 (1) 略 (2) $\log\frac{8}{9}$

48 $a^2 \neq (b-2)^2$, $f(x)=\frac{2}{2-a-b}(\sin x+\cos x)$

49 (1) 略 (2) 略

(3) $f(x)=x+1$, $g(x)=xe^x$

50 (1) 略

(2) nが奇数のとき $\int_{-1}^{1} T_n(x)dx=0$,

nが偶数のとき $\int_{-1}^{1} T_n(x)dx=\frac{1}{n+1}-\frac{1}{n-1}$

51 $\frac{2\sqrt{3}}{9}\pi$

52 $\frac{1}{4}$

53 (1) $f_1(x)=2xe^x+(x+1)e^{-x}$

(2) $\int_{-c}^{c} g(x)dx=0$

(3) $f_{2n}(x)=3^{n-1}(3x+2n)e^x$

54 (1) 略 (2) $e^{\frac{1}{6}}$

55, **56** 略

57 (1) $b_n=\frac{1}{n}(e^{\frac{n}{2}}-e^{-\frac{n}{2}})$ (2) 略 (3) $\frac{1}{2}$

<第6章> 積分法の応用

● CHECK 問題 の解答

14 (1) $S=\frac{1}{2}\log 2$ (2) $S=e^3-e^{-2}+5$

(3) $S=\frac{\pi}{4}$

15 (1) 6π (2) $2\pi(e-1)$

16 $\frac{4\sqrt{3}}{9}$

17 39

18 $y=x^3+1$

● 例 の解答

45 (1) $6\log 3-4$ (2) e^3-2e^2

46 $S=5$

47 $\frac{\sqrt{3}}{8}\pi$

48 $V=\frac{2}{3}a^2b$

49 (1) $\frac{1}{2}\{e^t(\sin t-\cos t)+1\}$

(2) $\frac{1-e^{2\pi}}{2}$ から $\frac{1+e^{\pi}}{2}$ まで (3) $\frac{(1+e^{\pi})^2}{2}$

50 $\sqrt{2}(e^{4\pi}-1)$

● 練習 の解答

135 (1) $S=1$ (2) $S=\frac{\pi}{2}$

136 (1) $\frac{5}{18}-\frac{1}{4}\log 3$ (2) $\frac{3}{16}e-\frac{1}{2}$

137 (1) $S=\frac{8}{3}$ (2) $S=\frac{24\sqrt{3}}{5}$ (3) $S=4\pi$

138 $S(t)=\pi\sin^2 t+2t\cos 2t-\sin 2t$

139 $S=\frac{3}{2}\pi$

140 $\frac{1}{4}$

141 (1) 順に $\left(\frac{3}{2}, \frac{\pi}{3}\right)$, $\left(\frac{1}{2}, \frac{2}{3}\pi\right)$

(2) $S=\frac{\pi}{4}-\frac{\sqrt{3}}{8}$

142 $S=2a\sqrt{a^2-1}-2\log(a+\sqrt{a^2-1})$

143 $\theta=\frac{5}{6}\pi$

144 (1) $a=p^2\log p$

(2) $1<p\leqq 2$ のとき

$S=\frac{3}{2}p^2\log p-4p\log p+2p+2\log 2-3$

$p>2$ のとき $S=\frac{1}{2}p^2\log p-2\log 2+1$

(3) $\frac{1}{3}(8\log 3-10\log 2-1)$

145 (1) $p=\frac{1}{2}$, $q=-\frac{1}{2}$

(2) $a_1=\frac{1}{2}(1-2e^{-\frac{\pi}{2}}-e^{-\pi})$

(3) $a_n=\frac{1}{2}e^{-(n-1)\pi}(1-2e^{-\frac{\pi}{2}}-e^{-\pi})$

(4) $\frac{e^{\pi}-2e^{\frac{\pi}{2}}-1}{2(e^{\pi}-1)}$

146 (1) (ア) $\pi\left(\sqrt{3}-\frac{\pi}{3}\right)$ (イ) $\left(\frac{35}{3}+2\log 2\right)\pi$

(2) $\frac{\pi}{3}r^3\sin\alpha(3-\sin^2\alpha)$

147 (1) $16\pi^2$ (2) $12\pi^2-18\sqrt{3}\pi$

148 (1) $V=\frac{\pi}{4}(\pi+6)$ (2) $V=\frac{\pi}{8}(2\pi+3\sqrt{3})$

149 (1) $V=2\pi$ (2) $V=\pi\left(\frac{e^4}{4}-e^2+\frac{7}{4}\right)$

150 (1) $\left(\frac{e^2}{3}+2\right)\pi$ (2) $\frac{22+12\sqrt{3}}{3}\pi$

151 $V=\frac{8}{3}\pi$

152 (1) $V=\pi^3-4\pi$ (2) $V=\frac{24\log 2-1}{18(\log 2)^2}\pi$

153 (1) (ア) $y=x$ (イ) $V=\frac{\pi}{8\sqrt{2}}$

(2) (ア) 略 (イ) $\frac{8\sqrt{2}}{105}\pi$

154 (1) 略 (2) 略 (3) $\frac{a+2}{3(1+a)^2}\pi$

155 $\frac{8\sqrt{3}}{9}\pi^2$

156 $\left(8\sqrt{2}-\dfrac{32}{3}\right)r^3$

157 (1) $\dfrac{8}{3}\sqrt{2(1-t^2)}$ (2) $\dfrac{32\sqrt{2}}{9}$

158 $\dfrac{4}{3}\pi$

159 (1) $\mathrm{P}\left(\dfrac{1}{3},\ \dfrac{1}{3},\ \dfrac{1}{3}\right)$, $\mathrm{Q}\left(\dfrac{1}{2},\ \dfrac{1}{2},\ 0\right)$

(2) $0\leqq t\leqq\dfrac{2}{3}$ (3) $2\sqrt{t-\dfrac{3}{2}t^2}$ (4) $\dfrac{2}{27}\pi$

160 $\dfrac{4}{3}\pi^2-2\sqrt{3}\pi$

161 (1) $L=6a$ (2) $L=8a$

(3) $L=e^a-e^{-a}$ (4) $L=\dfrac{1}{2}\log 3$

(5) $L=\dfrac{4}{\sqrt{3}}$ (6) $L=4$

162 $2\pi^2a$

163 順に $\left(\dfrac{\pi}{6},\ \log\dfrac{\sqrt{3}}{2}\right)$, $\dfrac{\sqrt{3}}{2}$

164 (1) $u=\dfrac{V}{2\pi}\cdot\dfrac{1-2h+\sqrt{1-4h}}{h^2}$ (2) $\dfrac{\pi}{96V}$

165 (1) $y'=xy''$ (2) $y''=-y-1$

(3) $y'=-\dfrac{x}{y}$ (4) $\dfrac{(1+y'^2)^3}{y''^2}=1$

166 (1) $y=\dfrac{4}{1+x}-1$ (2) $y=xe^{1-x}$

167 (1) $(x+y)^2=2x+C$ (Cは任意定数)

(2) $y=\dfrac{x^3}{2}+Cx$ (Cは任意定数)

168 (1) $y=e^x-(x+1)$

(2) $y=x^2$

169 (1) 順に 原点を中心とする任意の半径の円, $x^2+y^2=5$

(2) (ア) $xy'-2y=0$ (イ) $f(x)=x^2$

170 (1) (ア) $f(x)=kx$ (kは定数)

(イ) $f(x)=k\log|x|$ (kは定数)

(2) (ア) $f(0)=0$ (イ) 略

(ウ) $f(x)=-e^{-x}+1$

● 演習問題 の解答

58 (1) $t=\dfrac{\pi}{3},\ \dfrac{\pi}{2},\ \dfrac{5}{6}\pi$ (2) 略 (3) $\dfrac{\sqrt{3}}{12}$

59 (1) $F'(x)=\sqrt{x^2+1}$

(2) $\left(\dfrac{e^s+e^{-s}}{2},\ \dfrac{e^s-e^{-s}}{2}\right)$

60 (1) $\log\beta-\log\alpha-\dfrac{2(\beta-\alpha)}{\alpha+\beta}$ (2) $t=\sqrt{\alpha\beta}$

61 (1) $y=x^2+\dfrac{1}{1+4x^2}$ (2) $\dfrac{3}{8}\pi$

62 (1) $a=\dfrac{9}{8}$ (2) $\dfrac{9}{4}\pi$ (3) $\dfrac{97}{32}\pi^2$

63 (1) $f(x)=x^2+\dfrac{1}{2}x$, $g(x)=\dfrac{1}{4}x^2-\dfrac{3}{2}x+4$

(2) $\dfrac{640}{81}\pi$

64 (1) $a=e-\dfrac{1}{2}$, $b=e-\dfrac{3}{2}$

(2) $V=\dfrac{\sqrt{2}\pi(e-2)}{2}$

65 (1) 略 (2) $\dfrac{2}{3}\pi+\dfrac{2}{3}$

66 $t=\dfrac{\pi}{6}+\dfrac{1}{2}$, $V(t)=\dfrac{\pi}{24}(2\pi-3\sqrt{3}+1)$

67 (1) $f'(x)=\dfrac{1}{\sqrt{1+x^2}}$

(2) $\dfrac{\pi\sqrt{1+\pi^2}+\log(\pi+\sqrt{1+\pi^2})}{2}$

68 (1) 略 (2) 順に $t=e^a$, $\dfrac{1}{4}(e^{2a}-1)$

69 (1) $V=\dfrac{\pi}{3}v^2t^2(3a-vt)$, $\dfrac{a}{v}$ 秒後

(2) $b=2\sqrt{6}a$

答の部（総合演習，補）

類題，問題の答の数値のみをあげ，図，証明は省略した。

● 総合演習類題 の解答

1 (1) 0 (2) 最大値は $\frac{\sqrt{5}}{3}$，最小値は $\frac{\sqrt{2}-1}{3}$

2 $\frac{\sqrt{3}}{9}$

3 (1) $\frac{\sqrt{3}}{2}$

(2) $p=-\frac{1}{3}a+\frac{4}{3}$，$q=\frac{1}{3}a-\frac{1}{3}$

(3) $a=1$ のとき最大値 $\frac{\sqrt{6}}{3}$

4 (1) π (2) $\frac{4}{3}\pi$

5 (1) $\pm\frac{1}{7}(3,\ 2,\ 6)$

(2) $\mathrm{P}\left(\frac{8}{3},\ \frac{8}{3},\ \frac{8}{3}\right)$，$r=\frac{8}{3}$

または $\mathrm{P}(12,\ 12,\ 12)$，$r=12$

または $\mathrm{P}(8,\ 8,\ -8)$，$r=8$

6 (1) (ア) $0<r<1$

(2) (イ) $\frac{1}{14}$ (ウ) $\frac{5\sqrt{3}}{42}$

7，8 略

9 $\mathrm{P}(1+\cos\theta,\ \sin\theta,\ 0)$，

$\mathrm{Q}\left(0,\ -\tan\theta,\ 1+\frac{1}{\cos\theta}\right)$，

軌跡の方程式は $y^2-(z-1)^2=-1\ (z\leqq 0)$，図略

10 (1) 条件 $0<a<\frac{1}{2}$，$\frac{1}{2}<a$；

中心 $-\frac{2(a^2+1)}{4a^2-1}$；半径 $\frac{5a}{|4a^2-1|}$ (2) 略

11 (1) $a_n=\frac{1}{1-p}\left(\frac{1}{2}\right)^{n-2}$ (2) $p=\frac{13}{19}$

12 略

13 (1) 略 (2) $0<\alpha<2-\frac{\pi}{2}$

14 (1) $\sqrt{2}^{(\sqrt{2}^{\sqrt{2}})}<(\sqrt{2}^{\sqrt{2}})^{\sqrt{2}}$

(2) $m=\log 2$，$k=2-2\log 2$ (3) 略

(4) $\lim_{n\to\infty}a_n=2$

15 (1)，(2) 略 (3) $\frac{2\sqrt{2}}{3}\pi^2-\sqrt{6}\pi$

(4) $\frac{7-18\sqrt{2}}{18}\pi^2+2\sqrt{6}\pi$

16 (1) $f_1(x)=\log(x+1)$，$f_2(x)=\frac{1}{2}\{\log(x+1)\}^2$，

$f_3(x)=\frac{1}{6}\{\log(x+1)\}^3$

(2) $f_n(x)=\frac{1}{n!}\{\log(x+1)\}^n\ (n\geqq 1)$

(3) $a=e-1$ (4) $\frac{1-e}{e}$

17 (1) $\frac{d}{dt}f(t)=\frac{1}{2}e^{-2t}$

(2) $U(n)=\frac{1}{4}e^{-n\pi}(e^{\pi}-1)$ (3) $\frac{1}{4}$

18 (1) 順に $c=-\frac{3}{4}$，$\left(\frac{2}{3}\pi,\ -\frac{1}{4}\right)$，

$f(x)\geqq g(x)$

(2) $V=\frac{\pi^3}{3}-\sqrt{3}\pi^2+\frac{5}{2}\pi$

19 $\left(\frac{17}{3}-8\log 2\right)\pi$

20 (1) $x+y=t$，$z=0$

(2) $\frac{2\sqrt{3}}{45}\pi$

21 (1) 略 (2) $2\log 2-1$

22 略

<補> 数学的な表現の工夫［行列］

● 問題 の解答

1 (1) A：2行2列の行列，

B：2行3列の行列，C：3行2列の行列，

D：3行3列の行列

(2) 順に $(1,\ -3)$，$\begin{pmatrix}-1\\2\\-3\end{pmatrix}$

(3) $a_{12}=5$，$a_{32}=-3$，$a_{33}=2$

2 (1) $x=-3$，$y=2$

(2) $x=\frac{11}{2}$，$y=-\frac{27}{4}$，$u=-\frac{5}{2}$，$v=\frac{27}{2}$

3 (1) $\begin{pmatrix}1\\18\end{pmatrix}$ (2) $\begin{pmatrix}14&-16\\8&-1\end{pmatrix}$ (3) $\begin{pmatrix}-4&5\\19&-12\end{pmatrix}$

4 $\begin{pmatrix}9&16&-3\\6&-7&2\end{pmatrix}$

5 (1) $a=5$，$b=2$，$c=6$，$d=-5$

(2) $X=\begin{pmatrix}10&11\\-7&-15\end{pmatrix}$

(3) $X=\frac{1}{7}\begin{pmatrix}1&4\\1&-1\end{pmatrix}$，$Y=\frac{1}{7}\begin{pmatrix}3&5\\10&-3\end{pmatrix}$

6 (1) 5 (2) $\begin{pmatrix}6&2\\-12&-4\end{pmatrix}$ (3) $(13\ \ -8)$

(4) $\begin{pmatrix}3\\15\end{pmatrix}$ (5) $\begin{pmatrix}2&5\\20&32\end{pmatrix}$ (6) $\begin{pmatrix}2k&6k\\-k&2k\end{pmatrix}$

(7) $\begin{pmatrix}9\\-39\\23\end{pmatrix}$ (8) $\begin{pmatrix}17&0&22\\-4&4&-11\\29&-14&19\end{pmatrix}$

7 $AB=\begin{pmatrix}5&-1&-2\\5&2&-1\end{pmatrix}$，積 BA は定義されない。

$BC=\begin{pmatrix} 3 & 4 \\ 2 & 1 \\ -3 & 1 \end{pmatrix}$，積 CB は定義されない。

$CA=\begin{pmatrix} 10 & 5 & 10 \\ 5 & 5 & 10 \\ 10 & 10 & 20 \end{pmatrix}$，$AC=\begin{pmatrix} 21 & 13 \\ 13 & 14 \end{pmatrix}$

8 (1) $A^2-2AB+2BA-4B^2$

(2) $A^2-AB-BA+B^2$

(3) $A^2-6A+9E$ (4) $4A$

9 略

10 $x=4$，$y=-3$，$z=6$

11 $k=-2$

12 (1) $(a+d,\ ad-bc)$

$=(2,\ -8)$，$(-4,\ 4)$，$(8,\ 16)$

(2) $a+d=-1$，$ad-bc=2$

13 (1) $\begin{pmatrix} \dfrac{5}{3} & 2 \\ -\dfrac{2}{3} & -1 \end{pmatrix}$ (2) 逆行列はない

(3) $\begin{pmatrix} -1 & a \\ 1 & 1-a \end{pmatrix}$

(4) $t=0$ または $t=1$ のとき，逆行列はない。

$t \neq 0$ かつ $t \neq 1$ のとき

$\begin{pmatrix} \dfrac{2t-1}{t(t-1)} & -\dfrac{t}{t-1} \\ -\dfrac{1}{t(t-1)} & \dfrac{1}{t-1} \end{pmatrix}$

14 (1) 略

(2) $x=-1$，$y=1$，$z=2$，$u=1$

15 (1) $P^{-1}=\begin{pmatrix} 2 & -3 \\ -1 & 2 \end{pmatrix}$，$P^{-1}AP=\begin{pmatrix} 3 & 0 \\ 0 & 5 \end{pmatrix}$

(2) $A^n=\begin{pmatrix} 4\cdot3^n-3\cdot5^n & -2\cdot3^{n+1}+6\cdot5^n \\ 2\cdot3^n-2\cdot5^n & -3^{n+1}+4\cdot5^n \end{pmatrix}$

16 (1) $X=\begin{pmatrix} -13 & 21 \\ 5 & -8 \end{pmatrix}$ (2) $X=\begin{pmatrix} -5 & 4 \\ -34 & 25 \end{pmatrix}$

(3) $X=\begin{pmatrix} 1 & -1 \\ -2 & 3 \end{pmatrix}$ (4) $X=\dfrac{1}{2}\begin{pmatrix} 4 & -1 \\ -4 & 4 \end{pmatrix}$

以下の問題の出典・出題年度は，次の通りである。なお，類と記したものは，入試問題を改題して採録している。

〈数学C〉

・p. 136 演習問題 16　大阪大 2005 年 類

・p. 137 演習問題 22　大阪大 2021 年 類

・p. 201 演習問題 39　大阪大 2022 年

・p. 202 演習問題 43　大阪大 2019 年 類

・p. 265 演習問題 50　大阪大 1997 年 類

〈数学Ⅲ〉

・p. 409 例題 77　大阪大 1982 年 類

・p. 504 演習問題 47　大阪大 2010 年 類

・p. 520 練習 144　大阪大 2007 年 類

〈総合演習〉

・p. 562 類題 1　大阪大 2023 年 類

・p. 586 演習例題 14　大阪大 2022 年 類

・p. 601 演習例題 21　大阪大 2014 年 類

・p. 603 類題 21　大阪大 2015 年 類

・p. 604 演習例題 22　大阪大 2015 年 類

索　引（本文，総合演習，補）

1．用語の掲載ページ（右側の数字）を示した。
2．主に初出のページを示した。

【さ行】

【た行】

【な行】

【は行】

【ま行】

【や行】

【ら行】

【わ行】

【記号】

●編著者
加藤 文元　東京工業大学名誉教授
チャート研究所

初版（数学Ⅲ）
第１刷　1965年３月１日　発行
新課程
第１刷　2014年４月１日　発行
改訂版
第１刷　2016年９月１日　発行
新課程
第１刷　2023年12月１日　発行
第２刷　2024年10月１日　発行

●表紙・カバー・本文デザイン
アーク・ビジュアル・ワークス（落合あや子）

●写真・イラスト
ゲッティイメージズ
有限会社スタジオ杉

編集・制作　チャート研究所
発行者　星野 泰也

ISBN978-4-410-10191-5

※解答・解説は数研出版株式会社が作成したものです。

チャート式®　数学Ⅲ＋C

発行所　数研出版株式会社
〒101-0052　東京都千代田区神田小川町２丁目３番地３
〔振替〕00140-4-118431
〒604-0861　京都市中京区烏丸通竹屋町上る大倉町205番地
〔電話〕代表（075）231-0161
ホームページ　https://www.chart.co.jp
印刷　創栄図書印刷株式会社
乱丁本・落丁本はお取り替えいたします　240702

1　関　　数

□ 分数関数・無理関数

▶分数関数　$\boldsymbol{y=\dfrac{ax+b}{cx+d}}$

$y=\dfrac{k}{x-p}+q$ の形に変形する。

漸近線が 2 直線 $x=p$, $y=q$ の直角双曲線。

$y=\dfrac{k}{x}$ のグラフを x 軸方向に p, y 軸方向に q だけ平行移動したグラフ。

▶無理関数　$\boldsymbol{y=\sqrt{ax+b}}$

$y=\sqrt{a(x-p)}$ の形に変形する。

軸が x 軸，頂点が原点の放物線 $y^2=ax$ の $y\geqq 0$ の部分である $y=\sqrt{ax}$ のグラフを，x 軸方向に $p=-\dfrac{b}{a}$ だけ平行移動したグラフ。

□ 逆関数・合成関数

▶逆関数

・$y=f(x) \Longleftrightarrow x=g(y)$ のとき　$g(x)=f^{-1}(x)$

・$y=f(x)$ と $y=f^{-1}(x)$ のグラフは，直線 $y=x$ に関して対称。

・$f(x)$ の定義域 [値域]
　　$=f^{-1}(x)$ の値域 [定義域]

・分数関数 $y=\dfrac{ax+b}{cx+d}$ が逆関数をもつ条件は
　　$ad-bc\neq 0$

▶合成関数

・$(g\circ f)(x)=g(f(x))$

・$(g\circ f)(x)$ と $(f\circ g)(x)$ は，一般には一致しない。

2　極　　限

□ 数列の極限

▶数列の極限

・収束　$\displaystyle\lim_{n\to\infty}a_n=\alpha$ (極限値)　｝極限がある
・発散　$\displaystyle\lim_{n\to\infty}a_n=\infty$　｝極限がある
　　　　$\displaystyle\lim_{n\to\infty}a_n=-\infty$　｝極限がある
　　　　数列は振動する　　極限がない

▶無限等比数列の極限

$n\longrightarrow\infty$ のとき $\{r^n\}$ の極限は

$r>1$　のとき $r^n\longrightarrow\infty$　発散する
$r=1$　のとき $r^n\longrightarrow 1$ ｝ $-1<r\leqq 1$ のとき
$|r|<1$　のとき $r^n\longrightarrow 0$ ｝ 収束する
$r\leqq -1$ のとき 数列は振動する (極限はない)

□ 無限級数

▶無限級数の収束・発散

・$\displaystyle\sum_{n=1}^{\infty}a_n$ が収束 $\Longrightarrow \displaystyle\lim_{n\to\infty}a_n=0$

・$\displaystyle\lim_{n\to\infty}a_n\neq 0 \Longrightarrow \sum_{n=1}^{\infty}a_n$ は発散

▶無限等比級数　$\displaystyle\sum_{n=1}^{\infty}ar^{n-1}$, $a\neq 0$

$|r|<1$ のとき　収束して，和は $\dfrac{a}{1-r}$

$|r|\geqq 1$ のとき　発散する

□ 関数の極限

▶関数の極限

・関数の極限
　1 つの有限な値 (極限値)　｝極限がある
　∞ (正の無限大に発散)　｝極限がある
　$-\infty$ (負の無限大に発散)　｝極限がある
　極限はない

関数の極限 $\pm\infty$ を極限値とはいわない。

・右側極限　$\displaystyle\lim_{x\to a+0}f(x)$ [$x>a$ で $x\longrightarrow a$]
　左側極限　$\displaystyle\lim_{x\to a-0}f(x)$ [$x<a$ で $x\longrightarrow a$]
　特に $a=0$ なら $\displaystyle\lim_{x\to +0}f(x)$, $\displaystyle\lim_{x\to -0}f(x)$ と表す。

▶極限に関する性質

$x\longrightarrow a$ のとき $f(x)\longrightarrow\alpha$, $g(x)\longrightarrow\beta$ ならば

・$f(x)g(x)\longrightarrow\alpha\beta$, $\dfrac{f(x)}{g(x)}\longrightarrow\dfrac{\alpha}{\beta}$ $(\beta\neq 0)$

・はさみうちの原理 $f(x)\leqq h(x)\leqq g(x)$, $\alpha=\beta$ ならば　$h(x)\longrightarrow\alpha$

[$x\longrightarrow a$ を $x\longrightarrow\infty$, $x\longrightarrow -\infty$ としても，上で示した性質は成立する。]

▶三角関数の極限

$\displaystyle\lim_{x\to 0}\frac{\sin x}{x}=1$, $\displaystyle\lim_{x\to 0}\frac{x}{\sin x}=1$, $\displaystyle\lim_{x\to 0}\frac{\tan x}{x}=1$

(角の単位は弧度法)

▶関数の連続・不連続

関数 $f(x)$ が

・$x=a$ で連続とは
　極限値 $\displaystyle\lim_{x\to a}f(x)$ が存在して $\displaystyle\lim_{x\to a}f(x)=f(a)$

・$x=a$ で不連続とは，次のいずれかの場合。
　$\displaystyle\lim_{x\to a}f(x)$ が極限値をもたない。
　極限値 $\displaystyle\lim_{x\to a}f(x)$ が存在して $\displaystyle\lim_{x\to a}f(x)\neq f(a)$

▶中間値の定理

関数 $f(x)$ が閉区間 $[a,\ b]$ で連続で $f(a)\neq f(b)$ ならば，$f(a)$ と $f(b)$ の間の任意の値 k に対して $f(c)=k$ を満たす実数 c が，a と b の間に少なくとも 1 つある。

3 微分法

□ 微分法の基本

▶微分係数

$$f'(a)=\lim_{h\to 0}\frac{f(a+h)-f(a)}{h}=\lim_{x\to a}\frac{f(x)-f(a)}{x-a}$$

▶微分可能と連続，導関数の公式

・$f(x)$ が $x=a$ で微分可能なら連続。
ただし，逆（連続なら微分可能）は成立しない。

・導関数の定義　$f'(x)=\lim_{h\to 0}\dfrac{f(x+h)-f(x)}{h}$

・u，v は x の関数で微分可能とする。

$(uv)'=u'v+uv'$

$\left(\dfrac{u}{v}\right)'=\dfrac{u'v-uv'}{v^2}$　特に $\left(\dfrac{1}{v}\right)'=-\dfrac{v'}{v^2}$

・$(x^{\alpha})'=\alpha x^{\alpha-1}$（$\alpha$ は実数で $x>0$）

□ 三角，指数，対数関数の導関数

▶三角関数の導関数

・$(\sin x)'=\cos x$，$(\cos x)'=-\sin x$，

$(\tan x)'=\dfrac{1}{\cos^2 x}$

▶指数・対数関数の導関数　$a>0$，$a\neq 1$ とする。

・$\lim_{h\to 0}(1+h)^{\frac{1}{h}}=\lim_{x\to\pm\infty}\left(1+\dfrac{1}{x}\right)^x=e$（$e=2.71828\cdots\cdots$）

・$(e^x)'=e^x$，$(a^x)'=a^x\log a$

$(\log|x|)'=\dfrac{1}{x}$，$(\log_a|x|)'=\dfrac{1}{x\log a}$

▶対数微分法　$y=f(x)$ の両辺の絶対値の自然対数をとって，両辺を微分する。

4 微分法の応用

□ 接線と法線

▶接線と法線の方程式

曲線 $y=f(x)$ 上の点 $\mathrm{A}(a,\ f(a))$ における

[1]　接線の方程式は　$y-f(a)=f'(a)(x-a)$

[2]　法線の方程式は，$f'(a)\neq 0$ のとき

$$y-f(a)=-\frac{1}{f'(a)}(x-a)$$

□ 平均値の定理

▶ロルの定理　関数 $f(x)$ が区間 $[a,\ b]$ で連続，区間 $(a,\ b)$ で微分可能で，$f(a)=f(b)$ ならば $f'(c)=0$，$a<c<b$ を満たす実数 c が存在する。

▶平均値の定理　関数 $f(x)$ が区間 $[a,\ b]$ で連続，区間 $(a,\ b)$ で微分可能ならば

$$\frac{f(b)-f(a)}{b-a}=f'(c),\ a<c<b$$

を満たす実数 c が存在する。

□ 関数の増減と極値

▶関数の増減　関数 $f(x)$ が，区間 $[a,\ b]$ で連続，区間 $(a,\ b)$ で微分可能であるとき

区間 $(a,\ b)$ で

常に $f'(x)>0$ なら区間 $[a,\ b]$ で単調に増加

常に $f'(x)<0$ なら区間 $[a,\ b]$ で単調に減少

常に $f'(x)=0$ なら区間 $[a,\ b]$ で定数

▶関数の極大・極小

・$x=a$ を含む十分小さい開区間において

$x\neq a$ なら $f(x)<f(a)$ のとき $f(x)$ は $x=a$ で極大

$x\neq a$ なら $f(x)>f(a)$ のとき $f(x)$ は $x=a$ で極小

といい，$f(a)$ をそれぞれ極大値，極小値という。

極大値と極小値をまとめて，極値という。

・$f(x)$ が $x=a$ で微分可能であるとき

$x=a$ で極値をとる $\Longrightarrow f'(a)=0$（逆は不成立）

▶極値と第 2 次導関数

$x=a$ を含むある区間で $f''(x)$ は連続とする。

$f'(a)=0$ かつ $f''(a)<0$ なら $f(a)$ は極大値

$f'(a)=0$ かつ $f''(a)>0$ なら $f(a)$ は極小値

▶曲線 $y=f(x)$ の凹凸・変曲点

・ある区間で $f''(x)>0$ ならば，その区間で下に凸
ある区間で $f''(x)<0$ ならば，その区間で上に凸

・変曲点　凹凸が変わる曲線上の点のこと。

・点 $(a,\ f(a))$ が曲線 $y=f(x)$ の変曲点ならば

$$f''(a)=0$$

□ 方程式・不等式への応用

▶方程式 $f(x)=g(x)$ の実数解の個数

$y=f(x)$ のグラフと $y=g(x)$ のグラフの共有点の個数を調べる。

▶不等式 $f(x)>g(x)$ の証明

$F(x)=f(x)-g(x)$ として，$F(x)$ の最小値 m を求め，$m>0$ を示す。

□ 速度・加速度，近似式

▶平面上の運動の速度・加速度

平面上を点Pが曲線を描いて運動し，時刻 t のときの位置（座標）が t の関数 $x=f(t)$，$y=g(t)$ で与えられるとき，速度 $\vec{v}$，加速度 $\vec{\alpha}$ は

$$\vec{v}=\left(\frac{dx}{dt},\ \frac{dy}{dt}\right),\ \vec{\alpha}=\left(\frac{d^2x}{dt^2},\ \frac{d^2y}{dt^2}\right)$$

また，速さ $|\vec{v}|$，加速度 $\vec{\alpha}$ の大きさ $|\vec{\alpha}|$ は，順に

$$\sqrt{\left(\frac{dx}{dt}\right)^2+\left(\frac{dy}{dt}\right)^2},\ \sqrt{\left(\frac{d^2x}{dt^2}\right)^2+\left(\frac{d^2y}{dt^2}\right)^2}$$

▶1 次の近似式

・$|h|$ が十分小さいとき　$f(a+h)\fallingdotseq f(a)+f'(a)h$

・$|x|$ が十分小さいとき　$f(x)\fallingdotseq f(0)+f'(0)x$

CHECK 問題，例，練習，演習問題の解答（数学C）

注意 CHECK 問題，例，練習，演習問題の全問の解答例を示し，答えの数値などを太字で示した。**指針**，**検討**，**注意** として，考え方や補足事項，注意事項を示したところもある。

CHECK 1 ➡本冊 p.23

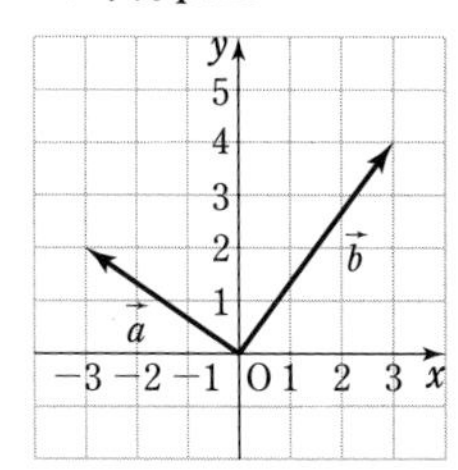

◀$\vec{a}=-3(1,\ 0)+2(0,\ 1)$
$=(-3,\ 2)$
$\vec{b}=3(1,\ 0)+4(0,\ 1)$
$=(3,\ 4)$

CHECK 2 ➡本冊 p.29

(1) $\vec{a}\cdot\vec{b}=|\vec{a}||\vec{b}|\cos 45^\circ=2\cdot 3\cdot\dfrac{1}{\sqrt{2}}=\mathbf{3\sqrt{2}}$

(2) $\vec{a}\cdot\vec{b}=|\vec{a}||\vec{b}|\cos 120^\circ=3\cdot 5\cdot\left(-\dfrac{1}{2}\right)=\mathbf{-\dfrac{15}{2}}$

◀$\vec{a}$，$\vec{b}$ のなす角を θ とすると
$\vec{a}\cdot\vec{b}=|\vec{a}||\vec{b}|\cos\theta$

CHECK 3 ➡本冊 p.43

(1) $\dfrac{2\vec{a}+3\vec{b}}{3+2}=\mathbf{\dfrac{2\vec{a}+3\vec{b}}{5}}$ (2) $\dfrac{-2\vec{a}+\vec{b}}{1-2}=\mathbf{2\vec{a}-\vec{b}}$ (3) $\mathbf{\dfrac{\vec{a}+\vec{b}}{2}}$

◀分点の位置ベクトルは
$m:n$ に内分 $\dfrac{n\vec{a}+m\vec{b}}{m+n}$
$m:n$ に外分 $\dfrac{-n\vec{a}+m\vec{b}}{m-n}$

CHECK 4 ➡本冊 p.66

(1), (2) 原点をOとし，求める直線上の任意の点を $\mathrm{P}(x,\ y)$ とする。

(1) 点Aを通り，ベクトル $\vec{d}$ に平行な直線のベクトル方程式は，
$\overrightarrow{\mathrm{OP}}=\overrightarrow{\mathrm{OA}}+t\vec{d}$ であるから

$$(x,\ y)=(0,\ 2)+t(1,\ 2)=(t,\ 2+2t)$$

◀成分で表す。

よって $\begin{cases}\boldsymbol{x=t}\\ \boldsymbol{y=2t+2}\end{cases}$

◀ t を消去すると
$y=2x+2$

(2) 点Aを通り，$\vec{n}$ が法線ベクトルである直線のベクトル方程式は

$$\vec{n}\cdot\overrightarrow{\mathrm{AP}}=0$$

◀$\vec{n}\perp\overrightarrow{\mathrm{AP}}$ または $\overrightarrow{\mathrm{AP}}=\vec{0}$

$\vec{n}=(2,\ -1)$，$\overrightarrow{\mathrm{AP}}=(x-2,\ y+4)$ であるから

◀$\overrightarrow{\mathrm{AP}}=(x-2,\ y-(-4))$

$$2\times(x-2)-1\times(y+4)=0 \quad すなわち \quad \boldsymbol{2x-y-8=0}$$

(3) Ⓐ から $|\vec{p}|^2-(\vec{a}+\vec{b})\cdot\vec{p}+\vec{a}\cdot\vec{b}=0$

◀$\vec{p}\cdot\vec{p}=|\vec{p}|^2$

よって $|\vec{p}|^2-(\vec{a}+\vec{b})\cdot\vec{p}=-\vec{a}\cdot\vec{b}$

$$|\vec{p}|^2-2\left(\frac{\vec{a}+\vec{b}}{2}\right)\cdot\vec{p}+\left|\frac{\vec{a}+\vec{b}}{2}\right|^2=-\vec{a}\cdot\vec{b}+\left|\frac{\vec{a}+\vec{b}}{2}\right|^2$$

◀左辺を平方完成と同じ要領で変形する。

$$\left|\vec{p}-\frac{\vec{a}+\vec{b}}{2}\right|^2=\frac{|\vec{a}|^2-2\vec{a}\cdot\vec{b}+|\vec{b}|^2}{4}$$

$$\left|\vec{p}-\frac{\vec{a}+\vec{b}}{2}\right|^2=\left(\frac{|\vec{a}-\vec{b}|}{2}\right)^2$$

$\left|\vec{p}-\dfrac{\vec{a}+\vec{b}}{2}\right|\geqq 0$，$\dfrac{|\vec{a}-\vec{b}|}{2}\geqq 0$ であるから $\left|\vec{p}-\dfrac{\vec{a}+\vec{b}}{2}\right|=\dfrac{|\vec{a}-\vec{b}|}{2}$

例 1 ➡本冊 *p*. 20

(1) $\overrightarrow{\mathrm{OC}}$, $\overrightarrow{\mathrm{FO}}$, $\overrightarrow{\mathrm{ED}}$

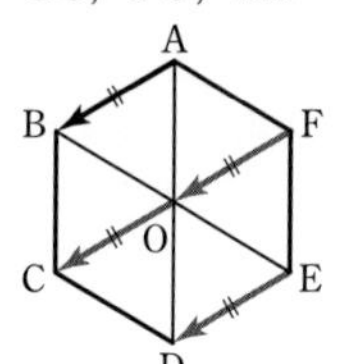

(2) $\overrightarrow{\mathrm{CB}}$, $\overrightarrow{\mathrm{DA}}$, $\overrightarrow{\mathrm{DO}}$, $\overrightarrow{\mathrm{EF}}$

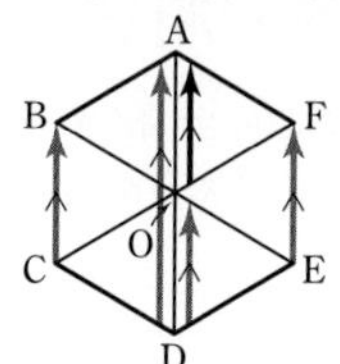

(3) $\overrightarrow{\mathrm{CA}}$, $\overrightarrow{\mathrm{DF}}$

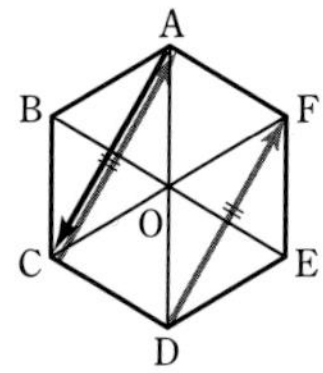

(4) $\overrightarrow{\mathrm{BE}}$, $\overrightarrow{\mathrm{EB}}$

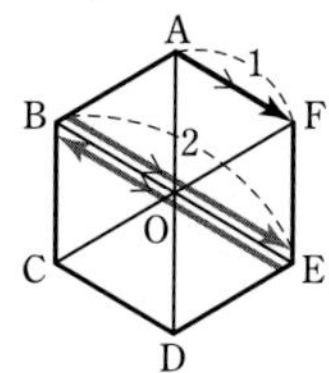

(1) AB∥FC∥ED に注意。
(2) BC∥AD∥FE に注意。大きさ 2 のベクトル $\overrightarrow{\mathrm{DA}}$ を忘れずに。

(3) OA=OC=OD=OF から，四角形 ACDF は長方形である。$\overrightarrow{\mathrm{CA}}$ を忘れずに。
(4) $\overrightarrow{\mathrm{AF}}$ と反対向きの $\overrightarrow{\mathrm{EB}}$ を忘れずに。

例 2 ➡本冊 *p*. 20

(1)

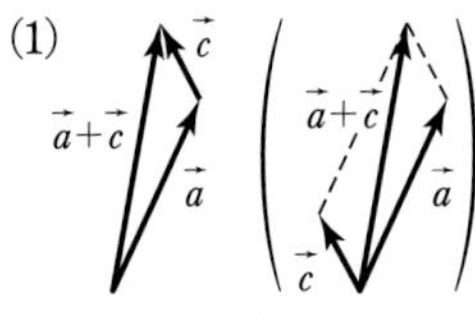

(2) $\vec{c}$　$\vec{b}-\vec{c}$　$\vec{b}$　（$\vec{b}$　$-\vec{c}$　$-\vec{c}$　$\vec{b}-\vec{c}$）

(3)

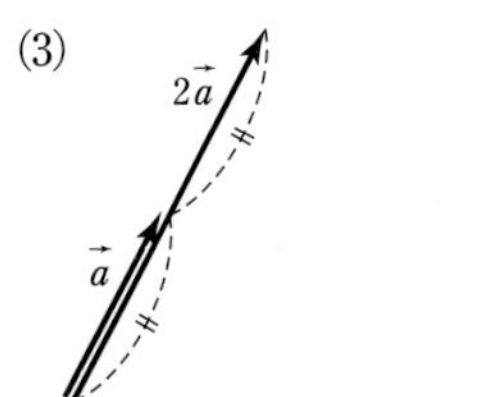

(4) $-4\vec{b}$　$\vec{b}$

(5)

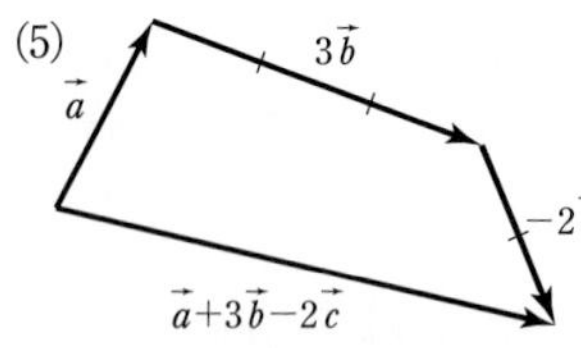

（$2\vec{c}$　$\vec{a}$　$3\vec{b}$　$\vec{a}+3\vec{b}-2\vec{c}$　$\vec{a}+3\vec{b}$）

検討　**（　）内の図**
(1) **$\vec{a}$，$\vec{c}$ の始点を重ねて，平行四辺形を作り，** その対角線を考える。
(2) **$\vec{b}+(-\vec{c})$ とみて，** 和 $\vec{b}+(-\vec{c})$ を図示。
(5) **$(\vec{a}+3\vec{b})-2\vec{c}$ とみて，** 差 $(\vec{a}+3\vec{b})-2\vec{c}$ を図示。

(3) 向きは $\vec{a}$ と同じ，大きさは $|\vec{a}|$ の 2 倍。
(4) 向きは $\vec{b}$ と反対，大きさは $|\vec{b}|$ の 4 倍。

注意　本書では，有向線分の始点・終点を，便宜上ベクトルの始点・終点と呼んでいる。

例 3 ➡本冊 *p*. 21

(1) $\overrightarrow{\mathrm{PQ}}+\overrightarrow{\mathrm{RP}}=\overrightarrow{\mathrm{RP}}+\overrightarrow{\mathrm{PQ}}$　◀加える順序を変更。

$=\overrightarrow{\mathrm{RQ}}$　◀$\overrightarrow{\mathrm{R}\square}+\overrightarrow{\square\mathrm{Q}}=\overrightarrow{\mathrm{RQ}}$

よって　$\overrightarrow{\mathrm{PQ}}+\overrightarrow{\mathrm{RP}}=\overrightarrow{\mathrm{RQ}}$

(2) $(\overrightarrow{\mathrm{AD}}+\overrightarrow{\mathrm{BC}})-(\overrightarrow{\mathrm{AC}}+\overrightarrow{\mathrm{BD}})=(\overrightarrow{\mathrm{AD}}-\overrightarrow{\mathrm{BD}})+(\overrightarrow{\mathrm{BC}}-\overrightarrow{\mathrm{AC}})$　◀(左辺)−(右辺)

$=(\overrightarrow{\mathrm{AD}}+\overrightarrow{\mathrm{DB}})+(\overrightarrow{\mathrm{BC}}+\overrightarrow{\mathrm{CA}})$　◀向き変え $-\overrightarrow{\mathrm{BD}}=\overrightarrow{\mathrm{DB}}$

$=\overrightarrow{\mathrm{AB}}+\overrightarrow{\mathrm{BA}}=\overrightarrow{\mathrm{AA}}=\vec{0}$　◀0 ではなく　$\vec{0}$

よって　$\overrightarrow{\mathrm{AD}}+\overrightarrow{\mathrm{BC}}=\overrightarrow{\mathrm{AC}}+\overrightarrow{\mathrm{BD}}$

例 4

➡ 本冊 p. 21

(1) $2\vec{x}-\vec{y}=2(2\vec{a}+5\vec{b}-\vec{c})-(3\vec{a}-\vec{b}+2\vec{c})$
$=4\vec{a}+10\vec{b}-2\vec{c}-3\vec{a}+\vec{b}-2\vec{c}$
$=\boldsymbol{\vec{a}+11\vec{b}-4\vec{c}}$

(2) $5\vec{x}-3\vec{a}=2\vec{x}+9\vec{b}$ から　$5\vec{x}-2\vec{x}=3\vec{a}+9\vec{b}$

よって　$3\vec{x}=3\vec{a}+9\vec{b}$

ゆえに　$\boldsymbol{\vec{x}=\vec{a}+3\vec{b}}$

◀両辺を 3 で割る。

(3) ①×2−② から　$\boldsymbol{\vec{x}=2\vec{a}-\vec{b}}$

これを ① に代入して　$6\vec{a}-3\vec{b}+\vec{y}=\vec{a}$

よって　$\boldsymbol{\vec{y}=-5\vec{a}+3\vec{b}}$

◀
$$\begin{array}{rl} & 6\vec{x}+2\vec{y}=2\vec{a} \\ -) & 5\vec{x}+2\vec{y}=\vec{b} \\ \hline & \vec{x}\qquad =2\vec{a}-\vec{b} \end{array}$$

例 5

➡ 本冊 p. 21

(1) $\overrightarrow{AB}=\overrightarrow{OB}-\overrightarrow{OA}=\vec{b}-\vec{a}$
$\overrightarrow{CD}=\overrightarrow{OD}-\overrightarrow{OC}$
$=-3\vec{a}+4\vec{b}-(3\vec{a}-2\vec{b})$
$=-6\vec{a}+6\vec{b}$
$=6(\vec{b}-\vec{a})$

よって　$\overrightarrow{CD}=6\overrightarrow{AB}$

また　$\overrightarrow{AB}\neq\vec{0}$, $\overrightarrow{CD}\neq\vec{0}$ (*)

したがって　$\overrightarrow{AB}\parallel\overrightarrow{CD}$

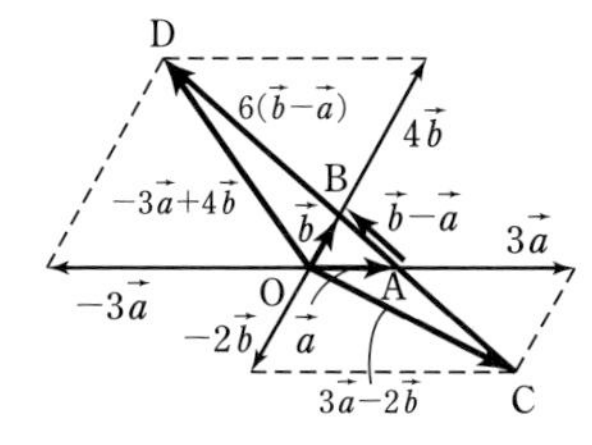

◀差による **分割**。

(*)　4 点 A, B, C, D は異なる点であるから，$\overrightarrow{AB}\neq\vec{0}$, $\overrightarrow{CD}\neq\vec{0}$ である。この確認も忘れずに。

(2) $\overrightarrow{BD}=\overrightarrow{AD}-\overrightarrow{AB}=\vec{d}-\vec{b}$

◀差による **分割**。

対角線 AC と BD の交点を E とすると
$|\overrightarrow{BD}|=BD=2BE=2\sqrt{AB^2-AE^2}$
$=2\sqrt{5^2-3^2}=8$

◀△ABE において **三平方の定理** から。

よって，$\overrightarrow{BD}$ と平行で向きが反対の単位ベクトルは
$$-\frac{\overrightarrow{BD}}{|\overrightarrow{BD}|}=-\frac{\vec{d}-\vec{b}}{8}=\boldsymbol{\frac{\vec{b}}{8}-\frac{\vec{d}}{8}}$$

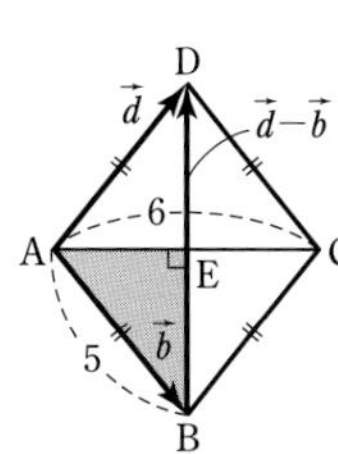

◀大きさ $|\overrightarrow{BD}|$ で割ると単位ベクトル(大きさ 1)になる。

例 6

➡ 本冊 p. 24

(1) $5\vec{a}+3\vec{b}=5(-2,\ 1)+3(3,\ -2)$
$=(5\cdot(-2)+3\cdot3,\ 5\cdot1+3\cdot(-2))$
$=\boldsymbol{(-1,\ -1)}$

◀成分ごとに計算。

大きさは　$|5\vec{a}+3\vec{b}|=\sqrt{(-1)^2+(-1)^2}=\boldsymbol{\sqrt{2}}$

◀$\sqrt{(x\ 成分)^2+(y\ 成分)^2}$

(2) $\vec{x}+2\vec{y}=\vec{a}$ …… ①，　$\vec{x}-3\vec{y}=\vec{b}$ …… ② とする。

①×3+②×2 から　$5\vec{x}=3\vec{a}+2\vec{b}$

◀まず，$\vec{x}$, $\vec{y}$ を $\vec{a}$, $\vec{b}$ で表してから，成分を代入。

よって　$\vec{x}=\frac{1}{5}(3\vec{a}+2\vec{b})$

①−② から　$5\vec{y}=\vec{a}-\vec{b}$

ゆえに　$\vec{y}=\frac{1}{5}(\vec{a}-\vec{b})$

よって　$\vec{x}=\frac{1}{5}\{3(1,\ 1)+2(1,\ 3)\}=\frac{1}{5}(5,\ 9)=\boldsymbol{\left(1,\ \frac{9}{5}\right)}$

$\vec{y}=\frac{1}{5}\{(1,\ 1)-(1,\ 3)\}=\frac{1}{5}(0,\ -2)=\boldsymbol{\left(0,\ -\frac{2}{5}\right)}$

(3) $|\vec{u}|=\sqrt{1^2+(-\sqrt{3})^2}=2$

よって，$\vec{u}$ と平行な単位ベクトルは

$$\pm\frac{\vec{u}}{|\vec{u}|}=\pm\frac{1}{2}(1,\ -\sqrt{3})=\left(\pm\frac{1}{2},\ \mp\frac{\sqrt{3}}{2}\right)$$ （複号同順）

すなわち　$\left(\boldsymbol{\frac{1}{2}},\ \boldsymbol{-\frac{\sqrt{3}}{2}}\right),\ \left(\boldsymbol{-\frac{1}{2}},\ \boldsymbol{\frac{\sqrt{3}}{2}}\right)$

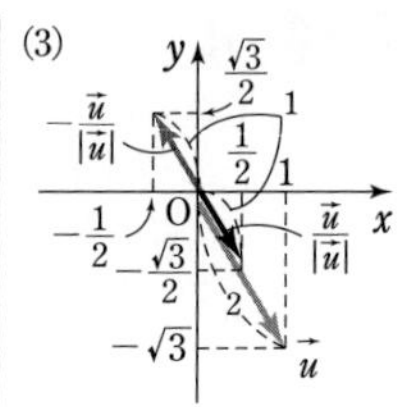

例 7 ➡ 本冊 p. 24

$\vec{c}=h\vec{a}+k\vec{b}$ とすると　$(5,\ 4)=h(1,\ 2)+k(1,\ -1)$

すなわち　$(5,\ 4)=(h+k,\ 2h-k)$

よって　$h+k=5$ …… ①，$2h-k=4$ …… ②

①，② を連立して解くと　$h=3,\ k=2$

したがって　$\boldsymbol{\vec{c}=3\vec{a}+2\vec{b}}$

◀(右辺) $=(h,\ 2h)+(k,\ -k)$

例 8 ➡ 本冊 p. 25

$2\vec{a}+3\vec{b}$ と $\vec{a}-2\vec{b}$ が平行であるから，

$2\vec{a}+3\vec{b}=k(\vec{a}-2\vec{b})$ …… ①

となる実数 k が存在する。

$2\vec{a}+3\vec{b}=2(-1,\ 2)+3(1,\ x)=(1,\ 4+3x)$

$\vec{a}-2\vec{b}=(-1,\ 2)-2(1,\ x)=(-3,\ 2-2x)$

① に代入して　$(1,\ 4+3x)=k(-3,\ 2-2x)$

よって　$1=-3k$ …… ②，$4+3x=k(2-2x)$ …… ③

② から　$k=-\frac{1}{3}$

このとき，③ から　$4+3x=-\frac{1}{3}(2-2x)$

ゆえに　$12+9x=-2+2x$　　よって　$\boldsymbol{x=-2}$

別解　$2\vec{a}+3\vec{b}=(1,\ 4+3x)$，$\vec{a}-2\vec{b}=(-3,\ 2-2x)$ であるから

$(2\vec{a}+3\vec{b})/\!/(\vec{a}-2\vec{b}) \iff 1\cdot(2-2x)-(4+3x)\cdot(-3)=0$

よって　$2-2x+12+9x=0$

したがって　$\boldsymbol{x=-2}$

◀ **$\vec{a}/\!/\vec{b} \iff$ $\vec{b}=k\vec{a}$ となる実数 k がある**

◀ x の値に関係なく $2\vec{a}+3\vec{b}\neq\vec{0}$，$\vec{a}-2\vec{b}\neq\vec{0}$ である。

◀ x 成分どうし，y 成分どうしを等しいとおく。

◀ $\vec{a}=(a_1,\ a_2)$，$\vec{b}=(b_1,\ b_2)$ について **$\vec{a}/\!/\vec{b} \iff a_1b_2-a_2b_1=0$**

例 9 ➡ 本冊 p. 25

(1) $\overrightarrow{\mathrm{AC}}=\overrightarrow{\mathrm{OC}}-\overrightarrow{\mathrm{OA}}=(3,\ 4)-(-3,\ -1)$

$=(3-(-3),\ 4-(-1))=\boldsymbol{(6,\ 5)}$

よって　$|\overrightarrow{\mathrm{AC}}|=\sqrt{6^2+5^2}=\boldsymbol{\sqrt{61}}$

◀ $\vec{a}=(a_1,\ a_2)$ のとき $|\vec{a}|=\sqrt{a_1{}^2+a_2{}^2}$

(2) 四角形 ABCD は平行四辺形であるから　$\overrightarrow{\mathrm{AB}}=\overrightarrow{\mathrm{DC}}$

よって　$(a-(-3),\ 2-(-1))=(3-(-2),\ 4-b)$

ゆえに　$a+3=5,\ 3=4-b$

これを解いて　$\boldsymbol{a=2,\ b=1}$

(3) 四角形 ACED が平行四辺形であるための条件は

$\overrightarrow{\mathrm{AC}}=\overrightarrow{\mathrm{DE}}$

E$(x,\ y)$ とすると，$\overrightarrow{\mathrm{DE}}=(x+2,\ y-1)$ であるから，(1) より

$(6,\ 5)=(x+2,\ y-1)$

よって　$6=x+2,\ 5=y-1$

ゆえに　$x=4,\ y=6$

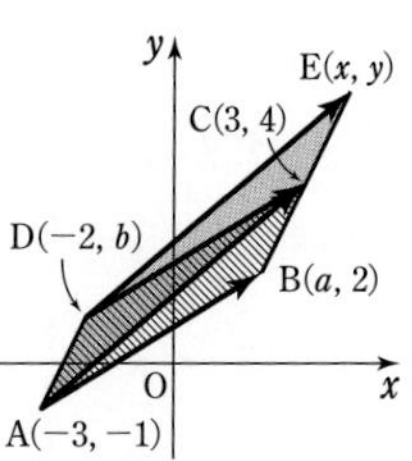

したがって　　$\mathbf{E(4,\ 6)}$

このとき，$\overrightarrow{\mathrm{AE}}=(4-(-3),\ 6-(-1))=(7,\ 7)$ であるから，対角線 AE の長さ $|\overrightarrow{\mathrm{AE}}|$ は　　$|\overrightarrow{\mathrm{AE}}|=7\sqrt{1^2+1^2}=\mathbf{7\sqrt{2}}$

◀$\overrightarrow{\mathrm{AE}}=7(1,\ 1)$

例 10　➡本冊 *p*. 30

➡本冊 *p*. 30

(1)　AB＝BC＝CA であるから

$\angle\mathrm{BAO}=60^\circ$

よって，$\overrightarrow{\mathrm{AB}}$，$\overrightarrow{\mathrm{AC}}$ のなす角は 60° であるから

$\overrightarrow{\mathrm{AB}}\cdot\overrightarrow{\mathrm{AC}}=|\overrightarrow{\mathrm{AB}}||\overrightarrow{\mathrm{AC}}|\cos 60^\circ$

$=2\times 2\times\dfrac{1}{2}=\mathbf{2}$

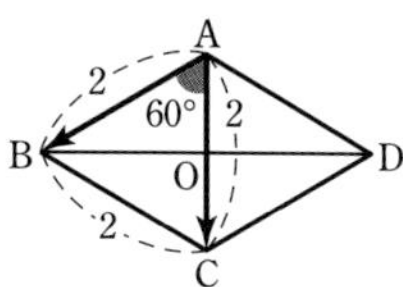

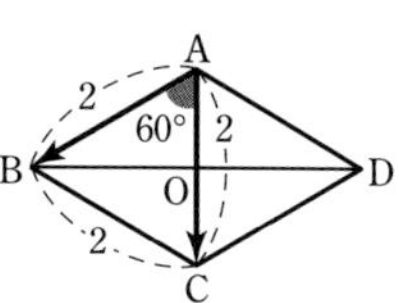

◀△ABC は正三角形。

(2)　$\mathrm{OD}=\mathrm{OB}=\sqrt{3}$ で，$\overrightarrow{\mathrm{AB}}$，$\overrightarrow{\mathrm{OD}}$ のなす角は 150° であるから

$\overrightarrow{\mathrm{AB}}\cdot\overrightarrow{\mathrm{OD}}=|\overrightarrow{\mathrm{AB}}||\overrightarrow{\mathrm{OD}}|\cos 150^\circ$

$=2\times\sqrt{3}\times\left(-\dfrac{\sqrt{3}}{2}\right)$

$=\mathbf{-3}$

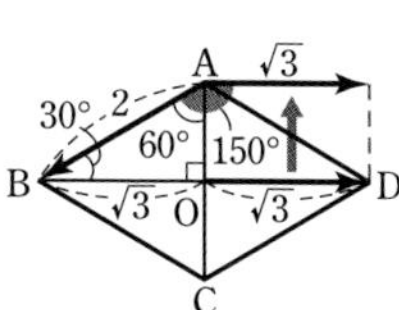

◀$\overrightarrow{\mathrm{AB}}$，$\overrightarrow{\mathrm{OD}}$ のなす角を 30° としないように。
ベクトルのなす角 θ は始点をそろえてから測る。

(3)　$\overrightarrow{\mathrm{AB}}$，$\overrightarrow{\mathrm{BC}}$ のなす角は 120° であるから

$\overrightarrow{\mathrm{AB}}\cdot\overrightarrow{\mathrm{BC}}=|\overrightarrow{\mathrm{AB}}||\overrightarrow{\mathrm{BC}}|\cos 120^\circ$

$=2\times 2\times\left(-\dfrac{1}{2}\right)$

$=\mathbf{-2}$

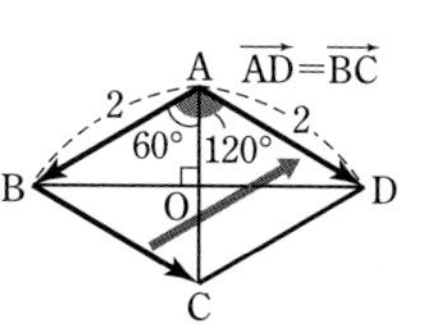

◀$\overrightarrow{\mathrm{AB}}$，$\overrightarrow{\mathrm{BC}}$ のなす角を $\angle\mathrm{ABC}=60^\circ$ としたら誤り。

(4)　$\overrightarrow{\mathrm{BC}}$，$\overrightarrow{\mathrm{DA}}$ のなす角は 180° であるから

$\overrightarrow{\mathrm{BC}}\cdot\overrightarrow{\mathrm{DA}}=|\overrightarrow{\mathrm{BC}}||\overrightarrow{\mathrm{DA}}|\cos 180^\circ$

$=2\times 2\times(-1)=\mathbf{-4}$

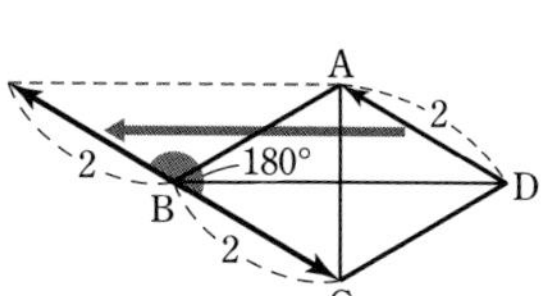

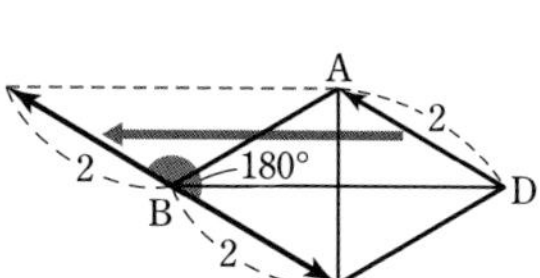

◀なす角を 0° としたら誤り。
（$\overrightarrow{\mathrm{BC}}$ と $\overrightarrow{\mathrm{DA}}$ は反対向き。）

別解　(4)　$\overrightarrow{\mathrm{DA}}=-\overrightarrow{\mathrm{BC}}$ であるから

$\overrightarrow{\mathrm{BC}}\cdot\overrightarrow{\mathrm{DA}}=\overrightarrow{\mathrm{BC}}\cdot(-\overrightarrow{\mathrm{BC}})=-|\overrightarrow{\mathrm{BC}}|^2=-2^2=\mathbf{-4}$

例 11　➡本冊 *p*. 30

➡本冊 *p*. 30

(1)　$\vec{a}\cdot\vec{b}=3\times 7+4\times 1=\mathbf{25}$

また　　$|\vec{a}|=\sqrt{3^2+4^2}=\sqrt{25}=5$,

$|\vec{b}|=\sqrt{7^2+1^2}=\sqrt{50}=5\sqrt{2}$

よって　　$\cos\theta=\dfrac{\vec{a}\cdot\vec{b}}{|\vec{a}||\vec{b}|}=\dfrac{25}{5\times 5\sqrt{2}}=\dfrac{1}{\sqrt{2}}$

$0^\circ\leqq\theta\leqq 180^\circ$ であるから　　$\boldsymbol{\theta=45^\circ}$

◀（*x* 成分の積）＋（*y* 成分の積）

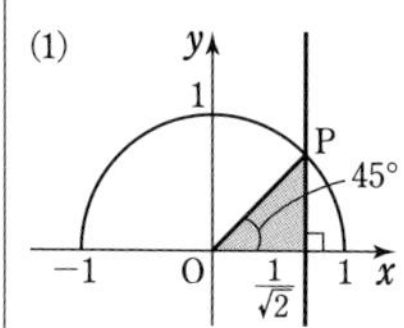

(2)　$\vec{a}\cdot\vec{b}=2\times(-2+\sqrt{3})+(-1)\times(1+2\sqrt{3})=\mathbf{-5}$

また　　$|\vec{a}|=\sqrt{2^2+(-1)^2}=\sqrt{5}$,

$|\vec{b}|=\sqrt{(-2+\sqrt{3})^2+(1+2\sqrt{3})^2}=\sqrt{20}=2\sqrt{5}$

よって　　$\cos\theta=\dfrac{\vec{a}\cdot\vec{b}}{|\vec{a}||\vec{b}|}=\dfrac{-5}{\sqrt{5}\times 2\sqrt{5}}=-\dfrac{1}{2}$

$0^\circ\leqq\theta\leqq 180^\circ$ であるから　　$\boldsymbol{\theta=120^\circ}$

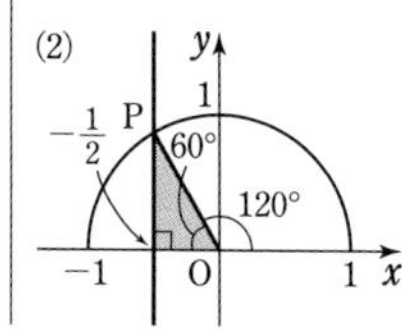

例 12 ➡本冊 p. 44

P$(\vec{p})$, Q$(\vec{q})$, R$(\vec{r})$, G$(\vec{g})$ とする。

(1) $\vec{p}=\dfrac{1\cdot\vec{a}+2\vec{b}}{2+1}=\boldsymbol{\dfrac{1}{3}\vec{a}+\dfrac{2}{3}\vec{b}}$

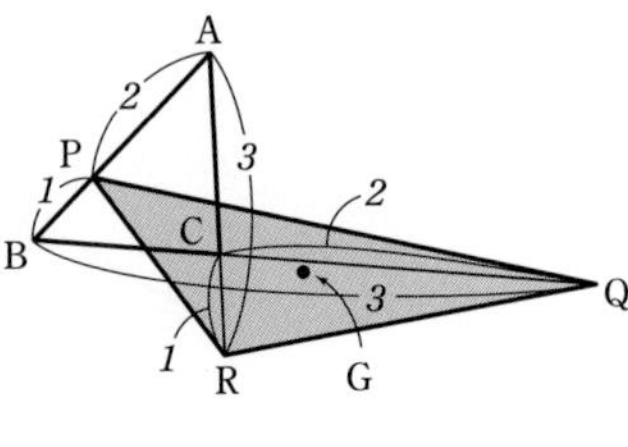

$\vec{q}=\dfrac{-2\vec{b}+3\vec{c}}{3-2}=\boldsymbol{-2\vec{b}+3\vec{c}}$

$\vec{r}=\dfrac{3\vec{c}-1\cdot\vec{a}}{-1+3}$

$=\boldsymbol{-\dfrac{1}{2}\vec{a}+\dfrac{3}{2}\vec{c}}$

(2) $\overrightarrow{PQ}=\overrightarrow{OQ}-\overrightarrow{OP}=\vec{q}-\vec{p}$

$=(-2\vec{b}+3\vec{c})-\left(\dfrac{1}{3}\vec{a}+\dfrac{2}{3}\vec{b}\right)=\boldsymbol{-\dfrac{1}{3}\vec{a}-\dfrac{8}{3}\vec{b}+3\vec{c}}$

(3) $\vec{g}=\dfrac{\vec{p}+\vec{q}+\vec{r}}{3}$

$=\dfrac{1}{3}\left\{\left(\dfrac{1}{3}\vec{a}+\dfrac{2}{3}\vec{b}\right)+(-2\vec{b}+3\vec{c})+\left(-\dfrac{1}{2}\vec{a}+\dfrac{3}{2}\vec{c}\right)\right\}$

$=\dfrac{1}{3}\left(\dfrac{1}{3}-\dfrac{1}{2}\right)\vec{a}+\dfrac{1}{3}\left(\dfrac{2}{3}-2\right)\vec{b}+\dfrac{1}{3}\left(3+\dfrac{3}{2}\right)\vec{c}$

$=\boldsymbol{-\dfrac{1}{18}\vec{a}-\dfrac{4}{9}\vec{b}+\dfrac{3}{2}\vec{c}}$

◀A$(\vec{a})$, B$(\vec{b})$, C$(\vec{c})$ のとき，△ABC の重心の位置ベクトルは
$\dfrac{\vec{a}+\vec{b}+\vec{c}}{3}$

例 13 ➡本冊 p. 44

A$(\vec{a})$, B$(\vec{b})$, C$(\vec{c})$, D$(\vec{d})$ とすると，線分 PR，QS，TU それぞれの中点の位置ベクトルは，順に

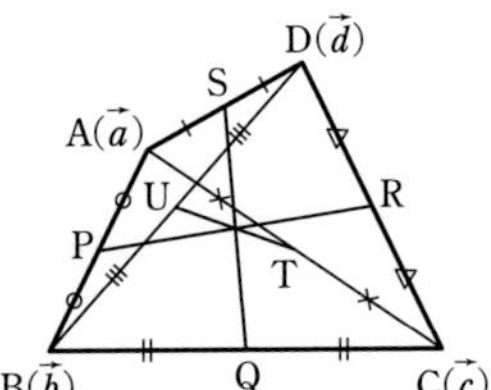

◀例えば，頂点Aを位置ベクトルの始点としてもよいが，対称性があるので，Oを基準の点とする位置ベクトルで考えた方が簡潔である。

$\dfrac{1}{2}\left(\dfrac{\vec{a}+\vec{b}}{2}+\dfrac{\vec{c}+\vec{d}}{2}\right)$

$=\dfrac{1}{4}(\vec{a}+\vec{b}+\vec{c}+\vec{d})$

$\dfrac{1}{2}\left(\dfrac{\vec{b}+\vec{c}}{2}+\dfrac{\vec{d}+\vec{a}}{2}\right)=\dfrac{1}{4}(\vec{a}+\vec{b}+\vec{c}+\vec{d})$

$\dfrac{1}{2}\left(\dfrac{\vec{a}+\vec{c}}{2}+\dfrac{\vec{b}+\vec{d}}{2}\right)=\dfrac{1}{4}(\vec{a}+\vec{b}+\vec{c}+\vec{d})$

よって，線分 PR，QS，TU それぞれの中点は一致する。

◀同じ位置ベクトルで表された。

例 14 ➡本冊 p. 47

$\overrightarrow{AB}=\vec{b}$, $\overrightarrow{AD}=\vec{d}$ とする。

AD∥BC であるから

AP：PC＝AD：BC＝1：2

◀△APD∽△CPB

また　$\overrightarrow{AC}=\overrightarrow{AB}+\overrightarrow{BC}=\vec{b}+2\vec{d}$

◀$\overrightarrow{BC}=2\overrightarrow{AD}=2\vec{d}$

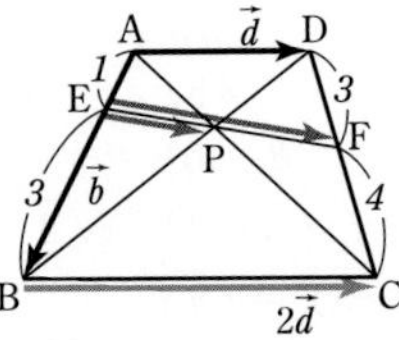

よって　$\overrightarrow{AP}=\dfrac{1}{3}\overrightarrow{AC}=\dfrac{1}{3}(\vec{b}+2\vec{d})$

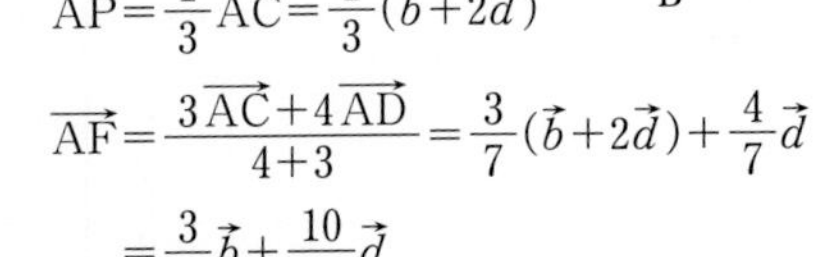

$\overrightarrow{AF}=\dfrac{3\overrightarrow{AC}+4\overrightarrow{AD}}{4+3}=\dfrac{3}{7}(\vec{b}+2\vec{d})+\dfrac{4}{7}\vec{d}$

$=\dfrac{3}{7}\vec{b}+\dfrac{10}{7}\vec{d}$

◀CF：FD＝4：3

ゆえに　$\overrightarrow{EP}=\overrightarrow{AP}-\overrightarrow{AE}=\frac{1}{3}(\vec{b}+2\vec{d})-\frac{1}{4}\vec{b}=\frac{1}{12}(\vec{b}+8\vec{d})$

$\overrightarrow{EF}=\overrightarrow{AF}-\overrightarrow{AE}=\frac{3}{7}\vec{b}+\frac{10}{7}\vec{d}-\frac{1}{4}\vec{b}=\frac{5}{28}(\vec{b}+8\vec{d})$

よって　$\overrightarrow{EP}=\frac{7}{15}\overrightarrow{EF}$　…… (＊)

したがって，点Pは直線 EF 上にある。

◀$\vec{b}+8\vec{d}=\frac{28}{5}\overrightarrow{EF}$ から $\overrightarrow{EP}=\frac{1}{12}\cdot\frac{28}{5}\overrightarrow{EF}$

参考　(＊) から EP：PF＝7：8

注意　2ベクトルの選び方は，AD∥BC かつ AD：BC＝1：2 であるから，$\overrightarrow{AB}$ と $\overrightarrow{AD}$ でもよいし，$\overrightarrow{DA}$ と $\overrightarrow{DC}$ でもよい。

例 15　➡本冊 p. 67

(1)　直線上の任意の点を $P(\vec{p})$ とし，**t を媒介変数** とする。

$G(\vec{g})$ とすると　$\vec{g}=\frac{\vec{a}+\vec{b}+\vec{c}}{3}$

求める直線は辺 AC に平行であるから，その方向ベクトルは $\overrightarrow{AC}$ である。

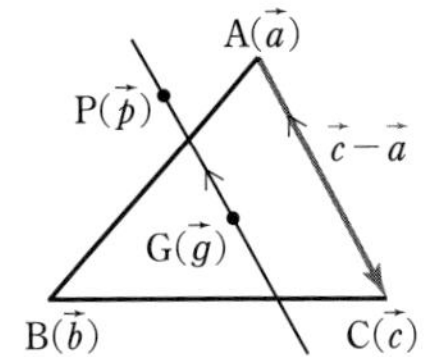

したがって　$\vec{p}=\vec{g}+t\overrightarrow{AC}=\frac{\vec{a}+\vec{b}+\vec{c}}{3}+t(\vec{c}-\vec{a})$

整理して　$\boldsymbol{\vec{p}=\left(\frac{1}{3}-t\right)\vec{a}+\frac{1}{3}\vec{b}+\left(\frac{1}{3}+t\right)\vec{c}}$

◀＿＿を答えとしてもよい。

(2)　(ア)　2点 (1, 3), (3, −1) を通る直線上の任意の点の座標を (x, y) とすると

$(x,\ y)=(1-t)(1,\ 3)+t(3,\ -1)$
$=((1-t)+3t,\ 3(1-t)-t)$
$=(1+2t,\ 3-4t)$

◀P(x, y), A(1, 3), B(3, −1) とすると，$\overrightarrow{OP}=(1-t)\overrightarrow{OA}+t\overrightarrow{OB}$ と同じこと（Oは原点）。

よって　$\begin{cases}\boldsymbol{x=1+2t}\\ \boldsymbol{y=3-4t}\end{cases}$ **(t は媒介変数)**　…… ㋐

◀各成分を比較。

(イ)　$x=1+2t$ …… ①，$y=3-4t$ …… ② とする。

①×2＋② から　$\boldsymbol{2x+y=5}$

◀ t を消去。

検討　(2) (ア)　$\overrightarrow{AB}=(2,\ -4)$ を方向ベクトルと考えると，

$\overrightarrow{OP}=\overrightarrow{OA}+t\overrightarrow{AB}$ から　$(x,\ y)=(1,\ 3)+t(2,\ -4)$

これから ㋐ を導いてもよい。

また，$\overrightarrow{OP}=\overrightarrow{OB}+t\overrightarrow{BA}$ として解いてもよい。この場合，(ア)の答えは上の解答と異なるが，(イ)の結果は同じになる。

◀A(1, 3), B(3, −1) とする。

例 16　➡本冊 p. 67

(1)　$\vec{n}=(5,\ 4)$ は直線：$5x+4y-20=0$ の法線ベクトルである。

(平行な直線)　点 A(−2, 3) を通り，$\vec{n}=(5,\ 4)$ を法線ベクトルにもつ。

求める直線上の点を P(x, y) とすると　$\vec{n}\cdot\overrightarrow{AP}=0$

$\overrightarrow{AP}=(x+2,\ y-3)$ であるから　$5(x+2)+4(y-3)=0$

すなわち　$\boldsymbol{5x+4y-2=0}$

(垂直な直線)　点 A(−2, 3) を通り，$\vec{n}=(5,\ 4)$ に垂直なベクトル $\vec{m}=(4,\ -5)$(＊) を法線ベクトルにもつ。

(＊)　$\vec{p}=(s,\ t)\neq\vec{0}$ と $\vec{q}=(t,\ -s)$ は垂直である。

求める直線上の点を P(x, y) とすると　$\vec{m}\cdot\overrightarrow{AP}=0$

よって　$4(x+2)-5(y-3)=0$

すなわち　$\boldsymbol{4x-5y+23=0}$

◀$\overrightarrow{AP}=(x+2,\ y-3)$

(2) 点Bから，線分 OA またはその延長上に垂線 BH を下ろし，
$\angle AOB=\theta$ とすると
$$k=\vec{a}\cdot\vec{b}=1\cdot1\cdot\cos\theta=\cos\theta$$
$|\vec{a}|=|\vec{b}|=1$ であるから　$\overrightarrow{OH}=(\cos\theta)\vec{a}=k\vec{a}$
よって　$\overrightarrow{BH}=\overrightarrow{OH}-\overrightarrow{OB}=k\vec{a}-\vec{b}$
線分 OA の中点Mを通り，$\overrightarrow{BH}$ に平行な直線のベクトル方程式を求めて　$\boldsymbol{\vec{p}=\frac{1}{2}\vec{a}+t(k\vec{a}-\vec{b})}$ **（t は媒介変数）**

(2) $\overrightarrow{MP}\cdot\overrightarrow{OA}=0$ から
$\left(\vec{p}-\frac{1}{2}\vec{a}\right)\cdot\vec{a}=0$
これも線分 OA の垂直二等分線のベクトル方程式であるが，$\vec{p}=$● の形に直すことは困難である。

例 17 ➡ 本冊 p. 68

2 直線 $x-5y+4=0$，$2x+3y-5=0$ をそれぞれ ℓ_1，ℓ_2 とすると，直線 ℓ_1，ℓ_2 の法線ベクトルはそれぞれ
$$\overrightarrow{n_1}=(1,\ -5),\ \overrightarrow{n_2}=(2,\ 3)$$
とおける。
$$\overrightarrow{n_1}\cdot\overrightarrow{n_2}=1\times2+(-5)\times3=-13,$$
$$|\overrightarrow{n_1}|=\sqrt{1^2+(-5)^2}=\sqrt{26},$$
$$|\overrightarrow{n_2}|=\sqrt{2^2+3^2}=\sqrt{13}$$
であるから，$\overrightarrow{n_1}$，$\overrightarrow{n_2}$ のなす角を θ $(0°\leqq\theta\leqq180°)$ とすると
$$\cos\theta=\frac{\overrightarrow{n_1}\cdot\overrightarrow{n_2}}{|\overrightarrow{n_1}||\overrightarrow{n_2}|}=\frac{-13}{\sqrt{26}\sqrt{13}}=-\frac{1}{\sqrt{2}}$$
よって　$\theta=135°$
したがって，2 直線のなす鋭角は
$$180°-135°=\mathbf{45°}$$

◀直線 $ax+by+c=0$ において，$\vec{n}=(a,\ b)$ はその法線ベクトルである。

◀ 2 直線の法線ベクトルのなす角 θ が鈍角であるから，2 直線のなす鋭角は　$180°-\theta$

例 18 ➡ 本冊 p. 68

(1) $\vec{n}=(1,\ 2)$ とすると，$\vec{n}$ は直線 ℓ の法線ベクトルであるから
$$\vec{n}\,/\!/\,\overrightarrow{AH}$$
よって，$\overrightarrow{AH}=k\vec{n}$（$k$ は実数）と表されるから，$H(s,\ t)$ とすると
$$(s-4,\ t-5)=k(1,\ 2)$$
ゆえに　$s-4=k$ …… ①，$t-5=2k$ …… ②
また，$s+2t-6=0$ であるから，①，② より
$$4+k+2(5+2k)-6=0$$
したがって　$k=-\frac{8}{5}$
よって，①，② から　$s=\frac{12}{5}$，$t=\frac{9}{5}$
したがって　$\mathbf{H\left(\frac{12}{5},\ \frac{9}{5}\right)}$

(2) $\overrightarrow{AH}=-\frac{8}{5}\vec{n}$ から　$AH=|\overrightarrow{AH}|=\frac{8}{5}\sqrt{1^2+2^2}=\boldsymbol{\frac{8\sqrt{5}}{5}}$

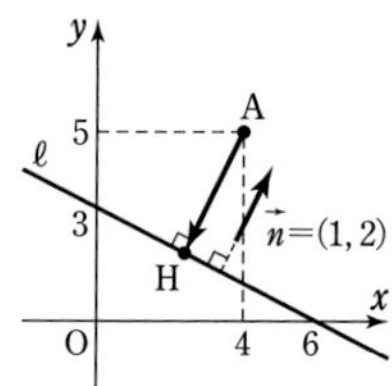

別解 (1) $H(6-2t,\ t)$，$\vec{n}=(1,\ 2)$ とすると，$\vec{n}\,/\!/\,\overrightarrow{AH}$ であるから
$1\cdot(t-5)-2(2-2t)=0$
よって　$t=\frac{9}{5}$
ゆえに　$\mathbf{H\left(\frac{12}{5},\ \frac{9}{5}\right)}$

練習 1

➡ 本冊 p. 22

(1) $\overrightarrow{\mathrm{BC}}=\overrightarrow{\mathrm{AO}}=\overrightarrow{\mathrm{AB}}+\overrightarrow{\mathrm{AF}}=\boldsymbol{\vec{b}+\vec{f}}$

◀BC∥AO, BC=AO

$\overrightarrow{\mathrm{AC}}=\overrightarrow{\mathrm{AB}}+\overrightarrow{\mathrm{BC}}=\vec{b}+(\vec{b}+\vec{f})$

$\quad=\boldsymbol{2\vec{b}+\vec{f}}$ …… ①

◀**分割 $\overrightarrow{\mathrm{PQ}}=\overrightarrow{\mathrm{P}\square}+\overrightarrow{\square\mathrm{Q}}$**

$\overrightarrow{\mathrm{DO}}=\overrightarrow{\mathrm{OA}}=-\overrightarrow{\mathrm{AO}}=-(\vec{b}+\vec{f})=\boldsymbol{-\vec{b}-\vec{f}}$

$\overrightarrow{\mathrm{AG}}=\overrightarrow{\mathrm{AE}}+\overrightarrow{\mathrm{EG}}=(\overrightarrow{\mathrm{AF}}+\overrightarrow{\mathrm{FE}})+\dfrac{1}{3}\overrightarrow{\mathrm{ED}}$

$\quad=\overrightarrow{\mathrm{AF}}+\overrightarrow{\mathrm{AO}}+\dfrac{1}{3}\overrightarrow{\mathrm{AB}}$

$\quad=\vec{f}+(\vec{b}+\vec{f})+\dfrac{1}{3}b$

$\quad=\boldsymbol{\dfrac{4}{3}\vec{b}+2\vec{f}}$ …… ②

別解 $\overrightarrow{\mathrm{AG}}=\overrightarrow{\mathrm{AD}}+\overrightarrow{\mathrm{DG}}$

$=2\overrightarrow{\mathrm{AO}}+\dfrac{2}{3}\overrightarrow{\mathrm{DE}}$

$=2\overrightarrow{\mathrm{AO}}+\dfrac{2}{3}(-\overrightarrow{\mathrm{AB}})$

$=2(\vec{b}+\vec{f})+\dfrac{2}{3}(-\vec{b})$

$=\boldsymbol{\dfrac{4}{3}\vec{b}+2\vec{f}}$

また，AB∥GE であるから

AH：GH＝AB：GE＝3：1

◀△ABH∽△GEH

よって　$\overrightarrow{\mathrm{GH}}=\dfrac{1}{4}\overrightarrow{\mathrm{GA}}=\dfrac{1}{4}(-\overrightarrow{\mathrm{AG}})=-\dfrac{1}{4}\left(\dfrac{4}{3}\vec{b}+2\vec{f}\right)$

$\quad=\boldsymbol{-\dfrac{1}{3}\vec{b}-\dfrac{1}{2}\vec{f}}$

(2) ①，② から　$\vec{c}=2\vec{b}+\vec{f}$，$\vec{g}=\dfrac{4}{3}\vec{b}+2\vec{f}$

◀$\overrightarrow{\mathrm{AC}}=\vec{c}$，$\overrightarrow{\mathrm{AG}}=\vec{g}$

ゆえに　$2\vec{b}+\vec{f}=\vec{c}$，$4\vec{b}+6\vec{f}=3\vec{g}$

よって　$\vec{b}=\dfrac{3}{4}\vec{c}-\dfrac{3}{8}\vec{g}$，$\vec{f}=-\dfrac{1}{2}c+\dfrac{3}{4}\vec{g}$

◀b，f の連立方程式
$2b+f=c$，$4b+6f=3g$
を解く要領。

したがって　$\overrightarrow{\mathrm{FB}}=\overrightarrow{\mathrm{AB}}-\overrightarrow{\mathrm{AF}}=\vec{b}-\vec{f}$

$\quad=\left(\dfrac{3}{4}\vec{c}-\dfrac{3}{8}\vec{g}\right)-\left(-\dfrac{1}{2}\vec{c}+\dfrac{3}{4}\vec{g}\right)=\boldsymbol{\dfrac{5}{4}\vec{c}-\dfrac{9}{8}\vec{g}}$

練習 2

➡ 本冊 p. 27

(1) $\vec{c}=\vec{a}+t\vec{b}=(-1,\ 2)+t(2,\ 4)$

$\quad=(-1+2t,\ 2+4t)$

よって　$|\vec{c}|^2=(-1+2t)^2+(2+4t)^2=20t^2+12t+5$

$\quad=20\left(t^2+\dfrac{3}{5}t\right)+5=20\left(t+\dfrac{3}{10}\right)^2-20\left(\dfrac{3}{10}\right)^2+5$

$\quad=20\left(t+\dfrac{3}{10}\right)^2+\dfrac{16}{5}$

CHART
$|\vec{p}|$ は $|\vec{p}|^2$ として扱う

◀**2 次式は基本形 $a(t-p)^2+q$ に直す。**

ゆえに，$|\vec{c}|^2$ は $t=-\dfrac{3}{10}$ のとき最小値 $\dfrac{16}{5}$ をとる。

$|\vec{c}|\geqq 0$ であるから，$|\vec{c}|^2$ が最小のとき $|\vec{c}|$ も最小となる。

よって，$|\vec{c}|$ は $\boldsymbol{t=-\dfrac{3}{10}}$ **のとき最小値** $\sqrt{\dfrac{16}{5}}=\boldsymbol{\dfrac{4}{\sqrt{5}}}$ をとる。

(2) $\vec{p}=(2,\ 3)+k(1,\ -1)=(k+2,\ -k+3)$

よって　$|\vec{p}|^2=(k+2)^2+(-k+3)^2=2k^2-2k+13$

$\quad=2(k^2-k)+13=2\left(k-\dfrac{1}{2}\right)^2-2\left(\dfrac{1}{2}\right)^2+13$

$\quad=2\left(k-\dfrac{1}{2}\right)^2+\dfrac{25}{2}$

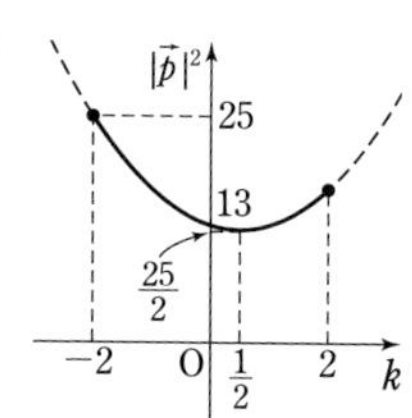

$-2 \leqq k \leqq 2$ の範囲において，$|\vec{p}|$ は

$k=-2$ で最大値 $\sqrt{8+4+13}=\sqrt{25}=$**5，**

$k=\dfrac{1}{2}$ で最小値 $\sqrt{\dfrac{25}{2}}=$**$\dfrac{5}{\sqrt{2}}$** をとる。

◀ $\dfrac{5}{\sqrt{2}}=\dfrac{5\sqrt{2}}{2}$

練習 3 ➡ 本冊 p. 31

(1) $\vec{p}\cdot\vec{q}=(-3)\times a+(-4)\times(-1)=-3a+4$ …… ①

◀成分による表現。

また　$|\vec{p}|=\sqrt{(-3)^2+(-4)^2}=5$，$|\vec{q}|=\sqrt{a^2+1}$

よって　$\vec{p}\cdot\vec{q}=|\vec{p}||\vec{q}|\cos 45^\circ=5\sqrt{a^2+1}\times\dfrac{1}{\sqrt{2}}$ …… ②

◀定義による表現。

①，② から　$-3a+4=\dfrac{5}{\sqrt{2}}\sqrt{a^2+1}$ …… ③

ここで，$-3a+4>0$ であるから　$a<\dfrac{4}{3}$

◀③ の右辺において $\sqrt{a^2+1}>0$ であるから，左辺について $-3a+4>0$

③ の両辺を 2 乗して整理すると　$7a^2+48a-7=0$

ゆえに　$(a+7)(7a-1)=0$　よって　**$a=-7,\ \dfrac{1}{7}$**

これらは $a<\dfrac{4}{3}$ を満たす。

(2) $\vec{b}=(x,\ y)$ とする。

$|\vec{b}|=2\sqrt{10}$ から　$|\vec{b}|^2=40$　ゆえに　$x^2+y^2=40$ …… ①

◀ $(2\sqrt{10})^2=40$

$|\vec{a}|=\sqrt{1^2+(-\sqrt{3})^2}=2$ であるから

$$\vec{a}\cdot\vec{b}=|\vec{a}||\vec{b}|\cos 120^\circ=2\cdot 2\sqrt{10}\cdot\left(-\frac{1}{2}\right)=-2\sqrt{10}$$

◀定義による表現。

また，$\vec{a}\cdot\vec{b}=1\times x+(-\sqrt{3})\times y=x\times\sqrt{3}\,y$ であるから

◀成分による表現。

$$x-\sqrt{3}\,y=-2\sqrt{10}$$

よって　$x=\sqrt{3}\,y-2\sqrt{10}$ …… ②

② を ① に代入して　$(\sqrt{3}\,y-2\sqrt{10})^2+y^2=40$

整理すると　$y^2-\sqrt{30}\,y=0$

◀ $4y^2-4\sqrt{30}\,y=0$

これを解いて　$y=0,\ \sqrt{30}$

◀ $y(y-\sqrt{30})=0$

② から　$y=0$ のとき　$x=-2\sqrt{10}$

$y=\sqrt{30}$ のとき　$x=\sqrt{10}$

◀ $x=\sqrt{3}\cdot\sqrt{30}-2\sqrt{10}$ $=3\sqrt{10}-2\sqrt{10}=\sqrt{10}$

したがって　**$\vec{b}=(-2\sqrt{10},\ 0),\ (\sqrt{10},\ \sqrt{30})$**

参考　O を原点として，$\vec{a}=\overrightarrow{\mathrm{OA}}$ とすると，$\vec{a}=(1,\ -\sqrt{3})$ より，$\vec{a}$ と x 軸の正の向きとのなす角は 60° である。

$\vec{a}$ と $\vec{b}$ のなす角が 120° であるとき，$\vec{b}$ と x 軸の正の向きとのなす角は 60° または 180° である。

$|\vec{b}|=2\sqrt{10}$ であるから，$\vec{b}$ は次のいずれかである。

$$\vec{b}=2\sqrt{10}(\cos 60^\circ,\ \sin 60^\circ)=(\sqrt{10},\ \sqrt{30})$$

$$\vec{b}=2\sqrt{10}(\cos 180^\circ,\ \sin 180^\circ)=(-2\sqrt{10},\ 0)$$

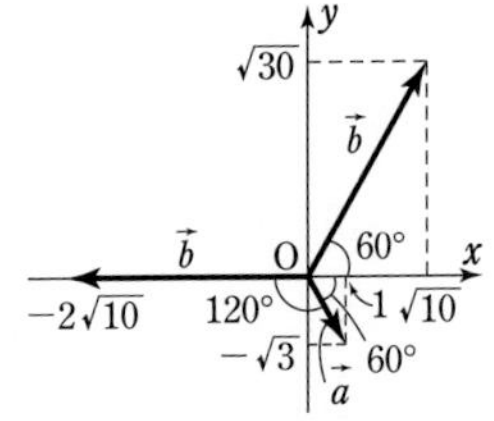

練習 4 ➡ 本冊 p. 32

(1) $\vec{u}=(x,\ y)$ とする。

$\vec{b}\perp\vec{u}$ であるから　$\vec{b}\cdot\vec{u}=0$

◀ $\vec{a}\neq\vec{0}$，$\vec{b}\neq\vec{0}$ のとき **$\vec{a}\perp\vec{b} \iff \vec{a}\cdot\vec{b}=0$**

よって　$-x+3y=0$　ゆえに　$x=3y$ …… ①

また，$|\vec{u}|=1$ であるから　$x^2+y^2=1$ …… ②

① を ② に代入して　$(3y)^2+y^2=1$　よって　$10y^2=1$

ゆえに　$y=\pm\dfrac{1}{\sqrt{10}}$　① から　$x=\pm\dfrac{3}{\sqrt{10}}$ (複号同順)

したがって　$\vec{u}=\left(\dfrac{3}{\sqrt{10}},\ \dfrac{1}{\sqrt{10}}\right),\ \left(-\dfrac{3}{\sqrt{10}},\ -\dfrac{1}{\sqrt{10}}\right)$

◀ $\vec{u}$ は単位ベクトル。

(2) $\vec{b}-\vec{c}=(-2,\ 3-q)$ であるから，$\vec{a}\perp(\vec{b}-\vec{c})$ より

$\vec{a}\cdot(\vec{b}-\vec{c})=0$

よって　$p\times(-2)+2\times(3-q)=0$

すなわち　$p+q=3$ …… ①

また，$\vec{a}-\vec{b}=(p+1,\ -1)$ であるから，$(\vec{a}-\vec{b})\mathbin{/\mkern-5mu/}\vec{c}$ より，
$\vec{a}-\vec{b}=k\vec{c}$ となる実数 k がある。

ゆえに　$(p+1,\ -1)=k(1,\ q)$

すなわち　$p+1=k,\ -1=kq$

$k=0$ とすると $\vec{a}-\vec{b}=\vec{0}$ となり，条件を満たさないから　$k\neq0$

したがって　$p=k-1,\ q=-\dfrac{1}{k}$ …… ②

② を ① に代入して　$(k-1)-\dfrac{1}{k}=3$

両辺に k を掛けて整理すると　$k^2-4k-1=0$

これを解くと　$k=-(-2)\pm\sqrt{(-2)^2-1\cdot(-1)}=2\pm\sqrt{5}$

② から

$k=2+\sqrt{5}$ のとき

$$p=1+\sqrt{5},\ q=-\frac{1}{2+\sqrt{5}}=-\frac{\sqrt{5}-2}{(\sqrt{5})^2-2^2}=2-\sqrt{5}$$

$k=2-\sqrt{5}$ のとき

$$p=1-\sqrt{5},\ q=\frac{1}{\sqrt{5}-2}=\frac{\sqrt{5}+2}{(\sqrt{5})^2-2^2}=2+\sqrt{5}$$

よって　$\boldsymbol{(p,\ q)=(1+\sqrt{5},\ 2-\sqrt{5}),\ (1-\sqrt{5},\ 2+\sqrt{5})}$

◀ $\vec{b}-\vec{c}\neq\vec{0}$

◀ **垂直 ⟹ (内積)＝0**

◀ $\vec{a}=(a_1,\ a_2)$，
$\vec{b}=(b_1,\ b_2)$ のとき
$\vec{a}\mathbin{/\mkern-5mu/}\vec{b} \Leftrightarrow a_1b_2-a_2b_1=0$
を利用すると，
$(\vec{a}-\vec{b})\mathbin{/\mkern-5mu/}\vec{c}$ から
$(p+1)\times q-(-1)\times1=0$
よって　$(p+1)q+1=0$
これと ① を連立して解くことになる。

◀ 分母の有理化。

練習 5

➡ 本冊 p. 33

(1) (ア) $S=\dfrac{1}{2}|3\cdot4-1\cdot2|=\dfrac{1}{2}\cdot10=\boldsymbol{5}$

(イ) $\overrightarrow{AB}=(3-(-2),\ 0-1)=(5,\ -1)$，
$\overrightarrow{AC}=(2-(-2),\ 4-1)=(4,\ 3)$ であるから

$$S=\frac{1}{2}|5\cdot3-(-1)\cdot4|=\boldsymbol{\frac{19}{2}}$$

◀ $\overrightarrow{AB}=(x_1,\ y_1)$，
$\overrightarrow{AC}=(x_2,\ y_2)$ のとき，
△ABC の面積は
$\boldsymbol{\dfrac{1}{2}|x_1y_2-x_2y_1|}$

(2) $\overrightarrow{AB}=(5-4,\ -3-1)=(1,\ -4)$，
$\overrightarrow{AC}=(1-4,\ x-1)=(-3,\ x-1)$ であるから，△ABC の面積は

$$\frac{1}{2}|1\cdot(x-1)-(-4)\cdot(-3)|=\frac{1}{2}|x-13|$$

$\dfrac{1}{2}|x-13|=1$ とすると　$|x-13|=2$

したがって　$x-13=\pm2$

これを解いて　$\boldsymbol{x=11,\ 15}$

◀ $x-13=2$ または
$x-13=-2$

練習 6 ➡本冊 p.34

(1) (ア) $(\vec{a}-2\vec{b})\cdot(\vec{a}+\vec{c})=\vec{a}\cdot(\vec{a}+\vec{c})-2\vec{b}\cdot(\vec{a}+\vec{c})$

$=\vec{a}\cdot\vec{a}+\vec{a}\cdot\vec{c}-2\vec{b}\cdot\vec{a}-2\vec{b}\cdot\vec{c}$

$=|\vec{a}|^2-2\vec{b}\cdot\vec{a}+\vec{c}\cdot\vec{a}-2\vec{b}\cdot\vec{c}$

$=|\vec{a}|^2-(2\vec{b}-\vec{c})\cdot\vec{a}-2\vec{b}\cdot\vec{c}$

よって　$(\vec{a}-2\vec{b})\cdot(\vec{a}+\vec{c})=|\vec{a}|^2-(2\vec{b}-\vec{c})\cdot\vec{a}-2\vec{b}\cdot\vec{c}$

◀$(\vec{a}-2\vec{b})\cdot(\vec{a}+\vec{c})$ の計算は，$(a-2b)(a+c)$ の展開と同じ要領。

(イ) $|\vec{a}+\vec{b}+\vec{c}|^2+|\vec{a}|^2+|\vec{b}|^2+|\vec{c}|^2$

$=(\vec{a}+\vec{b}+\vec{c})\cdot(\vec{a}+\vec{b}+\vec{c})+|\vec{a}|^2+|\vec{b}|^2+|\vec{c}|^2$

$=(|\vec{a}|^2+|\vec{b}|^2+|\vec{c}|^2+2\vec{a}\cdot\vec{b}+2\vec{b}\cdot\vec{c}+2\vec{c}\cdot\vec{a})+|\vec{a}|^2+|\vec{b}|^2+|\vec{c}|^2$

$=2(|\vec{a}|^2+|\vec{b}|^2+|\vec{c}|^2+\vec{a}\cdot\vec{b}+\vec{b}\cdot\vec{c}+\vec{c}\cdot\vec{a})$　…… ①

また　$|\vec{a}+\vec{b}|^2+|\vec{b}+\vec{c}|^2+|\vec{c}+\vec{a}|^2$

$=(\vec{a}+\vec{b})\cdot(\vec{a}+\vec{b})+(\vec{b}+\vec{c})\cdot(\vec{b}+\vec{c})+(\vec{c}+\vec{a})\cdot(\vec{c}+\vec{a})$

$=|\vec{a}|^2+2\vec{a}\cdot\vec{b}+|\vec{b}|^2+|\vec{b}|^2+2\vec{b}\cdot\vec{c}+|\vec{c}|^2+|\vec{c}|^2+2\vec{c}\cdot\vec{a}+|\vec{a}|^2$

$=2(|\vec{a}|^2+|\vec{b}|^2+|\vec{c}|^2+\vec{a}\cdot\vec{b}+\vec{b}\cdot\vec{c}+\vec{c}\cdot\vec{a})$　…… ②

①，② から　$|\vec{a}+\vec{b}+\vec{c}|^2+|\vec{a}|^2+|\vec{b}|^2+|\vec{c}|^2$

$=|\vec{a}+\vec{b}|^2+|\vec{b}+\vec{c}|^2+|\vec{c}+\vec{a}|^2$

◀内積 $(\vec{a}+\vec{b}+\vec{c})\cdot(\vec{a}+\vec{b}+\vec{c})$ の計算は $(a+b+c)^2=a^2+b^2+c^2+2ab+2bc+2ca$ の展開と同じ要領。

◀①，② は同じ式。

別解　(左辺)−(右辺)

$=|\vec{a}+\vec{b}+\vec{c}|^2+|\vec{a}|^2-|\vec{b}+\vec{c}|^2+|\vec{b}|^2-|\vec{c}+\vec{a}|^2+|\vec{c}|^2-|\vec{a}+\vec{b}|^2$

$=|\vec{a}+\vec{b}+\vec{c}|^2+(\vec{a}+\vec{b}+\vec{c})\cdot(\vec{a}-\vec{b}-\vec{c})$

$+(\vec{b}+\vec{c}+\vec{a})\cdot(\vec{b}-\vec{c}-\vec{a})+(\vec{c}+\vec{a}+\vec{b})\cdot(\vec{c}-\vec{a}-\vec{b})$

$=(\vec{a}+\vec{b}+\vec{c})\cdot\{(\vec{a}+\vec{b}+\vec{c})+(\vec{a}-\vec{b}-\vec{c})+(\vec{b}-\vec{c}-\vec{a})$

$+(\vec{c}-\vec{a}-\vec{b})\}$

$=(\vec{a}+\vec{b}+\vec{c})\cdot\vec{0}=0$

よって　$|\vec{a}+\vec{b}+\vec{c}|^2+|\vec{a}|^2+|\vec{b}|^2+|\vec{c}|^2$

$=|\vec{a}+\vec{b}|^2+|\vec{b}+\vec{c}|^2+|\vec{c}+\vec{a}|^2$

◀$|\vec{a}|^2-|\vec{b}|^2=(\vec{a}+\vec{b})\cdot(\vec{a}-\vec{b})$ 例題 6 (1) 参照。

(2) (ア) $|\vec{a}-\vec{b}|=\sqrt{13}$ から　$|\vec{a}-\vec{b}|^2=13$

また　$|\vec{a}-\vec{b}|^2=(\vec{a}-\vec{b})\cdot(\vec{a}-\vec{b})=|\vec{a}|^2-2\vec{a}\cdot\vec{b}+|\vec{b}|^2$

$=(\sqrt{3})^2-2\vec{a}\cdot\vec{b}+2^2=7-2\vec{a}\cdot\vec{b}$

よって　$7-2\vec{a}\cdot\vec{b}=13$　　ゆえに　$\vec{a}\cdot\vec{b}=\mathbf{-3}$

CHART

$|\vec{p}|$ は $|\vec{p}|^2$ として扱う

(イ) $|\vec{a}+2\vec{b}|=3$ から　$|\vec{a}+2\vec{b}|^2=9$

また　$|\vec{a}+2\vec{b}|^2=(\vec{a}+2\vec{b})\cdot(\vec{a}+2\vec{b})=|\vec{a}|^2+4\vec{a}\cdot\vec{b}+4|\vec{b}|^2$

$=1^2+4\vec{a}\cdot\vec{b}+4\cdot2^2=17+4\vec{a}\cdot\vec{b}$

よって　$17+4\vec{a}\cdot\vec{b}=9$　　ゆえに　$\vec{a}\cdot\vec{b}=-2$

よって　$|\vec{a}-2\vec{b}|^2=(\vec{a}-2\vec{b})\cdot(\vec{a}-2\vec{b})=|\vec{a}|^2-4\vec{a}\cdot\vec{b}+4|\vec{b}|^2$

$=1^2-4\cdot(-2)+4\cdot2^2=25$

$|\vec{a}-2\vec{b}|\geqq0$ であるから　$|\vec{a}-2\vec{b}|=\sqrt{25}=\mathbf{5}$

◀条件式から，まず $\vec{a}\cdot\vec{b}$ を求める。

◀先に求めた $\vec{a}\cdot\vec{b}$ の値を代入。

(ウ) $|\vec{a}+\vec{b}|^2=(\vec{a}+\vec{b})\cdot(\vec{a}+\vec{b})=|\vec{a}|^2+2\vec{a}\cdot\vec{b}+|\vec{b}|^2$

$=(|\vec{a}|^2+|\vec{b}|^2)+2\vec{a}\cdot\vec{b}=10+2\cdot3=16$

$|\vec{a}+\vec{b}|\geqq0$ であるから　$|\boldsymbol{\vec{a}+\vec{b}}|=\sqrt{16}=\mathbf{4}$

また　$|\vec{a}-\vec{b}|=(\vec{a}-\vec{b})\cdot(\vec{a}-\vec{b})=|\vec{a}|^2-2\vec{a}\cdot\vec{b}+|\vec{b}|^2$

$=(|\vec{a}|^2+|\vec{b}|^2)-2\vec{a}\cdot\vec{b}=10-2\cdot3=4$

$|\vec{a}-\vec{b}|\geqq0$ であるから　$|\boldsymbol{\vec{a}-\vec{b}}|=\sqrt{4}=\mathbf{2}$

◀$\vec{a}\cdot\vec{b}$，$|\vec{a}|$，$|\vec{b}|$ の値が使えるように，$|\vec{a}+\vec{b}|$ を 2 乗する。

練習 7 ➡ 本冊 p. 35

(1) $(\vec{a}+2\vec{b})\perp(\vec{a}-2\vec{b})$ であるから

$$(\vec{a}+2\vec{b})\cdot(\vec{a}-2\vec{b})=0$$

よって　$|\vec{a}|^2-4|\vec{b}|^2=0$　すなわち　$|\vec{a}|^2=4|\vec{b}|^2$

$|\vec{a}|>0$, $|\vec{b}|>0$ であるから　$|\vec{a}|=2|\vec{b}|$　…… ①

また, $|\vec{a}+2\vec{b}|=2|\vec{b}|$ から　$|\vec{a}+2\vec{b}|^2=4|\vec{b}|^2$

よって　$|\vec{a}|^2+4\vec{a}\cdot\vec{b}+4|\vec{b}|^2=4|\vec{b}|^2$

ゆえに　$\vec{a}\cdot\vec{b}=-\dfrac{1}{4}|\vec{a}|^2$　すなわち　$|\vec{a}||\vec{b}|\cos\theta=-\dfrac{1}{4}|\vec{a}|^2$

① を代入して　$2|\vec{b}|^2\cos\theta=-|\vec{b}|^2$

$|\vec{b}|>0$ であるから　$\cos\theta=-\dfrac{1}{2}$

$0^\circ\leqq\theta\leqq180^\circ$ であるから　$\boldsymbol{\theta=120^\circ}$

(2) $\vec{a}+t\vec{b}$ と $\vec{a}+3t\vec{b}$ が垂直であるための条件は

$$(\vec{a}+t\vec{b})\cdot(\vec{a}+3t\vec{b})=0$$

すなわち　$3|\vec{b}|^2t^2+4\vec{a}\cdot\vec{b}t+|\vec{a}|^2=0$　…… ①

$|\vec{b}|\neq0$ であるから, ① を満たす実数 t がただ 1 つ存在するための条件は, t についての 2 次方程式 ① の判別式を D とすると

$$D=0$$

ここで　$\dfrac{D}{4}=4(\vec{a}\cdot\vec{b})^2-3|\vec{a}|^2|\vec{b}|^2=4(|\vec{a}||\vec{b}|\cos\theta)^2-3|\vec{a}|^2|\vec{b}|^2$

$$=|\vec{a}|^2|\vec{b}|^2(4\cos^2\theta-3)$$

よって, $D=0$ から　$|\vec{a}|^2|\vec{b}|^2(4\cos^2\theta-3)=0$

$|\vec{a}|\neq0$, $|\vec{b}|\neq0$ であるから　$4\cos^2\theta-3=0$

したがって　$\cos\theta=\pm\dfrac{\sqrt{3}}{2}$

$0^\circ\leqq\theta\leqq180^\circ$ であるから　$\boldsymbol{\theta=30^\circ,\ 150^\circ}$

練習 8 ➡ 本冊 p. 36

(1) $|\vec{a}+3\vec{b}|=3$ から　$|\vec{a}+3\vec{b}|^2=3^2$

ゆえに　$|\vec{a}|^2+6\vec{a}\cdot\vec{b}+9|\vec{b}|^2=9$

$|\vec{a}|=2$, $|\vec{b}|=1$ を代入して　$2^2+6\vec{a}\cdot\vec{b}+9\cdot1^2=9$

よって　$\vec{a}\cdot\vec{b}=-\dfrac{2}{3}$

したがって

$$|\vec{a}+t\vec{b}|^2=|\vec{a}|^2+2t\vec{a}\cdot\vec{b}+t^2|\vec{b}|^2=2^2+2t\cdot\left(-\frac{2}{3}\right)+t^2\cdot1^2$$

$$=t^2-\frac{4}{3}t+4=\left\{t^2-\frac{4}{3}t+\left(-\frac{2}{3}\right)^2\right\}-\left(-\frac{2}{3}\right)^2+4$$

$$=\left(t-\frac{2}{3}\right)^2+\frac{32}{9}$$

よって, $|\vec{a}+t\vec{b}|^2$ は $\boldsymbol{t=\dfrac{2}{3}}$ **のとき** 最小値 $\dfrac{32}{9}$ をとる。

$|\vec{a}+t\vec{b}|\geqq0$ であるから, このとき $|\vec{a}+t\vec{b}|$ も最小となり, **最小値**は　$\sqrt{\dfrac{32}{9}}=\boldsymbol{\dfrac{4\sqrt{2}}{3}}$

◀**垂直 ⟹ (内積)=0**

◀$(|\vec{a}|+2|\vec{b}|)(|\vec{a}|-2|\vec{b}|)=0$ で　$|\vec{a}|+2|\vec{b}|>0$

◀**$|\vec{p}|$ は $|\vec{p}|^2$ として扱う**

◀$4|\vec{b}|^2$ は消し合う。

◀定義による表現。

◀ベクトルのなす角 θ は $0^\circ\leqq\theta\leqq180^\circ$

◀**垂直 ⟹ (内積)=0**

◀$\vec{b}\neq\vec{0}$ から　$|\vec{b}|\neq0$

◀$\vec{a}\cdot\vec{b}=|\vec{a}||\vec{b}|\cos\theta$

◀まず, $\vec{a}\cdot\vec{b}$ を求める。

◀ t の 2 次式。

◀基本形 $a(t-p)^2+q$ に。グラフは下に凸の放物線。

(2) $f(t)=|2\vec{a}+t\vec{b}|^2$ とすると，$|\vec{b}|\neq 0$ であるから

$$f(t)=|\vec{b}|^2t^2+4\vec{a}\cdot\vec{b}t+4|\vec{a}|^2$$
$$=|\vec{b}|^2\left(t^2+\frac{4\vec{a}\cdot\vec{b}}{|\vec{b}|^2}t\right)+4|\vec{a}|^2$$
$$=|\vec{b}|^2\left(t+\frac{2\vec{a}\cdot\vec{b}}{|\vec{b}|^2}\right)^2-\frac{4(\vec{a}\cdot\vec{b})^2}{|\vec{b}|^2}+4|\vec{a}|^2$$

$|2\vec{a}+t\vec{b}|\geqq 0$ であるから，$f(t)$ が最小のとき $|2\vec{a}+t\vec{b}|$ も最小となる。

よって，$|2\vec{a}+t\vec{b}|$ は $t=-\dfrac{2\vec{a}\cdot\vec{b}}{|\vec{b}|^2}$ のとき最小となる。

このとき　$(2\vec{a}+t\vec{b})\cdot\vec{b}=\left(2\vec{a}-\dfrac{2\vec{a}\cdot\vec{b}}{|\vec{b}|^2}\vec{b}\right)\cdot\vec{b}$

$$=2\vec{a}\cdot\vec{b}-\frac{2\vec{a}\cdot\vec{b}}{|\vec{b}|^2}|\vec{b}|^2$$
$$=2\vec{a}\cdot\vec{b}-2\vec{a}\cdot\vec{b}=0$$

$\vec{b}\neq\vec{0}$ および，$\vec{a}\not\parallel\vec{b}$ より $2\vec{a}+t\vec{b}\neq\vec{0}$ であるから　$(2\vec{a}+t\vec{b})\perp\vec{b}$

したがって，$2\vec{a}+t\vec{b}$ と $\vec{b}$ のなす角は　**90°**

◀ t の 2 次式。

◀$|\vec{b}|^2$ (>0) でくくる。

◀基本形 $a(t-p)^2+q$ に。

注意　$\vec{p}\cdot\vec{q}=0$ ならば $\vec{p}\perp\vec{q}$ は一般には成り立たない。
$\vec{p}\cdot\vec{q}=0$ から $\vec{p}\perp\vec{q}$ をいうには $\vec{p}\neq\vec{0}$，$\vec{q}\neq\vec{0}$ を確認すること。

練習 9 ➡ 本冊 p. 37

(1) $|\vec{a}+\vec{b}|^2=|\vec{p}|^2=4^2$ から　$|\vec{a}|^2+2\vec{a}\cdot\vec{b}+|\vec{b}|^2=16$ …… ①

$|\vec{a}-\vec{b}|^2=|\vec{q}|^2=2^2$ から　$|\vec{a}|^2-2\vec{a}\cdot\vec{b}+|\vec{b}|^2=4$ …… ②

①−② から　$4\vec{a}\cdot\vec{b}=12$　よって　$\boldsymbol{\vec{a}\cdot\vec{b}=3}$

①+② から　$2|\vec{a}|^2+2|\vec{b}|^2=20$

ゆえに　$|\vec{a}|^2+|\vec{b}|^2=10$ …… ③

また　$\vec{p}\cdot\vec{q}=(\vec{a}+\vec{b})\cdot(\vec{a}-\vec{b})=|\vec{a}|^2-|\vec{b}|^2$，

$\vec{p}\cdot\vec{q}=|\vec{p}||\vec{q}|\cos 60°=4\times 2\times\dfrac{1}{2}=4$

よって　$|\vec{a}|^2-|\vec{b}|^2=4$ …… ④

③，④ から　$|\vec{a}|^2=7$，$|\vec{b}|^2=3$

$|\vec{a}|\geqq 0$，$|\vec{b}|\geqq 0$ であるから　$\boldsymbol{|\vec{a}|=\sqrt{7}}$，$\boldsymbol{|\vec{b}|=\sqrt{3}}$

(2) $|t\vec{a}+k\vec{b}|\geqq|\vec{b}|$ は $|t\vec{a}+k\vec{b}|^2\geqq|\vec{b}|^2$ …… ① と同値である。

① を変形すると　$t^2|\vec{a}|^2+2kt\vec{a}\cdot\vec{b}+(k^2-1)|\vec{b}|^2\geqq 0$

(1) から　$7t^2+6kt+3(k^2-1)\geqq 0$ …… ②

求める条件は，すべての実数 t に対して ② が成り立つための条件であり，t の 2 次方程式 $7t^2+6kt+3(k^2-1)=0$ の判別式を D とすると，t^2 の係数が正であるから　$D\leqq 0$

ここで　$\dfrac{D}{4}=(3k)^2-7\cdot 3(k^2-1)=-3(4k^2-7)$

$D\leqq 0$ から　$4k^2-7\geqq 0$

よって　$\left(k+\dfrac{\sqrt{7}}{2}\right)\left(k-\dfrac{\sqrt{7}}{2}\right)\geqq 0$

したがって　$\boldsymbol{k\leqq-\dfrac{\sqrt{7}}{2}}$，$\boldsymbol{\dfrac{\sqrt{7}}{2}\leqq k}$

◀$|\vec{p}|$ は $|\vec{p}|^2$ として扱う

別解　まず，$\vec{p}\cdot\vec{q}$ の値を求める。次に，$\vec{a}$，$\vec{b}$ をそれぞれ $\vec{p}$，$\vec{q}$ で表し，それを利用してもよい。

◀③+④：$2|\vec{a}|^2=14$
③−④：$2|\vec{b}|^2=6$

◀$A\geqq 0$，$B\geqq 0$ のとき
$A\geqq B \iff A^2\geqq B^2$

◀(1) で求めた $|\vec{a}|$，$|\vec{b}|$，$\vec{a}\cdot\vec{b}$ の値を代入。

◀$a>0$ のとき，不等式 $at^2+2bt+c\geqq 0$ がすべての実数 t に対して成り立つための条件は
$\dfrac{D}{4}=b^2-ac\leqq 0$

練習 10 ➡ 本冊 p. 38

(1) $2(|\vec{a}|^2+|\vec{b}|^2+|\vec{c}|^2)-2(\vec{a}\cdot\vec{b}+\vec{b}\cdot\vec{c}+\vec{c}\cdot\vec{a})$

$=(|\vec{a}|^2-2\vec{a}\cdot\vec{b}+|\vec{b}|^2)-(|\vec{b}|^2-2\vec{b}\cdot\vec{c}+|\vec{c}|^2)+(|\vec{c}|^2-2\vec{c}\cdot\vec{a}+|\vec{a}|^2)$

$=|\vec{a}-\vec{b}|^2+|\vec{b}-\vec{c}|^2+|\vec{c}-\vec{a}|^2\geqq 0$

◀$|\vec{a}-\vec{b}|^2\geqq 0$ などから。

よって　$2(|\vec{a}|^2+|\vec{b}|^2+|\vec{c}|^2)\geqq 2(\vec{a}\cdot\vec{b}+\vec{b}\cdot\vec{c}+\vec{c}\cdot\vec{a})$

ゆえに　$|\vec{a}|^2+|\vec{b}|^2+|\vec{c}|^2\geqq\vec{a}\cdot\vec{b}+\vec{b}\cdot\vec{c}+\vec{c}\cdot\vec{a}$　…… ①

等号は $\vec{a}-\vec{b}=\vec{0}$ かつ $\vec{b}-\vec{c}=\vec{0}$ かつ $\vec{c}-\vec{a}=\vec{0}$，すなわち $\vec{a}=\vec{b}=\vec{c}$ のときのみ成り立つ。

(2) ① から

$|\vec{a}+\vec{b}+\vec{c}|^2=|\vec{a}|^2+|\vec{b}|^2+|\vec{c}|^2+2\vec{a}\cdot\vec{b}+2\vec{b}\cdot\vec{c}+2\vec{c}\cdot\vec{a}$

$\geqq\vec{a}\cdot\vec{b}+\vec{b}\cdot\vec{c}+\vec{c}\cdot\vec{a}+2\vec{a}\cdot\vec{b}+2\vec{b}\cdot\vec{c}+2\vec{c}\cdot\vec{a}$

$=3(\vec{a}\cdot\vec{b}+\vec{b}\cdot\vec{c}+\vec{c}\cdot\vec{a})$

◀$(a+b+c)^2$ $=a^2+b^2+c^2$ $+2ab+2bc+2ca$

等号は，(1) と同様に $\vec{a}=\vec{b}=\vec{c}$ のときのみ成り立つ。

練習 11 ➡ 本冊 p. 39

$\vec{a}+3\vec{b}=\vec{x}$，$3\vec{a}-\vec{b}=\vec{y}$ とおくと，$|\vec{x}|=1$，$|\vec{y}|=1$ であり

$$\vec{a}=\frac{\vec{x}+3\vec{y}}{10},\quad \vec{b}=\frac{3\vec{x}-\vec{y}}{10}$$

◀a，b の連立方程式 $\begin{cases}a+3b=x\\3a-b=y\end{cases}$ を解く要領。

よって　$\vec{a}+\vec{b}=\dfrac{(1+3)\vec{x}+(3-1)\vec{y}}{10}=\dfrac{2\vec{x}+\vec{y}}{5}$

ゆえに　$|\vec{a}+\vec{b}|^2=\left|\dfrac{2\vec{x}+\vec{y}}{5}\right|^2=\dfrac{1}{25}(4|\vec{x}|^2+4\vec{x}\cdot\vec{y}+|\vec{y}|^2)$

$=\dfrac{1}{25}(4+4\vec{x}\cdot\vec{y}+1)=\dfrac{5}{25}+\dfrac{4}{25}\vec{x}\cdot\vec{y}$

◀$|\vec{x}|=1$，$|\vec{y}|=1$

$-|\vec{x}||\vec{y}|\leqq\vec{x}\cdot\vec{y}\leqq|\vec{x}||\vec{y}|$ であるから　$-1\leqq\vec{x}\cdot\vec{y}\leqq 1$

よって　$\dfrac{5}{25}-\dfrac{4}{25}\leqq|\vec{a}+\vec{b}|^2\leqq\dfrac{5}{25}+\dfrac{4}{25}$

すなわち　$\dfrac{1}{25}\leqq|\vec{a}+\vec{b}|^2\leqq\dfrac{9}{25}$

各辺は正であるから　$\boldsymbol{\dfrac{1}{5}\leqq|\vec{a}+\vec{b}|\leqq\dfrac{3}{5}}$

練習 12 ➡ 本冊 p. 40

一般に　$A\leqq C \iff -C\leqq A\leqq C \iff A\leqq C$ かつ $-A\leqq C$ $(C\geqq 0)$ である。

◀$-C\leqq A$ から $C\geqq -A$

したがって，次の 2 つの不等式が成り立つことを示す。

$$\sqrt{x^2+(y+1)^2}-\sqrt{y^2+(x+1)^2}\leqq\sqrt{2}\,|x-y|$$

$$-\{\sqrt{x^2+(y+1)^2}-\sqrt{y^2+(x+1)^2}\}\leqq\sqrt{2}\,|x-y|$$

[1] $\vec{a}=(x,\ y+1)$，$\vec{b}=(-y,\ -x-1)$ とすると

$\vec{a}+\vec{b}=(x-y,\ -x+y)$

よって，$|\vec{a}|-|\vec{b}|\leqq|\vec{a}+\vec{b}|$ から

$$\sqrt{x^2+(y+1)^2}-\sqrt{(-y)^2+(-x-1)^2}\leqq\sqrt{(x-y)^2+(-x+y)^2}$$

◀$\sqrt{(x-y)^2+(-x+y)^2}$ $=\sqrt{2(x-y)^2}=\sqrt{2}\,|x-y|$

ゆえに　$\sqrt{x^2+(y+1)^2}-\sqrt{y^2+(x+1)^2}\leqq\sqrt{2}\,|x-y|$

[2] $\vec{a}=(-y,\ -x-1)$，$\vec{b}=(x,\ y+1)$ とすると

$\vec{a}+\vec{b}=(x-y,\ -x+y)$

よって，$|\vec{a}|-|\vec{b}|\leqq|\vec{a}+\vec{b}|$ から

$$\sqrt{(-y)^2+(-x-1)^2}-\sqrt{x^2+(y+1)^2}\leqq\sqrt{(x-y)^2+(-x+y)^2}$$

ゆえに　　$-\{\sqrt{x^2+(y+1)^2}-\sqrt{y^2+(x+1)^2}\}\leqq\sqrt{2}\,|x-y|$

[1]，[2] から　　$|\sqrt{x^2+(y+1)^2}-\sqrt{y^2+(x+1)^2}|\leqq\sqrt{2}\,|x-y|$

練習 13 ➡本冊 p. 41

$\overrightarrow{\mathrm{OP}}$ と $\overrightarrow{\mathrm{OQ}}$ のなす角を θ とすると

$$\overrightarrow{\mathrm{OP}}\cdot\overrightarrow{\mathrm{OQ}}=|\overrightarrow{\mathrm{OP}}||\overrightarrow{\mathrm{OQ}}|\cos\theta$$

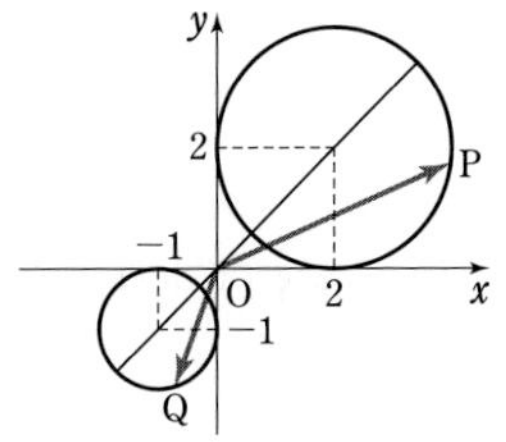

右の図より，$90^\circ\leqq\theta\leqq180^\circ$ であるから　　$-1\leqq\cos\theta\leqq0$

◀P(2, 0)，Q(0, −1) のときと，P(0, 2)，Q(−1, 0) のとき，$\overrightarrow{\mathrm{OP}}\perp\overrightarrow{\mathrm{OQ}}$ となる。

点Pは円 $(x-2)^2+(y-2)^2=4$ 上にあるから，中心を A(2, 2) とすると

$$|\overrightarrow{\mathrm{OP}}|\leqq\mathrm{OA}+2$$

$\mathrm{OA}=\sqrt{2^2+2^2}=2\sqrt{2}$ であるから

$$|\overrightarrow{\mathrm{OP}}|\leqq2\sqrt{2}+2$$

点Qは円 $(x+1)^2+(y+1)^2=1$ 上にあるから，中心を B(−1, −1) とすると　　$|\overrightarrow{\mathrm{OQ}}|\leqq\mathrm{OB}+1$

$\mathrm{OB}=\sqrt{(-1)^2+(-1)^2}=\sqrt{2}$ であるから　　$|\overrightarrow{\mathrm{OQ}}|\leqq\sqrt{2}+1$

$\overrightarrow{\mathrm{OP}}\cdot\overrightarrow{\mathrm{OQ}}$ が最大となるのは，$\cos\theta=0$ $(\theta=90^\circ)$ のときで，最大値は　　ア**0**

◀$|\overrightarrow{\mathrm{OP}}||\overrightarrow{\mathrm{OQ}}|>0$ であることに着目。

$\overrightarrow{\mathrm{OP}}\cdot\overrightarrow{\mathrm{OQ}}$ が最小となるのは，$\cos\theta=-1$ $(\theta=180^\circ)$，$|\overrightarrow{\mathrm{OP}}|=2\sqrt{2}+2$，$|\overrightarrow{\mathrm{OQ}}|=\sqrt{2}+1$ のときで，最小値は

$$(2\sqrt{2}+2)\cdot(\sqrt{2}+1)\cdot(-1)={}^{イ}\boldsymbol{-6-4\sqrt{2}}$$

◀$|\overrightarrow{\mathrm{OP}}|$，$|\overrightarrow{\mathrm{OQ}}|$ が最大になるとき，$\cos\theta=-1$ となる。
$\Longrightarrow$ $\overrightarrow{\mathrm{OP}}\cdot\overrightarrow{\mathrm{OQ}}$ は最小。

参考　$\overrightarrow{\mathrm{OP}}\cdot\overrightarrow{\mathrm{OQ}}$ が最大となるときの 2 点 P，Q の座標は

P(2, 0)，Q(0, −1)　または　P(0, 2)，Q(−1, 0)

$\overrightarrow{\mathrm{OP}}\cdot\overrightarrow{\mathrm{OQ}}$ が最小となるときの 2 点 P，Q の座標は

$$\mathrm{P}(2+\sqrt{2},\ 2+\sqrt{2}),\ \mathrm{Q}\left(-1-\frac{1}{\sqrt{2}},\ -1-\frac{1}{\sqrt{2}}\right)$$

練習 14 ➡本冊 p. 45

$\mathrm{A}(\vec{a})$，$\mathrm{B}(\vec{b})$，$\mathrm{P}(\vec{p})$ とする。

◀$\overrightarrow{\mathrm{OA}}=\vec{a}$，$\overrightarrow{\mathrm{OB}}=\vec{b}$，$\overrightarrow{\mathrm{OP}}=\vec{p}$

(1)　$3\overrightarrow{\mathrm{AP}}+4\overrightarrow{\mathrm{BP}}=2\overrightarrow{\mathrm{AB}}$ から

$$3(\vec{p}-\vec{a})+4(\vec{p}-\vec{b})=2(\vec{b}-\vec{a})$$

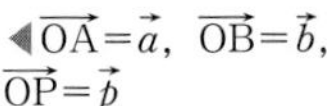

◀**分割** $\overrightarrow{\mathbf{EF}}=\overrightarrow{\square\mathbf{F}}-\overrightarrow{\square\mathbf{E}}$

よって　　$7\vec{p}=\vec{a}+6\vec{b}$

ゆえに　　$\vec{p}=\dfrac{1}{7}\vec{a}+\dfrac{6}{7}\vec{b}=\dfrac{1\cdot\vec{a}+6\vec{b}}{6+1}$

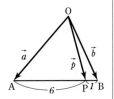

◀内分点の位置ベクトル $\dfrac{n\vec{a}+m\vec{b}}{m+n}$ で $m=6$，$n=1$ の場合。

したがって，点Pは **線分 AB を 6：1 に内分する位置** にある。

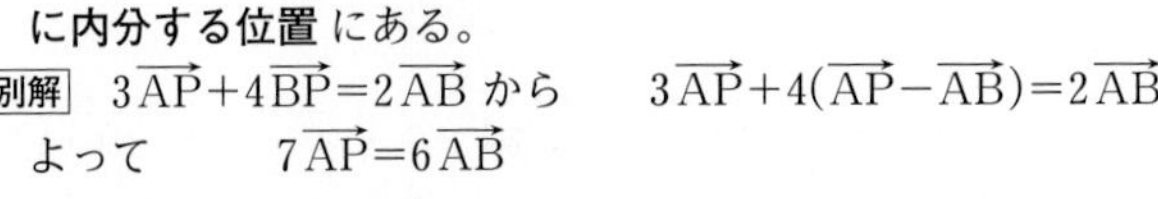

別解　$3\overrightarrow{\mathrm{AP}}+4\overrightarrow{\mathrm{BP}}=2\overrightarrow{\mathrm{AB}}$ から　　$3\overrightarrow{\mathrm{AP}}+4(\overrightarrow{\mathrm{AP}}-\overrightarrow{\mathrm{AB}})=2\overrightarrow{\mathrm{AB}}$

◀始点をAにする。

よって　　$7\overrightarrow{\mathrm{AP}}=6\overrightarrow{\mathrm{AB}}$

すなわち　　$\overrightarrow{\mathrm{AP}}=\dfrac{6}{7}\overrightarrow{\mathrm{AB}}$

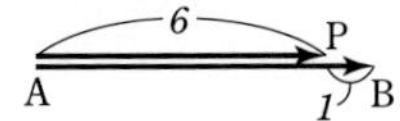

したがって，点Pは **線分 AB を 6：1 に内分する位置** にある。

(2) $\overrightarrow{AP}-3\overrightarrow{BP}+4\overrightarrow{BA}=\vec{0}$ から

$(\vec{p}-\vec{a})-3(\vec{p}-\vec{b})+4(\vec{a}-\vec{b})=\vec{0}$

よって　$-2\vec{p}=-3\vec{a}+\vec{b}$

ゆえに　$\vec{p}=\dfrac{3\vec{a}-\vec{b}}{2}=\dfrac{3\vec{a}-1\cdot\vec{b}}{-1+3}$

したがって，点Pは **線分 AB を 1：3 に外分する位置** にある。

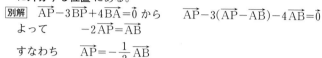

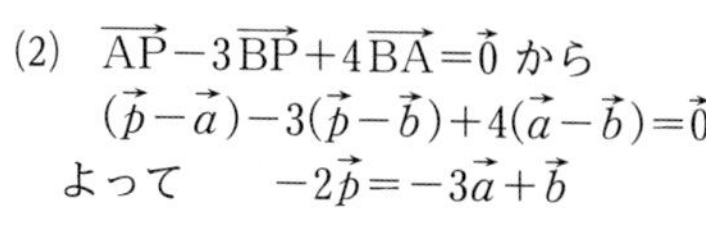

◀外分点の位置ベクトル $\dfrac{n\vec{a}-m\vec{b}}{-m+n}$ で $m=1$, $n=3$ の場合。

別解　$\overrightarrow{AP}-3\overrightarrow{BP}+4\overrightarrow{BA}=\vec{0}$ から　$\overrightarrow{AP}-3(\overrightarrow{AP}-\overrightarrow{AB})-4\overrightarrow{AB}=\vec{0}$

◀始点をAにする。

よって　$-2\overrightarrow{AP}=\overrightarrow{AB}$

すなわち　$\overrightarrow{AP}=-\dfrac{1}{2}\overrightarrow{AB}$

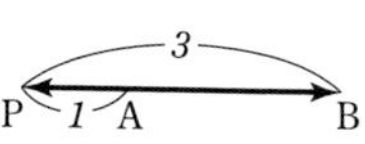

したがって，点Pは **線分 AB を 1：3 に外分する位置** にある。

練習 15　➡ 本冊 p. 46

(1) $a\overrightarrow{PA}+b\overrightarrow{PB}+c\overrightarrow{PC}=\vec{0}$ から

$-a\overrightarrow{AP}+b(\overrightarrow{AB}-\overrightarrow{AP})+c(\overrightarrow{AC}-\overrightarrow{AP})=\vec{0}$

◀分割 $\overrightarrow{EF}=\square\text{F}-\square\text{E}$

よって　$(a+b+c)\overrightarrow{AP}=b\overrightarrow{AB}+c\overrightarrow{AC}$

ゆえに　$\overrightarrow{AP}=\dfrac{b\overrightarrow{AB}+c\overrightarrow{AC}}{a+b+c}=\dfrac{b+c}{a+b+c}\cdot\dfrac{b\overrightarrow{AB}+c\overrightarrow{AC}}{c+b}$

◀$\dfrac{b\overrightarrow{AB}+c\overrightarrow{AC}}{c+b}$ の式から，内分点の位置ベクトルの式に結びつける。

辺 BC を $c：b$ に内分する点をDとすると　$\overrightarrow{AP}=\dfrac{b+c}{a+b+c}\overrightarrow{AD}$

◀$\overrightarrow{AD}=\dfrac{b\overrightarrow{AB}+c\overrightarrow{AC}}{c+b}$

よって，**辺 BC を $c：b$ に内分する点をDとすると，点Pは線分 AD を $(b+c)：a$ に内分する位置** にある。

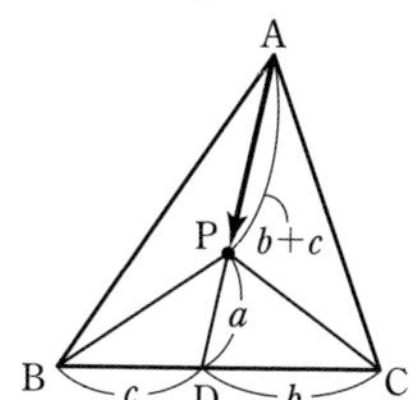

(2) △ABC の面積を S とする。

(1) から　$\triangle\text{PBC}=\dfrac{a}{a+b+c}S$

◀△PBC，△PCA，△PAB の面積をそれぞれ △ABC の面積 S で表す。

$\triangle\text{PCA}=\dfrac{b+c}{a+b+c}\triangle\text{ACD}=\dfrac{b+c}{a+b+c}\cdot\dfrac{b}{b+c}S$

$=\dfrac{b}{a+b+c}S$

$\triangle\text{PAB}=\dfrac{b+c}{a+b+c}\triangle\text{ABD}=\dfrac{b+c}{a+b+c}\cdot\dfrac{c}{b+c}S$

$=\dfrac{c}{a+b+c}S$

CHART
三角形の面積比
1 等高なら底辺の比
2 等底なら高さの比

したがって　$\triangle\text{PBC}：\triangle\text{PCA}：\triangle\text{PAB}=a：b：c$

練習 16　➡ 本冊 p. 49

BP：PM$=s：(1-s)$,

CP：PL$=t：(1-t)$ とする。

$\overrightarrow{AP}=(1-s)\overrightarrow{AB}+s\overrightarrow{AM}$

◀$\overrightarrow{AP}$ を **2通り** に表す。

$=(1-s)\overrightarrow{AB}+\dfrac{s}{2}\overrightarrow{AC}$

◀$\overrightarrow{AM}=\dfrac{1}{2}\overrightarrow{AC}$

$\overrightarrow{AP}=(1-t)\overrightarrow{AC}+t\overrightarrow{AL}$

$=\dfrac{2}{3}t\overrightarrow{AB}+(1-t)\overrightarrow{AC}$

◀$\overrightarrow{AL}=\dfrac{2}{3}\overrightarrow{AB}$

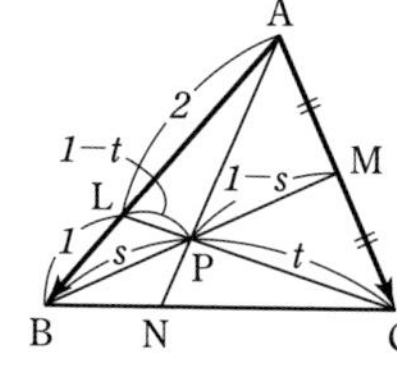

$\overrightarrow{\mathrm{AB}}\neq\vec{0}$, $\overrightarrow{\mathrm{AC}}\neq\vec{0}$, $\overrightarrow{\mathrm{AB}}\not\parallel\overrightarrow{\mathrm{AC}}$ であるから

$$1-s=\frac{2}{3}t,\quad \frac{s}{2}=1-t$$

◀$\overrightarrow{\mathrm{AB}}$, $\overrightarrow{\mathrm{AC}}$の係数を比較。

連立して解くと　$s=\frac{1}{2}$, $t=\frac{3}{4}$

◀$\overrightarrow{\mathrm{AP}}$ を表す式のどちらかに代入する。

よって　$\boldsymbol{\overrightarrow{\mathrm{AP}}=\frac{1}{2}\overrightarrow{\mathrm{AB}}+\frac{1}{4}\overrightarrow{\mathrm{AC}}}$

また，BN：NC$=u:(1-u)$ とすると

$$\overrightarrow{\mathrm{AN}}=(1-u)\overrightarrow{\mathrm{AB}}+u\overrightarrow{\mathrm{AC}}$$

点Nは直線 AP 上にあるから，$\overrightarrow{\mathrm{AN}}=k\overrightarrow{\mathrm{AP}}$
(k は実数) とすると

$$\overrightarrow{\mathrm{AN}}=k\left(\frac{1}{2}\overrightarrow{\mathrm{AB}}+\frac{1}{4}\overrightarrow{\mathrm{AC}}\right)$$
$$=\frac{k}{2}\overrightarrow{\mathrm{AB}}+\frac{k}{4}\overrightarrow{\mathrm{AC}}$$

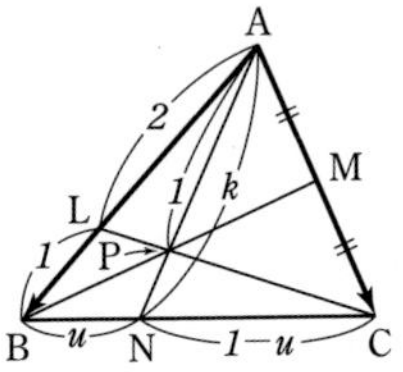

A, B, C, L, M, N, P, 2, 1, 1, k, u, 1−u

$\overrightarrow{\mathrm{AB}}\neq\vec{0}$, $\overrightarrow{\mathrm{AC}}\neq\vec{0}$, $\overrightarrow{\mathrm{AB}}\not\parallel\overrightarrow{\mathrm{AC}}$ であるから

$$1-u=\frac{k}{2},\quad u=\frac{k}{4}$$

◀$\overrightarrow{\mathrm{AB}}$, $\overrightarrow{\mathrm{AC}}$の係数を比較。

連立して解くと　$u=\frac{1}{3}$, $k=\frac{4}{3}$

よって　$\boldsymbol{\overrightarrow{\mathrm{AN}}=\frac{2}{3}\overrightarrow{\mathrm{AB}}+\frac{1}{3}\overrightarrow{\mathrm{AC}}}$

また　**AP：AN**$=1:\frac{4}{3}$**=3：4**

◀$1:k$

別解 **1**．$\overrightarrow{\mathrm{AP}}=x\overrightarrow{\mathrm{AB}}+y\overrightarrow{\mathrm{AC}}$ (x, y は実数) とする。

$\overrightarrow{\mathrm{AB}}=\frac{3}{2}\overrightarrow{\mathrm{AL}}$ であるから　$\overrightarrow{\mathrm{AP}}=x\cdot\frac{3}{2}\overrightarrow{\mathrm{AL}}+y\overrightarrow{\mathrm{AC}}$

点Pは直線 CL 上にあるから　$\frac{3}{2}x+y=1$　…… ①

◀点Pが直線 ST 上にある
$\iff$ $\overrightarrow{\mathrm{AR}}=s\overrightarrow{\mathrm{AS}}+t\overrightarrow{\mathrm{AT}}$, $s+t=1$
(係数の和)=1

$\overrightarrow{\mathrm{AC}}=2\overrightarrow{\mathrm{AM}}$ であるから　$\overrightarrow{\mathrm{AP}}=x\overrightarrow{\mathrm{AB}}+y\cdot2\overrightarrow{\mathrm{AM}}$

点Pは直線 BM 上にあるから　$x+2y=1$　…… ②

①, ② を連立して解くと　$x=\frac{1}{2}$, $y=\frac{1}{4}$

したがって　$\boldsymbol{\overrightarrow{\mathrm{AP}}=\frac{1}{2}\overrightarrow{\mathrm{AB}}+\frac{1}{4}\overrightarrow{\mathrm{AC}}}$

また，$\overrightarrow{\mathrm{AN}}=k\overrightarrow{\mathrm{AP}}$ (k は実数) とすると

$$\overrightarrow{\mathrm{AN}}=\frac{k}{2}\overrightarrow{\mathrm{AB}}+\frac{k}{4}\overrightarrow{\mathrm{AC}}$$

◀3点 A, P, N が一直線上にある
$\iff$ $\overrightarrow{\mathrm{AN}}=k\overrightarrow{\mathrm{AP}}$ (k は実数)

点Nは辺 BC 上にあるから　$\frac{k}{2}+\frac{k}{4}=1$

◀**(係数の和)=1**

これを解いて　$k=\frac{4}{3}$

よって　$\boldsymbol{\overrightarrow{\mathrm{AN}}=\frac{2}{3}\overrightarrow{\mathrm{AB}}+\frac{1}{3}\overrightarrow{\mathrm{AC}}}$

(AP：AN の求め方は同様。)

別解 2．△ABC と点Pについて，チェバの定理により

$$\frac{\mathrm{AL}}{\mathrm{LB}}\cdot\frac{\mathrm{BN}}{\mathrm{NC}}\cdot\frac{\mathrm{CM}}{\mathrm{MA}}=1$$

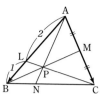

すなわち　$\dfrac{2}{1}\cdot\dfrac{\mathrm{BN}}{\mathrm{NC}}\cdot\dfrac{1}{1}=1$

◀ $\dfrac{\mathrm{BN}}{\mathrm{NC}}=\dfrac{1}{2}$

よって　BN：NC＝1：2

ゆえに　$\overrightarrow{\mathrm{AN}}=\dfrac{2\overrightarrow{\mathrm{AB}}+\overrightarrow{\mathrm{AC}}}{1+2}=\boldsymbol{\dfrac{2}{3}\overrightarrow{\mathrm{AB}}+\dfrac{1}{3}\overrightarrow{\mathrm{AC}}}$

△ABN と直線 CL について，メネラウスの定理により

$$\frac{\mathrm{AL}}{\mathrm{LB}}\cdot\frac{\mathrm{BC}}{\mathrm{CN}}\cdot\frac{\mathrm{NP}}{\mathrm{PA}}=1 \quad すなわち \quad \frac{2}{1}\cdot\frac{3}{2}\cdot\frac{\mathrm{NP}}{\mathrm{PA}}=1$$

◀ $\dfrac{\mathrm{AP}}{\mathrm{PN}}=\dfrac{3}{1}$

よって　AP：PN＝3：1

ゆえに　$\overrightarrow{\mathrm{AP}}=\dfrac{3}{4}\overrightarrow{\mathrm{AN}}=\dfrac{3}{4}\left(\dfrac{2}{3}\overrightarrow{\mathrm{AB}}+\dfrac{1}{3}\overrightarrow{\mathrm{AC}}\right)=\boldsymbol{\dfrac{1}{2}\overrightarrow{\mathrm{AB}}+\dfrac{1}{4}\overrightarrow{\mathrm{AC}}}$

また　**AP：AN**＝3：(3＋1)＝**3：4**

練習 17

➡ 本冊 p. 50

正六角形の 3 つの対角線 AD，BE，CF の交点をOとする。

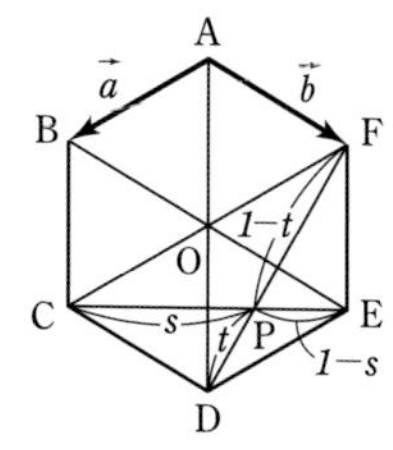

(1)　$\overrightarrow{\mathrm{AC}}=\overrightarrow{\mathrm{AB}}+\overrightarrow{\mathrm{BC}}=\overrightarrow{\mathrm{AB}}+\overrightarrow{\mathrm{AO}}$
$=\vec{a}+(\vec{a}+\vec{b})=\boldsymbol{2\vec{a}+\vec{b}}$

$\overrightarrow{\mathrm{AD}}=2\overrightarrow{\mathrm{AO}}=\boldsymbol{2\vec{a}+2\vec{b}}$

$\overrightarrow{\mathrm{AE}}=\overrightarrow{\mathrm{AF}}+\overrightarrow{\mathrm{FE}}=\overrightarrow{\mathrm{AF}}+\overrightarrow{\mathrm{AO}}$
$=\vec{b}+(\vec{a}+\vec{b})=\boldsymbol{\vec{a}+2\vec{b}}$

(2)　CP：PE＝s：$(1-s)$，DP：PF＝t：$(1-t)$ とする。

$\overrightarrow{\mathrm{AP}}=(1-s)\overrightarrow{\mathrm{AC}}+s\overrightarrow{\mathrm{AE}}$
$=(1-s)(2\vec{a}+\vec{b})+s(\vec{a}+2\vec{b})$
$=(2-s)\vec{a}+(1+s)\vec{b}$

$\overrightarrow{\mathrm{AP}}=(1-t)\overrightarrow{\mathrm{AD}}+t\overrightarrow{\mathrm{AF}}$
$=(1-t)(2\vec{a}+2\vec{b})+t\vec{b}$
$=(2-2t)\vec{a}+(2-t)\vec{b}$

参考　△PCF∽△PED であるから
PC：PE＝CF：ED
＝2：1
よって $\overrightarrow{\mathrm{AP}}=\dfrac{\overrightarrow{\mathrm{AC}}+2\overrightarrow{\mathrm{AE}}}{2+1}$
$=\dfrac{4}{3}\vec{a}+\dfrac{5}{3}\vec{b}$

$\vec{a}\neq\vec{0}$，$\vec{b}\neq\vec{0}$，$\vec{a}\not\parallel\vec{b}$ であるから，$\overrightarrow{\mathrm{AP}}$ について

$2-s=2-2t$，$1+s=2-t$

◀ $\vec{a}$，$\vec{b}$ の係数を比較。

連立して解くと　$s=\dfrac{2}{3}$，$t=\dfrac{1}{3}$

よって　$\boldsymbol{\overrightarrow{\mathrm{AP}}=\dfrac{4}{3}\vec{a}+\dfrac{5}{3}\vec{b}}$　…… ①

(3)　$\overrightarrow{\mathrm{AQ}}=k\overrightarrow{\mathrm{AP}}$（$k$ は実数）とすると，① から

$$\overrightarrow{\mathrm{AQ}}=\frac{4}{3}k\vec{a}+\frac{5}{3}k\vec{b}$$

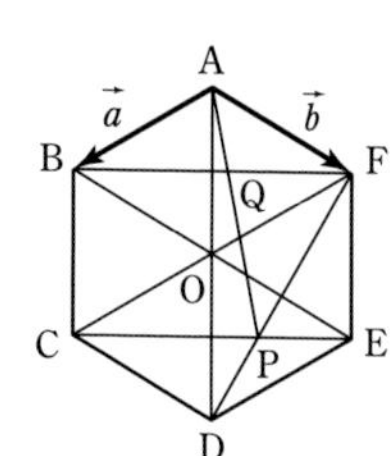

点Qは線分 BF 上にあるから　$\dfrac{4}{3}k+\dfrac{5}{3}k=1$

これを解いて　$k=\dfrac{1}{3}$

よって　$\overrightarrow{\mathrm{AQ}}=\dfrac{4}{9}\vec{a}+\dfrac{5}{9}\vec{b}=\dfrac{4\vec{a}+5\vec{b}}{5+4}$

したがって　**BQ：QF＝5：4**

練習 18 ➡ 本冊 *p*. 51

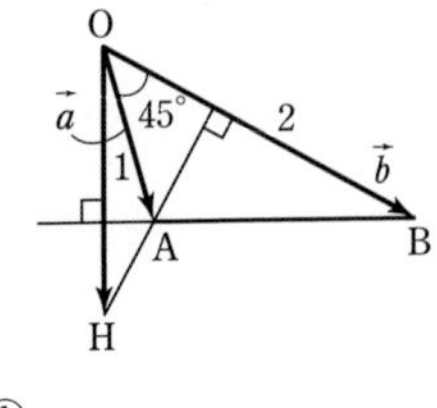

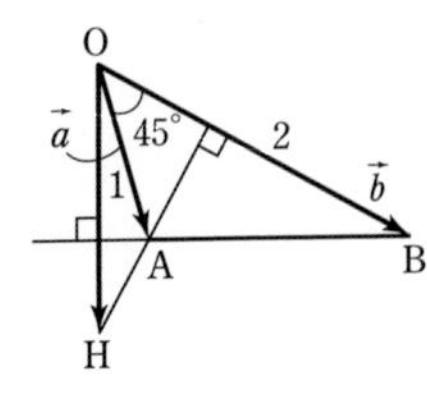

Hは垂心であるから

$\overrightarrow{OH}\perp\overrightarrow{AB},\ \overrightarrow{AH}\perp\overrightarrow{OB}$

$\overrightarrow{OH}=s\vec{a}+t\vec{b}$ ($s,\ t$ は実数) とする。

$\overrightarrow{OH}\perp\overrightarrow{AB}$ より $\overrightarrow{OH}\cdot\overrightarrow{AB}=0$ であるから

$(s\vec{a}+t\vec{b})\cdot(\vec{b}-\vec{a})=0$

よって　$-s|\vec{a}|^2+(s-t)\vec{a}\cdot\vec{b}+t|\vec{b}|^2=0$ …… ①

$\overrightarrow{AH}\perp\overrightarrow{OB}$ より $\overrightarrow{AH}\cdot\overrightarrow{OB}=0$ であるから

$\{(s-1)\vec{a}+t\vec{b}\}\cdot\vec{b}=0$

ゆえに　$(s-1)\vec{a}\cdot\vec{b}+t|\vec{b}|^2=0$ …… ②

ここで　$|\vec{a}|=1,\ |\vec{b}|=2,$

$\vec{a}\cdot\vec{b}=|\vec{a}||\vec{b}|\cos 45^\circ=1\cdot 2\cdot\dfrac{1}{\sqrt{2}}=\sqrt{2}$

これらを ①，② にそれぞれ代入して整理すると

$(\sqrt{2}-1)s+(4-\sqrt{2})t=0$ …… ③，$\sqrt{2}s+4t=\sqrt{2}$ …… ④

④−③ から　$s+\sqrt{2}t=\sqrt{2}$ すなわち $s=\sqrt{2}(1-t)$ …… ⑤

⑤ を ④ に代入して　$2(1-t)+4t=\sqrt{2}$

ゆえに　$t=\dfrac{\sqrt{2}-2}{2}$　　よって，⑤ から　$s=2\sqrt{2}-1$

したがって　$\boldsymbol{\overrightarrow{OH}=(2\sqrt{2}-1)\vec{a}+\dfrac{\sqrt{2}-2}{2}\vec{b}}$

◀ベクトルの条件を図形の条件に直して考える。
垂直 ⟹ (内積)=0 の利用。

◀$\overrightarrow{AH}=\overrightarrow{OH}-\overrightarrow{OA}$
$=(s\vec{a}+t\vec{b})-\vec{a}$

◀① に代入すると
$-s+\sqrt{2}(s-t)+4t=0$

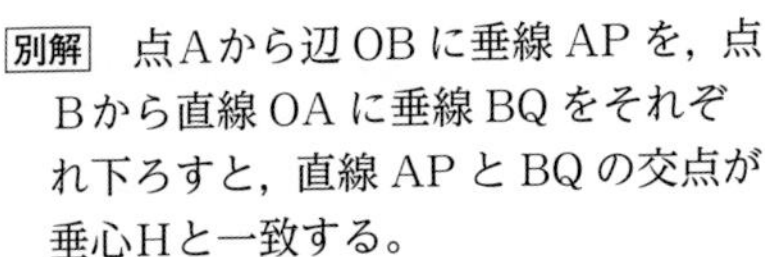

別解　点Aから辺 OB に垂線 AP を，点Bから直線 OA に垂線 BQ をそれぞれ下ろすと，直線 AP と BQ の交点が垂心Hと一致する。

ここで，$|\vec{a}|=1,\ |\vec{b}|=2,\ \vec{a}\cdot\vec{b}=\sqrt{2}$ であるから

$\overrightarrow{OP}=\dfrac{\vec{a}\cdot\vec{b}}{|\vec{b}|^2}\vec{b}=\dfrac{\sqrt{2}}{4}\vec{b},$

$\overrightarrow{OQ}=\dfrac{\vec{a}\cdot\vec{b}}{|\vec{a}|^2}\vec{a}=\sqrt{2}\vec{a}$

点Hは直線 AP 上にあるから，$\overrightarrow{OH}=(1-s)\overrightarrow{OA}+s\overrightarrow{OP}$ (s は実数) と表される。

よって　$\overrightarrow{OH}=(1-s)\vec{a}+s\cdot\dfrac{\sqrt{2}}{4}\vec{b}$

$=(1-s)\cdot\dfrac{1}{\sqrt{2}}\overrightarrow{OQ}+\dfrac{\sqrt{2}}{4}s\overrightarrow{OB}$

点Hは直線 QB 上にあるから　$\dfrac{1-s}{\sqrt{2}}+\dfrac{\sqrt{2}}{4}s=1$

これを解いて　$s=2-2\sqrt{2}$

したがって　$\boldsymbol{\overrightarrow{OH}=(2\sqrt{2}-1)\vec{a}+\dfrac{\sqrt{2}-2}{2}\vec{b}}$

◀正射影ベクトルを利用する解答。

◀$\vec{a}\cdot\vec{b}=1\cdot 2\cos 45^\circ$

◀$\overrightarrow{AH}=s\overrightarrow{AP}$ から。

◀$\overrightarrow{OH}=$●$\overrightarrow{OQ}+$■$\overrightarrow{OB}$ の形。

◀**(係数の和)=1**

練習 19

➡ 本冊 p. 53

(1) 直線 OP は ∠AOB の二等分線であるから

$$\mathrm{AP}:\mathrm{PB}=\mathrm{OA}:\mathrm{OB}=3:5$$

◀角の二等分線の定理。

したがって

$$\overrightarrow{\mathbf{OP}}=\frac{5\overrightarrow{\mathrm{OA}}+3\overrightarrow{\mathrm{OB}}}{3+5}=\frac{\mathbf{5}}{\mathbf{8}}\overrightarrow{\mathbf{OA}}+\frac{\mathbf{3}}{\mathbf{8}}\overrightarrow{\mathbf{OB}}$$

◀Pは辺 AB を 3：5 に内分する点。

ここで $|\overrightarrow{\mathrm{AB}}|^2$
$=|\overrightarrow{\mathrm{OB}}-\overrightarrow{\mathrm{OA}}|^2$
$=|\overrightarrow{\mathrm{OB}}|^2-2\overrightarrow{\mathrm{OB}}\cdot\overrightarrow{\mathrm{OA}}+|\overrightarrow{\mathrm{OA}}|^2$

◀$|\overrightarrow{\mathrm{OP}}|$ を求めるには，$\overrightarrow{\mathrm{OA}}\cdot\overrightarrow{\mathrm{OB}}$ の値が必要。その値を $|\overrightarrow{\mathrm{AB}}|^2$ から求める。

ゆえに $49=25-2\overrightarrow{\mathrm{OB}}\cdot\overrightarrow{\mathrm{OA}}+9$　　よって $\overrightarrow{\mathrm{OB}}\cdot\overrightarrow{\mathrm{OA}}=-\dfrac{15}{2}$

ゆえに

$$|\overrightarrow{\mathrm{OP}}|^2=\frac{1}{64}|5\overrightarrow{\mathrm{OA}}+3\overrightarrow{\mathrm{OB}}|^2$$
$$=\frac{1}{64}(25|\overrightarrow{\mathrm{OA}}|^2+30\overrightarrow{\mathrm{OA}}\cdot\overrightarrow{\mathrm{OB}}+9|\overrightarrow{\mathrm{OB}}|^2)$$
$$=\frac{25\cdot3^2-15^2+9\cdot5^2}{64}=\frac{225}{64}$$

◀(分子)
$=5^2\cdot3^2-(3\cdot5)^2+3^2\cdot5^2$
$=(3\cdot5)^2=15^2$

$|\overrightarrow{\mathrm{OP}}|\geqq0$ であるから　$|\overrightarrow{\mathbf{OP}}|=\dfrac{\mathbf{15}}{\mathbf{8}}$

(2) △BOP において，直線 BQ は頂点Bにおける外角の二等分線であるから　$\mathrm{OQ}:\mathrm{QP}=\mathrm{BO}:\mathrm{BP}=5:\left(\dfrac{5}{8}\cdot7\right)=8:7$

◀$\mathrm{BP}=\dfrac{5}{3+5}\mathrm{AB}$

よって　$\overrightarrow{\mathbf{OQ}}=8\overrightarrow{\mathrm{OP}}=\mathbf{5}\overrightarrow{\mathbf{OA}}+\mathbf{3}\overrightarrow{\mathbf{OB}}$,　$|\overrightarrow{\mathbf{OQ}}|=8|\overrightarrow{\mathrm{OP}}|=\mathbf{15}$

練習 20

➡ 本冊 p. 54

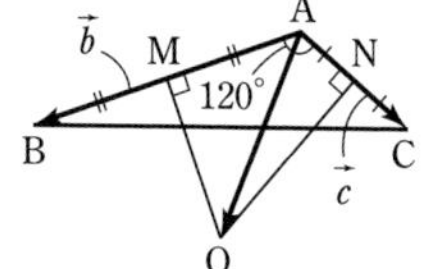

点Oは △ABC の外心であるから，辺 AB, AC の中点をそれぞれ M，N とすると，AB⊥MO，AC⊥NO である。

◀外心は，各辺の垂直二等分線の交点である。

よって　$\overrightarrow{\mathrm{AB}}\cdot\overrightarrow{\mathrm{MO}}=0$，$\overrightarrow{\mathrm{AC}}\cdot\overrightarrow{\mathrm{NO}}=0$

◀**垂直 ⟹ (内積)=0**

$\overrightarrow{\mathrm{AO}}=s\vec{b}+t\vec{c}$ (s，t は実数) とすると，
$\overrightarrow{\mathrm{AB}}\cdot\overrightarrow{\mathrm{MO}}=0$ から

$$\overrightarrow{\mathrm{AB}}\cdot(\overrightarrow{\mathrm{AO}}-\overrightarrow{\mathrm{AM}})=0$$

ゆえに　$\vec{b}\cdot\left(s\vec{b}+t\vec{c}-\dfrac{1}{2}\vec{b}\right)=0$

◀$\overrightarrow{\mathrm{AM}}=\dfrac{1}{2}\vec{b}$

よって　$(2s-1)|\vec{b}|^2+2t\vec{b}\cdot\vec{c}=0$　…… ①

◀両辺を 2 倍。

また，$\overrightarrow{\mathrm{AC}}\cdot\overrightarrow{\mathrm{NO}}=0$ から

$$\overrightarrow{\mathrm{AC}}\cdot(\overrightarrow{\mathrm{AO}}-\overrightarrow{\mathrm{AN}})=0$$

ゆえに　$\vec{c}\cdot\left(s\vec{b}+t\vec{c}-\dfrac{1}{2}\vec{c}\right)=0$

◀$\overrightarrow{\mathrm{AN}}=\dfrac{1}{2}\vec{c}$

よって　$2s\vec{b}\cdot\vec{c}+(2t-1)|\vec{c}|^2=0$　…… ②

◀両辺を 2 倍。

ここで　$\vec{b}\cdot\vec{c}=|\vec{b}||\vec{c}|\cos120^\circ=4\cdot2\cdot\left(-\dfrac{1}{2}\right)=-4$

$|\vec{b}|=4$, $|\vec{c}|=2$, $\vec{b}\cdot\vec{c}=-4$ を ①, ② に代入して整理すると

$$4s-t=2,\ 2s-2t=-1$$

連立して解くと　$s=\dfrac{5}{6}$, $t=\dfrac{4}{3}$

したがって　　$\boldsymbol{\overrightarrow{\mathrm{AO}}=\dfrac{5}{6}\vec{b}+\dfrac{4}{3}\vec{c}}$

別解　$|\vec{b}|=4$, $|\vec{c}|=2$, $\vec{b}\cdot\vec{c}=-4$ である。
また, 辺 AB, AC の中点をそれぞれ M, N とすると, $\angle\mathrm{OAM}<90°$, $\angle\mathrm{OAN}<90°$ であるから

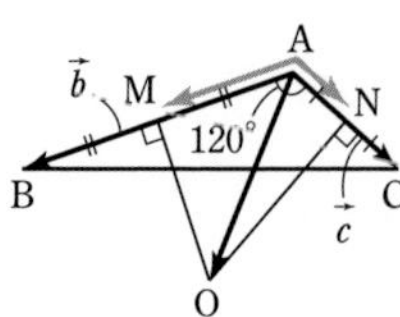

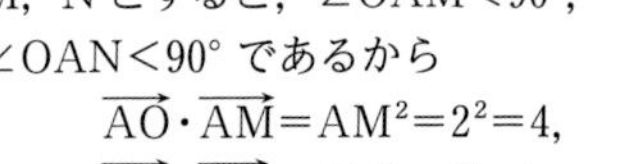

$$\overrightarrow{\mathrm{AO}}\cdot\overrightarrow{\mathrm{AM}}=\mathrm{AM}^2=2^2=4,$$
$$\overrightarrow{\mathrm{AO}}\cdot\overrightarrow{\mathrm{AN}}=\mathrm{AN}^2=1^2=1$$

よって, $\overrightarrow{\mathrm{AO}}=s\vec{b}+t\vec{c}$ (s, t は実数) とすると

$$\overrightarrow{\mathrm{AO}}\cdot\overrightarrow{\mathrm{AM}}=(s\vec{b}+t\vec{c})\cdot\frac{\vec{b}}{2}=\frac{s}{2}|\vec{b}|^2+\frac{t}{2}\vec{b}\cdot\vec{c}=8s-2t$$

$$\overrightarrow{\mathrm{AO}}\cdot\overrightarrow{\mathrm{AN}}=(s\vec{b}+t\vec{c})\cdot\frac{\vec{c}}{2}=\frac{s}{2}\vec{b}\cdot\vec{c}+\frac{t}{2}|\vec{c}|^2=-2s+2t$$

ゆえに　　$8s-2t=4$, $-2s+2t=1$

連立して解くと　$s=\dfrac{5}{6}$, $t=\dfrac{4}{3}$

したがって　　$\boldsymbol{\overrightarrow{\mathrm{AO}}=\dfrac{5}{6}\vec{b}+\dfrac{4}{3}\vec{c}}$

◀$\vec{b}\cdot\vec{c}=|\vec{b}||\vec{c}|\cos 120°$

◀△AOM, △AON は直角三角形。

◀ベクトルの正射影。
$\angle\mathrm{OAM}=\theta$ とすると
$\overrightarrow{\mathrm{AO}}\cdot\overrightarrow{\mathrm{AM}}$
$=|\overrightarrow{\mathrm{AM}}||\overrightarrow{\mathrm{AO}}|\cos\theta$
$=|\overrightarrow{\mathrm{AM}}|\times|\overrightarrow{\mathrm{AM}}|=\mathrm{AM}^2$

◀2 式を加えて, まず t を消去。

練習　➡本冊 p. 56

$\mathrm{AI_A}$ は頂角Aの二等分線であるから, $\mathrm{AI_A}$ と辺 BC の交点をDとすると　　$\mathrm{BD}:\mathrm{DC}=c:b$

よって　　$\overrightarrow{\mathrm{AD}}=\dfrac{b\overrightarrow{\mathrm{AB}}+c\overrightarrow{\mathrm{AC}}}{c+b}$

また　　$\mathrm{BD}=\dfrac{c}{c+b}\mathrm{BC}=\dfrac{ac}{b+c}$

$\mathrm{BI_A}$ は頂角Bの外角の二等分線であるから

$$\mathrm{AI_A}:\mathrm{I_AD}=\mathrm{BA}:\mathrm{BD}=c:\frac{ac}{b+c}$$
$$=(b+c):a$$

ゆえに　　$\overrightarrow{\mathrm{AI_A}}=\dfrac{b+c}{b+c-a}\overrightarrow{\mathrm{AD}}=\dfrac{b\overrightarrow{\mathrm{AB}}+c\overrightarrow{\mathrm{AC}}}{b+c-a}$

よって　　$\vec{i_A}-\vec{a}=\dfrac{b(\vec{b}-\vec{a})+c(\vec{c}-\vec{a})}{b+c-a}$

したがって　　$\boldsymbol{\vec{i_A}=\dfrac{-a\vec{a}+b\vec{b}+c\vec{c}}{-a+b+c}}$

検討　頂角B内の傍心を $\mathrm{I_B}(\vec{i_B})$, 頂角C内の傍心を $\mathrm{I_C}(\vec{i_C})$ とすると, 同様に考えて

$$\vec{i_B}=\frac{a\vec{a}-b\vec{b}+c\vec{c}}{a-b+c},\qquad \vec{i_C}=\frac{a\vec{a}+b\vec{b}-c\vec{c}}{a+b-c}$$

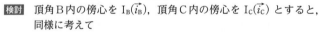

HINT　Aを始点とする位置ベクトルでまず考えてみる。

◀△ABD と $\mathrm{BI_A}$ に関し, 外角の二等分線の定理。

◀$\mathrm{AD}:\mathrm{AI_A}$
$=(b+c-a):(b+c)$

◀$\overrightarrow{\mathrm{AI_A}}=\vec{i_A}-\vec{a}$,
$\overrightarrow{\mathrm{AB}}=\vec{b}-\vec{a}$,
$\overrightarrow{\mathrm{AC}}=\vec{c}-\vec{a}$

練習 21 ➡ 本冊 p. 57

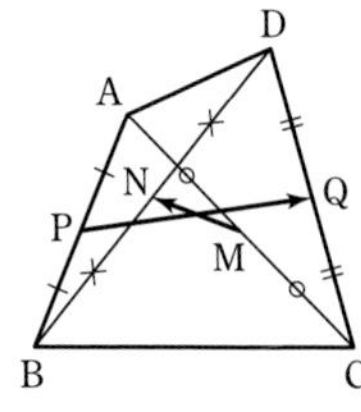

(1) A, B, C, D, P, Q, M, N の位置ベクトルをそれぞれ $\vec{a}$, $\vec{b}$, $\vec{c}$, $\vec{d}$, $\vec{p}$, $\vec{q}$, $\vec{m}$, $\vec{n}$ とすると

$$\overrightarrow{\mathrm{PQ}}=\vec{q}-\vec{p}=\frac{\vec{c}+\vec{d}}{2}-\frac{\vec{a}+\vec{b}}{2}$$

$$=\frac{1}{2}\{(\vec{d}-\vec{a})+(\vec{c}-\vec{b})\}=\boldsymbol{\frac{1}{2}(\overrightarrow{\mathrm{AD}}+\overrightarrow{\mathrm{BC}})}$$

$$\overrightarrow{\mathrm{MN}}=\vec{n}-\vec{m}=\frac{\vec{b}+\vec{d}}{2}-\frac{\vec{a}+\vec{c}}{2}$$

$$=\frac{1}{2}\{(\vec{d}-\vec{a})-(\vec{c}-\vec{b})\}=\boldsymbol{\frac{1}{2}(\overrightarrow{\mathrm{AD}}-\overrightarrow{\mathrm{BC}})}$$

(2) 直線 PQ と直線 MN が垂直であるとき　$\overrightarrow{\mathrm{PQ}}\cdot\overrightarrow{\mathrm{MN}}=0$

◀**垂直 ⟹ (内積)=0**

よって　$\frac{1}{4}(\overrightarrow{\mathrm{AD}}+\overrightarrow{\mathrm{BC}})\cdot(\overrightarrow{\mathrm{AD}}-\overrightarrow{\mathrm{BC}})=0$

◀(1) の結果を代入。

ゆえに　$|\overrightarrow{\mathrm{AD}}|^2-|\overrightarrow{\mathrm{BC}}|^2=0$　すなわち　$|\overrightarrow{\mathrm{AD}}|^2=|\overrightarrow{\mathrm{BC}}|^2$

◀$(a+b)(a-b)$ の展開と同じ要領。

したがって，$|\overrightarrow{\mathrm{AD}}|=|\overrightarrow{\mathrm{BC}}|$ から　AD=BC

◀四角形 ABCD において　$|\overrightarrow{\mathrm{AD}}|>0$, $|\overrightarrow{\mathrm{BC}}|>0$

練習 22 ➡ 本冊 p. 58

(1) $\overrightarrow{\mathrm{BC}}\cdot\overrightarrow{\mathrm{BA}}=\mathrm{BA}^2$ から　$\overrightarrow{\mathrm{BC}}\cdot\overrightarrow{\mathrm{BA}}=|\overrightarrow{\mathrm{BA}}|^2$

よって　$\overrightarrow{\mathrm{BC}}\cdot\overrightarrow{\mathrm{BA}}-\overrightarrow{\mathrm{BA}}\cdot\overrightarrow{\mathrm{BA}}=0$

◀$|\overrightarrow{\mathrm{BA}}|^2=\overrightarrow{\mathrm{BA}}\cdot\overrightarrow{\mathrm{BA}}$

ゆえに　$(\overrightarrow{\mathrm{BC}}-\overrightarrow{\mathrm{BA}})\cdot\overrightarrow{\mathrm{BA}}=0$

◀$\overrightarrow{\mathrm{BA}}$ でくくる。

よって　$\overrightarrow{\mathrm{AC}}\cdot\overrightarrow{\mathrm{AB}}=0$　ゆえに　$\mathrm{AC}\perp\mathrm{AB}$

◀$\overrightarrow{\mathrm{BC}}-\overrightarrow{\mathrm{BA}}=\overrightarrow{\mathrm{AC}}$, $\overrightarrow{\mathrm{BA}}=-\overrightarrow{\mathrm{AB}}$

したがって，△ABC は **∠A=90° の直角三角形** である。

◀直角になる角も記す。

(2) $\overrightarrow{\mathrm{AB}}+\overrightarrow{\mathrm{BC}}+\overrightarrow{\mathrm{CA}}=\vec{0}$ …… ① が成り立つ。

◀$\overrightarrow{\mathrm{AB}}+\overrightarrow{\mathrm{BC}}+\overrightarrow{\mathrm{CA}}=\overrightarrow{\mathrm{AC}}+\overrightarrow{\mathrm{CA}}=\overrightarrow{\mathrm{AA}}=\vec{0}$

① から　$\overrightarrow{\mathrm{BC}}=-\overrightarrow{\mathrm{AB}}-\overrightarrow{\mathrm{CA}}$

これと $\overrightarrow{\mathrm{AB}}\cdot\overrightarrow{\mathrm{BC}}=\overrightarrow{\mathrm{BC}}\cdot\overrightarrow{\mathrm{CA}}$ から

$$\overrightarrow{\mathrm{AB}}\cdot(-\overrightarrow{\mathrm{AB}}-\overrightarrow{\mathrm{CA}})=(-\overrightarrow{\mathrm{AB}}-\overrightarrow{\mathrm{CA}})\cdot\overrightarrow{\mathrm{CA}}$$

よって　$|\overrightarrow{\mathrm{AB}}|^2=|\overrightarrow{\mathrm{CA}}|^2$　ゆえに　AB=CA

◀△ABC において　$|\overrightarrow{\mathrm{AB}}|>0$, $|\overrightarrow{\mathrm{CA}}|>0$　よって　$|\overrightarrow{\mathrm{AB}}|=|\overrightarrow{\mathrm{CA}}|$

また，① から　$\overrightarrow{\mathrm{CA}}=-\overrightarrow{\mathrm{AB}}-\overrightarrow{\mathrm{BC}}$

これと $\overrightarrow{\mathrm{BC}}\cdot\overrightarrow{\mathrm{CA}}=\overrightarrow{\mathrm{CA}}\cdot\overrightarrow{\mathrm{AB}}$ から

$$\overrightarrow{\mathrm{BC}}\cdot(-\overrightarrow{\mathrm{AB}}-\overrightarrow{\mathrm{BC}})=(-\overrightarrow{\mathrm{AB}}-\overrightarrow{\mathrm{BC}})\cdot\overrightarrow{\mathrm{AB}}$$

よって　$|\overrightarrow{\mathrm{BC}}|^2=|\overrightarrow{\mathrm{AB}}|^2$　ゆえに　BC=AB

◀△ABC において　$|\overrightarrow{\mathrm{BC}}|>0$, $|\overrightarrow{\mathrm{AB}}|>0$　よって　$|\overrightarrow{\mathrm{BC}}|=|\overrightarrow{\mathrm{AB}}|$

よって　AB=BC=CA

したがって，△ABC は **正三角形** である。

別解　$\overrightarrow{\mathrm{AB}}+\overrightarrow{\mathrm{BC}}+\overrightarrow{\mathrm{CA}}=\vec{0}$ …… ①,
$\overrightarrow{\mathrm{AB}}\cdot\overrightarrow{\mathrm{BC}}=\overrightarrow{\mathrm{BC}}\cdot\overrightarrow{\mathrm{CA}}=\overrightarrow{\mathrm{CA}}\cdot\overrightarrow{\mathrm{AB}}=k$ …… ② とする。

① から　$\overrightarrow{\mathrm{AB}}\cdot(\overrightarrow{\mathrm{AB}}+\overrightarrow{\mathrm{BC}}+\overrightarrow{\mathrm{CA}})=0$

よって　$|\overrightarrow{\mathrm{AB}}|^2=-(\overrightarrow{\mathrm{AB}}\cdot\overrightarrow{\mathrm{BC}}+\overrightarrow{\mathrm{CA}}\cdot\overrightarrow{\mathrm{AB}})$

これに ② を代入して　$|\overrightarrow{\mathrm{AB}}|^2=-2k$

同様に，$\overrightarrow{\mathrm{BC}}\cdot(\overrightarrow{\mathrm{AB}}+\overrightarrow{\mathrm{BC}}+\overrightarrow{\mathrm{CA}})=0$, $\overrightarrow{\mathrm{CA}}\cdot(\overrightarrow{\mathrm{AB}}+\overrightarrow{\mathrm{BC}}+\overrightarrow{\mathrm{CA}})=0$

と ② から　$|\overrightarrow{\mathrm{BC}}|^2=-2k$, $|\overrightarrow{\mathrm{CA}}|^2=-2k$

よって　$|\overrightarrow{\mathrm{AB}}|^2=|\overrightarrow{\mathrm{BC}}|^2=|\overrightarrow{\mathrm{CA}}|^2$

ゆえに　AB=BC=CA

したがって，△ABC は **正三角形** である。

練習 23 ➡本冊 p. 59

(1) $AP:PD=s:(1-s)$, $CP:PB=t:(1-t)$ とすると

$$\overrightarrow{OP}=(1-s)\vec{a}+s\overrightarrow{OD},\ \overrightarrow{OP}=(1-t)\overrightarrow{OC}+t\vec{b}$$

◀$\overrightarrow{OP}$ を2通りに表す。

$\overrightarrow{OD}=\dfrac{2}{3}\vec{b}$, $\overrightarrow{OC}=\dfrac{1}{3}\vec{a}$ であるから

$$\overrightarrow{OP}=(1-s)\vec{a}+\frac{2}{3}s\vec{b},\ \overrightarrow{OP}=\frac{1}{3}(1-t)\vec{a}+t\vec{b}$$

$\vec{a}\neq\vec{0}$, $\vec{b}\neq\vec{0}$, $\vec{a}\not\parallel\vec{b}$ であるから　$1-s=\dfrac{1}{3}(1-t)$, $\dfrac{2}{3}s=t$

◀$\vec{a}$, $\vec{b}$ の係数を比較。

連立して解くと　$s=\dfrac{6}{7}$, $t=\dfrac{4}{7}$

したがって　$\boldsymbol{\overrightarrow{OP}=\dfrac{1}{7}\vec{a}+\dfrac{4}{7}\vec{b}}$

(2) $\overrightarrow{OH}=\alpha\vec{a}+\beta\vec{b}$ (α, β は実数) とする。

$\overrightarrow{AH}\perp\overrightarrow{OB}$ から　$\overrightarrow{AH}\cdot\overrightarrow{OB}=0$

◀**垂直 ⟹ (内積)=0**

すなわち　$(\overrightarrow{OH}-\overrightarrow{OA})\cdot\overrightarrow{OB}=0$

よって　$(\alpha-1)\vec{a}\cdot\vec{b}+\beta|\vec{b}|^2=0$

$\vec{a}\cdot\vec{b}=5\times4\times\cos60^\circ=10$, $|\vec{b}|^2=16$ から　$10(\alpha-1)+16\beta=0$

ゆえに　$5\alpha+8\beta=5$ …… ①

また, $\overrightarrow{BH}\perp\overrightarrow{OA}$ から　$\overrightarrow{BH}\cdot\overrightarrow{OA}=0$

◀**垂直 ⟹ (内積)=0**

すなわち　$(\overrightarrow{OH}-\overrightarrow{OB})\cdot\overrightarrow{OA}=0$

よって　$\alpha|\vec{a}|^2+(\beta-1)\vec{a}\cdot\vec{b}=0$

$|\vec{a}|^2=25$, $\vec{a}\cdot\vec{b}=10$ から　$25\alpha+10(\beta-1)=0$

ゆえに　$5\alpha+2\beta=2$ …… ②

①, ② を連立して解くと　$\alpha=\dfrac{1}{5}$, $\beta=\dfrac{1}{2}$

したがって　$\boldsymbol{\overrightarrow{OH}=\dfrac{1}{5}\vec{a}+\dfrac{1}{2}\vec{b}}$

(3) $\overrightarrow{OG}=\dfrac{1}{3}(\overrightarrow{OA}+\overrightarrow{OB})$ であるから, (1), (2) より

$$\overrightarrow{GH}=\overrightarrow{OH}-\overrightarrow{OG}=\left(\frac{1}{5}\vec{a}+\frac{1}{2}\vec{b}\right)-\frac{1}{3}(\vec{a}+\vec{b})$$
$$=-\frac{2}{15}\vec{a}+\frac{1}{6}\vec{b}=-\frac{1}{30}(4\vec{a}-5\vec{b})$$
$$\overrightarrow{HP}=\overrightarrow{OP}-\overrightarrow{OH}=\left(\frac{1}{7}\vec{a}+\frac{4}{7}\vec{b}\right)-\left(\frac{1}{5}\vec{a}+\frac{1}{2}\vec{b}\right)$$
$$=-\frac{2}{35}\vec{a}+\frac{1}{14}\vec{b}=-\frac{1}{70}(4\vec{a}-5\vec{b})$$

◀$\overrightarrow{GH}=k\overrightarrow{HP}$ となる実数 k が存在することを示す。

よって, $\overrightarrow{HP}=\dfrac{3}{7}\overrightarrow{GH}$ が成り立つから, 3点G, H, Pは一直線上にあり, **GH : HP=7 : 3** となる。

練習 24 ➡本冊 p. 60

(1) $12\overrightarrow{OB}+5\overrightarrow{OC}=-13\overrightarrow{OA}$ であるから

$$|12\overrightarrow{OB}+5\overrightarrow{OC}|^2=|-13\overrightarrow{OA}|^2$$

◀$|\vec{p}|$ は $|\vec{p}|^2$ として扱う

ゆえに　$144|\overrightarrow{OB}|^2+120\overrightarrow{OB}\cdot\overrightarrow{OC}+25|\overrightarrow{OC}|^2=169|\overrightarrow{OA}|^2$

$|\overrightarrow{OA}|=|\overrightarrow{OB}|=|\overrightarrow{OC}|=1$ であるから

$$144+120\overrightarrow{OB}\cdot\overrightarrow{OC}+25=169$$

よって　$\overrightarrow{OB}\cdot\overrightarrow{OC}=0$

$\overrightarrow{OB}\neq\vec{0}$, $\overrightarrow{OC}\neq\vec{0}$ であるから　$\overrightarrow{OB}\perp\overrightarrow{OC}$

◀3点A, B, Cは単位円周上にあるから $|\overrightarrow{OA}|=|\overrightarrow{OB}|=|\overrightarrow{OC}|=1$

(2) $|13\overrightarrow{OA}+12\overrightarrow{OB}|^2=|-5\overrightarrow{OC}|^2$ を考えると，

$|\overrightarrow{OA}|=|\overrightarrow{OB}|=|\overrightarrow{OC}|=1$ であるから

$$169+2\times13\times12\overrightarrow{OA}\cdot\overrightarrow{OB}+144=25$$

よって　$\overrightarrow{OA}\cdot\overrightarrow{OB}=\dfrac{-288}{2\times13\times12}=-\dfrac{12}{13}$

ゆえに　$\cos\alpha=\dfrac{\overrightarrow{OA}\cdot\overrightarrow{OB}}{|\overrightarrow{OA}||\overrightarrow{OB}|}=\boldsymbol{-\dfrac{12}{13}}$

◀$\overrightarrow{OA}\cdot\overrightarrow{OB}=|\overrightarrow{OA}||\overrightarrow{OB}|\cos\alpha$

同様にして，$|13\overrightarrow{OA}+5\overrightarrow{OC}|^2=|-12\overrightarrow{OB}|^2$ から

$$\overrightarrow{OA}\cdot\overrightarrow{OC}=-\frac{5}{13}$$

よって　$\cos\beta=\dfrac{\overrightarrow{OA}\cdot\overrightarrow{OC}}{|\overrightarrow{OA}||\overrightarrow{OC}|}=\boldsymbol{-\dfrac{5}{13}}$

練習 25

➡本冊 p. 61

$\overrightarrow{AB}=\vec{b}$, $\overrightarrow{AC}=\vec{c}$ とする。

Gは △ABC の重心であるから　$\overrightarrow{AG}=\dfrac{1}{3}(\vec{b}+\vec{c})$　…… ①

AD : DB $=s:(1-s)$, AE : EC $=t:(1-t)$,

DG : GE $=u:(1-u)$ とすると

$$\overrightarrow{AG}=(1-u)\overrightarrow{AD}+u\overrightarrow{AE}=(1-u)s\overrightarrow{AB}+ut\overrightarrow{AC}$$
$$=(1-u)s\vec{b}+ut\vec{c}\quad\cdots\cdots ②$$

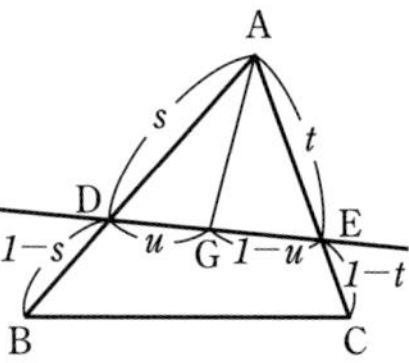

$\vec{b}\neq\vec{0}$, $\vec{c}\neq\vec{0}$, $\vec{b}\not\parallel\vec{c}$ であるから，①，② より

$(1-u)s=\dfrac{1}{3}$, $ut=\dfrac{1}{3}$　　よって　$\dfrac{1}{s}=3(1-u)$, $\dfrac{1}{t}=3u$

ゆえに　$\dfrac{DB}{AD}+\dfrac{EC}{AE}=\dfrac{1-s}{s}+\dfrac{1-t}{t}=\dfrac{1}{s}+\dfrac{1}{t}-2$
$$=3(1-u)+3u-2=1$$

したがって，$\dfrac{DB}{AD}+\dfrac{EC}{AE}=1$ が成り立つ。

注意　$\dfrac{DB}{AD}=\dfrac{1-s}{s}$, $\dfrac{EC}{AE}=\dfrac{1-t}{t}$ であるから，示すべき等式は $\dfrac{1-s}{s}+\dfrac{1-t}{t}=1$ すなわち $\dfrac{1}{s}+\dfrac{1}{t}-2=1$ このように，**結論からお迎え** の方針で進めるとよい。

検討　次のように，三角形の **面積比を利用** して示すこともできる。

$\dfrac{\triangle ADE}{\triangle ABC}=\dfrac{AD\cdot AE}{AB\cdot AC}$ が成り立つ。

◀数学A参照。

ここで　$\triangle ADE=\dfrac{AD}{AB}\triangle GAB+\dfrac{AE}{AC}\triangle GCA$
$$=\frac{AD}{AB}\cdot\frac{1}{3}\triangle ABC+\frac{AE}{AC}\cdot\frac{1}{3}\triangle ABC$$

ゆえに　$\dfrac{\triangle ADE}{\triangle ABC}=\dfrac{AD\cdot AE}{AB\cdot AC}=\dfrac{1}{3}\left(\dfrac{AD}{AB}+\dfrac{AE}{AC}\right)$

よって　$3AD\cdot AE=AD\cdot AC+AE\cdot AB$

◀両辺に 3AB·AC を掛ける。

AB=AD+DB, AC=AE+EC を代入して整理すると

$$AD\cdot AE=AD\cdot EC+AE\cdot DB$$

両辺を AD·AE で割って　$\dfrac{DB}{AD}+\dfrac{EC}{AE}=1$

練習 26

➡ 本冊 p. 63

(1) $\overrightarrow{\mathrm{OP}}=\dfrac{\vec{a}\cdot\vec{b}}{|\vec{a}|^2}\vec{a}$

ここで，$|\overrightarrow{\mathrm{AB}}|=2$ であるから　$|\vec{b}-\vec{a}|=2$

よって　$|\vec{b}-\vec{a}|^2=2^2$

ゆえに　$|\vec{b}|^2-2\vec{a}\cdot\vec{b}+|\vec{a}|^2=4$

$|\vec{a}|=|\vec{b}|=\sqrt{5}$ であるから

$5-2\vec{a}\cdot\vec{b}+5=4$

よって　$\vec{a}\cdot\vec{b}=3$

したがって　$\overrightarrow{\mathrm{OP}}=\dfrac{3}{(\sqrt{5})^2}\vec{a}=\boldsymbol{\dfrac{3}{5}\vec{a}}$

◀$\overrightarrow{\mathrm{OP}}$ は $\overrightarrow{\mathrm{OB}}$ の直線 OA への正射影ベクトル。

◀$\vec{a}\cdot\vec{b}$
$=|\vec{a}||\vec{b}|\cos\angle\mathrm{AOB}$
$=\sqrt{5}\cdot\sqrt{5}\cdot\dfrac{(\sqrt{5})^2+(\sqrt{5})^2-2^2}{2\cdot\sqrt{5}\cdot\sqrt{5}}$
$=3$ でもよい。

(2) △OAB は OA＝OB の二等辺三角形であるから，辺 AB の中点を M とすると，OM⊥AB である。

よって，点Qは線分 OM 上にあるから，$\overrightarrow{\mathrm{OQ}}=t\overrightarrow{\mathrm{OM}}$ となる実数 t が存在する。

$\overrightarrow{\mathrm{OM}}=\dfrac{\vec{a}+\vec{b}}{2}$ であるから

$$\overrightarrow{\mathrm{OQ}}=\frac{t}{2}\vec{a}+\frac{t}{2}\vec{b}=\frac{t}{2}\cdot\frac{5}{3}\overrightarrow{\mathrm{OP}}+\frac{t}{2}\overrightarrow{\mathrm{OB}}$$
$$=\frac{5}{6}t\overrightarrow{\mathrm{OP}}+\frac{t}{2}\overrightarrow{\mathrm{OB}}$$

◀$\overrightarrow{\mathrm{OQ}}=●\overrightarrow{\mathrm{OP}}+■\overrightarrow{\mathrm{OB}}$ の形に変形して，(係数の和)＝1 を利用。

点Qは直線 BP 上にあるから　$\dfrac{5}{6}t+\dfrac{t}{2}=1$

これを解くと　$t=\dfrac{3}{4}$　ゆえに　$\boldsymbol{\overrightarrow{\mathrm{OQ}}=\dfrac{3}{8}\vec{a}+\dfrac{3}{8}\vec{b}}$

練習 27

➡ 本冊 p. 69

(1) 点Fは直線 OA 上にあるから，

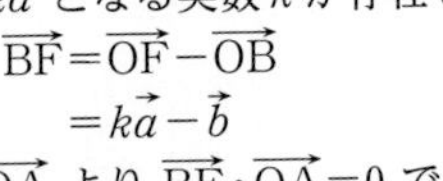

$\overrightarrow{\mathrm{OF}}=k\vec{a}$ となる実数 k が存在して

$\overrightarrow{\mathrm{BF}}=\overrightarrow{\mathrm{OF}}-\overrightarrow{\mathrm{OB}}$
$=k\vec{a}-\vec{b}$

$\overrightarrow{\mathrm{BF}}\perp\overrightarrow{\mathrm{OA}}$ より $\overrightarrow{\mathrm{BF}}\cdot\overrightarrow{\mathrm{OA}}=0$ であるから

$(k\vec{a}-\vec{b})\cdot\vec{a}=0$

すなわち　$k|\vec{a}|^2-\vec{a}\cdot\vec{b}=0$

$|\vec{a}|=4$，$\vec{a}\cdot\vec{b}=6$ であるから　$16k-6=0$

これを解いて　$k=\dfrac{3}{8}$　したがって　$\boldsymbol{\overrightarrow{\mathrm{OF}}=\dfrac{3}{8}\vec{a}}$

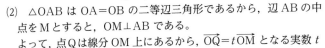

指針　線対称な点については，次のことがポイント。
2点 D，E が直線 OA に関して対称 ⟺
DE⊥OA
線分 DE の中点が直線 OA 上

(2) 直線 OA と DE の交点をHとすると，点Hは直線 OA 上にあるから，$\overrightarrow{\mathrm{OH}}=l\vec{a}$ となる実数 l が存在する。

Dは辺 AB を 2：1 に内分する点であるから

$$\overrightarrow{\mathrm{OD}}=\frac{\overrightarrow{\mathrm{OA}}+2\overrightarrow{\mathrm{OB}}}{2+1}=\frac{1}{3}\vec{a}+\frac{2}{3}\vec{b}$$

ゆえに　$\overrightarrow{\mathrm{DH}}=\overrightarrow{\mathrm{OH}}-\overrightarrow{\mathrm{OD}}=\left(l-\dfrac{1}{3}\right)\vec{a}-\dfrac{2}{3}\vec{b}$　…… ①

$\overrightarrow{\mathrm{DH}}\perp\overrightarrow{\mathrm{OA}}$ より $\overrightarrow{\mathrm{DH}}\cdot\overrightarrow{\mathrm{OA}}=0$ であるから

別解　OA と DE の交点をHとすると，DH∥BF より，△ADH∽△ABF であるから
DH：BF＝AD：AB
＝2：3
したがって

$$\left\{\left(l-\frac{1}{3}\right)\vec{a}-\frac{2}{3}\vec{b}\right\}\cdot\vec{a}=0$$

よって　$\left(l-\frac{1}{3}\right)|\vec{a}|^2-\frac{2}{3}\vec{a}\cdot\vec{b}=0$

ゆえに　$\left(l-\frac{1}{3}\right)\times 16-\frac{2}{3}\times 6=0$　すなわち　$l=\frac{7}{12}$

① に代入して　$\overrightarrow{\mathrm{DH}}=\frac{1}{4}\vec{a}-\frac{2}{3}\vec{b}$

よって　$\overrightarrow{\mathrm{DE}}=2\overrightarrow{\mathrm{DH}}=\frac{1}{2}\vec{a}-\frac{4}{3}\vec{b}$

ゆえに　$\overrightarrow{\mathbf{OE}}=\overrightarrow{\mathrm{OD}}+\overrightarrow{\mathrm{DE}}=\left(\frac{1}{3}\vec{a}+\frac{2}{3}\vec{b}\right)+\left(\frac{1}{2}\vec{a}-\frac{4}{3}\vec{b}\right)$

$$=\boldsymbol{\frac{5}{6}\vec{a}-\frac{2}{3}\vec{b}}$$

◀ $\overrightarrow{\mathrm{DH}}=\frac{2}{3}\overrightarrow{\mathrm{BF}}$
$=\frac{2}{3}(\overrightarrow{\mathrm{OF}}-\overrightarrow{\mathrm{OB}})$
$=\frac{1}{4}\vec{a}-\frac{2}{3}\vec{b}$
$\overrightarrow{\mathrm{DE}}=2\overrightarrow{\mathrm{DH}}=\frac{1}{2}\vec{a}-\frac{4}{3}\vec{b}$
としてもよい。

練習 28　➡ 本冊 p. 70

(1)　$s+t=3$ から　$\frac{s}{3}+\frac{t}{3}=1$

また　$\overrightarrow{\mathrm{OP}}=\frac{s}{3}(3\overrightarrow{\mathrm{OA}})+\frac{t}{3}(3\overrightarrow{\mathrm{OB}})$

よって，点Pの存在範囲は，
$3\overrightarrow{\mathrm{OA}}=\overrightarrow{\mathrm{OA'}}$，$3\overrightarrow{\mathrm{OB}}=\overrightarrow{\mathrm{OB'}}$ とすると直線 A′B′ である。

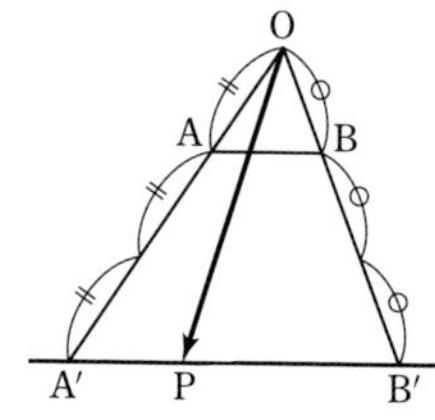

◀ =1 の形を導く。

◀ $\frac{s}{3}=s'$，$\frac{t}{3}=t'$ とおくと，$s'+t'=1$ で $\overrightarrow{\mathrm{OP}}=s'\overrightarrow{\mathrm{OA'}}+t'\overrightarrow{\mathrm{OB'}}$

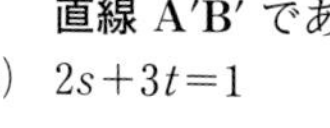

(2)　$2s+3t=1$

また　$\overrightarrow{\mathrm{OP}}=2s\left(\frac{1}{2}\overrightarrow{\mathrm{OA}}\right)+3t\left(\frac{1}{3}\overrightarrow{\mathrm{OB}}\right)$，
$2s\geqq 0$，$3t\geqq 0$

よって，点Pの存在範囲は，
$\frac{1}{2}\overrightarrow{\mathrm{OA}}=\overrightarrow{\mathrm{OA'}}$，$\frac{1}{3}\overrightarrow{\mathrm{OB}}=\overrightarrow{\mathrm{OB'}}$ とすると線分 A′B′ である。

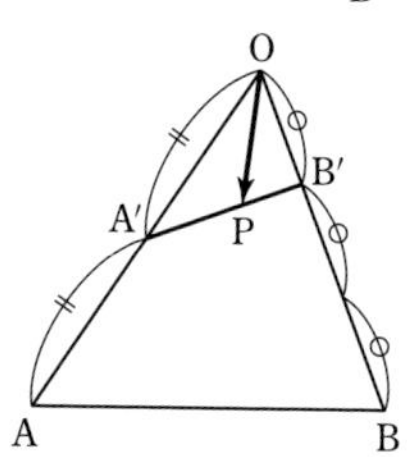

◀ $2s=s'$，$3t=t'$ とおくと，$s'+t'=1$，$s'\geqq 0$，$t'\geqq 0$ で $\overrightarrow{\mathrm{OP}}=s'\overrightarrow{\mathrm{OA'}}+t'\overrightarrow{\mathrm{OB'}}$

(3)　$2s+3t=k$ とおくと　$0\leqq k\leqq 6$

$k=0$ のときは，$s=t=0$ であるから，点Pは点Oに一致する。

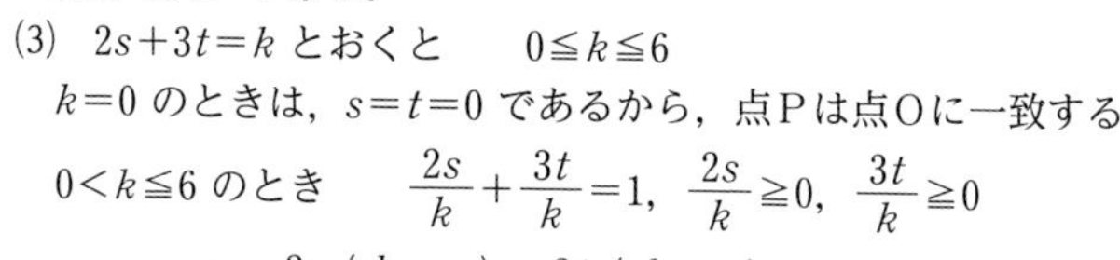

$0<k\leqq 6$ のとき　$\frac{2s}{k}+\frac{3t}{k}=1$，$\frac{2s}{k}\geqq 0$，$\frac{3t}{k}\geqq 0$

また　$\overrightarrow{\mathrm{OP}}=\frac{2s}{k}\left(\frac{k}{2}\overrightarrow{\mathrm{OA}}\right)+\frac{3t}{k}\left(\frac{k}{3}\overrightarrow{\mathrm{OB}}\right)$

$\frac{k}{2}\overrightarrow{\mathrm{OA}}=\overrightarrow{\mathrm{OA'}}$，$\frac{k}{3}\overrightarrow{\mathrm{OB}}=\overrightarrow{\mathrm{OB'}}$ とすると，
k が一定のとき点Pは線分 A′B′ 上を動く。

ここで，$0\leqq\frac{k}{2}\leqq 3$，$0\leqq\frac{k}{3}\leqq 2$ より，
$3\overrightarrow{\mathrm{OA}}=\overrightarrow{\mathrm{OC}}$，$2\overrightarrow{\mathrm{OB}}=\overrightarrow{\mathrm{OD}}$ とすると
$0\leqq k\leqq 6$ の範囲で k が変わるとき，点Pの存在範囲は **△OCD の周および内部** である。

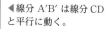

◀ $0\leqq 2s+3t\leqq 6$

◀ $\overrightarrow{\mathrm{OP}}=\vec{0}$

◀ $2s+3t=k$ の両辺を k で割る。

◀ $\frac{2s}{k}=s'$，$\frac{3t}{k}=t'$ とおくと，$s'+t'=1$，$s'\geqq 0$，$t'\geqq 0$ で $\overrightarrow{\mathrm{OP}}=s'\overrightarrow{\mathrm{OA'}}+t'\overrightarrow{\mathrm{OB'}}$

◀ 線分 A′B′ は線分 CD と平行に動く。

参考　斜交座標（本冊 $p.73$）の考えを利用する場合は，直交座標でOを原点，$\overrightarrow{\mathrm{OA}}=(1,\ 0)$，$\overrightarrow{\mathrm{OB}}=(0,\ 1)$，$\overrightarrow{\mathrm{OP}}=(x,\ y)$ としたときの点 $(x,\ y)$ の存在範囲と比較するとよい。

ここで，$\overrightarrow{\mathrm{OP}}=s\overrightarrow{\mathrm{OA}}+t\overrightarrow{\mathrm{OB}}$ から　　$(x,\ y)=s(1,\ 0)+t(0,\ 1)=(s,\ t)$

したがって，$x=s$，$y=t$ となる。

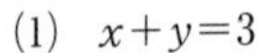

(1)　$x+y=3$　　(2)　$2x+3y=1$，$x\geqq 0$，$y\geqq 0$　　(3)　$2x+3y\leqq 6$，$x\geqq 0$，$y\geqq 0$

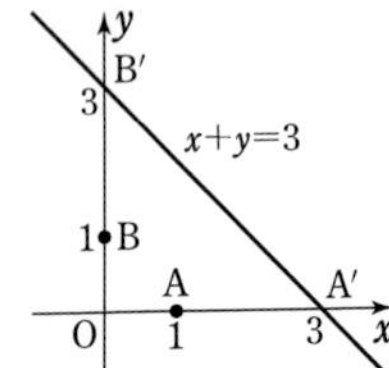

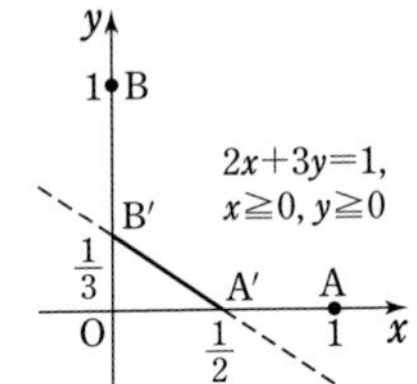

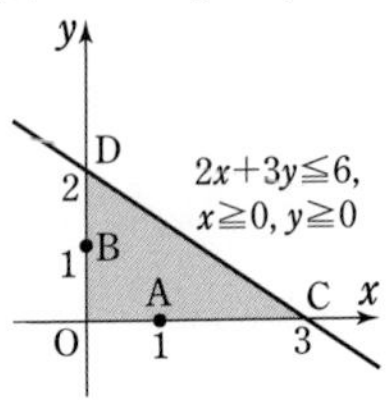

練習 29 ➡ 本冊 $p.71$

(1)　$s+2t=k\ (1\leqq k\leqq 2)$ とおくと　$\dfrac{s}{k}+\dfrac{2t}{k}=1$，$\dfrac{s}{k}\geqq 0$，$\dfrac{2t}{k}\geqq 0$

◀$=1$ の形を導く。

また　　$\overrightarrow{\mathrm{OP}}=\dfrac{s}{k}(k\overrightarrow{\mathrm{OA}})+\dfrac{2t}{k}\left(\dfrac{k}{2}\overrightarrow{\mathrm{OB}}\right)$

◀$\dfrac{s}{k}=s'$，$\dfrac{2t}{k}=t'$ とおくと，$s'+t'=1$，$s'\geqq 0$，$t'\geqq 0$ で
$\overrightarrow{\mathrm{OP}}=s'\overrightarrow{\mathrm{OA'}}+t'\overrightarrow{\mathrm{OB'}}$

よって，$k\overrightarrow{\mathrm{OA}}=\overrightarrow{\mathrm{OA'}}$，$\dfrac{k}{2}\overrightarrow{\mathrm{OB}}=\overrightarrow{\mathrm{OB'}}$ とすると，k が一定のとき点Pは線分 A′B′ 上を動く。

ここで，$2\overrightarrow{\mathrm{OA}}=\overrightarrow{\mathrm{OC}}$，$\dfrac{1}{2}\overrightarrow{\mathrm{OB}}=\overrightarrow{\mathrm{OD}}$ とすると，$1\leqq k\leqq 2$ の範囲で k が変わるとき，点Pの存在範囲は

台形 ACBD の周および内部

である。

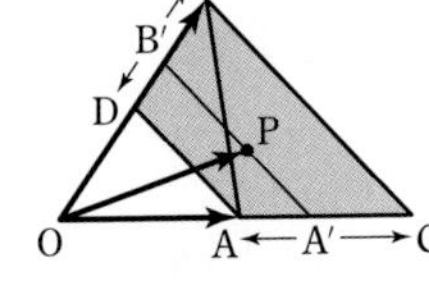

参考　斜交座標の考えを利用する場合は，次の直交座標の図と比較する。

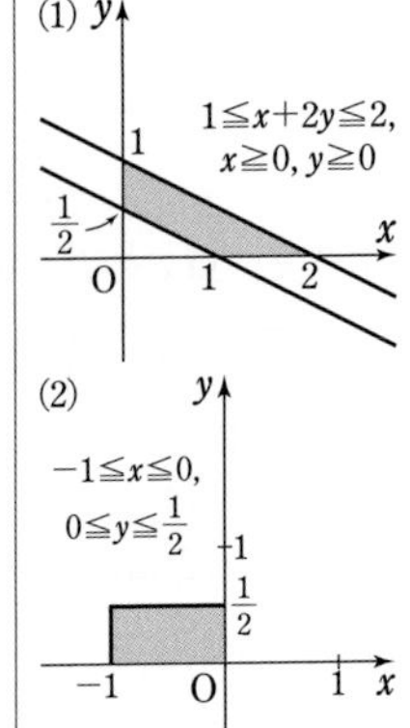

(2)　s を固定して，$\overrightarrow{\mathrm{OA'}}=s\overrightarrow{\mathrm{OA}}$ とすると
$\overrightarrow{\mathrm{OP}}=\overrightarrow{\mathrm{OA'}}+t\overrightarrow{\mathrm{OB}}$

ここで，$0\leqq 2t\leqq 1$ すなわち $0\leqq t\leqq \dfrac{1}{2}$ の範囲で t を変化させると，点Pは右の図の線分 A′C′ 上を動く。

ただし　　$\overrightarrow{\mathrm{OC'}}=\overrightarrow{\mathrm{OA'}}+\dfrac{1}{2}\overrightarrow{\mathrm{OB}}$

次に，$-1\leqq s\leqq 0$ の範囲で s を変化させると，線分 A′C′ は図の線分 DC から OE まで平行に動く。

ただし　　$\overrightarrow{\mathrm{OC}}=-\overrightarrow{\mathrm{OA}}+\dfrac{1}{2}\overrightarrow{\mathrm{OB}}$，$\overrightarrow{\mathrm{OD}}=-\overrightarrow{\mathrm{OA}}$，$\overrightarrow{\mathrm{OE}}=\dfrac{1}{2}\overrightarrow{\mathrm{OB}}$

ゆえに，点Pの存在範囲は

$$-\overrightarrow{\mathrm{OA}}+\frac{1}{2}\overrightarrow{\mathrm{OB}}=\overrightarrow{\mathrm{OC}},\quad -\overrightarrow{\mathrm{OA}}=\overrightarrow{\mathrm{OD}},\quad \frac{1}{2}\overrightarrow{\mathrm{OB}}=\overrightarrow{\mathrm{OE}}$$

とすると，平行四辺形 ODCE の周および内部

である。

別解　$0\leqq -s\leqq 1$，$0\leqq 2t\leqq 1$ から，$-s=s'$，$2t=t'$ とすると

$$\overrightarrow{\mathrm{OP}}=s'(-\overrightarrow{\mathrm{OA}})+t'\cdot\frac{1}{2}\overrightarrow{\mathrm{OB}},\quad 0\leqq s'\leqq 1,\quad 0\leqq t'\leqq 1$$

よって，点Pの存在範囲は

$-\overrightarrow{\mathrm{OA}}=\overrightarrow{\mathrm{OD}}$，$\dfrac{1}{2}\overrightarrow{\mathrm{OB}}=\overrightarrow{\mathrm{OE}}$ とすると，線分 OD，OE を隣り合う 2 辺とする平行四辺形の周および内部

である。

(3)　$s+t=k$ ($k \neq 0$，$-1<k<2$) とおくと

$$\frac{s}{k}+\frac{t}{k}=1,\quad \overrightarrow{\mathrm{OP}}=\frac{s}{k}(k\overrightarrow{\mathrm{OA}})+\frac{t}{k}(k\overrightarrow{\mathrm{OB}})$$

ゆえに，$k\overrightarrow{\mathrm{OA}}=\overrightarrow{\mathrm{OC}}$，$k\overrightarrow{\mathrm{OB}}=\overrightarrow{\mathrm{OD}}$，$\dfrac{s}{k}=s'$，$\dfrac{t}{k}=t'$ とおくと

$$\overrightarrow{\mathrm{OP}}=s'\overrightarrow{\mathrm{OC}}+t'\overrightarrow{\mathrm{OD}},\quad s'+t'=1$$

よって，点Pは辺 AB に平行な直線 CD 上を動く。

また，$k=0$ のとき，$\overrightarrow{\mathrm{OP}}=s\overrightarrow{\mathrm{BA}}$ $(=t\overrightarrow{\mathrm{AB}})$ となり，点Pは点Oを通り，辺 AB に平行な直線上を動く。

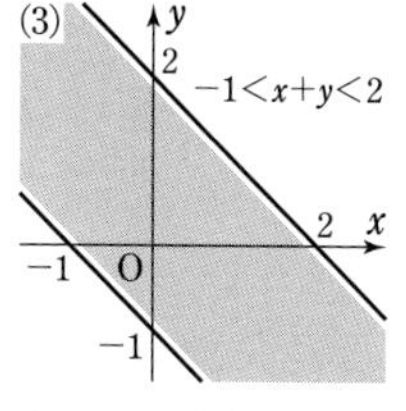

◀$s+t=0$ から　$t=-s$，
$\overrightarrow{\mathrm{OP}}=s\overrightarrow{\mathrm{OA}}+(-s)\overrightarrow{\mathrm{OB}}$
$=s(\overrightarrow{\mathrm{OA}}-\overrightarrow{\mathrm{OB}})$
$=s\overrightarrow{\mathrm{BA}}$

ここで，$-\overrightarrow{\mathrm{OA}}=\overrightarrow{\mathrm{OE}}$，$-\overrightarrow{\mathrm{OB}}=\overrightarrow{\mathrm{OF}}$，

$2\overrightarrow{\mathrm{OA}}=\overrightarrow{\mathrm{OG}}$，$2\overrightarrow{\mathrm{OB}}=\overrightarrow{\mathrm{OH}}$ とする。

k が -1 から 2 まで変化すると，点Cは図の点Eから点Gまで，点Dは点Fから点Hまで動く。

したがって，点Pの存在範囲は **右の図の黒く塗った部分。**

ただし，境界線を含まない。

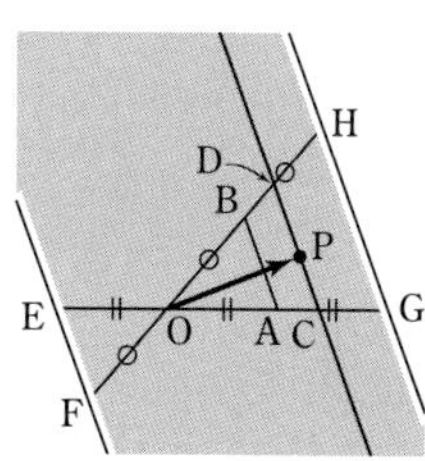

◀ 2 本の平行線 EF，GH で挟まれた部分。ただし，直線 EF，GH は除く。

練習 30

➡ 本冊 p. 72

(1)　$\overrightarrow{\mathrm{OP}}=(2s+t)\overrightarrow{\mathrm{OA}}+t\overrightarrow{\mathrm{OB}}$

$=s(2\overrightarrow{\mathrm{OA}})+t(\overrightarrow{\mathrm{OA}}+\overrightarrow{\mathrm{OB}})$

$2\overrightarrow{\mathrm{OA}}=\overrightarrow{\mathrm{OC}}$，$\overrightarrow{\mathrm{OA}}+\overrightarrow{\mathrm{OB}}=\overrightarrow{\mathrm{OD}}$ とすると

$\overrightarrow{\mathrm{OP}}=s\overrightarrow{\mathrm{OC}}+t\overrightarrow{\mathrm{OD}}$，

$0 \leqq s+t \leqq 1$，$s \geqq 0$，$t \geqq 0$

よって，点Pの存在範囲は

△OCD の周および内部

である。

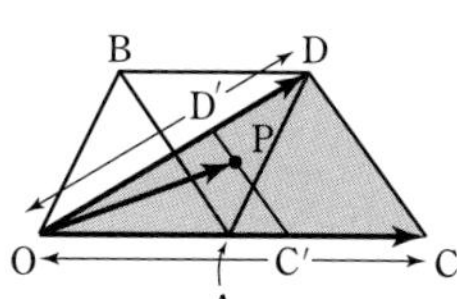

(1)　$s+t=k$ ($0 \leqq k \leqq 1$) とおくと，$k=0$ のとき，点Oに一致する。
$k \neq 0$ のとき
$\dfrac{s}{k}+\dfrac{t}{k}=1$，
$\overrightarrow{\mathrm{OP}}=\dfrac{s}{k}(k\overrightarrow{\mathrm{OC}})+\dfrac{t}{k}(k\overrightarrow{\mathrm{OD}})$
$k\overrightarrow{\mathrm{OC}}=\overrightarrow{\mathrm{OC'}}$，$k\overrightarrow{\mathrm{OD}}=\overrightarrow{\mathrm{OD'}}$ とおいて k を固定すると，点Pは線分 C′D′ 上を動く。次に k を動かす。

(2)　$\overrightarrow{\mathrm{OP}}=(s-t)\overrightarrow{\mathrm{OA}}+(s+t)\overrightarrow{\mathrm{OB}}$

$=s(\overrightarrow{\mathrm{OA}}+\overrightarrow{\mathrm{OB}})+t(\overrightarrow{\mathrm{OB}}-\overrightarrow{\mathrm{OA}})$

$\overrightarrow{\mathrm{OA}}+\overrightarrow{\mathrm{OB}}=\overrightarrow{\mathrm{OC}}$，$\overrightarrow{\mathrm{OB}}-\overrightarrow{\mathrm{OA}}=\overrightarrow{\mathrm{OD}}$ とすると

$\overrightarrow{\mathrm{OP}}=s\overrightarrow{\mathrm{OC}}+t\overrightarrow{\mathrm{OD}}$，

$0 \leqq s \leqq 1$，$0 \leqq t \leqq 1$

よって，点Pの存在範囲は

線分 OC，OD を隣り合う 2 辺とする平行四辺形の周および内部

である。

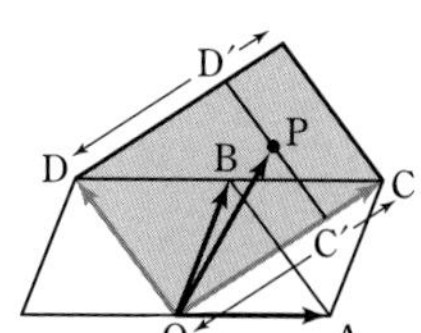

(2)　$s(\overrightarrow{\mathrm{OA}}+\overrightarrow{\mathrm{OB}})=\overrightarrow{\mathrm{OC'}}$ とおいて s を固定すると
$\overrightarrow{\mathrm{OP}}=\overrightarrow{\mathrm{OC'}}+t\overrightarrow{\mathrm{OD}}$
t を $0 \leqq t \leqq 1$ の範囲で動かすと点Pは図の線分 C′D′ 上を動く（ただし $\overrightarrow{\mathrm{OD'}}=\overrightarrow{\mathrm{OC'}}+\overrightarrow{\mathrm{OD}}$）。
次に s を動かす。

練習 31

➡ 本冊 *p*. 75

$\overrightarrow{AB}=\vec{b}$, $\overrightarrow{AC}=\vec{c}$, $\overrightarrow{AP}=\vec{p}$ とする。

◀点Aに関する位置ベクトル。

(1) $|\overrightarrow{BP}+\overrightarrow{CP}|=|(\vec{p}-\vec{b})+(\vec{p}-\vec{c})|$

$$=2\left|\vec{p}-\frac{\vec{b}+\vec{c}}{2}\right|$$

◀$\overrightarrow{BP}=\overrightarrow{AP}-\overrightarrow{AB}$

◀$|2\vec{p}-(\vec{b}+\vec{c})|$ $=2\left|\vec{p}-\dfrac{\vec{b}+\vec{c}}{2}\right|$

であるから，ベクトル方程式は

$$2\left|\vec{p}-\frac{\vec{b}+\vec{c}}{2}\right|=|\vec{b}+\vec{c}|$$

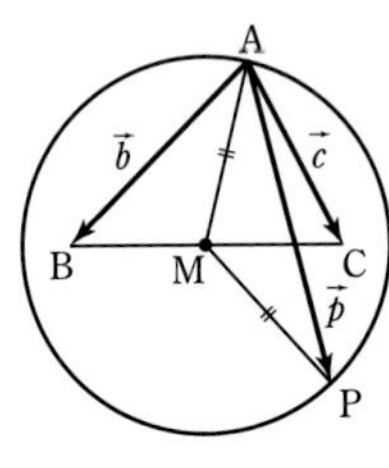

ゆえに　$\left|\vec{p}-\dfrac{\vec{b}+\vec{c}}{2}\right|=\left|\dfrac{\vec{b}+\vec{c}}{2}\right|$

◀辺BCの中点をMとすると $|\overrightarrow{AP}-\overrightarrow{AM}|=|\overrightarrow{AM}|$ すなわち $|\overrightarrow{MP}|=|\overrightarrow{AM}|$

よって，この方程式の表す図形は

辺BCの中点を中心とし，
点Aを通る円。

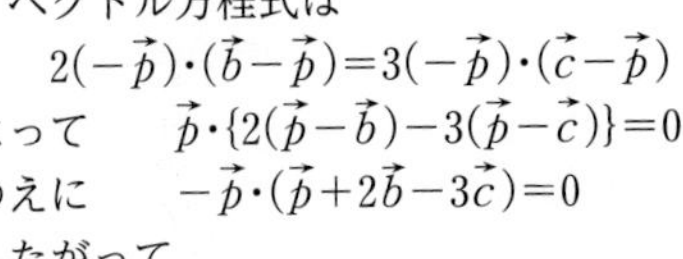

(2) ベクトル方程式は

$$2(-\vec{p})\cdot(\vec{b}-\vec{p})=3(-\vec{p})\cdot(\vec{c}-\vec{p})$$

◀$\overrightarrow{PA}=-\overrightarrow{AP}$, $\overrightarrow{PB}=\overrightarrow{AB}-\overrightarrow{AP}$

よって　$\vec{p}\cdot\{2(\vec{p}-\vec{b})-3(\vec{p}-\vec{c})\}=0$

ゆえに　$-\vec{p}\cdot(\vec{p}+2\vec{b}-3\vec{c})=0$

したがって

$$\vec{p}\cdot\left(\vec{p}-\frac{-2\vec{b}+3\vec{c}}{3-2}\right)=0$$

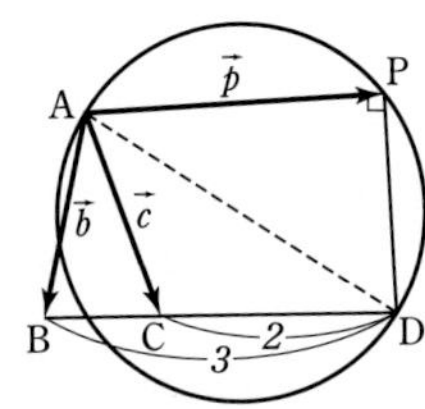
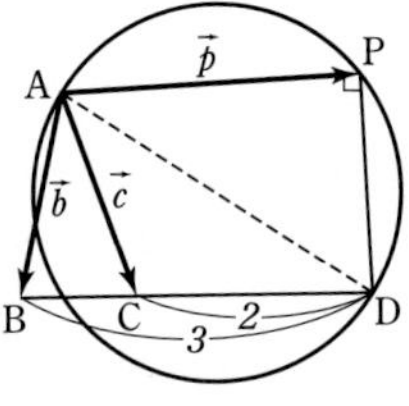

◀$D\left(\dfrac{-2\vec{b}+3\vec{c}}{3-2}\right)$ とすると $\overrightarrow{AP}\cdot(\overrightarrow{AP}-\overrightarrow{AD})=0$ すなわち　$\overrightarrow{AP}\cdot\overrightarrow{DP}=0$

よって，この方程式の表す図形は

辺BCを 3：2 に外分する点と点Aを直径の両端とする円。

練習 32

➡ 本冊 *p*. 76

(1) 円上の任意の点を $P(x,\ y)$ とする。

この円のベクトル方程式は

$$\overrightarrow{AP}\cdot\overrightarrow{BP}=0$$

◀$\angle APB=90°$ または $\overrightarrow{AP}=\vec{0}$ または $\overrightarrow{BP}=\vec{0}$

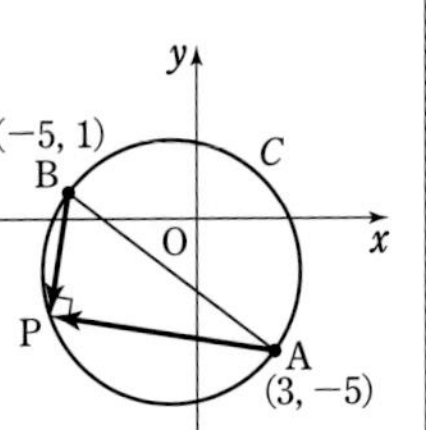

$\overrightarrow{AP}=(x-3,\ y+5)$,

$\overrightarrow{BP}=(x+5,\ y-1)$ であるから

$$(x-3)(x+5)+(y+5)(y-1)=0$$

よって　$x^2+2x+y^2+4y-20=0$

◀$(x^2+2x+1^2)-1^2+(y^2+4y+2^2)-2^2-20=0$

したがって，円 C の方程式は

$$\boldsymbol{(x+1)^2+(y+2)^2=25} \quad \cdots\cdots ①$$

(2) $x=2$, $y=2$ のとき

$$(①\text{の左辺})=(2+1)^2+(2+2)^2=25$$

◀$x=2$, $y=2$ のとき，① が成り立つことを示す。

よって，点 $(2,\ 2)$ は円 C 上にある。

$D(2,\ 2)$ とし，点Dにおける円 C の接線上にある任意の点を $P(x,\ y)$ とする。

円 C の中心をEとすると，① から

$$E(-1,\ -2)$$

求める接線のベクトル方程式は

$$\overrightarrow{ED}\cdot\overrightarrow{DP}=0$$

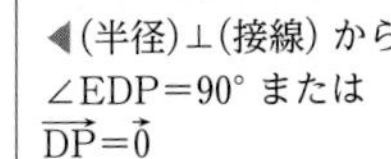

◀(半径)⊥(接線) から $\angle EDP=90°$ または $\overrightarrow{DP}=\vec{0}$

$\overrightarrow{ED}=(3,\ 4)$, $\overrightarrow{DP}=(x-2,\ y-2)$ であるから　$3(x-2)+4(y-2)=0$

したがって　$\boldsymbol{3x+4y-14=0}$

練習 33 ➡ 本冊 p. 77

(1) 定円の中心Oに関する点A, B, P, Qの位置ベクトルをそれぞれ $\vec{a}$, $\vec{b}$, $\vec{p}$, $\vec{q}$ とする。条件から　$|\vec{p}|=r$ …… ①

$\overrightarrow{AQ}=3\overrightarrow{PA}+2\overrightarrow{PB}$ から　$\vec{q}-\vec{a}=3(\vec{a}-\vec{p})+2(\vec{b}-\vec{p})$

よって　$\vec{p}=\dfrac{-\vec{q}+4\vec{a}+2\vec{b}}{5}$

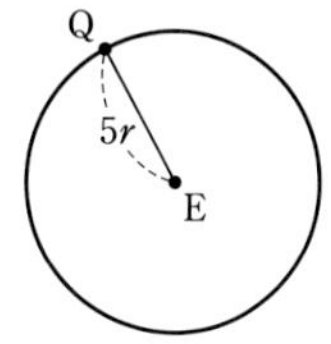

これを ① に代入して　$\left|\dfrac{-\vec{q}+4\vec{a}+2\vec{b}}{5}\right|=r$

ゆえに　$|\vec{q}-(4\vec{a}+2\vec{b})|=5r$

ここで　$4\vec{a}+2\vec{b}=6\cdot\dfrac{2\vec{a}+\vec{b}}{3}=6\cdot\dfrac{2\vec{a}+\vec{b}}{1+2}$

◀ $4\vec{a}+2\vec{b}=2(2\vec{a}+\vec{b})$ $=2\cdot3\cdot\dfrac{2\vec{a}+\vec{b}}{1+2}$

したがって，点Qが描く図形は，**線分ABを1：2に内分する点をDとし，線分ODを6：5に外分する点をEとすると，点Eを中心とし半径が $5r$ の円** である。

(2) $\overrightarrow{BA}\cdot\overrightarrow{CA}=0$ であるから，△ABC は ∠A=90° の直角三角形である。

◀ $\overrightarrow{BA}\neq\vec{0}$, $\overrightarrow{CA}\neq\vec{0}$

$\overrightarrow{AB}=\vec{b}$, $\overrightarrow{AC}=\vec{c}$, $\overrightarrow{AP}=\vec{p}$ とすると，与えられた条件の式から

$$\vec{p}\cdot(\vec{p}-\vec{b})+(\vec{p}-\vec{b})\cdot(\vec{p}-\vec{c})+(\vec{p}-\vec{c})\cdot\vec{p}=0$$

よって　$|\vec{p}|^2-\vec{b}\cdot\vec{p}+|\vec{p}|^2-\vec{c}\cdot\vec{p}-\vec{b}\cdot\vec{p}+\vec{b}\cdot\vec{c}+|\vec{p}|^2-\vec{c}\cdot\vec{p}=0$

すなわち　$3|\vec{p}|^2-2\vec{b}\cdot\vec{p}-2\vec{c}\cdot\vec{p}+\vec{b}\cdot\vec{c}=0$

$\vec{b}\cdot\vec{c}=0$ であるから　$3|\vec{p}|^2-2(\vec{b}+\vec{c})\cdot\vec{p}=0$

◀ $\overrightarrow{BA}\cdot\overrightarrow{CA}=0$ から $\vec{b}\cdot\vec{c}=0$

両辺を3で割って　$|\vec{p}|^2-\dfrac{2}{3}(\vec{b}+\vec{c})\cdot\vec{p}=0$

ゆえに　$\left|\vec{p}-\dfrac{\vec{b}+\vec{c}}{3}\right|^2=\left|\dfrac{\vec{b}+\vec{c}}{3}\right|^2$

したがって　$\left|\vec{p}-\dfrac{\vec{b}+\vec{c}}{3}\right|=\left|\dfrac{\vec{b}+\vec{c}}{3}\right|$ …… ①

◀ $p^2-\dfrac{2}{3}(b+c)p+\left(\dfrac{b+c}{3}\right)^2-\left(\dfrac{b+c}{3}\right)^2=0$ と変形するのと同じ要領。

△ABC の重心をGとすると，① から

$|\overrightarrow{GP}|=|\overrightarrow{AG}|$

◀ $\overrightarrow{AG}=\dfrac{\vec{b}+\vec{c}}{3}$

よって，**点Pは △ABC の重心Gを中心とし，半径が AG の円上を動く。** この円を図示すると，**右の図（網の円）** のようになる。

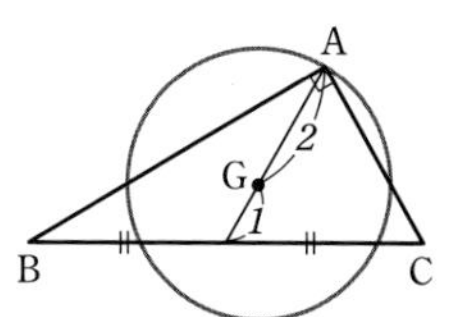

演習 1 ▥ ➡ 本冊 p. 78

(1) $\angle BAE = \{180° \times (5-2)\} \div 5 = 108°$

よって　$\angle ABE = (180° - 108°) \div 2 = 36°$

点Aから線分 BE に垂線 AH を下ろすと

$$\mathbf{BE} = 2BH = 2AB\cos 36°$$

$$= 2 \cdot 1 \cdot \frac{\sqrt{5}+1}{4} = \mathbf{\frac{\sqrt{5}+1}{2}}$$

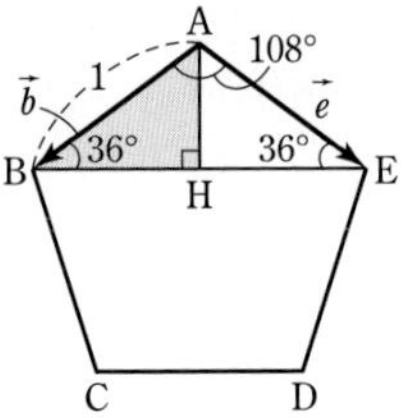

◀ n 角形の内角の和は $180° \times (n-2)$

◀直角三角形ABHに注目。

(2) $\overrightarrow{CD} /\!/ \overrightarrow{BE}$ で，CD=1 であるから

$$\overrightarrow{\mathbf{CD}} = \frac{\overrightarrow{BE}}{|\overrightarrow{BE}|} = \frac{2}{\sqrt{5}+1}(\vec{e} - \vec{b}) = \mathbf{\frac{\sqrt{5}-1}{2}(\vec{e} - \vec{b})}$$

◀ $\overrightarrow{CD}$ は $\overrightarrow{BE}$ と同じ向きの単位ベクトル。

(1) と同様にして，$BD = \dfrac{\sqrt{5}+1}{2}$ であり，AE=1 であるから

$$\overrightarrow{BD} = \frac{\sqrt{5}+1}{2}\overrightarrow{AE} = \frac{\sqrt{5}+1}{2}\vec{e}$$

◀正五角形の対角線の長さはどれも同じ。

よって　$\overrightarrow{\mathbf{BC}} = \overrightarrow{BD} - \overrightarrow{CD} = \dfrac{\sqrt{5}+1}{2}\vec{e} - \dfrac{\sqrt{5}-1}{2}(\vec{e} - \vec{b})$

$$= \mathbf{\vec{e} + \frac{\sqrt{5}-1}{2}\vec{b}}$$

◀ $\vec{e}$ の係数は $\dfrac{\sqrt{5}+1-\sqrt{5}+1}{2} = 1$

演習 2 ▥ ➡ 本冊 p. 78

(1) $\vec{a} \perp \vec{b}$ より $\vec{a} \cdot \vec{b} = 0$ であるから

$$|\vec{a}+\vec{b}|^2 = |\vec{a}|^2 + 2\vec{a}\cdot\vec{b} + |\vec{b}|^2 = x^2 + y^2,$$
$$|\vec{a}+3\vec{b}|^2 = |\vec{a}|^2 + 6\vec{a}\cdot\vec{b} + 9|\vec{b}|^2 = x^2 + 9y^2,$$
$$(\vec{a}+\vec{b})\cdot(\vec{a}+3\vec{b}) = |\vec{a}|^2 + 4\vec{a}\cdot\vec{b} + 3|\vec{b}|^2 = x^2 + 3y^2$$

◀問題の条件から $\vec{a} \neq \vec{0}$，$\vec{b} \neq \vec{0}$

ゆえに　$\cos\theta = \dfrac{(\vec{a}+\vec{b})\cdot(\vec{a}+3\vec{b})}{|\vec{a}+\vec{b}||\vec{a}+3\vec{b}|}$

$$= \frac{x^2+3y^2}{\sqrt{x^2+y^2}\sqrt{x^2+9y^2}} \quad \cdots\cdots ①$$

よって　$\mathbf{\sin^2\theta} = 1 - \cos^2\theta = 1 - \dfrac{(x^2+3y^2)^2}{(x^2+y^2)(x^2+9y^2)}$

$$= \mathbf{\frac{4x^2y^2}{(x^2+y^2)(x^2+9y^2)}}$$

(2) $x>0$，$y>0$ と ① から　$\cos\theta > 0$　　ゆえに　$0 \leqq \theta < \dfrac{\pi}{2}$

よって，$\sin^2\theta$ が最大値をとるとき，θ は最大値をとる。

(1) の結果から

◀ $0 \leqq \theta < \dfrac{\pi}{2}$ の範囲で $\sin^2\theta$ は単調増加。

$$\sin^2\theta = \frac{4x^2y^2}{(x^2+y^2)(x^2+9y^2)} = \frac{4\cdot\dfrac{y^2}{x^2}}{\left(1+\dfrac{y^2}{x^2}\right)\left(1+9\cdot\dfrac{y^2}{x^2}\right)}$$

◀分母・分子を x^4 で割る。

ここで，$\dfrac{y^2}{x^2} = t\ (>0)$ とおくと

$$\sin^2\theta = \frac{4t}{(1+t)(1+9t)} = \frac{4t}{9t^2+10t+1} = \frac{4}{9t+10+\dfrac{1}{t}}$$

◀(相加平均)≧(相乗平均)が利用できる形に変形する。

$x>0$, $y>0$ より $t>0$, $\dfrac{1}{t}>0$ であるから,
(相加平均)≧(相乗平均) により

$$\frac{4}{9t+10+\dfrac{1}{t}} \leqq \frac{4}{2\sqrt{9t\cdot\dfrac{1}{t}}+10}=\frac{1}{4}$$

$t>0$ より, 等号が成り立つのは, $9t=\dfrac{1}{t}$ すなわち $t=\dfrac{1}{3}$ のときである。

◀$9t=\dfrac{1}{t}$ から　$t^2=\dfrac{1}{9}$
$t>0$ から　$t=\dfrac{1}{3}$

よって, $\sin^2\theta$ は $t=\dfrac{1}{3}$ で最大値 $\dfrac{1}{4}$ をとる。

このとき, $\sin\theta>0$ であるから　　$\sin\theta=\dfrac{1}{2}$

◀$\sin^2\theta$ が最大値 $\dfrac{1}{4}$ をとるとき, $\sin\theta$ も最大となり, その値は $\sqrt{\dfrac{1}{4}}$

$0\leqq\theta<\dfrac{\pi}{2}$ から　$\theta=\dfrac{\pi}{6}$　　したがって, θ の最大値は　$\boldsymbol{\dfrac{\pi}{6}}$

演習 3 ▥ ➡ 本冊 p. 78

(1)　[1]　$\vec{p}\neq\vec{0}$, $\vec{q}\neq\vec{0}$ のとき
$\vec{p}$ と $\vec{q}$ のなす角を θ とすると

$$\begin{aligned}(|\vec{p}|+|\vec{q}|)^2-|\vec{p}+\vec{q}|^2 &=|\vec{p}|^2+2|\vec{p}||\vec{q}|+|\vec{q}|^2-(|\vec{p}|^2+2\vec{p}\cdot\vec{q}+|\vec{q}|^2)\\ &=2(|\vec{p}||\vec{q}|-\vec{p}\cdot\vec{q})=2(|\vec{p}||\vec{q}|-|\vec{p}||\vec{q}|\cos\theta)\\ &=2|\vec{p}||\vec{q}|(1-\cos\theta)\end{aligned}$$

◀$\vec{p}\cdot\vec{q}\leqq|\vec{p}||\vec{q}|$ が成り立つことを示して
$|\vec{p}+\vec{q}|^2\leqq(|\vec{p}|+|\vec{q}|)^2$
としてもよい。

$|\vec{p}|>0$, $|\vec{q}|>0$, $1-\cos\theta\geqq0$ であるから

$$2|\vec{p}||\vec{q}|(1-\cos\theta)\geqq0$$

よって　　$|\vec{p}+\vec{q}|^2\leqq(|\vec{p}|+|\vec{q}|)^2$

$|\vec{p}+\vec{q}|\geqq0$, $|\vec{p}|+|\vec{q}|>0$ であるから　　$|\vec{p}+\vec{q}|\leqq|\vec{p}|+|\vec{q}|$

等号が成り立つのは, $1-\cos\theta=0$ すなわち $\cos\theta=1$ のときである。
$0°\leqq\theta\leqq180°$ であるから $\theta=0°$, すなわち $\vec{p}$ と $\vec{q}$ の向きが同じときである。

[2]　$\vec{p}=\vec{0}$ のとき　　$|\vec{p}+\vec{q}|=|\vec{q}|$, $|\vec{p}|+|\vec{q}|=|\vec{q}|$
よって　　$|\vec{p}+\vec{q}|=|\vec{p}|+|\vec{q}|$

[3]　$\vec{q}=\vec{0}$ のとき　　$|\vec{p}+\vec{q}|=|\vec{p}|$, $|\vec{p}|+|\vec{q}|=|\vec{p}|$
よって　　$|\vec{p}+\vec{q}|=|\vec{p}|+|\vec{q}|$

◀$\vec{p}=\vec{0}$ または $\vec{q}=\vec{0}$ のときは, $\vec{p}$・$\vec{q}$ のなす角 θ が定義できない。

[1]～[3] から, $|\vec{p}+\vec{q}|\leqq|\vec{p}|+|\vec{q}|$ が成り立つ。

(2)　$\vec{p}=2m\vec{a}$, $\vec{q}=2\vec{b}$ のとき
(1)の結果から　　$|2m\vec{a}+2\vec{b}|\leqq|2m\vec{a}|+|2\vec{b}|$
(＊) から　　$mn\leqq2m+2n$
すなわち　　$mn-2m-2n\leqq0$
ゆえに　　$(m-2)(n-2)\leqq4$　…… ①

◀(＊) は問題に与えられた条件。

◀$mn-2m-2n$
$=m(n-2)-2(n-2)-4$
$=(m-2)(n-2)-4$

$m>n\geqq3$ から, 不等式 ① を満たす整数 $m-2$, $n-2$ の組 $(m-2,\ n-2)$ は

$$(m-2,\ n-2)=(2,\ 1),\ (3,\ 1),\ (4,\ 1)$$

よって. 不等式 ① を満たす自然数 m, n の組 $(m,\ n)$ は

$$\boldsymbol{(m,\ n)=(4,\ 3),\ (5,\ 3),\ (6,\ 3)}$$

(3) $|\vec{c}|=2|m\vec{a}+\vec{b}|$ であるから　$|\vec{c}|^2=4|m\vec{a}+\vec{b}|^2$

すなわち　$|\vec{c}|^2=4(m^2|\vec{a}|^2+2m\vec{a}\cdot\vec{b}+|\vec{b}|^2)$

ゆえに　$(mn)^2=4(m^2+2m\vec{a}\cdot\vec{b}+n^2)$

$8m\vec{a}\cdot\vec{b}=(mn)^2-4m^2-4n^2$

よって　$\vec{a}\cdot\vec{b}=\dfrac{(mn)^2-4m^2-4n^2}{8m}$

◀(2) の 3 組では，すべて $n=3$ であるから
$\vec{a}\cdot\vec{b}=\dfrac{9m^2-4m^2-36}{8m}$
$=\dfrac{5m^2-36}{8m}$
これに $m=4,\ 5,\ 6$ を代入して調べてもよい。

$(m,\ n)=(4,\ 3)$ のとき　$\vec{a}\cdot\vec{b}=\dfrac{11}{8}$

$(m,\ n)=(5,\ 3)$ のとき　$\vec{a}\cdot\vec{b}=\dfrac{89}{40}$

$(m,\ n)=(6,\ 3)$ のとき　$\vec{a}\cdot\vec{b}=3$

よって，求める組 $(m,\ n)$ は　$\boldsymbol{(m,\ n)=(6,\ 3)}$

このとき　$\cos\theta=\dfrac{\vec{a}\cdot\vec{b}}{|\vec{a}||\vec{b}|}=\dfrac{3}{1\times3}=1$

したがって　$\boldsymbol{\theta=0^\circ}$

演習 4 ➡ 本冊 p. 78

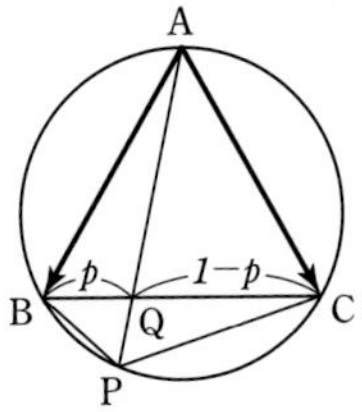

AP と BC の交点をQとすると，条件 (b) から

$\overrightarrow{AQ}=(1-p)\overrightarrow{AB}+p\overrightarrow{AC}$ …… ①

◀点Qは線分 BC を $p:(1-p)$ に内分。

正三角形 ABC の 1 辺の長さを l とする。

△ABQ において，余弦定理により

$AQ^2=AB^2+BQ^2-2AB\cdot BQ\cos60^\circ$

$=l^2+(pl)^2-2l\cdot pl\cdot\dfrac{1}{2}$

$=l^2(p^2-p+1)$

◀$\angle ABQ=\angle ABC$
$=60^\circ$

よって　$AQ=l\sqrt{p^2-p+1}$ …… ②

◀$l>0$

△ABP と △AQB において

$\angle APB=\angle ACB=\angle ABQ\ (=60^\circ)$，$\angle BAP=\angle QAB$

◀弧 AB に対する円周角は等しいから
$\angle APB=\angle ACB$

であるから　△ABP∽△AQB

ゆえに　AP：AB＝AB：AQ

したがって　$AP=\dfrac{AB^2}{AQ}=\dfrac{l}{\sqrt{p^2-p+1}}$ …… ③

$\overrightarrow{AP}=\dfrac{AP}{AQ}\overrightarrow{AQ}$ であるから，①，②，③ より

$$\boldsymbol{\overrightarrow{AP}=\frac{1}{p^2-p+1}\{(1-p)\overrightarrow{AB}+p\overrightarrow{AC}\}}$$

演習 5 ➡ 本冊 p. 78

$4\overrightarrow{AP}+3\overrightarrow{BP}+2\overrightarrow{CP}+\overrightarrow{DP}=\vec{0}$ から

$4\overrightarrow{AP}+3(\overrightarrow{AP}-\overrightarrow{AB})+2(\overrightarrow{AP}-\overrightarrow{AC})+(\overrightarrow{AP}-\overrightarrow{AD})=\vec{0}$

◀点Aに関する位置ベクトルを考える。

よって　$10\overrightarrow{AP}=3\overrightarrow{AB}+2\overrightarrow{AC}+\overrightarrow{AD}$

$=3\overrightarrow{AB}+2(\overrightarrow{AB}+\overrightarrow{AD})+\overrightarrow{AD}$

$=5\overrightarrow{AB}+3\overrightarrow{AD}$

◀四角形 ABCD は平行四辺形であるから
$\overrightarrow{AC}=\overrightarrow{AB}+\overrightarrow{AD}$

ゆえに　$\overrightarrow{\mathrm{AP}}={}^{ア}\boldsymbol{\frac{1}{2}}\overrightarrow{\mathbf{AB}}+\boldsymbol{\frac{3}{10}}\overrightarrow{\mathbf{AD}}=\frac{4}{5}\cdot\frac{5\overrightarrow{\mathrm{AB}}+3\overrightarrow{\mathrm{AD}}}{8}$

ここで，点Qは直線BD上にあるから

$$\overrightarrow{\mathrm{AQ}}=\frac{5\overrightarrow{\mathrm{AB}}+3\overrightarrow{\mathrm{AD}}}{8},\quad \overrightarrow{\mathrm{AP}}=\frac{4}{5}\overrightarrow{\mathrm{AQ}}$$

よって，$t={}^{ウ}\boldsymbol{\frac{4}{5}}$ であり，BQ：QD=3：5 であるから

$$s={}^{イ}\boldsymbol{\frac{3}{8}}$$

AP：AQ=4：5，BQ：QD=3：5 であるから

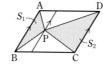

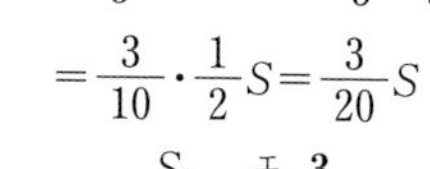

$$S_1=\frac{4}{5}\triangle\mathrm{ABQ}=\frac{4}{5}\cdot\frac{3}{8}\triangle\mathrm{ABD}$$

$$=\frac{3}{10}\cdot\frac{1}{2}S=\frac{3}{20}S$$

したがって　$\dfrac{S_1}{S}={}^{エ}\boldsymbol{\frac{3}{20}}$

また，$S_1+S_2=\dfrac{1}{2}S$ であるから　$S_2=\dfrac{1}{2}S-\dfrac{3}{20}S=\dfrac{7}{20}S$

よって　$\dfrac{S_2}{S}={}^{オ}\boldsymbol{\frac{7}{20}}$

◀ $\dfrac{5\overrightarrow{\mathrm{AB}}+3\overrightarrow{\mathrm{AD}}}{8}=\dfrac{5\overrightarrow{\mathrm{AB}}+3\overrightarrow{\mathrm{AD}}}{3+5}$
この位置ベクトルで表される点は線分BDを3：5に内分する点で，線分BD上にある。

◀三角形の面積比は，
等高なら底辺の比，
等底なら高さの比
に従って求める。

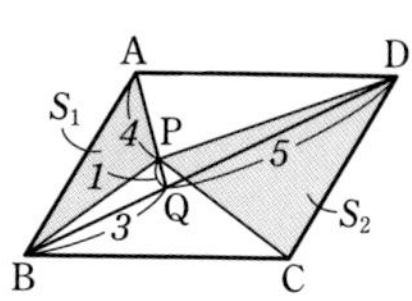

演習 6　➡ 本冊 p. 79

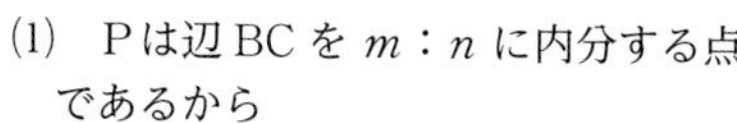

(1)　Pは辺BCを $m：n$ に内分する点であるから

$$\overrightarrow{\mathrm{AP}}=\frac{n\vec{b}+m\vec{c}}{m+n}$$

Qは辺ACを1：2に内分する点であるから

$$\overrightarrow{\mathrm{AQ}}=\frac{1}{3}\vec{c}$$

また，Rは線分BQ上の点であるから，
$\overrightarrow{\mathrm{AR}}=(1-s)\overrightarrow{\mathrm{AB}}+s\overrightarrow{\mathrm{AQ}}$ $(0\leqq s\leqq 1)$ と表される。

このとき　$\overrightarrow{\mathrm{AR}}=(1-s)\vec{b}+\dfrac{1}{3}s\vec{c}$　…… ①

更に，Rは線分AP上の点であるから，$\overrightarrow{\mathrm{AR}}=t\overrightarrow{\mathrm{AP}}$ $(0\leqq t\leqq 1)$ と表される。

このとき　$\overrightarrow{\mathrm{AR}}=\dfrac{tn}{m+n}\vec{b}+\dfrac{tm}{m+n}\vec{c}$　…… ②

$\vec{b}\neq\vec{0}$，$\vec{c}\neq\vec{0}$，$\vec{b}\not\parallel\vec{c}$ であるから，①，② より

$$1-s=\frac{tn}{m+n},\quad \frac{1}{3}s=\frac{tm}{m+n}$$

連立して解くと　$s=\dfrac{3m}{3m+n}$，$t=\dfrac{m+n}{3m+n}$

$m>0$，$n>0$ であるから，$0\leqq s\leqq 1$，$0\leqq t\leqq 1$ を満たす。

よって　$\boldsymbol{\overrightarrow{\mathrm{AR}}=\frac{n}{3m+n}\vec{b}+\frac{m}{3m+n}\vec{c}}$

◀ $\overrightarrow{\mathrm{AR}}$ を2通りで表すことを考える。

◀点Rは線分AP上にあるから　$0\leqq t\leqq 1$

◀ $\vec{b}$，$\vec{c}$ の係数を比較。

(2) $\overrightarrow{\mathrm{AD}}=p\vec{b}$, $\overrightarrow{\mathrm{AE}}=q\vec{c}$ $(0<p\leqq 1,\ 0<q\leqq 1)$ とおくと

$$k=\frac{\mathrm{AB}}{\mathrm{AD}}+\frac{\mathrm{AC}}{\mathrm{AE}}=\frac{1}{p}+\frac{1}{q}$$

◀Dは辺AB上の点，Eは辺AC上の点である。ただし，頂点Aは除く。

(1)より　$\overrightarrow{\mathrm{AR}}=\dfrac{n}{3m+n}\vec{b}+\dfrac{m}{3m+n}\vec{c}$

$$=\frac{n}{p(3m+n)}(p\vec{b})+\frac{m}{q(3m+n)}(q\vec{c})$$

$$=\frac{n}{p(3m+n)}\overrightarrow{\mathrm{AD}}+\frac{m}{q(3m+n)}\overrightarrow{\mathrm{AE}}$$

Rは線分DE上の点であるから

$$\frac{n}{p(3m+n)}+\frac{m}{q(3m+n)}=1$$

◀(係数の和)=1

ゆえに　$\dfrac{1}{q}=\dfrac{3m+n}{m}-\dfrac{n}{pm}$

◀両辺に $\dfrac{3m+n}{m}$ を掛けて変形。

したがって　$k=\dfrac{1}{p}+\dfrac{1}{q}=\dfrac{1}{p}+\left(\dfrac{3m+n}{m}-\dfrac{n}{pm}\right)$

$$=\frac{m-n}{m}\cdot\frac{1}{p}+\frac{3m+n}{m}$$

これが，p の値によらず一定であるような m と n の関係は

$$\frac{m-n}{m}=0 \quad すなわち \quad m=n$$

◀$k=●\cdot\dfrac{1}{p}+▲$ の形。p の値によらず一定であるためには　●=0

このとき　$\boldsymbol{k}=\dfrac{3m+m}{m}=\mathbf{4}$

演習 7

➡本冊 p. 79

円との交点をPとすると，点Pは∠AOBの二等分線上にあるから

◀本冊 p. 52 例題19(2)(ア)の結果を利用する。

$$\overrightarrow{\mathrm{OP}}=t\left(\frac{\vec{a}}{|\vec{a}|}+\frac{\vec{b}}{|\vec{b}|}\right)$$

$$=t\left(\frac{\vec{a}}{3}+\frac{\vec{b}}{5}\right) \quad (t は実数)$$

と表される。

よって　$\overrightarrow{\mathrm{BP}}=\overrightarrow{\mathrm{OP}}-\overrightarrow{\mathrm{OB}}$

$$=\frac{t}{3}\vec{a}+\left(\frac{t}{5}-1\right)\vec{b}$$

$\mathrm{BP}=\sqrt{10}$ より $|\overrightarrow{\mathrm{BP}}|^2=10$ であるから

$$\frac{t^2}{9}|\vec{a}|^2+2\times\frac{t}{3}\left(\frac{t}{5}-1\right)\vec{a}\cdot\vec{b}+\left(\frac{t}{5}-1\right)^2|\vec{b}|^2=10$$

$|\vec{a}|=3$, $|\vec{b}|=5$, $\vec{a}\cdot\vec{b}=3\times5\times\dfrac{3}{5}=9$ を代入して

$$t^2+6t\left(\frac{t}{5}-1\right)+(t-5)^2=10$$

整理して　$16t^2-80t+75=0$　　よって　$(4t-5)(4t-15)=0$

ゆえに　$t=\dfrac{5}{4},\ \dfrac{15}{4}$

よって，求める位置ベクトルは　$\boldsymbol{\dfrac{5}{12}\vec{a}+\dfrac{1}{4}\vec{b},\ \dfrac{5}{4}\vec{a}+\dfrac{3}{4}\vec{b}}$

別解　∠AOBの二等分線とABの交点をCとすると，

AC : CB = OA : OB = 3 : 5 であるから

$\overrightarrow{\mathrm{OP}}=t\overrightarrow{\mathrm{OC}}$

$=t\times\dfrac{5\vec{a}+3\vec{b}}{3+5}$

$\dfrac{t}{8}=k$ とおくと

$\overrightarrow{\mathrm{OP}}=k(5\vec{a}+3\vec{b})$

と表される。このとき

$\overrightarrow{\mathrm{BP}}=5k\vec{a}+(3k-1)\vec{b}$

そこで，$|\overrightarrow{\mathrm{BP}}|^2=10$ から

$|\vec{a}|=3$, $|\vec{b}|=5$, $\vec{a}\cdot\vec{b}=9$ を代入すると

$48k^2-16k+1=0$

これを解いて

$k=\dfrac{1}{4},\ \dfrac{1}{12}$

演習 8 ➡本冊 p. 79

条件から　$|\vec{a}|=|\vec{b}|=|\vec{c}|=R$ …… ①

また　$\vec{a}+\vec{b}+\vec{c}=\overrightarrow{\mathrm{OH}}$ …… ②

(1) ② から　$\overrightarrow{\mathrm{AH}}=\overrightarrow{\mathrm{OH}}-\overrightarrow{\mathrm{OA}}=\vec{b}+\vec{c}$,

$\overrightarrow{\mathrm{CH}}=\overrightarrow{\mathrm{OH}}-\overrightarrow{\mathrm{OC}}=\vec{a}+\vec{b}$

ゆえに　$\overrightarrow{\mathrm{AH}}\cdot\overrightarrow{\mathrm{BC}}=(\vec{b}+\vec{c})\cdot(\vec{c}-\vec{b})=|\vec{c}|^2-|\vec{b}|^2$

$\overrightarrow{\mathrm{CH}}\cdot\overrightarrow{\mathrm{AB}}=(\vec{a}+\vec{b})\cdot(\vec{b}-\vec{a})=|\vec{b}|^2-|\vec{a}|^2$

よって，① から　$\overrightarrow{\mathrm{AH}}\cdot\overrightarrow{\mathrm{BC}}=0$, $\overrightarrow{\mathrm{CH}}\cdot\overrightarrow{\mathrm{AB}}=0$

したがって　$\mathrm{AH}\perp\mathrm{BC}$, $\mathrm{CH}\perp\mathrm{AB}$

◀$\overrightarrow{\mathrm{OA}}+\overrightarrow{\mathrm{OB}}+\overrightarrow{\mathrm{OC}}=\overrightarrow{\mathrm{OH}}$ を満たす点Hは，△ABC の垂心である。

◀Hは △ABC の頂点とは異なる点であるから $\overrightarrow{\mathrm{AH}}\neq\vec{0}$, $\overrightarrow{\mathrm{CH}}\neq\vec{0}$

(2) ② から　$\overrightarrow{\mathrm{OP}}=\dfrac{1}{2}\overrightarrow{\mathrm{OH}}=\dfrac{1}{2}(\vec{a}+\vec{b}+\vec{c})$

また　$\overrightarrow{\mathrm{OL}}=\dfrac{1}{2}(\vec{a}+\vec{b})$, $\overrightarrow{\mathrm{OM}}=\dfrac{1}{2}(\vec{b}+\vec{c})$, $\overrightarrow{\mathrm{ON}}=\dfrac{1}{2}(\vec{c}+\vec{a})$

ゆえに　$\overrightarrow{\mathrm{PL}}=\overrightarrow{\mathrm{OL}}-\overrightarrow{\mathrm{OP}}=-\dfrac{1}{2}\vec{c}$, $\overrightarrow{\mathrm{PM}}=\overrightarrow{\mathrm{OM}}-\overrightarrow{\mathrm{OP}}=-\dfrac{1}{2}\vec{a}$,

$\overrightarrow{\mathrm{PN}}=\overrightarrow{\mathrm{ON}}-\overrightarrow{\mathrm{OP}}=-\dfrac{1}{2}\vec{b}$

これより，① から　$|\overrightarrow{\mathrm{PL}}|=|\overrightarrow{\mathrm{PM}}|=|\overrightarrow{\mathrm{PN}}|=\dfrac{1}{2}R$

したがって，Pは3点L，M，Nから等距離にある点であるから，Pは △LMN の外心となる。

◀外心は，三角形の3つの頂点から等距離にある。

(3) Dは線分 AH の中点であるから

$$\overrightarrow{\mathrm{OD}}=\frac{\overrightarrow{\mathrm{OA}}+\overrightarrow{\mathrm{OH}}}{2}=\frac{1}{2}(\vec{b}+\vec{c})+\vec{a}$$

ゆえに　$\overrightarrow{\mathrm{DM}}=\overrightarrow{\mathrm{OM}}-\overrightarrow{\mathrm{OD}}=-\vec{a}$

よって，(2) の結果から　$\overrightarrow{\mathrm{DM}}=2\overrightarrow{\mathrm{PM}}$

したがって，Pは線分 DM の中点である。

(4) (1) より $\mathrm{AH}\perp\mathrm{BC}$ であるから，点Eは直線 AH 上にある。

また，(3) より，Dは線分 AH の中点である。

ゆえに，点Eが点Dと異なる点であるとき，△DEM は線分 DM を直径とする円に内接する。

更に，(3) より，Pは線分 DM の中点であるから，Pは △DEM の外心である。

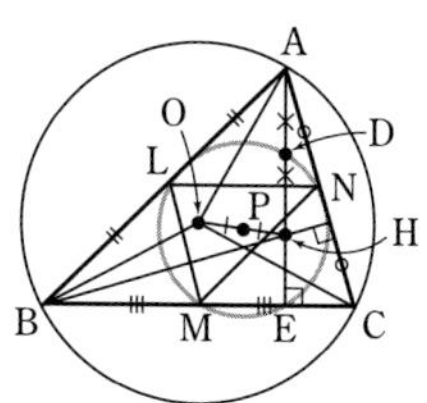

ゆえに　$|\overrightarrow{\mathrm{PE}}|=|\overrightarrow{\mathrm{PD}}|=\left|\dfrac{1}{2}\vec{a}\right|=\dfrac{1}{2}R$

更に，(2) から，Pは △LMN の外心であり，△LMN の外接円の

半径は　$|\overrightarrow{\mathrm{PL}}|=\dfrac{1}{2}R$

よって　$|\overrightarrow{\mathrm{PE}}|=|\overrightarrow{\mathrm{PL}}|$

したがって，点Eは △LMN の外接円の周上にある。

また，点Eと点Dが一致するとき，(3) から　$|\overrightarrow{\mathrm{PE}}|=|\overrightarrow{\mathrm{PM}}|=\dfrac{1}{2}R$

よって，点Eは △LMN の外接円の周上にある。

以上により，点Eは △LMN の外接円の周上にある。

◀△ABC が鈍角三角形となる場合を想定。

演習 9 ➡ 本冊 p. 79

$\overrightarrow{AB}=\vec{b}$, $\overrightarrow{AC}=\vec{c}$ とすると

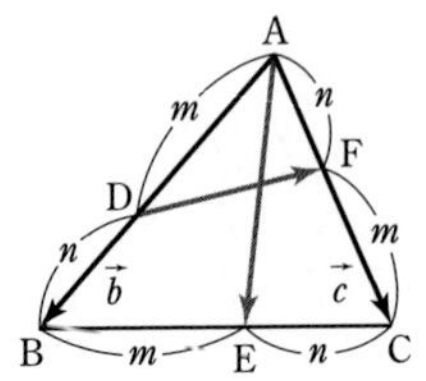

$$\overrightarrow{AD}=\frac{m}{m+n}\vec{b},\ \overrightarrow{AE}=\frac{n\vec{b}+m\vec{c}}{m+n},$$

$$\overrightarrow{AF}=\frac{n}{m+n}\vec{c}$$

よって　$\overrightarrow{DF}=\overrightarrow{AF}-\overrightarrow{AD}$

$$=\frac{n}{m+n}\vec{c}-\frac{m}{m+n}\vec{b}$$

$$=\frac{n\vec{c}-m\vec{b}}{m+n}$$

AE⊥DF のとき　$\overrightarrow{AE}\cdot\overrightarrow{DF}=0$

◀垂直 ⟹ (内積)=0

すなわち　$\left(\dfrac{n\vec{b}+m\vec{c}}{m+n}\right)\cdot\left(\dfrac{n\vec{c}-m\vec{b}}{m+n}\right)=0$

ゆえに　$\dfrac{1}{(m+n)^2}\{(n^2-m^2)\vec{b}\cdot\vec{c}+mn(|\vec{c}|^2-|\vec{b}|^2)\}=0$

$m+n>0$ であるから

◀m, n は自然数。

$$(n^2-m^2)\vec{b}\cdot\vec{c}+mn(|\vec{c}|^2-|\vec{b}|^2)=0$$

これがすべての自然数 m, n について成り立つための条件は

$$\vec{b}\cdot\vec{c}=0\quad\text{かつ}\quad|\vec{c}|^2-|\vec{b}|^2=0$$

$\vec{b}\cdot\vec{c}=0$ から　$\angle A=90°$

◀$\vec{b}\neq\vec{0}$, $\vec{c}\neq\vec{0}$

$|\vec{c}|^2-|\vec{b}|^2=0$ から　$|\vec{b}|^2=|\vec{c}|^2$

$|\vec{b}|>0$, $|\vec{c}|>0$ であるから　$|\vec{b}|=|\vec{c}|$　すなわち　AB=AC

◀∠A=90° かつ AB=AC

よって，△ABC は **∠A=90° の直角二等辺三角形** である。

演習 10 ➡ 本冊 p. 79

(1) 点Oを中心とする円が四角形 ABCD に外接しているから

$$|\vec{a}|=|\vec{b}|=|\vec{c}|=|\vec{d}|\quad\cdots\cdots ①$$

$|\vec{a}+\vec{b}+\vec{c}|=|\vec{a}+\vec{b}+\vec{d}|$ のとき　$|(\vec{a}+\vec{b})+\vec{c}|^2=|(\vec{a}+\vec{b})+\vec{d}|^2$

よって，① から　$2(\vec{a}+\vec{b})\cdot\vec{c}=2(\vec{a}+\vec{b})\cdot\vec{d}$

ゆえに　$(\vec{c}-\vec{d})\cdot(\vec{a}+\vec{b})=0$

◀(内積)=0 となるからといって，垂直であるとは限らない。

また　$\vec{c}-\vec{d}=\overrightarrow{DC}\neq\vec{0}$

[1] $\vec{a}+\vec{b}\neq\vec{0}$ のとき

このとき　$(\vec{c}-\vec{d})\perp(\vec{a}+\vec{b})$

◀$(\vec{c}-\vec{d})\cdot(\vec{a}+\vec{b})=0$ から。

① から　$(\vec{a}-\vec{b})\cdot(\vec{a}+\vec{b})=|\vec{a}|^2-|\vec{b}|^2=0$

$\vec{a}-\vec{b}=\overrightarrow{BA}\neq\vec{0}$ であるから　$\overrightarrow{BA}\perp(\vec{a}+\vec{b})$

◀(内積)=0 ⟹ 垂直

また，$(\vec{c}-\vec{d})\perp(\vec{a}+\vec{b})$ から　$\overrightarrow{DC}\perp(\vec{a}+\vec{b})$

よって　AB∥CD

[2] $\vec{a}+\vec{b}=\vec{0}$ のとき

$\vec{b}=-\vec{a}$ であるから，点Oは辺 AB 上にある。

◀向きが逆。

以上から，$|\vec{a}+\vec{b}+\vec{c}|=|\vec{a}+\vec{b}+\vec{d}|$ ならば，辺 AB と辺 CD は平行であるか，または点Oは辺 AB 上にある。

(2) △ABC, △BCD, △CDA, △DAB の重心がすべて点Oから等しい距離にあるとき

$$\left|\frac{\vec{a}+\vec{b}+\vec{c}}{3}\right|=\left|\frac{\vec{b}+\vec{c}+\vec{d}}{3}\right|=\left|\frac{\vec{c}+\vec{d}+\vec{a}}{3}\right|=\left|\frac{\vec{d}+\vec{a}+\vec{b}}{3}\right|$$

◀重心の位置ベクトルの大きさが等しい。

ゆえに　$|\vec{a}+\vec{b}+\vec{c}|=|\vec{b}+\vec{c}+\vec{d}|$　…… ②,

$|\vec{a}+\vec{b}+\vec{c}|=|\vec{c}+\vec{d}+\vec{a}|$　…… ③,

$|\vec{a}+\vec{b}+\vec{c}|=|\vec{d}+\vec{a}+\vec{b}|$　…… ④

(1) と同様にして，② から

BC∥AD　または　点Oは線分 BC 上にある　…… ⑤

◀$|\vec{a}+(\vec{b}+\vec{c})|=|(\vec{b}+\vec{c})+\vec{d}|$ から $2\vec{a}\cdot(\vec{b}+\vec{c})=2(\vec{b}+\vec{c})\cdot\vec{d}$ ゆえに $(\vec{a}-\vec{d})\cdot(\vec{b}+\vec{c})=0$ 他も同様。

③ から　AC∥BD　または　点Oは線分 AC 上にある　…… ⑥

④, (1) から

AB∥CD　または　点Oは線分 AB 上にある　…… ⑦

⑥ について，2点 B，D が直線 AC に関して同じ側にないから，AC∥BD となることはない。

よって，点Oは線分 AC 上にある。

ゆえに　∠ADC＝∠ABC＝90°

また，このとき，⑤，⑦ から　BC∥AD，AB∥CD

よって　∠DAB＝∠BCD＝90°

したがって，四角形 ABCD は長方形である。

演習 11

➡ 本冊 p. 80

(1)　点Fは線分 OA に関して点Cと対称であるから

△ADF≡△ADC

よって，

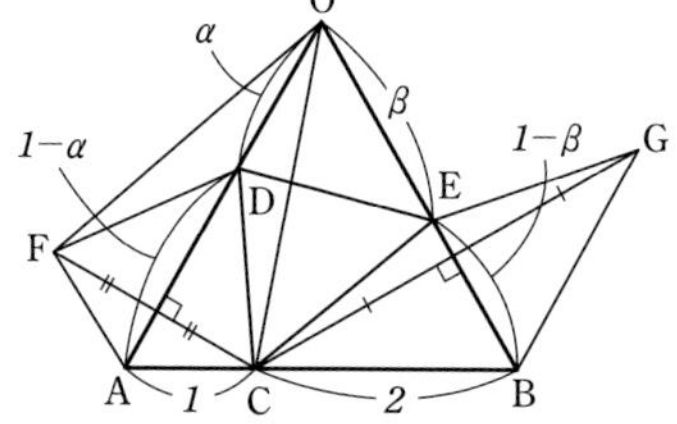

$△ADF=\frac{1}{6}△OAB$ ならば

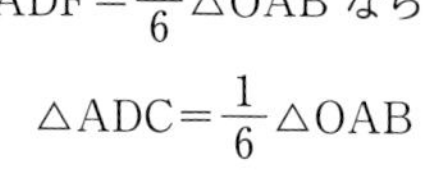

$△ADC=\frac{1}{6}△OAB$

◀△OAB は正三角形。

また，$△ADC=\frac{1}{3}(1-\alpha)△OAB$ であるから

$$\frac{1}{3}(1-\alpha)=\frac{1}{6}$$

これを解いて　$\boldsymbol{\alpha=\frac{1}{2}}$　　これは $0<\alpha<1$ を満たす。

◀AC：CB＝1：2 から $△AOC=\frac{1}{1+2}△OAB$ AD：DO＝$(1-\alpha)$：α から $△ADC=(1-\alpha)△AOC$

(2)　条件から　$AF=AC=\frac{1}{3}OB$

また　∠DAF＝∠DAC＝60°＝∠AOB

錯角が等しいから　AF∥OB　　よって　$\overrightarrow{AF}=-\frac{1}{3}\overrightarrow{OB}$

したがって　$\overrightarrow{OF}=\overrightarrow{OA}+\overrightarrow{AF}=\boldsymbol{\overrightarrow{OA}-\frac{1}{3}\overrightarrow{OB}}$

同様に，$BG=BC=\frac{2}{3}OA$，∠EBG＝∠EBC＝60°＝∠AOB，BG∥OA から

$$\overrightarrow{OG}=\overrightarrow{OB}+\overrightarrow{BG}=\boldsymbol{-\frac{2}{3}\overrightarrow{OA}+\overrightarrow{OB}}$$

(3)　条件から　CD＝FD，CE＝GE

◀線対称の条件から。

よって　CD＋DE＋CE＝FD＋DE＋GE

1章 演習 【平面上のベクトル】

三角形の辺の長さの関係から

$$(\mathrm{FD}+\mathrm{DE})+\mathrm{GE} \geqq \mathrm{FE}+\mathrm{GE} \geqq \mathrm{FG}$$

等号が成り立つのは，4点F，D，E，Gが同一直線上にあるときである。

◀三角形において，2辺の長さの和は，他の1辺の長さより大きい。

よって，直線FGと2辺OA，OBの交点がそれぞれ2点D，Eであるとき，△CDEの周の長さは最小になる。

このとき，点Dは線分FG上にあるから，$\overrightarrow{\mathrm{OD}}=(1-s)\overrightarrow{\mathrm{OF}}+s\overrightarrow{\mathrm{OG}}$ $(0 \leqq s \leqq 1)$ とおける。

◀**線分** FG上にあるから，**$0 \leqq s \leqq 1$** のように媒介変数のとりうる値の範囲に制限がある。

このとき，(2)により

$$\overrightarrow{\mathrm{OD}}=(1-s)\left(\overrightarrow{\mathrm{OA}}-\frac{1}{3}\overrightarrow{\mathrm{OB}}\right)+s\left(-\frac{2}{3}\overrightarrow{\mathrm{OA}}+\overrightarrow{\mathrm{OB}}\right)$$

$$=\left(1-\frac{5}{3}s\right)\overrightarrow{\mathrm{OA}}+\left(-\frac{1}{3}+\frac{4}{3}s\right)\overrightarrow{\mathrm{OB}} \quad \cdots\cdots ①$$

また，点Dは線分OAを $\alpha:(1-\alpha)$ に内分するから

$$\overrightarrow{\mathrm{OD}}=\alpha\overrightarrow{\mathrm{OA}} \quad \cdots\cdots ②$$

$\overrightarrow{\mathrm{OA}} \neq \vec{0}$，$\overrightarrow{\mathrm{OB}} \neq \vec{0}$，$\overrightarrow{\mathrm{OA}} \not\parallel \overrightarrow{\mathrm{OB}}$ であるから，①，② より

$$1-\frac{5}{3}s=\alpha,\quad -\frac{1}{3}+\frac{4}{3}s=0$$

◀$\overrightarrow{\mathrm{OA}}$，$\overrightarrow{\mathrm{OB}}$ の係数を比較。

連立して解くと　$s=\frac{1}{4}$，$\alpha=\frac{7}{12}$

これは，$0<\alpha<1$，$0 \leqq s \leqq 1$ を満たす。

更に，点Eは線分FG上にあるから，$\overrightarrow{\mathrm{OE}}=(1-t)\overrightarrow{\mathrm{OF}}+t\overrightarrow{\mathrm{OG}}$ $(0 \leqq t \leqq 1)$ とおける。このとき，(2)により

◀点Dの位置ベクトルを求める要領とまったく同じ方針で進める。

$$\overrightarrow{\mathrm{OE}}=(1-t)\left(\overrightarrow{\mathrm{OA}}-\frac{1}{3}\overrightarrow{\mathrm{OB}}\right)+t\left(-\frac{2}{3}\overrightarrow{\mathrm{OA}}+\overrightarrow{\mathrm{OB}}\right)$$

$$=\left(1-\frac{5}{3}t\right)\overrightarrow{\mathrm{OA}}+\left(-\frac{1}{3}+\frac{4}{3}t\right)\overrightarrow{\mathrm{OB}} \quad \cdots\cdots ③$$

また，点Eは線分OBを $\beta:(1-\beta)$ に内分するから

$$\overrightarrow{\mathrm{OE}}=\beta\overrightarrow{\mathrm{OB}} \quad \cdots\cdots ④$$

$\overrightarrow{\mathrm{OA}} \neq \vec{0}$，$\overrightarrow{\mathrm{OB}} \neq \vec{0}$，$\overrightarrow{\mathrm{OA}} \not\parallel \overrightarrow{\mathrm{OB}}$ であるから．③，④ より

$$1-\frac{5}{3}t=0,\quad -\frac{1}{3}+\frac{4}{3}t=\beta$$

◀$\overrightarrow{\mathrm{OA}}$，$\overrightarrow{\mathrm{OB}}$ の係数を比較。

連立して解くと　$t=\frac{3}{5}$，$\beta=\frac{7}{15}$

これは $0<\beta<1$，$0 \leqq t \leqq 1$ を満たす。

以上から　$\boldsymbol{\alpha=\frac{7}{12}}$，$\boldsymbol{\beta=\frac{7}{15}}$

演習 12 ➡ 本冊 p.80

(1)　直線 ℓ 上の任意の点Pに対し，$\overrightarrow{\mathrm{OP}}=\vec{p}$ とする。

このとき，直線 ℓ のベクトル方程式は

$$\boldsymbol{\vec{p}=(1-t)\vec{c_1}+t\vec{c_2}} \quad (\boldsymbol{t} \text{ は実数})$$

◀$\vec{p}=s\vec{c_1}+t\vec{c_2}$ $(s,\ t$ は実数，$s+t=1)$ としてもよい。

(2)　円 C_1，C_2 の中心をそれぞれ $\mathrm{O_1}$，$\mathrm{O_2}$ とすると

$$\overrightarrow{\mathrm{O_1O_2}}=\vec{c_2}-\vec{c_1}=(4,\ 2)$$

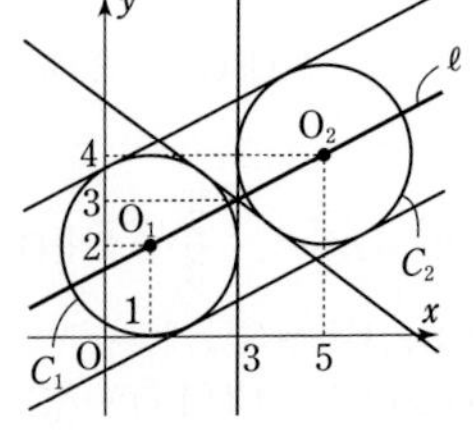

$\overrightarrow{O_1O_2}$ に垂直で，大きさが2のベクトルを $\vec{q}=(a,\ b)$ とすると，
$\overrightarrow{O_1O_2}\perp\vec{q}$ であるから　$\overrightarrow{O_1O_2}\cdot\vec{q}=0$
よって　$4a+2b=0$　ゆえに　$b=-2a$ …… ①
また，$|\vec{q}|=2$ であるから　$a^2+b^2=4$ …… ②
① を ② に代入して　$a^2+(-2a)^2=4$　よって　$a^2=\dfrac{4}{5}$
ゆえに　$a=\pm\dfrac{2}{\sqrt{5}}$　① から　$b=\mp\dfrac{4}{\sqrt{5}}$　(複号同順)
したがって　$\vec{q}=\left(\pm\dfrac{2}{\sqrt{5}},\ \mp\dfrac{4}{\sqrt{5}}\right)=\left(\pm\dfrac{2\sqrt{5}}{5},\ \mp\dfrac{4\sqrt{5}}{5}\right)$
求める接点の位置ベクトルを $\vec{r}$ とすると

$$\vec{r}=\vec{c_1}+\vec{q}=\left(1\pm\frac{2\sqrt{5}}{5},\ 2\mp\frac{4\sqrt{5}}{5}\right)$$

以上から，求める接点の座標は

$$\left(1\pm\frac{2\sqrt{5}}{5},\ 2\mp\frac{4\sqrt{5}}{5}\right)\ \textbf{(複号同順)}$$

◀円の半径は2であるから，大きさ2のベクトルを考える。

◀(2) の2本の接線は，2円 C_1，C_2 の共通外接線。

(3)　線分 O_1O_2 の中点は　点 $(3,\ 3)$
円 C_1，C_2 の半径は等しいから，線分 O_1O_2 と，ℓ と平行でない接線との交点は，線分 O_1O_2 の中点 $(3,\ 3)$ である。
直線 m と円 C_1 との接点の座標を $(c,\ d)$ とし，ベクトル $\vec{s}$，$\vec{t}$ を，$\vec{s}=(c-3,\ d-3)$，$\vec{t}=(c-1,\ d-2)$ とする。
$\vec{s}\perp\vec{t}$ であるから　$\vec{s}\cdot\vec{t}=0$
よって　$(c-3)(c-1)+(d-3)(d-2)=0$ …… ①
また，点 $(c,\ d)$ は円 C_1 上の点であるから
$(c-1)^2+(d-2)^2=4$ …… ②
②−① より　$d=-2c+8$ …… ③
③ を ② に代入して整理すると　$(c-3)(5c-11)=0$
したがって　$c=3,\ \dfrac{11}{5}$
[1]　$c=3$ のとき　③ から　$d=2$
　このとき，接線の方向ベクトルは $(0,\ 1)$ となるから，不適。
[2]　$c=\dfrac{11}{5}$ のとき　③ から　$d=\dfrac{18}{5}$
　このとき，$\vec{s}=\left(-\dfrac{4}{5},\ \dfrac{3}{5}\right)$ より，接線の方向ベクトルは
　$(-4,\ 3)$
以上から，m と C_1 との接点は　点 $\left(\dfrac{11}{5},\ \dfrac{18}{5}\right)$
m の方向ベクトルは　$(-4,\ 3)$

◀(3) で考える2本の接線は，2円 C_1，C_2 の共通内接線。
◀$M(3,\ 3)$，$P(c,\ d)$ とすると
$\vec{s}=\overrightarrow{MP}$，$\vec{t}=\overrightarrow{O_1P}$
接線⊥半径 から
$\overrightarrow{MP}\perp\overrightarrow{O_1P}$

◀接線の方向ベクトルは $\vec{s}=(0,\ -1)=-(0,\ 1)$

◀$\vec{s}=\dfrac{1}{5}(-4,\ 3)$

演習 13 ➡ 本冊 p. 80

(1)　$|2\overrightarrow{AB}+3\overrightarrow{AC}|=15$，$|2\overrightarrow{AB}+\overrightarrow{AC}|=7$，$|\overrightarrow{AB}-2\overrightarrow{AC}|=11$ から

$$\begin{cases}(2\overrightarrow{AB}+3\overrightarrow{AC})\cdot(2\overrightarrow{AB}+3\overrightarrow{AC})=15^2\\(2\overrightarrow{AB}+\overrightarrow{AC})\cdot(2\overrightarrow{AB}+\overrightarrow{AC})=7^2\\(\overrightarrow{AB}-2\overrightarrow{AC})\cdot(\overrightarrow{AB}-2\overrightarrow{AC})=11^2\end{cases}$$

CHART　図形の条件のベクトル化
(線分)^2 は $|\vec{●}|^2$ で表現

よって $\begin{cases} 4|\overrightarrow{AB}|^2+12\overrightarrow{AB}\cdot\overrightarrow{AC}+9|\overrightarrow{AC}|^2=225 \\ 4|\overrightarrow{AB}|^2+4\overrightarrow{AB}\cdot\overrightarrow{AC}+|\overrightarrow{AC}|^2=49 \\ |\overrightarrow{AB}|^2-4\overrightarrow{AB}\cdot\overrightarrow{AC}+4|\overrightarrow{AC}|^2=121 \end{cases}$

これらを解いて　$|\overrightarrow{AB}|^2=9$, $\overrightarrow{AB}\cdot\overrightarrow{AC}=-3$, $|\overrightarrow{AC}|^2=25$

$|\overrightarrow{AB}|\geqq 0$, $|\overrightarrow{AC}|\geqq 0$ であるから　$|\overrightarrow{AB}|=3$, $|\overrightarrow{AC}|=5$

したがって　$\boldsymbol{|\overrightarrow{AB}|=3}$, $\boldsymbol{|\overrightarrow{AC}|=5}$, $\boldsymbol{\overrightarrow{AB}\cdot\overrightarrow{AC}=-3}$

(2) $s+t=k$ とおくと　$1\leqq k\leqq 2$

$$\frac{s}{k}+\frac{t}{k}=1,\ \frac{s}{k}\geqq 0,\ \frac{t}{k}\geqq 0$$

◀両辺を k で割って，$\overrightarrow{AP}=s'\overrightarrow{AB}+t'\overrightarrow{AC}$ $s'+t'=1$, $s'\geqq 0$, $t'\geqq 0$ の形に変形する。

また　$\overrightarrow{AP}=\frac{s}{k}(2k\overrightarrow{AB})+\frac{t}{k}(-k\overrightarrow{AC})$

$2k\overrightarrow{AB}=\overrightarrow{AB'}$, $-k\overrightarrow{AC}=\overrightarrow{AC'}$ とすると，k が一定のとき点Pは線分 B′C′ 上を動く。

ここで，$2\overrightarrow{AB}=\overrightarrow{AD}$, $4\overrightarrow{AB}=\overrightarrow{AE}$, $-2\overrightarrow{AC}=\overrightarrow{AF}$, $-\overrightarrow{AC}=\overrightarrow{AG}$ とするとき

$$\overrightarrow{B'C'}=-k\overrightarrow{AC}-2k\overrightarrow{AB}=k(\overrightarrow{AG}-\overrightarrow{AD})=k\overrightarrow{DG}$$

◀$\overrightarrow{B'C'}=\overrightarrow{AC'}-\overrightarrow{AB'}$

したがって　B′C′∥DG

よって，点Pの動く部分は，台形 DEFG の周および内部である。

ここで，求める面積を S とし，△ADG の面積を S_1，△AEF の面積を S_2 とする。

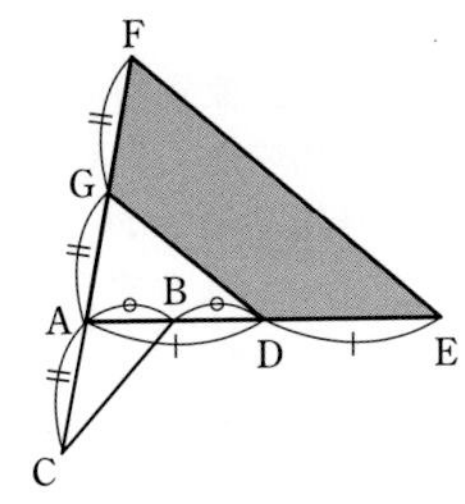

$$S_1=\frac{1}{2}\sqrt{|\overrightarrow{AD}|^2|\overrightarrow{AG}|^2-(\overrightarrow{AD}\cdot\overrightarrow{AG})^2}$$
$$=\frac{1}{2}\sqrt{|2\overrightarrow{AB}|^2|-\overrightarrow{AC}|^2-\{(2\overrightarrow{AB})\cdot(-\overrightarrow{AC})\}^2}$$
$$=\sqrt{|\overrightarrow{AB}|^2|\overrightarrow{AC}|^2-(\overrightarrow{AB}\cdot\overrightarrow{AC})^2}$$

◀内積と三角形の面積公式については，例題5参照。

であり，$S_2=4S_1$ であるから

$$S=S_2-S_1=4S_1-S_1=3S_1=3\sqrt{|\overrightarrow{AB}|^2|\overrightarrow{AC}|^2-(\overrightarrow{AB}\cdot\overrightarrow{AC})^2}$$
$$=3\sqrt{3^2\cdot 5^2-(-3)^2}=\boldsymbol{18\sqrt{6}}$$

◀△ADG∽△AEF，AD：AE＝1：2 から $S_1:S_2=1^2:2^2$

演習 14 ➡本冊 p. 80

(1) $\overrightarrow{AC}=\overrightarrow{AF}+\overrightarrow{FC}=\vec{b}+2\vec{a}$

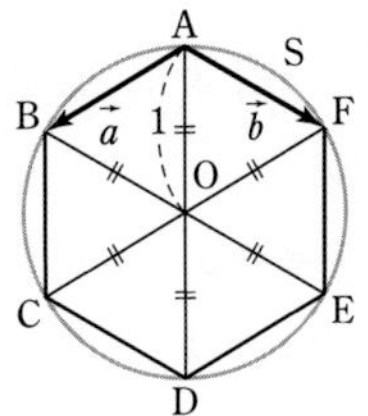

$\vec{b}=\overrightarrow{AF}$ であるから　$\vec{a}=\frac{1}{2}(\overrightarrow{AC}-\overrightarrow{AF})$

◀$\vec{a}=\frac{1}{2}(\overrightarrow{AC}-\vec{b})$

よって　$\overrightarrow{AP}=2s\vec{a}+(3-3s)\vec{b}$

$$=2s\cdot\frac{1}{2}(\overrightarrow{AC}-\overrightarrow{AF})+(3-3s)\overrightarrow{AF}$$
$$=s\overrightarrow{AC}+(3-4s)\overrightarrow{AF}$$

◀△ACF について考えながら，$\overrightarrow{AP}=●\overrightarrow{AC}+■\overrightarrow{AF}$ の形に変形する。

点Pが △ACF の内部に存在するための条件は

$$s>0,\ 3-4s>0,\ s+(3-4s)<1$$

◀点Pが △ABC の内部に存在するための条件は $\overrightarrow{AP}=s\overrightarrow{AB}+t\overrightarrow{AC}$ $s>0$, $t>0$, $s+t<1$

ゆえに　$s>0$, $s<\frac{3}{4}$, $s>\frac{2}{3}$

したがって，求める実数 s の値の範囲は　$\boldsymbol{\frac{2}{3}<s<\frac{3}{4}}$

◀共通範囲をとる。

(2)　Sは正六角形 ABCDEF の外接円であるから，Sの中心をOとすると，Sの周上の任意の点Qに対して　$|\overrightarrow{\mathrm{OQ}}|=1$

$\overrightarrow{\mathrm{OQ}}=\overrightarrow{\mathrm{AQ}}-\overrightarrow{\mathrm{AO}}=\vec{q}-(\vec{a}+\vec{b})$ であるから　$|\vec{q}-(\vec{a}+\vec{b})|=1$

$|\vec{q}-(\vec{a}+\vec{b})|^2=1^2$ から　$\vec{q}\cdot\vec{q}-2(\vec{a}+\vec{b})\cdot\vec{q}+|\vec{a}+\vec{b}|^2=1$

ここで，$|\vec{a}+\vec{b}|=|\overrightarrow{\mathrm{AO}}|=1$ であるから

$\vec{q}\cdot\vec{q}-2(\vec{a}+\vec{b})\cdot\vec{q}+1^2=1$　すなわち　$\vec{q}\cdot\vec{q}-2\vec{a}\cdot\vec{q}-2\vec{b}\cdot\vec{q}=0$

よって，$\vec{q}=\overrightarrow{\mathrm{AQ}}$ は ア$\mathbf{-1}\times\vec{q}\cdot\vec{q}+$イ$\mathbf{2}\vec{a}\cdot\vec{q}+2\vec{b}\cdot\vec{q}=0$ を満たす。

◀円のベクトル方程式。

◀(ア) －　でもよい。

演習 15

➡ 本冊 p. 80

(1)　$\overrightarrow{\mathrm{AB}}=\vec{b}$，$\overrightarrow{\mathrm{AC}}=\vec{c}$，$\overrightarrow{\mathrm{AD}}=\vec{d}$ とする。

$\vec{b}\cdot\vec{c}=|\vec{b}||\vec{c}|\cos\angle\mathrm{BAC}$

$=a\times 2a\times\cos\dfrac{2}{3}\pi=-a^2$

$\overrightarrow{\mathrm{AD}}=\dfrac{2}{3}\overrightarrow{\mathrm{AB}}=\dfrac{1}{3}\overrightarrow{\mathrm{AC}}$ ……①であるから　$|\vec{d}|^2=\left|\dfrac{2}{3}\vec{b}+\dfrac{1}{3}\vec{c}\right|^2=\dfrac{1}{9}(4|\vec{b}|^2+4\vec{b}\cdot\vec{c}+|\vec{c}|^2)$

$=\dfrac{1}{9}\{4\times a^2+4\times(-a^2)+(2a)^2\}=\dfrac{4}{9}a^2$

$|\overrightarrow{\mathrm{AD}}|>0$ であるから　$|\overrightarrow{\mathrm{AD}}|=\boldsymbol{\dfrac{2}{3}a}$

別解 (1)
AB : AC＝BD : DC であるから，AD は ∠A の二等分線である。
△ABC＝△ABD＋△ACD から $\dfrac{1}{2}\cdot a\cdot 2a\sin\dfrac{2}{3}\pi$
$=\dfrac{1}{2}a\cdot\mathrm{AD}\sin\dfrac{\pi}{3}$
$+\dfrac{1}{2}\cdot 2a\cdot\mathrm{AD}\sin\dfrac{\pi}{3}$
よって　$\mathrm{AD}=\boldsymbol{\dfrac{2}{3}a}$

(2)　$|2\overrightarrow{\mathrm{AP}}-2\overrightarrow{\mathrm{BP}}-\overrightarrow{\mathrm{CP}}|=|2\overrightarrow{\mathrm{AP}}-2(\overrightarrow{\mathrm{AP}}-\overrightarrow{\mathrm{AB}})-(\overrightarrow{\mathrm{AP}}-\overrightarrow{\mathrm{AC}})|$

$=|-\overrightarrow{\mathrm{AP}}+2\overrightarrow{\mathrm{AB}}+\overrightarrow{\mathrm{AC}}|$

①より，$2\overrightarrow{\mathrm{AB}}+\overrightarrow{\mathrm{AC}}=3\overrightarrow{\mathrm{AD}}$ であるから

$|3\overrightarrow{\mathrm{AD}}-\overrightarrow{\mathrm{AP}}|=a$　……②

ここで，$3\overrightarrow{\mathrm{AD}}=\overrightarrow{\mathrm{AE}}$ とおき，$\overrightarrow{\mathrm{AE}}=\vec{e}$，$\overrightarrow{\mathrm{AP}}=\vec{p}$ とすると，②は

$|\overrightarrow{\mathrm{AE}}-\overrightarrow{\mathrm{AP}}|=a$　すなわち　$|\vec{p}-\vec{e}|=a$

よって，Pは中心がE，半径が a の円周上の点である。

この円を K とし，直線 AE と円 K の交点のうち，点Aから遠い方をFとすると，$|\overrightarrow{\mathrm{AP}}|$ が最大となるのは，点Pが点Fに一致するときである。

$\overrightarrow{\mathrm{AE}}=3\overrightarrow{\mathrm{AD}}$ であるから　$|\overrightarrow{\mathrm{AE}}|=3|\overrightarrow{\mathrm{AD}}|=3\times\dfrac{2}{3}a=2a$

よって，$|\overrightarrow{\mathrm{AP}}|$ の最大値は $|\overrightarrow{\mathrm{AE}}|+|\overrightarrow{\mathrm{EF}}|=2a+a=\boldsymbol{3a}$ である。

◀始点をAに統一。

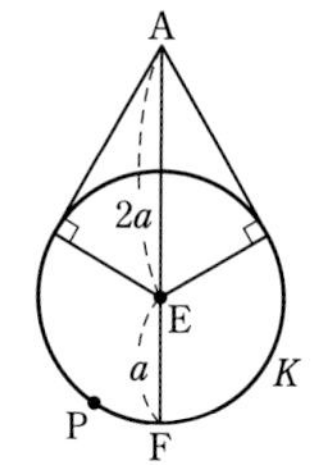

◀$|\overrightarrow{\mathrm{EF}}|=$(円 K の半径)

(3)　線分 AP が通過してできる図形は，右の図の黒く塗った部分である。ただし，境界線を含む。ここで，G，HはAから円 K に引いた2本の接線の接点で　$\cos\angle\mathrm{AEH}=\dfrac{\mathrm{EH}}{\mathrm{AE}}=\dfrac{a}{2a}=\dfrac{1}{2}$

$0<\angle\mathrm{AEH}<\pi$ であるから　$\angle\mathrm{AEH}=\dfrac{\pi}{3}$

また，$\angle\mathrm{AEH}=\angle\mathrm{AEG}$ であるから　$\angle\mathrm{GEH}=\dfrac{2}{3}\pi$

よって，線分 AP が通過してできる図形の面積 S は

$S=2\triangle\mathrm{AEH}+$(円 K の面積)$-$(扇形 EGH の面積)

$=2\cdot\dfrac{1}{2}\cdot a\cdot\sqrt{3}a+\pi a^2-\dfrac{1}{2}a^2\cdot\dfrac{2}{3}\pi=\boldsymbol{\sqrt{3}a^2+\dfrac{2}{3}\pi a^2}$

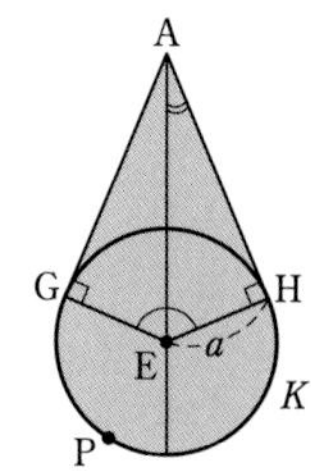

CHECK 5 ➡本冊 p. 82

(1) **A(2, 0, 0), B(2, 3, 0), C(0, 3, 0), D(0, 0, 4),**
E(2, 0, 4), F(2, 3, 4), G(0, 3, 4)

(2) $\sqrt{2^2+3^2+4^2}=\boldsymbol{\sqrt{29}}$

(2) 原点と点 $(x_1,\ y_1,\ z_1)$ の距離は $\sqrt{x_1{}^2+y_1{}^2+z_1{}^2}$

CHECK 6 ➡本冊 p. 86

(1) $\vec{a}+\vec{b}=(4,\ -2,\ 1)+(-8,\ 1,\ 5)=\boldsymbol{(-4,\ -1,\ 6)}$
$|\vec{a}+\vec{b}|=\sqrt{(-4)^2+(-1)^2+6^2}=\boldsymbol{\sqrt{53}}$

◀$\vec{a}=(a_1,\ a_2,\ a_3)$ のとき $|\vec{a}|=\sqrt{a_1{}^2+a_2{}^2+a_3{}^2}$

(2) $\vec{a}-\vec{b}=(4,\ -2,\ 1)-(-8,\ 1,\ 5)=\boldsymbol{(12,\ -3,\ -4)}$
$|\vec{a}-\vec{b}|=\sqrt{12^2+(-3)^2+(-4)^2}=\sqrt{169}=\boldsymbol{13}$

◀$13^2=169$

(3) $3\vec{a}-\vec{c}=3(4,\ -2,\ 1)-(-8,\ 2,\ 7)=(12,\ -6,\ 3)-(-8,\ 2,\ 7)$
$=\boldsymbol{(20,\ -8,\ -4)}$
$|3\vec{a}-\vec{c}|=\sqrt{20^2+(-8)^2+(-4)^2}=\sqrt{480}=\boldsymbol{4\sqrt{30}}$

別解 $3\vec{a}-\vec{c}=4(5,\ -2,\ -1)$ であるから
$|3\vec{a}-\vec{c}|=4\sqrt{5^2+(-2)^2+(-1)^2}=\boldsymbol{4\sqrt{30}}$

◀$\vec{a}=k(a_1,\ a_2,\ a_3)$のとき $|\vec{a}|=|k|\sqrt{a_1{}^2+a_2{}^2+a_3{}^2}$

CHECK 7 ➡本冊 p. 86

$\overrightarrow{\mathrm{PQ}}=(7-5,\ 1-(-3),\ 2-7)=\boldsymbol{(2,\ 4,\ -5)}$
$|\overrightarrow{\mathrm{PQ}}|=\sqrt{2^2+4^2+(-5)^2}=\sqrt{45}=\boldsymbol{3\sqrt{5}}$

◀A$(a_1,\ a_2,\ a_3)$, B$(b_1,\ b_2,\ b_3)$ のとき $\overrightarrow{\mathrm{AB}}=(b_1-a_1,\ b_2-a_2,\ b_3-a_3)$

CHECK 8 ➡本冊 p. 91

正四面体の各面は正三角形であるから　　$\angle\mathrm{BAC}=60°$
したがって
$\overrightarrow{\mathrm{AB}}\cdot\overrightarrow{\mathrm{AC}}=|\overrightarrow{\mathrm{AB}}||\overrightarrow{\mathrm{AC}}|\cos 60°$
$=2\cdot2\cdot\dfrac{1}{2}=\boldsymbol{2}$

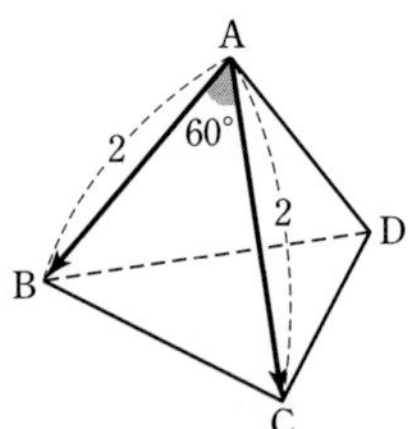

◀始点はAでそろっているから，なす角 ∠BAC を測る。

CHECK 9 ➡本冊 p. 116

(1) $\mathrm{P}\left(\dfrac{2\cdot(-1)+1\cdot2}{1+2},\ \dfrac{2\cdot2+1\cdot(-1)}{1+2},\ \dfrac{2\cdot3+1\cdot6}{1+2}\right)$

すなわち　**P(0, 1, 4)**

$\mathrm{Q}\left(\dfrac{2\cdot(-1)-1\cdot2}{-1+2},\ \dfrac{2\cdot2-1\cdot(-1)}{-1+2},\ \dfrac{2\cdot3-1\cdot6}{-1+2}\right)$

すなわち　**Q(−4, 5, 0)**

(1) Qについて。**分母>0** の方が計算がらく。外分点の公式の分母・分子に −1 を掛けたものを用いる。

(2) 線分 AB を $t:(1-t)$ に内分する点の座標は
$((1-t)\cdot(-1)+t\cdot(-4),\ (1-t)\cdot4+t\cdot2,\ (1-t)a+t\cdot(-1))$
すなわち　$(-1-3t,\ 4-2t,\ a-(a+1)t)$
これが点 C$(-2,\ b,\ -3)$ に一致するための条件は

$$\begin{cases}-1-3t=-2 & \cdots\cdots ①\\ 4-2t=b & \cdots\cdots ②\\ a-(a+1)t=-3 & \cdots\cdots ③\end{cases}$$

① から　　$\boldsymbol{t=\dfrac{1}{3}}$

$t=\dfrac{1}{3}$ を ②, ③ に代入して解くと　　$\boldsymbol{a=-4,\ b=\dfrac{10}{3}}$

(2) 別解 $\overrightarrow{\mathrm{AC}}=t\overrightarrow{\mathrm{AB}}$ と表されるから
$(-1,\ b-4,\ -3-a)$
$=t(-3,\ -2,\ -1-a)$
ゆえに　$1=3t$,
$b-4=-2t$,
$3+a=(1+a)t$
連立して解くと
$\boldsymbol{t=\dfrac{1}{3},\ a=-4,}$
$\boldsymbol{b=\dfrac{10}{3}}$

例 19 ➡本冊 p.83

図から

(1) **A(3, −2, 0)**

(2) **B(3, −2, −1)**

(3) **C(−3, 2, 1)**

(4) **D(−3, 2, −1)**

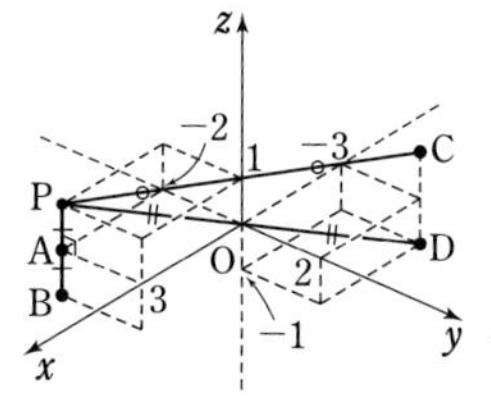

(2)〜(4) 本冊 p.83 の **検討** を利用すると，符号に注目するだけで求められる。

検討 **垂線の足**

直線 ℓ 上にない点Aから直線 ℓ に下ろした垂線と，直線 ℓ の交点Hを，点Aから直線 ℓ に下ろした **垂線の足** という (図 [1] 参照)。また，平面 α 上にない点Aを通る α の垂線が，平面 α と交わる点Hを，点Aから平面 α に下ろした **垂線の足** という (図 [2] 参照)。なお，図 [2] で $AH\perp\ell$, $AH\perp m$ となる。

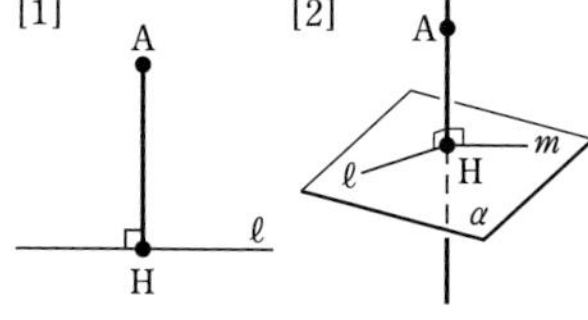

例 20 ➡本冊 p.83

(1) (ア) $AB=\sqrt{(2-1)^2+(4-2)^2+(5-3)^2}=\sqrt{1+4+4}=\mathbf{3}$

(イ) $AB=\sqrt{(\sqrt{3}-3)^2+\{1-(-\sqrt{3})\}^2+(-\sqrt{3}-2)^2}$

$=\sqrt{3-6\sqrt{3}+9+1+2\sqrt{3}+3+3+4\sqrt{3}+4}=\boldsymbol{\sqrt{23}}$

◀2点 $P(x_1, y_1, z_1)$, $Q(x_2, y_2, z_2)$ に対し $PQ^2=(x_2-x_1)^2+(y_2-y_1)^2+(z_2-z_1)^2$

(2) $AB^2=(2-4)^2+(3-7)^2+(-2-2)^2=36$

$BC^2=(6-2)^2+(5-3)^2+\{-6-(-2)\}^2=36$

$CA^2=(4-6)^2+(7-5)^2+\{2-(-6)\}^2=72$

よって　$AB=BC$, $AB^2+BC^2=CA^2$

ゆえに，△ABC は **∠B=90° の直角二等辺三角形** である。

◀まず，3辺の長さを調べる。

例 21 ➡本冊 p.87

$\overrightarrow{\mathbf{AC}}=\overrightarrow{AB}+\overrightarrow{BC}=\overrightarrow{AB}+\overrightarrow{AD}$

$\quad=\boldsymbol{\vec{a}+\vec{b}}$

$\overrightarrow{\mathbf{AG}}=\overrightarrow{AC}+\overrightarrow{CG}=\overrightarrow{AC}+\overrightarrow{AE}$

$\quad=\boldsymbol{\vec{a}+\vec{b}+\vec{c}}$

$\overrightarrow{\mathbf{BH}}=\overrightarrow{BA}+\overrightarrow{AD}+\overrightarrow{DH}$

$\quad=-\overrightarrow{AB}+\overrightarrow{AD}+\overrightarrow{AE}$

$\quad=\boldsymbol{-\vec{a}+\vec{b}+\vec{c}}$

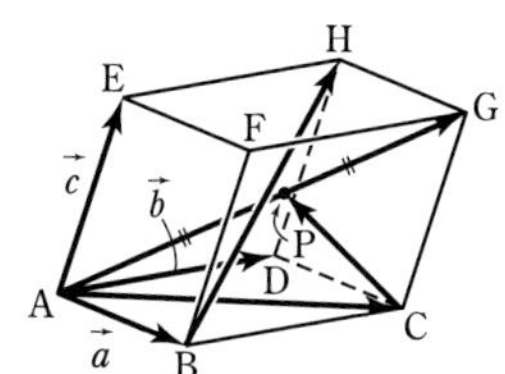

合成 $\overrightarrow{\mathbf{P\square}}+\overrightarrow{\mathbf{\square Q}}=\overrightarrow{\mathbf{PQ}}$,
$\overrightarrow{\mathbf{\square Q}}-\overrightarrow{\mathbf{\square P}}=\overrightarrow{\mathbf{PQ}}$

分割 $\overrightarrow{\mathbf{PQ}}=\overrightarrow{\mathbf{P\square}}+\overrightarrow{\mathbf{\square Q}}$,
$\overrightarrow{\mathbf{PQ}}=\overrightarrow{\mathbf{\square Q}}-\overrightarrow{\mathbf{\square P}}$

向き変え $\overrightarrow{\mathbf{PQ}}=-\overrightarrow{\mathbf{QP}}$
$\overrightarrow{\mathbf{PP}}=\vec{\mathbf{0}}$

$\overrightarrow{\mathbf{CP}}=\overrightarrow{AP}-\overrightarrow{AC}=\frac{1}{2}\overrightarrow{AG}-\overrightarrow{AC}=\frac{1}{2}(\vec{a}+\vec{b}+\vec{c})-(\vec{a}+\vec{b})$

$\quad=\boldsymbol{-\frac{1}{2}\vec{a}-\frac{1}{2}\vec{b}+\frac{1}{2}\vec{c}}$

◀分割。$\overrightarrow{CP}=\overrightarrow{CA}+\overrightarrow{AP}$ としてもよい。

例 22 ➡本冊 p.87

$s\vec{a}+t\vec{b}+u\vec{c}=s(2, -1, 1)+t(0, 3, 2)+u(1, 0, 1)$

$\quad=(2s+u, -s+3t, s+2t+u)$

◀平面の場合に **z 成分が加わる。**

(1) $s\vec{a}+t\vec{b}+u\vec{c}=\vec{0}$ とすると

$2s+u=0$ …… ①, $-s+3t=0$ …… ②, $s+2t+u=0$ …… ③

◀対応する成分が等しい。

①−③ から　$s-2t=0$ …… ④

◀ u を消去。

②, ④ から　$s=t=0$　① から　$u=0$

したがって　$s=t=u=0$

◀まず，s, t の連立方程式②, ④ を解く。

(2) $\vec{p}=s\vec{a}+t\vec{b}+u\vec{c}$ とすると

$2s+u=1$ …… ①, $-s+3t=3$ …… ②, $s+2t+u=2$ …… ③

◀対応する成分が等しい。

①−③ から　$s-2t=-1$ …… ④

◀(1) と同じようにして連立方程式を解く。

②, ④から　$s=3$, $t=2$　① から　$u=-5$

したがって　$\boldsymbol{\vec{p}=3\vec{a}+2\vec{b}-5\vec{c}}$

例 23

➡本冊 p.88

(1) AB∥DE であるから, $\overrightarrow{DE}=k\overrightarrow{AB}$ となる実数 k がある。

$\overrightarrow{AB}=(-3,\ 0,\ 4)$, $\overrightarrow{DE}=(6,\ a+1,\ b+3)$ であるから

$$(6,\ a+1,\ b+3)=k(-3,\ 0,\ 4)\quad \cdots\cdots (*)$$

よって　$6=-3k$, $a+1=0$, $b+3=4k$

ゆえに　$k=-2$, $\boldsymbol{a=-1}$, $\boldsymbol{b=-11}$

また, $|\overrightarrow{DE}|=|-2\overrightarrow{AB}|=2|\overrightarrow{AB}|$ から　AB : DE = **1 : 2**

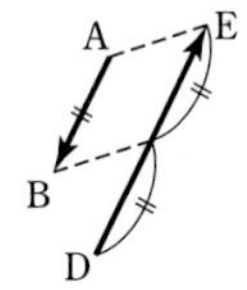

$\overrightarrow{DE}=-2\overrightarrow{AB}$

(2) 点Cの座標を $(x,\ y,\ z)$ とする。

四角形 ABCD が平行四辺形となる条件は　$\overrightarrow{AB}=\overrightarrow{DC}$

$\overrightarrow{DC}=(x-3,\ y+1,\ z+3)$ であるから

$$(x-3,\ y+1,\ z+3)=(-3,\ 0,\ 4)$$

よって　$x-3=-3$, $y+1=0$, $z+3=4$

ゆえに　$x=0$, $y=-1$, $z=1$

よって　**C(0, −1, 1)**

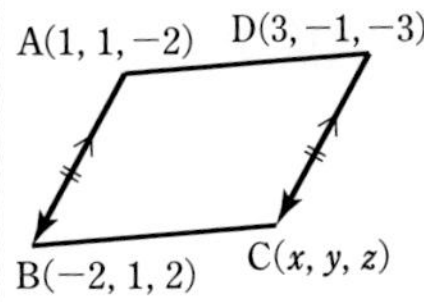

別解 (2) 原点をOとすると, $\overrightarrow{AB}=\overrightarrow{DC}$ から　$\overrightarrow{AB}=\overrightarrow{OC}-\overrightarrow{OD}$

よって　$\overrightarrow{OC}=\overrightarrow{AB}+\overrightarrow{OD}=(-3,\ 0,\ 4)+(3,\ -1,\ -3)$

$=(0,\ -1,\ 1)$

ゆえに　**C(0, −1, 1)**

◀x, y, z を使わずに解ける。

参考　例えば, (1) の解答の (∗) を, $\begin{pmatrix} 6 \\ a+1 \\ b+3 \end{pmatrix}=k\begin{pmatrix} -3 \\ 0 \\ 4 \end{pmatrix}$ のように **縦書き** にする記述法もある。縦書きの場合は, 対応する成分が同じ高さにきて見やすい, という利点がある。

例 24

➡本冊 p.88

$D(a,\ b,\ c)$ とする。

◀ 4 頂点は同じ平面上にあるから, 平面の場合と同じように考えてよい。

[1] 四角形 ABCD が平行四辺形の場合　$\overrightarrow{AB}=\overrightarrow{DC}$

$\overrightarrow{AB}=(1,\ -1,\ 2)$, $\overrightarrow{DC}=(-1-a,\ 3-b,\ 2-c)$ であるから

$$1=-1-a,\ -1=3-b,\ 2=2-c$$

これを解くと　$a=-2$, $b=4$, $c=0$

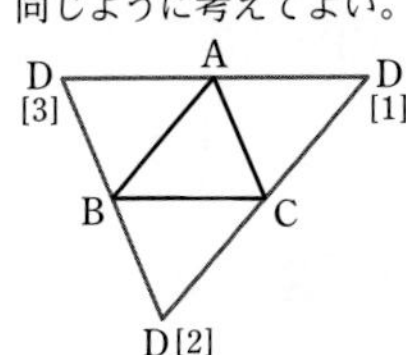

[2] 四角形 ABDC が平行四辺形の場合　$\overrightarrow{AB}=\overrightarrow{CD}$

$\overrightarrow{AB}=(1,\ -1,\ 2)$, $\overrightarrow{CD}=(a+1,\ b-3,\ c-2)$ であるから

$$1=a+1,\ -1=b-3,\ 2=c-2$$

これを解くと　$a=0$, $b=2$, $c=4$

[3] 四角形 ADBC が平行四辺形の場合　$\overrightarrow{AC}=\overrightarrow{DB}$

$\overrightarrow{AC}=(-2,\ 3,\ 3)$, $\overrightarrow{DB}=(2-a,\ -1-b,\ 1-c)$ であるから

$$-2=2-a,\ 3=-1-b,\ 3=1-c$$

これを解くと　$a=4$, $b=-4$, $c=-2$

以上から, 点Dの座標は

(−2, 4, 0), (0, 2, 4), (4, −4, −2)

別解 [1] 対角線が AC, BD のとき，対角線 AC, BD の中点の座標はそれぞれ $\left(0,\ \frac{3}{2},\ \frac{1}{2}\right)$, $\left(\frac{a+2}{2},\ \frac{b-1}{2},\ \frac{c+1}{2}\right)$

よって　$a=-2$, $b=4$, $c=0$

[2] 対角線が BC, AD のとき，対角線 BC, AD の中点の座標はそれぞれ $\left(\frac{1}{2},\ 1,\ \frac{3}{2}\right)$, $\left(\frac{a+1}{2},\ \frac{b}{2},\ \frac{c-1}{2}\right)$

よって　$a=0$, $b=2$, $c=4$

[3] 対角線が AB, CD のとき，対角線 AB, CD の中点の座標はそれぞれ $\left(\frac{3}{2},\ -\frac{1}{2},\ 0\right)$, $\left(\frac{a-1}{2},\ \frac{b+3}{2},\ \frac{c+2}{2}\right)$

よって　$a=4$, $b=-4$, $c=-2$

以上から，点Dの座標は

$$(-2,\ 4,\ 0),\ (0,\ 2,\ 4),\ (4,\ -4,\ -2)$$

◀四角形が平行四辺形であるための条件は，2本の対角線がそれぞれの中点で交わることである。2点を結ぶ線分の中点の座標は，平面上の場合と同様に求められる。

例 25　➡本冊 p. 92

(1) $\overrightarrow{\mathrm{MB}}=\overrightarrow{\mathrm{OB}}-\overrightarrow{\mathrm{OM}}=\vec{b}-\frac{1}{2}\vec{a}$

$\overrightarrow{\mathrm{MC}}=\overrightarrow{\mathrm{OC}}-\overrightarrow{\mathrm{OM}}=\vec{c}-\frac{1}{2}\vec{a}$

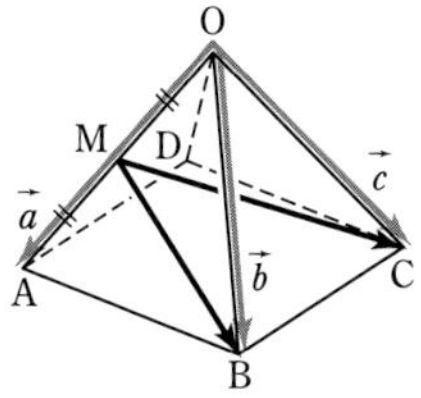

◀$\overrightarrow{\mathrm{EF}}=●\mathrm{F}-●\mathrm{E}$（分割）

(2) $\overrightarrow{\mathrm{MB}}\cdot\overrightarrow{\mathrm{MC}}$

$=\left(\vec{b}-\frac{1}{2}\vec{a}\right)\cdot\left(\vec{c}-\frac{1}{2}\vec{a}\right)$

$=\vec{b}\cdot\vec{c}-\frac{1}{2}(\vec{a}\cdot\vec{b}+\vec{a}\cdot\vec{c})+\frac{1}{4}|\vec{a}|^2$

◀$\left(b-\frac{1}{2}a\right)\left(c-\frac{1}{2}a\right)$ の展開と同じ要領。

ここで　$\vec{b}\cdot\vec{c}=|\vec{b}||\vec{c}|\cos 60°=1\times1\times\frac{1}{2}=\frac{1}{2}$

◀△OBC, △OAB は1辺の長さが1の正三角形。

同様にして　$\vec{a}\cdot\vec{b}=\frac{1}{2}$

また，△OAC で OA=OC=1, AC=$\sqrt{2}$ であるから

$\angle\mathrm{AOC}=90°$

◀垂直 ⟹ (内積)=0

よって　$\vec{a}\cdot\vec{c}=0$　　更に　$|\vec{a}|^2=1$

したがって　$\overrightarrow{\mathrm{MB}}\cdot\overrightarrow{\mathrm{MC}}=\frac{1}{2}-\frac{1}{2}\left(\frac{1}{2}+0\right)+\frac{1}{4}\times1=\frac{1}{2}$

例 26　➡本冊 p. 92

(1) $\vec{a}\cdot\vec{b}=1\times1+(-1)\times\sqrt{6}+1\times(-1)=-\sqrt{6}$

また，$|\vec{a}|=\sqrt{1+1+1}=\sqrt{3}$, $|\vec{b}|=\sqrt{1+6+1}=2\sqrt{2}$ であるから

$$\cos\theta=\frac{\vec{a}\cdot\vec{b}}{|\vec{a}||\vec{b}|}=\frac{-\sqrt{6}}{\sqrt{3}\times2\sqrt{2}}=-\frac{1}{2}$$

$0°\leqq\theta\leqq180°$ であるから　$\theta=120°$

◀本冊 p. 33 例題5と同様。z 成分が加わる。

(2) (ア) $\overrightarrow{\mathrm{AB}}=(-1,\ 0,\ 1)$, $\overrightarrow{\mathrm{AC}}=(-1,\ 2,\ 2)$ であるから

$\overrightarrow{\mathrm{AB}}\cdot\overrightarrow{\mathrm{AC}}=(-1)\times(-1)+0\times2+1\times2=3$

$|\overrightarrow{\mathrm{AB}}|=\sqrt{1+0+1}=\sqrt{2}$

$|\overrightarrow{\mathrm{AC}}|=\sqrt{1+4+4}=3$

$\angle\mathrm{BAC}=\theta$ とすると

◀$\mathrm{A}(a_1,\ a_2,\ a_3)$, $\mathrm{B}(b_1,\ b_2,\ b_3)$ のとき $\overrightarrow{\mathrm{AB}}=(b_1-a_1,\ b_2-a_2,\ b_3-a_3)$

$$\cos\theta=\frac{\overrightarrow{AB}\cdot\overrightarrow{AC}}{|\overrightarrow{AB}||\overrightarrow{AC}|}$$

$$=\frac{3}{\sqrt{2}\times3}=\frac{1}{\sqrt{2}}$$

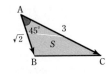

$0°<\theta<180°$ であるから　　$\boldsymbol{\theta=45°}$

◀△ABC の存在が前提条件となっているから
$0°<\theta<180°$

(イ)　$S=\frac{1}{2}|\overrightarrow{AB}||\overrightarrow{AC}|\sin\theta=\frac{1}{2}\times\sqrt{2}\times3\times\frac{1}{\sqrt{2}}=\boldsymbol{\frac{3}{2}}$

別解　(イ)　本冊 $p.92$ **検討** の公式を用いると
$S=\frac{1}{2}\sqrt{(\sqrt{2})^2\cdot3^2-3^2}=\frac{3}{2}$

例 27　➡ 本冊 $p.100$

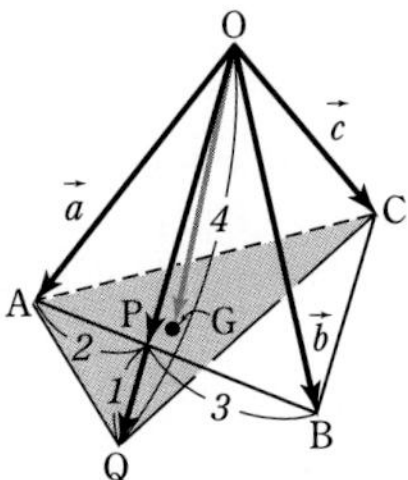

点Pは線分 AB を 2：3 に内分するから

◀3 点 O，A，B を通る平面上で考える。

$$\overrightarrow{OP}=\frac{3\overrightarrow{OA}+2\overrightarrow{OB}}{2+3}=\frac{3}{5}\vec{a}+\frac{2}{5}\vec{b}$$

点Qは線分 OP を 4：1 に外分するから

◀OP：OQ=3：4

$$\overrightarrow{OQ}=\frac{4}{3}\overrightarrow{OP}=\frac{4}{3}\left(\frac{3}{5}\vec{a}+\frac{2}{5}\vec{b}\right)$$

$$=\frac{4}{5}\vec{a}+\frac{8}{15}\vec{b}$$

◀$\overrightarrow{OQ}=\frac{-1\cdot\overrightarrow{OO}+4\overrightarrow{OP}}{4-1}$
$=\frac{4}{3}\overrightarrow{OP}$

点Gは △AQC の重心であるから

$$\overrightarrow{\mathbf{OG}}=\frac{\overrightarrow{OA}+\overrightarrow{OQ}+\overrightarrow{OC}}{3}$$

◀重心は足して 3 で割る。

$$=\frac{1}{3}\vec{a}+\frac{1}{3}\left(\frac{4}{5}\vec{a}+\frac{8}{15}\vec{b}\right)+\frac{1}{3}\vec{c}$$

$$=\left(\frac{1}{3}+\frac{4}{15}\right)\vec{a}+\frac{8}{45}\vec{b}+\frac{1}{3}\vec{c}$$

$$=\boldsymbol{\frac{3}{5}\vec{a}+\frac{8}{45}\vec{b}+\frac{1}{3}\vec{c}}$$

例 28　➡ 本冊 $p.100$

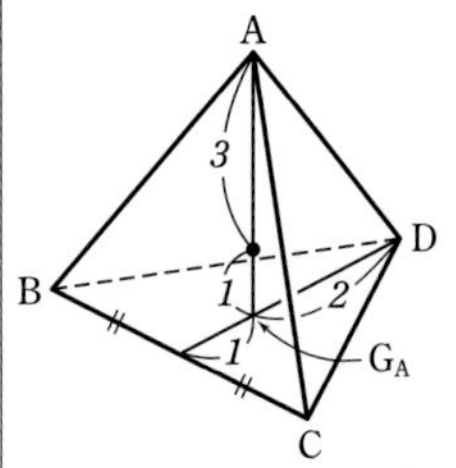

点 A，B，C，D，G_A，G_B，G_C，G_D の位置ベクトルをそれぞれ $\vec{a}$，$\vec{b}$，$\vec{c}$，$\vec{d}$，$\overrightarrow{g_A}$，$\overrightarrow{g_B}$，$\overrightarrow{g_C}$，$\overrightarrow{g_D}$ とすると

$$\overrightarrow{g_A}=\frac{\vec{b}+\vec{c}+\vec{d}}{3},\ \overrightarrow{g_B}=\frac{\vec{a}+\vec{c}+\vec{d}}{3},$$

$$\overrightarrow{g_C}=\frac{\vec{a}+\vec{b}+\vec{d}}{3},\ \overrightarrow{g_D}=\frac{\vec{a}+\vec{b}+\vec{c}}{3}$$

よって，線分 AG_A，BG_B，CG_C，DG_D を 3：1 に内分する点の位置ベクトルをそれぞれ $\vec{p}$，$\vec{q}$，$\vec{r}$，$\vec{s}$ とすると

$$\vec{p}=\frac{1\cdot\vec{a}+3\overrightarrow{g_A}}{3+1}=\frac{\vec{a}+\vec{b}+\vec{c}+\vec{d}}{4},$$

$$\vec{q}=\frac{1\cdot\vec{b}+3\overrightarrow{g_B}}{3+1}=\frac{\vec{a}+\vec{b}+\vec{c}+\vec{d}}{4},$$

$$\vec{r}=\frac{1\cdot\vec{c}+3\overrightarrow{g_C}}{3+1}=\frac{\vec{a}+\vec{b}+\vec{c}+\vec{d}}{4},$$

$$\vec{s}=\frac{1\cdot\vec{d}+3\overrightarrow{g_D}}{3+1}=\frac{\vec{a}+\vec{b}+\vec{c}+\vec{d}}{4}$$

したがって　　$\vec{p}=\vec{q}=\vec{r}=\vec{s}$

◀位置ベクトルが一致。

よって，線分 AG_A，BG_B，CG_C，DG_D をそれぞれ 3：1 に内分する点は一致する。

例 29 ➡本冊 p.117

(1) Q$(x,\ y,\ z)$ とすると，線分 PQ の中点がAと一致するから

$$\frac{5+x}{2}=2,\quad \frac{-6+y}{2}=-1,\quad \frac{2+z}{2}=5$$

よって　　$x=-1,\ y=4,\ z=8$

したがって，点Qの座標は　　**$(-1,\ 4,\ 8)$**

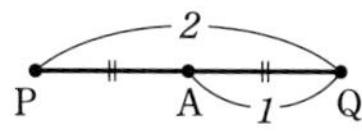

別解　点Qは線分 PA を 2：1 に外分する点であるから

$$\mathrm{Q}\left(\frac{-1\cdot5+2\cdot2}{2-1},\ \frac{-1\cdot(-6)+2\cdot(-1)}{2-1},\ \frac{-1\cdot2+2\cdot5}{2-1}\right)$$

すなわち　　**Q$(-1,\ 4,\ 8)$**

(2) (ア) **$x=2$**　　(イ) **$y=-1$**　　(ウ) **$z=3$**

(ア)

(イ)

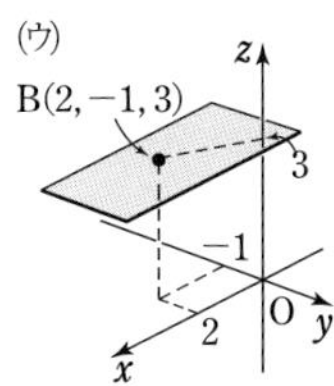

(ウ)

(3) 求める平面は点 C$(1,\ 3,\ -2)$ を通り，(ア)　z 軸，(イ)　x 軸，(ウ)　y 軸　にそれぞれ垂直な平面であるから，その方程式は

(ア)　**$z=-2$**　　(イ)　**$x=1$**　　(ウ)　**$y=3$**

例 30 ➡本冊 p.117

(1) この球面の中心Cは直径 AB の中点であるから

$$\mathrm{C}\left(\frac{6-2}{2},\ \frac{3-7}{2},\ \frac{2+8}{2}\right)\ \text{すなわち}\ \mathrm{C}(2,\ -2,\ 5)$$

また，球面の半径を r とすると

$$r^2=\mathrm{AC}^2=(2-6)^2+(-2-3)^2+(5-2)^2=50$$

◀半径は　$r=5\sqrt{2}$

よって　　**$(x-2)^2+(y+2)^2+(z-5)^2=50$**

◀標準形で表す。

(2) 球面が各座標平面に接し，かつ点 $(5,\ -1,\ 4)$ を通ることから，半径を r とすると，中心の座標は $(r,\ -r,\ r)$ と表される。

◀$x>0,\ y<0,\ z>0$ の部分にある点を通るから，中心も $x>0,\ y<0,\ z>0$ の部分にある。

したがって，球面の方程式は

$$(x-r)^2+(y+r)^2+(z-r)^2=r^2$$

点 $(5,\ -1,\ 4)$ を通るから

$$(5-r)^2+(-1+r)^2+(4-r)^2=r^2$$

よって　　$r^2-10r+21=0$

ゆえに　　$(r-3)(r-7)=0$

したがって　　$r=3,\ 7$　($r>0$ を満たす。)

◀条件を満たす球面は2つある。

よって　　**$(x-3)^2+(y+3)^2+(z-3)^2=9$ または**

$(x-7)^2+(y+7)^2+(z-7)^2=49$

練習 34 ➡ 本冊 p. 84

(1) AP=BP=CP から　$\mathrm{AP}^2=\mathrm{BP}^2=\mathrm{CP}^2$

P$(x,\ y,\ 0)$ とすると，$\mathrm{AP}^2=\mathrm{BP}^2$ であるから

$$(x-2)^2+(y-1)^2+4=(x+2)^2+y^2+1$$

よって　$4x+y=2$　…… ①

$\mathrm{BP}^2=\mathrm{CP}^2$ であるから　$(x+2)^2+y^2+1=(x-3)^2+(y+1)^2+9$

ゆえに　$5x-y=7$　…… ②

①+② から　$9x=9$　　よって　$x=1$

このとき，① から　$y=-2$　　したがって　**P(1, −2, 0)**

また，AQ=BQ=CQ から　$\mathrm{AQ}^2=\mathrm{BQ}^2=\mathrm{CQ}^2$

Q$(x,\ 0,\ z)$ とすると，$\mathrm{AQ}^2=\mathrm{BQ}^2$ であるから

$$(x-2)^2+1+(z+2)^2=(x+2)^2+(z-1)^2$$

よって　$4x-3z=2$　…… ③

$\mathrm{BQ}^2=\mathrm{CQ}^2$ であるから

$$(x+2)^2+(z-1)^2=(x-3)^2+1+(z+3)^2$$

よって　$5x-4z=7$　…… ④

③×4−④×3 から　$x=-13$

このとき，③ から　$z=-18$

したがって　**Q(−13, 0, −18)**

(2) R$(x,\ y,\ z)$ とする。

DR=ER=FR=GR から　$\mathrm{DR}^2=\mathrm{ER}^2=\mathrm{FR}^2=\mathrm{GR}^2$

$\mathrm{DR}^2=\mathrm{ER}^2$ から

$$(x-1)^2+(y-1)^2+(z-1)^2=(x+1)^2+(y-1)^2+(z+1)^2$$

よって　$x+z=0$　…… ①

$\mathrm{DR}^2=\mathrm{FR}^2$ から

$$(x-1)^2+(y-1)^2+(z-1)^2=(x+1)^2+(y+1)^2+z^2$$

よって　$4x+4y+2z=1$　…… ②

$\mathrm{DR}^2=\mathrm{GR}^2$ から

$$(x-1)^2+(y-1)^2+(z-1)^2=(x-2)^2+(y-1)^2+z^2$$

よって　$x-z=1$　…… ③

①，③ を連立して解くと　$x=\dfrac{1}{2},\ z=-\dfrac{1}{2}$

ゆえに，② から　$y=0$

したがって　$\mathbf{R}\left(\dfrac{\mathbf{1}}{\mathbf{2}},\ \mathbf{0},\ -\dfrac{\mathbf{1}}{\mathbf{2}}\right)$

◀距離の条件は 2 乗した形で扱う。

◀xy 平面上の点 ⟶ z 座標が 0

◀$\mathrm{BP}^2=\mathrm{CP}^2$ の代わりに $\mathrm{AP}^2=\mathrm{CP}^2$ を用いると
$(x-2)^2+(y-1)^2+4$
$=(x-3)^2+(y+1)^2+9$
から　$x-2y=5$ … ②′
①, ②′ を連立して解くと
$x=1,\ y=-2$

◀$\mathrm{BQ}^2=\mathrm{CQ}^2$ の代わりに $\mathrm{AQ}^2=\mathrm{CQ}^2$ を用いてもよい。$x-z=5$ と ③ から $x=-13,\ z=-18$

◀変数は $x,\ y,\ z$ の 3 つであるから，方程式は 3 つ必要になる。

◀まず，連立方程式 ①，③ を解いて $x,\ z$ の値を求める。

練習 35 ➡ 本冊 p. 89

(1) $\vec{a}+t\vec{b}=(2,\ -4,\ -3)+t(1,\ -1,\ 1)$
$=(2+t,\ -4-t,\ -3+t)$

よって　$|\vec{a}+t\vec{b}|^2=(2+t)^2+(-4-t)^2+(-3+t)^2$
$=3t^2+6t+29$
$=3(t^2+2t)+29$
$=3(t+1)^2+26$

ゆえに，$|\vec{a}+t\vec{b}|^2$ は $t=-1$ のとき最小値 26 をとる。

CHART
$|\vec{p}|$ は $|\vec{p}|^2$ として扱う

◀ 2 次式は基本形に直す。

$|\vec{a}+t\vec{b}|\geqq 0$ であるから，$|\vec{a}+t\vec{b}|^2$ が最小のとき $|\vec{a}+t\vec{b}|$ も最小となる。

したがって，$|\vec{a}+t\vec{b}|$ は **$t=-1$ のとき最小値 $\sqrt{26}$** をとる。

別解　Oを原点とし，$\vec{a}=\overrightarrow{OA}$，$\vec{b}=\overrightarrow{OB}$ とすると，$\vec{a}+t\vec{b}=\overrightarrow{OC}$ で定まる点Cは，点Aを通り $\overrightarrow{OB}$ に平行な直線上にある。

よって，$|\vec{a}+t\vec{b}|=|\overrightarrow{OC}|$ が最小となるのは，$(\vec{a}+t\vec{b})\perp\vec{b}$ となるときである。

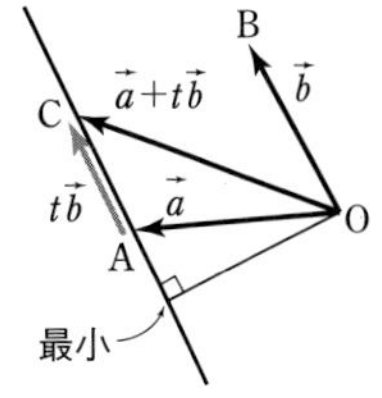

このとき　$(\vec{a}+t\vec{b})\cdot\vec{b}=0$

ゆえに　$(2+t)\times1+(-4-t)\times(-1)+(-3+t)\times1=0$

よって　$3t+3=0$　　ゆえに　$t=-1$

このとき　$|\vec{a}+t\vec{b}|=|\vec{a}-\vec{b}|=\sqrt{1^2+(-3)^2+(-4)^2}=\sqrt{26}$

したがって，$|\vec{a}+t\vec{b}|$ は **$t=-1$ のとき最小値 $\sqrt{26}$** をとる。

(2)　$\vec{r}=x\vec{a}+y\vec{b}+\vec{c}$

$=x(1,\ 0,\ -1)+y(-2,\ 1,\ 3)+(0,\ -1,\ 0)$

$=(x-2y,\ y-1,\ -x+3y)$

よって　$|\vec{r}|^2=(x-2y)^2+(y-1)^2+(-x+3y)^2$

$=2x^2-10xy+14y^2-2y+1$

$=2\left\{x^2-5xy+\left(-\dfrac{5}{2}y\right)^2\right\}-2\left(-\dfrac{5}{2}y\right)^2+14y^2-2y+1$　◀まず，x について平方完成。

$=2\left(x-\dfrac{5}{2}y\right)^2+\dfrac{3}{2}y^2-2y+1$

$=2\left(x-\dfrac{5}{2}y\right)^2+\dfrac{3}{2}\left\{y^2-\dfrac{4}{3}y+\left(-\dfrac{2}{3}\right)^2\right\}-\dfrac{3}{2}\left(-\dfrac{2}{3}\right)^2+1$　◀次に，y について平方完成。

$=2\left(x-\dfrac{5}{2}y\right)^2+\dfrac{3}{2}\left(y-\dfrac{2}{3}\right)^2+\dfrac{1}{3}$

したがって，$|\vec{r}|^2$ は $x-\dfrac{5}{2}y=0$ かつ $y-\dfrac{2}{3}=0$，すなわち $x=\dfrac{5}{3}$，$y=\dfrac{2}{3}$ のとき最小値 $\dfrac{1}{3}$ をとる。　◀**(実数)$^2\geqq 0$**

$|\vec{r}|\geqq 0$ であるから，$|\vec{r}|^2$ が最小のとき $|\vec{r}|$ も最小となる。

よって，$|\vec{r}|$ は **$x=\dfrac{5}{3}$，$y=\dfrac{2}{3}$ のとき最小値 $\dfrac{1}{\sqrt{3}}$** をとる。

別解　Oを原点とし，$\vec{c}=\overrightarrow{OC}$，$\vec{a}=\overrightarrow{CA}$，$\vec{b}=\overrightarrow{CB}$ とすると，

$\vec{r}=x\overrightarrow{CA}+y\overrightarrow{CB}+\overrightarrow{OC}=\overrightarrow{OC}+(x\overrightarrow{CA}+y\overrightarrow{CB})=\overrightarrow{OR}$ で定まる点Rは，3点A，B，Cを通る平面α上の任意の点を表す。

よって，$|\vec{r}|=|\overrightarrow{OR}|$ が最小となるのはORと平面αが垂直のときである。

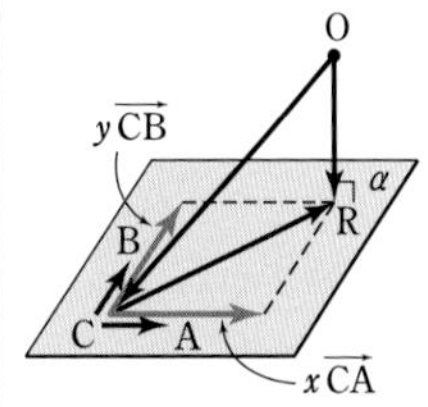

(＊)　直線 h が平面 α に垂直
⟶ h は α 上のすべての直線に垂直。

このとき　　$\mathrm{OR}\perp\mathrm{CA}$ かつ $\mathrm{OR}\perp\mathrm{CB}$　…… (＊)

すなわち　　$\overrightarrow{OR}\cdot\overrightarrow{CA}=0$ かつ $\overrightarrow{OR}\cdot\overrightarrow{CB}=0$

$\overrightarrow{OR}=(x-2y,\ y-1,\ -x+3y)$ であるから

$$\begin{cases}(x-2y)\times1+(y-1)\times0+(-x+3y)\times(-1)=0\\(x-2y)\times(-2)+(y-1)\times1+(-x+3y)\times3=0\end{cases}$$

整理して　　$2x-5y=0$，$-5x+14y=1$

連立して解くと　　$x=\dfrac{5}{3}$，$y=\dfrac{2}{3}$

このとき　$|\overrightarrow{OR}|=\sqrt{\left(\frac{1}{3}\right)^2+\left(-\frac{1}{3}\right)^2+\left(\frac{1}{3}\right)^2}=\sqrt{\frac{1}{3}}=\frac{1}{\sqrt{3}}$

◀$\overrightarrow{OR}=\left(\frac{1}{3},\ -\frac{1}{3},\ \frac{1}{3}\right)$

したがって，$|\vec{r}|$ は $\boldsymbol{x=\frac{5}{3}}$，$\boldsymbol{y=\frac{2}{3}}$ **のとき最小値** $\boldsymbol{\frac{1}{\sqrt{3}}}$ をとる。

練習 36

➡本冊 p. 90

(1)　yz 平面に関して点Aと点Bは同じ側にある。

yz 平面に関して点Bと対称な点を B′ とすると

$$\mathrm{B}'(-1,\ 3,\ 4)$$

PB=PB′ であるから　AP+PB=AP+PB′≧AB′

よって，AP+PB が最小になるのは，点Pが直線 AB′ 上にあるときである。

したがって，AP+PB の最小値は

$$\mathrm{AB}'=\sqrt{(-1-2)^2+(3-0)^2+(4-3)^2}=\boldsymbol{\sqrt{19}}$$

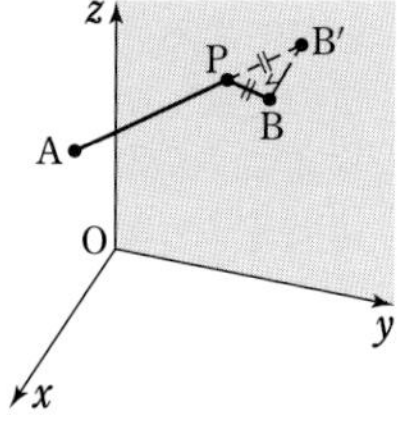

(2)　点Bを通り，x 軸に垂直な平面を α とする。

平面 α 上において，点 C(1, 0, 0) を中心とし，半径 $\mathrm{CB}=\sqrt{3^2+4^2}=5$ の円上の動点をRとすると

$$\mathrm{CB}=\mathrm{CR}$$

◀点Qは x 軸上にあり，点Bは平面 α 上にある。x 軸と平面 α の交点の座標は　(1, 0, 0)

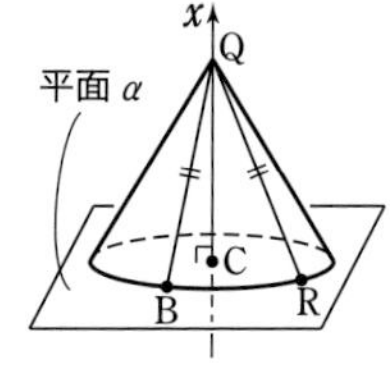

$\mathrm{QB}=\sqrt{\mathrm{QC}^2+\mathrm{CB}^2}$，$\mathrm{QR}=\sqrt{\mathrm{QC}^2+\mathrm{CR}^2}$

であるから　QB=QR

よって，D(1, 0, −5) とすると

$$\mathrm{AQ}+\mathrm{QB}=\mathrm{AQ}+\mathrm{QD}\geqq\mathrm{AD}$$

3点 A，Q，D は zx 平面上にあるから，AQ+QD が最小になるのは，点Qが直線 AD 上にあるときである。

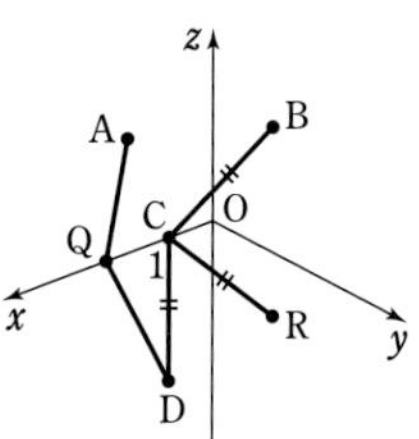

したがって，AQ+QB の最小値は

$$\mathrm{AD}=\sqrt{(1-2)^2+(0-0)^2+(-5-3)^2}=\boldsymbol{\sqrt{65}}$$

練習 37

➡本冊 p. 93

(1)　$\vec{a}+t\vec{b}=(1,\ 2,\ 1)+t(1,\ -1,\ 2)=(1+t,\ 2-t,\ 1+2t)$

$\vec{b}+t\vec{c}=(1,\ -1,\ 2)+t(0,\ -1,\ 3)=(1,\ -1-t,\ 2+3t)$

ゆえに　$\vec{a}+t\vec{b}\neq\vec{0}$，$\vec{b}+t\vec{c}\neq\vec{0}$

◀$\vec{b}+t\vec{c}$ は x 成分が1であるから　$\vec{b}+t\vec{c}\neq\vec{0}$
$\vec{a}+t\vec{b}$ の各成分を同時に0にする t の値は存在しないから　$\vec{a}+t\vec{b}\neq\vec{0}$

$(\vec{a}+t\vec{b})\perp(\vec{b}+t\vec{c})$ となるための条件は

$$(\vec{a}+t\vec{b})\cdot(\vec{b}+t\vec{c})=0$$

よって　$(1+t)\times1+(2-t)(-1-t)+(1+2t)(2+3t)=0$

整理すると　$7t^2+7t+1=0$

これを解いて　$\boldsymbol{t}=\dfrac{-7\pm\sqrt{7^2-4\cdot7\cdot1}}{2\cdot7}=\boldsymbol{\dfrac{-7\pm\sqrt{21}}{14}}$

(2)　求めるベクトルを $\vec{p}=(x,\ y,\ z)$ とする。

$\overrightarrow{OA}\perp\vec{p}$，$\overrightarrow{OB}\perp\vec{p}$ であるから　$\overrightarrow{OA}\cdot\vec{p}=0$，$\overrightarrow{OB}\cdot\vec{p}=0$

$\overrightarrow{OA}\cdot\vec{p}=0$ から　$2x+y-2z=0$ …… ①

$\overrightarrow{OB}\cdot\vec{p}=0$ から　$3x+4y=0$ …… ②

◀$\overrightarrow{OA}=(2,\ 1,\ -2)$，$\overrightarrow{OB}=(3,\ 4,\ 0)$

また，$|\vec{p}|=\sqrt{5}$ であるから

$$x^2+y^2+z^2=5 \quad\cdots\cdots ③$$

①，②から　$y=-\frac{3}{4}x,\ z=\frac{5}{8}x$　…… ④

これらを③に代入して　$x^2+\left(-\frac{3}{4}x\right)^2+\left(\frac{5}{8}x\right)^2=5$

よって　$\frac{125}{64}x^2=5$　　ゆえに　$x^2=\frac{64}{25}$

したがって　$x=\pm\frac{8}{5}$

④から　$x=\frac{8}{5}$ のとき　$y=-\frac{6}{5},\ z=1$

$x=-\frac{8}{5}$ のとき　$y=\frac{6}{5},\ z=-1$

よって，求めるベクトルは　$\left(\frac{8}{5},\ -\frac{6}{5},\ 1\right),\ \left(-\frac{8}{5},\ \frac{6}{5},\ -1\right)$

◀②から　$y=-\frac{3}{4}x$
これを①に代入して，z について解くと
$z=\frac{5}{8}x$

参考　$\overrightarrow{OA}$ と $\overrightarrow{OB}$ の外積 $\vec{u}$ を求めると
$\vec{u}=(1\cdot0-(-2)\cdot4,\ (-2)\cdot3-2\cdot0,\ 2\cdot4-1\cdot3)=(8,\ -6,\ 5)$
求めるベクトルは $\pm\frac{\sqrt{5}}{|\vec{u}|}\vec{u}$ である。

練習 38　➡本冊 p. 94

(1) (ア) $\overrightarrow{AB}=(-2,\ 1,\ 2)$，$\overrightarrow{AC}=(a-1,\ -2,\ 3)$ であるから

$$\overrightarrow{AB}\cdot\overrightarrow{AC}=-2\times(a-1)+1\times(-2)+2\times3=-2a+6$$
$$|\overrightarrow{AB}|=\sqrt{(-2)^2+1^2+2^2}=3$$
$$|\overrightarrow{AC}|=\sqrt{(a-1)^2+(-2)^2+3^2}=\sqrt{a^2-2a+14}$$

よって，$\overrightarrow{AB}$ と $\overrightarrow{AC}$ のなす角を θ とすると

$$\cos\theta=\frac{\overrightarrow{AB}\cdot\overrightarrow{AC}}{|\overrightarrow{AB}||\overrightarrow{AC}|}=\frac{-2a+6}{3\sqrt{a^2-2a+14}}$$

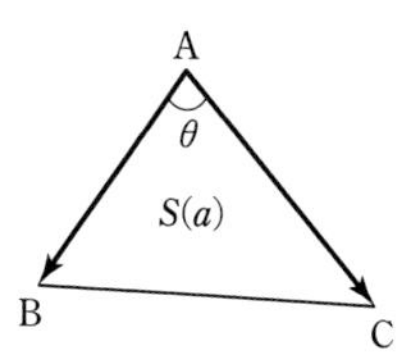

$0°<\theta<180°$ より $\sin\theta>0$ であるから

$$\sin\theta=\sqrt{1-\cos^2\theta}=\sqrt{1-\frac{(-2a+6)^2}{9(a^2-2a+14)}}=\frac{1}{3}\sqrt{\frac{5a^2+6a+90}{a^2-2a+14}}$$

ゆえに　$S(a)=\frac{1}{2}|\overrightarrow{AB}||\overrightarrow{AC}|\sin\theta$

$$=\frac{1}{2}\cdot3\cdot\sqrt{a^2-2a+14}\cdot\frac{1}{3}\sqrt{\frac{5a^2+6a+90}{a^2-2a+14}}$$
$$=\boldsymbol{\frac{1}{2}\sqrt{5a^2+6a+90}}$$

別解　$S(a)=\frac{1}{2}\sqrt{|\overrightarrow{AB}|^2|\overrightarrow{AC}|^2-(\overrightarrow{AB}\cdot\overrightarrow{AC})^2}$

$$=\frac{1}{2}\sqrt{9(a^2-2a+14)-(-2a+6)^2}=\boldsymbol{\frac{1}{2}\sqrt{5a^2+6a+90}}$$

◀この公式は空間の場合も成り立つ。

(イ) $S(a)=\frac{1}{2}\sqrt{5a^2+6a+90}=\frac{1}{2}\sqrt{5\left(a+\frac{3}{5}\right)^2+\frac{441}{5}}$

よって，$S(a)$ は $\boldsymbol{a=-\frac{3}{5}}$ **のとき最小値** $\frac{1}{2}\sqrt{\frac{441}{5}}=\boldsymbol{\frac{21\sqrt{5}}{10}}$ をとる。

◀$5a^2+6a+90$
$=5\left(a^2+\frac{6}{5}a\right)+90$
$=5\left(a+\frac{3}{5}\right)^2-5\cdot\left(\frac{3}{5}\right)^2+90$

(2) $\vec{b}=(-1,\ 2,\ -3)$，$\vec{c}=(2,\ 1,\ -1)$ であるから

$$|\vec{b}|=\sqrt{(-1)^2+2^2+(-3)^2}=\sqrt{14},$$
$$|\vec{c}|=\sqrt{2^2+1^2+(-1)^2}=\sqrt{6},$$
$$\vec{b}\cdot\vec{c}=-1\times2+2\times1-3\times(-1)=3$$

ゆえに　$|\vec{b}+t\vec{c}|^2=|\vec{b}|^2+2t\vec{b}\cdot\vec{c}+t^2|\vec{c}|^2=14+6t+6t^2$

◀$\vec{b}=\overrightarrow{AB}$，$\vec{c}=\overrightarrow{AC}$

また　　$(\vec{b}+t\vec{c})\cdot\vec{c}=\vec{b}\cdot\vec{c}+t|\vec{c}|^2=3+6t$

$\vec{b}+t\vec{c}$ と $\vec{c}$ のなす角が 60° となるための条件は

$$(\vec{b}+t\vec{c})\cdot\vec{c}=|\vec{b}+t\vec{c}||\vec{c}|\cos 60^\circ$$

◀内積の定義。

よって　　$3+6t=\sqrt{14+6t+6t^2}\times\sqrt{6}\times\dfrac{1}{2}$ …… ①

① の右辺は正であるから　$3+6t>0$　すなわち　$t>-\dfrac{1}{2}$

◀この条件に注意。

① の両辺を 2 乗して整理すると　$9t^2+9t-4=0$

左辺を因数分解して　$(3t-1)(3t+4)=0$

◀$9+36t+36t^2=\dfrac{3}{2}(14+6t+6t^2)$

$t>-\dfrac{1}{2}$ であるから　　$\boldsymbol{t=\dfrac{1}{3}}$

練習 39　➡本冊 p. 95

(1)　$\vec{e_1}=(1,\ 0,\ 0)$，$\vec{e_3}=(0,\ 0,\ 1)$ とする。

◀$|\vec{e_1}|=1$，$|\vec{e_3}|=1$

$\vec{t}=(x,\ y,\ z)$ $(x^2+y^2+z^2=1,\ y>0)$ とすると，$\vec{t}$ は x 軸と直交するから　$\vec{t}\cdot\vec{e_1}=0$　　よって　$x=0$

◀$|\vec{t}|=1$

◀$\vec{t}\cdot\vec{e_1}=x\times1+y\times0+z\times0=x$

$\vec{t}$ と z 軸の正の向きとのなす角が 45° であるから

$$\vec{t}\cdot\vec{e_3}=|\vec{t}||\vec{e_3}|\cos 45^\circ=\frac{1}{\sqrt{2}}$$

◀$\vec{t}\cdot\vec{e_3}=x\times0+y\times0+z\times1=z$

ゆえに　　$z=\dfrac{1}{\sqrt{2}}$

よって　　$y^2=1-\left(\dfrac{1}{\sqrt{2}}\right)^2=\dfrac{1}{2}$

◀$y^2=1-x^2-z^2$

$y>0$ であるから　　$y=\dfrac{1}{\sqrt{2}}$

したがって　　$\boldsymbol{\vec{t}=\left(0,\ \dfrac{1}{\sqrt{2}},\ \dfrac{1}{\sqrt{2}}\right)}$

参考　$\vec{t}$ と y 軸の正の向きとのなす角を θ $(0^\circ\leqq\theta\leqq180^\circ)$ とすると

$$\cos\theta=\frac{1}{\sqrt{2}}$$

$0^\circ\leqq\theta\leqq180^\circ$ であるから　　$\theta=45^\circ$

◀$\vec{a}=(a_1,\ a_2,\ a_3)$ に対して，$\vec{a}$ が y 軸の正の向きとのなす角を β とすると　$\cos\beta=\dfrac{a_2}{|\vec{a}|}$

(2)　条件から，$\overrightarrow{\mathrm{OP}}=k\overrightarrow{\mathrm{OT}}=k\vec{t}$ （k は 0 でない実数）と表される。

よって　　$\overrightarrow{\mathrm{OP}}=\left(0,\ \dfrac{k}{\sqrt{2}},\ \dfrac{k}{\sqrt{2}}\right)$

また　　$\overrightarrow{\mathrm{AP}}=\overrightarrow{\mathrm{OP}}-\overrightarrow{\mathrm{OA}}=\left(-1,\ \dfrac{k}{\sqrt{2}}-2,\ \dfrac{k}{\sqrt{2}}-3\right)$

◀$\overrightarrow{\mathrm{OA}}=(1,\ 2,\ 3)$

$\overrightarrow{\mathrm{OP}}\perp\overrightarrow{\mathrm{AP}}$ であるから　　$\overrightarrow{\mathrm{OP}}\cdot\overrightarrow{\mathrm{AP}}=0$

◀**垂直 ⟹ (内積)=0**

ゆえに　　$\dfrac{k}{\sqrt{2}}\left(\dfrac{k}{\sqrt{2}}-2\right)+\dfrac{k}{\sqrt{2}}\left(\dfrac{k}{\sqrt{2}}-3\right)=0$

$k\neq0$ であるから　　$\dfrac{k}{\sqrt{2}}-2+\dfrac{k}{\sqrt{2}}-3=0$

◀両辺を $\dfrac{k}{\sqrt{2}}$ で割った。

よって　　$k=\dfrac{5}{\sqrt{2}}$

したがって　　$\boldsymbol{\mathrm{P}\left(0,\ \dfrac{5}{2},\ \dfrac{5}{2}\right)}$

◀$\overrightarrow{\mathrm{OP}}=\left(0,\ \dfrac{5}{2},\ \dfrac{5}{2}\right)$

練習 40 ➡ 本冊 p. 96

(1) $s(\vec{c}\cdot\vec{a})+t(\vec{c}\cdot\vec{b})=\vec{c}\cdot(s\vec{a}+t\vec{b})=\vec{c}\cdot\vec{c}=|\vec{c}|^2\geqq 0$

したがって　$s(\vec{c}\cdot\vec{a})+t(\vec{c}\cdot\vec{b})\geqq 0$

参考　等号が成立するのは，$\vec{c}=\vec{0}$ のときである。

(2) $\vec{c}\cdot\vec{a}<0$ かつ $\vec{c}\cdot\vec{b}<0$ と仮定する。

◀背理法を利用。

$s\geqq 0$，$t\geqq 0$ であるから　$s(\vec{c}\cdot\vec{a})+t(\vec{c}\cdot\vec{b})\leqq 0$

これと(1)から　$s(\vec{c}\cdot\vec{a})+t(\vec{c}\cdot\vec{b})=0$

◀(1)で等号が成立する場合。

よって，$\vec{c}=\vec{0}$ であるから　$\vec{c}\cdot\vec{a}=0$

これは $\vec{c}\cdot\vec{a}<0$ に矛盾する。

したがって　$\vec{c}\cdot\vec{a}\geqq 0$ または $\vec{c}\cdot\vec{b}\geqq 0$

(3) $s\geqq 0$，$t\geqq 0$ と $|\vec{c}|\geqq|\vec{a}|$，$|\vec{c}|\geqq|\vec{b}|$ から

$$|\vec{c}|=|s\vec{a}+t\vec{b}|\leqq|s\vec{a}|+|t\vec{b}|=s|\vec{a}|+t|\vec{b}|$$
$$\leqq s|\vec{c}|+t|\vec{c}|=(s+t)|\vec{c}|$$

◀$|\vec{p}+\vec{q}|\leqq|\vec{p}|+|\vec{q}|$

よって　$(s+t)|\vec{c}|\geqq|\vec{c}|$　…… ①

$|\vec{c}|\geqq|\vec{a}|>0$ であるから，① の両辺を $|\vec{c}|$ で割って

$$s+t\geqq 1$$

◀$\vec{a}\neq\vec{0}$ であるから $|\vec{a}|>0$

練習 41 ➡ 本冊 p. 101

(1) $\overrightarrow{AB}=\vec{b}$，$\overrightarrow{AC}=\vec{c}$，$\overrightarrow{AD}=\vec{d}$，$\overrightarrow{AP}=\vec{p}$ とすると，等式から

$$\vec{p}+2(\vec{p}-\vec{b})+4(\vec{p}-\vec{c})+6(\vec{p}-\vec{d})=\vec{0}$$

よって　$\vec{p}=\dfrac{2(\vec{b}+2\vec{c}+3\vec{d})}{13}$

ゆえに　$\vec{p}=\dfrac{12}{13}\cdot\dfrac{\vec{b}+2\vec{c}+3\vec{d}}{6}$

よって　$\vec{p}=\dfrac{12}{13}\cdot\dfrac{3\cdot\dfrac{\vec{b}+2\vec{c}}{2+1}+3\vec{d}}{3+3}$

ここで，$\dfrac{\vec{b}+2\vec{c}}{2+1}=\vec{e}$ とし，$\dfrac{\vec{e}+\vec{d}}{2}=\vec{f}$ とすると

$$\vec{p}=\frac{12}{13}\vec{f}$$

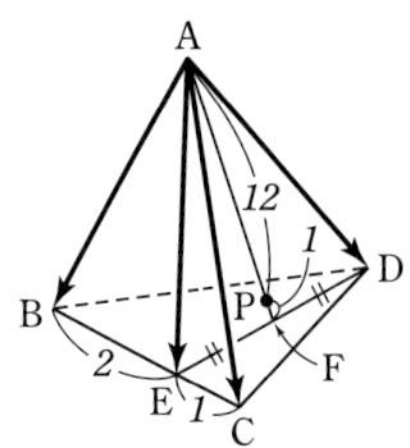

したがって，**辺 BC を 2：1 に内分する点を E とし，線分 ED の中点を F とすると，P は線分 AF を 12：1 に内分する点** である。

(2) 四面体 ABCD の体積を V とすると，AP：PF＝12：1 から，

四面体 PBCD の体積は　$\dfrac{1}{12+1}V=\dfrac{1}{13}V$

◀底面は △BCD で共通 ⟶ 体積比は高さの比に等しい。

同様にして，体積について

$$(\text{四面体 PACD})=\frac{12}{13}(\text{四面体 FACD})=\frac{12}{13}\cdot\frac{1}{2}(\text{四面体 EACD})$$
$$=\frac{6}{13}\cdot\frac{1}{3}V=\frac{2}{13}V$$

◀順に AP：PF＝12：1，EF：FD＝1：1，BE：EC＝2：1 に注目。

$$(\text{四面体 PABD})=\frac{12}{13}(\text{四面体 FABD})=\frac{12}{13}\cdot\frac{1}{2}(\text{四面体 EABD})$$
$$=\frac{6}{13}\cdot\frac{2}{3}V=\frac{4}{13}V$$

2章 練習 [空間のベクトル]

$$(\text{四面体 PABC})=\frac{12}{13}(\text{四面体 FABC})=\frac{12}{13}\cdot\frac{1}{2}V=\frac{6}{13}V$$

したがって，求める体積比は

$$\frac{1}{13}V:\frac{2}{13}V:\frac{4}{13}V:\frac{6}{13}V=\mathbf{1:2:4:6}$$

練習 42

➡ 本冊 p. 102

(1) $\overrightarrow{\mathbf{PQ}}=\overrightarrow{\mathrm{AQ}}-\overrightarrow{\mathrm{AP}}=(1-a)\overrightarrow{\mathrm{AC}}+a\overrightarrow{\mathrm{AC'}}-a\overrightarrow{\mathrm{AB}}$

$=(1-a)(\vec{x}+\vec{y})+a(\vec{x}+\vec{y}+\vec{z})-a\vec{x}$

$=\boldsymbol{(1-a)\vec{x}+\vec{y}+a\vec{z}}$

$\overrightarrow{\mathbf{PR}}=\overrightarrow{\mathrm{AR}}-\overrightarrow{\mathrm{AP}}=(1-a)\overrightarrow{\mathrm{AD'}}+a\overrightarrow{\mathrm{AA'}}-a\overrightarrow{\mathrm{AB}}$

$=(1-a)(\vec{y}+\vec{z})+a\vec{z}-a\vec{x}$

$=\boldsymbol{-a\vec{x}+(1-a)\vec{y}+\vec{z}}$

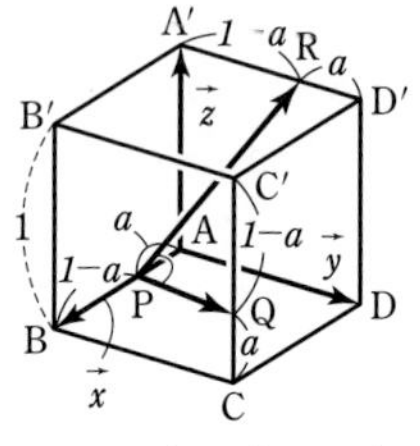

(2) $|\vec{x}|=|\vec{y}|=|\vec{z}|=1$，$\vec{x}\cdot\vec{y}=\vec{y}\cdot\vec{z}=\vec{z}\cdot\vec{x}=0$ であるから

$|\overrightarrow{\mathrm{PQ}}|^2=\{(1-a)\vec{x}+\vec{y}+a\vec{z}\}\cdot\{(1-a)\vec{x}+\vec{y}+a\vec{z}\}$

$=(1-a)^2+1^2+a^2=2a^2-2a+2$

◀ $(1-a)^2|\vec{x}|^2+|\vec{y}|^2+a^2|\vec{z}|^2+2\{(1-a)\vec{x}\cdot\vec{y}+a\vec{y}\cdot\vec{z}+a(1-a)\vec{z}\cdot\vec{x}\}$

$|\overrightarrow{\mathrm{PR}}|^2=\{-a\vec{x}+(1-a)\vec{y}+\vec{z}\}\cdot\{-a\vec{x}+(1-a)\vec{y}+\vec{z}\}$

$=a^2+(1-a)^2+1^2=2a^2-2a+2$

ゆえに　$|\overrightarrow{\mathrm{PQ}}|^2:|\overrightarrow{\mathrm{PR}}|^2=1:1$

よって　$|\overrightarrow{\mathrm{PQ}}|:|\overrightarrow{\mathrm{PR}}|=\mathbf{1:1}$

(3) (2) から　$|\overrightarrow{\mathrm{PQ}}|=|\overrightarrow{\mathrm{PR}}|=\sqrt{2(a^2-a+1)}$

◀ $a^2-a+1=\left(a-\frac{1}{2}\right)^2+\frac{3}{4}>0$

また　$\overrightarrow{\mathrm{PQ}}\cdot\overrightarrow{\mathrm{PR}}=\{(1-a)\vec{x}+\vec{y}+a\vec{z}\}\cdot\{-a\vec{x}+(1-a)\vec{y}+\vec{z}\}$

$=(1-a)\times(-a)+1\times(1-a)+a\times 1$

$=a^2-a+1$

◀ $|\vec{x}|=|\vec{y}|=|\vec{z}|=1$，$\vec{x}\cdot\vec{y}=\vec{y}\cdot\vec{z}=\vec{z}\cdot\vec{x}=0$

よって，$\overrightarrow{\mathrm{PQ}}$ と $\overrightarrow{\mathrm{PR}}$ のなす角を θ とすると

$$\cos\theta=\frac{\overrightarrow{\mathrm{PQ}}\cdot\overrightarrow{\mathrm{PR}}}{|\overrightarrow{\mathrm{PQ}}||\overrightarrow{\mathrm{PR}}|}=\frac{a^2-a+1}{\{\sqrt{2(a^2-a+1)}\}^2}=\frac{1}{2}$$

$0^\circ\leqq\theta\leqq 180^\circ$ であるから　$\theta=\mathbf{60^\circ}$

練習 43

➡ 本冊 p. 103

(1) $\overrightarrow{\mathrm{OA}}=\vec{a}$，$\overrightarrow{\mathrm{OB}}=\vec{b}$，$\overrightarrow{\mathrm{OC}}=\vec{c}$ とすると

◀点Oを始点とする位置ベクトル。

$\overrightarrow{\mathrm{KL}}=\overrightarrow{\mathrm{OL}}-\overrightarrow{\mathrm{OK}}=t\vec{c}-t\vec{b}$

$=t(\vec{c}-\vec{b})$

◀OC：OL＝1：t から $\overrightarrow{\mathrm{OL}}=t\overrightarrow{\mathrm{OC}}$

$\overrightarrow{\mathrm{MN}}=\overrightarrow{\mathrm{ON}}-\overrightarrow{\mathrm{OM}}$

$=(1-t)\vec{a}+t\vec{c}-\{(1-t)\vec{a}+t\vec{b}\}$

$=t(\vec{c}-\vec{b})$

◀ $\overrightarrow{\mathrm{ON}}=\dfrac{(1-t)\vec{a}+t\vec{c}}{t+(1-t)}$

よって　$\overrightarrow{\mathrm{KL}}=\overrightarrow{\mathrm{MN}}$

◀すなわち KL∥MN かつ KL＝MN

ゆえに，四角形 KLNM は平行四辺形である。

(2) 3点P, Q, R が一直線上にあるから，$\overrightarrow{\mathrm{QP}}=k\overrightarrow{\mathrm{QR}}$ となる実数 k がある。

◀座標に文字を含まないQを始点にした。

$\overrightarrow{\mathrm{QP}}=(p,\ 6,\ -12)-(-1,\ -2,\ 2)=(p+1,\ 8,\ -14)$

$\overrightarrow{\mathrm{QR}}=(3,\ r,\ -5)-(-1,\ -2,\ 2)=(4,\ r+2,\ -7)$

よって　$(p+1,\ 8,\ -14)=k(4,\ r+2,\ -7)$

ゆえに　$p+1=4k$ …… ①，$8=k(r+2)$ …… ②，

$-14=-7k$ …… ③

③ から　$k=2$

よって，① から　$p+1=8$　ゆえに　$\boldsymbol{p=7}$

② から　$8=2(r+2)$　ゆえに　$\boldsymbol{r=2}$

◀ k の値はすぐ求められる。

練習 44 ➡ 本冊 p. 104

$\overrightarrow{AB}=\vec{b}$, $\overrightarrow{AC}=\vec{c}$, $\overrightarrow{AD}=\vec{d}$ とすると

$$\overrightarrow{AK}=\frac{1}{2}\vec{b},\ \overrightarrow{AL}=\frac{1}{2}(\vec{c}+\vec{d}),\ \overrightarrow{AM}=\frac{1}{2}\vec{c},\ \overrightarrow{AN}=\frac{1}{2}(\vec{b}+\vec{d})$$

また　$\overrightarrow{AP}=\dfrac{\overrightarrow{AK}+\overrightarrow{AL}}{2}=\dfrac{1}{2}\left\{\dfrac{1}{2}\vec{b}+\dfrac{1}{2}(\vec{c}+\vec{d})\right\}=\dfrac{1}{4}(\vec{b}+\vec{c}+\vec{d})$

よって　$\overrightarrow{MN}=\overrightarrow{AN}-\overrightarrow{AM}=\dfrac{1}{2}(\vec{b}+\vec{d})-\dfrac{1}{2}\vec{c}=\dfrac{1}{2}(\vec{b}-\vec{c}+\vec{d})$

$\overrightarrow{MP}=\overrightarrow{AP}-\overrightarrow{AM}=\dfrac{1}{4}(\vec{b}+\vec{c}+\vec{d})-\dfrac{1}{2}\vec{c}=\dfrac{1}{4}(\vec{b}-\vec{c}+\vec{d})$

ゆえに　$\overrightarrow{MN}=2\overrightarrow{MP}$

したがって，M，N，P は一直線上にある。

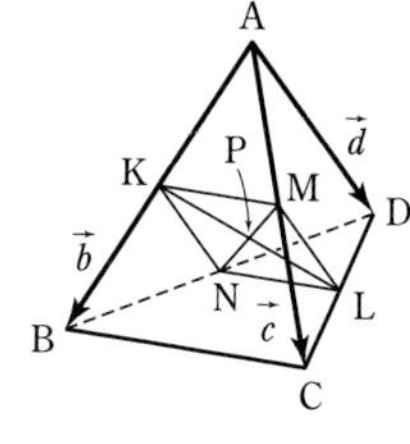

練習 45 ➡ 本冊 p. 105

(1)　点Hは直線 ℓ 上にあるから，$\overrightarrow{AH}=k\overrightarrow{AB}$ となる実数 k がある。

よって　$\overrightarrow{PH}=\overrightarrow{PA}+\overrightarrow{AH}=\overrightarrow{PA}+k\overrightarrow{AB}$

$=(-9,\ -6,\ 0)+k(2,\ 1,\ -1)$

$=(2k-9,\ k-6,\ -k)$

$\overrightarrow{AB}\perp\overrightarrow{PH}$ より，$\overrightarrow{AB}\cdot\overrightarrow{PH}=0$ であるから

$2(2k-9)+1\times(k-6)-1\times(-k)=0$　ゆえに　$k=4$

このとき，O を原点とすると

$\overrightarrow{OH}=\overrightarrow{OP}+\overrightarrow{PH}=(4,\ 4,\ 2)+(-1,\ -2,\ -4)$

$=(3,\ 2,\ -2)$

したがって　$\mathbf{H(3,\ 2,\ -2)}$

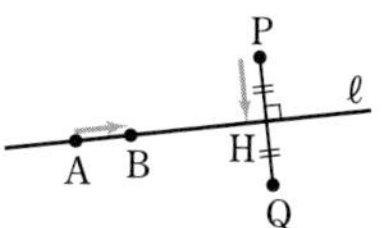

◀ $6k-24=0$

◀ O を始点にすると座標がわかる。

別解　$\overrightarrow{AP}=(9,\ 6,\ 0)$, $\overrightarrow{AB}=(2,\ 1,\ -1)$ であるから

$\overrightarrow{AP}\cdot\overrightarrow{AB}=9\times2+6\times1+0\times(-1)=24$

よって　$\overrightarrow{AH}=\dfrac{\overrightarrow{AP}\cdot\overrightarrow{AB}}{|\overrightarrow{AB}|^2}\overrightarrow{AB}=\dfrac{24}{6}(2,\ 1,\ -1)=(8,\ 4,\ -4)$

ゆえに　$\overrightarrow{OH}=\overrightarrow{OA}+\overrightarrow{AH}=(-5,\ -2,\ 2)+(8,\ 4,\ -4)$

$=(3,\ 2,\ -2)$

したがって　$\mathbf{H(3,\ 2,\ -2)}$

◀ 正射影ベクトルの利用。

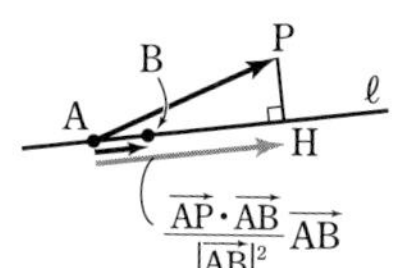

(2)　$\overrightarrow{OQ}=\overrightarrow{OP}+\overrightarrow{PQ}=\overrightarrow{OP}+2\overrightarrow{PH}=(4,\ 4,\ 2)+2(-1,\ -2,\ -4)$

$=(2,\ 0,\ -6)$

したがって　$\mathbf{Q(2,\ 0,\ -6)}$

別解　Q$(x,\ y,\ z)$ とすると，線分 PQ の中点は

点 $\left(\dfrac{x+4}{2},\ \dfrac{y+4}{2},\ \dfrac{z+2}{2}\right)$

これが点Hと一致するから　$\dfrac{x+4}{2}=3,\ \dfrac{y+4}{2}=2,\ \dfrac{z+2}{2}=-2$

よって　$x=2,\ y=0,\ z=-6$　ゆえに　$\mathbf{Q(2,\ 0,\ -6)}$

◀ 本冊 p. 115 の基本事項 **1** 参照。なお，線分 PH を 2：1 に外分する点がQである，として点Qの座標を求める方法も考えられる。

参考　(1) の結果を使わずに (2) を解く場合の解答例。

Q$(x,\ y,\ z)$ とすると　$\overrightarrow{PQ}=(x-4,\ y-4,\ z-2)$

$\overrightarrow{AB}\perp\overrightarrow{PQ}$ より，$\overrightarrow{AB}\cdot\overrightarrow{PQ}=0$ であるから

$$2\times(x-4)+1\times(y-4)-1\times(z-2)=0$$

ゆえに　$2x+y-z=10$ …… ①

◀$\overrightarrow{AB}=(2,\ 1,\ -1)$

線分 PQ の中点 $\left(\frac{x+4}{2},\ \frac{y+4}{2},\ \frac{z+2}{2}\right)$ をRとすると，点Rは直線 ℓ 上にあるから，$\overrightarrow{AR}=k\overrightarrow{AB}$ となる実数 k がある。

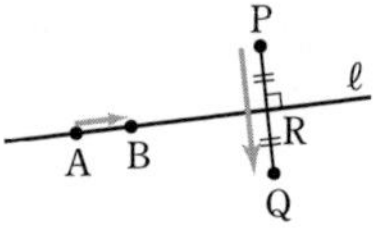

よって　$\left(\frac{x+14}{2},\ \frac{y+8}{2},\ \frac{z-2}{2}\right)=k(2,\ 1,\ -1)$

ゆえに　$x=4k-14,\ y=2k-8,\ z=-2k+2$

これらを ① に代入して　$2(4k-14)+(2k-8)-(-2k+2)=10$

◀$12k-38=10$

これを解いて　$k=4$

よって　$x=2,\ y=0,\ z=-6$

したがって　**$Q(2,\ 0,\ -6)$**

練習 46

➡本冊 p. 106

(ア)　$\overrightarrow{PS}=(6,\ y,\ z)$，$\overrightarrow{PQ}=(-1,\ 1,\ 0)$，$\overrightarrow{PR}=(-1,\ 0,\ 1)$

点Sが平面 PQR 上にあるから，$\overrightarrow{PS}=s\overrightarrow{PQ}+t\overrightarrow{PR}$ となる実数 s，t がある。

◀3点P，Q，Rは一直線上にない。

よって　$(6,\ y,\ z)=s(-1,\ 1,\ 0)+t(-1,\ 0,\ 1)$

ゆえに　$(6,\ y,\ z)=(-s-t,\ s,\ t)$

よって　$6=-s-t$ …… ①，$y=s$ …… ②，$z=t$ …… ③

②，③ を ① に代入して　$6=-y-z$　　ゆえに　$y+z=\mathbf{-6}$

別解　点Sが平面 PQR 上にあるから，

$$\overrightarrow{OS}=s\overrightarrow{OP}+t\overrightarrow{OQ}+u\overrightarrow{OR},\ s+t+u=1$$

となる実数 s，t，u がある。

よって　$(7,\ y,\ z)=s(1,\ 0,\ 0)+t(0,\ 1,\ 0)+u(0,\ 0,\ 1)$

ゆえに　$(7,\ y,\ z)=(s,\ t,\ u)$

よって　$7=s,\ y=t,\ z=u$

ゆえに　$y+z=t+u=1-s=1-7=\mathbf{-6}$

◀$s+t+u=1$ から $t+u=1-s$

(イ)　(ア)より，$z=-y-6$ であるから　$\overrightarrow{OS}=(7,\ y,\ -y-6)$

よって　$|\overrightarrow{OS}|=\sqrt{7^2+y^2+(-y-6)^2}=\sqrt{2y^2+12y+85}$

$$=\sqrt{2(y^2+6y)+85}=\sqrt{2(y+3)^2+67}$$

◀2次式は基本形に直す。

◀$2(y^2+6y)+85=2(y^2+6y+3^2)-2\cdot3^2+85$

したがって，線分 OS の長さの最小値は　$\sqrt{67}$

練習 47

➡本冊 p. 107

辺 FB，BC，CD，DH，HE，EF の中点をそれぞれ P，Q，R，S，T，U とする。また，$\overrightarrow{AB}=2\vec{b}$，$\overrightarrow{AD}=2\vec{d}$，$\overrightarrow{AE}=2\vec{e}$ とすると

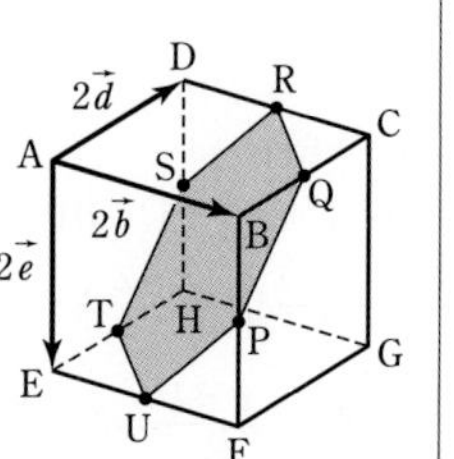

◀後の計算で分数を避けるために $2\vec{b}$，$2\vec{d}$，$2\vec{e}$ とした。

$$\overrightarrow{AP}=\overrightarrow{AB}+\overrightarrow{BP}=2\vec{b}+\vec{e}$$

同様にして

$$\overrightarrow{AQ}=2\vec{b}+\vec{d},\ \overrightarrow{AR}=2\vec{d}+\vec{b},$$
$$\overrightarrow{AS}=2\vec{d}+\vec{e},\ \overrightarrow{AT}=2\vec{e}+\vec{d},$$
$$\overrightarrow{AU}=2\vec{e}+\vec{b}$$

よって　$\overrightarrow{QP}=\overrightarrow{AP}-\overrightarrow{AQ}=\vec{e}-\vec{d}$，$\overrightarrow{QR}=\overrightarrow{AR}-\overrightarrow{AQ}=\vec{d}-\vec{b}$

ゆえに　$\overrightarrow{QS}=\overrightarrow{AS}-\overrightarrow{AQ}=\vec{d}+\vec{e}-2\vec{b}$
$=(\vec{e}-\vec{d})+2(\vec{d}-\vec{b})=\overrightarrow{QP}+2\overrightarrow{QR}$
$\overrightarrow{QT}=\overrightarrow{AT}-\overrightarrow{AQ}=2\vec{e}-2\vec{b}$
$=2\{(\vec{e}-\vec{d})+(\vec{d}-\vec{b})\}=2(\overrightarrow{QP}+\overrightarrow{QR})$
$\overrightarrow{QU}=\overrightarrow{AU}-\overrightarrow{AQ}=2\vec{e}-\vec{b}-\vec{d}$
$=2(\vec{e}-\vec{d})+(\vec{d}-\vec{b})=2\overrightarrow{QP}+\overrightarrow{QR}$

◀S，T，U が平面 PQR 上にあることを示せばよい。よって，$\overrightarrow{QS}$，$\overrightarrow{QT}$，$\overrightarrow{QU}$ が　$x\overrightarrow{QP}+y\overrightarrow{QR}$ （x，y は実数）の形に表されることを示す。

したがって，点 S，T，U は平面 PQR 上にある。
すなわち，点 P，Q，R，S，T，U は同じ平面上にある。

参考　$\overrightarrow{QR}=\overrightarrow{AR}-\overrightarrow{AQ}=\vec{d}-\vec{b}$，$\overrightarrow{PS}=\overrightarrow{AS}-\overrightarrow{AP}=2(\vec{d}-\vec{b})$ であるから　$\overrightarrow{PS}=2\overrightarrow{QR}$
よって，4 点 P，Q，R，S は同じ平面上にある。
このように考えてもよい。

練習 48

➡ 本冊 p. 108

点 E は線分 BD を 3：2 に内分するから

$$\overrightarrow{OE}=\frac{2\overrightarrow{OB}+3\overrightarrow{OD}}{3+2}=\frac{2}{5}\vec{b}+\frac{3}{5}\cdot\frac{1}{2}\vec{a}=\frac{3}{10}\vec{a}+\frac{2}{5}\vec{b}$$

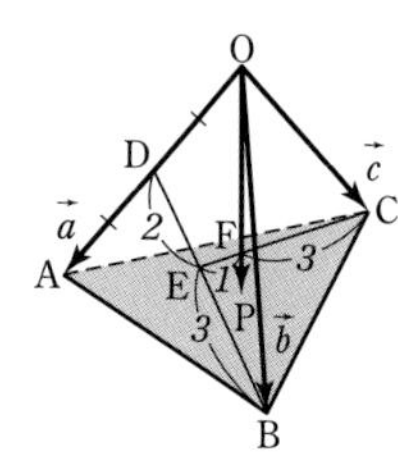

点 F は線分 CE を 3：1 に内分するから

$$\overrightarrow{OF}=\frac{\overrightarrow{OC}+3\overrightarrow{OE}}{3+1}=\frac{1}{4}\vec{c}+\frac{3}{4}\left(\frac{3}{10}\vec{a}+\frac{2}{5}\vec{b}\right)$$
$$=\frac{9}{40}\vec{a}+\frac{3}{10}\vec{b}+\frac{1}{4}\vec{c}$$

点 P は直線 OF 上にあるから，実数 k を用いて

$$\overrightarrow{OP}=k\overrightarrow{OF}=\frac{9}{40}k\vec{a}+\frac{3}{10}k\vec{b}+\frac{1}{4}k\vec{c}$$

と表される。
点 P は平面 ABC 上にあるから

$$\frac{9}{40}k+\frac{3}{10}k+\frac{1}{4}k=1 \qquad よって \qquad k=\frac{40}{31}$$

◀(係数の和)=1

したがって　$\boldsymbol{\overrightarrow{OP}=\frac{9}{31}\vec{a}+\frac{12}{31}\vec{b}+\frac{10}{31}\vec{c}}$

また，点 Q は直線 OF 上にあるから，実数 l を用いて

$$\overrightarrow{OQ}=l\overrightarrow{OF}=\frac{9}{40}l\vec{a}+\frac{3}{10}l\vec{b}+\frac{1}{4}l\vec{c}$$

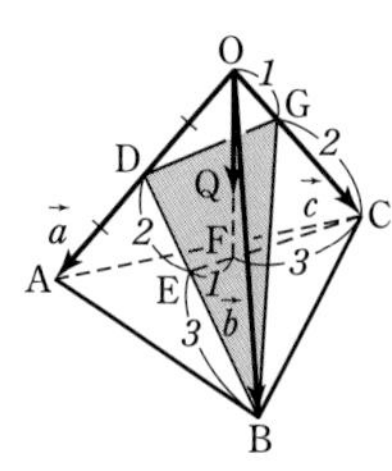

と表される。$\vec{a}=2\overrightarrow{OD}$，$\vec{c}=3\overrightarrow{OG}$ であるから

$$\overrightarrow{OQ}=\frac{9}{20}l\overrightarrow{OD}+\frac{3}{10}l\overrightarrow{OB}+\frac{3}{4}l\overrightarrow{OG}$$

点 Q は平面 DBG 上にあるから

$$\frac{9}{20}l+\frac{3}{10}l+\frac{3}{4}l=1 \qquad よって \qquad l=\frac{2}{3}$$

◀(係数の和)=1

したがって　$\boldsymbol{\overrightarrow{OQ}=\frac{3}{20}\vec{a}+\frac{1}{5}\vec{b}+\frac{1}{6}\vec{c}}$

練習 49

➡ 本冊 p. 109

$\overrightarrow{OA}=\vec{a}$，$\overrightarrow{OB}=\vec{b}$，$\overrightarrow{OC}=\vec{c}$ とする。
点 S は辺 OC 上にあるから，　$\overrightarrow{OS}=k\vec{c}$ …… ①　となる実数 k $(0\leqq k\leqq 1)$ がある。

また，点Sは3点P，Q，Rを通る平面上にあるから，

$$\overrightarrow{OS}=s\overrightarrow{OP}+t\overrightarrow{OQ}+u\overrightarrow{OR},\ s+t+u=1$$

となる実数 s，t，u がある。

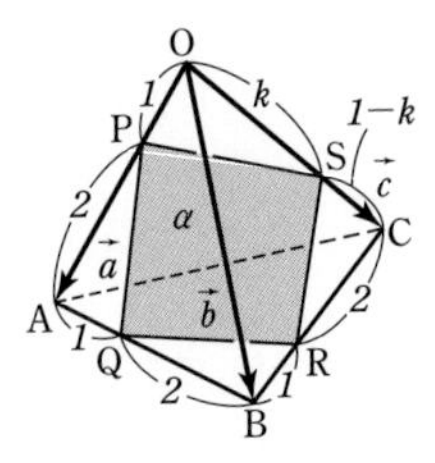

ここで，OP：PA=1：2 から　$\overrightarrow{OP}=\frac{1}{3}\vec{a}$

AQ：QB=1：2 から　$\overrightarrow{OQ}=\frac{2\overrightarrow{OA}+\overrightarrow{OB}}{1+2}=\frac{2}{3}\vec{a}+\frac{1}{3}\vec{b}$

BR：RC=1：2 から　$\overrightarrow{OR}=\frac{2\overrightarrow{OB}+\overrightarrow{OC}}{1+2}=\frac{2}{3}\vec{b}+\frac{1}{3}\vec{c}$

よって　$\overrightarrow{OS}=s\cdot\frac{1}{3}\vec{a}+t\left(\frac{2}{3}\vec{a}+\frac{1}{3}\vec{b}\right)+u\left(\frac{2}{3}\vec{b}+\frac{1}{3}\vec{c}\right)$

$$=\frac{s+2t}{3}\vec{a}+\frac{t+2u}{3}\vec{b}+\frac{1}{3}u\vec{c}\ \cdots\cdots ②$$

◀$\overrightarrow{OS}$ を $\vec{a}$，$\vec{b}$，$\vec{c}$ を用いた式で表す。

4点O，A，B，Cは同じ平面上にないから，①，② より

$$\frac{s+2t}{3}=0\ \cdots\cdots ③,\quad \frac{t+2u}{3}=0\ \cdots\cdots ④,\quad \frac{1}{3}u=k\ \cdots\cdots ⑤$$

◀係数を比較。① は $\overrightarrow{OS}=0\cdot\vec{a}+0\cdot\vec{b}+k\vec{c}$

③ から　$s=-2t$　　④ から　$u=-\frac{1}{2}t$

ゆえに，$s+t+u=1$ から　$-2t+t-\frac{1}{2}t=1$

◀(係数の和)=1 の式に代入して，まず t の値を求める。

よって　$t=-\frac{2}{3}$　　ゆえに　$u=\frac{1}{3}$

⑤ から　$k=\frac{1}{9}$　　これは $0\leqq k\leqq 1$ を満たす。

したがって　$\overrightarrow{OS}=\frac{1}{9}\vec{c}=\boldsymbol{\frac{1}{9}}\overrightarrow{OC}$

練習 50

➡本冊 p. 110

(1) $OB^2-OC^2-(AB^2-AC^2)$

$$=|\overrightarrow{OB}|^2-|\overrightarrow{OC}|^2-(|\overrightarrow{AB}|^2-|\overrightarrow{AC}|^2)\ \cdots\cdots (*)$$
$$=|\overrightarrow{OB}|^2-|\overrightarrow{OC}|^2-|\overrightarrow{OB}-\overrightarrow{OA}|^2+|\overrightarrow{OC}-\overrightarrow{OA}|^2$$
$$=|\overrightarrow{OB}|^2-|\overrightarrow{OC}|^2-(|\overrightarrow{OB}|^2-2\overrightarrow{OA}\cdot\overrightarrow{OB}+|\overrightarrow{OA}|^2)$$
$$+(|\overrightarrow{OC}|^2-2\overrightarrow{OC}\cdot\overrightarrow{OA}+|\overrightarrow{OA}|^2)$$
$$=2\overrightarrow{OA}\cdot\overrightarrow{OB}-2\overrightarrow{OC}\cdot\overrightarrow{OA}$$
$$=2\overrightarrow{OA}\cdot(\overrightarrow{OB}-\overrightarrow{OC})$$
$$=2\overrightarrow{OA}\cdot\overrightarrow{CB}$$

◀条件式の (左辺)−(右辺) を簡単にする。
内積を利用してベクトル化する。

よって，条件 $OB^2-OC^2=AB^2-AC^2$ から

$$2\overrightarrow{OA}\cdot\overrightarrow{CB}=0\quad すなわち\quad \overrightarrow{OA}\cdot\overrightarrow{BC}=0$$

$\overrightarrow{OA}\neq\vec{0}$，$\overrightarrow{BC}\neq\vec{0}$ であるから　$\overrightarrow{OA}\perp\overrightarrow{BC}$　すなわち　$OA\perp BC$

CHART
垂直は (内積)=0

参考　$(*)=(\overrightarrow{OB}+\overrightarrow{OC})\cdot(\overrightarrow{OB}-\overrightarrow{OC})-(\overrightarrow{AB}+\overrightarrow{AC})\cdot(\overrightarrow{AB}-\overrightarrow{AC})$

$$=(\overrightarrow{OB}+\overrightarrow{OC})\cdot\overrightarrow{CB}-(\overrightarrow{AB}+\overrightarrow{AC})\cdot\overrightarrow{CB}$$
$$=\{(\overrightarrow{OB}+\overrightarrow{OC})-(\overrightarrow{AB}+\overrightarrow{AC})\}\cdot\overrightarrow{CB}$$
$$=\{(\overrightarrow{OB}+\overrightarrow{BA})+(\overrightarrow{OC}+\overrightarrow{CA})\}\cdot\overrightarrow{CB}$$
$$=(\overrightarrow{OA}+\overrightarrow{OA})\cdot\overrightarrow{CB}$$
$$=2\overrightarrow{OA}\cdot\overrightarrow{CB}$$

◀$\overrightarrow{\square B}-\overrightarrow{\square C}=\overrightarrow{CB}$

◀$-\overrightarrow{AB}=\overrightarrow{BA}$，$-\overrightarrow{AC}=\overrightarrow{CA}$

このように変形してもよい。

(2) (ア) PA⊥BC すなわち $\overrightarrow{PA}\perp\overrightarrow{BC}$ から　$\overrightarrow{PA}\cdot\overrightarrow{BC}=0$

よって　$\overrightarrow{PA}\cdot(\overrightarrow{PC}-\overrightarrow{PB})=0$

ゆえに　$\overrightarrow{PA}\cdot\overrightarrow{PC}=\overrightarrow{PA}\cdot\overrightarrow{PB}$ ...... ①

同様に，$\overrightarrow{PB}\perp\overrightarrow{CA}$ から　$\overrightarrow{PB}\cdot\overrightarrow{CA}=0$

よって　$\overrightarrow{PB}\cdot(\overrightarrow{PA}-\overrightarrow{PC})=0$

ゆえに　$\overrightarrow{PB}\cdot\overrightarrow{PA}=\overrightarrow{PB}\cdot\overrightarrow{PC}$ ...... ②

①，② から　$\overrightarrow{PA}\cdot\overrightarrow{PC}=\overrightarrow{PB}\cdot\overrightarrow{PC}$

よって　$\overrightarrow{PC}\cdot(\overrightarrow{PB}-\overrightarrow{PA})=0$　すなわち　$\overrightarrow{PC}\cdot\overrightarrow{AB}=0$

$\overrightarrow{PC}\neq\vec{0}$，$\overrightarrow{AB}\neq\vec{0}$ であるから

$\overrightarrow{PC}\perp\overrightarrow{AB}$　すなわち　PC⊥AB

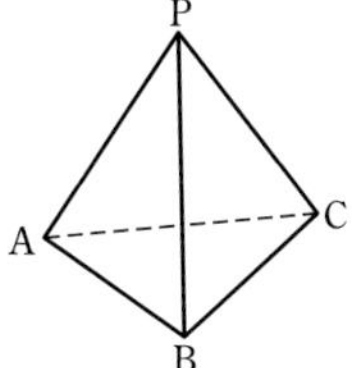

(イ) AB=BC=CA すなわち $|\overrightarrow{AB}|=|\overrightarrow{BC}|=|\overrightarrow{CA}|$ から

$|\overrightarrow{AB}|^2=|\overrightarrow{BC}|^2=|\overrightarrow{CA}|^2$ ...... ③

$|\overrightarrow{AB}|^2=|\overrightarrow{BC}|^2$ から　$|\overrightarrow{PB}-\overrightarrow{PA}|^2=|\overrightarrow{PC}-\overrightarrow{PB}|^2$

◀始点をPに。

よって　$|\overrightarrow{PB}|^2-2\overrightarrow{PB}\cdot\overrightarrow{PA}+|\overrightarrow{PA}|^2=|\overrightarrow{PC}|^2-2\overrightarrow{PC}\cdot\overrightarrow{PB}+|\overrightarrow{PB}|^2$

◀左辺と右辺に出てくる $|\overrightarrow{PB}|^2$ は消し合う。

② から　$|\overrightarrow{PA}|^2=|\overrightarrow{PC}|^2$ ...... ④

$|\overrightarrow{AB}|^2=|\overrightarrow{CA}|^2$ から　$|\overrightarrow{PB}-\overrightarrow{PA}|^2=|\overrightarrow{PA}-\overrightarrow{PC}|^2$

ゆえに　$|\overrightarrow{PB}|^2-2\overrightarrow{PB}\cdot\overrightarrow{PA}+|\overrightarrow{PA}|^2=|\overrightarrow{PA}|^2-2\overrightarrow{PA}\cdot\overrightarrow{PC}+|\overrightarrow{PC}|^2$

◀左辺と右辺に出てくる $|\overrightarrow{PA}|^2$ は消し合う。

① から　$|\overrightarrow{PB}|^2=|\overrightarrow{PC}|^2$ ...... ⑤

④，⑤ から　$|\overrightarrow{PA}|^2=|\overrightarrow{PB}|^2=|\overrightarrow{PC}|^2$

$|\overrightarrow{PA}|>0$，$|\overrightarrow{PB}|>0$，$|\overrightarrow{PC}|>0$ であるから

$|\overrightarrow{PA}|=|\overrightarrow{PB}|=|\overrightarrow{PC}|$　すなわち　PA=PB=PC

練習 51

➡本冊 p. 111

(1) $\overrightarrow{OG}=\dfrac{\overrightarrow{OR}+\overrightarrow{OT}}{2}=\dfrac{1}{2}(\vec{r}+\vec{p}+\vec{s})$

また　$\overrightarrow{OU}=\overrightarrow{OP}+\overrightarrow{PQ}+\overrightarrow{QU}=\overrightarrow{OP}+\overrightarrow{OR}+\overrightarrow{OS}$

$=\vec{p}+\vec{r}+\vec{s}$

よって　$\overrightarrow{GU}=\overrightarrow{OU}-\overrightarrow{OG}=\boldsymbol{\dfrac{1}{2}(\vec{p}+\vec{r}+\vec{s})}$

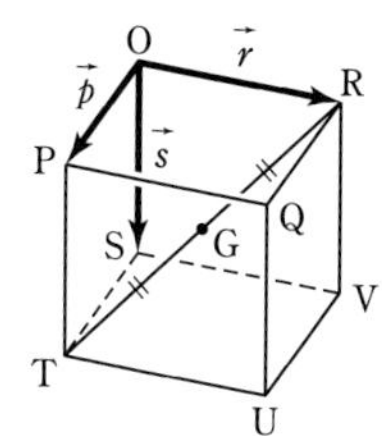

参考　$\overrightarrow{OG}=\dfrac{1}{2}\overrightarrow{OU}$ であるから，立方体の対角線 OU と RT は互いの中点で交わる。

(2) $\overrightarrow{QT}=\overrightarrow{QU}+\overrightarrow{UT}=\vec{s}-\vec{r}$，$\overrightarrow{QV}=\overrightarrow{QU}+\overrightarrow{UV}=\vec{s}-\vec{p}$

$\vec{p}$，$\vec{r}$，$\vec{s}$ はすべて大きさが等しく，互いに垂直であるから

$|\vec{p}|=|\vec{r}|=|\vec{s}|$，　$\vec{p}\cdot\vec{r}=\vec{r}\cdot\vec{s}=\vec{s}\cdot\vec{p}=0$

(2) $\overrightarrow{GU}\perp$平面 QTV を示すには，平面 QTV に含まれる平行でない 2 直線に $\overrightarrow{GU}$ が垂直であることをいう。
よって，$\overrightarrow{GU}\perp\overrightarrow{QT}$，$\overrightarrow{GU}\perp\overrightarrow{QV}$ を示す。

よって　$\overrightarrow{GU}\cdot\overrightarrow{QT}=\dfrac{1}{2}(\vec{p}+\vec{s}+\vec{r})\cdot(\vec{s}-\vec{r})$

$=\dfrac{1}{2}\vec{p}\cdot(\vec{s}-\vec{r})+\dfrac{1}{2}(\vec{s}+\vec{r})\cdot(\vec{s}-\vec{r})$

$=\dfrac{1}{2}(\vec{p}\cdot\vec{s}-\vec{p}\cdot\vec{r})+\dfrac{1}{2}(|\vec{s}|^2-|\vec{r}|^2)$

$=0$

◀$\vec{p}\cdot\vec{s}-\vec{p}\cdot\vec{r}=0$ かつ $|\vec{s}|^2-|\vec{r}|^2=0$

同様に　$\overrightarrow{GU}\cdot\overrightarrow{QV}=\dfrac{1}{2}(\vec{r}+\vec{s}+\vec{p})\cdot(\vec{s}-\vec{p})$

$=\dfrac{1}{2}(\vec{r}\cdot\vec{s}-\vec{r}\cdot\vec{p})+\dfrac{1}{2}(|\vec{s}|^2-|\vec{p}|^2)=0$

◀$\vec{r}\cdot\vec{s}-\vec{r}\cdot\vec{p}=0$ かつ $|\vec{s}|^2-|\vec{p}|^2=0$

$\overrightarrow{GU} \neq \vec{0}$, $\overrightarrow{QT} \neq \vec{0}$, $\overrightarrow{QV} \neq \vec{0}$ から　　$\overrightarrow{GU} \perp \overrightarrow{QT}$, $\overrightarrow{GU} \perp \overrightarrow{QV}$
したがって，$\overrightarrow{GU}$ は平面 QTV 上の交わる 2 直線 QT，QV に垂直であるから，$\overrightarrow{GU}$ は平面 QTV に垂直である。

練習 52 ➡本冊 *p*. 112

(1) 点Hは平面 ABC 上にあり，4 点 O，A，B，C は同じ平面上にないから，s，t，u を実数として

$$\overrightarrow{OH}=s\overrightarrow{OA}+t\overrightarrow{OB}+u\overrightarrow{OC},\ s+t+u=1 \quad \cdots\cdots ①$$

と表される。

よって　$\overrightarrow{OH}=s(2,\ 0,\ 0)+t(0,\ 4,\ 0)+u(0,\ 0,\ 3)$
$=(2s,\ 4t,\ 3u)$　…… (＊)

また，OH⊥(平面 ABC) であるから　$\overrightarrow{OH} \perp \overrightarrow{AB}$, $\overrightarrow{OH} \perp \overrightarrow{AC}$

◀OH は平面 ABC 上の交わる 2 直線 AB，AC に垂直である。

ゆえに　$\overrightarrow{OH}\cdot\overrightarrow{AB}=0$, $\overrightarrow{OH}\cdot\overrightarrow{AC}=0$　…… ②

$\overrightarrow{AB}=(-2,\ 4,\ 0)$, $\overrightarrow{AC}=(-2,\ 0,\ 3)$ であるから，② より

$$2s\times(-2)+4t\times4+3u\times0=0,$$
$$2s\times(-2)+4t\times0+3u\times3=0$$

よって　$t=\dfrac{1}{4}s$, $u=\dfrac{4}{9}s$　…… ③

③ を ① に代入して　$s+\dfrac{1}{4}s+\dfrac{4}{9}s=1$

これを解いて　$s=\dfrac{36}{61}$　　③ に代入して　$t=\dfrac{9}{61}$, $u=\dfrac{16}{61}$

ゆえに　$\overrightarrow{OH}=\left(\dfrac{72}{61},\ \dfrac{36}{61},\ \dfrac{48}{61}\right)$

したがって　$\mathbf{H}\left(\dfrac{72}{61},\ \dfrac{36}{61},\ \dfrac{48}{61}\right)$

(2) 四面体 OABC の体積を V とすると

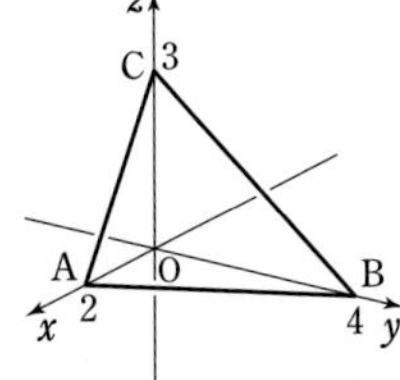

$$V=\frac{1}{3}\triangle OAB\times OC=\frac{1}{3}\cdot\frac{1}{2}\cdot2\cdot4\cdot3=4 \quad \cdots\cdots ④$$

また　$V=\dfrac{1}{3}\triangle ABC\times OH$　…… ⑤

ここで，(1) から

$$OH=\frac{12}{61}\sqrt{6^2+3^2+4^2}=\frac{12}{\sqrt{61}}$$

◀$\overrightarrow{OH}=\dfrac{12}{61}(6,\ 3,\ 4)$
$\vec{a}=k(a_1,\ a_2,\ a_3)$ のとき
$|\vec{a}|=|k|\sqrt{a_1{}^2+a_2{}^2+a_3{}^2}$

よって，④，⑤ から　$4=\dfrac{1}{3}\triangle ABC\times\dfrac{12}{\sqrt{61}}$

したがって　$\triangle ABC=\boldsymbol{\sqrt{61}}$

別解　$\overrightarrow{AB}=(-2,\ 4,\ 0)$, $\overrightarrow{AC}=(-2,\ 0,\ 3)$ であるから

$$\overrightarrow{AB}\cdot\overrightarrow{AC}=(-2)\times(-2)+4\times0+0\times3=4$$
$$|\overrightarrow{AB}|^2=(-2)^2+4^2+0^2=20$$
$$|\overrightarrow{AC}|^2=(-2)^2+0^2+3^2=13$$

よって　$\triangle ABC=\dfrac{1}{2}\sqrt{|\overrightarrow{AB}|^2|\overrightarrow{AC}|^2-(\overrightarrow{AB}\cdot\overrightarrow{AC})^2}$

$$=\frac{1}{2}\sqrt{20\cdot13-4^2}=\frac{1}{2}\sqrt{244}$$

◀$244=2^2\cdot61$

$$=\boldsymbol{\sqrt{61}}$$

参考 **1 外積の利用**

(1) $\overrightarrow{AB}$ と $\overrightarrow{AC}$ の外積は

$$\overrightarrow{AB}\times\overrightarrow{AC}=(4\cdot3-0,\ 0\cdot(-2)-(-2)\cdot3,\ -2\cdot0-4\cdot(-2))$$
$$=(12,\ 6,\ 8)=2(6,\ 3,\ 4)$$

$\overrightarrow{AB}\times\overrightarrow{AC}$ は $\overrightarrow{AB}$, $\overrightarrow{AC}$ の両方に垂直なベクトルであるから，$\overrightarrow{OH}$ はベクトル $(6,\ 3,\ 4)$ に平行である。

◀外積については，本冊 $p.93$ の **検討**，$p.114$ のコラム参照。
$\overrightarrow{AB}=(-2,\ 4,\ 0)$,
$\overrightarrow{AC}=(-2,\ 0,\ 3)$

よって　$\overrightarrow{OH}=k(6,\ 3,\ 4)=(6k,\ 3k,\ 4k)$　(k は実数)

(＊) から　$2s=6k,\ 4t=3k,\ 3u=4k$

◀(＊) を導くことが必要になる。

$s+t+u=1$ から　$3k+\dfrac{3}{4}k+\dfrac{4}{3}k=1$　ゆえに　$k=\dfrac{12}{61}$

よって　$\overrightarrow{OH}=\left(\dfrac{72}{61},\ \dfrac{36}{61},\ \dfrac{48}{61}\right)$

したがって　$\mathbf{H}\left(\dfrac{\mathbf{72}}{\mathbf{61}},\ \dfrac{\mathbf{36}}{\mathbf{61}},\ \dfrac{\mathbf{48}}{\mathbf{61}}\right)$

(2) $\triangle ABC=\dfrac{1}{2}|\overrightarrow{AB}\times\overrightarrow{AC}|=\dfrac{1}{2}\cdot2\sqrt{6^2+3^2+4^2}=\boldsymbol{\sqrt{61}}$

◀本冊 $p.114$ の ③ を利用。

参考 **2** 四面体 OABC の ∠AOB, ∠BOC, ∠COA がすべて直角であるとき，面積について，次の等式が成り立つ。

$$(\triangle \mathbf{OAB})^2+(\triangle \mathbf{OBC})^2+(\triangle \mathbf{OCA})^2=(\triangle \mathbf{ABC})^2 \quad \cdots\cdots Ⓐ$$

◀本冊 $p.112$ の **検討** で紹介した等式。

(証明) 点Cから辺 AB に垂線 CH を下ろすと

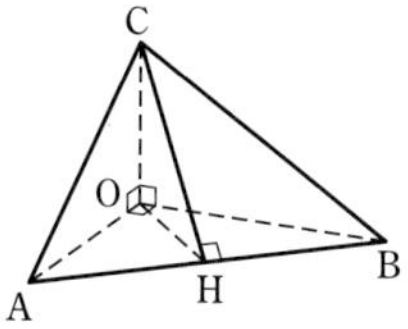

$$(\triangle ABC)^2=\left(\frac{1}{2}AB\cdot CH\right)^2$$
$$=\frac{1}{4}AB^2\cdot CH^2$$
$$=\frac{1}{4}AB^2(OH^2+OC^2)$$
$$=\frac{1}{4}AB^2\cdot OH^2+\frac{1}{4}AB^2\cdot OC^2$$
$$=\left(\frac{1}{2}AB\cdot OH\right)^2+\frac{1}{4}(OA^2+OB^2)OC^2$$
$$=\left(\frac{1}{2}AB\cdot OH\right)^2+\left(\frac{1}{2}OB\cdot OC\right)^2+\left(\frac{1}{2}OA\cdot OC\right)^2$$
$$=(\triangle OAB)^2+(\triangle OBC)^2+(\triangle OCA)^2$$

◀直角三角形 COH で三平方の定理。

◀直角三角形 OAB で三平方の定理。

したがって，Ⓐ が成り立つ。

練習 52 (2) を等式 Ⓐ を利用して解くと

$$(\triangle ABC)^2=\left(\frac{1}{2}\cdot2\cdot4\right)^2+\left(\frac{1}{2}\cdot4\cdot3\right)^2+\left(\frac{1}{2}\cdot3\cdot2\right)^2=16+36+9=61$$

したがって　$\triangle ABC=\boldsymbol{\sqrt{61}}$

練習 53

➡本冊 $p.113$

(1) 点Hは平面 OAB 上にあるから，s, t を実数として $\overrightarrow{OH}=s\vec{a}+t\vec{b}$ と表される。

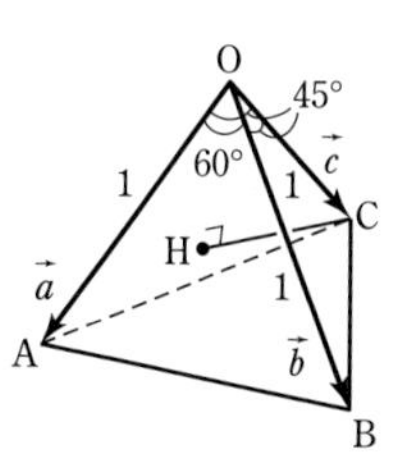

よって　$\overrightarrow{CH}=\overrightarrow{OH}-\overrightarrow{OC}=s\vec{a}+t\vec{b}-\vec{c}$

また　$|\vec{a}|=1,\ |\vec{b}|=1,\ |\vec{c}|=1,\ \vec{a}\cdot\vec{b}=|\vec{a}||\vec{b}|\cos60°=\dfrac{1}{2}$,

$\vec{b}\cdot\vec{c}=|\vec{b}||\vec{c}|\cos45°=\dfrac{1}{\sqrt{2}},\ \vec{c}\cdot\vec{a}=|\vec{c}||\vec{a}|\cos45°=\dfrac{1}{\sqrt{2}}$

$\overrightarrow{CH}\perp\overrightarrow{OA}$ であるから　$\overrightarrow{CH}\cdot\overrightarrow{OA}=0$

すなわち　$(s\vec{a}+t\vec{b}-\vec{c})\cdot\vec{a}=0$

よって　$s|\vec{a}|^2+t\vec{a}\cdot\vec{b}-\vec{c}\cdot\vec{a}=0$

ゆえに　$s\cdot1^2+t\cdot\dfrac{1}{2}-\dfrac{1}{\sqrt{2}}=0$

すなわち　$2s+t=\sqrt{2}$ ……①

$\overrightarrow{CH}\perp\overrightarrow{OB}$ であるから　$\overrightarrow{CH}\cdot\overrightarrow{OB}=0$

すなわち　$(s\vec{a}+t\vec{b}-\vec{c})\cdot\vec{b}=0$

よって　$s\vec{a}\cdot\vec{b}+t|\vec{b}|^2-\vec{b}\cdot\vec{c}=0$

ゆえに　$s\cdot\dfrac{1}{2}+t\cdot1^2-\dfrac{1}{\sqrt{2}}=0$

すなわち　$s+2t=\sqrt{2}$ ……②

連立方程式①，②を解いて　$s=\dfrac{\sqrt{2}}{3}$，$t=\dfrac{\sqrt{2}}{3}$

したがって　$\overrightarrow{OH}=\boldsymbol{\dfrac{\sqrt{2}}{3}\vec{a}+\dfrac{\sqrt{2}}{3}\vec{b}}$

参考　OA=OB，∠AOB=60° から，△OAB は正三角形である。また，△OAC≡△OBC から，点Hは辺 AB の中点と点Oを結ぶ直線上にある。よって，$\overrightarrow{OH}=k(\vec{a}+\vec{b})$ と表される。これを利用して，$\overrightarrow{CH}\cdot\overrightarrow{OA}=0$ から k の値を求める方法でもよい。

(2)　(1) から　$|\overrightarrow{OH}|^2=\left|\dfrac{\sqrt{2}}{3}(\vec{a}+\vec{b})\right|^2=\dfrac{2}{9}(|\vec{a}|^2+2\vec{a}\cdot\vec{b}+|\vec{b}|^2)$

$$=\frac{2}{9}\left(1^2+2\cdot\frac{1}{2}+1^2\right)=\frac{2}{3}$$

よって，直角三角形 OCH において，三平方の定理により

$$CH^2=OC^2-OH^2=|\vec{c}|^2-|\overrightarrow{OH}|^2=1^2-\frac{2}{3}=\frac{1}{3}$$

したがって　$CH=\boldsymbol{\dfrac{1}{\sqrt{3}}}$

別解　(2)　$|\overrightarrow{CH}|^2=\left|\dfrac{\sqrt{2}}{3}\vec{a}+\dfrac{\sqrt{2}}{3}\vec{b}-\vec{c}\right|^2$ として，$|\vec{a}|$，$|\vec{b}|$，$|\vec{c}|$，$\vec{a}\cdot\vec{b}$，$\vec{b}\cdot\vec{c}$，$\vec{c}\cdot\vec{a}$ の値を代入する。

(3)　$\triangle OAB=\dfrac{1}{2}OA\times OB\times\sin60^\circ=\dfrac{1}{2}\times1\times1\times\dfrac{\sqrt{3}}{2}=\dfrac{\sqrt{3}}{4}$

よって，四面体 OABC の体積は

$$\frac{1}{3}\times\triangle OAB\times CH=\frac{1}{3}\times\frac{\sqrt{3}}{4}\times\frac{1}{\sqrt{3}}=\boldsymbol{\frac{1}{12}}$$

●本冊 p.114 Column 外積とその成分表示

$\overrightarrow{OA}=\vec{a}=(a_1,\ a_2,\ a_3)$，$\overrightarrow{OB}=\vec{b}=(b_1,\ b_2,\ b_3)$，$\vec{a}$ と $\vec{b}$ のなす角を θ とし，点Aから点Bに向かって右ねじを回すときのねじの進む方向を向きとする単位ベクトルを $\vec{e}$ とする。
このとき，**外積の定義** $\boldsymbol{\vec{a}\times\vec{b}=(|\vec{a}||\vec{b}|\sin\theta)\vec{e}}$ から
外積の成分表示 $\boldsymbol{\vec{a}\times\vec{b}=(a_2b_3-a_3b_2,\ a_3b_1-a_1b_3,\ a_1b_2-a_2b_1)}$ (本冊 p.93) を導く。

$\vec{a}=(a_1,\ a_2,\ a_3)$，$\vec{b}=(b_1,\ b_2,\ b_3)$ とする。

ただし，$(a_2b_3-a_3b_2,\ a_3b_1-a_1b_3,\ a_1b_2-a_2b_1)\neq\vec{0}$ とする。

$\vec{a}\times\vec{b}=(p,\ q,\ r)$ とすると，定義から　$\vec{a}\perp(\vec{a}\times\vec{b})$，$\vec{b}\perp(\vec{a}\times\vec{b})$　◀本冊 p.114 ①

よって　$\vec{a}\cdot(\vec{a}\times\vec{b})=0$，$\vec{b}\cdot(\vec{a}\times\vec{b})=0$

$\vec{a}\cdot(\vec{a}\times\vec{b})=0$ から　$a_1p+a_2q+a_3r=0$ ……①

$\vec{b}\cdot(\vec{a}\times\vec{b})=0$ から　$b_1p+b_2q+b_3r=0$ ……②

①$\times b_1-$②$\times a_1$ から　$(a_2b_1-a_1b_2)q+(a_3b_1-a_1b_3)r=0$

ゆえに　$q:r=(a_3b_1-a_1b_3):\{-(a_2b_1-a_1b_2)\}=(a_3b_1-a_1b_3):(a_1b_2-a_2b_1)$

同様に，①$\times b_2-$②$\times a_2$ から　　$p:r=(a_2b_3-a_3b_2):(a_1b_2-a_2b_1)$

よって，実数 s に対して　　$p=(a_2b_3-a_3b_2)s,\ q=(a_3b_1-a_1b_3)s,\ r=(a_1b_2-a_2b_1)s$

このとき　$|\vec{a}\times\vec{b}|^2=(a_2b_3-a_3b_2)^2s^2+(a_3b_1-a_1b_3)^2s^2+(a_1b_2-a_2b_1)^2s^2$ …… ③

また，定義から

$$\begin{aligned}|\vec{a}\times\vec{b}|^2&=|\vec{a}|^2|\vec{b}|^2\sin^2\theta=|\vec{a}|^2|\vec{b}|^2(1-\cos^2\theta)=|\vec{a}|^2|\vec{b}|^2-(\vec{a}\cdot\vec{b})^2\\&=(a_1{}^2+a_2{}^2+a_3{}^2)(b_1{}^2+b_2{}^2+b_3{}^2)-(a_1b_1+a_2b_2+a_3b_3)^2\\&=a_1{}^2b_2{}^2+a_1{}^2b_3{}^2+a_2{}^2b_1{}^2+a_2{}^2b_3{}^2+a_3{}^2b_1{}^2+a_3{}^2b_2{}^2\\&\quad-2(a_1b_1a_2b_2+a_2b_2a_3b_3+a_3b_3a_1b_1)\\&=(a_2b_3-a_3b_2)^2+(a_3b_1-a_1b_3)^2+(a_1b_2-a_2b_1)^2\quad\cdots\cdots ④\end{aligned}$$

③−④ から　　$\{(a_2b_3-a_3b_2)^2+(a_3b_1-a_1b_3)^2+(a_1b_2-a_2b_1)^2\}(s^2-1)=0$

ゆえに　　$s^2-1=0$　　　よって　　$s=\pm1$

ここで，$\vec{a}=(1,\ 0,\ 0)$，$\vec{b}=(0,\ 1,\ 0)$ としたとき，外積 $\vec{a}\times\vec{b}$ の向きは，z 軸の正の向きである。

ゆえに，$a_1b_2-a_2b_1=1$ であるから　　$s=1$

したがって　　$\vec{a}\times\vec{b}=(a_2b_3-a_3b_2,\ a_3b_1-a_1b_3,\ a_1b_2-a_2b_1)$

◀$s=\pm1$ のうち，右ねじを回す向きは $s=1$ のとき。

練習 54 ➡ 本冊 $p.118$

(1)　球面の方程式を $x^2+y^2+z^2+Ax+By+Cz+D=0$ とすると，

◀一般形の利用。

点Oを通るから　　$D=0$

◀通る 4 点の座標を代入。

点Aを通るから　　$2a^2+Ba+Ca+D=0$

点Bを通るから　　$2a^2+Aa+Ca+D=0$

点Cを通るから　　$2a^2+Aa+Ba+D=0$

$D=0$ を他の 3 式に代入し，両辺を $a\ (>0)$ で割ると

$2a+B+C=0$ …… ①,

$2a+A+C=0$ …… ②,

$2a+A+B=0$ …… ③

(①+②+③)÷2 から　　$3a+A+B+C=0$ …… ④

④−① から　　$a+A=0$　　　よって　　$A=-a$

同様にして　　$B=-a,\ C=-a$

◀④−② から $a+B=0$
④−③ から $a+C=0$

よって，球面の方程式は　　$x^2+y^2+z^2-ax-ay-az=0$

変形すると　$$\left(x^2-ax+\frac{a^2}{4}\right)-\frac{a^2}{4}+\left(y^2-ay+\frac{a^2}{4}\right)-\frac{a^2}{4}+\left(z^2-az+\frac{a^2}{4}\right)-\frac{a^2}{4}=0$$

◀標準形に直すために，平方完成の要領で変形。

ゆえに　$$\left(x-\frac{a}{2}\right)^2+\left(y-\frac{a}{2}\right)^2+\left(z-\frac{a}{2}\right)^2=\frac{3}{4}a^2\quad\cdots\cdots(*)$$

よって，**中心の座標は $\left(\frac{a}{2},\ \frac{a}{2},\ \frac{a}{2}\right)$　半径は** $\sqrt{\frac{3}{4}a^2}=\boldsymbol{\frac{\sqrt{3}}{2}a}$

(2)　求める方程式は

$$\left(x-\frac{a}{2}\right)^2+\left(0-\frac{a}{2}\right)^2+\left(z-\frac{a}{2}\right)^2=\frac{3}{4}a^2,\ y=0$$

◀zx 平面上の点の y 座標は 0 であるから，(*) に $y=0$ を代入する。

すなわち　　$$\boldsymbol{\left(x-\frac{a}{2}\right)^2+\left(z-\frac{a}{2}\right)^2=\frac{a^2}{2},\ y=0}$$

◀$y=0$ を忘れずに。

練習 55 ➡本冊 p. 119

指針 (3) 線分 AP と球面の交点をQとしたとき，距離 PQ は最小となる。このとき，点Qは線分 AP をどのような比に内分するか，ということに注目する。

(1) 中心が点 A$(1,\ -2,\ -4)$ であり，球面 S は xy 平面に接するから，その半径は 4 である。

ゆえに，S の方程式は　$\boldsymbol{(x-1)^2+(y+2)^2+(z+4)^2=16}$

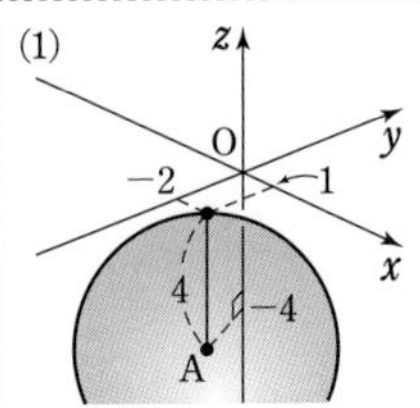

(2) 球面 S と平面 $y=k$ の交わりの図形は

$$(x-1)^2+(k+2)^2+(z+4)^2=16,\ y=k$$

よって　$(x-1)^2+(z+4)^2=16-(k+2)^2,\ y=k$

これは平面 $y=k$ 上で，中心 $(1,\ k,\ -4)$，半径 $\sqrt{16-(k+2)^2}$ の円を表す。

ゆえに，$16-(k+2)^2=2^2$ であるから　$k+2=\pm 2\sqrt{3}$

よって　$\boldsymbol{k=-2\pm 2\sqrt{3}}$

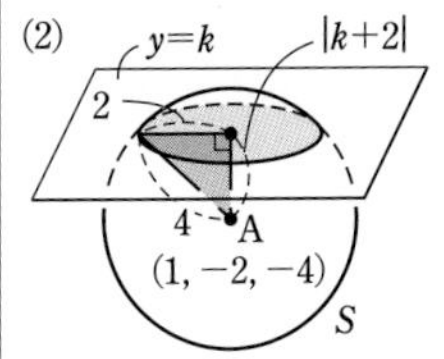

別解 球面 S の中心と平面 $y=k$ の距離は $|k+2|$ である。

よって，三平方の定理から　$|k+2|^2+2^2=4^2$

ゆえに　$(k+2)^2=12$　　よって　$\boldsymbol{k=-2\pm 2\sqrt{3}}$

(3) 線分 AP と球面 S の交点をQとしたとき，PQ は最小となる。

このとき　$\text{AP}=\sqrt{(3-1)^2+\{2-(-2)\}^2+\{0-(-4)\}^2}=6$，

$\text{AQ}=4$

ゆえに，点Qは線分 AP を $4:(6-4)=2:1$ に内分する点であるから，**点Qの座標は**

$$\left(\frac{1\cdot 1+2\cdot 3}{2+1},\ \frac{1\cdot(-2)+2\cdot 2}{2+1},\ \frac{1\cdot(-4)+2\cdot 0}{2+1}\right)$$

すなわち　$\boldsymbol{\left(\frac{7}{3},\ \frac{2}{3},\ -\frac{4}{3}\right)}$

最小値は　$6-4=\boldsymbol{2}$

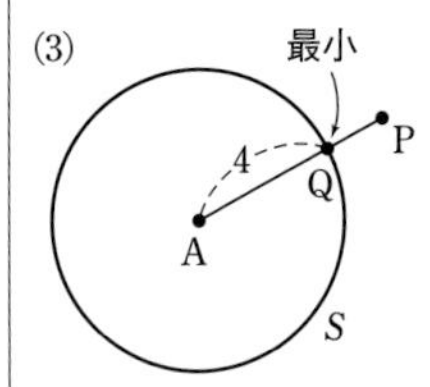

練習 56 ➡本冊 p. 120

(1) $|\overrightarrow{\text{OP}}|^2+2\overrightarrow{\text{OP}}\cdot\overrightarrow{\text{OA}}+45=0$ から

$$|\overrightarrow{\text{OP}}|^2+2\overrightarrow{\text{OP}}\cdot\overrightarrow{\text{OA}}+|\overrightarrow{\text{OA}}|^2-|\overrightarrow{\text{OA}}|^2+45=0$$

◀$|\overrightarrow{\text{OA}}|^2$ を加えて引く。

よって　$|\overrightarrow{\text{OP}}+\overrightarrow{\text{OA}}|^2=|\overrightarrow{\text{OA}}|^2-45$

◀$|\overrightarrow{\text{OP}}-\overrightarrow{\text{O■}}|=●$ の形を導くことが目標。

$-\overrightarrow{\text{OA}}=\overrightarrow{\text{OB}}$ とすると　$\overrightarrow{\text{OB}}=(-3,\ 6,\ -2)$

また　$|\overrightarrow{\text{OA}}|^2=3^2+(-6)^2+2^2=49$

ゆえに　$|\overrightarrow{\text{OP}}-\overrightarrow{\text{OB}}|^2=4$

よって　$|\overrightarrow{\text{OP}}-\overrightarrow{\text{OB}}|=2$

ゆえに　$|\overrightarrow{\text{BP}}|=2$

したがって，点Pの集合は，**中点が点 B$(-3,\ 6,\ -2)$，半径が 2 の球面** である。ゆえに，その方程式は

$$\boldsymbol{(x+3)^2+(y-6)^2+(z+2)^2=4}$$

別解 $\overrightarrow{\text{OP}}=(x,\ y,\ z)$，$\overrightarrow{\text{OA}}=(3,\ -6,\ 2)$ から
$x^2+y^2+z^2$
$+2(3x-6y+2z)+45=0$
これを変形すると
$(x+3)^2-3^2+(y-6)^2-6^2$
$+(z+2)^2-2^2+45=0$
よって
$(x+3)^2+(y-6)^2+(z+2)^2=4$
左と同じ答えが得られる。

(2) $\overrightarrow{\text{AP}}\cdot(\overrightarrow{\text{BP}}+2\overrightarrow{\text{CP}})=0$ から　$\overrightarrow{\text{AP}}\cdot\left(\dfrac{\overrightarrow{\text{BP}}+2\overrightarrow{\text{CP}}}{2+1}\right)=0$

線分 BC を $2:1$ に内分する点をDとすると　$\overrightarrow{\text{AP}}\cdot\overrightarrow{\text{DP}}=0$

よって，点Pは線分 AD を直径とする球面上を動く。

点Dの座標は　$\left(0,\ \dfrac{1\cdot2+2\cdot0}{2+1},\ \dfrac{1\cdot0+2\cdot3}{2+1}\right)$

すなわち　$\left(0,\ \dfrac{2}{3},\ 2\right)$

球面の中心は線分 AD の中点であるから，その座標は

◀線分 AD は直径。

$$\left(\frac{1+0}{2},\ \frac{0+\frac{2}{3}}{2},\ \frac{0+2}{2}\right)\ \text{すなわち}\ \left(\frac{1}{2},\ \frac{1}{3},\ 1\right)$$

また，半径は　$\dfrac{1}{2}\mathrm{AD}=\dfrac{1}{2}\sqrt{(0-1)^2+\left(\dfrac{2}{3}\right)^2+2^2}=\dfrac{7}{6}$

◀$\dfrac{1}{2}\times$(直径)

ゆえに，点 $\mathrm{P}(x,\ y,\ z)$ の集合は，**中心が点 $\left(\dfrac{1}{2},\ \dfrac{1}{3},\ 1\right)$，半径が $\dfrac{7}{6}$ の球面** である。その方程式は

$$\boldsymbol{\left(x-\frac{1}{2}\right)^2+\left(y-\frac{1}{3}\right)^2+(z-1)^2=\frac{49}{36}}$$

別解　$\overrightarrow{\mathrm{AP}}=(x-1,\ y,\ z)$

◀成分に直して扱う解法。

$\overrightarrow{\mathrm{BP}}+2\overrightarrow{\mathrm{CP}}=(x,\ y-2,\ z)+2(x,\ y,\ z-3)$
$=(3x,\ 3y-2,\ 3z-6)$

よって，$\overrightarrow{\mathrm{AP}}\cdot(\overrightarrow{\mathrm{BP}}+2\overrightarrow{\mathrm{CP}})=0$ から

$$(x-1)\times3x+y\times(3y-2)+z\times(3z-6)=0$$

ゆえに　$x^2-x+y^2-\dfrac{2}{3}y+z^2-2z=0$

よって　$\left(x-\dfrac{1}{2}\right)^2+\left(y-\dfrac{1}{3}\right)^2+(z-1)^2=\dfrac{1}{4}+\dfrac{1}{9}+1$

すなわち　$\boldsymbol{\left(x-\dfrac{1}{2}\right)^2+\left(y-\dfrac{1}{3}\right)^2+(z-1)^2=\dfrac{49}{36}}$

ゆえに，点Pの集合は，**中心が点 $\left(\dfrac{1}{2},\ \dfrac{1}{3},\ 1\right)$，半径が $\dfrac{7}{6}$ の球面** である。

練習 57

➡ 本冊 p. 123

(1) **解答 1.** 平面の法線ベクトルを $\vec{n}=(a,\ b,\ c)$ $(\vec{n}\neq\vec{0})$ とする。
$\overrightarrow{\mathrm{AB}}=(-1,\ 1,\ -2)$，$\overrightarrow{\mathrm{AC}}=(1,\ 1,\ -5)$ であるから，

$\vec{n}\perp\overrightarrow{\mathrm{AB}}$ より　$\vec{n}\cdot\overrightarrow{\mathrm{AB}}=0$

よって　$-a+b-2c=0$　…… ①

$\vec{n}\perp\overrightarrow{\mathrm{AC}}$ より　$\vec{n}\cdot\overrightarrow{\mathrm{AC}}=0$

ゆえに　$a+b-5c=0$　…… ②

①, ② から　$a=\dfrac{3}{2}c,\ b=\dfrac{7}{2}c$

よって　$\vec{n}=\dfrac{c}{2}(3,\ 7,\ 2)$

$\vec{n}\neq\vec{0}$ より，$c\neq0$ であるから，$\vec{n}=(3,\ 7,\ 2)$ とする。

◀分数を避けるために，$c=2$ とした。

ゆえに，求める平面は，点 $\mathrm{A}(1,\ 0,\ 2)$ を通り
$\vec{n}=(3,\ 7,\ 2)$ に垂直であるから，その方程式は

$$3\times(x-1)+7\times y+2\times(z-2)=0$$

すなわち　$\boldsymbol{3x+7y+2z-7=0}$

参考　平面の法線ベクトル $\vec{n}$ は $\overrightarrow{AB}$, $\overrightarrow{AC}$ の両方に垂直であり

$$\overrightarrow{AB}\times\overrightarrow{AC}=(1\cdot(-5)-(-2)\cdot1,\ -2\cdot1-(-1)\cdot(-5),\ -1\cdot1-1\cdot1)$$
$$=(-3,\ -7,\ -2)=-(3,\ 7,\ 2)$$

これから $\vec{n}=(3,\ 7,\ 2)$ としてもよい。

◀$\vec{a}$, $\vec{b}$ の外積 $\vec{a}\times\vec{b}$ は $\vec{a}$, $\vec{b}$ の両方に垂直（本冊 $p.93$ の **検討** 参照）。

解答 2. 求める平面の方程式を $ax+by+cz+d=0$ とすると，3点A，B，Cを通ることから

$$a+2c+d=0\ \cdots\cdots\ ①,\quad b+d=0\ \cdots\cdots\ ②,$$
$$2a+b-3c+d=0\ \cdots\cdots\ ③$$

①〜③ から　$a=-\dfrac{3}{7}d,\ b=-d,\ c=-\dfrac{2}{7}d$

◀② から　$b=-d$
③−①×2 から
$b-7c-d=0$
$b=-d$ であるから
$c=-\dfrac{2}{7}d$

よって，求める平面の方程式は

$$-\frac{3}{7}dx-dy-\frac{2}{7}dz+d=0$$

◀両辺に $-\dfrac{7}{d}$ を掛ける。

$d\neq0$ であるから　$\boldsymbol{3x+7y+2z-7=0}$

(2)　求める平面の方程式を $ax+by+cz+d=0$ とすると，3点A，B，Cを通ることから

$$2a+d=0,\ 3b+d=0,\ c+d=0$$

◀3点A，B，Cの座標には0が多いから，一般形を利用する解法の方がらく。

ゆえに　$a=-\dfrac{d}{2},\ b=-\dfrac{d}{3},\ c=-d$

よって，求める平面の方程式は　$-\dfrac{d}{2}x-\dfrac{d}{3}y-dz+d=0$

◀両辺に $-\dfrac{6}{d}$ を掛ける。

$d\neq0$ であるから　$\boldsymbol{3x+2y+6z-6=0}$

参考　3点 $A(a,\ 0,\ 0)$, $B(0,\ b,\ 0)$, $C(0,\ 0,\ c)$ $(abc\neq0)$ を通る平面の方程式は $\boldsymbol{\dfrac{x}{a}+\dfrac{y}{b}+\dfrac{z}{c}=1}$ である。

◀(2) の解答と同様にして証明できる。

(2) は，この公式を用いて $\boldsymbol{\dfrac{x}{2}+\dfrac{y}{3}+z=1}$ と求めてもよい。

なお，これは $\boldsymbol{3x+2y+6z-6=0}$ と変形でき，(2) の答えと一致している。

練習 58　➡本冊 $p.124$

(1)　$G\left(\dfrac{4+0+0}{3},\ \dfrac{0+8+0}{3},\ \dfrac{0+0+4}{3}\right)$

すなわち　$\boldsymbol{G\left(\dfrac{4}{3},\ \dfrac{8}{3},\ \dfrac{4}{3}\right)}$

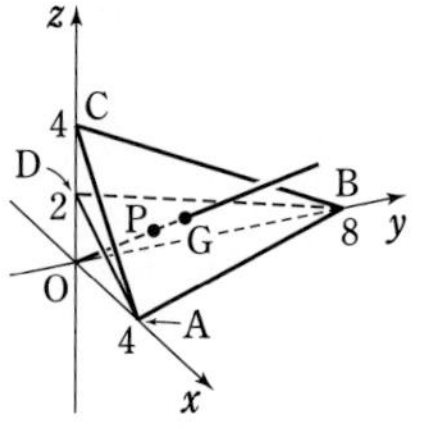

(2)　平面ABDの方程式を $ax+by+cz+d=0$ とすると，3点A，B，Dを通ることから

$$4a+d=0,\ 8b+d=0,\ 2c+d=0$$

ゆえに　$a=-\dfrac{d}{4},\ b=-\dfrac{d}{8},\ c=-\dfrac{d}{2}$

したがって，平面ABDの方程式は

$$-\frac{d}{4}x-\frac{d}{8}y-\frac{d}{2}z+d=0$$

$d\neq0$ であるから　$2x+y+4z-8=0$　…… ①

参考　平面ABDの方程式を $\dfrac{x}{4}+\dfrac{y}{8}+\dfrac{z}{2}=1$ から，$2x+y+4z-8=0$ として求めてもよい。

また，$P(x,\ y,\ z)$ とすると，点Pは直線OG上にあるから，$\overrightarrow{OP}=k\overrightarrow{OG}$（$k$ は実数）と表される。

よって　$(x,\ y,\ z)=k\left(\frac{4}{3},\ \frac{8}{3},\ \frac{4}{3}\right)$

ゆえに　$x=\frac{4}{3}k,\ y=\frac{8}{3}k,\ z=\frac{4}{3}k$ …… ②

② を ① に代入して　$2\cdot\frac{4}{3}k+\frac{8}{3}k+4\cdot\frac{4}{3}k-8=0$

◀点Pの座標を平面ABD の方程式 ① に代入。

これを解いて　$k=\frac{3}{4}$

これを ② に代入して　$x=1,\ y=2,\ z=1$

よって　**P(1, 2, 1)**

別解　点Pは直線 OG 上にあるから，$\overrightarrow{\mathrm{OP}}=k\overrightarrow{\mathrm{OG}}$ (k は実数) と表され　$\overrightarrow{\mathrm{OP}}=k\left(\frac{4}{3},\ \frac{8}{3},\ \frac{4}{3}\right)=\frac{k}{3}(4,\ 8,\ 4)$

$=\frac{k}{3}(4,\ 0,\ 0)+\frac{k}{3}(0,\ 8,\ 0)+\frac{2}{3}k(0,\ 0,\ 2)$

$=\frac{k}{3}\overrightarrow{\mathrm{OA}}+\frac{k}{3}\overrightarrow{\mathrm{OB}}+\frac{2}{3}k\overrightarrow{\mathrm{OD}}$

◀本冊 $p.99$ 基本事項 **2** を利用した解法。

点Pは平面 ABD 上にあるから　$\frac{k}{3}+\frac{k}{3}+\frac{2}{3}k=1$

◀**(係数の和)=1**

これを解いて　$k=\frac{3}{4}$　　したがって　**P(1, 2, 1)**

練習 59

➡ 本冊 $p.126$

(1)　求める平面の法線ベクトル $\vec{n}$ を $\vec{n}=(a,\ b,\ c)$ $(\vec{n}\neq\vec{0})$ とする。
平面 $3x+6y-z=0$ の法線ベクトル $\vec{m}$ は $\vec{m}=(3,\ 6,\ -1)$ とおける。

$\vec{n}\perp\vec{m}$ であるから　$\vec{n}\cdot\vec{m}=0$

よって　$3a+6b-c=0$ …… ①

$\vec{n}\perp\overrightarrow{\mathrm{AB}}$ であるから　$\vec{n}\cdot\overrightarrow{\mathrm{AB}}=0$

$\overrightarrow{\mathrm{AB}}=(3,\ 2,\ 1)$ であるから　$3a+2b+c=0$ …… ②

①，② から　$a=-\frac{4}{3}b,\ c=2b$

◀求める平面の方程式を $a(x-1)+b(y-1)+c(z-2)=0$ として，ベクトルの垂直条件や点Bを通ることから，a，b，c の条件を求めてもよいが，その解答は実質，左の解答と同じである。

ゆえに　$\vec{n}=-\frac{b}{3}(4,\ -3,\ -6)$

◀$b=-3$ とすると $\vec{n}=(4,\ -3,\ -6)$

求める平面は点Aを通るから，その方程式は

$4\times(x-1)-3\times(y-1)-6\times(z-2)=0$

すなわち　$\boldsymbol{4x-3y-6z+11=0}$

◀点 $(x_1,\ y_1,\ z_1)$ を通り，$\vec{n}=(a,\ b,\ c)\neq\vec{0}$ に垂直な平面の方程式は
$a(x-x_1)+b(y-y_1)+c(z-z_1)=0$

(2)　球面の中心は C(1, −2, 0) で，P(2, −1, 2) とすると，求める平面は $\overrightarrow{\mathrm{CP}}=(1,\ 1,\ 2)$ に垂直である。
また，求める平面は点Pを通るから，その方程式は

$1\times(x-2)+1\times(y+1)+2\times(z-2)=0$

すなわち　$\boldsymbol{x+y+2z-5=0}$

練習 60

➡ 本冊 $p.127$

(1)　平面 $4x-3y+z=2$ の法線ベクトルを $\vec{m}=(4,\ -3,\ 1)$ とし，平面 $x+3y+5z=0$ の法線ベクトルを $\vec{n}=(1,\ 3,\ 5)$ とする。

$\vec{m}\cdot\vec{n}=4\times1-3\times3+1\times5=0$ であるから　$\vec{m}\perp\vec{n}$

◀$\vec{m}\neq\vec{0}$，$\vec{n}\neq\vec{0}$

よって，2 平面のなす角 θ は　$\boldsymbol{\theta=90^\circ}$

(2) 平面 $x+y=1$ の法線ベクトルを $\vec{m}=(1,\ 1,\ 0)$ とし，平面 $x+z=1$ の法線ベクトルを $\vec{n}=(1,\ 0,\ 1)$ とする。
$\vec{m}$，$\vec{n}$ のなす角を θ_1 $(0°\leqq\theta_1\leqq180°)$ とすると

$$\cos\theta_1=\frac{\vec{m}\cdot\vec{n}}{|\vec{m}||\vec{n}|}=\frac{1\times1+1\times0+0\times1}{\sqrt{1^2+1^2+0^2}\sqrt{1^2+0^2+1^2}}=\frac{1}{2}$$

$0°\leqq\theta_1\leqq180°$ であるから　$\theta_1=60°$
よって，2 平面のなす角 θ は　$\boldsymbol{\theta=60°}$

(3) 平面 $-2x+y+2z=3$ の法線ベクトルを $\vec{m}=(-2,\ 1,\ 2)$ とし，平面 $x-y=5$ の法線ベクトルを $\vec{n}=(1,\ -1,\ 0)$ とする。
$\vec{m}$，$\vec{n}$ のなす角を θ_2 $(0°\leqq\theta_2\leqq180°)$ とすると

$$\cos\theta_2=\frac{\vec{m}\cdot\vec{n}}{|\vec{m}||\vec{n}|}=\frac{-2\times1+1\times(-1)+2\times0}{\sqrt{(-2)^2+1^2+2^2}\sqrt{1^2+(-1)^2+0^2}}=-\frac{1}{\sqrt{2}}$$

$0°\leqq\theta_2\leqq180°$ であるから　$\theta_2=135°$
よって，2 平面のなす角 θ は　$\boldsymbol{\theta=180°-135°=45°}$

(2) 2 平面のなす角は，その法線ベクトルのなす角 θ_1 を利用して求める。

CHART
なす角　内積を利用

◀$0°\leqq\theta\leqq90°$

◀$0°\leqq\theta\leqq90°$ であるから，$\theta=180°-\theta_2$ が答えとなる。

練習 61 ➡ 本冊 p. 128

O を原点，P$(x,\ y,\ z)$ を直線上の点，**t を実数** とする。

(1) $\overrightarrow{\mathrm{OP}}=\overrightarrow{\mathrm{OA}}+t\vec{d}$ であるから

$$(x,\ y,\ z)=(2,\ -1,\ 3)+t(5,\ 2,\ -2)$$

よって　$\boldsymbol{x=2+5t,\ y=-1+2t,\ z=3-2t}$　**または**

t を消去して　$\boldsymbol{\dfrac{x-2}{5}=\dfrac{y+1}{2}=\dfrac{z-3}{-2}}$

(2) $\overrightarrow{\mathrm{AB}}=(-1,\ -2,\ 1)$ であるから，$\overrightarrow{\mathrm{OP}}=\overrightarrow{\mathrm{OA}}+t\overrightarrow{\mathrm{AB}}$ より

$$(x,\ y,\ z)=(1,\ 2,\ 3)+t(-1,\ -2,\ 1)$$

よって　$\boldsymbol{x=1-t,\ y=2-2t,\ z=3+t}$　**または**

t を消去して　$\boldsymbol{\dfrac{x-1}{-1}=\dfrac{y-2}{-2}=z-3}$

(3) $\overrightarrow{\mathrm{AB}}=(0,\ -4,\ 6)$ であるから，$\overrightarrow{\mathrm{OP}}=\overrightarrow{\mathrm{OA}}+t\overrightarrow{\mathrm{AB}}$ より

$$(x,\ y,\ z)=(-1,\ 2,\ -3)+t(0,\ -4,\ 6)$$

よって　$\boldsymbol{x=-1,\ y=2-4t,\ z=-3+6t}$　**または**

t を消去して　$\boldsymbol{x=-1,\ \dfrac{y-2}{-4}=\dfrac{z+3}{6}}$

(4) 方向ベクトルの 1 つは $\vec{d}=(0,\ 1,\ 0)$ である。
$\overrightarrow{\mathrm{OP}}=\overrightarrow{\mathrm{OA}}+t\vec{d}$ から　$(x,\ y,\ z)=(3,\ -1,\ 1)+t(0,\ 1,\ 0)$
よって　$x=3,\ y=-1+t,\ z=1$
ゆえに　$\boldsymbol{x=3,\ z=1}$

◀$t=\dfrac{x-2}{5}$，$t=\dfrac{y+1}{2}$，$t=\dfrac{z-3}{-2}$

◀$\overrightarrow{\mathrm{AB}}$ が方向ベクトル。

◀$t=\dfrac{x-1}{-1}$，$t=\dfrac{y-2}{-2}$，$t=z-3$

(3) 方向ベクトルの成分に 0 を含むから，消去形は
$\dfrac{x-○}{●}=\dfrac{y-□}{■}=\dfrac{z-△}{▲}$
の形にならない。

◀$\vec{d}$ は y 軸に平行なベクトル。

◀ y は任意の値をとる。

練習 62 ➡ 本冊 p. 129

(1) ℓ の方向ベクトルは $\overrightarrow{\mathrm{AB}}=(3,\ 4,\ -2)$ であるから，その方程式は $(x,\ y,\ z)=(-2,\ -1,\ 3)+s(3,\ 4,\ -2)$ より

$$x=3s-2,\ y=4s-1,\ z=-2s+3\quad(s \text{ は実数})$$

ℓ と yz 平面の交点は x 座標が 0 であるから，$3s-2=0$ とすると

$$s=\frac{2}{3}\qquad このとき\qquad y=\frac{5}{3},\ z=\frac{5}{3}$$

したがって，求める交点の座標は　$\boldsymbol{\left(0,\ \dfrac{5}{3},\ \dfrac{5}{3}\right)}$

O は原点とする。
◀$\vec{p}=\overrightarrow{\mathrm{OA}}+s\overrightarrow{\mathrm{AB}}$
◀ ℓ 上の点の座標は $(3s-2,\ 4s-1,\ -2s+3)$

◀$y=4\cdot\dfrac{2}{3}-1=\dfrac{5}{3}$
$z=-2\cdot\dfrac{2}{3}+3=\dfrac{5}{3}$

(2) m の方向ベクトルは $(-1,\ 2,\ 1)$ であるから，その方程式は
$(x,\ y,\ z)=(2,\ 1,\ 0)+t(-1,\ 2,\ 1)$ より
$$x=-t+2,\ y=2t+1,\ z=t\quad (t \text{ は実数})$$
$3s-2=-t+2$ …… ①，$4s-1=2t+1$ …… ②，
$-2s+3=t$ …… ③ とする。
①，③ を連立して解くと　$s=1,\ t=1$　　これは ② を満たす。
よって，ℓ と m は交わり，その交点の座標は　**(1, 3, 1)**

◀$\vec{q}=\overrightarrow{\mathrm{OC}}+t(-1,\ 2,\ 1)$

◀①～③ を同時に満たす s，t の値を求める。

練習 63 ➡ 本冊 p. 130

(1) 直線 ℓ の方程式は $(x,\ y,\ z)=(0,\ 0,\ 0)+s(0,\ 1,\ 0)$ から
$$x=0,\ y=s,\ z=0\quad (s \text{ は実数})$$
直線 m の方程式は　$(x,\ y,\ z)=(1,\ 3,\ 0)+t(1,\ 1,\ -1)$ から
$$x=t+1,\ y=t+3,\ z=-t\quad (t \text{ は実数})$$
ここで，$0=t+1$，$0=-t$ をともに満たす t の値は存在しない。
したがって，直線 ℓ と直線 m は交わらない。

◀方向ベクトルは $(0,\ 1,\ 0)$

◀方向ベクトルは $(1,\ 1,\ -1)$

◀$0=t+1$ から　$t=-1$
$0=-t$ から　$t=0$

(2) (1) から，$\mathrm{P}(0,\ s,\ 0)$，$\mathrm{Q}(t+1,\ t+3,\ -t)$ とおける。
$$\begin{aligned}\mathrm{PQ}^2&=(t+1)^2+(t+3-s)^2+(-t)^2\\&=s^2-2st+3t^2-6s+8t+10\\&=s^2-2(t+3)s+3t^2+8t+10\\&=\{s-(t+3)\}^2-(t+3)^2+3t^2+8t+10\\&=(s-t-3)^2+2t^2+2t+1\\&=(s-t-3)^2+2\left(t+\frac{1}{2}\right)^2+\frac{1}{2}\end{aligned}$$
PQ^2 は $s-t-3=0$ かつ $t+\dfrac{1}{2}=0$ すなわち $s=\dfrac{5}{2}$，$t=-\dfrac{1}{2}$ のとき最小値 $\dfrac{1}{2}$ をとる。
よって，PQ は $s=\dfrac{5}{2}$，$t=-\dfrac{1}{2}$ のとき最小値 $\dfrac{1}{\sqrt{2}}$ をとる。
すなわち　$\mathbf{P}\left(\mathbf{0},\ \dfrac{\mathbf{5}}{\mathbf{2}},\ \mathbf{0}\right)$，$\mathbf{Q}\left(\dfrac{\mathbf{1}}{\mathbf{2}},\ \dfrac{\mathbf{5}}{\mathbf{2}},\ \dfrac{\mathbf{1}}{\mathbf{2}}\right)$ **のとき最小値** $\dfrac{\mathbf{1}}{\sqrt{\mathbf{2}}}$

◀まず s について平方完成。

◀次に t について平方完成。
$2t^2+2t+1$
$=2(t^2+t)+1$
$=2\left(t+\dfrac{1}{2}\right)^2-2\left(\dfrac{1}{2}\right)^2+1$

◀$\mathrm{PQ}>0$ であるから，PQ^2 が最小のとき PQ も最小。

別解　線分 PQ の長さが最小
$\Longleftrightarrow$ $\mathrm{PQ}\perp\ell$ かつ $\mathrm{PQ}\perp m$
$\Longleftrightarrow$ $\overrightarrow{\mathrm{PQ}}$ は 2 つのベクトル $(0,\ 1,\ 0)$，$(1,\ 1,\ -1)$ に垂直
$$\Longleftrightarrow \begin{cases}(t+1)\times 0+(t+3-s)\times 1+(-t)\times 0=0\\(t+1)\times 1+(t+3-s)\times 1+(-t)\times(-1)=0\end{cases}$$
$$\Longleftrightarrow \begin{cases}-s+t+3=0\\-s+3t+4=0\end{cases} \Longleftrightarrow s=\frac{5}{2},\ t=-\frac{1}{2}$$
よって，$\mathbf{P}\left(\mathbf{0},\ \dfrac{\mathbf{5}}{\mathbf{2}},\ \mathbf{0}\right)$，$\mathbf{Q}\left(\dfrac{\mathbf{1}}{\mathbf{2}},\ \dfrac{\mathbf{5}}{\mathbf{2}},\ \dfrac{\mathbf{1}}{\mathbf{2}}\right)$ **のとき最小値**
$$\sqrt{\left(\frac{1}{2}-0\right)^2+\left(\frac{5}{2}-\frac{5}{2}\right)^2+\left(\frac{1}{2}-0\right)^2}=\frac{\mathbf{1}}{\sqrt{\mathbf{2}}}$$

◀$\overrightarrow{\mathrm{PQ}}$
$=(t+1,\ t+3-s,\ -t)$

練習 64 ➡ 本冊 p. 131

(1) 直線 ℓ の方程式は　$(x,\ y,\ z)=(0,\ 2,\ 0)+t(1,\ 1,\ -2)$ から
$$x=t,\ y=t+2,\ z=-2t\quad (t \text{ は実数}) \cdots\cdots ①$$

①を $2x-3y+z=0$ に代入して

$$2t-3(t+2)-2t=0 \qquad よって \qquad t=-2$$

このとき，①から　$x=-2,\ y=0,\ z=4$

したがって，求める交点の座標は　**(−2, 0, 4)**

◀平面の方程式に代入し，t の値を定める。

(2)　①を $(x-4)^2+(y-2)^2+(z+4)^2=14$ に代入して

$$(t-4)^2+t^2+(-2t+4)^2=14$$

◀球面の方程式に代入し，t の値を定める。

整理すると　$t^2-4t+3=0$　　ゆえに　$t=1,\ 3$

◀$(t-1)(t-3)=0$

①から，$t=1$ のとき　$x=1,\ y=3,\ z=-2$

$t=3$ のとき　$x=3,\ y=5,\ z=-6$

よって，直線 ℓ の球面によって切り取られる線分の長さは

$$\sqrt{(3-1)^2+(5-3)^2+\{-6-(-2)\}^2}=\mathbf{2\sqrt{6}}$$

◀2点 $(1,\ 3,\ -2)$，$(3,\ 5,\ -6)$ 間の距離。

別解　球面 $(x-4)^2+(y-2)^2+(z+4)^2=14$ を S とし，球面 S の中心を $\mathrm{C}(4,\ 2,\ -4)$，球面 S と直線 ℓ の交点を P，Q，線分 PQ の中点を M とする。

平面CPQでの切り口

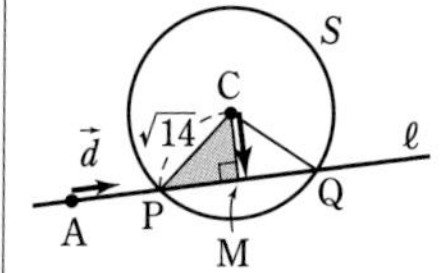

点Mは直線 ℓ 上にあるから，$\mathrm{M}(t,\ t+2,\ -2t)$（$t$ は実数）と表され　$\overrightarrow{\mathrm{CM}}=(t-4,\ t,\ -2t+4)$

$\mathrm{CM}\perp\ell$ から　$\overrightarrow{\mathrm{CM}}\cdot\vec{d}=0$

すなわち　$1\times(t-4)+1\times t+(-2)\times(-2t+4)=0$

ゆえに　$t=2$　　よって　$\overrightarrow{\mathrm{CM}}=(-2,\ 2,\ 0)$

◀$\overrightarrow{\mathrm{CM}}=2(-1,\ 1,\ 0)$

ゆえに　$|\overrightarrow{\mathrm{CM}}|=2\sqrt{(-1)^2+1^2+0^2}=2\sqrt{2}$

直線 ℓ が球面 S によって切り取られる線分の長さは

$$\mathrm{PQ}=2\mathrm{PM}=2\sqrt{\mathrm{CP}^2-\mathrm{CM}^2}=2\sqrt{(\sqrt{14})^2-(2\sqrt{2})^2}=\mathbf{2\sqrt{6}}$$

◀三平方の定理。

参考　線分 CM の長さは，点Cと直線 ℓ 上の点Pの距離 CP の最小値と考えて，$\overrightarrow{\mathrm{CP}}=(t-4,\ t,\ -2t+4)$ から

$$|\overrightarrow{\mathrm{CP}}|^2=(t-4)^2+t^2+(-2t+4)^2$$
$$=6t^2-24t+32=6(t-2)^2+8$$

◀2次式は基本形に直す。

ゆえに，$|\overrightarrow{\mathrm{CP}}|$ は $t=2$ のとき最小値 $2\sqrt{2}$ をとる。

したがって　$\mathrm{CM}=2\sqrt{2}$

練習 65

➡本冊 p. 132

(1)　球面 $S：x^2+(y-1)^2+(z-2)^2=(3\sqrt{5})^2$ の中心 $(0,\ 1,\ 2)$ と平面 α との距離は　$\dfrac{|0+2\cdot1+2\cdot2-a|}{\sqrt{1^2+2^2+2^2}}=\dfrac{|a-6|}{3}$

◀平面 $\alpha：x+2y+2z-a=0$

球面 S と平面 α が共有点をもつから　$0\leqq\dfrac{|a-6|}{3}\leqq3\sqrt{5}$

◀球面 S の半径を r とし，球面 S の中心と平面 α の距離を d とすると，球面 S と平面 α が共有点をもつための条件は $0\leqq d\leqq r$

よって　$-9\sqrt{5}\leqq a-6\leqq9\sqrt{5}$

ゆえに，求める a の値の範囲は　$\mathbf{6-9\sqrt{5}\leqq a\leqq6+9\sqrt{5}}$

(2)　点 $\mathrm{A}(2\sqrt{3},\ 2\sqrt{3},\ 6)$ と平面 $x+y+z-6=0$ の距離は

$$\frac{|2\sqrt{3}+2\sqrt{3}+6-6|}{\sqrt{1^2+1^2+1^2}}=4$$

円の面積が 9π であるから，円の半径は3である。

球 S の半径を r とすると，$r=\sqrt{4^2+3^2}=5$ であるから，球 S の方程式は　$\mathbf{(x-2\sqrt{3})^2+(y-2\sqrt{3})^2+(z-6)^2=25}$

練習 66 ➡ 本冊 p. 133

(1) 直線の方向ベクトル $\vec{d}$ を $\vec{d}=(1,\ 1,\ 4)$，平面の法線ベクトル $\vec{n}$ を $\vec{n}=(2,\ 2,\ 1)$ とする。
$\vec{d}$ と $\vec{n}$ のなす角を θ_1 $(0^\circ \leqq \theta_1 \leqq 180^\circ)$ とすると

$$\cos\theta_1=\frac{\vec{d}\cdot\vec{n}}{|\vec{d}||\vec{n}|}=\frac{1\times2+1\times2+4\times1}{\sqrt{1^2+1^2+4^2}\sqrt{2^2+2^2+1^2}}=\frac{4\sqrt{2}}{9}$$

$\dfrac{4\sqrt{2}}{9}>0$ であるから　　$0^\circ<\theta_1<90^\circ$

ゆえに　　$\theta=90^\circ-\theta_1$

よって　　$\boldsymbol{\cos\theta}=\cos(90^\circ-\theta_1)=\sin\theta_1$

$$=\sqrt{1-\left(\frac{4\sqrt{2}}{9}\right)^2}=\boldsymbol{\frac{7}{9}}$$

(2) 直線 $\dfrac{x-2}{4}=\dfrac{y+1}{-3}=z-3$ の方向ベクトル $\vec{d}$ は
$\vec{d}=(4,\ -3,\ 1)$ とおける。
求める平面は点 $(-1,\ 2,\ 3)$ を通り，$\vec{d}$ を法線ベクトルとする平面であるから，その方程式は

$$4\times(x+1)+(-3)\times(y-2)+1\times(z-3)=0$$

よって　　$\boldsymbol{4x-3y+z+7=0}$

◀直線
$\dfrac{x-x_1}{a}=\dfrac{y-y_1}{b}=\dfrac{z-z_1}{c}$
の方向ベクトルの 1 つは
$(a,\ b,\ c)$

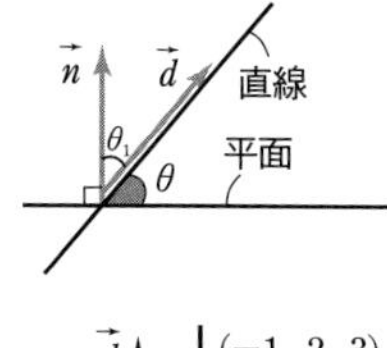

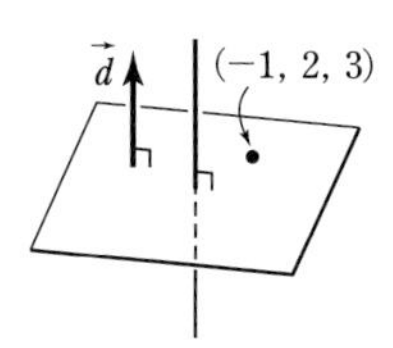

練習 67 ➡ 本冊 p. 134

(1) 2 平面 α，β の方程式をそれぞれ ①，② とする。
②−① から　　$2x+6z-2=0$ …… ③
②−①×3 から　　$4y+4z-4=0$ …… ④
③，④ から　　$z=\dfrac{-x+1}{3}$，$z=-y+1$

よって，交線 ℓ の方程式は　　$\boldsymbol{\dfrac{x-1}{3}=y-1=\dfrac{z}{-1}}$ …… ⑤

平面 γ の法線ベクトルを $\vec{n}=(a,\ b,\ c)$ $(\vec{n}\neq\vec{0})$ とする。
平面 γ は直線 ℓ を含むから，直線 ℓ の方向ベクトルと $\vec{n}$ は垂直であり　　$3a+b-c=0$ …… ⑥
また，⑤ より，点 $\mathrm{A}(1,\ 1,\ 0)$ は直線 ℓ 上にあるから　$\vec{n}\perp\overrightarrow{\mathrm{AP}}$
したがって　　$\vec{n}\cdot\overrightarrow{\mathrm{AP}}=0$
$\overrightarrow{\mathrm{AP}}=(0,\ 1,\ -1)$ であるから　　$b-c=0$ …… ⑦
⑥，⑦ から　$a=0$，$b=c$　　ゆえに，$\vec{n}=(0,\ 1,\ 1)$ とする。
よって，平面 γ は点 $\mathrm{A}(1,\ 1,\ 0)$ を通り，$\vec{n}=(0,\ 1,\ 1)$ に垂直であるから，その方程式は

$$0\times(x-1)+1\times(y-1)+1\times(z-0)=0$$

すなわち　$\boldsymbol{y+z-1=0}$

(2) 与えられた平面の方程式を変形すると

$$x+2y-1+a(y-z-2)=0$$

$x+2y-1=0$ …… ①，$y-z-2=0$ …… ② をともに満たす点は，a がどんな実数値をとっても与えられた平面上にある。
①，② はともに平面を表す方程式であるから，求める直線は，2 平面 ①，② の交線である。

◀ y を消去。
◀ x を消去。
◀ $\dfrac{x-1}{3}=-z$，
$y-1=-z$

参考　交線 ℓ を含む平面の方程式は
$k(x-2y+z+1)$
$+3x-2y+7z-1=0$
で表され，この平面が点 $(1,\ 2,\ -1)$ を通るとすると　$-3k-9=0$
すなわち　$k=-3$
よって，平面 γ の方程式は　$-3(x-2y+z+1)$
$+3x-2y+7z-1=0$
すなわち　$y+z-1=0$

(2)「a がどんな実数値をとっても…」とあるから，a についての恒等式の問題としてとらえる。

2章 練習 [空間のベクトル]

①, ② から　　$y=\dfrac{-x+1}{2}$, $y=z+2$

したがって，求める直線の方程式は　　$\boldsymbol{\dfrac{x-1}{-2}=y=z+2}$

練習 68 ➡本冊 p.135

(1)　球面 S_1 の中心を $O_1(1,\ 2,\ -3)$，半径を $r_1=\sqrt{5}$ とする。

平面 α と球面 S_1 の中心 O_1 の距離は　$\dfrac{|1-2\cdot2+2\cdot(-3)+3|}{\sqrt{1^2+(-2)^2+2^2}}=2$

◀まず，平面 α と球面 S_1 の共通部分があることを確認。

$\sqrt{5}>2$ であるから，平面 α と球面 S_1 は交わる。

よって，平面 α と球面 S_1 の共有点は，k を定数として，次の方程式を満たす。

$k(x-2y+2z+3)+(x-1)^2+(y-2)^2+(z+3)^2-5=0$ ……①

◀図形 $f=0$ と $g=0$ の共通部分を含む図形の方程式は
$f+kg=0$（k は定数）
[簡単な式に k を付ける。]

方程式①は球面を表す。

原点を通るから，$x=y=z=0$ を代入すると

$3k+1+4+9-5=0$

ゆえに　　$k=-3$　　　$k=-3$ を①に代入して

$-3(x-2y+2z+3)+(x-1)^2+(y-2)^2+(z+3)^2-5=0$

整理して，求める方程式は　　$\boldsymbol{x^2+y^2+z^2-5x+2y=0}$

◀$\left(x-\dfrac{5}{2}\right)^2+(y+1)^2+z^2=\dfrac{29}{4}$

(2)　球面 S_2 の中心を $O_2(2,\ 0,\ -1)$，半径を $r_2=2\sqrt{2}$ とすると，

(1)から　　$O_1O_2=\sqrt{(2-1)^2+(0-2)^2+\{-1-(-3)\}^2}=3$

よって　　$2\sqrt{2}-\sqrt{5}<3<2\sqrt{2}+\sqrt{5}$

◀球面 S_1，S_2 の共通部分があることを確認。

$r_2-r_1<O_1O_2<r_2+r_1$ が成り立つから，S_1 と S_2 は交わる。

球面 S_1，S_2 の共有点は，k を定数として，次の方程式を満たす。

$(x-1)^2+(y-2)^2+(z+3)^2-5+k\{(x-2)^2+y^2+(z+1)^2-8\}=0$ ……②

②が表す図形が平面となるのは，$k=-1$ のときである。

◀$k=-1$ のとき，②は2乗の項がなくなり，平面を表す。

②に $k=-1$ を代入して，求める方程式は

$\boldsymbol{x-2y+2z+6=0}$ ……③

円 C の中心Pは，直線 O_1O_2 と平面③の交点である。

$\overrightarrow{O_1O_2}=(1,\ -2,\ 2)$ から，直線 O_1O_2 上の点 $(x,\ y,\ z)$ は，t を実数として

$(x,\ y,\ z)=(1,\ 2,\ -3)+t(1,\ -2,\ 2)$
$=(t+1,\ -2t+2,\ 2t-3)$　　を満たす。

この点は円 C を含む平面上にあるから，③に代入して

$(t+1)-2(-2t+2)+2(2t-3)+6=0$

◀$x=t+1$，$y=-2t+2$，$z=2t-3$ で　$t=\dfrac{1}{3}$

これを解いて　　$t=\dfrac{1}{3}$　　　よって　　$\mathbf{P}\boldsymbol{\left(\dfrac{4}{3},\ \dfrac{4}{3},\ -\dfrac{7}{3}\right)}$

円 C 上の点をAとすると，$PA\perp O_1O_2$ であるから

$r^2=O_1A^2-O_1P^2$
$=(\sqrt{5})^2-\left\{\left(\dfrac{4}{3}-1\right)^2+\left(\dfrac{4}{3}-2\right)^2+\left(-\dfrac{7}{3}+3\right)^2\right\}$
$=5-1=4$

したがって　　$\boldsymbol{r=2}$

平面 O_1O_2A での切り口

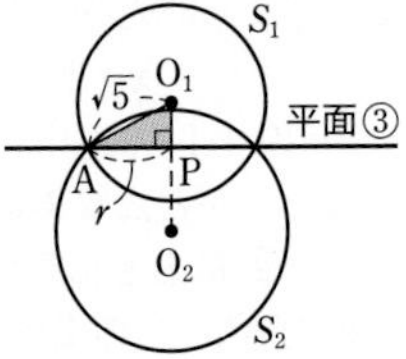

演習 16 ➡ 本冊 p.136

AB=1，AD=3，∠DAB=90° であるから，A(0, 0, 0)，B(1, 0, 0)，D(0, 3, 0) となるように，座標軸をとることができる。

◀∠DAB=90° に着目する。

C(x, y, z) とすると，∠BAC=60°，AB=1，AC=2 から

∠ABC=90°

よって　$x=1$

◀(点Cの x 座標)=(点Bの x 座標)

点Cから y 軸に垂線 CH を下ろすと，∠CHA=90°，∠CAD=60°，AC=2 から　$y=1$

◀AH=1

また，AC=2 であるから　$x^2+y^2+z^2=2^2$

よって　$1^2+1^2+z^2=4$

ゆえに　$z=\pm\sqrt{2}$

したがって　C$(1, 1, \sqrt{2})$　または　C$(1, 1, -\sqrt{2})$

[1]　C$(1, 1, \sqrt{2})$ のとき

E(p, q, r) とすると，AE=BE=CE=DE から

$$AE^2=BE^2=CE^2=DE^2$$

$AE^2=BE^2$ から　$p^2+q^2+r^2=(p-1)^2+q^2+r^2$

$AE^2=CE^2$ から　$p^2+q^2+r^2=(p-1)^2+(q-1)^2+(r-\sqrt{2})^2$

$AE^2=DE^2$ から　$p^2+q^2+r^2=p^2+(q-3)^2+r^2$

整理すると　$-2p+1=0$，$-2p-2q-2\sqrt{2}r+4=0$，$-6q+9=0$

◀第1式と第3式から得られる $p=\frac{1}{2}$，$q=\frac{3}{2}$ を第2式に代入する。

これを解いて　$p=\frac{1}{2}$，$q=\frac{3}{2}$，$r=0$

よって　E$\left(\frac{1}{2}, \frac{3}{2}, 0\right)$

[2]　C$(1, 1, -\sqrt{2})$ のとき

E(p, q, r) とすると，[1] と同様にして

$$p=\frac{1}{2},\ q=\frac{3}{2},\ r=0$$

よって　E$\left(\frac{1}{2}, \frac{3}{2}, 0\right)$

したがって　$\mathrm{AE}=\sqrt{\left(\frac{1}{2}\right)^2+\left(\frac{3}{2}\right)^2+0^2}=\boldsymbol{\frac{\sqrt{10}}{2}}$

演習 17 ➡ 本冊 p.136

(1)　$|\overrightarrow{PA}|=|\overrightarrow{PB}|$ より $|\overrightarrow{PA}|^2=|\overrightarrow{PB}|^2$ であるから

$$(x-2)^2+y^2+(z-1)^2=x^2+(y-1)^2+(z-2)^2$$

◀x^2，y^2，z^2 の項は消える。

整理すると　$-2x+y+z=0$　…… ①

よって　$\boldsymbol{m=-2,\ n=0}$

◀$mx+y+z=n$ と ① の係数を比較。

(2)　$|\overrightarrow{PO}|=|\overrightarrow{PA}|$ より $|\overrightarrow{PO}|^2=|\overrightarrow{PA}|^2$ であるから

$$x^2+y^2+z^2=(x-2)^2+y^2+(z-1)^2$$

整理すると　$4x+2z=5$　…… ②

①, ② から　$y=4x-\frac{5}{2}$, $z=-2x+\frac{5}{2}$　…… ③

◀y, z を x の式で表し, $x^2+y^2+z^2$ に代入する。

よって　$|\overrightarrow{\mathrm{PO}}|^2=x^2+y^2+z^2=x^2+\left(4x-\frac{5}{2}\right)^2+\left(-2x+\frac{5}{2}\right)^2$

$=21x^2-30x+\frac{25}{2}=21\left(x-\frac{5}{7}\right)^2+\frac{25}{14}$

ゆえに, $x=\frac{5}{7}$ のとき $|\overrightarrow{\mathrm{PO}}|^2$ は最小値 $\frac{25}{14}$ をとり, $|\overrightarrow{\mathrm{PO}}|>0$ であるから, このとき $|\overrightarrow{\mathrm{PO}}|$ も最小となる。

したがって, $|\overrightarrow{\mathrm{PO}}|$ の **最小値は $\boldsymbol{\frac{5}{\sqrt{14}}}$** である。

$x=\frac{5}{7}$ のとき, $y=\frac{5}{14}$, $z=\frac{15}{14}$ であるから, 点Pの座標は

◀③ に $x=\frac{5}{7}$ を代入。

$$\boldsymbol{\left(\frac{5}{7},\ \frac{5}{14},\ \frac{15}{14}\right)}$$

(3)　③ から, $x=0$ のとき　$y=-\frac{5}{2}$, $z=\frac{5}{2}$

よって　$\overrightarrow{\mathrm{OP}}=\left(0,\ -\frac{5}{2},\ \frac{5}{2}\right)$

2 点 B, P は yz 平面上にあるから, △OBP を底面と考えたとき, 三角錐 POAB の高さは点Aの x 座標の絶対値である。

◀2 点 B, P の x 座標は 0 であるから, yz 平面上にある。

yz 平面上において, △OBP の面積は

$$\triangle\mathrm{OBP}=\frac{1}{2}\left|1\cdot\frac{5}{2}-2\cdot\left(-\frac{5}{2}\right)\right|=\frac{15}{4}$$

◀$\frac{1}{2}|x_1y_2-x_2y_1|$

したがって, 三角錐 POAB の体積は　$\frac{1}{3}\cdot\frac{15}{4}\cdot|2|=\boldsymbol{\frac{5}{2}}$

演習 18 ➡ 本冊 p. 136

$\overrightarrow{\mathrm{OR}}=(x,\ y,\ z)$ とする。

◀条件 (A), (B), (C) を x, y, z, r で表し, x, y, z を r で表す。

条件 (A) から　$|\overrightarrow{\mathrm{OR}}|^2=r^2$

すなわち　$x^2+y^2+z^2=r^2$　…… ①

条件 (B) から　$\overrightarrow{\mathrm{OR}}\cdot\overrightarrow{\mathrm{OA}}=|\overrightarrow{\mathrm{OR}}||\overrightarrow{\mathrm{OA}}|\cos 30°$

◀$\overrightarrow{\mathrm{OA}}=(3,\ 0,\ 0)$ から
$\overrightarrow{\mathrm{OR}}\cdot\overrightarrow{\mathrm{OA}}$
$=x\times3+y\times0+z\times0$
$=3x$,
$|\overrightarrow{\mathrm{OA}}|=3$

すなわち　$3x=r\cdot3\cdot\frac{\sqrt{3}}{2}$

したがって　$x=\frac{\sqrt{3}}{2}r$　…… ②

条件 (C) から　$\overrightarrow{\mathrm{OR}}\cdot\overrightarrow{\mathrm{OB}}=2\sqrt{3}\,r$

すなわち　$3x+\sqrt{3}\,y+3z=2\sqrt{3}\,r$

◀$\overrightarrow{\mathrm{OB}}=(3,\ \sqrt{3},\ 3)$

よって　$\sqrt{3}\,x+y+\sqrt{3}\,z=2r$　…… ③

② を ①, ③ に代入すると

$$y^2+z^2=\frac{1}{4}r^2 \ \cdots\cdots \ ④,\quad y+\sqrt{3}\,z=\frac{1}{2}r \ \cdots\cdots \ ⑤$$

◀x を消去。

⑤ から　$y=-\sqrt{3}\,z+\frac{1}{2}r$　…… ⑥

④ に代入して　$\left(-\sqrt{3}\,z+\frac{1}{2}r\right)^2+z^2=\frac{1}{4}r^2$

◀y を消去。

整理すると　　$z(4z-\sqrt{3}r)=0$

したがって　　$z=0,\ \dfrac{\sqrt{3}}{4}r$ …… ⑦

②，⑥，⑦ から，点Rの座標は

$$\left(\boldsymbol{\frac{\sqrt{3}}{2}r,\ \frac{1}{2}r,\ 0}\right),\ \left(\boldsymbol{\frac{\sqrt{3}}{2}r,\ -\frac{1}{4}r,\ \frac{\sqrt{3}}{4}r}\right)$$

◀⑥ から
$z=0$ のとき　$y=\dfrac{1}{2}r$
$z=\dfrac{\sqrt{3}}{4}r$ のとき
$y=-\dfrac{1}{4}r$

演習 19

➡ 本冊 p.136

(1) $\vec{p}=\overrightarrow{LP}=\overrightarrow{OP}-\overrightarrow{OL}=\dfrac{\vec{b}+\vec{c}}{2}-\dfrac{1}{2}\vec{a}$

よって　　$\vec{b}+\vec{c}-\vec{a}=2\vec{p}$ …… ①

$\vec{q}=\overrightarrow{MQ}=\overrightarrow{OQ}-\overrightarrow{OM}=\dfrac{\vec{c}+\vec{a}}{2}-\dfrac{1}{2}\vec{b}$

よって　　$\vec{c}+\vec{a}-\vec{b}=2\vec{q}$ …… ②

$\vec{r}=\overrightarrow{NR}=\overrightarrow{OR}-\overrightarrow{ON}=\dfrac{\vec{a}+\vec{b}}{2}-\dfrac{1}{2}\vec{c}$

よって　　$\vec{a}+\vec{b}-\vec{c}=2\vec{r}$ …… ③

①+②，②+③，③+① から

$$2\vec{c}=2(\vec{p}+\vec{q}),\ 2\vec{a}=2(\vec{q}+\vec{r}),\ 2\vec{b}=2(\vec{r}+\vec{p})$$

したがって　　$\boldsymbol{\vec{a}=\vec{q}+\vec{r},\ \vec{b}=\vec{r}+\vec{p},\ \vec{c}=\vec{p}+\vec{q}}$ …… ④

◀$\overrightarrow{EF}=\bullet\text{F}-\bullet\text{E}$（分割）

◀①，②，③ を $\vec{a}$，$\vec{b}$，$\vec{c}$ の連立方程式のように考える。

(2) 直線 LP，MQ，NR は互いに直交するから，$\vec{p}$，$\vec{q}$，$\vec{r}$ は互いに垂直である。
このことと ④ から，四面体 OABC は右の図のような直方体と 4 つの頂点を共有する。
また，$\overrightarrow{AX}=\vec{p}$ であるから，点Xの位置は図のようになる。

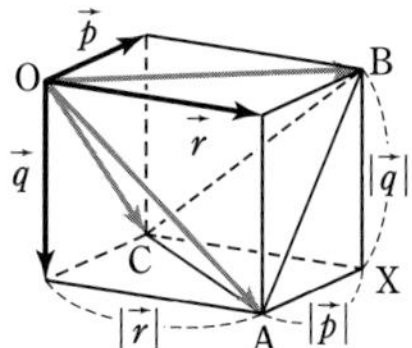

◀$\vec{a}=\vec{q}+\vec{r}$，$\vec{q}\perp\vec{r}$ であるから，$\vec{q}=\overrightarrow{OY}$，$\vec{r}=\overrightarrow{OZ}$ とすると，四角形 OYAZ は長方形である。

よって，四面体 XABC の体積は

$$\frac{1}{3}\triangle ABX\times CX=\frac{1}{3}\times\frac{1}{2}|\vec{p}||\vec{q}|\times|\vec{r}|=\boldsymbol{\frac{1}{6}|\vec{p}||\vec{q}||\vec{r}|}$$

四面体 OABC は，直方体から四面体の各面で 4 つの三角錐を切断し取り除くことで得られる。
取り除く 4 つの三角錐はすべて合同で，その 1 つは四面体 XABC であるから，四面体 OABC の体積は

$$|\vec{p}||\vec{q}||\vec{r}|-4\times\frac{1}{6}|\vec{p}||\vec{q}||\vec{r}|=\boldsymbol{\frac{1}{3}|\vec{p}||\vec{q}||\vec{r}|}$$

◀(直方体)
−4×(四面体 XABC)

別解　直線 LP，MQ，NR は互いに直交するから，四角形 LMPQ の面積は $\dfrac{1}{2}|\vec{p}||\vec{q}|$ であり，八面体 N-LMPQ-R の体積 V_1 は　　$V_1=\dfrac{1}{3}\cdot\dfrac{1}{2}|\vec{p}||\vec{q}|\cdot|\vec{r}|=\dfrac{1}{6}|\vec{p}||\vec{q}||\vec{r}|$

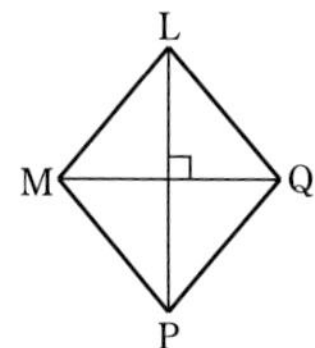

また，四面体 OABC の体積を V とすると，L，M，N，P，Q，R は各辺の中点であるから，4 つの四面体 OLMN，ALQR，BMPR，CNPQ の体積は，それぞれ　　$\left(\dfrac{1}{2}\right)^3V=\dfrac{1}{8}V$

ゆえに　$V=V_1+4\cdot\frac{1}{8}V$　すなわち　$\frac{1}{2}V=V_1$

よって　$V=\boldsymbol{\frac{1}{3}|\vec{p}||\vec{q}||\vec{r}|}$

ここで，四面体 XABC の体積は，四面体 LABC の体積に等しいから $\frac{1}{2}V$ であり，$|\vec{p}|$, $|\vec{q}|$, $|\vec{r}|$ を用いて表すと　$\boldsymbol{\frac{1}{6}|\vec{p}||\vec{q}||\vec{r}|}$

演習 20 Ⅲ ➡ 本冊 p. 136

(1)　$|\overrightarrow{\mathrm{OA}}|^2=|\overrightarrow{\mathrm{OB}}|^2=|\overrightarrow{\mathrm{OC}}|^2=1$

$$\overrightarrow{\mathrm{OA}}\cdot\overrightarrow{\mathrm{OB}}=\overrightarrow{\mathrm{OB}}\cdot\overrightarrow{\mathrm{OC}}=\overrightarrow{\mathrm{OC}}\cdot\overrightarrow{\mathrm{OA}}=1^2\cos 60^\circ=\frac{1}{2}$$

◀正四面体の各面は正三角形であるから，各辺のなす角は 60° である。

点Pは辺 OA 上を動くから，$\overrightarrow{\mathrm{OP}}=s\overrightarrow{\mathrm{OA}}$ $(0\leqq s\leqq 1)$ と表される。
また，点Qは辺 BC 上を動くから，$\overrightarrow{\mathrm{OQ}}=(1-t)\overrightarrow{\mathrm{OB}}+t\overrightarrow{\mathrm{OC}}$ $(0\leqq t\leqq 1)$ と表される。

このとき　$\overrightarrow{\mathrm{PQ}}=\overrightarrow{\mathrm{OQ}}-\overrightarrow{\mathrm{OP}}=\{(1-t)\overrightarrow{\mathrm{OB}}+t\overrightarrow{\mathrm{OC}}\}-s\overrightarrow{\mathrm{OA}}$
$=-s\overrightarrow{\mathrm{OA}}+(1-t)\overrightarrow{\mathrm{OB}}+t\overrightarrow{\mathrm{OC}}$

よって

$$\begin{aligned}|\overrightarrow{\mathrm{PQ}}|^2&=|-s\overrightarrow{\mathrm{OA}}+(1-t)\overrightarrow{\mathrm{OB}}+t\overrightarrow{\mathrm{OC}}|^2\\&=s^2|\overrightarrow{\mathrm{OA}}|^2+(1-t)^2|\overrightarrow{\mathrm{OB}}|^2+t^2|\overrightarrow{\mathrm{OC}}|^2\\&\quad-2s(1-t)\overrightarrow{\mathrm{OA}}\cdot\overrightarrow{\mathrm{OB}}+2t(1-t)\overrightarrow{\mathrm{OB}}\cdot\overrightarrow{\mathrm{OC}}-2st\overrightarrow{\mathrm{OC}}\cdot\overrightarrow{\mathrm{OA}}\\&=s^2+(1-t)^2+t^2-s(1-t)+t(1-t)-st\\&=s^2-s+t^2-t+1\\&=\left(s-\frac{1}{2}\right)^2+\left(t-\frac{1}{2}\right)^2+\frac{1}{2}\end{aligned}$$

CHART
$|\vec{p}|$ は $|\vec{p}|^2$ として扱う

◀$s\longrightarrow t$ の順に平方完成。

ゆえに，$|\overrightarrow{\mathrm{PQ}}|^2$ は $s=\frac{1}{2}$，$t=\frac{1}{2}$ で最小値 $\frac{1}{2}$ をとる。
$|\overrightarrow{\mathrm{PQ}}|\geqq 0$ であるから，$|\overrightarrow{\mathrm{PQ}}|^2$ が最小になるとき，$|\overrightarrow{\mathrm{PQ}}|$ は最小になり，その値は　$\frac{1}{\sqrt{2}}$

◀(2) で $|\overrightarrow{\mathrm{PQ}}|$ の最小値を利用する。

このとき　$\boldsymbol{\overrightarrow{\mathrm{PQ}}=-\frac{1}{2}\overrightarrow{\mathrm{OA}}+\frac{1}{2}\overrightarrow{\mathrm{OB}}+\frac{1}{2}\overrightarrow{\mathrm{OC}}}$

(2)　点Rが △ABC の内部および辺上を動くとき，

$$\overrightarrow{\mathrm{AR}}=m\overrightarrow{\mathrm{AB}}+n\overrightarrow{\mathrm{AC}}\quad(m\geqq 0,\ n\geqq 0,\ m+n\leqq 1)$$

と表される。

ゆえに　$\overrightarrow{\mathrm{OR}}-\overrightarrow{\mathrm{OA}}=m(\overrightarrow{\mathrm{OB}}-\overrightarrow{\mathrm{OA}})+n(\overrightarrow{\mathrm{OC}}-\overrightarrow{\mathrm{OA}})$
$\overrightarrow{\mathrm{OR}}=(1-m-n)\overrightarrow{\mathrm{OA}}+m\overrightarrow{\mathrm{OB}}+n\overrightarrow{\mathrm{OC}}$　…… ①

このとき，(1) から

$$\begin{aligned}\overrightarrow{\mathrm{PQ}}\cdot\overrightarrow{\mathrm{OR}}&=\left(-\frac{1}{2}\overrightarrow{\mathrm{OA}}+\frac{1}{2}\overrightarrow{\mathrm{OB}}+\frac{1}{2}\overrightarrow{\mathrm{OC}}\right)\cdot\{(1-m-n)\overrightarrow{\mathrm{OA}}+m\overrightarrow{\mathrm{OB}}+n\overrightarrow{\mathrm{OC}}\}\\&=\frac{1}{2}(m+n-1)|\overrightarrow{\mathrm{OA}}|^2+\frac{1}{2}m|\overrightarrow{\mathrm{OB}}|^2+\frac{1}{2}n|\overrightarrow{\mathrm{OC}}|^2\\&\quad+\frac{1}{2}(1-2m-n)\overrightarrow{\mathrm{OA}}\cdot\overrightarrow{\mathrm{OB}}+\frac{1}{2}(m+n)\overrightarrow{\mathrm{OB}}\cdot\overrightarrow{\mathrm{OC}}+\frac{1}{2}(1-m-2n)\overrightarrow{\mathrm{OC}}\cdot\overrightarrow{\mathrm{OA}}\\&=\frac{m+n}{2}\end{aligned}$$

$0 \leqq m+n \leqq 1$ であるから，内積 $\overrightarrow{\mathrm{PQ}} \cdot \overrightarrow{\mathrm{OR}}$ が最大となるのは，

$m+n=1$ のときであり，その値は　$\overrightarrow{\mathrm{PQ}} \cdot \overrightarrow{\mathrm{OR}}=\dfrac{1}{2}$

① から　$\overrightarrow{\mathrm{OR}}=m\overrightarrow{\mathrm{OB}}+n\overrightarrow{\mathrm{OC}}$　$(m \geqq 0,\ n \geqq 0,\ m+n=1)$

よって　$|\overrightarrow{\mathrm{OR}}|^2=m^2|\overrightarrow{\mathrm{OB}}|^2+2mn\overrightarrow{\mathrm{OB}} \cdot \overrightarrow{\mathrm{OC}}+n^2|\overrightarrow{\mathrm{OC}}|^2$

$=m^2+mn+n^2=m^2+m(1-m)+(1-m)^2$

◀ $m+n=1$ から $n=1-m$

$=m^2-m+1=\left(m-\dfrac{1}{2}\right)^2+\dfrac{3}{4}$

$0 \leqq m \leqq 1$ より，$0 \leqq \left(m-\dfrac{1}{2}\right)^2 \leqq \dfrac{1}{4}$ であるから　$\dfrac{3}{4} \leqq |\overrightarrow{\mathrm{OR}}|^2 \leqq 1$

◀ $0 \leqq \left(m-\dfrac{1}{2}\right)^2 \leqq \dfrac{1}{4}$ の各辺に $\dfrac{3}{4}$ を加える。

$|\overrightarrow{\mathrm{OR}}| \geqq 0$ であるから　$\dfrac{\sqrt{3}}{2} \leqq |\overrightarrow{\mathrm{OR}}| \leqq 1$

$\cos\theta=\dfrac{\overrightarrow{\mathrm{PQ}} \cdot \overrightarrow{\mathrm{OR}}}{|\overrightarrow{\mathrm{PQ}}||\overrightarrow{\mathrm{OR}}|}$ であるから

$$\frac{\frac{1}{2}}{\frac{1}{\sqrt{2}} \cdot 1} \leqq \cos\theta \leqq \frac{\frac{1}{2}}{\frac{1}{\sqrt{2}} \cdot \frac{\sqrt{3}}{2}}$$

◀ $\overrightarrow{\mathrm{PQ}} \cdot \overrightarrow{\mathrm{OR}}=\dfrac{1}{2}$，$|\overrightarrow{\mathrm{PQ}}|=\dfrac{1}{\sqrt{2}}$ であり，$\dfrac{\sqrt{3}}{2} \leqq |\overrightarrow{\mathrm{OR}}| \leqq 1$ から $1 \leqq \dfrac{1}{|\overrightarrow{\mathrm{OR}}|} \leqq \dfrac{2}{\sqrt{3}}$

したがって　$\boldsymbol{\dfrac{\sqrt{2}}{2} \leqq \cos\theta \leqq \dfrac{\sqrt{6}}{3}}$

演習 21

➡ 本冊 p. 137

条件から

$\overrightarrow{\mathrm{OP}}=s\overrightarrow{\mathrm{OA}}$，$\overrightarrow{\mathrm{OQ}}=(1-t)\overrightarrow{\mathrm{OA}}+t\overrightarrow{\mathrm{OB}}$，

$\overrightarrow{\mathrm{OR}}=(1-u)\overrightarrow{\mathrm{OB}}+u\overrightarrow{\mathrm{OC}}$，$\overrightarrow{\mathrm{OS}}=v\overrightarrow{\mathrm{OC}}$

◀ $\overrightarrow{\mathrm{OA}}$，$\overrightarrow{\mathrm{OB}}$，$\overrightarrow{\mathrm{OC}}$ で表す。

$(0 \leqq s \leqq 1,\ 0 \leqq t \leqq 1,\ 0 \leqq u \leqq 1,\ 0 \leqq v \leqq 1)$

と表される。

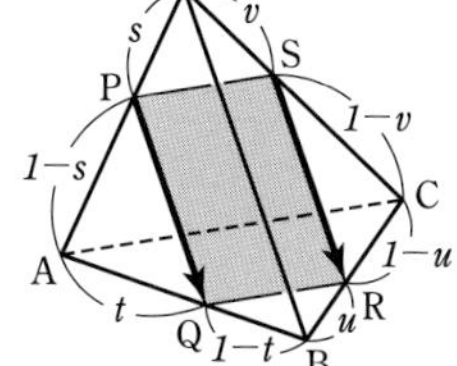

四角形 PQRS が平行四辺形となるとき

$\overrightarrow{\mathrm{PQ}}=\overrightarrow{\mathrm{SR}}$

すなわち　$\overrightarrow{\mathrm{OQ}}-\overrightarrow{\mathrm{OP}}=\overrightarrow{\mathrm{OR}}-\overrightarrow{\mathrm{OS}}$

よって　$(1-t-s)\overrightarrow{\mathrm{OA}}+t\overrightarrow{\mathrm{OB}}=(1-u)\overrightarrow{\mathrm{OB}}+(u-v)\overrightarrow{\mathrm{OC}}$

4点 O，A，B，C は同じ平面上にないから

$1-t-s=0,\ t=1-u,\ 0=u-v$

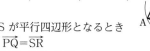

◀ $\overrightarrow{\mathrm{OA}}$，$\overrightarrow{\mathrm{OB}}$，$\overrightarrow{\mathrm{OC}}$ の係数を比較。

したがって　$s=u=v=1-t$

平行四辺形 PQRS の対角線の交点を T とすると，T は対角線 PR の中点であり

◀ 平行四辺形の対角線は，それぞれの中点で交わる。

$\overrightarrow{\mathrm{OT}}=\dfrac{1}{2}(\overrightarrow{\mathrm{OP}}+\overrightarrow{\mathrm{OR}})=\dfrac{1}{2}\{s\overrightarrow{\mathrm{OA}}+(1-u)\overrightarrow{\mathrm{OB}}+u\overrightarrow{\mathrm{OC}}\}$

◀ $s=1-t,\ 1-u=t,\ u=1-t$

$=\dfrac{1}{2}\{(1-t)\overrightarrow{\mathrm{OA}}+t\overrightarrow{\mathrm{OB}}+(1-t)\overrightarrow{\mathrm{OC}}\}$

$=(1-t)\left(\dfrac{\overrightarrow{\mathrm{OA}}+\overrightarrow{\mathrm{OC}}}{2}\right)+t \cdot \dfrac{\overrightarrow{\mathrm{OB}}}{2}$　…… ①

◀ 線分 AC の中点を M，線分 OB の中点を N とすると $\overrightarrow{\mathrm{OT}}=(1-t)\overrightarrow{\mathrm{OM}}+t\overrightarrow{\mathrm{ON}}$

$0 \leqq t \leqq 1$ であるから，① より，T は線分 AC の中点と線分 OB の中点を結ぶ線分上にある。

演習 22 ➡ 本冊 p.137

(1) $\overrightarrow{OA}=\vec{a}$，$\overrightarrow{OB}=\vec{b}$，$\overrightarrow{OC}=\vec{c}$ とする。

$\overrightarrow{OA_0}$，$\overrightarrow{OB_0}$，$\overrightarrow{OP}$，$\overrightarrow{OQ}$ をそれぞれ $\vec{a}$，$\vec{b}$，$\vec{c}$ で表すと

$\overrightarrow{OA_0}=\frac{1}{2}\vec{a}$，$\overrightarrow{OB_0}=\frac{1}{3}\vec{b}$，$\overrightarrow{OP}=(1-s)\vec{a}+s\vec{c}$，$\overrightarrow{OQ}=(1-t)\vec{b}+t\vec{c}$

◀A_0 は線分 OA の中点に他ならない。

4点 A_0，B_0，P，Q は同一平面上にあるから，実数 x，y を用いて，$\overrightarrow{A_0Q}=x\overrightarrow{A_0B_0}+y\overrightarrow{A_0P}$ と表される。

◀$\overrightarrow{OQ}=\vec{q}$ とすると $\vec{q}=x\vec{a}+y\vec{b}+z\vec{p}$，$x+y+z=1$ と表すこともできる。
ただし，文字が多くなるので，計算が更に煩雑になる。

このとき　$\overrightarrow{A_0Q}=\overrightarrow{OQ}-\overrightarrow{OA_0}=-\frac{1}{2}\vec{a}+(1-t)\vec{b}+t\vec{c}$

また　$x\overrightarrow{A_0B_0}+y\overrightarrow{A_0P}=x(\overrightarrow{OB_0}-\overrightarrow{OA_0})+y(\overrightarrow{OP}-\overrightarrow{OA_0})$

$$=x\left(\frac{1}{3}\vec{b}-\frac{1}{2}\vec{a}\right)+y\left\{(1-s)\vec{a}+s\vec{c}-\frac{1}{2}\vec{a}\right\}$$

$$=\left\{-\frac{1}{2}x+\left(\frac{1}{2}-s\right)y\right\}\vec{a}+\frac{1}{3}x\vec{b}+ys\vec{c}$$

よって

$$-\frac{1}{2}\vec{a}+(1-t)\vec{b}+t\vec{c}=\left\{-\frac{1}{2}x+\left(\frac{1}{2}-s\right)y\right\}\vec{a}+\frac{1}{3}x\vec{b}+ys\vec{c}$$

4点 O，A，B，C は同一平面上にないから

$-\frac{1}{2}=-\frac{1}{2}x+\left(\frac{1}{2}-s\right)y$ …… ①，$1-t=\frac{1}{3}x$ …… ②，

$t=sy$ …… ③

◀$\vec{a}$，$\vec{b}$，$\vec{c}$ の係数を比較。

② から　$x=3-3t$　　③ から　$y=\frac{t}{s}$

これらを ① に代入して　$-\frac{1}{2}=-\frac{1}{2}(3-3t)+\left(\frac{1}{2}-s\right)\frac{t}{s}$

整理すると　$st-2s+t=0$　すなわち　$t(1+s)=2s$

$1+s\neq0$ であるから　$\boldsymbol{t=\frac{2s}{s+1}}$

◀$0<s<1$ であるから $1<1+s<2$

(2) 条件から　$|\vec{a}|=1$，$|\vec{b}|=|\vec{c}|=2$

また　$\vec{a}\cdot\vec{b}=1\times2\times\cos120°=-1$，$\vec{b}\cdot\vec{c}=0$，

$\vec{c}\cdot\vec{a}=2\times1\times\cos60°=1$

ここで　$\overrightarrow{OP}\cdot\overrightarrow{OQ}=\{(1-s)\vec{a}+s\vec{c}\}\cdot\{(1-t)\vec{b}+t\vec{c}\}$

$$=(1-s)(1-t)\times(-1)+(1-s)t\times1$$
$$+s(1-t)\times0+st\times4$$
$$=2st+s+2t-1=(s+1)(2t+1)-2$$

$\angle POQ=90°$ であるから　$\overrightarrow{OP}\cdot\overrightarrow{OQ}=0$

◀**垂直 ⟹ (内積)=0**

したがって　$(s+1)(2t+1)-2=0$

(1) の結果から　$(s+1)\left(\frac{4s}{s+1}+1\right)=2$　すなわち　$5s+1=2$

◀$t=\frac{2s}{s+1}$ を代入。

これを解いて　$s=\frac{1}{5}$　　このとき　$t=\frac{2s}{s+1}=\frac{1}{3}$

$s=\frac{1}{5}$，$t=\frac{1}{3}$ は，それぞれ $0<s<1$，$0<t<1$ を満たす。

◀これで終わりにしてはいけない。s，t がそれぞれ $0<s<1$，$0<t<1$ の範囲に存在することを示さなければならない。

よって，求める s の値は　$\boldsymbol{s=\frac{1}{5}}$

演習 23 ➡ 本冊 p. 137

$p,\ q,\ r,\ s$ は 0 と異なるから，$\overrightarrow{OA}+\overrightarrow{OC}=\overrightarrow{OB}+\overrightarrow{OD}$ より

$$\frac{1}{p}\overrightarrow{OP}+\frac{1}{r}\overrightarrow{OR}=\frac{1}{q}\overrightarrow{OQ}+\frac{1}{s}\overrightarrow{OS}$$

◀ $\overrightarrow{OA}=\frac{1}{p}\overrightarrow{OP},\ \overrightarrow{OB}=\frac{1}{q}\overrightarrow{OQ},\ \overrightarrow{OC}=\frac{1}{r}\overrightarrow{OR},\ \overrightarrow{OD}=\frac{1}{s}\overrightarrow{OS}$

ゆえに　$\overrightarrow{OS}=\frac{s}{p}\overrightarrow{OP}-\frac{s}{q}\overrightarrow{OQ}+\frac{s}{r}\overrightarrow{OR}$ …… ①

3 点 A，B，C は一直線上にないから，条件より 3 点 P，Q，R も一直線上にない。

◀ 点 P，Q，R，S はそれぞれ OA，OB，OC，OD 上。また，$pqrs\neq 0$ から，P，Q，R はいずれも O と一致しない。

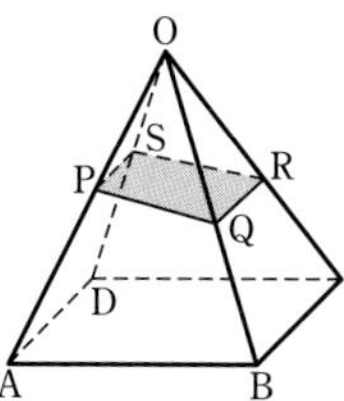

よって，4 点 P，Q，R，S が同じ平面上にあれば，① において

$\frac{s}{p}+\left(-\frac{s}{q}\right)+\frac{s}{r}=1$ が成り立つ。

◀（係数の和）＝1

すなわち　$\frac{s}{p}+\frac{s}{r}=\frac{s}{q}+1$

この両辺を s で割って　$\frac{1}{p}+\frac{1}{r}=\frac{1}{q}+\frac{1}{s}$

演習 24 ➡ 本冊 p. 137

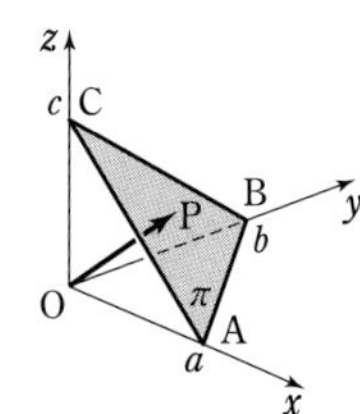

(1)　$\overrightarrow{OP}$ が平面 π と垂直であるから

$$\overrightarrow{OP}\perp\overrightarrow{AB},\ \overrightarrow{OP}\perp\overrightarrow{AC}$$

よって　$\overrightarrow{OP}\cdot\overrightarrow{AB}=0$ …… ①，　$\overrightarrow{OP}\cdot\overrightarrow{AC}=0$ …… ②

ここで　$\overrightarrow{OP}=s(a,\ 0,\ 0)+t(0,\ b,\ 0)+(1-s-t)(0,\ 0,\ c)$

$=(as,\ bt,\ c(1-s-t))$ …… (＊)

$\overrightarrow{AB}=(-a,\ b,\ 0)$，　$\overrightarrow{AC}=(-a,\ 0,\ c)$

ゆえに，① から　$as\times(-a)+bt\times b+c(1-s-t)\times 0=0$

すなわち　$-a^2s+b^2t=0$ …… ③

② から　$as\times(-a)+bt\times 0+c(1-s-t)\times c=0$

すなわち　$(a^2+c^2)s+c^2t=c^2$ …… ④

④$\times b^2-$③$\times c^2$ から　$(a^2b^2+b^2c^2+c^2a^2)s=b^2c^2$

$a>0,\ b>0,\ c>0$ より $a^2b^2+b^2c^2+c^2a^2>0$ であるから

$$\boldsymbol{s=\frac{b^2c^2}{a^2b^2+b^2c^2+c^2a^2}}$$

これを ③ に代入して　$-\frac{a^2b^2c^2}{a^2b^2+b^2c^2+c^2a^2}+b^2t=0$

$b^2>0$ であるから　$\boldsymbol{t=\frac{c^2a^2}{a^2b^2+b^2c^2+c^2a^2}}$

別解　平面 π の方程式は

$$\frac{x}{a}+\frac{y}{b}+\frac{z}{c}=1 \quad すなわち \quad bcx+cay+abz=abc$$

原点 O と平面 π の距離を d とすると

$$d=\frac{abc}{\sqrt{b^2c^2+c^2a^2+a^2b^2}}$$

◀ $a>0,\ b>0,\ c>0$

また，$\vec{n}=(bc,\ ca,\ ab)$ は平面 π の法線ベクトルであるから

$\overrightarrow{OP}\parallel\vec{n}$

よって　$\overrightarrow{\mathrm{OP}}=d\dfrac{\vec{n}}{|\vec{n}|}$

$$=\frac{abc}{\sqrt{b^2c^2+c^2a^2+a^2b^2}}\cdot\frac{1}{\sqrt{b^2c^2+c^2a^2+a^2b^2}}(bc,\ ca,\ ab)$$

$$=\left(\frac{ab^2c^2}{a^2b^2+b^2c^2+c^2a^2},\ \frac{a^2bc^2}{a^2b^2+b^2c^2+c^2a^2},\ \frac{a^2b^2c}{a^2b^2+b^2c^2+c^2a^2}\right)$$

(∗) から　$as=\dfrac{ab^2c^2}{a^2b^2+b^2c^2+c^2a^2}$, $bt=\dfrac{a^2bc^2}{a^2b^2+b^2c^2+c^2a^2}$,

$$c(1-s-t)=\frac{a^2b^2c}{a^2b^2+b^2c^2+c^2a^2}$$

第 1 式から　$\boldsymbol{s=\dfrac{b^2c^2}{a^2b^2+b^2c^2+c^2a^2}}$

第 2 式から　$\boldsymbol{t=\dfrac{c^2a^2}{a^2b^2+b^2c^2+c^2a^2}}$

この s, t の値は第 3 式を満たす。

(2)　$\overrightarrow{\mathrm{CQ}}=r\overrightarrow{\mathrm{CM}}$ から

$$\overrightarrow{\mathrm{OQ}}=\overrightarrow{\mathrm{OC}}+\overrightarrow{\mathrm{CQ}}=\overrightarrow{\mathrm{OC}}+r\overrightarrow{\mathrm{CM}}=\overrightarrow{\mathrm{OC}}+r(\overrightarrow{\mathrm{OM}}-\overrightarrow{\mathrm{OC}})$$

$$=(1-r)\overrightarrow{\mathrm{OC}}+r\left(\frac{1}{2}\overrightarrow{\mathrm{OA}}+\frac{1}{2}\overrightarrow{\mathrm{OB}}\right)$$

◀$\overrightarrow{\mathrm{OM}}=\dfrac{1}{2}\overrightarrow{\mathrm{OA}}+\dfrac{1}{2}\overrightarrow{\mathrm{OB}}$

$$=\frac{r}{2}\overrightarrow{\mathrm{OA}}+\frac{r}{2}\overrightarrow{\mathrm{OB}}+(1-r)\overrightarrow{\mathrm{OC}}$$

◀$\overrightarrow{\mathrm{OA}}=(a,\ 0,\ 0)$,
$\overrightarrow{\mathrm{OB}}=(0,\ b,\ 0)$,
$\overrightarrow{\mathrm{OC}}=(0,\ 0,\ c)$

$$=\left(\frac{r}{2}a,\ \frac{r}{2}b,\ (1-r)c\right)$$

したがって

$$|\overrightarrow{\mathrm{OQ}}|^2=\frac{r^2}{4}a^2+\frac{r^2}{4}b^2+(1-r)^2c^2$$

$$=\left(\frac{a^2}{4}+\frac{b^2}{4}+c^2\right)r^2-2c^2r+c^2$$

◀ r の 2 次式

$$=\frac{a^2+b^2+4c^2}{4}\left(r^2-\frac{8c^2}{a^2+b^2+4c^2}r\right)+c^2$$

$$=\frac{a^2+b^2+4c^2}{4}\left(r-\frac{4c^2}{a^2+b^2+4c^2}\right)^2-\frac{4c^4}{a^2+b^2+4c^2}+c^2$$

$$=\frac{a^2+b^2+4c^2}{4}\left(r-\frac{4c^2}{a^2+b^2+4c^2}\right)^2+\frac{(a^2+b^2)c^2}{a^2+b^2+4c^2}$$

◀基本形

$|\overrightarrow{\mathrm{OQ}}|>0$ であるから，$|\overrightarrow{\mathrm{OQ}}|^2$ が最小となるとき，$|\overrightarrow{\mathrm{OQ}}|$ も最小となる。

よって，$|\overrightarrow{\mathrm{OQ}}|$ は $\boldsymbol{r=\dfrac{4c^2}{a^2+b^2+4c^2}}$ **のとき最小となり，その最小値は**　$\sqrt{\dfrac{(a^2+b^2)c^2}{a^2+b^2+4c^2}}=\boldsymbol{c\sqrt{\dfrac{a^2+b^2}{a^2+b^2+4c^2}}}$

◀$c>0$ から　$\sqrt{c^2}=c$

(3)　$S=\dfrac{1}{2}\sqrt{|\overrightarrow{\mathrm{AB}}|^2|\overrightarrow{\mathrm{AC}}|^2-(\overrightarrow{\mathrm{AB}}\cdot\overrightarrow{\mathrm{AC}})^2}$ であるから

$$S^2=\frac{1}{4}\{|\overrightarrow{\mathrm{AB}}|^2|\overrightarrow{\mathrm{AC}}|^2-(\overrightarrow{\mathrm{AB}}\cdot\overrightarrow{\mathrm{AC}})^2\}$$

$\overrightarrow{\mathrm{AB}}=(-a,\ b,\ 0)$, $\overrightarrow{\mathrm{AC}}=(-a,\ 0,\ c)$ から

$$|\overrightarrow{\mathrm{AB}}|^2=a^2+b^2,\ |\overrightarrow{\mathrm{AC}}|^2=a^2+c^2,\ \overrightarrow{\mathrm{AB}}\cdot\overrightarrow{\mathrm{AC}}=a^2$$

よって　$S^2=\frac{1}{4}\{(a^2+b^2)(a^2+c^2)-a^4\}=\frac{1}{4}(a^2b^2+b^2c^2+c^2a^2)$

また，$S_1=\frac{1}{2}ab$，$S_2=\frac{1}{2}bc$，$S_3=\frac{1}{2}ca$ であるから

$$S_1{}^2+S_2{}^2+S_3{}^2=\left(\frac{1}{2}ab\right)^2+\left(\frac{1}{2}bc\right)^2+\left(\frac{1}{2}ca\right)^2$$
$$=\frac{1}{4}(a^2b^2+b^2c^2+c^2a^2)$$

したがって　$S^2=S_1{}^2+S_2{}^2+S_3{}^2$

◀$S_1=\frac{1}{2}\mathrm{OA}\times\mathrm{OB}$ など。

注意　(3) は，本冊 $p.112$ の **検討** で紹介した等式の，座標を用いた証明にあたる。

演習 25

➡ 本冊 $p.137$

(1)　$\overrightarrow{\mathrm{OD}}=\overrightarrow{\mathrm{OA}}+\overrightarrow{\mathrm{AD}}=\overrightarrow{\mathrm{OA}}+\overrightarrow{\mathrm{BC}}=\vec{a}+(\vec{c}-\vec{b})=\boldsymbol{\vec{a}-\vec{b}+\vec{c}}$

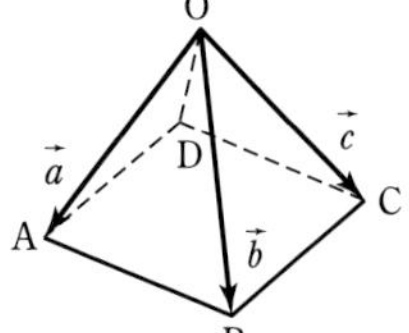

(2)　$\boldsymbol{\vec{a}\cdot\vec{b}=\vec{b}\cdot\vec{c}}=1\cdot1\cdot\cos60^\circ=\boldsymbol{\frac{1}{2}}$

また，同様にして $\vec{c}\cdot\overrightarrow{\mathrm{OD}}=\frac{1}{2}$ であるが，(1) から

$$\vec{c}\cdot\overrightarrow{\mathrm{OD}}=\vec{c}\cdot(\vec{a}-\vec{b}+\vec{c})=\vec{c}\cdot\vec{a}-\vec{c}\cdot\vec{b}+|\vec{c}|^2=\vec{c}\cdot\vec{a}-\frac{1}{2}+1$$

よって　$\vec{c}\cdot\vec{a}+\frac{1}{2}=\frac{1}{2}$　ゆえに　$\boldsymbol{\vec{c}\cdot\vec{a}=0}$

(3)　$\overrightarrow{\mathrm{OP}}=x\vec{a}+y\vec{b}+z\vec{c}$ (x，y，z は実数) とする。

◀1次独立な3ベクトル $\vec{a}$，$\vec{b}$，$\vec{c}$ で表す。

△OBC の重心をGとすると　$\overrightarrow{\mathrm{OG}}=\frac{\overrightarrow{\mathrm{OO}}+\overrightarrow{\mathrm{OB}}+\overrightarrow{\mathrm{OC}}}{3}=\frac{\vec{b}+\vec{c}}{3}$

よって　$\overrightarrow{\mathrm{GP}}=\overrightarrow{\mathrm{OP}}-\overrightarrow{\mathrm{OG}}=x\vec{a}+\left(y-\frac{1}{3}\right)\vec{b}+\left(z-\frac{1}{3}\right)\vec{c}$

◀ベクトルの分割。

点P，O，B，C が正四面体の頂点となるための条件は

GP⊥(平面 OBC) かつ OP=1

すなわち　$\overrightarrow{\mathrm{GP}}\perp\vec{b}$ かつ $\overrightarrow{\mathrm{GP}}\perp\vec{c}$ かつ $|\overrightarrow{\mathrm{OP}}|=1$

◀Pから平面 OBC に下ろした垂線の足が△OBC の重心Gと一致すると，△POB，△POC，△PBC はすべて合同となる。

$\overrightarrow{\mathrm{GP}}\cdot\vec{b}=0$ から　$x\vec{a}\cdot\vec{b}+\left(y-\frac{1}{3}\right)|\vec{b}|^2+\left(z-\frac{1}{3}\right)\vec{b}\cdot\vec{c}=0$

ゆえに　$\frac{1}{2}x+\left(y-\frac{1}{3}\right)+\frac{1}{2}\left(z-\frac{1}{3}\right)=0$　…… ①

◀(2) の結果を利用。

$\overrightarrow{\mathrm{GP}}\cdot\vec{c}=0$ から　$x\vec{c}\cdot\vec{a}+\left(y-\frac{1}{3}\right)\vec{b}\cdot\vec{c}+\left(z-\frac{1}{3}\right)|\vec{c}|^2=0$

よって　$\frac{1}{2}\left(y-\frac{1}{3}\right)+\left(z-\frac{1}{3}\right)=0$　…… ②

$|\overrightarrow{\mathrm{OP}}|^2=1$ から

$$x^2|\vec{a}|^2+y^2|\vec{b}|^2+z^2|\vec{c}|^2+2xy\vec{a}\cdot\vec{b}+2yz\vec{b}\cdot\vec{c}+2zx\vec{c}\cdot\vec{a}=1$$

ゆえに　$x^2+y^2+z^2+xy+yz=1$　…… ③

② から　$y=1-2z$　このとき，① から　$x=3z-1$

これらを ③ に代入して整理すると　$3z^2-2z=0$

よって　$z(3z-2)=0$　これを解いて　$z=0,\ \frac{2}{3}$

$z=0$ のとき　$x=-1$，$y=1$

$z=\frac{2}{3}$ のとき　$x=1$，$y=-\frac{1}{3}$

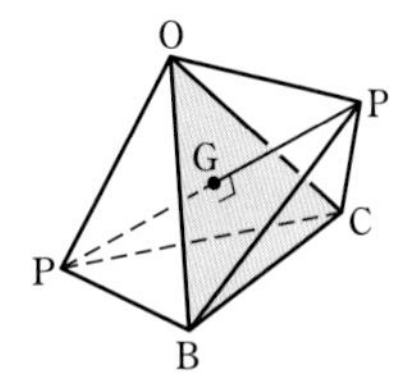

よって　$\boldsymbol{\overrightarrow{\mathrm{OP}}=-\vec{a}+\vec{b}}$ **または** $\boldsymbol{\overrightarrow{\mathrm{OP}}=\vec{a}-\frac{1}{3}\vec{b}+\frac{2}{3}\vec{c}}$

◀点Pの位置は2通り。

演習 26 ➡ 本冊 p. 138

(1) $\vec{n}=(p,\ q,\ r)$ とする。ただし，$p>0$ とする。

問題の条件から　$\vec{a}\cdot\vec{n}=0$ かつ $\vec{b}\cdot\vec{n}=0$ かつ $|\vec{n}|=1$

ゆえに　$p+q=0$ …… ①，$2p+q+2r=0$ …… ②，
$p^2+q^2+r^2=1$ …… ③

①，② から　$q=-p$ …… ①′，$r=\dfrac{-2p-q}{2}=-\dfrac{p}{2}$ …… ②′

①′，②′ を ③ に代入して　$\dfrac{9}{4}p^2=1$

$p>0$ であるから　$p=\dfrac{2}{3}$

よって，①′，②′ からそれぞれ　$q=-\dfrac{2}{3}$，$r=-\dfrac{1}{3}$

したがって　$\boldsymbol{\vec{n}=\left(\dfrac{2}{3},\ -\dfrac{2}{3},\ -\dfrac{1}{3}\right)}$

◀$\vec{n}$ は単位ベクトルである。

(2) 点Pから平面αに下ろした垂線の足をHとする。

$\overrightarrow{PH}\perp\alpha$ であるから　$\overrightarrow{PH}\,/\!/\,\vec{n}$

すなわち，k を実数として

$\overrightarrow{PH}=3k\vec{n}=(2k,\ -2k,\ -k)$

と表される。

よって　$\overrightarrow{OH}=\overrightarrow{OP}+\overrightarrow{PH}=(4,\ 0,\ -1)+(2k,\ -2k,\ -k)$
$=(2k+4,\ -2k,\ -k-1)$

また，$\overrightarrow{OH}\perp\vec{n}$ から　$\overrightarrow{OH}\cdot\vec{n}=0$

ここで　$\overrightarrow{OH}\cdot\vec{n}=\dfrac{2}{3}(2k+4)-\dfrac{2}{3}(-2k)-\dfrac{1}{3}(-k-1)=3k+3$

よって　$3k+3=0$　　これを解いて　$k=-1$

したがって　$\overrightarrow{OH}=(2,\ 2,\ 0)$

平面αに関して点Pと対称な点を P′ とすると，Hは線分 PP′ の中点であるから　$\overrightarrow{OH}=\dfrac{\overrightarrow{OP}+\overrightarrow{OP'}}{2}$

よって　$\overrightarrow{OP'}=2\overrightarrow{OH}-\overrightarrow{OP}=(0,\ 4,\ 1)$

したがって，点 P′ の座標は　**(0, 4, 1)**

◀(1) の結果から，平面αの方程式は
$2x-2y-z=0$ … Ⓐ
点Pを通り，方向ベクトル $(2,\ -2,\ -1)$ の直線の方程式は
$x=4+2t$，$y=-2t$，
$z=-1-t$
Ⓐ に代入して，t について解くと　$t=-1$
よって，点Hの座標は $(2,\ 2,\ 0)$ である，としてもよい。

(3) $\vec{n}$ と $\overrightarrow{OP}$ のなす角を θ_1，$\vec{n}$ と $\overrightarrow{OQ}$ のなす角を θ_2 とする。

$$\cos\theta_1=\frac{\vec{n}\cdot\overrightarrow{OP}}{|\vec{n}||\overrightarrow{OP}|}=\frac{\frac{2}{3}\cdot4-\frac{2}{3}\cdot0-\frac{1}{3}\cdot(-1)}{1\cdot\sqrt{17}}=\frac{3}{\sqrt{17}}>0$$

同様に，$\cos\theta_2=\dfrac{1}{\sqrt{41}}>0$ となり，$\cos\theta_1$，$\cos\theta_2$ が同符号であるから，2点 P，Q は平面αに関して同じ側にある。

点Rが平面α上を動くとき，$|\overrightarrow{PR}|+|\overrightarrow{RQ}|$ が最小となるのは，3点 P′，R，Q が同一直線上にあるとき，すなわち，Rが線分 P′Q と平面αの交点となるときである。

t を $0<t<1$ を満たす実数として

$\overrightarrow{P'R}=t\overrightarrow{P'Q}=t(\overrightarrow{OQ}-\overrightarrow{OP'})=t(4,\ -4,\ 4)$

よって　$\overrightarrow{OR}=\overrightarrow{OP'}+\overrightarrow{P'R}=(4t,\ -4t+4,\ 4t+1)$

◀$\vec{n}\perp$(平面α) であり，$0°<\theta_1<90°$，$0°<\theta_2<90°$ であるから，点Pと点Qは平面αに関して同じ側になければならない。

また，$\vec{n}\perp\overrightarrow{\mathrm{OR}}$ から　$\vec{n}\cdot\overrightarrow{\mathrm{OR}}=0$

ここで　$\vec{n}\cdot\overrightarrow{\mathrm{OR}}=\dfrac{2}{3}\cdot4t-\dfrac{2}{3}(-4t+4)-\dfrac{1}{3}(4t+1)=4t-3=0$

ゆえに　$t=\dfrac{3}{4}$　　よって　$\overrightarrow{\mathrm{OR}}=(3,\ 1,\ 4)$

したがって，点Rの座標は　**(3, 1, 4)**

演習 27 Ⅲ　➡ 本冊 p. 138

(1) $|\vec{a}|=|\vec{b}|=|\vec{c}|=|\vec{d}|=1$ であるから

$|\overrightarrow{\mathrm{AB}}|^2=|\vec{b}-\vec{a}|^2=2-2\vec{a}\cdot\vec{b}$

同様にして

$|\overrightarrow{\mathrm{BC}}|^2=2-2\vec{b}\cdot\vec{c}$，$|\overrightarrow{\mathrm{CA}}|^2=2-2\vec{c}\cdot\vec{a}$，$|\overrightarrow{\mathrm{AD}}|^2=2-2\vec{a}\cdot\vec{d}$，

$|\overrightarrow{\mathrm{BD}}|^2=2-2\vec{b}\cdot\vec{d}$，$|\overrightarrow{\mathrm{CD}}|^2=2-2\vec{c}\cdot\vec{d}$

したがって

$F=2(6-2\vec{a}\cdot\vec{b}-2\vec{b}\cdot\vec{c}-2\vec{c}\cdot\vec{a})-3(6-2\vec{a}\cdot\vec{d}-2\vec{b}\cdot\vec{d}-2\vec{c}\cdot\vec{d})$

$=-6-4(\vec{a}\cdot\vec{b}+\vec{b}\cdot\vec{c}+\vec{c}\cdot\vec{a})+6(\vec{a}\cdot\vec{d}+\vec{b}\cdot\vec{d}+\vec{c}\cdot\vec{d})$

一方

$k(\vec{a}+\vec{b}+\vec{c})\cdot(\vec{a}+\vec{b}+\vec{c}-3\vec{d})=k\{|\vec{a}+\vec{b}+\vec{c}|^2-3\vec{d}\cdot(\vec{a}+\vec{b}+\vec{c})\}$

$=k\{3+2(\vec{a}\cdot\vec{b}+\vec{b}\cdot\vec{c}+\vec{c}\cdot\vec{a})-3(\vec{a}\cdot\vec{d}+\vec{b}\cdot\vec{d}+\vec{c}\cdot\vec{d})\}$

よって，F は $k(\vec{a}+\vec{b}+\vec{c})\cdot(\vec{a}+\vec{b}+\vec{c}-3\vec{d})$ の形に書くことができて，そのときの k の値は　$\boldsymbol{k=-2}$

CHART
(線分)^2 は $|●|^2$ で表現

(2) $\dfrac{\vec{a}+\vec{b}+\vec{c}}{3}=\vec{g}$ すなわち $\vec{a}+\vec{b}+\vec{c}=3\vec{g}$ とおくと

$F=-2\cdot3\vec{g}\cdot(3\vec{g}-3\vec{d})=-18|\vec{g}|^2+18\vec{g}\cdot\vec{d}$

$=-18\left|\vec{g}-\dfrac{1}{2}\vec{d}\right|^2+\dfrac{9}{2}|\vec{d}|^2=-18\left|\vec{g}-\dfrac{1}{2}\vec{d}\right|^2+\dfrac{9}{2}$

ここで，球面 S 上の 4 点 A，B，C，D を，線分 OD の中点を通り OD に垂直な面で球面 S を切断したとき，切断面の円上で

△ABC が正三角形になるようにとると　$\vec{g}=\dfrac{1}{2}\vec{d}$

よって，F は $\vec{g}=\dfrac{1}{2}\vec{d}$ のとき最大値 $\dfrac{9}{2}$ をとるから　$\boldsymbol{M=\dfrac{9}{2}}$

◀ F の式において，2 度現れる $\vec{a}+\vec{b}+\vec{c}$ に注目する。なお，$\vec{g}=\overrightarrow{\mathrm{OG}}$ とすると，G は △ABC の重心。

(3) (2) から　$\vec{a}+\vec{b}+\vec{c}=3\vec{g}=\dfrac{3}{2}\vec{d}$

ゆえに　$\vec{b}=\dfrac{3}{2}\vec{d}-\vec{a}-\vec{c}$

$\vec{a}=(x,\ y,\ z)$ とすると

$\vec{b}=\left(\dfrac{3}{2},\ 0,\ 0\right)-(x,\ y,\ z)-\left(-\dfrac{1}{4},\ \dfrac{\sqrt{15}}{4},\ 0\right)$

$=\left(\dfrac{7}{4}-x,\ -\dfrac{\sqrt{15}}{4}-y,\ -z\right)$

◀ $\vec{c}=\left(-\dfrac{1}{4},\ \dfrac{\sqrt{15}}{4},\ 0\right)$，$\vec{d}=(1,\ 0,\ 0)$

$|\vec{b}|=1$ であるから　$\left(\dfrac{7}{4}-x\right)^2+\left(-\dfrac{\sqrt{15}}{4}-y\right)^2+(-z)^2=1$

◀ 点 B は球面 S 上にあるから　$|\overrightarrow{\mathrm{OB}}|=|\vec{b}|=1$

よって　$x^2-\dfrac{7}{2}x+\dfrac{49}{16}+y^2+\dfrac{\sqrt{15}}{2}y+\dfrac{15}{16}+z^2=1$

また，$|\vec{a}|=1$ より $x^2+y^2+z^2=1$ であるから

2章 演習 [空間のベクトル]

$$-\frac{7}{2}x+\frac{49}{16}+\frac{\sqrt{15}}{2}y+\frac{15}{16}=0$$

したがって　$y=\dfrac{7x-8}{\sqrt{15}}$

これを $x^2+y^2+z^2=1$ に代入して整理すると

$$(8x-7)^2+15z^2=0$$

x, z は実数であるから　$x=\dfrac{7}{8}$, $z=0$

◀a, b は実数とする。$a^2+b^2=0 \Longleftrightarrow a=b=0$

このとき　$y=\dfrac{1}{\sqrt{15}}\left(7\cdot\dfrac{7}{8}-8\right)=-\dfrac{15}{8\sqrt{15}}=-\dfrac{\sqrt{15}}{8}$

ゆえに，$\vec{a}=\left(\dfrac{7}{8},\ -\dfrac{\sqrt{15}}{8},\ 0\right)$ から　$\vec{b}=\left(\dfrac{7}{8},\ -\dfrac{\sqrt{15}}{8},\ 0\right)$

よって，$F=M$ となる球面 S 上の点 A，B について

点Aの座標は $\left(\dfrac{7}{8},\ -\dfrac{\sqrt{15}}{8},\ 0\right)$,

点Bの座標は $\left(\dfrac{7}{8},\ -\dfrac{\sqrt{15}}{8},\ 0\right)$

演習 28 ➡ 本冊 *p*. 138

球面 S の中心は線分 AB の中点 O(0, 0, 0) であり，半径は

$$\text{OA}=3$$

◀まず，球面 S の中心の座標と半径を調べる。

よって，球面 S の方程式は　$x^2+y^2+z^2=9$

点Pが球面 S 上を動くとき　$x^2+y^2+z^2=9$

また，Q(3, 4, 5) とすると　$\overrightarrow{\text{OP}}\cdot\overrightarrow{\text{OQ}}=3x+4y+5z$

◀$\overrightarrow{\text{OP}}=(x,\ y,\ z)$, $\overrightarrow{\text{OQ}}=(3,\ 4,\ 5)$

$\overrightarrow{\text{OP}}$ と $\overrightarrow{\text{OQ}}$ のなす角を θ とすると

$$\overrightarrow{\text{OP}}\cdot\overrightarrow{\text{OQ}}=|\overrightarrow{\text{OP}}||\overrightarrow{\text{OQ}}|\cos\theta=\sqrt{9}\cdot\sqrt{3^2+4^2+5^2}\cos\theta$$
$$=15\sqrt{2}\cos\theta$$

◀$3\cdot5\sqrt{2}\cos\theta$

よって　$3x+4y+5z=15\sqrt{2}\cos\theta$

$0^\circ\leqq\theta\leqq180^\circ$ であるから　$-1\leqq\cos\theta\leqq1$

◀ベクトルのなす角 θ の範囲は　$0^\circ\leqq\theta\leqq180^\circ$

ゆえに　$-15\sqrt{2}\leqq3x+4y+5z\leqq15\sqrt{2}$

$\cos\theta=1$ となるのは $\theta=0^\circ$ のときであり，このとき，

$\overrightarrow{\text{OP}}=k\overrightarrow{\text{OQ}}$ $(k>0)$ と表される。

◀$\theta=0^\circ$ のとき，$\overrightarrow{\text{OP}}$ と $\overrightarrow{\text{OQ}}$ は同じ向き。

よって　$|\overrightarrow{\text{OP}}|=k|\overrightarrow{\text{OQ}}|$

ゆえに，$3=k\cdot5\sqrt{2}$ から　$k=\dfrac{3\sqrt{2}}{10}$

したがって，$3x+4y+5z$ は **P**$\left(\dfrac{9\sqrt{2}}{10},\ \dfrac{6\sqrt{2}}{5},\ \dfrac{3\sqrt{2}}{2}\right)$ **のとき最大値 $15\sqrt{2}$** をとる。

◀$\overrightarrow{\text{OP}}=\dfrac{3\sqrt{2}}{10}(3,\ 4,\ 5)$

別解　球面 S の中心は O(0, 0, 0)，半径は 3 である。

◀平面と球面が交わるための条件を利用する解答（本冊 *p*. 132 参照）。

$3x+4y+5z=d$ …… ① とすると，平面 ① と球面 S の中心Oとの距離は　$\dfrac{|-d|}{\sqrt{3^2+4^2+5^2}}=\dfrac{|d|}{5\sqrt{2}}$

平面 ① と球面 S が共有点をもつための条件を考えて

$$\frac{|d|}{5\sqrt{2}}\leqq3 \qquad \text{よって} \qquad -15\sqrt{2}\leqq d\leqq15\sqrt{2}$$

$d=15\sqrt{2}$ となるのは，平面 ① と球面 S が接する場合で，このとき $\overrightarrow{\mathrm{OP}}=k(3,\ 4,\ 5)$（$k$ は実数）と表される。
$x=3k,\ y=4k,\ z=5k,\ d=15\sqrt{2}$ を ① に代入して

$$9k+16k+25k=15\sqrt{2} \qquad \text{ゆえに} \qquad k=\frac{3\sqrt{2}}{10}$$

したがって，$3x+4y+5z$ は $\mathbf{P}\left(\dfrac{9\sqrt{2}}{10},\ \dfrac{6\sqrt{2}}{5},\ \dfrac{3\sqrt{2}}{2}\right)$ **のとき最大値 $15\sqrt{2}$** をとる。

参考　ベクトル $(3,\ 4,\ 5)$ の大きさは $5\sqrt{2}$ であるから，最大となるときの点Pの座標を

$$\overrightarrow{\mathrm{OP}}=3\cdot\frac{1}{5\sqrt{2}}(3,\ 4,\ 5)=\frac{3\sqrt{2}}{10}(3,\ 4,\ 5)$$
$$=\left(\frac{9\sqrt{2}}{10},\ \frac{6\sqrt{2}}{5},\ \frac{3\sqrt{2}}{2}\right) \text{ から求めてもよい。}$$

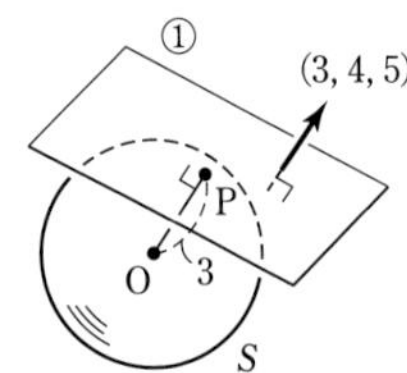

平面 ① と球面 S が接するとき
$\overrightarrow{\mathrm{OP}}\perp$(平面 ①)

◀ $\dfrac{1}{5\sqrt{2}}(3,\ 4,\ 5)$ は，平面 ① の法線ベクトル $(3,\ 4,\ 5)$ に平行な単位ベクトル。

演習 29 ➡ 本冊 p. 138

(1) $\overrightarrow{\mathrm{AB}}=(-2,\ -6,\ 3),\ \overrightarrow{\mathrm{AC}}=(-6,\ 0,\ 3)$
$\vec{n}=(x,\ y,\ z)$ が平面 α に垂直であるとすると

$$\vec{n}\perp\overrightarrow{\mathrm{AB}} \text{ かつ } \vec{n}\perp\overrightarrow{\mathrm{AC}}$$

$\vec{n}\perp\overrightarrow{\mathrm{AB}}$ より $\vec{n}\cdot\overrightarrow{\mathrm{AB}}=0$ であるから　$-2x-6y+3z=0$ …… ①
$\vec{n}\perp\overrightarrow{\mathrm{AC}}$ より $\vec{n}\cdot\overrightarrow{\mathrm{AC}}=0$ であるから　$-6x+3z=0$ …… ②
② から　$z=2x$

◀**垂直 ⟹ (内積)=0**

これを ① に代入して　$-2x-6y+6x=0$　　よって　$y=\dfrac{2}{3}x$

◀ $z,\ y$ を x で表す。

ゆえに　$\vec{n}=\left(x,\ \dfrac{2}{3}x,\ 2x\right)=\dfrac{x}{3}(3,\ 2,\ 6)$

したがって，平面 α に垂直なベクトルは，ベクトル $\overrightarrow{n_0}=(3,\ 2,\ 6)$ に平行である。

◀ $\vec{n}=k\overrightarrow{n_0}$ を満たす実数 $k=\dfrac{x}{3}$ が存在する。

このうち，大きさが 1 のベクトルを求めて

$$\pm\frac{1}{|\overrightarrow{n_0}|}\overrightarrow{n_0}=\pm\mathbf{\frac{1}{7}(3,\ 2,\ 6)}$$

(2) 点 $\mathrm{Q}(X,\ Y,\ Z)$ が平面 α 上にあるための条件は

$$\overrightarrow{\mathrm{AQ}}=\vec{0} \text{ または } \overrightarrow{n_0}\perp\overrightarrow{\mathrm{AQ}} \qquad \text{よって} \quad \overrightarrow{n_0}\cdot\overrightarrow{\mathrm{AQ}}=0$$

◀ $\overrightarrow{\mathrm{AQ}}=\vec{0}$ のときも $\overrightarrow{n_0}\cdot\overrightarrow{\mathrm{AQ}}=0$ を満たす。

$\overrightarrow{n_0}=(3,\ 2,\ 6),\ \overrightarrow{\mathrm{AQ}}=(X-6,\ Y-6,\ Z-3)$ から

$$3(X-6)+2(Y-6)+6(Z-3)=0$$

整理して　$3X+2Y+6Z=48$
したがって，平面 α の方程式は　$3x+2y+6z=48$
点Pを中心とする半径 r の球が 3 つの座標平面に接し，点Pの x 座標と y 座標はともに負ではないから，点Pの座標は

$$(r,\ r,\ r) \quad \text{または} \quad (r,\ r,\ -r)$$

と表される。

◀ r は球の半径を表すから，$r>0$ である。

点Pを通り平面 α に垂直な直線と平面 α の交点をHとすると，$\overrightarrow{\mathrm{PH}}$ は $\overrightarrow{n_0}$ に平行であるから，$\overrightarrow{\mathrm{PH}}=k\overrightarrow{n_0}$ となる実数 k が存在して

$$\overrightarrow{\mathrm{OH}}=\overrightarrow{\mathrm{OP}}+\overrightarrow{\mathrm{PH}}=(r+3k,\ r+2k,\ \pm r+6k)$$

点Hは平面 α 上にあるから

◀ $\overrightarrow{\mathrm{PH}}\perp$(平面 α) であり，$\overrightarrow{n_0}$ は平面 α の法線ベクトルの 1 つである。

$3(r+3k)+2(r+2k)+6(\pm r+6k)=48$

$49k=-11r+48$ または $49k=r+48$

$k=\dfrac{-11r+48}{49}$ または $k=\dfrac{r+48}{49}$

このとき，$r>0$ から　$|\overrightarrow{\mathrm{PH}}|=|k||\overrightarrow{n_0}|=\dfrac{|-11r+48|}{7}$，$\dfrac{r+48}{7}$

[1]　$\mathrm{P}(r,\ r,\ r)$ のとき

Pを中心とする半径 r の球が平面 α に接するための条件は

$\mathrm{PH}=r$

よって　$\dfrac{|-11r+48|}{7}=r$

(i)　$-11r+48>0$ のとき　$-11r+48=7r$ から　$r=\dfrac{8}{3}$

これは $r>0$ かつ $-11r+48>0$ を満たす。

(ii)　$-11r+48<0$ のとき　$11r-48=7r$ から　$r=12$

これは $r>0$ かつ $-11r+48<0$ を満たす。

[2]　$\mathrm{P}(r,\ r,\ -r)$ のとき

Pを中心とする半径 r の球が平面 α に接するための条件は

$\mathrm{PH}=r$

よって　$\dfrac{r+48}{7}=r$

これを解いて　$r=8$　　これは $r>0$ を満たす。

[1]，[2] から

$\mathrm{P}\left(\dfrac{8}{3},\ \dfrac{8}{3},\ \dfrac{8}{3}\right)$，$r=\dfrac{8}{3}$ または $\mathrm{P}(12,\ 12,\ 12)$，$r=12$ または $\mathrm{P}(8,\ 8,\ -8)$，$r=8$

参考　点 $\mathrm{P}(r,\ r,\ \pm r)$ と平面 $3x+2y+6z-48=0$ の距離は $\dfrac{|5r\pm 6r-48|}{\sqrt{3^2+2^2+6^2}}$

◀**円の半径⊥接線** と同じように考える。

◀$\mathrm{P}\left(\dfrac{8}{3},\ \dfrac{8}{3},\ \dfrac{8}{3}\right)$

◀$\mathrm{P}(12,\ 12,\ 12)$

◀$\mathrm{P}(8,\ 8,\ -8)$

演習 30 ▮▮▮ ➡ 本冊 p. 138

(1)　求める円の方程式を $x^2+y^2+lx+my+n=0$ とする。

この円が3点 $(0,\ 0)$，$(2,\ 1)$，$(1,\ 2)$ を通るから

$n=0,\ 2l+m+n+5=0,\ l+2m+n+5=0$

これを連立して解くと　$l=-\dfrac{5}{3}$，$m=-\dfrac{5}{3}$，$n=0$

したがって，求める円の方程式は

$$\boldsymbol{x^2+y^2-\frac{5}{3}x-\frac{5}{3}y=0}$$

◀$n=0$ を第2式，第3式に代入すると $\begin{cases}2l+m=-5\\ l+2m=-5\end{cases}$

(2)　3点O，A′，B′ は xy 平面上にあるから，球面 S と xy 平面の共有点が作る図形はO，A′，B′ を通る円である。

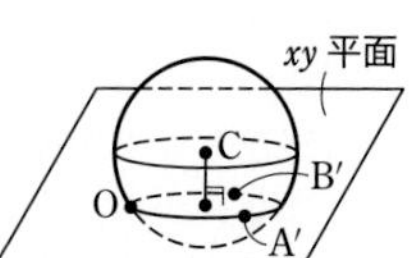

この円を表す方程式は，(1) から

$x^2+y^2-\dfrac{5}{3}x-\dfrac{5}{3}y=0$，$z=0$

すなわち　$\left(x-\dfrac{5}{6}\right)^2+\left(y-\dfrac{5}{6}\right)^2=\dfrac{25}{18}$，$z=0$

よって，円の中心の座標は　$\left(\dfrac{5}{6},\ \dfrac{5}{6},\ 0\right)$

◀(2) は，座標空間で考えているから，「$z=0$」が必要。

球の中心 C$(a,\ b,\ c)$ から xy 平面に下ろした垂線は，この円の中心 $\left(\frac{5}{6},\ \frac{5}{6},\ 0\right)$ を通るから，点Cと円の中心の x 座標，y 座標はそれぞれ等しく　　$a=\frac{5}{6}$，$b=\frac{5}{6}$

また，球面 S の半径は

$$\mathrm{OC}=\sqrt{\left(\frac{5}{6}\right)^2+\left(\frac{5}{6}\right)^2+c^2}=\sqrt{c^2+\frac{25}{18}}$$

よって，球面 S の方程式は

$$\left(x-\frac{5}{6}\right)^2+\left(y-\frac{5}{6}\right)^2+(z-c)^2=c^2+\frac{25}{18}$$

◀ $(\text{半径})^2=\mathrm{OC}^2=c^2+\frac{25}{18}$

点 $(t+2,\ t+2,\ t)$ が球面 S 上にあるとき

$$\left(t+2-\frac{5}{6}\right)^2+\left(t+2-\frac{5}{6}\right)^2+(t-c)^2=c^2+\frac{25}{18}$$

すなわち　$9t^2-2(3c-7)t+4=0$　…… ①

直線 ℓ が球面 S と共有点をもつための必要十分条件は，t の2次方程式 ① が実数解をもつことである。

よって，① の判別式を D とすると　　$D\geqq 0$

◀共有点をもつ $\Longleftrightarrow D\geqq 0$

ここで　　$\frac{D}{4}=\{-(3c-7)\}^2-9\cdot 4=9c^2-42c+13$

$\qquad\qquad=(3c-1)(3c-13)$

$D\geqq 0$ から　　$(3c-1)(3c-13)\geqq 0$

これを解いて　　$c\leqq\frac{1}{3}$，$\frac{13}{3}\leqq c$

したがって，a，b，c の満たすべき条件は

$$\boldsymbol{a=b=\frac{5}{6}}\ \textbf{かつ}\ \left(\boldsymbol{c\leqq\frac{1}{3}}\ \textbf{または}\ \boldsymbol{\frac{13}{3}\leqq c}\right)$$

CHECK 10 ➡本冊 p. 149

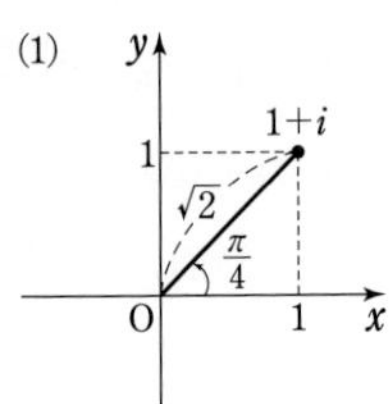

(1) 絶対値 r は　　$r=\sqrt{1^2+1^2}=\sqrt{2}$

偏角 θ について　　$\cos\theta=\dfrac{1}{\sqrt{2}}$, $\sin\theta=\dfrac{1}{\sqrt{2}}$

$0\leqq\theta<2\pi$ であるから　　$\theta=\dfrac{\pi}{4}$

したがって　　$1+i=\boldsymbol{\sqrt{2}\left(\cos\frac{\pi}{4}+i\sin\frac{\pi}{4}\right)}$

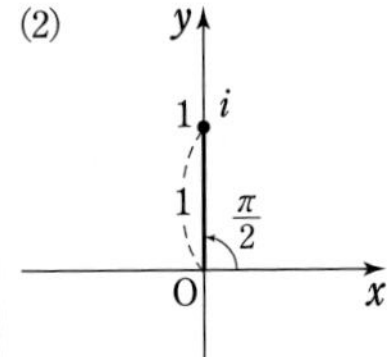

(2) 絶対値 r は　　$r=\sqrt{0^2+1^2}=1$

偏角 θ について　　$\cos\theta=0$, $\sin\theta=1$

$0\leqq\theta<2\pi$ であるから　　$\theta=\dfrac{\pi}{2}$

したがって　　$i=\boldsymbol{\cos\frac{\pi}{2}+i\sin\frac{\pi}{2}}$

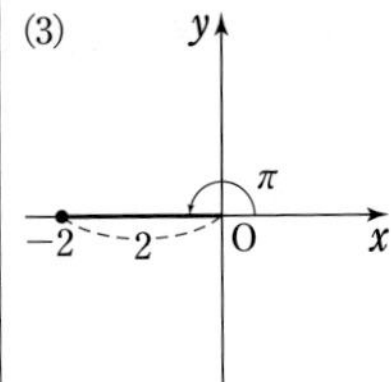

(3) 絶対値 r は　　$r=\sqrt{(-2)^2+0^2}=2$

偏角 θ について　　$\cos\theta=-1$, $\sin\theta=0$

$0\leqq\theta<2\pi$ であるから　　$\theta=\pi$

したがって　　$-2=\boldsymbol{2(\cos\pi+i\sin\pi)}$

CHECK 11 ➡本冊 p. 163

(1) 点Pを表す複素数は

$$\frac{1\cdot(-1+i)+2(3+4i)}{2+1}=\frac{5+9i}{3}=\boldsymbol{\frac{5}{3}+3i}$$

(2) 点Mを表す複素数は

$$\frac{(-1+i)+(3+4i)}{2}=\frac{2+5i}{2}=\boldsymbol{1+\frac{5}{2}i}$$

例 31 ➡本冊 p. 143

(1) $\alpha \neq 0$ であるから，条件より

$$\beta = k\alpha \quad \cdots\cdots \text{①}, \quad \gamma = l\alpha \quad \cdots\cdots \text{②}$$

となる実数 k，l がある。

① から　　$2+ai=-k+2ki$

よって　　$2=-k$，$a=2k$

これを連立して解くと　　$k=-2$，$\boldsymbol{a=-4}$

② から　　$b-6i=-l+2li$

ゆえに　　$b=-l$，$-6=2l$

これを連立して解くと　　$l=-3$，$\boldsymbol{b=3}$

(2) 右の図で，線分で囲まれた四角形はすべて平行四辺形である。

このとき，(ア)～(エ) の各点は，**図** のようになる。

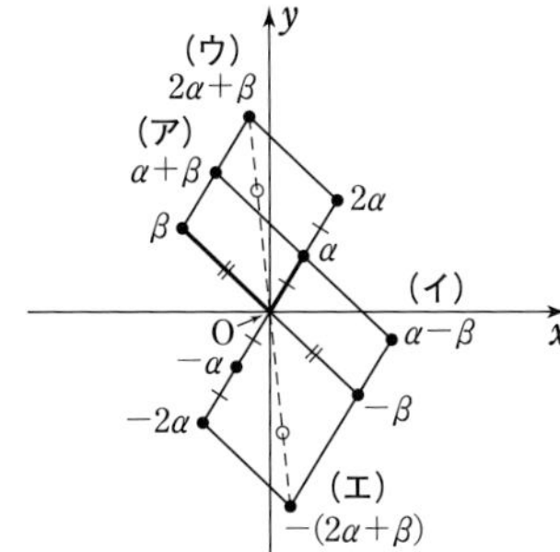

(1) ①：3点 0，α，β；②：3点 0，α，γ がそれぞれ一直線上にあるための条件。

◀複素数の相等
$\boldsymbol{A+Bi=C+Di}$
$\Longleftrightarrow \boldsymbol{A=C,\ B=D}$
（A，B，C，D は実数）

(2) ベクトルの図示と同じように考えればよい。
(イ) $\alpha-\beta=\alpha+(-\beta)$
(エ) $-(2\alpha+\beta)$
$=-2\alpha+(-\beta)$
なお，2点 $2\alpha+\beta$，$-(2\alpha+\beta)$ は原点に関して互いに対称である。

3章
例
[複素数平面]

例 32 ➡本冊 p. 143

(1) $w=z\overline{z}+\alpha\overline{z}+\overline{\alpha}z$ とすると

$$\overline{w}=\overline{z\overline{z}+\alpha\overline{z}+\overline{\alpha}z}=\overline{z\overline{z}}+\overline{\alpha\overline{z}}+\overline{\overline{\alpha}z}$$
$$=\overline{z}z+\overline{\alpha}z+\alpha\overline{z}=z\overline{z}+\alpha\overline{z}+\overline{\alpha}z$$
$$=w$$

したがって，$z\overline{z}+\alpha\overline{z}+\overline{\alpha}z$ は実数である。

別解 $(z+\alpha)(\overline{z}+\overline{\alpha})=z\overline{z}+\alpha\overline{z}+\overline{\alpha}z+\alpha\overline{\alpha}$ から

$$w=(z+\alpha)(\overline{z}+\overline{\alpha})-\alpha\overline{\alpha}$$
$$=(z+\alpha)\overline{(z+\alpha)}-\alpha\overline{\alpha}$$
$$=|z+\alpha|^2-|\alpha|^2$$

したがって，$z\overline{z}+\alpha\overline{z}+\overline{\alpha}z$ は実数である。

(2) $v=\alpha\overline{z}-\overline{\alpha}z$ とすると

$$\overline{v}=\overline{\alpha\overline{z}-\overline{\alpha}z}=\overline{\alpha\overline{z}}-\overline{\overline{\alpha}z}=-\alpha\overline{z}+\overline{\alpha}z$$
$$=-v \quad \cdots\cdots \text{①}$$

$\overline{\alpha}z$ が実数でないから　　$\overline{\overline{\alpha}z}\neq\overline{\alpha}z$

よって　　$\alpha\overline{z}\neq\overline{\alpha}z$　すなわち　$\alpha\overline{z}-\overline{\alpha}z\neq 0$

ゆえに　　$v\neq 0$　　$\cdots\cdots$ ②

したがって，①，② から，$\alpha\overline{z}-\overline{\alpha}z$ は純虚数である。

参考 $\alpha=a+bi$，$z=x+yi$（a，b，x，y は実数）とする。

(1) $z\overline{z}+\alpha\overline{z}+\overline{\alpha}z$
$=(x+yi)(x-yi)+(a+bi)(x-yi)+(a-bi)(x+yi)$
$=x^2+y^2+2ax+2by$

したがって，$z\overline{z}+\alpha\overline{z}+\overline{\alpha}z$ は実数である。

◀共役複素数の性質を利用。α，β を複素数とすると
$\overline{\alpha+\beta}=\overline{\alpha}+\overline{\beta}$，
$\overline{\alpha\beta}=\overline{\alpha}\,\overline{\beta}$，$\overline{\overline{\alpha}}=\alpha$

◀$\alpha\overline{\alpha}=|\alpha|^2$ を用いる。

◀$|z+\alpha|^2$，$|\alpha|^2$ はともに実数である。

◀$\overline{\alpha-\beta}=\overline{\alpha}-\overline{\beta}$

◀「$\overline{\alpha}z$ が実数 $\Longleftrightarrow \overline{\overline{\alpha}z}=\overline{\alpha}z$」であるから「$\overline{\alpha}z$ が実数でない $\Longleftrightarrow \overline{\overline{\alpha}z}\neq\overline{\alpha}z$」

◀左のようにして証明できるが，この方法では一般に計算が複雑になることが多い。

(2) $\alpha\overline{z}-\overline{\alpha}z=(a+bi)(x-yi)-(a-bi)(x+yi)$
$=2(bx-ay)i$
$\overline{\alpha}z=(ax+by)+(ay-bx)i$ は実数でないから，
$ay-bx\neq 0$ より，$\alpha\overline{z}-\overline{\alpha}z$ は純虚数である。

◀(虚部)$\neq 0$

例 33 ➡本冊 p.143

4次方程式 $ax^4+bx^2+c=0$ が $x=\alpha$ を解にもつから

$a\alpha^4+b\alpha^2+c=0$

よって　$\overline{a\alpha^4+b\alpha^2+c}=\overline{0}$

すなわち　$\overline{a\alpha^4}+\overline{b\alpha^2}+\overline{c}=0$

ここで　$\overline{a\alpha^4}=\overline{a}\,\overline{\alpha^4}=a(\overline{\alpha})^4$，$\overline{b\alpha^2}=\overline{b}\,\overline{\alpha^2}=b(\overline{\alpha})^2$，$\overline{c}=c$

ゆえに　$a(\overline{\alpha})^4+b(\overline{\alpha})^2+c=0$

したがって，与えられた方程式は $x=\overline{\alpha}$ を解にもつ。

◀**$x=\alpha$ が解 $\Longleftrightarrow$ αを代入すると成り立つ。**

◀a，b，c は実数であるから
$\overline{a}=a$，$\overline{b}=b$，$\overline{c}=c$
また　$\overline{\alpha^n}=(\overline{\alpha})^n$

例 34 ➡本冊 p.150

(1)　絶対値 r は　$r=\sqrt{\left(-\frac{1}{2}\right)^2+\left(\frac{\sqrt{3}}{2}\right)^2}=1$

偏角 θ について　$\cos\theta=-\frac{1}{2}$，$\sin\theta=\frac{\sqrt{3}}{2}$

$0\leqq\theta<2\pi$ であるから　$\theta=\frac{2}{3}\pi$　……（＊）

よって　$\boldsymbol{z=\cos\frac{2}{3}\pi+i\sin\frac{2}{3}\pi}$

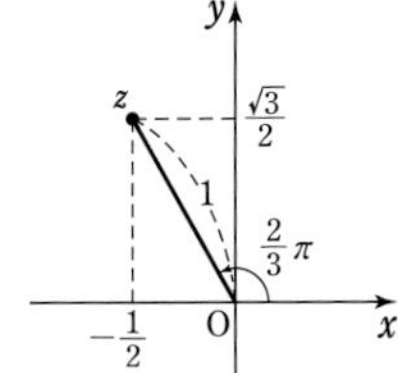

（＊）$0\leqq\theta<2\pi$ で θ は1つ定まる。

(2)　絶対値 r は　$r=\sqrt{2^2+(2\sqrt{3})^2}=4$

偏角 θ について　$\cos\theta=\frac{1}{2}$，$\sin\theta=\frac{\sqrt{3}}{2}$

$0\leqq\theta<2\pi$ であるから　$\theta=\frac{\pi}{3}$

よって　$\boldsymbol{z=4\left(\cos\frac{\pi}{3}+i\sin\frac{\pi}{3}\right)}$

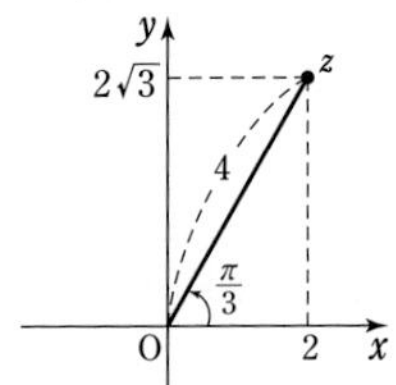

(3)　$z=-\frac{1}{\sqrt{2}}-\frac{1}{\sqrt{2}}i$ であるから，絶対値 r は

$r=\sqrt{\left(-\frac{1}{\sqrt{2}}\right)^2+\left(-\frac{1}{\sqrt{2}}\right)^2}=1$

偏角 θ について　$\cos\theta=-\frac{1}{\sqrt{2}}$，$\sin\theta=-\frac{1}{\sqrt{2}}$

$0\leqq\theta<2\pi$ であるから　$\theta=\frac{5}{4}\pi$

よって　$\boldsymbol{z=\cos\frac{5}{4}\pi+i\sin\frac{5}{4}\pi}$

注意　(3)の z は，i の前の符号が－であり，この形のままでは極形式ではない。

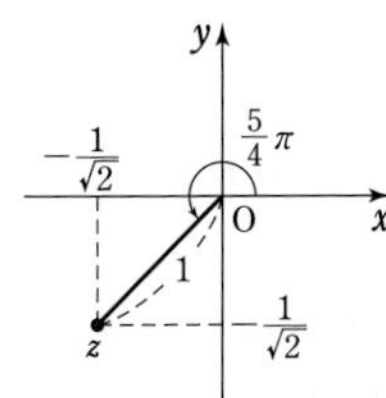

(4)　絶対値は　$r=\sqrt{(-\cos\alpha)^2+(\sin\alpha)^2}=1$

また　$-\cos\alpha+i\sin\alpha=\cos(\pi-\alpha)+i\sin(\pi-\alpha)$

よって　$\boldsymbol{z=\cos(\pi-\alpha)+i\sin(\pi-\alpha)}$　……①

$0<\alpha<\pi$ より，$0<\pi-\alpha<\pi$ であるから，① は求める極形式である。

◀$\cos(\pi-\theta)=-\cos\theta$
$\sin(\pi-\theta)=\sin\theta$

◀偏角の条件を満たすかどうかを確認する。

練習 ➡本冊 p. 150

絶対値は　$r=\sqrt{(\sin\alpha)^2+(\cos\alpha)^2}=1$

また　$\sin\alpha+i\cos\alpha=\cos\left(\frac{\pi}{2}-\alpha\right)+i\sin\left(\frac{\pi}{2}-\alpha\right)$

◀ $\cos\left(\frac{\pi}{2}-\theta\right)=\sin\theta$
$\sin\left(\frac{\pi}{2}-\theta\right)=\cos\theta$

ここで

$0\leqq\alpha\leqq\frac{\pi}{2}$ のとき，$0\leqq\frac{\pi}{2}-\alpha\leqq\frac{\pi}{2}$ であるから

$$z=\sin\alpha+i\cos\alpha=\boldsymbol{\cos\left(\frac{\pi}{2}-\alpha\right)+i\sin\left(\frac{\pi}{2}-\alpha\right)}$$

◀ $0\leqq\alpha<2\pi$ から
$-\frac{3}{2}\pi<\frac{\pi}{2}-\alpha\leqq\frac{\pi}{2}$
ゆえに，α の値の範囲によって場合分け。

$\frac{\pi}{2}<\alpha<2\pi$ のとき　$-\frac{3}{2}\pi<\frac{\pi}{2}-\alpha<0$

各辺に 2π を加えると，$\frac{\pi}{2}<\frac{5}{2}\pi-\alpha<2\pi$ であり

$$\cos\left(\frac{\pi}{2}-\alpha\right)=\cos\left(\frac{5}{2}\pi-\alpha\right),$$
$$\sin\left(\frac{\pi}{2}-\alpha\right)=\sin\left(\frac{5}{2}\pi-\alpha\right)$$

◀ $\frac{\pi}{2}<\alpha<2\pi$ のとき，偏角が 0 以上 2π 未満の範囲に含まれていないから，偏角に 2π を加えて調整する。
なお
$\cos(●+2n\pi)=\cos●$
$\sin(●+2n\pi)=\sin●$
[n は整数]

よって，求める極形式は

$$z=\sin\alpha+i\cos\alpha=\boldsymbol{\cos\left(\frac{5}{2}\pi-\alpha\right)+i\sin\left(\frac{5}{2}\pi-\alpha\right)}$$

例 35 ➡本冊 p. 150

α の絶対値 r_1 は　$r_1=\sqrt{(\sqrt{3})^2+1^2}=2$

α の偏角 θ_1 $(0\leqq\theta_1<2\pi)$ は，$\cos\theta_1=\frac{\sqrt{3}}{2}$，$\sin\theta_1=\frac{1}{2}$ より，

$\theta_1=\frac{\pi}{6}$ であるから　$\alpha=2\left(\cos\frac{\pi}{6}+i\sin\frac{\pi}{6}\right)$

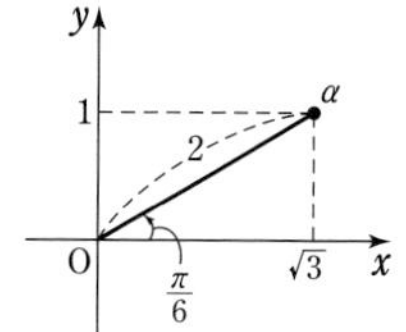

また，β の絶対値 r_2 は　$r_2=\sqrt{2^2+(-2)^2}=2\sqrt{2}$

β の偏角 θ_2 $(0\leqq\theta_2<2\pi)$ は，$\cos\theta_2=\frac{2}{2\sqrt{2}}=\frac{1}{\sqrt{2}}$，

$\sin\theta_2=\frac{-2}{2\sqrt{2}}=-\frac{1}{\sqrt{2}}$ から　$\theta_2=\frac{7}{4}\pi$

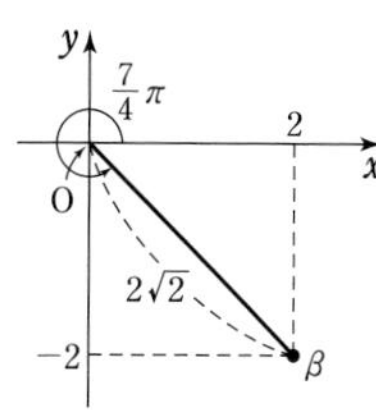

ゆえに　$\beta=2\sqrt{2}\left(\cos\frac{7}{4}\pi+i\sin\frac{7}{4}\pi\right)$

よって　$\boldsymbol{\alpha\beta}=2\cdot2\sqrt{2}\left\{\cos\left(\frac{\pi}{6}+\frac{7}{4}\pi\right)+i\sin\left(\frac{\pi}{6}+\frac{7}{4}\pi\right)\right\}$

$$\boldsymbol{=4\sqrt{2}\left(\cos\frac{23}{12}\pi+i\sin\frac{23}{12}\pi\right)}$$

$$\frac{\alpha}{\beta}=\frac{2}{2\sqrt{2}}\left\{\cos\left(\frac{\pi}{6}-\frac{7}{4}\pi\right)+i\sin\left(\frac{\pi}{6}-\frac{7}{4}\pi\right)\right\}$$

$$=\frac{1}{\sqrt{2}}\left\{\cos\left(-\frac{19}{12}\pi\right)+i\sin\left(-\frac{19}{12}\pi\right)\right\}$$

$-\frac{19}{12}\pi=\frac{5}{12}\pi+2\pi\times(-1)$ から

◀ $0\leqq\theta<2\pi$ を満たす θ を求める。

$$\boldsymbol{\frac{\alpha}{\beta}=\frac{1}{\sqrt{2}}\left(\cos\frac{5}{12}\pi+i\sin\frac{5}{12}\pi\right)}$$

3章 例 [複素数平面]

注意 β の偏角 θ_2 は，$-\pi<\theta_2\leqq\pi$ の範囲で考えて，$\theta_2=-\dfrac{\pi}{4}$ としてもよい。

例 36 ➡本冊 p. 151

$\alpha=1+i$，$\beta=3+\sqrt{3}\,i$ とすると

$$\alpha=\sqrt{2}\left(\frac{1}{\sqrt{2}}+\frac{1}{\sqrt{2}}i\right)=\sqrt{2}\left(\cos\frac{\pi}{4}+i\sin\frac{\pi}{4}\right),$$

$$\beta=2\sqrt{3}\left(\frac{\sqrt{3}}{2}+\frac{1}{2}i\right)=2\sqrt{3}\left(\cos\frac{\pi}{6}+i\sin\frac{\pi}{6}\right)$$

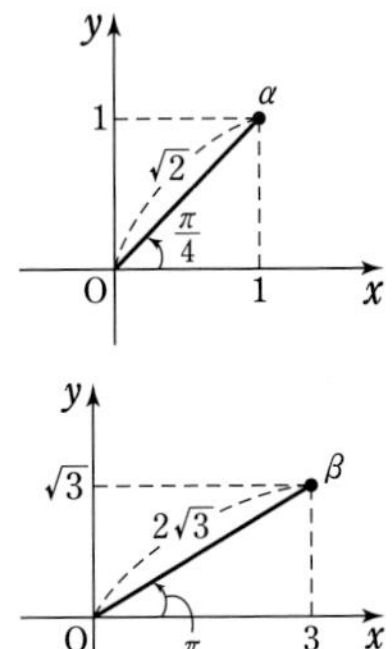

ゆえに　$$\frac{\alpha}{\beta}=\frac{\sqrt{2}}{2\sqrt{3}}\left\{\cos\left(\frac{\pi}{4}-\frac{\pi}{6}\right)+i\sin\left(\frac{\pi}{4}-\frac{\pi}{6}\right)\right\}$$

$$=\frac{\sqrt{6}}{6}\left(\cos\frac{\pi}{12}+i\sin\frac{\pi}{12}\right)\quad\cdots\cdots ①$$

また　$$\frac{\alpha}{\beta}=\frac{1+i}{3+\sqrt{3}\,i}=\frac{1+i}{\sqrt{3}(\sqrt{3}+i)}$$

$$=\frac{(1+i)(\sqrt{3}-i)}{\sqrt{3}(\sqrt{3}+i)(\sqrt{3}-i)}$$

$$=\frac{1}{4\sqrt{3}}\{(\sqrt{3}+1)+(\sqrt{3}-1)i\}\quad\cdots\cdots ②$$

①，② の実部と虚部を比較して

$$\frac{\sqrt{6}}{6}\cos\frac{\pi}{12}=\frac{1}{4\sqrt{3}}(\sqrt{3}+1),$$

$$\frac{\sqrt{6}}{6}\sin\frac{\pi}{12}=\frac{1}{4\sqrt{3}}(\sqrt{3}-1)$$

よって　$$\boldsymbol{\cos\frac{\pi}{12}}=\frac{\sqrt{3}+1}{4\sqrt{3}}\cdot\sqrt{6}=\boldsymbol{\frac{\sqrt{6}+\sqrt{2}}{4}},$$

$$\boldsymbol{\sin\frac{\pi}{12}}=\frac{\sqrt{3}-1}{4\sqrt{3}}\cdot\sqrt{6}=\boldsymbol{\frac{\sqrt{6}-\sqrt{2}}{4}}$$

◀①：極形式
②：$a+bi$ の形
① と ② は一致する。

◀$\dfrac{\sqrt{6}}{6}$ は $\dfrac{1}{\sqrt{6}}$ としてもよい（この方が後の計算がしやすい）。

例 37 ➡本冊 p. 151

(1) 求める点を表す複素数は

$$\left\{\cos\left(-\frac{3}{4}\pi\right)+i\sin\left(-\frac{3}{4}\pi\right)\right\}z=\left(-\frac{\sqrt{2}}{2}-\frac{\sqrt{2}}{2}i\right)(2+\sqrt{2}\,i)$$

$$=-\sqrt{2}-i-\sqrt{2}\,i+1$$

$$=\boldsymbol{1-\sqrt{2}-(1+\sqrt{2})i}$$

CHART
原点を中心とする角 θ の回転と r 倍の拡大・縮小 $r(\cos\theta+i\sin\theta)$ を掛ける

(2) (ア) $$\frac{1}{2}(-1+i)z=\frac{\sqrt{2}}{2}\left(-\frac{1}{\sqrt{2}}+\frac{1}{\sqrt{2}}i\right)z$$

$$=\frac{\sqrt{2}}{2}\left(\cos\frac{3}{4}\pi+i\sin\frac{3}{4}\pi\right)z$$

よって，点 z を **原点を中心として $\boldsymbol{\frac{3}{4}\pi}$ だけ回転した点を $\boldsymbol{\frac{\sqrt{2}}{2}}$ 倍した点** である。

(ア)
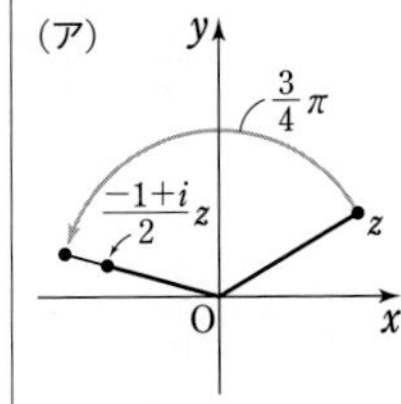

(イ) $\dfrac{z}{\sqrt{3}-i}=\dfrac{\sqrt{3}+i}{4}z=\dfrac{1}{2}\left(\dfrac{\sqrt{3}}{2}+\dfrac{1}{2}i\right)z$

$=\dfrac{1}{2}\left(\cos\dfrac{\pi}{6}+i\sin\dfrac{\pi}{6}\right)z$

よって，点 z を **原点を中心として $\boldsymbol{\dfrac{\pi}{6}}$ だけ回転した点を $\boldsymbol{\dfrac{1}{2}}$ 倍した点** である。

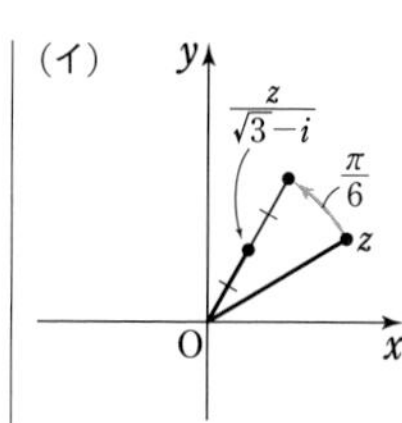

(ウ) 点 z と点 $\overline{z}$ は実軸に関して対称である。

また $\overline{iz}=-i\overline{z}=\left\{\cos\left(-\dfrac{\pi}{2}\right)+i\sin\left(-\dfrac{\pi}{2}\right)\right\}\overline{z}$

よって，点 z を **実軸に関して対称移動し，原点を中心として $\boldsymbol{-\dfrac{\pi}{2}}$ だけ回転した点** である。

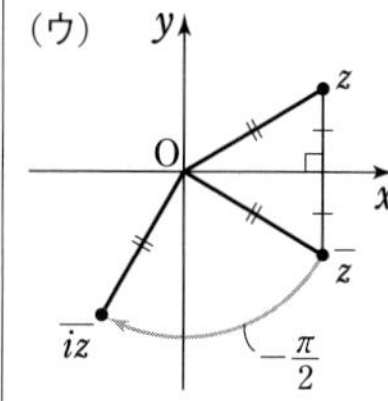

例 38

➡本冊 p. 154

(1) $\left(\cos\dfrac{2}{3}\pi+i\sin\dfrac{2}{3}\pi\right)^5=\cos\left(5\times\dfrac{2}{3}\pi\right)+i\sin\left(5\times\dfrac{2}{3}\pi\right)$

$=\cos\dfrac{10}{3}\pi+i\sin\dfrac{10}{3}\pi$

$=\boldsymbol{-\dfrac{1}{2}-\dfrac{\sqrt{3}}{2}i}$

◀ $\dfrac{10}{3}\pi=2\pi+\dfrac{4}{3}\pi$

(2) $1-i=\sqrt{2}\left(\dfrac{1}{\sqrt{2}}-\dfrac{1}{\sqrt{2}}i\right)$

◀ $r=\sqrt{1^2+(-1)^2}=\sqrt{2}$

$=\sqrt{2}\left\{\cos\left(-\dfrac{\pi}{4}\right)+i\sin\left(-\dfrac{\pi}{4}\right)\right\}$

◀偏角 θ を $-\pi<\theta\leqq\pi$ の範囲にとると，後の計算がらく。

よって $(1-i)^8=\left[\sqrt{2}\left\{\cos\left(-\dfrac{\pi}{4}\right)+i\sin\left(-\dfrac{\pi}{4}\right)\right\}\right]^8$

$=(\sqrt{2})^8\left[\cos\left\{8\times\left(-\dfrac{\pi}{4}\right)\right\}+i\sin\left\{8\times\left(-\dfrac{\pi}{4}\right)\right\}\right]$

◀ $(\cos\theta+i\sin\theta)^8=\cos 8\theta+i\sin 8\theta$

$=2^4\{\cos(-2\pi)+i\sin(-2\pi)\}$

$=16\times1=\boldsymbol{16}$

(3) $1+\sqrt{3}i=2\left(\dfrac{1}{2}+\dfrac{\sqrt{3}}{2}i\right)=2\left(\cos\dfrac{\pi}{3}+i\sin\dfrac{\pi}{3}\right)$

◀ $r=\sqrt{1+(\sqrt{3})^2}=2$

よって $(1+\sqrt{3}i)^{-7}=\left\{2\left(\cos\dfrac{\pi}{3}+i\sin\dfrac{\pi}{3}\right)\right\}^{-7}$

$=2^{-7}\left[\cos\left\{(-7)\times\dfrac{\pi}{3}\right\}+i\sin\left\{(-7)\times\dfrac{\pi}{3}\right\}\right]$

◀ $(\cos\theta+i\sin\theta)^{-7}=\cos(-7\theta)+i\sin(-7\theta)$

$=2^{-7}\left\{\cos\left(-\dfrac{7}{3}\pi\right)+i\sin\left(-\dfrac{7}{3}\pi\right)\right\}$

$=\dfrac{1}{128}\times\left(\dfrac{1}{2}-\dfrac{\sqrt{3}}{2}i\right)=\boldsymbol{\dfrac{1-\sqrt{3}i}{256}}$

◀ $-\dfrac{7}{3}\pi=-2\pi-\dfrac{\pi}{3}$

例 39

➡本冊 p. 154

(1) 解を $z=r(\cos\theta+i\sin\theta)$ $[r>0]$ とすると

$z^6=r^6(\cos 6\theta+i\sin 6\theta)$

◀ド・モアブルの定理。

また $1=\cos 0+i\sin 0$

◀1を極形式で表す。

3章 例 [複素数平面]

ゆえに　$r^6(\cos 6\theta+i\sin 6\theta)=\cos 0+i\sin 0$

両辺の絶対値と偏角を比較すると

$$r^6=1,\quad 6\theta=2k\pi \quad (k \text{ は整数})$$

$r>0$ であるから　$r=1$　　また　$\theta=\dfrac{k}{3}\pi$

よって　$z=\cos\dfrac{k}{3}\pi+i\sin\dfrac{k}{3}\pi$　…… ①

$0\leqq\theta<2\pi$ の範囲で考えると，$k=0,\ 1,\ 2,\ 3,\ 4,\ 5$ であるから

$$\theta=0,\ \frac{\pi}{3},\ \frac{2}{3}\pi,\ \pi,\ \frac{4}{3}\pi,\ \frac{5}{3}\pi$$

① で $k=0,\ 1,\ 2,\ 3,\ 4,\ 5$ としたときの z を，それぞれ $z_0,\ z_1,\ \cdots\cdots,\ z_5$ とすると

$$z_0=\cos 0+i\sin 0=1,$$
$$z_1=\cos\frac{\pi}{3}+i\sin\frac{\pi}{3}=\frac{1}{2}+\frac{\sqrt{3}}{2}i,$$
$$z_2=\cos\frac{2}{3}\pi+i\sin\frac{2}{3}\pi=-\frac{1}{2}+\frac{\sqrt{3}}{2}i,$$
$$z_3=\cos\pi+i\sin\pi=-1,$$
$$z_4=\cos\frac{4}{3}\pi+i\sin\frac{4}{3}\pi=-\frac{1}{2}-\frac{\sqrt{3}}{2}i,$$
$$z_5=\cos\frac{5}{3}\pi+i\sin\frac{5}{3}\pi=\frac{1}{2}-\frac{\sqrt{3}}{2}i$$

したがって，求める解は　$\boldsymbol{z=\pm 1,\ \pm\dfrac{1}{2}\pm\dfrac{\sqrt{3}}{2}i}$

◀$z^6=1$ の両辺が極形式で表された。

◀$6\theta=0+2k\pi$

参考　$z^6-1=0$ から $(z+1)(z-1)(z^2+z+1)\times(z^2-z+1)=0$ このように，因数分解を利用して解くこともできる。

参考　解を複素数平面上に図示すると，単位円に内接する正六角形の頂点となっている。また，$z_k={z_1}^k$ が成り立つ。

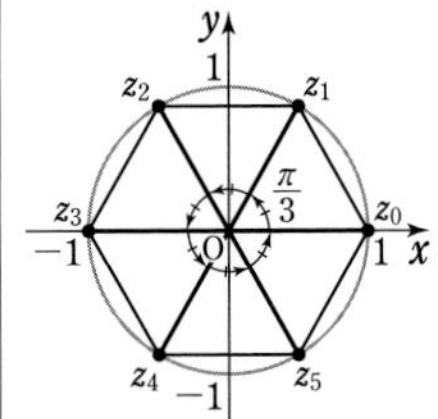

(2)　解を $z=r(\cos\theta+i\sin\theta)\ [r>0]$ とすると

$$z^8=r^8(\cos\theta+i\sin\theta)^8=r^8(\cos 8\theta+i\sin 8\theta)$$

また　$1=1\cdot(\cos 0+i\sin 0)$

$z^8=1$ であるから

$$r^8(\cos 8\theta+i\sin 8\theta)=1\cdot(\cos 0+i\sin 0)$$

両辺の絶対値と偏角を比較すると

$$r^8=1,\quad 8\theta=2k\pi\ (k \text{ は整数})$$

$r>0$ であるから　$r=1$　　また　$\theta=\dfrac{k}{4}\pi$

ゆえに　$z=\cos\dfrac{k}{4}\pi+i\sin\dfrac{k}{4}\pi$　…… ①

$0\leqq\theta<2\pi$ の範囲で考えると，$k=0,\ 1,\ 2,\ 3,\ 4,\ 5,\ 6,\ 7$ であるから　$\theta=0,\ \dfrac{\pi}{4},\ \dfrac{\pi}{2},\ \dfrac{3}{4}\pi,\ \pi,\ \dfrac{5}{4}\pi,\ \dfrac{3}{2}\pi,\ \dfrac{7}{4}\pi$

① で $k=0,\ 1,\ \cdots\cdots,\ 7$ としたときの z を，それぞれ $z_0,\ z_1,\ \cdots\cdots,\ z_7$ とすると

$$z_0=\cos 0+i\sin 0=1,$$
$$z_1=\cos\frac{\pi}{4}+i\sin\frac{\pi}{4}=\frac{1}{\sqrt{2}}+\frac{1}{\sqrt{2}}i,$$
$$z_2=\cos\frac{\pi}{2}+i\sin\frac{\pi}{2}=i,$$

◀ド・モアブルの定理。

◀絶対値 1，偏角 0

◀方程式 $z^8=1$ の両辺を極形式で表した。

◀$0\leqq\dfrac{k}{4}\pi<2\pi$ から $0\leqq k<8$

$$z_3=\cos\frac{3}{4}\pi+i\sin\frac{3}{4}\pi=-\frac{1}{\sqrt{2}}+\frac{1}{\sqrt{2}}i,$$

$$z_4=\cos\pi+i\sin\pi=-1,$$

$$z_5=\cos\frac{5}{4}\pi+i\sin\frac{5}{4}\pi=-\frac{1}{\sqrt{2}}-\frac{1}{\sqrt{2}}i,$$

$$z_6=\cos\frac{3}{2}\pi+i\sin\frac{3}{2}\pi=-i,$$

$$z_7=\cos\frac{7}{4}\pi+i\sin\frac{7}{4}\pi=\frac{1}{\sqrt{2}}-\frac{1}{\sqrt{2}}i$$

したがって，求める解は

$$\boldsymbol{z=\pm1,\ \pm i,\ \frac{1}{\sqrt{2}}\pm\frac{1}{\sqrt{2}}i,\ -\frac{1}{\sqrt{2}}\pm\frac{1}{\sqrt{2}}i}$$

参考　解を複素数平面上に図示すると，単位円に内接する正八角形の頂点となっている。

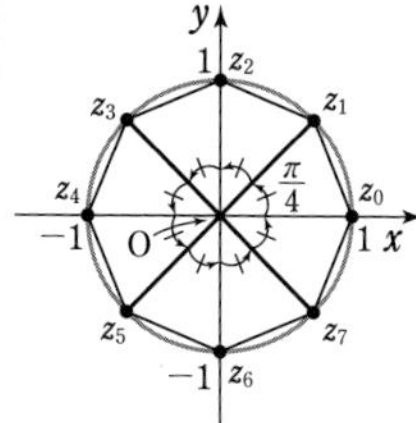

例 40 ➡本冊 p. 164

(1)　点Pを表す複素数は　$\dfrac{3(-1+4i)+2(-3-2i)}{2+3}=\boldsymbol{-\dfrac{9}{5}+\dfrac{8}{5}i}$

(2)　点Qを表す複素数は　$\dfrac{-3(-1+4i)+1\cdot(5+i)}{1-3}=\boldsymbol{-4+\dfrac{11}{2}i}$

◀「1：3 に外分」は，「1：(−3) に内分」と考えるとよい。

(3)　点Mを表す複素数は　$\dfrac{(-3-2i)+(5+i)}{2}=\boldsymbol{1-\dfrac{1}{2}i}$

(4)　点Gを表す複素数は

$$\frac{(-1+4i)+(-3-2i)+(5+i)}{3}=\boldsymbol{\frac{1}{3}+i}$$

◀公式 $\dfrac{\alpha+\beta+\gamma}{3}$

例 41 ➡本冊 p. 164

(1)　方程式を変形すると

$$|z-(-2i)|=|z-3|$$

よって，点 z の全体は

2点 $-2i$，3 を結ぶ線分の垂直二等分線

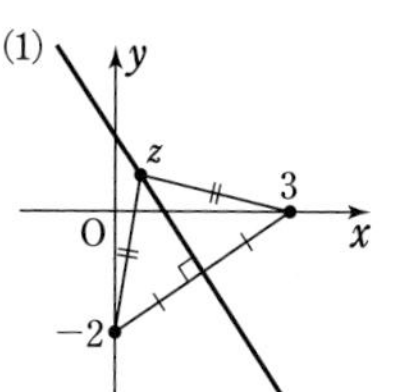

(2)　方程式を変形すると

$$|z-(-1+3i)|=2$$

よって，点 z の全体は

点 $-1+3i$ を中心とする半径2の円

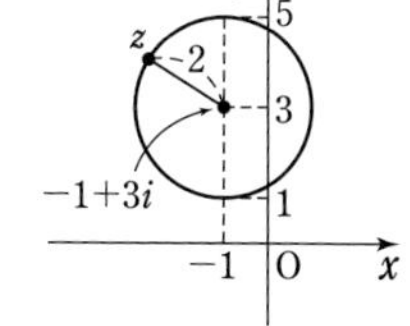

(3)　方程式から　$4(z-1+i)\overline{(z-1+i)}=1$

よって　$4|z-1+i|^2=1$

◀$\alpha\overline{\alpha}=|\alpha|^2$

ゆえに　$|z-1+i|^2=\dfrac{1}{4}$

したがって　$|z-(1-i)|=\dfrac{1}{2}$

よって，点 z の全体は　**点 $1-i$ を中心とする半径 $\dfrac{1}{2}$ の円**

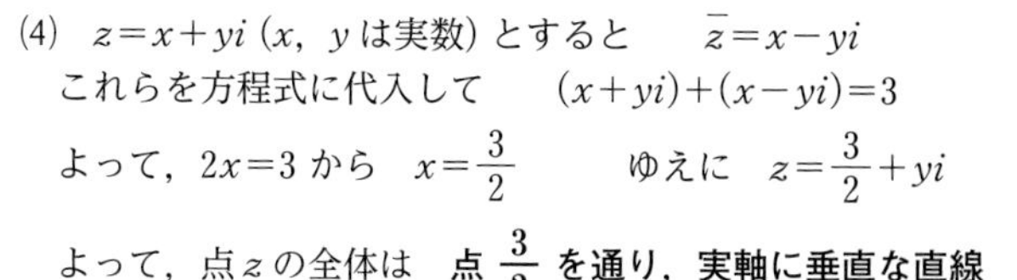

(4)　$z=x+yi$ (x，y は実数) とすると　$\overline{z}=x-yi$

これらを方程式に代入して　$(x+yi)+(x-yi)=3$

よって，$2x=3$ から　$x=\dfrac{3}{2}$　　ゆえに　$z=\dfrac{3}{2}+yi$

よって，点 z の全体は　**点 $\dfrac{3}{2}$ を通り，実軸に垂直な直線**

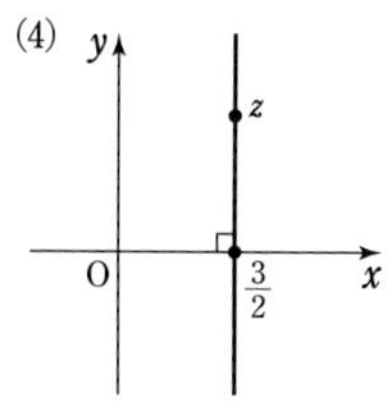

◀虚部の y はすべての実数値をとりうる。

例 42 ➡本冊 p. 181

この問題で扱う角 θ は $0\leqq\theta\leqq\pi$ の範囲で考える。

(1) $\dfrac{\gamma-\alpha}{\beta-\alpha}=\dfrac{2+4i-(1+2i)}{4+3i-(1+2i)}=\dfrac{1+2i}{3+i}=\dfrac{(1+2i)(3-i)}{(3+i)(3-i)}$

◀分母の実数化。

$=\dfrac{3+(-1+6)i-2i^2}{3^2-i^2}=\dfrac{5+5i}{10}=\dfrac{1}{2}+\dfrac{1}{2}i$

$=\dfrac{\sqrt{2}}{2}\left(\dfrac{1}{\sqrt{2}}+\dfrac{1}{\sqrt{2}}i\right)=\dfrac{\sqrt{2}}{2}\left(\cos\dfrac{\pi}{4}+i\sin\dfrac{\pi}{4}\right)$

◀偏角を調べる。

したがって，∠BAC の大きさは　$\boldsymbol{\dfrac{\pi}{4}}$

(2) $\dfrac{\gamma-\beta}{\alpha-\beta}=\dfrac{1-\sqrt{3}+(2+\sqrt{3})i-i}{1+2i-i}=\dfrac{1-\sqrt{3}+(1+\sqrt{3})i}{1+i}$

$=\dfrac{\{1-\sqrt{3}+(1+\sqrt{3})i\}(1-i)}{(1+i)(1-i)}$

◀分母の実数化。

$=\dfrac{1-\sqrt{3}+\{-(1-\sqrt{3})+(1+\sqrt{3})\}i-(1+\sqrt{3})i^2}{1^2-i^2}$

$=\dfrac{2+2\sqrt{3}i}{2}=2\left(\dfrac{1}{2}+\dfrac{\sqrt{3}}{2}i\right)=2\left(\cos\dfrac{\pi}{3}+i\sin\dfrac{\pi}{3}\right)$

◀偏角を調べる。

したがって，∠ABC の大きさは　$\boldsymbol{\dfrac{\pi}{3}}$

(3) $\beta(1-i)=\alpha-\gamma i$ から　　$(\gamma-\beta)i=\alpha-\beta$

◀線分 BA は線分 BC を B を中心として $\dfrac{\pi}{2}$ だけ回転したもの。

ゆえに　　$\dfrac{\alpha-\beta}{\gamma-\beta}=i=\cos\dfrac{\pi}{2}+i\sin\dfrac{\pi}{2}$

したがって，∠CBA の大きさは　$\boldsymbol{\dfrac{\pi}{2}}$

例 43 ➡本冊 p. 181

(1) $\dfrac{\gamma-\alpha}{\beta-\alpha}=\dfrac{-2+ci-(1+i)}{-i-(1+i)}=\dfrac{-3+(c-1)i}{-1-2i}$

◀(2) にも利用できるように，∠BAC について調べる。

$=\dfrac{3-(c-1)i}{1+2i}=\dfrac{\{3-(c-1)i\}(1-2i)}{(1+2i)(1-2i)}$

$=\dfrac{-2c+5-(c+5)i}{5}$　…… ①

3 点 A，B，C が一直線上にあるための条件は，① が実数となることであるから

$c+5=0$

◀(① の虚部)$=0$

すなわち　　$\boldsymbol{c=-5}$

(1)

x, y, O, A(1+i), B(−i), C(−2+ci)

参考　複素数平面上の 3 点 A，B，C を座標平面上に対応させると

A(1, 1)，B(0, −1)，C(−2, c)

したがって　　$\overrightarrow{\mathrm{AB}}=(-1,\ -2)$，$\overrightarrow{\mathrm{AC}}=(-3,\ c-1)$

3 点 A，B，C が一直線上にあるための条件は

$\overrightarrow{\mathrm{AC}}=k\overrightarrow{\mathrm{AB}}$ (k は実数)

よって　　$-3=-k$，$c-1=-2k$

連立して解くと　　$k=3$，$\boldsymbol{c=-5}$

(2)　2 直線 AB，AC が垂直であるための条件は，① が純虚数となることであるから　$-2c+5=0$ かつ $c+5 \neq 0$

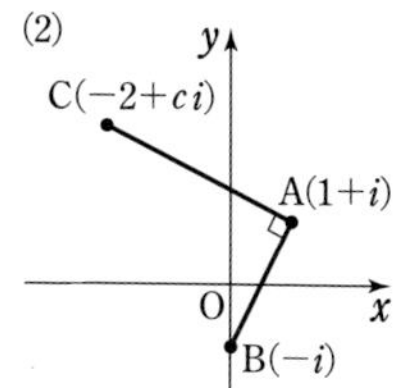

◀(① の実部)$=0$ かつ (① の虚部)$\neq 0$

$-2c+5=0$ から　　$\boldsymbol{c=\frac{5}{2}}$

これは $c+5 \neq 0$ を満たす。

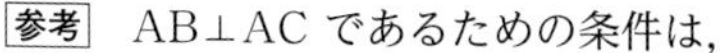

参考　AB⊥AC であるための条件は，

$\overrightarrow{\mathrm{AB}}\cdot\overrightarrow{\mathrm{AC}}=0$

よって　　$(-1)\cdot(-3)-2(c-1)=0$

これを解いて　　$\boldsymbol{c=\frac{5}{2}}$

例 44　➡ 本冊 p. 181

(1)　2 点 A，C は異なるから　　$\gamma \neq \alpha$

◀$\gamma-\alpha \neq 0$

等式から　　$\dfrac{\beta-\alpha}{\gamma-\alpha}=1+\sqrt{3}\,i=2\left(\cos\dfrac{\pi}{3}+i\sin\dfrac{\pi}{3}\right)$

$\dfrac{\mathrm{AB}}{\mathrm{AC}}=\dfrac{|\beta-\alpha|}{|\gamma-\alpha|}=2$ から　　AB：AC＝2：1

また，$\arg\dfrac{\beta-\alpha}{\gamma-\alpha}=\dfrac{\pi}{3}$ から　　$\angle\mathrm{CAB}=\dfrac{\pi}{3}$

ゆえに，△ABC は

AB：BC：CA＝2：$\sqrt{3}$：1 の直角三角形

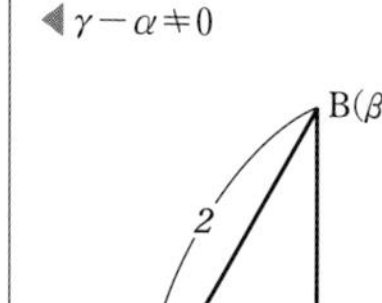

参考　$\dfrac{\beta-\alpha}{\gamma-\alpha}=2\left(\cos\dfrac{\pi}{3}+i\sin\dfrac{\pi}{3}\right)$ から

$$\beta-\alpha=2\left(\cos\frac{\pi}{3}+i\sin\frac{\pi}{3}\right)(\gamma-\alpha)$$

よって，点Bは，点Cを，点Aを中心として $\dfrac{\pi}{3}$ だけ回転した点を 2 倍した点である。

(2)　$\alpha+i\beta=(1+i)\gamma$ から　　$\alpha-\gamma=(\gamma-\beta)i$

よって　　$\dfrac{\alpha-\gamma}{\beta-\gamma}=-i$

ゆえに　　$\left|\dfrac{\alpha-\gamma}{\beta-\gamma}\right|=\dfrac{|\alpha-\gamma|}{|\beta-\gamma|}=\dfrac{\mathrm{CA}}{\mathrm{CB}}=1$

よって　　CA＝CB

また，$\dfrac{\alpha-\gamma}{\beta-\gamma}$ は純虚数であるから　　CA⊥CB

ゆえに，△ABC は **CA＝CB の直角二等辺三角形** である。

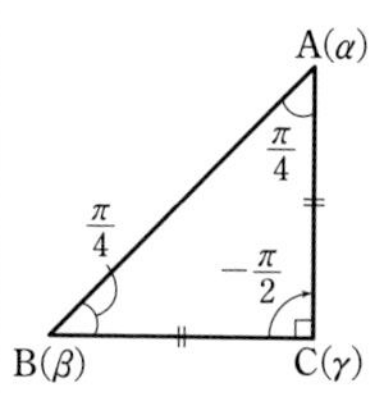

参考　$\alpha-\gamma=\left\{\cos\left(-\dfrac{\pi}{2}\right)+i\sin\left(-\dfrac{\pi}{2}\right)\right\}(\beta-\gamma)$ であるから，点 α は，点 β を点 γ の周りに $-\dfrac{\pi}{2}$ だけ回転した点である。

このことから，△ABC の形を求めてもよい。

◀(1) についても同じように考えてよい。

練習 69 ➡ 本冊 p. 144

(1) $|z^2-3z+2|=|(z-1)(z-2)|=|z-1||z-2|=|2-i||1-i|$
$=\sqrt{2^2+(-1)^2}\sqrt{1^2+(-1)^2}$
$=\sqrt{5}\sqrt{2}={}^{ア}\sqrt{\mathbf{10}}$

◀ $|\alpha\beta|=|\alpha||\beta|$

また $\left|z+\dfrac{2}{\bar{z}}\right|^2=\left(z+\dfrac{2}{\bar{z}}\right)\overline{\left(z+\dfrac{2}{\bar{z}}\right)}$

$=\left(z+\dfrac{2}{\bar{z}}\right)\left(\bar{z}+\dfrac{2}{z}\right)$

$=\bar{z}z+2+2+\dfrac{4}{z\bar{z}}$

$=|z|^2+4+\dfrac{4}{|z|^2}$

◀ $z+\dfrac{2}{\bar{z}}=\dfrac{z\bar{z}+2}{\bar{z}}$ であるから $\left|z+\dfrac{2}{\bar{z}}\right|=\dfrac{||z|^2+2|}{|\bar{z}|}=\dfrac{|z|^2+2}{|z|}$ としてもよい。

$|z|^2=|3-i|^2=3^2+(-1)^2=10$ であるから

$\left|z+\dfrac{2}{\bar{z}}\right|^2=10+4+\dfrac{4}{10}=\dfrac{72}{5}$

ゆえに $\left|z+\dfrac{2}{\bar{z}}\right|=\sqrt{\dfrac{72}{5}}={}^{イ}\dfrac{\mathbf{6\sqrt{10}}}{\mathbf{5}}$

別解 $z^2-3z+2=(3-i)^2-3(3-i)+2=8-6i-9+3i+2$
$=1-3i$

◀ $z=3-i$ を z^2-3z+2 に代入して計算する。

よって $|z^2-3z+2|=\sqrt{1^2+(-3)^2}={}^{ア}\sqrt{\mathbf{10}}$

$|z|^2=10$ すなわち $z\bar{z}=10$ から $\dfrac{1}{\bar{z}}=\dfrac{z}{10}$

よって $\left|z+\dfrac{2}{\bar{z}}\right|=\left|z+\dfrac{2z}{10}\right|=\dfrac{6}{5}|z|={}^{イ}\dfrac{\mathbf{6\sqrt{10}}}{\mathbf{5}}$

◀ $|z|=\sqrt{10}$

(2) $\mathrm{AB}=|(-3+4i)-(2+i)|=|-5+3i|$
$=\sqrt{(-5)^2+3^2}={}^{ア}\sqrt{\mathbf{34}}$

◀ $\mathrm{A}(\alpha)$, $\mathrm{B}(\beta)$ のとき $\mathbf{AB}=|\boldsymbol{\beta}-\boldsymbol{\alpha}|$

また，求める実軸上の点を $\mathrm{C}(a)$ （a は実数）とすると，AC＝BC より，$\mathrm{AC}^2=\mathrm{BC}^2$ であるから

$|a-(2+i)|^2=|a-(-3+4i)|^2$

ゆえに $|(a-2)-i|^2=|(a+3)-4i|^2$

よって $(a-2)^2+(-1)^2=(a+3)^2+(-4)^2$

$a^2-4a+5=a^2+6a+25$

これを解いて $a=-2$

したがって，点Cを表す複素数は ${}^{イ}\mathbf{-2}$

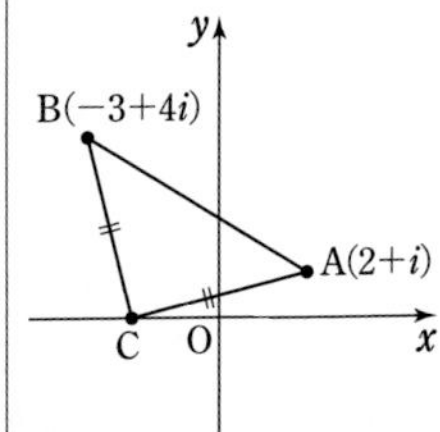

練習 70 ➡ 本冊 p. 145

(1) $|iz-1|=|iz+i^2|=|i(z+i)|=|i||z+i|=|z+i|$

ゆえに，$|z+3i|=|iz-1|$ のとき $|z+3i|=|z+i|$

◀ z の前に，虚数単位 i が付いていると計算しづらい。$i^2=-1$, $|i|=1$ に着目して，z の係数を 1 にする。

すなわち $|z+3i|^2=|z+i|^2$

$(z+3i)\overline{(z+3i)}=(z+i)\overline{(z+i)}$

$(z+3i)(\bar{z}-3i)=(z+i)(\bar{z}-i)$

$z\bar{z}-3iz+3i\bar{z}+9=z\bar{z}-iz+i\bar{z}+1$

よって $2iz-2i\bar{z}=8$

したがって $z-\bar{z}=-4i$

◀ 両辺を $2i$ で割ると $\dfrac{8}{2i}=\dfrac{8i}{2i^2}=-4i$

(2) $|\alpha|=|\beta|=2$ より，$|\alpha|^2=|\beta|^2=4$ であるから

$$\left|\alpha-\frac{1}{2}\beta\right|^2=\left(\alpha-\frac{1}{2}\beta\right)\overline{\left(\alpha-\frac{1}{2}\beta\right)}=\left(\alpha-\frac{1}{2}\beta\right)\left(\overline{\alpha}-\frac{1}{2}\overline{\beta}\right)$$

$$=\alpha\overline{\alpha}-\frac{1}{2}\alpha\overline{\beta}-\frac{1}{2}\overline{\alpha}\beta+\frac{1}{4}\beta\overline{\beta}$$

$$=|\alpha|^2-\frac{1}{2}(\alpha\overline{\beta}+\overline{\alpha}\beta)+\frac{1}{4}|\beta|^2$$

$$=4-\frac{1}{2}(\alpha\overline{\beta}+\overline{\alpha}\beta)+\frac{1}{4}\cdot 4$$

◀$|\alpha|^2=|\beta|^2=2^2$

$$=5-\frac{1}{2}(\alpha\overline{\beta}+\overline{\alpha}\beta) \quad \cdots\cdots \text{①}$$

ここで，$|\alpha+\beta|=2$ から，$|\alpha+\beta|^2=4$ であり

◀$\alpha\overline{\beta}+\overline{\alpha}\beta$ の値が欲しいので，使っていない条件 $|\alpha+\beta|=2$ から求める。

$$|\alpha+\beta|^2=(\alpha+\beta)\overline{(\alpha+\beta)}=(\alpha+\beta)(\overline{\alpha}+\overline{\beta})$$

$$=\alpha\overline{\alpha}+\alpha\overline{\beta}+\overline{\alpha}\beta+\beta\overline{\beta}=|\alpha|^2+\alpha\overline{\beta}+\overline{\alpha}\beta+|\beta|^2$$

$$=\alpha\overline{\beta}+\overline{\alpha}\beta+8$$

◀$|\alpha|^2+|\beta|^2=8$

ゆえに　$\alpha\overline{\beta}+\overline{\alpha}\beta+8=4$　　よって　$\alpha\overline{\beta}+\overline{\alpha}\beta=-4$

① から　$\left|\alpha-\frac{1}{2}\beta\right|^2=5-\frac{1}{2}\cdot(-4)=7$

したがって　$\left|\alpha-\frac{1}{2}\beta\right|=\sqrt{7}$

練習 71

➡ 本冊 p.146

$x\geqq 0$ のとき，$2|1+z|^2-(1+|z|)^2\geqq 0$ であることを示す。

◀結論からお迎え

$$2|1+z|^2-(1+|z|)^2=2(1+z)(1+\overline{z})-(1+2|z|+|z|^2)$$

◀$|\alpha|^2=\alpha\overline{\alpha}$

$$=2+2\overline{z}+2z+2|z|^2-1-2|z|-|z|^2$$

$$=|z|^2-2|z|+1+2z+2\overline{z}$$

$$=(|z|-1)^2+2(z+\overline{z})$$

ここで，$z+\overline{z}$ は実数であり，また $x\geqq 0$ であるから

◀$z+\overline{z}=2x$

$$z+\overline{z}\geqq 0$$

ゆえに　$(|z|-1)^2+2(z+\overline{z})\geqq 0$

よって　$2|1+z|^2-(1+|z|)^2\geqq 0$

したがって　$|1+z|^2\geqq\dfrac{(1+|z|)^2}{2}$

$|1+z|>0$，$1+|z|>0$ であるから　$|1+z|\geqq\dfrac{1+|z|}{\sqrt{2}}$

等号は，$|z|=1$ かつ $z+\overline{z}=0$ のとき成り立つ。

$z+\overline{z}=0$ から，z は純虚数または 0 である。

このうち $|z|=1$ を満たすものは　$z=\pm i$ …… (＊)

すなわち，等号が成り立つのは **$z=\pm i$ のとき** である。

(＊) 次のように考えてもよい。
$z+\overline{z}=0$ より $x=0$ であるから　$z=yi$
$|z|=1$ であるから
$y^2=1$
よって　$y=\pm 1$

練習 72

➡ 本冊 p.147

指針 複素数 α が実数 $\iff$ $\overline{\alpha}=\alpha$ を利用する。

(1) $z+\dfrac{1}{z}$ が実数 $\iff$ $\overline{z+\dfrac{1}{z}}=z+\dfrac{1}{z}$　すなわち　$\overline{z}+\dfrac{1}{\overline{z}}=z+\dfrac{1}{z}$ …… ①

① を変形して，z に関する必要条件を求め，それが十分条件であることを示す。

参考 極形式 $z=r(\cos\theta+i\sin\theta)$ を利用して証明することもできる。

(1) $z+\frac{1}{z}$ が実数のとき　$\overline{z+\frac{1}{z}}=z+\frac{1}{z}$

◀必要条件。

よって　$\bar{z}+\frac{1}{\bar{z}}=z+\frac{1}{z}$

◀$\overline{z+\frac{1}{z}}=\bar{z}+\frac{1}{\bar{z}}$ と直ちに書いてよい。

両辺に $z\bar{z}=|z|^2$ を掛けて　$\bar{z}|z|^2+z=z|z|^2+\bar{z}$

したがって　$(z-\bar{z})(|z|^2-1)=0$

ゆえに　$z-\bar{z}=0$　または　$|z|^2-1=0$

$z-\bar{z}=0$ から　$z=\bar{z}$　　$|z|^2-1=0$ から　$|z|=1$

◀$|z|>0$ であるから，$|z|^2=1$ より $|z|=1$

よって，$z+\frac{1}{z}$ が実数ならば，z は実数または $|z|=1$ である。

逆に，z が実数のとき，$z+\frac{1}{z}$ は実数である。

◀十分条件であることを確認する。

また，$|z|=1$ のとき，$|z|^2=1$ すなわち $z\bar{z}=1$ であるから

$$\bar{z}=\frac{1}{z}$$

ゆえに　$\overline{z+\frac{1}{z}}=\bar{z}+\frac{1}{\bar{z}}=\frac{1}{z}+z$

したがって，$z+\frac{1}{z}$ は実数である。

以上により，求める必要十分条件は，z が実数または $|z|=1$ である。

別解　$z=a+bi$ (a, b は実数) とする。ただし $a^2+b^2\neq 0$

◀$z\neq 0$ の条件から $a^2+b^2\neq 0$

$$z+\frac{1}{z}=a+bi+\frac{1}{a+bi}$$

よって　$z+\frac{1}{z}=a\left(1+\frac{1}{a^2+b^2}\right)+b\left(1-\frac{1}{a^2+b^2}\right)i$　…… (*)

◀$\frac{1}{a+bi}=\frac{a-bi}{a^2+b^2}$

$z+\frac{1}{z}$ が実数のとき　$b\left(1-\frac{1}{a^2+b^2}\right)=0$

◀(虚部)=0

ゆえに　$b=0$　または　$a^2+b^2=1$

$b=0$ のとき　z は実数，　$a^2+b^2=1$ のとき　$|z|=1$

◀$|z|=\sqrt{a^2+b^2}$

逆に，z が実数のとき $z+\frac{1}{z}$ は実数であり，$|z|=1$ のとき

$a^2+b^2=1$ であるから，(*) より $z+\frac{1}{z}$ は実数である。

◀(虚部)=0

以上により，求める必要十分条件は，z が実数または $|z|=1$ である。

(2) $\frac{\alpha+z}{1+\alpha z}$ が実数となるための条件は　$\overline{\left(\frac{\alpha+z}{1+\alpha z}\right)}=\frac{\alpha+z}{1+\alpha z}$

◀**複素数 α が実数 $\iff \bar{\alpha}=\alpha$**

ゆえに　$\frac{\alpha+z}{1+\alpha z}=\frac{\bar{\alpha}+\bar{z}}{1+\bar{\alpha}\bar{z}}$

よって　$(\alpha+z)(1+\bar{\alpha}\bar{z})=(\bar{\alpha}+\bar{z})(1+\alpha z)$

$\alpha+|\alpha|^2\bar{z}+z+\bar{\alpha}|z|^2=\bar{\alpha}+|\alpha|^2z+\bar{z}+\alpha|z|^2$

◀$\alpha\bar{\alpha}=|\alpha|^2$，$z\bar{z}=|z|^2$

$|\alpha|=1$ を代入して整理すると　$\alpha|z|^2-\bar{\alpha}|z|^2-\alpha+\bar{\alpha}=0$

ゆえに　$(\alpha-\bar{\alpha})(|z|^2-1)=0$

よって　$\alpha=\bar{\alpha}$　…… ①　または　$|z|=1$

① より，α が実数であるとき，$|\alpha|=1$ から　$\alpha=\pm 1$

ゆえに　$\alpha=\pm1$　または　$|z|=1$

$1+\alpha z\neq0$ であることに注意して

$\alpha=1$　のとき　z は -1 以外の任意の複素数

$\alpha=-1$ のとき　z は 1 以外の任意の複素数

$\alpha\neq\pm1$ のとき　z は $|z|=1$　かつ　$z\neq-\dfrac{1}{\alpha}$ を満たす複素数

◀ $\dfrac{\alpha+z}{1+\alpha z}$ の分母は0でないから，$1+\alpha z\neq0$ より　$z\neq-\dfrac{1}{\alpha}$

練習 73 ➡ 本冊 p.152

(1) $$\left\{\cos\left(-\frac{3}{4}\pi\right)+i\sin\left(-\frac{3}{4}\pi\right)\right\}$$
$$\times\left\{-\frac{1}{2}+\frac{\sqrt{3}}{2}i-\left(-\frac{1}{2}-\frac{\sqrt{3}}{2}i\right)\right\}-\frac{1}{2}-\frac{\sqrt{3}}{2}i$$
$$=\left(-\frac{1}{\sqrt{2}}-\frac{1}{\sqrt{2}}i\right)\sqrt{3}\,i-\frac{1}{2}-\frac{\sqrt{3}}{2}i$$
$$=\boldsymbol{\frac{\sqrt{6}-1}{2}-\frac{\sqrt{6}+\sqrt{3}}{2}i}$$

◀点 w を，点 z を中心として θ だけ回転した点 w' を表す複素数は
$w'=(\cos\theta+i\sin\theta)\times(w-z)+z$

(2) 点Pを表す複素数を z とすると
$$\left(\cos\frac{\pi}{3}+i\sin\frac{\pi}{3}\right)(2+i-z)+z$$
$$=\frac{3}{2}-\frac{3\sqrt{3}}{2}+\left(-\frac{1}{2}+\frac{\sqrt{3}}{2}\right)i$$

◀点Aを点Pを中心として $\dfrac{\pi}{3}$ だけ回転した点。

$$(左辺)=\frac{1+\sqrt{3}\,i}{2}(2+i-z)+z=\frac{(1+\sqrt{3}\,i)(2+i)}{2}+\left(-\frac{1+\sqrt{3}\,i}{2}+1\right)z$$
$$=\frac{2-\sqrt{3}+(1+2\sqrt{3})i}{2}+\frac{1-\sqrt{3}\,i}{2}z$$ であるから
$$\frac{1-\sqrt{3}\,i}{2}z=\frac{3}{2}-\frac{3\sqrt{3}}{2}+\left(-\frac{1}{2}+\frac{\sqrt{3}}{2}\right)i-\frac{2-\sqrt{3}+(1+2\sqrt{3})i}{2}$$
$$=\frac{1-2\sqrt{3}-(2+\sqrt{3})i}{2}$$

よって　$$z=\frac{2}{1-\sqrt{3}\,i}\cdot\frac{1-2\sqrt{3}-(2+\sqrt{3})i}{2}$$
$$=\frac{1+\sqrt{3}\,i}{2}\cdot\frac{1-2\sqrt{3}-(2+\sqrt{3})i}{2}$$
$$=\frac{1-2\sqrt{3}+\sqrt{3}(2+\sqrt{3})+(-2-\sqrt{3}+\sqrt{3}-6)i}{4}$$
$$=\frac{4-8i}{4}=\boldsymbol{1-2i}$$

◀ $\dfrac{2(1+\sqrt{3}\,i)}{(1-\sqrt{3}\,i)(1+\sqrt{3}\,i)}=\dfrac{2(1+\sqrt{3}\,i)}{4}=\dfrac{1+\sqrt{3}\,i}{2}$

練習 74 ➡ 本冊 p.155

(1) $$\frac{2(\sqrt{3}+i)}{1+\sqrt{3}\,i}=\frac{2\cdot2\left(\frac{\sqrt{3}}{2}+\frac{1}{2}i\right)}{2\left(\frac{1}{2}+\frac{\sqrt{3}}{2}i\right)}=\frac{2\left(\cos\frac{\pi}{6}+i\sin\frac{\pi}{6}\right)}{\cos\frac{\pi}{3}+i\sin\frac{\pi}{3}}$$
$$=2\left\{\cos\left(\frac{\pi}{6}-\frac{\pi}{3}\right)+i\sin\left(\frac{\pi}{6}-\frac{\pi}{3}\right)\right\}$$
$$=2\left\{\cos\left(-\frac{\pi}{6}\right)+i\sin\left(-\frac{\pi}{6}\right)\right\}$$

◀分母，分子をそれぞれ極形式で表す。

◀**商：絶対値は割る。偏角は引く。**

3章 練習 [複素数平面]

ゆえに　$\left\{\dfrac{2(\sqrt{3}+i)}{1+\sqrt{3}i}\right\}^n=\left[2\left\{\cos\left(-\dfrac{\pi}{6}\right)+i\sin\left(-\dfrac{\pi}{6}\right)\right\}\right]^n$

$=2^n\left\{\cos\left(-\dfrac{n}{6}\pi\right)+i\sin\left(-\dfrac{n}{6}\pi\right)\right\}$

◀ド・モアブルの定理。

これが実数となるための条件は　$\sin\left(-\dfrac{n}{6}\pi\right)=0$

◀(虚部)$=0$

よって　$\dfrac{n}{6}\pi=k\pi$ (k は整数)　ゆえに　$n=6k$

◀$\sin\dfrac{n}{6}\pi=0$

n が最大の負の整数となるのは $k=-1$ のときで　$\boldsymbol{n=-6}$

(2)　$z+\dfrac{1}{z}=-\sqrt{2}$ の両辺に z を掛けて整理すると

$$z^2+\sqrt{2}z+1=0$$

これを解くと　$z=\dfrac{-\sqrt{2}\pm\sqrt{(\sqrt{2})^2-4\cdot1\cdot1}}{2\cdot1}=\dfrac{-\sqrt{2}\pm\sqrt{2}i}{2}$

◀解の公式。

よって　$z=\cos\left(\pm\dfrac{3}{4}\pi\right)+i\sin\left(\pm\dfrac{3}{4}\pi\right)$　(複号同順，以下同様)

ここで，$\theta=\pm\dfrac{3}{4}\pi$ とおくと

◀$\theta=\dfrac{3}{4}\pi$ のときと $\theta=-\dfrac{3}{4}\pi$ のときを，まとめて扱う。

$$z^{12}+\frac{1}{z^{12}}=(\cos\theta+i\sin\theta)^{12}+(\cos\theta+i\sin\theta)^{-12}$$
$$=(\cos12\theta+i\sin12\theta)+\{\cos(-12\theta)+i\sin(-12\theta)\}$$
$$=2\cos12\theta=2\cos\left\{12\times\left(\pm\frac{3}{4}\pi\right)\right\}=2\cos(\pm9\pi)$$
$$=2\cos9\pi=2\times(-1)=\boldsymbol{-2}$$

◀$\theta=\pm\dfrac{3}{4}\pi$

◀$\cos(\pm\theta)=\cos\theta$

別解　$z^3+\dfrac{1}{z^3}=\left(z+\dfrac{1}{z}\right)^3-3z\cdot\dfrac{1}{z}\left(z+\dfrac{1}{z}\right)=(-\sqrt{2})^3+3\sqrt{2}$

$=\sqrt{2}$

◀$a^3+b^3=(a+b)^3-3ab(a+b)$，$a^2+b^2=(a+b)^2-2ab$

よって　$z^6+\dfrac{1}{z^6}=\left(z^3+\dfrac{1}{z^3}\right)^2-2=(\sqrt{2})^2-2=0$

ゆえに　$z^{12}+\dfrac{1}{z^{12}}=\left(z^6+\dfrac{1}{z^6}\right)^2-2=0^2-2=\boldsymbol{-2}$

練習 75

➡ 本冊 p. 156

(1)　解を $z=r(\cos\theta+i\sin\theta)$ $[r>0]$ とすると

$$z^3=r^3(\cos3\theta+i\sin3\theta)$$

◀ド・モアブルの定理。

また　$2\sqrt{2}i=2\sqrt{2}\left(\cos\dfrac{\pi}{2}+i\sin\dfrac{\pi}{2}\right)$

◀$i=\cos\dfrac{\pi}{2}+i\sin\dfrac{\pi}{2}$

ゆえに　$r^3(\cos3\theta+i\sin3\theta)=2\sqrt{2}\left(\cos\dfrac{\pi}{2}+i\sin\dfrac{\pi}{2}\right)$

◀方程式の両辺が極形式で表された。

両辺の絶対値と偏角を比較すると

$$r^3=2\sqrt{2},\quad 3\theta=\frac{\pi}{2}+2k\pi\quad(k\text{ は整数})$$

◀$+2k\pi$ を忘れないように。

$r>0$ であるから　$r=\sqrt{2}$　また　$\theta=\dfrac{\pi}{6}+\dfrac{2}{3}k\pi$

したがって

$$z=\sqrt{2}\left\{\cos\left(\frac{\pi}{6}+\frac{2}{3}k\pi\right)+i\sin\left(\frac{\pi}{6}+\frac{2}{3}k\pi\right)\right\}\quad\cdots\cdots①$$

$0\leqq\theta<2\pi$ の範囲で考えると，$k=0$，1，2 であるから

$$\theta=\frac{\pi}{6},\ \frac{5}{6}\pi,\ \frac{3}{2}\pi$$

① で $k=0,\ 1,\ 2$ としたときの z を，それぞれ $z_0,\ z_1,\ z_2$ とすると

$z_0=\sqrt{2}\left(\cos\frac{\pi}{6}+i\sin\frac{\pi}{6}\right)=\frac{\sqrt{6}}{2}+\frac{\sqrt{2}}{2}i,$

$z_1=\sqrt{2}\left(\cos\frac{5}{6}\pi+i\sin\frac{5}{6}\pi\right)=-\frac{\sqrt{6}}{2}+\frac{\sqrt{2}}{2}i,$

$z_2=\sqrt{2}\left(\cos\frac{3}{2}\pi+i\sin\frac{3}{2}\pi\right)=-\sqrt{2}\,i$

よって，求める解は

$$\boldsymbol{z=\frac{\sqrt{6}}{2}+\frac{\sqrt{2}}{2}i,\ -\frac{\sqrt{6}}{2}+\frac{\sqrt{2}}{2}i,\ -\sqrt{2}\,i}$$

参考　解を複素数平面上に図示すると，原点Oを中心とする半径 $\sqrt{2}$ の円に内接する正三角形の頂点となっている。

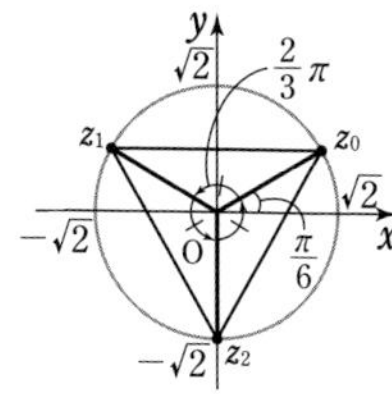

(2)　解を $z=r(\cos\theta+i\sin\theta)$ $[r>0]$ とすると

$z^4=r^4(\cos4\theta+i\sin4\theta)$

◀ド・モアブルの定理。

また　$-8-8\sqrt{3}\,i=16\left(-\frac{1}{2}-\frac{\sqrt{3}}{2}i\right)=16\left(\cos\frac{4}{3}\pi+i\sin\frac{4}{3}\pi\right)$

ゆえに　$r^4(\cos4\theta+i\sin4\theta)=16\left(\cos\frac{4}{3}\pi+i\sin\frac{4}{3}\pi\right)$

◀方程式の両辺が極形式で表された。

両辺の絶対値と偏角を比較すると

$r^4=16,\quad 4\theta=\frac{4}{3}\pi+2k\pi$　（k は整数）

◀$+2k\pi$ を忘れないように。

$r>0$ であるから　$r=2$　また　$\theta=\frac{\pi}{3}+\frac{k}{2}\pi$

したがって

$z=2\left\{\cos\left(\frac{\pi}{3}+\frac{k}{2}\pi\right)+i\sin\left(\frac{\pi}{3}+\frac{k}{2}\pi\right)\right\}$ …… ①

$0\leqq\theta<2\pi$ の範囲で考えると，$k=0,\ 1,\ 2,\ 3$ であるから

$$\theta=\frac{\pi}{3},\ \frac{5}{6}\pi,\ \frac{4}{3}\pi,\ \frac{11}{6}\pi$$

① で $k=0,\ 1,\ 2,\ 3$ としたときの z を，それぞれ $z_0,\ z_1,\ z_2,\ z_3$ とすると

$z_0=2\left(\cos\frac{\pi}{3}+i\sin\frac{\pi}{3}\right)=1+\sqrt{3}\,i,$

$z_1=2\left(\cos\frac{5}{6}\pi+i\sin\frac{5}{6}\pi\right)=-\sqrt{3}+i,$

$z_2=2\left(\cos\frac{4}{3}\pi+i\sin\frac{4}{3}\pi\right)=-1-\sqrt{3}\,i,$

$z_3=2\left(\cos\frac{11}{6}\pi+i\sin\frac{11}{6}\pi\right)=\sqrt{3}-i,$

よって，求める解は　$\boldsymbol{z=\pm(1+\sqrt{3}\,i),\ \pm(\sqrt{3}-i)}$

参考　解を複素数平面上に図示すると，点 $z_0,\ z_1,\ z_2,\ z_3$ は，原点Oを中心とする半径2の円に内接する正方形の頂点となっている。

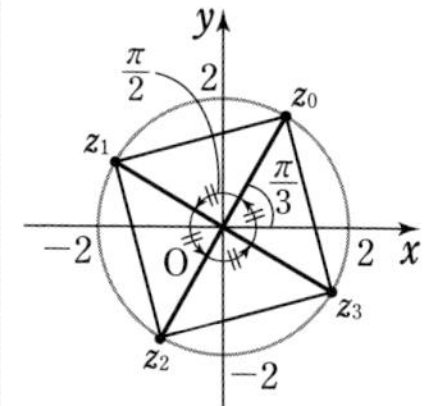

練習 76

➡本冊 p.157

$1+i=\sqrt{2}\left(\frac{1}{\sqrt{2}}+\frac{1}{\sqrt{2}}i\right)=\sqrt{2}\left(\cos\frac{\pi}{4}+i\sin\frac{\pi}{4}\right),$

◀極形式で表す。

$1+\sqrt{3}\,i=2\left(\frac{1}{2}+\frac{\sqrt{3}}{2}i\right)=2\left(\cos\frac{\pi}{3}+i\sin\frac{\pi}{3}\right)$ であるから，

等式は　$\left\{\sqrt{2}\left(\cos\frac{\pi}{4}+i\sin\frac{\pi}{4}\right)\right\}^n=\left\{2\left(\cos\frac{\pi}{3}+i\sin\frac{\pi}{3}\right)\right\}^m$

よって　$(\sqrt{2})^n\left(\cos\frac{n\pi}{4}+i\sin\frac{n\pi}{4}\right)=2^m\left(\cos\frac{m\pi}{3}+i\sin\frac{m\pi}{3}\right)$

◀ド・モアブルの定理。

両辺の絶対値と偏角を比較すると

$(\sqrt{2})^n=2^m$ …… ①, $\dfrac{n\pi}{4}=\dfrac{m\pi}{3}+2k\pi$ (k は整数) …… ②

① から　$2^{\frac{n}{2}}=2^m$　ゆえに, $\dfrac{n}{2}=m$ から　$n=2m$

◀① の底を 2 に統一。

$n=2m$ を ② に代入して整理すると　$m=12k$ …… ③

◀$\dfrac{m}{2}=\dfrac{m}{3}+2k$

よって　$n=24k$ …… ④

◀$n=2m$

$m>0$, $n>0$ であるから, ③, ④ より, k は自然数である。

また, ③, ④ を $m+n\leqq 100$ に代入すると　$12k+24k\leqq 100$

ゆえに　$k\leqq\dfrac{25}{9}=2.7\cdots$　よって　$k=1, 2$

したがって　$\boldsymbol{(m, n)=(12, 24), (24, 48)}$

◀③, ④ から。

練習 77 ➡ 本冊 $p.159$

(1) $\alpha^5=1$ から　$\alpha^5-1=0$

よって　$(\alpha-1)(1+\alpha+\alpha^2+\alpha^3+\alpha^4)=0$

$\alpha\neq 1$ であるから　$1+\alpha+\alpha^2+\alpha^3+\alpha^4=0$

◀z^n-1
$=(z-1)$
$\times(z^{n-1}+z^{n-2}+\cdots\cdots+z+1)$
[n は自然数]

(2) α は 1 の 5 乗根で, $\alpha\neq 1$ であるものは

$$\alpha^k=\cos\frac{2k\pi}{5}+i\sin\frac{2k\pi}{5}\quad(k=1, 2, 3, 4)\quad\cdots\cdots ①$$

◀$k=0$ のとき　$\alpha^0=1$

と表される。α, α^2, α^3, α^4 は互いに異なり, 方程式 $x^5=1$ の 1 でない解であるから, $x^4+x^3+x^2+x+1=0$ を満たす。

したがって, 次の等式が成り立つ。

$$(x-\alpha)(x-\alpha^2)(x-\alpha^3)(x-\alpha^4)=x^4+x^3+x^2+x+1$$

この等式の両辺に $x=1$ を代入すると

$$(1-\alpha)(1-\alpha^2)(1-\alpha^3)(1-\alpha^4)=1+1+1+1+1$$

よって, $(1-\alpha)(1-\alpha^2)(1-\alpha^3)(1-\alpha^4)$ は実数で, その値は　**5**

別解　$(1-\alpha)(1-\alpha^2)(1-\alpha^3)(1-\alpha^4)$

$=\{(1-\alpha)(1-\alpha^4)\}\{(1-\alpha^2)(1-\alpha^3)\}$

$=(1-\alpha-\alpha^4+\alpha^5)(1-\alpha^2-\alpha^3+\alpha^5)$

$=\{2-(\alpha+\alpha^4)\}\{2-(\alpha^2+\alpha^3)\}$

$=2^2-(\alpha^4+\alpha^3+\alpha^2+\alpha)\cdot 2+\alpha^3+\alpha^4+\alpha^6+\alpha^7$

$=4-(-1)\cdot 2+\alpha^3+\alpha^4+\alpha+\alpha^2=6-1=\boldsymbol{5}$

◀$\alpha^5=1$ と (1) で導いた $\alpha^4+\alpha^3+\alpha^2+\alpha+1=0$ を利用する。

(3) $|1-z|=|(1-\cos\theta)-i\sin\theta|=\sqrt{(1-\cos\theta)^2+(-\sin\theta)^2}$

$=\sqrt{2(1-\cos\theta)}=\sqrt{4\sin^2\dfrac{\theta}{2}}=2\left|\sin\dfrac{\theta}{2}\right|$

◀$|\beta|=\sqrt{\beta\overline{\beta}}$

$0\leqq\theta<2\pi$ より $\sin\dfrac{\theta}{2}\geqq 0$ であるから　$|1-z|=2\sin\dfrac{\theta}{2}$

◀$0\leqq\dfrac{\theta}{2}<\pi$

(4) (2) から　$|(1-\alpha)(1-\alpha^2)(1-\alpha^3)(1-\alpha^4)|=5$

よって　$|1-\alpha||1-\alpha^2||1-\alpha^3||1-\alpha^4|=5$

ここで, α は 1 でない 1 の 5 乗根であり, ① と (3) から

$$\left(2\sin\frac{\pi}{5}\right)\left(2\sin\frac{2\pi}{5}\right)\left(2\sin\frac{3\pi}{5}\right)\left(2\sin\frac{4\pi}{5}\right)=5$$

◀$z=\cos\theta+i\sin\theta$ の θ を $\dfrac{2k\pi}{5}$ ($k=1, 2, 3, 4$) とみる。

すなわち　$\sin\dfrac{\pi}{5}\sin\dfrac{2\pi}{5}\sin\dfrac{3\pi}{5}\sin\dfrac{4\pi}{5}=\boldsymbol{\dfrac{5}{16}}$

練習 78 ➡ 本冊 p. 162

(1) $(1-z)^{-1}=(1-\cos\theta-i\sin\theta)^{-1}$

$$=\frac{1-\cos\theta+i\sin\theta}{(1-\cos\theta-i\sin\theta)(1-\cos\theta+i\sin\theta)}$$

◀分母の実数化。

$$=\frac{1-\cos\theta+i\sin\theta}{2(1-\cos\theta)}=\frac{2\sin^2\frac{\theta}{2}+2i\sin\frac{\theta}{2}\cos\frac{\theta}{2}}{4\sin^2\frac{\theta}{2}}$$

◀$\cos 2\alpha=1-2\sin^2\alpha$, $\sin 2\alpha=2\sin\alpha\cos\alpha$ の利用。

$$=\frac{\sin\frac{\theta}{2}+i\cos\frac{\theta}{2}}{2\sin\frac{\theta}{2}}=\frac{1}{2}+\frac{i}{2\tan\frac{\theta}{2}}$$

したがって　$\boldsymbol{a=2\tan\frac{\theta}{2}}$

(2) 等式から　$1+z+z^2+\cdots\cdots+z^n=\dfrac{1-z^{n+1}}{1-z}$　…… ①

◀$0<\theta<\pi$ から　$z\neq1$

(① の左辺) $=1+\sum_{k=1}^{n}(\cos k\theta+i\sin k\theta)$

◀$z^k=\cos k\theta+i\sin k\theta$

$$=1+\sum_{k=1}^{n}\cos k\theta+i\sum_{k=1}^{n}\sin k\theta \quad \cdots\cdots ②$$

(① の右辺)

$$=\frac{\sin\frac{\theta}{2}+i\cos\frac{\theta}{2}}{2\sin\frac{\theta}{2}}\{1-\cos(n+1)\theta-i\sin(n+1)\theta\}$$

◀(1) から $\dfrac{1}{1-z}=\dfrac{\sin\frac{\theta}{2}+i\cos\frac{\theta}{2}}{2\sin\frac{\theta}{2}}$

$$=\frac{\sin\frac{\theta}{2}+i\cos\frac{\theta}{2}}{2\sin\frac{\theta}{2}}\left(2\sin^2\frac{n+1}{2}\theta-2i\sin\frac{n+1}{2}\theta\cos\frac{n+1}{2}\theta\right)$$

$$=\frac{\sin\frac{n+1}{2}\theta}{\sin\frac{\theta}{2}}\left\{\left(\sin\frac{\theta}{2}\sin\frac{n+1}{2}\theta+\cos\frac{\theta}{2}\cos\frac{n+1}{2}\theta\right)+i\left(\sin\frac{n+1}{2}\theta\cos\frac{\theta}{2}-\sin\frac{\theta}{2}\cos\frac{n+1}{2}\theta\right)\right\}$$

$$=\frac{\sin\frac{n+1}{2}\theta}{\sin\frac{\theta}{2}}\left(\cos\frac{n}{2}\theta+i\sin\frac{n}{2}\theta\right) \quad \cdots\cdots ③$$

◀$\cos\left(\frac{n+1}{2}\theta-\frac{\theta}{2}\right)=\cos\frac{n}{2}\theta$, $\sin\left(\frac{n+1}{2}\theta-\frac{\theta}{2}\right)=\sin\frac{n}{2}\theta$ 加法定理を利用。

よって，② と ③ の実部と虚部を比較して

$$1+\cos\theta+\cos2\theta+\cdots\cdots+\cos n\theta=\frac{\sin\frac{n+1}{2}\theta\cos\frac{n}{2}\theta}{\sin\frac{1}{2}\theta},$$

$$\sin\theta+\sin2\theta+\cdots\cdots+\sin n\theta=\frac{\sin\frac{n+1}{2}\theta\sin\frac{n}{2}\theta}{\sin\frac{1}{2}\theta}$$

練習 79 ➡本冊 p.165

(1) 方程式の両辺を2乗すると　$|z+1|^2=4|z-2|^2$

ゆえに　$(z+1)\overline{(z+1)}=4(z-2)\overline{(z-2)}$

$(z+1)(\overline{z}+1)=4(z-2)(\overline{z}-2)$

$z\overline{z}+z+\overline{z}+1=4(z\overline{z}-2z-2\overline{z}+4)$

整理して　$z\overline{z}-3z-3\overline{z}+5=0$

よって　$(z-3)(\overline{z}-3)-4=0$

ゆえに　$(z-3)\overline{(z-3)}=4$　すなわち　$|z-3|^2=2^2$

よって　$|z-3|=2$

ゆえに，点 z の全体は，**点3を中心とする半径2の円** である。

CHART
$|z|$ は $|z|^2$ として扱う
$|z|^2=z\overline{z}$

別解 1．A(-1)，B(2)，P(z) とすると，方程式は　AP$=2$BP

ゆえに　AP：BP$=2：1$

線分 AB を 2：1 に内分する点を C(α)，外分する点を D(β) とすると　$\alpha=\dfrac{1\cdot(-1)+2\cdot 2}{2+1}=1$，$\beta=\dfrac{-1\cdot(-1)+2\cdot 2}{2-1}=5$

よって，点 z の全体は，**2点1，5を直径の両端とする円** である。

◀アポロニウスの円。

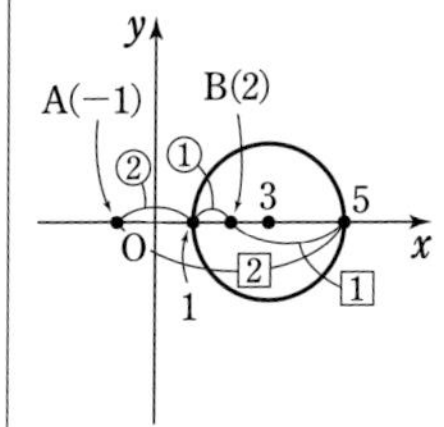

別解 2．$z=x+yi$ (x，y は実数) とする。

$|z+1|^2=4|z-2|^2$ から　$(x+1)^2+y^2=4\{(x-2)^2+y^2\}$

展開して整理すると　$x^2-6x+y^2+5=0$

したがって　$(x-3)^2+y^2=4$

よって，点 z の全体は，**点3を中心とする半径2の円** である。

(2) 方程式の両辺を2乗すると

$4|z+i|^2=9|z-4i|^2$

ゆえに　$4(z+i)\overline{(z+i)}=9(z-4i)\overline{(z-4i)}$

$4(z+i)(\overline{z}-i)=9(z-4i)(\overline{z}+4i)$

$4(z\overline{z}-iz+i\overline{z}+1)=9(z\overline{z}+4iz-4i\overline{z}+16)$

整理して　$z\overline{z}+8iz-8i\overline{z}+28=0$

よって　$(z-8i)(\overline{z}+8i)-36=0$

ゆえに　$(z-8i)\overline{(z-8i)}=36$　すなわち　$|z-8i|^2=6^2$

よって　$|z-8i|=6$

ゆえに，点 z の全体は，**点 $8i$ を中心とする半径6の円** である。

◀$\overline{i}=-i$，
$\overline{-4i}=4i$

別解 1．A$(-i)$，B$(4i)$，P(z) とすると，方程式は　2AP$=3$BP

ゆえに　AP：BP$=3：2$

線分 AB を 3：2 に内分する点を C(α)，外分する点を D(β) とすると　$\alpha=\dfrac{2\cdot(-i)+3\cdot 4i}{3+2}=2i$，$\beta=\dfrac{-2\cdot(-i)+3\cdot 4i}{3-2}=14i$

よって，点 z の全体は，**2点 $2i$，$14i$ を直径の両端とする円** である。

◀アポロニウスの円。

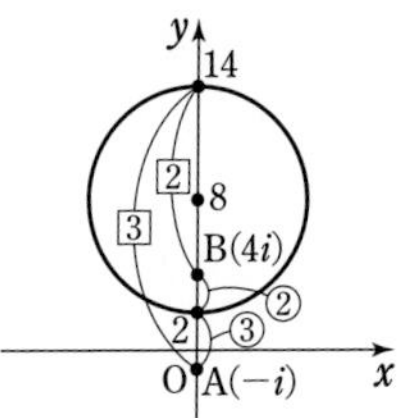

別解 2．$z=x+yi$ (x，y は実数) とする。

$4|z+i|^2=9|z-4i|^2$ から　$4\{x^2+(y+1)^2\}=9\{x^2+(y-4)^2\}$

展開して整理すると　$x^2+y^2-16y+28=0$

したがって　$x^2+(y-8)^2=6^2$

よって，点 z の全体は，**点 $8i$ を中心とする半径6の円** である。

●本冊 $p.166$ 検討の解説

一般に，a，c を実数，β を複素数とするとき，**方程式**

$$\boldsymbol{az\overline{z}+\overline{\beta}z+\beta\overline{z}+c=0} \quad \cdots\cdots Ⓐ$$

がどのような図形を表すか ということを調べてみよう。

[1]　$a \neq 0$ のとき，Ⓐ の両辺を a で割ると

$$z\overline{z}+\frac{\overline{\beta}}{a}z+\frac{\beta}{a}\overline{z}+\frac{c}{a}=0$$

ゆえに　$\left(z+\dfrac{\beta}{a}\right)\left(\overline{z}+\dfrac{\overline{\beta}}{a}\right)-\dfrac{\beta\overline{\beta}}{a^2}+\dfrac{c}{a}=0$

よって　$\left|z+\dfrac{\beta}{a}\right|^2=\dfrac{|\beta|^2-ac}{a^2}$

したがって，方程式 Ⓐ は

(i)　$|\beta|^2>ac$ のとき

点 $-\dfrac{\beta}{a}$ を中心とし，半径 $\dfrac{\sqrt{|\beta|^2-ac}}{|a|}$ の円 を表す。

(ii)　$|\beta|^2=ac$ のとき　点 $-\dfrac{\beta}{a}$ を表す。

(iii)　$|\beta|^2<ac$ のとき　何の図形も表さない。

[2]　$a=0$ のとき，Ⓐ は　$\overline{\beta}z+\beta\overline{z}+c=0$　…… Ⓑ

$\beta=0$ のとき，Ⓑ は $c=0$ となる。

$\beta \neq 0$ のときは，$z=x+yi$，$\beta=p+qi$ とすると，Ⓑ から

$$(p-qi)(x+yi)+(p+qi)(x-yi)+c=0$$

整理すると　$2px+2qy+c=0$

$2p=A$，$2q=B$ とおくと　$Ax+By+c=0$

これは座標平面上における直線の方程式（一般形）を表す。

◀例えば，円 $|z-\alpha|=r$ について，$|z-\alpha|^2=r^2$ から
$(z-\alpha)(\overline{z}-\overline{\alpha})=r^2$
よって，次のようになる。
$z\overline{z}-\overline{\alpha}z-\alpha\overline{z}+|\alpha|^2-r^2=0$

◀$\left(z+\dfrac{\beta}{a}\right)\left(\overline{z}+\dfrac{\overline{\beta}}{a}\right)=\left(z+\dfrac{\beta}{a}\right)\overline{\left(z+\dfrac{\beta}{a}\right)}$

◀$\beta \neq 0$ のとき
$p \neq 0$ または $q \neq 0$

◀$2p$，$2q$ は実数。

◀$A \neq 0$ または $B \neq 0$

練習 80　➡本冊 $p.166$

$w=x+yi$（x，y は実数）とおく。

$w\overline{\alpha}-\overline{w}\alpha+ki=0$ に代入すると

$$(x+yi)(-1-i)-(x-yi)(-1+i)+ki=0$$

整理すると　$(2x+2y-k)i=0$

すなわち　$2x+2y-k=0$

よって，xy 平面上で円 $(x-1)^2+(y-1)^2=1$ と直線 $2x+2y-k=0$ が共有点をもつような実数 k の最大値を求めればよい。

共有点をもつための条件は　$\dfrac{|2\cdot1+2\cdot1-k|}{\sqrt{2^2+2^2}} \leqq 1$

ゆえに　$|k-4| \leqq 2\sqrt{2}$

すなわち　$-2\sqrt{2} \leqq k-4 \leqq 2\sqrt{2}$

よって　$4-2\sqrt{2} \leqq k \leqq 4+2\sqrt{2}$

したがって，求める k の最大値は　$\boldsymbol{4+2\sqrt{2}}$

◀点 w の軌跡は直線である。

◀左辺は，点と直線の距離の公式。
直線 $2x+2y-k=0$ と円の中心 $(1,\ 1)$ との距離が半径以下，すなわち 1 以下であるとき，円と直線は共有点をもつ。

練習 81　➡本冊 $p.167$

(1)　点 z が満たす方程式は　$|z|=1$　…… ①

$w=3-iz$ から　$iw=3i+z$　すなわち　$z=i(w-3)$

① に代入して　　$|i(w-3)|=1$

$|i||w-3|=1$ から　　$|w-3|=1$

よって，点 w は **点 3 を中心とする半径 1 の円** を描く。

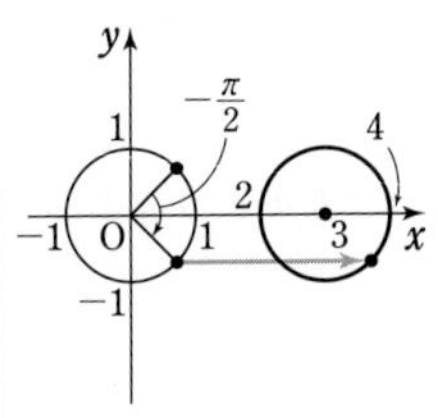

参考　$w=3-iz$ から，求める図形は，単位円を原点を中心に $-\frac{\pi}{2}$ だけ回転し，実軸方向に 3 だけ平行移動したものである。

よって，点 w は **点 3 を中心とする半径 1 の円** を描く。

(2)　点 z が満たす方程式は　　$|z-(1-\sqrt{3}i)|=1$　…… ①

$w=(2+2\sqrt{3}i)z$ すなわち $w=2(1+\sqrt{3}i)z$ から

$$z=\frac{w}{2(1+\sqrt{3}i)}=\frac{w(1-\sqrt{3}i)}{2(1+\sqrt{3}i)(1-\sqrt{3}i)}$$

$$=\frac{w(1-\sqrt{3}i)}{8}$$

◀分母の実数化。

① に代入して　　$\left|\frac{w(1-\sqrt{3}i)}{8}-(1-\sqrt{3}i)\right|=1$

すなわち　　$\left|\frac{1-\sqrt{3}i}{8}\right||w-8|=1$

◀$|\alpha\beta|=|\alpha||\beta|$

$\left|\frac{1-\sqrt{3}i}{8}\right|=\frac{2}{8}=\frac{1}{4}$ であるから　　$|w-8|=4$

◀$|1-\sqrt{3}i|$
$=\sqrt{1^2+(-\sqrt{3})^2}$

よって，点 w は **点 8 を中心とする半径 4 の円** を描く。

参考　$2+2\sqrt{3}i=4\left(\cos\frac{\pi}{3}+i\sin\frac{\pi}{3}\right)$ であるから，

点 $(2+2\sqrt{3}i)z$ は，点 z を，原点を中心に $\frac{\pi}{3}$ だけ回転した点を 4 倍した点である。

ゆえに，円 $|z-(1-\sqrt{3}i)|=1$ の中心である点 $1-\sqrt{3}i$ は点 8 に移り，円の半径は 4 となる。

よって，点 w は **点 8 を中心とする半径 4 の円** を描く。

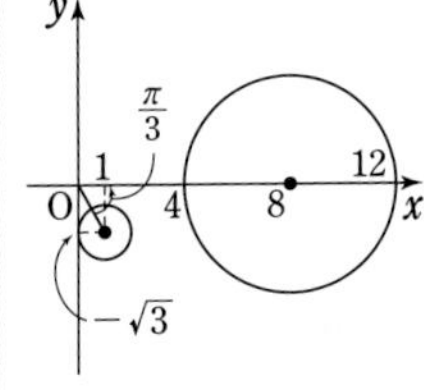

練習 82　➡ 本冊 p. 168

z の虚部は正で，点 z は単位円上を動くから

$$z=\cos\theta+i\sin\theta\quad(0<\theta<\pi)$$

と表される。

◀「z の虚部を正とする」という条件があるから，$z=(w$ の式$)$ と表し，z の条件式 $|z|=1$ に代入する方針では考えにくい。そこで，極形式を利用する。

$w=(1+i)z+1$ から

$$w=\sqrt{2}\left(\cos\frac{\pi}{4}+i\sin\frac{\pi}{4}\right)(\cos\theta+i\sin\theta)+1$$

$$=\sqrt{2}\left\{\cos\left(\frac{\pi}{4}+\theta\right)+i\sin\left(\frac{\pi}{4}+\theta\right)\right\}+1$$

$w_1=\sqrt{2}\left\{\cos\left(\frac{\pi}{4}+\theta\right)+i\sin\left(\frac{\pi}{4}+\theta\right)\right\}$ とすると，$0<\theta<\pi$ であるから　　$\frac{\pi}{4}<\frac{\pi}{4}+\theta<\frac{5}{4}\pi$

◀虚部は正であるから
$0<\theta<\pi$

ゆえに，w_1 が表す点の軌跡は，〔図 1〕の太線部分である。

$w=w_1+1$ であるから，w が表す点の軌跡は，w_1 の表す点の軌跡を実軸方向に 1 だけ平行移動したもので，**〔図 2〕の太線部分**のようになる。

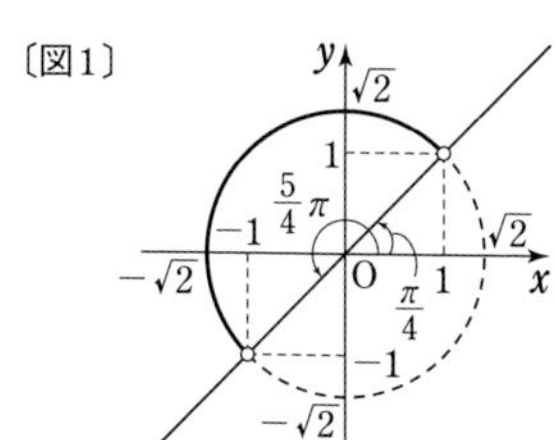

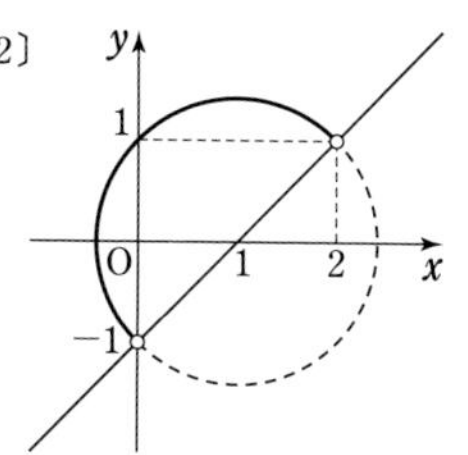

◀w_1 で $\theta=0$ とすると
$w_1=1+i$
また，$\theta=\pi$ とすると
$w_1=-1-i$
点 $1+i$，$-1-i$ を実軸方向に 1 だけ平行移動した点は，それぞれ
点 $2+i$，点 $-i$
よって，点 $2+i$ と点 $-i$ が除かれる。

別解　$z=a+bi$ (a, b は実数で $b>0$)，$w=x+yi$ (x, y は実数) とすると，$w=(1+i)z+1$ から　$x+yi=(1+i)(a+bi)+1$

すなわち　$x+yi=(a-b+1)+(a+b)i$

a, b, x, y は実数であるから　$x=a-b+1$, $y=a+b$

ゆえに　$a=\dfrac{x+y-1}{2}$, $b=\dfrac{1-x+y}{2}$

ここで，$a^2+b^2=1$ から　$\dfrac{(x+y-1)^2}{4}+\dfrac{(1-x+y)^2}{4}=1$　◀$|z|=1$

すなわち　$(x-1)^2+y^2=2$

$b>0$ から　$\dfrac{1-x+y}{2}>0$　よって　$y>x-1$

したがって，求める軌跡は，**〔図 2〕の太線部分** である。

練習 83　➡ 本冊 *p*. 169

➡ 本冊 *p*. 169

点 z が満たす方程式は　$|z+i|=1$　$(z\neq 0)$

$w=\dfrac{1}{z}$ から，$w\neq 0$ で　$z=\dfrac{1}{w}$

$|z+i|=1$ に代入して　$\left|\dfrac{1}{w}+i\right|=1$

ゆえに　$|1+iw|=|w|$　…… ①

$|1+iw|=|-i^2+iw|=|i(w-i)|$

$=|i||w-i|=|w-i|$

であるから，① は　$|w-i|=|w|$

よって，点 Q(w) は **2 点 0，i を結ぶ線分の垂直二等分線** を描く。

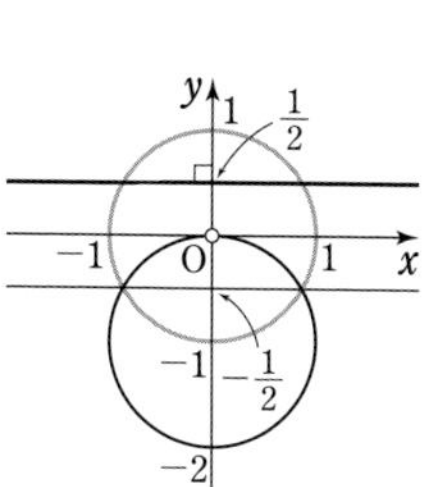

◀図については，本冊 *p*. 170 のコラムの解説も参照。

練習 84　➡ 本冊 *p*. 173

(1)　点 z が満たす方程式は　$|z|=1$　$(z\neq -1)$

$w=\dfrac{2z+1}{z+1}$ から　$(z+1)w=2z+1$

ゆえに　$(w-2)z=-w+1$

この等式の両辺に $w=2$ を代入すると，$0=-1$ となり不合理。
したがって，$w\neq 2$ である。

◀$w-2=0$ の可能性もあるから，直ちに $w-2$ で両辺を割ってはいけない。

よって　$z=-\dfrac{w-1}{w-2}$

これを $|z|=1$ に代入すると

$\left|-\dfrac{w-1}{w-2}\right|=1$　すなわち　$|w-1|=|w-2|$

ゆえに，点 w は，**2 点 1，2 を結ぶ線分の垂直二等分線** を描く。

(2) 点zが満たす方程式は $\dfrac{z+\overline{z}}{2}=5$ …… ①

◀$z=5+yi$ とすると $\overline{z}=5-yi$
ゆえに $z+\overline{z}=10$

また，$w=\dfrac{1+z}{1-z}$ から $(1-z)w=1+z$

ゆえに $(w+1)z=w-1$

この等式の両辺に $w=-1$ を代入すると，$0=-2$ となり不合理。

したがって，$w\neq-1$ である。よって $z=\dfrac{w-1}{w+1}$

ゆえに
$$z+\overline{z}=\frac{w-1}{w+1}+\frac{\overline{w}-1}{\overline{w}+1}$$
$$=\frac{(\overline{w}+1)(w-1)+(w+1)(\overline{w}-1)}{(w+1)(\overline{w}+1)}$$
$$=\frac{w\overline{w}-\overline{w}+w-1+w\overline{w}-w+\overline{w}-1}{(w+1)(\overline{w}+1)}$$
$$=\frac{2(w\overline{w}-1)}{(w+1)(\overline{w}+1)}$$

◀$\overline{z}=\overline{\left(\dfrac{w-1}{w+1}\right)}=\dfrac{\overline{w-1}}{\overline{w+1}}=\dfrac{\overline{w}-1}{\overline{w}+1}$

よって，①は $\dfrac{w\overline{w}-1}{(w+1)(\overline{w}+1)}=5$

ゆえに $w\overline{w}-1=5(w+1)(\overline{w}+1)$

$4w\overline{w}+5w+5\overline{w}+6=0$

よって $\left(w+\dfrac{5}{4}\right)\left(\overline{w}+\dfrac{5}{4}\right)=\dfrac{1}{16}$

◀$w\overline{w}+\dfrac{5}{4}w+\dfrac{5}{4}\overline{w}+\dfrac{3}{2}=0$

ゆえに $\left|w+\dfrac{5}{4}\right|^2=\left(\dfrac{1}{4}\right)^2$ すなわち $\left|w+\dfrac{5}{4}\right|=\dfrac{1}{4}$

したがって，点wは **点 $-\dfrac{5}{4}$ を中心とする半径 $\dfrac{1}{4}$ の円** を描く。

ただし，点 -1 を除く。

練習 85 ➡本冊 p. 176

(1) $z=r(\cos\theta+i\sin\theta)$ $(r>0,\ 0\leqq\theta<2\pi)$ …… ①

と表されるから
$$\frac{z}{4}+\frac{4}{z}=\frac{r}{4}(\cos\theta+i\sin\theta)+\frac{4}{r}(\cos\theta-i\sin\theta)$$
$$=\left(\frac{r}{4}+\frac{4}{r}\right)\cos\theta+i\left(\frac{r}{4}-\frac{4}{r}\right)\sin\theta \quad \cdots\cdots ②$$

これが実数となるための条件は $\left(\dfrac{r}{4}-\dfrac{4}{r}\right)\sin\theta=0$

◀(虚部)$=0$

ゆえに $\dfrac{r}{4}-\dfrac{4}{r}=0$ または $\sin\theta=0$

よって **$r=4$ または $\theta=0,\ \pi$**

◀$\dfrac{r}{4}-\dfrac{4}{r}=0$ から $r^2-16=0$
$r>0$ から $r=4$

(2) [1] $r=4$ のとき

②から $\dfrac{z}{4}+\dfrac{4}{z}=2\cos\theta$

条件から $0\leqq2\cos\theta\leqq4$

これと $\cos\theta\leqq1$ から $0\leqq\cos\theta\leqq1$

よって $0\leqq\theta\leqq\dfrac{\pi}{2}$，$\dfrac{3}{2}\pi\leqq\theta<2\pi$

◀$0\leqq\theta<2\pi$

このとき，① から

$$z=4(\cos\theta+i\sin\theta)\quad \left(0\leqq\theta\leqq\frac{\pi}{2},\ \frac{3}{2}\pi\leqq\theta<2\pi\right)$$

[2]　$\theta=0$ のとき

② から　$\dfrac{z}{4}+\dfrac{4}{z}=\dfrac{r}{4}+\dfrac{4}{r}$

$0\leqq\dfrac{r}{4}+\dfrac{4}{r}\leqq4$ と $r>0$ から　$0\leqq r^2+16\leqq16r$

ゆえに　$r^2-16r+16\leqq0$

◀$0\leqq r^2+16$ は常に成り立つ。

これを解くと　$8-4\sqrt{3}\leqq r\leqq8+4\sqrt{3}$

これは $r>0$ を満たす。

このとき，① から

$$8-4\sqrt{3}\leqq z\leqq8+4\sqrt{3}$$

◀$z=r(\cos0+i\sin0)=r$

[3]　$\theta=\pi$ のとき

② から　$\dfrac{z}{4}+\dfrac{4}{z}=-\left(\dfrac{r}{4}+\dfrac{4}{r}\right)<0$

これは条件を満たさない。

◀条件から，$\dfrac{z}{4}+\dfrac{4}{z}$ の値は 0 以上である。

[1]～[3] から，点 z が描く図形を図示すると **右の図の太線部分。**

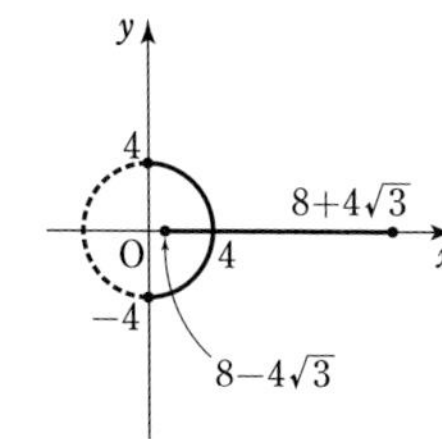

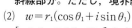

3章 練習 [複素数平面]

練習 86　➡ 本冊 p. 177

(1)　$w=z-\sqrt{2}(1+i)$ から　$z=w+\sqrt{2}(1+i)$

これを $|z|\leqq1$ に代入して

$$|w+\sqrt{2}(1+i)|\leqq1$$

したがって，点 w の全体は，

点 $-\sqrt{2}(1+i)$ を中心とする半径 1 の円の周および内部である。

◀$r>0$ のとき，不等式 $|w-\alpha|\leqq r$ を満たす点 w の全体は，点 α を中心とする半径 r の円の周および内部である。

よって，点 w の存在範囲は **右の図の斜線部分。ただし，境界線を含む。**

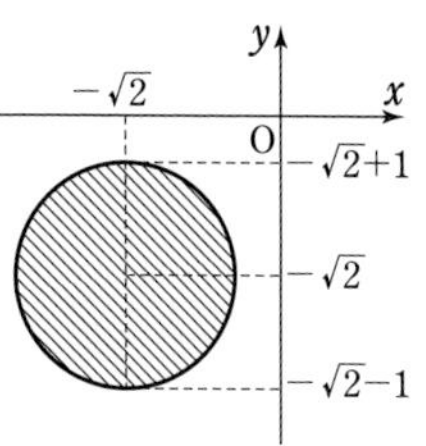

(2)　$w=r_1(\cos\theta_1+i\sin\theta_1)$

$[r_1>0,\ 0\leqq\theta_1<2\pi]$ とする。

右の図で，OA=2，AB=1 であるから

$$\angle\mathrm{BOA}=\frac{\pi}{6}$$

◀△OAB は辺の比が $1:2:\sqrt{3}$ の直角三角形。

また　$\dfrac{\pi}{4}-\dfrac{\pi}{6}=\dfrac{\pi}{12}$

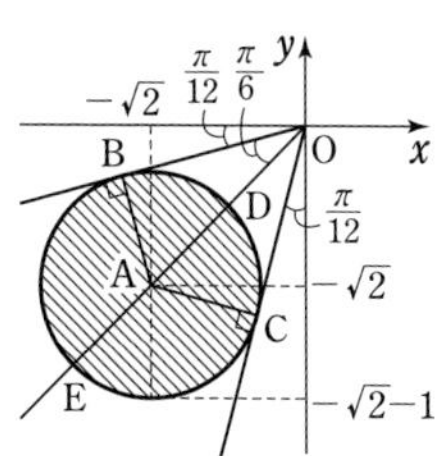

よって，w の偏角 θ_1 のとりうる値の

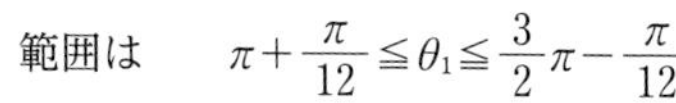

範囲は　$\pi+\dfrac{\pi}{12}\leqq\theta_1\leqq\dfrac{3}{2}\pi-\dfrac{\pi}{12}$

◀$\angle x\mathrm{OB}\leqq\theta_1\leqq\angle x\mathrm{OC}$

ゆえに　$\dfrac{13}{12}\pi\leqq\theta_1\leqq\dfrac{17}{12}\pi$　…… ①

また，w の絶対値 r_1 のとりうる値の範囲は

$$1\leqq r_1\leqq3\quad\cdots\cdots ②$$

◀r_1 は原点Oと円の周および内部の点との距離を表すから，図より
$\mathrm{OD}\leqq r_1\leqq\mathrm{OE}$

ここで　$w^2=\{r_1(\cos\theta_1+i\sin\theta_1)\}^2$

$\qquad=r_1{}^2(\cos2\theta_1+i\sin2\theta_1)$

したがって，w^2 の絶対値は　$r=r_1{}^2$,

偏角は　$\theta=2\theta_1+2n\pi$（n は整数）

①，② から　$1^2\leqq r_1{}^2\leqq 3^2$,　$2\cdot\dfrac{13}{12}\pi\leqq 2\theta_1\leqq 2\cdot\dfrac{17}{12}\pi$

よって　$\boldsymbol{1\leqq r\leqq 9}$,　$\dfrac{13}{6}\pi+2n\pi\leqq\theta\leqq\dfrac{17}{6}\pi+2n\pi$

$0\leqq\theta<2\pi$ で考えるから，$n=-1$ として　$\boldsymbol{\dfrac{\pi}{6}\leqq\theta\leqq\dfrac{5}{6}\pi}$

練習 87 ➡ 本冊 p. 178

(1) $|z|>1$ の表す領域は，原点を中心とする半径 1 の円の外部である。

また，$\mathrm{Re}(z)<\dfrac{1}{2}$ の表す領域は，点 $\dfrac{1}{2}$ を通り実軸に垂直な直線 ℓ の左側である。

◀ $\mathrm{Re}(z)=\dfrac{z+\overline{z}}{2}$

よって，求める領域は **右の図の斜線部分** のようになる。

ただし，境界線を含まない。

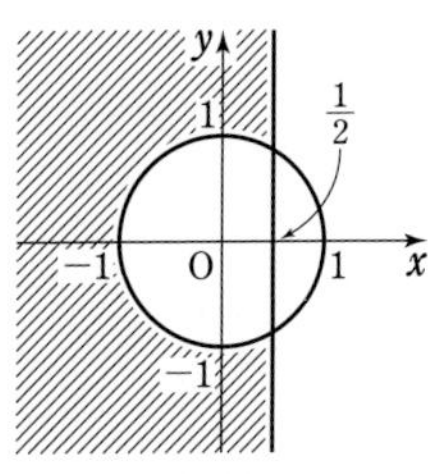

(2) $w=\dfrac{1}{z}$ から，$w\neq 0$ で　$z=\dfrac{1}{w}$

◀ $\dfrac{1}{z}\neq 0$

直線 ℓ は 2 点 O(0)，A(1) を結ぶ線分の垂直二等分線であり，直線 ℓ の左側の部分にある点を P(z) とすると，OP<AP すなわち $|z|<|z-1|$ が成り立つ。

よって，(1) で求めた領域は，$|z|>1$ かつ $|z|<|z-1|$ と表される。

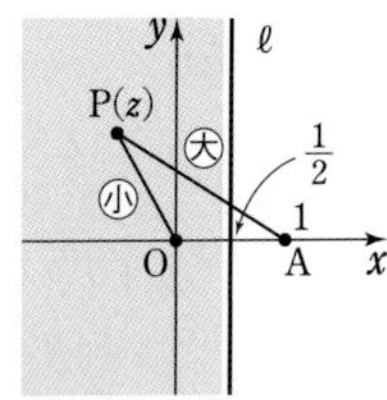

$z=\dfrac{1}{w}$ を $|z|>1$ に代入すると　$\left|\dfrac{1}{w}\right|>1$

ゆえに　$|w|<1$　…… ①

$z=\dfrac{1}{w}$ を $|z|<|z-1|$ に代入すると　$\left|\dfrac{1}{w}\right|<\left|\dfrac{1}{w}-1\right|$

よって　$\dfrac{1}{|w|}<\dfrac{|1-w|}{|w|}$

ゆえに　$|w-1|>1$　…… ②

よって，求める領域は ①，② それぞれが表す領域の共通部分で，**右の図の斜線部分** のようになる。

ただし，境界線を含まない。

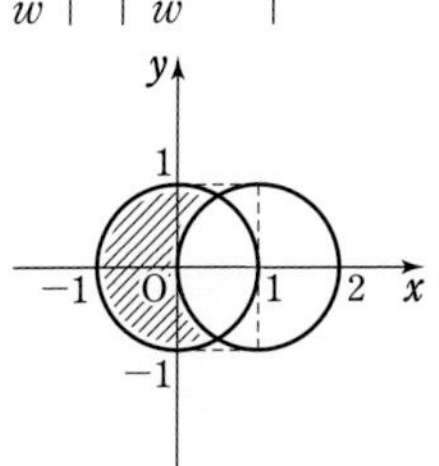

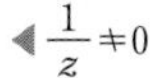

検討　② は次のように導くこともできる。

$\mathrm{Re}(z)<\dfrac{1}{2}$ から

$\dfrac{z+\overline{z}}{2}<\dfrac{1}{2}$

すなわち　$z+\overline{z}<1$

よって　$\dfrac{1}{w}+\dfrac{1}{\overline{w}}<1$

ゆえに　$\overline{w}+w<w\overline{w}$

よって　$w\overline{w}-w-\overline{w}>0$

これから　$|w-1|>1$

別解　(1) $z=x+yi$（x，y は実数）とすると

$|z|^2>1^2$ から　$x^2+y^2>1$　…… ①

$\mathrm{Re}(z)<\dfrac{1}{2}$ から　$x<\dfrac{1}{2}$　…… ②

◀ $\mathrm{Re}(z)=x$

①，② それぞれが表す領域の共通部分を図示する。

(2) $w=x+yi$（x，y は実数）とする。

$w=\dfrac{1}{z}$ から，$w\neq 0$ で　$(x,\ y)\neq(0,\ 0)$

このとき　$z=\dfrac{1}{w}=\dfrac{1}{x+yi}=\dfrac{x-yi}{x^2+y^2}$

◀分母の実数化。

$|z|^2>1^2$ から $\dfrac{x^2+y^2}{(x^2+y^2)^2}>1$　ゆえに　$x^2+y^2<1$ …… ③

$\mathrm{Re}(z)<\dfrac{1}{2}$ から　$z+\overline{z}<1$

◀ $\dfrac{z+\overline{z}}{2}<\dfrac{1}{2}$

よって　$\dfrac{x-yi}{x^2+y^2}+\dfrac{x+yi}{x^2+y^2}<1$　すなわち　$\dfrac{2x}{x^2+y^2}<1$

ゆえに　$x^2+y^2>2x$　すなわち　$(x-1)^2+y^2>1$ …… ④

③, ④ それぞれが表す領域の共通部分を図示する。

練習 88 ➡本冊 p. 179

点 $z-\dfrac{1}{z}$ が虚軸上にあるから　$z-\dfrac{1}{z}+\overline{\left(z-\dfrac{1}{z}\right)}=0$

◀**点 α が虚軸上**
⟺ (α の実部)$=0$
⟺ $\alpha+\overline{\alpha}=0$

よって　$z-\dfrac{1}{z}+\overline{z}-\dfrac{1}{\overline{z}}=0$ …… (∗)

ゆえに　$z|z|^2-\overline{z}+\overline{z}|z|^2-z=0$

よって　$(z+\overline{z})|z|^2-(z+\overline{z})=0$

ゆえに　$(z+\overline{z})(|z|+1)(|z|-1)=0$

したがって　$z+\overline{z}=0$　または　$|z|=1$

(∗) から
$z+\overline{z}-\dfrac{z+\overline{z}}{z\overline{z}}=0$
よって
$(z+\overline{z})\left(1-\dfrac{1}{|z|^2}\right)=0$
ゆえに　$z+\overline{z}=0$
または　$|z|=1$
としてもよい。

[1] $z+\overline{z}=0$ のとき，点 z は虚軸上にあり，$z\neq0$ であるから，$z=yi$（y は実数，$y\neq0$）とすると

$$z-\frac{1}{z}=yi-\frac{1}{yi}=\left(y+\frac{1}{y}\right)i$$

このとき，条件から　$1\leqq y+\dfrac{1}{y}\leqq\dfrac{10}{3}$

◀点 $z-\dfrac{1}{z}$ が 2 点 i, $\dfrac{10}{3}i$ を結ぶ線分上にある。

$1\leqq y+\dfrac{1}{y}$ が成り立つための条件は $y>0$ であり，このとき

(相加平均)≧(相乗平均) により　$y+\dfrac{1}{y}\geqq2\sqrt{y\cdot\dfrac{1}{y}}=2$

（等号は $y=1$ のとき成り立つ。）

すなわち，$1\leqq y+\dfrac{1}{y}$ は常に成り立つ。

$y>0$ のとき，$y+\dfrac{1}{y}\leqq\dfrac{10}{3}$ を解くと，$3y^2-10y+3\leqq0$ から

$(y-3)(3y-1)\leqq0$　ゆえに　$\dfrac{1}{3}\leqq y\leqq3$

◀$3y$ (>0) を $y+\dfrac{1}{y}\leqq\dfrac{10}{3}$ の両辺に掛けて　$3y^2+3\leqq10y$

[2] $|z|=1$ のとき，点 z は原点を中心とする半径 1 の円上にある。

$z\overline{z}=1$ であるから　$\dfrac{1}{z}=\overline{z}$

よって，$z=x+yi$（x, y は実数）とすると　$z-\dfrac{1}{z}=z-\overline{z}=2yi$

◀$z-\overline{z}$
$=x+yi-(x-yi)$
$=2yi$

条件から　$1\leqq2y\leqq\dfrac{10}{3}$

ゆえに　$\dfrac{1}{2}\leqq y\leqq\dfrac{5}{3}$

[1], [2] から，点 z の存在する範囲は，**上の図の太線部分。**

別解　$z=r(\cos\theta+i\sin\theta)$ $(r>0,\ 0\leqq\theta<2\pi)$ とすると

$$z-\frac{1}{z}=r(\cos\theta+i\sin\theta)-\frac{1}{r}(\cos\theta-i\sin\theta)$$
$$=\left(r-\frac{1}{r}\right)\cos\theta+i\left(r+\frac{1}{r}\right)\sin\theta$$

◀極形式を利用。

◀$\frac{1}{z}=\frac{1}{r}\{\cos(-\theta)+i\sin(-\theta)\}$

点 $z-\frac{1}{z}$ は虚軸上にあるから　$\left(r-\frac{1}{r}\right)\cos\theta=0$

◀実部が 0

よって　$r-\frac{1}{r}=0$　または　$\cos\theta=0$

◀$r-\frac{1}{r}=0$ から　$r^2=1$

すなわち　$r=1$　または　$\theta=\frac{\pi}{2}$　または　$\theta=\frac{3}{2}\pi$

◀$r>0,\ 0\leqq\theta<2\pi$

[1]　$r=1$ のとき　$z-\frac{1}{z}=2i\sin\theta$

条件から　$1\leqq2\sin\theta\leqq\frac{10}{3}$

◀$\frac{1}{2}\leqq\sin\theta\leqq\frac{5}{3}$

$-1\leqq\sin\theta\leqq1$ であるから　$\frac{1}{2}\leqq\sin\theta\leqq1$

$0\leqq\theta<2\pi$ であるから　$\frac{\pi}{6}\leqq\theta\leqq\frac{5}{6}\pi$

[2]　$\theta=\frac{\pi}{2}$ のとき　$z-\frac{1}{z}=\left(r+\frac{1}{r}\right)i$

条件から　$1\leqq r+\frac{1}{r}\leqq\frac{10}{3}$

$r>0$ であるから，(相加平均)≧(相乗平均) により

$$r+\frac{1}{r}\geqq2$$

(等号は $r=1$ のとき成り立つ。)

すなわち，$1\leqq r+\frac{1}{r}$ は常に成り立つ。

$r+\frac{1}{r}\leqq\frac{10}{3}$ から　$3r^2-10r+3\leqq0$

ゆえに，$(r-3)(3r-1)\leqq0$ から　$\frac{1}{3}\leqq r\leqq3$

[1]　$r=1$ かつ $\frac{\pi}{6}\leqq\theta\leqq\frac{5}{6}\pi$
⟶ 単位円上の点で，$\frac{\pi}{6}\leqq$(偏角)$\leqq\frac{5}{6}\pi$ であるもの。

[2]　$\theta=\frac{\pi}{2}$ かつ $\frac{1}{3}\leqq r\leqq3$
⟶ 原点より上側にある虚軸上の点で，原点からの距離が $\frac{1}{3}$ 以上 3 以下であるもの。

[3]　$\theta=\frac{3}{2}\pi$ のとき　$z-\frac{1}{z}=-\left(r+\frac{1}{r}\right)i$

$-\left(r+\frac{1}{r}\right)<0$ であるから，点 $z-\frac{1}{z}$ が 2 点 i，$\frac{10}{3}i$ を結ぶ線分上を動くことはない。

◀点 $z-\frac{1}{z}$ は虚軸上の負の部分にある。

以上から，点 z の存在する範囲は，**右の図の太線部分。**

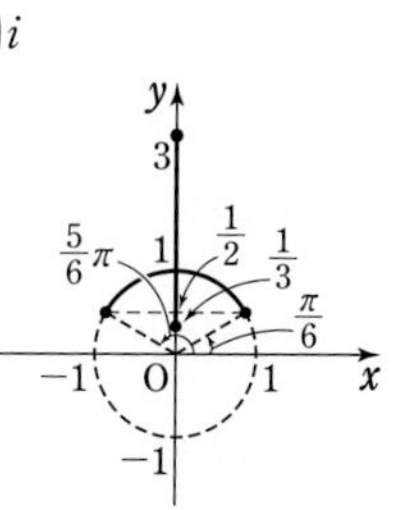

練習 89　➡ 本冊 p. 182

(1)　$\beta^2\neq0$ であるから，等式の両辺を β^2 で割ると

$$\left(\frac{\alpha}{\beta}\right)^2+\frac{\alpha}{\beta}+1=0$$

よって　$\dfrac{\alpha}{\beta}=\dfrac{-1\pm\sqrt{1^2-4\cdot1\cdot1}}{2\cdot1}=\dfrac{-1\pm\sqrt{3}\,i}{2}$

$=\cos\left(\pm\dfrac{2}{3}\pi\right)+i\sin\left(\pm\dfrac{2}{3}\pi\right)$ （複号同順）

◀解の公式を利用。

◀$\dfrac{\alpha}{\beta}$ を極形式で表す。

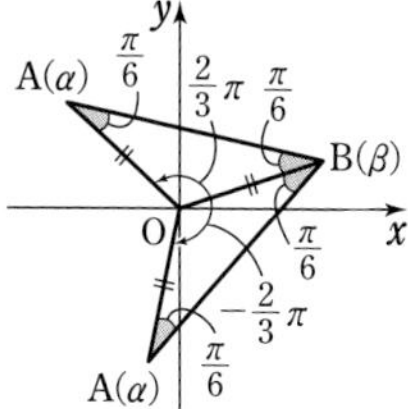

ゆえに　$\left|\dfrac{\alpha}{\beta}\right|=\dfrac{|\alpha|}{|\beta|}=\dfrac{\mathrm{OA}}{\mathrm{OB}}=1$

よって　OA＝OB

また，$\arg\dfrac{\alpha}{\beta}=\pm\dfrac{2}{3}\pi$ であるから　$\angle\mathrm{BOA}=\dfrac{2}{3}\pi$

したがって，△OAB は **OA＝OB，$\boldsymbol{\angle \mathrm{O}=\dfrac{2}{3}\pi}$ の二等辺三角形** である。

(2)　$\beta^2\neq0$ であるから，等式の両辺を β^2 で割ると

$$3\left(\frac{\alpha}{\beta}\right)^2-6\cdot\frac{\alpha}{\beta}+4=0$$

よって　$\dfrac{\alpha}{\beta}=\dfrac{-(-3)\pm\sqrt{(-3)^2-3\cdot4}}{3}=\dfrac{3\pm\sqrt{3}\,i}{3}$

$=\dfrac{2}{\sqrt{3}}\left(\dfrac{\sqrt{3}}{2}\pm\dfrac{1}{2}i\right)$

$=\dfrac{2}{\sqrt{3}}\left\{\cos\left(\pm\dfrac{\pi}{6}\right)+i\sin\left(\pm\dfrac{\pi}{6}\right)\right\}$ （複号同順）

◀解の公式を利用。

◀$\dfrac{\alpha}{\beta}$ を極形式で表す。

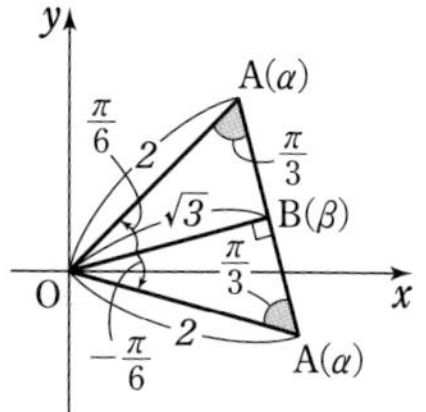

ゆえに　$\left|\dfrac{\alpha}{\beta}\right|=\dfrac{|\alpha|}{|\beta|}=\dfrac{\mathrm{OA}}{\mathrm{OB}}=\dfrac{2}{\sqrt{3}}$

よって　OA：OB＝2：$\sqrt{3}$

また，$\arg\dfrac{\alpha}{\beta}=\pm\dfrac{\pi}{6}$ であるから　$\angle\mathrm{BOA}=\dfrac{\pi}{6}$

したがって，△OAB は **$\boldsymbol{\angle\mathrm{O}=\dfrac{\pi}{6}}$，$\boldsymbol{\angle\mathrm{A}=\dfrac{\pi}{3}}$，$\boldsymbol{\angle\mathrm{B}=\dfrac{\pi}{2}}$ の直角三角形** である。

◀BA：AO：BO＝1：2：$\sqrt{3}$ の直角三角形でもよい。

別解　等式から　$3(\alpha-\beta)^2+\beta^2=0$　すなわち　$3(\alpha-\beta)^2=-\beta^2$

両辺を $3\beta^2$ で割ると　$\left(\dfrac{\alpha-\beta}{\beta}\right)^2=-\dfrac{1}{3}$

よって　$\dfrac{\alpha-\beta}{0-\beta}=\pm\dfrac{1}{\sqrt{3}}i$ （純虚数）

◀$x^2=-a\ (a>0)$ の解は　$x=\pm\sqrt{a}\,i$

ゆえに　$\left|\dfrac{\alpha-\beta}{0-\beta}\right|=\dfrac{|\alpha-\beta|}{|0-\beta|}=\dfrac{\mathrm{BA}}{\mathrm{BO}}=\dfrac{1}{\sqrt{3}}$

よって　BA：BO＝1：$\sqrt{3}$　また　BO⊥BA

◀$\dfrac{\alpha-\beta}{0-\beta}$ は純虚数。

したがって，△OAB は **$\boldsymbol{\angle\mathrm{O}=\dfrac{\pi}{6}}$，$\boldsymbol{\angle\mathrm{A}=\dfrac{\pi}{3}}$，$\boldsymbol{\angle\mathrm{B}=\dfrac{\pi}{2}}$ の直角三角形** である。

●本冊 *p*. 183 検討の続き

△ABC が正三角形 ⟺ △ABC∽△CAB …… (＊)

を用いて，例題 90 の等式を導いてみよう。

△ABC∽△CAB から　$\dfrac{\mathrm{BA}}{\mathrm{BC}}=\dfrac{\mathrm{AC}}{\mathrm{AB}}$，$\angle\mathrm{CBA}=\angle\mathrm{BAC}$

よって　$\left|\dfrac{\alpha-\beta}{\gamma-\beta}\right|=\left|\dfrac{\gamma-\alpha}{\beta-\alpha}\right|$，$\arg\dfrac{\alpha-\beta}{\gamma-\beta}=\arg\dfrac{\gamma-\alpha}{\beta-\alpha}$

したがって　$\dfrac{\alpha-\beta}{\gamma-\beta}=\dfrac{\gamma-\alpha}{\beta-\alpha}$

ゆえに　$(\alpha-\beta)(\beta-\alpha)=(\gamma-\alpha)(\gamma-\beta)$

整理すると　$\alpha^2+\beta^2+\gamma^2-\alpha\beta-\beta\gamma-\gamma\alpha=0$

[(∗) の証明]　$\Longrightarrow$ は明らか。

($\Longleftarrow$)　△ABC∽△CAB から　$\dfrac{AB}{CA}=\dfrac{BC}{AB}=\dfrac{CA}{BC}$；

∠CBA＝∠BAC，∠BAC＝∠ACB，∠ACB＝∠CBA

∠CBA＝∠BAC から，△ABC は CA＝CB の二等辺三角形

である。このことと $\dfrac{AB}{CA}=\dfrac{CA}{BC}$ から　AB＝CA

よって　AB＝BC＝CA

したがって，△ABC は正三角形である。

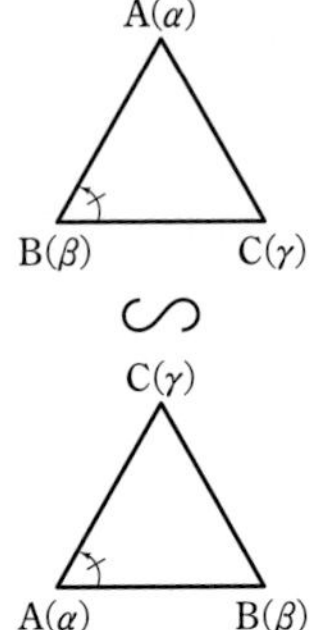

練習 90　➡本冊 p. 183

等式を γ について整理すると

$$\gamma^2-(3\alpha-\beta)\gamma+3\alpha^2-3\alpha\beta+\beta^2=0 \quad \cdots\cdots ①$$

ここで　$(3\alpha-\beta)^2-4(3\alpha^2-3\alpha\beta+\beta^2)=-3\alpha^2+6\alpha\beta-3\beta^2$
$=-3(\alpha-\beta)^2$

◀実数係数の 2 次方程式の判別式 D と同じ計算。

よって　$\gamma=\dfrac{3\alpha-\beta\pm\sqrt{3}(\alpha-\beta)i}{2}$　…… ②

◀実数係数の 2 次方程式の解の公式と同じように計算。

ゆえに　$\gamma-\alpha=\dfrac{\alpha-\beta\pm\sqrt{3}(\alpha-\beta)i}{2}=-\dfrac{1\pm\sqrt{3}i}{2}(\beta-\alpha)$

2 点 A，B は異なるから　$\alpha\neq\beta$

よって　$\dfrac{\gamma-\alpha}{\beta-\alpha}=-\dfrac{1}{2}\pm\dfrac{\sqrt{3}}{2}i=\cos\left(\pm\dfrac{2}{3}\pi\right)+i\sin\left(\pm\dfrac{2}{3}\pi\right)$

（複号同順）

◀$\beta-\alpha\neq0$

$\dfrac{AC}{AB}=\dfrac{|\gamma-\alpha|}{|\beta-\alpha|}=1$ から

AC＝AB

また，$\arg\dfrac{\gamma-\alpha}{\beta-\alpha}=\pm\dfrac{2}{3}\pi$ から

$\angle BAC=\dfrac{2}{3}\pi$

◀$\angle BAC=\left|\arg\dfrac{\gamma-\alpha}{\beta-\alpha}\right|$

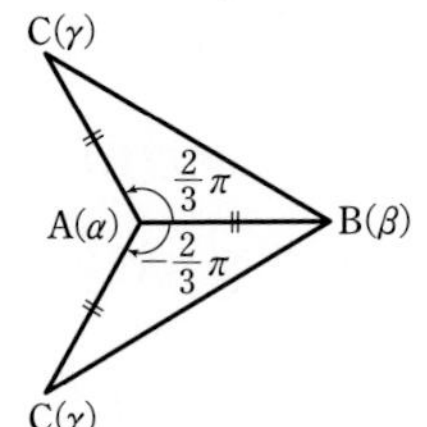

ゆえに，△ABC は

AB＝AC，$\angle A=\dfrac{2}{3}\pi$ の二等辺三角形

参考　$\dfrac{\gamma-\alpha}{\beta-\alpha}=\cos\left(\pm\dfrac{2}{3}\pi\right)+i\sin\left(\pm\dfrac{2}{3}\pi\right)$　（複号同順）

から　$\gamma-\alpha=\left\{\cos\left(\pm\dfrac{2}{3}\pi\right)+i\sin\left(\pm\dfrac{2}{3}\pi\right)\right\}(\beta-\alpha)$

よって，点Cは，点Bを，点Aを中心として $\pm\dfrac{2}{3}\pi$ だけ回転した点である。

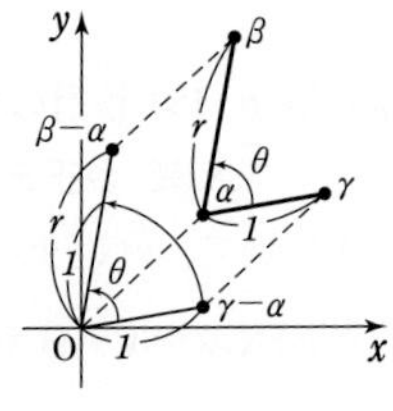

練習 91 ➡本冊 p. 184

点Pは3点A, B, Cより等距離にあるから

$$|z-\alpha|=|z-\beta|=|z-\gamma|$$

$|z-\alpha|=|z-\beta|$ から　$|z-\alpha|^2=|z-\beta|^2$

すなわち　$(z-\alpha)(\overline{z}-\overline{\alpha})=(z-\beta)(\overline{z}-\overline{\beta})$

ゆえに　$|z|^2-\overline{\alpha}z-\alpha\overline{z}+|\alpha|^2=|z|^2-\overline{\beta}z-\beta\overline{z}+|\beta|^2$

よって　$(\overline{\alpha}-\overline{\beta})z+(\alpha-\beta)\overline{z}=|\alpha|^2-|\beta|^2$ …… ①

$|z-\alpha|=|z-\gamma|$ から, 同様にして

$$(\overline{\alpha}-\overline{\gamma})z+(\alpha-\gamma)\overline{z}=|\alpha|^2-|\gamma|^2 \quad \cdots\cdots ②$$

◀ β を γ, $\overline{\beta}$ を $\overline{\gamma}$ におき換える。

①×$(\alpha-\gamma)$－②×$(\alpha-\beta)$ から

$$\{(\overline{\alpha}-\overline{\beta})(\alpha-\gamma)-(\overline{\alpha}-\overline{\gamma})(\alpha-\beta)\}z$$
$$=(\alpha-\gamma)(|\alpha|^2-|\beta|^2)-(\alpha-\beta)(|\alpha|^2-|\gamma|^2) \quad \cdots\cdots ③$$

◀ $\overline{z}$ を消去する。

△ABC が存在するとき, 3点A, B, C は一直線上にない。

したがって, $\dfrac{\alpha-\gamma}{\alpha-\beta}$ は実数でない。

ゆえに　$\overline{\left(\dfrac{\alpha-\gamma}{\alpha-\beta}\right)}\neq\dfrac{\alpha-\gamma}{\alpha-\beta}$

よって　$(\alpha-\beta)\overline{(\alpha-\gamma)}\neq\overline{(\alpha-\beta)}(\alpha-\gamma)$

すなわち　$(\overline{\alpha}-\overline{\beta})(\alpha-\gamma)\neq(\overline{\alpha}-\overline{\gamma})(\alpha-\beta)$

◀直ちに, ③の左辺を { } の式で割ってはいけない。したがって, { }≠0 であることを確認する。

したがって, ③から

$$z=\frac{(\alpha-\gamma)(|\alpha|^2-|\beta|^2)-(\alpha-\beta)(|\alpha|^2-|\gamma|^2)}{(\overline{\alpha}-\overline{\beta})(\alpha-\gamma)-(\overline{\alpha}-\overline{\gamma})(\alpha-\beta)}$$

(分子)$=\alpha|\alpha|^2-\alpha|\beta|^2-\gamma|\alpha|^2+\gamma|\beta|^2$
$\quad-(\alpha|\alpha|^2-\alpha|\gamma|^2-\beta|\alpha|^2+\beta|\gamma|^2)$
$\quad=(\alpha-\beta)|\gamma|^2+(\beta-\gamma)|\alpha|^2+(\gamma-\alpha)|\beta|^2$

(分母)$=\overline{\alpha}(\alpha-\gamma)-\overline{\beta}(\alpha-\gamma)-\overline{\alpha}(\alpha-\beta)+\overline{\gamma}(\alpha-\beta)$
$\quad=(\alpha-\beta)\overline{\gamma}+(\beta-\gamma)\overline{\alpha}+(\gamma-\alpha)\overline{\beta}$

◀ $\overline{\alpha}(\alpha-\gamma)-\overline{\alpha}(\alpha-\beta)$
$=\overline{\alpha}(\alpha-\gamma-\alpha+\beta)$
$=\overline{\alpha}(\beta-\gamma)$

であるから　$z=\dfrac{(\alpha-\beta)|\gamma|^2+(\beta-\gamma)|\alpha|^2+(\gamma-\alpha)|\beta|^2}{(\alpha-\beta)\overline{\gamma}+(\beta-\gamma)\overline{\alpha}+(\gamma-\alpha)\overline{\beta}}$

練習 92 ➡本冊 p. 185

3点A(α), B(β), C(γ) は単位円上にあるから

$|\alpha|=|\beta|=|\gamma|=1$　すなわち　$\alpha\overline{\alpha}=\beta\overline{\beta}=\gamma\overline{\gamma}=1$

ゆえに　$\overline{\alpha}=\dfrac{1}{\alpha}$, $\overline{\beta}=\dfrac{1}{\beta}$, $\overline{\gamma}=\dfrac{1}{\gamma}$ …… ①

A(α), B(β), C(γ), D(w) のとき
AD⊥BC
$\Longleftrightarrow$ $z=\dfrac{\gamma-\beta}{w-\alpha}$ が純虚数
$\Longleftrightarrow$ $z\neq0$ かつ $z+\overline{z}=0$

① から　$|w|=|-\overline{\alpha}\beta\gamma|=\left|-\dfrac{1}{\alpha}\beta\gamma\right|=\dfrac{|\beta||\gamma|}{|\alpha|}=\dfrac{1\cdot1}{1}=1$

よって, 点D(w) は単位円上にある。

また, $\beta\neq\gamma$, $w\neq\alpha$ であるから　$\dfrac{\gamma-\beta}{w-\alpha}\neq0$

ゆえに, ① から

$$\frac{\gamma-\beta}{w-\alpha}+\overline{\left(\frac{\gamma-\beta}{w-\alpha}\right)}=\frac{\gamma-\beta}{-\overline{\alpha}\beta\gamma-\alpha}+\frac{\overline{\gamma}-\overline{\beta}}{-\alpha\overline{\beta}\,\overline{\gamma}-\overline{\alpha}}$$

◀ $\overline{w}=\overline{-\overline{\alpha}\beta\gamma}=-\overline{\overline{\alpha}}\,\overline{\beta}\,\overline{\gamma}$
$=-\alpha\overline{\beta}\,\overline{\gamma}$

3章 練習 [複素数平面]

$$= \frac{\gamma-\beta}{-\frac{\beta\gamma}{\alpha}-\alpha} + \frac{\frac{1}{\gamma}-\frac{1}{\beta}}{-\frac{\alpha}{\beta\gamma}-\frac{1}{\alpha}}$$

$$= \frac{\alpha(\gamma-\beta)}{-\beta\gamma-\alpha^2} + \frac{\alpha\beta-\alpha\gamma}{-\alpha^2-\beta\gamma} = 0$$

◀第1項の分母・分子に α を掛け,第2項の分母・分子に $\alpha\beta\gamma$ を掛ける。

よって，$\frac{\gamma-\beta}{w-\alpha}$ は純虚数である。

したがって　AD⊥BC

練習 93 ➡本冊 p.186

$\mathrm{OA}=|\alpha|=a$，$\mathrm{OB}=|\beta|=b$，

$\mathrm{AB}=|\beta-\alpha|=c$ とおく。

また，∠AOB の二等分線と辺 AB の交点を D(w) とすると

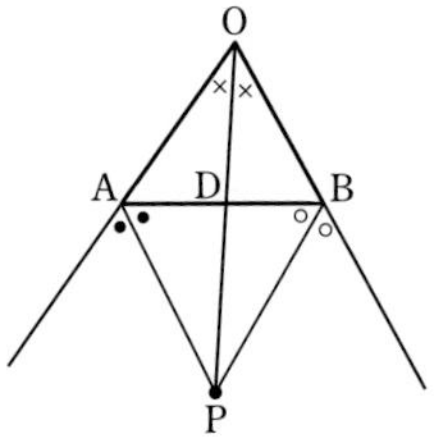

$\mathrm{AD}:\mathrm{DB}=\mathrm{OA}:\mathrm{OB}=a:b$

よって　$w=\frac{b\alpha+a\beta}{a+b}$

傍心は1つの頂点の内角の二等分線と，他の2つの頂点の外角の二等分線の交点である。

◀角の二等分線の定理。

次に，P は線分 OD を OA：AD に外分する点であるから

$$\mathrm{OP}:\mathrm{PD}=\mathrm{OA}:\mathrm{AD}=a:\left(\frac{a}{a+b}\cdot c\right)$$

$$=(a+b):c$$

ゆえに　$\mathrm{OP}:\mathrm{OD}=(a+b):(a+b-c)$

よって　$z=\frac{a+b}{a+b-c}w=\frac{a+b}{a+b-c}\cdot\frac{b\alpha+a\beta}{a+b}$

$$=\frac{b\alpha+a\beta}{a+b-c}$$

すなわち　$z=\frac{|\beta|\alpha+|\alpha|\beta}{|\alpha|+|\beta|-|\beta-\alpha|}$

◀これより，P は線分 OD を $(a+b):c$ に外分する点であるから $z=\frac{-c\cdot 0+(a+b)w}{a+b-c}$ としてもよい。

練習 94 ➡本冊 p.187

3点 A，B，C は異なるものとして考える。

また，$\frac{\beta}{\alpha}$，$\frac{\gamma}{\alpha}$ を考えるから，$\alpha\neq 0$ としてよい。

(1)　a，b は $\alpha z+\beta\overline{z}+\gamma=0$ を満たすから

$\alpha a+\beta\overline{a}+\gamma=0$ …… ①，　$\alpha b+\beta\overline{b}+\gamma=0$ …… ②

①−② から　$\alpha(a-b)+\beta(\overline{a}-\overline{b})=0$

ゆえに　$\alpha(a-b)=-\beta(\overline{a}-\overline{b})$

両辺に $-\frac{1}{\alpha(\overline{a}-\overline{b})}$ を掛けて　$\boldsymbol{\frac{\beta}{\alpha}=-\frac{a-b}{\overline{a}-\overline{b}}}$

また，① から　$\gamma=-\alpha a-\beta\overline{a}$

したがって　$\boldsymbol{\frac{\gamma}{\alpha}}=-a-\frac{\beta}{\alpha}\overline{a}=\frac{-a(\overline{a}-\overline{b})+(a-b)\overline{a}}{\overline{a}-\overline{b}}$

$$=\boldsymbol{\frac{a\overline{b}-\overline{a}b}{\overline{a}-\overline{b}}}$$

◀ γ を消去。

◀ $a\neq b$ として考えているから，$\overline{a}\neq\overline{b}$ としてよい。

参考　異なる2点 a, b を通る直線上の点 z は，次の等式を満たす。

$$(\overline{b}-\overline{a})z-(b-a)\overline{z}=a\overline{b}-\overline{a}b$$

◀本冊 p.187 例題 94 参照。

ゆえに　$z-\dfrac{b-a}{\overline{b}-\overline{a}}\overline{z}-\dfrac{a\overline{b}-\overline{a}b}{\overline{b}-\overline{a}}=0$

すなわち　$z-\dfrac{a-b}{\overline{a}-\overline{b}}\overline{z}+\dfrac{a\overline{b}-\overline{a}b}{\overline{a}-\overline{b}}=0$

この等式と $z+\dfrac{\beta}{\alpha}\overline{z}+\dfrac{\gamma}{\alpha}=0$ を比較して

$$\boldsymbol{\frac{\beta}{\alpha}=-\frac{a-b}{\overline{a}-\overline{b}},\quad \frac{\gamma}{\alpha}=\frac{a\overline{b}-\overline{a}b}{\overline{a}-\overline{b}}}$$

(2)　P(z) とすると，AB⊥CP より $\dfrac{z-c}{a-b}$ は純虚数であるから

◀垂直 ⟺ 純虚数

$$\frac{z-c}{a-b}+\frac{\overline{z}-\overline{c}}{\overline{a}-\overline{b}}=0$$

ゆえに　$(\overline{a}-\overline{b})(z-c)+(a-b)(\overline{z}-\overline{c})=0$

$(\overline{a}-\overline{b})z+(a-b)\overline{z}+(\overline{b}-\overline{a})c+(b-a)\overline{c}=0$

よって　$z+\dfrac{a-b}{\overline{a}-\overline{b}}\overline{z}+\dfrac{(\overline{b}-\overline{a})c+(b-a)\overline{c}}{\overline{a}-\overline{b}}=0$

◀両辺を $\overline{a}-\overline{b}$ で割る。

これが z が満たす等式であるから，$z+\dfrac{\beta}{\alpha}\overline{z}+\dfrac{\gamma}{\alpha}=0$ と比較して

$$\boldsymbol{\frac{\beta}{\alpha}=\frac{a-b}{\overline{a}-\overline{b}},\quad \frac{\gamma}{\alpha}=\frac{(\overline{b}-\overline{a})c+(b-a)\overline{c}}{\overline{a}-\overline{b}}}$$

練習 95 ➡本冊 p.188

$\beta=a+bi$, $z=x+yi$ を

$\overline{\beta}z+\beta\overline{z}+c=0$ に代入すると

$(a-bi)(x+yi)$

$+(a+bi)(x-yi)+c=0$

整理すると

$2ax+2by+c=0$

◀$c\neq0$ であるから，直線 ℓ は原点を通らない。

ゆえに，座標平面上における直線 ℓ の法線ベクトルは $(a,\ b)$ である。

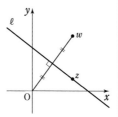

これは，複素数平面上では2点0, β を通る直線が直線 ℓ に垂直であることを意味する。

◀$\beta=a+bi$

よって，Q(w) とすると，OQ⊥ℓ であるから，$w=k\beta$ を満たす実数 k がある。

線分 OQ の中点 $\dfrac{w}{2}$ は直線 ℓ 上にあるから　$\dfrac{\overline{\beta}w}{2}+\dfrac{\beta\overline{w}}{2}+c=0$

◀点0と点 w が直線 ℓ に関して対称であるとき，2点0, w を結ぶ線分の中点は直線 ℓ 上にある。

$w=k\beta$ を代入すると　$\dfrac{\overline{\beta}}{2}\cdot k\beta+\dfrac{\beta}{2}\cdot k\overline{\beta}+c=0$

ゆえに　$k|\beta|^2+c=0$　　よって　$k=-\dfrac{c}{|\beta|^2}$

したがって　$\boldsymbol{w}=-\dfrac{c}{|\beta|^2}\beta=\boldsymbol{-\dfrac{c}{\overline{\beta}}}$

◀$|\beta|^2=\beta\overline{\beta}$

練習 96 ➡本冊 p. 189

(1) $|\alpha|=1$ であるから　　$\alpha\overline{\alpha}=1$

$z=\alpha^2\overline{z}$ が成り立つとき　　$\dfrac{z}{\alpha}=\alpha\overline{z}=\dfrac{\overline{z}}{\overline{\alpha}}=\overline{\left(\dfrac{z}{\alpha}\right)}$

◀$\alpha\overline{\alpha}=1$ から　$\alpha=\dfrac{1}{\overline{\alpha}}$

よって，$\dfrac{z}{\alpha}$ は実数である。

逆に，$\dfrac{z}{\alpha}$ が実数であるとき，$\overline{\left(\dfrac{z}{\alpha}\right)}=\dfrac{z}{\alpha}$ から　　$\alpha\overline{z}=\overline{\alpha}z$

両辺に α を掛けて　　$\alpha^2\overline{z}=\alpha\overline{\alpha}z$　　ゆえに　　$z=\alpha^2\overline{z}$

◀$\alpha\overline{\alpha}=1$

したがって，$z=\alpha^2\overline{z}$ が成り立つことと，$\dfrac{z}{\alpha}$ が実数であることは同値である。

よって，図形 S 上の点は実数 k を用いて $\dfrac{z}{\alpha}=k$ と表される。

ゆえに　　$z=k\alpha$　…… ①

A(α) とすると，① は図形 S が原点と点Aを通る直線であることを示している。

(2) [1] 点Pが直線 S 上にないとき

◀点 P(w) の位置によって場合に分けて考える。

PQ⊥OA (Oは原点) であるから，$\dfrac{w-w'}{\alpha-0}$ は純虚数である。

よって　　$\dfrac{w-w'}{\alpha}+\overline{\left(\dfrac{w-w'}{\alpha}\right)}=0$

$\dfrac{1}{\overline{\alpha}}=\alpha$ であるから　　$w-w'+\alpha^2(\overline{w}-\overline{w'})=0$　…… ②

また，線分 PQ の中点 $\dfrac{w+w'}{2}$ は直線 S 上にあるから

$$\frac{w+w'}{2}=\alpha^2\overline{\left(\frac{w+w'}{2}\right)}$$

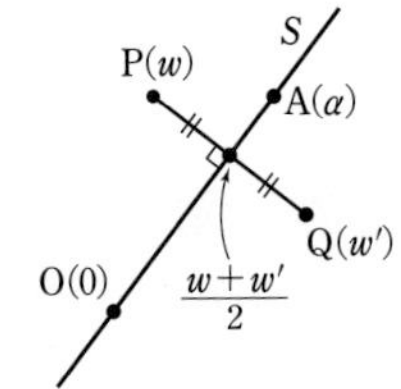

ゆえに　　$w+w'=\alpha^2(\overline{w}+\overline{w'})$　…… ③

③−② から　　$2w'=2\alpha^2\overline{w}$　すなわち　$w'=\alpha^2\overline{w}$

[2] 点Pが直線 S 上にあるとき

$w=w'$ かつ $w=\alpha^2\overline{w}$ であるから　　$w'=\alpha^2\overline{w}$

以上から　　$\boldsymbol{w'=\alpha^2\overline{w}}$

別解　α の偏角を θ とすると　　$\alpha=\cos\theta+i\sin\theta$

原点を中心とする $-\theta$ の回転で点 P(w) が点 P$'(w_1)$ に，実軸に関する対称移動で点 P$'(w_1)$ が点 Q$'(w_2)$ に，原点を中心とする θ の回転で点 Q$'(w_2)$ が点 Q(w') にそれぞれ移る。

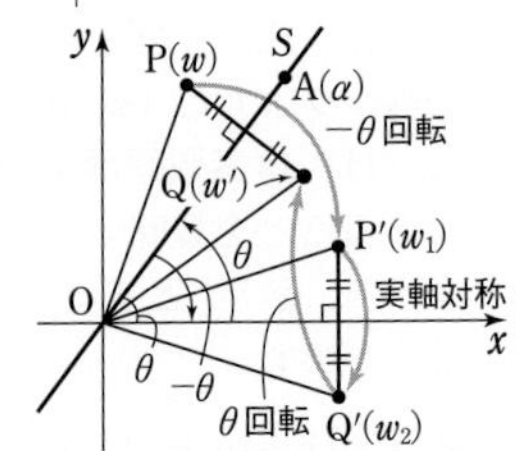

$\overline{\alpha}=\cos\theta-i\sin\theta=\cos(-\theta)+i\sin(-\theta)$ であるから

$$w_1=\{\cos(-\theta)+i\sin(-\theta)\}w=\overline{\alpha}w$$

よって　　$w_2=\overline{w_1}=\overline{\overline{\alpha}w}=\alpha\overline{w}$

ゆえに　　$\boldsymbol{w'}=(\cos\theta+i\sin\theta)w_2=\alpha\cdot\alpha\overline{w}=\boldsymbol{\alpha^2\overline{w}}$

練習 97 ➡本冊 p. 190

(1) 4 次方程式 $x^4+ax^3+bx^2+cx+d=0$ は，$x=\pm\sqrt{6}$，α，β を解にもつから，次の等式が成り立つ。

$x^4+ax^3+bx^2+cx+d=(x+\sqrt{6})(x-\sqrt{6})(x-\alpha)(x-\beta)$

$x^4+ax^3+bx^2+cx+d=(x^2-6)(x-\alpha)(x-\beta)$

$x^4+ax^3+bx^2+cx+d$

$\quad=x^4-(\alpha+\beta)x^3+(\alpha\beta-6)x^2+6(\alpha+\beta)x-6\alpha\beta$

両辺の係数を比較して

$a=-(\alpha+\beta)$，$b=\alpha\beta-6$，$c=6(\alpha+\beta)$，$d=-6\alpha\beta$

したがって

$\boldsymbol{\alpha+\beta=-a}$，$\boldsymbol{\alpha\beta=b+6}$，$\boldsymbol{c=-6a}$，$\boldsymbol{d=-6b-36}$

◀方程式の左辺を $f(x)$ とすると，$f(x)=0$ は $x=\pm\sqrt{6}$ を解にもつから，$f(x)$ は $x+\sqrt{6}$，$x-\sqrt{6}$ を因数にもつ。

(2) 複素数平面上において，3 点 A(α)，B(β)，C$(-\sqrt{6})$ が同一直線上にあるための条件は，$\dfrac{\beta-(-\sqrt{6})}{\alpha-(-\sqrt{6})}$ が実数となることである。

$\dfrac{\beta+\sqrt{6}}{\alpha+\sqrt{6}}=k$（$k$ は実数）とおくと　$\beta+\sqrt{6}=k(\alpha+\sqrt{6})$

(1) より，$\beta=-\alpha-a$ であるから　$-\alpha-a+\sqrt{6}=k(\alpha+\sqrt{6})$

ゆえに　$(k+1)\alpha+a+(k-1)\sqrt{6}=0$

α は虚数，$k+1$，$a+(k-1)\sqrt{6}$ は実数であるから

$k+1=0$　すなわち　$k=-1$

また，$a+(k-1)\sqrt{6}=0$ であるから　$a-2\sqrt{6}=0$

よって　$\boldsymbol{a=2\sqrt{6}}$

◀p，q が実数，z が虚数のとき
$\boldsymbol{p+qz=0 \Longleftrightarrow p=q=0}$

(3) $f(x)=0$ は係数が実数の方程式であり，虚数解は α，β だけであることから，α と β は共役な複素数である。

よって，α の虚部が正としても一般性を失わない。

3 点 A，B，C が同一直線上にあることから，A，B，D は右の図のような位置にある。

ゆえに，△ABD が正三角形になるための条件は

$$\mathrm{AC}=\frac{1}{\sqrt{3}}\mathrm{CD}=\frac{2\sqrt{6}}{\sqrt{3}}=2\sqrt{2}$$

◀2 点 C$(-\sqrt{6})$，D$(\sqrt{6})$ は実軸上にあり，点 A(α) と点 B(β) は実軸に関して対称である。

よって　$\alpha=-\sqrt{6}+2\sqrt{2}i$，$\beta=-\sqrt{6}-2\sqrt{2}i$

したがって　$\boldsymbol{b}=\alpha\beta-6=(-\sqrt{6}+2\sqrt{2}i)(-\sqrt{6}-2\sqrt{2}i)-6$

$\quad\boldsymbol{=8}$

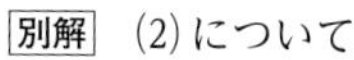

別解　(2) について

α と β は共役な複素数で，3 点 A，B，C が同一直線上にあることから，A，B，C は (3) の図のような位置にある。

よって　$\dfrac{\alpha+\beta}{2}=-\sqrt{6}$　すなわち　$\alpha+\beta=-2\sqrt{6}$

したがって　$\boldsymbol{a}=-(\alpha+\beta)\boldsymbol{=2\sqrt{6}}$

練習 98

➡ 本冊 p. 191

z，z^2，z^3 は異なる 3 点であるから　$z\neq z^2$，$z^2\neq z^3$，$z^3\neq z$

$z\neq z^2$ から　$z(z-1)\neq 0$　ゆえに　$z\neq 0$，$z\neq 1$

$z^2\neq z^3$ から，$z^2(z-1)\neq 0$ で，同じ結果が得られる。

$z^3 \neq z$ から　$z(z+1)(z-1) \neq 0$　ゆえに　$z \neq 0,\ z \neq \pm 1$

以上から　$z \neq 0,\ z \neq \pm 1$ …… ①

(1) $\dfrac{z^3-z^2}{z^2-z}=\dfrac{z^2(z-1)}{z(z-1)}=z$ …… ②

◀符号は関係ないので，公式通りの $\dfrac{z^3-z^2}{z-z^2}$ でなく，$\dfrac{z^3-z^2}{z^2-z}$ を調べる。

$z,\ z^2,\ z^3$ が同一直線上にあるための条件は，② が実数となることであるから，z は実数である。

よって，① から，z は　**0，±1 以外のすべての実数。**

(2) $\mathrm{A}(z),\ \mathrm{B}(z^2),\ \mathrm{C}(z^3)$ とする。

3 点 A，B，C は三角形をなすから，同一直線上にない。

ゆえに，(1) の結果から，z は実数でない。

(前半) [1] △ABC が AB=AC の二等辺三角形のとき

$|z^2-z|=|z^3-z|$

ゆえに　$|z(z-1)|=|z(z-1)(z+1)|$

$z \neq 0,\ z \neq 1$ であるから　$|z+1|=1$

◀両辺を $|z(z-1)|$ で割る。

[2] △ABC が AB=BC の二等辺三角形のとき

$|z^2-z|=|z^3-z^2|$

ゆえに　$|z(z-1)|=|z^2(z-1)|$

$z \neq 0,\ z \neq 1$ であるから　$|z|=1$

◀両辺を $|z(z-1)|$ で割る。

[3] △ABC が AC=BC の二等辺三角形のとき

$|z^3-z|=|z^3-z^2|$

ゆえに

$|z(z+1)(z-1)|=|z^2(z-1)|$

$z \neq 0,\ z \neq 1$ であるから

$|z+1|=|z|$

◀両辺を $|z(z-1)|$ で割る。

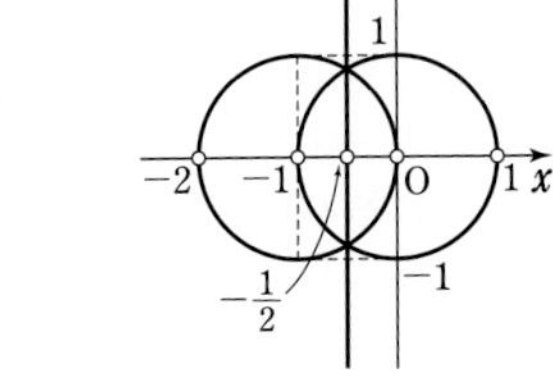

[1]～[3] から，求める z の全体は，**右の図** のようになる。

(後半) (前半) の [1]，[2] が同時に成り立つ場合である。

円 $|z+1|=1,\ |z|=1$ の交点が求める点 z であるから

◀(前半) の図を利用。

$$z=-\frac{1}{2}\pm\frac{\sqrt{3}}{2}i$$

練習 99

➡ 本冊 p. 192

(1) 点 z が単位円上にあるとき　$|z|=1$

よって　$|z|^2=1$　すなわち　$z\overline{z}=1$

したがって　$\overline{z}=\dfrac{1}{z}$ …… ①

逆に，$\overline{z}=\dfrac{1}{z}$ のとき　$z\overline{z}=1$　すなわち　$|z|^2=1$

よって　$|z|=1$

ゆえに，点 z は単位円上にある。

したがって，① は点 z が単位円上にあるための必要十分条件である。

注意 問題文には，単に複素数 z または $z_1,\ z_2,\ z_3,\ z_4$ とあるが，これらは単位円上にあるという条件から，解答では，「点 z」のように表している。

(2) 点 z_i $(i=1,\ 2,\ 3,\ 4)$ が単位円上にあるから

$$\overline{z_i}=\frac{1}{z_i}\ (i=1,\ 2,\ 3,\ 4)$$

◀(1) の結果を利用。

このとき $\overline{w}=\dfrac{(\overline{z_1}-\overline{z_3})(\overline{z_2}-\overline{z_4})}{(\overline{z_1}-\overline{z_4})(\overline{z_2}-\overline{z_3})}=\dfrac{\left(\dfrac{1}{z_1}-\dfrac{1}{z_3}\right)\left(\dfrac{1}{z_2}-\dfrac{1}{z_4}\right)}{\left(\dfrac{1}{z_1}-\dfrac{1}{z_4}\right)\left(\dfrac{1}{z_2}-\dfrac{1}{z_3}\right)}$

$$=\frac{(z_3-z_1)(z_4-z_2)}{(z_4-z_1)(z_3-z_2)}=\frac{(z_1-z_3)(z_2-z_4)}{(z_1-z_4)(z_2-z_3)}=w$$

◀分母・分子に $z_1z_2z_3z_4$ を掛ける。

よって，wは実数である。

◀ α が実数 $\Longleftrightarrow$ $\overline{\alpha}=\alpha$

(3) wが実数ならば　$w=\overline{w}$

よって　$\dfrac{(z_1-z_3)(z_2-z_4)}{(z_1-z_4)(z_2-z_3)}=\dfrac{(\overline{z_1}-\overline{z_3})(\overline{z_2}-\overline{z_4})}{(\overline{z_1}-\overline{z_4})(\overline{z_2}-\overline{z_3})}$

点 z_i $(i=1,\ 2,\ 3)$ が単位円上にあるから　$\overline{z_i}=\dfrac{1}{z_i}$ $(i=1,\ 2,\ 3)$

ゆえに　$\dfrac{(z_1-z_3)(z_2-z_4)}{(z_1-z_4)(z_2-z_3)}=\dfrac{\left(\dfrac{1}{z_1}-\dfrac{1}{z_3}\right)\left(\dfrac{1}{z_2}-\overline{z_4}\right)}{\left(\dfrac{1}{z_1}-\overline{z_4}\right)\left(\dfrac{1}{z_2}-\dfrac{1}{z_3}\right)}$

◀ $|z_4|^2=1$ を示す方針。

よって　$\dfrac{(z_1-z_3)(z_2-z_4)}{(z_1-z_4)(z_2-z_3)}=\dfrac{(z_3-z_1)(1-z_2\overline{z_4})}{(1-z_1\overline{z_4})(z_3-z_2)}$

◀右辺の分母・分子に $z_1z_2z_3$ を掛ける。

z_1，z_2，z_3，z_4 は相異なるから　$\dfrac{z_2-z_4}{z_1-z_4}=\dfrac{1-z_2\overline{z_4}}{1-z_1\overline{z_4}}$

◀ $z_1-z_3 \neq 0$

ゆえに　$(z_2-z_4)(1-z_1\overline{z_4})=(z_1-z_4)(1-z_2\overline{z_4})$

◀両辺を $\dfrac{z_1-z_3}{z_2-z_3}$ で割り，その次に分母を払う。

展開して整理すると　$(z_2-z_1)(1-|z_4|^2)=0$

$z_2 \neq z_1$ から　$|z_4|^2=1$　すなわち　$|z_4|=1$

したがって，点 z_4 は単位円上にある。

練習 100 ➡本冊 *p.* 194

A(0)，B(β)，C(γ)，D(δ) とすると，
$\angle$CBA$+\angle$ADC$=\pi$ から

$$\arg\frac{0-\beta}{\gamma-\beta}+\arg\frac{\gamma-\delta}{0-\delta}=\pm\pi$$

◀計算が簡単になるように，Aを原点にとる。

◀円に内接する四角形の対角の和は π

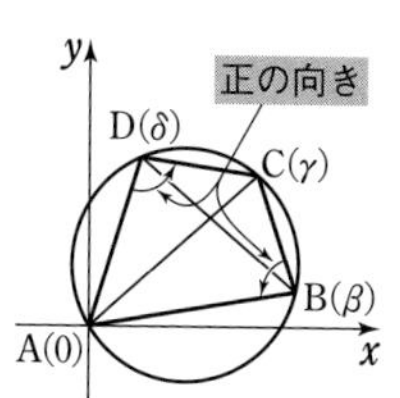

よって　$\arg\left(\dfrac{-\beta}{\gamma-\beta}\cdot\dfrac{\gamma-\delta}{-\delta}\right)=\pm\pi$

すなわち　$\arg\dfrac{(\gamma-\delta)\beta}{(\gamma-\beta)\delta}=\pm\pi$

ここで，$(\gamma-\delta)\beta=z_1$，$(\gamma-\beta)\delta=z_2$
とおくと

$$z_1-z_2=(\gamma-\delta)\beta-(\gamma-\beta)\delta$$
$$=(\beta-\delta)\gamma$$

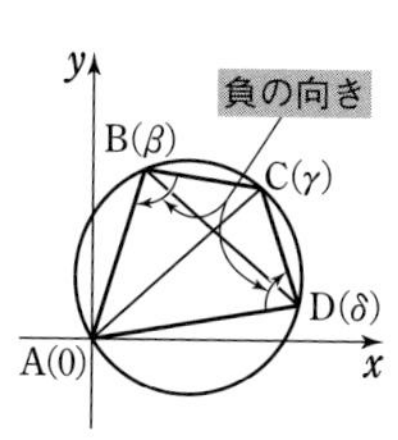

よって　$z_1\neq 0$，$z_2\neq 0$，$z_1\neq z_2$

◀A, B, C, D は異なる点。

$\arg\dfrac{z_1}{z_2}=\pm\pi$ であるから，3点 z_1，0，z_2 はこの順に一直線上にある。

◀ $\arg\dfrac{z_1}{z_2}=\arg z_1-\arg z_2$
$\arg z_1=\arg z_2+\pi$
$\arg z_1=\arg z_2-\pi$

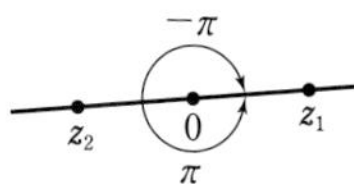

ゆえに　$|z_1-z_2|=|z_1|+|z_2|$

よって

$$|(\beta-\delta)\gamma|=|(\gamma-\delta)\beta|+|(\gamma-\beta)\delta|$$

すなわち　$|\beta-\delta||\gamma|=|\gamma-\delta||\beta|+|\gamma-\beta||\delta|$
したがって，$BD\cdot AC=DC\cdot AB+BC\cdot AD$
すなわち，$AB\cdot CD+AD\cdot BC=AC\cdot BD$ が成り立つ。

練習 101 ➡本冊 p. 197

$P(p)$，$Q(q)$，$R(r)$，$S(s)$ とする。

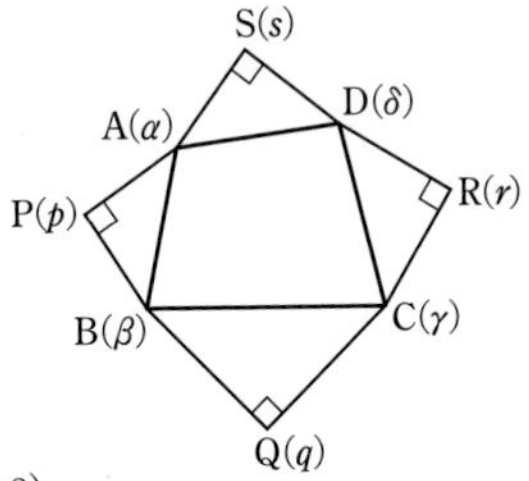

(1) 点Pは，点Aを点Bを中心として $\dfrac{\pi}{4}$ だけ回転し，点Bとの距離を $\dfrac{1}{\sqrt{2}}$ 倍した点である。

◀△PAB は，PA=PB の直角二等辺三角形であるから　$AB=\sqrt{2}\,PB$

したがって

$$p-\beta=\frac{1}{\sqrt{2}}\left(\cos\frac{\pi}{4}+i\sin\frac{\pi}{4}\right)(\alpha-\beta)$$

ゆえに　$p=\dfrac{1+i}{2}(\alpha-\beta)+\beta$

よって　$p=\boldsymbol{\dfrac{1+i}{2}\alpha+\dfrac{1-i}{2}\beta}$

(2) (1)と同様に考えると　$q=\dfrac{1+i}{2}\beta+\dfrac{1-i}{2}\gamma$,

◀△QBC は QB=QC の直角二等辺三角形など。

$$r=\frac{1+i}{2}\gamma+\frac{1-i}{2}\delta,\quad s=\frac{1+i}{2}\delta+\frac{1-i}{2}\alpha$$

よって　四角形 PQRS が平行四辺形

$\iff p-q=s-r$

◀$\overrightarrow{QP}=\overrightarrow{RS}$

$$\iff \left(\frac{1+i}{2}\alpha+\frac{1-i}{2}\beta\right)-\left(\frac{1+i}{2}\beta+\frac{1-i}{2}\gamma\right)=\left(\frac{1+i}{2}\delta+\frac{1-i}{2}\alpha\right)-\left(\frac{1+i}{2}\gamma+\frac{1-i}{2}\delta\right)$$

$\iff (1+i)\alpha-2i\beta-(1-i)\gamma=2i\delta+(1-i)\alpha-(1+i)\gamma$

$\iff 2i\alpha-2i\beta=2i\delta-2i\gamma \iff \alpha-\beta=\delta-\gamma$

◀$\overrightarrow{BA}=\overrightarrow{CD}$

$\iff$ 四角形 ABCD が平行四辺形

したがって，四角形 PQRS が平行四辺形であるための必要十分条件は，**四角形 ABCD が平行四辺形** であることである。

(3) 四角形 PQRS が平行四辺形であるとき，(2)から

$\alpha-\beta=\delta-\gamma$　すなわち　$\delta=\alpha-\beta+\gamma$　…… ①

◀$\overrightarrow{BA}=\overrightarrow{CD}$

ここで，(2)の計算から

$$p-q=\frac{1}{2}\{(1+i)\alpha-2i\beta-(1-i)\gamma\}\quad\cdots\cdots ②$$

また　$r-q=\left(\dfrac{1+i}{2}\gamma+\dfrac{1-i}{2}\delta\right)-\left(\dfrac{1+i}{2}\beta+\dfrac{1-i}{2}\gamma\right)$

$$=\frac{1}{2}\{2i\gamma+(1-i)\delta-(1+i)\beta\}$$

よって，①から　$r-q=\dfrac{1}{2}\{2i\gamma+(1-i)(\alpha-\beta+\gamma)-(1+i)\beta\}$

◀$\delta=\alpha-\beta+\gamma$ を代入。

$$=\frac{1}{2}\{(-i+1)\alpha-2\beta+(i+1)\gamma\}\quad\cdots\cdots ③$$

②，③から　$p-q=(r-q)i$　…… ④

ゆえに，$|p-q|=|(r-q)i|$ であるから　$|p-q|=|r-q|$

◀$|\overrightarrow{QP}|=|\overrightarrow{QR}|$

すなわち　QP=QR …… ⑤

また，$r\neq q$ であるから，④ より　$\dfrac{p-q}{r-q}=i$

よって，$\dfrac{p-q}{r-q}$ は純虚数であるから　$\angle PQR=\dfrac{\pi}{2}$ …… ⑥

⑤，⑥ から，四角形 PQRS が平行四辺形であるならば，四角形 PQRS は正方形である。

練習 102 ➡ 本冊 p. 198

(1) 問題文にある定められた規則から

$$z_{n+1}=\left(\cos\frac{\pi}{3}+i\sin\frac{\pi}{3}\right)z_n+2=\boldsymbol{\frac{1+\sqrt{3}i}{2}z_n+2}$$

◀点 z を原点を中心として角 θ だけ回転し，α だけ平行移動した点 w は $w=(\cos\theta+i\sin\theta)z+\alpha$

(2) $z_{n+1}-\alpha=\beta(z_n-\alpha)$ を変形すると

$$z_{n+1}=\beta z_n+(1-\beta)\alpha$$

(1) の結果と比較して　$\beta=\dfrac{1+\sqrt{3}i}{2}$，$(1-\beta)\alpha=2$

よって　$\alpha=\dfrac{2}{1-\beta}=\dfrac{4}{1-\sqrt{3}i}=1+\sqrt{3}i$

◀分母の実数化。

したがって　$\boldsymbol{\alpha=1+\sqrt{3}i,\ \beta=\dfrac{1+\sqrt{3}i}{2}}$

(3) $z_{n+1}-\alpha=\beta(z_n-\alpha)$ から　$z_n-\alpha=\beta^n(z_0-\alpha)$

◀数列 $\{z_n-\alpha\}$ は，初項 $z_0-\alpha$，公比 β の等比数列。

よって　$z_n=\beta^n(z_0-\alpha)+\alpha$

$$\boldsymbol{=\left(\frac{1+\sqrt{3}i}{2}\right)^n\cdot(-\sqrt{3}i)+1+\sqrt{3}i}$$

(4) (3) の結果から　$z_n-(1+\sqrt{3}i)=\left(\dfrac{1+\sqrt{3}i}{2}\right)^n\cdot(-\sqrt{3}i)$

よって　$|z_n-(1+\sqrt{3}i)|=\left|\dfrac{1+\sqrt{3}i}{2}\right|^n\cdot|-\sqrt{3}i|$

◀$|z_1z_2|=|z_1||z_2|$，$|z^n|=|z|^n$

ゆえに　$|z_n-(1+\sqrt{3}i)|=\sqrt{3}$

したがって，求める円の**中心は点 $1+\sqrt{3}i$，半径は $\sqrt{3}$** である。

練習 103 ➡ 本冊 p. 199

1回の操作で得られる複素数は

$$i,\ \sqrt{3}i,\ 1,\ 1+\sqrt{3}i,\ \sqrt{3},\ \sqrt{3}+i \quad \cdots\cdots ①$$

◀$0+1\cdot i$，$0+\sqrt{3}i$，$1+0\cdot i$，$1+\sqrt{3}i$，$\sqrt{3}+0\cdot i$，$\sqrt{3}+1\cdot i$

の6通りであり，どの複素数が得られるかは同様に確からしい。

(1) 1回の操作で得られる複素数の絶対値が1であるという事象を A，絶対値が1以外であるという事象を B とすると

$$P(A)=\frac{1}{3},\ P(B)=\frac{2}{3}$$

$n=1$ のとき，A，B のどちらが起こっても $|z_n|<5$ となるから

$$P_1=1$$

$n\geqq 2$ のとき，$|z_n|<5$ となるのは，次のいずれかの場合である。

[1] A が n 回　[2] A が $(n-1)$ 回，B が1回

[3] A が $(n-2)$ 回，B が2回

3章 練習 [複素数平面]

よって　　$P_n=\left(\frac{1}{3}\right)^n+{}_n\mathrm{C}_1\left(\frac{1}{3}\right)^{n-1}\cdot\frac{2}{3}+{}_n\mathrm{C}_2\left(\frac{1}{3}\right)^{n-2}\left(\frac{2}{3}\right)^2$

$$=\frac{1+2n+2n(n-1)}{3^n}=\frac{2n^2+1}{3^n}$$

$P_1=1$ であるから，これは $n=1$ のときにも成り立つ。

したがって　　$\boldsymbol{P_n=\frac{2n^2+1}{3^n}}$

(2)　① の偏角は順に　　$\frac{\pi}{2}$，$\frac{\pi}{2}$，0，$\frac{\pi}{3}$，0，$\frac{\pi}{6}$

$z_n{}^2$ の偏角を θ_n とすると，θ_{n+1} は次のいずれかである。

[1]　$\theta_{n+1}=\theta_n+2\cdot0=\theta_n$　　[2]　$\theta_{n+1}=\theta_n+2\cdot\frac{\pi}{2}=\theta_n+\pi$

[3]　$\theta_{n+1}=\theta_n+2\cdot\frac{\pi}{3}=\theta_n+\frac{2}{3}\pi$

[4]　$\theta_{n+1}=\theta_n+2\cdot\frac{\pi}{6}=\theta_n+\frac{\pi}{3}$

また，θ_n は　$k\pi$，$k\pi+\frac{\pi}{3}$，$k\pi+\frac{2}{3}\pi$（k は整数）のいずれかの値をとる。よって

$\theta_n=k\pi$ のとき，$z_{n+1}{}^2$ が実数となるのは，[1]，[2] のいずれかの場合で，その確率は　　$\frac{2}{6}+\frac{2}{6}=\frac{2}{3}$

$\theta_n=k\pi+\frac{\pi}{3}$ のとき，$z_{n+1}{}^2$ が実数となるのは，[3] の場合で，その確率は　　$\frac{1}{6}$

$\theta_n=k\pi+\frac{2}{3}\pi$ のとき，$z_{n+1}{}^2$ が実数となるのは，[4] の場合で，その確率は　　$\frac{1}{6}$

したがって

$z_n{}^2$ が実数であるとき，$z_{n+1}{}^2$ が実数となるときの確率は　$\frac{2}{3}$

$z_n{}^2$ が実数でないとき，$z_{n+1}{}^2$ が実数となるときの確率は　$\frac{1}{6}$

$Q_{n+1}=\frac{2}{3}Q_n+\frac{1}{6}(1-Q_n)$ から　　$Q_{n+1}=\frac{1}{2}Q_n+\frac{1}{6}$

ゆえに　　$Q_{n+1}-\frac{1}{3}=\frac{1}{2}\left(Q_n-\frac{1}{3}\right)$

また，$Q_1-\frac{1}{3}=\frac{2}{3}-\frac{1}{3}=\frac{1}{3}$ から　　$Q_n-\frac{1}{3}=\frac{1}{3}\left(\frac{1}{2}\right)^{n-1}$

したがって　　$\boldsymbol{Q_n=\frac{1}{3}\left(\frac{1}{2}\right)^{n-1}+\frac{1}{3}}$

◀反復試行の確率。

◀$\frac{2n^2+1}{3^n}$ に $n=1$ を代入すると　$\frac{2\cdot1+1}{3}=1$

◀① の複素数は順に i，$\sqrt{3}\,i$，1，$1+\sqrt{3}\,i$，$\sqrt{3}$，$\sqrt{3}+i$

◀$z_{n+1}{}^2$ が実数となる直前の状態を，3 つの排反な事象に分けて考える。

◀$k=\frac{1}{2}k+\frac{1}{6}$ を解くと　$k=\frac{1}{3}$

◀$z_1{}^2$ が実数となるのは，$z_1=i$，$\sqrt{3}\,i$，1，$\sqrt{3}$ の 4 通り。

演習 31 ➡ 本冊 p. 200

(1) $z+\dfrac{1}{z}$ が実数となるとき　$\overline{z+\dfrac{1}{z}}=z+\dfrac{1}{z}$

すなわち　$\overline{z}+\dfrac{1}{\overline{z}}=z+\dfrac{1}{z}$

両辺に $z\overline{z}$ を掛けて　$z(\overline{z})^2+z=z^2\overline{z}+\overline{z}$

したがって　$(z-\overline{z})(|z|^2-1)=0$

z は虚数であるから　$z\neq\overline{z}$

よって，$|z|^2-1=0$ から　$|z|^2=1$

$|z|>0$ であるから　$|\boldsymbol{z}|=\mathbf{1}$

◀ α が実数 $\iff \overline{\alpha}=\alpha$

◀ $z\overline{z}=|z|^2$

◀ z は実数でない $\iff z\neq\overline{z}$

(2) (1) の結果より，$z=\cos\theta+i\sin\theta\ (0\leqq\theta<2\pi)$ とおける。

ここで，z は虚数であるから　$\sin\theta\neq0$

$\dfrac{1}{z}=\cos\theta-i\sin\theta$ であるから　$z+\dfrac{1}{z}=2\cos\theta$ …… ①

$-1\leqq\cos\theta\leqq1$ であるから，① が整数となるための条件は，

$2\cos\theta=0,\ \pm1,\ \pm2$ より　$\cos\theta=0,\ \pm\dfrac{1}{2},\ \pm1$

$\cos\theta=0$ のとき　$\sin\theta=\pm1$

$\cos\theta=\dfrac{1}{2}$ のとき　$\sin\theta=\pm\dfrac{\sqrt{3}}{2}$

$\cos\theta=-\dfrac{1}{2}$ のとき　$\sin\theta=\pm\dfrac{\sqrt{3}}{2}$

$\cos\theta=\pm1$ のとき　$\sin\theta=0$　これは不適。

したがって，求める z の値は

$$\boldsymbol{i},\ \boldsymbol{-i},\ \frac{\mathbf{1+\sqrt{3}\,i}}{\mathbf{2}},\ \frac{\mathbf{1-\sqrt{3}\,i}}{\mathbf{2}},\ \frac{\mathbf{-1+\sqrt{3}\,i}}{\mathbf{2}},\ \frac{\mathbf{-1-\sqrt{3}\,i}}{\mathbf{2}}$$

◀ $z+\dfrac{1}{z}$ が整数のとき，実数であるから，(1) より $|z|=1$

◀ 虚部が 0 となり，z は実数となる。

演習 32 ➡ 本冊 p. 200

(1) $z_1=1$ と漸化式から

$$\boldsymbol{z_2}=\frac{1+\sqrt{3}\,i}{2}z_1+1=\frac{1+\sqrt{3}\,i}{2}+1=\frac{\mathbf{3+\sqrt{3}\,i}}{\mathbf{2}}$$

$$\boldsymbol{z_3}=\frac{1+\sqrt{3}\,i}{2}z_2+1=\frac{1+\sqrt{3}\,i}{2}\cdot\frac{3+\sqrt{3}\,i}{2}+1$$

$$=\frac{3+\sqrt{3}\,i+3\sqrt{3}\,i-3}{4}+1=\mathbf{1+\sqrt{3}\,i}$$

◀ 点 z_{n+1} は，点 z_n を原点を中心に $\dfrac{\pi}{3}$ だけ回転し，更に実軸方向に 1 だけ平行移動したものである。

(2) $z_{n+1}=\dfrac{1+\sqrt{3}\,i}{2}z_n+1$ …… ①,

$z_{n+1}-\alpha=\dfrac{1+\sqrt{3}\,i}{2}(z_n-\alpha)$ …… ② とする。

①−② から　$\alpha=\dfrac{1+\sqrt{3}\,i}{2}\alpha+1$

よって　$\boldsymbol{\alpha}=\dfrac{2}{1-\sqrt{3}\,i}=\dfrac{\mathbf{1+\sqrt{3}\,i}}{\mathbf{2}}$

◀ 分母を実数化しなくても誤りとはいえないが，(3) の計算で不利になるから，実数化しておく方がよい。

(3) (2) から　$z_{n+1}-\dfrac{1+\sqrt{3}\,i}{2}=\dfrac{1+\sqrt{3}\,i}{2}\left(z_n-\dfrac{1+\sqrt{3}\,i}{2}\right)$

よって　$z_n-\dfrac{1+\sqrt{3}\,i}{2}=\left(\dfrac{1+\sqrt{3}\,i}{2}\right)^{n-1}\left(z_1-\dfrac{1+\sqrt{3}\,i}{2}\right)$

$=\dfrac{1-\sqrt{3}\,i}{2}\left(\dfrac{1+\sqrt{3}\,i}{2}\right)^{n-1}$

ゆえに　$\boldsymbol{z_n=\dfrac{1-\sqrt{3}\,i}{2}\left(\dfrac{1+\sqrt{3}\,i}{2}\right)^{n-1}+\dfrac{1+\sqrt{3}\,i}{2}}$

(4)　$\dfrac{-1+\sqrt{3}\,i}{2}=\dfrac{1-\sqrt{3}\,i}{2}\left(\dfrac{1+\sqrt{3}\,i}{2}\right)^{n-1}+\dfrac{1+\sqrt{3}\,i}{2}$ とする。

◀(3) の結果から。

整理すると　$\dfrac{1-\sqrt{3}\,i}{2}\left(\dfrac{1+\sqrt{3}\,i}{2}\right)^{n-1}=-1$

◀この等式の両辺を極形式で表すことを考える。

ここで，$\dfrac{1-\sqrt{3}\,i}{2}=\cos\left(-\dfrac{\pi}{3}\right)+i\sin\left(-\dfrac{\pi}{3}\right)$,

$\dfrac{1+\sqrt{3}\,i}{2}=\cos\dfrac{\pi}{3}+i\sin\dfrac{\pi}{3}$ であるから

$\dfrac{1-\sqrt{3}\,i}{2}\left(\dfrac{1+\sqrt{3}\,i}{2}\right)^{n-1}$

$=\cos\left\{-\dfrac{\pi}{3}+(n-1)\cdot\dfrac{\pi}{3}\right\}+i\sin\left\{-\dfrac{\pi}{3}+(n-1)\cdot\dfrac{\pi}{3}\right\}$

◀$\left(\dfrac{1+\sqrt{3}\,i}{2}\right)^{n-1}=\cos\left\{(n-1)\cdot\dfrac{\pi}{3}\right\}+i\sin\left\{(n-1)\cdot\dfrac{\pi}{3}\right\}$

また　$-1=\cos\pi+i\sin\pi$

よって　$-\dfrac{\pi}{3}+(n-1)\cdot\dfrac{\pi}{3}=\pi+2k\pi$（$k$ は整数）

ゆえに　$-1+(n-1)=3+6k$　すなわち　$n=6k+5$

n は自然数であるから　**$n=6k+5$（k は 0 以上の整数）**

演習 33　➡ 本冊 $p.200$

$z=\sin\theta+i\cos\theta=\cos\left(\dfrac{\pi}{2}-\theta\right)+i\sin\left(\dfrac{\pi}{2}-\theta\right)$

◀z を極形式に直す。

よって　$z^n=\cos\left(\dfrac{n\pi}{2}-n\theta\right)+i\sin\left(\dfrac{n\pi}{2}-n\theta\right)$

◀ド・モアブルの定理。

以下，k を整数とする。

[1]　$n=4k$ のとき

$z^n=\cos(2k\pi-n\theta)+i\sin(2k\pi-n\theta)=\cos(n\theta)-i\sin(n\theta)$

[2]　$n=4k+1$ のとき

$z^n=\cos\left(2k\pi+\dfrac{\pi}{2}-n\theta\right)+i\sin\left(2k\pi+\dfrac{\pi}{2}-n\theta\right)$

$=\cos\left(\dfrac{\pi}{2}-n\theta\right)+i\sin\left(\dfrac{\pi}{2}-n\theta\right)$

$=\sin(n\theta)+i\cos(n\theta)$

◀$\cos\left(\dfrac{\pi}{2}-\theta'\right)=\sin\theta'$, $\sin\left(\dfrac{\pi}{2}-\theta'\right)=\cos\theta'$

[3]　$n=4k+2$ のとき

$z^n=\cos(2k\pi+\pi-n\theta)+i\sin(2k\pi+\pi-n\theta)$

$=\cos(\pi-n\theta)+i\sin(\pi-n\theta)=-\cos(n\theta)+i\sin(n\theta)$

[4]　$n=4k+3$ のとき

$z^n=\cos\left(2k\pi+\dfrac{3}{2}\pi-n\theta\right)+i\sin\left(2k\pi+\dfrac{3}{2}\pi-n\theta\right)$

$=\cos\left(\dfrac{3}{2}\pi-n\theta\right)+i\sin\left(\dfrac{3}{2}\pi-n\theta\right)$

$=-\sin(n\theta)-i\cos(n\theta)$

したがって，z^n の実部と虚部は

$n=4k$ のとき　実部 $\cos(n\theta)$，　虚部 $-\sin(n\theta)$

$n=4k+1$ のとき　実部 $\sin(n\theta)$，　虚部 $\cos(n\theta)$

$n=4k+2$ のとき　実部 $-\cos(n\theta)$，虚部 $\sin(n\theta)$

$n=4k+3$ のとき　実部 $-\sin(n\theta)$，虚部 $-\cos(n\theta)$

演習 34

➡ 本冊 p. 200

(1)　$|\beta|^2=(\cos\theta-1)^2+\sin^2\theta=2(1-\cos\theta)=4\sin^2\dfrac{\theta}{2}$

◀$\beta=\cos\theta-1+i\sin\theta$

$0<\dfrac{\theta}{2}<\dfrac{\pi}{2}$ であるから　$\sin\dfrac{\theta}{2}>0$

したがって　$|\beta|=2\sin\dfrac{\theta}{2}$

(2)　$\beta=\cos\theta-1+i\sin\theta=-2\sin^2\dfrac{\theta}{2}+2i\sin\dfrac{\theta}{2}\cos\dfrac{\theta}{2}$

$=2\sin\dfrac{\theta}{2}\left(-\sin\dfrac{\theta}{2}+i\cos\dfrac{\theta}{2}\right)$

$=2\sin\dfrac{\theta}{2}\left\{\cos\left(\dfrac{\theta}{2}+\dfrac{\pi}{2}\right)+i\sin\left(\dfrac{\theta}{2}+\dfrac{\pi}{2}\right)\right\}$ ……（＊）

◀$\cos2\theta=1-2\sin^2\theta$，$\sin2\theta=2\sin\theta\cos\theta$

◀$\cos\left(\theta+\dfrac{\pi}{2}\right)=-\sin\theta$，$\sin\left(\theta+\dfrac{\pi}{2}\right)=\cos\theta$

$0<\theta<\pi$ であるから　$\dfrac{\pi}{2}<\dfrac{\theta}{2}+\dfrac{\pi}{2}<\pi$

したがって　$\arg\beta=\dfrac{\theta}{2}+\dfrac{\pi}{2}$

◀(1) より，$\sin\dfrac{\theta}{2}>0$ であるから，β の極形式は，（＊）として表されている。

(3)　$\theta=\dfrac{\pi}{3}$ であるから，(1)，(2) より　$|\beta|=1$，$\arg\beta=\dfrac{2}{3}\pi$

ゆえに　$\beta=\cos\dfrac{2}{3}\pi+i\sin\dfrac{2}{3}\pi$

また　$\alpha=\dfrac{1}{2}+1+\dfrac{\sqrt{3}}{2}i=\dfrac{3}{2}+\dfrac{\sqrt{3}}{2}i$

$=\sqrt{3}\left(\cos\dfrac{\pi}{6}+i\sin\dfrac{\pi}{6}\right)$

◀$\alpha=\cos\dfrac{\pi}{3}+1+i\sin\dfrac{\pi}{3}$

よって

$\alpha^m\beta^n=(\sqrt{3})^m\left(\cos\dfrac{m}{6}\pi+i\sin\dfrac{m}{6}\pi\right)$

$\times\left(\cos\dfrac{2n}{3}\pi+i\sin\dfrac{2n}{3}\pi\right)$

$=(\sqrt{3})^m\left\{\cos\left(\dfrac{m}{6}\pi+\dfrac{2n}{3}\pi\right)+i\sin\left(\dfrac{m}{6}\pi+\dfrac{2n}{3}\pi\right)\right\}$

◀$\alpha^m\beta^n=\left\{\sqrt{3}\left(\cos\dfrac{\pi}{6}+i\sin\dfrac{\pi}{6}\right)\right\}^m\times\left(\cos\dfrac{2}{3}\pi+i\sin\dfrac{2}{3}\pi\right)^n$

虚部は $(\sqrt{3})^m\sin\left(\dfrac{m}{6}\pi+\dfrac{2n}{3}\pi\right)$

$\alpha^m\beta^n$ の虚部について，$P=(\sqrt{3})^m\sin\left(\dfrac{m}{6}\pi+\dfrac{2n}{3}\pi\right)$ とする。

m，$n=1$，2，3 のとき，$\dfrac{m}{6}\pi+\dfrac{2n}{3}\pi$ のとる値は，右の表のようになる。

	$n=1$	$n=2$	$n=3$
$m=1$	$\dfrac{5}{6}\pi$	$\dfrac{3}{2}\pi$	$\dfrac{\pi}{6}+2\pi$
$m=2$	π	$\dfrac{5}{3}\pi$	$\dfrac{\pi}{3}+2\pi$
$m=3$	$\dfrac{7}{6}\pi$	$\dfrac{11}{6}\pi$	$\dfrac{\pi}{2}+2\pi$

P の最小値について，$\sin\left(\dfrac{m}{6}\pi+\dfrac{2n}{3}\pi\right)<0$ となるような場合を調べると

$(m,\ n)=(1,\ 2)$ のとき　　$P=\sqrt{3}\sin\dfrac{3}{2}\pi=-\sqrt{3}$

◀$\sin\dfrac{3}{2}\pi=-1$

$(m,\ n)=(2,\ 2)$ のとき　　$P=(\sqrt{3})^2\sin\dfrac{5}{3}\pi=-\dfrac{3\sqrt{3}}{2}$

◀$\sin\dfrac{5}{3}\pi=-\dfrac{\sqrt{3}}{2}$

$(m,\ n)=(3,\ 1),\ (3,\ 2)$ のとき

$$P=(\sqrt{3})^3\sin\frac{7}{6}\pi=(\sqrt{3})^3\sin\frac{11}{6}\pi=-\frac{3\sqrt{3}}{2}$$

◀$\sin\dfrac{7}{6}\pi=\sin\dfrac{11}{6}\pi=-\dfrac{1}{2}$

以上から

$(m,\ n)=(2,\ 2),\ (3,\ 1),\ (3,\ 2)$ のとき最小値 $-\dfrac{3\sqrt{3}}{2}$

演習 35 ➡ 本冊 *p*. 201

(1)　$x^4+x^3+x^2+x+1$ を $f(x)=x^2-ax+1$ で割ったときの商を $Q(x)$，余りを $R(x)$ とすると，次の計算から

$$
\begin{array}{r l}
 & x^2+(a+1)x+a(a+1) \\
x^2-ax+1\,\big) & x^4 \quad +x^3 \quad +x^2 \quad +x+1 \\
 & x^4 \quad -ax^3 \quad +x^2 \\
\hline
 & (a+1)x^3 \qquad\qquad x+1 \\
 & (a+1)x^3-a(a+1)x^2+(a+1)x \\
\hline
 & a(a+1)x^2 \quad -ax+1 \\
 & a(a+1)x^2 \quad -a^2(a+1)x+a(a+1) \\
\hline
 & \{a^2(a+1)-a\}x+1-a(a+1)
\end{array}
$$

$Q(x)=x^2+(a+1)x+a(a+1)$,

$R(x)=a(a^2+a-1)x-(a^2+a-1)$

ここで，$a=\dfrac{\sqrt{5}-1}{2}$ であるから　　$2a+1=\sqrt{5}$

両辺を 2 乗して　　$(2a+1)^2=5$

整理すると　　$a^2+a-1=0$

◀両辺を 2 乗すると，根号が消える。

よって，$R(x)=0$ となるから，整式 $x^4+x^3+x^2+x+1$ は $f(x)$ で割り切れる。

◀**(余り)=0 $\Longleftrightarrow$ 割り切れる**

(2)　(1) の結果から　　$x^4+x^3+x^2+x+1=f(x)Q(x)$

両辺に $(x-1)$ を掛けて　　$x^5-1=(x-1)f(x)Q(x)$

よって，$f(x)=0$ の解 α は $x^5-1=0$ すなわち $x^5=1$ の虚数解である。

$x^5=1$ を満たす実数 x は $x=1$ のみであるから，方程式 $f(x)Q(x)=0$ の解はすべて虚数，すなわち，方程式 $f(x)=0$ の 2 つの解はいずれも虚数である。

◀問題文にも指示があるが，$r^5=1$ を満たす実数 r は $r=1$ のみである。

また，$f(x)=0$ は係数が実数の 2 次方程式であるから，2 つの虚数解は共役な複素数である。

よって，虚部が正のものを α とすると，$\alpha^5=1$ より

$$|\alpha|^5=1 \qquad よって \qquad |\alpha|=1$$

したがって，$\alpha=\cos\theta+i\sin\theta\ (0<\theta<\pi)$ とおける。

◀虚部 $\sin\theta$ が正であるから　$0<\theta<\pi$

α は $\alpha^5=1$ を満たすから

$$\cos 5\theta+i\sin 5\theta=\cos 0+i\sin 0$$

偏角を比較すると　　$5\theta=2k\pi$ (k は整数) すなわち $\theta=\dfrac{2}{5}k\pi$

◀2π の整数倍を除いて一致。

ここで，$f(x)=0$ において，解と係数の関係により　$\alpha+\overline{\alpha}=a$

◀$\alpha+\overline{\alpha}$ は実数である。

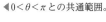

ゆえに　$2\cos\theta=\dfrac{\sqrt{5}-1}{2}$　すなわち　$\cos\theta=\dfrac{\sqrt{5}-1}{4}$

よって，$\cos\theta>0$ であるから　$0<\theta<\dfrac{\pi}{2}$　…… ①

◀$0<\theta<\pi$ との共通範囲。

$\theta=\dfrac{2}{5}k\pi$ が ① を満たすのは，$k=1$ すなわち $\theta=\dfrac{2}{5}\pi$ のときである。

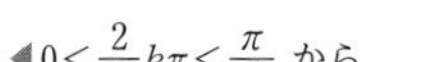

◀$0<\dfrac{2}{5}k\pi<\dfrac{\pi}{2}$ から
$0<k<\dfrac{5}{4}$

したがって　$\boldsymbol{\alpha=\cos\dfrac{2}{5}\pi+i\sin\dfrac{2}{5}\pi}$

参考　2 次方程式 $f(x)=0$ の判別式を D とすると

$$D=(-a)^2-4\cdot1=a^2-4=\left(\frac{\sqrt{5}-1}{2}\right)^2-4=-\frac{5+\sqrt{5}}{2}<0$$

よって，$f(x)=0$ は 2 つの異なる虚数解をもつことがわかる。

(3)　$\alpha^5=1$ を利用して

$$\alpha^{2023}+\alpha^{-2023}=\alpha^{5\cdot405-2}+\frac{1}{\alpha^{5\cdot405-2}}=\alpha^{-2}+\frac{1}{\alpha^{-2}}=\alpha^2+\frac{1}{\alpha^2}$$

$$=\left(\alpha+\frac{1}{\alpha}\right)^2-2=(\alpha+\overline{\alpha})^2-2=a^2-2$$

$$=\left(\frac{\sqrt{5}-1}{2}\right)^2-2=-\boldsymbol{\frac{1+\sqrt{5}}{2}}$$

◀$\alpha^5=1$ であることを利用して次数を下げる。

演習 36 ➡ 本冊 $p.201$

円 C が点 1，-1 を通るから，円 C の中心は虚軸上にある。

◀円の弦の垂直二等分線は，円の中心を通る。

よって，円 C の中心を表す複素数を bi（b は実数）とおく。

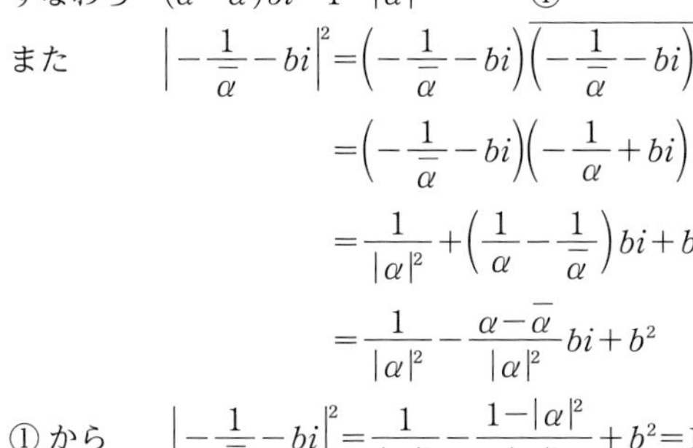

円 C の半径の 2 乗は　$|1-bi|^2=1+b^2$

ここで

$$|\alpha-bi|^2=(\alpha-bi)\overline{(\alpha-bi)}$$
$$=(\alpha-bi)(\overline{\alpha}+bi)$$
$$=|\alpha|^2+(\alpha-\overline{\alpha})bi+b^2$$

◀点 α と円 C の中心の距離の 2 乗。

これが円 C の半径の 2 乗に等しいから

$$|\alpha|^2+(\alpha-\overline{\alpha})bi+b^2=1+b^2$$

すなわち　$(\alpha-\overline{\alpha})bi=1-|\alpha|^2$　…… ①

また　$\left|-\dfrac{1}{\overline{\alpha}}-bi\right|^2=\left(-\dfrac{1}{\overline{\alpha}}-bi\right)\overline{\left(-\dfrac{1}{\overline{\alpha}}-bi\right)}$

◀点 $-\dfrac{1}{\overline{\alpha}}$ と円 C の中心である点 bi との距離について調べる。

$$=\left(-\frac{1}{\overline{\alpha}}-bi\right)\left(-\frac{1}{\alpha}+bi\right)$$

$$=\frac{1}{|\alpha|^2}+\left(\frac{1}{\alpha}-\frac{1}{\overline{\alpha}}\right)bi+b^2$$

$$=\frac{1}{|\alpha|^2}-\frac{\alpha-\overline{\alpha}}{|\alpha|^2}bi+b^2$$

① から　$\left|-\dfrac{1}{\overline{\alpha}}-bi\right|^2=\dfrac{1}{|\alpha|^2}-\dfrac{1-|\alpha|^2}{|\alpha|^2}+b^2=1+b^2$

これは半径の 2 乗に等しい。

したがって，円 C は点 $-\dfrac{1}{\overline{\alpha}}$ も通る。

3章 演習 [複素数平面]

別解 $|\alpha|=r$ とおくと

$$-\frac{1}{\overline{\alpha}}=-\frac{\alpha}{\alpha\overline{\alpha}}=-\frac{1}{r^2}\alpha$$

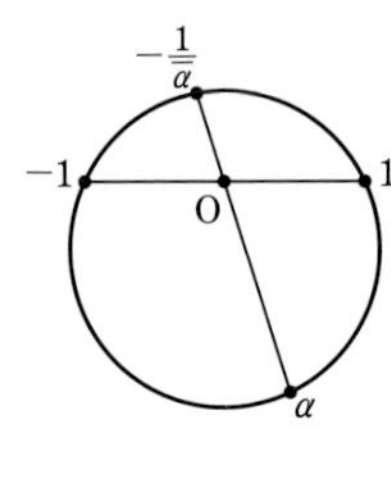

したがって，3点 α，0，$-\frac{1}{\overline{\alpha}}$ はこの順に一直線上にある。

◀ $-\frac{1}{\overline{\alpha}}=k\alpha$（$k$ は負の実数）の形で表されるから，点 α と点 $-\frac{1}{\overline{\alpha}}$ は点0に関して反対側にある。

ここで　$|\alpha|\cdot\left|-\frac{1}{\overline{\alpha}}\right|=r\cdot\frac{1}{|\overline{\alpha}|}=r\cdot\frac{1}{r}$
$=1$

また　$1\cdot|-1|=1$

ゆえに，4点 α，$-\frac{1}{\overline{\alpha}}$，1，−1 と点Oについて，方べきの定理の逆により，1，−1，α，$-\frac{1}{\overline{\alpha}}$ は同一円周上にある。

◀「方べきの定理の逆」については，数学A参照。

演習 37 ➡ 本冊 p.201

(1) $a_1=1$，$a_2=i$，$a_{n+2}=a_{n+1}+a_n$ から　$a_3=1+i$，$a_4=1+2i$

◀ $a_3=a_2+a_1$，$a_4=a_3+a_2$

ゆえに　$b_1=i$，$b_2=\frac{1+i}{i}=1-i$，

$$b_3=\frac{1+2i}{1+i}=\frac{(1+2i)(1-i)}{(1+i)(1-i)}=\frac{3}{2}+\frac{1}{2}i$$

◀分母の実数化。

ここで

$$\frac{b_2-b_3}{b_1-b_3}=\frac{(1-i)-\left(\frac{3}{2}+\frac{1}{2}i\right)}{i-\left(\frac{3}{2}+\frac{1}{2}i\right)}=\frac{-\frac{1}{2}-\frac{3}{2}i}{-\frac{3}{2}+\frac{1}{2}i}$$

$$=\frac{1+3i}{3-i}=\frac{(1+3i)(3+i)}{(3-i)(3+i)}=i$$

◀(分子) $=\frac{1}{2}i^2-\frac{3}{2}i=i\left(\frac{1}{2}i-\frac{3}{2}\right)$ と変形してもよい。

よって　$\arg\frac{b_2-b_3}{b_1-b_3}=\arg i=\frac{\pi}{2}$

◀ $\angle b_1b_3b_2=\frac{\pi}{2}$

ゆえに，円 C は2点 i，$1-i$ を直径の両端とする円である。

◀点 b_1, b_2 が直径の両端。

したがって，**中心は** $\frac{i+(1-i)}{2}=\boldsymbol{\frac{1}{2}}$，

半径は $\frac{|(1-i)-i|}{2}=\left|\frac{1}{2}-i\right|=\sqrt{\left(\frac{1}{2}\right)^2+(-1)^2}=\boldsymbol{\frac{\sqrt{5}}{2}}$

(2) $\left|b_n-\frac{1}{2}\right|=\frac{\sqrt{5}}{2}$ …… [A] であることを，数学的帰納法により証明する。

[1] $n=1$ のとき
(1)から，[A] は成り立つ。

◀ $\left|b_1-\frac{1}{2}\right|=\left|i-\frac{1}{2}\right|=\frac{\sqrt{5}}{2}$

[2] $n=k$ のとき
$\left|b_k-\frac{1}{2}\right|=\frac{\sqrt{5}}{2}$ が成り立つと仮定する。

$a_{k+2}=a_{k+1}+a_k$ から　$\frac{a_{k+2}}{a_{k+1}}=1+\frac{a_k}{a_{k+1}}$

◀両辺を a_{k+1} で割る。

ゆえに　$b_{k+1}=1+\frac{1}{b_k}$　　よって　$b_k=\frac{1}{b_{k+1}-1}$

◀ $b_k\neq0$

$\left|b_k-\dfrac{1}{2}\right|=\dfrac{\sqrt{5}}{2}$ であるから　$\left|\dfrac{1}{b_{k+1}-1}-\dfrac{1}{2}\right|=\dfrac{\sqrt{5}}{2}$

したがって　$\left|\dfrac{3-b_{k+1}}{b_{k+1}-1}\right|=\sqrt{5}$

ゆえに　$|b_{k+1}-3|=\sqrt{5}\,|b_{k+1}-1|$

両辺を 2 乗して　$|b_{k+1}-3|^2=5|b_{k+1}-1|^2$

ゆえに　$(b_{k+1}-3)(\overline{b_{k+1}}-3)=5(b_{k+1}-1)(\overline{b_{k+1}}-1)$　◀$|\alpha|^2=\alpha\overline{\alpha}$

整理して　$4b_{k+1}\overline{b_{k+1}}-2b_{k+1}-2\overline{b_{k+1}}=4$

よって　$(2b_{k+1}-1)(2\overline{b_{k+1}}-1)-1=4$

ゆえに　$(2b_{k+1}-1)\overline{(2b_{k+1}-1)}=5$

したがって　$|2b_{k+1}-1|^2=5$　◀$\alpha\overline{\alpha}=|\alpha|^2$

ゆえに　$|2b_{k+1}-1|=\sqrt{5}$

両辺を 2 で割ると　$\left|b_{k+1}-\dfrac{1}{2}\right|=\dfrac{\sqrt{5}}{2}$

したがって，$n=k+1$ のときも〔A〕が成り立つ。

[1]，[2] から，すべての自然数 n について，$\left|b_n-\dfrac{1}{2}\right|=\dfrac{\sqrt{5}}{2}$ が成り立つから，すべての点 b_n は円 C の周上にある。

3章 演習 〔複素数平面〕

演習 38 ➡ 本冊 p. 201

(1)　$1+i+\alpha=\beta$ とおくと，$\overline{\beta}=1-i+\overline{\alpha}$ であるから　◀$\overline{\beta}=\overline{1+i+\alpha}=1+\overline{i}+\overline{\alpha}=1-i+\overline{\alpha}$

$$z\overline{z}+(1-i+\overline{\alpha})z+(1+i+\alpha)\overline{z}=z\overline{z}+\overline{\beta}z+\beta\overline{z}$$
$$=(z+\beta)(\overline{z}+\overline{\beta})-\beta\overline{\beta}$$
$$=|z+\beta|^2-|\beta|^2$$
◀$z\overline{z}=|z|^2$

よって　$|z+\beta|^2-|\beta|^2=\alpha$

すなわち　$|z+\beta|^2=\alpha+|\beta|^2$　…… ①

$|z+\beta|^2$, $|\beta|^2$ はともに実数であるから，① を満たす複素数 z が存在するための条件は

α が実数 かつ $\alpha+|\beta|^2\geqq 0$　◀$|z+\beta|^2\geqq 0$

ゆえに　$\alpha+|1+i+\alpha|^2\geqq 0$

$\alpha+1$ は実数であるから

$\alpha+(1+\alpha)^2+1^2\geqq 0$

整理して　$\alpha^2+3\alpha+2\geqq 0$　◀実数 α の 2 次不等式。

よって　$\alpha\leqq -2,\ -1\leqq\alpha$　◀$(\alpha+1)(\alpha+2)\geqq 0$

したがって，複素数 α の範囲を複素数平面上に図示すると，**右の図の太線部分** のようになる。

(2)　(1) から　$|z+1+\alpha+i|^2=\alpha^2+3\alpha+2$　…… ②　◀$\alpha+|\beta|^2=\alpha^2+3\alpha+2$

また，(1) の結果から，② を満たす複素数 z が存在するための条件は　$\alpha\leqq -2,\ -1\leqq\alpha$

ここで，$|\alpha|\leqq 2$ から　$\alpha=-2,\ -1\leqq\alpha\leqq 2$　◀$|\alpha|\leqq 2 \iff -2\leqq\alpha\leqq 2$

[1]　$\alpha=-2$ のとき

② は　$|z-1+i|^2=0$　よって　$z=1-i$　◀点 $1-i$ を表す。

このとき　$|z|=\sqrt{1^2+(-1)^2}=\sqrt{2}$

[2]　$\alpha=-1$ のとき

②は　$|z+i|^2=0$　　よって　$z=-i$

このとき　$|z|=1$

◀点 $-i$ を表す。

[3]　$-1<\alpha\leqq 2$ のとき

②は　$|z+\alpha+1+i|^2=\alpha^2+3\alpha+2$

◀$\alpha^2+3\alpha+2=(\alpha+1)(\alpha+2)$
$-1<\alpha\leqq 2$ のとき
$\alpha+1>0,\ \alpha+2>0$

よって，点 z は点 $-\alpha-1-i$ を中心とする半径 $\sqrt{\alpha^2+3\alpha+2}$ の円上を動く。

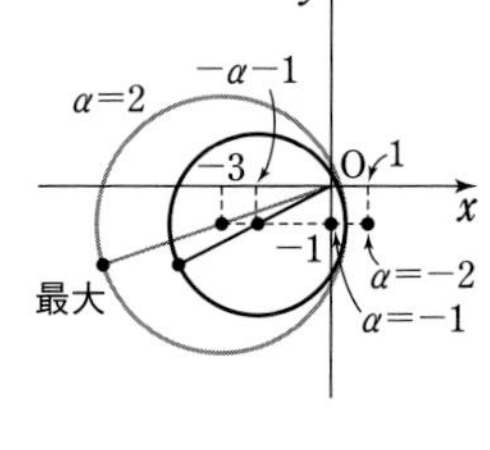

α の値を，$-1<\alpha\leqq 2$ の範囲で1つ固定すると，右の図から，$|z|$ の最大値は

◀$-3\leqq-\alpha-1<0$

$$|-\alpha-1-i|+\sqrt{\alpha^2+3\alpha+2}$$
$$=\sqrt{(\alpha+1)^2+1}+\sqrt{\left(\alpha+\frac{3}{2}\right)^2-\frac{1}{4}}\quad\cdots\cdots ③$$

◀(原点と点 $-\alpha-1-i$ の距離)+(円の半径)

ここで，$(\alpha+1)^2+1$，$\left(\alpha+\dfrac{3}{2}\right)^2-\dfrac{1}{4}$ はともに $-1<\alpha\leqq 2$ の範囲において単調に増加する。

◀この2つの α の関数はどちらも $-1<\alpha\leqq 2$ の範囲において，$\alpha=2$ で最大となる。

したがって，$-1<\alpha\leqq 2$ の範囲において，③は

$\alpha=2$ で最大値 $\sqrt{10}+2\sqrt{3}$ をとる。

[1]~[3]の結果を合わせて考えると，$\sqrt{10}+2\sqrt{3}>\sqrt{2}>1$ であるから，$|z|$ は $\alpha=2$ で最大値 $\sqrt{10}+2\sqrt{3}$ をとる。

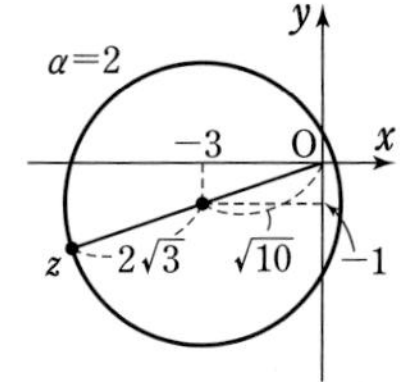

このとき，点 z は，点 $-3-i$ の原点からの距離を $\dfrac{\sqrt{10}+2\sqrt{3}}{\sqrt{10}}$ 倍した点であるから

$$z=\frac{\sqrt{10}+2\sqrt{3}}{\sqrt{10}}\cdot(-3-i)=\boldsymbol{-3-\frac{3\sqrt{30}}{5}-\left(1+\frac{\sqrt{30}}{5}\right)i}$$

演習 39

➡本冊 p.201

点 z は点 $\dfrac{3}{2}$ を中心とする半径 r の円周上を動くから

◀ r は半径であるから，$r>0$ である。

$$\left|z-\frac{3}{2}\right|=r\quad\cdots\cdots ①$$

また，$z+w=zw$ から　$(w-1)z=w$

$w=1$ とすると $0=1$ となって，不合理が生じる。

よって，$w\neq 1$ より $w-1\neq 0$ であるから　$z=\dfrac{w}{w-1}$

◀$(w-1)z=w$ の両辺を，直ちに $w-1$ で割ってはいけない。$w-1\neq 0$ であることを必ず確認する。

これを①に代入すると

$$\left|\frac{w}{w-1}-\frac{3}{2}\right|=r\quad すなわち\quad \left|\frac{-w+3}{2(w-1)}\right|=r$$

両辺に $|2(\omega-1)|$ を掛けて　$|-w+3|=r|2(\omega-1)|$

したがって　$|w-3|=2r|w-1|$　$\cdots\cdots$ ②

◀P(w)，A(3)，B(1) とすると，②から
AP：BP$=2r:1$
よって，$2r=1$ と $2r\neq 1$ の場合に分ける。

[1]　$r=\dfrac{1}{2}$ のとき，②は　$|w-3|=|w-1|$

よって，点 w の描く図形は，2点1，3を結ぶ線分の垂直二等分線である。すなわち，点2を通り実軸に垂直な直線である。

[2] $r \neq \frac{1}{2}$ のとき，② の両辺を 2 乗すると

$$|w-3|^2=4r^2|w-1|^2$$
$$(w-3)\overline{(w-3)}=4r^2(w-1)\overline{(w-1)}$$
$$(w-3)(\overline{w}-3)=4r^2(w-1)(\overline{w}-1)$$
$$w\overline{w}-3w-3\overline{w}+9=4r^2(w\overline{w}-w-\overline{w}+1)$$
$$(4r^2-1)w\overline{w}-(4r^2-3)w-(4r^2-3)\overline{w}+4r^2-9=0$$
$$w\overline{w}-\frac{4r^2-3}{4r^2-1}w-\frac{4r^2-3}{4r^2-1}\overline{w}+\frac{4r^2-9}{4r^2-1}=0$$
$$\left(w-\frac{4r^2-3}{4r^2-1}\right)\left(\overline{w}-\frac{4r^2-3}{4r^2-1}\right)-\left(\frac{4r^2-3}{4r^2-1}\right)^2+\frac{4r^2-9}{4r^2-1}=0$$
$$\left(w-\frac{4r^2-3}{4r^2-1}\right)\overline{\left(w-\frac{4r^2-3}{4r^2-1}\right)}=\frac{16r^2}{(4r^2-1)^2}$$
$$\left|w-\frac{4r^2-3}{4r^2-1}\right|^2=\left(\frac{4r}{4r^2-1}\right)^2$$

◀ $4r^2-1=(2r+1)(2r-1)$
$r>0$ かつ $r \neq \frac{1}{2}$ であるから　$4r^2-1 \neq 0$

$\left|w-\frac{4r^2-3}{4r^2-1}\right| \geqq 0$，$r>0$ であるから　$\left|w-\frac{4r^2-3}{4r^2-1}\right|=\frac{4r}{|4r^2-1|}$

よって，点 w が描く図形は　点 $\frac{4r^2-3}{4r^2-1}$ を中心とする半径 $\frac{4r}{|4r^2-1|}$ の円である。

[1]，[2] から，点 w が描く図形は

$r=\frac{1}{2}$ のとき　点 2 を通り実軸に垂直な直線

$r \neq \frac{1}{2}$ のとき　点 $\frac{4r^2-3}{4r^2-1}$ を中心とする半径 $\frac{4r}{|4r^2-1|}$ の円

演習 40 ➡ 本冊 p. 202

(1)　2 点 0，α は直線 ℓ に関して対称であるから，点 z は 2 点 0，α から常に等距離にある。

◀ 直線 ℓ は 2 点 0，α を結ぶ線分の垂直二等分線である。

よって　$|z|=|z-\alpha|$

両辺を 2 乗して　$|z|^2=|z-\alpha|^2$

$$z\overline{z}=(z-\alpha)\overline{(z-\alpha)}$$
$$z\overline{z}=z\overline{z}-\overline{\alpha}z-\alpha\overline{z}+\alpha\overline{\alpha}$$

◀ $\overline{z-\alpha}=\overline{z}-\overline{\alpha}$

したがって　$\overline{\alpha}z+\alpha\overline{z}=|\alpha|^2$　…… ①

(2) (1) と同様に，点 z が直線 m 上にあるとき

$$\overline{\beta}z+\beta\overline{z}=|\beta|^2 \quad \cdots\cdots ②$$

◀ ① で α を β におき換える。

よって，直線 ℓ と直線 m が交点をもつことは，① と ② を同時に満たす点 z が存在することと同値である。

$\beta \times ① - \alpha \times ②$ から　$(\overline{\alpha}\beta-\alpha\overline{\beta})z=\alpha\beta(\overline{\alpha}-\overline{\beta})$　…… ③

(i) $\overline{\alpha}\beta$ が実数であるとき

$\overline{\alpha}\beta=\overline{\overline{\alpha}\beta}$ より，$\overline{\alpha}\beta-\alpha\overline{\beta}=0$ であるから，③ の左辺は 0 となる。

◀ z が実数 $\Longleftrightarrow$ $z=\overline{z}$

また，$\alpha \neq 0$，$\beta \neq 0$ であり，ℓ，m は異なる 2 直線であるから

$$\alpha \neq \beta \quad すなわち \quad \overline{\alpha} \neq \overline{\beta}$$

よって，③ の右辺は 0 でないから，① と ② を同時に満たす z は存在しない。

3章 演習 [複素数平面]

(ii) $\overline{\alpha}\beta$ が実数でないとき

$\overline{\alpha}\beta \neq \overline{\overline{\alpha}\beta}$ より，$\overline{\alpha}\beta-\alpha\overline{\beta}\neq 0$ であるから，① と ② を同時に満たす点は　$z=\dfrac{\alpha\beta(\overline{\alpha}-\overline{\beta})}{\overline{\alpha}\beta-\alpha\overline{\beta}}$

◀③ の両辺を $\overline{\alpha}\beta-\alpha\overline{\beta}$ ($\neq 0$) で割る。

よって，この点が直線 ℓ と直線 m の交点を表す複素数である。

(i), (ii) から，$\overline{\alpha}\beta$ が実数でないことが，直線 ℓ と直線 m が交点をもつための必要十分条件である。

また，そのときの交点は　$\boldsymbol{z=\dfrac{\alpha\beta(\overline{\alpha}-\overline{\beta})}{\overline{\alpha}\beta-\alpha\overline{\beta}}}$

演習 41 ➡ 本冊 p. 202

$x^3-(2k+1)x^2+(4k^2+2k)x-4k^2=(x-1)(x^2-2kx+4k^2)$　◀因数定理を利用。

$x^2-2kx+4k^2=0$ を解くと　$x=k\pm\sqrt{-3k^2}$

よって，方程式の解は　$x=1,\ k\pm\sqrt{3}\,|k|i$　◀$\sqrt{-3k^2}=\sqrt{3}\,|k|i$

以下，$z_1=1$，$z_2=k+\sqrt{3}\,|k|i$，$z_3=k-\sqrt{3}\,|k|i$ として考える。　◀一般性を失わない。

(1) [1] $k=0$ のとき

$z_1=1$，$z_2=z_3=0$

このとき，条件を満たす。

[2] $k\neq 0$ のとき

$z_3=\overline{z_2}$ であるから，点 z_2 と点 z_3 は実軸に関して対称である。

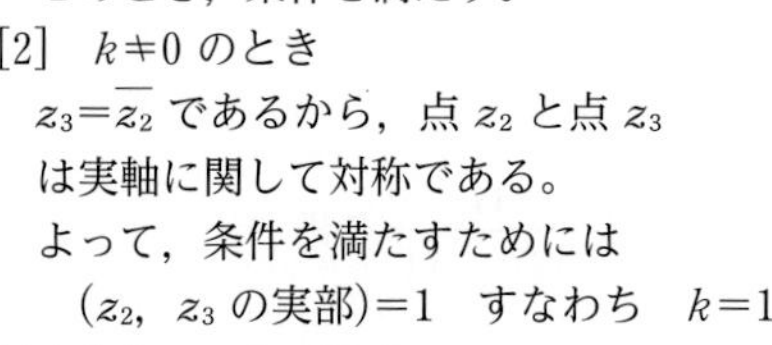

よって，条件を満たすためには

(z_2, z_3 の実部)$=1$　すなわち　$k=1$　◀$z_1=1$

以上から　$\boldsymbol{k=0,\ 1}$

(2) $\mathrm{A}(z_1)$，$\mathrm{B}(z_2)$，$\mathrm{C}(z_3)$ とする。

AB=AC であるから，△ABC が直角三角形となるとき　$A=\dfrac{\pi}{2}$

ゆえに，図から　$|1-k|=\sqrt{3}\,|k|$

よって　$(k-1)^2=3k^2$

したがって　$2k^2+2k-1=0$

これを解いて　$\boldsymbol{k=\dfrac{-1\pm\sqrt{3}}{2}}$

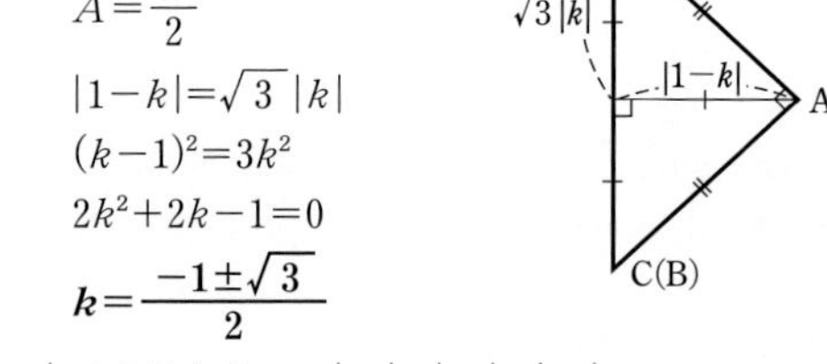

(3) $|w_1|=|w_2|=|w_3|$ であるから　$|z_1|=|z_2|=|z_3|$　◀$|w_i|=|z_i|$ $(i=1,\ 2,\ 3)$

$|z_1|=1$ であるから　$k^2+(\sqrt{3}\,|k|)^2=1$　◀$|z_2|=|z_3|=1$ から $|z_2|^2=|z_3|^2=1$

ゆえに　$4k^2=1$

よって　$k=\pm\dfrac{1}{2}$

[1] $k=\dfrac{1}{2}$ のとき

$z_2=\dfrac{1}{2}+\dfrac{\sqrt{3}}{2}i=\cos\dfrac{\pi}{3}+i\sin\dfrac{\pi}{3}$　◀極形式で表す。

$z_3=\dfrac{1}{2}-\dfrac{\sqrt{3}}{2}i=\cos\left(-\dfrac{\pi}{3}\right)+i\sin\left(-\dfrac{\pi}{3}\right)$

[2]　$k=-\dfrac{1}{2}$ のとき

$$z_2=-\frac{1}{2}+\frac{\sqrt{3}}{2}i=\cos\frac{2}{3}\pi+i\sin\frac{2}{3}\pi$$

$$z_3=-\frac{1}{2}-\frac{\sqrt{3}}{2}i=\cos\left(-\frac{2}{3}\pi\right)+i\sin\left(-\frac{2}{3}\pi\right)$$

[1], [2] のそれぞれの場合における 3 点 z_1, z_2, z_3 の位置関係は次の図のようになる。

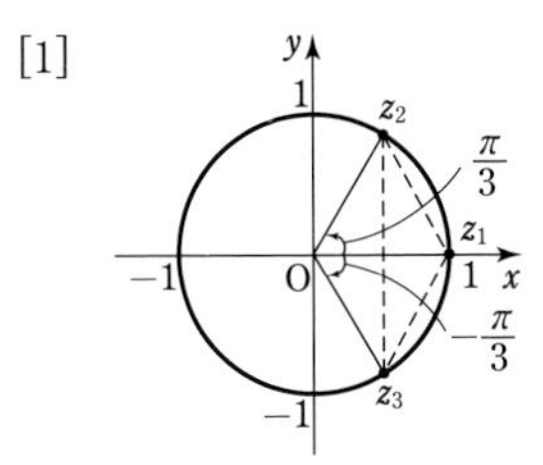

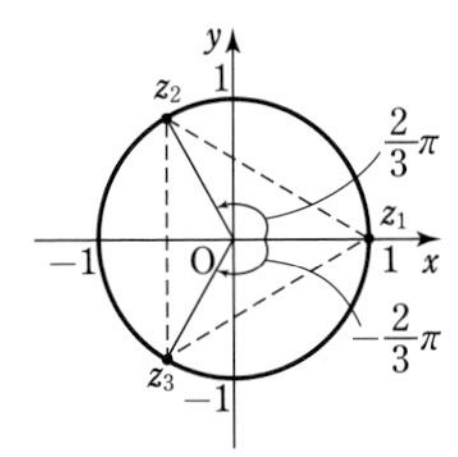

ゆえに, 6 点 w_1, w_2, w_3, $\overline{w_1}$, $\overline{w_2}$, $\overline{w_3}$ が正六角形の頂点となるのは, 3 点 w_1, w_2, w_3 が次の図のようになる場合である。
ただし　[1] ⟶ ①　　[2] ⟶ ②, ③, ④

◀点 z_1 の回転について考えると, w_1, w_2, w_3, $\overline{w_1}$, $\overline{w_2}$, $\overline{w_3}$ を頂点とする正六角形の頂点に移るとき, 回転角 θ は $0\leqq\theta\leqq\pi$ の範囲で,
$$\theta=\frac{\pi}{6},\ \frac{\pi}{2},\ \frac{5}{6}\pi$$
の 3 通りある。
[1] では $\theta=\dfrac{\pi}{2}$ のとき条件を満たす。

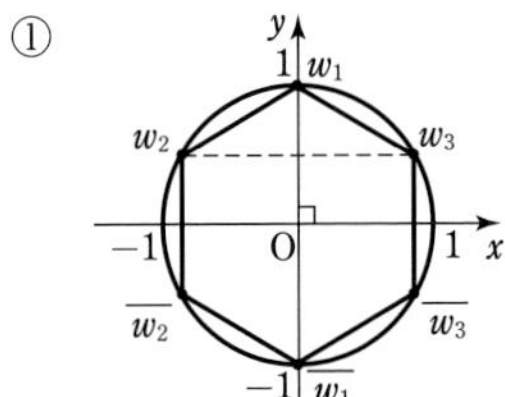

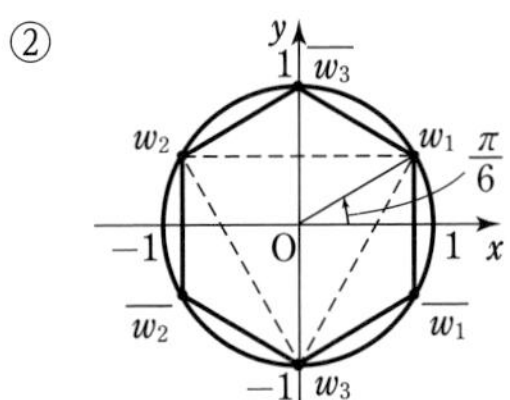

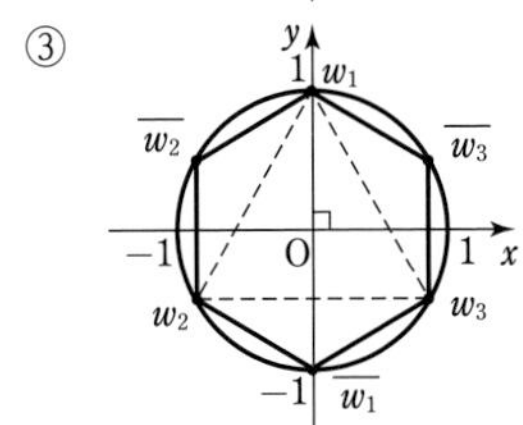

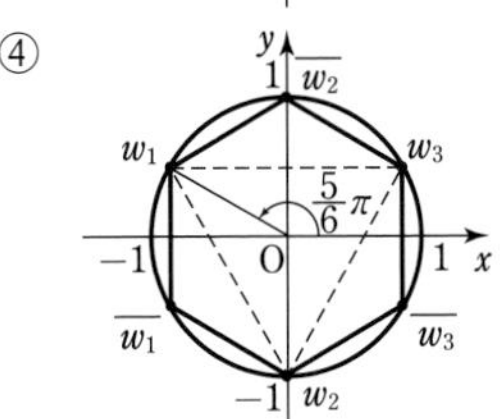

したがって　　$\boldsymbol{k=\dfrac{1}{2}}$ **のとき**　$\boldsymbol{\theta=\dfrac{\pi}{2}}$;

$\boldsymbol{k=-\dfrac{1}{2}}$ **のとき**　$\boldsymbol{\theta=\dfrac{\pi}{6},\ \dfrac{\pi}{2},\ \dfrac{5}{6}\pi}$

演習 42 ➡ 本冊 p. 202

3 点 A, B, C が鋭角三角形をなすための条件は, 次の (a), (b) を満たすことである。
3 点 A, B, C は相異なる。…… (a)

$$\begin{cases}AB^2+BC^2>CA^2\\BC^2+CA^2>AB^2\\CA^2+AB^2>BC^2\end{cases}\quad \text{すなわち}\quad \begin{cases}|z-1|^2+|z^2-z|^2>|1-z^2|^2\\|z^2-z|^2+|1-z^2|^2>|z-1|^2\\|1-z^2|^2+|z-1|^2>|z^2-z|^2\end{cases}$$

◀ 3 点 A, B, C が三角形をなすために, A, B, C は異なる点でなければならない。

よって $\begin{cases} |z-1|^2+|z|^2|z-1|^2>|z+1|^2|z-1|^2 \\ |z|^2|z-1|^2+|z+1|^2|z-1|^2>|z-1|^2 \\ |z+1|^2|z-1|^2+|z-1|^2>|z|^2|z-1|^2 \end{cases}$ …… (b)

◀ $|\alpha\beta|=|\alpha||\beta|$

(a) から　$z \neq 1$, $z^2 \neq 1$, $z^2 \neq z$　ゆえに　$z \neq 0$, $z \neq \pm 1$

◀ $z^2 \neq 1$ から $z^2-1 \neq 0$ $(z+1)(z-1) \neq 0$ よって $z \neq \pm 1$ また，$z^2 \neq z$ から $z(z-1) \neq 0$ ゆえに $z \neq 0$, $z \neq 1$

$z \neq 1$ であるから，(b) の両辺を $|z-1|^2$ (>0) で割ると

$\begin{cases} 1+|z|^2>|z+1|^2 & \cdots\cdots ① \\ |z|^2+|z+1|^2>1 & \cdots\cdots ② \\ |z+1|^2+1>|z|^2 & \cdots\cdots ③ \end{cases}$

① から　$1+|z|^2>|z|^2+z+\overline{z}+1$

よって　$z+\overline{z}<0$

$z=x+yi$ とすると　$2x<0$　すなわち　$x<0$

◀虚軸より左側の領域。

② から　$|z|^2+|z|^2+z+\overline{z}+1>1$

$$|z|^2+\frac{z}{2}+\frac{\overline{z}}{2}>0$$

$$|z|^2+\frac{z}{2}+\frac{\overline{z}}{2}+\frac{1}{4}>\frac{1}{4}$$

$$\left|z+\frac{1}{2}\right|^2>\frac{1}{4} \quad \text{すなわち} \quad \left|z+\frac{1}{2}\right|>\frac{1}{2}$$

◀点 $-\frac{1}{2}$ を中心とする半径 $\frac{1}{2}$ の円の外部。

③ から　$|z|^2+z+\overline{z}+1+1>|z|^2$

ゆえに　$z+\overline{z}>-2$

$z=x+yi$ とすると　$2x>-2$

すなわち　$x>-1$

◀点 -1 を通り，実軸に垂直な直線より右側の領域。

したがって，求める z の範囲は，

$z \neq 0$, $z \neq \pm 1$ で，かつ連立不等式

$z+\overline{z}<0$, $\left|z+\frac{1}{2}\right|>\frac{1}{2}$, $z+\overline{z}>-2$

の表す領域であるから，**右の図の斜線部分。ただし，境界線を含まない。**

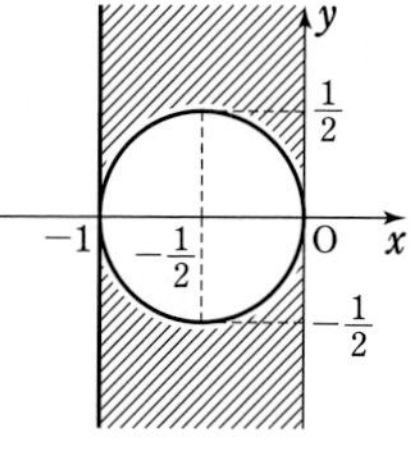

演習 43

➡ 本冊 p. 202

$z_{n+2}=(1-w)z_{n+1}+wz_n$ …… ① とする。

◀ z_{n+2} を x^2，z_{n+1} を x，z_n を 1 とおいた x^2 の 2 次方程式 $x^2=(1-w)x+w$ の解は $(x-1)(x+w)=0$ から　$x=1$, $-w$

① を変形して　$z_{n+2}-z_{n+1}=-w(z_{n+1}-z_n)$

また　$z_2-z_1=(1-w)-1=-w$

よって，数列 $\{z_{n+1}-z_n\}$ は初項 $-w$，公比 $-w$ の等比数列であるから　$z_{n+1}-z_n=(-w)^n$ …… ②

また，① を変形して　$z_{n+2}+wz_{n+1}=z_{n+1}+wz_n$

よって　$z_{n+1}+wz_n=z_2+wz_1=(1-w)+w=1$

◀ $z_{n+1}+wz_n$ $=z_n+wz_{n-1}$ $=z_{n-1}+wz_{n-2}$ …… $=z_2+wz_1$

ゆえに　$z_{n+1}+wz_n=1$ …… ③

③−② から　$(1+w)z_n=1-(-w)^n$

$w \neq -1$ のとき　$z_n=\dfrac{1}{1+w}\{1-(-w)^n\}$

$w=-1$ のとき，② から　$z_{n+1}-z_n=1$

数列 $\{z_n\}$ は初項 $z_1=1$，公差 1 の等差数列であるから

$z_n=n$

◀ $z_n=1+(n-1)\cdot 1$

したがって　$z_n=\begin{cases}\dfrac{1}{1+w}\{1-(-w)^n\} & (w\neq-1)\\ n & (w=-1)\end{cases}$

(1)　$a=4,\ b=3$ のとき

$w=\cos\dfrac{2}{3}\pi+i\sin\dfrac{2}{3}\pi=\dfrac{-1+\sqrt{3}\,i}{2}$ から

$$\frac{1}{1+w}=\frac{2}{1+\sqrt{3}\,i}=\frac{1-\sqrt{3}\,i}{2}=-w$$

◀$w\neq-1$

よって　$z_n=-w\{1-(-w)^n\}=-w-(-w)^{n+1}$

したがって　$z_n+w=-(-w)^{n+1}$

このとき　$|z_n+w|=|-(-w)^{n+1}|$

すなわち　$|z_n+w|=|w|^{n+1}$

◀$|-(-w)^{n+1}|$
$=|(-1)^n w^{n+1}|$
$=|w|^{n+1}$

$|w|=1$ であるから　$|z_n+w|=1$

また　$\arg(z_n+w)=\arg\{-(-w)^{n+1}\}$
$=(n+1)\arg(-w)+\pi$
$=(n+1)(\arg w-\pi)+\pi$

◀$\arg(-1)=\pi$

◀$w=\cos\theta+i\sin\theta$ とすると
$-w=-\cos\theta-i\sin\theta$
$=\cos(\theta-\pi)+i\sin(\theta-\pi)$
よって
$\arg(-w)=\arg w-\pi$

$\arg w=\dfrac{2}{3}\pi$ から

$\arg(z_n+w)=(n+1)\left(-\dfrac{\pi}{3}\right)+\pi$

$=\dfrac{-n+2}{3}\pi$

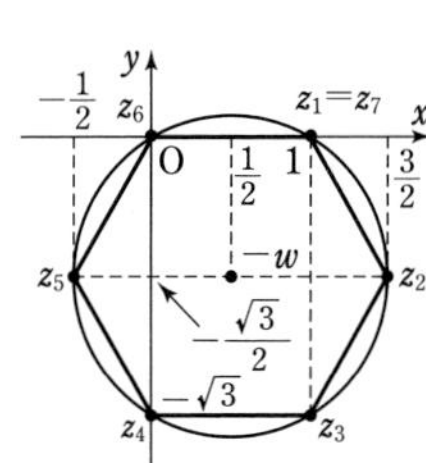

よって，複素数平面上の点 z_1，z_2，z_3，z_4，z_5，z_6，z_7 は点 $-w$ を中心とする半径 1 の円の周上にあり，この順に線分で結んでできる図形は，**右の図** のような正六角形になる。

(2)　$a=2,\ b=1$ のとき　$w=\cos\dfrac{\pi}{2}+i\sin\dfrac{\pi}{2}=i$

$w\neq-1$ であるから　$z_n=\dfrac{1}{1+w}\{1-(-w)^n\}$

よって　$\boldsymbol{z_{63}=\dfrac{1}{1+i}\{1-(-i)^{63}\}=\dfrac{1-i}{1+i}=-i}$

(3)　[1]　$w=-1$ のとき，(1) から　$z_n=n$

よって，$z_{63}=63$ であるから，$z_{63}=0$ とならない。

[2]　$w\neq-1$ のとき

$w=\cos\dfrac{a\pi}{3+b}+i\sin\dfrac{a\pi}{3+b}$ であるから

$$\cos\frac{a\pi}{3+b}+i\sin\frac{a\pi}{3+b}\neq\cos\pi+i\sin\pi$$

◀$w\neq-1$ である。
また，-1 の絶対値は 1，偏角は π

$1\leqq a\leqq6,\ 4\leqq3+b\leqq9$ であるから　$\dfrac{\pi}{9}\leqq\dfrac{a\pi}{3+b}\leqq\dfrac{3}{2}\pi$

ゆえに，$\cos\dfrac{a\pi}{3+b}+i\sin\dfrac{a\pi}{3+b}\neq\cos\pi+i\sin\pi$ において，

偏角を比較すると　$\dfrac{a\pi}{3+b}\neq\pi$　よって　$a\neq3+b$ …… ④

また，$w \neq -1$ のとき，(1) から　　$z_n = \frac{1}{1+w}\{1-(-w)^n\}$

ゆえに，$z_{63}=0$ となるのは $(-w)^{63}=1$，すなわち $w^{63}=-1$ のときである。

$w^{63} = \cos\frac{63a\pi}{3+b} + i\sin\frac{63a\pi}{3+b}$ から

$$\cos\frac{63a\pi}{3+b} + i\sin\frac{63a\pi}{3+b} = \cos\pi + i\sin\pi$$

◀-1 の絶対値は 1，偏角は π

偏角を比較すると　　$\frac{63a\pi}{3+b} = \pi + 2k\pi$（$k$ は整数）

整理すると　　$63a=(b+3)(2k+1)$　…… ⑤

よって，④ を満たし，かつ ⑤ を満たす整数 k が存在するような $(a,\ b)$ $(1 \leqq a \leqq 6,\ 1 \leqq b \leqq 6)$ の組を求める。

(i)　$b=1$ のとき

④ から　　$a \neq 4$　　　⑤ から　　$63a=4(2k+1)$

◀右辺は 4 の倍数。

63 と 4 は互いに素であるから，a は 4 の倍数である。

◀p，q は互いに素で，pm が q の倍数であるならば，m は q の倍数である（p，q，m は整数）。

$1 \leqq a \leqq 6$，$a \neq 4$ より，このような a は存在しない。

(ii)　$b=2$ のとき

④ から　　$a \neq 5$　　　⑤ から　　$63a=5(2k+1)$

63 と 5 は互いに素であるから，a は 5 の倍数である。

$1 \leqq a \leqq 6$，$a \neq 5$ より，このような a は存在しない。

(iii)　$b=3$ のとき

④ から　　$a \neq 6$　　　⑤ から　　$21a=2(2k+1)$

21 と 2 は互いに素であり，21 と $2k+1$ はともに奇数であるから　　$a=2$　　　これは $a \neq 6$ を満たす。

(iv)　$b=4$ のとき，$1 \leqq a \leqq 6$ において ④ は常に成り立つ。

⑤ から　　$9a=2k+1$

$2k+1$ は奇数であるから　　$a=1,\ 3,\ 5$

(v)　$b=5$ のとき，$1 \leqq a \leqq 6$ において ④ は常に成り立つ。

⑤ から　　$63a=8(2k+1)$

63 と 8 は互いに素であるから，a は 8 の倍数である。

$1 \leqq a \leqq 6$ より，このような a は存在しない。

(vi)　$b=6$ のとき，$1 \leqq a \leqq 6$ において ④ は常に成り立つ。

⑤ から　　$7a=2k+1$

$2k+1$ は奇数であるから　　$a=1,\ 3,\ 5$

[1]，[2] から，$z_{63}=0$ となる $(a,\ b)$ の組は

$$(a,\ b)=(2,\ 3),\ (1,\ 4),\ (3,\ 4),\ (5,\ 4),\ (1,\ 6),\ (3,\ 6),\ (5,\ 6)$$

したがって，$z_{63}=0$ となる確率は　　$\frac{7}{6^2} = \mathbf{\frac{7}{36}}$

CHECK 12 ➡本冊 $p.206$

放物線 $y^2=4px$ $(p\neq 0)$ …… ① 上の任意の点を $\mathrm{P}(x,\ y)$ とする。
x 軸に関して P と対称な点の座標は　$\mathrm{Q}(x,\ -y)$
$(-y)^2=4px$ であるから，点 Q も放物線 ① 上にある。
よって，放物線 ① は x 軸に関して対称である。

参考　放物線 ① を x 軸に関して対称移動したグラフの方程式が ① と一致することを示してもよい。

CHECK 13 ➡本冊 $p.228$

(1)　$2y=2(x+1)$　すなわち　$\boldsymbol{y=x+1}$

(2)　$\dfrac{\sqrt{3}\,x}{12}+\dfrac{\sqrt{3}\,y}{4}=1$　すなわち　$\boldsymbol{x+3y-4\sqrt{3}=0}$

(3)　$\dfrac{-2\sqrt{5}\,x}{16}-\dfrac{1\cdot y}{4}=1$　すなわち　$\boldsymbol{\sqrt{5}\,x+2y+8=0}$

(4)　$4\cdot 1\cdot x-5\cdot(-1)\cdot y=-1$　すなわち　$\boldsymbol{4x+5y+1=0}$

◀接線［接点 $(x_1,\ y_1)$］の公式を適用する。
放物線 $y^2=4px$
$\longrightarrow y_1y=2p(x+x_1)$
楕円 $\dfrac{x^2}{a^2}+\dfrac{y^2}{b^2}=1$
$\longrightarrow \dfrac{x_1x}{a^2}+\dfrac{y_1y}{b^2}=1$
双曲線 $\dfrac{x^2}{a^2}-\dfrac{y^2}{b^2}=1$
$\longrightarrow \dfrac{x_1x}{a^2}-\dfrac{y_1y}{b^2}=1$

［本冊 $p.228$ 基本事項（放物線 $y^2=4px$ の接線の方程式）の証明］

放物線 $y^2=4px$ $(p\neq 0)$ …… ① の傾き m の接線の方程式を
$y=mx+n$ $(m\neq 0)$ …… ② とし，接点の座標を $(x_1,\ y_1)$ とする。
② を ① に代入して，x について整理すると

$$m^2x^2+2(mn-2p)x+n^2=0 \quad \cdots\cdots ③$$

直線 ② が放物線 ① に接するための条件は，2 次方程式 ③ の判別式を D とすると　$D=0$

◀$m\neq 0$ であるから，③ の x^2 の係数は $m^2\neq 0$

ここで　$\dfrac{D}{4}=(mn-2p)^2-m^2n^2=4p(p-mn)$

$D=0$ とすると，$p\neq 0$，$m\neq 0$ であるから　$n=\dfrac{p}{m}$

このとき，③ の重解は　$x_1=-\dfrac{mn-2p}{m^2}=\dfrac{p}{m^2}$

◀ 2 次方程式 $ax^2+2b'x+c=0$ が重解をもつとき，その重解は $x=-\dfrac{b'}{a}$

ゆえに　$y_1=mx_1+n=\dfrac{p}{m}+\dfrac{p}{m}=\dfrac{2p}{m}$

$y_1\neq 0$ のとき $m=\dfrac{2p}{y_1}$，$n=\dfrac{y_1}{2}$ を ② に代入して

$$y=\frac{2p}{y_1}x+\frac{y_1}{2}$$

したがって，$y_1y=2px+\dfrac{{y_1}^2}{2}$ であり，${y_1}^2=4px_1$ であるから

$$y_1y=2p(x+x_1)$$

これは $y_1=0$ のときも成り立つ。
$(x_1=0$ であり，接線の方程式は $x=0)$。

CHECK 14 ➡本冊 $p.240$

(1)　楕円 $\dfrac{x^2}{9}+\dfrac{y^2}{4}=1$ の内部で，**図 (1) の斜線部分。ただし，境界線を含まない。**

4章
CH
［式と曲線］

(2)　双曲線 $\dfrac{x^2}{9}-\dfrac{y^2}{4}=1$ を境界線とし，原点を含まない領域で，**図 (2) の斜線部分。ただし，境界線を含む。**

◀≧ であるから，境界線も含む。

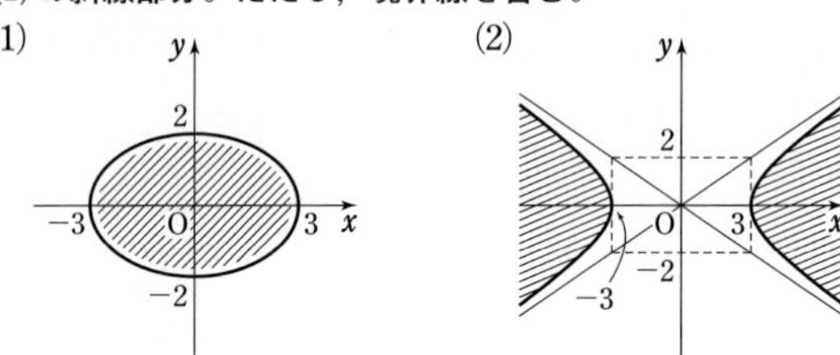

(3)　双曲線 $\dfrac{x^2}{4}-y^2=-1$ を境界線とし，原点を含む領域で，**図 (3) の斜線部分。ただし，境界線を含まない。**

(4)　放物線 $y^2=8x$ の右側で，**図 (4) の斜線部分。ただし，境界線を含む。**

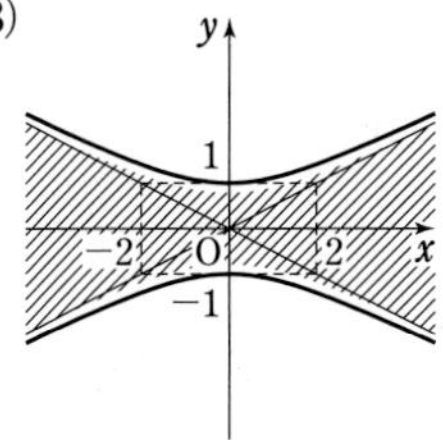

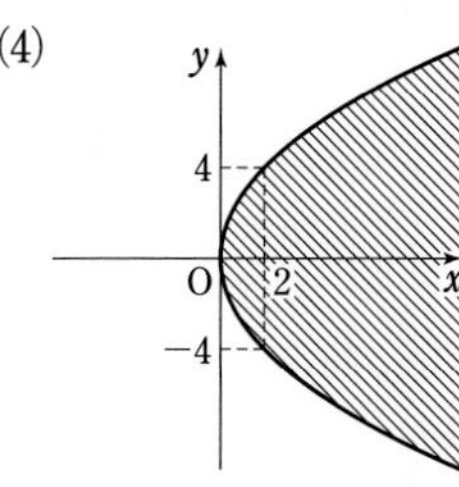

例 45 ➡ 本冊 p. 207

(1) $y^2=4\cdot 3x$　　すなわち　　$\boldsymbol{y^2=12x}$

概形は　図(1)

(2) (ア) $y^2=4\cdot\left(-\dfrac{1}{2}\right)x$ と表されるから，**焦点は点** $\boldsymbol{\left(-\dfrac{1}{2},\ 0\right)}$

準線は直線 $\boldsymbol{x=\dfrac{1}{2}}$，**概形は　図(2)(ア)**

(イ) $y=-2x^2$ より，$x^2=-\dfrac{1}{2}y=4\cdot\left(-\dfrac{1}{8}\right)y$ と表されるから，

焦点は点 $\boldsymbol{\left(0,\ -\dfrac{1}{8}\right)}$，**準線は直線** $\boldsymbol{y=\dfrac{1}{8}}$

概形は　図(2)(イ)

(2) 方程式を $y^2=4px$，$x^2=4py$ の形に直す。

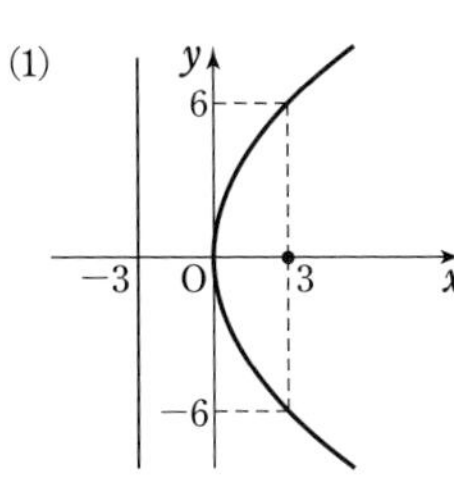

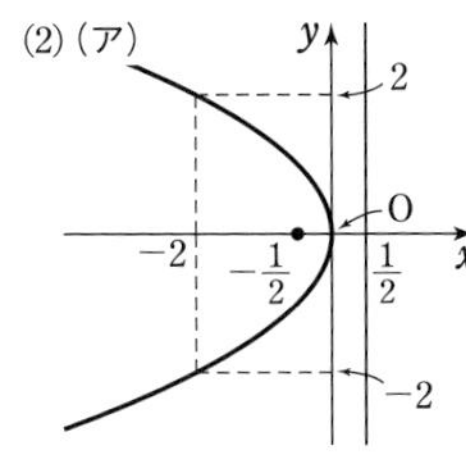

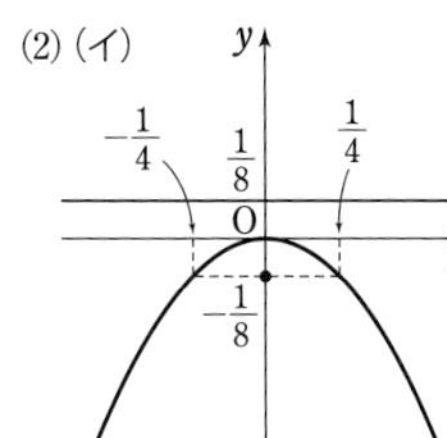

(3) 頂点が原点で，焦点が x 軸上にあるから，求める放物線の方程式は，$y^2=4px$ と表される。

これが点 $(-1,\ 4)$ を通るから　　$4^2=4p\cdot(-1)$

よって　　$p=-4$　　　したがって　　$\boldsymbol{y^2=-16x}$

◀$x=-1$，$y=4$ を代入。

例 46 ➡ 本冊 p. 207

(1) $\dfrac{x^2}{3^2}+\dfrac{y^2}{2^2}=1$

よって，**長軸の長さは**　$2\cdot 3=\boldsymbol{6}$，

短軸の長さは　$2\cdot 2=\boldsymbol{4}$

$\sqrt{9-4}=\sqrt{5}$ であるから，

焦点は 2 点 $\boldsymbol{(\sqrt{5},\ 0),\ (-\sqrt{5},\ 0)}$

面積は　　$\pi\cdot 3\cdot 2=\boldsymbol{6\pi}$

楕円の **概形は図(1)** のようになる。

◀$3>2$ であるから，焦点は x 軸上にある。

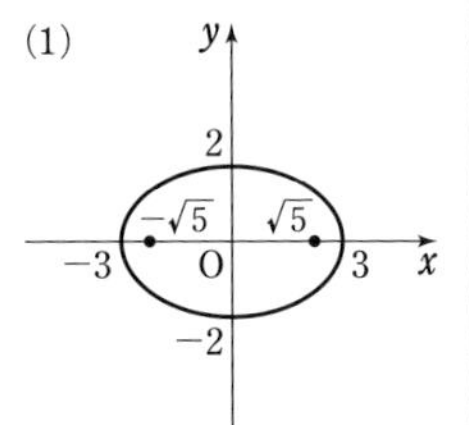

(2) 両辺を 6 で割ると

$$\frac{x^2}{(\sqrt{2})^2}+\frac{y^2}{(\sqrt{3})^2}=1$$

よって，**長軸の長さは**　$2\cdot\sqrt{3}=\boldsymbol{2\sqrt{3}}$，

短軸の長さは　$2\cdot\sqrt{2}=\boldsymbol{2\sqrt{2}}$

$\sqrt{3-2}=1$ であるから，

焦点は 2 点 (0, 1)，(0, −1)

面積は　　$\pi\cdot\sqrt{2}\cdot\sqrt{3}=\boldsymbol{\sqrt{6}\,\pi}$

楕円の **概形は図(2)** のようになる。

◀$=1$ の形に直す。

◀$\sqrt{2}<\sqrt{3}$ であるから，焦点は y 軸上にある。

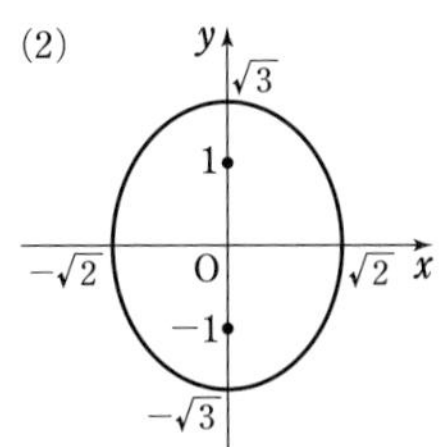

例 47 ➡ 本冊 p. 208

(1) 2 点 F(1, 0), F′(−1, 0) を焦点とするから，求める楕円の方程式は $\dfrac{x^2}{a^2}+\dfrac{y^2}{b^2}=1$ $(a>b>0)$ と表される。

焦点の座標から　$a^2-b^2=1^2$

また，楕円上の任意の点Pについて　PF+PF′$=2a$

◀$a>b>0$ のとき，楕円上の点から 2 つの焦点までの距離の和は $2a$

よって　$2a=6$

ゆえに　$a=3$

よって　$b^2=a^2-1^2=8$

ゆえに，求める楕円の方程式は　$\boldsymbol{\dfrac{x^2}{9}+\dfrac{y^2}{8}=1}$

参考　P$(x,\ y)$ とすると，PF+PF′$=6$ であるから

◀定義による。

$$\sqrt{(x-1)^2+y^2}+\sqrt{(x+1)^2+y^2}=6$$

この式を変形して整理すると，求める楕円の方程式となる。

◀本冊 p. 205 4 を参照。

(2) 長軸が x 軸上，短軸が y 軸上にあるから，求める楕円の方程式は $\dfrac{x^2}{a^2}+\dfrac{y^2}{b^2}=1$ $(a>b>0)$ と表される。

$\dfrac{1}{a^2}=A$, $\dfrac{1}{b^2}=B$ とおくと　$Ax^2+By^2=1$ $(0<A<B)$

楕円 $Ax^2+By^2=1$ は 2 点 $(0,\ -2)$, $\left(1,\ \dfrac{4}{\sqrt{5}}\right)$ を通るから

$$4B=1,\ A+\frac{16}{5}B=1$$

連立して解くと　$A=\dfrac{1}{5}$, $B=\dfrac{1}{4}$

◀$B\cdot(-2)^2=1$, $A+B\cdot\left(\dfrac{4}{\sqrt{5}}\right)^2=1$

よって，求める楕円の方程式は　$\boldsymbol{\dfrac{x^2}{5}+\dfrac{y^2}{4}=1}$

例 48 ➡ 本冊 p. 208

円 $x^2+y^2=4$ 上の点 Q$(s,\ t)$ が，拡大または縮小により，移された点を P$(X,\ Y)$ とする。

(1) $X=s$, $Y=\dfrac{t}{2}$ であるから　$s=X$, $t=2Y$

◀ y 軸方向に $\dfrac{1}{2}$ 倍。

点Qは円 $x^2+y^2=4$ 上にあるから　$s^2+t^2=4$

よって　$X^2+(2Y)^2=4$　すなわち　$\dfrac{X^2}{4}+Y^2=1$

◀$s=X$, $t=2Y$ を代入。

したがって，**楕円 $\boldsymbol{\dfrac{x^2}{4}+y^2=1}$** になる。

(2) $X=3s$, $Y=t$ であるから　$s=\dfrac{X}{3}$, $t=Y$

◀ x 軸方向に 3 倍。

点Qは円 $x^2+y^2=4$ 上にあるから　$s^2+t^2=4$

よって　$\left(\dfrac{X}{3}\right)^2+Y^2=4$　すなわち　$\dfrac{X^2}{36}+\dfrac{Y^2}{4}=1$

◀$s=\dfrac{X}{3}$, $t=Y$ を代入。

したがって，**楕円 $\boldsymbol{\dfrac{x^2}{36}+\dfrac{y^2}{4}=1}$** になる。

例 49 ➡本冊 p. 216

(1) $\dfrac{x^2}{4}-\dfrac{y^2}{5}=1$ から　$\dfrac{x^2}{2^2}-\dfrac{y^2}{(\sqrt{5})^2}=1$

◀ $\dfrac{x^2}{a^2}-\dfrac{y^2}{b^2}=1$

$\sqrt{4+5}=3$ であるから，**焦点は　2 点 $(3,\ 0)$，$(-3,\ 0)$**

◀ $(\pm c,\ 0)$

漸近線は 2 直線 $\dfrac{x}{2}-\dfrac{y}{\sqrt{5}}=0$，$\dfrac{x}{2}+\dfrac{y}{\sqrt{5}}=0$

◀ $\dfrac{x}{2}\pm\dfrac{y}{\sqrt{5}}=0$ でもよい。

また，頂点は　2 点 $(2,\ 0)$，$(-2,\ 0)$

◀ $(\pm a,\ 0)$

概形は図 (1) のようになる。

(2) $25x^2-144y^2=-3600$ の両辺を 3600 で割ると

$\dfrac{x^2}{144}-\dfrac{y^2}{25}=-1$　すなわち　$\dfrac{x^2}{12^2}-\dfrac{y^2}{5^2}=-1$

◀ $\dfrac{x^2}{a^2}-\dfrac{y^2}{b^2}=-1$

$\sqrt{144+25}=13$ であるから，**焦点は　2 点 $(0,\ 13)$，$(0,\ -13)$**

◀ $(0,\ \pm c)$

漸近線は 2 直線 $\dfrac{x}{12}-\dfrac{y}{5}=0$，$\dfrac{x}{12}+\dfrac{y}{5}=0$

◀ $\dfrac{x}{12}\pm\dfrac{y}{5}=0$ でもよい。

また，頂点は　2 点 $(0,\ 5)$，$(0,\ -5)$

◀ $(0,\ \pm b)$

概形は図 (2) のようになる。

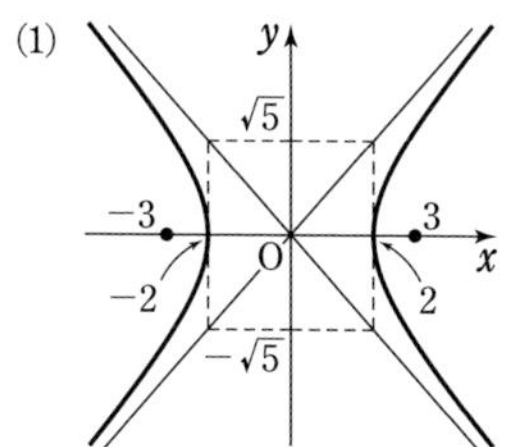

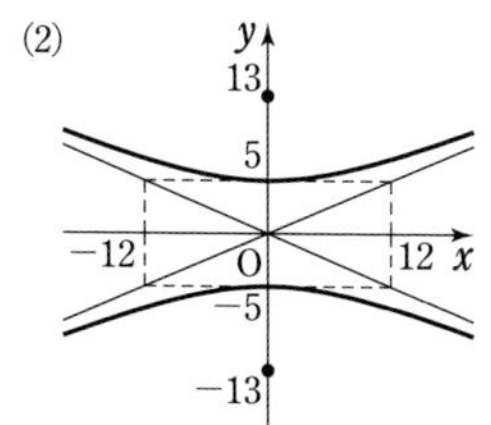

例 50 ➡本冊 p. 216

(1) 2 点 $(\sqrt{7},\ 0)$，$(-\sqrt{7},\ 0)$ が焦点であるから，求める双曲線の方程式は　$\dfrac{x^2}{a^2}-\dfrac{y^2}{b^2}=1$ $(a>0,\ b>0)$

◀ 2 つの焦点が x 軸上にあり，原点に関して対称である。

焦点の座標から　$a^2+b^2=(\sqrt{7})^2$

◀焦点 $(\pm c,\ 0)$ ただし，$a^2+b^2=c^2$

焦点からの距離の差は $2a$ であるから，$2a=4$ より　$a=2$

よって　$b^2=7-a^2=3$

したがって，求める双曲線の方程式は　$\boldsymbol{\dfrac{x^2}{4}-\dfrac{y^2}{3}=1}$

(2) 2 点 $(0,\ 3)$，$(0,\ -3)$ が焦点であるから，求める双曲線の方程式は　$\dfrac{x^2}{a^2}-\dfrac{y^2}{b^2}=-1$ $(a>0,\ b>0)$

◀ 2 つの焦点が y 軸上にあり，原点に関して対称である。

焦点の座標から　$a^2+b^2=3^2$

◀焦点 $(0,\ \pm c)$ ただし，$a^2+b^2=c^2$

漸近線は 2 直線 $y=\dfrac{b}{a}x$，$y=-\dfrac{b}{a}x$ であるから　$\dfrac{b}{a}=\dfrac{1}{\sqrt{2}}$

◀ $\dfrac{x}{a}-\dfrac{y}{b}=0$，$\dfrac{x}{a}+\dfrac{y}{b}=0$ から。

よって　$a=\sqrt{2}\,b$　　ゆえに　$(\sqrt{2}\,b)^2+b^2=3^2$

よって　$b^2=3$　　ゆえに　$a^2=9-b^2=6$

したがって，求める双曲線の方程式は　$\boldsymbol{\dfrac{x^2}{6}-\dfrac{y^2}{3}=-1}$

4章 例 [式と曲線]

例 51 ➡ 本冊 p. 229

(1) $\begin{cases} 4x^2+5y^2=20 & \cdots\cdots ① \\ 2x+\sqrt{5}\,y=6 & \cdots\cdots ② \end{cases}$ とする。

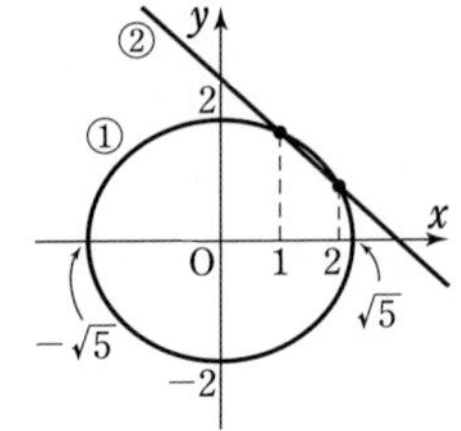

② から　$\sqrt{5}\,y=2(3-x)$ …… ③

③ を ① に代入すると

$4x^2+2^2(3-x)^2=20$

よって　$x^2-3x+2=0$

これを解くと　$x=1,\ 2$

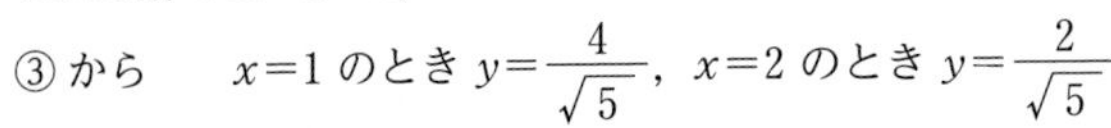

③ から　　$x=1$ のとき $y=\dfrac{4}{\sqrt{5}}$，$x=2$ のとき $y=\dfrac{2}{\sqrt{5}}$

ゆえに，**2 つの共有点 $\left(1,\ \dfrac{4}{\sqrt{5}}\right)$，$\left(2,\ \dfrac{2}{\sqrt{5}}\right)$ をもつ。**

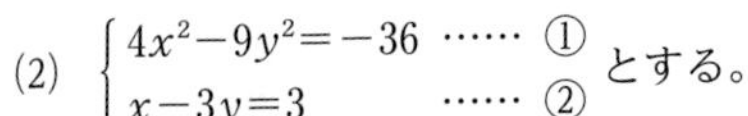

(2) $\begin{cases} 4x^2-9y^2=-36 & \cdots\cdots ① \\ x-3y=3 & \cdots\cdots ② \end{cases}$ とする。

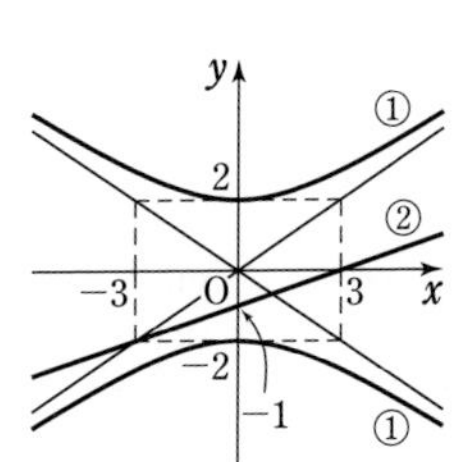

② から　$3y=x-3$ …… ③

③ を ① に代入して

$4x^2-(x-3)^2=-36$

よって　$x^2+2x+9=0$

この 2 次方程式の判別式を D とすると

$\dfrac{D}{4}=1^2-9=-8$

したがって　　$D<0$　…… (＊)

ゆえに，**共有点をもたない。**

◀③ の代わりに $2x=6-\sqrt{5}\,y$ として x を消去してもよい。

◀$y=\dfrac{2}{\sqrt{5}}(3-x)$

◀① と ② は異なる 2 点で交わる。

◀③ の代わりに $x=3(y+1)$ として x を消去してもよい。

(＊)　$D<0$ であるから，実数解をもたない。$D<0$ の代わりに $x^2+2x+9=(x+1)^2+8>0$ を示してもよい。

例 52 ➡ 本冊 p. 229

$y=x+2$ …… ①，$x^2+3y^2=15$ …… ② とする。

① を ② に代入して整理すると　　$4x^2+12x-3=0$ …… ③

直線 ① と楕円 ② の 2 つの交点を A，B とし，それぞれの x 座標を $\alpha,\ \beta$ とすると，これらは ③ の 2 つの解である。

よって，2 次方程式の解と係数の関係から

$\alpha+\beta=-3,\ \alpha\beta=-\dfrac{3}{4}$ …… ④

ここで，弦 AB の中点および長さは，線分 AB の中点および長さである。

① より，A$(\alpha,\ \alpha+2)$，B$(\beta,\ \beta+2)$ であるから，線分 AB の中点の座標は　$\left(\dfrac{\alpha+\beta}{2},\ \dfrac{\alpha+\beta}{2}+2\right)$

④ から　$\left(-\dfrac{3}{2},\ \dfrac{1}{2}\right)$

また　$\mathrm{AB}^2=(\beta-\alpha)^2+\{(\beta+2)-(\alpha+2)\}^2=2(\beta-\alpha)^2$

$=2\{(\alpha+\beta)^2-4\alpha\beta\}$

$=2\left\{(-3)^2-4\cdot\left(-\dfrac{3}{4}\right)\right\}=24$

ゆえに　$\mathrm{AB}=\mathbf{2\sqrt{6}}$

◀判別式を D とすると $\dfrac{D}{4}=6^2-4\cdot(-3)=48$　③ は異なる 2 つの実数解をもつ。

◀中点は直線 ① 上にある。

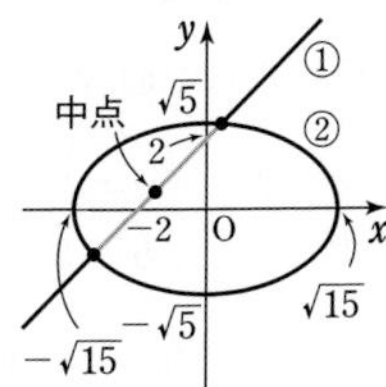

参考　直線 $y=x+2$ の傾きは1であるから，弦の長さは，
$|2$ つの交点の x 座標の差$|\times\sqrt{2}$ となる (右の図参照)。
③ を解くと，$x=\dfrac{-3\pm2\sqrt{3}}{2}$ であるから，弦の長さは

$$\left|\frac{-3+2\sqrt{3}}{2}-\frac{-3-2\sqrt{3}}{2}\right|\times\sqrt{2}=2\sqrt{6}$$

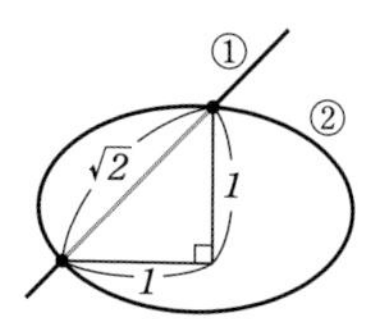

例 53　➡本冊 p. 249

(1)　$x=\sqrt{t+1}$ より $t+1\geqq0$ であるから　　$t=x^2-1$
$y=2t-3$ に代入して　　$y=2(x^2-1)-3$
整理すると　　$y=2x^2-5$
また，$\sqrt{t+1}\geqq0$ であるから　　$x\geqq0$
よって　　**放物線 $y=2x^2-5$ の $x\geqq0$ の部分**

別解　$y=2t-3$ から　　$t=\dfrac{y+3}{2}$

ゆえに　$t+1=\dfrac{y+3}{2}+1=\dfrac{y+5}{2}$　　　よって　$t+1\geqq0$

すなわち，$y\geqq-5$ のとき　$x=\sqrt{\dfrac{y+5}{2}}$　　　このとき　$x\geqq0$

両辺を平方して整理すると　　$y=2x^2-5$
したがって　　**放物線 $y=2x^2-5$ の $x\geqq0$ の部分。**

(2)　$\sin^2\theta+\cos^2\theta=1$ より，$\sin^2\theta=1-\cos^2\theta$ であるから
　　$y=-(1-\cos^2\theta)=x^2-1$
また，$-1\leqq\cos\theta\leqq1$ であるから　　$-1\leqq x\leqq1$
よって　　**放物線 $y=x^2-1$ の $-1\leqq x\leqq1$ の部分**

(3)　$x=3\cos\theta+2,\ y=2\sin\theta+3$ から

$$\cos\theta=\frac{x-2}{3},\ \sin\theta=\frac{y-3}{2}$$

$\sin^2\theta+\cos^2\theta=1$ に代入して　　$\left(\dfrac{x-2}{3}\right)^2+\left(\dfrac{y-3}{2}\right)^2=1$

よって　　**楕円 $\dfrac{(x-2)^2}{9}+\dfrac{(y-3)^2}{4}=1$**

(4)　$x+1=3^t+3^{-t}$ から　　$(x+1)^2=3^{2t}+2+3^{-2t}$　…… ①
$y-2=3^t-3^{-t}$ から　　$(y-2)^2=3^{2t}-2+3^{-2t}$　…… ②
①−② から　　$(x+1)^2-(y-2)^2=4$
また，$3^t>0,\ 3^{-t}>0$ であるから，(相加平均)≧(相乗平均) により
　　$3^t+3^{-t}\geqq2\sqrt{3^t\cdot3^{-t}}=2$
等号は，$3^t=3^{-t}$ より $t=0$ のとき成り立つ。
したがって　　$x+1\geqq2$　すなわち　$x\geqq1$
よって　　**双曲線 $\dfrac{(x+1)^2}{4}-\dfrac{(y-2)^2}{4}=1$ の $x\geqq1$ の部分**

(1)　**かくれた条件**
$t+1\geqq0,\ \sqrt{t+1}\geqq0$

(2)　**かくれた条件**
$\sin^2\theta+\cos^2\theta=1$
$|\sin\theta|\leqq1,\ |\cos\theta|\leqq1$

(3)　**かくれた条件**
$\sin^2\theta+\cos^2\theta=1$

(4)　**かくれた条件**
$3^t>0,\ 3^{-t}>0$
$3^t+3^{-t}\geqq2$

別解　$x+y=2\cdot3^t+1$ から　$3^t=\dfrac{x+y-1}{2}$
　$3^{-t}=\dfrac{2}{x+y-1}$
$x=3^t+3^{-t}-1$ に代入して整理しても求められる。

例 54　➡本冊 p. 249

(1)　放物線の方程式を変形すると　　$y^2+2ty+t^2=4x-4t^2+4t$
よって　　$(y+t)^2=4(x-t^2+t)$

これは放物線 $y^2=4x$ を x 軸方向に t^2-t, y 軸方向に $-t$ だけ平行移動した図形を表すから，その焦点Fの座標を $(x,\ y)$ とすると　$x=1+t^2-t$ …… ①，$y=-t$ …… ②

◀放物線 $y^2=4x$ の焦点は　点 $(1,\ 0)$

② から　　$t=-y$

これを ① に代入して　　$x=y^2+y+1$

したがって，焦点Fは **放物線 $x=y^2+y+1$** を描く。

CHART 媒介変数
消去して x，y だけの式へ

注意　① から　　$x=\left(t-\dfrac{1}{2}\right)^2+\dfrac{3}{4}$　　　よって　　$x\geqq\dfrac{3}{4}$

また，② から　　y の値は実数全体。

これらは $x=y^2+y+1$ で定まる点 $(x,\ y)$ がとりうる値の範囲と一致する。

(2)　$x^2+y^2=r^2$ から，$\mathrm{P}(x,\ y)$ とすると，$x=r\cos\theta$，$y=r\sin\theta$ と表される。$\mathrm{Q}(X,\ Y)$ とすると

$$X=y^2-x^2=r^2(\sin^2\theta-\cos^2\theta)$$
$$=-r^2(\cos^2\theta-\sin^2\theta)=-r^2\cos2\theta$$
$$Y=2xy=2r\cos\theta\cdot r\sin\theta=r^2\sin2\theta$$

◀X，Y が $=○\cos\triangle$，$=□\sin\triangle$ の形 ⟶ $\sin^2\triangle+\cos^2\triangle=1$ の活用を考えてみる。

よって　　$X^2+Y^2=r^4(\cos^2 2\theta+\sin^2 2\theta)=r^4=(r^2)^2$

したがって，点Qは **点 (0, 0) を中心** とする **半径 r^2** の円の周上を動く。

例 55 ➡ 本冊 p. 257

(1)

A$\left(3,\ \frac{3}{4}\pi\right)$　　$\frac{3}{4}\pi$　　3　　O　　X

O　　X　　$-\frac{\pi}{3}$　　2　　B$\left(2,\ -\frac{\pi}{3}\right)$

◀$\theta>0$ なら反時計回りに θ，$\theta<0$ なら時計回りに $|\theta|$ だけ，それぞれ回転。

◀例えば，極座標が $\left(3,\ \dfrac{11}{4}\pi\right)$，$\left(3,\ \dfrac{19}{4}\pi\right)$，$\left(3,\ -\dfrac{5}{4}\pi\right)$ である点は，Aと同じ位置にある。

(2)　A：$x=3\cos\dfrac{3}{4}\pi=3\cdot\left(-\dfrac{1}{\sqrt{2}}\right)=-\dfrac{3\sqrt{2}}{2}$，

$$y=3\sin\dfrac{3}{4}\pi=3\cdot\dfrac{1}{\sqrt{2}}=\dfrac{3\sqrt{2}}{2}$$

よって，点Aの直交座標は　　$\left(-\dfrac{3\sqrt{2}}{2},\ \dfrac{3\sqrt{2}}{2}\right)$

◀$x=r\cos\theta$
　$y=r\sin\theta$

B：$x=2\cos\left(-\dfrac{\pi}{3}\right)=2\cdot\dfrac{1}{2}=1$，

$$y=2\sin\left(-\dfrac{\pi}{3}\right)=2\cdot\left(-\dfrac{\sqrt{3}}{2}\right)=-\sqrt{3}$$

よって，点Bの直交座標は　　$(1,\ -\sqrt{3})$

P：$r=\sqrt{(\sqrt{3})^2+(-1)^2}=2$

ゆえに　　$\cos\theta=\dfrac{\sqrt{3}}{2}$，$\sin\theta=-\dfrac{1}{2}$

$0\leqq\theta<2\pi$ であるから　$\theta=\dfrac{11}{6}\pi$

よって，点Pの極座標は　　$\left(2,\ \dfrac{11}{6}\pi\right)$

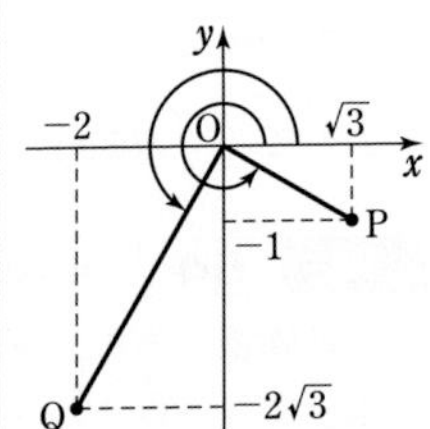

Q：$r=\sqrt{(-2)^2+(-2\sqrt{3})^2}=4$

ゆえに　$\cos\theta=\dfrac{-2}{4}=-\dfrac{1}{2}$，$\sin\theta=\dfrac{-2\sqrt{3}}{4}=-\dfrac{\sqrt{3}}{2}$

$0\leqq\theta<2\pi$ であるから　$\theta=\dfrac{4}{3}\pi$

よって，点Qの極座標は　$\left(\boldsymbol{4},\ \dfrac{\boldsymbol{4}}{\boldsymbol{3}}\boldsymbol{\pi}\right)$

例 56 ➡本冊 p. 257

△OAB において

OA＝2，OB＝4，OC＝8

$\angle\mathrm{AOB}=\dfrac{5}{6}\pi-\dfrac{\pi}{6}=\dfrac{2}{3}\pi$

C$\left(8,\ \frac{3}{4}\pi\right)$　$\frac{3}{4}\pi-\frac{\pi}{6}$　$\frac{5}{6}\pi-\frac{3}{4}\pi$　A$\left(2,\ \frac{\pi}{6}\right)$　8　4　2　B$\left(4,\ \frac{5}{6}\pi\right)$　O　X

(1)　余弦定理により

$\mathrm{AB}^2=2^2+4^2-2\cdot2\cdot4\cos\dfrac{2}{3}\pi=28$

よって　$\mathrm{AB}=\boldsymbol{2\sqrt{7}}$

◀$\mathrm{AB}^2=\mathrm{OA}^2+\mathrm{OB}^2-2\mathrm{OA}\cdot\mathrm{OB}\cos\angle\mathrm{AOB}$

(2)　$\triangle\mathrm{OAB}=\dfrac{1}{2}\cdot2\cdot4\sin\dfrac{2}{3}\pi=\boldsymbol{2\sqrt{3}}$

◀面積の公式。

(3)　$\sin\angle\mathrm{AOC}=\sin\left(\dfrac{3}{4}\pi-\dfrac{\pi}{6}\right)$

$=\sin\dfrac{3}{4}\pi\cos\dfrac{\pi}{6}-\cos\dfrac{3}{4}\pi\sin\dfrac{\pi}{6}$

$=\dfrac{\sqrt{6}+\sqrt{2}}{4}$

◀**加法定理** $\boldsymbol{\sin(\alpha-\beta)=\sin\alpha\cos\beta-\cos\alpha\sin\beta}$

$\sin\angle\mathrm{COB}=\sin\left(\dfrac{5}{6}\pi-\dfrac{3}{4}\pi\right)$

$=\sin\dfrac{5}{6}\pi\cos\dfrac{3}{4}\pi-\cos\dfrac{5}{6}\pi\sin\dfrac{3}{4}\pi$

$=\dfrac{\sqrt{6}-\sqrt{2}}{4}$

ゆえに　$\triangle\mathrm{AOC}=\dfrac{1}{2}\mathrm{OA}\cdot\mathrm{OC}\sin\angle\mathrm{AOC}=\dfrac{1}{2}\cdot2\cdot8\cdot\dfrac{\sqrt{6}+\sqrt{2}}{4}$

$=2(\sqrt{6}+\sqrt{2})$

◀面積の公式。

$\triangle\mathrm{COB}=\dfrac{1}{2}\mathrm{OC}\cdot\mathrm{OB}\sin\angle\mathrm{COB}=\dfrac{1}{2}\cdot8\cdot4\cdot\dfrac{\sqrt{6}-\sqrt{2}}{4}$

$=4(\sqrt{6}-\sqrt{2})$

◀面積の公式。

よって，(2) から

$\triangle\mathrm{ABC}=\triangle\mathrm{AOC}+\triangle\mathrm{COB}-\triangle\mathrm{OAB}$

$=2(\sqrt{6}+\sqrt{2})+4(\sqrt{6}-\sqrt{2})-2\sqrt{3}$

$=\boldsymbol{6\sqrt{6}-2\sqrt{3}-2\sqrt{2}}$

練習 104 ➡本冊 p. 209

(1) F(5, 0) とする。

点Pから直線 $x=-5$ に垂線PHを下ろすと　　PH=PF

よって，点Pの軌跡は，点Fを焦点，直線 $x=-5$ を準線とする放物線であるから，その方程式は　　$y^2=4\cdot5x$

したがって　　**放物線 $y^2=20x$**

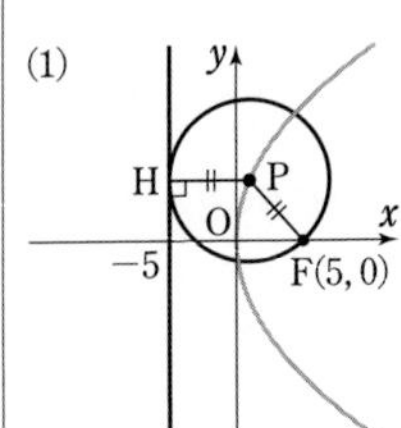

(2) 原点をOとし，P(x, y) とする。

また，点Pから x 軸に下ろした垂線をPHとする。

円Pが半円に接するとき，外接する場合と内接する場合がある。

◀円Pは，点Pを中心とする円。

[1] 円Pが半円に外接する場合

OP=PH+3 であるから

$$\sqrt{x^2+y^2}=y+3$$

両辺を平方して

$$x^2+y^2=y^2+6y+9$$

整理すると　　$x^2=6y+9$

$y>0$ であるから　　$x^2-9>0$

したがって　　$x<-3,\ 3<x$

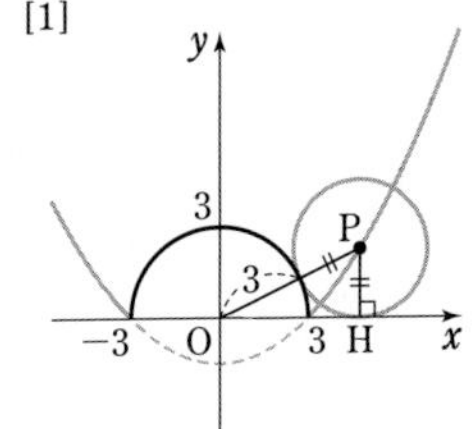

◀(中心間の距離)
　=(半径の和)

◀点Pは x 軸の上側にあるから　$y>0$

[2] 円Pが半円に内接する場合

OP=3−PH であるから

$$\sqrt{x^2+y^2}=3-y$$

両辺を平方して

$$x^2+y^2=9-6y+y^2$$

整理すると　　$x^2=-6y+9$

$y>0$ であるから　　$-x^2+9>0$

したがって　　$-3<x<3$

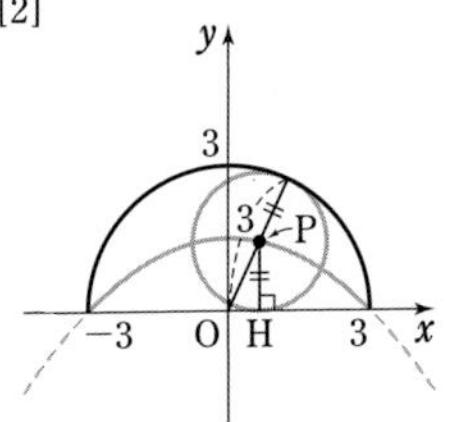

◀(中心間の距離)
　=(半径の差)

◀点Pは x 軸の上側にあるから　$y>0$

[1]，[2] から，点Pの軌跡は

　　放物線 $x^2=6y+9$ の $x<-3,\ 3<x$ の部分

および　放物線 $x^2=-6y+9$ の $-3<x<3$ の部分

練習 105 ➡本冊 p. 210

A$(s, 0)$，B$(0, t)$ とする。

AB=2 であるから　　$s^2+t^2=4$ …… ①

P(x, y) とすると，点Pは線分ABを 3：1 に外分するから

$$x=\frac{-1\cdot s+3\cdot0}{3-1},\ y=\frac{-1\cdot0+3\cdot t}{3-1}$$

よって　　$s=-2x,\ t=\dfrac{2}{3}y$ …… ②

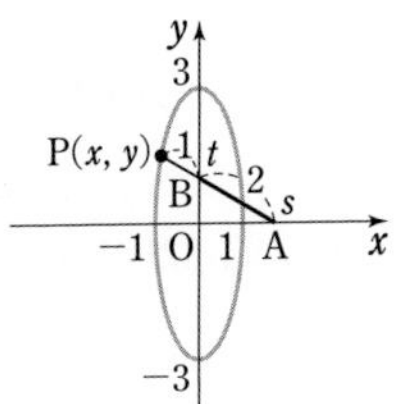

② を ① に代入して　　$4x^2+\dfrac{4}{9}y^2=4$

◀$s,\ t$ を消去。

両辺を 4 で割ると　　$x^2+\dfrac{y^2}{9}=1$

したがって，点Pの軌跡は　**楕円 $x^2+\dfrac{y^2}{9}=1$**

練習 106 ➡本冊 p. 211

楕円 $\dfrac{x^2}{a^2}+\dfrac{y^2}{b^2}=1$ …… ① を y 軸方向に $\dfrac{a}{b}$ 倍に拡大すると，
円 $x^2+y^2=a^2$ …… ①′ に移り，直線 $y=mx+n$ …… ② を y 軸方向に $\dfrac{a}{b}$ 倍に拡大すると，直線 $\dfrac{b}{a}y=mx+n$ すなわち
$max-by+na=0$ …… ②′ に移る。
楕円 ① と直線 ② の共有点が 1 個であるとき，円 ①′ と直線 ②′ の共有点も 1 個である。
すなわち，円 ①′ と直線 ②′ は接しているから

$$\frac{|na|}{\sqrt{(ma)^2+(-b)^2}}=a$$

◀(円の中心と直線の距離)＝(円の半径)

よって　$n^2a^2=a^2(m^2a^2+b^2)$

$a\neq0$ であるから　$n^2=a^2m^2+b^2$

練習 107 ➡本冊 p. 212

2 つの楕円 $\dfrac{x^2}{3}+y^2=1$，$x^2+\dfrac{y^2}{3}=1$ で囲まれた部分は，2 直線 $y=x$，$y=-x$ に関して対称である。

◀$\dfrac{x^2}{3}+y^2=1$ と $x^2+\dfrac{y^2}{3}=1$ を連立して解くと　$(x,\ y)=\left(\pm\dfrac{\sqrt{3}}{2},\ \pm\dfrac{\sqrt{3}}{2}\right)$（複号任意）

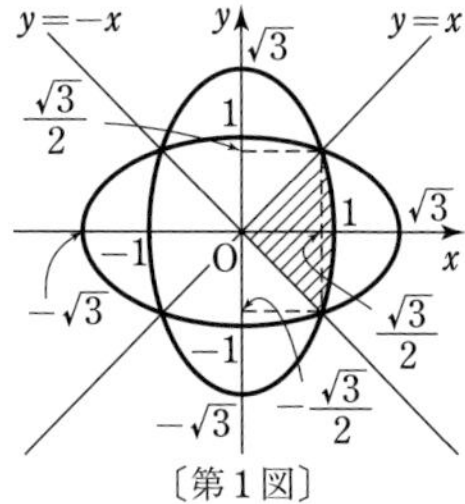

〔第 1 図〕

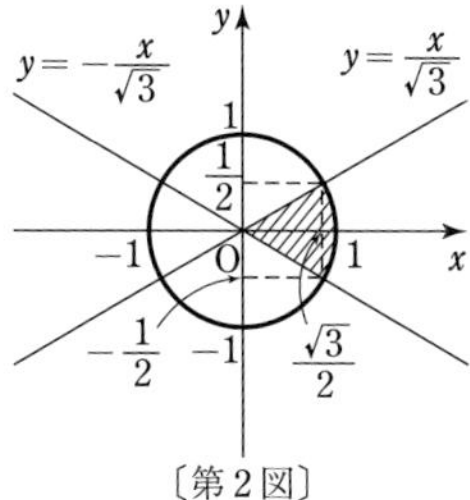

〔第 2 図〕

よって，面積 S は，〔第 1 図〕の斜線部分の面積の 4 倍である。
y 軸方向に $\dfrac{1}{\sqrt{3}}$ 倍すると，楕円 $x^2+\dfrac{y^2}{3}=1$ は円 $x^2+y^2=1$ に，直線 $y=x$，$y=-x$ はそれぞれ直線 $y=\dfrac{x}{\sqrt{3}}$，$y=-\dfrac{x}{\sqrt{3}}$ に移り，〔第 2 図〕のようになる。

◀〔第 1 図〕の斜線部分の面積も $\dfrac{1}{\sqrt{3}}$ 倍になる。

〔第 2 図〕の斜線部分の面積は

$$\frac{1}{2}\cdot1^2\cdot\frac{\pi}{3}=\frac{\pi}{6}$$

したがって　$\dfrac{S}{4}\cdot\dfrac{1}{\sqrt{3}}=\dfrac{\pi}{6}$

よって　$S=\dfrac{2\sqrt{3}}{3}\pi$

練習 108 ➡本冊 p.213

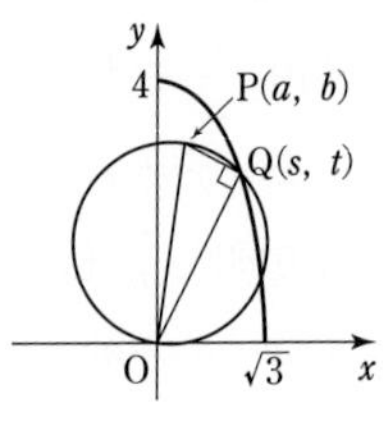

点Qは線分 OP を直径とする円周上にあるから　$\angle OQP=\dfrac{\pi}{2}$

PQ=1 であるから　　$\triangle OPQ=\dfrac{1}{2}OQ\cdot PQ=\dfrac{1}{2}OQ$

ゆえに，線分 OQ の長さの最大値を考えればよい。ところが，点Qは y 軸に長軸がある楕円上にあり，線分 OQ の長さは s について単調に減少し，$0\leqq a\leqq s$ であるから，$a=0$ すなわち 点Pが y 軸上にあるとき，線分 OQ の長さは最大となる。

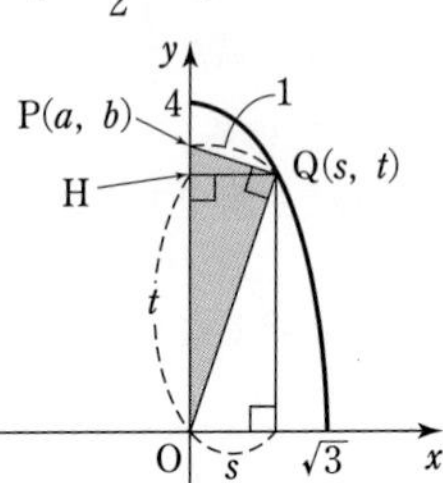

点Qから y 軸に下ろした垂線を QH とすると

OH=t，HQ=s，PQ=1 であるから　　$PH=\sqrt{1-s^2}$

◀$PH=\sqrt{PQ^2-HQ^2}$

一方，2つの直角三角形 QHO と PHQ は相似であるから

$$\frac{OH}{QH}=\frac{QH}{PH}\qquad よって\qquad \frac{t}{s}=\frac{s}{\sqrt{1-s^2}}$$

ゆえに　　$t=\dfrac{s^2}{\sqrt{1-s^2}}$

これを $\dfrac{s^2}{3}+\dfrac{t^2}{16}=1$ すなわち $16s^2+3t^2=48$ に代入して整理すると　　$13s^4-64s^2+48=0$

よって　　$(s^2-4)(13s^2-12)=0$

ここで，$0<s<1$ より $0<s^2<1$ であるから　　$s^2-4\neq 0$

◀$-4<s^2-4<-3$

よって，$13s^2-12=0$ から　　$s^2=\dfrac{12}{13}$

このとき　　$OQ^2=s^2+t^2=\dfrac{s^2}{1-s^2}=12$

◀s^2+t^2
$=s^2+\left(\dfrac{s^2}{\sqrt{1-s^2}}\right)^2$

よって　　$OQ=2\sqrt{3}$

したがって，求める △OPQ の面積の最大値は

$$\frac{1}{2}\cdot 2\sqrt{3}=\boldsymbol{\sqrt{3}}$$

◀このとき $b=\sqrt{13}$

練習 109 ➡本冊 p.217

(1)　漸近線である2直線 $y=\dfrac{1}{2}x$，$y=-\dfrac{1}{2}x$ が原点で交わるから，求める双曲線の方程式は，$a>0$，$b>0$ として，

$$\frac{x^2}{a^2}-\frac{y^2}{b^2}=1\quad\cdots\cdots ①\quad または\quad \frac{x^2}{a^2}-\frac{y^2}{b^2}=-1\quad\cdots\cdots ②$$

と表される。

①，② のどちらの場合も，漸近線は2直線 $\dfrac{x}{a}-\dfrac{y}{b}=0$，$\dfrac{x}{a}+\dfrac{y}{b}=0$ であるから　　$\dfrac{b}{a}=\dfrac{1}{2}$

◀$y=\dfrac{b}{a}x$，$y=-\dfrac{b}{a}x$

よって　　$a=2b$　$\cdots\cdots$ ③

①，② のどちらの場合も，2 つの焦点間の距離は $2\sqrt{a^2+b^2}$ であるから　$2\sqrt{a^2+b^2}=10$

よって　$a^2+b^2=25$ …… ④

③，④ を連立して解くと　$a=2\sqrt{5}$，$b=\sqrt{5}$

したがって，求める双曲線の方程式は，①，② から

$$\boldsymbol{\frac{x^2}{20}-\frac{y^2}{5}=1} \quad \text{または} \quad \boldsymbol{\frac{x^2}{20}-\frac{y^2}{5}=-1}$$

◀① の場合，焦点は 2 点 $(\sqrt{a^2+b^2},\ 0)$，$(-\sqrt{a^2+b^2},\ 0)$
② の場合，焦点は 2 点 $(0,\ \sqrt{a^2+b^2})$，$(0,\ -\sqrt{a^2+b^2})$

(2)　漸近線である 2 直線 $y=2x$，$y=-2x$ が原点で交わるから，求める双曲線の方程式は，$a>0$，$b>0$ として，

$$\frac{x^2}{a^2}-\frac{y^2}{b^2}=1 \ \cdots\cdots \ ① \quad \text{または} \quad \frac{x^2}{a^2}-\frac{y^2}{b^2}=-1 \ \cdots\cdots \ ②$$

と表される。

①，② のどちらの場合も，漸近線は 2 直線 $\frac{x}{a}-\frac{y}{b}=0$，$\frac{x}{a}+\frac{y}{b}=0$ であるから　$\frac{b}{a}=2$

◀$y=\frac{b}{a}x$，$y=-\frac{b}{a}x$

よって　$b=2a$ …… ③

① の場合，焦点からの距離の差は $2a$ であるから　$2a=4$

ゆえに　$a=2$　　③ から　$b=4$

このとき，① は　$\frac{x^2}{4}-\frac{y^2}{16}=1$

◀焦点からの距離の差を a，b を用いて表すと，①，② の場合で異なる。

② の場合，焦点からの距離の差は $2b$ であるから　$2b=4$

よって　$b=2$　　③ から　$a=1$

このとき，② は　$x^2-\frac{y^2}{4}=-1$

したがって，求める双曲線の方程式は

$$\boldsymbol{\frac{x^2}{4}-\frac{y^2}{16}=1} \quad \text{または} \quad \boldsymbol{x^2-\frac{y^2}{4}=-1}$$

(3)　漸近線である 2 直線 $y=x$，$y=-x$ が原点で交わるから，求める双曲線の方程式は，$a>0$，$b>0$ として，

$$\frac{x^2}{a^2}-\frac{y^2}{b^2}=1 \ \cdots\cdots \ ① \quad \text{または} \quad \frac{x^2}{a^2}-\frac{y^2}{b^2}=-1 \ \cdots\cdots \ ②$$

と表される。

(3)　漸近線である 2 直線 $y=x$，$y=-x$ が直交するから，求める双曲線は直角双曲線である。

①，② のどちらの場合も，漸近線は 2 直線 $\frac{x}{a}-\frac{y}{b}=0$，$\frac{x}{a}+\frac{y}{b}=0$ であるから　$\frac{b}{a}=1$

◀$y=\frac{b}{a}x$，$y=-\frac{b}{a}x$

よって　$b=a$ …… ③

① の場合，2 つの頂点間の距離は　$2a$

② の場合，2 つの頂点間の距離は　$2b$

③ から　$2a=2b=2\sqrt{5}$　　ゆえに　$a=b=\sqrt{5}$

◀① の場合，頂点は 2 点 $(a,\ 0)$，$(-a,\ 0)$
② の場合，頂点は 2 点 $(0,\ b)$，$(0,\ -b)$

したがって，求める双曲線の方程式は

$$\boldsymbol{\frac{x^2}{5}-\frac{y^2}{5}=1} \quad \text{または} \quad \boldsymbol{\frac{x^2}{5}-\frac{y^2}{5}=-1}$$

練習 110 ➡本冊 p. 218

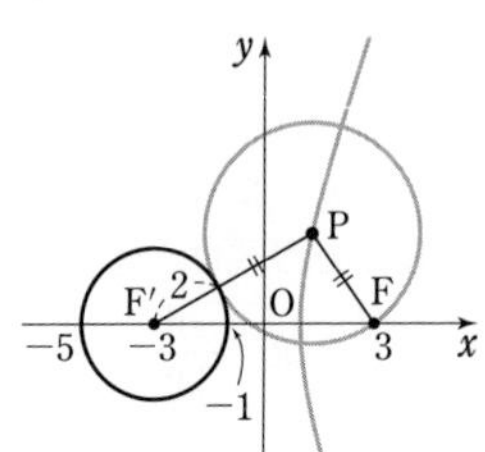

点 (3, 0) をF，円Cの中心をPとする。
円 $(x+3)^2+y^2=4$ の半径は 2 であり，中心 (−3, 0) を F′ とする。
円Cの半径は線分 PF であるから，
2円が外接するとき

$$PF'=PF+2$$

◀(中心間の距離)＝(半径の和)

よって，PF′−PF=2 であるから，
点Pは 2 点 F′(−3, 0)，F(3, 0) を焦点とし，焦点からの距離の差が 2 の双曲線上にある。

この双曲線の方程式を $\dfrac{x^2}{a^2}-\dfrac{y^2}{b^2}=1\ (a>0,\ b>0)$ とする。

◀ 2 つの焦点は x 軸上にあり，原点に関して対称。

焦点の座標から　　$a^2+b^2=3^2$
焦点からの距離の差から　　$2a=2$
ゆえに　　$a=1$　　　　よって　　$b^2=9-a^2=8$

したがって，点Pは双曲線 $x^2-\dfrac{y^2}{8}=1$ 上を動く。

ただし，PF′>PF であるから　　$x>0$

◀点Pは y 軸より右側にある。

ゆえに，求める軌跡は　　**双曲線 $x^2-\dfrac{y^2}{8}=1$ の $x>0$ の部分**

練習 111 ➡本冊 p. 220

点 P$(x,\ y)$ は楕円C上にあるから

$$\frac{x^2}{10}+\frac{y^2}{6}=1 \quad すなわち \quad y^2=6-\frac{3}{5}x^2$$

よって　　$PA^2=(x-2a)^2+y^2=(x-2a)^2+6-\dfrac{3}{5}x^2$

$$=\frac{2}{5}x^2-4ax+4a^2+6$$

$$=\frac{2}{5}(x-5a)^2+6-6a^2$$

CHART 最大・最小
2 次式は基本形に直せ

また，$\dfrac{3}{5}(10-x^2)=y^2\geqq 0$ であるから，$x^2-10\leqq 0$ より

$$-\sqrt{10}\leqq x\leqq\sqrt{10} \quad \cdots\cdots ①$$

[1]　$0<5a<\sqrt{10}$　すなわち

$0<a<\dfrac{\sqrt{10}}{5}$ …… ② のとき

◀軸が区間内の場合と区間外の場合に分けて考える。

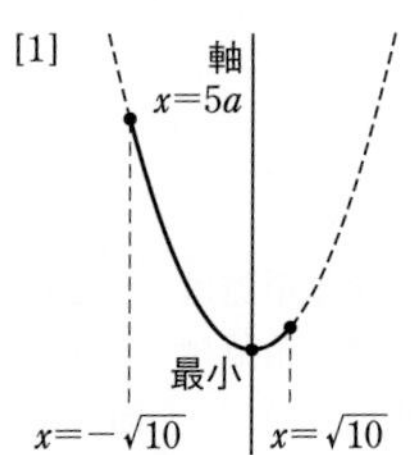

① の範囲において，PA^2 は $x=5a$ で最小値 $6-6a^2$ をとる。
よって　　$6-6a^2=2^2$
ゆえに　　$a=\pm\dfrac{1}{\sqrt{3}}$

② を満たすものは　　$a=\dfrac{1}{\sqrt{3}}$

◀距離 AP が最小となるとき　P$\left(\dfrac{5}{\sqrt{3}},\ \pm1\right)$

[2] $\sqrt{10} \leqq 5a$ すなわち

$\dfrac{\sqrt{10}}{5} \leqq a$ …… ③ のとき

① の範囲において，PA^2 は $x=\sqrt{10}$ で最小値 $(2a-\sqrt{10})^2$ をとる。

よって　$(2a-\sqrt{10})^2=2^2$

ゆえに　$2a-\sqrt{10}=\pm 2$

よって　$a=\dfrac{\pm 2+\sqrt{10}}{2}$

③ を満たすものは　$a=\dfrac{2+\sqrt{10}}{2}$

以上から　$\boldsymbol{a=\dfrac{1}{\sqrt{3}},\ \dfrac{2+\sqrt{10}}{2}}$

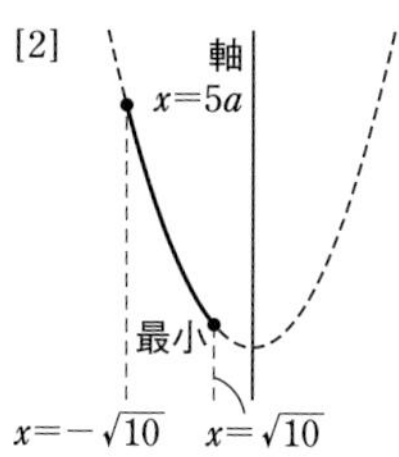

◀PA^2
$=(\sqrt{10}-2a)^2+0^2$

◀距離 AP が最小となるとき　$P(\sqrt{10},\ 0)$

練習 112　➡ 本冊 p. 223

(1) 求める楕円の方程式は　$(x-3)^2+4(y+1)^2=12$

すなわち　$\boldsymbol{x^2+4y^2-6x+8y+1=0}$

楕円 $x^2+4y^2=12$ すなわち $\dfrac{x^2}{12}+\dfrac{y^2}{3}=1$ の焦点は 2 点 $(3,\ 0)$，$(-3,\ 0)$ であるから，求める焦点は

2 点 $\boldsymbol{(6,\ -1)}$，$\boldsymbol{(0,\ -1)}$

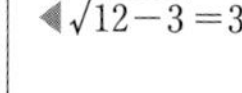
◀$\sqrt{12-3}=3$

(2) (ア) 方程式を変形すると

$$(x^2+4x+4)+4(y^2-6y+9)=4$$

すなわち　$(x+2)^2+4(y-3)^2=4$

よって　$\dfrac{(x+2)^2}{4}+(y-3)^2=1$

したがって，方程式が表す図形は，**楕円 $\boldsymbol{\dfrac{x^2}{4}+y^2=1}$ を $\boldsymbol{x}$ 軸方向に -2，$\boldsymbol{y}$ 軸方向に 3 だけ平行移動したもの。**

また，楕円 $\dfrac{x^2}{4}+y^2=1$ の焦点は 2 点 $(\sqrt{3},\ 0)$，$(-\sqrt{3},\ 0)$ であるから，求める焦点は

2 点 $\boldsymbol{(\sqrt{3}-2,\ 3)}$，$\boldsymbol{(-\sqrt{3}-2,\ 3)}$

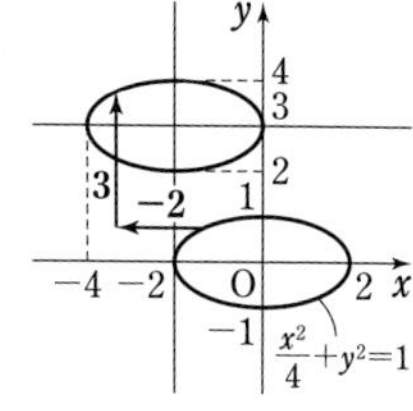

(イ) 方程式を変形すると　$2(y^2+4y+4)=3x-2$

すなわち　$2(y+2)^2=3x-2$

よって　$(y+2)^2=\dfrac{3}{2}\left(x-\dfrac{2}{3}\right)$

したがって，方程式が表す図形は，**放物線 $\boldsymbol{y^2=\dfrac{3}{2}x}$ を $\boldsymbol{x}$ 軸方向に $\boldsymbol{\dfrac{2}{3}}$，$\boldsymbol{y}$ 軸方向に -2 だけ平行移動したもの。**

また，放物線 $y^2=\dfrac{3}{2}x$ の焦点は点 $\left(\dfrac{3}{8},\ 0\right)$ であるから，求める焦点は　**点 $\boldsymbol{\left(\dfrac{25}{24},\ -2\right)}$**

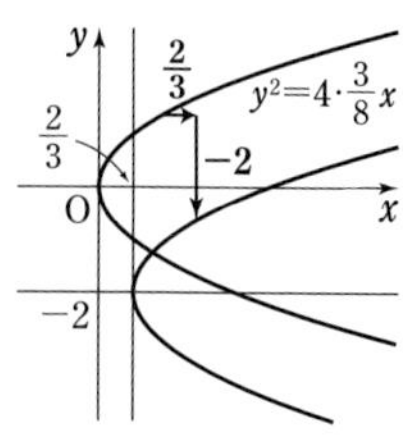

◀$\dfrac{3}{8}+\dfrac{2}{3}=\dfrac{25}{24}$

(ウ) 方程式を変形すると

$$4(x^2+6x+9)-25(y^2+8y+16)=100$$

すなわち　$4(x+3)^2-25(y+4)^2=100$

よって　$\dfrac{(x+3)^2}{25}-\dfrac{(y+4)^2}{4}=1$

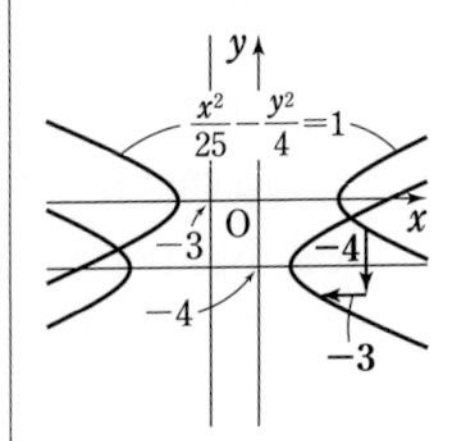

したがって，方程式が表す図形は，**双曲線 $\dfrac{x^2}{25}-\dfrac{y^2}{4}=1$ を x 軸方向に -3，y 軸方向に -4 だけ平行移動したもの。**

また，双曲線 $\dfrac{x^2}{25}-\dfrac{y^2}{4}=1$ の焦点は 2 点 $(\sqrt{29},\ 0)$，$(-\sqrt{29},\ 0)$ であるから，求める焦点は

2 点 $(\sqrt{29}-3,\ -4)$，$(-\sqrt{29}-3,\ -4)$

練習 113 ➡本冊 p. 224

(1) 2 点 $(8,\ -4)$，$(-2,\ -4)$ を結ぶ線分の中点は点 $(3,\ -4)$ であり，これが求める楕円 C の中心である。

楕円 C を x 軸方向に -3，y 軸方向に 4 だけ平行移動すると，焦点が 2 点 $(5,\ 0)$，$(-5,\ 0)$ で，点 $(0,\ 12)$ を通る楕円 C' になる。

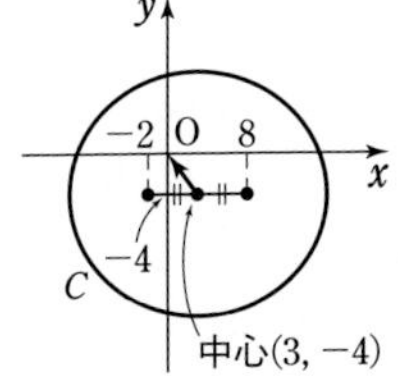

C' の方程式を $\dfrac{x^2}{a^2}+\dfrac{y^2}{b^2}=1\ (a>b>0)$ とすると

$a^2-b^2=5^2$，$\dfrac{12^2}{b^2}=1$　　よって　$a^2=169$，$b^2=144$

したがって，C' の方程式は　$\dfrac{x^2}{169}+\dfrac{y^2}{144}=1$

C' を x 軸方向に 3，y 軸方向に -4 だけ平行移動したものが C であるから，求める方程式は　$\boldsymbol{\dfrac{(x-3)^2}{169}+\dfrac{(y+4)^2}{144}=1}$

(2) 2 点 $(2,\ 5)$，$(2,\ -3)$ を結ぶ線分の中点は点 $(2,\ 1)$ であり，これが求める双曲線 C の中心である。

双曲線 C を x 軸方向に -2，y 軸方向に -1 だけ平行移動すると，焦点が 2 点 $(0,\ 4)$，$(0,\ -4)$ で，焦点からの距離の差が 6 の双曲線 C' になる。

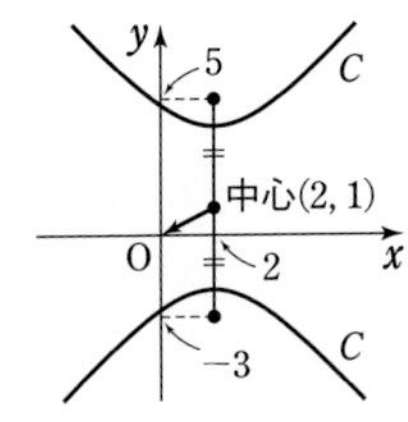

C' の方程式を $\dfrac{x^2}{a^2}-\dfrac{y^2}{b^2}=-1\ (a>0,\ b>0)$ とすると

$a^2+b^2=4^2$，$2b=6$　　よって　$a^2=7$，$b=3$

したがって，C' の方程式は　$\dfrac{x^2}{7}-\dfrac{y^2}{9}=-1$

C' を x 軸方向に 2，y 軸方向に 1 だけ平行移動したものが C であるから，求める方程式は　$\boldsymbol{\dfrac{(x-2)^2}{7}-\dfrac{(y-1)^2}{9}=-1}$

➡本冊 p. 225

2 次曲線 $5x^2-4xy+8y^2-16x-8y-16=0$ を x 軸方向に $-p$，y 軸方向に $-q$ だけ平行移動した曲線の方程式は

$$5(x+p)^2-4(x+p)(y+q)+8(y+q)^2-16(x+p)-8(y+q)-16=0$$

整理して

$$5x^2-4xy+8y^2+2(5p-2q-8)x+2(-2p+8q-4)y$$
$$+5p^2-4pq+8q^2-16p-8q-16=0$$

連立方程式 $\begin{cases}5p-2q-8=0\\-2p+8q-4=0\end{cases}$ を解くと　$p=2,\ q=1$

◀(x の係数)$=0$，(y の係数)$=0$

よって，2 次曲線 F は，**x 軸方向に -2，y 軸方向に -1 だけ平行移動** すると，2 次曲線 $5x^2-4xy+8y^2=36$ に移る。

注意 本冊 $p.220$ 参考 から，2 次方程式
$ax^2+bxy+cy^2+dx+ey+f=0$ の b^2-4ac の値によって，その 2 次方程式で表される図形(放物線，楕円，双曲線)が判別できる。
ここで，b^2-4ac の値を計算すると $(-4)^2-4\cdot5\cdot8=-144<0$ であるから，2 次曲線 F は楕円であることがわかる。

練習 115 ➡ 本冊 $p.227$

複素数平面上で考える。回転後の曲線上の任意の点を $\mathrm{P}(x+yi)$ とし，与えられた回転移動によって点Pに移される曲線 C 上の点を $\mathrm{Q}(X+Yi)$ とすると

$$X+Yi=(x+yi)\left\{\cos\left(-\frac{\pi}{4}\right)+i\sin\left(-\frac{\pi}{4}\right)\right\}$$
$$=\frac{x}{\sqrt{2}}+\frac{y}{\sqrt{2}}+\left(-\frac{x}{\sqrt{2}}+\frac{y}{\sqrt{2}}\right)i$$

◀点Qは点Pを原点の周りに $-\frac{\pi}{4}$ だけ回転した点。

よって　$\sqrt{2}X=x+y,\ \sqrt{2}Y=-x+y$ …… ①

点Qは曲線 C 上にあるから　$X^2+6XY+Y^2=4$

両辺を 2 倍して　$2X^2+12XY+2Y^2=8$

これに ① を代入すると

$$(x+y)^2+6(x+y)(-x+y)+(-x+y)^2=8$$

整理して　$x^2-2y^2=-2$

したがって，求める曲線の方程式は

$$\boldsymbol{\frac{x^2}{2}-y^2=-1} \quad \cdots\cdots ②$$

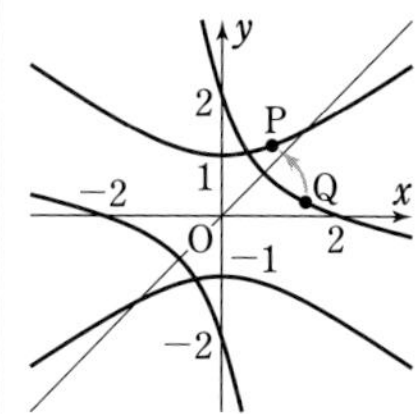

② は双曲線であるから，曲線 C も双曲線である。

参考 双曲線 ② の焦点は $(0,\ \sqrt{3})$，$(0,\ -\sqrt{3})$ であるから，曲線 C の焦点はこれらの点を原点の周りに $-\frac{\pi}{4}$ だけ回転した点で

$$\left(\frac{0+\sqrt{3}}{\sqrt{2}},\ \frac{-0+\sqrt{3}}{\sqrt{2}}\right),\ \left(\frac{0-\sqrt{3}}{\sqrt{2}},\ \frac{-0-\sqrt{3}}{\sqrt{2}}\right)$$

◀① を利用する。

すなわち　2 点 $\left(\frac{\sqrt{6}}{2},\ \frac{\sqrt{6}}{2}\right)$，$\left(-\frac{\sqrt{6}}{2},\ -\frac{\sqrt{6}}{2}\right)$

また，双曲線 ② の漸近線は 2 直線 $x-\sqrt{2}y=0,\ x+\sqrt{2}y=0$ であるから，曲線 C の漸近線はこれらを原点の周りに $-\frac{\pi}{4}$ だけ回転したもので

$$\frac{x-y}{\sqrt{2}}-\sqrt{2}\cdot\frac{x+y}{\sqrt{2}}=0,\ \frac{x-y}{\sqrt{2}}+\sqrt{2}\cdot\frac{x+y}{\sqrt{2}}=0$$

すなわち　2 直線 $y=(-3+2\sqrt{2})x,\ y=(-3-2\sqrt{2})x$

◀曲線 C の漸近線上の点 $(x,\ y)$ を $\frac{\pi}{4}$ だけ回転した点 $\left(\frac{x-y}{\sqrt{2}},\ \frac{x+y}{\sqrt{2}}\right)$ が 2 直線 $x\pm\sqrt{2}y=0$ 上にある。

4章 練習 [式と曲線]

練習 116 ➡ 本冊 p. 230

(1)　y を消去すると　$x^2-(2x+k)^2=1$

よって　$3x^2+4kx+k^2+1=0$

この2次方程式の判別式を D とすると

$$\frac{D}{4}=(2k)^2-3(k^2+1)=k^2-3$$

曲線と直線が異なる2点で交わるための条件は

$D>0$　すなわち　$k^2-3>0$

これを解いて　$\boldsymbol{k<-\sqrt{3},\ \sqrt{3}<k}$

(2)　y を消去すると　$4x^2+9(mx+3)^2=36$

よって　$(9m^2+4)x^2+54mx+45=0$　…… ①

この2次方程式の判別式を D とすると

$$\frac{D}{4}=(27m)^2-(9m^2+4)\cdot 45=36(9m^2-5)$$

曲線と直線が接するための条件は

$D=0$　すなわち　$9m^2-5=0$

これを解いて　$m=\pm\dfrac{\sqrt{5}}{3}$

このとき，① の重解は　$x=-\dfrac{27m}{9m^2+4}=-\dfrac{27m}{5+4}=-3m$

$m=\dfrac{\sqrt{5}}{3}$ のとき　$x=-3m=(-3)\cdot\dfrac{\sqrt{5}}{3}=-\sqrt{5}$,

$y=mx+3=\dfrac{\sqrt{5}}{3}\cdot(-\sqrt{5})+3=\dfrac{4}{3}$

$m=-\dfrac{\sqrt{5}}{3}$ のとき　$x=-3m=(-3)\cdot\left(-\dfrac{\sqrt{5}}{3}\right)=\sqrt{5}$,

$y=mx+3=\left(-\dfrac{\sqrt{5}}{3}\right)\cdot\sqrt{5}+3=\dfrac{4}{3}$

したがって　$\boldsymbol{m=\dfrac{\sqrt{5}}{3}}$ **のとき接点** $\boldsymbol{\left(-\sqrt{5},\ \dfrac{4}{3}\right)}$

$\boldsymbol{m=-\dfrac{\sqrt{5}}{3}}$ **のとき接点** $\boldsymbol{\left(\sqrt{5},\ \dfrac{4}{3}\right)}$

(3)　$x+ay=2$ から　$x=-ay+2$

これを $y^2=-8x$ に代入すると　$y^2=-8(-ay+2)$

よって　$y^2-8ay+16=0$

この2次方程式の判別式を D とすると

$$\frac{D}{4}=(-4a)^2-16=16(a^2-1)=16(a+1)(a-1)$$

$D>0$　すなわち　$a<-1,\ 1<a$ のとき　　共有点は2個

$D=0$　すなわち　$a=\pm1$ のとき　　共有点は1個

$D<0$　すなわち　$-1<a<1$ のとき　　共有点は0個

以上から，求める共有点の個数は

$\boldsymbol{a<-1,\ 1<a}$ **のとき2個；** $\boldsymbol{a=\pm1}$ **のとき1個**

$\boldsymbol{-1<a<1}$ **のとき0個**

CHART
2次曲線と直線の共有点
共有点 ⟺ 実数解

◀ $9m^2+4>0$

◀ 2次方程式 $ax^2+2b'x+c=0$ が重解をもつとき，重解は $x=-\dfrac{b'}{a}$

◀ x を消去。

練習 117 ➡本冊 p.231

直線 $x=2$ は楕円と異なる2点で交わらない。よって，点 (2, 0) を通る直線の方程式は

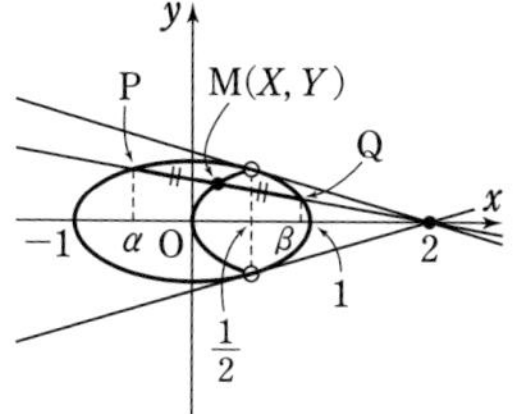

$y=m(x-2)$ …… ① とおける。

◀点 (2, 0) を通り，x 軸に垂直な直線。

これと $x^2+4y^2=1$ から y を消去して　$x^2+4m^2(x-2)^2=1$

整理すると

$$(4m^2+1)x^2-16m^2x+16m^2-1=0 \quad \cdots\cdots ②$$

◀$4m^2+1>0$

② の判別式を D とすると

$$\frac{D}{4}=(-8m^2)^2-(4m^2+1)(16m^2-1)=-12m^2+1$$

直線 ① と楕円が異なる2点 P，Q で交わるから

$D>0$　すなわち　$-12m^2+1>0$

よって　$0 \leqq m^2 < \dfrac{1}{12}$ …… ③

このとき，② の2つの解 α, β が P，Q の x 座標である。ゆえに，2次方程式の解と係数の関係により

$$\alpha+\beta=\frac{16m^2}{4m^2+1}$$

中点 M の座標を (X, Y) とすると

$$X=\frac{\alpha+\beta}{2}=\frac{1}{2}\cdot\frac{16m^2}{4m^2+1} \quad \cdots\cdots ④$$

$$Y=m(X-2) \quad \cdots\cdots ⑤$$

◀M は直線 ① 上にある。

④ から　$(4m^2+1)X=8m^2$

よって　$4(X-2)m^2=-X$ …… ⑥

$X \neq 2$ であるから，⑥ より　$m^2=-\dfrac{X}{4(X-2)}$ …… ⑦

◀M は楕円の内部にあるから　$X<2$

③，⑦ から　$0 \leqq -\dfrac{X}{4(X-2)} < \dfrac{1}{12}$

各辺に $12(X-2)$ (<0) を掛けて

$$X-2<-3X \leqq 0$$

◀連立不等式 $\begin{cases} X-2<-3X \\ -3X \leqq 0 \end{cases}$ と同値。

これを解いて　$0 \leqq X < \dfrac{1}{2}$

また，⑤ から　$m=\dfrac{Y}{X-2}$ …… ⑧

⑦，⑧ から m を消去して　$4\left(\dfrac{Y}{X-2}\right)^2=-\dfrac{X}{X-2}$

分母を払って整理すると　$4Y^2=-X(X-2)$

よって　$(X-1)^2+4Y^2=1$

したがって，点 M の軌跡は

楕円 $(x-1)^2+\dfrac{y^2}{\left(\dfrac{1}{2}\right)^2}=1$ の $0 \leqq x < \dfrac{1}{2}$ の部分

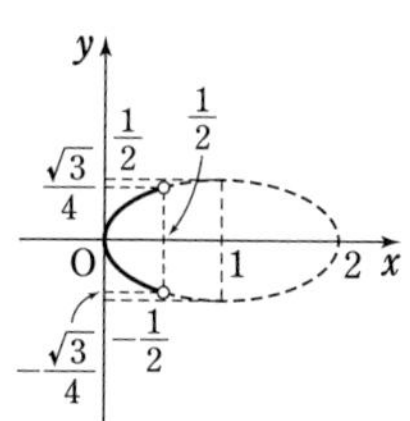

練習 118 ➡本冊 p. 232

(1) (ア) 接点の座標を $(x_1,\ y_1)$ とすると，接線の方程式は

$$x_1x-4y_1y=4 \quad \cdots\cdots ①$$

また　　$x_1{}^2-4y_1{}^2=4$　……②

直線①が点 $(-2,\ 3)$ を通るから　　$-2x_1-12y_1=4$

よって　　$x_1=2(-3y_1-1)$　……③

これを②に代入して　　$2^2(-3y_1-1)^2-4y_1{}^2=4$

整理すると　　$4y_1{}^2+3y_1=0$

これを解いて　　$y_1=0,\ -\dfrac{3}{4}$

③から　　$y_1=0$ のとき　$x_1=-2$，$y_1=-\dfrac{3}{4}$ のとき　$x_1=\dfrac{5}{2}$

これを①に代入して，接線の方程式は　　$\boldsymbol{x=-2,\ 5x+6y=8}$

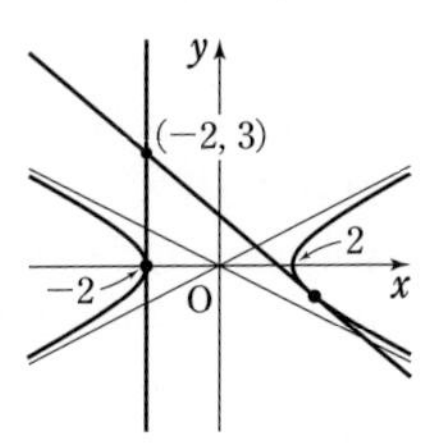

別解　直線 $x=-2$ は点 $(-2,\ 0)$ で双曲線 $x^2-4y^2=4$ と接するから，求める接線の1つである。

◀点 $(-2,\ 0)$ は双曲線の頂点。

x 軸に垂直でない接線の方程式は，$y=m(x+2)+3$　……①

と表される。これを $x^2-4y^2=4$ に代入して整理すると

$$(1-4m^2)x^2-8m(2m+3)x-8(2m^2+6m+5)=0 \quad \cdots\cdots ②$$

$m=\pm\dfrac{1}{2}$ のとき，直線①は双曲線の漸近線に平行になるから，接線ではない。

◀①は双曲線と1点で交わる。

よって，$m\neq\pm\dfrac{1}{2}$ であり，このとき②の判別式を D とすると

◀②は2次方程式。

$$\frac{D}{4}=\{-4m(2m+3)\}^2-(1-4m^2)\cdot\{-8(2m^2+6m+5)\}$$
$$=8(6m+5)$$

直線①と双曲線が接するとき，$D=0$ であるから　　$m=-\dfrac{5}{6}$

$m=-\dfrac{5}{6}$ を①に代入して整理すると　　$y=-\dfrac{5}{6}x+\dfrac{4}{3}$

◀$5x+6y=8$ としてもよい。

以上から，求める接線の方程式は　　$\boldsymbol{x=-2,\ y=-\dfrac{5}{6}x+\dfrac{4}{3}}$

(イ) 接点の座標を $(x_1,\ y_1)$ とすると，接線の方程式は

$$y_1y=4(x+x_1) \quad \cdots\cdots ①$$

また　　$y_1{}^2=8x_1$　……②

直線①が点 $(3,\ 5)$ を通るから　　$5y_1=4(3+x_1)$

よって　　$4x_1=5y_1-12$　……③

これを②に代入して　　$y_1{}^2=2(5y_1-12)$

整理すると　　$y_1{}^2-10y_1+24=0$

これを解いて　　$y_1=4,\ 6$

◀$(y_1-4)(y_1-6)=0$

③から　　$y_1=4$ のとき　$x_1=2$，　$y_1=6$ のとき　$x_1=\dfrac{9}{2}$

これを①に代入して，接線の方程式は

$$\boldsymbol{y=x+2,\ y=\frac{2}{3}x+3}$$

別解　接線は x 軸に垂直でないから，求める接線の方程式は

$$y=m(x-3)+5 \quad \cdots\cdots ①$$

と表される。これを $y^2=8x$ に代入して整理すると

$$m^2x^2-2(3m^2-5m+4)x+9m^2-30m+25=0 \quad \cdots\cdots ②$$

$m=0$ のとき，① は $y=5$ となり，この直線は放物線に接しない。
よって，$m \neq 0$ であり，このとき ② の判別式を D とすると

◀直線 $y=5$ は放物線と1点で交わる。
◀② は2次方程式。

$$\frac{D}{4}=\{-(3m^2-5m+4)\}^2-m^2(9m^2-30m+25)$$
$$=8(3m^2-5m+2)=8(m-1)(3m-2)$$

直線 ① と放物線が接するとき，$D=0$ であるから　$m=1,\ \frac{2}{3}$

これを ① に代入して整理すると　$\boldsymbol{y=x+2,\ y=\frac{2}{3}x+3}$

(2)　$y=\frac{3}{4}x^2 \quad \cdots\cdots ①$，$x^2+\frac{y^2}{4}=1 \quad \cdots\cdots ②$　とする。

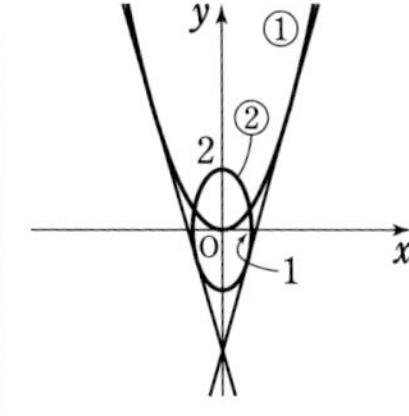

共通接線は x 軸に垂直でないから，その方程式は

$$y=mx+n \quad \cdots\cdots ③$$

と表される。
③ を ① に代入して整理すると　$3x^2-4mx-4n=0$
この2次方程式の判別式を D_1 とすると

$$\frac{D_1}{4}=(-2m)^2-3\cdot(-4n)=4(m^2+3n)$$

直線 ③ が放物線 ① に接するとき，$D_1=0$ であるから

$$m^2+3n=0 \quad \cdots\cdots ④$$

また，③ を ② に代入して整理すると

$$(m^2+4)x^2+2mnx+n^2-4=0$$

◀$m^2+4>0$

この2次方程式の判別式を D_2 とすると

$$\frac{D_2}{4}=(mn)^2-(m^2+4)(n^2-4)=4(m^2-n^2+4)$$

直線 ③ が楕円 ② に接するとき，$D_2=0$ であるから

$$m^2-n^2+4=0 \quad \cdots\cdots ⑤$$

④−⑤ から　$n^2+3n-4=0$　◀m^2 を消去。
これを解いて　$n=1,\ -4$　◀$(n-1)(n+4)=0$
④ より $n \leqq 0$ であるから　$n=-4$
これを ④ に代入すると　$m^2=12$
よって　$m=\pm 2\sqrt{3}$
したがって，求める共通接線の方程式は

$$\boldsymbol{y=\pm 2\sqrt{3}\,x-4}$$

別解　楕円 ② 上の点 $\mathrm{P}(x_1,\ y_1)$ における接線の方程式は

$$4x_1x+y_1y=4 \quad \cdots\cdots ⑥$$

◀楕円 ② の接線が放物線 ① に接すると考えて，2曲線の共通接線の方程式を求める。

また　$4x_1^2+y_1^2=4 \quad \cdots\cdots ⑦$

① と ⑥ から y を消去して　$4x_1x+\frac{3}{4}y_1x^2=4$

よって　$3y_1x^2+16x_1x-16=0 \quad \cdots\cdots ⑧$

$y_1=0$ のとき，直線 ⑥ は x 軸に垂直になり，この直線は放物線 ① に接しない。

$y_1 \neq 0$ のとき，⑧ の判別式を D とすると

$$\frac{D}{4}=(8x_1)^2-3y_1\cdot(-16)=16(4x_1{}^2+3y_1)$$

直線 ⑥ が放物線 ① に接するとき，$D=0$ であるから

$$4x_1{}^2+3y_1=0 \quad \cdots\cdots ⑨$$

⑦−⑨ から　$y_1{}^2-3y_1-4=0$　　よって　$y_1=-1,\ 4$

$-2 \leqq y_1 \leqq 2$ であるから，$y_1=-1$ のみ適する。

このとき，⑦ から　$x_1=\pm\dfrac{\sqrt{3}}{2}$

したがって，求める共通接線の方程式は

$$\pm 2\sqrt{3}\,\boldsymbol{x}-\boldsymbol{y}=\mathbf{4}$$

◀ $(y_1+1)(y_1-4)=0$

◀点Pは楕円上にあるから $-2 \leqq y_1 \leqq 2$

練習 119

➡ 本冊 p. 233

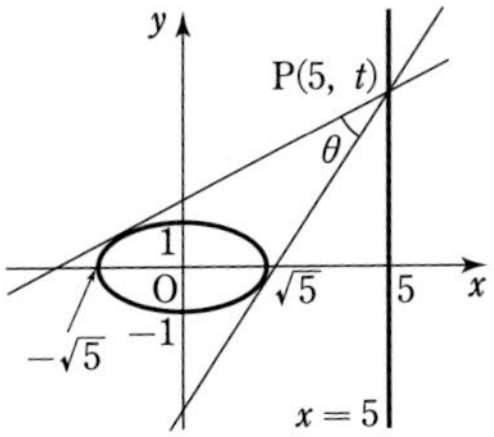

直線 $x=5$ は，

楕円 $\dfrac{x^2}{5}+y^2=1$ …… ① の接線ではないから，点 P$(5,\ t)$ を通る楕円 ① の接線の方程式は

$$y=m(x-5)+t \quad \cdots\cdots ②$$

とおける。

② を ① に代入して整理すると

$$(5m^2+1)x^2-10m(5m-t)x+5\{(5m-t)^2-1\}=0$$

◀ $5m^2+1 \neq 0$

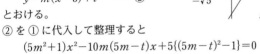

この x の 2 次方程式の判別式を D とすると

$$\frac{D}{4}=\{-5m(5m-t)\}^2-5(5m^2+1)\{(5m-t)^2-1\}$$

楕円 ① と直線 ② は接するから　$D=0$

よって　$20m^2-10tm+t^2-1=0$ …… ③

この m の 2 次方程式の異なる 2 つの解を $m_1,\ m_2\ (m_1<m_2)$ とすると，解と係数の関係から

◀図から，点Pの位置にかかわらず常に 2 本の接線が引けることがわかる。

$$m_1+m_2=\frac{t}{2},\quad m_1m_2=\frac{t^2-1}{20}$$

ここで　$(m_2-m_1)^2=(m_1+m_2)^2-4m_1m_2$

$$=\left(\frac{t}{2}\right)^2-4\cdot\frac{t^2-1}{20}=\frac{t^2+4}{20}$$

$m_2-m_1>0$ より　$m_2-m_1=\sqrt{\dfrac{t^2+4}{20}}$

また，$1+m_1m_2=1+\dfrac{t^2-1}{20}=\dfrac{t^2+19}{20}$ であるから

$$\tan\theta=\frac{m_2-m_1}{1+m_1m_2}=\sqrt{\frac{t^2+4}{20}}\cdot\frac{20}{t^2+19}=\frac{2\sqrt{5}\sqrt{t^2+4}}{t^2+19}$$

◀ $m_1=\tan\alpha,\ m_2=\tan\beta$ とすると　$\theta=\beta-\alpha$

$0<\theta<\dfrac{\pi}{2}$ であるから，θ が最大になるのは $\tan\theta$ が最大になるときである。$t^2+19=s$ とおくと，$s \geqq 19$ で

$$\tan\theta=2\sqrt{5}\sqrt{\frac{s-15}{s^2}}=2\sqrt{5}\sqrt{-15\left(\frac{1}{s^2}-\frac{1}{15s}\right)}$$
$$=2\sqrt{5}\sqrt{-15\left(\frac{1}{s}-\frac{1}{30}\right)^2+\frac{1}{60}}$$

$0<\frac{1}{s}\leqq\frac{1}{19}$ の範囲において，$\frac{1}{s}=\frac{1}{30}$ すなわち $s=30$ のとき $\tan\theta$ は最大になる。

◀$s\geqq19$ から $0<\frac{1}{s}\leqq\frac{1}{19}$

このとき　$t^2+19=30$　ゆえに　$t=\pm\sqrt{11}$

このとき　$\tan\theta=2\sqrt{5}\sqrt{\frac{1}{60}}=\frac{1}{\sqrt{3}}$

$0<\theta<\frac{\pi}{2}$ であるから　$\theta=\frac{\pi}{6}$

◀ θ は鋭角。

したがって，θ は **$t=\pm\sqrt{11}$ のとき最大値 $\frac{\pi}{6}$** をとる。

練習 120 ➡本冊 p.235

(1) [1] $p\neq\pm2$ のとき

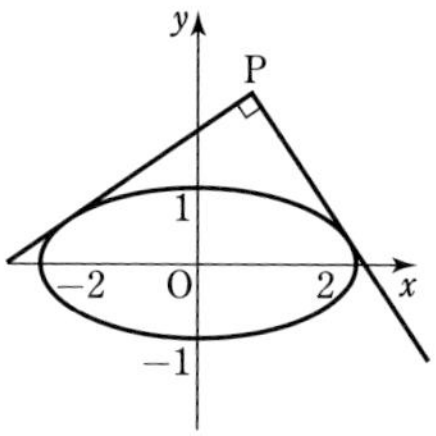

2本の接線は x 軸に垂直な直線にはならないから，点Pを通る傾き m の接線の方程式は

$$y=m(x-p)+q$$

と表される。

これを楕円の方程式に代入すると

$$x^2+4\{mx+(q-mp)\}^2=4$$

整理すると

$$(4m^2+1)x^2+8m(q-mp)x+4(q-mp)^2-4=0$$

◀$4m^2+1>0$

この x の2次方程式の判別式を D とすると

$$\frac{D}{4}=\{4m(q-mp)\}^2-(4m^2+1)\{4(q-mp)^2-4\}$$
$$=4^2m^2(q-mp)^2-4(4m^2+1)(q-mp)^2+4(4m^2+1)$$
$$=4(4m^2+1)-4(q-mp)^2$$
$$=4\{(4-p^2)m^2+2pqm-q^2+1\}$$

$D=0$ から　$(4-p^2)m^2+2pqm-q^2+1=0$　…… ①

◀$p\neq\pm2$ から $4-p^2\neq0$

m の2次方程式 ① の2つの解を k_1，k_2 とすると，2次方程式の解と係数の関係により　$k_1k_2=\frac{q^2-1}{p^2-4}$　…… ②

2本の接線が垂直となるとき　$k_1k_2=-1$

② から　$-1=\frac{q^2-1}{p^2-4}$　よって　$p^2+q^2=5$　…… ③

◀両辺に p^2-4 $(\neq0)$ を掛けて $-(p^2-4)=q^2-1$

[2] $p=\pm2$ のとき

2本の接線は $x=\pm2$，$y=\pm1$ (複号任意) の組で，その交点は

点 $(2,\ 1)$，$(2,\ -1)$，$(-2,\ 1)$，$(-2,\ -1)$

これらの点は ③ を満たす。

以上から，求める軌跡は　**円 $x^2+y^2=5$**

(2) (1)から，4点A，B，C，Dは円 $x^2+y^2=5$ 上にある。

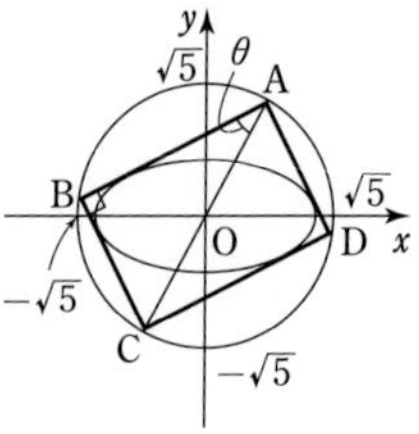

また，$\angle CBA=\dfrac{\pi}{2}$ であるから，線分ACは円 $x^2+y^2=5$ の直径であり　　$AC=2\sqrt{5}$

長方形ABCDの面積を S とすると

$S=AB\cdot BC=AC\cos\theta\times AC\sin\theta=\mathbf{10\sin 2\theta}$

(3) 長方形ABCDの面積と，点Bと点Dを入れ替えた長方形ABCDの面積は同じであるから，点Bを $\theta\leqq\dfrac{\pi}{4}$ となる方の頂点とする $\left(\theta=\dfrac{\pi}{4}\text{ のときはどちらを点Bにとってもよい}\right)$。

このとき，$0<\theta\leqq\dfrac{\pi}{4}$ から，$0<2\theta\leqq\dfrac{\pi}{2}$ であり，この範囲において $\sin 2\theta$ は増加関数である。

$2\theta=\dfrac{\pi}{2}$ すなわち $\theta=\dfrac{\pi}{4}$ のとき，長方形ABCDは正方形であり，例えば，$A(0,\ \sqrt{5})$，$B(-\sqrt{5},\ 0)$ とするときの長方形ABCDが当てはまる。

したがって，(2)から，S の **最大値は**　　$10\sin\dfrac{\pi}{2}=\mathbf{10}$

点Oから線分ABに垂線OHを引くと　　$\sin\theta=\dfrac{OH}{\sqrt{5}}$

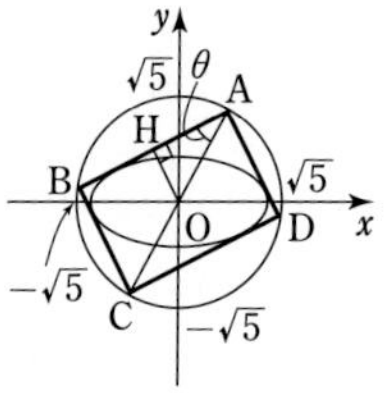

線分OHの長さは，$H(0,\ 1)$ または $H(0,\ -1)$ のとき，最小値1をとるから　　$\sin\theta\geqq\dfrac{1}{\sqrt{5}}$

$\sin\alpha=\dfrac{1}{\sqrt{5}}$，$0<\alpha<\dfrac{\pi}{4}$ とすると，S は $\theta=\alpha$ のとき最小となり，**最小値は**　　$10\cdot 2\sin\alpha\cos\alpha=10\cdot 2\cdot\dfrac{1}{\sqrt{5}}\cdot\dfrac{2}{\sqrt{5}}=\mathbf{8}$

練習 121 ➡本冊 p. 236

点Pから放物線 $y^2=4px$ に引いた2本の接線の2つの接点を $Q_1(x_1,\ y_1)$，$Q_2(x_2,\ y_2)$ とする。点 Q_1，Q_2 における放物線の接線の方程式はそれぞれ　　$y_1y=2p(x+x_1)$，$y_2y=2p(x+x_2)$

この2本の接線は点 $P(x_0,\ y_0)$ を通るから

$$y_1y_0=2p(x_0+x_1),\quad y_2y_0=2p(x_0+x_2)$$

これは直線 $y_0y=2p(x+x_0)$ が点 Q_1，Q_2 を通ることを示しているから，点 Q_1，Q_2 を通る直線は，方程式 $y_0y=2p(x+x_0)$ で与えられる。

点Pから双曲線 $\dfrac{x^2}{a^2}-\dfrac{y^2}{b^2}=1$ に引いた2本の接線の2つの接点を $R_1(x_1,\ y_1)$，$R_2(x_2,\ y_2)$ とする。

点 R_1，R_2 における双曲線の接線の方程式はそれぞれ

$$\frac{x_1x}{a^2}-\frac{y_1y}{b^2}=1,\quad \frac{x_2x}{a^2}-\frac{y_2y}{b^2}=1$$

◀双曲線の方程式を $Ax^2-By^2=1$ $(A>0,\ B>0)$ として証明してもよい。

この 2 本の接線は点 $\mathrm{P}(x_0,\ y_0)$ を通るから

$$\frac{x_1x_0}{a^2}-\frac{y_1y_0}{b^2}=1,\quad \frac{x_2x_0}{a^2}-\frac{y_2y_0}{b^2}=1$$

これは直線 $\frac{x_0x}{a^2}-\frac{y_0y}{b^2}=1$ が点 $\mathrm{R_1}$, $\mathrm{R_2}$ を通ることを示しているから，点 $\mathrm{R_1}$, $\mathrm{R_2}$ を通る直線は，方程式 $\frac{x_0x}{a^2}-\frac{y_0y}{b^2}=1$ で与えられる。

練習 122 ➡ 本冊 *p*. 237

2 点 A，P はともに楕円 C 上にあり

$\mathrm{AP}=$(一定)

◀ $\frac{0^2}{3}+\frac{(-2)^2}{4}=1$, $\frac{1}{3}\left(\frac{3}{2}\right)^2+\frac{1^2}{4}=1$

よって，△APQ の面積が最大となるのは，点Qと直線 AP の距離が最大となるとき，すなわち，点Qが第 2 象限にあり，かつ点Qにおける接線 ℓ が直線 AP に平行となるときである。

◀△APQ において，線分 AP を底辺とみる。

このとき，楕円 C と直線 ℓ の接点の座標を $(p,\ q)$ $(p<0,\ q>0)$ とすると，直線 ℓ の方程式は

◀接点は第 2 象限にあるから　$p<0$, $q>0$

$$\frac{px}{3}+\frac{qy}{4}=1 \quad すなわち \quad y=-\frac{4p}{3q}x+\frac{4}{q}$$

ここで，直線 AP の傾きは　$\dfrac{1-(-2)}{\frac{3}{2}-0}=2$

よって，$-\frac{4p}{3q}=2$ とすると　$p=-\frac{3}{2}q$　…… ①

これを $\frac{p^2}{3}+\frac{q^2}{4}=1$ に代入して整理すると　$q^2=1$

◀点 $(p,\ q)$ は楕円 C 上。

$q>0$ であるから　$q=1$

これを ① に代入して　$p=-\frac{3}{2}$

◀$p<0$ は満たされる。

したがって，求める点Qの座標は　$\boldsymbol{\mathrm{Q}\left(-\frac{3}{2},\ 1\right)}$

また，このとき，直線 PQ は x 軸に平行であるから，△APQ の

面積は　$\frac{1}{2}\cdot\left\{\frac{3}{2}-\left(-\frac{3}{2}\right)\right\}\cdot\{1-(-2)\}=\boldsymbol{\frac{9}{2}}$

◀線分 PQ を底辺とみる。

練習 123 ➡ 本冊 *p*. 238

$\left(x-\frac{3}{2}\right)^2+\frac{y^2}{4}=1$, $x^2-\frac{y^2}{4}=k$ の辺々を加えて y を消去すると

$$2x^2-3x+\frac{5}{4}-k=0 \quad \cdots\cdots ①$$

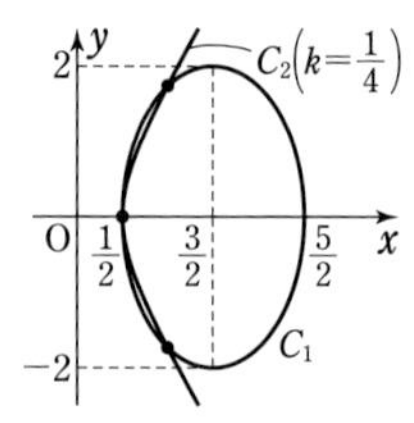

ここで，$1-\left(x-\frac{3}{2}\right)^2=\frac{y^2}{4}\geqq 0$ であるから　$\left(x-\frac{3}{2}\right)^2\leqq 1$

よって　$-1\leqq x-\frac{3}{2}\leqq 1$　　ゆえに　$\frac{1}{2}\leqq x\leqq\frac{5}{2}$

また，① の 2 つの解が $x=\frac{1}{2}$ と $x=\frac{5}{2}$ となることはない。

更に，楕円 C_1 と双曲線 C_2 はともに x 軸に関して対称であるから，2 曲線 C_1 と C_2 が少なくとも 3 点を共有するための条件は，①が $\frac{1}{2} \leqq x \leqq \frac{5}{2}$ の範囲に異なる 2 つの実数解をもつことである。よって，① の判別式を D とし，$f(x)=2x^2-3x+\frac{5}{4}-k$ とすると，次の [1] ~ [4] が同時に成り立つ。

◀ $\frac{1}{2}<x<\frac{5}{2}$ の範囲における ① の実数解 1 つに対して，2 曲線 C_1 と C_2 の共有点が 2 つある。また，① の実数解が $x=\frac{1}{2}$ または $x=\frac{5}{2}$ となるとき，それぞれに対する共有点は 1 つある（前ページ下の図を参照）。

[1] $D>0$　[2] $f\left(\frac{1}{2}\right) \geqq 0$　[3] $f\left(\frac{5}{2}\right) \geqq 0$

[4] 放物線 $y=f(x)$ の軸について　$\frac{1}{2}<$軸$<\frac{5}{2}$

[1] $D=(-3)^2-4\cdot 2\cdot\left(\frac{5}{4}-k\right)=8k-1$

$D>0$ から　$k>\frac{1}{8}$ …… ②

[2] $f\left(\frac{1}{2}\right) \geqq 0$ から　$\frac{1}{4}-k \geqq 0$　よって　$k \leqq \frac{1}{4}$ …… ③

[3] $f\left(\frac{5}{2}\right) \geqq 0$ から　$\frac{25}{4}-k \geqq 0$　よって　$k \leqq \frac{25}{4}$ …… ④

[4] 軸 $x=-\frac{-3}{2\cdot 2}$ は $\frac{1}{2}<\frac{3}{4}<\frac{5}{2}$ を満たす。

②~④ の共通範囲を求めて　$\boldsymbol{\frac{1}{8}<k \leqq \frac{1}{4}}$

[本冊 p. 238 例題 123 の 参考 について]

放物線 $4\sqrt{2}\,y=2x^2+a$ を動かして，楕円 $x^2+4y^2=1$ との共有点を考えると，次のようになる。

◀放物線は y 軸方向に平行移動する。

$x^2+4y^2=1$，$4\sqrt{2}\,y=2x^2+a$ から x を消去して整理すると

$$8y^2+4\sqrt{2}\,y-(a+2)=0$$

この 2 次方程式の判別式を D とすると

$$\frac{D}{4}=(2\sqrt{2})^2+8(a+2)=8(a+3)$$

$D=0$ とすると　$a=-3$

放物線 $4\sqrt{2}\,y=2x^2+a$ が点 $\left(0,\ -\frac{1}{2}\right)$ を通るとき

$$a=-2\sqrt{2}$$

$a=-3$，$a=-2\sqrt{2}$ のときの放物線と楕円は右の図のようになるから，異なる 4 点で交わるための，定数 a の値の範囲は　$\boldsymbol{-3<a<-2\sqrt{2}}$

◀放物線と楕円の共有点の個数は
$a=-3$ のとき　2 個
$a=-2\sqrt{2}$ のとき 3 個

練習 124　➡本冊 p. 241

(1) 点 $\mathrm{P}(x,\ y)$ から直線 $x=1$ に下ろした垂線を PH とする。

$\mathrm{PF}:\mathrm{PH}=1:\sqrt{2}$ から　$2\mathrm{PF}^2=\mathrm{PH}^2$

◀$\sqrt{2}\,\mathrm{PF}=\mathrm{PH}$

よって　$2\{(x-4)^2+(y-2)^2\}=(x-1)^2$

整理して　$x^2-14x+2y^2-8y+39=0$

ゆえに　$(x-7)^2+2(y-2)^2=18$

すなわち　$\dfrac{(x-7)^2}{18}+\dfrac{(y-2)^2}{9}=1$

よって，点Pの軌跡は　**楕円 $\dfrac{(x-7)^2}{18}+\dfrac{(y-2)^2}{9}=1$**

(2) 点 $\mathrm{P}(x,\ y)$ から直線 $y=3$ に下ろした垂線を PH とする。

PF：PH$=\sqrt{6}$：1 から　$\mathrm{PF}^2=6\mathrm{PH}^2$

◀$\mathrm{PF}=\sqrt{6}\,\mathrm{PH}$

よって　$x^2+(y+2)^2=6(y-3)^2$

整理して　$x^2-5y^2+40y-50=0$

ゆえに　$x^2-5(y-4)^2=-30$

すなわち　$\dfrac{x^2}{30}-\dfrac{(y-4)^2}{6}=-1$

よって，点Pの軌跡は　**双曲線 $\dfrac{x^2}{30}-\dfrac{(y-4)^2}{6}=-1$**

練習 125　➡本冊 p.242

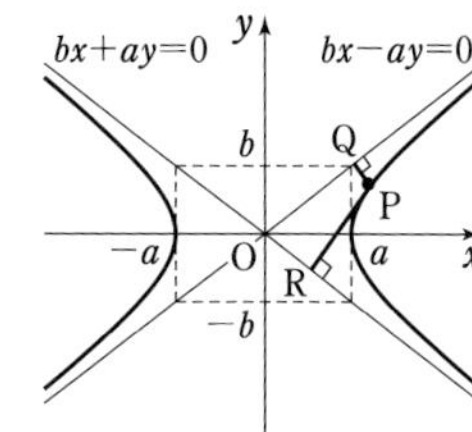
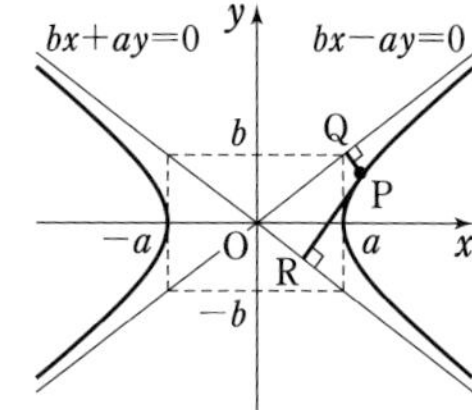

漸近線の方程式は

$$\frac{x}{a}-\frac{y}{b}=0,\ \frac{x}{a}+\frac{y}{b}=0$$

すなわち　$bx-ay=0,\ bx+ay=0$

よって，$\mathrm{P}(x_1,\ y_1)$ とすると

$$\mathrm{PQ}\cdot\mathrm{PR}=\frac{|bx_1-ay_1|}{\sqrt{b^2+a^2}}\cdot\frac{|bx_1+ay_1|}{\sqrt{b^2+a^2}}=\frac{|b^2x_1{}^2-a^2y_1{}^2|}{a^2+b^2}$$

Pは双曲線 $\dfrac{x^2}{a^2}-\dfrac{y^2}{b^2}=1$ 上にあるから　$\dfrac{x_1{}^2}{a^2}-\dfrac{y_1{}^2}{b^2}=1$

ゆえに　$b^2x_1{}^2-a^2y_1{}^2=a^2b^2$

したがって　$\mathrm{PQ}\cdot\mathrm{PR}=\dfrac{a^2b^2}{a^2+b^2}$（一定）

練習 126　➡本冊 p.243

$\sqrt{9+16}=5$ から，双曲線の焦点は　$\mathrm{F}(5,\ 0)$，$\mathrm{F}'(-5,\ 0)$

点 $\mathrm{P}(x_1,\ y_1)$ における接線の方程式は　$\dfrac{x_1x}{9}-\dfrac{y_1y}{16}=1$ …… ①

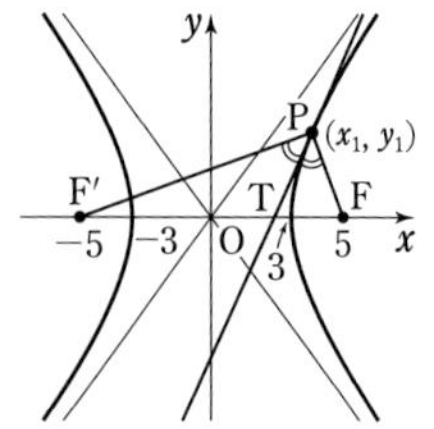

① において，$y=0$ とすると，$x_1>0$ から　$x=\dfrac{9}{x_1}$

よって，接線 ① と x 軸の交点をTとすると　$\mathrm{T}\left(\dfrac{9}{x_1},\ 0\right)$

ゆえに　$\mathrm{FT}:\mathrm{F'T}=\left(5-\dfrac{9}{x_1}\right):\left(\dfrac{9}{x_1}+5\right)=\dfrac{5x_1-9}{x_1}:\dfrac{5x_1+9}{x_1}$

$=(5x_1-9):(5x_1+9)$ …… ②

また，$\dfrac{x_1{}^2}{9}-\dfrac{y_1{}^2}{16}=1$ であるから　$y_1{}^2=\dfrac{16(x_1{}^2-9)}{9}$

◀点Pは双曲線上にある。

よって　$\mathrm{PF}=\sqrt{(x_1-5)^2+y_1{}^2}=\sqrt{(x_1-5)^2+\dfrac{16(x_1{}^2-9)}{9}}$

$=\sqrt{\dfrac{(5x_1-9)^2}{9}}=\dfrac{5x_1-9}{3}$

◀$x_1\geqq 3$ から　$5x_1-9>0$

$$\mathrm{PF'}=\sqrt{(x_1+5)^2+y_1{}^2}=\sqrt{(x_1+5)^2+\frac{16(x_1{}^2-9)}{9}}$$

$$=\sqrt{\frac{(5x_1+9)^2}{9}}=\frac{5x_1+9}{3}$$

◀PF′−PF＝2・3 から
PF′＝PF＋6
これを利用してもよい。

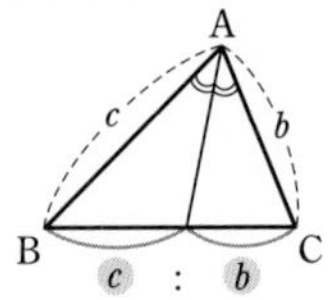

ゆえに　　$\mathrm{PF}:\mathrm{PF'}=(5x_1-9):(5x_1+9)$ …… ③

②，③ から　　PF：PF′＝FT：F′T

したがって，接線 PT は ∠FPF′ を 2 等分する。

検討　$\cos\angle\mathrm{FPT}=\dfrac{\overrightarrow{\mathrm{PF}}\cdot\overrightarrow{\mathrm{PT}}}{|\overrightarrow{\mathrm{PF}}||\overrightarrow{\mathrm{PT}}|}$，$\cos\angle\mathrm{F'PT}=\dfrac{\overrightarrow{\mathrm{PF'}}\cdot\overrightarrow{\mathrm{PT}}}{|\overrightarrow{\mathrm{PF'}}||\overrightarrow{\mathrm{PT}}|}$ をそれぞれ計算して，$\cos\angle\mathrm{FPT}=\cos\angle\mathrm{F'PT}=\dfrac{5(x_1{}^2-9)}{3x_1|\overrightarrow{\mathrm{PT}}|}$ から ∠FPT＝∠F′PT を示す方法も考えられるが，計算は面倒。

◀$y_1{}^2=\dfrac{16}{9}x_1{}^2-16$ も利用する。

[本冊 *p*. 244 例題 127 の媒介変数表示利用による解答]

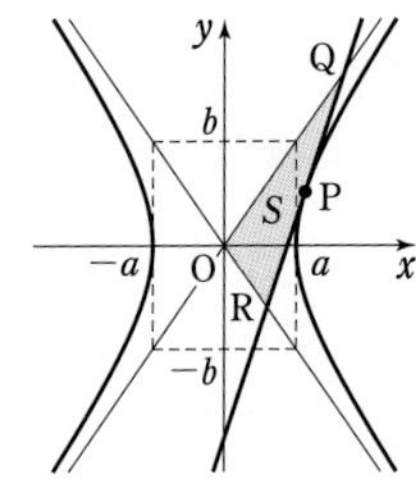

$\mathrm{P}\left(\dfrac{a}{\cos\theta},\ b\tan\theta\right)\left(0\leqq\theta<2\pi,\ \theta\neq\dfrac{\pi}{2},\ \theta\neq\dfrac{3}{2}\pi\right)$ とする。

点Pにおける接線の方程式は

$$\frac{\dfrac{a}{\cos\theta}\cdot x}{a^2}-\frac{(b\tan\theta)y}{b^2}=1$$

すなわち　　$\dfrac{x}{a\cos\theta}-\dfrac{y\tan\theta}{b}=1$ …… ①

また，漸近線の方程式は

$$\frac{x}{a}-\frac{y}{b}=0 \quad \cdots\cdots ②,\qquad \frac{x}{a}+\frac{y}{b}=0 \quad \cdots\cdots ③$$

① と ② の交点を $\mathrm{Q}(x_1,\ y_1)$ とすると

$$\frac{x_1}{a\cos\theta}-\frac{y_1\tan\theta}{b}=1,\quad \frac{x_1}{a}-\frac{y_1}{b}=0$$

よって　　$\dfrac{x_1}{a}\left(\dfrac{1}{\cos\theta}-\tan\theta\right)=1$

すなわち　　$\dfrac{x_1}{a}\cdot\dfrac{1-\sin\theta}{\cos\theta}=1$

ゆえに　　$x_1=\dfrac{a\cos\theta}{1-\sin\theta}$，　$y_1=\dfrac{b\cos\theta}{1-\sin\theta}$

◀$\sin\theta\neq1$

同様に，① と ③ の交点を $\mathrm{R}(x_2,\ y_2)$ とすると

$$x_2=\frac{a\cos\theta}{1+\sin\theta},\quad y_2=-\frac{b\cos\theta}{1+\sin\theta}$$

◀$\sin\theta\neq-1$

よって，△OQR の面積は

$$\frac{1}{2}|x_1y_2-x_2y_1|$$

$$=\frac{1}{2}\left|\frac{a\cos\theta}{1-\sin\theta}\cdot\left(-\frac{b\cos\theta}{1+\sin\theta}\right)-\frac{a\cos\theta}{1+\sin\theta}\cdot\frac{b\cos\theta}{1-\sin\theta}\right|$$

$$=\frac{1}{2}\left|\frac{-ab\cos^2\theta}{1-\sin^2\theta}-\frac{ab\cos^2\theta}{1-\sin^2\theta}\right|$$

$$=\frac{1}{2}|-2ab|=ab$$

したがって，△OQR の面積は点Pの選び方に無関係である。

練習 127 ➡本冊 p. 244

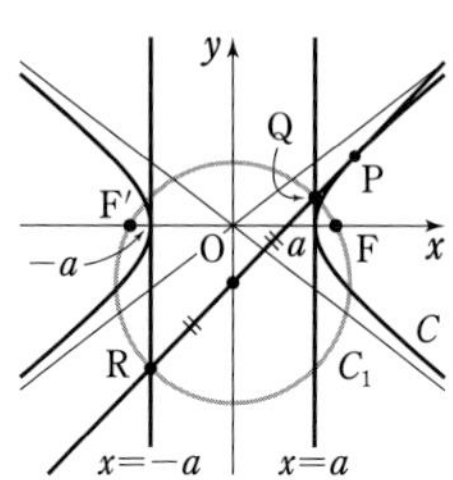

点 $\mathrm{P}(x_1,\ y_1)$ における接線の方程式は

$$\frac{x_1x}{a^2}-\frac{y_1y}{b^2}=1\ (x_1>a)\ \cdots\cdots ①$$

また　$\dfrac{{x_1}^2}{a^2}-\dfrac{{y_1}^2}{b^2}=1$　…… ②

① で $x=a$ とすると，$y_1\neq 0$ から　$y=\dfrac{b^2(x_1-a)}{ay_1}$

① で $x=-a$ とすると，$y_1\neq 0$ から　$y=-\dfrac{b^2(x_1+a)}{ay_1}$

よって　$\mathrm{Q}\left(a,\ \dfrac{b^2(x_1-a)}{ay_1}\right)$，$\mathrm{R}\left(-a,\ -\dfrac{b^2(x_1+a)}{ay_1}\right)$

ゆえに，線分 QR を直径とする円 C_1 の中心は　$\left(0,\ -\dfrac{b^2}{y_1}\right)$

◀中心は線分 QR の中点。

また，半径を r とすると

$$r^2=a^2+\left(\frac{b^2x_1}{ay_1}\right)^2=a^2+\frac{b^4{x_1}^2}{a^2{y_1}^2}=a^2+\frac{b^4}{{y_1}^2}\left(1+\frac{{y_1}^2}{b^2}\right)$$

$$=a^2+b^2+\frac{b^4}{{y_1}^2}$$

◀② から $\dfrac{{x_1}^2}{a^2}=1+\dfrac{{y_1}^2}{b^2}$

よって，円 C_1 の方程式は

$$x^2+\left(y+\frac{b^2}{y_1}\right)^2=a^2+b^2+\frac{b^4}{{y_1}^2}\quad\cdots\cdots ③$$

また，双曲線 C の 2 つの焦点は

$$\mathrm{F}(\sqrt{a^2+b^2},\ 0),\quad \mathrm{F}'(-\sqrt{a^2+b^2},\ 0)$$

ここで，$x=\sqrt{a^2+b^2}$，$y=0$ のとき

$$(③ の左辺)=(\sqrt{a^2+b^2})^2+\left(\frac{b^2}{y_1}\right)^2=a^2+b^2+\frac{b^4}{{y_1}^2}$$

◀③ の右辺に一致する。

ゆえに，点Fは円 C_1 上にある。
また，円 C_1 は y 軸に関して対称であるから，点 F′ も円 C_1 上にある。したがって，2 つの焦点は円 C_1 上にある。

別解　$\angle\mathrm{QFR}=\dfrac{\pi}{2}$，$\angle\mathrm{QF'R}=\dfrac{\pi}{2}$ を示せばよいから，$\overrightarrow{\mathrm{FQ}}\cdot\overrightarrow{\mathrm{FR}}=0$ と $\overrightarrow{\mathrm{F'Q}}\cdot\overrightarrow{\mathrm{F'R}}=0$ を示す。

練習 128 ➡本冊 p. 245

(1)　$s^2-\dfrac{t^2}{a^2}=1$　…… ①，$\dfrac{s^2}{b^2}+t^2=1$　…… ②

◀$\mathrm{P}(s,\ t)$ は C_1，C_2 上の点。

② から　$t^2=1-\dfrac{s^2}{b^2}$

これを ① に代入して　$s^2-\dfrac{1}{a^2}\left(1-\dfrac{s^2}{b^2}\right)=1$

整理すると　$s^2=\dfrac{b^2(a^2+1)}{a^2b^2+1}$　…… ③

$s>0$，$b>0$ であるから　$\boldsymbol{s=b\sqrt{\dfrac{a^2+1}{a^2b^2+1}}}$

②，③ より　$t^2=1-\dfrac{1}{b^2}\cdot\dfrac{b^2(a^2+1)}{a^2b^2+1}=\dfrac{a^2(b^2-1)}{a^2b^2+1}$

$t>0$，$a>0$，$b>1$ であるから　$\boldsymbol{t=a\sqrt{\dfrac{b^2-1}{a^2b^2+1}}}$

(2) 直線 L_1 の方程式は　$sx-\frac{t}{a^2}y=1$

よって，直線 L_1 の傾きは　$\frac{sa^2}{t}$

直線 L_2 の方程式は　$\frac{s}{b^2}x+ty=1$

よって，直線 L_2 の傾きは　$-\frac{s}{tb^2}$

2 直線 L_1, L_2 が直交するとき　$\frac{sa^2}{t}\cdot\left(-\frac{s}{tb^2}\right)=-1$

ゆえに　$s^2a^2=t^2b^2$

(1) から　$\frac{a^2b^2(a^2+1)}{a^2b^2+1}=\frac{a^2b^2(b^2-1)}{a^2b^2+1}$

よって　$a^2+1=b^2-1$　$b>1$ であるから　$\boldsymbol{b=\sqrt{a^2+2}}$

参考　双曲線 C_1 の焦点の座標は $(\pm\sqrt{a^2+1},\ 0)$
楕円 C_2 の焦点の座標は $(\pm\sqrt{b^2-1},\ 0)$
$b=\sqrt{a^2+2}$ [(2) の答え] のとき，$a^2+1=b^2-1$ であるから，2 曲線 C_1 と C_2 の 2 つの焦点は一致する。
よって，(2) から，「2 直線 L_1, L_2 が直交する $\Longrightarrow$ 2 曲線 C_1 と C_2 の 2 つの焦点が一致する」が成り立つ。

(3) $b=\sqrt{a^2+2}$ のとき

$$s=\sqrt{a^2+2}\sqrt{\frac{a^2+1}{a^2(a^2+2)+1}}=\sqrt{a^2+2}\sqrt{\frac{a^2+1}{(a^2+1)^2}}=\sqrt{\frac{a^2+2}{a^2+1}}$$

$$t=a\sqrt{\frac{(a^2+2)-1}{a^2(a^2+2)+1}}=a\sqrt{\frac{a^2+1}{(a^2+1)^2}}=\sqrt{\frac{a^2}{a^2+1}}$$

◀(1) の s と t の式に $b=\sqrt{a^2+2}$ を代入。

ここで　$s^2+t^2=\frac{a^2+2}{a^2+1}+\frac{a^2}{a^2+1}=2$

また　$s=\sqrt{\frac{a^2+2}{a^2+1}}=\sqrt{1+\frac{1}{a^2+1}}$,

$t=\sqrt{\frac{a^2}{a^2+1}}=\sqrt{1-\frac{1}{a^2+1}}$

$a>0$ であるから　$1<s<\sqrt{2}$, $0<t<1$

よって，点Pの軌跡は

円 $\boldsymbol{x^2+y^2=2}$ の $\boldsymbol{1<x<\sqrt{2}}$, $\boldsymbol{0<y<1}$ の部分

練習 129 ➡ 本冊 p.246

連立不等式 $y\leqq 2x+1$, $9x^2+4y^2\leqq 72$ の表す領域 E は，右の図の斜線部分である。ただし，境界線を含む。

図の点 P，Q の座標は，連立方程式 $y=2x+1$, $9x^2+4y^2=72$ を解くことにより

$\mathrm{P}(-2,\ -3)$, $\mathrm{Q}\left(\frac{34}{25},\ \frac{93}{25}\right)$

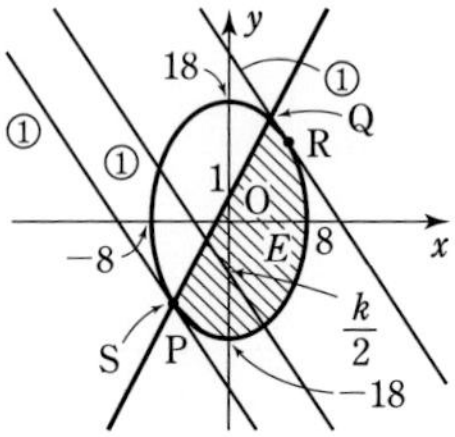

◀境界線の方程式 $9x^2+4y^2=72$ の両辺を 72 で割ると
$\frac{x^2}{8}+\frac{y^2}{18}=1$

$3x+2y=k$ とおくと　$y=-\frac{3}{2}x+\frac{k}{2}$　…… ①

◀傾き $-\frac{3}{2}$, y 切片 $\frac{k}{2}$ の直線。

直線 ① が楕円 $9x^2+4y^2=72$ …… ② に接するとき，その接点を，図のように R，S とする。

① と ② から y を消去すると　$9x^2+(k-3x)^2=72$

◀$9x^2+(2y)^2=72$ に $2y=k-3x$ を代入。

整理すると　$18x^2-6kx+k^2-72=0$　…… ③

2 次方程式 ③ の判別式を D とすると

$$\frac{D}{4}=(-3k)^2-18(k^2-72)=-9(k^2-144)$$
$$=-9(k+12)(k-12)$$

$D=0$ とすると　　$k=\pm 12$

ここで，2次方程式 ③ の重解は　　$x=-\dfrac{-6k}{2\cdot 18}=\dfrac{k}{6}$

◀接点の x 座標は，2次方程式 ③ の重解

ゆえに，接点の座標を $(x_1,\ y_1)$ とすると

$$x_1=\pm\frac{12}{6}=\pm 2,\ y_1=-\frac{3}{2}\cdot(\pm 2)\pm\frac{12}{2}=\pm 3\quad(\text{複号同順})$$

◀$x_1=\dfrac{k}{6}$ に $k=\pm 12$ を代入。次に，① に代入する。

よって，図の点Rの座標は $(2,\ 3)$，点Sの座標は $(-2,\ -3)$ となり，点Sと点Pは一致する。

また，点Rと点Sはともに領域 E に含まれる。

ゆえに，k は直線 ① が点Rを通るとき最大となり，直線 ① が点Sを通るとき最小となる。

したがって　　**$x=2,\ y=3$ のとき最大値 12；**

$x=-2,\ y=-3$ のとき最小値 -12

参考　接点の座標は，次のようにして考えてもよい。

直線 ① と楕円 ② が接するとき，接点の座標を $(x_0,\ y_0)$ とすると，接線の方程式は　　$9x_0x+4y_0y=72$

この直線と直線 ① の傾きを比較して　　$-\dfrac{9x_0}{4y_0}=-\dfrac{3}{2}$

よって　　$3x_0=2y_0$

これと $9x_0{}^2+4y_0{}^2=72$ を連立させて $x_0=\pm 2,\ y_0=\pm 3$（複号同順）としてもよい。

練習 130

➡ 本冊 p.247

領域 A は，3点 $(1,\ 1)$，$(3,\ 0)$，$(0,\ 2)$ を頂点とする三角形の周および内部を表す。

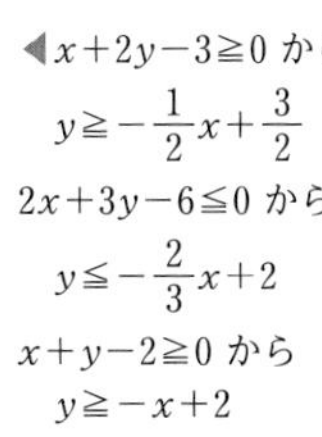

◀$x+2y-3\geqq 0$ から
$y\geqq -\dfrac{1}{2}x+\dfrac{3}{2}$
$2x+3y-6\leqq 0$ から
$y\leqq -\dfrac{2}{3}x+2$
$x+y-2\geqq 0$ から
$y\geqq -x+2$

$x^2-y^2=k$ …… ① とおく。

$k\neq 0$ のとき，① は直線 $y=\pm x$ を漸近線とする双曲線を表し，$k=0$ のとき，① は2直線 $y=\pm x$ を表す。

$k>0$ の場合，双曲線 ① の頂点は，2点 $(\sqrt{k},\ 0)$，$(-\sqrt{k},\ 0)$ である。

◀$k>0$ の場合，k の値を変化させると，双曲線の頂点は x 軸上を移動する。

よって，k が最大となるのは，$\sqrt{k}$ が最大となるときで，双曲線 ① が点 $(3,\ 0)$ を通るときである。

このとき　　$k=3^2-0^2=9$

$k<0$ の場合，双曲線 ① の頂点は，2点 $(0,\ \sqrt{-k})$，$(0,\ -\sqrt{-k})$ である。

◀$k<0$ の場合，k の値を変化させると，双曲線の頂点は y 軸上を移動する。

ゆえに，k が最小となるのは，$\sqrt{-k}$ が最大となるときで，双曲線 ① が点 $(0,\ 2)$ を通るときである。

このとき　　$k=0^2-2^2=-4$

したがって　　**$x=3,\ y=0$ のとき最大値 9；**

$x=0,\ y=2$ のとき最小値 -4

●p. 250 検討　以下の媒介変数表示

[1]　**円** $x^2+y^2=a^2$　　$\boldsymbol{x=\dfrac{a(1-t^2)}{1+t^2},\ y=\dfrac{2at}{1+t^2}}$

は，次のようにして求めることもできる。
ただし，点 $(-a,\ 0)$ を除く。

解説　円 $x^2+y^2=a^2\ (a>0)$ …… ① と，
点 $(-a,\ 0)$ を通る傾き t の直線群
$y=t(x+a)$ …… ② との交点を
$\mathrm{P}(x,\ y)$ とする。 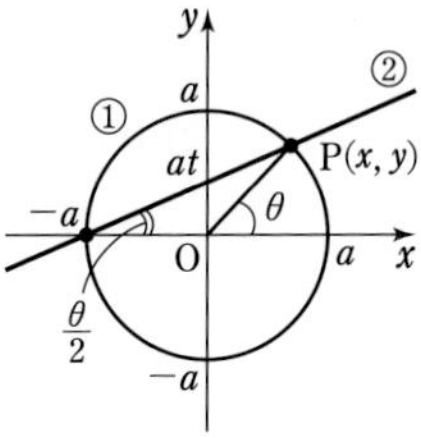
② を ① に代入すると
$$x^2-a^2+t^2(x+a)^2=0$$
したがって
$$(x+a)\{(1+t^2)x-a(1-t^2)\}=0$$
$x \neq -a$ であるから　$x=\dfrac{a(1-t^2)}{1+t^2}$　　このとき　$y=\dfrac{2at}{1+t^2}$
これは，円 ① から点 $(-a,\ 0)$ を除いた部分の媒介変数表示である。

本冊 p. 250 では，三角関数を利用して導いた。
$\tan\dfrac{\theta}{2}=t$ のとき
$\boldsymbol{\sin\theta=\dfrac{2t}{1+t^2}}$，
$\boldsymbol{\cos\theta=\dfrac{1-t^2}{1+t^2}}$，
$\boldsymbol{\tan\theta=\dfrac{2t}{1-t^2}}$
$(t \neq \pm 1)$

練習 131　➡本冊 p. 250

$x=\dfrac{a(1-t^2)}{1+t^2}$，$y=\dfrac{2bt}{1+t^2}$ の分母を払って
$$(1+t^2)x=a(1-t^2),\ (1+t^2)y=2bt$$
整理して　$(x+a)t^2=-x+a,\quad yt^2-2bt=-y$ …… ①
$x+a=0$ とすると，$0=2a$ となり $a>0$ に矛盾する。
ゆえに　$x+a \neq 0$

◀与えられた式を t，t^2 の連立方程式とみる。

① を t，t^2 について解くと　$t^2=\dfrac{-x+a}{x+a}$，$t=\dfrac{ay}{b(x+a)}$

よって　$\dfrac{-x+a}{x+a}=\left\{\dfrac{ay}{b(x+a)}\right\}^2$

◀$t^2=(t)^2$

ゆえに　$b^2(a^2-x^2)=a^2y^2$

したがって　$\boldsymbol{\dfrac{x^2}{a^2}+\dfrac{y^2}{b^2}=1}$　　ただし　$x \neq -a$

◀楕円 $\dfrac{x^2}{a^2}+\dfrac{y^2}{b^2}=1$
ただし，点 $(-a,\ 0)$ を除く。

練習 132　➡本冊 p. 251

(1)　△PAB の面積を S とし，P と直線 AB の距離を d とすると
$$S=\frac{1}{2}\mathrm{AB}\cdot d$$ 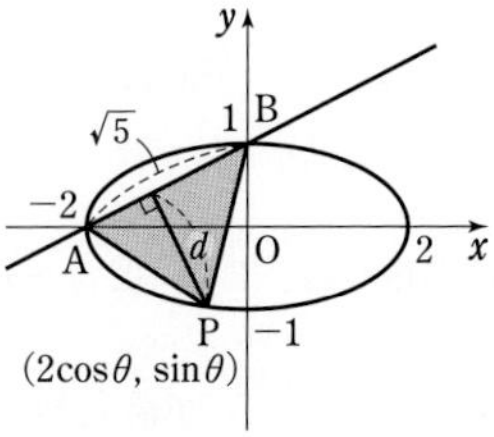
$\mathrm{P}(2\cos\theta,\ \sin\theta)$，$0 \leqq \theta < 2\pi$ とおく。

◀媒介変数表示。

直線 AB の方程式は　$\dfrac{x}{-2}+\dfrac{y}{1}=1$
すなわち $x-2y+2=0$ であるから

◀2 点 $(a,\ 0)$，$(0,\ b)$，$ab \neq 0$ を通る直線の方程式は　$\dfrac{x}{a}+\dfrac{y}{b}=1$

$$d=\frac{|2\cos\theta-2\sin\theta+2|}{\sqrt{1^2+(-2)^2}}=\frac{2}{\sqrt{5}}|-\sin\theta+\cos\theta+1|$$
また　$\mathrm{AB}=\sqrt{(0+2)^2+(1-0)^2}=\sqrt{5}$

ゆえに　$S=\frac{1}{2}\sqrt{5}\cdot\frac{2}{\sqrt{5}}|-\sin\theta+\cos\theta+1|$

$=|-\sin\theta+\cos\theta+1|=\left|\sqrt{2}\sin\left(\theta+\frac{3}{4}\pi\right)+1\right|$

◀三角関数の合成。

$f(\theta)=\sqrt{2}\sin\left(\theta+\frac{3}{4}\pi\right)+1$ とすると，

$\frac{3}{4}\pi\leqq\theta+\frac{3}{4}\pi<2\pi+\frac{3}{4}\pi$ であるから

$$-\sqrt{2}\leqq\sqrt{2}\sin\left(\theta+\frac{3}{4}\pi\right)\leqq\sqrt{2}$$

よって　$-\sqrt{2}+1\leqq f(\theta)\leqq\sqrt{2}+1$

ゆえに　$S=|f(\theta)|\leqq\sqrt{2}+1$

等号が成り立つのは，$\sin\left(\theta+\frac{3}{4}\pi\right)=1$ のときである。

このとき　$\theta+\frac{3}{4}\pi=2\pi+\frac{\pi}{2}$　　よって　$\theta=\frac{7}{4}\pi$

◀$2\cos\frac{7}{4}\pi=\sqrt{2}$，$\sin\frac{7}{4}\pi=-\frac{1}{\sqrt{2}}$

したがって，△PAB の面積 S は，$\mathrm{P}\left(\sqrt{2},\ -\frac{1}{\sqrt{2}}\right)$ のとき **最大値 $\sqrt{2}+1$** をとる。

別解　△PAB において，辺 AB の長さは，
$\sqrt{(0+2)^2+(1-0)^2}=\sqrt{5}$ で一定である。
よって，△PAB の面積が最大になるのは，点Pと直線 AB の距離が最大になるとき，つまり右の図から，点Pを通るこの楕円の接線が直線 AB と平行になり，かつ点Pが直線 AB の下側にあるときである。

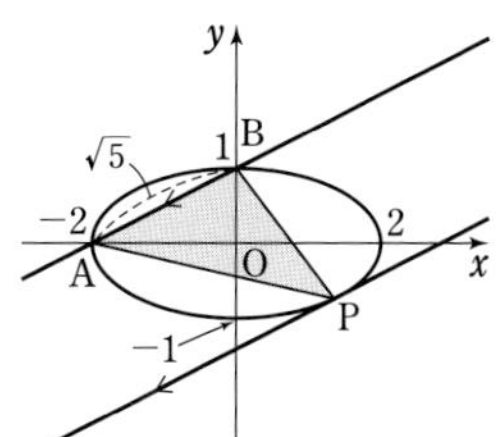

P$(s,\ t)$ とすると，点Pにおける接線の方程式は

$$\frac{sx}{4}+ty=1$$

$t\neq0$ のとき　$y=-\frac{s}{4t}x+\frac{1}{t}$

直線 AB の傾きは $\frac{1}{2}$ であるから，$-\frac{s}{4t}=\frac{1}{2}$ とすると

$$s=-2t \quad \cdots\cdots ①$$

Pは楕円 $\frac{x^2}{4}+y^2=1$ 上の点であるから　$\frac{s^2}{4}+t^2=1$　…… ②

①，② から　$2t^2=1$　すなわち　$t=\pm\frac{\sqrt{2}}{2}$

◀$s=-2t$ を ② に代入すると $\frac{(-2t)^2}{4}+t^2=1$

このとき　$s=\mp\sqrt{2}$（複号同順）

よって，△PAB の面積 S は，$\mathrm{P}\left(\sqrt{2},\ -\frac{\sqrt{2}}{2}\right)$ のとき **最大値**

$$\frac{1}{2}\left|\sqrt{2}\cdot(-1)-\left(-\frac{\sqrt{2}}{2}-1\right)\cdot(-2)\right|=\boldsymbol{\sqrt{2}+1}$$

をとる。

参考　3点 $\mathrm{P}(p_1,\ p_2)$，$\mathrm{A}(a_1,\ a_2)$，$\mathrm{B}(b_1,\ b_2)$ を頂点とする三角形の面積は　$\frac{1}{2}|(p_1-b_1)(a_2-b_2)-(p_2-b_2)(a_1-b_1)|$

4章 練習 [式と曲線]

(2) 条件から $x=\dfrac{1}{\sqrt{2}}\cos\theta,\ y=\dfrac{1}{\sqrt{3}}\sin\theta\ (0\leqq\theta<2\pi)$

と表される。

$$x^2-y^2+xy=\frac{1}{2}\cos^2\theta-\frac{1}{3}\sin^2\theta+\frac{1}{\sqrt{6}}\sin\theta\cos\theta$$

$$=\frac{1}{2}\cdot\frac{1+\cos 2\theta}{2}-\frac{1}{3}\cdot\frac{1-\cos 2\theta}{2}+\frac{1}{\sqrt{6}}\cdot\frac{\sin 2\theta}{2}$$

$$=\frac{1}{12}(\sqrt{6}\sin 2\theta+5\cos 2\theta)+\frac{1}{12}$$

$$=\frac{\sqrt{31}}{12}\sin(2\theta+\alpha)+\frac{1}{12}$$

ただし $\sin\alpha=\dfrac{5}{\sqrt{31}},\ \cos\alpha=\sqrt{\dfrac{6}{31}}$

ここで，$-1\leqq\sin(2\theta+\alpha)\leqq 1$ であるから

$$-\frac{\sqrt{31}}{12}+\frac{1}{12}\leqq x^2-y^2+xy\leqq\frac{\sqrt{31}}{12}+\frac{1}{12}$$

よって　**最大値は $\dfrac{1+\sqrt{31}}{12}$，最小値は $\dfrac{1-\sqrt{31}}{12}$**

◀点 $(x,\ y)$ は楕円 $\dfrac{x^2}{\left(\frac{1}{\sqrt{2}}\right)^2}+\dfrac{y^2}{\left(\frac{1}{\sqrt{3}}\right)^2}=1$ 上。

◀$\sin^2\theta=\dfrac{1-\cos 2\theta}{2}$，
$\sin\theta\cos\theta=\dfrac{\sin 2\theta}{2}$，
$\cos^2\theta=\dfrac{1+\cos 2\theta}{2}$
$a\sin\theta+b\cos\theta$
$=\sqrt{a^2+b^2}\sin(\theta+\alpha)$
ただし $\sin\alpha=\dfrac{b}{\sqrt{a^2+b^2}}$，
$\cos\alpha=\dfrac{a}{\sqrt{a^2+b^2}}$

練習 133

➡ 本冊 p. 252

$\cos 2t$, $\cos 3t$ の周期はそれぞれ π, $\dfrac{2}{3}\pi$ であり，これらはともに偶関数であるから，$0\leqq t\leqq\pi$ の範囲で考えれば十分である。

$0\leqq\theta\leqq\dfrac{\pi}{2}$ とし，$t=\theta,\ \pi-\theta$ に対応する点をそれぞれ P，Q とする。

P$(x,\ y)$ とすると

$$\cos 2(\pi-\theta)=\cos(2\pi-2\theta)=\cos 2\theta$$
$$\cos 3(\pi-\theta)=\cos(3\pi-3\theta)=\cos(\pi-3\theta)$$
$$=-\cos 3\theta$$

であるから，Q$(x,\ -y)$ であり，点Pと点Qは x 軸に関して対称である。

また，$0\leqq\theta\leqq\dfrac{\pi}{2}$ のとき　$\dfrac{\pi}{2}\leqq\pi-\theta\leqq\pi$

よって，曲線の $0\leqq t\leqq\dfrac{\pi}{2}$ に対応する部分と $\dfrac{\pi}{2}\leqq t\leqq\pi$ に対応する部分は x 軸に関して対称である。

$0\leqq t\leqq\dfrac{\pi}{2}$ で t の値の変化に応じて，x，y の値の変化を調べると，次の表のようになる。

t	0	…	$\frac{\pi}{6}$	…	$\frac{\pi}{4}$	…	$\frac{\pi}{3}$	…	$\frac{\pi}{2}$
x	a	↘	$\frac{a}{2}$	↘	0	↘	$-\frac{a}{2}$	↘	$-a$
y	a	↘	0	↘	$-\frac{\sqrt{2}}{2}a$	↘	$-a$	↗	0

◀$\pi\times 2=2\pi$，
$\dfrac{2}{3}\pi\times 3=2\pi$ であるから，
幅が 2π の区間
$-\pi\leqq t\leqq\pi$ で考えれば
よいが，偶関数であることから $0\leqq t\leqq\pi$ で十分。

参考
$x=a(2\cos^2 t-1)$
$y=a(4\cos^3 t-3\cos t)$
から t を消去すると
$y=a\left\{\pm 4\sqrt{\left(\dfrac{x+a}{2a}\right)^3}\mp 3\sqrt{\dfrac{x+a}{2a}}\right\}$
（複号同順）

これらに相当する点を順にとっていくと，左下の図のようになる。
したがって，曲線の概形は **右下の図** のようになる。

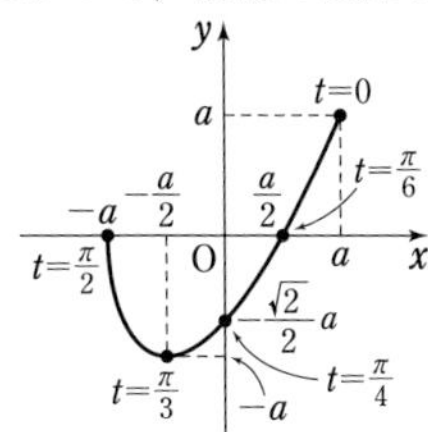

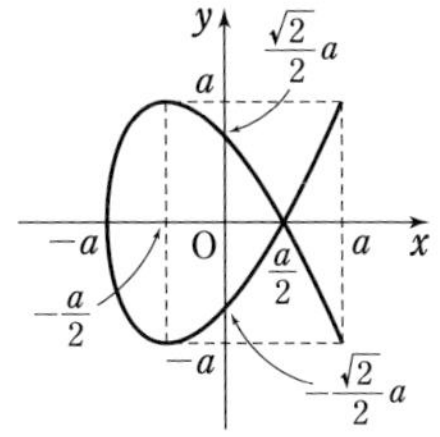

◀ x 軸に関する対称性を利用。

練習 134 ➡ 本冊 p. 253

定円 O と円 C の接点をQとする。
与えられた条件より $\overset{\frown}{\mathrm{AQ}}=\overset{\frown}{\mathrm{PQ}}$ であるから　$\overset{\frown}{\mathrm{PQ}}=a\theta$　…… ①
よって，線分 CP の，線分 CQ からの回転角を $\angle\mathrm{QCP}=\theta'$ とすると　$\overset{\frown}{\mathrm{PQ}}=b\theta'$　…… ②
①，② から　$a\theta=b\theta'$
すなわち　$\theta'=\dfrac{a}{b}\theta$

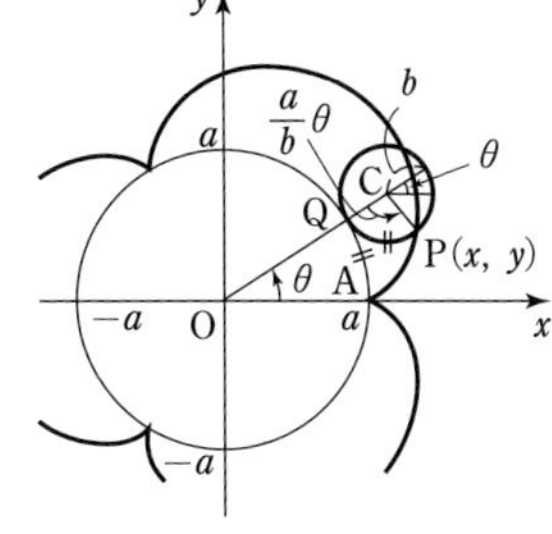

◀ 半径 a の円の，中心角 θ（ラジアン）に対する弧の長さは $a\theta$

ゆえに，線分 CP の，x 軸の正方向からの回転角は　$\theta+\pi+\dfrac{a}{b}\theta=\pi+\dfrac{a+b}{b}\theta$

よって　$\overrightarrow{\mathrm{OP}}=(x,\ y)$，$\overrightarrow{\mathrm{OC}}=((a+b)\cos\theta,\ (a+b)\sin\theta)$，

$$\overrightarrow{\mathrm{CP}}=\left(b\cos\left(\pi+\frac{a+b}{b}\theta\right),\ b\sin\left(\pi+\frac{a+b}{b}\theta\right)\right)$$
$$=\left(-b\cos\frac{a+b}{b}\theta,\ -b\sin\frac{a+b}{b}\theta\right)$$

$\overrightarrow{\mathrm{OP}}=\overrightarrow{\mathrm{OC}}+\overrightarrow{\mathrm{CP}}$ から
$$\begin{cases}\boldsymbol{x=(a+b)\cos\theta-b\cos\dfrac{a+b}{b}\theta}\\ \boldsymbol{y=(a+b)\sin\theta-b\sin\dfrac{a+b}{b}\theta}\end{cases}$$

練習 135 ➡ 本冊 p. 258

(1)　極を O，円上の点を P$(r,\ \theta)$ とする。
この円は極Oを通るから，極Oと点 A$\left(2,\ \dfrac{3}{4}\pi\right)$ を両端とする線分がこの円の直径である。

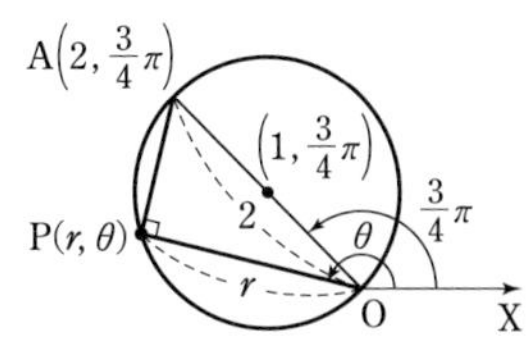

よって，図において $\angle\mathrm{OPA}=90^\circ$ であるから
$$\mathrm{OP}=\mathrm{OA}\cos\angle\mathrm{AOP}$$
したがって　$\boldsymbol{r=2\cos\left(\theta-\dfrac{3}{4}\pi\right)}$

(2)　直線上の点を P$(r,\ \theta)$ とすると，$\angle\mathrm{OAP}=90^\circ$ であるから
$$\mathrm{OP}\cos\angle\mathrm{AOP}=\mathrm{OA}\quad\cdots\cdots ①$$

4章 練習 [式と曲線]

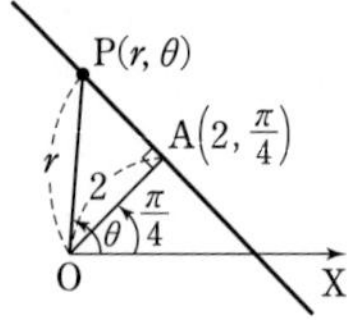

OP$=r$, OA$=2$, $\angle$AOP$=\left|\theta-\dfrac{\pi}{4}\right|$ であるから，① より

$$r\cos\left|\theta-\frac{\pi}{4}\right|=2$$

すなわち　$\boldsymbol{r\cos\left(\theta-\dfrac{\pi}{4}\right)=2}$

(3)　2 点 A，B を直交座標で表すと

$$\mathrm{A}\left(2\cos\frac{\pi}{6},\ 2\sin\frac{\pi}{6}\right),\ \mathrm{B}\left(4\cos\frac{\pi}{3},\ 4\sin\frac{\pi}{3}\right)$$

すなわち　A$(\sqrt{3},\ 1)$，B$(2,\ 2\sqrt{3})$

よって，直線 AB の直交座標の方程式は

$$(2\sqrt{3}-1)(x-\sqrt{3})-(2-\sqrt{3})(y-1)=0$$

◀直交座標で直線 AB の方程式を求め，それを極座標に直す。

整理して　$(2\sqrt{3}-1)x-(2-\sqrt{3})y=4$

$x=r\cos\theta$，$y=r\sin\theta$ を代入して

$$\boldsymbol{r\{(2\sqrt{3}-1)\cos\theta-(2-\sqrt{3})\sin\theta\}=4}$$

練習 136

➡本冊 p. 259

(1)　方程式の両辺に r を掛けて　$1=\dfrac{1}{2}r\cos\theta+\dfrac{1}{3}r\sin\theta$

$x=r\cos\theta$，$y=r\sin\theta$ であるから　$1=\dfrac{x}{2}+\dfrac{y}{3}$

よって，**直線 $\boldsymbol{\dfrac{x}{2}+\dfrac{y}{3}=1}$** を表す。

(2)　方程式の両辺に r を掛けて　$r^2=r\cos\theta+r\sin\theta$

$r^2=x^2+y^2$，$x=r\cos\theta$，$y=r\sin\theta$ であるから

$$x^2+y^2=x+y$$

よって，**円 $\boldsymbol{\left(x-\dfrac{1}{2}\right)^2+\left(y-\dfrac{1}{2}\right)^2=\dfrac{1}{2}}$** を表す。

(2)，(3)　直交座標の原点を極Oとし，x 軸の正の部分を始線とすると，曲線は次のようになる。

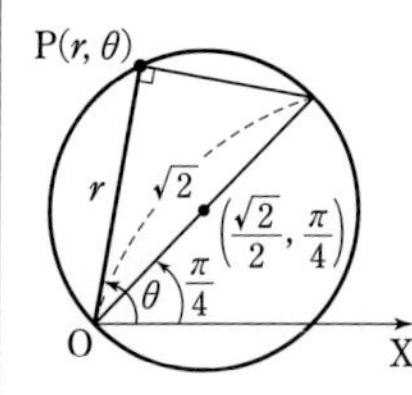

別解　$r=\cos\theta+\sin\theta$ を変形すると　$r=\sqrt{2}\cos\left(\theta-\dfrac{\pi}{4}\right)$

すなわち　$r=2\cdot\dfrac{\sqrt{2}}{2}\cos\left(\theta-\dfrac{\pi}{4}\right)$

よって，**中心が点 $\boldsymbol{\left(\dfrac{\sqrt{2}}{2},\ \dfrac{\pi}{4}\right)}$，半径 $\boldsymbol{\dfrac{\sqrt{2}}{2}}$ の円** を表す。

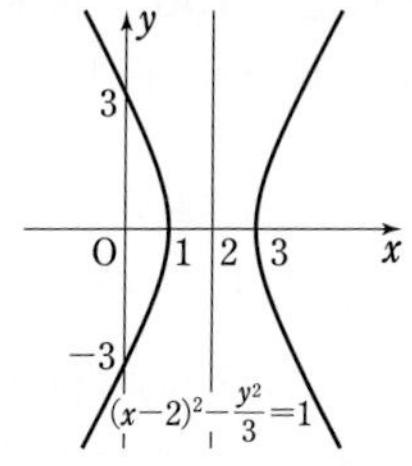

(3)　$r(1+2\cos\theta)=3$ から　$r+2r\cos\theta=3$

$x=r\cos\theta$ であるから　$r+2x=3$　すなわち　$r=3-2x$

両辺を平方して　$r^2=9-12x+4x^2$

$r^2=x^2+y^2$ であるから　$x^2+y^2=9-12x+4x^2$

すなわち　$3x^2-12x-y^2+9=0$

よって　**双曲線 $\boldsymbol{(x-2)^2-\dfrac{y^2}{3}=1}$**

(4)　$\cos 2\theta=\cos^2\theta-\sin^2\theta$ であるから，方程式は

$$r^2(\cos^2\theta-\sin^2\theta)=r\sin\theta(1-r\sin\theta)+1$$

すなわち　$(r\cos\theta)^2-(r\sin\theta)^2=r\sin\theta(1-r\sin\theta)+1$

$x=r\cos\theta$，$y=r\sin\theta$ であるから　$x^2-y^2=y(1-y)+1$

よって，**放物線 $\boldsymbol{y=x^2-1}$** を表す。

練習 137 ➡本冊 p. 260

$OC=r_0$，円 C の半径を a とし，
$P(r_1,\ \theta_1)$，$Q(r,\ \theta)$ とする。
△OCP に余弦定理を適用すると

$$r_1{}^2+r_0{}^2-2r_0r_1\cos\theta_1=a^2 \quad \cdots\cdots ①$$

$r=\dfrac{2}{3}r_1$，$\theta=\theta_1$ であるから

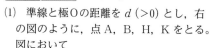

$$r_1=\frac{3}{2}r,\quad \theta_1=\theta$$

これを ① に代入すると　$\left(\dfrac{3}{2}r\right)^2+r_0{}^2-2r_0\cdot\dfrac{3}{2}r\cdot\cos\theta=a^2$

よって，**$OC=r_0$ としたとき**，求める極方程式は

$$\boldsymbol{r^2+\left(\frac{2}{3}r_0\right)^2-2\cdot\frac{2}{3}r_0r\cos\theta=\left(\frac{2}{3}a\right)^2}$$

参考　点Qの軌跡は，中心が $\left(\dfrac{2}{3}r_0,\ 0\right)$，半径 $\dfrac{2}{3}a$ の円，すなわち線分 OC を 2：1 に内分する点を中心とし，半径が円 C の半径の $\dfrac{2}{3}$ の円である。

練習 138 ➡本冊 p. 261

(1)　準線と極Oの距離を $d\ (>0)$ とし，右の図のように，点 A，B，H，K をとる。
図において

$OA=2-\sqrt{2^2-1^2}=2-\sqrt{3}$，
$AH=d-OA=d-2+\sqrt{3}$，
$OB=2$，$BK=\sqrt{3}+d$

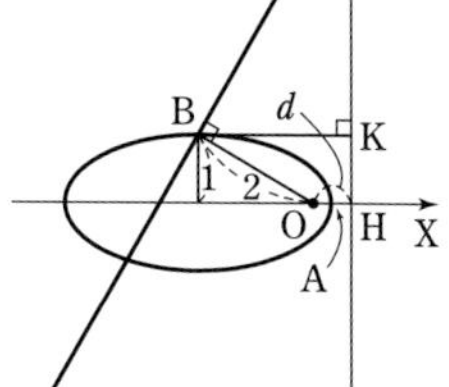

◀長軸 $2a$，短軸 $2b$ の楕円の焦点の座標は $(\pm\sqrt{a^2-b^2},\ 0)$
離心率は $\dfrac{\sqrt{a^2-b^2}}{a}$

離心率を e とすると

$$e=\frac{OA}{AH}=\frac{OB}{BK}$$

ゆえに　$OA\cdot BK=OB\cdot AH$，$eBK=OB$
すなわち　$(2-\sqrt{3})(\sqrt{3}+d)=2(d-2+\sqrt{3})$　$\cdots\cdots$ ①
$(\sqrt{3}+d)e=2$　$\cdots\cdots$ ②

① から　$\{2-(2-\sqrt{3})\}d=(2-\sqrt{3})\sqrt{3}-2(-2+\sqrt{3})$　◀$\sqrt{3}\,d=1$

これを解いて　$d=\dfrac{\sqrt{3}}{3}$

これを ② に代入して　$\left(\sqrt{3}+\dfrac{\sqrt{3}}{3}\right)e=2$　◀$\dfrac{4\sqrt{3}}{3}e=2$

これを解いて　$\boldsymbol{e=\dfrac{\sqrt{3}}{2}}$

楕円上の点を $P(r,\ \theta)$ とし，Pから準線に下ろした垂線を PQ とすると　$e=\dfrac{OP}{PQ}$

よって　$\sqrt{3}\,PQ=2OP$　$\cdots\cdots$ ③　◀$\dfrac{\sqrt{3}}{2}=\dfrac{OP}{PQ}$

$\mathrm{PQ}=d-r\cos\theta=\dfrac{\sqrt{3}}{3}-r\cos\theta$, $\mathrm{OP}=r$ であるから

$$\sqrt{3}\left(\frac{\sqrt{3}}{3}-r\cos\theta\right)=2r$$

したがって，求める楕円の極方程式は　　$\boldsymbol{r=\dfrac{1}{2+\sqrt{3}\cos\theta}}$

(2)　点Bの極座標を $(2,\ \theta_1)$ とすると　　$\dfrac{1}{2+\sqrt{3}\cos\theta_1}=2$

◀ **CHART** **極座標**
r，θ の特徴を活かす

よって　$\cos\theta_1=-\dfrac{\sqrt{3}}{2}$　　$0<\theta_1<\pi$ であるから　$\theta_1=\dfrac{5}{6}\pi$

◀(1) の図から，Bの偏角が $\dfrac{5}{6}\pi$ であることを導いてもよい。

したがって，求める直線の方程式は　　$\boldsymbol{r\cos\left(\theta-\dfrac{5}{6}\pi\right)=2}$

練習 139

➡ 本冊 p. 262

(1)　楕円を直交座標において

$\dfrac{x^2}{a^2}+\dfrac{y^2}{b^2}=1$ $(a>b>0)$ とする。

楕円の中心O (原点) を極とし，x 軸の正の向きを始線とすると，楕円の極方程式は

$$\frac{r^2\cos^2\theta}{a^2}+\frac{r^2\sin^2\theta}{b^2}=1$$

◀$x=r\cos\theta$,
$y=r\sin\theta$ を代入。

ゆえに　　$\dfrac{1}{r^2}=\dfrac{\cos^2\theta}{a^2}+\dfrac{\sin^2\theta}{b^2}$

$\mathrm{OP}\perp\mathrm{OQ}$ であるから，2点P，Qの極座標は $\mathrm{P}(r_1,\ \alpha)$,

$\mathrm{Q}\left(r_2,\ \alpha+\dfrac{\pi}{2}\right)$ $(r_1>0,\ r_2>0)$ とおけて，このとき

$$\mathrm{OP}=r_1,\ \mathrm{OQ}=r_2$$

点P，Qは楕円上にあるから

$$\frac{1}{{r_1}^2}=\frac{\cos^2\alpha}{a^2}+\frac{\sin^2\alpha}{b^2},$$

$$\frac{1}{{r_2}^2}=\frac{\cos^2\left(\alpha+\frac{\pi}{2}\right)}{a^2}+\frac{\sin^2\left(\alpha+\frac{\pi}{2}\right)}{b^2}$$

よって　　$\dfrac{1}{{r_2}^2}=\dfrac{\sin^2\alpha}{a^2}+\dfrac{\cos^2\alpha}{b^2}$

したがって

$$\begin{aligned}\frac{1}{\mathrm{OP}^2}+\frac{1}{\mathrm{OQ}^2}&=\frac{1}{{r_1}^2}+\frac{1}{{r_2}^2}\\&=\left(\frac{\cos^2\alpha}{a^2}+\frac{\sin^2\alpha}{b^2}\right)+\left(\frac{\sin^2\alpha}{a^2}+\frac{\cos^2\alpha}{b^2}\right)\\&=\frac{\sin^2\alpha+\cos^2\alpha}{a^2}+\frac{\sin^2\alpha+\cos^2\alpha}{b^2}\\&=\frac{1}{a^2}+\frac{1}{b^2}\end{aligned}$$

◀r_1，r_2，α に無関係。

a，b は定数であるから，$\dfrac{1}{\mathrm{OP}^2}+\dfrac{1}{\mathrm{OQ}^2}$ は一定である。

(2)　2次曲線の1つの焦点Fを極とする極方程式は，a を正の定数，e を離心率として

$$r=\frac{ea}{1+e\cos\theta}$$

と表される。

よって　$\dfrac{1}{r}=\dfrac{1+e\cos\theta}{ea}$

PQ と RS が点Fで直交するから，$\mathrm{P}(r_1,\ \alpha)$ $(r_1>0)$ とすると

$$\mathrm{Q}(r_2,\ \alpha+\pi),\ \mathrm{R}\left(r_3,\ \alpha+\frac{\pi}{2}\right),\ \mathrm{S}\left(r_4,\ \alpha+\frac{3}{2}\pi\right)$$

$(r_2>0,\ r_3>0,\ r_4>0)$ と表され

$$\mathrm{PF}=r_1,\ \mathrm{QF}=r_2,\ \mathrm{RF}=r_3,\ \mathrm{SF}=r_4$$

また，P，Q，R，S は2次曲線上にあるから

$$\frac{1}{r_1}=\frac{1+e\cos\alpha}{ea},\quad \frac{1}{r_2}=\frac{1+e\cos(\alpha+\pi)}{ea},$$

$$\frac{1}{r_3}=\frac{1+e\cos\left(\alpha+\frac{\pi}{2}\right)}{ea},\quad \frac{1}{r_4}=\frac{1+e\cos\left(\alpha+\frac{3}{2}\pi\right)}{ea}$$

すなわち　$\dfrac{1}{r_1}=\dfrac{1+e\cos\alpha}{ea},\quad \dfrac{1}{r_2}=\dfrac{1-e\cos\alpha}{ea},$

$\dfrac{1}{r_3}=\dfrac{1-e\sin\alpha}{ea},\quad \dfrac{1}{r_4}=\dfrac{1+e\sin\alpha}{ea}$

◀$\cos\left(\alpha+\frac{3}{2}\pi\right)$
$=\cos\left(\left(\alpha+\frac{\pi}{2}\right)+\pi\right)$
$=-\cos\left(\alpha+\frac{\pi}{2}\right)$
$=\sin\alpha$

したがって

$$\begin{aligned}\frac{1}{\mathrm{PF}\cdot\mathrm{QF}}+\frac{1}{\mathrm{RF}\cdot\mathrm{SF}}&=\frac{1}{r_1}\cdot\frac{1}{r_2}+\frac{1}{r_3}\cdot\frac{1}{r_4}\\&=\frac{1-e^2\cos^2\alpha}{(ea)^2}+\frac{1-e^2\sin^2\alpha}{(ea)^2}\\&=\frac{2-e^2(\sin^2\alpha+\cos^2\alpha)}{(ea)^2}\\&=\frac{2-e^2}{(ea)^2}\end{aligned}$$

◀r_1，r_2，r_3，r_4，α に無関係。

e，a は定数であるから，$\dfrac{1}{\mathrm{PF}\cdot\mathrm{QF}}+\dfrac{1}{\mathrm{RF}\cdot\mathrm{SF}}$ は一定である。

演習 44 ➡ 本冊 $p.264$

(1) 放物線 ① の焦点は　点 $(k,\ 0)$

よって，求める円の中心の座標を $(t,\ 0)$ とすると，半径は $|k-t|$ であるから，円の方程式は

$$(x-t)^2+y^2=(k-t)^2 \quad \cdots\cdots \text{②}$$

放物線 ①，円 ② はともに x 軸に関して対称であるから，共有点も x 軸に関して対称である。

放物線 ① と円 ② が共有点で共通の接線をもつのは，円 ② が右の図の [1]，[2] のようになる場合である。

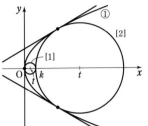

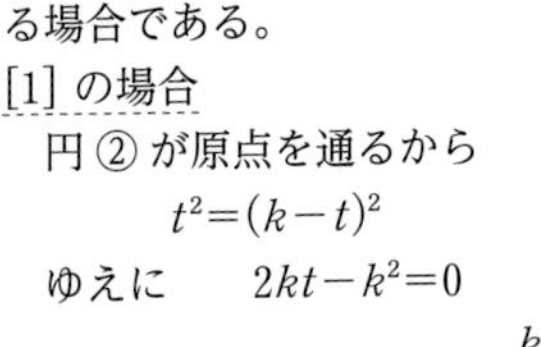

◀共有点で放物線 ① と円 ② が接する。

[1] の場合

◀ y 軸が共通の接線。

円 ② が原点を通るから

$$t^2=(k-t)^2$$

ゆえに　$2kt-k^2=0$

$k \neq 0$ であるから　$t=\dfrac{k}{2}$

◀原点と点 $(k,\ 0)$ が直径の両端になることから $t=\dfrac{k}{2}$ を導いてもよい。

よって，円 ② の方程式は

$$\boldsymbol{\left(x-\frac{k}{2}\right)^2+y^2=\frac{k^2}{4}} \quad \cdots\cdots \text{③}$$

[2] の場合

①，② から y を消去すると

$$(x-t)^2+4kx=(k-t)^2$$

よって　$x^2-2(t-2k)x+2kt-k^2=0 \quad \cdots\cdots$ ④

④ の判別式を D とすると

$$\frac{D}{4}=(t-2k)^2-(2kt-k^2)$$
$$=t^2-6kt+5k^2$$
$$=(t-k)(t-5k)$$

① と ② が接するとき，$D=0$ である。

$(t-k)(t-5k)=0$ から　$t=k,\ 5k$

$t>k$ であるから，$t=5k$ のみ適する。

$t=5k$ のとき，円 ② の方程式は

$$\boldsymbol{(x-5k)^2+y^2=16k^2} \quad \cdots\cdots \text{⑤}$$

(2) [1]　円 ③ の場合

共通な接線の方程式は　$\boldsymbol{x=0}$

[2]　円 ⑤ の場合

接点の x 座標は，④ から　$x=t-2k=5k-2k=3k$

接点の y 座標は，① から　$y=\pm\sqrt{4k\cdot 3k}=\pm 2\sqrt{3}\,k$

よって，共通な接線は，放物線 ① 上の点 $(3k,\ \pm 2\sqrt{3}\,k)$ における接線であり，その方程式は

$$\pm 2\sqrt{3}\,ky=2k(x+3k)$$

◀公式 $y_1y=2p(x+x_1)$ を利用。

したがって　$\boldsymbol{y=\pm\frac{\sqrt{3}}{3}(x+3k)}$

演習 45 ➡ 本冊 p. 264

(1) 方程式 ① は $z=0$ を解にもたないから，① は

$$\alpha=z+\frac{2}{z}i \quad \cdots\cdots ② \quad \text{と同値である。}$$

◀① で，$z=0$ とすると，$2i=0$ となり，不合理。

② が実数解をもつとき，$z=t$ (t は 0 でない実数) とすると

$$\alpha=t+\frac{2}{t}i$$

ここで，$\alpha=x+yi$ (x，y は実数) とすると

$$x+yi=t+\frac{2}{t}i$$

よって　$x=t$，$y=\dfrac{2}{t}$

◀複素数の相等。

ゆえに　$y=\dfrac{2}{x}$

◀ t を消去。

t は 0 以外の任意の実数値をとるから，求める図形は **右の図** のようになる。

◀ x の範囲も　$x \neq 0$

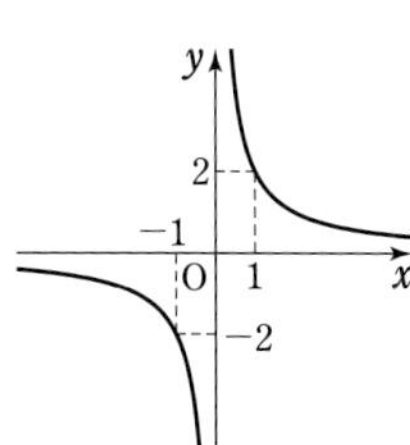

(2) 方程式 ① が絶対値 1 の複素数の解 $z=\cos\theta+i\sin\theta$ をもつとすると，② から

$$\begin{aligned}\alpha&=z+2i\bar{z}\\&=\cos\theta+i\sin\theta+2i(\cos\theta-i\sin\theta)\\&=\cos\theta+2\sin\theta+(2\cos\theta-\sin\theta)i\end{aligned}$$

◀$|z|^2=1$ から　$z\bar{z}=1$
よって　$\bar{z}=\dfrac{1}{z}$

よって　$\beta=\left(\cos\dfrac{\pi}{4}+i\sin\dfrac{\pi}{4}\right)\alpha$

$$=\frac{1}{\sqrt{2}}(1+i)\{\cos\theta+2\sin\theta+(2\cos\theta+\sin\theta)i\}$$

$$=\frac{1}{\sqrt{2}}\{\sin\theta-\cos\theta+3(\sin\theta+\cos\theta)i\} \quad \cdots\cdots (*)$$

◀点 β は原点を中心に点 α を $\dfrac{\pi}{4}$ 回転させた点。

ここで，$\beta=x+yi$ (x，y は実数) とすると

$$x=\frac{1}{\sqrt{2}}(\sin\theta-\cos\theta),\ y=\frac{3}{\sqrt{2}}(\sin\theta+\cos\theta)$$

ゆえに　$\sin\theta-\cos\theta=\sqrt{2}x$　……③，

$\sin\theta+\cos\theta=\dfrac{\sqrt{2}}{3}y$　……④

(③+④)÷2 から　$\sin\theta=\dfrac{1}{\sqrt{2}}\left(x+\dfrac{y}{3}\right)$

(④−③)÷2 から　$\cos\theta=\dfrac{1}{\sqrt{2}}\left(\dfrac{y}{3}-x\right)$

よって，$\sin^2\theta+\cos^2\theta=1$ から

$$\frac{1}{2}\left(x+\frac{y}{3}\right)^2+\frac{1}{2}\left(\frac{y}{3}-x\right)^2=1$$

整理すると　$x^2+\dfrac{y^2}{9}=1$

ゆえに，求める図形は **右の図** のようになる。

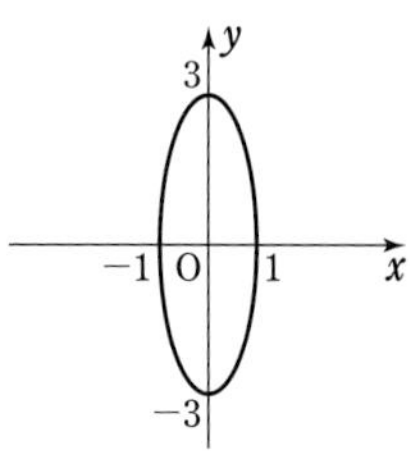

検討 (*) から

$$\beta=\frac{1}{\sqrt{2}}\left\{\sqrt{2}\sin\left(\theta-\frac{\pi}{4}\right)+3\sqrt{2}i\sin\left(\theta+\frac{\pi}{4}\right)\right\}$$

ここで，$\sin\left(\theta-\dfrac{\pi}{4}\right)=\sin\left(\theta+\dfrac{\pi}{4}-\dfrac{\pi}{2}\right)=-\cos\left(\theta+\dfrac{\pi}{4}\right)$ と変形すると

$$\beta=-\cos\left(\theta+\frac{\pi}{4}\right)+3i\sin\left(\theta+\frac{\pi}{4}\right)$$

これから

$$x=-\cos\left(\theta+\frac{\pi}{4}\right),\quad y=3\sin\left(\theta+\frac{\pi}{4}\right)$$

とすると，$x^2+\dfrac{y^2}{9}=1$ を導きやすくなる。

演習 46 ➡ 本冊 p. 264

(1) 円Cと辺OB，ABとの接点をそれぞれQ，Rとすると

OP＝OQ，AP＝AR，BQ＝BR

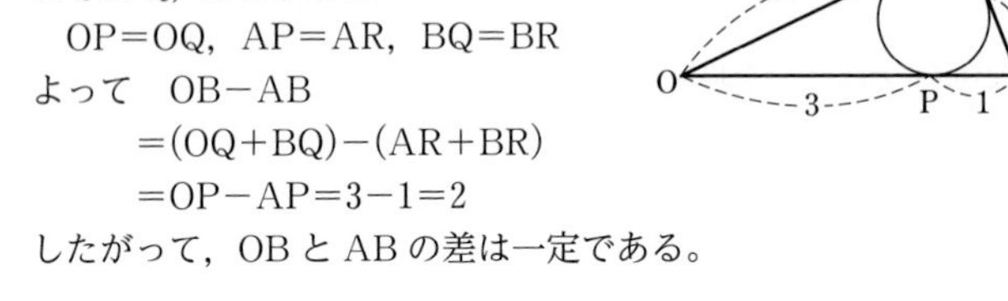

よって　OB−AB

$=(\mathrm{OQ}+\mathrm{BQ})-(\mathrm{AR}+\mathrm{BR})$

$=\mathrm{OP}-\mathrm{AP}=3-1=2$

したがって，OBとABの差は一定である。

◀A(4, 0)，P(3, 0) から　OP＝3，AP＝OA−OP＝4−3＝1

(2) 円Cの中心をIとし，$\angle\mathrm{IOP}=\alpha$，$\angle\mathrm{IAP}=\beta$ とすると

$r=3\tan\alpha=\tan\beta$

△OABが存在するための条件は，$\angle\mathrm{OBA}=\pi-(2\alpha+2\beta)>0$ であるから，これと $\alpha+\beta>0$ より

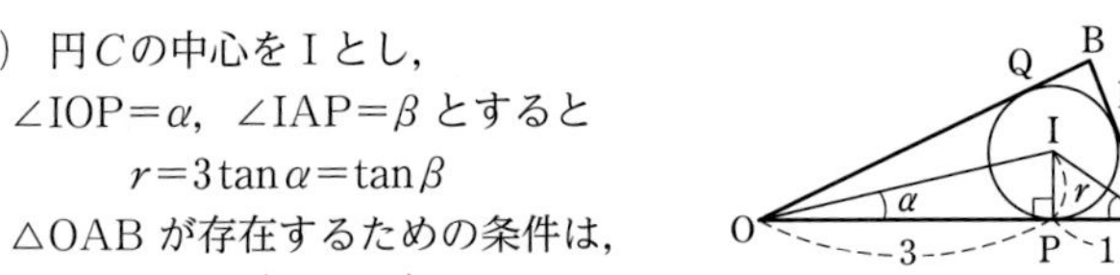

◀IP⊥OA

◀内心Iは角の二等分線の交点。

$$0<2\alpha+2\beta<\pi \quad \text{すなわち} \quad 0<\alpha+\beta<\frac{\pi}{2}$$

したがって，$\tan(\alpha+\beta)>0$ であるから

$$\frac{\tan\alpha+\tan\beta}{1-\tan\alpha\tan\beta}=\frac{\dfrac{r}{3}+r}{1-\dfrac{r}{3}\cdot r}=\frac{4r}{3-r^2}>0$$

◀加法定理。

$r>0$ かつ $3-r^2>0$ であるから　$\boldsymbol{0<r<\sqrt{3}}$

◀$3-r^2>0$ から $r^2-3<0$ これを解くと $-\sqrt{3}<r<\sqrt{3}$

(3) $\mathrm{B}(x,\ y)\ (y>0)$ とする。

(1)より，OB−AB＝2であるから

$$\sqrt{x^2+y^2}-\sqrt{(x-4)^2+y^2}=2$$

すなわち　$\sqrt{x^2+y^2}-2=\sqrt{(x-4)^2+y^2}$　…… ①

$\sqrt{(x-4)^2+y^2}>0$ であるから　$\sqrt{x^2+y^2}-2>0$

◀$y>0$ である。

よって　$x^2+y^2>4$　…… ②

◀$\sqrt{x^2+y^2}>2$ から。

このとき，①の両辺を平方して

$$x^2+y^2-4\sqrt{x^2+y^2}+4=(x-4)^2+y^2$$

整理すると　$\sqrt{x^2+y^2}=2x-3$　…… ③

②より，$\sqrt{x^2+y^2}>2$ であるから　$2x-3>2$

これを解いて　$x>\dfrac{5}{2}$

このとき，③の両辺を平方して　$x^2+y^2=(2x-3)^2$

◀$2x-3>2\ (>0)$ であるから，平方しても同値。

整理すると　$3x^2-12x-y^2+9=0$

すなわち　$3(x-2)^2-y^2=3$

よって　$(x-2)^2-\dfrac{y^2}{3}=1$　…… ④

④において，$y>0$ であるから　$(x-2)^2>1$

したがって，$|x-2|>1$ から

$$x-2<-1,\ 1<x-2$$

すなわち　$x<1,\ 3<x$

◀$|A|>B \iff A<-B,\ B<A$

$x>\frac{5}{2}$ との共通範囲は　　$x>3$

よって，求める軌跡は

　双曲線 $\boldsymbol{(x-2)^2-\frac{y^2}{3}=1}$ の $\boldsymbol{x>3}$，

　$\boldsymbol{y>0}$ **の部分**。

これを図示すると，**右の図の太線部分** のようになる。

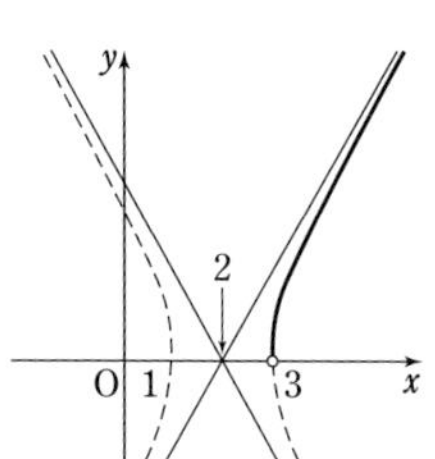

◀$(x-2)^2>1$ は，$x>\frac{5}{2}$ の条件のもとで導かれた不等式であることに注意。

演習 47 ➡ 本冊 p. 264

(1)　C は 2 点 F$(t,\ 0)$，F$'(3t,\ 0)$ からの距離の和が $2\sqrt{2}\,t$ である点の軌跡であるから，楕円である。

◀楕円の定義

また，2 点 F，F$'$ は楕円 C の焦点であり，楕円 C の長軸の長さは

$$2\sqrt{2}\,t$$

焦点 F，F$'$ を結ぶ線分の中点の座標は　　$(2t,\ 0)$

楕円 C を x 軸方向に $-2t$ だけ平行移動すると，焦点 F，F$'$ はそれぞれ，点 $(-t,\ 0)$，$(t,\ 0)$ に移る。

◀中点 $(2t,\ 0)$ を原点 $(0,\ 0)$ に平行移動。

2 点 $(-t,\ 0)$，$(t,\ 0)$ を焦点とし，長軸の長さが $2\sqrt{2}\,t$ の楕円の方程式を $\frac{x^2}{a^2}+\frac{y^2}{b^2}=1$ $(a>b>0)$ とすると，

◀焦点は x 軸上にあるから，楕円の方程式は，左の解答のように表すことができる。

$2a=2\sqrt{2}\,t$ から　　$a=\sqrt{2}\,t$

$a^2-b^2=t^2$ から　　$b^2=a^2-t^2=(\sqrt{2}\,t)^2-t^2=t^2$

よって，楕円 C は楕円 $\frac{x^2}{2t^2}+\frac{y^2}{t^2}=1$ を x 軸方向に $2t$ だけ平行移動したものであるから，その方程式は

$$\frac{(x-2t)^2}{2t^2}+\frac{y^2}{t^2}=1$$

$y=x-1$ を代入すると　　$\frac{(x-2t)^2}{2t^2}+\frac{(x-1)^2}{t^2}=1$

両辺に $2t^2$ を掛けて　　$(x-2t)^2+2(x-1)^2=2t^2$

◀$t>0$ である。

整理すると　　$3x^2-4(t+1)x+2(t^2+1)=0$　…… ①

x の 2 次方程式 ① の判別式を D とすると

$$\frac{D}{4}=\{-2(t+1)\}^2-3\cdot2(t^2+1)=-2t^2+8t-2$$
$$=-2(t^2-4t+1)$$

C と ℓ が相異なる 2 つの共有点をもつための条件は，2 次方程式 ① が異なる 2 つの実数解をもつことであるから　　$D>0$

ゆえに　　$t^2-4t+1<0$

◀$D>0$ から $-2(t^2-4t+1)>0$

したがって　　$\boldsymbol{2-\sqrt{3}<t<2+\sqrt{3}}$

これは $t>0$ を満たす。

(2)　C と ℓ の 2 つの共有点を A$(\alpha,\ \alpha-1)$，B$(\beta,\ \beta-1)$ $(\alpha<\beta)$ とし，△OAB の面積を S とすると

$$S=\frac{1}{2}|\alpha(\beta-1)-\beta(\alpha-1)|=\frac{1}{2}|\beta-\alpha|=\frac{1}{2}(\beta-\alpha)$$

◀$\alpha<\beta$ から　$\beta-\alpha>0$

α，β は ① の実数解であるから，解と係数の関係により

$$\alpha+\beta=\frac{4}{3}(t+1),\ \alpha\beta=\frac{2}{3}(t^2+1)$$

よって　$S=\frac{1}{2}\sqrt{(\beta-\alpha)^2}=\frac{1}{2}\sqrt{(\alpha+\beta)^2-4\alpha\beta}$

$$=\frac{1}{2}\sqrt{\frac{16}{9}(t+1)^2-\frac{8}{3}(t^2+1)}$$

$$=\frac{1}{3}\sqrt{4(t+1)^2-6(t^2+1)}=\frac{1}{3}\sqrt{-2t^2+8t-2}$$

$$=\frac{1}{3}\sqrt{-2(t-2)^2+6}$$

◀根号内は t の 2 次式。**2 次式は基本形に直す**

$2-\sqrt{3}<t<2+\sqrt{3}$ の範囲において，$-2(t-2)^2+6$ は $t=2$ で最大値 6 をとる。

したがって，S は **$t=2$ で最大値 $\frac{\sqrt{6}}{3}$** をとる。

演習 48

➡ 本冊 $p.265$

(1)　$y=mx+n$ を $x^2-\frac{y^2}{a^2}=-1$ に代入して

$$x^2-\frac{(mx+n)^2}{a^2}=-1$$

整理すると　$(a^2-m^2)x^2-2mnx+a^2-n^2=0$　…… ①

$m^2=a^2$ のとき，直線は双曲線の漸近線と平行であり，接線とはならない。

◀漸近線は 2 直線 $y=ax,\ y=-ax$ 　$m^2=a^2$ のとき $m=\pm a$

$m^2\neq a^2$ のとき，① の判別式を D とすると

$$\frac{D}{4}=(-mn)^2-(a^2-m^2)(a^2-n^2)$$
$$=a^2(m^2+n^2-a^2)$$

直線 $y=mx+n$ が曲線 C に接するとき，$D=0$ であるから

$$m^2+n^2=a^2$$

したがって　$\boldsymbol{m^2\neq a^2}$ **かつ** $\boldsymbol{m^2+n^2=a^2}$

(2)　y 軸に平行な接線は存在しない。

よって，2 本の直交する接線の方程式は

$y=m(x-u)+v$ すなわち $y=mx+v-mu$　…… ②,

$y=-\frac{1}{m}(x-u)+v$ すなわち $y=-\frac{1}{m}x+v+\frac{1}{m}u$　…… ③

で表される。

(1) から，② が接線となる条件は

$$m^2\neq a^2 \text{ かつ } m^2+(v-mu)^2=a^2$$

◀n の代わりに $v-mu$ とする。

ゆえに　$(u^2+1)m^2-2uvm+v^2-a^2=0$　…… ②′

③ が接線となる条件は

$$\frac{1}{m^2}\neq a^2 \text{ かつ } \frac{1}{m^2}+\left(v+\frac{1}{m}u\right)^2=a^2$$

◀m の代わりに $-\frac{1}{m}$, n の代わりに $v+\frac{1}{m}u$ とする。

整理して　$1+(vm+u)^2=a^2m^2$

ゆえに　$(v^2-a^2)m^2+2uvm+u^2+1=0$　…… ③′

②′+③′ から　$(u^2+v^2+1-a^2)(m^2+1)=0$

$m^2+1\neq 0$ であるから　$u^2+v^2=a^2-1$

したがって，点Pの軌跡の方程式は $x^2+y^2=a^2-1$ であり，原点を中心とする半径 $\sqrt{a^2-1}$ の円を表す。

ただし，漸近線 $y=\pm ax$ との4つの交点 $\left(\pm\sqrt{\dfrac{a^2-1}{a^2+1}},\ \pm a\sqrt{\dfrac{a^2-1}{a^2+1}}\right)$

(複号任意) を除く。

よって，**右の図** のようになる。

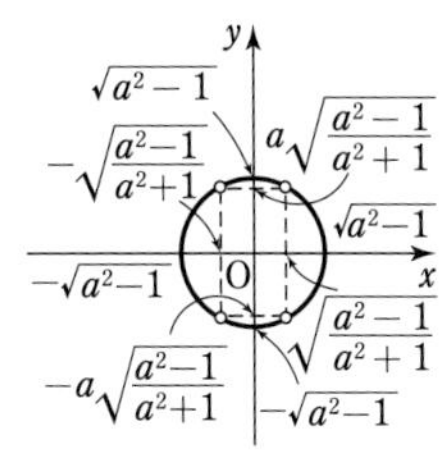

◀本冊 *p.* 235 **検討** の双曲線の準円である。

参考　次のようにして，$u^2+v^2=a^2-1$ を導くこともできる。(1)の直線 $y=mx+n$ 上に点 $P(u,\ v)$ があるとすると　$v=mu+n$

よって，$n=v-mu$ であり，直線 $y=mx+v-mu$ が曲線 C に接するための条件は　$m^2\neq a^2$　かつ　$m^2+(v-mu)^2=a^2$

ゆえに　$(u^2+1)m^2-2uvm+v^2-a^2=0$　…… ②′　(＊)

2本の接線をもつとき，2次方程式②′は異なる2つの実数解をもつ。

2つの解を $x=m_1,\ m_2$ とすると，2次方程式の解と係数の関係から　$m_1m_2=\dfrac{v^2-a^2}{u^2+1}$

2つの接線は直交するから　$m_1m_2=-1$

よって，$\dfrac{v^2-a^2}{u^2+1}=-1$ から　$u^2+v^2=a^2-1$

(＊)　②′の判別式を D とすると

$\dfrac{D}{4}=(-uv)^2-(u^2+1)(v^2-a^2)$

$D>0$ として整理すると

$u^2-\dfrac{v^2}{a^2}>-1$

$P(u,\ v)$ がこの不等式を満たす領域 (本冊 *p.* 240 参照) にあるとき，②′は異なる2つの実数解をもつ。

演習 49 ➡ 本冊 *p.* 265

(1)　点PにおけるCの **接線 ℓ の方程式は**　$\boldsymbol{\dfrac{p_1x}{a^2}+\dfrac{p_2y}{b^2}=1}$

また，法線 n は接線 ℓ に垂直で，点Pを通るから，**法線 n の方程式は**　$\dfrac{p_2}{b^2}(x-p_1)-\dfrac{p_1}{a^2}(y-p_2)=0$

すなわち　$\boldsymbol{a^2p_2x-b^2p_1y=(a^2-b^2)p_1p_2}$　…… ①

◀点 $(x_1,\ y_1)$ を通り，直線 $ax+by+c=0$ に垂直な直線の方程式は $b(x-x_1)-a(y-y_1)=0$

(2)　$p_1=0$ のとき，法線 n は直線 $x=0$ であり，2点A，Bは直線 $x=0$ に関して対称であるから，法線 n は ∠APB の二等分線である。

C は x 軸と y 軸に関して対称であり，$p_2\neq0$ であるから，点Pが第1象限にあるときについて示せばよい。

以下，$p_1>0$，$p_2>0$ とする。

法線 n と x 軸との交点をQとするとき，法線 n が ∠APB の二等分線であることを示すには，

AP：BP＝AQ：BQ であることを示せばよい。

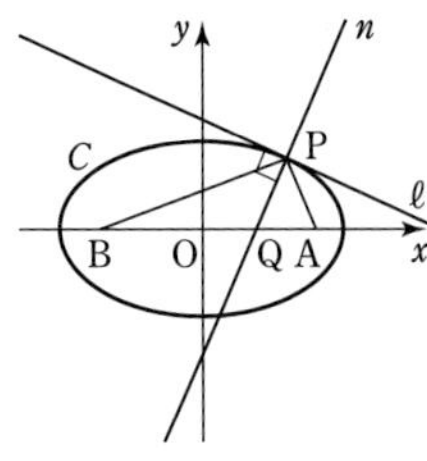

◀三角形の角の二等分線と比の定理の逆。

$AP^2=(\sqrt{a^2-b^2}-p_1)^2+p_2{}^2$

$=a^2-b^2-2p_1\sqrt{a^2-b^2}+p_1{}^2+p_2{}^2$

点Pは C 上にあるから　$\dfrac{p_1{}^2}{a^2}+\dfrac{p_2{}^2}{b^2}=1$

よって　$p_2{}^2=b^2-\dfrac{b^2}{a^2}p_1{}^2$

ゆえに　$AP^2=a^2-b^2-2p_1\sqrt{a^2-b^2}+p_1{}^2+b^2-\dfrac{b^2}{a^2}p_1{}^2$

$=a^2-2p_1\sqrt{a^2-b^2}+\dfrac{a^2-b^2}{a^2}p_1{}^2$

$=\left(a-\dfrac{\sqrt{a^2-b^2}}{a}p_1\right)^2$

◀$A(\sqrt{a^2-b^2},\ 0)$

$p_1<a$，$\dfrac{\sqrt{a^2-b^2}}{a}<1$ であるから　$a>\dfrac{\sqrt{a^2-b^2}}{a}p_1$

すなわち　$a-\dfrac{\sqrt{a^2-b^2}}{a}p_1>0$

よって　$AP=a-\dfrac{\sqrt{a^2-b^2}}{a}p_1$

2点A，BはCの焦点であるから　$AP+BP=2a$

◀楕円上の任意の点から2つの焦点までの距離の和は一定 $(2a)$ である。このことを利用して，線分BPの長さを求める。

ゆえに　$BP=2a-AP=2a-\left(a-\dfrac{\sqrt{a^2-b^2}}{a}p_1\right)$

$=a+\dfrac{\sqrt{a^2-b^2}}{a}p_1$

① に $y=0$ を代入すると　$a^2p_2x=(a^2-b^2)p_1p_2$

$a>0$，$p_2>0$ であるから　$x=\dfrac{a^2-b^2}{a^2}p_1$

よって，点Qの座標は　$\left(\dfrac{a^2-b^2}{a^2}p_1,\ 0\right)$

◀Qはx軸上の点。

ゆえに　$AQ=\sqrt{a^2-b^2}-\dfrac{a^2-b^2}{a^2}p_1$

$=\dfrac{\sqrt{a^2-b^2}}{a}\left(a-\dfrac{\sqrt{a^2-b^2}}{a}p_1\right)=\dfrac{\sqrt{a^2-b^2}}{a}AP$

$BQ=\dfrac{a^2-b^2}{a^2}p_1-(-\sqrt{a^2-b^2})$

$=\sqrt{a^2-b^2}+\dfrac{a^2-b^2}{a^2}p_1=\dfrac{\sqrt{a^2-b^2}}{a}\left(a+\dfrac{\sqrt{a^2-b^2}}{a}p_1\right)$

$=\dfrac{\sqrt{a^2-b^2}}{a}BP$

よって　$AQ:BQ=\dfrac{\sqrt{a^2-b^2}}{a}AP:\dfrac{\sqrt{a^2-b^2}}{a}BP=AP:BP$

すなわち　$AP:BP=AQ:BQ$

したがって，法線nは $\angle APB$ の二等分線である。

演習 50 ||| ➡本冊 $p.265$

$P(s,\ t)$，$Q(\alpha,\ \beta)$ とする。

点Qは線分OP上にあるから

$s:t=\alpha:\beta$

したがって

$\alpha t=\beta s\ (\neq 0)$　…… ①

点Pにおける双曲線の接線の方程式は

$\dfrac{sx}{a^2}-\dfrac{ty}{c^2}=1$　…… ②

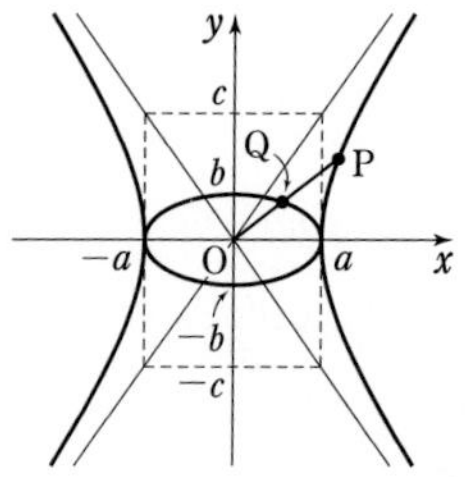

点Qにおける楕円の接線の方程式は

$$\frac{\alpha x}{a^2}+\frac{\beta y}{b^2}=1 \quad \cdots\cdots ③$$

②，③ が直交するから　$\frac{s}{a^2}\cdot\frac{\alpha}{a^2}+\left(-\frac{t}{c^2}\right)\cdot\frac{\beta}{b^2}=0$

すなわち　$\frac{\alpha s}{a^4}-\frac{\beta t}{b^2c^2}=0 \quad \cdots\cdots ④$

◀ 2直線
$a_1x+b_1y+c_1=0$,
$a_2x+b_2y+c_2=0$ が垂直
$\iff a_1a_2+b_1b_2=0$

① と ④ から

$$\frac{s^2}{a^4}-\frac{t^2}{b^2c^2}=0 \quad \cdots\cdots ⑤,\quad \frac{\alpha^2}{a^4}-\frac{\beta^2}{b^2c^2}=0 \quad \cdots\cdots ⑥$$

◀①，④ から α（または β）を消去すると ⑤ が得られる。また，s（または t）を消去すると ⑥ が得られる。

また，P，Q がそれぞれ双曲線，楕円上にあるから

$$\frac{s^2}{a^2}-\frac{t^2}{c^2}=1 \quad \cdots\cdots ⑦,\quad \frac{\alpha^2}{a^2}+\frac{\beta^2}{b^2}=1 \quad \cdots\cdots ⑧$$

(1)　⑦ から　$\frac{s^2}{a^2}=1+\frac{t^2}{c^2} \quad \cdots\cdots ⑨$

これを ⑤ に代入して　$\frac{1}{a^2}\left(1+\frac{t^2}{c^2}\right)-\frac{t^2}{b^2c^2}=0$

よって　$\frac{a^2-b^2}{b^2c^2}t^2=1$

$a>b$ より，$a^2-b^2\neq 0$ であるから　$t^2=\frac{b^2c^2}{a^2-b^2}$

これを ⑨ に代入して　$s^2=\frac{a^4}{a^2-b^2}$

$s>0$，$t>0$，$a>b$，$b>0$，$c>0$ であるから

$$s=\frac{a^2}{\sqrt{a^2-b^2}},\quad t=\frac{bc}{\sqrt{a^2-b^2}} \quad \cdots\cdots ⑩$$

したがって，Pの座標は　$\boldsymbol{\left(\frac{a^2}{\sqrt{a^2-b^2}},\ \frac{bc}{\sqrt{a^2-b^2}}\right)}$

(2)　(1) と同様にして，⑥，⑧ から

$$\alpha=\frac{a^2}{\sqrt{a^2+c^2}},\quad \beta=\frac{bc}{\sqrt{a^2+c^2}}$$

② で $y=0$ とおくと　$x=\frac{a^2}{s}=\sqrt{a^2-b^2}$

ゆえに，Aの座標は $(\sqrt{a^2-b^2},\ 0)$ で，Aは楕円の焦点である。

③ で $y=0$ とおくと　$x=\frac{a^2}{\alpha}=\sqrt{a^2+c^2}$

したがって，点Bの座標は $(\sqrt{a^2+c^2},\ 0)$ で，Bは双曲線の焦点である。

(3)　$a^2+c^2=1$，$a^2-b^2=k^2 \quad \cdots\cdots ⑪$

直線PAと直線QBが直交するから，交点Rは線分ABを直径とする円周上にある。

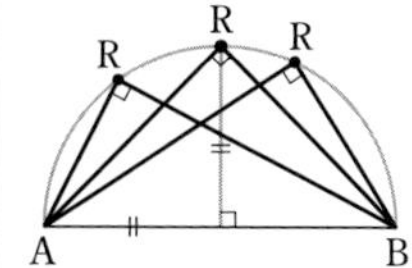

よって，点Rの y 座標が最大となるのは，直線APの傾きが1のときである。このとき，② から　$\frac{s}{a^2}=\frac{t}{c^2}$

これに ⑩ を代入して　$\frac{1}{\sqrt{a^2-b^2}}=\frac{b}{c\sqrt{a^2-b^2}}$

よって，$b=c$ であるから，⑪ は

$$a^2+b^2=1,\ a^2-b^2=k^2$$

したがって　$\boldsymbol{a=\sqrt{\frac{1+k^2}{2}},\ b=c=\sqrt{\frac{1-k^2}{2}}}$

◀辺々を加えると
$2a^2=1+k^2$
辺々を引くと
$2b^2=1-k^2$

演習 51 ➡本冊 p. 265

楕円 C_1 の内部に円 C_0 がなければならないから　$a>1,\ b>1$

ゆえに，x 座標が 1 である楕円 C_1 上の点が存在して，そのうち第 1 象限にある点を P とする。点 P から円 C_0 に引いた接線のうち 1 本は直線 $x=1$ であり，直線 $x=1$ と C_1 の P でない交点を S とする。

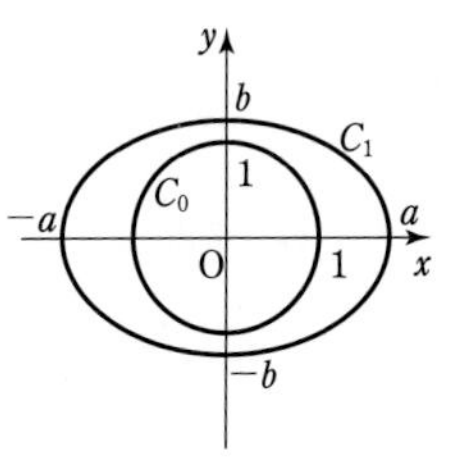

◀$C_0：x^2+y^2=1$

◀$C_1：\frac{x^2}{a^2}+\frac{y^2}{b^2}=1$

平行四辺形 PQRS が，題意を満たすように作れるとき，C_0 が y 軸に関して対称な図形であるから，2 点 Q，R は，直線 $x=-1$ と C_1 との交点である。

C_1 も y 軸に関して対称な図形であるから点 P と点 Q，点 R と点 S も y 軸に関して対称である。

よって，辺 PQ が，C_0 に接するとき，2 点 P，Q は，直線 $y=1$ 上の点である。

したがって，P(1, 1) であり，点 P は C_1 上の点であるから

$$\frac{1}{a^2}+\frac{1}{b^2}=1$$

◀必要条件。

逆に，$\frac{1}{a^2}+\frac{1}{b^2}=1$ が成り立つとする。C_1 上の任意の点 P に対し，C_1 は x 軸，y 軸，原点に関して対称な図形であるから，原点に関して点 P と対称な点を R とすると，R は C_1 上にある。また，線分 PR の垂直二等分線と C_1 の交点を Q，S とすると，Q，S も C_1 上の点であり，原点に関して対称である。

◀十分条件の確認。

ゆえに，四角形 PQRS は，その対角線 PR，QS が原点で直交し，互いに他を 2 等分するからひし形である。

このとき，$\mathrm{OP}=r_1$，$\mathrm{OQ}=r_2$，x 軸の正の部分と OP のなす角を θ とすると

$$\mathrm{P}(r_1\cos\theta,\ r_1\sin\theta)\ \cdots\cdots ①,$$

$$\mathrm{Q}\left(r_2\cos\left(\theta+\frac{\pi}{2}\right),\ r_2\sin\left(\theta+\frac{\pi}{2}\right)\right)\ \cdots\cdots ②$$

② から　$\mathrm{Q}(-r_2\sin\theta,\ r_2\cos\theta)\ \cdots\cdots ③$

P，Q は C_1 上の点であるから，①，③ より

$$r_1^2\left(\frac{\cos^2\theta}{a^2}+\frac{\sin^2\theta}{b^2}\right)=1,\ r_2^2\left(\frac{\sin^2\theta}{a^2}+\frac{\cos^2\theta}{b^2}\right)=1$$

よって　$\frac{1}{r_1^2}+\frac{1}{r_2^2}=\frac{1}{a^2}+\frac{1}{b^2}=1\ \cdots\cdots ④$

一方　$\triangle\mathrm{POQ}=\frac{1}{2}\mathrm{OP}\cdot\mathrm{OQ}=\frac{1}{2}r_1r_2\ \cdots\cdots ⑤$

また，原点Oと辺PQの距離を d $(d>0)$ とすると

$$\triangle POQ=\frac{1}{2}PQ\cdot d \quad \cdots\cdots ⑥$$

更に　$PQ^2=OP^2+OQ^2=r_1{}^2+r_2{}^2$

これと⑤，⑥から　$r_1{}^2r_2{}^2=(r_1{}^2+r_2{}^2)d^2$

◀⑤，⑥から $(r_1r_2)^2=(PQ\cdot d)^2$

ゆえに，④から　$d^2=\dfrac{r_1{}^2r_2{}^2}{r_1{}^2+r_2{}^2}=\dfrac{1}{\dfrac{1}{r_1{}^2}+\dfrac{1}{r_2{}^2}}=1$

よって　$d=1$　　すなわち，PQ は C_0 に接する。

同様に，QR，RS，SP も C_0 に接する。

したがって，求める必要十分条件は

$$\boldsymbol{\frac{1}{a^2}+\frac{1}{b^2}=1\ (a>0,\ b>0)}$$

演習 52 ➡ 本冊 p. 265

C 上の点 $P\left(\cos\theta,\ \dfrac{1}{2}\sin\theta\right)$ $\left(0<\theta<\dfrac{\pi}{2}\right)$ における，曲線 C の接線 ℓ の方程式は

$$(\cos\theta)x+4\cdot\left(\frac{1}{2}\sin\theta\right)y=1$$

すなわち　$(\cos\theta)x+(2\sin\theta)y=1$

点Pを通り，直線 ℓ と垂直な直線 m の方程式は

$$(2\sin\theta)(x-\cos\theta)-(\cos\theta)\left(y-\frac{1}{2}\sin\theta\right)=0$$

すなわち　$(2\sin\theta)x-(\cos\theta)y=\dfrac{3}{2}\sin\theta\cos\theta$　$\cdots\cdots$ ①

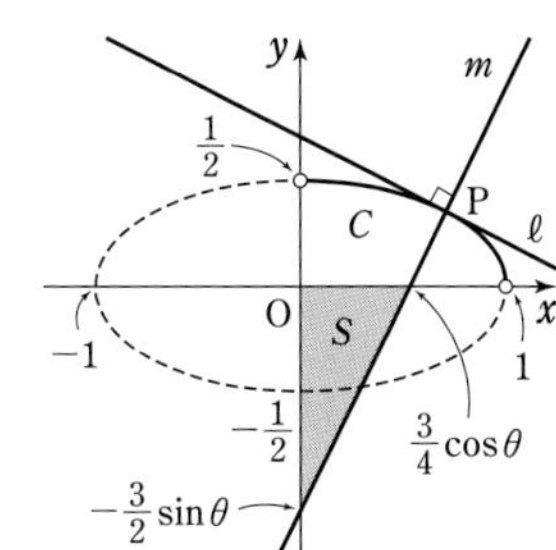

① において，$y=0$ とすると　$x=\dfrac{3}{4}\cos\theta$

$x=0$ とすると　$y=-\dfrac{3}{2}\sin\theta$

よって，直線 m と x 軸，y 軸との交点の座標は

$$\left(\frac{3}{4}\cos\theta,\ 0\right),\ \left(0,\ -\frac{3}{2}\sin\theta\right)$$

ゆえに，x 軸と y 軸と直線 m で囲まれてできる三角形の面積 S は

$$S=\frac{1}{2}\cdot\frac{3}{4}\cos\theta\cdot\frac{3}{2}\sin\theta=\frac{9}{16}\sin\theta\cos\theta=\frac{9}{32}\sin2\theta$$

◀ $2\sin\theta\cos\theta=\sin2\theta$

$0<\theta<\dfrac{\pi}{2}$ より，$0<2\theta<\pi$ であるから，S は $2\theta=\dfrac{\pi}{2}$ すなわち

$\theta=\dfrac{\pi}{4}$ で **最大値 $\boldsymbol{\dfrac{9}{32}}$** をとる。

このとき，点Pの座標は　$\boldsymbol{\left(\dfrac{\sqrt{2}}{2},\ \dfrac{\sqrt{2}}{4}\right)}$

別解　C 上の点を $P(x_1,\ y_1)$ とすると，接線 ℓ の方程式は

$$x_1x+4y_1y=1 \quad ただし \quad x_1>0,\ y_1>0$$

ゆえに，点Pを通り ℓ と垂直な直線 m の方程式は

$$4y_1(x-x_1)-x_1(y-y_1)=0 \quad すなわち \quad y=\frac{4y_1}{x_1}x-3y_1$$

◀点 $(x_1,\ y_1)$ を通り，直線 $ax+by+c=0$ に垂直な直線の方程式は $b(x-x_1)-a(y-y_1)=0$

直線 m と x 軸，y 軸との交点の座標はそれぞれ

$$\left(\frac{3}{4}x_1,\ 0\right),\ (0,\ -3y_1)$$

よって　$S=\frac{1}{2}\cdot\frac{3}{4}x_1\cdot|-3y_1|=\frac{9}{8}x_1y_1$

ここで，$x_1^2+4y_1^2=1$ であるから

$$1=x_1^2+4y_1^2\geqq 2\sqrt{x_1^2\cdot 4y_1^2}=4x_1y_1$$

◀(相加平均)≧(相乗平均)から。

したがって　$S=\frac{9}{8}x_1y_1\leqq\frac{9}{8}\cdot\frac{1}{4}=\frac{9}{32}$

等号は $x_1^2=4y_1^2$ すなわち $x_1=2y_1=\sqrt{\frac{1}{2}}$ から $x_1=\frac{\sqrt{2}}{2}$，$y_1=\frac{\sqrt{2}}{4}$ のときに成り立つ。

◀$x_1^2+4y_1^2=1$，$x_1^2=4y_1^2$ から $x_1^2=4y_1^2=\frac{1}{2}$

以上から，S の **最大値は** $\boldsymbol{\frac{9}{32}}$，

そのときの点Pの座標は　$\boldsymbol{\left(\frac{\sqrt{2}}{2},\ \frac{\sqrt{2}}{4}\right)}$

演習 53 ➡ 本冊 *p.* 266

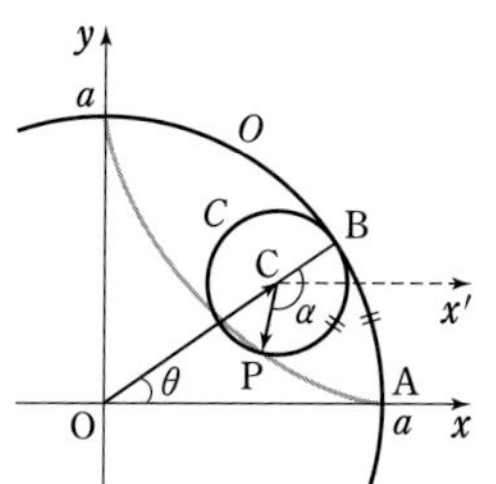

P$(x,\ y)$ とし，円 O と円 C の接点をBとする。

$\angle$BCP$=\alpha$ とすると，$\overset{\frown}{\mathrm{AB}}=\overset{\frown}{\mathrm{PB}}$ であるから　$a\theta=\frac{a}{4}\cdot\alpha$

よって　$\alpha=4\theta$

半直線CPが x 軸の正の向きとなす角は　$\theta-\alpha=\theta-4\theta=-3\theta$

◀図において $\angle x'$CB$=\theta$

したがって

$$\overrightarrow{\mathrm{OP}}=\overrightarrow{\mathrm{OC}}+\overrightarrow{\mathrm{CP}}$$
$$=\left(\frac{3}{4}a\cos\theta,\ \frac{3}{4}a\sin\theta\right)+\left(\frac{a}{4}\cos(-3\theta),\ \frac{a}{4}\sin(-3\theta)\right)$$
$$=\left(\frac{3}{4}a\cos\theta+\frac{a}{4}(4\cos^3\theta-3\cos\theta),\ \frac{3}{4}a\sin\theta-\frac{a}{4}(3\sin\theta-4\sin^3\theta)\right)$$
$$=(a\cos^3\theta,\ a\sin^3\theta)$$

◀3倍角の公式を利用。

すなわち　$\boldsymbol{x=a\cos^3\theta,\ y=a\sin^3\theta}$

参考　点Pが描く曲線を **アステロイド** といい，その概形は右の図のようになる。

$x=a\cos^3\theta$，$y=a\sin^3\theta$ から θ を消去すると

$$\boldsymbol{x^{\frac{2}{3}}+y^{\frac{2}{3}}=a^{\frac{2}{3}}}$$

となる。

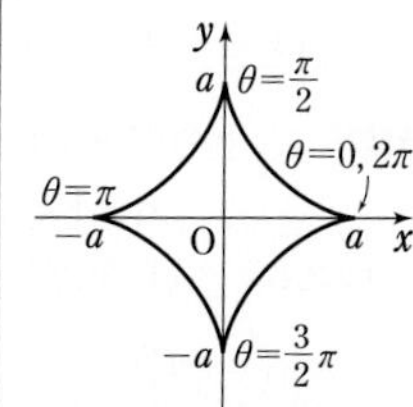

演習 54 Ⅲ ➡ 本冊 $p.266$

(1) 曲線 C 上の点Pの極座標を $(r,\ \theta)$，直交座標を $(x,\ y)$ とする。

極方程式 $r=\dfrac{1}{1+\cos\theta}$ を変形すると　$r+r\cos\theta=1$

$r\cos\theta=x$ を代入して　$r+x=1$　　ゆえに　$r=1-x$

両辺を平方して　$r^2=(1-x)^2$

$r^2=x^2+y^2$ から　$x^2+y^2=(1-x)^2$

整理すると　$y^2=-2x+1$

すなわち　$y^2=-2\left(x-\dfrac{1}{2}\right)$

◀ $y^2=4\left(-\dfrac{1}{2}\right)\left(x-\dfrac{1}{2}\right)$ から，焦点：$(0,\ 0)$，準線：直線 $x=1$

また，$r>0$ から　$1-x>0$

すなわち　$x<1$

よって，曲線 C の概形は **右の図** のようになる。

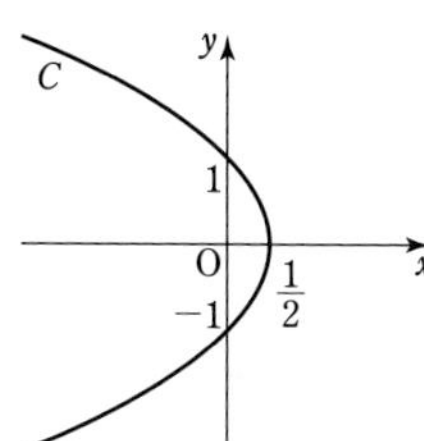

(2) $0<\theta<\dfrac{\pi}{2}$ のとき　$\cos\theta>0,\ \sin\theta>0$

放物線 $y^2=-2x+1$ すなわち $y^2=4\left(-\dfrac{1}{2}\right)\left(x-\dfrac{1}{2}\right)$ は，放物線 $y^2=4\left(-\dfrac{1}{2}\right)x$ を x 軸方向に $\dfrac{1}{2}$ だけ平行移動したものである。

よって，放物線 $y^2=-2x+1$ 上の点 $\mathrm{P}(r\cos\theta,\ r\sin\theta)$ における接線の方程式は　$yr\sin\theta=2\left(-\dfrac{1}{2}\right)\left\{\left(x-\dfrac{1}{2}\right)+r\cos\theta\right\}$

◀放物線 $y^2=4px$ 上の点 $(x_1,\ y_1)$ における接線の方程式は
$y_1y=2p(x+x_1)$
放物線を x 軸方向に a，y 軸方向に b だけ平行移動したときの，点 $(x_1+a,\ y_1+b)$ における接線の方程式は
$y_1(y-b)$
$=2p(x-a+x_1)$

したがって，点Pにおける C の接線の傾きは

$$-\frac{1}{r\sin\theta}=-\frac{r+r\cos\theta}{r\sin\theta}=-\frac{1+\cos\theta}{\sin\theta}$$

注意　ここでは，数学Cの範囲の知識で接線の傾きを求めたが，次のように，陰関数の微分法（数学Ⅲ）を利用する方が簡明。

$y^2=-2x+1$ の両辺を x について微分すると

$2y\cdot\dfrac{dy}{dx}=-2$　　$y>0$ であるから　$\dfrac{dy}{dx}=-\dfrac{1}{y}$

したがって，点Pにおける C の接線の傾きは

$$-\frac{1}{y}=-\frac{1}{r\sin\theta}=-\frac{r+r\cos\theta}{r\sin\theta}=-\frac{1+\cos\theta}{\sin\theta}$$

(3) (2) より，点Pにおける C の接線の傾きは $-\dfrac{1+\cos\theta}{\sin\theta}$ であるから，$\angle\mathrm{OPH}$ の二等分線の傾きが $\dfrac{\sin\theta}{1+\cos\theta}$ であることを示せばよい。$\mathrm{Q}\left(\dfrac{1}{2},\ 0\right)$ とし，$\angle\mathrm{OPH}$ の二等分線と x 軸との交点をRとする。

◀点 $\left(\dfrac{1}{2},\ 0\right)$ は曲線（放物線）の頂点。

点Pの極座標は $(r,\ \theta)$ であるから

$\angle\mathrm{POQ}=\theta$

$\angle\mathrm{HPR}=\angle\mathrm{ORP},\ \angle\mathrm{OPR}+\angle\mathrm{ORP}=\theta$

から　$\angle\mathrm{ORP}=\dfrac{\theta}{2}$

◀平行線の錯角と $\triangle\mathrm{OPR}$ の内角と外角の性質から。

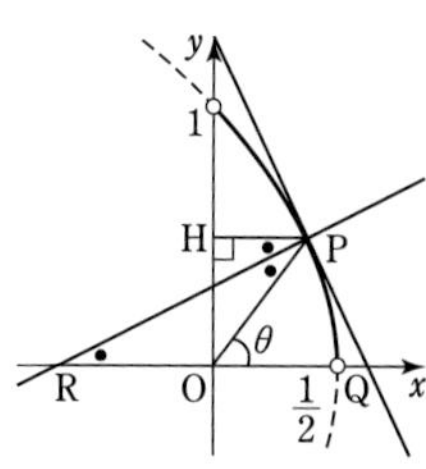

ゆえに，∠OPH の二等分線の傾きは　$\tan\dfrac{\theta}{2}$

ここで　$\tan^2\dfrac{\theta}{2}=\dfrac{1-\cos\theta}{1+\cos\theta}=\dfrac{(1-\cos\theta)(1+\cos\theta)}{(1+\cos\theta)^2}$

$$=\frac{1-\cos^2\theta}{(1+\cos\theta)^2}=\frac{\sin^2\theta}{(1+\cos\theta)^2}$$

◀半角の公式。

$0<\theta<\dfrac{\pi}{2}$ より，$\sin\theta>0$，$\tan\dfrac{\theta}{2}>0$ であるから

$$\tan\frac{\theta}{2}=\frac{\sin\theta}{1+\cos\theta}$$

よって，∠OPH の二等分線と点Pにおける C の接線は直交する。

演習 55 Ⅲ　➡ 本冊 p. 266

(1)　点Pの極座標を $(r,\ \theta)$ とするとき

$$\mathrm{OP}=r$$

また，点Pから直線 $x=-a$ に下ろした垂線を PH とすると　$\mathrm{PH}=r\cos\theta+a$

よって，OP：PH$=h$：1 から

$$\mathrm{OP}=h\mathrm{PH}$$

すなわち　$r=h(r\cos\theta+a)$

$$r(1-h\cos\theta)=ha$$

$h>0$，$a>0$ のとき，右辺は正であるから　$1-h\cos\theta\neq 0$

したがって　$\boldsymbol{r=\dfrac{ha}{1-h\cos\theta}}$

注意　(1)は，定点と定直線からの距離の比 $h=\dfrac{\mathrm{OP}}{\mathrm{PH}}$ が一定である点の軌跡の問題である。h は離心率であり，点Pの軌跡は
$0<h<1$ のとき　楕円
$h=1$ のとき　放物線
$h>1$ のとき　双曲線

参考　点Pが直線 $x=-a$ よりも左側にあるときは，

$\mathrm{PH}=-r\cos\theta-a$ より，$r=\dfrac{-ha}{1+h\cos\theta}$ となる。

しかし，極方程式では，$r>0$ のとき極座標が $(-r,\ \theta)$ である点は，極座標が $(r,\ \theta+\pi)$ である点と考えるから，この場合も，$\theta'=\theta+\pi$ の偏角に対して，次の形で表される。

$$r=-\frac{-ha}{1+h\cos(\theta'-\pi)}=\frac{ha}{1-h\cos\theta'}$$

(2)　右の図のように，4点 Q，S，R，T があるとしても一般性を失わない。

点Qの極座標を，$\left(\dfrac{ha}{1-h\cos\theta},\ \theta\right)$ とする。

このとき

$\mathrm{S}\left(\dfrac{ha}{1+h\sin\theta},\ \theta+\dfrac{\pi}{2}\right)$，

$\mathrm{R}\left(\dfrac{ha}{1+h\cos\theta},\ \theta+\pi\right)$　$\mathrm{T}\left(\dfrac{ha}{1-h\sin\theta},\ \theta+\dfrac{3}{2}\pi\right)$

よって　$\mathrm{QR}=\dfrac{ha}{1-h\cos\theta}+\dfrac{ha}{1+h\cos\theta}=\dfrac{2ha}{1-h^2\cos^2\theta}$

$$\mathrm{ST}=\frac{ha}{1+h\sin\theta}+\frac{ha}{1-h\sin\theta}=\frac{2ha}{1-h^2\sin^2\theta}$$

ゆえに　$\dfrac{1}{\mathrm{QR}}+\dfrac{1}{\mathrm{ST}}=\dfrac{1-h^2\cos^2\theta}{2ha}+\dfrac{1-h^2\sin^2\theta}{2ha}$

$=\dfrac{2-h^2(\sin^2\theta+\cos^2\theta)}{2ha}=\dfrac{2-h^2}{2ha}$

◀ h と a は定数。

よって，$\dfrac{1}{\mathrm{QR}}+\dfrac{1}{\mathrm{ST}}$ の値は 4 点の選び方によらず一定となる。

(3)　$x=r\cos\theta$，$y=r\sin\theta$ とおく。

◀直交座標の方程式に変換する。

$r=h(r\cos\theta+a)$ の両辺を平方すると　$r^2=h^2(r\cos\theta+a)^2$

$x^2+y^2=r^2$，$x=r\cos\theta$ を代入すると　$x^2+y^2=h^2(x+a)^2$

ゆえに，$0<h<1$ のとき　$(1-h^2)\left(x-\dfrac{ah^2}{1-h^2}\right)^2+y^2=\dfrac{a^2h^2}{1-h^2}$

◀ $Ax^2+By^2=R$ の形に整理。

すなわち　$\dfrac{\left(\boldsymbol{x}-\dfrac{\boldsymbol{ah^2}}{\boldsymbol{1-h^2}}\right)^2}{\left(\dfrac{\boldsymbol{ah}}{\boldsymbol{1-h^2}}\right)^2}+\dfrac{\boldsymbol{y^2}}{\left(\dfrac{\boldsymbol{ah}}{\sqrt{\boldsymbol{1-h^2}}}\right)^2}=\boldsymbol{1}$

したがって，Cが表す図形は **楕円** である。

演習 56 ➡ 本冊 p. 266

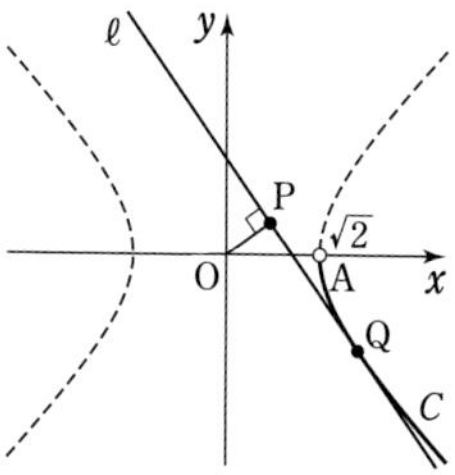

(1)　曲線C上の点Qの座標は，媒介変数 $t\left(-\dfrac{\pi}{2}<t<0\right)$ を用いて，

$\left(\dfrac{\sqrt{2}}{\cos t},\ \sqrt{2}\tan t\right)$ と表される。

点Qにおける接線 ℓ の方程式は

$$\frac{\sqrt{2}}{\cos t}x-\sqrt{2}(\tan t)y=2$$

◀双曲線 $x^2-y^2=2$ 上の点 $(x_0,\ y_0)$ における接線の方程式は $x_0x-y_0y=2$

すなわち

$$x-(\sin t)y=\sqrt{2}\cos t \quad \cdots\cdots ①$$

原点Oを通り，接線 ℓ に垂直な直線の方程式は

$$(\sin t)x+y=0 \quad \cdots\cdots ②$$

◀ベクトル $(1,\ -\sin t)$ と垂直なベクトルの 1 つは $(\sin t,\ 1)$

①＋②×$\sin t$ から　$(1+\sin^2 t)x=\sqrt{2}\cos t$

ゆえに　$x=\dfrac{\sqrt{2}\cos t}{1+\sin^2 t}$

また，②－①×$\sin t$ から　$(1+\sin^2 t)y=-\sqrt{2}\sin t\cos t$

よって　$y=-\dfrac{\sqrt{2}\sin t\cos t}{1+\sin^2 t}$

ゆえに，点Pを直交座標で表すと

$$\left(\frac{\sqrt{2}\cos t}{1+\sin^2 t},\ -\frac{\sqrt{2}\sin t\cos t}{1+\sin^2 t}\right)$$

ここで，$-\dfrac{\pi}{2}<t<0$ であるから

$$x=\frac{\sqrt{2}\cos t}{1+\sin^2 t}>0,\ y=-\frac{\sqrt{2}\sin t\cos t}{1+\sin^2 t}>0$$

よって，点Pを点Oを極とする極座標 $(r,\ \theta)$ で表したとき，

$r>0$，$0<\theta<\dfrac{\pi}{2}$ としてよい。

このとき　$r=\mathrm{OP}=\dfrac{|-\sqrt{2}\cos t|}{\sqrt{1+\sin^2 t}}=\dfrac{\sqrt{2}\cos t}{\sqrt{1+\sin^2 t}}$,

$\cos\theta=\dfrac{x}{r}=\dfrac{\sqrt{2}\cos t}{1+\sin^2 t}\cdot\dfrac{\sqrt{1+\sin^2 t}}{\sqrt{2}\cos t}=\dfrac{1}{\sqrt{1+\sin^2 t}}$

ゆえに　$r^2-2\cos 2\theta=r^2-2(2\cos^2\theta-1)$

◀ $\cos 2\theta=2\cos^2\theta-1$

$$=\frac{2\cos^2 t}{1+\sin^2 t}-2\cdot\left(2\cdot\frac{1}{1+\sin^2 t}-1\right)$$

$$=\frac{2(\cos^2 t+\sin^2 t)-2}{1+\sin^2 t}=0$$

また，$-\dfrac{\pi}{2}<t<0$ より，$0<\sin^2 t<1$ であるから

◀ θ の範囲を求める。

$\dfrac{1}{\sqrt{2}}<\dfrac{1}{\sqrt{1+\sin^2 t}}<1$　すなわち　$\dfrac{1}{\sqrt{2}}<\cos\theta<1$

$0<\theta<\dfrac{\pi}{2}$ の範囲で，これを解くと　$0<\theta<\dfrac{\pi}{4}$

したがって，点Pの軌跡は，点Oを極とする極方程式

$r^2=2\cos 2\theta\ \left(r>0,\ 0<\theta<\dfrac{\pi}{4}\right)$　で表される。

(2)　点Pの極座標を $(r,\ \theta)$ とすると，直交座標は $(r\cos\theta,\ r\sin\theta)$ である。

△OAP の面積を S とすると　$S=\dfrac{1}{2}\cdot\mathrm{OA}\cdot r\sin\theta=\dfrac{1}{\sqrt{2}}r\sin\theta$

◀ S^2 の最大値を考える。

ゆえに　$S^2=\dfrac{1}{2}r^2\sin^2\theta=\dfrac{1}{2}\cdot 2\cos 2\theta\cdot\dfrac{1-\cos 2\theta}{2}$

◀(1) から　$r^2=2\cos 2\theta$

$$=-\frac{1}{2}\left(\cos 2\theta-\frac{1}{2}\right)^2+\frac{1}{8}$$

◀ **2次式は基本形に直す。**

また，$0<\theta<\dfrac{\pi}{4}$ より，$0<2\theta<\dfrac{\pi}{2}$ であるから　$0<\cos 2\theta<1$

よって，S^2 は $\cos 2\theta=\dfrac{1}{2}$ すなわち $\theta=\dfrac{\pi}{6}$ のとき最大となる。

◀ $2\theta=\dfrac{\pi}{3}$

$S>0$ であるから，S も $\theta=\dfrac{\pi}{6}$ のとき最大となる。

このとき，$r=\sqrt{2\cos 2\theta}=1$ であるから　$x=r\cos\theta=\dfrac{\sqrt{3}}{2}$，$y=r\sin\theta=\dfrac{1}{2}$

したがって，求める点Pの直交座標は　$\boldsymbol{\left(\dfrac{\sqrt{3}}{2},\ \dfrac{1}{2}\right)}$

参考　極方程式 $r^2=2\cos 2\theta$ で表される曲線は，「レムニスケート」と呼ばれる曲線で，$r>0$，$0<\theta<\dfrac{\pi}{4}$ の範囲が表す部分は，右の図の実線部分である。

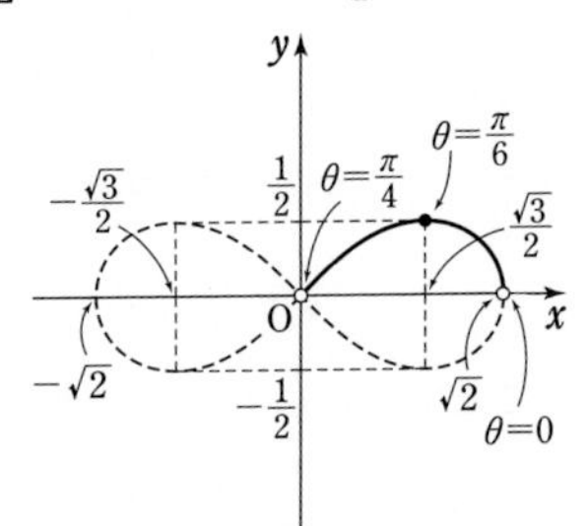

CHECK 問題，例，練習，演習問題，類題の解答（数学Ⅲ）

※ **CHECK** 問題，例，練習，演習問題，類題の全問の解答例を示し，答えの数値などを太字で示した。**指針**，**検討**，**注意** として，補足事項や注意事項を示したところもある。

練習 ➡ 本冊 $p.272$

(1)

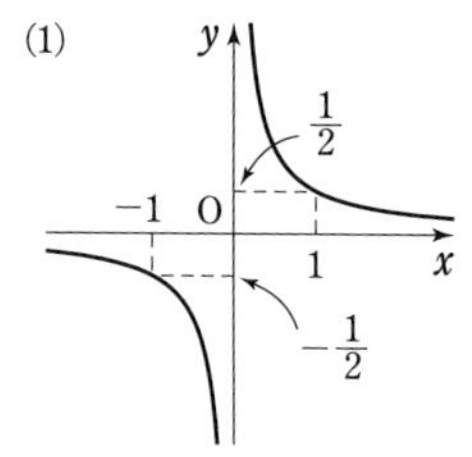

(2)

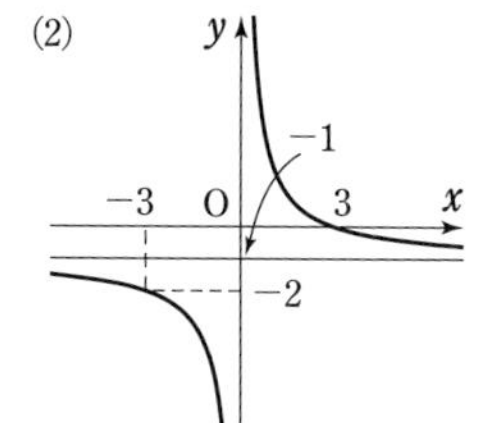

(3)

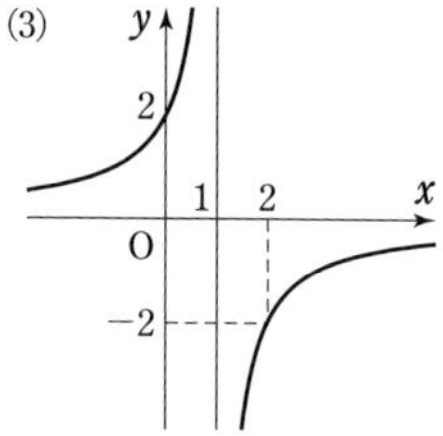

CHECK 1 ➡ 本冊 $p.276$

(1) グラフは **図 [1]**。**定義域は $x \geqq 0$，値域は $y \geqq 0$**

(2) グラフは **図 [2]**。**定義域は $x \geqq 0$，値域は $y \leqq 0$**

(3) グラフは **図 [3]**。**定義域は $x \leqq 0$，値域は $y \geqq 0$**

(4) グラフは，$y=\sqrt{x}$ のグラフを x 軸方向に 3 だけ平行移動したもので **図 [4]**。
定義域は $x \geqq 3$，値域は $y \geqq 0$

[1]

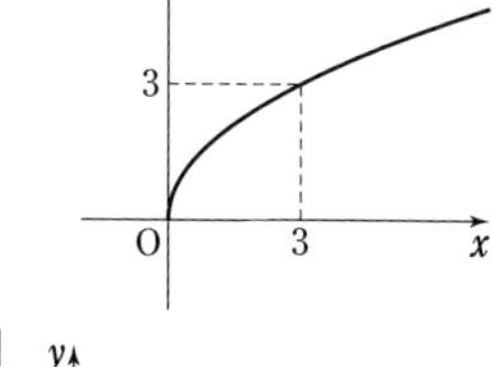

[2]

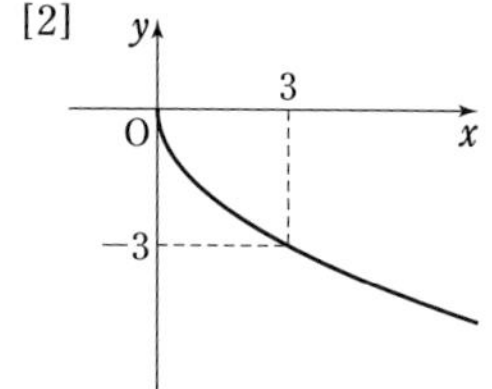

[3]

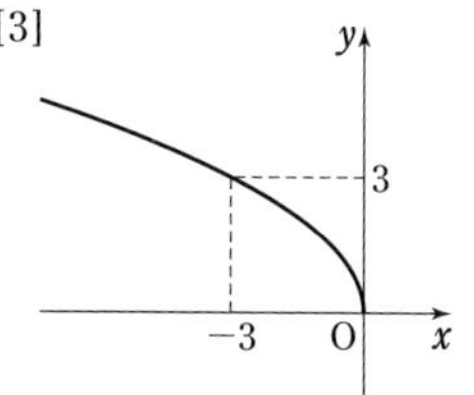

[4]

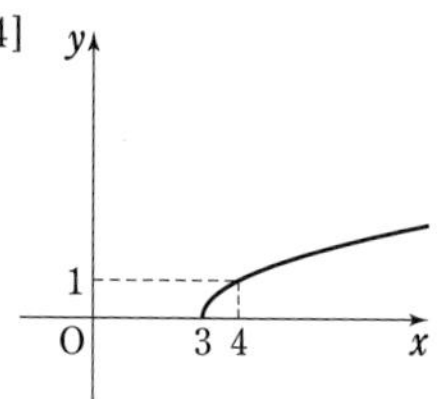

CHECK 2 ➡ 本冊 $p.281$

(1) $y=-2x+3$ …… ① とする。

x について解くと　$x=-\frac{1}{2}y+\frac{3}{2}$

求める逆関数は，x と y を入れ替えて

$$\boldsymbol{y=-\frac{1}{2}x+\frac{3}{2}} \quad \cdots\cdots ②$$

グラフは，**図の ②** である。

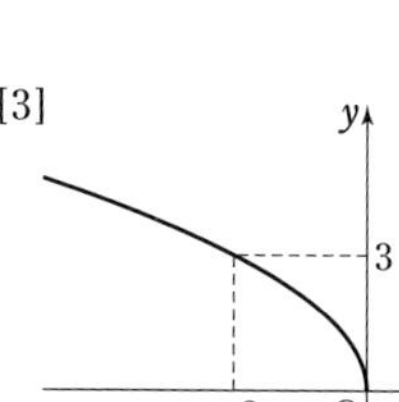

(2) $y=\log_2 x$ …… ① とする。

x について解くと　$x=2^y$

求める逆関数は，x と y を入れ替えて

$$\boldsymbol{y=2^x} \quad \cdots\cdots ②$$

グラフは，**図の ②** である。

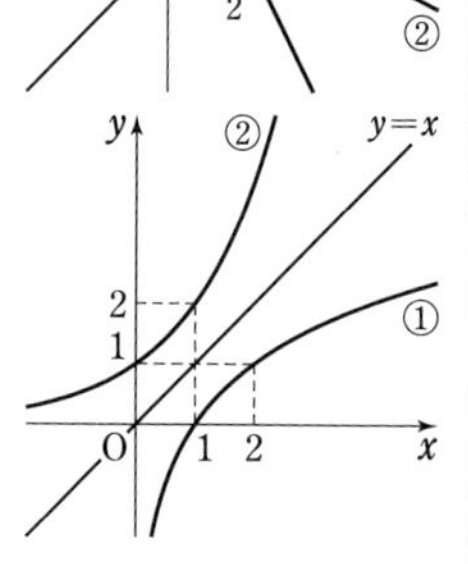

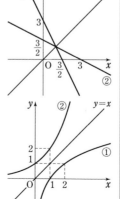

◀ $y=\log_a x$
$\iff x=a^y$

◀ 関数 $y=a^x$ は，$a>1$ のとき単調に増加。

(3)　$y=\log_{\frac{1}{2}}x$ …… ①　とする。

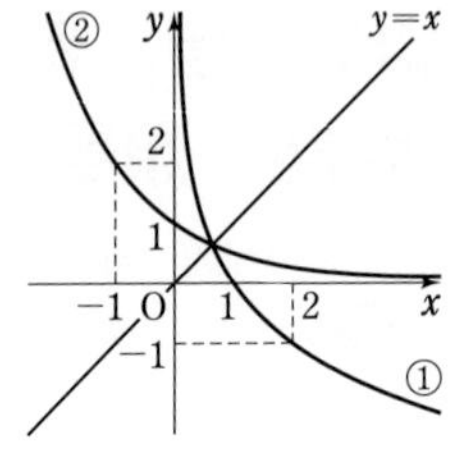

x について解くと　　$x=\left(\dfrac{1}{2}\right)^y$

◀$y=\log_a x$
$\iff x=a^y$

求める逆関数は，x と y を入れ替えて

$$y=\left(\frac{1}{2}\right)^x$$

◀関数 $y=a^x$ は $a<1$ のとき単調に減少。

すなわち　　$\boldsymbol{y=2^{-x}}$　…… ②

グラフは，**図の ② である。**

CHECK 3　➡本冊 p. 281

$f(x)$ は 1 次関数であるから　　$a \neq 0$

$f^{-1}(-1)=2$ から　　$f(2)=-1$

◀$p=f^{-1}(q)$
$\iff q=f(p)$

$f(2)=2a+b$，$f(-1)=-a+b$ であるから

$$2a+b=-1,\ -a+b=5$$

この連立方程式を解いて　　$\boldsymbol{a=-2}$ ($a \neq 0$ を満たす)，$\boldsymbol{b=3}$

CHECK 4　➡本冊 p. 281

(1)　$\boldsymbol{(g\circ f)(x)}=g(f(x))=2f(x)-1=2(x+2)-1=\boldsymbol{2x+3}$

　　$\boldsymbol{(f\circ g)(x)}=f(g(x))=g(x)+2=(2x-1)+2=\boldsymbol{2x+1}$

◀順序を間違えないように。

(2)　(1) より，$(g\circ f)(x)=2x+3$ であるから

　$(h\circ(g\circ f))(x)=h(g(f(x)))=h(2x+3)=-(2x+3)^2$

◀$h(x)=-x^2$

また　　$(h\circ g)(x)=h(g(x))=h(2x-1)=-(2x-1)^2$

よって　　$((h\circ g)\circ f)(x)=(h\circ g)(f(x))=-\{2(x+2)-1\}^2$
$=-(2x+3)^2$

したがって　　$(h\circ(g\circ f))(x)=((h\circ g)\circ f)(x)$

例 1　➡本冊 p. 273

(1)　$y=\dfrac{9x-10}{6x-4}=\dfrac{9x-10}{2(3x-2)}=\dfrac{3(3x-2)-4}{2(3x-2)}=\dfrac{3}{2}-\dfrac{2}{3x-2}$

$$=\frac{-\frac{2}{3}}{x-\frac{2}{3}}+\frac{3}{2}$$

◀ $3x-2\,\overline{)\,9x-10}$ の商 3，$9x-6$，余り -4
から
$9x-10=3(3x-2)-4$（3：商，-4：余り）

よって，求めるグラフは $y=\dfrac{-\frac{2}{3}}{x}$

のグラフを x 軸方向に $\dfrac{2}{3}$，y 軸方向

に $\dfrac{3}{2}$ だけ平行移動したもので，

グラフは右の図。

漸近線は 2 直線 $\boldsymbol{x=\dfrac{2}{3}}$，$\boldsymbol{y=\dfrac{3}{2}}$

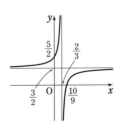

◀座標軸との交点は
$x=0$ とすると
点 $\left(0,\ \dfrac{5}{2}\right)$
$y=0$ とすると
点 $\left(\dfrac{10}{9},\ 0\right)$

(2)　$x=-2$ のとき　$y=\dfrac{7}{4}$，　$x=0$ のとき　$y=\dfrac{5}{2}$

(1) のグラフから，値域は　　$\boldsymbol{\dfrac{7}{4} \leqq y \leqq \dfrac{5}{2}}$

(3)　$y=1$ のとき　$x=2$　　直線 $y=\dfrac{3}{2}$ は漸近線である。

(1)のグラフから，定義域は　**$x \geqq 2$**

◀$1=\dfrac{9x-10}{6x-4}$ から
$6x-4=9x-10$
$x=2$

例 2　➡本冊 p. 273

$$y=\frac{ax+b}{2x+c}=\frac{a}{2}+\frac{b-\frac{ac}{2}}{2x+c}=\frac{\frac{b}{2}-\frac{ac}{4}}{x-\left(-\frac{c}{2}\right)}+\frac{a}{2}$$

であるから，漸近線は　2 直線 $x=-\dfrac{c}{2}$，$y=\dfrac{a}{2}$

ゆえに，条件から　$-\dfrac{c}{2}=2$，$\dfrac{a}{2}=1$

すなわち　$a=2$，$c=-4$

このとき，与えられた関数は　$y=\dfrac{2x+b}{2x-4}$

このグラフが点 (1, 2) を通ることから　$2=\dfrac{2+b}{2-4}$

よって　$b=-6$

したがって　**$a=2$，$b=-6$，$c=-4$**

◀ $2x+c\,)\,ax+b$ の割り算：商 $\dfrac{a}{2}$
$ax+\dfrac{ac}{2}$
余り $b-\dfrac{ac}{2}$

$ax+b$
$=\dfrac{a}{2}(2x+c)+b-\dfrac{ac}{2}$

別解　**本冊 p. 273 検討：関数の相等の利用**

条件から，関数のグラフは $y=\dfrac{-1}{x-2}+1$ で表される。

ここで，$\dfrac{ax+b}{2x+c}=\dfrac{-1}{x-2}+1$ が x についての恒等式となるように，定数 a，b，c の値を定める。

両辺に $(2x+c)(x-2)$ を掛けて整理すると

$$ax^2+(-2a+b)x-2b=2x^2+(c-6)x-3c$$

係数を比較すると　$a=2$，$-2a+b=c-6$，$-2b=-3c$

連立して解くと　**$a=2$，$b=-6$，$c=-4$**

◀関数の式は，$y=\dfrac{k}{x-2}+1$ の形に変形できて，グラフが点 (1, 2) を通るから，$2=-k+1$ より　$k=-1$

例 3　➡本冊 p. 277

(1)　$y=\sqrt{2x-4}$ を変形すると　$y=\sqrt{2(x-2)}$

このグラフは $y=\sqrt{2x}$ のグラフを x 軸方向に 2 だけ平行移動したもので，図(1)のようになる。

定義域は $x \geqq 2$，値域は $y \geqq 0$

(2)　$y=\sqrt{-x+3}$ を変形すると　$y=\sqrt{-(x-3)}$

このグラフは $y=\sqrt{-x}$ のグラフを x 軸方向に 3 だけ平行移動したもので，図(2)のようになる。

定義域は $x \leqq 3$，値域は $y \geqq 0$

(3)　$y=-\sqrt{3-2x}+2$ を変形すると　$y=-\sqrt{-2\left(x-\dfrac{3}{2}\right)}+2$

このグラフは $y=-\sqrt{-2x}$ のグラフを x 軸方向に $\dfrac{3}{2}$，y 軸方向に 2 だけ平行移動したもので，図(3)のようになる。

定義域は $x \leqq \dfrac{3}{2}$，値域は $y \leqq 2$

◀**定義域** はそれぞれのグラフをかけばすぐわかるが，**($\sqrt{}$ の中)$\geqq 0$ となる x の値全体** として求めてもよい。
(1)　$2x-4 \geqq 0$ から
$x \geqq 2$
(2)　$-x+3 \geqq 0$ から
$x \leqq 3$
(3)　$3-2x \geqq 0$ から
$x \leqq \dfrac{3}{2}$

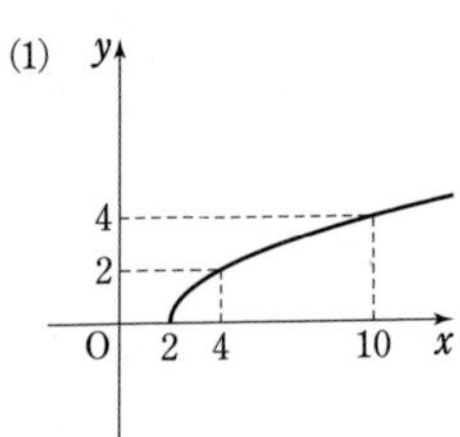

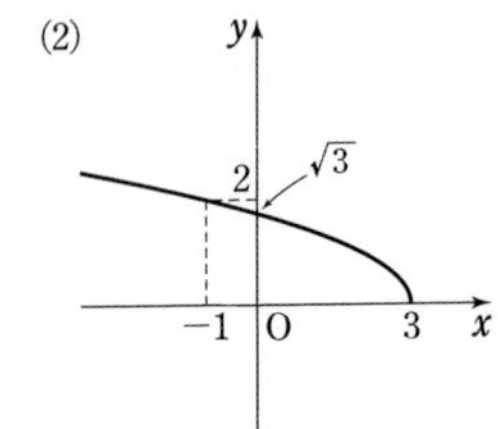

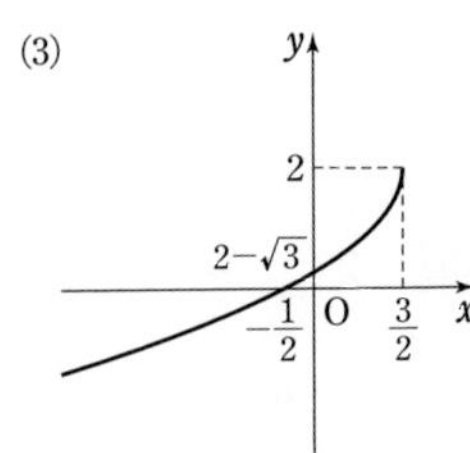

例 4 ➡ 本冊 $p.277$

(1) $\sqrt{2x+3}=\sqrt{2\left(x+\dfrac{3}{2}\right)}$ であるから，

$y=\sqrt{2x+3}$ のグラフは，$y=\sqrt{2x}$ のグラフを x 軸方向に $-\dfrac{3}{2}$ だけ平行移動したもので，右の図のようになる。

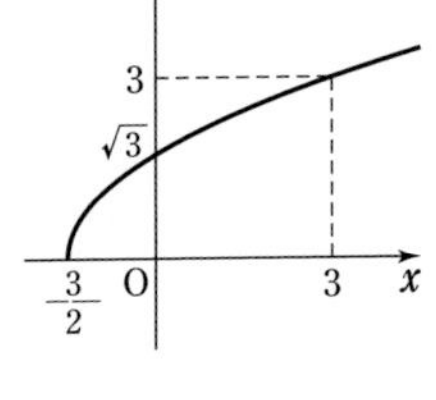

また　　$x=0$ のとき　$y=\sqrt{3}$

　　　　$x=3$ のとき　$y=3$

よって，求める値域は，図から　　$\boldsymbol{\sqrt{3} \leqq y \leqq 3}$

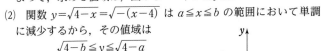

◀ $\boldsymbol{\sqrt{a(x-p)}}$ の形に変形。**$y=\sqrt{a(x-p)}$ のグラフは，$y=\sqrt{ax}$ のグラフを x 軸方向に p だけ平行移動したもの。**

◀関数 $y=\sqrt{2x+3}$ は単調に増加するから，$0 \leqq x \leqq 3$ の範囲において $x=3$ で最大，$x=0$ で最小となる。

(2) 関数 $y=\sqrt{4-x}=\sqrt{-(x-4)}$ は $a \leqq x \leqq b$ の範囲において単調に減少するから，その値域は

$$\sqrt{4-b} \leqq y \leqq \sqrt{4-a}$$

よって，$1 \leqq y \leqq 2$ であるための条件は

$$\sqrt{4-a}=2,\ \sqrt{4-b}=1$$

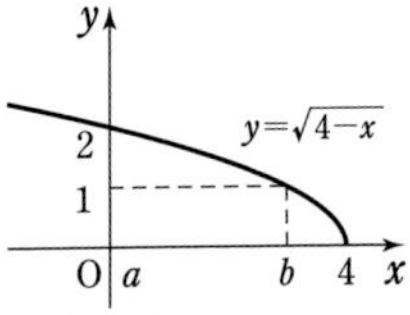

両辺を平方して

$$4-a=4,\ 4-b=1$$

したがって　　$\boldsymbol{a=0,\ b=3}$ (＊)

◀ $y=\sqrt{a(x-p)}$ の形に変形。

(＊) $y=\sqrt{4-x}$ の定義域は $4-x \geqq 0$ から　$x \leqq 4$
$0 \leqq x \leqq 3$ は $x \leqq 4$ の範囲内にある。

(3) [1] $a>0$ のとき，関数 $y=\sqrt{ax+b}$ は単調に増加する。

ゆえに，$x=-2$ のとき 2，$x=5$ のとき 5 となるから

$$\sqrt{-2a+b}=2,\quad \sqrt{5a+b}=5$$

よって　　$-2a+b=4,\ 5a+b=25$

連立して解くと　　$a=3,\ b=10$

$a=3$ は $a>0$ を満たす。

[2] $a<0$ のとき，関数 $y=\sqrt{ax+b}$ は単調に減少する。

ゆえに，$x=-2$ のとき 5，$x=5$ のとき 2 となるから

$$\sqrt{-2a+b}=5,\quad \sqrt{5a+b}=2$$

よって　　$-2a+b=25,\ 5a+b=4$

連立して解くと　　$a=-3,\ b=19$

$a=-3$ は $a<0$ を満たす。

[3] $a=0$ のとき，$y=\sqrt{b}$ は定数関数であるから不適。

◀値域が $2 \leqq y \leqq 5$ とならない。

[1] ~ [3] から　　$\boldsymbol{a=3,\ b=10}$ **または** $\boldsymbol{a=-3,\ b=19}$

練習 1 ➡本冊 p. 274

(1) 方程式から　$2(6-x)=(x+2)(x-2)$ かつ $x \neq 2$

$x^2+2x-16=0$ かつ $x \neq 2$

◀$x \neq 2$ に注意。

これを解くと　$\boldsymbol{x=-1\pm\sqrt{17}}$

これは $x \neq 2$ を満たすから，求める解である。

(2) $y=\dfrac{6-x}{x-2}=-1+\dfrac{4}{x-2}$ …… ①，$y=\dfrac{1}{2}x+1$ …… ②

とする。

関数 ① のグラフが直線 ② より上側にある，または関数 ① のグラフと直線 ② が共有点をもつような x の値の範囲は，右の図から　$\boldsymbol{x \leqq -1-\sqrt{17},\ 2<x\leqq -1+\sqrt{17}}$

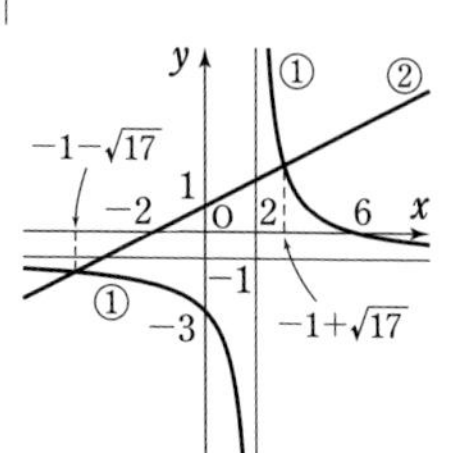

検討 **本冊 p. 274 例題 1 の解答側注の別解**

$\dfrac{A}{B}>0$ の両辺に B^2 を掛けると，$B^2>0$ であるから

$\dfrac{A}{B}>0 \iff B^2\times\dfrac{A}{B}>B^2\times 0 \iff AB>0$　すなわち　$\boldsymbol{\dfrac{A}{B}>0 \iff AB>0}$

となる。同様にして，$\boldsymbol{\dfrac{A}{B}<0 \iff AB<0}$ も得られる。

また　$\boldsymbol{\dfrac{A}{B}=0 \iff A=0,\ B \neq 0}$

このことを使って，グラフを利用しないで，分数不等式を解くことができる。その際，右下のような表を利用するとよい。

例題 1 において，不等式から

$\dfrac{5x-6-(x+1)(x-2)}{x-2}\leqq 0$　すなわち　$\dfrac{x^2-6x+4}{x-2}\geqq 0$

◀両辺に $(x-2)^2\ (>0)$ を掛ける。

よって　$(x-2)(x^2-6x+4)\geqq 0$ かつ $x-2 \neq 0$

$(x-2)\{x-(3+\sqrt{5})\}\{x-(3-\sqrt{5})\}\geqq 0$ かつ $x-2\neq 0$

ここで，$\alpha=3-\sqrt{5}$，$\beta=3+\sqrt{5}$ とおくと，$\alpha<2<\beta$ である。

$P=(x-2)(x-\alpha)(x-\beta)$ の各因数とそれらの積の符号の変化は右の表のようになる。

したがって，$P\geqq 0$ かつ $x-2\neq 0$ の解は

$\alpha\leqq x<2,\ x\geqq\beta$

すなわち　$\boldsymbol{3-\sqrt{5}\leqq x<2,\ 3+\sqrt{5}\leqq x}$

x	…	α	…	2	…	β	…
$x-\alpha$	−	0	+	+	+	+	+
$x-2$	−	−	−	0	+	+	+
$x-\beta$	−	−	−	−	−	0	+
P	−	0	+	0	−	0	+

なお，P は右の図のような 3 次関数であるから，x 軸と 3 点で交わる。その交点とグラフの形をイメージして x の範囲を求めてもよい。

ただし，等号については注意が必要で，**(分母)$\neq$0** であるから，$x=2$ を解に含めてはいけない。

また，不等式 $(x-2)(x^2-6x+4)\geqq 0$ を $x-2>0$ すなわち $x>2$ と，$x-2<0$ すなわち $x<2$ の場合に分けて，解いてもよい。この解き方は，本冊 p. 274 例題 1 の 別解 と同じようになる。

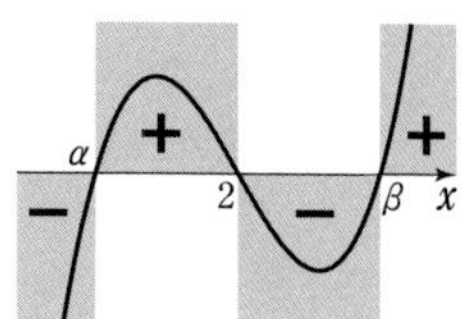

練習 2 ➡ 本冊 p. 275

$y=\dfrac{2x+9}{x+2}=\dfrac{5}{x+2}+2$ …… ①

$y=-\dfrac{x}{5}+k$ …… ②

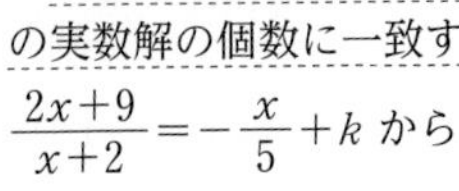

とすると，関数 ① のグラフと直線 ② の共有点の個数が，与えられた方程式の実数解の個数に一致する。

$\dfrac{2x+9}{x+2}=-\dfrac{x}{5}+k$ から

$$5(2x+9)=-x(x+2)+5k(x+2)$$

整理して　$x^2+(12-5k)x+5(9-2k)=0$

判別式を D とすると

$$D=(12-5k)^2-4\cdot1\cdot5(9-2k)$$
$$=25k^2-80k-36$$
$$=(5k+2)(5k-18)$$

$D=0$ とすると　$k=-\dfrac{2}{5},\ \dfrac{18}{5}$

このとき，関数 ① のグラフと直線 ② は接する。

よって，求める実数解の個数は，図から

$\boldsymbol{k<-\dfrac{2}{5},\ \dfrac{18}{5}<k}$ **のとき　2 個；**

$\boldsymbol{k=-\dfrac{2}{5},\ \dfrac{18}{5}}$ **のとき　1 個；**

$\boldsymbol{-\dfrac{2}{5}<k<\dfrac{18}{5}}$ **のとき　0 個**

◀ $\dfrac{2x+9}{x+2}=\dfrac{2(x+2)+5}{x+2}=\dfrac{5}{x+2}+2$

CHART
共有点 ⟺ 実数解

◀両辺に $5(x+2)$ を掛ける。

◀① のグラフと直線 ② が接するときの k の値を調べる。

◀**接点 ⟺ 重解**

◀ y 切片 k の値に応じて，直線 ② を平行移動。

練習 3 ➡ 本冊 p. 278

(1)　$\sqrt{2x-1}=1-x$ …… ① の両辺を平方すると

$2x-1=(1-x)^2$　　よって　$x^2-4x+2=0$

これを解くと　$x=2\pm\sqrt{2}$

① を満たすものは　$\boldsymbol{x=2-\sqrt{2}}$

これが求める解である。

別解　$2x-1\geqq0$ かつ $1-x\geqq0$ から　$\dfrac{1}{2}\leqq x\leqq1$ …… ②

$2x-1=(1-x)^2$ を解くと　$x=2\pm\sqrt{2}$

② を満たすものは　$\boldsymbol{x=2-\sqrt{2}}$

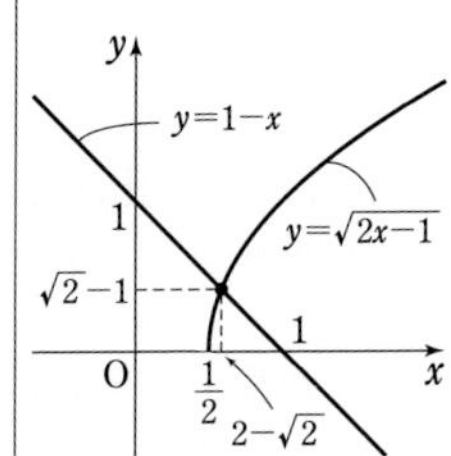

(2)　$|x-3|=\sqrt{5x+9}$ …… ① の両辺を平方すると

$(x-3)^2=5x+9$　　よって　$x^2-11x=0$

これを解くと　$x=0,\ 11$

$\boldsymbol{x=0,\ 11}$ はともに ① を満たすから，求める解である。

別解　$5x+9\geqq0$ から　$x\geqq-\dfrac{9}{5}$ …… ②

$(x-3)^2=5x+9$ の解 $\boldsymbol{x=0,\ 11}$ はともに ② を満たすから，求める解である。

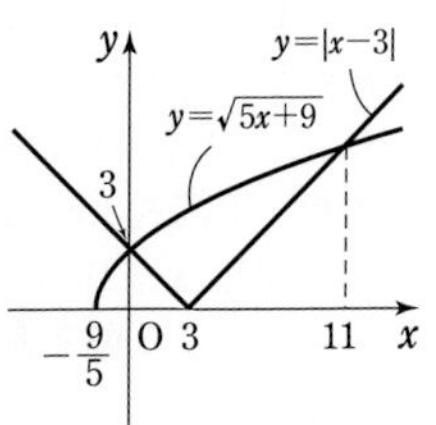

(3) $\sqrt{3-x}=x-1$ …… ① の両辺を平方すると

$3-x=x^2-2x+1$　　よって　$x^2-x-2=0$

これを解くと　$x=-1,\ 2$

① を満たすものは　$x=2$

$y=\sqrt{3-x}$ のグラフが直線 $y=x-1$ の上側にあるような x の値の範囲は，図から　$\boldsymbol{x<2}$

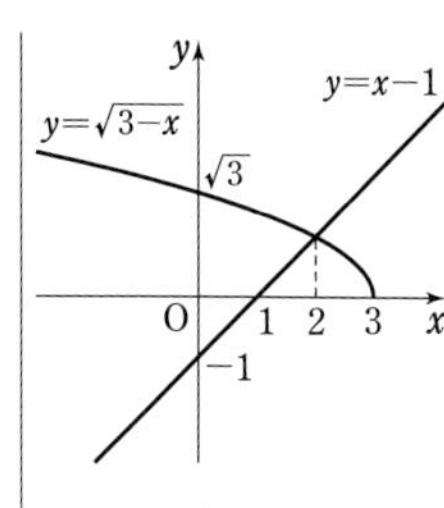

(4) $x+2=\sqrt{4x+9}$ …… ① の両辺を平方すると

$x^2+4x+4=4x+9$　　よって　$x^2-5=0$

これを解くと　$x=\pm\sqrt{5}$

① において，$\sqrt{4x+9}\geqq 0$ であるから　$x+2\geqq 0$

ゆえに，$x\geqq -2$ を満たすものは　$x=\sqrt{5}$

$y=\sqrt{4x+9}$ のグラフが直線 $y=x+2$ の上側にある，または共有点をもつような x の値の範囲は，図から

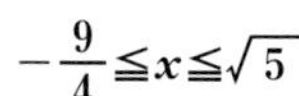

$$-\frac{9}{4}\leqq x\leqq\sqrt{5}$$

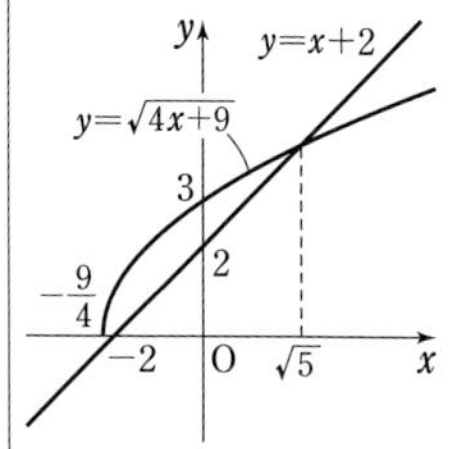

(5) 根号内は 0 以上であるから　$2x^2+x-6\geqq 0$

すなわち　$(x+2)(2x-3)\geqq 0$

よって　$x\leqq -2,\ \dfrac{3}{2}\leqq x$ …… ①

また，$\sqrt{2x^2+x-6}\geqq 0$ であるから　$x+2>0$

よって　$x>-2$ …… ②

①，② の共通範囲は　$x\geqq\dfrac{3}{2}$ …… ③

このとき，不等式の両辺を平方すると

$(x+2)(2x-3)<(x+2)^2$

③ より $x+2>0$ であるから　$2x-3<x+2$

したがって　$x<5$ …… ④

不等式の解は，③，④ の共通範囲を求めて　$\boldsymbol{\dfrac{3}{2}\leqq x<5}$

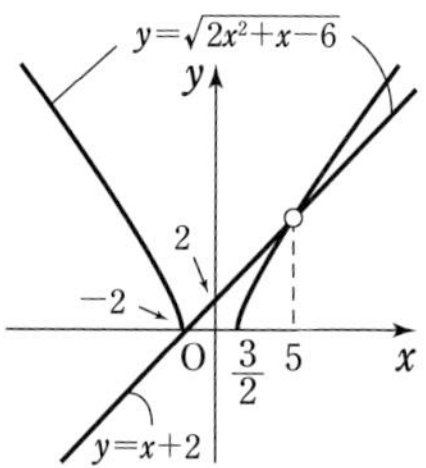

練習 4　➡ 本冊 p. 279

(1) $\sqrt{x-1}-1=k(x-k)$ $(k<0)$ が実数解をもたないための条件は，曲線 $y=\sqrt{x-1}-1$ と直線 $y=k(x-k)$ が共有点をもたないことである。

すなわち，点 $(1,\ -1)$ が直線 $y=k(x-k)$ の上側にあればよい。

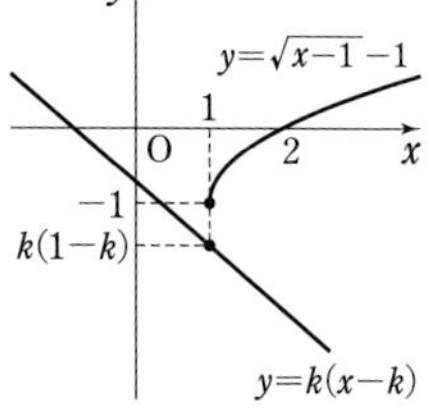

$x=1$ における y 座標を比較して

$k(1-k)<-1$

ゆえに　$k^2-k-1>0$

よって　$k<\dfrac{1-\sqrt{5}}{2},\ \dfrac{1+\sqrt{5}}{2}<k$

$k<0$ であるから，求める k の値の範囲は

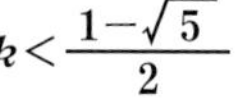

$$k<\frac{1-\sqrt{5}}{2}$$

CHART　共有点 ⟺ 実数解

(2)　$y=\sqrt{x-1}$ …… ①，$y=ax+1$ …… ② とする。

まず，曲線 ① と直線 ② が接するときの a の値を求める。

$\sqrt{x-1}=ax+1$ として，両辺を平方すると　　$x-1=(ax+1)^2$

ゆえに　　　$a^2x^2+(2a-1)x+2=0$

この判別式を D とすると　　$D=(2a-1)^2-8a^2=0$

整理すると　　$4a^2+4a-1=0$

◀$a=0$ のとき，② は直線 $y=1$ で，曲線 ① と 1 点で交わるが接することはない。

接するときは，$a>0$ であるから　　$a=\dfrac{-1+\sqrt{2}}{2}$

◀$4a^2+4a-1=0$ を解くと　$a=\dfrac{-1\pm\sqrt{2}}{2}$

また，直線 ② が点 (1, 0) を通るとき $a=-1$ である。よって，図から

$0<a<\dfrac{-1+\sqrt{2}}{2}$ のとき　2 個

$-1\leqq a\leqq 0$，$a=\dfrac{-1+\sqrt{2}}{2}$

のとき　1 個

$a<-1$，$\dfrac{-1+\sqrt{2}}{2}<a$ のとき　0 個

練習 5　➡ 本冊 *p*. 282

(1)　$y=\dfrac{2x-1}{x+1}=2-\dfrac{3}{x+1}$ $(x\geqq 0)$　…… ①

① の値域は　　$-1\leqq y<2$

① を x について解くと

$$x=-\frac{y+1}{y-2}\ (-1\leqq y<2)$$

よって，求める逆関数は，x と y を入れ替えて

$$\boldsymbol{y=-\frac{x+1}{x-2}\ (-1\leqq x<2)}$$

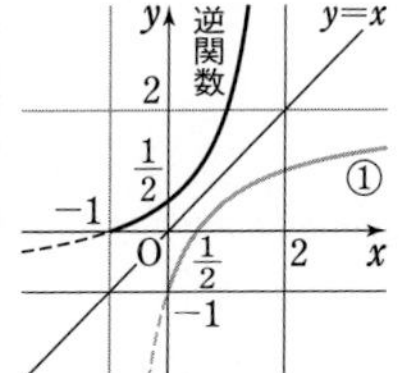

参考　逆関数のグラフは，$-\dfrac{x+1}{x-2}=-1-\dfrac{3}{x-2}$ から右の図。

(2)　$y=\dfrac{1-2x}{x+1}$　…… ② から　$y=\dfrac{3}{x+1}-2$

また，$x=0$ のとき $y=1$，　$x=3$ のとき $y=-\dfrac{5}{4}$

ゆえに，② の値域は　$-\dfrac{5}{4}\leqq y\leqq 1$

② を x について解くと

$$x=\frac{-y+1}{y+2}\left(-\frac{5}{4}\leqq y\leqq 1\right)$$

よって，求める逆関数は，x と y を入れ替えて

$$\boldsymbol{y=\frac{-x+1}{x+2}\left(-\frac{5}{4}\leqq x\leqq 1\right)}$$

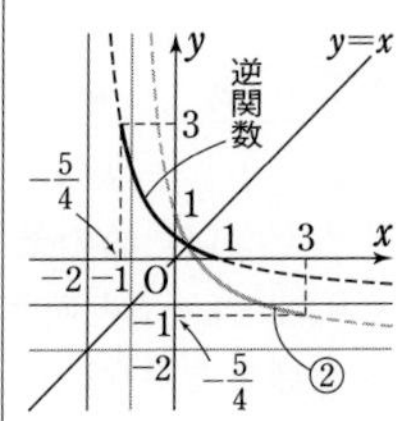

(3)　$y=\log_{10}x$ から　$x=10^y$

求める逆関数は，x と y を入れ替えて

$$\boldsymbol{y=10^x}$$

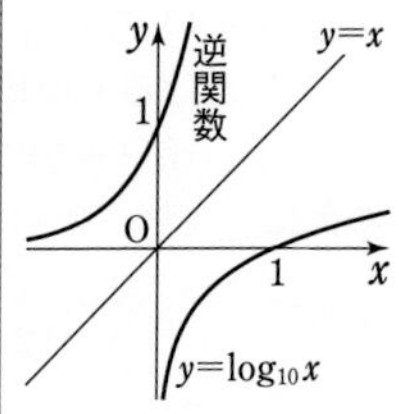

練習 6 ➡本冊 p. 283

(1) (前半) $y=ax+a^2$ …… ① とする。

$a=0$ とすると $y=0$ (定数関数) であり，逆関数は存在しない。

◀定数関数は逆の対応が関数にならない。すなわち，y の各値に対して，x の値がただ 1 つに定まらない。

$a \neq 0$ のとき，① の値域は実数全体で，① から $x=\dfrac{y}{a}-a$

x は y の関数であるから，① の逆関数は存在して $y=\dfrac{x}{a}-a$

よって，逆関数をもつための条件は $\boldsymbol{a \neq 0}$

(後半) $f^{-1}(x)$ と $f(x)$ が一致するならば，$f^{-1}(x)=f(x)$ すなわち $\dfrac{x}{a}-a=ax+a^2$ が x についての恒等式であるから

$$\frac{1}{a}=a \quad かつ \quad -a=a^2$$

◀$\dfrac{1}{a}=a$ から $a^2=1$，$-a=a^2$ から $a(a+1)=0$

これを解いて $a=\pm 1$ かつ $(a=0$ または $a=-1)$

したがって $\boldsymbol{a=-1}$

(2) $y=\dfrac{ax-4}{x+b}$ …… ① とすると $y=a-\dfrac{ab+4}{x+b}$

◀$ab+4=0$ であるとすると $y=a$(定数関数) となり，逆関数が存在しなくなってしまう。

y は逆関数をもつから，定数関数ではない。

ゆえに $ab+4 \neq 0$ すなわち $y \neq a$

① を x について解くと，$y \neq a$ であるから $x=\dfrac{-by-4}{y-a}$

よって，$g(x)$ の逆関数は $g^{-1}(x)=\dfrac{-bx-4}{x-a}$

ゆえに，次の等式が x についての恒等式になる。

$$\frac{-bx-4}{x-a}=\frac{3x+c}{-x+2}\left(=\frac{-3x-c}{x-2}\right) \quad \cdots\cdots ②$$

◀$\dfrac{\boldsymbol{ax+b}}{\boldsymbol{cx+d}}=\dfrac{\boldsymbol{a'x+b'}}{\boldsymbol{c'x+d'}}$ **が恒等式** であるからといって $a=a'$，$b=b'$，$c=c'$，$d=d'$ が成り立つとは限らないから注意。一般に $\boldsymbol{a=ka'}$，$\boldsymbol{b=kb'}$，$\boldsymbol{c=kc'}$，$\boldsymbol{d=kd'}$ $(\boldsymbol{k \neq 0})$ である。

したがって $\boldsymbol{a=2,\ b=3,\ c=4}$

注意 ② の分母を払うと $(bx+4)(x-2)=(3x+c)(x-a)$

この両辺の係数を比較して，a，b，c の連立方程式を解くと

$$(a,\ b,\ c)=(2,\ 3,\ 4),\ \left(-\frac{4}{3},\ 3,\ -6\right)$$

このうち $ab+4 \neq 0$ である前者の組だけが解となる。なお，② の両辺の分母の x の係数が等しいとき，他の係数も等しくなる。

練習 7 ➡本冊 p. 284

$y=\sqrt{ax-2}-1$ …… Ⓐ とする。

値域は $y \geqq -1$

◀$\boldsymbol{y=f(x)} \Longleftrightarrow \boldsymbol{x=f^{-1}(y)}$

Ⓐ を x について解くと，$y+1=\sqrt{ax-2}$ の両辺を平方して

$$(y+1)^2=ax-2$$

$a>0$ であるから $x=\dfrac{1}{a}\{(y+1)^2+2\}$

ゆえに，$y=f(x)$ の逆関数は $y=\dfrac{1}{a}\{(x+1)^2+2\}$ $(x \geqq -1)$

◀逆関数 $f^{-1}(x)$ の定義域は，関数 $f(x)$ の値域と一致するから $x \geqq -1$

共有点の座標を $(x,\ y)$ とすると $y=f(x)$ かつ $y=f^{-1}(x)$

$y=f(x)$ より $x=f^{-1}(y)$ であるから，次の連立方程式を考える。

$$x=\frac{1}{a}\{(y+1)^2+2\}\ (y\geqq -1)\quad \cdots\cdots ①,$$

$$y=\frac{1}{a}\{(x+1)^2+2\}\ (x\geqq -1)\quad \cdots\cdots ②$$

$a\times(①-②)$ から　　$a(x-y)=(y+x)(y-x)+2(y-x)$

したがって　　$(y-x)(x+y+2+a)=0$

$x\geqq -1$，$y\geqq -1$，$a>0$ であるから　　$x+y+2+a>0$

よって $y-x=0$ であるから　　$y=x$

求める条件は，$x=\dfrac{1}{a}\{(x+1)^2+2\}$ すなわち $x^2+(2-a)x+3=0$ が $x\geqq -1$ の範囲に異なる 2 つの実数解をもつことである。

$g(x)=x^2+(2-a)x+3$ とし，$g(x)=0$ の判別式をDとすると，次の [1]，[2]，[3] が同時に成り立つ。

[1]　$D>0$　　[2]　$y=g(x)$ の軸が $x>-1$ の範囲にある

[3]　$g(-1)\geqq 0$

[1]　$D=(2-a)^2-4\cdot1\cdot3=a^2-4a-8$

$a^2-4a-8>0$ を解いて　　$a<2-2\sqrt{3}$，$2+2\sqrt{3}<a$ $\cdots\cdots$ ③

[2]　軸は直線 $x=\dfrac{a-2}{2}$ で，$a>0$ であるから　$\dfrac{a-2}{2}>-1$

[3]　$g(-1)=(-1)^2+(2-a)(-1)+3=a+2$

$a+2\geqq 0$ を解いて　　$a\geqq -2$ $\cdots\cdots$ ④

以上から，③，④，$a>0$ の共通範囲を求めて　　$\boldsymbol{a>2+2\sqrt{3}}$

◀連立方程式 $y=f(x)$，$x=f(y)$ が異なる 2 つの実数解の組をもつ条件を考えてもよいが，無理式となるので処理が面倒。逆関数が 2 次関数であることに着目し，連立方程式 $x=f^{-1}(y)$，$y=f^{-1}(x)$ について考える。

◀放物線 $y=g(x)$ と x 軸が $x\geqq -1$ の範囲の異なる 2 点で交わる条件と同じ。

◀$D>0$

◀$a>0$ であるから　$a-2>-2$

◀$g(-1)\geqq 0$

練習 8　➡ 本冊 p. 285

(1)　(ア)　$\boldsymbol{(g\circ f)(x)}=g(f(x))=\dfrac{2\cdot\dfrac{x}{x+2}-5}{\dfrac{x}{x+2}-2}=\dfrac{2x-5(x+2)}{x-2(x+2)}$

$$=\frac{-3x-10}{-x-4}=\boldsymbol{\frac{3x+10}{x+4}}\qquad \textbf{ただし } \boldsymbol{x\neq -2}$$

$$\boldsymbol{(f\circ g)(x)}=f(g(x))=\frac{\dfrac{2x-5}{x-2}}{\dfrac{2x-5}{x-2}+2}=\frac{2x-5}{(2x-5)+2(x-2)}$$

$$=\boldsymbol{\frac{2x-5}{4x-9}}\qquad \textbf{ただし } \boldsymbol{x\neq 2}$$

(イ)　$\boldsymbol{(g\circ f)(x)}=g(f(x))=\log_3 9^x=x\log_3 9=x\log_3 3^2=\boldsymbol{2x}$

$\boldsymbol{(f\circ g)(x)}=f(g(x))=9^{\log_3 x}=3^{2\log_3 x}=3^{\log_3 x^2}=\boldsymbol{x^2}$　$\boldsymbol{(x>0)}$

(ウ)　$-2\leqq x\leqq 2$ のとき　$f(x)\geqq 0$

このとき　$(g\circ f)(x)=g(f(x))=(12-3x^2)-2=-3x^2+10$

$x<-2$，$2<x$ のとき　$f(x)<0$

このとき　$(g\circ f)(x)=g(f(x))=-1$

よって　　$\boldsymbol{(g\circ f)(x)}=\begin{cases}\boldsymbol{-3x^2+10} & \boldsymbol{(-2\leqq x\leqq 2)}\\ \boldsymbol{-1} & \boldsymbol{(x<-2,\ 2<x)}\end{cases}$

$x\geqq 0$ のとき　　$(f\circ g)(x)=f(g(x))=12-3(x-2)^2$

$$=-3x^2+12x$$

◀$a^x=M \Longleftrightarrow x=\log_a M$ から　$\boldsymbol{a^{\log_a M}=M}$

◀(ウ)　$y=f(x)$ のグラフ

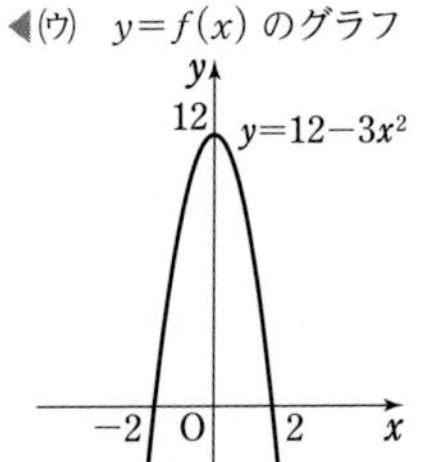

$x<0$ のとき　　$(f\circ g)(x)=f(g(x))=12-3\cdot(-1)^2=9$

したがって　　$\boldsymbol{(f\circ g)(x)=\begin{cases}-3x^2+12x & (x\geqq 0)\\ 9 & (x<0)\end{cases}}$

(2)　$(g\circ f)(x)=g(f(x))=-\{f(x)\}^2+4\{f(x)\}$
$=-\{f(x)-2\}^2+4$

また　$f(x)=x^2-2x=(x-1)^2-1$

$f(x)\geqq-1$ であるから，$(g\circ f)(x)$ は $f(x)=2$ のとき最大値 4 をとる。

よって，$(g\circ f)(x)$ の **定義域は実数全体，値域は $y\leqq 4$**

◀最大値をとる x は $x^2-2x=2$ から $x=1\pm\sqrt{3}$

練習 9　➡ 本冊 p. 286

（解 1）　$y=\dfrac{x+1}{-2x+3}$ とする。

x について解くと　　$x=\dfrac{3y-1}{2y+1}$

ゆえに，逆関数 $f^{-1}(x)$ が存在して　　$f^{-1}(x)=\dfrac{3x-1}{2x+1}$

恒等関数を e とすると，$(g\circ f)(x)=x$ から　　$g\circ f=e$

$g\circ f=e$ かつ f^{-1} が存在するから

$(g\circ f)\circ f^{-1}=e\circ f^{-1}$　　　よって　　$g=e\circ f^{-1}=f^{-1}$

◀$(g\circ f)(x)=x$ は a を a 自身に対応させるから恒等関数。このことを利用して，$g(x)$ が $f(x)$ の逆関数であることが示される。

したがって　$\boldsymbol{(g\circ g)(x)}=(f^{-1}\circ f^{-1})(x)=\dfrac{3\cdot\dfrac{3x-1}{2x+1}-1}{2\cdot\dfrac{3x-1}{2x+1}+1}$

$$=\frac{3(3x-1)-(2x+1)}{2(3x-1)+(2x+1)}$$

$$=\boldsymbol{\frac{7x-4}{8x-1}}\qquad \textbf{ただし } \boldsymbol{x\neq-\frac{1}{2}}$$

（解 2）　$(g\circ f)(x)=\dfrac{a\cdot\dfrac{x+1}{-2x+3}-1}{b\cdot\dfrac{x+1}{-2x+3}+c}=\dfrac{a(x+1)-(-2x+3)}{b(x+1)+c(-2x+3)}$

$$=\frac{(a+2)x+a-3}{(b-2c)x+b+3c}$$

◀$(g\circ f)(x)$ を計算して $(g\circ f)(x)=x$ を満たす a，b，c を定める方針。

これが $(g\circ f)(x)=x$ を満たすから，次の恒等式が成り立つ。

$$(b-2c)x^2+(b+3c)x=(a+2)x+a-3$$

ゆえに　　$b-2c=0$，$b+3c=a+2$，$a-3=0$

連立して解くと　　$a=3$，$b=2$，$c=1$

◀両辺の同じ次数の項の係数を比較。

よって　　$g(x)=\dfrac{3x-1}{2x+1}$　[$(g\circ g)(x)$ の計算は **（解 1）** と同じ]

練習 10　➡ 本冊 p. 288

(1)　$g(x)$ は 1 次関数であるから，$g(x)=px+q$ $(p\neq 0)$ とする。

$g(f(x))=pf(x)+q=p(x^3+bx+c)+q$
$=px^3+bpx+cp+q$

$f(g(x))=\{g(x)\}^3+bg(x)+c=(px+q)^3+b(px+q)+c$
$=p^3x^3+3p^2qx^2+(3pq^2+bp)x+q^3+bq+c$

$g(f(x))=f(g(x))$ から

$$px^3+bpx+cp+q=p^3x^3+3p^2qx^2+(3pq^2+bp)x+q^3+bq+c$$

これが x についての恒等式となる。

ゆえに　$p=p^3$　かつ　$0=3p^2q$　かつ　$bp=3pq^2+bp$

かつ　$cp+q=q^3+bq+c$

$p \neq 0$ で，$0=3p^2q$ であるから　$q=0$

このとき，他の条件式から　$1=p^2$　かつ　$cp=c$

よって　$c \neq 0$ のとき　$p=1$，$c=0$ のとき　$p=\pm 1$

したがって　**$c \neq 0$ のとき　$g(x)=x$**

$c=0$ のとき　$g(x)=x$ または $g(x)=-x$

◀ 2つの関数が等しい ⟶ 恒等式

◀両辺の同じ次数の項の係数を比較。

(2)　任意の多項式 $g(x)$ に対して，$f(g(x))=g(f(x))$ を満たすから，$g(x)=px+q$ (p，q は任意の定数) についても成り立つ。

このとき　$f(g(x))=a(px+q)+b=apx+aq+b$

$g(f(x))=p(ax+b)+q=apx+bp+q$

$f(g(x))=g(f(x))$ から　$aq+b=bp+q$

p，q について整理すると

$$bp-(a-1)q-b=0$$

◀p, q についての恒等式。

これが任意の p，q について成り立つための条件は

$$b=0,\ a-1=0,\ b=0$$

これを解いて　$a=1$，$b=0$

◀**必要条件**

逆に，このとき $f(x)=x$ であるから，$f(g(x))=g(f(x))$ は任意の $g(x)$ に対して成り立つ。

◀**十分条件** が示された。

よって，求める a，b の値は　**$a=1$，$b=0$**

参考　$f(x)=x$ は恒等関数であるから，$f(g(x))=g(f(x))=g(x)$ である。

練習 11

➡本冊 $p.289$

(1)　$h(x)=f(x)-x$ とすると，$f(x)=h(x)+x$ であるから

$$\begin{aligned} g(x)-x&=f(f(x))-x\\ &=af(x)\{1-f(x)\}-x\\ &=a\{h(x)+x\}\{1-x-h(x)\}-x\\ &=ah(x)\{1-2x-h(x)\}+ax(1-x)-x\\ &=ah(x)\{1-2x-h(x)\}+h(x)\\ &=h(x)\{a(1-2x)-ah(x)+1\} \end{aligned}$$

◀$f(x)-x$ で割り切れるから，$g(x)-x$ から因数 $f(x)-x$ すなわち $h(x)$ がくくり出せるはずと考えて計算を進める。

したがって，$g(x)-x$ は $h(x)=f(x)-x$ で割り切れる。

(2)

$$f(f(x))=\frac{a\cdot\dfrac{ax-b}{x-2}-b}{\dfrac{ax-b}{x-2}-2}=\frac{(a^2-b)x+2b-ab}{(a-2)x+4-b}$$

$f(f(x))=x$ から

$$(a^2-b)x+2b-ab=(a-2)x^2+(4-b)x$$

これが x の恒等式であるから

$$a-2=0,\ a^2-b=4-b,\ 2b-ab=0$$

◀両辺の同じ次数の項の係数を比較。

第1式から　$a=2$　　よって　$f(x)=\dfrac{2x-b}{x-2}$

$f(x)=\dfrac{4-b}{x-2}+2$ であるから，関数 $f(x)$ は区間 $0\leqq x\leqq 1$ で単調増加または単調減少である。

◀$4-b>0$ なら単調減少，$4-b<0$ なら単調増加。

ゆえに，$0\leqq f(0)\leqq 1$，$0\leqq f(1)\leqq 1$ であれば条件を満たす。

$0\leqq f(0)\leqq 1$ から　　$0\leqq \dfrac{b}{2}\leqq 1$　　すなわち　$0\leqq b\leqq 2$

$0\leqq f(1)\leqq 1$ から　　$0\leqq b-2\leqq 1$　すなわち　$2\leqq b\leqq 3$

したがって　　$b=2$ ($b\neq 2a$ を満たす)

以上から　　$\boldsymbol{a=2,\ b=2}$

練習 12 ➡本冊 p. 290

◀ **CHART** 予想して証明　証明は数学的帰納法

$f_1(x)=ax+1$ から

$f_2(x)=f(f_1(x))=a(ax+1)+1=a^2x+a+1$

$f_3(x)=f(f_2(x))=a(a^2x+a+1)+1=a^3x+a^2+a+1$

ゆえに，自然数 n について

$$f_n(x)=a^nx+a^{n-1}+a^{n-2}+\cdots\cdots+a+1 \quad \cdots\cdots ①$$

◀第 2 項以降は，初項 1，公比 a，項数 n の等比数列の和である。

であると推測される。これを数学的帰納法で証明する。

[1]　$n=1$ のとき　$f_1(x)=ax+1$ であるから，① は成り立つ。

[2]　$n=k$ のとき　① が成り立つと仮定する，すなわち

$f_k(x)=a^kx+a^{k-1}+a^{k-2}+\cdots\cdots+a+1$ と仮定すると

$$\begin{aligned}f_{k+1}(x)&=f(f_k(x))=af_k(x)+1\\&=a(a^kx+a^{k-1}+\cdots\cdots+a+1)+1\\&=a^{k+1}x+a^k+a^{k-1}+\cdots\cdots+a+1\end{aligned}$$

よって，$n=k+1$ のときも ① は成り立つ。

[1]，[2] から，すべての自然数 n について ① は成り立つ。

したがって　$\boldsymbol{f_n(x)}=a^nx+a^{n-1}+a^{n-2}+\cdots\cdots+a+1$

$$=\boldsymbol{a^nx+\frac{1-a^n}{1-a}}$$

◀$0<a<1$ から　$a\neq 1$

演習 1 ➡本冊 p. 291

$\dfrac{ax+b}{x+c}=x+1$　$\cdots\cdots$ ① の分母を払って整理すると

$$x^2-(a-c-1)x-b+c=0 \quad \cdots\cdots ①'$$

(A) より，この方程式の 2 つの解の絶対値が等しいから

$$a-c-1=0,\ -b+c<0 \quad \cdots\cdots ②$$

◀解と係数の関係を利用。2 解の和は 0，積は負。

直線 $y=\dfrac{3}{2}x+\dfrac{11}{2}$ と x 軸，y 軸との交点の座標は，それぞれ

$$\left(-\frac{11}{3},\ 0\right),\ \left(0,\ \frac{11}{2}\right)$$

(B) より，曲線 $y=f(x)$ もこの 2 点を通るから

$$\frac{-\frac{11}{3}a+b}{-\frac{11}{3}+c}=0,\ \ \frac{b}{c}=\frac{11}{2}$$

すなわち　　$b=\dfrac{11}{3}a=\dfrac{11}{2}c$　$\cdots\cdots$ ③

②, ③ を連立して解くと　　$a=3,\ b=11,\ c=2$

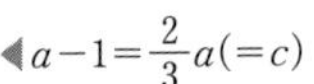

◀$a-1=\dfrac{2}{3}a(=c)$

このとき, ①′ は $x^2-9=0$ となり, その解は　$x=\pm 3$

これらは ① の分母を 0 にしないから適する。

◀分母 $\neq 0$ を確認する。

よって　　$\boldsymbol{a=3,\ b=11,\ c=2}$

演習 2 ➡ 本冊 p. 291

$x+y=k$ とおくと　　$y=k-x$

$axy-bx-cy=0$ であるから　　$akx-ax^2-bx-ck+cx=0$

◀$y=k-x$ を代入して x の式で表す。

よって　　$ax^2+(b-c-ak)x+ck=0$

x は実数であるから　　$(b-c-ak)^2-4ack \geqq 0$

◀判別式 $D \geqq 0$

ゆえに　　$a^2k^2-2a(b-c+2c)k+(b-c)^2 \geqq 0$

よって　　$a^2k^2-2a(b+c)k+(b-c)^2 \geqq 0$

この 2 次不等式を解くと

$$k \leqq \frac{b+c-2\sqrt{bc}}{a},\quad \frac{b+c+2\sqrt{bc}}{a} \leqq k$$

ここで, $axy-bx-cy=0$ から　　$y=\dfrac{bx}{ax-c}$

したがって　　$y=\dfrac{bc}{a^2x-ac}+\dfrac{b}{a}$　…… ①

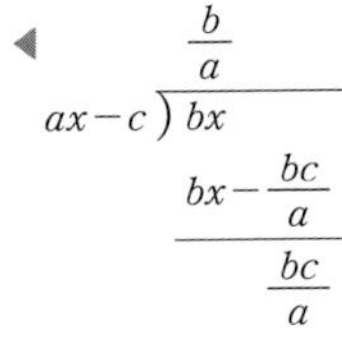

◀ $ax-c$) bx の割り算: 商 $\dfrac{b}{a}$, $bx-\dfrac{bc}{a}$, 余り $\dfrac{bc}{a}$ から。

$a,\ b,\ c$ は正であるから, ① のグラフの概形は右の図のようになる。

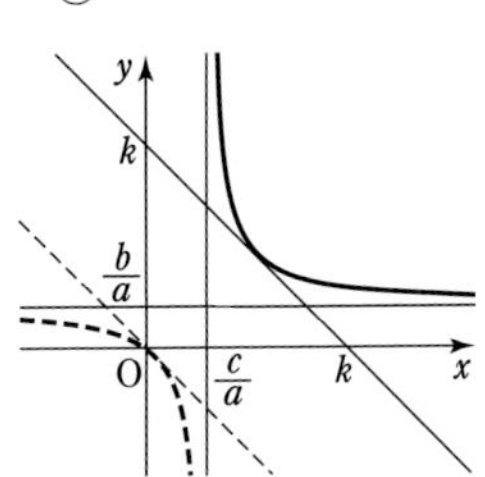

k が最小となるのは, $x>0,\ y>0$ で直線 $y=-x+k$ と ① のグラフが接するときであるから, k すなわち $x+y$ の最小値は

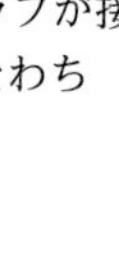

$$\boldsymbol{\frac{b+c+2\sqrt{bc}}{a}}$$

演習 3 ➡ 本冊 p. 291

(1)　$x-1=\sqrt{4x^2-4x+a} \iff \begin{cases} x-1 \geqq 0 & \cdots\cdots ① \\ (x-1)^2=4x^2-4x+a & \cdots\cdots ② \end{cases}$

◀次の同値関係を使う。
$\boldsymbol{A=\sqrt{B}}$
$\boldsymbol{\iff A \geqq 0,\ A^2=B}$

① から　　$x \geqq 1$

② から　　$3x^2-2x+a-1=0$　…… ③

したがって, 与えられた方程式が実数解をもつのは, 2 次方程式 ③ が $x \geqq 1$ の範囲に解をもつときである。

$f(x)=3x^2-2x+a-1$ とすると

$$f(x)=3\left(x-\frac{1}{3}\right)^2+a-\frac{4}{3}$$

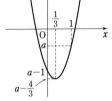

◀ **2 次式は基本形に直す**

2 次方程式 ③ が $x \geqq 1$ の範囲に解をもつのは, 図から $f(1) \leqq 0$ のときである。

よって　　$a \leqq$ ア $\boldsymbol{0}$

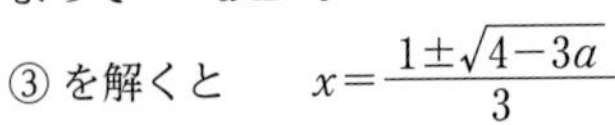

③ を解くと　　$x=\dfrac{1\pm\sqrt{4-3a}}{3}$

$x \geqq 1$ であるから

$$x= {}^{イ}\ \boldsymbol{\frac{1+\sqrt{4-3a}}{3}}$$

(2)　$y=\sqrt{ax+b}$ …… ①，
　　$y=x-2$ 　　…… ② とする。
関数 ① のグラフが直線 ② の上側にあるような x の範囲が $3<x<6$ となるような定数 a，b の値を求める。

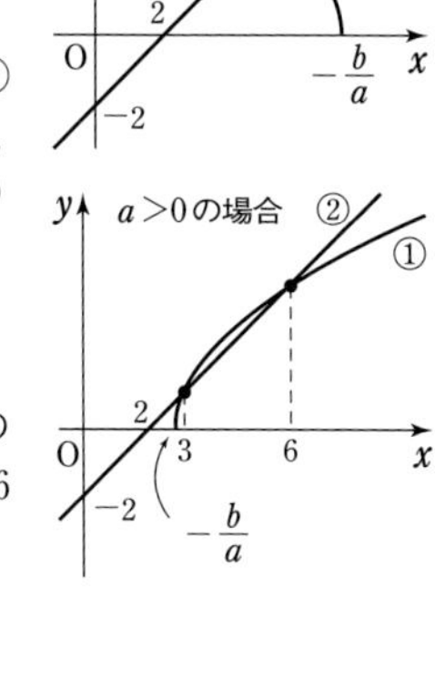

$a<0$ の場合，関数 ① のグラフと直線 ② の共有点の個数は高々 1 個であるから，右の図より，関数 ① のグラフが直線 ② の上側にあるような x の範囲が $3<x<6$ になることはない。

◀関数 ① は単調減少であり，関数 ② は単調増加であるから，関数 ① のグラフと直線 ② の共有点の個数は多くても 1 個しかない。

よって　　$a>0$

このとき，関数 ① のグラフが直線 ② の上側にあるような x の範囲が，$3<x<6$ となるための条件は，無理方程式 $\sqrt{ax+b}=x-2$ が $x=3,\ 6$ を解にもつことである。

よって，$\sqrt{3a+b}=1$，$\sqrt{6a+b}=4$ から

$$3a+b=1,\ 6a+b=16$$

これを連立して解くと　　$a=5$ ($a>0$ を満たす)，$b=-14$

したがって　　$|a+b|=|5-14|=\mathbf{9}$

演習 4 ||| ➡ 本冊 $p.$ 291

(1)　$y=4+\frac{5}{x}$ $(x>0)$ とすると，y の値域は　　$y>4$

$y=4+\frac{5}{x}$ を x について解くと，$y>4$ から　　$x=\frac{5}{y-4}$

よって，逆関数 $g(x)$ は　　$g(x)=$ ア $\mathbf{\frac{5}{x-4}}$ 　$\mathbf{(x>4)}$

◀逆関数の定義域は，もとの関数の値域。

また，$y=f(x)$ のグラフを x 軸方向に a，y 軸方向に b だけ平行移動した曲線の方程式は

$$y-b=4+\frac{5}{x-a}\quad すなわち\quad y=\frac{5}{x-a}+b+4$$

この曲線が $y=g(x)$ のグラフと一致するとき　$a=4$，$b+4=0$

これを解いて　　$(a,\ b)=$ イ $\mathbf{(4,\ -4)}$

(2)　$3^x>0$，$3^{-x}>0$ であるから，(相加平均)≧(相乗平均) により

$$y=\frac{3^x+3^{-x}}{2}\geqq\sqrt{3^x\cdot 3^{-x}}=1\qquad ゆえに\qquad y\geqq 1$$

◀まず，もとの関数の値域を求める。

$y=\frac{3^x+3^{-x}}{2}$ から　　$3^x+3^{-x}=2y$

◀両辺に 3^x を掛ける。

よって　　$(3^x)^2-2y\cdot 3^x+1=0$ …… ①

① を 3^x の 2 次方程式と考えて，判別式を D とすると

$$\frac{D}{4}=(-y)^2-1=y^2-1=(y+1)(y-1)$$

$y\geqq 1$ より，$D\geqq 0$ であるから，2 次方程式 ① は実数解をもつ。

$x\geqq 0$ のとき　　$3^x\geqq 3^0=1$

◀3^x は単調増加。

3^x の2次方程式①を解くと　$3^x=y\pm\sqrt{y^2-1}$

$3^x\geqq1$，$y\geqq1$ であるから　$3^x=y+\sqrt{y^2-1}$

したがって　$x=\log_3(y+\sqrt{y^2-1})$

x と y を入れ替えて　$\boldsymbol{y=\log_3(x+\sqrt{x^2-1})\ (x\geqq1)}$

◀$y>1$ のとき
$y-\sqrt{y^2-1}=\dfrac{1}{y+\sqrt{y^2-1}}<1$
よって，$y-\sqrt{y^2-1}$ は不適。

演習 5

➡本冊 $p.291$

$y=3\sqrt{x-2}$ のグラフと，その逆関数のグラフは直線 $y=x$ に関して対称である。よって，2つのグラフが共有点をもつならば，共有点は直線 $y=x$ 上にある。

ゆえに，$y=3\sqrt{x-2}$ のグラフと直線 $y=x$ の共有点の座標を求める。

$$3\sqrt{x-2}=x \quad \cdots\cdots ①$$

の両辺を平方すると

$$9(x-2)=x^2$$

整理して　$x^2-9x+18=0$

これを解いて　$x=3,\ 6$

これらはともに①を満たす。

よって，共有点の座標は　$\boldsymbol{(3,\ 3),\ (6,\ 6)}$

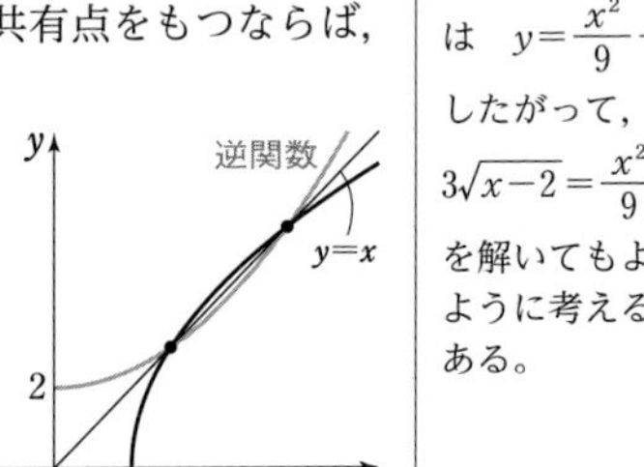

◀$y=3\sqrt{x-2}$ の逆関数は　$y=\dfrac{x^2}{9}+2\ (x\geqq0)$
したがって，方程式
$3\sqrt{x-2}=\dfrac{x^2}{9}+2\ (x\geqq0)$
を解いてもよいが，左のように考える方がらくである。

演習 6

➡本冊 $p.292$

(1)　関数 $y=f(x)$ のグラフが y 軸と平行な直線 $x=k$ に関して対称であるとする。

$y=f(x)$ のグラフを x 軸方向に $-k$ だけ平行移動して得られる曲線の方程式は　$y=f(x+k)$

この曲線は y 軸に関して対称であるから，

$f(x+k)=f(-x+k)$ が成り立つ。

よって　$(x+k)^4+a(x+k)^3+b(x+k)^2+c(x+k)+d$

$\qquad=(-x+k)^4+a(-x+k)^3+b(-x+k)^2+c(-x+k)+d$

◀ y 軸対称であるから，x を $-x$ におき換える。

展開して整理すると

$$(4k+a)x^3+(4k^3+3ak^2+2bk+c)x=0$$

これが x の恒等式であるから

$$\begin{cases}4k+a=0 & \cdots\cdots ①\\ 4k^3+3ak^2+2bk+c=0 & \cdots\cdots ②\end{cases}$$

◀$Ax^3+Bx=0$ が x の恒等式
$\iff A=0,\ B=0$

①から　$k=-\dfrac{a}{4}$

これを②に代入して整理すると　$\boldsymbol{a^3-4ab+8c=0}$

また，$\boldsymbol{d}$ **は任意の実数。**

(2)　$f(x+k)$

$=x^4+(4k+a)x^3+(6k^2+3ak+b)x^2+(4k^3+3ak^2+2bk+c)x$

$\qquad+k^4+ak^3+bk^2+ck+d$

①，②が成り立つから

$$f(x+k)=x^4+(6k^2+3ak+b)x^2+k^4+ak^3+bk^2+ck+d$$

◀①，②より，3次の項と1次の項は0になる。

x を $x-k$ でおき換えて，$k=-\dfrac{a}{4}$ を代入すると

$$f(x)=\{(x-k)^2\}^2+(6k^2+3ak+b)(x-k)^2+k^4+ak^3+bk^2+ck+d$$

$$=\left\{\left(x+\frac{a}{4}\right)^2\right\}^2-\left(\frac{3}{8}a^2-b\right)\left(x+\frac{a}{4}\right)^2-\frac{3}{256}a^4+\frac{1}{16}a^2b-\frac{1}{4}ac+d$$

よって，$g(x)=\left(x+\dfrac{a}{4}\right)^2$，

$h(x)=x^2-\left(\dfrac{3}{8}a^2-b\right)x-\dfrac{3}{256}a^4+\dfrac{1}{16}a^2b-\dfrac{1}{4}ac+d$ とすると，$f(x)=h(g(x))$ となるから，$f(x)$ は 2 つの 2 次関数の合成関数になっている。

演習 7 ➡ 本冊 p. 292

(1) $\boldsymbol{(f\circ g)(x)}=f(g(x))=\dfrac{g(x)-1}{2g(x)+3}=\dfrac{\dfrac{-x}{x+1}-1}{2\cdot\dfrac{-x}{x+1}+3}$

$$=\boldsymbol{-\frac{2x+1}{x+3}}$$

◀分母，分子に $x+1$ を掛けて整理。

(2) $(f\circ f)(x)=\dfrac{\dfrac{x+1}{ax+b}+1}{a\cdot\dfrac{x+1}{ax+b}+b}=\dfrac{(a+1)x+b+1}{(a+ab)x+a+b^2}$

◀分母，分子に $ax+b$ を掛けて整理。

$(f\circ f)(x)=x$ から　$\dfrac{(a+1)x+b+1}{(a+ab)x+a+b^2}=x$

分母を払うと　$(a+1)x+b+1=(a+ab)x^2+(a+b^2)x$

これが x についての恒等式であるから

$$a+ab=0,\ a+1=a+b^2,\ b+1=0$$

◀係数比較。

第 3 式から　$b=-1$

第 1 式，第 2 式に代入すると，それぞれ $a-a=0$，$a+1=a+1$ となる。

◀それぞれの式は，常に成り立つ。

ここで，$(f\circ f)(x)$ の分母は 0 でないから　$a+b^2\neq 0$

よって　**$b=-1$，a は -1 でない任意の実数**

◀$a\neq -b^2$

(3) $(f\circ f)(x)=\dfrac{a\cdot\dfrac{ax+1}{-ax}+1}{-a\cdot\dfrac{ax+1}{-ax}}=\dfrac{(a-1)x+1}{-ax-1}$

$$(f\circ(f\circ f))(x)=f((f\circ f)(x))=\frac{a\cdot\dfrac{(a-1)x+1}{-ax-1}+1}{-a\cdot\dfrac{(a-1)x+1}{-ax-1}}$$

$$=\frac{(a^2-2a)x+a-1}{(-a^2+a)x-a}$$

$(f\circ(f\circ f))(x)=x$ から　$\dfrac{(a^2-2a)x+a-1}{(-a^2+a)x-a}=x$ …… ①

分母を払うと　$(a^2-2a)x+a-1=(-a^2+a)x^2-ax$

これが x についての恒等式であるから

$$-a^2+a=0,\ a^2-2a=-a,\ a-1=0$$

◀係数比較。

第 3 式から　　$a=1$

$a=1$ は第 1 式，第 2 式を満たし，① の分母 $\neq 0$ を満たす。

したがって，求める a の値は　　$\boldsymbol{a=1}$

演習 8 Ⅲ ➡本冊 p. 292

(1) $f(f(t))=\dfrac{af(t)}{1+af(t)}=\dfrac{a\cdot\dfrac{at}{1+at}}{1+a\cdot\dfrac{at}{1+at}}=\dfrac{a^2t}{1+a(a+1)t}$

$f(f(t))=f(t)$ が成り立つとき　　$\dfrac{a^2t}{1+a(a+1)t}=\dfrac{at}{1+at}$

◀これは t の恒等式ではない。

分母を払って整理すると　　$at(at-a+1)=0$

$a>1$ であるから　　$t=0$ または $t=\dfrac{a-1}{a}$

$t=0$ のとき　　$f(0)=0$

$t=\dfrac{a-1}{a}$ のとき　　$f\left(\dfrac{a-1}{a}\right)=\dfrac{a\cdot\dfrac{a-1}{a}}{1+a\cdot\dfrac{a-1}{a}}=\dfrac{a-1}{a}$

よって，$f(t)=t$ を満たす。

別解　$y=\dfrac{ax}{1+ax}=1-\dfrac{1}{1+ax}$

ゆえに，値域は　　$y\neq 1$

分母を払うと　　$y(1+ax)=ax$　すなわち　$a(y-1)x=-y$

$y\neq 1$ であるから　$x=\dfrac{-y}{a(y-1)}$　　よって　$f^{-1}(x)=\dfrac{-x}{a(x-1)}$

$f^{-1}(x)$ が存在するから，$f(f(t))=f(t)$ が成り立つとき

$$f^{-1}(f(f(t)))=f^{-1}(f(t))$$

◀$(f^{-1}\circ f)(x)$ は恒等関数。

したがって　　$f(t)=t$

(2) $f(x)=x$ ならば $f(f(x))=f(x)$ であるから，(1) より

$$f(f(x))=f(x) \iff f(x)=x$$

$f(x)=x$ とすると　　$\dfrac{ax}{1+ax}=x$

◀$y=f(x)$ と $y=f(f(x))$ のグラフの共有点の x 座標を求める。

ゆえに　　$ax^2+(1-a)x=0$　すなわち　$ax\left(x-\dfrac{a-1}{a}\right)=0$

$a>1$ であるから　　$x=0,\ \dfrac{a-1}{a}$

$y=f(x)$，$y=f(f(x))$ のグラフの漸近線の方程式はそれぞれ

$$x=-\frac{1}{a} \text{ と } y=1,\quad x=-\frac{1}{a(a+1)} \text{ と } y=\frac{a}{a+1}$$

$a>1$ のとき　$-\dfrac{1}{a}<-\dfrac{1}{a(a+1)}<0<\dfrac{a-1}{a}$，$0<\dfrac{a}{a+1}<1$

よって，グラフから，不等式の解は

$$\boldsymbol{-\frac{1}{a}<x<-\frac{1}{a(a+1)},\quad 0\leqq x\leqq \frac{a-1}{a}}$$

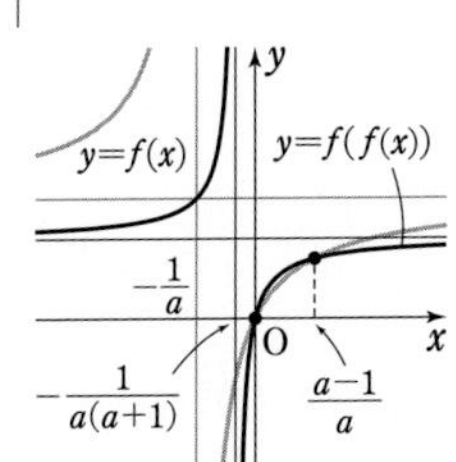

演習 9 Ⅲ ➡ 本冊 $p.292$

(1) $a_1=0$, $b_1=1$ であるから $f_1(x)=-\dfrac{1}{2x-3}$

よって $f_2(x)=f_1(f_1(x))=-\dfrac{1}{2\left(-\dfrac{1}{2x-3}\right)-3}=\dfrac{2x-3}{2+6x-9}$

◀分母，分子に $2x-3$ を掛ける。

$=\dfrac{2x-3}{6x-7}=\dfrac{2x-3}{(2^{2+1}-2)x-(2^{2+1}-1)}$

◀$6=2^3-2$, $7=2^3-1$

したがって $\boldsymbol{f_2(x)=\dfrac{2x-3}{6x-7}}$, $\boldsymbol{a_2=2}$, $\boldsymbol{b_2=3}$

(2) $t=f_1(t)$ を満たす t の値を求めると，$t=-\dfrac{1}{2t-3}$ から

$2t^2-3t+1=0$

ゆえに $(t-1)(2t-1)=0$ よって $t=1, \dfrac{1}{2}$

更に，この t の値に対して，すべての自然数 n で $f_n(t)=t$ が成り立つことを数学的帰納法で示す。

[1] $n=1$ のとき

$t=1, \dfrac{1}{2}$ のとき $t=-\dfrac{1}{2t-3}$ であるから，$n=1$ のとき $f_1(t)=t$ は成り立つ。

◀$1=-\dfrac{1}{2\cdot1-3}$, $-\dfrac{1}{2}=-\dfrac{1}{2\cdot\dfrac{1}{2}-3}$

[2] $n=k$ のとき

$f_k(t)=t$ が成り立つと仮定すると

$f_{k+1}(t)=f_k(f_1(t))=f_k(t)=t$

よって，$n=k+1$ のときも成り立つ。

[1]，[2] から，$t=1, \dfrac{1}{2}$ のとき，すべての自然数 n について $f_n(t)=t$ が成り立つ。

したがって，求める t の値は $\boldsymbol{t=1, \dfrac{1}{2}}$

(3) (2) より $f_n(1)=1$ であるから $\dfrac{a_n-b_n}{2^{n+1}-2-(2^{n+1}-1)}=1$

◀(2) の結果から数列 $\{a_n\}$, $\{b_n\}$ の連立漸化式が得られる。

よって $a_n-b_n=-1$ …… ①

また，(2) より $f_n\left(\dfrac{1}{2}\right)=\dfrac{1}{2}$ であるから $\dfrac{\frac{1}{2}a_n-b_n}{2^n-1-(2^{n+1}-1)}=\dfrac{1}{2}$

◀$2^n-1-(2^{n+1}-1)$ $=2^n(1-2)=-2^n$

よって $\dfrac{1}{2}a_n-b_n=-2^{n-1}$ …… ②

①−② から $\dfrac{1}{2}a_n=-1+2^{n-1}$

◀① と ② の差をとると，容易に一般項が求められる。

したがって $\boldsymbol{a_n=2^n-2}$

ゆえに，① から $\boldsymbol{b_n}=a_n+1=\boldsymbol{2^n-1}$

1章 演習 〔関数〕

CHECK 5 ➡本冊 p. 333

(1) $\lim_{x\to 0}\dfrac{\sin 2x}{\sin x}=\lim_{x\to 0}\dfrac{2\sin x\cos x}{\sin x}=\lim_{x\to 0}2\cos x=\mathbf{2}$

◀$\sin 2x=2\sin x\cos x$

別解 $\lim_{x\to 0}\dfrac{\sin 2x}{\sin x}=\lim_{x\to 0}2\cdot\dfrac{\sin 2x}{2x}\cdot\dfrac{x}{\sin x}=2\cdot 1\cdot 1=\mathbf{2}$

(2) $\lim_{x\to\frac{\pi}{2}}\dfrac{\sin^2 x-1}{\cos x}=\lim_{x\to\frac{\pi}{2}}\dfrac{-\cos^2 x}{\cos x}=\lim_{x\to\frac{\pi}{2}}(-\cos x)=\mathbf{0}$

◀**cos 1 種類の式に直す。** $\sin^2 x=1-\cos^2 x$

(3) $\lim_{x\to 0}\dfrac{\tan x}{\tan 2x}=\lim_{x\to 0}\dfrac{\tan x}{\dfrac{2\tan x}{1-\tan^2 x}}=\lim_{x\to 0}\dfrac{1-\tan^2 x}{2}=\mathbf{\dfrac{1}{2}}$

例 5 ➡本冊 p. 296

(1) (ア) $\lim_{n\to\infty}(-n^3+1)=-\infty$　**負の無限大に発散する**

◀$-n^3 \longrightarrow -\infty$

(イ) $\lim_{n\to\infty}\left(-\dfrac{1}{n^3}+2\right)=2$　**収束する。極限値は 2**

◀$-\dfrac{1}{n^3} \longrightarrow 0$

(ウ) $\lim_{n\to\infty}\dfrac{3}{n+2}=0$　**収束する。極限値は 0**

◀$n+2 \longrightarrow \infty$

(エ) $-\dfrac{5}{3}$, $\dfrac{1}{3}$, $-\dfrac{11}{3}$, ……　**振動する**

◀$\{(-2)^n\}$: -2, 4, -8, …

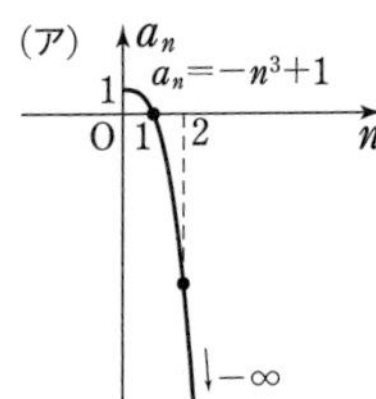

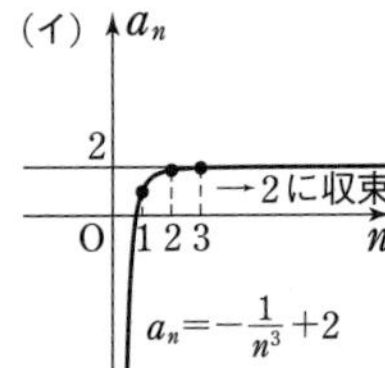

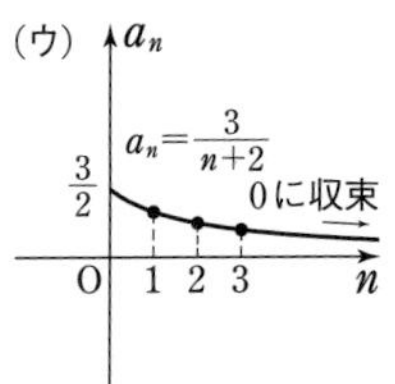

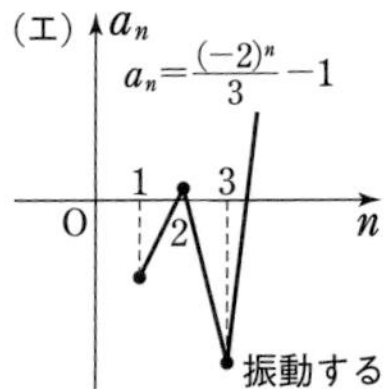

(2) (ア) $\lim_{n\to\infty}(-2n^2+3n+1)=\lim_{n\to\infty}n^2\left(-2+\dfrac{3}{n}+\dfrac{1}{n^2}\right)=-\infty$

◀最高次の項をくくり出す。

(イ) $\lim_{n\to\infty}\dfrac{-5n+3}{3n^2-1}=\lim_{n\to\infty}\dfrac{-\dfrac{5}{n}+\dfrac{3}{n^2}}{3-\dfrac{1}{n^2}}=\mathbf{0}$

◀分母の最高次の項 n^2 で分母・分子を割る。

(ウ) $\lim_{n\to\infty}\dfrac{2n^2-3n}{4n^2+2}=\lim_{n\to\infty}\dfrac{2-\dfrac{3}{n}}{4+\dfrac{2}{n^2}}=\dfrac{2}{4}=\mathbf{\dfrac{1}{2}}$

◀$\dfrac{2-0}{4+0}$

例 6 ➡本冊 p. 296

(1) $\lim_{n\to\infty}\dfrac{\sqrt{n^3-1}}{\sqrt{n^2-1}+\sqrt{n}}=\lim_{n\to\infty}\dfrac{\sqrt{n-\dfrac{1}{n^2}}}{\sqrt{1-\dfrac{1}{n^2}}+\sqrt{\dfrac{1}{n}}}=\infty$

(2) $\lim_{n\to\infty}\dfrac{1}{\sqrt{2n+1}-\sqrt{2n-1}}$

$=\lim_{n\to\infty}\dfrac{\sqrt{2n+1}+\sqrt{2n-1}}{(\sqrt{2n+1}-\sqrt{2n-1})(\sqrt{2n+1}+\sqrt{2n-1})}$

◀分母の有理化。

$$=\lim_{n\to\infty}\frac{\sqrt{2n+1}+\sqrt{2n-1}}{(2n+1)-(2n-1)}=\lim_{n\to\infty}\frac{\sqrt{2n+1}+\sqrt{2n-1}}{2}=\infty$$

(3) $\displaystyle\lim_{n\to\infty}(\sqrt{n^2+4n}-n)=\lim_{n\to\infty}\frac{(\sqrt{n^2+4n}-n)(\sqrt{n^2+4n}+n)}{\sqrt{n^2+4n}+n}$

◀ $\dfrac{\sqrt{n^2+4n}-n}{1}$ とみて，分子を有理化。

$$=\lim_{n\to\infty}\frac{n^2+4n-n^2}{\sqrt{n^2+4n}+n}=\lim_{n\to\infty}\frac{4n}{\sqrt{n^2+4n}+n}$$

$$=\lim_{n\to\infty}\frac{4}{\sqrt{1+\frac{4}{n}}+1}=\frac{4}{1+1}=\mathbf{2}$$

◀分母・分子を n で割る。

(4) $\displaystyle\lim_{n\to\infty}\log_3\sqrt[n]{2}=\lim_{n\to\infty}\frac{1}{n}\log_3 2=\mathbf{0}$

◀$\log_3 2$ は定数。

(5) 数列 $\{\cos n\pi\}$ は　$-1,\ 1,\ -1,\ 1,\ \cdots\cdots$

したがって，**振動する（極限はない）**。

◀$\cos n\pi=(-1)^n$

例 7 ➡ 本冊 p. 297

(1) $\dfrac{(1+2+3+\cdots\cdots+n)(1^3+2^3+3^3+\cdots\cdots+n^3)}{(1^2+2^2+3^2+\cdots\cdots+n^2)^2}$

$$=\frac{\frac{1}{2}n(n+1)\times\left\{\frac{1}{2}n(n+1)\right\}^2}{\left\{\frac{1}{6}n(n+1)(2n+1)\right\}^2}=\frac{9n(n+1)}{2(2n+1)^2}$$

◀$\displaystyle\sum_{k=1}^{n}k=\frac{1}{2}n(n+1)$，$\displaystyle\sum_{k=1}^{n}k^2=\frac{1}{6}n(n+1)(2n+1)$，$\displaystyle\sum_{k=1}^{n}k^3=\left\{\frac{1}{2}n(n+1)\right\}^2$

よって　（与式）$\displaystyle=\lim_{n\to\infty}\frac{9\left(1+\frac{1}{n}\right)}{2\left(2+\frac{1}{n}\right)^2}=\mathbf{\frac{9}{8}}$

◀分母・分子を n^2 で割る。

(2) $\displaystyle\lim_{n\to\infty}\{\log_3(1^2+2^2+\cdots\cdots+n^2)-\log_3 n^3\}$

$$=\lim_{n\to\infty}\left\{\log_3\frac{1}{6}n(n+1)(2n+1)-\log_3 n^3\right\}$$

$$=\lim_{n\to\infty}\log_3\frac{n(n+1)(2n+1)}{6n^3}$$

$$=\lim_{n\to\infty}\log_3\frac{\left(1+\frac{1}{n}\right)\left(2+\frac{1}{n}\right)}{6}$$

$$=\log_3\frac{2}{6}=\log_3\frac{1}{3}=\mathbf{-1}$$

◀$\displaystyle\sum_{k=1}^{n}k^2=\frac{1}{6}n(n+1)(2n+1)$

$\log_a M-\log_a N=\log_a\dfrac{M}{N}$

例 8 ➡ 本冊 p. 297

(1) **正しくない。**

（反例）$a_n=n$，$b_n=\dfrac{1}{n}$ のとき　$\displaystyle\lim_{n\to\infty}a_nb_n=1$

◀$a_nb_n=n\cdot\dfrac{1}{n}=1$

(2) **正しくない。**

（反例）$a_n=\dfrac{1}{n}$，$b_n=\dfrac{1}{n^2}$ のとき　$\displaystyle\lim_{n\to\infty}\frac{a_n}{b_n}=\infty$

◀$\dfrac{a_n}{b_n}=\dfrac{1}{n}\cdot n^2=n$

(3) **正しくない。**

（反例）$a_n=n+1$，$b_n=n$ のとき　$\displaystyle\lim_{n\to\infty}(a_n-b_n)=1$

◀$a_n-b_n=n+1-n=1$

(4) **正しい。**

（証明）仮定から　$\displaystyle\lim_{n\to\infty}b_n=\lim_{n\to\infty}\{a_n-(a_n-b_n)\}$

$$=\lim_{n\to\infty}a_n-\lim_{n\to\infty}(a_n-b_n)=\alpha-0=\alpha$$

◀$\displaystyle\lim_{n\to\infty}(a_n-b_n)=0$ から，$\displaystyle\lim_{n\to\infty}a_n=\lim_{n\to\infty}b_n$ としてはいけない。

2章 例 ［極限］

例 9 ➡本冊 $p.303$

(1) $\left|-\dfrac{2}{5}\right|<1$ であるから　$\displaystyle\lim_{n\to\infty}3\left(-\frac{2}{5}\right)^{n-1}=\mathbf{0}$

◀$-1<r<1$ の場合。

(2) $\displaystyle\lim_{n\to\infty}\{(-2)^n-3^n\}=\lim_{n\to\infty}3^n\left\{\left(-\frac{2}{3}\right)^n-1\right\}=-\boldsymbol{\infty}$

◀3^n をくくり出すと，$\infty\times(0-1)$ の形。

(3) $\displaystyle\lim_{n\to\infty}\frac{3^n+2}{3^{n+2}+5}=\lim_{n\to\infty}\frac{1+\dfrac{2}{3^n}}{9+\dfrac{5}{3^n}}=\frac{1+0}{9+0}=\mathbf{\frac{1}{9}}$

◀分母・分子を 3^n で割る。

(4) **$-1<r<1$ のとき**　$\displaystyle\lim_{n\to\infty}\frac{1-r^n}{1+r^n}=\frac{1-0}{1+0}=\mathbf{1}$

◀$\displaystyle\lim_{n\to\infty}r^n=0$

$r=1$ のとき　$\displaystyle\lim_{n\to\infty}\frac{1-r^n}{1+r^n}=\frac{1-1}{1+1}=\mathbf{0}$

◀$\displaystyle\lim_{n\to\infty}r^n=1$

$r<-1$，$1<r$ のとき

$$\lim_{n\to\infty}\frac{1-r^n}{1+r^n}=\lim_{n\to\infty}\frac{\left(\dfrac{1}{r}\right)^n-1}{\left(\dfrac{1}{r}\right)^n+1}=\frac{0-1}{0+1}=\mathbf{-1}$$

◀分母・分子を r^n で割る。$\displaystyle\lim_{n\to\infty}\left(\frac{1}{r}\right)^n=0$

例 10 ➡本冊 $p.303$

(1) $a_{n+1}=3a_n+2^{n+1}$ の両辺を 3^{n+1} で割ると

$$\frac{a_{n+1}}{3^{n+1}}=\frac{a_n}{3^n}+\left(\frac{2}{3}\right)^{n+1}$$

◀$\dfrac{3a_n}{3^{n+1}}=\dfrac{a_n}{3^n}$

$\dfrac{a^n}{3^n}=b_n$ とおくと　$b_{n+1}=b_n+\left(\dfrac{2}{3}\right)^{n+1}$

よって，$n\geqq2$ のとき

$$b_n=b_1+\sum_{k=1}^{n-1}\left(\frac{2}{3}\right)^{k+1}=\frac{a_1}{3}+\frac{\left(\dfrac{2}{3}\right)^2\left\{1-\left(\dfrac{2}{3}\right)^{n-1}\right\}}{1-\dfrac{2}{3}}$$

$$=\frac{2}{3}+\frac{4}{3}\left\{1-\left(\frac{2}{3}\right)^{n-1}\right\}$$

◀$n\longrightarrow\infty$ の場合を考えるから，$n=1$ のときの確認は必要ない。

したがって　$\displaystyle\lim_{n\to\infty}\boldsymbol{\frac{a^n}{3^n}}=\lim_{n\to\infty}b_n=\frac{2}{3}+\frac{4}{3}\cdot1=\mathbf{2}$

別解　$a_{n+1}=3a_n+2^{n+1}$ の両辺を 2^{n+1} で割ると

$$\frac{a_{n+1}}{2^{n+1}}=\frac{3}{2}\cdot\frac{a_n}{2^n}+1$$

$b_n=\dfrac{a_n}{2^n}$ とおくと　$b_{n+1}=\dfrac{3}{2}b_n+1$

これを変形すると　$b_{n+1}+2=\dfrac{3}{2}(b_n+2)$

また　$b_1+2=\dfrac{a_1}{2}+2=\dfrac{2}{2}+2=3$

ゆえに，数列 $\{b_n+2\}$ は初項 3，公比 $\dfrac{3}{2}$ の等比数列であるから

$$b_n+2=3\left(\frac{3}{2}\right)^{n-1}\quad すなわち\quad b_n=3\left(\frac{3}{2}\right)^{n-1}-2$$

◀$a_{n+1}=pa_n+q^n$ の両辺を $\boldsymbol{q^{n+1}}$ **で割ると，**
$\dfrac{a_{n+1}}{q^{n+1}}=\dfrac{p}{q}\cdot\dfrac{a_n}{q^n}+\dfrac{1}{q}$
となるから，$b_n=\dfrac{a_n}{q^n}$ とおくことにより，
$b_{n+1}=$●b_n+■ 型
の漸化式に帰着できる。

$b_n=\dfrac{a_n}{2^n}$ から　　$a_n=2^n b_n$　　　よって　　$\dfrac{a_n}{3^n}=\left(\dfrac{2}{3}\right)^n b_n$

よって　　$\displaystyle\lim_{n\to\infty}\frac{\boldsymbol{a_n}}{\boldsymbol{3^n}}=\lim_{n\to\infty}\left(\frac{2}{3}\right)^n\left\{3\left(\frac{3}{2}\right)^{n-1}-2\right\}=\lim_{n\to\infty}\left\{2-2\left(\frac{2}{3}\right)^n\right\}$

$\boldsymbol{=2}$

◀$\displaystyle\lim_{n\to\infty}\left(\frac{2}{3}\right)^n=0$

(2)　$a_{n+2}-\alpha a_{n+1}=\beta(a_{n+1}-\alpha a_n)$ から　　$a_{n+2}=(\alpha+\beta)a_{n+1}-\alpha\beta a_n$

よって　　　　$\alpha+\beta=5$，$\alpha\beta=6$

◀$a_{n+2}=5a_{n+1}-6a_n$ と比較する。

ゆえに，α，β は t の 2 次方程式 $t^2-5t+6=0$ の 2 解である。

◀$t^2-5t+6=0$ は特性方程式である。

これを解いて　　$t=2,\ 3$

したがって　　　$\boldsymbol{(\alpha,\ \beta)=(2,\ 3),\ (3,\ 2)}$

与えられた漸化式を変形すると

$$a_{n+2}-2a_{n+1}=3(a_{n+1}-2a_n)\quad\cdots\cdots①$$
$$a_{n+2}-3a_{n+1}=2(a_{n+1}-3a_n)\quad\cdots\cdots②$$

◀$\alpha\neq\beta$ のとき
$a_{n+2}-\alpha a_{n+1}$
$=\beta(a_{n+1}-\alpha a_n)$,
$a_{n+2}-\beta a_{n+1}$
$=\alpha(a_{n+1}-\beta a_n)$

① より，数列 $\{a_{n+1}-2a_n\}$ は初項 $4-2\cdot1=2$，公比 3 の等比数列であるから　$a_{n+1}-2a_n=2\cdot3^{n-1}$　$\cdots\cdots$ ③

② より，数列 $\{a_{n+1}-3a_n\}$ は初項 $4-3\cdot1=1$，公比 2 の等比数列であるから　$a_{n+1}-3a_n=2^{n-1}$　　$\cdots\cdots$ ④

③−④ から　　$\boldsymbol{a_n=2\cdot3^{n-1}-2^{n-1}}$

◀a_{n+1} を消去。

よって　　$\displaystyle\lim_{n\to\infty}a_n=\lim_{n\to\infty}(2\cdot3^{n-1}-2^{n-1})$

$\displaystyle=\lim_{n\to\infty}3^{n-1}\left\{2-\left(\frac{2}{3}\right)^{n-1}\right\}$

$=\infty$

◀$\infty\times(2-0)$ の形。

例　11　➡本冊 *p*. 314

第 n 項 a_n までの部分和を S_n とする。

(1)　$a_n=\dfrac{1}{(2n-1)(2n+1)}=\dfrac{1}{2}\left(\dfrac{1}{2n-1}-\dfrac{1}{2n+1}\right)$

◀Σ (分数式) のときは，部分分数分解によって部分和を求めることが有効。

であるから

$$S_n=\frac{1}{2}\left\{\left(\frac{1}{1}-\frac{1}{3}\right)+\left(\frac{1}{3}-\frac{1}{5}\right)+\cdots\cdots+\left(\frac{1}{2n-1}-\frac{1}{2n+1}\right)\right\}$$
$$=\frac{1}{2}\left(1-\frac{1}{2n+1}\right)$$

◀$\dfrac{1}{2}\left(1-\dfrac{1}{2n+1}\right)$ を通分して $\dfrac{n}{2n+1}$ とする必要はない。

よって　　$\displaystyle\lim_{n\to\infty}S_n=\frac{1}{2}\cdot1=\frac{1}{2}$

したがって，この無限級数は **収束して，その和は $\boldsymbol{\dfrac{1}{2}}$**

(2)　$a_n=\dfrac{2}{\sqrt{n}+\sqrt{n+2}}=\dfrac{2(\sqrt{n+2}-\sqrt{n})}{(n+2)-n}$

$=\sqrt{n+2}-\sqrt{n}$

◀分母・分子に $\sqrt{n+2}-\sqrt{n}$ を掛ける。

ゆえに　　$S_n=(\sqrt{3}-\sqrt{1})+(\sqrt{4}-\sqrt{2})+\cdots\cdots$

$+(\sqrt{n+1}-\sqrt{n-1})+(\sqrt{n+2}-\sqrt{n})$

$=\sqrt{n+1}+\sqrt{n+2}-1-\sqrt{2}$

◀消し合う項・残る項に注意。

◀$\infty+\infty-1-\sqrt{2}$ の形。

よって　　$\displaystyle\lim_{n\to\infty}S_n=\infty$

したがって，この無限級数は **発散する。**

例 12 ➡本冊 p.314

(1) 第 n 項 a_n は　$a_n=\dfrac{3n-2}{n+1}$

◀分子：初項 1，公差 3
分母：初項 2，公差 1
の等差数列。

ゆえに　$\displaystyle\lim_{n\to\infty}a_n=\lim_{n\to\infty}\frac{3n-2}{n+1}=\lim_{n\to\infty}\frac{3-\frac{2}{n}}{1+\frac{1}{n}}=3\neq0$

よって，この無限級数は発散する。

◀**数列 $\{a_n\}$ が 0 に収束しない $\Longrightarrow \sum_{n=1}^{\infty}a_n$ は発散（ただし，逆は不成立）**

(2) 第 n 項 a_n は　$a_n=\cos n\pi$

k を自然数とすると

$n=2k-1$ のとき　$\cos n\pi=\cos(2k-1)\pi=\cos(-\pi)$
$=-1$

$n=2k$ のとき　$\cos n\pi=\cos 2k\pi=1$

したがって，数列 $\{a_n\}$ は振動する。

よって，数列 $\{a_n\}$ の第 n 項は $a_n=(-1)^n$ で，これは 0 に収束しないから，この無限級数は発散する。

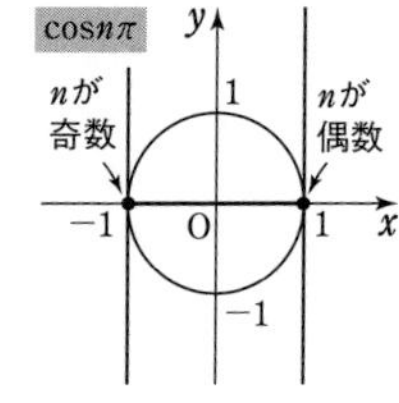

例 13 ➡本冊 p.315

(1) (ア) 初項は $\dfrac{4}{27}$，公比は $r=\dfrac{1}{3}\div\left(-\dfrac{2}{9}\right)=-\dfrac{3}{2}$ で，$|r|>1$ であるから，この無限級数は **発散する。**

(イ) 初項は 12，公比は $r=\dfrac{6\sqrt{2}}{12}=\dfrac{\sqrt{2}}{2}$ で，$|r|<1$ であるから，**収束する。**

よって，その **和は**

$$\frac{12}{1-\frac{\sqrt{2}}{2}}=\frac{24}{2-\sqrt{2}}=\frac{24(2+\sqrt{2})}{(2-\sqrt{2})(2+\sqrt{2})}$$
$$=\mathbf{12(2+\sqrt{2})}$$

◀ **$\dfrac{(\text{初項})}{1-(\text{公比})}$**

(2) k を自然数とすると

$n=2k-1$ のとき　$\sin\dfrac{n\pi}{2}=\sin\left(k\pi-\dfrac{\pi}{2}\right)=-\cos k\pi$
$=(-1)^{k+1}$

$n=2k$ のとき　$\sin\dfrac{n\pi}{2}=\sin k\pi=0$

◀まず $\sin\dfrac{n\pi}{2}$ がどのような値をとるかを，n が奇数・偶数の場合に分けて調べる。k が整数のとき　$\cos k\pi=\begin{cases}1 & (k\text{が偶数})\\-1 & (k\text{が奇数})\end{cases}=(-1)^k$

よって，数列 $\left\{\left(\dfrac{1}{3}\right)^n\sin\dfrac{n\pi}{2}\right\}$ は，$\dfrac{1}{3}$，0，$-\dfrac{1}{3^3}$，0，$\dfrac{1}{3^5}$，0，$-\dfrac{1}{3^7}$，…… となる。

したがって，$\displaystyle\sum_{n=1}^{\infty}\left(\frac{1}{3}\right)^n\sin\frac{n\pi}{2}$ は，初項 $\dfrac{1}{3}$，公比 $-\dfrac{1}{3^2}$ の無限等比級数であり，公比 r は $|r|<1$ であるから収束する。

よって，その和は

$$\frac{1}{3}\cdot\frac{1}{1-\left(-\frac{1}{3^2}\right)}=\mathbf{\frac{3}{10}}$$

◀ **$\dfrac{(\text{初項})}{1-(\text{公比})}$**

例 14 ➡ 本冊 p. 315

(1) $2.\dot{6}\dot{9}=2+0.69+0.0069+0.000069+\cdots\cdots$

$$=2+\underbrace{0.69+\frac{0.69}{10^2}+\frac{0.69}{10^4}+\cdots\cdots}_{①}$$

$$=2+\frac{0.69}{1-\frac{1}{10^2}}=2+\frac{69}{100-1}=2+\frac{69}{99}=\mathbf{\frac{89}{33}}$$

(2) $15.\dot{1}\dot{8}=10+5.18+0.00518+0.00000518+\cdots\cdots$

$$=10+\underbrace{5.18+\frac{5.18}{10^3}+\frac{5.18}{10^6}+\cdots\cdots}_{②}$$

$$=10+\frac{5.18}{1-\frac{1}{10^3}}=10+\frac{5180}{1000-1}=10+\frac{5180}{999}$$

$$=10+\frac{140}{27}=\mathbf{\frac{410}{27}}$$

(1) ① の＿は初項 0.69，公比 $\frac{1}{10^2}$ の無限等比級数。
なお，$0.1=\frac{1}{10}$，$0.01=\frac{1}{10^2}$，……，$0.\underbrace{00\cdots0}_{0\text{が}k\text{個}}1=\frac{1}{10^{k+1}}$

(2) ② の＿は初項 5.18，公比 $\frac{1}{10^3}$ の無限等比級数。

例 15 ➡ 本冊 p. 327

(1) $$\lim_{x\to-2}\frac{x^3+x^2+4}{x^2+x-2}=\lim_{x\to-2}\frac{(x+2)(x^2-x+2)}{(x+2)(x-1)}$$
$$=\lim_{x\to-2}\frac{x^2-x+2}{x-1}=-\mathbf{\frac{8}{3}}$$

◀分母・分子を $x+2$ で約分する。

(2) $$\lim_{x\to0}\frac{1}{x}\left\{1-\frac{4}{(x-2)^2}\right\}=\lim_{x\to0}\left\{\frac{1}{x}\cdot\frac{(x-2)^2-4}{(x-2)^2}\right\}$$
$$=\lim_{x\to0}\frac{x(x-4)}{x(x-2)^2}$$
$$=\lim_{x\to0}\frac{x-4}{(x-2)^2}=\frac{-4}{4}=\mathbf{-1}$$

◀分母・分子を x で約分する。

(3) $$\lim_{x\to2}\frac{\sqrt{x+2}-2}{x-2}=\lim_{x\to2}\frac{(x+2)-4}{(x-2)(\sqrt{x+2}+2)}$$
$$=\lim_{x\to2}\frac{1}{\sqrt{x+2}+2}=\frac{1}{2+2}=\mathbf{\frac{1}{4}}$$

◀分母・分子に $\sqrt{x+2}+2$ を掛ける。更に，分母・分子を $x-2$ で約分する。

注意 $x\longrightarrow a$ の場合，**x は a と異なる値** をとりながら a に限りなく近づくから，分母・分子を $x-a\ (\neq0)$ で約分してよい。

例 16 ➡ 本冊 p. 327

(1) $$\lim_{x\to-\infty}(2x^3+x^2-3)=\lim_{x\to-\infty}x^3\left(2+\frac{1}{x}-\frac{3}{x^3}\right)=-\infty$$

◀最高次の項の x^3 をくくり出す。

(2) $$\lim_{x\to-\infty}\frac{2x^2-x+5}{3x^2+1}=\lim_{x\to-\infty}\frac{2-\frac{1}{x}+\frac{5}{x^2}}{3+\frac{1}{x^2}}=\mathbf{\frac{2}{3}}$$

◀$\frac{2-0+0}{3+0}$

(3) $$\lim_{x\to\infty}\frac{4}{\sqrt{x^2+2x}-x}=\lim_{x\to\infty}\frac{4(\sqrt{x^2+2x}+x)}{(x^2+2x)-x^2}$$
$$=\lim_{x\to\infty}\frac{4(\sqrt{x^2+2x}+x)}{2x}=\lim_{x\to\infty}2\left(\sqrt{1+\frac{2}{x}}+1\right)=\mathbf{4}$$

◀分母の有理化。

(4) $\displaystyle\lim_{x\to-\infty}(\sqrt{x^2+3x}+x)=\lim_{x\to-\infty}\frac{(x^2+3x)-x^2}{\sqrt{x^2+3x}-x}$

$\displaystyle=\lim_{x\to-\infty}\frac{3x}{\sqrt{x^2+3x}-x}=\lim_{x\to-\infty}\frac{3}{-\sqrt{1+\frac{3}{x}}-1}=-\boldsymbol{\frac{3}{2}}$

◀ $\dfrac{\sqrt{x^2+3x}+x}{1}$ とみて，分子を有理化。

◀ $x<0$ であるから $\sqrt{x^2}=-x$

別解　$x\longrightarrow-\infty$ のとき，$x=-t$ とおくと $t\longrightarrow\infty$ で

$\displaystyle(\text{与式})=\lim_{t\to\infty}(\sqrt{t^2-3t}-t)=\lim_{t\to\infty}\frac{-3t}{\sqrt{t^2-3t}+t}$

$\displaystyle=\lim_{t\to\infty}\frac{-3}{\sqrt{1-\frac{3}{t}}+1}=-\boldsymbol{\frac{3}{2}}$

◀ $t>0$ であるから
$\sqrt{t^2-3t}=\sqrt{t^2\left(1-\frac{3}{t}\right)}$
$=t\sqrt{1-\frac{3}{t}}$

例 17

➡ 本冊 p. 334

(1) $\displaystyle\lim_{x\to0}\frac{\sin3x}{x}=\lim_{x\to0}\frac{\sin3x}{3x}\cdot3=1\cdot3=\boldsymbol{3}$

◀ $\dfrac{\sin■}{■}$ の形を作る。
($x\longrightarrow0$ のとき
■ $\longrightarrow0$)

別解　$3x=\theta$ とおくと　$x\longrightarrow0$ のとき　$\theta\longrightarrow0$

$\displaystyle\lim_{x\to0}\frac{\sin3x}{x}=\lim_{\theta\to0}\frac{\sin\theta}{\frac{\theta}{3}}=\lim_{\theta\to0}\frac{\sin\theta}{\theta}\cdot3=1\cdot3=\boldsymbol{3}$

(2) x° は弧度法で表すと $\dfrac{\pi}{180}x$ であるから

◀弧度法に直して考える。

$\displaystyle\lim_{x\to0}\frac{\tan x^\circ}{x}=\lim_{x\to0}\frac{\tan\frac{\pi}{180}x}{x}$

$\displaystyle=\lim_{x\to0}\frac{\sin\frac{\pi}{180}x}{\frac{\pi}{180}x}\cdot\frac{\pi}{180}\cdot\frac{1}{\cos\frac{\pi}{180}x}$

$\displaystyle=1\cdot\frac{\pi}{180}\cdot\frac{1}{1}=\boldsymbol{\frac{\pi}{180}}$

◀ $\boldsymbol{1^\circ=\frac{\pi}{180}}$ であるから
$x^\circ=\dfrac{\pi}{180}x$

◀ $\dfrac{\sin■}{■}$ の形を作る。
($x\longrightarrow0$ のとき
■ $\longrightarrow0$)

(3) $\displaystyle\lim_{x\to0}\frac{\sin^2 2x}{1-\cos x}=\lim_{x\to0}\frac{(1+\cos x)\sin^2 2x}{1-\cos^2 x}$

$\displaystyle=\lim_{x\to0}\frac{(1+\cos x)\sin^2 2x}{\sin^2 x}$

$\displaystyle=\lim_{x\to0}\left(\frac{\sin2x}{2x}\right)^2\cdot(2x)^2\cdot\left(\frac{x}{\sin x}\right)^2\cdot\frac{1}{x^2}\cdot(1+\cos x)$

$\displaystyle=\lim_{x\to0}\left(\frac{\sin2x}{2x}\right)^2\left(\frac{x}{\sin x}\right)^2\cdot4(1+\cos x)$

$=1^2\cdot1^2\cdot4(1+1)=\boldsymbol{8}$

◀ $1-\cos x$ と $1+\cos x$ はペアで扱う。

◀ $\dfrac{\sin■}{■}$，$\dfrac{■}{\sin■}$ の形を作る。

例 18

➡ 本冊 p. 334

(1) $x-\dfrac{\pi}{2}=t$ とおくと　$x\longrightarrow\dfrac{\pi}{2}$ のとき　$t\longrightarrow0$

また　$1-\sin x=1-\sin\left(t+\dfrac{\pi}{2}\right)=1-\cos t$，

$(2x-\pi)^2=\left\{2\left(x-\dfrac{\pi}{2}\right)\right\}^2=4t^2$

◀ $x\longrightarrow\dfrac{\pi}{2}$ のときに $t\longrightarrow0$ となるようにおき換えの式を定める。

よって　$\displaystyle\lim_{x\to\frac{\pi}{2}}\frac{1-\sin x}{(2x-\pi)^2}=\lim_{t\to 0}\frac{1-\cos t}{4t^2}$

$\displaystyle=\lim_{t\to 0}\frac{(1-\cos t)(1+\cos t)}{4t^2(1+\cos t)}$

◀$1-\cos t$ と $1+\cos t$ はペアで扱う。

$\displaystyle=\lim_{t\to 0}\frac{\sin^2 t}{4t^2(1+\cos t)}$

$\displaystyle=\lim_{t\to 0}\frac{1}{4}\cdot\left(\frac{\sin t}{t}\right)^2\cdot\frac{1}{1+\cos t}$

$\displaystyle=\frac{1}{4}\cdot 1^2\cdot\frac{1}{2}=\boldsymbol{\frac{1}{8}}$

(2)　$x-1=t$ とおくと　$x\longrightarrow 1$ のとき　$t\longrightarrow 0$

また　$\sin\pi x=\sin\pi(t+1)=-\sin\pi t$

よって　$\displaystyle\lim_{x\to 1}\frac{\sin\pi x}{x-1}=\lim_{t\to 0}\frac{-\sin\pi t}{t}=\lim_{t\to 0}\left(-\frac{\sin\pi t}{\pi t}\right)\cdot\pi$

$=\boldsymbol{-\pi}$

◀$\dfrac{\sin■}{■}$ の形を作る。($t\longrightarrow 0$ のとき ■$\longrightarrow 0$)

(3)　$\dfrac{1}{x}=t$ とおくと　$x\longrightarrow\infty$ のとき　$t\longrightarrow +0$

よって　$\displaystyle\lim_{x\to\infty}x\sin\frac{1}{x}=\lim_{t\to +0}\frac{\sin t}{t}=\boldsymbol{1}$

◀$x=\dfrac{1}{t}$

例 19

➡本冊 p.338

(1)　**定義域は** $x^2-1\geqq 0$ から　$\boldsymbol{x\leqq -1,\ 1\leqq x}$

定義域のすべての点で連続 である。

◀($\sqrt{\ }$ の内部)$\geqq 0$

注意　定義域に属さない値に対する連続・不連続は考えないから，$x=\pm 1$ で不連続であるとはいわない。

(2)　定義域に属さない x の値は $x^2-4=0$ から　$x=-2,\ 2$

よって，**定義域は**　$\boldsymbol{x<-2,\ -2<x<2,\ 2<x}$

定義域のすべての点で連続 である。

◀分数関数の定義域は，(分母)$\neq 0$ を満たす x の値全体である。

(3)　$-1\leqq x<0$ のとき　$h(x)=-1$,

$0\leqq x<1$ のとき　$h(x)=0$,

$1\leqq x<2$ のとき　$h(x)=1$,　$h(2)=2$

◀$[x]$ は x を超えない最大の整数。

よって　$\displaystyle\lim_{x\to -0}h(x)=-1,\ \lim_{x\to +0}h(x)=0$　ゆえに，極限値 $\displaystyle\lim_{x\to 0}h(x)$ は存在しない。

$\displaystyle\lim_{x\to 1-0}h(x)=0,\ \lim_{x\to 1+0}h(x)=1$　ゆえに，極限値 $\displaystyle\lim_{x\to 1}h(x)$ は存在しない。

$\displaystyle\lim_{x\to 2-0}h(x)=1,\ h(2)=2$　ゆえに　$\displaystyle\lim_{x\to 2-0}h(x)\neq h(2)$

よって　$\boldsymbol{-1\leqq x<0,\ 0<x<1,\ 1<x<2}$ **で連続；**$\boldsymbol{x=0,\ 1,\ 2}$ **で不連続。**

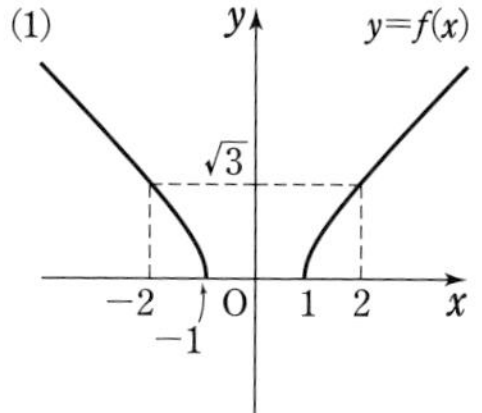

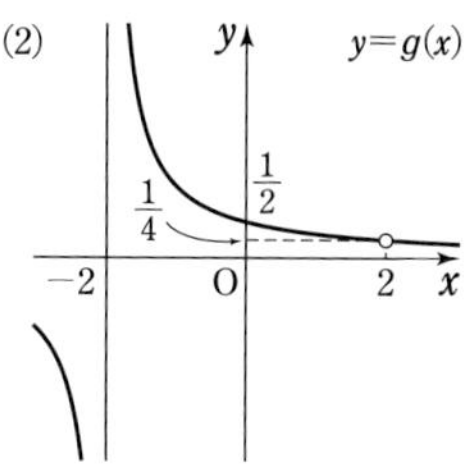

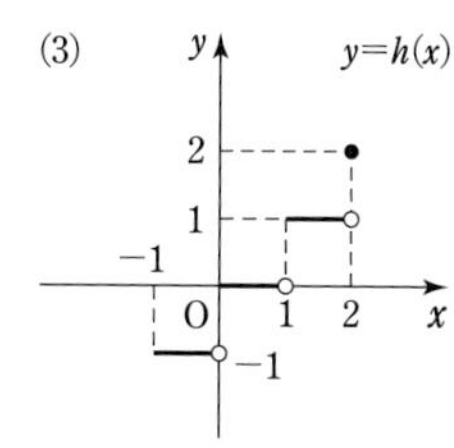

練習 13 ➡ 本冊 p. 299

(1) $a_n=(2n-1)a_n\times\dfrac{1}{2n-1}$ であり

$$\lim_{n\to\infty}(2n-1)a_n=1,\ \lim_{n\to\infty}\frac{1}{2n-1}=0$$

◀a_n を収束する数列の一般項の積で表す。

よって $\displaystyle \boldsymbol{\lim_{n\to\infty}a_n}=\lim_{n\to\infty}(2n-1)a_n\cdot\lim_{n\to\infty}\frac{1}{2n-1}$

$=1\cdot0=\mathbf{0}$

◀数列の極限の性質
$\displaystyle\lim_{n\to\infty}a_n=\alpha,\ \lim_{n\to\infty}b_n=\beta \Longrightarrow \lim_{n\to\infty}a_nb_n=\alpha\beta$
を利用。(α, β は定数)

$na_n=(2n-1)a_n\cdot\dfrac{n}{2n-1}$, $\displaystyle\lim_{n\to\infty}\frac{n}{2n-1}=\lim_{n\to\infty}\frac{1}{2-\frac{1}{n}}=\frac{1}{2}$ であるから $\displaystyle\boldsymbol{\lim_{n\to\infty}na_n}=\lim_{n\to\infty}(2n-1)a_n\cdot\lim_{n\to\infty}\frac{n}{2n-1}=1\cdot\frac{1}{2}=\boldsymbol{\frac{1}{2}}$

(2) $$\lim_{n\to\infty}\frac{1}{an+b-\sqrt{3n^2+2n}}=\lim_{n\to\infty}\frac{\frac{1}{n}}{a+\frac{b}{n}-\sqrt{3+\frac{2}{n}}}$$

◀分母・分子を n で割る。

$\displaystyle\lim_{n\to\infty}\frac{1}{n}=0$ であるから, $\displaystyle\lim_{n\to\infty}\left(a+\frac{b}{n}-\sqrt{3+\frac{2}{n}}\right)=0$ でなければならない。

◀分子 $\longrightarrow$ 0から, 収束するためには分母 $\longrightarrow$ 0が必要条件。

一方, $\displaystyle\lim_{n\to\infty}\left(a+\frac{b}{n}-\sqrt{3+\frac{2}{n}}\right)=a-\sqrt{3}$ であるから, $a-\sqrt{3}=0$

より $a=\sqrt{3}$

このとき $\displaystyle\lim_{n\to\infty}\frac{1}{an+b-\sqrt{3n^2+2n}}$

$$=\lim_{n\to\infty}\frac{1}{\sqrt{3}\,n+b-\sqrt{3n^2+2n}}$$

$$=\lim_{n\to\infty}\frac{\sqrt{3}\,n+b+\sqrt{3n^2+2n}}{(\sqrt{3}\,n+b-\sqrt{3n^2+2n})(\sqrt{3}\,n+b+\sqrt{3n^2+2n})}$$

◀分母の有理化。

$$=\lim_{n\to\infty}\frac{\sqrt{3}\,n+b+\sqrt{3n^2+2n}}{(\sqrt{3}\,n+b)^2-(3n^2+2n)}$$

$$=\lim_{n\to\infty}\frac{\sqrt{3}\,n+b+\sqrt{3n^2+2n}}{2(\sqrt{3}\,b-1)n+b^2}$$

$$=\lim_{n\to\infty}\frac{\sqrt{3}+\frac{b}{n}+\sqrt{3+\frac{2}{n}}}{2(\sqrt{3}\,b-1)+\frac{b^2}{n}}$$

◀分母・分子を n で割る。

$$=\frac{2\sqrt{3}}{2(\sqrt{3}\,b-1)}=\frac{\sqrt{3}}{\sqrt{3}\,b-1}$$

ゆえに $\dfrac{\sqrt{3}}{\sqrt{3}\,b-1}=5$

よって $b=\dfrac{5+\sqrt{3}}{5\sqrt{3}}=\dfrac{5\sqrt{3}+3}{15}$

したがって $\boldsymbol{a=\sqrt{3}}$, $\boldsymbol{b=\dfrac{5\sqrt{3}+3}{15}}$

◀必要十分条件。

練習 14 ➡ 本冊 p. 300

(1) $n \geqq 2$ のとき，二項定理により

$$(1+x)^n = 1 + nx + \frac{n(n-1)}{2}x^2 + \cdots\cdots + x^n$$
$$\geqq 1 + nx + \frac{n(n-1)}{2}x^2 \quad \cdots\cdots ①$$

◀ $(1+x)^n = {}_n\mathrm{C}_0 + {}_n\mathrm{C}_1 x + {}_n\mathrm{C}_2 x^2 + \cdots\cdots + {}_n\mathrm{C}_n x^n$

① において，$x=\sqrt{\frac{2}{n}}$ とおくと

$$\left(1+\sqrt{\frac{2}{n}}\right)^n \geqq 1 + \sqrt{2n} + n - 1 = n + \sqrt{2n} > n$$

◀ $n\sqrt{\frac{2}{n}} = \sqrt{\frac{2n^2}{n}}$

この不等式は $n=1$ のときも成り立つ。

$1+\sqrt{\frac{2}{n}} > 0$，$n>0$ であるから　　$1+\sqrt{\frac{2}{n}} > n^{\frac{1}{n}}$

◀ $a>0$，$b>0$，$n>0$ のとき　$a^n > b^n \iff a > b$

(2) $n \geqq 1$ であるから　　$n^{\frac{1}{n}} \geqq 1^{\frac{1}{n}} = 1$

よって，(1) から　　$1 \leqq n^{\frac{1}{n}} < 1 + \sqrt{\frac{2}{n}}$

ここで，$\lim_{n\to\infty}\left(1+\sqrt{\frac{2}{n}}\right)=1$ であるから　　$\boldsymbol{\lim_{n\to\infty} n^{\frac{1}{n}} = 1}$

◀ はさみうちの原理。

練習 15 ➡ 本冊 p. 301

(1) 自然数 m の桁数が k であるとき　　$10^{k-1} \leqq m < 10^k$

各辺の常用対数をとると　　$k-1 \leqq \log_{10} m < k$

◀ $\log_{10} 10^{k-1} = k-1$

よって，$k \leqq \log_{10} m + 1 < k+1$ から　　$k = [{}^{\text{ア}}\boldsymbol{\log_{10} m + 1}]$

(2) (1) から　　$k_n = [\log_{10} 3^n + 1]$

◀ $m = 3^n$

よって，$k_n \leqq \log_{10} 3^n + 1 < k_n + 1$ から

$$\log_{10} 3^n < k_n \leqq \log_{10} 3^n + 1$$

ゆえに　　$n\log_{10} 3 < k_n \leqq n\log_{10} 3 + 1$

各辺を n で割ると　　$\log_{10} 3 < \frac{k_n}{n} \leqq \log_{10} 3 + \frac{1}{n}$

◀ $\frac{k_n}{n}$ を不等式ではさむ。

$\lim_{n\to\infty}\left(\log_{10} 3 + \frac{1}{n}\right) = \log_{10} 3$ であるから　　$\lim_{n\to\infty}\frac{k_n}{n} = {}^{\text{イ}}\boldsymbol{\log_{10} 3}$

◀ はさみうちの原理。

練習 16 ➡ 本冊 p. 304

(1) 収束するための条件は　　$-1 < \frac{2}{3}x \leqq 1$

これを解いて　　$\boldsymbol{-\frac{3}{2} < x \leqq \frac{3}{2}}$

よって，数列の **極限値は**

$$\boldsymbol{-\frac{3}{2} < x < \frac{3}{2} \text{ のとき } 0,\ x = \frac{3}{2} \text{ のとき } 1}$$

◀ 数列 $\{r^n\}$ の収束条件は　$\boldsymbol{-1 < r \leqq 1}$
数列 $\{r_n\}$ の極限値は
$r=1$ のとき　1
$-1<r<1$ のとき　0

(2) 収束するための条件は　　$-1 < x^2 - 4x \leqq 1$

◀ $A < B \leqq C \iff A < B$ かつ $B \leqq C$

$-1 < x^2 - 4x$ を解くと，$x^2 - 4x + 1 > 0$ から

$$x < 2-\sqrt{3},\ 2+\sqrt{3} < x \quad \cdots\cdots ①$$

$x^2 - 4x \leqq 1$ を解くと，$x^2 - 4x - 1 \leqq 0$ から

$$2-\sqrt{5} \leqq x \leqq 2+\sqrt{5} \quad \cdots\cdots ②$$

ゆえに，収束するときの実数 x の値の範囲は，① かつ ② から

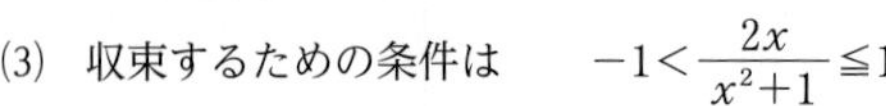

$$\boldsymbol{2-\sqrt{5} \leqq x < 2-\sqrt{3},\ 2+\sqrt{3} < x \leqq 2+\sqrt{5}}$$

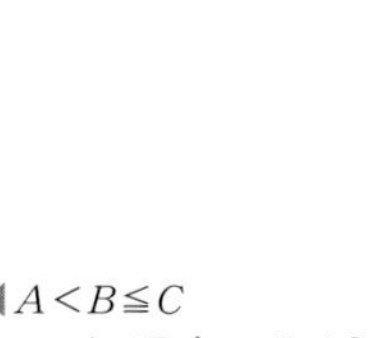

よって，数列の **極限値は**

$\boldsymbol{2-\sqrt{5} < x < 2-\sqrt{3},\ 2+\sqrt{3} < x < 2+\sqrt{5}}$ **のとき 0；**

$\boldsymbol{x=2\pm\sqrt{5}}$ **のとき 1**

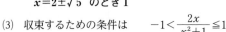

(3) 収束するための条件は　$-1 < \dfrac{2x}{x^2+1} \leqq 1$

$x^2+1>0$ であるから，各辺に x^2+1 を掛けて

$$-x^2-1 < 2x \leqq x^2+1$$

ゆえに　$-x^2-1<2x$ かつ $2x \leqq x^2+1$

すなわち　$(x+1)^2>0$　かつ $(x-1)^2 \geqq 0$

これを解いて　$\boldsymbol{x<-1,\ -1<x}$

よって，数列の **極限値は**

$\boldsymbol{x<-1,\ -1<x<1,\ 1<x}$ **のとき 0；** $\boldsymbol{x=1}$ **のとき 1**

◀$A<B \leqq C$
$\Longleftrightarrow$ $A<B$ かつ $B \leqq C$

◀$(x+1)^2>0$ から
$x \neq -1$
$(x-1)^2 \geqq 0$ は常に成り立つ。

証明　**本冊 $\boldsymbol{p}$. 305 検討の証明**

一般に，次のことが成り立つ。

$r>1,\ k=1,\ 2,\ 3,\ \cdots\cdots$ のとき　$\displaystyle\lim_{n\to\infty}\frac{\boldsymbol{r^n}}{\boldsymbol{n^k}}=\infty$ ……①　$\displaystyle\lim_{n\to\infty}\frac{\boldsymbol{n^k}}{\boldsymbol{r^n}}=\boldsymbol{0}$ ……②

① について，$k=1,\ 2$ の場合は本冊 p. 305 で証明した。ここでは，一般の k の場合について，証明してみよう。

$r>1$ であるから，$r=1+h$ とおくと　$h>0$

$n>k$ とすると，二項定理により　◀$n \longrightarrow \infty$ であるから，$n>k$ と仮定してもよい。

$$r^n=(1+h)^n \geqq 1+nh+\frac{n(n-1)}{2}h^2+\cdots\cdots+\frac{n(n-1)\cdots\cdots(n-k)}{(k+1)!}h^{k+1}$$

したがって，$n \longrightarrow \infty$ のとき

$$\frac{r^n}{n^k} \geqq \frac{1}{n^k}+\frac{1}{n^{k-1}}h+\frac{1}{n^{k-2}}\left(1-\frac{1}{n}\right)\frac{h^2}{2}+\cdots\cdots$$
$$+\left(1-\frac{1}{n}\right)\cdots\cdots\left(1-\frac{k-1}{n}\right)(n-k)\frac{h^{k+1}}{(k+1)!} \longrightarrow \infty$$

よって，$\displaystyle\lim_{n\to\infty}\frac{r^n}{n^k}=\infty$ となり，① が示された。

② は ① より，$\displaystyle\lim_{n\to\infty}\frac{n^k}{r^n}=\lim_{n\to\infty}\frac{1}{\frac{r^n}{n^k}}=0$ であるから，成り立つ。

練習 17　➡ 本冊 p. 305

(1) 二項定理により，$n \geqq 2$ のとき，次の不等式が成り立つ。

$$(1+1)^n \geqq 1+n\cdot 1+\frac{n(n-1)}{2}\cdot 1^2$$

よって　$2^n>\dfrac{n(n-1)}{2}$　　ゆえに　$\dfrac{2^n}{n}>\dfrac{n-1}{2}$

$\displaystyle\lim_{n\to\infty}\frac{n-1}{2}=\infty$ であるから　$\displaystyle\lim_{n\to\infty}\frac{2^n}{n}=\infty$

◀分母が n で 1 次式であるから，分子 2^n を 2 次式で評価する。

◀$a_n>b_n$ で $\displaystyle\lim_{n\to\infty}b_n=\infty$ ならば $\displaystyle\lim_{n\to\infty}a_n=\infty$

(2) 二項定理により，$n \geqq 3$ のとき，次の不等式が成り立つ。

$$(1+2)^n \geqq 1+n\cdot 2+\frac{n(n-1)}{2}\cdot 2^2+\frac{n(n-1)(n-2)}{6}\cdot 2^3$$

◀分子が n^2 で 2 次式であるから，分母 3^n を 3 次式で評価する。

よって　　$3^n>\dfrac{n(n-1)(n-2)}{6}\cdot 8$

したがって　　$0<\dfrac{n^2}{3^n}<\dfrac{6n^2}{8n(n-1)(n-2)}$

$\displaystyle\lim_{n\to\infty}\frac{6n^2}{8n(n-1)(n-2)}=\lim_{n\to\infty}\frac{\frac{6}{n}}{8\left(1-\frac{1}{n}\right)\left(1-\frac{2}{n}\right)}=0$ であるから

$$\lim_{n\to\infty}\frac{n^2}{3^n}=\mathbf{0}$$

◀はさみうちの原理。

練習 18 ➡本冊 p. 306

(1) $a_n>2$ …… ① が成り立つことを数学的帰納法で証明する。

CHART
自然数 n の問題 証明は数学的帰納法

[1] $n=1$ のとき
$a_1=3$ であるから，① は成り立つ。

[2] $n=k$ のとき ① が成り立つ，すなわち $a_k>2$ …… ② と仮定する。
$n=k+1$ のときを考えると

$$a_{k+1}-2=\frac{5a_k-4}{2a_k-1}-2=\frac{a_k-2}{2a_k-1}$$

◀$n=k+1$ のときの証明は，$a_{k+1}-2>0$ を示せばよい。

② から　　$a_k-2>0$，$2a_k-1>3>0$

したがって　　$a_{k+1}-2>0$　すなわち　$a_{k+1}>2$

よって，① は $n=k+1$ のときにも成り立つ。

[1]，[2] から，すべての自然数 n に対し，① が成り立つ。

(2) $a_{n+1}=\dfrac{5a_n-4}{2a_n-1}$ から

$$a_{n+1}-2=\frac{5a_n-4}{2a_n-1}-2=\frac{a_n-2}{2a_n-1}\quad\cdots\cdots③$$

◀$a_n=\dfrac{1}{b_n}+2$ として $\dfrac{1}{b_{n+1}}+2=\dfrac{5\left(\frac{1}{b_n}+2\right)-4}{2\left(\frac{1}{b_n}+2\right)-1}$ から $b_{n+1}=3b_n+2$ を導いてもよい。

(1) より，すべての自然数 n に対して $a_n>2$ であるから，③ の両辺の逆数をとって

$$\frac{1}{a_{n+1}-2}=\frac{2a_n-1}{a_n-2}\quad すなわち\quad \frac{1}{a_{n+1}-2}=2+\frac{3}{a_n-2}$$

$b_n=\dfrac{1}{a_n-2}$ から　　$b_{n+1}=3b_n+2$

変形すると　　$b_{n+1}+1=3(b_n+1)$

◀$\alpha=3\alpha+2$ から $\alpha=-1$

また，$b_1=\dfrac{1}{a_1-2}=\dfrac{1}{3-2}=1$ であるから，数列 $\{b_n+1\}$ は初項 $b_1+1=2$，公比 3 の等比数列である。

よって　　$b_n+1=2\cdot 3^{n-1}$　すなわち　$\boldsymbol{b_n=2\cdot 3^{n-1}-1}$

(3) (2) から　　$a_n=\dfrac{1}{b_n}+2=\dfrac{1}{2\cdot 3^{n-1}-1}+2$

したがって　　$\displaystyle\lim_{n\to\infty}a_n=\lim_{n\to\infty}\left(\frac{1}{2\cdot 3^{n-1}-1}+2\right)=\mathbf{2}$

練習 19 ➡ 本冊 p. 307

(1) $a_{n+1}=2a_n+6b_n$ から　$b_n=\dfrac{a_{n+1}-2a_n}{6}$

これと $b_{n+1}=2a_n+3b_n$ から　$a_{n+2}-5a_{n+1}-6a_n=0$

よって　$a_{n+2}+a_{n+1}=6(a_{n+1}+a_n)$　…… ①

$a_{n+2}-6a_{n+1}=-(a_{n+1}-6a_n)$　…… ②

ゆえに，求める α，β の組は　$\boldsymbol{(\alpha,\ \beta)=(-1,\ 6),\ (6,\ -1)}$

(2) $a_{n+1}=2a_n+6b_n$ において $n=1$ とすると　$a_2=2a_1+6b_1=8$

① より，数列 $\{a_{n+1}+a_n\}$ は初項 $a_2+a_1=9$，公比 6 の等比数列であるから　$a_{n+1}+a_n=9\cdot6^{n-1}$　…… ③

② より，数列 $\{a_{n+1}-6a_n\}$ は初項 $a_2-6a_1=2$，公比 -1 の等比数列であるから　$a_{n+1}-6a_n=2(-1)^{n-1}$　…… ④

③−④ から　$\boldsymbol{a_n=\dfrac{9\cdot6^{n-1}-2(-1)^{n-1}}{7}}$　…… ⑤

(3) $b_n=\dfrac{a_{n+1}-2a_n}{6}$ と ⑤ から

$$b_n=\frac{\dfrac{9\cdot6^n-2(-1)^n}{7}-2\cdot\dfrac{9\cdot6^{n-1}-2(-1)^{n-1}}{7}}{6}$$

$$=\frac{9\cdot6^n-2(-1)^n-18\cdot6^{n-1}+4(-1)^{n-1}}{42}=\frac{6^n+(-1)^{n-1}}{7}$$

よって　$\dfrac{a_n}{b_n}=\dfrac{9\cdot6^{n-1}-2(-1)^{n-1}}{6^n+(-1)^{n-1}}=\dfrac{9-2\left(-\dfrac{1}{6}\right)^{n-1}}{6+\left(-\dfrac{1}{6}\right)^{n-1}}$

$\displaystyle\lim_{n\to\infty}\left(-\frac{1}{6}\right)^{n-1}=0$ であるから　$\displaystyle\lim_{n\to\infty}\frac{a_n}{b_n}=\frac{9}{6}=\boldsymbol{\frac{3}{2}}$

◀ b_n，b_{n+1} を消去して整理する。

◀ $x^2-5x-6=0$ の解は $x=-1,\ 6$

◀ a_{n+1} を消去して整理。

◀ $18\cdot6^{n-1}=3\cdot6^n$

◀ 分母・分子を 6^{n-1} で割る。

練習 20 ➡ 本冊 p. 309

(1) $0<a_n<1$ …… ① が成り立つことを数学的帰納法で証明する。

[1] $n=1$ のとき

$a_1=\dfrac{1}{2}$ であるから，① は成り立つ。

[2] $n=k$ のとき ① が成り立つ，すなわち $0<a_k<1$ と仮定する。

$n=k+1$ のとき　$a_{k+1}=2a_k-a_k{}^2=a_k(2-a_k)$

$0<a_k<1$ であるから　$a_k>0$，$2-a_k>0$

よって　$a_{k+1}>0$　…… ②

また　$1-a_{k+1}=1-(2a_k-a_k{}^2)=(1-a_k)^2$

$a_k\neq1$ であるから　$(1-a_k)^2>0$

よって　$a_{k+1}<1$　…… ③

② かつ ③ から　$0<a_{k+1}<1$

したがって，$n=k+1$ のときにも ① は成り立つ。

[1]，[2] から，① はすべての自然数 n に対して成り立つ。

(2) $a_{n+1}-a_n=(2a_n-a_n{}^2)-a_n=a_n(1-a_n)$

(1) から　$a_n>0$，$1-a_n>0$

CHART
自然数 n の問題
証明は数学的帰納法

◀ $0<a_{k+1}<1$ を示す。

◀ (1) を利用して直接証明する。

よって　$a_{n+1}-a_n \geqq 0$　すなわち　$a_{n+1} \geqq a_n$

(3)　$1-a_n=1-(2a_{n-1}-a_{n-1}{}^2)=(1-a_{n-1})^2$

$=\{(1-a_{n-2})^2\}^2=(1-a_{n-2})^4=\cdots\cdots$

以下，繰り返すことにより　$1-a_n=(1-a_1)^{2^{n-1}}=\left(\dfrac{1}{2}\right)^{2^{n-1}}$

ゆえに　$a_n=1-\left(\dfrac{1}{2}\right)^{2^{n-1}}$　　よって　$\displaystyle\lim_{n\to\infty} a_n=1$

2章 練習 [極限]

練習 21 ➡本冊 p. 310

(1)　$y=|x^2-1|$ のグラフは，$y=x^2-1$ のグラフの x 軸より下側の部分を x 軸に関して折り返して得られ，**右の図** のようになる。したがって

x 軸との共有点は　点 $(1,\ 0)$，$(-1,\ 0)$
y 軸との共有点は　点 $(0,\ 1)$

◀$y=|g(x)|$ のグラフは，$y=g(x)$ のグラフの x 軸より下側の部分を折り返したもの。

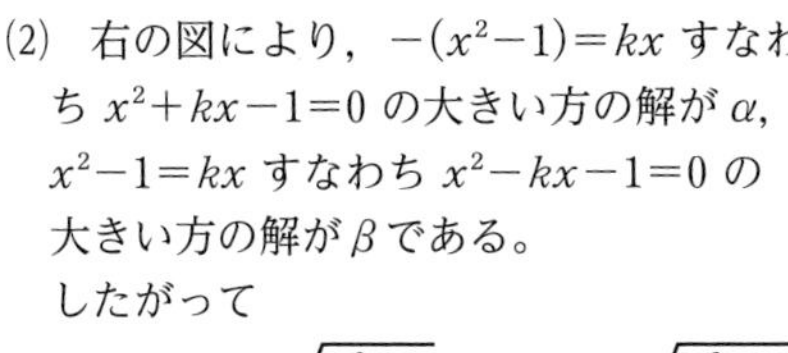

(2)　右の図により，$-(x^2-1)=kx$ すなわち $x^2+kx-1=0$ の大きい方の解が α，$x^2-1=kx$ すなわち $x^2-kx-1=0$ の大きい方の解が β である。
したがって

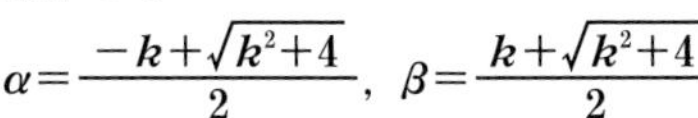

$$\boldsymbol{\alpha=\frac{-k+\sqrt{k^2+4}}{2},\ \beta=\frac{k+\sqrt{k^2+4}}{2}}$$

(3)　$a_n>0$ …… ① が成り立つことを数学的帰納法で証明する。

[1]　$n=1$ のとき
$a_1=1>0$ であるから，① は成り立つ。

[2]　$n=k$ のとき，① すなわち $a_k>0$ が成り立つと仮定すると，(2) より直線 $y=a_kx$ と曲線 $y=f(x)$ の 2 つの交点の x 座標はともに正であるから　$a_{k+1}>0$
よって，① は $n=k+1$ のときも成り立つ。

◀交点の x 座標を α，β とすると，$\alpha>0$，$\beta>0$ であるから
$a_{k+1}=\dfrac{\alpha+\beta}{2}>0$

[1]，[2] から，① はすべての自然数 n に対して成り立つ。

(2) より，$y=a_nx$ と $y=f(x)$ の交点の x 座標は

$$\frac{-a_n+\sqrt{a_n{}^2+4}}{2},\quad \frac{a_n+\sqrt{a_n{}^2+4}}{2}$$

よって

$$a_{n+1}=\frac{1}{2}\left(\frac{-a_n+\sqrt{a_n{}^2+4}}{2}+\frac{a_n+\sqrt{a_n{}^2+4}}{2}\right)=\frac{1}{2}\sqrt{a_n{}^2+4}$$

ゆえに　$a_{n+1}{}^2=\dfrac{1}{4}a_n{}^2+1$

◀$\alpha=\dfrac{1}{4}\alpha+1$ から
$\alpha=\dfrac{4}{3}$

変形して　$a_{n+1}{}^2-\dfrac{4}{3}=\dfrac{1}{4}\left(a_n{}^2-\dfrac{4}{3}\right)$

よって，数列 $\left\{a_n{}^2-\dfrac{4}{3}\right\}$ は，初項 $a_1{}^2-\dfrac{4}{3}=-\dfrac{1}{3}$，公比 $\dfrac{1}{4}$ の等比数列であるから

$$a_n{}^2-\frac{4}{3}=-\frac{1}{3}\left(\frac{1}{4}\right)^{n-1}\quad \text{すなわち}\quad \boldsymbol{a_n{}^2=\frac{4}{3}-\frac{1}{3}\left(\frac{1}{4}\right)^{n-1}}$$

(4) $a_n>0$ であるから　$a_n=\sqrt{a_n{}^2}=\sqrt{\dfrac{4}{3}-\dfrac{1}{3}\left(\dfrac{1}{4}\right)^{n-1}}$

◀ $\sqrt{a_n{}^2}=|a_n|$

よって　$\displaystyle\lim_{n\to\infty}a_n=\sqrt{\frac{4}{3}}=\boldsymbol{\frac{2\sqrt{3}}{3}}$

練習 22 ➡ 本冊 p. 311

(1) 1回目の操作後，印のついた面は必ず側面にくるから，次の2回目の操作後に印のついた面が続けて側面にくる確率は

$$\frac{2}{4}=\boldsymbol{\frac{1}{2}}$$

◀ $a_1=1$

◀ 4通りの移動のうち，側面にくるのは2通り。

(2) $(n+1)$ 回後に印のついた面が側面にくるには，印のついた面が　[1]　n 回後に上面にあり，$(n+1)$ 回後に側面にくる

[2]　n 回後に側面にあり，$(n+1)$ 回後も側面にくる

[3]　n 回後に底面にあり，$(n+1)$ 回後に側面にくる

の3つの場合がある。[1] ~ [3] は互いに排反であるから

$$\boldsymbol{a_{n+1}}=(1-a_n-b_n)\cdot 1+a_n\cdot\frac{2}{4}+b_n\cdot 1 \quad \cdots\cdots (*)$$

$$=\boldsymbol{-\frac{1}{2}a_n+1}$$

(＊) 印のついた面が n 回後に上面にくる確率は
$1-a_n-b_n$
また，[1]，[3] に関し，$(n+1)$ 回後に印のついた面は必ず側面にくる。

(3) (2)の結果の式から　$a_{n+1}-\dfrac{2}{3}=-\dfrac{1}{2}\left(a_n-\dfrac{2}{3}\right)$

◀ $\alpha=-\dfrac{1}{2}\alpha+1$ を解くと　$\alpha=\dfrac{2}{3}$

ゆえに，数列 $\left\{a_n-\dfrac{2}{3}\right\}$ は初項 $a_1-\dfrac{2}{3}=1-\dfrac{2}{3}=\dfrac{1}{3}$，公比 $-\dfrac{1}{2}$

の等比数列であるから　$a_n-\dfrac{2}{3}=\dfrac{1}{3}\left(-\dfrac{1}{2}\right)^{n-1}$

すなわち　$a_n=\dfrac{1}{3}\left(-\dfrac{1}{2}\right)^{n-1}+\dfrac{2}{3}$

よって　$\displaystyle\lim_{n\to\infty}a_n=\lim_{n\to\infty}\left\{\frac{1}{3}\left(-\frac{1}{2}\right)^{n-1}+\frac{2}{3}\right\}=\boldsymbol{\frac{2}{3}}$

◀ $-1<-\dfrac{1}{2}<1$

練習 23 ➡ 本冊 p. 316

(1) 与えられた無限級数は，初項 $x-4$，公比 $\dfrac{x}{2x-4}$ の無限等比級数である。

◀ $x\neq 2$ であるから
$2x-4\neq 0$

収束するための条件は

$$x-4=0 \quad \text{または} \quad \left|\frac{x}{2x-4}\right|<1$$

◀ (初項)=0 または |公比|<1

また　$\left|\dfrac{x}{2x-4}\right|<1 \iff |x|^2<|2x-4|^2 \iff x^2<(2x-4)^2$

$$\iff (x-4)(3x-4)>0 \iff x<\frac{4}{3},\ 4<x$$

よって，収束するときの x の値の範囲は　$\boldsymbol{x<\dfrac{4}{3},\ 4\leqq x}$

したがって，無限級数の和 S は

$\boldsymbol{x=4}$ **のとき**　$\boldsymbol{S=0}$

◀ 初項0のとき和は0

$\boldsymbol{x<\dfrac{4}{3},\ 4<x}$ **のとき**　$S=\dfrac{x-4}{1-\dfrac{x}{2x-4}}=\boldsymbol{2x-4}$

(2) $0<\theta<\frac{\pi}{2}$ であるから　$\frac{\cos\theta}{\sin\theta}=\frac{1}{\tan\theta}>0$

$\sum_{n=1}^{\infty}\frac{\cos^n\theta}{\sin^n\theta}$ すなわち $\sum_{n=1}^{\infty}\left(\frac{1}{\tan\theta}\right)^n$ は，初項 $\frac{1}{\tan\theta}$，公比 $\frac{1}{\tan\theta}$ の無限等比級数であり，これが収束するための条件は

◀(初項)≠0

$$0<\frac{1}{\tan\theta}<1 \qquad したがって \qquad \tan\theta>1$$

◀$0<\theta<\frac{\pi}{2}$ では $\tan\theta>0$

$0<\theta<\frac{\pi}{2}$ の範囲で解くと　ア $\boldsymbol{\frac{\pi}{4}<\theta<\frac{\pi}{2}}$

また，級数の和は

$$\sum_{n=1}^{\infty}\frac{\cos^n\theta}{\sin^n\theta}=\frac{1}{\tan\theta}\cdot\frac{1}{1-\frac{1}{\tan\theta}}=\text{イ}\ \boldsymbol{\frac{1}{\tan\theta-1}}$$

◀$\frac{a}{1-r}$

2章 練習 [極限]

練習 24 ➡本冊 p.318

(1) $\overrightarrow{\mathrm{P}_n\mathrm{P}_{n+1}}$ について，$n=0$ のとき

$$\overrightarrow{\mathrm{P_0P_1}}=\left(\cos\frac{\pi}{3},\ \sin\frac{\pi}{3}\right)=\left(\frac{1}{2},\ \frac{\sqrt{3}}{2}\right)$$

したがって，**点 P_1 の座標は**　$\boldsymbol{\left(\frac{1}{2},\ \frac{\sqrt{3}}{2}\right)}$

◀$\mathrm{P}_0(0,\ 0)$ である。

$\overrightarrow{\mathrm{P}_n\mathrm{P}_{n+1}}$ について，$n=1$ のとき

$$\overrightarrow{\mathrm{P_1P_2}}=\left(\frac{1}{2}\cos\left(-\frac{\pi}{3}\right),\ \frac{1}{2}\sin\left(-\frac{\pi}{3}\right)\right)=\left(\frac{1}{4},\ -\frac{\sqrt{3}}{4}\right)$$

よって　$\overrightarrow{\mathrm{P_0P_2}}=\overrightarrow{\mathrm{P_0P_1}}+\overrightarrow{\mathrm{P_1P_2}}$

$$=\left(\frac{1}{2},\ \frac{\sqrt{3}}{2}\right)+\left(\frac{1}{4},\ -\frac{\sqrt{3}}{4}\right)=\left(\frac{3}{4},\ \frac{\sqrt{3}}{4}\right)$$

したがって，**点 P_2 の座標は**　$\boldsymbol{\left(\frac{3}{4},\ \frac{\sqrt{3}}{4}\right)}$

(2) $\overrightarrow{\mathrm{P_0P}_n}=\overrightarrow{\mathrm{P_0P_1}}+\overrightarrow{\mathrm{P_1P_2}}+\cdots\cdots+\overrightarrow{\mathrm{P}_{n-1}\mathrm{P}_n}$

$$=\left(\sum_{k=0}^{n-1}\frac{1}{2^k}\cos\frac{(-1)^k\pi}{3},\ \sum_{k=0}^{n-1}\frac{1}{2^k}\sin\frac{(-1)^k\pi}{3}\right)$$

◀$\overrightarrow{\mathrm{P}_n\mathrm{P}_{n+1}}$ の定義から。

ゆえに　$x_n=\sum_{k=0}^{n-1}\frac{1}{2^k}\cos\frac{(-1)^k\pi}{3}$，$y_n=\sum_{k=0}^{n-1}\frac{1}{2^k}\sin\frac{(-1)^k\pi}{3}$

◀$\mathrm{P}_n(x_n,\ y_n)$

ここで，すべての整数 k に対して

$$\cos\frac{(-1)^k\pi}{3}=\cos\frac{\pi}{3}=\frac{1}{2},$$

$$\sin\frac{(-1)^k\pi}{3}=(-1)^k\sin\frac{\pi}{3}=(-1)^k\cdot\frac{\sqrt{3}}{2}$$

◀$\cos(-\theta)=\cos\theta$，$\sin(-\theta)=-\sin\theta$

よって　$$\boldsymbol{x_n}=\sum_{k=0}^{n-1}\frac{1}{2^{k+1}}=\frac{\frac{1}{2}\left\{1-\left(\frac{1}{2}\right)^n\right\}}{1-\frac{1}{2}}=\boldsymbol{1-\left(\frac{1}{2}\right)^n}$$

◀$\frac{a(1-r^n)}{1-r}$

$$\boldsymbol{y_n}=\frac{\sqrt{3}}{2}\sum_{k=0}^{n-1}\left(-\frac{1}{2}\right)^k=\frac{\sqrt{3}}{2}\cdot\frac{1-\left(-\frac{1}{2}\right)^n}{1-\left(-\frac{1}{2}\right)}$$

$$=\boldsymbol{\frac{\sqrt{3}}{3}\left\{1-\left(-\frac{1}{2}\right)^n\right\}}$$

(3)　(2) から　　$\lim_{n\to\infty} x_n = 1$，$\lim_{n\to\infty} y_n = \frac{\sqrt{3}}{3}$

(4)　$\overrightarrow{\mathrm{P}_{2n-1}\mathrm{P}_{2n+1}} = (x_{2n+1}-x_{2n-1},\ y_{2n+1}-y_{2n-1})$ であり

$$x_{2n+1}-x_{2n-1} = 1-\left(\frac{1}{2}\right)^{2n+1}-\left\{1-\left(\frac{1}{2}\right)^{2n-1}\right\}$$

$$= -\left(\frac{1}{2}\right)^{2n+1}+\left(\frac{1}{2}\right)^{2n-1} = \left(-\frac{1}{4}+1\right)\left(\frac{1}{2}\right)^{2n-1}$$

$$= \frac{3}{4}\left(\frac{1}{2}\right)^{2n-1}$$

◀(2) の結果を利用。

◀$\left(\frac{1}{2}\right)^{2n+1} = \left(\frac{1}{2}\right)^2\left(\frac{1}{2}\right)^{2n-1}$

$$y_{2n+1}-y_{2n-1} = \frac{\sqrt{3}}{3}\left\{1-\left(-\frac{1}{2}\right)^{2n+1}\right\}-\frac{\sqrt{3}}{3}\left\{1-\left(-\frac{1}{2}\right)^{2n-1}\right\}$$

$$= \frac{\sqrt{3}}{3}\left(-\frac{1}{4}+1\right)\left(-\frac{1}{2}\right)^{2n-1} = -\frac{\sqrt{3}}{4}\left(\frac{1}{2}\right)^{2n-1}$$

◀$\left(-\frac{1}{2}\right)^{2n-1} = -\left(\frac{1}{2}\right)^{2n-1}$

よって　　$l_n{}^2 = \left(\frac{9}{16}+\frac{3}{16}\right)\left(\frac{1}{2}\right)^{2(2n-1)} = \frac{3}{4}\cdot 4\left(\frac{1}{4}\right)^{2n} = 3\left(\frac{1}{4}\right)^{2n}$

したがって　　$\boldsymbol{l_n = \sqrt{3\left(\frac{1}{4}\right)^{2n}} = \sqrt{3}\left(\frac{1}{4}\right)^n}$　…… ①

(5)　① から　　$\boldsymbol{S} = \sum_{n=1}^{\infty} l_n = \frac{\frac{\sqrt{3}}{4}}{1-\frac{1}{4}} = \boldsymbol{\frac{\sqrt{3}}{3}}$

◀初項 $\frac{\sqrt{3}}{4}$，公比 $\frac{1}{4}$ の無限等比級数の和。

練習 25　➡ 本冊 p. 319

(1)　点 $\mathrm{A}_1(0,\ 0)$ を通る傾き 1 の直線 $y=x$ と直線 $y=-\frac{1}{2}x+1$ との交点 B_1 の x 座標が a_2 であるから，2 式 $y=x$，$y=-\frac{1}{2}x+1$ から y を消去して得られる x の方程式 $x=-\frac{1}{2}x+1$ の解が a_2 である。

よって，$a_2=-\frac{1}{2}a_2+1$ から　　$\boldsymbol{a_2=\frac{2}{3}}$

(2)　(1) と同様に，点 $\mathrm{A}_n(a_n,\ 0)$ を通る傾き 1 の直線 $y=x-a_n$ と直線 $y=-\frac{1}{2}x+1$ との交点 B_n の x 座標が a_{n+1} であるから，2 式 $y=x-a_n$，$y=-\frac{1}{2}x+1$ から y を消去して得られる x の方程式 $x-a_n=-\frac{1}{2}x+1$ の解が a_{n+1} である。

◀$y-0=1\cdot(x-a_n)$

よって，$a_{n+1}-a_n=-\frac{1}{2}a_{n+1}+1$ から　　$a_{n+1}=\frac{2}{3}a_n+\frac{2}{3}$

$a_{n+1}=\frac{2}{3}a_n+\frac{2}{3}$ を変形すると　　$a_{n+1}-2=\frac{2}{3}(a_n-2)$

◀$\alpha=\frac{2}{3}\alpha+\frac{2}{3}$ すなわち $3\alpha=2\alpha+2$ を解くと　$\alpha=2$

よって，数列 $\{a_n-2\}$ は初項 $a_1-2=-2$，公比 $\frac{2}{3}$ の等比数列であるから

$$a_n-2=-2\left(\frac{2}{3}\right)^{n-1}\quad すなわち\quad \boldsymbol{a_n=2-2\left(\frac{2}{3}\right)^{n-1}}$$

(3) $\triangle A_nA_{n+1}B_n$ の面積 S_n は

$$S_n=\frac{1}{2}(a_{n+1}-a_n)\left(-\frac{1}{2}a_{n+1}+1\right)$$
$$=\frac{1}{2}(a_{n+1}-a_n)^2$$
$$=\frac{1}{2}\left[\left\{2-2\left(\frac{2}{3}\right)^n\right\}-\left\{2-2\left(\frac{2}{3}\right)^{n-1}\right\}\right]^2$$
$$=\frac{1}{2}\left\{2\left(\frac{2}{3}\right)^{n-1}\left(1-\frac{2}{3}\right)\right\}^2$$
$$=\frac{2}{9}\left(\frac{4}{9}\right)^{n-1}$$

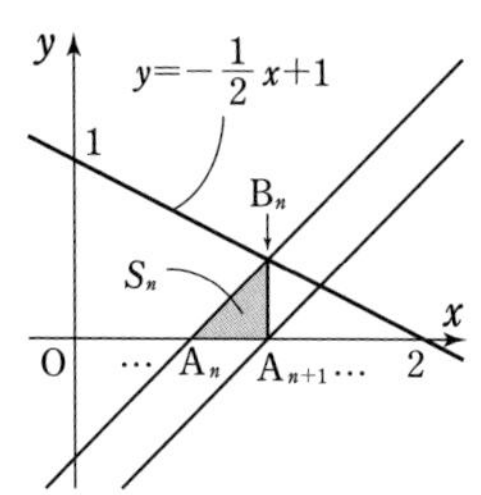

◀ $A_n(a_n,\ 0)$
$A_{n+1}(a_{n+1},\ 0)$,
$B_n\left(a_{n+1},\ -\frac{1}{2}a_{n+1}+1\right)$

よって，$\sum_{n=1}^{\infty}S_n$ は，初項が $\frac{2}{9}$，公比が $\frac{4}{9}$ の無限等比級数であるから，収束する。

したがって，その和は $\dfrac{\frac{2}{9}}{1-\frac{4}{9}}=\mathbf{\frac{2}{5}}$

◀ $\dfrac{a}{1-r}$

練習 26 ➡ 本冊 p. 320

(1) $\sum_{n=1}^{\infty}2\left(-\frac{2}{3}\right)^{n-1}$ は初項 2，公比 $-\frac{2}{3}$ の無限等比級数

$\sum_{n=1}^{\infty}3\left(\frac{1}{4}\right)^{n-1}$ は初項 3，公比 $\frac{1}{4}$ の無限等比級数

であり，$\left|-\frac{2}{3}\right|<1$，$\left|\frac{1}{4}\right|<1$ であるから，ともに収束して

$$\sum_{n=1}^{\infty}2\left(-\frac{2}{3}\right)^{n-1}=\frac{2}{1+\frac{2}{3}}=\frac{6}{5},\quad \sum_{n=1}^{\infty}3\left(\frac{1}{4}\right)^{n-1}=\frac{3}{1-\frac{1}{4}}=4$$

よって，与えられた無限級数は **収束** し，その **和** は

$$(\text{与式})=\sum_{n=1}^{\infty}2\left(-\frac{2}{3}\right)^{n-1}+\sum_{n=1}^{\infty}3\left(\frac{1}{4}\right)^{n-1}=\frac{6}{5}+4=\mathbf{\frac{26}{5}}$$

◀ $\sum_{n=1}^{\infty}a_n$，$\sum_{n=1}^{\infty}b_n$ が収束するとき
$\sum_{n=1}^{\infty}(a_n+b_n)=\sum_{n=1}^{\infty}a_n+\sum_{n=1}^{\infty}b_n$

(2) $(1-2)+\left(\frac{1}{2}+\frac{2}{3}\right)+\left(\frac{1}{2^2}-\frac{1}{3^2}\right)+\cdots\cdots$

$$=\sum_{n=1}^{\infty}\left\{\left(\frac{1}{2}\right)^{n-1}-2\left(-\frac{1}{3}\right)^{n-1}\right\}$$

$\sum_{n=1}^{\infty}\left(\frac{1}{2}\right)^{n-1}$ は初項 1，公比 $\frac{1}{2}$ の無限等比級数

$\sum_{n=1}^{\infty}2\left(-\frac{1}{3}\right)^{n-1}$ は初項 2，公比 $-\frac{1}{3}$ の無限等比級数

であり，$\left|\frac{1}{2}\right|<1$，$\left|-\frac{1}{3}\right|<1$ であるから，ともに収束して

$$\sum_{n=1}^{\infty}\left(\frac{1}{2}\right)^{n-1}=\frac{1}{1-\frac{1}{2}}=2,\quad \sum_{n=1}^{\infty}2\left(-\frac{1}{3}\right)^{n-1}=\frac{2}{1+\frac{1}{3}}=\frac{3}{2}$$

よって，与えられた無限級数は **収束** し，その **和** は

$$(\text{与式})=\sum_{n=1}^{\infty}\left(\frac{1}{2}\right)^{n-1}-\sum_{n=1}^{\infty}2\left(-\frac{1}{3}\right)^{n-1}=2-\frac{3}{2}=\mathbf{\frac{1}{2}}$$

◀ $\sum_{n=1}^{\infty}a_n$，$\sum_{n=1}^{\infty}b_n$ が収束するとき
$\sum_{n=1}^{\infty}(a_n+b_n)=\sum_{n=1}^{\infty}a_n+\sum_{n=1}^{\infty}b_n$

練習 27 ➡ 本冊 p. 321

[1] $n=2m$ のとき

$$S_{2m}=(b_1+b_2)+(b_3+b_4)+\cdots\cdots+(b_{2m-1}+b_{2m})$$
$$=\sum_{l=1}^{m}(b_{2l-1}+b_{2l})=\sum_{l=1}^{m}\left(\log\frac{2l+1}{2l-1}-\log\frac{2l+2}{2l}\right)$$
$$=\sum_{l=1}^{m}[\{\log(2l+1)-\log(2l-1)\}+\{\log 2l-\log(2l+2)\}]$$
$$=\sum_{l=1}^{m}\{-\log(2l-1)+\log 2l+\log(2l+1)-\log(2l+2)\}$$
$$=(-\log 1+\log 2+\log 3-\log 4)$$
$$+(-\log 3+\log 4+\log 5-\log 6)+\cdots\cdots$$
$$+\{-\log(2m-1)+\log 2m+\log(2m+1)-\log(2m+2)\}$$
$$=-\log 1+\log 2+\log(2m+1)-\log(2m+2)$$
$$=\log\frac{2(2m+1)}{2m+2}=\log\frac{2m+1}{m+1}$$

$n\longrightarrow\infty$ のとき $m\longrightarrow\infty$ であるから

$$\lim_{m\to\infty}S_{2m}=\lim_{m\to\infty}\log\frac{2+\frac{1}{m}}{1+\frac{1}{m}}=\log 2$$

[2] $n=2m-1$ のとき

$$S_{2m-1}=S_{2m}-b_{2m}=S_{2m}+\log\frac{2m+2}{2m}=S_{2m}+\log\frac{m+1}{m}$$

$$\lim_{m\to\infty}S_{2m-1}=\lim_{m\to\infty}\left(S_{2m}+\log\frac{m+1}{m}\right)=\lim_{m\to\infty}\left\{S_{2m}+\log\left(1+\frac{1}{m}\right)\right\}$$
$$=\log 2+\log 1=\log 2$$

[1]，[2] より，$\lim_{m\to\infty}S_{2m}=\lim_{m\to\infty}S_{2m-1}=\log 2$ であるから

$$\lim_{n\to\infty}S_n=\boldsymbol{\log 2}$$

参考 $e=2.71828\cdots$ を底とする対数 $\log_e x$ を**自然対数**といい，底 e を省略して，単に $\boldsymbol{\log x}$ と書く。

◀消し合う項・残る項に注意。

◀$S_{2m}=S_{2m-1}+b_{2m}$

練習 28 ➡ 本冊 p. 322

(1) $S_n=2-\dfrac{n+2}{n}a_n$ で $n=1$ とすると　$S_1=2-3a_1$

$S_1=a_1$ であるから　$a_1=2-3a_1$　よって　$\boldsymbol{a_1=\frac{1}{2}}$

(2) $a_{n+1}=S_{n+1}-S_n=\left(2-\dfrac{n+3}{n+1}a_{n+1}\right)-\left(2-\dfrac{n+2}{n}a_n\right)$

$$=\frac{n+2}{n}a_n-\frac{n+3}{n+1}a_{n+1}$$

ゆえに　$\dfrac{2n+4}{n+1}a_{n+1}=\dfrac{n+2}{n}a_n$　よって　$\boldsymbol{a_{n+1}=\frac{n+1}{2n}a_n}$

(3) (2) の漸化式により

$$a_n=\frac{n}{2(n-1)}\cdot\frac{n-1}{2(n-2)}\cdot\cdots\cdots\cdot\frac{3}{2\cdot 2}\cdot\frac{2}{2\cdot 1}a_1$$
$$=\frac{1}{2^{n-1}}\cdot\frac{n}{n-1}\cdot\frac{n-1}{n-2}\cdot\cdots\cdots\cdot\frac{3}{2}\cdot\frac{2}{1}a_1=\frac{n}{2^{n-1}}a_1$$

(1) より $a_1=\dfrac{1}{2}$ であるから　$\boldsymbol{a_n=\frac{n}{2^n}}$

◀CHART
和 S_n と一般項 a_n
$\boldsymbol{a_1=S_1}$,
$\boldsymbol{a_n=S_n-S_{n-1}\ (n\geqq 2)}$

◀(3) $\dfrac{a_{n+1}}{n+1}=\dfrac{1}{2}\cdot\dfrac{a_n}{n}$ としても求められる。すなわち，数列 $\left\{\dfrac{a_n}{n}\right\}$ は初項 $\dfrac{a_1}{1}=\dfrac{1}{2}$，公比 $\dfrac{1}{2}$ の等比数列であるから

(4) $\sum_{k=1}^{n} ka_k=\sum_{k=1}^{n} k\cdot\frac{k}{2^k}=\sum_{k=1}^{n}\frac{k^2}{2^k}=T_n$ とすると

$$T_n=\frac{1^2}{2^1}+\frac{2^2}{2^2}+\frac{3^2}{2^3}+\cdots\cdots+\frac{n^2}{2^n}$$

$$\frac{1}{2}T_n=\qquad\frac{1^2}{2^2}+\frac{2^2}{2^3}+\cdots\cdots+\frac{(n-1)^2}{2^n}+\frac{n^2}{2^{n+1}}$$

辺々を引くと

$$\frac{1}{2}T_n=\frac{1}{2^1}+\frac{3}{2^2}+\frac{5}{2^3}+\cdots\cdots+\frac{2n-1}{2^n}-\frac{n^2}{2^{n+1}}$$

よって　$T_n=1+\frac{3}{2^1}+\frac{5}{2^2}+\cdots\cdots+\frac{2n-1}{2^{n-1}}-\frac{n^2}{2^n}$

ここで，$U_n=1+\frac{3}{2^1}+\frac{5}{2^2}+\cdots\cdots+\frac{2n-1}{2^{n-1}}$ とすると，

$\lim_{n\to\infty}\frac{n^2}{2^n}=0$ であるから，T_n の極限は U_n の極限に等しい。

$$U_n=1+\frac{3}{2^1}+\frac{5}{2^2}+\cdots\cdots+\frac{2n-1}{2^{n-1}}$$

$$\frac{1}{2}U_n=\qquad\frac{1}{2^1}+\frac{3}{2^2}+\cdots\cdots+\frac{2n-3}{2^{n-1}}+\frac{2n-1}{2^n}$$

辺々を引くと

$$\frac{1}{2}U_n=1+\frac{2}{2^1}+\frac{2}{2^2}+\cdots\cdots+\frac{2}{2^{n-1}}-\frac{2n-1}{2^n}$$

よって　$\frac{1}{2}U_n=1+\frac{1\cdot\left\{1-\left(\frac{1}{2}\right)^{n-1}\right\}}{1-\frac{1}{2}}-\frac{2n-1}{2^n}$

ゆえに　$U_n=2+4\left\{1-\left(\frac{1}{2}\right)^{n-1}\right\}-\frac{2n-1}{2^{n-1}}$

$\lim_{n\to\infty}\left(\frac{1}{2}\right)^{n-1}=0$，$\lim_{n\to\infty}\frac{2n-1}{2^{n-1}}=0$ であるから

$$\lim_{n\to\infty}\sum_{k=1}^{n} ka_k=\lim_{n\to\infty}T_n=\lim_{n\to\infty}U_n=2+4=\mathbf{6}$$

◀ $\frac{a_n}{n}=\frac{1}{2}\cdot\left(\frac{1}{2}\right)^{n-1}$　よって　$a_n=\frac{n}{2^n}$

◀(等差)×(等比)の和 …… $S-rS$

◀ $n^2-(n-1)^2=2n-1$

◀ $\lim_{n\to\infty}n^2p^n=0$ において $p=\frac{1}{2}$ の場合。この極限は，例題 17 の結果から得られる。

◀ $\frac{2}{2^1}+\frac{2}{2^2}+\cdots+\frac{2}{2^{n-1}}$ は初項 1，公比 $\frac{1}{2}$，項数 $n-1$ の等比数列の和。

◀ $0<\frac{2n}{2^{n-1}}\leqq 4\cdot\frac{n^2}{2^n}$ はさみうちの原理。

練習 29　➡本冊 p. 323

$n\geqq 1$ のとき　$n\geqq\sqrt{n}$　　したがって　$\frac{1}{\sqrt{n}}\geqq\frac{1}{n}$

ゆえに，$S_n=\sum_{k=1}^{n}\frac{1}{\sqrt{k}}$，$S_n'=\sum_{k=1}^{n}\frac{1}{k}$ とおくと　$S_n\geqq S_n'$

無限級数 $\sum_{n=1}^{\infty}\frac{1}{n}$ は発散するから　$\lim_{n\to\infty}S_n'=\lim_{n\to\infty}\sum_{k=1}^{n}\frac{1}{k}=\infty$

よって　$\lim_{n\to\infty}S_n=\infty$

したがって，$\sum_{n=1}^{\infty}\frac{1}{\sqrt{n}}$ は発散する。

◀ $n-\sqrt{n}=\sqrt{n}(\sqrt{n}-1)\geqq 0$

◀例題 29 (2) の結果。

練習 30　➡本冊 p. 328

(1) $\lim_{x\to 3}(x-3)=0$ であるから　$\lim_{x\to 3}(\sqrt{4x+a}-b)=0$

ゆえに　$\sqrt{12+a}-b=0$

よって　$b=\sqrt{12+a}$　…… ①

◀① は極限が有限な値になるための必要条件。

このとき　$\displaystyle\lim_{x\to3}\frac{\sqrt{4x+a}-b}{x-3}=\lim_{x\to3}\frac{\sqrt{4x+a}-\sqrt{12+a}}{x-3}$

$\displaystyle=\lim_{x\to3}\frac{4x+a-(12+a)}{(x-3)(\sqrt{4x+a}+\sqrt{12+a})}$

◀分子の有理化。

$\displaystyle=\lim_{x\to3}\frac{4(x-3)}{(x-3)(\sqrt{4x+a}+\sqrt{12+a})}$

$\displaystyle=\lim_{x\to3}\frac{4}{\sqrt{4x+a}+\sqrt{12+a}}=\frac{2}{\sqrt{12+a}}$

◀$\displaystyle\frac{4}{\sqrt{12+a}+\sqrt{12+a}}$

ゆえに　$\displaystyle\frac{2}{\sqrt{12+a}}=\frac{2}{5}$　　よって　$a=13$

◀$\sqrt{12+a}=5$ から　$12+a=5^2$

① から　$b=5$　　したがって　$\boldsymbol{(a,\ b)=(13,\ 5)}$

◀必要十分条件。

(2)　$\displaystyle\lim_{x\to8}(\sqrt[3]{x}-2)=0$ であるから　$\displaystyle\lim_{x\to8}(ax^2+bx+8)=0$

ゆえに　$64a+8b+8=0$

よって　$b=-8a-1$　…… ①

◀① は極限が有限な値になるための必要条件。この条件を使って極限を計算し，得られた極限値が 84 となるように a，b の値を決定する。

このとき　$\displaystyle\lim_{x\to8}\frac{ax^2+bx+8}{\sqrt[3]{x}-2}=\lim_{x\to8}\frac{ax^2-(8a+1)x+8}{\sqrt[3]{x}-2}$

$\displaystyle=\lim_{x\to8}\frac{(ax-1)(x-8)}{\sqrt[3]{x}-2}$

$\displaystyle=\lim_{x\to8}(ax-1)(\sqrt[3]{x^2}+2\sqrt[3]{x}+4)$

◀$x-8=(\sqrt[3]{x})^3-2^3$
$=(\sqrt[3]{x}-2)(\sqrt[3]{x^2}+2\sqrt[3]{x}+4)$

$=12(8a-1)$

ゆえに　$12(8a-1)=84$　　よって　$a=1$

① から　$b=-9$　　したがって　$\boldsymbol{a=1,\ b=-9}$

◀必要十分条件。

練習 31　➡ 本冊 p. 329

(1)　$\displaystyle\lim_{x\to1+0}\frac{(x-1)^2}{|x^2-1|}=\lim_{x\to1+0}\frac{(x-1)^2}{x^2-1}=\lim_{x\to1+0}\frac{x-1}{x+1}=0$

◀$x>1 \Longrightarrow x^2-1>0$
$x<1 \Longrightarrow x^2-1<0$

$\displaystyle\lim_{x\to1-0}\frac{(x-1)^2}{|x^2-1|}=\lim_{x\to1-0}\frac{(x-1)^2}{-(x^2-1)}=\lim_{x\to1-0}\frac{x-1}{-(x+1)}=0$

よって　$\displaystyle\lim_{x\to1}\frac{(x-1)^2}{|x^2-1|}=\boldsymbol{0}$

(2)　$x \longrightarrow +0$ のとき　$\dfrac{1}{x}\longrightarrow\infty$ より，　$3^{\frac{1}{x}}\longrightarrow\infty$

$x \longrightarrow -0$ のとき　$\dfrac{1}{x}\longrightarrow-\infty$ より，$3^{\frac{1}{x}}\longrightarrow+0$

よって，$x\longrightarrow0$ のとき $3^{\frac{1}{x}}$ の **極限はない。**

◀$\displaystyle\lim_{x\to+0}3^{\frac{1}{x}}\neq\lim_{x\to-0}3^{\frac{1}{x}}$

(3)　$\displaystyle\lim_{x\to2+0}\frac{[x+1]-x}{x-[x]}=\lim_{x\to2+0}\frac{3-x}{x-2}=\infty$

$\displaystyle\lim_{x\to2-0}\frac{[x+1]-x}{x-[x]}=\lim_{x\to2-0}\frac{2-x}{x-1}=0$

よって，**極限はない。**

◀$\displaystyle\lim_{x\to2+0}\frac{[x+1]-x}{x-[x]}\neq\lim_{x\to2-0}\frac{[x+1]-x}{x-[x]}$

練習 32 ➡ 本冊 p. 331

(1) $\displaystyle\lim_{x\to-\infty}\frac{3^x+5^x}{3^x-5^x}=\lim_{x\to-\infty}\frac{1+\left(\frac{5}{3}\right)^x}{1-\left(\frac{5}{3}\right)^x}=\mathbf{1}$

(2) $\displaystyle\lim_{x\to\infty}\left\{\left(\frac{3}{2}\right)^x+\left(\frac{4}{3}\right)^x\right\}^{\frac{1}{x}}=\lim_{x\to\infty}\frac{3}{2}\left\{1+\left(\frac{8}{9}\right)^x\right\}^{\frac{1}{x}}=\mathbf{\frac{3}{2}}$

◀ $\frac{3}{2}>\frac{4}{3}$ より，$\left(\frac{3}{2}\right)^x$ をくくり出す。

(3) $\displaystyle\lim_{x\to\infty}\{\log_2(8x^2+2)-2\log_2(5x+3)\}$

$\displaystyle=\lim_{x\to\infty}\log_2\frac{8x^2+2}{(5x+3)^2}=\lim_{x\to\infty}\log_2\frac{8+\frac{2}{x^2}}{\left(5+\frac{3}{x}\right)^2}$

$\displaystyle=\log_2\frac{8}{5^2}=\log_2 8-\log_2 5^2=\mathbf{3-2\log_2 5}$

◀ $\log_2 8=3$

(4) $x=\dfrac{1}{t}$ とおくと　$x\longrightarrow+0$ のとき　$t\longrightarrow\infty$

よって　$\displaystyle\lim_{x\to+0}x\log x=\lim_{t\to\infty}\frac{1}{t}\log\frac{1}{t}=\lim_{t\to\infty}\left(-\frac{\log t}{t}\right)=\mathbf{0}$

◀ $\displaystyle\lim_{x\to\infty}\frac{\log x}{x}=0$ を利用。

練習 33 ➡ 本冊 p. 332

(1) $y=x^2+2kx$ …… ①，$x^2+y^2=1$ …… ② とする。

点Pは曲線 ② 上にあるから，点Pの座標は　$(\cos\alpha,\ \sin\alpha)$

更に，点Pは曲線 ① 上にあるから　$\sin\alpha=\cos^2\alpha+2k\cos\alpha$

$\cos\alpha\neq0$ であるから　$\boldsymbol{k}=\dfrac{\sin\alpha-\cos^2\alpha}{2\cos\alpha}=\mathbf{\dfrac{1}{2}(\tan\alpha-\cos\alpha)}$

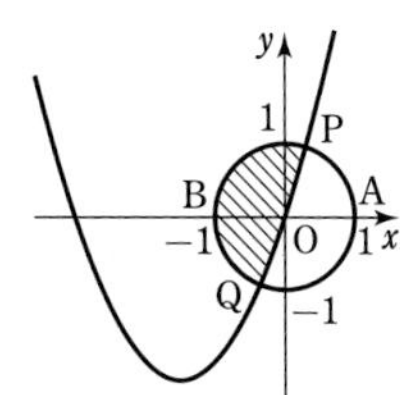

(2) $\overset{\frown}{\mathrm{PBQ}}$ の中心角は　$\angle\mathrm{POQ}=\pi-\alpha+\beta$

したがって，点Bを含む扇形 POQ の面積は

$$\frac{1}{2}\cdot1^2\cdot(\pi-\alpha+\beta)=\frac{1}{2}(\pi-\alpha+\beta)$$

◀ 半径 r，中心角 θ の扇形の面積 S は $S=\frac{1}{2}r^2\theta$

直線 OP と放物線 ① で囲まれる部分の面積は

$$\int_0^{\cos\alpha}\{\tan\alpha\cdot x-(x^2+2kx)\}\,dx$$

$$=-\int_0^{\cos\alpha}x(x-\cos\alpha)\,dx=-\left(-\frac{1}{6}\cos^3\alpha\right)=\frac{1}{6}\cos^3\alpha$$

◀ 直線 OP の傾きは $\tan\alpha$

点Qの座標は　$(\cos(\pi+\beta),\ \sin(\pi+\beta))$

すなわち　$(-\cos\beta,\ -\sin\beta)$

ゆえに，直線 OQ と放物線 ① で囲まれる部分の面積は，同様に

$$\int_{-\cos\beta}^0\{\tan\beta\cdot x-(x^2+2kx)\}\,dx=\frac{1}{6}\cos^3\beta$$

◀ 直線 OQ の傾きは $\tan\beta$

よって　$\boldsymbol{S(k)=\frac{1}{2}(\pi-\alpha+\beta)+\frac{1}{6}(\cos^3\alpha+\cos^3\beta)}$

(3) (1) の結果から　$k=\dfrac{1}{2}(\tan\alpha-\cos\alpha)$

$0<\alpha<\dfrac{\pi}{2}$ であるから　$k\longrightarrow\infty$ のとき　$\alpha\longrightarrow\dfrac{\pi}{2}-0$

◀ $k\longrightarrow\infty$ のとき $0<\cos\alpha<1$ から $\tan\alpha\longrightarrow\infty$

また，点Qは曲線 ① 上にあるから

$$-\sin\beta=\cos^2\beta-2k\cos\beta$$

$\cos\beta \neq 0$ であるから

$$k=\frac{\sin\beta+\cos^2\beta}{2\cos\beta}=\frac{1}{2}(\tan\beta+\cos\beta)$$

$0<\beta<\frac{\pi}{2}$ であるから　　$k \longrightarrow \infty$ のとき　$\beta \longrightarrow \frac{\pi}{2}-0$

◀$k \longrightarrow \infty$ のとき $0<\cos\beta<1$ から $\tan\beta \longrightarrow \infty$

よって

$$\lim_{k\to\infty}S(k)=\frac{1}{2}\left(\pi-\frac{\pi}{2}+\frac{\pi}{2}\right)+\frac{1}{6}\left(\cos^3\frac{\pi}{2}+\cos^3\frac{\pi}{2}\right)=\boldsymbol{\frac{\pi}{2}}$$

練習 34

➡ 本冊 p. 335

(1) $$\lim_{x\to 0}\frac{\sin\left(\frac{\pi}{2}\sin x\right)}{x}=\lim_{x\to 0}\frac{\sin\left(\frac{\pi}{2}\sin x\right)}{\frac{\pi}{2}\sin x}\cdot\frac{\pi}{2}\cdot\frac{\sin x}{x}=\boldsymbol{\frac{\pi}{2}}$$

◀$x \longrightarrow 0$ のとき $\frac{\pi}{2}\sin x \longrightarrow 0$

(2) $$\lim_{x\to 0}\frac{\sin(1-\cos x)}{x^2}=\lim_{x\to 0}\frac{\sin(1-\cos x)}{1-\cos x}\cdot\frac{1-\cos x}{x^2}$$

$$=\lim_{x\to 0}\frac{\sin(1-\cos x)}{1-\cos x}\cdot\frac{(1-\cos x)(1+\cos x)}{x^2(1+\cos x)}$$

$$=\lim_{x\to 0}\frac{\sin(1-\cos x)}{1-\cos x}\cdot\left(\frac{\sin x}{x}\right)^2\cdot\frac{1}{1+\cos x}$$

$$=\boldsymbol{\frac{1}{2}}$$

◀$x \longrightarrow 0$ のとき $1-\cos x \longrightarrow +0$

◀$1-\cos x$ は $1+\cos x$ とペアで扱う。

◀$1\cdot 1^2\cdot\frac{1}{1+1}$

(3) $x>0$ のとき，$-1\leqq\cos x\leqq 1$ から　　$-\frac{1}{x}\leqq\frac{\cos x}{x}\leqq\frac{1}{x}$

$\lim_{x\to\infty}\frac{1}{x}=0$, $\lim_{x\to\infty}\left(-\frac{1}{x}\right)=0$ であるから　　$\lim_{x\to\infty}\frac{\cos x}{x}=\boldsymbol{0}$

CHART
求めにくい極限
はさみうち　不等式利用

(4) $0\leqq\left|\sin\frac{1}{x}\right|\leqq 1$ であるから

$0\leqq|x|\left|\sin\frac{1}{x}\right|\leqq|x|$　すなわち　$0\leqq\left|x\sin\frac{1}{x}\right|\leqq|x|$

◀$|A||B|=|AB|$

$\lim_{x\to 0}|x|=0$ であるから

$\lim_{x\to 0}\left|x\sin\frac{1}{x}\right|=0$　　　よって　　$\lim_{x\to 0}x\sin\frac{1}{x}=\boldsymbol{0}$

◀$|A|=0 \iff A=0$

練習 35

➡ 本冊 p. 336

条件から　　$\angle\mathrm{OPQ}=\angle\mathrm{APO}=\angle\mathrm{PAO}=\theta$

ゆえに　　$\angle\mathrm{PQB}=\angle\mathrm{PAQ}+\angle\mathrm{APQ}=3\theta$

◀問題の図を参照。

$\triangle\mathrm{OPQ}$ において，正弦定理により

$$\frac{\mathrm{OQ}}{\sin\theta}=\frac{\mathrm{OP}}{\sin(\pi-3\theta)}\qquad よって\qquad \mathrm{OQ}=\frac{r\sin\theta}{\sin 3\theta}$$

◀$\sin(\pi-3\theta)=\sin 3\theta$

点Pが限りなく点Bに近づくとき，$\theta \longrightarrow +0$ であり

$$\lim_{\theta\to+0}\mathrm{OQ}=\lim_{\theta\to+0}r\cdot\frac{\sin\theta}{\theta}\cdot\frac{3\theta}{\sin 3\theta}\cdot\frac{1}{3}=r\cdot 1\cdot 1\cdot\frac{1}{3}=\frac{r}{3}$$

したがって，Qは **線分 OB を 1：2 に内分する点に近づく。**

練習 36

➡ 本冊 p. 339

(1) 数列 $\{S_n(x)\}$ が収束することは，初項 x，公比 $\frac{1-3x}{1-2x}$ の無限等比級数が収束することと同じであり，その条件は

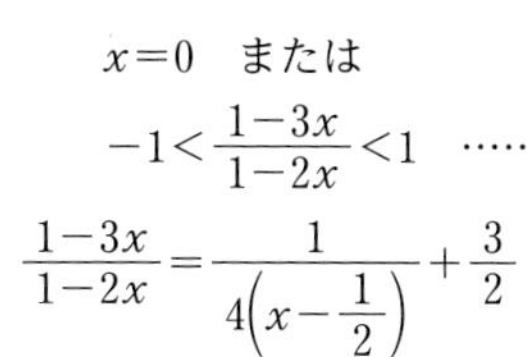

$x=0$ または

$-1<\dfrac{1-3x}{1-2x}<1$ …… ①

$\dfrac{1-3x}{1-2x}=\dfrac{1}{4\left(x-\dfrac{1}{2}\right)}+\dfrac{3}{2}$ であるから，

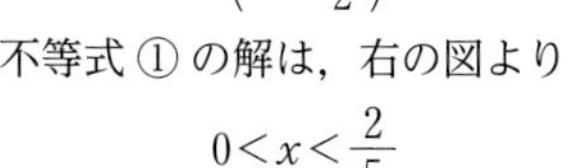

不等式 ① の解は，右の図より

$0<x<\dfrac{2}{5}$

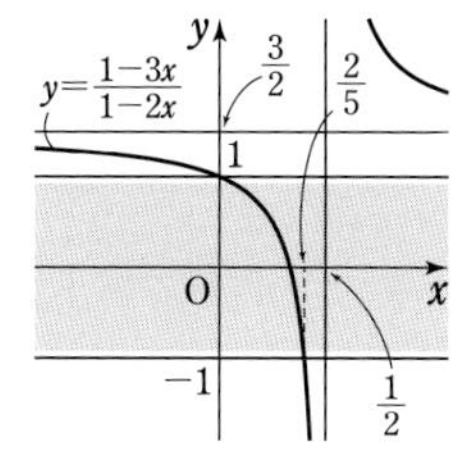

◀各辺に $(1-2x)^2$ を掛けて得られる式
$-(1-2x)^2<(1-3x)(1-2x)<(1-2x)^2$
を利用してもよい。

よって，求める x の値の範囲は　ア$\mathbf{0}\leqq x<$イ$\dfrac{\mathbf{2}}{\mathbf{5}}$

(2)　$0<x<\dfrac{2}{5}$ のとき　$S(x)=\lim\limits_{n\to\infty}S_n(x)=\dfrac{x}{1-\dfrac{1-3x}{1-2x}}=$ウ$\mathbf{1-2x}$

◀$\dfrac{(初項)}{1-(公比)}$

$x=0$ のとき　$S(x)=\lim\limits_{n\to\infty}S_n(x)=$エ$\mathbf{0}$

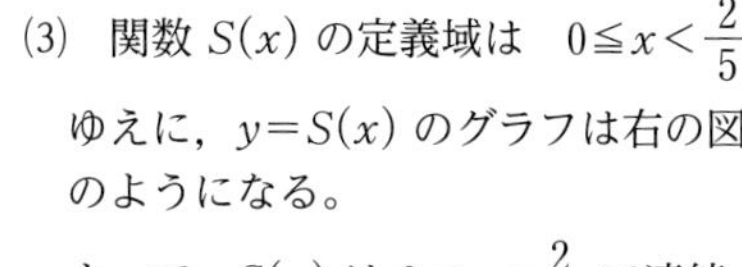

(3)　関数 $S(x)$ の定義域は　$0\leqq x<\dfrac{2}{5}$

ゆえに，$y=S(x)$ のグラフは右の図のようになる。

よって，$S(x)$ は $0<x<\dfrac{2}{5}$ で連続，

$x=$オ$\mathbf{0}$ で不連続である。

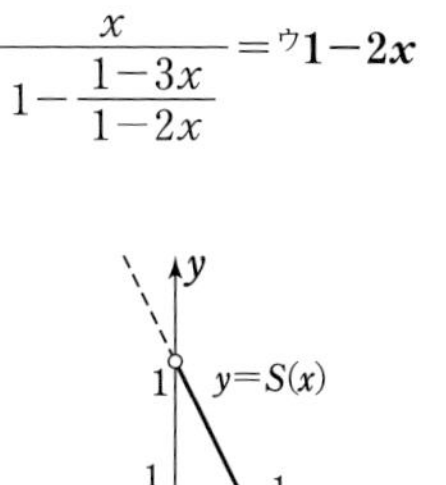

練習 37

➡ 本冊 p. 340

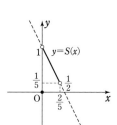

CHART **$\{x^n\}$ の極限　$x=\pm1$ で場合を分ける**

(1)　[1]　$-1<x<1$ のとき

$\lim\limits_{n\to\infty}x^n=0$ であるから　$f(x)=-x^2+bx+c$

[2]　$x=-1$ のとき　$f(x)=f(-1)=\dfrac{-a-1-b+c}{2}$

◀$(-1)^{2n}=1$，$(-1)^{2n-1}=-1$

[3]　$x=1$ のとき　$f(x)=f(1)=\dfrac{a-1+b+c}{2}$

[4]　$x<-1$，$1<x$ のとき

$$f(x)=\lim_{n\to\infty}\frac{\dfrac{a}{x}-\dfrac{1}{x^{2n-2}}+\dfrac{b}{x^{2n-1}}+\dfrac{c}{x^{2n}}}{1+\dfrac{1}{x^{2n}}}=\frac{a}{x}$$

◀$|x|>1$ のとき，$n\longrightarrow\infty$ とすると $\dfrac{1}{x^{2n}}\longrightarrow0$，$\dfrac{1}{x^{2n-1}}\longrightarrow0$，$\dfrac{1}{x^{2n-2}}\longrightarrow0$

$f(x)$ は $x<-1$，$-1<x<1$，$1<x$ において，それぞれ連続である。したがって，$f(x)$ が x の連続関数となるための条件は，$x=-1$ および $x=1$ で連続であることである。

よって　$\lim\limits_{x\to-1-0}f(x)=\lim\limits_{x\to-1+0}f(x)=f(-1)$　かつ　$\lim\limits_{x\to1-0}f(x)=\lim\limits_{x\to1+0}f(x)=f(1)$

ゆえに　$-a=-1-b+c=\dfrac{-a-1-b+c}{2}$，

◀$a-b+c=1$

$-1+b+c=a=\dfrac{a-1+b+c}{2}$

◀$a-b-c=-1$

よって　$\boldsymbol{a=b}$，$\boldsymbol{c=1}$

(2)　(1) の結果により

$-1<x<1$ のとき　$f(x)=-x^2+ax+1=-\left(x-\dfrac{a}{2}\right)^2+1+\dfrac{a^2}{4}$

◀軸は直線 $x=\dfrac{a}{2}$

$x=-1$ のとき　$f(-1)=-a$　　$x=1$ のとき　$f(1)=a$

$x<-1$, $1<x$ のとき　$f(x)=\frac{a}{x}$　　◀直角双曲線。

[1]　$0<\frac{a}{2}<1$ すなわち $0<a<2$ のとき，グラフは図 [1] のようになる。よって　$x=\frac{a}{2}$ で最大値 $1+\frac{a^2}{4}$

◀$a>0$ であるから，軸 $x=\frac{a}{2}$ は x 軸の正の部分にある。そこで，$0<$軸<1, $1\leqq$軸 の場合に分けて考える。

[2]　$1\leqq\frac{a}{2}$ すなわち $2\leqq a$ のとき，グラフは図 [2] のようになる。よって　$x=1$ で最大値 a

[1]

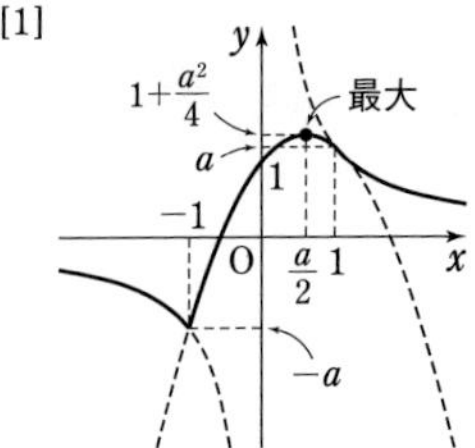

[2]

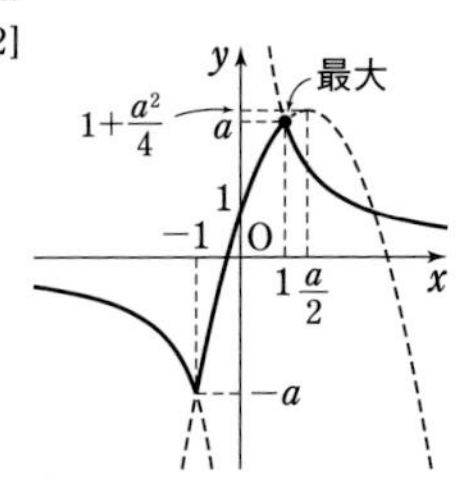

以上から　**$0<a<2$ のとき　$x=\frac{a}{2}$ で最大値 $1+\frac{a^2}{4}$**

$2\leqq a$ のとき　$x=1$ で最大値 a

(3)　[1]　$0<a<2$ のとき　◀(2) の結果を利用。

最大値が $\frac{5}{4}$ となるための条件は　$1+\frac{a^2}{4}=\frac{5}{4}$

ゆえに　$a^2=1$　　$0<a<2$ であるから　$a=1$　◀場合分けの条件を忘れないように注意。

これと (1) の結果により　$a=1$, $b=1$, $c=1$

[2]　$2\leqq a$ のとき

最大値が $\frac{5}{4}$ となるための条件は　$a=\frac{5}{4}$

これは $2\leqq a$ を満たさないから不適。

以上から　**$a=1$, $b=1$, $c=1$**

練習 38

➡ 本冊 p. 341

$h(x)=f(x)-g(x)$ とする。

関数 $f(x)$, $g(x)$ は区間 $[a,\ b]$ で連続であるから，関数 $h(x)$ も区間 $[a,\ b]$ で連続である。

$f(x)$ が $x=x_1$ で最大，$x=x_2$ で最小であるとする。　◀$x_1 \fallingdotseq x_2$

また，$g(x)$ が $x=x_3$ で最大，$x=x_4$ で最小であるとする。

条件から　$f(x_1)>g(x_3)$, $f(x_2)<g(x_4)$

一方，$g(x_3)$ は最大値であるから　$g(x_3)\geqq g(x_1)$

$g(x_4)$ は最小値であるから　$g(x_4)\leqq g(x_2)$

以上から　$f(x_1)>g(x_3)\geqq g(x_1)$, $f(x_2)<g(x_4)\leqq g(x_2)$

よって　$h(x_1)=f(x_1)-g(x_1)>0$, $h(x_2)=f(x_2)-g(x_2)<0$

したがって，方程式 $h(x)=0$ は x_1 と x_2 の間に解をもつ。　◀中間値の定理。

$a\leqq x_1\leqq b$, $a\leqq x_2\leqq b$ であるから，方程式 $h(x)=0$ すなわち $f(x)=g(x)$ は $a\leqq x\leqq b$ の範囲に解をもつ。

演習 10

➡ 本冊 p. 342

(1) $a(x_n)^n-b^n=a\left(\dfrac{a^n}{b}+\dfrac{b^n}{a}\right)-b^n=\dfrac{a^{n+1}}{b}>0$

$2b^n-a(x_n)^n=2b^n-a\left(\dfrac{a^n}{b}+\dfrac{b^n}{a}\right)=\dfrac{b^{n+1}-a^{n+1}}{b}>0$

よって　$b^n<a(x_n)^n<2b^n$

◀大小比較⟶差をとる。

◀$0<a<b \Longrightarrow a^{n+1}<b^{n+1}$

(2) $0<a<b$，$x_n>0$ であるから，(1) で証明した不等式の各辺の常用対数をとると

$$n\log_{10}b<\log_{10}a+n\log_{10}x_n<\log_{10}2+n\log_{10}b$$

したがって

$$\log_{10}b-\frac{\log_{10}a}{n}<\log_{10}x_n<\log_{10}b+\frac{\log_{10}2-\log_{10}a}{n}$$

ここで　$\displaystyle\lim_{n\to\infty}\left(\log_{10}b-\frac{\log_{10}a}{n}\right)=\log_{10}b$

$\displaystyle\lim_{n\to\infty}\left(\log_{10}b+\frac{\log_{10}2-\log_{10}a}{n}\right)=\log_{10}b$

よって　$\displaystyle\lim_{n\to\infty}\log_{10}x_n=\log_{10}b$　　ゆえに　$\displaystyle\boldsymbol{\lim_{n\to\infty}x_n=b}$

◀常用対数でなくて，底 a でもよいが，$0<a<1$ のときは不等号の向きが逆になることに注意。

◀はさみうちの原理。

演習 11

➡ 本冊 p. 342

(1) 3倍角の公式により

$f(x)=\sin 3x+\sin x=3\sin x-4\sin^3 x+\sin x=4\sin x-4\sin^3 x$

$=4\sin x(1-\sin^2 x)=4\sin x(1+\sin x)(1-\sin x)$

よって，$f(x)=0$ とすると　$\sin x=0,\ \pm 1$

ゆえに，$f(x)=0$ を満たす正の実数 x は，

$x=\dfrac{n\pi}{2}$ $(n=1,\ 2,\ \cdots\cdots)$ と表される。

したがって，$f(x)=0$ を満たす正の実数 x のうち，最小のものは

$$\boldsymbol{x=\frac{\pi}{2}}$$

◀和 ⟶ 積の公式を利用してもよい。
$\sin 3x+\sin x$
$=2\sin\dfrac{3x+x}{2}\cos\dfrac{3x-x}{2}$
$=2\sin 2x\cos x$
$f(x)=0$ とすると
$\sin 2x=0,\ \cos x=0$

(2) 2以上の正の整数 m に対して，$\dfrac{k\pi}{2}\leqq m<\dfrac{k+1}{2}\pi$ を満たす正の整数 k がただ1つ存在する。

このとき，$f(x)=0$ を満たす正の実数 x のうち，m 以下のものは (1) より，$x=\dfrac{\pi}{2}，\dfrac{2\pi}{2}，\dfrac{3\pi}{2}，\cdots\cdots，\dfrac{k\pi}{2}$ の k 個あるから

$$p(m)=k$$

$\dfrac{k\pi}{2}\leqq m<\dfrac{k+1}{2}\pi$ について

$\dfrac{k\pi}{2}\leqq m$ から　$k\leqq\dfrac{2m}{\pi}$，　$m<\dfrac{k+1}{2}\pi$ から　$k+1>\dfrac{2m}{\pi}$

よって　$\dfrac{2m}{\pi}-1<k\leqq\dfrac{2m}{\pi}$

各辺を m (>0) で割って　$\dfrac{2}{\pi}-\dfrac{1}{m}<\dfrac{p(m)}{m}\leqq\dfrac{2}{\pi}$

$\displaystyle\lim_{m\to\infty}\left(\frac{2}{\pi}-\frac{1}{m}\right)=\frac{2}{\pi}$ であるから　$\displaystyle\boldsymbol{\lim_{n\to\infty}\frac{p(m)}{m}=\frac{2}{\pi}}$

◀$\dfrac{p(m)}{m}=\dfrac{k}{m}$

◀はさみうちの原理。

2章 演習 [極限]

別解 (1)から，$f(x)=0$ を満たす正の実数 x は

$$x=\frac{n\pi}{2} \quad (n=1,\ 2,\ \cdots\cdots)$$

よって，$0<x\leqq m$ を満たす n は，$\dfrac{2m}{\pi}$ 以下の自然数である。

すなわち　$n=1,\ 2,\ \cdots\cdots,\ \left[\dfrac{2m}{\pi}\right]$

◀[　] はガウス記号。

ただし，$[y]$ は y を超えない最大の整数を表す。

◀$[y]\leqq y<[y]+1$

ゆえに　$p(m)=\left[\dfrac{2m}{\pi}\right]$

ここで，$\dfrac{2m}{\pi}-1<\left[\dfrac{2m}{\pi}\right]\leqq\dfrac{2m}{\pi}$ と表されるから

◀$y-1\leqq[y]<y$

$m>0$ のとき　$\dfrac{2}{\pi}-\dfrac{1}{m}<\dfrac{p(m)}{m}\leqq\dfrac{2}{\pi}$

$\displaystyle\lim_{m\to\infty}\left(\frac{2}{\pi}-\frac{1}{m}\right)=\frac{2}{\pi}$ であるから　$\displaystyle\boldsymbol{\lim_{m\to\infty}\frac{p(m)}{m}=\frac{2}{\pi}}$

◀はさみうちの原理。

演習 12 Ⅲ ➡本冊 $p.342$

(1) $a_n\leqq1$ のとき，$a_n-1\leqq0$ であるから

$$a_{n+1}=-(a_n-1)+a_n-1=0$$

◀$|a_n-1|=\begin{cases}a_n-1 & (a_n\geqq1)\\ 1-a_n & (a_n\leqq1)\end{cases}$

$\alpha\leqq1$ のとき，2 以上のすべての自然数 n に対して，$a_n=0$ となることを数学的帰納法を用いて示す。

[1] $n=2$ のとき

$a_1=\alpha\leqq1$ であるから　$a_2=0$

よって，$n=2$ のとき，$a_n=0$ は成り立つ。

[2] $n=k$ のとき，$a_k=0$ が成り立つと仮定する。

このとき　$a_{k+1}=|a_k-1|+a_k-1=-(0-1)+0-1=0$

◀$n=k+1$ の場合について考える。

よって，$n=k+1$ のときにも $a_n=0$ は成り立つ。

以上により，2 以上のすべての自然数に対して，$a_n=0$ であるから，数列 $\{a_n\}$ は **0 に収束する。**

(2) $a_n\geqq1$ のとき，$a_n-1\geqq0$ であるから

$$a_{n+1}=a_n-1+a_n-1=2a_n-2$$

$\alpha>2$ のとき，すべての自然数 n に対して，$a_n>2$ が成り立つことを数学的帰納法を用いて示す。

[1] $n=1$ のとき　$a_1=\alpha>2$

よって，$n=1$ のとき，$a_n>2$ は成り立つ。

[2] $n=k$ のとき，$a_k>2$ が成り立つと仮定する。

このとき　$a_{k+1}=2a_k-2>2\cdot2-2=2$

◀$n=k+1$ の場合について考える。

よって，$n=k+1$ のときにも $a_n>2$ は成り立つ。

以上により，すべての自然数 n に対して $a_n>2$ であるから

$$a_{n+1}=2a_n-2$$

変形すると　$a_{n+1}-2=2(a_n-2)$

◀$k=2k-2$ の解は $k=2$

ゆえに，数列 $\{a_n-2\}$ は初項 $\alpha-2$，公比 2 の等比数列である。

したがって　$a_n=(\alpha-2)\cdot2^{n-1}+2$

◀$a_n-2=(\alpha-2)\cdot2^{n-1}$

$\alpha>2$ であるから，数列 $\{a_n\}$ は **正の無限大に発散する。**

◀$\displaystyle\lim_{n\to\infty}(\alpha-2)\cdot2^{n-1}=\infty$

(3) $1<\alpha<\frac{3}{2}$ のとき，$a_2=2(\alpha-1)$ であるから　　$a_2<1$

(1) と同様に，3 以上のすべての自然数 n に対して，$a_n=0$ であるから，数列 $\{a_n\}$ は **0 に収束する。**

◀$1<\alpha<\frac{3}{2}$ から
$0<\alpha-1<\frac{1}{2}$
$0<2(\alpha-1)<1$

(4) $\frac{3}{2}\leqq\alpha<2$ のとき，すべての自然数 n に対して，$a_n\geqq1$ であると仮定する。

このとき，$a_{n+1}=2a_n-2$ が成り立つから，(2) より

$$a_n=(\alpha-2)\cdot2^{n-1}+2$$

$\alpha-2<0$ であるから　　$\lim_{n\to\infty}a_n=-\infty$

これは，すべての自然数 n に対して $a_n\geqq1$ であることに矛盾する。

よって，$a_n<1$ を満たす自然数 n が存在する。

このときの n を N とすると，(1) と同様に考えて，$n\geqq N+1$ となるすべての自然数 n で $a_n=0$ となる。

したがって，(1) から，数列 $\{a_n\}$ は **0 に収束する。**

◀例えば $\alpha=1.8$ とすると，$a_2=1.6$，$a_3=1.2$，$a_4=0.4$，$a_5=0$ となり，0 に収束することが予想される。よって，$a_n<1$ となる自然数 n が存在することを，背理法により示す。

演習 13 Ⅲ　➡ 本冊 p. 342

(1) $b_{n+1}=\frac{b_n}{2}+\frac{7}{12}$ を変形すると　　$b_{n+1}-\frac{7}{6}=\frac{1}{2}\left(b_n-\frac{7}{6}\right)$

◀$\alpha=\frac{\alpha}{2}+\frac{7}{12}$ を解くと　$\alpha=\frac{7}{6}$

ゆえに，数列 $\left\{b_n-\frac{7}{6}\right\}$ は初項 $b_1-\frac{7}{6}=r-\frac{7}{6}$，公比 $\frac{1}{2}$ の等比数列であるから　　$b_n-\frac{7}{6}=\left(r-\frac{7}{6}\right)\cdot\left(\frac{1}{2}\right)^{n-1}$

したがって　　$b_n=\left(r-\frac{7}{6}\right)\cdot\left(\frac{1}{2}\right)^{n-1}+\frac{7}{6}$

よって　　$\boldsymbol{\lim_{n\to\infty}b_n}=\lim_{n\to\infty}\left\{\left(r-\frac{7}{6}\right)\cdot\left(\frac{1}{2}\right)^{n-1}+\frac{7}{6}\right\}=\boldsymbol{\frac{7}{6}}$

◀$\left(r-\frac{7}{6}\right)\cdot0+\frac{7}{6}$

$c_{n+1}=\frac{c_n}{2}+\frac{5}{6}$ を変形すると　　$c_{n+1}-\frac{5}{3}=\frac{1}{2}\left(c_n-\frac{5}{3}\right)$

◀$\alpha=\frac{\alpha}{2}+\frac{5}{6}$ を解くと　$\alpha=\frac{5}{3}$

ゆえに，数列 $\left\{c_n-\frac{5}{3}\right\}$ は初項 $c_1-\frac{5}{3}=r-\frac{5}{3}$，公比 $\frac{1}{2}$ の等比数列であるから　　$c_n-\frac{5}{3}=\left(r-\frac{5}{3}\right)\cdot\left(\frac{1}{2}\right)^{n-1}$

したがって　　$c_n=\left(r-\frac{5}{3}\right)\cdot\left(\frac{1}{2}\right)^{n-1}+\frac{5}{3}$

よって　　$\boldsymbol{\lim_{n\to\infty}c_n}=\lim_{n\to\infty}\left\{\left(r-\frac{5}{3}\right)\cdot\left(\frac{1}{2}\right)^{n-1}+\frac{5}{3}\right\}=\boldsymbol{\frac{5}{3}}$

◀$\left(r-\frac{5}{3}\right)\cdot0+\frac{5}{3}$

(2) すべての自然数 n に対して，$b_n\leqq a_n\leqq c_n$ が成り立つことを数学的帰納法により示す。

[1] $a_1=r$，$b_1=r$，$c_1=r$ であるから，$n=1$ のとき $b_n\leqq a_n\leqq c_n$ は成り立つ。

[2] $n=k$ のとき，$b_k\leqq a_k\leqq c_k$ が成り立つと仮定する。

一般に，実数 x に対して，$x-1<[x]\leqq x$ が成り立つから，$a_k-1<[a_k]\leqq a_k$ が成り立つ。

◀$[x]\leqq x<[x]+1$

よって　　$\frac{a_k-1}{4}<\frac{[a_k]}{4}\leqq\frac{a_k}{4}$

ゆえに　$\dfrac{a_k}{2}-\dfrac{1}{4}<\dfrac{[a_k]}{4}+\dfrac{a_k}{4}\leqq\dfrac{a_k}{2}$

$\dfrac{a_k}{2}+\dfrac{7}{12}<\dfrac{[a_k]}{4}+\dfrac{a_k}{4}+\dfrac{5}{6}\leqq\dfrac{a_k}{2}+\dfrac{5}{6}$

$a_{k+1}=\dfrac{[a_k]}{4}+\dfrac{a_k}{4}+\dfrac{5}{6}$ であるから

$$\frac{a_k}{2}+\frac{7}{12}<a_{k+1}\leqq\frac{a_k}{2}+\frac{5}{6}\quad\cdots\cdots ①$$

ここで，$b_k\leqq a_k\leqq c_k$ により

$\dfrac{b_k}{2}+\dfrac{7}{12}\leqq\dfrac{a_k}{2}+\dfrac{7}{12}$ ……②，$\dfrac{a_k}{2}+\dfrac{5}{6}\leqq\dfrac{c_k}{2}+\dfrac{5}{6}$ ……③

①，②，③から　$\dfrac{b_k}{2}+\dfrac{7}{12}<a_{k+1}\leqq\dfrac{c_k}{2}+\dfrac{5}{6}$

したがって　$b_{k+1}<a_{k+1}\leqq c_{k+1}$

よって，$n=k+1$ のときにも $b_n\leqq a_n\leqq c_n$ は成り立つ。

[1]，[2] から，すべての自然数 n について，$b_n\leqq a_n\leqq c_n$ は成り立つ。

◀各辺に $\dfrac{a_k}{4}$ を加える。

◀更に，各辺に $\dfrac{5}{6}$ を加える。

(3) $\lim\limits_{n\to\infty}b_n=\dfrac{7}{6}$，$\lim\limits_{n\to\infty}c_n=\dfrac{5}{3}$ および $b_n\leqq a_n\leqq c_n$ から，n によらない十分大きい自然数 N が存在して，$n\geqq N$ のとき，$1<a_n<2$ が成り立つ。

このとき，$[a_n]=1$ から　$a_{n+1}=\dfrac{1}{4}+\dfrac{a_n}{4}+\dfrac{5}{6}=\dfrac{a_n}{4}+\dfrac{13}{12}$

よって　$a_{n+1}=\dfrac{a_n}{4}+\dfrac{13}{12}$ $(n=N,\ N+1,\ \cdots\cdots)$

これを変形すると　$a_{n+1}-\dfrac{13}{9}=\dfrac{1}{4}\left(a_n-\dfrac{13}{9}\right)$

ゆえに，数列 $\left\{a_n-\dfrac{13}{9}\right\}$ $(n=N,\ N+1,\ \cdots\cdots)$ は初項 $a_N-\dfrac{13}{9}$，公比 $\dfrac{1}{4}$ の等比数列であるから　$a_n-\dfrac{13}{9}=\left(a_N-\dfrac{13}{9}\right)\cdot\left(\dfrac{1}{4}\right)^{n-N}$

よって　$a_n=\left(a_N-\dfrac{13}{9}\right)\cdot\left(\dfrac{1}{4}\right)^{n-N}+\dfrac{13}{9}$

N は n によらない定数であるから　$\lim\limits_{n\to\infty}\left(a_N-\dfrac{13}{9}\right)\cdot\left(\dfrac{1}{4}\right)^{n-N}=0$

したがって　$\boldsymbol{\lim\limits_{n\to\infty}a_n=\dfrac{13}{9}}$

◀(2) より，$b_n\leqq a_n\leqq c_n$ であるが，$\lim\limits_{n\to\infty}b_n\neq\lim\limits_{n\to\infty}c_n$ であるから，はさみうちの原理により，$\lim\limits_{n\to\infty}a_n$ を求めることはできない。

◀$\alpha=\dfrac{\alpha}{4}+\dfrac{13}{12}$ を解くと　$\alpha=\dfrac{13}{9}$

演習 14 Ⅲ ➡本冊 p. 343

(1) 数列 $\{x_n\}$ が収束すると仮定して，その極限値を α とすると

$$\lim_{n\to\infty}x_n=\lim_{n\to\infty}x_{n+1}=\alpha$$

よって，$x_{n+1}=\sqrt{a+x_n}$ において $n\longrightarrow\infty$ とすると

$$\alpha=\sqrt{a+\alpha}$$

この両辺を平方して整理すると　$\alpha^2-\alpha-a=0$

$\alpha>0$ であるから　$\alpha=\boldsymbol{\dfrac{1+\sqrt{1+4a}}{2}}$

◀定義の漸化式から，$\{x_n\}$ は単調に増加する数列で，$x_1=\sqrt{a}>0$ であるから　$\alpha>0$

(2) $x_n=\sqrt{a+x_{n-1}}$, $\alpha=\sqrt{a+\alpha}$ であるから

$$x_n-\alpha=\sqrt{a+x_{n-1}}-\sqrt{a+\alpha}=\frac{(a+x_{n-1})-(a+\alpha)}{\sqrt{a+x_{n-1}}+\sqrt{a+\alpha}}$$
$$=\frac{1}{\sqrt{a+x_{n-1}}+\sqrt{a+\alpha}}(x_{n-1}-\alpha)$$

$\alpha=\dfrac{1+\sqrt{1+4a}}{2}>\dfrac{1+1}{2}=1$ であるから　$\sqrt{a+\alpha}>1$

よって　$0\leqq|x_n-\alpha|=\dfrac{1}{\sqrt{a+x_{n-1}}+\sqrt{a+\alpha}}|x_{n-1}-\alpha|$

$$<\frac{1}{\sqrt{a+\alpha}}|x_{n-1}-\alpha|$$
$$<\left(\frac{1}{\sqrt{a+\alpha}}\right)^{n-1}|x_1-\alpha|\longrightarrow 0 \quad (n\longrightarrow\infty)$$

ゆえに　$\lim_{n\to\infty}|x_n-\alpha|=0$　よって　$\lim_{n\to\infty}x_n=\alpha$

◀$\lim_{n\to\infty}x_n=\alpha$ を示すには，$n\longrightarrow\infty$ のとき $x_n-\alpha\longrightarrow 0$ を示す。

◀$0<\dfrac{1}{\sqrt{a+\alpha}}<1$

◀はさみうちの原理。

演習 15

➡ 本冊 p.343

$a_n=\left(\dfrac{1}{2}\right)^n\cos\dfrac{n\pi}{6}$ とし，$S_n=\sum_{k=0}^{n}\left(\dfrac{1}{2}\right)^k\cos\dfrac{k\pi}{6}$ とする。

l を 0 以上 5 以下の整数とすると

$$a_{6n+l}=\left(\frac{1}{2}\right)^{6n+l}\cos\frac{(6n+l)\pi}{6}=\left(\frac{1}{64}\right)^n\left(\frac{1}{2}\right)^l\cos\left(n\pi+\frac{l\pi}{6}\right)$$
$$=\left(\frac{1}{64}\right)^n\left(\frac{1}{2}\right)^l(-1)^n\cos\frac{l\pi}{6}=\left(-\frac{1}{64}\right)^n\left(\frac{1}{2}\right)^l\cos\frac{l\pi}{6}$$
$$=\left(-\frac{1}{64}\right)^n a_l$$

◀$\cos(n\pi+\theta)=(-1)^n\cos\theta$

$n\geqq1$ において

$$S_{6n-1}=\sum_{k=0}^{6n-1}a_k=(a_0+a_1+a_2+a_3+a_4+a_5)\sum_{k=1}^{n}\left(-\frac{1}{64}\right)^{k-1}$$
$$=\left\{1\cdot1+\frac{1}{2}\cdot\frac{\sqrt{3}}{2}+\frac{1}{4}\cdot\frac{1}{2}+\frac{1}{8}\cdot0+\frac{1}{16}\cdot\left(-\frac{1}{2}\right)\right.$$
$$\left.+\frac{1}{32}\cdot\left(-\frac{\sqrt{3}}{2}\right)\right\}\times\frac{1-\left(-\frac{1}{64}\right)^n}{1-\left(-\frac{1}{64}\right)}$$
$$=\frac{14+3\sqrt{3}}{13}\times\left\{1-\left(-\frac{1}{64}\right)^n\right\}$$

◀$\sum_{k=1}^{n}\left(-\dfrac{1}{64}\right)^{k-1}$ は，初項 1，公比 $-\dfrac{1}{64}$ の初項から第 n 項までの和。

$\left|-\dfrac{1}{64}\right|<1$ であるから　$\lim_{n\to\infty}S_{6n-1}=\dfrac{14+3\sqrt{3}}{13}$

また，$\left|\left(\dfrac{1}{2}\right)^n\cos\dfrac{n\pi}{6}\right|\leqq\left|\left(\dfrac{1}{2}\right)^n\right|=\left(\dfrac{1}{2}\right)^n$ であるから

$$0\leqq\left|\left(\frac{1}{2}\right)^n\cos\frac{n\pi}{6}\right|\leqq\left(\frac{1}{2}\right)^n$$

◀$-1\leqq\cos\dfrac{n\pi}{6}\leqq1$

$\lim_{n\to\infty}\left(\dfrac{1}{2}\right)^n=0$ であるから　$\lim_{n\to\infty}\left|\left(\dfrac{1}{2}\right)^n\cos\dfrac{n\pi}{6}\right|=0$

◀はさみうちの原理。

よって　$\lim_{n\to\infty}\left(\dfrac{1}{2}\right)^n\cos\dfrac{n\pi}{6}=0$　すなわち　$\lim_{n\to\infty}a_n=0$

ここで，S_{6n}，S_{6n+1}，S_{6n+2}，S_{6n+3}，S_{6n+4} について

$$S_{6n}=S_{6n-1}+a_{6n}$$
$$S_{6n+1}=S_{6n-1}+a_{6n}+a_{6n+1}$$
$$S_{6n+2}=S_{6n-1}+a_{6n}+a_{6n+1}+a_{6n+2}$$
$$S_{6n+3}=S_{6n-1}+a_{6n}+a_{6n+1}+a_{6n+2}+a_{6n+3}$$
$$S_{6n+4}=S_{6n-1}+a_{6n}+a_{6n+1}+a_{6n+2}+a_{6n+3}+a_{6n+4}$$

◀具体的に和を計算するのではなく，先に求めた S_{6n-1} を利用して，それぞれの和を表す。

$\lim_{n\to\infty}a_n=0$ であるから

$$\lim_{n\to\infty}a_{6n}=\lim_{n\to\infty}a_{6n+1}=\lim_{n\to\infty}a_{6n+2}=\lim_{n\to\infty}a_{6n+3}=\lim_{n\to\infty}a_{6n+4}=0$$

よって　$\lim_{n\to\infty}S_{6n+4}=\lim_{n\to\infty}S_{6n+3}=\lim_{n\to\infty}S_{6n+2}=\lim_{n\to\infty}S_{6n+1}=\lim_{n\to\infty}S_{6n}$

$$=\lim_{n\to\infty}S_{6n-1}=\frac{14+3\sqrt{3}}{13}$$

したがって　$\lim_{n\to\infty}S_n=\sum_{n=0}^{\infty}\left(\frac{1}{2}\right)^n\cos\frac{n\pi}{6}=\boldsymbol{\frac{14+3\sqrt{3}}{13}}$

演習 16 ➡本冊 *p*. 343

(1)　$w^2=(a+bi)^2=a^2-b^2+2abi$,

$-2\overline{w}=-2(a-bi)=-2a+2bi$

◀w^2，$-2\overline{w}$ をそれぞれ a，b の式に直す。

$w^2=-2\overline{w}$ から　$a^2-b^2+2abi=-2a+2bi$

よって　$a^2-b^2=-2a$ …… ①，　$2ab=2b$ …… ②

◀複素数の相等。

② において，$b>0$ であることから　$\boldsymbol{a=1}$

$a=1$ を ① に代入して　$b^2=3$　$b>0$ であるから　$\boldsymbol{b=\sqrt{3}}$

(2)　(1) から　$w=1+\sqrt{3}\,i=2\left(\frac{1}{2}+\frac{\sqrt{3}}{2}i\right)=2\left(\cos\frac{\pi}{3}+i\sin\frac{\pi}{3}\right)$

◀w を極形式で表す。

ゆえに　$\alpha_n=r^{n+1}\left\{2\left(\cos\frac{\pi}{3}+i\sin\frac{\pi}{3}\right)\right\}^{2-3n}$

$$=r^{n+1}\cdot2^{2-3n}\left\{\cos\left(\frac{2}{3}\pi-n\pi\right)+i\sin\left(\frac{2}{3}\pi-n\pi\right)\right\}$$

◀ド・モアブルの定理 $(\cos\theta+i\sin\theta)^n=\cos n\theta+i\sin n\theta$

よって　$\boldsymbol{c_n}=r^{n+1}\cdot2^{2-3n}\cos\left(\frac{2}{3}\pi-n\pi\right)$

◀c_n は α_n の実部。

$$=r^{n+1}\cdot2^{2-3n}\cdot(-1)^n\cos\frac{2}{3}\pi=\boldsymbol{(-r)^{n+1}\cdot2^{1-3n}}$$

◀$\cos n\pi=(-1)^n$

(3)　$c_1=\frac{r^2}{4}$，$\frac{c_{n+1}}{c_n}=-\frac{r}{8}$ であるから，数列 $\{c_n\}$ は初項 $\frac{r^2}{4}$，公比 $-\frac{r}{8}$ の等比数列である。

◀$\frac{c_{n+1}}{c_n}=\frac{(-r)^{n+2}}{(-r)^{n+1}}\cdot\frac{2^{1-3(n+1)}}{2^{1-3n}}$　(初項)$\neq0$

ゆえに，無限等比級数 $\sum_{n=1}^{\infty}c_n$ が収束し，その和が $\frac{8}{3}$ であるための条件は

$$\left|-\frac{r}{8}\right|<1 \text{ …… ③}\quad\text{かつ}\quad\frac{\frac{r^2}{4}}{1-\left(-\frac{r}{8}\right)}=\frac{8}{3}\text{ …… ④}$$

◀|公比|<1 かつ $\frac{(初項)}{1-(公比)}=\frac{8}{3}$

③ から　$-8<r<8$　$r>0$ から　$0<r<8$ …… ⑤

◀$|r|<8$

④ から　$3r^2-4r-32=0$　よって　$(r-4)(3r+8)=0$

⑤ から　$\boldsymbol{r=4}$

演習 17 Ⅲ ➡本冊 $p.343$

(1) 1試合目では，ルールから優勝者は決定しないから　$\boldsymbol{a_1=0}$

2試合目で優勝者が決定するのはAまたはBが2連勝するときであるから　$\boldsymbol{a_2}=\frac{1}{2}\cdot(1-p)+\frac{1}{2}\cdot(1-p)=\boldsymbol{1-p}$

3試合目で優勝者が決定するのは，勝者が順にA，C，CまたはB，C，Cのときであるから　$\boldsymbol{a_3}=\frac{1}{2}\cdot p\cdot p+\frac{1}{2}\cdot p\cdot p=\boldsymbol{p^2}$

4試合目で優勝者が決定するのは，勝者が順にA，C，B，BまたはB，C，A，Aのときであるから

$$\boldsymbol{a_4}=\frac{1}{2}\cdot p\cdot(1-p)\cdot\frac{1}{2}+\frac{1}{2}\cdot p\cdot(1-p)\cdot\frac{1}{2}=\boldsymbol{\frac{1}{2}p(1-p)}$$

参考　A，B，Cの3人が行う試合は，大相撲における優勝決定戦の方式の1種である巴(ともえ)戦と呼ばれるものである。

(2) (1)と同様に考えると，$3k$ 回目で優勝者が決まるとすれば，その優勝者はCである。

◀1，4，7，…$(3k-2)$ 試合目では，AとBが必ず戦う。

$k=1$ のとき，(1)から　$a_{3\cdot1}=p^2$

$k=2$ のとき，勝者の順は

A，C，B，A，C，C　または　B，C，A，B，C，C

ゆえに，$k\geqq2$ のときは，上と同様に考えて

勝者の順が(A，C，B)の組を $k-1$ 回繰り返した後　A，C，C

または　勝者の順が(B，C，A)の組を $k-1$ 回繰り返した後　B，C，C

となるときである。

勝者の順がA，C，BまたはB，C，Aとなる確率は，ともに　$\frac{1}{2}p(1-p)$

勝者の順がA，C，CまたはB，C，Cとなる確率は，ともに　$\frac{1}{2}p^2$

よって，$k\geqq2$ のとき

$$a_{3k}=2\cdot\left\{\frac{1}{2}p(1-p)\right\}^{k-1}\cdot\frac{1}{2}p^2=p^2\left\{\frac{1}{2}p(1-p)\right\}^{k-1}$$

これは $k=1$ のときも成り立つ。

◀$k=1$ を代入すると $p^2\left\{\frac{1}{2}p(1-p)\right\}^0=p^2$

したがって　$\boldsymbol{a_{3k}=p^2\left\{\frac{1}{2}p(1-p)\right\}^{k-1}}$

(3) Cが優勝する可能性があるのは，$3k$ 試合目(k は自然数)である。

よって，Cが優勝する確率は　$\sum_{k=1}^{\infty}a_{3k}=\sum_{k=1}^{\infty}p^2\left\{\frac{1}{2}p(1-p)\right\}^{k-1}$

$\sum_{k=1}^{\infty}p^2\left\{\frac{1}{2}p(1-p)\right\}^{k-1}$ は，初項 p^2，公比 $\frac{1}{2}p(1-p)$ の無限等比級数である。

ここで，$\frac{1}{2}p(1-p)=-\frac{1}{2}\left(p-\frac{1}{2}\right)^2+\frac{1}{8}$ であるから，$0<p<1$ の範囲において　$0<\frac{1}{2}p(1-p)\leqq\frac{1}{8}<1$

◀$y=-\frac{1}{2}\left(x-\frac{1}{2}\right)^2+\frac{1}{8}$ のグラフは，上に凸の放物線で，$x=\frac{1}{2}$ のとき最大値 $\frac{1}{8}$ をとる。

ゆえに，この無限等比級数は収束して，その和は

$$\sum_{k=1}^{\infty}a_{3k}=\sum_{k=1}^{\infty}p^2\left\{\frac{1}{2}p(1-p)\right\}^{k-1}=\frac{p^2}{1-\frac{1}{2}p(1-p)}=\boldsymbol{\frac{2p^2}{p^2-p+2}}$$

(4)　Cが優勝する確率の条件から　$\dfrac{2p^2}{p^2-p+2} \geqq \dfrac{1}{3}$

◀(3) の結果を利用。

$p^2-p+2=\left(p-\dfrac{1}{2}\right)^2+\dfrac{7}{4}>0$ であるから，分母を払って整理すると　$5p^2+p-2 \geqq 0$

◀$6p^2 \geqq p^2-p+2$

これを解くと　$p \leqq \dfrac{-1-\sqrt{41}}{10}$，$\dfrac{-1+\sqrt{41}}{10} \leqq p$

ここで　$\dfrac{-1-\sqrt{41}}{10}<0$

また，$6<\sqrt{41}<7$ から　$\dfrac{1}{2}<\dfrac{-1+\sqrt{41}}{10}<\dfrac{3}{5}$

ゆえに，$0<p<1$ であるから　$\dfrac{-1+\sqrt{41}}{10} \leqq p<1$

次に，$\dfrac{n-1}{100}<\dfrac{-1+\sqrt{41}}{10} \leqq \dfrac{n}{100}$ …… ① を満たす自然数 n を求める。

$\dfrac{-1+\sqrt{41}}{10}=\dfrac{-10+10\sqrt{41}}{100}=\dfrac{-10+\sqrt{4100}}{100}$ であり，

$64^2=4096$，$65^2=4225$ であるから　$64<\sqrt{4100}<65$

よって　$54<-10+\sqrt{4100}<55$

n は単調に増加するから，① を満たす n は　55

したがって，求める N の最小値は　**55**

◀$-10+\sqrt{4100}=54+\alpha$ $(0<\alpha<1)$ とすると，$n=55$ は ① を満たす。

演習 18 Ⅲ　➡ 本冊 p. 344

(1)　$\boldsymbol{R_n}=\sum_{k=0}^{n} r^k=\dfrac{1\cdot(1-r^{n+1})}{1-r}=\boldsymbol{\dfrac{1-r^{n+1}}{1-r}}$

◀初項 $r^0=1$，公比 r，項数 $n+1$ の等比数列の和。

また　$S_n=1+2r+3r^2+\cdots\cdots+nr^{n-1}$

$rS_n=r+2r^2+\cdots\cdots+(n-1)r^{n-1}+nr^n$

辺々を引くと，$r \neq 1$ であるから

$(1-r)S_n=1+r+r^2+\cdots\cdots+r^{n-1}-nr^n$

$=\dfrac{1-r^n}{1-r}-nr^n$

$\boldsymbol{S_n=\dfrac{1-r^n}{(1-r)^2}-\dfrac{nr^n}{1-r}}$

◀(等差)×(等比) 型の数列の和 $S \longrightarrow S-rS$ を計算（r は等比数列部分の公比)。

◀$1-r \neq 0$

(2)　$n \geqq 2$ のとき

$T_n=2\cdot1+3\cdot2r+\cdots\cdots+n(n-1)r^{n-2}$

$rT_n=2\cdot1\cdot r+\cdots\cdots+(n-1)(n-2)r^{n-2}+n(n-1)r^{n-1}$

◀S_n と求めるのと同様の方針。

辺々を引くと，$(k+1)k-k(k-1)=2k$ $(k=1,\ 2,\ \cdots\cdots,\ n-1)$ であるから

$(1-r)T_n=\sum_{k=1}^{n-1} 2kr^{k-1}-n(n-1)r^{n-1}$

$=2S_{n-1}-n(n-1)r^{n-1}$

$=2\left\{\dfrac{1-r^{n-1}}{(1-r)^2}-\dfrac{(n-1)r^{n-1}}{1-r}\right\}-n(n-1)r^{n-1}$

◀$(1-r)T_n$
$=2\cdot1+2\cdot2r+\cdots\cdots$
$+2(n-1)r^{n-2}$
$-n(n-1)r^{n-1}$

◀(1) の S_n の結果の式を利用。

したがって，$n \geqq 2$ のとき

$$T_n=2\left\{\frac{1-r^{n-1}}{(1-r)^3}-\frac{(n-1)r^{n-1}}{(1-r)^2}\right\}-\frac{n(n-1)r^{n-1}}{1-r} \quad \cdots\cdots ①$$

◀$1-r \neq 0$

$T_1=0$ であるから，① は $n=1$ のときも成り立つ。

よって　$$\boldsymbol{T_n=2\left\{\frac{1-r^{n-1}}{(1-r)^3}-\frac{(n-1)r^{n-1}}{(1-r)^2}\right\}-\frac{n(n-1)r^{n-1}}{1-r}}$$

(3)　数列 $\{n^2r^n\}$ の初項から第 n 項までの和を U_n とすると

◀まず，部分和を求める。

$$U_n=\sum_{k=0}^{n}k^2r^k=\sum_{k=0}^{n}\{k(k-1)+k\}r^k$$

$$=r^2\sum_{k=0}^{n}k(k-1)r^{k-2}+r\sum_{k=0}^{n}kr^{k-1}=r^2T_n+rS_n$$

◀**(1), (2) は (3) のヒント**
(1), (2) の結果を利用するために，
$k^2=k(k-1)+k$ と変形する。

ここで，$|r|<1$ より，$\lim_{n\to\infty}r^n=0$，$\lim_{n\to\infty}nr^n=0$ であるから

$$\lim_{n\to\infty}S_n=\frac{1}{(1-r)^2}$$

また，$\lim_{n\to\infty}n(n-1)r^n=0$ であるから

$$\lim_{n\to\infty}T_n=\lim_{n\to\infty}\left[2\left\{\frac{1-r^{n-1}}{(1-r)^3}-\frac{(n-1)r^{n-1}}{(1-r)^2}\right\}-\frac{n(n-1)r^n}{r(1-r)}\right]$$

$$=\frac{2}{(1-r)^3}$$

よって　$$\lim_{n\to\infty}U_n=\lim_{n\to\infty}(r^2T_n+rS_n)=r^2\cdot\frac{2}{(1-r)^3}+r\cdot\frac{1}{(1-r)^2}$$

$$=\frac{2r^2+r(1-r)}{(1-r)^3}=\frac{r(r+1)}{(1-r)^3}$$

すなわち　$$\sum_{k=1}^{\infty}k^2r^k=\boldsymbol{\frac{r(r+1)}{(1-r)^3}}$$

演習 19

➡ 本冊 $p.$ 344

(1)　円 O_n の中心をO，内接する正 n 角形の頂点を反時計回りに A_1, A_2, ……, A_n とする。
また，中心Oから直線 $\mathrm{A_1A_2}$ に下ろした垂線と直線 $\mathrm{A_1A_2}$ の交点Mは，線分 $\mathrm{A_1A_2}$ の中点である。

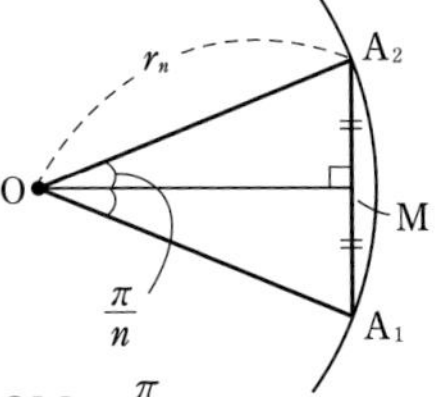

◀円の中心から弦に引いた垂線は，その弦を 2 等分する。

$\angle\mathrm{A_2OA_1}=\dfrac{2\pi}{n}$ から　$\angle\mathrm{A_2OM}=\angle\mathrm{A_1OM}=\dfrac{\pi}{n}$

したがって，$\mathrm{A_1A_2}=2r_n\sin\dfrac{\pi}{n}$ であるから

$$2nr_n\sin\frac{\pi}{n}=2 \quad \text{すなわち} \quad \boldsymbol{r_n=\frac{1}{n\sin\frac{\pi}{n}}}$$

(2)　$\mathrm{OM}=r_n\cos\dfrac{\pi}{n}$ から

$$\boldsymbol{a_n}=n\cdot\frac{1}{2}\cdot\mathrm{A_1A_2}\cdot\mathrm{OM}=n\cdot\frac{1}{2}\cdot2r_n\sin\frac{\pi}{n}\cdot r_n\cos\frac{\pi}{n}$$

$$=n\cdot\frac{1}{n^2\sin^2\frac{\pi}{n}}\cdot\sin\frac{\pi}{n}\cos\frac{\pi}{n}=\boldsymbol{\frac{1}{n\tan\frac{\pi}{n}}}$$

◀$\triangle\mathrm{OA_1A_2}$ と合同な三角形が全部で n 個ある。

(3) 円 O_n に外接する正 n 角形の頂点を反時計回りに B_1，B_2，……，B_n とする。
また，直線 $\mathrm{B}_1\mathrm{B}_2$ と円 O_n の接点をNとすると，Nは線分 $\mathrm{B}_1\mathrm{B}_2$ の中点である。

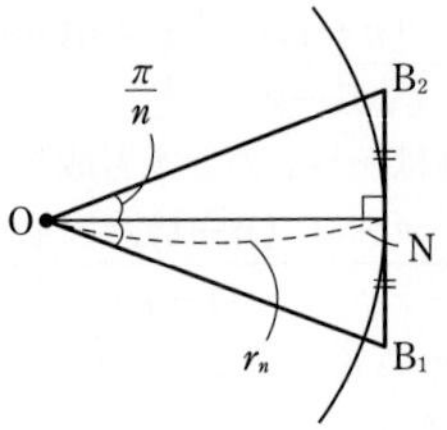

◀円外の点から引いた接線の長さは等しい。

よって　$b_n=n\cdot\dfrac{1}{2}\cdot\mathrm{B}_1\mathrm{B}_2\cdot\mathrm{ON}$

$$=n\cdot\frac{1}{2}\cdot 2r_n\tan\frac{\pi}{n}\cdot r_n=nr_n{}^2\tan\frac{\pi}{n}$$

$$=n\cdot\frac{1}{n^2\sin^2\frac{\pi}{n}}\cdot\frac{\sin\frac{\pi}{n}}{\cos\frac{\pi}{n}}=\boldsymbol{\frac{1}{n\sin\frac{\pi}{n}\cos\frac{\pi}{n}}}$$

(4) $a_8=\dfrac{1}{8\tan\frac{\pi}{8}}$ であり

$$\tan^2\frac{\pi}{8}=\frac{1-\cos\frac{\pi}{4}}{1+\cos\frac{\pi}{4}}=\frac{\sqrt{2}-1}{\sqrt{2}+1}=(\sqrt{2}-1)^2$$

◀半角の公式
$\tan^2\dfrac{\theta}{2}=\dfrac{1-\cos\theta}{1+\cos\theta}$

$\tan\dfrac{\pi}{8}>0$ であるから　　$\tan\dfrac{\pi}{8}=\sqrt{2}-1$

よって　　$a_8=\dfrac{1}{8(\sqrt{2}-1)}=\dfrac{\sqrt{2}+1}{8(\sqrt{2}-1)(\sqrt{2}+1)}=\dfrac{1}{8}+\dfrac{1}{8}\sqrt{2}$

◀$p+q\sqrt{2}$（p，q は有理数）の形に表す。

したがって　　$\boldsymbol{p=q=\frac{1}{8}}$

(5) $n^k(b_n-a_n)=n^k\left(\dfrac{1}{n\sin\frac{\pi}{n}\cos\frac{\pi}{n}}-\dfrac{1}{n\tan\frac{\pi}{n}}\right)$

$$=n^{k-1}\cdot\frac{1-\cos^2\frac{\pi}{n}}{\sin\frac{\pi}{n}\cos\frac{\pi}{n}}$$

$$=n^{k-1}\cdot\frac{\sin^2\frac{\pi}{n}}{\sin\frac{\pi}{n}\cos\frac{\pi}{n}}=n^{k-1}\cdot\frac{\sin\frac{\pi}{n}}{\cos\frac{\pi}{n}}$$

$$=n^{k-1}\cdot\frac{\pi}{n}\cdot\frac{\sin\frac{\pi}{n}}{\frac{\pi}{n}}\cdot\frac{1}{\cos\frac{\pi}{n}}$$

$$=\pi n^{k-2}\cdot\frac{\sin\frac{\pi}{n}}{\frac{\pi}{n}}\cdot\frac{1}{\cos\frac{\pi}{n}}$$

◀$\dfrac{\pi}{n}=\theta$ とおくと
$\dfrac{1}{\sin\theta\cos\theta}-\dfrac{1}{\tan\theta}$
$=\dfrac{1}{\sin\theta\cos\theta}-\dfrac{\cos\theta}{\sin\theta}$
$=\dfrac{1-\cos^2\theta}{\sin\theta\cos\theta}$

$n\longrightarrow\infty$ のとき，$\dfrac{\pi}{n}\longrightarrow 0$ であるから

$$\lim_{\frac{\pi}{n}\to 0}\frac{\sin\frac{\pi}{n}}{\frac{\pi}{n}}=1,\quad \lim_{\frac{\pi}{n}\to 0}\frac{1}{\cos\frac{\pi}{n}}=1$$

◀$\lim_{\theta\to 0}\frac{\sin\theta}{\theta}=1$

よって，$n\longrightarrow\infty$ のとき $n^k(b_n-a_n)$ が 0 でない値に収束するのは，$k-2=0$ すなわち $\boldsymbol{k=2}$ のときであり　$\boldsymbol{\lim_{n\to\infty}n^2(b_n-a_n)=\pi}$

演習 20

➡ 本冊 p. 344

(1) $\sum_{n=1}^{\infty}\{(\cos x)^{n-1}-(\cos x)^{n+k-1}\}=\sum_{n=1}^{\infty}\{1-(\cos x)^k\}(\cos x)^{n-1}$

これは初項 $1-(\cos x)^k$，公比 $\cos x$ の無限等比級数であるから，収束するための条件は

◀無限等比級数の収束条件は　(初項)=0　または　|公比|<1

$$1-(\cos x)^k=0 \quad\text{または}\quad -1<\cos x<1$$

$-1<\cos x<1$ を満たす x に対しては収束する。

そこで，$\cos x=\pm 1$ のときの極限について調べる。

[1]　$\cos x=1$ すなわち $x=2m\pi$ (m は整数) のとき

初項は $1-(\cos x)^k=0$ であるから，0 に収束する。

[2]　$\cos x=-1$ すなわち $x=(2m+1)\pi$ (m は整数) のとき

公比は -1 である。

初項は，k が偶数ならば $1-(-1)^k=0$　　よって，収束する。

k が奇数ならば $1-(-1)^k=2$　　よって，発散する。

以上から，求める条件は　　**k が正の偶数**

(2) $x=0$ のとき　$1-(\cos x)^k=0$ であるから　$f(0)=0$

$x\longrightarrow 0$ のとき，x は 0 と異なる値をとりながら 0 に近づくから，$x\neq 0$ すなわち $\cos x\neq 1$ であり

$$f(x)=\frac{1-\cos^k x}{1-\cos x}=1+\cos x+\cos^2 x+\cdots\cdots+\cos^{k-1}x$$

◀$1-\cos^k x=(1-\cos x)(1+\cos x+\cos^2 x+\cdots+\cos^{k-1}x)$

よって　$\lim_{x\to 0}f(x)=k\neq 0$

$\lim_{x\to 0}f(x)\neq f(0)$ であるから，$f(x)$ は $x=0$ で連続でない。

演習 21

➡ 本冊 p. 344

$f(x)+f(cx)=x^2$ …… ① とする。

① に $x=0$ を代入して　$f(0)+f(0)=0$　すなわち　$f(0)=0$

◀すべての実数 x に対して，① が成り立つから，$x=0$ を代入しても当然成り立つ。

k を 0 以上の整数として，① の x を $c^k x$ におき換えると

$$f(c^k x)+f(c^{k+1}x)=c^{2k}x^2$$

よって　$(-1)^k\{f(c^k x)+f(c^{k+1}x)\}=(-c^2)^k x^2$

両辺を $k=0$ から $k=n$ まで足し合わせると

$$\sum_{k=0}^{n}(-1)^k\{f(c^k x)+f(c^{k+1}x)\}=\sum_{k=0}^{n}(-c^2)^k x^2$$

ここで　$\sum_{k=0}^{n}(-1)^k\{f(c^k x)+f(c^{k+1}x)\}$

$=\{f(x)+f(cx)\}-\{f(cx)+f(c^2x)\}+\cdots\cdots$

$+(-1)^n\{f(c^n x)+f(c^{n+1}x)\}$

$=f(x)+(-1)^n f(c^{n+1}x)$

◀和をとると消しあう。

また，$-c^2\neq 1$ であるから

$$\sum_{k=0}^{n}(-c^2)^k x^2=\{1-c^2+c^4-\cdots\cdots+(-c^2)^n\}x^2$$
$$=\frac{1-(-c^2)^{n+1}}{1+c^2}x^2$$

◀{ }内は，初項 1，公比 $-c^2$ の等比数列の初項から第 $n+1$ 項までの和。

ゆえに　$f(x)+(-1)^n f(c^{n+1}x)=\dfrac{1-(-c^2)^{n+1}}{1+c^2}x^2$　…… ②

$-1<c<1$ であり，$f(x)$ は連続関数であるから，

$\lim\limits_{n\to\infty}|(-1)^n f(c^{n+1}x)|=|f(0)|=0$ より　$\lim\limits_{n\to\infty}(-1)^n f(c^{n+1}x)=0$

また　$\lim\limits_{n\to\infty}\dfrac{1-(-c^2)^{n+1}}{1+c^2}x^2=\dfrac{1}{1+c^2}x^2$

したがって，② から　$\boldsymbol{f(x)=\dfrac{1}{1+c^2}x^2}$

演習 22 Ⅲ　➡ 本冊 p. 344

$g(x)=f(x)-x$ とおくと，$g(x)$ は連続で

$$f(x)=g(x)+x$$

◀連続関数の差は連続関数。

(1)　不等式により　$|g(x)-g(a)+x-a|\leqq\dfrac{2}{3}|x-a|$

よって　$-\dfrac{2}{3}|x-a|\leqq g(x)-g(a)+x-a\leqq\dfrac{2}{3}|x-a|$

◀$|A|\leqq B \iff -B\leqq A\leqq B$

ここで　$h(x)=-\dfrac{2}{3}|x-a|-x+a+g(a)$

$$\leqq g(x)\leqq\frac{2}{3}|x-a|-x+a+g(a)=k(x)$$

のように，$h(x)$，$k(x)$ を定める。

$-x=t$ とおくと　$x \longrightarrow -\infty$ のとき　$t \longrightarrow \infty$

このとき　$-\dfrac{2}{3}|x-a|-x=-\dfrac{2}{3}|t+a|+t$

$$=t\left(-\frac{2}{3}\left|1+\frac{a}{t}\right|+1\right) \longrightarrow \infty$$

◀( )内 $\longrightarrow \dfrac{1}{3}$

よって，$\lim\limits_{x\to-\infty}h(x)=\infty$ であるから　$\lim\limits_{x\to-\infty}g(x)=\infty$

◀$h(x)\leqq g(x)$ から。

また，$x \longrightarrow \infty$ のとき

$$\frac{2}{3}|x-a|-x=x\left(\frac{2}{3}\left|1-\frac{a}{x}\right|-1\right) \longrightarrow -\infty$$

◀( )内 $\longrightarrow -\dfrac{1}{3}$

よって，$\lim\limits_{x\to\infty}k(x)=-\infty$ であるから　$\lim\limits_{x\to\infty}g(x)=-\infty$

◀$g(x)\leqq k(x)$ から。

すなわち　$\lim\limits_{x\to-\infty}g(x)=\infty$，$\lim\limits_{x\to\infty}g(x)=-\infty$

◀ある実数 $a(<0)$，$b(>0)$ が存在して
$g(a)>0$，$g(b)<0$

したがって，中間値の定理により，$g(c)=0$ すなわち $f(c)=c$ となる実数 c が存在し，曲線 $y=f(x)$ は直線 $y=x$ と必ず交わる。

(2)　x_1，x_2 を $x_1>x_2$ を満たす任意の実数とする。

$$g(x_1)-g(x_2)=f(x_1)-x_1-\{f(x_2)-x_2\}$$
$$=f(x_1)-f(x_2)-(x_1-x_2)$$

$|f(x_1)-f(x_2)|\leqq\dfrac{2}{3}|x_1-x_2|$ が成り立つならば

$$f(x_1)-f(x_2)\leqq\frac{2}{3}(x_1-x_2)$$

◀$|A|\leqq B \iff -B\leqq A\leqq B$

両辺から x_1-x_2 を引いて

$$f(x_1)-f(x_2)-(x_1-x_2) \leqq -\frac{1}{3}(x_1-x_2)$$

すなわち　$g(x_1)-g(x_2) \leqq -\frac{1}{3}(x_1-x_2)$

$x_1>x_2$ より $-\frac{1}{3}(x_1-x_2)<0$ であるから

$$g(x_1)-g(x_2)<0 \quad \text{すなわち} \quad g(x_1)<g(x_2)$$

$x_2<x_1 \Longrightarrow g(x_2)>g(x_1)$ であるから，$g(x)$ は単調に減少し，(1) の交点はただ 1 つしかない。

例 20 ➡本冊 p. 347

(1) $\displaystyle\lim_{h\to+0}\frac{f(0+h)-f(0)}{h}=\lim_{h\to+0}\frac{\sqrt{h}}{h}=\lim_{h\to+0}\sqrt{\frac{1}{h}}=\infty$

$\displaystyle\lim_{h\to-0}\frac{f(0+h)-f(0)}{h}=\lim_{h\to-0}\frac{\sqrt{-h}}{h}=\lim_{h\to-0}\left(-\sqrt{-\frac{1}{h}}\right)=-\infty$

よって，$x=0$ における微分係数は存在しない。

すなわち，$f(x)$ は $\boldsymbol{x=0}$ **で微分可能でない。**

一方 $\displaystyle\lim_{x\to+0}f(x)=\lim_{x\to+0}\sqrt{x}=0,\ \lim_{x\to-0}f(x)=\lim_{x\to-0}\sqrt{-x}=0$

ゆえに $\displaystyle\lim_{x\to0}f(x)=0$

また，$f(0)=0$ であるから $\displaystyle\lim_{x\to0}f(x)=f(0)$

よって，$f(x)$ は $\boldsymbol{x=0}$ **で連続である。**

◀$\displaystyle\lim_{h\to0}\frac{f(0+h)-f(0)}{h}$ が存在しない。

(2) $\displaystyle\lim_{h\to+0}\frac{f(0+h)-f(0)}{h}=\lim_{h\to+0}\frac{\sin h-0}{h}=\lim_{h\to+0}\frac{\sin h}{h}=1$

$\displaystyle\lim_{h\to-0}\frac{f(0+h)-f(0)}{h}=\lim_{h\to-0}\frac{(h^2+h)-0}{h}=\lim_{h\to-0}(h+1)=1$

$h\longrightarrow+0$ と $h\longrightarrow-0$ のときの極限値が一致し，$f'(0)=1$ となるから，$f(x)$ は $\boldsymbol{x=0}$ **で微分可能である。**

したがって，$f(x)$ は $\boldsymbol{x=0}$ **で連続である。**

例 21 ➡本冊 p. 347

(1) $\displaystyle \boldsymbol{y'}=\lim_{h\to0}\frac{\frac{(x+h)^2}{(x+h)-1}-\frac{x^2}{x-1}}{h}$

$\displaystyle=\lim_{h\to0}\frac{(x+h)^2(x-1)-x^2(x+h-1)}{h(x+h-1)(x-1)}$

$\displaystyle=\lim_{h\to0}\frac{h\{x^2+(h-2)x-h\}}{h(x+h-1)(x-1)}=\lim_{h\to0}\frac{x^2+(h-2)x-h}{(x+h-1)(x-1)}$

$\displaystyle=\frac{x^2-2x}{(x-1)(x-1)}=\boldsymbol{\frac{x(x-2)}{(x-1)^2}}$

◀ h で約分する。

(2) $\displaystyle \boldsymbol{y'}=\lim_{h\to0}\frac{\sqrt[3]{x+h}-\sqrt[3]{x}}{h}$

$\displaystyle=\lim_{h\to0}\frac{(x+h)-x}{h\{(\sqrt[3]{x+h})^2+\sqrt[3]{x+h}\sqrt[3]{x}+(\sqrt[3]{x})^2\}}$

$\displaystyle=\lim_{h\to0}\frac{1}{\sqrt[3]{(x+h)^2}+\sqrt[3]{x(x+h)}+\sqrt[3]{x^2}}$

$\displaystyle=\frac{1}{\sqrt[3]{x^2}+\sqrt[3]{x^2}+\sqrt[3]{x^2}}=\boldsymbol{\frac{1}{3\sqrt[3]{x^2}}}$

◀ $\frac{0}{0}$ の形の極限であるから，分子の有理化を考える。

例 22 ➡本冊 p. 354

(1) $\boldsymbol{y'}=4x^3-2\cdot3x^2+3\cdot1-0=\boldsymbol{4x^3-6x^2+3}$

◀ $\boldsymbol{(x^n)'=nx^{n-1}}$

(2) $\boldsymbol{y'}=(x^2+1)'(x^3-2x+4)+(x^2+1)(x^3-2x+4)'$

$=2x(x^3-2x+4)+(x^2+1)(3x^2-2)$

$=2x^4-4x^2+8x+3x^4+x^2-2=\boldsymbol{5x^4-3x^2+8x-2}$

◀ $\boldsymbol{(uv)'=u'v+uv'}$

(3) $y'=\left(5x-1+\dfrac{2}{x}-\dfrac{1}{x^2}\right)'=(5x-1+2x^{-1}-x^{-2})'$

$=5-2x^{-2}+2x^{-3}=5-\dfrac{2}{x^2}+\dfrac{2}{x^3}=\boldsymbol{\dfrac{5x^3-2x+2}{x^3}}$

◀商の導関数の公式を用いるよりも左の計算の方がらく。

(4) $y'=\dfrac{(3x-2)'(x^2+1)-(3x-2)(x^2+1)'}{(x^2+1)^2}$

$=\dfrac{3(x^2+1)-(3x-2)\cdot 2x}{(x^2+1)^2}=\boldsymbol{-\dfrac{3x^2-4x-3}{(x^2+1)^2}}$

◀$\left(\dfrac{u}{v}\right)'=\dfrac{u'v-uv'}{v^2}$

例 23 ➡本冊 p. 354

(1) $y'=3(2x^2-3)^2\cdot 4x=\boldsymbol{12x(2x^2-3)^2}$

(2) $y'=-\dfrac{2(3x-2)\cdot 3}{\{(3x-2)^2\}^2}=\boldsymbol{-\dfrac{6}{(3x-2)^3}}$

◀$u=(3x-2)^2$, $\left(\dfrac{1}{u}\right)'=-\dfrac{u'}{u^2}$

別解 $y'=\{(3x-2)^{-2}\}'=-2(3x-2)^{-3}\cdot 3=\boldsymbol{-\dfrac{6}{(3x-2)^3}}$

(3) $y'=(x^{\frac{2}{3}})'=\dfrac{2}{3}x^{-\frac{1}{3}}=\boldsymbol{\dfrac{2}{3\sqrt[3]{x}}}$

◀$\sqrt[3]{x^2}=x^{\frac{2}{3}}$ として計算してよい。

(4) $y'=\dfrac{1}{2}(x^2+1)^{-\frac{1}{2}}\cdot 2x=\boldsymbol{\dfrac{x}{\sqrt{x^2+1}}}$

◀$u=x^2+1$, $(\sqrt{u})'=\dfrac{1}{2\sqrt{u}}\cdot u'$

例 24 ➡本冊 p. 359

(1) $y'=\cos(1-2x)\cdot(1-2x)'=\boldsymbol{-2\cos(1-2x)}$

(2) $y'=\dfrac{1}{\cos^2 3x}\cdot 3=\boldsymbol{\dfrac{3}{\cos^2 3x}}$

(3) $y'=3\cos^2 x\cdot(-\sin x)$

$=\boldsymbol{-3\sin x\cos^2 x}$

◀$(u^3)'=3u^2\cdot u'$

(4) $y'=2x\cdot\sin(3x+5)+x^2\cdot\cos(3x+5)\cdot 3$

$=\boldsymbol{2x\sin(3x+5)+3x^2\cos(3x+5)}$

◀$(uv)'=u'v+uv'$

(5) $y'=\dfrac{(\cos x+\sin x)(\sin x+\cos x)-(\sin x-\cos x)(\cos x-\sin x)}{(\sin x+\cos x)^2}$

$=\dfrac{(\sin x+\cos x)^2+(\sin x-\cos x)^2}{\sin^2 x+2\sin x\cos x+\cos^2 x}=\boldsymbol{\dfrac{2}{1+\sin 2x}}$

◀$\left(\dfrac{u}{v}\right)'=\dfrac{u'v-uv'}{v^2}$

◀$\sin^2 x+\cos^2 x=1$, $2\sin x\cos x=\sin 2x$

(6) $y'=\dfrac{(\sin 2x)'}{2\sqrt{\sin 2x}}=\dfrac{\cos 2x\cdot 2}{2\sqrt{\sin 2x}}=\boldsymbol{\dfrac{\cos 2x}{\sqrt{\sin 2x}}}$

◀$(\sqrt{u})'=\dfrac{u'}{2\sqrt{u}}$

例 25 ➡本冊 p. 359

(1) $y'=\dfrac{(2x+1)'}{(2x+1)\log 2}=\boldsymbol{\dfrac{2}{(2x+1)\log 2}}$

◀$(\log_a u)'=\dfrac{u'}{u\log a}$

(2) $y'=\dfrac{(\sin x)'}{\sin x}=\boldsymbol{\dfrac{\cos x}{\sin x}}$

◀$(\log|u|)'=\dfrac{u'}{u}$

(3) $y'=\dfrac{(x+\sqrt{x^2+4})'}{x+\sqrt{x^2+4}}=\dfrac{1}{x+\sqrt{x^2+4}}\left(1+\dfrac{2x}{2\sqrt{x^2+4}}\right)$

$=\dfrac{1}{x+\sqrt{x^2+4}}\cdot\dfrac{\sqrt{x^2+4}+x}{\sqrt{x^2+4}}=\boldsymbol{\dfrac{1}{\sqrt{x^2+4}}}$

◀$(\log u)'=\dfrac{u'}{u}$

(4) $\boldsymbol{y'}=\dfrac{1-\sin x}{1+\sin x}\cdot\dfrac{\cos x(1-\sin x)-(1+\sin x)(-\cos x)}{(1-\sin x)^2}$

$=\dfrac{2\cos x}{(1+\sin x)(1-\sin x)}=\dfrac{2\cos x}{\cos^2 x}=\boldsymbol{\dfrac{2}{\cos x}}$

◀$y'=\dfrac{\left(\dfrac{1+\sin x}{1-\sin x}\right)'}{\dfrac{1+\sin x}{1-\sin x}}$

別解　$y=\log(1+\sin x)-\log(1-\sin x)$ であるから

$\boldsymbol{y'}=\dfrac{\cos x}{1+\sin x}-\dfrac{-\cos x}{1-\sin x}=\dfrac{2\cos x}{(1+\sin x)(1-\sin x)}=\boldsymbol{\dfrac{2}{\cos x}}$

(5) $\boldsymbol{y'}=(3^{-2x+1}\log 3)\cdot(-2x+1)'=\boldsymbol{-2\cdot 3^{-2x+1}\log 3}$

◀$(a^u)'=(a^u\log a)\cdot u'$

(6) $\boldsymbol{y'}=(2^{\sin x}\log 2)\cdot(\sin x)'=\boldsymbol{2^{\sin x}\cos x\log 2}$

(7) $\boldsymbol{y'}=(e^x)'\sin x+e^x(\sin x)'=e^x\sin x+e^x\cos x$

$\boldsymbol{=e^x(\sin x+\cos x)}$

◀$(uv)'=u'v+uv'$

(8) $\boldsymbol{y'}=\dfrac{(\log x)'\cdot x-\log x\cdot(x)'}{x^2}=\dfrac{\dfrac{1}{x}\cdot x-\log x\cdot 1}{x^2}$

$=\boldsymbol{\dfrac{1-\log x}{x^2}}$

◀$\left(\dfrac{u}{v}\right)'=\dfrac{u'v-uv'}{v^2}$

(9) $\boldsymbol{y'}=\dfrac{(e^x+e^{-x})^2-(e^x-e^{-x})^2}{(e^x+e^{-x})^2}=\dfrac{4e^xe^{-x}}{(e^x+e^{-x})^2}=\boldsymbol{\dfrac{4}{(e^x+e^{-x})^2}}$

別解　$y=1-\dfrac{2e^{-x}}{e^x+e^{-x}}=1-\dfrac{2}{e^{2x}+1}$ であるから

$\boldsymbol{y'}=-\left\{-\dfrac{2\cdot 2e^{2x}}{(e^{2x}+1)^2}\right\}=\dfrac{4e^{2x}}{(e^{2x}+1)^2}=\boldsymbol{\dfrac{4}{(e^x+e^{-x})^2}}$

練習 39 ➡ 本冊 p. 348

(1) $f'(0)=\lim_{x\to 0}\frac{f(x)-f(0)}{x-0}=\lim_{x\to 0}\frac{f(x)}{x}=\lim_{x\to 0}\left(\frac{1}{2}-x\sin\frac{1}{x}\right)$

$0\leqq\left|x\sin\frac{1}{x}\right|\leqq|x|$，$\lim_{x\to 0}|x|=0$ であるから　$\lim_{x\to 0}x\sin\frac{1}{x}=0$

◀はさみうちの原理。

したがって　$\boldsymbol{f'(0)}=\frac{1}{2}-0=\boldsymbol{\frac{1}{2}}$

(2) $\sin\frac{1}{x}=0$ から　$\frac{1}{x}=0,\ \pm\pi,\ \pm 2\pi,\ \pm 3\pi,\ \cdots\cdots$

このうち $\cos\frac{1}{x}<0$ を満たすのは　$\frac{1}{x}=\pm\pi,\ \pm 3\pi,\ \cdots\cdots$

◀$\frac{1}{x}=(2n-1)\pi$

よって　$\boldsymbol{x=\frac{1}{(2n-1)\pi}}$　**（n は整数）**

(3) $\theta=\frac{1}{(2n-1)\pi}$ とおくと　$\sin\frac{1}{\theta}=0$

よって　$\frac{f(\theta+h)-f(\theta)}{h}$

$$=\frac{1}{h}\left\{\frac{\theta+h}{2}-(\theta+h)^2\sin\frac{1}{\theta+h}-\left(\frac{\theta}{2}-\theta^2\sin\frac{1}{\theta}\right)\right\}$$

$$=\frac{1}{2}-\left(\frac{\theta^2}{h}+2\theta+h\right)\sin\frac{1}{\theta+h}$$

$h\longrightarrow 0$ のとき　$\frac{1}{2}-(2\theta+h)\sin\frac{1}{\theta+h}\longrightarrow\frac{1}{2}-0=\frac{1}{2}$

また，$\frac{1}{\theta+h}=\frac{1}{\theta}+k$ とおくと，$h\longrightarrow 0\Longleftrightarrow k\longrightarrow 0$ であり

$$\theta+h=\frac{\theta}{1+k\theta}\qquad よって\qquad h=\frac{-k\theta^2}{1+k\theta}$$

ゆえに　$-\frac{\theta^2}{h}\sin\frac{1}{\theta+h}=\frac{(1+k\theta)\theta^2}{k\theta^2}\sin((2n-1)\pi+k)$

$$=-(1+k\theta)\frac{\sin k}{k}\longrightarrow -1\ (k\longrightarrow 0)$$

以上から　$\boldsymbol{f'(x)}=f'(\theta)=\lim_{h\to 0}\frac{f(\theta+h)-f(\theta)}{h}$

$$=\frac{1}{2}-1=\boldsymbol{-\frac{1}{2}}$$

参考　$x\neq 0$ のとき，$f(x)$ を微分すると
$f'(x)=\frac{1}{2}-2x\sin\frac{1}{x}$
$-x^2\left(\cos\frac{1}{x}\right)\left(-\frac{1}{x^2}\right)$
$=\frac{1}{2}-2x\sin\frac{1}{x}+\cos\frac{1}{x}$

◀$\sin((2n-1)\pi+k)$
$=\sin(2n\pi-\pi+k)$
$=\sin(-\pi+k)$
$=-\sin k$

練習 40 ➡ 本冊 p. 349

$f(x)$ は $x<-1$，$-1<x<1$，$1<x$ の各範囲で微分可能である。よって，$f(x)$ がすべての x の値で微分可能となるためには，まず $x=-1$ と $x=1$ で連続であることが必要。

したがって

$f(-1)=\lim_{x\to -1+0}f(x)$ ……①，$\lim_{x\to 1-0}f(x)=f(1)$ ……②

① から　$-2=\lim_{x\to -1+0}(ax^2+bx+c)=a-b+c$

すなわち　$a-b+c=-2$ ……③

同様にして，② から　$a+b+c=d-2$ ……④

③，④ から　$c=-a+b-2$ ……⑤，$d=2b$ ……⑥

◀数学Ⅱで学んだ導関数の公式で微分できる。
$x<-1$ のとき $f'(x)=1$
$-1<x<1$ のとき
$f'(x)=2ax+b$
$1<x$ のとき $f'(x)=-2$

したがって，$-1<x<1$ のとき　$f(x)=ax^2+bx-a+b-2$
ここで，$f(x)$ は $x=-1$ と $x=1$ で微分可能であれば十分である。

$$\lim_{x\to-1-0}\frac{f(x)-f(-1)}{x-(-1)}=\lim_{x\to-1-0}\frac{(x-1)-(-2)}{x+1}=1$$

$$\lim_{x\to-1+0}\frac{f(x)-f(-1)}{x-(-1)}=\lim_{x\to-1+0}\frac{(ax^2+bx-a+b-2)-(-2)}{x+1}$$
$$=\lim_{x\to-1+0}\{a(x-1)+b\}=-2a+b$$

$\lim_{x\to-1}\frac{f(x)-f(-1)}{x-(-1)}$ が存在することから　$1=-2a+b$

◀$x=-1$ で左側微分係数と右側微分係数が一致する。

ゆえに　$b=2a+1$　…… ⑦
したがって，$-1<x<1$ のとき，⑦ から
$$f(x)=ax^2+(2a+1)x+a-1$$
また，$1\leqq x$ のとき，⑥，⑦ から　$f(x)=4a+2-2x$

$$\lim_{x\to1-0}\frac{f(x)-f(1)}{x-1}=\lim_{x\to1-0}\frac{ax^2+(2a+1)x+a-1-4a}{x-1}$$
$$=\lim_{x\to1-0}\{a(x+1)+2a+1\}=4a+1$$

◀$f(1)=4a+2-2=4a$

$$\lim_{x\to1+0}\frac{f(x)-f(1)}{x-1}=\lim_{x\to1+0}\frac{4a+2-2x-4a}{x-1}=-2$$

$\lim_{x\to1}\frac{f(x)-f(1)}{x-1}$ が存在することから　$4a+1=-2$

よって　$\boldsymbol{a=-\frac{3}{4}}$

このとき，⑤～⑦ から　$\boldsymbol{b=-\frac{1}{2}}$，$\boldsymbol{c=-\frac{7}{4}}$，$\boldsymbol{d=-1}$

練習 41 ➡ 本冊 *p*. 350

(1) $\lim_{h\to0}\frac{f(a+3h)-f(a+h)}{h}$

◀$\lim_{\square\to0}\frac{f(a+\square)-f(a)}{\square}=f'(a)$ が使える形に変形する。

$$=\lim_{h\to0}\left\{\frac{f(a+3h)-f(a)}{h}-\frac{f(a+h)-f(a)}{h}\right\}$$
$$=\lim_{h\to0}\left\{3\cdot\frac{f(a+3h)-f(a)}{3h}-\frac{f(a+h)-f(a)}{h}\right\}$$
$$=3f'(a)-f'(a)=\boldsymbol{2f'(a)}$$

◀上の □ の部分を同じ式にする。

(2) $\lim_{x\to a}\frac{1}{x^2-a^2}\left\{\frac{f(a)}{x}-\frac{f(x)}{a}\right\}$

◀$\lim_{x\to a}\frac{f(x)-f(a)}{x-a}=f'(a)$ が使える形に変形する。

$$=\lim_{x\to a}\left(-\frac{1}{x+a}\cdot\frac{1}{x-a}\left[\left\{\frac{f(x)}{a}-\frac{f(a)}{a}\right\}-\left\{\frac{f(a)}{x}-\frac{f(a)}{a}\right\}\right]\right)$$
$$=\lim_{x\to a}\left[-\frac{1}{x+a}\left\{\frac{1}{a}\cdot\frac{f(x)-f(a)}{x-a}+f(a)\cdot\frac{1}{ax}\right\}\right]$$
$$=-\frac{1}{2a}\left\{\frac{f'(a)}{a}+\frac{f(a)}{a^2}\right\}=-\boldsymbol{\frac{af'(a)+f(a)}{2a^3}}$$

練習 42 ➡ 本冊 *p*. 351

(1) $f(x+y)=f(x)+f(y)$　…… ① とする。
① に $x=y=0$ を代入すると　$f(0)=f(0)+f(0)=2f(0)$
ゆえに　$f(0)=0$

① に $y=-x$ を代入すると　　$f(0)=f(x)+f(-x)$

$f(0)=0$ であるから　　$f(-x)=-f(x)$

(2)　$n>0$ のとき

$$f\left(\frac{1}{n}\right)=\frac{1}{n}\{\underbrace{f\left(\frac{1}{n}\right)+f\left(\frac{1}{n}\right)+\cdots\cdots+f\left(\frac{1}{n}\right)}_{n\text{ 個}}\}$$

$$=\frac{1}{n}f(\underbrace{\frac{1}{n}+\frac{1}{n}+\cdots\cdots+\frac{1}{n}}_{n\text{ 個}})=\frac{f(1)}{n}$$

◀$f\left(\frac{1}{n}\right)=\frac{1}{n}\cdot nf\left(\frac{1}{n}\right)$

◀条件の等式を利用。

$n<0$ のとき

$$f\left(\frac{1}{n}\right)=f\left(-\frac{1}{-n}\right)=-f\left(\frac{1}{-n}\right)=-\frac{f(1)}{-n}=\frac{f(1)}{n}$$

◀(1) を利用。

ゆえに　　$f\left(\frac{1}{n}\right)=\frac{f(1)}{n}$

(3)　$f'(0)=\lim_{h\to 0}\frac{f(h)-f(0)}{h}=\lim_{h\to 0}\frac{f(h)}{h}$

ここで，$h=\frac{1}{n}$ とおくと，$n>0$ のとき

$$f'(0)=\lim_{n\to\infty}\frac{f\left(\frac{1}{n}\right)}{\frac{1}{n}}=\lim_{n\to\infty}nf\left(\frac{1}{n}\right)=\lim_{n\to\infty}f(1)=f(1)$$

◀(2) を利用。

$n<0$ のときも同様にして　　$f'(0)=f(1)$

ゆえに　　$f'(0)=f(1)$

練習 43　➡ 本冊 p. 355

(1)　$\boldsymbol{y'}=3\left(\frac{x}{x^2+1}\right)^2\cdot\frac{1\cdot(x^2+1)-x\cdot 2x}{(x^2+1)^2}=\boldsymbol{\frac{3x^2(1-x^2)}{(x^2+1)^4}}$

◀$(u^3)'=3u^2\cdot u'$

(2)　$\boldsymbol{y'}=\frac{1}{3}\left(\frac{x+1}{x+4}\right)^{-\frac{2}{3}}\cdot\frac{(x+4)-(x+1)}{(x+4)^2}=\boldsymbol{\frac{1}{(x+4)\sqrt[3]{(x+1)^2(x+4)}}}$

◀$(u^{\frac{1}{3}})'=\frac{1}{3}u^{\frac{1}{3}-1}\cdot u'$

(3)　$\boldsymbol{y'}=\frac{\left(\sqrt{x^2-2x}+x\frac{x-1}{\sqrt{x^2-2x}}\right)(x-1)-x\sqrt{x^2-2x}}{(x-1)^2}$

$$=\frac{(x^2-2x+x^2-x)(x-1)-x(x^2-2x)}{(x-1)^2\sqrt{x^2-2x}}=\boldsymbol{\frac{x(x^2-3x+3)}{(x-1)^2\sqrt{x^2-2x}}}$$

◀$\left(\frac{u}{v}\right)'=\frac{u'v-uv'}{v^2}$

練習 44　➡ 本冊 p. 356

(1)　**(解 1)**　$x=\frac{1}{y^2-2y}$ から　　$y^2-2y-\frac{1}{x}=0$

◀ y の 2 次方程式とみる。

この 2 次方程式の判別式を D とすると

$$\frac{D}{4}=(-1)^2-1\cdot\left(-\frac{1}{x}\right)=\frac{1}{x}+1$$

$\frac{D}{4}\geqq 0$ とすると　　$\frac{1}{x}+1\geqq 0$　　　　よって　　$x\leqq -1,\ 0<x$

◀ y は実数であるから $D\geqq 0$

ゆえに，$x\leqq -1,\ 0<x$ のとき　　$y=1\pm\sqrt{1+\frac{1}{x}}$

◀$x=-1$ では y' が存在しない。

よって，$x<-1,\ 0<x$ において

3章 練習 [微分法]

$$\frac{\boldsymbol{dy}}{\boldsymbol{dx}}=\pm\frac{-\frac{1}{x^2}}{2\sqrt{1+\frac{1}{x}}}=\mp\frac{\boldsymbol{1}}{\boldsymbol{2x^2}}\sqrt{\frac{\boldsymbol{x}}{\boldsymbol{x+1}}}\ \text{(複号同順)}$$

(解 2) $x=\frac{1}{y^2-2y}$ を y で微分すると $\frac{dx}{dy}=-\frac{2(y-1)}{(y^2-2y)^2}$

$y\neq1$ のとき $\frac{dy}{dx}=\frac{1}{\frac{dx}{dy}}=-\frac{(y^2-2y)^2}{2(y-1)}$ …… ①

$x=\frac{1}{y^2-2y}$ を y について解くと，$x\leqq-1$，$0<x$ のとき

$$y=1\pm\sqrt{1+\frac{1}{x}}$$

① に代入すると，$x<-1$，$0<x$ において

$$\frac{\boldsymbol{dy}}{\boldsymbol{dx}}=-\frac{\left(\frac{1}{x}\right)^2}{\pm2\sqrt{\frac{x+1}{x}}}=\mp\frac{\boldsymbol{1}}{\boldsymbol{2x^2}}\sqrt{\frac{\boldsymbol{x}}{\boldsymbol{x+1}}}\ \text{(複号同順)}$$

◀ $y^2-2y=\frac{1}{x}$，$y-1=\pm\sqrt{\frac{x+1}{x}}$

(2) $f(x)$ は $g(x)$ の逆関数でもあるから，$y=g(x)$ とすると

$$x=f(y)$$

この両辺を x で微分すると $1=f'(y)\frac{dy}{dx}$

よって $\frac{dy}{dx}=\frac{1}{f'(y)}$ すなわち $g'(x)=\frac{1}{f'(y)}$ …… ①

$f(1)=2$ から $\boldsymbol{g(2)=1}$

① から $\boldsymbol{g'(2)}=\frac{1}{f'(1)}=\boldsymbol{\frac{1}{2}}$

◀ $f(x)$ の逆関数が $g(x)$ $\Longleftrightarrow$ $f(x)$ は $g(x)$ の逆関数
$y=g(x)\Longleftrightarrow x=g^{-1}(y)$
$\Longleftrightarrow x=f(y)$

練習 45

➡ 本冊 p. 360

(1) 両辺の絶対値の自然対数をとると

$$\log|y|=2\log|x-1|+3\log|x-2|-5\log|x-3|$$

両辺を x で微分して

$$\frac{y'}{y}=\frac{2}{x-1}+\frac{3}{x-2}-\frac{5}{x-3}$$
$$=\frac{2(x-2)(x-3)+3(x-1)(x-3)-5(x-1)(x-2)}{(x-1)(x-2)(x-3)}$$
$$=\frac{-7x+11}{(x-1)(x-2)(x-3)}$$

よって $\boldsymbol{y'=\frac{(-7x+11)(x-1)(x-2)^2}{(x-3)^6}}$

別解 $y=(x-1)^2(x-2)^3(x-3)^{-5}$ であるから

$$\boldsymbol{y'}=2(x-1)(x-2)^3(x-3)^{-5}+(x-1)^2\cdot3(x-2)^2(x-3)^{-5}$$
$$+(x-1)^2(x-2)^3\cdot(-5)(x-3)^{-6}$$
$$=(x-1)(x-2)^2(x-3)^{-6}$$
$$\times\{2(x-2)(x-3)+3(x-1)(x-3)-5(x-1)(x-2)\}$$
$$\boldsymbol{=(x-1)(x-2)^2(x-3)^{-6}(-7x+11)}$$

◀ $(uvw)'=u'vw+uv'w+uvw'$

(2) 両辺の絶対値の自然対数をとると

$$\log|y|=\frac{1}{3}\{2\log|x+1|-\log|x|-\log(x^2+2)\}$$

両辺を x で微分して

$$\frac{y'}{y}=\frac{1}{3}\left(\frac{2}{x+1}-\frac{1}{x}-\frac{2x}{x^2+2}\right)=\frac{-(x^3+3x^2-2x+2)}{3x(x+1)(x^2+2)}$$

よって　$\boldsymbol{y'=-\dfrac{x^3+3x^2-2x+2}{3\sqrt[3]{x^4(x+1)(x^2+2)^4}}}$

(3) $x>0$ であるから　$y>0$

◀両辺>0 の確認。

また　$y=(\sqrt{x})^x=x^{\frac{1}{2}x}$

$y=x^{\frac{1}{2}x}$ の自然対数をとると　$\log y=\dfrac{1}{2}x\log x$

両辺を x で微分すると　$\dfrac{y'}{y}=\dfrac{1}{2}(\log x+1)$

よって　$\boldsymbol{y'}=\dfrac{1}{2}y(\log x+1)=\boldsymbol{\dfrac{1}{2}(\sqrt{x})^x(\log x+1)}$

(4) $x>0$ であるから　$y>0$

◀両辺>0 の確認。

両辺の自然対数をとると　$\log y=\sin x\log x$

両辺を x で微分すると　$\dfrac{y'}{y}=\cos x\log x+\dfrac{\sin x}{x}$

よって　$\boldsymbol{y'}=\left(\cos x\log x+\dfrac{\sin x}{x}\right)y$

$$=\boldsymbol{\left(\cos x\log x+\frac{\sin x}{x}\right)x^{\sin x}}$$

別解　$y=e^{\log x^{\sin x}}=e^{\sin x\log x}$ であるから

$$\boldsymbol{y'}=e^{\sin x\log x}(\sin x\log x)'=\boldsymbol{\left(\cos x\log x+\frac{\sin x}{x}\right)x^{\sin x}}$$

◀$a^p=M \Longleftrightarrow p=\log_a M$ から　$a^{\log_a M}=M$

(5) $f(x)>0$ であるから　$y>0$

◀両辺>0 の確認。

両辺の自然対数をとると　$\log y=g(x)\log f(x)$

両辺を x で微分すると

$$\frac{y'}{y}=g'(x)\log f(x)+g(x)\cdot\frac{f'(x)}{f(x)}$$

よって　$\boldsymbol{y'=f(x)^{g(x)}\left\{g'(x)\log f(x)+g(x)\cdot\dfrac{f'(x)}{f(x)}\right\}}$

(6) $x>0$ であるから　$y>0$

◀両辺>0 の確認。

両辺の自然対数をとると　$\log y=\log(1+x)^{\frac{1}{1+x}}$

◀$\log M^N=N\log M$

ゆえに　$\log y=\dfrac{\log(1+x)}{1+x}$

両辺を x で微分すると

$$\frac{y'}{y}=\frac{\frac{1}{1+x}\cdot(1+x)-\log(1+x)}{(1+x)^2}=\frac{1-\log(1+x)}{(1+x)^2}$$

◀$\left(\dfrac{u}{v}\right)'=\dfrac{u'v-uv'}{v^2}$

よって　$\boldsymbol{y'}=(1+x)^{\frac{1}{1+x}}\cdot\dfrac{1-\log(1+x)}{(1+x)^2}$

$$=\boldsymbol{(1+x)^{\frac{1}{1+x}-2}\{1-\log(1+x)\}}$$

3章 練習 [微分法]

練習 46 ➡本冊 p. 361

(1) $-\dfrac{3}{x}=h$ とおくと，$x \longrightarrow \infty$ のとき　$h \longrightarrow -0$

よって　$\displaystyle\lim_{x\to\infty}\left(1-\frac{3}{x}\right)^x=\lim_{h\to-0}(1+h)^{-\frac{3}{h}}$

$\displaystyle=\lim_{h\to-0}\{(1+h)^{\frac{1}{h}}\}^{-3}=\boldsymbol{e^{-3}}$

◀$\displaystyle\lim_{h\to0}(1+h)^{\frac{1}{h}}=e$ が利用できるように変数をおき換える。

◀$\dfrac{1}{e^3}$ でもよい。

(2) $4x=h$ とおくと，$x \longrightarrow 0$ のとき　$h \longrightarrow 0$

よって　$\displaystyle\lim_{x\to0}(1+4x)^{-\frac{1}{x}}=\lim_{h\to0}(1+h)^{-\frac{4}{h}}$

$\displaystyle=\lim_{h\to0}\{(1+h)^{\frac{1}{h}}\}^{-4}=\boldsymbol{e^{-4}}$

◀$\dfrac{1}{e^4}$ でもよい。

(3) $n\{\log(n+1)-\log n\}=n\log\left(\dfrac{n+1}{n}\right)=\log\left(1+\dfrac{1}{n}\right)^n$

$\dfrac{1}{n}=h$ とおくと，$n \longrightarrow \infty$ のとき　$h \longrightarrow +0$

よって　$\displaystyle\lim_{n\to\infty}n\{\log(n+1)-\log n\}=\lim_{h\to+0}\log(1+h)^{\frac{1}{h}}$

$=\log e=\boldsymbol{1}$

練習 47 ➡本冊 p. 364

(1) $f(x)=2^{3x}$ とすると　$\displaystyle\lim_{x\to0}\frac{2^{3x}-1}{x}=\lim_{x\to0}\frac{2^{3x}-2^0}{x-0}=f'(0)$

◀$\displaystyle f'(0)=\lim_{x\to0}\frac{f(x)-f(0)}{x-0}$

$f'(x)=2^{3x}\cdot3\log2$ であるから　$f'(0)=2^0\cdot3\log2=3\log2$

よって　$\displaystyle\lim_{x\to0}\frac{2^{3x}-1}{x}=\boldsymbol{3\log2}$

(2) $f(x)=\log x$ とすると

$\displaystyle\lim_{x\to1}\frac{\log x}{x-1}=\lim_{x\to1}\frac{\log x-\log1}{x-1}=f'(1)$

$f'(x)=\dfrac{1}{x}$ であるから　$f'(1)=1$

よって　$\displaystyle\lim_{x\to1}\frac{\log x}{x-1}=\boldsymbol{1}$

別解　$x-1=t$ とおく。

$\displaystyle\lim_{x\to1}\frac{\log x}{x-1}$

$\displaystyle=\lim_{t\to0}\frac{\log(1+t)}{t}$

$\displaystyle=\lim_{t\to0}\log(1+t)^{\frac{1}{t}}$

$=\log e=\boldsymbol{1}$

(3) $f(x)=\log x^x$ とすると

$\displaystyle\lim_{x\to a}\frac{1}{x-a}\log\frac{x^x}{a^a}=\lim_{x\to a}\frac{\log x^x-\log a^a}{x-a}=f'(a)$

$f'(x)=(x\log x)'=\log x+1$ であるから　$f'(a)=\log a+1$

◀$(x\log x)'$
$=1\cdot\log x+x\cdot\dfrac{1}{x}$

よって　$\displaystyle\lim_{x\to a}\frac{1}{x-a}\log\frac{x^x}{a^a}=\boldsymbol{\log a+1}$

(4) $f(x)=\log\{\log(x+e)\}$ とする。

$f(x)$ の定義域は　$x+e>0$ かつ $\log(x+e)>0$

◀真数>0

よって　$x+e>0$ かつ $x+e>1$

ゆえに　$x>1-e$

また，$f(0)=\log(\log e)=\log1=0$ であるから

$\displaystyle\lim_{x\to0}\frac{1}{x}\log\{\log(x+e)\}=\lim_{x\to0}\frac{f(x)-f(0)}{x-0}=f'(0)$

ここで，$f(x)$ は $x>1-e$ において微分可能な関数で

$$f'(x)=\frac{\{\log(x+e)\}'}{\log(x+e)}=\frac{\frac{(x+e)'}{x+e}}{\log(x+e)}=\frac{1}{(x+e)\log(x+e)}$$

ゆえに　$f'(0)=\dfrac{1}{e\log e}=\dfrac{1}{e}$

よって　$\displaystyle\lim_{x\to0}\frac{1}{x}\log\{\log(x+e)\}=\boldsymbol{\frac{1}{e}}$

(5)　$f(x)=e^x$ とすると，$f'(x)=e^x$ であるから

$$\lim_{x\to0}\frac{e^x-e^{-x}}{x}=\lim_{x\to0}\left(\frac{e^x-1}{x}+\frac{e^{-x}-1}{-x}\right)$$
$$=\lim_{x\to0}\left(\frac{e^x-e^0}{x-0}+\frac{e^{-x}-e^0}{-x-0}\right)$$
$$=f'(0)+f'(0)=1+1=\mathbf{2}$$

◀$\displaystyle\lim_{x\to0}\frac{e^x-1}{x}=1$ を利用してもよい。

(6)　$\displaystyle\lim_{x\to0}\frac{e^{a+x}-e^a}{x}=\lim_{x\to0}\left(e^a\cdot\frac{e^x-1}{x}\right)$

$f(x)=e^x$ とすると，$f'(x)=e^x$ であるから

$$\lim_{x\to0}\frac{e^x-1}{x}=\lim_{x\to0}\frac{e^x-e^0}{x-0}=f'(0)=1$$

よって　$\displaystyle\lim_{x\to0}\frac{e^{a+x}-e^a}{x}=e^a\cdot1=\boldsymbol{e^a}$

◀$\displaystyle\lim_{x\to0}\frac{e^x-1}{x}=1$ を直ちに使ってもよいが，ここでは微分係数の定義を利用した解法を示しておく。

練習 48

➡ 本冊 p. 366

(1)　(ア)　$y'=\dfrac{(x^2+1)'}{x^2+1}=\dfrac{2x}{x^2+1}$ であるから

◀$(\log u)'=\dfrac{u'}{u}$

$$\boldsymbol{y''}=\frac{(2x)'(x^2+1)-2x(x^2+1)'}{(x^2+1)^2}=\boldsymbol{\frac{2(1-x^2)}{(x^2+1)^2}}$$

◀$\left(\dfrac{u}{v}\right)'=\dfrac{u'v-uv'}{v^2}$

$y''=2(1-x^2)(x^2+1)^{-2}$ であるから

$$\boldsymbol{y'''}=2(1-x^2)'(x^2+1)^{-2}+2(1-x^2)\{(x^2+1)^{-2}\}'$$
$$=-4x(x^2+1)^{-2}-8x(1-x^2)(x^2+1)^{-3}$$
$$=\frac{-4x(x^2+1)-8x(1-x^2)}{(x^2+1)^3}=\boldsymbol{\frac{4x(x^2-3)}{(x^2+1)^3}}$$

◀$(uv)'=u'v+uv'$

◀$\{(x^2+1)^{-2}\}'=-2(x^2+1)^{-3}\cdot(x^2+1)'$

(イ)　$y'=e^{2x}+2xe^{2x}=(2x+1)e^{2x}$ であるから

$$\boldsymbol{y''}=2e^{2x}+2(2x+1)e^{2x}=\boldsymbol{4(x+1)e^{2x}}$$
$$\boldsymbol{y'''}=4e^{2x}+8(x+1)e^{2x}=\boldsymbol{4(2x+3)e^{2x}}$$

◀$(uv)'=u'v+uv'$

(ウ)　$y'=\sin x+x\cos x$ であるから

$$\boldsymbol{y''}=\cos x+\cos x-x\sin x=\boldsymbol{2\cos x-x\sin x}$$
$$\boldsymbol{y'''}=-2\sin x-\sin x-x\cos x=\boldsymbol{-3\sin x-x\cos x}$$

(2)　条件より，$y=g(x)$ に対して $x=\cos y$ が成り立つから

$$\frac{dy}{dx}=\frac{1}{\frac{dx}{dy}}=-\frac{1}{\sin y}$$

◀$\dfrac{dx}{dy}=\dfrac{d}{dy}(\cos y)=-\sin y$

$\pi<y<2\pi$ であるから　$\sin y<0$

ゆえに　$\sin y=-\sqrt{1-\cos^2 y}=-\sqrt{1-x^2}$

よって　$\boldsymbol{g'(x)}=\dfrac{dy}{dx}=-\dfrac{1}{\sin y}=\boldsymbol{\dfrac{1}{\sqrt{1-x^2}}}$

また　　$g''(x)=\{(1-x^2)^{-\frac{1}{2}}\}'=-\frac{1}{2}(1-x^2)^{-\frac{3}{2}}(-2x)$

$=\frac{x}{\sqrt{(1-x^2)^3}}$

◀$\frac{d}{dx}\left(\frac{1}{\sqrt{1-x^2}}\right)$

練習 49 ➡本冊 p. 367

(1)　$y'=\frac{1}{x+\sqrt{x^2+1}}\left(1+\frac{2x}{2\sqrt{x^2+1}}\right)=\frac{1}{x+\sqrt{x^2+1}}\cdot\frac{x+\sqrt{x^2+1}}{\sqrt{x^2+1}}$

◀$(\log u)'=\frac{u'}{u}$

$=\frac{1}{\sqrt{x^2+1}}$

$y''=\{(x^2+1)^{-\frac{1}{2}}\}'=-\frac{1}{2}(x^2+1)^{-\frac{3}{2}}\cdot 2x=-\frac{x}{(x^2+1)\sqrt{x^2+1}}$

よって　　$(x^2+1)y''+xy'=-\frac{x}{\sqrt{x^2+1}}+\frac{x}{\sqrt{x^2+1}}=0$

ゆえに，等式 $(x^2+1)y''+xy'=0$ は成り立つ。

(2)　$y=e^x(3\sin 2x-\cos x)$ から

$y'=e^x(3\sin 2x-\cos x)+e^x(6\cos 2x+\sin x)$

◀$(uv)'=u'v+uv'$

$=e^x(3\sin 2x+6\cos 2x+\sin x-\cos x)$　…… ①

$y''=e^x(3\sin 2x+6\cos 2x+\sin x-\cos x)$

$+e^x(6\cos 2x-12\sin 2x+\cos x+\sin x)$

$=e^x(-9\sin 2x+12\cos 2x+2\sin x)$　…… ②

$y''-ay'+by=-3e^x\cos x$ に ①，② を代入して

$e^x(-9\sin 2x+12\cos 2x+2\sin x)$

$-ae^x(3\sin 2x+6\cos 2x+\sin x-\cos x)$

$+be^x(3\sin 2x-\cos x)=-3e^x\cos x$

すなわち

$e^x\{-3(a-b+3)\sin 2x+6(2-a)\cos 2x$

$+(2-a)\sin x+(a-b+3)\cos x\}=0$　…… ③

これがすべての実数 x について成り立つから，

◀数値代入法。

③ に $x=0$ を代入すると　　$-5a-b+15=0$　…… ④

③ に $x=\frac{\pi}{2}$ を代入すると　　$5e^{\frac{\pi}{2}}(a-2)=0$　…… ⑤

④，⑤ から　　$a=2$，$b=5$

逆に，$a=2$，$b=5$ のとき，すべての x について ③ が成り立つ。

◀逆の確認。

したがって　　$\boldsymbol{a=2}$，$\boldsymbol{b=5}$

練習 50 ➡本冊 p. 368

(1)　与えられた等式を ① とする。

CHART　n の問題
証明は数学的帰納法

[1]　$n=1$ のとき，① について

(左辺)$=\frac{d}{dx}(e^x\sin x)=e^x(\sin x+\cos x)$

$=\sqrt{2}\,e^x\sin\left(x+\frac{\pi}{4}\right)$

◀三角関数の合成。

$=$(右辺)

よって，① は成り立つ。

[2]　$n=k$ のとき，① が成り立つと仮定すると

$$\frac{d^k}{dx^k}(e^x\sin x)=(\sqrt{2})^k e^x\sin\left(x+\frac{k}{4}\pi\right)$$

$n=k+1$ のときを考えると，この両辺を x で微分して

$$\frac{d^{k+1}}{dx^{k+1}}(e^x\sin x)=\frac{d}{dx}\left\{\frac{d^k}{dx^k}(e^x\sin x)\right\}$$
$$=\frac{d}{dx}\left\{(\sqrt{2})^k e^x\sin\left(x+\frac{k}{4}\pi\right)\right\}$$
$$=(\sqrt{2})^k\left\{e^x\sin\left(x+\frac{k}{4}\pi\right)+e^x\cos\left(x+\frac{k}{4}\pi\right)\right\}$$
$$=(\sqrt{2})^k e^x\left\{\sin\left(x+\frac{k}{4}\pi\right)+\cos\left(x+\frac{k}{4}\pi\right)\right\}$$
$$=(\sqrt{2})^k e^x\cdot\sqrt{2}\sin\left(x+\frac{k}{4}\pi+\frac{\pi}{4}\right)$$
$$=(\sqrt{2})^{k+1}e^x\sin\left(x+\frac{(k+1)}{4}\pi\right)$$

◀三角関数の合成。

よって，$n=k+1$ のときも ① は成り立つ。

[1]，[2] から，すべての自然数 n について ① は成り立つ。

3章 練習 [微分法]

(2)　(ア)　$y'=ae^{ax}$　…… Ⓐ，$y''=a^2e^{ax}$，$y'''=a^3e^{ax}$

◀y'，y''，y''' を求めて $y^{(n)}$ を推測し，数学的帰納法で証明する。

よって，$y^{(n)}=a^ne^{ax}$　…… ① と推測できる。

[1]　$n=1$ のとき　　Ⓐ から，① は成り立つ。

[2]　$n=k$ のとき，① が成り立つと仮定すると

$$y^{(k)}=a^ke^{ax}$$

$n=k+1$ のときを考えると，この両辺を x で微分して

$$y^{(k+1)}=\{y^{(k)}\}'=a^k\cdot ae^{ax}=a^{k+1}e^{ax}$$

よって，$n=k+1$ のときも ① は成り立つ。

[1]，[2] から，すべての自然数 n について ① は成り立つ。

したがって　　$\boldsymbol{y^{(n)}=a^ne^{ax}}$

(イ)　$y'=-\sin x=\cos\left(x+\frac{\pi}{2}\right)$　…… Ⓐ，

$$y''=-\sin\left(x+\frac{\pi}{2}\right)=\cos\left(x+\frac{\pi}{2}+\frac{\pi}{2}\right)=\cos\left(x+\frac{2}{2}\pi\right),$$
$$y'''=-\sin\left(x+\frac{2}{2}\pi\right)=\cos\left(x+\frac{2}{2}\pi+\frac{\pi}{2}\right)=\cos\left(x+\frac{3}{2}\pi\right)$$

◀$(\cos x)'=-\sin x$ であるが，関数の種類が混在すると規則性がわかりにくいので，cos の式にそろえる。

よって，$y^{(n)}=\cos\left(x+\frac{n}{2}\pi\right)$　…… ① と推測できる。

[1]　$n=1$ のとき　　Ⓐ から，① は成り立つ。

[2]　$n=k$ のとき，① が成り立つと仮定すると

$$y^{(k)}=\cos\left(x+\frac{k}{2}\pi\right)$$

$n=k+1$ のときを考えると，この両辺を x で微分して

$$y^{(k+1)}=-\sin\left(x+\frac{k}{2}\pi\right)=\cos\left(x+\frac{k}{2}\pi+\frac{\pi}{2}\right)$$
$$=\cos\left\{x+\frac{(k+1)}{2}\pi\right\}$$

◀$\cos\left(\theta+\frac{\pi}{2}\right)=-\sin\theta$

よって，$n=k+1$ のときも ① は成り立つ。

[1], [2] から，すべての自然数 n について ① は成り立つ。

したがって　　$\boldsymbol{y^{(n)}=\cos\left(x+\frac{n}{2}\pi\right)}$

(ウ)　$y'=2\sin x\cos x=\sin 2x$　…… Ⓐ,

$y''=2\cos 2x=2\sin\left(2x+\frac{\pi}{2}\right)$,

$y'''=2^2\cos\left(2x+\frac{\pi}{2}\right)=2^2\sin\left(2x+\frac{2}{2}\pi\right)$

◀sin の式にそろえる。

よって，$y^{(n)}=2^{n-1}\sin\left(2x+\frac{n-1}{2}\pi\right)$　…… ① と推測できる。

[1]　$n=1$ のとき　　Ⓐ から，① は成り立つ。

[2]　$n=k$ のとき，① が成り立つと仮定すると

$$y^{(k)}=2^{k-1}\sin\left(2x+\frac{k-1}{2}\pi\right)$$

$n=k+1$ のときを考えると，この両辺を x で微分して

$$\begin{aligned}y^{(k+1)}&=2^{k-1}\cdot 2\cos\left(2x+\frac{k-1}{2}\pi\right)\\&=2^k\sin\left(2x+\frac{k-1}{2}\pi+\frac{\pi}{2}\right)\\&=2^k\sin\left(2x+\frac{k}{2}\pi\right)\\&=2^{(k+1)-1}\sin\left\{2x+\frac{(k+1)-1}{2}\pi\right\}\end{aligned}$$

◀$\sin\left(\theta+\frac{\pi}{2}\right)=\cos\theta$

よって，$n=k+1$ のときも ① は成り立つ。

[1], [2] から，すべての自然数 n について ① は成り立つ。

したがって　　$\boldsymbol{y^{(n)}=2^{n-1}\sin\left(2x+\frac{n-1}{2}\pi\right)}$

(エ)　$y'=\{(x+1)^{\frac{1}{2}}\}'=\frac{1}{2}(x+1)^{\frac{1}{2}-1}$　…… Ⓐ,

$y''=\frac{1}{2}\left(\frac{1}{2}-1\right)(x+1)^{\frac{1}{2}-2}$,

$y'''=\frac{1}{2}\left(\frac{1}{2}-1\right)\left(\frac{1}{2}-2\right)(x+1)^{\frac{1}{2}-3}$

よって，

$$y^{(n)}=\frac{1}{2}\left(\frac{1}{2}-1\right)\cdots\cdots\left(\frac{1}{2}-n+1\right)(x+1)^{\frac{1}{2}-n}\quad\cdots\cdots ①$$

と推測できる。

[1]　$n=1$ のとき　　Ⓐ から，① は成り立つ。

[2]　$n=k$ のとき，① が成り立つと仮定すると

$$y^{(k)}=\frac{1}{2}\left(\frac{1}{2}-1\right)\cdots\cdots\left(\frac{1}{2}-k+1\right)(x+1)^{\frac{1}{2}-k}$$

$n=k+1$ のときを考えると，この両辺を x で微分して

$$\begin{aligned}y^{(k+1)}&=\frac{1}{2}\left(\frac{1}{2}-1\right)\cdots\cdots\left(\frac{1}{2}-k+1\right)\left(\frac{1}{2}-k\right)(x+1)^{\frac{1}{2}-k-1}\\&=\frac{1}{2}\left(\frac{1}{2}-1\right)\cdots\cdots\left(\frac{1}{2}-k+1\right)\left\{\frac{1}{2}-(k+1)+1\right\}\\&\qquad\times(x+1)^{\frac{1}{2}-(k+1)}\end{aligned}$$

よって，$n=k+1$ のときも ① は成り立つ。

[1]，[2] から，すべての自然数 n について ① は成り立つ。

したがって　$\boldsymbol{y^{(n)}=\frac{1}{2}\left(\frac{1}{2}-1\right)\cdots\cdots\left(\frac{1}{2}-n+1\right)(x+1)^{\frac{1}{2}-n}}$

練習 51 ➡ 本冊 p. 369

CHART　n の問題　証明は数学的帰納法

[1]　$n=1$ のとき　$f_1(x)=xf_0'(x)=xe^x$

ゆえに　$P_1(x)=e^{-x}f_1(x)=x$

よって，$P_1(x)$ は 1 次式である。

[2]　$n=k$ のとき

$P_k(x)$ が k 次の多項式であると仮定すると，

$P_k(x)=a_kx^k+b_kx^{k-1}+Q_k(x)$ とおける。

ただし，$a_k\neq 0$，$Q_1(x)=0$，$k\geqq 2$ のとき $Q_k(x)$ は x の $(k-2)$ 次以下の多項式である。

$P_k(x)=e^{-x}f_k(x)$ から　$f_k(x)=P_k(x)e^x$

よって　$f_{k+1}(x)=xf_k'(x)=x\{P_k'(x)+P_k(x)\}e^x$

ゆえに

$$P_{k+1}(x)=e^{-x}f_{k+1}(x)=x\{P_k'(x)+P_k(x)\}$$

$$=x\{ka_kx^{k-1}+R_k(x)+a_kx^k+b_kx^{k-1}+Q_k(x)\}$$

ただし，$R_k(x)$，$Q_k(x)$ は $(k-2)$ 次以下の多項式

$$=a_kx^{k+1}+(ka_k+b_k)x^k+S_k(x)$$

ただし，$S_k(x)$ は $(k-1)$ 次以下の多項式

$a_k\neq 0$ であるから，$P_{k+1}(x)$ は $(k+1)$ 次の多項式である。

[1]，[2] から，すべての自然数 n について，$P_n(x)$ は n 次の多項式である。

練習 52 ➡ 本冊 p. 370

CHART　n の問題　証明は数学的帰納法

(1)　与えられた等式を ① とする。

[1]　$n=1$ のとき，

$$f'(x)=\frac{1}{x+\sqrt{x^2+1}}\left(1+\frac{2x}{2\sqrt{x^2+1}}\right)=\frac{1}{\sqrt{x^2+1}},$$

$$f''(x)=\{(x^2+1)^{-\frac{1}{2}}\}'=-\frac{1}{2}(x^2+1)^{-\frac{3}{2}}\cdot 2x=-\frac{x}{(x^2+1)\sqrt{x^2+1}}$$

であるから

$$(\text{① の左辺})=(x^2+1)f''(x)+xf'(x)=-\frac{x}{\sqrt{x^2+1}}+\frac{x}{\sqrt{x^2+1}}=0$$

よって，① は成り立つ。

[2]　$n=k$ のとき，① が成り立つと仮定すると

$$(x^2+1)f^{(k+1)}(x)+(2k-1)xf^{(k)}(x)+(k-1)^2f^{(k-1)}(x)=0$$

$n=k+1$ のときを考えると，この両辺を x で微分して

$$2xf^{(k+1)}(x)+(x^2+1)f^{(k+2)}(x)+(2k-1)\{f^{(k)}(x)+xf^{(k+1)}(x)\}+(k-1)^2f^{(k)}(x)=0$$

よって　$(x^2+1)f^{(k+2)}(x)+(2k-1+2)xf^{(k+1)}(x)+\{(2k-1)+(k-1)^2\}f^{(k)}(x)=0$

ゆえに　$(x^2+1)f^{(k+2)}(x)+(2k+1)xf^{(k+1)}(x)+k^2f^{(k)}(x)=0$

よって，$n=k+1$ のときも ① は成り立つ。

[1]，[2] から，任意の自然数 n について ① が成り立つ。

(2) ① の両辺に $x=0$ を代入して

$$f^{(n+1)}(0)+(n-1)^2f^{(n-1)}(0)=0$$

よって　$f^{(n+1)}(0)=-(n-1)^2f^{(n-1)}(0)$　…… ②

ここで，$f'(x)=\dfrac{1}{\sqrt{x^2+1}}$ であるから　$f'(0)=1$

ゆえに，② から

$$f^{(3)}(0)=-1^2\cdot f'(0)=-1,$$
$$f^{(5)}(0)=-3^2f^{(3)}(0)=-9(-1)=9,$$
$$f^{(7)}(0)=-5^2f^{(5)}(0)=-25\cdot 9=-225,$$
$$\boldsymbol{f^{(9)}(0)}=-7^2f^{(7)}(0)=-49(-225)=\mathbf{11025}$$

また　$f^{(0)}(0)=f(0)=0$

◀ $f(0)=\log 1=0$

② から　$f^{(2)}(0)=0,$

$$f^{(4)}(0)=-2^2f^{(2)}(0)=0$$

同様にして　$f^{(6)}(0)=0$，$f^{(8)}(0)=0$，$\boldsymbol{f^{(10)}(0)=0}$

練習 53 ➡ 本冊 $p.$ 371

(1) $y^2=x$ の両辺を x で微分すると　$2y\dfrac{dy}{dx}=1$

◀まず，陰関数の微分から $\dfrac{dy}{dx}$ を求める。

よって，$y\neq 0$ のとき　$\boldsymbol{\dfrac{dy}{dx}=\dfrac{1}{2y}}$

$\dfrac{d^2y}{dx^2}$ は $\dfrac{dy}{dx}$ を x で微分。

更に，この両辺を x で微分して

$$\boldsymbol{\frac{d^2y}{dx^2}}=-\frac{y'}{2y^2}=-\frac{1}{2y^2}\cdot\frac{1}{2y}=\boldsymbol{-\frac{1}{4y^3}}$$

◀ $\dfrac{d^2y}{dx^2}=\dfrac{d}{dx}\left(\dfrac{dy}{dx}\right)=\dfrac{d}{dy}\left(\dfrac{1}{2y}\right)\dfrac{dy}{dx}$

(2) $x^2-y^2=4$ の両辺を x で微分すると　$2x-2y\dfrac{dy}{dx}=0$

よって，$y\neq 0$ のとき　$\boldsymbol{\dfrac{dy}{dx}=\dfrac{x}{y}}$

更に，この両辺を x で微分して

$$\boldsymbol{\frac{d^2y}{dx^2}}=\frac{1\cdot y-xy'}{y^2}=\frac{y-x\cdot\dfrac{x}{y}}{y^2}=\frac{y^2-x^2}{y^3}$$
$$=\boldsymbol{-\frac{4}{y^3}}$$

◀ $\dfrac{d^2y}{dx^2}=\dfrac{d}{dx}\left(\dfrac{dy}{dx}\right)=\dfrac{d}{dx}\left(\dfrac{x}{y}\right)$ ←商の微分。

(3) $\dfrac{x^2}{4}+\dfrac{y^2}{9}=1$ の両辺を x で微分すると

$$\frac{2x}{4}+\frac{2y}{9}\cdot\frac{dy}{dx}=0$$

よって，$y\neq 0$ のとき　$\boldsymbol{\dfrac{dy}{dx}=-\dfrac{9x}{4y}}$

更に，この両辺を x で微分して

$$\boldsymbol{\frac{d^2y}{dx^2}}=-\frac{9}{4}\cdot\frac{1\cdot y-xy'}{y^2}=-\frac{9}{4}\cdot\frac{y+x\cdot\dfrac{9x}{4y}}{y^2}$$
$$=-\frac{9(9x^2+4y^2)}{16y^3}=-\frac{9\cdot 36}{16y^3}=\boldsymbol{-\frac{81}{4y^3}}$$

練習 54 ➡ 本冊 p. 372

(1) $\dfrac{dx}{dt}=\dfrac{2t(1-t^2)-(1+t^2)\cdot(-2t)}{(1-t^2)^2}=\dfrac{4t}{(1-t^2)^2}$,

$\dfrac{dy}{dt}=\dfrac{2\cdot(1-t^2)-2t\cdot(-2t)}{(1-t^2)^2}=\dfrac{2+2t^2}{(1-t^2)^2}$

よって，$t \neq 0$ のとき $\quad \boldsymbol{\dfrac{dy}{dx}}=\dfrac{\dfrac{2+2t^2}{(1-t^2)^2}}{\dfrac{4t}{(1-t^2)^2}}=\boldsymbol{\dfrac{1+t^2}{2t}}$

◀ $\dfrac{dy}{dx}=\dfrac{\dfrac{dy}{dt}}{\dfrac{dx}{dt}}$

また $\quad \boldsymbol{\dfrac{d^2y}{dx^2}}=\dfrac{d}{dx}\left(\dfrac{dy}{dx}\right)=\dfrac{d}{dt}\left(\dfrac{1+t^2}{2t}\right)\cdot\dfrac{dt}{dx}$

$=\dfrac{2t\cdot2t-(1+t^2)\cdot2}{(2t)^2}\cdot\dfrac{(1-t^2)^2}{4t}$

$=\dfrac{2(t^2-1)}{(2t)^2}\cdot\dfrac{(1-t^2)^2}{4t}=\boldsymbol{-\dfrac{(1-t^2)^3}{8t^3}}$

◀ $\dfrac{dt}{dx}=\dfrac{1}{\dfrac{dx}{dt}}=\dfrac{(1-t^2)^2}{4t}$

(2) (ア) $\dfrac{dx}{d\theta}=\sin\theta,\ \dfrac{dy}{d\theta}=1-\cos\theta$

よって，$\sin\theta \neq 0$ のとき $\quad \boldsymbol{\dfrac{dy}{dx}=\dfrac{1-\cos\theta}{\sin\theta}}$

◀ $\dfrac{dy}{dx}=\dfrac{\dfrac{dy}{d\theta}}{\dfrac{dx}{d\theta}}$

また

$\boldsymbol{\dfrac{d^2y}{dx^2}}=\dfrac{d}{dx}\left(\dfrac{dy}{dx}\right)=\dfrac{d}{d\theta}\left(\dfrac{1-\cos\theta}{\sin\theta}\right)\cdot\dfrac{d\theta}{dx}$

$=\dfrac{\sin\theta\sin\theta-(1-\cos\theta)\cos\theta}{\sin^2\theta}\cdot\dfrac{1}{\sin\theta}=\boldsymbol{\dfrac{1-\cos\theta}{\sin^3\theta}}$

◀ $\dfrac{d\theta}{dx}=\dfrac{1}{\dfrac{dx}{d\theta}}$

(イ) $\cos\theta=2\cos^2\dfrac{\theta}{2}-1=\dfrac{2}{1+\tan^2\dfrac{\theta}{2}}-1=-\dfrac{3}{5}$

$\tan\theta=\dfrac{2\tan\dfrac{\theta}{2}}{1-\tan^2\dfrac{\theta}{2}}=-\dfrac{4}{3}$ であるから

◀ 2倍角の公式
$\tan2\alpha=\dfrac{2\tan\alpha}{1-\tan^2\alpha}$
$\alpha=\dfrac{\theta}{2}$ とおく。

$\sin\theta=\cos\theta\tan\theta=\dfrac{4}{5}$

よって $\quad \boldsymbol{\dfrac{dy}{dx}}=\dfrac{1-\left(-\dfrac{3}{5}\right)}{\dfrac{4}{5}}=\boldsymbol{2},\quad \boldsymbol{\dfrac{d^2y}{dx^2}}=\dfrac{1-\left(-\dfrac{3}{5}\right)}{\left(\dfrac{4}{5}\right)^3}=\boldsymbol{\dfrac{25}{8}}$

演習 23 ➡ 本冊 *p*. 373

(1) x^n を $x-\alpha$ で割ったときの商を $Q_1(x)$ とすると

$$x^n=(x-\alpha)Q_1(x)+\alpha^n \quad \cdots\cdots ①$$

と表される。

$Q_1(x)$ を $x-\beta$ で割ったときの商を $Q_2(x)$，余りを r_1 とすると，

$$Q_1(x)=(x-\beta)Q_2(x)+r_1$$

と表され，これを ① に代入すると

$$x^n=(x-\alpha)\{(x-\beta)Q_2(x)+r_1\}+\alpha^n$$
$$=(x-\alpha)(x-\beta)Q_2(x)+r_1(x-\alpha)+\alpha^n \quad \cdots\cdots ②$$

$Q_2(x)$ を $x-\beta$ で割ったときの商を $Q_3(x)$，余りを r_2 とすると，

$$Q_2(x)=(x-\beta)Q_3(x)+r_2$$

と表され，これを ② に代入すると

$$x^n=(x-\alpha)(x-\beta)\{(x-\beta)Q_3(x)+r_2\}+r_1(x-\alpha)+\alpha^n$$
$$=(x-\alpha)(x-\beta)^2Q_3(x)+r_2(x-\alpha)(x-\beta)+r_1(x-\alpha)+\alpha^n$$

$A=r_2$，$B=r_1$，$C=\alpha^n$，$Q(x)=Q_3(x)$ とすると

$$x^n=(x-\alpha)(x-\beta)^2Q(x)+A(x-\alpha)(x-\beta)+B(x-\alpha)+C \quad \cdots\cdots ③$$

よって，題意を満たす定数 A，B，C と整式 $Q(x)$ が存在する。

◀ $P(x)=x^n$ とすると $P(\alpha)=\alpha^n$
割り算の等式 $A=BQ+R$ を利用。

(2) (1) より　$\boldsymbol{C=\alpha^n}$

③ に $x=\beta$ を代入すると　$B(\beta-\alpha)+C=\beta^n$

よって，$\beta \neq \alpha$ であるから　$\boldsymbol{B=\dfrac{\beta^n-\alpha^n}{\beta-\alpha}}$

また，③ の両辺を x で微分すると

$$nx^{n-1}=\{(x-\alpha)(x-\beta)^2\}'Q(x)+(x-\alpha)(x-\beta)^2Q'(x)$$
$$+A(x-\alpha)+A(x-\beta)+B$$

◀ $(uv)'=u'v+uv'$

したがって

$$nx^{n-1}=\{(x-\beta)^2+2(x-\alpha)(x-\beta)\}Q(x)$$
$$+(x-\alpha)(x-\beta)^2Q'(x)+A(2x-\alpha-\beta)+B \quad \cdots\cdots ④$$

④ に $x=\beta$ を代入すると　$A(\beta-\alpha)=n\beta^{n-1}-B$

よって，$\beta \neq \alpha$ であるから

$$A=\frac{n\beta^{n-1}}{\beta-\alpha}-\frac{B}{\beta-\alpha}=\boldsymbol{\frac{n\beta^{n-1}}{\beta-\alpha}-\frac{\beta^n-\alpha^n}{(\beta-\alpha)^2}}$$

(3) $A=\dfrac{n\beta^{n-1}}{\beta-\alpha}-\dfrac{\beta^n-\alpha^n}{(\beta-\alpha)^2}$

$$=\frac{n\beta^{n-1}-(\beta^{n-1}+\alpha\beta^{n-2}+\cdots\cdots+\alpha^{n-1})}{\beta-\alpha}$$

$f(\beta)=n\beta^{n-1}-(\beta^{n-1}+\alpha\beta^{n-2}+\cdots\cdots+\alpha^{n-1})$ とおくと，$f(\alpha)=0$ であるから

$$\lim_{\beta\to\alpha}A=\lim_{\beta\to\alpha}\frac{f(\beta)-f(\alpha)}{\beta-\alpha}=f'(\alpha)$$

ここで　$f'(\beta)=n(n-1)\beta^{n-2}$
$-\{(n-1)\beta^{n-2}+(n-2)\alpha\beta^{n-3}+\cdots\cdots+\alpha^{n-2}\}$

したがって

◀ $f(\alpha)=n\alpha^{n-1}-(\underbrace{\alpha^{n-1}+\alpha^{n-1}+\cdots+\alpha^{n-1}}_{n\text{個}})$

◀ $\displaystyle\lim_{x\to\alpha}\frac{f(x)-f(\alpha)}{x-\alpha}=f'(\alpha)$

$$\lim_{\beta\to\alpha} A = f'(\alpha)$$
$$= n(n-1)\alpha^{n-2} - \{(n-1)\alpha^{n-2} + (n-2)\alpha^{n-2} + \cdots\cdots + \alpha^{n-2}\}$$
$$= n(n-1)\alpha^{n-2} - \frac{1}{2}n(n-1)\alpha^{n-2} = \boldsymbol{\frac{1}{2}n(n-1)\alpha^{n-2}}$$

◀ $(n-1)+(n-2)+\cdots\cdots+1=\frac{1}{2}n(n-1)$

演習 24

➡ 本冊 $p.$ 373

(1) $f'(x) = 2(x-1)Q(x) + (x-1)^2Q'(x)$
$= (x-1)\{2Q(x) + (x-1)Q'(x)\}$

$2Q(x)+(x-1)Q'(x)$ は多項式であるから，$f'(x)$ は $x-1$ で割り切れる。

(1) $f'(x)$ が $x-1$ で割り切れる $\iff$ $f'(x)=(x-1)P(x)$，$P(x)$ は多項式

(2) $g(x)$ が $(x-1)^2$ で割り切れるから，

$$g(x) = (x-1)^2h(x) \quad (h(x) \text{ は多項式})$$

とおける。

したがって，(1) の結果から $g'(x)=a(n+1)x^n+bnx^{n-1}$ は $x-1$ で割り切れる。

よって　$g(1)=0$，$g'(1)=0$

ゆえに　$a+b+1=0$ …… ①，$a(n+1)+bn=0$ …… ②

①，② を解いて　$\boldsymbol{a=n,\ b=-n-1}$

演習 25

➡ 本冊 $p.$ 373

$f(2x)=(e^x+1)f(x)$ …… ① とする。

(1) ① において $x=0$ とすると　$f(0)=(e^0+1)f(0)$

すなわち　$f(0)=2f(0)$　　したがって　$f(0)=0$

(2) ① において，x を $\frac{x}{2}$ とすると　$f(x)=(e^{\frac{x}{2}}+1)f\left(\frac{x}{2}\right)$

$x \neq 0$ のとき $e^x-1 \neq 0$ であるから，両辺を e^x-1 で割って

$$\frac{f(x)}{e^x-1} = \frac{(e^{\frac{x}{2}}+1)f\left(\frac{x}{2}\right)}{(e^{\frac{x}{2}}+1)(e^{\frac{x}{2}}-1)}$$

◀ $e^x-1=(e^{\frac{x}{2}}+1)(e^{\frac{x}{2}}-1)$

したがって　$\dfrac{f(x)}{e^x-1} = \dfrac{f\left(\frac{x}{2}\right)}{e^{\frac{x}{2}}-1}$

(3) (1) より $f(0)=0$ であるから

$$f'(0) = \lim_{h\to 0}\frac{f(h)-f(0)}{h-0} = \lim_{h\to 0}\frac{f(h)}{h}$$

また　$\displaystyle\lim_{h\to 0}\frac{f(h)}{e^h-1} = \lim_{h\to 0}\left\{\frac{f(h)}{h}\cdot\frac{1}{\frac{e^h-1}{h}}\right\}$

ここで，$g(x)=e^x$ とすると　$g'(x)=e^x$

よって　$\displaystyle\lim_{h\to 0}\frac{e^h-1}{h} = \lim_{h\to 0}\frac{g(h)-g(0)}{h-0} = g'(0) = 1$

◀ 微分係数の定義を利用。

ゆえに　$\displaystyle\lim_{h\to 0}\frac{f(h)}{e^h-1} = \lim_{h\to 0}\left\{\frac{f(h)}{h}\cdot\frac{1}{1}\right\} = \lim_{h\to 0}\frac{f(h)}{h}$

よって　$\displaystyle f'(0) = \lim_{h\to 0}\frac{f(h)}{e^h-1}$

(4) (2) から，$x \neq 0$ のとき

$$\frac{f(x)}{e^x-1}=\frac{f\left(\frac{x}{2}\right)}{e^{\frac{x}{2}}-1}=\frac{f\left(\frac{x}{4}\right)}{e^{\frac{x}{4}}-1}=\cdots\cdots=\frac{f\left(\frac{x}{2^n}\right)}{e^{\frac{x}{2^n}}-1}$$

$h=\frac{x}{2^n}$ とおくと

$$\frac{f(x)}{e^x-1}=\frac{f\left(\frac{x}{2^n}\right)}{e^{\frac{x}{2^n}}-1}=\frac{f(h)}{e^h-1}$$

$n \longrightarrow \infty$ のとき $h \longrightarrow 0$ であるから，(3) より

$$\frac{f(x)}{e^x-1}=\lim_{n\to\infty}\frac{f\left(\frac{x}{2^n}\right)}{e^{\frac{x}{2^n}}-1}=\lim_{h\to 0}\frac{f(h)}{e^h-1}=f'(0)$$

よって，$x \neq 0$ のとき　$f(x)=(e^x-1)f'(0)$ (…… Ⓐ)

$x=0$ のとき $(e^0-1)f'(0)=(1-1)f'(0)=0$ となり，(1) より $f(0)=0$ であるから，$x=0$ のときも成り立つ。

したがって，すべての実数 x について

$$f(x)=(e^x-1)f'(0)$$

◀$x \neq 0$ のとき，Ⓐ が成り立つことがいえたので，$x=0$ のときにも Ⓐ が成り立つことを示す。

演習 26 Ⅲ ➡ 本冊 p. 373

(1) 逆関数を $y=f(x)$ とすると

$$x=f^{-1}(y)=\sin y$$

よって　$f'(x)=\frac{dy}{dx}=\frac{1}{\frac{dx}{dy}}=\frac{1}{\cos y}$

◀$y=f^{-1}(x) \iff x=f(y)$ と $\frac{dy}{dx}=\frac{1}{\frac{dx}{dy}}$ を利用。

$-\frac{\pi}{2} \leqq y \leqq \frac{\pi}{2}$ であるから　$\cos y \geqq 0$

ゆえに　$\boldsymbol{f'(x)}=\frac{1}{\sqrt{1-\sin^2 y}}=\boldsymbol{\frac{1}{\sqrt{1-x^2}}}$

(2) $g(x)=\frac{d}{dx}f(x)=\frac{1}{2}\left(e^x-\frac{1}{e^x}\right)$

$y=\frac{1}{2}\left(e^x-\frac{1}{e^x}\right)$ とすると　$e^{2x}-2ye^x-1=0$

◀e^x の 2 次方程式と考えて，解の公式から e^x を求める。

$e^x>0$ であるから　$e^x=y+\sqrt{y^2+1}$

よって　$x=\log(y+\sqrt{y^2+1})$

x と y を入れ替えて　$y=\log(x+\sqrt{x^2+1})$

ゆえに　$h(x)=\log(x+\sqrt{x^2+1})$

したがって

$$\frac{d}{dx}h(x)=\frac{1}{x+\sqrt{x^2+1}}\left(1+\frac{2x}{2\sqrt{x^2+1}}\right)=\frac{1}{\sqrt{x^2+1}}$$

$$\frac{d^2}{dx^2}h(x)=-\frac{1}{2}(x^2+1)^{-\frac{3}{2}}\cdot 2x=-x(x^2+1)^{-\frac{3}{2}}$$

$$\frac{d^3}{dx^3}h(x)=-(x^2+1)^{-\frac{3}{2}}+\frac{3}{2}x(x^2+2)^{-\frac{5}{2}}\cdot 2x$$

$$=(x^2+1)^{-\frac{5}{2}}(2x^2-1)$$

◀$h(x)=\log u$, $u=x+\sqrt{x^2+1}$

◀$\frac{1}{\sqrt{x^2+1}}=(x^2+1)^{-\frac{1}{2}}$ として計算するとらく。

よって　$(x^2+1)\dfrac{d^3}{dx^3}h(x)+3x\dfrac{d^2}{dx^2}h(x)$

$=(x^2+1)(x^2+1)^{-\frac{5}{2}}(2x^2-1)+3x\{-x(x^2+1)^{-\frac{3}{2}}\}$

$=(x^2+1)^{-\frac{3}{2}}(2x^2-1-3x^2)=(x^2+1)^{-\frac{3}{2}}(-x^2-1)$

$=-(x^2+1)^{-\frac{1}{2}}=-\dfrac{\mathbf{1}}{\sqrt{\boldsymbol{x}^2+\mathbf{1}}}$

演習 27

➡ 本冊 p. 374

(1)　$f(x)=xe^{\frac{x}{2}}$ から

$$f'(x)=1\cdot e^{\frac{x}{2}}+x\cdot\frac{1}{2}e^{\frac{x}{2}}=\frac{1}{2}(x+2)e^{\frac{x}{2}},$$

$$f''(x)=\frac{1}{2}\cdot e^{\frac{x}{2}}+\frac{1}{2}(x+2)\cdot\frac{1}{2}e^{\frac{x}{2}}=\frac{1}{4}(x+4)e^{\frac{x}{2}}$$

よって　$\boldsymbol{f'(2)}=\dfrac{1}{2}(2+2)e^{\frac{2}{2}}=\mathbf{2}\boldsymbol{e}$,　$\boldsymbol{f''(2)}=\dfrac{1}{4}(2+4)e^{\frac{2}{2}}=\dfrac{\mathbf{3}}{\mathbf{2}}\boldsymbol{e}$

(2)　$g(x)$ は $f(x)$ の逆関数であるから，$y=g(x)$ とすると

$$x=f(y)$$

◀$f(x)$ の逆関数が $g(x)$ $\Longleftrightarrow$ $f(x)$ は $g(x)$ の逆関数
$y=g(x) \Longleftrightarrow x=g^{-1}(y)$
$\Longleftrightarrow x=f(y)$

両辺を x で微分すると　$1=f'(y)\cdot\dfrac{dy}{dx}$

よって　$\dfrac{dy}{dx}=\dfrac{1}{f'(y)}$　すなわち　$g'(x)=\dfrac{1}{f'(y)}$

更に，この両辺を x で微分すると

$$g''(x)=\frac{-f''(y)}{\{f'(y)\}^2}\cdot\frac{dy}{dx}=\frac{-f''(y)}{\{f'(y)\}^2}\cdot\frac{1}{f'(y)}=-\frac{f''(y)}{\{f'(y)\}^3}$$

ここで，$f(2)=2e$ であるから，$x=2e$ のとき　$y=g(2e)=2$

ゆえに　$\boldsymbol{g'(2e)}=\dfrac{1}{f'(2)}=\dfrac{\mathbf{1}}{\mathbf{2}\boldsymbol{e}}$,

$$\boldsymbol{g''(2e)}=-\frac{f''(2)}{\{f'(2)\}^3}=-\frac{3}{2}e\cdot\frac{1}{(2e)^3}=-\frac{\mathbf{3}}{\mathbf{16}\boldsymbol{e}^2}$$

参考　**$g(x)$ の定義域**

$x>0$ において，$f'(x)=\dfrac{1}{2}(x+2)e^{\frac{x}{2}}>0$ であるから，関数 $f(x)$ は単調に増加する。

また　$f(0)=0$, $\displaystyle\lim_{x\to\infty}f(x)=\infty$

これと，$f(x)$ が連続であることから，関数 $y=f(x)$ の値域は　$y\geqq 0$

したがって，その逆関数 $g(x)$ の定義域は　$x\geqq 0$

演習 28

➡ 本冊 p. 374

(1)　$\dfrac{d}{dx}\{f(x)g(x)\}=f^{(1)}(x)g(x)+f(x)g^{(1)}(x)$

$\dfrac{d^2}{dx^2}\{f(x)g(x)\}=\{f^{(2)}(x)g(x)+f^{(1)}(x)g^{(1)}(x)\}+\{f^{(1)}(x)g^{(1)}(x)+f(x)g^{(2)}(x)\}$

$=f^{(2)}(x)g(x)+2f^{(1)}(x)g^{(1)}(x)+f(x)g^{(2)}(x)$

同様にして

$$\frac{d^3}{dx^3}\{f(x)g(x)\}=f^{(3)}(x)g(x)+3f^{(2)}(x)g^{(1)}(x)+3f^{(1)}(x)g^{(2)}(x)+f(x)g^{(3)}(x)$$

$$\frac{d^4}{dx^4}\{f(x)g(x)\}=\boldsymbol{f^{(4)}(x)g(x)+4f^{(3)}(x)g^{(1)}(x)+6f^{(2)}(x)g^{(2)}(x)}$$
$$\boldsymbol{+4f^{(1)}(x)g^{(3)}(x)+f(x)g^{(4)}(x)}$$

(2) (1) から，$\dfrac{d^n}{dx^n}\{f(x)g(x)\}$ における $f^{(n-r)}(x)g^{(r)}(x)$ の係数は ${}_n\mathrm{C}_r$ …… ① と類推できる。

[1] $n=1$ のとき $\dfrac{d}{dx}\{f(x)g(x)\}=f^{(1)}(x)g(x)+f(x)g^{(1)}(x)$

${}_1\mathrm{C}_0=1$，${}_1\mathrm{C}_1=1$ であるから，① は成り立つ。

[2] $n=k$ のとき，$\dfrac{d^k}{dx^k}\{f(x)g(x)\}$ における $f^{(k-r)}(x)g^{(r)}(x)$ の係数が ${}_k\mathrm{C}_r$ であると仮定する。

このとき，$f^{(k-r+1)}(x)g^{(r-1)}(x)$ の係数は ${}_k\mathrm{C}_{r-1}$ であるから，

$\dfrac{d^{k+1}}{dx^{k+1}}\{f(x)g(x)\}$ における $f^{(k-r+1)}(x)g^{(r)}(x)$ の係数は

$$\begin{aligned}{}_k\mathrm{C}_{r-1}+{}_k\mathrm{C}_r&=\frac{k!}{(r-1)!(k-r+1)!}+\frac{k!}{r!(k-r)!}\\&=\frac{k!}{r!(k-r+1)!}(r+k-r+1)\\&=\frac{(k+1)!}{r!(k-r+1)!}={}_{k+1}\mathrm{C}_r\end{aligned}$$

よって，$n=k+1$ のときも ① は成り立つ。

[1]，[2] から，すべての正の整数 n について ① は成り立つ。

◀(1) の結果について，係数を取り出すと，パスカルの三角形が得られる。このことから，係数を類推する。

◀$\{{}_k\mathrm{C}_{r-1}f^{(k-r+1)}(x)g^{(r-1)}(x)+{}_k\mathrm{C}_rf^{(k-r)}(x)g^{(r)}(x)\}'$
$={}_k\mathrm{C}_{r-1}\{f^{(k-r+2)}(x)g^{(r-1)}(x)+\underline{f^{(k-r+1)}(x)g^{(r)}(x)}\}$
$+{}_k\mathrm{C}_r\{\underline{f^{(k-r+1)}(x)g^{(r)}(x)}+f^{(k-r)}(x)g^{(r+1)}(x)\}$ から。

(3) $f(x)=x^3$，$g(x)=e^x$ とする。

$f^{(1)}(x)=3x^2$，$f^{(2)}(x)=6x$，$f^{(3)}(x)=6$ であるから，$n\geqq 4$ のとき $f^{(n)}(x)=0$

また，$g(x)$ の第 n 次導関数について常に $g^{(n)}(x)=e^x$ である。

よって，第 n 次導関数 $h^{(n)}(x)$ における，$f^{(3)}(x)g^{(n-3)}(x)$，$f^{(2)}(x)g^{(n-2)}(x)$，$f^{(1)}(x)g^{(n-1)}(x)$，$f^{(0)}(x)g^{(n)}(x)$ 以外の係数は，すべて 0 となる。

したがって

$$\begin{aligned}h^{(n)}(x)&={}_n\mathrm{C}_{n-3}f^{(3)}(x)g^{(n-3)}(x)+{}_n\mathrm{C}_{n-2}f^{(2)}(x)g^{(n-2)}(x)\\&\quad+{}_n\mathrm{C}_{n-1}f^{(1)}(x)g^{(n-1)}(x)+{}_n\mathrm{C}_nf^{(0)}(x)g^{(n)}(x)\\&=\frac{n(n-1)(n-2)}{6}\cdot 6\cdot e^x+\frac{n(n-1)}{2}\cdot 6x\cdot e^x\\&\quad+n\cdot 3x^2\cdot e^x+1\cdot x^3\cdot e^x\\&=\boldsymbol{\{x^3+3nx^2+3n(n-1)x+n(n-1)(n-2)\}e^x}\end{aligned}$$

◀$\dfrac{d^n}{dx^n}\{f(x)g(x)\}=\displaystyle\sum_{r=0}^{n}{}_n\mathrm{C}_rf^{(n-r)}(x)g^{(r)}(x)$ において，$f^{(n)}(x)$，$f^{(n-1)}(x)$，……，$f^{(5)}(x)$，$f^{(4)}(x)$ はすべて 0

◀ 4 つの項のみが残る。

参考 **ライプニッツの定理**

(2) の結果から，次の定理が成り立つ。

すべての自然数 n について，第 n 次導関数 $f^{(n)}(x)$，$g^{(n)}(x)$ が存在するとき，積 $f(x)g(x)$ の第 n 次導関数は，次のように表される。これを **ライプニッツの定理** という。

$$\{f(x)g(x)\}^{(n)}=\sum_{r=0}^{n}{}_n\mathrm{C}_rf^{(n-r)}(x)g^{(r)}(x)$$

ただし，$f^{(0)}(x)=f(x)$，$g^{(0)}(x)=g(x)$ である。

演習 29

➡ 本冊 p. 374

$x^3+(x+1)\{y(x)\}^3=1$ …… ① とする。

◀$x^3+(x+1)\{y(x)\}^3=1$ の両辺を x で 2 回微分する。
$y''(0)$ を求めるために必要な $y(0)$, $y'(0)$ の値を求める。

① に $x=0$ を代入すると　$\{y(0)\}^3=1$

よって　$y(0)=1$

① を x で微分すると

$$3x^2+\{y(x)\}^3+3(x+1)y'(x)\{y(x)\}^2=0 \quad \cdots\cdots \text{②}$$

② に $x=0$ を代入すると

$$\{y(0)\}^3+3y'(0)\{y(0)\}^2=0$$

$y(0)=1$ であるから　$1+3y'(0)=0$

ゆえに　$y'(0)=-\dfrac{1}{3}$

② を x で微分すると

$$6x+3y'(x)\{y(x)\}^2+3y'(x)\{y(x)\}^2 +3(x+1)y''(x)\{y(x)\}^2+6(x+1)\{y'(x)\}^2y(x)=0$$

これに $x=0$ を代入すると

$$6y'(0)\{y(0)\}^2+3y''(0)\{y(0)\}^2+6\{y'(0)\}^2y(0)=0$$

$y(0)=1$, $y'(0)=-\dfrac{1}{3}$ であるから

$$6\cdot\left(-\frac{1}{3}\right)\cdot1^2+3y''(0)\cdot1^2+6\cdot\left(-\frac{1}{3}\right)^2\cdot1=0$$

よって　$\boldsymbol{y''(0)=\dfrac{4}{9}}$

演習 30

➡ 本冊 p. 374

$f(x+y)=f(x)\sqrt{1+\{f(y)\}^2}+f(y)\sqrt{1+\{f(x)\}^2}$ …… ①

◀x, y の恒等式。

(1) ① に $x=0$, $y=0$ を代入すると

$$f(0)=f(0)\sqrt{1+\{f(0)\}^2}+f(0)\sqrt{1+\{f(0)\}^2}$$

よって　$f(0)\{2\sqrt{1+\{f(0)\}^2}-1\}=0$

$2\sqrt{1+\{f(0)\}^2}-1\geqq1$ であるから

◀$2\sqrt{1+\{f(0)\}^2}-1\neq0$

$$\boldsymbol{f(0)=0}$$

(2) ① に $y=-x$ を代入すると

$$f(0)=f(x)\sqrt{1+\{f(-x)\}^2}+f(-x)\sqrt{1+\{f(x)\}^2}$$

(1) より $f(0)=0$ であるから

$$f(x)\sqrt{1+\{f(-x)\}^2}=-f(-x)\sqrt{1+\{f(x)\}^2} \quad \cdots\cdots \text{②}$$

両辺を 2 乗すると

$$\{f(x)\}^2[1+\{f(-x)\}^2]=\{f(-x)\}^2[1+\{f(x)\}^2]$$

整理すると　$\{f(-x)\}^2=\{f(x)\}^2$

ゆえに　$f(-x)=f(x)$ または $f(-x)=-f(x)$

ここで $f(-x)=f(x)$ のとき，② から

$$2f(x)\sqrt{1+\{f(x)\}^2}=0$$

よって，任意の実数 x に対して　$f(x)=0$

◀$\sqrt{1+\{f(x)\}^2}\geqq1$ から。

これは $f(-x)=-f(x)$ を満たす。

したがって　$f(-x)=-f(x)$

3章 演習 [微分法]

(3)　① の両辺を x で微分すると

$$\boldsymbol{f'(x+y)=f'(x)\sqrt{1+\{f(y)\}^2}+\frac{f(y)f(x)f'(x)}{\sqrt{1+\{f(x)\}^2}}}\quad\cdots\cdots③$$

◀ y を定数とみなすと $f(y)$，$\sqrt{1+\{f(y)\}^2}$ は定数である。
また，$1+\{f(x)\}^2=u$ とおくと
$(\sqrt{u})'=\frac{u'}{2\sqrt{u}}$，
$u'=2f(x)f'(x)$

(4)　③ に $y=-x$ を代入すると

$$f'(0)=f'(x)\sqrt{1+\{f(-x)\}^2}+\frac{f(-x)f(x)f'(x)}{\sqrt{1+\{f(x)\}^2}}$$

$f'(0)=1$ であるから

$$1=f'(x)\sqrt{1+\{f(-x)\}^2}+\frac{f(-x)f(x)f'(x)}{\sqrt{1+\{f(x)\}^2}}$$

(2) より $f(-x)=-f(x)$ であるから

$$1=f'(x)\sqrt{1+\{f(x)\}^2}-\frac{\{f(x)\}^2f'(x)}{\sqrt{1+\{f(x)\}^2}}$$

分母を払うと

$$\sqrt{1+\{f(x)\}^2}=f'(x)[1+\{f(x)\}^2]-\{f(x)\}^2f'(x)$$

したがって　　$\boldsymbol{f'(x)=\sqrt{1+\{f(x)\}^2}}$

CHECK 6 ➡ 本冊 $p.376$

(1) $f(x)=\sqrt{x}$ とすると　$f'(x)=\dfrac{1}{2\sqrt{x}}$

よって　$f'(2)=\dfrac{1}{2\sqrt{2}}$，$-\dfrac{1}{f'(2)}=-2\sqrt{2}$

接線の方程式は　$y-\sqrt{2}=\dfrac{1}{2\sqrt{2}}(x-2)$

すなわち　$\boldsymbol{y=\dfrac{1}{2\sqrt{2}}x+\dfrac{1}{\sqrt{2}}}$

法線の方程式は　$y-\sqrt{2}=-2\sqrt{2}(x-2)$

すなわち　$\boldsymbol{y=-2\sqrt{2}x+5\sqrt{2}}$

(2) $f(x)=\dfrac{1}{x}$ とすると　$f'(x)=-\dfrac{1}{x^2}$

よって　$f'(2)=-\dfrac{1}{4}$，$-\dfrac{1}{f'(2)}=4$

接線の方程式は　$y-\dfrac{1}{2}=-\dfrac{1}{4}(x-2)$

すなわち　$\boldsymbol{y=-\dfrac{1}{4}x+1}$

法線の方程式は　$y-\dfrac{1}{2}=4(x-2)$

すなわち　$\boldsymbol{y=4x-\dfrac{15}{2}}$

◀接線の方程式
$y-f(a)=f'(a)(x-a)$

◀法線の方程式
$y-f(a)=-\dfrac{1}{f'(a)}(x-a)$

例 26 ➡本冊 p. 377

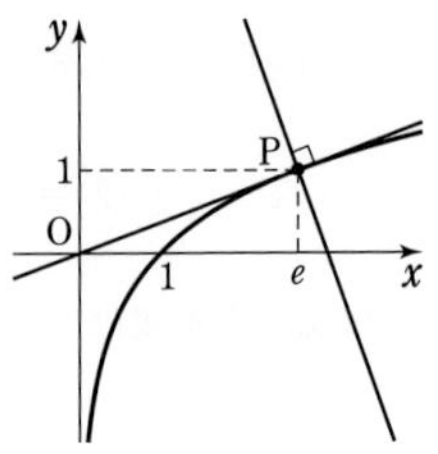

(1) $f'(x)=\dfrac{1}{x}$ から　　$f'(e)=\dfrac{1}{e}$，$-\dfrac{1}{f'(e)}=-e$

また，$f(e)=\log e=1$ であるから，点 $\mathrm{P}(e,\ 1)$ における

接線の方程式は

$$y-1=\frac{1}{e}(x-e)\quad すなわち\quad \boldsymbol{y=\frac{1}{e}x}$$

法線の方程式は

$$y-1=-e(x-e)\quad すなわち\quad \boldsymbol{y=-ex+e^2+1}$$

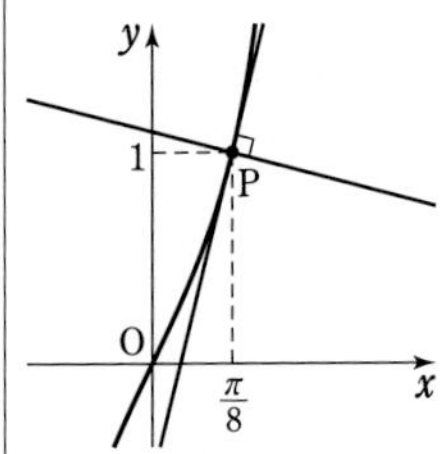

(2) $f'(x)=\dfrac{1}{\cos^2 2x}\cdot(2x)'=\dfrac{2}{\cos^2 2x}$ から

$$f'\left(\frac{\pi}{8}\right)=\frac{2}{\cos^2\frac{\pi}{4}}=\frac{2}{\left(\frac{1}{\sqrt{2}}\right)^2}=4,$$

$$-\frac{1}{f'\left(\frac{\pi}{8}\right)}=-\frac{1}{4}$$

また，$f\left(\dfrac{\pi}{8}\right)=\tan\dfrac{\pi}{4}=1$ であるから，点 $\mathrm{P}\left(\dfrac{\pi}{8},\ 1\right)$ における

接線の方程式は

$$y-1=4\left(x-\frac{\pi}{8}\right)\quad すなわち\quad \boldsymbol{y=4x-\frac{\pi}{2}+1}$$

法線の方程式は

$$y-1=-\frac{1}{4}\left(x-\frac{\pi}{8}\right)\quad すなわち\quad \boldsymbol{y=-\frac{1}{4}x+\frac{\pi}{32}+1}$$

例 27 ➡本冊 p. 378

(1) $y'=\log x+1$

◀$(x\log x)'=(x)'\log x+x(\log x)'$

接点の x 座標を a とすると，求める接線の傾きが 2 であるから

$$\log a+1=2\qquad よって\qquad a=e$$

ゆえに，求める接線の方程式は

◀点 $(e,\ e)$ を通る。

$$y-e=2(x-e)\quad すなわち\quad \boldsymbol{y=2x-e}$$

(2) $y'=-2xe^{-x^2}$

◀$(e^{-x^2})'=e^{-x^2}\cdot(-x^2)'$

接点の x 座標を a とすると，接線の方程式は

$$y-e^{-a^2}=-2ae^{-a^2}(x-a)$$

すなわち　$y=-2ae^{-a^2}x+e^{-a^2}(2a^2+1)$　…… ①

この直線が点 $\left(-\dfrac{3}{2},\ 0\right)$ を通るから

$$e^{-a^2}(2a^2+3a+1)=0$$

◀$2a^2+3a+1=(a+1)(2a+1)$

$e^{-a^2}>0$ であるから　　$a=-1,\ -\dfrac{1}{2}$

これを ① に代入すると，接線の方程式は

$a=-1$ のとき　　$\boldsymbol{y=\dfrac{2}{e}x+\dfrac{3}{e}}$

$a=-\dfrac{1}{2}$ のとき　　$\boldsymbol{y=\dfrac{1}{\sqrt[4]{e}}x+\dfrac{3}{2\sqrt[4]{e}}}$

(3) $y=x\cos x$ から　　$y'=\cos x-x\sin x$

◀$(uv)'=u'v+uv'$

よって，点 $(a,\ a\cos a)$ における接線の方程式は

$$y-a\cos a=(\cos a-a\sin a)(x-a)$$

ゆえに　　$y=(\cos a-a\sin a)x+a^2\sin a$　…… ①

この直線が原点 $(0,\ 0)$ を通るから　　$a^2\sin a=0$

よって　　$a^2=0$　または　$\sin a=0$

ゆえに　　$a=0$　または　$a=n\pi$　（n は整数）

まとめると　$a=n\pi$

このとき，① は　　$y=(\cos n\pi)x$

n が偶数のとき $\cos n\pi=1$，　n が奇数のとき $\cos n\pi=-1$

したがって，求める接線の方程式は　　$\boldsymbol{y=x,\ y=-x}$

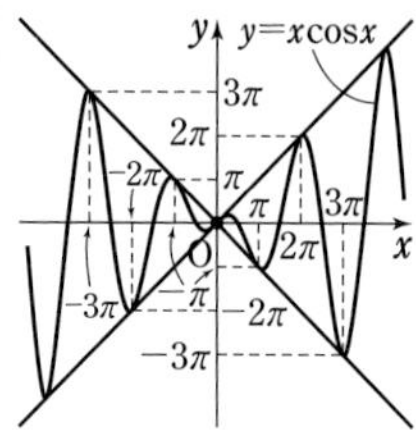

例 28

➡ 本冊 p. 393

関数 y の定義域は $x=-3$ 以外の実数全体である。

$$y=\frac{x^2+3x+9}{x+3}=x+\frac{9}{x+3}$$

◀分子の次数を低くして，計算をらくにする。

$$y'=1-\frac{9}{(x+3)^2}=\frac{(x+3)^2-9}{(x+3)^2}=\frac{x(x+6)}{(x+3)^2}$$

$y'=0$ とすると　　$x=-6,\ 0$

y の増減表は次のようになる。

x	…	-6	…	-3	…	0	…
y'	$+$	0	$-$	／	$-$	0	$+$
y	↗	極大 -9	↘	／	↘	極小 3	↗

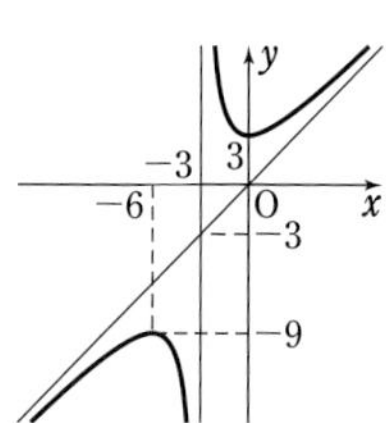

よって，y は

$x\leqq-6$，$0\leqq x$ で単調に増加し，

$-6\leqq x<-3$，$-3<x\leqq0$ で単調に減少する。

例 29

➡ 本冊 p. 393

(1) 関数 y の定義域は $x>0$ である。

$$y'=2x\log x+x^2\cdot\frac{1}{x}=x(2\log x+1)$$

$y'=0$ とすると，$x>0$ であるから

$$\log x=-\frac{1}{2}$$

ゆえに　　$x=\dfrac{1}{\sqrt{e}}$

y の増減表は右のようになる。

x	0	…	$\dfrac{1}{\sqrt{e}}$	…
y'		$-$	0	$+$
y		↘	極小 $-\dfrac{1}{2e}$	↗

よって　　$\boldsymbol{x=\dfrac{1}{\sqrt{e}}}$ で極小値 $\boldsymbol{-\dfrac{1}{2e}}$

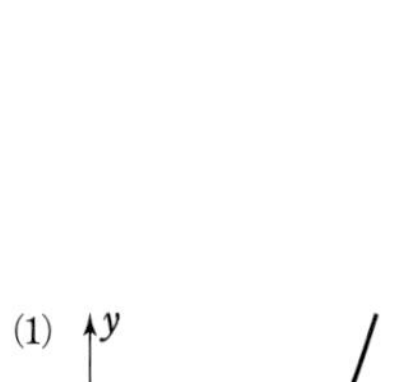
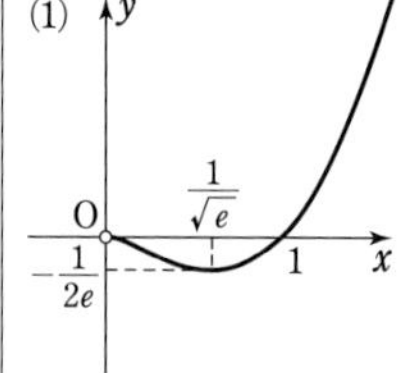

(2) 関数 y の定義域は $x\geqq-2$ である。

◀根号内≧0 から。

$-2<x<0$ のとき　　$y=-x\sqrt{x+2}$，$y'=-\dfrac{3x+4}{2\sqrt{x+2}}$

CHART
絶対値　場合に分ける

$y'=0$ とすると　　$x=-\dfrac{4}{3}$

4章 例 [微分法の応用]

$x=0$ のとき　　$y=0$

関数 $y=|x|\sqrt{x+2}$ は $x=0$ で微分可能ではない。

$0<x$ のとき

$y=x\sqrt{x+2}$

$y'=\dfrac{3x+4}{2\sqrt{x+2}}>0$

x	-2	$\cdots$	$-\dfrac{4}{3}$	$\cdots$	0	$\cdots$
y'		$+$	0	$-$	／	$+$
y	0	↗	極大 $\dfrac{4\sqrt{6}}{9}$	↘	極小 0	↗

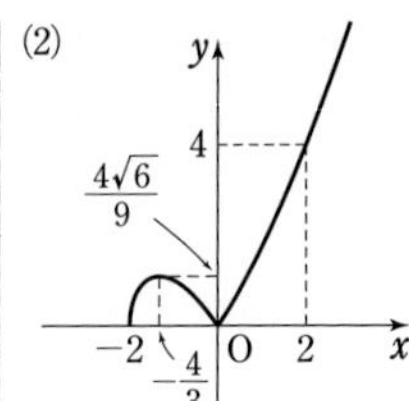

y の増減表は右のようになる。

よって　　$x=-\dfrac{4}{3}$ **で極大値** $\dfrac{4\sqrt{6}}{9}$，$x=0$ **で極小値** 0

例 30

➡ 本冊 $p.$ 406

$y=4x(x^2+1)^{-1}$

$y'=4(x^2+1)^{-1}+4x\{-2x(x^2+1)^{-2}\}$

$\quad=-4(x^2+1)^{-2}(x^2-1)$

$y''=-4\{-4x(x^2+1)^{-3}(x^2-1)+(x^2+1)^{-2}\cdot 2x\}$

$\quad=\dfrac{8x(x^2-3)}{(x^2+1)^3}$

$y''=0$ とすると　　$x=0,\ \pm\sqrt{3}$

y'' の符号の変化を調べると，次の表のようになる。

x	$\cdots$	$-\sqrt{3}$	$\cdots$	0	$\cdots$	$\sqrt{3}$	$\cdots$
y''	$-$	0	$+$	0	$-$	0	$+$
y	∩	変曲点	∪	変曲点	∩	変曲点	∪

◀本冊 $p.$ 406 の指針 [1] の場合の表である。参考 で [2] の場合の表とグラフを示した。

よって　　$x<-\sqrt{3}$，$0<x<\sqrt{3}$ **で上に凸**；

$-\sqrt{3}<x<0$，$\sqrt{3}<x$ **で下に凸**

変曲点は点 $(-\sqrt{3},\ -\sqrt{3})$，$(0,\ 0)$，$(\sqrt{3},\ \sqrt{3})$

参考　y の増減，凹凸をまとめて表にすると，次のようになる。

x	$-\infty$	$\cdots$	$-\sqrt{3}$	$\cdots$	-1	$\cdots$	0	$\cdots$	1	$\cdots$	$\sqrt{3}$	$\cdots$	∞
y'		$-$	$-$	$-$	0	$+$	$+$	$+$	0	$-$	$-$	$-$	
y''		$-$	0	$+$	$+$	$+$	0	$-$	$-$	$-$	0	$+$	
y	0	⤵	変曲点 $-\sqrt{3}$	↳	極小 -2	⤴	変曲点 0	↱	極大 2	⤵	変曲点 $\sqrt{3}$	↳	0

以上から，右のようなグラフが得られる。変曲点 $x=0,\ \pm\sqrt{3}$ における接線の傾き $y'=4,\ -\dfrac{1}{2}$ を求めて接線を引いておくと，グラフをかきやすい。

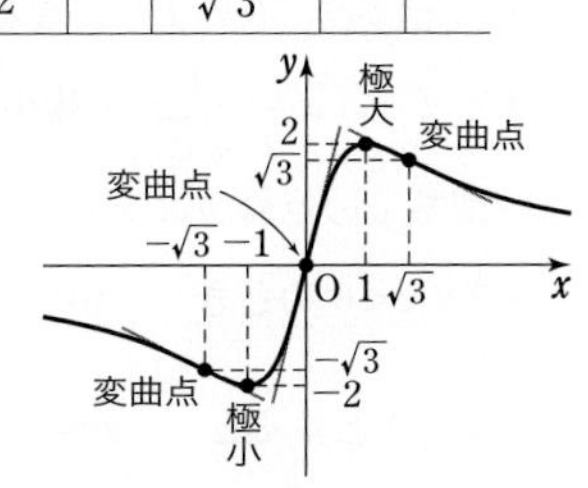

例 31 ➡本冊 p. 406

$y=\dfrac{(x^2-2)x+2x-2}{x^2-2}=x+\dfrac{2x-2}{x^2-2}$ であるから

$$\lim_{x\to\pm\infty}(y-x)=\lim_{x\to\pm\infty}\frac{2x-2}{x^2-2}=0 \quad (\text{複号同順})$$

定義域は，$x^2-2\neq0$ から　$x\neq\pm\sqrt{2}$

$$\lim_{x\to\sqrt{2}\pm0}y=\pm\infty,\quad \lim_{x\to-\sqrt{2}\pm0}y=\pm\infty \quad (\text{複号同順})$$

以上から，漸近線の方程式は

$$\boldsymbol{x=\sqrt{2},\ x=-\sqrt{2},\ y=x}$$

◀漸近線を調べやすくするために，分子の次数を分母より低くする。

参考　増減も調べてグラフをかくと，次のようになる。

$$y'=\frac{3x^2(x^2-2)-2x(x^3-2)}{(x^2-2)^2}$$
$$=\frac{x(x-2)(x^2+2x-2)}{(x^2-2)^2}$$

x	$\cdots$	$-1-\sqrt{3}$	$\cdots$	$-\sqrt{2}$	$\cdots$	0	$\cdots$	$-1+\sqrt{3}$	$\cdots$	$\sqrt{2}$	$\cdots$	2	$\cdots$
y'	$+$	0	$-$	／	$-$	0	$+$	0	$-$	／	$-$	0	$+$
y	↗	極大 $-\dfrac{3(1+\sqrt{3})}{2}$	↘	／	↘	極小 1	↗	極大 $\dfrac{3(\sqrt{3}-1)}{2}$	↘	／	↘	極小 3	↗

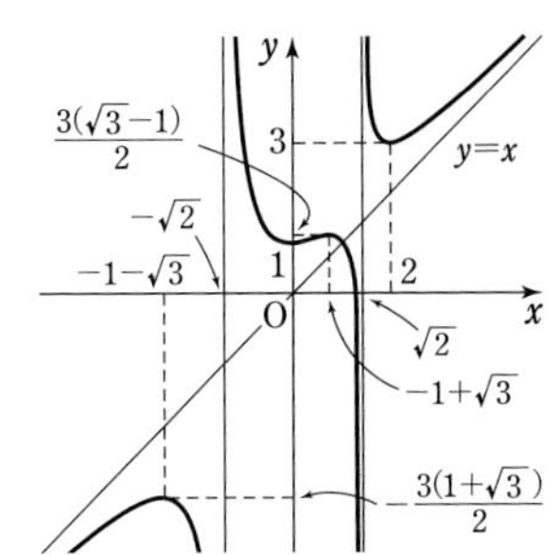

例 32 ➡本冊 p. 415

方程式 $e^x=-x$ より　$e^x+x=0$

ここで，$f(x)=e^x+x$ とすると　$f'(x)=e^x+1>0$

よって，$f(x)$ は単調に増加する。

◀定義域は実数全体。

また　$f(0)=1>0$，　$f(-1)=\dfrac{1}{e}-1<0$

ゆえに，中間値の定理から，方程式 $e^x+x=0$ すなわち $e^x=-x$ はただ1つの実数解をもつ。

◀実数解は $-1<x<0$ の範囲にある。

例 33 ➡本冊 p. 415

$f(x)=x-1-\log x$ とすると　$f'(x)=1-\dfrac{1}{x}=\dfrac{x-1}{x}$

◀$f(x)=$(右辺)$-$(左辺)

$f'(x)=0$ とすると　$x=1$

$x>0$ における $f(x)$ の増減表は右のようになり，$x=1$ で最小値 0 をとる。

x	0	$\cdots$	1	$\cdots$
$f'(x)$		$-$	0	$+$
$f(x)$		↘	極小 0	↗

よって，$x>0$ のとき

$f(x)\geqq0$　すなわち　$\log x\leqq x-1$

◀(最小値)$\geqq0$

例 34 ➡本冊 p. 428

(1) 時刻 t における速度を v，加速度を α とすると

$$v=\frac{dx}{dt}=3\left\{-\sin\left(\pi t+\frac{\pi}{3}\right)\cdot\pi\right\}$$
$$=-3\pi\sin\left(\pi t+\frac{\pi}{3}\right)$$
$$\alpha=\frac{dv}{dt}=-3\pi\cos\left(\pi t+\frac{\pi}{3}\right)\cdot\pi$$
$$=-3\pi^2\cos\left(\pi t+\frac{\pi}{3}\right)$$

$t=\frac{1}{2}$ を代入して

$$v=-3\pi\sin\frac{5}{6}\pi=\boldsymbol{-\frac{3}{2}\pi}$$
$$\alpha=-3\pi^2\cos\frac{5}{6}\pi=\boldsymbol{\frac{3\sqrt{3}}{2}\pi^2}$$

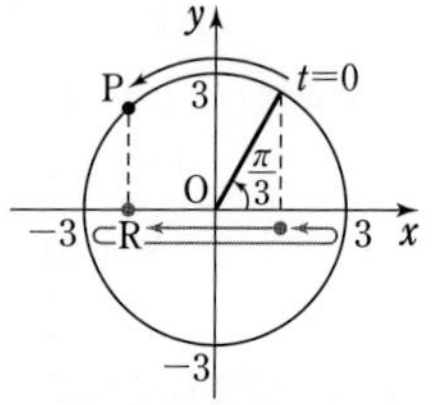

参考 図のような円周上を等速円運動する点Pから x 軸に下ろした垂線の足をRとすると，Rは $x=3\cos\left(\pi t+\frac{\pi}{3}\right)$ で表される往復運動(単振動)をする。

(2) ブレーキを掛けてから t 秒後の速度を v とする。

$$v=\frac{dx}{dt}=16(1-0.1t)$$

$t=0$ のとき　$v=16$

よって　**16 m/s**

電車が止まるときは $v=0$ であるから

$$16(1-0.1t)=0$$

よって　$t=10$

このとき　$x=16(10-0.05\times10^2)=$**80 (m)**

例 35 ➡本冊 p. 429

(1) $\frac{dx}{dt}=e^t\cos t+e^t\cdot(-\sin t)=e^t(\cos t-\sin t)$

◀ $(uv)'=u'v+uv'$

$\frac{dy}{dt}=e^t\sin t+e^t\cos t=e^t(\sin t+\cos t)$

よって　$\boldsymbol{\vec{v}=(e^t(\cos t-\sin t),\ e^t(\sin t+\cos t))}$

また　$\frac{d^2x}{dt^2}=e^t(\cos t-\sin t)+e^t(-\sin t-\cos t)$

$=-2e^t\sin t$

$\frac{d^2y}{dt^2}=e^t(\sin t+\cos t)+e^t(\cos t-\sin t)$

$=2e^t\cos t$

よって　$\boldsymbol{\vec{\alpha}=(-2e^t\sin t,\ 2e^t\cos t)}$

(2) $|\vec{v}|=\sqrt{\{e^t(\cos t-\sin t)\}^2+\{e^t(\sin t+\cos t)\}^2}$

$=\sqrt{2e^{2t}(\sin^2t+\cos^2t)}=\sqrt{2}\,e^t$

◀ $|\vec{v}|=\sqrt{\left(\frac{dx}{dt}\right)^2+\left(\frac{dy}{dt}\right)^2}$

$|\vec{\alpha}|=\sqrt{(-2e^t\sin t)^2+(2e^t\cos t)^2}$

$=\sqrt{4e^{2t}(\sin^2t+\cos^2t)}=2e^t$

◀ $|\vec{\alpha}|=\sqrt{\left(\frac{d^2x}{dt^2}\right)^2+\left(\frac{d^2y}{dt^2}\right)^2}$

よって　$|\vec{v}|:|\vec{\alpha}|=\sqrt{2}\,e^t:2e^t=1:\sqrt{2}$

ゆえに，点Pの速さ $|\vec{v}|$ と加速度の大きさ $|\vec{\alpha}|$ の比は一定である。

例 36 ➡ 本冊 p. 429

(1) $f'(x)=-\dfrac{1}{(1+x)^2}$, $f''(x)=\dfrac{2}{(1+x)^3}$ であるから

$$f(0)=1,\ f'(0)=-1,\ f''(0)=2$$

よって，$|x|$ が十分小さいとき

1 次の近似式は $\boldsymbol{\dfrac{1}{1+x}\doteqdot 1-x}$

2 次の近似式は $\boldsymbol{\dfrac{1}{1+x}\doteqdot 1-x+x^2}$

(2) $\cos 61^\circ=\cos(60^\circ+1^\circ)=\cos\left(\dfrac{\pi}{3}+\dfrac{\pi}{180}\right)$

$\dfrac{\pi}{180}$ は十分小さいから，$(\cos x)'=-\sin x$ より

$$\cos\left(\frac{\pi}{3}+\frac{\pi}{180}\right)\doteqdot\cos\frac{\pi}{3}+\left(-\sin\frac{\pi}{3}\right)\frac{\pi}{180}$$

$$=\frac{1}{2}-\frac{\sqrt{3}}{2}\cdot\frac{\pi}{180}=0.5-\frac{1.732\times 3.142}{360}$$

$$\doteqdot 0.5000-0.0151=0.4849$$

$$\doteqdot \mathbf{0.485}$$

◀ 1 次の近似式
$f(x)\doteqdot f(0)+f'(0)x$
2 次の近似式
$f(x)\doteqdot f(0)+f'(0)x+\dfrac{1}{2}f''(0)x^2$

◀ $|h|$ が十分小さいとき
$f(a+h)\doteqdot f(a)+f'(a)h$
を利用。

◀ 三角関数表では
$\cos 61^\circ=0.4848$

練習 55 ➡ 本冊 p. 378

(1) $y^2=4px$ の両辺を x で微分すると　$2yy'=4p$

よって，$y \neq 0$ のとき　$y'=\dfrac{2p}{y}$

ゆえに，$\mathrm{P}(x_1,\ y_1)$ における接線の方程式は，

$y_1 \neq 0$ のとき　$y-y_1=\dfrac{2p}{y_1}(x-x_1)$

すなわち　$y_1y=2p(x-x_1)+y_1{}^2$

点Pは曲線 $y^2=4px$ 上にあるから　$y_1{}^2=4px_1$

よって，接線の方程式は

$$y_1y=2p(x-x_1)+4px_1$$

すなわち　$y_1y=2p(x+x_1)$ …… ①

法線の方程式は　$y-y_1=-\dfrac{y_1}{2p}(x-x_1)$ …… ②

$y_1=0$ のとき $x_1=0$ であり，

接線の方程式は　$x=0$，　法線の方程式は　$y=0$

①，② はこの場合も含んでいるから，

接線の方程式は　$\boldsymbol{y_1y=2p(x+x_1)}$

法線の方程式は　$\boldsymbol{y=-\dfrac{y_1}{2p}(x-x_1)+y_1}$

CHART
(接線の傾き)=(微分係数)

(1)

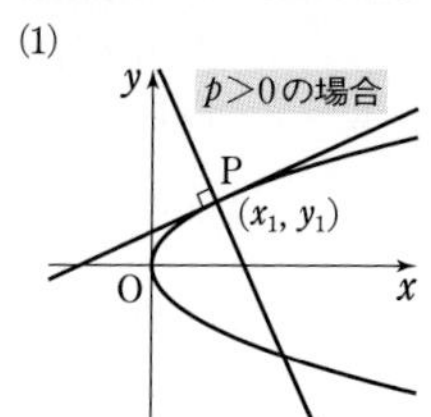

(2) $x^2-y^2=1$ の両辺を x で微分すると　$2x-2yy'=0$

$x=2,\ y=\sqrt{3}$ のとき　$y'=\dfrac{x}{y}=\dfrac{2}{\sqrt{3}}$

よって，**接線の方程式は**

$y-\sqrt{3}=\dfrac{2}{\sqrt{3}}(x-2)$　ゆえに　$\boldsymbol{y=\dfrac{2}{\sqrt{3}}x-\dfrac{1}{\sqrt{3}}}$

法線の方程式は

$y-\sqrt{3}=-\dfrac{\sqrt{3}}{2}(x-2)$　ゆえに　$\boldsymbol{y=-\dfrac{\sqrt{3}}{2}x+2\sqrt{3}}$

(2)

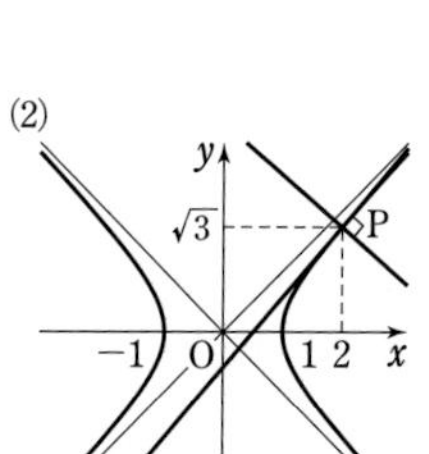

(3) $\dfrac{dx}{d\theta}=-2\sin 2\theta,\ \dfrac{dy}{d\theta}=\cos\theta$

ゆえに，$\sin 2\theta \neq 0$ のとき　$\dfrac{dy}{dx}=-\dfrac{\cos\theta}{2\sin 2\theta}$

$\theta=\dfrac{\pi}{6}$ とすると　$\mathrm{P}\left(\dfrac{1}{2},\ \dfrac{3}{2}\right)$，$\dfrac{dy}{dx}=-\dfrac{1}{2}$

よって，**接線の方程式は**

$y-\dfrac{3}{2}=-\dfrac{1}{2}\left(x-\dfrac{1}{2}\right)$　ゆえに　$\boldsymbol{y=-\dfrac{1}{2}x+\dfrac{7}{4}}$

法線の方程式は

$y-\dfrac{3}{2}=2\left(x-\dfrac{1}{2}\right)$　ゆえに　$\boldsymbol{y=2x+\dfrac{1}{2}}$

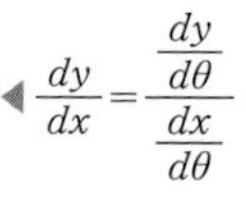
◀ $\dfrac{dy}{dx}=\dfrac{\dfrac{dy}{d\theta}}{\dfrac{dx}{d\theta}}$

(3)

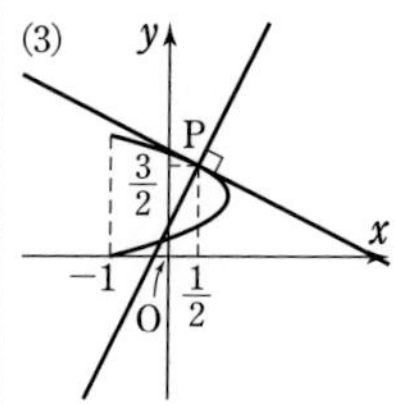

練習 56 ➡ 本冊 p. 379

$\dfrac{dx}{dt}=-\sin t$

$$\frac{dy}{dt}=-\cos t+\frac{1}{\tan\left(\frac{t}{2}+\frac{\pi}{4}\right)}\cdot\frac{1}{\cos^2\left(\frac{t}{2}+\frac{\pi}{4}\right)}\cdot\frac{1}{2}$$

$$=-\cos t+\frac{1}{2\sin\left(\frac{t}{2}+\frac{\pi}{4}\right)\cos\left(\frac{t}{2}+\frac{\pi}{4}\right)}$$

◀ 2倍角の公式を利用。

$$=-\cos t+\frac{1}{\sin\left(t+\frac{\pi}{2}\right)}=-\cos t+\frac{1}{\cos t}$$

よって　$\dfrac{dy}{dx}=\dfrac{\frac{dy}{dt}}{\frac{dx}{dt}}=\dfrac{-\cos t+\frac{1}{\cos t}}{-\sin t}=\dfrac{\cos^2 t-1}{\sin t\cos t}$

$$=\frac{-\sin^2 t}{\sin t\cos t}=-\tan t$$

点Pの座標を $\left(\cos\alpha,\ -\sin\alpha+\log\left\{\tan\left(\frac{\alpha}{2}+\frac{\pi}{4}\right)\right\}\right)$ とする。

点Pにおける C の接線の方程式は

$$y=-\tan\alpha(x-\cos\alpha)-\sin\alpha+\log\left\{\tan\left(\frac{\alpha}{2}+\frac{\pi}{4}\right)\right\}$$

すなわち　$y=-(\tan\alpha)x+\log\left\{\tan\left(\frac{\alpha}{2}+\frac{\pi}{4}\right)\right\}$

よって，y 軸との交点Qの座標は　$\left(0,\ \log\left\{\tan\left(\frac{\alpha}{2}+\frac{\pi}{4}\right)\right\}\right)$

ゆえに　$PQ=\sqrt{(-\cos\alpha)^2+\sin^2\alpha}=1$

したがって，線分 PQ の長さは一定である。

参考　線分 PQ の一端Qが最初の PQ に垂直な方向に動き，他端Pが常にQに向かいながら動くとき，Pが描く軌跡を **トラクトリックス（追跡線）** という。本問の曲線はトラクトリックスである。

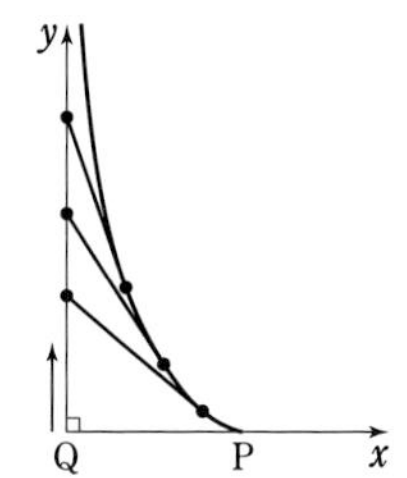

練習 57

➡ 本冊 p. 380

曲線 $y=\dfrac{1}{x}$ 上の点 $\left(a,\ \dfrac{1}{a}\right)$ における接線の方程式は，

$y'=-\dfrac{1}{x^2}$ から　$y-\dfrac{1}{a}=-\dfrac{1}{a^2}(x-a)$

◀ $y-f(a)=f'(a)(x-a)$

すなわち　$y=-\dfrac{1}{a^2}x+\dfrac{2}{a}$　…… ①

曲線 $y=x^2$ 上の点 $(b,\ b^2)$ における接線の方程式は，

$y'=2x$ から　$y-b^2=2b(x-b)$

すなわち　$y=2bx-b^2$　…… ②

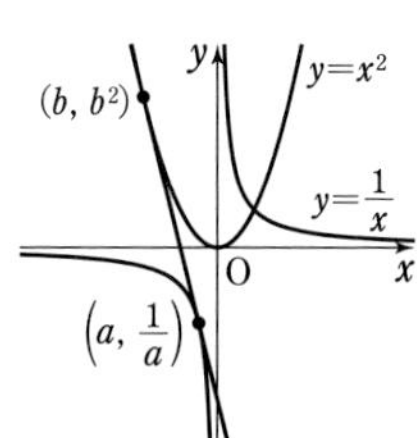

① と ② が一致するための条件は　$2b=-\dfrac{1}{a^2}$ かつ $\dfrac{2}{a}=-b^2$

これを解くと　$a=-\dfrac{1}{2},\ b=-2$

求める直線の方程式は，この値を ① または ② に代入して

$$\boldsymbol{y=-4x-4}$$

別解　[等式 ① まで同じ]

① が曲線 $y=x^2$ と接するための条件は，

$$x^2=-\frac{1}{a^2}x+\frac{2}{a}\quad すなわち\quad a^2x^2+x-2a=0$$

が重解をもつことである。

CHART
接点 ⟺ 重解
も忘れずに

よって，$a^2x^2+x-2a=0$ の判別式をDとすると　$D=0$

$$D=1+8a^3$$

$D=0$ から　$a=-\frac{1}{2}$

求める直線の方程式は，これを ① に代入して　$\boldsymbol{y=-4x-4}$

練習 58 ➡本冊 p. 381

(1) $f(x)=x^2-2x$，$g(x)=\log x+a$ とすると

$$f'(x)=2x-2,\ g'(x)=\frac{1}{x}$$

2 曲線 $y=f(x)$，$y=g(x)$ が，x 座標が t である点で接するとすると，$t>0$ であり

$$f(t)=g(t)\quad かつ\quad f'(t)=g'(t)$$

よって　$t^2-2t=\log t+a$ …… ①，　$2t-2=\frac{1}{t}$ …… ②

② から　$2t^2-2t-1=0$

これを解くと　$t=\frac{1\pm\sqrt{3}}{2}$

$t>0$ であるから　$t=\frac{1+\sqrt{3}}{2}$

ゆえに，① から

$$\boldsymbol{a}=\left(\frac{1+\sqrt{3}}{2}\right)^2-2\cdot\frac{1+\sqrt{3}}{2}-\log\frac{1+\sqrt{3}}{2}$$

$$=-\frac{\sqrt{3}}{2}+\log\frac{2}{1+\sqrt{3}}=\boldsymbol{-\frac{\sqrt{3}}{2}+\log(\sqrt{3}-1)}$$

また，接点の座標は　$\left(\frac{1+\sqrt{3}}{2},\ -\frac{\sqrt{3}}{2}\right)$

接線の傾きは　$g'\left(\frac{1+\sqrt{3}}{2}\right)=\frac{2}{1+\sqrt{3}}=\sqrt{3}-1$

よって，求める接線の方程式は

$$y-\left(-\frac{\sqrt{3}}{2}\right)=(\sqrt{3}-1)\left(x-\frac{1+\sqrt{3}}{2}\right)$$

すなわち　$\boldsymbol{y=(\sqrt{3}-1)x-1-\frac{\sqrt{3}}{2}}$

◀ 2 曲線 $y=f(x)$ と $y=g(x)$ が共有点（x 座標 t）で接する（共通な接線をもつ）ための条件は
$f(t)=g(t)$，$f'(t)=g'(t)$

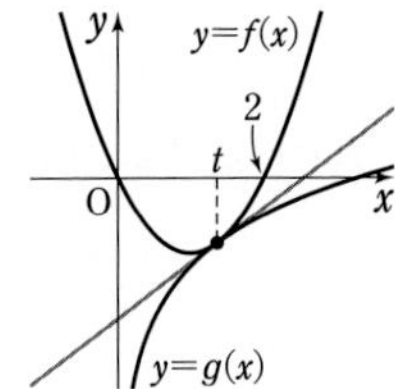

◀$a=t^2-2t-\log t$

◀$\frac{2}{1+\sqrt{3}}=\frac{2(\sqrt{3}-1)}{(\sqrt{3}+1)(\sqrt{3}-1)}$

◀〰〰 や ‐‐‐ の計算結果に注目。

(2) $g(x)=\frac{3x}{2\sqrt{x^2+1}}+1$ とする。

3 次関数 $f(x)$ が $x=1$ と $x=2$ で極値をとるから，$f'(x)=a(x-1)(x-2)$ $(a\neq0)$ と表される。

また　$g'(x)=\frac{3}{2}\cdot\frac{\sqrt{x^2+1}-x\cdot\frac{2x}{2\sqrt{x^2+1}}}{x^2+1}$

$$=\frac{3}{2}\cdot\frac{(x^2+1)-x^2}{(x^2+1)\sqrt{x^2+1}}=\frac{3}{2(x^2+1)\sqrt{x^2+1}}$$

曲線 $y=f(x)$ と $y=g(x)$ が点 $(0,\ 1)$ で共通の接線をもつための条件は　$f'(0)=g'(0)$

◀$f(x)$ が $x=a$ で極値をとる ⟹ $f'(a)=0$

◀接線の傾きが一致。

すなわち　　$a(0-1)(0-2)=\dfrac{3}{2(0^2+1)\sqrt{0^2+1}}$

よって　　　$a=\dfrac{3}{4}$　($a \neq 0$ を満たす)

ゆえに，$f'(x)=\dfrac{3}{4}(x-1)(x-2)$ であるから

$$f(x)=\int\frac{3}{4}(x-1)(x-2)dx=\frac{3}{4}\int(x^2-3x+2)dx$$

$$=\frac{1}{4}x^3-\frac{9}{8}x^2+\frac{3}{2}x+C\quad(C\text{は積分定数})$$

$f(0)=1$ であるから　　$C=1$

したがって　　$\boldsymbol{f(x)=\dfrac{1}{4}x^3-\dfrac{9}{8}x^2+\dfrac{3}{2}x+1}$

練習 59　➡ 本冊 $p.382$

$g(x)$ の定義域は　　$x>0$

◀真数条件 $kx>0$ で，$k>0$ から。

点Pの x 座標を t $(t>0)$ とすると，
$y=f(x)$ と $y=g(x)$ は点Pを通るから

$f(t)=g(t)$

◀ y 座標の一致。

すなわち　$-(t-a)^2=\log kt$　…… ①

また　　$f'(x)=-2(x-a)$，$g'(x)=\dfrac{1}{x}$

◀$g'(x)=\dfrac{1}{kx}\cdot k=\dfrac{1}{x}$

$y=f(x)$ と $y=g(x)$ の接線は座標軸に平行でなく，互いに直交するから

$$f'(t)g'(t)=-1\quad\text{すなわち}\quad -2(t-a)\cdot\frac{1}{t}=-1\quad\cdots\cdots ②$$

◀ 2 直線が **直交** $\Longleftrightarrow$ **傾きの積が -1**

② から　　$2t-2a=t$　　　　よって　　$t=2a$

$t=2a$ を ① に代入すると　　$-a^2=\log 2ka$

ゆえに　　$2ka=e^{-a^2}$　　　　よって　　$\boldsymbol{k=\dfrac{e^{-a^2}}{2a}\ (a>0)}$

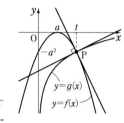

◀$t>0$，$t=2a$ から $a>0$

練習 60　➡ 本冊 $p.383$

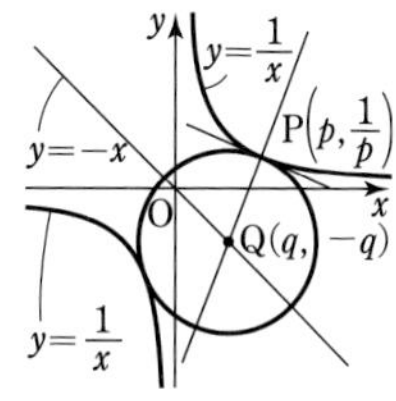

C_1，C_2 はともに直線 $y=-x$ に関して対称であるから，C_1，C_2 が接するとき，共有点が 2 個になる。

このとき，接点を $\mathrm{P}\left(p,\ \dfrac{1}{p}\right)$ とすると，Pにおける C_1 の法線は円 C_2 の法線でもあるから，円の中心Qを通る。

$y'=-\dfrac{1}{x^2}$ であるから，点Pにおける C_1 の法線 m の方程式は

$$y=p^2(x-p)+\frac{1}{p}\quad\text{すなわち}\quad y=p^2x-p^3+\frac{1}{p}$$

m は円の中心 $\mathrm{Q}(q,\ -q)$ を通るから　　$-q=p^2q-p^3+\dfrac{1}{p}$

ゆえに　　$q=\dfrac{p^3-\dfrac{1}{p}}{p^2+1}=p-\dfrac{1}{p}$

$r=\mathrm{PQ}$ であるから

$$r^2=\mathrm{PQ}^2=(p-q)^2+\left(\frac{1}{p}+q\right)^2$$

$$=\frac{1}{p^2}+p^2=\left(p-\frac{1}{p}\right)^2+2=q^2+2$$

◀$q=p-\dfrac{1}{p}$ を代入。

$r>0$ であるから　　$\boldsymbol{r=\sqrt{q^2+2}}$

別解　C_1：$y=\dfrac{1}{x}$ から　　$y'=-\dfrac{1}{x^2}$

C_2：$(x-q)^2+(y+q)^2=r^2$ とし，両辺を x で微分すると

$$2(x-q)+2(y+q)\frac{dy}{dx}=0$$

よって　　$\dfrac{dy}{dx}=-\dfrac{x-q}{y+q}$

ゆえに，接点の座標を $(s,\ t)$ とすると　　$-\dfrac{1}{s^2}=-\dfrac{s-q}{t+q}$

◀接線の傾きが一致。

よって　　$t=s^3-q(s^2+1)$　…… ①

点 $(s,\ t)$ は C_1，C_2 上にあるから

$t=\dfrac{1}{s}$　…… ②

$(s-q)^2+(t+q)^2=r^2$　…… ③

◀点 $(s,\ t)$ が曲線 $y=f(x)$，$F(x,\ y)=0$ 上にあるならば $t=f(s)$，$F(s,\ t)=0$

①，② から t を消去して整理すると　　$(s^2+1)(s^2-qs-1)=0$

$s^2+1\neq 0$ であるから　　$s^2-qs-1=0$　…… ④

2 次方程式 ④ の判別式を D とすると $D=q^2+4>0$ であるから，常に 2 つの実数解をもつ。このとき，C_1 と C_2 は 2 つの共有点をもち，それぞれの点で接する。

よって　　$s=\dfrac{q\pm\sqrt{q^2+4}}{2}$

② から　　$t=\dfrac{2}{q\pm\sqrt{q^2+4}}=\dfrac{-q\pm\sqrt{q^2+4}}{2}$ (複号同順)

これらを ③ に代入して整理すると　　$r^2=q^2+2$

$r>0$ であるから　　$\boldsymbol{r=\sqrt{q^2+2}}$

練習 61　➡ 本冊 p. 386

(1)　(ア)　$f'(x)=3x^2-6x$ であるから　　$f'(c)=3c^2-6c$

また　　$f(1)=1^3-3\cdot1^2=-2$，$f(2)=2^3-3\cdot2^2=-4$

よって，等式から　　$\dfrac{(-4)-(-2)}{2-1}=3c^2-6c$

すなわち　　$3c^2-6c+2=0$

これを解くと　　$c=\dfrac{3\pm\sqrt{3}}{3}$

このうち，$1<c<2$ を満たす c の値は　　$\boldsymbol{c=\dfrac{3+\sqrt{3}}{3}}$

◀平均値の定理により $\dfrac{f(b)-f(a)}{b-a}=f'(c)$，$a<c<b$ を満たす実数 c が存在する。

(イ)　$f'(x)=e^x$ であるから　　$f'(c)=e^c$

また　　$f(0)=1$，$f(1)=e$

よって，等式から　　$\dfrac{e-1}{1-0}=e^c$　すなわち　$e-1=e^c$

したがって　$\boldsymbol{c=\log(e-1)}$

これは $0<c<1$ を満たすから，求める c の値である。

◀ $1<e-1<e$ から $0<\log(e-1)<1$

(2) $f'(x)=3x^2-1$ であるから　$f'(c)=3c^2-1$

また　$$\frac{f(b)-f(a)}{b-a}=\frac{b^3-b-(a^3-a)}{b-a}=\frac{(b-a)(b^2+ba+a^2)-(b-a)}{b-a}=a^2+ab+b^2-1$$

よって，① から　$a^2+ab+b^2-1=3c^2-1$

$c>0$ であるから　$\boldsymbol{c=\sqrt{\dfrac{a^2+ab+b^2}{3}}}$

◀ $a<b$ から $3a^2<a^2+ab+b^2<3b^2$

これは $0<a<c<b$ を満たすから，求める c の値である。

次に　$$\frac{c-a}{b-a}=\frac{\sqrt{\dfrac{a^2+ab+b^2}{3}}-a}{b-a}=\frac{\sqrt{a^2+ab+b^2}-\sqrt{3}\,a}{\sqrt{3}\,(b-a)}$$
$$=\frac{b^2+ba-2a^2}{\sqrt{3}\,(b-a)(\sqrt{a^2+ab+b^2}+\sqrt{3}\,a)}$$
$$=\frac{b+2a}{\sqrt{3}\,(\sqrt{a^2+ab+b^2}+\sqrt{3}\,a)}$$

◀分子を有理化して約分。

◀ $b^2+ba-2a^2=(b-a)(b+2a)$

よって　$$\lim_{b\to a}\frac{\boldsymbol{c-a}}{\boldsymbol{b-a}}=\lim_{b\to a}\frac{b+2a}{\sqrt{3}\,(\sqrt{a^2+ab+b^2}+\sqrt{3}\,a)}=\frac{a+2a}{\sqrt{3}\,(\sqrt{3a^2}+\sqrt{3}\,a)}=\frac{3a}{\sqrt{3}\cdot2\sqrt{3}\,a}=\boldsymbol{\frac{1}{2}}$$

練習 62 ➡ 本冊 p. 387

(1) (ア) 関数 $f(x)=e^x$ は微分可能で　$f'(x)=e^x$

区間 $[a,\ b]$ において，平均値の定理により

◀平均値の定理が使える条件の確認を忘れずに。

$$\frac{e^b-e^a}{b-a}=e^c,\quad a<c<b$$

を満たす c が存在する。また，$a<c<b$ であるから

$$e^a<e^c<e^b\qquad よって\qquad e^a<\frac{e^b-e^a}{b-a}<e^b$$

◀ $f'(x)=e^x$ は単調増加。

(イ) (ア)において，$a=0$，$b=t$ とおくと

$$e^0<\frac{e^t-e^0}{t-0}<e^t\quad すなわち\quad 1<\frac{e^t-1}{t}<e^t$$

各辺は正の数であるから，自然対数をとると

$$0<\log\frac{e^t-1}{t}<t$$

(2) $f(u)=\log u$ とする。

関数 $f(u)$ は $u>0$ で微分可能で　$f'(u)=\dfrac{1}{u}$

◀真数 >0

[1]　$x>y>0$ のとき

区間 $[y,\ x]$ において，平均値の定理により

$$\frac{\log x-\log y}{x-y}=\frac{1}{c},\quad 0<y<c<x$$

を満たす c が存在する。

$\frac{1}{x}<\frac{1}{c}<\frac{1}{y}$ であるから　　$\frac{\log x-\log y}{x-y}>\frac{1}{x}$

◀ $f'(u)=\frac{1}{u}$ は単調減少。

$x-y>0$，$x>0$ であるから　　$x(\log x-\log y)>x-y$

[2]　$y>x>0$ のとき

区間 $[x,\ y]$ において，[1] と同様にして

$$\frac{\log x-\log y}{x-y}<\frac{1}{x}$$

$x-y<0$，$x>0$ であるから　　$x(\log x-\log y)>x-y$

[3]　$x=y>0$ のとき

$x(\log x-\log y)=x-y=0$ が成り立つ。

[1] ～ [3] から，すべての正の数 x，y に対して

$x(\log x-\log y)\geqq x-y$ が成り立つ。

等号が成り立つのは，$x=y$ のときに限る。

練習 63 ➡本冊 p. 388

(1)　$f(x)=e^x$ は常に微分可能で　　$f'(x)=e^x$

$x\neq 0$ として，区間 $[0,\ x]$ または $[x,\ 0]$ で平均値の定理を用いることにより，次の条件を満たす c が存在する。

$$\frac{e^x-1}{x-0}=e^c,\quad 0<c<x \text{ または } x<c<0$$

$x\longrightarrow 0$ のとき $c\longrightarrow 0$ であり　　$e^c\longrightarrow 1$

よって　　$\displaystyle\lim_{x\to 0}\log\frac{e^x-1}{x}=\log 1=\mathbf{0}$

別解　$\displaystyle\lim_{x\to 0}\log\frac{e^x-1}{x}$
$\displaystyle=\lim_{x\to 0}\log\frac{f(x)-f(0)}{x-0}$
$=\log f'(0)=\log 1$
$=\mathbf{0}$

(2)　$x\longrightarrow +0$ であるから，$0<x<\frac{\pi}{2}$ としてよい。

このとき　　$0<\sin x<x$

◀下の図から $0<x<\frac{\pi}{2}$ のとき　$0<\sin x<x$

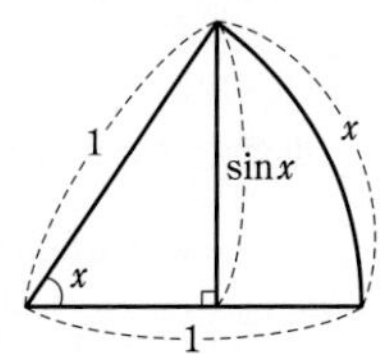

$f(t)=e^t$ は常に微分可能で　　$f'(t)=e^t$

区間 $[\sin x,\ x]$ において，平均値の定理を用いると

$$\frac{e^x-e^{\sin x}}{x-\sin x}=e^c,\quad \sin x<c<x$$

を満たす c が存在する。

$x\longrightarrow +0$ のとき $\sin x\longrightarrow +0$ であるから　　$c\longrightarrow +0$

よって　　$\displaystyle\lim_{x\to +0}\frac{e^x-e^{\sin x}}{x-\sin x}=\lim_{c\to +0}e^c=\mathbf{1}$

練習 64 ➡本冊 p. 390

(1)　$\displaystyle(\text{与式})=\lim_{x\to 0}\frac{\{x-\log(1+x)\}'}{(x^2)'}=\lim_{x\to 0}\frac{1-\frac{1}{1+x}}{2x}$

$$=\lim_{x\to 0}\frac{1}{2(1+x)}=\mathbf{\frac{1}{2}}$$

(2) (与式)$=\lim_{x\to\infty}\frac{(\log|x-1|-\log|x+1|)'}{\left(\frac{1}{x}\right)'}=\lim_{x\to\infty}\frac{\frac{1}{x-1}-\frac{1}{x+1}}{-\frac{1}{x^2}}$

$=\lim_{x\to\infty}\frac{-2x^2}{(x-1)(x+1)}=\lim_{x\to\infty}\frac{-2}{\left(1-\frac{1}{x}\right)\left(1+\frac{1}{x}\right)}=\mathbf{-2}$

◀与式の log の前の「x」を $x=\frac{1}{\frac{1}{x}}$ ととらえる。

(3) (与式)$=\lim_{x\to 1}\frac{(x\log x-x+1)'}{\{(x-1)\log x\}'}=\lim_{x\to 1}\frac{\log x+x\cdot\frac{1}{x}-1}{\log x+\frac{x-1}{x}}$

$=\lim_{x\to 1}\frac{\log x}{\log x+1-\frac{1}{x}}=\lim_{x\to 1}\frac{\frac{1}{x}}{\frac{1}{x}+\frac{1}{x^2}}=\lim_{x\to 1}\frac{x}{x+1}=\mathbf{\frac{1}{2}}$

◀ロピタルの定理を繰り返し用いる。

練習 65 ➡ 本冊 p. 394

$f(x)$ は微分可能であり

$f'(x)=\frac{1\cdot(x^2+2x+a)-(x+1)(2x+2)}{(x^2+2x+a)^2}=-\frac{x^2+2x-a+2}{(x^2+2x+a)^2}$

(1) $f(x)$ が $x=1$ で極値をとるならば $f'(1)=0$ であるから

(分子)$=1+2-a+2=0$, (分母)$=(1+2+a)^2\neq 0$

◀必要条件。

よって　$a=5$　このとき　$f'(x)=-\frac{(x+3)(x-1)}{(x^2+2x+5)^2}$

したがって, $f'(x)$ の符号は $x=1$ の前後で正から負に変わり, $f(x)$ は極大値 $f(1)$ をとる。

◀十分条件であることを示す。

ゆえに　$\boldsymbol{a=5}$

(2) $f(x)$ が極値をもつならば, $f'(x)=0$ となる x の値 c があり, 2 次方程式 $x^2+2x-a+2=0$ の判別式をDとすると　$D>0$

ここで　$\frac{D}{4}=1^2-(-a+2)=a-1$

$D>0$ から　$a>1$

◀必要条件。

このとき, $f'(x)$ の分母について $\{(x+1)^2+a-1\}^2\neq 0$ であり, $f'(x)$ の符号は $x=c$ の前後で変わるから $f(x)$ は極値をもつ。

◀十分条件であることを示す。

ゆえに　$\boldsymbol{a>1}$

練習 66 ➡ 本冊 p. 395

(1) $f'(x)=\frac{-bx^2+(4a-2c)x+2b}{(x^2+2)^2}$

$x=-2$ で極小値 $\frac{1}{2}$ をもつから　$f'(-2)=0$, $f(-2)=\frac{1}{2}$

$x=1$ で極大値 2 をもつから　$f'(1)=0$, $f(1)=2$

$f'(-2)=0$ から　$\frac{-8a-2b+4c}{36}=0$

$f'(1)=0$ から　$\frac{4a+b-2c}{9}=0$

よって　$4a+b-2c=0$ …… ①

◀$x=-2$, 1 で極値をもつとき
$f'(-2)=0$, $f'(1)=0$
また, 極値がわかっているから
$f(-2)=\frac{1}{2}$, $f(1)=2$
これらは必要条件である。

$f(-2)=\frac{1}{2}$ から　　$4a-2b+c=3$ …… ②

$f(1)=2$ から　　$a+b+c=6$ …… ③

①, ②, ③ から　　$a=1,\ b=2,\ c=3$

逆に，このとき　　$f(x)=\dfrac{x^2+2x+3}{x^2+2}$

◀十分条件の確認。

$$f'(x)=\frac{-2x^2-2x+4}{(x^2+2)^2}=\frac{-2(x+2)(x-1)}{(x^2+2)^2}$$

$f'(x)=0$ とすると　　$x=-2,\ 1$

$f(x)$ の増減表は次のようになり，条件を満たす。

x	$\cdots$	-2	$\cdots$	1	$\cdots$
$f'(x)$	$-$	0	$+$	0	$-$
$f(x)$	↘	$\frac{1}{2}$	↗	2	↘

以上から　　$\boldsymbol{a=1,\ b=2,\ c=3}$

(2)　$f'(x)=\dfrac{1\cdot(x^2+1)-(x-a)\cdot 2x}{(x^2+1)^2}=\dfrac{-x^2+2ax+1}{(x^2+1)^2}$

$f'(x)=0$ から　　$x^2-2ax-1=0$ …… ①

① の判別式を D とすると　　$\dfrac{D}{4}=a^2+1$

$D>0$ であるから，① は異なる 2 つの実数解をもつ。

◀$a^2+1>0$

ゆえに，$f(x)$ は極値をもつ。

◀$(x^2+1)^2>0$ であるから，① の解の前後で $f'(x)$ の符号が変わる。

① の解は　　$x=a\pm\sqrt{a^2+1}$

よって　　$f(a+\sqrt{a^2+1})=\dfrac{a+\sqrt{a^2+1}-a}{(a+\sqrt{a^2+1})^2+1}$

$$=\frac{\sqrt{a^2+1}}{2(a^2+1)+2a\sqrt{a^2+1}}=\frac{1}{2(\sqrt{a^2+1}+a)}$$

同様に　　$f(a-\sqrt{a^2+1})=\dfrac{a-\sqrt{a^2+1}-a}{(a-\sqrt{a^2+1})^2+1}=\dfrac{-1}{2(\sqrt{a^2+1}-a)}$

$\dfrac{1}{2(\sqrt{a^2+1}+a)}=\dfrac{1}{2}$ のとき　　$\sqrt{a^2+1}=1-a$

よって，$a\leqq 1$，$a^2+1=(1-a)^2$ から　　$a=0$

$\dfrac{-1}{2(\sqrt{a^2+1}-a)}=\dfrac{1}{2}$ のとき　　$\sqrt{a^2+1}=a-1$

よって，$a\geqq 1$，$a^2+1=(a-1)^2$ から　　解なし

したがって，求める a の値は　　$\boldsymbol{a=0}$

$\boldsymbol{y=\dfrac{x}{x^2+1}}$ のグラフ

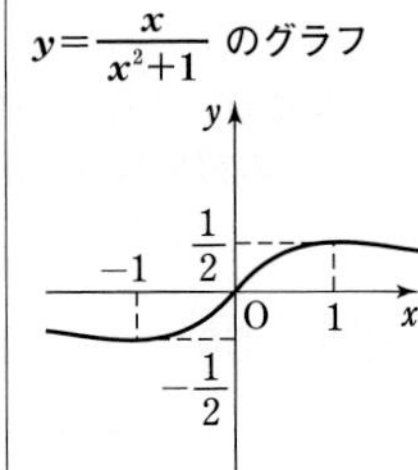

練習　67　➡ 本冊 p. 396

(1)　$f'(x)=-ae^{-ax}+a\cdot\dfrac{1}{x}=\dfrac{-axe^{-ax}+a}{x}$

よって　　$\boldsymbol{g(x)=-axe^{-ax}+a}$

(2)　$g'(x)=-a\cdot e^{-ax}-ax\cdot(-ae^{-ax})=a(ax-1)e^{-ax}$

$g'(x)=0$ $(x>0)$ とすると，

$a>0$ であるから　　$x=\dfrac{1}{a}$

$x>0$ における $g(x)$ の増減表は右のようになる。

x	0	$\cdots$	$\dfrac{1}{a}$	$\cdots$
$g'(x)$		$-$	0	$+$
$g(x)$		↘	極小 $a-e^{-1}$	↗

よって，$g(x)$ は $\boldsymbol{x=\dfrac{1}{a}}$ **で極小値** $\boldsymbol{a-e^{-1}}$ をとる。

(3) 関数 $f(x)$ が極値をもたないための条件は，$x>0$ において常に $f'(x)\geqq 0$，または $x>0$ において常に $f'(x)\leqq 0$ が成り立つことである。

◀極値をもたない ⟺ $f'(x)$ の符号の変化がない。

ここで，$g(x)=xf'(x)$ であるから，$x>0$ において $f'(x)$ と $g(x)$ の値の符号は一致している。

(2) の増減表から　　$g(x)\geqq a-e^{-1}$

また，$\displaystyle\lim_{x\to+0}g(x)=a\ (>0)$ であるから，$x>0$ において常に $g(x)\leqq 0$ が成り立つことはない。

よって，$x>0$ において常に $g(x)\geqq 0$ となればよいから

$$a-e^{-1}\geqq 0$$

したがって，求める a の値の範囲は　　$\boldsymbol{a\geqq e^{-1}}$

練習 68

➡ 本冊 p. 397

(1) $f(x)=\dfrac{\cos x}{e^x}$ とすると　　$f(x)=e^{-x}\cos x$

$$f'(x)=-e^{-x}\cos x-e^{-x}\sin x=-\sqrt{2}\,e^{-x}\sin\left(x+\frac{\pi}{4}\right)$$

$x>0$ において，$f'(x)=0$ とすると

$$x=\frac{4n-1}{4}\pi\quad (n=1,\ 2,\ 3,\ \cdots\cdots)$$

$x>0$ における $y=f(x)$ の増減表は次のようになる。

x	0	$\cdots$	$\frac{3}{4}\pi$	$\cdots$	$\frac{7}{4}\pi$	$\cdots$	$\frac{11}{4}\pi$	$\cdots$	$\frac{15}{4}\pi$	$\cdots$
$f'(x)$		$-$	0	$+$	0	$-$	0	$+$	0	$-$
$f(x)$		↘	極小	↗	極大 $\dfrac{1}{\sqrt{2}\,e^{\frac{7}{4}\pi}}$	↘	極小	↗	極大 $\dfrac{1}{\sqrt{2}\,e^{\frac{15}{4}\pi}}$	↘

したがって，$x=\dfrac{8n-1}{4}\pi\ (n=1,\ 2,\ 3,\ \cdots\cdots)$ で極大となるから

$$\boldsymbol{a_n}=f\left(\frac{8n-1}{4}\pi\right)=\frac{\cos\left(\frac{8n-1}{4}\pi\right)}{e^{\frac{8n-1}{4}\pi}}=\frac{1}{\sqrt{2}\,e^{\frac{8n-1}{4}\pi}}$$

$$=\boldsymbol{\frac{1}{\sqrt{2}}e^{-\frac{8n-1}{4}\pi}}$$

◀$u<v$ のとき $e^u<e^v$ であるから　$\dfrac{1}{e^u}>\dfrac{1}{e^v}$
よって，
$a_n=\dfrac{1}{\sqrt{2}}e^{-\frac{8n-1}{4}\pi}$
$(n=1,\ 2,\ 3,\ \cdots\cdots)$ は減少することがわかる。

参考　本冊 p. 405 基本事項の「第 2 次導関数と極値」の性質 (＊) を利用すると，$f'(x)=-\sqrt{2}\,e^{-x}\sin\left(x+\dfrac{\pi}{4}\right)$ を導いた後，次のようにして，極大となる x の値を求めることができる。

$x>0$ において，$f'(x)=0$ とすると

$$x+\frac{\pi}{4}=k\pi \quad すなわち \quad x=k\pi-\frac{\pi}{4} \quad (k=1,\ 2,\ 3,\ \cdots\cdots)$$

$f''(x)=\sqrt{2}e^{-x}\left\{\sin\left(x+\frac{\pi}{4}\right)-\cos\left(x+\frac{\pi}{4}\right)\right\}$ であるから

$$f''\left(k\pi-\frac{\pi}{4}\right)=\sqrt{2}e^{-\left(k\pi-\frac{\pi}{4}\right)}(\sin k\pi-\cos k\pi)$$
$$=-\sqrt{2}e^{-\left(k\pi-\frac{\pi}{4}\right)}\cos k\pi$$

$f''\left(k\pi-\frac{\pi}{4}\right)<0$ となるのは，$k=2n$ $(n=1,\ 2,\ 3,\ \cdots\cdots)$ のときである。

よって，極大値をとる x の値は　$x=\frac{8n-1}{4}\pi$

(＊) $x=a$ を含むある区間で $f''(x)$ が連続であるとき，$f'(a)=0$ かつ $f''(a)<0$ ならば，$f(a)$ は極大値である。

◀$-\sqrt{2}e^{-\left(k\pi-\frac{\pi}{4}\right)}<0$ であるから　$\cos k\pi>0$

(2)　$a_n=\frac{1}{\sqrt{2}}e^{-\frac{8(n-1)+7}{4}\pi}=\frac{1}{\sqrt{2}}e^{-\frac{7}{4}\pi}(e^{-2\pi})^{n-1}$

よって，$\sum_{n=1}^{\infty}a_n$ は初項 $\frac{1}{\sqrt{2}}e^{-\frac{7}{4}\pi}$，公比 $e^{-2\pi}$ の無限等比級数で，$|e^{-2\pi}|<1$ であるから

$$\sum_{n=1}^{\infty}\boldsymbol{a_n}=\frac{\frac{1}{\sqrt{2}}e^{-\frac{7}{4}\pi}}{1-e^{-2\pi}}=\boldsymbol{\frac{e^{\frac{\pi}{4}}}{\sqrt{2}(e^{2\pi}-1)}}$$

◀分母，分子に $\sqrt{2}e^{2\pi}$ を掛ける。

練習 69　➡本冊 p. 398

(1)　$y'=3\cos^2x\cdot(-\sin x)-3\sin x=-3\sin x(\cos^2x+1)$

$y'=0$ とすると，$\cos^2x+1>0$ であるから　$\sin x=0$

$0<x<2\pi$ の範囲で解くと

$$x=\pi$$

$0\leqq x\leqq 2\pi$ における y の増減表は右のようになる。

x	0	$\cdots$	π	$\cdots$	2π
y'		$-$	0	$+$	
y	4	↘	極小 -4	↗	4

よって，y は

$x=0,\ 2\pi$ で最大値 4，

$x=\pi$ で最小値 -4

をとる。

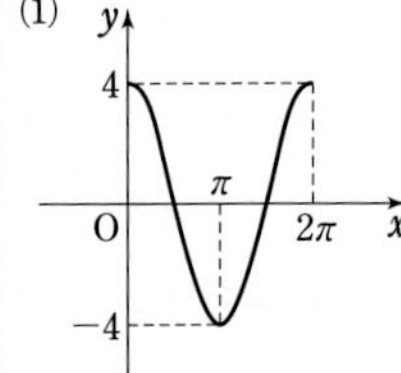

(2)　$y'=2xe^x+(x^2-1)e^x=(x^2+2x-1)e^x$

$y'=0$ とすると　$x^2+2x-1=0$

$-1<x<2$ の範囲で解くと　$x=-1+\sqrt{2}$

$-1\leqq x\leqq 2$ における y の増減表は次のようになる。

x	-1	$\cdots$	$\sqrt{2}-1$	$\cdots$	2
y'		$-$	0	$+$	
y	0	↘	極小 $2(1-\sqrt{2})e^{\sqrt{2}-1}$	↗	$3e^2$

よって，y は **$x=2$ で最大値 $3e^2$，**

$x=\sqrt{2}-1$ で最小値 $2(1-\sqrt{2})e^{\sqrt{2}-1}$

をとる。

◀$x^2+2x-1=0$ から
$x^2-1=-2x$
$=2-2\sqrt{2}$

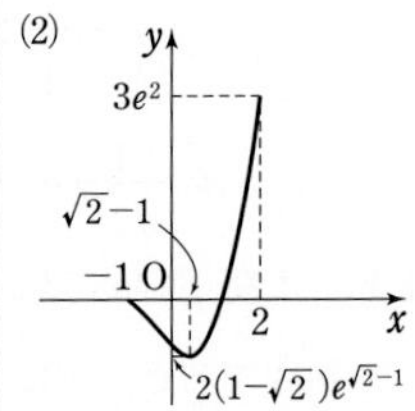

(3) $y'=\dfrac{\frac{1}{x}\cdot x-(\log x)\cdot 1}{x^2}=\dfrac{1-\log x}{x^2}$

$y'=0$ とすると　$x=e$

$1\leqq x\leqq 3$ における y の増減表は右のようになる。

x	1	$\cdots$	e	$\cdots$	3
y'		$+$	0	$-$	
y	0	↗	極大 e^{-1}	↘	$\dfrac{\log 3}{3}$

よって，y は

$x=e$ で最大値 e^{-1}，

$x=1$ で最小値 0 をとる。

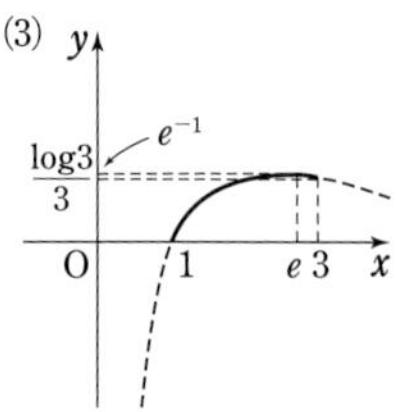

(4) 関数 $y=x-2+\sqrt{4-x^2}$ の定義域は，$4-x^2\geqq 0$ から

$-2\leqq x\leqq 2$ …… ①

◀根号内≧0 から。

$-2<x<2$ のとき　$y'=1+\dfrac{-2x}{2\sqrt{4-x^2}}=\dfrac{\sqrt{4-x^2}-x}{\sqrt{4-x^2}}$

$y'=0$ とすると　$\sqrt{4-x^2}=x$ …… ②

② の両辺を 2 乗すると　$4-x^2=x^2$

よって　$x^2=2$

② より，$x\geqq 0$ であるから　$x=\sqrt{2}$

① における y の増減表は右のようになる。

x	-2	$\cdots$	$\sqrt{2}$	$\cdots$	2
y'		$+$	0	$-$	
y	-4	↗	極大 $2\sqrt{2}-2$	↘	0

したがって，y は

$x=\sqrt{2}$ で最大値 $2\sqrt{2}-2$，

$x=-2$ で最小値 -4

をとる。

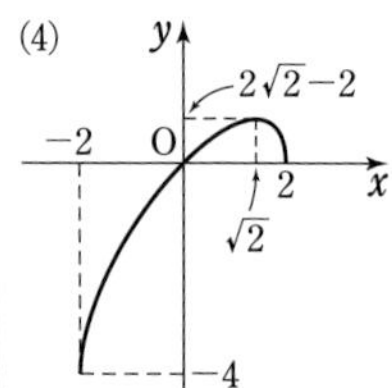

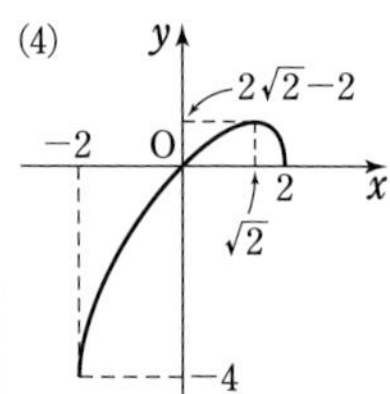

練習 70

➡ 本冊 p. 399

(1) $y'=(2x+1)e^{-x}+(x^2+x-1)\cdot(-e^{-x})$

$=-(x^2-x-2)e^{-x}$

$=-(x+1)(x-2)e^{-x}$

$y'=0$ とすると

$x=-1,\ 2$

y の増減表は右のようになる。

x	$\cdots$	-1	$\cdots$	2	$\cdots$
y'	$-$	0	$+$	0	$-$
y	↘	極小 $-e$	↗	極大 $5e^{-2}$	↘

また　$\lim\limits_{x\to\infty}y=0$

$\lim\limits_{x\to-\infty}y=\infty$

よって，y は **$x=-1$ で最小値 $-e$** をとる。**最大値はない。**

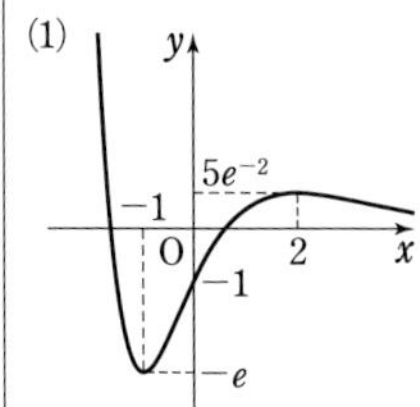

◀一般に，$a>1$，$k>0$ のとき　$\lim\limits_{x\to\infty}\dfrac{x^k}{a^x}=0$

(2) $y'=\dfrac{-1\cdot(x^2+2)-(1-x)\cdot 2x}{(x^2+2)^2}=\dfrac{x^2-2x-2}{(x^2+2)^2}$

$y'=0$ とすると　$x^2-2x-2=0$

これを解くと　$x=1\pm\sqrt{3}$

y の増減表は次ページのようになる。

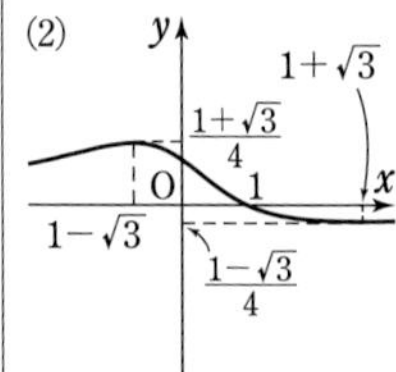

x	$\cdots$	$1-\sqrt{3}$	$\cdots$	$1+\sqrt{3}$	$\cdots$
y'	$+$	0	$-$	0	$+$
y	↗	極大 $\dfrac{1+\sqrt{3}}{4}$	↘	極小 $\dfrac{1-\sqrt{3}}{4}$	↗

また　$\displaystyle\lim_{x\to-\infty} y=0$, $\displaystyle\lim_{x\to\infty} y=0$

よって，y は **$x=1-\sqrt{3}$ で最大値 $\dfrac{1+\sqrt{3}}{4}$**，

$x=1+\sqrt{3}$ で最小値 $\dfrac{1-\sqrt{3}}{4}$ をとる。

(3)　$\tan x=t$ とおくと　$y=\dfrac{t}{t^2+3}$

◀$\tan x=t$ とおくと $y=\dfrac{t}{t^2+3}$ $(t\geqq 0)$ の最大値，最小値を求める問題である。

また，$0\leqq x<\dfrac{\pi}{2}$ であるから　$t\geqq 0$

$$y'=\frac{t^2+3-t\cdot 2t}{(t^2+3)^2}=\frac{-(t-\sqrt{3})(t+\sqrt{3})}{(t^2+3)^2}$$

$y'=0$ とすると

$t=\sqrt{3}$

$t\geqq 0$ における y の増減表は右のようになる。

t	0	$\cdots$	$\sqrt{3}$	$\cdots$
y'		$+$	0	$-$
y	0	↗	極大 $\dfrac{\sqrt{3}}{6}$	↘

また　$\displaystyle\lim_{t\to\infty}\frac{t}{t^2+3}=0$

よって，y は $t=\sqrt{3}$ すなわち **$x=\dfrac{\pi}{3}$ で最大値 $\dfrac{\sqrt{3}}{6}$**，

$t=0$ すなわち **$x=0$ で最小値 0** をとる。

(4)　$y=x\log\dfrac{1}{x}=x\log x^{-1}=-x\log x$ から

$$y'=-1\cdot\log x-x\cdot\frac{1}{x}$$
$$=-(\log x+1)$$

$y'=0$ とすると　$x=e^{-1}$

$x>0$ における y の増減表は右のようになる。

x	0	$\cdots$	e^{-1}	$\cdots$
y'		$+$	0	$-$
y		↗	極大 e^{-1}	↘

また　$\displaystyle\lim_{x\to\infty} y=-\infty$

よって，y は **$x=e^{-1}$ で最大値 e^{-1}** をとる。**最小値はない。**

(4)
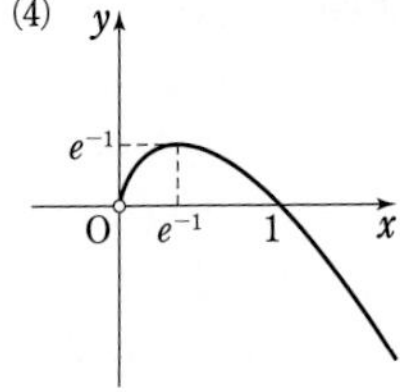

参考　$\displaystyle\lim_{x\to+0}(-x\log x)=0$
例題 64 (3) を参照。

練習 71

➡ 本冊 p. 400

(1)　$f(2)=1$ から　$\dfrac{2a+b}{7}=1$

よって　$2a+b=7$ …… ①

$$f'(x)=\frac{a(x^2+x+1)-(ax+b)(2x+1)}{(x^2+x+1)^2}=-\frac{ax^2+2bx-a+b}{(x^2+x+1)^2}$$

◀$\left(\dfrac{u}{v}\right)'=\dfrac{u'v-uv'}{v^2}$

$f(x)$ は常に微分可能であるから，$x=2$ で最大値をとるための条件は　$f'(2)=0$　　ゆえに　$3a+5b=0$ …… ②

①，② を解くと　$a=5,\ b=-3$

逆に，このとき

$$f(x)=\frac{5x-3}{x^2+x+1},\ f'(x)=-\frac{(5x+4)(x-2)}{(x^2+x+1)^2}$$

$f'(x)=0$ とすると

$$x=-\frac{4}{5},\ 2$$

$f(x)$ の増減表は右のようになる。

x	$\cdots$	$-\frac{4}{5}$	$\cdots$	2	$\cdots$
$f'(x)$	$-$	0	$+$	0	$-$
$f(x)$	↘	極小	↗	極大 1	↘

また　$\lim_{x\to-\infty}f(x)=0$

したがって，確かに $f(x)$ は $x=2$ で最大値 1 をとる。

よって　$\boldsymbol{a=5,\ b=-3}$

◀必要条件。

◀$a=5,\ b=-3$ が十分条件であること，すなわち $x=2$ で最大値 1 をとることを示す。

◀最大値は，極大値 1 と $\lim_{x\to-\infty}f(x)$ を比較。

(2)　$a=0$ のとき $y=0$ となり，最大値は 2 にならないから　$a\neq0$

$f(x)=x-\sin2x$ とすると　$f(-x)=-f(x)$

よって，$f(x)$ は奇関数であるから，$0\leqq x\leqq\pi$ における $f(x)$ の最大値，最小値を調べる。

$$f'(x)=1-2\cos2x$$

$f'(x)=0$ とすると　$\cos2x=\frac{1}{2}$

$0<x<\pi$ の範囲で解くと　$x=\frac{\pi}{6},\ \frac{5}{6}\pi$

$0\leqq x\leqq\pi$ における $f(x)$ の増減表は次のようになる。

x	0	$\cdots$	$\frac{\pi}{6}$	$\cdots$	$\frac{5}{6}\pi$	$\cdots$	π
$f'(x)$		$-$	0	$+$	0	$-$	
$f(x)$	0	↘	極小 $\frac{\pi}{6}-\frac{\sqrt{3}}{2}$	↗	極大 $\frac{5}{6}\pi+\frac{\sqrt{3}}{2}$	↘	π

ゆえに，$0\leqq x\leqq\pi$ において $f(x)$ は，

$x=\frac{\pi}{6}$ のとき最小値 $\frac{\pi}{6}-\frac{\sqrt{3}}{2}$，

$x=\frac{5}{6}\pi$ のとき最大値 $\frac{5}{6}\pi+\frac{\sqrt{3}}{2}$ をとる。

ここで，$\left|\frac{5}{6}\pi+\frac{\sqrt{3}}{2}\right|>\left|\frac{\pi}{6}-\frac{\sqrt{3}}{2}\right|$ であるから，$-\pi\leqq x\leqq\pi$ で　$-\left(\frac{5}{6}\pi+\frac{\sqrt{3}}{2}\right)\leqq f(x)\leqq\frac{5}{6}\pi+\frac{\sqrt{3}}{2}$

◀関数 $f(x)$ において，常に $f(-x)=-f(x)$ が成り立つとき，$f(x)$ は **奇関数** であるという。奇関数のグラフは，原点に関して対称である。（数学Ⅱで学習。また，本冊 $p.462$ も参照。）

[1]　$a>0$ のとき

y の最大値は $a\left(\frac{5}{6}\pi+\frac{\sqrt{3}}{2}\right)$ であるから

$$a\left(\frac{5}{6}\pi+\frac{\sqrt{3}}{2}\right)=2$$

よって　$a=\frac{12}{5\pi+3\sqrt{3}}$

これは $a>0$ を満たす。

[1]　$a>0$

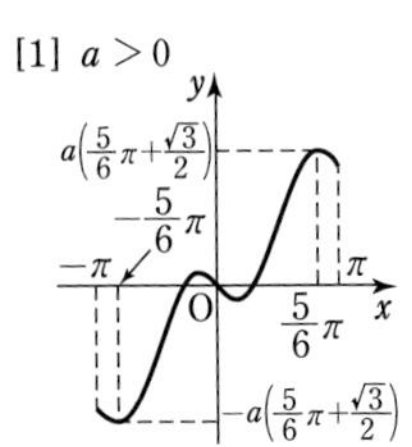

[2]　$a<0$ のとき

y の最大値は $-a\left(\dfrac{5}{6}\pi+\dfrac{\sqrt{3}}{2}\right)$ であるから

$$-a\left(\frac{5}{6}\pi+\frac{\sqrt{3}}{2}\right)=2$$

よって　　$a=-\dfrac{12}{5\pi+3\sqrt{3}}$　　　これは $a<0$ を満たす。

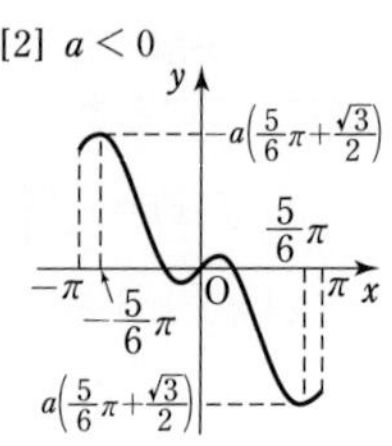

[1]，[2] から，求める a の値は　　$\boldsymbol{a=\pm\dfrac{12}{5\pi+3\sqrt{3}}}$

練習 72

➡ 本冊 p. 401

$\angle \mathrm{ABP}=\theta\left(0<\theta<\dfrac{\pi}{2}\right)$ とおく。

$\triangle \mathrm{BPQ}$ において，正弦定理により

$$\frac{y}{\sin\theta}=\frac{x}{\sin\left(\frac{2}{3}\pi-\theta\right)}$$

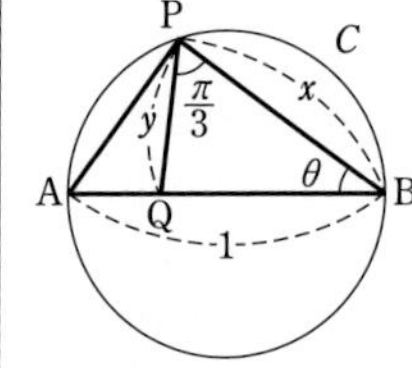

よって

$$y=\frac{x\sin\theta}{\sin\left(\frac{2}{3}\pi-\theta\right)}=\frac{2\cos\theta\sin\theta}{\sin\theta+\sqrt{3}\cos\theta}=\frac{2}{\frac{1}{\cos\theta}+\frac{\sqrt{3}}{\sin\theta}}$$

◀ $\sin\left(\dfrac{2}{3}\pi-\theta\right)=\dfrac{\sqrt{3}}{2}\cos\theta+\dfrac{1}{2}\sin\theta$，$x=\cos\theta$

$f(\theta)=\dfrac{1}{\cos\theta}+\dfrac{\sqrt{3}}{\sin\theta}$ とすると，$0<\theta<\dfrac{\pi}{2}$ において

$f(\theta)>0$ であるから，$f(\theta)$ が最小となるとき y は最大となる。

$$f'(\theta)=\frac{\sin\theta}{\cos^2\theta}-\frac{\sqrt{3}\cos\theta}{\sin^2\theta}=\frac{\sin^3\theta-\sqrt{3}\cos^3\theta}{\sin^2\theta\cos^2\theta}$$

$$=\frac{\cos\theta}{\sin^2\theta}(\tan^3\theta-\sqrt{3})$$

$0<\theta<\dfrac{\pi}{2}$ において，$f'(\theta)=0$ とすると

$\tan\theta=\sqrt[6]{3}$

これを満たす θ を α とすると，

$0<\theta<\dfrac{\pi}{2}$ における $f(\theta)$ の

増減表は右のようになる。

θ	0	…	α	…	$\frac{\pi}{2}$
$f'(\theta)$		−	0	+	
$f(\theta)$		↘	極小	↗	

よって，$\theta=\alpha$ のとき $f(\theta)$ は最小となり，y は最大となる。

このとき　　$\boldsymbol{x}=\cos\alpha=\dfrac{1}{\sqrt{1+\tan^2\alpha}}=\boldsymbol{\dfrac{1}{\sqrt{1+\sqrt[3]{3}}}}$

練習 73

➡ 本冊 p. 402

直円錐の頂点を P(0, 0, h)，底面の円と x 軸の正の部分との交点を Q(r, 0, 0) とする。

正方形 ABCD が底面に含まれるための条件は　　$r\geqq\sqrt{2}$

線分 PQ が点 E(1, 0, 1) を通るとき

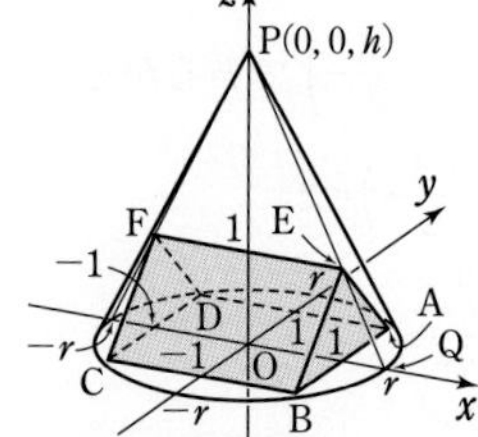

$$h : r = 1 : (r-1)$$

ゆえに　$h = \dfrac{r}{r-1}$

よって，直円錐の体積を V とすると

$$V = \frac{1}{3}\pi r^2 h = \frac{\pi}{3}\cdot\frac{r^3}{r-1}$$

ゆえに　$\dfrac{dV}{dr} = \dfrac{\pi}{3}\cdot\dfrac{3r^2(r-1)-r^3}{(r-1)^2} = \dfrac{\pi}{3}\cdot\dfrac{r^2(2r-3)}{(r-1)^2}$

$r>\sqrt{2}$ において，$\dfrac{dV}{dr}=0$ とすると　$r=\dfrac{3}{2}$

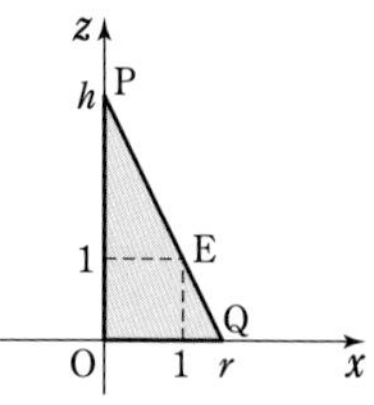

$r \geqq \sqrt{2}$ における V の増減表は右のようになり，V は

$r=\dfrac{3}{2}$ で最小値

$V = \dfrac{\pi}{3}\cdot\dfrac{\left(\frac{3}{2}\right)^3}{\frac{3}{2}-1} = \boldsymbol{\dfrac{9}{4}\pi}$ をとる。

r	$\sqrt{2}$	$\cdots$	$\frac{3}{2}$	$\cdots$
$\frac{dV}{dr}$		$-$	0	$+$
V		↘	極小	↗

練習 74　➡ 本冊 p. 403

$x+y+z=\pi$ から　$z=\pi-(x+y)$

◀まずは 1 文字消去。

$$\sin 2x+\sin 2y+\sin 2z = \sin 2x+\sin 2y-\sin 2(x+y)$$

y を定数とみて，$f(x)=\sin 2x+\sin 2y-\sin 2(x+y)$ $(0<x<\pi-y)$ とすると

$$f'(x)=2\{\cos 2x-\cos 2(x+y)\}=4\sin(2x+y)\sin y$$

◀$\cos A-\cos B = -2\sin\dfrac{A+B}{2}\times\sin\dfrac{A-B}{2}$

$f'(x)=0$ とすると　$\sin(2x+y)=0$

$0<2x+y<2\pi-y<2\pi$ であるから，$\sin(2x+y)=0$ となるのは

$2x+y=\pi$ すなわち $x=\dfrac{\pi-y}{2}$ のときである。

$f(x)$ の増減表は右のようになる。

よって，y のある値に対する $f(x)$ の最大値は

x	0	$\cdots$	$\frac{\pi-y}{2}$	$\cdots$	$\pi-y$
$f'(x)$		$+$	0	$-$	
$f(x)$		↗	極大	↘	

$$f\left(\frac{\pi-y}{2}\right)=\sin y+\sin 2y-\sin(\pi+y)$$
$$=\sin 2y+2\sin y$$

$g(y)=\sin 2y+2\sin y$ $(0<y<\pi)$ とすると

$$g'(y)=2\cos 2y+2\cos y=2(2\cos^2 y-1+\cos y)$$
$$=2(\cos y+1)(2\cos y-1)$$

◀$\cos 2y=2\cos^2 y-1$

$g'(y)=0$ とすると　$\cos y=\dfrac{1}{2}$

$0<y<\pi$ の範囲で解くと

$$y=\frac{\pi}{3}$$

$g(y)$ の増減表は右のようになり，最大値は

y	0	$\cdots$	$\frac{\pi}{3}$	$\cdots$	π
$g'(y)$		$+$	0	$-$	
$g(y)$		↗	極大	↘	

4章
練習
【微分法の応用】

$$g\left(\frac{\pi}{3}\right)=\frac{3\sqrt{3}}{2}$$

このとき

$$x=\frac{\pi-y}{2}=\frac{\pi}{3},\ z=\pi-(x+y)=\frac{\pi}{3}$$

ゆえに　**$x=y=z=\frac{\pi}{3}$ で最大値 $\frac{3\sqrt{3}}{2}$**

◀$g\left(\frac{\pi}{3}\right)$
$=\sin\frac{2}{3}\pi+2\sin\frac{\pi}{3}$
$=\frac{\sqrt{3}}{2}+2\cdot\frac{\sqrt{3}}{2}$
$=\frac{3\sqrt{3}}{2}$

練習 75 ➡本冊 p.407

$\lim_{x\to\infty}y=\lim_{x\to\infty}(\sqrt{x^2+1}-x)=\lim_{x\to\infty}\frac{1}{\sqrt{x^2+1}+x}=0$ であるから，直線 $y=0$ が漸近線である。

◀定義域は実数全体。

$x=-t$ とおくと，$x\longrightarrow-\infty$ のとき　$t\longrightarrow\infty$

$$\lim_{x\to-\infty}\frac{y}{x}=\lim_{t\to\infty}\frac{\sqrt{t^2+1}+t}{-t}=\lim_{t\to\infty}\left(-\sqrt{1+\frac{1}{t^2}}-1\right)=-2 \text{ から}$$

$$\lim_{x\to-\infty}\{y-(-2x)\}=\lim_{x\to-\infty}(\sqrt{x^2+1}+x)=\lim_{x\to-\infty}\frac{1}{\sqrt{x^2+1}-x}=0$$

よって，直線 $y=-2x$ が漸近線である。

以上から，漸近線の方程式は　**$y=0$，$y=-2x$**

◀漸近線を直線 $y=ax+b$ とすると，
$\lim_{x\to\pm\infty}\frac{f(x)}{x}=a$ かつ
$\lim_{x\to\pm\infty}\{f(x)-ax\}=b$

練習 76 ➡本冊 p.408

(1)　$y'=\frac{-2x}{(x^2+1)^2}$

$y'=0$ とすると　$x=0$

$$y''=-2\cdot\frac{(x^2+1)^2-x\cdot2(x^2+1)\cdot2x}{(x^2+1)^4}$$

$$=\frac{2(3x^2-1)}{(x^2+1)^3}$$

x	$\cdots$	$-\frac{1}{\sqrt{3}}$	$\cdots$	0	$\cdots$	$\frac{1}{\sqrt{3}}$	$\cdots$
y'	$+$	$+$	$+$	0	$-$	$-$	$-$
y''	$+$	0	$-$	$-$	$-$	0	$+$
y	⤴	変曲点 $\frac{3}{4}$	⤴	極大 1	⤵	変曲点 $\frac{3}{4}$	⤵

$y''=0$ とすると　$x=\pm\frac{1}{\sqrt{3}}$

グラフは y 軸に関して対称である。y の増減とグラフの凹凸は上の表のようになる。

また　$\lim_{x\to\pm\infty}y=0$　ゆえに，x 軸が漸近線である。

よって，**グラフは図(1)。変曲点は点 $\left(-\frac{1}{\sqrt{3}},\ \frac{3}{4}\right)$，$\left(\frac{1}{\sqrt{3}},\ \frac{3}{4}\right)$**

(2)　$y=4x(x^2+1)^{-2}$ であるから

$$y'=4(x^2+1)^{-2}+4x\{-2(x^2+1)^{-3}\cdot2x\}$$

$$=4(-3x^2+1)(x^2+1)^{-3}=-\frac{4(3x^2-1)}{(x^2+1)^3}$$

$y'=0$ とすると　$x=\pm\frac{1}{\sqrt{3}}$

$$y''=-24x(x^2+1)^{-3}$$
$$+4(-3x^2+1)\{-3(x^2+1)^{-4}\cdot2x\}$$
$$=48x(x^2-1)(x^2+1)^{-4}=\frac{48x(x^2-1)}{(x^2+1)^4}$$

x	0	$\cdots$	$\frac{1}{\sqrt{3}}$	$\cdots$	1	$\cdots$
y'	$+$	$+$	0	$-$	$-$	$-$
y''	0	$-$	$-$	$-$	0	$+$
y	変曲点 0	⤴	極大 $\frac{3\sqrt{3}}{4}$	⤵	変曲点 1	⤵

$y''=0$ とすると　　$x=0,\ \pm1$
グラフは原点に関して対称である。
$x\geqq0$ の範囲で y の増減とグラフの凹凸は表のようになる。
また　　$\displaystyle\lim_{x\to\pm\infty}y=0$　　　　ゆえに，x 軸が漸近線である。
よって，**グラフは図(2)。変曲点は点 $(-1,\ -1)$，$(0,\ 0)$，$(1,\ 1)$**

(3)　$y'=\dfrac{2x}{1+x^2}$，$y''=2\cdot\dfrac{1\cdot(1+x^2)-x\cdot2x}{(1+x^2)^2}=-\dfrac{2(x+1)(x-1)}{(1+x^2)^2}$

$y'=0$ とすると　　$x=0$
$y''=0$ とすると　　$x=\pm1$
グラフは y 軸に関して対称である。
y の増減とグラフの凹凸は右の表のようになる。
よって，**グラフは図(3)。**
変曲点は点 $(-1,\ \log2)$，$(1,\ \log2)$

x	$\cdots$	-1	$\cdots$	0	$\cdots$	1	$\cdots$
y'	$-$	$-$	$-$	0	$+$	$+$	$+$
y''	$-$	0	$+$	$+$	$+$	0	$-$
y	↘	変曲点 $\log2$	↘	極小 0	↗	変曲点 $\log2$	↗

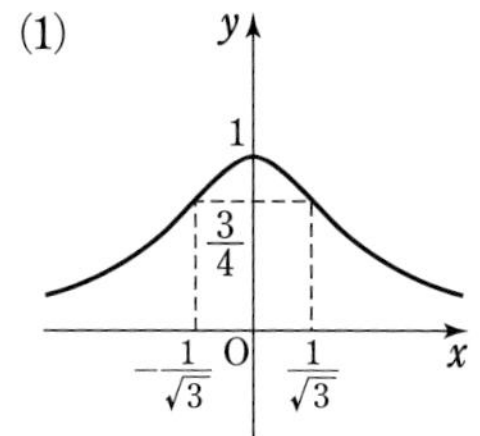

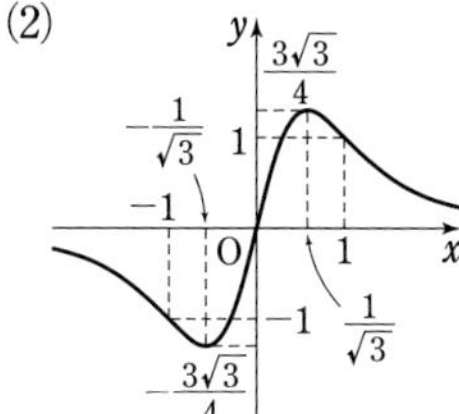

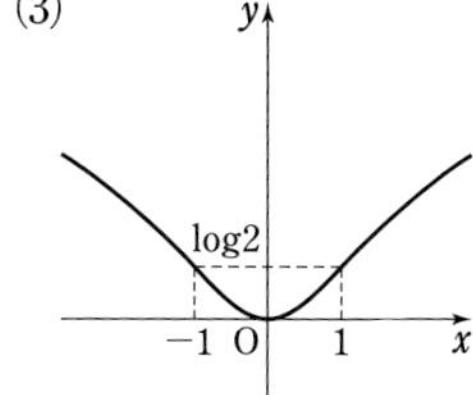

(4)　$y'=-2xe^{-x^2}$
　　$y''=-2e^{-x^2}-2x\cdot(-2xe^{-x^2})$
　　　$=2(2x^2-1)e^{-x^2}$

$y'=0$ とすると　　$x=0$
$y''=0$ とすると　　$x=\pm\dfrac{1}{\sqrt2}$
グラフは y 軸に関して対称である。
y の増減とグラフの凹凸は右の表のようになる。
また　　$\displaystyle\lim_{x\to\infty}y=0$，$\displaystyle\lim_{x\to-\infty}y=0$　　　　ゆえに，x 軸が漸近線である。

x	$\cdots$	$-\dfrac{1}{\sqrt2}$	$\cdots$	0	$\cdots$	$\dfrac{1}{\sqrt2}$	$\cdots$
y'	$+$	$+$	$+$	0	$-$	$-$	$-$
y''	$+$	0	$-$	$-$	$-$	0	$+$
y	↗	変曲点 $e^{-\frac{1}{2}}$	↗	極大 1	↘	変曲点 $e^{-\frac{1}{2}}$	↘

よって，**グラフは図(4)。変曲点は点 $\left(-\dfrac{1}{\sqrt2},\ e^{-\frac{1}{2}}\right)$，$\left(\dfrac{1}{\sqrt2},\ e^{-\frac{1}{2}}\right)$**

(5)　定義域は $x+1\geqq0$ から　　$x\geqq-1$

$$y'=1\cdot\sqrt{x+1}+(x-2)\cdot\frac{1}{2\sqrt{x+1}}=\frac{3x}{2\sqrt{x+1}}$$

$$y''=\frac{3}{2}\cdot\frac{1\cdot\sqrt{x+1}-x\cdot\dfrac{1}{2\sqrt{x+1}}}{x+1}=\frac{3(x+2)}{4\sqrt{(x+1)^3}}$$

x	-1	$\cdots$	0	$\cdots$
y'		$-$	0	$+$
y''		$+$	$+$	$+$
y	0	↘	極小 -2	↗

$y'=0$ とすると　　$x=0$ ($x>-1$ を満たす)
また，$x>-1$ のとき　　$y''>0$
y の増減とグラフの凹凸は右上の表のようになる。
よって，**グラフは図(5)。変曲点はない。**

(6) 真数>0，分母$\neq 0$ から関数 y の定義域は　$x>0$

$$y'=\frac{\frac{1}{x}\cdot x^2-(\log x)\cdot 2x}{x^4}=\frac{1-2\log x}{x^3}$$
$$=(1-2\log x)x^{-3}$$
$$y''=-2x^{-1}\cdot x^{-3}+(1-2\log x)\cdot(-3x^{-4})$$
$$=(-5+6\log x)x^{-4}=\frac{-5+6\log x}{x^4}$$

x	0	$\cdots$	$e^{\frac{1}{2}}$	$\cdots$	$e^{\frac{5}{6}}$	$\cdots$
y'		$+$	0	$-$	$-$	$-$
y''		$-$	$-$	$-$	0	$+$
y		↗(上に凸)	極大 $\frac{1}{2}e^{-1}$	↘(上に凸)	変曲点	↘(下に凸)

$y'=0$ とすると　$x=e^{\frac{1}{2}}$，　$y''=0$ とすると　$x=e^{\frac{5}{6}}$

y の増減とグラフの凹凸は右の表のようになる。

ここで　$\lim_{x\to+0}y=-\infty$，$\lim_{x\to\infty}y=\lim_{x\to\infty}\frac{\log x}{x^2}=0$

ゆえに，y 軸と x 軸が漸近線である。

よって，**グラフは図(6)。変曲点は点** $\left(e^{\frac{5}{6}},\ \frac{5}{6}e^{-\frac{5}{3}}\right)$

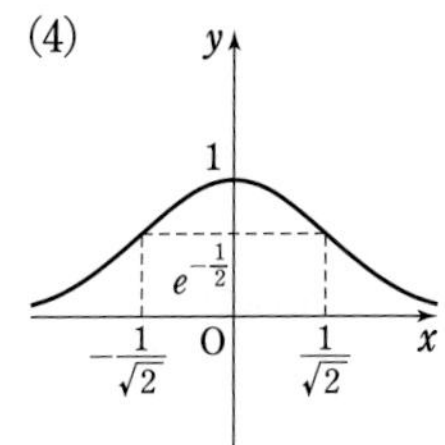

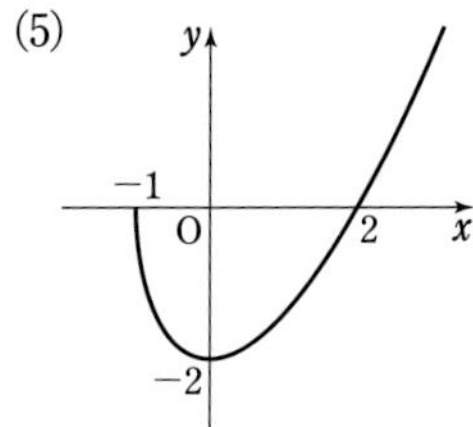

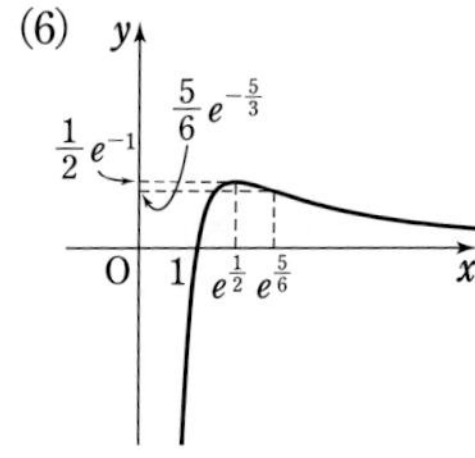

練習 77

➡ 本冊 p. 409

(1) $y'=8\sin^3x\cos x-12\sqrt{3}\sin^2x\cos x+6\sin 2x$
$=8\sin^3x\cos x-12\sqrt{3}\sin^2x\cos x+12\sin x\cos x$
$=4\sin x\cos x(2\sin^2x-3\sqrt{3}\sin x+3)$
$=4\sin x\cos x(2\sin x-\sqrt{3})(\sin x-\sqrt{3})$

◀$\sin x$，$\cos x$ だけの式で表す方針で変形する。

$\sin x-\sqrt{3}<0$ であるから，$y'=0$ とすると $0<x<2\pi$ より

$\sin x=0$ のとき $x=\pi$；$\cos x=0$ のとき $x=\frac{\pi}{2}$，$\frac{3}{2}\pi$；

$\sin x=\frac{\sqrt{3}}{2}$ のとき $x=\frac{\pi}{3}$，$\frac{2}{3}\pi$

y の増減表は次のようになる。

x	0	$\cdots$	$\frac{\pi}{3}$	$\cdots$	$\frac{\pi}{2}$	$\cdots$	$\frac{2}{3}\pi$	$\cdots$	π	$\cdots$	$\frac{3}{2}\pi$	$\cdots$	2π
y'		$+$	0	$-$	0	$+$	0	$-$	0	$+$	0	$-$	
y	-3	↗	極大	↘	極小	↗	極大	↘	極小	↗	極大	↘	-3

◀$0<x<\frac{\pi}{3}$ のとき y' の符号は $\sin x\cos x>0$，$2\sin x-\sqrt{3}<0$ から正である。他の区間の符号は $y'=0$ となる x を超えるごとに正負が変わる。

$x=\frac{\pi}{3}$，$\frac{2}{3}\pi$ のとき $y=-\frac{15}{8}$；

$x=\frac{\pi}{2}$ のとき $y=5-4\sqrt{3}$；

$x=\pi$ のとき $y=-3$；$x=\frac{3}{2}\pi$ のとき $y=5+4\sqrt{3}$

したがって，グラフは **図(1)** のようになる。

(2) $\cos x \neq 0$, $0 \leqq x \leqq 2\pi$ から　　$x \neq \dfrac{\pi}{2}$, $\dfrac{3}{2}\pi$

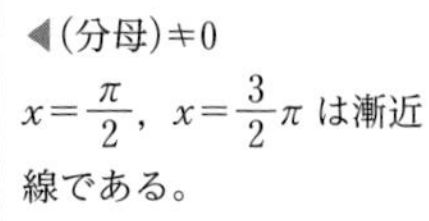
◀(分母)$\neq 0$
$x=\dfrac{\pi}{2}$, $x=\dfrac{3}{2}\pi$ は漸近線である。

$$y'=\frac{\cos x\cos x+(2+\sin x)\sin x}{\cos^2 x}=\frac{1+2\sin x}{\cos^2 x}$$

$y'=0$ とすると　　$\sin x=-\dfrac{1}{2}$

$0<x<2\pi$ であるから　　$x=\dfrac{7}{6}\pi$, $\dfrac{11}{6}\pi$

y の増減表は次のようになる。

x	0	$\cdots$	$\dfrac{\pi}{2}$	$\cdots$	$\dfrac{7}{6}\pi$	$\cdots$	$\dfrac{3}{2}\pi$	$\cdots$	$\dfrac{11}{6}\pi$	$\cdots$	2π
y'		$+$	／	$+$	0	$-$	／	$-$	0	$+$	
y	2	↗	／	↗	$-\sqrt{3}$	↘	／	↘	$\sqrt{3}$	↗	2

◀$\cos^2 x>0$ であるから，y' の符号は $1+2\sin x$ の符号と一致。

したがって，グラフは **図**(2) のようになる。

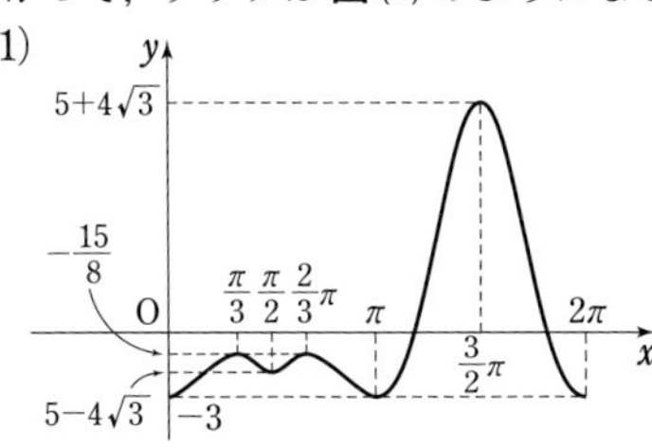

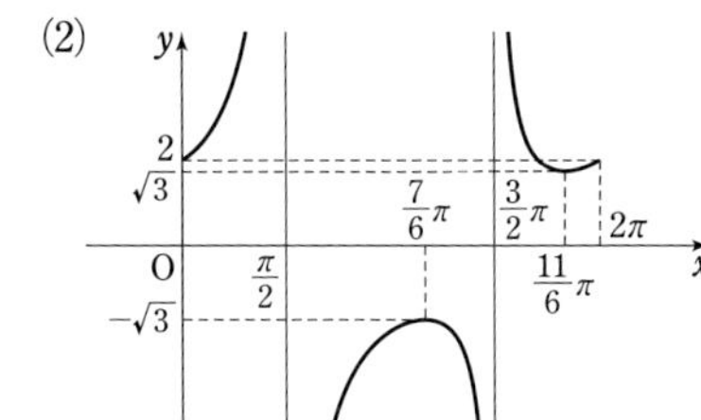

練習 78

➡ 本冊 p. 410

$y^2 \geqq 0$ であるから　　$x^6(1-x^2) \geqq 0$

よって　　$-1 \leqq x \leqq 1$

このとき，$y=\pm x^3\sqrt{1-x^2}$ であるから，求めるグラフは $y=x^3\sqrt{1-x^2}$ と $y=-x^3\sqrt{1-x^2}$ を合わせたものである。

まず，$y=x^3\sqrt{1-x^2}$　…… ① のグラフについて考える。

$y=0$ のとき　　$x=\pm 1$, 0

よって，原点 $(0,\ 0)$ と点 $(-1,\ 0)$, $(1,\ 0)$ を通る。

① から　　$y'=3x^2\sqrt{1-x^2}+x^3\cdot\dfrac{-x}{\sqrt{1-x^2}}$

$$=\frac{x^2(3-4x^2)}{\sqrt{1-x^2}}$$

$-1<x<1$ において，$y'=0$ とすると　　$x=0$, $\pm\dfrac{\sqrt{3}}{2}$

また，関数 ① のグラフは原点に関して対称である。

◀$f(x)=x^3\sqrt{1-x^2}$ とすると $f(-x)=-f(x)$

$-1 \leqq x \leqq 1$ における関数 ① の増減表は次のようになる。

x	-1	$\cdots$	$-\dfrac{\sqrt{3}}{2}$	$\cdots$	0	$\cdots$	$\dfrac{\sqrt{3}}{2}$	$\cdots$	1
y'		$-$	0	$+$	0	$+$	0	$-$	
y	0	↘	極小 $-\dfrac{3\sqrt{3}}{16}$	↗	0	↗	極大 $\dfrac{3\sqrt{3}}{16}$	↘	0

4章 練習 [微分法の応用]

また　$\lim_{x\to 1-0} y'=\lim_{x\to -1+0} y'=-\infty$

$y=-x^3\sqrt{1-x^2}$ のグラフは，x 軸に関して ① のグラフと対称である。

したがって，求めるグラフは **右の図** のようになる。

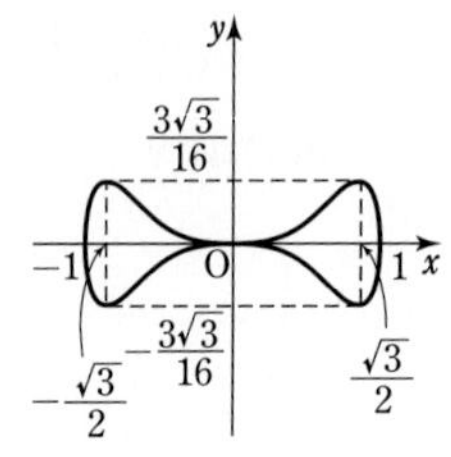

練習 79　➡ 本冊 p. 411

(1)　$e^{1-\cos(-\theta)}=e^{1-\cos\theta}=x$,

$e^{1-\cos(-\theta)}\sin(-\theta)=-e^{1-\cos\theta}\sin\theta=-y$

したがって，点 $(x,\ y)$ が曲線 C 上にあれば点 $(x,\ -y)$ も C 上にある。

ゆえに，曲線 C は x 軸に関して対称である。

(2)　$\dfrac{dx}{d\theta}=e^{1-\cos\theta}\sin\theta$

$-\pi<\theta<\pi$ の範囲で $\dfrac{dx}{d\theta}=0$ となる θ は　　$\theta=0$

よって，x の増減表は次のようになる。

θ	$-\pi$	$\cdots$	0	$\cdots$	π
$\dfrac{dx}{d\theta}$		$-$	0	$+$	
x	e^2	↘	1	↗	e^2

◀ x の増減表から，θ の値が $-\pi \longrightarrow 0 \longrightarrow \pi$ のとき，x の値は $e^2 \longrightarrow 1 \longrightarrow e^2$ となることがわかる。

また　$\dfrac{dy}{d\theta}=e^{1-\cos\theta}\sin^2\theta+e^{1-\cos\theta}\cos\theta$

$=e^{1-\cos\theta}(-\cos^2\theta+\cos\theta+1)$

$\dfrac{dy}{d\theta}=0$ とすると　　$\cos^2\theta-\cos\theta-1=0$

$|\cos\theta|\leqq 1$ であるから

$$\cos\theta=\frac{1-\sqrt{5}}{2}$$

$\cos\theta=\dfrac{1-\sqrt{5}}{2}$ かつ $0<\theta<\pi$ を満たす θ を $\theta=\alpha$ とする。

$\sin\alpha>0$ であるから

$$\sin\alpha=\sqrt{1-\cos^2\alpha}=\frac{\sqrt{2\sqrt{5}-2}}{2}$$

よって，x と y の増減表は次のようになる。

θ	$-\pi$	$\cdots$	$-\alpha$	$\cdots$	0	$\cdots$	α	$\cdots$	π
$\dfrac{dx}{d\theta}$		$-$	$-$	$-$	0	$+$	$+$	$+$	
$\dfrac{dy}{d\theta}$		$-$	0	$+$	$+$	$+$	0	$-$	
x	e^2	↘	↘	↘	1	↗	↗	↗	e^2
y	0	↘	極小	↗	↗	↗	極大	↘	0

$\theta=\alpha$ のとき

$$y=\frac{\sqrt{2\sqrt{5}-2}}{2}e^{\frac{1+\sqrt{5}}{2}}>0$$

$\theta=-\alpha$ のとき

$$y=-\frac{\sqrt{2\sqrt{5}-2}}{2}e^{\frac{1+\sqrt{5}}{2}}<0$$

したがって，求める曲線の概形は，**右の図** のようになる。

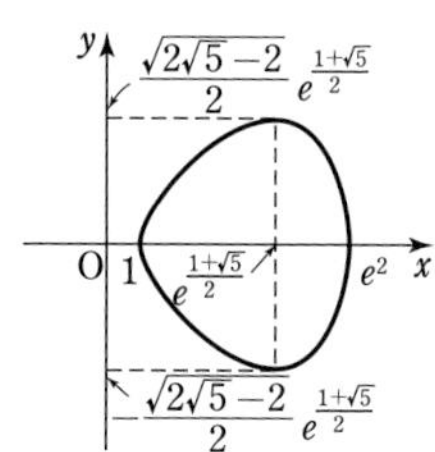

参考

練習 80 ➡本冊 p. 412

$$y'=e^{x+a}+e^{-x+b},\quad y''=e^{x+a}-e^{-x+b}\quad\cdots\cdots ①$$

$y''=0$ とすると　$e^{x+a}=e^{-x+b}$

ゆえに　$x+a=-x+b$

◀$e^{\alpha}=e^{\beta} \iff \alpha=\beta$

よって　$x=\dfrac{b-a}{2}$

ここで，$p=\dfrac{b-a}{2}$ とする。

また，① から　$y''=\dfrac{e^{2x+a}-e^{b}}{e^{x}}$

◀y'' の符号を調べる。

$x>p$ のとき，$2x>2p=b-a$ から　$2x+a>b$

◀このとき　$y''>0$

$x<p$ のとき，$2x<2p=b-a$ から　$2x+a<b$

◀このとき　$y''<0$

y'' の符号の変化は右の表のようになり，$f(p)=e^{p+a}-e^{-p+b}+c=c$ であるから，変曲点は　点 $(p,\ c)$

x	$\cdots$	p	$\cdots$
y''	$-$	0	$+$
y	$\cap$	変曲点	$\cup$

◀$x=p$ は $e^{x+a}-e^{-x+b}=0$ の解であるから $e^{p+a}-e^{-p+b}=0$

ゆえに，曲線 $y=f(x)$ を x 軸方向に $-p$，y 軸方向に $-c$ だけ平行移動すると

$$y=f(x+p)-c=e^{x+p+a}-e^{-(x+p)+b}+c-c$$
$$=e^{x+\frac{a+b}{2}}-e^{-x+\frac{a+b}{2}}$$

◀曲線 $y=f(x)$ を x 軸方向に s，y 軸方向に t だけ平行移動した曲線の方程式は

$$\boldsymbol{y-t=f(x-s)}$$

この曲線の方程式を $y=g(x)$ とすると

$$g(-x)=e^{-x+\frac{a+b}{2}}-e^{x+\frac{a+b}{2}}=-(e^{x+\frac{a+b}{2}}-e^{-x+\frac{a+b}{2}})$$

よって，$g(-x)=-g(x)$ が成り立つから，曲線 $y=g(x)$ は原点に関して対称である。

したがって，曲線 $y=f(x)$ はその変曲点 $(p,\ c)$ に関して対称である。

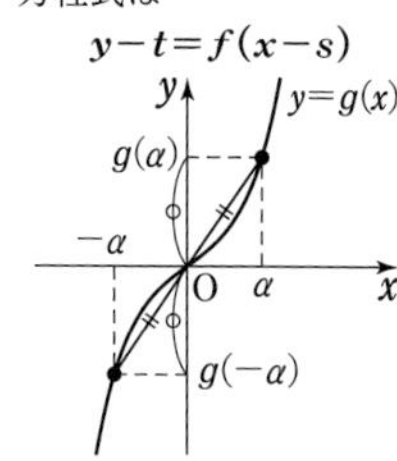

練習 81 ➡本冊 p. 413

(1) (ア) $y'=x^3-2x^2-x+2=x(x^2-1)-2(x^2-1)$

$$=(x^2-1)(x-2)=(x+1)(x-1)(x-2)$$

$y''=3x^2-4x-1$

$y'=0$ とすると　$x=-1,\ 1,\ 2$

$x=-1$ のとき　$y'=0$，$y''=6>0$　よって，y は極小。

$x=1$　のとき　$y'=0$，$y''=-2<0$　よって，y は極大。

$x=2$　のとき　$y'=0$，$y''=3>0$　よって，y は極小。

◀$f'(a)=0,\ f''(a)<0 \Longrightarrow x=a$ で極大
$f'(a)=0,\ f''(a)>0 \Longrightarrow x=a$ で極小

ゆえに，$x=-1$ で極小値 $\frac{1}{4}+\frac{2}{3}-\frac{1}{2}-2-1=-\frac{31}{12}$

$x=1$　で極大値 $\frac{1}{4}-\frac{2}{3}-\frac{1}{2}+2-1=\frac{1}{12}$

$x=2$　で極小値 $4-\frac{16}{3}-2+4-1=-\frac{1}{3}$　をとる。

(イ) $y'=-e^{-x}\sin x+e^{-x}\cos x=-e^{-x}(\sin x-\cos x)$

$=-\sqrt{2}e^{-x}\sin\left(x-\frac{\pi}{4}\right)$

$y''=e^{-x}(\sin x-\cos x)-e^{-x}(\cos x+\sin x)$

$=-2e^{-x}\cos x$

$y'=0$ とすると，$0<x<2\pi$ から　　$x=\frac{\pi}{4}$，$\frac{5}{4}\pi$

◀$-\frac{\pi}{4}<x-\frac{\pi}{4}<\frac{7}{4}\pi$ よって，$y'=0$ から $x-\frac{\pi}{4}=0$，π

$x=\frac{\pi}{4}$　のとき　$y'=0$，$y''=-\sqrt{2}e^{-\frac{\pi}{4}}<0$ であり，y は極大。

$x=\frac{5}{4}\pi$ のとき　$y'=0$，$y''=\sqrt{2}e^{-\frac{5}{4}\pi}>0$ であり，y は極小。

よって，$x=\frac{\pi}{4}$ で極大値 $\frac{\sqrt{2}}{2}e^{-\frac{\pi}{4}}$，

$x=\frac{5}{4}\pi$ で極小値 $-\frac{\sqrt{2}}{2}e^{-\frac{5}{4}\pi}$　をとる。

(2) $f(x)=ax+x\cos x-2\sin x$

$f'(x)=a+1\cdot\cos x+x\cdot(-\sin x)-2\cos x$

$=a-\cos x-x\sin x$

$f''(x)=\sin x-(1\cdot\sin x+x\cdot\cos x)=-x\cos x$

◀$f''(x)$ の符号を利用して，$f'(c)=0$，$\frac{\pi}{2}<c<\pi$ を満たす c がただ1つ存在することを示す。

$\frac{\pi}{2}<x<\pi$ の範囲で常に $f''(x)>0$ であるから，$f'(x)$ は単調に増加する。

◀$\frac{\pi}{2}<x<\pi$ のとき $-1<\cos x<0$

また，$-1<a<1$ から

$f'\left(\frac{\pi}{2}\right)=a-\frac{\pi}{2}<1-\frac{\pi}{2}<0$，　$f'(\pi)=a+1>0$

よって，$f'(c)=0$ となる c が $\frac{\pi}{2}<x<\pi$ の範囲にただ1つ存在して，この範囲における $f(x)$ の増減表は右のようになる。

x	$\frac{\pi}{2}$	$\cdots$	c	$\cdots$	π
$f'(x)$		$-$	0	$+$	
$f(x)$		↘	極小	↗	

◀$f'(x)$ は単調に増加するから
$x<c$ のとき $f'(x)<0$
$x=c$ のとき $f'(x)=0$
$x>c$ のとき $f'(x)>0$

したがって，$f(x)$ は $\frac{\pi}{2}$ と π の間で極値をただ1つもつ。

練習 82 ➡本冊 p. 416

(1) $x=0$ は方程式 $x^3-3cx+1=0$ を満たさないから

$x\neq0$

よって，$x^3-3cx+1=0$ は $\frac{1}{3}\left(x^2+\frac{1}{x}\right)=c$ と同値である。

◀関数 $y=\frac{1}{3}\left(x^2+\frac{1}{x}\right)$ と $y=c$ のグラフの共有点の個数を調べる。

$f(x)=\frac{1}{3}\left(x^2+\frac{1}{x}\right)$ とすると　　$f'(x)=\frac{1}{3}\left(\frac{2x^3-1}{x^2}\right)$

$f'(x)=0$ を満たす実数 x は

$$x=\frac{1}{\sqrt[3]{2}}$$

$f(x)$ の増減表は右のようになる。

x	$\cdots$	0	$\cdots$	$\frac{1}{\sqrt[3]{2}}$	$\cdots$
$f'(x)$	$-$	／	$-$	0	$+$
$f(x)$	↘	／	↘	極小	↗

また $\lim_{x\to-\infty} f(x)=\lim_{x\to\infty} f(x)=\infty$,

$\lim_{x\to-0} f(x)=-\infty$, $\lim_{x\to+0} f(x)=\infty$,

$$f\left(\frac{1}{\sqrt[3]{2}}\right)=\frac{1}{3}\left(\frac{1}{\sqrt[3]{4}}+\sqrt[3]{2}\right)$$

$$=\frac{1}{\sqrt[3]{4}}$$

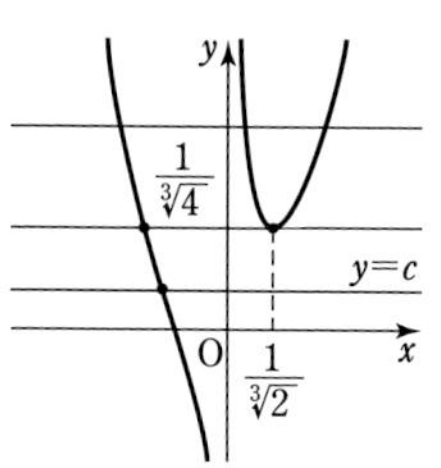

◀ $\frac{1}{\sqrt[3]{4}}+\sqrt[3]{2}$
$=\frac{1+\sqrt[3]{2}\sqrt[3]{4}}{\sqrt[3]{4}}$
$=\frac{1+\sqrt[3]{8}}{\sqrt[3]{4}}=\frac{1+2}{\sqrt[3]{4}}$

よって，$y=f(x)$ のグラフは右の図のようになる。

直線 $y=c$ との共有点の個数を考えて，実数解の個数は

$c<\frac{1}{\sqrt[3]{4}}$ のとき1個，$c=\frac{1}{\sqrt[3]{4}}$ のとき2個，

$\frac{1}{\sqrt[3]{4}}<c$ のとき3個

(2) 方程式を変形すると　$a(\sin^2x+2)=2(2\sin x+1)$

◀ 1つの三角関数で表し，a について整理する。

$\sin^2x+2\neq0$ であるから　$\frac{2(2\sin x+1)}{\sin^2x+2}=a$

$\sin x=t$ とおくと，$-1\leqq t\leqq1$ で

$$\frac{2(2t+1)}{t^2+2}=a$$

$f(t)=\frac{2(2t+1)}{t^2+2}$ $(-1\leqq t\leqq1)$ とすると，与えられた x の方程式が解をもつための条件は，$y=f(t)$ のグラフと直線 $y=a$ が共有点をもつことである。

ここで　$f'(t)=2\cdot\frac{2(t^2+2)-(2t+1)\cdot2t}{(t^2+2)^2}$

$$=-\frac{4(t+2)(t-1)}{(t^2+2)^2}$$

$-1\leqq t\leqq1$ のとき　$f'(t)\geqq0$

ゆえに，$f(t)$ は $-1\leqq t\leqq1$ において単調に増加するから，求める条件は

$$f(-1)\leqq a\leqq f(1)\quad すなわち\quad \boldsymbol{-\frac{2}{3}\leqq a\leqq2}$$

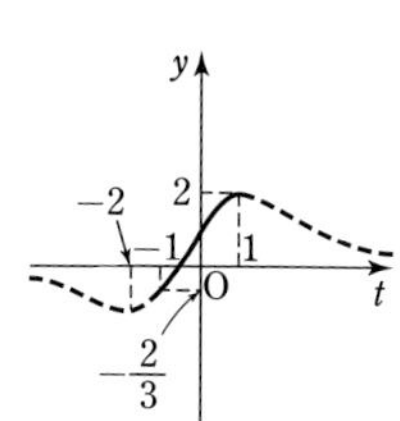

$y=\frac{2(2t+1)}{t^2+2}$ のグラフは上の図のようになり，$-1\leqq t\leqq1$ の範囲で，直線 $y=a$ と共有点をもつように a の値の範囲を定める。

4章 練習 【微分法の応用】

練習 83 ➡ 本冊 p.417

(1) $f(x)=\frac{(x-1)^2}{x^3}$ から

$$f'(x)=\frac{2(x-1)\cdot x^3-(x-1)^2\cdot3x^2}{x^6}=\frac{-(x-1)(x-3)}{x^4}$$

$f'(x)=0$ とすると　$x=1,\ 3$

$x>0$ における $f(x)$ の増減表は右のようになる。

x	0	$\cdots$	1	$\cdots$	3	$\cdots$
$f'(x)$		$-$	0	$+$	0	$-$
$f(x)$		↘	極小 0	↗	極大 $\frac{4}{27}$	↘

したがって，$f(x)$ は

$x=3$ で極大値 $\frac{4}{27}$，

$x=1$ で極小値 0 をとる。

(2)　曲線 $y=f(x)$ $(x>0)$ 上の点 $(t,\ f(t))$ における接線の方程式は

$$y-\frac{(t-1)^2}{t^3}=\frac{-(t-1)(t-3)}{t^4}(x-t)$$

◀接線の傾きは $f'(t)$

すなわち　$y=-\dfrac{(t-1)(t-3)}{t^4}x+\dfrac{2(t^2-3t+2)}{t^3}$

これが点 P$(0,\ p)$ を通るとき　$p=\dfrac{2(t^2-3t+2)}{t^3}$

ここで，$g(t)=\dfrac{2(t^2-3t+2)}{t^3}$ とすると

$$g'(t)=\frac{2(2t-3)\cdot t^3-2(t^2-3t+2)\cdot 3t^2}{t^6}$$

$$=\frac{-2(t^2-6t+6)}{t^4}$$

$g'(t)=0$ とすると

$$t=3\pm\sqrt{3}$$

$t>0$ における $g(t)$ の増減表は右のようになる。ここで

t	0	$\cdots$	$3-\sqrt{3}$	$\cdots$	$3+\sqrt{3}$	$\cdots$
$g'(t)$		$-$	0	$+$	0	$-$
$g(t)$		↘	極小	↗	極大	↘

$$g(3-\sqrt{3})=\frac{2\{(3-\sqrt{3})-1\}\{(3-\sqrt{3})-2\}}{(3-\sqrt{3})^3}$$

$$=\frac{2(2-\sqrt{3})(1-\sqrt{3})}{3\sqrt{3}(\sqrt{3}-1)^3}=-\frac{2(2-\sqrt{3})}{3\sqrt{3}(\sqrt{3}-1)^2}$$

$$=-\frac{2(2-\sqrt{3})}{3\sqrt{3}\cdot 2(2-\sqrt{3})}=-\frac{\sqrt{3}}{9}$$

$$g(3+\sqrt{3})=\frac{2\{(3+\sqrt{3})-1\}\{(3+\sqrt{3})-2\}}{(3+\sqrt{3})^3}$$

$$=\frac{2(2+\sqrt{3})(\sqrt{3}+1)}{3\sqrt{3}(\sqrt{3}+1)^3}=\frac{2(2+\sqrt{3})}{3\sqrt{3}(\sqrt{3}+1)^2}$$

$$=\frac{2(2+\sqrt{3})}{3\sqrt{3}\cdot 2(2+\sqrt{3})}=\frac{\sqrt{3}}{9}$$

また　$\displaystyle\lim_{t\to+0}g(t)=\infty$，　$\displaystyle\lim_{t\to\infty}g(t)=\lim_{t\to\infty}2\left(\frac{1}{t}-\frac{3}{t^2}+\frac{2}{t^3}\right)=0$

◀漸近線は y 軸と t 軸。

ゆえに，$y=g(t)$ のグラフは，右の図のようになる。

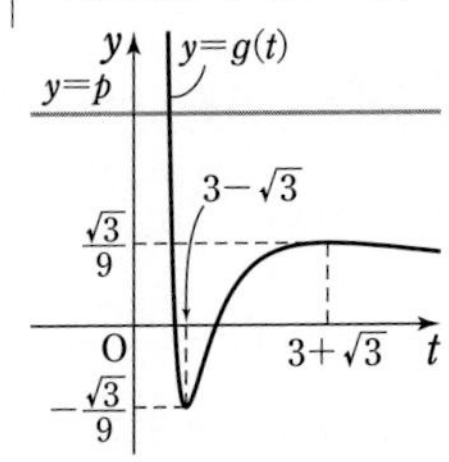

$p=g(t)$ を満たす正の実数 t の個数が，接線の本数と一致するから，求める接線の本数は

$p<-\dfrac{\sqrt{3}}{9}$ のとき　0 本；

$p=-\frac{\sqrt{3}}{9}$, $\frac{\sqrt{3}}{9}<p$ のとき　1本；

$-\frac{\sqrt{3}}{9}<p\leqq 0$, $p=\frac{\sqrt{3}}{9}$ のとき　2本；

$0<p<\frac{\sqrt{3}}{9}$ のとき　3本

参考　曲線 $y=f(x)$ $(x>0)$ の概形は，右の図のようになり，曲線 $y=f(x)$ と異なる2点で接する直線は存在しない。
したがって，$p=g(t)$ を満たす正の実数 t の個数が，接線の本数と一致する。

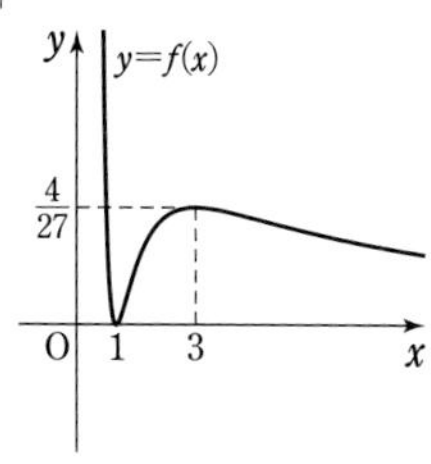

証明　**本冊 p. 418 の4次関数のグラフの複接線に関する次の定理の証明**

曲線 $y=x^4+ax^3+bx^2+cx+d$ が複接線をもつ $\iff$ $3a^2-8b>0$

(概略)　$x^4+ax^3+bx^2+cx+d-(mx+n)=(x-\alpha)^2(x-\beta)^2$

を満たす異なる実数 α, β が存在することが，曲線が複接線をもつ条件である。
両辺を2回微分して整理すると

$6x^2+3ax+b=6x^2-6(\alpha+\beta)x+\alpha^2+\beta^2+4\alpha\beta$

よって　$a=-2(\alpha+\beta)$, $b=\alpha^2+\beta^2+4\alpha\beta=(\alpha+\beta)^2+2\alpha\beta$

ゆえに　$\alpha+\beta=-\frac{a}{2}$, $\alpha\beta=-\frac{a^2}{8}+\frac{b}{2}$

したがって，α, β は2次方程式 $t^2+\frac{a}{2}t-\frac{a^2}{8}+\frac{b}{2}=0$ の解である。

この方程式の判別式を D とおくと，条件は　$D>0$

すなわち　$\left(\frac{a}{2}\right)^2-4\left(-\frac{a^2}{8}+\frac{b}{2}\right)>0$

この式を整理すると　$3a^2-8b>0$

練習 84

➡ 本冊 p. 419

(1)　$f(x)=\sin x-\left(x-\frac{x^3}{6}\right)$ とすると

$f'(x)=\cos x-1+\frac{x^2}{2}$, $f''(x)=-\sin x+x$,

$f'''(x)=-\cos x+1\geqq 0$ $(x>0)$

◀$f'(x)$, $f''(x)$ だけでは符号が調べにくいので $f'''(x)$ も調べる。

よって，$x\geqq 0$ のとき $f''(x)$ は単調に増加する。
このことと $f''(0)=0$ から　$f''(x)\geqq 0$
ゆえに，$x\geqq 0$ のとき $f'(x)$ は単調に増加する。
このことと $f'(0)=1-1=0$ から　$f'(x)\geqq 0$
したがって，$x\geqq 0$ のとき $f(x)$ は単調に増加する。
このことと $f(0)=0$ から　$f(x)\geqq 0$

以上から，$x\geqq 0$ のとき　$\sin x\geqq x-\frac{x^3}{6}$　…… ①

次に，$g(x)=x-\frac{x^3}{6}+\frac{x^5}{120}-\sin x$ とすると

4章 練習 [微分法の応用]

$$g'(x)=1-\frac{x^2}{2}+\frac{x^4}{24}-\cos x,\ g''(x)=-x+\frac{x^3}{6}+\sin x$$

$x\geqq 0$ のとき，① から　$g''(x)\geqq 0$

よって，$x\geqq 0$ のとき $g'(x)$ は単調に増加する。

このことと $g'(0)=1-1=0$ から　$g'(x)\geqq 0$

したがって，$x\geqq 0$ のとき $g(x)$ は単調に増加する。

このことと $g(0)=0$ から　$g(x)\geqq 0$

以上から，$x\geqq 0$ のとき

$$x-\frac{x^3}{6}+\frac{x^5}{120}\geqq \sin x \quad \cdots\cdots ②$$

①，② から　$x-\dfrac{x^3}{6}\leqq \sin x\leqq x-\dfrac{x^3}{6}+\dfrac{x^5}{120}$

(2)　$0<x<1$ であるから　$\left(\dfrac{x+1}{2}\right)^{x+1}>0,\ x^x>0$

◀(両辺)>0 の確認。

与えられた不等式の両辺の自然対数をとると

$$(x+1)\log\frac{x+1}{2}<x\log x$$

これを示せばよい。

$f(x)=x\log x-(x+1)\log\dfrac{x+1}{2}\ (0<x\leqq 1)$ とすると

$$f'(x)=\log x+1-\log\frac{x+1}{2}-(x+1)\cdot\frac{1}{\frac{x+1}{2}}\cdot\frac{1}{2}$$

$$=\log\frac{2x}{x+1}$$

◀$f'(x)=\log x-\log\dfrac{x+1}{2}$

$\dfrac{2x}{x+1}=2-\dfrac{2}{x+1}$ より，$0<x<1$ のとき $0<\dfrac{2x}{x+1}<1$ であるから　$f'(x)<0$

よって，$f(x)$ は単調に減少する。

$f(1)=0$ であるから，$0<x<1$ のとき　$f(x)>0$

ゆえに　$(x+1)\log\dfrac{x+1}{2}<x\log x$

よって　$\left(\dfrac{x+1}{2}\right)^{x+1}<x^x$

練習 85 ➡本冊 p.420

(1)　$f(x)=x-2\log x$ とすると　$f'(x)=1-\dfrac{2}{x}=\dfrac{x-2}{x}$

CHART
大小比較は差を作れ

$f'(x)=0$ とすると　$x=2$

$x\geqq 1$ における $f(x)$ の増減表は右のようになる。

x	1	$\cdots$	2	$\cdots$
$f'(x)$		$-$	0	$+$
$f(x)$	1	↘	$2-2\log 2$	↗

よって，$x\geqq 1$ において，$f(x)$ は $x=2$ で最小値 $2-2\log 2$ をとる。

$e>2$ であるから　$2-2\log 2>2-2\log e=0$

◀$0<\log 2<\log e$ から $-\log 2>-\log e$

ゆえに，$x\geqq 1$ において $f(x)>0$ すなわち $x>2\log x$ が成り立つ。

(2)　(1)の結果を用いると，$n\geqq 1$ から　$2\log n<n$

◀$x=n$ を代入。

両辺に n を掛けると　$2n\log n<n^2$

両辺を n 乗すると　　$(2n\log n)^n < n^{2n}$

ここで　　$n^{2n} = e^{\log n^{2n}} = e^{2n\log n}$

◀ $e^{\log a} = a$

したがって　　$(2n\log n)^n < e^{2n\log n}$

練習 86 ➡ 本冊 p. 421

(1)　$0<x<1$ のとき，$f(x)=\dfrac{2^x-2x}{x-1}$ とすると

$$f'(x)=\frac{(2^x\log 2-2)(x-1)-(2^x-2x)\cdot 1}{(x-1)^2}$$
$$=\frac{\{(x-1)\log 2-1\}2^x+2}{(x-1)^2}$$

$g(x)=\{(x-1)\log 2-1\}2^x+2$ とすると

$$g'(x)=(\log 2)2^x+\{(x-1)\log 2-1\}2^x\log 2$$
$$=(x-1)2^x(\log 2)^2$$

◀ $f'(x)$ の分子の符号は調べにくいから，$f'(x)$ の分子を $g(x)$ として $g'(x)$ の符号を調べる。

$0<x<1$ のとき $g'(x)<0$ であるから，$g(x)$ は $0\leqq x\leqq 1$ で単調に減少する。

ゆえに，$0<x<1$ のとき　　$g(1)<g(x)<g(0)$

すなわち　　$0<g(x)<1-\log 2$

よって，$0<x<1$ のとき $g(x)>0$ であるから，このとき

$$f'(x)=\frac{g(x)}{(x-1)^2}>0$$

ゆえに，$f(x)$ は $0<x<1$ で単調に増加する。

よって，$0<a<b<1$ のとき　　$f(a)<f(b)$

すなわち　　$\dfrac{2^a-2a}{a-1}<\dfrac{2^b-2b}{b-1}$

(2)　$e^\pi>0$, $\pi^e>0$ であるから，e^π と π^e の自然対数をとって，その差を調べる。

$$\log e^\pi-\log\pi^e=\pi\log e-e\log\pi$$
$$=e\pi\left(\frac{\log e}{e}-\frac{\log\pi}{\pi}\right) \quad \cdots\cdots ①$$

$f(x)=\dfrac{\log x}{x}$ とすると，定義域は　　$x>0$

◀ ① は $e\pi\{f(e)-f(\pi)\}$

$$f'(x)=\frac{\frac{1}{x}\cdot x-\log x\cdot 1}{x^2}=\frac{1-\log x}{x^2}$$

$f'(x)=0$ とすると　　$x=e$

◀ $\log x=1$

$f(x)$ の増減表は右のようになる。

x	0	$\cdots$	e	$\cdots$
$f'(x)$		$+$	0	$-$
$f(x)$		↗	極大	↘

関数 $f(x)$ は $x\geqq e$ で単調に減少する。

$e<\pi$ であるから

$$f(e)>f(\pi)\quad すなわち\quad \frac{\log e}{e}>\frac{\log\pi}{\pi}$$

よって，① より

$$\log e^\pi-\log\pi^e>0\quad すなわち\quad \log e^\pi>\log\pi^e$$

◀ $e\pi>0$, $\dfrac{\log e}{e}-\dfrac{\log\pi}{\pi}>0$

底 $e>1$ であるから　　$\boldsymbol{e^\pi>\pi^e}$

4章 練習 [微分法の応用]

練習 87 ➡ 本冊 p. 423

(1) b を定数とみて，a を x におき換えると，与えられた不等式は

$$b\log\frac{x}{b} \leqq x-b \leqq x\log\frac{x}{b} \quad \cdots\cdots ①$$

◀ 2 変数 a，b の不等式 ⟶ 一方を定数とみる。

ここで，$f(x)=(x-b)-b\log\dfrac{x}{b}$ $(x>0)$ とすると

$$f'(x)=\frac{x-b}{x}$$

$f'(x)=0$ とすると　$x=b$

x	0	$\cdots$	b	$\cdots$
$f'(x)$		$-$	0	$+$
$f(x)$		↘	極小	↗

増減表から $f(x)$ は $x=b$ で極小

かつ最小で　$f(b)=0$

よって　$f(x)\geqq 0$

ゆえに　$b\log\dfrac{x}{b} \leqq x-b$ $\cdots\cdots$ ②

次に，$g(x)=x\log\dfrac{x}{b}-(x-b)$ $(x>0)$ とすると

$$g'(x)=\log\frac{x}{b}$$

$g'(x)=0$ とすると　$x=b$

◀ $\log\dfrac{x}{b}=0$ から $\dfrac{x}{b}=1$　よって　$x=b$

x	0	$\cdots$	b	$\cdots$
$g'(x)$		$-$	0	$+$
$g(x)$		↘	極小	↗

増減表から $g(x)$ は $x=b$ で極小

かつ最小で　$g(b)=0$

よって　$g(x)\geqq 0$

ゆえに　$x-b \leqq x\log\dfrac{x}{b}$ $\cdots\cdots$ ③

②，③ から，$x>0$，$b>0$ のとき ① は成り立つ。

したがって，$x=a$ とすると

$$a>0,\ b>0 \text{ のとき} \quad b\log\frac{b}{a} \leqq a-b \leqq a\log\frac{a}{b}$$

別解 与えられた不等式の各辺を b (>0) で割ると

$$\log\frac{a}{b} \leqq \frac{a}{b}-1 \leqq \frac{a}{b}\log\frac{a}{b}$$

◀ 2 変数 a，b の不等式 ⟶ おき換え $\dfrac{a}{b}=t$

$\dfrac{a}{b}=t$ とおくと　$t>0$

ゆえに，不等式は

$$\log t \leqq t-1 \leqq t\log t \ (t>0) \quad \cdots\cdots ①$$

$f(t)=t-1-\log t$ $(t>0)$ とすると

$$f'(t)=1-\frac{1}{t}=\frac{t-1}{t}$$

$f'(t)=0$ とすると　$t=1$

t	0	$\cdots$	1	$\cdots$
$f'(t)$		$-$	0	$+$
$f(t)$		↘	極小	↗

増減表から $f(t)$ は $t=1$ で極小

かつ最小で　$f(1)=0$

よって　$f(t)\geqq 0$

ゆえに　$\log t \leqq t-1$ $\cdots\cdots$ ②

次に，$g(t)=t\log t-t+1$ $(t>0)$ とすると

$$g'(t)=\log t+t\cdot\frac{1}{t}-1=\log t$$

$g'(t)=0$ とすると　$t=1$
増減表から $g(t)$ は $t=1$ で極小
かつ最小で　$g(1)=0$
よって　$g(t)\geqq 0$
ゆえに　$t-1\leqq t\log t$ ……③
②，③から，$t>0$ のとき①は成り立つ。
したがって，与えられた不等式は成り立つ。

t	0	$\cdots$	1	$\cdots$
$g'(t)$		$-$	0	$+$
$g(t)$		↘	極小	↗

(2)　b を定数とみて，a を x におき換えると，与えられた不等式は

$$x^n-b^n\leqq n(x-b)x^{n-1}$$

となる。

◀2変数 a，b の不等式 ⟶ 一方を定数とみる。

ここで，$f(x)=n(x-b)x^{n-1}-(x^n-b^n)$ $(x\geqq b)$ とすると

$$f'(x)=n(n-1)x^{n-2}(x-b)$$

$f'(x)\geqq 0$ であり，$f(b)=0$ であるから

$$f(x)\geqq 0$$

ゆえに　$x^n-b^n\leqq n(x-b)x^{n-1}$
したがって，$x=a$ とすると

$a\geqq b>0$ のとき　$a^n-b^n\leqq n(a-b)a^{n-1}$

別解　自然数 n に対して $y=x^n$ とすると　$y'=nx^{n-1}$

[1]　$a\neq b$ のとき，平均値の定理により

$$\frac{a^n-b^n}{a-b}=nc^{n-1},$$

$b<c<a$ を満たす実数 c が存在する。

$n\geqq 1$，$0<c<a$ であるから　$nc^{n-1}\leqq na^{n-1}$

よって　$\dfrac{a^n-b^n}{a-b}\leqq na^{n-1}$

ゆえに　$a^n-b^n\leqq n(a-b)a^{n-1}$

[2]　$a=b$ のとき，$a^n=b^n$ であるから

$$a^n-b^n=n(a-b)a^{n-1}\ (=0)$$

[1]，[2] から，$a\geqq b>0$ のとき

$$a^n-b^n\leqq n(a-b)a^{n-1}$$

◀**平均値の定理を利用。** $f(x)=x^n$ とすると，関数 $f(x)$ は閉区間 $[b,\ a]$ で連続，開区間 $(b,\ a)$ で微分可能であるから $\dfrac{f(a)-f(b)}{a-b}=f'(c)$，$b<c<a$ を満たす実数 c が存在する。

4章
練習
[微分法の応用]

練習 88　➡本冊 p. 424

(1)　$x>0$ であるから，不等式は $a\geqq\dfrac{\log x}{x}$ と同値である。

$f(x)=\dfrac{\log x}{x}$ とすると　$f'(x)=\dfrac{1-\log x}{x^2}$

$f'(x)=0$ とすると　$x=e$
$f(x)$ の増減表は右のようになる。
よって，$f(x)$ は $x=e$ で最大値 $f(e)=\dfrac{1}{e}$ をとる。

x	0	$\cdots$	e	$\cdots$
$f'(x)$		$+$	0	$-$
$f(x)$		↗	極大	↘

したがって，$x>0$ の任意の x に対して不等式が成り立つような a の値の範囲は　$\boldsymbol{a\geqq\dfrac{1}{e}}$

参考　直線 $y=ax$ が $y=\log x$ のグラフと接する場合を考えて求めることもできる。

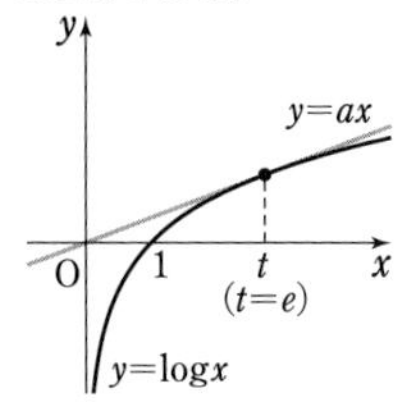

(2) $a^x \geqq x^a$ $(x \geqq a > 0)$ の両辺の対数をとると

$$x\log a \geqq a\log x$$

よって，不等式は $\dfrac{\log a}{a} \geqq \dfrac{\log x}{x}$ ...... ① と同値である。

① が成り立つのは，(1) の $f(x)$ に対し，$x \geqq a$ において $f(a) \geqq f(x)$ となるような a の値の範囲である。

すなわち，$x \geqq a$ で $f(a)$ が最大値であればよい。

したがって，(1) の増減表から　　$\boldsymbol{a \geqq e}$

参考　$y=\dfrac{\log x}{x}$ のグラフ

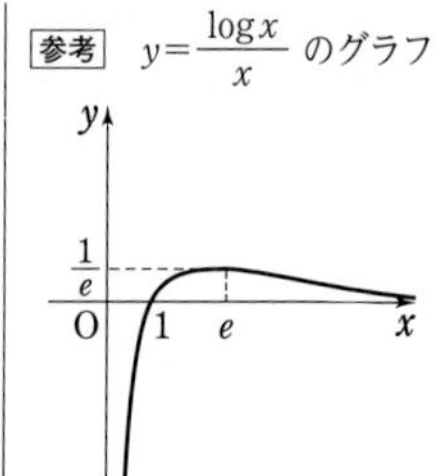

練習 89

➡ 本冊 p. 425

(1) $f'(x)=\dfrac{e^x}{(e^x+1)^2}$，$f''(x)=-\dfrac{e^x(e^x-1)}{(e^x+1)^3}$

◀ $f(x)=\dfrac{e^x}{e^x+1}$

$f''(x)=0$ とすると　　$x=0$

$f'(x)$ の増減表は右のようになり，$f'(x)$ は $\boldsymbol{x=0}$ で 極大かつ最大となる。

x	$\cdots$	0	$\cdots$
$f''(x)$	$+$	0	$-$
$f'(x)$	↗	極大	↘

その最大値は　　$f'(0)=\boldsymbol{\dfrac{1}{4}}$

(2) $g(x)=f(x)-x$ とすると，$g(x)$ は連続で，(1) の結果から

$$g'(x)=f'(x)-1 \leqq \frac{1}{4}-1<0$$

◀ $f'(x) \leqq \dfrac{1}{4}$

よって，$g(x)$ は単調に減少する。

また　　$g(0)=\dfrac{1}{2}>0$，$g(1)=-\dfrac{1}{e+1}<0$

したがって，方程式 $g(x)=0$ すなわち $f(x)=x$ はただ 1 つの実数解をもつ。

◀ 実数解は $0<x<1$ の範囲にある。

(3) $f(x)=x$ のただ 1 つの実数解を α とすると　　$\alpha=f(\alpha)$

[1] $a_1=\alpha$ のとき

$a_k=\alpha$ $(k \geqq 1)$ と仮定すると　　$a_{k+1}=f(a_k)=f(\alpha)=\alpha$

よって，すべての自然数 n について　　$a_n=\alpha$

したがって　　$\displaystyle\lim_{n\to\infty} a_n=\alpha$

[2] $a_1 \neq \alpha$ のとき

$f(x)$ は微分可能であるから，平均値の定理により

$$|a_{n+1}-\alpha|=|f(a_n)-f(\alpha)|=|f'(c)||a_n-\alpha|$$

(c は a_n と α の間の数) を満たす c が存在する。

◀ $\dfrac{|f(a_n)-f(\alpha)|}{|a_n-\alpha|}=|f'(c)|$，$f(a_n)=a_{n+1}$ から。

(1) により $f'(x) \leqq \dfrac{1}{4}$ であるから　　$|a_{n+1}-\alpha| \leqq \dfrac{1}{4}|a_n-\alpha|$

よって　　$0 \leqq |a_n-\alpha| \leqq \dfrac{1}{4}|a_{n-1}-\alpha| \leqq \left(\dfrac{1}{4}\right)^2|a_{n-2}-\alpha|$

$$\leqq \cdots\cdots \leqq \left(\frac{1}{4}\right)^{n-1}|a_1-\alpha|$$

$\displaystyle\lim_{n\to\infty}\left(\frac{1}{4}\right)^{n-1}=0$ であるから　　$\displaystyle\lim_{n\to\infty}|a_n-\alpha|=0$

したがって　　$\displaystyle\lim_{n\to\infty} a_n=\alpha$

練習 90 ➡ 本冊 p. 430

(1) 時刻 t の OP と x 軸の正の向きとのなす角を θ とする。

$t=0$ のとき $\theta=\beta$ であったとすると，P と θ は

$$\mathrm{P}(\cos\theta,\ \sin\theta),\ \theta=\omega t+\beta$$

と表される。

時刻 t のときのQの座標を $(0,\ y)$，$(y<0)$ とする。

$\mathrm{PQ}^2=a^2$ であるから　$(\cos\theta-0)^2+(\sin\theta-y)^2=a^2$

整理すると　$y^2-(2\sin\theta)y+1-a^2=0$

◀ y の 2 次方程式。

$y<0$ から　$y=\sin\theta-\sqrt{a^2-\cos^2\theta}$

◀解の公式利用。

$$\frac{dy}{dt}=\cos\theta\cdot\frac{d\theta}{dt}-\frac{-2\cos\theta\cdot(-\sin\theta)}{2\sqrt{a^2-\cos^2\theta}}\cdot\frac{d\theta}{dt}$$

$$=\cos\theta\cdot\omega-\frac{\cos\theta\sin\theta}{\sqrt{a^2-\cos^2\theta}}\cdot\omega$$

$$=\frac{\omega(\sqrt{a^2-\cos^2\theta}-\sin\theta)\cos\theta}{\sqrt{a^2-\cos^2\theta}}$$

Qの速度ベクトルは $\left(0,\ \dfrac{dy}{dt}\right)$ であり，v はその大きさである。

$\omega>0$，$\sqrt{a^2-\cos^2\theta}-\sin\theta=-y>0$ であるから

$$\boldsymbol{v}=\left|\frac{dy}{dt}\right|=\boldsymbol{\frac{\omega(\sqrt{a^2-\cos^2\theta}-\sin\theta)|\cos\theta|}{\sqrt{a^2-\cos^2\theta}}}$$

(2) $v=0$ となるのは，(1) の結果から $\cos\theta=0$ のときである。

このとき　$\sin\theta=\pm\sqrt{1-\cos^2\theta}=\pm\sqrt{1-0^2}=\pm1$

よって　$y=\pm1-\sqrt{a^2-0^2}=\pm1-a$　(複号同順)

◀ $\mathrm{PQ}=a>0$ であるから $\sqrt{a^2}=a$

ゆえに，求める点Qの位置は　$\boldsymbol{(0,\ 1-a),\ (0,\ -1-a)}$

練習 91 ➡ 本冊 p. 431

(1) $\dfrac{x^2}{9}+\dfrac{y^2}{4}=1$ …… ① の両辺を t で微分して

◀楕円の方程式を t で微分する。

$$\frac{2x}{9}\cdot\frac{dx}{dt}+\frac{y}{2}\cdot\frac{dy}{dt}=0 \quad \cdots\cdots ②$$

◀陰関数の微分。

Pの速さが 2 であるから　$\left(\dfrac{dx}{dt}\right)^2+\left(\dfrac{dy}{dt}\right)^2=2^2$ …… ③

x 座標が増加する向きに移動しているから　$\dfrac{dx}{dt}>0$ …… ④

$x=\sqrt{3}$ のとき，① と $y>0$ から　$y=\dfrac{2\sqrt{6}}{3}$

② に代入して　$\dfrac{dy}{dt}=-\dfrac{\sqrt{2}}{3}\cdot\dfrac{dx}{dt}$ …… ②′

③ に代入して　$\left(1+\dfrac{2}{9}\right)\left(\dfrac{dx}{dt}\right)^2=4$

④ から　$\dfrac{dx}{dt}=\dfrac{6}{\sqrt{11}}$

②′ に代入して　$\dfrac{dy}{dt}=-\dfrac{2\sqrt{2}}{\sqrt{11}}$

よって，**速度は**　$\left(\dfrac{6}{\sqrt{11}},\ -\dfrac{2\sqrt{2}}{\sqrt{11}}\right)$

◀平面上の速度は $\vec{v}=\left(\dfrac{dx}{dt},\ \dfrac{dy}{dt}\right)$

次に，② を t で微分して

$$\frac{2}{9}\left\{\left(\frac{dx}{dt}\right)^2+x\frac{d^2x}{dt^2}\right\}+\frac{1}{2}\left\{\left(\frac{dy}{dt}\right)^2+y\frac{d^2y}{dt^2}\right\}=0$$

$x=\sqrt{3}$，$y=\dfrac{2\sqrt{6}}{3}$，$\dfrac{dx}{dt}=\dfrac{6}{\sqrt{11}}$，$\dfrac{dy}{dt}=-\dfrac{2\sqrt{2}}{\sqrt{11}}$ を代入して

整理すると　$2\dfrac{d^2x}{dt^2}+3\sqrt{2}\dfrac{d^2y}{dt^2}=-\dfrac{36\sqrt{3}}{11}$　…… ⑤

また，③ を t で微分して

◀合成関数の微分。

$$2\frac{dx}{dt}\cdot\frac{d^2x}{dt^2}+2\frac{dy}{dt}\cdot\frac{d^2y}{dt^2}=0$$

$\dfrac{dx}{dt}=\dfrac{6}{\sqrt{11}}$，$\dfrac{dy}{dt}=-\dfrac{2\sqrt{2}}{\sqrt{11}}$ を代入して整理すると

$$3\frac{d^2x}{dt^2}-\sqrt{2}\frac{d^2y}{dt^2}=0 \quad \cdots\cdots ⑥$$

⑤，⑥ から　$\dfrac{d^2x}{dt^2}=-\dfrac{36\sqrt{3}}{121}$，$\dfrac{d^2y}{dt^2}=-\dfrac{54\sqrt{6}}{121}$

よって，**加速度は**　$\left(-\dfrac{36\sqrt{3}}{121},\ -\dfrac{54\sqrt{6}}{121}\right)$

◀平面上の加速度は $\vec{\alpha}=\left(\dfrac{d^2x}{dt^2},\ \dfrac{d^2y}{dt^2}\right)$

(2)　$y=e^x$ の両辺を t で微分すると　$\dfrac{dy}{dt}=e^x\dfrac{dx}{dt}$

よって　$|\vec{v}|^2=\left(\dfrac{dx}{dt}\right)^2+\left(\dfrac{dy}{dt}\right)^2=\left(\dfrac{dx}{dt}\right)^2+\left(e^x\dfrac{dx}{dt}\right)^2$

$$=(1+e^{2x})\left(\frac{dx}{dt}\right)^2$$

Pの速さが1であるから　$(1+e^{2x})\left(\dfrac{dx}{dt}\right)^2=1$

x 座標が増加する向きに移動しているから　$\dfrac{dx}{dt}>0$

ゆえに　$\dfrac{dx}{dt}=\dfrac{1}{\sqrt{1+e^{2x}}}$　…… ①

よって　$\dfrac{dy}{dt}=\dfrac{e^x}{\sqrt{1+e^{2x}}}$

したがって，Pが点 $(s,\ e^s)$ を通過する時刻における速度 $\vec{v}$ は

$$\boldsymbol{\vec{v}=\left(\frac{1}{\sqrt{1+e^{2s}}},\ \frac{e^s}{\sqrt{1+e^{2s}}}\right)}$$

◀平面上の速度は $\vec{v}=\left(\dfrac{dx}{dt},\ \dfrac{dy}{dt}\right)$

① の両辺を t で微分すると

◀合成関数の微分。

$$\frac{d^2x}{dt^2}=-\frac{1}{2}\cdot\frac{2e^{2x}}{(1+e^{2x})\sqrt{1+e^{2x}}}\cdot\frac{dx}{dt}$$

$$=-\frac{e^{2x}}{(1+e^{2x})\sqrt{1+e^{2x}}}\cdot\frac{1}{\sqrt{1+e^{2x}}}$$

$$=-\frac{e^{2x}}{(1+e^{2x})^2}$$

また　$\dfrac{d^2y}{dt^2}=\dfrac{d}{dt}\left(e^x\dfrac{dx}{dt}\right)=e^x\left(\dfrac{dx}{dt}\right)^2+e^x\dfrac{d^2x}{dt^2}$

$=\dfrac{e^x}{1+e^{2x}}-\dfrac{e^{3x}}{(1+e^{2x})^2}=\dfrac{e^x}{(1+e^{2x})^2}$

◀合成関数の微分。

したがって，Pが点 $(s,\ e^s)$ を通過する時刻における加速度 $\vec{\alpha}$ は

$$\boldsymbol{\vec{\alpha}=\left(-\dfrac{e^{2s}}{(1+e^{2s})^2},\ \dfrac{e^s}{(1+e^{2s})^2}\right)}$$

◀平面上の加速度は $\vec{\alpha}=\left(\dfrac{d^2x}{dt^2},\ \dfrac{d^2y}{dt^2}\right)$

また　$|\vec{\alpha}|^2=\dfrac{e^{4x}}{(1+e^{2x})^4}+\dfrac{e^{2x}}{(1+e^{2x})^4}=\dfrac{e^{2x}}{(1+e^{2x})^3}$　…… ②

ここで，$e^{2x}=z$ とおくと　$z>0$

ゆえに，② は　$|\vec{\alpha}|^2=\dfrac{z}{(1+z)^3}$

$f(z)=\dfrac{z}{(1+z)^3}$ とすると

$$f'(z)=\frac{(1+z)^3-z\cdot3(1+z)^2}{(1+z)^6}=\frac{1-2z}{(1+z)^4}$$

$f'(z)=0$ とすると　$z=\dfrac{1}{2}$

$z>0$ における $f(z)$ の増減表は右のようになる。

z	0	…	$\frac{1}{2}$	…
$f'(z)$		+	0	−
$f(z)$		↗	極大	↘

よって，$z=\dfrac{1}{2}$ のとき最大となるから，$|\vec{\alpha}|$ の **最大値は**

$$\sqrt{f\left(\frac{1}{2}\right)}=\sqrt{\frac{4}{27}}=\boldsymbol{\frac{2\sqrt{3}}{9}}$$

◀$|\vec{\alpha}|\geqq0$ であるから，$|\vec{\alpha}|^2$ が最大になるとき $|\vec{\alpha}|$ も最大となる。

練習 92

➡ 本冊 $p.$ 432

(1)　t 秒後の立方体の体積を $V\,\text{cm}^3$，表面積を $S\,\text{cm}^2$ とする。

CHART　変化率
関係式を作り　微分する

題意により　$\dfrac{dV}{dt}=100$　…… ①

また，t 秒後の 1 辺の長さは $\sqrt[3]{V}$ cm であるから

$S=6(\sqrt[3]{V})^2=6V^{\frac{2}{3}}$

よって　$\dfrac{dS}{dt}=4V^{-\frac{1}{3}}\dfrac{dV}{dt}=\dfrac{4}{\sqrt[3]{V}}\cdot\dfrac{dV}{dt}$

◀$\dfrac{dS}{dt}=\dfrac{dS}{dV}\cdot\dfrac{dV}{dt}$

① と $\sqrt[3]{V}=10$ を代入して　$\dfrac{dS}{dt}=\dfrac{4}{10}\cdot100=\boldsymbol{40\ (\text{cm}^2/\text{s})}$

(2)　(ア)　5 秒後の水量について　$\dfrac{\pi}{4}(h^2+h)=5\pi$

よって　$h^2+h=20$

$h>0$ であるから　$\boldsymbol{h=4\ (\text{cm})}$

◀$h^2+h-20=0$ から $(h-4)(h+5)=0$

(イ)　改めて t 秒後の水面の高さを h cm とすると

$\dfrac{\pi}{4}(h^2+h)=\pi t$　　整理して　$h^2+h=4t$

この両辺を t で微分すると　$(2h+1)\dfrac{dh}{dt}=4$

(ア)より，$t=5$ のとき $h=4$ であるから

$$(2\cdot4+1)\frac{dh}{dt}=4$$

よって　$\boldsymbol{v}=\frac{dh}{dt}=\boldsymbol{\frac{4}{9}}$ **(cm/s)**

(ウ)　t 秒後の水面の面積を $S\,\mathrm{cm}^2$ とすると

$$S=\frac{\pi}{2}\left(h+\frac{1}{2}\right)$$

これを t で微分して　$\frac{dS}{dt}=\frac{\pi}{2}\cdot\frac{dh}{dt}$

(イ)より，$t=5$ のとき $\frac{dh}{dt}=\frac{4}{9}$ であるから

$$\boldsymbol{w}=\frac{dS}{dt}=\frac{\pi}{2}\cdot\frac{4}{9}=\boldsymbol{\frac{2}{9}\pi}\ \mathbf{(cm^2/s)}$$

練習 93　➡本冊 p. 433

(1)　円板の中心をC，D_1 と x 軸との接点をH，線分 CP と D_1 の周との交点を P′ とする。

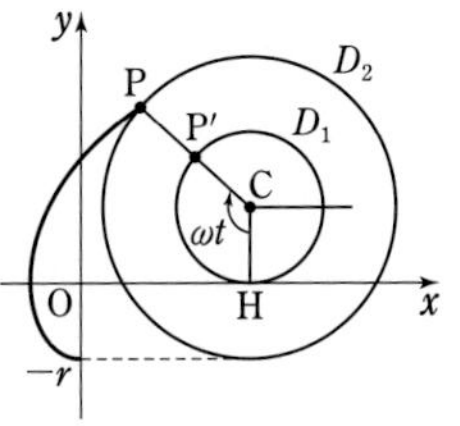

◀時刻 $t=0$ のとき $\mathrm{C}(0,\ r)$，$\mathrm{P}'(0,\ 0)$，$\mathrm{P}(0,\ -r)$

$\overset{\frown}{\mathrm{HP'}}=\overline{\mathrm{OH}}$ であるから　$r\times\omega t=vt$

よって　$\omega=\frac{v}{r}$

D_1 が x 軸上を正方向に等速で転がるから　$v>0$

ゆえに　$|\boldsymbol{\omega}|=\boldsymbol{\frac{v}{r}}$

(2)　$\overrightarrow{\mathrm{OP}}=\overrightarrow{\mathrm{OC}}+\overrightarrow{\mathrm{CP}}$

$$=(r\omega t,\ r)+\left(2r\cos\left(\frac{3}{2}\pi-\omega t\right),\ 2r\sin\left(\frac{3}{2}\pi-\omega t\right)\right)$$

$$=(r\omega t,\ r)+(-2r\sin\omega t,\ -2r\cos\omega t)$$

$$=(r\omega t-2r\sin\omega t,\ r-2r\cos\omega t)$$

◀時刻 t のとき，x 軸の正方向に対し，$\overrightarrow{\mathrm{CP}}$ のなす角は　$\frac{3}{2}\pi-\omega t$

$x(t)=r\omega t-2r\sin\omega t$ とすると

$$x'(t)=r\omega-2r\omega\cos\omega t$$

よって，Pの x 軸方向の

最大速度は，$\cos\omega t=-1$ のとき　$r\omega-2r\omega\cdot(-1)=\boldsymbol{3r\omega}$

最小速度は，$\cos\omega t=1$ のとき　$r\omega-2r\omega\cdot1=\boldsymbol{-r\omega}$

練習 94　➡本冊 p. 434

(1)　Tを l で微分すると

$$\frac{dT}{dl}=\frac{2\pi}{\sqrt{g}}\cdot\frac{1}{2\sqrt{l}}=\frac{\pi}{\sqrt{gl}}$$

よって，l の増分 Δl に対するTの増分を ΔT とすると

$$\Delta T\fallingdotseq\frac{dT}{dl}\Delta l=\frac{\pi}{\sqrt{gl}}\Delta l$$

◀微小変化の公式。

したがって，$\boldsymbol{\frac{\pi}{\sqrt{gl}}\Delta l}$ **だけ増す。**

(2) 半径 r の球の体積を V, 表面積を S とする。

$V=\dfrac{4}{3}\pi r^3$, $S=4\pi r^2$ から

$$\frac{dV}{dr}=4\pi r^2,\ \ \frac{dS}{dr}=8\pi r$$

よって　$\Delta V \fallingdotseq 4\pi r^2\Delta r$, $\Delta S \fallingdotseq 8\pi r\Delta r$

◀微小変化の公式。

ゆえに　$\dfrac{\Delta V}{V} \fallingdotseq 3\dfrac{\Delta r}{r}$,　$\dfrac{\Delta S}{S} \fallingdotseq 2\dfrac{\Delta r}{r}$

球の体積が 1% 増加するとき, $\dfrac{\Delta V}{V}=\dfrac{1}{100}$ であるから

$$\frac{\Delta r}{r} \fallingdotseq \frac{1}{300},\ \ \frac{\Delta S}{S} \fallingdotseq \frac{2}{300}$$

よって, **球の半径は $\dfrac{1}{3}$ % 増加し, 表面積は $\dfrac{2}{3}$ % 増加する。**

演習 31 ➡本冊 p. 436

$f(a)=af(1)$ であり，$a>1$ であるから　$\dfrac{f(a)}{a}=\dfrac{f(1)}{1}$ …… ①

$x>0$ において，$g(x)=\dfrac{f(x)}{x}$ とすると　$g'(x)=\dfrac{xf'(x)-f(x)}{x^2}$

◀平均値の定理が利用できるように関数をつくる。

区間 $[1,\ a]$ において，平均値の定理を用いると

$$\frac{g(a)-g(1)}{a-1}=g'(c),\ 1<c<a$$

◀平均値の定理(1)

を満たす実数 c が存在する。

① より $g(a)=g(1)$ であるから　　$g'(c)=0$

よって　　$cf'(c)-f(c)=0$　…… ②

◀$g'(c)=\dfrac{cf'(c)-f(c)}{c^2}$ において　$g'(c)=0$

一方，曲線 $y=f(x)$ 上の点 $(c,\ f(c))$ における接線の方程式は

$$y-f(c)=f'(c)(x-c)$$

すなわち　　$y=f'(c)x-\{cf'(c)-f(c)\}$

② から　　$y=f'(c)x$

この直線は原点を通る。

したがって，曲線 $y=f(x)$ の接線で原点を通るものが存在する。

演習 32 ➡本冊 p. 436

[1]　$x>a$ のとき

$f(x)$ は閉区間 $[a,\ x]$ において連続，かつ開区間 $(a,\ x)$ において微分可能であるから，平均値の定理により

$$\frac{f(x)-f(a)}{x-a}=f'(c),\ a<c<x$$

を満たす実数 c が存在する。

$x \longrightarrow a+0$ のとき $c \longrightarrow a+0$ であるから

$$\lim_{x\to a+0}\frac{f(x)-f(a)}{x-a}=\lim_{x\to a+0}f'(c)=\lim_{c\to a+0}f'(c)=\lim_{x\to a+0}f'(x)$$

[2]　$x<a$ のとき

[1] と同様にして　　$\displaystyle\lim_{x\to a-0}\frac{f(x)-f(a)}{x-a}=\lim_{x\to a-0}f'(x)$

[1]，[2] から，極限値 $\displaystyle\lim_{x\to a+0}f'(x)$，$\displaystyle\lim_{x\to a-0}f'(x)$ がともに存在し，かつそれらが一致するならば

$$\lim_{x\to a+0}\frac{f(x)-f(a)}{x-a}=\lim_{x\to a-0}\frac{f(x)-f(a)}{x-a}$$

◀$x=a$ で微分可能 $\Longleftrightarrow$ $x=a$ における右側微分係数と左側微分係数が等しい。

となり

$$f'(a)=\lim_{x\to a}\frac{f(x)-f(a)}{x-a}$$

が存在する。

すなわち，$f(x)$ は $x=a$ において微分可能である。

演習 33 ➡本冊 p. 436

(1)　$f'(x)=-xe^{-\frac{x^2}{2}}$ であるから，ℓ_a の方程式は

$$y-e^{-\frac{a^2}{2}}=-ae^{-\frac{a^2}{2}}(x-a)$$

すなわち　　$y=-ae^{-\frac{a^2}{2}}x+(a^2+1)e^{-\frac{a^2}{2}}$　…… ①

この直線が点 $(0,\ Y(a))$ を通るから　　$Y(a)=(a^2+1)e^{-\frac{a^2}{2}}$

$$Y'(a)=2a\cdot e^{-\frac{a^2}{2}}+(a^2+1)\cdot(-ae^{-\frac{a^2}{2}})$$
$$=-a(a+1)(a-1)e^{-\frac{a^2}{2}}$$

$a>0$ において，$Y'(a)=0$ とすると　　$a=1$

$a>0$ における $Y(a)$ の増減表は右のようになる。

a	0	$\cdots$	1	$\cdots$
$Y'(a)$		$+$	0	$-$
$Y(a)$		↗	$2e^{-\frac{1}{2}}$	↘

ここで，$\dfrac{a^2}{2}=t$ とおくと

$$\lim_{a\to\infty}Y(a)=\lim_{a\to\infty}(a^2+1)e^{-\frac{a^2}{2}}=\lim_{t\to\infty}(2t+1)e^{-t}$$
$$=\lim_{t\to\infty}(2te^{-t}+e^{-t})$$

$\displaystyle\lim_{t\to\infty}te^{-t}=0,\ \lim_{t\to\infty}e^{-t}=0$ であるから

$$\lim_{a\to\infty}Y(a)=2\cdot0+0=0$$

また，$\displaystyle\lim_{a\to+0}Y(a)=1$ であるから，求める $Y(a)$ のとりうる値の範囲は　　$\boldsymbol{0<Y(a)\leqq 2e^{-\frac{1}{2}}}$

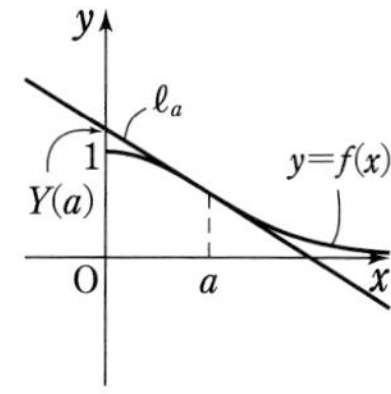

(2)　① で $y=0$ とすると　　$ae^{-\frac{a^2}{2}}x=(a^2+1)e^{-\frac{a^2}{2}}$

$a>0,\ e^{-\frac{a^2}{2}}>0$ であるから　　$x=\dfrac{a^2+1}{a}$

よって，ℓ_a と x 軸の交点の x 座標は　　$\dfrac{a^2+1}{a}$

ℓ_a と ℓ_b が x 軸上で交わるとき　　$\dfrac{a^2+1}{a}=\dfrac{b^2+1}{b}$

分母を払って　　$b(a^2+1)=a(b^2+1)$

ゆえに　　$ba^2-(b^2+1)a+b=0$

よって　　$(a-b)(ab-1)=0$

◀$a-b<0$

$a<b$ より，$ab-1=0$ であるから　　$b=\dfrac{1}{a}$

◀ここで終わりにしてはいけない。

更に，$a<b$ であるから　　$a<\dfrac{1}{a}$

これと $a>0$ から　　$0<a<1$

以上から　　$\boldsymbol{b=\dfrac{1}{a}\ (0<a<1)}$

(3)　(2) より $b=\dfrac{1}{a}$ であるから　　$Z(a)=Y(a)-Y\left(\dfrac{1}{a}\right)$

ここで，(1) より　　$\displaystyle\lim_{a\to+0}Y(a)=1$

また　　$\displaystyle\lim_{a\to+0}Y\left(\frac{1}{a}\right)=\lim_{b\to\infty}Y(b)=0$

◀$a\longrightarrow+0$ のとき $\dfrac{1}{a}\longrightarrow\infty$

よって　　$\displaystyle\boldsymbol{\lim_{a\to+0}Z(a)}=1-0=\boldsymbol{1}$

更に　$\displaystyle\frac{Z'(a)}{a}=\frac{1}{a}\cdot\frac{d}{da}\left\{Y(a)-Y\left(\frac{1}{a}\right)\right\}$

$$=\frac{1}{a}\left\{Y'(a)+\frac{1}{a^2}Y'\left(\frac{1}{a}\right)\right\}$$

$$=\frac{1}{a}Y'(a)+\frac{1}{a^3}Y'\left(\frac{1}{a}\right)$$

$$=-(a^2-1)e^{-\frac{a^2}{2}}-\frac{1}{a^4}\left(\frac{1}{a^2}-1\right)e^{-\frac{1}{2a^2}} \quad \cdots\cdots ②$$

ここで　$\displaystyle\lim_{a\to+0}\{-(a^2-1)e^{-\frac{a^2}{2}}\}=1$　…… ③

また，$\dfrac{1}{2a^2}=t$ とおくと

$$\lim_{a\to+0}\frac{1}{a^4}\left(\frac{1}{a^2}-1\right)e^{-\frac{1}{2a^2}}=\lim_{t\to\infty}4t^2(2t-1)e^{-t}$$

$$=\lim_{t\to\infty}(8t^3e^{-t}-4t^2e^{-t})$$

$\displaystyle\lim_{t\to\infty}t^3e^{-t}=0$，$\displaystyle\lim_{t\to\infty}t^2e^{-t}=0$ であるから

$$\lim_{a\to+0}\frac{1}{a^4}\left(\frac{1}{a^2}-1\right)e^{-\frac{1}{2a^2}}=8\cdot0-4\cdot0=0 \quad \cdots\cdots ④$$

よって，②，③，④ より　$\displaystyle\lim_{a\to+0}\frac{\boldsymbol{Z'(a)}}{\boldsymbol{a}}=1-0=\mathbf{1}$

演習 34 III　➡ 本冊 p. 436

(1)　$h(x)=(1-x)^nx^k$ とすると

$$h'(x)=-n(1-x)^{n-1}x^k+(1-x)^n\cdot kx^{k-1}$$

$$=(1-x)^{n-1}x^{k-1}\{k-(n+k)x\}$$

$0<x<1$ のとき $h'(x)=0$ とすると　$x=\dfrac{k}{n+k}$

n，k は正の整数であるから　$0<\dfrac{k}{n+k}<1$

$0\leqq x\leqq1$ における $h(x)$ の増減表は右のようになる。

x	0	$\cdots$	$\frac{k}{n+k}$	$\cdots$	1
$h'(x)$		$+$	0	$-$	
$h(x)$	0	↗	極大	↘	0

よって，$h(x)$ は $x=\dfrac{k}{n+k}$ のとき最大となる。

ゆえに　$\boldsymbol{a_n}=h\left(\dfrac{k}{n+k}\right)=\left(1-\dfrac{k}{n+k}\right)^n\left(\dfrac{k}{n+k}\right)^k$

$$=\left(\frac{n}{n+k}\right)^n\left(\frac{k}{n+k}\right)^k=\boldsymbol{\frac{n^nk^k}{(n+k)^{n+k}}}$$

$0<\left(\dfrac{n}{n+k}\right)^n<1$ であるから　$0<a_n<\left(\dfrac{k}{n+k}\right)^k$

$\displaystyle\lim_{n\to\infty}\left(\frac{k}{n+k}\right)^k=0$ であるから　$\displaystyle\lim_{n\to\infty}\boldsymbol{a_n}=\mathbf{0}$

◀はさみうちの原理。

(2)　$(1-x)^n\{f(x)+g(x)\}$ の $0\leqq x\leqq1$ における最大値が d_n であるから　$(1-1)^n\{f(1)+g(1)\}\leqq d_n$

よって　$0\leqq d_n$　…… ①

また，$(1-x)^n\{f(x)+g(x)\}=d_n$ となるときの x の値を $\alpha(0\leqq\alpha\leqq1)$ とすると　$(1-\alpha)^n\{f(\alpha)+g(\alpha)\}=d_n$

$(1-x)^nf(x)$，$(1-x)^ng(x)$ の $0\leqq x\leqq1$ における最大値がそれぞれ b_n，c_n であるから

$(1-\alpha)^n f(\alpha) \leqq b_n$, $(1-\alpha)^n g(\alpha) \leqq c_n$

ゆえに　$d_n=(1-\alpha)^n\{f(\alpha)+g(\alpha)\}$

$=(1-\alpha)^n f(\alpha)+(1-\alpha)^n g(\alpha)$

$\leqq b_n+c_n$　…… ②

①，② から　$\boldsymbol{0 \leqq d_n \leqq b_n+c_n}$

(3)　$(1-x)^n f(x)$ の $0 \leqq x \leqq 1$ における最大値が e_n であるから

$(1-0)^n f(0) \leqq e_n$

よって　$r \leqq e_n$　…… ③

また，$(1-x)^n f(x)=e_n$ となるときの x の値を $\beta (0 \leqq \beta \leqq 1)$ とすると　$(1-\beta)^n(p\beta^2+q\beta+r)=e_n$

ここで，(1) における a_n を $A(n,\ k)$ とすると

$(1-\beta)^n\beta^2 \leqq A(n,\ 2)$，$(1-\beta)^n\beta \leqq A(n,\ 1)$

$p \geqq 0$，$q \geqq 0$ であるから

$(1-\beta)^n p\beta^2 \leqq pA(n,\ 2)$，$(1-\beta)^n q\beta \leqq qA(n,\ 1)$

また，$(1-\beta)^n \leqq 1$，$r \geqq 0$ であるから　$(1-\beta)^n r \leqq r$

◀$0 \leqq \beta \leqq 1$ であるから $(1-\beta)^n \leqq 1$

ゆえに　$e_n=(1-\beta)^n(p\beta^2+q\beta+r)$

$=(1-\beta)^n p\beta^2+(1-\beta)^n q\beta+(1-\beta)^n r$

$\leqq pA(n,\ 2)+qA(n,\ 1)+r$　…… ④

③，④ から　$r \leqq e_n \leqq pA(n,\ 2)+qA(n,\ 1)+r$

(1) より，$\displaystyle\lim_{n\to\infty} pA(n,\ 2)=0$，$\displaystyle\lim_{n\to\infty} qA(n,\ 1)=0$ であるから

◀はさみうちの原理。

$$\boldsymbol{\lim_{n\to\infty} e_n = r}$$

4章 演習 [微分法の応用]

演習 35 ➡ 本冊 p. 437

(1)　底 $\sqrt{2}$ は 1 より大きいから，関数 $f(x)$ は単調に増加する。

よって，$0 \leqq x \leqq 2$ のとき，$f(x)$ は

$x=2$ で最大値 2，$x=0$ で最小値 1

をとる。

(2)　$f'(x)=(\sqrt{2})^x \log\sqrt{2}$

よって，$f'(x)$ は単調に増加するから，$0 \leqq x \leqq 2$ のとき，$f'(x)$ は

$x=2$ で最大値 $\log 2$，$x=0$ で最小値 $\dfrac{1}{2}\log 2$

をとる。

(3)　「$0<a_n<2$」を ① とする。

[1]　$n=1$ のとき

$a_1=\sqrt{2}$ であるから，$n=1$ のとき ① は成り立つ。

[2]　$n=k$ のとき ① が成り立つ，すなわち $0<a_k<2$ が成り立つと仮定する。

$n=k+1$ のとき　$a_{k+1}=(\sqrt{2})^{a_k}$

(1) から，$0<a_k<2$ のとき　$f(0)<f(a_k)<f(2)$

すなわち　$(\sqrt{2})^0<(\sqrt{2})^{a_k}<(\sqrt{2})^2$

よって　$1<a_{k+1}<2$

したがって，$n=k+1$ のときにも ① は成り立つ。

[1]，[2] から，すべての自然数 n に対して ① は成り立つ。

(4) (3) から $0<2-a_{n+1}$ は成り立つ。

区間 $[a_n,\ 2]$ において，$f(x)=(\sqrt{2})^x$ に平均値の定理を用いると　$\dfrac{f(2)-f(a_n)}{2-a_n}=f'(c_n)\ (a_n<c_n<2)$

を満たす c_n が存在する。

(2) から，$a_n<c_n<2$ のとき　$f'(c_n)<\log 2$

また，$f(2)=2$，$f(a_n)=a_{n+1}$ であるから

$$\frac{2-a_{n+1}}{2-a_n}<\log 2$$

$2-a_n>0$ から　$2-a_{n+1}<(\log 2)(2-a_n)$

以上から　$0<2-a_{n+1}<(\log 2)(2-a_n)$

◀(4) (1), (2), (3) の結果を利用することを考える。

CHART

差 $f(b)-f(a)$ には平均値の定理利用

(5) (4) から

$$0<2-a_n<(\log 2)(2-a_{n-1})<\cdots\cdots<(\log 2)^{n-1}(2-a_1)$$

$0<\log 2<1$ から　$\displaystyle\lim_{n\to\infty}(\log 2)^{n-1}(2-a_1)=0$

はさみうちの原理により　$\displaystyle\lim_{n\to\infty}(2-a_n)=0$

よって　$\displaystyle\lim_{n\to\infty}\boldsymbol{a_n=2}$

演習 36 ▥ ➡ 本冊 p. 437

領域 D は右の図の影の部分であるから，円 $x^2+(y-1)^2=1$ と直線 ℓ の原点以外の共有点をP，直線 $x=\dfrac{\sqrt{2}}{3}$ と直線 ℓ の共有点をQとすると

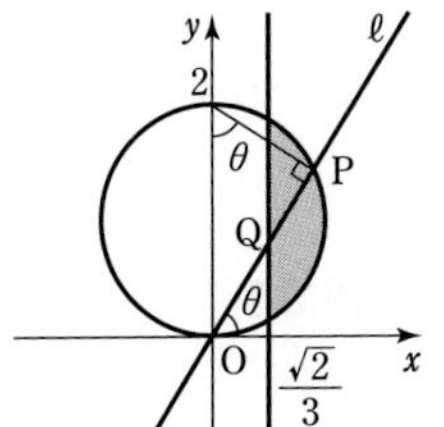

$$L=\mathrm{PQ}=\mathrm{OP}-\mathrm{OQ}$$

ここで　$\mathrm{OP}=2\sin\theta$

$\mathrm{OQ}\cos\theta=\dfrac{\sqrt{2}}{3}$ から　$\mathrm{OQ}=\dfrac{\sqrt{2}}{3\cos\theta}$

よって　$L=2\sin\theta-\dfrac{\sqrt{2}}{3\cos\theta}$

ここで，θ の定義域について考える。

円 $x^2+(y-1)^2=1$ と直線 $x=\dfrac{\sqrt{2}}{3}$ の共有点の y 座標は，

$\left(\dfrac{\sqrt{2}}{3}\right)^2+(y-1)^2=1$ から　$y=\dfrac{3\pm\sqrt{7}}{3}$

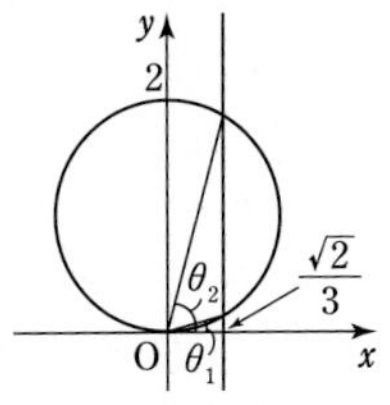

ここで，$\tan\theta_1=\dfrac{3-\sqrt{7}}{3}\div\dfrac{\sqrt{2}}{3}=\dfrac{3-\sqrt{7}}{\sqrt{2}}$，

$\tan\theta_2=\dfrac{3+\sqrt{7}}{3}\div\dfrac{\sqrt{2}}{3}=\dfrac{3+\sqrt{7}}{\sqrt{2}}$

とすると，θ の定義域は　$\theta_1<\theta<\theta_2$

$$\frac{dL}{d\theta}=2\cos\theta-\frac{\sqrt{2}\sin\theta}{3\cos^2\theta}$$

$$=\frac{6\cos^3\theta-\sqrt{2}\sin\theta}{3\cos^2\theta}$$

$$=\frac{2(3\cos^2\theta-1)(6\cos^4\theta+2\cos^2\theta+1)}{3\cos^2\theta(6\cos^3\theta+\sqrt{2}\sin\theta)}$$

◀分母・分子に $6\cos^3\theta+\sqrt{2}\sin\theta$ を掛けて，分子を $\cos\theta$ だけの式で表す。

$0<\theta<\dfrac{\pi}{2}$ において，$\dfrac{dL}{d\theta}=0$ とすると　　$\cos\theta=\dfrac{1}{\sqrt{3}}$

これを満たす θ を α とおくと

$$\tan\alpha=\sqrt{\frac{1}{\cos^2\alpha}-1}=\sqrt{2}$$

$\dfrac{3-\sqrt{7}}{\sqrt{2}}<\dfrac{2}{\sqrt{2}}<\dfrac{3+\sqrt{7}}{\sqrt{2}}$ であるから

$$\tan\theta_1<\tan\alpha<\tan\theta_2$$

すなわち　　$\theta_1<\alpha<\theta_2$

よって，$\theta_1<\theta<\theta_2$ における L の増減表は右のようになる。

よって，L は $\theta=\alpha$ のとき最大値をとる。

θ	θ_1	$\cdots$	α	$\cdots$	θ_2
$\dfrac{dL}{d\theta}$		$+$	0	$-$	
L		↗	極大	↘	

$\sin\alpha=\sqrt{1-\cos^2\alpha}=\dfrac{\sqrt{6}}{3}$ であるから，求める **最大値は**

$2\sin\alpha-\dfrac{\sqrt{2}}{3\cos\alpha}=\boldsymbol{\dfrac{\sqrt{6}}{3}}$　　　このとき　　$\boldsymbol{\cos\theta=\dfrac{1}{\sqrt{3}}}$

演習 37 ➡ 本冊 p. 437

(1)　C 上の点を $\mathrm{Q}(x,\ y)$ とすると

$$\mathrm{AQ}=\sqrt{(x+1)^2+y^2},\quad \mathrm{BQ}=\sqrt{(x-1)^2+y^2}$$

◀曲線上の点Qの座標を $(x,\ y)$ として，x と y の関係式を導く。

$\mathrm{AQ}\cdot\mathrm{BQ}=1$ から　　$\sqrt{(x+1)^2+y^2}\sqrt{(x-1)^2+y^2}=1$

両辺を 2 乗して　　$(x^2-1)^2+2(x^2+1)y^2+y^4=1$

よって　　$(x^2+y^2)^2=2(x^2-y^2)$　…… ①

$f(x,\ y)=(x^2+y^2)^2-2(x^2-y^2)$ とすると

$$f(x,\ -y)=f(-x,\ y)=f(x,\ y)$$

◀曲線 $f(x,\ y)=0$ は $f(x,\ -y)=f(x,\ y)$ ならば x 軸に関して対称，$f(-x,\ y)=f(x,\ y)$ ならば y 軸に関して対称。

したがって，C は x 軸および y 軸に関して対称である。

(2)　① に $y=tx$ を代入すると

$$x^4(1+t^2)^2=2x^2(1-t^2)\quad \cdots\cdots ②$$

直線 $y=tx$ と曲線 C が原点以外で交わるための条件は，② が $x\neq0$ である実数解をもつことである。

$x\neq0$ のとき ② から　　$x^2(1+t^2)^2=2(1-t^2)$

左辺>0 であるから，② が $x\neq0$ である実数解をもつための条件は　　$1-t^2>0$

よって　　$\boldsymbol{-1<t<1}$

このとき，交点Pの x 座標，y 座標は

$$\boldsymbol{x=\pm\frac{\sqrt{2(1-t^2)}}{1+t^2},\quad y=\pm\frac{t\sqrt{2(1-t^2)}}{1+t^2}}\quad \textbf{（複号同順）}$$

(3)　$x\geqq0,\ y\geqq0$ のとき　　$0\leqq t<1$

$$\frac{dx}{dt}=\frac{\dfrac{-\sqrt{2}\,t(1+t^2)}{\sqrt{1-t^2}}-2\sqrt{2}\,t\sqrt{1-t^2}}{(1+t^2)^2}=\frac{\sqrt{2}\,t(t^2-3)}{\sqrt{1-t^2}(1+t^2)^2}$$

$y=tx$ から　$\dfrac{dy}{dt}=x+t\dfrac{dx}{dt}=\dfrac{\sqrt{2}(1-3t^2)}{\sqrt{1-t^2}(1+t^2)^2}$

◀$(tx)'=t'x+t\dfrac{dx}{dt}$

$y=\dfrac{t\sqrt{2(1-t^2)}}{1+t^2}$ を直接微分してもよい。

ゆえに　$\dfrac{dy}{dx}=\dfrac{\dfrac{dy}{dt}}{\dfrac{dx}{dt}}=\dfrac{1-3t^2}{t(t^2-3)}=\dfrac{(1+\sqrt{3}\,t)(1-\sqrt{3}\,t)}{t(t^2-3)}$

よって，$0 \leqq t<1$ における増減表は右のようになる。

t	0	$\cdots$	$\frac{1}{\sqrt{3}}$	$\cdots$	1
$\frac{dx}{dt}$	0	$-$	$-$	$-$	
$\frac{dy}{dt}$		$+$	0	$-$	
x	$\sqrt{2}$	↘	$\frac{\sqrt{3}}{2}$	↘	0
y	0	↗	$\frac{1}{2}$	↘	0

したがって，y は

$0 \leqq x \leqq \dfrac{\sqrt{3}}{2}$ で単調に増加し，

$\dfrac{\sqrt{3}}{2} \leqq x \leqq \sqrt{2}$ で単調に減少する。

なお，$x=\dfrac{\sqrt{3}}{2}$ で極大値 $y=\dfrac{1}{2}$ をとる。

◀左の表は t の関数 x，y の増減表なので注意。

x が $0 \longrightarrow \dfrac{\sqrt{3}}{2}$ のとき

y は $0 \longrightarrow \dfrac{1}{2}$（増加）

x が $\dfrac{\sqrt{3}}{2} \longrightarrow \sqrt{2}$ のとき

y は $\dfrac{1}{2} \longrightarrow 0$（減少）

(4)　$x \longrightarrow +0$ のとき　$t \longrightarrow 1-0$ であるから

$$\lim_{x\to+0}\frac{dy}{dx}=\lim_{t\to1-0}\frac{1-3t^2}{t(t^2-3)}=\mathbf{1}$$

(5)　(3)，(4) の結果と

$$\lim_{x\to\sqrt{2}-0}\frac{dy}{dx}=\lim_{t\to+0}\frac{1-3t^2}{t(t^2-3)}=-\infty$$

◀$t \longrightarrow +0$ のとき
$1-3t^2 \longrightarrow 1$
$t(t^2-3) \longrightarrow -0$

から，曲線 C の $x \geqq 0$，$y \geqq 0$ の部分がかける。

これを x 軸に関して対称移動して $x \geqq 0$ の部分を求め，更に，y 軸に関して対称移動した図形を合わせると曲線 C が得られる。

よって，グラフは **右の図** のようになる。

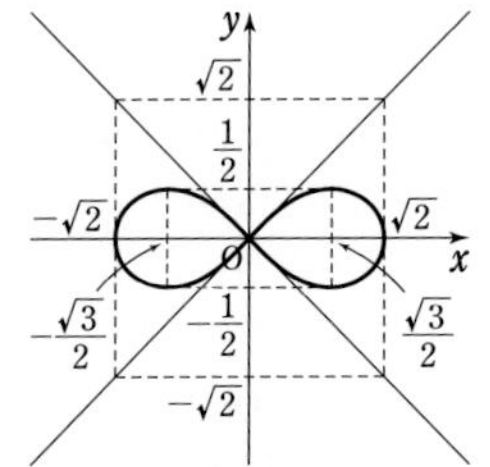

参考　曲線 C は **レムニスケート** である。

演習 38

➡ 本冊 $p.$ 437

直線 $y=px+q$ が関数 $y=\log x$ のグラフと共有点をもたないための必要十分条件は，方程式 $px+q=\log x$ が $x>0$ で解をもたない，すなわち，関数 $y=px+q-\log x$ のグラフが $x>0$ で x 軸と共有点をもたないことである。

◀関数 $y=px+q-\log x$ の定義域は $x>0$ である。

$f(x)=px+q-\log x$ とすると　$f'(x)=p-\dfrac{1}{x}$

[1]　$p \leqq 0$ のとき

$x>0$ であるから　$f'(x)<0$

よって，$f(x)$ は単調に減少する。

また，$\displaystyle\lim_{x\to+0}f(x)=\infty$，$\displaystyle\lim_{x\to\infty}f(x)=-\infty$ であるから，$y=f(x)$ のグラフは必ず x 軸と共有点をもつ。

◀中間値の定理。

したがって，不適である。

[2]　$p>0$ のとき

$f'(x)=0$ とすると　　$x=\dfrac{1}{p}$

$x>0$ における $f(x)$ の増減表は右のようになる。

x	0	$\cdots$	$\dfrac{1}{p}$	$\cdots$
$f'(x)$		$-$	0	$+$
$f(x)$		↘	極小	↗

$y=f(x)$ のグラフが x 軸と共有点をもたないための条件は $f\left(\dfrac{1}{p}\right)>0$ であるから

$$1+q+\log p>0 \quad すなわち \quad q>-\log p-1$$

[1], [2] から，求める条件は　　**$p>0$ かつ $q>-\log p-1$**

別解　$p=0$ とすると，$y=px+q$ は $y=q$ となる。

$p<0$ とすると，$y=px+q$ について　　$x=0$ のとき　$y=q$

$$\lim_{x\to\infty}y=\lim_{x\to\infty}(px+q)=-\infty$$

また　　$\displaystyle\lim_{x\to+0}\log x=-\infty$，$\displaystyle\lim_{x\to\infty}\log x=\infty$

ゆえに，$p\leqq 0$ のとき，直線 $y=px+q$ と $y=\log x$ のグラフは共有点をもつ。

よって，$p>0$ が必要である。

$p>0$ のとき，p を固定して直線 $y=px+q$ と $y=\log x$ のグラフが接するときの q の値を q_0 とすると，求める必要十分条件は $p>0$ かつ $q>q_0$ である。

直線 $y=px+q$ と $y=\log x$ のグラフが $x=\alpha$ で接するとすると

$$p\alpha+q=\log\alpha,\ p=\frac{1}{\alpha}$$

よって　　$\alpha=\dfrac{1}{p}$，$q=-\log p-1$

ゆえに，求める必要十分条件は　　**$p>0$ かつ $q>-\log p-1$**

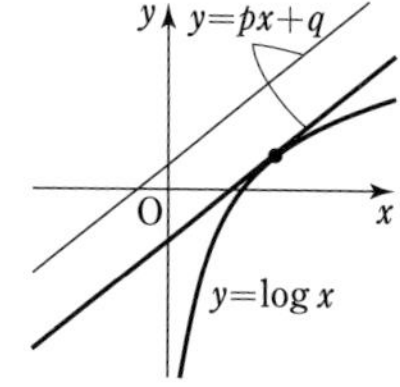

演習 39 ➡ 本冊 p. 437

➡ 本冊 p. 437

CHART　極値
$f'(t)$ の符号の変化を調べる

(1)　$f'(t)=-e^{-t}\sin t+e^{-t}\cos t=-e^{-t}(\sin t-\cos t)$

$$=-\sqrt{2}\,e^{-t}\sin\left(t-\frac{\pi}{4}\right)$$

◀常に $e^{-t}>0$

$f'(t)=0$ とすると　　$\sin\left(t-\dfrac{\pi}{4}\right)=0$

$t-\dfrac{\pi}{4}>-\dfrac{\pi}{4}$ であるから

$$t=\frac{\pi}{4}+(n-1)\pi \quad (n=1,\ 2,\ \cdots\cdots)$$

$t>0$ における $f(t)$ の増減表は次のようになる。

t	0	$\cdots$	$\dfrac{\pi}{4}$	$\cdots$	$\dfrac{5}{4}\pi$	$\cdots$	$\dfrac{9}{4}\pi$	$\cdots$	$\dfrac{13}{4}\pi$	$\cdots$
$f'(t)$		$+$	0	$-$	0	$+$	0	$-$	0	$+$
$f(t)$		↗	極大	↘	極小	↗	極大	↘	極小	↗

したがって　　$\boldsymbol{t_n=\dfrac{\pi}{4}+(n-1)\pi=\left(n-\dfrac{3}{4}\right)\pi}$

このとき　$f(t_n)=e^{-\left(n-\frac{3}{4}\right)\pi}\sin\left(n\pi-\frac{3}{4}\pi\right)$

ここで　$\sin\left(n\pi-\frac{3}{4}\pi\right)=\sin n\pi\cos\frac{3}{4}\pi-\cos n\pi\sin\frac{3}{4}\pi$

$=-(-1)^n\frac{1}{\sqrt{2}}=\frac{(-1)^{n+1}}{\sqrt{2}}$

◀加法定理。

◀$\sin n\pi=0$
$\cos n\pi=(-1)^n$

したがって　$\boldsymbol{f(t_n)=\frac{(-1)^{n+1}}{\sqrt{2}}e^{-\left(n-\frac{3}{4}\right)\pi}}$

(2)　$\frac{dx}{dt}=e^t\cos t-e^t\sin t,\ \frac{dy}{dt}=e^t\sin t+e^t\cos t$

ゆえに　$\frac{dy}{dx}=\frac{e^t\sin t+e^t\cos t}{e^t\cos t-e^t\sin t}=\frac{\sin t+\cos t}{\cos t-\sin t}$

◀$\frac{dy}{dx}=\frac{\frac{dy}{dt}}{\frac{dx}{dt}}$

よって，点 $(e^t\cos t,\ e^t\sin t)$ における C の接線の方程式は

$$y-e^t\sin t=\frac{\sin t+\cos t}{\cos t-\sin t}(x-e^t\cos t)$$

すなわち　$(\sin t+\cos t)x-(\cos t-\sin t)y=e^t$　…… ①

この直線が点 $\mathrm{P}(r,\ r)$ を通るとき

$$(\sin t+\cos t)r-(\cos t-\sin t)r=e^t$$

ゆえに　$2r\sin t=e^t$

よって　$e^{-t}\sin t=\frac{1}{2r}$　…… ②

◀r を分離する。

$N(r)$ は ② の異なる正の実数解の個数に一致する。すなわち，(1) の $y=f(t)$ のグラフと直線 $y=\frac{1}{2r}$ $(r>0)$ の共有点の個数が $N(r)$である。

(1) により，$y=f(t)$ のグラフは右の図のようになる。

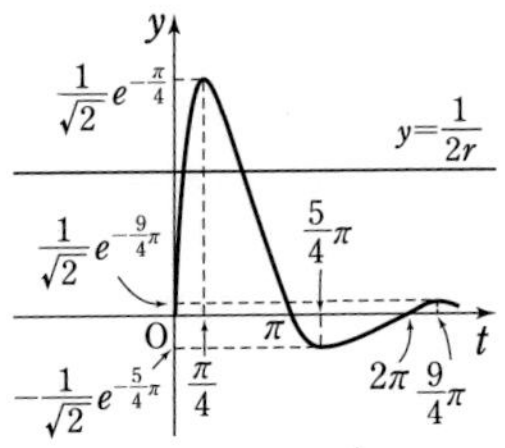

(ア)　$N(r)=1$ となるのは，図から，

$\frac{1}{2r}=\frac{1}{\sqrt{2}}e^{-\frac{\pi}{4}}$　すなわち　$\boldsymbol{r=\frac{1}{\sqrt{2}}e^{\frac{\pi}{4}}}$ のときである。

このとき　$t=\frac{\pi}{4}$

これを ① に代入して，求める **接線の方程式は**　$\boldsymbol{x=\frac{1}{\sqrt{2}}e^{\frac{\pi}{4}}}$

(イ)　$N(r)=2$ となる r の値の範囲は，図から

$$\frac{1}{\sqrt{2}}e^{-\frac{9}{4}\pi}<\frac{1}{2r}<\frac{1}{\sqrt{2}}e^{-\frac{\pi}{4}}$$

すなわち　$\boldsymbol{\frac{1}{\sqrt{2}}e^{\frac{\pi}{4}}<r<\frac{1}{\sqrt{2}}e^{\frac{9}{4}\pi}}$

演習 40 Ⅲ　➡本冊 p.438

(1)　$f_n(x)=e^x-\left(1+\sum_{k=1}^{n}\frac{x^k}{k!}\right)$ $(x>0)$ とすると，$f_n(x)$ は連続関数である。

[1] $n=1$ のとき　$f_1(x)=e^x-(1+x)$, $f_1{}'(x)=e^x-1$

$x>0$ の範囲で $f_1{}'(x)>0$ であるから，$f_1(x)$ は単調に増加する。

このことと $f_1(0)=0$ から，$x>0$ の範囲で　$f_1(x)>0$

したがって，$n=1$ のとき不等式は成り立つ。

[2] $n=m$ のとき，不等式が成り立つ，すなわち

$$f_m(x)=e^x-\left(1+\sum_{k=1}^{m}\frac{x^k}{k!}\right)>0 \quad (x>0) \quad \cdots\cdots ①$$

が成り立つと仮定する。

$n=m+1$ の場合を考えると

$$f_{m+1}(x)=e^x-\left(1+\sum_{k=1}^{m+1}\frac{x^k}{k!}\right)$$

よって　$f_{m+1}{}'(x)=e^x-\left(\sum_{k=1}^{m+1}\frac{kx^{k-1}}{k!}\right)=e^x-\left\{\sum_{k=1}^{m+1}\frac{x^{k-1}}{(k-1)!}\right\}$

$$=e^x-\left(1+\sum_{k=1}^{m}\frac{x^k}{k!}\right)=f_m(x)$$

仮定 ① より　$f_{m+1}{}'(x)=f_m(x)>0 \quad (x>0)$

したがって，$x\geqq0$ の範囲で $f_{m+1}(x)$ は単調に増加する。

このことと $f_{m+1}(0)=0$ から，$x>0$ の範囲で　$f_{m+1}(x)>0$

したがって，$n=m+1$ のときも不等式が成り立つ。

[1]，[2] から，すべての自然数 n に対して不等式が成り立つ。

◀わかりにくければ，Σを使わないで普通の式で書き表して考えてみる。

◀$\displaystyle\sum_{k=1}^{m+1}\frac{x^{k-1}}{(k-1)!}=\frac{x^{1-1}}{(1-1)!}+\sum_{k=2}^{m+1}\frac{x^{k-1}}{(k-1)!}$

(2) (ア) $f(x)=x\log x-(x-1)\log(x+1)$ とすると

$$f'(x)=\log x+1-\log(x+1)-\frac{x-1}{x+1}$$

$$=\log x-\log(x+1)+\frac{2}{x+1}$$

$$f''(x)=\frac{1}{x}-\frac{1}{x+1}-\frac{2}{(x+1)^2}=\frac{1-x}{x(x+1)^2}$$

$x>1$ のとき $f''(x)<0$ であるから，$x\geqq1$ のとき $f'(x)$ は単調に減少する。

また　$\displaystyle\lim_{x\to\infty}f'(x)=\lim_{x\to\infty}\left(\log\frac{x}{x+1}+\frac{2}{x+1}\right)=0$

したがって　$f'(x)>0$

よって，$f(x)$ は単調に増加する。

また，$f(1)=0$ であるから，$x\geqq1$ のとき

$f(x)\geqq0$

ゆえに，$x\geqq1$ のとき $x\log x\geqq(x-1)\log(x+1)$ が成り立つ。

CHART
大小比較は差を作れ

(イ) $(n!)^2\geqq n^n$ ……① とする。

[1] $n=1$ のとき

(左辺)$=(1!)^2=1$，(右辺)$=1^1=1$

よって，(左辺)≧(右辺) であり，① は成り立つ。

[2] $n=k$ のとき，① が成り立つ，すなわち

$(k!)^2\geqq k^k$ ……②

が成り立つと仮定する。

(ア) の結果から，$k\geqq1$ のとき $k^k\geqq(k+1)^{k-1}$ が成り立つ。

これと ② から　$(k!)^2\geqq(k+1)^{k-1}$

CHART ***n* の問題**
証明は数学的帰納法

◀(ア) から
$x\log x\geqq(x-1)\log(x+1)$
$\Longleftrightarrow \log x^x\geqq\log(x+1)^{x-1}$
$\Longleftrightarrow x^x\geqq(x+1)^{x-1}$

よって　$\{(k+1)!\}^2=\{(k+1)\cdot k!\}^2=(k+1)^2\cdot(k!)^2$
$\geqq(k+1)^2(k+1)^{k-1}=(k+1)^{k+1}$

したがって，$n=k+1$ のときも ① が成り立つ。

[1]，[2] から，すべての自然数 n に対して ① が成り立つ。

演習 41 ➡ 本冊 p. 438

(1) $g\left(\frac{1}{2}\right)=\alpha$，$g\left(\frac{1}{3}\right)=\beta$ とおくと　$\tan\alpha=\frac{1}{2}$，$\tan\beta=\frac{1}{3}$

◀$y=f(x)$ の逆関数 $y=f^{-1}(x)$ について $b=f(a) \Longleftrightarrow a=f^{-1}(b)$

よって，$0<\tan\beta<\tan\alpha<\tan\frac{\pi}{4}$ であり，$y=g(x)$ の値域は

$-\frac{\pi}{2}<y<\frac{\pi}{2}$ であるから　$0<\alpha<\frac{\pi}{4}$，$0<\beta<\frac{\pi}{4}$

$\tan(\alpha+\beta)=\dfrac{\frac{1}{2}+\frac{1}{3}}{1-\frac{1}{2}\cdot\frac{1}{3}}=1$ であるから，$0<\alpha+\beta<\frac{\pi}{2}$ より

◀$\tan(\alpha+\beta)=\dfrac{\tan\alpha+\tan\beta}{1-\tan\alpha\tan\beta}$

$$\alpha+\beta=\frac{\pi}{4}$$

よって　$g\left(\frac{1}{2}\right)+g\left(\frac{1}{3}\right)=\frac{\pi}{4}$

(2) $f'(t)=1-\dfrac{1}{\cos^2t}+\dfrac{\tan^2t}{\cos^2t}$
$=1-(1+\tan^2t)+\tan^2t(1+\tan^2t)=\tan^4t\geqq0$

◀$\tan t$ だけの式に変形する。

よって，$0<t<\frac{\pi}{2}$ において，$f(t)$ は単調に増加する。

また，$f(0)=0$ より，$0\leqq t<\frac{\pi}{2}$ において　$f(t)\geqq0$

(3) (2) より　$t\geqq\tan t-\dfrac{\tan^3t}{3}$

よって，(1) の α，β について

$$\alpha\geqq\tan\alpha-\frac{\tan^3\alpha}{3}=\frac{1}{2}-\frac{1}{3}\left(\frac{1}{2}\right)^3=\frac{11}{24}$$

$$\beta\geqq\tan\beta-\frac{\tan^3\beta}{3}=\frac{1}{3}-\frac{1}{3}\left(\frac{1}{3}\right)^3=\frac{26}{81}$$

したがって　$\alpha+\beta\geqq\frac{11}{24}+\frac{26}{81}=\frac{505}{4\cdot162}$

ゆえに，$\frac{\pi}{4}\geqq\frac{505}{4\cdot162}$ であるから　$\pi\geqq\frac{505}{162}=3.117\cdots\cdots>3.11$

演習 42 ➡ 本冊 p. 438

(1) $f(x)=\cos x$，$g(x)=\dfrac{1-x^2}{1+x^2}$，$h(x)=f(x)-g(x)$ とすると，

$h(x)$ は $2k\pi\leqq x\leqq(2k+1)\pi$ の範囲で連続であり

$$h(2k\pi)=1-\frac{1-(2k\pi)^2}{1+(2k\pi)^2}=\frac{2(2k\pi)^2}{1+(2k\pi)^2}>0$$

$$h((2k+1)\pi)=-1-\frac{1-\{(2k+1)\pi\}^2}{1+\{(2k+1)\pi\}^2}=-\frac{2}{1+(2k+1)^2\pi^2}<0$$

よって，中間値の定理により　$h(\alpha)=0$，$2k\pi<\alpha<(2k+1)\pi$
を満たす α が少なくとも1つ存在する。
したがって，C_1 と C_2 は $x=\alpha$ で共有点をもつ。
$f'(x)=-\sin x$ であるから，共有点における C_1 の接線の方程式

◀共有点の座標は $(\alpha,\ \cos\alpha)$ とおける。

は　　$y=(-\sin\alpha)(x-\alpha)+\cos\alpha$
すなわち　　$y=-(\sin\alpha)x+\alpha\sin\alpha+\cos\alpha$
$x=0$ のとき　　$y=\alpha\sin\alpha+\cos\alpha$　…… ①
また，$\cos\alpha=\dfrac{1-\alpha^2}{1+\alpha^2}$，$2k\pi<\alpha<(2k+1)\pi$ であるから

$$\sin\alpha=\sqrt{1-\cos^2\alpha}=\sqrt{1-\left(\frac{1-\alpha^2}{1+\alpha^2}\right)^2}$$
$$=\sqrt{\frac{4\alpha^2}{(1+\alpha^2)^2}}=\frac{2\alpha}{1+\alpha^2}\quad(\alpha>0\ から)$$

① に代入して　　$y=\alpha\cdot\dfrac{2\alpha}{1+\alpha^2}+\dfrac{1-\alpha^2}{1+\alpha^2}=\dfrac{1+\alpha^2}{1+\alpha^2}=1$
よって，共有点における C_1 の接線は点 $(0,\ 1)$ を通る。

(2)　$2k\pi\leqq x\leqq(2k+1)\pi$ において
$\dfrac{1-x^2}{1+x^2}<0$ であるから，C_1，C_2 の
共有点の y 座標は負である。
よって，共有点の x 座標は $y=\cos x$
より $\left(2k+\dfrac{1}{2}\right)\pi<x<(2k+1)\pi$ の
範囲にある。
この範囲において，C_1 は下に凸で
あるから，点 $(0,\ 1)$ を通る接線は1本のみである。
ゆえに，(1) より共有点はただ1つである。

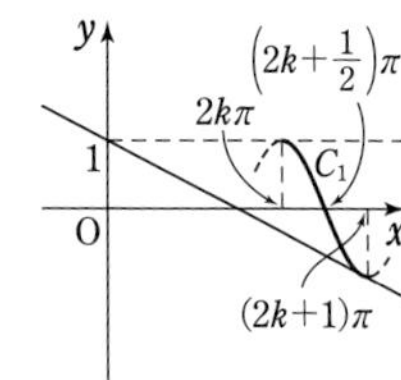

演習 43 ➡ 本冊 p. 438

$f(x)=\dfrac{1}{2}(e^x+e^{-x})$ とすると

$$f'(x)=\frac{1}{2}(e^x-e^{-x}),\ f''(x)=\frac{1}{2}(e^x+e^{-x})$$

よって

$$1+\{f'(x)\}^2=\{f(x)\}^2,\ f''(x)=f(x)\quad\cdots\cdots ①$$

が成り立つ。

◀曲線 $y=f(x)$ は懸垂線（カテナリー）である。①は懸垂線のもつ性質を表す等式で，以下の証明で用いる。

(1)　点 $\mathrm{P}(u,\ f(u))$ における C の接線，法線の方向ベクトルを，それぞれ $\vec{a}$，$\vec{b}$ とすると　　$\vec{a}=(1,\ f'(u))$
$\vec{b}$ は $\vec{a}$ を点Pを中心とし，正の向きに 90° だけ回転したものであるから　　$\vec{b}=(-f'(u),\ 1)$
$\overrightarrow{\mathrm{PQ}}$ は $\vec{b}$ と平行な単位ベクトルであるから

$$\overrightarrow{\mathrm{PQ}}=\frac{1}{|\vec{b}|}\vec{b}$$

ここで　　$|\vec{b}|=\sqrt{\{-f'(u)\}^2+1^2}=\sqrt{\{f(u)\}^2}=f(u)$

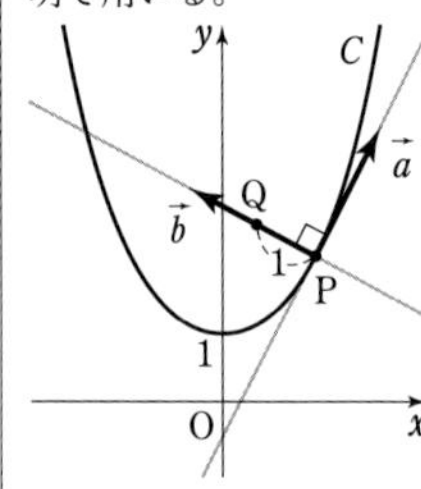

よって　$\overrightarrow{\mathrm{OQ}}=\overrightarrow{\mathrm{OP}}+\overrightarrow{\mathrm{PQ}}=(u,\ f(u))+\dfrac{1}{f(u)}(-f'(u),\ 1)$

$$=\left(u-\frac{f'(u)}{f(u)},\ f(u)+\frac{1}{f(u)}\right)$$

ゆえに，点Qの座標は

$$\boldsymbol{\left(u-\frac{e^u-e^{-u}}{e^u+e^{-u}},\ \frac{e^u+e^{-u}}{2}+\frac{2}{e^u+e^{-u}}\right)}$$

(2)　$\mathrm{P}(u,\ f(u))$ の速度を $\overrightarrow{v_{\mathrm{P}}}$，$\mathrm{Q}(x,\ y)$ の速度を $\overrightarrow{v_{\mathrm{Q}}}$ とする。

$$\overrightarrow{v_{\mathrm{P}}}=\left(\frac{du}{dt},\ \frac{d}{dt}f(u)\right)=\left(\frac{du}{dt},\ f'(u)\frac{du}{dt}\right)=\frac{du}{dt}(1,\ f'(u))$$

◀ t は時刻を表す。

$$\overrightarrow{v_{\mathrm{Q}}}=\left(\frac{dx}{dt},\ \frac{dy}{dt}\right)=\left(\frac{dx}{du}\cdot\frac{du}{dt},\ \frac{dy}{du}\cdot\frac{du}{dt}\right)$$

$(x,\ y)=\left(u-\dfrac{f'(u)}{f(u)},\ f(u)+\dfrac{1}{f(u)}\right)$ であるから

◀(1)の $\overrightarrow{\mathrm{OQ}}$ から。

$$\frac{dx}{du}=1-\frac{f''(u)f(u)-f'(u)f'(u)}{\{f(u)\}^2}$$

① により　$\dfrac{dx}{du}=1-\dfrac{\{f(u)\}^2-\{f'(u)\}^2}{\{f(u)\}^2}=1-\dfrac{1}{\{f(u)\}^2}$

また　$\dfrac{dy}{du}=f'(u)-\dfrac{f'(u)}{\{f(u)\}^2}=\left\{1-\dfrac{1}{\{f(u)\}^2}\right\}f'(u)$

よって　$\overrightarrow{v_{\mathrm{Q}}}=\left\{1-\dfrac{1}{\{f(u)\}^2}\right\}\dfrac{du}{dt}(1,\ f'(u))=\left\{1-\dfrac{1}{\{f(u)\}^2}\right\}\overrightarrow{v_{\mathrm{P}}}$

◀ $\overrightarrow{v_{\mathrm{Q}}}=k\overrightarrow{v_{\mathrm{P}}}$ (k は実数) の形が導かれた。

ゆえに　$|\overrightarrow{v_{\mathrm{Q}}}|=\left|1-\dfrac{1}{\{f(u)\}^2}\right||\overrightarrow{v_{\mathrm{P}}}|$

$f(u)\geqq 1,\ |\overrightarrow{v_{\mathrm{P}}}|=1$ であるから　$|\overrightarrow{v_{\mathrm{Q}}}|=1-\dfrac{1}{\{f(u)\}^2}$

◀ $f(u)\geqq 1$ のとき $1-\dfrac{1}{\{f(u)\}^2}\geqq 0$

したがって，**点Qの速度の大きさ $|\overrightarrow{v_{\mathrm{Q}}}|$ のとりうる範囲は**

$$\boldsymbol{0\leqq|\overrightarrow{v_{\mathrm{Q}}}|<1}$$

CHECK 7 ➡本冊 p. 441

Cは積分定数とする。

(1) $\int x^3(x+3)(x-1)dx=\int(x^5+2x^4-3x^3)dx$

$=\frac{x^6}{6}+2\cdot\frac{x^5}{5}-3\cdot\frac{x^4}{4}+C=\boldsymbol{\frac{x^6}{6}+\frac{2}{5}x^5-\frac{3}{4}x^4+C}$

(2) $\int t\sqrt[4]{t^3}\,dt=\int t^{\frac{7}{4}}dt=\frac{t^{\frac{7}{4}+1}}{\frac{7}{4}+1}+C=\frac{4}{11}t^{\frac{11}{4}}+C=\boldsymbol{\frac{4}{11}t^2\sqrt[4]{t^3}+C}$

(3) $\int\frac{5}{\sqrt[5]{x^2}}dx=\int 5x^{-\frac{2}{5}}dx=5\cdot\frac{x^{-\frac{2}{5}+1}}{-\frac{2}{5}+1}+C=\frac{25}{3}x^{\frac{3}{5}}+C$

$=\boldsymbol{\frac{25}{3}\sqrt[5]{x^3}+C}$

◀被積分関数を展開して積分できる形にする。

◀結果を微分すると，被積分関数になる。以下略。

◀$\alpha\neq-1$ のとき
$\int x^\alpha dx=\frac{x^{\alpha+1}}{\alpha+1}+C$

CHECK 8 ➡本冊 p. 459

(1) $\int_1^4\sqrt{x}\,dx=\left[\frac{2}{3}x\sqrt{x}\right]_1^4=\frac{2}{3}(8-1)=\boldsymbol{\frac{14}{3}}$

(2) $\int_0^{2\pi}\sin x\,dx=\left[-\cos x\right]_0^{2\pi}=(-1)-(-1)=\boldsymbol{0}$

(3) $\int_0^{\pi}\cos 2\theta\,d\theta=\left[\frac{1}{2}\sin 2\theta\right]_0^{\pi}=0-0=\boldsymbol{0}$

(4) $\int_1^2\frac{1}{x}dx=\left[\log x\right]_1^2=\log 2-\log 1=\boldsymbol{\log 2}$

◀$\log 1=0$
$1\leqq x\leqq 2$ では $|x|=x$ で
$\log|x|=\log x$

CHECK 9 ➡本冊 p. 459

(1) $\int_1^4(e^x+\cos x)dx-\int_1^4\cos x\,dx-\int_1^4\left(e^x-\frac{1}{x}\right)dx$

$=\int_1^4\left(e^x+\cos x-\cos x-e^x+\frac{1}{x}\right)dx$

$=\int_1^4\frac{1}{x}dx=\left[\log x\right]_1^4=\log 4-\log 1=\boldsymbol{2\log 2}$

◀$\log 4=\log 2^2=2\log 2$

(2) $\int_{-1}^2 e^x dx-\int_{-1}^1 e^x dx=\left(\int_{-1}^1 e^x dx+\int_1^2 e^x dx\right)-\int_{-1}^1 e^x dx$

$=\int_1^2 e^x dx=\left[e^x\right]_1^2=\boldsymbol{e^2-e}$

CHECK 10 ➡本冊 p. 463

(1) $\int_0^1 2x(x^2+2)^2dx=\int_0^1(x^2+2)^2(x^2+2)'dx$

$=\left[\frac{1}{3}(x^2+2)^3\right]_0^1=\frac{1}{3}(3^3-2^3)=\boldsymbol{\frac{19}{3}}$

(2) $\cos\theta=x$ とおくと　$-\sin\theta d\theta=dx$
θとxの対応は右のようになる。

θ	$0\longrightarrow\frac{\pi}{4}$
x	$1\longrightarrow\frac{1}{\sqrt{2}}$

よって　$\int_0^{\frac{\pi}{4}}\frac{\sin\theta}{\cos^2\theta}d\theta=\int_1^{\frac{1}{\sqrt{2}}}\left(-\frac{1}{x^2}\right)dx$

$=\left[\frac{1}{x}\right]_1^{\frac{1}{\sqrt{2}}}=\boldsymbol{\sqrt{2}-1}$

CHART　定積分
まず　不定積分

(1) $\alpha\neq-1$ のとき
$\int\{g(x)\}^\alpha g'(x)dx$
$=\frac{\{g(x)\}^{\alpha+1}}{\alpha+1}+C$
（Cは積分定数）

(2) $\int f(g(x))g'(x)dx$
$=\int f(u)du,$
$u=g(x)$

(3) $x^2=t$ とおくと　　$2x\,dx=dt$

x と t の対応は右のようになる。

x	$1 \longrightarrow \sqrt{2}$
t	$1 \longrightarrow 2$

よって　　$\displaystyle\int_1^{\sqrt{2}} 2x10^{x^2}dx=\int_1^2 10^t dt$

$$=\left[\frac{10^t}{\log 10}\right]_1^2=\mathbf{\frac{90}{\log 10}}$$

◀$\displaystyle\int a^x dx=\frac{a^x}{\log a}+C$
（Cは積分定数）

CHECK 11 ➡本冊 p. 463

(1) $(-x)^5=-x^5$ であるから，x^5 は奇関数である。

よって　　$\displaystyle\int_{-2}^2 x^5 dx=\mathbf{0}$

(2) $\cos(-x)=\cos x$ であるから，$\cos x$ は偶関数である。

よって　　$\displaystyle\int_{-\frac{\pi}{6}}^{\frac{\pi}{6}}\cos x\,dx=2\int_0^{\frac{\pi}{6}}\cos x\,dx=2\Big[\sin x\Big]_0^{\frac{\pi}{6}}$

$$=2\sin\frac{\pi}{6}=2\cdot\frac{1}{2}=\mathbf{1}$$

(3) $\sin(-x)=-\sin x$ であるから，$\sin x$ は奇関数である。

よって　　$\displaystyle\int_{-\pi}^{\pi}\sin x\,dx=\mathbf{0}$

◀$f(x)$ が偶関数のとき
$\displaystyle\int_{-a}^a f(x)dx$
$\displaystyle=2\int_0^a f(x)dx$
$f(x)$ が奇関数のとき
$\displaystyle\int_{-a}^a f(x)dx=0$

CHECK 12 ➡本冊 p. 463

(1) $\displaystyle\int_0^1 xe^x dx=\int_0^1 x(e^x)'dx=\Big[xe^x\Big]_0^1-\int_0^1 e^x dx=e-\Big[e^x\Big]_0^1$

$$=e-(e-1)=\mathbf{1}$$

◀順に計算して簡単にしていく。

(2) $\displaystyle\int_0^{\pi} x\sin x\,dx=\int_0^{\pi} x(-\cos x)'dx$

$$=\Big[x(-\cos x)\Big]_0^{\pi}-\int_0^{\pi}(-\cos x)dx=\pi+\Big[\sin x\Big]_0^{\pi}=\boldsymbol{\pi}$$

(3) $\displaystyle\int_1^e x\log\sqrt{x}\,dx=\int_1^e\frac{1}{2}x\log x\,dx=\frac{1}{2}\int_1^e\left(\frac{x^2}{2}\right)'\log x\,dx$

$$=\frac{1}{4}\Big[x^2\log x\Big]_1^e-\frac{1}{4}\int_1^e x^2\cdot\frac{1}{x}\,dx$$

$$=\frac{e^2}{4}-\frac{1}{4}\int_1^e x\,dx=\frac{e^2}{4}-\frac{1}{4}\left[\frac{x^2}{2}\right]_1^e=\mathbf{\frac{1}{8}(e^2+1)}$$

◀$\log\sqrt{x}=\dfrac{1}{2}\log x$

CHECK 13 ➡本冊 p. 488

(1) $\displaystyle\lim_{n\to\infty}\sum_{k=1}^n\left(\frac{k}{n}\right)^2\frac{1}{n}=\int_0^1 x^2 dx=\left[\frac{x^3}{3}\right]_0^1=\mathbf{\frac{1}{3}}$

(2) $\displaystyle\lim_{n\to\infty}\frac{1}{n}\sum_{k=1}^n\sqrt{\frac{k}{n}}=\int_0^1\sqrt{x}\,dx=\left[\frac{2}{3}x^{\frac{3}{2}}\right]_0^1=\mathbf{\frac{2}{3}}$

◀$\displaystyle\boldsymbol{\lim_{n\to\infty}\frac{1}{n}\sum_{k=1}^n f\left(\frac{k}{n}\right)}$
$\displaystyle\boldsymbol{=\int_0^1 f(x)dx}$

(3) $\displaystyle\lim_{n\to\infty}\frac{\pi}{n}\sum_{k=1}^n\cos^2\frac{k\pi}{6n}=\pi\lim_{n\to\infty}\frac{1}{n}\sum_{k=1}^n\cos^2\left(\frac{\pi}{6}\cdot\frac{k}{n}\right)$

$$=\pi\int_0^1\cos^2\frac{\pi}{6}x\,dx=\frac{\pi}{2}\int_0^1\left(1+\cos\frac{\pi}{3}x\right)dx$$

$$=\frac{\pi}{2}\left[x+\frac{3}{\pi}\sin\frac{\pi}{3}x\right]_0^1=\frac{\pi}{2}\left(1+\frac{3}{\pi}\sin\frac{\pi}{3}\right)$$

$$=\frac{\pi}{2}\left(1+\frac{3\sqrt{3}}{2\pi}\right)=\mathbf{\frac{\pi}{2}+\frac{3\sqrt{3}}{4}}$$

◀$\cos^2\theta=\dfrac{1+\cos 2\theta}{2}$

注意 以後，C は積分定数とする。

例 37

➡本冊 p. 445

(1) $\int\sqrt[3]{(5x+6)^2}\,dx=\int(5x+6)^{\frac{2}{3}}dx=\frac{1}{5}\cdot\frac{3}{5}(5x+6)^{\frac{5}{3}}+C$

$$=\boldsymbol{\frac{3}{25}(5x+6)\sqrt[3]{(5x+6)^2}+C}$$

(2) $\int\sin(3x-2)dx=\frac{1}{3}\{-\cos(3x-2)\}+C$

$$=\boldsymbol{-\frac{1}{3}\cos(3x-2)+C}$$

◀$\int\sin x\,dx=-\cos x+C$

(3) $\int\frac{1}{3x+1}dx=\boldsymbol{\frac{1}{3}\log|3x+1|+C}$

◀$\int\frac{1}{x}dx=\log|x|+C$

(4) $\int 3^{1-2x}dx=-\frac{1}{2}\cdot\frac{3^{1-2x}}{\log 3}+C=\boldsymbol{-\frac{3^{1-2x}}{2\log 3}+C}$

◀$\int a^x dx=\frac{a^x}{\log a}+C$ $(a>0,\ a\neq 1)$

例 38

➡本冊 p. 446

(1) $\sqrt{x+1}=t$ とおくと　$t^2=x+1$

よって　$x=t^2-1$, $dx=2t\,dt$

$$\int(2x+1)\sqrt{x+1}\,dx=\int\{2(t^2-1)+1\}t\cdot 2t\,dt$$

$$=2\int(2t^4-t^2)dt=2\left(\frac{2}{5}t^5-\frac{1}{3}t^3\right)+C$$

$$=\frac{2}{15}t^3(6t^2-5)+C$$

$$=\boldsymbol{\frac{2}{15}(x+1)(6x+1)\sqrt{x+1}+C}$$

◀x の式に戻しやすくするために式を変形。

(2) $e^x+1=t$ とおくと　$e^x=t-1$, $e^x dx=dt$

$$\int\frac{e^{2x}}{(e^x+1)^2}dx=\int\frac{e^x}{(e^x+1)^2}\cdot e^x dx=\int\frac{t-1}{t^2}dt$$

$$=\int\left(\frac{1}{t}-\frac{1}{t^2}\right)dt$$

$$=\log|t|+\frac{1}{t}+C$$

$$=\boldsymbol{\log(e^x+1)+\frac{1}{e^x+1}+C}$$

◀$e^x+1>0$ であるから $\log|t|=\log(e^x+1)$

注意 (2)　$e^x=t$ とおいた場合は，更に $t+1=u$ と置換する。

または，$\frac{t}{(t+1)^2}=\frac{1}{t+1}-\frac{1}{(t+1)^2}$ と部分分数に分解して積分できる（本冊 p. 451 参照）。

例 39

➡本冊 p. 446

(1) $x^2=u$ とおくと　$2x\,dx=du$

$$\int xe^{x^2}dx=\frac{1}{2}\int e^{x^2}\cdot 2x\,dx=\frac{1}{2}\int e^u du=\frac{1}{2}e^u+C$$

$$=\boldsymbol{\frac{1}{2}e^{x^2}+C}$$

CHART
積分できる形に変形
$g'(x)dx$ の発見

5章
例
[積分法]

(2) $\int \sin^4 x \cos x\,dx = \int \sin^4 x (\sin x)'\,dx = \boldsymbol{\frac{1}{5}\sin^5 x + C}$

別解　$\sin x = u$ とおくと　　$\cos x\,dx = du$

$$\int \sin^4 x \cos x\,dx = \int u^4\,du = \frac{1}{5}u^5 + C = \boldsymbol{\frac{1}{5}\sin^5 x + C}$$

(3) $\displaystyle\int \frac{x+2}{x^2+4x+5}\,dx = \frac{1}{2}\int \frac{(x^2+4x+5)'}{x^2+4x+5}\,dx$

$$= \boldsymbol{\frac{1}{2}\log(x^2+4x+5) + C}$$

別解　$x^2+4x+5 = u$ とおくと　　$2(x+2)dx = du$

$$\int \frac{x+2}{x^2+4x+5}\,dx = \frac{1}{2}\int \frac{1}{u}\,du = \frac{1}{2}\log u + C$$

$$= \boldsymbol{\frac{1}{2}\log(x^2+4x+5) + C}$$

注意　(3) の 別解 において，$u = x^2+4x+5 = (x+2)^2+1 > 0$ であるから　　$\log|u| = \log u$

例 40

➡ 本冊 p. 460

(1) $\displaystyle\frac{4x-1}{2x^2+5x+2} = \frac{4x-1}{(x+2)(2x+1)} = \frac{3}{x+2} - \frac{2}{2x+1}$　　◀部分分数に分解。

$$\int_0^1 \frac{4x-1}{2x^2+5x+2}\,dx = \int_0^1 \left(\frac{3}{x+2} - \frac{2}{2x+1}\right)dx$$

$$= \left[3\log(x+2) - 2\cdot\frac{1}{2}\log(2x+1)\right]_0^1$$

◀$0 \leqq x \leqq 1$ のとき $x+2>0$，$2x+1>0$

$$= (3\log 3 - \log 3) - (3\log 2 - 0)$$

$$= \boldsymbol{2\log 3 - 3\log 2}$$

(2) $\displaystyle\int_0^9 \frac{1}{\sqrt{x+16}+\sqrt{x}}\,dx = \int_0^9 \frac{\sqrt{x+16}-\sqrt{x}}{(\sqrt{x+16}+\sqrt{x})(\sqrt{x+16}-\sqrt{x})}\,dx$　　◀分母を有理化。

$$= \int_0^9 \frac{\sqrt{x+16}-\sqrt{x}}{16}\,dx$$

$$= \frac{1}{16}\int_0^9 \{(x+16)^{\frac{1}{2}} - x^{\frac{1}{2}}\}\,dx$$

$$= \frac{1}{16}\left[\frac{2}{3}(x+16)^{\frac{3}{2}} - \frac{2}{3}x^{\frac{3}{2}}\right]_0^9 = \boldsymbol{\frac{17}{12}}$$

(3) $\sin^4 x = (\sin^2 x)^2$

$$= \left(\frac{1-\cos 2x}{2}\right)^2 = \frac{1}{4}\left(1 - 2\cos 2x + \frac{1+\cos 4x}{2}\right)$$

◀1次の形にする。

$$\int_0^{\pi} \sin^4 x\,dx = \frac{1}{4}\int_0^{\pi}\left(\frac{3}{2} - 2\cos 2x + \frac{1}{2}\cos 4x\right)dx$$

$$= \frac{1}{4}\left[\frac{3}{2}x - \sin 2x + \frac{1}{8}\sin 4x\right]_0^{\pi} = \boldsymbol{\frac{3}{8}\pi}$$

(4) $\displaystyle\frac{\log x}{x} = (\log x)(\log x)'$ であるから

$$\int_1^e \frac{\log x}{x}\,dx = \left[\frac{1}{2}(\log x)^2\right]_1^e = \frac{1}{2}(1^2 - 0^2) = \boldsymbol{\frac{1}{2}}$$

◀$\displaystyle\int \{g(x)\}^{\alpha} g'(x)\,dx = \frac{\{g(x)\}^{\alpha+1}}{\alpha+1} + C$ $(\alpha \neq -1)$ を利用する。

例 41 ➡ 本冊 p. 460

$I=\int_0^{\pi}\sin mx\cos nx\,dx$ とする。

$$\sin mx\cos nx=\frac{1}{2}\{\sin(m+n)x+\sin(m-n)x\}$$

◀積 ⟶ 和の公式。

[1] $m-n\neq0$ すなわち $m\neq n$ のとき

$$I=-\frac{1}{2}\left[\frac{\cos(m+n)x}{m+n}+\frac{\cos(m-n)x}{m-n}\right]_0^{\pi}$$
$$=-\frac{1}{2}\left\{\frac{\cos(m+n)\pi}{m+n}+\frac{\cos(m-n)\pi}{m-n}-\frac{2m}{m^2-n^2}\right\}$$

$m+n$ が偶数のとき，$m-n$ も偶数で

$$I=-\frac{1}{2}\left(\frac{1}{m+n}+\frac{1}{m-n}-\frac{2m}{m^2-n^2}\right)=0$$

◀$\cos k\pi=\begin{cases}1\ (k\text{が偶数})\\-1\ (k\text{が奇数})\end{cases}$

$m+n$ が奇数のとき，$m-n$ も奇数で

$$I=-\frac{1}{2}\left(-\frac{1}{m+n}-\frac{1}{m-n}-\frac{2m}{m^2-n^2}\right)$$
$$=\frac{2m}{m^2-n^2}$$

[2] $m-n=0$ すなわち $m=n$ のとき

$$I=\frac{1}{2}\int_0^{\pi}\sin 2nx\,dx=\left[-\frac{\cos 2nx}{4n}\right]_0^{\pi}=0$$

このとき，$m+n$ は偶数である。

以上により **$m+n$ が偶数のとき $I=0$,**

$m+n$ が奇数のとき $I=\dfrac{2m}{m^2-n^2}$

例 42 ➡ 本冊 p. 464

(1) $\sqrt{6-x}=t$ とおくと　$x=6-t^2$, $dx=-2t\,dt$

x と t の対応は右のようになる。

x	$2\longrightarrow5$
t	$2\longrightarrow1$

◀積分区間の置換も忘れずに。

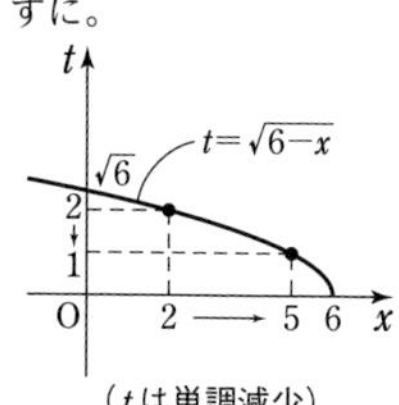

（tは単調減少）

よって

$$\int_2^5\frac{x}{\sqrt{6-x}}dx=\int_2^1\frac{6-t^2}{t}\cdot(-2t)dt$$
$$=2\int_1^2(6-t^2)dt$$

◀$-\int_2^1=\int_1^2$

$$=2\left[6t-\frac{t^3}{3}\right]_1^2=\boldsymbol{\frac{22}{3}}$$

(2) $\cos x=t$ とおくと

$-\sin x\,dx=dt$

x と t の対応は右のようになる。

x	$\frac{\pi}{2}\longrightarrow\pi$
t	$0\longrightarrow-1$

◀積分区間の置換も忘れずに。

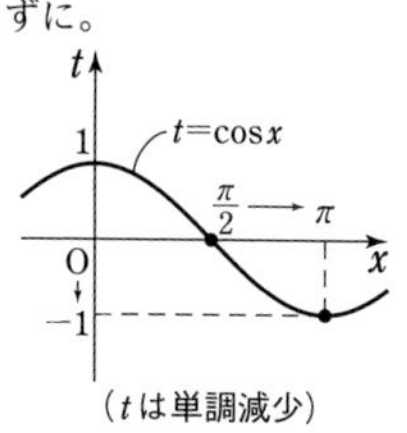

（tは単調減少）

よって

$$\int_{\frac{\pi}{2}}^{\pi}\frac{\sin x\cos x}{1+\cos^2x}dx=\int_0^{-1}\frac{t}{1+t^2}\cdot(-1)dt$$
$$=\frac{1}{2}\int_{-1}^0\frac{(1+t^2)'}{1+t^2}dt=\frac{1}{2}\Big[\log(1+t^2)\Big]_{-1}^0$$
$$=\frac{1}{2}(\log1-\log2)=\boldsymbol{-\frac{1}{2}\log2}$$

別解 $(1+\cos^2 x)'=-2\sin x\cos x$ であるから

$$\int_{\frac{\pi}{2}}^{\pi}\frac{\sin x\cos x}{1+\cos^2 x}dx=-\frac{1}{2}\int_{\frac{\pi}{2}}^{\pi}\frac{(1+\cos^2 x)'}{1+\cos^2 x}dx$$
$$=-\frac{1}{2}\Big[\log(1+\cos^2 x)\Big]_{\frac{\pi}{2}}^{\pi}$$
$$=-\frac{1}{2}(\log 2-\log 1)=\boldsymbol{-\frac{1}{2}\log 2}$$

◀$(\cos^2 x)'$
$=2\cos x\cdot(\cos x)'$
$=-2\sin x\cos x$

(3) $e^x=t$ とおくと $e^x dx=dt$

x と t の対応は右のようになる。

$e^{\log\pi}=\pi$

x	$\log\pi \longrightarrow \log 2\pi$
t	$\pi \longrightarrow 2\pi$

よって

$$\int_{\log\pi}^{\log 2\pi}e^x\sin e^x dx=\int_{\pi}^{2\pi}\sin t\,dt$$
$$=\Big[-\cos t\Big]_{\pi}^{2\pi}$$
$$=-\{1-(-1)\}$$
$$=\boldsymbol{-2}$$

◀積分区間の置換も忘れずに。

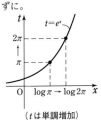

(tは単調増加)

例 43 ➡本冊 p.464

(1) $\cos(-x)=\cos x$, $(-x)^2\sin(-x)=-x^2\sin x$

であるから，$\cos x$ は偶関数，$x^2\sin x$ は奇関数である。

よって

$$\int_{-\frac{\pi}{3}}^{\frac{\pi}{3}}(\cos x+x^2\sin x)dx=2\int_0^{\frac{\pi}{3}}\cos x\,dx=2\Big[\sin x\Big]_0^{\frac{\pi}{3}}=\boldsymbol{\sqrt{3}}$$

(2) $(-x)e^{(-x)^2}=-xe^{x^2}$ であるから，xe^{x^2} は奇関数である。

よって $\displaystyle\int_{-2}^{2}xe^{x^2}dx=\boldsymbol{0}$

参考 奇関数 (x) と偶関数 (e^{x^2}) の積は奇関数である。

例 44 ➡本冊 p.480

(1) $f(x)=\displaystyle\int_0^x t\cos t\,dt-x\int_0^x\cos t\,dt$ であるから

$$f'(x)=\frac{d}{dx}\int_0^x t\cos t\,dt-\left\{(x)'\int_0^x\cos t\,dt+x\cdot\frac{d}{dx}\int_0^x\cos t\,dt\right\}$$
$$=x\cos x-\left(\Big[\sin t\Big]_0^x+x\cos x\right)=\boldsymbol{-\sin x}$$

◀$\displaystyle\frac{d}{dx}\int_a^x f(t)dt=f(x)$
(a は定数)

(2) $$f'(x)=\frac{1}{\log x^3}\cdot(x^3)'-\frac{1}{\log x^2}\cdot(x^2)'$$
$$=\frac{1}{3\log x}\cdot 3x^2-\frac{1}{2\log x}\cdot 2x=\boldsymbol{\frac{x^2-x}{\log x}}$$

◀$\displaystyle\frac{d}{dx}\int_{h(x)}^{g(x)}f(t)dt$
$=f(g(x))g'(x)$
$\quad -f(h(x))h'(x)$
(x は t に無関係な変数)

別解 $\dfrac{1}{\log t}$ の原始関数を $F(t)$ とすると

$$\int_{x^2}^{x^3}\frac{1}{\log t}dt=F(x^3)-F(x^2),\quad F'(t)=\frac{1}{\log t}$$

◀定積分の定義。

よって $$f'(x)=\frac{d}{dx}\int_{x^2}^{x^3}\frac{1}{\log t}dt=F'(x^3)(x^3)'-F'(x^2)(x^2)'$$

◀合成関数の導関数。

$$=\frac{3x^2}{\log x^3}-\frac{2x}{\log x^2}=\frac{x^2}{\log x}-\frac{x}{\log x}=\boldsymbol{\frac{x^2-x}{\log x}}$$

◀$\log x^n=n\log x$

練習 95 ➡本冊 p.442

(1) $\displaystyle\int\frac{(x-1)^2(3x-1)}{x^2}dx=\int\frac{3x^3-7x^2+5x-1}{x^2}dx$

$\displaystyle=\int\left(3x-7+\frac{5}{x}-\frac{1}{x^2}\right)dx$

$\displaystyle=\boldsymbol{\frac{3}{2}x^2-7x+5\log|x|+\frac{1}{x}+C}$

◀$\displaystyle\int\frac{1}{x}dx=\log|x|+C$

(2) $\displaystyle\int\frac{(\sqrt{t}-2)^2}{\sqrt{t}}dt=\int\frac{t-4\sqrt{t}+4}{\sqrt{t}}dt=\int\left(\sqrt{t}-4+\frac{4}{\sqrt{t}}\right)dt$

$\displaystyle=\frac{2}{3}t^{\frac{3}{2}}-4t+8t^{\frac{1}{2}}+C$

$\displaystyle=\boldsymbol{\frac{2}{3}t\sqrt{t}-4t+8\sqrt{t}+C}$

(3) $\displaystyle\int(3x+1)\left(2x-\frac{1}{3x}\right)dx=\int\left(6x^2+2x-1-\frac{1}{3x}\right)dx$

$\displaystyle=\boldsymbol{2x^3+x^2-x-\frac{1}{3}\log|x|+C}$

(4) $\displaystyle\int(\tan x-2)\cos x\,dx=\int(\sin x-2\cos x)dx$

$=\boldsymbol{-\cos x-2\sin x+C}$

(5) $\displaystyle\int\frac{2-3\cos^2x}{\cos^2x}dx=\int\left(\frac{2}{\cos^2x}-3\right)dx$

$=\boldsymbol{2\tan x-3x+C}$

(6) $\displaystyle\int(5e^x-7^x)dx=\boldsymbol{5e^x-\frac{7^x}{\log 7}+C}$

◀$\displaystyle\int\frac{dx}{\cos^2x}=\tan x+C$

◀$\displaystyle\int a^x dx=\frac{a^x}{\log a}+C$ $(a>0,\ a\neq 1)$

練習 96 ➡本冊 p.443

(1) $\displaystyle f'(x)=-\frac{1}{\alpha}e^{-\alpha x}+\left(x+\frac{1}{\alpha}\right)e^{-\alpha x}=xe^{-\alpha x}$

よって $\displaystyle\boldsymbol{\int xe^{-\alpha x}dx=\left(-\frac{1}{\alpha}x-\frac{1}{\alpha^2}\right)e^{-\alpha x}+C}$

◀$f'(x)=g(x)$ のとき $\displaystyle\int g(x)dx=f(x)+C$

(2) $g'(x)=(3ax^2+2bx+c)e^{-\alpha x}-\alpha(ax^3+bx^2+cx+d)e^{-\alpha x}$

$=\{-\alpha ax^3+(3a-\alpha b)x^2+(2b-\alpha c)x+c-\alpha d\}e^{-\alpha x}$

$g'(x)=x^3e^{-\alpha x}$ とすると

$-\alpha a=1,\ 3a-\alpha b=0,\ 2b-\alpha c=0,\ c-\alpha d=0$

よって $\displaystyle a=-\frac{1}{\alpha},\ b=-\frac{3}{\alpha^2},\ c=-\frac{6}{\alpha^3},\ d=-\frac{6}{\alpha^4}$

ゆえに $\displaystyle\boldsymbol{\int x^3e^{-\alpha x}dx=\left(-\frac{1}{\alpha}x^3-\frac{3}{\alpha^2}x^2-\frac{6}{\alpha^3}x-\frac{6}{\alpha^4}\right)e^{-\alpha x}+C}$

(3) $h(x)=(a_nx^n+a_{n-1}x^{n-1}+a_{n-2}x^{n-2}+\cdots\cdots+a_1x+a_0)e^{-x}$

とすると

$h'(x)=\{a_nnx^{n-1}+a_{n-1}(n-1)x^{n-2}+a_{n-2}(n-2)x^{n-3}+\cdots\cdots+a_1\}e^{-x}$

$+(-a_nx^n-a_{n-1}x^{n-1}-a_{n-2}x^{n-2}-\cdots\cdots-a_1x-a_0)e^{-x}$

$=[-a_nx^n+(a_nn-a_{n-1})x^{n-1}+\{a_{n-1}(n-1)-a_{n-2}\}x^{n-2}$

$+\cdots\cdots+(a_1-a_0)]e^{-x}$

$h'(x)=x^n e^{-x}$ とすると

$-a_n=1,\ a_n n-a_{n-1}=0,\ a_{n-1}(n-1)-a_{n-2}=0,\ \cdots\cdots,$
$a_1-a_0=0$

ゆえに　$a_n=-1,\ a_{n-1}=na_n,\ a_{n-2}=(n-1)a_{n-1},\ \cdots\cdots,$
$a_0=a_1$

よって　$a_n=-1=-{}_n\mathrm{P}_0,\ a_{n-1}=-n\,{}_n\mathrm{P}_0=-{}_n\mathrm{P}_1,$
$a_{n-2}=-(n-1){}_n\mathrm{P}_1=-{}_n\mathrm{P}_2,\ \cdots\cdots,$
$a_{n-k}=-(n-k+1){}_n\mathrm{P}_{k-1}=-{}_n\mathrm{P}_k,\ \cdots\cdots,$
$a_0=-1\cdot{}_n\mathrm{P}_{n-1}=-{}_n\mathrm{P}_n$

◀ ${}_n\mathrm{P}_r=\dfrac{n!}{(n-r)!}$,
${}_n\mathrm{P}_0=1,\ {}_n\mathrm{P}_n=n!$

ゆえに　$\boldsymbol{\int x^n e^{-x}dx=-\left(\sum_{k=0}^{n}{}_n\mathrm{P}_k x^{n-k}\right)e^{-x}+C}$

練習 97 ➡本冊 p. 447

(1) $\int x\sin 2x\,dx=\int x\left(-\frac{1}{2}\cos 2x\right)'dx$

$=x\left(-\frac{1}{2}\cos 2x\right)-\int 1\cdot\left(-\frac{1}{2}\cos 2x\right)dx$

$=-\frac{1}{2}x\cos 2x+\frac{1}{2}\int\cos 2x\,dx$

$\boldsymbol{=-\frac{1}{2}x\cos 2x+\frac{1}{4}\sin 2x+C}$

◀ $\int f\cdot g'\,dx$
$=f\cdot g-\int f'\cdot g\,dx$ で積分ができるように $f,\ g$ を選定する。

(2) $\int x\cdot 2^x dx=\int x\left(\frac{2^x}{\log 2}\right)'dx=x\cdot\frac{2^x}{\log 2}-\int 1\cdot\frac{2^x}{\log 2}dx$

$\boldsymbol{=\frac{x\cdot 2^x}{\log 2}-\frac{2^x}{(\log 2)^2}+C}$

◀ $(2^x)'=2^x\log 2$
$\longrightarrow\left(\frac{2^x}{\log 2}\right)'=2^x$

(3) $\int\log(x+3)dx=\int(x+3)'\log(x+3)dx$

$=(x+3)\log(x+3)-\int(x+3)\cdot\frac{1}{x+3}dx$

$\boldsymbol{=(x+3)\log(x+3)-x+C}$

◀ $\int(x)'\log(x+3)dx$ とすると面倒。

(4) $\int\frac{1}{2\sqrt{x}}\log x\,dx=\int(x^{\frac{1}{2}})'\log x\,dx$

$=x^{\frac{1}{2}}\log x-\int x^{\frac{1}{2}}\cdot\frac{1}{x}dx$

$=x^{\frac{1}{2}}\log x-\int x^{-\frac{1}{2}}dx=x^{\frac{1}{2}}\log x-2x^{\frac{1}{2}}+C$

$\boldsymbol{=\sqrt{x}(\log x-2)+C}$

◀ $(x^{\frac{1}{2}})'=\frac{1}{2\sqrt{x}}$

(5) $\int\frac{x}{\sin^2 x}dx=\int x\left(-\frac{1}{\tan x}\right)'dx$

$=-\frac{x}{\tan x}+\int 1\cdot\frac{1}{\tan x}dx$

$=-\frac{x}{\tan x}+\int\frac{\cos x}{\sin x}dx$

$=-\frac{x}{\tan x}+\int\frac{(\sin x)'}{\sin x}dx$

$\boldsymbol{=-\frac{x}{\tan x}+\log|\sin x|+C}$

◀ $\left(\frac{1}{\tan x}\right)'=-\frac{(\tan x)'}{\tan^2 x}$
$=-\frac{1}{\tan^2 x}\cdot\frac{1}{\cos^2 x}$
$=-\frac{1}{\sin^2 x}$

◀置換積分法。
$\int\frac{g'(x)}{g(x)}dx=\log|g(x)|+C$

(6) $1+\sqrt{x}=t$ とおくと　$x=(t-1)^2,\ dx=2(t-1)dt$

$$\int\log(1+\sqrt{x})dx=\int(\log t)\cdot 2(t-1)dt=\int(\log t)(t^2-2t)'dt$$

$$=(t^2-2t)\log t-\int(t^2-2t)\cdot\frac{1}{t}dt$$

$$=\{(t-1)^2-1\}\log t-\frac{1}{2}t^2+2t+C_0$$

(C_0 は積分定数)

$$=(x-1)\log(1+\sqrt{x})$$
$$-\frac{1}{2}(1+\sqrt{x})^2+2(1+\sqrt{x})+C_0$$

$$=\boldsymbol{(x-1)\log(1+\sqrt{x})-\frac{1}{2}x+\sqrt{x}+C}$$

◀ $-\frac{1}{2}+2+C_0$ を C で表す。

練習 98 ➡ 本冊 p. 448

(1) $\int x^2\cos x\,dx=\int x^2(\sin x)'dx=x^2\sin x-2\int x\sin x\,dx$

$$=x^2\sin x+2\int x(\cos x)'dx$$

$$=x^2\sin x+2\left(x\cos x-\int\cos x\,dx\right)$$

$$=\boldsymbol{x^2\sin x+2x\cos x-2\sin x+C}$$

◀(1), (2) 部分積分法を2回用いる。
◀第2項の積分で，更に部分積分法を利用。

(2) $\int x^2e^x dx=\int x^2(e^x)'dx=x^2e^x-2\int xe^x dx$

$$=x^2e^x-2\int x(e^x)'dx$$

$$=x^2e^x-2\left(xe^x-\int e^x dx\right)=\boldsymbol{(x^2-2x+2)e^x+C}$$

◀更に部分積分法を利用。

(3) $\int x\tan^2x\,dx=\int x\left(\frac{1}{\cos^2x}-1\right)dx=\int\frac{x}{\cos^2x}dx-\int x\,dx$

$$=\int x(\tan x)'dx-\frac{x^2}{2}$$

$$=x\tan x-\int 1\cdot\tan x\,dx-\frac{x^2}{2}$$

$$=\boldsymbol{x\tan x+\log|\cos x|-\frac{x^2}{2}+C}$$

◀ $-\int\tan x\,dx=\int\frac{(\cos x)'}{\cos x}dx=\log|\cos x|+C$

練習 99 ➡ 本冊 p. 449

(1) $I=\int e^{-x}\cos x\,dx$ とする。

$$I=\int(-e^{-x})'\cos x\,dx=-e^{-x}\cos x-\int e^{-x}\sin x\,dx$$

$$=-e^{-x}\cos x-\int(-e^{-x})'\sin x\,dx$$

$$=-e^{-x}\cos x-\left(-e^{-x}\sin x+\int e^{-x}\cos x\,dx\right)$$

$$=-e^{-x}\cos x+e^{-x}\sin x-I$$

積分定数を考えて

$$I=\boldsymbol{\frac{1}{2}e^{-x}(\sin x-\cos x)+C}$$

◀ $I=\int e^{-x}(\sin x)'dx$ と考えてもよい（結果は同じ）。

◀部分積分法を2回行うと **同形出現**。

別解　$I=\int e^{-x}\cos x\,dx$, $J=\int e^{-x}\sin x\,dx$ とする。

$$(e^{-x}\sin x)'=-e^{-x}\sin x+e^{-x}\cos x$$
$$(e^{-x}\cos x)'=-e^{-x}\cos x-e^{-x}\sin x$$

それぞれの両辺を積分して

$$e^{-x}\sin x=-J+I,\quad e^{-x}\cos x=-I-J$$

辺々を引くと　$e^{-x}(\sin x-\cos x)=2I$

積分定数を考えて

$$I=\frac{1}{2}e^{-x}(\sin x-\cos x)+C$$

◀$e^{-x}\sin x$ の不定積分をペアとして考える。

◀I, J の連立方程式。

(2)　$I=\int\sin(\log x)dx$ とする。

$$I=\int(x)'\sin(\log x)dx=x\sin(\log x)-\int x\cos(\log x)\cdot\frac{1}{x}dx$$
$$=x\sin(\log x)-\int(x)'\cos(\log x)dx$$
$$=x\sin(\log x)-\left\{x\cos(\log x)+\int x\sin(\log x)\cdot\frac{1}{x}dx\right\}$$
$$=x\{\sin(\log x)-\cos(\log x)\}-I$$

積分定数を考えて

$$I=\frac{1}{2}x\{\sin(\log x)-\cos(\log x)\}+C$$

◀$\{\sin(\log x)\}'=\cos(\log x)\cdot(\log x)'$

◀部分積分法を 2 回行うと **同形出現**。

別解　$I=\int\sin(\log x)dx$, $J=\int\cos(\log x)dx$ とする。

$$\{\sin(\log x)\}'=\cos(\log x)\cdot\frac{1}{x},\quad \{\cos(\log x)\}'=-\sin(\log x)\cdot\frac{1}{x}$$

から　$\{x\sin(\log x)\}'=\sin(\log x)+\cos(\log x)$

$\{x\cos(\log x)\}'=\cos(\log x)-\sin(\log x)$

それぞれの両辺を積分して

$$x\sin(\log x)=I+J,\quad x\cos(\log x)=J-I$$

辺々を引くと　$2I=x\sin(\log x)-x\cos(\log x)$

積分定数を考えて　$I=\frac{1}{2}x\{\sin(\log x)-\cos(\log x)\}+C$

◀$\cos(\log x)$ の不定積分をペアとして考える。

◀I, J の連立方程式。

(3), (4)　$I=\int e^{ax}\sin bx\,dx$, $J=\int e^{ax}\cos bx\,dx$ とする。

$$(e^{ax}\sin bx)'=ae^{ax}\sin bx+be^{ax}\cos bx$$
$$(e^{ax}\cos bx)'=ae^{ax}\cos bx-be^{ax}\sin bx$$

よって　$e^{ax}\sin bx=aI+bJ$　…… ①

$e^{ax}\cos bx=aJ-bI$　…… ②

①×a－②×b から　$ae^{ax}\sin bx-be^{ax}\cos bx=(a^2+b^2)I$

$a^2+b^2\neq0$ であるから，積分定数を考えて

$$I=\int e^{ax}\sin bx\,dx=\frac{e^{ax}}{a^2+b^2}(a\sin bx-b\cos bx)+C$$

また，①×b＋②×a から同様にして

$$J=\int e^{ax}\cos bx\,dx=\frac{e^{ax}}{a^2+b^2}(b\sin bx+a\cos bx)+C$$

◀(3), (4) はペアとして同時に解決。

◀上の等式のそれぞれの両辺を積分。

◀(3) の答え。

◀(4) の答え。

練習 100 ➡ 本冊 p. 451

(1) $\displaystyle\int\frac{x^4}{x^2-1}dx=\int\left(x^2+1+\frac{1}{x^2-1}\right)dx$

$\displaystyle=\int\left\{x^2+1+\frac{1}{2}\left(\frac{1}{x-1}-\frac{1}{x+1}\right)\right\}dx$

$\displaystyle=\frac{x^3}{3}+x+\frac{1}{2}(\log|x-1|-\log|x+1|)+C$

$\displaystyle=\boldsymbol{\frac{x^3}{3}+x+\frac{1}{2}\log\left|\frac{x-1}{x+1}\right|+C}$

◀分子の次数を下げる。

◀$\dfrac{1}{x^2-1}$ を部分分数に分解。

(2) $\displaystyle\frac{1}{x^3(1-x)}=\frac{a}{x}+\frac{b}{x^2}+\frac{c}{x^3}+\frac{d}{1-x}$ とおく。

両辺に $x^3(1-x)$ を掛けると

$1=ax^2(1-x)+bx(1-x)+c(1-x)+dx^3$

$=(d-a)x^3+(a-b)x^2+(b-c)x+c$

x の恒等式であるから

$d-a=0,\ a-b=0,\ b-c=0,\ c=1$

ゆえに　$a=b=c=d=1$

よって　$\displaystyle\int\frac{1}{x^3(1-x)}dx=\int\left(\frac{1}{x}+\frac{1}{x^2}+\frac{1}{x^3}+\frac{1}{1-x}\right)dx$

$\displaystyle=\boldsymbol{\log\left|\frac{x}{1-x}\right|-\frac{1}{x}-\frac{1}{2x^2}+C}$

◀恒等式の両辺に $x^3(1-x)$ を掛けた式も恒等式である。

(3) $1+x=t$ とおくと　$x=t-1,\ dx=dt$

$\displaystyle\int\frac{x}{(1+x)^2}dx=\int\frac{t-1}{t^2}dt=\int\left(\frac{1}{t}-\frac{1}{t^2}\right)dt$

$\displaystyle=\log|t|+\frac{1}{t}+C$

$\displaystyle=\boldsymbol{\log|1+x|+\frac{1}{1+x}+C}$

◀分母が $(ax+b)^n$ の形 ⟶ $ax+b=t$ とおく。

練習 101 ➡ 本冊 p. 452

(1) $\displaystyle\int\frac{1}{\sqrt{x+2}-\sqrt{x}}dx=\int\frac{\sqrt{x+2}+\sqrt{x}}{(x+2)-x}dx$

$\displaystyle=\frac{1}{2}\int(\sqrt{x+2}+\sqrt{x})dx$

$\displaystyle=\boldsymbol{\frac{1}{3}\{(x+2)\sqrt{x+2}+x\sqrt{x}\}+C}$

◀分母を有理化。

◀$\displaystyle\int(x+2)^{\frac{1}{2}}dx=\frac{2}{3}(x+2)^{\frac{3}{2}}+C$

(2) $\displaystyle\int\frac{2x}{\sqrt{x^2+1}+x}dx=\int\frac{2x(\sqrt{x^2+1}-x)}{(x^2+1)-x^2}dx$

$\displaystyle=\int2x\sqrt{x^2+1}\,dx-2\int x^2dx$

$\displaystyle=\int\sqrt{x^2+1}(x^2+1)'dx-2\int x^2dx$

$\displaystyle=\boldsymbol{\frac{2}{3}(x^2+1)\sqrt{x^2+1}-\frac{2}{3}x^3+C}$

◀分母を有理化。

◀$x^2+1=t$ とおくと，第 1 項は $\displaystyle\int\sqrt{t}\,dt=\frac{2}{3}t\sqrt{t}+C$

5章 練習 [積分法]

(3)　$x^2+a^2=t$ とおくと　　$x\,dx=\dfrac{1}{2}dt$

$$\int\frac{x}{\sqrt{x^2+a^2}}dx=\int\frac{1}{\sqrt{t}}\cdot\frac{1}{2}dt=\frac{1}{2}\int t^{-\frac{1}{2}}dt=\sqrt{t}+C$$
$$=\boldsymbol{\sqrt{x^2+a^2}+C}$$

(4)　$\sqrt{x}=t$ とおくと　　$\dfrac{1}{2\sqrt{x}}dx=dt$

ゆえに　　$\dfrac{1}{\sqrt{x}}dx=2\,dt$

$$\int\frac{1}{(1+\sqrt{x})\sqrt{x}}dx=\int\frac{2}{1+t}dt=2\log|1+t|+C$$
$$=\boldsymbol{2\log(1+\sqrt{x})+C}$$

(5)　$\sqrt{x+1}=t$ とおくと　　$x=t^2-1,\ dx=2t\,dt$

$$\int\frac{1}{x\sqrt{x+1}}dx=\int\frac{1}{(t^2-1)t}\cdot 2t\,dt=\int\left(\frac{1}{t-1}-\frac{1}{t+1}\right)dt$$
$$=\log|t-1|-\log|t+1|+C$$
$$=\log\left|\frac{t-1}{t+1}\right|+C=\boldsymbol{\log\frac{|\sqrt{x+1}-1|}{\sqrt{x+1}+1}+C}$$

(6)　$\sqrt[3]{x+2}=t$ とおくと　　$x=t^3-2,\ dx=3t^2\,dt$

$$\int\frac{x}{\sqrt[3]{x+2}}dx=\int\frac{t^3-2}{t}\cdot 3t^2\,dt=3\int(t^4-2t)\,dt$$
$$=3\left(\frac{t^5}{5}-t^2\right)+C=\frac{3}{5}t^2(t^3-5)+C$$
$$=\boldsymbol{\frac{3}{5}(x-3)\sqrt[3]{(x+2)^2}+C}$$

別解　(3)　丸ごと置換で $\sqrt{x^2+a^2}=t$ とおくと $\dfrac{2x}{2\sqrt{x^2+a^2}}dx=dt$

よって　$x\,dx=t\,dt$

(与式)$=\displaystyle\int\frac{1}{t}\cdot t\,dt$
$=t+C$
$=\sqrt{x^2+a^2}+C$

◀ $\sqrt{x}>0$ から $1+\sqrt{x}>0$

◀ $\sqrt{x+1}>0$ から $\sqrt{x+1}+1>0$

練習 102　➡ 本冊 p. 453

(1)　$x+\sqrt{x^2+1}=t$ とおくと　　$\left(1+\dfrac{x}{\sqrt{x^2+1}}\right)dx=dt$

ゆえに　　$\dfrac{\sqrt{x^2+1}+x}{\sqrt{x^2+1}}dx=dt$

よって　　$\dfrac{1}{\sqrt{x^2+1}}dx=\dfrac{1}{t}dt$

したがって　　$\displaystyle\int\frac{1}{\sqrt{x^2+1}}dx=\int\frac{1}{t}dt=\log|t|+C$

$$=\boldsymbol{\log(x+\sqrt{x^2+1})+C}$$

(2)　$\displaystyle\int\sqrt{x^2+1}\,dx=\int(x)'\sqrt{x^2+1}\,dx=x\sqrt{x^2+1}-\int\frac{x^2}{\sqrt{x^2+1}}dx$

この第 2 項は　　$\displaystyle\int\frac{x^2}{\sqrt{x^2+1}}dx=\int\frac{x^2+1-1}{\sqrt{x^2+1}}dx$

$$=\int\sqrt{x^2+1}\,dx-\int\frac{1}{\sqrt{x^2+1}}dx$$

したがって

◀ $(\sqrt{x^2+1})'$
$=\{(x^2+1)^{\frac{1}{2}}\}'$
$=\dfrac{1}{2}(x^2+1)^{-\frac{1}{2}}\cdot(x^2+1)'$
$=\dfrac{2x}{2\sqrt{x^2+1}}=\dfrac{x}{\sqrt{x^2+1}}$

◀ $\sqrt{x^2+1}>\sqrt{x^2}=|x|$ から　$x+\sqrt{x^2+1}>0$

◀部分積分法。この第 2 項を更に変形する。

◀ $x^2+1=(\sqrt{x^2+1})^2$ に着目。

◀同形出現。

$$\int\sqrt{x^2+1}\,dx=x\sqrt{x^2+1}-\left(\int\sqrt{x^2+1}\,dx-\int\frac{1}{\sqrt{x^2+1}}\,dx\right)$$

よって　$2\int\sqrt{x^2+1}\,dx=x\sqrt{x^2+1}+\int\frac{1}{\sqrt{x^2+1}}\,dx$

ゆえに　$\int\sqrt{x^2+1}\,dx=\frac{1}{2}\left(x\sqrt{x^2+1}+\int\frac{1}{\sqrt{x^2+1}}\,dx\right)$

◀〰に(1)の結果を利用。

(1)から

$$\int\sqrt{x^2+1}\,dx=\boldsymbol{\frac{1}{2}\{x\sqrt{x^2+1}+\log(x+\sqrt{x^2+1})\}+C}$$

(3)　$x=3\sin\theta\left(-\frac{\pi}{2}<\theta<\frac{\pi}{2}\right)$ とおくと　$dx=3\cos\theta\,d\theta$

$$(9-x^2)^{\frac{3}{2}}=\{9(1-\sin^2\theta)\}^{\frac{3}{2}}=(9\cos^2\theta)^{\frac{3}{2}}=(3\cos\theta)^3$$

◀$\cos\theta>0$

よって　$3\cos\theta=(9-x^2)^{\frac{1}{2}}=\sqrt{9-x^2}$

ゆえに　$\int\frac{1}{\sqrt{(9-x^2)^3}}\,dx=\int\frac{3\cos\theta}{(3\cos\theta)^3}\,d\theta=\int\frac{1}{9\cos^2\theta}\,d\theta$

$$=\frac{1}{9}\tan\theta+C=\frac{1}{9}\cdot\frac{3\sin\theta}{3\cos\theta}+C$$

$$=\boldsymbol{\frac{x}{9\sqrt{9-x^2}}+C}$$

練習 103 ➡本冊 *p*. 454

(1)　$\int\sin^2x\,dx=\int\frac{1-\cos 2x}{2}\,dx=\frac{1}{2}\int dx-\frac{1}{2}\int\cos 2x\,dx$

$$=\boldsymbol{\frac{x}{2}-\frac{1}{4}\sin 2x+C}$$

◀**三角関数の積分**
次数を下げて1次の形にするのが基本。
2倍角，3倍角，積→和の各公式を利用。

(2)　$\int\sin\theta\cos\theta\,d\theta=\int\frac{1}{2}\sin 2\theta\,d\theta=\boldsymbol{-\frac{1}{4}\cos 2\theta+C}$

別解　$\int\sin\theta\cos\theta\,d\theta=\int\sin\theta(\sin\theta)'\,d\theta=\boldsymbol{\frac{1}{2}\sin^2\theta+C}$

別解　$\int\sin\theta\cos\theta\,d\theta=-\int(\cos\theta)'\cos\theta\,d\theta=\boldsymbol{-\frac{1}{2}\cos^2\theta+C}$

◀見かけの形はすぐ上の答えと異なるが，差は定数だけの違いである。

(3)　$\int\sin 3x\cos x\,dx=\frac{1}{2}\int(\sin 4x+\sin 2x)\,dx$

$$=\boldsymbol{-\frac{1}{8}\cos 4x-\frac{1}{4}\cos 2x+C}$$

◀$\sin\alpha\cos\beta=\frac{1}{2}\{\sin(\alpha+\beta)+\sin(\alpha-\beta)\}$

(4)　$\int\sin 2\theta\sin 3\theta\,d\theta=\frac{1}{2}\int(\cos\theta-\cos 5\theta)\,d\theta$

$$=\boldsymbol{\frac{1}{2}\sin\theta-\frac{1}{10}\sin 5\theta+C}$$

◀$\sin\alpha\sin\beta=-\frac{1}{2}\{\cos(\alpha+\beta)-\cos(\alpha-\beta)\}$

(5)　$\cos 3x=4\cos^3x-3\cos x$ から

◀3倍角の公式を利用。

$$\cos^3x=\frac{\cos 3x+3\cos x}{4}$$

よって　$\int\cos^3x\,dx=\frac{1}{4}\int(\cos 3x+3\cos x)\,dx$

$$=\boldsymbol{\frac{1}{12}\sin 3x+\frac{3}{4}\sin x+C}$$

5章 練習 [積分法]

別解 $\int\cos^3 x\,dx=\int(1-\sin^2 x)\cos x\,dx=\int(1-\sin^2 x)(\sin x)'\,dx$

$=\boldsymbol{\sin x-\frac{1}{3}\sin^3 x+C}$

◀$f(\sin x)\cos x$ の形に変形して置換積分を利用。

練習 104

➡本冊 p.455

(1) $\cos x=t$ とおくと　$-\sin x\,dx=dt$

$\int\frac{dx}{\sin x}=\int\frac{\sin x}{\sin^2 x}dx=\int\frac{\sin x}{1-\cos^2 x}dx=-\int\frac{dt}{1-t^2}$

◀$f(\cos x)\sin x$ の形に変形。

$=-\frac{1}{2}\int\left(\frac{1}{1+t}+\frac{1}{1-t}\right)dt$

◀部分分数に分解。

$=-\frac{1}{2}(\log|1+t|-\log|1-t|)+C$

$=-\frac{1}{2}\log\left|\frac{1+t}{1-t}\right|+C=\boldsymbol{\frac{1}{2}\log\frac{1-\cos x}{1+\cos x}+C}$

◀$\sin x\neq 0$ から $\cos x\neq\pm 1$

(2) $\frac{\cos x+\sin 2x}{\sin^2 x}=\frac{\cos x+2\sin x\cos x}{\sin^2 x}=\frac{1+2\sin x}{\sin^2 x}\cdot\cos x$

◀$f(\sin x)\cos x$ の形に変形。

$\sin x=t$ とおくと　$\cos x\,dx=dt$

$\int\frac{\cos x+\sin 2x}{\sin^2 x}dx=\int\frac{1+2\sin x}{\sin^2 x}\cdot\cos x\,dx=\int\frac{1+2t}{t^2}dt$

$=\int\left(\frac{1}{t^2}+\frac{2}{t}\right)dt=-\frac{1}{t}+2\log|t|+C$

$=\boldsymbol{-\frac{1}{\sin x}+2\log|\sin x|+C}$

(3) $\cos x=t$ とおくと　$-\sin x\,dx=dt$

$\int\sin^2 x\tan x\,dx=\int(1-\cos^2 x)\frac{\sin x}{\cos x}dx=\int(1-t^2)\cdot\frac{-1}{t}dt$

◀$f(\cos x)\sin x$ の形に変形。

$=\int\left(t-\frac{1}{t}\right)dt=\frac{t^2}{2}-\log|t|+C$

$=\boldsymbol{\frac{1}{2}\cos^2 x-\log|\cos x|+C}$

別解 $\tan x=t$ とおくと　$dx=\frac{dt}{1+t^2}$

◀$\frac{1}{\cos^2 x}dx=dt$ から。

$\int\sin^2 x\tan x\,dx=\int\frac{t^2}{1+t^2}\cdot t\cdot\frac{dt}{1+t^2}=\int\frac{t^3}{(t^2+1)^2}dt$

◀$\sin^2 x=\frac{\sin^2 x}{\sin^2 x+\cos^2 x}$ の分母・分子を $\cos^2 x$ で割って導く。

$=\int\frac{(t^2+1)-1}{(t^2+1)^2}\cdot\frac{2t}{2}dt=\frac{1}{2}\left\{\log(t^2+1)+\frac{1}{t^2+1}\right\}+C$　から。

(4) $\int\frac{\sin x}{3+\sin^2 x}dx=\int\frac{\sin x}{4-\cos^2 x}dx$

$=\frac{1}{4}\int\left(\frac{\sin x}{2-\cos x}+\frac{\sin x}{2+\cos x}\right)dx$

$=\frac{1}{4}\int\left\{\frac{(2-\cos x)'}{2-\cos x}-\frac{(2+\cos x)'}{2+\cos x}\right\}dx$

$=\frac{1}{4}\{\log(2-\cos x)-\log(2+\cos x)\}+C$

$=\boldsymbol{\frac{1}{4}\log\frac{2-\cos x}{2+\cos x}+C}$

◀$\cos x=t$ とおくと $-\sin x\,dx=dt$

(与式)$=\int\frac{1}{4-t^2}\cdot(-1)dt$

$=-\frac{1}{4}\int\left(\frac{1}{2-t}+\frac{1}{2+t}\right)dt$

$=\frac{1}{4}(\log|2-t|-\log|2+t|)$

練習 105 ➡ 本冊 p. 456

(1) $\tan\dfrac{x}{2}=t$ とおくと　$\sin x=\dfrac{2t}{1+t^2}$，$\cos x=\dfrac{1-t^2}{1+t^2}$

また，$\dfrac{1}{2}\cdot\dfrac{1}{\cos^2\dfrac{x}{2}}dx=dt$ から　$dx=\dfrac{2}{1+t^2}dt$

$$3\sin x+4\cos x=3\cdot\frac{2t}{1+t^2}+4\cdot\frac{1-t^2}{1+t^2}=-2\cdot\frac{2t^2-3t-2}{1+t^2}$$

よって　$\displaystyle\int\frac{5}{3\sin x+4\cos x}dx=-\frac{5}{2}\int\frac{1+t^2}{2t^2-3t-2}\cdot\frac{2}{1+t^2}dt$

$$=-5\int\frac{dt}{2t^2-3t-2}=-5\cdot\frac{1}{5}\int\left(\frac{1}{t-2}-\frac{2}{2t+1}\right)dt$$

$$=-\left(\log|t-2|-2\cdot\frac{1}{2}\log|2t+1|\right)+C$$

$$=\log\left|\frac{2t+1}{t-2}\right|+C=\boldsymbol{\log\left|\frac{2\tan\frac{x}{2}+1}{\tan\frac{x}{2}-2}\right|+C}$$

◀$\cos x=\cos 2\cdot\dfrac{x}{2}$
$=2\cos^2\dfrac{x}{2}-1$
$=\dfrac{2}{1+t^2}-1$,
$\cos^2\dfrac{x}{2}=\dfrac{1}{1+t^2}$

◀部分分数に分解。

(2) $\tan x=t$ とおくと　$\sin^2 x=\dfrac{t^2}{1+t^2}$

また，$\dfrac{1}{\cos^2 x}dx=dt$ から　$dx=\dfrac{1}{1+t^2}dt$

よって　$\displaystyle\int\frac{1}{\sin^4 x}dx=\int\left(\frac{1+t^2}{t^2}\right)^2\cdot\frac{1}{1+t^2}dt$

$$=\int\frac{1+t^2}{t^4}dt=\int\left(\frac{1}{t^4}+\frac{1}{t^2}\right)dt=-\frac{1}{3}t^{-3}-t^{-1}+C$$

$$=-\frac{1}{3t^3}-\frac{1}{t}+C=\boldsymbol{-\frac{1}{3\tan^3 x}-\frac{1}{\tan x}+C}$$

◀$\sin^2 x=\dfrac{\sin^2 x}{\cos^2 x}\cdot\cos^2 x$
$=\tan^2 x\cdot\dfrac{1}{1+\tan^2 x}$
$=\dfrac{t^2}{1+t^2}$

練習 106 ➡ 本冊 p. 457

(1) $e^x=t$ とおくと　$e^x dx=dt$，$dx=\dfrac{1}{t}dt$

$$\int\frac{1}{e^x-e^{-x}}dx=\int\frac{1}{t-\frac{1}{t}}\cdot\frac{1}{t}dt=\int\frac{1}{t^2-1}dt$$

$$=\frac{1}{2}\int\left(\frac{1}{t-1}-\frac{1}{t+1}\right)dt=\frac{1}{2}(\log|t-1|-\log|t+1|)+C$$

$$=\frac{1}{2}\log\left|\frac{t-1}{t+1}\right|+C=\boldsymbol{\frac{1}{2}\log\frac{|e^x-1|}{e^x+1}+C}$$

◀$e^x=t \iff x=\log t$ から $dx=\dfrac{1}{t}dt$ としてもよい。

◀部分分数に分解。

◀$e^x+1>0$

(2) $\sqrt{e^x+1}=t$ とおくと　$e^x=t^2-1$，$e^x dx=2t\,dt$

$$\int\frac{e^{3x}}{\sqrt{e^x+1}}dx=\int\frac{e^{2x}}{\sqrt{e^x+1}}\cdot e^x dx=\int\frac{(t^2-1)^2}{t}\cdot 2t\,dt$$

$$=2\int(t^4-2t^2+1)dt=2\left(\frac{t^5}{5}-\frac{2}{3}t^3+t\right)+C$$

$$=\frac{2}{15}t(3t^4-10t^2+15)+C$$

$$=\boldsymbol{\frac{2}{15}(3e^{2x}-4e^x+8)\sqrt{e^x+1}+C}$$

◀丸ごと置換。

◀$3t^4-10t^2+15$
$=3(e^x+1)^2-10(e^x+1)$
$+15$

5章 練習 [積分法]

(3) $\log(\sin^2 x)=t$ とおくと，$\dfrac{2\sin x\cos x}{\sin^2 x}dx=dt$ から

◀丸ごと置換。

$$\frac{2}{\tan x}dx=dt \qquad \text{よって} \qquad dx=\frac{\tan x}{2}dt$$

$$\int\frac{\log(\sin^2 x)}{\tan x}dx=\int\frac{t}{\tan x}\cdot\frac{\tan x}{2}dt=\int\frac{t}{2}dt$$

$$=\frac{t^2}{4}+C=\frac{1}{4}\{\log(\sin^2 x)\}^2+C$$

$$=\boldsymbol{(\log|\sin x|)^2+C}$$

◀$\log(\sin^2 x)$
$=2\log|\sin x|$

(4) $\displaystyle\int x\log(x^2-1)dx=\frac{1}{2}\int(x^2-1)'\log(x^2-1)dx$

◀$\dfrac{1}{2}(x^2)'\log(x^2-1)$ とすると面倒。

$$=\frac{1}{2}(x^2-1)\log(x^2-1)-\frac{1}{2}\int(x^2-1)\cdot\frac{2x}{x^2-1}dx$$

$$=\boldsymbol{\frac{1}{2}(x^2-1)\log(x^2-1)-\frac{x^2}{2}+C}$$

別解 $x^2-1=t$ とおくと　$2x\,dx=dt$

$$\int x\log(x^2-1)dx=\int\frac{1}{2}\log t\,dt=\frac{1}{2}(t\log t-t)+C_1$$

(C_1 は積分定数)

$$=\frac{1}{2}(x^2-1)\log(x^2-1)-\frac{1}{2}(x^2-1)+C_1$$

$$=\boldsymbol{\frac{1}{2}(x^2-1)\log(x^2-1)-\frac{x^2}{2}+C}$$

◀$\dfrac{1}{2}+C_1=C$ とおく。

(5) $\log x=t$ とおくと　$x=e^t$，$dx=e^t dt$

◀$\log x=t$ とおくと
$\int f(\log x)dx=\int f(t)e^t dt$

$$\int\frac{(\log x)^2}{x^2}dx=\int\frac{t^2}{e^{2t}}e^t dt=\int t^2e^{-t}dt=-\int t^2(e^{-t})'dt$$

$$=-t^2e^{-t}+\int 2te^{-t}dt=-t^2e^{-t}-2\int t(e^{-t})'dt$$

◀第2項の積分で，更に部分積分法を利用。

$$=-t^2e^{-t}-2\left(te^{-t}-\int e^{-t}dt\right)$$

$$=-t^2e^{-t}-2te^{-t}-2e^{-t}+C$$

$$=-e^{-t}(t^2+2t+2)+C$$

$$=\boldsymbol{-\frac{1}{x}\{(\log x)^2+2\log x+2\}+C}$$

(6) $\displaystyle\int\log(x+\sqrt{x^2+4})dx=\int(x)'\log(x+\sqrt{x^2+4})dx$

◀部分積分法。

$$=x\log(x+\sqrt{x^2+4})-\int x\cdot\frac{1+\dfrac{x}{\sqrt{x^2+4}}}{x+\sqrt{x^2+4}}dx$$

$$=x\log(x+\sqrt{x^2+4})-\int\frac{x}{\sqrt{x^2+4}}dx$$

第2項で $\sqrt{x^2+4}=t$ とおくと　$x^2+4=t^2$，$x\,dx=t\,dt$

◀丸ごと置換。

$$\int\frac{x}{\sqrt{x^2+4}}dx=\int\frac{t}{t}dt=t+C_1 \quad (C_1 \text{ は積分定数})$$

$$=\sqrt{x^2+4}+C_1$$

よって　(与式)$=\boldsymbol{x\log(x+\sqrt{x^2+4})-\sqrt{x^2+4}+C}$

◀$-C_1=C$ とおく。

練習 107 ➡本冊 p. 458

$$\int\cos^n x\,dx=\int\cos^{n-1}x\cos x\,dx$$
$$=\int\cos^{n-1}x(\sin x)'\,dx$$
$$=\sin x\cos^{n-1}x-(n-1)\int(-\sin^2 x)\cos^{n-2}x\,dx$$
$$=\sin x\cos^{n-1}x+(n-1)\int(1-\cos^2 x)\cos^{n-2}x\,dx$$
$$=\sin x\cos^{n-1}x+(n-1)\left(\int\cos^{n-2}x\,dx-\int\cos^n x\,dx\right)$$

◀積分の漸化式
⟶ 部分積分法を利用。

◀同形出現。

よって　$I_n=\sin x\cos^{n-1}x+(n-1)(I_{n-2}-I_n)$

したがって　$I_n=\dfrac{\sin x\cos^{n-1}x}{n}+\dfrac{n-1}{n}I_{n-2}$

また　$I_0=\int dx=x+C,$

$$I_2=\frac{\sin x\cos x}{2}+\frac{1}{2}I_0=\frac{1}{2}\sin x\cos x+\frac{1}{2}x+C,$$
$$I_4=\frac{\sin x\cos^3 x}{4}+\frac{3}{4}I_2$$
$$=\frac{1}{4}\sin x\cos^3 x+\frac{3}{8}\sin x\cos x+\frac{3}{8}x+C$$

$$\boldsymbol{\int\cos^6 x\,dx}=I_6=\frac{\sin x\cos^5 x}{6}+\frac{5}{6}I_4$$
$$\boldsymbol{=\frac{1}{6}\sin x\cos^5 x+\frac{5}{24}\sin x\cos^3 x+\frac{5}{16}\sin x\cos x+\frac{5}{16}x+C}$$

$$\boldsymbol{\int\cos^7 x\,dx}=\int\cos^6 x\cdot\cos x\,dx$$
$$=\int(1-\sin^2 x)^3(\sin x)'\,dx$$
$$=\int(1-3\sin^2 x+3\sin^4 x-\sin^6 x)(\sin x)'\,dx$$
$$\boldsymbol{=\sin x-\sin^3 x+\frac{3}{5}\sin^5 x-\frac{1}{7}\sin^7 x+C}$$

◀$\int f(\sin x)(\sin x)'\,dx$ の形。

練習 108 ➡本冊 p. 461

(1)　$x\leqq 0$ のとき　$|x|=-x,$　　$x\geqq 0$ のとき　$|x|=x$

よって　$\displaystyle\int_{-1}^{1}\frac{4-|x|x}{2+x}\,dx$

$$=\int_{-1}^{0}\frac{4+x^2}{2+x}\,dx+\int_0^1(2-x)\,dx$$
$$=\int_{-1}^{0}\left(x-2+\frac{8}{x+2}\right)dx+\int_0^1(-x+2)\,dx$$
$$=\left[\frac{1}{2}x^2-2x+8\log(x+2)\right]_{-1}^{0}+\left[-\frac{1}{2}x^2+2x\right]_0^1$$
$$=8\log 2-\left(\frac{1}{2}+2\right)+\left(-\frac{1}{2}+2\right)=\boldsymbol{8\log 2-1}$$

CHART
絶対値　場合に分ける

◀$\dfrac{4-x^2}{2+x}=2-x$

5章
練習
[積分法]

(2) $0 \leqq x \leqq 1$ のとき　$|2^x-2|=-(2^x-2)$

$1 \leqq x \leqq 2$ のとき　$|2^x-2|=2^x-2$

よって　$\displaystyle\int_0^2 |2^x-2|\,dx=-\int_0^1 (2^x-2)\,dx+\int_1^2 (2^x-2)\,dx$

$$=-\left[\frac{2^x}{\log 2}-2x\right]_0^1+\left[\frac{2^x}{\log 2}-2x\right]_1^2$$

$$=-\left(\frac{1}{\log 2}-2\right)+\left(\frac{2}{\log 2}-2\right)=\boldsymbol{\frac{1}{\log 2}}$$

◀$2^x-2=0$ となる x の値 1 が場合の分かれ目。

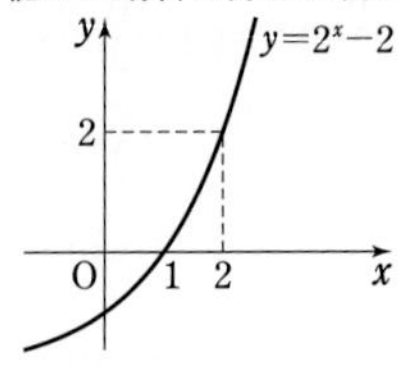

(3) $0 \leqq x \leqq \dfrac{\pi}{3}$ のとき　$\left|\cos x-\dfrac{1}{2}\right|=\cos x-\dfrac{1}{2}$

$\dfrac{\pi}{3} \leqq x \leqq \dfrac{\pi}{2}$ のとき　$\left|\cos x-\dfrac{1}{2}\right|=-\left(\cos x-\dfrac{1}{2}\right)$

$$\int_0^{\frac{\pi}{2}}\left|\cos x-\frac{1}{2}\right|dx=\int_0^{\frac{\pi}{3}}\left(\cos x-\frac{1}{2}\right)dx-\int_{\frac{\pi}{3}}^{\frac{\pi}{2}}\left(\cos x-\frac{1}{2}\right)dx$$

$$=\left[\sin x-\frac{x}{2}\right]_0^{\frac{\pi}{3}}-\left[\sin x-\frac{x}{2}\right]_{\frac{\pi}{3}}^{\frac{\pi}{2}}$$

$$=2\left(\frac{\sqrt{3}}{2}-\frac{\pi}{6}\right)-0-\left(1-\frac{\pi}{4}\right)$$

$$=\boldsymbol{\sqrt{3}-1-\frac{\pi}{12}}$$

◀$\dfrac{\pi}{3}$ が場合の分かれ目。

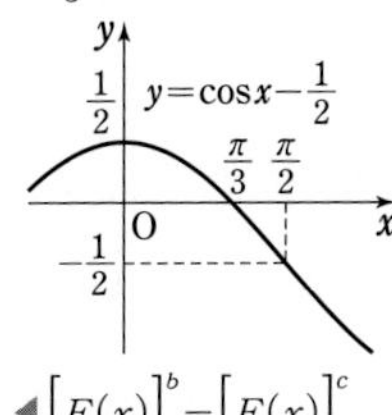

◀$\displaystyle\Big[F(x)\Big]_a^b-\Big[F(x)\Big]_b^c=2F(b)-F(a)-F(c)$

(4) $0 \leqq \theta \leqq \pi$ のとき　$\cos\dfrac{\theta}{2} \geqq 0$

$0 \leqq \theta \leqq \dfrac{\pi}{2}$ のとき　$\cos\theta \geqq 0$

$\dfrac{\pi}{2} \leqq \theta \leqq \pi$ のとき　$\cos\theta \leqq 0$

◀$\dfrac{\pi}{2}$ が場合の分かれ目。

また　$\cos\theta\cos\dfrac{\theta}{2}=\dfrac{1}{2}\left(\cos\dfrac{3}{2}\theta+\cos\dfrac{\theta}{2}\right)$

◀$\cos\alpha\cos\beta=\dfrac{1}{2}\{\cos(\alpha+\beta)+\cos(\alpha-\beta)\}$

$$\int_0^{\pi}\left|\cos\theta\cos\frac{\theta}{2}\right|d\theta$$

$$=\int_0^{\frac{\pi}{2}}\cos\theta\cos\frac{\theta}{2}\,d\theta-\int_{\frac{\pi}{2}}^{\pi}\cos\theta\cos\frac{\theta}{2}\,d\theta$$

$$=\frac{1}{2}\left[\frac{2}{3}\sin\frac{3}{2}\theta+2\sin\frac{\theta}{2}\right]_0^{\frac{\pi}{2}}-\frac{1}{2}\left[\frac{2}{3}\sin\frac{3}{2}\theta+2\sin\frac{\theta}{2}\right]_{\frac{\pi}{2}}^{\pi}$$

$$=\left[\frac{1}{3}\sin\frac{3}{2}\theta+\sin\frac{\theta}{2}\right]_0^{\frac{\pi}{2}}-\left[\frac{1}{3}\sin\frac{3}{2}\theta+\sin\frac{\theta}{2}\right]_{\frac{\pi}{2}}^{\pi}$$

$$=2\left(\frac{1}{3}\cdot\frac{\sqrt{2}}{2}+\frac{\sqrt{2}}{2}\right)-0-\left\{\frac{1}{3}\cdot(-1)+1\right\}=\boldsymbol{\frac{4\sqrt{2}-2}{3}}$$

◀$\displaystyle\Big[F(\theta)\Big]_a^b-\Big[F(\theta)\Big]_b^c=2F(b)-F(a)-F(c)$

(5) $|\sqrt{3}\sin x-\cos x-1|=\left|2\sin\left(x-\dfrac{\pi}{6}\right)-1\right|$

$$=\begin{cases}-\left\{2\sin\left(x-\dfrac{\pi}{6}\right)-1\right\} & \left(0 \leqq x \leqq \dfrac{\pi}{3}\right)\\[2mm] 2\sin\left(x-\dfrac{\pi}{6}\right)-1 & \left(\dfrac{\pi}{3} \leqq x \leqq \pi\right)\end{cases}$$

◀三角関数の合成。

◀$2\sin\left(x-\dfrac{\pi}{6}\right)-1=0$ $(0 \leqq x \leqq \pi)$ を解くと $x=\dfrac{\pi}{3}$，π

$$\int_0^{\pi}|\sqrt{3}\sin x-\cos x-1|dx=\int_0^{\pi}\left|2\sin\left(x-\frac{\pi}{6}\right)-1\right|dx$$

$$=-\int_0^{\frac{\pi}{3}}\left\{2\sin\left(x-\frac{\pi}{6}\right)-1\right\}dx+\int_{\frac{\pi}{3}}^{\pi}\left\{2\sin\left(x-\frac{\pi}{6}\right)-1\right\}dx$$

$$=-\left[-2\cos\left(x-\frac{\pi}{6}\right)-x\right]_0^{\frac{\pi}{3}}+\left[-2\cos\left(x-\frac{\pi}{6}\right)-x\right]_{\frac{\pi}{3}}^{\pi}$$

$$=\left[2\cos\left(x-\frac{\pi}{6}\right)+x\right]_0^{\frac{\pi}{3}}-\left[2\cos\left(x-\frac{\pi}{6}\right)+x\right]_{\frac{\pi}{3}}^{\pi}$$

◀ $\left[F(x)\right]_a^b-\left[F(x)\right]_b^c$
$=2F(b)-F(a)-F(c)$

$$=2\left(2\cdot\frac{\sqrt{3}}{2}+\frac{\pi}{3}\right)-2\cdot\frac{\sqrt{3}}{2}-\left\{2\cdot\left(-\frac{\sqrt{3}}{2}\right)+\pi\right\}$$

$$=\boldsymbol{2\sqrt{3}-\frac{\pi}{3}}$$

参考　**積分区間のとり方 (1)**

本冊 $p.465$ 例題 109 (1) の置換積分において，x の区間に対する θ の区間のとり方は，本冊 $p.465$ の 解答 のほかに次のようなものが考えられる。

①

x	$0 \longrightarrow \frac{a}{2}$
θ	$\pi \longrightarrow \frac{5}{6}\pi$

②

x	$0 \longrightarrow \frac{a}{2}$
θ	$0 \longrightarrow \frac{5}{6}\pi$

いずれの場合も，次のようになる。

$x=a\sin\theta$ から　　$dx=a\cos\theta d\theta$，$\sqrt{a^2-x^2}=a\sqrt{\cos^2\theta}=a|\cos\theta|$

よって　　$\int\sqrt{a^2-x^2}\,dx=\int a|\cos\theta|\cdot a\cos\theta d\theta=a^2\int|\cos\theta|\cos\theta d\theta$

① の場合　$\frac{5}{6}\pi\leqq\theta\leqq\pi$ において $\cos\theta<0$ であるから

$$\int_0^{\frac{a}{2}}\sqrt{a^2-x^2}\,dx=a^2\int_{\pi}^{\frac{5}{6}\pi}(-\cos^2\theta)d\theta=a^2\int_{\frac{5}{6}\pi}^{\pi}\frac{1+\cos 2\theta}{2}d\theta$$

$$=\frac{a^2}{2}\left[\theta+\frac{1}{2}\sin 2\theta\right]_{\frac{5}{6}\pi}^{\pi}=\frac{a^2}{4}\left(\frac{\pi}{3}+\frac{\sqrt{3}}{2}\right)$$

② の場合　$0\leqq\theta\leqq\frac{\pi}{2}$ では $\cos\theta\geqq0$，$\frac{\pi}{2}\leqq\theta\leqq\frac{5}{6}\pi$ では $\cos\theta\leqq0$ であるから

$$\int_0^{\frac{a}{2}}\sqrt{a^2-x^2}\,dx=a^2\int_0^{\frac{\pi}{2}}\cos^2\theta d\theta-a^2\int_{\frac{\pi}{2}}^{\frac{5}{6}\pi}\cos^2\theta d\theta$$

◀**絶対値　場合に分ける**

$$=\frac{a^2}{2}\left(\left[\theta+\frac{1}{2}\sin 2\theta\right]_0^{\frac{\pi}{2}}-\left[\theta+\frac{1}{2}\sin 2\theta\right]_{\frac{\pi}{2}}^{\frac{5}{6}\pi}\right)$$

$$=\frac{a^2}{4}\left(\frac{\pi}{3}+\frac{\sqrt{3}}{2}\right)$$

となって，結果は一致する。

例えば ② の場合，x と θ の対応を詳しく書くと右のようになり，定積分が

x	$0 \longrightarrow \frac{a}{2} \longrightarrow a \longrightarrow \frac{a}{2}$
θ	$0 \longrightarrow \frac{\pi}{6} \longrightarrow \frac{\pi}{2} \longrightarrow \frac{5}{6}\pi$

5章
練習
[積分法]

$$\int_0^{\frac{5}{6}\pi} ■ d\theta=\int_0^{\frac{a}{2}} ▲ dx+\int_{\frac{a}{2}}^{a} ▲ dx+\int_a^{\frac{a}{2}} ▲ dx$$

$$=\int_0^{\frac{a}{2}} ▲ dx+\int_{\frac{a}{2}}^{a} ▲ dx-\int_{\frac{a}{2}}^{a} ▲ dx=\int_0^{\frac{a}{2}} ▲ dx$$

となるためである。結局，積分区間のとり方は「$x=g(t)$ が単調増加する区間と単調減少する区間を含むようにとってもよい」ことになり，無数にあるが，普通は **最も計算がらくになる** ような区間をとればよい。

練習 109 ➡ 本冊 p. 465

(1) $\int_0^{\frac{1}{2}}\sqrt{1-2x^2}\,dx=\sqrt{2}\int_0^{\frac{1}{2}}\sqrt{\frac{1}{2}-x^2}\,dx$ であるから，

$x=\frac{1}{\sqrt{2}}\sin\theta$ とおくと　　$dx=\frac{1}{\sqrt{2}}\cos\theta\,d\theta$

x と θ の対応は右のようになる。

x	$0 \longrightarrow \frac{1}{2}$
θ	$0 \longrightarrow \frac{\pi}{4}$

$0\leqq\theta\leqq\frac{\pi}{4}$ のとき，$\cos\theta>0$ であるから

$$\sqrt{\frac{1}{2}-x^2}=\sqrt{\frac{1}{2}(1-\sin^2\theta)}$$

$$=\frac{1}{\sqrt{2}}\sqrt{\cos^2\theta}=\frac{1}{\sqrt{2}}\cos\theta$$

よって

$$\int_0^{\frac{1}{2}}\sqrt{1-2x^2}\,dx=\sqrt{2}\int_0^{\frac{\pi}{4}}\frac{1}{\sqrt{2}}\cos\theta\cdot\frac{1}{\sqrt{2}}\cos\theta\,d\theta$$

$$=\frac{1}{\sqrt{2}}\int_0^{\frac{\pi}{4}}\cos^2\theta\,d\theta=\frac{1}{\sqrt{2}}\int_0^{\frac{\pi}{4}}\frac{1+\cos2\theta}{2}\,d\theta$$

$$=\frac{1}{2\sqrt{2}}\left[\theta+\frac{\sin2\theta}{2}\right]_0^{\frac{\pi}{4}}=\boldsymbol{\sqrt{2}\left(\frac{\pi}{16}+\frac{1}{8}\right)}$$

参考　$y=\sqrt{\frac{1}{2}-x^2}$ $\left(0\leqq x\leqq\frac{1}{2}\right)$ とすると，$x^2+y^2=\frac{1}{2}$ から $\int_0^{\frac{1}{2}}\sqrt{\frac{1}{2}-x^2}\,dx$ は下図の網の部分の面積と等しい。

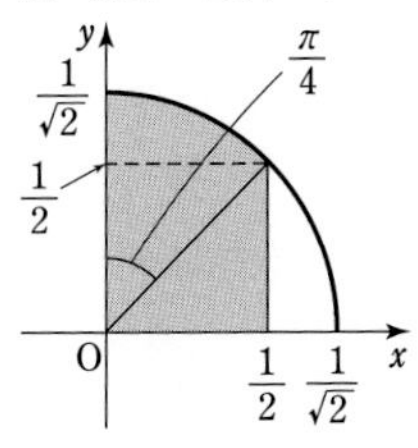

よって，求める定積分は

$$\sqrt{2}\left\{\frac{1}{2}\left(\frac{1}{\sqrt{2}}\right)^2\cdot\frac{\pi}{4}+\frac{1}{2}\left(\frac{1}{2}\right)^2\right\}$$

(2) $x=2\sin\theta$ とおくと　　$dx=2\cos\theta\,d\theta$

x と θ の対応は右のようになる。

x	$0 \longrightarrow \sqrt{3}$
θ	$0 \longrightarrow \frac{\pi}{3}$

$0\leqq\theta\leqq\frac{\pi}{3}$ のとき，$\cos\theta>0$ であるから

$$\sqrt{4-x^2}=\sqrt{4(1-\sin^2\theta)}=\sqrt{4\cos^2\theta}=2\cos\theta$$

よって　$$\int_0^{\sqrt{3}}\frac{x^2}{\sqrt{4-x^2}}\,dx=\int_0^{\frac{\pi}{3}}\frac{4\sin^2\theta}{2\cos\theta}\cdot2\cos\theta\,d\theta$$

$$=4\int_0^{\frac{\pi}{3}}\sin^2\theta\,d\theta=4\int_0^{\frac{\pi}{3}}\frac{1-\cos2\theta}{2}\,d\theta$$

◀ $\sin^2\theta=\frac{1-\cos2\theta}{2}$

$$=2\left[\theta-\frac{\sin2\theta}{2}\right]_0^{\frac{\pi}{3}}=\boldsymbol{\frac{2}{3}\pi-\frac{\sqrt{3}}{2}}$$

参考　**積分区間のとり方** (2)

本冊 p. 466 例題 110 (1) の置換積分において，例題 109 のように積分区間のとり方を変えてもいいのか考えてみよう。

例題 110 (1) を右のように置換すると，本冊 $p.466$ の 解答 の結果と異なる。

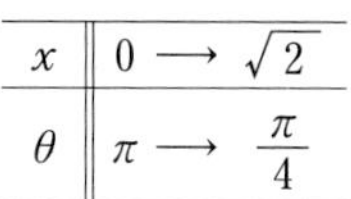

x	$0 \longrightarrow \sqrt{2}$
θ	$\pi \longrightarrow \dfrac{\pi}{4}$

これは，$x=\sqrt{2}\tan\theta$ が $\theta=\dfrac{\pi}{2}$ で定義されないことから，区間 $\dfrac{\pi}{4}\leqq\theta\leqq\pi$ が $0\leqq x\leqq\sqrt{2}$ に対応しないためである。

$x=a\tan\theta$ のおき換えは，普通 $-\dfrac{\pi}{2}<\theta<\dfrac{\pi}{2}$ で考える。

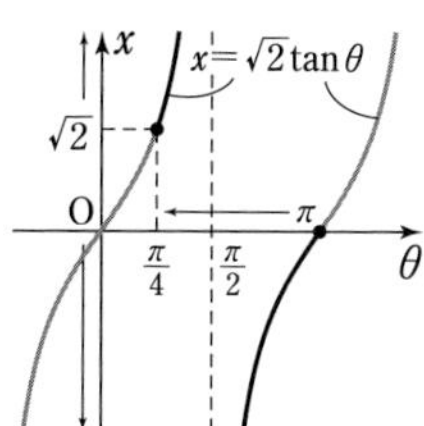

θ を $\pi\to\dfrac{\pi}{4}$ で動かすと，x は $x\leqq0, \sqrt{2}\leqq x$ の範囲を動く。

練習 110 ➡ 本冊 $p.466$

(1) (ア) $x=\sqrt{3}\tan\theta$ とおくと

$$dx=\frac{\sqrt{3}}{\cos^2\theta}d\theta$$

x と θ の対応は右のようになる。

x	$1 \longrightarrow \sqrt{3}$
θ	$\dfrac{\pi}{6} \longrightarrow \dfrac{\pi}{4}$

よって

$$\int_1^{\sqrt{3}}\frac{1}{x^2+3}dx=\int_{\frac{\pi}{6}}^{\frac{\pi}{4}}\frac{1}{3(\tan^2\theta+1)}\cdot\frac{\sqrt{3}}{\cos^2\theta}d\theta$$

$$=\frac{\sqrt{3}}{3}\int_{\frac{\pi}{6}}^{\frac{\pi}{4}}d\theta=\frac{\sqrt{3}}{3}\Big[\theta\Big]_{\frac{\pi}{6}}^{\frac{\pi}{4}}$$

$$=\frac{\sqrt{3}}{3}\left(\frac{\pi}{4}-\frac{\pi}{6}\right)=\boldsymbol{\frac{\sqrt{3}}{36}\pi}$$

◀ $1\leqq x\leqq\sqrt{3}$ に $\dfrac{\pi}{6}\leqq\theta\leqq\dfrac{5}{4}\pi$ を対応させると，異なる結果になる。それは，$\tan\theta$ が $\theta=\dfrac{\pi}{2}$ では定義されないためで，誤りである。上の 参考 参照。$x=a\tan\theta$ については普通 $-\dfrac{\pi}{2}<\theta<\dfrac{\pi}{2}$ で考える。

(イ) $x^2-2x+4=(x-1)^2+3$ であるから，

$x-1=\sqrt{3}\tan\theta$ とおくと　$dx=\dfrac{\sqrt{3}}{\cos^2\theta}d\theta$

x と θ の対応は右のようになる。

x	$1 \longrightarrow 4$
θ	$0 \longrightarrow \dfrac{\pi}{3}$

よって

$$\int_1^4\frac{1}{x^2-2x+4}dx=\int_1^4\frac{1}{(x-1)^2+3}dx$$

$$=\int_0^{\frac{\pi}{3}}\frac{1}{3\tan^2\theta+3}\cdot\frac{\sqrt{3}}{\cos^2\theta}d\theta$$

$$=\int_0^{\frac{\pi}{3}}\frac{\sqrt{3}}{3}d\theta=\frac{\sqrt{3}}{3}\Big[\theta\Big]_0^{\frac{\pi}{3}}=\frac{\sqrt{3}}{3}\cdot\frac{\pi}{3}=\boldsymbol{\frac{\sqrt{3}}{9}\pi}$$

◀ $\dfrac{1}{1+\tan^2\theta}=\cos^2\theta$

(ウ) $x=\tan\theta$ とおくと

$$dx=\frac{1}{\cos^2\theta}d\theta$$

x と θ の対応は右のようになる。

x	$0 \longrightarrow 1$
θ	$0 \longrightarrow \dfrac{\pi}{4}$

◀ $\dfrac{1}{x^2+a^2}$ には $x=a\tan\theta$ とおく。

よって

$$\int_0^1\frac{x+1}{(x^2+1)^2}dx=\int_0^{\frac{\pi}{4}}\frac{\tan\theta+1}{(\tan^2\theta+1)^2}\cdot\frac{1}{\cos^2\theta}d\theta$$

$$=\int_0^{\frac{\pi}{4}}(\tan\theta+1)\cos^2\theta\,d\theta=\int_0^{\frac{\pi}{4}}(\cos\theta\sin\theta+\cos^2\theta)d\theta$$

◀ $\dfrac{1}{1+\tan^2\theta}=\cos^2\theta$

$$=\frac{1}{2}\int_0^{\frac{\pi}{4}}(\sin2\theta+\cos2\theta+1)d\theta$$

◀ 1 次の形に変形。

$$=\frac{1}{2}\left[-\frac{1}{2}\cos2\theta+\frac{1}{2}\sin2\theta+\theta\right]_0^{\frac{\pi}{4}}=\boldsymbol{\frac{1}{2}+\frac{\pi}{8}}$$

(2) $\dfrac{3}{x^3+1}=\dfrac{3}{(x+1)(x^2-x+1)}=\dfrac{a}{x+1}+\dfrac{bx+c}{x^2-x+1}$

(a, b, c は定数)

◀部分分数に分解。

とおいて分母を払うと

$$3=a(x^2-x+1)+(bx+c)(x+1)$$

これが x の恒等式であるから，$x=0$, 1, -1 を代入すると

◀数値代入法。

$$3=a+c,\ 3=a+2b+2c,\ 3=3a$$

これを解いて　　$a=1$, $b=-1$, $c=2$

よって　$\displaystyle\int_0^1\frac{3}{x^3+1}dx=\int_0^1\left(\frac{1}{x+1}+\frac{-x+2}{x^2-x+1}\right)dx$

$$=\int_0^1\frac{1}{x+1}dx-\int_0^1\frac{x-2}{x^2-x+1}dx$$

ここで　$\displaystyle\int_0^1\frac{1}{x+1}dx=\Big[\log(x+1)\Big]_0^1$

$$=\log 2-\log 1=\log 2$$

次に，$I=\displaystyle\int_0^1\frac{x-2}{x^2-x+1}dx$ とすると

$$I=\frac{1}{2}\int_0^1\frac{2x-1}{x^2-x+1}dx-\frac{3}{2}\int_0^1\frac{dx}{x^2-x+1}$$

CHART
積分できる形に変形

I の第1項の積分について

$$\int_0^1\frac{2x-1}{x^2-x+1}dx=\int_0^1\frac{(x^2-x+1)'}{x^2-x+1}dx$$

$$=\Big[\log(x^2-x+1)\Big]_0^1=0$$

◀$\displaystyle\int\frac{g'(x)}{g(x)}dx$
$=\log|g(x)|+C$

I の第2項について，$J=\displaystyle\int_0^1\frac{dx}{x^2-x+1}$ とする。

$x^2-x+1=\left(x-\dfrac{1}{2}\right)^2+\dfrac{3}{4}$ であるから，

◀分母が $(x-p)^2+q^2$ の形となるから，
$x-p=q\tan\theta$
とおいて置換積分法。

$x-\dfrac{1}{2}=\dfrac{\sqrt{3}}{2}\tan\theta$ とおくと

$$dx=\frac{\sqrt{3}}{2\cos^2\theta}d\theta$$

x と θ の対応は右のようになる。

x	$0\ \longrightarrow\ 1$
θ	$-\dfrac{\pi}{6}\ \longrightarrow\ \dfrac{\pi}{6}$

ゆえに　$J=\displaystyle\int_{-\frac{\pi}{6}}^{\frac{\pi}{6}}\frac{1}{\frac{3}{4}\tan^2\theta+\frac{3}{4}}\cdot\frac{\sqrt{3}}{2\cos^2\theta}d\theta$

◀$\dfrac{1}{1+\tan^2\theta}=\cos^2\theta$

$$=\frac{2}{\sqrt{3}}\int_{-\frac{\pi}{6}}^{\frac{\pi}{6}}d\theta=\frac{2}{\sqrt{3}}\cdot 2\Big[\theta\Big]_0^{\frac{\pi}{6}}$$

$$=\frac{2}{3\sqrt{3}}\pi$$

◀$\displaystyle\int_{-\frac{\pi}{6}}^{\frac{\pi}{6}}d\theta=2\int_0^{\frac{\pi}{6}}d\theta$

よって　$\displaystyle\int_0^1\frac{3}{x^3+1}dx=\log 2-\left(\frac{1}{2}\cdot 0-\frac{3}{2}\cdot\frac{2}{3\sqrt{3}}\pi\right)$

$$=\boldsymbol{\log 2+\frac{\pi}{\sqrt{3}}}$$

練習 111 ➡本冊 p. 469

(1) 与えられた定積分を I とする。

x	$0 \longrightarrow \frac{\pi}{2}$
t	$\frac{\pi}{2} \longrightarrow 0$

$x=\frac{\pi}{2}-t$ とおくと　$dx=-dt$

x と t の対応は右のようになる。

$$I=\int_{\frac{\pi}{2}}^{0}\frac{\cos^3\left(\frac{\pi}{2}-t\right)}{\cos\left(\frac{\pi}{2}-t\right)+\sin\left(\frac{\pi}{2}-t\right)}\cdot(-1)dt$$

$$=\int_0^{\frac{\pi}{2}}\frac{\sin^3 t}{\sin t+\cos t}dt=\int_0^{\frac{\pi}{2}}\frac{\sin^3 x}{\cos x+\sin x}dx$$

◀定積分は積分変数に無関係。

最後の式を J とすると

$$I+J=\int_0^{\frac{\pi}{2}}\frac{\cos^3 x+\sin^3 x}{\cos x+\sin x}dx$$

$$=\int_0^{\frac{\pi}{2}}\frac{(\cos x+\sin x)(\cos^2 x-\cos x\sin x+\sin^2 x)}{\cos x+\sin x}dx$$

◀$\sin^2 x+\cos^2 x=1$, $\sin 2x=2\sin x\cos x$

$$=\int_0^{\frac{\pi}{2}}\left(1-\frac{1}{2}\sin 2x\right)dx=\left[x+\frac{1}{4}\cos 2x\right]_0^{\frac{\pi}{2}}=\frac{\pi-1}{2}$$

$I=J$ であるから　$I=\boldsymbol{\frac{\pi-1}{4}}$

(2) 与えられた定積分を I とする。

x	$0 \longrightarrow a$
t	$a \longrightarrow 0$

$a-x=t$ とおくと　$-dx=dt$

x と t の対応は右のようになる。

◀$0\leqq x\leqq a$ において，x と $a-x$ をペアと考えて，$a-x=t$ とおく。

$$I=\int_a^0\frac{e^{a-t}}{e^{a-t}+e^t}\cdot(-1)dt$$

$$=\int_0^a\frac{e^{a-t}}{e^{a-t}+e^t}dt=\int_0^a\frac{e^{a-x}}{e^{a-x}+e^x}dx$$

最後の式を J とすると

$$I+J=\int_0^a\left(\frac{e^x}{e^x+e^{a-x}}+\frac{e^{a-x}}{e^{a-x}+e^x}\right)dx=\int_0^a dx=a$$

$I=J$ であるから　$I=\boldsymbol{\frac{a}{2}}$

練習 112 ➡本冊 p. 470

(1) 証明する式の左辺を I とする。

x	$0 \longrightarrow \pi$
t	$\pi \longrightarrow 0$

$\pi-x=t$ とおくと　$x=\pi-t$, $dx=-dt$

x と t の対応は右のようになる。

$$I=\int_\pi^0\left(\pi-t-\frac{\pi}{2}\right)f(\pi-t)\cdot(-1)dt$$

$$=\int_0^\pi\left(\frac{\pi}{2}-t\right)f(\pi-t)dt=\int_0^\pi\left(\frac{\pi}{2}-t\right)f(t)dt$$

◀$f(\pi-x)=f(x)$

$$=-\int_0^\pi\left(x-\frac{\pi}{2}\right)f(x)dx=-I$$

◀同形出現。

したがって　$I=0$　すなわち　$\int_0^\pi\left(x-\frac{\pi}{2}\right)f(x)dx=0$

5章 練習 [積分法]

(2) 与えられた定積分を J とする。

$f(x)=\dfrac{\sin^3 x}{4-\cos^2 x}$ とすると

$$f(\pi-x)=\frac{\sin^3(\pi-x)}{4-\cos^2(\pi-x)}=\frac{\sin^3 x}{4-\cos^2 x}=f(x)$$

◀(1) の等式が成り立つ条件を満たす。

よって，(1) から

$$J=\int_0^\pi xf(x)dx=\int_0^\pi\left\{\left(x-\frac{\pi}{2}\right)f(x)+\frac{\pi}{2}f(x)\right\}dx$$

$$=\int_0^\pi\left(x-\frac{\pi}{2}\right)f(x)dx+\frac{\pi}{2}\int_0^\pi f(x)dx=\frac{\pi}{2}\int_0^\pi f(x)dx$$

$$=\frac{\pi}{2}\int_0^\pi\frac{\sin^3 x}{4-\cos^2 x}dx$$

◀$x=\left(x-\dfrac{\pi}{2}\right)+\dfrac{\pi}{2}$ として，(1) の等式が使える形にする。

$\cos x=u$ とおくと

$-\sin x\,dx=du$

x と u の対応は右のようになる。

x	$0 \longrightarrow \pi$
u	$1 \longrightarrow -1$

$$J=\frac{\pi}{2}\int_1^{-1}\frac{1-u^2}{4-u^2}\cdot(-1)du=\frac{\pi}{2}\int_{-1}^1\frac{u^2-1}{u^2-4}du$$

$$=\frac{\pi}{2}\cdot 2\int_0^1\frac{u^2-1}{u^2-4}du=\pi\int_0^1\left(1+\frac{3}{u^2-4}\right)du$$

$$=\pi\int_0^1\left\{1+\frac{3}{4}\left(\frac{1}{u-2}-\frac{1}{u+2}\right)\right\}du$$

$$=\pi\left[u+\frac{3}{4}(\log|u-2|-\log|u+2|)\right]_0^1$$

$$=\pi\left[u+\frac{3}{4}\log\left|\frac{u-2}{u+2}\right|\right]_0^1$$

$$=\boldsymbol{\pi\left(1-\frac{3}{4}\log 3\right)}$$

◀$g(u)=\dfrac{u^2-1}{u^2-4}$ とすると $g(-u)=g(u)$ であるから $g(u)$ は偶関数。

練習 113 ➡本冊 p. 471

(1) $\displaystyle\int_0^1 x\left(1+\sin\frac{\pi x}{2}\right)dx=\int_0^1 x\left(x-\frac{2}{\pi}\cos\frac{\pi x}{2}\right)'dx$

$$=\left[x\left(x-\frac{2}{\pi}\cos\frac{\pi x}{2}\right)\right]_0^1-\int_0^1\left(x-\frac{2}{\pi}\cos\frac{\pi x}{2}\right)dx$$

$$=1-\left[\frac{x^2}{2}-\frac{4}{\pi^2}\sin\frac{\pi x}{2}\right]_0^1$$

$$=1-\left(\frac{1}{2}-\frac{4}{\pi^2}\sin\frac{\pi}{2}\right)=\boldsymbol{\frac{1}{2}+\frac{4}{\pi^2}}$$

(2) $\displaystyle\int_a^b(x-a)^2(x-b)^2dx=\int_a^b\left\{\frac{(x-a)^3}{3}\right\}'(x-b)^2dx$

$$=\frac{1}{3}\Big[(x-a)^3(x-b)^2\Big]_a^b-\int_a^b\frac{(x-a)^3}{3}\cdot 2(x-b)dx$$

◀$\Big[(x-a)^3(x-b)^2\Big]_a^b=0$

$$=-\frac{2}{3}\int_a^b\left\{\frac{(x-a)^4}{4}\right\}'(x-b)dx$$

◀部分積分法を 2 回適用。

$$=-\frac{2}{3}\left\{\frac{1}{4}\Big[(x-a)^4(x-b)\Big]_a^b-\int_a^b\frac{(x-a)^4}{4}dx\right\}$$

◀$\Big[(x-a)^4(x-b)\Big]_a^b=0$

$$=\frac{2}{3}\cdot\frac{1}{4}\cdot\frac{1}{5}\Big[(x-a)^5\Big]_a^b=\boldsymbol{\frac{1}{30}(b-a)^5}$$

別解 $(x-a)^2(x-b)^2=(x-a)^2(x-a+a-b)^2$

$=(x-a)^2\{(x-a)^2+2(x-a)(a-b)+(a-b)^2\}$

$=(x-a)^4+2(a-b)(x-a)^3+(a-b)^2(x-a)^2$

よって $\displaystyle\int_a^b (x-a)^2(x-b)^2dx$

$$=\left[\frac{(x-a)^5}{5}+2(a-b)\cdot\frac{(x-a)^4}{4}+(a-b)^2\cdot\frac{(x-a)^3}{3}\right]_a^b$$

$$=\frac{(b-a)^5}{5}+\frac{(a-b)(b-a)^4}{2}+\frac{(a-b)^2(b-a)^3}{3}$$

$$=\left(\frac{1}{5}-\frac{1}{2}+\frac{1}{3}\right)(b-a)^5=\boldsymbol{\frac{1}{30}(b-a)^5}$$

(3) $\displaystyle\int_0^1 x^2(x-1)^2e^{2x}dx=\int_0^1(x^4-2x^3+x^2)e^{2x}dx$

$$=\int_0^1 x^4e^{2x}dx-2\int_0^1 x^3e^{2x}dx+\int_0^1 x^2e^{2x}dx$$

ここで

$$\int_0^1 x^2e^{2x}dx=\int_0^1 x^2\left(\frac{1}{2}e^{2x}\right)'dx=\left[x^2\cdot\frac{1}{2}e^{2x}\right]_0^1-\int_0^1 2x\cdot\frac{1}{2}e^{2x}dx$$

◀部分積分法を適用。

$$=\frac{1}{2}e^2-\int_0^1 xe^{2x}dx=\frac{1}{2}e^2-\int_0^1 x\left(\frac{1}{2}e^{2x}\right)'dx$$

◀部分積分法を 2 回適用。

$$=\frac{1}{2}e^2-\left(\left[x\cdot\frac{1}{2}e^{2x}\right]_0^1-\int_0^1 1\cdot\frac{1}{2}e^{2x}dx\right)$$

$$=\frac{1}{2}e^2-\frac{1}{2}e^2+\left[\frac{1}{4}e^{2x}\right]_0^1=\frac{1}{4}(e^2-1)\quad\cdots\cdots ①$$

$$2\int_0^1 x^3e^{2x}dx=2\left[x^3\cdot\frac{1}{2}e^{2x}\right]_0^1-2\int_0^1 3x^2\cdot\frac{1}{2}e^{2x}dx$$

$$=e^2-3\int_0^1 x^2e^{2x}dx=e^2-3\cdot\frac{1}{4}(e^2-1)$$

◀① を適用する。

$$=\frac{1}{4}(e^2+3)\quad\cdots\cdots ②$$

$$\int_0^1 x^4e^{2x}dx=\left[x^4\cdot\frac{1}{2}e^{2x}\right]_0^1-\int_0^1 4x^3\cdot\frac{1}{2}e^{2x}dx=\frac{1}{2}e^2-2\int_0^1 x^3e^{2x}dx$$

$$=\frac{1}{2}e^2-\frac{1}{4}(e^2+3)=\frac{1}{4}(e^2-3)$$

◀② を適用する。

よって $\displaystyle\int_0^1 x^2(x-1)^2e^{2x}dx$

$$=\frac{1}{4}(e^2-3)-\frac{1}{4}(e^2+3)+\frac{1}{4}(e^2-1)=\boldsymbol{\frac{1}{4}(e^2-7)}$$

(4) $0\leqq x\leqq 2\pi$ のとき $x\geqq\sin x$ であるから，$(x-\sin x)\cos x$ の正・負は $\cos x$ の正・負と一致する。

◀$0\leqq x\leqq 1$ のときは下の図参照。$x\geqq 1$ のときは明らか。

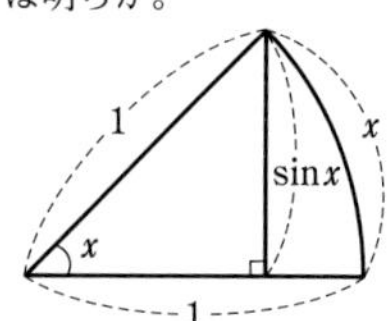

$(x-\sin x)\cos x=x\cos x-\dfrac{1}{2}\sin 2x$ であるから

$$\int\left(x\cos x-\frac{1}{2}\sin 2x\right)dx=\int x(\sin x)'dx-\frac{1}{2}\int\sin 2x\,dx$$

$$=x\sin x-\int\sin x\,dx-\frac{1}{2}\cdot\frac{1}{2}(-\cos 2x)$$

$$=x\sin x+\cos x+\frac{1}{4}\cos 2x+C$$

5章 練習 [積分法]

よって　$\displaystyle\int_0^{2\pi}|(x-\sin x)\cos x|\,dx$

$$=\left[x\sin x+\cos x+\frac{1}{4}\cos 2x\right]_0^{\frac{\pi}{2}}-\left[x\sin x+\cos x+\frac{1}{4}\cos 2x\right]_{\frac{\pi}{2}}^{\frac{3}{2}\pi}$$

$$+\left[x\sin x+\cos x+\frac{1}{4}\cos 2x\right]_{\frac{3}{2}\pi}^{2\pi}$$

$$=2\left\{\frac{\pi}{2}\cdot 1+0+\frac{1}{4}\cdot(-1)\right\}-2\left\{\frac{3}{2}\pi\cdot(-1)+0+\frac{1}{4}\cdot(-1)\right\}$$

$$=\boldsymbol{4\pi}$$

◀[　]内を $F(x)$ とすると，$F(0)=F(2\pi)$ で
$(与式)=F\left(\frac{\pi}{2}\right)-F(0)$
$-\left\{F\left(\frac{3}{2}\pi\right)-F\left(\frac{\pi}{2}\right)\right\}$
$+F(2\pi)-F\left(\frac{3}{2}\pi\right)$
$=2F\left(\frac{\pi}{2}\right)-2F\left(\frac{3}{2}\pi\right)$

練習 114　➡本冊 p. 472

(1)　$I=\displaystyle\int_1^{e^{\frac{\pi}{4}}}x^2\cos(\log x)\,dx$ とする。

$$I=\int_1^{e^{\frac{\pi}{4}}}\left(\frac{x^3}{3}\right)'\cos(\log x)\,dx$$

◀部分積分法。

$$=\left[\frac{x^3}{3}\cos(\log x)\right]_1^{e^{\frac{\pi}{4}}}+\frac{1}{3}\int_1^{e^{\frac{\pi}{4}}}x^3\cdot\frac{1}{x}\sin(\log x)\,dx$$

$$=\frac{1}{3}e^{\frac{3}{4}\pi}\cdot\frac{1}{\sqrt{2}}-\frac{1}{3}\cdot 1+\frac{1}{3}\int_1^{e^{\frac{\pi}{4}}}x^2\sin(\log x)\,dx$$

$$=\frac{\sqrt{2}}{6}e^{\frac{3}{4}\pi}-\frac{1}{3}+\frac{1}{3}\int_1^{e^{\frac{\pi}{4}}}\left(\frac{x^3}{3}\right)'\sin(\log x)\,dx$$

◀部分積分法を 2 回適用。

$$=\frac{\sqrt{2}}{6}e^{\frac{3}{4}\pi}-\frac{1}{3}+\frac{1}{3}\left[\frac{x^3}{3}\sin(\log x)\right]_1^{e^{\frac{\pi}{4}}}$$

$$-\frac{1}{9}\int_1^{e^{\frac{\pi}{4}}}x^3\cdot\frac{1}{x}\cos(\log x)\,dx$$

◀同形出現。

$$=\frac{\sqrt{2}}{6}e^{\frac{3}{4}\pi}-\frac{1}{3}+\frac{\sqrt{2}}{18}e^{\frac{3}{4}\pi}-\frac{1}{9}I$$

$$=\frac{2\sqrt{2}}{9}e^{\frac{3}{4}\pi}-\frac{1}{3}-\frac{1}{9}I$$

よって　$I=\boldsymbol{\dfrac{\sqrt{2}}{5}e^{\frac{3}{4}\pi}-\dfrac{3}{10}}$

(2)　$I=\displaystyle\int e^{-x}\sin x\,dx$，$J=\displaystyle\int e^{-x}\cos x\,dx$ とする。

$$(e^{-x}\sin x)'=-e^{-x}\sin x+e^{-x}\cos x$$
$$(e^{-x}\cos x)'=-e^{-x}\cos x-e^{-x}\sin x$$

であるから，それぞれの両辺を積分して

$e^{-x}\sin x=-I+J$ …… ①，$e^{-x}\cos x=-J-I$ …… ②

(①＋②)÷(−2) から　$I=-\dfrac{1}{2}e^{-x}(\sin x+\cos x)+C$

(①−②)÷2 から　$J=\dfrac{1}{2}e^{-x}(\sin x-\cos x)+C$

◀(イ)の定積分の計算に部分積分法を適用すると，$e^{-x}\sin x$ と $e^{-x}\cos x$ の不定積分が必要になる。そこで，これらをペアとして本冊 p. 472 例題 114 別解 の方針で先に求めておく。

(ア)　$\displaystyle\int_0^{\pi}e^{-x}\sin x\,dx=\left[-\frac{1}{2}e^{-x}(\sin x+\cos x)\right]_0^{\pi}$

$$=\boldsymbol{\frac{e^{-\pi}+1}{2}}$$

(イ) $\int_0^{\pi} xe^{-x}\sin x\,dx=\int_0^{\pi} x\cdot\left\{-\frac{1}{2}e^{-x}(\sin x+\cos x)\right\}'dx$

$=\left[x\cdot\left\{-\frac{1}{2}e^{-x}(\sin x+\cos x)\right\}\right]_0^{\pi}$

$-\int_0^{\pi} 1\cdot\left\{-\frac{1}{2}e^{-x}(\sin x+\cos x)\right\}dx$

$=\frac{\pi}{2}e^{-\pi}+\frac{1}{2}\left(\int_0^{\pi} e^{-x}\sin x\,dx+\int_0^{\pi} e^{-x}\cos x\,dx\right)$

ここで　$\int_0^{\pi} e^{-x}\cos x\,dx=\left[\frac{1}{2}e^{-x}(\sin x-\cos x)\right]_0^{\pi}$

$=\frac{e^{-\pi}+1}{2}$

これと(ア)の結果を用いると

$$\int_0^{\pi} xe^{-x}\sin x\,dx=\frac{\pi}{2}e^{-\pi}+\frac{1}{2}\left(\frac{e^{-\pi}+1}{2}+\frac{e^{-\pi}+1}{2}\right)$$

$$=\boldsymbol{\frac{1}{2}\{(\pi+1)e^{-\pi}+1\}}$$

◀部分積分法。

◀② より，$I+J=-e^{-x}\cos x$ であるから（ ）内の定積分 $=\left[-e^{-x}\cos x\right]_0^{\pi}=e^{-\pi}+1$ としてもよい。

練習 115 ➡ 本冊 p.473

$g(x)=f^{-1}(x)$ であるから

$$x=f(y)=\frac{12(e^{3y}-3e^{y})}{e^{2y}-1}\quad(y>0)$$

$\frac{12(e^{3y}-3e^{y})}{e^{2y}-1}=8$ とすると　$3(e^{3y}-3e^{y})=2(e^{2y}-1)$

よって　$3e^{3y}-2e^{2y}-9e^{y}+2=0$

ゆえに　$(e^{y}-2)(3e^{2y}+4e^{y}-1)=0$

$y>0$ であるから　$e^{y}>1$

よって　$e^{y}=2$　すなわち　$y=\log 2$

$\frac{12(e^{3y}-3e^{y})}{e^{2y}-1}=27$ とすると　$4(e^{3y}-3e^{y})=9(e^{2y}-1)$

よって　$4e^{3y}-9e^{2y}-12e^{y}+9=0$

ゆえに　$(e^{y}-3)(4e^{2y}+3e^{y}-3)=0$

$e^{y}>1$ であるから　$e^{y}=3$　すなわち　$y=\log 3$

また，$x=f(y)$ より　$dx=f'(y)dy$

x と y の対応は右のようになる。

x	$8 \longrightarrow 27$
y	$\log 2 \longrightarrow \log 3$

$\int_8^{27} g(x)dx=\int_{\log 2}^{\log 3} yf'(y)dy$

$=\left[yf(y)\right]_{\log 2}^{\log 3}-\int_{\log 2}^{\log 3} f(y)dy$

$=\log 3 f(\log 3)-\log 2 f(\log 2)-\int_{\log 2}^{\log 3}\frac{12(e^{3y}-3e^{y})}{e^{2y}-1}dy$

$=27\log 3-8\log 2-12\int_{\log 2}^{\log 3}\frac{e^{3y}-3e^{y}}{e^{2y}-1}dy$

ここで，$e^{y}=t$ とおくと

$e^{y}dy=dt$，$dy=\frac{1}{t}dt$

y と t の対応は右のようになる。

y	$\log 2 \longrightarrow \log 3$
t	$2 \longrightarrow 3$

参考
$f'(x)=\frac{12e^{x}(e^{4x}+3)}{(e^{2x}-1)^2}$
$x>0$ のとき $f'(x)>0$
$f(x)$ は $x>0$ で単調に増加するから，逆関数が存在する。

◀$3e^{2y}+4e^{y}-1>0$

◀$4e^{2y}+3e^{y}-3>0$

◀部分積分法。

$$\int_{\log 2}^{\log 3}\frac{e^{3y}-3e^y}{e^{2y}-1}dy=\int_2^3\frac{t^3-3t}{t^2-1}\cdot\frac{1}{t}dt=\int_2^3\frac{t^2-3}{t^2-1}dt$$

$$=\int_2^3\left(1-\frac{2}{t^2-1}\right)dt=\int_2^3\left(1-\frac{1}{t-1}+\frac{1}{t+1}\right)dt$$

◀部分分数に分解して，次数を下げる。

$$=\Big[t-\log(t-1)+\log(t+1)\Big]_2^3$$

$$=3-\log 2+\log 4-2-\log 3=1+\log 2-\log 3$$

よって　$\displaystyle\int_8^{27}g(x)dx=27\log 3-8\log 2-12(1+\log 2-\log 3)$

$$=\mathbf{39\log 3-20\log 2-12}$$

練習 116

➡本冊 p. 475

(1)　$x=\dfrac{\pi}{2}-t$ とおくと　　$dx=-dt$

x	$0\longrightarrow\dfrac{\pi}{2}$
t	$\dfrac{\pi}{2}\longrightarrow 0$

◀置換積分法。

x と t の対応は右のようになる。

よって，$n\geqq 1$ のとき

$$\int_0^{\frac{\pi}{2}}\sin^n x\,dx=\int_{\frac{\pi}{2}}^0\sin^n\left(\frac{\pi}{2}-t\right)\cdot(-1)dt$$

$$=\int_0^{\frac{\pi}{2}}\cos^n t\,dt=\int_0^{\frac{\pi}{2}}\cos^n x\,dx$$

◀$\sin\left(\dfrac{\pi}{2}-\theta\right)=\cos\theta$，$-\displaystyle\int_{\frac{\pi}{2}}^0=\int_0^{\frac{\pi}{2}}$

また　　$I_0=J_0=\displaystyle\int_0^{\frac{\pi}{2}}dx$

◀$\sin^0 x=\cos^0 x=1$

よって　　$I_n=J_n\ (n\geqq 0)$

(2)　$\boldsymbol{I_n}=\displaystyle\int_0^{\frac{\pi}{4}}\tan^{n-2}x\tan^2 x\,dx=\int_0^{\frac{\pi}{4}}\tan^{n-2}x\left(\frac{1}{\cos^2 x}-1\right)dx$

◀$1+\tan^2\theta=\dfrac{1}{\cos^2\theta}$

$$=\int_0^{\frac{\pi}{4}}\tan^{n-2}x(\tan x)'dx-\int_0^{\frac{\pi}{4}}\tan^{n-2}x\,dx$$

◀$f(■)■'$ の形を作る。

$$=\left[\frac{1}{n-1}\tan^{n-1}x\right]_0^{\frac{\pi}{4}}-I_{n-2}=\boldsymbol{\frac{1}{n-1}-I_{n-2}}$$

◀$\tan\dfrac{\pi}{4}=1$，$\tan 0=0$

また　　$I_1=\displaystyle\int_0^{\frac{\pi}{4}}\frac{\sin x}{\cos x}dx=\Big[-\log(\cos x)\Big]_0^{\frac{\pi}{4}}$

◀$\dfrac{\sin x}{\cos x}=-\dfrac{(\cos x)'}{\cos x}$

$$=-\log\frac{1}{\sqrt{2}}=\frac{1}{2}\log 2$$

よって　　$\boldsymbol{I_3}=\dfrac{1}{2}-I_1=\boldsymbol{\dfrac{1}{2}-\dfrac{1}{2}\log 2}$

◀$I_n=\dfrac{1}{n-1}-I_{n-2}$ で $n=3$ とおく。

更に　　$I_2=\displaystyle\int_0^{\frac{\pi}{4}}\left(\frac{1}{\cos^2 x}-1\right)dx=\Big[\tan x-x\Big]_0^{\frac{\pi}{4}}=1-\frac{\pi}{4}$

ゆえに　　$\boldsymbol{I_4}=\dfrac{1}{3}-I_2=\dfrac{1}{3}-\left(1-\dfrac{\pi}{4}\right)=\boldsymbol{\dfrac{\pi}{4}-\dfrac{2}{3}}$

◀$I_n=\dfrac{1}{n-1}-I_{n-2}$ で $n=4$ とおく。

練習 117

➡本冊 p. 476

(1)　$x=\dfrac{\pi}{2}-t$ とおくと　　$dx=-dt$

x	$0\longrightarrow\dfrac{\pi}{2}$
t	$\dfrac{\pi}{2}\longrightarrow 0$

x と t の対応は右のようになる。

よって　$I_{m,n}=\int_0^{\frac{\pi}{2}}\sin^m x\cos^n x\,dx$

$=\int_{\frac{\pi}{2}}^0\sin^m\left(\frac{\pi}{2}-t\right)\cos^n\left(\frac{\pi}{2}-t\right)\cdot(-1)\,dt$

◀$\sin\left(\frac{\pi}{2}-t\right)=\cos t$, $\cos\left(\frac{\pi}{2}-t\right)=\sin t$

$=\int_0^{\frac{\pi}{2}}\sin^n x\cos^m x\,dx=I_{n,m}$

$n\geqq 2$ のとき

$\int\sin^m x\cos^n x\,dx=\int(\sin^m x\cos x)\cos^{n-1}x\,dx$

$=\int\left(\frac{\sin^{m+1}x}{m+1}\right)'\cos^{n-1}x\,dx$

◀部分積分法。

$=\frac{\sin^{m+1}x\cos^{n-1}x}{m+1}-\int\frac{\sin^{m+1}x}{m+1}\cdot(n-1)\cos^{n-2}x(-\sin x)\,dx$

$=\frac{\sin^{m+1}x\cos^{n-1}x}{m+1}+\frac{n-1}{m+1}\int\sin^{m+2}x\cos^{n-2}x\,dx$ …… ①

また　$\int\sin^{m+2}x\cos^{n-2}x\,dx=\int\sin^m x\cos^{n-2}x(1-\cos^2 x)\,dx$

$=\int\sin^m x\cos^{n-2}x\,dx-\int\sin^m x\cos^n x\,dx$ …… ②

◀同形出現。

①, ② から

$\int\sin^m x\cos^n x\,dx=\frac{\sin^{m+1}x\cos^{n-1}x}{m+1}$

$+\frac{n-1}{m+1}\left(\int\sin^m x\cos^{n-2}x\,dx-\int\sin^m x\cos^n x\,dx\right)$

よって　$\int\sin^m x\cos^n x\,dx$

$=\frac{\sin^{m+1}x\cos^{n-1}x}{m+n}+\frac{n-1}{m+n}\int\sin^m x\cos^{n-2}x\,dx$

ゆえに　$\int_0^{\frac{\pi}{2}}\sin^m x\cos^n x\,dx$

$=\left[\frac{\sin^{m+1}x\cos^{n-1}x}{m+n}\right]_0^{\frac{\pi}{2}}+\frac{n-1}{m+n}\int_0^{\frac{\pi}{2}}\sin^m x\cos^{n-2}x\,dx$

◀$\left[\frac{\sin^{m+1}x\cos^{n-1}x}{m+n}\right]_0^{\frac{\pi}{2}}=0$

したがって　$I_{m,n}=\frac{n-1}{m+n}I_{m,n-2}$

(2) $\int_0^{\frac{\pi}{2}}\sin^3 x\cos^6 x\,dx=I_{3,6}=\frac{5}{9}I_{3,4}=\frac{5}{9}I_{4,3}$

◀$I_{3,6}=\frac{6-1}{3+6}I_{3,6-2}$

$=\frac{5}{9}\cdot\frac{2}{7}I_{4,1}$

◀$I_{4,3}=\frac{3-1}{4+3}I_{4,3-2}$

$I_{4,1}=\int_0^{\frac{\pi}{2}}\sin^4 x\cos x\,dx=\left[\frac{1}{5}\sin^5 x\right]_0^{\frac{\pi}{2}}=\frac{1}{5}$

◀$\sin^4 x\cos x=\sin^4 x(\sin x)'$

よって　$\int_0^{\frac{\pi}{2}}\sin^3 x\cos^6 x\,dx=\frac{5}{9}\cdot\frac{2}{7}\cdot\frac{1}{5}=\mathbf{\frac{2}{63}}$

練習 118 ➡本冊 p. 481

(1) $\int_0^1 tf(t)\,dt=a$ とおくと　$f(x)=\sin\pi x+a$

よって　$\int_0^1 tf(t)dt=\int_0^1(t\sin\pi t+at)dt$

$=\int_0^1 t\left(-\frac{\cos\pi t}{\pi}\right)'dt+a\int_0^1 t\,dt$

◀部分積分法。

$=\left[-\frac{t\cos\pi t}{\pi}\right]_0^1+\int_0^1\frac{\cos\pi t}{\pi}dt+a\left[\frac{t^2}{2}\right]_0^1$

$=\frac{1}{\pi}+\left[\frac{\sin\pi t}{\pi^2}\right]_0^1+\frac{a}{2}=\frac{1}{\pi}+\frac{a}{2}$

ゆえに　$\frac{1}{\pi}+\frac{a}{2}=a$　　これを解いて　$a=\frac{2}{\pi}$

したがって　$\boldsymbol{f(x)=\sin\pi x+\frac{2}{\pi}}$

(2)　$f(x)=e^x\int_0^1\frac{1}{e^t+1}dt+\int_0^1\frac{f(t)}{e^t+1}dt$

◀e^x は定数とみて，定積分の前に出す。

$\int_0^1\frac{1}{e^t+1}dt=a$，$\int_0^1\frac{f(t)}{e^t+1}dt=b$ とおくと　$f(x)=ae^x+b$

◀$\int_0^1\frac{1}{e^t+1}dt$，$\int_0^1\frac{f(t)}{e^t+1}dt$ は定数。

ゆえに　$a=\int_0^1\frac{1}{e^t+1}dt=\int_0^1\frac{e^{-t}}{1+e^{-t}}dt=\int_0^1(-1)\cdot\frac{(1+e^{-t})'}{1+e^{-t}}dt$

$=\left[-\log(1+e^{-t})\right]_0^1=\log\frac{2}{1+e^{-1}}=\log\frac{2e}{e+1}$

また　$b=\int_0^1\frac{ae^t+b}{e^t+1}dt=\int_0^1\left(a+\frac{b-a}{e^t+1}\right)dt$

$=\left[at\right]_0^1+(b-a)\int_0^1\frac{1}{e^t+1}dt$

すなわち　$b=a+(b-a)a$

よって　$b-a=(b-a)a$

ゆえに　$(b-a)(1-a)=0$

◀$\int_0^1\frac{1}{e^t+1}dt$ の値を求めてはいるが，ここでは a として計算を進める。

$a=\log\frac{2e}{e+1}\neq 1$ であるから　$b-a=0$

よって　$b=a=\log\frac{2e}{e+1}$

したがって　$\boldsymbol{f(x)=(e^x+1)\log\frac{2e}{e+1}}$

(3)　与えられた等式を ① とすると，① は

$f(x)=\frac{1}{2}x+\int_0^x t\sin t\,dt-x\int_0^x\sin t\,dt$

◀x は定数とみて，定積分の前に出す。

この両辺を x で微分すると

$f'(x)=\frac{1}{2}+x\sin x-\int_0^x\sin t\,dt-x\sin x$

◀$\frac{d}{dx}\int_a^x F(t)dt=F(x)$

$=\frac{1}{2}-\left[-\cos t\right]_0^x=\cos x-\frac{1}{2}$

よって　$f(x)=\int\left(\cos x-\frac{1}{2}\right)dx=\sin x-\frac{1}{2}x+C$　…… ②

◀$f(x)=\int f'(x)dx$

ここで，等式 ① の両辺に $x=0$ を代入して　$f(0)=0$

② から　$C=0$

したがって　$\boldsymbol{f(x)=\sin x-\frac{1}{2}x}$

◀② から　$f(0)=C$

練習 119 ➡ 本冊 p. 482

(1) $f(x)=x^2-x\int_0^x f'(t)dt+\int_0^x tf'(t)dt$ …… ①

◀ x は定数とみて，定積分の前に出す。

① の両辺に $x=0$ を代入して　　$\boldsymbol{f(0)=0}$

① の両辺を x で微分すると

$$f'(x)=2x-\left\{1\cdot\int_0^x f'(t)dt+x\cdot f'(x)\right\}+xf'(x)$$

$$=2x-\int_0^x f'(t)dt=2x-\Big[f(t)\Big]_0^x=2x-f(x)+f(0)$$

$$=2x-f(x)$$

◀{　} の中は $(uv)'=u'v+uv'$

(2) $\{e^xf(x)\}'=e^xf(x)+e^xf'(x)=e^x\{f(x)+f'(x)\}$

$$=e^x\{f(x)+2x-f(x)\}=2xe^x$$

◀(1) の結果を利用。

(3) $e^xf(x)=\int 2xe^x dx=2\int x(e^x)'dx=2\left(xe^x-\int e^x dx\right)$

$$=2(xe^x-e^x)+C$$

◀部分積分法。

よって　　$e^xf(x)=2(x-1)e^x+C$

この等式の両辺に $x=0$ を代入すると，$f(0)=0$ であるから

$0=-2+C$　　　ゆえに　　$C=2$

よって　　$e^xf(x)=2(x-1)e^x+2$

したがって　　$\boldsymbol{f(x)=2(x-1+e^{-x})}$

練習 120 ➡ 本冊 p. 483

$f(x)=\dfrac{1}{2}x+6\int_1^x t^2\log t\,dt-4x\int_1^x t\log t\,dt$ …… ①

◀ x は定数とみて，定積分の前に出す。

$$f'(x)=\frac{1}{2}+6x^2\log x-4\int_1^x t\log t\,dt-4x^2\log x$$

◀ $\dfrac{d}{dx}\int_a^x g(t)dt=g(x)$

$$=\frac{1}{2}+2x^2\log x-4\int_1^x\left(\frac{t^2}{2}\right)'\log t\,dt$$

◀部分積分法。

$$=\frac{1}{2}+2x^2\log x-4\left\{\frac{x^2}{2}\log x-\frac{1}{4}(x^2-1)\right\}=x^2-\frac{1}{2}$$

ゆえに　　$f(x)=\int\left(x^2-\dfrac{1}{2}\right)dx=\dfrac{x^3}{3}-\dfrac{x}{2}+C$ …… ②

① の両辺に $x=1$ を代入して　　$f(1)=\dfrac{1}{2}$

◀ $\int_1^1 g(t)dt=0$

また，② において　　$f(1)=\dfrac{1}{3}-\dfrac{1}{2}+C$

よって　　$\dfrac{1}{3}-\dfrac{1}{2}+C=\dfrac{1}{2}$　　　ゆえに　　$C=\dfrac{2}{3}$

したがって　　$f(x)=\dfrac{x^3}{3}-\dfrac{x}{2}+\dfrac{2}{3}$

$f'(x)=0$ とすると，$x>0$ であるから　　$x=\dfrac{1}{\sqrt{2}}$

◀ $x^2-\dfrac{1}{2}=0$

$f''(x)=2x$ であるから　　$f''\left(\dfrac{1}{\sqrt{2}}\right)=\dfrac{2}{\sqrt{2}}>0$

よって，$f(x)$ は，$\boldsymbol{x=\dfrac{1}{\sqrt{2}}}$ **で極小値** $\boldsymbol{\dfrac{4-\sqrt{2}}{6}}$ をとる。

◀ $f\left(\dfrac{1}{\sqrt{2}}\right)=\dfrac{4-\sqrt{2}}{6}$

練習 121 ➡本冊 p. 484

(1) $f(p)=\int_0^1\{(e^x-x)^2-2p(e^x-x)+p^2\}dx$

$=p^2\int_0^1 dx-2p\int_0^1(e^x-x)dx+\int_0^1(e^{2x}-2xe^x+x^2)dx$

◀ p を定数とみて積分。

◀ p の 2 次式。

ここで　$\int_0^1 dx=1,\ \int_0^1(e^x-x)dx=\left[e^x-\frac{x^2}{2}\right]_0^1=e-\frac{3}{2},$

$\int_0^1(e^{2x}-2xe^x+x^2)dx=\int_0^1(e^{2x}+x^2)dx-2\int_0^1 xe^x dx$

$=\left[\frac{e^{2x}}{2}+\frac{x^3}{3}\right]_0^1-2\left(\left[xe^x\right]_0^1-\int_0^1 e^x dx\right)$

$=\frac{e^2}{2}+\frac{1}{3}-\frac{1}{2}-2\left(e-\left[e^x\right]_0^1\right)$

$=\frac{3e^2-1}{6}-2\{e-(e-1)\}=\frac{3e^2-13}{6}$

◀第 2 項を部分積分。

よって　$f(p)=p^2-(2e-3)p+\frac{3e^2-13}{6}$

$=\left\{p-\left(e-\frac{3}{2}\right)\right\}^2+\frac{-6e^2+36e-53}{12}$

◀ 2 次式は基本形に直せ。

ゆえに，$f(p)$ は $\boldsymbol{p=e-\frac{3}{2}}$ **で最小値** $\boldsymbol{\frac{-6e^2+36e-53}{12}}$ をとる。

(2) $I=\int_{-\pi}^{\pi}(x^2+a^2\sin^2 x+b^2\sin^2 2x-2ax\sin x$

$-2bx\sin 2x+2ab\sin x\sin 2x)dx$

ここで　$\int_{-\pi}^{\pi}x^2 dx=2\left[\frac{1}{3}x^3\right]_0^{\pi}=\frac{2}{3}\pi^3$

◀ $\int_{-a}^{a}$ 偶関数は 2 倍。

$\int_{-\pi}^{\pi}a^2\sin^2 x\,dx=a^2\int_0^{\pi}(1-\cos 2x)dx=a^2\left[x-\frac{\sin 2x}{2}\right]_0^{\pi}=a^2\pi$

◀ $\sin^2 x=\frac{1-\cos 2x}{2}$

同様に　$\int_{-\pi}^{\pi}b^2\sin^2 2x\,dx=b^2\pi$

$\int_{-\pi}^{\pi}2ax\sin x\,dx=4a\left(\left[-x\cos x\right]_0^{\pi}+\int_0^{\pi}\cos x\,dx\right)$

$=4a\left(\pi+\left[\sin x\right]_0^{\pi}\right)=4a\pi$

◀部分積分法。
$\sin x=(-\cos x)'$

$\int_{-\pi}^{\pi}2bx\sin 2x\,dx=2b\left(\left[-x\cos 2x\right]_0^{\pi}+\int_0^{\pi}\cos 2x\,dx\right)$

$=2b\left(-\pi+\left[\frac{\sin 2x}{2}\right]_0^{\pi}\right)=-2b\pi$

◀部分積分法。
$\sin 2x=\left(-\frac{\cos 2x}{2}\right)'$

$\int_{-\pi}^{\pi}2ab\sin x\sin 2x\,dx=2ab\int_0^{\pi}(\cos x-\cos 3x)dx$

$=2ab\left[\sin x-\frac{\sin 3x}{3}\right]_0^{\pi}=0$

◀積 ⟶ 和の公式利用。

であるから　$I=\frac{2}{3}\pi^3+a^2\pi+b^2\pi-4a\pi+2b\pi$

$=\pi(a-2)^2+\pi(b+1)^2+\frac{2}{3}\pi^3-5\pi$

よって，$\boldsymbol{a=2,\ b=-1}$ **で最小値** $\boldsymbol{\frac{2}{3}\pi^3-5\pi}$ をとる。

練習 122 ➡本冊 $p.485$

[1] $0 \leqq x \leqq \dfrac{\pi}{2}$ のとき

$0 \leqq t \leqq x$ では $|t-x|=-(t-x)$，$x \leqq t \leqq \dfrac{\pi}{2}$ では

$|t-x|=t-x$ であるから

$$f(x)=\int_0^x \frac{\cos(t-x)}{1-\sin(t-x)}dt+\int_x^{\frac{\pi}{2}}\frac{\cos(t-x)}{1+\sin(t-x)}dt$$

$$=\int_0^x\left[-\frac{\{1-\sin(t-x)\}'}{1-\sin(t-x)}\right]dt+\int_x^{\frac{\pi}{2}}\frac{\{1+\sin(t-x)\}'}{1+\sin(t-x)}dt$$

$$=\Big[-\log|1-\sin(t-x)|\Big]_0^x+\Big[\log|1+\sin(t-x)|\Big]_x^{\frac{\pi}{2}}$$

$$=\log(1+\sin x)+\log(1+\cos x)$$

$$f'(x)=\frac{\cos x}{1+\sin x}+\frac{-\sin x}{1+\cos x}$$

$$=\frac{(\cos x-\sin x)(1+\sin x+\cos x)}{(1+\sin x)(1+\cos x)}$$

$$=\frac{\sqrt{2}\sin\left(x+\frac{3}{4}\pi\right)(1+\sin x+\cos x)}{(1+\sin x)(1+\cos x)}\quad\left(0<x<\frac{\pi}{2}\right)$$

$f'(x)=0$ とすると　$x=\dfrac{\pi}{4}$

[2] $\dfrac{\pi}{2}<x \leqq \pi$ のとき

$0 \leqq t \leqq \dfrac{\pi}{2}<x$ では $|t-x|=-(t-x)$ であるから

$$f(x)=\int_0^{\frac{\pi}{2}}\frac{\cos(t-x)}{1-\sin(t-x)}dt$$

$$=\int_0^{\frac{\pi}{2}}\left[-\frac{\{1-\sin(t-x)\}'}{1-\sin(t-x)}\right]dt$$

$$=\Big[-\log|1-\sin(t-x)|\Big]_0^{\frac{\pi}{2}}$$

$$=-\log(1-\cos x)+\log(1+\sin x)$$

$$f'(x)=-\frac{\sin x}{1-\cos x}+\frac{\cos x}{1+\sin x}$$

$$=\frac{-(\sin x-\cos x+1)}{(1-\cos x)(1+\sin x)}\quad\left(\frac{\pi}{2}<x<\pi\right)$$

よって，$\dfrac{\pi}{2}<x<\pi$ のとき

$f'(x)<0$

[1]，[2] から，$0 \leqq x \leqq \pi$ における $f(x)$ の増減表は次のようになる。

CHART 絶対値 場合に分ける

◀置換積分法。

◀$0<x<\dfrac{\pi}{2}$ のとき $1+\sin x+\cos x>0$，$\dfrac{3}{4}\pi<x+\dfrac{3}{4}\pi<\dfrac{5}{4}\pi$

◀置換積分法。

x	0	$\cdots$	$\dfrac{\pi}{4}$	$\cdots$	$\dfrac{\pi}{2}$	$\cdots$	π
$f'(x)$		$+$	0	$-$		$-$	
$f(x)$	$\log 2$	↗	$\log\left(\dfrac{3}{2}+\sqrt{2}\right)$	↘	$\log 2$	↘	$-\log 2$

よって，$f(x)$ は $\boldsymbol{x=\dfrac{\pi}{4}}$ **で最大値** $\boldsymbol{\log\left(\dfrac{3}{2}+\sqrt{2}\right)}$,

$\boldsymbol{x=\pi}$ **で最小値** $\boldsymbol{-\log 2}$ 　をとる。

練習 123 ➡本冊 p. 486

(1) ㋐ $g(x)=2\sqrt{x}-\log x$ とすると

$$g'(x)=\frac{1}{\sqrt{x}}-\frac{1}{x}=\frac{\sqrt{x}-1}{x}$$

$g'(x)=0$ とすると　$x=1$

$g(x)$ の増減表は右のようになる。

x	0	$\cdots$	1	$\cdots$
$g'(x)$		$-$	0	$+$
$g(x)$		↘	2	↗

よって　$g(x)\geqq g(1)=2$

したがって　$g(x)>0$

すなわち　$2\sqrt{x}-\log x>0$

CHART
大小比較は差を作れ

㋑ $F(x)=\displaystyle\int_1^x f(t)dt$ とすると

$$\lim_{\alpha\to\infty}\int_1^\alpha f(x)dx=\lim_{\alpha\to\infty}F(\alpha),\ \int_1^c f(x)dx=F(c)$$

$$F(x)=\int_1^x\frac{\log t}{t^2}dt=\int_1^x\left(-\frac{1}{t}\right)'\log t\,dt$$

$$=\left[-\frac{1}{t}\log t\right]_1^x+\int_1^x\frac{1}{t}\cdot\frac{1}{t}dt=-\frac{1}{x}\log x+\left[-\frac{1}{t}\right]_1^x$$

$$=1-\left(\frac{\log x}{x}+\frac{1}{x}\right)$$

◀部分積分法。

ここで，㋐より $\log x<2\sqrt{x}$ であるから，$x>1$ のとき

$$0<\frac{\log x}{x}<\frac{2}{\sqrt{x}}$$

CHART
㋐は㋑のヒント

$\displaystyle\lim_{x\to\infty}\frac{2}{\sqrt{x}}=0$ であるから，はさみうちの原理により

$$\lim_{x\to\infty}\frac{\log x}{x}=0$$

よって　$\displaystyle\lim_{\alpha\to\infty}F(\alpha)=\lim_{\alpha\to\infty}\left\{1-\left(\frac{\log\alpha}{\alpha}+\frac{1}{\alpha}\right)\right\}=1$

また　$F(c)=1-\left(\dfrac{\log c}{c}+\dfrac{1}{c}\right)$

$\displaystyle\lim_{\alpha\to\infty}F(\alpha)=F(c)$ から　$\dfrac{\log c}{c}+\dfrac{1}{c}=0$

よって　$\log c=-1$ 　　ゆえに　$\boldsymbol{c=\dfrac{1}{e}}$

(2) $F'(x)=g(x)$ とすると

$$h_n(x)=n\int_x^{x+\frac{1}{n}}g(t)dt=n\Big[F(t)\Big]_x^{x+\frac{1}{n}}=n\left\{F\left(x+\frac{1}{n}\right)-F(x)\right\}$$

よって

$$\{h_n(x)\}'=n\left\{g\left(x+\frac{1}{n}\right)-g(x)\right\}=\frac{g\left(x+\frac{1}{n}\right)-g(x)}{\frac{1}{n}}$$

◀$n\left\{F'\left(x+\frac{1}{n}\right)-F'(x)\right\}$

ゆえに，$\frac{1}{n}=h$ とおくと

$$\lim_{n\to\infty}(\{h_n(x)\}')=\lim_{h\to 0}\frac{g(x+h)-g(x)}{h}=g'(x)=\left\{\int_0^x f(t)dt\right\}'$$
$$=\boldsymbol{f(x)}$$

◀$\frac{d}{dx}\int_0^x f(t)dt=f(x)$

練習 124 ➡ 本冊 *p*. 487

(1) $\boldsymbol{f_1(x)}=1+\int_0^x\{f_0(t)+tf_0'(t)\}dt=1+\int_0^x(1+t\cdot 0)dt=\boldsymbol{1+x}$

◀定義の式に従って，順に求めていく。

同様にして

$$\boldsymbol{f_2(x)}=1+\int_0^x(1+t+t\cdot 1)dt=\boldsymbol{1+x+x^2}$$

$$\boldsymbol{f_3(x)}=1+\int_0^x\{1+t+t^2+t(1+2t)\}dt=\boldsymbol{1+x+x^2+x^3}$$

(2) $f_n(x)$ は次のように推定される。これを証明する。

$$\boldsymbol{f_n(x)=1+x+x^2+\cdots\cdots+x^n} \quad \cdots\cdots ①$$

参考 (2) 証明は，$f_n(x)=1+x+\cdots\cdots+x^n$ が $f_n(x)$ の漸化式を満たすことを示してもよい。

[1] $n=1$ のとき　(1)の結果から　$f_1(x)=1+x$

よって，① は成り立つ。

[2] $n=k$ のとき ① が成り立つ，すなわち

$$f_k(x)=1+x+x^2+\cdots\cdots+x^k$$

が成り立つと仮定する。このとき

$$f_{k+1}(x)=1+\int_0^x\{f_k(t)+tf_k'(t)\}dt$$
$$=1+\int_0^x\{1+t+t^2+\cdots\cdots+t^k$$
$$+t(1+2t+3t^2+\cdots\cdots+kt^{k-1})\}dt$$
$$=1+\int_0^x\{1+2t+3t^2+\cdots\cdots+(k+1)t^k\}dt$$
$$=1+x+x^2+x^3+\cdots\cdots+x^{k+1}$$

◀$n=k$ のときの $f_k(x)$ を使って当てはめる。

◀$f_{k+1}(x)$

よって，$n=k+1$ のときも ① は成り立つ。

[1]，[2] から，すべての自然数 n について ① は成り立つ。

(3) $F_n(t)=\int_0^t f_n(x)dx=\int_0^t(1+x+x^2+\cdots\cdots+x^n)dx$

$$=t+\frac{t^2}{2}+\frac{t^3}{3}+\cdots\cdots+\frac{t^{n+1}}{n+1}$$

よって　$\int_0^1 F_n(t)dt=\int_0^1\left(t+\frac{t^2}{2}+\frac{t^3}{3}+\cdots\cdots+\frac{t^{n+1}}{n+1}\right)dt$

$$=\left[\frac{t^2}{1\cdot 2}+\frac{t^3}{2\cdot 3}+\frac{t^4}{3\cdot 4}+\cdots\cdots+\frac{t^{n+2}}{(n+1)(n+2)}\right]_0^1$$
$$=\frac{1}{1\cdot 2}+\frac{1}{2\cdot 3}+\frac{1}{3\cdot 4}+\cdots\cdots+\frac{1}{(n+1)(n+2)}$$
$$=\left(\frac{1}{1}-\frac{1}{2}\right)+\left(\frac{1}{2}-\frac{1}{3}\right)+\cdots\cdots+\left(\frac{1}{n+1}-\frac{1}{n+2}\right)$$
$$=1-\frac{1}{n+2}$$

◀各項を差の形に分解。

ゆえに　$\displaystyle\lim_{n\to\infty}\int_0^1 F_n(t)dt=\lim_{n\to\infty}\left(1-\frac{1}{n+2}\right)=\mathbf{1}$

練習 125 ➡ 本冊 p. 489

求める極限値を S とする。

(1) $$S=\lim_{n\to\infty}\frac{1}{n}\sum_{k=1}^{n}\frac{4+3\cdot\frac{k}{n}}{1+\left(\frac{k}{n}\right)^2}=\int_0^1\frac{4+3x}{1+x^2}dx$$

$$=4\int_0^1\frac{dx}{1+x^2}+\frac{3}{2}\int_0^1\frac{2x}{1+x^2}dx$$

ここで，$x=\tan\theta$ とおくと

$$dx=\frac{1}{\cos^2\theta}d\theta$$

x と θ の対応は右のようになる。

x	$0\longrightarrow 1$
θ	$0\longrightarrow\frac{\pi}{4}$

よって

$$S=4\int_0^{\frac{\pi}{4}}\frac{1}{1+\tan^2\theta}\cdot\frac{1}{\cos^2\theta}d\theta+\frac{3}{2}\int_0^1\frac{(1+x^2)'}{1+x^2}dx$$

$$=4\int_0^{\frac{\pi}{4}}d\theta+\frac{3}{2}\Big[\log(1+x^2)\Big]_0^1=\boldsymbol{\pi+\frac{3}{2}\log 2}$$

◀区分求積法 $\displaystyle\lim_{n\to\infty}\frac{1}{n}\sum_{k=1}^{n}f\left(\frac{k}{n}\right)=\int_0^1 f(x)dx$

◀$\dfrac{1}{x^2+a^2}$ には $x=a\tan\theta$ とおく。

(2) $$S=\lim_{n\to\infty}\sin\left(\frac{1}{n}\right)\sum_{k=1}^{n}\frac{\sqrt{n}}{\sqrt{n+k}}$$

$$=\lim_{n\to\infty}\frac{\sin\left(\frac{1}{n}\right)}{\frac{1}{n}}\cdot\frac{1}{n}\sum_{k=1}^{n}\frac{1}{\sqrt{1+\frac{k}{n}}}=1\cdot\int_0^1\frac{1}{\sqrt{1+x}}dx$$

$$=\Big[2\sqrt{1+x}\Big]_0^1=\mathbf{2(\sqrt{2}-1)}$$

◀$\dfrac{1}{n}\longrightarrow 0$ $(n\longrightarrow\infty)$ であるから，$\displaystyle\lim_{\square\to 0}\frac{\sin\square}{\square}$ の形を作るように変形。

(3) $$\sum_{k=0}^{n-1}\frac{1}{(n+k)(2n-k-1)}$$

$$=\sum_{k=0}^{n-1}\frac{1}{3n-1}\left(\frac{1}{n+k}+\frac{1}{2n-k-1}\right)$$

$$=\frac{1}{3n-1}\left\{\sum_{k=0}^{n-1}\frac{1}{n+k}+\sum_{k=0}^{n-1}\frac{1}{n+(n-1-k)}\right\}$$

$$=\frac{1}{3n-1}\left(\sum_{k=0}^{n-1}\frac{1}{n+k}+\sum_{k=0}^{n-1}\frac{1}{n+k}\right)=\frac{2}{3n-1}\sum_{k=0}^{n-1}\frac{1}{n+k}$$

◀部分分数に分解。

よって

$$S=\lim_{n\to\infty}\frac{2}{3n-1}\sum_{k=0}^{n-1}\frac{n}{n+k}=\lim_{n\to\infty}\frac{2}{3-\frac{1}{n}}\cdot\frac{1}{n}\sum_{k=0}^{n-1}\frac{1}{1+\frac{k}{n}}$$

$$=\frac{2}{3}\int_0^1\frac{1}{1+x}dx=\frac{2}{3}\Big[\log(x+1)\Big]_0^1=\boldsymbol{\frac{2}{3}\log 2}$$

◀$\displaystyle\lim_{n\to\infty}\frac{1}{n}\sum_{k=0}^{n-1}\frac{1}{1+\frac{k}{n}}=\int_0^1\frac{1}{1+x}dx$

練習 126 ➡ 本冊 p. 490

求める極限値を S とする。

(1) $S=\lim_{n\to\infty} n\sum_{k=1}^{2n}\frac{1}{(n+2k)^2}=\lim_{n\to\infty}\frac{1}{n}\sum_{k=1}^{2n}\frac{n^2}{(n+2k)^2}$

$=\lim_{n\to\infty}\frac{1}{n}\sum_{k=1}^{2n}\frac{1}{\left(1+2\cdot\frac{k}{n}\right)^2}$

$S_n=\frac{1}{n}\sum_{k=1}^{2n}\frac{1}{\left(1+2\cdot\frac{k}{n}\right)^2}$ とすると，S_n は右の図の長方形の面積の和を表すから

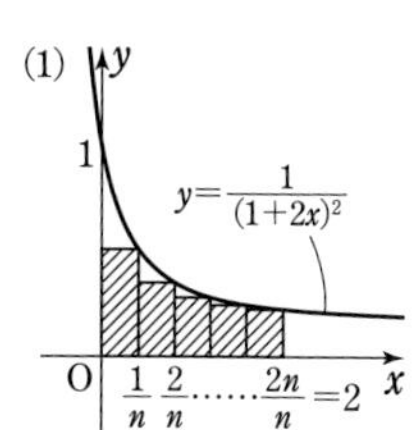

$$S=\lim_{n\to\infty}S_n=\int_0^2\frac{1}{(1+2x)^2}\,dx=\left[-\frac{1}{2(1+2x)}\right]_0^2=\mathbf{\frac{2}{5}}$$

(2) $S=\lim_{n\to\infty}\frac{1}{n}\sum_{k=1}^{3n}\left(\frac{k}{n}\right)^2$

$S_n=\frac{1}{n}\sum_{k=1}^{3n}\left(\frac{k}{n}\right)^2$ とすると，S_n は右の図の長方形の面積の和を表すから　$S=\lim_{n\to\infty}S_n=\int_0^3 x^2\,dx=\left[\frac{x^3}{3}\right]_0^3=\mathbf{9}$

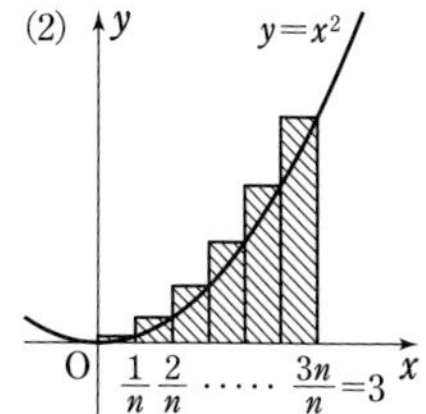

(3) $\frac{(n+1)^p+(n+2)^p+\cdots\cdots+(n+2n)^p}{1^p+2^p+\cdots\cdots+(2n)^p}$

$=\frac{\sum_{k=1}^{2n}(n+k)^p}{\sum_{k=1}^{2n}k^p}=\frac{\sum_{k=1}^{2n}\left(1+\frac{k}{n}\right)^p\cdot\frac{1}{n}}{\sum_{k=1}^{2n}\left(\frac{k}{n}\right)^p\cdot\frac{1}{n}}$ であり

$\lim_{n\to\infty}\sum_{k=1}^{2n}\left(1+\frac{k}{n}\right)^p\cdot\frac{1}{n}=\lim_{n\to\infty}\frac{1}{n}\sum_{k=1}^{2n}\left(1+\frac{k}{n}\right)^p$

$=\int_0^2(1+x)^p\,dx$　◀[1] の図を参照。

$=\left[\frac{(1+x)^{p+1}}{p+1}\right]_0^2=\frac{3^{p+1}-1}{p+1}$

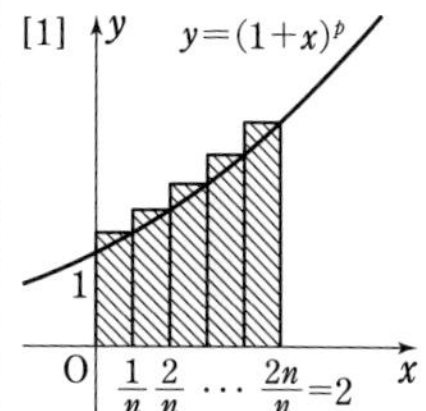

$\lim_{n\to\infty}\sum_{k=1}^{2n}\left(\frac{k}{n}\right)^p\cdot\frac{1}{n}=\lim_{n\to\infty}\frac{1}{n}\sum_{k=1}^{2n}\left(\frac{k}{n}\right)^p$

$=\int_0^2 x^p\,dx$　◀[2] の図を参照。

$=\left[\frac{x^{p+1}}{p+1}\right]_0^2=\frac{2^{p+1}}{p+1}$

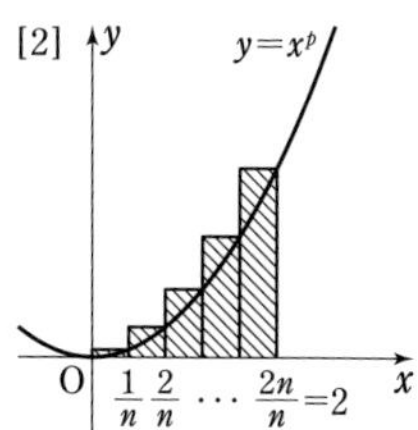

したがって　　$S=\frac{3^{p+1}-1}{p+1}\cdot\frac{p+1}{2^{p+1}}=\mathbf{\frac{3^{p+1}-1}{2^{p+1}}}$

別解　$\frac{(n+1)^p+(n+2)^p+\cdots\cdots+(n+2n)^p}{1^p+2^p+\cdots\cdots+(2n)^p}=\frac{\sum_{k=n+1}^{3n}\left(\frac{k}{n}\right)^p\cdot\frac{1}{n}}{\sum_{k=1}^{2n}\left(\frac{k}{n}\right)^p\cdot\frac{1}{n}}$

と考えると

$\lim_{n\to\infty}\sum_{k=n+1}^{3n}\left(\frac{k}{n}\right)^p\cdot\frac{1}{n}=\lim_{n\to\infty}\frac{1}{n}\sum_{k=n+1}^{3n}\left(\frac{k}{n}\right)^p$

$=\int_1^3 x^p\,dx$　◀[3] の図を参照。

$=\left[\frac{x^{p+1}}{p+1}\right]_1^3=\frac{3^{p+1}-1}{p+1}$　　以後同様。

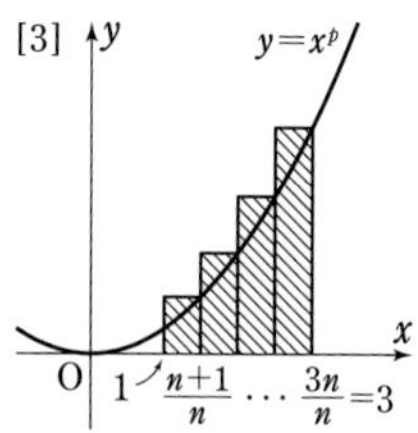

練習 127 ➡ 本冊 p.491

$a_n=\dfrac{1}{n}\sqrt[n]{(n+1)(n+2)\cdots\cdots(n+n)}$ とすると

$$\log(\lim_{n\to\infty}a_n)=\lim_{n\to\infty}(\log a_n)$$
$$=\lim_{n\to\infty}\log\frac{1}{n}\sqrt[n]{(n+1)(n+2)\cdots\cdots(n+n)}$$
$$=\lim_{n\to\infty}\log\sqrt[n]{\frac{(n+1)(n+2)\cdots\cdots(n+n)}{n^n}}$$
$$=\lim_{n\to\infty}\frac{1}{n}\log\left\{\left(\frac{n+1}{n}\right)\left(\frac{n+2}{n}\right)\cdots\cdots\left(\frac{n+n}{n}\right)\right\}$$
$$=\lim_{n\to\infty}\frac{1}{n}\left\{\log\left(1+\frac{1}{n}\right)+\log\left(1+\frac{2}{n}\right)+\cdots\cdots+\log\left(1+\frac{n}{n}\right)\right\}$$
$$=\lim_{n\to\infty}\frac{1}{n}\sum_{k=1}^{n}\log\left(1+\frac{k}{n}\right)=\int_0^1\log(1+x)\,dx$$
$$=\int_0^1(1+x)'\log(1+x)\,dx=\Big[(1+x)\log(1+x)\Big]_0^1-\int_0^1dx$$
$$=2\log2-1=\log\frac{2^2}{e}=\log\frac{4}{e}$$

したがって　　$\displaystyle\lim_{n\to\infty}a_n=\boldsymbol{\frac{4}{e}}$

◀関数 $\log x$ は連続であるから，lim と log は交換できる。

◀$\displaystyle\lim_{n\to\infty}\frac{1}{n}\sum_{k=1}^{n}f\left(\frac{k}{n}\right)$ の形になるように変形。

練習 128 ➡ 本冊 p.492

(1)　右の図の正六角形について

AB$=1$，AC$=\sqrt{3}$，AD$=2$，

AE$=\sqrt{3}$，AF$=1$

また，正六角形の1つの外角の大きさは $\dfrac{\pi}{3}$ である。

したがって

$$L(6)=\frac{\pi}{3}(1+\sqrt{3}+2+\sqrt{3}+1)=\boldsymbol{\frac{4+2\sqrt{3}}{3}\pi}$$

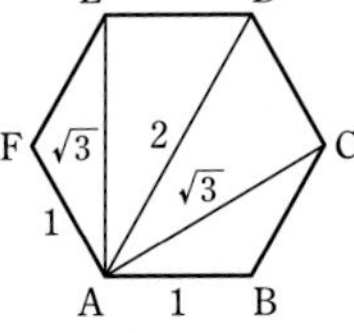

◀半径 r，中心角 θ ラジアンの扇形の弧の長さは $r\theta$

◀最初はBを中心として $\dfrac{\pi}{3}$ だけ回転し，次にCを中心として $\dfrac{\pi}{3}$ だけ回転，……，最後にFを中心として $\dfrac{\pi}{3}$ だけ回転して終わる。

(2)　右の図の正 n 角形 $A_1A_2\cdots\cdots A_n$ について

$A_1A_k=2\sin\dfrac{k-1}{n}\pi$

$(k=2,\ 3,\ \cdots\cdots,\ n)$

また，正 n 角形の1つの外角の大きさは $\dfrac{2\pi}{n}$ である。$\sin\pi=0$ であるから

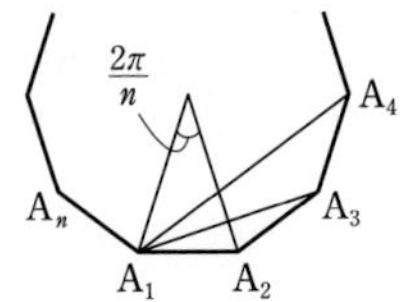

$$L(n)=\frac{2\pi}{n}\sum_{k=2}^{n}2\sin\frac{k-1}{n}\pi$$
$$=\frac{4\pi}{n}\sum_{k=1}^{n-1}\sin\frac{k}{n}\pi=\frac{4\pi}{n}\sum_{k=1}^{n}\sin\frac{k}{n}\pi$$

よって　　$\displaystyle\lim_{n\to\infty}L(n)=\lim_{n\to\infty}\frac{4\pi}{n}\sum_{k=1}^{n}\sin\frac{k}{n}\pi=4\pi\int_0^1\sin\pi x\,dx$

$$=4\Big[-\cos\pi x\Big]_0^1=\boldsymbol{8}$$

◀$\displaystyle\sum_{k=2}^{n}f(k-1)=\sum_{k=1}^{n-1}f(k)$

◀$\displaystyle\sum_{k=1}^{n-1}\sin\frac{k}{n}\pi$
$\displaystyle=\sum_{k=1}^{n-1}\sin\frac{k}{n}\pi+\sin\frac{n}{n}\pi$
$\displaystyle=\sum_{k=1}^{n}\sin\frac{k}{n}\pi$

参考 $n \longrightarrow \infty$ における点Aの軌跡は **サイクロイド** である。
$x=\theta-\sin\theta,\ y=1-\cos\theta\ (0\leqq\theta\leqq 2\pi)$

◀本冊 $p.248$ 参照。

練習 129

➡本冊 $p.495$

(1) (ア) $0<x<\dfrac{\pi}{4}$ のとき，$0<\sin x<x<1$ であるから

$$-1<-x<-\sin x<0$$

よって　$0<1-x<1-\sin x<1$

ゆえに　$0<\sqrt{1-x}<\sqrt{1-\sin x}<1$

$1<\dfrac{1}{\sqrt{1-\sin x}}<\dfrac{1}{\sqrt{1-x}}$ であるから

$$\int_0^{\frac{\pi}{4}} dx<\int_0^{\frac{\pi}{4}}\frac{dx}{\sqrt{1-\sin x}}<\int_0^{\frac{\pi}{4}}\frac{dx}{\sqrt{1-x}}$$

ここで　$\displaystyle\int_0^{\frac{\pi}{4}} dx=\frac{\pi}{4},\ \int_0^{\frac{\pi}{4}}\frac{dx}{\sqrt{1-x}}=\Big[-2\sqrt{1-x}\Big]_0^{\frac{\pi}{4}}=2-\sqrt{4-\pi}$

したがって　$\displaystyle\frac{\pi}{4}<\int_0^{\frac{\pi}{4}}\frac{dx}{\sqrt{1-\sin x}}<2-\sqrt{4-\pi}$

◀$\dfrac{\pi}{4}=0.78\cdots\cdots$

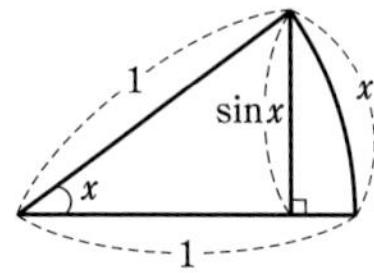

◀$\displaystyle\int_0^{\frac{\pi}{4}} dx=\Big[x\Big]_0^{\frac{\pi}{4}}$

(イ) $0<x<1$ のとき，$1<1+x^4<1+x^2$ であるから

$$\frac{1}{1+x^2}<\frac{1}{1+x^4}<1$$

よって　$\displaystyle\int_0^1\frac{dx}{1+x^2}<\int_0^1\frac{dx}{1+x^4}<\int_0^1 dx$　…… ①

$x=\tan\theta$ とおくと

$$dx=\frac{1}{\cos^2\theta}d\theta$$

x	$0 \longrightarrow 1$
θ	$0 \longrightarrow \dfrac{\pi}{4}$

x と θ の対応は右のようになる。

$$\int_0^1\frac{dx}{1+x^2}=\int_0^{\frac{\pi}{4}}\frac{1}{1+\tan^2\theta}\cdot\frac{1}{\cos^2\theta}d\theta=\int_0^{\frac{\pi}{4}}d\theta=\frac{\pi}{4}$$

また　$\displaystyle\int_0^1 dx=1$

したがって，① から　$\displaystyle\frac{\pi}{4}<\int_0^1\frac{dx}{1+x^4}<1$

◀$0<x<1$ のとき
$0<x^4<x^2<1$

◀$\dfrac{1}{x^2+a^2}$ には
$x=a\tan\theta$ とおく。

(ウ) $y=\sqrt{1+x^2}$ のグラフは2点 A$(0,\ 1)$，B$(1,\ \sqrt{2})$ を通る。
直線 AB の方程式は　$y=(\sqrt{2}-1)x+1$
$0\leqq x\leqq 1$ において $1\leqq\sqrt{1+x^2}\leqq(\sqrt{2}-1)x+1$ であり，等号は常には成り立たないから

$$\int_0^1 dx<\int_0^1\sqrt{1+x^2}\,dx<\int_0^1\{(\sqrt{2}-1)x+1\}\,dx$$

ここで　$\displaystyle\int_0^1\{(\sqrt{2}-1)x+1\}\,dx=\left[\frac{\sqrt{2}-1}{2}x^2+x\right]_0^1$

$$=\frac{\sqrt{2}+1}{2}$$

よって　$\displaystyle 1<\int_0^1\sqrt{1+x^2}\,dx<\frac{\sqrt{2}+1}{2}$

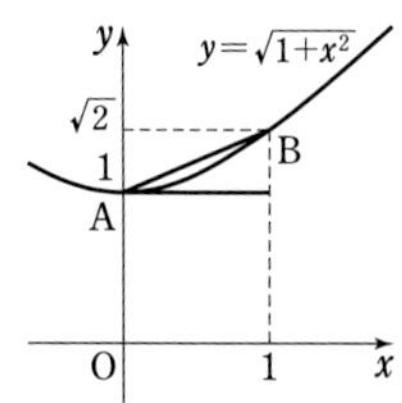

(エ) $f(x)=x-\dfrac{x^3}{3}+\dfrac{x^5}{10}-\displaystyle\int_0^x e^{-t^2}dt\ (x>0)$ とする。

$$f'(x)=1-x^2+\frac{x^4}{2}-e^{-x^2}$$

$$f''(x)=-2x+2x^3+2xe^{-x^2}=2x(-1+x^2+e^{-x^2})$$

ここで，$g(x)=-1+x^2+e^{-x^2}$ とすると　$g'(x)=2x(1-e^{-x^2})$

$x>0$ のとき $g'(x)>0$ より $g(x)$ は単調に増加し，$g(0)=0$ であるから　$g(x)>0$

ゆえに　$f''(x)>0$

よって，$f'(x)$ は単調に増加し，$f'(0)=0$ から　$f'(x)>0$

よって，$f(x)$ は単調に増加し，$f(0)=0$ から　$f(x)>0$

したがって　$\displaystyle\int_0^x e^{-t^2}dt<x-\frac{x^3}{3}+\frac{x^5}{10}$

CHART 大小比較は差を作れ

◀ $\dfrac{d}{dx}\displaystyle\int_0^x e^{-t^2}dt=e^{-x^2}$

◀ $x>0$ のときの $f''(x)$ の符号を調べるために，$g(x)$ の符号を調べる。

(2) (ア) $f(x)=\log(\cos x)+\dfrac{x^2}{2}$ とすると

$$f'(x)=-\tan x+x,\ f''(x)=-\frac{1}{\cos^2 x}+1=-\tan^2 x$$

$0<x<\dfrac{\pi}{2}$ のとき $f''(x)<0$ より $f'(x)$ は単調に減少し，

$f'(0)=0$ であるから　$f'(x)<0$

ゆえに，$0<x<\dfrac{\pi}{2}$ のとき $f(x)$ は単調に減少し，$f(0)=0$ であるから　$f(x)<0$

したがって，$0<x<\dfrac{\pi}{2}$ のとき　$\log(\cos x)+\dfrac{x^2}{2}<0$

CHART 大小比較は差を作れ

(イ) (ア)から　$\displaystyle\int_0^{\frac{\pi}{3}}\left\{\log(\cos x)+\frac{x^2}{2}\right\}dx<0$

よって　$\displaystyle\int_0^{\frac{\pi}{3}}\log(\cos x)dx<-\int_0^{\frac{\pi}{3}}\frac{x^2}{2}dx$

ここで　$\displaystyle\int_0^{\frac{\pi}{3}}\frac{x^2}{2}dx=\left[\frac{x^3}{6}\right]_0^{\frac{\pi}{3}}=\frac{\pi^3}{162}$

したがって　$\displaystyle\int_0^{\frac{\pi}{3}}\log(\cos x)dx<-\frac{\pi^3}{162}$

また　$\displaystyle\int_0^{\frac{\pi}{3}}\log(\cos x)dx=\Big[x\log(\cos x)\Big]_0^{\frac{\pi}{3}}-\int_0^{\frac{\pi}{3}}x(-\tan x)dx$

$$=\frac{\pi}{3}\log\frac{1}{2}+\int_0^{\frac{\pi}{3}}x\tan x\,dx=-\frac{\pi}{3}\log 2+\int_0^{\frac{\pi}{3}}x\tan x\,dx$$

ここで，(ア)から $0<x<\dfrac{\pi}{3}$ のとき　$f'(x)=-\tan x+x<0$

すなわち　$\tan x>x$

よって　$x\tan x>x^2$

ゆえに　$\displaystyle\int_0^{\frac{\pi}{3}}x\tan x\,dx>\int_0^{\frac{\pi}{3}}x^2dx$

◀区間 $[a,\ b]$ で $f(x)<0$ ならば $\displaystyle\int_a^b f(x)<0$

◀証明する不等式と比較して $\displaystyle\int_0^{\frac{\pi}{3}}x\tan x\,dx>\frac{\pi^3}{81}$ となることを示す。

ここで　$\displaystyle\int_0^{\frac{\pi}{3}} x^2\,dx=\left[\frac{x^3}{3}\right]_0^{\frac{\pi}{3}}=\frac{\pi^3}{81}$

したがって　$\displaystyle\int_0^{\frac{\pi}{3}}\log(\cos x)\,dx>-\frac{\pi}{3}\log 2+\frac{\pi^3}{81}$

以上から　$\displaystyle -\frac{\pi}{3}\log 2+\frac{\pi^3}{81}<\int_0^{\frac{\pi}{3}}\log(\cos x)\,dx<-\frac{\pi^3}{162}$

練習 130　➡本冊 p. 496

(1)　関数 $y=\dfrac{1}{x^3}$ $(x>0)$ は単調に減少するから

$0<k<x<k+1$ のとき　$\dfrac{1}{(k+1)^3}<\dfrac{1}{x^3}$

よって　$\displaystyle\frac{1}{(k+1)^3}<\int_k^{k+1}\frac{1}{x^3}\,dx$

ゆえに　$\displaystyle\sum_{k=1}^{n-1}\frac{1}{(k+1)^3}<\sum_{k=1}^{n-1}\int_k^{k+1}\frac{1}{x^3}\,dx=\int_1^n\frac{1}{x^3}\,dx$

$\displaystyle=\left[-\frac{1}{2x^2}\right]_1^n=\frac{1}{2}\left(1-\frac{1}{n^2}\right)$

この両辺に1を加えて

$\displaystyle\sum_{k=1}^{n}\frac{1}{k^3}<\frac{1}{2}\left(3-\frac{1}{n^2}\right)$

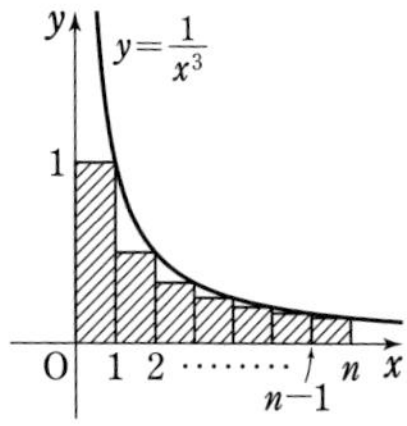

◀ $\displaystyle\sum_{k=1}^{n}\frac{1}{k^3}$ は上の図の長方形の面積の和である。

◀ $\displaystyle\sum_{k=1}^{n-1}\frac{1}{(k+1)^3}+1$
$\displaystyle=\frac{1}{2^3}+\frac{1}{3^3}+\cdots+\frac{1}{n^3}+\frac{1}{1^3}$
$\displaystyle=\sum_{k=1}^{n}\frac{1}{k^3}$

(2)　関数 $y=\log x$ は単調に増加するから

$0<k\leqq x\leqq k+1$ のとき　$\log k\leqq\log x\leqq\log(k+1)$

よって　$\displaystyle\int_k^{k+1}\log k\,dx\leqq\int_k^{k+1}\log x\,dx\leqq\int_k^{k+1}\log(k+1)\,dx$

ゆえに　$\displaystyle\log k\leqq\int_k^{k+1}\log x\,dx\leqq\log(k+1)$

$\displaystyle\int_k^{k+1}\log x\,dx\leqq\int_k^{k+1}\log(k+1)\,dx$ から

$\displaystyle\sum_{k=1}^{n-1}\int_k^{k+1}\log x\,dx\leqq\sum_{k=1}^{n-1}\int_k^{k+1}\log(k+1)\,dx$

よって　$\displaystyle\int_1^n\log x\,dx\leqq\log(n!)$

また　$\displaystyle\int_1^n\log x\,dx=\Big[x\log x-x\Big]_1^n=n\log n-n+1$

ゆえに　$n\log n-n+1\leqq\log(n!)$　…… ①

$\displaystyle\log k\leqq\int_k^{k+1}\log x\,dx$ から

$\displaystyle\sum_{k=1}^{n-1}\log k\leqq\sum_{k=1}^{n-1}\int_k^{k+1}\log x\,dx$

よって　$\displaystyle\log\{(n-1)!\}\leqq\int_1^n\log x\,dx=n\log n-n+1$

この両辺に $\log n$ を加えて

$\log(n!)\leqq(n+1)\log n-n+1$　…… ②

①，② から，与えられた不等式は成り立つ。

◀ $\log(n!)$
$=\log(1\cdot2\cdot3\cdot\cdots\cdots\cdot n)$
$=\log 1+\log 2+\log 3$
$+\cdots\cdots+\log n$

5章
練習
【積分法】

(3) $f(x)=\dfrac{x}{\sqrt{1+x^2}}$ $(x\geqq 0)$ とすると

$$f'(x)=\frac{\sqrt{1+x^2}-\dfrac{x^2}{\sqrt{1+x^2}}}{1+x^2}=\frac{1}{(1+x^2)\sqrt{1+x^2}}>0$$ であるから,

関数 $y=f(x)$ は単調に増加する。

点 $P_k(k,\ 0)$, $Q_k(k,\ f(k))$, $R_{k-1}(k-1,\ f(k))$ とする。

(ただし, $k=1,\ 2,\ \cdots\cdots,\ n$)

長方形 $P_{k-1}P_kQ_kR_{k-1}$ の面積を S_k とすると

$$\int_{k-1}^{k} f(x)dx<S_k$$

よって $\displaystyle\int_{k-1}^{k} f(x)dx<\frac{k}{\sqrt{1+k^2}}$

ゆえに $\displaystyle\sum_{k=1}^{n}\int_{k-1}^{k} f(x)dx<\sum_{k=1}^{n}\frac{k}{\sqrt{1+k^2}}$

$$=\frac{1}{\sqrt{2}}+\frac{2}{\sqrt{5}}+\frac{3}{\sqrt{10}}+\cdots\cdots+\frac{n}{\sqrt{1+n^2}}$$

ここで $\displaystyle\sum_{k=1}^{n}\int_{k-1}^{k} f(x)dx=\int_0^n f(x)dx=\int_0^n \frac{x}{\sqrt{1+x^2}}dx$

$$=\frac{1}{2}\int_0^n \frac{(1+x^2)'}{\sqrt{1+x^2}}dx=\Big[\sqrt{1+x^2}\Big]_0^n$$

$$=\sqrt{1+n^2}-1$$

ゆえに $\displaystyle\sqrt{1+n^2}-1<\frac{1}{\sqrt{2}}+\frac{2}{\sqrt{5}}+\frac{3}{\sqrt{10}}+\cdots\cdots+\frac{n}{\sqrt{1+n^2}}$

◀与えられた不等式の右辺の最後の項 $\dfrac{n}{\sqrt{1+n^2}}$ から, 関数 $y=\dfrac{x}{\sqrt{1+x^2}}$ の利用を考える。

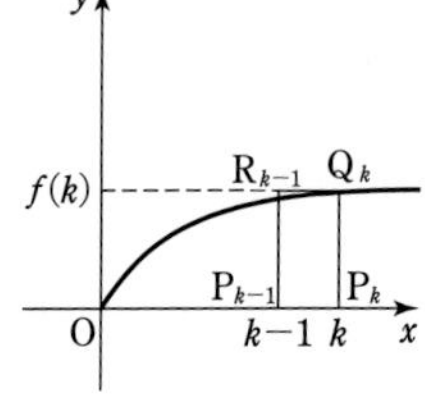

◀本冊 $p.452$ 練習 101 (3) 参照。

練習 131 ➡本冊 $p.497$

(1) $\displaystyle \boldsymbol{a}_1=\int_0^{\frac{\pi}{4}}\tan^2 x\,dx=\int_0^{\frac{\pi}{4}}\left(\frac{1}{\cos^2 x}-1\right)dx=\Big[\tan x-x\Big]_0^{\frac{\pi}{4}}=\boldsymbol{1-\frac{\pi}{4}}$

◀$\displaystyle\int\frac{dx}{\cos^2 x}=\tan x+C$

(2) $\displaystyle \boldsymbol{a}_{n+1}=\int_0^{\frac{\pi}{4}}\tan^{2n+2}x\,dx=\int_0^{\frac{\pi}{4}}\tan^{2n}x\tan^2 x\,dx$

$$=\int_0^{\frac{\pi}{4}}\tan^{2n}x\left(\frac{1}{\cos^2 x}-1\right)dx$$

$$=\int_0^{\frac{\pi}{4}}\tan^{2n}x\cdot\frac{1}{\cos^2 x}dx-\int_0^{\frac{\pi}{4}}\tan^{2n}x\,dx$$

$$=\left[\frac{1}{2n+1}\tan^{2n+1}x\right]_0^{\frac{\pi}{4}}-a_n=\boldsymbol{-a_n+\frac{1}{2n+1}}$$

◀$f(■)■'$ の積分。

(3) $0\leqq x\leqq\dfrac{\pi}{4}$ のとき $0\leqq\tan x\leqq 1$

よって $0\leqq\tan^{2n+2}x\leqq\tan^{2n}x$

ゆえに $\displaystyle 0\leqq\int_0^{\frac{\pi}{4}}\tan^{2n+2}x\,dx\leqq\int_0^{\frac{\pi}{4}}\tan^{2n}x\,dx$

よって $0\leqq a_{n+1}\leqq a_n$

ゆえに，(2) の結果から　　$-a_n+\dfrac{1}{2n+1}\geqq 0$

◀$a_{n+1}\geqq 0$ に (2) の結果を代入。

よって　　$0\leqq a_n\leqq\dfrac{1}{2n+1}$

ここで，$\displaystyle\lim_{n\to\infty}\frac{1}{2n+1}=0$ であるから　　$\displaystyle\lim_{n\to\infty}a_n=\mathbf{0}$

◀**はさみうちの原理。**

練習 132 ➡ 本冊 $p.$ 498

(1)　$R_n(x)$ の第 1 項の分母は 0 でないから　　$x\neq -1$

$R_n(x)$ の第 2 項の｛　｝の中は，初項 1，公比 $-x$，項数 $n+1$ の等比数列の和であるから

$$R_n(x)=\frac{1}{1+x}-\frac{1-(-1)^{n+1}x^{n+1}}{1+x}=\frac{(-1)^{n+1}x^{n+1}}{1+x}$$

ゆえに　　$\displaystyle\left|\int_0^1 R_n(x^2)dx\right|\leqq\int_0^1|R_n(x^2)|dx=\int_0^1\frac{x^{2n+2}}{1+x^2}dx$

◀**$a<b$ のとき $\displaystyle\left|\int_a^b f(x)dx\right|\leqq\int_a^b|f(x)|dx$**

$\dfrac{x^{2n+2}}{1+x^2}\leqq x^{2n+2}$ であり，等号は常には成り立たないから

$$\int_0^1\frac{x^{2n+2}}{1+x^2}dx<\int_0^1 x^{2n+2}dx=\left[\frac{x^{2n+3}}{2n+3}\right]_0^1=\frac{1}{2n+3}$$

したがって　　$\displaystyle\left|\int_0^1 R_n(x^2)dx\right|<\frac{1}{2n+3}$

$\displaystyle\lim_{n\to\infty}\frac{1}{2n+3}=0$ であるから　　$\displaystyle\lim_{n\to\infty}\int_0^1 R_n(x^2)dx=\mathbf{0}$

◀はさみうちの原理。

(2)　この無限級数の初項から第 $n+1$ 項までの部分和を S_{n+1} とすると

◀｛　｝の項数は $n+1$ であるから，それに合わせて S_{n+1} とする。

$$S_{n+1}=1-\frac{1}{3}+\frac{1}{5}-\frac{1}{7}+\cdots\cdots+(-1)^n\frac{1}{2n+1}$$

$$\int_0^1 R_n(x^2)dx=\int_0^1\frac{dx}{1+x^2}-\int_0^1\{1-x^2+x^4-\cdots\cdots+(-1)^n x^{2n}\}dx$$

ここで，$\displaystyle I=\int_0^1\frac{dx}{1+x^2}$，$\displaystyle J=\int_0^1\{1-x^2+x^4-\cdots\cdots+(-1)^n x^{2n}\}dx$

とする。

$x=\tan\theta$ とおくと　　$dx=\dfrac{d\theta}{\cos^2\theta}$

x と θ の対応は右のようになる。

x	$0\longrightarrow 1$
θ	$0\longrightarrow\frac{\pi}{4}$

◀$\dfrac{1}{a^2+x^2}$ の定積分は，$x=a\tan\theta$ とおく。

$$I=\int_0^{\frac{\pi}{4}}\frac{1}{1+\tan^2\theta}\cdot\frac{d\theta}{\cos^2\theta}=\int_0^{\frac{\pi}{4}}d\theta=\Big[\theta\Big]_0^{\frac{\pi}{4}}=\frac{\pi}{4}$$

◀$\dfrac{1}{1+\tan^2\theta}=\cos^2\theta$

$$J=\left[x-\frac{x^3}{3}+\frac{x^5}{5}-\cdots\cdots+(-1)^n\frac{x^{2n+1}}{2n+1}\right]_0^1$$

$$=1-\frac{1}{3}+\frac{1}{5}-\cdots\cdots+(-1)^n\frac{1}{2n+1}$$

であるから

$$\int_0^1 R_n(x^2)dx=\frac{\pi}{4}-\left\{1-\frac{1}{3}+\frac{1}{5}-\cdots+(-1)^n\frac{1}{2n+1}\right\}$$

$$=\frac{\pi}{4}-S_{n+1}$$

5章 練習 [積分法]

(1) より，$\displaystyle\lim_{n\to\infty}\int_0^1 R_n(x^2)dx=0$ であるから　$\displaystyle\lim_{n\to\infty}\left(\frac{\pi}{4}-S_{n+1}\right)=0$

よって　$\displaystyle\lim_{n\to\infty}S_{n+1}=\frac{\pi}{4}$

したがって，求める和は　$\boldsymbol{\dfrac{\pi}{4}}$

練習 133 ➡本冊 p. 499

(1)　シュワルツの不等式により

$$\left(\int_1^e\sqrt{\log x}\cdot 1\,dx\right)^2\leqq\left\{\int_1^e(\sqrt{\log x})^2dx\right\}\left(\int_1^e 1^2dx\right)$$

ここで　$\displaystyle\int_1^e\log x\,dx=\Big[x\log x-x\Big]_1^e=1,\ \int_1^e 1^2dx=e-1$

よって　$\displaystyle\left(\int_1^e\sqrt{\log x}\,dx\right)^2\leqq e-1$

$\displaystyle\int_1^e\sqrt{\log x}\,dx>0,\ e-1>0$ であるから　$\displaystyle\int_1^e\sqrt{\log x}\,dx\leqq\sqrt{e-1}$

(2)　シュワルツの不等式により

$$\left(\int_0^{\frac{\pi}{2}}\sqrt{x\cos x}\,dx\right)^2\leqq\left\{\int_0^{\frac{\pi}{2}}(\sqrt{x})^2dx\right\}\left\{\int_0^{\frac{\pi}{2}}(\sqrt{\cos x})^2dx\right\}$$

ここで　$\displaystyle\int_0^{\frac{\pi}{2}}x\,dx=\left[\frac{x^2}{2}\right]_0^{\frac{\pi}{2}}=\frac{\pi^2}{8},\ \int_0^{\frac{\pi}{2}}\cos x\,dx=\Big[\sin x\Big]_0^{\frac{\pi}{2}}=1$

ゆえに　$\displaystyle\left(\int_0^{\frac{\pi}{2}}\sqrt{x\cos x}\,dx\right)^2\leqq\frac{\pi^2}{8}$

$\displaystyle\int_0^{\frac{\pi}{2}}\sqrt{x\cos x}\,dx>0,\ \frac{\pi^2}{8}>0$ であるから　$\displaystyle\int_0^{\frac{\pi}{2}}\sqrt{x\cos x}\,dx\leqq\frac{\sqrt{2}}{4}\pi$

◀シュワルツの不等式
$\displaystyle\left\{\int_a^b f(x)g(x)dx\right\}^2\leqq\left(\int_a^b\{f(x)\}^2dx\right)\left(\int_a^b\{g(x)\}^2dx\right)$
ただし，$a<b$

練習 134 ➡本冊 p. 501

(1)　$\displaystyle f'(x)=\sin\frac{1}{x}+x\cos\frac{1}{x}\left(-\frac{1}{x^2}\right)=\sin\frac{1}{x}-\frac{1}{x}\cos\frac{1}{x}$

$\displaystyle x\geqq\frac{3}{4\pi}$ から　$\displaystyle 0<\frac{1}{x}\leqq\frac{4}{3}\pi$

$\displaystyle t=\frac{1}{x}$ とおくと　$\displaystyle 0<t\leqq\frac{4}{3}\pi$　…… ①

$g(t)=\sin t-t\cos t$ とすると

$$g'(t)=\cos t-\cos t+t\sin t=t\sin t$$

$g'(t)=0$ とすると，① から　$t=\pi$

よって，$g(t)$ の増減表は次のようになる。

t	0	$\cdots$	π	$\cdots$	$\frac{4}{3}\pi$
$g'(t)$		$+$	0	$-$	
$g(t)$		↗	π	↘	$\frac{2}{3}\pi-\frac{\sqrt{3}}{2}$

ここで，$g(0)=0,\ \dfrac{2}{3}\pi-\dfrac{\sqrt{3}}{2}>0$ であるから，① のとき

$$g(t)>0$$

したがって　$f'(x)>0$

(2) $\int_a^b f(x)dx \leqq (b-a)f(b) \leqq b-a$ …… ② とする。

[1] $a=b$ のとき $\int_a^b f(x)dx=(b-a)f(b)=b-a=0$

よって，② は成り立つ。

[2] $a<b$ のとき，$x>0$ で $f(x)$ は連続であるから，積分の平均値の定理により

$$\int_a^b f(x)dx=(b-a)f(c),\ a<c<b$$

となる実数 c が存在する。

$\dfrac{3}{4\pi}<\dfrac{2}{\pi}$ であるから，(1) より，$x \geqq \dfrac{2}{\pi}$ のとき $f(x)$ は単調に増加する。

(i) $\dfrac{2}{\pi} \leqq c<b$ のとき $f(c)<f(b)$

(ii) $c<\dfrac{2}{\pi} \leqq b$ のとき

$$f(c)=c\sin\frac{1}{c} \leqq c<\frac{2}{\pi},\ f\left(\frac{2}{\pi}\right)=\frac{2}{\pi} \leqq f(b) \text{ から}$$

$$f(c)<f(b)$$

(i)，(ii) から $(b-a)f(c)<(b-a)f(b)$

すなわち $\int_a^b f(x)dx<(b-a)f(b)$

また，$\displaystyle\lim_{x\to\infty}f(x)=\lim_{x\to\infty}\frac{\sin\frac{1}{x}}{\frac{1}{x}}=\lim_{t\to+0}\frac{\sin t}{t}=1$ であり，$f(x)$ は単調に増加するから $f(b)<1$

よって $(b-a)f(b)<(b-a)\cdot 1$

ゆえに $\int_a^b f(x)dx<(b-a)f(b)<b-a$

[1]，[2] から，② は成り立つ。

CHART
(1) は (2) のヒント

◀$0<\sin\dfrac{1}{c}<1$

5章
練習
[積分法]

演習 44 ➡ 本冊 p. 504

(1) $\int\cos^{2m-1}x\,dx=\int(1-\sin^2x)^{m-1}\cos x\,dx$

$$=\int\left\{\sum_{r=0}^{m-1}{}_{m-1}\mathrm{C}_r\cdot(-1)^r\sin^{2r}x\right\}\cos x\,dx$$

$$=\sum_{r=0}^{m-1}(-1)^r{}_{m-1}\mathrm{C}_r\int\sin^{2r}x\cos x\,dx$$

$$=\sum_{r=0}^{m-1}(-1)^r\cdot\frac{1}{2r+1}{}_{m-1}\mathrm{C}_r\sin^{2r+1}x+C$$

◀$f(\sin x)\cos x$ の形へ。

◀二項定理により $(1-\sin^2x)^{m-1}=\sum_{r=0}^{m-1}{}_{m-1}\mathrm{C}_r(-\sin^2x)^r$

$2r+1=k$ とおくと，$r=0,\ 1,\ 2,\ \cdots\cdots,\ m-1$ のとき

$k=1,\ 3,\ 5,\ \cdots\cdots,\ 2m-1$ で，$r=\dfrac{k-1}{2}$ であるから

$$\boldsymbol{n=2m-1,\ a_k=\begin{cases}(-1)^{\frac{k-1}{2}}\cdot\dfrac{1}{k}{}_{m-1}\mathrm{C}_{\frac{k-1}{2}} & (k=1,\ 3,\ \cdots\cdots,\ n)\\ 0 \quad (k=2,\ 4,\ \cdots\cdots,\ n-1)\end{cases}}$$

◀$k=2r+1$ は奇数であるから，偶数の k に対する a_k は 0 と考える。

(2) $I=\int f(\cos x)dx-\int f(-\cos x)dx$ とすると

$$I=\int\{f(\cos x)-f(-\cos x)\}dx$$

仮定から $f(t)=\sum_{k=0}^{n}b_kt^k$ と表される。

$$f(t)-f(-t)=\sum_{k=0}^{n}b_k\{1-(-1)^k\}t^k=\sum_{m=1}^{l}2b_{2m-1}t^{2m-1}$$

（l は $2l-1\leqq n$ を満たす最大の整数）

◀$1-(-1)^k$ は $k=2m-1$ のとき 2，$k=2m-2$ のとき 0

よって　　$I=\sum_{m=1}^{l}2b_{2m-1}\int\cos^{2m-1}x\,dx$

(1)から，各 m に対し，ある多項式 $g_m(t)$ を用いて

$\int\cos^{2m-1}x\,dx=g_m(\sin x)+C_m$ （C_m は積分定数）と表される。

よって，$g(t)=\sum_{m=1}^{l}2b_{2m-1}g_m(t)$，$\sum_{m=1}^{l}2b_{2m-1}C_m=C$ とおくと，

$g(t)$ は多項式で $I=g(\sin x)+C$ と表される。

◀$I=\sum_{m=1}^{l}2b_{2m-1}\{g_m(\sin x)+C_m\}$

演習 45 ➡ 本冊 p. 504

(1) 不等式は　　$2\sin\left(x+\dfrac{2}{3}\pi\right)>0$ …… ①

$-\pi\leqq x\leqq\pi$ のとき　　$-\dfrac{\pi}{3}\leqq x+\dfrac{2}{3}\pi\leqq\dfrac{5}{3}\pi$

この範囲で ① を解くと　　$0<x+\dfrac{2}{3}\pi<\pi$

ゆえに　　$\boldsymbol{-\dfrac{2}{3}\pi<x<\dfrac{\pi}{3}}$

◀$a\sin\theta+b\cos\theta=\sqrt{a^2+b^2}\sin(\theta+\alpha)$ ただし $\sin\alpha=\dfrac{b}{\sqrt{a^2+b^2}}$，$\cos\alpha=\dfrac{a}{\sqrt{a^2+b^2}}$

(2) (1)より，$-\dfrac{\pi}{3}\leqq x\leqq\dfrac{\pi}{6}$ のとき　　$\sqrt{3}\cos x-\sin x>0$

また，$-\dfrac{\pi}{3}\leqq x\leqq 0$ のとき $\sin x\leqq 0$，$0\leqq x\leqq\dfrac{\pi}{6}$ のとき $\sin x\geqq 0$

であるから，$f(x)=\dfrac{4\sin x}{\sqrt{3}\cos x-\sin x}$　とすると

$$\int_{-\frac{\pi}{3}}^{\frac{\pi}{6}}|f(x)|dx=-\int_{-\frac{\pi}{3}}^{0}f(x)dx+\int_{0}^{\frac{\pi}{6}}f(x)dx \quad \cdots\cdots ②$$

ここで　$\displaystyle\int f(x)dx=\int\frac{2\sin x}{\sin\left(x+\frac{2}{3}\pi\right)}dx$

$x+\dfrac{2}{3}\pi=t$ とおくと　$x=t-\dfrac{2}{3}\pi$, $dx=dt$

よって　$\displaystyle\int f(x)dx=\int\frac{2\sin\left(t-\frac{2}{3}\pi\right)}{\sin t}dt$

$$=\int\frac{-\sin t-\sqrt{3}\cos t}{\sin t}dt=-\int dt-\sqrt{3}\int\frac{(\sin t)'}{\sin t}dt$$

$$=-t-\sqrt{3}\log|\sin t|+C$$

また，x と t の対応は次のようになる。

x	$-\dfrac{\pi}{3}\longrightarrow 0$
t	$\dfrac{\pi}{3}\longrightarrow\dfrac{2}{3}\pi$

x	$0\longrightarrow\dfrac{\pi}{6}$
t	$\dfrac{2}{3}\pi\longrightarrow\dfrac{5}{6}\pi$

◀② の右辺の積分区間に対応させる。

$F(t)=-t-\sqrt{3}\log|\sin t|$ とすると

$$F\left(\frac{\pi}{3}\right)=-\frac{\pi}{3}-\sqrt{3}\log\frac{\sqrt{3}}{2},$$

$$F\left(\frac{2}{3}\pi\right)=-\frac{2}{3}\pi-\sqrt{3}\log\frac{\sqrt{3}}{2},$$

$$F\left(\frac{5}{6}\pi\right)=-\frac{5}{6}\pi+\sqrt{3}\log 2$$

② から　$\displaystyle\int_{-\frac{\pi}{3}}^{\frac{\pi}{6}}|f(x)|dx=-\Big[F(t)\Big]_{\frac{\pi}{3}}^{\frac{2}{3}\pi}+\Big[F(t)\Big]_{\frac{2}{3}\pi}^{\frac{5}{6}\pi}$

$$=F\left(\frac{\pi}{3}\right)+F\left(\frac{5}{6}\pi\right)-2F\left(\frac{2}{3}\pi\right)$$

$$=\boldsymbol{\frac{\pi}{6}+\frac{\sqrt{3}}{2}\log 3}$$

演習 46 Ⅲ

➡ 本冊 p.504

$I=\displaystyle\int_{\frac{a}{2}}^{a}\frac{f(x)}{f(x)+f(a-x)}dx$ とする。

$a-x=t$ とおくと　$-dx=dt$

x と t の対応は右のようになるから

x	$\dfrac{a}{2}\longrightarrow a$
t	$\dfrac{a}{2}\longrightarrow 0$

◀求める定積分の上端，下端と条件の定積分の上端，下端を比較して $a-x=t$ とおく。

$$I=\int_{\frac{a}{2}}^{0}\frac{f(a-t)}{f(a-t)+f(t)}\cdot(-1)dt$$

$$=\int_{0}^{\frac{a}{2}}\frac{f(a-t)}{f(t)+f(a-t)}dt=\int_{0}^{\frac{a}{2}}\left\{1-\frac{f(t)}{f(t)+f(a-t)}\right\}dt$$

$$=\Big[t\Big]_{0}^{\frac{a}{2}}-\int_{0}^{\frac{a}{2}}\frac{f(t)}{f(t)+f(a-t)}dt=\boldsymbol{\frac{a}{2}-b}$$

5章 演習 [積分法]

演習 47 ➡ 本冊 p. 504

(1) $f'(x)=\dfrac{2e^x}{1+e^x}-1$

$$f''(x)=\frac{2(e^x)'(1+e^x)-2e^x(1+e^x)'}{(1+e^x)^2}=\frac{2e^x}{(1+e^x)^2}$$

よって　$\log f''(x)=\log\dfrac{2e^x}{(1+e^x)^2}=\log 2+\log e^x-\log(1+e^x)^2$

$$=-\{2\log(1+e^x)-x-\log 2\}=-f(x)$$

(2) (1) から　$e^{-f(x)}=f''(x)$

◀(1) は (2) のヒント

よって　$\displaystyle\int_0^{\log 2}(x-\log 2)e^{-f(x)}dx=\int_0^{\log 2}(x-\log 2)f''(x)dx$

◀部分積分法。

$$=\Big[(x-\log 2)f'(x)\Big]_0^{\log 2}-\int_0^{\log 2}f'(x)dx$$

$$=(\log 2)f'(0)-\Big[f(x)\Big]_0^{\log 2}$$

$$=(\log 2)f'(0)-f(\log 2)+f(0)$$

ここで　$f'(0)=\dfrac{2}{2}-1=0$,

$f(\log 2)=2\log(1+e^{\log 2})-\log 2-\log 2=2\log 3-2\log 2$,

◀$e^{\log 2}=2$

$f(0)=2\log 2-\log 2=\log 2$

求める定積分の値は　$-(2\log 3-2\log 2)+\log 2=\boldsymbol{\log\frac{8}{9}}$

演習 48 ➡ 本冊 p. 504

$$f(x)=\frac{a}{2\pi}\int_0^{2\pi}\sin(x+y)f(y)dy+\frac{b}{2\pi}\int_0^{2\pi}\cos(x-y)f(y)dy$$
$$+\sin x+\cos x$$

$$=\frac{a}{2\pi}\int_0^{2\pi}(\sin x\cos y+\cos x\sin y)f(y)dy$$

◀加法定理。

$$+\frac{b}{2\pi}\int_0^{2\pi}(\cos x\cos y+\sin x\sin y)f(y)dy+\sin x+\cos x$$

$$=\frac{a}{2\pi}\left\{\int_0^{2\pi}\cos yf(y)dy\right\}\sin x+\frac{a}{2\pi}\left\{\int_0^{2\pi}\sin yf(y)dy\right\}\cos x$$

◀ x は定数と思って積分。

$$+\frac{b}{2\pi}\left\{\int_0^{2\pi}\cos yf(y)dy\right\}\cos x+\frac{b}{2\pi}\left\{\int_0^{2\pi}\sin yf(y)dy\right\}\sin x$$
$$+\sin x+\cos x$$

$\displaystyle\int_0^{2\pi}\cos yf(y)dy=p$ …… ①, $\displaystyle\int_0^{2\pi}\sin yf(y)dy=q$ …… ② とおくと　$f(x)=\left(\dfrac{a}{2\pi}p+\dfrac{b}{2\pi}q+1\right)\sin x$

◀定積分の値は定数であるから，それぞれ p, q とおくことができる。

$$+\left(\frac{b}{2\pi}p+\frac{a}{2\pi}q+1\right)\cos x\quad\cdots\cdots ③$$

③ を ①, ② に代入して

$$p=\int_0^{2\pi}\sin y\cos y\left(\frac{a}{2\pi}p+\frac{b}{2\pi}q+1\right)dy$$
$$+\int_0^{2\pi}\cos^2 y\left(\frac{b}{2\pi}p+\frac{a}{2\pi}q+1\right)dy\quad\cdots\cdots ④$$

$$q=\int_0^{2\pi}\sin^2 y\left(\frac{a}{2\pi}p+\frac{b}{2\pi}q+1\right)dy$$
$$+\int_0^{2\pi}\sin y\cos y\left(\frac{b}{2\pi}p+\frac{a}{2\pi}q+1\right)dy \quad \cdots\cdots ⑤$$

ここで

$$\int_0^{2\pi}\sin^2 y\,dy=\frac{1}{2}\int_0^{2\pi}(1-\cos 2y)dy=\frac{1}{2}\left[y-\frac{1}{2}\sin 2y\right]_0^{2\pi}=\pi$$
$$\int_0^{2\pi}\cos^2 y\,dy=\frac{1}{2}\int_0^{2\pi}(1+\cos 2y)dy=\frac{1}{2}\left[y+\frac{1}{2}\sin 2y\right]_0^{2\pi}=\pi$$
$$\int_0^{2\pi}\sin y\cos y\,dy=\frac{1}{2}\int_0^{2\pi}\sin 2y\,dy=\frac{1}{2}\left[-\frac{1}{2}\cos 2y\right]_0^{2\pi}=0$$

これらを ④, ⑤ に代入すると

$$p=\left(\frac{b}{2\pi}p+\frac{a}{2\pi}q+1\right)\pi,\quad q=\left(\frac{a}{2\pi}p+\frac{b}{2\pi}q+1\right)\pi$$

よって $\begin{cases}(b-2)p+aq=-2\pi & \cdots\cdots ⑥\\ ap+(b-2)q=-2\pi & \cdots\cdots ⑦\end{cases}$

$f(x)$ がただ 1 つ定まるための条件は, ⑥, ⑦ を満たす p, q がただ 1 組存在することである。

これは ⑥, ⑦ を pq 平面上の直線の方程式と考えると, 2 直線が平行でない条件と同値である。

したがって, 求める条件は

$(b-2)^2-a^2\neq 0$ すなわち $\boldsymbol{a^2\neq(b-2)^2}$

このとき, ⑥, ⑦ を解くと $p=q=\dfrac{2\pi}{2-a-b}$

これを ③ に代入して $\boldsymbol{f(x)=\dfrac{2}{2-a-b}(\sin x+\cos x)}$

◀ 2 直線
$a_1x+b_1y+c_1=0$,
$a_2x+b_2y+c_2=0$ が平行でない
$\Longleftrightarrow a_1b_2-a_2b_1\neq 0$

演習 49 ➡ 本冊 p. 505

(1) $x\{f(x)-1\}=2\int_0^x e^{-t}g(t)dt$ の両辺を x で微分すると

$$f(x)-1+xf'(x)=2e^{-x}g(x)$$

◀ $\dfrac{d}{dx}\int_a^x h(t)dt=h(x)$

よって $e^x\{f(x)-1+xf'(x)\}=2g(x) \quad \cdots\cdots ①$

更に, ① の両辺を x で微分すると

$$e^x\{f(x)-1+xf'(x)\}+e^x\{f'(x)+f'(x)+xf''(x)\}=2g'(x)$$

すなわち $e^x\{xf''(x)+(x+2)f'(x)+f(x)-1\}=2g'(x)$

ここで, $g(x)=\int_0^x e^t f(t)dt$ の両辺を x で微分すると

$$g'(x)=e^x f(x)$$

よって $e^x\{xf''(x)+(x+2)f'(x)+f(x)-1\}=2e^x f(x)$

$e^x>0$ であるから

$$xf''(x)+(x+2)f'(x)+f(x)-1=2f(x)$$

したがって $xf''(x)+(x+2)f'(x)-f(x)=1 \quad \cdots\cdots ②$

(2) $f(x)$ が 2 次以上の整式であると仮定する。

◀背理法による証明。

$f(x)$ の最高次の項を ax^n $(a\neq 0)$ とすると $n\geqq 2$

$xf''(x)$ の最高次の項は $an(n-1)x^{n-1}$

$(x+2)f'(x)$ の最高次の項は anx^n

したがって，② の左辺の最高次の項は　$a(n-1)x^n$

$n \geqq 2$ であるから　$a(n-1) \neq 0$

よって，② の左辺は 2 次以上の整式となり，(1) で示した等式 ② が成り立つことに矛盾する。

したがって，$f(x)$ は定数または 1 次式である。

◀② の左辺の最高次の項は $anx^n - ax^n = a(n-1)x^n$

(3)　① に $x=0$ を代入すると　$f(0)-1=2g(0)$

$g(0)=\int_0^0 e^t f(t)dt=0$ であるから　$f(0)=1$

よって，(2) から，$f(x)=px+1$ と表すことができる。

② から　$x\cdot 0+p(x+2)-(px+1)=1$　ゆえに　$p=1$

◀$f'(x)=p$，$f''(x)=0$

したがって　$\boldsymbol{f(x)=x+1}$

よって　$\boldsymbol{g(x)}=\int_0^x e^t(t+1)dt=\Big[e^t(t+1)\Big]_0^x-\int_0^x e^t dt$

$=e^x(x+1)-1-\Big[e^t\Big]_0^x=\boldsymbol{xe^x}$

◀部分積分法。

演習 50 Ⅲ ➡ 本冊 p. 505

(1)　0 以上の任意の整数 n に対し $\cos n\theta = T_n(\cos\theta)$　…… ①

が成り立つことを数学的帰納法を用いて証明する。

[1]　$n=0$ のとき

$\cos(0\cdot\theta)=\cos 0=1$，$T_0(\cos\theta)=1$

よって，$n=0$ のとき ① は成り立つ。

$n=1$ のとき

$T_1(x)=x$ であるから　$T_1(\cos\theta)=\cos\theta$

よって，$n=1$ のとき ① は成り立つ。

◀$n=0$，1 のときの証明。

[2]　$n=k$，$n=k+1$ のとき，① が成り立つと仮定すると

$\cos k\theta = T_k(\cos\theta)$，$\cos(k+1)\theta = T_{k+1}(\cos\theta)$

◀$n=k$，$k+1$ の仮定。…… (∗)

$n=k+2$ のとき

$T_{k+2}(\cos\theta)=2\cos\theta T_{k+1}(\cos\theta)-T_k(\cos\theta)$

$=2\cos\theta\cos(k+1)\theta-\cos k\theta$　…… ②

$\cos\theta\cos(k+1)\theta=\dfrac{1}{2}\{\cos(k+2)\theta+\cos k\theta\}$ であるから，

② より

$T_{k+2}(\cos\theta)=2\cdot\dfrac{1}{2}\{\cos(k+2)\theta+\cos k\theta\}-\cos k\theta$

$=\cos(k+2)\theta+\cos k\theta-\cos k\theta=\cos(k+2)\theta$

よって，$n=k+2$ のときも ① は成り立つ。

◀$n=k+2$ のときの証明。

(∗) に関する注意。
[2] の仮定で $n=k-1$，k としてもよいが，この場合 $k-1 \geqq 0$ の条件から $k \geqq 1$ としなければならないことに注意する。

[1]，[2] から，0 以上の任意の整数 n に対して $\cos n\theta = T_n(\cos\theta)$ が成り立つ。

(2)　$x=\cos\theta$ とおくと　$dx=-\sin\theta d\theta$

x と θ の対応は右のようになる。

x	$-1 \longrightarrow 1$
θ	$\pi \longrightarrow 0$

よって，(1) の結果を利用すると

$\int_{-1}^1 T_n(x)dx=-\int_\pi^0 T_n(\cos\theta)\sin\theta d\theta=\int_0^\pi \cos n\theta\sin\theta d\theta$

$=\dfrac{1}{2}\int_0^\pi\{\sin(n+1)\theta-\sin(n-1)\theta\}d\theta$　…… ③

[1] $n-1=0$ すなわち $n=1$ のとき，③ から

$$\int_{-1}^{1} T_n(x)dx=\frac{1}{2}\int_0^{\pi}\sin 2\theta d\theta=\frac{1}{2}\left[-\frac{\cos 2\theta}{2}\right]_0^{\pi}=\frac{1}{2}\left(-\frac{1}{2}+\frac{1}{2}\right)=0$$

[2] $n-1\neq 0$ すなわち $n\neq 1$ のとき，③ から

$$\int_{-1}^{1} T_n(x)dx=\frac{1}{2}\left[-\frac{\cos(n+1)\theta}{n+1}+\frac{\cos(n-1)\theta}{n-1}\right]_0^{\pi}$$

$$=\frac{1}{2}\left\{-\frac{\cos(n+1)\pi}{n+1}+\frac{\cos(n-1)\pi}{n-1}+\frac{1}{n+1}-\frac{1}{n-1}\right\}$$

n が奇数のとき，$n+1$，$n-1$ は偶数であるから

$$\cos(n+1)\pi=1,\ \cos(n-1)\pi=1$$

よって　$\int_{-1}^{1} T_n(x)dx=\frac{1}{2}\left(-\frac{1}{n+1}+\frac{1}{n-1}+\frac{1}{n+1}-\frac{1}{n-1}\right)$

すなわち　$\int_{-1}^{1} T_n(x)dx=0$ …… ④

n が偶数のとき，$n+1$，$n-1$ は奇数であるから

$$\cos(n+1)\pi=-1,\ \cos(n-1)\pi=-1$$

ゆえに　$\int_{-1}^{1} T_n(x)dx=\frac{1}{2}\left(\frac{1}{n+1}-\frac{1}{n-1}+\frac{1}{n+1}-\frac{1}{n-1}\right)$

$$=\frac{1}{n+1}-\frac{1}{n-1}$$

④ は $n=1$ のときも成り立つ。

よって，[1]，[2] から **n が奇数のとき**　$\boldsymbol{\int_{-1}^{1} T_n(x)dx=0}$

n が偶数のとき　$\boldsymbol{\int_{-1}^{1} T_n(x)dx=\frac{1}{n+1}-\frac{1}{n-1}}$

演習 51

➡ 本冊 $p.505$

$$f'(x)=\frac{1}{x^2-x+1}-\frac{1}{x^2+x+1}=\frac{(x^2+x+1)-(x^2-x+1)}{(x^2-x+1)(x^2+x+1)}$$

$$=\frac{2x}{(x^2-x+1)(x^2+x+1)}$$

◀微分積分学の基本定理 $\frac{d}{dx}\int_a^x f(t)dt=f(x)$ a は定数。

$$x^2-x+1=\left(x-\frac{1}{2}\right)^2+\frac{3}{4}>0,\ x^2+x+1=\left(x+\frac{1}{2}\right)^2+\frac{3}{4}>0$$

であるから，$f'(x)=0$ とすると

$$x=0$$

◀$f'(x)$ の式の分母が 0 にならないから　$2x=0$

よって，$f(x)$ の増減表は右のようになる。

x	…	0	…
$f'(x)$	−	0	+
$f(x)$	↘	最小	↗

したがって，$f(x)$ は $x=0$ のときに最小値

$$f(0)=\int_{-1}^{0}\frac{dt}{t^2-t+1}+\int_0^1\frac{dt}{t^2+t+1}$$

をとる。

ここで，$\int_{-1}^{0}\frac{dt}{t^2-t+1}$ について，$t=-s$ とすると

$$dt=-ds$$

◀置換積分法を適用。

t と s の対応は右のようになるから

t	$-1 \longrightarrow 0$
s	$1 \longrightarrow 0$

$$\int_{-1}^{0}\frac{dt}{t^2-t+1}=\int_1^0\frac{-ds}{s^2+s+1}=\int_0^1\frac{ds}{s^2+s+1}$$

5章 演習 [積分法]

よって　$f(0)=2\int_0^1 \frac{dt}{t^2+t+1}=2\int_0^1 \frac{dt}{\left(t+\frac{1}{2}\right)^2+\frac{3}{4}}$

更に，$t+\frac{1}{2}=\frac{\sqrt{3}}{2}\tan\theta$ とすると

◀置換積分法を適用。

$$dt=\frac{\sqrt{3}}{2}\cdot\frac{d\theta}{\cos^2\theta}$$

t と θ の対応は右のようになる。

t	$0 \longrightarrow 1$
θ	$\frac{\pi}{6} \longrightarrow \frac{\pi}{3}$

したがって

$$f(0)=2\int_{\frac{\pi}{6}}^{\frac{\pi}{3}} \frac{1}{\frac{3}{4}(\tan^2\theta+1)}\cdot\frac{\sqrt{3}}{2}\cdot\frac{d\theta}{\cos^2\theta}$$

$$=\frac{4\sqrt{3}}{3}\int_{\frac{\pi}{6}}^{\frac{\pi}{3}} d\theta=\frac{4\sqrt{3}}{3}\Big[\theta\Big]_{\frac{\pi}{6}}^{\frac{\pi}{3}}=\boldsymbol{\frac{2\sqrt{3}}{9}\pi}$$

演習 52 ||| ➡ 本冊 p. 505

$4nx(1-x)=1$ の 2 解を α，β $(\alpha<\beta)$ とすると

◀$4nx^2-4nx+1=0$
また $0\leqq 4nx(1-x)\leqq 1$ のとき
$f(4nx(1-x))=4nx(1-x)$
$4nx(1-x)>1$ のとき
$f(4nx(1-x))=0$

$$\alpha=\frac{n-\sqrt{n(n-1)}}{2n}=\frac{1}{2}\left(1-\sqrt{1-\frac{1}{n}}\right)$$

$$\beta=\frac{n+\sqrt{n(n-1)}}{2n}=\frac{1}{2}\left(1+\sqrt{1-\frac{1}{n}}\right)$$

$0<\alpha<\frac{1}{2}<\beta<1$ であるから

$y=f(4nx(1-x))$ $(0\leqq x\leqq 1)$ のグラフは図のようになり，直線 $x=\frac{1}{2}$ に関して対称である。

よって　$n\int_0^1 f(4nx(1-x))dx$

◀$\int_\alpha^\beta f(4nx(1-x))dx=0$

$$=n\left\{\int_0^\alpha 4nx(1-x)dx+\int_\beta^1 4nx(1-x)dx\right\}$$

$$=8n^2\int_0^\alpha x(1-x)dx=8n^2\left[-\frac{x^3}{3}+\frac{x^2}{2}\right]_0^\alpha$$

◀$\int_0^\alpha 4nx(1-x)dx=\int_\beta^1 4nx(1-x)dx$

$$=8n^2\cdot\frac{\alpha^2}{6}(3-2\alpha)=\frac{4}{3}(n\alpha)^2(3-2\alpha)$$

$$\lim_{n\to+\infty}(n\alpha)=\lim_{n\to+\infty}\frac{1}{2}\{n-\sqrt{n(n-1)}\}$$

$$=\frac{1}{2}\lim_{n\to+\infty}\frac{n^2-n(n-1)}{n+\sqrt{n(n-1)}}=\frac{1}{2}\lim_{n\to+\infty}\frac{1}{1+\sqrt{1-\frac{1}{n}}}$$

$$=\frac{1}{4}$$

$$\lim_{n\to+\infty}\alpha=\lim_{n\to+\infty}(n\alpha)\cdot\frac{1}{n}=0$$

したがって

$$\lim_{n\to+\infty}n\int_0^1 f(4nx(1-x))dx=\frac{4}{3}\cdot\left(\frac{1}{4}\right)^2\cdot(3-2\cdot 0)=\boldsymbol{\frac{1}{4}}$$

演習 53

➡ 本冊 p. 505

(1) $\boldsymbol{f_1(x)}=\int_{-x}^{x} f_0(t)dt+f'_0(x)=\int_{-x}^{x} te^t dt+(e^x+xe^x)$

$=\Big[te^t\Big]_{-x}^{x}-\int_{-x}^{x} e^t dt+(x+1)e^x$

◀部分積分法。

$=xe^x+xe^{-x}-\Big[e^t\Big]_{-x}^{x}+(x+1)e^x$

$\boldsymbol{=2xe^x+(x+1)e^{-x}}$

(2) 任意の実数 x に対して

$$g(-x)=\int_{x}^{-x}(at+b)e^t dt=-\int_{-x}^{x}(at+b)e^t dt=-g(x)$$

◀$\int_{x}^{-x}=-\int_{-x}^{x}$

よって，$g(x)$ は奇関数であるから　$\displaystyle\int_{-c}^{c}\boldsymbol{g(x)dx=0}$

CHART $\int_{-a}^{a} f(x)dx$
偶関数は 2 倍
奇関数は 0

(3) $f_1(x)=2xe^x+(x+1)e^{-x}$，$f'_1(x)=2(x+1)e^x-xe^{-x}$ である

から　$f_2(x)=\int_{-x}^{x} f_1(t)dt+f'_1(x)$

$=\int_{-x}^{x}\{2te^t+(t+1)e^{-t}\}dt+2(x+1)e^x-xe^{-x}$

$=\Big[2te^t\Big]_{-x}^{x}-\int_{-x}^{x}2e^t dt+\Big[-(t+1)e^{-t}\Big]_{-x}^{x}$

$+\int_{-x}^{x}e^{-t}dt+2(x+1)e^x-xe^{-x}$

$=2xe^x+2xe^{-x}-\Big[2e^t\Big]_{-x}^{x}-(x+1)e^{-x}$

$+(-x+1)e^x+\Big[-e^{-t}\Big]_{-x}^{x}+2(x+1)e^x-xe^{-x}$

$=(3x+2)e^x$

よって，$f_{2n}(x)=(a_nx+b_n)e^x$ …… ① のように表されると推測できる。

① が成り立つことを数学的帰納法により証明する。

[1] $n=1$ のとき

$f_2(x)=(3x+2)e^x$ であるから，① は成り立つ。

[2] $n=k$ のとき ① が成り立つ，すなわち

$f_{2k}(x)=(a_kx+b_k)e^x$ のように表されると仮定する。

$f_{2(k+1)}(x)=\int_{-x}^{x} f_{2k+1}(t)dt+f'_{2k+1}(x)$

$=\int_{-x}^{x}\left\{\int_{-t}^{t} f_{2k}(u)du+f'_{2k}(t)\right\}dt+f'_{2k+1}(x)$

$f_{2k}(x)=(a_kx+b_k)e^x$ であるから，(2) の結果より

$$\int_{-x}^{x}\left\{\int_{-t}^{t} f_{2k}(u)du\right\}dt=0$$

したがって

$f_{2(k+1)}(x)=\int_{-x}^{x} f'_{2k}(t)dt+\left\{\int_{-x}^{x} f_{2k}(t)dt+f'_{2k}(x)\right\}'$

$=f_{2k}(x)-f_{2k}(-x)+\{f_{2k}(x)+f_{2k}(-x)+f''_{2k}(x)\}$

$=2f_{2k}(x)+f''_{2k}(x)$

◀$\dfrac{d}{dx}\int_{-x}^{x} g(t)dt$
$=g(x)+g(-x)$

$f'_{2k}(x)=(a_kx+a_k+b_k)e^x$，$f''_{2k}(x)=(a_kx+2a_k+b_k)e^x$ であ

るから

$$f_{2(k+1)}(x)=2(a_kx+b_k)e^x+(a_kx+2a_k+b_k)e^x$$
$$=(3a_kx+2a_k+3b_k)e^x$$

$a_{k+1}=3a_k$ …… ②, $b_{k+1}=2a_k+3b_k$ …… ③ とおくと,

$f_{2(k+1)}(x)=(a_{k+1}x+b_{k+1})e^x$ と表される。

◀a_k, b_k が定数であるから, a_{k+1}, b_{k+1} も定数である。

よって, $n=k+1$ のときも ① は成り立つ。

[1], [2] から, すべての自然数 n について,

$f_{2n}(x)=(a_nx+b_n)e^x$ のように表される。

② より, 数列 $\{a_n\}$ は初項 $a_1=3$, 公比 3 の等比数列であるから

$$a_n=3\cdot3^{n-1}=3^n$$

◀②, ③ から a_n, b_n を n の式で表す。

これを ③ に代入すると　$b_{n+1}=3b_n+2\cdot3^n$

両辺を 3^{n+1} で割ると　$\dfrac{b_{n+1}}{3^{n+1}}=\dfrac{b_n}{3^n}+\dfrac{2}{3}$

よって, 数列 $\left\{\dfrac{b_n}{3^n}\right\}$ は, 初項 $\dfrac{b_1}{3}=\dfrac{2}{3}$, 公差 $\dfrac{2}{3}$ の等差数列であるから　$\dfrac{b_n}{3^n}=\dfrac{2}{3}+(n-1)\cdot\dfrac{2}{3}=\dfrac{2}{3}n$

よって　$b_n=3^n\cdot\dfrac{2}{3}n=2\cdot3^{n-1}\cdot n$

ゆえに　$\boldsymbol{f_{2n}(x)}=(3^nx+2\cdot3^{n-1}\cdot n)e^x\boldsymbol{=3^{n-1}(3x+2n)e^x}$

演習 54 ➡ 本冊 *p*. 506

➡ 本冊 *p*. 506

(1)　$f(x)=\dfrac{x}{n}-\log\left(1+\dfrac{x}{n}\right)$ とする。

$$f'(x)=\frac{1}{n}-\frac{1}{n}\cdot\frac{1}{1+\frac{x}{n}}=\frac{x}{n(n+x)}$$

CHART
大小比較は差を作れ

◀$0\leqq x\leqq1$ のとき $f(x)\geqq0$ を示す。

$0<x<1$ のとき $f'(x)>0$ より, $f(x)$ は $0\leqq x\leqq1$ で単調に増加し, $f(0)=0$ であるから　$f(x)\geqq0$

よって　$\log\left(1+\dfrac{x}{n}\right)\leqq\dfrac{x}{n}$ …… ①

また, $g(x)=\log\left(1+\dfrac{x}{n}\right)-\dfrac{x}{n+1}$ とすると

$$g'(x)=\frac{1}{n}\cdot\frac{1}{1+\frac{x}{n}}-\frac{1}{n+1}=\frac{1-x}{(n+x)(n+1)}$$

◀$0\leqq x\leqq1$ のとき $g(x)\geqq0$ を示す。

$0<x<1$ のとき $g'(x)>0$ より, $g(x)$ は $0\leqq x\leqq1$ で単調に増加し, $g(0)=0$ であるから　$g(x)\geqq0$

よって　$\dfrac{x}{n+1}\leqq\log\left(1+\dfrac{x}{n}\right)$ …… ②

①, ② から　$\dfrac{x}{n+1}\leqq\log\left(1+\dfrac{x}{n}\right)\leqq\dfrac{x}{n}$

(2)　与えられた a_n の式について, 両辺の自然対数をとると

$$\log a_n=\log\left(1+\frac{1^5}{n^6}\right)+\log\left(1+\frac{2^5}{n^6}\right)+\cdots\cdots+\log\left(1+\frac{n^5}{n^6}\right)$$

◀$\log MN=\log M+\log N$

ここで, $k=1, 2, \cdots\cdots, n$ について

$$1+\frac{k^5}{n^6}=1+\frac{\left(\frac{k}{n}\right)^5}{n},\quad 0<\left(\frac{k}{n}\right)^5\leqq 1$$

であるから，(1) の不等式を利用して

$$\frac{\left(\frac{k}{n}\right)^5}{n+1}\leqq\log\left\{1+\frac{\left(\frac{k}{n}\right)^5}{n}\right\}\leqq\frac{\left(\frac{k}{n}\right)^5}{n}$$

CHART
(1) は (2) のヒント

すなわち　$\frac{1}{n+1}\left(\frac{k}{n}\right)^5\leqq\log\left(1+\frac{k^5}{n^6}\right)\leqq\frac{1}{n}\left(\frac{k}{n}\right)^5$

$k=1,\ 2,\ \cdots\cdots,\ n$ について辺々を加えると

$$\sum_{k=1}^{n}\frac{1}{n+1}\left(\frac{k}{n}\right)^5\leqq\log a_n\leqq\sum_{k=1}^{n}\frac{1}{n}\left(\frac{k}{n}\right)^5$$

よって　$\frac{1}{n+1}\sum_{k=1}^{n}\left(\frac{k}{n}\right)^5\leqq\log a_n\leqq\frac{1}{n}\sum_{k=1}^{n}\left(\frac{k}{n}\right)^5$

◀この不等式を利用して，はさみうちの原理により極限値を求めることを考える。

ここで　$\lim_{n\to\infty}\frac{1}{n}\sum_{k=1}^{n}\left(\frac{k}{n}\right)^5=\int_0^1 x^5\,dx=\left[\frac{1}{6}x^6\right]_0^1=\frac{1}{6}$

また　$\lim_{n\to\infty}\frac{1}{n+1}\sum_{k=1}^{n}\left(\frac{k}{n}\right)^5=\lim_{n\to\infty}\frac{n}{n+1}\left\{\frac{1}{n}\sum_{k=1}^{n}\left(\frac{k}{n}\right)^5\right\}$

ここで，$\lim_{n\to\infty}\frac{n}{n+1}=\lim_{n\to\infty}\frac{1}{1+\frac{1}{n}}=1,\ \lim_{n\to\infty}\frac{1}{n}\sum_{k=1}^{n}\left(\frac{k}{n}\right)^5=\frac{1}{6}$

であるから

$$\lim_{n\to\infty}\frac{1}{n+1}\sum_{k=1}^{n}\left(\frac{k}{n}\right)^5=\lim_{n\to\infty}\frac{n}{n+1}\cdot\frac{1}{n}\sum_{k=1}^{n}\left(\frac{k}{n}\right)^5$$
$$=1\times\frac{1}{6}=\frac{1}{6}$$

よって，はさみうちの原理により

$$\lim_{n\to\infty}\log a_n=\frac{1}{6}$$

したがって　$\lim_{n\to\infty}a_n=\lim_{n\to\infty}e^{\log a_n}=\boldsymbol{e^{\frac{1}{6}}}$

演習 55 Ⅲ　➡ 本冊 p. 506

(1)　$F'(x)=f'(x)+f'(\pi-x)-f'(\pi+x)-f'(2\pi-x)$

$0\leqq x\leqq 2\pi$ で $f''(x)>0$ であるから，この区間で $f'(x)$ は単調に増加する。

$0<x<\frac{\pi}{2}$ において $x<\pi-x<\pi+x<2\pi-x$ であるから

$$f'(x)<f'(\pi-x)<f'(\pi+x)<f'(2\pi-x)$$

よって，$0<x<\frac{\pi}{2}$ において

$$F'(x)=\{f'(x)-f'(\pi+x)\}+\{f'(\pi-x)-f'(2\pi-x)\}<0$$

したがって，$0\leqq x\leqq\frac{\pi}{2}$ で $F(x)$ は単調に減少する。

◀$F(x)$ が範囲内で単調に減少することから，範囲の右端の値 $F\left(\frac{\pi}{2}\right)$ を調べる。

また　$F\left(\frac{\pi}{2}\right)=f\left(\frac{\pi}{2}\right)-f\left(\frac{\pi}{2}\right)-f\left(\frac{3}{2}\pi\right)+f\left(\frac{3}{2}\pi\right)=0$

よって，$0\leqq x\leqq\frac{\pi}{2}$ において　$F(x)\geqq 0$

(2) $\int_0^{2\pi} f(x)\cos x\,dx = \int_0^{\frac{\pi}{2}} f(x)\cos x\,dx + \int_{\frac{\pi}{2}}^{\pi} f(x)\cos x\,dx$

$+\int_{\pi}^{\frac{3}{2}\pi} f(x)\cos x\,dx + \int_{\frac{3}{2}\pi}^{2\pi} f(x)\cos x\,dx$ …… ①

◀積分区間を $\frac{\pi}{2}$ おきに分割する。

$\int_{\frac{\pi}{2}}^{\pi} f(x)\cos x\,dx$ について，$x=\pi-t$

とおくと　　$dx=-dt$

x と t の対応は右のようになるから

x	$\frac{\pi}{2} \longrightarrow \pi$
t	$\frac{\pi}{2} \longrightarrow 0$

◀置換積分法を適用。

$$\int_{\frac{\pi}{2}}^{\pi} f(x)\cos x\,dx = \int_{\frac{\pi}{2}}^{0} f(\pi-t)\cos(\pi-t)\cdot(-1)dt$$

$$= -\int_0^{\frac{\pi}{2}} f(\pi-x)\cos x\,dx \quad \cdots\cdots ②$$

同様に　$\int_{\pi}^{\frac{3}{2}\pi} f(x)\cos x\,dx = -\int_0^{\frac{\pi}{2}} f(\pi+x)\cos x\,dx$ …… ③

$\int_{\frac{3}{2}\pi}^{2\pi} f(x)\cos x\,dx = \int_0^{\frac{\pi}{2}} f(2\pi-x)\cos x\,dx$ …… ④

②～④ を ① に代入して

$$\int_0^{2\pi} f(x)\cos x\,dx$$

$$= \int_0^{\frac{\pi}{2}} f(x)\cos x\,dx - \int_0^{\frac{\pi}{2}} f(\pi-x)\cos x\,dx$$

$$- \int_0^{\frac{\pi}{2}} f(\pi+x)\cos x\,dx + \int_0^{\frac{\pi}{2}} f(2\pi-x)\cos x\,dx$$

$$= \int_0^{\frac{\pi}{2}} \{f(x)-f(\pi-x)-f(\pi+x)+f(2\pi-x)\}\cos x\,dx$$

$$= \int_0^{\frac{\pi}{2}} F(x)\cos x\,dx$$

◀(1) の $F(x)$ が登場し，その結果が利用できる。

$0 \leqq x \leqq \frac{\pi}{2}$ において，$F(x) \geqq 0$，$\cos x \geqq 0$ より

$\int_0^{\frac{\pi}{2}} F(x)\cos x\,dx \geqq 0$ であるから　　$\int_0^{2\pi} f(x)\cos x\,dx \geqq 0$

(3) $g(x)$ の原始関数の 1 つを $G(x)$ とすると

$$\int_0^{2\pi} g(x)\sin x\,dx = \Big[G(x)\sin x\Big]_0^{2\pi} - \int_0^{2\pi} G(x)\cos x\,dx$$

$$= \int_0^{2\pi} \{-G(x)\}\cos x\,dx \quad \cdots\cdots ⑤$$

$h(x)=-G(x)$ とおくと，$h'(x)=-G'(x)=-g(x)$ より

$h''(x)=-g'(x)>0$

(1)，(2) より　　$\int_0^{2\pi} \{-G(x)\}\cos x\,dx = \int_0^{2\pi} h(x)\cos x\,dx \geqq 0$

◀**CHART**
(1)，(2) は (3) のヒント

⑤ より　　$\int_0^{2\pi} g(x)\sin x\,dx \geqq 0$

演習 56 Ⅲ ➡本冊 p. 506

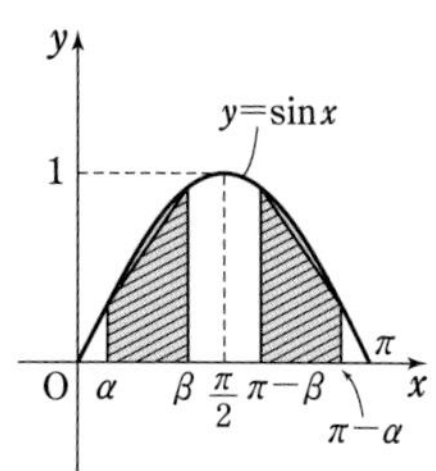

(1) 曲線 $y=\sin x$ は直線 $x=\dfrac{\pi}{2}$ に関して対称である。

$0<x<\dfrac{\pi}{2}$ で $y''=-\sin x<0$ であるから，曲線 $y=\sin x$ は上に凸である。

よって，図の斜線部分（2つの台形）の面積と比較して

$$\int_{\alpha}^{\beta}\sin x\,dx+\int_{\pi-\beta}^{\pi-\alpha}\sin x\,dx=2\int_{\alpha}^{\beta}\sin x\,dx$$
$$>(\beta-\alpha)(\sin\alpha+\sin\beta)$$
$$=(\beta-\alpha)\{\sin\alpha+\sin(\pi-\beta)\}$$

(2) (1)の不等式に $\alpha=\dfrac{k}{8}\pi$，$\beta=\dfrac{k+1}{8}\pi$ を代入すると

$$\int_{\frac{k}{8}\pi}^{\frac{k+1}{8}\pi}\sin x\,dx+\int_{\frac{7-k}{8}\pi}^{\frac{8-k}{8}\pi}\sin x\,dx>\frac{\pi}{8}\left(\sin\frac{k}{8}\pi+\sin\frac{7-k}{8}\pi\right)$$

よって

$$\int_{0}^{\frac{4}{8}\pi}\sin x\,dx+\int_{\frac{4}{8}\pi}^{\pi}\sin x\,dx>\frac{\pi}{8}\left(\sum_{k=0}^{3}\sin\frac{k}{8}\pi+\sum_{k=0}^{3}\sin\frac{7-k}{8}\pi\right)$$

◀$\displaystyle\sum_{k=0}^{3}\int_{\frac{k}{8}\pi}^{\frac{k+1}{8}\pi}\sin x\,dx=\int_{0}^{\frac{4}{8}\pi}\sin x\,dx$

ゆえに　$\displaystyle\int_{0}^{\pi}\sin x\,dx>\frac{\pi}{8}\sum_{k=1}^{7}\sin\frac{k\pi}{8}$

よって　$\displaystyle 2>\frac{\pi}{8}\sum_{k=1}^{7}\sin\frac{k\pi}{8}$

◀$\displaystyle\int_{0}^{\pi}\sin x\,dx=\Big[-\cos x\Big]_{0}^{\pi}=2$

したがって　$\displaystyle\sum_{k=1}^{7}\sin\frac{k\pi}{8}<\frac{16}{\pi}$

演習 57 Ⅲ ➡本冊 p. 506

(1) $\displaystyle b_n=\int_{-\frac{\pi}{6}}^{\frac{\pi}{6}}e^{n\sin\theta}\cos\theta\,d\theta=\left[\frac{1}{n}e^{n\sin\theta}\right]_{-\frac{\pi}{6}}^{\frac{\pi}{6}}=\boldsymbol{\frac{1}{n}(e^{\frac{n}{2}}-e^{-\frac{n}{2}})}$

◀$\int f(g(x))g'(x)dx$ の形。

(2) $-\dfrac{\pi}{6}\leqq\theta\leqq\dfrac{\pi}{6}$ のとき　$\dfrac{\sqrt{3}}{2}\leqq\cos\theta\leqq1$

$e^{n\sin\theta}>0$ であるから

$$\frac{\sqrt{3}}{2}e^{n\sin\theta}\leqq e^{n\sin\theta}\cos\theta\leqq e^{n\sin\theta}$$

よって　$e^{n\sin\theta}\cos\theta\leqq e^{n\sin\theta}\leqq\dfrac{2}{\sqrt{3}}e^{n\sin\theta}\cos\theta$

したがって

$$\int_{-\frac{\pi}{6}}^{\frac{\pi}{6}}e^{n\sin\theta}\cos\theta\,d\theta\leqq\int_{-\frac{\pi}{6}}^{\frac{\pi}{6}}e^{n\sin\theta}d\theta\leqq\frac{2}{\sqrt{3}}\int_{-\frac{\pi}{6}}^{\frac{\pi}{6}}e^{n\sin\theta}\cos\theta\,d\theta$$

すなわち　$b_n\leqq a_n\leqq\dfrac{2}{\sqrt{3}}b_n$

(3) (2)から　$nb_n\leqq na_n\leqq\dfrac{2}{\sqrt{3}}nb_n$　…… ①

$-\dfrac{\pi}{6}\leqq\theta\leqq\dfrac{\pi}{6}$ のとき，$e^{n\sin\theta}\cos\theta>0$ であるから　$b_n>0$

よって，① の各辺は正であり，各辺の自然対数をとると

$$\log(nb_n) \leqq \log(na_n) \leqq \log\left(\frac{2}{\sqrt{3}}nb_n\right)$$

ゆえに　$\displaystyle \frac{1}{n}\log(nb_n) \leqq \frac{1}{n}\log(na_n) \leqq \frac{1}{n}\log\left(\frac{2}{\sqrt{3}}nb_n\right)$

すなわち

$$\frac{1}{n}\log(nb_n) \leqq \frac{1}{n}\log(na_n) \leqq \frac{1}{n}\log(nb_n) + \frac{1}{n}\log\frac{2}{\sqrt{3}}$$

ここで　$\displaystyle \lim_{n\to\infty}\frac{1}{n}\log(nb_n) = \lim_{n\to\infty}\frac{1}{n}\log(e^{\frac{n}{2}} - e^{-\frac{n}{2}})$

$$= \lim_{n\to\infty}\frac{1}{n}\log e^{\frac{n}{2}}(1-e^{-n})$$

$$= \lim_{n\to\infty}\frac{1}{n}\{\log e^{\frac{n}{2}} + \log(1-e^{-n})\}$$

$$= \lim_{n\to\infty}\frac{1}{n}\left\{\frac{n}{2} + \log(1-e^{-n})\right\}$$

$$= \lim_{n\to\infty}\left\{\frac{1}{2} + \frac{1}{n}\log(1-e^{-n})\right\} = \frac{1}{2}$$

また，$\displaystyle \lim_{n\to\infty}\frac{1}{n}\log\frac{2}{\sqrt{3}} = 0$ であるから

$$\lim_{n\to\infty}\left\{\frac{1}{n}\log(nb_n) + \frac{1}{n}\log\frac{2}{\sqrt{3}}\right\} = \frac{1}{2}$$

よって　$\displaystyle \lim_{n\to\infty}\frac{1}{n}\log(na_n) = \boldsymbol{\frac{1}{2}}$

◀はさみうちの原理。

CHECK 14 ➡本冊 p. 508

(1) $1 \leqq x \leqq 2$ において $y \geqq 0$ であるから，求める面積 S は

$$S=\int_1^2 \frac{1}{2x}dx$$
$$=\frac{1}{2}\Big[\log x\Big]_1^2$$
$$=\mathbf{\frac{1}{2}\log 2}$$

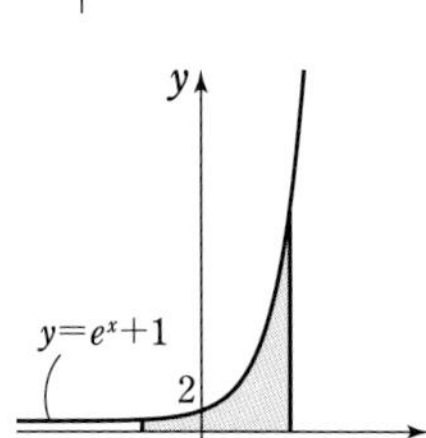

◀$\int \frac{1}{x}dx=\log|x|+C$

(2) $-2 \leqq x \leqq 3$ において $y \geqq 0$ であるから，求める面積 S は

$$S=\int_{-2}^3 (e^x+1)dx$$
$$=\Big[e^x+x\Big]_{-2}^3$$
$$=\mathbf{e^3-e^{-2}+5}$$

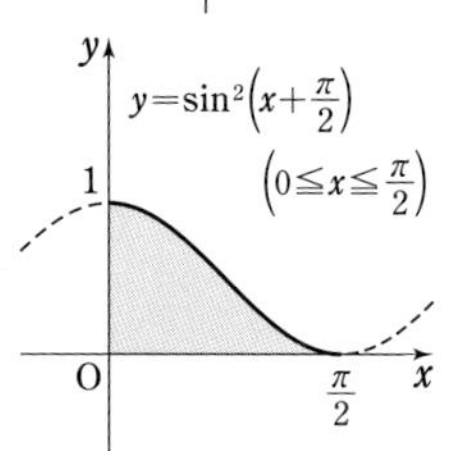

◀$\int e^x dx=e^x+C$

(3) $y=\sin^2\left(x+\frac{\pi}{2}\right)$ は常に　$y \geqq 0$

また　$\sin^2\left(x+\frac{\pi}{2}\right)=\cos^2 x$

$$=\frac{1+\cos 2x}{2}$$

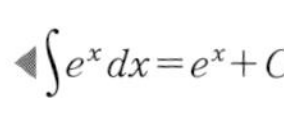

求める面積 S は

$$S=\int_0^{\frac{\pi}{2}} \frac{1+\cos 2x}{2}dx$$
$$=\frac{1}{2}\left[x+\frac{\sin 2x}{2}\right]_0^{\frac{\pi}{2}}=\boldsymbol{\frac{\pi}{4}}$$

◀$\int \cos 2x\,dx$
$=\frac{\sin 2x}{2}+C$

CHECK 15 ➡本冊 p. 522

(1) 求める体積を V とすると

$$V=\pi\int_2^4 (\sqrt{x})^2 dx$$
$$=\pi\int_2^4 x\,dx=\pi\left[\frac{x^2}{2}\right]_2^4$$
$$=\mathbf{6\pi}$$

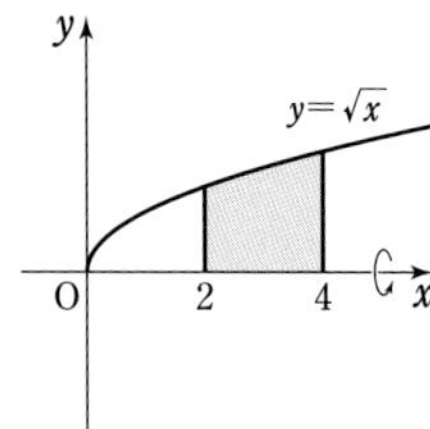

(2) 求める体積を V とすると

$$V=\pi\int_0^2 (e^{\frac{x}{4}})^2 dx$$
$$=\pi\int_0^2 e^{\frac{x}{2}}dx=\pi\Big[2e^{\frac{x}{2}}\Big]_0^2$$
$$=\mathbf{2\pi(e-1)}$$

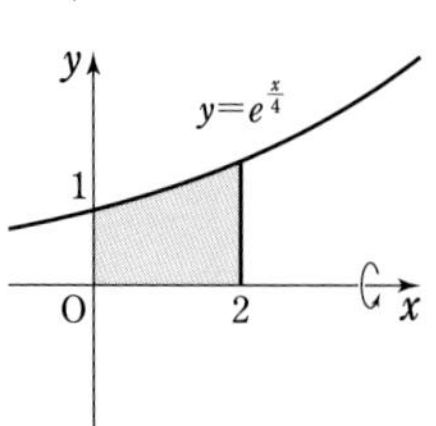

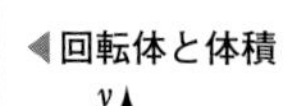

◀回転体と体積

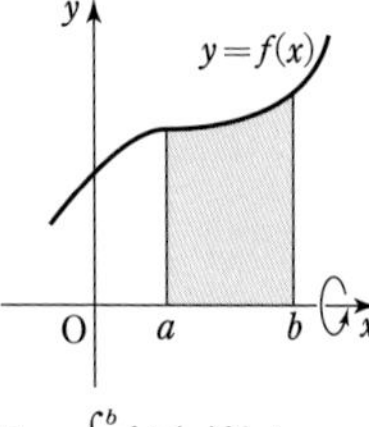

$$\boldsymbol{V=\pi\int_a^b \{f(x)\}^2 dx}$$
$$\boldsymbol{(a<b)}$$

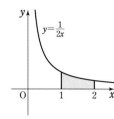

CHECK 16 ➡本冊 p. 542

$\dfrac{dx}{dt}=2\sqrt{3}\,t,\ \dfrac{dy}{dt}=3t^2-1$ であるから

$$\left(\frac{dx}{dt}\right)^2+\left(\frac{dy}{dt}\right)^2=(2\sqrt{3}\,t)^2+(3t^2-1)^2$$
$$=9t^4+6t^2+1=(3t^2+1)^2$$

よって，曲線の長さは

$$\int_0^{\frac{1}{\sqrt{3}}}(3t^2+1)dt=\left[t^3+t\right]_0^{\frac{1}{\sqrt{3}}}=\frac{4}{3\sqrt{3}}=\boldsymbol{\frac{4\sqrt{3}}{9}}$$

◀曲線 $x=f(t)$，$y=g(t)$ $(\alpha\leqq t\leqq\beta)$ の長さは $\displaystyle\int_\alpha^\beta\sqrt{\left(\frac{dx}{dt}\right)^2+\left(\frac{dy}{dt}\right)^2}\,dt$

CHECK 17 ➡本冊 p. 545

求める道のりは

$$\int_0^5|12-6t|dt=\int_0^2(12-6t)dt+\int_2^5(-12+6t)dt$$
$$=\left[12t-3t^2\right]_0^2+\left[-12t+3t^2\right]_2^5$$
$$=12+27=\mathbf{39}$$

◀$0\leqq t\leqq 2$ のとき $12-6t\geqq 0$
$2\leqq t\leqq 5$ のとき $12-6t\leqq 0$

参考 $\displaystyle\int_0^5|12-6t|dt=\frac{1}{2}\cdot 2\cdot 12+\frac{1}{2}\cdot(5-2)\cdot 18$
$=12+27=39$

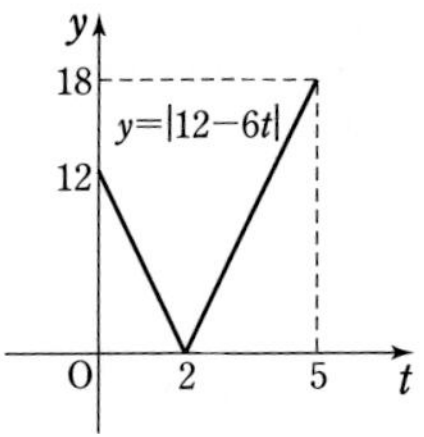

CHECK 18 ➡本冊 p. 549

$\dfrac{dy}{dx}=3x^2$ から　　$y=x^3+C$　（Cは任意定数）

◀一般解。

$x=0$ のとき $y=1$ であるから　　$C=1$

よって，求める関数は

$$\boldsymbol{y=x^3+1}$$

例 45 ➡本冊 p. 509

(1) $y=\dfrac{4-2(x+1)+2}{x+1}=\dfrac{6}{x+1}-2$

$x=0$ のとき　　$y=4$

$y=0$ のとき　　$x=2$

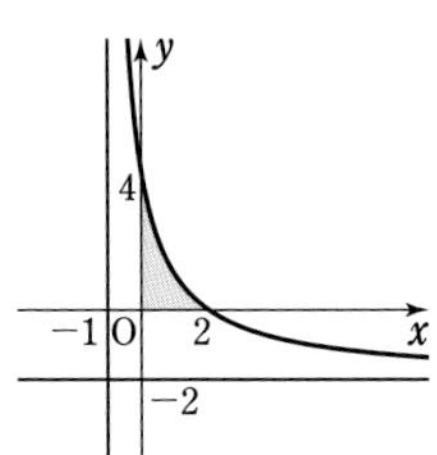

$0\leqq x\leqq 2$ において，$y\geqq 0$ であるから，求める面積は

$$\int_0^2\left(\frac{6}{x+1}-2\right)dx$$

$$=\Big[6\log(x+1)-2x\Big]_0^2$$

$$=\mathbf{6\log 3-4}$$

◀グラフは，x 軸の共有点と上下関係がわかればよい。

◀$\displaystyle\int\frac{1}{x+1}dx=\log|x+1|+C$

(2) $y'=-e^x+(3-x)e^x=(2-x)e^x$

$y'=0$ とすると　　$x=2$

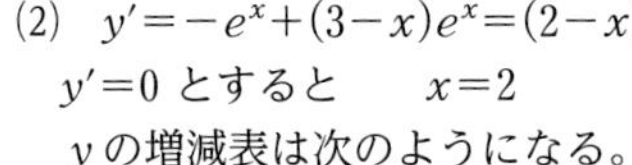

y の増減表は次のようになる。

x	$\cdots$	2	$\cdots$
y'	+	0	−
y	↗	極大	↘

$y=0$ とすると　　$x=3$

また　　$x\leqq 3$ のとき　$y\geqq 0$，$x\geqq 3$ のとき　$y\leqq 0$

求める面積は

$$\int_2^3(3-x)e^x dx=\Big[(3-x)e^x\Big]_2^3-\int_2^3(-1)e^x dx$$

$$=-e^2+\int_2^3 e^x dx=-e^2+\Big[e^x\Big]_2^3=\boldsymbol{e^3-2e^2}$$

◀$(3-x)e^x=(3-x)(e^x)'$

例 46 ➡本冊 p. 509

$\sin x=\sin 2x$ とすると　　$\sin x=2\sin x\cos x$

よって　　$\sin x(1-2\cos x)=0$

ゆえに　　$\sin x=0$ または $\cos x=\dfrac{1}{2}$

$0\leqq x\leqq 2\pi$ であるから

$$x=0,\ \frac{\pi}{3},\ \pi,\ \frac{5}{3}\pi,\ 2\pi$$

◀共有点の x 座標を求める。

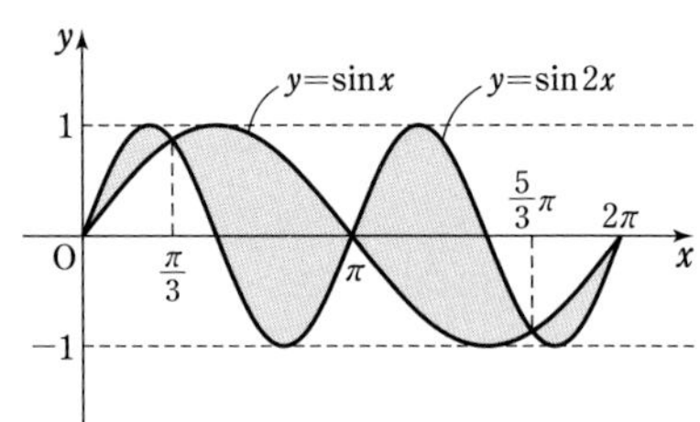

また，2 曲線の位置関係は，右の図のようになり，面積を求める図形は点 $(\pi,\ 0)$ に関して対称である。よって

$$\frac{1}{2}S=\int_0^{\frac{\pi}{3}}(\sin 2x-\sin x)dx+\int_{\frac{\pi}{3}}^{\pi}(\sin x-\sin 2x)dx$$

$$=\left[-\frac{1}{2}\cos 2x+\cos x\right]_0^{\frac{\pi}{3}}-\left[-\frac{1}{2}\cos 2x+\cos x\right]_{\frac{\pi}{3}}^{\pi}$$

$$=2\left(\frac{1}{4}+\frac{1}{2}\right)-\left(-\frac{1}{2}+1\right)-\left(-\frac{1}{2}-1\right)=\frac{5}{2}$$

したがって　　$\boldsymbol{S=5}$

◀$\displaystyle\int\sin 2x\,dx=-\frac{1}{2}\cos 2x+C$

6章 例 【積分法の応用】

例 47 ➡本冊 p. 523

線分 PQ を 1 辺とする正三角形の面積を $S(x)$ とすると

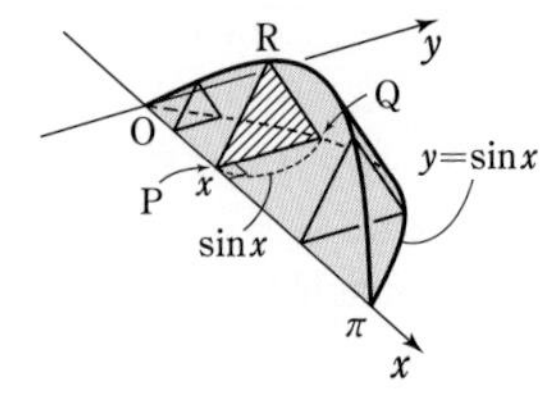

$$S(x)=\frac{1}{2}(\sin x)^2\cdot\sin\frac{\pi}{3}$$

$$=\frac{\sqrt{3}}{4}\sin^2 x$$

よって，求める立体の体積を V とすると

$$V=\int_0^{\pi}S(x)dx=\int_0^{\pi}\frac{\sqrt{3}}{4}\sin^2 x\,dx$$

$$=\frac{\sqrt{3}}{8}\int_0^{\pi}(1-\cos 2x)dx$$

$$=\frac{\sqrt{3}}{8}\left[x-\frac{1}{2}\sin 2x\right]_0^{\pi}=\boldsymbol{\frac{\sqrt{3}}{8}\pi}$$

CHART 体積
断面積をつかむ

例 48 ➡本冊 p. 523

右の図のように座標軸をとり，各点を定める。

x 軸上の点 D$(x,\ 0)$ を通り，x 軸に垂直な平面による切り口は直角三角形 DEF で

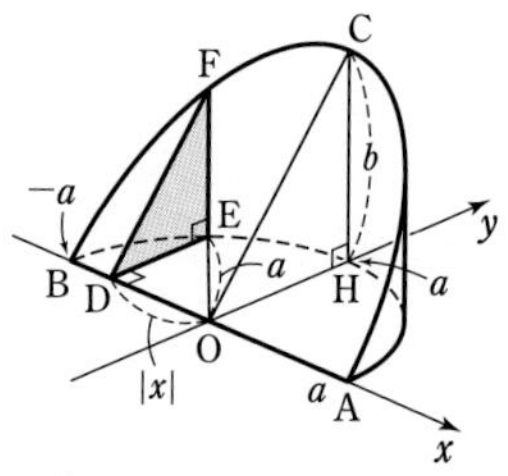

$$\triangle\mathrm{DEF}\backsim\triangle\mathrm{OHC}$$

DE：OH$=\sqrt{a^2-x^2}$：a であるから，切り口の面積を $S(x)$ とすると

$$S(x):\triangle\mathrm{OHC}=(\sqrt{a^2-x^2})^2:a^2 \quad \cdots\cdots ①$$

よって　$S(x)=\dfrac{a^2-x^2}{a^2}\cdot\dfrac{ab}{2}=\dfrac{b}{2a}(a^2-x^2)$

ゆえに　$\boldsymbol{V}=2\displaystyle\int_0^a S(x)dx=2\int_0^a\frac{b}{2a}(a^2-x^2)dx$

$$=\frac{b}{a}\left[a^2x-\frac{x^3}{3}\right]_0^a=\boldsymbol{\frac{2}{3}a^2b}$$

◀① 長さ k 倍 ⟶ 面積は k^2 倍

参考　例 48 において，他の切り口で考えた場合

［y 軸に垂直な平面で切った場合］

改めて各点を図のように定める。y 軸上の点 D$(0,\ y)$ を通り，y 軸に垂直な平面による切り口は長方形で

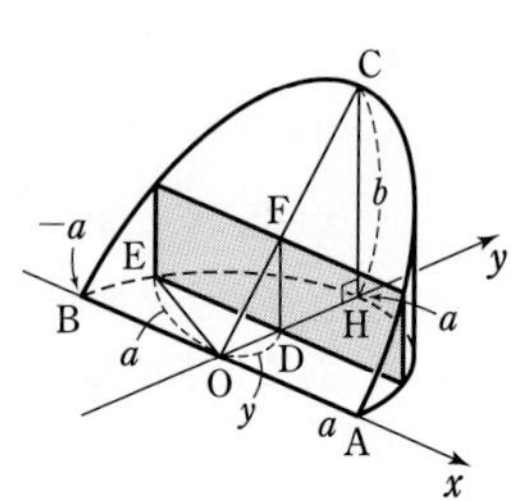

$$\mathrm{DE}=\sqrt{a^2-y^2}$$

また，OD：OH＝DF：HC から　　DF$=\dfrac{b}{a}y$

したがって，切り口の面積 $S(y)$ は

$$S(y)=2\mathrm{DE}\cdot\mathrm{DF}=\frac{2b}{a}y\sqrt{a^2-y^2}$$

よって　$V=\displaystyle\int_0^a S(y)dy=\int_0^a\frac{2b}{a}y\sqrt{a^2-y^2}\,dy$

$\sqrt{a^2-y^2}=t$ とおくと　　$a^2-y^2=t^2$

ゆえに　　$-2ydy=2tdt$　　　よって　　$ydy=-tdt$

また，y と t の対応は右のようになるから

y	$0\longrightarrow a$
t	$a\longrightarrow 0$

$$\boldsymbol{V}=\frac{2b}{a}\int_a^0 t\cdot(-t)dt=\frac{2b}{a}\left[\frac{t^3}{3}\right]_0^a=\boldsymbol{\frac{2}{3}a^2b}$$

[底面に平行な平面で切った場合]

xy 平面と垂直に z 軸をとり，平面 $z=t$ における切り口の面積を $S(t)$ とすると，この切り口は図のような円の一部である。

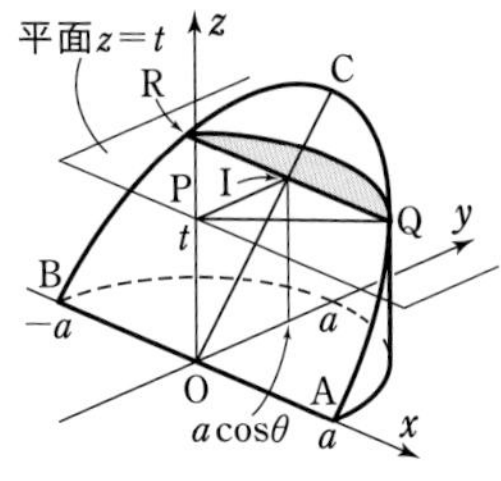

図において，$\angle \mathrm{IPQ}=\theta$ とすると

$$S(t)=(扇形\ \mathrm{PQR})-\triangle\mathrm{PQR}$$
$$=\frac{1}{2}a^2\cdot 2\theta-\frac{1}{2}a^2\sin 2\theta$$
$$=a^2(\theta-\sin\theta\cos\theta)$$

また，$a\cos\theta : t=a : b$ から　　$t=b\cos\theta$

よって　　$dt=-b\sin\theta\, d\theta$

t と θ の対応は右のようになるから，求める体積は

t	$0 \longrightarrow b$
θ	$\frac{\pi}{2} \longrightarrow 0$

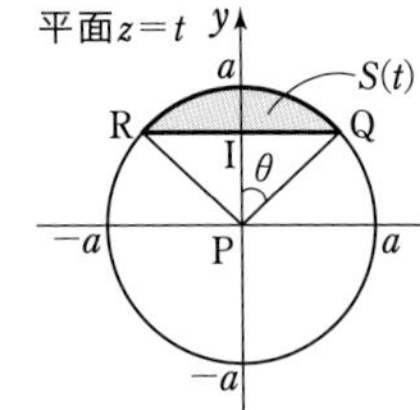

$$V=\int_0^b S(t)\,dt=\int_{\frac{\pi}{2}}^0 a^2(\theta-\sin\theta\cos\theta)(-b\sin\theta)\,d\theta$$
$$=a^2b\int_0^{\frac{\pi}{2}}(\theta\sin\theta-\sin^2\theta\cos\theta)\,d\theta$$

ここで　$\displaystyle\int_0^{\frac{\pi}{2}}\theta\sin\theta\,d\theta=\Big[-\theta\cos\theta\Big]_0^{\frac{\pi}{2}}+\int_0^{\frac{\pi}{2}}\cos\theta\,d\theta=\Big[\sin\theta\Big]_0^{\frac{\pi}{2}}=1$　　◀部分積分法を適用。

$\displaystyle\int_0^{\frac{\pi}{2}}\sin^2\theta\cos\theta\,d\theta=\left[\frac{1}{3}\sin^3\theta\right]_0^{\frac{\pi}{2}}=\frac{1}{3}$　　◀$\displaystyle\int_0^{\frac{\pi}{2}}\sin^2\theta(\sin\theta)'\,d\theta$

ゆえに　　$V=a^2b\left(1-\frac{1}{3}\right)=\boldsymbol{\frac{2}{3}a^2b}$

他にも平面 ABC と平行な平面で切る，z 軸を含む平面で切る（放射状に切る）など，いろいろな切り方があるが，その切り方によって計算方法が違ってくる。

例 48 の場合は，断面積の求めやすさ・積分計算の手間の両方において，最初の解答のように x 軸と垂直な平面で切るのが得策である。

このように，どのような切り方をするとらくに計算できるか，しっかりと見極めよう。

例 49

➡本冊 $p.$ 546

(1)　t 秒後の点Pの位置を $x(t)$ とすると

$$x(t)=0+\int_0^t v(t)\,dt=\int_0^t e^t\sin t\,dt$$
$$=\Big[e^t\sin t\Big]_0^t-\int_0^t e^t\cos t\,dt$$
$$=e^t\sin t-\left\{\Big[e^t\cos t\Big]_0^t-\int_0^t e^t\cdot(-\sin t)\,dt\right\}$$
$$=e^t\sin t-e^t\cos t+1-x(t)$$

◀(位置)=(初めの位置)+(速度の定積分)　└位置の変化量

◀同形出現。

よって　　$x(t)=\boldsymbol{\frac{1}{2}\{e^t(\sin t-\cos t)+1\}}$

(2)　$x'(t)=v(t)=0\ (0\leqq t\leqq 2\pi)$ とすると

$t=0,\ \pi,\ 2\pi$

また　$x(\pi)=\dfrac{1+e^{\pi}}{2}>0,\ x(2\pi)=\dfrac{1-e^{2\pi}}{2}<0$

$x(t)$ の増減表は次のようになる。

t	0	$\cdots$	π	$\cdots$	2π
$x'(t)$		$+$	0	$-$	
$x(t)$	0	↗	極大	↘	

上の増減表から，Pが動く範囲は

$$\boldsymbol{\frac{1-e^{2\pi}}{2}} \textbf{ から } \boldsymbol{\frac{1+e^{\pi}}{2}} \textbf{ まで}$$

(3) (2)の増減表から，求める道のりは

$$\{x(\pi)-x(0)\}+\{x(\pi)-x(2\pi)\}$$
$$=\frac{1+e^{\pi}}{2}+\left(\frac{1+e^{\pi}}{2}-\frac{1-e^{2\pi}}{2}\right)=\boldsymbol{\frac{(1+e^{\pi})^2}{2}}$$

例 50 ➡本冊 p. 546

$y(t)=0$ とすると　　$t=n\pi$ ($n=0$, 1, 2, ……)

ここで　　$x(\pi)<0$, $x(2\pi)>0$, $x(3\pi)<0$, $x(4\pi)>0$

よって，Pが2度目に x 軸の正の部分に到達するのは $t=4\pi$ のときである。

$$\frac{d}{dt}x(t)=e^t(\cos t-\sin t),$$
$$\frac{d}{dt}y(t)=e^t(\cos t+\sin t)$$

したがって，求める道のりは

$$\int_0^{4\pi}\sqrt{e^{2t}(\cos t-\sin t)^2+e^{2t}(\cos t+\sin t)^2}\,dt$$
$$=\int_0^{4\pi}\sqrt{2e^{2t}}\,dt=\int_0^{4\pi}\sqrt{2}\,e^t\,dt=\sqrt{2}\Big[e^t\Big]_0^{4\pi}$$
$$=\boldsymbol{\sqrt{2}(e^{4\pi}-1)}$$

◀P$(x(t),\ y(t))$ のとき，道のりは
$\displaystyle\int_{t_0}^{t_1}\sqrt{\left(\frac{dx}{dt}\right)^2+\left(\frac{dy}{dt}\right)^2}\,dt$

◀$\sin^2 t+\cos^2 t=1$

練習 135 ➡ 本冊 p. 510

(1) $y=\dfrac{1}{\sqrt{x}}$ から $\qquad x=\dfrac{1}{y^2}$

$\dfrac{1}{2}\leqq y\leqq 1$ で $x>0$ であるから

$$S=\int_{\frac{1}{2}}^{1}\frac{dy}{y^2}=\left[-\frac{1}{y}\right]_{\frac{1}{2}}^{1}$$
$$=-1+2$$
$$=\mathbf{1}$$

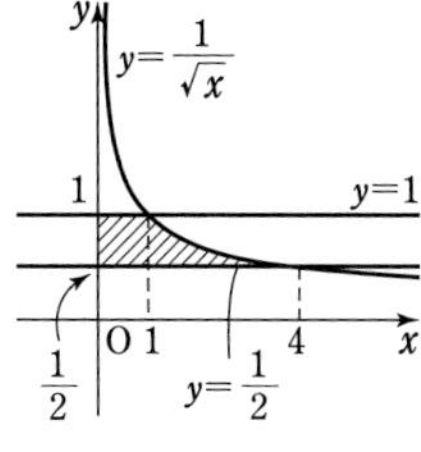

(2) $y=-\cos x$ から
$\qquad dy=\sin x\,dx$

y と x の対応は右のようになるから

y	$-\dfrac{1}{2}\longrightarrow\dfrac{1}{2}$
x	$\dfrac{\pi}{3}\longrightarrow\dfrac{2}{3}\pi$

$$S=\int_{-\frac{1}{2}}^{\frac{1}{2}}x\,dy=\int_{\frac{\pi}{3}}^{\frac{2}{3}\pi}x\sin x\,dx$$
$$=\Big[-x\cos x\Big]_{\frac{\pi}{3}}^{\frac{2}{3}\pi}+\int_{\frac{\pi}{3}}^{\frac{2}{3}\pi}\cos x\,dx$$
$$=-\frac{2}{3}\pi\cdot\left(-\frac{1}{2}\right)+\frac{\pi}{3}\cdot\frac{1}{2}+\Big[\sin x\Big]_{\frac{\pi}{3}}^{\frac{2}{3}\pi}$$
$$=\frac{\pi}{3}+\frac{\pi}{6}+0=\boldsymbol{\frac{\pi}{2}}$$

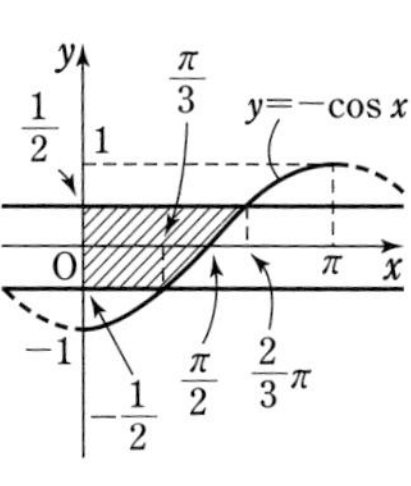

◀高校数学の範囲では $y=-\cos x$ を x について解くことはできないから，置換積分法を利用する。

◀$\displaystyle\int_{\frac{\pi}{3}}^{\frac{2}{3}\pi}x\sin x\,dx$
$\displaystyle=\int_{\frac{\pi}{3}}^{\frac{2}{3}\pi}x(-\cos x)'\,dx$

別解 $\quad S=\dfrac{2}{3}\pi\cdot\left(\dfrac{1}{2}+\dfrac{1}{2}\right)-\displaystyle\int_{\frac{\pi}{3}}^{\frac{2}{3}\pi}\left(-\cos x+\frac{1}{2}\right)dx$

$$=\frac{2}{3}\pi+\left[\sin x-\frac{1}{2}x\right]_{\frac{\pi}{3}}^{\frac{2}{3}\pi}=\boldsymbol{\frac{\pi}{2}}$$

◀長方形の面積から引く方法。

練習 136 ➡ 本冊 p. 511

(1) $\qquad y'=\dfrac{2x^2+1-x\cdot 4x}{(2x^2+1)^2}=\dfrac{1-2x^2}{(2x^2+1)^2}$

◀$x=1$ のとき
$\quad y'=-\dfrac{1}{9}$

接線 ℓ の方程式は $\qquad y-\dfrac{1}{3}=-\dfrac{1}{9}(x-1)$

すなわち $\quad y=-\dfrac{1}{9}x+\dfrac{4}{9}$

ここで $\qquad -\dfrac{1}{9}x+\dfrac{4}{9}-\dfrac{x}{2x^2+1}=-\dfrac{(2x^2+1)(x-4)+9x}{9(2x^2+1)}$

$$=-\frac{2(x-1)^2(x-2)}{9(2x^2+1)}$$

$(x-1)^2(x-2)=0$ から，曲線 C と接線 ℓ の共有点の x 座標は
$\qquad x=1,\ 2$

また，$-\dfrac{2}{9(2x^2+1)}<0$ であるから，$1\leqq x\leqq 2$ のとき

$$-\frac{1}{9}x+\frac{4}{9}\geqq\frac{x}{2x^2+1}$$

すなわち，$1<x<2$ の範囲において，曲線 C は接線 ℓ の下側にある。ゆえに，求める面積を S とすると

$$S=\int_1^2\left(-\frac{1}{9}x+\frac{4}{9}-\frac{x}{2x^2+1}\right)dx$$
$$=\left[-\frac{x^2}{18}+\frac{4}{9}x-\frac{1}{4}\log(2x^2+1)\right]_1^2$$
$$=-\frac{2}{9}+\frac{8}{9}-\frac{1}{4}\log 9-\left(-\frac{1}{18}+\frac{4}{9}-\frac{1}{4}\log 3\right)$$
$$=\boldsymbol{\frac{5}{18}-\frac{1}{4}\log 3}$$

◀ $\dfrac{x}{2x^2+1}=\dfrac{1}{4}\cdot\dfrac{(2x^2+1)'}{2x^2+1}$

(2) C_1, C_2 と ℓ との接点の座標を，それぞれ $(s,\ e^s)$, $(t,\ e^{2t})$ とする。このとき，ℓ の方程式は

C_1 について　$y=e^s(x-s)+e^s$

C_2 について　$y=2e^{2t}(x-t)+e^{2t}$

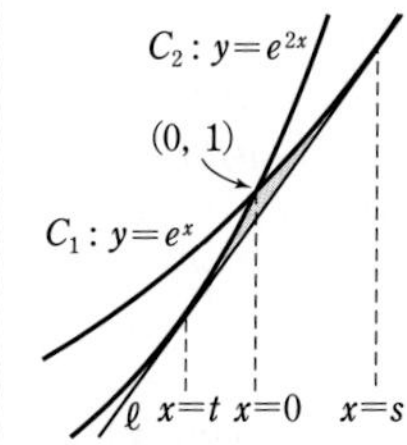

この 2 つが同じ直線を表すから

$e^s=2e^{2t}$　…… ①

$e^s(1-s)=e^{2t}(1-2t)$　…… ②

① から　$s=\log 2+2t$　…… ③

① を用いて ② を変形すると　$2(1-s)=1-2t$　…… ④

③, ④ を解いて

$$s=1-\log 2=\log\frac{e}{2},\quad t=\frac{1}{2}-\log 2=\log\frac{\sqrt{e}}{2}$$

よって，ℓ の方程式は　$y=\dfrac{e}{2}x+\dfrac{e}{2}\log 2$

曲線 C_1, C_2 は下に凸であるから，$t<x<s$ において接線 ℓ は曲線の下側にある。

ゆえに，求める面積を S とすると

$$S=\int_t^0 e^{2x}dx+\int_0^s e^x dx-\int_t^s\left(\frac{e}{2}x+\frac{e}{2}\log 2\right)dx$$
$$=\left[\frac{1}{2}e^{2x}\right]_t^0+\left[e^x\right]_0^s-\frac{e}{2}\left[\frac{x^2}{2}+x\log 2\right]_t^s$$
$$=\frac{1}{2}\left(1-\frac{e}{4}\right)+\left(\frac{e}{2}-1\right)$$
$$-\frac{e}{2}\left\{\frac{1}{2}-\frac{(\log 2)^2}{2}-\frac{1}{8}+\frac{(\log 2)^2}{2}\right\}$$
$$=\boldsymbol{\frac{3}{16}e-\frac{1}{2}}$$

◀**複雑な値の代入はなるべくあとで。**
s, t のまま計算して最後に値を代入する。

練習 137 ➡ 本冊 p. 512

(1) $\sqrt{x}+\sqrt{y}=2$ から

$y=(2-\sqrt{x})^2\ (\geqq 0)$

また，$\sqrt{y}=2-\sqrt{x}\geqq 0$ から

$0\leqq x\leqq 4$

曲線の概形をかくと，右の図のようになる。

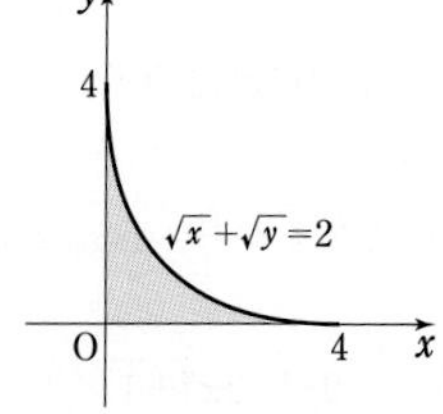

◀ $0<x<4$ で
$y'=-\sqrt{\dfrac{y}{x}}<0$　かつ
y' は単調に増加する。
よって，曲線は右下がりで下に凸。

よって，求める面積 S は

$$\boldsymbol{S}=\int_0^4(2-\sqrt{x})^2dx=\int_0^4(4-4\sqrt{x}+x)dx$$

$$=\left[4x-\frac{8}{3}x\sqrt{x}+\frac{x^2}{2}\right]_0^4=\boldsymbol{\frac{8}{3}}$$

(2) 曲線の式で $(x,\ y)$ を $(x,\ -y)$ におき換えても $y^2=(x+3)x^2$ は成り立つから，この曲線は x 軸に関して対称である。

曲線の存在範囲は，$y^2=(x+3)x^2\geqq0$ から　　$x\geqq-3$

このとき　　$y=\pm x\sqrt{x+3}$　…… ①

$f(x)=x\sqrt{x+3}$ とすると

$$f'(x)=\sqrt{x+3}+\frac{x}{2\sqrt{x+3}}=\frac{3(x+2)}{2\sqrt{x+3}}$$

◀$f(x)=0$ とすると　$x=0,\ -3$　また　$\lim_{x\to\infty}f(x)=\infty$

$f'(x)=0$ とすると

$x=-2$

$f(x)$ の増減表は右のようになる。

x	-3	$\cdots$	-2	$\cdots$
$f'(x)$		$-$	0	$+$
$f(x)$	0	↘	-2	↗

$y=f(x)$ に $y=-f(x)$ をつけ加えて，曲線 ① の概形は右の図のようになる。

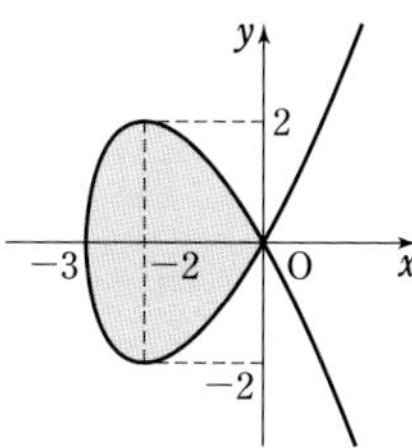

曲線で囲まれた部分は x 軸に関して対称である。

よって，求める面積 S は

$$S=2\int_{-3}^0(-x\sqrt{x+3})dx$$

$\sqrt{x+3}=t$ とおくと

$x=t^2-3,\ dx=2t\,dt$

x と t の対応は右のようになる。

x	$-3\longrightarrow0$
t	$0\longrightarrow\sqrt{3}$

ゆえに　　$\boldsymbol{S}=2\int_0^{\sqrt{3}}(3-t^2)t\cdot2t\,dt$

$$=4\int_0^{\sqrt{3}}(3t^2-t^4)dt$$

$$=4\left[t^3-\frac{t^5}{5}\right]_0^{\sqrt{3}}=\boldsymbol{\frac{24\sqrt{3}}{5}}$$

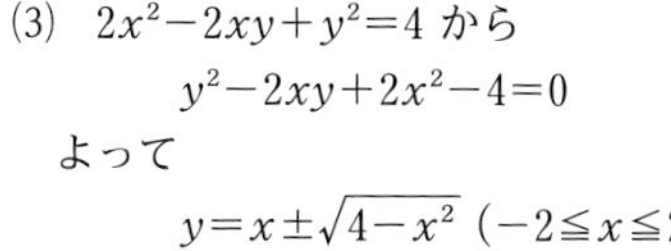

(3) $2x^2-2xy+y^2=4$ から

$y^2-2xy+2x^2-4=0$

よって

$y=x\pm\sqrt{4-x^2}\ (-2\leqq x\leqq2)$

図から，求める面積 S は

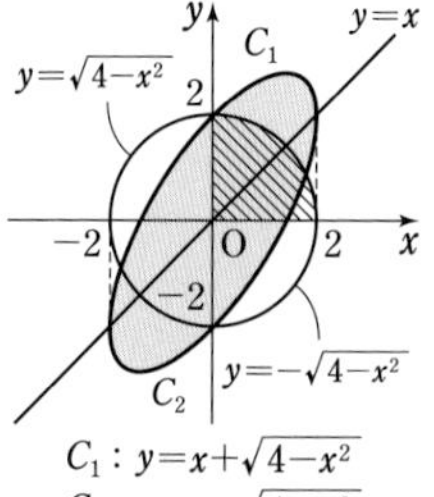

$C_1:y=x+\sqrt{4-x^2}$
$C_2:y=x-\sqrt{4-x^2}$

◀C_1 は各 x 座標に対して，半円 $y=\sqrt{4-x^2}$ と直線 $y=x$ の y 座標の和を考えてかく。C_2 も同様。面積が求められる程度の図で十分。

$$\boldsymbol{S}=\int_{-2}^2\{x+\sqrt{4-x^2}-(x-\sqrt{4-x^2})\}dx$$

$$=2\int_{-2}^2\sqrt{4-x^2}\,dx$$

$$=4\int_0^2\sqrt{4-x^2}\,dx$$

$$=4\cdot\frac{\pi\cdot2^2}{4}=\boldsymbol{4\pi}$$

◀$\int_0^2\sqrt{4-x^2}\,dx$ は半径 2 の四分円の面積。

6章

練習

【積分法の応用】

練習 138 ➡ 本冊 p. 513

$x^2+\dfrac{y^2}{4}=\sin^2 t$ …… ①,

$(x-1)^2+\dfrac{y^2}{4}=\cos^2 t$ …… ② とする。

①−② から

$$2x-1=\sin^2 t-(1-\sin^2 t)$$

◀ $\dfrac{y^2}{4}$ を消去する方針。

ゆえに　$x=\sin^2 t$ …… ③

① から　$y^2=4(\sin^2 t-x^2)$

これに ③ を代入して

$$y^2=4(\sin^2 t-\sin^4 t)=4\sin^2 t(1-\sin^2 t)$$
$$=4\sin^2 t\cos^2 t=\sin^2 2t$$

よって，楕円 ①，② の交点の座標は

$$(\sin^2 t,\ \pm\sin 2t)$$

また，① から　$x^2=\dfrac{1}{4}(4\sin^2 t-y^2)$

ゆえに　$x=\pm\dfrac{1}{2}\sqrt{4\sin^2 t-y^2}$

② から　$(x-1)^2=\dfrac{1}{4}(4\cos^2 t-y^2)$

ゆえに　$x=1\pm\dfrac{1}{2}\sqrt{4\cos^2 t-y^2}$

よって

$$S(t)=\int_{-\sin 2t}^{\sin 2t}\left\{\frac{1}{2}\sqrt{4\sin^2 t-y^2}-\left(1-\frac{1}{2}\sqrt{4\cos^2 t-y^2}\right)\right\}dy$$
$$=\int_0^{\sin 2t}\sqrt{4\sin^2 t-y^2}\,dy+\int_0^{\sin 2t}\sqrt{4\cos^2 t-y^2}\,dy-2\Big[y\Big]_0^{\sin 2t}$$

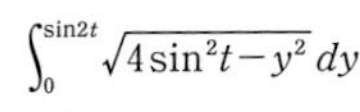

$\displaystyle\int_0^{\sin 2t}\sqrt{4\sin^2 t-y^2}\,dy$　　　$\displaystyle\int_0^{\sin 2t}\sqrt{4\cos^2 t-y^2}\,dy$

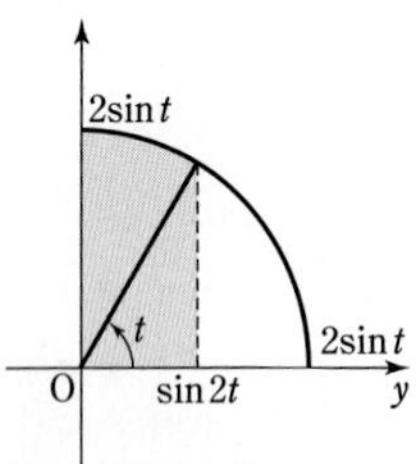

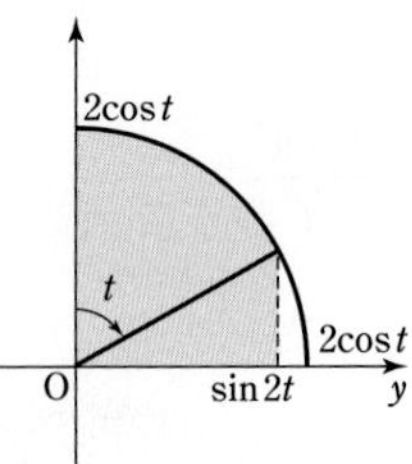

◀ $\displaystyle\int_0^{\sin 2t}\sqrt{4\sin^2 t-y^2}\,dy$, $\displaystyle\int_0^{\sin 2t}\sqrt{4\cos^2 t-y^2}\,dy$ はそれぞれ図の灰色部分の面積を表す。本冊 p. 465 参照。

上の図から

$$\boldsymbol{S(t)}=\frac{1}{2}(2\sin t)^2\left(\frac{\pi}{2}-t\right)+\frac{1}{2}\sin 2t(2\sin^2 t)$$
$$+\frac{1}{2}(2\cos t)^2 t+\frac{1}{2}\sin 2t(2\cos^2 t)-2\sin 2t$$
$$=\pi\sin^2 t+2t(\cos^2 t-\sin^2 t)+\sin 2t(\sin^2 t+\cos^2 t)$$
$$-2\sin 2t$$
$$\boldsymbol{=\pi\sin^2 t+2t\cos 2t-\sin 2t}$$

練習 139 ➡ 本冊 p. 514

$t=0$ のとき $(x,\ y)=(0,\ 0)$ $t=\pi$ のとき $(x,\ y)=(\pi,\ 2)$

$0\leqq t\leqq\pi$ において $y\geqq 0$ また $\dfrac{dx}{dt}=1-\cos t$

$0<t<\pi$ のとき，$\dfrac{dx}{dt}>0$ であるから，t に対して x は単調に増加する。

x と t の対応は右のようになる。

x	$0\longrightarrow\pi$
t	$0\longrightarrow\pi$

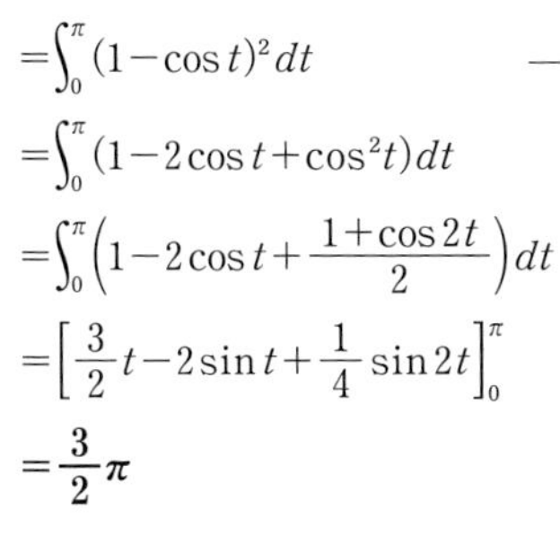

よって $S=\displaystyle\int_0^\pi y\,dx=\int_0^\pi y\frac{dx}{dt}\,dt$

$$=\int_0^\pi(1-\cos t)^2dt$$

$$=\int_0^\pi(1-2\cos t+\cos^2 t)dt$$

$$=\int_0^\pi\left(1-2\cos t+\frac{1+\cos 2t}{2}\right)dt$$

$$=\left[\frac{3}{2}t-2\sin t+\frac{1}{4}\sin 2t\right]_0^\pi$$

$$=\boldsymbol{\frac{3}{2}\pi}$$

t	0	…	π
$\dfrac{dx}{dt}$		$+$	
x	0	↗	π
$\dfrac{dy}{dt}$		$+$	
y	0	↗	2

$\dfrac{dx}{dt}=1-\cos t$

$\dfrac{dy}{dt}=\sin t$

参考 この問題の曲線は**サイクロイド**（の一部）である（サイクロイドについては，本冊 $p.248$ 参照）。

練習 140 ➡ 本冊 p. 515

$$\frac{dx}{dt}=\frac{1}{4}t^{-\frac{3}{4}}(1-t)^{\frac{3}{4}}+t^{\frac{1}{4}}\cdot\frac{3}{4}(1-t)^{-\frac{1}{4}}\cdot(-1)$$

$$=\frac{1}{4}t^{-\frac{3}{4}}(1-t)^{-\frac{1}{4}}(1-4t)$$

$0<t<1$ において $\dfrac{dx}{dt}=0$ とすると $t=\dfrac{1}{4}$

$x=t^{\frac{1}{4}}(1-t)^{\frac{3}{4}}$ の増減表は右のようになる。

t	0	…	$\frac{1}{4}$	…	1
$\dfrac{dx}{dt}$		$+$	0	$-$	
x	0	↗	極大	↘	0

$$\frac{dy}{dt}=\frac{3}{4}t^{-\frac{1}{4}}(1-t)^{\frac{1}{4}}+t^{\frac{3}{4}}\cdot\frac{1}{4}(1-t)^{-\frac{3}{4}}\cdot(-1)$$

$$=\frac{1}{4}t^{-\frac{1}{4}}(1-t)^{-\frac{3}{4}}(3-4t)$$

$0<t<1$ において $\dfrac{dy}{dt}=0$ とすると $t=\dfrac{3}{4}$

$y=t^{\frac{3}{4}}(1-t)^{\frac{1}{4}}$ の増減表は右のようになる。

t	0	…	$\frac{3}{4}$	…	1
$\dfrac{dy}{dt}$		$+$	0	$-$	
y	0	↗	極大	↘	0

また，$y=x$ とすると $t^{\frac{3}{4}}(1-t)^{\frac{1}{4}}=t^{\frac{1}{4}}(1-t)^{\frac{3}{4}}$

$0<t<1$ のとき，$t^{\frac{1}{4}}>0$，$(1-t)^{\frac{1}{4}}>0$ であるから

$$t^{\frac{1}{2}}=(1-t)^{\frac{1}{2}}$$

ゆえに　　$t=\frac{1}{2}$

よって，曲線の概形は右の図のようになる。

したがって，求める面積は

$$\int_0^{\frac{1}{2}} x\,dy-\frac{1}{2}\cdot\frac{1}{2}\cdot\frac{1}{2}+\int_0^{\frac{1}{2}} y\,dx-\frac{1}{2}\cdot\frac{1}{2}\cdot\frac{1}{2}$$

$$=\int_0^{\frac{1}{2}} t^{\frac{1}{4}}(1-t)^{\frac{3}{4}}\cdot\frac{dy}{dt}\,dt+\int_1^{\frac{1}{2}} t^{\frac{3}{4}}(1-t)^{\frac{1}{4}}\cdot\frac{dx}{dt}\,dt-\frac{1}{4}$$

$$=\frac{1}{4}\int_0^{\frac{1}{2}}(3-4t)\,dt+\frac{1}{4}\int_1^{\frac{1}{2}}(1-4t)\,dt-\frac{1}{4}$$

$$=\frac{1}{4}\Big[3t-2t^2\Big]_0^{\frac{1}{2}}+\frac{1}{4}\Big[t-2t^2\Big]_1^{\frac{1}{2}}-\frac{1}{4}=\boldsymbol{\frac{1}{4}}$$

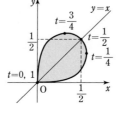

◀$(x,\ y)$ がこの曲線上にあると $(y,\ x)$ も同じ曲線上にあるから，曲線は直線 $y=x$ に関して対称である。よって $2\left(\int_0^{\frac{1}{2}} x\,dy-\frac{1}{2}\cdot\frac{1}{2}\cdot\frac{1}{2}\right)=\frac{1}{4}$ としてもよい。

練習 141 ➡ 本冊 *p*. 517

(1)　$y=r\sin\theta=(1+\cos\theta)\sin\theta$ であるから

◀**極座標 $(r,\ \theta)$ と直交座標 $(x,\ y)$ の関係 $x=r\cos\theta,\ y=r\sin\theta$**

$$\frac{dy}{d\theta}=-\sin\theta\sin\theta+(1+\cos\theta)\cos\theta$$
$$=2\cos^2\theta+\cos\theta-1=(\cos\theta+1)(2\cos\theta-1)$$

$0<\theta<\pi$ において $\frac{dy}{d\theta}=0$ とすると　　$\theta=\frac{\pi}{3}$

◀$\cos\theta=\frac{1}{2}$ から。

$0\leqq\theta\leqq\pi$ における y の増減表は右のようになる。

θ	0	…	$\frac{\pi}{3}$	…	π
$\frac{dy}{d\theta}$		+	0	−	
y	0	↗	極大	↘	0

よって，y は $\theta=\frac{\pi}{3}$ のとき最大となる。

このとき，**点 P_1 の極座標は**

$$\boldsymbol{\left(\frac{3}{2},\ \frac{\pi}{3}\right)}$$

◀$r=1+\cos\frac{\pi}{3}=\frac{3}{2}$

$x=r\cos\theta=(1+\cos\theta)\cos\theta$ であるから

$$\frac{dx}{d\theta}=-\sin\theta\cos\theta+(1+\cos\theta)(-\sin\theta)$$
$$=-\sin\theta(2\cos\theta+1)$$

$0<\theta<\pi$ において $\frac{dx}{d\theta}=0$ とすると　　$\theta=\frac{2}{3}\pi$

◀$\cos\theta=-\frac{1}{2}$ から。

$0\leqq\theta\leqq\pi$ における x の増減表は右のようになる。

θ	0	…	$\frac{2}{3}\pi$	…	π
$\frac{dx}{d\theta}$		−	0	+	
x	2	↘	極小	↗	0

よって，x は $\theta=\frac{2}{3}\pi$ のとき最小となる。

このとき，**点 P_2 の極座標は**

$$\boldsymbol{\left(\frac{1}{2},\ \frac{2}{3}\pi\right)}$$

◀$r=1+\cos\frac{2}{3}\pi=\frac{1}{2}$

(2) $\theta=\frac{\pi}{3}$ のとき　　$x=\left(1+\cos\frac{\pi}{3}\right)\cos\frac{\pi}{3}=\frac{3}{4}$

$y=\left(1+\cos\frac{\pi}{3}\right)\sin\frac{\pi}{3}=\frac{3\sqrt{3}}{4}$

$\theta=\frac{2}{3}\pi$ のとき　　$x=\left(1+\cos\frac{2}{3}\pi\right)\cos\frac{2}{3}\pi=-\frac{1}{4}$

$y=\left(1+\cos\frac{2}{3}\pi\right)\sin\frac{2}{3}\pi=\frac{\sqrt{3}}{4}$

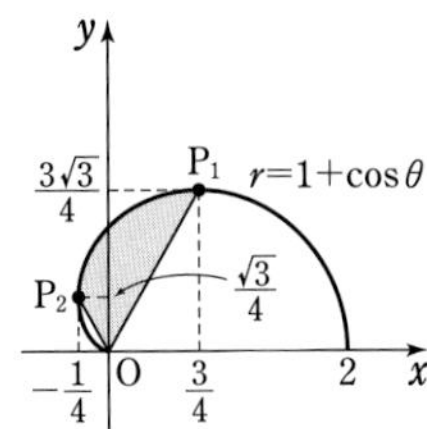

また，$\frac{\pi}{3}\leqq\theta\leqq\frac{2}{3}\pi$ において　　$y>0$

(1) より，$\frac{\pi}{3}<\theta<\frac{2}{3}\pi$ のとき $\frac{dx}{d\theta}<0$

であるから，θ に対して x は単調に減少する。

x と θ の対応は右のようになる。

よって，求める面積 S は

x	$-\frac{1}{4} \longrightarrow \frac{3}{4}$
θ	$\frac{2}{3}\pi \longrightarrow \frac{\pi}{3}$

$$S=\int_{-\frac{1}{4}}^{\frac{3}{4}} y\,dx-\frac{1}{2}\cdot\frac{3}{4}\cdot\frac{3\sqrt{3}}{4}-\frac{1}{2}\cdot\frac{1}{4}\cdot\frac{\sqrt{3}}{4}$$

$$=\int_{\frac{2}{3}\pi}^{\frac{\pi}{3}} y\frac{dx}{d\theta}\,d\theta-\frac{5}{16}\sqrt{3}$$

$$=\int_{\frac{2}{3}\pi}^{\frac{\pi}{3}}(1+\cos\theta)\sin\theta\cdot(-\sin\theta)(2\cos\theta+1)\,d\theta-\frac{5\sqrt{3}}{16}$$

$$=\int_{\frac{\pi}{3}}^{\frac{2}{3}\pi}(\sin^2\theta+3\sin^2\theta\cos\theta+2\sin^2\theta\cos^2\theta)\,d\theta-\frac{5\sqrt{3}}{16}$$

ここで

$$\int_{\frac{\pi}{3}}^{\frac{2}{3}\pi}\sin^2\theta\,d\theta=\int_{\frac{\pi}{3}}^{\frac{2}{3}\pi}\frac{1-\cos 2\theta}{2}\,d\theta=\frac{1}{2}\left[\theta-\frac{1}{2}\sin 2\theta\right]_{\frac{\pi}{3}}^{\frac{2}{3}\pi}$$

$$=\frac{1}{2}\left(\frac{\pi}{3}+\frac{\sqrt{3}}{2}\right)$$

◀$\cos 2\theta=1-2\sin^2\theta$

$$\int_{\frac{\pi}{3}}^{\frac{2}{3}\pi}3\sin^2\theta\cos\theta\,d\theta=\left[\sin^3\theta\right]_{\frac{\pi}{3}}^{\frac{2}{3}\pi}=0$$

◀$3\sin^2\theta\cos\theta$
$=3\sin^2\theta(\sin\theta)'$

$$\int_{\frac{\pi}{3}}^{\frac{2}{3}\pi}2\sin^2\theta\cos^2\theta\,d\theta=\frac{1}{2}\int_{\frac{\pi}{3}}^{\frac{2}{3}\pi}\sin^2 2\theta\,d\theta=\frac{1}{2}\int_{\frac{\pi}{3}}^{\frac{2}{3}\pi}\frac{1-\cos 4\theta}{2}\,d\theta$$

$$=\frac{1}{4}\left[\theta-\frac{1}{4}\sin 4\theta\right]_{\frac{\pi}{3}}^{\frac{2}{3}\pi}=\frac{1}{4}\left(\frac{\pi}{3}-\frac{\sqrt{3}}{4}\right)$$

◀$\cos 4\theta$
$=1-2\sin^2 2\theta$

ゆえに　　$S=\frac{1}{2}\left(\frac{\pi}{3}+\frac{\sqrt{3}}{2}\right)+\frac{1}{4}\left(\frac{\pi}{3}-\frac{\sqrt{3}}{4}\right)-\frac{5\sqrt{3}}{16}$

$$=\boldsymbol{\frac{\pi}{4}-\frac{\sqrt{3}}{8}}$$

6章 練習 【積分法の応用】

別解 $S=\dfrac{1}{2}\displaystyle\int_{\frac{\pi}{3}}^{\frac{2}{3}\pi}(1+\cos\theta)^2 d\theta$

$=\dfrac{1}{2}\displaystyle\int_{\frac{\pi}{3}}^{\frac{2}{3}\pi}\left(1+2\cos\theta+\dfrac{1+\cos 2\theta}{2}\right)d\theta$

$=\dfrac{1}{2}\left[\dfrac{3}{2}\theta+2\sin\theta+\dfrac{1}{4}\sin 2\theta\right]_{\frac{\pi}{3}}^{\frac{2}{3}\pi}=\boldsymbol{\dfrac{\pi}{4}-\dfrac{\sqrt{3}}{8}}$

◀本冊 $p.517$ **検討** の公式を利用。

練習 142 ➡本冊 $p.518$

点 $(X,\ Y)$ を，原点を中心として $\dfrac{\pi}{4}$ だけ回転した点の座標を $(x,\ y)$ とすると，複素数平面上の点の回転移動を考えることにより　$X+Yi=\left\{\cos\left(-\dfrac{\pi}{4}\right)+i\sin\left(-\dfrac{\pi}{4}\right)\right\}(x+yi)$　…… ①

◀$X+Yi \underset{-\frac{\pi}{4}\text{回転}}{\overset{\frac{\pi}{4}\text{回転}}{\rightleftarrows}} x+yi$

① から　$X+Yi=\dfrac{1}{\sqrt{2}}(x+y)+\dfrac{1}{\sqrt{2}}(-x+y)i$

よって　$X=\dfrac{1}{\sqrt{2}}(x+y),\ Y=\dfrac{1}{\sqrt{2}}(-x+y)$　…… ②

◀複素数の相等。

点 $(X,\ Y)$ が曲線 $x^2-y^2=2$ 上にあるとすると

$X^2-Y^2=2$　すなわち　$(X+Y)(X-Y)=2$

② を代入して　$\sqrt{2}\,y\cdot\sqrt{2}\,x=2$

ゆえに　$y=\dfrac{1}{x}$　…… ③

◀まず，曲線 $x^2-y^2=2$，直線 $x=\sqrt{2}\,a$ を，原点を中心として $\dfrac{\pi}{4}$ だけ回転した図形を求める(軌跡の考え方を利用)。

③ は曲線 $x^2-y^2=2$ を原点を中心として $\dfrac{\pi}{4}$ だけ回転した曲線の方程式である。

また，点 $(X,\ Y)$ が直線 $x=\sqrt{2}\,a$ 上にあるとすると

$X=\sqrt{2}\,a$

② を代入して　$\dfrac{1}{\sqrt{2}}(x+y)=\sqrt{2}\,a$

よって　$y=-x+2a$　…… ④

④ は直線 $x=\sqrt{2}\,a$ を原点を中心として $\dfrac{\pi}{4}$ だけ回転した直線の方程式である。

求める面積は，曲線 ③ と直線 ④ で囲まれた図形の面積 S に等しい。

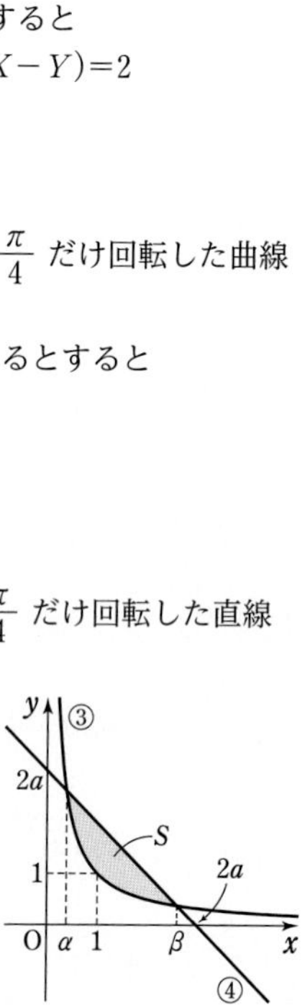

③，④ から y を消去すると

$x^2-2ax+1=0$

よって　$x=-(-a)\pm\sqrt{(-a)^2-1\cdot 1}$

$=a\pm\sqrt{a^2-1}$

◀$\dfrac{1}{x}=-x+2a$

◀解の公式を利用。

$\alpha=a-\sqrt{a^2-1},\ \beta=a+\sqrt{a^2-1}$ とすると

◀$a>1$ から　$\sqrt{a^2-1}>0$
よって　$\alpha<\beta$

$S=\displaystyle\int_\alpha^\beta\left(-x+2a-\dfrac{1}{x}\right)dx=\left[-\dfrac{x^2}{2}+2ax-\log x\right]_\alpha^\beta$

$=-\dfrac{1}{2}(\beta^2-\alpha^2)+2a(\beta-\alpha)-\log\dfrac{\beta}{\alpha}$

◀$\log\beta-\log\alpha=\log\dfrac{\beta}{\alpha}$

ここで，$\beta-\alpha=2\sqrt{a^2-1}$，$\beta+\alpha=2a$，$\dfrac{\beta}{\alpha}=(a+\sqrt{a^2-1})^2$ であるから

$$S=-\frac{1}{2}\cdot 2a\cdot 2\sqrt{a^2-1}^{(*)}+2a\cdot 2\sqrt{a^2-1}-2\log(a+\sqrt{a^2-1})$$
$$=\mathbf{2a\sqrt{a^2-1}-2\log(a+\sqrt{a^2-1})}$$

◀ $\dfrac{\beta}{\alpha}=\dfrac{a+\sqrt{a^2-1}}{a-\sqrt{a^2-1}}=\dfrac{(a+\sqrt{a^2-1})^2}{a^2-(a^2-1)}$

(＊) $\beta^2-\alpha^2=(\beta+\alpha)(\beta-\alpha)$

練習 143 ➡ 本冊 $p.519$

$0\leqq x\leqq 2\pi$ のとき，

$$\sin x=k\cos x \quad \cdots\cdots ①$$

とすると，$x=\dfrac{\pi}{2}$，$\dfrac{3}{2}\pi$ は ① を満たさないから

$$x\neq\frac{\pi}{2},\quad x\neq\frac{3}{2}\pi$$

このとき，① から $\dfrac{\sin x}{\cos x}=k$

すなわち $\tan x=k$

この方程式の解が $x=\alpha$，β であるから $k=\tan\alpha$

$0\leqq\alpha<\beta\leqq 2\pi$，$\tan\alpha=\tan\beta$ から $\beta=\alpha+\pi$

上の図から

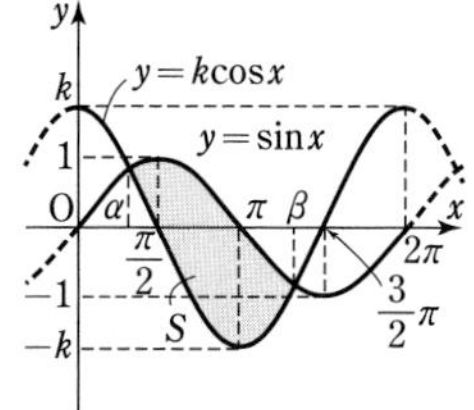

$$S=\int_{\alpha}^{\beta}(\sin x-k\cos x)dx=\Big[-\cos x-k\sin x\Big]_{\alpha}^{\alpha+\pi}$$
$$=2(\cos\alpha+k\sin\alpha)$$

ここで，上の図から，$0<\alpha<\dfrac{\pi}{2}$ である。

右の図から

$$\cos\alpha=\frac{1}{\sqrt{k^2+1}},\quad \sin\alpha=\frac{k}{\sqrt{k^2+1}}$$

よって

$$S=2\left(\frac{1}{\sqrt{k^2+1}}+k\cdot\frac{k}{\sqrt{k^2+1}}\right)=2\sqrt{k^2+1}$$

$S=4$ のとき $2\sqrt{k^2+1}=4$

これを解くと $k=\sqrt{3}$

ゆえに $\cos\alpha=\dfrac{1}{2}$，$\sin\alpha=\dfrac{\sqrt{3}}{2}$

$0<\alpha<\dfrac{\pi}{2}$ であるから $\alpha=\dfrac{\pi}{3}$

したがって $\beta=\dfrac{4}{3}\pi$

このとき，$\dfrac{\pi}{3}\leqq x\leqq\theta$ の範囲において，2 曲線 $y=\sin x$，$y=\sqrt{3}\cos x$ および直線 $x=\theta$ で囲まれた図形の面積を T とすると，$T<4$ となるためには

$$\frac{\pi}{3}<\theta<\frac{4}{3}\pi \quad \cdots\cdots ②$$

でなければならない。

◀ S の求め方の別法

① から
$\sin^2x=k^2\cos^2x$
$1-\cos^2x=k^2\cos^2x$
$\cos^2x=\dfrac{1}{k^2+1}$

上の図から
$\cos\alpha=\dfrac{1}{\sqrt{k^2+1}}$，
$\cos\beta=-\dfrac{1}{\sqrt{k^2+1}}$

また，$\sin\alpha=k\cos\alpha$，
$\sin\beta=k\cos\beta$

更に
$S=\cos\alpha-\cos\beta+k(\sin\alpha-\sin\beta)$
から $S=2\sqrt{k^2+1}$ としてもよい。

②のとき　$T=\int_{\frac{\pi}{3}}^{\theta}(\sin x-\sqrt{3}\cos x)dx$

$=\int_{\frac{\pi}{3}}^{\theta}2\sin\left(x-\frac{\pi}{3}\right)dx=\left[-2\cos\left(x-\frac{\pi}{3}\right)\right]_{\frac{\pi}{3}}^{\theta}$

◀三角関数の合成。

$=2-2\cos\left(\theta-\frac{\pi}{3}\right)$

$T=2$ とすると　$\cos\left(\theta-\frac{\pi}{3}\right)=0$

②より，$0<\theta-\frac{\pi}{3}<\pi$ であるから　$\theta-\frac{\pi}{3}=\frac{\pi}{2}$

したがって　$\boldsymbol{\theta=\frac{5}{6}\pi}$

練習 144 ➡本冊 p. 520

(1) $\log p=\frac{a}{p^2}$ から　$\boldsymbol{a=p^2\log p}$

(2) $a>0$ であるから　$p>1$

[1] $1<p\leqq 2$ のとき

$S=\int_1^p\left(\frac{a}{x^2}-\log x\right)dx+\int_p^2\left(\log x-\frac{a}{x^2}\right)dx$

$=\left[-\frac{a}{x}-x\log x+x\right]_1^p+\left[x\log x-x+\frac{a}{x}\right]_p^2$

$=2\left(-\frac{a}{p}-p\log p+p\right)+a-1+2\log 2-2+\frac{a}{2}$

$a=p^2\log p$ を代入して整理すると

$S=\frac{3}{2}p^2\log p-4p\log p+2p+2\log 2-3$

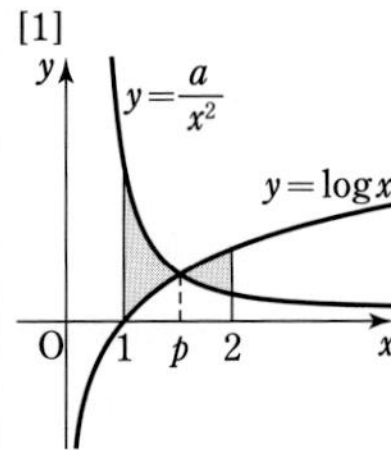

[2] $p>2$ のとき

$S=\int_1^2\left(\frac{a}{x^2}-\log x\right)dx=\left[-\frac{a}{x}-x\log x+x\right]_1^2$

$=\frac{a}{2}-2\log 2+1$

$a=p^2\log p$ を代入して整理すると

$S=\frac{1}{2}p^2\log p-2\log 2+1$

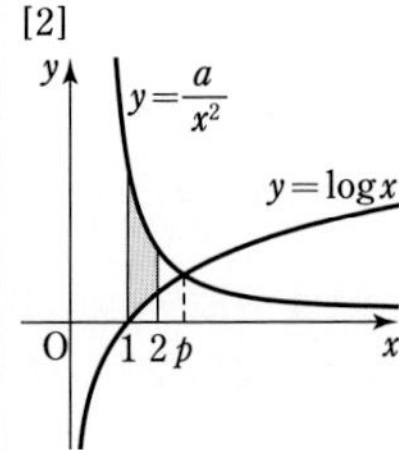

[1]，[2] から

$1<p\leqq 2$ のとき　$S=\frac{3}{2}p^2\log p-4p\log p+2p+2\log 2-3$

$p>2$ のとき　$S=\frac{1}{2}p^2\log p-2\log 2+1$

(3) [1] $1<p<2$ のとき

$\frac{dS}{dp}=3p\log p+\frac{3}{2}p-4\log p-4+2$

$=\frac{1}{2}(3p-4)(2\log p+1)$

$1<p<2$ において，$\frac{dS}{dp}=0$ とすると　$p=\frac{4}{3}$

[2] $p>2$ のとき

$$\frac{dS}{dp}=p\log p+\frac{p}{2}=\frac{p}{2}(2\log p+1)>0$$

[1]，[2] から，S の増減表は右のようになる。

p	1	$\cdots$	$\frac{4}{3}$	$\cdots$	2	$\cdots$
$\frac{dS}{dp}$		$-$	0	$+$		$+$
S		↘	極小	↗	1	↗

よって，S は $p=\frac{4}{3}$ のとき最小となり，その最小値は

◀$p=\frac{4}{3}$ のとき $a=\frac{16}{9}\log\frac{4}{3}$

$$\frac{8}{3}\log\frac{4}{3}-\frac{16}{3}\log\frac{4}{3}+\frac{8}{3}+2\log 2-3$$

$$=\boldsymbol{\frac{1}{3}(8\log 3-10\log 2-1)}$$

練習 145 ➡本冊 p. 521

(1) $\int e^{-x}\cos x\,dx=e^{-x}(p\sin x+q\cos x)+C$

が成り立つための条件は

$$e^{-x}\cos x=\{e^{-x}(p\sin x+q\cos x)\}' \quad \cdots\cdots ①$$

◀ x についての恒等式。

が任意の実数 x について成り立つことである。

$$(①\text{ の右辺})=-e^{-x}(p\sin x+q\cos x)+e^{-x}(p\cos x-q\sin x)$$
$$=e^{-x}\{(p-q)\cos x-(p+q)\sin x\}$$

よって　　$p-q=1$，$p+q=0$

これを解いて　　$\boldsymbol{p=\frac{1}{2},\ q=-\frac{1}{2}}$

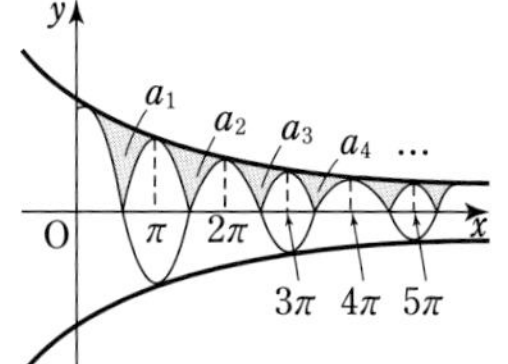

(2) $0\leqq|\cos x|\leqq 1$，$e^{-x}>0$ であるから　　$e^{-x}\geqq e^{-x}|\cos x|$

よって　　$\boldsymbol{a_1}=\int_0^{\pi}(e^{-x}-e^{-x}|\cos x|)dx$

$$=\Big[-e^{-x}\Big]_0^{\pi}-\int_0^{\frac{\pi}{2}}e^{-x}\cos x\,dx+\int_{\frac{\pi}{2}}^{\pi}e^{-x}\cos x\,dx$$

$$=1-e^{-\pi}-\frac{1}{2}\Big[e^{-x}(\sin x-\cos x)\Big]_0^{\frac{\pi}{2}}+\frac{1}{2}\Big[e^{-x}(\sin x-\cos x)\Big]_{\frac{\pi}{2}}^{\pi}$$

◀(1) の結果を利用。

$$=\boldsymbol{\frac{1}{2}(1-2e^{-\frac{\pi}{2}}-e^{-\pi})}$$

(3) $a_n=\int_{(n-1)\pi}^{n\pi}(e^{-x}-e^{-x}|\cos x|)dx$

$x=t+(n-1)\pi$ とおくと　　$dx=dt$

x と t の対応は右のようになる。

x	$(n-1)\pi \longrightarrow n\pi$
t	$0 \longrightarrow \pi$

よって　　$\boldsymbol{a_n}=\int_0^{\pi}[e^{-t-(n-1)\pi}-e^{-t-(n-1)\pi}|\cos\{t+(n-1)\pi\}|]dt$

$$=e^{-(n-1)\pi}\int_0^{\pi}(e^{-t}-e^{-t}|\cos t|)dt=e^{-(n-1)\pi}a_1$$

$$=\boldsymbol{\frac{1}{2}e^{-(n-1)\pi}(1-2e^{-\frac{\pi}{2}}-e^{-\pi})}$$

(4)　(3)より，数列 $\{a_n\}$ は初項 a_1，公比 $e^{-\pi}$ の等比数列であるから

$$\sum_{k=1}^{n} a_k = a_1 \cdot \frac{1-e^{-n\pi}}{1-e^{-\pi}}$$

$0<e^{-\pi}<1$ であるから　　$\lim_{n\to\infty} e^{-n\pi}=0$

よって　　$\displaystyle \lim_{n\to\infty}\sum_{k=1}^{n} a_k = \frac{a_1}{1-e^{-\pi}} = \frac{1-2e^{-\frac{\pi}{2}}-e^{-\pi}}{2(1-e^{-\pi})}$

$$= \boldsymbol{\frac{e^{\pi}-2e^{\frac{\pi}{2}}-1}{2(e^{\pi}-1)}}$$

◀ $\dfrac{1-2e^{-\frac{\pi}{2}}-e^{-\pi}}{2(1-e^{-\pi})}$ のままでもよい。

練習 146　➡本冊 p. 524

(1)　求める体積を V とする。

(ア)　$\displaystyle V=\pi\int_0^{\frac{\pi}{3}} \tan^2 x\,dx$

$\displaystyle =\pi\int_0^{\frac{\pi}{3}}\left(\frac{1}{\cos^2 x}-1\right)dx$

$\displaystyle =\pi\Big[\tan x - x\Big]_0^{\frac{\pi}{3}}$

$\displaystyle =\boldsymbol{\pi\left(\sqrt{3}-\frac{\pi}{3}\right)}$

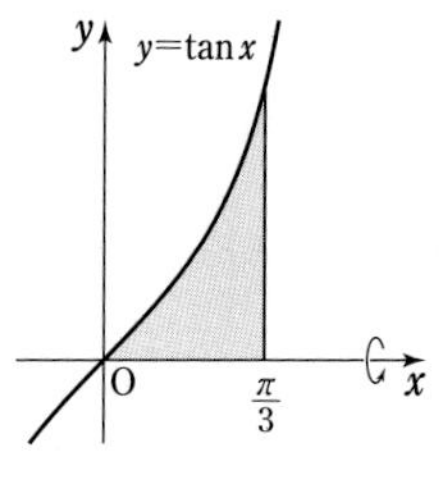

◀ $\boldsymbol{V=\pi\int_a^b y^2\,dx\ (a<b)}$
π を忘れずに！

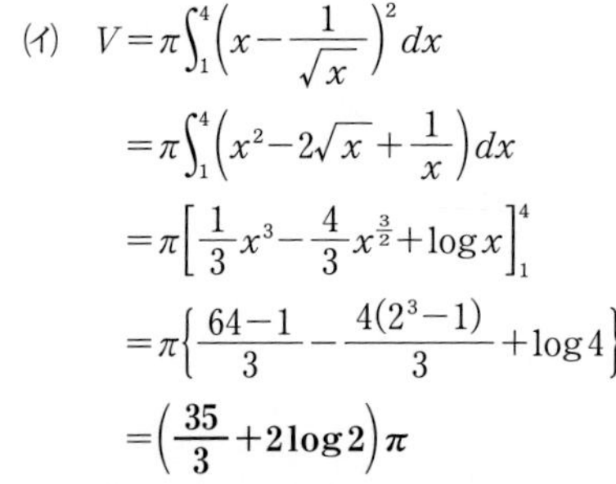

(イ)　$\displaystyle V=\pi\int_1^4\left(x-\frac{1}{\sqrt{x}}\right)^2 dx$

$\displaystyle =\pi\int_1^4\left(x^2-2\sqrt{x}+\frac{1}{x}\right)dx$

$\displaystyle =\pi\left[\frac{1}{3}x^3-\frac{4}{3}x^{\frac{3}{2}}+\log x\right]_1^4$

$\displaystyle =\pi\left\{\frac{64-1}{3}-\frac{4(2^3-1)}{3}+\log 4\right\}$

$\displaystyle =\boldsymbol{\left(\frac{35}{3}+2\log 2\right)\pi}$

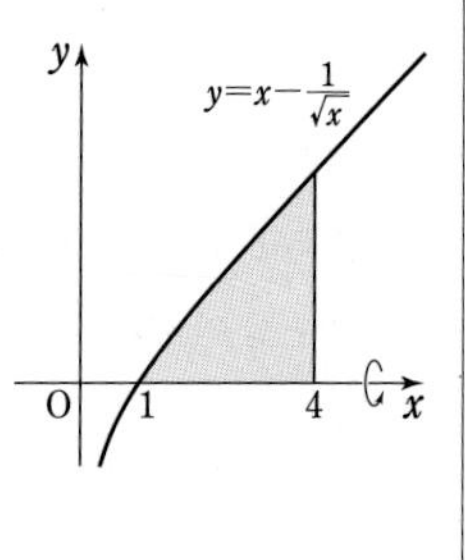

◀定義域は　$x>0$
また，$x\geqq 1$ のとき $y\geqq 0$

(2)　容器を α だけ傾けたときの水面の中心を通り，水面に垂直な直線上に x 軸をとり，半球の中心を原点Oとする。
水がこぼれ出た後，水面が h だけ下がったとすると　　$h=r\sin\alpha$
こぼれ出た水の量は，右の図の灰色部分を x 軸の周りに1回転させてできる回転体の体積に等しい。

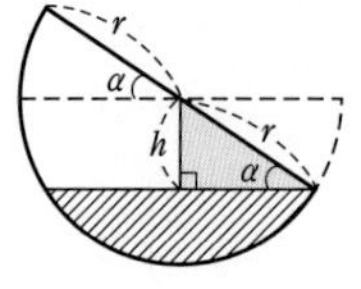

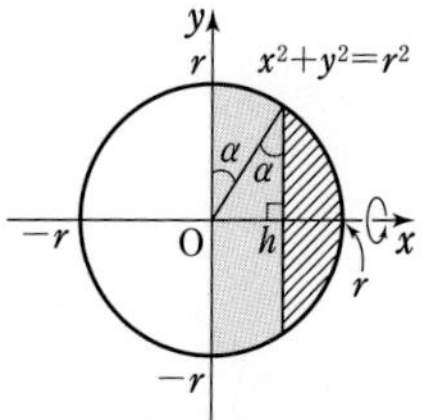

その体積は

$$\pi\int_0^h y^2\,dx=\pi\int_0^h (r^2-x^2)\,dx$$

$$=\pi\left[r^2x-\frac{x^3}{3}\right]_0^h=\pi\left(r^2h-\frac{h^3}{3}\right)=\frac{\pi}{3}h(3r^2-h^2)$$

$$=\frac{\pi}{3}r\sin\alpha(3r^2-r^2\sin^2\alpha)=\boldsymbol{\frac{\pi}{3}r^3\sin\alpha(3-\sin^2\alpha)}$$

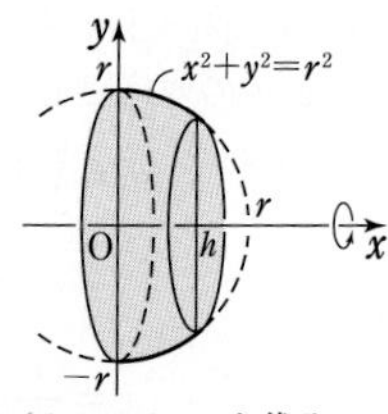

◀ $h=r\sin\alpha$ を代入。

参考　残った水の量は，$\pi\int_h^r(r^2-x^2)dx$ を計算するか，半球の体積 $\frac{1}{2}\cdot\frac{4}{3}\pi r^3$ からこぼれ出た水の量（(2)で求めた）を引くと求められる。

$\longrightarrow\ \frac{\pi}{3}r^3(\sin\alpha-1)^2(\sin\alpha+2)$ となる。

練習 147

➡ 本冊 p.525

求める体積を V とする。

(1)　$x^2+(y-2)^2=4$ から

$y=2\pm\sqrt{4-x^2}$

$4-x^2\geqq 0$ であるから　　$-2\leqq x\leqq 2$

また，$2+\sqrt{4-x^2}\geqq 2-\sqrt{4-x^2}\geqq 0$

であるから

$$V=\pi\int_{-2}^{2}\{(2+\sqrt{4-x^2})^2-(2-\sqrt{4-x^2})^2\}dx$$

$$=8\pi\int_{-2}^{2}\sqrt{4-x^2}\,dx$$

ここで，$\int_{-2}^{2}\sqrt{4-x^2}\,dx$ は半径が 2 の半円の面積を表すから

$$V=8\pi\cdot\frac{\pi\cdot 2^2}{2}=\boldsymbol{16\pi^2}$$

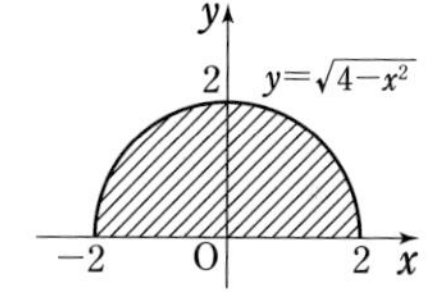

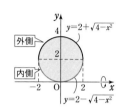

◀点 $(x,\ 0)$ を通り，x 軸に垂直な平面による立体の切り口において，
外側の円の半径は
$2+\sqrt{4-x^2}$，
内側の円の半径は
$2-\sqrt{4-x^2}$

参考　(1)の回転体の体積は，**パップス・ギュルダンの定理**（本冊 p.525 参照）を用いても求められる。
円 $x^2+(y-2)^2=4$ の重心は，円の中心であるから
$V=2\pi\cdot 2\times\pi\cdot 2^2$
$=16\pi^2$

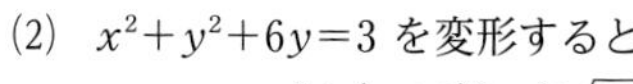

(2)　$x^2+y^2+6y=3$ を変形すると

$x^2+(y+3)^2=(2\sqrt{3})^2$

よって，$x^2+y^2\leqq 3$，$x^2+y^2+6y\geqq 3$ で表される領域は，右の図の灰色部分である。

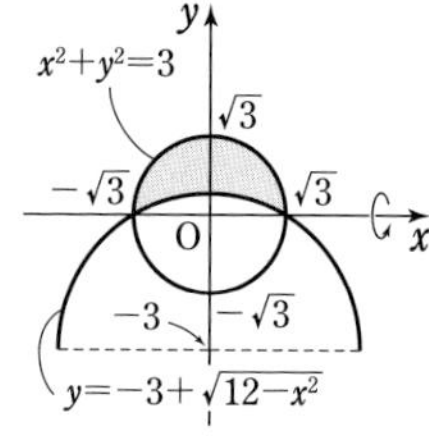

$x^2+y^2+6y=3$ から　　$y=-3\pm\sqrt{12-x^2}$

灰色部分は y 軸に関して対称であるから

$$V=2\left\{\frac{1}{2}\cdot\frac{4}{3}\pi(\sqrt{3})^3-\pi\int_0^{\sqrt{3}}(-3+\sqrt{12-x^2})^2dx\right\}$$

$$=4\sqrt{3}\pi-2\pi\int_0^{\sqrt{3}}(21-x^2-6\sqrt{12-x^2})dx$$

$$=4\sqrt{3}\pi-2\pi\left[21x-\frac{x^3}{3}\right]_0^{\sqrt{3}}+12\pi\int_0^{\sqrt{3}}\sqrt{12-x^2}\,dx$$

ここで，$\int_0^{\sqrt{3}}\sqrt{12-x^2}\,dx$ は右の図の灰色部分の面積を表すから

$$\int_0^{\sqrt{3}}\sqrt{12-x^2}\,dx=\frac{1}{2}\cdot\sqrt{3}\cdot 3+\frac{1}{2}\cdot(2\sqrt{3})^2\cdot\frac{\pi}{6}$$

$$=\frac{3\sqrt{3}}{2}+\pi$$

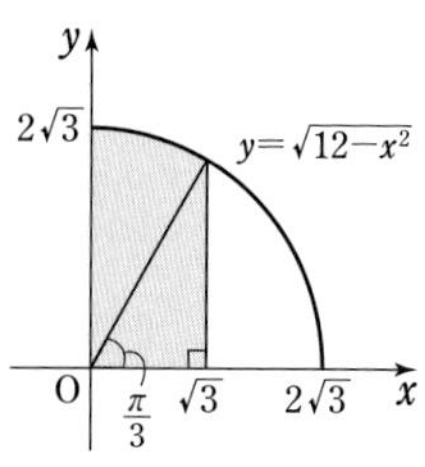

よって

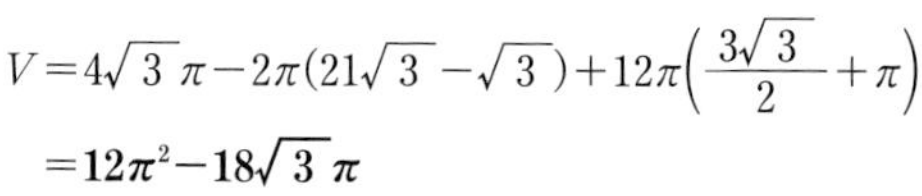

$$V=4\sqrt{3}\pi-2\pi(21\sqrt{3}-\sqrt{3})+12\pi\left(\frac{3\sqrt{3}}{2}+\pi\right)$$

$$=\boldsymbol{12\pi^2-18\sqrt{3}\pi}$$

練習 148 ➡ 本冊 p. 526

(1)　2つの曲線で囲まれた部分について，x 軸より下側の部分を x 軸に関して折り返すと，右の図の灰色部分になる。

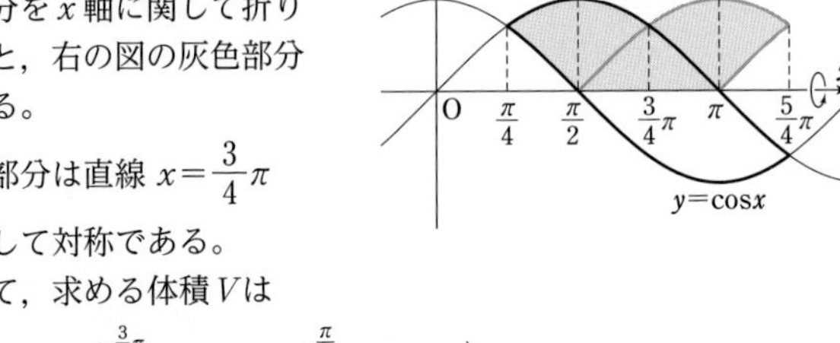

この部分は直線 $x=\frac{3}{4}\pi$ に関して対称である。
よって，求める体積 V は

$$V=2\pi\left(\int_{\frac{\pi}{4}}^{\frac{3}{4}\pi}\sin^2 x\,dx-\int_{\frac{\pi}{4}}^{\frac{\pi}{2}}\cos^2 x\,dx\right)$$

$$=\pi\left\{\int_{\frac{\pi}{4}}^{\frac{3}{4}\pi}(1-\cos 2x)\,dx-\int_{\frac{\pi}{4}}^{\frac{\pi}{2}}(1+\cos 2x)\,dx\right\}$$

$$=\pi\left(\left[x-\frac{1}{2}\sin 2x\right]_{\frac{\pi}{4}}^{\frac{3}{4}\pi}-\left[x+\frac{1}{2}\sin 2x\right]_{\frac{\pi}{4}}^{\frac{\pi}{2}}\right)$$

$$=\pi\left\{\frac{\pi}{2}+1-\left(\frac{\pi}{4}-\frac{1}{2}\right)\right\}=\boldsymbol{\frac{\pi}{4}(\pi+6)}$$

CHART 体積
回転体では一方に集める

(2)　$\sin\left|x-\frac{\pi}{2}\right|=\begin{cases}\sin\left(\frac{\pi}{2}-x\right)=\cos x & \left(0\leqq x\leqq\frac{\pi}{2}\right)\\ \sin\left(x-\frac{\pi}{2}\right)=-\cos x & \left(\frac{\pi}{2}<x\leqq\pi\right)\end{cases}$

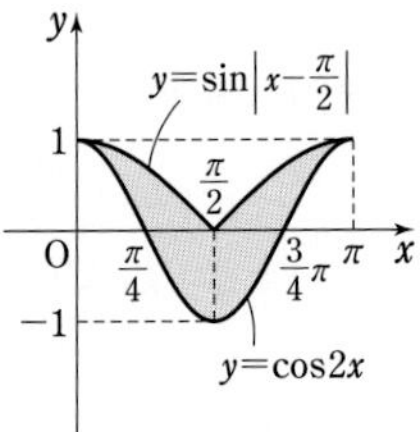

よって，囲まれた部分は右の図の灰色部分で，直線 $x=\frac{\pi}{2}$ に関して対称である。
$\cos x=-\cos 2x$ とすると　　$2\cos^2 x+\cos x-1=0$
よって　　$(2\cos x-1)(\cos x+1)=0$
$0\leqq x\leqq\frac{\pi}{2}$ のとき，$\cos x+1>0$ から
$\cos x=\frac{1}{2}$　　　ゆえに　　$x=\frac{\pi}{3}$

◀回転体を一方に集めたときの交点の x 座標を求める。

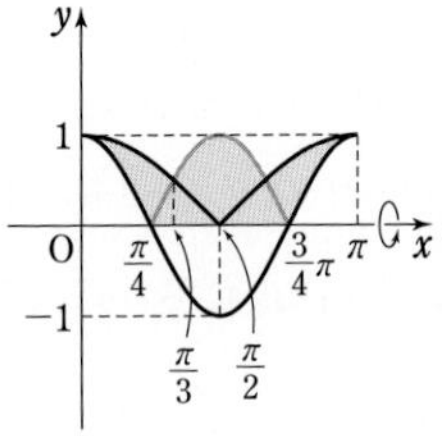

したがって，回転体は右の図の灰色部分を x 軸の周りに1回転させたものであり，求める体積 V は

y
1
O
π/4
3/4π
π
x
−1
π/3
π/2

$$V=2\pi\left(\int_0^{\frac{\pi}{3}}\cos^2 x\,dx-\int_0^{\frac{\pi}{4}}\cos^2 2x\,dx+\int_{\frac{\pi}{3}}^{\frac{\pi}{2}}\cos^2 2x\,dx\right)$$

◀回転体は平面 $x=\frac{\pi}{2}$ に関して対称。

$$=\pi\left\{\int_0^{\frac{\pi}{3}}(1+\cos 2x)\,dx-\int_0^{\frac{\pi}{4}}(1+\cos 4x)\,dx+\int_{\frac{\pi}{3}}^{\frac{\pi}{2}}(1+\cos 4x)\,dx\right\}$$

$$=\pi\left[x+\frac{1}{2}\sin 2x\right]_0^{\frac{\pi}{3}}-\pi\left[x+\frac{1}{4}\sin 4x\right]_0^{\frac{\pi}{4}}+\pi\left[x+\frac{1}{4}\sin 4x\right]_{\frac{\pi}{3}}^{\frac{\pi}{2}}$$

$$=\pi\left(\frac{\pi}{3}+\frac{\sqrt{3}}{4}\right)-\frac{\pi^2}{4}+\pi\left(\frac{\pi}{2}-\frac{\pi}{3}+\frac{\sqrt{3}}{8}\right)=\boldsymbol{\frac{\pi}{8}(2\pi+3\sqrt{3})}$$

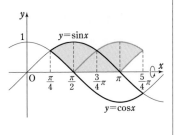

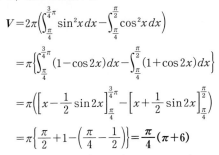

練習 149 ➡本冊 p. 527

(1) $y=-x^2+2$ から　　$x^2=2-y$

◀ x について解く。

よって　　$V=\pi\int_0^2 x^2dy$

$=\pi\int_0^2(2-y)dy$

$=\pi\left[2y-\dfrac{y^2}{2}\right]_0^2$

$=\mathbf{2\pi}$

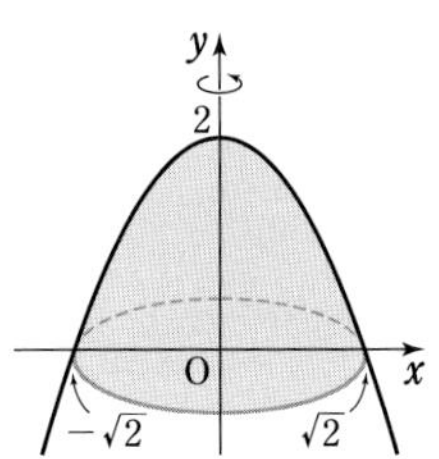

(2) $y=\log\sqrt{x+1}$ から　　$e^y=\sqrt{x+1}$

よって　　$e^{2y}=x+1$

◀ x について解く。

すなわち　$x=e^{2y}-1$

ゆえに

$V=\pi\int_0^1(e^{2y}-1)^2dy$

$=\pi\int_0^1(e^{4y}-2e^{2y}+1)dy$

$=\pi\left[\dfrac{e^{4y}}{4}-e^{2y}+y\right]_0^1$

$=\boldsymbol{\pi\left(\dfrac{e^4}{4}-e^2+\dfrac{7}{4}\right)}$

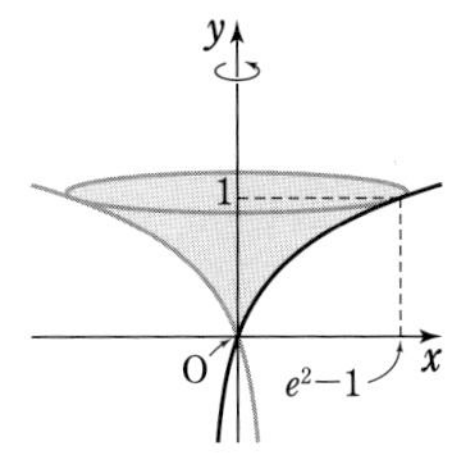

別解　$y=\log\sqrt{x+1}$ から

$dy=\dfrac{dx}{2(x+1)}$

y と x の対応は右のようになる。

y	$0\longrightarrow 1$
x	$0\longrightarrow e^2-1$

よって　　$V=\pi\int_0^1 x^2dy$

$=\pi\int_0^{e^2-1}x^2\cdot\dfrac{dx}{2(x+1)}$

$=\dfrac{\pi}{2}\int_0^{e^2-1}\left(x-1+\dfrac{1}{x+1}\right)dx$

$=\dfrac{\pi}{2}\left[\dfrac{x^2}{2}-x+\log(x+1)\right]_0^{e^2-1}$

$=\boldsymbol{\dfrac{\pi}{4}(e^4-4e^2+7)}$

練習 150 ➡本冊 p. 528

(1) $y=e^x$ から　　$y'=e^x$

接線の方程式は　　$y-e^2=e^2(x-2)$

よって　　$y=e^2(x-1)$

$y=e^x$ から　　$x=\log y$

$y=e^2(x-1)$ から　　$x=\dfrac{y}{e^2}+1$

したがって，求める回転体の体積を V とすると

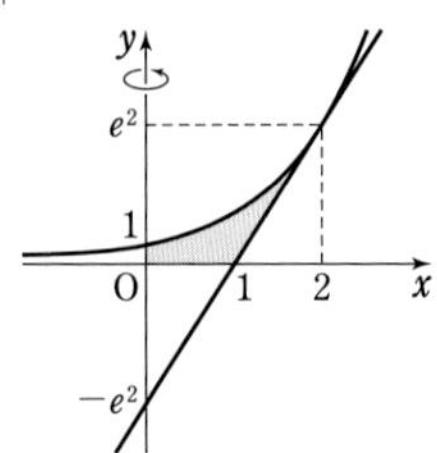

$$V=\pi\int_0^{e^2}\left(\frac{y}{e^2}+1\right)^2dy-\pi\int_1^{e^2}(\log y)^2dy$$

ここで　$\int(\log y)^2dy=\int(y)'(\log y)^2dy$

$=y(\log y)^2-\int y\cdot(2\log y)\cdot\frac{1}{y}dy=y(\log y)^2-2\int(y)'\log y\,dy$

$=y(\log y)^2-2\left(y\log y-\int y\cdot\frac{1}{y}dy\right)$

$=y(\log y)^2-2(y\log y-y)+C$　　（Cは積分定数）

ゆえに

$$V=\pi\left[\frac{1}{e^4}\cdot\frac{y^3}{3}+\frac{y^2}{e^2}+y\right]_0^{e^2}-\pi\Big[y(\log y)^2-2(y\log y-y)\Big]_1^{e^2}$$

$$=\left(\frac{e^2}{3}+2\right)\pi$$

◀$\pi\int_0^{e^2}\left(\frac{y}{e^2}+1\right)^2dy$ は，直線 $x=\frac{y}{e^2}+1$，直線 $y=e^2$，x 軸，y 軸で囲まれた部分を y 軸の周りに1回転させてできる立体の体積を表す。

(2)　$y=-x^2+2x+2$ から　　$y=-(x-1)^2+3$

ゆえに　　$(x-1)^2=3-y$

$x\geqq1$ のとき　　$x=1+\sqrt{3-y}$

$x\leqq1$ のとき　　$x=1-\sqrt{3-y}$

よって，求める体積をVとすると

$$V=\pi\int_0^3(1+\sqrt{3-y})^2dy-\pi\int_2^3(1-\sqrt{3-y})^2dy\quad\cdots\cdots(*)$$

$$=\pi\int_0^3(4-y+2\sqrt{3-y})dy-\pi\int_2^3(4-y-2\sqrt{3-y})dy$$

$$=\pi\left[4y-\frac{y^2}{2}-\frac{4}{3}(3-y)^{\frac{3}{2}}\right]_0^3-\pi\left[4y-\frac{y^2}{2}+\frac{4}{3}(3-y)^{\frac{3}{2}}\right]_2^3$$

$$=\frac{22+12\sqrt{3}}{3}\pi$$

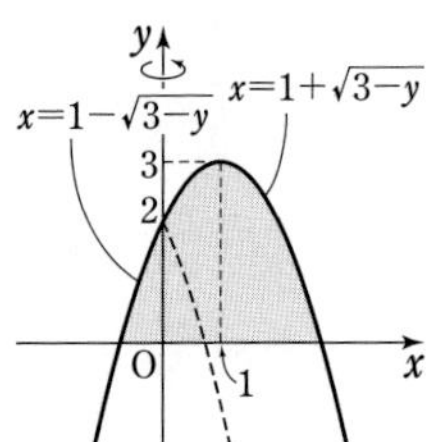

(＊) 曲線 $x=1-\sqrt{3-y}$ は回転軸の両側に存在するから，y 軸より左側の部分を折り返して考える。

練習 151　➡本冊 p. 529

θ と $2\pi-\theta$ に対応する点が x 軸に関して対称であるから，曲線は x 軸に関して対称である。

よって，$0\leqq\theta\leqq\pi$ $(y\geqq0)$ で考える。

$$\begin{cases}x'=-\sin\theta(2\cos\theta+1)\\ y'=(\cos\theta+1)(2\cos\theta-1)\end{cases}$$

であるから，x と y の値の変化は次のようになる。

θ	0	$\cdots$	$\frac{\pi}{3}$	$\cdots$	$\frac{2}{3}\pi$	$\cdots$	π
x	2	↘	$\frac{3}{4}$	↘	$-\frac{1}{4}$	↗	0
y	0	↗	$\frac{3\sqrt{3}}{4}$	↘	$\frac{\sqrt{3}}{4}$	↘	0

◀$2\pi-\theta$ に対応する点
$(1+\cos(2\pi-\theta))\times\cos(2\pi-\theta)=(1+\cos\theta)\cos\theta$，
$(1+\cos(2\pi-\theta))\times\sin(2\pi-\theta)=-(1+\cos\theta)\sin\theta$

曲線は右の図のようになる。

$0\leqq\theta\leqq\frac{2}{3}\pi$ のときの y を y_1，$\frac{2}{3}\pi\leqq\theta\leqq\pi$ のときの y を y_2 とすると，求める体積Vは

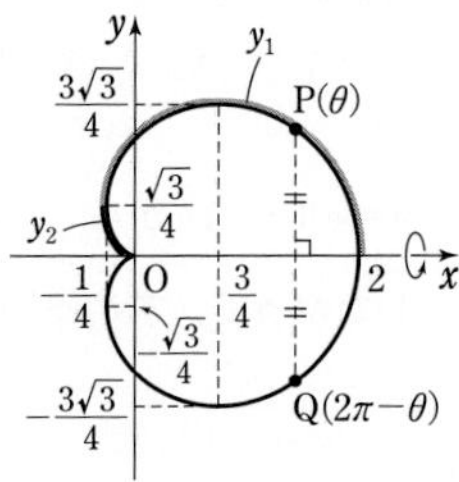

$$V=\pi\int_{-\frac{1}{4}}^{2}{y_1}^2dx-\pi\int_{-\frac{1}{4}}^{0}{y_2}^2dx$$
$$=\pi\int_{\frac{2}{3}\pi}^{0}\{y(\theta)\}^2x'(\theta)d\theta-\pi\int_{\frac{2}{3}\pi}^{\pi}\{y(\theta)\}^2x'(\theta)d\theta$$
$$=\pi\int_{\pi}^{0}\{y(\theta)\}^2x'(\theta)d\theta$$

ここで　$y^2dx=(1+\cos\theta)^2\sin^2\theta\cdot\{-\sin\theta(2\cos\theta+1)\}d\theta$

$\cos\theta=t$ とおくと　$-\sin\theta d\theta=dt$

θ と t の対応は右のようになる。

θ	$\pi \longrightarrow 0$
t	$-1 \longrightarrow 1$

したがって

$$V=\pi\int_{-1}^{1}(1+t)^2(1-t^2)(2t+1)dt$$
$$=2\pi\int_0^1(-5t^4+4t^2+1)dt$$
$$=2\pi\left[-t^5+\frac{4}{3}t^3+t\right]_0^1=\frac{8}{3}\pi$$

◀偶関数は 2 倍
奇関数は 0

参考　本問の曲線の式は，**カージオイド** の極方程式 $r=1+\cos\theta$ を直交座標 x，y について媒介変数表示したものである。
一般に，極方程式 $r=f(\theta)$ で表される曲線は媒介変数 θ を用いて $x=f(\theta)\cos\theta$，$y=f(\theta)\sin\theta$ と表示される。

◀本冊 p. 263 参照。

練習 152 ➡本冊 p. 530

(1)　右の図から，求める体積 V は

$$V=\pi\int_{-1}^{1}x^2dy$$

$y=\cos x$ から　$dy=-\sin x\,dx$

y と x の対応は次のようになる。

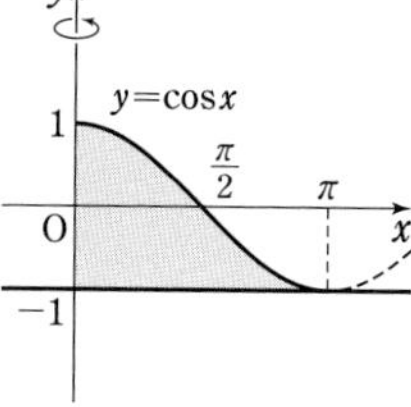

y	$-1 \longrightarrow 1$
x	$\pi \longrightarrow 0$

◀高校数学の範囲では $y=\cos x$ から x を y で表せないが，定積分では左のように積分変数を x におき換えることにより，その値を求められる場合がある。

よって　$V=\pi\int_{\pi}^{0}(-x^2\sin x)dx=\pi\int_0^{\pi}x^2\sin x\,dx$
$$=\pi\left\{\left[x^2(-\cos x)\right]_0^{\pi}+\int_0^{\pi}2x\cos x\,dx\right\}$$
$$=\pi\left(\pi^2+\left[2x\sin x\right]_0^{\pi}-\int_0^{\pi}2\sin x\,dx\right)$$
$$=\pi\left(\pi^2+\left[2\cos x\right]_0^{\pi}\right)=\pi^3-4\pi$$

◀部分積分。

◀更に部分積分。

(2)　$y=4^x$ から　$x=\log_4y=\frac{\log y}{\log 4}=\frac{\log y}{2\log 2}$

$y=8^x$ から　$x=\log_8y=\frac{\log y}{\log 8}=\frac{\log y}{3\log 2}$

よって

$$V=\pi\int_1^4\left(\frac{\log y}{2\log 2}\right)^2dy+\pi\cdot1^2\cdot(8-4)-\pi\int_1^8\left(\frac{\log y}{3\log 2}\right)^2dy$$
$$=\frac{\pi}{4(\log 2)^2}\int_1^4(\log y)^2dy+4\pi-\frac{\pi}{9(\log 2)^2}\int_1^8(\log y)^2dy$$

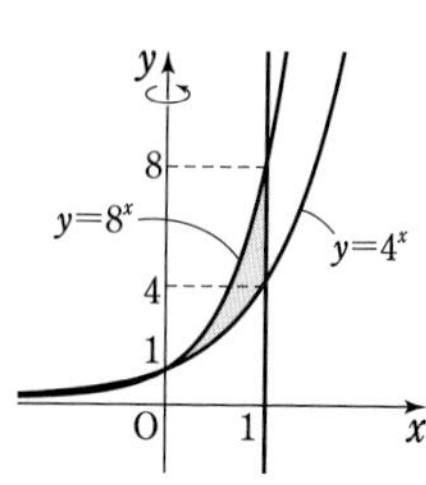

ここで $\int_1^4 (\log y)^2 dy = \Big[y(\log y)^2 - 2(y\log y - y)\Big]_1^4$

$= 4(\log 4)^2 - 2\cdot 4\log 4 + 2(4-1)$

$= 16(\log 2)^2 - 16\log 2 + 6$,

$\int_1^8 (\log y)^2 dy = \Big[y(\log y)^2 - 2(y\log y - y)\Big]_1^8$

$= 8(\log 8)^2 - 2\cdot 8\log 8 + 2(8-1)$

$= 72(\log 2)^2 - 48\log 2 + 14$

◀$\int(\log y)^2 dy = y(\log y)^2 - 2(y\log y - y) + C$（練習 150 (1) の解答参照）

したがって，求める体積 V は

$$V = \frac{\pi}{4(\log 2)^2}\{16(\log 2)^2 - 16\log 2 + 6\} + 4\pi - \frac{\pi}{9(\log 2)^2}\{72(\log 2)^2 - 48\log 2 + 14\}$$

$$= \frac{\pi}{(\log 2)^2}\left(\frac{4}{3}\log 2 - \frac{1}{18}\right)$$

$$= \boldsymbol{\frac{24\log 2 - 1}{18(\log 2)^2}\pi}$$

別解　本冊 $p.530$ 例題 152 の等式 ① を利用する。

◀$V = 2\pi\int_a^b xf(x)dx$

(1) $V = 2\pi\int_0^\pi x\{\cos x - (-1)\}dx$

$= 2\pi\left\{\Big[x(\sin x + x)\Big]_0^\pi - \int_0^\pi (\sin x + x)dx\right\}$

$= 2\pi\left(\pi^2 - \left[-\cos x + \frac{x^2}{2}\right]_0^\pi\right) = 2\pi\left\{\pi^2 - \left(\frac{\pi^2}{2} + 2\right)\right\}$

$= \boldsymbol{\pi^3 - 4\pi}$

(2) $V = 2\pi\int_0^1 x\cdot 8^x dx - 2\pi\int_0^1 x\cdot 4^x dx$

$= 2\pi\int_0^1 x\left(\frac{8^x}{\log 8} - \frac{4^x}{\log 4}\right)' dx$

◀部分積分法。

$= 2\pi\left\{\left[x\left(\frac{8^x}{\log 8} - \frac{4^x}{\log 4}\right)\right]_0^1 - \int_0^1\left(\frac{8^x}{\log 8} - \frac{4^x}{\log 4}\right)dx\right\}$

$= 2\pi\left\{\frac{8}{\log 8} - \frac{4}{\log 4} - \left[\frac{8^x}{(\log 8)^2} - \frac{4^x}{(\log 4)^2}\right]_0^1\right\}$

$= 2\pi\left\{\frac{8}{3\log 2} - \frac{2}{\log 2} - \frac{7}{(3\log 2)^2} + \frac{3}{(2\log 2)^2}\right\}$

$= \boldsymbol{\frac{24\log 2 - 1}{18(\log 2)^2}\pi}$

練習 153 ➡本冊 $p.533$

(1) (ア) $\sqrt{x} + \sqrt{y} = 1$ …… ①

① において，x と y を入れ替えても方程式は変わらないから，C は直線 $y=x$ に関して対称である。

よって，ℓ の方程式は　$\boldsymbol{y=x}$

◀$F(x, y)=0$ が直線 $y=x$ に関して対称 $\Longleftrightarrow F(y, x)=0$

(イ) ① を y について解くと　$y = 1 - 2\sqrt{x} + x$

ℓ より上側の C 上の点 $\mathrm{P}(x, y)$ から ℓ に垂線 PH を下ろし，$\mathrm{PH}=h$，$\mathrm{OH}=t$ とすると，ℓ の方程式は $x-y=0$ であるから

$$h=\frac{|x-y|}{\sqrt{1^2+(-1)^2}}=\frac{|x-(1-2\sqrt{x}+x)|}{\sqrt{2}}$$
$$=\frac{|2\sqrt{x}-1|}{\sqrt{2}}$$

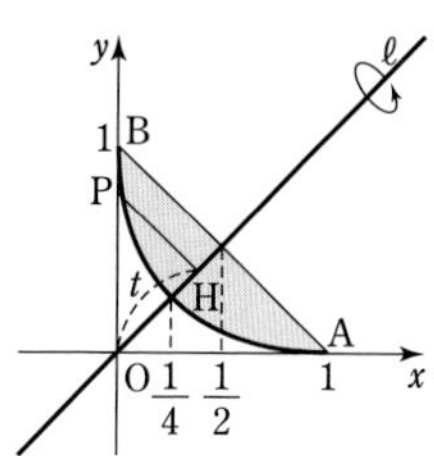

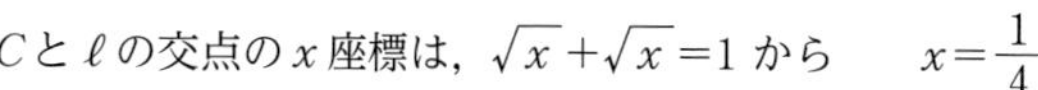
C と ℓ の交点の x 座標は，$\sqrt{x}+\sqrt{x}=1$ から　　$x=\frac{1}{4}$

線分 AB と ℓ の交点は線分 AB の中点であるから，その x 座標は

$$\frac{1}{2}$$

また，$t^2+h^2=\mathrm{OP}^2$ であるから

$$t^2=(x^2+y^2)-\frac{(x-y)^2}{2}=\frac{(x+y)^2}{2}$$

$t>0$ であるから　　$t=\frac{x+y}{\sqrt{2}}=\frac{2x+1-2\sqrt{x}}{\sqrt{2}}$

ゆえに　　$dt=\frac{2\sqrt{x}-1}{\sqrt{2}\sqrt{x}}dx$

t と x の対応は右のようになる。

t	$\frac{\sqrt{2}}{4} \longrightarrow \frac{\sqrt{2}}{2}$
x	$\frac{1}{4} \longrightarrow 0$

◀ $t=\frac{\sqrt{2}}{2}$ には $x=1$ も対応するから $\frac{1}{4} \longrightarrow 1$ としてもよい。

求める体積 V は

$$V=\pi\int_{\frac{\sqrt{2}}{4}}^{\frac{\sqrt{2}}{2}}h^2dt=\pi\int_{\frac{\sqrt{2}}{4}}^{\frac{\sqrt{2}}{2}}\frac{(2\sqrt{x}-1)^2}{2}dt$$
$$=\pi\int_{\frac{1}{4}}^{0}\frac{(2\sqrt{x}-1)^2}{2}\cdot\frac{(2\sqrt{x}-1)}{\sqrt{2}\sqrt{x}}dx$$
$$=\frac{\pi}{2\sqrt{2}}\int_0^{\frac{1}{4}}\left(\frac{1}{\sqrt{x}}-6+12\sqrt{x}-8x\right)dx$$
$$=\frac{\pi}{2\sqrt{2}}\left[2\sqrt{x}-6x+8x\sqrt{x}-4x^2\right]_0^{\frac{1}{4}}=\boldsymbol{\frac{\pi}{8\sqrt{2}}}$$

(2) (ア) $|x|<1$ のとき，$\lim_{n\to\infty}x^n=0$ であるから

CHART $\{x^n\}$ の極限 $x=\pm1$ で場合を分ける

$$f(x)=\frac{x^5+x^3}{x^2+1}=\frac{x^3(x^2+1)}{x^2+1}=x^3$$

$x=1$ のとき　　$f(x)=\frac{1+1+1}{1+1+1}=1$

$x=-1$ のとき　$f(x)=\frac{-1-1-1}{1+1+1}=-1$

$|x|>1$ のとき，$\lim_{n\to\infty}\frac{1}{x^n}=0$ であるから

$$f(x)=\lim_{n\to\infty}\frac{x+\frac{1}{x^{2n-5}}+\frac{1}{x^{2n-3}}}{1+\frac{1}{x^{2n-2}}+\frac{1}{x^{2n}}}=x$$

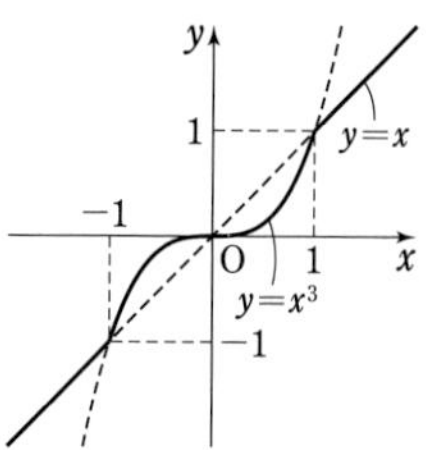

以上から，$y=f(x)$ のグラフは **右の図** のようになる。

(イ) 2 点を結ぶ線分の方程式は $y=x$ $(-1\leqq x\leqq1)$ である。
グラフは原点に関して対称であるから，求める体積は

$0 \leqq x \leqq 1$ の部分の体積の2倍である。

$\mathrm{O}(0,\ 0)$, $\mathrm{A}(1,\ 1)$ とすると　$\mathrm{OA}=\sqrt{2}$

$y=f(x)$ のグラフ上の点 $\mathrm{P}(x,\ x^3)$ $(0 \leqq x \leqq 1)$ から線分OAに垂線PQを引き，$\mathrm{PQ}=h$, $\mathrm{OQ}=t$ $(0 \leqq t \leqq \sqrt{2})$ とする。

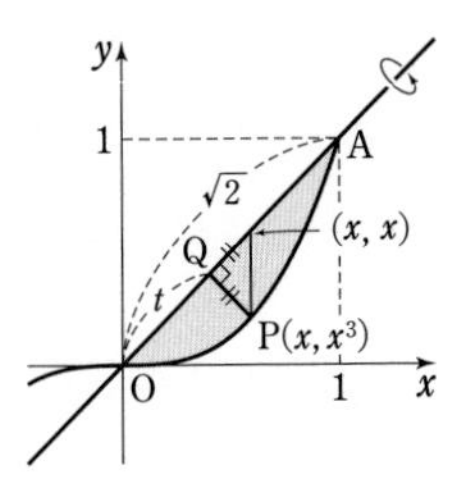

このとき

$$h=\frac{|x-x^3|}{\sqrt{2}}=\frac{x-x^3}{\sqrt{2}},\quad t=\sqrt{2}\,x-\frac{x-x^3}{\sqrt{2}}=\frac{x+x^3}{\sqrt{2}}$$

よって　$dt=\dfrac{1+3x^2}{\sqrt{2}}dx$

t と x の対応は右のようになる。

t	$0 \longrightarrow \sqrt{2}$
x	$0 \longrightarrow 1$

求める体積を V とすると

$$V=2\times\pi\int_0^{\sqrt{2}} h^2\,dt=2\pi\int_0^1\left(\frac{x-x^3}{\sqrt{2}}\right)^2\cdot\frac{1+3x^2}{\sqrt{2}}\,dx$$

$$=\frac{\pi}{\sqrt{2}}\int_0^1 (x^6-2x^4+x^2)(3x^2+1)\,dx$$

$$=\frac{\pi}{\sqrt{2}}\int_0^1 (3x^8-5x^6+x^4+x^2)\,dx$$

$$=\frac{\pi}{\sqrt{2}}\left[\frac{x^9}{3}-\frac{5}{7}x^7+\frac{x^5}{5}+\frac{x^3}{3}\right]_0^1$$

$$=\boldsymbol{\frac{8\sqrt{2}}{105}\pi}$$

証明　本冊 *p*. 534　$V=\pi\cos\theta\int_a^b \{f(x)-(mx+n)\}^2\,dx$ $\left(0<\theta<\dfrac{\pi}{2}\right)$ の証明

$a \leqq t \leqq b$ とする。

曲線 $y=f(x)$ と直線 $y=mx+n$, $x=a$, $x=t$ で囲まれた部分を，直線 $y=mx+n$ の周りに1回転させてできる回転体の体積を $V(t)$ とし，$\varDelta V=V(t+\varDelta t)-V(t)$ とする。

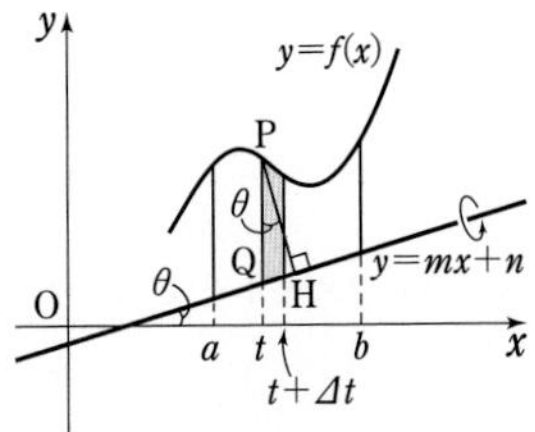

右の図のように点P，Q，Hをとると

$\mathrm{PQ}=f(t)-(mt+n)$,

$\mathrm{PH}=\mathrm{PQ}\cos\theta=\{f(t)-(mt+n)\}\cos\theta$

$\varDelta t>0$ のとき，$\varDelta t$ が十分小さいとすると

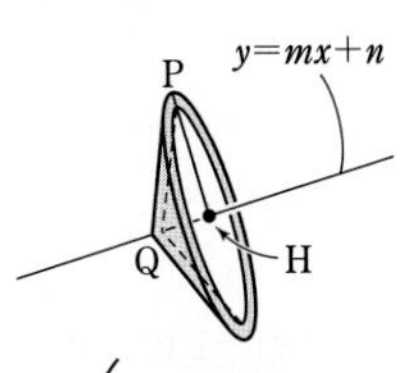

$$\varDelta V \fallingdotseq \frac{1}{2}\cdot\mathrm{PQ}\cdot 2\pi\mathrm{PH}\cdot\varDelta t$$

$$=\pi\cos\theta\{f(t)-(mt+n)\}^2\varDelta t$$

ゆえに

$$\frac{\varDelta V}{\varDelta t} \fallingdotseq \pi\cos\theta\{f(t)-(mt+n)\}^2 \quad \cdots\cdots ①$$

上の回転体を切り開く

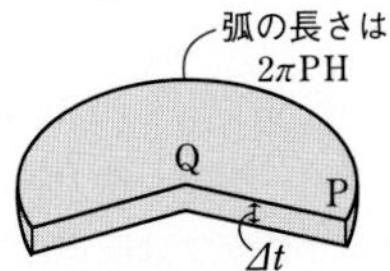

$\varDelta t<0$ のときも ① は成り立つ。

$\varDelta t \longrightarrow 0$ のとき，① の両辺の差は0に近づくから

$$V'(t)=\lim_{\varDelta t\to 0}\frac{\varDelta V}{\varDelta t}$$

$$=\pi\cos\theta\{f(t)-(mt+n)\}^2$$

よって　$V=V(b)=\int_a^b \pi\cos\theta\{f(t)-(mt+n)\}^2dt$

ゆえに，与式が成り立つ。

練習 154 ➡本冊 p. 535

(1)　$r=\dfrac{1}{1+a\cos\theta}$ …… ① から　　$r=1-ar\cos\theta$ …… ②

一方，$|a|\leqq1$ のとき　　$|a\cos\theta|\leqq1$

◀$|\cos\theta|\leqq1$

よって　　$-1\leqq a\cos\theta\leqq1$

更に，$1+a\cos\theta\neq0$ であるから　　$-1<a\cos\theta\leqq1$

◀① の右辺の分母。

ゆえに　　$0<1+a\cos\theta\leqq2$

したがって，① から　　$r\geqq\dfrac{1}{2}$ …… ③

また　　$x=r\cos\theta$，$y=r\sin\theta$ …… ④

②，③，④ から　　$\sqrt{x^2+y^2}=1-ax$

◀③ から　$r>0$
よって　$\sqrt{x^2+y^2}=r$

両辺とも正であるから，辺々 2 乗して

$$x^2+y^2=(1-ax)^2$$

よって　　$(1-a^2)x^2+2ax+y^2=1$ …… ⑤

$a=\pm1$ ならば，⑤ から

$$2x+y^2=1,\ -2x+y^2=1\ (\text{ともに放物線})$$

$|a|<1$ ならば，⑤ から

$$\left(x+\frac{a}{1-a^2}\right)^2+\frac{y^2}{(\sqrt{1-a^2})^2}=\frac{1}{(1-a^2)^2}\ (\text{楕円})$$

(2)　$x=0$ のとき，⑤ から a の値に関係なく　　$y^2=1$

よって　　$y=\pm1$

(3)　$y=0$ のとき，⑤ から　　$\{(1-a)x+1\}\{(1+a)x-1\}=0$

ゆえに　　$x=-\dfrac{1}{1-a}$，$\dfrac{1}{1+a}$

$|a|<1$ であるから　　$-\dfrac{1}{1-a}<0<\dfrac{1}{1+a}$

求める体積を V とすると

$$V=\pi\int_0^{\frac{1}{1+a}}y^2dx=\pi\int_0^{\frac{1}{1+a}}\{1-(1-a^2)x^2-2ax\}dx$$

$$=\pi\left[x-\frac{1-a^2}{3}x^3-ax^2\right]_0^{\frac{1}{1+a}}=\boldsymbol{\frac{a+2}{3(1+a)^2}\pi}$$

練習 155 ➡本冊 p. 536

$\dfrac{x^2}{a^2}+\dfrac{y^2}{b^2}=1$ を x について解くと

$$x=\pm a\sqrt{1-\frac{y^2}{b^2}}$$

ここで，$x_1=-a\sqrt{1-\dfrac{y^2}{b^2}}$，

$$x_2=a\sqrt{1-\frac{y^2}{b^2}}$$

とする。

囲まれた図形は，x 軸に関して対称であるから，体積 V は

$$V=2\pi\int_0^b\{(2a-x_1)^2-(2a-x_2)^2\}dy$$

$$=8a\pi\int_0^b(x_2-x_1)dy=16a^2\pi\int_0^b\sqrt{1-\frac{y^2}{b^2}}\,dy$$

ここで，$y=b\sin\theta$ とおくと

$$dy=b\cos\theta d\theta$$

y と θ の対応は右のようになる。

y	$0\longrightarrow b$
θ	$0\longrightarrow\frac{\pi}{2}$

よって　$V=16a^2\pi\int_0^{\frac{\pi}{2}}\sqrt{1-\sin^2\theta}\cdot b\cos\theta d\theta$

$$=16a^2b\pi\int_0^{\frac{\pi}{2}}\cos^2\theta d\theta$$

$$=8a^2b\pi\int_0^{\frac{\pi}{2}}(1+\cos 2\theta)d\theta$$

$$=8a^2b\pi\left[\theta+\frac{1}{2}\sin 2\theta\right]_0^{\frac{\pi}{2}}=4a^2b\pi^2$$

◀パップス・ギュルダンの定理（本冊 $p.525$ 参照）を利用すると，体積 V は
$V=2\pi\cdot 2a\cdot\pi ab$（$\pi ab$：楕円の面積）
$=4a^2b\pi^2$

また，$a^2+b^2=1$ から　$a^2=1-b^2$　…… ①

$a>0$ であるから　$1-b^2>0$

これと $b>0$ であるから　$0<b<1$

V の式に ① を代入すると　$V=4(1-b^2)b\pi^2=4\pi^2(-b^3+b)$

ゆえに　$\dfrac{dV}{db}=4\pi^2(-3b^2+1)$

$\dfrac{dV}{db}=0$ とすると　$-3b^2+1=0$

$0<b<1$ であるから　$b=\dfrac{1}{\sqrt{3}}$

$0<b<1$ における V の増減表は右のようになり，$b=\dfrac{1}{\sqrt{3}}$ のとき，V は極大かつ最大となる。

b	0	…	$\frac{1}{\sqrt{3}}$	…	1
$\frac{dV}{db}$		+	0	−	
V		↗	極大	↘	

CHART　最大・最小　極値と端の値を比較

$b=\dfrac{1}{\sqrt{3}}$ のとき，① と $a>0$ から　$a=\sqrt{\dfrac{2}{3}}$

したがって，V の最大値は　$4\cdot\dfrac{2}{3}\cdot\dfrac{1}{\sqrt{3}}\pi^2=\boldsymbol{\dfrac{8\sqrt{3}}{9}\pi^2}$

練習 156 ➡ 本冊 $p.537$

$x\geqq 0$，$y\geqq 0$，$z\geqq 0$ において考える。

◀まず範囲を絞って考える。

平面 $x=t$ $(0\leqq t\leqq r)$ による切り口は

$$\begin{cases} y^2\leqq r^2-t^2 & \cdots\cdots ① \\ z^2\leqq r^2-t^2 & \cdots\cdots ② \\ y^2+z^2\geqq r^2 & \cdots\cdots ③ \end{cases}$$

で表される。

①＋② と ③ から　$2r^2-2t^2\geqq r^2$

すなわち　$2t^2\leqq r^2$

よって，切り口が存在するのは

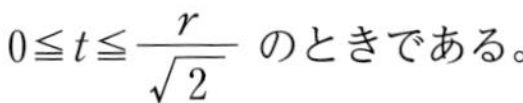

$0 \leqq t \leqq \dfrac{r}{\sqrt{2}}$ のときである。

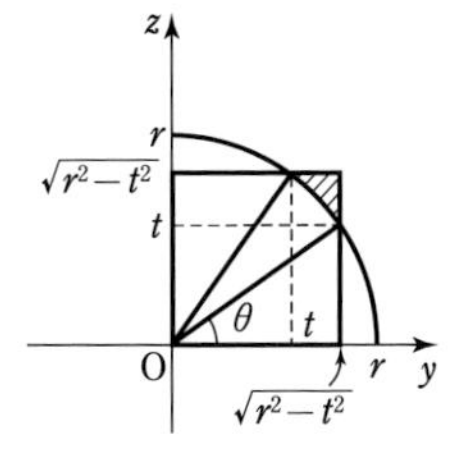

そのとき，切り口は右の図の斜線部分になる。

この面積を $S(t)$ とする。

また，図のように θ をとる。

このとき

$$S(t)=(\sqrt{r^2-t^2})^2-\sqrt{r^2-t^2}\cdot t-\pi r^2\cdot\frac{\frac{\pi}{2}-2\theta}{2\pi}$$

$$=r^2-t^2-t\sqrt{r^2-t^2}+r^2\left(\theta-\frac{\pi}{4}\right)$$

また，$t=r\sin\theta$ であるから

$$dt=r\cos\theta\, d\theta$$

t と θ の対応は右のようになる。

t	$0 \longrightarrow \dfrac{r}{\sqrt{2}}$
θ	$0 \longrightarrow \dfrac{\pi}{4}$

よって，求める体積を V とすると

$$\frac{1}{8}V=\int_0^{\frac{r}{\sqrt{2}}}\left\{r^2-t^2-t\sqrt{r^2-t^2}+r^2\left(\theta-\frac{\pi}{4}\right)\right\}dt$$

◀ $\displaystyle\int_0^{\frac{r}{\sqrt{2}}}S(t)dt : V$ $=1 : 8$

$$=\int_0^{\frac{r}{\sqrt{2}}}\left(r^2-\frac{\pi}{4}r^2-t^2-t\sqrt{r^2-t^2}\right)dt+r^2\int_0^{\frac{r}{\sqrt{2}}}\theta\, dt$$

$$=\left[r^2\left(1-\frac{\pi}{4}\right)t-\frac{t^3}{3}+\frac{1}{3}(r^2-t^2)^{\frac{3}{2}}\right]_0^{\frac{r}{\sqrt{2}}}+r^2\int_0^{\frac{\pi}{4}}\theta r\cos\theta\, d\theta$$

$$=\frac{1}{\sqrt{2}}\left(1-\frac{\pi}{4}\right)r^3-\frac{r^3}{6\sqrt{2}}+\frac{r^3}{6\sqrt{2}}-\frac{r^3}{3}$$

$$+r^3\left(\Big[\theta\sin\theta\Big]_0^{\frac{\pi}{4}}-\int_0^{\frac{\pi}{4}}\sin\theta\, d\theta\right)$$

◀部分積分法。

$$=\frac{1}{\sqrt{2}}\left(1-\frac{\pi}{4}\right)r^3-\frac{r^3}{3}+r^3\left(\frac{\pi}{4}\cdot\frac{1}{\sqrt{2}}+\Big[\cos\theta\Big]_0^{\frac{\pi}{4}}\right)$$

$$=r^3\left(\sqrt{2}-\frac{4}{3}\right)$$

したがって　　$\boldsymbol{V=\left(8\sqrt{2}-\dfrac{32}{3}\right)r^3}$

練習 157 ➡本冊 *p*. 538

(1)　直角二等辺三角形 ABO を直線 BO を軸として回転させてできる円錐 E の側面上（ただし，点 B は除く）の点を $\mathrm{P}(x,\ y,\ z)$ とすると

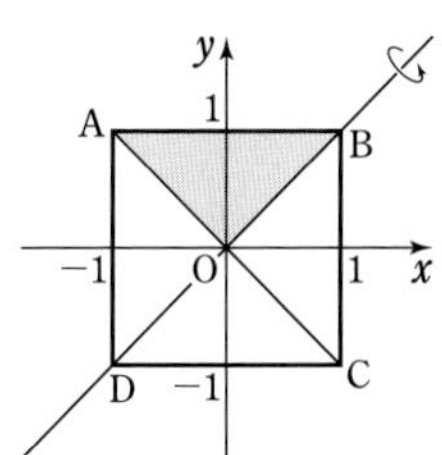

◀底面の半径 $\sqrt{2}$，高さ $\sqrt{2}$ の円錐となる。

$$\overrightarrow{\mathrm{BP}}=(x-1,\ y-1,\ z),$$
$$\overrightarrow{\mathrm{BO}}=(-1,\ -1,\ 0)$$

また，点 P は $\overrightarrow{\mathrm{BP}}$ と $\overrightarrow{\mathrm{BO}}$ のなす角が $45°$ の点である。

$\overrightarrow{\mathrm{BP}}\cdot\overrightarrow{\mathrm{BO}}=|\overrightarrow{\mathrm{BP}}||\overrightarrow{\mathrm{BO}}|\cos 45°$ から

$$1-x+1-y=\sqrt{(x-1)^2+(y-1)^2+z^2}\cdot\sqrt{2}\cdot\frac{1}{\sqrt{2}}$$

よって

$$1-x+1-y=\sqrt{(x-1)^2+(y-1)^2+z^2} \quad \cdots\cdots ①$$

$-1\leqq x<1$, $-1\leqq y\leqq 1$ であるから　　$(1-x)+(1-y)>0$

① の両辺を 2 乗すると

$$\{(1-x)+(1-y)\}^2=(x-1)^2+(y-1)^2+z^2$$

ゆえに　　$2(1-x)(1-y)=z^2$

$1-x>0$ であるから　　$1-y=\dfrac{z^2}{2(1-x)}$

よって，円錐Eの側面上の点が満たす方程式は

$$y=1-\frac{z^2}{2(1-x)}$$

これの平面 $x=t$ による切り口は

$$y=1-\frac{z^2}{2(1-t)}\ (-t\leqq y\leqq 1)$$

◀$y=-x$, $x=t$ から x を消去すると　$y=-t$
よって，点 $\mathrm{P}(x,\ y,\ z)$ において $x=t$ のとき
$-t\leqq y\leqq 1$

直角二等辺三角形 ADO を直線 DO を軸として回転させてできる円錐Fの側面上（ただし，点Dは除く）の点を $\mathrm{Q}(x,\ y,\ z)$ とすると

$$\overrightarrow{\mathrm{DQ}}=(x+1,\ y+1,\ z),\ \overrightarrow{\mathrm{DO}}=(1,\ 1,\ 0)$$

$\overrightarrow{\mathrm{DQ}}\cdot\overrightarrow{\mathrm{DO}}=|\overrightarrow{\mathrm{DQ}}||\overrightarrow{\mathrm{DO}}|\cos 45^\circ$ から同様にして，円錐Fの側面上の点が満たす方程式は

$$y=-1+\frac{z^2}{2(1+x)}$$

これの平面 $x=t$ による切り口は

$$y=-1+\frac{z^2}{2(1+t)}$$

$$(-1\leqq y\leqq -t)$$

◀点 $\mathrm{Q}(x,\ y,\ z)$ において $x=t$ のとき
$-1\leqq y\leqq -t$

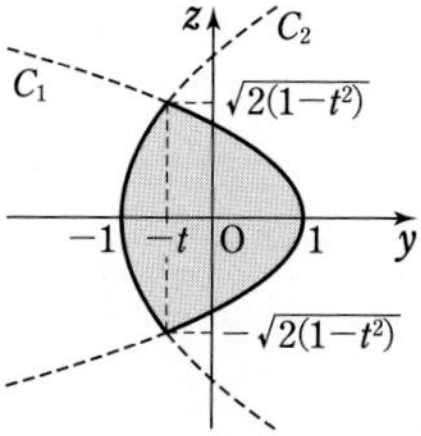

以上から，平面 $x=t$ による V_1 の切り口は，曲線

$$C_1：y=1-\frac{z^2}{2(1-t)},$$

$$C_2：y=-1+\frac{z^2}{2(1+t)}$$

で囲まれた図形となる。

この図形は y 軸に関して対称であるから，求める面積は

$$2\int_0^{\sqrt{2(1-t^2)}}\left[1-\frac{z^2}{2(1-t)}-\left\{-1+\frac{z^2}{2(1+t)}\right\}\right]dz$$

$$=2\int_0^{\sqrt{2(1-t^2)}}\left(2-\frac{z^2}{1-t^2}\right)dz=2\left[2z-\frac{z^3}{3(1-t^2)}\right]_0^{\sqrt{2(1-t^2)}}$$

$$=2\left\{2\sqrt{2(1-t^2)}-\frac{2(1-t^2)\sqrt{2(1-t^2)}}{3(1-t^2)}\right\}$$

$$=\boldsymbol{\frac{8}{3}\sqrt{2(1-t^2)}}$$

(2) V_1 と V_2 の共通部分の図形は，yz 平面に関して対称であるから，求める体積は $0 \leqq x \leqq 1$ の範囲の体積を 2 倍したものとなる。
更に，V_1 と V_2 の共通部分の図形は，zx 平面に関しても対称である。
よって，V_1 と V_2 の共通部分の平面 $x=t$ による切り口は，右の図のようになる。

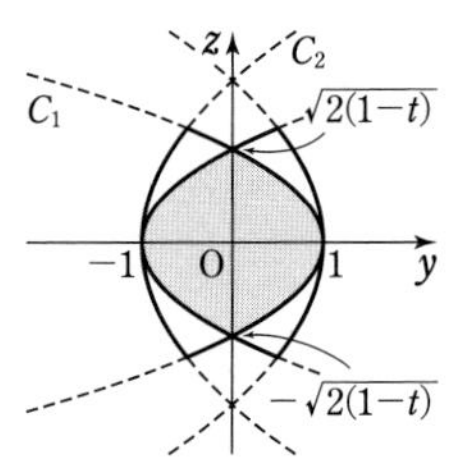

ゆえに，この切り口の面積は

$$4\int_0^{\sqrt{2(1-t)}}\left\{1-\frac{z^2}{2(1-t)}\right\}dz=4\left[z-\frac{z^3}{6(1-t)}\right]_0^{\sqrt{2(1-t)}}$$
$$=4\left\{\sqrt{2(1-t)}-\frac{2(1-t)\sqrt{2(1-t)}}{6(1-t)}\right\}$$
$$=\frac{8}{3}\sqrt{2(1-t)}$$

◀切り口の面積は，平面 $x=t$ において，曲線 $C_1: y=1-\dfrac{z^2}{2(1-t)}$，$y$ 軸，z 軸に囲まれた部分の面積の 4 倍である。

したがって，求める体積は

$$2\int_0^1 \frac{8}{3}\sqrt{2(1-t)}\,dt=\frac{16\sqrt{2}}{3}\left[-\frac{2}{3}(1-t)^{\frac{3}{2}}\right]_0^1$$
$$=\boldsymbol{\frac{32\sqrt{2}}{9}}$$

練習 158 ➡本冊 $p.539$

線分 PQ 上の点Aは，Oを原点，s を実数として
$\overrightarrow{\mathrm{OA}}=\overrightarrow{\mathrm{OP}}+s\overrightarrow{\mathrm{PQ}}$ $(0 \leqq s \leqq 1)$　と表され

$$\overrightarrow{\mathrm{OA}}=(1,\ 0,\ 1)+s(-2,\ 1,\ -1)=(1-2s,\ s,\ 1-s)$$

◀線分 PQ 上の点であるから　$0 \leqq s \leqq 1$
$\overrightarrow{\mathrm{PQ}}=(-1-1,\ 1-0,\ 0-1)$
$=(-2,\ 1,\ -1)$

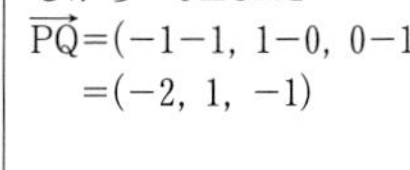

$1-2s=t$ とすると　　$s=\dfrac{1-t}{2}$

よって，線分 PQ 上の点で x 座標が t $(-1 \leqq t \leqq 1)$ である点Rの座標は

$$\mathrm{R}\left(t,\ \frac{1-t}{2},\ \frac{1+t}{2}\right)$$

◀$1-s=\dfrac{1+t}{2}$

$\mathrm{H}(t,\ 0,\ 0)$ とすると，立体 S を平面 $x=t$ $(-1 \leqq t \leqq 1)$ で切ったときの断面は，中心がH，半径が RH の円である。

◀立体 S を平面 $x=t$ で切ったときの断面

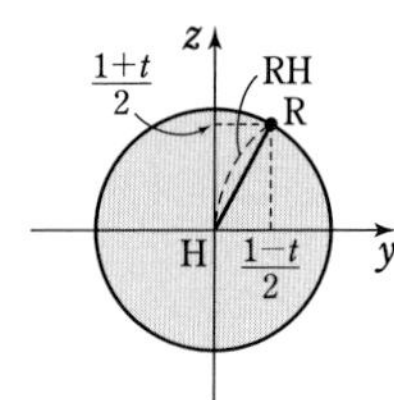

その断面積は

$$\pi\mathrm{RH}^2=\pi\left\{\left(\frac{1-t}{2}\right)^2+\left(\frac{1+t}{2}\right)^2\right\}$$
$$=\frac{\pi}{2}(t^2+1)$$

よって，求める体積は

$$\int_{-1}^1 \frac{\pi}{2}(t^2+1)\,dt=\pi\int_0^1 (t^2+1)\,dt$$
$$=\pi\left[\frac{t^3}{3}+t\right]_0^1=\boldsymbol{\frac{4}{3}\pi}$$

練習 159 ➡本冊 p. 540

(1) 点Pは正三角形 ABC の内心である。
正三角形の内心は重心と一致するから，点Pは

$$\mathbf{P}\left(\frac{1}{3},\ \frac{1}{3},\ \frac{1}{3}\right)$$

点Qは線分 AB の中点であるから

$$\mathbf{Q}\left(\frac{1}{2},\ \frac{1}{2},\ 0\right)$$

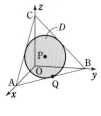

(2) (1)の図のように点Rをとると

$$\overrightarrow{\mathrm{QR}}=2\overrightarrow{\mathrm{QP}} \quad \cdots\cdots ①$$

点Rの z 座標を r とすると，① の z 成分のみを考えて

$$r=2\cdot\frac{1}{3}=\frac{2}{3}$$

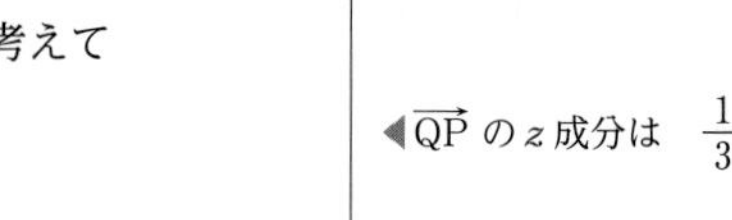

◀$\overrightarrow{\mathrm{QP}}$ の z 成分は $\frac{1}{3}$

よって，t の値の範囲は　$\mathbf{0\leqq t\leqq \dfrac{2}{3}}$

(3) 右の図のように，平面 $z=t$ $\left(0<t<\dfrac{2}{3}\right)$ と円板Dの周，線分 CQ との交点をそれぞれ S，T，U とする。

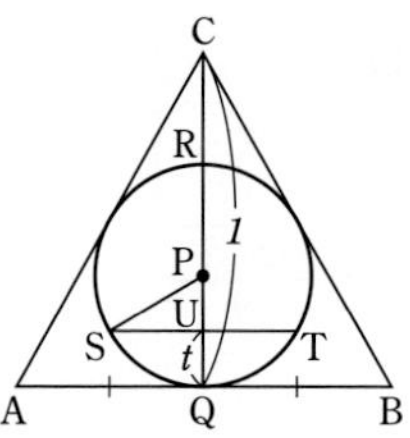

円板Dの半径は

$$\mathrm{QP}=\sqrt{\left(\frac{1}{3}-\frac{1}{2}\right)^2+\left(\frac{1}{3}-\frac{1}{2}\right)^2+\left(\frac{1}{3}\right)^2}$$
$$=\frac{1}{\sqrt{6}}$$

CQ：QU＝1：t であるから

◀点Cは平面 $z=1$ 上，点Uは平面 $z=t$ 上にある。

$$\mathrm{QU}=t\cdot\mathrm{CQ}=t\sqrt{\left(\frac{1}{2}\right)^2+\left(\frac{1}{2}\right)^2+(-1)^2}$$
$$=\frac{\sqrt{6}}{2}t$$

$0<t\leqq\dfrac{1}{3}$ のとき　$\mathrm{PU}=\mathrm{PQ}-\mathrm{QU}$

$\dfrac{1}{3}<t<\dfrac{2}{3}$ のとき　$\mathrm{PU}=\mathrm{QU}-\mathrm{PQ}$

よって　$\mathrm{PU}=|\mathrm{PQ}-\mathrm{QU}|=\left|\dfrac{1}{\sqrt{6}}-\dfrac{\sqrt{6}}{2}t\right|$

ゆえに　$\mathrm{ST}=2\mathrm{SU}=2\sqrt{\mathrm{PS}^2-\mathrm{PU}^2}$

$$=2\sqrt{\left(\frac{1}{\sqrt{6}}\right)^2-\left(\frac{1}{\sqrt{6}}-\frac{\sqrt{6}}{2}t\right)^2}$$
$$=2\sqrt{\boldsymbol{t-\frac{3}{2}t^2}}$$

(4)　z 軸上の点 $(0,\ 0,\ t)$ $\left(0 \leqq t \leqq \dfrac{2}{3}\right)$ を O′ とする。D を z 軸の周りに1回転させてできる立体を，平面 $z=t$ で切った切り口の図形は，線分 ST を z 軸の周りに1回転させてできる図形であり，右の図の灰色部分である。

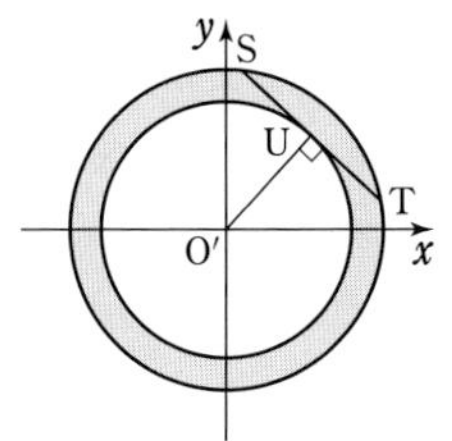

灰色部分の面積は

$$\pi(\mathrm{O'S}^2-\mathrm{O'U}^2)=\pi\cdot\mathrm{SU}^2=\pi\left(\frac{1}{2}\mathrm{ST}\right)^2=\pi\left(t-\frac{3}{2}t^2\right)$$

◀線分 ST 上の点において，点 O′ から最も遠い点は S（または T），最も近い点は U である。

ゆえに，求める体積は

$$\int_0^{\frac{2}{3}}\pi\left(t-\frac{3}{2}t^2\right)dt=\pi\left[\frac{t^2}{2}-\frac{t^3}{2}\right]_0^{\frac{2}{3}}=\boldsymbol{\frac{2}{27}\pi}$$

練習 160　➡本冊 p. 541

点 P が線分 AB 上にあるとする。

点 P の z 座標を $2t$ $\left(\dfrac{1}{2} \leqq t \leqq 1\right)$ とすると，点 P の座標は

$(-2t+2,\ 0,\ 2t)$

点 M が描く図形を C とし，C を z 軸の周りに1回転させたときに C が通過する図形を D とする。

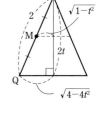

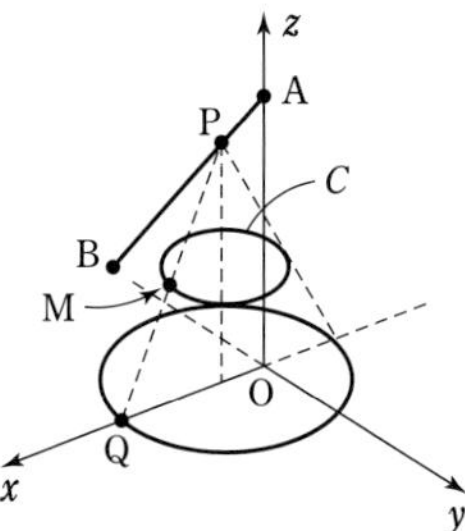

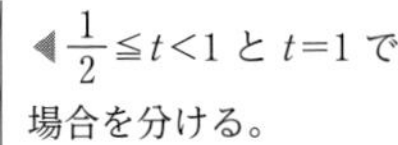

[1]　$\dfrac{1}{2} \leqq t<1$ のとき，点 Q は $(-2t+2,\ 0,\ 0)$ を中心とする，半径 $\sqrt{4-4t^2}$ の円を描く。

◀$\dfrac{1}{2} \leqq t<1$ と $t=1$ で場合を分ける。

よって，C は $(-2t+2,\ 0,\ t)$ を中心とする，半径 $\sqrt{1-t^2}$ の円である。

ここで，点 $(0,\ 0,\ t)$ を O′ とすると，O′ が C の外部にあるときと，C の内部にあるときの，それぞれの場合において，D は次の図の斜線部分のようになる。

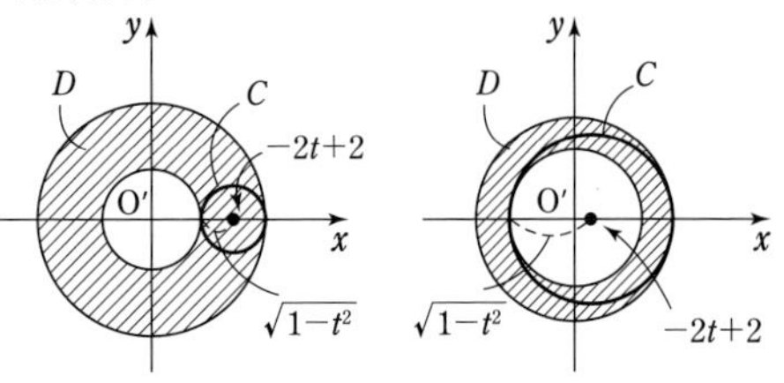

よって，いずれの場合も D の面積は

$\pi(-2t+2+\sqrt{1-t^2})^2-\pi(-2t+2-\sqrt{1-t^2})^2$

$=\pi\{(-2t+2+\sqrt{1-t^2})+(-2t+2-\sqrt{1-t^2})\}$

$\times\{(-2t+2+\sqrt{1-t^2})-(-2t+2-\sqrt{1-t^2})\}$

$=\pi(-4t+4)\times 2\sqrt{1-t^2}$

$=-8\pi t\sqrt{1-t^2}+8\pi\sqrt{1-t^2}$

◀（大きい円の面積）−（小さい円の面積）
因数分解を利用すると計算がらくになる。

[2]　$t=1$ のとき，点Qは原点Oに一致する。
よって，Cは点 $(0,\ 0,\ 1)$ であるから，Dも点 $(0,\ 0,\ 1)$ となる。
ここで，$-8\pi t\sqrt{1-t^2}+8\pi\sqrt{1-t^2}$ に $t=1$ を代入すると，
$-8\pi\cdot0+8\pi\cdot0=0$ となる。

[1]，[2] から，$\dfrac{1}{2}\leqq t\leqq1$ において，Dの面積は
$-8\pi t\sqrt{1-t^2}+8\pi\sqrt{1-t^2}$ と表せる。
したがって，KはDを $t=\dfrac{1}{2}$ から $t=1$ まで動かしたときに，Dが通過する範囲であるから，求める体積をVとすると

$$V=\int_{\frac{1}{2}}^{1}(-8\pi t\sqrt{1-t^2}+8\pi\sqrt{1-t^2})\,dt$$
$$=-8\pi\int_{\frac{1}{2}}^{1}t\sqrt{1-t^2}\,dt+8\pi\int_{\frac{1}{2}}^{1}\sqrt{1-t^2}\,dt$$

◀$\displaystyle\int_{\frac{1}{2}}^{1}\sqrt{1-t^2}\,dt$ は，図形を利用してその値を求める。

ここで，$\displaystyle\int_{\frac{1}{2}}^{1}\sqrt{1-t^2}\,dt$ は，右の図の斜線部分の面積であるから

$$\int_{\frac{1}{2}}^{1}\sqrt{1-t^2}\,dt=\pi\cdot1^2\times\frac{1}{6}-\frac{1}{2}\cdot\frac{1}{2}\cdot\frac{\sqrt{3}}{2}$$
$$=\frac{\pi}{6}-\frac{\sqrt{3}}{8}$$

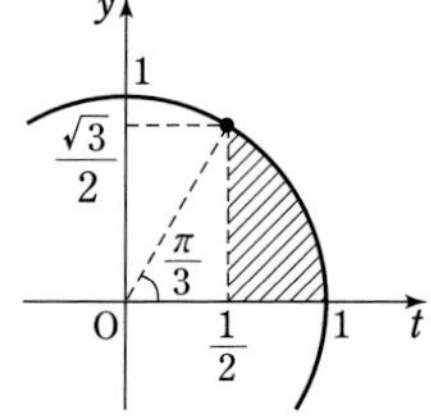

ゆえに　　$V=-8\pi\left[-\dfrac{1}{3}(1-t^2)^{\frac{3}{2}}\right]_{\frac{1}{2}}^{1}+8\pi\left(\dfrac{\pi}{6}-\dfrac{\sqrt{3}}{8}\right)$

$$=-8\pi\cdot\frac{1}{3}\left(1-\frac{1}{4}\right)^{\frac{3}{2}}+\frac{4}{3}\pi^2-\sqrt{3}\,\pi$$
$$=\boldsymbol{\frac{4}{3}\pi^2-2\sqrt{3}\,\pi}$$

練習 161　➡本冊 *p*. 543

(1)　$\dfrac{dx}{dt}=3a\cos^2t(-\sin t)$，$\dfrac{dy}{dt}=3a\sin^2t\cos t$

よって

$$\left(\frac{dx}{dt}\right)^2+\left(\frac{dy}{dt}\right)^2=9a^2\cos^4t\sin^2t+9a^2\sin^4t\cos^2t$$
$$=9a^2\cos^2t\sin^2t=\left(\frac{3}{2}a\sin2t\right)^2$$

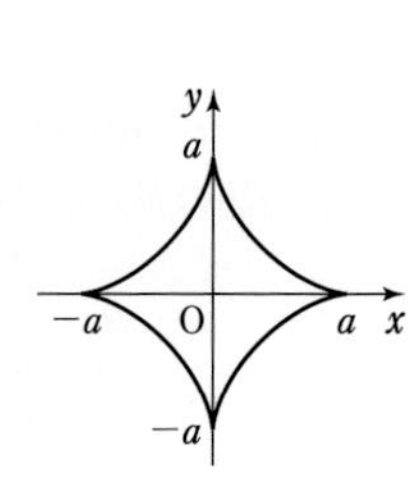

ゆえに

$$\boldsymbol{L}=\int_0^{2\pi}\sqrt{\left(\frac{3}{2}a\sin2t\right)^2}\,dt$$
$$=\frac{3}{2}a\int_0^{2\pi}|\sin2t|\,dt=4\cdot\frac{3}{2}a\int_0^{\frac{\pi}{2}}\sin2t\,dt$$
$$=3a\Big[-\cos2t\Big]_0^{\frac{\pi}{2}}=\boldsymbol{6a}$$

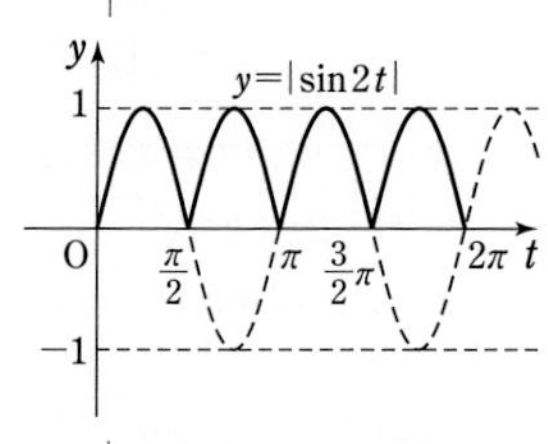

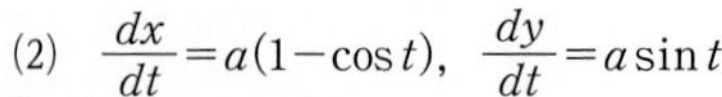
(2)　$\dfrac{dx}{dt}=a(1-\cos t)$，$\dfrac{dy}{dt}=a\sin t$

よって　$\left(\dfrac{dx}{dt}\right)^2+\left(\dfrac{dy}{dt}\right)^2=a^2\{(1-\cos t)^2+\sin^2 t\}$

$=2a^2(1-\cos t)=4a^2\sin^2\dfrac{t}{2}$

◀$\cos t=\cos 2\cdot\dfrac{t}{2}$
$=1-2\sin^2\dfrac{t}{2}$

$0\leqq t\leqq 2\pi$ であるから　$\sin\dfrac{t}{2}\geqq 0$

ゆえに　$\boldsymbol{L}=\displaystyle\int_0^{2\pi}\sqrt{4a^2\sin^2\frac{t}{2}}\,dt=2a\int_0^{2\pi}\sin\frac{t}{2}\,dt$

$=4a\left[-\cos\dfrac{t}{2}\right]_0^{2\pi}=\boldsymbol{8a}$

(3)　$\dfrac{dy}{dx}=\dfrac{1}{2}(e^x-e^{-x})$

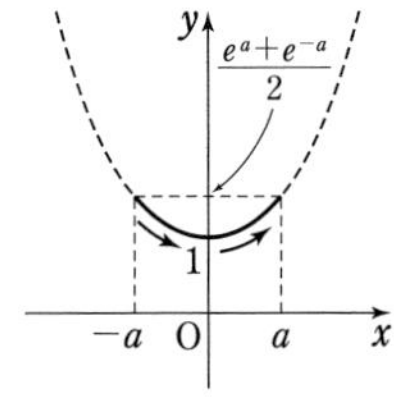

よって　$\boldsymbol{L}=\displaystyle\int_{-a}^{a}\sqrt{1+\left\{\frac{1}{2}(e^x-e^{-x})\right\}^2}\,dx$

$=\displaystyle\int_{-a}^{a}\sqrt{\left(\frac{e^x+e^{-x}}{2}\right)^2}\,dx=\int_{-a}^{a}\frac{e^x+e^{-x}}{2}\,dx$

$=2\displaystyle\int_0^a\frac{e^x+e^{-x}}{2}\,dx=\Big[e^x-e^{-x}\Big]_0^a=\boldsymbol{e^a-e^{-a}}$

(4)　$\dfrac{dy}{dx}=\dfrac{\cos x}{\sin x}$ から

$1+\left(\dfrac{dy}{dx}\right)^2=1+\dfrac{\cos^2 x}{\sin^2 x}=\dfrac{1}{\sin^2 x}$

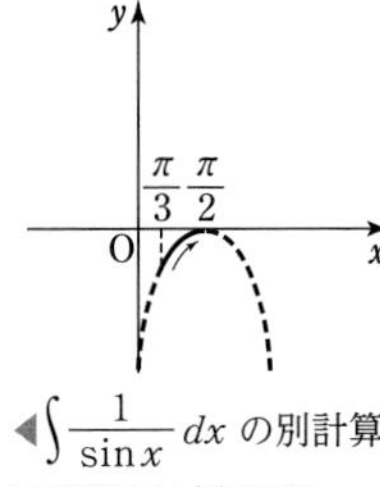

よって　$L=\displaystyle\int_{\frac{\pi}{3}}^{\frac{\pi}{2}}\sqrt{\frac{1}{\sin^2 x}}\,dx=\int_{\frac{\pi}{3}}^{\frac{\pi}{2}}\frac{1}{\sin x}\,dx$

◀$\displaystyle\int\frac{1}{\sin x}\,dx$ の別計算は練習 104 (1) 参照。

$\tan\dfrac{x}{2}=t$ とおくと　$\sin x=\dfrac{2t}{1+t^2}$

また　$\dfrac{1}{2\cos^2\dfrac{x}{2}}\,dx=dt$

x	$\frac{\pi}{3}\ \longrightarrow\ \frac{\pi}{2}$
t	$\frac{1}{\sqrt{3}}\ \longrightarrow\ 1$

x と t の対応は右のようになる。

ゆえに　$\boldsymbol{L}=\displaystyle\int_{\frac{1}{\sqrt{3}}}^{1}\frac{1+t^2}{2t}\cdot 2\cos^2\frac{x}{2}\,dt=\int_{\frac{1}{\sqrt{3}}}^{1}\frac{1+t^2}{2t}\cdot\frac{2}{1+t^2}\,dt$

$=\displaystyle\int_{\frac{1}{\sqrt{3}}}^{1}\frac{1}{t}\,dt=\Big[\log t\Big]_{\frac{1}{\sqrt{3}}}^{1}=-\log\frac{1}{\sqrt{3}}=\boldsymbol{\frac{1}{2}\log 3}$

(5)　$3y^2=x(x-1)^2\ (0\leqq x\leqq 1)$　…… ① から

$y=\pm\sqrt{\dfrac{x}{3}}(1-x)$

よって，曲線 $3y^2=x(x-1)^2$ は x 軸に関して対称な 2 つの曲線

$y=\sqrt{\dfrac{x}{3}}(1-x)$，$y=-\sqrt{\dfrac{x}{3}}(1-x)$ を合わせたものである。

$y=\sqrt{\dfrac{x}{3}}(1-x)\ (x\geqq 0)$ について

$y'=-\sqrt{\dfrac{x}{3}}+(1-x)\cdot\dfrac{1}{\sqrt{3}}\cdot\dfrac{1}{2\sqrt{x}}=\dfrac{1-3x}{2\sqrt{3x}}$

$y'=0$ とすると　　$x=\dfrac{1}{3}$

y の増減表は右のようになる。
したがって，曲線 ① の概形は右の図のようになる。
よって，曲線の長さは

x	0	$\cdots$	$\frac{1}{3}$	$\cdots$	1
y'		$+$	0	$-$	
y	0	↗	$\frac{2}{9}$	↘	0

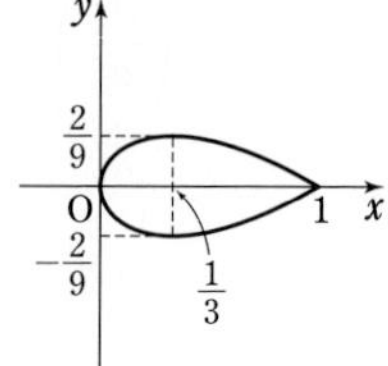

$$\boldsymbol{L}=2\int_0^1\sqrt{1+\left(\frac{1-3x}{2\sqrt{3x}}\right)^2}\,dx=2\int_0^1\sqrt{\frac{(3x+1)^2}{12x}}\,dx$$

$$=\frac{1}{\sqrt{3}}\int_0^1\frac{3x+1}{\sqrt{x}}\,dx=\frac{1}{\sqrt{3}}\int_0^1(3x^{\frac{1}{2}}+x^{-\frac{1}{2}})dx$$

$$=\frac{1}{\sqrt{3}}\left[2x^{\frac{3}{2}}+2x^{\frac{1}{2}}\right]_0^1=\boldsymbol{\frac{4}{\sqrt{3}}}$$

(6)　$x=r\cos\theta=(1+\cos\theta)\cos\theta=\cos\theta+\cos^2\theta$

$y=r\sin\theta=(1+\cos\theta)\sin\theta=\sin\theta+\dfrac{1}{2}\sin 2\theta$

◀極方程式を直交座標で表す。

よって　　$\dfrac{dx}{d\theta}=-\sin\theta-2\cos\theta\sin\theta=-\sin\theta-\sin 2\theta$

$\dfrac{dy}{d\theta}=\cos\theta+\cos 2\theta$

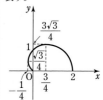

ゆえに

$$\left(\frac{dx}{d\theta}\right)^2+\left(\frac{dy}{d\theta}\right)^2=(-\sin\theta-\sin 2\theta)^2+(\cos\theta+\cos 2\theta)^2$$

$$=2+2\sin\theta\sin 2\theta+2\cos\theta\cos 2\theta=2+2\cos\theta$$

$$=2+2\left(2\cos^2\frac{\theta}{2}-1\right)=4\cos^2\frac{\theta}{2}$$

$0\leqq\theta\leqq\pi$ のとき $\cos\dfrac{\theta}{2}\geqq 0$ であるから

$$\boldsymbol{L}=\int_0^\pi\sqrt{\left(\frac{dx}{d\theta}\right)^2+\left(\frac{dy}{d\theta}\right)^2}\,d\theta=\int_0^\pi\sqrt{4\cos^2\frac{\theta}{2}}\,d\theta$$

$$=2\int_0^\pi\cos\frac{\theta}{2}\,d\theta=4\left[\sin\frac{\theta}{2}\right]_0^\pi=\boldsymbol{4}$$

練習 162　➡本冊 $p.544$

点Pの座標を $(x,\ y)$ とし，右の図のように点Qをとる。
$\angle\mathrm{QOA}=\theta\ (0\leqq\theta\leqq 2\pi)$ とすると

$\mathrm{Q}(a\cos\theta,\ a\sin\theta)$，$\mathrm{PQ}=\overset{\frown}{\mathrm{AQ}}=a\theta$，

$\overrightarrow{\mathrm{QP}}=\left(a\theta\cos\left(\theta-\dfrac{\pi}{2}\right),\ a\theta\sin\left(\theta-\dfrac{\pi}{2}\right)\right)$

$=(a\theta\sin\theta,\ -a\theta\cos\theta)$

よって，$\overrightarrow{\mathrm{OP}}=\overrightarrow{\mathrm{OQ}}+\overrightarrow{\mathrm{QP}}$ から

$x=a\cos\theta+a\theta\sin\theta$，$y=a\sin\theta-a\theta\cos\theta$

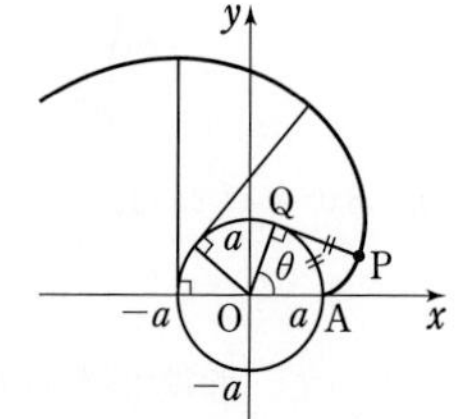

参考　本問の曲線を **円の伸開線**（**インボリュート**）という。

ゆえに

$\dfrac{dx}{d\theta}=a(-\sin\theta)+a\sin\theta+a\theta\cos\theta=a\theta\cos\theta$

$\dfrac{dy}{d\theta}=a\cos\theta-a\cos\theta+a\theta\sin\theta=a\theta\sin\theta$

したがって，曲線の長さは

$$\int_0^{2\pi}\sqrt{(a\theta\cos\theta)^2+(a\theta\sin\theta)^2}\,d\theta=a\int_0^{2\pi}\theta\,d\theta=a\left[\frac{\theta^2}{2}\right]_0^{2\pi}$$

$$=\boldsymbol{2\pi^2 a}$$

練習 163 ➡ 本冊 p.547

$y=\log(\cos x)$ から　$\dfrac{dy}{dt}=-\dfrac{\sin x}{\cos x}\cdot\dfrac{dx}{dt}$ ……①

速さ 1 から　$\left(\dfrac{dx}{dt}\right)^2+\left(\dfrac{dy}{dt}\right)^2=1^2$

◀$|\vec{v}|=1 \iff \sqrt{\left(\dfrac{dx}{dt}\right)^2+\left(\dfrac{dy}{dt}\right)^2}=1$

よって　$\left(\dfrac{dx}{dt}\right)^2+\tan^2 x\left(\dfrac{dx}{dt}\right)^2=1$

ゆえに　$\left(\dfrac{dx}{dt}\right)^2=\dfrac{1}{1+\tan^2 x}=\cos^2 x$

$\dfrac{dx}{dt}>0$ であり，$0\leqq x<\dfrac{\pi}{2}$ で $\cos x>0$ であるから

◀x 座標が常に増加 $\iff \dfrac{dx}{dt}>0$

$\dfrac{dx}{dt}=\cos x$　　よって　$\dfrac{1}{\cos x}\cdot\dfrac{dx}{dt}=1$

両辺を t で積分すると　$\displaystyle\int\frac{1}{\cos x}dx=\int dt$ ……②

ここで　$\displaystyle\int\frac{1}{\cos x}dx=\int\frac{\cos x}{\cos^2 x}dx=\int\frac{\cos x}{1-\sin^2 x}dx$

$$=\frac{1}{2}\int\left(\frac{1}{1+\sin x}+\frac{1}{1-\sin x}\right)(\sin x)'dx$$

$$=\frac{1}{2}\log\frac{1+\sin x}{1-\sin x}+C$$

ゆえに，② は　$\dfrac{1}{2}\log\dfrac{1+\sin x}{1-\sin x}+C=t$

$x=0$ のとき $t=0$ であるから　$C=0$

◀時刻 $t=0$ で原点を出発したという条件から。

よって，$t=\dfrac{1}{2}\log 3$ のとき　$\dfrac{1}{2}\log\dfrac{1+\sin x}{1-\sin x}=\dfrac{1}{2}\log 3$

ゆえに　$\sin x=\dfrac{1}{2}$　　これと $0\leqq x<\dfrac{\pi}{2}$ から　$x=\dfrac{\pi}{6}$

このとき　$y=\log\left(\cos\dfrac{\pi}{6}\right)=\log\dfrac{\sqrt{3}}{2}$

したがって，求めるPの座標は　$\boldsymbol{\left(\dfrac{\pi}{6},\ \log\dfrac{\sqrt{3}}{2}\right)}$

次に，$\dfrac{dx}{dt}=\cos x$ を ① に代入して　$\dfrac{dy}{dt}=-\sin x$

よって　$\dfrac{d^2x}{dt^2}=-\sin x\dfrac{dx}{dt}$，$\dfrac{d^2y}{dt^2}=-\cos x\dfrac{dx}{dt}$

Pの加速度ベクトルの大きさ $|\vec{\alpha}|$ は

$$\sqrt{\left(\frac{d^2x}{dt^2}\right)^2+\left(\frac{d^2y}{dt^2}\right)^2}=\sqrt{(\sin^2 x+\cos^2 x)\left(\frac{dx}{dt}\right)^2}=\frac{dx}{dt}$$

$t=\dfrac{1}{2}\log 3$ として　$|\vec{\alpha}|=\cos\dfrac{\pi}{6}=\boldsymbol{\dfrac{\sqrt{3}}{2}}$

練習 164 ➡本冊 p.548

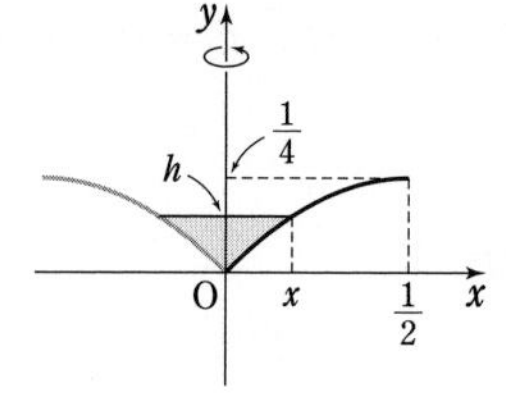

(1) x に対する水面の高さを h，水の体積を $v(h)$ とすると

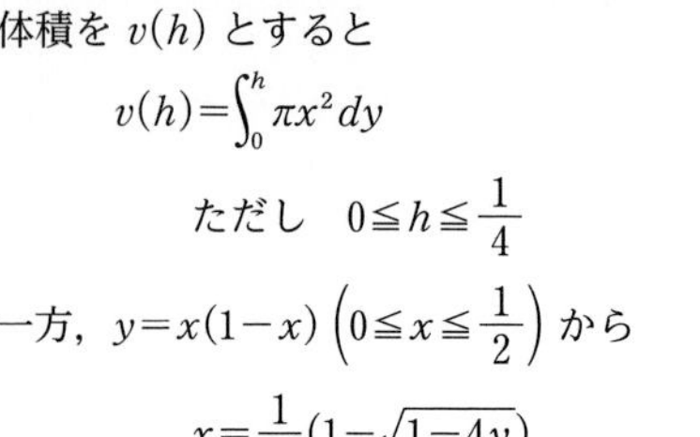

$$v(h)=\int_0^h \pi x^2 dy$$

ただし　$0 \leqq h \leqq \frac{1}{4}$

一方，$y=x(1-x)\left(0 \leqq x \leqq \frac{1}{2}\right)$ から

$$x=\frac{1}{2}(1-\sqrt{1-4y})$$

よって　$x^2=\frac{1}{2}(1-2y-\sqrt{1-4y})$

したがって　$v(h)=\frac{\pi}{2}\int_0^h (1-2y-\sqrt{1-4y})dy$

t で微分すると

$$\frac{dv(h)}{dt}=\frac{dv(h)}{dh}\cdot\frac{dh}{dt}=\frac{\pi}{2}(1-2h-\sqrt{1-4h})\cdot\frac{dh}{dt}$$

ここで，$\frac{dv(h)}{dt}=V$，$\frac{dh}{dt}=u$ であるから

$$V=\frac{\pi}{2}(1-2h-\sqrt{1-4h})\cdot u$$

よって　$\boldsymbol{u}=\frac{2V}{\pi}\cdot\frac{1}{1-2h-\sqrt{1-4h}}=\boldsymbol{\frac{V}{2\pi}\cdot\frac{1-2h+\sqrt{1-4h}}{h^2}}$

(2) 容器の容積は

$$\frac{\pi}{2}\int_0^{\frac{1}{4}}(1-2y-\sqrt{1-4y})dy=\frac{\pi}{2}\left[y-y^2+\frac{1}{6}\sqrt{(1-4y)^3}\right]_0^{\frac{1}{4}}$$
$$=\frac{\pi}{96}$$

よって，いっぱいになるまでの時間は　$\frac{\pi}{96}\div V=\boldsymbol{\frac{\pi}{96V}}$

CHART 体積の計算
断面積をつかむ

水を注ぐ割合が V で一定
$\longrightarrow \frac{dv(h)}{dt}=V$
水面の上昇する速度 u
$\longrightarrow u=\frac{dh}{dt}$

◀ $\frac{d}{dh}\int_0^h f(y)dy=f(h)$

練習 165 ➡本冊 p.550

(1) $y'=2Ax$，$y''=2A$　　よって　$\boldsymbol{y'=xy''}$

(2) $y=A\sin x+B\cos x-1$，$y'=A\cos x-B\sin x$，
$y''=-A\sin x-B\cos x=-(A\sin x+B\cos x)$
よって　$\boldsymbol{y''=-y-1}$

(3) $x^2+y^2=C^2$ の両辺を x で微分すると　$2x+2y\cdot y'=0$

よって，$y \neq 0$ のとき　$\boldsymbol{y'=-\frac{x}{y}}$

参考　$y'=-\frac{x}{y} \iff \frac{dy}{dx}=-\frac{x}{y} \iff \frac{dy}{dx}\cdot\frac{y}{x}=-1$

したがって，(3) で求めた微分方程式は，円 $x^2+y^2=C^2$ 上の点 $(x,\ y)$ における接線と，原点（円の中心）と点 $(x,\ y)$ を通る直線が常に垂直であるという，円の性質を表している。

(4) $(x-A)^2+(y-B)^2=1$　…… ①

CHART
微分方程式の作成
任意定数が n 個なら n 回微分せよ

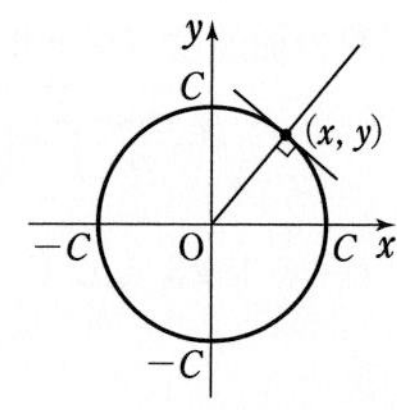

① の両辺を x で微分して　$(x-A)+(y-B)y'=0$　…… ②
更に，x で微分して　$1+y'^2+(y-B)y''=0$　…… ③
②，③ から　$y-B=\dfrac{-(1+y'^2)}{y''}$，$x-A=\dfrac{y'(1+y'^2)}{y''}$
これらを ① に代入して　$\dfrac{y'^2(1+y'^2)^2}{y''^2}+\dfrac{(1+y'^2)^2}{y''^2}=1$
よって　$\boldsymbol{\dfrac{(1+y'^2)^3}{y''^2}=1}$

◀(4)　②，③ から A，B を求めて ① に代入するより，① の $(x-A)^2$，$(y-B)^2$ に注目して，$x-A$，$y-B$ を求めて消去する方が簡単である。

練習 166　➡本冊 p. 551

(1)　$x=0$ のとき $y=3$ であるから，定数関数 $y=-1$ は解ではない。
与式を変形して　$\dfrac{1}{1+y}\cdot\dfrac{dy}{dx}=-\dfrac{1}{1+x}$　◀変数分離形。
よって　$\displaystyle\int\frac{1}{1+y}dy=-\int\frac{1}{1+x}dx$
ゆえに　$\log|1+y|=-\log|1+x|+C$　（Cは任意定数）
したがって　$\log|(1+y)(1+x)|=C$　◀真数をまとめる。$|(1+y)(1+x)|=e^C$
$\pm e^C=A$ とおくと　$(1+x)(1+y)=A$
ゆえに　$y=\dfrac{A}{1+x}-1$　（Aは 0 以外の任意定数）　◀$A=\pm e^C\neq0$
$x=0$ のとき $y=3$ であるから　$A=4$
よって，求める解は　$\boldsymbol{y=\dfrac{4}{1+x}-1}$

(2)　$x=1$ のとき $y=1$ であるから，定数関数 $y=0$ は解ではない。
与式を変形して　$\dfrac{1}{y}\cdot\dfrac{dy}{dx}=\dfrac{1-x}{x}$　◀変数分離形。
よって　$\displaystyle\int\frac{1}{y}dy=\int\frac{1-x}{x}dx$
ゆえに　$\log|y|=\log|x|-x+C$　（Cは任意定数）
したがって　$\log\left|\dfrac{y}{x}\right|=-x+C$
$\pm e^C=A$ とおくと　$\dfrac{y}{x}=Ae^{-x}$
ゆえに　$y=Axe^{-x}$　（Aは 0 以外の任意定数）　◀$A=\pm e^C\neq0$
$x=1$ のとき $y=1$ であるから　$A=e$
よって，求める解は　$\boldsymbol{y=xe^{1-x}}$

◀$\displaystyle\int\frac{1-x}{x}dx=\int\left(\frac{1}{x}-1\right)dx=\log|x|-x+C$

練習 167　➡本冊 p. 552

(1)　与式から　$\dfrac{dy}{dx}=\dfrac{1-z}{z}$　…… ①
$z=x+y$ を x で微分すると　$\dfrac{dz}{dx}=1+\dfrac{dy}{dx}$　…… ②
①，② から　$\dfrac{dz}{dx}=1+\dfrac{1-z}{z}$　ゆえに　$\dfrac{dz}{dx}=\dfrac{1}{z}$
よって　$\displaystyle\int z\,dz=\int dx$
ゆえに　$\dfrac{z^2}{2}=x+C_1$（C_1 は任意定数）

$2C_1=C$ とおいて　$\boldsymbol{(x+y)^2=2x+C}$ **（Cは任意定数）**

(2)　$y=xf(x)$ を x で微分すると　$\dfrac{dy}{dx}=f(x)+xf'(x)$

与式に代入して　$xf(x)+x^2f'(x)=xf(x)+x^3$

よって　$f'(x)=x$

ゆえに　$f(x)=\dfrac{x^2}{2}+C$　（Cは任意定数）

$y=xf(x)$ に代入して　$\boldsymbol{y=\dfrac{x^3}{2}+Cx}$　**（Cは任意定数）**

◀下の 注意 を参照。

注意　(2)　上の解答において第 2 式から第 3 式へ変形するとき，x^2 で割るのに $x\neq0$ と断っていないが，微分方程式では関数の形が問題であるから，特別な x の値（ここでは 0）についていちいち問題にする必要はない。

練習 168　➡本冊 p. 553

(1)　まず，$\dfrac{dy}{dx}-y=0$　…… ① を解く。

$y\neq0$ のとき，$\dfrac{1}{y}\cdot\dfrac{dy}{dx}=1$ となるから　$\displaystyle\int\frac{1}{y}dy=\int dx$

◀変数分離形。

よって　$\log|y|=x+C_1$　（C_1 は任意定数）

$\pm e^{C_1}=C_2$ とおくと　$y=C_2e^x$　…… ②

◀$e^{C_1}>0$ から　$C_2\neq0$

なお，$y=0$ も ① の解で，これは ② で $C_2=0$ として得られる。

次に $y=uv$ とおくと，与えられた微分方程式は次の形になる。

$$\frac{du}{dx}v+u\frac{dv}{dx}-uv=x$$

すなわち　$\left(\dfrac{du}{dx}-u\right)v+u\dfrac{dv}{dx}=x$

$u=C_2e^x$ $(C_2\neq0)$ とすると $\dfrac{du}{dx}-u=0$ となるから，上の式は

$$C_2e^x\frac{dv}{dx}=x \qquad よって \qquad C_2\frac{dv}{dx}=xe^{-x}$$

積分すると　$\displaystyle C_2v=\int xe^{-x}dx=-e^{-x}x+\int e^{-x}dx$

$=-e^{-x}(x+1)+C_3$　（C_3 は任意定数）

したがって　$v=\dfrac{1}{C_2}\{-e^{-x}(x+1)+C_3\}$

よって　$y=uv=C_2e^x\dfrac{1}{C_2}\{-e^{-x}(x+1)+C_3\}$

$=-(x+1)+C_3e^x=C_3e^x-(x+1)$

ゆえに　$y=Ce^x-(x+1)$　（Cは任意定数）

初期条件 [$x=0$ のとき $y=0$] を上の解に代入すると

$0=C-1$　　ゆえに　$C=1$

よって，求める解は　$\boldsymbol{y=e^x-(x+1)}$

(2)　変形すると　$y'-\dfrac{y}{x}=x$

まず，$\dfrac{dy}{dx}-\dfrac{y}{x}=0$　…… ① を解く。

$y \neq 0$ のとき，$\dfrac{1}{y}\cdot\dfrac{dy}{dx}=\dfrac{1}{x}$ となるから　$\displaystyle\int\frac{1}{y}dy=\int\frac{1}{x}dx$

◀変数分離形。

よって　$\log|y|=\log|x|+C_1$　（C_1 は任意定数）

$\pm e^{C_1}=C_2$ とおくと　$y=C_2x$　…… ②

なお，$y=0$ も ① の解で，これは ② で $C_2=0$ として得られる。

◀$\log|y|=\log|x|+C_1$

$\Longleftrightarrow \log\left|\dfrac{y}{x}\right|=C_1$

$\Longleftrightarrow \left|\dfrac{y}{x}\right|=e^{C_1}$

$\Longleftrightarrow \dfrac{y}{x}=\pm e^{C_1}$

$\Longleftrightarrow y=\pm e^{C_1}x$

次に $y=uv$ とおくと，与えられた微分方程式は次の形になる。

$$\frac{du}{dx}v+u\frac{dv}{dx}-\frac{uv}{x}=x$$

すなわち　$\left(\dfrac{du}{dx}-\dfrac{u}{x}\right)v+u\dfrac{dv}{dx}=x$

$u=C_2x$ $(C_2 \neq 0)$ とすると $\dfrac{du}{dx}-\dfrac{u}{x}=0$ となるから，上の式は

$$C_2x\frac{dv}{dx}=x \qquad よって \qquad C_2\frac{dv}{dx}=1$$

積分すると　$C_2v=x+C_3$

◀C_3 は任意定数。

したがって　$v=\dfrac{1}{C_2}(x+C_3)$

ゆえに　$y=uv=C_2x\cdot\dfrac{x+C_3}{C_2}=x(x+C_3)$

よって　$y=x(x+C)$　（C は任意定数）

初期条件 [$x=1$ のとき $y=1$] を上の解に代入すると

$$1=1+C \qquad ゆえに \qquad C=0$$

よって，求める解は　$\boldsymbol{y=x^2}$

練習 169　➡本冊 p. 554

(1)　接線が OP と垂直であるから，これらの傾きを考えて

$$\frac{dy}{dx}\cdot\frac{y}{x}=-1 \quad すなわち \quad y\cdot\frac{dy}{dx}=-x$$

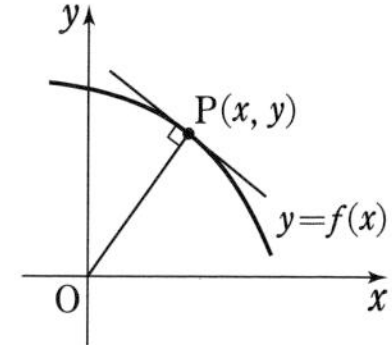

両辺を x で積分すると

$$\frac{1}{2}y^2=-\frac{1}{2}x^2+C \quad（C は任意定数）$$

よって　$x^2+y^2=2C$

これが曲線を表すためには，任意定数 C は $C>0$ でなくてはならない。

◀$C=0$ のとき 1 つの点を表す。$C<0$ のときは表す図形はない。

ゆえに，$\sqrt{2C}=r$ とおくと，$r>0$ で

$$x^2+y^2=r^2 \quad（r は任意の正の数）$$

よって，求める曲線は **原点を中心とする任意の半径の円** である。

また，この円が点 $(2,\ 1)$ を通るとすると　$2^2+1^2=r^2$

したがって，求める方程式は　$\boldsymbol{x^2+y^2=5}$

(2)　(ア)　曲線上の点 $\mathrm{P}(x,\ y)$ における接線の傾きを y' とすると，

接線の方程式は　$Y-y=y'(X-x)$

$X=0$ のとき　$Y=y-xy'$

よって，点Tの座標は　$(0,\ y-xy')$

一方，点Hの座標は $(0,\ y)$ で，線分 TH の中点が原点Oであるから　$\dfrac{y+(y-xy')}{2}=0$　　ゆえに　$\boldsymbol{xy'-2y=0}$

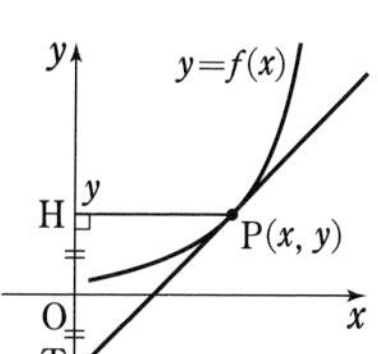

(イ) $xy'-2y=0$ …… ① とする。

定数関数 $y=0$ は ① を満たすが，点 $(1,\ 1)$ は通らない。

よって，$y \neq 0$ とし，$x \neq 0$ となる範囲で考える。

① から　$\dfrac{1}{y}\cdot\dfrac{dy}{dx}=\dfrac{2}{x}$

両辺を x で積分すると　$\displaystyle\int\frac{dy}{y}=2\int\frac{dx}{x}$

ゆえに　$\log|y|=2\log|x|+C$ （C は任意定数）

$C=\log e^C$ であるから　$|y|=e^C x^2$

よって　$y=\pm e^C x^2$

$\pm e^C=A$ とおくと　$f(x)=Ax^2\ (A \neq 0)$

曲線 $y=f(x)$ は点 $(1,\ 1)$ を通るから　$f(1)=1$

ゆえに　$A=1\ (\neq 0)$

したがって，求める関数は　$\boldsymbol{f(x)=x^2}$

この $f(x)$ は $x=0$ でも定義され，かつ微分可能で，$x=0$ においても ① を満たしている。

別解 (ア)
接線の傾き y' と直線PTの傾き $\dfrac{2y}{x}$ が等しいから

$y'=\dfrac{2y}{x}$

よって　$xy'-2y=0$

練習 170 ➡本冊 p.555

(1) (ア) $f(x+y)=f(x)+f(y)$ …… ①

① に $x=y=0$ を代入すると　$f(0)=0$

◀特殊な値を代入。

x を定数と考えて，① の両辺を y で微分すると

$$f'(x+y)=f'(y)$$

$y=0$ とすると　$f'(x)=f'(0)$

$f'(0)=k$ (定数) とすると，任意の x に対して　$f'(x)=k$

x を変数と考えて，両辺を積分すると

$$f(x)=kx+C \quad (C\text{は任意定数})$$

$f(0)=0$ から　$C=0$

よって　$\boldsymbol{f(x)=kx}$ **（k は定数）**

(イ) $f(xy)=f(x)+f(y)$ …… ②

② に $x=y=1$ を代入すると　$f(1)=0$

◀特殊な値を代入。

x を定数と考えて，② の両辺を y で微分すると

$$xf'(xy)=f'(y)$$

$y=1$ とすると　$xf'(x)=f'(1)$

$f'(1)=k$ (定数) とすると　$f'(x)=\dfrac{k}{x}$

x を変数と考えて，両辺を積分すると

$$f(x)=k\log|x|+C \quad (C\text{は任意定数})$$

$f(1)=0$ から　$C=0$

よって　$\boldsymbol{f(x)=k\log|x|}$ **（k は定数）**

参考 (ア)の $f'(x)=f'(0)$ は，微分係数および導関数の定義から，次のようにして導くことができる。

$$f'(x)=\lim_{h\to 0}\frac{f(x+h)-f(x)}{h}=\lim_{h\to 0}\frac{f(x)+f(h)-f(x)}{h}$$

$$=\lim_{h\to 0}\frac{f(h)}{h}=\lim_{h\to 0}\frac{f(0+h)-f(0)}{h}=f'(0)$$

(イ) の $f'(x)=\frac{1}{x}f'(1)$ も同様にして

$$f'(x)=\lim_{h\to 0}\frac{f(x+h)-f(x)}{h}$$
$$=\lim_{h\to 0}\frac{f\left(x\left(1+\frac{h}{x}\right)\right)-f(x)}{h}$$
$$=\lim_{h\to 0}\frac{f(x)+f\left(1+\frac{h}{x}\right)-f(x)}{h}=\lim_{h\to 0}\frac{f\left(1+\frac{h}{x}\right)}{h}$$
$$=\frac{1}{x}\lim_{h\to 0}\frac{f\left(1+\frac{h}{x}\right)-f(1)}{\frac{h}{x}}=\frac{1}{x}f'(1)$$

したがって，(ア) で $f'(0)=k$，(イ) で $f'(1)=k$ とだけ仮定することにより，$f(x)$ がその定義域内の任意の x について微分可能であることが示される。

(2) (ア) $f(x+y)+f(x)f(y)=f(x)+f(y)$ …… ①

$f'(0)=1$ …… ②

① で $y=0$ とすると　$f(x)+f(x)f(0)=f(x)+f(0)$

◀特殊な値を代入。

よって　$\{f(x)-1\}f(0)=0$

ゆえに　$f(x)=1$ または $f(0)=0$

$f(x)=1$ のとき，$f'(x)=0$ となり，② に適さない。

したがって　$\boldsymbol{f(0)=0}$

(イ) $f'(0)=1$ であるから　$\lim_{h\to 0}\frac{f(h)}{h}=1$ …… ③

◀$\lim_{h\to 0}\frac{f(x+h)-f(x)}{h}$ が存在することを示す。

① から　$f(x+h)-f(x)=-f(x)f(h)+f(h)$

両辺を h で割って

$$\frac{f(x+h)-f(x)}{h}=\{-f(x)+1\}\frac{f(h)}{h}$$

③ から　$\lim_{h\to 0}\frac{f(x+h)-f(x)}{h}=-f(x)+1$

よって，$f(x)$ は常に微分可能で

$f'(x)=-f(x)+1$ …… ④

(ウ) ④ から　$\frac{f'(x)}{f(x)-1}=-1$

◀(ア)で $f(x)\neq 1$ を示した。

両辺を x で積分すると　$\int\frac{f'(x)}{f(x)-1}dx=-\int dx$

よって　$\log|f(x)-1|=-x+C_1$　(C_1 は任意定数)

ゆえに　$f(x)=Ce^{-x}+1$　　ただし　$C=\pm e^{C_1}$

$f(0)=0$ であるから　$C=-1$

したがって　$\boldsymbol{f(x)=-e^{-x}+1}$

6章 練習 [積分法の応用]

演習 58

➡本冊 p. 556

(1) $\dfrac{dx}{dt}=\cos t$

$\dfrac{dy}{dt}=-\sin\left(t-\dfrac{\pi}{6}\right)\sin t+\cos\left(t-\dfrac{\pi}{6}\right)\cos t=\cos\left(2t-\dfrac{\pi}{6}\right)$

◀加法定理利用。
$\cos(\alpha+\beta)$
$=\cos\alpha\cos\beta-\sin\alpha\sin\beta$

$\dfrac{dx}{dt}=0$ のとき　$\cos t=0$

$0\leqq t\leqq\pi$ から　$t=\dfrac{\pi}{2}$

$\dfrac{dy}{dt}=0$ のとき　$\cos\left(2t-\dfrac{\pi}{6}\right)=0$

$-\dfrac{\pi}{6}\leqq 2t-\dfrac{\pi}{6}\leqq\dfrac{11}{6}\pi$ から　$2t-\dfrac{\pi}{6}=\dfrac{\pi}{2},\ \dfrac{3}{2}\pi$

よって　$t=\dfrac{\pi}{3},\ \dfrac{5}{6}\pi$

したがって，$\dfrac{dx}{dt}=0$ または $\dfrac{dy}{dt}=0$ となる t の値は

$$\boldsymbol{t=\frac{\pi}{3},\ \frac{\pi}{2},\ \frac{5}{6}\pi}$$

(2) $0\leqq t\leqq\pi$ における，t の値の変化に対応した x，y の値の変化は次の表のようになる。

t	0	$\cdots$	$\dfrac{\pi}{3}$	$\cdots$	$\dfrac{\pi}{2}$	$\cdots$	$\dfrac{5}{6}\pi$	$\cdots$	π
$\dfrac{dx}{dt}$		$+$	$+$	$+$	0	$-$	$-$	$-$	
x	0	↗	$\dfrac{\sqrt{3}}{2}$	↗	1	↘	$\dfrac{1}{2}$	↘	0
$\dfrac{dy}{dt}$		$+$	0	$-$	$-$	$-$	0	$+$	
y	0	↗	$\dfrac{3}{4}$	↘	$\dfrac{1}{2}$	↘	$-\dfrac{1}{4}$	↗	0

◀ x が ↘（減少），y が ↗（増加）のとき，点 $(x,\ y)$ は左上の方向に移動する。
なお，x の増減を →，←，y の増減を ↑，↓ で表す方法もある。

よって，曲線 C の概形は **右の図** のようになる。

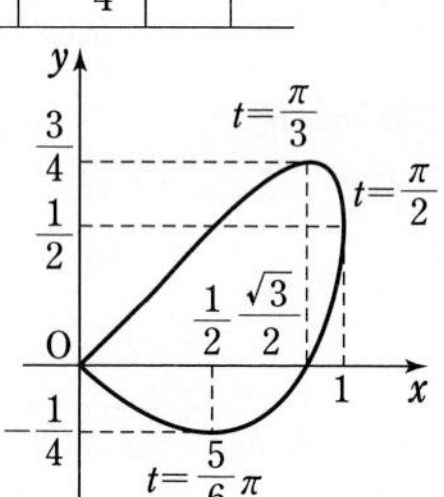

(3) $y=0$ のとき　$\cos\left(t-\dfrac{\pi}{6}\right)\sin t=0$

◀$y=0$ のときの t の値を求める。

よって　$\cos\left(t-\dfrac{\pi}{6}\right)=0$ または $\sin t=0$

$0\leqq t\leqq\pi$，$-\dfrac{\pi}{6}\leqq t-\dfrac{\pi}{6}\leqq\dfrac{5}{6}\pi$ であるから

$t-\dfrac{\pi}{6}=\dfrac{\pi}{2}$ または $t=0,\ \pi$

すなわち　　$t=0,\ \frac{2}{3}\pi,\ \pi$

$t=0,\ \pi$ のとき $x=0$,

$t=\frac{2}{3}\pi$ のとき $x=\frac{\sqrt{3}}{2}$

であるから，求める面積は右の図の斜線部分の面積である。

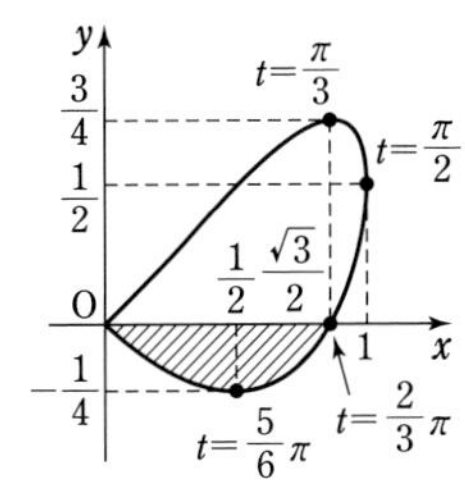

したがって

$$\int_0^{\frac{\sqrt{3}}{2}}(-y)dx=-\int_{\pi}^{\frac{2}{3}\pi}\cos\left(t-\frac{\pi}{6}\right)\sin t\cdot\frac{dx}{dt}\cdot dt$$

$$=\int_{\frac{2}{3}\pi}^{\pi}\cos\left(t-\frac{\pi}{6}\right)\sin t\cos t\,dt=\frac{1}{2}\int_{\frac{2}{3}\pi}^{\pi}\cos\left(t-\frac{\pi}{6}\right)\sin 2t\,dt$$

$$=\frac{1}{2}\int_{\frac{2}{3}\pi}^{\pi}\frac{1}{2}\left\{\sin\left(3t-\frac{\pi}{6}\right)+\sin\left(t+\frac{\pi}{6}\right)\right\}dt$$

$$=\frac{1}{4}\left[-\frac{1}{3}\cos\left(3t-\frac{\pi}{6}\right)-\cos\left(t+\frac{\pi}{6}\right)\right]_{\frac{2}{3}\pi}^{\pi}=\frac{1}{4}\cdot\frac{\sqrt{3}}{3}=\boldsymbol{\frac{\sqrt{3}}{12}}$$

◀ 2倍角の公式
$\sin 2\alpha=2\sin\alpha\cos\alpha$

◀積 ⟶ 和の公式
$\sin\alpha\cos\beta$
$=\frac{1}{2}\{\sin(\alpha+\beta)+\sin(\alpha-\beta)\}$

演習 59 Ⅲ ➡ 本冊 p. 556

(1) $$\boldsymbol{F'(x)}=\frac{1}{2}\left(\sqrt{x^2+1}+x\cdot\frac{x}{\sqrt{x^2+1}}+\frac{1+\frac{x}{\sqrt{x^2+1}}}{x+\sqrt{x^2+1}}\right)$$

$$=\frac{1}{2}\left(\sqrt{x^2+1}+\frac{x^2}{\sqrt{x^2+1}}+\frac{1}{\sqrt{x^2+1}}\right)=\boldsymbol{\sqrt{x^2+1}}$$

(2) P$(a,\ b)$ とすると　　$a^2-b^2=1$ ……①

右の図の斜線部分の面積が $\frac{s}{2}$ に等しいから

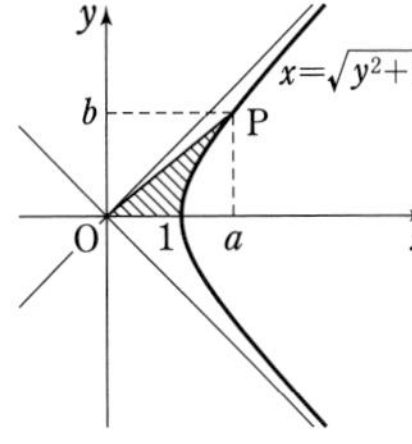

$$\frac{s}{2}=\int_0^b x\,dy-\frac{1}{2}ab \quad \cdots\cdots ②$$

$x>0,\ x^2-y^2=1$ であるから　　$x=\sqrt{y^2+1}$

(1) を用いて　　$\int_0^b x\,dy=\int_0^b\sqrt{y^2+1}\,dy$

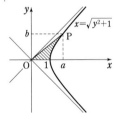

$$=\left[\frac{1}{2}\{y\sqrt{y^2+1}+\log(y+\sqrt{y^2+1})\}\right]_0^b$$

$$=\frac{1}{2}\{b\sqrt{b^2+1}+\log(b+\sqrt{b^2+1})\}$$

$$=\frac{1}{2}\{ab+\log(a+b)\}$$

◀$F'(x)=\sqrt{x^2+1}$ から
$\int\sqrt{x^2+1}\,dx=F(x)+C$

◀$a=\sqrt{b^2+1}$

これを ② に代入して　　$\frac{s}{2}=\frac{1}{2}\log(a+b)$

よって　　$a+b=e^s$ ……③

① から　　$(a+b)(a-b)=1$

③ を代入して　　$a-b=e^{-s}$ ……④

③, ④ を解いて　　$a=\frac{e^s+e^{-s}}{2},\ b=\frac{e^s-e^{-s}}{2}$

したがって，点Pの座標は　　$\boldsymbol{\left(\frac{e^s+e^{-s}}{2},\ \frac{e^s-e^{-s}}{2}\right)}$

演習 60

➡ 本冊 p. 556

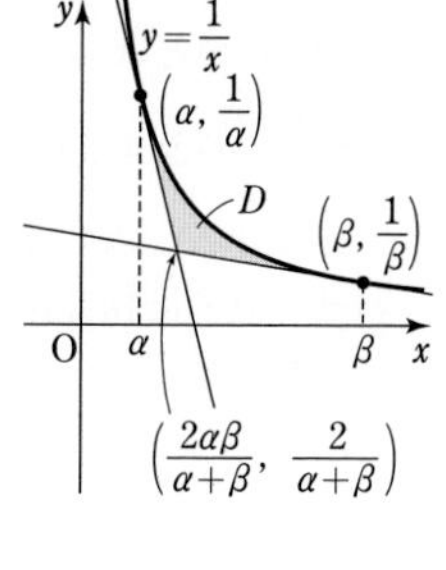

(1) 接線 ℓ_t の方程式は　$y=-\frac{1}{t^2}x+\frac{2}{t}$

また，接線 ℓ_α，ℓ_β の方程式はそれぞれ

$$y=-\frac{1}{\alpha^2}x+\frac{2}{\alpha},\quad y=-\frac{1}{\beta^2}x+\frac{2}{\beta}$$

$-\frac{1}{\alpha^2}x+\frac{2}{\alpha}=-\frac{1}{\beta^2}x+\frac{2}{\beta}$ とすると

$\beta-\alpha\neq0$ から　$x=\frac{2\alpha\beta}{\alpha+\beta}$

このとき　$y=-\frac{1}{\alpha^2}\cdot\frac{2\alpha\beta}{\alpha+\beta}+\frac{2}{\alpha}=\frac{2}{\alpha+\beta}$

ゆえに，2 本の接線 ℓ_α，ℓ_β の交点の座標は

$$\left(\frac{2\alpha\beta}{\alpha+\beta},\ \frac{2}{\alpha+\beta}\right)$$

求める面積を S とすると，$0<\alpha<\beta$ であるから

$$S=\int_\alpha^\beta\frac{1}{x}dx-\frac{1}{2}\left(\frac{2\alpha\beta}{\alpha+\beta}-\alpha\right)\left(\frac{1}{\alpha}+\frac{2}{\alpha+\beta}\right)-\frac{1}{2}\left(\beta-\frac{2\alpha\beta}{\alpha+\beta}\right)\left(\frac{2}{\alpha+\beta}+\frac{1}{\beta}\right)$$

$$=\Big[\log x\Big]_\alpha^\beta-\frac{1}{2}\cdot\frac{\alpha(\beta-\alpha)}{\alpha+\beta}\cdot\frac{3\alpha+\beta}{\alpha(\alpha+\beta)}-\frac{1}{2}\cdot\frac{\beta(\beta-\alpha)}{\alpha+\beta}\cdot\frac{\alpha+3\beta}{\beta(\alpha+\beta)}$$

$$=\boldsymbol{\log\beta-\log\alpha-\frac{2(\beta-\alpha)}{\alpha+\beta}}$$

(2) (1) と同様にすることにより

$$S(t)=\left\{\log t-\log\alpha-\frac{2(t-\alpha)}{\alpha+t}\right\}+\left\{\log\beta-\log t-\frac{2(\beta-t)}{t+\beta}\right\}$$

$$=\log\beta-\log\alpha-\frac{4(\beta-\alpha)}{t+\frac{\alpha\beta}{t}+\alpha+\beta}$$

◀ℓ_α，ℓ_t，曲線 C で囲まれた図形の面積は，(1) の結果で $\beta=t$ とおいたもの。同様に，ℓ_t，ℓ_β，曲線 C で囲まれた図形の面積は $\alpha=t$ とおいたものである。

$\alpha>0$，$\beta>0$，$t>0$ であるから，(相加平均)≧(相乗平均) により

$$t+\frac{\alpha\beta}{t}\geqq2\sqrt{\alpha\beta}$$

等号は $t=\frac{\alpha\beta}{t}$ すなわち $t=\sqrt{\alpha\beta}$ のとき成り立ち，$\alpha<\sqrt{\alpha\beta}<\beta$ を満たす。

$S(t)$ は $t+\frac{\alpha\beta}{t}$ が最小のとき最小となるから，求める t は

$$\boldsymbol{t=\sqrt{\alpha\beta}}$$

演習 61

➡ 本冊 p. 556

(1) $\mathrm{P}(p,\ p^2)$，$\mathrm{Q}(q,\ q^2)$ とし，線分 PQ の中点の座標を $(x,\ y)$ とすると　$x=\frac{p+q}{2}$　…… ①，　$y=\frac{p^2+q^2}{2}$　…… ②

PQ=2 であるから　$\mathrm{PQ}^2=4$

よって　$(p-q)^2+(p^2-q^2)^2=4$

整理すると　$(p-q)^2\{1+(p+q)^2\}=4$　…… ③

ここで　$(p-q)^2=(p+q)^2-4pq$

$=(p+q)^2-4\left[\frac{1}{2}\{(p+q)^2-(p^2+q^2)\}\right]$

$=2(p^2+q^2)-(p+q)^2$

これと ①，② から　$(p-q)^2=4y-4x^2$　…… ④

①，③，④ から　$(y-x^2)(1+4x^2)=1$

◀①，④ を ③ に代入。

したがって　$y=x^2+\dfrac{1}{1+4x^2}$

よって，Dの方程式は　$\boldsymbol{y=x^2+\dfrac{1}{1+4x^2}}$

(2)　$x^2+\dfrac{1}{1+4x^2}-x^2=\dfrac{1}{1+4x^2}>0$ であるから，

曲線 D は曲線 C の上側にある。

求める体積をVとすると

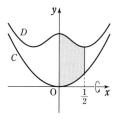

$$V=\pi\int_0^{\frac{1}{2}}\left\{\left(x^2+\frac{1}{1+4x^2}\right)^2-(x^2)^2\right\}dx$$

$$=\pi\int_0^{\frac{1}{2}}\left\{\frac{2x^2}{1+4x^2}+\left(\frac{1}{1+4x^2}\right)^2\right\}dx$$

$$=\pi\int_0^{\frac{1}{2}}\left\{\frac{\frac{1}{2}(1+4x^2)-\frac{1}{2}}{1+4x^2}+\frac{1}{(1+4x^2)^2}\right\}dx$$

$$=\pi\int_0^{\frac{1}{2}}\left\{\frac{1}{2}-\frac{1}{2(1+4x^2)}+\frac{1}{(1+4x^2)^2}\right\}dx$$

ここで，$x=\dfrac{1}{2}\tan\theta$ とおくと

◀$\dfrac{1}{x^2+a^2}$ には $x=a\tan\theta$ とおく。

$$dx=\frac{1}{2\cos^2\theta}d\theta$$

x と θ の対応は右のようになるから

x	$0 \longrightarrow \frac{1}{2}$
θ	$0 \longrightarrow \frac{\pi}{4}$

$$\int_0^{\frac{1}{2}}\frac{1}{1+4x^2}dx=\frac{1}{2}\int_0^{\frac{\pi}{4}}\frac{1}{1+\tan^2\theta}\cdot\frac{1}{\cos^2\theta}d\theta$$

◀$\dfrac{1}{1+\tan^2\theta}=\cos^2\theta$

$$=\frac{1}{2}\Big[\theta\Big]_0^{\frac{\pi}{4}}=\frac{\pi}{8}$$

$$\int_0^{\frac{1}{2}}\frac{1}{(1+4x^2)^2}dx=\frac{1}{2}\int_0^{\frac{\pi}{4}}\frac{1}{(1+\tan^2\theta)^2}\cdot\frac{1}{\cos^2\theta}d\theta$$

$$=\frac{1}{2}\int_0^{\frac{\pi}{4}}\cos^2\theta\,d\theta=\frac{1}{4}\int_0^{\frac{\pi}{4}}(1+\cos2\theta)d\theta$$

$$=\frac{1}{4}\left[\theta+\frac{1}{2}\sin2\theta\right]_0^{\frac{\pi}{4}}=\frac{\pi}{16}+\frac{1}{8}$$

ゆえに　$V=\dfrac{\pi}{4}-\dfrac{\pi}{2}\cdot\dfrac{\pi}{8}+\pi\left(\dfrac{\pi}{16}+\dfrac{1}{8}\right)=\boldsymbol{\dfrac{3}{8}\pi}$

演習 62

➡ 本冊 p. 557

(1)　$f(x)=\cos x$，$g(x)=\cos2x+a$ $(a>0)$ とすると

$f'(x)=-\sin x$，　$g'(x)=-2\sin2x$

2 曲線の接点の x 座標を t とすると，接点の y 座標，およびその点における微分係数が等しいから

◀ 2 曲線が接する条件
[1]　接点を共有する
[2]　接線の傾きが一致

$$f(t)=g(t) \quad \text{かつ} \quad f'(t)=g'(t)$$

よって $\begin{cases} \cos t=\cos 2t+a & \cdots\cdots ① \\ \sin t=2\sin 2t & \cdots\cdots ② \end{cases}$

② から　$\sin t=4\sin t\cos t$

◀ $\sin 2t=2\sin t\cos t$

ゆえに　$\sin t(4\cos t-1)=0$

よって　$\sin t=0$　または　$\cos t=\dfrac{1}{4}$

[1]　$\sin t=0$ のとき　$t=m\pi$ (m は整数)

$t=2n\pi$ のとき，① から　$a=0$

$t=(2n-1)\pi$ のとき，① から　$a=-2$

これらは $a>0$ に反するから不適。

[2]　$\cos t=\dfrac{1}{4}$ のとき

① から　$\cos t=2\cos^2 t-1+a$

◀ $\cos 2t=2\cos^2 t-1$

よって　$\dfrac{1}{4}=\dfrac{1}{8}-1+a$　　ゆえに　$\boldsymbol{a=\dfrac{9}{8}}$

◀ $a>0$ に適する。

(2)　$\cos 2x+\dfrac{9}{8}-\cos x=2\cos^2 x-\cos x+\dfrac{1}{8}=2\left(\cos x-\dfrac{1}{4}\right)^2$ $\cdots\cdots ③$

$\cos x=\dfrac{1}{4}$ $\cdots\cdots ④$ の 1 つの解を $x=\alpha\left(0<\alpha<\dfrac{\pi}{2}\right)$ とすると，$0<x<3\pi$ において，④ の解は　$x=\alpha,\ 2\pi-\alpha,\ 2\pi+\alpha$

よって，2 曲線 C_1, C_2 は $x=\alpha,\ 2\pi-\alpha,\ 2\pi+\alpha$ の 3 点で接している。また，③ から，C_2 が常に C_1 の上側にある。

よって，右の図の灰色部分の面積を求める。

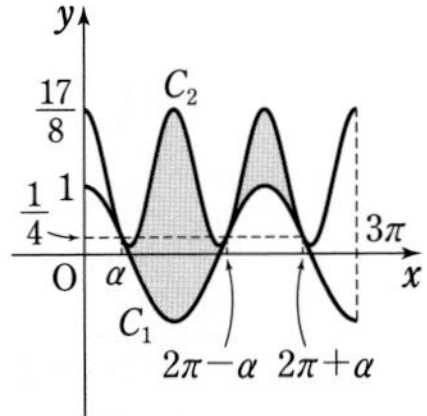

求める面積を S とすると

$$S=\int_{\alpha}^{2\pi+\alpha}\left(\cos 2x+\frac{9}{8}-\cos x\right)dx$$

$$=\left[\frac{1}{2}\sin 2x+\frac{9}{8}x-\sin x\right]_{\alpha}^{2\pi+\alpha}=\frac{9}{8}\cdot 2\pi=\boldsymbol{\frac{9}{4}\pi}$$

(3)　$\dfrac{\pi}{2}<x<\dfrac{3}{2}\pi$ において $y=-\cos x$ と $y=\cos 2x+\dfrac{9}{8}$ とは $x=\pi\pm\alpha$ で接するから，右の図の灰色部分を回転させると考えてよい。求める体積を V とすると

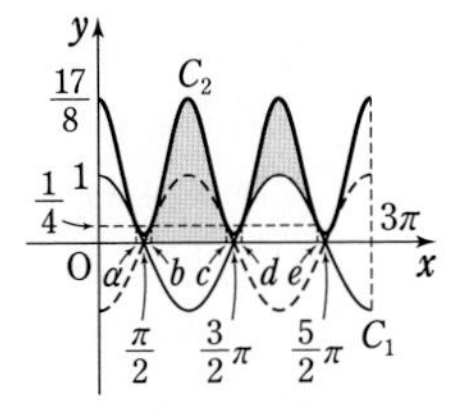

$\left(\begin{array}{l} b=\pi-\alpha,\ c=\pi+\alpha \\ d=2\pi-\alpha,\ e=2\pi+\alpha \end{array}\right)$

$$V=\pi\int_{\alpha}^{2\pi+\alpha}\left(\cos 2x+\frac{9}{8}\right)^2dx-\pi\int_{\alpha}^{\frac{\pi}{2}}\cos^2 x\,dx-\pi\int_{\frac{3}{2}\pi}^{2\pi+\alpha}\cos^2 x\,dx$$

$$=\pi\int_{\alpha}^{2\pi+\alpha}\left(\cos^2 2x+\frac{9}{4}\cos 2x+\frac{81}{64}\right)dx-\pi\int_{\frac{3}{2}\pi}^{\frac{5}{2}\pi}\cos^2 x\,dx$$

$$=\pi\int_{\alpha}^{2\pi+\alpha}\left(\frac{1}{2}+\frac{81}{64}+\frac{1}{2}\cos 4x+\frac{9}{4}\cos 2x\right)dx$$

$$-\pi\int_{\frac{3}{2}\pi}^{\frac{5}{2}\pi}\frac{1+\cos 2x}{2}\,dx$$

$$=\pi\left[\frac{113}{64}x+\frac{1}{8}\sin 4x+\frac{9}{8}\sin 2x\right]_{\alpha}^{2\pi+\alpha}-\pi\left[\frac{1}{2}x+\frac{1}{4}\sin 2x\right]_{\frac{3}{2}\pi}^{\frac{5}{2}\pi}$$

$$=\frac{113}{32}\pi^2-\frac{1}{2}\left(\frac{5}{2}-\frac{3}{2}\right)\pi^2=\boldsymbol{\frac{97}{32}\pi^2}$$

演習 63 Ⅲ ➡ 本冊 p. 557

(1) $f(x)=a_1x^2+b_1x+c_1$ とすると　　$f'(x)=2a_1x+b_1$

C_1 が ℓ と点 (0, 0) で接するから　　$f(0)=0,\ f'(0)=\frac{1}{2}$

よって　　$b_1=\frac{1}{2},\ c_1=0$

また，$f\left(\frac{4}{3}\right)=\frac{22}{9}$ であるから　　$\frac{22}{9}=\frac{16}{9}a_1+\frac{2}{3}$

これを解くと　　$a_1=1$

したがって　　$\boldsymbol{f(x)=x^2+\frac{1}{2}x}$

$g(x)=a_2x^2+b_2x+c_2$ とすると　　$g'(x)=2a_2x+b_2$

C_2 が ℓ と点 (4, 2) で接するから　　$g(4)=2,\ g'(4)=\frac{1}{2}$

よって　　$16a_2+4b_2+c_2=2$ …… ①，　$8a_2+b_2=\frac{1}{2}$ …… ②

また，$g\left(\frac{4}{3}\right)=\frac{22}{9}$ であるから

$$\frac{16}{9}a_2+\frac{4}{3}b_2+c_2=\frac{22}{9} \quad \cdots\cdots ③$$

①，②，③ を解くと　　$a_2=\frac{1}{4},\ b_2=-\frac{3}{2},\ c_2=4$

ゆえに　　$\boldsymbol{g(x)=\frac{1}{4}x^2-\frac{3}{2}x+4}$

◀文字を使って条件を式に表す。
$y=f(x)$ が点 $(a,\ b)$ で直線 $y=mx+n$ と接するとき，$f(a)=b$，$f'(a)=m$ が成り立つ。

(2) C_1，C_2，ℓ の概形は右の図のようになる。
また，C_1 の $x\geqq 0$ の部分と，C_2，ℓ で囲まれた図形を D とすると，D は図の斜線部分のようになる。
ここで，t を $0\leqq t\leqq 4$ を満たす実数とし，直線 $x=t$ のうち，D に含まれる部分を線分 PQ とする。
このとき，線分 PQ の長さを $h(t)$ とすると

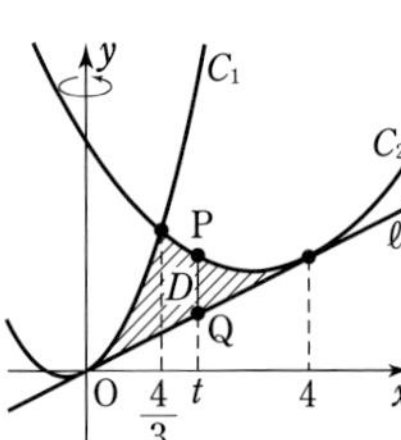

$0\leqq t<\frac{4}{3}$ のとき

$$h(t)=\left(t^2+\frac{1}{2}t\right)-\frac{1}{2}t=t^2$$

$\frac{4}{3}\leqq t\leqq 4$ のとき

$$h(t)=\left(\frac{1}{4}t^2-\frac{3}{2}t+4\right)-\frac{1}{2}t=\frac{1}{4}t^2-2t+4$$

更に，線分 PQ を y 軸の周りに 1 回転させたときに，線分 PQ が通過してできる部分の面積は，$2\pi th(t)$ と表される。
したがって，求める体積を V とすると

CHART 体積
グラフをかく

$$V=\int_0^4 2\pi t h(t)dt=\int_0^{\frac{4}{3}}2\pi t\cdot t^2dt+\int_{\frac{4}{3}}^4 2\pi t\left(\frac{1}{4}t^2-2t+4\right)dt$$

◀バウムクーヘン分割による体積の計算。本冊 $p.531$ の研究参照。

$$=2\pi\int_0^{\frac{4}{3}}t^3dt+\frac{\pi}{2}\int_{\frac{4}{3}}^4 t(t-4)^2dt$$

$$=2\pi\int_0^{\frac{4}{3}}t^3dt+\frac{\pi}{2}\int_{\frac{4}{3}}^4\{(t-4)^3+4(t-4)^2\}dt$$

◀$(x-\alpha)^n(x-\beta)$
$=(x-\alpha)^n\{(x-\alpha)+(\alpha-\beta)\}$
$=(x-\alpha)^{n+1}+(\alpha-\beta)(x-\alpha)^n$
の変形を利用。

$$=2\pi\left[\frac{t^4}{4}\right]_0^{\frac{4}{3}}+\frac{\pi}{2}\left[\frac{1}{4}(t-4)^4+\frac{4}{3}(t-4)^3\right]_{\frac{4}{3}}^4$$

$$=2\pi\cdot\frac{1}{4}\left(\frac{4}{3}\right)^4-\frac{\pi}{2}\left\{\frac{1}{4}\left(-\frac{8}{3}\right)^4+\frac{4}{3}\left(-\frac{8}{3}\right)^3\right\}=\boldsymbol{\frac{640}{81}\pi}$$

演習 64 Ⅲ ➡ 本冊 $p.557$

(1) $\dfrac{dx}{dt}=2t+2+\dfrac{1}{t+1}$, $\dfrac{dy}{dt}=2t+2-\dfrac{1}{t+1}$

よって　$$\frac{dy}{dx}=\frac{2t+2-\frac{1}{t+1}}{2t+2+\frac{1}{t+1}}=\frac{2(t+1)^2-1}{2(t+1)^2+1}$$

ゆえに，曲線 C 上の点 $(x,\ y)$ における接線の傾きは

$\dfrac{2(t+1)^2-1}{2(t+1)^2+1}$ で与えられる。

$\dfrac{2(t+1)^2-1}{2(t+1)^2+1}=\dfrac{2e-1}{2e+1}$ の分母を払って整理すると

$$(t+1)^2=e \quad すなわち \quad t+1=\pm\sqrt{e}$$

◀$-2e+2(t+1)^2$
$=2e-2(t+1)^2$

$t\geqq 0$ であるから　$t=\sqrt{e}-1$

したがって

$$\boldsymbol{a}=(\sqrt{e}-1)^2+2(\sqrt{e}-1)+\log\sqrt{e}=\boldsymbol{e-\frac{1}{2}}$$

◀$t=\sqrt{e}-1$ のときの x の値。

$$\boldsymbol{b}=(\sqrt{e}-1)^2+2(\sqrt{e}-1)-\log\sqrt{e}=\boldsymbol{e-\frac{3}{2}}$$

◀$t=\sqrt{e}-1$ のときの y の値。

(2) $t^2+2t+\log(t+1)=t^2+2t-\log(t+1)$ のとき

$$2\log(t+1)=0 \quad すなわち \quad t=0$$

◀$x=y$ となるときの t の値。

このとき $x=y=0$ であるから，曲線 C と直線 $y=x$ の交点は原点のみである。

$0\leqq t\leqq\sqrt{e}-1$ とする。

曲線 C 上の点 $\mathrm{P'}(x,\ y)$ から直線 $y=x$ に垂線 $\mathrm{P'H}$ を引くと，

点Hの座標は　$\left(\dfrac{x+y}{2},\ \dfrac{x+y}{2}\right)$

すなわち　$(t^2+2t,\ t^2+2t)$

また　$$\mathrm{P'H}=\frac{|1\cdot x+(-1)\cdot y|}{\sqrt{1^2+(-1)^2}}=\frac{|x-y|}{\sqrt{2}}$$

$$=\frac{|2\log(t+1)|}{\sqrt{2}}=\sqrt{2}\log(t+1)$$

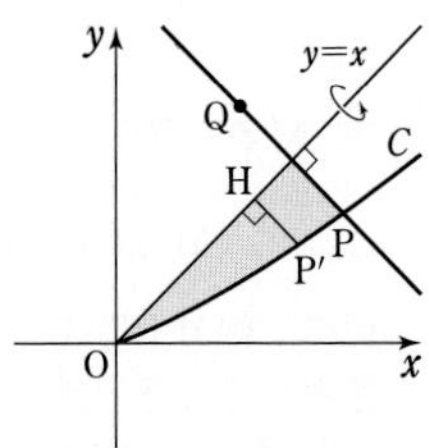

OH$=s$ とおくと

$$s=\sqrt{2}(t^2+2t)$$

よって　$ds=2\sqrt{2}(t+1)dt$

s と t の対応は右のようになる。

s	$0 \longrightarrow \sqrt{2}(e-1)$
t	$0 \longrightarrow \sqrt{e}-1$

◀H$(t^2+2t,\ t^2+2t)$ であるから OH$=\sqrt{2}(t^2+2t)$

したがって

$$V=\pi\int_0^{\sqrt{2}(e-1)}\mathrm{P'H}^2ds$$

$$=4\sqrt{2}\pi\int_0^{\sqrt{e}-1}(t+1)\{\log(t+1)\}^2dt$$

ここで　$\displaystyle\int_0^{\sqrt{e}-1}(t+1)\{\log(t+1)\}^2dt$

$$=\left[\frac{(t+1)^2}{2}\{\log(t+1)\}^2\right]_0^{\sqrt{e}-1}-\int_0^{\sqrt{e}-1}\frac{(t+1)^2}{2}\cdot2\log(t+1)\cdot\frac{1}{t+1}dt$$

◀部分積分法を利用。積分しにくい log■ を微分するように適用する。

$$=\frac{e}{8}-\int_0^{\sqrt{e}-1}(t+1)\log(t+1)dt$$

$$=\frac{e}{8}-\left[\frac{(t+1)^2}{2}\log(t+1)\right]_0^{\sqrt{e}-1}+\frac{1}{2}\int_0^{\sqrt{e}-1}(t+1)dt$$

$$=\frac{e}{8}-\frac{e}{4}+\frac{1}{4}\Big[(t+1)^2\Big]_0^{\sqrt{e}-1}=\frac{e}{8}-\frac{1}{4}$$

ゆえに　$\displaystyle \boldsymbol{V=4\sqrt{2}\pi\left(\frac{e}{8}-\frac{1}{4}\right)=\frac{\sqrt{2}\pi(e-2)}{2}}$

演習 65 ➡ 本冊 p. 557

(1)　Sの底面は，$z=0$ 上の点 (0, 0, 0) を中心とする半径 1 の円である。この円を C_0 とする。

円錐Sの $z\geqq1$ の部分を S' とすると，S と S' は相似であり，

相似比は　$1:\dfrac{1}{2}$

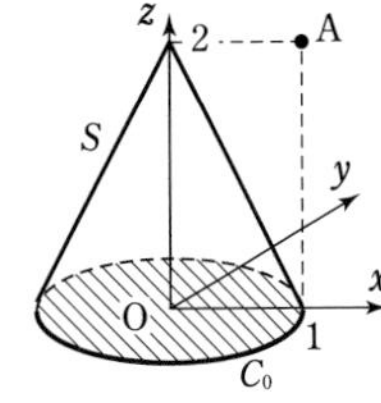

よって，平面 $z=1$ によるSの切り口は，点 (0, 0, 1) を中心とする半径 $\dfrac{1}{2}$ の円である。

線分 AO と平面 $z=1$ の交点は

点 $\left(\dfrac{1}{2},\ 0,\ 1\right)$

よって，平面 $z=1$ によるTの切り口は

点 $\left(\dfrac{1}{2},\ 0,\ 1\right)$ を中心とする半径 $\dfrac{1}{2}$ の円である。

これらを同一平面上にかくと，**右の図** のようになる。

(2)　点PがSを動くとき，線分 AP が通過する部分をDとおき，その体積をVとおく。

また，Dを平面 $z=t$ $(0\leqq t<2)$ で切った切り口を D_t とおき，その面積を $f(t)$ とおく。

線分 AP が平面 $z=t$ と共有点をもつとき，Pの z 座標は 0 以上 t 以下である。

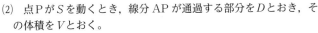

円錐 S と平面 $z=k\ (0\leqq k\leqq t)$ の共通部分を C_1 とすると，C_0 と C_1 は相似であり，相似比は　$1:\dfrac{2-k}{2}$

◀底面の半径と円錐の高さの比から求める。

よって，C_1 は中心 $(0,\ 0,\ k)$，半径 $\dfrac{2-k}{2}$ の円である。

P が円 C_1 上を動くとき，線分 AP と平面 $z=t$ の交点の存在する範囲を C_2 とする。

点 O_k を $(0,\ 0,\ k)$ とすると，線分 AO_k と平面 $z=t$ の交点は

$$\left(1-\frac{2-t}{2-k},\ 0,\ t\right)$$

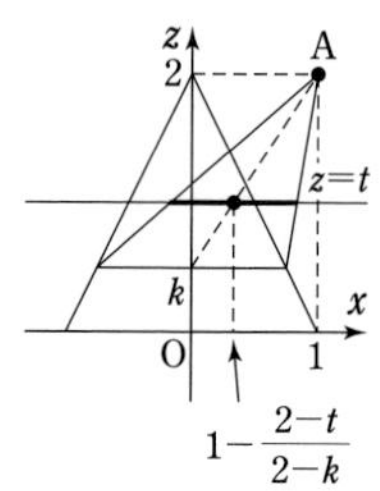

よって，C_2 は円であり，その中心は $\left(1-\dfrac{2-t}{2-k},\ 0,\ t\right)$ で，

半径は　$\dfrac{2-k}{2}\cdot\dfrac{2-t}{2-k}=\dfrac{2-t}{2}$

k が $0\leqq k\leqq t$ の範囲を動くとき，円 C_2 の半径は一定である。

円 C_2 の中心の x 座標は k の増加に伴って減少し，

$$1-\frac{2-t}{2}=\frac{t}{2},\quad 1-\frac{2-t}{2-t}=0$$

であるから，最大値は $\dfrac{t}{2}$，最小値は 0 である。

領域 D_t は，k が $0\leqq k\leqq t$ の範囲を動くときに円 C_2 が通過する領域であり，右の図の斜線部分のようになる。

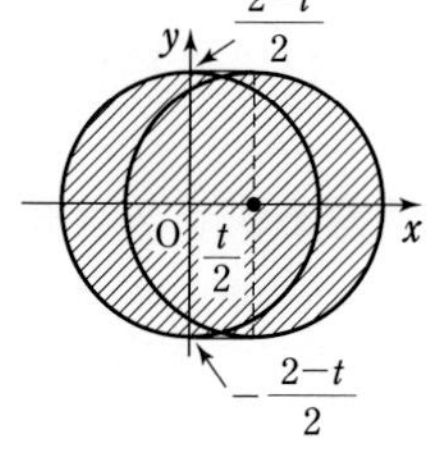

したがって　　$f(t)=\left(\dfrac{2-t}{2}\right)^2\pi+(2-t)\cdot\dfrac{t}{2}$

よって　　$V=\displaystyle\int_0^2 f(t)dt$

$$=\frac{\pi}{4}\int_0^2(t-2)^2dt-\frac{1}{2}\int_0^2 t(t-2)dt$$

$$=\frac{\pi}{4}\left[\frac{1}{3}(t-2)^3\right]_0^2-\frac{1}{2}\cdot\left(-\frac{1}{6}\right)\cdot(2-0)^3$$

$$=\boldsymbol{\frac{2}{3}\pi+\frac{2}{3}}$$

演習 66 Ⅲ　➡ 本冊 p. 558

与えられた連立不等式の表す領域は，右の図の斜線部分のようになる。

ただし，境界線を含む。

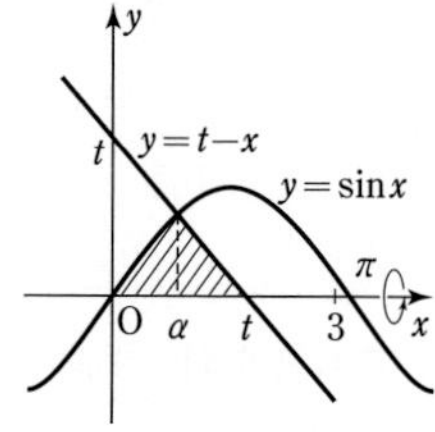

曲線 $y=\sin x$ と直線 $y=t-x$ の共有点の x 座標を α とすると

$\sin\alpha=t-\alpha$ かつ $0<\alpha<t$　…… ①

このとき　　$V(t)=\pi\displaystyle\int_0^\alpha\sin^2x\,dx+\frac{1}{3}\pi\cdot\sin^2\alpha\cdot(t-\alpha)$

① から　　$V(t)=\pi\displaystyle\int_0^\alpha\sin^2x\,dx+\frac{1}{3}\pi\sin^3\alpha$

両辺を t で微分すると

$$\frac{d}{dt}V(t)=\frac{d}{d\alpha}\left(\pi\int_0^\alpha\sin^2x\,dx+\frac{1}{3}\pi\sin^3\alpha\right)\cdot\frac{d\alpha}{dt}$$

◀合成関数の微分。

$$=\pi\sin^2\alpha(1+\cos\alpha)\cdot\frac{d\alpha}{dt}$$

ここで，① から　$t=\alpha+\sin\alpha$ …… ②

よって　$\dfrac{dt}{d\alpha}=1+\cos\alpha$

$0<\alpha<\pi$ より，$1+\cos\alpha\neq 0$ であるから　$\dfrac{d\alpha}{dt}=\dfrac{1}{1+\cos\alpha}$

よって　$\dfrac{d}{dt}V(t)=\pi\sin^2\alpha$

ゆえに　$\sin^2\alpha=\dfrac{1}{4}$

◀問題の条件。$\dfrac{d}{dt}V(t)=\dfrac{\pi}{4}$

$0<\alpha<\pi$ の範囲では　$\alpha=\dfrac{\pi}{6},\ \dfrac{5}{6}\pi$

[1]　$\alpha=\dfrac{\pi}{6}$ のとき，② から　$t=\dfrac{\pi}{6}+\dfrac{1}{2}$

これは $0<t<3$ を満たす。

◀$\dfrac{6}{6}<\dfrac{\pi+3}{6}<\dfrac{7}{6}$

[2]　$\alpha=\dfrac{5}{6}\pi$ のとき，② から　$t=\dfrac{5}{6}\pi+\dfrac{1}{2}$

$t>3$ となり，不適。

◀$\dfrac{5\pi+3}{6}>\dfrac{5\cdot3+3}{6}=3$

ゆえに　$\alpha=\dfrac{\pi}{6}$，$\boldsymbol{t=\dfrac{\pi}{6}+\dfrac{1}{2}}$

したがって

$$\boldsymbol{V(t)}=\pi\int_0^{\frac{\pi}{6}}\sin^2x\,dx+\frac{1}{3}\pi\sin^3\frac{\pi}{6}$$

$$=\pi\int_0^{\frac{\pi}{6}}\frac{1-\cos 2x}{2}\,dx+\frac{1}{3}\pi\left(\frac{1}{2}\right)^3$$

$$=\pi\left[\frac{x}{2}-\frac{\sin 2x}{4}\right]_0^{\frac{\pi}{6}}+\frac{\pi}{24}=\boldsymbol{\frac{\pi}{24}(2\pi-3\sqrt{3}+1)}$$

演習 67

➡ 本冊 p. 558

(1)　$\boldsymbol{f'(x)}=\dfrac{1+\dfrac{x}{\sqrt{1+x^2}}}{x+\sqrt{1+x^2}}=\boldsymbol{\dfrac{1}{\sqrt{1+x^2}}}$

(2)　極方程式 $r=\theta\ (\theta\geqq 0)$ から

$x=r\cos\theta=\theta\cos\theta$，$y=r\sin\theta=\theta\sin\theta$

ここで　$\dfrac{dx}{d\theta}=\cos\theta-\theta\sin\theta$，$\dfrac{dy}{d\theta}=\sin\theta+\theta\cos\theta$

よって，θ についての x，y の増減表は次のようになる。

θ	0	…	α	…	β	…	π
$\dfrac{dx}{d\theta}$		+	0	−	−	−	
x		↗	極大	↘		↘	
$\dfrac{dy}{d\theta}$		+	+	+	0	−	
y		↗		↗	極大	↘	

ただし　$\cos\alpha-\alpha\sin\alpha=0$

$\sin\beta+\beta\cos\beta=0$

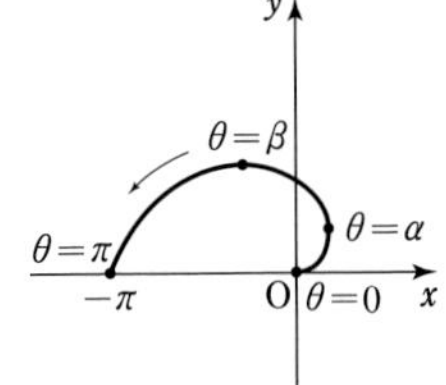

◀$\theta=0$ のとき $x=0$，$y=0$
$\theta=\pi$ のとき $x=-\pi$，$y=0$

6章 演習 [積分法の応用]

ゆえに，曲線は図のようになる。
したがって，曲線 $r=\theta$ の $0\leqq\theta\leqq\pi$ の部分の長さを L とすると

$$L=\int_0^\pi\sqrt{(\cos\theta-\theta\sin\theta)^2+(\sin\theta+\theta\cos\theta)^2}\,d\theta$$

$$=\int_0^\pi\sqrt{1+\theta^2}\,d\theta=\Big[\theta\sqrt{1+\theta^2}\Big]_0^\pi-\int_0^\pi\frac{\theta^2}{\sqrt{1+\theta^2}}\,d\theta$$

◀$\sqrt{1+\theta^2}=(\theta)'\sqrt{1+\theta^2}$ とみて部分積分法を利用。

$$=\pi\sqrt{1+\pi^2}-\int_0^\pi\frac{1+\theta^2-1}{\sqrt{1+\theta^2}}\,d\theta$$

$$=\pi\sqrt{1+\pi^2}-L+\int_0^\pi\frac{d\theta}{\sqrt{1+\theta^2}}$$

よって　　$2L=\pi\sqrt{1+\pi^2}+\displaystyle\int_0^\pi\frac{d\theta}{\sqrt{1+\theta^2}}$

(1) から　　$2L=\pi\sqrt{1+\pi^2}+\Big[\log(\theta+\sqrt{1+\theta^2})\Big]_0^\pi$

$$=\pi\sqrt{1+\pi^2}+\log(\pi+\sqrt{1+\pi^2})$$

◀$\{\log(x+\sqrt{1+x^2})\}'=\dfrac{1}{\sqrt{1+x^2}}$

ゆえに　　$\boldsymbol{L=\dfrac{\pi\sqrt{1+\pi^2}+\log(\pi+\sqrt{1+\pi^2})}{2}}$

演習 68 Ⅲ　➡本冊 p. 558

(1)　時刻 t におけるPの位置を $x_P(t)$，Qの位置を $x_Q(t)$ とすると

$$x_P(t)=\int_0^t at\,dt=\frac{a}{2}t^2\quad(t\geqq0)$$

◀$x_P(t)=\displaystyle\int_0^t v_P(t)dt$

$0\leqq t<1$ のとき　　$x_Q(t)=0$
$1\leqq t$ のとき

$$x_Q(t)=\int_1^t t\log t\,dt=\left[\frac{t^2}{2}\log t-\frac{t^2}{4}\right]_1^t=\frac{t^2}{2}\log t-\frac{t^2}{4}+\frac{1}{4}$$

◀$x_Q(t)=\displaystyle\int_1^t v_Q(t)dt$
下端の1に注意。

$0\leqq t<1$ で追い越すことはない。
$f(t)=x_P(t)-x_Q(t)$ $(t\geqq1)$ とすると

$$f(t)=\frac{a}{2}t^2-\left(\frac{t^2}{2}\log t-\frac{t^2}{4}+\frac{1}{4}\right)=\frac{t^2}{2}\left(a+\frac{1}{2}-\log t\right)-\frac{1}{4}$$

◀$x_P(t)$ と $x_Q(t)$ は連続関数であるから，$f(t)$ も連続関数。

$$f(1)=\frac{a}{2}>0,\quad f\left(e^{a+\frac{1}{2}}\right)=-\frac{1}{4}<0$$

よって，中間値の定理により $f(t)=0$ となる t が $1<t<e^{a+\frac{1}{2}}$ の範囲に存在する。
すなわち，この時刻 t $(=u$ とおく$)$ でQはPに追いつき，そして追い越す。

◀$f(x)$ が $a\leqq x\leqq b$ で連続で，$f(a)$ と $f(b)$ が異符号ならば，$f(x)=0$ は $a<x<b$ の範囲に少なくとも1つの実数解をもつ。

(2)　PとQの間の距離を $g(t)$ とする。

[1]　$0\leqq t\leqq1$ のとき　　$g(t)=\dfrac{a}{2}t^2$

この範囲で $g(t)$ は単調に増加する。

[2]　$1\leqq t\leqq u$ のとき　　$g(t)=f(t)$

$$g'(t)=at-t\log t=t(a-\log t)$$

$g'(t)=0$ とすると　　$t=e^a$ $(t\geqq1)$

$g(t)$ の増減表は右のようになる。

t	0	$\cdots$	1	$\cdots$	e^a	$\cdots$	u
$g'(t)$		$+$	$+$	$+$	0	$-$	$-$
$g(t)$	0	↗	$\dfrac{a}{2}$	↗	極大	↘	0

したがって，$g(t)$ は $t=e^a$ のとき極大かつ最大となる。

PとQの間の距離が最大となる **時刻は** $\boldsymbol{t=e^a}$

そのときの **距離は**

$$g(e^a)=\boldsymbol{\frac{1}{4}(e^{2a}-1)}$$

◀ $\dfrac{e^{2a}}{2}\left(a+\dfrac{1}{2}-\log e^a\right)-\dfrac{1}{4}$

演習 69

➡ 本冊 *p*. 558

(1) あふれ出る水の体積は，球Bが容器Qの水面下に沈んでいる部分の体積，すなわち，右の図の斜線部分をy軸の周りに1回転させてできる立体の体積に等しいから

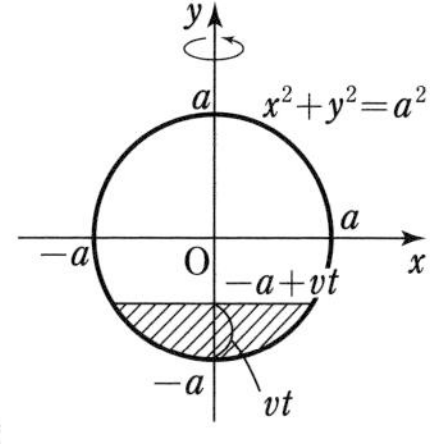

$$V=\pi\int_{-a}^{-a+vt}x^2dy=\pi\int_{-a}^{-a+vt}(a^2-y^2)dy$$

$$=\pi\left[a^2y-\frac{y^3}{3}\right]_{-a}^{-a+vt}=\boldsymbol{\frac{\pi}{3}v^2t^2(3a-vt)}$$

また $\dfrac{dV}{dt}=\dfrac{\pi}{3}v^2(6at-3vt^2)=-\pi v^3\left(t^2-\dfrac{2a}{v}t\right)$

$$=-\pi v^3\left\{\left(t-\frac{a}{v}\right)^2-\left(\frac{a}{v}\right)^2\right\}$$

CHART 2次式は基本形に直せ

$v>0$，$a>0$ であるから $-\pi v^3<0$，$\dfrac{a}{v}>0$

よって，$\dfrac{dV}{dt}$ が最大となるのは $t=\dfrac{a}{v}$ のときである。

すなわち，沈み始めてから $\boldsymbol{\dfrac{a}{v}}$ **秒後** である。

(2) 容器Qの体積を V_1 とする。

1辺の長さがbである正四面体 ABCD について，各側面の面積は $\dfrac{1}{2}\cdot b\cdot\dfrac{\sqrt{3}}{2}b=\dfrac{\sqrt{3}}{4}b^2$

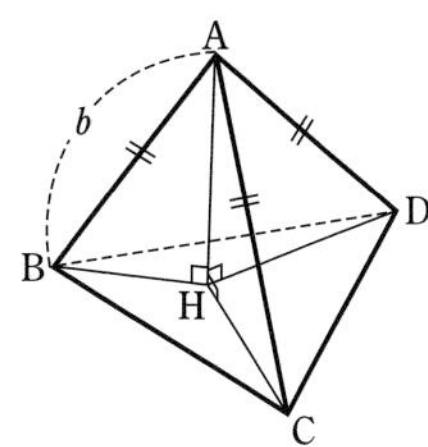

また，頂点Aから △BCD に垂線 AH を下ろすと，Hは △BCD の外心であるから，△BCD において正弦定理により

$$\frac{b}{\sin 60^\circ}=2\text{BH} \qquad \text{よって} \qquad \text{BH}=\frac{b}{\sqrt{3}}$$

◀ ∠H=90° である直角三角形 ABH，ACH，ADH において
AB=AC=AD，
AH は共通
よって
△ABH≡△ACH≡△ADH
ゆえに BH=CH=DH

ゆえに $\text{AH}=\sqrt{\text{AB}^2-\text{BH}^2}=\dfrac{\sqrt{6}}{3}b$

よって $V_1=\dfrac{1}{3}\cdot\dfrac{\sqrt{3}}{4}b^2\cdot\dfrac{\sqrt{6}}{3}b=\dfrac{\sqrt{2}}{12}b^3$

また，正四面体の形をした容器Qの内部にある球Bの中心から，正四面体の各面に下ろした垂線の長さは，Bの半径aに等しい。球Bの中心と容器Qの4つの各頂点を結んで，容器Qを4つの三角錐に分けると，それらの三角錐はどれもまったく同じ形をしている。

ゆえに $V_1=4\times\dfrac{1}{3}\cdot\dfrac{\sqrt{3}}{4}b^2\cdot a=\dfrac{\sqrt{3}}{3}ab^2$

よって $\dfrac{\sqrt{2}}{12}b^3=\dfrac{\sqrt{3}}{3}ab^2$

したがって $\boldsymbol{b=2\sqrt{6}\,a}$

類題 1 ➡ 本冊 p. 562

(1) $\overrightarrow{OC}=2\overrightarrow{OA}+\overrightarrow{OB}$, $\overrightarrow{OD}=\overrightarrow{OA}+2\overrightarrow{OB}$ とおく。

このとき，$\overrightarrow{OA}+\overrightarrow{OB}=\dfrac{1}{3}(\overrightarrow{OC}+\overrightarrow{OD})$ であるから，与えられた条件より

◀$\overrightarrow{OC}+\overrightarrow{OD}$ $=3\overrightarrow{OA}+3\overrightarrow{OB}$

$$\begin{cases} |\overrightarrow{OC}|=1 & \cdots\cdots ① \\ |\overrightarrow{OD}|=1 & \cdots\cdots ② \\ \overrightarrow{OC}\cdot\dfrac{1}{3}(\overrightarrow{OC}+\overrightarrow{OD})=\dfrac{1}{3} & \cdots\cdots ③ \end{cases}$$

◀$\overrightarrow{OC}$, $\overrightarrow{OD}$ で表す。

③ から　$|\overrightarrow{OC}|^2+\overrightarrow{OC}\cdot\overrightarrow{OD}=1$

これと ① から　$1^2+\overrightarrow{OC}\cdot\overrightarrow{OD}=1$

よって　$\overrightarrow{OC}\cdot\overrightarrow{OD}=0$

したがって　$(2\overrightarrow{OA}+\overrightarrow{OB})\cdot(\overrightarrow{OA}+2\overrightarrow{OB})=\mathbf{0}$

(2) 与えられた条件から

$$\begin{cases} \left|\overrightarrow{OP}-\dfrac{1}{3}(\overrightarrow{OC}+\overrightarrow{OD})\right|\leqq\dfrac{1}{3} & \cdots\cdots ④ \\ \overrightarrow{OP}\cdot\overrightarrow{OC}\leqq\dfrac{1}{3} & \cdots\cdots ⑤ \end{cases}$$

◀④ より点Pは円の内部，⑤ より点は半平面上にあることがわかる。

(1) より $\overrightarrow{OC}\cdot\overrightarrow{OD}=0$ であり，$\overrightarrow{OC}\neq\vec{0}$ かつ $\overrightarrow{OD}\neq\vec{0}$ であるから

$\overrightarrow{OC}\perp\overrightarrow{OD}$

このことと，①，② から，Oを原点とする座標平面において

$\overrightarrow{OC}=(1,\ 0)$, $\overrightarrow{OD}=(0,\ 1)$

とおくことができる。

◀**代数的なアプローチ**
座標を使うと計算にもちこむことができる。

$\overrightarrow{OP}=(x,\ y)$ とすると

$$\overrightarrow{OP}-\frac{1}{3}(\overrightarrow{OC}+\overrightarrow{OD})=\left(x-\frac{1}{3},\ y-\frac{1}{3}\right),\ \overrightarrow{OP}\cdot\overrightarrow{OC}=x$$

よって，④，⑤ から

$$\begin{cases} \left(x-\dfrac{1}{3}\right)^2+\left(y-\dfrac{1}{3}\right)^2\leqq\dfrac{1}{9} \\ x\leqq\dfrac{1}{3} \end{cases}$$

したがって，点Pの動く範囲は右の図の斜線部分である。
ただし，境界線を含む。

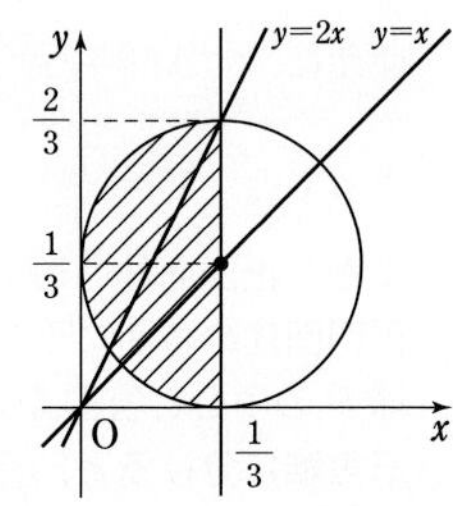

よって，$|\overrightarrow{OP}|$ が最大となるのは $P\left(\dfrac{1}{3},\ \dfrac{2}{3}\right)$ のときで，このとき

$$|\overrightarrow{OP}|=\sqrt{\left(\frac{1}{3}\right)^2+\left(\frac{2}{3}\right)^2}=\frac{\sqrt{5}}{3}$$

$|\overrightarrow{OP}|$ が最小となるのは，Pが半円 $\left(x-\dfrac{1}{3}\right)^2+\left(y-\dfrac{1}{3}\right)^2=\dfrac{1}{9}$, $x\leqq\dfrac{1}{3}$ と直線 $y=x$ の交点となるときで，このとき

$$|\overrightarrow{OP}|=\sqrt{\left(\frac{1}{3}\right)^2+\left(\frac{1}{3}\right)^2}-\frac{1}{3}=\frac{\sqrt{2}-1}{3}$$

よって，$|\overrightarrow{OP}|$ の **最大値は $\dfrac{\sqrt{5}}{3}$**，**最小値は $\dfrac{\sqrt{2}-1}{3}$**

別解 **幾何的なアプローチ**

(1) $|2\overrightarrow{OA}+\overrightarrow{OB}|^2=|\overrightarrow{OA}+2\overrightarrow{OB}|^2$ より　$|\overrightarrow{OA}|=|\overrightarrow{OB}|$

◀ $4|\overrightarrow{OA}|^2+4\overrightarrow{OA}\cdot\overrightarrow{OB}+|\overrightarrow{OB}|^2$
$=|\overrightarrow{OA}|^2+4\overrightarrow{OA}\cdot\overrightarrow{OB}+4|\overrightarrow{OB}|^2$

これと $|2\overrightarrow{OA}+\overrightarrow{OB}|=1$ より　$5|\overrightarrow{OA}|^2+4\overrightarrow{OA}\cdot\overrightarrow{OB}=1$ …… ①

$(2\overrightarrow{OA}+\overrightarrow{OB})\cdot(\overrightarrow{OA}+\overrightarrow{OB})=\dfrac{1}{3}$ より

$$|\overrightarrow{OA}|^2+\overrightarrow{OA}\cdot\overrightarrow{OB}=\frac{1}{9}\quad\cdots\cdots ②$$

◀ $2|\overrightarrow{OA}|^2+3\overrightarrow{OA}\cdot\overrightarrow{OB}+|\overrightarrow{OB}|^2=\dfrac{1}{3}$

①, ② より　$|\overrightarrow{OA}|^2=|\overrightarrow{OB}|^2=\dfrac{5}{9}$ …… ③

$$\overrightarrow{OA}\cdot\overrightarrow{OB}=-\frac{4}{9}\quad\cdots\cdots ④$$

ここで

$$(2\overrightarrow{OA}+\overrightarrow{OB})\cdot(\overrightarrow{OA}+2\overrightarrow{OB})=2|\overrightarrow{OA}|^2+5\overrightarrow{OA}\cdot\overrightarrow{OB}+2|\overrightarrow{OB}|^2$$
$$=4|\overrightarrow{OA}|^2+5\overrightarrow{OA}\cdot\overrightarrow{OB}$$
$$=4\cdot\frac{5}{9}+5\cdot\left(-\frac{4}{9}\right)=0$$

(2) ③, ④ より, $\angle AOB=\theta$ とすると

$$|\overrightarrow{OA}||\overrightarrow{OB}|\cos\theta=-\frac{4}{9}$$

よって　$\cos\theta=-\dfrac{4}{5}$

$\overrightarrow{OC}=\overrightarrow{OA}+\overrightarrow{OB}$ とすると, $|\overrightarrow{OP}-(\overrightarrow{OA}+\overrightarrow{OB})|\leqq\dfrac{1}{3}$ より

$$|\overrightarrow{CP}|\leqq\frac{1}{3}\quad\cdots\cdots ⑤$$

$(2\overrightarrow{OA}+\overrightarrow{OB})\cdot(\overrightarrow{OA}+\overrightarrow{OB})=\dfrac{1}{3}$ より

$$\overrightarrow{OP}\cdot(2\overrightarrow{OA}+\overrightarrow{OB})\leqq(\overrightarrow{OA}+\overrightarrow{OB})\cdot(2\overrightarrow{OA}+\overrightarrow{OB})$$
$$\overrightarrow{CP}\cdot(2\overrightarrow{OA}+\overrightarrow{OB})\leqq 0\quad\cdots\cdots ⑥$$

⑤ より, 点PはCを中心とする半径 $\dfrac{1}{3}$ の円 C の周および内部にあり, (1)と ⑥ より, 点Pは点Cを通り $2\overrightarrow{OA}+\overrightarrow{OB}$ に垂直な直線 ℓ に関して点Oと同じ側にある (右の図の斜線部分)。

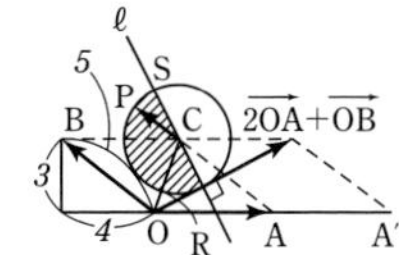

よって, $|\overrightarrow{OP}|$ が **最小** となるのは, OC と円 C の交点Rを通るときで　$|\overrightarrow{OC}|^2=|\overrightarrow{OA}|^2+2\overrightarrow{OA}\cdot\overrightarrow{OB}+|\overrightarrow{OB}|^2$

$$=\frac{2}{9}$$

ゆえに　$|\overrightarrow{OR}|=\boldsymbol{\dfrac{\sqrt{2}-1}{3}}$

$|\overrightarrow{OP}|$ が最大となるのは, 円 C と ℓ の交点Sを通るときである。

$\overrightarrow{OS}=\overrightarrow{OC}+t(\overrightarrow{OA}+2\overrightarrow{OB})$ $(t>0)$ とおくと, $|\overrightarrow{CS}|=\dfrac{1}{3}$ より

$$t^2|\overrightarrow{OA}+2\overrightarrow{OB}|^2=\frac{1}{9}$$

$t>0$ より　$t=\dfrac{1}{3}$

総合

したがって　$\overrightarrow{\mathrm{OS}}=\dfrac{4}{3}\overrightarrow{\mathrm{OA}}+\dfrac{5}{3}\overrightarrow{\mathrm{OB}}$

ゆえに　$|\overrightarrow{\mathrm{OS}}|^2=\dfrac{16}{9}|\overrightarrow{\mathrm{OA}}|^2+\dfrac{40}{9}\overrightarrow{\mathrm{OA}}\cdot\overrightarrow{\mathrm{OB}}+\dfrac{25}{9}|\overrightarrow{\mathrm{OB}}|^2$

$=\dfrac{5}{9}$

最大値は　$|\overrightarrow{\mathrm{OS}}|=\boldsymbol{\dfrac{\sqrt{5}}{3}}$

類題 2 ➡ 本冊 *p*. 563

点Pは辺 AB 上を動くから　$\overrightarrow{\mathrm{BP}}=s\overrightarrow{\mathrm{BA}}$ $(0\leqq s\leqq 1)$

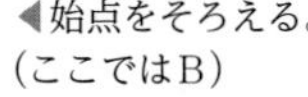

◀始点をそろえる。(ここではB)

と表される。同様に，点Qは辺 CD 上を動くから

$\overrightarrow{\mathrm{CQ}}=t\overrightarrow{\mathrm{CD}}$ $(0\leqq t\leqq 1)$

と表される。

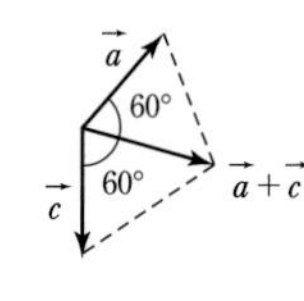

$\overrightarrow{\mathrm{BA}}=\vec{a}$，$\overrightarrow{\mathrm{BC}}=\vec{c}$ とすると　$\overrightarrow{\mathrm{CD}}=\vec{a}+\vec{c}$

$\overrightarrow{\mathrm{BQ}}=\overrightarrow{\mathrm{BC}}+\overrightarrow{\mathrm{CQ}}=\vec{c}+t(\vec{a}+\vec{c})$

$=t\vec{a}+(1+t)\vec{c}$

点Rは線分 PQ を 2：1 に内分するから

$\overrightarrow{\mathrm{BR}}=\dfrac{1\cdot\overrightarrow{\mathrm{BP}}+2\cdot\overrightarrow{\mathrm{BQ}}}{2+1}=\dfrac{1}{3}\{s\vec{a}+2t\vec{a}+2(1+t)\vec{c}\}$

$=\dfrac{2}{3}\vec{c}+\dfrac{1}{3}s\vec{a}+\dfrac{2}{3}t(\vec{a}+\vec{c})$

ここで，Gを $\overrightarrow{\mathrm{BG}}=\dfrac{2}{3}\overrightarrow{\mathrm{BC}}$ を満たす点とし，H，I を

◀$\overrightarrow{\mathrm{BR}}=\overrightarrow{\mathrm{BG}}+s\overrightarrow{\mathrm{GH}}+t\overrightarrow{\mathrm{GI}}$

$\overrightarrow{\mathrm{GH}}=\dfrac{1}{3}\vec{a}$，$\overrightarrow{\mathrm{GI}}=\dfrac{2}{3}(\vec{a}+\vec{c})$

を満たす点とする。

s と t はそれぞれ $0\leqq s\leqq 1$，$0\leqq t\leqq 1$ を満たすから，① より，点Rの通りうる範囲は

線分 GH，GI を隣り合う 2 辺とする平行四辺形の周および内部

◀ s を固定して t を動かすと ($\overrightarrow{\mathrm{GJ}}=s\overrightarrow{\mathrm{GH}}$ とする)，下の図の線分 JK になる。s を 0 から 1 まで動かすと J はGからHまで動く。

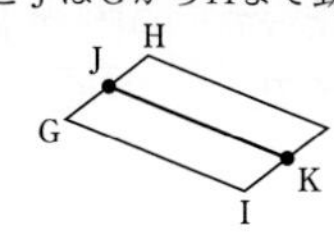

である。$\vec{a}$ と $\vec{a}+\vec{c}$ のなす角は 60° であり，$|\vec{a}|=|\vec{a}+\vec{c}|=1$ であるから，求める面積は

$\mathrm{GH}\cdot\mathrm{GI}\sin 60^\circ=\left|\dfrac{1}{3}\vec{a}\right|\left|\dfrac{2}{3}(\vec{a}+\vec{c})\right|\cdot\dfrac{\sqrt{3}}{2}=\boldsymbol{\dfrac{\sqrt{3}}{9}}$

類題 3 ➡ 本冊 *p*. 565

$\overrightarrow{\mathrm{OA}}=\vec{x}$，$\overrightarrow{\mathrm{OB}}=\vec{y}$，$\overrightarrow{\mathrm{OC}}=\vec{z}$ とする。

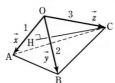

◀条件から
$|\vec{x}|=1$，$|\vec{y}|=2$，$|\vec{z}|=3$，
$\vec{x}\cdot\vec{y}=1$，$\vec{y}\cdot\vec{z}=a$，
$\vec{z}\cdot\vec{x}=1$

(1)　$\triangle\mathrm{OAB}=\dfrac{1}{2}\sqrt{|\vec{x}|^2|\vec{y}|^2-(\vec{x}\cdot\vec{y})^2}$

$=\dfrac{1}{2}\sqrt{1^2\cdot 2^2-1^2}=\boldsymbol{\dfrac{\sqrt{3}}{2}}$

(2)　$p\vec{x}+q\vec{y}-\vec{z}$ が $\vec{x}$，$\vec{y}$ とそれぞれ直交するとき

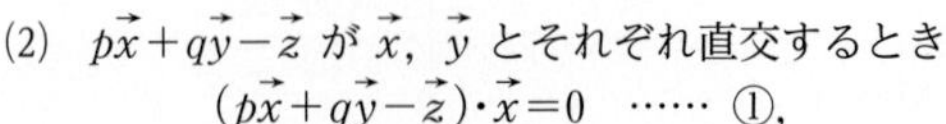

$(p\vec{x}+q\vec{y}-\vec{z})\cdot\vec{x}=0$　…… ①，

$(p\vec{x}+q\vec{y}-\vec{z})\cdot\vec{y}=0$ ……②

①から $p|\vec{x}|^2+q\vec{y}\cdot\vec{x}-\vec{z}\cdot\vec{x}=0$ よって $p+q-1=0$ …③

②から $p\vec{x}\cdot\vec{y}+q|\vec{y}|^2-\vec{z}\cdot\vec{y}=0$ よって $p+4q-a=0$ …④

③，④を解いて $\boldsymbol{p=-\frac{1}{3}a+\frac{4}{3},\ q=\frac{1}{3}a-\frac{1}{3}}$

◀垂直 ⟹ (内積)=0

(3) 点Hを(2)の p，q を用いて $\overrightarrow{OH}=p\vec{x}+q\vec{y}$ と定めると，Hは平面 OAB 上にあり

$$p\vec{x}+q\vec{y}-\vec{z}=\overrightarrow{OH}-\overrightarrow{OC}=\overrightarrow{CH}$$

これが $\overrightarrow{OA}$, $\overrightarrow{OB}$ と直交するから, CH は平面 OAB と垂直である。

よって，四面体 OABC の体積を Vとおくと

$$V=\frac{1}{3}\cdot\triangle OAB\cdot|\overrightarrow{CH}|=\frac{1}{3}\cdot\frac{\sqrt{3}}{2}CH=\frac{\sqrt{3}}{6}CH$$

◀(3) (1)で △OAB の面積を求めたから，高さ CH がわかれば四面体 OABC を a で表すことができる。

◀(1)の結果を利用。

ここで

$$\begin{aligned}CH^2&=|p\vec{x}+q\vec{y}-\vec{z}|^2\\&=p^2|\vec{x}|^2+q^2|\vec{y}|^2+|\vec{z}|^2+2pq\vec{x}\cdot\vec{y}-2q\vec{y}\cdot\vec{z}-2p\vec{x}\cdot\vec{z}\\&=p^2+4q^2+9+2pq-2qa-2p\\&=\left(-\frac{1}{3}a+\frac{4}{3}\right)^2+4\left(\frac{1}{3}a-\frac{1}{3}\right)^2+9+2\left(-\frac{1}{3}a+\frac{4}{3}\right)\left(\frac{1}{3}a-\frac{1}{3}\right)\\&\quad-2a\left(\frac{1}{3}a-\frac{1}{3}\right)-2\left(-\frac{1}{3}a+\frac{4}{3}\right)\\&=-\frac{1}{3}a^2+\frac{2}{3}a+\frac{23}{3}=-\frac{1}{3}(a^2-2a)+\frac{23}{3}\\&=-\frac{1}{3}(a-1)^2+8\end{aligned}$$

◀ここで p，q を a の式に直す。

◀2次式は基本形に直す。

よって，CH は $a=1$ のとき最大値 $\sqrt{8}=2\sqrt{2}$ をとる。

ゆえに，Vは **$\boldsymbol{a=1}$ のとき最大値 $\boldsymbol{\frac{\sqrt{3}}{6}\cdot 2\sqrt{2}=\frac{\sqrt{6}}{3}}$** をとる。

参考 $a=1$ のとき $0<\vec{y}\cdot\vec{z}<|\vec{y}||\vec{z}|$ であるから，∠BOC は鋭角である。
同様に ∠AOB，∠COA は鋭角で，このような四面体 OABC は確かに存在する。

類題 4 ➡ 本冊 $p.567$

(1) $|\overrightarrow{OA}|^2=\left(\frac{1}{\sqrt{2}}\right)^2+\left(\frac{1}{\sqrt{2}}\right)^2=1$ であるから

$$\begin{aligned}&(\overrightarrow{OP}\cdot\overrightarrow{OA})^2+|\overrightarrow{OP}-(\overrightarrow{OP}\cdot\overrightarrow{OA})\overrightarrow{OA}|^2\\&=(\overrightarrow{OP}\cdot\overrightarrow{OA})^2+|\overrightarrow{OP}|^2-2(\overrightarrow{OP}\cdot\overrightarrow{OA})^2+(\overrightarrow{OP}\cdot\overrightarrow{OA})^2|\overrightarrow{OA}|^2\\&=(\overrightarrow{OP}\cdot\overrightarrow{OA})^2+|\overrightarrow{OP}|^2-2(\overrightarrow{OP}\cdot\overrightarrow{OA})^2+(\overrightarrow{OP}\cdot\overrightarrow{OA})^2\\&=|\overrightarrow{OP}|^2\end{aligned}$$

◀$(\overrightarrow{OP}\cdot\overrightarrow{OA})$ は数である。

◀$(\overrightarrow{OP}\cdot\overrightarrow{OA})^2$ の項は消し合う。

よって，与えられた不等式から $|\overrightarrow{OP}|^2\leqq 1$ すなわち $|\overrightarrow{OP}|\leqq 1$

したがって，点P全体のなす図形は，原点を中心とする半径1の円の周および内部であり，求める面積は $\pi\times 1^2=\boldsymbol{\pi}$

(2) $|\overrightarrow{OA}|^2=\left(\frac{1}{\sqrt{3}}\right)^2+\left(\frac{1}{\sqrt{3}}\right)^2+\left(\frac{1}{\sqrt{3}}\right)^2=1$ であるから，(1)と同様にして，与えられた不等式より $|\overrightarrow{OP}|\leqq 1$

◀(1)と同じ不等式。

したがって，点P全体のなす図形は，原点を中心とする半径1の

総合

球面および内部であり，求める体積は　$\frac{4}{3}\pi\times1^3=\boldsymbol{\frac{4}{3}\pi}$

◀$V=\frac{4}{3}\pi r^3$

参考　与えられた不等式の左辺は，正射影を利用すると，簡単に変形できる。

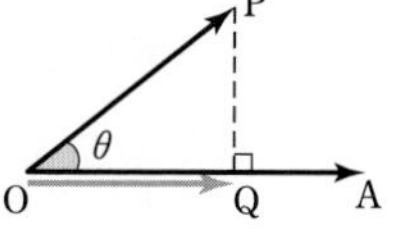

$\overrightarrow{\mathrm{OP}}$ と $\overrightarrow{\mathrm{OA}}$ のなす角を θ とすると

$$\overrightarrow{\mathrm{OP}}\cdot\overrightarrow{\mathrm{OA}}=|\overrightarrow{\mathrm{OP}}||\overrightarrow{\mathrm{OA}}|\cos\theta=|\overrightarrow{\mathrm{OP}}|\cos\theta$$

◀$|\overrightarrow{\mathrm{OA}}|=1$

よって，$\overrightarrow{\mathrm{OP}}$ の直線 OA 上への正射影を $\overrightarrow{\mathrm{OQ}}$ とすると

$$\overrightarrow{\mathrm{OQ}}=\frac{\overrightarrow{\mathrm{OP}}\cdot\overrightarrow{\mathrm{OA}}}{|\overrightarrow{\mathrm{OA}}|^2}\overrightarrow{\mathrm{OA}}=(\overrightarrow{\mathrm{OP}}\cdot\overrightarrow{\mathrm{OA}})\overrightarrow{\mathrm{OA}}$$

ゆえに，不等式の左辺は　$(|\overrightarrow{\mathrm{OP}}|\cos\theta)^2+|\overrightarrow{\mathrm{OP}}-\overrightarrow{\mathrm{OQ}}|^2$

$$=|\overrightarrow{\mathrm{OQ}}|^2+|\overrightarrow{\mathrm{QP}}|^2=|\overrightarrow{\mathrm{OP}}|^2$$

◀三平方の定理

類題 5 ➡本冊 p. 569

(1)　$\overrightarrow{\mathrm{AB}}=(-2,\ -6,\ 3)$，$\overrightarrow{\mathrm{AC}}=(-6,\ 0,\ 3)$

$\vec{n}=(x,\ y,\ z)$ が平面 α に垂直であるとすると

$\vec{n}\perp\overrightarrow{\mathrm{AB}}$ かつ $\vec{n}\perp\overrightarrow{\mathrm{AC}}$

$\vec{n}\perp\overrightarrow{\mathrm{AB}}$ より $\vec{n}\cdot\overrightarrow{\mathrm{AB}}=0$ であるから　$-2x-6y+3z=0$ ……①

$\vec{n}\perp\overrightarrow{\mathrm{AC}}$ より $\vec{n}\cdot\overrightarrow{\mathrm{AC}}=0$ であるから　$-6x+3z=0$ ……②

◀$\overrightarrow{\mathrm{AB}}$ と $\overrightarrow{\mathrm{AC}}$ の両方に垂直であることを使う。$\overrightarrow{\mathrm{BA}}$ と $\overrightarrow{\mathrm{BC}}$，または $\overrightarrow{\mathrm{CA}}$ と $\overrightarrow{\mathrm{CB}}$ としてもよい。

② から　$z=2x$

これを ① に代入して　$-2x-6y+6x=0$

よって　$y=\frac{2}{3}x$

ゆえに　$\vec{n}=\left(x,\ \frac{2}{3}x,\ 2x\right)=\frac{x}{3}(3,\ 2,\ 6)$

したがって，α に垂直なベクトルは，ベクトル $\overrightarrow{n_0}=(3,\ 2,\ 6)$ に平行である。

◀$x^2+\left(\frac{2}{3}x\right)^2+(2x)^2=1$ として x を求めてもよい。

このうち，大きさが 1 のベクトルを求めて

$$\pm\frac{1}{|\overrightarrow{n_0}|}\overrightarrow{n_0}=\boldsymbol{\pm\frac{1}{7}(3,\ 2,\ 6)}$$

(2)　点 $\mathrm{Q}(X,\ Y,\ Z)$ が平面 α 上にあるための条件は

$\overrightarrow{\mathrm{AQ}}=\vec{0}$ または $\overrightarrow{n_0}\perp\overrightarrow{\mathrm{AQ}}$

よって　$\overrightarrow{n_0}\cdot\overrightarrow{\mathrm{AQ}}=0$

$(3,\ 2,\ 6)\cdot(X-6,\ Y-6,\ Z-3)=0$

$3X+2Y+6Z=48$

したがって，平面 α の方程式は　$3x+2y+6z=48$

◀平面 α 上にある点 $(x,\ y,\ z)$ は $3x+2y+6z=48$ を満たす。

P を中心とする半径 r の球が 3 つの座標平面に接し，P の x 座標と y 座標はともに負ではないから，P の座標は

$(r,\ r,\ r)$ または $(r,\ r,\ -r)$

と表される。

P を通り平面 α に垂直な直線と平面 α の交点を H とおくと，$\overrightarrow{\mathrm{PH}}$ は $\overrightarrow{n_0}$ に平行であるから，$\overrightarrow{\mathrm{PH}}=k\overrightarrow{n_0}$ となる実数 k が存在して

$\overrightarrow{\mathrm{OH}}=\overrightarrow{\mathrm{OP}}+\overrightarrow{\mathrm{PH}}=(r+3k,\ r+2k,\ \pm r+6k)$

H は平面 α 上にあるから

$3(r+3k)+2(r+2k)+6(\pm r+6k)=48$

$49k=-11r+48,\ r+48$

$$k=\frac{-11r+48}{49},\ \frac{r+48}{49}$$

このとき，$r>0$ から

$$|\overrightarrow{\mathrm{PH}}|=|k||\overrightarrow{n_0}|=\frac{|-11r+48|}{7},\ \frac{r+48}{7}$$

◀ $r>0$ であるから $|r+48|=r+48$

[1]　$\mathrm{P}(r,\ r,\ r)$ のとき　$\dfrac{|-11r+48|}{7}=r$

◀Pを中心とする半径 r の球が平面 α に接するための条件は　$\mathrm{PH}=r$

(i)　$-11r+48>0$ のとき

$-11r+48=7r$ から　$r=\dfrac{8}{3}$

これは $r>0$ かつ $-11r+48>0$ を満たす。

(ii)　$-11r+48<0$ のとき

$11r-48=7r$ から　$r=12$

これは $r>0$ かつ $-11r+48<0$ を満たす。

[2]　$\mathrm{P}(r,\ r,\ -r)$ のとき　$\dfrac{r+48}{7}=r$

これを解いて　$r=8$

これは $r>0$ を満たす。

[1]，[2] から

$$\mathbf{P}\left(\frac{8}{3},\ \frac{8}{3},\ \frac{8}{3}\right),\ \boldsymbol{r}=\frac{8}{3}$$

または　P(12, 12, 12), $\boldsymbol{r}$=12

または　P(8, 8, −8), $\boldsymbol{r}$=8

参考　本冊 $p.125$ 研究 点と平面の距離の公式を利用すると

$$\mathrm{PH}=\frac{|3r+2r+6r-48|}{\sqrt{3^2+2^2+6^2}}$$

または

$$\mathrm{PH}=\frac{|3r+2r-6r-48|}{\sqrt{3^2+2^2+6^2}}$$

がただちに得られる。

類題 6 ➡ 本冊 $p.571$

(1)　$z^n=r^n(\cos\theta+i\sin\theta)^n=r^n(\cos n\theta+i\sin n\theta)$

$=r^n\cos n\theta+ir^n\sin n\theta$

◀ド・モアブルの定理。

r，$\cos n\theta$，$\sin n\theta$ は実数であるから

$$x_n=r^n\cos n\theta,\ y_n=r^n\sin n\theta$$

◀複素数の相等。

$\displaystyle\lim_{n\to\infty}x_n=0$，$\displaystyle\lim_{n\to\infty}y_n=0$ のとき　$\displaystyle\lim_{n\to\infty}(x_n{}^2+y_n{}^2)=0$

$x_n{}^2+y_n{}^2=r^{2n}\cos^2 n\theta+r^{2n}\sin^2 n\theta=r^{2n}$ であるから　$\displaystyle\lim_{n\to\infty}r^{2n}=0$

$r>0$ であるから　$0<r<1$

◀必要条件。

逆に，$0<r<1$ のときを考える。

$-1\leqq\cos n\theta\leqq 1$ であるから

$$-r^n\leqq r^n\cos n\theta\leqq r^n$$

$0<r<1$ であるから　$\displaystyle\lim_{n\to\infty}r^n=0$，$\displaystyle\lim_{n\to\infty}(-r^n)=0$

よって　$\displaystyle\lim_{n\to\infty}r^n\cos n\theta=0$

同様にして　$\displaystyle\lim_{n\to\infty}r^n\sin n\theta=0$

◀はさみうちの原理。

ゆえに，$0<r<1$ のとき，数列 $\{x_n\}$，$\{y_n\}$ はともに 0 に収束する。

◀十分条件。

以上から，数列 $\{x_n\}$，$\{y_n\}$ がともに 0 に収束するための必要十分条件は　ア $\boldsymbol{0<r<1}$

(2)　$z=\dfrac{1}{5}\left(\dfrac{1}{2}+\dfrac{\sqrt{3}}{2}i\right)=\dfrac{1}{5}\left(\cos\dfrac{\pi}{3}+i\sin\dfrac{\pi}{3}\right)$

総合

このとき　$x_n=\dfrac{1}{5^n}\cos\dfrac{n\pi}{3}$，$y_n=\dfrac{1}{5^n}\sin\dfrac{n\pi}{3}$

和について考える。

$$\sum_{n=1}^{N}x_n+i\sum_{n=1}^{N}y_n=\sum_{n=1}^{N}(x_n+iy_n)$$

$$=\sum_{n=1}^{N}z^n=\frac{z(1-z^N)}{1-z}=\frac{z}{1-z}(1-x_N-iy_N)$$

◀$z^n=\left(\dfrac{1}{5}\right)^n\left(\cos\dfrac{n\pi}{3}+i\sin\dfrac{n\pi}{3}\right)$

◀**無限級数 まず部分和**に基づき，初項から第N項までの和を考える。

ここで　$$\frac{z}{1-z}=\frac{\dfrac{1+\sqrt{3}\,i}{10}}{1-\dfrac{1+\sqrt{3}\,i}{10}}=\frac{1}{14}+\frac{5\sqrt{3}\,i}{42}$$

ゆえに　$$\sum_{n=1}^{N}x_n+i\sum_{n=1}^{N}y_n=\left(\frac{1}{14}+\frac{5\sqrt{3}\,i}{42}\right)(1-x_N-iy_N)$$

$$=\left(\frac{1-x_N}{14}+\frac{5\sqrt{3}}{42}y_N\right)+i\left\{\frac{5\sqrt{3}}{42}(1-x_N)-\frac{y_N}{14}\right\}$$

$\displaystyle\sum_{n=1}^{N}x_n$，$\displaystyle\sum_{n=1}^{N}y_n$，$x_N$，$y_N$ は実数であるから

$$\sum_{n=1}^{N}x_n=\frac{1-x_N}{14}+\frac{5\sqrt{3}}{42}y_N,\quad \sum_{n=1}^{N}y_n=\frac{5\sqrt{3}}{42}(1-x_N)-\frac{y_N}{14}$$

◀複素数の相等。

$\displaystyle\lim_{N\to\infty}x_N=0$，$\displaystyle\lim_{N\to\infty}y_N=0$ であるから

$$\sum_{n=1}^{\infty}x_n=\lim_{N\to\infty}\sum_{n=1}^{N}x_n={}^{イ}\,\mathbf{\frac{1}{14}},\qquad \sum_{n=1}^{\infty}y_n=\lim_{N\to\infty}\sum_{n=1}^{N}y_n={}^{ウ}\,\mathbf{\frac{5\sqrt{3}}{42}}$$

類題 7 ➡ 本冊 p. 573

$z=x+yi$ (x，y は実数) とおく。

$z^2+az+b=0$ から　$(x+yi)^2+a(x+yi)+b=0$

整理すると　$(x^2-y^2+ax+b)+(2x+a)yi=0$

x^2-y^2+ax+b，$(2x+a)y$ は実数であるから

$x^2-y^2+ax+b=0$ …… ①　かつ　$(2x+a)y=0$ …… ②

◀a，b が実数のとき $a+bi=0$ $\Longleftrightarrow$ $a=0$，$b=0$

[1]　$y\neq 0$ のとき

②から　$2x+a=0$　よって　$a=-2x$

①に代入すると　$x^2-y^2+(-2x)\cdot x+b=0$

ゆえに　$b=x^2+y^2$

$|a|\leqq 1$，$|b|\leqq 1$ から　$|-2x|\leqq 1$，$|x^2+y^2|\leqq 1$

すなわち　$-\dfrac{1}{2}\leqq x\leqq\dfrac{1}{2}$，$x^2+y^2\leqq 1$　ただし，$y\neq 0$ である。

◀$x^2+y^2\geqq 0$ であるから $|x^2+y^2|=x^2+y^2$

[2]　$y=0$ のとき

①から　$x^2+ax+b=0$　x は実数であるから　$a^2-4b\geqq 0$

すなわち　$b\leqq\dfrac{1}{4}a^2$

よって，ab 平面上に $|a|\leqq 1$，$|b|\leqq 1$，$b\leqq\dfrac{1}{4}a^2$ の表す領域は，右の図の斜線部分のようになる。

ただし，境界線を含む。

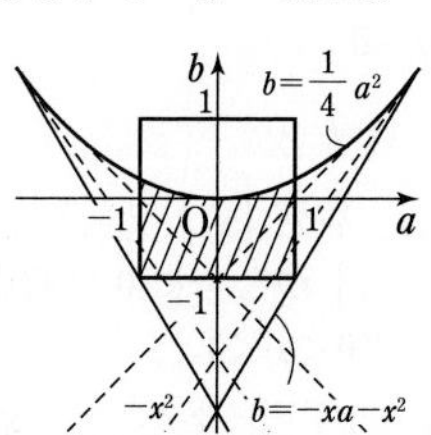

また，$x^2+ax+b=0$ から

$$b=-xa-x^2$$

よって，直線 $b=-xa-x^2$ がこの領域と共有点をもつような x の値の範囲を求める。

◀ab 平面の直線

$g(a)=-xa-x^2$ とすると，常に $g(0)=-x^2\leqq 0$ であるから，次の (i), (ii) の場合に分けられる。

◀直線 $b=g(a)$ の b 切片は 0 以下となる。

(i) $-1\leqq g(0)\leqq 0$ すなわち $-1\leqq x\leqq 1$ のとき

直線 $b=g(a)$ は常にこの領域と共有点をもつ。

したがって，$-1\leqq x\leqq 1$ は適する。

(ii) $g(0)<-1$ すなわち $x<-1$, $1<x$ のとき

直線 $b=g(a)$ がこの領域と共有点をもつための条件は

$$g(1)\geqq -1 \quad または \quad g(-1)\geqq -1$$

◀正方形の下の 1 辺は直線 $b=-1$ の一部である。

(1, g(1))

b=−1

b=g(a)

$g(1)\geqq -1$ から $\quad -x-x^2\geqq -1 \quad$ すなわち $\quad x^2+x-1\leqq 0$

よって $\quad \dfrac{-1-\sqrt{5}}{2}\leqq x\leqq\dfrac{-1+\sqrt{5}}{2} \quad\cdots\cdots ③$

$g(-1)\geqq -1$ から $\quad x-x^2\geqq -1 \quad$ すなわち $\quad x^2-x-1\leqq 0$

よって $\quad \dfrac{1-\sqrt{5}}{2}\leqq x\leqq\dfrac{1+\sqrt{5}}{2} \quad\cdots\cdots ④$

③, ④ を合わせて $\quad \dfrac{-1-\sqrt{5}}{2}\leqq x\leqq\dfrac{1+\sqrt{5}}{2}$

ただし，$x<-1$, $1<x$ である。

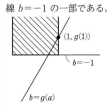

(i), (ii) より $\quad \dfrac{-1-\sqrt{5}}{2}\leqq x\leqq\dfrac{1+\sqrt{5}}{2}$

ただし，$y=0$ である。

[1], [2] より，求める範囲は，**右の図の斜線部分および太線部分** である。**ただし，境界線を含む。**

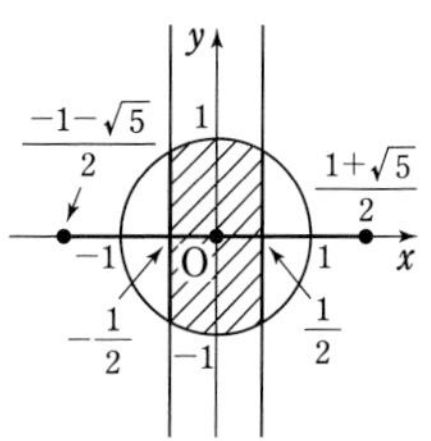

総合

別解 $z^2+az+b=0$ ……（＊）とし，（＊）の判別式を D とすると，（＊）は実数係数の 2 次方程式であるから，次の [1], [2] のいずれかが成り立つ。

[1] （＊）が実数解をもつとき

このとき，（＊）の 2 つの解はともに実数である。

それを α, β (α, β は実数) とすると，解と係数の関係により

$$\alpha+\beta=-a,\ \alpha\beta=b$$

すなわち $\quad a=-(\alpha+\beta)$, $b=\alpha\beta$

このとき，$D=a^2-4b=(\alpha-\beta)^2$ であり，$\alpha-\beta$ は実数より，$D=(\alpha-\beta)^2\geqq 0$ が常に成り立つ。

◀$D=(\alpha-\beta)^2$ は覚えておくとよい。

これと $|a|\leqq 1$, $|b|\leqq 1$ から $\quad |\alpha+\beta|\leqq 1$, $|\alpha\beta|\leqq 1$

すなわち $\quad -1\leqq\alpha+\beta\leqq 1$, $-1\leqq\alpha\beta\leqq 1$

ここで，α, β は実数であるから

$$-1\leqq\alpha\beta\leqq 1 \iff \begin{cases} -\dfrac{1}{\alpha}\leqq\beta\leqq\dfrac{1}{\alpha} & (\alpha>0) \\ \beta\text{ は任意の実数} & (\alpha=0) \\ \dfrac{1}{\alpha}\leqq\beta\leqq-\dfrac{1}{\alpha} & (\alpha<0) \end{cases}$$

よって，$\alpha\beta$ 平面上に $\begin{cases} -1\leqq\alpha+\beta\leqq1 \\ -1\leqq\alpha\beta\leqq1 \end{cases}$ の表す領域を図示すると，右の図の斜線部分のようになる。ただし，境界線を含む。

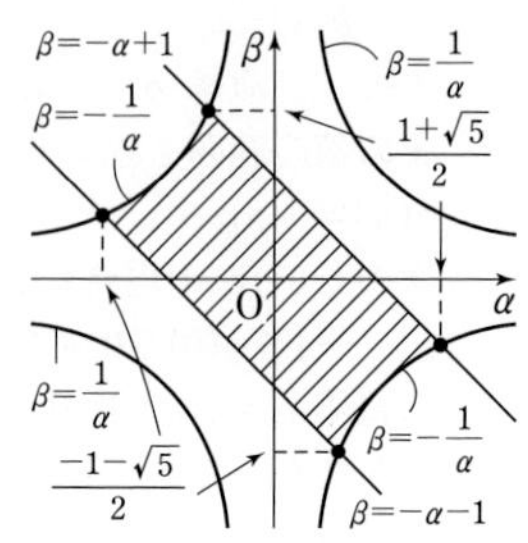

図より　$\dfrac{-1-\sqrt{5}}{2}\leqq\alpha\leqq\dfrac{1+\sqrt{5}}{2}$，

$\dfrac{-1-\sqrt{5}}{2}\leqq\beta\leqq\dfrac{1+\sqrt{5}}{2}$

したがって，(∗) の実数解 z のとりうる値の範囲は

$$\frac{-1-\sqrt{5}}{2}\leqq z\leqq\frac{1+\sqrt{5}}{2}$$

[2]　(∗) が互いに共役な 2 つの虚数解をもつとき

(∗) の虚数解を $z=\gamma,\ \overline{\gamma}$ (γ は虚数) とすると，解と係数の関係により

◀a，b は実数より，$z=\gamma$ が虚数解とすると $z=\overline{\gamma}$ も解となる。

$$\gamma+\overline{\gamma}=-a,\quad \gamma\overline{\gamma}=b$$

すなわち　$a=-(\gamma+\overline{\gamma})$，$b=|\gamma|^2$

このとき，$D=a^2-4b=(\gamma-\overline{\gamma})^2$ であり，$\gamma-\overline{\gamma}$ は純虚数より，$D=(\gamma-\overline{\gamma})^2<0$ が常に成り立つ。

これと $|a|\leqq1$，$|b|\leqq1$ から　　$|\gamma+\overline{\gamma}|\leqq1$，$|\gamma|^2\leqq1$

すなわち　　$|(\gamma \text{の実部})|\leqq\dfrac{1}{2}$，$|\gamma|\leqq1$

◀$\gamma=x+yi$ (x，y は実数) とすると　$\gamma+\overline{\gamma}=2x$

したがって，(∗) の虚数解 z のとりうる値の範囲は

$$|(z \text{の実部})|\leqq\frac{1}{2},\quad |z|\leqq1$$

(以下，複素数平面上に図示するところは本解と同じ)

類題 8 ➡ 本冊 p. 576

(1)　$z^m=\cos\dfrac{2m\pi}{k}+i\sin\dfrac{2m\pi}{k}$

$z^n=\cos\dfrac{2n\pi}{k}+i\sin\dfrac{2n\pi}{k}$

であるから，$z^m=z^n$ であるための必要十分条件は，整数 p を用いて

$$\frac{2m\pi}{k}=\frac{2n\pi}{k}+2p\pi$$

◀$\begin{cases}\cos x=\cos y \\ \sin x=\sin y\end{cases} \Longleftrightarrow$ $x=y+2p\pi$ (p は整数)

と表される。よって　　$m-n=pk$

これは $m-n$ が k の倍数であることと同値である。

(2)　複素数 z^l，z^{2l}，z^{3l}，……，z^{kl} のうち，少なくとも 1 組は同じものが存在すると仮定し，$z^{ql}=z^{rl}$ $(1\leqq r<q\leqq k)$ とおく。

◀「すべて異なる」を示すには，同じものが存在すると仮定し，矛盾を導けばよい。

このとき，(1) により整数 s を用いて

$ql-rl=ks$

$(q-r)l=ks$

k と l は互いに素であるから，$q-r$ は k の倍数である。…… ①

一方，$1\leqq r<q\leqq k$ より　　$q-r<k$

よって，$q-r$ は k の倍数になりえない。　…… ②

①と②は矛盾である。

したがって，複素数 z^l，z^{2l}，z^{3l}，……，z^{kl} はすべて異なる。

(3) k と l は互いに素でないと仮定し，その最大公約数を g とおくと，k と l は互いに素な自然数 k'，l' を用いて，$k=gk'$，$l=gl'$ と表される。

◀(2)の逆。同じく背理法で示す。

このとき，$g\geqq 2$ であるから　$k'+1\leqq gk'=k$

すなわち，$c=k'+1$ とすると，c は $2\leqq c\leqq k$ を満たす自然数である。

◀$g=1$ のとき，互いに素。

ここで　$cl-l=(c-1)l=k'l=gk'l'=kl'$

よって，$cl-l$ は k の倍数であるから，(1)により，$z^{cl}=z^l$ を満たす。

これは，複素数 z^l，z^{2l}，z^{3l}，……，z^{kl} がすべて異なることに矛盾する。

したがって，k と l は互いに素である。

類題 9 ➡ 本冊 p. 577

$$\overrightarrow{OP}=\overrightarrow{OA}+\overrightarrow{AP}=(1,\ 0,\ 0)+(\cos\theta,\ \sin\theta,\ 0)$$
$$=(1+\cos\theta,\ \sin\theta,\ 0)$$

ゆえに　$\mathbf{P(1+\cos\theta,\ \sin\theta,\ 0)}$

◀xy 平面上で考えると点 A(1, 0) を中心とする半径 AB=1 の円の方程式は　$(x-1)^2+y^2=1$ この円周上の点 $(x,\ y)$ は $x=1+\cos\theta$，$y=\sin\theta$ と表される。

また，点Qは直線 CP 上にあるから，$\overrightarrow{CQ}=t\overrightarrow{CP}$（$t$ は実数）とおくと　$\overrightarrow{OQ}=\overrightarrow{OC}+\overrightarrow{CQ}=\overrightarrow{OC}+t\overrightarrow{CP}$

$$=(1,\ 0,\ 1)+t(\cos\theta,\ \sin\theta,\ -1)$$
$$=(1+t\cos\theta,\ t\sin\theta,\ 1-t)$$

点Qは yz 平面上にあるから　$1+t\cos\theta=0$

$\dfrac{\pi}{2}<\theta<\dfrac{3}{2}\pi$ より $\cos\theta\neq 0$ であるから　$t=-\dfrac{1}{\cos\theta}$

よって，$\overrightarrow{OQ}=\left(0,\ -\tan\theta,\ 1+\dfrac{1}{\cos\theta}\right)$ となるから

◀$t\sin\theta=-\dfrac{\sin\theta}{\cos\theta}=-\tan\theta$

$$\mathbf{Q\left(0,\ -\tan\theta,\ 1+\frac{1}{\cos\theta}\right)}$$

次に，Q$(0,\ y,\ z)$ とおくと

$$y=-\tan\theta,\ z=1+\frac{1}{\cos\theta}\quad\cdots\cdots ①$$

すなわち　$\tan\theta=-y,\ \dfrac{1}{\cos\theta}=z-1$

これを $1+\tan^2\theta=\dfrac{1}{\cos^2\theta}$ に代入して

$$1+(-y)^2=(z-1)^2$$

すなわち　$y^2-(z-1)^2=-1$

ここで，$\dfrac{\pi}{2}<\theta<\dfrac{3}{2}\pi$ のとき，$-1\leqq\cos\theta<0$ から　$\dfrac{1}{\cos\theta}\leqq -1$

ゆえに　$1+\dfrac{1}{\cos\theta}\leqq 0$

よって，①から z のとりうる値の範囲は　$z\leqq 0$

総合

また，y はすべての実数値をとりうる。

したがって，求める yz 平面における点Qの軌跡は双曲線の一部で，その方程式は

$$\boldsymbol{y^2-(z-1)^2=-1\ (z\leqq 0)}$$

その概形は，**右の図の太線部分** のようになる。

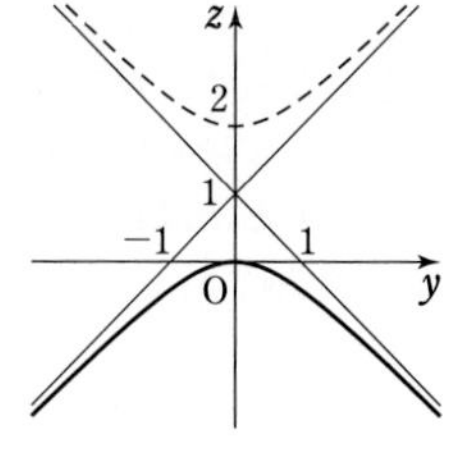

注意 $\theta=\angle\mathrm{BAP}$ について，半直線 AB を始線とする xy 平面上の動径 AP の表す角が θ であると解釈して解答した。

類題 10 ➡ 本冊 $p.579$

(1) $w=\dfrac{z-3}{1-2z}$ から　$(1-2z)w=z-3$

すなわち　$(2w+1)z=w+3$

ここで，$w=-\dfrac{1}{2}$ は，この等式を満たさない。

よって，$w\neq-\dfrac{1}{2}$ であるから　$z=\dfrac{w+3}{2w+1}$　…… ①

また，$\dfrac{w+3}{2w+1}\neq\dfrac{1}{2}$ であるから，① は $z\neq\dfrac{1}{2}$ を満たす。

よって，① を $|z-1|=a$ に代入すると　$\left|\dfrac{w+3}{2w+1}-1\right|=a$

$\left|\dfrac{-w+2}{2w+1}\right|=a$　すなわち　$|w-2|=a|2w+1|$　…… ②

◀ Kが円になるということは，$|w-\alpha|^2=\gamma^2$ の形に変形できるということである。
zについて解いて，$|z-1|=a$ に代入する。

[1] $a=\dfrac{1}{2}$ のとき

② は $|w-2|=\left|w+\dfrac{1}{2}\right|$ となり，Kは 2 点 2，$-\dfrac{1}{2}$ を結ぶ線分の垂直二等分線となるから，不適。

[2] $0<a<\dfrac{1}{2}$，$\dfrac{1}{2}<a$ のとき

② の両辺を 2 乗すると　$|w-2|^2=a^2|2w+1|^2$

◀ アポロニウスの円

$$(w-2)(\overline{w}-2)=a^2(2w+1)(2\overline{w}+1)$$

$$(4a^2-1)w\overline{w}+2(a^2+1)w+2(a^2+1)\overline{w}+a^2-4=0$$

$$w\overline{w}+\frac{2(a^2+1)}{4a^2-1}w+\frac{2(a^2+1)}{4a^2-1}\overline{w}+\frac{a^2-4}{4a^2-1}=0$$

◀ $a\neq\dfrac{1}{2}$ より $4a^2-1\neq0$

$$\left\{w+\frac{2(a^2+1)}{4a^2-1}\right\}\left\{\overline{w}+\frac{2(a^2+1)}{4a^2-1}\right\}=\frac{25a^2}{(4a^2-1)^2}$$

$$\left|w+\frac{2(a^2+1)}{4a^2-1}\right|^2=\frac{(5a)^2}{|4a^2-1|^2}$$

したがって，$\left|w+\dfrac{2(a^2+1)}{4a^2-1}\right|=\dfrac{5a}{|4a^2-1|}$ となり，

$\dfrac{5a}{|4a^2-1|}>0$ であるから，Kは中心が点 $-\dfrac{2(a^2+1)}{4a^2-1}$，半径が $\dfrac{5a}{|4a^2-1|}$ の円となる。

[1]，[2] から，Kが円となるための条件は　$\boldsymbol{0<a<\dfrac{1}{2},\ \dfrac{1}{2}<a}$

また，そのときの K の中心は点 $-\dfrac{2(a^2+1)}{4a^2-1}$，半径は $\dfrac{5a}{|4a^2-1|}$

(2) 円 K の中心は実軸上にあるから，求める領域は，実軸に関して対称である。右の図のように，虚軸に平行な円 K の直径の両端のうち，虚部が正である点を $\mathrm{P}(x+yi)$ $(y>0)$ とする。

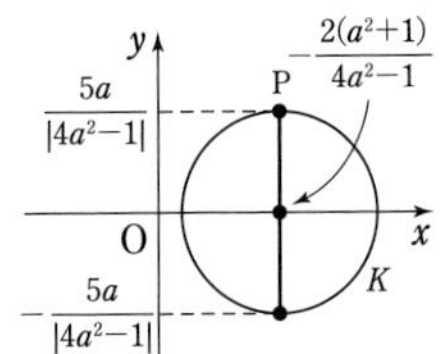

◀Pの軌跡を求める。$\mathrm{P}(x,\ y)$ として x, y は a の式 ⟶ a を消去する。

$x=-\dfrac{2(a^2+1)}{4a^2-1}$ であるから

$$(4a^2-1)x=-2(a^2+1)$$
$$2(2x+1)a^2=x-2$$

ここで，$-\dfrac{2(a^2+1)}{4a^2-1}\neq-\dfrac{1}{2}$ であるから　$x\neq-\dfrac{1}{2}$

よって　$a^2=\dfrac{x-2}{2(2x+1)}$　…… ③

$y=\dfrac{5a}{|4a^2-1|}$ から　$y^2=\dfrac{25a^2}{(4a^2-1)^2}$　…… ④

◀a^2 を x の式で表し，y の式に代入する。

したがって，③ を ④ に代入すると　$y^2=\dfrac{25\cdot\dfrac{x-2}{2(2x+1)}}{\left\{4\cdot\dfrac{x-2}{2(2x+1)}-1\right\}^2}$

整理すると　$y^2=\dfrac{1}{2}(x-2)(2x+1)$

すなわち　$y^2=\left(x-\dfrac{3}{4}\right)^2-\dfrac{25}{16}$

よって　$\dfrac{\left(x-\dfrac{3}{4}\right)^2}{\left(\dfrac{5}{4}\right)^2}-\dfrac{y^2}{\left(\dfrac{5}{4}\right)^2}=1$　…… ⑤

◀⑤ と x 軸との間が $y\geqq 0$ のときの求める領域である。

したがって，点Pは，双曲線 ⑤ の $y>0$ の部分にある。
ゆえに，求める線分が通過する領域は，**右の図の斜線部分** のようになる。
ただし，境界線は 2 点 $-\dfrac{1}{2}$，2 を含まないで，他を含む。

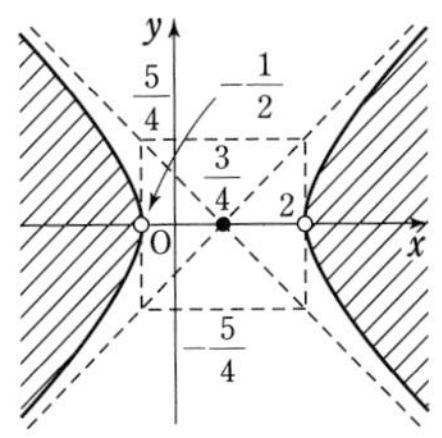

◀対称性を利用する。

類題 11 ➡ 本冊 p. 581

$\dfrac{1}{a_1}+\dfrac{1}{a_2}+\cdots\cdots+\dfrac{1}{a_n}=\dfrac{1}{a_{n+1}}+p$ …… ① とする。

(1) $n=1$ を ① に代入して　$\dfrac{1}{1}=\dfrac{1}{a_2}+p$

$0<p<1$ であるから　$a_2=\dfrac{1}{1-p}$

◀(分母)$\neq 0$

総合

$n \geqq 2$ のとき，① の n に $n-1$ を代入して

$$\frac{1}{a_1}+\frac{1}{a_2}+\cdots\cdots+\frac{1}{a_{n-1}}=\frac{1}{a_n}+p \quad \cdots\cdots ②$$

①−② から　$\dfrac{1}{a_n}=\dfrac{1}{a_{n+1}}-\dfrac{1}{a_n}$　よって　$a_{n+1}=\dfrac{1}{2}a_n$

ゆえに，$n \geqq 2$ のとき，数列 $\{a_n\}$ は $a_2=\dfrac{1}{1-p}$，公比 $\dfrac{1}{2}$ の等比数列である。

したがって，$n \geqq 2$ のとき　$\boldsymbol{a_n=\dfrac{1}{1-p}\left(\dfrac{1}{2}\right)^{n-2}}$

(2)　N が 2 以上の自然数のとき，$S_N=\sum_{n=1}^{N} na_n$ とおくと

$$S_N=a_1+2a_2+3a_3+\cdots\cdots+Na_N$$
$$=1+\frac{1}{1-p}\left\{2+3\cdot\frac{1}{2}+\cdots\cdots+N\left(\frac{1}{2}\right)^{N-2}\right\}$$

◀(1) の結果を利用。

$T=2+3\cdot\dfrac{1}{2}+\cdots\cdots+N\left(\dfrac{1}{2}\right)^{N-2}$　とおくと

$$\frac{1}{2}T=2\cdot\frac{1}{2}+3\cdot\left(\frac{1}{2}\right)^2+\cdots\cdots+(N-1)\left(\frac{1}{2}\right)^{N-2}+N\left(\frac{1}{2}\right)^{N-1}$$

よって

$$T-\frac{1}{2}T=2+\left\{\frac{1}{2}+\left(\frac{1}{2}\right)^2+\cdots\cdots+\left(\frac{1}{2}\right)^{N-2}\right\}-N\left(\frac{1}{2}\right)^{N-1}$$

$$\frac{1}{2}T=2+\frac{\frac{1}{2}\left\{1-\left(\frac{1}{2}\right)^{N-2}\right\}}{1-\frac{1}{2}}-N\left(\frac{1}{2}\right)^{N-1}$$

ゆえに　$T=6-(N+2)\left(\dfrac{1}{2}\right)^{N-2}$

したがって　$S_N=1+\dfrac{1}{1-p}\left\{6-\dfrac{4(N+2)}{2^N}\right\}$

◀$(N+2)\left(\dfrac{1}{2}\right)^{N-2}$
$=(N+2)\cdot 4\left(\dfrac{1}{2}\right)^N$
$=\dfrac{4(N+2)}{2^N}$

ここで，N が十分大きいとき，二項定理から

$$2^N=(1+1)^N>{}_N\mathrm{C}_2=\frac{1}{2}N(N-1)$$

よって　$0<\dfrac{4(N+2)}{2^N}<\dfrac{8(N+2)}{N(N-1)}$

$\displaystyle\lim_{N\to\infty}\frac{8(N+2)}{N(N-1)}=\lim_{N\to\infty}\frac{8\left(1+\frac{2}{N}\right)}{N\left(1-\frac{1}{N}\right)}=0$ であるから

◀はさみうちの原理。

$$\lim_{N\to\infty}\frac{4(N+2)}{2^N}=0$$

よって　$\displaystyle\lim_{N\to\infty}S_N=1+\frac{6}{1-p}$　ゆえに　$\displaystyle\sum_{n=1}^{\infty}na_n=1+\frac{6}{1-p}$

これが 20 に等しいから　$1+\dfrac{6}{1-p}=20$

ゆえに　$\boldsymbol{p=\dfrac{13}{19}}$　（これは $0<p<1$ を満たす）

類題 12 ➡ 本冊 p. 583

(1) 曲線 $y=f(x)$ 上の点 $(x_n,\ f(x_n))$ における接線の方程式は

$$y-f(x_n)=f'(x_n)(x-x_n)$$

これが点 $(x_{n+1},\ 0)$ を通るから　$-f(x_n)=f'(x_n)(x_{n+1}-x_n)$

すなわち　$f'(x_n)(x_n-x_{n+1})=f(x_n)$

これと $f(a)=0$ から

$$\frac{f'(x_n)(x_n-x_{n+1})}{x_n-a}=\frac{f(x_n)}{x_n-a}=\frac{f(x_n)-f(a)}{x_n-a}$$

ここで，区間 $[a,\ x_n]$ において平均値の定理により

$$\frac{f(x_n)-f(a)}{x_n-a}=f'(c),\quad a<c<x_n$$

を満たす実数 c が存在する。

◀ $f(x)$ は微分可能。

よって　$\dfrac{f'(x_n)(x_n-x_{n+1})}{x_n-a}=\dfrac{f(x_n)-f(a)}{x_n-a}=f'(c)$

また，$f''(x)>0$ であるから，$f'(x)$ は単調に増加する。

ゆえに，$a<c<x_n$ から　$f'(a)<f'(c)<f'(x_n)$

したがって　$f'(a)<\dfrac{f'(x_n)(x_n-x_{n+1})}{x_n-a}<f'(x_n)$

(2) $x_n>a$ …… ① とする。

[1] $n=1$ のとき

$f'(x)>0$ であるから $f(x)$ は単調に増加し，更に

$$f(-2)<0,\ f(2)>0$$

よって，$f(a)=0$ となる実数 a は，$-2<a<2$ を満たす。

$x_1=2$ であるから　$x_1>a$

ゆえに，$n=1$ のとき，① は成り立つ。

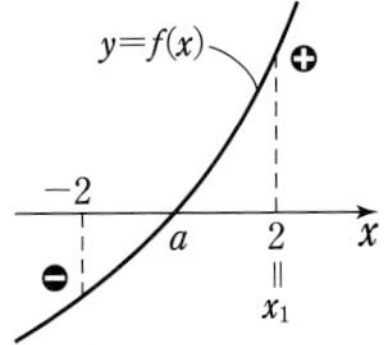

[2] $n=k$ のとき，① が成り立つと仮定すると　$x_k>a$

(1) から　$\dfrac{f'(x_k)(x_k-x_{k+1})}{x_k-a}<f'(x_k)$

この不等式において，$f'(x_k)>0$，$x_k-a>0$ であるから，両辺を $f'(x_k)$ で割って分母を払うと

$x_k-x_{k+1}<x_k-a$　　よって　$x_{k+1}>a$

ゆえに，$n=k+1$ のときも ① は成り立つ。

[1]，[2] から，すべての自然数 n について ① は成り立つ。

(3) (2) から　$x_n>a$

(1) から　$\dfrac{f'(x_n)(x_n-x_{n+1})}{x_n-a}>f'(a)$

$f'(x_n)>0$ であるから　$\dfrac{x_n-x_{n+1}}{x_n-a}>\dfrac{f'(a)}{f'(x_n)}$

変形すると　$\dfrac{(x_n-a)-(x_{n+1}-a)}{x_n-a}>\dfrac{f'(a)}{f'(x_n)}$

すなわち　$1-\dfrac{x_{n+1}-a}{x_n-a}>\dfrac{f'(a)}{f'(x_n)}$

したがって　$\dfrac{x_{n+1}-a}{x_n-a}<1-\dfrac{f'(a)}{f'(x_n)}$

(4) $x_n - x_{n+1} > \dfrac{f'(a)}{f'(x_n)}(x_n - a) > 0$ から　　$x_n > x_{n+1}$

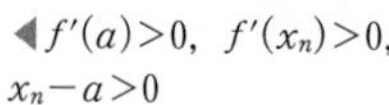
◀$f'(a)>0$, $f'(x_n)>0$, $x_n-a>0$

よって　　$x_n < x_{n-1} < \cdots\cdots < x_1 = 2$

これと，$f'(x)$ が単調増加であることから，すべての自然数 n について　　$0 < f'(x_n) \leqq f'(2)$

更に，これと $f'(a)>0$ から　　$0 < \dfrac{f'(a)}{f'(2)} \leqq \dfrac{f'(a)}{f'(x_n)}$

◀$0 < \dfrac{1}{f'(2)} \leqq \dfrac{1}{f'(x_n)}$

ゆえに　　$1 - \dfrac{f'(a)}{f'(x_n)} \leqq 1 - \dfrac{f'(a)}{f'(2)} < 1$　…… ②

一方，$a<2$ より，$f'(a) < f'(2)$ であるから

$$1 - \frac{f'(a)}{f'(2)} > 1 - \frac{f'(2)}{f'(2)} = 0 \quad \cdots\cdots ③$$

$1 - \dfrac{f'(a)}{f'(2)} = r$ とおくと，②，③ から　　$0 < r < 1$

また，$\dfrac{x_{n+1}-a}{x_n - a} < 1 - \dfrac{f'(a)}{f'(x_n)} \leqq 1 - \dfrac{f'(a)}{f'(2)} = r$ と $x_n - a > 0$ から

$$x_{n+1} - a < r(x_n - a)$$

これを繰り返し用いると

$$0 < x_n - a < r^{n-1}(x_1 - a) = r^{n-1}(2-a)$$

$0<r<1$ より，$\displaystyle\lim_{n\to\infty} r^{n-1}(2-a) = 0$ であるから

$$\lim_{n\to\infty}(x_n - a) = 0$$

したがって　　$\displaystyle\lim_{n\to\infty} x_n = a$

参考　方程式 $f(x)=0$ の解 a (の近似値) を次のようにして求める方法を **ニュートン法** という。

適当な数 x_0 に対して，曲線 $y=f(x)$ 上の点 $(x_0,\ f(x_0))$ における接線と x 軸との交点の x 座標を x_1 とする。

次に，曲線 $y=f(x)$ 上の点 $(x_1,\ f(x_1))$ における接線と x 軸との交点の x 座標を x_2 とする。以下順に x_3，x_4，x_5，…… と定めていくことで，a により近い近似値を求める。

なお，すべての関数 $f(x)$ でうまくいくわけではない。類題 12 では，$f''(x)>0$ [$f(x)$ が凸関数]，$f'(x)>0$ である関数 $f(x)$ について，ニュートン法が適用されることを示している。

類題 13 ➡ 本冊 $p.585$

(1) $f(\theta)$ の定義から　　$f(\theta) = (\theta + \sin\theta + \alpha)^2 + (\cos\theta + 3)^2$

よって　$f'(\theta) = 2(\theta + \sin\theta + \alpha)(1 + \cos\theta) + 2(\cos\theta + 3)(-\sin\theta)$

$\qquad = 2(\theta + \theta\cos\theta - 2\sin\theta + \alpha + \alpha\cos\theta)$

また　　$f''(\theta) = 2(1 - \cos\theta - \theta\sin\theta - \alpha\sin\theta)$

$\qquad f'''(\theta) = -2(\theta + \alpha)\cos\theta$

◀$f''(\theta)$ は $y=f'(\theta)$ の点 $(\theta,\ f'(\theta))$ における接線の傾きである。

$\alpha>0$ であるから，$0 \leqq \theta \leqq \pi$ において　　$\theta + \alpha > 0$

よって，$0<\theta<\pi$ において $f'''(\theta)=0$ とすると　　$\theta = \dfrac{\pi}{2}$

$0 \leqq \theta \leqq \pi$ における $f''(\theta)$ の増減表は右のようになる。
$\alpha > 0$ であるから
$2-\pi-2\alpha<0$

θ	0	$\cdots$	$\frac{\pi}{2}$	$\cdots$	π
$f'''(\theta)$	／	$-$	0	$+$	／
$f''(\theta)$	0	↘	極小 $2-\pi-2\alpha$	↗	4

◀$f(\theta)$, $f'(\theta)$, $f''(\theta)$ の関係をグラフにすると次のようになる。

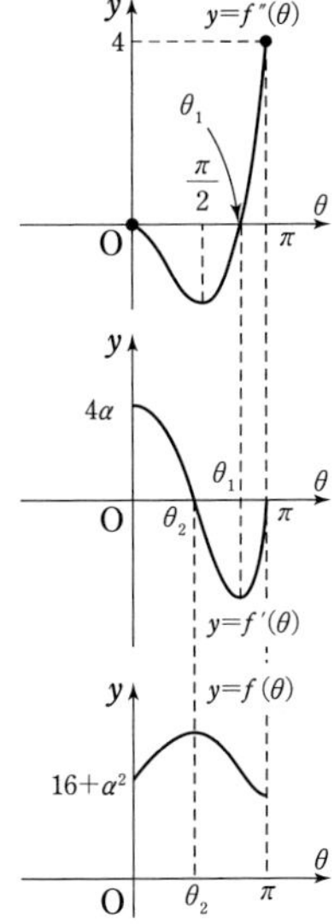

よって，$f''(\theta_1)=0$，$\frac{\pi}{2}<\theta_1<\pi$ を満たす θ_1 がただ1つ存在するから，$0 \leqq \theta \leqq \pi$ における $f'(\theta)$ の増減表は右のようになる。
$4\alpha>0$，$f'(\theta_1)<f'(\pi)=0$ であるから，$f'(\theta_2)=0$，$0<\theta_2<\theta_1$ を満たす θ_2 がただ1つ存在する。

θ	0	$\cdots$	θ_1	$\cdots$	π
$f''(\theta)$	／	$-$	0	$+$	／
$f'(\theta)$	4α	↘	極小	↗	0

したがって，$0<\theta<\pi$ の範囲に $f'(\theta)=0$ となる θ がただ1つ存在する。

(2) (1) より，$0 \leqq \theta \leqq \pi$ における $f(\theta)$ の増減表は右のようになる。
よって，$f(\theta)$ は $\theta=\theta_2$ のとき，最大となる。

θ	0	$\cdots$	θ_2	$\cdots$	π
$f'(\theta)$	／	$+$	0	$-$	／
$f(\theta)$		↗	極大	↘	

$f(\theta)$ が $0<\theta<\frac{\pi}{2}$ のある点において最大になるための条件は，

$0<\theta_2<\frac{\pi}{2}$ となることである。

$\frac{\pi}{2}<\theta_1$ であるから，$f'(\theta)$ は $0 \leqq \theta \leqq \frac{\pi}{2}$ で単調に減少する。　◀$f''(\theta)<0$

$f'(0)=4\alpha>0$ であるから，$0<\theta_2<\frac{\pi}{2}$ となるための条件は

$$f'\left(\frac{\pi}{2}\right)=2\alpha+\pi-4<0$$

ゆえに　　$\alpha<2-\frac{\pi}{2}$

これと $\alpha>0$ との共通範囲を求めて

$$\boldsymbol{0<\alpha<2-\frac{\pi}{2}}$$

類題 14 ➡ 本冊 p. 587

(1) $(\sqrt{2}^{\sqrt{2}})^{\sqrt{2}}=\sqrt{2}^{(\sqrt{2}\times\sqrt{2})}=\sqrt{2}^{(\sqrt{2}^2)}$　◀指数法則 $(a^p)^q=a^{p\times q}$ を利用する。
$\sqrt{2}^{\sqrt{2}}<\sqrt{2}^2$ であるから　　$\boldsymbol{\sqrt{2}^{(\sqrt{2}\sqrt{2})}<(\sqrt{2}^{\sqrt{2}})^{\sqrt{2}}}$　◀$a>1$ のとき $p<q \iff a^p<a^q$

(2) $f(x)=\sqrt{2}^x$ であるから　$f'(x)=\sqrt{2}^x\log\sqrt{2}=\frac{\sqrt{2}^x}{2}\log 2$

$f'(2)=\log 2$

よって，C 上の点 $(2,\ f(2))$ における接線の方程式は

$y-2=(\log 2)(x-2)$

すなわち　　$y=(\log 2)x+2-2\log 2$

したがって　　$\boldsymbol{m=\log 2,\ k=2-2\log 2}$

総合

(3) $g(x)=f(x)-(mx+k)$ とおくと

$$g(x)=\sqrt{2}^{\,x}-(\log 2)x-2+2\log 2$$

$$g'(x)=\frac{\sqrt{2}^{\,x}}{2}\log 2-\log 2=\frac{1}{2}(\sqrt{2}^{\,x}-2)\log 2$$

$g'(x)=0$ となるのは　$x=2$

$g(x)$ の増減表は右のようになる。

よって，すべての実数 x に対して $g(x)\geqq 0$ であるから，すべての実数 x に対して $f(x)\geqq mx+k$ が成り立つ。

CHART 大小比較は差をつくれ

◀差をとって微分

x	$\cdots$	2	$\cdots$
$g'(x)$	$-$	0	$+$
$g(x)$	↘	0	↗

(4) $f(a_n)=\sqrt{2}^{\,a_n}=a_{n+1}$ であるから，(3) より

$$\sqrt{2}^{\,a_n}\geqq(\log 2)a_n+2-2\log 2$$

$$a_{n+1}\geqq(\log 2)a_n+2-2\log 2$$

$$2-a_{n+1}\leqq 2\log 2-(\log 2)a_n$$

$$2-a_{n+1}\leqq(\log 2)(2-a_n)$$

◀(3) は (4) のヒント。

また，$2-a_n\geqq 0$ つまり $a_n\leqq 2$ …… ① を示す。

[1]　$a_1=\sqrt{2}<2$ より，$n=1$ のとき ① が成り立つ。

[2]　$n=k$ のとき，① が成り立つと仮定する。

このとき　$a_{k+1}=\sqrt{2}^{\,a_k}\leqq\sqrt{2}^{\,2}=2$

よって，$n=k+1$ のときにも ① が成り立つ。

◀$a_k\leqq 2$ より $(\sqrt{2})^{a_k}\leqq(\sqrt{2})^2$

[1]，[2] より，すべての自然数 n について，① が成り立つ。

以上から，$n\geqq 2$ のとき

$$0\leqq 2-a_n\leqq(\log 2)^{n-1}(2-\sqrt{2})$$

ここで，$e=2.718\cdots\cdots$ であるから　$0<\log 2<\log e=1$

したがって　$\displaystyle\lim_{n\to\infty}(\log 2)^{n-1}(2-\sqrt{2})=0$

はさみうちの原理により　$\displaystyle\lim_{n\to\infty}(2-a_n)=0$　　よって　$\displaystyle\lim_{n\to\infty}a_n=\mathbf{2}$

◀$(\log 2)(2-a_{n-1})$
$\leqq(\log 2)^2(2-a_{n-2})$
$\vdots$
$\leqq(\log 2)^{n-1}(2-a_1)$

類題 15 ➡ 本冊 p. 589

(1) $f(x)=\dfrac{2\sqrt{2}}{3}\pi\sin\left(\dfrac{x}{3}+\dfrac{\pi}{6}\right)+\dfrac{3-2\sqrt{2}}{3}\pi$

$-2\pi\leqq x\leqq\pi$ のとき $-\dfrac{\pi}{2}\leqq\dfrac{x}{3}+\dfrac{\pi}{6}\leqq\dfrac{\pi}{2}$ であるから，この範囲で $\sin\left(\dfrac{x}{3}+\dfrac{\pi}{6}\right)$ は単調に増加する。

よって，$[-2\pi,\ \pi]$ において $f(x)$ は単調に増加する。

◀$\dfrac{\sqrt{3}}{2}\sin\dfrac{x}{3}+\dfrac{1}{2}\cos\dfrac{x}{3}$
$=\cos\dfrac{\pi}{6}\sin\dfrac{x}{3}+\sin\dfrac{\pi}{6}\cos\dfrac{x}{3}$
$=\sin\left(\dfrac{x}{3}+\dfrac{\pi}{6}\right)$

(2) $g(x)=f(x)-x$ とおくと

$$g'(x)=f'(x)-1=\frac{2\sqrt{2}}{9}\pi\cos\left(\frac{x}{3}+\frac{\pi}{6}\right)-1$$

◀差をとって微分
$g(-2\pi)=\pi-(-2\pi)=3\pi$
$g(\pi)=0$ より，$g'(x)$ が単調減少であればよい。

$-2\pi<x<\pi$ すなわち $-\dfrac{\pi}{2}<\dfrac{x}{3}+\dfrac{\pi}{6}<\dfrac{\pi}{2}$ において，

$0<\cos\left(\dfrac{x}{3}+\dfrac{\pi}{6}\right)<1$ より　$-1<g'(x)<\dfrac{2\sqrt{2}}{9}\pi-1$

ここで，$\pi^2<10$ より

$$\frac{2\sqrt{2}}{9}\pi-1<\frac{2\sqrt{2}\cdot\sqrt{10}-9}{9}=\frac{\sqrt{80}-\sqrt{81}}{9}<0$$

◀$\pi<\sqrt{10}$ をつかう。

よって，$-2\pi<x<\pi$ において　$g'(x)<0$

したがって，$-2\pi \leqq x \leqq \pi$ で $g(x)$ は単調に減少する。

また　$g(\pi)=f(\pi)-\pi=\left(\frac{2\sqrt{2}}{3}\pi\sin\frac{\pi}{2}+\frac{3-2\sqrt{2}}{3}\pi\right)-\pi=0$

よって，$(-2\pi,\ \pi)$ において　$g(x)>0$

すなわち　$f(x)>x$

(3) $f^{-1}(x)=t$ とおくと，$x=f(t)$ より　$dx=f'(t)dt$

よって

x	$f(0) \longrightarrow f(\pi)$
t	$0 \longrightarrow \pi$

$$\int_{f(0)}^{f(\pi)} f^{-1}(x)dx=\int_0^{\pi} tf'(t)dt=\Big[tf(t)\Big]_0^{\pi}-\int_0^{\pi} f(t)dt$$

◀部分積分

$$=\pi f(\pi)-\int_0^{\pi}\left\{\frac{2\sqrt{2}}{3}\pi\sin\left(\frac{t}{3}+\frac{\pi}{6}\right)+\frac{3-2\sqrt{2}}{3}\pi\right\}dt$$

$$=\pi^2-\left[-2\sqrt{2}\,\pi\cos\left(\frac{t}{3}+\frac{\pi}{6}\right)+\frac{3-2\sqrt{2}}{3}\pi t\right]_0^{\pi}$$

◀$f(\pi)=\pi$

$$=\pi^2-\left(\frac{3-2\sqrt{2}}{3}\pi^2+\sqrt{6}\,\pi\right)=\boldsymbol{\frac{2\sqrt{2}}{3}\pi^2-\sqrt{6}\,\pi}$$

(4) (2) より，$0 \leqq x < \pi$ で $f(x)>x$ であり，また $f(\pi)=\pi$ である。

そして，C_1 と C_2 は直線 $y=x$ について対称である。

よって，C_1，C_2，$x+y=f(0)$ の概形は右の図のようになり，求める面積を S とおくと S は斜線部分の面積である。

また，C_2，$x=f(\pi)$，x 軸で囲まれた図形の面積を S_1 とし，$x+y=f(0)$，x 軸，y 軸で囲まれた面積を S_2 とすると

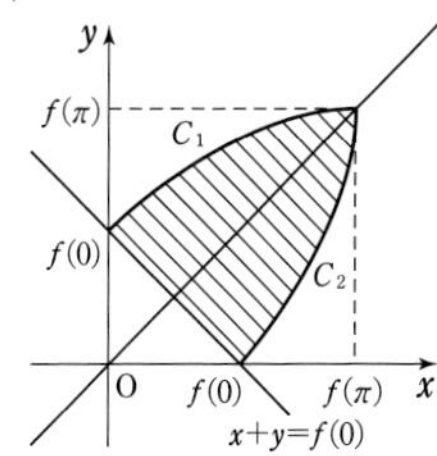

$$S_1=\int_{f(0)}^{f(\pi)} f^{-1}(x)dx=\frac{2\sqrt{2}}{3}\pi^2-\sqrt{6}\,\pi$$

$$S_2=\frac{1}{2}\cdot\{f(0)\}^2=\frac{1}{2}\left(\frac{2\sqrt{2}}{3}\pi\sin\frac{\pi}{6}+\frac{3-2\sqrt{2}}{3}\pi\right)^2$$

◀直角二等辺三角形の面積

$$=\frac{1}{2}\left(\frac{3-\sqrt{2}}{3}\pi\right)^2=\frac{11-6\sqrt{2}}{18}\pi^2$$

よって　$S=\pi^2-(2S_1+S_2)$

$$=\pi^2-\left\{2\left(\frac{2\sqrt{2}}{3}\pi^2-\sqrt{6}\,\pi\right)+\frac{11-6\sqrt{2}}{18}\pi^2\right\}$$

$$=\boldsymbol{\frac{7-18\sqrt{2}}{18}\pi^2+2\sqrt{6}\,\pi}$$

類題 16 ➡ 本冊 p. 591

(1) $\boldsymbol{f_1(x)}=\int_0^x \frac{f_0(t)}{t+1}dt=\int_0^x \frac{1}{t+1}dt=\Big[\log(t+1)\Big]_0^x$

◀与えられた定義に従い，順番に求めていく。

$$=\boldsymbol{\log(x+1)}$$

$$\boldsymbol{f_2(x)}=\int_0^x \frac{f_1(t)}{t+1}dt=\int_0^x \frac{\log(t+1)}{t+1}dt=\left[\frac{1}{2}\{\log(t+1)\}^2\right]_0^x$$

$$=\boldsymbol{\frac{1}{2}\{\log(x+1)\}^2}$$

$$\boldsymbol{f_3(x)}=\int_0^x \frac{f_2(t)}{t+1}dt=\int_0^x \frac{\{\log(t+1)\}^2}{2(t+1)}dt=\left[\frac{1}{6}\{\log(t+1)\}^3\right]_0^x$$

$$=\boldsymbol{\frac{1}{6}\{\log(x+1)\}^3}$$

総合

(2) (1)から　$f_n(x)=\dfrac{1}{n!}\{\log(x+1)\}^n$　…… ① と推測される。

①が成り立つことを数学的帰納法で証明する。

[1]　$n=1$ のとき

$$f_1(x)=\log(x+1)=\frac{1}{1!}\{\log(x+1)\}^1$$

よって，①は成り立つ。

[2]　$n=k$ のとき①が成り立つ，すなわち

$f_k(x)=\dfrac{1}{k!}\{\log(x+1)\}^k$ であると仮定する。

$n=k+1$ のときを考えると，この仮定により

$$f_{k+1}(x)=\int_0^x \frac{f_k(t)}{t+1}dt=\int_0^x \frac{\{\log(t+1)\}^k}{k!(t+1)}dt$$

$$=\left[\frac{\{\log(t+1)\}^{k+1}}{k!(k+1)}\right]_0^x=\frac{\{\log(x+1)\}^{k+1}}{(k+1)!}$$

よって，$n=k+1$ のときにも①は成り立つ。

[1]，[2]から，すべての自然数 n について①は成り立つ。

したがって　$\boldsymbol{f_n(x)=\dfrac{1}{n!}\{\log(x+1)\}^n \quad (n\geqq 1)}$

CHART　**n の問題**
予想して証明
証明は数学的帰納法

(3) $f_n(0)=0$，$x>0$ で $f_n(x)>0$ であるから，$n\geqq 1$ のとき

$S_n(a)+S_{n+1}(a)$

$$=\frac{1}{n!}\int_0^a\{\log(x+1)\}^n dx+\frac{1}{(n+1)!}\int_0^a\{\log(x+1)\}^{n+1}dx$$

$$=\frac{1}{(n+1)!}\int_0^a[\{\log(x+1)\}^{n+1}+(n+1)\{\log(x+1)\}^n]dx$$

$$=\frac{1}{(n+1)!}\left[\left[(x+1)\{\log(x+1)\}^{n+1}\right]_0^a\right.$$
$$\left.-\int_0^a(n+1)\{\log(x+1)\}^n dx+\int_0^a(n+1)\{\log(x+1)\}^n dx\right]$$

$$=\frac{a+1}{(n+1)!}\{\log(a+1)\}^{n+1}$$

よって，条件から

$$\frac{a+1}{(n+1)!}\{\log(a+1)\}^{n+1}=\frac{a+1}{(n+1)!}$$

ゆえに　$\{\log(a+1)\}^{n+1}=1$

$\log(a+1)>0$ であるから　$\log(a+1)=1$

よって　$a+1=e$

したがって　$\boldsymbol{a=e-1}$

◀$f_n(0)=\dfrac{1}{n!}(\log 1)^n$
$x>0$ のとき
$\log(x+1)>0$

◀$\{\log(x+1)\}^{n+1}$
$=(x+1)'\{\log(x+1)\}^{n+1}$
とみて部分積分。

(4) (3)により，$n\geqq 2$，$a=e-1$ のとき

$$S_{n-1}(a)+S_n(a)=\frac{e}{n!}$$

よって　$\displaystyle\sum_{k=1}^{n}\frac{(-1)^k}{k!}=\frac{(-1)^1}{1!}+\sum_{k=2}^{n}\frac{(-1)^k}{k!}$

$$=-1+\frac{1}{e}\sum_{k=2}^{n}(-1)^k\{S_{k-1}(a)+S_k(a)\}$$

◀(3)は(4)のヒント。
部分和 $\displaystyle\sum_{k=1}^{n}\frac{(-1)^k}{k!}$ を
$S_k(a)$ を用いて表す。

ここで $\sum_{k=2}^{n}(-1)^k\{S_{k-1}(a)+S_k(a)\}$

$=\{S_1(a)+S_2(a)\}-\{S_2(a)+S_3(a)\}+\{S_3(a)+S_4(a)\}$

$-\cdots\cdots+(-1)^n\{S_{n-1}(a)+S_n(a)\}$

$=S_1(a)+(-1)^nS_n(a)$

◀途中の項が消える。

ゆえに $\displaystyle\sum_{k=1}^{n}\frac{(-1)^k}{k!}=-1+\frac{1}{e}\{S_1(a)+(-1)^nS_n(a)\}$

また $\displaystyle S_1(a)=\int_0^a\log(x+1)dx$

$=\Big[(x+1)\log(x+1)-(x+1)\Big]_0^a$

$=(a+1)\log(a+1)-a$

$=e\log e-(e-1)=1$

◀$a=e-1$

更に，$f_n(0)=0$，$x\geqq 0$ で $f_n(x)$ は単調に増加するから

$$0\leqq S_n(a)=\frac{1}{n!}\int_0^a\{\log(x+1)\}^n dx$$

$$\leqq\frac{a}{n!}\{\log(a+1)\}^n=\frac{e-1}{n!}$$

◀$\int_0^a\{\log(x+1)\}^n dx$ $\leqq\int_0^a\{\log(a+1)\}^n dx$

$\displaystyle\lim_{n\to\infty}\frac{e-1}{n!}=0$ であるから $\displaystyle\lim_{n\to\infty}S_n(a)=0$

よって $\displaystyle\sum_{k=1}^{\infty}\frac{(-1)^k}{k!}=\lim_{n\to\infty}\sum_{k=1}^{n}\frac{(-1)^k}{k!}=-1+\frac{1}{e}S_1(a)=\boldsymbol{\frac{1-e}{e}}$

類題 17 ➡ 本冊 p. 593

(1) $|\overrightarrow{\mathrm{OP}_\theta}|=\sqrt{(e^{-\theta}\cos\theta)^2+(e^{-\theta}\sin\theta)^2}$

$=e^{-\theta}$

よって，動点 P_θ が動くときに描く曲線は，極方程式 $r=e^{-\theta}$ で表される。

◀曲線は等角螺旋とも呼ばれる。

$\varDelta t>0$ が十分小さいとき，

$f(t+\varDelta t)-f(t)$ は右の図の灰色部分の面積を表す。

$$\frac{d}{d\theta}e^{-\theta}=-e^{-\theta}<0$$

であるから，線分 OP_t の長さは t に関して単調に減少する。

よって $\displaystyle\frac{1}{2}\{e^{-(t+\varDelta t)}\}^2\varDelta t<f(t+\varDelta t)-f(t)<\frac{1}{2}(e^{-t})^2\varDelta t$

$$\frac{1}{2}e^{-2(t+\varDelta t)}<\frac{f(t+\varDelta t)-f(t)}{\varDelta t}<\frac{1}{2}e^{-2t}$$

したがって，はさみうちの原理から

$$\lim_{\varDelta t\to+0}\frac{f(t+\varDelta t)-f(t)}{\varDelta t}=\frac{1}{2}e^{-2t}$$

$\varDelta t<0$ のときも同様にして

$$\lim_{\varDelta t\to-0}\frac{f(t+\varDelta t)-f(t)}{\varDelta t}=\frac{1}{2}e^{-2t}$$

よって $\displaystyle\boldsymbol{\frac{d}{dt}f(t)}=\lim_{\varDelta t\to0}\frac{f(t+\varDelta t)-f(t)}{\varDelta t}=\boldsymbol{\frac{1}{2}e^{-2t}}$

(2) (1) より，$f(t)=f(t)-f(0)=\int_0^t \frac{1}{2}e^{-2\theta}d\theta$ であるから

$$\boldsymbol{U(n)}=S\left(\frac{n-1}{2}\pi,\ \frac{n}{2}\pi\right)=f\left(\frac{n}{2}\pi\right)-f\left(\frac{n-1}{2}\pi\right)$$
$$=\int_0^{\frac{n}{2}\pi}\frac{1}{2}e^{-2\theta}d\theta-\int_0^{\frac{n-1}{2}\pi}\frac{1}{2}e^{-2\theta}d\theta$$
$$=\int_{\frac{n-1}{2}\pi}^{\frac{n}{2}\pi}\frac{1}{2}e^{-2\theta}d\theta=\left[-\frac{1}{4}e^{-2\theta}\right]_{\frac{n-1}{2}\pi}^{\frac{n}{2}\pi}$$
$$=-\frac{1}{4}(e^{-n\pi}-e^{-(n-1)\pi})=\boldsymbol{\frac{1}{4}e^{-n\pi}(e^{\pi}-1)}$$

◀$0<\beta-\alpha\leqq 2\pi$ のとき，極方程式 $r=r(\theta)$ $(\alpha\leqq\theta\leqq\beta)$ で表される曲線上の点と極Oを結んだ線分が通過する領域の面積 S は
$$S=\frac{1}{2}\int_\alpha^\beta\{r(\theta)\}^2d\theta$$

(3) 数列 $\{U(n)\}$ は初項 $\frac{1}{4}(1-e^{-\pi})$，公比 $e^{-\pi}$ の等比数列で，$0<e^{-\pi}<1$ であるから

$$\sum_{n=1}^{\infty}U(n)=\frac{1}{4}\cdot\frac{1-e^{-\pi}}{1-e^{-\pi}}=\boldsymbol{\frac{1}{4}}$$

類題 18 ➡ 本冊 p. 595

(1) $f'(x)=-\frac{1}{2}\sin x$，$g'(x)=-\frac{1}{2}\sin\frac{x}{2}$

2 曲線 $y=f(x)$ と $y=g(x)$ が，点 $(p,\ q)$ $(0<p\leqq\pi)$ で接するための条件は

$$f'(p)=g'(p)\ \cdots\cdots\ ①\quad かつ\quad f(p)=g(p)=q\ \cdots\cdots\ ②$$

◀微分係数が一致し，かつ y 座標が一致する。

① から　　$-\frac{1}{2}\sin p=-\frac{1}{2}\sin\frac{p}{2}$

すなわち　　$\sin p=\sin\frac{p}{2}$

$0<p\leqq\pi$ であるから　$\pi-p=\frac{p}{2}$　　　よって　$p=\frac{2}{3}\pi$

② から　　$\frac{1}{2}\cos p=\cos\frac{p}{2}+c=q$

$p=\frac{2}{3}\pi$ を代入すると　　$-\frac{1}{4}=\frac{1}{2}+c=q$

よって　　$q=-\frac{1}{4}$，$c=-\frac{3}{4}$

ゆえに，2 曲線 $y=f(x)$ と $y=g(x)$ が $x=0$ 以外の点で接するような c の値は，$\boldsymbol{c=-\frac{3}{4}}$ である。

よって，接点の座標は　$\boldsymbol{\left(\frac{2}{3}\pi,\ -\frac{1}{4}\right)}$

また　$f(x)-g(x)=\frac{1}{2}\cos x-\cos\frac{x}{2}+\frac{3}{4}$

$$=\frac{1}{2}\left(2\cos^2\frac{x}{2}-1\right)-\cos\frac{x}{2}+\frac{3}{4}$$
$$=\left(\cos\frac{x}{2}-\frac{1}{2}\right)^2\geqq 0$$

したがって　　$\boldsymbol{f(x)\geqq g(x)}$

(2) Dは右の図の斜線部分である。

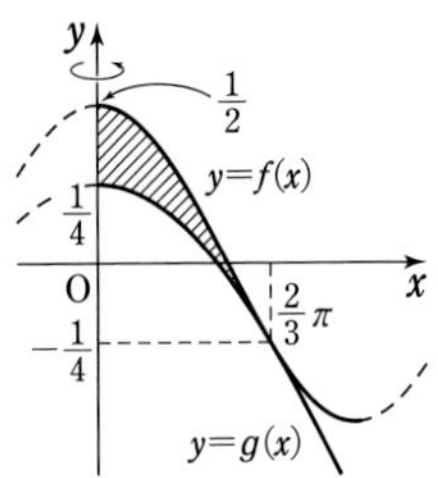

曲線 $y=f(x)$ と y 軸，および直線 $y=-\dfrac{1}{4}$ で囲まれた図形を y 軸の周りに1回転してできる立体の体積を V_1 とし，曲線 $y=g(x)$ と y 軸，および直線 $y=-\dfrac{1}{4}$ で囲まれた図形を y 軸の周りに1回転してできる立体の体積を V_2 とすると

$$V=V_1-V_2$$

$y=\dfrac{1}{2}\cos x$ から　　$dy=-\dfrac{1}{2}\sin x\,dx$

y	$-\frac{1}{4} \longrightarrow \frac{1}{2}$
x	$\frac{2}{3}\pi \longrightarrow 0$

◀$y=f(x)$ を x について解くことができないから，置換積分を利用する。

◀y 軸周りの回転体であるから，バウムクーヘン分割による計算も利用できるが，本問の場合は，y 軸方向に $\dfrac{1}{4}$ だけ平行移動して考える必要があるため，手間は変わらない。

よって　$V_1=\pi\displaystyle\int_{-\frac{1}{4}}^{\frac{1}{2}}x^2dy$

$$=\pi\int_{\frac{2}{3}\pi}^{0}x^2\left(-\frac{1}{2}\right)\sin x\,dx$$

$$=\frac{\pi}{2}\int_0^{\frac{2}{3}\pi}x^2\sin x\,dx$$

$$=\frac{\pi}{2}\Big[-x^2\cos x\Big]_0^{\frac{2}{3}\pi}+\pi\int_0^{\frac{2}{3}\pi}x\cos x\,dx$$

$$=\frac{\pi^3}{9}+\pi\Big[x\sin x\Big]_0^{\frac{2}{3}\pi}-\pi\int_0^{\frac{2}{3}\pi}\sin x\,dx$$

$$=\frac{\pi^3}{9}+\frac{\sqrt{3}}{3}\pi^2-\pi\Big[-\cos x\Big]_0^{\frac{2}{3}\pi}$$

$$=\frac{\pi^3}{9}+\frac{\sqrt{3}}{3}\pi^2-\frac{3}{2}\pi$$

$y=\cos\dfrac{x}{2}-\dfrac{3}{4}$ から　$dy=-\dfrac{1}{2}\sin\dfrac{x}{2}\,dx$

y	$-\frac{1}{4} \longrightarrow \frac{1}{4}$
x	$\frac{2}{3}\pi \longrightarrow 0$

◀$y=g(x)$ も x について解くことはできないので，置換積分を利用する。

よって

$$V_2=\pi\int_{-\frac{1}{4}}^{\frac{1}{4}}x^2dy=\pi\int_{\frac{2}{3}\pi}^{0}x^2\left(-\frac{1}{2}\sin\frac{x}{2}\right)dx$$

$$=\frac{\pi}{2}\int_0^{\frac{2}{3}\pi}x^2\sin\frac{x}{2}\,dx$$

$$=\pi\Big[-x^2\cos\frac{x}{2}\Big]_0^{\frac{2}{3}\pi}+2\pi\int_0^{\frac{2}{3}\pi}x\cos\frac{x}{2}\,dx$$

$$=-\frac{2}{9}\pi^3+4\pi\Big[x\sin\frac{x}{2}\Big]_0^{\frac{2}{3}\pi}-4\pi\int_0^{\frac{2}{3}\pi}\sin\frac{x}{2}\,dx$$

$$=-\frac{2}{9}\pi^3+\frac{4\sqrt{3}}{3}\pi^2+8\pi\Big[\cos\frac{x}{2}\Big]_0^{\frac{2}{3}\pi}=-\frac{2}{9}\pi^3+\frac{4\sqrt{3}}{3}\pi^2-4\pi$$

したがって

$$V=V_1-V_2=\frac{\pi^3}{9}+\frac{\sqrt{3}}{3}\pi^2-\frac{3}{2}\pi-\left(-\frac{2}{9}\pi^3+\frac{4\sqrt{3}}{3}\pi^2-4\pi\right)$$

$$=\boldsymbol{\frac{\pi^3}{3}-\sqrt{3}\,\pi^2+\frac{5}{2}\pi}$$

総合

類題 19 ➡ 本冊 p. 597

Kを平面 $z=k$ $(k\geqq 1)$ で切った切り口が空集合でないような k の値の範囲は，AとOが一致するとき，B(0, 0, 2) であることに注意すると

$$1\leqq k\leqq 2$$

◀線分 AB と平面 $z=k$ が共有点をもつような k の範囲を考えている。

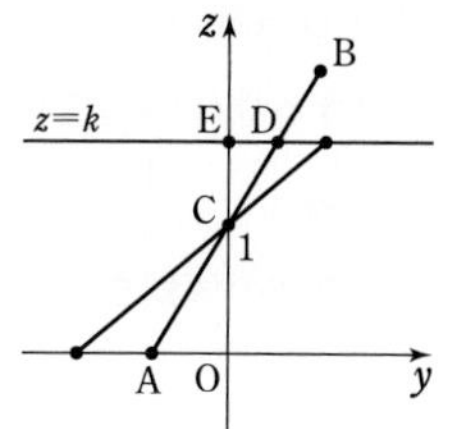

特に $k=1$, 2 のとき，切り口は1点のみである。

$1<k<2$ のときを考える。

対称性から，Kは平面 $x=0$ における線分 AB の通過範囲を z 軸を中心に回転させた領域である。

線分 AB と平面 $z=k$ が共有点をもつとき，その共有点をDとして，E$(0, 0, k)$ とする。

線分 DE の長さが最大となるのは，右の図のように，DとBが一致するときである。

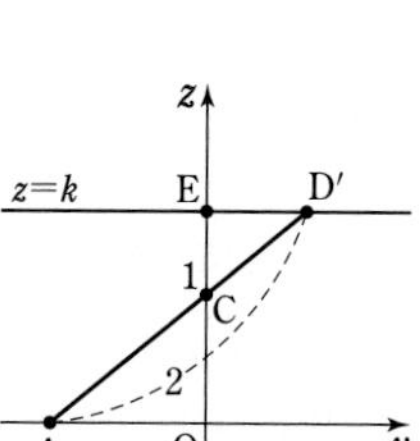

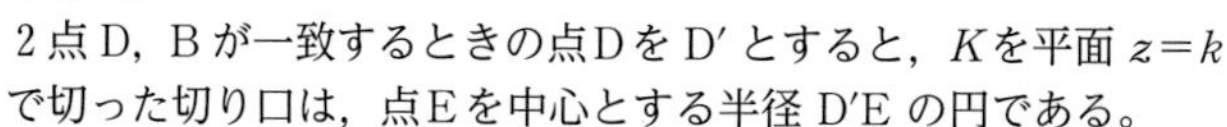
2点D, Bが一致するときの点DをD′とすると，Kを平面 $z=k$ で切った切り口は，点Eを中心とする半径 D′E の円である。

D′C：CA＝EC：CO であるから

◀平行線と線分の比の性質。

$$\mathrm{D'C}:(2-\mathrm{D'C})=(k-1):1$$

ゆえに　$\mathrm{D'C}=(k-1)(2-\mathrm{D'C})$

よって　$\mathrm{D'C}=\dfrac{2(k-1)}{k}$

ゆえに　$\mathrm{D'E}^2=\mathrm{D'C}^2-\mathrm{EC}^2=\dfrac{4(k-1)^2}{k^2}-(k-1)^2$

よって，Kを平面 $z=k$ で切った切り口の面積は

$$\pi\left\{\frac{4(k-1)^2}{k^2}-(k-1)^2\right\}$$

◀半径 D′E の円の面積。

したがって，求める体積は

$$\int_1^2\pi\left\{\frac{4(k-1)^2}{k^2}-(k-1)^2\right\}dk$$

$$=4\pi\int_1^2\left(1-\frac{2}{k}+\frac{1}{k^2}\right)dk-\pi\left[\frac{(k-1)^3}{3}\right]_1^2$$

$$=4\pi\left[k-2\log k-\frac{1}{k}\right]_1^2-\frac{1}{3}\pi$$

$$=\boldsymbol{\left(\frac{17}{3}-8\log 2\right)\pi}$$

類題 20 ➡ 本冊 p. 600

原点をO，点 (1, 1, 1) をAとする。

(1) 直線 ℓ の方向ベクトルは　$\overrightarrow{\mathrm{OA}}=(1,\ 1,\ 1)$

点 $\left(\dfrac{t}{3},\ \dfrac{t}{3},\ \dfrac{t}{3}\right)$ をPとし，点Pを通り，ℓ と垂直な平面上の点を $\mathrm{P}'(x,\ y,\ z)$ とすると　$\overrightarrow{\mathrm{OA}}\cdot\overrightarrow{\mathrm{PP'}}=0$

ゆえに　$1\cdot\left(x-\dfrac{t}{3}\right)+1\cdot\left(y-\dfrac{t}{3}\right)+1\cdot\left(z-\dfrac{t}{3}\right)=0$

すなわち　$x+y+z=t$

よって，求める直線の方程式は　$\boldsymbol{x+y=t,\ z=0}$

◀一般に，点 $(x_1,\ y_1,\ z_1)$ を通り，ベクトル $(a,\ b,\ c)$ に垂直な平面の方程式は $a(x-x_1)+b(y-y_1)+c(z-z_1)=0$ で与えられる。

(2) xy 平面上の領域 D は右の図の斜線部分のようになる。

ここで，(1)で求めた直線を m_t とする。

領域 D が直線 m_t と共有点をもつのは，曲線 $y=x(1-x)$ の $x=1$ における接線が直線 $y=-x+1$ すなわち m_1 であることに注意すると，$0\leqq t\leqq 1$ のときである。

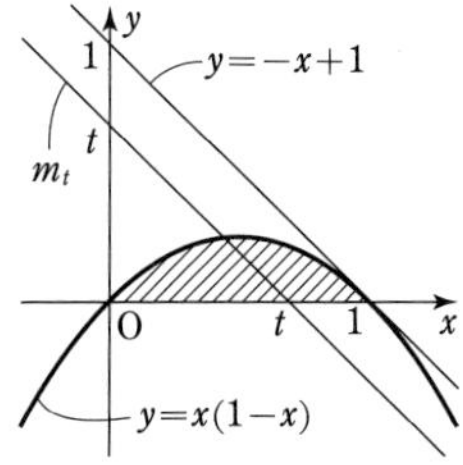

$\mathrm{OP}=u$ とすると　$u=\dfrac{t}{\sqrt{3}}$

よって，$0\leqq t\leqq 1$ のとき　$0\leqq u\leqq\dfrac{1}{\sqrt{3}}$

また，得られる回転体を E とし，点Pを通り，直線 ℓ に垂直な平面 L による E の断面の面積を S とすると，求める体積 V は

CHART 体積　断面積をつかめ

$$V=\int_0^{\frac{1}{\sqrt{3}}}S\,du$$

$u=\dfrac{t}{\sqrt{3}}$ であるから　$du=\dfrac{1}{\sqrt{3}}dt$

u	$0\longrightarrow\dfrac{1}{\sqrt{3}}$
t	$0\longrightarrow 1$

したがって　$V=\displaystyle\int_0^1\frac{S}{\sqrt{3}}dt$　…… ①

ここで，直線 m_t と xy 平面上の曲線 $y=x(1-x)$，x 軸との交点をそれぞれQ，Rとする。このとき，立体 E の平面 L による断面の面積 S は，平面 L 上で線分QRが点Pを中心に1回転したときに通過する領域の面積に等しい。

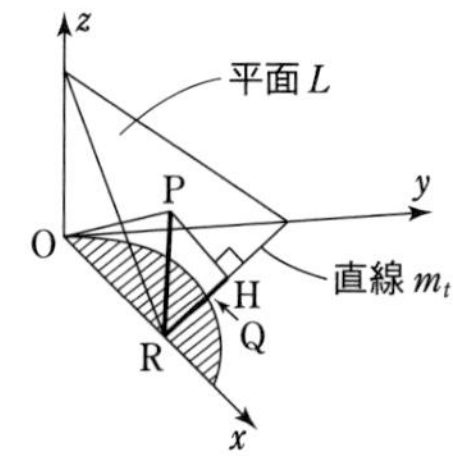

点Pから直線 m_t に垂線PHを下ろし，Hの座標を $(x,\ -x+t,\ 0)$ とすると　$\overrightarrow{\mathrm{PH}}=\left(x-\dfrac{t}{3},\ -x+\dfrac{2}{3}t,\ -\dfrac{t}{3}\right)$

$\overrightarrow{\mathrm{PH}}$ は m_t の方向ベクトル $(1,\ -1,\ 0)$ に垂直であるから

$1\cdot\left(x-\dfrac{t}{3}\right)-1\cdot\left(-x+\dfrac{2}{3}t\right)+0=0$　すなわち　$x=\dfrac{t}{2}$

よって，点Hの座標は　$\left(\dfrac{t}{2},\ \dfrac{t}{2},\ 0\right)$

ゆえに，点Hは xy 平面上の直線 $y=x$ 上の点であり，直線 $y=x$ は曲線 $y=x(1-x)$ の $x=0$ における接線であるから，点Hは線分QRの外側にある。

したがって，線分QR上で点Pとの距離が最大となるのは点R，最小となるのは点Qである。

ゆえに　$S=\pi \mathrm{PR}^2-\pi \mathrm{PQ}^2=\pi(\mathrm{PH}^2+\mathrm{HR}^2)-\pi(\mathrm{PH}^2+\mathrm{HQ}^2)$

$=\pi(\mathrm{HR}^2-\mathrm{HQ}^2)$

ここで，点Qの座標を $(s,\ s(1-s),\ 0)$ とすると，Qは直線 $m_t: x+y=t$ 上の点でもあるから

$$s+s(1-s)=t \quad \text{すなわち} \quad 2s-s^2=t$$

点Rの座標は $(t,\ 0,\ 0)$ であるから

$$S=\pi(\mathrm{HR}^2-\mathrm{HQ}^2)$$
$$=\pi\left[\left\{\left(t-\frac{t}{2}\right)^2+\left(0-\frac{t}{2}\right)^2+0^2\right\}-\left\{\left(s-\frac{t}{2}\right)^2+\left\{s(1-s)-\frac{t}{2}\right\}^2+0^2\right\}\right]$$
$$=\pi\{st+s(1-s)t-s^2-s^2(1-s)^2\}$$

これに $t=2s-s^2$ を代入して整理すると　$S=2\pi(s^2-s^3)$

$t=2s-s^2$ から　$dt=(2-2s)ds$

t	$0 \longrightarrow 1$
s	$0 \longrightarrow 1$

よって，① から　$V=\dfrac{1}{\sqrt{3}}\displaystyle\int_0^1 S\,dt$

$$=\frac{1}{\sqrt{3}}\int_0^1 2\pi(s^2-s^3)\cdot(2-2s)ds$$
$$=\frac{4\pi}{\sqrt{3}}\int_0^1 (s^2-2s^3+s^4)ds$$
$$=\frac{4\pi}{\sqrt{3}}\left[\frac{s^3}{3}-\frac{s^4}{2}+\frac{s^5}{5}\right]_0^1=\boldsymbol{\frac{2\sqrt{3}}{45}\pi}$$

類題 21 ➡ 本冊 $p.$ 603

➡ 本冊 p. 603

(1)　$\displaystyle\int_0^n f_n(x)dx=\int_0^n \frac{x}{n(1+x)}\log\left(1+\frac{x}{n}\right)dx$

$\dfrac{x}{n}=t$ とおくと，$x=nt$ から　$dx=n\,dt$

x	$0 \longrightarrow n$
t	$0 \longrightarrow 1$

したがって　$\displaystyle\int_0^n f_n(x)dx=\int_0^1 \frac{t}{1+nt}\log(1+t)\cdot n\,dt$

$$=\int_0^1 \frac{nt}{1+nt}\log(1+t)dt \quad \cdots\cdots ①$$

◀積分区間が [0, 1] となり，証明すべき不等式の右辺の積分区間と同じになる。

$0 \leqq t \leqq 1$ のとき　$\dfrac{nt}{1+nt}<1,\ \log(1+t) \geqq 0$

ゆえに，$\dfrac{nt}{1+nt}\log(1+t) \leqq \log(1+t)$ であるから

$$\int_0^1 \frac{nt}{1+nt}\log(1+t)dt \leqq \int_0^1 \log(1+t)dt$$

よって，① から　$\displaystyle\int_0^n f_n(x)dx \leqq \int_0^1 \log(1+t)dt$

すなわち　$\displaystyle\int_0^n f_n(x)dx \leqq \int_0^1 \log(1+x)dx$

◀定積分の値は積分変数の文字に無関係なので，上の不等式の右辺の積分変数を t から x に変えてよい。

(2)　$\left|I_n-\displaystyle\int_0^1 \log(1+x)dx\right|$

$$=\left|\int_0^1 \frac{nx}{1+nx}\log(1+x)dx-\int_0^1 \log(1+x)dx\right|$$
$$=\left|\int_0^1 \left(\frac{nx}{1+nx}-1\right)\log(1+x)dx\right|=\left|\int_0^1 \frac{\log(1+x)}{1+nx}dx\right| \quad \cdots\cdots ②$$

$0 \leqq x \leqq 1$ において　　$0 \leqq \log(1+x) \leqq \log 2$

◀このことを用いて，②の定積分の値の評価を行う。

各辺を $1+nx$ (>0) で割ると　　$0 \leqq \dfrac{\log(1+x)}{1+nx} \leqq \dfrac{\log 2}{1+nx}$

よって　　$0 \leqq \displaystyle\int_0^1 \frac{\log(1+x)}{1+nx}dx \leqq \int_0^1 \frac{\log 2}{1+nx}dx$

$\displaystyle\int_0^1 \frac{\log 2}{1+nx}dx = \log 2\left[\frac{1}{n}\log(1+nx)\right]_0^1 = \frac{\log(1+n)}{n}\cdot\log 2$ であるから　　$0 \leqq \displaystyle\int_0^1 \frac{\log(1+x)}{1+nx}dx \leqq \frac{\log(1+n)}{n}\cdot\log 2$

また　$\displaystyle\lim_{n\to\infty}\left\{\frac{\log(1+n)}{n}\cdot\log 2\right\} = \lim_{n\to\infty}\left\{\frac{\log(1+n)}{1+n}\cdot\frac{1+n}{n}\cdot\log 2\right\}$

$\displaystyle = \lim_{n\to\infty}\left\{\frac{\log(1+n)}{1+n}\cdot\left(\frac{1}{n}+1\right)\cdot\log 2\right\} = 0$

◀$\displaystyle\lim_{x\to\infty}\frac{\log x}{x} = 0$

ゆえに，はさみうちの原理から　　$\displaystyle\lim_{n\to\infty}\int_0^1 \frac{\log(1+x)}{1+nx}dx = 0$

よって，② から　　$\displaystyle\lim_{n\to\infty}\left|I_n - \int_0^1 \log(1+x)dx\right| = 0$

すなわち　　$\displaystyle\lim_{n\to\infty} I_n = \int_0^1 \log(1+x)dx$

◀$\displaystyle\int \log t\,dt = t\log t - t + C$

$$= \Big[(1+x)\log(1+x) - (1+x)\Big]_0^1$$

$$= 2\log 2 - 1$$

したがって　　$\displaystyle\lim_{n\to\infty} I_n = \mathbf{2\log 2 - 1}$

類題 22 ➡ 本冊 *p*. 606

(1)　$y=g(x)$ は 2 点 $(a,\ f(a))$，$(b,\ f(b))$ を通る直線の方程式であるから

◀$f''(x)<0$ から，$y=f(x)$ のグラフは上に凸である。

$$g(x) = \frac{f(b)-f(a)}{b-a}(x-a)+f(a)$$

$h(x)=f(x)-g(x)$ とすると

◀**大小比較は差を作れ**

$h'(x) = f'(x) - g'(x)$

$\displaystyle = f'(x) - \frac{f(b)-f(a)}{b-a}$

$h''(x) = f''(x)$

区間 $(a,\ b)$ で $f''(x)<0$ すなわち $h''(x)<0$ であるから，$h'(x)$ は単調に減少する。

$f(x)$ は区間 $[a,\ b]$ で連続であり，区間 $(a,\ b)$ で微分可能であるから，平均値の定理より，$\dfrac{f(b)-f(a)}{b-a} = f'(c)$，$a<c<b$ を満たす実数 c が存在する。

◀$\dfrac{f(b)-f(a)}{b-a}$ が現れるから，平均値の定理の利用を考える。

この c に対して　　$h'(c)=0$

区間 $(a,\ b)$ において $h'(x)$ は単調に減少するから，$a \leqq x \leqq b$ における $h(x)$ の増減表は右のようになる。

x	a	$\cdots$	c	$\cdots$	b
$h'(x)$		$+$	0	$-$	
$h(x)$	0	↗	極大	↘	0

したがって，区間 $(a,\ b)$ で常に　　$h(x)>0$

すなわち　　$f(x)>g(x)$

(2)　$f(x)=\log x$ とすると　　$f'(x)=\dfrac{1}{x}$，$f''(x)=-\dfrac{1}{x^2}$

よって，$x>0$ で $f''(x)<0$ が成り立つ。

したがって，(1) において，$f(x)=\log x$，$a=j$，$b=j+1$ とすると，

区間 $(j,\ j+1)$ で　　$f(x)>g(x)$

ゆえに　　$\displaystyle\int_j^{j+1} g(x)dx<\int_j^{j+1} f(x)dx$　…… ①

$j\geqq 2$ のとき，$\displaystyle\int_j^{j+1} g(x)dx$ は，右の図の網の部分の台形の面積であるから

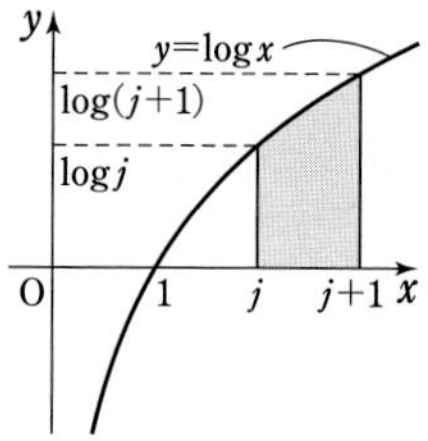

$$\int_j^{j+1} g(x)dx=\frac{1}{2}\{\log j+\log(j+1)\}\cdot 1$$

$$=\frac{\log j+\log(j+1)}{2}\quad\cdots\cdots ②$$

◀定積分 $\displaystyle\int_j^{j+1} g(x)dx$ については，$g(x)$ の式を具体的に求めて計算するのではなく，図形的意味（面積）を考える。

$j=1$ のとき，$\displaystyle\int_1^2 g(x)dx$ は底辺の長さが 1，高さが $\log 2$ の三角形の面積であるから

$$\int_1^2 g(x)dx=\frac{1}{2}\cdot 1\cdot\log 2=\frac{\log 2}{2}$$

よって，② は $j=1$ のときも成り立つ。

したがって，① から

$$\frac{\log j+\log(j+1)}{2}<\int_j^{j+1}\log x\,dx$$

(3)　(2) から　　$\displaystyle\sum_{j=1}^{n-1}\frac{\log j+\log(j+1)}{2}<\sum_{j=1}^{n-1}\int_j^{j+1}\log x\,dx$

すなわち　　$\displaystyle\frac{1}{2}\sum_{j=1}^{n-1}\log j+\frac{1}{2}\sum_{j=1}^{n-1}\log(j+1)<\int_1^n\log x\,dx$　…… ③

ここで　　$\displaystyle\frac{1}{2}\sum_{j=1}^{n-1}\log j=\frac{1}{2}\{\log 1+\log 2+\cdots\cdots+\log(n-1)\}$

$$=\frac{1}{2}\log(n-1)!=\log\sqrt{(n-1)!}$$

◀$\log 1+\log 2+\cdots+\log(n-1)=\log\{1\cdot 2\cdot\cdots\cdots\cdot(n-1)\}$

同様に考えて　　$\displaystyle\frac{1}{2}\sum_{j=1}^{n-1}\log(j+1)=\log\sqrt{n!}$

また　　$\displaystyle\int_1^n\log x\,dx=\Big[x\log x-x\Big]_1^n=n\log n-n+1$

$$=\log n^n+\log e^{-n+1}=\log n^n e^{-n+1}$$

◀$\displaystyle\int\log x\,dx=x\log x-x+C$

よって，③ から　　$\log\sqrt{(n-1)!}+\log\sqrt{n!}<\log n^n e^{-n+1}$

すなわち　　$\log\sqrt{n!(n-1)!}<\log n^n e^{-n+1}$

対数の底 e は 1 より大きいから　　$\sqrt{n!(n-1)!}<n^n e^{-n+1}$

問題 1 ➡ 本冊 p. 609

(1) A : 2 行 2 列の行列　　B : 2 行 3 列の行列
　C : 3 行 2 列の行列　　D : 3 行 3 列の行列

◀ A は 2 次の正方行列。
◀ D は 3 次の正方行列。

(2) 第 3 行ベクトルは $(1,\ -3)$，第 2 列ベクトルは $\begin{pmatrix} -1 \\ 2 \\ -3 \end{pmatrix}$

(3) $a_{12}=5$，$a_{32}=-3$，$a_{33}=2$

問題 2 ➡ 本冊 p. 609

(1) 対応する成分が等しいから

$3xy+2=-8y$ …… ①，　$-2x=6$ …… ②

$3x+5y=1$ …… ③，　$-3+2xy=5x$ …… ④

② から　$x=-3$　　③ に代入して　$y=2$

$x=-3$，$y=2$ は ①，④ を満たす。

したがって　$\boldsymbol{x=-3,\ y=2}$

◀①～④ の中で最も簡単な ②，③ を選んで x，y の値を求め，それが残りの ①，④ を満たすことを確かめる。

(2) 対応する成分が等しいから

$x+u=3$ …… ①，　$v-x=x-u$ …… ②

$y+v=-y$ …… ③，　$2+u=-u-3$ …… ④

④ から　$\boldsymbol{u=-\frac{5}{2}}$　　① から　$\boldsymbol{x=\frac{11}{2}}$

② から　$\boldsymbol{v=\frac{27}{2}}$　　③ から　$\boldsymbol{y=-\frac{27}{4}}$

問題 3 ➡ 本冊 p. 610

(1) (与式)$=\begin{pmatrix} 4 \\ 12 \end{pmatrix}+\begin{pmatrix} -3 \\ 6 \end{pmatrix}=\begin{pmatrix} 4-3 \\ 12+6 \end{pmatrix}=\begin{pmatrix} \mathbf{1} \\ \mathbf{18} \end{pmatrix}$

◀対応する成分どうしの和を計算。

(2) (与式)$=\begin{pmatrix} 15 & -18 \\ 3 & 0 \end{pmatrix}+\begin{pmatrix} -1 & 2 \\ 5 & -1 \end{pmatrix}=\begin{pmatrix} 15-1 & -18+2 \\ 3+5 & 0-1 \end{pmatrix}$

$=\begin{pmatrix} \mathbf{14} & \mathbf{-16} \\ \mathbf{8} & \mathbf{-1} \end{pmatrix}$

(3) (与式)$=\begin{pmatrix} 2 & 2 \\ 4 & -6 \end{pmatrix}-\begin{pmatrix} 6 & -3 \\ -15 & 6 \end{pmatrix}=\begin{pmatrix} 2-6 & 2-(-3) \\ 4-(-15) & -6-6 \end{pmatrix}$

$=\begin{pmatrix} \mathbf{-4} & \mathbf{5} \\ \mathbf{19} & \mathbf{-12} \end{pmatrix}$

◀対応する成分どうしの差を計算。

問題 4 ➡ 本冊 p. 610

$$2(A-B)+3(B-2C)+4C=2A-2B+3B-6C+4C$$
$$=2A+B-2C$$

$=2\begin{pmatrix} 1 & 2 & -3 \\ 1 & 0 & 4 \end{pmatrix}+\begin{pmatrix} -1 & 2 & -1 \\ 4 & 3 & 0 \end{pmatrix}-2\begin{pmatrix} -4 & -5 & -2 \\ 0 & 5 & 3 \end{pmatrix}$

$=\begin{pmatrix} 2 & 4 & -6 \\ 2 & 0 & 8 \end{pmatrix}+\begin{pmatrix} -1 & 2 & -1 \\ 4 & 3 & 0 \end{pmatrix}+\begin{pmatrix} 8 & 10 & 4 \\ 0 & -10 & -6 \end{pmatrix}$

$=\begin{pmatrix} 2-1+8 & 4+2+10 & -6-1+4 \\ 2+4+0 & 0+3-10 & 8+0-6 \end{pmatrix}$

$=\begin{pmatrix} \mathbf{9} & \mathbf{16} & \mathbf{-3} \\ \mathbf{6} & \mathbf{-7} & \mathbf{2} \end{pmatrix}$

◀まず，与えられた A，B，C についての式を簡単にする。

問題5 ➡ 本冊 p. 611

(1) (左辺)$=\begin{pmatrix}10 & -2\\ 2a & 6\end{pmatrix}+\begin{pmatrix}-3b & -3\\ -12 & -3c\end{pmatrix}=\begin{pmatrix}10-3b & -5\\ 2a-12 & 6-3c\end{pmatrix}$

◀まず，左辺を整理する。

よって，等式から　$\begin{pmatrix}10-3b & -5\\ 2a-12 & 6-3c\end{pmatrix}=\begin{pmatrix}4 & d\\ -2 & -12\end{pmatrix}$

対応する成分が等しいから

$$10-3b=4,\ -5=d,\ 2a-12=-2,\ 6-3c=-12$$

これを解いて　$\boldsymbol{a=5,\ b=2,\ c=6,\ d=-5}$

(2) 与えられた等式から　$2X-A=2B-4A+X$

◀ x の方程式 $2x-a=2b-4a+x$ を解くつもりで変形する。

よって　$X=-3A+2B$

ゆえに　$\boldsymbol{X}=-3\begin{pmatrix}0 & -3\\ 1 & 5\end{pmatrix}+2\begin{pmatrix}5 & 1\\ -2 & 0\end{pmatrix}$

$=\begin{pmatrix}0 & 9\\ -3 & -15\end{pmatrix}+\begin{pmatrix}10 & 2\\ -4 & 0\end{pmatrix}$

$=\boldsymbol{\begin{pmatrix}10 & 11\\ -7 & -15\end{pmatrix}}$

(3) $A=\begin{pmatrix}1 & 2\\ 3 & -1\end{pmatrix}$, $B=\begin{pmatrix}0 & -1\\ 1 & 0\end{pmatrix}$ とすると

$$X+2Y=A\ \cdots\cdots ①,\quad -3X+Y=B\ \cdots\cdots ②$$

◀ x，y の連立方程式 $\begin{cases}x+2y=a\\ -3x+y=b\end{cases}$ を解くつもりで変形する。

①−②×2 から　$7X=A-2B$　　よって　$X=\frac{1}{7}(A-2B)$

これを ② に代入すると　$Y=\frac{1}{7}(3A+B)$

よって　$\boldsymbol{X}=\frac{1}{7}\left\{\begin{pmatrix}1 & 2\\ 3 & -1\end{pmatrix}-2\begin{pmatrix}0 & -1\\ 1 & 0\end{pmatrix}\right\}$

$=\frac{1}{7}\left\{\begin{pmatrix}1 & 2\\ 3 & -1\end{pmatrix}+\begin{pmatrix}0 & 2\\ -2 & 0\end{pmatrix}\right\}$

$=\boldsymbol{\frac{1}{7}\begin{pmatrix}1 & 4\\ 1 & -1\end{pmatrix}}$

$\boldsymbol{Y}=\frac{1}{7}\left\{3\begin{pmatrix}1 & 2\\ 3 & -1\end{pmatrix}+\begin{pmatrix}0 & -1\\ 1 & 0\end{pmatrix}\right\}$

$=\frac{1}{7}\left\{\begin{pmatrix}3 & 6\\ 9 & -3\end{pmatrix}+\begin{pmatrix}0 & -1\\ 1 & 0\end{pmatrix}\right\}$

$=\boldsymbol{\frac{1}{7}\begin{pmatrix}3 & 5\\ 10 & -3\end{pmatrix}}$

問題6 ➡ 本冊 p. 613

(1) $\begin{pmatrix}-1 & 3\end{pmatrix}\begin{pmatrix}-2\\ 1\end{pmatrix}=(-1)\cdot(-2)+3\cdot 1=\boldsymbol{5}$

(2) $\begin{pmatrix}2\\ -4\end{pmatrix}\begin{pmatrix}3 & 1\end{pmatrix}=\begin{pmatrix}2\cdot 3 & 2\cdot 1\\ (-4)\cdot 3 & (-4)\cdot 1\end{pmatrix}=\boldsymbol{\begin{pmatrix}6 & 2\\ -12 & -4\end{pmatrix}}$

(3) $\begin{pmatrix}2 & -3\end{pmatrix}\begin{pmatrix}5 & 2\\ -1 & 4\end{pmatrix}=\begin{pmatrix}2\cdot 5+(-3)\cdot(-1) & 2\cdot 2+(-3)\cdot 4\end{pmatrix}$

$=\boldsymbol{\begin{pmatrix}13 & -8\end{pmatrix}}$

(4) $\begin{pmatrix} 3 & 6 \\ 8 & 9 \end{pmatrix}\begin{pmatrix} 3 \\ -1 \end{pmatrix}=\begin{pmatrix} 3\cdot3+6\cdot(-1) \\ 8\cdot3+9\cdot(-1) \end{pmatrix}=\begin{pmatrix} \mathbf{3} \\ \mathbf{15} \end{pmatrix}$

(5) $\begin{pmatrix} 1 & 0 \\ 7 & -1 \end{pmatrix}\begin{pmatrix} 2 & 5 \\ -6 & 3 \end{pmatrix}=\begin{pmatrix} 1\cdot2+0\cdot(-6) & 1\cdot5+0\cdot3 \\ 7\cdot2+(-1)\cdot(-6) & 7\cdot5+(-1)\cdot3 \end{pmatrix}$

$=\begin{pmatrix} \mathbf{2} & \mathbf{5} \\ \mathbf{20} & \mathbf{32} \end{pmatrix}$

(6) $\begin{pmatrix} 2 & 6 \\ -1 & 2 \end{pmatrix}\begin{pmatrix} k & 0 \\ 0 & k \end{pmatrix}=\begin{pmatrix} 2\cdot k+6\cdot0 & 2\cdot0+6\cdot k \\ (-1)\cdot k+2\cdot0 & (-1)\cdot0+2\cdot k \end{pmatrix}$

$=\begin{pmatrix} \boldsymbol{2k} & \boldsymbol{6k} \\ \boldsymbol{-k} & \boldsymbol{2k} \end{pmatrix}$

(7) $\begin{pmatrix} 5 & 2 & 0 \\ 1 & -8 & 8 \\ 7 & 5 & -2 \end{pmatrix}\begin{pmatrix} 1 \\ 2 \\ -3 \end{pmatrix}=\begin{pmatrix} 5\cdot1+2\cdot2+0\cdot(-3) \\ 1\cdot1+(-8)\cdot2+8\cdot(-3) \\ 7\cdot1+5\cdot2+(-2)\cdot(-3) \end{pmatrix}=\begin{pmatrix} \mathbf{9} \\ \mathbf{-39} \\ \mathbf{23} \end{pmatrix}$

(8) $\begin{pmatrix} 3 & 2 & 1 \\ -2 & 0 & -1 \\ 1 & 3 & 5 \end{pmatrix}\begin{pmatrix} 1 & 0 & 5 \\ 6 & 2 & 3 \\ 2 & -4 & 1 \end{pmatrix}$

$=\begin{pmatrix} 3\cdot1+2\cdot6+1\cdot2 & 3\cdot0+2\cdot2+1\cdot(-4) & 3\cdot5+2\cdot3+1\cdot1 \\ (-2)\cdot1+0\cdot6+(-1)\cdot2 & (-2)\cdot0+0\cdot2+(-1)\cdot(-4) & (-2)\cdot5+0\cdot3+(-1)\cdot1 \\ 1\cdot1+3\cdot6+5\cdot2 & 1\cdot0+3\cdot2+5\cdot(-4) & 1\cdot5+3\cdot3+5\cdot1 \end{pmatrix}$

$=\begin{pmatrix} \mathbf{17} & \mathbf{0} & \mathbf{22} \\ \mathbf{-4} & \mathbf{4} & \mathbf{-11} \\ \mathbf{29} & \mathbf{-14} & \mathbf{19} \end{pmatrix}$

問題7 ➡ 本冊 p.613

$\boldsymbol{AB}=\begin{pmatrix} \mathbf{5} & \mathbf{-1} & \mathbf{-2} \\ \mathbf{5} & \mathbf{2} & \mathbf{-1} \end{pmatrix}$ **積 $\boldsymbol{BA}$ は定義されない。**

$\boldsymbol{BC}=\begin{pmatrix} \mathbf{3} & \mathbf{4} \\ \mathbf{2} & \mathbf{1} \\ \mathbf{-3} & \mathbf{1} \end{pmatrix}$ **積 $\boldsymbol{CB}$ は定義されない。**

$\boldsymbol{CA}=\begin{pmatrix} \mathbf{10} & \mathbf{5} & \mathbf{10} \\ \mathbf{5} & \mathbf{5} & \mathbf{10} \\ \mathbf{10} & \mathbf{10} & \mathbf{20} \end{pmatrix}$ $\boldsymbol{AC}=\begin{pmatrix} \mathbf{21} & \mathbf{13} \\ \mathbf{13} & \mathbf{14} \end{pmatrix}$

◀行列の積 PQ は
$\boldsymbol{P}$の列数＝$\boldsymbol{Q}$の行数
のときに限り定義される。

◀Aの列数＝Cの行数
であるから，積 AC は
定義される。

問題8 ➡ 本冊 p.614

(1) $(A+2B)(A-2B)=A(A-2B)+2B(A-2B)$

$=\boldsymbol{A^2-2AB+2BA-4B^2}$

◀分配法則。

◀$AB \neq BA$ に注意。

(2) $(A-C)^2=(A-C)(A-C)$

$=A(A-C)-C(A-C)$

$=A^2-AC-CA+C^2$

同様に　$(B-C)^2=B^2-BC-CB+C^2$

また　$(A+B-2C)^2=(A+B-2C)(A+B-2C)$

$=A(A+B-2C)+B(A+B-2C)-2C(A+B-2C)$

$=A^2+AB-2AC+BA+B^2-2BC-2CA-2CB+4C^2$

$=A^2+B^2+4C^2+AB+BA-2BC-2CB-2AC-2CA$

よって　(与式)

$=2(A^2-AC-CA+C^2)+2(B^2-BC-CB+C^2)$
$\quad -(A^2+B^2+4C^2+AB+BA-2BC-2CB-2AC-2CA)$
$=\boldsymbol{A^2-AB-BA+B^2}$

(3) $(A-3E)^2=(A-3E)(A-3E)=A(A-3E)-3E(A-3E)$
$\qquad =A^2-3AE-3EA+9E^2=A^2-3A-3A+9E$
$\qquad =\boldsymbol{A^2-6A+9E}$

◀$AE=EA=A$

別解 $(A-3E)^2=A^2-6AE+9E^2=\boldsymbol{A^2-6A+9E}$

◀AとEは**交換可能**であるから，多項式と同じように計算できる。

(4) $(A+E)^2-(A-E)^2=(A^2+2AE+E^2)-(A^2-2AE+E^2)$
$\qquad =(A^2+2A+E)-(A^2-2A+E)$
$\qquad =\boldsymbol{4A}$

問題9 ➡ 本冊 *p*. 614

AとBが交換可能であるとき，$AB=BA$ であるから

$$(AB)B=(BA)B=B(AB)$$

よって，AB とBは交換可能である。

◀$(AB)B=B(AB)$ であることを示す。

問題10 ➡ 本冊 *p*. 615

$AB=O$ から $\begin{pmatrix} 3x-2z & -2x+8 \\ 18+yz & -12-4y \end{pmatrix}=\begin{pmatrix} 0 & 0 \\ 0 & 0 \end{pmatrix}$

ゆえに　$3x-2z=0$ …… ①，　$-2x+8=0$ …… ②
　　　　$18+yz=0$ …… ③，　$-12-4y=0$ …… ④

② から　$x=4$　　④ から　$y=-3$

$x=4$ を ① に代入して　$12-2z=0$　　よって　$z=6$

$y=-3$，$z=6$ は ③ を満たす。

したがって　$\boldsymbol{x=4,\ y=-3,\ z=6}$

◀y，z が ③ を満たすことの確認を忘れずに行う。

参考　上の結果から，$AB=O$ を満たすとき

$A=\begin{pmatrix} 4 & -2 \\ 6 & -3 \end{pmatrix}$，$B=\begin{pmatrix} 3 & -2 \\ 6 & -4 \end{pmatrix}$ となる。これらは $BA=O$ も満たすから，AとBは可換な零因子である。

問題11 ➡ 本冊 *p*. 615

$A-E=\begin{pmatrix} -2 & 2(k+1) \\ k+4 & k^2-4k-10 \end{pmatrix}$ であるから

$$(A-E)^2=\begin{pmatrix} -2 & 2(k+1) \\ k+4 & k^2-4k-10 \end{pmatrix}\begin{pmatrix} -2 & 2(k+1) \\ k+4 & k^2-4k-10 \end{pmatrix}$$

$$=\begin{pmatrix} 4+2(k+1)(k+4) & 2(k+1)(-2+k^2-4k-10) \\ (k+4)(-2+k^2-4k-10) & 2(k+1)(k+4)+(k^2-4k-10)^2 \end{pmatrix}$$

$$=\begin{pmatrix} 4+2(k+1)(k+4) & 2(k+1)(k+2)(k-6) \\ (k+4)(k+2)(k-6) & 2(k+1)(k+4)+(k^2-4k-10)^2 \end{pmatrix}$$

(1, 2) 成分と (2, 1) 成分をともに 0 にする k の値は

$$k=-2,\ 6$$

◀$(A-E)^2=O$ $\Longleftrightarrow$ $(A-E)^2$ のすべての成分が 0

[1] $k=-2$ のとき (1, 1) 成分と (2, 2) 成分がともに 0 になり，$(A-E)^2=O$ を満たす。

[2] $k=6$ のとき (1, 1) 成分が 0 にならないから，$(A-E)^2=O$ を満たさない。

◀(1, 1) 成分は明らかに正の数になる。

したがって，求める k の値は　$\boldsymbol{k=-2}$

問題 12 ➡ 本冊 p. 616

ハミルトン・ケーリーの定理により，Aについて，次の等式が成り立つ。

$$A^2-(a+d)A+(ad-bc)E=O$$

よって　$A^2=(a+d)A-(ad-bc)E$　…… ①

(1)　$A^2-2A-8E=O$ …… ② として，②−① から

$$(a+d-2)A-(ad-bc+8)E=O \quad \cdots\cdots ③$$

◀$sA+tE=O$ の形。
$sA+tE=O$ $\Longleftrightarrow$ $s=t=0$ または $A=-\dfrac{t}{s}E$

[1]　$a+d=2$ のとき　③ から　$ad-bc=-8$

[2]　$a+d\neq2$ のとき　③ から　$A=\dfrac{ad-bc+8}{a+d-2}E$

$\dfrac{ad-bc+8}{a+d-2}=k$ とおくと　$A=kE$

② に代入して　$(k^2-2k-8)E=O$

よって　$k^2-2k-8=0$　これを解いて　$k=-2,\ 4$　◀$(k+2)(k-4)=0$

したがって　$A=\begin{pmatrix}-2 & 0\\ 0 & -2\end{pmatrix},\ \begin{pmatrix}4 & 0\\ 0 & 4\end{pmatrix}$　◀$A=-2E,\ 4E$

このとき　$(a+d,\ ad-bc)=(-4,\ 4),\ (8,\ 16)$

[1]，[2] から　$\boldsymbol{(a+d,\ ad-bc)=(2,\ -8),\ (-4,\ 4),\ (8,\ 16)}$

(2)　$A^2+A+2E=O$ …… ④ として，④−① から

$$(a+d+1)A-(ad-bc-2)E=O \quad \cdots\cdots ⑤$$

◀$sA+tE=O$ の形。

[1]　$a+d=-1$ のとき　⑤ から　$ad-bc=2$

[2]　$a+d\neq-1$ のとき　⑤ から　$A=\dfrac{ad-bc-2}{a+d+1}E$

$\dfrac{ad-bc-2}{a+d+1}=k$ とおくと　$A=kE$

④ に代入して　$(k^2+k+2)E=O$

よって　$k^2+k+2=0$ …… ⑥　◀$E\neq O$

判別式をDとすると　$D=1^2-4\cdot1\cdot2=-7<0$　◀⑥ の解は虚数。

したがって，⑥ を満たす実数kの値は存在しない。　◀[2] の場合は不適。

[1]，[2] から　$\boldsymbol{a+d=-1,\ ad-bc=2}$

問題 13 ➡ 本冊 p. 618

(1)　$\varDelta=3\cdot(-5)-6\cdot(-2)=-3\neq0$ であるから，逆行列は存在する。

$$\begin{pmatrix}3 & 6\\ -2 & -5\end{pmatrix}^{-1}=\frac{1}{-3}\begin{pmatrix}-5 & -6\\ 2 & 3\end{pmatrix}=\begin{pmatrix}\boldsymbol{\frac{5}{3}} & \boldsymbol{2}\\ \boldsymbol{-\frac{2}{3}} & \boldsymbol{-1}\end{pmatrix}$$

◀$-\dfrac{1}{3}\begin{pmatrix}-5 & -6\\ 2 & 3\end{pmatrix}$ を答えとしてもよい。

(2)　$\varDelta=2\cdot12-8\cdot3=0$ であるから，**逆行列はない。**

(3)　$\varDelta=(a-1)\cdot1-a\cdot1=-1\neq0$ であるから，逆行列は存在する。

$$\begin{pmatrix}a-1 & a\\ 1 & 1\end{pmatrix}^{-1}=\frac{1}{-1}\begin{pmatrix}1 & -a\\ -1 & a-1\end{pmatrix}=\begin{pmatrix}\boldsymbol{-1} & \boldsymbol{a}\\ \boldsymbol{1} & \boldsymbol{1-a}\end{pmatrix}$$

(4)　$\varDelta=t(2t-1)-t^2\cdot1=t^2-t=t(t-1)$

$t=0$　または　$t=1$ のとき，逆行列はない。　◀$\varDelta=0$ と $\varDelta\neq0$ の場合に分けて考える。

$t\neq0$　かつ　$t\neq1$ のとき，逆行列は存在して

$$\begin{pmatrix} t & t^2 \\ 1 & 2t-1 \end{pmatrix}^{-1} = \frac{1}{t(t-1)}\begin{pmatrix} 2t-1 & -t^2 \\ -1 & t \end{pmatrix}$$

$$= \begin{pmatrix} \boldsymbol{\dfrac{2t-1}{t(t-1)}} & \boldsymbol{-\dfrac{t}{t-1}} \\ \boldsymbol{-\dfrac{1}{t(t-1)}} & \boldsymbol{\dfrac{1}{t-1}} \end{pmatrix}$$

問題 14 ➡ 本冊 p. 619

(1) A が逆行列をもたないための条件は

$$\varDelta = a(1-b)-(1-a)b = a-b = 0$$

よって　$a=b$　　ゆえに　$A=\begin{pmatrix} a & 1-a \\ a & 1-a \end{pmatrix}$

このとき　$A^2=\begin{pmatrix} a & 1-a \\ a & 1-a \end{pmatrix}\begin{pmatrix} a & 1-a \\ a & 1-a \end{pmatrix}$

$$=\begin{pmatrix} a^2+(1-a)a & (1-a)(a+1-a) \\ a^2+(1-a)a & (1-a)(a+1-a) \end{pmatrix}$$

$$=\begin{pmatrix} a & 1-a \\ a & 1-a \end{pmatrix}=A$$

別解　$a+(1-b)=a-b+1$, $a(1-b)-(1-a)b=a-b\ (=\varDelta)$ であるから，ハミルトン・ケーリーの定理により

$$A^2-(a-b+1)A+(a-b)E=O$$

が成り立つ。

◀$a+d$, $ad-bc$ を計算。

A が逆行列をもたないとき，$\varDelta=0$ すなわち $a-b=0$ であるから

$$A^2-A=O \quad \text{すなわち} \quad A^2=A$$

(2) A は逆行列をもつから　$\varDelta=1\cdot(-2)-xy \neq 0$

したがって　$xy \neq -2$　…… ①

A の逆行列が B であるから　$AB=E$

◀A^{-1} を求めて $A^{-1}=B$ とするよりも，$AB=E$ を利用した方が簡単。

よって　$\begin{pmatrix} 1 & x \\ y & -2 \end{pmatrix}\begin{pmatrix} z & -1 \\ u & -1 \end{pmatrix}=\begin{pmatrix} 1 & 0 \\ 0 & 1 \end{pmatrix}$

すなわち　$\begin{pmatrix} z+xu & -1-x \\ yz-2u & -y+2 \end{pmatrix}=\begin{pmatrix} 1 & 0 \\ 0 & 1 \end{pmatrix}$

ゆえに　$z+xu=1$ …… ②,　$-1-x=0$ …… ③

$yz-2u=0$ …… ④,　$-y+2=1$ …… ⑤

③, ⑤ から　$x=-1$, $y=1$　これらは ① を満たす。

$x=-1$, $y=1$ を ②, ④ に代入して　$z-u=1$, $z-2u=0$

これを連立して解くと　$z=2$, $u=1$

したがって　$\boldsymbol{x=-1,\ y=1,\ z=2,\ u=1}$

問題 15 ➡ 本冊 p. 620

(1) $\varDelta(P)=2\cdot2-3\cdot1=1\neq0$ であるから　$\boldsymbol{P^{-1}=\begin{pmatrix} 2 & -3 \\ -1 & 2 \end{pmatrix}}$

よって　$\boldsymbol{P^{-1}AP}=\begin{pmatrix} 2 & -3 \\ -1 & 2 \end{pmatrix}\begin{pmatrix} -3 & 12 \\ -4 & 11 \end{pmatrix}\begin{pmatrix} 2 & 3 \\ 1 & 2 \end{pmatrix}$

$$=\begin{pmatrix} 6 & -9 \\ -5 & 10 \end{pmatrix}\begin{pmatrix} 2 & 3 \\ 1 & 2 \end{pmatrix}=\boldsymbol{\begin{pmatrix} 3 & 0 \\ 0 & 5 \end{pmatrix}}$$

(2) $(P^{-1}AP)^n=\begin{pmatrix}3&0\\0&5\end{pmatrix}^n$ よって $P^{-1}A^nP=\begin{pmatrix}3^n&0\\0&5^n\end{pmatrix}$

◀$(\boldsymbol{P^{-1}AP})^n=\boldsymbol{P^{-1}A^nP}$

したがって

$$\begin{aligned}\boldsymbol{A}^n&=P\begin{pmatrix}3^n&0\\0&5^n\end{pmatrix}P^{-1}\\&=\begin{pmatrix}2&3\\1&2\end{pmatrix}\begin{pmatrix}3^n&0\\0&5^n\end{pmatrix}\begin{pmatrix}2&-3\\-1&2\end{pmatrix}\\&=\begin{pmatrix}2\cdot3^n&3\cdot5^n\\3^n&2\cdot5^n\end{pmatrix}\begin{pmatrix}2&-3\\-1&2\end{pmatrix}\\&=\begin{pmatrix}\boldsymbol{4\cdot3^n-3\cdot5^n}&\boldsymbol{-2\cdot3^{n+1}+6\cdot5^n}\\\boldsymbol{2\cdot3^n-2\cdot5^n}&\boldsymbol{-3^{n+1}+4\cdot5^n}\end{pmatrix}\end{aligned}$$

問題 16 ➡ 本冊 p. 621

(1) $A=\begin{pmatrix}2&5\\1&3\end{pmatrix}$, $B=\begin{pmatrix}-1&2\\2&-3\end{pmatrix}$ とすると，等式は

$$AX=B$$

CHART 逆行列
掛けて $\boldsymbol{E}$ の活用
$\boldsymbol{A^{-1}}$ で $\boldsymbol{A}$ を消す

$\varDelta(A)=2\cdot3-5\cdot1=1\neq0$ であるから，A^{-1} が存在して

$$A^{-1}=\begin{pmatrix}3&-5\\-1&2\end{pmatrix}$$

よって $\boldsymbol{X}=A^{-1}B=\begin{pmatrix}3&-5\\-1&2\end{pmatrix}\begin{pmatrix}-1&2\\2&-3\end{pmatrix}=\begin{pmatrix}\boldsymbol{-13}&\boldsymbol{21}\\\boldsymbol{5}&\boldsymbol{-8}\end{pmatrix}$

◀$AX=B$ の両辺に左から A^{-1} を掛ける。

(2) $A=\begin{pmatrix}3&5\\4&7\end{pmatrix}$, $B=\begin{pmatrix}1&3\\-2&5\end{pmatrix}$ とすると，等式は

$$XA=B$$

$\varDelta(A)=3\cdot7-5\cdot4=1\neq0$ であるから，A^{-1} が存在して

$$A^{-1}=\begin{pmatrix}7&-5\\-4&3\end{pmatrix}$$

よって $\boldsymbol{X}=BA^{-1}=\begin{pmatrix}1&3\\-2&5\end{pmatrix}\begin{pmatrix}7&-5\\-4&3\end{pmatrix}=\begin{pmatrix}\boldsymbol{-5}&\boldsymbol{4}\\\boldsymbol{-34}&\boldsymbol{25}\end{pmatrix}$

◀$XA=B$ の両辺に右から A^{-1} を掛ける。

(3) $X^3=\begin{pmatrix}11&-15\\-30&41\end{pmatrix}$ から $X^2X=\begin{pmatrix}11&-15\\-30&41\end{pmatrix}$

◀$XX^2=\begin{pmatrix}11&-15\\-30&41\end{pmatrix}$ としてもよい。どちらでも結果は同じになる。

$X^2=\begin{pmatrix}3&-4\\-8&11\end{pmatrix}$ を代入して $\begin{pmatrix}3&-4\\-8&11\end{pmatrix}X=\begin{pmatrix}11&-15\\-30&41\end{pmatrix}$

$A=\begin{pmatrix}3&-4\\-8&11\end{pmatrix}$, $B=\begin{pmatrix}11&-15\\-30&41\end{pmatrix}$ とすると，等式は

$$AX=B$$

$\varDelta(A)=3\cdot11-(-4)\cdot(-8)=1\neq0$ であるから，A^{-1} が存在して

$$A^{-1}=\begin{pmatrix}11&4\\8&3\end{pmatrix}$$

よって $\boldsymbol{X}=A^{-1}B=\begin{pmatrix}11&4\\8&3\end{pmatrix}\begin{pmatrix}11&-15\\-30&41\end{pmatrix}=\begin{pmatrix}\boldsymbol{1}&\boldsymbol{-1}\\\boldsymbol{-2}&\boldsymbol{3}\end{pmatrix}$

このとき $X^2=\begin{pmatrix}1&-1\\-2&3\end{pmatrix}\begin{pmatrix}1&-1\\-2&3\end{pmatrix}=\begin{pmatrix}3&-4\\-8&11\end{pmatrix}$

補

(4) $A^{-1}=2\begin{pmatrix}1 & 1\\ 2 & -2\end{pmatrix}^{-1}$ であり，$1\cdot(-2)-1\cdot 2=-4$ から

$$A^{-1}=2\cdot\frac{1}{-4}\begin{pmatrix}-2 & -1\\ -2 & 1\end{pmatrix}=\frac{1}{2}\begin{pmatrix}2 & 1\\ 2 & -1\end{pmatrix}$$

よって　$X=A\begin{pmatrix}1 & 0\\ 0 & 3\end{pmatrix}A^{-1}$

$$=\frac{1}{2}\begin{pmatrix}1 & 1\\ 2 & -2\end{pmatrix}\begin{pmatrix}1 & 0\\ 0 & 3\end{pmatrix}\left\{\frac{1}{2}\begin{pmatrix}2 & 1\\ 2 & -1\end{pmatrix}\right\}$$

$$=\frac{1}{4}\begin{pmatrix}1 & 3\\ 2 & -6\end{pmatrix}\begin{pmatrix}2 & 1\\ 2 & -1\end{pmatrix}=\boldsymbol{\frac{1}{2}\begin{pmatrix}4 & -1\\ -4 & 4\end{pmatrix}}$$

◀ $\boldsymbol{(kA)^{-1}=\frac{1}{k}A^{-1}}$ $(k\neq 0)$

◀ $A^{-1}XA=\begin{pmatrix}1 & 0\\ 0 & 3\end{pmatrix}$ の両辺に，左からAを，右から A^{-1} を掛ける。

※解答・解説は数研出版株式会社が作成したものです。

発行所
数研出版株式会社

〒101-0052　東京都千代田区神田小川町 2 丁目 3 番地 3
〔振替〕00140-4-118431
〒604-0861　京都市中京区烏丸通竹屋町上る大倉町 205 番地
〔電話〕代表 (075)231-0161
ホームページ　https://www.chart.co.jp
印刷　創栄図書印刷株式会社
乱丁本・落丁本はお取り替えします。　240702